NR. 14
REFERAT 0001—2866
SEITE 1—304

1964
8. APRIL

CHEMISCHES ZENTRALBLATT

1830 gegründet
1897—1945 von der Deutschen Chemischen Gesellschaft fortgeführt

Herausgegeben im Auftrage
der Deutschen Akademie der Wissenschaften zu Berlin,
der Chemischen Gesellschaft in der DDR,
der Akademie der Wissenschaften zu Göttingen
und der Gesellschaft Deutscher Chemiker
von Prof. Dr. HEINRICH BERTSCH und Prof. Dr. Dr. h. c. WILHELM KLEMM

Chefredakteure
Dr. EUGEN KLEVER und Prof. Dr.-Ing. EBERHARD LEIBNITZ

135. JAHRGANG
1964

AKADEMIE-VERLAG GMBH · BERLIN · VERLAG CHEMIE GMBH · WEINHEIM · BERGSTRASSE

Chem. Zbl. 135. Jg. Nr. 14 Ref. 0001—2866 S. 1—304 Berlin, 8. April 1964

Inhalt

CHEMISCHES ZENTRALBLATT

BIBLIOGRAPHIEN
Nr. 3 · 1964

Neue Bücher

Geschichte, Unterricht

Hans Beyer, Lehrbuch der organischen Chemie. 10., durchges. u. verb. Aufl. Leipzig: Hirzel. 1963. (XV + 772 S. m. 75 Abb. u. 5 Tab.) 8⁰. DM 23,70.

Heinrich Biltz, Wilhelm Klemm u. **Werner Fischer,** Experimentelle Einführung in die anorganische Chemie. 51.—56., neubearb. Aufl. Berlin: de Gruyter. 1961. (XI + 214 S. m. 26 Abb. u. 1 Taf.) 8⁰. DM 14,80.

Lotta Jean Bogert, Fundamentals of chemistry. 9th edit. Philadelphia, London: Saunders. 1963. (XXI + 626 S. m. Abb. u. Tab.) 54 s.

Nicholas Dimitrius Cheronis u. **John Bennett Entrikin,** Identification of organic compounds; a student's text using semimicro techniques. New York, London: Interscience. 1963. (XII + 477 S. m. Abb., Tab. u. Diagr.) 65 s.

John Clarence Hogg u. a., Chemistry: a modern approach. Princeton (N.J.), London: Van Nostrand. 1963. (XI + 507 S. m. Abb., Taf., Tab. u. Diagr.) 45 s.

Franz Kirchheimer, Das Uran und seine Geschichte. Stuttgart: Schweizerbart. 1963. (VII + 371 S. m. 57 Abb. u. 4 Taf.) 8⁰. DM 51,40.

O. N. Pissarshewski, Mendelejew. Tbilissi: Zodna. 1963. (369 S., 1 Bl. Porträt) 1 Rbl. [grusin.]

E. Rancke-Madsen, Lærebog i kemi. 7. udg. København: Gad. Indb. 1963. (9 + 252 S. m. Abb.) dkr. 36,50.

Cyril Warcup Wood u. **Arthur Kenneth Holliday.** Physical chemistry: an intermediate text. 2nd edit. London: Butterworths. 1963. (XI + 346 S. m. Abb., Tab. u. Diagr.) 21 s.

Cyril Warcup Wood u. **Arthur Kenneth Holliday,** Inorganic chemistry; an intermediate text. 2nd edit. London: Butterworths. 1963. (XI + 415 S. m. Abb., Tab. u. Diagr.) 21 s.

Cyril Warcup Wood u. **Arthur Kenneth Holliday,** Organic chemistry: an introductory text. 2nd edit. London: Butterworths. 1963. (XXIV + 349 S. m. Abb., Tab. u. Diagr.) 21 s.

A. Allgemeine, physikalische und anorganische Chemie

Edward Uhler Condon u. **Philip McCord Morse,** Quantum mechanics. 1st edit. reprinted. New York, London: McGraw-Hill. 1963. (XII + 250 S. m. Diagr.) 23 s.

Irving Emin u. a., Russian–English physics dictionary. New York, London: Wiley. 1963. (XXX + 562 S.) 5 £ 5 s.

Richard Ernst u. **Ingeborg Ernst von Morgenstern,** Fachwörterbuch der Chemie. Einschließlich Verfahrenstechnik u. d. Grundlagen der verwandten Wissenschaften. Bd. 2: Englisch-Deutsch. Wiesbaden: Brandstetter. 1963. (1056 S.) 8⁰. DM 48,—.

Karl Andreas Hofman, Anorganische Chemie. 17., völlig neubearb. u. erw. Aufl. Braunschweig: Vieweg. 1963. (XII + 862 S. m. 122 Abb.) 8⁰. DM 28,—.

Albert Holderness, Inorganic and physical chemistry. 2nd edit. London: Heinemann. 1963. (VIII + 760 S. m. Tab. u. Diagr.) 32 s. 6 d.

Larkin Kerwin, Atomic physics: an introduction. New York, London: Holt, Rinehart & Winston. 1963. (XIII + 400 S. m. Abb., Tab. u. Diagr.) 60 s.

A_1. Kernphysik und Kernchemie

George Lindenberg Clark, Hrsg., The encyclopaedia of X-rays and gamma rays. New York: Reinhold; London: Chapman & Hall. 1963. (XXVII + 1149 S. m. Abb., Tab. u. Diagr.) 14 £.

Ju. Al. Jegorow, Szintillationsmethode der Spektrometrie von γ-Strahlen und schnellen Neutronen. Moskau: Gossatomisdat. 1963. (306 S, m. Abb. 3 Bl. Zeichng.) 1 Rbl. 14 Kop. [russ.]

Noah R. Johnson u. a., Nuclear chemistry. New York, London: Wiley. 1963. (XIII + 202 S. m. Abb., Tab. u. Diagr.) 60 s.

Michael J. Moravcsik, The two-nucleon interaction. Oxford: Clarendon P. 1963. (IX + 154 S. m. Tab. u. Diagr.) 18 s.

Finis S. Patton u. a., Enriched uranium processing. Oxford, London: Pergamon Press. 1963. (VIII + 282 S. m. Abb., Tab. u. Diagr.) 70 s.

—, Praktischer Leitfaden der Radiochemie. Übersetzt aus dem Russischen. Leipzig: Deutscher Verl. f. Grundstoffindustrie. 1962. (470 S. m. 200 Abb.) DM 35,—.

A_2. Optisches Verhalten der Materie

M. St. C. Flett, Characteristic frequencies of chemical groups in the infra-red. Amsterdam: Elsevier Publishing Cy. 1963. (IX + 103 S.) = Elsevier monographs. Chemistry section; no. 35. hfl. 12.50.

Chr. Jørgensen Klixbüll, Absorption spectra and chemical bonding in complexes. Oxford: Pergamon Press. 1963. (12 + 352 S. m. Abb.) 70 s.

I. I. Ssobelman, Einführung in die Theorie der Atomspektren. Moskau: Fismatgis. 1963. (640 S. m. Zeichng.) 2 Rbl. 18 Kop. [russ.]

A_3. Elektrizität, Magnetismus, Elektrochemie

Semen Aleksandrovič Al'tsuler (Altschuler) u. **Boris Michajlovič Kozyrev (Kosyrew),** Paramagnetische Elektronenresonanz. Übersetzt aus dem Russischen von Dorothea Dietze u. a. Leipzig: Teubner. 1963. (VII + 383 S. m. 52 Abb.) 8⁰. DM 54,—.

A. I. Lewin, Theoretische Grundlagen der Elektrochemie. Moskau: Metallurgisdat. 1963. (430 S. m. Abb.) 1 Rbl. 6 Kop. [russ.]

Ss. M. Rywkin, Photoelektrischer Effekt in Halbleitern. Moskau: Fismatgis. 1963. (494 S. m. Abb.) 1 Rbl. 49 Kop. [russ.]

A_4. Thermodynamik, Thermochemie

Rolf Haase, Thermodynamik der irreversiblen Prozesse. Darmstadt: D. Steinkopff. 1963. (XII + 552 S. m. 40 Abb. u. 23 Tab.) 8⁰ = Fortschritte der physikalischen Chemie. Bd. 8. DM 95,—.

N. B. Wargaftik, Handbuch der wärmephysikalischen Eigenschaften von Gasen und Flüssigkeiten. Moskau: Fismatgis. 1963. (708 S. m. graph. Darst.) 3 Rbl. 41 Kop. [russ.]

A_5. Kolloidchemie, Grenzschichtforschung

John Robert van Wazer u. a., Viscosity and flow measurement: a laboratory handbook of rheology. New York, London: Interscience. 1963. (XX + 406 S. m. Abb., Tab. u. Diagr.) 5£ 5s.

A_6. Strukturforschung

W. W. Abramow, Restspannung und Verformung in Metallen. Berechnung durch die Methode der Körperzerlegung. Moskau: Maschigs. 1963. (355 S. m. Zeichng.) 1 Rbl. 15 Kop. [russ.]

Ss. D. Gerzriken, I. Ja. Dechtjar, M. A. Kriwoglas u. a. Die physikalischen Grundlagen der Festigkeit und Plastizität von Metallen. Moskau: Metallurgisdat. 1963. (322 S. m. Abb.) 1 Rbl. 25 Kop. [russ.]

Ju. L. Orlow, Morphologie des Diamanten. Moskau: Verl. der Akad. der Wiss. der UdSSR. 1963. (235 S. m. Abb.) 1 Rbl. [russ.]

A_7. Gleichgewichte, Kinetik

Thor A. Bak, Contributions to the theory of chemical kinetics. A study of the connection between thermodynamics and chemical rate processes. København: Munksgaard. 1963. (101 S. m. Abb.) dkr. 30,—.

A_8. Präparative anorganische Chemie, Komplexverbindungen. Metallorganische Verbindungen

Jiři Klikorka u. a., Einführung in die präparative anorganische Chemie. Übersetzt aus dem Tschechischen von Oswald Gürtler. Leipzig: Akademische Verl.-Ges. Geest & Portig. 1963. (378 S. m. 153 Abb. u. 5 Tab.) 8⁰. DM 29,80.

A_9. Mineralogische und geologische Chemie

H. J. Veenstra, Microscopic studies of boulder clays. Groningen: Stabo. 1963. (224 S.) hfl. 29.50.

D. Makromolekulare Chemie

Felix Haurowitz, The chemistry and function of proteins. 2nd edit. New York, London: Academic P. 1963. (XV + 455 S. m. Abb., Tab. u. Diagr.) 80 s.

Ss. R. Rafikow, Ss. A. Pawlowa und **I. I. Twerdochlebowa,** Methoden der Molekulargewichts- und Polydispersitätsbestimmung hochmolekularer Verbindungen. Moskau: Verl. der Akad. der Wiss. der UdSSR. 1963. (335 S. m. Abb.) 2 Rbl. 14 Kop. [russ.]

E_1. Allgemeine Biologie und Biochemie

Marcel Florkin und **Elmer Henry Stotz,** Hrsg., Comprehensive biochemistry. Vol. 7: Proteins. Part 1. (XII + 280 S. m. Abb., Tab. u. Diagr.) 75 s.

Marcel Florkin und **Howard Stanley Mason.** (Hrsg.), Comparative biochemistry: a comprehensive treatise. Vol. 5: Constituents of life. Part C. New York, London: Academic P. 1963. (XIX + 637 S. m. Abb., 14 Taf., Tab. u. Diagr.) 7£ 17 s. 6 d.

R. T. Holman, Hrsg., Progress in the chemistry of fats and other lipids. Vol. VII. Part 1: The higher saturated branched chain fatty acids by Sixten Abrahamsson, Stina Ställberg-Stenhagen u. Einar Stenhagen. Oxford, London, New York, Paris: Pergamon Press. 1963. (VIII + 164 S. m. 47 Abb. u. 17 Tab.) 40 s.

E_2. Enzymologie, Gärung

Per Fortelius, Enzyme activity in cultured cells under various influences. A cytochemical approach. København: Munksgaard. 1963. (94 S. m. Abb.) = Acta Pathologica et Microbiologica Scandinavica Supplementum, 164. dkr 18.—.

E_3. Mikrobiologie, Bakteriologie, Immunologie

V. I. Bilai, Antibiotic-producing microscopic fungi. Translated from the Russian. Amsterdam: Elsevier Publishing Cy. 1963. (X + 218 S.) hfl. 30.—.

Klaus Heinrich Hofman, Fatty acid metabolism in microorganisms. New York, London: Wiley. 1963. (XII + 78 S. m. Abb., Tab. u. Diagr.) 25 s.

A. Ss. Labinskaja, Praktisches Handbuch der mikrobiologischen Bestimmungsmethoden. Moskau: Medgis. 1963. (463 S. m. Abb.; 4 Bl. Abb.) 61 Kop. [russ.]

Ivan Málek u. a., Theoretical and methodical basis of continuous culture of microorganisms. Übersetzung aus dem Tschechischen. Praha: Verl. der Tschechoslowakischen Akademie der Wissenschaften. 1963. (580 S.)

A. Ja. Pankreatow, Mikrobiologie. 2. überarb. u. vervollst. Ausg. Moskau: Sselchosisdat. 1962. (Einband 1963) (399 S. m. Abb.; 4 Bl. Abb.) 68 Kop. [russ.]

Hans Riemann, Germination of bacterial spores with chelators. With special reference to the calcium dipicolinic acid germination system. København. 1963. (165 S. m. Abb.) dkr. 40,—.

E_4. Pflanzenchemie, Pflanzenphysiologie, Pflanzenpathologie

Marcel Florkin und **Elmer H. Stotz,** Comprehensive biochemistry. Section II. Chemistry of biological compounds. Vol. 7. Proteins, part 1. (XII + 280 S. m. Abb.) hfl. 37.50. Vol. 8. Proteins, part 2 and nucleic acids. (XVI + 308 S. m. Abb.) hfl. 40.—. Vol. 9. Pyrrole pigments, isoprenoid compounds and phenolic plant constituents. (XIV + 270 S.) hfl. 35.—. Amsterdam: Elsevier Publishing Cy. 1963.

E_5. Tierchemie, Tierphysiologie, Tierpathologie

Anthony August Albanese, Hrsg., Newer methods of nutritional biochemistry, with applications and interpretations. New York, London: Academic P. 1963. (XI + 583 S. m. Tab. u. Diagr.) 6 £ 12 s.

U. S. von Euler und **Hans Heller,** Hrsg., Comparative endocrinology. Vol. 1: Glandular hormones. New York, London: Academic P. 1963. (XIII + 543 S. m. Diagr., Tab. u. Abb.) 7 £ 17 s. 6 d.

R. M. Hochster und **J. H. Quastel,** Metabolic inhibitors: a comprehensive treatise. Vol. 1. New York, London: Academic P. 1963. (XX + 669 S. m. Tab. u. Diagr.) 9 £ 6 s.

Martti Kokkonen, On the influence of certain hormones on the tissue components of the tuberculotic lymph node. An experimental study on guinea-pigs by the line sampling method. København: Munksgaard. 1963. (91 S. m. Abb.) dkr. 12,—.

M. M. Sawadowski, Theorie und Praxis der hormonalen Methode der Fruchtbarkeitsstimulanz von Haustieren. Moskau: Sselchosisdat. 1963. (671 S. m. Abb.; 1 Bl. Porträt) 1 Rbl. 19 Kop. [russ.]

Ernest Lester Smith, Vitamin B_{12}. 2nd edit. London: Methuen; New York: Wiley. 1963. (XII + 220 S. m. Tab. u. Diagr.) 21 s.

E_6. Pharmakologie, Therapie, Toxikologie, Hygiene

N. A. Iwanow, Die Heilung einiger Dermatosen mit Corticosteroiden. Leningrad: Medgis. 1963. (183 S. m. Abb.) 43 Kop. [russ.]

M. E. Sluijter, The treatment of carbon monoxide poisoning by administration of oxygen at high atmospheric pressure. Amsterdam: Born. 1963. (144 S. m. Abb.) hfl. 17.50.

G. Analyse, Laboratorium

A. G. Anikin und **G. M. Dugatschewa,** Die Bestimmung der Reinheit organischer Stoffe. Moskau: Verl. der Moskauer Univ. 1963. (148 S. m. Zeichng.) 41 Kop. [russ.]

H. J. M. Bowen und **P. A. Cawse,** The determination of inorganic elements in biological tissue by activation analysis. London: H.M.S.O. 1963. (39 S. m. Taf. u. Tab.) = A.E.R.E. reports R. 4309. 6 s.

Arvid E. Haugen, En kolorimetrisk metode for proteinbestemmelse i melk. København: Landhusholdningsselskabets Forlag. 1963. (71 S. m. Abb.) dkr. 5,—.

Roland Herrmann und **Cornelius Theodorus Joseph Alkemade,** Chemical analysis by flame photometry; translated from the German by Paul T. Gilbert. 2nd revised edit. New York, London: Interscience. 1963. (XIV + 644 S. m. Abb., Tab. u. Diagr.) 6 £.

Erich Hezel, Systematische qualitative Analyse anorganischer Pigmentgemische. Hannover: Vincentz. 1963. (40 S.) 8⁰ = Aus: Farbe u. Lack. 69, 1963. Nr. 5. DM 7,50.

Eduard Knobloch, Physikalisch-chemische Vitaminbestimmungsmethoden. Übersetzt aus dem Tschechischen von Heinz Liebster. Berlin: Akademie-Verl. 1963. (XXIV + 618 S. m. 132 Abb. u. 97 Tab.) 8⁰. DM 75,—.

W. G. Michailow, Die Lumineszenzanalyse in der Medizin. Taschkent: Medgis der UsbekSSR. 1963. (170 S. m. Abb.) 85 Kop. [russ.]

Fritz Micheel u. a., Papierchromatographische Trennung hydrophober Substanzen mit Cellulose-Ester-Papieren. Ein neues Verfahren zur Peptid-Synthese. Köln, Opladen: Westdeutscher Verl. 1963. (55 S. m. Abb.) 8⁰ = Forschungsberichte des Landes Nordrhein-Westfalen. Nr. 1206. DM 29,80.

Vasilii Vasil'evich Nalimov, The application of mathematical statistics to chemical analysis; translated from the Russian by Prasenjit Basu, English translation herausgeg. von M. Williams. Oxford, London: Pergamon Press. 1963. (IX + 294 S. m. Abb., Tab. u. Diagr.) 84 s.

Helmut Schmidt und **Mark von Stackelberg,** Modern polarographic methods; translated from the German by R. E. W. Maddison. New York, London: Academic P. 1963. (VII + 99 S. m. Diagr.) 44 s.

O. G. Shendarewa und **S. Ss. Muchina,** Analysenmethoden galvanischer Bäder. Moskau: Oborongis. 1963. (270 S.) 1 Rbl. [russ.]

I. W. Skards, Der Nachweis von Tuberkulosenerregern in der Kuhmilch durch Ultraschall. Riga: Verl. der Akad. der Wiss. der LettSSR. 1963. (159 S. m. graph. Darst.) 86 Kop. [russ.]

—, Traité de microscopie électronique. 2 vols. Paris: Editions scientifiques Hermann. 1963. (1318 S. m. 656 Abb.) 300 NF.

H_1. Allgemeine chemische Technologie

Andreas Acrivos, Hrsg., Modern chemical engineering. Vol. 1: Physical operations. New York: Reinhold; London: Chapman & Hall. 1963. (IX + 604 S. m. Abb., Tab. u. Diagr.) 7 £. 16 s.

Ch. L. Draiden, G. B. Schubauer, K. M. Tschen u. a., Turbulente Strömung und Wärmeübertragung. Moskau: Verl. der ausländ. Lit. 1963. (563 S. m. Zeichng.) 3 Rbl. 20 Kop. [russ.]

H. Flach u. a., Werkstoffe der Kerntechnik. Teil 3. Berlin: Deutscher Verl. der Wissenschaften. 1963. (VIII + 213 S. m. Abb.) 8⁰. DM 36,—.

Wilhelm Foerst, Hrsg., Ullmanns Encyklopädie der technischen Chemie. 3., völlig neu gestaltete Aufl. Bd. 14: Pilzinfektionen bis Russ. München, Berlin: Urban & Schwarzenberg. 1963. (XII + 810 S. m. 132 Abb.) 4⁰. DM 128,—.

Ernst H. Goebel, Technisches Taschenwörterbuch in deutscher und englischer Sprache. Deutsch-Englisch. Englisch-Deutsch. 5., neubearb. u. erw. Aufl. von Albert Dürbeck. Berlin: Siemens. 1963. (530 S.) 8⁰ = Siemens' technische Taschenwörterbücher. Bd. 2. DM 28,—.

W. D. Kundsheri, Messungen bei hohen Temperaturen. Methoden der Messung der Materialeigenschaften bei Temperaturen über 1400⁰, der Einfluß verschiedener Faktoren. Moskau: Metallurgisdat. 1963. (466 S. m. Abb.) 3 Rbl. 23 Kop. [russ.]

B. A. Nemirowski und **Ju. W. Kasankow,** Nichtmetallische korrosionsfeste Materialien im chemischen Maschinenbau. Moskau: 1963. (149 S. m. Abb.) 1 Rbl. 12 Kop. [russ.]

M. Je. Posin, B. A. Kopylew, Je. Ss. Tumarkina und **G. W. Beltschenko,** Handbuch der praktischen Übungen zur Technologie anorganischer Stoffe. 2. überarb. u. vervollst. Ausg. Leningrad: Gosschimisdat. 1963. (376 S. m. Abb.) 94 Kop. [russ.]

Dennis Ross Poulter, ed., The design of gas-cooled graphite-moderated reactors. London: Oxford U.P. 1963. (XII + 692 S. m. Taf., Tab. u. Diagr.) 84 s.

K. P. Schumski, Vakuumapparate und -Geräte des chemischen Maschinenbaues. Moskau: Maschgis. 1963. (556 S. m. Abb.) 2 Rbl. 45 Kop. [russ.]

—, Internationales Jahrbuch Chemische Industrie. 12, 1963/1964. Repräsentationswerk der chemischen Industrie und ihrer verwandten Zweige. Solothurn: Vogt-Schild. 1963. (140 S. m. Abb.) 4⁰. sfr. 6,50.

H_5. Anorganische Industrie

W. I. Atroschtschenko, A. M. Alexejew, A. P. Sassorin u. a., Die Technologie des gebundenen Stickstoffs. Charkow: Verl. der Charkower Univ. 1962. (322 S. m. Abb., 6 Bl. Zeichng.) 82 Kop. [russ.]

A. I. Mandelbaum, B. M. Sachrjapin, N. I. Morgunow und **Sch. Ja. Tschernuchin,** Die industrielle Herstellung von Torfmineral-Ammoniakdüngemittel und Torfstreu (und ihre Anwendung). Moskau-Leningrad: Gossenergoisdat. 1963. (232 S. m. Abb.; 1 Bl. Zeichng.) 66 Kop. [russ.]

H_6. Silicatchemie, Baustoffe

Ivan Medgyesi, Betonkorrózió. Kézirat. (Betonkorrosion, Lehrbrief). Budapest: Mernöki Továbbképző Intézet. 1962. (88 S. m. 46 Abb.) Ft. 18.—.

László Palotás und **Sándor Veress,** Építöanyagok (Baustoffe). Budapest: Felsöoktatási Jegyzetellátó Vállalat. 1961. (454 S. m. 185 Abb.) Ft. 22.90.

P. Popper, Hrsg., Special ceramics: proceedings of a symposium held by the British Ceramic Research Association. 1962. London: Academic P. 1963. (XIII + 482 S. m. Abb. ,Tab. u. Diagr.) 5 £ 5 s.

H_7. Agrikulturchemie, Schädlingsbekämpfung

G. A. Tschessalin, Agrotechnische und chemische Maßregeln zur Unkrautbekämpfung. Moskau: Sselchosisdat. 1963. (216 S. m. Abb.) 43 Kop. [russ.]

K. F. Widenin und **A. P. Dubinin,** Selektion und Samenzucht der Ackerpflanzen. Moskau: Sselchosisdat. 1963. (496 S. m. Abb.) 78 Kop. russ.]

—, Agrochemie, Pflanzenphysiologie, Bodenkunde. Moskau: 1963. (563 S. m. Abb.) 1 Rbl. 55 Kop. [russ.]

H_8. Metallurgie, Korrosion

Abner Brenner, Electrodeposition of alloys: principles and practice. Vol. 1. New York, London: Academic P. 1963. (XX + 714 S. m. Abb., Tab. u. Diagr.) 8 £ 11 s. 6 d.

Ss. Ju. Fainberg und **N. A. Filippowa,** Analyse der Buntmetallerze. 3. verb. u. vervollst. Ausg. Moskau: Metallurgisdat. 1963. (871 S. m. Abb.) 2 Rbl. 81 Kop. [russ.]

John Henry Gittus, Uranium. London: Butterworths. 1963. (XIII + 623 S. m. Abb., Tab. u. Diagr.) 6 £ 6 s.

John Huminik, Hrsg., High-temperature inorganic coatings. New York: Reinhold; London: Chapman & Hall. 1963. (IX + 310 S. m. Abb., Tab. u. Diagr.) 80 s.

W. I. Jawoisski. Theorie der Prozesse der Stahlherstellung. Moskau: Metallurgisdat. 1963. (820 S. m. Zeichng.) 2 Rbl. 77 Kop. [russ.]

Ss. P. Kamenetzki, Perlite. Eigenschaft, Technologie und Anwendung. Moskau. Gosstroiisdat. 1963. (280 S. m. Abb.) 1 Rbl. 2 Kop. [russ.]

Richard Kieffer und **Horst Braun,** Vanadin, Niob, Tantal. Die Metallurgie der reinen Metalle und ihrer Legierungen. Berlin, Göttingen, Heidelberg: Springer. 1963. (XII + 347 S. m. 206 Abb.) 8⁰ = Reine u. angewandte Metallkunde in Einzeldarstellungen. 18. DM 76,—.

Ss. L. Lewin, Stahlschmelzprozesse. Kiew: Gosstechisdat der UkrainSSR. 1963. (404 S. m. Zeichng.) 1 Rbl. 13 Kop. [russ.]

L. A. Lurje, Das Brikettieren in der Eisen- und Nichteisenmetallurgie. Moskau: Metallurgisdat. 1963. (324 S. m. Abb.) 1 Rbl. 15 Kop. [russ.]

Jaroslav Němec, Tuhost a pevnost ocelových části. (Zähigkeit und Festigkeit stählerner Bestandteile). 2. Aufl. Praha: NČSAV. 1963. (724 S. m. 152 Abb.) Kčs 63.—.

Harald Pfeiffer und **Hans Thomas,** Zunderfeste Legierungen. 2., völlig neubearb. Aufl. Berlin, Göttingen, Heidelberg: Springer. 1963. (VII + 411 S. m. 292 Abb.) 8⁰ = Reine und angewandte Metallkunde in Einzeldarstellungen. 2. DM 68,—.

M. A. Ryss und **Ja. N. Chodorowski,** Die Herstellung von Ferrolegierungen. Moskau: Verl. für Lit. in Fremdsprachen. 1963. (278 S. m. Abb.; 1 Bl. Abb.) 1 Rbl. 40 Kop. [russ.]

M. Semchyshen und **I. Perlmutter,** Hrsg., Refractory metals and alloys 2: proceedings of a technical conference sponsored by the Refractory Metals Committee of the Institute of Metals Division, the Metallurgical Society and Chicago Section, American Institute of Mining, Metallurgical, and Petroleum Engineers, Chicago, Illinois, April 12—13, 1962. New York, London: Interscience. 1963. (XI + 448 S. m. Abb., Tab. u. Diagr.) 7 £ 10 s.

H_9. Organische Industrie

L. M. Batuner, Prozesse und Apparate der organischen Synthese und biochemischen Technologie. Teil 2. Apparatur der biochemischen Produktion. Leningrad: 1963. (186 S. m. Abb.; 1 Bl. Zeichng.) 80 Kop. [russ.]

Ennio Cicconetti, Chimica organica. Per gli istituti tecnici industriali. Sezione chimici, chimici industriali, tessili, tintori, chimici agrari. Torino, Milano, Padova: G. B. Paravia e C. 1961. (337 S. m. Abb. u. Taf.) L. 1800.—.

G. M. Frolow, Die Essigsäure, ihre Herstellung und Rektifikation. 2. überarb. Ausg. Moskau: Gosslessbumisdat. 1963. (210 S. m. Zeichng.) 76 Kop. [russ.]

I. G. Georgijew und **D. W. Sharkowski,** Brennstoff, Schmiermittel und Wasser. Minsk: Sselchosgis der BelorussSSR. 1963. (235 S. m. Abb.) 58 Kop. [russ.]

H_{11a}. Farben, Anstriche, Lacke, Naturharze

Erich Karsten, Lackrohstoff-Tabellen. 3. Aufl. Hannover: Vincentz. 1963. (336 S.) DM 28,50.

H_{11b}. Plaste (Kunstharze, Plastische Massen)

Břetislav Doležel, Chemische und physikalische Einwirkungen auf Kunststoffe und Kautschuk. Übersetzt von Herbert Puschmann. Frankfurt/Main: Kohl. 1963. (176 S. m. Abb. u. Tab.) 8⁰ DM 23,—.

P. P. Gagijew, Plastische Massen in der Orthopädie, Traumatologie und bei der Knochen-Gelenktuberkulose. Ordshonikidse; Ssew-Osset. Buchverl. 1963. (192 S. m. Abb.) 58 Kop. [russ.]

Ibert Mellan, Industrial plasticizers. Oxford, London: Pergamon Press. 1963. (IX + 302 S. m. Tab.) 70 s.

H_{12}. Kautschuk

Alexander S. Craig, Rubber technology: a basic course. Edinburgh, London: Oliver & Boyd. 1963. (XVI + 222 S. m. Taf., Tab. u. Diagr.) 42 s.

M. Lambert, A short Russian-English dictionary of terminology used in the Soviet rubber, plastics and tyre industries. London: Maclaren. 1963. (208 S.) 42 s.

H_{14}. Zucker, Kohlenhydrate, Stärke

I. F. Busanow, W. I. Ssamburow, G. M. Jemetz u. a., Zuckerrüben. Moskau: Sselchosisdat. 1963. (488 S. m. Abb.; 2 Bl. Abb.) 1 Rbl. 18 Kop. [russ.]

H_{16}. Nahrungs-, Genuß- und Futtermittel

J. B. S. Braverman, Introduction to the biochemistry of foods. Amsterdam: Elsevier Publishing Cy. 1963. (XV + 337 S. m. Abb.) hfl. 35,—.

W. G. Schtscherbakow, Biochemie und Handelskunde von Fettrohstoffen. Moskau: Pischtschepromisdat. 1963. (351 S. m. Abb.) 95 Kop. [russ.]

H_{17}. Fette, Seifen, Wasch- und Reinigungsmittel usw.

M. A. Aminow und **A. B. Nassirow,** Oberflächenaktive Stoffe und Waschmittel. Baku, Aserneschr. 1963. (243 S. m. Zeichng., 1 Bl. Tab.) 1 Rbl. 5 Kop. [aserbaidshan.]

H_{18a}. Holz, Cellulose, Zellstoff, Papier, Papierdruck, Celluloid, Linoleum

Solomon Abramovič Sapotnickij (Sapotnitzki), Verwertung der Sulfitablauge. Übersetzt aus dem Russischen von Viktoria Harzbecker. Leipzig: Fachbuchverl. 1963. (145 S. m. 60 Abb.) 8⁰. DM 14,80.

H_{18b}. Textilfasern

F. K. Judin und **W. W. Ssawarenski,** Die Verwendung von Polymeren in der Textilindustrie. Moskau: Gislegprom. 1963. (166 S. m. Abb.) 70 Kop. [russ.]

Robert Wighton Moncrieff, Man-made fibres, formerly „Artificial fibres“. 4th edit. London: Heywood. 1963. (X + 742 S. m. Abb., Tab. u. Diagr.) 70 s.

Boris Vladimirovich Petukhov, The technology of polyester fibres; translated from the Russian by Margaret F. Mullins, English translation edit. by B. P. Mullins. Oxford, London: Pergamon. 1963. (XIV + 89 S. m. Tab. u. Diagr.) 30 s.

M. A. Ssobolew, Chemie des Leinens und der Bastfasermaterialien. Moskau: Gislegprom. 1963. (142 S. m. Abb.) 47 Kop. [russ.]

H_{19}. Brennstoffe, Erdöl, Mineralöle

S. I. Geller, Ju. L. Rasstorgujew und **P. Je. Ssudakow,** Kontrollmesser und Regulierungsgeräte in der erdölverarbeitenden Industrie. Handbuch für Laboratoriumsarbeiten. Leningrad: Gosstoptechisdat. 1963. (251 S. m. Abb.) 69 Kop. [russ.]

Sch. K. Gimatudinow, Physik der Erdölschichten. Moskau: Gosstoptechisdat. 1963. (274 S. m. Abb.) 85 Kop. [russ.]

W. Kumskow und **A. Pokaljuk,** Brennstoff und Brennprozesse. Moskau: Transsheldorisdat. 1963. (192 S. m. Zeichng.) 54 Kop. [russ.]

I. M. Ljando, Die Verbrennung von Heizmasut und Gasen in Industriekesseln. Moskau-Leningrad: Gossenergoisdat 1963. (207 S. m. Abb.) 57 Kop. [russ.]

L. A. Matzkin und **I. L. Tschernjak,** Die Ausbeutung von Erdölfeldern. 2. überarb. u. vervollst. Ausg. Moskau: Gosstoptechisdat. 1963. (456 S.m.Abb.) 1 Rbl. 64 Kop. [russ.]

M. A. Netschajew, Nichtmetallische Gasleitungen. Leningrad: Gosstoptechisdat. 1963. (98 S. m. Abb.) 18 Kop. [russ.]

A. P. Schalnow, Der Bau unterirdischer Stadtgasleitungen. 2. überarb. Ausg. Moskau: Verl. der Moskauer komm. Landwirtsch. der RSFSR. 1963. (303 S. m. Abb., 1 Bl. Zeichng.) 1 Rbl. 16 Kop. [russ.]

George Sell, The petroleum industry. London: Oxford U.P. 1963. (IX + 276 S. m. Abb., Tab. u. Diagr.) 35 s.

—, Erdölchemie, die Verarbeitung von Erdöl und Gas. Moskau: Gosstoptechisdat. 1963. (287 S. m. Abb.) 1 Rbl. 44 Kop. [russ.]

H_{24}. Photographie

Hilmar Mehnert, Filmfotografie. Bildgestaltung, Lichtgestaltung, Farbgestaltung. 2. Aufl. Halle: Fotokinoverl. 1963. (356 S. m. Abb.) 8⁰. DM 26,50.

Konrad Müller, Einführung in die Physik und Chemie der Photographie. Frankfurt/Main, Hamburg: Salle. 1963. (VIII + 112 S. m. Abb.) 8⁰. DM 7,20.

Ausgewertete Bibliographie-Fachzeitschriften

Belgien	Bibliographie de Belgique — Belgische Bibliographie
ČSSR	Bibliography of Publications Dealing with the Polarography Method [Praha]
	Bulletin — Die Neuesten Forschungsergebnisse der Tschechoslowakischen Wissenschaft
	Nové Knihy (Neue Bücher)
	Novinky (Neuheiten)
Dänemark	Danske Bogmarked
Deutschland	Deutsche Bibliographie, Wöchentliches Verzeichnis, Ausgabe II [Frankfurt/Main]
	Deutsche Nationalbibliographie, Reihe A: Neuerscheinungen des Buchhandels [Leipzig]
England	British National Bibliography
Frankreich	Bibliographie de la France
Griechenland	Greek Bibliography [Athen]
Italien	Bibliografia Nazionale Italiana
Niederlande	Nieuwsblad voor de Boekhandel
Österreich	Österreichische Bibliographie
Schweiz	Schweizer Buch, Serie A und Serie B
UdSSR	Bücherverzeichnis des Jahres
	Neue Bücher
USA	Publishers' Weekly

Namenregister

Ein vollständiger oder gekürzter Abdruck der Referate ist ohne Genehmigung der Redaktion und des Verlages verboten!

Patentregister

Nr.	Ref.-Nr.
104040*	2837
104042*	2053
104044*	1662
104059*	1919
104062*	2838
104073*	1920
104079*	2609
104080*	2388
104081*	2610
104089*	2839
104102*	2442
104111*	2570
104116*	1918
104121*	2566
Norwegische Patente (Norw.P.)	
97719	2738
98239	2269
Österreichische Patente (Oe.P.)	
214917	1582
217460	1583
217461	1583
217462	1583
217467	1588
217475	2115
218013	1577
218518	1585
218520	1586
218521	1586
218525	1592
220139	2347
220140	2348
220141	2355
220154	2353
220823	2549
220824	2549
220825	2549
220826	2549
220885	2136
221278	2535
221558	2264
221815	2552
222139	2770
222366	2533
222372	2268
222670	2769
222883	2550
223377	2506
223383	2282
223384	2288
223900	2303
223901	2305
224344	2561
224910	2515
224912	2829
224913	2542
Schweizer Patente (Schwz.P.)	
350282	1593
351275	1580
360064*	2836
360397*	2833
361002*	2834
363986	2130
364480	2813
364481	2813
364623	2604
364626	2540
365383*	2393
366619	2741
368463*	2832
368481*	2383
368790*	2485
368806*	1655
369111*	2444
369119*	1632
369120*	1633
369121*	2390
369431*	2446
369443*	2374
369444*	1638
369467*	1634
369468*	2379
369469*	2380
369755*	1660
369764*	1636
Schwedische Patente (Schwed.P.)	
173875	2035
SowjetischePatente (UdSSR.P.)	
66653	2275
129447	2289
129449	2308
129667	2301
129668	2274
129908	2309
129913	2299
131770	2273
132210	2121
133238	1885
133303	2120
133429	2283
133431	2258
133568	1895
133717	2122
Tschecho-slowakische Patente (Tschech.P.)	
98390	1614

CHEMISCHES ZENTRALBLATT

Nr. 14 · 8. April 1964
Referat 0001—2866
Seite 1—304

A. Allgemeine, physikalische und anorganische Chemie

0001 **Physikalische Systematik der Elemente.** C. G. Bedreag. (An. ştiinţ. Univ. „Al. I. Cuza" Iaşi, Secţ. I [N. S.] 8, 451—63, 5 Tafeln, 1962; engl.) — Das Periodensyst. wird diskutiert. Vf. hält die Darst. mit 18 Reihen homologer Elemente mit den Elektronen $2s_{1-2} + 6p_{1-6} + 10d_{1-10}$ für richtig, die Elemente mit Z = 93—103 sollen in die Reihe XIX eingeordnet werden. Die Frage der Actiniden mit Z über 103 wird erörtert.
M. Wiedemann 10◇

0002 **Bosonenähnliches Verhalten von Fermionenpaaren.** 1. Mitt. Amnon Katz. (Nuclear Physics [Amsterdam] **42,** 394—415, 1963; Stanford, Calif., Stanford Univ., Dep. of Phys. and Inst. of Theoret. Phys.; engl.) — Vgl. C. **1963,** 385. — Aus der Störungs-Entw. des thermodynam. Potentials wurde eine Klasse von Diagrammen, die der Binärstoßnäherung entsprechen, ausgewählt, mit denen ein bosonenähnliches Verh. von Fermionenpaaren abgeleitet werden kann. Die Ergebnisse sind eichinvariant.
H. Schroeder 10◇

0003 **Bosonenähnliches Verhalten von Fermionenpaaren.** 2. Mitt. Amnon Katz. (Nuclear Physics [Amsterdam] **42,** 416—27, 1963; Seattle, Wash., Univ. of Washington; Rehovoth, Israel, Weizmann Inst. of Sci.; engl.) — 1. vgl. vorst. Referat. — Verallgemeinerung auf beliebige Dichten.
H. Schroeder 10◇

A_1. Kernphysik und Kernchemie

0004 **Bildung mesonischer Heliumatome in einer Gasmischung von Wasserstoff mit Helium.** O. A. Saimidoroga, M. M. Kuljukin, R. M. Ssuljajew, A. I. Filippow, W. M. Zupko-Ssitnikow und Ju. A. Schtscherbakow. (J. exp. theoret. Physik [UdSSR] **44,** 1852—58, 1963; Vereinigtes Inst. für Kernforsch.; russ., Auszug: engl.) — Bei Drücken von 19 atm. wurde die Bldg. von meson. He-Atomen in einem H_2–He-Gemisch in einer Diffusions-Nebelkammer untersucht. Es wird gezeigt, daß die Einfangwahrscheinlichkeit für μ-Mesonen von einem meson. H-Atom im Grundzustand durch He mindestens um drei Größenordnungen kleiner ist als für C- oder O-Kerne, u. den Wert von 10^6 sec^{-1} nicht übersteigt. Es besteht die Vermutung, daß für die direkte Berührung der Mesonen mit den Kernen des Gasgemisches das „Z-Gesetz" Gültigkeit hat.
D. Noack 90◇

0005 **Einfluß der Hyperfeinstruktur des mesonischen Atoms auf den Einfang von μ-Mesonen durch Lithium-6.** Jean Delorme. (C. R. hebd. Séances Acad. Sci. **256,** 3658—60, 1963; Lyon, Inst. de Phys. nucl.; franz.) — Mittels einer Hamilton-Funktion für den Einfang vom (V-A)-Typ mit Termen für Renormalisierung u. Geschw. wurden die Einfangwahrscheinlichkeiten des negativen Myons in die beiden Hyperfeinzustände des Mesoatoms ^{6}Li-μ unter der Annahme berechnet, daß der Grundzustand von ^{6}He den Endzustand darstellt.
M. Wiedemann 90◇

0006 **Polarisation negativer Myonen in Phosphor und Fluor.** D. P. Hutchinson, J. Menes und G. Shapiro. (Physic. Rev. Letters **9,** 516—18, 1962; New York, N. Y., Columbia Univ.; Berkeley, Calif., Univ. of California; engl.) — Messung der Polarisation von μ^-, die in 2 Substanzen mit Kernspin 1/2, nämlich rotem P (^{31}P) u. F (^{19}F) in der Form von LiF abgebremst wurden. Unters. der Präzession der Spins der negativen Myonen in einem relativ hohen Feld (1 bzw. 2 kG); Suche nach Oscillationen in der Zeitverteilung der Zerfallselektronen.
Herbert Weber 90◇

0007 **Wechselwirkungen von Höhenstrahl-Myonen in einem dicken Pb-Absorber.** S. H. Neddermeyer und S. B. Curtis. (Physic. Rev. [2] **131,** 835—47, 1963; Seattle, Wash., Univ. of Washington, Dep. of Phys.; engl.) — Nebelkammer-Unters. des Impulsverlustes von Höhenstrahlteilchen auf Meereshöhe im Bereich 1—20 GeV/c in einem Pb-Target von 317 g/cm² durch Messung der Krümmungen in einem Magnetfeld von 11000 G vor u. nach der Durchdringung des Targets.
Herbert Weber 90◇

0008 **Zum Zerfall $\pi \to e + \nu + \gamma$.** V. F. Müller. (Z. Physik **172,** 224—30, 1963; Heidelberg, Univ., Inst. für Theoret. Phys.; dt.) — Mit Dispersionsrelationen wird der Strahlungszerfall des geladenen π-Mesons berechnet. Die Ergebnisse stimmen mit ersten Ergebnissen von CERN-Experimenten überein.
H. Schroeder 90◇

0009 **Zweizentrenmodell der Mesonenerzeugung.** J. Gierula. (Fortschr. Physik **11,** 109—17, 1963; Kraków, Cosmic Ray Dep., Inst. of Nucl. Res.; engl.) — Überblick zum „Fireball"-Modell der multiplen Mesonenerzeugung.
Herbert Weber 90◇

0010 **Bestimmung der Amplituden der π-Mesonenerzeugung beim Stoß eines Neutrinos mit einem Nucleon mittels Dispersionsbeziehungen.** Wan-Cheu Ngujen. (J. exp. theoret. Physik [UdSSR] **43,** 1296—1300, 1962; Verein. Inst. für Kernforsch.; russ., Auszug: engl.) — Es werden eindimensionale Dispersionsbeziehungen beschrieben, aus denen bei der Annahme einer vorherrschenden P-Welle Lösungen der Integralgleichungen erhalten werden.
P. Sliwinski 90◇

0011 **Photoerzeugung von einzelnen neutralen Pionen aus Wasserstoff bei Energien von 0,6 bis 1,2 GeV.** R. Diebold. (Physic. Rev. [2] **130,** 2089—97, 1963; Pasadena, Calif., California Inst. of Technol.; engl.) — Messungen des differentiellen Querschnittes für $\gamma + p \to \pi^0 + p$ mit einem Target aus fl. H_2 bei Pionen-Schwerpunktswinkeln von 60, 90 u. 120° u. Intervallen von 0,05 GeV.
Herbert Weber 90◇

0012 **$e^+ + e^- \to \pi^+ + \pi^- + \pi^0$ und überlappende Resonanzen.** David R. Harrington. (Physic. Rev. [2] **130,** 2502—05, 1963; Ithaca, N. Y., Cornell Univ., Labor. of Nucl. Stud.; engl.) — Der Prozeß $e^+ + e^- \to \pi^+ + \pi^- + \pi^0$ wird als ein Mittel zu Unters. von überlappenden Resonanzen vorgeschlagen. (Anwendung eines einfachen Modells zur Abschätzung der Einfl. von Zweipionenwechselwrkg. auf die Form der invarianten Amplitude.)
Herbert Weber 90◇

0013 **Pionenerzeugung bei Pion–Pion-Stößen.** Martial L. Thiebaux jun. (Physic. Rev. [2] **131,** 854—59, 1963; Berkeley, Calif., Univ. of California, Lawrence Radiat. Labor.; engl.) — Unters. zur Berechnung des Querschnittes des Prozesses $2\pi \to 4\pi$ auf der Basis des Streifenapproximations-Verf. von Chew u. Frautschi (C. **1962,** 1871).
Herbert Weber 90◇

0014 **Einflüsse der Pion–Pion-Wechselwirkung auf photonucleare Reaktionen.** Masaaki Kawaguchi und Hiroyuki Yokomi. (Suppl. Progr. theoret. Physics [Kyoto] **21,** 71—119, 1962; Osaka, Osaka Univ., Fac. of Engng. Sci., Dep. of Appl. Math.; Osaka, Osaka Univ., Dep. of Phys.; engl.) — Diskussion der Pion- u. Doppelpionenphotoerzeugung sowie der elektromagnet. Eigg. des Deuterons (u. a. Photozertrümmerung).
Herbert Weber 90◇

0015 **Pion–Pion-Streuung niedriger Energie.** Kenneth Smith und Jack L. Uretsky. (Physic. Rev. [2] **131,** 861—67, 1963; Argonne, Ill., Argonne Nat. Labor.; engl.) — Von den Partialwellen-Dispersionsbeziehungen ausgehende Berechnungen.
Herbert Weber 90◇

0016 **Die Pion–Pion-Wechselwirkung in den Dreipionen-Zuständen.** Ning Hu. (Acta physica sinica **18,** 545—52, 1962; Peking Univ., Dep. of Phys.; chin., Auszug: engl.) — Mittels der Tamm-Dancoff-Meth. werden die Integralgleichungen für die Prozesse $\gamma \to 3\pi$ u. $K \to 3\pi$ abgeleitet

u. die Resonanz-Eigg. durch die Zweipion-Streuamplituden beschrieben. M. Wiedemann 90◇

0017 **Pioneneinfang in komplexe Kerne.** Zeev Fraenkel. (Physic. Rev. [2] **130**, 2407–16, 1963; Upton, N. Y., Brookhaven Nat. Labor.; engl.) — Der Einfl. der endlichen Lebensdauer von Pion–Nucleon-Resonanzen (sog. Isobaren) auf intranucleare Kaskaden wird untersucht. Herbert Weber 90◇

0018 **Über mögliche Zerfälle neuer Mesonen.** I. Ju. Kobsarew und L. B. Okun. (J. exp. theoret. Physik [UdSSR] **43**, 1288–95, 1962; Inst. für theoret. u. exper. Phys. der Akad. der Wiss. der UdSSR; russ., Auszug: engl.) — Die Wahrscheinlichkeiten von Zerfällen instabiler Mesonen werden berechnet. Dabei ergibt sich, daß bei kleinen Breiten von Pionenzerfällen Strahlungszerfälle (mit Photonenemission) wesentlich sein können. P. Sliwinski 90◇

0019 **Mesonen und Hyperonen.** G. A. Snow und M. M. Shapiro. (Fortschr. physik. Wiss. [UdSSR] **74**, 125–39, 1961; russ. — C. **1962**, 16557.) Ch. Weiske 90□

0020 **S-Wellen-Wechselwirkung in einem Dreipionensystem und der Zerfall von $K_{\pi 3}$.** A. N. Mitra und Shubha Ray. (Ann. Physics **21**, 439–52, 1963; Delhi, India, Univ. of Delhi, Dep. of Phys.; engl.) Herbert Weber 90◇

0021 **Folgerungen eines schwachen Vektorbosons für den Zerfall $K \to \mu + \nu + \gamma$.** Edw. S. Ginsberg und R. H. Pratt. (Physic. Rev. [2] **130**, 2105–09, 1963; Stanford, Calif., Stanford Univ., Inst. of Theoret. Phys., Dep. of Phys.; engl.) Herbert Weber 90◇

0022 **Leptonischer K-Zerfall und partiell erhaltene Ströme.** George Zweig. (Physic. Rev. [2] **130**, 2449–54, 1963; Pasadena, Calif., California Inst. of Technol.; engl.) — Angabe einer Operationsdefinition für die partielle Erhaltung des strangeness-ändernden Vektorstroms mit Anwendung auf die lepton. Zerfälle von K^+ u. K_2^0. Die K^*-Resonanz wird explizit einbezogen. Herbert Weber 90◇

0023 **Seltene Zerfallsarten von K^*.** Mitchel J. Sweig. (Physic. Rev. [2] **131**, 860, 1963; Chicago, Ill., Univ. of Chicago, Enrico Fermi Inst. for Nucl. Stud. and Dep. of Phys.; engl.) — Theoret. Unters. der Verzweigungsverhältnisse $(K^* \to K\pi\pi)/(K^* \to K\gamma)$ u. $(K^* \to K\gamma)/(K^* \to K\pi)$. Herbert Weber 90◇

0024 **Der Einfang von K^--Mesonen durch komplexe Kerne.** G. N. Fowler und A. D. Crossland. (Nuclear Physics [Amsterdam] **42**, 229–34, 1963; Bristol, Univ.; engl.) — Der Einfl. der Residual-Coulomb-Wechselwrkg. auf den 2-Nucleonen-Kerneinfangsprozeß u. die K^--Bahnstörung wurde theoret. untersucht. H. Schroeder 90◇

0025 **Prozeß $\gamma + p \to K^+ + \Sigma^0$ bei niedriger Energie.** T. K. Kuo. (Physic. Rev. [2] **130**, 1537–40, 1963; Ithaca, N. Y., Cornell Univ., Labor. of Nucl. Stud.; engl.) — Vgl. C. **1964**, 6/7-0017. — Unters. bzgl. der $K\Sigma$-Parität. Herbert Weber 90◇

0026 **Σ-„Breakup" und relative $\Sigma\Lambda$-Parität.** K. Hiida, J. L. Uretsky und R. J. Oakes. (Nuovo Cimento [10] **27**, 1262–65, 1963; Argonne, Ill., Argonne Nat. Labor.; Minneapolis, Minn., Univ. of Minnesota, School of Phys.; engl.) — Eine Reihe von Experimenten, die eine Messung der relativen Parität des Σ- u. Λ-Hyperons u. der Größe der $\Sigma\Lambda\pi$-Kopplungs-Konst. ermöglichen sollen, werden vorgeschlagen. Das Σ wird als π–Λ-Syst. angesehen, von dem das π durch ein Nucleon abgestreift werden kann $(\Sigma^+ + p \to \Lambda + \pi^+ + p)$. H. Schroeder 90◇

0027 **Myonischer Λ^0-Zerfall.** M. L. Good und V. G. Lind. (Physic. Rev. Letters **9**, 518–20, 1962; Madison, Wis., Univ. of Wisconsin; engl.) — Diskussion eines Beispiels des Zerfalls $\Lambda^0 \to p^+ + \mu^- + \bar{\nu}$, der mit hoher Wahrscheinlichkeit in einer H_2-Blasenkammer gefunden wurde. Herbert Weber 90◇

0028 **Betazerfall-Verzweigungsverhältnis des Lambda-Hyperons.** Robert P. Ely, George Gidal, George E. Kalmus, Larry O. Oswald, Wilson M. Powell, William J. Singleton, Frederick W. Bullock, Cyril Henderson, David J. Miller und F. Russel Stannard. (Physic. Rev. [2] **131**, 868–74, 1963; Berkeley, Calif., Univ. of California, Lawrence Radiat. Labor.; London, England, Univ. Coll. London; engl.) — Λ-Hyperonen wurden durch K^--Mesonen in der 30-in.-Blasenkammer mit einer Mischung von 76% CF_3Br u. 24% C_3H_8 (Gew.-%) erzeugt. Es wurden 192000 Zerfälle des Typs $\Lambda \to p + \pi^-$ beobachtet. Der für das Verzweigungsverhältnis $r = (\Lambda \to p + e^- + \bar{\nu})/[(\Lambda \to p + \pi^-) + (\Lambda \to n + \pi^0)]$ erhaltene beste Wert ist $r = (0{,}82 \pm 0{,}13) \cdot 10^{-3}$. Herbert Weber 90◇

0029 **Zweipionenaustausch-Beitrag zur Λ–Nucleon-Streumatrix.** R. Schrils und B. W. Downs. (Physic. Rev. [2] **131**, 390–96, 1963; Boulder, Colo., Univ. of Colorado; engl.) Herbert Weber 90◇

0030 **Untersuchung von Pion–Hyperon-Resonanzen durch Dispersionsbeziehungen im unphysikalischen Flächenblatt.** Rudolph C. Hwa und David Feldman. (Ann. Physics **21**, 453–93, 1963; Providence, R. I., Brown Univ., Dep. of Phys.; engl.) Herbert Weber 90◇

0031 **Untersuchung von in 800-MeV/c-K^--Wechselwirkungen erzeugten Hyperfragmenten. 1. Mitt. Mesonische Zerfälle.** A. Z. M. Ismail, I. R. Kenyon, A. W. Key, S. Lokanathan und Y. Prakash. (Nuovo Cimento [10] **27**, 1228–39, 1963; Oxford, Univ., Dep. of Nucl. Phys.; engl.) — 92 meson. Zerfälle von Hyperkernen aus 25600 K^--Sternen bei 800 MeV/c wurden untersucht. 52 Ereignisse (tabelliert) mit einem π^+-Zerfall von $_\Lambda^4He$ konnten eindeutig u. 21 von 36 nicht gesicherten Ereignissen mit großer Wahrscheinlichkeit identifiziert werden; 4 Zerfälle im Flug wurden beobachtet. π^--Zerfallsarten von $_\Lambda^3H$ u. $_\Lambda^4He$ werden analysiert. Die mittleren Bindungsenergien der Teilchen wurden ebenfalls tabelliert. Der Erzeugungsmechanismus der Hyperkerne aus schwereren Kernen der Emulsion wird diskutiert. H. Schroeder 90◇

0032 **Über die Struktur von Elementarteilchen.** T. Tati. (An. Acad. brasil. Ci. **34**, 325–36, 1962; São Paulo, Univ. of São Paulo, Dep. of Phys.; Japan, Univ. of Kanazawa; engl.) — Theoret. Übersicht. Herbert Weber 90◇

0033 **Theorie der Elementarteilchen und ihrer Wechselwirkungen im Isoraum $H(R_3^C)$.** P. Hillion. (Suppl. Nuovo Cimento [10] **26**, 113–68, 1962; Paris, Inst. Henri Poincaré; franz.) — Vgl. C. **1963**, 13038. — Theoret. Beschreibung der R_3^*-Gruppe u. ihrer Darstellungen. Gerhard Schmidt 90◇

0034 **Zur vereinheitlichten und konvergenten Theorie der Elementarteilchen. Quantenfeldtheorie mit undefinierter Metrik.** Sho Tanaka. (Progr. theoret. Physics [Kyoto] **29**, 104–27, 1963; Kyoto, Kyoto Univ., Dep. of Phys.; engl.) — Unters. des Nagoya-Modells, wobei die B-Materie als eine vereinheitlichte Anordnung unechter Teilchen angenommen wird. Gerhard Schmidt 90◇

0035 **Über die Beziehungen zwischen Ladungen und Spin.** F. Lurcat und L. Michel. (Nuovo Cimento [10] **21**, 574–76, 1961; Lille, Fac. des Sci., Inst. de Phys.; Orsay, Phys. Theor. et Hautes Énergies; franz.) M. Wiedemann 90□

0036 **Dynamik von Spinteilchen in der klassischen und Quantentheorie.** G. Szamosi. (Nuovo Cimento [10] **29**, 677–86, 1963; Ottawa, Nat. Res. Council of Canada, Div. of Pure Phys.; engl.) — Entw. der Parallele zwischen klass. u. Quantenbeschreibung von Spin-$^1/_2$-Teilchen endlicher Masse. Gerhard Schmidt 90◇

0037 **Über unelastische Beugungsprozesse bei hohen Energien.** Je. D. Shishin und Ju. P. Nikitin. (J. exp. theoret. Physik [UdSSR] **43**, 1731–42, 1962; russ., Auszug: engl.) — Der Wrkg.-Querschnitt für unelast. Prozesse bei der Beugung schneller Teilchen an Kernen kann auf der Grundlage der Diagrammtechnik berechnet werden. Die differentiellen u. totalen Querschnitte für die Erzeugung von π-Mesonen u. seltsamen Teilchen sowie von Nucleon–Antinucleon-Paaren werden auf der Grundlage des Kernmodells einer schwarzen Kugel berechnet. P. Sliwinski 90◇

0038 **Neuere theoretische Betrachtungen über nucleare Stöße ultrahoher Energie.** Ziro Koba. (Fortschr. Physik **11**, 118—61, 1963; Warsaw, Inst. for Nucl. Res.; engl.) — Überblick über Anwendungen der Regge-Pol-Theorie u. einer verwandten phänomenolog. Näherung auf nucleare Stöße ultrahoher Energie (Höhenstrahljets; multiple Teilchenerzeugung). Herbert Weber 90◇

0039 **Phänomenologische Theorien von Elementarteilchen-Resonanzzuständen.** Shigeo Minami. (Suppl. Progr. theoret. Physics [Kyoto] **21**, 120—37, 1962; Baton Rouge, La., Louisiana State Univ., Dep. of Phys. and Astronomy; engl.) — Zusammenstellung der neueren phänomenolog. Theorien über die Familien (N)*, (π)*, (Y)* u. (K)*. Herbert Weber 90◇

0040 **Folgerungen eines einfachen Modells für Zweikanalreaktionen in der Feldtheorie.** Yasunori Fujii und Masayuki Uehara. (Suppl. Progr. theoret. Physics [Kyoto] **21**, 138—74, 1962; Tokyo, Nihon Univ., Coll. of Sci. and Engng., Dep. of Phys.; Sakai, Osaka, Univ. of Osaka Prefecture, Dep. of Phys.; engl.) — Vorschlag eines einfachen Modells, das die Lorentz-Invarianz, Unitarität u. Kausalität befriedigt. Seine Folgerungen werden bzgl. einer Klassifizierung von Resonanzen untersucht. Herbert Weber 90◇

0041 **Eine Klassifizierung von Resonanzen mit Neuprüfung der Ball–Frazer-Formel.** Yasunori Fujii. (Progr. theoret. Physics [Kyoto] **29**, 71—86, 1963; engl.) — Vgl. vorst. Referat. — Theoret. Betrachtung der S-Zustands-Streuung von 2 spinlosen Teilchen. Gerhard Schmidt 90◇

0042 **Näherung der gekoppelten Kanäle zu den J = 3/2+-Resonanzen im Modell der unitären Symmetrie.** A. W. Martin und K. S. Wali. (Physic. Rev. [2] **130**, 2455—67, 1963; Argonne, Ill., Argonne Nat. Labor.; engl.) — Analyse der $p_{3/2}$-Pseudoskalar-Meson–Baryon-Streuamplituden in allen Isotopenspin- u. Strangenesszuständen. N* (T = 3/2; S = 0), Y_1* (T = 1; S = −1), Ξ* (T = 1/2; S = −2) u. Z^- (T = 0, S = −3) werden behandelt. Die Lagen u. Breiten dieser Resonanzen werden diskutiert. Herbert Weber 90◇

0043 **Einige experimentelle Folgerungen von Regge-Polen.** William R. Frazer. (Physic. Rev. [2] **131**, 491 bis 494, 1963; San Diego, La Jolla, Calif., Univ. of California; engl.) — Unters. der Voraussagen der Regge-Pol-Hypothese bzgl. des Verhältnissse von Real- zu Imaginärteil der Vorwärtsstreuamplitude. Herbert Weber 90◇

0044 **Holomorphiebereiche und asymptotische Formen von Streuamplituden und Partialwellenamplituden.** J. L. Challifour und R. J. Eden. (Nuovo Cimento [10] **27**, 1104—15, 1963; Cambridge, Univ. of Cambridge, Dep. of Appl. Math. and Theoret. Phys.; engl.) H. Schroeder 90◇

0045 **Dispersionsbeziehungen der Streuung für stabile und instabile Teilchen in der Störungstheorie.** A. Minguzzi. (Suppl. Nuovo Cimento [10] **26**, 178—89, 1962; Bologna, Univ., Ist. di Fis.; engl.) — Ableitung der direkten u. Austauschterme der Streuung. Gerhard Schmidt 90◇

0046 **Einflüsse des ϱ-Mesons auf Nucleonenformfaktoren.** J. S. Ball und D. Y. Wong. (Physic. Rev. [2] **130**, 2112 bis 2116, 1963; La Jolla, Calif., Univ. of California at San Diego; engl.) — Theoret. Untersuchung. Herbert Weber 90◇

0047 **Isoskalare elektromagnetische Struktur des Nucleons.** Ken Kawarabayashi und Akira Sato. (Suppl. Progr. theoret. Physics [Kyoto] **21**, 3—70, 1962; Tokyo, Univ. of Tokyo, Coll. of Gen. Educat., Inst. of Phys.; Osaka, Osaka Univ., Dep. of Phys.; engl.) — Zusammenfassung von Unterss. der Vff. über Beiträge der Dreipionenzustände zur isoskalaren elektromagnet. Struktur des Nucleons mit Einschluß der Effekte von Multipionenresonanzen. Herbert Weber 90◇

0048 **Energieabhängigkeit der elektromagnetischen Formfaktoren des Protons.** S. H. Patil. (Physic. Rev. [2] **130**, 2448—49, 1963; San Diego, La Jolla, Calif., Univ. of California; engl.) — χ^2-Analyse der Elektron–Proton-Streuung. Herbert Weber 90◇

0049 **Elektron–Proton-Streuung bei hoher Impulsübertragung.** K. Berkelman, M. Feldman, R. M. Littauer, G. Rouse und R. R. Wilson. (Physic. Rev. [2] **130**, 2061—68, 1963; Ithaca, N. Y., Cornell Univ., Labor. of Nucl. Stud.; engl.) — Der elast. e–p-Streuquerschnitt wurde bei Labor.-Winkeln zwischen 90° u. 144° u. für Impulsübertragungen zwischen 25 u. 45 F^{-2} (Elektronenbeschußenergien von 830 bis 1360 MeV) gemessen. Die Daten sind in Einklang mit der Rosenbluth-Formel. Herbert Weber 90◇

0050 **Unelastische Elektron–Proton- und Myon–Proton-Streuung bei der 3/2-Resonanz im Isobarenmodell.** Jean-Marie Abillon. (C. R. hebd. Séances Acad. Sci. **256**, 3605—08, 1963; franz.) — Für die Myonenerzeugung bei der Streuung von Elektronen sowie von Myonen an Protonen werden nach dem Isobarenmodell die Wrkg.-Querschnitte berechnet, ferner werden die Kopplungs-Konst. u. ein Formfaktor des (3/2, 3/2)-Isobars ermittelt. Die Rechnungen werden für 1200 MeV sowie für 1 u. 2 GeV durchgeführt. M. Wiedemann 90◇

0051 **Anwendung der Dispersionsbeziehungen auf den Compton-Effekt am Proton.** W. K. Fedjanin. (J. exp. theoret. Physik [UdSSR] **44**, 633—48, 1963; Univ. der Völkerfreundschaft; russ., Auszug: engl.) — Der Compton-Effekt am Proton wird mittels 6 Dispersionsbeziehungen analysiert. Elektr. u. magnet. Polarisierbarkeit des Protons werden korrekt erhalten. Für Energien bis 800 MeV werden Phasen- u. Winkelverteilungen ermittelt. M. Wiedemann 90◇

0052 **Nichtlokale Nucleon–Nucleon-Wechselwirkung.** D. A. Giltinan und R. M. Thaler. (Physic. Rev. [2] **131**, 805—07, 1963; Cleveland, Ohio, Case Inst. of Technol.; Cleveland, Ohio, Nat. Aeronaut. and Space Administrat., Lewis Res. Labor.; engl.) Herbert Weber 90◇

0053 **Unelastische Nucleon–Nucleon-Wechselwirkungen.** I. A. Kutschin und P. A. Ussik. (J. exp. theoret. Physik [UdSSR] **43**, 1569—74, 1962; Akad. der Wiss. der KasachSSR, Kernphys. Inst.; russ., Auszug: engl.) — Bei Einmesonennäherungs-Wechselwrkg. zwischen zwei Nucleonen wurden folgende Fälle betrachtet: a) nur ein Nucleon wird „angeregt“ u. b) beide Nucleonen werden nicht angeregt (der Prozeß verläuft über die $\pi\pi$-Wechselwirkung). Größe u. asymptot. Verh. der Wirkungsquerschnitte solcher Prozesse wurden geschätzt. Die gefundene Asymmetrie der Winkelverteilung sekundärer Protonen bei pn-Wechselwrkg. (9 GeV) kann vom zuerst betrachteten Fall herrühren. P. Sliwinski 90◇

0054 **Absorption, Polarisationserscheinungen und Zweibaryonenwechselwirkungen.** Norio Hoshizaki und Shigeru Machida. (Progr. theoret. Physics [Kyoto] **29**, 44—48, 1963; Kyoto, Kyoto Univ., Res. Inst. for Fundament. Phys.; Tokyo, Rikkyo Univ., Dep. of Phys.; engl.) — Bei der Unters. der Polarisationseffekte bei hochenerget. Streuung wird der Grenzfall der vollständigen Absorption oder der Abwesenheit realer Phasenverschiebungen betrachtet. Gerhard Schmidt 90◇

0055 **p–p-Streuung bei 660 MeV.** Norio Hoshizaki und Shigeru Machida. (Progr. theoret. Physics [Kyoto] **29**, 49—59, 1963; engl.) — Vgl. vorst. Referat. — Wiedergabe einer Meth. zur Analyse von Daten über die Nucleon–Nucleon-Streuung in einem Energiebereich, wo Absorptionsprozesse nicht vernachlässigt werden können. Die imaginären Teile der Phasenverschiebungen werden aus Daten über die Pionenerzeugung unter Verw. des (3/2, 3/2)-Resonanzmodells geschätzt. Gerhard Schmidt 90◇

0056 **Eine Messung des Wolfenstein-R-Parameters bei der p–p-Streuung bei 141 MeV.** L. Bird, D. N. Edwards, B. Rose, A. E. Taylor und E. Wood. (Nuclear Physics [Amsterdam] **42**, 280—93, 1963; Harwell, Berks., A. E. R. E.; engl.) — Mit einem Solenoid zur Präzession der Protonenspins in einem Bündel polarisierter Protonen ausgeführte Experimente. H. Schroeder 90◇

0057 **Eine Messung des Wolfenstein-A-Parameters bei der p–p-Streuung bei 143 MeV.** O. N. Jarvis, B. Rose, J. P. Scanlon und E. Wood. (Nuclear Physics [Amster-

dam] **42,** 294—305, 1963; engl.) — Vgl. vorst. Referat. — Der A-Parameter wurde bei 32,2; 43,2; 54,6; 65,0; 74,8 bzw. 84,8° (Schwerpunkts-Syst.) zu $-0{,}405 \pm 0{,}032$; $-0{,}377 \pm 0{,}037$; $-0{,}342 \pm 0{,}050$; $-0{,}355 \pm 0{,}075$; $-0{,}198 \pm 0{,}079$ bzw. $+0{,}022 \pm 0{,}154$ bestimmt. Mit diesen Daten konnte eine Phasenverschiebungsanalyse der p–p-Streuung durchgeführt werden.
H. Schroeder 90◇

0058 **Nucleon–Nucleon-Phasenverschiebungen bei 142 MeV.** J. K. Perring. (Nuclear Physics [Amsterdam] **42,** 306—12, 1963; Harwell, Berks., A.E.R.E.; engl.) — Unter Einbeziehung neuer Daten (vgl. vorst. Referat) werden die Proton–Proton-Streuwerte in Termen der Phasenverschiebung analysiert; mit den bereits bestimmten T = 1-Phasen zur Best. der T = 0-Phasen wurde auch eine Analyse der Neutron–Proton-Streuwerte bei der gleichen Energie durchgeführt.
H. Schroeder 90◇

0059 **Neutron–Proton-Streuung unterhalb 20 MeV.** H. Pierre Noyes. (Physic. Rev. [2] **130,** 2025—33, 1963; Stanford, Calif., Stanford Univ., Stanford Linear Accelerator Center; engl.) — Krit. Unters. u. Analyse existierender Daten über n–p-Streuung unterhalb 20 MeV.
Herbert Weber 90◇

0060 **Über die Theorie der Neutronenstreuung am Coulomb-Feld des Kerns.** Ss. B. Gerassimow, A. I. Lebedew und W. A. Petrunkin. (J. exp. theoret. Physik [UdSSR] **43,** 1872—79, 1962; Phys. Lebedew-Inst. der Akad. der Wiss. der UdSSR; russ., Auszug: engl.) — Es werden Neutronenstreuungen in erster u. zweiter Näherung der Störungstheorie unter Berücksichtigung der elektr. Formfaktoren des Neutrons u. der Kontaktwechselwrkg. zwischen Neutron u. Kern behandelt.
P. Sliwinski 90◇

0061 **Totale Neutronenquerschnitte im Energiebereich 15 bis 120 MeV.** P. H. Bowen, J. P. Scanlon, G. H. Stafford und J. J. Thresher. (Nuclear Physics [Amsterdam] **22,** 640—62, 1961; Harwell, Didcot, Berks., A.E.R.E.; engl.) — Mit einem Neutronen-Flugzeitspektrometer wurden die totalen Neutronenquerschnitte von *H, C, Al, Cu, Cd, Pb* u. *U* bei 64 Energien zwischen 15 u. 120 MeV untersucht. Die Ergebnisse werden mit früheren Arbeiten verglichen u. nach dem opt. Kernmodell analysiert. Herbert Weber 90◇

0062 **Totaler Wirkungsquerschnitt von ^{15}N für Neutronen im Energiebereich von 2,8—3,3 MeV.** E. Baumgartner, W. Franzen, P. Huber, L. Schellenberg und F. Seiler. (Helv. physica Acta **29,** 255—56, 1956; Basel, Phys. Inst.; dt.) — Die Messung erfolgt in einem Gasgemisch von 63% ^{15}N u. 37% ^{14}N als Differenzmessung zur gleichen Anzahl von ^{14}N-Atomen. Der gemessene Querschnitt wird im Diagramm wiedergegeben.
I. Zoll 90◇

0063 **Spektren und Wirkungsquerschnitte der unelastischen Streuung von Neutronen im Bereich 0,2—1,2 MeV an Kernen von V, Th, Hg, W, Sb, Cd, Mo, Nb, Fe.** N. P. Glaskow. (Atomenergie [UdSSR] **14,** 400—02, 1963; russ.) — Die Wrkg.-Querschnitte wurden an 30 mm dicken Kugelschichten in einer mit ^3He bis zu 40 Atm. gefüllten Kammer bestimmt, die Spektren der gestreuten Neutronen wurden aufgenommen. Die partiellen u. totalen Wrkg.-Querschnitte sind tabelliert.
M. Wiedemann 90◇

0064 **Ein einfaches Verfahren zur Berechnung des Fermi-Alters von leichtem Wasser.** N. Papmehl. (Atomkernenergie **5,** 357—60, 1960; Geesthacht/Elbe; Gesellschaft für Kernenergieverwertung in Schiffbau und Schiffahrt mbH., Hamburg; dt.) — Der betrachtete Lethargiebereich wird in geeigneter Weise unterteilt u. für jeden der Teilbereiche die monoenerget. Boltzmann-Gleichung gelöst. Der so erhaltene Wert stimmt mit den nach anderen Verff. erhaltenen Werten überein. H. Schroeder 90◇

0065 **Verteilung der Dichte der thermischen Neutronen in den Kanälen des Modells eines Schwerwasserreaktors mit stabförmigen Brennelementen.** V. F. Bělkin und O. V. Švedov. (Jaderná Energie **8,** 343—48, 1962; Akad. der Wiss. der UdSSR, Inst. für theoret. u. exp. Phys.; tschech.) — In 2 Typen von Kanälen wird die Neutronendichteverteilung durch Messung auf Grund der Aktivierung der Dy-Scheibendetektoren bestimmt u. in Gleichungen für das ungestörte Gitter, für Kanäle neben Cd-Kontrollstäben u. für Kanäle neben leeren Kanälen wiedergegeben. Bei kleinen Störungen ist die Schwankung der relativen Dichte innerhalb der Kanäle eine lineare Funktion ihres Radius u. kann aus der Flußdichte an der Kanaloberfläche berechnet werden. Der mittlere Flußdichteabfall im Kanal in einem homogenisierten Reaktor ist eine lineare Funktion seines Wirkungsgrades, des Verhältnisses der Ausgangsdichte im Kanal u. in der Regulatorachse. R. K. Müller 90◇

0066 **Über die Schätzung des Flusses an einem Punkt nach Monte Carlo.** M. H. Kalos. (Nuclear Sci. Engng. **16,** 111—17, 1963; White Plains, N. Y., Unit. Nucl. Corp., Developm. Div. — NDA; engl.) — Vgl. mehrerer Meth. über die Schätzung des Neutronenflusses.
Gerhard Schmidt 90◇

0067 **Grenzbedingungen für die Lösung der Boltzmann-Gleichung in einem periodischen Gitter.** G. Ja. Rumjanzew. (Atomenergie [UdSSR] **14,** 371—74, 1963; russ.)
M. Wiedemann 90◇

0068 **Eine Untersuchung der Flußverteilung in einer verzweigten thermischen Kolonne.** C. G. James und D. A. Meneley. (J. Brit. nuclear Energy Soc. **1,** 103—08, 1962; London, Imp. Coll. of Sci. and Technol., Dep. of Mech. Engng.; engl.) — Beschreibung der Neutronenflußverteilung in einer horizontalen therm. Graphitkolonne mit einem kurzen vertikalen Ast nahe dem Ende der Kolonne in großer Entfernung von der Neutronenquelle.
Gerhard Schmidt 90◇

0069 **Methode der Neutronenflußberechnung in einem abgeschalteten Reaktor mit Photoneutronenquelle.** L. W. Konstantinow und B. I. Kotschetow. (Atomenergie [UdSSR] **14,** 402—04, 1963; russ.) — Berechnungen zu Photoneutronenquellen mit *Be*. Die Strahlung wird von den Spaltprodukten, die sich beim Betrieb des Reaktors bildeten, geliefert. Die notwendige Menge Be wurde für eine punktförmige Quelle berechnet, die sich in der aktiven Zone eines zylindr. Reaktors befindet.
M. Wiedemann. 90◇*

0070 **Die Untersuchung der Neutronenkinetik und der Wirkungsquerschnitte in schnellen nichtmoderierenden Anordnungen durch Nanosekundentechnik der gepulsten Neutronenquelle.** L. E. Beghian, N. C. Rasmussen, R. Thews und J. Weber. (Nuclear Sci. Engng. **15,** 375—81, 1963; Cambridge, Mass., MIT; engl.) — Nanosek.-Stöße monoenerget. Neutronen im 0,8—1,6-MeV-Bereich werden in nichtmoderierende Anordnungen von Bi, Pb u. Natururan injiziert. Die Verss. dienen als eine Prüfung der Gültigkeit der Annahmen der Transporttheorie. Gerhard Schmidt 90◇

0071 **Wahrscheinlichkeitsverteilung von Neutronen und Vorläufern im vervielfachenden Medium.** 2. Mitt. George I. Bell, W. A. Anderson und D. Galbraith. (Nuclear Sci. Engng. **16,** 118—22, 1963; Los Alamos, N. Mex., Univ. of California, Los Alamos Scient. Labor.; engl.) — 1. vgl. C. **1963,** 18322. — Mit der l. c. entwickelten Theorie wird die Verteilung unter Verw. von 6 Gruppen verzögerter Neutronen bzw. Vorläufer berechnet.
Gerhard Schmidt 90◇

0072 **Resonanzabsorption in Substanzen mit Kornstruktur.** R. K. Lane, L. W. Nordheim und J. B. Sampson. (Nuclear Sci. Engng. **14,** 390—96, 1962; San Diego, Calif., Gen. Dynam. Corp., John Jay Hopkins Labor. for Pure and Appl. Sci., Gen. Atom. Div.; engl.) — Die Resonanzabsorption wird für Substanzen untersucht, bei denen der Absorber aus kleinen Körnern innerhalb einer Moderatormatrix besteht. Für ThO_2-Körner in einer Graphitmatrix wird die mittlere gegenseitige Abschirmung zwischen den Körnern berechnet.
Gerhard Schmidt 90◇

0073 **Die effektiven ^{238}U-Resonanzeinfangintegrale von Uranmetall- und UO_2-Stäben.** J. Hardy jun., G. G. Smith und D. Klein. (Nuclear Sci. Engng. **14,** 358—65, 1962; Pittsburgh, Pa., Westinghouse Electr. Corp., Bettis Atom. Power Labor.; engl.) — Messung der Integrale für verschiedene Durchmesser nach einer Akti-

vierungstechnik. Die Abweichung des Flußspektrums von einem 1/E-Verlauf wird korrigiert.
Gerhard Schmidt 90◇

0074 **Einige experimentelle Ergebnisse über die Äquivalenzbeziehungen für effektive Resonanzintegrale.** J. Hardy jun., D. Klein und G. G. Smith. (Nuclear Sci. Engng. **14,** 366—70, 1962; engl.) — Vgl. vorst. Referat. — Ein experimenteller Test von mehreren Äquivalenzbeziehungen wird aus Messungen der ^{238}U-Resonanzeinfangwahrscheinlichkeit für Gitter der krit. Anordnung TRX u. Messungen der ^{238}U-Resonanzintegrale einzelner Stäbe aus UO_2 u. metall. U erhalten.
Gerhard Schmidt 90◇

0075 **Zur Definition einer geeigneten „mittleren" Stoßzahl bei der Abbremsung von Neutronen.** H. Küsters. (Nukleonik [Berlin] **5,** 33—39, 1963; Karlsruhe, Kernforschungszentrum; dt.) — Die mittlere Stoßzahl, die zur Bremsung von Neutronen einer Anfangsenergie E_0 unter eine Energie E_T führt, wird unter Benutzung des mittleren logarith. Energiedekrementes ξ bzw. aus der mittleren Energie nach n Stößen berechnet. Aus statist. Betrachtungen wurde eine lineare Beziehung zwischen Lethargie u. Stoßzahl für Streuungen an schweren Kernen erhalten. H. Schroeder 90◇

0076 **Eine Methode zur Lösung des zeitabhängigen Neutronenthermalisierungsproblems.** J. U. Koppel. (Nuclear Sci. Engng. **16,** 101—10, 1963; San Diego, Calif., John Jay Hopkins Labor. for Pure and Appl. Sci., Gen. Atom. Div. of Gen. Dynam. Corp.; engl.) — Zur Lösung werden singuläre Eigenfunktionen in Verbindung mit einem Eingeschwindigkeits-Transportproblem verwendet.
Gerhard Schmidt 90◇

0077 **Bestimmung der Extrapolationslänge schneller Reaktoren in der Mehrgruppen-P_1-Näherung.** Horst Borgwaldt. (Nukleonik [Berlin] **5,** 27—31, 1963; Karlsruhe, Kernforschungszentrum, Inst. für Neutronenphysik und Reaktortechnik; dt.) — Unters. zur Berechnung der krit. Abmessungen des Cores. H. Schroeder 90◇

0078 **Neutronentemperaturen in einem Leistungsreaktor vom CANDU-Typ.** B. G. Chidley, R. B. Turner und C. B. Bigham. (Nuclear Sci. Engng. **16,** 39—67, 1963; Chalk River, Ontario, Atom. Energy of Canada Ltd.; engl.) — Messung u. Analyse relativer Rk.-Geschw. im Brennstoff u. Moderator einer Gitterzelle des Reaktors zur Best. der effektiven Neutronen-Temp. u. des epitherm. Index. Gerhard Schmidt 90◇

0079 **Das Verlangsamungsspektrum in einem Reaktor vom CANDU-Typ.** C. B. Bigham, B. G. Chidley und R. B. Turner. (Nuclear Sci. Engng. **16,** 68—84, 1963; engl.) — Vgl. vorst. Referat. — Das Spektrum wird nach der Resonanz-Aktivierungstechnik untersucht. Die Messungen bedecken den Energiebereich von 1,46 bis 367 eV. Die in der normalen Zelle beobachteten Spektren sind angenähert 1/E. Gerhard Schmidt 90◇

0080 **Verteilungen der Neutronentemperatur in einem Zylinder des heißen Moderators.** C. B. Bigham, R. B. Turner und B. G. Chidley. (Nuclear Sci. Engng. **16,** 85—100, 1963; engl.) — Vgl. vorst. Referate. — Für die Temp.-Messungen der therm. Neutronen werden ^{239}*Pu* u. ^{176}*Lu* mit Resonanzen bei 0,3 bzw. 0,14 eV zusammen mit den 1/v-Nucliden ^{235}*U* bzw. ^{55}*Mn* verwendet. Der epitherm. Index wird aus den relativen Einfang-Geschw. in ^{115}In u. ^{55}Mn erhalten. Gerhard Schmidt 90◇

0081 **Eine verallgemeinerte Variationsmethode für die Reaktoranalyse.** Alfred L. Mowery jun. und Raymond L. Murray. (Nuclear Sci. Engng. **14,** 401—13, 1962; Raleigh, N. C., North Carolina State Coll., Phys. Dep.; engl.) — Obige Meth. stellt eine Lockerung der Variations-Meth. dar, wodurch der rechner. Aufwand zur Best. eines Eigenwertes in einem Reaktorphysikproblem größtenteils red. werden kann.
Gerhard Schmidt 90◇

0082 **Über eine direkte und intuitive Methode für die Ableitung der Beziehung zwischen k_∞ und k_{eff} und ihre Verallgemeinerung auf Medien mit Reflektor.** Ahmed Yüksel Özemre. (Nukleonik [Berlin] **5,** 31—33, 1963; Istanbul, Çekmece Nükleer Araştirma Merkezi; dt.)
H. Schroeder 90◇

0083 **Reaktordynamik mit einer Reaktivitätsverlustrate proportional der Energie.** J. Ernest Wilkins jun. (Nuclear Sci. Engng. **16,** 135—37, 1963; San Diego, Calif., Gen. Atom. Div. of Gen. Dynamics Corp., John Jay Hopkins Labor. for Pure and Appl. Sci.; engl.) — Verallgemeinerung des Reaktordynamikproblems, um die Wrkg. linearer Reaktivitätsänderungen einzuschließen.
Gerhard Schmidt 90◇

0084 **Die Probleme der Kernstruktur.** V. Weisskopf. (Fortschr. physik. Wiss. [UdSSR] **76,** 153—69, 1962; russ.) Ch. Weiske 95◇

0085 **Korrelation zwischen struktureller Energie und den Eigenschaften der natürlich radioaktiven Kerne.** A. K. Dutta und B. Pal. (Indian J. Physics Proc. Indian Assoc. Cultivat. Sci. **37** (**46**), 313—30, 1963; Calcutta, Univ., Palit Labor. of Phys.; engl.) — Vgl. C. **1964,** **4**-0073. — Unterss. der Abweichungen der experimentell erhaltenen Bindungsenergie der Kerne von der durch die Bethe-Weizsäcker-Relation erhaltenen Energie für die α- u. β-akt. Kerne der natürlichen radioakt. Zerfallsreihe. Gerhard Schmidt 95◇

0086 **Das statistische Kernmodell mit einbezogenen Wechselbeziehungen.** G. M. Wagradow und D. A. Kirshnitz. (J. exp. theoret. Physik [UdSSR] **43,** 1301 bis 1307, 1962; Phys. Lebedew-Inst. der Akad. der Wiss. der UdSSR; russ., Auszug: engl.) — Die Konst. für die Bindungsenergie der Atomkerne (Weizsäcker-Formel) werden unter Berücksichtigung der Wechselbeziehungen durch Anwendung der Gas-Approximation mit verändertem Gesetz der Nucleonendispersion berechnet. Inhomogene Effekte werden durch die Thomas-Fermi-Approximation (schwere Kerne) erklärt.
P. Sliwinski 95◇

0087 **Beweis für die Existenz von Rotationsniveaus in den geraden Kernen.** C. A. Mallmann. (Nuclear Physics [Amsterdam] **24,** 535—75, 1961; Argonne, Ill., Argonne Nat. Labor.; engl.) — Eine Theorie der Rotation von geraden Kernen wird entwickelt. Es wird angenommen, daß die Rotationsbewegung adiabat. behandelt werden kann, u. daß die 3 effektiven Trägheitsmomente u. die 2 effektiven Quadrupolmomente unabhängige Parameter sind. Die theoret. Voraussagen für Energieniveaus u. Gammaübergangswahrscheinlichkeiten werden mit experimentellen Ergebnissen für Kerne mit $40 \leqq A \leqq 250$ verglichen, wobei gute Übereinstimmung erhalten wird. Herbert Weber 95◇

0088 **Zur Theorie der Rotationszustände axialsymmetrisch deformierter gerader Kerne.** A. Gustavs und E. O. Steinborn. (Nuclear Physics [Amsterdam] **41,** 101—17, 1963; Zeuthen/Berlin, Dt. Akad. der Wiss., Kernphys. Inst.; dt.) — Auf der Grundlage des Fl.-Tropfenmodells wird die Änderung der Deformation ε mit dem Zentrifugaldruck in einem rotierenden Kern berechnet. Für eine Anzahl Kerne besteht Übereinstimmung zwischen berechneten u. experimentellen Werten von Rotationsbändern; die theoret. Schwingungsniveaus stimmen mit den experimentellen innerhalb eines Faktors 1,7 überein. H. Schroeder 95◇

0089 **Kaskaden-Coulomb-Anregung von Rotationsniveaus mit Spin 4$^+$ und 6$^+$.** O. F. Afonin, Ju. P. Gangrski, I. Ch. Lemberg und W. A. Nabitschwrinschwili. (J. exp. theoret. Physik [UdSSR] **43,** 1604—10, 1962; Akad. der Wiss. der UdSSR, Leningrader Phys.-Techn. Inst. A. F. Joffe; russ., Auszug: engl.) — Kaskaden-Coulomb-Anregung (KCA) wurde an Isotopen des *Sm* (154), *Gd* (154, 156, 158, 160), *Er* (164, 166, 168, 170) u. *W* (182, 184, 186) untersucht. Mit diesen Isotopen angereicherte Targets wurden mit ^{14}N-Ionen (50 MeV) beschossen. Die Koinzidenzen der dabei emittierten γ-Quanten u. unelast. gestreuten Ionen wurden aufgezeichnet. Zur Registrierung der Ionen diente ein p-n-Si-Detektor. KCA von Rotationsniveaus mit Spin u. Parität 4$^+$ wurde an verschiedenen Isotopen beobachtet, von Rotationsniveaus mit 6$^+$ nur bei ^{154}Sm u. ^{160}Gd. Für die meisten Isotope war die Übereinstimmung mit der Theorie von Alder u. Winter gut.
P. Sliwinski 95◇

0090 **Isospin-Auswahlregeln für energiereiche Elektronenstreuung.** J. M. Eisenberg und M. E. Rose. (Physic. Rev. [2] **131**, 848–53, 1963; Charlottesville, Va., Univ. of Virginia, Dep. of Phys.; engl.) — Unters. der Anwendbarkeit der Isotopenspin-Auswahlregel, die für Photonenübergänge gültig ist, bei der Elektroanregung von Kernen. Herbert Weber 95◇

0091 **Struktur des ^{3}He-Kerns.** H. Collard und R. Hofstadter. (Physic. Rev. [2] **131**, 416–23, 1963; Stanford, Calif., Stanford Univ., Dep. of Phys. and High-Energy Phys. Labor.; engl.) — ^{3}He wurde mittels elast. Elektronenstreuung (110–650 MeV) untersucht. Formfaktoren für die Ladungsdichte u. die Dichte des magnet. Moments von ^{3}He wurden beobachtet.
Herbert Weber 95◇

0092 **Elektromagnetische Übergänge in ^{31}P.** V. K. Thankappan. (Physics Letters [Amsterdam] **2**, 122–23, 1962; Ahmadabad, India, Physic. Res. Labor.; engl.) — Berechnungen durch Einbeziehung von Kernschwingungen bis zu 3 Phononen. Die Übergangswahrscheinlichkeiten für die tiefliegenden Niveaus in ^{31}P sind tabelliert. H. Schroeder 95◇

0093 **Zustände niedriger Energie in ^{90}Y.** Yeong E. Kim. (Physic. Rev. [2] **131**, 1712–22, 1963; Berkeley, Calif., Univ. of California, Lawrence Radiat. Labor.; engl.) — Die energiearmen Niveaus des ungerade–ungerade-Kerns ^{90}Y werden mit zentralen u. Tensorkräften bis zur ersten Ordnung mittels des j–j-Modells der ungeraden Gruppe berechnet. Die Zweikörper-Matrixelemente für die zentralen u. Tensorkräfte werden in der j–j-Darst. ausgedrückt. Die Wrkg. der Tensorkraft werden im einzelnen als eine Funktion der Kräftereichweite analysiert. Die numer. Ergebnisse der Berechnung stimmen ausreichend mit den verfügbaren experimentellen Spektren überein. Gerhard Schmidt 95◇

0094 **Hyperfeinstrukturtrennungen, Isotopieverschiebungen und magnetische Kernmomente der radioaktiven Isotope ^{199}Tl, ^{200}Tl, ^{201}Tl, ^{202}Tl u. ^{204}Tl.** R. J. Hull und H. H. Stroke. (J. opt. Soc. America **51**, 1203–12, 1961; Cambridge, Mass., MIT, Dep. of Phys. and Res. Labor. of Electronics; engl.) — Vgl. C. **1962**, 5545. — Hyperfeinstruktur u. die Isotopieverschiebungen wurden spektroskop. mit Hilfe eines Spiegelmonochromators mit Autokollimation an elektrodenlosen Entladungslampen mit ca. 0,001 μg Radio-Tl untersucht. Die Proben ^{199}Tl u. ^{200}Tl wurden durch α-Beschuß von Au, die von ^{201}Tl, ^{202}Tl u. ^{204}Tl durch Deuteronenbeschuß von fl. Hg hergestellt. Die magnet. Kernmomente (in Kernmagnetonen) wurden durch Vgl. der Hyperfeinaufspaltungen mit den bekannten der stabilen Tl-Isotope zu 1,57 (für Tl-199); $\leq$ 0,15 (200); 1,58 (201) u. $\leq$ 0,15 (202) bestimmt. Die relativen Isotopenverschiebungen zeigen eine definierte Abhängigkeit von der Neutronenzahl.
G. Heinsohn 95◇

0095 **Polarisationsphänomene in direkten Kernreaktionen unter Berücksichtigung von Spin-Orbital-Wechselwirkung.** A. G. Ssitenko und W. F. Chartschenko. (Ukrain. physik. J. **7**, 1149–59, 1962; Charkow, Univ.; ukrain., Auszug: engl.) — Theoret. Ableitung von Spin-Bahn-Wechselwrkg. u. Polarisation bei direkten Kern-Rkk. (Stripping u. Einfang-Rkk. mit Deuteronen-Bldg.). Es werden allg. Gleichungen für die Winkelverteilung u. Polarisation der Prodd. beider Rk.-Typen unter der Einw. von polarisierten Teilchen auf statist. orientierte Kerne erhalten u. einfache Beziehungen zwischen den verschiedenen Prozessen u. der Polarisierung der dabei beteiligten Teilchen aufgestellt. W. Sobieski 103◇

0096 **Polarisation von Protonen bei Stripping-Reaktionen an leichten und mittelschweren Kernen.** M. W. Passetschnik, L. Ss. Ssaltykow und D. I. Tambowzew. (J. exp. theoret. Physik [UdSSR] **43**, 1575–78, 1962; russ., Auszug: engl.) — Bei einer Deuteronenenergie von 13,8 MeV wurde die Winkelabhängigkeit der Protonenpolarisation untersucht. Die Messungen erfolgten an den Targets ^9Be, ^{10}B, ^{40}Ca im Winkelbereich von 10–70° u. an ^{28}Si, ^{58}Ni u. ^{60}Ni bei kleinen Winkeln.
P. Sliwinski 103◇

0097 **Ein experimenteller Überblick über durch 57-MeV-Protonen induzierte Kernreaktionen.** 1. Mitt. Itaru Nonaka, Yoshio Saji, Arata Suzuki, Hisashi Yamaguchi, Robert Eisberg, Yoshihide Ishisaki, Ken Kikuchi, Kazuhisa Matsuda, Takashi Mikumo und Yutaka Nakajima. (J. physic. Soc. Japan **17**, 1817–24, 1962; Tanashi-machi, Kitatama-gun, Tokyo, Univ. of Tokyo, Inst. for Nucl. Study; engl.) — Verschiedene Targets (CH_2, ^{27}Al, ^{58}Ni, Ag, Sn, ^{197}Au u. ^{209}Bi) wurden mit 57-MeV-Protonen beschossen. Energiespektren der emittierten geladenen Teilchen u. ihre Winkelabhängigkeit wurden gemessen. In dieser 1. Mitt. werden experimentelle Meth. u. die Ergebnisse bzgl. der emittierten Protonen mitgeteilt. Die kontinuierlichen Protonenspektren haben eine ausgeprägte Winkelabhängigkeit, die durch den Mechanismus der direkten Stöße von Nucleonen innerhalb des Kerns u./oder an der diffusen Kante des Kerns erklärt werden kann. Anregungsenergien für die beobachteten Niveaus in ^{12}C, ^{27}Al, ^{58}Ni, Sn, Ag u. ^{209}Bi wurden bestimmt.
Herbert Weber 103◇

0098 **Bemerkung über den Coulomb-Zerfall beschleunigter schwerer Ionen.** Johannes M. Hansteen. (Nuclear Physics [Amsterdam] **19**, 309–12, 1960; Erratum: **26**, 527–28, 1961; engl.) — Der Wirkungsquerschnitt für die Coulomb-Disintegration von ^{6}Li-Ionen verschiedener Energie in α-Teilchen u. Deuteronen im Feld eines Au-Kerns wird berechnet u. mit experimentellen Daten verglichen. M. Wiedemann 103◇

0099 **Prüfung der relativen Werte der differentiellen Wirkungsquerschnitte der Tritonenemission nach der Reaktion ^{6}Li(n, t)^{4}He für Energien von 150, 200 u. 250 keV.** C. Beets, E. Donneaux, G. Gierts und L. Winand. (Reactor Sci. Technol. **16**, 383–86, 1963; Mol, Belgique, Centre d'Etudes de l'Energie Nucl.; Liège, Univ., Labor. Van de Graaff; franz.) — Mittels Neutronen der Rk. T(p, n)^{3}He mit Energien von 100 bis 275 keV wurde die Rk. ^{6}Li(n, t)^{4}He durchgeführt. Li befand sich auf Zr. Mittels Kernemulsionen wurden die Tritonen nachgewiesen. Die differentiellen Wirkungsquerschnitte wurden bestimmt u. mit den sich widersprechenden Angaben der Literatur verglichen.
M. Wiedemann 103◇

0100 **Untersuchungen von α-Teilchen aus der ^{6}Li–^{6}Li-Kernreaktion.** Minao Kamegai. (Physic. Rev. [2] **131**, 1701–11, 1963; Chicago, Ill., Univ. of Chicago, Enrico Fermi Inst. for Nucl. Stud., Dep. of Phys.; engl.) — Der Rk.-Mechanismus u. die Zustände in ^8Be bei der Rk. ^{6}Li(^{6}Li, α)^{8}Be $\rightarrow 3\alpha$ werden durch ein Doppelkoinzidenzexperiment untersucht, bei dem Winkel u. Energien der beiden gleichzeitig auftretenden α-Teilchen aufgezeichnet werden. Die Beschußenergie beträgt 1,9 MeV. Das Verteilungsband der emittierten α-Teilchen kann in der Weise interpretiert werden, daß es von einem Cluster-Rk.-Mechanismus herrührt, bei dem sich ^{6}Li mit einem Deuteron-Cluster verbindet, um einen Zustand von ^{8}Be bei 20,95 $\pm$ 0,3 MeV zu erzeugen. Die Winkelverteilung der α-Gruppe, die ^{8}Be in seinem Grundzustand zurückläßt, ist nahezu isotrop im Schwerpunktsystem. Die Rk., die zum Grundzustand von ^{8}Be führt, verläuft mit großer Wahrscheinlichkeit über den Compoundkern ^{12}C*. Der abs. totale Querschnitt für eine Zwischenstufe unter Einschluß des Grundzustandes von ^{8}Be ist 5,8 · 10^{-29} cm^2, für den 20,85-MeV-Zustand ist dieser Querschnitt 13 · 10^{-28} cm^2. Gerhard Schmidt 103◇

0101 **Zerfall des ^{12}C-Kerns in drei α-Teilchen bei der unelastischen Streuung von 80-MeV-π^+-Mesonen.** W. I. Bogatin, S. Nowak und W. I. Osstroumow. (J. exp. theoret. Physik [UdSSR] **43**, 1582–91, 1962; Leningrad, Polytechn. Inst.; russ., Auszug: engl.) — Unters. mittels photograph. Emulsionen. Eine Anregung des ^{12}C-Kerns auf das 9,63-MeV-Niveau trägt wesentlich zum Querschnitt der Rk. bei (ca. 20%). Aus der beobachteten Winkelkorrelation der Zerfallsprodukte kann auf einen Spin > 1 dieses Niveaus geschlossen werden. Die experimentellen Ergebnisse lassen sich durch die Annahme eines gleichzeitigen Zerbrechens des ^{12}C-Kerns in drei α-Teilchen mit einer Resonanzwechselwirkung im Endzustand erklären. P. Sliwinski 103◇

0102 **Präzisionsbestimmung der Massendifferenz ^{27}Al–^{24}Mg aus den Reaktionen $^{24}Mg(\alpha, \gamma)^{28}Si$ und $^{27}Al(p, \gamma)^{28}Si$.** A. Rytz, H. H. Staub, H. Winkler und F. Zamboni. (Helv. physica Acta **35**, 546—48, 1962; Zürich, Univ.; engl.) — Vgl. C. **1964**, 5-0096. — Abs. Präzisionsmessungen zweier entsprechender Resonanzen der beiden Rkk. führten zu folgenden Werten: $^{24}Mg(\alpha, \gamma)$: $E_\alpha = 2437{,}4 \pm 1$ keV; $E_\alpha = 3199{,}8 \pm 1$ keV; $^{27}Al(p, \gamma)$: $E_p = 504{,}88 \pm 0{,}15$ keV; $E_p = 1183{,}25 \pm 0{,}25$ keV. Daraus ergibt sich die Massendifferenz ^{27}Al–^{24}Mg zu 3 m_u — (3269,1 ±2,7) keV. H. Schroeder 103◇

0103 **Eine direkte Bestimmung der Resonanzbreite von $^{27}Al(p, \gamma)^{28}Si$ bei 991 keV.** F. Bumillor, J. Müller und H. H. Staub. (Helv. physica Acta **3**, 234, 1956; Zürich, Univ.; dt.) — Bei der Berechnung der Ausbeutekurven wurden folgende verbreiternde Einfl. berücksichtigt: 1. Dreieckförmiges Energiespektrum des Magneten, 2. Doppler-Verbreiterung infolge therm. Bewegung der Targetatome u. 3. Begrenzte Stabilisierung des Magnetfeldes. Halbwertsbreite $\Gamma = (50 \pm 30)$ eV, Resonanzenergie E = 990,8 keV. I. Zoll 103◇

0104 **γ-Strahlen aus der 992-keV-Resonanz der Reaktion $^{27}Al(p, \gamma)^{28}Si$.** L. Simons, K. E. Nystén, M. Koskelin, O. Siltanen, E. Spring und G. Wendt. (Soc. Sci. fenn., Comment. physico-math. **27**, Nr. 8, 1—21, 1962; Helsinki; engl.) — Einzel- u. Koinzidenz-γ-Spektren wurden aufgenommen; die gemessenen γ-Energien reichen von 1,77—10,76 MeV. Die Winkelverteilungen der γ-Strahlen mit $E_\gamma = 10{,}76$ bzw. 1,77 MeV wurden untersucht. Auf Grund der Ergebnisse wird ein Niveauschema für ^{28}Si vorgeschlagen u. dem 12,54-MeV-Niveau in ^{28}Si 3 + zugeordnet. Mögliche Kollektivzustände des ^{28}Si-Kerns werden anhand der Theorie von Davydov-Chaban diskutiert. (Vgl. nachst. Referat). H. Schroeder 103◇

0105 **Eine Untersuchung der Reaktion $^{31}P(p, \gamma)^{32}S$ bei Protonenenergien von 642, 812, 1116 und 1147 keV.** Erik Spring. (Soc. Sci. fenn., Comment. physico-math. **28**, Nr. 6, 1—41, 1963; Helsinki, Univ., Inst. of Phys.; engl.) — Einzel- u. Koinzidenz-γ-Spektren wurden gemessen. Aus Ausbeutemessungen wurden die Resonanzstärken $(2J_r + 1)\Gamma_p\Gamma_\gamma/\Gamma$ für die angegebenen Energien zu 0,36, 1,9, 1,6 bzw. 4,2 eV bestimmt. Aus Winkelverteilungsmessungen ergaben sich folgende Zuweisungen von Spin u. Parität: 1 — (642 keV), 2 + (812 keV), 1 ± (1116 keV) u. 2 + (1147 keV). Die Eichung des Meß-Verf. u. der App. erfolgte durch Messungen der Resonanz der Rk. $^{27}Al(p, \gamma)^{28}Si$ bei 992 keV (vgl. vorst. Ref.), wobei eine Multipolmischung von 99% M1 + 1% E2 für den 10,76 MeV-γ-Übergang bestimmt wurde. Ein Energieschema für ^{32}S mit Zerfallswegen u. Spin- u. Paritätszuweisungen ist angegeben. H. Schroeder 103◇

0106 **Die Reaktion $^{40}Ca(\alpha, p)^{43}Sc$ mit α-Teilchen der Maximalenergie 20 MeV.** N. O. Lassen und Clive Larsen. (Nuclear Physics [Amsterdam] **42**, 183—96, 1963; Copenhagen, Univ., Inst. for Theoret. Phys.; engl.) — Die bei der Bestrahlung von natürlichem Ca emittierten Protonen wurden mit einer Ionisationskammer gemessen. Am oberen Ende des Spektrums konnten Niveaus von ^{43}Sc beobachtet werden. Für verschiedene Protonengruppen wurden Winkelverteilungen gemessen; die Winkelverteilung der dem Grundzustandsübergang zuzuordnenden Protonen wurde mit der Stripping-Theorie von Butler betrachtet. Das Gesamtprotonenspektrum besteht aus 2 Gruppen (Protonen vom Compoundkern u. Protonen von den Tochternucliden), die beide nahezu isotrop sind. H. Schroeder 103◇

0107 **Zerfallsschema und Matrixelemente für den β-Übergang $^{110m}Ag \rightarrow {}^{110}Cd$.** H. Daniel, O. Mehling und D. Schotte. (Z. Physik **172**, 202—09, 1963; Heidelberg, MPI für Kernphys.; dt.) — Der Verlauf des $6^+ \rightarrow 6^+$-β-Spektrums mit $E_0 = 529$ keV konnte im Gegensatz zu früheren Arbeiten als „erlaubt" nachgewiesen werden. Die Konst. der β-γ-Zirkularpolarisations-Korrelation wurde zu A = 0,07 ± 0,02 gemessen. Daraus ergab sich ein Verhältnis X für den Fermi-zu-Gamow-Teller-Beitrag zum Zerfall von: $X_1 = -0{,}02 \pm 0{,}03$ oder $X_2 = -10{,}3^{+2{,}3}_{-4{,}1}$. Auf Grund qual. Schalenmodellbetrachtungen erscheint der X_1-Wert geeigneter. H. Schroeder 103◇

0108 **Bestimmung des Spins von ^{152m}Eu.** W. M. Lobaschow, W. A. Nasarenko und L. F. Ssajenko. (J. exp. theoret. Physik [UdSSR] **43**, 1579—81, 1962; Akad. der Wiss. der UdSSR, Phys.-Techn. Inst. A. F. Joffe; russ., Auszug: engl.) — Der beim β-Zerfall des ^{152m}Eu ($\beta_{max} = 560$ keV, relative Intensität 1,2%) durch $\beta\gamma$-Korrelationsmessungen (β-Impuls u. zirkulare Polarisation des γ-Quants) gewonnene Korrelations-Koeff. $A_1 = +(0{,}40 \pm 0{,}10)$ zeigt, daß Spin u. Parität des isomeren Zustandes von ^{152m}Eu, entgegen dem vorher angenommenen Wert von 0^-, gleich 1^- sein muß. P. Sliwinski 103◇

0109 **Gamma-Gamma-Richtungskorrelation in ^{136}Ba und ^{94}Mo.** H. Bernstein und H. H. Forster. (Nuclear Physics [Amsterdam] **24**, 601—06, 1961; Los Angeles, Calif., Univ. of California; engl.) — Messungen für die γ-Kaskaden 1,065 MeV—0,830 MeV in ^{136}Ba u. 0,700 MeV — 0,874 MeV in ^{94}Mo beim Zerfall von ^{136}Cs bzw. ^{94}Nb. Eine 2^+-Zuordnung für den zweiten angeregten Zustand führt zu einem Übergang von vorherrschend M1 zwischen dem zweiten u. ersten angeregten Zustand. Herbert Weber 103◇

0110 **Untersuchung des radioaktiven Zerfalls von ^{168}Tm.** V. Brabec, B. Kracík und M. Vobecký. (Czechoslov. J. Physics **10**, 969—70, 1960; Praha, Ústav jader. fys. Československ. akad. věd; russ.) — Wilkinson u. Hicks erwähnen die Möglichkeit des β^--Zerfalls von ^{168}Tm zu ^{168}Yb auf Grund der gefundenen Elektronenenergie von ca. 500 keV. Die Grenzenergie des β^--Spektrums liegt bei 940 ± 20 keV. Bei der Überprüfung des Spektrums fanden Vff. eine noch nicht beschriebene K-Linie bei 304 keV. β^--Zerfall tritt zu 19% aller Zerfallsereignisse ein. Es kann sich jedoch auch um den Zerfall von ^{170}Tm handeln, welches eine längere Halbwertszeit besitzt u. auch beim Bestrahlen von Tm entstehen kann. Diese Frage wird erst nach 1—1,5 Jahren nach genauen Messungen der Tm-Fraktion beantwortet werden können. J. Tůmová 103◇

0111 **Über die α-Aktivität von Platin-Isotopen.** Gunnar Graeffe. (Suomalaisen Tiedeakatemian Toimituksia [Ann. Acad. Sci. fenn.], Ser. A VI **1963**, Nr. 128, 1—34; Helsinki, Univ., Dep. of Phys.; engl.) — Folgende Ergebnisse wurden unter Verw. einer Ionisationskammer als α-Spektrometer bei Messungen der α-Aktivitäten von Pt-Isotopen [natürliches Gemisch, angereicherte Isotope, durch *Ir*(p, xn)Pt-Rkk. hergestellte künstliche Isotope] erhalten (Isotop, E_α in MeV, Halbwertszeit, α-Verzweigungsverhältnis): ^{192}Pt, —, $> 10^{14}$a, —; ^{190}Pt, 3,18 ± 0,02, (5,4 ± 0,6) · 10^{11}a, —; ^{188}Pt, 3,93 ± 0,01, (10,2 ± 0,3) d, (3,0 ± 0,6) · 10^{-7}; ^{186}Pt, 4,23 ± 0,02, (2,0 ± 0,2) h, 1,4 · 10^{-6}; ^{184}Pt, 4,48 ± 0,02, (20 ± 2) min, 1,5 · 10^{-5}; ^{183}Pt, 4,74 ± 0,03, (6,5 ± 1) min, 1,3 · 10^{-5}; ^{182}Pt, 4,82 ± 0,03, (2,5 ± 0,5) min, 2,4 · 10^{-4}. H. Schroeder 103◇

0112 **Die Konversionsspektren hoher Energie von ^{195}Hg und ^{193}Hg.** J. Brunner, J. Halter und H. J. Leisi. (Helv. physica Acta **29**, 238—40, 1956; Zürich, ETH.; dt.) — Vgl. C. **1958**, 912. — Zusammenstellung der in ^{195}*Au* bzw. ^{193}*Au* konvertierten γ-Linien. I. Zoll 103◇

0113 **Transversale Polarisation von Konversionselektronen, die dem Betazerfall von ^{203}Hg folgen.** S. K. Bhattacherjee, E. Giberman, H. J. Lipkin und A. Nir. (Physics Letters [Amsterdam] **2**, 347—50, 1962; Rehovoth, Israel, Weizmann Inst. of Sci., Dep. of Nucl. Phys.; engl.) — Der gemessene Grad der Transversalpolarisation schließt die Zuordnung $I_1 = 5/2$ aus, spricht dagegen sehr für $I_1 = 3/2$. Herbert Weber 103◇

0114 **Messung des K-Konversionskoeffizienten der 279-keV-γ-Strahlung in ^{203}Tl.** J. P. Hurley und J. M. Ferguson. (Nuclear Physics [Amsterdam] **31**, 690, 1962; engl.) — Diskussion zu den wiedergegebenen Daten (C. **1963**, 772) für α_K u. das Intensitätsmischungsverhältnis in Verbindung mit den Ergebnissen von Deutch u. Metzger (C. **1961**, 16724). Gerhard Schmidt 103□

0115 **Eine Suche nach einem E4-Crossover-Übergang bei Isomerenzerfall von ^{204}Pb.** Kasuke Takahashi und Kyûya Kotajima. (J. physic. Soc. Japan **17,** 1815—17, 1962; Bunkyo-ku, Tokyo, Univ. of Tokyo, Dep. of Phys.; engl.) — Natürliches PbO_2 wurde mit 57-MeV-Protonen beschossen, wobei die ^{204m}Pb-Aktivität durch Pb(p,xn) · ^{204}Bi $\rightarrow$ ^{204m}Pb erzeugt wurde. Ein E4-Crossover-Übergang vom zweiten angeregten 4^+-Zustand zum Grundzustand im Isomerenzerfall von ^{204}Pb wurde mit Scintillationsspektrometer u. Absorber-Verf. untersucht. Die Übergangswahrscheinlichkeit des 1,274-MeV-E4-Gammastrahls wurde zu ca. $\leq 1{,}3 \cdot 10^2$ s^{-1} bestimmt. Herbert Weber 103◇

0116 **Wirkungsquerschnitte für Photoprotonenreaktionen in Blei.** Ju. I. Ssorokin, W. G. Schewtschenko und B. W. Jurjew. (J. exp. theoret. Physik [UdSSR] **43,** 1600—03, 1962; Moskau, Univ., Kernphys. Inst.; russ., Auszug: engl.) — Die Gesamtausbeutekurven der (γ,p)-Rkk. in ^{207}Pb u. ^{208}Pb u. der (γ,np)- u. (γ,d)-Rkk. in ^{208}Pb wurden durch Registrierung der induzierten Aktivität gemessen. Die Energieabhängigkeit des totalen Wirkungsquerschnitts (Maximum bei 26,5 MeV, 6,2 mb) ergab sich aus den Ausbeutekurven. Die integralen Wirkungsquerschnitte der gesamten Rkk. stehen nicht im Widerspruch zu den durch die Summationsregel für Quadrupolübergänge geschätzten Werten. P. Sliwinski 103◇

0117 **Statistisches Modell bei der durch thermische Neutronen induzierten Spaltung von ^{235}U.** E. Erba, U. Facchini, E. Saetta-Menichella, F. Tonolini und L. Tonolini Severgnini. (Physics Letters [Amsterdam] **6,** 294—95, 1963; Milano, Labor. CISE; engl.) — Die relativen Spaltwahrscheinlichkeiten bei der Rk. ^{235}U + n_{th} wurden nach dem statist. Modell untersucht. Massen- u. Energieverteilungen wurden ermittelt. Die Übereinstimmung mit den experimentellen Daten ist befriedigend. M. Wiedemann 103◇

0118 **Die mittlere Zahl von β-Zerfällen je Spaltung eines ^{236}U-Kernes als Funktion der Zeit.** Günther Alzmann. (Nukleonik [Berlin] **3,** 295—301, 1961; München, T. H., Labor. für Techn. Phys.; dt.) — Vf. bestimmte die Anzahl der β-Teilchen, die in einer bestimmten Zeitspanne nach Spaltung eines ^{236}U-Kerns emittiert werden, mit einer in einem 4π-Zählrohr angebrachten U-Schicht bei Bestrahlung mit therm. Neutronen. Es ergaben sich $6{,}6 \pm 0{,}9$ β-Zerfälle je Spaltung. O. Jansen 103◇

0119 **Winkelanisotropie der γ-Quanten, die bei der ^{235}U-Spaltung emittiert werden.** M. W. Blinow, N. M. Kasarinow, A. N. Protopopow und B. M. Schirjajew. (J. exp. theoret. Physik [UdSSR] **43,** 1644—48, 1962; Akad. der Wiss. der UkrainSSR, Phys.-Techn. Inst.; russ., Auszug: engl.) — Bei der ^{235}U-Spaltung durch therm. Neutronen werden in der Bewegungsrichtung der Spaltbruchstücke (12 ± 2)% mehr γ-Quanten gemessen als in der dazu senkrechten Richtung. P. Sliwinski 103◇

0120 **Eine absolute Messung von $\bar{\nu}$ des ^{252}Cf.** I. Asplund-Nilsson, H. Condé und N. Starfelt. (Nuclear Sci. Engng. **16,** 124—30, 1963; Stockholm, Res. Inst. of Nat. Defense; engl.) — Durch Zählung der Spaltneutronen in einem großen Fl.-Scintillator ergibt sich die mittlere Zahl der pro ^{252}Cf-Spaltung emittierten prompten Neutronen zu $3{,}799 \pm 0{,}034$. Gerhard Schmidt 103◇

0121 **Vielkomponenten-Isotopentrennung in Kaskaden.** D. J. Clarke. (Chem. Engng. Sci. **17,** 709, 1962; Cheshire, U.K.A.E.A., Capenhurst Works; engl.) — Vf. macht auf einige Unstimmigkeiten in der Arbeit von de la Garza u. Mitarbeitern (Chem. Engng. Sci. **15,** [1961], 188) aufmerksam. H. Schroeder 104◇

0122 **Vielkomponenten-Isotopentrennung in Kaskaden.** A. de la Garza. (Chem. Engng. Sci. **17,** 709—10, 1962; Oak Ridge, Tenn., Union Carbide Nucl. Comp., Oak Ridge Gaseous Diffusion Plant; engl.) — Vgl. vorst. Referat. — Ergänzende Berechnungen. H. Schroeder 104◇

0123 **Einrichtung zur Durchführung von Experimenten in Kernreaktoren am Argonne National Laboratory.** E. S. Sowa, C. R. Breden und L. W. Fromm jun. (Nuclear Sci. Engng. **15,** 415—28, 1963; Argonne, Ill., Argonne Nat. Labor.; engl.) — Übersicht über das Testprogramm dynam. Loop-Verss. einschließlich Niederschmelzen des Brennstoffs. Gerhard Schmidt 110◇

0124 **Bestrahlung von spaltbaren Proben im Core des DMTR.** W. H. Lunning. (Nuclear Engng. **8,** Nr. 80, 12—14, 1963; DMTR, Operat. Group.; engl.) — Für den mit D_2O moderierten, reflektierten u. gekühlten Materialprüfungsreaktor in Dounreay wurden besondere Versuchsaufbauten in Form von Brennelementen entwickelt, die sich an Stelle von Brennelementen einsetzen lassen. Gerhard Schmidt 110◇

0125 **Bewegung der Elektronen innerhalb der Knoten im Synchrotron.** A. Ss. Tschumakow. (Hochschulnachr. [Tomsk], Physik **1961,** Nr. 6, 113—17; Tomsk, Polytechn. Inst.; russ.) — Die Bewegung der Elektronen innerhalb der durch radiale Phasenschwingungen verursachten Knoten wird untersucht. M. Wiedemann 112◇

0126 **Ergänzende Bemerkungen über den Einfluß der Raumladung auf die Stabilität der Bündel in den Synchrotrons und Speicherringen.** Francis Fer und Claude Delcroix. (C. R. hebd. Séances Acad. Sci. **256,** 2544 bis 2546, 1963; Orsay, Labor. Joliot-Curie de Phys. Nucl.; franz.) — Behandlung des Beispiels frontaler Elektron–Positron-Stöße als Ergänzung zu der im gl. J. **256,** [1963], 2305 erschienenen Arbeit. M. Wiedemann 112◇

0127 **Verwendung von Beschleunigerneutronen.** E. Alfred Burrill und Malcolm H. MacGregor. (Nucleonics [New York] **18,** Nr. 12, 64—68, 1960; Burlington, Mass., High Voltage Engng. Corp.; Walnut Creek, Calif., Appl. Radiat. Corp.; engl.) — Übersicht über Neutronenerzeugung, z. B. durch (d,n)- oder (p,n)-Rkk., u. Verw. der Neutronen für Unterss. von Reaktorproblemen, zur Simulierung von Kernexplosionen, zur Neutronenaktivierung u. biolog. Forschung. — 6 Literaturangaben. H. Roschkowski 112◇

0128 **Americium-241-Quelle für analytische Zwecke.** Anonym. (Nucleonics [New York] **20,** Nr. 11, 90, 1962; engl.) — Kurze Beschreibung der Benutzung von ^{241}Am für α-, γ- u. Neutronenquellen [durch (α, n)-Rkk. an Be oder B] sowie ihrer Einsatzmöglichkeiten (z. B. Kern-Rkk., Radiographie, Aktivierungsanalyse). L. Roth 112◇

0129 **Erzeugung von Kernisomeren. 3. Mitt. Verbesserung der Meßanordnung.** Tokishi Kaminishi, Chiyo Kojima und Yoshiyuki Nakashima. (Rep. Govern- ment ind. Res. Inst., Nagoya **11,** 633—42, 1962; jap., Auszug: engl.) — 2. vgl. gl. J. **11,** [1962], 413. — Verbesserungsvorschläge für die Anordnung (l. c.), um Halbwertszeiten von einigen Sek. mit höherer Genauigkeit als bisher zu messen. Gerhard Schmidt 112◇

0130 **Auswertung radioaktiver Zerfallsdaten.** Robert G. Monk, Alan Mercer und Tom Downham. (Analytic. Chem. **35,** 178—83, 1963; Aldermaston, Atomic Weapons Res. Establ.; engl.) — Vff. vergleichen verschiedene Meth. zur Best. der Aktivität einer Komponente in einem Gemisch durch Auswertung der Zähldaten von Mischungen bekannter Mengen ^{99}Mo u. ^{140}La. Die geeignetsten Gleichungen sind die der „größten Wahrscheinlichkeit" u. die der „kleinsten Chi-Quadrate". R. Krämer 112◇

0131 **Neue kritische Untersuchung der Ergebnisse von Radioaktivitätsmessungen (bei Verwendung eines Scintillationszählers).** M. Van Assche. (C. R. hebd. Séances Acad. Agric. France **49,** 503—08, 1963; franz.) — Bei einem Scintillationszähler folgt die Streuung von Zählungen dem gleichen mathemat. Modell wie beim Geiger-Zähler. Gerhard Schmidt 112◇

0132 **Steigerung des Wirkungsgrades der Lichtsammlung bei Scintillationszählern.** C. M. Ankenbrandt und E. M. Lent. (Rev. sci. Instruments **34,** 647—51, 1963; Livermore, Calif., Univ. of California, Lawrence Radiat. Labor.; engl.) — Um die Lichtsammlung bei Scintillationsmessungen zu steigern, wurden Unterss. mit verschiedenen Maßnahmen angestellt, wie Oberflächenbehandlung des Scintillationskristalles u. seiner reflektierenden Hülle, geometr. optimale Anordnung des Scintillators zum

Detektor, Lichtleiter, Größe u. Form des Scintillators. Die Unterss. wurden mit organ. Scintillatoren durchgeführt. W. Reusse 112◇

0133 **Scintillationsmessung wäßriger Lösungen von β-Strahlern.** Josef Klumpar und Miroslava Majerová. (Jaderná Energie 8, 356—62, 1962; ČSAV, Úst. jad. výzk., Radiolog. dozimetrie; tschech.) — Die Radioaktivität der wss. Lsgg. von β-Strahlern wird zweckmäßig wegen ihres meist kleinen Geh. an radioakt. Substanz am Trockenrückstand bestimmt. Als Scintillator hat sich eine dünne Schicht (5—10 mg/cm^2) aus > 90% p-Terphenyl u. 5—8% Polystyrol (vgl. Ssemowa, C. **1959,** 10464) bewährt. Dieser Typ zeigt geringe Empfindlichkeit gegenüber dem Untergrund von γ-Strahlung, erfordert daher keine Abschirmung u. ist in seiner Detektorwrkg. von der Energie der β-Strahlung (bei geringer Absorption im Trockenrückstand) unabhängig. R. K. Müller 112◇

0134 **Ein Scintillationszählersystem zur Ermittlung positiver und negativer Pionen.** J. G. Rutherglen und J. K. Walker. (Nuclear Instruments Methods [Amsterdam] 8, 239—43, 1960; Glasgow, Univ., Dep. of Natural Philos.; engl.) H. Roschkowski 112◇

0135 **Halbleiterdetektoren auf Siliciumgrundlage.** Jiří Hanzlík. (Jaderná Energie 8, 366—67, 1962; tschech.) — Mit Si als Grundlage werden 2 Typen von Detektoren hergestellt, ein Typ mit Si allein mit diffuser Tiefensperrschicht u. ein Si-Au-Typ mit Oberflächensperrschicht. Die Unters. des 2. Typs mit ^{214}Po als monoenerget. Strahler ergibt ein Auflösungsvermögen bis 0,9%. R. K. Müller 112◇

0136 **Multiplikationserscheinungen beim Ansprechen von Halbleiterdetektoren auf Spaltfragmente.** H. C. Britt und H. E. Wegner. (Rev. sci. Instruments **34,** 627—32, 1963; Los Alamos, N. Mex., Univ. of California, Los Alamos Sci. Labor.; engl.) — Läßt man das Spaltfragmentspektrum von ^{252}Cf auf einen Oberflächengrenzschicht-Detektor (n-Si mit Au-Oberfläche) fallen u. variiert die Spannung am Detektor zwischen 50 u. 370 V, dann erhält man in Abhängigkeit von dieser Spannung unterschiedliche Impulsspektren. Die Ursache liegt in Multiplikationseffekten, vergleichbar mit solchen beim Geiger-Zähler, die auftreten, wenn die einfallenden Teilchen eine gewisse Eindringtiefe überschreiten. Die Unters. dieses Effektes, der bei α-Teilchenbeschuß nicht auftritt, läßt darauf schließen, daß die Multiplikation auf Löcher zurückzuführen ist. W. Reusse 112◇

0137 **Übersicht über Apparate für die Kontrolle der Kontamination durch radioaktive Stoffe.** Jiří Měřínský und Vladimír Kubla. (Jaderná Energie 8, 367—71, 1962; Tesla-Pardubice, Výzk. závod Přemyšlení; tschech.) — Beschreibung u. Vgl. verschiedener App.-Typen. R. K. Müller 112◇

0138 **Strahlenschutzgeräte für Fabriken.** D. E. Barnes. (Nuclear Power **7,** Nr. 74, 55—58, 1962; A. W. R. E. Aldermaston, Group Safety Div.; engl.) — Beschreibung von Geräten zur Dosismessung u. Kontaminationsüberwachung. L. Roth 112◇

0139 **Zur Methodik der Bestimmung kleiner Mengen α-radioaktiver Substanzen unter Anwendung von Kernphotoemulsionen.** K. B. Saborenko und W. I. Korobkow. (Radiochemie [UdSSR] **1,** 724—27, 1959; russ.) — Die Möglichkeit des Nachw. geringer Mengen von α-Strahlern u. der quant. Best. mittels Kernemulsionen wurde am Beispiel von U geprüft. Die Verteilung des U zwischen Photoemulsion u. Lsg. wurde für verschiedene Konzz. u. pH-Werte zwischen 1 u. 6,7 untersucht u. der Verteilungs-Koeff. bestimmt. Der Koeff. ist pH-abhängig. M. Wiedemann 112□

0140 **Photographische Dosimetrie von Röntgen- und γ-Strahlen.** Jaroslav Beneš. (Jaderná Energie **8,** 122—25, 1962; Úst. jad. výzk. ČSAV, dozimetr. odd.; tschech.) — Überblick. — 9 Literaturangaben. R. K. Müller 112◇

0141 **Ionisationsmessungen bei sehr hohen Energien in Kernemulsionen.** H. Winzeler. (Helv. physica Acta **29,** 260—62, 1956; Bern, Univ., Phys. Inst.; dt.) — Vgl. C. **1958,** 3215. — Es wird versucht, den Betrag des Wiederanstiegs in Ilford-G5-Platten zu ermitteln u. den Wiederanstieg zur Energiemessung zu verwenden. I. Zoll 112◇

A$_2$. Optisches Verhalten der Materie

0142 **Über Graphitteilchen als interstellare Körner.** F. Hoyle und N. C. Wickramasinghe. (Monthly Notices Roy. astronom. Soc. **124,** 417—33, 1962; Cambridge, St. John's Coll.; Trinity Coll.; engl.) — Das theoret. aus der interstellaren Rötungskurve vorhergesagte Vork. von kleinen Graphitflocken stimmt sehr gut mit dem beobachteten Rötungsgesetz überein u. führt daher zu der Annahme, daß die interstellaren Körner nicht aus Eis, sondern aus Graphit bestehen. Bei der Unters. über den Ursprung von Graphitflocken auf den Oberflächen von kalten C-Sternen wurde gefunden, daß etwa 10^4 N-Sterne in einem galakt. Syst. ausreichend sind, um die verlangte Dichte der interstellaren Körner in einer Zeit von $3 \cdot 10^9$ Jahren zu erzeugen. Die Körner werden bevorzugt in dem Pulsationszyklus eines N-Sterns bei Temp. < 2700°K gebildet u. haben einen großen Einfl. auf die photosphär. Undurchsichtigkeit, d. h. die photosphär. opt. Dichte nimmt deutlich ab, wenn die Temp. nach 2000°K absinkt. Die Körner können in galakt. Syst. gebildet werden, die wenig oder kein Gas enthalten u. können von den galakt. Systemen ausgestoßen werden. Graphit ist hoch feuerfest u. würde in HII-Gebieten nicht verdampfen. Da Graphit H elemiesorbiert, ist es ein guter Katalysator für die Erzeugung von interstellarem H_2. Außerdem wurden Graphitkörner sehr wirksam bei der Erzeugung von interstellaren Moll. sein, während Eis in dieser Hinsicht keinerlei Wirksamkeit besitzt. Schließlich besitzt Graphit anisotrope Leitfähigkeit u. könnte damit die Erscheinung der interstellaren Polarisation bedingen. C. Gottfried 113△

0143 **Zur Deutung der interstellaren Absorptionsbänder.** Albrecht Unsöld. (Z. Astrophysik **56,** 221—38, 1963; Kiel, Neue Univ., Inst. für Theoret. Phys. u. Sternwarte; dt.) — Vf. nimmt Bezug auf zuerst von Merrill (1934) entdeckte zahlreiche interstellare Absorptionsbänder bzw. diffuse Linien bei λ 4430 usw., die sich durch ihre unerwartet große Breite auszeichnen u. die nicht irgendwelchen bekannten Spektren zugeordnet werden konnten, u. kommt auf Grund theoret. Überlegungen zu dem Ergebnis, daß sie auf die Absorption von Metallteilchen mit Durchmessern von größenordnungsmäßig 30—200 Å zurückgeführt werden können. Eine Zuordnung bestimmter Bänder zu bestimmten Substanzen ist dagegen noch nicht möglich. C. Gottfried 113△

0144 **Atmosphären von weißen Zwergen.** Kyoji Nariai. (Publ. astronom. Soc. Japan **14,** 199—207, 1962; Tokyo, Univ., Dep. of Astron.; engl.) — An Hand von Modellatmosphären, deren He-Häufigkeit zu 99,5% u. deren Metallhäufigkeit zu 0,5% angenommen wird, versucht Vf. die Farben verschiedener weißer Zwerge zu erklären. Mit den Modellen lassen sich die Farben der DC-, DF- u. DG-Typen der weißen Zwerge erklären, deren Atmosphären aus Wasserstoff sind. C. Gottfried 113△

0145 **Atmosphäre von Beta Pegasi, einem Riesen vom M-Typ.** Yasumasa Yamashita und Kazuhiko Utsumi. (Publ. astronom. Soc. Japan **14,** 208—21, 1962; Tokyo, Univ., Dep. of Astron.; engl.) — Auf den IR-Spektrogrammen des obigen Sterns konnten 27 Absorptionslinien verschiedener Intensität identifiziert werden u. zwar 13 *FeI*-Linien, 10 *TiI*-Linien, 2 *ZrI*- u. 2 *CaI*-Linien. Mit Hilfe dieser Linien wurde eine empir. Wachstumskurve abgeleitet. Nach Anpassung dieser empir. Wachstumskurve an die theoret. Wachstumskurve wurden die Doppler-Geschw., die Dämpfungskonst., die Anregungstemp. u. die Grenzlinientiefe erhalten. Aus einer Analyse der Wachstumskurve ergab sich, daß als Quelle der kontinuierlichen Absorption das H^--Ion anzusehen ist. C. Gottfried 113△

0146 **Spektrophotometrische Untersuchung von zwei Sternen vom S-Typ HD 216672 und 22649 im infraroten Gebiet.** Takashi Tsuji. (Publ. astronom. Soc. Japan **14,** 222—46, 1962; Tokyo, Univ., Dep. of Astron.; engl.) —

Vf. untersuchte spektrophotometr. die Spektren der beiden obigen Sterne zwischen 7900 u. 2800 Å. Ausgemessen wurden die Wellenlängen von etwa 1000 Linien. Tabellar. sind die Wellenlängen von Linien von *FeI, ZrI, TiI, CoI, VI, NaI, CaII, NiI, MnI, MgI, SiI* u. *ArII* angegeben. Roh abgeschätzt wurde das Häufigkeitsverhältnis O/C u. mit theoret. Schlußfolgerungen von Fryita (1939) verglichen. Das Verhältnis Zr/Ti ist im ersten Stern um einen Faktor von 3, im zweiten um einen Faktor von 6 größer im Vgl. zur Sonne. Die chem. Zus. wurde bestimmt. C. Gottfried 113△

0147 **Stationäre Stoßwellen in einer ebenen Sternatmosphäre. 2. Mitt. Die Fortpflanzung.** Tomokazu Kogure. (Publ. astronom. Soc. Japan **14,** 247—531, 1962; Kyoto, Univ., Dep. of Astron.; engl.) — Vf. untersuchte die Fortpflanzung einer stationären Stoßwelle, wobei die Wechselwrkg. mit dem Strahlungsfeld in dem lokalen thermodynam. Gleichgewicht berücksichtigt wurde. Numer. Abschätzungen wurden für einen idealen Fall von konst. Druck an der äußeren Oberfläche durchgeführt. Hierbei ergab sich, daß die Wellenstruktur infolge Strahlungsverlust beträchtlich leidet, die Bewegung der Stoßfront ist dagegen jedoch ziemlich unempfindlich. C. Gottfried 113△

0148 **Fortpflanzung von Stoßwellen in einem inhomogenem Medium.** Tomokazu Kogure und Tôru Ôsaki. (Publ. astronom. Soc. Japan **14,** 254—64, 1962; engl.) — Vgl. vorst. Referat. — Vff. erweiterten die Theorie von Brinkley u. Kirkwood zur Fortpflanzung von Stoßwellen in Sternatmosphären (vgl. Physic. Rev. [2] **71,** [1947], 606) dahingehend, daß die Inhomogenität des nicht gestörten Bereichs mit berücksichtigt wurde. C. Gottfried 113△

0149 **Solare bzw. stellare Oscillatorenstärken des Fe II.** B. Baschek, W. H. Kegel und G. Traving. (Z. Astrophysik **56,** 282—84, 1963; Pasadena, Calif., Inst. of Technol.; München-Garching, Inst. für Plasmaphys. G. m. b. H.; Kiel, Neue Univ., Inst. für Theoret. Phys. u. Sternwarte; dt.) — Unter Verwendung der von Roder (vgl. C. **1963,** 17185) experimentell am Emissionsspektrum eines Lichtbogens gemessenen abs. gf-Werte des Fe II berechneten Vff. solare u. stellare gf-Werte für Fe II. C. Gottfried 113△

0150 **Nachweis der Stark-Verbreiterung von Balmer-Linien in Fackeln.** Zdeněk Švestka. (Bull. astronom. Inst. Czechoslovakia **13,** 236—40, 1962; Ondřejov, Czechosl. Acad. of Sci., Astronom. Inst.; engl.) — Vf. berichtet über Messungen der Halbwertsbreiten höherer Balmer-H-Linien in Fackeln am 7. Aug. 1960 u. am 12. Juli 1961, aus denen hervorgeht, daß die Balmer-Linien wenigstens in einigen Fackeln durch den Stark-Effekt verbreitert werden. C. Gottfried 113△

0151 **Über die Abschätzung der optischen Dichte der Elektronenatmosphäre mit Hilfe einer Untersuchung der Compton-Verschiebung.** Lee Eng Nio und K. K. Sen. (Publ. astronom. Soc. Japan **14,** 265—70, 1962; Singapore, Univ., Dep. of Phys.; engl.) — Vff. schätzen die opt. Dicke der Elektronenstreuatmosphäre ab aus der Intensitätsverteilung der aus der photosphär. Oberfläche austretenden Strahlung u. der Verschiebung des Maximums der Spektrallinie nach dem Rot infolge Compton-Streuung durch freie Elektronen. C. Gottfried 113△

0152 **Fluorescieren Sauerstoff und Wasserdampf?** David L. MacAdam. (J. opt. Soc. America **53,** 397—98, 1963; Rochester N. Y., Eastman Kodak Co., Res. Labor.; engl.) — Vf. untersuchte mit Hilfe eines Spektroradiometers die Spektralverteilung von direktem Sonnenlicht (Sonnenhöhe 50°) u. Himmelslicht (Höhe 40°, entgegengesetzter Azimuth bzgl. Sonne). Bei Himmelslicht fehlt die Absorption von O_2 u. H_2O-Dampf, die im direkten Sonnenlicht deutlich zu sehen ist. Zur Deutung dieses Phänomens werden die Hypothesen diskutiert, daß O_2 u. H_2O fluoreszieren oder daß die Rayleigh-Streuung proportional der spektralen Absorption der streuenden Moll. wächst. J. M. Spaeth 113◇

0153 **Intensitätsunterschiede der roten Sauerstofflinie im Nachtleuchten.** Hiroshi Kamiyama. (J. Geomagnetism Geoelectr. [Kyoto] **14,** 58—65, 1962; Kyoto, Tohoku Univ., Geophys. Inst.; engl.) — Auf der Grundlage ionosphär. Daten aus der Literatur u. unter der Annahme, daß die roten O-Linien durch die dissoziative Rekombination gemäß $O_2^+ + e \rightarrow O' - O''$ angeregt werden, berechnete Vf. die zeitlichen Veränderungen in der Emissionsintensität. Die Ergebnisse stimmten gut mit Beobachtungen in gemäßigten Breiten überein. Auf Grund der Unters. wird angenommen, daß die Häufigkeit von mol. O_2 in der oberen Atmosphäre beträchtlich von Nacht zu Nacht variiert. C. Gottfried 113△

0154 **Nordlichtdissoziation von molekularem Sauerstoff in der polaren Mesosphäre.** Kaichi Maeda. (J. geophys. Res. **68,** 185—97, 1963; Greenbelt, Md., Goddard Space Flight Center; engl.) — Vf. befaßt sich mit der bekannten Tatsache, das die Mesosphäre in der Polarnacht wärmer ist, als zu jeder anderen Jahreszeit u. zu jeder Breite, obwohl die Erwärmung durch Sonnenbestrahlung kleiner ist. Vf. nimmt an, daß die Erwärmung der polaren Mesosphäre durch die Assoziation von O-Atomen verursacht wird. Die Dissoziation von O_2-Moll. in der oberen Atmosphäre, der prim. durch UV-Strahlung der Sonne verursacht wird, kann auch durch Nordlichtteilchen verursacht werden. Vf. schätzte den Beitrag der Nordlichtteilchen zur Dissoziation von O_2 u. fand hierbei, daß der maximale Geschwindigkeitskoeff. für Protonen u. Elektronen mit einem Energiespektrum $E^{-n}dE(n \geq 3)$ von der Größenordnung 10^{-8} (cm^3 $s)^{-1}$ ist u. daß die Höhe der maximalen Dissoziation etwa 90 km beträgt. Infolgedessen ist die Geschw. der korpuskularen Dissoziation von O_2-Moll. in der oberen Mesosphäre während starker Nordlichtaktivitäten mit der der Photodissoziationen vergleichbar, die hauptsächlich dem Schumann-Runge-Kontinuum ultravioletter Sonnenstrahlungen zuzuschreiben ist. C. Gottfried 113△

0155 **Musikalische Intervalle in Spektralserien.** D. Rădulescu. (Rev. Chim. [Bucarest] **7,** 449—60, 1962; franz.) — Die Intervalle zwischen den Frequenzen der Linien- u. Bandenspektren stimmen mit akust. Intervallen der natürlichen Tonleiter überein. Es wird eine Exponentialgleichung zur Berechnung der Frequenzen der Spektralserien vorgeschlagen. Die Analogie von Spektralserien u. akust. Intervallen wird an H_2, NO_2, *Bzl., Fluoren, Naphthalin* u. *Benzochinon* gezeigt. I. Zoll 114◇

0156 **Schwingungsübergang in molekularen Zusammenstößen.** 5. Mitt. **Eine weitere zur Berechnung der Schwingungsübergangswahrscheinlichkeit nützliche kurze Funktionentabelle.** 2. Mitt. Kazuo Takayanagi und Shobu Kaneko. (Sci. Rep. Saitama Univ., Ser. A **4,** 15—21, 1961; Urawa, Saitama Univ., Dep. of Phys. u. Tokyo, Univ., Fac. of Sci., Dep. of Phys.; engl.) — 1. vgl. C. **1963,** 11113. — In Erweiterung früherer Unterss. (vgl. l. c.) führten Vff. ähnliche Berechnungen für größere Werte der Energieübertragung zwischen den Translations- u. Schwingungsfreiheitsgraden durch. Die berechneten Funktionen sind graph. u. tabellar. zusammengestellt. C. Gottfried 114△

0157 **Quadrupol- und verbotene Linien im L-Emissionsspektrum von Iridium-77.** A. N. Nigam. (Indian J. pure appl. Physics **1,** 53—55, 1963; Lucknow, Univ. of Lucknow, Dep. of Phys.; engl.) — Mit Hilfe eines Kristallspektrographen vom Transmissionstyp mit gebogenem Glimmerkristall wurde das L-Emissionsspektrum von ^{77}Ir untersucht. Dabei wurden zwei neue Linien bei 1204,5 u. 1247,6 Å gefunden, die sich dem Quadrupol-Übergang $L_{II}M_{III}$ (β_{17}) bzw. dem verbotenen Übergang $L_{II}M_{II}$ zuordnen lassen. Die Quadrupollinie t bei 1489,94 Å, die dem Übergang $L_{III}M_{II}$ entspricht, konnte endgültig bestätigt werden. Die gemessenen Wellenlängen bereits bekannter Quadrupole u. verbotener Linien werden mit den Werten anderer Autoren verglichen. D. Noack 116◇

0158 **Quadrupol- und verbotene Linien im L-Emissionsspektrum von Tantal-73.** B. G. Gokhale und A. N. Nigam. (Indian J. pure appl. Physics **1,** 56—58, 1963; engl.) — Vgl. vorst. Referat. — Mit Hilfe eines Kristallspektrographen vom Transmissionstyp mit gebogenem Glimmerkristall wurde das L-Emissionsspektrum von ^{73}Ta untersucht. Dabei wurden zwei neue Linien bei

1383,53 u. 1157,6 Å gefunden, die sich dem Quadrupol-Übergang $L_{II}M_{III}$ (β_{17}) bzw. dem verbotenen Übergang $L_{II}N_{II}$ zuordnen lassen. Die gemessenen Wellenlängen bereits bekannter Quadrupol- u. verbotener Linien werden mit den Werten anderer Autoren verglichen.
D. Noack 116◇

0159 **Kontinuierliche Absorptionskoeffizienten für nicht wasserstoffähnliche Atome.** G. Peach. (Monthly Notices Roy. astronom. Soc. **124**, 371—81, 1962; London, Univ. College, Dep. of Phys.; engl.) — Die Absorptionskoeff. von *H*, *He* u. He^+ werden für einen großen Frequenzbereich u. jede gegebene Temp. mitgeteilt. Die Ergebnisse wurden dahingehend erweitert, um ähnliche Absorptionskoeff. für neutrales *O*, *N* u. *Mg* zu erhalten, wobei getrennt alle nicht wasserstoffähnlichen nl-Niveaus verwendet werden. Mit experimentellen Ergebnissen von Boldt (vgl. C. **1962**, **2630**) für den Wellenlängenbereich von 4300—6300 Å wird gute Übereinstimmung gefunden. Bei der Berechnung der kontinuierlichen Absorption durch den Grundzustand von *Al* wurde gefunden, daß ein großer Schwellenwirkungsquerschnitt vorhanden ist, was in Verb. mit der plötzlichen Änderung im Sonnenkontinuum bei 2085 Å von Interesse ist.
C. Gottfried 118△

0160 **Alternierende Methode zur Messung der Polarisation des Lichtes von Helium-Atomen, die durch energiereiche Elektronen angeregt wurden.** Robert H. McFarland und Edward A. Soltysik. (Physic. Rev. [2] **129**, 2581—82, 1963; Livermore, Calif., Univ. of California, Lawrence Radiat. Labor.; engl.) — Vgl. Physic. Rev. [2] **128**, [1962], 2222. — Vff. bestätigen die bereits beobachteten Anomalien bei unelast. Elektronenstreuung an He mit einer von früher beschriebenen Verff. unabhängigen Meth. für die $\lambda = 4922$ Å-Linie des He.
J. Blume 118◇

0161 **Messung der Übergangswahrscheinlichkeiten in den Cl I-, Cl II- und C I-Spektren.** E. W. Foster. (Proc. physic. Soc. **80**, 882—93, 1962; Mill Hill Park, Univ. of London, Observatory; engl.) — Unter Verwendung eines wirbelstabilisierten Bogens in Chlf. bestimmte Vf. die Übergangswahrscheinlichkeiten für alle klassifizierten Cl I-Linien sowie für die stärksten Cl II-Linien im Bereich **3900—5200** Å u. für C I-Spektren. Ein starkes, das Chlf.-Plasma begleitendes Kontinuum wird hauptsächlich dem Cl I-Rekombinationspektrum zugeschrieben. Die erhaltenen Übergangswahrscheinlichkeiten für Cl-Linien liegen im Mittel um 23% über den von Hey (C. **1961**, 11976) angegebenen Werten.
D. Jörchel 118◇

0162 **Zur Isotopieverschiebung im Silber I- und II-Spektrum.** Matthias Elbel und Wolfgang Fischer. (Z. Physik **166**, 504—09, 1962; Marburg, Univ., Physikal. Inst.; dt.) — Vgl. C. **1964**, 3-0172. — Vff. untersuchten unter Verw. elektromagnet. getrennter Isotope interferenzspektroskop. im Ag I-Spektrum die Isotopieverschiebung der Übergänge zwischen den Konfigurationen $4d^{10}5p$-$4d^{10}6s$, 7s, 5d, 6d sowie in Ag II-Spektrum die Übergänge zwischen den Konfigurationen $4d^9 6s$-$4d^9 6p$ u. $4d^9 5p$-$4d^8 5s^2$. Die Isotopieverschiebung ließ sich sehr genau bestimmen, da keine der untersuchten Übergänge eine auflösbare Hyperfeinstruktur besitzt u. wegen der schweren Masse der Ag-Isotope die Doppler-Verbreiterung gering ist. Aus den Messungen ergab sich, daß in dem Ag I- u. Ag II-Spektrum kein Kopplungseffekt auftritt. Für die Isotopieverschiebungskonst. ergab sich der Wert 34 mK.
C. Gottfried 118△

0163 **Einsteinsche A-Koeffizienten, Oscillatorstärken und absolute Bandenstärken des zweiten positiven N_2- und des ersten negativen N_2^+-Systems.** R. W. Nicholls. (J. atmospheric terrestr. Physics **25**, 218—21, 1963; London, Ontario, Univ. of Western Ontario, Dep. of Phys.; engl.) — Aus Messungen der relativen Intensität von Banden des ersten negativen N_2^+- u. des zweiten positiven N_2-Syst. sowie aus Best. der Schwingungsdauer der oberen Zustände dieser Syst. ermittelt Vf. die abs. Übergangswahrscheinlichkeitsparameter: Einstein-Parameter $A_{v'v''}$, Oszillatorstärke $f_{v'v''}$ u. Bandenstärke $p_{v'v''}$ aller Banden der untersuchten Syst. (Tabellen).
W. Sobieski 118◇

0164 **Neue Theorie für die Elektronenübergangsspektren von Acetylacetonatokomplexen.** Chr. Klixbüll Jørgensen. (Acta chem. scand. **16**, 2406—10, 1962; Cologny, Geneva, Cyanamid European Res. Inst.; engl.) — Die starke Abhängigkeit der Wellenzahlen für den Elektronenübergang in Halogenidkomplexen von der Elektronenzahl in den teilweise aufgefüllten Schalen führt zu einer Änderung der neueren Interpretationen der starken Absorptionsbanden von Acetylacetonatometallkomplexen, $Me(aca)_3$. Mit der für andere Übergangskomplexe verwendeten Theorie ergibt sich eine gute Übereinstimmung mit der Lage der beobachteten Banden, wenn man annimmt, daß alle möglichen Übergänge zwischen den π-Bahnen, den Unterschalen γ_5 u. γ_3 u. den leeren π^*-Bahnen auftreten. Die opt. Elektronegativität der π-Bahnen des aca^- wurde zu ca. 2,7 gefunden. Die Bande bei 26000 cm^{-1} von $Cu(aca)_2$ ist vermutlich dem Übergang $\pi \rightarrow (x^2-y^2)$ zuzuordnen. Es wird vorgeschlagen, verschiedene Vorstellungen über die $\gamma_5 \rightarrow \gamma_3$-Übergänge in $Ti(aca)_3$ u. $Mn(aca)_3$ zu revidieren.
Gerhard Schulze 118◇

0165 **Die physikalische Chemie von Organozinnverbindungen.** 3. Mitt. **Die Ultraviolettspektren einiger Arylzinnverbindungen.** V. S. Griffiths und G. A. W. Derwish. (J. molecular Spectroscopy **7**, 233—41, 1961; London, Battersea Coll. of Technol., Chem. Dep.; engl.) — 2. vgl. C. **1962**, 13658; 4. vgl. C. **1964**, 6/7-0209. — Die UV-Spektren (200—400 nm) von *Tetrabenzylzinn* (**I**), *Tribenzylzinnchlorid* (**II**), *Triäthylzinnphenolat* (**III**), *Tetra-p-tolylzinn* (**IV**) u. *Tetrakis-[p-chlorphenyl]-zinn* (**V**) wurden in Cyclohexan u. Chlf. aufgenommen. Die Ähnlichkeit zwischen dem Spektrum von **I** u. Tetraphenylzinn zeigt, daß der induktive Einfl. des Sn-Atoms noch wirksam ist, obwohl die Methylengruppe das Sn-Atom vor dem Mesomerieeffekt der Phenylgruppe abschirmt. Das Spektrum von **II** zeigt Photo-Zers. der Verb. in Chlf. u. Cyclohexan an. Das leere d-Orbital des Sn in **III** scheint die Ausdehnung des mesomeren Effekts der π-Elektronenwolke der Phenylgruppe auf die p-Elektronen des O-Atoms zu bedingen. In **IV** u. **V** tritt eine Wechselwrkg. zwischen den Elektronen des Sn-Atoms u. des p-Substituenten des Benzolkerns ein, u. zwar in **IV** stärker als in **V**.
G. Heller 118◇

0166 **Bestimmung der Doppelbrechung eines Nickelsulfathexahydrat-Kristalles im Ultravioletten, Sichtbaren und nahen Infrarot.** Nicole Krauzman. (C. R. hebd. Séances Acad. Sci. **256**, 3446—47, 1963; Paris, Sorbonne, Labor. de Rech. phys.; franz.) — Im Bereich 2500 Å bis 2 μ wurden 3 Absorptionsbanden festgestellt. Die Dispersion der Doppelbrechung zeigt Anomalien bei 3890, 6460 u. 11460 Å.
J. Heinze 119◇

0167 **Dispersionsmessungen an CsBr und CaF_2 im fernen Ultrarot und bei Millimeterwellen.** H. Happ, H. W. Hofmann, E. Lux und G. Seger. (Z. Physik **166**, 510—18, 1962; Frankfurt/Main, Univ., Physikal. Inst.; dt.) — Vgl. C. **1963**, 15914. — Vff. berichten über Messungen der Absorption an CsBr- u. CaF_2-Platten in dem Spektralbereich zwischen 0,4 u. 3,5 mm. Gemessen wurde die Durchlässigkeit δ an planparallelen Platten, wobei δ definiert ist als das Verhältnis der durchgelassenen Intensität unter Einschluß aller Reflexionsverluste zur einfallenden Intensität. Da in dem untersuchten Spektralbereich der Brechungsindex prakt. konst. u. gleich der Wurzel aus der stat. DK ist, läßt sich aus δ der Absorptionskoeff. K bestimmen. Der Absorptionsverlauf von CsBr entsprach dem der früher (vgl. l. c.) untersuchten Alkalihalogenide. Man findet einen Haltepunkt u. im übrigen einen annähernd glatten Verlauf, in dem sich noch eine gewisse Struktur bei 1 mm Wellenlänge andeutet. Im nm-Gebiet ändert sich in der doppeltlogarithm. Darst. K prakt. linear mit der Wellenlänge λ. Aus der Neigung der Geraden ist ersichtlich, daß K stärker als mit $1/\lambda$ abnimmt. Ein $1/\lambda$-Abfall wäre zu erwarten gewesen, wenn eine klass. Dipersionsformel gelten würde. Bei CaF_2 wurde in der gewählten Darst. kein gleichförmiger Abfall von K mit λ beobachtet, es zeigte sich dagegen eine deutliche Struktur. Bei beiden Verbb. ist demnach eine Darst. der Verhältnisse mittels einer klass. Dispersionsformel ebensowenig möglich, wie bei den l. c. untersuchten Alkalihalogeniden NaCl, KCl u. LiF.

C. Gottfried 119△

0168 **Die Resonanzabsorption von sehr dünnen Silber- und Goldfilmen.** Shigeo Yamaguchi. (J. physic. Soc. Japan **15**, 1577—85, 1960; Tokyo, Metropolitan Univ., Fac. of Sci., Dep. of Phys.; engl.) — Auf Quarzglas- bzw. Kollodiumträger werden bei $2 \cdot 10^{-5}$ Torr mit Aufdampfgeschw. von 7 Å/s 7—40 Å dicke Ag- bzw. 8—25 Å dicke Au-Schichten aufgedampft. Von den Schichten wird nach dem Aufdampfen bzw. nach Wärmebehandlung bei 160° die opt. Durchlässigkeit zwischen 200 u. 1200 nm untersucht. Ag-Schichten zeigen eine anomale Absorptionsbande bei 434—450 nm, die mit steigender Schichtdicke e zunächst breiter wird u. dann verschwindet. Nach Wärmebehandlung tritt die anomale Bande bereits bei größerem e im Wellenlängenbereich 435—480 nm auf. Aus der Form der Absorptionskurve folgt, daß die anomale Bande auf Resonanzschwingungen der Leitungselektronen in metall. Bereichen zurückzuführen ist, aus denen sehr dünne Schichten aufgebaut sind. An den Au-Schichten werden analoge Erscheingungen beobachtet. Die Absorption ist geringer, u. die Resonanzbande wird mit steigendem e von 510 auf 550 nm verschoben. Die Ergebnisse werden unter Berücksichtigung der kollektiven Bewegungen der Leitungselektronen in den Metallinseln diskutiert.

Herbert Müller 119◇

0169 **Reflexions- und Transmissionsfaktoren einer dünnen Silberschicht bei schrägem Einfall.** Sylvie Danis und Jean-Pierre David. (C. R. hebd. Séances Acad. Sci. **252**, 2090—92, 1961; franz.) — Auf prismat. Glasträger werden bei $5 \cdot 10^{-6}$ Torr 0,9—33,3 nm dicke Ag-Schichten aufgedampft. Für die Wellenlängen 4358, 5461 u. 5780 Å werden an Luft bei Einfallswinkeln zwischen 15 u. 65° die Transmissions- u. Reflexionsfaktoren bestimmt; die Meßergebnisse sind graph. angegeben.

Herbert Müller 119◇

0170 **Apparatur zur Messung der optischen Eigenschaften von frisch aufgedampften Filmen im Vakuumultraviolett vor der Behandlung mit Luft.** R. P. Madden und L. R. Canfield. (J. opt. Soc. America **51**, 838—45, 1961; Fort Belvoir, Va., US Army Engineer Res. and Dev. Labor.; engl.) — Vff. beschreiben Aufbau u. Funktion einer App., die das Vakuumaufdampfen dünner Metallschichten bei $5 \cdot 10^{-6}$ Torr u. die Messung der opt. Transmission u. Reflexion als Funktion des Einfallswinkels mit Licht der Wellenlängen λ 500—2000 Å gestattet, ohne daß die Schichten zwischendurch an Luft gebracht werden. Das Licht einer fensterlosen Hochspannungsgasentladung wird zur Ausschaltung von Fehlern des Beugungsgitters u. des elektr. Nachverstärkers sowie zur Verbesserung des Signal-zu-Rausch-Verhältnisses mechan. moduliert. Die Verwendbarkeit der App. wird an Aufdampfschichten von *Al*, *Pt*, u. *Rh* auf Glasträgern untersucht. Während das Reflexionsvermögen R von Al-Schichten für $\lambda = 1216$ Å bei $5 \cdot 10^{-6}$ Torr von ca. 70% nach 18,5 Min. auf 60% abfällt, bleibt R von Pt- bzw. Rh-Schichten bei Vakuumlagerung für $\lambda = 584$ Å konst. bei 22,2 bzw. 20,5%.

Herbert Müller 119◇

0171 **Beitrag zur Kenntnis der Kristallphasen Ti_2O_3 und Ti_3O_5.** F. Trojer. (Radex-Rdsch. **1962**, 212—18; Radenthein; dt.) — Mit Hilfe des Wechsellichtphotometers von E. Leitz wurde das Reflexionsvermögen von Ti_2O_3 u. Ti_3O_5 im Anschliff bestimmt. Ti_3O_5 ist opt. zweiachsig positiv u. im Vgl. zu Metallphasen schwach absorbierend. Der opt. Charakter von Ti_2O_3 ist im Bereich von 453 bis 571 $\mu\mu$ negativ, darüber positiv; ebenfalls schwach absorbierend.

Ernst Schulte 119◇

0172 **Interferenzringe mit großem Gangunterschied bei Verwendung eines He-Ne-Lasers.** Tadashi Morokuma, Karl F. Nefflon, T. R. Lawrence und Thomas M. Klucher. (J. opt. Soc. America **53**, 394—95, 1963; Tokyo, Olympus Opt. Comp., Ltd.; Washington, D. C., Nat. Bur. of Stand; engl.) — Es wurden Interferenzringe, die durch kohärentes Licht von einem He-Ne-Gaslaser erzeugt wurden, mit opt. Gangunterschieden bis zu 9 m (Spiegelabstand 4,5 m) in einem Michelson-Interferometer beobachtet.

J. M. Spaeth 119◇

0173 **Wasserstoff in Alpha-Quarz.** 2. Mitt. A. Kats. (Philips Res. Rep. **17**, 201—79, 1962; Eindhoven; engl.) — 1. vgl. C. **1963**, 16428. — Durch hydrothermale Synth. werden unter Verw. von wss. KOH-, NaOH-, NaOD- bzw. Na_2CO_3-Lsgg., die teilweise mit GeO_2 bzw. LiF dotiert sind, in Z-Richtung gewachsene Einkristalle von α-Quarz (Q_s) hergestellt. Von Q_s sowie natürlichen Rauchquarz- u. Amethyst-Kristallen werden bei 78°K die IR-Absorptionsspektren an 0,1—0,5 mm dicken Plättchen mit normalem bzw. parallel zur opt. Achse polarisiertem Licht der Wellenzahlen 400—3650 cm^{-1} aufgenommen. Die Spektren sind graph. wiedergegeben, u. die Zuordnung der Fundamental-, Oberton- u. Kombinationsfrequenzen sowie der Spreizschwingungen in O–H u. O–D wird diskutiert. Q_s-Proben mit Na^+- u. Li^+-Dotierung werden bei 500° zwischen Graphitelektroden elektrolysiert u. ein partieller Austausch der Alkalimetallionen durch H^+ erzwungen; das IR-Spektrum der Proben wird zwischen 3250 u. 3550 cm^{-1} aufgenommen. An 0,84—6,83 mm dicken Q_s-Plättchen wird zwischen 400 u. 1000° der Diffusionskoeff. D für den H^+-D^+-Austausch durch Unters. der IR-Absorption bei 2500 u. 3371 cm^{-1} bestimmt. Unterhalb 573° wird die Temp.-Abhängigkeit von D mit $D = 5{,}5 \cdot 10^{-5} \cdot \exp \cdot (-19300/RT)$, oberhalb 573° mit $D = 5{,}0 \cdot \exp(-42300/RT)$ cm^2/s beschrieben. Aus der Diskussion der Modelle für den Einbau von H^+ in α-Quarz folgt, daß H^+ einen Platz in der Ecke eines Tetraeders um O^{2-} einnehmen kann, von dem zwei weitere Ecken mit benachbartem Al^{3+} u. Si^{4+} besetzt sind. Außerdem kann H^+ zwischen zwei O^2-Paaren sitzen; die Schwingungen erfolgen dann in Richtung der zweizähligen Achse.

Herbert Müller 120◇

0174 **Infrarotspektroskopische Untersuchung von Silicatmineralien.** 1. Mitt. **Phyllosilicate und amorphe Silicate.** E. Nemecz und Katalin Bélafi-Réthy. (Veszprémi Vegyipari Egyetem Közleményei [Mitt. Univ. chem. Ind. Veszprém] **5**, 287—301, 1962; Lehrst. für Miner.; ung.) — Bei der Unters. der IR-Spektren von in KBr bzw. Nujol suspendierten Phyllosilicaten werden für den Strukturtyp kennzeichnende Merkmale festgestellt. Die glasigen Silicatphasen können auf Grund einer kennzeichnenden Bande von den kristallinen Verbb. sicher unterschieden werden. Die IR-Spektroskopie scheint für die direkte Best. der Glasphasen geeignet zu sein. Die Verss. bestätigen die Nützlichkeit der IR-Spektroskopie bei kristallinen Substanzen.

J. Plank 120

0175 **Versuch einer theoretischen Deutung der spektralen Störungen von gasförmigen HCl-Ar-Gemischen.** Georges C. Turrell. (J. Rech. Centre nat. Rech. sci. **1960**, 123 bis 130; Labor. des Hautes Pressions; franz.) — Vf. berechnete die Wellengleichung für die Rotation eines polaren zweiatomigen Mol. (HCl) in Wechselwrkg. mit einem einatomigen Störgas (Ar). Es wurde zunächst ein Ausdruck für das Dipolmoment des Syst. als Funktion des intermol. Abstandes hergeleitet. Die Auswahlregeln, die die Rotationsübergänge bedingen, werden abgeleitet. Es wird gezeigt, wie das in mehreren Seiten beobachtete Auftreten des Q-Zweiges in der Rotations-Schwingungs-Grundbande des Mol. direkt einer Induktion durch das Quadrupolmoment des polaren Mol. u. einem Erholungsmoment zugeschrieben werden kann, das durch Störung der elektron. Verteilung erzeugt wird.

C. Gottfried 120△

0176 **Schwingungs-Rotations-Banden von $^{14}N_2{}^{16}O$ bei 4,5 μ.** Phillip E. Fraley, W. W. Brim und K. Narahari Rao. (J. molecular Spectroscopy **9**, 487—93, 1962; Columbus, Ohio, Ohio State Univ., Dep. of Phys. and Astron., Labor. of Mol. Spectros. and Infrared Stud.; engl.) — Es werden eine große Zahl von Banden des $^{14}N_2{}^{16}O$-Mol. bei 4,5 μ vermessen u. verbesserte Werte für einige Rotations-Konst. erhalten. Die Mol.-Konst. (in cm^{-1}) der ν_3-Bande sind $\nu_0 = 2223, 769 \pm 0{,}01$; $B(00^01) - B(00^00) = -0{,}003456$; $D(00^01) - D(00^00) = 0$ u. der $(\nu_3 + \nu_2 - \nu_2)$-Bande ist $\nu_0 = 2209, 535 \pm 0{,}02$ (Banden, Tabellen).

W. Sobieski 120◇

0177 **Infrarot-Absorptionsspektren der Verbindungen von Scandiumchlorid und -bromid mit Ammoniak.** Ju. Ja. Charitonow, W. P. Orlowski und I. W. Tananajew.

(J. anorg. Chem. [UdSSR] **8,** 1093—1103, 1963; Akad. der Wiss. der UdSSR, Inst. für allg. u. anorgan. Chem.; russ.) — Vff. untersuchten die IR-Spektren im Bereich 400—2000 cm^{-1} folgender Verbb. $ScX_3 \cdot 5NH_3$, $ScX_3 \cdot 4NH_3$, $ScX_3 \cdot 2NH_3$; $ScX_3 \cdot 3NH_3 \cdot 4H_2O$; $ScX_3 \cdot 3NH_3 \cdot 2H_2O$ (X = Cl oder Br), die Spektren derselben Verbb., die jedoch deuterisiertes NH_3 oder D_2O enthalten, sowie die Spektren von $ScCl_3 \cdot 3NH_3 \cdot 3H_2O$, $ScCl_3 \cdot 2NH_3 \cdot 2H_2O$, $ScCl_3 \cdot 6H_2O$, $Sc(OH)_3$ u. der mechan. Gemenge $Sc(OH)_3 + 2NH_4Cl$ u. $Sc(OH)_3 + 3NH_4Cl$. Die IR-Spektren der Verbb. $ScX_3 \cdot n\,NH_3$ enthalten die für die Pendel-, symm. u. die entarteten Deformationsschwingungen charakterist. Absorptionsbanden bei 650—900; 1200—1400 u. 1550—1630 cm^{-1}, die auf das komplex gebundene NH_3 hinweisen. Die IR-Spektren der Verbb. $ScX_3 \cdot 3NH_3 \cdot m\,H_2O$, $ScCl_3 \cdot 3NH_3 \cdot 3H_2O$ u. $ScCl_3 \cdot 2NH_3 \cdot 2H_2O$ enthalten diese Banden nicht u. somit kein koordinativ gebundenes NH_3. Sie sind vielmehr NH_4^+ enthaltende Hydrolyse-Prodd. der Ammoniak-Additionsverbindungen. So entsteht bei der Zers. von $ScCl_3 \cdot 5NH_3$ in feuchter Luft die Verb. $Sc(OH)_3 \cdot 3NH_4Cl \cdot H_2O$: $[Sc(NH_3)_5Cl]Cl_2 + 4H_2O \leftrightharpoons (NH_4)_3[Sc(OH)_3Cl_3] \cdot H_2O + 2NH_3$. Der Mechanismus der therm. Zers. der Anlagerungs-Verbb. wird unter Berücksichtigung des Trans-Effektes des Sc(III) erklärt. G. Ewald 120◇

0178 **Infrarot-Spektren von Metallchelatverbindungen. 9. Mitt. Eine Normalkoordinatenanalyse von Dithioamidocarbonat-Komplexen.** Kazuo Nakamoto, Junnosuke Fujita, Robert A. Condrate und Yukiyoshi Morimoto. (J. chem. Physics **39,** 423—27, 1963; Chicago, Ill., Techn. Center, Illinois Inst. of Technol, Dep. of Chem.; engl.) — 8. vgl. C. **1963,** 3477. — Die IR-Spektren der Dithioamidocarbonat (DTC)-Komplexe *Pt(DTC)*$_2$ (**I**), *Pd(DTC)*$_2$, *Ni(DTC)*$_2$, *Co(DTC)*$_3$, *Cr(DTC)*$_3$, *Cd(DTC)*$_2$ (**II**) sowie des *Pt-Bis-[N-methyl]*-(**III**) u. -*[N-äthyldithioamidocarbonats]* (**IV**) einschl. ihrer deuterierten Derivv. wurden an KBr-Preßlingen bzw. in Nujol im Bereich von 4000 bis 280 cm^{-1} aufgenommen (Abb.). Für das 1:1-Modell von **I** wurde eine Normalkoordinatenanalyse durchgeführt. Die Säkulardeterminante wurde für die elf ebenen Schwingungen der Rasse A_1 u. B_2 unter Verw. des Urey-Bradley-Potentialfeldes gelöst. Hierbei ergibt sich als Pt–S-Kraftkonst. 2,10 mdyn/Å, f_{CN} liegt mit 6,20 mdyn/Å um 0,9 höher als die des Guanidiniumions, was als Bevorzugung der Resonanzform $(^-S)_2C = {}^{(+)}NH_2$ (**A**) interpretiert wird. ν_{CS} u. ϱ_{NH_2} koppeln miteinander u. liegen bei 820 bzw. 1100 bis 1225 cm^{-1}. Alle A_1- u. B_2-Schwingungen werden für **I** sowie deuteriertes **I** zugeordnet. f_{Pt-S} ist 20% kleiner als f_{Pt-O}. Bei den anderen Komplexen steigen in der Reihe Pt(II), Pd(II), Ni(II), Co(III), Cr(III), Cd(II) ν_{CS} u. ν_{Mes}, während ν_{CN} sinkt. **II** scheint über Cd–S–Cd-Brücken polymerisiert zu sein. In **III** u. **IV** sinkt ν_{CN}; ν_{CS} u. ν_{Pt-S} steigen; der Anteil der Resonanzform **A** nimmt bei Alkylsubstitution zu. H. Bürger 120◇

0179 **Infrarotspektroskopische Untersuchungen an Metallcarbonylverbindungen. 5. Mitt. IR-Spektren einiger Acetylenderivate des Kobaltcarbonyls.** György Bor. (Chem. Ber. **96,** 2644—48, 1963; Veszprém, Ungar. Erdöl- u. Erdgasforschungs-Inst. M. Á. F. K. I.; dt.) — 4. vgl. Brennstoff-Chem. **44,** [1963], 184; 1. vgl. C. **1964,** 2-0175. — Die IR-Spektren der Verbb. $Co_2(CO)_6RC_2R'$ (Typ I mit R = R' = H; R = H, R' = C_3H_7; R = H, R' = C_6H_5; R = R' = C_6H_5 u. R = H, R' = CH_2OH) u. $Co_2(CO)_7(C_7H_8O_2)$ (Typ III) wurden im Bereich der ν(CO)-Schwingungen unter verfeinerten Aufnahmebedingungen (hohe opt. Auflösung sowie große Genauigkeit in der Best. der Absorptionsfrequenzen durch Verw. eines LiF-Prismas u. Berücksichtigung des Lsgm.-Effektes) erneut untersucht. Das Auftreten von fünf endständigen CO-Banden beim Verb.-Typ I u. von sechs CO-Absorptionen beim Lactonkomplex III entspricht den bekannten Strukturen. Gerhard Schulze 120◇

0180 **Theorie des Halbleiter-Masers GaAs.** A. L. McWhorter, H. J. Zeiger und Benjamin Lax. (J. appl. Physics **34,** 235—36, 1963; Lexington, Mass., MIT, Lincoln Labor.; engl.) I. Zoll 121◇

0181 **Polarisation der p-n-Luminescenz.** H. F. Lockwood. (J. appl. Physics **34,** 2110—11, 1963; Bayside, N. Y., Gen. Telephone and Electron. Labor., Inc.; engl.) — Es wird die Winkelverteilung u. die Polarisation der p-n-Luminescenz von *GaAs* bei Raumtemp. gemessen. Sowohl die Winkelverteilung als auch die Polarisation stimmt gut mit den theoret. Werten überein, die man für den Austritt einer diffusen Strahlung aus einem Dielektrikum mit n = 3,3 erwartet. K. H. Härdtl 125◇

0182 **Einfluß der Aktivierung mit Kupfer auf die Anregungsspektren der sichtbaren Luminescenz von Zinkoxid.** Marie-Louise Blanchard und Gabriel Monod-Herzen. (C. R. hebd. Séances Acad. Sci. **256,** 4189—91, 1963; Rennes, Fac. des Sci., Labor. de Luminesc., Labor. d'Electron. et de Spectrosc.; franz.) — Das Anregungsspektrum von reinem ZnO besteht aus einer Bande bei 3350 Å. Mit steigender Cu-Konz. tritt zusätzlich eine zweite Bande zwischen 3600 u. 4300 Å auf; gleichzeitig nimmt die Intensität der kürzerwelligen Bande ab. Die Emissionsbande des Reinoxids bei 5000 Å verbreitert sich für wachsende Cu-Konz. in den Bereich größerer Wellenlängen. Für 10^{-4} Cu ist eine deutliche Strukturierung des Emissionsspektrums zu erkennen, die auf mehrere Teilbanden schließen läßt. Die Emissionsintensität hat ein Maximum für etwa 10^{-4} Cu. R. Moser 125◇

0183 **Die Löschung und Verstärkung der Luminescenz von ZnS–Mn durch Infrarotbestrahlung.** P. Jaszczyn. (Tag.-Ber. physik. Ges. DDR, Greifswald 1959, Physik Chem. Kristallphosphore **1,** 206—18, 1960; Pol. Akad. der Wiss., Inst. für Kernforsch.; franz.) — An hexagonalen u. kub. ZnS-Proben mit 10^{-3}—10^{-4} Mn, 10^{-4} Mn u. $5 \cdot 10^{-6}$ Co bzw. 10^{-5} Cu wird zwischen — 60 u. — 190° die Luminescenz (L) bei Anregung mit UV der Wellenlänge 366 nm sowie der Einfl. einer zusätzlichen IR-Bestrahlung von 755 bzw. 1280 nm auf die L-Intensität untersucht. Durch IR-Bestrahlung von hexagonalem ZnS(Mn) wird bei — 190° die blaue L-Bande gelöscht u. die orangegefärbte L-Bande verstärkt; in kub. ZnS(Mn) treten analoge, jedoch viel geringere Effekte auf. Beim Zusatz von Co wird die blaue Emission durch IR-Bestrahlung beträchtlich mehr als die orangefarbige Emission verstärkt. Die für die Effekte verantwortlichen Energieübergänge zwischen den L-Zentren werden diskutiert. Herbert Müller 125◇

0184 **Photoluminescenz und Wachstumsfehler in ZnS:Cu-Einkristallen.** J. Pastrňák. (Czechoslov. J. Physics **12,** 614—20, 1962; Prague, Czechoslov. Acad. of Sci., Inst. of Phys.; engl.) — Mkr. Unterss. der spektralen Verteilung der Photoluminescenz u. ihrer Polarisation an hexagonalen ZnS-Einkristallen in Abhängigkeit von Gitterfehlern. Die Beobachtungen zeigten ebenso wie Unterss. der Doppelbrechung, daß die Werte der Doppelbrechung u. des Polarisationsgrades in verschiedenen Streifen desselben Kristalls innerhalb der Beobachtungsfehler konst. sind. R. Uttech 125◇

0185 **Elektroluminescenz in mit Hilfe der Jodtransportmethode dargestellten ZnS(Cu)-Phosphoren.** D. W. G. Ballentyne und B. Ray. (Brit. J. appl. Physics **14,** 157—58, 1963; Hull, Univ., Dep. of Phys.; engl.) — Vff. untersuchten den Einfl. der Frequenz auf die Helligkeit der Elektroluminescenz von mit Cu aktivierten ZnS-Phosphoren, die mit Hilfe der Jodtransportmeth. dargestellt worden waren u. 10^{-4} g Cu (I) oder 10^{-3} g Cu (II) pro g ZnS enthielten. Die Röntgenunters. ergab, daß beide Phosphore vorherrschend kub. Strukturen besitzen. Im Gegensatz zu den auf konventionellem Wege dargestellten ZnS-Phosphoren wird die Elektroluminescenz derartiger Phosphore durch Mahlen nicht beeinflußt. Während sich ferner die grüne Elektroluminescenz der auf konventionellem Wege dargestellten Phosphore gleicher Zus. mit der Frequenz nur unwesentlich ändert, ist die Emission von **I** blau, die von **II** bei niedrigen Frequenzen grün u. bei höheren Frequenzen blau. Die Helligkeit der Emissionsbande von **I** ändert sich linear mit der Frequenz u. in der gleichen Weise die blaue Bande von **II**. Die Helligkeit der grünen Emissionsbande von **II** ist proportional der Quadratwurzel der Frequenz.

Eine sichere Erklärung für den Unterschied in dem Verh. der grünen u. blauen Zentren kann noch nicht gegeben werden. C. Gottfried 125△

0186 **Reflexionsvermögen und äußerer Photoeffekt von hexagonalen Cadmiumsulfid-Einkristallen.** Sonja Robin-Kandare, Jean Robin und François de Chelle. (C. R. hebd. Séances Acad. Sci. **257,** 417—20, 1963; Dakar, Fac. des Sci., Labor. de Phys.; franz.) — Im Reflexionsspektrum wurden folgende Maxima gefunden: 1. Kristalle senkrecht zur c-Achse geschnitten: 5,1; 6,0; 7,1; 7,65; 7,9; 8,1; 9,25 u. 9,65 eV; 2. parallel zur c-Achse geschnitten: 4,75; 5,4; 6,0; 7,1; 7,65; 7,9; 8,1; 9,4; 9,8; 11,2 eV. (Erklärung im Rahmen des Bändermodelles). Die Quantenausbeute des äußeren Photoeffektes wurde zwischen 7,5 u. 13 eV gemessen, ohne daß eine Abhängigkeit von der Lage der c-Achse auftrat. R. Rass 125◇

0187 **Neue Untersuchungen über die Excitonfluorescenz in reinem Cadmiumsulfid.** E. Grillot und M. Bancie-Grillot. (Tag.-Ber. physik. Ges. DDR, Greifswald 1959, Physik Chem. Kristallphosphore **1,** 194—205, 1960; Paris, Fac. des Sci., Labor. de Luminesc.; franz.) — Vgl. C. **1963,** 16431. Herbert Müller 125◇

A_3. Elektrizität, Magnetismus, Elektrochemie

0188 **Hypervirialtheorem für Stöße zwischen Elektronen und Atomen.** Michael B. McElroy und Joseph O. Hirschfelder. (Physic. Rev. [2] **131,** 1589—95, 1963; Madison, Wis., Univ. of Wisconsin, Theoret. Chem. Inst.; engl.) — Erweiterung des ursprünglich für gebundene Syst. entwickelten Theorems (Hirschfelder, C. **1961,** 10814) auf Elektron-Atom-Stöße mit Anwendung auf das Elektron–Wasserstoff-Problem. Es werden elast. u. unelast. Stöße untersucht. H. Liepack. 131◇

0189 **Experimentelle Wirkungsquerschnitte des freien Wasserstoffatoms.** Wade L. Fite. (Nat. Acad. Sci. — Nat. Res. Council, Publ. **29,** 93—94, 1960; Gen. Dynamics Corp., Gen. Atomic Div.; engl.) — Vgl. C. **1959,** 8458. — Zusammenfassung früherer Veröffentlichungen über Ionisation, Anregung der Lyman-α-Strahlung u. elast. Streuung beim Elektron–H-Atom-Stoß u. über Ladungsaustausch beim Proton–H-Atom-Stoß. H. D. Freyer 131◇

0190 **Anregung von UV-Strahlung in Stickstoff und Wasserstoff durch einen Elektronenschwarm.** Werner Legler. (Z. Physik **173,** 169—83, 1963; Hamburg, Univ., Inst. für angew. Phys.; dt.) — Unters. der Strahlungsemission einer stromschwachen unselbständigen Gasentladung in N_2 u. H_2 im ebenen Feld, sowie Messung des Strahlungskoeff. δ als Funktion der elektr. Feldstärke u. des Gasdruckes. Aus einer theoret. Deutung folgen Aussagen über die Wrkg.-Querschnitte für die Elektronenstoßanregung u. für die strahlungslose Löschung der angeregten Zustände durch Mol.-Stöße. G. Klotz 131◇

0191 **Schwankungen der Konzentration künstlich erzeugter Luftionen in einem geschlossenen Raum.** Reinhards Siksna und Joseph Eichmeier. (Ark. Geofysik **3,** 299—313, 1961; Uppsala, Univ., Inst. of High Tension Res.; engl.) — Bei der Erzeugung von Luftionen in einem abgeschlossenen Raum mit Hilfe eines Tritium-Ionengenerators werden Konz.-Schwankungen größeren Ausmaßes festgestellt u. auf die Turbulenz der Luft im Testraum u. im Generator zurückgeführt. A. Blaschette 131◇

0192 **Über die Registrierung schnell schwankender Konzentrationen von Luftionen.** Reinhards Siksna und Helmut Schmeer. (Ark. Geofysik **3,** 315—30, 1961; engl.) — Vgl. vorst. Referat. A. Blaschette 131◇

0193 **Stabilität eines rotierenden Pinch.** J. N. Tandon und S. P. Talwar. (Z. Physik **172,** 402—04, 1963; Delhi, Indien, Univ., Phys. Dep.; engl.) — Vff. behandeln mathemat. das Problem der axialsymm. Stabilität einer unbegrenzt lang gedachten Plasmasäule, die gleichförmig mit einer bestimmten Winkelgeschw. um die Z-Achse rotiert, wobei das Plasma als inkompressibel, nichtviscos u. unbegrenzt elektr. leitfähig vorausgesetzt wird. W. Reusse 131◇

0194 **Zur spektroskopischen Temperatur- und Dichtemessung von Plasmen bei Abwesenheit thermodynamischen Gleichgewichtes.** Hans-Werner Drawin. (Z. Physik **172,** 429—52, 1963; Fontenay-aux-Roses, Seine, EURATOM-CEA, Groupe de Rech.; dt.) — In einem Plasma ohne thermodynam. Gleichgew. muß mit nichtmaxwellscher Verteilung der Elektronen gerechnet werden; damit entfällt eine wichtige Voraussetzung für die übliche spektroskop. Temp.- u. Teilchendichtebestimmung. Die Verteilung der angeregten Niveaus weicht dann von der Boltzmann-Verteilung ab. Vf. zeigt rechner., daß sich die Geschw.-Verteilungen einer Druyvesteyn-Verteilung nähern können. Ihr Einfl. auf die Anregungs- u. Ionisationsformeln wird durchgerechnet. W. Reusse 131◇

0195 **Bestimmung der Temperatur im Strahl einer Plasmafackel.** Alassane Sy und François Cabannes. (J. Rech. Centre nat. Rech. sci. **1962,** 37—43; Labor. des Échanges Therm.; franz.) — Die von den Vff. verwendete Meth. zur Best. der Temp. eines Plasmas besteht in der Unters. der Verbreiterung der H_β-Linie durch den Stark-Effekt. In dem zu den Verss. verwendeten „Plasmatron" bildet sich der Bogen zwischen einer W-Kathode u. einer in einem Abstand von 3 mm angebrachten Anode aus Rotkupfer, die ein Loch mit einem Durchmesser von 6 mm enthielt. Die Betriebsverhältnisse waren 200 A u. 23,5 V, wobei Stromstärke u. Spannung während der Messungen auf wenigstens 5% konst. blieben. Die Zufuhr von H_2 betrug stets 0,6 Liter/Min. Der Plasmastrahl von einer Länge von etwa 10 mm bestand aus 3 Schichten: einem zentralen, extrem lichtstarken Gebiet, das wahrscheinlich der Emission von in dem Gebiet der hohen Temp. angeregten Ionen zuzuschreiben ist; einem zweiten, weniger lichtstarken Gebiet mit einer Rosafärbung, das zum größten Teil wohl der Emission von H_α zuzuschreiben ist; einem dritten orangefarbenen Gebiet. Auf den erhaltenen Spektren trat die Balmer-Serie bis $H\delta$ auf. Das Profil der H_β-Linie ist graph. wiedergegeben. C. Gottfried 131△

0196 **Über das Funktionieren einer „Plasmakanone".** Andrzej Lasek und Richard Collins. (J. Rech. Centre nat. Rech. sci. **1962,** 201—03; Labor. d'Aérotherm.; franz.) — An Hand eines Modells untersuchten Vff. die Wirksamkeit einer „Plasmakanone": ein an einem Ende offenes Rohr, das mit einem verd. Gas gefüllt ist, wird einer elektr. Entladung unterworfen; diese Entladung findet zwischen 2 longitudinalen Elektroden statt, die parallel den Wänden angeordnet sind u. ionisiert das Gas bei seinem Durchgang. Das so erzeugte Plasma wird durch eine angelegte elektromagnet. Kraft nach der offenen Seite der Röhre geblasen. Das sich verschiebende Plasma läßt hinter sich eine wahrscheinlich luftleere Zone, die nicht mehr leitend ist. Es wird demnach angenommen, daß sich die Entladung mit dem Plasma verschiebt. C. Gottfried 131△

0197 **Charakteristiken einer Hochfrequenz-Ionenquelle bei Ionisation von Wasserstoff und Helium.** Armas Fontell. (Suomalaisen Tiedeakatemian Toimituksia [Ann. Acad. Sci. fenn.], Ser. A VI **1963,** Nr. 119, 1—23; Helsinki, Finland, Univ. of Helsinki, Dep. of Phys.; engl.) — Die Eigg. einer konventionellen hochfrequenten (22 MHz) W-Ionenquelle mit induktiver Energie-Kopplung wurden mit einer Einrichtung zur Fokussierung u. Analyse eines 1 mA-Ionenstroms untersucht. Im Kathodenkanal der Quelle befand sich ein Diaphragma, das eine wesentliche Red. des Gasverbrauchs bewirkte, ohne dabei den Ionenstrom zu verringern. Die Vers.-Daten für maximale Plasmadichten bei Anwesenheit eines stat. Magnetfeldes werden angegeben. Wegen der Abhängigkeit der Anzahl der H_2^+-Ionen vom H_2-Druck in der Entladung in H_2 u. im H_2–He-Gemisch konnte im He-Spektrum für die Anzahl der He^{2+}-Ionen eine obere Grenze von $He^{2+}/He^+ < 0,3\%$ angegeben werden. Bei der typ. Elektronentemp. von $7 \cdot 10^4$ °K in der H_2-Entladung u. bei der Elektronendichte von $5 \cdot 10^{10}$ cm^{-3} ließen sich Werte für Ionenstrom u. mittlere Lebensdauer der Plasmaelektronen berechnen, die den tatsächlichen Bedingungen entsprachen. Die Mehrzahl der berechneten

He^{2+}-Ionen wurde bei einem einzigen Stoß der He-Atome erzeugt. Bei einer Elektronentemp., die 40 eV entspricht, blieb die theoret. bestimmte Anzahl der He^{2+}-Ionen unter der experimentell bestimmten Grenze.
J. Blume 131◇

0198 **Eine Methode zur Erzeugung von Strahlen negativer Ionen.** W. Gentner und G. Hortig. (Z. Physik **172,** 353—57, 1963; Heidelberg, MPI für Kernphys.; dt.) — In einem Duoplasmatron wird ein prim. Kr-Ionenstrahl erzeugt, der in einen Gaskanal eingeschossen wird. Das hier zu ionisierende Gas wird entsprechend den gewünschten Ionen ausgewählt (Wasserdampf für H^-, O^-, OH^-; Ammoniak für H^-; NH_2^-, NH^-; Bortrifluorid für F^- u. wahrscheinlich BF_2^-). Bei Einleitung der negativen Ionen in einen Tandembeschleuniger von einigen MV wurden 0,07 μA N^{4+} bzw. 0,3 μA O^{4+} bzw. 0,5 μA F^{4+} an dessen Target erreicht. W. Reusse 131◇

0199 **Plasmaansammlung in einer durch Einfang energiereicher Ionen gespeisten Anordnung.** R. J. Mackin jun. (Nuclear Fusion [Wien] **1,** 131—38, 1961; Oak Ridge, Tenn., Oak Ridge Nat. Labor.; engl.) — Theoret. Unters. der Plasmaansammlung in einem magnet. Behälter, in den energiereiche Ionen eingeschossen u. dort eingefangen werden. Die Unters. geht durch vereinfachende Näherungsannahmen von beschränktem Gültigkeitsbereich aus der Theorie von Simon (J. nuclear Energy, Part C **1,** [1960], 215) hervor. Eine spezielle thermonukleare Vers.-Anordnung vom OGRA-Typ, in welcher H_2^+-Ionen mit 600 keV eingeschossen u. durch Dissoziation eingefangen werden, u. in der das eingefangene Plasma eine sehr wirksame Ionenpumpe bildet, wird behandelt. Für die Betriebsdaten der in Oak Ridge geplanten Vers.-Anordnung DCX-2 wird der Zusammenhang zwischen Ionendichte u. Eingangs-Ionenstrom u. diejenigen krit. Werte des Stroms u. der davon abhängigen Plasmadichte berechnet, oberhalb deren die Plasmadichte durch Coulomb-Streuverluste begrenzt ist. Ferner wird der zeitliche Verlauf des Aufbaus der Plasmadichte abgeschätzt u. ein Syst. betrachtet, bei dem die Dissoziation der eingeschossenen Molekülionen zunächst an einem Bogenplasma erfolgt, das später nach Erreichen der krit. Dichte nicht mehr benötigt wird. F. Lenz 131□

0200 **Energieverlustprozesse in ZETA.** A. Gibson und D. W. Mason. (Proc. physic. Soc. **79,** 326—50, 1962; Harwell, A. E. R. E.; engl.) — Vff. untersuchten den Energieverlust von ZETA-Entladungen (zur App. „Zeta“ vgl. Burton u. Mitarbeiter, Proc. physic Soc. **78,** [1961], 1416) in O_2 u. Ar durch Strahlung, Plasmateilchen u. nicht therm. Elektronen unter den verschiedensten experimentellen Bedingungen. Es wurden 2 definierte Bereiche von Energieverlust festgestellt, die hauptsächlich von dem Druck bestimmt werden. Bei hohen Drücken (5 μ) ist Strahlung der vorherrschende Verlustprozeß, wobei diese Strahlung im Vakuum-UV im Gebiet < 1500 Å liegt. Auf Grund theoret. Überlegungen kommen Vff. zu dem Ergebnis, daß für diesen Strahlungsverlust hauptsächlich Verunreinigungen in Frage kommen, deren Geh. auf etwa 10^{11} Atome/cm³ abgeschätzt wird. Bei niedrigen Drücken (0,5 μ) wird die Energie durch Plasmateilchen verloren u. zweitens durch schnelle Elektronen, die am Ende des Stromimpulses beschleunigt werden u. mit einer Energie von etwa 8 keV auf die Röhrenwände auftreffen. Bei diesen Drücken fällt der Strom am Ende des Impulses in 2 μs von einigen 200 kA auf einen niedrigen Wert. Diese Diskontinuität wird von einem intensiven Ausbruch von Röntgenstrahlen begleitet. Die schnellen Elektronen, die diese Röntgenstrahlen erzeugen, haben eine Energie von etwa 8 keV u. bringen die magnet. Energie zu den Wänden. Der Energieverlust von Ar-Entladungen ist im wesentlichen dem in O_2 ähnlich. Strahlung ist der vorherrschende Verlust bei Drücken $> 0{,}5$ μ. Bei tieferen Drücken fällt die Strahlung ab u. bei einem Druck von $^1/_{16}$ μ zeigt der Elektronendetektor eine hohe Elektronendichte an der Wand an mit einer Elektronentemp. von 17 eV.
C. Gottfried 131△

0201 **Stabilität der positiven Säule in einem starken Magnetfeld.** Michio Matsumoto. (J. physic. Soc. Japan **18,** 572—78, 1963; Tokyo, Inst. of Technol., Dep. of Phys.; engl.) — Theoret. Untersuchung.
Herbert Müller 131◇

0202 **Theorie des negativen Widerstandes in Hohlkathodenentladungen.** Toshimitsu Musha. (J. physic. Soc. Japan **17,** 1447—53, 1962; Musashino-shi, Tokyo, Electr. Communicat. Labor.; engl.) — Theoret. Behandlung der Mechanismen des negativen Widerstandes von Hohlkathodenentladungen. Die Abhängigkeit der Strahlungsintensität vom Entladungsstrom bestimmt das Verhalten der V-i-Kurven der Entladung. Bei Hohlkathodenentladungen rührt die Strahlung hauptsächlich von abgesprühten Metallatomen der Kathode her. Es werden Bedingungen für das Gas- u. Kathodenmaterial erhalten, unter denen ein negativer Widerstand auftritt.
J. M. Spaeth 131◇

0203 **Messungen der Temperatur und der Leitfähigkeit in der Säule eines geblasenen Bogens.** Edouard Fabre und Louis Herman. (Rev. Opt. théor. instrument. **41,** 339—54, 1962; franz.) — Der Bogen wurde mit hoher Stromdichte entweder in reinem H_2 oder einem Gemisch von Ar + 5% H_2 erzeugt. Aus der Kontur der H_β-Linie wurde in der Mitte der Säule eine Elektronendichte von $1{,}9 \cdot 10^{17}$ u. eine Temp. von 15000°K gemessen. Die in der Säule gemessene Leitfähigkeit betrug $1{,}05 \cdot 10^{13}$ elektrostat. c g s-Einheiten, die aus der gemessenen Temp. u. der gemessenen Elektronendichte berechnete Leitfähigkeit lag zwischen 5,2 u. $5{,}8 \cdot 10^{12}$ elektrostat. c g s-Einheiten. C. Gottfried 131△

0204 **Über Diffusionsvorgänge in Lichtbögen.** J. Richter. (Z. Astrophysik **53,** 262—72, 1961; Kiel, Univ., Inst. für Experimentalphys.; dt.) — Kaskadenlichtbögen werden mit Gasgemischen (He–N_2; H_2–Ar; N_2–Ar; H_2–N_2) bekannter Zus. betrieben. Die dabei in der Achse des Lichtbogens auftretenden Konz.-Verschiebungen werden spektroskop. gemessen. Die Entmischungseffekte lassen sich durch Diffusionsvorgänge in den verschiedenen Bogenzonen erklären. L. Roth 131◇

0205 **Numerische Berechnung der zeitlichen Entwicklung der Ströme in einer Gasentladungsröhre.** W. Börsch-Supan und H. Oser. (J. Res. nat. Bur. Standards, B **67,** 41—60, 1963; engl.) — Es wird die numer. Integration der das Verh. einer Gasentladung mit Raumladungseffekten beschreibenden nichtlinearen Differentialgleichungen für den stationären Entladungsstrom u. seine zeitliche Entw. als Funktion von Raumladungen untersucht.
W. Reusse 131◇

0206 **Kurze Aufbauzeiten (3—100 ns) in Wasserstoff bei tiefen Drücken (5—50 mm Hg).** G. A. Dawson und D. E. Davies. (Brit. J. appl. Physics **14,** 155—56, 1963; Keele, Univ., Dep. of Phys.; engl.) — Vff. maßen in handelsüblichem H_2 das rapide Anwachsen des Stroms in einer unter Überspannung stehenden Funkenstrecke. Die Aufbauzeiten sind graph. gegen die prozentuale Überspannung wiedergegeben. Eine Meth. zur Best. der Elektronendrift-Geschwindigkeiten wird diskutiert.
C. Gottfried 131△

0207 **Die Anstiegszeit der dem Durchschlag vorangehenden Stromimpulse in Stickstoff und Luft.** D. J. Tedford und D. T. A. Blair. (Proc. physic. Soc. **79,** 310—13, 1962; Glasgow, Roy. Coll. of Sci. and Technol., Dep. of Electr. Engng.; engl.) — Vff. berichten über Beobachtungen des Wachstums der Stromimpulse der Elektronenlawinen in N_2, trockner Luft u. Luft mit einer relativen Feuchtigkeit von ca. 86% für pd-Werte zwischen 100 u. 2300 Torr·cm. Gegenüber den Beobachtungen in feuchter Luft wurde bei trockner Luft u. N_2 eine verzögerte Anstiegszeit der Impulse festgestellt. Es wird eine versuchsweise Erklärung hierzu besprochen. C. Gottfried 131△

0208 **Die ionisierenden Potentialwellen beim Funkendurchschlag.** Essam Nasser. (Z. Physik **172,** 405—28, 1963; Berkely, Calif., Univ. of California, Dep. of Phys.; dt.) — Der Mechanismus des Funkendurchschlages, bes. der Entw. des Blitzes in der Luft, wird erörtert. Einer Vorentladung, gek. durch die Entw. von Leuchtfadenkanälen, folgt der Umschlag in den Funkenkanal. Zur Unters. dieses Umschlagens wurde in eine mit einer Stoßschaltung betriebene Entladungsstrecke (Spitze-Platte) ein photograph. Film senkrecht zur Entladungsachse angeordnet. Die entstehenden Entladungsfiguren werden zur Deutung des Entladungsmechanismus herangezogen. W. Reusse 131◇

0209 **Anwendung von Ferriten zur Erzielung sehr großer Hochspannungsimpulse von Nanosekundendauer.** Ss. I. Andrejew, M. P. Wanjukow und W. A. Sserebrjakow. (Versuchsgeräte u. Versuchstechn. [UdSSR] **7**, Nr. 3, 89—92, 1962; Staatl. opt. Inst.; russ.) — Vgl. C. **1963**, 18720. — Durch Einführung von Ferriten in die Kette einer Funkenentladung konnten Hochspannungsimpulse von ns-Dauer u. Leistung von 10^6 Watt erzielt werden. Die Wirkung einzelner Entladungsparameter auf Amplitude, Dauer u. Frequenz der Impulse wurde geprüft. M. Wiedemann 131◇

0210 **Elektrosynthese von Ozon. 7. Mitt. Synthese von Ozon aus Sauerstoff–Stickstoff-Gemischen.** Ju. W. Filippow und W. P. Wendillo. (J. physik. Chem. [UdSSR] **36**, 1987—92, 1962; Moskau, Lomonossow-Univ.; russ., Auszug: engl.) — 4. vgl. C. **1963**, 21102. — Unter kontinuierlichen Bedingungen wird die Synth. von O_3 an einer Funkenentladung (8 kV, Stromfrequenz 1250 Hz) aus O_2–N_2-Gemischen mit 5; 11; 15,5; 26; 38; 45; 55,5; 68; 72; 77,5 u. 81% N_2 kinet. untersucht. N_2 wirkt im allg. aktivierend auf die Bldg. von O_3, bei Geh. von > 80% nimmt jedoch die Bldg. von O_3 stark ab. Die theoret. aufgestellten kinet. Gleichungen beschreiben die experimentellen Ergebnisse befriedigend. H. Roschkowski 131◇

0211 **Bildungsprozesse in gepulsten Mikrowellenentladungen in Gemischen von Neon und Argon.** Takashige Tsukishima. (J. physic. Soc. Japan **18**, 558—71, 1963; Nagoya, Nagoya Univ., Fac. of Engng.; engl.) — In ausgeheizte Glasrohre werden 100 Torr eines Ne–Ar-Gemisches mit 0—100% Ar eingefüllt. Die Rohre werden in einem TE_{10}-Hohlleiter gepulster Mikrowellenstrahlung (Impulsbreite τ_p 0,1—2 μs) von 5,55 GHz ausgesetzt u. gleichzeitig mit ^{60}Co-γ-Strahlung bestrahlt. Die während der Entladung emittierte Strahlung wird spektrophotometr. untersucht. Die Durchschlagsfeldstärken E_b liegen etwa eine Größenordnung höher als beim Anlegen kontinuierlicher Hochfrequenzfelder, u. ihr Ansprechen auf die Ar-Konz. nimmt mit fallendem τ_p ab. Mit steigendem Ar-Geh. durchläuft E_b ein Minimum, dessen Lage von τ_p abhängt. Die Meßergebnisse werden unter Berücksichtigung der direkten Ionisierung diskutiert. Herbert Müller 131◇

0212 **Über die Existenz eines angeregten $^4\Sigma$-Zustandes der N_2^+-Ionen.** V. Čermák und Z. Herman. (Collect. czechoslov. chem. Commun. **27**, 1493—96, 1962; Prague, Czechoslov. Acad. of Sci., Inst. of Phys. Chem.; engl.) — Vff. beobachteten bei massenspektrometr. Unterss. der Ion-Mol.-Rkk. in N_2 (vgl. C. **1963**, 7664), daß die Abhängigkeit des Stromes der sek. N_3^+-Ionen von der Energie der ionisierenden Elektronen ein Maximum bei 45 eV aufweist. Die charakterist. Form dieser Abhängigkeit u. der neu bestimmte Wert des Appearance-Potentials der N_3^+-Ionen (21,2 ± 0,5 V) deuten darauf hin, daß an der Bldg.-Rk. dieser Ionen prim. N_2^+-Ionen im langlebigen angeregten Zustand $^4\Sigma$ teilnehmen. Dieser Zustand nimmt wahrscheinlich auch an der Bldg.-Rk. der sek. ArN^+-Ionen teil. I. Frič/Prag 131

0213 **Zerstäubung von Kupfer-Einkristallen beim Beschuß mit Ar^+-, Kr^+- und Ne^+-Ionen mit Energien im Bereich von 300—2000 eV.** M. Koedam und A. Hoogendoorn. (Physica [Utrecht] **26**, 477, 1960; engl.) — Verbesserte Wiedergabe der Abb. 1 (für Kr^+-Beschuß) in der C. **1961**, 8550 referierten Arbeit. Herbert Weber 131◇

0214 **Wismut–Antimon-Thermoübergänge.** David C. Kane. (Proc. Iowa Acad. Sci. **69**, 451—55, 1962; Davenport, Iowa, St. Ambrose Coll., Dep. of Phys.; engl.) — Durch Eindampfen dünner Bi- u. Sb-Schichten auf Glasträger bei 10^{-3} Torr ist es möglich, einfache Anordnungen von thermoelektr. Übergängen herzustellen, die zwischen 25 u. 150° eine Thermo-EMK von ca. 20 μV/Grad liefern. Das Verf. wird erläutert. Herbert Müller 133◇

0215 **Änderung des Kontaktpotentials mit der Kristallographischen Ebene für Germanium.** F. G. Allen und A. B. Fowler. (Physics Chem. Solids **3**, 107—14, 1957; Harvard-Univ., Gordon McKay Labor.; engl.) — Mitgeteilt wird eine Meth. zur genauen Messung der Unterschiede der mittleren Flächenaustrittsarbeiten der verschiedenen Kristallflächen eines beliebigen Nichtisolatoreinkristalles. Diese Meth. wird auf Ge angewandt. Gefunden wurde $\Phi_{(100)} > \Phi_{(110)} > \Phi_{(111)}$ mit $\Phi_{(100)} - \Phi_{(111)} \sim 0{,}06$ eV, $\Phi_{(110)} - \Phi_{(111)} \sim 0{,}015$ eV. Diese Werte sind unabhängig von der Dotierung des Kristalles. Diskussion u. Vgl. der Ergebnisse mit Werten bei *W*. K. Jaeger 134◇

0216 **Über die Emission heißer Elektronen aus Germanium.** Ju. K. Poshela und W. I. Schilalnikass. (Festkörperphysik [UdSSR] **5**, 730—33, 1963; Wilna, Akad. der Wiss. der LitauSSR, Inst. für Phys. u. Math.; russ.) — Vgl. C. **1964**, 8-0256. — Untersucht wurde die Emission heißer Elektronen von Ge nach Hitzebehandlung in *Cs*-Dampf. Der Emissionsstrom u. der elektr. Widerstand der Probe wurden als Funktion der Feldstärke gemessen. Emission heißer Elektronen wurde auch von BaO-bedecktem Ge beobachtet. K. Jaeger 134◇

0217 **Valenzbandstruktur von Germanium–Silicium-Legierungen.** R. Braunstein. (Physic. Rev. [2] **130**, 869—79, 1963; Princeton, N. J., RCA Labor.; engl.) — Durch Unterss. der Absorptionsspektren für freie Löcher wird die Bandstruktur von Ge–Si-Legg. bestimmt. Es ergibt sich eine Ge-ähnliche Struktur bei kontinuierlicher Änderung der effektiven Massen u. der Spin-Bahn-Aufspaltung mit der Zusammensetzung. R. Nink 135◇

0218 **Fadenmäßige Stoßionisierung in kompensiertem Germanium bei 4,2°K.** I. Melngailis und A. G. Milnes. (J. appl. Physics **33**, 995—1000, 1962; Pittsburgh, Pa., Carnegie Inst. of Technol., Dep. of Engng.; engl.) — Es wurde ein Spannungs-Zusammenbruch unter fadenmäßiger Stoßionisierung in mit Elementen der III. u. V. Gruppe dotiertem Ge bei 4,2 °K experimentell untersucht. Die ungefähren Ausmaße des Fadens nach der Ionisierung bei verschiedenen Stromstärken wurden aus den Strom-Spannungs-Charakteristiken von Stäben mit kleinem Querschnitt bei großen Stromstößen geschätzt, sowie mit zylindr. „tenectron"-Strukturen, bei denen der Leitungskanal auf sehr kleine Gebiete mittels einer umgekehrten Vorspannung einer ringförmigen p-n-Verb. eingeschränkt werden kann, die um einen kleinen zylindr. Stab gelegt ist. Die Ergebnisse sind konsistent. In der Nähe der kleinsten Stromstärke, für die eine Ionisierung aufrechterhalten werden kann ($\sim$ 40 μ amp), beträgt der Fadendurchmesser ungefähr 10^{-3} cm. H. Laue 135□

0219 **Zum elektrischen Durchschlag bei tiefen Temperaturen in hochkompensiertem Germanium.** Kiichi Komatsubara und Hirokazu Kurono. (J. physic. Soc. Japan **17**, 883—84, 1962; Kokubunji, Kitatamagun, Tokyo, Japan, Hitachi Ltd., Central Res. Labor.; engl.) — Untersucht wurden die Strom-Spannungs-Charakteristiken von In- u. Sb-dotiertem Ge mit hohen Kompensationsverhältnissen K ($K = N_{Don}/N_{Acc.}$) bei 4,2 u. 2,0 °K. K. Jaeger 135◇

0220 **Hall-Effekt und Leitfähigkeit dünner Germanium-Aufdampfschichten.** F. Eckart und G. Jungk. (Mber. dtsch. Akad. Wiss. Berlin **2**, 266—69, 1960; Physikal.-techn. Inst. der Dt. Akad. Wiss., Forschungsgemeinschaft; dt.) — Bei 10^{-5} Torr auf feuerpolierte Glasträger bei 450° aufgedampfte Ge-Schichten (800—4100 Å) sind sämtlich p-leitend, auch bei Verw. von n-Ge als Ausgangsmaterial. Die spezif. Widerstände (ϱ) der Schichten liegen bei ca. 0,1 Ω cm. Die Hall-Konst. R_H ist von der Feldstärke (H) u. der Schichtdicke (d) abhängig. R_H nimmt im Gegensatz zum p-leitenden Ein- oder Polykristall mit H (gemessen bis 10 kGs) zu. Die Trägerdichte p u. ϱ nahmen mit wachsender d ab, die Beweglichkeit der Defektelektronen μ_p jedoch zu. μ_p liegt zwischen 20 u. 200 cm²/Vs, p bei 10^{18}–10^{19} cm^{-3} bei einer Dichte der Oberflächenterme von 10^{11}–10^{12} cm^{-2}. D. Hoene 135◇

0221 **Durch Untertunnelung eines Störstellen-Potentialwalls durch Elektronen hervorgerufener differentieller negativer Volumenwiderstand.** B. K. Ridley und R. G.

Pratt. (Physics Letters [Amsterdam] **4,** 300—02, 1963; Redhill, Surrey, Great Britain, Mullard Res. Labor.; engl.) — Die Messungen werden an Au-dotiertem *Ge* (ca. 10^{14} Atome/cm^3) bei 20 u. 77 °K durchgeführt. Die Ergebnisse werden mit Hilfe eines Modells diskutiert, nach dem eine heiße Phase mit hohem elektr. Feld u. wenig heißen Elektronen sowie eine kalte Phase mit schwachem Feld u. relativ zahlreichen kalten Elektronen existieren. Die Phasen sind durch eine Ladungsschicht getrennt. R. Nink 135◇

0222 **Einfluß elastischer Spannungen auf die Band–Band-Durchtunnelung in Sb-dotiertem Germanium.** H. Fritzsche und J. J. Tiemann. (Physic. Rev. [2] **130,** 617—26, 1963; Schenectady, N. Y., Gen. Electr. Res. Labor., Chicago, Ill., Univ., Dep. of Phys. and Inst. for the Study of Metals; engl.) — Bei 4,2 °K wird der Einfl. nichtaxialer Kompression u. hydrostat. Drucks auf direkte u. indirekte Tunnelprozesse in Ge-Tunneldioden mit positiver u. negativer Vorspannung untersucht. Die Ergebnisse werden mit der Theorie von Kane verglichen. R. Nink 135◇

0223 **Strahlungseffekte bei der Rekombination in Germanium.** O. L. Curtis jun. (J. appl. Physics **30,** 1174 bis 1180, 1959; Oak Ridge, Tenn., Oak Ridge Nat. Labor., Solid State Div.; engl.) — Vgl. C. **1960,** 18. — Durch γ-Strahlen (^{60}Co-Quelle) u. Spaltneutronen in Ge erzeugte Rekombinationszentren liegen 0,20 eV unterhalb des Leitungsbandes. Die Einfangquerschnitte für Defektelektronen betragen bei Zimmertemp. $1{,}1 \cdot 10^{-15}$ cm^2 (^{60}Co-γ) u. $6 \cdot 10^{-15}$ cm^2 (Neutronen). Für 14-MeV-Neutronenbestrahlung liegen die Rekombinationsniveaus 0,32 eV über dem Valenzband. Bei Zimmertemp. beträgt der Einfangquerschnitt für Defektelektronen $\sim 6 \cdot 10^{-15}$ cm^2 u. für Elektronen $2{,}2 \cdot 10^{-17}$ cm^2. Die Einfangwahrscheinlichkeiten sind temp.-unabhängig, mit Ausnahme der durch γ-Bestrahlung erzeugten Rekombinationszentren, für die eine Aktivierungsenergie von 0,07 eV gefunden wird. Die Angaben beziehen sich auf n-Ge; für p-Ge sind die Verhältnisse komplizierter. K. Jaeger 135◇

0224 **Rekombinationsstrahlung in Germanium infolge von Versetzungen.** C. Benoit à la Guillaume. (Physics Chem. Solids **8,** 150—53, 1959; Paris, Ecole Norm. Sup., Labor. de Phys.; franz.) — Von monokristallinem n-Ge, Versetzungsdichte $N_d = S \cdot 10^4$ je cm^2, wird die spektrale Verteilung der Rekombinationsstrahlung bei 14 °K, 63 °K u. 95 °K untersucht, sowie ihre Intensitätsabhängigkeit von der Stromstärke. Eine Beziehung besteht zwischen Strahlungsintensität u. Versetzungsdichte. Die Lage der durch die Versetzungen gebildeten Energieniveaus wird berechnet. Der gemessenen Strahlung werden die entsprechenden angeregten Zustände zugeordnet. I. Zoll 135◇

0225 **Durch 2-MeV-Elektronen erzeugte Rekombinationszentren in Germanium.** P. Baruch. (Physics Chem. Solids **8,** 153—57, 1959; Paris, Ecole Norm. Sup.; franz.) — Ge-Proben (20 × 5 × 1 mm) werden im Vakuum zwischen + 100 u. — 180° mit 2-MeV-Elektronen bestrahlt. Zwischen aufeinanderfolgenden Bestrahlungen werden Leitfähigkeit u. Lebensdauer gemessen. Zur Charakterisierung der Rekombinationszentren von Proben mit verschiedenen Elektronenkonz. wird der Einfl. der Lage des Fermi-Niveaus auf die Lebensdauer berechnet. I. Zoll 135◇

0226 **Piezowiderstände in n-Germanium bei tiefen Temperaturen.** Koichi Sugiyama und Akio Kobayashi. (J. physic. Soc. Japan **17,** 574, 1962; Musashinoshi, Tokyo, Electr. Comm. Labor.; engl.) — Vff. untersuchten Sb-dotiertes n-Ge (N_D–$N_A = 1{,}3 \cdot 10^{-16}$ cm^{-3}, N_A/N_D = 0,48, Versetzungsdichte $\underline{1}0^3$ cm^{-2}). Piezowiderstände wurden entlang [111] u. [1̄10] gemessen. Entlang [111] wurden Drücke bis zu $8 \cdot 10^8$ dyn/cm^2 angewandt. In beiden Richtungen wächst der Widerstand mit dem Druck u. erreicht Sättigungswerte bei etwa $(3-5) \cdot 10^8$ dyn/cm^2. Die Temp.-Abhängigkeit der Widerstände u. der Piezowiderstände sowie der Sättigungswerte wurde gemessen. Die Aktivierungsenergien der Widerstände u. Piezowiderstände sind nahezu gleich ($1{,}5 \cdot 10^{-3}$ eV). Das Hall-Maximum liegt ohne Druck bei 4 °K, mit Druck um 3 °K. Daraus ergibt sich eine Ladungsträger-Konz. von $1{,}3 \cdot 10^{10}$ cm^{-3} bei 4,2 °K. Ab 4,2 °K wird die Eigenleitung bedeutend. Das Verhältnis der Anisotropie der Elektronenbeweglichkeiten ist $K = \mu_\perp / \mu_\parallel = 14$. K. Jaeger 135◇

0227 **Hall-Effekt in n- und p-Germanium bei 24 GHz.** Naozo Watanabe. (J. physic. Soc. Japan **16,** 1979—88, 1961; Musashinoshi, Tokyo, Japan, Electr. Communication Labor.; engl.) — Es wird eine Meth. zur Messung des Hall-Effektes bei Mikrowellenfrequenzen beschrieben. Die Hall-Beweglichkeit dafür ist gegeben durch $\mu_H = (1/B) \cdot |\sigma_1|/\mathrm{Re}(\sigma_0)$ mit σ_0 u. σ_1 = Diagonalkomponenten der elektr. Leitfähigkeitsmatrix. μ_H ist (bei konst. Relaxationszeit) frequenzunabhängig. Die nach dieser Meth. zwischen Zimmertemp. u. 100 °K für n-Ge bei 24 GHz bestimmten μ_H stimmen mit den konventionell bestimmten Werten sehr gut überein. Für die an p-Ge bestimmten Werte bei 24 GHz u. bei Gleichspannung treten jedoch beträchtliche Diskrepanzen auf, deren Ursprung zu deuten nur teilweise gelang. K. Jaeger 135◇

0228 **Einfluß der Vakuumtrocknung auf die Oberflächeneigenschaften des Germaniumtransistors.** Katsuhisa Furusho und Kazumasa Ono. (Jap. J. appl. Physics **1,** 148—54, 1962; Musashino, Tokyo, Electr. Commun. Labor.; engl.) — Es werden Unterss. an ca. 300 pnp-Transistoren aus In-dotiertem Ge für Niederfrequenzverstärkung, bes. hinsichtlich der Änderung des Emitter-Stromverstärkungsfaktors in Abhängigkeit von Kurzzeit- (10 min) u. Langzeitvakuumtrocknungen (30 min) durchgeführt. Weiterhin wurde der Einfl. der Zeit des Spülens in W., der Luftfeuchtigkeit der Oxydation der Ge-Oberfläche u. der Verunreinigung durch Öldämpfe aus dem Pumpensyst. ermittelt. Bes. die Adsorption von W. in 2 verschiedenen Zuständen hat einen großen Einfl., ebenso die Verunreinigung mit Öl. K.-E. Müller 135◇

0229 **Drei-Phononen-Kombinationsbänder in Galliumphosphid.** R. J. Cherry. (Physics Letters [Amsterdam] **4,** 234—35, 1963; Baldock, Herts., Great Britain, Services Electron. Res. Labor.; engl.) — Im Bereich zwischen 8 u. 12 μ wird die Transmission von im Zonenschmelzverf. gereinigtem GaP gemessen. Die gefundenen Maxima können dreifachen Kombinationen von Phononen der Wellenzahlen 378, 361, 197, 115 u. 66 cm^{-1} bei 290 °K zugeordnet werden. R. Nink 135◇

0230 **Halbleiter vom Markasit-Typ.** F. Hulliger. (Nature [London] **198,** 1081—82, 1963; Cologny-Geneva, Cyanamid Europ. Res. Inst.; engl.) — Widerstandsmessungen ergaben, daß *FeP_2*, *$FeAs_2$* u. *$FeSb_2$* Halbleiter sind. Die ion. Formel von FeP_2 ist z. B. $Fe^{4+}(P_2)^{4-}$, die 4 d-Elektronen sind beim Kation lokalisiert. Magnet. Daten für *$FeAs_2$* zeigen zwei nichtkompensierte Spins pro Kation, die wahrscheinlich entlang der c-Achse gekoppelt sind. Das Halbleiterverh. der 3d-Übergangselementverbb. läßt vermuten, daß die entsprechenden 4d- u. 5d-Übergangselementverbb. ebenfalls nicht metall. sind. Gitterkonst.: *RuPAs*: (a) = 5,26 (Å) (b) = 6,04; (c) = 2,92. *OsPAs*: 5,24; 6,02; 2,96. *$RuAs_2$*: 5,43; 6,18; 2,97. *$OsAs_2$*: 5,41; 6,19; 3,01. *RuAsSb*: 5,76; 6,48; 3,10. *$CrFeAs_4$*: 5,37; 6,13; 2,93. Tabellar. werden die Bandabstände, Seebeck-Koeff. u. molaren Susceptibilitäten der im Markasit-Typ krist. Halbleiter RuP_2, RuPAs, $RuAs_2$, $RuSb_2$, OsP_2, $OsAs_2$ u. $OsSb_2$ zusammengestellt. Alle untersuchten Verbb. sind Halbleiter vom n-Typ. Die Verbb. werden mit den entsprechenden Rh- u. Ir-Phasen verglichen. Ernst Schulte 135◇

0231 **Elektrische Eigenschaften von kupferdotiertem Cadmiumarsenid.** W. Żdanowicz. (Acta physica polon. **21,** 541—47, 1962; Wrocław, Pol. Acad. of Sci., Inst. of Technol., Inst. of Phys. Chem.; engl.) — Zwischen 100 u. 700 °K wurden an Cu-dotiertem Cd_3As_2 der elektr. Widerstand, der Hall-Koeff. u. die magnet. Susceptibilität bestimmt. Alle Cu-dotierten Proben wiesen eine Ladungsträger-Konz. von etwa $1 \cdot 10^{18}$ cm^{-3} auf, reines Cd_3As_2 dagegen von $2 \cdot 10^{18}$ cm^{-3}. Alle Proben waren n-leitend. Auch bei Cu-Dotierung bis zu 1 Gew.-% konnte kein p-leitendes Material erhalten werden. Bei ca. 310 °K findet der Übergang zur Eigenleitung statt. Aus $n \sim n_0 \cdot \exp(\Delta E'/kT)$ wurde die Ionisierungsenergie $\Delta E'$ des Cu zu 0,04 eV bestimmt. K. Jaeger 135◇

0232 **Umwandlung von GaAs in GaP durch Diffusion im festen Zustand.** Louis E. Stone. (J. appl. Physics **33,** 2795—97, 1962; Miami, Okla., Eagle-Pichler Res. Labor.; engl.) — Polierte u. geätzte GaAs-Plättchen werden zusammen mit rotem P in ein auf $5 \cdot 10^{-3}$ Torr evakuiertes Quarzrohr eingeschmolzen u. 2—300 Std. lang auf 800 bis 900° erhitzt; während des Erhitzens treten Drücke von 10—30 atm auf. Die Proben werden senkrecht zur Diffusionsfläche zerschnitten u. Zus. u. Dicke der gebildeten GaP-Schicht bestimmt; die Dicke liegt zwischen 2 u. 203 μ, u. die Schicht enthält 86,1—99,5% GaP. Die Temp.-Abhängigkeit der Diffusion kann nicht mit einer Boltzmann-Funktion beschrieben werden. Unter Berücksichtigung der beobachteten, stufenförmigen Konz.-Gradienten wird ein Mechanismus diskutiert der offenbar nicht wesentlich durch epitakt. Wachstum bestimmt wird. Herbert Müller 135□

0233 **Elektron-Loch- und Elektron-Störatom-Bandtunnelung in Galliumarsenid-Luminescenz-Übergängen.** R. J. Archer, R. C. C. Leite, A. Yariv, S. P. S. Porto und J. M. Whelan. (Physic. Rev. Letters **10,** 483—84, 1963; Murray Hill, N. J., Bell Telephone Labor.; engl.) — Theoret. Unters., die zu Durchtunnelungsmechanismen führt, welche durch Messungen an elektrolumineseenten GaAs-Dioden verifiziert werden können. R. Nink 135◇

0234 **Grenzströme zur Erzeugung von Linienverengungen in Galliumarsenid-Flächendioden.** Sumner Mayburg. (J. appl. Physics **34,** 1791—93, 1963; Bayside, N. Y., Gen. Telephone and Electr. Labor.; engl.) — Aus der Annahme, daß die Quasi-Fermi-Grenzen in Bandnähe liegen, können die Grenzströme abgeschätzt werden. Man gelangt zu Werten, die auch beobachtet werden. Die Temp.-Abhängigkeit wird zu $T^{3/2}$ abgeleitet. R. Nink 135◇

0235 **Halbleitung in Verbindungen vom Typ $CoSb_2$.** F. Hulliger. (Physics Letters [Amsterdam] **4,** 282—83, 1963; Cologny-Geneva, Switzerland, Cyanamid European Res. Inst.; engl.) — Es wird die magnet. Susceptibilität von $CoAs_2$ bei 293, 195 u. 85°K gemessen u. mit den aus der Literatur bekannten Werten von RhP_2, $RhAsSb$, $RhSb_2$ u. $IrAs_2$ verglichen. R. Nink 135◇

0236 **Über Transporteffekte in Indiumantimonid.** M. Rodot. (Physics Chem. Solids **8,** 358—62, 1959; Bellevue, S.-et-O., C. N. R. S., Labor. du Magnet. et de Phys. du Corps Solide; franz.) — Theoret. Betrachtung thermomagnet. Effekte zur Klärung des Mechanismus der Elektronenstreuung in InSb. I. Zoll 135◇

0237 **Magnetooptische Effekte in InSb.** J. Kołodziejczak. (Acta physica polon. **21,** 637—44, 1962; Warsaw, Pol. Acad. of Sci., Inst. of Phys.; engl.) — Für nichtparabol. Energiebänder werden der Absorptionskoeff. α, die Faraday-Rotation Θ u. die Elliptizität Δ berechnet. Die abgeleiteten Formeln werden auf n-InSb angewandt. Dabei wird das gleichzeitige Auftreten verschiedener Ladungsträger (z. B. Elektronen, schwere u. leichte Löcher im Bereich der Eigenleitung) in Rechnung gestellt. K. Jaeger 135◇

0238 **Tantal-Dotierung und hoher Widerstand von Aluminiumantimonid.** D. Shaw und H. D. McKell. (Brit. J. appl. Physics **14,** 295—300, 1963; Rugby, Assoc. Electr. Ind. Res. Labor.; engl.) — Dotierte Kristalle haben eine kleinere Acceptor-Konz. und größere Löcherbeweglichkeit als undotierte. Ta ist in der Lage, gewisse Störstellen wie C u. Cu zu „gettern". Der Mechanismus ist unbekannt. Die Segregation von Ta ist abnorm. Für Te wird ein effektiver Segregationskoeff. von 0,80 gefunden. Dotierung der Schmelze mit Ta u. Te ergibt p- u. n-leitende Kristalle mit 10^4 bis 10^{10} Ohm · cm bei Raumtemp., wobei die Variation des Widerstands mit der Temp. auf Haftstellen zwischen 0,4 u. 0,8 eV Tiefe hinweist. Aus Kapazitätsmessungen wird die stat. DK zu 14,4 ± 1 bei Kristallen mit hohem Widerstand bestimmt. An diesen Kristallen wird eine Abklingzeit der Photoleitfähigkeit zwischen 0,5 u. 1 ms gemessen. R. Nink 135◇

0239 **Elektronendichteverteilung in ZnO-Kristallen.** Ganesh P. Mohanty und Leonid V. Azároff. (J. chem. Physics **35,** 1268—70, 1961; Chicago, Ill., Illinois Inst. of Technol., Metallurg. Engng. Dep.; engl.) — Vff. ermittelten die Elektronendichteverteilung für einen nichtdotierten ZnO-Einkristall (spezif. elektr. Leitfähigkeit $\sigma = 0{,}05\ \Omega^{-1}\ cm^{-1}$) u. für zwei in Zn-Dampf erhitzte ZnO-Einkristalle (σ ca. $5{,}0\ \Omega^{-1}\ cm^{-1}$) aus den Intensitäten ihrer Röntgenaufnahmen. Eine Differenz-Synth. aus den Elektronendichten der dotierten u. nichtdotierten Kristalle ergibt, daß die mit Zn dotierten Kristalle $(15-60) \cdot 10^{19}$ Atome Zn/cm³ auf Zwischengitterplätzen mit oktaedr. Konfiguration enthalten. Der Einbau dieser großen Anzahl von Zn-Atomen führt zu einer Vergrößerung des Verhältnisses c/a der hexagonalen Elementarzelle von 1,6019 auf 1,6025. Da die Dichte der Zwischengitterplätze in den dotierten Kristallen ca. 10^3mal größer ist als der aus der spezif. elektr. Leitfähigkeit dieser Kristalle von Heiland, Mollwo u. Stockmann (Advances Solid State Phys. **8,** [1959], 207) ermittelte Wert, ist anzunehmen, daß ein großer Teil der Zn-Atome auf Zwischengitterplätzen elektr. neutral ist. Die hohe Anzahl dieser Zn-Atome auf Zwischengitterplätzen erklärt außerdem, warum die zum Erreichen des Sättigungswertes von σ notwendige Zeit (l. c.) bei undotierten ZnO-Kristallen viel größer ist als bei dotierten. K. Hardel 135◇

0240 **Kinetik der durch Bestrahlung in Zinkoxid hervorgerufenen Veränderungen der Leitfähigkeit.** K. Klier und T. I. Barry. (Collect. czechoslov. chem. Commun. **27,** 1320—22, 1962; Wantage, Berks., U. K. A. E. A., Wantage Res. Labor.; engl.) — Die Beobachtung, daß die Leitfähigkeit des γ-bestrahlten ZnO durch Adsorption von H_2 oder Isobuten stark erhöht wird, wurde bereits qual. durch gleichzeitigen Ablauf einer Rk. der durch Bestrahlung entstandenen Löcher mit adsorbierten Moll. u. einer Rekombination der Löcher mit den Elektronen erklärt (vgl. C. **1962,** 16588). Vff. versuchten, auf Grund dieser Voraussetzungen für den Prozeß die kinet. Beziehungen abzuleiten. Die gefundene gute Übereinstimmung der experimentellen Meßwerte mit den berechneten kinet. Gleichungen unterstützt die Richtigkeit des vorgeschlagenen Rk.-Mechanismus. I. Frič/Prag 135△

0241 **Zur Energiestruktur von Kupfer(I)-oxid mit kurzen Photoleitfähigkeits-Relaxationszeiten.** Ju. W. Worobjew und G. A. Cholodar. (Festkörperphysik [UdSSR] **5,** 1589—94, 1963; Kiew, Schewtschenko-Univ.; russ.) — Untersucht wurde die Photoleitfähigkeit von Cu_2O in der Nähe der Maxima bei 0,63; 0,8 u. 2 μ. Die Relaxationszeit bei 2 μ fällt von 10^{-2} auf 10^{-4} s ab, wenn die Temp. von —80° auf Zimmer-Temp. ansteigt. Die Relaxationszeit bei 2 μ stimmt mit der bei 0,63 μ überein. Dieses Ergebnis widerspricht den bisherigen Vorstellungen von dem Leitungsmechanismus in Cu_2O, kann jedoch unter der Annahme einer einzigen Art von Acceptorenniveaus gedeutet werden. Es wird angenommen, daß das Maximum bei 0,63 μ auf Excitonen zurückzuführen ist, die durch das einfallende Licht erzeugt wurden. Diese Excitonen dissoziieren an negativ geladenen Acceptoren u. rekombinieren an neutralen Acceptoren. Es wird gezeigt, daß auch die Ergebnisse, die bisher in der Literatur veröffentlicht wurden, nicht gegen dieses Modell verstoßen. Für das Maximum bei 0,8 μ sind Elektronen die vorherrschenden, durch die Strahlung erzeugten Ladungsträger. Ferner wird für die Formen der Relaxationskurven bei dieser Wellenlänge eine quant. Diskussion mitgeteilt. K. Jaeger 135◇

0242 **Der Einfluß der Oberfläche auf die elektrischen Eigenschaften von Bariumtitanat-Einkristallen.** Hiroo Toyoda und Masayuki Itakura. (J. physic. Soc. Japan **17,** 924—31, 1962; Nippon Telegraph and Telephone Public Corp., Comm. Labor.; engl.) — Der Einfl. des Elektrodenmaterials (In, Te, Au) u. der Atmosphäre (Vakuum, Luft, W.) auf die Polarisationsumkehrung u. die elektr. Leitfähigkeit von $BaTiO_3$-Einkristallen wurde untersucht. Das Anodenmaterial bestimmt die Umklapp-Geschw. wesentlich. Eine In-Anode vermindert, eine Te-Anode erhöht die Umklapp-Geschw. unabhängig vom Kathodenmaterial. Eine Au-Elektrode vermindert die

Geschw. im Vakuum, erhöht sie jedoch durch Adsorption polarer Molekeln. K. Jaeger 135◇

0243 **Elektrische Leitfähigkeit von $NiFe_2O_4$-Ferrit.** Janusz Baszyński. (Acta physic. polon. **21,** 351—58, 1962; Poznan, Pol. Acad. of Sci., Inst. of Phys., Ferromagnet. Labor.; engl.) — Die elektr. Leitfähigkeit von einkristallinem u. polkristallinem $NiFe_2O_4$ wurde in Abhängigkeit von der elektr. Meßfeldstärke u. der Temp. untersucht. Aus den experimentellen Daten wurden für die elektr. Leitfähigkeit σ folgende Ausdrücke abgeleitet: $\sigma = C \cdot \exp[-\varepsilon/2\,kT + a(E - E_0)]$ für $E_0 < E < E_k$ u. $\sigma = C \cdot \exp[-\varepsilon/2\,kT]$ für $E < E_0$. Für einkristallines Material wurde $E_0 \sim 6$ V/cm, für polykristallines Material $E_0 \sim 30$ V/cm gefunden. Beide Materialien ergaben bei Zimmertemp. $E_k \sim 350$ V/cm. E_0 u. E_k sind temperaturabhängig. E_k nimmt mit steigender Temp. ab, u. zwar nach $E_k = E_\infty \cdot \exp(\gamma/kT)$ mit $\gamma = 0{,}084$ eV. K. Jaeger 135◇

0244 **Über die Änderungen der elektrischen Leitfähigkeit der Oxide CoO, NiO und MnO als Funktion der Gleichgewichtspartialdrücke von Sauerstoff bei hoher Temperatur.** Alain Duquesnoy und Fernand Marion. (C. R. hebd. Séances Acad. Sci. **256,** 2862—65, 1963; Lille, E. N. S. de Chim.; Amiens, Coll. Sci. Univ.; franz.) — Durch Oxydation der Metalldrähte wird drahtförmiges NiO bzw. CoO hergestellt u. die Abhängigkeit des elektr. Widerstandes R von O_2-Partialdruck p_0 u. Temp. untersucht. Während die Meßwerte an NiO bes. bei kleinem p_0 nicht genügend reproduzierbar sind, gilt für CoO bei 1000° $\log R/R_0 = -0{,}266 \cdot \log p_0 - 0{,}0042 \cdot (\log p_0)^2$ (R_0 = Widerstand bei 1 atm O_2). Oberhalb 10^{-5} atm O_2 wird die Abhängigkeit $R = a \cdot p_0^n$ (a u. n Konst.) beobachtet; n steigt von $-0{,}27$ bei 900° auf $-0{,}25$ bei 1200° an. Für MnO auf BeO-Trägern folgt aus $R = f(\log p_0)$ mit steigendem p_0 ein Übergang von n- zu p-Leitung; die Temp.-Abhängigkeit der Übergangsdrücke wird mit $\log p_0 = 0{,}016 \cdot t - 29{,}8$ (t = Temp. in °C) beschrieben. CoO ist zur O_2-Best. in nichtbrennbaren Gasen geeignet. Herbert Müller 135◇

0245 **Über elektrische und optische Eigenschaften einiger Chalkogenide von Elementen der IV. Nebengruppe.** H. G. Grimmeiss, A. Rabenau, H. Hahn und P. Ness. (Z. Elektrochem., Ber. Bunsenges. physik. Chem. **65,** 776—83, 1961; Aachen, Philips Zentrallabor. GmbH; Kiel, Univ., Inst. für Anorg. Chem. u. Würzburg, Univ., Chem. Inst., Abt. für Anorg. Chem.; dt.) — In nach den Verff. von Hahn u. Mitarbeitern (C. **1960,** 5087) hergestellten Einkristallen der monoklin in der Raumgruppe $P2_1/m$-C_{2h}^2 in einer Art Schichtgitter krist. Trichalkogenide TiS_3 **(I)**, ZrS_3 **(II)**, $ZrSe_3$ **(III)**, HfS_3 **(IV)**, der im NiAs-Typ bzw. in einer verwandten Struktur vorkommenden Verbb. TiS **(V)**, $TiSe$ **(VI)**, $TiTe$ **(VII)**, Ti_3S_4 **(VIII)** u. des mit CdJ_2 isotypen TiS_2 **(IX)**, $TiSe_2$ **(X)**, $TiTe_2$ **(XI)** bestimmten Vff. die Temp.-Abhängigkeit der spezif. elektr. Leitfähigkeit σ zwischen -170 u. $+250°$ im Vakuum, den Bandabstand ΔE_{opt} (aus Durchlässigkeitsmessungen), die thermoelektr. Kraft, die Spitzengleichrichtung u. die photoelektr. Leitung: **I,** graphitähnliche Kristalle; (σ bei 20° =) 0,25 (Ω^{-1} cm^{-1}); (ΔE_{opt} =) 0,9 (eV); (Thermokraft bei 20° =) -500 (μV/Grad); n ($-$ Leitung). **II,** kupferrot; 10^{-4}; 2,17; -500; n. **III,** ocker; 10^{-2}; 2,8; eine Unters. der Thermokraft u. der Spitzengleichrichtung war nicht möglich. **IV,** dunkelgrau; 10^{-3}; 1,25; -1000; n. **II, III** u. **IV** zeigen Photoleitung. Der Verlauf der Bandabstände sämtlicherTrichalkogenide wird angegeben. Bei **I** wird der Einfl. von S-Lücken nachgewiesen. — Von den folgenden Verbb. konnten nur σ, die Thermokraft u. evtl. die Gleichrichtung bestimmt werden: **V,** gelblich; 10^3; -100. **VI,** dunkelschillernd; 10^2; -15; n. **VIII,** graphitähnlich; $1{,}4 \cdot 10^4$; -20. **VIII,** blauschwarz; $5 \cdot 10^3$; $+10$. **IX,** messingfarben; 10^4; -10. **X,** dunkelschillernd; 5; -2; n. **XI,** grauschwarz; 10^3. **V** zeigt metall. Leitung; die anderen Verbb. sind Halbleiter. — Die Ergebnisse werden auf der Basis der von Hahn u. Mitarbeitern (l. c.) gefundenen strukturchem. Beziehungen u. der neueren Vorstellungen über das Auftreten von Halbleitung bei Verbb. der Übergangsmetalle diskutiert; sie stimmen mit den Regeln von Dudkin (C. **1960,** 15654) nicht überein. K. Hardel 135◇

0246 **Nachbehandlung von durch Dampftransport dargestellten CdS-Einkristallen mit Jod.** J. A. Beun, R. Nitsche und H. U. Bölsterli. (Physica [Utrecht] **28,** 184—94, 1962; Zürich, Labor. RCA Ltd.; engl.) — Durch Transport-Rk. mit Jod dargestellte CdS-Einkristalle enthalten, wie Tracer-Experimente zeigten, einheitlich $(1{,}3 \pm 0{,}2) \cdot 10^{-2}$ Gew.-% Jod. Die so erhaltenen Kristalle sind von hell- bis dunkelroter Farbe, im Bereich 0,5—0,8 μ stark lichtempfindlich u. vom Leitungstyp n; sie zeigen eine mittlere Lebensdauer der freien Ladungsträger von etwa 0,1 s. Um die genannte hohe Verunreinigungskonz. von $2{,}3 \cdot 10^{18}$ Jod-Atomen/cm^3 CdS entweder durch Entfernung des Jods zu beseitigen, oder durch zusätzliche Dotierung unwirksam zu machen, wurden die Kristalle in Quarzampullen je 16 Std. (ausgenommen b u. c) bei verschiedenen Temp. in folgenden Medien getempert: a) im Vakuum, 800°, keine Farbänderung, Abnahme des Dunkel-Widerstandes (DW) bis 0,1 $\Omega \cdot$ cm (gegenüber 10 $\Omega \cdot$ cm) bei unbehandelten Kristallen), Jodgeh. unverändert; b) in strömendem N_2 u. H_2S, 500°—700°, keine Änderung der elektr. Eigg. u. des Jodgeh.; c) in CdS-Pulver, 65 Std., 400—800°, Ergebnis analog dem vorstehenden Versuch; d) in K-Dampf, 800°, Farbänderung nach gelb, unübersichtliche Änderung des DW, keine Dotierung durch K-Atome, keine Änderung des Jod-Geh.; e) die nach d) behandelten Kristalle nehmen bei 440° in Jod-Dampf erhitzt die Eigg. des Ausgangsmaterials wieder an; f) in Schwefeldampf, 300—800°, keine Änderung der opt. Absorption, Anwachsen des DW bis 10^7 $\Omega \cdot$ cm proportional dem Schwefel-Dampfdruck, der Temp. u. Erhitzungsdauer, unübersichtliches Ansteigen des Photowiderstandes, keine Änderung des Jodgeh.; g) in Cd-Dampf, 600—800°, Veränderung der Farbe nach dunkelrot bis schwarz, Abnahme des DW bis 0,1 $\Omega \cdot$ cm, keine Änderung des Jodgeh.; h) in CuS, 800°, Veränderung der Farbe nach schwarz, Anwachsen des DW bis $8 \cdot 10^{11}$ $\Omega \cdot$ cm, bei Belichtung mit $1 \cdot 10^{14}$ Photonen/s Absinken der Abklingzeit des Photostromes auf $5 \cdot 10^{-3}$ s (gegenüber 0,5 s bei unbehandelten Kristallen), Donator-Kompensation, keine Änderung des Jodgehalts. Die Hall-Beweglichkeiten sämtlicher behandelter Proben liegen in der Größenordnung 60 cm^2 V^{-1} s^{-1} u. wachsen bei Belichtung etwas an. L. Mögele 135◇

0247 **Bemerkung zur Photoleitung bei Anregung an der Grundgitterabsorptionskante von CdS-Einkristallen.** H. Gutjahr. (Mber. dtsch. Akad. Wiss. Berlin **2,** 269—71, 1960; Physikal.-techn. Inst. der Dt. Akad. Wiss., Forschungsgemeinschaft, Bereich elektr. Durchschlag; dt.) — Vf. gibt eine Erklärung für die Beeinflussung der Photoleitung von CdS-Kristallen im Ausläufer- u. Grundgitterabsorptionsbereich durch Gitterstörungen. D. Hoene 135◇

0248 **Zur elektrostatischen Aufladung von CdS-Einkristallen nach Stromdurchgang.** K. W. Böer, U. Kümmel und K. E. Schroeter. (Z. Physik **167,** 403—15, 1962; Berlin, Humboldt-Univ., IV. Phys. Inst.; Berlin, DAW, Phys.-Techn. Inst.; New York, N. Y., Univ., Phys. Dep.; dt.) — Die elektrostat. Aufladung von CdS-Einkristallen bei Stromdurchgang wird in einer großen Zahl von Verss. gemessen, die sodann statist. ausgewertet werden. Für die Aufladung wird eine allg. Formel abgeleitet. Der Einfl. von Kristallinhomogenitäten, Randschichten u. Feldanregungen auf den Aufladungseffekt wird beschrieben. A. Blaschette 135◇

0249 **Photoleitfähigkeit gesinterter (Cd, Zn)S-Schichten.** Ryuichi Hioki, Miyoshi Haradome und Hiroshi Kukimoto. (Jap. J. appl. Physics **2,** 134—35, 1963; Tokyo, Univ. of Tokyo, Fac. of Engng., Dep. of Appl. Phys.; engl.) — An (Zn, Cd)S:Ag, Cl-Phosphoren werden von der Zus. abhängige Messungen der Photoleitung beschrieben (im einzelnen: die Verschiebung des Maximums, Abhängigkeit des Photostroms von der Intensität, Abklingzeit). H. Maier 135◇

0250 **Elektroleitfähigkeit und Zähigkeit von Legierungen im System Sb-Sb_2Se_3 im festen und flüssigen Zustand.** G. F. Gubskaja und I. W. Jewfimowski. (J. anorg. Chem. [UdSSR] **7,** 2782—87, 1962; russ.) — Alle Schmelzen des Syst. Sb–$SbSe_3$ haben im festen Zustand bis zum F. eine metall. Leitfähigkeit, die vom metall. Sb herrührt. Im fl. Zustand hat Sb_2Se_3 Halbleitereigenschaften. Mit dem Anteil an Sb_2Se_3 wächst die Temp.-Abhängigkeit der Elektroleitfähigkeit: wenig bis 700°, sprunghaft $>$ 700°. Sb_2Se_3 ist aus Sb_4Se_6-Ketten mit orthorhomb. Struktur aufgebaut. Vff. nehmen an, daß bis 700° eine langsame Aufweitung dieser Kettenbindung erfolgt. Diese Annahme wird durch Viscositätsuntersuchungen gestützt: bis 700° tritt nach dem Schmelzen der Verbb. eine geringe Vergrößerung der Viscosität auf; erst oberhalb 700° wird die Viscosität mit steigender Temp. kleiner. Vff. vergleichen das Syst. Sb–Sb_2Se_3 mit dem Syst. Sb–Te (vgl. ibid. **7,** [1962], 1615) u. leiten die Unterschiede im Charakter der Elektroleitfähigkeitsisothermen aus den Unterschieden in der Kristallstruktur u. der chem. Natur der Schmelzen her. B. Parlitz 135◇

0251 **Über die elektrischen und optischen Eigenschaften von n-Cadmiumtellurid-Einkristallen.** Shoji Yamada. (J. physic. Soc. Japan **17,** 645–53, 1962; Hamamatsu, Japan, Shizuoka Univ., Fac. of Engng., Inst. of Electronics; engl.) — Untersucht wurden In- u. Ga-dotierte Einkristalle von n-CdTe. Das Maximum der Photoleitfähigkeit gehorcht dem Ausdruck $1{,}57 - 4{,}4 \times 10^{-4} \cdot T$ [eV]. Die Ionisations-Energie betrug für beide Donatoren etwa 0,04 eV. Die Hall-Beweglichkeiten der Leitungselektronen lagen um 800 cm^2/Vs bei Zimmer-Temperatur. Die magnet. Widerstandsänderungen wurden im Bereich geringer magnet. Feldstärken ($< 8 \cdot 10^3$ Gauß) gemessen. Ein Modell für die Struktur des Leitungsbandes wird vorgeschlagen (4 oder 8 Energie-Rotationsellipsoide, deren Symmetrieachsen in den 8 Richtungen [111] liegen). K. Jaeger 135◇

0252 **Niederfrequenzeigenschaften von Mischleitern.** Isaaki Yokota und Shin-ya Miyatani. (Jap. J. appl. Physics **1,** 144–47, 1962; Niigata, Niigata Univ., Fac. of Sci., Dep. of Phys.; engl.) — Die Theorie der Mischleiter wird erörtert u. auf Wechselstromerscheinungen angewendet. Durch Verw. elektron. u. ion. Sonden lassen sich die elektrochem. Potentiale längs gemischter Leiter für Wechselstrom niedriger Frequenz messen. Verss. an Cu_2S u. Ag_2Te zeigen gute Übereinstimmung mit den theoret. Aussagen. K.-E. Müller 135◇

0253 **Der Einfluß von Bor auf die elektrischen Eigenschaften von Graphit.** D. E. Soule. (Proc. Vth Conf. Carbon, University Park, Pa., 1961, **1,** 13–21, 1962; Parma, Ohio, Nat. Carbon Co., Res. Labor., Div. of Union Carbide Corp.; engl.) — Gemessen wurden bei 298 u. 77 °K die magnet. Susceptibilität, der Hall-Effekt, elektr. Widerstand u. magnet. Widerstandsänderungen von Graphiteinkristallen, die mit $\leq$ 1 ppm bis 0,5% B dotiert waren. Ein starker Abfall der Susceptibilität bei Zimmer-Temp. tritt bei $B/C = 1{,}4 \cdot 10^{-4}$ auf (Fermi-Niveau koinzidiert mit dem Grund des Leitungsbandes). Etwa im gleichen Gebiet ($B/C = 2{,}2 \cdot 10^{-4}$) tritt ein Maximum des Hall-Effektes auf, das auf den Übergang von der gemischten Defektelektronen-Elektronenleitung im Überlappungsbereich zur reinen p-Leitung zurückzuführen ist. Dieses Maximum lag bei 77 °K bei $B/C = 3{,}3 \cdot 10^{-5}$. Mit zunehmender B-Dotierung nahmen die elektr. Leitfähigkeit u. die magnet. Widerstandsänderung ab. Die Defektelektronenbeweglichkeit folgt $B^{-0{,}86}$. Die in das Graphitgitter eingebauten B-Atome sind zu 75 $\pm$ 15% ionisiert. K. Jaeger 135◇

0254 **Über eine Änderung des Modells von Slonczewski und Weiss zur Anwendung auf prägraphitischen Kohlenstoff.** André Marchand. (C. R. hebd. Séances Acad. Sci. **256,** 3070–73, 1963; Bordeaux-Talence, Fac. des Sci., Labor. de Chim. phys.; franz.) — Die elektr. Eig. von Graphit können befriedigend mit dem Modell von Slonczewski u. Weiss (C. **1958,** 7960) beschrieben werden. Vf. untersucht die Änderungen dieses Modells, die bei Anwendung auf prägraphit. C notwendig sind. Unter der Annahme von Wechselwrkg. zwischen nächsten Nachbarn in der gleichen u. in benachbarten Kristallebenen kann die Dichte der Energieniveaus berechnet werden. Die Energieniveaus der π-Elektronen liegen in der Nähe der Ecke der Brillouin-Zone. Herbert Müller 135◇

0255 **Elektronisches und physikalisch-chemisches Verhalten einiger lamellarer Graphitverbindungen.** A. R. Ubbelohde. (J. Chim. physique Physico-Chim. biol. **58,** 107–14, 1961; London, Imp. Coll. of Sci. and Technol.; engl.) — In einer Übersicht werden die lamellaren Graphitverbb. mit Zwischengitter-Einlagerungs-Verbb. anderer Schichtgitterkristalle verglichen. Die Besonderheit des Graphits liegt in dem amphoteren (Donator-Acceptor-)Charakter der hexagonalen C-Netze, die als aromat. Makromoll. angesehen werden, zwischen denen nur geringe Wechselwrkg. besteht. Durch Bldg. der Graphitverbb. C_8K bzw. C_8Br werden durch Charge-Transfer (K als Donator, Br als Acceptor) die elektr. Eigg. des Graphits verändert u. eine neue Klasse von Leitern erhalten. Die Anisotropie der elektr. Eigg. der Graphitverbb. senkrecht u. parallel zu den Netzebenen wird analysiert. Verunreinigungen u. Defekte in den Graphitkristallen beeinflussen die Bldg. der Verbb. u. die Elektronenniveaus. Durch Defekte kann die Planarität der Netze gestört werden. — Diskussion. G. Winkhaus 135◇

0256 **Quantenstatistische Theorie der magnetischen Resonanz in Systemen mit starker Austauschwechselwirkung.** O. A. Olchow und B. N. Prowotorow. (J. exp. theoret. Physik [UdSSR] **44,** 514–21, 1963; Akad. der Wiss., Inst. für Chem. Phys.; russ., Auszug; engl.) — Ableitung von Gleichungen, die das Verh. der Magnetisierung bei starker Austauschwechselwrkg. für $T \gg T_K$ (T_K Curie-Temp.) charakterisieren. Gegenüber den phänomenolog. Gleichungen sind Zusatzglieder enthalten, die die Änderung der mittleren Austauschwechselwrkg.-Energie während der Sättigung berücksichtigen. Die Linien der Resonanzabsorption haben Lorentz-Form, ihre Breiten bei Sättigung sind schwach temperaturabhängig. Nach den Gleichungen ist nach Änderung eines konst. Magnetfeldes eine Verschiebung der Mitte der Absorptionslinie u. eine Änderung ihrer Breite zu erwarten. H. Liepack 137◇

0257 **Magnetische Resonanz der Atomniveaus von Zink und von Helium-4 durch Elektronenbestrahlung.** B. Decomps, A. D. May und J. C. Pebay-Peyroula. (Arch. Sci. [Genève] **13(165),** Sonderh. 138–42, 1960; franz.) — Vgl. C. **1963,** 10356. — Bei Bestrahlung mit langsamen Elektronen werden magnet. Resonanzunterss. bei 50 MHz u. 140 MHz an Zn-Dampf u. an ^4He durchgeführt. Bei Zn werden 4 Resonanzen beobachtet, von denen 3 den Energieübergängen $3d^{10}4snd$ ($^1D_2 - {}^1P_1$) ($n = 4, 5, 6$) zugeschrieben werden u. im Spektrum bei 6363, 4630 u. 4194 Å liegen. Die vierte Resonanz entspricht dem Übergang $4\ {}^3P_1 - 4\ {}^1S_0$. Bei ^4He werden magnet. Resonanzen der Niveaus $3\ {}^1D_2$, $4\ {}^1D_2$ u. $5\ {}^1D_2$ beim Übergang auf das Niveau $2\ {}^1P_1$ beobachtet. Außerdem wird noch eine sehr intensive Resonanz der Niveaus $3\ {}^3P_1$ u. $3\ {}^3P_2$ ermittelt, die schon früher bekannt war. H. Fahlenbrach 137□

0258 **Eine neue Methode zur Messung der dynamischen Kernpolarisation.** Anatole Abragam, Michel Borghini und Maurice Chapellier. (C. R. hebd. Séances Acad. Sci. **255,** 1343–45, 1962; franz.) — Ohne Beobachtung eines Kernresonanzsignals kann die dynam. Kernpolarisation durch direkte Messung des Lorentz-Feldes, das durch Magnetisierung von Kernen erzeugt wird, bestimmt werden. Der Aufbau des Feldes u. die Magnetisierung M der Kerne erfolgen an Stellen paramagnet. Verunreinigungen, die letztlich die dynam. Kernpolarisation bewirken. Es wird ein ausgezeichnetes ESR-Signal in einem Feld gewonnen, das die Summe aus verschiedenen inneren u. dem aufgewendeten äußeren Feld darstellt. Aus der Verschiebung des Signals als Funktion des äußeren Feldes sind das Lorentz-Feld u. die dynam. Kernpolarisation zu berechnen. Vorläufige Vers.-Ergebnisse von Protonen-Polarisationen im Kristallwasser des durch paramagnet. *Ce* verunreinigten *La–Mg-Doppelnitrats* ergeben für das Lorentz-Feld die Formel $H_i = (4/3)\pi M$ mit einer Protonen-Polarisation von etwa 20%. K. Scheffler 137◇

0259 **Die Äquivalenz der Hamiltonfunktion von Holstein-Primakoff und Dyson in der Spinwellentheorie des Ferromagnetismus.** Takehiko Oguchi. (Progr. theoret. Physics [Kyoto] **25**, 721—22, 1961; Otsuka-Kubo-machi, Tokyo, Tokyo Univ. of Education; engl.) — Es wird gezeigt, daß die Hamiltonfunktionen der Spinwellentheorie des Ferromagnetismus von Holstein-Primakoff durch eine einfache Transformation auf diejenige von Dyson zurückgeführt werden kann; beide Hamiltonfunktionen sind vollständig äquivalent. J. M. Spaeth 137□

0260 **Einfluß der Streuung zwischen Spinwellen auf die ferromagnetische Resonanzabsorption.** Fu-Cho Pu und Chin-Chi Cheng. (Acta physica sinica **18**, 81—90, 1962; chin., Auszug: engl.) — Es werden Absorptionskurven erster Ordnung u. ein exakter Ausdruck für das l-te Moment erhalten. M. Wiedemann 137◇

0261 **Hochfrequenz-Resonanz eines schwach ferromagnetischen Stoffes: $MnCO_3$.** H. J. Fink und D. Shaltiel. (Physic. Rev. [2] **130**, 627—31, 1963; Murray Hill, N. J., Bell Telephone Labor.; engl.) — Die Spektren von $MnCO_3$ werden mit einem Breitband-Spektrometer im Frequenzbereich 46—125 GHz bei Änderung des magnet. Feldes von 0—28 kG untersucht. Die [111]-Richtung des rhomboedr. Einkristalls ist parallel zur Ebene des äußeren Magnetfeldes angeordnet. Unterhalb 32,4 °K wird $MnCO_3$ antiferromagnet. mit einer schwach ferromagnet. Komponente senkrecht zur [111]-Richtung infolge anisotroper Spin-Spin-Wechselwirkung. Im Nullfeld wird bei 20,4 °K eine Frequenz von 95,7 GHz gefunden, entsprechend einer einachsigen Anisotropieenergie von $31{,}4 \cdot 10^{-3}$ cm^{-1}. Ferner sind die Halblinienbreiten bei 20,4 °K als Funktion des magnet. Feldes parallel zur [111]-Richtung sowie senkrecht zur (111)-Ebene diskutiert. K. Scheffler 137◇

0262 **Magnetische Susceptibilität von MnO bei hohen Temperaturen.** J. A. Poulis, C. H. Massen und P. van der Leeden. (J. physic. Soc. Japan, Suppl. B-I **17**, 212—13, 1962; Eindhoven, T. U. of Eindhoven, Phys. Dep.; engl.) — Im Temp.-Bereich zwischen 20 u. 370° wurden die magnet. Susceptibilitäten von *$MnCO_3$* u. dessen Dissoziationsprod. MnO gemessen. Für $MnCO_3$ wurde dabei eine Curie-Weiss-Abhängigkeit festgestellt. Für MnO ist dagegen die Abhängigkeit nicht linear. Darst.-Temp. u. Korngröße von MnO beeinflussen den Kurvenverlauf nicht. Nahe der Néel-Temp. stimmt die experimentell ermittelte Anzahl Magnetonen des MnO mit der theoret. Anzahl bei S = 5/2 überein. D. Noack 137◇

0263 **Magnetisierungskurve eines unendlichen Zylinders.** M. W. Muller und A. Wehlau. (J. appl. Physics **32**, 2448—50, 1961; Palo Alto, Calif., Varian Assoc.; engl.) — Vgl. C. **1962**, 23. — Vff. berechnen die Magnetisierungskurven eines unendlichen ferromagnet. Zylinders mit negativer einaxialer Anisotropie, wobei die Zylinderachse in einer harten magnetokristallinen Richtung liegt u. die Grundebene eine leicht magnetisierbare Ebene ist (diese Anisotropie ist z. B. für die Gruppe der „Ferroxplana"-Ferrite charakteristisch). Das angelegte Feld liegt längs der Zylinderachse. Die Verteilung der Magnetisierung entspricht der azimuthal symm. Form, die als „Magnetisierungs-curling" bezeichnet wird. Durch teilweise Umkehr der Magnetisierung lassen sich bei der betrachteten Anisotropie stabile Lsgg. für die Verteilung gewinnen. D. Jörchel 137□

0264 **Magnetische Bereiche.** D. J. Craik und R. S. Tebble. (Rep. Progr. Physics **24**, 116—66, 15 Tafeln, 1961; Nottingham, Boots Pure Drug Co.; Sheffield, Univ., Dep. of Phys.; engl.) — Übersicht über neuere theoret. u. experimentelle Unterss. auf dem Gebiet ferromagnet. Bereiche. — 120 Literaturangaben. A. Blaschette 137◇

0265 **Das Spektrum des Barkhausen-Effektes in Gegenwart eines entmagnetisierenden Feldes. Fall des Wechselfeldes und Fall des Drehfeldes.** Jean Bonnefous. (C. R. hebd. Séances Acad. Sci. **254**, 1014—16, 1962; franz.) — An scheibenförmigen Proben verschiedener Dicke u. damit verschiedener Eigenentmagnetisierung wird die Frequenzabhängigkeit des Barkhausen-Rauschens zwischen 10^2 u. $5 \cdot 10^5$ Hz gemessen. Als Proben wurden die weichmagnet. Fe–Ni–Cu–Mo-Leg., *Mn*-Metall u. ein weichmagnet. *Mn–Zn*-Ferrit benutzt. Die Unterss. wurden ferner im Wechsel- u. in Drehfeldern durchgeführt. In beiden Fällen steigt das Barkhausen-Rauschen mit zunehmender Frequenz zu einem Maximum an u. fällt danach wieder ab. Die Entmagnetisierung macht sich sehr stark aber in etwa entsprechend der theoret. Erwartung bemerkbar. H. Fahlenbrach 137□

0266 **Die magnetische Permeabilität von Mischungen mit ferromagnetischen Teilchen und porösen ferromagnetischen Materialien.** E. Laurila. (Suomalaisen Tiedeakatemian Toimituksia [Ann. Acad. Sci. fenn.], Sarja A VI **1961**, Nr. 70, 1—13; engl.) — Berechnungen auf der Grundlage einfacher Modelle. Die Poren werden als gegen das Feld gerichtete magnet. Dipole betrachtet, die ein entmagnetisierendes Lorenz-Feld erzeugen. A. Blaschette 137◇

0267 **Lorentz-Effekt im Elektronenbeugungsdiagramm einer zerfallenden Gold–Nickel-Legierung.** A. A. de Keijzer und W. G. Burgers. (J. appl. Physics **33**, 2820—22, 1962; Delft, TU, Gebouw voor Metaalk., Labor. for Phys. Chem. of the Solid State; engl.) — Ferromagnet. unterkühlte feste Lsgg. aus 23 Atom-% Au u. 77 Atom-% Ni werden in verschiedenen Stadien des durch Erhitzen auf 450° eingeleiteten Zerfalls in eine unmagnet. goldreiche u. eine ferromagnet. Phase in Durchstrahlungs-Elektronenbeugung untersucht. Aus der Ablenkung der Beugungsreflexe durch die Lorentz-Kraft kann auf die magnet. Flußdichte im Objekt geschlossen werden. Diese Ablenkung wird gemessen, indem von demselben Objekt in zwei verschiedenen Lagen Beugungsdiagramme auf denselben Film aufgenommen werden, die auseinander durch Drehen des Objekts um 180° um eine Achse senkrecht zum einfallenden Strahl u. senkrecht zur Richtung der Flußdichte im Objekt hervorgehen. Mit fortschreitendem Zerfall durchläuft die Lorentz-Ablenkung ein Maximum, welches möglicherweise einem Maximum in der Koerzitivkraft der zerfallenden Legierung entspricht. F. Lenz 137◇

0268 **Beitrag zur magnetischen Anisotropie von Kationen, die örtlich das Kristallgitter verzerren.** P. K. Baltzer. (J. physic. Soc. Japan, Suppl. B-I **17**, 192—95, 1962; Princeton, N. J., RCA Labor.; engl.) — Es werden die Energiezustände des Ni^{2+}-Ions auf den tetraedr. Gitterplätzen des Spinellgitters als Funktion tetragonaler Verzerrungen der kub. Symmetrie berechnet. Die berechneten Beiträge 1. u. 2. Ordnung des tetraedr. Ni^{2+}-Ions zur kub. Anisotropie der magnet. Spinelle werden mit experimentellen Werten verglichen. Im Falle des *$NiFe_2O_4$* können weniger als 0,1% tetraedr. Ni^{2+}-Ionen für die Anisotropie verantwortlich sein. Berechnete Werte für die Nullfeld-Aufspaltung von Cr^{3+} in *$MgAl_2O_4$* u. die Anisotropie von oktaedr. Co^{2+}-Ionen in magnet. Spinellen stimmen mit experimentellen Ergebnissen überein. Ferner wurden die Einzelionen-Beiträge 1. u. 2. Ordnung zur kub. Anisotropie von oktaedr. Ni^{3+}-Ionen berechnet; die Werte sind sehr groß u. positiv. D. Noack 137◇

0269 **Die magnetische Anisotropie von Pyrrhotin und Eisenselenid.** Tokutaro Hirone, Kengo Adachi, Motohiko Yamada, Shoko Chiba und Shuichi Tazawa. (J. physic. Soc. Japan, Suppl. B-I **17**, 257—60, 1962; Sendai, Tohoku Univ., Res. Inst. for Iron, Steel and Other Metals; engl.) — Mit Hilfe eines Torsionsmagnetometers wurde die magnetokristalline Anisotropie in der c-Ebene an natürlichen Fe_7S_8- u. Fe_7Se_8-Kristallen untersucht. Die Torsionsamplitude bei Zimmertemp. im Bereich starker Magnetfelder (5000 bis 20000 Oe.) nimmt mit dem reziproken Quadrat der Feldstärke ab. Bei der Temp. des fl. N_2 weist die Torsionsamplitude des Fe_7S_8 bei verhältnismäßig niedrigen Feldstärken ein Maximum auf, bei weiterer Steigerung der Feldstärke ändert das Drehmoment plötzlich das Vorzeichen. Im Bereich starker Felder durchläuft die Amplitude des Drehmoments ein zweites Maximum u. nimmt danach wieder ab. Die beobachteten Effekte können unter der Annahme einer Zwillingsstruktur der Kristalle gut gedeutet werden. D. Noack 137◇

0270 **Temperaturabhängigkeit der Domänenbreite in dünnen $BaFe_{12}O_{19}$-Schichten.** Hiroshi Kojima und Kimiyoshi Goto. (J. physic. Soc. Japan, Suppl. B-I **17,** 201—03, 1962; Sendai, Tohoku Univ., Res. Inst. for Sci. Measurements; engl.) — Vgl. C. **1962,** 12189, 16934. — Für den Temp.-Bereich von — 100° bis 250° wurden mit Hilfe des Faraday-Effektes Änderungen der Domänenbreite in $BaFe_{12}O_{19}$-Einkristallen gemessen. Im gesamten Temp.-Bereich ändert sich die Breite linear mit der Temp.; der Temp.-Koeff. beträgt $8{,}9 \cdot 10^{-4}$/°C. Der Temp.-Koeff. der Wandenergie wurde aus diesen Größen zu $-2{,}3 \cdot 10^{-3}$/°C berechnet. Beide Koeff. weichen etwas von theoret. berechneten Werten ab. D. Noack 137◇

0271 **Änderung der Resonanzeigenschaften von Yttriumgranat bei Substitution mit Al^{3+}.** André-Jean Berteaud. (Arch. Sci. [Genève] **13(165),** Sonderh. 312—18, 1960; Bellevue, S.-et-O., C. N. R. S., Labor. de Magnétisme et de Phys. du Solide; franz.) — An Verbb. des Syst. $3\,Y_2O_3 \cdot (5-x)Fe_2O_3 \cdot x\,Al_2O_3$ (x = 0 — 1,5) werden die g- u. ΔHa-Werte in Abhängigkeit von x untersucht. A. Blaschette 137◇

0272 **Kristallorientierung von Granat-Einkristallen durch magnetische Resonanz.** Vladimir Cagan. (Arch. Sci. [Genève] **13(165),** Sonderh. 319—24, 1960; Bellevue, S.-et-O., C. N. R. S., Labor. de Magnétisme et de Phys. du Solide; franz.) — Die für pyromagnet. Unterss. erforderliche Orientierung wird statt mit Röntgenstrahlung mit Hilfe magnet. Resonanzmessungen vorgenommen. A. Blaschette 137◇

0273 **Magnetfeldinduzierte Anisotropie in kobaltsubstituiertem Nickelferrit.** R. Perthel. (J. physic. Soc. Japan, Suppl. B-I **17,** 288—91, 1962; Jena, Dt. Akad. der Wiss., Inst. für magnet. Werkstoffe; dt.) — Es wurde der Einfl. einer Magnetfeld-Temperung auf Co-substituierte Ni-Ferrite der Zus. $Co_xNi_{1-x}Fe_2O_4$ ($0 \leq x \leq 0{,}30$) untersucht. Die Temperung wurde zwischen 350° u. 500° durchgeführt.; die Proben lagen als polykristalline Scheiben u. Einkristallkugeln vor. Mit Ausnahme von $NiFe_2O_4$ zeigten alle Zus. nach der Magnetfeldtemperung eine einachsige Anisotropie. Die Zeiten u. Temp., die notwendig sind, um den Gleichgew.-Wert der Anisotropie zu erreichen, sind wesentlich höher als bei Co-substituiertem Magnetit. Die einachsige Anisotropie nimmt annähernd linear mit dem Co-Geh. zu. D. Noack 137◇

0274 **Induzierte magnetische Anisotropie und Disakkomodation von Mn–Zn-Ferriten.** Keizo Ohta und Tokio Yamadaya. (J. physic. Soc. Japan, Suppl. B-I **17,** 291 bis 295, 1962; Tokyo, Kobayasi Inst. of Phys. Res.; Sapporo, Hokkaido Univ., Fac. of Sci.; engl.) — Bei der Abkühlung gesinterter Mn–Zn-Ferrite mit Fe_2O_3-Überschuß von Zimmertemp. bis auf ca. — 200° im Magnetfeld wurde induzierte Anisotropie beobachtet. Die Werte für die einachsigen Anisotropiekonst. K_u liegen zwischen 10 bis 100 erg/cm³. Mit steigendem Fe_2O_3-Geh. wurde ein Ansteigen des K_u-Wertes beobachtet. Bei vorheriger Temperung der Proben bei 1250° in N_2-Atmoshäre wurden merklich niedrigere Werte für K_u gemessen. Bei Zimmertemp. wurde Rotation der leichten Achsen beobachtet. Die gemessenen Relaxationszeiten stimmen gut mit denen der Disakkomodation überein. Vff. nehmen an, daß die Anisotropie durch die bevorzugte Besetzung von Leerstellen eines oktaedr. Gitterplatzes verursacht wird. D. Noack 137◇

0275 **Spinwellentheorie von $MeFe_2O_4$-Ferriten.** 1. Mitt. Leon Kowalewski. (Acta physica polon. **21,** 121—29, 1962; Poznań, Adam Miekiewicz Univ., Dep. of Theoret. Phys.; engl.) — Vf. entwickelt eine Spinwellentheorie für $MeFe_2O_4$ für den Fall beliebiger Winkel zwischen dem Magnetisierungsvektor u. der kristallograph. Achse u. für verschiedene Amplituden der Spinwellen an Gitterpunkten, die zu verschiedenen Translations-Untergittern gehören. Für zwei spezielle Fälle werden Dispersionsformeln abgeleitet: 1. Berücksichtigung der Wechselwrkgg. zwischen den nächsten A–B-Nachbarn; 2. Annahme gleicher Amplituden der Spinwellen auf A-Plätzen u. ebenfalls gleicher Spinwellen auf B-Plätzen, die jedoch verschieden von den Amplituden der A-Plätze sind. K. Jaeger 137◇

0276 **Theorie der parametrisch gekoppelten Oscillationen in Ferrit.** Yin-Yuan Li, Zheng-Yi Xu und Da-Qian Liu. (Acta physica sinica **17,** 117—32, 1961; chin., Auszug: engl.) — Die Parameter-Kopplung von Oscillationen in einem kleinen Ferrit-Ellipsoid unter der Anregung durch ultrahochfrequentes Pumpen wird behandelt. Es wird zwischen Feld- u. Magnetisierungs-Steuerung unterschieden u. für beide Fälle Beispiele beigebracht. Differentialgleichungen werden aufgestellt u. gelöst. Die Amplituden werden bestimmt. M. Wiedemann 137◇

0277 **Theorie der Raman-Streuung von Phononen durch Elektronenspins in einem paramagnetischen Kristall.** Joseph Seiden. (C. R. hebd. Séances Acad. Sci. **255,** 1721—23, 1962; Orsay, Fac. des Sci., Inst. d'Electron.; franz.) — Vgl. C. **1963,** 22215. A. Blaschette 137◇

0278 **Untersuchungen über die paramgnetische Neutronenstreuung an Chrom.** M. K. Wilkinson, E. O. Wollan, W. C. Koehler und J. W. Cable. (Physic. Rev. [2] **127,** 2080—83, 1962; Oak Ridge, Tenn., O.R.N.L.; engl.) — Neutronenbeugungsverss. mit ^{52}Cr zeigen, daß oberhalb der Néel-Temp. in metall. Cr keine lokalisierten magnet. Atommomente existieren. Es wird angenommen, daß die in der antiferromagnet. Struktur vorliegenden Momente während des Ordnungsprozesses induziert werden. A. Blaschette 137◇

0279 **Untersuchung von Festkörpern durch paramagnetische Resonanz.** E. E. Schneider. (Arch. Sci. [Genève] **13(165),** Sonderh. 183—93, 1960; Newcastle-upon-Tyne, Univ. of Durham, King's Coll.; franz.) — Übersicht, bes. über Unterss. an Defektzentren in Alkalimetallhalogeniden. — **34** Literaturangaben. A. Blaschette 137◇

0280 **Spektrograph für die paramagnetische Elektronenresonanz.** R. Marx und W. M. Bruma. (Arch. des Sci. **11,** 136—40, 1958; Paris, Fac. des Sci., Labor. de Chim. Phys.; franz.) — Empfindlichkeit des Geräts: $2 \cdot 10^{13}$ paramagnet. Zentren ($\equiv 10^{-8}$ g DPPH). A. Blaschette 137◇

0281 **Untersuchung von „Anlaßeffekten" in purpurfarbenem Schwefel mittels paramagnetischer Elektronenresonanz.** A. Châtelain und J. Buttet. (Helv. physica Acta **35,** 503—07, 1962; Lausanne, Univ., Labor. de Phys.; franz.) — Der durch Abschrecken von 600° heißem S-Dampf mit fl. N_2 erhaltene Purpurschwefel, S_2, zeigt im EPR-Spektrum ein intensives Signal ($\sim 1{,}2 \cdot 10^{22}$ Zentren/Mol). Er ist bei Temp. des fl. N_2 stabil. So erhaltenes S_2 wird während bestimmter Zeiten auf — 78°, — 55°, — 28° u. 0° erwärmt u. dann wieder mit fl. N_2 abgeschreckt. Die während dieses Vorganges auftretenden Veränderungen des EPR-Spektrums werden gemessen u. gedeutet. Insgesamt werden vier verschiedene Signale festgestellt, von denen jedes einem bestimmten S-Kettenradikal (I—IV) zugeschrieben wird. Die „Zeitkonst." der einzelnen Radikale bei den verschiedenen Temp. betragen: I — 78°/6 Min., — 55°/1,5 Min.; II u. III — 78°/ 116 Std., — 55°/1 Std. 50 Min., — 28°/45 Min.; IV 0°/ 29 Min., 25°/1,5 Minuten. H. Kuckertz 137◇

0282 **Untersuchungen der paramagnetischen Elektronenspinresonanz von mit Neutronen bestrahltem LiF.** R. Kaplan und P. J. Bray. (Physic. Rev. [2] **129,** 1919—35, 1963; Providence, R. I., Brown Univ., Dep. of Phys.; engl.) — Es wurden die ESR-Spektren der F-Zentren in ^{6}LiF, ^{7}LiF u. LiF mit normaler Isotopenzus. untersucht. — 40 Literaturhinweise. G. Klotz 137◇

0283 **ESR-Untersuchungen an UV-bestrahlten Lithiumhydrid-Kristallen.** D. J. E. Ingram und M. J. A. Smith. (Arch. Sci. [Genève] **13(165),** Sonderh. 213—18, 1960; Keele, North Staffordshire, Univ. Coll., Phys. Dep.; engl.) A. Blaschette 137◇

0284 **Einfluß von O_2 auf Linienbreite und Relaxation bei der ESR.** K. H. Hausser. (Arch. Sci. [Genève] **13(165),** Sonderh. 239—42, 1960; Heidelberg, MSI; engl.) — Die Auflösung der Hyperfeinstruktur der ESR-Resonanz wird durch mol. O_2 in der Lsg. erheblich erschwert. Der

Einfl. des O_2 auf die Linienbreite wird am Beispiel des $[ON(SO_3)_2]^{2-}$ nachgewiesen. Nach Entfernung des O_2 konnten im Spektrum des *2.4.6-Triphenylphenoxyl* mehr als 100, in dem von *Wursters Blau* sämtliche 325 theoret. zu erwartenden Hyperfeinlinien gefunden werden. A. Blaschette 137◇

0285 **Austauscheffekte bei der Resonanz von Mn in Alkalimetallhalogeniden.** E. E. Schneider und P. A. Forrester. (Arch. des Sci. **11,** 143—49, 1958; Newcastle-upon-Tyne, Univ. of Durham, King's Coll.; franz.) — EPR-Unterss. an Mn^{2+} in *LiCl, NaCl, KCl, KBr, KJ* u. *ZnS* u. Vgl. mit der Resonanz von MnF_2, $MnCl_2$, $MnCl_2 \cdot 2\,H_2O$, $MnCl_2 \cdot 4\,H_2O$, $MnBr_2$ u. MnJ_2 sowie von $MnF_2{:}K$, $MnCl_2{:}K$, $MnBr_2{:}K$, $MnJ_2{:}K$, $MnCl_2{:}Na$. A. Blaschette 137◇

0286 **Paramagnetisches Resonanzspektrum von Gadolinium in $LaAlO_3$.** A. Low und A. Zusman. (Physic. Rev. [2] **130,** 144—50, 1963; Jerusalem, Israel, Hebrew Univ., Dep. of Phys.; engl.) — Das Resonanzspektrum wurde als Funktion der Temp. untersucht. Es ergab sich, daß sich der trigonale Parameter b_2^0 von $67 \cdot 10^{-4}$ cm^{-1} bei 689 °K auf $491 \cdot 10^{-4}$ cm^{-1} bei 20 °K ändert. Der Übergang in die kub. Phase wurde durch Extrapolation bestimmt: (720 ± 15) °K. Wiedergabe des Spin-Hamilton-Operators u. der Temp.-Abhängigkeit der Parameter. G. Klotz 137◇

0287 **Paramagnetische Resonanz von Cr^{3+} in $SrTiO_3$-Einkristallen.** K. Alexander Müller. (Arch. des Sci. **11,** 150—52, 1958; Zurich, E.P.F.; franz.) A. Blaschette 137◇

0288 **Linienbreiten der Elektronenspinresonanz von kubisch-flächenzentrierten Ni^{2+}-Kristallen.** M. B. Palma-Vittorelli, M. U. Palma und F. Persico. (J. physic. Soc. Japan, Suppl. B-I **17,** 475—78, 1962; Palermo, Ist. di Fis. dell' Univ. and Sez. Siciliana INFN; engl.) — Es wird über neuere Messungen an Verbb. der Zus. $[Ni(NH_3)_6]\,X_2$ (X = Cl, Br, J) im Temp.-Bereich von ∼2—500 °K zusammenfassend berichtet. — 13 Literaturangaben. D. Noack 137◇

0289 **Magnetische Eigenschaften von Co^{2+}-Ionen in oktaedrischen Zwischenräumen eines Oxidgitters.** P. Cossee. (Molecular Physics **3,** 125—29, 1960; Leiden, Rijks-Univ., Labor. für anorg. u. phys. Chem.; engl.) — Vf. bestimmt die magnet. Susceptibilitäten von (Co, Mg)O-Mischkristallen der Zus. $Co_{0,049}Mg_{0,951}O$, $Co_{0,119}Mg_{0,881}O$, $Co_{0,196}Mg_{0,804}O$ u. $Co_{0,493}Mg_{0,507}O$ mit Hilfe einer Faraday-Torsionswaage im Temp.-Bereich von 300—1200 °K. Die Messungen lassen sich mit Hilfe der drei tiefliegendsten Terme (Γ_4-Triplett) des Co^{2+}-^4F-Grundzustandes hinreichend deuten. Auf Grund der linearen Beziehung zwischen $1/\chi$ u. der Co^{2+}-Konz. können die $1/\chi$-Werte auf unendliche Verdünnung extrapoliert werden. Auf Grund der infolge Spin–Bahn-Kopplung sich ergebenden Abweichung vom Curie-Weissschen Gesetz wird die Spin–Bahn-Kopplungs-Konst. λ zu -136 cm^{-1} ermittelt. Weiterhin wird Erniedrigung des Bahnbeitrages infolge ^4P-Beimischung bzw. des Vorliegens kovalenter Bindungsanteile diskutiert. W. Haberditzl 137◇

0290 **Adiabatische Entmagnetisierung von Kobalthexafluorosilicat.** Akio Ohtsubo und Eizo Kanda. (J. physic. Soc. Japan, Suppl. B-I **17,** 497—500, 1962; Sendai, Tohoku Univ., Res. Inst. for Iron, Steel and Other Metals; engl.) — Die adiabat. Entmagnetisierungsmessungen wurden an einem $Co[SiF_6] \cdot 6\,H_2O$-Einkristall parallel u. senkrecht zur c-Achse durchgeführt. Für die Aufnahme der Kurven der stat. Magnetisierung wurde nicht die übliche Meßanordnung verwendet, sondern ein „registrierender Magnetflußmesser", der aus einer Meß- u. einer Kompensationsspule besteht, die sich beide in der Mitte eines Magneten befinden. Die resultierende EMK in beiden Spulen ist dann eine Folge der Magnetisierungsänderung der Probe in der Meßspule. Aus den isothermen Magnetisierungskurven wurden folgende g-Werte ermittelt: $g_{\parallel} = 7{,}27$ u. $g_{\perp} = 2{,}28$. Für verschiedene Entropiewerte wurden ferner die Kurven der adiabat. Magnetisierung aufgenommen. Die Ergebnisse werden mit der Molekülfeldtheorie des Antiferromagnetismus verglichen. Die Neél-Temp. wurde zu 0,15 °K bestimmt. Senkrecht zur c-Achse tritt schwacher Ferromagnetismus auf, der auf die Kristallstruktur der Tieftemp.-Modifikation zurückgeführt wird. D. Noack 137◇

0291 **Neuere Entwicklungen auf dem Gebiet der Spin–Spin-Relaxation.** C. J. Gorter. (J. physic. Soc. Japan, Suppl. B-I **17,** 501—05, 1962; Leiden, Kamerlingh Onnes Labor.; engl.) — Kurze Übersicht. — 17 Literaturangaben. D. Noack 137◇

0292 **Modulationsempfänger in Kernresonanz-Hochfrequenzspektrometern.** G. B. Robinson und F. E. Geiger jun. (Rev. sci. Instruments **29,** 730—31, 1958; Washington, D. C., U. S. Naval Res. Labor.; engl.) — In Spektrometern zur Messung paramagnet. Kernresonanzabsorptionslinien wurde zwischen Modulations- u. Oszillatorkreis ein LC-Filter eingefügt. Damit werden den Resonanzsignalen ähnliche, überkoppelnde Störsignale ausgesiebt. P. Sliwinski 137◇

0293 **Das Anbringen einer Spin–Echo-Vorrichtung an das Kernresonanzspektrometer Varian HR 60.** M. Sasson, A. Tzalmona und A. Loewenstein. (J. sci. Instruments **40,** 133—34, 1963; Rehovoth, Israel, Weizmann Inst. of Sci.; engl.) — W. Betcke 137◇

0294 **Kautschuk als Material für Protonenresonanzflußmesser.** S. J. Rogers. (J. sci. Instruments **38,** 308—09, 1961; Portsmouth, Admiralty Surface Weapons Establ.; engl.) — An Stelle von Glycerin oder fl. Paraffin schlägt Vf. natürlichen oder synthet. Kautschuk als Material für Protonenresonanzflußmesser vor. Vorläufige Unterss. ergaben, daß das gyromagnet. Verhältnis u. die Linienbreite denen von Glycerin gleich sind. Die Signalamplituden von Kautschuk u. Glycerin haben ein Verhältnis von 3:4. C. Gottfried 137△

0295 **Transiente Effekte bei der kernmagnetischen Resonanz nach der Methode der rotierenden Koordinaten.** G. Bonera und P. De Stefano. (Nuovo Cimento [10] **20,** 316—23, 1961; Pavia, Univ., Ist. di Fis.; engl.) — An Hand der Bewegungsgleichung für die Magnetisierung in einem rotierenden Koordinaten-Syst. untersuchen Vff. mit Hilfe kinemat. Modelle bei der kernmagnet. Resonanz auftretende transiente Effekte. D. Jörchel 137◇

0296 **Kernmagnetische Resonanzspektren von Methylsiliciumverbindungen bei hoher Auflösung.** Hubert Schmidbaur. (J. Amer. chem. Soc. **85,** 2336—37, 1963; Marburg, Univ., Inst. für Anorg. Chem.; engl.) — Die chem. Verschiebungen δ u. die H-^{13}C sowie C-^{29}Si-Kopplungskonst. J foglender Methyl(R)–Si-Verbb. wurden bei 60 MHz bestimmt: R_4Si, R_3SiX (X = F, Cl, Br, J), $R_3SiO \cdot SiR_3$, $R_3SiSSiR_3$, $R_3SiSeSiR_3$, $R_3SiOGeR_3$, $R_3SiOSnR_3$, $R_3SiOPbR_3$, $(R_3Si)_3N$, $(R_3Si)_2NGeR_3$, $(R_3Si)_2NSnR_3$, $(R_3SiNSiR_2)_2$, $R_2Si{-}SiR_2{-}NSiR_3$ u. $[(R_3SiO)_3Al]_2$. Abweichungen im Gang von J und δ bei Elektronegativitätsänderungen der Substituenten werden auf $p\pi$–$d\pi$-Bindungsanteile zurückgeführt. Silylamine mit planarem N geben wegen bes. starker π-Bindungen niedrige δ-Werte. Der Einbau von Schwermetallatomen verstärkt die Si–O- u. Si–N-Bindungen. H. Bürger 137◇

0297 **Kernmagnetische Dipolkopplung in Al_2O_3.** A. H. Silver, T. Kushida und J. Lambe. (Physic. Rev. [2] **125,** 1147—49, 1962; Dearborn, Mich., Ford Motor Co., Sci. Labor.; engl.) — Eine Unters. der 5 kernmagnet. Resonanzlinien von Al_2O_3 ergab eine teilweise aufgelöste Struktur für jede der 5 Linien. Diese Struktur läßt sich durch eine Zweispin-Hamilton-Funktion mit einer Dipol–Dipol-Kopplung beschreiben; die Dipolkopplungskonst. ist d = 0,3998 Hzk, u. die Linienbreiten liegen bei ca. 10 d. Aus den Liniengestalten folgt ein positives Vorzeichen für die Quadrupolkopplungskonstante. D. Jörchel 137□

0298 **Kernresonanz von Aluminium in synthetischem Rubin.** C. M. Verber, H. P. Mahon und W. H. Tanttila. (Physic. Rev. [2] **125,** 1149—57, 1962; Boulder, Colo., Univ. of Colorado; engl.) — Vff. bestimmten die Linienbreite, die Liniengestalt u. die Spin-Gitter-Relaxationszeit T_1 als Funktion der Temp. in $^{27}Al_2O_3$-Einkristallen mit einer Nenn-Konz. an Cr_2O_3 von 0, 0,01, 0,1, 1,5 u. 4 Gew.-%. Von den beiden wichtigen Beiträgen zur Linienbreite betrug die Kernspin–Spin-Wechselwrkg., die von der Temp. unabhängig ist, 7 Gauß, während als Beitrag der paramagnet. Ionen Werte von Null bei 300 °K bis zu 42 Gauss, abhängig von der Konz., der Temp. u. dem stat. Magnetfeld, beobachtet wurden. Sowohl die stationären als auch die nach Impulsmessungen gewonnenen Kerninduktionsdaten weisen auf eine anomale Struktur der Al-Resonanz hin. Der Übergang $1/2 \rightarrow -1/2$ hat einen von der Beobachtungsfrequenz u. der Cr-Ionen-Konz. unabhängigen Abstand von 2,84 Gauss mit einer $(3 \cos^2\Theta - 1)$-Abhängigkeit vom Winkel zwischen c-Achse u. H_0. T_1 änderte sich in Abhängigkeit von der Ionen-Konz. u. der Temp. zwischen 150 s u. 1,5 ms in einer Weise, die nicht korrekt von der Theorie wiedergegeben wird. Viele Proben zeigten eine nichteindeutige Relaxationszeit. D. Jörchel 137□

0299 **Diamagnetische Kernresonanzverschiebungen in Legierungen.** R. G. Shulman, B. J. Wyluda und B. T. Matthias. (Physic. Rev. Letters **1**, 278—79, 1958; Murray Hill, N. J., Bell Telephone Labor.; engl.) — Für Sn u. Ga-Kerne in Nb_3Sn, V_3Sn u. V_3Ga mit β-W-Struktur wurden temperaturabhängige Verschiebungen der diamagnet. Kernresonanz bis zu 0,62% gemessen, deren Ursachen noch ungeklärt sind. Ein Zusammenhang dieser Verschiebungen mit den hohen Sprungtemp. bei Supraleitung dieser Legg. besteht nicht.
P. Sliwinski 137◇

0300 **Die Aufspaltung der kernmagnetischen Resonanzlinien in Vivianit, $Fe_3(PO_4)_2 \cdot 8\,H_2O$.** N. J. Poulis und W. van der Lugt. (J. physic. Soc. Japan, Suppl. B-I **17**, 505—06, 1962; Leiden, Kamerlingh Onnes Labor.; engl.) — Im Temp.-Bereich von 1—77 °K wird die kernmagnet. Resonanz des Protons u. der Phosphorkerne untersucht. Zwischen 4 °K u. 11 °K wird Vivianit antiferromagnetisch. Der Phosphorkern zeigt eine isotrope Verschiebung. Es konnte die Existenz von zwei verschiedenen Typen von Fe^{2+}-Ionen mit verschiedenem magnet. Verh. nachgewiesen werden. D. Noack 137◇

0301 **Kernmagnetische Resonanz von ^{57}Fe in verschiedenen ferromagnetischen Oxiden.** Shizuko Ogawa und Setsu Morimoto. (J. physic. Soc. Japan **17**, 654—59, 1962; Tokyo, Ochanomizu Univ., Dep. of Physics; engl.) — Vgl. C. **1964**, 1-0286. — Die KMR-Frequenzen von ^{57}Fe in *Y–Fe-Granaten* u. 9 weiteren Granaten, in denen Y durch Seltenerdmetalle (*Lu, Yb, Tm, Er, Ho, Dy, Gd, Eu, Sm*) ersetzt ist, sowie in *Magnetit* u. *Haematit* werden bei verschiedenen Temp. gemessen. Für die verschiedenen Granate wird bei gleicher Temp. eine Zunahme des effektiven Magnetfeldes am Kern bzw. der Resonanzfrequenz beobachtet, die der Änderung der Kristallgitterparameter proportional ist. Die größte Zunahme des Feldes beträgt 4% bei Sm–Fe-Granat bezogen auf Y–Fe-Granat. Für Magnetit werden entsprechend oktaedr. u. tetraedr. Lage der ^{57}Fe-Atome bei Raumtemp. 2 Resonanzfrequenzen gemessen; bei der Übergangstemp. von etwa —150° verschwindet die der tetraedr. Lage zuzuordnende Resonanzlinie, dafür erscheint unterhalb —150° eine neue Resonanzlinie. Die der oktaedr. Lage zuzuordnende Linie verschwindet unterhalb —150° ganz. Haematit zeigt bei Raumtemp. nur eine Linie, die bei —11°, der magnet. Übergangstemp., verschwindet.
K. Scheffler 137◇

0302 **Kernmagnetische Resonanz von ^{59}Co in Kobalt–Palladium-Legierungen mit geringem Co-Gehalt.** Shaw Ehara und Yuzo Tomono. (J. physic. Soc. Japan **17**, 726, 1962; Tokyo, Univ., Dep. of Phys., Inst. for Solid State Phys.; engl.) — Die Messungen werden mit einem Superregenerativ-Oscillator bei 4,2 °K an der pulverisierten Leg. durchgeführt. Die Resonanzfrequenzen des ferromagnet. ^{59}Co in diesen Legg. weichen nur wenig von der Resonanzfrequenz des reinen Co ab. Trotzdem wird ein geringer Einfl. durch die umgebenden Pd-Atome u. die Leitungselektronen beobachtet, womit es möglich wird, über die mkr. Eigg. ferromagnet. Stoffe Aufschluß zu erhalten. K. Scheffler 137◇

0303 **Einflüsse der ^{59}Co-Wechselwirkungen auf die magnetische Hochfrequenz-Kernresonanz von ^{19}F in antiferromagnetischen Stoffen.** V. Jaccarino. (J. chem. Physics **30**, 1627—29, 1959; Murray Hill, N. J., Bell Telephone Labor.; engl.) — Bei der Unters. der magnet. Hochfrequenzresonanz von ^{19}F in der antiferromagnet. Verb. CoF_2 machte sich ein erheblicher Einfl. der ^{59}Co-Atomkerne bemerkbar. Diese ^{59}Co-Wechselwrkgg. waren in der ^{19}F-Relaxationszeit bei Frequenzen zwischen 130 u. 190 MHz u. zunehmenden u. abnehmenden äußeren Magnetfeldern zwischen 0 u. 10^4 Oe direkt zu ermitteln. Es ergab sich aber ferner auch eine Resonanzstruktur bei verschiedenen Frequenzen in Abhängigkeit von der äußeren Feldstärke, die auf solche ^{59}Co-Einfl. hinweist. Bei tiefen Temp. scheint das ^{59}Co-Spinsyst. als Zwischenreversoir beim Energieübergang aus dem ^{19}F-Spinsyst. in das Elektronen–Spin- oder Gittersyst. zu dienen. Die beobachtete Abnahme der ^{19}F-Magnetisierung beim Erwärmen des ^{59}Co-Syst. ist ein Beweis für die Wirksamkeit des ^{59}Co-Zwischenreservoirs. H. Fahlenbrach 137□

0304 **Zwei lösbare Modelle einer antiferromagnetischen Kette.** Elliott Lieb, Theodore Schultz und Daniel Mattis. (Ann. Physics **16**, 407—66, 1961; Yorktown, N. Y., Thomas J. Watson, Res. Center; engl.) — Für eine lineare antiferromagnet. Kette mit Wechselwrkg. zwischen nächsten Nachbarn werden zwei quantenmechan. Modelle entwickelt u. exakt gelöst (Ermittlung des Grundzustands, aller elementarer Anregungen u. der Freien Energie). A. Blaschette 137◇

0305 **Antiferromagnetismus bei Kristallen mit linearer Kettenstruktur. Entropieänderungen, die eine Folge des magnetischen Ordnungsvorganges in wasserfreiem $CuCl_2$ und $CrCl_3$ sind.** J. W. Stout und R. C. Chisholm. (J. physic. Soc. Japan, Suppl. B-I **17**, 522—26, 1962; Chicago, Ill., Univ. of Chicago, Inst. for the Study of Metals and Dep. of Chem.; engl.) — Im Temp.-Bereich von 11—300 °K wurden die spezif. Wärmen von $CuCl_2$ u. $CrCl_2$ gemessen. Durch Best. des Gitteranteiles an der spezif. Wärme konnte der Anteil, der von dem Ordnungsvorgang der magnet. Momente herrührt, ermittelt werden. Der Kurvenverlauf der magnet. spezif. Wärme weist für beide Verbb. ein Maximum vom λ-Typ auf, das bei 23,91 °K bzw. 16,06 °K liegt. Die Ergebnisse lassen sich durch die Annahme einer eindimensionalen antiferromagnet. Ordnung erklären, die durch die starke Wechselwrkg. innerhalb der linearen Ketten der magnet. Ionen zustandekommt (eindimensionales Ising-Modell). Hinzu kommt eine durch schwache Wechselwrkg. zwischen den Ketten bedingte weitreichende Ordnung.
D. Noack 137◇

0306 **Abwesenheit von antiferromagnetischen Elementarbereich-Wänden bei MnF_2.** P. S. Pershan. (Physic. Rev. Letters **7**, 280—81, 1961; Cambridge, Mass., Harvard-Univ., Gordon McKay Labor.; engl.) — Es wird gezeigt, wie man mit Hilfe der elektr. induzierten Verschiebung der KMR-Frequenz von ^{19}F in der Lage ist, die Abwesenheit von antiferromagnet. Bereichswänden bei Einkristallen aus $MnFe_2$ zu beweisen. Die Verss. wurden bei 4,2 °K bei einer F-Resonanzfrequenz von 159,970 MHz durchgeführt. Die Abwesenheit von Bereichswänden bei idealen MnF_2-Kristallen u. tiefen Temp. war theoret. erwartet worden. (Li, C. **1957**, 3728).
H. Fahlenbrach 137□

0307 **Einfluß der Magnon–Phonon-Wechselwirkung auf die magnetischen Eigenschaften eines antiferromagnetischen Stoffes bei tiefen Temperaturen.** P. Pincus und J. Winter. (Physic. Rev. Letters **7**, 269—70, 1961; Berkeley, Calif., Univ., Dep. of Phys.; engl.) — Da die bisherigen Spinwellen-Theorien nicht in der Lage waren, die experimentellen Ergebnisse über die Temp.-Abhängigkeit der Untergitter-Magnetisierungen, die Parallel-Susceptibilitäten u. die Kernrelaxationen bei antiferromagnet. Stoffen zu erklären, wird eine neue Theorie entwickelt, die diese Effekte beschreiben kann. Sie basiert auf der Annahme, daß die magnetostriktiven Terme der Hamilton-Funktion eine Magnon-Komponente im therm. Phononen-Spektrum erzeugen, so daß die Phononen an den magnet. Prozessen direkt teilnehmen.
H. Fahlenbrach 137◇

0308 **Einige ferrimagnetische und antiferrimagnetische Materialien bei tiefen Temperaturen.** R. M. Bozorth und Vivian Kramer. (J. Physique Radium **20**, 393—401, 1959; Murray Hill, N. J., Bell Telephone Labor., Inc.; engl.) — An einkristallinem $LiMnPO_4$ (rhomb.), Fe_3-

$(PO_4)_2 \cdot 4H_2O$ (I; monoklin) u. $HoFeO_3$ (II; rhomb.) sowie an polykristallinem II, Ho_2O_3, Er_2O_3, $PbO \cdot Fe_{12-x} \cdot Al_xO_{18}$, $FeTiO_3$, $FeTiO_3$–Fe_2O_3 (feste Lsg.), $CoMnO_3$, $NiMnO_3$, $CuF_2 \cdot 2H_2O$, MnF_3 u. CrF_3 wird die Magnetisierung bei Temp. von 1,3—300°K u. Feldern bis zu 12500 Oe gemessen. Die ferromagnet. Einkristalle zeigen spontane Magnetisierung in Richtung einer bestimmten kristallograph. Achse; sie konnte im Falle des I nicht aus der privilegierten Richtung der monoklinen Achse abgelenkt werden, während bei II die Ablenkung aus der Richtung der rhomb. Achse bei tiefen Temp. möglich ist. Die spontane Magnetisierung von II steigt mit abnehmender Temp. bis auf einen Wert von 3 BM an.

A. Blaschette 137◇

0309 **Ferrimagnetismus.** W. P. Wolf. (Rep. Progr. Physics **24,** 212—303, 2 Tafeln, 1961; Oxford, Clarendon Labor.; engl.) — Ausführliche Übersicht über theoret. u. experimentelle Ergebnisse. — Ca. 400 Literaturangaben. A. Blaschette 137◇

0310 **Die Temperaturabhängigkeit der magnetischen Susceptibilitäten von $KClO_3$, $KBrO_3$ und KJO_3.** Shōtarō Tobisawa. (J. physic. Soc. Japan **16,** 654—57, 1961; Yokosuka, Japan, Defense Acad., Dep. of Chem.; engl.) — Nach der Faraday-Meth. wurde die Temp.-Abhängigkeit der magnet. Susceptibilitäten zwischen 0 u. 600° für $KClO_3$, $KBrO_3$ u. KJO_3 gemessen. $KClO_3$ zeigte irreguläre paramagnet. Susceptibilitäten im festen u. fl. Zustand unterhalb der Zers.-Temp. von 500°. Eine von ihnen (352°) wird wahrscheinlich dem Phasenübergang fest-fl. (F. 356°) zuzuschreiben sein. Bei Zimmer-Temp. beträgt die magnet. Susceptibilität für $KClO_3$ $-0{,}33 \cdot 10^{-6}$ pro g. $KBrO_3$ u. KJO_3 zeigen bis zur Zers.-Temp. (370 u. 550°) temp.-unabhängige diamagnet. Susceptibilitäten ($-0{,}32 \cdot 10^{-6}$, bzw. $-0{,}31 \cdot 10^{-6}$ pro g bei Zimmer-Temp.).

K. Jaeger 137◇

0311 **Annäherung an die Sättigung der Magnetostriktion des Eisens.** G. P. Djakow. (Nachr. Moskauer Univ., Ser. Math., Mechan., Astronom., Physik, Chem. **13,** Nr. 3, 235—36, 1958; Moskau, Lomonossow-Univ., Lehrst. für allg. Phys.; russ.) — Kurze Zusammenstellung von an polykristallinem Fe erzielten Meßwerten. Es ergibt sich, daß $d\lambda/dH \cdot H^2$ eine lineare Funktion von $1/H$ (λ = Dehnung, H = magnet. Feldstärke) ist.

H. Roschkowski 137◇

0312 **Messung der Magnetostriktion mit Hilfe des Film-Tensometers.** G. P. Djakow und W. A. Jugow. (Nachr. Moskauer Univ., Ser. Math., Mechan., Astronom., Physik, Chem. **13,** Nr. 3, 237, 1958; russ.) — Vgl. vorst. Referat. — Kurzer Bericht über mit der bereits früher (Nachr. Moskauer Univ., Ser. Math., Mechan., Astronom., Physik, Chem. **12,** Nr. 5, [1957], 229) beschriebenen App. durchgeführte Messungen der Magnetostriktion von *Ni*.

H. Roschkowski 137◇

0313 **Untersuchungen über die magnetische Nachwirkung durch verschiedene gelöste Atompaare bei Eisen-Legierungen.** A. Ferro, P. Mazetti und G. Montalenti (Nuovo Cimento **23,** 280—91, 1962; Torino, Ist. Naz. di Fis. Nucl., Ist. Elettrotecn. Naz. Galileo Ferraris, Centro Studi Elettrofis.; engl.) — Aus Messungen der magnet. Nachwrkg. bei ca. 450° an *Fe–Co-*, *Fe–V-*, *Fe–Cr-*, *Fe–Ni-*, *Fe–Al-*, *Fe–Si-* u. *Fe–Mo-Legg.* wird die Wechselwrkg.-Energie mit der Magnetisierung gekoppelter Atompaaare bestimmt, wobei das Nachwrkg.-Feld als Differenz der Feldstärken bei Beginn u. bei Ende der Nachwrkg. zu Grunde gelegt wird. Dabei zeigte sich, daß die so ermittelte Wechselwrkg.-Energie sehr wenig von der Natur der im Fe gelösten Atome abhängt. Die Wechselwrkg.-Energie besitzt etwa die Größe $(1-2) \cdot 10^{-16}$ erg/Atom für alle untersuchten Legierungen. Darüber hinaus wird vermutet, daß bei bin. Fe-Legg. auch andere magnet. Eigg. nur von der Zahl, nicht aber von der Natur, der gelösten Atome abhängen.

H. Fahlenbrach 137□

0314 **Curie-Punkt und Ursache des schwachen Ferromagnetismus von Haematit.** A. Aharoni, E. H. Frei und M. Schieber. (Physic. Rev. [2] **129,** 2835, 1963; engl.) — Berichtigung zur C. **1963,** 13825 referierten Arbeit. Der Curie-Punkt ist falsch. DTA-Messungen zeigen einen Übergang 2. Ordnung bei 690°. Die angeführten Mössbauer-Unters. von Hillman wurden ebenfalls von Freier u. Mitarbeitern (C. **1964,** 1-0300) revidiert. Der andere Übergang ist daher ohne physikal. Bedeutung. Die angegebene Theorie kann auf andere Stoffe anwendbar sein, nicht jedoch auf α-Fe_2O_3.

G. Klotz 137◇

0315 **Zum Antiferromagnetismus des α-Leboits.** P. W. Geld, W. A. Lipatowa, F. A. Ssidorenko und T. Ss. Schubina. (Metallphysik u. Metallkunde [UdSSR] **14,** 298—99, 1962; Uraler polytechn. Kirow-Inst.; russ.) — Untersucht wird der Temp.-Verlauf der paramagnet. Susceptibilität polykristalliner Proben der ζ_α-Phase (α-Leboit) mit 53,8 u. 56,2% Si einer Fe–Si-Leg. (Homogenitätsbereich der ζ_α-Phase bei 1080° von 53,5—56,3% Si). Die Susceptibilität zeigt in der Nähe von 200° ein Minimum u. in der Nähe von 350° ein Maximum. Das Auftreten dieser Anomalien wird durch eine antiferromagnet. Umwandlung der ζ_α-Phase erklärt. Im Kristallgitter der ζ_α-Phase befinden sich die Fe-Atome im fast gleichen Abstand voneinander (2,68 kX) wie in der antiferromagnet. intermetall. Verb. $FeSn_2$.

H. Hochstein 137◇

0316 **Magnetochemie.** 2. Mitt. **Die Konstruktion einer Gouy-Waage.** A. Earnshaw. (Lab. Pract. **10,** 157—59, 1961; London, Battersea Coll. of Technol.; engl.) — 1. vgl. C. **1962,** 14413. A. Blaschette 137◇

0317 **Magnetochemie.** 3. Mitt. **Die Konstruktion einer Gouy-Waage mit Temperaturregelung.** A. Earnshaw. (Lab. Pract. **10,** 294—97, 1961; engl.) — 2. vgl. vorst. Referat.) A. Blaschette 137◇

0318 **Interpretation von pH-Messungen im Lösungsmittel Alkohol–Wasser.** Roger G. Bates, Maya Paabo und R. A. Robinson. (J. physic. Chem. **67,** 1833—38, 1963; Washington, D. C., Nat. Bureau of Standards, Solution Chem. Sect.; engl.) — Wegen des unbestimmten Potentials an der Phasengrenze zwischen der alkohol.-wss. Lsg. u. der KCl-Brücke liegen die aus EMK-Messungen ermittelten pH-Werte bei Verw. von W. u. Alkohol als Lsgm. nicht auf einer konventionellen Skala für die H^+-Aktivität, die entweder auf den wss. Standardzustand (pa_H) oder auf den Standardzustand für das alkohol. Medium ($pa_H{}^*$) bezogen wird. Werte für $\bar{E}_j + \log_m\gamma_a$ ($\bar{E}_j$ = Diffusionspotential in pH-Einheiten, ${}_m\gamma_a$ = prim. Mediumeffekt des Cl^-) erwiesen sich sowohl für verschiedene Puffer-Lsgg. in alkohol. Lsgm. festgelegter Zus. wie auch für das wss. Medium als konstant. Insofern als ${}_m\gamma_a$ bei einer gegebenen Temp. nur von der Zus. des Lsgm. abhängt, muß das Diffusionspotential für ein gegebenes Lsgm. nahezu konst. sein. Korrekturterme $\bar{E}_j - \log_m\gamma_H = \delta$ wurden berechnet, u. es wurde gezeigt, daß sich $pH - \delta$ unter optimalen Meßbedingungen stark der Größe $pa_H{}^*$ nähert. Eine Arbeitsskala für die Werte pH* (die auf $pa_H{}^*$) in analoger Weise wie die pH-Werte auf die Größe pa_H bezogen sind) wird beschrieben. Die für 12 Lsgg. (HCl, HCl + KCl, Citronensäure + KCl, Bernsteinsäure + NaH-Succinat + KCl, Essigsäure + Na-Acetat + KCl, NaH-Succinat + Na_2-Succinat + KCl, KH_2PO_4 + Na_2HPO_4 + KCl, Borax + KCl, $NaHCO_3$ + Na_2CO_3 + KCl, Tris-[hydroxymethyl]-aminomethan(I) · HCl + I, 4-Aminopyridiniumchlorid + 4-Aminopyridin u. NH_4Cl + NH_3) in CH_3OH-W. (0—68,1 Gew.-% CH_3OH) sowie für 3 Lsgg. (HCl + NaCl, Essigsäure + Na-Acetat + NaCl u. Triäthanolammoniumchlorid + Triäthanolamin) in C_2H_5OH-W. (0—100% A.) erhaltenen $pa_H{}^*$-Werte werden tabellar. mitgeteilt. Gerhard Schulze 139◇

0319 **Die Änderung der Stromverteilung in porösen Braunstein-Elektroden während der Entladung.** J. Euler. (Electrochim. Acta [London] **7,** 205—23, 1962; Frankfurt/Main, Zentral-Labor. der Akkumulatoren-Fabrik AG; dt.) — Unterss. an Modellen, die der Braunstein–Ruß-Masse von Trockenbatterien, sowie Salmiakzellen angepaßt sind. G. Klotz 140◇

0320 **Verwendung einer unlöslichen Oxidelektrode zur potentiometrischen Bestimmung der Konzentration von Aluminiumoxid in einer Kryolith-Schmelze.** M. Rolin und J. J. Gallay. (Electrochim. Acta [London] **7,** 153 bis 178, 1962; Lyon-Villeurbanne, Inst. Nat. des Sci. Appl.;

franz.) — Unterss. zur Best. der Aktivitäten evtl. vorhandener Oxoanionen in Salzschmelzen. Es wird eine Kryolithschmelze verwendet, in der Al_2O_3 bis zu 11% lösl. ist, während sich Cr_2O_3 u. SnO_2 prakt. nicht lösen. Gesinterte Cr_2O_3- bzw. SnO_2-Elektroden, kombiniert mit einer Hilfselektrode aus geschmolzenem Al oder W oder Fe, ergeben eine Kette, deren EMK eine Funktion der Al_2O_3-Konz. ist. Da als Bezugszustand der Aktivität reines Al_2O_3 gewählt wurde, erhält man durch Extrapolation eine Standard-EMK für Cr_2O_3, die der Freien Bildungsenergie dieses Oxids entspricht.
G. Klotz 140◇

0321 **Untersuchungen über die Darstellung von Fluor und seinen Verbindungen. 2. Mitt. Einige Einflüsse auf die anodische Polarisation bei der elektrolytischen Erzeugung von Fluor.** Nobuatsu Watanabe, Masahito Ishii und Shiro Yoshizawa. (J. electrochem. Soc. Japan [Overseas Edit.] **29**, 177—80, 1961; Kyoto, Univ., Fac. of Engng., Dep. of Ind. Chem.; engl.) — 1. vgl. J. electrochem. Soc. Japan [Overseas Edit.] **29**, [1961], 110; 4. vgl. C. **1963**, 13829. — Zur näheren Unters. der l. c. beobachteten anod. Polarisation wurden für die elektrolyt. Erzeugung von Fluor zu 10; 30; 50; 70 u. 90% graphitisierte C-Anoden oder Ni-Anoden verwendet. Die anod. Effekte wurden stärker beobachtet, wenn der Graphitisierungsgrad der C-Anoden höher war. Graphitanoden quollen u. zerfielen. Kein Anodeneffekt trat mit Ni-Anoden auf; das Ni wurde anod. aufgelöst unter Bldg. von koll. NiF_2. Zur Unters. des Einfl. der Natur des Elektrolyten auf die anod. Polarisation wurden dem $KF \cdot 2HF$-Elektrolyt LiF, CaF_2, NiF_2 oder AlF_3 zugesetzt. Es wurde l. c. vermutet, daß der Grad der anod. Polarisation u. der Anodeneffekt durch die „Benetzbarkeit" der Anode durch den Elektrolyt hervorgerufen wird. Wenn die Benetzbarkeit der Anode klein ist, wird die Anodenoberfläche mit F_2-Gasblasen bedeckt, die auf der Oberfläche festliegen u. damit die anod. Polarisation verursachen. Der beobachtete Unterschied zwischen der Graphitanode u. der graphitisierten C-Anode läßt sich folgendermaßen erklären: beide Anoden werden benetzt, wenn sie erstmalig als Anoden verwendet werden. Nach Benutzung werden sie nicht benetzbar. Die Abnahme der Benetzbarkeit wird auf die Bldg. eines festen C–F-Films auf der Anodenoberfläche durch die Rk. mit F_2 zurückgeführt, wobei sich der C–F-Film leichter auf den Graphitanoden als auf den C-Anoden bildet. Das sich während der Konditionierung des Elektrolyts bildende koll. NiF_2 verhindert ebenfalls die Bldg. von F–C-Verbb. auf der Anodenoberfläche.
C. Gottfried 141△

0322 **Untersuchungen über die Darstellung von Fluor und seinen Verbindungen. 3. Mitt. Beziehungen zwischen der Benetzbarkeit der Anode und der anodischen Polarisation bei der elektrolytischen Erzeugung von Fluor.** Nobuatsu Watanabe, Masahito Ishii und Shiro Yoshizawa. (J. electrochem. Soc. Japan [Overseas Edit.] **29**, 180—86, 1961; engl.) — 2. vgl. vorst. Referat. — Durch mikrograph. Unters. der Formen u. Größen der Gasblasen auf der Anodenoberfläche untersuchten Vff. halbquant die „Benetzbarkeit" der C- u. Graphitanoden (l. c.). Die Benetzbarkeit der Elektrode wird durch das Anodenmaterial, die Oberflächenspannung des Elektrolyten, die Stromdichten, die Anodenpotentiale u. die Verbb., die sich während der Elektrolyse auf der Elektrodenoberfläche bilden, beeinflußt, wobei hauptsächlich feste C–F-Verbb. in Frage kommen. An Hand der zahlreichen Mikrophotographien wird die Beziehung der Benetzbarkeit u. der anod. Polarisation ausführlich besprochen.
C. Gottfried 141△

0323 **Anreicherung der Isotope ^{85}Rb und ^{87}Rb durch Elektromigration in wäßriger Lösung.** Klaus Clusius, Max Huber und Klaus Wagener. (J. Chim. physique Physico-Chim. biol. **60**, 263—64, 1963; Zürich, Univ., Phys.-Chem. Inst.; franz.) — Vff. berichten über die Elektrolyse einer Rb-Acetat-Lsg. in einer 2 Liter enthaltenden Zelle mit einer Feldintensität von 20 V/cm. Die Zelle in Form einer Filterpresse besteht aus 50 Kühlkammern mit einer Breite von je 1 cm, die durch Nylonstreifen abgetrennt sind, die als Diaphragmen dienen. Der aus 0,5 n Essigsäure bestehende Elektrolyt wird an dem kathod. Ende eingeführt u. fließt am anod. Ende ab. Festgestellt wurde, daß das ^{87}Rb an der Kathode bis zu 17,4% verarmt, sich an der Anode bis zu 39,2% angereichert, während die natürliche Konz. 27,2% beträgt.
C. Gottfried 141△

0324 **Isotopentrennung durch Elektromigration im Gegenstrom in Systemen geschmolzener Nitrate.** Frédéric Lantelme und Marius Chemla. (J. Chim. physique Physico-Chim. biol. **60**, 250—53, 1963; Paris, Coll. de France, Labor. de phys. nucl.; franz.) — Vff. untersuchten die Elektromigration im Gegenstrom in den geschmolzenen Gemischen $LiNO_3$–KNO_3 u. $LiNO_3$–$NaNO_3$. In dem ersten Syst. wurde für das Verhältnis $^7Li/^6Li$ ein Wert von 20,2, in dem zweiten Syst. von 27,2 erhalten.
C. Gottfried 141△

0325 **Anwendung der Methode der Elektromigration in geschmolzenen Salzen zur Trennung von Calciumisotopen.** Francis Ménès, Grégoire Dirian und Étienne Roth. (J. Chim. physique Physico-Chim. biol. **60**, 245 bis 249, 1963; Gif-sur-Yvette, C. E. N. Saclay, Serv. des Isotopes Stables; franz.) — Mit Hilfe der von Klemm entwickelten Technik der Elektromigration in geschmolzenen Salzen im Gegenstrom untersuchten Vff. die Anreicherung von ^{46}Ca ausgehend von einem natürlichen Isotopengemisch. Da die Verw. von $CaBr_2$ als Ausgangssubstanz wegen des hohen F. des Bromids Schwierigkeiten machte, verwendeten Vff. Gemische von $CaBr_2$ u. $SrBr_2$, $CaBr_2$ u. KBr sowie $CaBr_2$ u. LiBr. In den beiden letzten Gemischen wandern die Alkaliionen, die viel beweglicher als das Ca^{2+}-Ion sind, sehr schnell zur Kathode. Bei den Verss. mit $CaBr_2 + SrBr_2$ zeigte sich, daß das Sr^{2+}-Ion immer sehr viel schneller wandert als das Ca^{2+}-Ion. In einem kontinuierlichen Betrieb war es möglich, mehrere zehn g von an ^{46}Ca angereicherten Ca zu erhalten.
C. Gottfried 141△

0326 **Schmelzelektrolyse von Uran- und Chromchloriden.** Tadashi Kuroda und Tadashi Suzuki. (J. electrochem. Soc. Japan [Overseas Edit.] **29**, 174—77, 1961; Tokyo, Internat. Trade and Ind., Electrotechn. Labor.; engl.) — Die EMK der Zellen U/UCl_4, KCl + LiCl (Eutektikum)/Cl_2 u. $Cr/CrCl_3$, KCl + LiCl (Eutektikum)/Cl_2 bei 550° wurden gemessen. Die EMK der ersten Zelle lag näher bei der EMK des UCl_3 als bei der des UCl_4; es hat daher den Anschein, daß sich UCl_4 in der Schmelze in einem beträchtlichen Maße in UCl_3 umwandelt. In der Zelle 2 lag die gemessene EMK näher der von $CrCl_2$ als der von $CrCl_3$, so daß auch hier angenommen werden muß, daß sich ein Teil des $CrCl_3$ in der Schmelze in $CrCl_2$ umwandelt. Hierauf wurde UCl_4 in dem eutekt. Gemisch KCl + LiCl + NaCl bei Temp. zwischen 450 u. 550°, $CrCl_3$ in dem gleichen Eutektikum zwischen 450 u. 670° elektrolysiert. Typ. Elektrolyseprod. beider Chloride waren dendrit. Kristalle; wenn jedoch das Polarisationspotential die Zers.-Spannung von NaCl überschritt, bildete sich feinpulvriges Metall.
C. Gottfried 141△

0327 **Faradayscher Leitwert: Vorzeichenkonventionen.** S. K. Rangarajan und K. S. G. Doss. (Electrochim. Acta [London] **7**, 201—04, 1962; Karaikudi, India, Central Electrochem. Res. Inst.; engl.) — Diskussion der Konventionen für positive u. negative Ströme u. Potentiale an wechselstromdurchflossenen Elektroden.
G. Klotz 142◇

0328 **Mechanismus und Kinetik der Elektrodenreaktionen von Metallkomplexen.** V. Caglioti, G. Sartori, C. Furlani und A. Furlani. (Ric. sci., Parte II, Sez. A [2] **2**, 398—410, 1962; Roma, Univ., Ist. di Chim. Gen.; engl.) — Vff. behandeln theoret. die Meth. zur Unters. der Kinetik u. des Mechanismus der Elektroden-Rkk. von Metallkomplexen an Metall- oder Amalgamelektroden. Behandelt werden zunächst der Fall, bei dem die im Elektrodenprozeß akt. Form dieselbe ist, unter welcher der Komplex vorwiegend in der Lsg. auftritt, ferner der Fall, daß die akt. Form aus freien Metallionen besteht u. schließlich der Fall, daß die akt. Form ein intermediäres Dissoziationsprod. mit niedrigerer Koordinationszahl ist. Als geeigneteste Meß-Verf. werden

kurz die galvanostat. u. die potentiostat. Meth. besprochen. Die Meßanordnungen werden beschrieben.
C. Gottfried 142△

0329 **Experimentelle Ergebnisse der Untersuchung der Elektrodenreaktionen von Zn^{II}- und Cd^{II}-Komplexen.** Claudio Furlani und Anita Furlani. (Ric. sci., Parte II, Sez. A [2] **2,** 411—38, 1962; ital.) — Vgl. vorst. Referat. — Mit Hilfe der l. c. beschriebenen Meth. wurden die Elektrodenprozesse von Komplexen von Zn^{2+} u. Cd^{2+} mit *Tartrat-*, *Citrat-*, *Pyrophosphat-* u. *EDTA*-Anionen sowie des Komplexes Cd^{2+}-*Äthylendiamin* untersucht. Lsgm. war in allen Fällen reinstes W., konst. Ionenstärke 3,0, konst. pH-Wert u. Vers.-Temp. in allen Fällen 25,0 ± 0,1°. Die Verss. an dem Syst. Zn^{2+}-Tartrat wurden bei pH 4,69 ± 0,05 u. verschiedener Konz. von überschüssigem Tartrat durchgeführt. Aus den Meßergebnissen ergab sich der folgende Mechanismus des Elektrodenprozesses: Kathode: $[Zn(tartr)_2]^{2-} \rightleftharpoons [Zn(tartr)] + (tartr)^{2-}$ $[Zn(tartr)] + 2e \rightarrow Zn(Hg) + (tartr.)^{2-}$ u. Anode $Zn(Hg) + (tartr)^{-2} \rightarrow [Zn(tartr)] + 2e$. Messungen an dem Syst. Zn^{2+}-Citrat hatten eine gewisse Ähnlichkeit mit dem vorhergehenden System. In diesem Fall wurden die Messungen bei pH-Werten zwischen 5 u. 7 durchgeführt. Mechanismus des Elektrodenprozesses: Red.: $[Zn(citr)_2]^{4-} \rightarrow [Zn(citr)]^- + (citr)^{-3}$ $[Zn(citr)]^{-1} + 2e \rightarrow Zn(Hg) + (citr)^{3-}$, Oxydation: $Zn\cdot(Hg) + (citr)^{3-} \rightarrow [Zn(citr)]^- + 2e$. Für das Syst. Zn^{2+} + EDTA wurden die folgenden Red.- u. Oxydationsprozesse nachgewiesen ($Y = EDTA^{4-}$): Red: $ZnY^{2-} + H^+ \rightleftharpoons [ZnHY]^-$, $[ZnHY]^- + 2e \rightarrow Zn(Hg) + HY^{3-}$; Oxydation: $H_2Y^{2-} \rightleftharpoons HY^{3-} + H^+$; $Zn(Hg) + HY^{3-} \rightarrow [ZnHY]^- + 2e$. In den Syst. Zn^{2+}-Pyrophosphat treten die folgenden Red.- u. Oxydationsprozesse auf: Red. $[Zn(P_2O_7)_2]^{6-} \rightleftharpoons [ZnP_2O_7]^{2-} + P_2O_7^{4-}$ u. $[ZnP_2O_7]^{2-} + 2e \rightarrow Zn(Hg) + P_2O_7^{4-}$; Oxydation: $Zn(Hg) + P_2O_7^{4-} \rightarrow [ZnP_2O_7]^{2-} + 2e$. Die Meßergebnisse der Cd-Komplexe sind denen der Zn-Komplexe sehr ähnlich. In dem Syst. Cd^{2+}-Äthylendiamin(en) ist in der Nähe des elektrochem. Gleichgewichts die anod. Primärrk. $Cd(Hg) + 2e \rightarrow [Cd\,en_2]^{2+} + 2e$, der die Rk. $[Cd\,en_2]^{2+} + en \rightleftharpoons [Cd\,en_3]^{2+}$ folgt. Die Kathodenprozesse sind $[Cd\,en_3]^{2+} \rightleftharpoons [Cd\,en_2]^{2+} + en$ u. $[Cd\,en_2]^{2+} + 2e \rightarrow Cd(Hg) + 2\,en$. Alle Meßwerte sind in einer Tafel wiedergegeben.
C. Gottfried 142△

0330 **Galvanostatische Untersuchung der elektrochemischen Reaktionsfähigkeit in dem kathodischen Verhalten einiger komplexer Ionen von Cu^{II} und Ni^{II}.** Claudio Furlani und Anita Furlani. (Ric. sci., Parte II, Sez. A [2] **2,** 439—48, 1962; ital.) — Vgl. vorst. Referate. — Vff. untersuchten die kathod. Red. der Cu^{2+}-Komplexsalze mit *EDTA* u. *Pyrophosphat* u. der Ni^{2+}-Komplexsalze mit *SCN^-* u. *Pyridin* an der Hg-Tropfelektrode unter Verw. von Schnellpolarisationsmethoden. Die Messungen in dem Syst. Cu^{2+}-EDTA wurden bei pH 4,74 ± 0,06 bei 20° durchgeführt. Der Red.-Prozeß (EDTA = H_4Y) verläuft gemäß den folgenden Rkk.: $[CuY]^{2-} \rightleftharpoons Cu^{2+} + Y^{4-}$; $Y^{4-} + 2H^+ \rightleftharpoons YH_2^{2-}$ u. $Cu^{2+} + 2e \rightarrow Cu(Hg)$; der Oxydationsprozeß verläuft gemäß $Cu(Hg) \rightarrow Cu^{2+} + 2e$. In dem Syst. Cu^{2+}-Pyrophosphat treten die folgenden Red.- u. Oxydationsprozesse auf: Red.: $[Cu(P_2O_7)_2]^{6-} \rightarrow [Cu\cdot P_2O_7]^{2-} + P_2O_7^{4-}$, $[CuP_2O_7]^{2-} + 2e \rightarrow Cu(Hg) + P_2O_7^{4-}$ u. $[Cu(P_2O_7)_2]^{6-} + 2e \rightarrow Cu(Hg) + 2P_2O_7^{4-}$; der Oxydationsprozeß verläuft gemäß $Cu(Hg) + P_2O_7^{4-} \rightarrow [CuP_2O_7]^{2-} + 2e$. In dem Syst. Ni^{2+}–SCN^- verläuft die Red.-Rk. gemäß $Ni(SCN)_2 + 2e \rightarrow Ni + 2SCN^-$, dem eine Dissoziation vorangeht. Auch in dem Syst. Ni^{2+}-Pyridin geht der Red. eine Abdissoziation eines Pyridin-Mol. der Komplexform voraus. C. Gottfried 142△

0331 **Elektrodische Redoxprozesse von Eisenkomplexen.** Claudio Furlani, Giorgio Morpurgo und Anna M. Giuliani. (Ric. sci., Parte II, Sez. A [2] **2,** 449—61, 1962; Roma, Univ., Ist. di chim. Generale; ital.) — Vff. untersuchten mit Hilfe galvanostat. Messungen das Verh. einiger Redoxpaare komplexer (Fe^{2+}/Fe^{3+})-, (Mn^{2+}/Mn^{3+})- u. (Co^{2+}/Co^{3+})-Verbb. bei ihren Elektrodenvorgängen an Au-Mikroelektroden; nur in einzelnen Fällen wurden die Messungen mit der Hg-Tropfelektrode durchgeführt. Untersucht wurden gleichmolare Lsgg. von Mohrschem Salz u. *Fe(III)-Alaun* in Ggw. von $NaClO_4$ oder $HClO_4$, gleichmolarer Lsgg. von $K_4[Fe(CN)_6]$ u. $K_3[Fe(CN)_6]$ in Ggw. von KNO_3 sowie in Ggw. von Halogenid- u. SCN^--Ionen, von Lsgg. von *Fe^{2+}-EDTA* u. *Fe^{3+}-EDTA* in Ggw. von KNO_3 oder CH_3COOH, CH_3COONa, Na_2HPO_4 u. KH_2PO_4, Messungen wurden ferner ausgeführt an dem Syst. Fe^{2+}/Fe^{3+} in stark alkal. (KOH)-Lsg. mit einem Überschuß von *Triäthanolamin.* Die gleichen Messungen mit Äthanolamin wurden in dem Syst. Mn^{2+}/Mn^{3+} durchgeführt. Schließlich wurde noch das Syst. $[Co(en)_3]^{2+}/[Co(en)_3]^{3+}$ (en = Äthylendiamin) untersucht. Es zeigte sich die Tendenz des Elektronendurchtritts, wenn Koordinationstyp u. -zahl bei beiden Bestandteilen jedes komplexen Redoxpaares gleich waren u. zwar ohne daß gleichzeitige Änderungen der Struktur der ersten Koordinationssphäre stattfinden. Bei Ggw. von Halogenid- u. Rhodanidionen wurde eine beträchtliche Steigerung der Geschw. des Ladungsaustausches an der Elektrode beobachtet. C. Gottfried 142△

0332 **Über die Zersetzungsspannungen von Lösungen einiger Metallbromide in Nitrobenzol.** M. Je. Lerner und O. K. Kudra. (Hochschulnachr. [Iwanowo], Chem. u. chem. Technol. **4,** 393—96, 1961; Kiew, Polytechn. Inst., Lehrst. für Kolloidchem. u. physik. Chem.; russ.) — Vgl. C. **1963,** 4614. — Es wurde durch Aufnahme von I–U-Kurven an Pt-Kathoden (Oberfläche 512; 60; 6 u. 3,5 mm²) die Zers.-Spannung in den Syst. $AlBr_3$–$C_6H_5NO_2$ (I) u. MeBr–$AlBr_3$–$C_6H_5NO_2$ (II) (Me = Li, Na, K) in Abhängigkeit von der Zus. bestimmt. Für **I** wurde ein Wert von 1,2—1,4 (V) ermittelt, der der Zers.-Spannung von $AlBr_3$ entspricht. Bei **II** existieren vier verschiedene Zers.-Spannungen, die allerdings nicht alle auf der gleichen I–U-Kurve angedeutet sind. Der erste Wert entspricht wieder der Zers.-Spannung von $AlBr_3$, der zweite der Zers. einer Komplex-Verb. aus $AlBr_3$ u. MeBr, der dritte der Zers. von MeBr u. der vierte wahrscheinlich der Entladung eines komplexen Kations der Zus. $[Me_2Br]^+$. E. Winkler 142◇

0333 **Zur Reproduzierbarkeit von Überspannungsmessungen.** K. Gossner. (Z. physik. Chem. [Frankfurt/M.] [N. F.] **36,** 392—97, 1963; München, Univ., Phys. Chem. Inst.; dt.) — Gut reproduzierbare Meßwerte werden mit einer Elektrode erhalten, die in einer Plexiglashülse mit Araldit eingebettet ist. Zur Herst. der freien Metalloberfläche wird die Elektrode (Au, Au-Leg., Cu, Zn oder Sn) schräg abgeschliffen u. während der Messung mit einem Glasschaber laufend gesäubert u. erneuert. Die Meßwerte streuen innerhalb 5 mV. Die Steigungen der Tafel-Geraden liegen alle bei b = 0,12 V. Die Überspannung verschiebt sich erst bei hohen Giftzusätzen (As_2O_3) zum Elektrolyten. K. Roß 142◇

0334 **Zur Wasserstoffüberspannung an Gold.** K. Gossner und C. Löffler. (Z. physik. Chem. [Frankfurt/M.] [N. F.] **37,** 115—22, 1963; dt.) — Vgl. vorst. Referat. — Die kathod. H_2-Überspannung an Au-Elektroden wurde in 2 n H_2SO_4-Lsg. für den Stromdichtebereich 10^{-2} bis 10^{-4} A/cm² nach der Standard-Meth. u. nach der Schabmeth. bestimmt. Die Standard-Meth., die extrem reine Lsgg. u. Elektrodenoberflächen verlangt, liefert stark streuende Werte. Nach der Schabmeth., bei der die Elektrodenoberfläche während der Messung durch Schaben laufend gesäubert wird, wurde die Tafel-Steigung b = 0,12 V u. die Austauschstromdichte $j_0 = 4 \cdot 10^{-6}$ A/cm² bestimmt. K. Roß 142◇

0335 **Zur Wasserstoffüberspannung an Legierungselektroden.** K. Gossner und C. Löffler. (Z. physik. Chem. [Frankfurt/M.] [N. F.] **37,** 123—32, 1963; dt.) — 1. vgl. C. **1961,** 15663; vgl. auch vorst. Referate. — Die kathod. H_2-Überspannung wurde in 2 n H_2SO_4 an den α-Phasen der Hume-Rothery-Legg. des *Au* mit *Zn*, *Cd*, *In* u. *Sn* nach der Standard-Meth. u. nach der Schabmeth. untersucht. Die Schabmeth. zeigte eine eindeutige Gleichheit der Überspannungsgrößen sämtlicher untersuchten Legg. untereinander u. mit Au. K. Roß 142◇

0336 **Sauerstoffüberspannung an Gold in Perchlorsäurelösungen.** A. I. Zinman. (Hochschulnachr. [Iwanowo], Chem. u. chem. Technol. **4,** 387—92, 1961; Tschernowitz, Univ., Lehrst. für physik. Chem.; russ.) — Vf. untersuchte durch Aufnahme anod. Polarisationskurven die

Überspannung (η) von O_2 an elektrolyt. mit einer 2 bis $4 \cdot 10^{-3}$ mm dicken Au-Schicht versehenen Pt-Draht-Elektroden (⌀ 0,05, Länge 2 u. 4 cm) in 0,01; 0,1 u. 1 m $HClO_4$-Lsg. im Stromdichte-Bereich $10^{-5}-10^{-2}$ A/cm² bei 20, 35, 50 u. 65°. Es wurde festgestellt, daß für die untersuchten Syst. die Tafel-Gleichung erfüllt wird. Der Zusammenhang zwischen η u. $HClO_4$-Konz. ist ziemlich kompliziert. Bei $10^{-5}-10^{-4}$ A/cm² u. pH 1—2 steigt die Überspannung um 30 mV, wenn die Konz. um eine Größenordnung verändert wird, beim Übergang zu 1 m Lsg. ist der Anstieg bedeutend stärker. Für größere Stromdichten ergibt sich ein linearer Zusammenhang zwischen η u. dem Logarithmus der Aktivität (log a). Bei 10^{-2} A/cm² beträgt $\Delta\eta$ 30 mV pro Änderung der logarithm. Einheit von a. η hängt bei konst. Gesamt-Konz. der Lsg. nicht vom pH-Wert ab. Zwischen $(\lg i)_{\eta = \text{const.}}$ u. 1/T ergibt sich ein linearer Zusammenhang. Die Aktivierungsenergie beträgt 12,5—14 kcal bei $\eta = 0{,}7-0{,}8$ V u. 1 m $HClO_4$-Lösung. Die Vers.-Ergebnisse werden zufriedenstellend durch die Beziehung $\eta = \text{const.} + (RT/F) \ln i - (RT/F) \ln a_{H_2O}$ wiedergegeben.

E. Winkler 142◇

0337 **Untersuchung über Oberflächenelektrizität.** 11. Mitt. **Der Einfluß von Dioxan auf die Doppelschichtkapazität.** Shizuo Ueda, Fukuju Tsuji und Akira Watanabe. (J. electrochem. Soc. Japan [Overseas Edit.] **29,** 190—91, 1961; Kyoto, Univ., Inst. of Chem. Res.; engl.) — 10. vgl. C. **1957,** 9572. — Vff. berichten über Messungen der differentiellen Doppelschichtkapazität C zwischen einer Hg-Tropfelektrode u. *n-KJ-*, *KBr-*, *NaCl-* oder *KF*-Lsg. in *Dioxan–W.*-Gemischen verschiedener Vol-Verhältnisse als Funktion des polarisierenden Gleichstrompotentials E mit Hilfe einer Wechselstrombrückenmethode. Aus den experimentellen C/E-Kurven wurde die Ladungsdichte der Hg-Oberfläche q durch graph. Integration bestimmt. Aus den Ciq-Kurven für steigende Dioxankonz. ergibt sich, daß sich der q-Wert, bei dem C (für q ≧ 0) schnell zunimmt, nach einer mehr kathod. Lage verschiebt; das Maximum der Kapazität C_h in diesem Gebiet wird höher u. schärfer; für kleine | q |-Werte wird die Kapazität kleiner u. für eine genügend hohe Dioxankonz. erscheint ein neues Minimum bei | q | ≅ 0 u. schließlich für q ≧ 0 wird die Kapazität größer u. die C/q-Kurve wird symmetrischer mit Bezug auf die Achse q = 0. Ferner wurde festgestellt, daß der Effekt des zugesetzten Dioxan auf die Sternsche Doppelschicht des vorherrschende Faktor bei der Best. der gesamten Doppelschichtkapazität ist. Ferner ist der Einfl. von Dioxan am größten für das Fluorid u. am kleinsten für das Jodid. C. Gottfried 142△

0338 **Untersuchung über Oberflächenelektrizität.** 12. Mitt. **Theorie der elektrischen Doppelschicht von gemischten Lösungsmitteln.** Shizuo Ueda, Fukuju Tsuji und Akira Watanabe. (J. electrochem. Soc. Japan [Overseas Edit.] **29,** 192—93, 1961; engl.) — 11. vgl. vorst. Referat. — Für die Entw. einer Theorie der Doppelschicht zwischen einer Hg-Elektrode u. einer Lsg., aus einem oberflächenakt. Agens u. einem indifferenten Elektrolyt, wobei ein Dioxan–W.-Gemisch als Lsgm. verwendet wird, wurde zunächst eine verallgemeinerte Verteilungsfunktion der adsorbierten Moll. ausgearbeitet. Um eine Beziehung zwischen den experimentellen Ergebnissen u. der Doppelschichttheorie herzuleiten wurde eine Gleichung entwickelt, die die Abhängigkeit des Kapazitätswertes von der Oberflächenbedeckung der Sternschen Doppelschicht wiedergibt. Auf Grund einfacher elektrostat. Betrachtungen folgt, daß der Molenbruch des organ. Lsgm. in der Doppelschicht im allg. verschieden ist von dem in der Lsg.; die Zunahme der durch die Wechselwrkg. zwischen dem Doppelschichtfeld u. den dielektr. Dioxan-Moll. erzeugten positiven Freien Energie bedingt, daß der Molenbruch des Dioxans an der Grenzfläche mit der Zunahme des abs. Wertes der Oberflächenladung abnimmt. Es wurde daher eine Theorie der Doppelschicht für den Fall entwickelt, in dem sich die DK der Lsg. durch die Ggw. des Dioxans ändert u. gleichzeitig wurde eine Beziehung zwischen der Kapazität der Stern-Schicht u. dem Dioxangeh. hergeleitet. Aus den Verss. ergab sich jedoch, daß eine solche Linearität für Dioxan–W.-Gemische nicht besteht. Um den Einfl. des Dioxans auf die Kapazität der Doppelschicht zu erklären, muß die chem. Freie Energie der Adsorption mit berücksichtigt werden. Es wurde daher eine vereinfachte Theorie entwickelt, die die Beziehung wiedergibt zwischen den Konzz. des oberflächenakt. Agens, dem Dioxan u. der Kapazität der Stern-Schicht, in der der elektrostat. Term nicht auftritt. Ferner wurden noch Gleichungen hergeleitet, die die Beziehungen wiedergeben zwischen der Abnahme der Kapazität der Stern-Schicht u. den zugesetzten Mengen des oberflächenakt. Agens u. des Dioxans.

C. Gottfried 142△

0339 **Untersuchungen über die polarographischen Eigenschaften von Metallionen in wäßrigen Lösungen mit einer Mikrotauchelektrode aus Molybdän.** Makoto Saitô, Shin Suzuki und Hidehiro Gotô. (J. chem. Soc. Japan, pure Chem. Sect. [Nippon Kagaku Zasshi] **84,** 41—45, 1963; Sendai, Tôhoku-Univ., Kinzoku-Zairyô-Kenkyûzyo; jap., Auszug: engl. S. A 3.) — Die Mikrotauchelektrode aus Mo-Draht (Durchmesser 0,25 mm) für polarograph. Zwecke wird verbessert u. es werden Polarogramme verschiedener Metallionen aufgenommen (Co^{2+}, Zn^{2+}, Pb^{2+}, Tl^{+}, Cd^{2+}). Zwischen $\log (i_1 - i)/i$ u. E besteht eine lineare Beziehung; die Steigung beträgt 140—150 mV für einwertige Ionen bzw. 70—75 mV für zweiwertige Ionen. Diese Elektrode scheint bes. zur polarograph. Unters. geschmolzener Salze geeignet zu sein.

E. Maekawa 142◇

0340 **Polarographische Untersuchungen an Eisenkomplexionen.** 2. Mitt. **Eisen(III)–Citrat-Komplexion.** Akira Yamada. (J. chem. Soc. Japan, pure Chem. Sect. [Nippon Kagaku Zasshi] **84,** 34—41, 1963; Yokohama, Siritu-Daigaku; jap., Auszug: engl. S. A 3.) — 1. vgl. J. chem. Soc. Japan, pure Chem. Sect. [Nippon Kagaku Zasshi] **83,** [1962], 684. — Fe(III) in 0,5 n Na-Citrat-Lsg. zeigt bei pH ≦ 5 zwei Red.-Wellen (Halbwellenpotentiale positiver als —0,25 V), bei 5,9 ≦ pH ≦ 7,6 zwei Red.-Wellen (Halbwellenpotentiale: —4,3 V bzw. —0,82 V) u. bei pH > 9 eine Red.-Welle (Halbwellenpotential: ca. —0,8 V). Diese Wellen entsprechen der Rk. Fe(III) → Fe(II); die der Rk. Fe(II) → Fe(O) entsprechende Welle wird nur in stark alkal. Lsgg. beobachtet (Halbwellenpotential: —1,64 V bei pH 14,0). Die Komplex-Bldg. erfolgt in sauren Medien durch Koordination der zwei oder drei Carboxylgruppen, während sich der Komplex in bas. Medien durch Koordination der Carboxyl- u. Hydroxylgruppen bildet. E. Maekawa 142◇

0341 **Polarographie der Kobalt–Phenanthrolin-Komplexe.** Kenichi Morinaga, Kunio Nomura und Keizo Nakamura. (J. chem. Soc. Japan, pure Chem. Sect. [Nippon Kagaku Zasshi] **84,** 198, 1963; Tôkyô-Tosimaku, Rikkyô-Diagaku, Rigakubu; jap., Auszug: engl. S. A 14.) Co–Phenanthrolin-Komplexe zeigen wie Dipyridyl-Komplex zweistufige Red.-Wellen; die Stufen entsprechen offenbar den Redd. $[Co(phen)_3]^{3+} + e \rightarrow [Co(phen)_3]^{2+}$ u. $[Co(phen)_3]^{2+} + e \rightarrow [Co(phen)_n]^{+} + (3\text{-}n)$phen.

E. Maekawa 142◇

0342 **Über den Temperatureinfluß auf die Korrosionsstabilität und das Elektrodenpotential von Metallen in saurem Medium.** 1. Mitt. **Eisen.** W. I. Schatalowa und W. A. Chitrow. (Hochschulnachr. [Iwanowo], Chem. u. chem. Technol. **4,** 404—08, 1961; Woronesh, Päd. Inst., Lehrst. für Chem.; russ.) — Vff. untersuchten die Korrosion-Geschw. von Armco-Fe mit 0,0028(%) C, 0,14 Si, 0,11 P, 0,15 Mn u. 0,01 S in 1 n H_2SO_4- (**I**) bzw. HCl(**II**)-Lsg. bei 0—80°. Die Korrosions-Geschw. in **I** (**II**) betrug bei 0°: 0,61 (g/m² · h) (0,35); 20°: 2,08 (1,93); 40°: 6,75 (10,09); 60°: 20,89 (48,70); 80°: 59,33 (210,70). Der Temp.-Koeff. der Korrosions-Geschw. sinkt mit steigender Temperatur. Das stationäre Potential des Fe wird bei Erhöhung der Temp. von 0 bis 40—60° nach negativeren Werten, bei weiterer Temp.-Erhöhung aber nach positiven Werten verschoben. E. Winkler 143◇

0343 **Einfluß von Halogenidionen auf die Korrosion von Eisen in geschmolzenen Elektrolyten.** W. P. Kotschergin und N. N. Popowa. (Hochschulnachr. [Iwanowo], Chem. u. chem. Technol. **4,** 397—403, 1961; Uraler Gorki-Univ., Lehrst. für anorgan. Chem.; russ.) — Vff. untersuchten die Korrosions-Geschw. von Fe bei 500° in

geschmolzenem $MgCl_2$; $ZnCl_2$; $ZnSO_4$; Na_2CO_3 u. $NaNO_3$ mit Zusätzen im Molverhältnis 1 : 1 von NaF, NaCl, NaBr bzw. NaJ. Es wurde festgestellt, daß die Korrosion in der Reihe $MgCl_2$–NaCl, $MgCl_2$–NaBr, $MgCl_2$–NaJ sowie $ZnCl_2$–NaCl, $ZnCl_2$–NaBr, $ZnCl_2$–NaJ u. $ZnCl_2$–NaF infolge Bldg. von Komplexen abnimmt. Ähnliche Erscheinungen werden bei $ZnSO_4$–NaF, $ZnSO_4$–NaCl, $ZnSO_4$–NaBr u. $ZnSO_4$–NaJ beobachtet. Ein Absinken tritt auch in der Reihe $NaNO_3$–NaF, $NaNO_3$–NaCl, $NaNO_3$–NaBr u. $NaNO_3$–NaJ auf, dabei wird allerdings zunächst ein Anstieg der Korrosions-Geschw. mit Erhöhung des Alkalihalogenid-Geh. beobachtet, der aber für NaF bei ~4 (Mol-%) u. für NaCl, NaBr u. NaJ bei 10—15 in einen Abfall übergeht. Ein ähnliches Verh. zeigen die mit Alkalihalogeniden versetzten Na_2CO_3-Schmelzen bei 800°.
E. Winkler 143◇

A_4. Thermodynamik, Thermochemie

0344 **Theorie von Domänenwänden in geordneten Strukturen. 1. Mitt. Eigenschaften beim absoluten Nullpunkt.** J. W. Cahn und R. Kikuchi. (Physics Chem. Solids **20,** 94—104, 1961; Schenectady, N. Y., Gen. Electr. Res. Labor.; Malibu, Calif., Hughes Aircraft Co., Hughes Res. Labor.; engl.) — Für geordnete Strukturen werden bei 0 °K Energie u. Entropie von Domänenwänden als Funktion von Orientierung u. Zus. berechnet. Strukturen mit jedem Atom als Symmetriezentrum werden allg. behandelt. Für diese Strukturen hat die Oberflächenenergie als Funktion der Orientierung Minima in Bindungsrichtung. Die Oberflächenentropie hat für die gleichen Orientierungen Minima mit Umkehrcharakter. Bei stöchiometr. Zus. werden für die Oberflächenenergie scharfe Minima beobachtet, u. nichtstöchiometr. Kristalle weisen negative Entropien auf. Herbert Müller 146◇

0345 **Signifikante Strukturen in Flüssigkeiten.** 2. Mitt. E. Jack Fuller, Taikyue Ree und Henry Eyring. (Proc. nat. Acad. Sci. USA **45,** 1594—99, 1959; Univ. of Utah, Dep. of Chem.; engl.) — 1. vgl. C. **1963,** 13459. — Es wird eine Theorie über Strukturen in Fll. vorgelegt, die mit gutem Erfolg auf *Methan, Stickstoff, Bzl.* u. auf *Edelgase* (Ne, Ar, Kr, Xe) angewandt wird. Es lassen sich damit numer. Werte für die Parameter erhalten, die gut mit den der verschiedenen Fll. beim F. übereinstimmen. Die Meth. läßt sich, wie weiter gezeigt wird, auch auf kompliziertere Strukturen anwenden. Schließlich wird ein Vers. beschrieben, die Zustandssumme durch Einführung zweiatomiger Schwärme dem krit. Zustand anzupassen. W. Niemitz 146◇

0346 **Ein Gittermodell für ein klassisches Gas harter Kugeln.** 2. Mitt. D. M. Burley. (Proc. physic. Soc. **77,** 451—58, 1961; Glasgow, Univ., Math. Dep.; engl.) — 1. vgl. C. **1963,** 15694. — Es wird gezeigt, daß sich die Kurven der Freien Energie u. des Drucks der l. c. diskutierten geordneten u. ungeordneten Phasen nach der Betheschen u. der „Ring"-Näherung berechnen lassen; in beiden Fällen tritt ein Übergang zweiter Ordnung auf. D. Jörchel 146◇

0347 **Trennung von Isotopen durch Gasdiffusion.** Daniel Massignon. (J. Chim. physique Physico-Chim. biol. **60,** 267—76, 1963; Saclay, Centre d'Études Nucl., Dép. de Phys.-Chim.; franz.) — Zusammenfassender Überblick — 36 Literaturangaben. C. Gottfried 149△

0348 **Theorie der Trennung von Isotopen durch Gasdiffusion durch eine Aufstapelung von Kugeln.** Jean-Paul Breton und Daniel Massignon. (J. Chim. physique Physico-Chim. biol. **60,** 294—303, 1963; franz.) — Vgl. vorst. Referat. — Theoret. Unters. eines Modells aus einer ungeordneten u. isotropen Anhäufung ident. Kugeln. C. Gottfried 149△

0349 **Über die Anwendung von Phasendiagrammen zur Untersuchung von thermodynamischen Wechselwirkungen.** Étienne Bonnier und Pierre Desré. (C. R. hebd. Séances Acad. Sci. **251,** 706—08, 1960; Grenoble, École Nat. Sup. d'Electrochim. et d'Électrométallurg.; franz.) — Vgl. C. **1963,** 1968. — In Phasendiagrammen bin. metall. Syst. kann die Art der Wechselwrkg. in der fl. Phase aus der Krümmung der Kurve in der Nähe einer reinen Komponente abgeleitet werden. Für Legg., in deren Diagramm ein Monotektikum auftritt, werden über die Eigg. der reinen Metalle Bedingungen abgeleitet, die den Entmischungsgrad in der fl. Phase beschreiben. Herbert Müller 150◇

0350 **Dampf–Flüssigkeit-Phasengleichgewicht bei Atmosphärendruck.** K. B. Schnelle jun. und L. N. Canjar. (Chem. Engng. Sci. **17,** 189—202, 1962; Pittsburgh, Pa., Carnegie Inst. of Technol., Chem. Engng. Dep.; engl.) — Die Beziehungen zwischen den physikal. u. thermodynam. Eigg. von Lsgg. im Dampf–Fl.-Gleichgew. werden präzisiert u. allg. behandelt. Ein Koeff. $\varkappa_i$ für die Abweichung vom Raoultschen Gesetz wird definiert. Die Grenzen für die Verwendung von $\varkappa_i$ werden im Vgl. zu dem wirklichen Aktivitätskoeff. γ^L für den isothermen u. isobaren Fall besprochen. Unter der Voraussetzung, daß das Amagatsche Gesetz auf den Dampf anwendbar ist, werden zwischen $\varkappa_i$ u. den differentiellen Kondensationswärmen Beziehungen abgeleitet, von denen ausgehend eine Meth. vorgeschlagen wird, die das isobare Gleichgew. zwischen Dampf u. Fl. zu überprüfen gestattet. Es wird eine App. u. ein Verf. zur gleichzeitigen Messung der Daten des Dampf–Fl.-Gleichgew. u. der gesamten isobaren Verdampfungswärme beschrieben. Messungen an dem Syst. Aceton–Chlf. bei 1 atm zeigen, daß die Zus. der Fl. am Kp. sich mit der Siedegeschw. ändert. Von der genauen Kenntnis der Zus. beim Taupunkt, der Taupunkt-Temp. u. den therm. Daten wird eine Näherungsmeth. abgeleitet, um die Zus. im Kp. berechnen zu können. Bei geringen Siedegeschw. befinden sich die berechneten u. die versuchsmäßig bestimmten Werte in guter Übereinstimmung. — 16 Literaturhinweise. W. Günther 150□

0351 **Flüssigkeit–Gas-Gleichgewicht bei hohen Drücken im System Stickstoff–Kohlendioxid.** I. R. Kritschewski, N. Je. Chasanowa, L. Ss. Lessnewskaja und L. Ju. Ssandalowa. (Chem. Ind. [UdSSR] **1962,** 169—71; russ.) — Der Unterschied der krit. Parameter von N_2 (Index 1) u. CO_2 (Index 2) im Gemisch wirkt sich auf das Fl.–Gas-Gleichgew. (FGG) aus. Für 50—102 atm werden interpolierte Werte des FGG bei 15, 20, 25, 28 u. 30° tabellar. mitgeteilt. Aus den Mol-Voll. v u. Molenbruch Z ergibt sich für die Henry-Koeff. K' in Gas- u. K in fl. Phase die Beziehung $K'/K = 1 - [(v_1' - v_1)/RT](\delta P/\delta Z_2')_T$ u. $(\delta P/\delta Z_2')_T = (\delta P/\delta Z_2)_T/[(v_1' - v_1) RT] (\delta P/\delta Z_2)_T + 1$. In Diagrammen werden die Beziehungen zwischen P u. Z_2, P u. T (bei $Z_2 = 0{,}025-0{,}175$) u. T u. Z_2 (bei 63,3—97,3 atm) dargestellt. Zwischen log (K/K') u. $(v'_2 - v_2)$ besteht eine lineare Beziehung. Wenn der mol. Wärmeinhalt von N_2 H_1 bzw. H_1' ist, dann gilt $K/K' = [(H_1 - H_1')/RT^2] (\delta T/\delta Z_2)_p + 1$. R. K. Müller 150◇

0352 **Zur Mikrobestimmung wäßriger Salzlösungen. 4. Mitt. Das binäre System Wasser(1)/Phenol(2).** F. Gölles. (Mh. Chem. **93,** 1019—32, 1962; Graz, Univ., Inst. für Pharmakognosie; dt.) — 3. vgl. C. **1963,** 20914. — Aus Dampfdruckmessungen des Syst. Wasser–Phenol werden nach dem Ansatz von van Laar u. der Beziehung von Margules die Aktivitäts-Koeff. der Bestandteile errechnet. Verss. aus den Gesamtdruckmessungen die Partialdrücke zu berechnen, scheiterten wegen zu ungenauer Meßergebnisse. Die weiteren thermodynam. Überschußfunktionen $\Delta\overline{H}$, $\Delta\overline{G}^E$ u. $\Delta\overline{S}^E$ wurden mit Hilfe der Aktivitäts-Koeff. in erster Näherung berechnet. Die Entmischungserscheinungen beim Mikrovers. in der Capillare werden besprochen. D. Hass 150◇

0353 **Der Sättigungsdampfdruck von Indium(III)-jodid.** P. I. Fedorow, A. G. Dudarewa und N. F. Drobot. (J. anorg. Chem. [UdSSR] **8,** 1287—88, 1963; russ.) — Der Dampfdruck wurde nach der „Transport"-Meth. mit N_2 als inertem Träger im Intervall 200—300° bestimmt. Unter Annahme der Existenz von In_2J_6 in der gasförmigen Phase ergibt sich log p [Torr] = 7,875 — 4100/T. Die Verdampfungswärme beträgt $\Delta H_V = 22{,}8$ kcal/Mol. G. Ewald 150◇

0354 **Methode zur Messung und Kontrolle von Aufdampfgeschwindigkeiten während der Herstellung von dünnen Filmen im Vakuum.** Helmut Schwarz. (Rev. sci. Instruments **32,** 194—99, 1961; Somerville, N. J.,

RCA, Semiconductor and Materials Div.; engl.) — Vf. beschreibt ein Verf. zur Messung von Aufdampfgeschw. bis herab zu 1 Å/s, das bei der Schicht-Herst. durch Vakuumaufdampfen bei $\leq 1 \cdot 10^{-5}$ Torr Verw. finden kann. Ein Teil des auf das Substrat treffenden Dampfstrahls tritt durch ein 1 cm^2 großes Loch im Träger in ein Ionisationsmanometer ein u. wird dort ionisiert. Eine Trennung des Ionenstromes aus Dampfstrahl u. Restgas wird durch mechan. Modulation des Dampfstrahls u. nachfolgende Wechselspannungsverstärkung erreicht. Das Ionisationsmanometer kann außerdem zur Messung des Restgasdruckes verwendet werden. Die theoret. Grundlagen des Verf. werden diskutiert u. das Aufdampf-Verh. von *Al*, *Cr* u. *Ni* untersucht.

Herbert Müller 150◇

0355 **Anwendung der Differentialthermoanalyse in der Chemie.** Hiroshi Suga und Syûzô Seki. (Kagaku no Ryôiki [J. Jap. Chem.] **17,** 87—102, 1963; Ôsaka-Daigaku, Rigakubu, Kagaku-Kyôsitu; jap.) — Übersicht. — 50 Literaturangaben.

E. Maekawa 150◇

0356 **Eine vereinfachte Methode zur Berechnung der Debye-Temperatur aus den elastischen Konstanten.** Orson L. Anderson. (J. Physics Chem. Solids **24,** 909 bis 917, 1963; Union, N. J., American-Stand. Res. Labor.; engl.) — Mit Hilfe der Reuss-Voigt-Näherung kann man die isotropen elast. Konst. eines polykristallinen Materials aus den anisotropen elast. Konst. des Einkristalls berechnen. In ähnlicher Weise kann man auch die mittlere Schallgeschw. in einem polykristallinen Stoff bestimmen. Damit läßt sich auf eine einfache Weise die Debye-Temp. ermitteln, die proportional zur mittleren Schallgeschw. ist. Diese Näherung ist für alle Kristallklassen gültig.

K.-H. Härdtl 151◇

0357 **Ein Enthalpie-Konzentrations-Diagramm des Systems Fluorwasserstoff–Wasser.** Reiner Vieweg. (Chem. Techn. **15,** 12—14, 1963; Leipzig, VEB Konstr.- u. Ing.-Büro Chem.; dt.) — Es wird über ein verbessertes Enthalpie-Konz.-Diagramm berichtet, in dem die neuesten Literaturergebnisse berücksichtigt wurden. Es bezieht sich auf ein kg der jeweiligen HF–H_2O-Mischung u. HF in unendlich verd. wss. Lsg. von 0°. Es umfaßt den Temp.-Bereich von 0—100° u. den Konz.-Bereich 0—100% HF. Es ist bezogen auf 760 Torr. — 19 Literaturangaben.

H. Hoffmann 156◇

0358 **Die thermodynamischen Eigenschaften von Sulfiten.** 1. Mitt. **Standard-Bildungswärmen.** E. Erdös. (Collect. czechoslov. chem. Commun. **27,** 1428—37, 1962; Prague, Czechoslov. Acad. of Sci., Inst. of Phys. Chem.; engl.) — Es wird eine parametr. Korrelationsmeth. für die Standard-Bildungswärmen (BW) einer Reihe von Salzen des Typs M_mYO_{n+1} entwickelt. Es ist vorteilhaft, die BW dieser Salze aus den betreffenden Oxiden, d. h. die Standard-Rk.-Wärmen der Rk. $M_mO(s) + YO_n(g) \rightarrow M_mYO_{n+1}(s)$ zu korrelieren. Diese Rk.-Wärmen sind nicht von der Wahl der Standard-Aggregatzustände der Elemente abhängig, u. die BW der Oxide sind für prakt. alle Elemente bekannt. Die Zahl der in der Korrelationsgleichung nötigen Parameter wurde auf ein Minimum red. unter der Voraussetzung, daß die BW eine Funktion des Unterschiedes zweier Parameter ist, die als Maß der Elektropositivität des bas. bzw. der Elektronegativität des sauren Oxids angesehen werden können. Für Sulfate u. Carbonate wurde die Gleichung $\Delta H_f^0 = \Delta H^0_{M_m^0} + \Delta H^0_{Y_n^0} - (A - X)^{5/3}$ berechnet. Die mit Hilfe dieser Gleichung berechneten Standard-BW von Sulfaten, Carbonaten u. Sulfiten liegen innerhalb der experimentellen Fehlergrenzen (mittlere Abweichung $\pm$ 1,5 kcal, d. h. $\pm$ 0,75%). Die Abhängigkeit von A von der Lage des Kations im Periodensyst. u. vom Ionisierungspotential weist, wie vorausgesetzt, auf einen Zusammenhang dieses Parameters mit der Elektropositivität des Kations hin. Die beschriebene Meth. eignet sich nicht nur zur Korrelation der vorhandenen Daten, sondern auch zum Voraussagen nicht bekannter Werte der Standard-BW, bes. bei Sulfiten.

I. Frič/Prag 156

0359 **Thermochemische Untersuchung der Hydrolyse des Indium(III)-Ions.** Kurt Schlyter. (Kungl. Tekn. Högskolans Handl. **1961,** Nr. 182, 1—41; Stockholm, Royal Inst. of Technol., Dep. of Inorg. Chem.; engl.) — Auf calorimetr. Wege wurden für die Rkk. a) $(n + 1)\,In^{3+} + 2n\,H_2O \leftrightharpoons In\,[In\,(OH)_2]_n^{(3+n)+} + 2n\,H^+$, b) $In^{3+} + H_2O \leftrightharpoons In(OH)^{2+} + H^+$ u. c) $In^{3+} + 2\,H_2O \leftrightharpoons In(OH)_2^+ + 2\,H^+$ in 3 m $NaClO_4$ unter Verw. der Gleichgewichtskonst. von Biedermann (C. **1960,** 2794) die Standardreaktionsenthalpien ΔH^0 (kcal/Mol) u. Standardreaktionsentropien ΔS^0 (cal/Grad · Mol) bei 25° ermittelt: a) $\Delta H^0 = n\,(10{,}18 \pm 0{,}14)$; $\Delta S^0 = -2{,}4 + n\,(12{,}7 \pm 0{,}5)$; b) $\Delta H^0 = 4{,}85 \pm 0{,}91$; $\Delta S^0 = -4{,}0 \pm 3{,}1$; c) $\Delta H^0 = 14 \pm 9$; $\Delta S^0 = 9 \pm 30$.

Heinrich Arnold 156◇

0360 **Thermochemie von Metallalkylen.** 10. Mitt. **Verbrennungswärmen einiger Zinntetraalkyle.** J. V. Davies, A. E. Pope und H. A. Skinner. (Trans. Faraday Soc. **59,** 2233—42, 1963; Manchester, Univ., Chem. Dep.; engl.) — Bombencalorimetr. (O_2-Druck: 40 atm) wurden die Verbrennungswärmen nachst. fl. Zinntetraalkyle (ZA) bestimmt (Verbrennungs-Prodd.: SnO_2, CO_2, H_2O) u. die Bldg.-Wärmen (BW) berechnet: $Sn(CH_3)_4$ (**I**), $\Delta H_f^0 = -12{,}5 \pm 0{,}5$ (kcal/Mol); $Sn(C_2H_5)_4$ (**II**) $-22{,}9 \pm 0{,}6$; $Sn(CH_3)_3(C_2H_5)$ (**III**) $-16{,}1 \pm 0{,}6$; $Sn(C_3H_7)_4$ (**IV**) $-50{,}6 \pm 1{,}2$ u. $Sn(C_4H_9)_4$ (**V**) $-72{,}7 \pm 1{,}8$. Die Verdampfungswärmen u. die BW der gasförmigen ZA betragen (in kcal/Mol) **I** $7{,}9 \pm 0{,}3$ u. $-4{,}6 \pm 0{,}6$; **II** $12{,}2 \pm 0{,}5$ u. $-10{,}7 \pm 0{,}8$; **III** $9{,}0 \pm 0{,}4$ u. $-7{,}1 \pm 0{,}7$; **IV** $16{,}0 \pm 0{,}5$ u. $-34{,}6 \pm 1{,}3$; **V** $19{,}8 \pm 0{,}5$ u. $-52{,}9 \pm 1{,}9$. Unter Zugrundelegung bekannter thermochem. Daten wurden die BW nachst. fl. Verbb. berechnet: $(CH_3)_3SnBr$ $-43{,}8 \pm 1{,}6$ (kcal/Mol); $(CH_3)_3SnJ$ $-30{,}7 \pm 1{,}7$; $(CH_3)_3Sn(C_6H_5)$ $13{,}6 \pm 2{,}6$; $(CH_3)_3Sn(CH{=}CH_2)$ $13{,}2 \pm 1{,}7$; $(C_4H_9)_3SnBr$ $-85{,}5 \pm 2$; $(CH_3)_3Sn(CH_2{-}C_6H_5)$ $6{,}7 \pm 1{,}7$; $(CH_3)_3Sn{-}Sn(CH_3)_3$ $-17{,}4 \pm 3{,}3$.

G. Gattow 156◇

0361 **Atomisierungsenergie und Bildungswärme einiger Carbide und Nitride und wahrscheinlichste Werte für die Dissoziationsenergie des Stickstoffs und für die Sublimationsenergie des Kohlenstoffs.** B. F. Ormont. (J. physik. Chem. [UdSSR] **33,** 1455—60, 1959; Moskau, Phys.-chem. Karpow-Inst.; russ.; Auszug: engl.) — Vf. überprüft die Möglichkeit der Verw. von Werten der Atomisierungsenergien von Carbiden u. Nitriden zur Best. der Sublimationsenergien von Graphit u. einiger Metalle (z. B. Zr, Ta), der Dissoziationsenergie von N_2 u. der Bldg.-Enthalpie von Carbiden u. Nitriden. Zwischen Atomisierungsenergien u. spezif. Oberflächenenergien der untersuchten Verbb. (TaC, NbC, HfC, WC, Hf, ZrC, TaN, NbN, ZrN, VC, WN, TiC, TiN, VN) besteht auch auf Grund theoret. Unterss. (J. physik. Chem. [UdSSR] **31,** [1957], 1281) keine lineare Beziehung.

H. Roschkowski 156◇

0362 **Selektiver Effekt und Isotopenanreicherung in Flammen bei der zeitlichen Diffusion von in Lösung eingeführten anorganischen Elementen.** Marcel Servigne und Jean-Louis Siemons. (J. Chim. physique Physico-Chim. biol. **60,** 224—29, 1963; Paris, Inst. Nat. Agronom.; franz.) — Vff. untersuchten die bei der Zerstäubung von Lsgg. von Mineralsalzen auftretenden Verluste dieser Elemente durch zeitliche Diffusion in dem näher beschriebenen Zerstäubungsapparat. Unterss. an Lsgg. von *NaCl*, *KCl*, $CaCl_2$ u. $FeCl_3$ ergaben, daß jedes metall. Element einen spezif. Diffusionskoeff. besitzt. Mit einer gemischten Lsg. von NaCl u. KCl wurde ein selektiver Prozeß beobachtet, d. h. eine Anreicherung des leichteren Elementes in dem diffundierten Niederschlag. Zum Schluß wird noch über vorläufige Messungen einer Isotopenanreicherung im Paar ^6Li–^7Li berichtet, bei dem eine wss. Lsg. von *LiCl* zerstäubt wurde.

C. Gottfried 157△

0363 **Gesetzmäßigkeiten der Abkühlung.** G. Nitzsche. (Wiss. Z. Ernst Moritz Arndt-Univ. Greifswald, math.-naturwiss. R. **7,** 83—86, 1957/58; Phys. Inst.; dt.) — Der zeitliche Verlauf der Temp.-Abnahme geht nach einer Exponentialfunktion vor sich, deren Krümmungsgrad u. a. abhängt von 1. Materialbeschaffenheit (Wärmeleitvermögen, spezif. Wärme, spezif. Gew.), Oberflächenbeschaffenheit, Oberflächengröße u. -Form des Körpers; 2. Gasart- u. -druck des den Körper umgebenden Mediums. Die Messungen wurden in Luft, CO_2- oder N_2-Atmosphäre an homogenen, kugelförmigen Probekörpern aus *Al*, *Zn*,

Fe oder *Pb* durchgeführt. Die Abkühlungskonst. k hängt nicht von der Anfangstemp. des Probekörpers ab. k ist umgekehrt proportional dem Prod. aus spezif. Gew. u. spezif. Wärme sowie umgekehrt proportional dem Radius der Probekugel. k ist proportional der Leitfähigkeit des Gases, in dem der Probekörper abgekühlt wird.
I. Zoll 158◇

0364 **Methode zur Messung der Temperaturleitfähigkeit von feuerfesten Stoffen bis in die Nähe des Schmelzpunktes.** François Cabannes. (J. Rech. Centre nat. Rech. sci. **1960,** 83—89; Labor. des Échanges therm.; franz.) C. Gottfried 158△

0365 **Messung der Wärmeleitfähigkeit mit Hilfe des Peltier-Effektes.** D. J. McNeill. (Brit. J. appl. Physics **14,** 113—16, 1963; Towcester, Plessey Co. [U. K.] Ltd., Caswell Res. Labor.; engl.) — Vf. beschreibt eine Abänderung der von Harman u. Mitarbeitern (C. **1960,** 12597) entwickelten sog. Z-Metertechnik zur Messung der Wärmeleitfähigkeit von thermoelektr. Stoffen unter Verw. des Peltier-Effektes. Die mit Hilfe dieser Technik hergeleiteten Werte der Wärmeleitfähigkeit können jedoch wegen Nichtberücksichtigung der Wärmeverluste mit beträchtlichen Fehlern belastet sein. Vf. entwickelte theoret. eine neue Gleichung der Wärmeleitfähigkeit, bei der diese Wärmeverluste berücksichtigt werden u. beschreibt eine experimentelle Technik, mit der diese Wärmeverluste ausgeschaltet werden können. Mit Hilfe dieser Technik bestimmte Vf. die Wärmeleitfähigkeit an einer Probe von $FeSi_2$–4% $CoSi_2$. Die theoret. Voraussagen wurden durch die experimentellen Ergebnisse bestätigt. C. Gottfried 158△

0366 **Thermischer Widerstand von bestrahltem Graphit.** R. L. Woolley. (Nature [London] **199,** 684—85, 1963; Berkeley, Gloucesters., Berkeley Nucl. Labor., Centr. Electr. Board; engl.) — Vgl. C. **1964,** 10-0462. — Die von Mason u. Knibbs (vgl. C. **1964,** 4-0389) angegebene Formel für den therm. Widerstand von bestrahltem Graphit ist nicht vollständig befriedigend. Vf. leitet theoret. für den therm. Widerstand die Formel $1/K = \text{Konst.} \cdot (1/L_a + 1/L_v)$ ab, wobei L_a die Kristallitgröße in Einheiten von 1,62 Å ist u. $1/L_a = (2\,c)^{1/2} \cdot t^{1/2} L_a^{1/2}$ (t = Dosis in Einheiten von 10^4 MWD/Ate).
Ernst Schulte 158◇

0367 **Einfluß der Bestrahlung mit schnellen Neutronen auf die Wärmeleitfähigkeit von Silicium zwischen 80 und 300°K.** Halim J. Albany und Michel Vandevyver. (C. R. hebd. Séances Acad. Sci. **257,** 859—62, 1963; Gif-sur-Yvette, S.-et-O., Centre d'Études nucl. de Saclay, Serv. d'Électron. phys.; franz.) — Von n-leitendem Si mit spezif. elektr. Widerständen von $1\,\Omega \cdot$ cm wird vor u. nach 15tägiger Bestrahlung mit $1{,}2 \cdot 10^{18}$ schnellen Neutronen/cm² bei 70° u. $< 10^{-5}$ Torr die Wärmeleitfähigkeit $\varkappa$ zwischen 80 u. 300°K bestimmt. Die starke Verminderung von $\varkappa$ durch Bestrahlung wird mit der Meth. von Klemens (Proc. physic. Soc., Sect. A **68,** [1955], 1113) untersucht. Der zusätzliche Wärmewiderstand kann nicht allein mit dem Anstieg der Diffusion nach $1/\tau = A \cdot \omega^4$ (τ = Relaxationszeit, A = Konst. für Art u. Konz. kleiner Fehlstellen, ω = Phononfrequenz) beschrieben werden. Außerdem muß ein beträchtlicher Beitrag nach $1/\tau = c \cdot L$ (c = mittlere Phonon-Geschw., L = charakterist. Länge nach Casimir) berücksichtigt werden. Die Verminderung von L kann der Bldg. von Fehlstellenanhäufungen zugeschrieben werden. Herbert Müller 158◇

0368 **Wärmeleitfähigkeit von Periklas-Einkristallen.** A. Starzacher. (Radex-Rdsch. **1962,** 157—63; Radenthein; dt.) — Es wird eine App. zur Best. der Wärmeleitfähigkeit von kleinen Kristallen beschrieben. Die gefundenen Wärmeleitfähigkeitswerte stimmen gut mit Literaturangaben für polykristalline Aggregate überein. Der Unterschied zwischen der Leitfähigkeit von Periklaseinkristallen u. der eines Schmelzmagnesitsteines, der abgesehen von geringfügigen Verunreinigungen aus demselben Grundmaterial besteht u. eine Porosität von ca. 15% hat, beträgt bei 100° mehrere 100%. Es ist auch nicht annäherungsweise möglich, mathemat. Beziehungen zwischen der Wärmeleitfähigkeit von Einkristallen u. der eines Schmelzmagnesitsteines aufzustellen, man ist auch in Zukunft bei hohen u. bei tiefen Temp. auf experimentell erhaltene Werte angewiesen.
Ernst Schulte 158◇

0369 **Schallgeschwindigkeit in einem nichtidealen Gas.** William Squire. (Canad. J. chem. Engng. **39,** 199—200, 1961; San Antonio, Tex., Southwest Res. Inst., Dep. of Appl. Meth.; engl.) — Die auf der Näherung $(dH/dE)_s = H/E$ basierende Berechnung der Schallgeschw. in nichtidealen Gasen wird auf *Äthylen* bei 7,9°K und *Luft* bei hohen Temp. angewendet. H. U. Borgstedt 159◇

0370 **Die Schallgeschwindigkeit in Luft, Stickstoff und Argon.** D. H. Smith und R. G. Harlow. (Brit. J. appl. Physics **14,** 102—06, 1963; London, Woolwich Polytechnic, Phys. and Telecomm. Dep.; engl.) — Mit Hilfe einer neu entwickelten u. genau beschriebenen Rohrmeth., mit der gleichzeitig die Phasengeschw. u. der Dämpfungskoeff. ermittelt werden können, bestimmten Vff. die Schallgeschw. in Luft, N_2 u. Ar mit Frequenzen zwischen 90 u. 1500 Hz bei 30° u. 760 Torr zu 349,21; 354,89 u. 324,37 m/s. Mit Hilfe der Beattie-Bridgemanschen Zustandsgleichung wurden die Verhältnisse der spezif. Wärmen γ_0 berechnet (Tabelle). Mit Hilfe der aus der Literatur bekannten Änderungen von γ_0 mit der Temp. wurden die folgenden Schallgeschw. bei 0° erhalten: 331,47; 336,79 u. 307,79 m/s.
C. Gottfried 159△

0371 **Absolute Bestimmung hoher Ultraschallintensitäten mit thermoelektrischen Sonden.** Katuya Yosioka, Yukihiko Kawasima und Hideyuki Hirano. (Mem. Inst. sci. ind. Res., Osaka Univ. **18,** 15—22, 1961; engl.) — Ein in Ricinusöl oder Polyäthylen gebettetes Thermoelement dient als Sonde zur Messung hoher Schallintensitäten. Die Einbettung in Ricinusöl empfiehlt sich für hohe Intensitäten bis über 1 KW/cm² u. Frequenzen über 1MHz. Mit dem Polyäthylenabsorber ist das Syst. sehr empfindlich u. kann bei 0,01—50 W/cm² u. Frequenzen unter 1 MHz eingesetzt werden. Die Intensitäten werden direkt gemessen.
H. U. Borgstedt 159◇

0372 **Die Theorie des Schwellenwerts der durch Ultraschall bewirkten Entgasung.** (Vorläufige Mitteilung.) Yukihiko Kawasima. (Mem. Inst. sci. ind. Res., Osaka Univ. **18,** 27—29, 1961; engl.) — Vgl. vorst. Referat. — Der Schwellenwert der Schallwechseldruckamplitude, von dem ab Entgasung durch Ultraschall eintritt, hängt ab von den Radien der Keimblasen, der Viscosität u. der Oberflächenspannung der Fl., dem stat. Druck u. der Frequenz. Das Spektrum des Kavitationsrauschens zeigt für die Schallfrequenzen, die der Resonanzfrequenz der Keimblasen oder Vielfachen davon entsprechen, Minima des Schwellenwerts an.
H. U. Borgstedt 159◇

0373 **Die anomale Temperaturabhängigkeit der Schallgeschwindigkeit in Wasser.** J. Schuyer. (Molecular Physics **3,** 597—99, 1960; Geleen, Netherlands, Staatsmijnen in Limburg, Centraal Labor.; engl.) — In W. zeigt der Temp.-Koeff. der Schallgeschw. nicht wie in anderen Fll. einen negativen Gang. Die Anomalie des W. kann seinem kleinen therm. Ausdehnungskoeff. zugeschrieben werden. H. U. Borgstedt 159◇

0374 **Theorie der zusätzlichen Ultraschallabsorption in binären assoziierten Flüssigkeitsgemischen.** Kosaku Fukuda. (J. physic. Soc. Japan **18,** 741—42, 1963; Yokosuka, Japan, Def. Acad., Dep. of Phys.; engl.) — Die zusätzliche Ultraschallabsorption, die in binären Fll.-Gemischen ohne starken Wasserstoffbindungsanteil auftritt, wird rechner. auf Assoziationserscheinungen zurückgeführt. H. U. Borgstedt 159◇

0375 **Eine interessante Anomalie bei der Fortpflanzung von 5 MHz-Impulsen durch einen Tantalstab.** Joseph P. Kearney und H. Mack Thaxton. (J. acoust. Soc. America **35,** 1660, 1962; Newark, N. J., Engelhard Hanovia, Inc., Hanovia Lamp Div.; engl.) — Mit Hilfe der bekannten elast. Konst. des Ta (Elastizitätsmodul, Schermodul, Lamesche Konst. u. Poissonsches Verhältnis) errechnet sich für die Geschw. einer longitudinalen Welle von einem nach X geschnittenen Quarzkristall durch Ta ein Wert von 0,564 cm/μs. Bei Verw. einer 5 MHz-Resonanzfrequenz wurde experimentell für die longitudinale Geschw. durch einen Ta-Stab 0,052 cm/μs gemessen. C. Gottfried 159△

0376 **Ultraschalltechnik im Mikrowellenbereich.** P. M. Rowell. (Brit. J. appl. Physics **14,** 60—68, 1963; Nottingham, Univ., Phys. Dep.; engl.) — Mikrowellenultraschall ist ein Ausdruck für einen neuen Zweig der Festkörperphysik, der sich mit der Erzeugung mechan. Schwingungen in Festkörpern bei Mikrowellenfrequenzen befaßt. Diese sehr hochfrequenten Schwingungen eines Kristallgitters werden Mikrowellenphononen zugeschrieben, da sie, abgesehen von ihrer Kohärenz, ähnlicher Natur sind wie die therm. Phononen. Im Temp.-Bereich des fl. He ist die charakterist. Frequenz der therm. Phononen von derselben Größenordnung wie die höheren Mikrowellenfrequenzen, z. B. 20 GHz bei 1 °K. Vf. gibt einen chronolog. Überblick über die Technik der Erzeugung von Ultraschallwellen in Festkörpern mit Frequenzen von 1—24 GHz sowie die experimentellen Erfordernisse für die Erzeugung u. den Nachw. bzw. die Beobachtung dieser Schwingungen. Beschrieben wird die Fortpflanzung dieser Schwingungen in *Quarz.* Es werden Verss. von anderen Seiten beschrieben, aus denen die Wechselwrkg. der Ultraschallwellen mit therm. Phononen, Gitterfehlern, Elektronenspinsyst. u. Ladungsweisen hervorgeht. Eigene Verss. wurden durchgeführt zum Nachw. dieser Wechselwrkg. mit Gitterfehlern. Vf. beobachtete bei 10 GHz u. 4 °K an einem Quarzstab, daß nach einer Bestrahlung des Stabes mit γ-Strahlen nach einer Dosis von etwa 10^8 r die Anzahl der Signale von etwa 100 auf etwa 40 gefallen war.
C. Gottfried 159△

A$_5$. Kolloidchemie, Grenzschichtforschung

0377 **Konstitution von anorganischen Hydrosolen.** 2. Mitt. **Die Flockung und die Regel von Schulze-Hardy.** J. Duclaux und Ch. Cohn. (J. Chim. physique Physico-Chim. biol. **56,** 671—74, 1959; Paris, Inst. de Biol. phys.-chim.; franz.) — Die Regel von Schulze-Hardy bezieht die Koagulationswrkg. eines Elektrolyten für ein Koll. auf die Wertigkeit seiner Ionen u. beruht in der Hauptsache auf der Ermittlung des Flockungswertes. An den Beispielen der Koagulation der Hydrosole des *Fe-Oxidaquats,* hergestellt durch Hydrolyse des $FeCl_3$ bei 100° mit der wahrscheinlichen Zus. der Teilchen: $[n\,Fe(OH)_3Fe]Cl_3$, u. des *Hexacyanocuprats(II),* hergestellt durch Rk. von $CuSO_4$ mit $K_4[Fe(CN)_6]$, wahrscheinliche Zus.: $K_4[n\,Cu_2Fe(CN)_6 \cdot Fe(CN)_6]$, wird das Versagen der Regel demonstriert u. ihre Aufgabe empfohlen, zumal die hiermit ungenau erfaßten Fakten sich anders gut deuten lassen. Es wird vor allem darauf hingewiesen, daß ein Hydrosol, dessen kompensierende Ionen mehrwertig sind, nur einen sehr schwachen osmot. Druck besitzen kann. Aus dem Beobachtungsmaterial wird geschlossen, daß alle Fälle individuell zu behandeln sind, da jedes einzelne Koll. seine eigenen Rkk. zeigt; Vff. stellen fest, daß man den Koagulationsprozeß ohne Unters. der diesen begleitenden chem. Rkk. verstehen kann. E. Ühlein 162◇

0378 **Das Altern der Sesquioxidgele.** 2. Mitt. **Tonerdegele.** R. C. Mackenzie, R. Meldau und J. A. Gard. (Mineralog. Mag. J. mineralog. Soc. **33,** 145—57, 1962; Aberdeen, Macaulay Inst. for Soil Res.; Gütersloh, Carl-Bertelsmannstr. 4; Aberdeen, Univ., Dep. of Chem.; engl.) — 1. vgl. C. **1963, 2744.** — Tonerdegele wurden aus $AlCl_3$ u. NH_3 hergestellt. Das Altern zu krist. Hydroxiden wurde therm., röntgenograph., IR-analyt. u. elektronenmkr. untersucht. Bei Zimmer-Temp. altern die Gele schneller bei hohen pH-Werten. Die Struktur des ursprünglichen Gels scheint der des *Boehmits* zu ähneln. Durch das Altern entstehen *Bayerit* u. kleine Mengen *Gibbsit.* Die Morphologie der Minerale u. der Vorgang des Alterns werden beschrieben. J. Heinze 162◇

0379 **Einfluß der Viscosität auf die Bestimmung der Oberflächenspannung nach der Tropfengewichtsmethode.** P. Rajagopala Rao und N. Subramanian. (J. sci. ind. Res. [New Delhi], Sect. B **18,** 402—04, 1959; Nagpur, Laxminarayan Inst. of Technol.; engl.) — Die Dimensionsanalyse ergibt $(mg/D\sigma) = K \cdot (D\eta/\sigma\Theta)^c$ als Beziehung zwischen den dimensionslosen Gruppen, wobei mg = Tropfengew., D = äußerer Durchmesser des Tropfrohres, σ = Oberflächenspannung, Θ = Zeit für Tropfenbldg. u. η = Viscosität sind. Aus Messungen an W. u. Glycerin (**I**) bei 28° folgt K = 3,23 für W. u. **I**, c = 0,026 für W. u. 0,064 für **I**. Nach Messungen bei 28° ergibt sich aus der Darst. log (mg) gegen log Θ für Terpentin c = 0,030, Nitrobenzol 0,031 u. Äthylenglykol 0,038; die mit K = 3,23 erhaltenen σ-Werte stimmen mit bekannten innerhalb der Fehlergrenzen überein. R. Junge 166◇

0380 **Nichtionische oberflächenaktive Verbindungen.** 7. Mitt. **Grenzflächenspannungen von Lösungen nichtionisierter oberflächenaktiver Agentien.** Paul Becher. (J. Colloid. Sci. **18,** 665—73, 1963; Wilmington, Del., Atlas Chem. Ind., Chem. Res. Dep.; engl.) — 6. vgl. J. Colloid Sci. **18,** [1963], 196; 4. vgl. C. **1962,** 5688. — Es wird gezeigt, daß die Anwendung der von Girifalco u. Good angegebenen Beziehung zur Berechnung der Grenzflächenspannung zweier Fll. aus den Oberflächenspannungswerten der beiden Einzelfll. unter Berücksichtigung der von Fowkes stammenden Unterteilung der Grenzflächenspannung in einen den van der Waalsschen Kräften entsprechenden u. einen den H-Bindungskräften entsprechenden Teil $\gamma_{12} = \gamma_1\gamma_2 - 2(\gamma_1^w\gamma_2^w)^{1/2}$ auf Syst. möglich ist, bei denen in der wss. Phase eine oberflächenakt. Substanz gelöst ist u. deren Konz. oberhalb der krit. Micellenkonz. liegt. Im einzelnen wurden die Grenzflächenspannungen von 6 *Polyoxyäthylennonylphenolen* gegen 29 verschiedene Ölphasen u. 5 *Polyoxyäthylenlaurylalkohole* gegen 11 verschiedene Ölphasen bestimmt. Die Ergebnisse lassen eine Unterscheidung der oberflächenakt. Substanzen in zwei Klassen zu, in die der aliphat. u. die der aromat. KW-Stoffe. Es wird festgestellt, daß die Messung der Grenzflächenspannung an der Grenzfläche zwischen Öl u. Netzmittellsg. in erster Linie den Beitrag der H-Bindung berücksichtigt u. daß beim Fehlen eines solchen Beitrages durch die Ölphase die gesamte Grenzflächenenergie durch den H-Bindungsterm der wss. Lsg. dargestellt wird. D. Forst 166◇

0381 **Die Oberflächen-Aktivitäten von Alkylsulfaten zweiwertiger Metalle.** 2. Mitt. **Die Auflösung einiger Kohlenwasserstoffe in wäßrigen Lösungen von Alkylsulfaten zweiwertiger Metalle.** Iwao Satake und Ryohei Matuura. (Bull. chem. Soc. Japan **36,** 813—17, 1963; Fukuoka, Hakozaki, Kyushu Univ., Dep. of Chem.; engl.) — 1. vgl. Bull. chem. Soc. Japan **36,** [1963], 204. — Das Lösevermögen der *Dodecylsulfate* von Cu^{2+}, Co^{2+}, Ni^{2+}, Mg^{2+} u. des *Tetradecylsulfats* von Cu^{2+} für *Bzl., Toluol, m-Xylol* u. *n-Hexan* wurde über einen Konz.-Bereich von 10^{-3} bis $1{,}5 \cdot 10^{-2}$ Mol/Liter bei verschiedenen Temp. untersucht. Es war unabhängig vom Metallkation u. nahm mit der Konz. der Detergentien u. der Kettenlänge der KW-Stoffe zu. Das größere Lösevermögen der Me^{2+}-Verbb. gegenüber der Na^+-Verb. wird erklärt durch größere Vol. u. höhere Aggregation der Mizellen. H. H. Stamm 166◇

0382 **Interferometrische Messung der Dicke von Filmen von Kanadabalsam und Kollodium und ihre Beziehung zur Konzentration der Lösung.** N. Barakat, A. A. A. Mohamed, A. El Bialy und K. A. Azim. (Brit. J. appl. Physics **14,** 144—46, 1963; Cairo, Ain Shams Univ.; engl.) — Zur Herst. der Kanadabalsam(**I**)- u. Kollodiumfilme (**II**) wurden bekannte Vol. von **I**-Lsgg. in Xylol u. von **II**-Lsgg. in Amylacetat mit Konzz. zwischen 15,5 u. 0,5% tropfenweise auf W. gegeben u. die hierbei erhaltenen Filme mit Hilfe einer näher beschriebenen Technik auf Glasplättchen übertragen. Zur Messung der Dicke der Filme > 300 Å wurden monochromat. Zweistrahl-Interferenzstreifen der grünen Tl-Linie (5350 Å) sowie die Interferenzen von weißem Licht verwendet. Die Verschiebungen der Interferenzstreifen wurden auf dem Negativ mit einem Abbé-Komparator gemessen. Zur Messung der Dicken zwischen 100 u. 300 Å wurden Mehrfachstrahl-Interferenzstreifen verwendet. In diesen Messungen wurden auf die Filme dünne, teilweise durchsichtige u. hoch reflektierende Ag-Filme aufgedampft. Die Messungen wurden bei 25, 100 u. 150° durchgeführt. Gemessen wurden **I**-Filmdicken zwischen 2670 u. 107 Å u. **II**-Filmdicken zwischen 1340 u. 268 Å. Trägt man die Filmdicken gegen die Konz. der Lsgg. graph. auf, dann erhält man in allen Fällen Geraden. Erhöhung der Temp. hat zur Folge, daß bei gleicher Konz. die Filmdicken gegenüber den Messungen bei 25° abnehmen. Aus den erhaltenen Geraden kann man die Konz. ablesen, die man verwenden muß, um einen Film gewünschter Dicke zu erhalten. C. Gottfried 166△

0383 **Einwirkung des pH-Werts auf die Elektrophorese des Silberbromidsols.** Shin Suzuki und Yasushi Oishi. (J. chem. Soc. Japan, ind. Chem. Sect. [Kōgyō Kagaku Zasshi] **66,** 398—99, 1963; Tokyo-Daigaku, Kôgakubu; jap., Auszug: engl. S. A 28.) — Zwischen pH 2,5 u. 9 ist das ζ-Potential des AgBr-Sols bei pAg 2,5 prakt. pH-unabhängig, während es bei pAg 2,5 mit steigendem pH negativ wird. Die Änderung des ζ-Potentials bei pH 2,5 beruht offenbar auf der Adsorption von Ag^+ u. die bei pH 9 auf der Adsorption von OH^-. E. Maekawa 168◇

0384 **„Freies Volumen" und die Viscosität des flüssigen Wassers.** A. A. Miller. (J. chem. Physics **38,** 1568—71, 1963; Schenectady, N. Y., Gen. Electr. Res. Labor.; engl.) — Die von Dorsey (1940) tabellierten Werte für die Temp.- u. Druckabhängigkeit der Viscosität u. des spezif. Vol. von W. zwischen —10° u. 150° werden zur Entwicklung empir. Beziehungen zwischen der Viscosität, ausgedrückt in Form einer Funktion des Freien Vol. $\eta = A \exp(1/f)$ [$f = v_{frei}/v_{spezif.}$], u. der Struktur von W. nach dem Modell von Némethy u. Scheraga (C. **1963,** 5356) verwendet. Das Vol. der nicht assoziierten Wasser-Moll. ergibt sich daraus als „Freies Vol.", da die für das Fließen erforderliche Mol.-Bewegung nur für den nichtgebundenen Zustand in Erscheinung tritt. Dieses „Freie Vol." ist jedoch nicht mit dem wahren Freien Vol. im Sinne von Cohen u. Turnbull (C. **1960,** 10150) identisch. Direkte Zusammenhänge zwischen der Temp. u. Druckabhängigkeit des „Freien Vol." u. den therm. Ausdehnungs- sowie Kompressibilitäts-Koeff. bestehen nicht, da diese auf einer Änderung im spezif. Gesamt-Vol. beruhen, die wiederum in keiner direkten Beziehung zu strukturellen Änderungen steht. Wolfgang Krüger 172◇

0385 **Chemische Umsetzungen zwischen Legierungskomponenten in ternären Legierungen im flüssigen Zustand.** W. M. Glasow. (Nachr. Akad. Wiss. UdSSR, Abt. techn. Wiss., Metallurgie Brennstoffe **1962,** 89—93, Moskau; russ.) — Vf. untersucht den Charakter der Abhängigkeit der Viscosität von der Zus. in den Syst. Ge–Al–Sb u. Si–Al–Sb bei verschiedenen Temp. bei quasibin. Schnitten von 80—90 (Atom-%) Ge u. 80 Si. W.-D. Heußner 172◇

0386 **Die Messung von Geschwindigkeiten in dünnen Flüssigkeitsfilmen.** J. O. Wilkes und R. M. Nedderman. (Chem. Engng. Sci. **17,** 177—87, 1962; Cambridge, Univ., Dep. of Chem. Engng.; engl.) — Es wurden Geschw.-Messungen an dünnen Fl.-Filmen sowohl im Gebiet, in dem sich Wellen bilden, als auch im wellenfreien Gebiet durchgeführt. Das Geschw.-Profil entspricht in fast allen Fällen einer Parabel. Der Zusatz von oberflächenakt. Stoffen zu Fll. mit Reynolds-Zahlen, die einer Wellenströmung entsprechen, unterdrückt sowohl die Wellen als auch die Geschw.-Schwankungen. Theoret. läßt sich ableiten, daß die Geschw., mit der der Fl.-Film bis zu den Bedingungen des stationären Zustandes beschleunigt wird, hauptsächlich durch die Oberflächenspannung bestimmt wird. Verss. mit W. u. z. T. Teepol-Zusätzen bestätigen die theoret. Überlegungen. W. Günther 173□

0387 **Eine Abwandlung der Durchdringungstheorie durch Annahme von Wirbelströmungen.** P. Harriott. (Chem. Engng. Sci. **17,** 149—54, 1962; Stamford, Conn., Amer. Cyanamid Co., Engng. Res. Sect.; engl.) — Es wird ein neues Modell für den Übergang eines Stoffes aus einer turbulenten Strömung an eine Phasengrenzfläche beschrieben. Fl.-Teilchen, die als Wirbel zu zufälligen Zeiten ankommen, dringen verschieden tief in die Grenzfläche ein u. vertreiben den dort angesammelten gelösten Stoff. Die Stoffübertragung erfolgt durch Mol.-Diffusion. Auf Grund des Modelles wird vorausgesagt, daß die Diffusion den Übergangskoeff. um so stärker beeinflussen wird, je geringer die Diffusion ist. Das neue Modell scheint der Wirklichkeit besser zu entsprechen als frühere Theorien über die Oberflächenerneuerung. — 8 Literaturhinweise. W. Günther 173□

0388 **Über unter Spannung nachgebende Festkörper. Fluß- und Normalspannungseffekte.** A. G. Fredrickson. (Chem. Engng. Sci. **17,** 155—66, 1962; Minneapolis, Minn., Univ. of Minnesota, Chem. Engng. Dep.; engl.) — Mit Hilfe des Prinzips der linearen Überlagerung werden rheolog. Zustandsgleichungen abgeleitet, die die Bedingung der Unveränderlichkeit eines isotropen, unter Spannung nachgebenden Festkörpers erfüllen. Die Stoffeigg. werden durch eine Relaxationsfunktion $\psi(t)$ beschrieben als dem Maß für die Geschw., mit der die Spannung in Abhängigkeit einer örtlich wirkenden Kraft abnimmt. Die Zustandsgleichung wird auf den einfachen Fall einer vorübergehenden Verformung durch Schub zwischen parallelen Platten angewandt. Es wird gezeigt, daß das Material fließt, wenn das Moment der Relaxationsfunktion gleich 0 oder 1 ist. Anderenfalls verhält sich das Material wie ein elast.-viscoser Festkörper. Es werden die Koeff. für die Viscosität u. die Normalspannung abgeleitet u. zum Moment der Relaxationsfunktion in Beziehung gesetzt. Es wird gezeigt, daß der Ausdruck für den Normalspannungskoeff. qual. mit den Vers.-Ergebnissen von Toms in Einklang zu bringen ist. Schließlich wird gezeigt, wie die Gleichungen für kleine Geschw.-Gradienten auf die lineare Theorie der Viscoelastizität zurückgeführt u. wie sie zur Vorhersage einer nicht Newtonschen Viscosität verallgemeinert werden können. W. Günther 173□

0389 **Adsorption nichtpolarer Moleküle mit verschiedener Struktur der Elektronenhüllen an Adsorbentien verschiedener Natur.** 2. Mitt. **Adsorption von Argon und Stickstoff an Bariumsulfat.** L. L. Beljakowa und A. W. Kisselew. (Nachr. Akad. Wiss. UdSSR, Abt. chem. Wiss. **1962,** 1185—89; Physikal.-chem. Inst. der Akad. der Wiss. der UdSSR; Moskau, Lomonossow-Univ.; russ.) — Die Adsorption von N_2(Gas) bei — 195° ist im Gebiet der monomol. Schicht der Oberfläche an bei 400—500° geglühtem $BaSO_4$ um vieles höher als die Adsorption von Ar. Zum Unterschied von Ar tritt bei der Adsorption von N_2 an polaren u. ion. Adsorbentien eine ergänzende Wechselwrkg. des elektr. Feldes der Oberfläche mit den ein höheres Quadrupolmoment besitzenden N_2-Moll. ein. J. v. Schroeder 176◇

0390 **Adsorption und katalytische Reaktionen an aufgedampften Metallfilmen.** 6. Mitt. **Wechselwirkung von Wasserstoff und Sauerstoff an Nickelfilmen.** V. Ponec und Z. Knor. (Collect. czechoslov. chem. Commun. **27,** 1443—49, 1962; Prague, Czechoslov. Acad. of Sci., Inst. of Phys. Chem.; engl.) — 5. vgl. C. **1962,** 14045. — Es wurde die Wechselwrkg. von vorher adsorbiertem Sauerstoff mit Wasserstoff u. von vorher adsorbiertem Wasserstoff mit Sauerstoff bei verschiedenen Temp. untersucht Auf Grund der volumetr. Messung der Gasmengen u. der Messung der elektr. Widerstandsänderungen der Filme wird gezeigt, unter welchen Bedingungen die Rk. zwischen Sauerstoff u. Wasserstoff an Ni verläuft. V. Růžička/Prag 176

0391 **Einige Eigentümlichkeiten der partiellen Adsorption von Restgaskomponenten bei sehr hohem Vakuum.** 2. Mitt. Ju. G. Ptuschinski und B. O. Tschuikow. (Ukrain. physik. J. **7,** 79—81, 1962; Kiew, Akad. der Wiss. der UkrainSSR, Phys. Inst.; ukrain.) — 1. vgl. C. **1960,** 9812. — Massenspektrometr. untersucht wurden die Adsorptions-Eigg. von H_2, C, N, CH_3, $(O + CH_4)$ u. $(N_2 + CO)$ bei $2 \cdot 10^{-8}$ Torr im Temp.-Bereich 300 bis 1400°K. K. Jaeger 176◇

0392 **Absorptionsspektren adsorbierter Substanzen.** 3. Mitt. **Absorptionsspektren von Indicatoren, die an der mit n-Butylamin behandelten Oberfläche fester Stoffe adsorbiert sind.** Jun-ichi Kobayashi. (J. chem. Soc. Japan, pure Chem. Sect. [Nippon Kagaku Zasshi] **84,**

21—25, 1963; Sendai, Tôhoku-Univ., Kawati-Bunkô; jap., Auszug: engl. S. A2). — 2. vgl. J. chem. Soc. Japan, pure Chem. Sect. [Nippon Kagaku Zasshi] **82,** [1961], 288. — Silicagel oder SiO_2–Al_2O_3-Gel wird in Gemischen aus Cyclohexan u. Decalin (I) suspendiert, die Suspension mit n-Butylamin (II) in I über Nacht stehengelassen, mit einer Lsg. von Dimethylgelb bzw. Methylrot oder Bromphenolblau in I versetzt, u. die Absorptionsspektren der Suspension werden gemessen. Die Spektren ändern sich je nach der Menge des adsorbierten II u. die Änderung entspricht der der Spektren der Indicatoren in wss. Lsgg. mit steigendem pH-Wert. Wenn ein Gel, welches eine bestimmte Menge II je Gew.-Einheit adsorbiert, zum Vers. genommen wird, so besteht eine lineare Beziehung zwischen der Menge des adsorbierten Indicators u. der Absorptionsintensität. Vf. betont die Möglichkeit, die Oberflächenacidität des Gels durch Behandeln mit II u. anschließende spektroskop. Best. der adsorbierten Menge mit Hilfe der Indicatoren zu bestimmen.

E. Maekawa 176◇

0393 **Absorptionsspektren adsorbierter Substanzen.** 4. Mitt. **Bestimmung der Oberflächenacidität durch die Absorptionsspektren adsorbierter Indicatoren.** Jun-ichi Kobayashi. (J. chem. Soc. Japan, pure Chem. Sect. [Nippon Kagaku Zasshi] **84,** 25—28, 1963; jap., Auszug: engl. S. A2.) — 3. vgl. vorst. Referat. — Die Adsorption von Indicatoren, wie Dimethylgelb oder Methylrot, an vorher mit n-Butylamin (I) behandeltem Silicagel oder SiO_2–Al_2O_3-Gel wird unter der Annahme theoret. analysiert, daß an der Oberfläche des Gels saure u. bas. Zentren vorhanden sind, daß die an den sauren bzw. bas. Zentren adsorbierten Moll. dieselben Absorptionsspektren wie der Indicator in saurem bzw. bas. Medium zeigen u. daß ein Teil des I vorzugsweise an den sauren Zentren, der Rest an den bas. Punkten im Gleich-Gew. adsorbiert wird. Es wird nachst. Gleichung abgeleitet: $Cx^2-K_1(A-C)x-K_1 \cdot A/K_2 = 0$, wobei C = gesamte Menge des adsorbierten I, x = (Menge des an den sauren Zentren adsorbierten Indicators)/(Menge des an den bas. Zentren adsorbierten Indicators) [das Verhältnis x kann spektrophotometr. bestimmt werden], A = Menge der sauren Zentren an der Oberfläche, K_1 = Oberflächenacidität, K_2 = Konst. sind. Die Gleichung stimmt mit den experimentellen Daten gut überein. E. Maekawa 176◇

0394 **Einige elektrische Daten von Mineralteilchen bei schneller Bewegung in Abhängigkeit von der Zusammensetzung und dem Dispersionsgrad.** Zse-Ssan Tschshao. (Nachr. Moskauer Univ., Ser. IV **18,** Nr. 2, 61—65, 1963; Moskau, Univ., Lehrst. für Bodenkunde u. Ingenieurgeol.; russ.) — Die Mineralpartikel werden durch ein Gebläse mit einer Geschw. von 6 m/s gegen eine Elektrode, die mit einem Elektrometer verbunden ist, geschleudert. Mit zunehmender Dispersität vergrößert sich anfangs die Ladungsdichte der Mineralteilchen, durchläuft ein Maximum u. fällt stark wieder ab. Für *Quarz* u. *Hornblende* liegt das Maximum bei einer Korngröße von 0,05 bis 0,01 mm, für *Biotit* bei 0,1—0,05, für *Calcit, Mikroklin* u. *Gips* bei 0,25—0,1 u. für *Muskovit* bei 0,5—0,25 mm.

M. Hähnert 180◇

A₆. Strukturforschung

0395 **Veränderbarer optischer Kontrastprojektor.** Tatsuro Suzuki und Gunji Shinoda. (Technol. Rep. Osaka Univ. **10,** 693—704, 1960; engl.) — Vff. berichten über die Entw. eines Projektors sehr hohen Auflösungsvermögens zur Unters. feiner Strukturen auf Objekten. Der Kontrast der Bilder läßt sich durch geeignete Filterwahl verändern, so daß man sowohl bestimmte Strukturen sichtbar machen sowie auch unterdrücken kann.

G. M. Neumann 181□

0396 **Elektronen-Interferenzen in der Umgebung der Brennlinie einer magnetischen Quadrupollinse.** E. Krimmel. (Z. Physik **163,** 339—55, 1961; Tübingen, Univ., Inst. für Angew. Phys.; dt.) — Es wird gezeigt, daß eine kohärente Überlagerung von Teilen eines Elektronenwellenfeldes durch Magnetfelder möglich ist. Die magnet. Ablenkfelder werden durch einen magnetostat. Quadrupol erzeugt. Die Interferenzerscheinungen in Kaustiknähe können durch ein Integral vom Airyschen Typ beschrieben werden. L. Roth 181◇

0397 **Die allgemeine Intensitätsverteilung in der kohärent ausgeleuchteten Umgebung einer Kaustikfläche.** F. Lenz und E. Krimmel. (Z. Physik **163,** 356, 1961; dt.) — Vgl. vorst. Referat. — Vff. zeigen, daß im Falle kohärenter Bestrahlung die Intensitätsverteilung in der näheren Umgebung jeder regulären Kaustikfläche durch dasselbe Airy-Integral beschrieben werden kann.

L. Roth 181◇

0398 **Ähnlichkeitstransformationen elektronenoptischer Bilder.** I. I. Zukkerman. (J. techn. Physik [UdSSR] **32,** 606—12, 1962; russ.) — Die Möglichkeit zur Realisierung von Ähnlichkeitstransformationen elektronenopt. Bilder mit rotationssymm. magnet. u. elektr. Feldern für Paraxialstrahlen wird unter Verw. der Theorie von Grinberg diskutiert. Es werden Maßstabsänderungen, Drehungen u. Verschiebungen behandelt u. Bedingungen dafür angegeben, daß jede dieser Transformationen unabhängig von den beiden anderen ausgeführt werden kann. Siegfried Krause 181◇

0399 **Elektronenstreuung in kleine Winkel an Kohlenstoff.** N. H. Sarkar. (J. appl. Physics **34,** 2379—82, 1963; Calcutta, Saha Inst. of Nucl. Phys., Biophys. Div.; engl.) — Die in die Berechnung des elast. u. des unelast. Streuquerschnitts eingehende Elektronendichteverteilung $\varrho(r)$ im Kohlenstoffatom wird durch eine Summe aus zwei Gliedern angenähert, die von der Form der Ladungsverteilung des exponentiell abgeschirmten Coulomb-Felds sind. Diese beiden Glieder entsprechen der K- u. der L-Schale des C-Atoms u. haben verschiedene Abschirmradien R_1 u. R_2. Der kleinere dieser Abschirmradien wird aus dem mittleren quadrat. Elektronenabstand der Hartree-Verteilung für die K-Elektronen bestimmt, der größere so, daß der mittlere quadrat. Elektronenabstand für das Gesamtatom gleich dem aus der experimentell ermittelten diamagnet. Susceptibilität folgenden wird. Die Übereinstimmung mit experimentellen Streuquerschnitten ist besser als nach bisherigen Theorien, die von weniger komplizierten Atommodellen ausgegangen waren. F. Lenz 181◇

0400 **Die Beobachtung von Objekten in gasförmiger Umgebung. Anwendung auf die Kontamination im Elektronenmikroskop.** Gaston Dupouy, Frantz Perrier und Louis Durrieu. (C. R. hebd. Séances Acad. Sci. **254,** 3786—91, 4 Tafeln, 1962; Toulouse, C. N. R. S., Labor. d'Opt. électron.; franz.) — Drei Typen von Mikro-Objektkammern werden beschrieben, in denen Objekte während der elektronenmkr. Unters. in Luft bei nahezu Atmosphärendruck gehalten werden können. Es handelt sich in jedem Fall um eine Einschließung der Objekte zwischen zwei Parlodion-Kohlenstoff-Folien, die direkt auf der Objektträgerblende angebracht werden. Die Angabe von Heide, daß Objekte, die im Vakuum rasch verschmutzen, in Ggw. von Luft sauber bleiben, wird durch Beobachtung von *MgO*-Kristallen über Bestrahlungszeiten bis 12 Min. bestätigt. F. Lenz 181◇

0401 **Der Vorzug sehr hoher Spannungen bei der Mikrobeugung von ausgewählten Bereichen.** Gaston Dupouy, Frantz Perrier, Ryozi Uyeda, René Ayroles und Annie Bousquet. (C. R. hebd. Séances Acad. Sci. **257,** 1511—16, 4 Tafeln, 1963; franz.) — Vgl. vorst. Referat. — Wegen des Öffnungsfehlers läßt bei der Feinbereichsbeugung die Selektorblende auch Beugungsreflexe von Objektbereichen durch, die etwas außerhalb des ausgewählten Bereichs liegen, andererseits aber auch nicht alle Reflexe von innerhalb des Bereichs liegenden Kristallen. Die Ablenkung eines vorgegebenen Beugungs-Reflexes in der Blendenebene von der Achse infolge des Öffnungsfehlers nimmt mit zunehmender Beschleunigungsspannung ab, hauptsächlich wegen des abnehmenden Beugungswinkels. Der starke Einfl. einer Defokussierung, d. h. einer nicht scharfen Abb. des Objektes auf die Blendenebene, wird ebenfalls experimentell nachgewiesen. Aus der Verschiebung der Reflexe in der Blendenebene wird der Öffnungsfehler der Objektivlinse des großen Toulouser Elektronenmikroskops bei 1000 kV zu 6,5 mm bestimmt. F. Lenz 181◇

0402 **Über einen besonderen Typ von Elektronenbeugungsfiguren. Identische Figuren im Bild von im Elektronenmikroskop beobachteten Kristallen.** Pierre Selme. (C. R. hebd. Séances Acad. Sci. **255,** 136—38, 2 Tafeln, 1962; franz.) — In Kikuchi-Beugungsdiagrammen dicker Kristalle, die so orientiert sind, daß der einfallende Elektronenstrahl die Richtung einer Symmetrieachse oder einer anderen dicht besetzten Atomreihe hat, entstehen in der zentralen Zone des Diagramms komplizierte Figuren mit der Symmetrie der Einfallsachse. Die im elektronenmkr. Bild dünner sphär. deformierter Kristalle derselben Struktur auftretenden „Streifen gleicher Neigung" bilden in der Umgebung des Punktes, der der Richtung derselben Symmetrieachse entspricht, Figuren mit prakt. derselben Intensitätsverteilung wie in der zentralen Zone der Kikuchi-Diagramme. Dies wird am Beispiel von Stahlfolien mit Dicken zwischen 1000 u. 175 Å demonstriert, die in (001)-Richtung durchstrahlt werden. Ist R der Krümmungsradius der Kugelkalotte des dünnen Kristalls u. V die elektronenmkr. Vergrößerung, so hat die Beugungsfigur im Kikuchi-Diagramm denselben Maßstab wie die Figur im elektronenmkr. Bild, wenn die Beugungslänge L gleich VR ist. Im elektronenmkr. Bild gebogener dünner Kristalle erzeugen zwei symm. Reflexe (z. B. 200 und $\bar{2}00$) ein Syst. von zahlreichen feinen Streifen.
F. Lenz 181◇

0403 **Wechselwirkung zwischen Elektronen niedriger Energie und Isolator-Kristallen.** W. J. Fredericks und C. J. Cook. (J. physic. Soc. Japan, Suppl. Nr. II, Proc. int. Conf. Crystal Lattice Defects, Kyoto **1962,** 281—85, 1963; Menlo Park, Calif., Stanford Res. Inst.; engl.) — Gemessen wurden die Absorptions-Koeff. langsamer Elektronen in *NaCl*. Es werden neue Meßtechniken beschrieben. Wechselwirkungen Elektronen–Kristall treten bei Stoßenergien auf, die den opt. Absorptionsbanden der F- u. V_3-Zentren entsprechen. Die Energie des Band–Band-Überganges wird abgeschätzt. Die Daten entsprechen den bekannten Werten für *KCl*, KCl:K u. *KBr:K*. Der Bandabstand beträgt in NaCl (9,6 ± 0,2) eV.
K. Jaeger 181◇

0404 **Über die Messung der charakteristischen Energieverluste von Elektronen in Metallfilmen.** O. Klemperer und J. P. G. Shepherd. (Brit. J. appl. Physics **14,** 85—88, 1963; London, Univ., Imp. Coll., Dep. of Phys.; engl.) — Vff. beschreiben ein neu entwickeltes Elektronenspektrometer hoher Auflösung, in dem die Elektronen von etwa 10 keV nach ihrem Durchgang durch den dünnen Film auf eine relativ niedrige Energie abgebremst werden. Die Spektren werden dann durch eine magnet. Ablenkung in einem fokussierenden Feld zylindr. Symmetrie analysiert. Für die Spektrallinien von elast. durchgetretenen Elektronen wurde eine Halbwertsbreite von 2,2 eV erhalten, während die Lage der Intensitätsmaxima dieser Linien innerhalb 0,1 eV lokalisiert werden konnte. Verss. mit dem Spektrometer wurden an *Al*- u. *Cu*-Filmen durchgeführt. In dem Al-Spektrum traten scharfe Verlustmaxima bei Vielfachen eines ersten Energieverlustes von etwa 15,4 eV sehr deutlich auf. Der mittlere Wert des ersten Energieverlustes für Cu war 21,4 eV mit einer Standardabweichung der Ablesungen von 0,47 eV.
C. Gottfried 181△

0405 **Charakteristische Energieverluste von Elektronen in Legierungen.** O. Klemperer und J. P. G. Shepherd. (Brit. J. appl. Physics **14,** 89—94, 1963; engl.) — Vgl. vorst. Referat. — Mit dem l. c. beschriebenen Spektrometer untersuchten Vff. die charakterist. Energieverluste von Elektronen (10 keV) in dünnen Filmen von *Mg–Al-* u. *Al–Cu*-Legierungen. Im Falle der Mg–Al-Leg. konnten aus den experimentellen Ergebnissen sichere Schlußfolgerungen wegen der starken Oxydation der dünnen Filme nicht gezogen werden. Die Messungen der Energieverluste in den Al–Cu-Legg. wurden in Zusammenhang mit der chem. Zus. der Legierungen besprochen, die durch Mikroanalyse bestimmt worden war. Auf Grund dieser Diskussion wurde der Schluß gezogen, daß man die Verlustspektren der Legg. nicht durch die Annahme einer einfachen Überlagerung oder Kombination der Spektren der beiden Metalle erklären kann. Es wird angenommen, daß die Verlustspektren der Legg. einer Überlagerung der Spektren der verschiedenen Phasen der Leg. entsprechen, was experimentell an verschieden zusammengesetzten Legg. auch in einem gewissen Maße nachgewiesen werden konnte.
C. Gottfried 181△

0406 **Oxid-Abdrucktechnik für Al-Sinterlegierungen.** D. E. Coates und R. W. Bohl. (Rev. sci. Instruments **34,** 697—98, 1963; Urbana, Ill., Univ. of Illinois, Dep. of Nucl. Engng.; engl.) — Elektropolieren u. chem. Polieren werden zur elektronenmkr. Unters. der Al-Sinterleg. M 257, einer dispersionsgehärteten Al-Leg. mit 8% Al_2O_3 angewendet. Die Oxidabdrücke hatten schätzungsweise eine Dicke bis zu 630 Å. Zur endgültigen Oberflächenbehandlung werden zwei Meth. angewendet. Die erste war elektrolyt. Polieren in einem Gemisch aus 7 Teilen Perchlorsäure (70%) in 13-Teilen Essigsäureanhydrid bei 16—20°. Bei der zweiten Meth. wurde das von Tegant vorgeschlagene chem. Polieren in einem Gemisch aus 25 ml H_2SO_4, 70 ml H_3PO_4 u. 5 ml HNO_3 angewendet. Die mit diesen beiden Meth. erhaltenen Elektronen-Mikrographien werden besprochen.
H. Hochstein 181◇

0407 **Eine elektronenmikroskopische Methode zur Untersuchung von Calcit und Aragonit.** F. Grasenick und W. Geymayer. (Radex-Rdsch. **1962,** 33—42; Graz, Zentrum für Elektronenmikroskopie; dt.) — Es ist oft von Interesse, auf einfache Weise Calcit u. Aragonit in Schliffen, Agglomeraten oder Korngemischen zu unterscheiden. Die Lsg.-Geschw. der beiden $CaCO_3$-Modifikationen sind verschieden. An ihren Oberflächen bilden sich zeitlich verschiedene OH^--Konzz., die eine unterschiedlich schnell verlaufende Ag-Ausscheidung nach $Mn^{2+} + 2Ag^+ + 4OH^- \rightarrow MnO_2 + 2Ag + 2H_2O$ an den Oberflächen hervorrufen. Diese Rk. wird auf die elektronenmkr. Präparation übertragen.
Ernst Schulte 181◇

0408 **Einfluß der unelastischen Streuung auf den mittleren und den anomalen Absorptionskoeffizienten von Elektronen in Magnesiumoxid-Kristallen.** Yoshihiro Kamiya. (Jap. J. appl. Physics **2,** 386—93, 1963; Nagoya, Univ., Phys. Inst.; engl.) — Die Intensitätsverteilung im elektronenmkr. Dunkelfeldbild von MgO-Kristallen mit „Streifen gleicher Neigung" wird zum Zweck der Unters. der komplexen Strukturpotentiale ausgewertet. Dabei gelingt es, mit Hilfe des Farbfehlers des elektronenmkr. Objektivs das Dunkelfeldbild der elast. gebeugten von dem der mit 25 eV Energieverlust unelast. gebeugten Elektronen getrennt photograph. zu registrieren. Für den (200)-Reflex ist das unelast. gebeugte Streifenbild parallel zur Streifenrichtung gegen das elast. gebeugte verschoben. Mit zunehmender Kristalldicke nimmt die Intensität der mit Energieverlust gebeugten Streifen viel rascher ab als die der elast. gebeugten. Bei einer Dicke von etwa 200 Å sind beide gleich intensiv, während bereits bei 1000 Å Dicke 90% der Intensität von unelast. gebeugten Elektronen stammt. Der Auswertung wurde die schon früher zum selben Zweck von Watanabe, Fukuhara u. Kohra verwendete, aus der dynam. Theorie folgende theoret. Intensitätsverteilung zugrundegelegt. Die Intensitätsverteilung in den unelast. gebeugten Streifen stimmt mit dieser Formel viel besser überein als mit einer von Heidenreich unter der Annahme abgeleiteten, daß die an verschiedenen Orten im Kristall unelast. gebeugten Elektronen inkohärent sind. Die Auswertung liefert für den Imaginärteil V^i_{200} des Strukturpotentials V_{200} einen Wert von 0,6 V, während sich für V^i_0 1,3 V ergibt.
F. Lenz 181◇

0409 **Innere Doppelreflexion in einem idealen Kristall.** A. Guinier und E. Guyon. (J. appl. Physics **30,** 622—28, 1959; Paris, France, Conservatoire des Arts et Métiers; engl.) — Abgeleitet wird die Theorie der Doppel-Bragg-Reflexion in Einkristallen auf einem kinemat. u. einem dynam. Wege. Die Ergebnisse werden an *LiF*-, *Diamant*-, *Al–Cu*-, *Pentaerythrit*- u. *Stilben*-Kristallen geprüft.
K. Jaeger 181◇

0410 **Über die Verformung der Röntgenabsorptionskanten in Metallen und Legierungen durch Gitterleerstellen.** Amar Nath Nigam. (Z. Physik **161,** 496—99,

1961; München, Univ., I. Physik. Inst.; dt.) — Vf. schlägt zur Erklärung der beobachteten Verformung der Röntgenabsorptionskanten in einigen Metallen u. Legg. einen Gitterleerstellen einschließenden Mechanismus vor u. zeigt, daß ein nahe der Gitterleerstelle befindliches Atom unter dem Einfl. eines von der asymm. Umgebung herrührenden elektr. Feldes steht, das groß genug ist, um eine Stark-Aufspaltung der Niveaus des aus (bei Röntgenanregung angehobenen) Elektron u. Atomrumpf bestehenden Excitons des absorbierenden Atoms zu erzeugen. Die als Stufe in der Absorptionskante erscheinende Verformung ist, wie numer. für Ni in Cu–Ni-Legg. u. reines Ni sowie für Au gezeigt wird, eine Folge dieser Aufspaltung. D. Jörchel 181◇

0411 **Über den Zusammenhang zwischen der Molwärme und dem Temperaturfaktor der Röntgenstreuung.** L. P. Potapow. (Festkörperphysik [UdSSR] **5,** 1927—32, 1963; Moskau, Inst. für Metallkunde u. Metallphys.; russ.) — Abgeleitet wird mit Hilfe integraler Transformationen ein Ausdruck für die Beziehung zwischen der Molwärme u. dem Temp.-Faktor der Röntgenstreuung für ein beliebig aufgebautes Schwingungsspektrum. K. Jaeger 181◇

0412 **Über die Berechnung des Debye-Waller-Faktors von Legierungen.** O. Litzman. (Czechoslov. J. Physics **13,** 558—65, 1963; Brno, Univ. J. E. Purkyně, Břírodovědecká fak., Ústav pro teoret. fyz.; engl.) — Es werden Beziehungen für die Temp.-Abhängigkeit der Röntgenbeugung an Legg. abgeleitet u. diskutiert. Näherungsweise ließ sich der Einfl. der zwischenatomaren Kraftkonst. von dem der Masse der Leg.-Atome trennen. Eine reziproke Matrix wird für eine lineare Kette angegeben. Die Beugungsgleichung für Röntgenstrahlen an einer Leg. konnte näherungsweise in eine Beugungsgleichung für eine perfekte Kette überführt werden. R. Uttech 181◇

0413 **Über die Kleinwinkel-Röntgenstreuung.** Jean-Pierre Jan. (Z. angew. Math. Physik [Basel] **14,** 1—11, 1963; Neuchâtel, Labor. suisse de rech. horlogères; franz.) — Vf. gibt einen allg. Überblick über die theoret. Grundlagen der Auswertung von Kleinwinkel-Röntgenstreuungsdiagrammen u. beschreibt eine zu diesem Zweck entwickelte Kamera. Untersucht wurden galvan. *Cu*-Ndd., die Gelatine in kugelförmigen Einschlüssen enthielten. Die Ergebnisse stimmten gut mit elektronenmkr. Unterss. überein. C. Gottfried 181△

0414 **Untersuchung von Ludox-Mischungen durch Kleinwinkelstreuung.** Robert H. Bragg, Irene Corvin und John W. Buttrey. (J. appl. Physics **31,** 1183—87, 1960; Chicago, Ill., Armour Res. Found.; engl.) — Unterss. der Kleinwinkelstreuung an Gemischen aus 2 Silicasolen von ca. 90 u. 190 Å mittlerem Teilchen-Durchmesser in verschiedenen Zusammensetzungen bestätigten die Theorie von Porod (C. **1954,** 7357) über die Beziehung zwischen der Streuung bei großen Winkeln u. dem Gesamtoberflächenbereich sowie die allg. Theorie, nach der die Streuung bei kleinen Winkeln hauptsächlich von den großen, die bei großen Winkeln hauptsächlich von den kleinen Teilchen bestimmt wird. Die Meth. von Jellinek u. Mitarbeitern (Ind. Engng. Chem. **41,** [1949], 2259) zur Best. der Teilchengrößenverteilung versagte. An Hand der Streufunktion werden aus den experimentellen Daten Grenzen für die größten u. kleinsten Teilchen abgeschätzt. D. Jörchel 181◇

0415 **Eine allgemeine Methode zur Bestimmung der Verkleinerungskonstanten von Film zu Film.** R. E. Dickerson. (Acta crystallogr. [Copenhagen] **12,** 610—11, 1959; Cambridge, England, Univ., Cavendish Labor.; engl.) — Fußend auf Kraut (C. **1960,** 1757) wird eine Meth. zur Best. der Verkleinerungs-Konst. reziproker Gitter für den Fall vorgeschlagen, daß sich nicht alle Gitternetzebenen gegenseitig schneiden, wie z. B. bei höheren Schichtebenenaufnahmen. K. Jaeger 181◇

0416 **Elektronenstruktur einfacher Moleküle.** Leland C. Allen und Arnold M. Karo. (J. physic. Chem. **66,** 2329—31, 1962; Princeton, N. J., Univ., Dep. of Chem.; Livermoore, Calif., Dep. of Chem., Lawrence Radiation Labor.; engl.) — Vff. diskutieren neuere Entwicklungen bei der theoret. u. rechner. direkten Lösung der Schrödinger-Gleichung u. vergleichen die Lösung des nichtrelativist. Vielelektronenproblems ohne Approximation mit anderen halbempir. Berechnungen, wobei der Zusammenhang beider Verff. dargestellt wird. W. Sobieski 182◇

0417 **Zur Unterstützung der Methode, Wellenfunktionen von kleinen Molekülen aus der Atomorbital-Konfiguration zu berechnen.** F. A. Matsen und J. C. Browne. (J. physic. Chem. **66,** 2332—33, 1962; Austin, Tex., Univ. of Texas, Dep. of Chem. and Phys.; engl.) — Vff. diskutieren die verschiedenen Meth., quantenmechan. Berechnungen von Wellenfunktionen u. Energien kleiner Moll. durchzuführen u. vergleichen die übliche SCF–MOC-Meth. mit einer Atomorbital-Konfigurations(AOC)-Meth. an Hand von Beispielen. Zur Demonstration werden neue, nach AOC erhaltene Werte für *LiH* u. He_2^+ angegeben. W. Sobieski 182◇

0418 **Die homonuclearen zweiatomigen Moleküle A_2 der Hauptgruppenatome A.** 12. Mitt. **Vergleich des dreidimensionalen FE-Modells mit der Behandlung in einer bzw. zwei Dimensionen.** H. Dunken und H. Müller. (Z. Chem. **3,** 156—57, 1963; Jena, Friedrich-Schiller-Univ., Inst. für Phys. Chem.; dt.) — 15. vgl. C. **1964,** 8-0425. H. Jehne 182◇

0419 **Gehemmte Dispersionskräfte zwischen Molekülen.** A. D. McLachlan. (Proc. Roy. Soc. [London], Ser. A **271,** 387—401, 1963; Cambridge, Univ. Chem. Labor., Dep. of Theoret. Chem.; engl.) — Mit Hilfe der frequenzabhängigen Susceptibilität der Moll. u. des elektromagnet. Feldes wird das Potential zwischen zwei Moll. beim abs. Nullpunkt berechnet. Die Feldsusceptibilität bei imaginärer Frequenz, die der Laplace-Transformierten des gehemmten Potentials entspricht, wird durch Kommutationsbeziehungen ermittelt. Eine „Bild-Meth." liefert eine Beziehung für die Kraft zwischen einem Mol. u. einer leitenden Wand, u. daraus läßt sich die Susceptibilität des Feldes in Ggw. des 2. Mol. berechnen. D. Noack 182◇

0420 **Bestimmung von Elektronenaffinitäten.** 3. Mitt. **Das Amino-Radikal.** F. M. Page. (Trans. Faraday Soc. **57,** 1254—58, 1961; Birmingham, Coll. of Adv. Technol.; engl.) — 2. vgl. C. **1963,** 20284; 5. vgl. C. **1963,** 21448. — Mit der Magnetron-Meth. (C. **1961,** 8198) wurde die Elektronenaffinität der bei der therm. Zers. von N_2H_4-Dampf auftretenden NH_2-Radikale zu 33,3 kcal/Mol bei 1900°K u. 27,6 kcal/Mol bei 0°K bestimmt. Analoge Unterss. mit NH_3 ergeben bei Kombination mit der Elektronenaffinität des NH_2-Radikals einen von der Temp. unabhängigen Wert von 102 kcal/Mol für die Dissoziationsenergie der $N–NH_2$-Bindung. P. Sartori 182◇

0421 **Elektronenspektrum in ein- und dreidimensionalen Flüssigkeitsmodellen.** A. I. Gubanow. (Festkörperphysik [UdSSR] **4,** 1510—13, 1962; Leningrad, Akad. der Wiss. der UdSSR, Phys.-techn. Joffé-Inst.; russ.) — Unterss. des Elektronenenergiespektrums in einer Fl. ergeben, daß sich die Verteilungen bei Verw. eines ein- bzw. dreidimensionalen Modells beträchtlich unterscheiden. Die Aussagefähigkeit eindimensionaler Modelle bzgl. der Eigg. von Fll. u. Festkörpern wird erörtert. P. Frenzel 186◇

0422 **Eine Zellen-Cluster-Theorie für den flüssigen Zustand.** 6. Mitt. **Binäre flüssige Lösungen und Löchertheorie.** John S. Dahler und E. G. D. Cohen. (Physica [Utrecht] **26,** 81—102, 1960; Amsterdam, Univ., Inst. voor Theoret. Phys.; engl.) — 5. vgl. C. **1963,** 1579. — Das Konfigurationsintegral wird nach Beiträgen von Clustern, bestehend aus einer, zwei u. mehr Zellen, entwickelt u. so eine Korrektur zur einfachen Zellentheorie erhalten. Fll. mit Löchern (gelöste „Teilchen") können analog den bin. Lsgg. behandelt werden. Die für ein eindimensionales Gas mit Löchern explizit ausgerechnete Entropie gibt gute Übereinstimmung mit dem exakten Wert. W. Ebeling 186◇

0423 **Energiebandstruktur von Festkörpern aus einer Störung im „leeren Gitter".** F. Bassani und V. Celli. (Physics Chem. Solids **20,** 64—75, 1961; Argonne, Ill., Argonne Nat. Labor.; Urbana, Ill., Univ. of Illinois; engl.) — Mit einer einfachen Störungsrechnung wird die Energie-

bandstruktur von Festkörpern erhalten. Die Gültigkeit des vereinfachten Verf. wird begründet. Das Verf. wird auf Diamant- u. Zinkblende-Gitter angewendet. Für *Diamant*, *Si* u. *BN* werden numer. Berechnungen ausgeführt. Bei Festlegung einiger Koeff. der angegebenen Fourier-Reihen wird für *Ge* u. *GaAs* Übereinstimmung zwischen berechneten u. Meßwerten erzielt.
Herbert Müller 190◇

0424 **Einfluß mechanischer Bewegung auf die Keimbildung in einigen wäßrigen Salzlösungen.** J. W. Mullin und K. D. Raven. (Nature [London] **195**, 35—38, 1962; London, Univ. Coll., Dep. of Chem. Engng.; engl.) — Vff. untersuchen den Einfl. mechan. Bewegung (Rühren) auf die Keimbildung gesätt. wss. Lsgg. von $NH_4H_2PO_4$, $NaNO_3$ u. $MgSO_4$. Es wurde ein Zusammenhang zwischen Rührgeschw. u. krit. Unterkühlung (einsetzende Keimbildung) gefunden. Die Kurven weisen Minima u. Maxima auf; dieser Meßbefund wird durch einen kombinierten Diffusions-Abreibungs-Effekt erklärt.
D. Noack 190◇

0425 **Vermutlicher Bindungsmechanismus von trichterförmigen Kristallen in Schmelzsystemen.** R. A. Lefever und E. A. Giess. (J. Amer. ceram. Soc. **46**, 153—54, 1963; Palo Alto, Calif., Gen. Telephone & Electronics Labor., Inc., Magnetics Dep.; Yorktown Heights, N. Y., Internat. Business Machines Corp., Magnetics Dep.; engl.) — Die Bldg. von Kristallen mit Skelettwachstum (Hopper crystals) in Schmelzen wird auf Änderungen der Wachstums-Geschw. u. der Konz. zurückgeführt.
J. Heinze 190◇

0426 **Eine Untersuchung des Phasengleichgewichtes fest-gasförmig von CdSe und deren Anwendung auf das Wachstum von Einkristallen aus der Gasphase nach der Frerich-Methode.** P. Höschl und Č. Koňák. (Czechoslov. J. Physics **13**, 364—77, 1963; Prague, Karlova Univ., Kat. fys., pernych látek; engl.) — Zum Studium des Gleichgew. zwischen festem Zustand u. Gasphase bei CdSe werden die beiden Gleichgew.-Rkk. $CdSe(f) \rightleftharpoons Cd(g) + {}^1/_2 Se_2(g)$ u. $Se_6(g) \rightleftharpoons 3Se_{(g)}$ als Funktion der Temp. untersucht. Aus den Resultaten werden optimale Bedingungen für das Wachstum von CdSe-Einkristallen aus der Dampfphase abgeleitet. Spezif. Leitfähigkeit sowie Photoempfindlichkeit u. Absorptionsvermögen als Funktion der Wellenlänge wurden gemessen u. Strukturuntersuchungen mit Röntgenstrahlen durchgeführt.
R. Broser 190◇

0427 **Abruptes „Kink"-Modell der Versetzungswanderung.** 2. Mitt. A. D. Brailsford. (Physic. Rev. [2] **128**, 1033—38, 1962; Dearborn. Mich., Ford Motor Comp., Sci. Labor.; engl.) — 1. vgl. C. **1961**, 18615. — Das abrupte „Kink"-Modell der Versetzungswanderung wird verallgemeinert u. die Bewegung von Versetzungen bei Temp., bei denen die Schwelle der Kink-Diffusion gegen die therm. Energie vernachlässigbar ist, bei denen aber die Bldg. von Doppelkinks noch unbedeutend ist, an Hand dieses Modells beschrieben. Ferner wird das Verh. von Versetzungen in einem stat. Spannungsfeld diskutiert.
G. M. Neumann 190◇

0428 **Moiré-Muster für einen Kristall mit einem Stapelfehler.** R. Gevers. (Physica Status solidi [Berlin] **3**, 1214—37, 1963; Mol, Belgium, S. C. K. — C. E. N., Solid State Phys. Dep.; engl.) — In einer vorangegangenen Arbeit wurden vom Vf. für eine aus zwei idealen, blättchenförmigen Kristallen gebildete Folie Ausdrücke für die Amplituden der hindurchgelassenen u. gestreuten Wellen angegeben (Philos. Mag. [8] **7**, [1962], 1681). Diese Ausdrücke werden nun für den Fall verallgemeinert, daß die Kristalle einen Stapelfehler parallel zur Folienoberfläche besitzen. Dieser Stapelfehler führt zu einer Verschiebung des Moiré-Interferenzbildes, läßt aber seine Richtung u. die Abstände unverändert. Auch die Intensitäten der hellen u. dunklen Streifen u. der Kontrast zwischen ihnen sind in den gestörten u. ungestörten Kristallbereichen verschieden. Bei Verschiebung des Stapelfehlers von der der auffallenden Welle zugewandten Oberfläche zur gegenüberliegenden Oberfläche entstehen Intensitätsänderungen, die diskutiert werden. Es wird gezeigt, daß die Ausdrücke auch dann innerhalb der Spaltenapproximation gültig sind, wenn der Stapelfehler nicht parallel zur Oberfläche liegt.
W. Pump 190◇

0429 **Phononenstreuung an Gitterstörungen.** R. L. Sproull und R. O. Pohl. (J. physic. Soc. Japan, Suppl. Nr. II, Proc. int. Conf. Crystal Lattice Defects, Kyoto **1962**, 89—92, 1963; Ithaka, N. Y., Cornell Univ., Labor. of Atom. and Solid State Phys.; engl.) — An LiF-, KCl- u. NaCl-Einkristallen verschiedener Reinheit wurde die Streuung von Phononen durch Messung der Wärmeleitfähigkeit zwischen 1° u. 100°K bestimmt. Die Relaxationszeiten für verschiedene Gitterdefekte hängen von der Frequenz ab. Die Defektarten lassen sich aus der Form der Wärmeleitfähigkeit-Temp.-Kurve unterscheiden.
H. U. Borgstedt 190◇

0430 **Oberflächenstrukturen infolge von Schäden durch Spaltbruchstücke in LiF-Kristallen.** T. G. Knorr. (J. appl. Physics **34**, 2767—73, 1963; Columbus, Ohio, Battelle Memorial Inst.; engl.) — Auf (100)-Spaltflächen von LiF wurden Schichten aus natürlichem U von etwa 200 Å Dicke aufgedampft u. das Ganze mit Neutronen aus einem Reaktor bestrahlt. Von den LiF-Spaltflächen wurden anschließend Pt-Kohlenstoff-Abdrücke genommen, deren elektronenmkr. Bild kleine runde Erhebungen von einigen 100 Å bis 1 μ zeigte. Der Zusammenhang dieser Erhebungen mit den Spuren von Spaltbruchstücken wurde statist. nachgewiesen. Die Erhebungen haben eine exponentielle Größenverteilung u. bestehen aus 10^6 bis 10^9 Atomen über der Kristalloberfläche. Als Deutung wird eine Kombination von mechan. Verformung, Strahlungshärtung u. Vol.-Diffusion vorgeschlagen.
F. Lenz 190◇

0431 **Mechanische und durch Strahlung induzierte Fehler in Natriumazid.** D. T. Keating und S. Krasner. (Physics Chem. Solids **20**, 150—61, 1961; Upton, N. Y., Brookhaven Nat. Labor.; Dover, N. J., Picatinny Arsenal, Explosives Res. Sect.; engl.) — Durch Umkristallisieren aus wss. Lsgg. werden NaN_3-Kristalle hergestellt, die bereits eine Anzahl von Stapelfehlern u. Spannungen aufweisen. Die Kristalle werden 10—120 Min. lang unter N_2 gemahlen bzw. bei 30° mit $1{,}20 \cdot 10^7$—$5{,}01 \cdot 10^8$ r ^{60}Co-γ-Strahlung oder $2{,}3 \cdot 10^{16}$—$2{,}30 \cdot 10^{17}$ nvt bestrahlt u. anschließend die Wahrscheinlichkeit der Stapelfehler-Bldg. α u. die mittleren Gitterspannungen $\Delta c/c$ röntgenograph. untersucht. α u. $\Delta c/c$ in gemahlenen Kristallen lassen keine Zers. des NaN_3 erkennen, während die Kristalle durch Bestrahlung unter Verfärbung u. Erniedrigung der Temp. der spontanen Zers. T_z teilweise zersetzt werden. Durch Anlassen können Stapelfehler u. mechan. Spannungen abgebaut werden, jedoch bleiben in bestrahltem NaN_3 ein Teil der Fehler bis zu T_z erhalten. γ- u. Neutronenbestrahlung rufen die gleichen Fehlerarten hervor, u. quant. Unterschiede können der inhomogenen Zers. bei Reaktorbestrahlung zugeschrieben werden.
Herbert Müller 190◇

0432 **Defektstruktur und Dichteabnahme in neutronenbestrahltem Quarz.** Sigmund Weissmann und Koichi Nakajima. (J. appl. Physics **34**, 611—18, 1963; New Brunswick, N. J., State Univ., Coll. of Engng.; engl.) — Mit Hilfe einer kombinierten röntgenograph.-elektronenmkr. Unters.-Meth. wurden in SiO_2 Gitterdefekte, die durch Bestrahlung mit schnellen Neutronen hervorgerufen werden, untersucht. Die durch die Bestrahlung auftretende Defektstruktur läßt sich durch Anhäufungen von Zwischengitterplätzen in der Nähe von aus dem Gitter gelösten Si-Atomen charakterisieren. Die Größe u. die Dichte der Defekt-Anhäufungen steigt mit steigender Dosis bis gegenseitige Wechselwirkung eintritt. Eine Folge davon ist die Ausbildung einer stabilen, hexagonalartigen Struktur, die bis 500° beständig ist. In dünnen Kristallen ist die Größe sowie der Vol.-Anteil der Defekt-Anhäufungen von der kristallograph. Orientierung abhängig. Für den Zusammenhang zwischen totalem Vol.-Anteil der Defekt-Anhäufungen u. der Dichteabnahme wird eine Beziehung abgeleitet.
D. Noack 190◇

0433 **Der Einfluß eines Ionenbeschusses auf Molybdänit und Graphit.** Kazuhiro Mihama. (J. physic. Soc. Japan, Suppl. Nr. II, Proc. int. Conf. Crystal Lattice Defects, Kyoto **1962,** 352—56, 1963; Nagoya, Japan, Univ., Dep. of Appl. Phys.; engl.) — Der Einfl. eines Ionenbeschusses (Luft, Ar; 5—10 kV) auf Schichtgitterkristalle (Molybdänit, Graphit) wird transmissionselektronenmkr. untersucht. Es traten „Schwarz-weiß-Flecken"-Paare u. „Schleifenpaare" auf, wobei letztere eine Weiterentwicklung der ersteren darstellen. Auftretende Versetzungslinien sind weitgehend in ihrem Verlauf an die Flecken u. Schleifenpaare gebunden. Diese Erscheinungen beruhen wahrscheinlich auf der Aggregation punktförmiger Fehlstellen, die durch den Aufprall des Ionenstromes auf das Kristallgitter entstanden sind. K. Jaeger 190◇

0434 **Dreieckige Pyramiden auf den Oktaederflächen synthetischer Diamanten.** A. R. Patel und S. Ramanathan. (Physica [Utrecht] **29,** 889—95, 1963; Vallabh Vidyanagar, Sardar Vallabhbhai Vidyapeeth, Phys. Dep.; engl.) — Mikrostrukturen auf den Flächen synthet. Diamanten mit kub.-oktaedr. Habitus wurden mit Hilfe von opt., interferometr. u. Ätzmeth. untersucht; dabei werden auf einigen oktaedr. Flächen dreieckige Pyramiden an Stelle der gewöhnlich zu beobachtenden dreieckigen Vertiefungen festgestellt. Die Pyramiden werden als Wachstumscharakteristika interpretiert. Ernst Schulte 190◇

0435 **In Wechselwirkung stehende Partialversetzungen in GaSe.** Z. S. Basinski, D. B. Dove und E. Mooser. (J. appl. Physics **34,** 469—78, 1963; Ottawa, National Res. Council, Div. of Pure Physics; engl.) — Es wird über elektronenmkr. Unterss. an Gleitversetzungen in der Basisfläche von GaSe mit Schichtstruktur berichtet. Die Versetzungen sind durch Packungsfehler-Bänder von 1 μ Breite voneinander in Partialversetzungen getrennt. Es wurden netzartige Gitter beobachtet, die durch in verschiedenen Gleitflächen liegende Bandreihen gebildet werden. Diese Strukturen werden eingehender untersucht u. diskutiert. D. Noack 190◇

0436 **Kleine Ätzhügel in $BaTiO_3$.** H. L. Stadler. (J. appl. Physics **34,** 570—73, 1963; Dearborn, Mich., Ford Motor Co., Sci. Labor.; engl.) — An $BaTiO_3$-Einkristallen wurden nach dem Ätzen zwei Arten von Ätzhügeln beobachtet. Nach dem Ätzen mit 1%ig. HF wurden nach 30 s Ätzdauer bei Zimmer-Temp. abgerundete, flache Ätzhügel gebildet. Diese Ätzhügel wurden an den Stellen beobachtet, wo sich bis kurz vor dem Ätzen 180°-Domänenwände befanden, u. es wird angenommen, daß sich an der Kristalloberfläche entlang der Domänenwände negative Ladungen angehäuft haben. Durch 30 Min. langes Ätzen mit H_3PO_4 bei 155° wurden pyramidenartige Ätzhügel gebildet. Diese Ätzpyramiden, die zur 100-Kristalloberfläche stets in 110-Richtung orientiert sind, folgen den Konturen des ersten Typs von Ätzhügeln. D. Noack 190◇

0437 **Vergleichende Untersuchung von Ätzfiguren auf Muskovit verschiedenen Ursprungs.** A. R. Patel und S. Ramanathan. (Amer. Mineralogist **48,** 691—98, 1963; Vallabh Vidyanagar, India, Sardar Vallabhbhai Vidyapeeth, Phys. Dep.; engl.) — Die Eigg. u. die Geometrie der Ätzfiguren auf frischen Oberflächen von Muskovit (Behandeln mit 40% HF) werden beschrieben u. diskutiert. Ernst Schulte 190◇

0438 **Röhrendiffusion in LiF.** R. Tucker, A. Laskar und R. Thomson. (J. appl. Physics **34,** 445—52, 1963; Urbana, Ill., Univ. of Illinois; engl.) — C. **1964,** 9-0470. — Nach einer kombinierten Leitfähigkeits-Tracer-Meth. wurde die Diffusion von Na-Verunreinigungen entlang Versetzungen in LiF untersucht. Mit ^{24}Na markiertes NaCl wurde auf eine Fläche des LiF aufgebracht. Im Temp.-Bereich zwischen 273 u. 590° wurde dann bei verschiedenen Potentialen zwischen 22 u. 300 V die Diffusion verfolgt. Es wurde die Ausbildung von Na-Dendriten beobachtet. Aus Messungen der Übergangs-Wechselstromleitfähigkeit wurde ferner die Aktivierungs-Energie der Diffusion zu ungefähr 0,3 eV sowohl für Kantenals auch für Schraubenversetzungen bestimmt. Für D_0 wurde der Wert 0,01 cm²/s erhalten. Aus Unterss. der Ladungsverteilung entlang der Versetzungslinien geht hervor, daß entlang der Versetzungslinien eine große Leerstellendichte angenommen werden muß. Die experimentellen Ergebnisse lassen sich in diesem Zusammenhang am besten deuten, wenn man Hohlkanäle von atomaren Dimensionen annimmt. D. Noack 190◇

0439 **Der Einfluß von Korngenzen auf diffusionsabhängige Vorgänge in Aluminiumoxid.** A. E. Paladino und R. L. Coble. (J. Amer. ceram. Soc. **46,** 133—36, 1963; Cambridge, Mass., MIT, Ceramics Div., Dep. of Metallurgy; engl.) — Die Diffusions-Koeff. von O^{2-} in einkristallinem Al_2O_3 sind um mehrere Größenordnungen niedriger als die Al^{3+}-Diffusions-Koeff. in polykristallinem Al_2O_3 (I). Die Anwesenheit von Korngrenzen fördert in I die O^2-Diffusion. Das Kriechen u. Sintern von I läuft so schnell ab, daß eine Gitterdiffusion von O^{2-} nicht der geschwindigkeitsbestimmende Schritt sein kann. Gesteigerte O^{2-}-Diffusion in Gebieten nahe an Korngrenzen führt dazu, daß die Al^{3+}-Vol.-Diffusion die Geschw. solcher Prozesse kontrolliert. Die elektr. Leitfähigkeit in Al_2O_3 ist zu hoch, um durch Anionen- oder Kationendiffusion erklärt werden zu können; sie ist vorwiegend elektron. Art. J. Heinze 190◇

0440 **Selbstdiffusion von Blei-210 in Einkristallen von Bleisulfid als Funktion von Stöchiometrie und Dotierungszusätzen.** George Simkovich und J. Bruce Wagner jun. (J. chem. Physics **38,** 1368—75, 1963; New Haven, Conn., Yale Univ., Dep. of Metallurg., Hammond Metallurg. Labor.; engl.) — Zylindr. PbS-Einkristalle mit stöchiometr. Zus., die teilweise Zusätze von Ag_2S bzw. Bi_2S_3 enthielten, werden auf einer Begrenzungsfläche mit ^{210}Pb imprägniert u. im Inertgas bzw. unter definierten S_2-Partialdrücken auf Temp. zwischen 500 u. 800° erhitzt. Die Eindringtiefe wird nach dem Abschleifen von ca. 10 μ dicken Schichten autoradiograph. u. mit Hilfe von GM-Zählrohren bestimmt. Die Selbstdiffusion erfolgt im untersuchten Temp.-Bereich bevorzugt über Frenkel-Fehlstellen. Für undotiertes u. Ag^+-dotiertes, p-leitendes PbS sind die Diffusionskoeff. größer als für undotiertes, stöchiometr. PbS; demnach liegt eine Diffusion über Zwischengitterplätze vor. In undotiertem, p-leitenden PbS mit S-Überschuß u. n-leitendem, Bi^{3+}-dotierten PbS erfolgt dagegen die Diffusion über Kationenleerstellen. Die Aktivierungsenergien der Diffusion nehmen in der Reihenfolge stöchiometr. PbS > PbS mit Pb-Überschuß > PbS mit S-Überschuß ab. Herbert Müller 190◇

0441 **Argonbestimmungen an Kaliummineralien.** 8. Mitt. **Ein Näherungsverfahren zur Lösung von Diffusionsproblemen.** Ernst G. Wrage. (Geochim. cosmochim. Acta [London] **26,** 61—66, 1962; Freiburg i. Br., Deutsche Versuchsanst. für Luftfahrt, Inst. für angew. Math. u. Mechan.; dt.) — 7. vgl. Geochim. cosmochim. Acta [London] **19,** [1960], 70; 9. vgl. C. **1963,** 15729. — Vf. untersucht die Diffusion einer Substanz in einem Kristall, in dem sie durch radioakt. Zerfall gebildet wird. Für hinreichend kleine Zeiten ist der Diffusionsprozeß nur in dünnen Schichten an der Oberfläche von Einfl., u. das Problem kann eindimensional behandelt werden. Eine Näherungslösung der Diffusionsgleichung wird angegeben. Ein Anwendungsbeispiel ist die Berechnung der Diffusionsverluste von in Kaliummineralien gebildetem Ar, dessen Gesamtmenge bei Altersbest. nach der ^{40}K-^{40}Ar-Meth. Bedeutung hat. Solange die Diffusionsverluste < 30% sind, stimmt das Näherungsverf. mit exakten Berechnungsmeth. gut überein. J. Simon 190◇

0442 **Wirkung von Mahlung auf Quarzpartikel.** J. H. Talbot und E. B. Kempis. (Nature [London] **197,** 66, 1963; Johannesburg, Transvaal und Orange Free State Chamber of Mines, Dust and Ventilation-Labor.; engl.) — Vff. diskutieren die Ergebnisse von Sakabe u. Mitarbeitern (Bull. Nat. Inst. Indust. Health **4,** [1960], 1) u. sind der Ansicht, daß der Übergang von Quarz in eine glasige Phase beim Mahlen direkt u. nicht über Mosaik- oder semikristalline Zustände vor sich geht. Eigene Verss. an Quarz, der im Achatmörser der Naßvermahlung (Aceton) unterworfen wurde, ergaben keine Hinweise auf eine glasige Phase. Es trat jedoch eine merkliche Verbreiterung des (101)-Reflexes bei nur geringfügiger Intensitätsverminderung auf. Verss. zur exakten Best. der

Bedingungen, unter denen die Glasphase beim Vermahlen auftritt, stehen noch aus. Ernst Schulte 190◇

0443 **Einfluß von „displacive-shearing"-Spannungen auf die durch Druck im Bereich 0—100000 bar bewirkten rekonstruktiven Umwandlungen.** F. Dachille und R. Roy. (Proc. IVth int. Sympos. Reactivity Solids, Amsterdam **1960,** 502—11, 1961; University Park, Pa., Pennsylvania State Univ., Coll. of Mineral Ind., Dep. of Geophys. and Geochim.; engl.) — Vf. beschreibt einen neu entwickelten App., mit dem es möglich ist, den Einfl. von quasi-hydrostat. Drücken (bis zu 100000 bar bei Temp. < 550°) überlagerten Scherspannungen zu untersuchen. Die Vers.-Ergebnisse ließen eine deutliche Trennung des Einfl. des hydrostat. Druckes auf die Rk.-Geschw. von den Einfl. der zusätzlichen „displacive shearing"-Spannungen erkennen. Aus den Verss. war ferner festzustellen, daß die Gleichgewichtsbeziehungen durch die Scherspannungen nicht geändert werden. Der Einfl. dieses Spannungstyps wird an einigen Beispielen erläutert: SiO_2 *(Quarz)* ⇌ SiO_2 *(Coesit)*; *$PbO_2(MnF_2)_{Rutil}$* ⇌ $PbO_2(MnF_2)_{rhomb.}$, *Calcit* ⇌ *Aragonit*; PbO_2 I → PbO_2 II, *Mennige* ⇌ Massicot sowie *Jadeit.* C. Gottfried 190△

0444 **Epitaxisches Wachstum von Spinell bei Reaktionen im festen Zustand.** Ronald C. Rossi und Richard M. Fulrath. (J. Amer. ceram. Soc. **46,** 145—49, 1963; Berkeley, Calif, Univ. of California, Dep. of Mineral Technol., Ceramic Labor.; engl.) — Aufeinanderliegende Scheiben von einkristallinem Al_2O_3 u. MgO wurden 250 h auf 1560° erhitzt. Danach hatten sich zwei Spinellschichten gebildet, die auf dem *Periklas* bzw. dem *Saphir* wuchsen. Die kristallograph. Orientierung der Wirtkristalle war ohne Einfl. auf die Geschw. des Wachstums. Die Orientierung der Spinellschicht am Periklas hängt stark ab von der Art des Transportes durch die Periklas-Spinell-Grenzschicht. J. Heinze 190◇

0445 **Über eine allotrope Umwandlung der Oxide von Dysprosium und Gadolinium.** Monique Perez y Jorba, Francine Queyroux und Robert Collongues. (Bull. Soc. franç. Minéralog. Cristallogr. **84,** 401—02, 1961; C. N. R. S., Labor. de Vitry; franz.) — Das bei normaler Temp. beständige kub. *DJ_2O_3* wandelt sich bei 2300° in die monokline Form um. *Gd_2O_3* ist bei normaler Temp. ebenfalls kub. u. geht bei 1000° in die monokline Form über. Diese kann durch Tempern bei 900° wieder in die kub. Form umgewandelt werden. Beide Oxide bilden eine kontinuierliche Reihe von festen Lsgg., deren Umwandlungspunkt kub. → monoklin je nach der Zus. zwischen 2300° u. 800° liegt. F. Ensslin 190◇

0446 **Zur Kristallchemie der Verbindungen vom Typ ABX_6.** 1. Mitt. M. Giglio. (Z. anorg. allg. Chem. **324,** 225—32, 1963; Montevideo, Uruguay, Fac. de Quím., Labor de Miner.; dt.) — Unter Zugrundelegung von bekannten strukturellen Eigg. wurden die Verbb. vom Typ ABX_6 vom strukturchem. Standpunkt aus systemat. untersucht. Aus dem Zusammenhang zwischen Vol. der Elementarzelle (für Z = 1) u. Summe der Ionenradien $r_A + r_B$ konnten mehrere Strukturtypen graph. ermittelt u. die Gattowsche Vol.-Regel auch für diesen Verb.-Typ bestätigt werden. Vorläufige strukturchem. Unterss. über den Typ $[A(H_2O)_6]BX_6$ werden durchgeführt. — 45 Literaturstellen. R. Uttech 190◇

0447 **Röntgen-Kristallographie von Wegscheiderit $Na_2 \cdot CO_3 \cdot 3\,NaHCO_3$.** D. E. Appleman. (Amer. Mineralogist **48,** 404—06, 1963; Washington, D. C., U. S. Geol. Surv.; engl.) — Unters. von Proben aus der Green-River-Formation. Gitterkonst.: a = 10,04 ± 0,03 (Å); b = 15,56 ± 0,04; c = 3,466 ± 0,01; α = 91°55′ ± 05′; β = 95°49′ ± 05′; γ = 108°40′ ± 05′, Z = 2. Raumgruppe P$\bar{1}$ · d-Werte. Ernst Schulte 195◇

0448 **Die Kristallstruktur von Hopeit $Zn_3(PO_4)_2 \cdot 4\,H_2O$.** R. Ss. Gamidow, W. P. Golowatschew, Ch. Ss. Mamedow und N. W. Below. (Ber. Akad. Wiss. UdSSR **150,** 381—84, 1963; russ.) — $Zn_3(PO_4)_2 \cdot 4\,H_2O$ krist. rhomb. mit a = 10,64 (Å); b = 18,36; c = 5,04; Z = 4; D_{2h}^{16}-Pnma. Angabe der Atomparameter aus Patterson- u. Harker-Synthesen. Es liegen kettenartige Anordnungen von tetraedr. koordiniertem Zn bzw. P vor. W.-D. Heußner 195◇

0449 **Die Kristall- und Molekülstruktur von Chlorotrimethylpyridinzinn(IV).** R. Hulme. (J. chem. Soc. [London] **1963,** 1524—27; Strand, London, King's Coll., Dep. of Chem.; engl.) — Nach Oszillations- u. Nullte-Schicht-Weissenberg-Aufnahmen krist. $SnCl(CH_3)_3 \cdot (C_5H_5N)$ orthorhomb. mit a = 12,90 ± 0,05, b = 7,74 ± 0,03, c = 10,85 ± 0,04; Pnma; D_{exp} 1,5—1,8, D_R 1,706, Z = 4; auf Grund zweidimensionaler Daten nach der Schweratom-Meth. werden Atomkoordinaten ermittelt. Fünfzählig kovalentes Sn ist in angenähert trigonal-bipyramidaler Koordination in der Äquatorebene an drei CH_3 gebunden, mit fast linearer Cl–Sn–N-Anordnung (Sn–Cl 2,42 ± 0,04 Å). R. Uttech 195◇

0450 **Zur Kristallstruktur des Gratonits, 9 PbS · 2 As_2S_3.** Heinrich Rösch. (Neues Jb. Mineralog., Abh. **99,** 307—37, 1963; Kiel, Univ., Miner. Inst.; dt.) — Die Formel 9 PbS · 2 As_2S_3 wird durch Röntgen-Vakuumspektralanalyse an Gratonitproben verschiedener Herkunft bestätigt. Die über dreidimensionale Patterson-Synth. u. eine Verfeinerung nach der Meth. der kleinsten Quadrate bestimmte Struktur weicht vom PbS-Gitter erheblich ab u. besteht aus einer dreidimensional unendlichen Verknüpfung von As_2S_3-Pyramiden mit stark deformierten PbS_6- u. PbS_5-Oktaedern. Eine Einordnung des Gratonits in ein bestehendes Schema der Spießglanze nach strukturellen Gesichtspunkten wird vorgeschlagen. R. Uttech 195◇

0451 **Eine Bemerkung zur Kristallstruktur von Ti_3P und V_3P.** Torsten Lundström. (Acta chem. scand. **17,** 1166—67, 1963; Uppsala, Sweden, Univ., Inst. of Chem.; engl.) — Nach Guinier-Pulveraufnahmen kristallisieren *V_3P* **(I)** u. Ti_3P **(II)** tetragonal im ε_1-Typ, **I:** a = 9,387, c = 4,756 Å, $P4_2/n - C_{4h}^4$; **II:** a = 9,956, c = 4,988 Å. R. Uttech 195◇

0452 **Verfeinerung der Kristallstruktur des Fayalits von Bad Harzburg.** Kurt Hanke. (Neues Jb. Mineralog., Mh. **1963,** 192—94; Göttingen, Univ., Miner.-Kristallogr. Inst.; dt.) — Fayalit, $Fe_2[SiO_4]$, krist. orthorhomb., a = 4,83, b = 10,49, c = 6,10 Å; Pbnm; Listen der Atomkoordinaten u. interatomaren Abstände nach einer Verfeinerung über Differenz-Synth. auf Grund von Präzessionsdaten. Die Verzerrungen der SiO_4-Tetraeder u. der Koordinationspolyeder um das Fe ähneln entsprechenden Verzerrungen im *Olivin,* wobei das Me_{II} in beiden Strukturen deutlich gegen eine Fläche seines Oktraeders verschoben ist. R. Uttech 195◇

0453 **Die Gitterkonstante der $Mn_xFe_{3-x}O_{4+y}$-Spinelle.** A. Bergstein. (Czechoslov. J. Physics **13,** 613—16, 1963; Praha, ČSAV, Ústav fyz. pernych látek; engl.) — Vf. bestimmte die Gitter-Konst. a von $Mn_xFe_{3-x}O_{4+y}$ für 0,52 < x < 1,967 bei 1210 u. 1250° sowie bei Raumtemp. an gehärteten u. zuvor bei 1210, 1260 u. 1310° getemperten Proben (Tabelle). Es wurde für a = f(x) bei x < 1 eine größere Steigung gefunden als für x > 1 u. hieraus auf eine Veränderung der Kationverteilung, eine Jahn-Teller-Verzerrung u. einen Austausch von Elektronen nach $Mn^{2+} + Fe^{3+} \rightleftharpoons Mn^{3+} + Fe^{2+}$ nahe x = 1 geschlossen. R. Uttech 195◇

0454 **Einkristalluntersuchungen über einige Klathrate von Tetra-(4-methylpyridin)-nickel(II)- und -kobaltdithiocyanat.** D. Belitskus, G. A. Jeffrey, R. K. McMullan und N. C. Stephenson. (Inorg. Chem. [Washington] **2,** 873—75, 1963; Morristown, N. J., Allied Chem. Corp., Gen. Chem. Div.; engl.) — Nach Präzessionsaufnahmen sind folgende Klathrate isomorph (tetragonal; $34_1/a$; (Z = 8): *$Ni(4\text{-}CH_3C_5H_4N)_4](SCN)_2 \cdot X_n$*: X = *$CH_3OH$*, n = 0,53, a = 16,72, c = 22,73 Å, D_{exp} 1,17 (g cm^{-3}); X = *$C_2H_5NO_2$*, n = 0,67, a = 16,69, c = 22,67 Å, D_{exp} 1,24; X = *C_6H_6*, n = 0,83, a = 16,76, c = 22,74 Å, D_{exp} 1,27; X = *$C_6H_5NO_2$*, n = 0,67, a = 16,73, c = 22,97 Å, D_{exp} 1,30; X = *p-$C_6H_4(CH_3)_2$*, n = 0,53, a = 16,79, c = 22,40 Å, D_{exp} 1,26; X = *p-$C_6H_4Cl_2$*, n = 0,69, a = 16,74, c = 22,76 Å, D_{exp} 1,34; *$Co(4\text{-}CH_3C_5H_4N)_4](SCN)_2$* · X_n: X = *C_6H_6*, n = 0,57, a = 16,68, c = 23,14 Å, D_{exp} 1,26; X = $C_2H_5NO_2$, n = 0,67, a = 16,53, c = 22,73 Å, D_{exp} 1,24.

R. Uttech 195◇

0455 **Struktur und Bindungsart von $C_5H_5NiC_5H_5C_2(CO_2CH_3)_2$.** Lawrence F. Dahl und Chin Hsuan Wei (Inorg. Chem. [Washington] **2,** 713–21, 1963; Madison, Wis., Univ. of Wisconsin, Dep. of Chem.; engl.) — $C_5H_5NiC_5H_5C_2(CO_2CH_3)_2$ (**I**) krist. monoklin, a = 13,40 ± 0,02, b = 13,78 ± 0,02, c = 7,88 ± 0,01 Å, β = 94°45' ± 10'; C_s^4 – Cc; Z = 4; D_{exp} 1,50, D_R 1,52 g cm^{-3}; Listen der Atomkoordinaten, Bindungslängen u. -winkel nach der Schweratom-Meth. u. Verfeinerungen nach der Meth. der kleinsten Quadrate auf Grund von Weißenberg-Äquiinklinations- u. Präzessionsdaten. Die Struktur enthält diskrete Moll. von *Ni(II)-(π-Cyclopentadienyl)-[2.3-bis-(methoxycarbonyl)-norbornadien-(2π.5)-yl-(7)]*; Ni(II)-Brücken-C 1,964 ± 0,012 Å, Ni(II)-C(olefin.) 1,970 ± 0,009 Å, –C=C– 1,450 ± 0,016 Å. Aus den Bindungslängen wird auf eine gewisse lokalisierte Wechselwrkg. zwischen Ni(II) u. dem Cyclopentadienylanion geschlossen. Die Strukturen der Norbornadienylgruppe in **I**, des *Norbornadien*-Mol. u. von *Norbornadiendichloropalladium(II)*- werden verglichen. R. Uttech 195◇

0456 **Vorkommen der ϱ-Phase bei Chalkogeniden.** Osvald Knop. (Canad. J. Chem. **41,** 1832–33, 1963; Halifax, Nova Scotia, Nova Scotia Techn. Coll., Dep. of Chem. Engng., Solid State Chem. Group; engl.) — Durch trockene Synth. aus den Elementen dargestellte Sulfide wurden röntgenograph. auf ihre Phasen-Zus. untersucht. Bei der Zus. $[Rh_9S_8]$ besteht eine ϱ(Rh, S)-Phase mit kub. primitiver Symmetrie, a = 9,9103 ± 23 Å u. bei der Zus. $[Rh_9PdS_8]$ eine homogene ϱ-Phase mit a = 9,9301 ± 21 Å. Ein Prod. der Zus. $[Rh_8AgS_8]$ enthielt u. a. eine ϱ-Phase mit a = 9,9115 ± 19 Å. Unter Prodd. der Zus. M_9S_8(M = Ru, Rh, Pd, Ir; Ag) konnte keine π-Phase nachgewiesen werden. R. Uttech 195◇

0457 **Untersuchungen über die Abscheidung von pyrolytischem Kohlenstoff.** K. W. Carley-Macauly und M. Mackenzie. (Proc. Vth Conf. Carbon, University Park, Pa., 1961 **2,** 449–59, 1963; Harwell, U. K. A. E. A., A. E. R. E., Chem. Engng. Div.; engl.) — *CH_4* wurde bei Drücken von 50–400 psig. an der Oberfläche eines auf 1200° erhitzten Graphitstabes zersetzt, u. die verschiedenen abgeschiedenen *C*-Typen wurden untersucht. App. u. mkr. Meth. werden beschrieben. Die Abscheidung kann durch zwei Grundmechanismen erklärt werden. Die Strukturänderungen des C werden zu den Verf.-Bedingungen in Beziehung gesetzt. Die C-Abscheidungen werden mit denen verglichen, die unter anderen Pyrolysebedingungen erhalten wurden.

Ernst Schulte 196◇

0458 **Durch pyrohydrolytische Abscheidung hergestellte Ferritfilme.** F. R. Gleason jun. und L. R. Watson. (J. appl. Physics **34,** 1217–18, 1963; Phoenix, Ariz., Motorola Inc., Solid State Syst. Div.; engl.) — Wss. Lsgg. von $NiCl_2$, $ZnCl_2$, $CoCl_2$ u. $FeCl_3$ werden im geeigneten Mischungsverhältnis mit Ar zerstäubt u. bei 800° auf Vycor-Substraten aufgefangen. Unter diesen Bedingungen wird ein Film von $Ni_{0,4}Zn_{0,573}Co_{0,027}Fe_2O_4$ mit einer Dichte von 5 g/cm^3 u. Spinellstruktur abgeschieden.

Herbert Müller 196◇

0459 **Chemisch abgeschiedene dünne Ferritfilme.** William Wade, Thomas Collins, W. W. Malinofsky und William Skudera. (J. appl. Physics **34,** 1219–20, 1963; Fort Monmouth, N. J., U. S. Army Electron. Res. and Dev. Labor.; engl.) — Al_2O_3- bzw. Quarzplättchen werden in wss. oder organ. Lsgg. der entsprechenden Metallnitratgemische getaucht u. die anhaftenden Lsg.-Reste bei 400–700° eingebrannt. Die Proben werden je nach Art der gewünschten Ferrite bei 900–1100° in N_2 (Mn-Ferrite), Luft (Ni- u. Ni-Zn-Ferrite) bzw. O_2 (Y-Fe-Granate) gesintert. Unter diesen Bedingungen werden 17–23 μ dicke Filme von $MnFe_2O_4$, $MgFe_2O_4$, MgO · (0,4 Al · 1,6 Fe)O_3, (0,75 Ni · 0,25 Zn)O · Fe_2O_3, $NiFe_2O_4$, (0,9 Ni · 0,1 Zn)O · Fe_2O_3, 3 Y_2O_3 · 5 Fe_2O_3 bzw. 3 Y_2O_3 · 1,5 Al_2O_3 · 3,5 Fe_2O_3 hergestellt u. ihre Mikrowellenabsorption u. Kristallstruktur untersucht. In den Filmen wird bevorzugt Spinell- bzw. Granatstruktur beobachtet. Herbert Müller 196◇

0460 **Innere Spannung und spezifischer elektrischer Widerstand von aufgedampften Antimonfilmen.** Hisashi Horikoshi und Noriko Tamura. (Jap. J. appl. Physics **2,** 328–36, 1963; Tokyo, Univ. of Tokyo, Fac. of Engng., Dep. of Appl. Phys.; engl.) — Auf Cu- u. Glasträger werden bei ≤ 3 · 10^{-5} Torr mit Aufdampfgeschw. (AG) von (a) 200–1000 Å/Min. 120–4000 Å bzw. mit AG von (b) 1500–9500 Å/Min. 500–3700 Å dicke Sb-Filme aufgedampft. Während des Aufdampfens erfolgt bereits Messung der inneren mechan. Spannung σ bei Verw. von Cu-Trägern bzw. des spezif. elektr. Widerstandes ϱ bei Verw. von Glasträgern. Sb wird zunächst amorph abgeschieden. Bei Erreichen einer krit. Schichtdicke setzt Kristallisation ein, die mit beträchtlichen u. gleichzeitig einsetzenden Änderungen von σ u. ϱ verbunden ist. Beim Aufdampfen auf Substrate mit Raumtemp. wird ein plötzlicher Abfall von ϱ bzw. Anstieg von σ beobachtet, wenn für a Schichtdicken von ca. 1000 Å erreicht werden. Nach Beendigung der Erstkristallisation wird ein weiteres Ansteigen von σ beobachtet, da das nach Auftreten der plötzlichen σ-Zunahme aufgedampfte Sb nicht kristallin abgeschieden wird. Die Schichtdicken u. auch die σ-Werte werden unter den Aufdampfbedingungen b beträchtlich größer. Wird auf Substrate mit Temp. von 40–75° aufgedampft, so verschwindet σ oder geht in Kompressionsspannungen über; der Effekt ist offenbar auf Temp.-Gradienten zurückzuführen.

Herbert Müller 196◇

0461 **Über die zweite Orientierung von Kristallen in dünnen Indiumschichten.** Paul Croce, Madeleine Gandais und Alain Marraud. (Rev. Opt. théor. instrument. **41,** 136, 1962; Paris, Inst. d'Opt.; franz.) — Vgl. C. **1963,** 8049. — Auf amorphen Trägern abgeschiedene In-Schichten weisen bei Röntgenunterss. Beugungsringe auf, die auf das Vorliegen von nach zweiter Ordnung verzwillingten Kristallen hinweisen. Eine Orientierung erfolgt nach der Pseudosymmetrieebene (101).

Herbert Müller 196◇

0462 **Oberflächenrauhigkeit von epitaktischen Germanium-Filmen.** Billy W. Sloope und Calvin O. Tiller. (Jap. J. appl. Physics **2,** 308–09, 1963; Richmond, Va., Inst. for Sci. Res.; engl.) — Die Oberflächenmorphologie von Ge-Filmen auf CaF_2 ist bis zu einer Dicke von wenigstens 4000 Å von den Bildungsbedingungen unabhängig. Eine höhere Abscheidungsgeschw. u. eine niedrigere Temp. begünstigen einen mehr parallel angeordneten Film mit einer geringen Dickenschwankung, während die niedrigeren Ablagerungsgeschw. u. höheren Temp. Filme mit größeren Dickenschwankungen bewirken.

H. Hochstein 196◇

0463 **Dreieckige Muster auf rekristallisierten und epitaktisch abgeschiedenen Germaniumfilmen.** Yoshimitsu Sugita. (J. physic. Soc. Japan **18,** 147–48, 1963; Tokyo, Hitachi Central Res. Labor.; engl.) — Ge-Kristalle werden bei 620° mit In legiert. Auf der rekristallisierten Oberfläche werden dreieckige Anordnungen von Versetzungen beobachtet. Die Anordnungen verschwinden nach Erhitzen auf 800°. An epitakt. aufgewachsenen Ge- u. Si-Filmen werden Versetzungsanordnungen mit ähnlicher Orientierung u. Größe beobachtet, die durch Wärmebehandlung u. Ätzen nicht verändert werden. Die Unterschiede sind offenbar auf verschiedene Wachstumsgeschw. der Versetzungen zurückzuführen.

Herbert Müller 196◇

0464 **Kristalldefekte in aufgedampften einkristallinen Zinnfilmen.** R. W. Vook. (J. physic. Soc. Japan, Suppl. Nr. III, Proc. int. Conf. Crystal Lattice Defects, Kyoto **1962,** 63–64, 1963; Philadelphia, Pa., Franklin Inst., Labor.; engl.) — Elektronenmkr. Aufnahmen zeigen, daß oberhalb Raum-Temp. die Bewegung einzelner Versetzungen unter dem Einfl. des Elektronenstrahls schnell verläuft. Die Hauptgleitsyst. sind (121) [$\bar{1}$01] u. (101) [$\bar{1}$01], daneben wird Quergleiten beobachtet. Kleinwinkelkorngrenzen können ebenfalls unter Elektronenbeschuß wandern u. sich in einzelne Versetzungen auflösen. Ebenso wird Verformungsverzwillingung mit der Zwillingsebene (301) beobachtet.

H. Roschkowski 196◇

0465 **Untersuchung der martensitischen Umwandlung in aufgedampften Filmen von Eisen–Nickel-Legierungen**

durch Elektronenmikroskopie und -beugung. Sigemaro Nagakura, Makoto Kikuchi, Yoshiaki Kanako und Shiguéo Oketani. (Jap. J. appl. Physics **2**, 201—05, 1963; Tokyo, Tokyo Inst. of Technol.; engl.) — Auf NaCl-Spaltflächen von Raumtemp. werden im Vakuum 500—1500 Å dicke Fe–Ni-Schichten mit 12,7—23,2 Atom-% Ni aufgedampft. Durch Anlassen bei 650° in H_2 werden die Schichten austenitisiert u. anschließend in fl. N_2 gekühlt. Nach der Wärmebehandlung wird die Struktur der Schichten elektronenmkr. u. mit Hilfe der Elektronenbeugung untersucht. Die einkristalline Austenit-Schicht besteht aus 500—2000 Å großen Kristalliten, die häufig parallel zur (112)-Ebene von Martensit verzwillingt sind. Die Temp. der Austenit-Martensit-Umwandlung (UT) liegt stets unter der für kompakte Legg. u. nimmt mit steigendem Ni-Geh. u. fallender Schichtdicke ab. Die geringe Größe der Austenit-Körner, die zu einer starken Wechselwrkg. zwischen Umwandlungsversetzungen u. Kristallitoberflächen führt, ist für die Erniedrigung von UT verantwortlich.
Herbert Müller 196◇

0466 **Bei der Herstellung dünner Metallschichten bei tiefer Temperatur beobachtete Erscheinungen.** Henri Barras, Roger Philip und René Rivoire. (Rev. Opt. théor. instrument. **41**, 335—38, 2 Tafeln, 1962; Marseille, Fac. des Sci., Labor. de Phys. PCB 2; franz.) — Es wird eine Anordnung beschrieben, mit der man Metallfilme im Hochvakuum auf die Quarzunterlage, die bei tiefer Temp. gehalten werden kann, aufdampfen u. sie in dem gleichen Volumen mkr. beobachten kann. Bei sehr langsamen Aufdampfen von *Ag* auf eine auf — 60° abgekühlte Quarzplatte bildeten sich auf der Quarzplatte bis zu 3 mm lange Whisker, die senkrecht zur Unterlage angeordnet u. bandförmig abgeplattet waren. Bei einer Unterlagetemp. von — 150° riß beim Aufdampfen der Film plötzlich auf. Es traten innere Spannungen auf u. metall. Bänder lösten sich plötzlich von der Unterlage u. rollten sich zu Röhren zusammen, die nur noch mit ihrem äußersten Ende an der Unterlage festhafteten. Auf diesen Röhren war zuweilen eine sehr regelmäßig orientierte Feinstruktur zu beobachten.
C. Gottfried 196△

0467 **Der Übergang in den metallischen Zustand.** N. F. Mott. (Philos. Mag. [8] **6**, 287—309, 1961; Cambridge, Cavendish Labor.; engl.) — Theoret. Betrachtung des Überganges vom metall. in den nichtmetall. Zustand bei Änderung der interatomaren Abstände in einer kristallinen oder nichtkristallinen Atomanordnung. Die Wignersche Hypothese, daß ein Elektronengas bei genügend niedriger Dichte kristallisieren soll, wird diskutiert.
Herbert Müller 197◇

0468 **Über die Elektronenstruktur metallischer Verunreinigungen in der Näherung starker Bindungen.** G. Leman. (Physics Chem. Solids **20**, 50—63, 1961; Orsay, S.-et-O., Fac. des Sci., Phys. des Solides; franz.) — Vf. behandelt wellenmechan. die Elektronendichte eines Metalls, wenn ohne Störung der Kristallsymmetrie durch Verunreinigungsatome Substitution erfolgt. Mit der Näherung starker Bindungen wird für den Fall einer linearen Kette gezeigt, daß nur symm. stationäre Wellenfunktionen durch die Substitution beträchtlich gestört werden. Die Änderung der Ladungsdichte durch das Verunreinigungsatom u. ihre Beziehung zur Phasenverschiebung der Wellenfunktion am Fermi-Zustand werden direkt erhalten. Die Erweiterung der abgeleiteten Beziehungen auf drei Dimensionen wird qualitativ diskutiert.
Herbert Müller 197◇

0469 **Elektronenmikroskopische Beobachtung der während des Anlassens von schwach verformtem Aluminium auftretenden Strukturänderungen.** Christian Messager und Omourtague Dimitrov. (C. R. hebd. Séances Acad. Sci. **250**, 3479—80, 1 Tafel, 1960; Vitry, C. N. R. S., Labor.; franz.) — Polykristallines Al mit 50 ppm Verunreinigungen wird durch Zug um 5% verformt u. 2 bis 24 Std. lang bei 200—610° angelassen. Nach elektrolyt. Dickenverminderung werden die Proben elektronenmkr. in Durchstrahlung untersucht. Die Rekristallisation hängt von der Blöckchen-Bldg. während der Verformung ab. Die Blöckchen sind in der Lage, die in ihnen enthaltenen Versetzungen aufzunehmen u. in Abhängigkeit von der Matrix zu neuen Körnern zusammenzuwachsen. Bei noch kleineren Verformungsgraden ist die Blöckchen-Bldg. nicht mehr möglich. Versetzungen sind bei erhöhten Temp. Anlaß zu Polygonisation der Proben.
Herbert Müller 197◇

0470 **Einfluß geringer Mengen von Verunreinigungen auf die einer Rekristallisation von verformtem Aluminium vorausgehenden Erscheinungen.** Christian Messager und Omourtague Dimitrov. (C. R. hebd. Séances Acad. Sci. **251**, 88—90, 1960; franz.) — Vgl. vorst. Referat. — Al mit 10—300 ppm Verunreinigungen wird einer Verformung von 98% unterworfen. Die nach 2std. Tempern zwischen — 50 u. 200° gebildeten Rekristallisationsstrukturen werden nach Dickenverminderung der Proben elektronenmkr. in Durchstrahlung untersucht. Die Bldg. neuer Kristalle findet in zonengeschmolzenem Al inmitten einer verformten Matrix statt, während sie bei weniger reinem Al in einer erholten Matrix auftritt. Der Unterschied zeigt bes. den Einfl. von Verunreinigungen auf das Blöckchenwachstum in verformtem Al.
Herbert Müller 197◇

0471 **Einfluß der Abschrecktemperatur und der Reinheit auf die vorübergehende Erweichung von Aluminium.** Pierre Gobin und Jean Montuelle. (C. R. hebd. Séances Acad. Sci. **250**, 3481—83, 1960; Vitry, C. N. R. S., Labor.; École Centrale Lyonnaise; franz.) — Vff. untersuchen den Einfl. der Abschreck-Temp. T_A auf die plötzlich eintretende Erweichung von Al während der Alterung. Der krit. Bereich von T_A wird mit steigendem Reinheitsgrad des Al zu höheren Temp. verschoben; bei 99,90%ig. Al liegt er zwischen 400 u. 430°. Für zonengeschmolzenes 99,997%ig. Al wird T_A oberhalb 600° beobachtet. Der Einfl. einer Leerstellenwanderung auf den Mechanismus der Erweichung wird diskutiert.
Herbert Müller 197◇

0472 **Strominduzierte Markierungsbewegungen in Kupfer.** A. R. Grone. (Physics Chem. Solids **20**, 88—93, 1961; Rensselaer Polytechn. Inst.; engl.) — Unter einem Druck von 1,5 atm Ar werden 1/32 in. dicke Stäbe aus 99,999%ig. Cu mit Stromdichten j von ca. 10^4 A/cm² auf Temp. zwischen 785 u. 1040° erhitzt u. die Wanderung von mechan. angebrachten Markierungen mkr. untersucht. Unterhalb 900° wandern die Markierungen zur Kathode. Das Verhältnis v/j (v = Wanderungsgeschw.) ist dem Selbstdiffusionskoeff. annähernd proportional, da der Massentransport offenbar durch Impulsaustausch mit dem elektr. Strom hervorgerufen wird. Aus $\ln v/j = f(1/T)$ (T = Temp.) folgt für die Aktivierungsenergie der Bewegung 49,5 kcal/Mol u. der Regressionskoeff. 0,91. Oberhalb 900° fällt v/j mit steigender Temp. ab.
Herbert Müller 197◇

0473 **Energiefreisetzung in bestrahltem Kupfer.** T. H. Blewitt, R. R. Coltman und C. S. Klabunde. (J. physic. Soc. Japan, Suppl. Nr. III, Proc. int. Conf. Crystal Lattice Defects, Kyoto **1962**, 288—92, 1963; Argonne, Ill., Argonne Nat. Labor.; Oak Ridge, Tenn., Oak Ridge Nat. Labor.; engl.) — Ausdehnung früherer (Physic. Rev. Letters **3**, [1959], 132) Messungen der Energiefreisetzung, die mit der I. Stufe der Erholung von im Reaktor bestrahltem *Cu* verbunden ist, auf Cu mit ^{10}B-Dotierung.
H. Roschkowski 197◇

0474 **Untersuchung des Angriffs eines Silbereinkristalls durch Argonionen geringer Energie.** Pierre Haymann. (C. R. hebd. Séances Acad. Sci. **251**, 85—87, 1960; franz.) — Die polierten Oberflächen eines Ag-Einkristalls werden in den Richtungen [001], [00$\bar{1}$] u. [$\bar{1}$20] unter Winkeln zwischen 0 u. 30° mit 18 kV-Ar-Ionen beschossen. Die Veränderungen der Oberflächen werden nach Bedampfen mit C u. Pt elektronenmkr. untersucht. Der Angriff durch Ar-Ionen erfolgt nur auf den Flächen (111) u. (100).
Herbert Müller 197◇

0475 **Zustandsdiagramme und Legierungsstrukturen in den Systemen Bi_2Se_3–Sb_2Te_3 und Bi_2Te_3–Sb_2Se_3.** W. G. Kusnetzow und K. K. Palkina. (J. anorg. Chem. [UdSSR] **8**, 1204—18, 1963; Akad. der Wiss. der UdSSR, Kurnakow-Inst. für allg. u. anorgan. Chem.; russ.) — Im Syst. Bi_2Se_3–Sb_2Te_3 bildet sich eine kontinuierliche Reihe fester Lsgg. (Verdrängungstyp) mit einer Schichtstruktur vom Tetradymit-Typ, $R\bar{3}m$. a zeigt mit Erhöhung des Sb_2Te_3-Geh. keine, c eine positive Abweichung von der Végardschen Regel. Liquidus- u. Soliduskurve zeigen ein Minimum bei 85 Mol-% Sb_2Te_3 bei 595°. Im Syst. Bi_2Te_3–Sb_2Se_3 werden homogene, begrenzt mischbare, feste Lsgg. gebildet: Auf der Grundlage von Bi_2Te_3 mit 0—70% Sb_2Se_3 mit Schichtstruktur vom Tetradymit-Typ u. auf der Grundlage von Sb_2Se_3 im Homogenitätsbereich 97—100% Sb_2Se_3 mit einer rhomb. Zelle u. Kettenstruktur. Im Bereich 70—97% Sb_2Se_3 liegt ein Gemisch rhomb. u. rhomboedr. fester Lsgg. vor, Eutektikum bei 600° u. 86% Sb_2Se_3. Die Periode der rhomb. Sb_2Se_3-Zelle wächst, die der hexagonalen Bi_2Te_3-Zelle verringert sich mit steigendem Sb_2Se_3-Gehalt. Die verschiedenen Löslichkeiten der Verbb. Bi_2Se_3, Bi_2Te_3 u. Sb_2Te_3 in Sb_2Se_3 u. umgekehrt werden mit der verschieden großen Beständigkeit der Ketten- u. Schichtstruktur u. den unterschiedlich großen Atomradien erklärt.

G. Ewald 197◇

0476 **Zustandsdiagramm von Legierungen des Systems Yttrium–Zinn.** W. F. Terechowa, I. A. Markowa und Je. M. Ssawitzki. (J. anorg. Chem. [UdSSR] 8, 1991 bis 1993, 1963; russ.) — Mit den Meth. der Thermo-, Mikrostruktur- u. Röntgenanalyse neben Best. von Festigkeitsänderungen der in He-Atmosphäre erschmolzenen Legg. werden Unterss. am Syst. Y (99,0%, Rest Gd, Tb, Dy, K, Fe, Cu, Ta) — Sn (99,9%) durchgeführt. Im Syst. existieren ein Eutektikum bei 19 (Gew.-%) Sn mit F. 1310° u. zwei nicht näher definierte Verbb. mit 40 bzw. 67 Sn u. FF. bei 1880 bzw. 1120°. Daneben lassen sich mehrere Mischphasen beobachten. Die Löslichkeit von Sn in Y im festen Zustand beträgt ~ 1% Sn; die maximale Löslichkeit von Y in Sn liegt bei ~ 0,3 Gew.-% Y.

W.-D. Heußner 197◇

0477 **Zustandsdiagramm von Legierungen des Systems Praseodym–Neodym.** I. A. Markowa, W. F. Terechowa und Je. M. Ssawitzki. (J. anorg. Chem. [UdSSR] 8, 1998—2000, 1963; russ.) — Mit den Meth. der Thermo-, Mikrostruktur- u. Röntgenanalyse sowie durch Best. von Festigkeitsänderungen wird im Syst. Pr-Nd die Bldg. einer ununterbrochenen Reihe fester Lsgg. sowohl zwischen den hexagonalen Tieftemp.-(α-)Modifikationen als auch zwischen den kub. Hochtemp.-(β-)Modifikationen beider Metalle festgestellt. W.-D. Heußner 197◇

0478 **Über die Umwandlungen der Legierung $MnSnCu_2$.** P. Taglang und Fournier. (J. Physique Radium **22**, 295—97, 1961; Mulhouse, Coll. Univ.; Clermont-Ferrand Labor. de Phys.; franz.) — Mit Hilfe von Unterss. der Wärmeausdehnung, von Änderungen des elektr. Widerstandes u. der Röntgenbeugung werden in $MnSnCu_2$ zwei aufeinanderfolgende Umwandlungen nachgewiesen. Die irreversiblen Umwandlungen sind 1. Ordnung u. liegen bei 432° (Erwärmung) u. zwischen 360 u. 390° (Abkühlung) bzw. 2. Ordnung bei 477° (Erwärmung) u. 450° (Abkühlung). Die ferromagnet. Eigg. der abgeschreckten Leg. sind dem stabilen Zustand zwischen 432 u. 477° zuzuschreiben. Herbert Müller 197◇

0479 **Röntgenographische Untersuchung der sich beim Altern der Legierung EI437 A ausscheidenden Phase.** M. P. Arbusow und M. I. Gitgarz. (Metallphysik u. Metallkunde [UdSSR] **11**, 664—69, 1961; Kiew, Inst. der GVF; russ.) — Vgl. C. **1963**, 6501. — Neben der röntgenograph. Unters. der Wachstumskinetik der α-Phasenteilchen im breiten Temp.-Bereich (600—900°) bei verschiedenen Anlaßzeiten wird die Härteänderung der Leg. beim Altern bestimmt. Die Härte steigt am stärksten während der ersten 5—10 Std. der Alterung, da in dieser Zeit der Zerfall der festen Lsg. am schnellsten vor sich geht u. eine relativ große Menge der α-Phase ausgeschieden wird. Bei weiterem Anlassen wird der Zerfall geringer, aber die Teilchengröße der ausgeschiedenen Phase wird größer. Eine Tabelle u. Kurven erbringen die Veränderungen der Härte u. die Ergebnisse der Wachstumskinetik der Teilchen der Ausscheidungsphase.

N. Kubeth 197◇

0480 **Einfluß einer Verformung auf die Struktur einer hitzebeständigen Legierung bei Strukturhärtung nach Erwärmung auf verschiedene Temperaturen.** Charles Apert. (C. R. hebd. Séances Acad. Sci. **252**, 1152—54, 1961; franz.) — Vf. untersucht mikrograph. die Struktur-Entw. einer *Ni-Leg.* mit 20 (%) *Cr*, 20 *Co*, 2,7 *Ti*, 1,5 *Al* u. Rest *Ni*, die nach Verformung 100—200 Std. lang bei 700—900° angelassen wird. Selbst bei schonender Wärmebehandlung wird eine sehr feine Rekristallisation der vorher bei 750° gealterten Leg. mit γ'-Phase beobachtet. Im Inneren oder an den Grenzen der rekrist. Körner treten neben der von Fällungen freien Matrix relativ voluminöse Kugeln auf. Die Kugel-Bldg. ist offenbar auf beschleunigtes Zusammenwachsen einer vorher ausgefällten Phase zurückzuführen.

Herbert Müller 197◇

0481 **Die Martensitumwandlung in dünnen Folien.** Z. Nishiyama, K. Shimizu und K. Sugino. (Acta metallurg. [New York] **9**, 620—22, 1961; Osaka, Osaka Univ., Inst. of Sci. and Ind. Res.; engl.) — C. **1962**, 12209. — Folien aus *Fe–Ni*-Leg. mit 30,64% Ni werden auf 77 °K gekühlt u. die dabei eintretende Austenit-Martensit-Umwandlung elektronenmkr. in Durchstrahlung u. mit Hilfe der Elektronenbeugung untersucht. Die Bereiche des Restaustenit (A) zeigen nur schwache Extinktionskonturen, während die Bereiche des Martensits (M) lamellare Ringe der Ausdehnung 100 Å u. zickzackförmige Extinktionskonturen aufweisen. Innerhalb der Vers.-Fehler werden die Orientierungen $[001]_A//[110]_M$, $[110]_A//[112]_M$ bzw. $[001]_A//[1\bar{1}0]_M$, $[110]_A//[\bar{1}12]_M$ erhalten. Herbert Müller 197◇

0482 **Anwendung der Methode dünner metallischer Folien zur Untersuchung der Morphologie von Martensit.** W. B. Spiridonow, Ju. A. Skakow und W. N. Iordanski. (Betriebs-Lab. [UdSSR] **29**, 955—56, 1963; russ.) — Entwickelt wird eine Meth. der Herst. einer dünnen metall. Folie aus Stahl Ch 17 N4 M 2 D (Übergangsklasse), die zur Unters. der Morphologie des Martensits verwendet wird. Es wird gezeigt, daß die Martensitstruktur (Lamellen- oder nadelförmiger Martensit) von der Meth. seiner Herst. abhängt. So besteht der beim Hochtemp.-Anlassen erhaltene Martensit aus Nadeln mit einer bedeutenden Versetzungsmenge. Zwillinge fehlen in diesem Falle. Das Orientierungsverhältnis von Austenit u. Martensit ist bei den Meth. der Martensiterzeugung dem Gesetz von Kurdjumow-Sachs unterworfen.

H. Hochstein 197◇

0483 **Der Einfluß einer Neutronenbestrahlung auf die Struktur und die mechanischen Eigenschaften legierter Stähle.** Sch. Sch. Ibragimow, I. M. Woronin und A. Ss. Kruglow. (Atomenergie [UdSSR] **15**, 30—36, 1963; russ.) — Die Bestrahlung von Austenitstählen bei Temp. von 200—500° mit Neutronen bis zu einer integralen Dosis von $7 \cdot 10^{21}$ n/cm² ändert durch die Bldg. von Verfestigungsstrahlungsdefekten (V) die mechan. Eigenschaften. Die Veränderung der mechan. Charakteristika von Stählen mit Ferrit-Perlitstruktur im Bestrahlungsprozeß im relativ harten energet. Spektrum bei 320—360° u. höher ist durch die Bldg. von Strahlungsdefekten u. durch Änderung der Mikrostruktur des Stahls bedingt. Die Komplizierung des Materials durch Legierung mit verschiedenen Elementen führt zu einer Verschiebung der Sättigungsdosis in Richtung größerer integraler Flüsse, ein wesentlicher Einfl. auf die Ausglüh-Temp. der V ist nicht feststellbar. K. Winkler 197◇

0484 **Cottrell-Verankerung und die Fließspannung im Eisen.** H. Conrad und G. Schoeck. (Acta metallurg. [New York] **8**, 791, 1960; Canoga Park, Calif., Atomics Internat.; Pittsburgh, Pa., Westinghouse Res. Labor.; engl.) — Der Einfl. von Temp. u. Korngröße auf die Streckgrenze u. Fließspannung von Elektrolyt-Fe wird untersucht. Für eine Verformung, die größer ist als die Lüders-Verformung, gehorcht die Fließspannung der Gleichung $\sigma_{fl} = \sigma_{fl_1}(T) + \sigma_{fl_2}'(st) + kd^{-1/2}$, worin st die Struktur infolge Verformung, gelöster Atome, Ausscheidungen usw. bedeutet, u. d der Korndurchmesser ist. Die temp.-abhängige Komponente der Fließspannung zeigte dieselbe Temp.-Abhängigkeit wie die Gitterreibungsspannung, die sich bei Auftragung der unteren Streckgrenze gegen $d^{-1/2}$ ergibt. Der Wert von k war zwischen 300° u. 110 °K gleich dem für die untere Streckgrenze. In diesem Temp.-Bereich war k relativ temperaturabhängig. Unterhalb 110 °K nimmt k für die untere Streckgrenze mit abnehmender Temp. zu, jedoch nicht für die Fließspannung. Diese Zunahme beruht wahrscheinlich

auf dem Auftreten von Zwillingsbildung. Eine gleichartige Abhängigkeit der unteren Streckgrenze u. der Fließspannung von Temp. u. -Korngröße führt zur Vermutung, daß die untere Streckgrenze der Bewegung von Versetzungen entspricht u. keinen Verankerungsterm enthält. Da die obere Streckgrenze eine stärkere Temp.-Abhängigkeit zeigt als die untere, wird angenommen, daß diese Spannung dem Wegziehen der Versetzungen von ihrer Cottrell-Atmosphäre entspricht.
H. Hochstein 200◇

0485 **Über die Dichte von Versetzungsatmosphären.** P. Barrand und G. M. Leak. (Acta metallurg. [New York] **11,** 158—60, 1963; Manchester, England, Univ., Dep. of Metallurg.; engl.) — Zur Beurteilung der Atmosphärenkonz. rings um Versetzungen während der Reckalterung werden an Fe-Draht von hoher Reinheit (0,013 [%] C, 0,005 Si, 0,05 Mn, 0,0027 S, 0,007 P, 0,12 Cu, 0,052 O, 0,008 N) Verss. angestellt, bei denen der auf 0,045 in. Durchmesser kaltgezogene Draht bei 800° in feuchtem H_2 8 Tage lang entkohlt u. entstickt wurde. Darauf wurden sie durch eine H_2/CH_4-Atmosphäre aufgekohlt (bis auf 0,02%) u. von 700° abgeschreckt. Die Drähte wurden im Vakuum 30 Min. lang bei 700° einer Lösungsbehandlung unterworfen u. sodann auf Raumtemp. abgeschreckt. Verformungen von 10—25% Querschnittsabnahme wurden durch Kaltziehen bewirkt. Es wird die innere Reibung der Proben gemessen. Es zeigt sich, daß eine Fe_3C-Ausscheidung an den Versetzungsorten vorangeht, wenn die Einlagerungs-C-Atome aus der sie umgebenden Grundmasse wandern. Bei der Vollendung der Reckalterung gibt es noch 2 C-Atome je Atomlage, die in Atmosphären an den Versetzungsorten verankert sind. Es wird eine Erklärung hierfür versucht. Falls diese Erklärung zutrifft, dann gibt es in einer voll ausgealterten Fe–C-Leg. noch genügend unausgeschiedenen C, um ein Wiederauftreten der oberen u. unteren Streckgrenzen-Erscheinungen bei nachfolgender Zugverformung zu bewirken.
H. Hochstein 200◇

0486 **Über die beim Polieren von Metallen auftretenden Restspannungen.** W. M. Ssinaiski und B. M. Rowinski. (Nachr. Akad. Wiss. UdSSR, Abt. techn. Wiss., Mechan. Maschinenbau **1963,** Nr. 3, 142—45; Moskau, Inst. für Maschinenkunde; russ.) — Auf Grund röntgenograph. Unterss. wird festgetsellt, daß beim Schleifen von Stahl u. Duralumin in der Oberflächenschicht Rest-Druckspannungen auftreten, die durch eine Verschiebung der Interferenzlinien erkennbar sind. Da die Verschiebung dieser Linien sowohl mit Spannungen I. Art als auch mit orientierten Mikrospannungen zusammenhängen kann, wurde auch eine Aufteilung der vorhandenen Spannungen untersucht. Es zeigte sich, daß die Höhe der Spannungen von der Größe des Schleifkornes des Schleifpapieres, von der Dauer u. der Richtung des Schleifens abhängt. Die Rest-Druckspannungen sind das Ergebnis der Addition hoher orientierter Mikro-Druckspannungen u. hinsichtlich der Größe geringerer Zugspannungen I. Art.
H. Hochstein 200◇

0487 **Orientierung und Temperaturabhängigkeit von plastischen Verformungsprozessen in einer Fe-Legierung mit 3,25% Si.** D. Hull. (Proc. Roy. Soc. [London], Ser. A **274,** 5—20, 1963; Liverpool, Univ., Dep. of Metallurg.; engl.) — Einkristalle einer Fe-Leg. mit 3,25% Si wurden zwischen 20° u. 293 °K durch Zugbeanspruchung verformt. Die Orientierung änderte sich systemat. zwischen [010] u. [110] bei der Best. der Orientierungsabhängigkeit von der Gleitung u. Zwillingsbildung. Bei 20 °K zeigten alle Proben Zwillingsbldg. u. brachen; bei 77 °K zeigten Kristalle innerhalb von 11° der [010]-Ebene Zwillingsbldg. u. brachen u. die übrigen streckten sich vor dem Bruch; bei 195° u. 293°K flossen alle Proben. Die Streckung trat durch Bldg. u. Ausbreitung der Gleitbänder längs der Probe auf. Bei 77 °K beschränkte sich das Gleiten auf die {011}-Ebenen, aber bei höheren Tempp. folgen die Gleitebenen der Fläche der maximalen Scherspannung, welche die ⟨111⟩-Gleitrichtung enthält, unabhängig davon, daß die Fläche von niedrigem Index ist. Bei niedrigen Tempp., bei denen Quergleitung beschränkt ist, sind die Gleitebenen nahe bei {011}. Obwohl die Ergebnisse streuen, stimmen die Zwillingsspannungsergebnisse mit der Existenz einer krit. ausgelösten Scherspannung auf einer {112}-Ebene in einer ⟨111⟩-Richtung überein. In Einkristallen sind die Orientierung u. Temp.-Abhängigkeit von Gleiten u. von Zwillingsbldg. voneinander verschieden.
H. Hochstein 200◇

0488 **Eine Erholungserscheinung im verformten Ferrit zwischen 50° und 70°.** Klaus Kolb und Eckard Macherauch. (Z. Naturforsch. **18a,** 880—81, 1963; Stuttgart, MPI für Metallforsch.; dt.) — Die Verformungseigenspannungen eines Stahles mit 0,34% C verschwinden im Temp.-Gebiet von 50—70° mit einer Aktivierungsenergie von etwa 0,8 eV. Dieser Wert liegt in der Größenordnung, die man für die Wanderungsenergie von Leerstellen in Ferrit erwarten kann.
G. M. Neumann 200◇

0489 **Zur Bestimmung der Bruchfestigkeit beim Zusammendrücken von Hartmetallen.** W. I. Tumanow, W. F. Funke, S. I. Pawlowa und Ju. F. Ilin. (Betriebs-Lab. [UdSSR] **29,** 981—83, 1963; Allunions-Forsch.-Inst. für Hartmetalle; russ.) — Vorgeschlagen wird eine Meth. zur Best. der Bruchfestigkeit beim Zusammenpressen σ_ϑ von Hartmetallen WC–Co, u. es werden Bruchfestigkeitswerte beim Zusammenpressen für die Hartmetall-Legg. WK 6 u. T 15 K 6 ermittelt. Untersucht wird der Einfl. des Materials der Druckunterlagen, der Zwischenlagen u. der Schmierung, der Probenhöhe, der Belastungsgeschw. u. der Parallelität der Berührungsflächen auf die Bruchfestigkeit.
H. Hochstein 200◇

0490 **Geschwindigkeiten elastischer Wellen in einigen binären Kupferlegierungen und die Moduln dieser Legierungen.** B. Subrahmanyam und Bh. Krishnamurty. (Indian pure appl. Physics **1,** 185—87, 1963; Waltair, Andhra Univ., Phys. Dep.; engl.) — Es wurden die Geschw. elast. Wellen in Legg. der Syst. *Cu–Ni, Cu–Au, Cu–Ag* u. *Cu–Pb* gemessen. Daraus wurden die Cauchyschen Konst. C_{11}, der Elastizitäts- u. Schubmodul berechnet. Im Syst. Cu–Ni wurden für 75% Cu u. 25% Ni Minimalwerte des Elastizitäts- u. Schermoduls, die unter denen der Leg.-Komponenten liegen, beobachtet. Bei den anderen drei Syst. dagegen wurden Maximalwerte, die über denen der Komponenten lagen, gemessen. Die Legg. mit maximalen Werten haben die Zus. 20% Au/80% Cu, 20% Ag/80% Cu u. 15% Pb/85% Cu. Die beobachteten Anomalien werden zur Größe der Gitterparameter der Zusatzmetalle in Beziehung gesetzt.
D. Rogalla 200◇

0491 **Elastizitätsmoduln von hochnickelhaltigen Legierungen.** B. Subrahmanyam und Bh. Krishnamurty. (Indian J. pure appl. Physics **1,** 193—94, 1963; engl.) — Vgl. vorst. Referat. — Die Geschw. von longitudinalen u. transversalen elast. Wellen in nachst. hochnickelhaltigen Legg. wurden gemessen: *AT-Nickel, Corronel 230, Bright Rays, Nimonic 75 A, Nimonic 80 A, Incoly, Inconel, Monel, Nionel, Corronel 220, Incoly DST 4141, LCAT-Nickel, Nilo 36, Nionel 1394, Monel M 2100.* Aus den Meßwerten berechneten Vff. die Cauchysche Konst. C_{11}, die Elastizitäts- u. Schubmoduln.
D. Rogalla 200◇

0492 **Diskontinuierliches plastisches Fließen in Al–Mg-Legierungen.** P. R. Sperry. (Acta metallurg. [New York] **11,** 153—57, 1963; New Haven, Conn., Olin Mathieson Chem. Corp., Metals Res. Labor.; engl.) — Schrifttumsüberblick über den Mechanismus des diskontinuierlichen plast. Fließens beim Porterin-LeChatelier-Effekt in kaltverformten Al–Mg-Legg. mit einer schemat. Darst. der elast. Felder bei einer stationären Versetzung u. der ihre Wechselwrkg. zeigenden Punktfehler. Es wird eine Vorstellung über eine Ingregation von aus einer ausgedehnten Versetzungsbewegung resultierenden Punktfehlern entwickelt. — 13 Literaturangaben.
H. Hochstein 200◇

0493 **Der Einfluß des Elektrocapillareffekts auf den Elastizitätsmodul von Metallen.** Steve Eisner und Arthur A. Ottlyk. (Nature [London] **198,** 1296, 1963; Seattle, Wash., Boeing Co., Aero-Space Div.; engl.) — Es wurden polykristalline *Al-Legg.* u. *Cu* von 99,99% Reinheit in 0,25—1,75 n Lsgg. von Na_2SO_4 untersucht. Der E-Modul durchlief für Cu zwischen 0 u. —6 V angelegter Spannung im Maximum von $20 \cdot 10^6$ psi bei

— 3 V. Der E-Modul für 0 V betrug 17 psi. Für die Al-Leg. 6061-TG wurde zwischen + 3 u. — 4 V ein Minimum von 9,55 · 10^6 psi bei — 1,5 V festgestellt. Bei + 3 V wurde ein Höchstwert von 10,55 · 10^6 psi, bei 0 V ein Wert von 10,2 · 10^6 psi gemessen. D. Rogalla 200◇

0494 **Einige Einflüsse der Elektronenbestrahlung auf die innere Reibung von Kupfer.** Jenifer N. Lomer und D. H. Niblett. (Philos. Mag. [8] **7,** 1211—22, 1962; Reading, Univ., Phys. Thomson-Labor.; engl.) — Gemessen wurde die Änderung der inneren Reibung von Cu (99,999%ig.) nach Elektronenbeschuß (bis 2 MeV) im Vakuum bei 100°K u. Zimmertemperatur. Die Ergebnisse lassen sich durch eine Fixierung der Versetzungslinien durch die entstandenen punktförmigen Störstellen deuten. Die Änderung der inneren Reibung bei Zimmer-Temp. mit der Strahlungsenergie u. -dosis entspricht der atomaren Verschiebungsenergie in Cu von 20—25 eV. Beim Erwärmen von bei 100°K bestrahlten Proben nimmt die Schwingungsdämpfung in den Cu-Proben in zwei Temp.-Bereichen ab: ~ 200°K u. 270°K. Die Dämpfungsabnahme ist auf eine Mobilisierung von Störstellen zurückzuführen. Diskutiert wird die Beziehung dieser Temp.-Gebiete der Störstellenmobilisierung zu den Ausglüherscheinungen bei der Temp.-Abhängigkeit des elektr. Widerstandes. K. Jaeger 200◇

0495 **Zur Gitterdehnung an hartgezogenen feinen Kupferdrähten.** E. Schmidt. (Mber. dtsch. Akad. Wiss. Berlin **4,** 623—24, 1962; Inst. für Strukturforsch. der Dt. Akad. der Wiss., Forschungsgemeinsch.; dt.) — Das beim Ziehen feinster Cu-Drähte (bis unter 20 μ Durchmesser) häufig auftretende Reißen wird auf eine Störung des Gleitprozesses bei der Verformung zurückgeführt. Es wird vermutet, daß geringe Anhäufungen der im Cu enthaltenen Verunreinigungen an den Korngrenzen zu diesen Störungen führen u. eine übermäßige Gitterdehnung verursachen. Röntgenograph. Unterss. ergaben, daß Drähte mit schlechter Ziehfähigkeit eine größere Gitterdehnung als Drähte mit guter Ziehfähigkeit aufwiesen. D. Rogalla 200◇

0496 **Abgabe von gespeicherter Energie beim Tieftemperaturanlassen einiger kaltverformter Metalle.** A. Van Den Beukel. (Acta metallurg. [New York] **11,** 97 bis 105, 1963; Delft, Netherlands, TH, Labor. voor Metaal.; engl.) — Die Erholungsvorgänge in *Cu, Ni, Ag* u. *Au* beim Anlassen im Temp.-Bereich der Stufen II u. III nach Verformung bei — 195° wurden durch Messung der Abgabe gespeicherter Energie untersucht. Die Erholung in Stufe II zeigt eine für jedes Metall etwas verschiedene Feinstruktur. In Cu u. Ag beträgt die Energieabgabe etwa 2% der bei der Verformung aufgewendeten Arbeit, unabhängig von dem 40—70% betragenden Verformungsgrad (Kompression). Ein Einfl. der Erholungsvorgänge auf die spezif. Wärme des Gitters wurde innerhalb der 0,2% betragenden Meßgenauigkeit nicht beobachtet. Ein Vgl. der abgegebenen Energie mit der Abnahme des elektr. Widerstandes während des Glühens in Stufe II u. III ergab den Wert von 3,0—3,5 cal/g · μΩ · cm für das Verhältnis gespeicherte Energie/Widerstand. In Cu wurde der Einfl. von Verunreinigungen auf die Erholung untersucht. Die totale Energieabgabe zwischen — 195° u. Raumtemp. ist dieselbe wie in reinem Cu. Als wichtigste Effekte der gelösten Au- u. Ag-Atome werden angegeben: 1. die Energieabgabe wird zu höheren Temp. verschoben; 2. die Feinstruktur der Stufe II verschwindet allmählich mit zunehmender Konz. der Fremdatome; 3. die Erholungsstufe II, die bei reinem Cu schwach zu sehen ist, verschwindet; 4. im Temp.-Bereich der Stufe III werden neue Erholungsstufen beobachtet. Bei einer Beimischung von 0,1 at.-% Be zeigt sich keine Erholung. Die Erholungsvorgänge in den Stufen II u. III werden mit Hilfe von Zwischengitteratompaaren u. Wechselwrkg. zwischen diesen Atomen u. Verunreinigungen u. Versetzungen erklärt. H. Hochstein 200◇

0497 **Reckalterung bei Nickel.** E. Macherauch und O. Vöhringer. (Acta metallurg. [New York] **11,** 157—58, **1963;** Stuttgart, MPI für Metallforsch.; dt.) — An vielkristallinem Ni vom Reinheitsgrad 99,8% werden Streckgrenzen- u. Alterungserscheinungen beobachtet. Durch Reckalterungsverss. bei Temp. von 50, 150 u. 300° von bei Raumtemp. bis zum Ende des Fließbereiches verformten, eine bleibende Dehnung von ca. 0,5% aufweisenden Proben wird nachgewiesen, daß bei hinreichend hohen Auslagerungstemp. $\Delta\sigma$ (Differenz der Streckgrenze nach der Alterung u. der vorher erreichten Fließspannung) in sehr kurzen Zeiten relativ stark ansteigt. Bei einer Alterungstemp. über 150° wird nach wenigen Std. eine Sättigung u. Überalterung beobachtet. Die Aktivierungsenergie wird zu 10,2 ± 2 kcal/Mol errechnet. H. Hochstein 200◇

0498 **Mechanische Eigenschaften von Nickel großer Reinheit.** W. M. Ashasha, B. W. Wassjutinski und B. I. Schapowal. (Nachr. Akad. Wiss. UdSSR, Abt. techn. Wiss., Metallurgie Brennstoffe **1962,** 160—62; Charkow; russ.) — Mit einem von Vff. beschriebenen Vakuum-Dest.-Aggregat wurde Ni von 99,98%ig. Reinheit bei Temp. von 1100—1400° dargestellt u. dessen physikal. u. mechan. Eigg. im Vgl. mit anderen Ni-Sorten untersucht. Besondere Eigg.: höhere Plastizität (40—50%) u. mit 36 kg · m/cm^2 fast doppelt so große Schlagfestigkeit. Restbestandteile: Fe 6 · 10^{-3}(%); Si, Al, Cu, Pb, Mg, Mn, Cd, Sb, P u. S 1 · 10^{-4}—3 · 10^{-3}. W.-D. Heußner 200◇

0499 **Bestrahlungsverfestigung in Niob.** P. R. V. Evans, A. F. Weinberg und R. J. van Thyne. (Acta metallurg. [New York] **11,** 143—50, 1963; Chicago, Ill., Armour Res. Found., Metals and Ceramics Div.; San Diego, Calif., Gen. Atomic; engl.) — Der Einfl. von Neutronenbestrahlung auf die Festigkeit u. Duktilität von Nb wurde in Abhängigkeit von der Korngröße u. Bestrahlungstemp. (77—330°) untersucht. Aus der Bestrahlungsverfestigung wurden die Konst. σ_i u. ky aus der Petsch-Gleichung u. aus einer Extrapolation der Verfestigungskurve erhalten. Die Zunahme der unteren Fließspannung nach der Bestrahlung beruht auf einer Vergrößerung von σ_i u. ist von der Bestrahlungsdosis u. -temp. abhängig. Die beiden Best.-Meth. ergaben unerwartet verschiedene Werte für ky. Parallel zur Verfestigung konnte ein starker Rückgang der Duktilität, in einigen Fällen sogar eine vollständige Versprödung festgestellt werden. Bei den angewandten, relativ geringen integrierten Neutronenflüssen (7,5 · 10^{19} nvt) war der Rückgang der Duktilität von Bestrahlungsdosis, -temp. u. Korngröße abhängig. Da die untersuchten Korngrößen denjenigen im handelsüblichen geschmiedeten u. rekrist. Nb entsprechen, ist der starke Strahlungseffekt von technolog. Interesse. Die beobachtete Versprödung des Nb nach relativ geringer Bestrahlungsverfestigung wird erörtert. H. Hochstein 200◇

0500 **Einfluß von Löchern auf die Elastizitätskonstanten von Ge.** G. L. Bir und A. Turssunow. (Festkörperphysik [UdSSR] **4,** 2625—28, 1962; Leningrad, Halbleiterinst. der Akad. der Wiss. der UdSSR; russ.) — Ausgehend von einer Gleichung für die freie Energie der Löcher, wird der Anteil der Löcher an den Elastizitätskonst. von Ge bei der Deformation ohne Vol.-Änderung behandelt. Da die relative Größe des Effektes bei p- u. n-Ge durch die Konst. des Deformationspotentials bestimmt wird, kann man diese für p-Ge aus dem Effekt errechnen. R. K. Müller 200◇

0501 **Einflüsse von Neutronenbestrahlung auf die Dämpfung von Versetzungen in kaltbearbeitetem Aluminium.** D. Gelli, T. Federighi und F. Pieragostini. (Philos. Mag. [8] **7,** 1791—94, 1962; Novarra, Italy, Ist. Sperim. Metalli leggeri; Saluggia, Sorin; engl.) — Es werden die Einfl. der Bestrahlung von *Al* (99,995%) mit (2,4 ± 0,36) · 10^{12} Neutronen (> 1 MeV)/cm^2 s bei Strahlungsdosen von **1,44 · 10^{14}—1,45 · 10^{17}** Neutronen/cm^2 u. Zimmertemp. untersucht. Messungen der inneren Reibung u. des dynam. Moduls, Änderungen der Resonanzfrequenz u. des logarithm. Dekrements mit der Bestrahlungsdosis u. beim isochronen Tempern (Diagramme) zeigen starke Strahlungsschäden, die mit einer Blockierung von Versetzungen durch beim Neutronenbeschuß entstandene Fehlstellen (Versetzungsdämpfung) erklärt werden. W. Sobieski 200◇

0502 **Die Schwächung von Ultraschall in einkristallinem Cadmium.** G. Abowitz. (J. appl. Physics **34,** 1503—07, **1963;** Ithaca, N. Y., Cornell Univ., Dep. of Engng. Mechan.

and Mater.; engl.) — Die Schwächung von Druck- u. Scherwellen in Cd-Einkristallen bei 300°K wurde im Frequenzbereich von $5\times10^6 - 60\times10^6$ Hz gemessen. Oberhalb 20×10^6 Hz folgt die Schwächung einem Gesetz der Form $\alpha = Cf^n$; dabei sind α die Schwächung, f die Frequenz, n eine Konst. zwischen 1 u. 2 u. C eine zweite Konstante. Die Schwächung kann jedoch nicht im Falle der Druckwellen den bekannten thermoelast. Verlusten u. im Falle der Scherwellen der Dämpfung durch Versetzungen zugeschrieben werden. Aus den bei 300°K für alle 5 Fortpflanzungsweisen gemessenen Phasengeschw. wurden die Elastizitätskonst. C_{11}, C_{12}, C_{33} u. C_{44} berechnet.
D. Rogalla 200◇

0503 **Zur Abhängigkeit des Quergleitens von der Stapelfehlerenergie in kubisch-flächenzentrierten Metallen und Legierungen.** P. R. Thornton, T. E. Mitchell und P. B. Hirsch. (Philos. Mag. [8] **7**, 1349—69, 1962; Cambridge, UK, Cavendish Labor.; engl.) — Gemessen wurden die Temp.-Abhängigkeit u. die Abhängigkeit der Formänderungsgeschw. von τ_{III} (Spannung zu Beginn der dritten Stufe der Härtung von Einkristallen) für Cu-Zn-Legg. (95:5; 90:10, 80:20 u. 70:30) u, 99,999%ig. Cu. Die Ergebnisse stimmen mit der Theorie des Quergleitens von Seeger überein. Die nach der Seeger-Analyse bestimmten Werte für die Stapelfehlerenergie, γ, weichen jedoch stark von den direkt elektronenmkr. bestimmten γ-Werten ab (~ 170 gegenüber ~ 60 erg/cm² für reines Cu), wenn e/a (das Verhältnis der Leitungselektronen zu den Atomen) $> 1{,}10$ ist. Die Seeger-Analyse kann für Cu-Legg. mit e/a $> 1{,}1$ nicht angewendet werden. Auch die Gültigkeit des Seeger-Modells wird krit. geprüft.
K. Jaeger 200◇

0504 **Hochtemperaturbedingte innere Reibung in Metallen.** W. T. Schmatow und A. W. Grin. (Metallphysik u. Metallkunde [UdSSR] **12**, 600—06, 1961; Akad. der Wiss. der UdSSR, Inst. für Metallphys.; russ.) — Der Hochtemp.-Untergrund der inneren Reibung in Metallen u. der Spitzenwert der inneren Reibung an den Korngrenzen werden mit der ungleichwertigen Änderung der Fehlstellen im Inneren bzw. an den Grenzen des Korns in Beziehung gesetzt. Auf Grund dieser Beziehung werden Gleichungen für die innere Reibung in Metallen bei hohen Temp. abgeleitet; die danach berechneten Aktivierungsenergien entsprechen den experimentell gefundenen Werten. R. K. Müller 200◇

0505 **Temperaturabhängigkeit der Elastizitätsanisotropie der Metalle des kubischen Systems.** L. A. Kalinetz. (Hochschulnachr. [Tomsk], Physik **1961**, Nr. 6, 150—57; Odessa, Päd. Uschinski-Inst.; russ.) — Auf Grund des zuerst von Voigt [1910] vorgeschlagenen u. von Bruggeman [1934], Lifschitz [1946] u. anderen entwickelten Polykristallmodells wird eine Methodik der Unters. der Temp.-Abhängigkeit der Konst. s_{11} u. $K = s_{11} - s_{12} - {}^1/_2 s_{44}$ ausgearbeitet. Danach ist es möglich, die Gesetzmäßigkeiten der Änderungen der elast. Anisotropie von Metallkristallen mit der Temp. auf Grund von Unterss. an Metallblechen zu ermitteln. Die Ergebnisse stimmen mit Messungen an Al-Einkristallen überein. Bei Al, Duralumin, Cu u. Fe nehmen s_{11} u. K mit steigender Temp. monoton zu. Da K rascher zunimmt als s_{11}, nimmt die elast. Anisotropie mit steigender Temp. zu. Im Gegensatz zu Ionenkristallen ändert K bei allen positiven abs. Temp. sein Vorzeichen nicht u. bleibt stets positiv.
R. K. Müller 200◇

0506 **Bemerkungen zu „Die Hochtemperaturfestigkeit von polykristallinen festen Körpern beeinflussende Faktoren".** E. R. Petty. (Acta metallurg. [New York] **11**, 66—68, 1963; Sheffield, Coll. of Technol.; engl.) — Vf. nimmt ein Bezug auf eine Mitt. von Sherby (vgl. C. **1963**, 19524), in der über eine Wechselbeziehung zwischen der Aktivierungsenergie für Hochtemperaturkriechen vieler Metalle u. ihrer Aktivierungsenergie für Selbstdiffusion berichtet worden war u. kommt bei einer krit. Unters. zu dem Ergebnis, daß die Valenz höchstens ein sek. Faktor ist u. nicht die Bedeutung hat, die Sherby (vgl. l. c.) ihr zuschreibt.
C. Gottfried 200△

0507 **Zur Bestimmungsmethodik der Plastizitätscharakteristik nach der probenlosen Methode.** M. P. Markowetz. (Betriebs-Lab. [UdSSR] **29**, 978—80, 1963; Moskau, Energet. Inst.; russ.) — Vorgeschlagen wird eine Näherungs-Meth. zur Best. der Kennwerte der Plastizität, nämlich der Einschnürung (Ψ_K) sowie der Dehnungswerte δ_5 u. δ_{10}, aus der Härte für metall. Werkstoffe mit einer Quereinschnürung unter 50%.
H. Hochstein 200◇

0508 **Anwendung einiger Materialien als Druckübertragungsmedien.** G. P. Schachowskoi und Je. G. Ponjatowski. (Versuchsgeräte u. Versuchstechn. [UdSSR] **6**, 177—78, 1961; Inst. für Kristallogr. der Akad. der Wiss. der UdSSR; russ.) — Auf Grund der therm. Analyse in einer Druckkammer mit 25,9 at im Kammerzentrum beträgt die spezif. Belastung (der Druckgradient zwischen Stock u. Kammermitte) bei AgCl 29,1 (3,2) (at), bei Teflon 30,7 (4,8), bei Paraffin (I) 31,2 (5,7), bei Pyrophyllit 40,9 (15,0), bei Talkstein 42,4 (16,5). Der Druckgradient über die Kammerhöhe hat also bei plast. Medien wie AgCl u. I eine erhebliche Größe, u. die Bedingungen der allseitigen Kompression der Proben sind von den hydrostat. deutlich verschieden. R. K. Müller 200◇

0509 **Die Natur des Abriebprozesses in plastisch verformbaren Nichtmetallen.** J. N. King und H. Wilman. (Proc. physic. Soc. **78**, 979—87, 1961; London, Imp. Coll., Chem. Engng. Dep., Appl. Phys. and Chem. of Surfaces Labor.; engl.) — Vff. berichten über Messungen des Reibungskoeff. μ, der Abriebgeschw. M u. der Oberflächenverformung bei in einer Richtung durchgeführtem Schleifen auf Schmirgelpapier mit verschiedenen Korngrößen D bei Belastungen von 200—500 g bei *AgCl* u. *AgBr*. μ war für beide Salze konstant = 0,82, wenn die Teilchengröße des Schmirgelpapiers größer als 70 μ war. Auf feinerem Schmirgelpapier nimmt μ sehr schnell mit kleiner werdender Korngröße D ab. Die Abriebgeschw. änderte sich mit D in ähnlicher Weise, nahm aber bei großem D etwas zu. Die Reibung u. der Abrieb der Proben entsprachen denen von Metallen gleicher Härte. Mkr. Unters. einzelner Abriebrillen zeigte, daß der Abrieb hauptsächlich durch eine schneidende Wrkg. erfolgt u. daß zugleich plast. Fließen auftritt. Elektronenbeugungsaufnahmen an den abgeschliffenen Flächen zeigten die Interferenzen der kub.-flächenzentrierten Struktur mit einigen zusätzlichen Interferenzen, die dem Schmirgel zugeschrieben werden; eine Orientierung des Halogenids wurde nicht beobachtet. Nach Abätzen der Oberfläche mit 0,1%-KCN-Lsg. wurde dagegen eine gewisse Orientierung festgestellt.
C. Gottfried 200△

0510 **Ultraschalldämpfung und damit verwandte Eigenschaften in bestrahlten Alkalihalogenidkristallen.** Touichi Okada und Tokuo Suita. (J. physic. Soc. Japan, Suppl. Nr. I, Proc. int. Conf. Crystal Lattice Defects, Tokyo **1962**, 135—41, 1963; Osaka, Univ., School of Engng.; engl.) — In *NaCl*-Kristallen, die mit bis zu 10^7 r Gammastrahlen bestrahlt wurden, lassen sich mit der Ultraschallimpulsmethode Druck, Spannung u. Veränderungen der Schallgeschw. messen, aus deren Abhängigkeit von der Bestrahlungsdosis u. der Abklingzeit auf Wechselwrkg. von Strahlungsschäden mit Versetzungen geschlossen werden kann.
H. U. Borgstedt 200◇

0511 **Wirkung von Hochfrequenzschwingungen auf die Versetzungsstruktur und die innere Reibung von Alkalihalogenidkristallen.** E. G. Shvidkovsky, E. P. Belozerova und N. A. Tjapunina. (J. physic. Soc. Japan, Suppl. Nr. I, Proc. int. Conf. Crystal Lattice Defects, Tokyo **1962**, 161—62, 1963; Moscow, Univ., Dep. of Phys.; engl.) — *NaCl*- u. *LiF*-Kristalle mit einer Versetzungsdichte von $10^4\,cm^{-2}$ zeigen bei 110 kHz mit steigender Frequenz das Auftreten neuer Versetzungen u. damit ein Ansteigen der inneren Reibung.
H. U. Borgstedt 200◇

0512 **Tensor der Korrekturglieder für polarisierende Effekte der Elastizitätskoeffizienten von Quarz.** K. Hruška. (Czechoslov. J. Physics **13**, 307—08, 1963; Liberec, Fac. stroj. a textil. inz., Kat. fyz.; engl.) — Für die polarisierenden Korrekturglieder der Elastizitäts-Koeff. von Quarz wurden nachst. Werte gefunden: $G_{221} = 5{,}8 \cdot 10^{-23}$; $G_{241} = -24{,}6 \cdot 10^{-23}$; $G_{341} = -28{,}9 \cdot 10^{-23}$ u. $G_{441} - 2G_{131} = -20{,}4 \cdot 10^{-23}$ [$N^{-1}V^{-1}m^3$]. G. M. Neumann 200◇

0513 **Charakteristische Schwingungsfrequenzen in Silicium und Diamant.** T. I. Kutscher. (Festkörperphysik [UdSSR] **4,** 992—98, 1962; Kiew, Akad. der Wiss. der UdSSR, Halbleiter-Inst.; russ.) — Vgl. C. **1964,** 6/7-0438. — Die l. c. beschriebene Meth. wird zur Berechnung des Schwingungsspektrums von Si u. zu einer vorl. Unters. des Diamantspektrums benutzt. Die Ergebnisse für Co(k) sind für die Richtungen ⟨100⟩, ⟨110⟩ u. ⟨111⟩ graph. dargestellt. Für Diamant wird ein Vgl. verschiedener Näherungen an die Theorie durchgeführt. H. Roschkowski 200◇

0514 **Eine Einführung in die plastische Verformung von kristallinen Festkörpern.** M. T. Sprackling. (School Sci. Rev. **43,** 374—81, 1962; London, Univ., Queen Elizabeth Coll.; engl.) — Zusammenfassende Übersicht über die Verformung durch Gleiten der Atomschichten im Kristall. K. Huste 200◇

0515 **Rest-Dipole und innere Reibung bei niedriger Temperatur in Kristallen.** John J. Gilman. (Philos. Mag. [8] **7,** 1779—82, 1962; Providence, R. I., Brown Univ.; engl.) — Vf. untersucht die bei der Verformungshärtung wichtigen Dipole von Kantenversetzungen (C. **1961,** 17489), die nach der Bewegung von Schraubenversetzungen durch Kristalle zurückbleiben, auf ihren Einfl. auf die nach einer plast. Verformung auftretenden Bordoni-Maxima der inneren Reibung bei niedriger Temperatur. Die beiden Stabilitätslagen der Kantenversetzungsdipole, ihre Relaxation, die minimale Aktivierungsenergie $(Q_D)_{min}$ dafür u. eine für die Relaxationskraft abgeleitete Beziehung werden diskutiert u. berechnet u. gemessene $(Q_D)_{min}$-Werte für *Cu, Al, LiF, Nb, Ta, W* u. *Mo* tabellar. angegeben. W. Sobieski 200◇

0516 **Anomale Änderungen der Ultraschallgeschwindigkeit in fixierten Deformations- und Strahlungsversetzungen.** R. Truell und A. Granato. (J. physic. Soc. Japan, Suppl. Nr. I, Proc. int. Conf. Crystal Lattice Defects, Tokyo **1962,** 95—101, 1963; Providence, R. I., Brown Univ., Metals Res. Labor.; engl.) — Bei sehr hohen Frequenzen bewirkt die Fixierung von Versetzungen nicht die normale Herabsetzung der Dämpfung u. Erhöhung der Ultraschallgeschw., sondern gegenteilige Effekte, die auch durch sehr große Ausdehnung der Versetzung u. durch hohe Phononendichte eintreten können. Bei großer Ausdehnung der Versetzungen konnte an *NaCl*- u. *Al*-Einkristallen in Abhängigkeit von der Orientierung dieser Effekt mit einer sehr empfindlichen Schallgeschw.-Meßmeth. gefunden werden. H. U. Borgstedt 200◇

0517 **Akustische Achsen in Kristallen.** A. G. Chatkewitsch. (Kristallographie [UdSSR] **7,** 742—47, 1962; Akad. der Wiss. der Weißruss. Sowjetrep., Phys. Inst.; russ.) — Abgeleitet u. diskutiert werden allg. Gleichungen für akust. Achsen (Achsen, entlang denen die Phasen-Geschw. zweier elast. Wellen gleich sind) in Kristallen mit beliebiger Symmetrie. K. Jaeger 200◇

0518 **Reflexion elastischer Verwerfungswellen an den Verteilungsgrenzen zweier anisotroper Medien.** K. Ss. Alexandrow. (Kristallographie [UdSSR] **7,** 735—41, 1962; Akad. der Wiss. der UdSSR, Sibir. Abt., Phys. Inst.; russ.) — Abgeleitet wurde ein Ausdruck für den Reflexions-Koeff. einer elast. Verwerfungswelle bei der Reflexion an einer ebenen Verteilungsgrenze zwischen zwei anisotropen Medien mit der Einschränkung, daß die Wellen sich in Symmetrieebenen der sich berührenden Medien fortpflanzen. Es wurde gezeigt, daß mit dieser Einschränkung analoge Ausdrücke auch für eine elektromagnet. Welle gelten, deren magnet. Vektor senkrecht zur Symmetrieebene steht. K. Jaeger 200◇

0519 **Das elastische Verschiebungsfeld von Einzel- und Doppelkräften in anisotropen Medien.** E. Mann, R. v. Jan und A. Seeger. (Physica Status solidi [Berlin] **1,** 17—29, 1961; Stuttgart, MPI für Metallforsch.; TH, Inst. für theoret. u. angew. Phys.; dt.) — Bei der theoret. Behandlung von atomaren Fehlstellen in Kristallen ist die Kenntnis des elast. Verschiebungsfeldes sogenannter Doppelkräfte nötig. Für *Cu* wurde die implizite Fredholmsche Lösung für Einzel- u. Doppelkräfte mit Hilfe elektron. Rechenanlagen numer. ausgewertet. C. Gottfried 200△

A_7. Gleichgewichte, Kinetik

0520 **Bestimmung der Zusammensetzung des Komplexes von Thorium(IV) mit Cupferron und 4′-Nitro-2.2′-dihydroxy-4-methyl-5-isopropylazobenzol.** W. M. Dsiomko, N. P. Rudenko und I. N. Kremenskaja. (J. anorg. Chem. [UdSSR] **8,** 1278—80, 1963; Moskau, Allunions-Inst. für chem. Reagentien; Univ., Inst. für Kernphys., Radiochem. Labor.; russ.) — Vff. nahmen das Diagramm Zus./Extinktion des tern. Syst. Th(IV) – Cupferron (Cup) – 4′-Nitro-2.2′-dihydroxy-4-methyl-5-isopropylazobenzol (Azo) bei pH 8,5 auf u. bestimmten die Werte der maximalen Abnahme der Extinktion. Die Zus. wurde zu Th : (Cup) : (Azo) = 1 : 2 : 1 bestimmt. G. Ewald 223◇

0521 **Komplexbildung des Zirkoniums mit Anionen anorganischer Säuren.** K. B. Jatzimirski und L. P. Raisman. (J. anorg. Chem. [UdSSR] **8,** 1107—11, 1963; Iwanowo, Chem.-technol. Inst.; russ.) — Die Komplex-Bldg. von Zr^{4+} mit Sulfat-, Molybdat- und Wolframationen wird an Hand der katalyt. Rk. $2 J^- + 2H^+ + H_2O_2 \leftrightharpoons J_2 + 2H_2O$ verfolgt, deren Geschw. linear von der Konz. des als Katalysator wirkenden Zr^{4+} abhängt. In den Lsgg. bilden sich Komplex-Verbb. mit dem Verhältnis Metall : Ligand = 1 : 1. Die Gleichgewichts-Konst. der Bldg.-Rkk. für die Komplexe $[ZrOSO_4]$ u. $[ZrMoO_4]^{2+}$ betragen 58 ± 5 u. $(1{,}5 \pm 0{,}3) \cdot 10^4$, für die Rk. zwischen Na_2WO_4 u. $ZrOCl_2$ ca. 10^4. G. Ewald 223◇

0522 **Untersuchung der Komplexbildung von Zirkonium mit Selenenoyltrifluoraceton mit der Verteilungsmethode.** N. W. Meltschakowa und W. M. Peschkowa. (J. anorg. Chem. [UdSSR] **8,** 1280—81, 1963; russ.) — Vff. untersuchten das Syst. Selenenoyltrifluoraceton (vgl. Jurjew u. Mitarbeiter, C. **1963,** 6210) Zr–C_6H_6–H_2O nach der Verteilungs-Meth. unter Verw. von ^{95}Zr u. geben die Komplex-Bldg.-Konst. tabellar. an. G. Ewald 223◇

0523 **Komplexbildung im System Zirkonium–Diantipyrylmethan.** A. K. Babko und M. I. Schtokalo. (J. anorg. Chem. [UdSSR] **8,** 1088—92, 1963; russ.) — Vff. untersuchten mit Hilfe der Metallindicator-Meth. die Bldg. der farblosen Aminokomplex-Verb. im Syst. Zr–Diantipyrylmethan (DAM) in Ggw. von 1n HCl bzw. 0,1n HCl. Die Schwächung der Farbe des Komplexes Zr-Xylenolorange durch zunehmende Konz. von I wird mit der Schwächung durch F^--Ionen verglichen. Die Existenz der 2 Verbb. $[Zr(DAM)_2]^{4+}$ (**I**) u. $[Zr(DAM)_3]^{4+}$ ist gesichert. Die Instabilitäts-Konst. von I beträgt $3{,}1 \cdot 10^{-12}$. G. Ewald 223◇

0524 **Stabilität von Bromokomplexen des Kupfers in essigsauren Lösungen.** T. W. Malkowa und K. B. Jatzimirski. (J. anorg. Chem. [UdSSR] **8,** 332—37, 1963; Iwanowo, Chem.-technol. Inst.; russ.) — Es werden die Absorptionsspektren von Lsgg. des Syst. $Cu(CH_3COO)_2$–$LiBr$–CH_3COOH mit konst. $Cu(CH_3COO)_2$-Konz. u. LiBr-Konzz. von $0{,}4845 \cdot 10^{-3}$ bis $2{,}137 \cdot 10^{-3}$ Mol/Liter untersucht. Folgende 2 Gleichgewichte werden festgestellt: $Cu(CH_3COO)_2 + LiBr \leftrightharpoons Li[CuBr(CH_3COO)_2]$ u. $Cu(CH_3 \cdot COO)_2 + 2LiBr \leftrightharpoons Li_2[CuBr_2(CH_3COO)_2]$, die Gleichgewichtskonst. betragen $\beta_1 = 4{,}02 \cdot 10^2$ bzw. $\beta_2 = 2{,}62 \cdot 10^6$. G. Engelhardt 223◇

0525 **Der Massenüberführungskoeffizient von Kohlendioxid zwischen der Gas- und der Lösungsphase.** 2. Mitt. **Der Einfluß von Elektrolyten in der wäßrigen Phase.** Aarno Voipio. (Suomen Kemistihleti B **36,** 79—81, 1963; Helsinki, Inst. of Marine Res.; engl.) — 1. vgl. C. **1963,** 11937. — Der Einfl. von 1 m, 2 m u. 4 m NaCl bei 10, 20 u. 30° sowie von 1 m Na_2SO_4 bei 20 u. 30° auf den Massentransport-Koeff. k des CO_2 (1 atm) bei dessen Strömen durch die Gas–Wasser-Grenzschicht ist sehr gering. Für die NaCl-Lsgg. steigt R nur mit wachsender Elektrolyt-Konz. bei den höchsten Temp. systemat., entsprechend nehmen die Werte für die Aktivierungsenergie E (kcal/Mol) von 3,403 auf 3,543 u. die des Häufigkeitsfaktors A (cm · sec^{-7}) von 2,16 auf 2,50 zu. Vf. nimmt an, daß der geschwindigkeitsbestimmende Schritt das Eindringen des CO_2-Mol. in einen Wasserfilm auf der Oberfläche der Elektrolyt-Lsg. ist. G. Heller 224◇

0526 **Über die Löslichkeit von Jod in Lösungen von Metalljodiden und seine Verteilung zwischen diesen Lösungen und organischen Flüssigkeiten.** I. P. Gorelow und W. W. Sserebrennikow. (J. anorg. Chem. [UdSSR] 8, 1265—69, 1963; russ.) — Vff. untersuchten die Löslichkeit von Jod in wss. Lsgg. von AJ_3 (A = La, Ce, Pr, Nd, Sm, Eu, Gd, Tb, Dy, Ho, Er, Tu, Yb, Lu, Y, Sc, Al, $[Co(NH_3)_6]$); XJ_2 (X = Ba, Sr, Ca, Mg, Be) u. ZJ (Z = NH_4, Li, Na, K, Cs) verschiedener Konz. bei 19—25°. Die Löslichkeit von J_2 in MeJ_3 (Me = Seltenerdmetalle) fällt von La^{3+} bis Gd^{3+} ab, u. vergrößert sich wieder bis Lu^{3+}. Bei Vergrößerung der jeweiligen MeJ_3-Konz. von $7{,}5 \cdot 10^{-4}$ auf 0,1 m steigt die J_2-Löslichkeit an. Die Löslichkeit von J_2 in YJ_3-Lsg. entspricht der in HoJ_3-Lösung. Die Löslichkeit von J_2 verringert sich beim Übergang von LiJ-, BeJ_2- bzw. AlJ_3-Lsg. zu Lsgg. von NaJ, MgJ_2 bzw. ScJ_3. Sie steigt beim Übergang zu Lsgg. von CsJ, BaJ_2 bzw. LaJ_3 wieder an. Das Minimum der Löslichkeit von J_2 liegt somit beim 2. Element der jeweiligen Gruppe. Vff. untersuchten die Verteilung von J_2 zwischen den genannten, $7{,}5 \cdot 10^{-4}$ m Jodid-Lsgg. u. Bzl., Ae. bzw. Propylformiat u. bestimmten die Verteilungskoeffizienten. Innerhalb der 1. u. 2. Gruppe des Periodensyst. ist dieser Koeff. K_J für die letzten Elemente (Cs, Ba) am kleinsten, für die 2. Elemente (Na, Mg) am größten und die 1. Elemente (LiJ, BeJ_2) wieder kleiner. Die Kurve K_J/Ordnungszahl für die Jodide der Seltenerdmetalle hat Sägeblattcharakter. Die Veränderung der Löslichkeit von J_2 u. des Koeff. K_J wird mit der Bldg. von Polyjodiden verbunden, deren Stabilität vom Radius der Hydratsphäre des Kations abhängt. G. Ewald 224◇

0527 **Löslichkeitsprodukt von $Pb_2Cl_2CO_3$.** R. Näsänen, P. Meriläinen und M. Hyle. (Suomen Kemistilehti B 36, 73—76, 1963; Helsinki, Univ., Dep. of Chem.; engl.) — Vgl. C. **1963**, 18381. — Die Gleichgew.-Konst. bei 25° u. der Ionen-Konz. 0 der Gleichgew. $Pb^{2+} + Cl^- + 0{,}5CO_2$ (g) + $0{,}5H_2O \leftrightharpoons PbCl(CO_3)_{0,5}$ (f) + H^+ bzw. $PbCl(CO_3)_{0,5}$ (f) + $0{,}5CO_2$ (g) + $0{,}5H_2O \rightleftharpoons PbCO_3$ (f) + $H^+ + Cl^-$ wurden nach der pH-Meth. zu $\log K^0 = 0{,}903$ bzw. $pK^0_p = 5{,}82$ bestimmt. Aus diesen Werten wurde auf 2 verschiedenen Wegen das thermodynam. Löslichkeitsprod. von $PbCl(CO_3)_{0,5}$ zu $pK^0 = 9{,}83—9{,}97$ berechnet. G. Heller 224◇

0528 **Mitfällung von Gallium mit Zinndisulfid.** I. Ss. Tschauss und I. A. Scheka. (J. anorg. Chem. [UdSSR] 8, 1270—75, 1963; Akad. der Wiss. der UdSSR, Kurnakow-Inst. für allg. u. anorgan. Chem.; russ.) — Vff. untersuchten die Mitfällung von Ga mit SnS_2 in Abhängigkeit vom Säure-Geh., von der Temp. u. der Ga-Konz. in der Lsg. bei konst. Sn(IV)-Konz. von 0,064 Mol/Liter. Die Mitfällung ist bei kleinem Säure-Geh. groß (65—70%) u. wird schon ab 0,15—0,17 n HCl konstant: 47—49% bei $6{,}4 \cdot 10^{-3}$ Mol Ga/Liter. Mit Erhöhung der Temp. erhöht sich die Mitfällung. Bei einem kleinen Verhältnis Ga/Sn bilden sich feste Lsgg. der Sulfide, bei einem Verhältnis Ga/Sn = 0,6—0,7 bilden sich Doppelsalze vom Typ $SnS_2 \cdot nGa_2S_2X_2$ (X = $^1/_2$O oder Cl). G. Ewald 224◇

0529 **Kinetik und Thermodynamik des stationären Zustands chemischer Reaktionen.** 2. Mitt. Takashi Nakamura. (J. Res. Inst. Catalysis, Hokkaido Univ. 9, 87 bis 107, 1961; Sapporo, Hokkaido Univ., Res. Inst. for Catalysis; engl.) — 1. vgl. C. **1963**, 16883. — Im Zusammenhang mit der irreversiblen thermodynam. Behandlung chem. Rkk. untersucht Vf. die Kinetik eines komplexen Syst. elementarer Rkk., deren Geschw. linear von ihren Affinitäten abhängt. Die Ausbildung eines stationären Zustands in einem offenen Syst. wird erörtert u. auf den pseudostationären Zustand in einem geschlossenen Syst. erweitert. Die Ergebnisse werden mit der Hirschfelderschen Theorie der chem. Kinetik verglichen. G. M. Neumann 225◇

0530 **Kinetik der Reaktion zwischen Hydraziniumhydrogensulfat und Jod.** R. C. Arora, S. G. Harmalkar und H. Singh. (Z. physik. Chem. [Leipzig] 221, 297—300, 1962; Indore, M. P., India, Kokar Sci. Coll.; engl.) — Die Rk. verläuft zwischen 20 u. 30° in folgenden Schritten: $N_2H_4 \cdot H_2SO_4 \rightleftharpoons N_2H_4 + H_2SO_4$; $J_2 + H_2O \leftrightharpoons HOJ + H^+ + J^-$; $N_2H_4 + HOJ \rightarrow N_2 + H_2O + 2H + H^+ + J^-$ (geschwindigkeitsbestimmend); $HOJ + 2H \rightarrow H_2O + HJ$. P. Sartori 225◇

0531 **Chlorisotopenaustausch zwischen Trimethylchlorsilan und Chlorwasserstoff.** Rolfe H. Herber und Shih-Chen Chang. (J. inorg. nuclear Chem. 17, 385—87, 1961; New Brunswick, N. J., Rutgers, State Univ., Nucl. Sci. Center; Pittsburgh, Pa., Univ. of Pittsburgh, Dep. of Biochem.; engl.) — Die Austauschfähigkeit der Chlorisotope wurde am Syst. HCl (gasförmig) (I)–$(CH_3)_3Si^{36}Cl$ (fl.) (II) in Abhängigkeit von der Temp. u. der Konz. von I untersucht. Bei 100° u. Konzz. von $2{,}48 \cdot 10^{-3}$ Mol II/Liter u. $4{,}97 \cdot 10^{-3}$ Mol I/Liter war nach 24 Std. erst ein 20%ig. Austausch erfolgt. Dagegen erreichte man bei 0° u. Konzz. von $1{,}38 \cdot 10^{-3}$ Mol II/Liter u. $0{,}7 \cdot 10^{-3}$ bis $2{,}7 \cdot 10^{-3}$ Mol I/Liter Halbwertszeiten zwischen $1{,}1 \cdot 10^2$ u. $0{,}6 \cdot 10^2$ Minuten. Da ein quant. nicht erfaßbarer Einfl. der Gefäßoberfläche auf die Rk.-Geschw. festzustellen war, sollten aus den Ergebnissen nur qual. Folgerungen abgeleitet werden. Als Erklärung für den Austauschvorgang wird die intermediäre Bldg. eines aktivierten Komplexes angenommen, worin dem Si-Atom eine Koordinationszahl 5 — entsprechend einem sp^3–sp^3d-Übergang — zugeordnet wird. W. Wiechmann 225◇

0532 **Studien zur Parawasserstoff-Umwandlung in Lösung.** 2. Mitt. G.-M. Schwab, J. Voitländer und V. Penka. (Z. physik. Chem. [Frankfurt/M.] [N. F.] 36, 378—82, 1963; München, Univ., Phys.-Chem. Inst.; dt.) — 1. vgl. C. **1957**, 13265. — Die p-H_2-Umwandlung mit einem paramagnet. Stoßpartner X geht nach der Gleichung p-H_2 + X $\leftrightharpoons$ o-H_2 + X vor sich. Ideale Voraussetzungen für die erfolgreiche Anwendung der p-H_2-Meth. (Verbesserung in der vorliegenden Arbeit) u. für die Best. magnet. Momente — wenigstens relativ zueinander — sind: a) ein unpolares Lsgm., das mit dem zu untersuchenden Ion oder Mol. keinen Solvatkomplex bildet; b) eine homologe Reihe von ster. gleichgearteten, paramagnet. Stoßpartnern (alle im gleichen Lsgm.). Hat man bei einer solchen Reihe (Beispiel: Reihe der Cyclopentadienyle; vgl. 1. Mitt.) das magnet. Moment eines einzigen Gliedes auf der magnet. Waage bestimmt, so kann man die Momente der anderen aus der p-H_2-Umwandlung berechnen. Der „Wrkg.-Querschnitt bzgl. der p-H_2-Umwandlung a_s" wurde theoret. abgeleitet u. aus den gemessenen Geschw.-Konst. ermittelt. Für die *Nitrate von* Co^{2+}, Ni^{2+} u. Cu^{2+} ergibt sich eine sehr gute Übereinstimmung (2%) zwischen den a_s-Werten einer Lsg. von $[M(H_2O)_3(C_2H_5OH)_3]^{2+}$-Komplexen mit dem Mittel aus den a_s-Werten der Lsgg. der Komplexe $[M(H_2O)_6]^{2+}$ u. $[M(C_2H_5OH)_6]^{2+}$. Die schlechte Übereinstimmung bei $Cr(NO_3)_3$ kann vielleicht durch metastabile Komplexe oder auch durch die dreifache Ladung, die zu einer stärkeren Deformation der Liganden beiträgt, erklärt werden. M. Dal Ri 225◇

0533 **Beitrag zur Untersuchung der Phosphatierung von Eisenmetallen.** Jacques Saison. (J. Rech. Centre nat. Rech. sci. **1962**, 79—101, 4 Tafeln; Labor. de Rayons X et d'Analyse électron.; franz.) — Röntgenograph. u. mittels Elektronenbeugung untersuchte Vf. die Zus. der Schichten, die sich bei der Phosphatierung von *Armco-Fe* unter den verschiedensten Vers.-Bedingungen bilden. Die Phosphatierungslsg. hatte die folgende mittlere Zus.: P_2O_5 1,5(%); ZnO 0,65; H_2O 97,85. Die Temp. bei der Phosphatierung betrug 95°. Die Unterss. ergeben, daß die Phosphatierungsschicht aus einem Gemisch von $Zn_3(PO_4)_2 \cdot 4H_2O$, *Phosphophyllit*, $(Zn_5^{2+}, Fe^{2+})_{1/2}(PO_4)_2 \cdot 4H_2O$, γ-Fe_2O_3 oder Fe_3O_4 u. *Vivianit*, $Fe_3(PO_4)_2 \cdot 8H_2O$, besteht. Die Kinetik der Rk. wurde röntgenograph. verfolgt. Untersucht wurde noch die Entwässerung von $Zn_3(PO_4)_2 \cdot 4H_2O$ zu dem Dihydrat. C. Gottfried 225△

0534 **Lageeinflüsse auf die Reaktionsgeschwindigkeit zwischen Silber und Salpetersäure.** J. J. Batten. (Austral. J. appl. Sci. 12, 358—60, 1961; Ascot Vale, Melbourne, I. C. I. A. N. Z., Central Res. Labor.; engl.) — Vgl. C. **1963**, 1198. — Zur Klärung der Rk. zwischen Ag u. verd. HNO_3 wurden Auflösungs-Verss. mit gazeförmigen Ag-Drahtgeflechten bei konst. Temp. in einem stat. Syst. durchgeführt. Entsprechend der Annahme, daß akt.

Zwischenprodd. bei der Auflösung eine Rolle spielen, konnte nachgewiesen werden, daß die Rk.-Geschw. von der örtlichen Lage der Probe in der Lsg. abhängig ist. Die größte Rk.-Geschw. ergibt sich für am Boden senkrecht in der Lsg. hängende Proben u. die kleinste Rk.-Geschw. für Proben, die sich horizontal im oberen Teil der Lsg. befinden. D. Noack 225◇

0535 **Isotopenaustausch des Sauerstoffs und Mechanismus der Phasenumwandlungen in Silicaten.** Jeannine Fructus-Riquebourg und Henri Merigoux. (J. Chim. physique Physico-Chim. biol. **60**, 351—54, 1963; Paris, Fac. des Sci., Labor. de Minér.; Saclay, Centre d'Études Nucl.; franz.) — Vff. untersuchten den Austausch von ^{18}O zwischen fein pulverisiertem *Granit* u. *Quarz* u. dem natürlichen Glas *Retinit* mit an ^{18}O angereichertem W. in einem Autoklaven. Bezeichnet man mit t_0 den Anfangsgeh. an ^{18}O im W., mit t den Geh. nach der Rk. u. mit t_e den für das Isotopengleichgew. zwischen W. u. dem Silicat berechneten Geh., dann ist die Austauschausbeute $R = (t_0 - t)/t_0 - t_e)$. Bei den Verss. mit Quarz ergab sich nach einer Rk.-Dauer von 60 Std. für R der Wert 0,15, mit Granit unter den gleichen Verhältnissen R = 0,65. Wurden die Verss. mit Granit bei 800° u. 1800 bar durchgeführt, bei denen Schmelzen des Granits stattfand, dann ergab sich unter sonst gleichen Bedingungen ein R-Wert von 0,72. Verss. an Retinit bei 600° u. 850 bar, bei denen der Retinit kristallisierte, ergaben R = 1. Bei einem weiteren Vers. wurde amorphes SiO_2-Gel. bei 700 bar auf 500° erhitzt, wobei Kristallisation zu Quarz eintrat. Hier ergab sich ebenfalls ein R-Wert von 1. Weitere Verss. wurden über den Austausch von ^{18}O zwischen angereichertem Silicat u. natürlichem CO_2 durchgeführt. Der Synthesequarz ergab bei 600° u. 650 bar nach einer Rk.-Dauer von 110 Std. mit CO_2 den R-Wert 0,07. Das Rekristallisationsprod. des Retinits ergab unter den gleichen Bedingungen R = 0,27. Der evtl. auftretende Rk.-Mechanismus wird besprochen. C. Gottfried 225△

0536 **Untersuchungen über die Herauslösung von Elementen aus Mineralien. Einwirkungen organischer Säuren und des pH-Wertes.** Toshikazu Tarutani. (Mem. Fac. Sci., Kyushu Univ., Ser. C **5**, 47—56, 1962; Kyushu Univ., Fac. of Sci., Dep. of Chem.; engl.) — Die Herauslösung von SiO_2, Fe, Al u. Mg aus Olivin, Biotit, Quarz u. Albit in Lsgg. vom pH = 1,5 wird durch die Ggw. von Citronensäure u. EDTA nicht beeinflußt. Bei pH = 4—10 ist die gelöste Menge der Elemente je nach dem Komplex-Bldg.-Vermögen der organ. Säuren verschieden. Die Auflösung von SiO_2 in Lsgg. von verschiedenem pH in Abwesenheit der organ. Säuren steht in Beziehung zum SiO_2-Geh. u. zur Struktur des Minerals. W. Wesly 225◇

0537 **Über die Abscheidung von Metallen aus der Dampfphase.** C. H. J. Johnson. (Austral. J. appl. Sci. **12**, 303 bis 323, 1961; Melbourne, C.S.I.R.O., Chem. Engng. Sect., Chem. Res. Labor.; engl.) — Vf. untersucht theoret. die Bedingungen für den stationären Fall der Metallabscheidung nach dem Jodid-Verf. in einem Rk.-Gefäß nach de Boer - van Arkel. Für die chem. Transport-Rkk. $MJ_s \leftrightharpoons M + s\,J$ (M = Zr, Ti) u. $ThC + 2\,J_2 \leftrightharpoons ThJ_4 + C$ werden die erforderlichen Parameter berechnet u. die Dampfdrücke der Metalljodide in der Rk.-Zone sowie die Abscheidungsgeschw. als Funktion der Temp. graph. angegeben. Herbert Müller 225◇

0538 **Reduktion von Zinkoxid.** 1. Mitt. **Reduktion mit Wasserstoff.** Tatsuya Imoto, Yoshio Harano und Yasuhide Nishi. (J. chem. Soc. Japan, pure Chem. Sect. [Nippon Kagaku Zasshi] **84**, 115—19, 1963; Ôsaka, Siritu-Daigaku, Kôgakubu; jap., Auszug: engl. S. A 10.) — Die Red. von ZnO mit H_2 wird bei 617—762° u. 10 bis 85 Torr kinet. untersucht. Während die kinet. Daten der Red. im geschlossenen Gefäß sehr komplex sind, verläuft die Red. im H_2-Strom mit einer Geschw., die weder von der Menge an ZnO noch vom H_2-Druck abhängt. ZnO zersetzt sich offenbar zu O_2 u. gasförmigem Zn u. das gebildete O_2 wird dann mit H_2 zu H_2O red.; die zweite Stufe scheint geschwindigkeitsbestimmend zu sein. E. Maekawa 225◇

0539 **Kontinuierliche Messung des Isotopeneffekts bei der Reduktion von Kupfer(I)-oxid durch das Gemisch ^{12}CO—^{14}CO.** Jacques Richard, Paul Bussière und Stanislas-Jean Teichner. (J. Chim. physique Physico-Chim. biol. **60**, 230—34, 1963; Lyon, Fac. des Sci., Labor. de Chim. Ind.; Inst. de Recherches sur la Catalyse; franz.) — Vff. untersuchten die Red. von Cu_2O durch ^{14}CO enthaltendes CO bei 70° u. 165°. Die Rk. wurde kontinuierlich verfolgt durch Messen der Radioaktivität des ^{14}CO, wobei bei der Zirkulation der Gase das sich bildende CO_2 entfernt wurde; durch Messen des Drucks der Gase wurde die Menge an ^{12}CO erhalten. Der aus den experimentellen Messungen berechnete kinet. Isotopeneffekt scheint für die beiden Teilvorgänge des Gesamtprozesses (Keimbldg.-Periode u. Periode mit abnehmender Rk.-Geschw.) konst. zu sein. C. Gottfried 225△

0540 **Untersuchung der Kinetik der Metalloxydation beim Erwärmen durch die Methode der farbselektiven Anfärbung.** Je. I. Antipowa und M. G. Losinski. (Betriebs-Lab. [UdSSR] **29**, 815—17, 2 Tafeln, 1963; Inst. für Maschinenbau; russ.) — Beschrieben wird eine Unters.-Meth. der Oxydations-Kinetik von Metallen durch Farbaufnahmen des Hochtemp.-Feingefüges, das infolge Einführung geringer Luftmengen zu der in einer Vakuumkammer befindlichen Probe verschiedene Verfärbungen zeigt. Es wird die Möglichkeit der Unters. der verschiedenen Stadien der Entw. von Korrosionserscheinungen an metall. Werkstoffen bei verschiedenen Temp. nachgewiesen. H. Hochstein 225◇

0541 **Verhalten von Schwefel bei Einwirkung einer Stoßwelle.** Jean Berger, Suzanne Joigneau und Gaston Bottet. (C. R. hebd. Séances Acad. Sci. **250**, 4331—33, 1960; franz.) — Ein Zylinder aus Schwefel wird mit Elektroden zur Messung der elektr. Widerstandes R versehen u. der Einw. von Stoßwellen mit Geschw. von 3480—4000 m/s ausgesetzt. Im angegebenen Geschw.-Bereich, der Drücken von 67—160 kbar entspricht, weisen Materie-Geschw. u. R Diskontinuitäten auf, die einen Schmelzvorgang u. einen Übergang in den metall. Zustand anzeigen; R fällt von 10^6 auf 10 Ω. Herbert Müller 225◇

0542 **Zersetzung des freien, elektronisch angeregten Difluoramin-Radikals.** Carl L. Bumgardner und Max Lustig. (Inorg. Chem. [Washington] **2**, 662—63, 1963; Huntsville, Ala., Rohm & Haas Co., Redstone Arsenal Res. Div., Gorgas Labor.; engl.) — Photochem. Aktivierung von N_2F_4 bei 2537 Å lieferte durch Zerfall der im Gleichgew. vorhandenen NF_2-Radikale intermediär *Fluornitren* (NF), das durch Kombination N_2F_2 u. neben den Rk.-Prodd. mit Glas (N_2O, NO u. SiF_4) NF_3 ergeben kann. In Anwesenheit von SO_2 entsteht *Sulfurylfluoriddifluoramid*, FSO_2NF_2 (89% bzgl. $N_2F_4 + SO_2 \rightarrow FSO_2NF_2 + {}^1/_2\,N_2F_2$), dessen IR- u. KMR-Spektrum numer. mitgeteilt werden. P. Sartori 226◇

0543 **Chemie heißer Atome von Halogenen, die durch β-Zerfall aktiviert sind.** 2. Mitt. **Verbindungsbildung zwischen Radiojod und Toluol.** A. Halpern. (J. inorg. nuclear Chem. **25**, 619—26, 1963; Warsaw, Inst. of Nucl. Res., Dep. of Radiochem.; engl.) — 1. vgl. J. inorg. nuclear Chem. **23**, [1961], 7. — ^{131}J u. ^{132}J, die durch Zerfall von $^{131}TeCl_4$ oder $^{132}TeCl_4$ entstanden sind, wurden auf die Verb.-Bldg. mit Toluol ($\rightarrow CH_3J$, C_6H_5J, Jodtoluol, Polymere) untersucht. Die Rk. mit ^{132}J hat eine höhere Ausbeute, der Rückstoß ist also niedriger als der des ^{131}J. Daraus ergibt sich, daß die Reaktivität der Radiojod-Atome mehr vom Anregungszustand u. der Ionisation als von der kinet. Energie abhängt. Die Rk. wurde auch bei Zugabe von J_2 u. von Allyljodid untersucht. Durch β-γ-Zerfall aktivierte Atome nehmen danach an epitherm. Rkk. teil. Die Bldg. eines angeregten Zwischenzustandes ist der erste Teilschritt der Gesamtreaktion. B. Schmitt 226◇

0544 **Rheniumkatalysatoren.** 4. Mitt. **Die Darstellung von Rhenium(III)-oxid aus Perrhenat mit Hilfe der Borhydrid-Reduktion.** H. Smith Broadbent und John H. Johnson. (J. org. Chemistry **27**, 4400—02, 1962; Provo, Utah, Brigham Young Univ., Dep. of Chem.; engl.) —

3. vgl. C. **1961,** 6784. — Durch Red. von NH_4ReO_4 in gepufferter wss. Lsg. (CH_3COOH/NH_4CH_3COO) mit stark überschüssigem $NaBH_4$ entsteht in guter Ausbeute (70—90%) *Re_2O_3* (**I**) als schwarzes feinverteiltes Pulver. **I**, in W. suspendiert, ist ein wirkungsvoller Katalysator bei der Hydrierung organ. Verbb. in der fl. Phase. Es wurden reduziert (1 g Re pro 1 Mol organ. Verb.): Styrol in A. bei 25° u. 194 (atm) in 6 (Std.) oder 66° u. 214 in 1,5 zu Äthylbenzol in 100%ig. Ausbeute; p-Chlorstyrol (A., 34°, 197, 11; p-Chloräthylbenzol, 100%); Hexen-(1) (68°, 220, 7; Hexan, 100%); Hexen-(2) (110°, 239, 4; Hexan, 100%); Cyclohexen (A., 100°, 242, 3; Cyclohexan, 86%); 2.4.4-Trimethylpenten-(1) (140°, 252, 2,5; 2.4.4.-Trimethylpentan, 100%); Maleinsäure (W., 100°, 238, 8 oder 130°, 258, 1; Bernsteinsäure, 100%); Bzl. (A., 284°, 359, 2, 48% oder 193°, 290, 5, 60%, Cyclohexan); Pyridin (205°, 280, 17, Piperidin, 55%); Butanon (72°, 217, 3 oder Methanol, 74°, 219, 5; Butanol-(2), 100%); Pentanon-(3), (A., 90°, 220, 4; Pentanol-(3), 89%); Cyclohexanon (A., 64°, 222, 4,5; Cyclohexanol, 77%); Acetophenon (A., 150°, 255, 1; Methylphenylcarbinol, 100%); Essigsäure (W., 155°, 258, 13; A., 65%; Äthylacetat, 27%); Capronitril (A., 220°, 312, 8; Hexylamin, 10%; Dihexylamin, 17%; Trihexylamin, 25%); Nitrobenzol (A., 75°, 195, 4; Anilin, 100%); p-Bromnitrobenzol (A., 124°, 222, 5,5; p-Bromanilin, 100%). Nicht reduziert wurden: Brombenzol (635°, 235, 5), Naphthalin (A., 250°, 354, 6) u. m-Nitroacetophenon (A., 75°, 224, 1,5). Während der Hydrierung wird **I** gewöhnlich nicht zu niederen Oxiden oder zum Metall reduziert. G. Heller 227◇

0545 **Rheniumkatalysatoren.** 5. Mitt. **Rheniumheptoxid-Tetrahydropyran-Komplex.** H. Smith Broadbent und John H. Johnson. (J. org. Chemistry **27,** 4402—04, 1962; engl.) — 4. vgl. vorst. Referat. — Re_2O_7 reagiert mit kochendem Tetrahydropyran in 80—90%ig. Ausbeute unter Bldg. eines nahezu koll., schwarzen, voluminösen, unlösl. Komplexes (45—55% Re), der bei katalyt. Hydrierungen organ. Verbb. in der fl. Phase ungewöhnl. akt. ist. Während eine relativ gute Aktivität bei der Hydrierung aromat. KW-Stoffe besteht, wird diese bei der Red. von Nitroverbb. nicht beobachtet. Reduziert wurden (1 g Katalysator/Mol Substrat): Styrol (A., 107°, 255 (atm), 2 (Std.); Äthylbenzol, 100%, oder A., 242°, 308, 5; Äthylbenzol 56%, Äthylcyclohexan 24%, oder 165°, 245, 12; Äthylcyclohexan 51%); Hexen-(1) (135°, 252, 1; Hexan, 100%); Hexen-(2) (122°, 245, 3; Hexan, 100%); 2.4.4-Trimethylpenten-(1) (91°, 218, 3; 2.4.4-Trimethylpentan, 100%); Cyclohexen (A., 151°, 264, 13; Cyclohexan, 100%); Cyclohexanon (A., 113°, 248, 5; Cyclohexanol, 100%); Acetophenon (A., 162°, 258, 3; Äthylbenzol, 32%; Methylphenylcarbinol, 45%); Capronitril (240°, 306, 7; Hexylamin, 15%; Dihexylamin, 16%; Trihexylamin, 69%); Essigsäure (195°, 281, 4; A., 23%; Äthylacetat, 40%); Isobuttersäure (255°, 311, 3; Isobutylalkohol, 70%; Isobutyl-isobutyrat 30%); Benzol (160°, 242, 10; Cyclohexan, 100%); Nitrobenzol (A., 250°, 333, 4; Anilin, 11%; Zers.-Prodd.; 207°, 278, 5; Anilin, 33%; Zers.-Prodd.); Toluol (174°, 242, 15; Methylcyclohexan, 100%); Cumol (148°, 255, 11; Isopropylcyclohexan, 71%); tert.-Butylbenzol (195°, 272, 9; tert.-Butylcyclohexan, 100%); p-Xylol (162°, 240, 3; 1.4-Dimethylcyclohexan, 89%); p-Cymol (240°, 313, 1; p-Menthan, 22%); Phenol (Cyclohexan, 170°, 260, 15; Cyclohexanol, 92%); Pyridin (228°, 300, 4; Piperidin, 37%); 4-Nitrodiphenyl (235°, 282, 10; 4-Aminodiphenyl, 43%; Zers.-Prodd.); Diphenyläther (160°, 240, 19; Cyclohexanol, 20%; Dicyclohexyläther, 6%; Cyclohexylphenyläther, 37%); 4-Nitrodiphenyläther (160°, 240, 3; 4-Aminodiphenyläther, 100%); Diphenylmethan (208°, 274, 9; Dicyclohexylmethan, 7%; Cyclohexylphenylmethan, 70%). Nicht reduziert wurden: m-Nitroacetophenon (A., 195°, 302, 3); 1-Nitropropan (130°, 276, 2,5); Anilin (Cyclohexan, 300°, 370, 3); Chlorbenzol (Cyclohexan, 300°, 360, 4); Naphthalin (Cyclohexan, 309°, 364, 5); Diphenyl (Cyclohexan, 295°, 354, 2). G. Heller 227◇

0546 **Mechanismus der Oxydation von Cu_2O zu CuO vom Standpunkt der Radikaltheorie aktiver Oxide.** Alfons Krause. (Roczniki Chem. [Ann. Soc. chim. Polonorum] **36,** 1119—21, 1962; Poznań, Univ., Inst. für Anorg. Chem.; dt.) — Bei der Oxydation von Cu_2O (p-Halbleiteroxid), bei dem nach der Radikaltheorie der akt. Oxide die Elektronenlücken ihren Sitz an den Acceptorradikalen haben, zu CuO, einem Eigenleiter, der weder überzählige Donatorradikale noch überschüssige Acceptorradikale hat, muß zunächst eine teilweise Umlagerung des Cu_2O zu Cu–O–Cu–O–Cu erfolgen. Dieses kann dann O_2 aufnehmen, mit dem Auftreten von Spuren CuO auf der CuO_2-Oberfläche setzt katalyt. O_2-Aktivierung ein. Es handelt sich demnach um die Übertragung des O_2 von der Phasengrenze O_2/CuO an die Phasengrenze CuO/Cu_2O, wobei eine Diffusion des O_2 durch das CuO-Gitter nicht notwendig zu sein braucht. G. Heller 227◇

A_8. Präparative anorganische Chemie, Komplexverbindungen, Metallorganische Verbindungen

0547 **Neuere Untersuchungen über Edelgasverbindungen.** Erica Bijlsma-Scheffers. (Chem. Weekbl. **59,** 513 bis 518, 1963; Amsterdam, Univ., Anorg.-chem. Labor.; niederländ.) — Übersicht. — 46 Literaturangaben. F. Rosendahl 230△

0548 **$^{35}SO_2$ hoher spezifischer Aktivität aus neutronenbestrahltem CCl_4.** R. H. Herber. (J. inorg. nuclear Chem. **16,** 361—63, 1961; New Brunswick, N. J., Rutgers State Univ., Ralph G. Wright Labor., Nucl. Sci. Center; engl.) — Zur Unters. der Rk. $^{35}Cl(n, p)^{35}S$ wurde hochgereinigtes CCl_4 (0,25 mMol) mit therm. Neutronen (nvt $\sim$ 2,9 · 10^{17} n/cm²) bestrahlt. Nach der Bestrahlung überführte man das Rk.-Gemisch durch Vakuum-Dest. in eine mit fl. N_2 umgebene Kühlfalle. Nach Zusatz von gereinigtem SO_2 (2,5 mMol) wurde auf —78° erwärmt u. bis zur Gleichgew.-Einstellung (ca. 10 Min.) gewartet. Darauf destillierte man innerhalb von 30 Sek. das SO_2 in eine zweite Kühlfalle ab. Ein Aliquot $^{35}SO_2$–SO_2 überführte man in wss. NaOH, oxydierte mit Br_2 u. fällte als $BaSO_4$. Die spez. Aktivität des $BaSO_4$ betrug 5 · 10^3 ipm/mg, dies entsprach einer Quellenstärke von 7,6 μc/mMol SO_2. Aus den Aktivitätsmessungen des ^{35}S sowie eines mitbestrahlten Co-Standards u. den zugehörigen Wirkungsquerschnitten konnte u. a. berechnet werden, daß über 90% der gebildeten ^{35}S-Aktivität als SO_2 extrahiert worden waren. Es wird angenommen, daß das ^{35}S-Rückstoßatom zunächst unter Bldg. von $^{35}S_2Cl_2$, $^{35}SCl_2$ oder $^{35}SCl_4$ zur Ruhe kommt u. erst nach der Bestrahlung bzw. während der Aufarbeitung mit vorhandener Feuchtigkeit reagiert u. $^{35}SO_2$ bildet. Auch ein Isotopenaustauschprozeß zwischen den ^{35}S-haltigen Rk.-Prodd. u. dem zugesetzten SO_2 ist nicht auszuschließen. W. Wiechmann 253◇

0549 **Darstellung von Trimethylsilanol-(D) $(CH_3)_3SiOD$.** K. Licht und H. Kriegsmann. (Z. anorg. allg. Chem. **325,** 1—2, 1963; Berlin-Adlershof, Dt. Akad. der Wiss., Arbeitsgruppe Phys. Meth. der Analyt. Chem.; dt.) — Durch Rk. von $(CH_3)_3SiF$ in Ae. mit 23%ig. NaOD in D_2O wurde bei 98—101° sd. $(CH_3)_3SiOD$ in ca. 20% Ausbeute dargestellt. Spuren von $(CH_3)_3SiOH$ ließen sich nicht abtrennen. H. Bürger 261◇

0550 **Über fluorhaltige Verbindungen der Elemente der V. Hauptgruppe.** 14. Mitt. **Über die Verbindung $[As(OC_2H_5)_4][AsF_6]$.** Lothar Kolditz und Dieter Hass. (Z. anorg. allg. Chem. **310,** 225—30, 1961; Jena, Friedrich-Schiller-Univ., Inst. für Anorg. Chem.; Berlin, Humboldt-Univ., I. Chem. Inst.; dt.) — 13. vgl. C. **1961,** 7153. — *Tetraäthoxyarsen(V)-hexafluoroarsenat*, $[As(OC_2H_5)_4]$ · $[AsF_6]$ (**I**), F. ca. 62°, entsteht durch langsame Oxydation mittels Cl_2 in CCl_4-Lsg. aus $FAs(OC_2H_5)_2$ neben $AsCl_3$ u. $Cl_2AsOC_2H_5$, aus $F_2AsOC_2H_5$ neben $AsCl_3$ u. AsF_3. **I** ist in Bzl. nicht, in Nitrobenzol prakt. vollständig dissoziiert. P. Sartori 265◇

0551 **Über fluorhaltige Verbindungen der Elemente der V. Hauptgruppe.** 15. Mitt. **Über polymere Fluoroarsensäureester.** Lothar Kolditz und Dieter Hass. (Z. anorg. allg. Chem. **310,** 231—35, 1961; dt.) — 14. vgl. vorst. Referat. — Bei der raschen Oxydation von 1 : 1-Lsgg. von $FAs(OC_2H_5)_2$ bzw. $F_2AsOC_2H_5$ in CCl_4 mit Cl_2 entstehen neben $AsCl_3$, $Cl_2AsOC_2H_5$ u. $As(OC_2H_5)_3$ bzw. $AsCl_3$

in Bzl. gut, in CCl_4 kaum lösl. *polymere Fluoroarsensäureäthylester*, F. zwischen 50 u. 70°, sowie AsF_3. Die gleichen Prodd. entstehen bei der Oxydation mit Br_2 neben $AsBr_3$, AsF_3, $Br_2AsOC_2H_5$, $BrFAsOC_2H_5$ u. C_2H_5Br. Der Bldg.-Mechanismus u. das Verh. von $As(OC_2H_5)_3$ u. $FAs(OC_2H_5)_2$ bzw. $F_2AsOC_2H_5$ bei der Oxydation werden diskutiert.
P. Sartori 265◇

0552 **Über fluorhaltige Verbindungen der Elemente der V. Hauptgruppe.** 16. Mitt. **Tetrachloroantimon(V)-hexafluoroantimonat, $[SbCl_4][SbF_6]$.** Lothar Kolditz und Werner von der Lieth. (Z. anorg. allg. Chem. **310**, 236—41, 1961; dt.) — 15. vgl. vorst. Ref.; 18. vgl. C. **1963**, 6513. — Aus SbF_3 u. Cl_2 entsteht bei 80° im Bombenrohr in 8 Std. krist. $[SbCl_4]$ $[SbF_6]$, F. ca. 68°, lösl. in AsF_3 unter vollständiger Dissoziation, in SO_2Cl_2 unter Bldg. der homöopolaren Form SbF_3Cl_2 u. Aggregation.
P. Sartori 266◇

0553 **Schmelzdiagramm des ternären Systems Li//F, Cl, Br.** A. G. Bergman und A. Ss. Arabadshan. (J. anorg. Chem. [UdSSR] 8, 1228—29, 1963; Rostow am Don, Inst. für Technol. des Maschinenbaus; russ.) — Das bin. Syst. LiBr–LiCl bildet eine ununterbrochene Reihe fester Lsgg. mit einem Minimum bei 552° u. 40% LiCl. LiCl–LiF bildet ein Eutektikum bei 488° u. 30% LiF; LiBr–LiF bei 448° u. 25% LiF. Die Liquidusoberfläche des tern. Syst. Li//F, Cl, Br hat 2 Kristallisationsfelder: 1. Feld der unbegrenzt mischbaren, festen Lsg. Li(Br, Cl); 2. Feld der freien Komponente LiF. G. Ewald 273◇

0554 **Untersuchung der Gleichgewichte im System $LiNO_3$–$NaNO_3$–H_2O bei 25°.** L. W. Kurtowa, L. P. Bolschakowa und W. Je. Pljuschtschew. (J. anorg. Chem. [UdSSR] 8, 1993—94, 1963; Moskau, Lomonossow-Inst. für chem. Technol.; russ.) — Bei der Unters. der isothermen Löslichkeit im tern. Syst. $LiNO_3$–$NaNO_3$–H_2O bei 25° läßt sich zeigen, daß sich dieses Syst. nach Best. der Zus. von fl. u. fester Phase euton. verhält.
W.-D. Heußner 274◇

0555 **Refraktometrie von Ammoniak- und Ammoniumchloridlösungen mit Natriumcarbonat und -hydrogencarbonat.** Je. I. Kolessnikowa. (J. anorg. Chem. [UdSSR] 8, 1239—49, 1963; Witebsk, Pädagog. Kirow-Inst.; russ.) — Vf. zeigt am Beispiel der Syst. NH_4Cl–$NaHCO_3$–H_2O, NH_4Cl–Na_2CO_3–H_2O u. NH_3–$NaHCO_3$–H_2O die Möglichkeit, nach refraktometr. Messungen Angaben über das Mol.-Verhältnis bei chem. Rkk., über die Erreichung des Endzustandes der Rkk. u. — bei umkehrbaren Rkk. mit veränderter Ionen- oder Ladungszahl — über den Dissoziationsgrad u. die Gleichgewichts-Konst. zu erhalten. In Mischungen der wss. Lsgg. von $NH_4Cl + Na_2CO_3$ u. $NH_3 + NaHCO_3$ stellt sich ein chem. Gleichgewicht $NH_3 + HCO_3^- \leftrightharpoons NH_4^+ + CO_3^{2-}$ ein. Der Grad der hydrolyt. Zers. der Prodd. dieser Umkehr-Rk. beträgt 59,3% bei 0,25m Lsgg. u. 68,7% bei 0,15m Lösungen. Die Gleichgewichts-Konst. wurde zu $(2{,}24 \pm 0{,}475) \cdot 10^{-1}$ berechnet. Nach refraktometr. Messungen mit Hilfe der Meth. der isomolaren Serien wurde für das Gleichgewicht $2Ba^{2+} + Cr_2O_7^{2-} + H_2O \leftrightharpoons 2BaCrO_4 + 2H^+$ die Konst. zu $K_p = 575 \pm 13{,}5$ u. die $BaCrO_4$-Ausbeute im Äquivalentpunkt zu 73,6% bei 0,15m Lsgg. bzw. 77,9% bei 0,300m Lsgg. berechnet. G. Ewald 274◇

0556 **Der thermische Abbau von Natriumsesquicarbonat.** A. B. Gancy. (J. chem. Engng. Data **8**, 301—06, 1963; Princeton, N. J., FMC Corp.; engl.) — Gleichgew.-Drücke u. Röntgenbeugungsanalysen der Abbauprodd. von $Na_2CO_3 \cdot NaHCO_3 \cdot 2H_2O$ haben ergeben, daß das Wegscheidersche Salz, $3NaHCO_3 \cdot Na_2CO_3$, eine Zwischenstufe dieses Abbaus ist. Aus der Temp.-Abhängigkeit des zweiten Druckplateaus konnte die Bldg.-Wärme dieses Salzes zu 952,9 kcal (25°) berechnet werden. Die Werte des ersten Plateaus lieferten die Bldg.-Wärme für das Sesquicarbonat selbst (639,4 kcal bei 25°); der Wert stimmt gut überein mit dem nach einer anderen Meth. ermittelten von 641,2 kcal. Das Sesquicarbonat nimmt bei einem Gesamtdruck von 1 atm aus einem CO_2/N_2-Gemisch CO_2 auf u. bildet eine Reihe wasserfreier Gemische aus $3NaHCO_3 \cdot Na_2CO_3$ u. Na_2CO_3. Die Verss. wurden unter Rühren ausgeführt, da sonst durch Krustenbldg. die Gleichgew.-Einstellung verzögert oder verhindert wurde. M. Olivier 274◇

0557 **Löslichkeit von Salzen im System K_2CO_3–K_2SO_4–KCl–H_2O bei 0, 30, 50 und 70°.** Je. A. Bysowa. (J. anorg. Chem. [UdSSR] 8, 1950—54, 1963; russ.) — Vf. bestimmt für die Temp. von 0, 30, 50 u. 70° die Löslichkeitsisothermen u. das spezif. Gew. von Lsgg. des Syst. K_2CO_3–K_2SO_4–KCl–H_2O. Bei allen Temp. werden in der untersuchten festen Phase nur Mono- oder Dihydrate des K_2CO_3 allein oder gemeinsam mit KCl u. K_2SO_4 gefunden. Im Zustandsdiagramm werden keine Umwandlungspunkte für die Hydrate des K_2CO_3 festgestellt.
W.-D. Heußner 275◇

0558 **Isomorphie von Oxonium- und Kaliumverbindungen.** P. A. Lwowitsch. (J. anorg. Chem. [UdSSR] **8**, 1276—77, 1963; Ssaratow, Univ. u. Polytechn. Inst.; russ.) — Vf. untersucht das Gleichgewicht im Kristallisationsgebiet von $Fe_2O_3 \cdot 4SO_3 \cdot 3H_2O$ u. $KFe(SO_4)_2$ im Syst. H_2O–SO_3–Fe_2O_3–K_2O bei 100°. In den verschiedenen Stufen der Umwandlung des Eisensulfats in Alaun befinden sich feste Lsgg. der isomorphen Salze $OH_3^+ \cdot [Fe(SO_4)_2]^-$ u. $K^+[Fe(SO_4)_2]^-$ im Gleichgewicht mit der fl. Phase. Die physikal. Eigg. der beiden isomorphen Salze sind ähnlich (D. 2,45 bzw. 2,67 g/cm³, Brechungsindex N_g 1,658 bzw. 1,660, beide $\pm 0{,}002$).
G. Ewald 275◇

0559 **Reduktion von Berylliumoxid mit Kohle in Gegenwart von Nickel.** F. Sch. Muratow und A. W. Nowosselowa. (J. anorg. Chem. [UdSSR] 8, 1084—87, 1963; Moskau, Univ., Chem. Fak.; russ.) — Die Red. wurde im Temp.-Intervall 1800—2050° in einem Gemisch von überwiegend Ni-Pulver, BeO u. C durchgeführt. Die gebildete Schlacke besteht aus Be-Oxid bzw. Be-Carbid. Zur Befreiung von C wurde die metall. Phase einer Raffination unterworfen. Das Endprod. ist eine Ni–Be–C-Legierung. Der C-Geh. ist mit dem Be-Geh. vergleichbar (0,28 bis 6,73%). G. Ewald 281◇

0560 **Untersuchung der thermischen Stabilität von Magnesiumsulfat.** A. Ch. Bronnikow. (Hochschulnachr. [Iwanowo], Chem. u. chem. Technol. **4**, 433—38, 1961; Lehrst. für Technol. anorg. Stoffe; russ.) — Die durchgeführten thermodynam. Berechnungen für mögliche Zers.-Rkk. von $MgSO_4$ zeigen, daß sehr wahrscheinlich der Prozeß $MgSO_4 \rightarrow MgO + SO_2 + {}^1/_2O_2$ ablaufen wird. Bei der Unters. der therm. Beständigkeit des $MgSO_4$ wird beobachtet, daß eine merkliche Zers. im Luftstrom bei Temp. $> 900°$ beginnt, deren Geschw. mit Erhöhung der Temp. wächst. Geringe Zusätze an SiO_2 verschieben den Zers.-Punkt in niedere Temp.-Bereiche. Bei Temp. oberhalb 1100° wird eine intensive Zers. von $MgSO_4$ in feuchtem Luftstrom während 15 Min. zu 90% erreicht.
W.-D. Heußner 282◇

0561 **Das System Li_2SO_4–Rb_2SO_4–$MgSO_4$–H_2O bei 35°.** W. G. Schewtschuk. (J. anorg. Chem. [UdSSR] 8, 1964—66, 1963; Poltawa, Bau-Ing.-Inst., Lehrstuhl für Chem.; russ.) — An Hand der bei 35° bestimmten Löslichkeitsisotherme des quatern. Syst. lassen sich 6 Kristallisationsräume von Salzen festlegen, deren feste Phase aus $Rb_2SO_4 \cdot MgSO_4 \cdot 6H_2O$; $Rb_2SO_4 \cdot 3Li_2SO_4$; $MgSO_4 \cdot 7H_2O$; $Rb_2SO_4 \cdot Li_2SO_4$; $Li_2SO_4 \cdot H_2O$ u. Rb_2SO_4 besteht. Die Verb. $Rb_2SO_4 \cdot MgSO_4 \cdot 6H_2O$ nimmt dabei im Diagramm den größten Raum ein, so daß dieser Einfl. bei der Aufarbeitung von mineral. Rohstoffen, die Li, Rb, Mg u. andere Metalle enthalten, beachtet werden muß.
W.-D. Heußner 282◇

0562 **Topologische Analyse des quaternären reziproken Systems Na, Ca, Ba//F, Cl.** G. A. Buchalowa und S. A. Mateiko. (J. anorg. Chem. [UdSSR] 8, 1233—38, 1963; russ.) — Vff. untersuchen die beiden Schnitte $BaF_2 \cdot BaCl_2$–Na_4F_4–Ca_2F_4 u. Na_4Cl_4–$CaF_2 \cdot CaCl_2$–$CaCl_2 \cdot BaCl_2$ des tern. Systems. Es handelt sich um instabile Tetraederschnitte, die keinen tern. Charakter haben. Ersterer hat 4 Felder: Ca_2F_4; Na_4F_4, $BaF_2 \cdot BaCl_2$ u. Ba_2F_4. Die entsprechenden Tripelpunkte liegen bei 712 u. 648°. Der 2. Schnitt hat ebenfalls 4 Felder: Ca_2F_4, Na_4Cl_4; Ba_2F_4 u. $CaF_2 \cdot CaCl_2$. Die Tripelpunkte liegen bei 535 u. 538°. Im quartern. Syst. können 6 nonvariante Punkte erwartet werden: 3 der tern. Eutektika u. 3 Übergangspunkte. Das niedrigstschmelzende Gebiet liegt im Tetra-

eder Na_4Cl_4–Ca_2Cl_4–$CaCl_2 \cdot BaCl_2$–$CaF_2 \cdot CaCl_2$ u. entspricht dem eutekt. Punkt dieses Tetraeders (429°).
G. Ewald 285◇

0563 **Stabilitätsbeziehungen einiger Arsenate von Zink und Calcium.** S. A. Williams. (Econ. Geol. **58,** 599—601, 1963; engl.) — Von *Adamin* (**I**), *Legrandit* (**II**) u. *Austinit* (**III**) wurden der pH-Wert beim Gleichgew., die Dissoziationskonst. u. die Freie Enthalpie bestimmt: **I**: 7,93; $10^{-40,85}$; —313,6 (kcal/Mol); **II**: 7,78; $10^{-206,7}$; —2841,4; **III**: 8,08; $10^{-31,65}$; —398,1. Unter Verw. der Werte für die Freie Enthalpie wurde das Syst. As–Ca–Zn–CO_2–H_2O untersucht. Wählt man für die Ionenaktivitäten die Werte Zn 10^{-6}, Ca 10^{-6}, As 10^{-5} u. CO_2 10^{-2}, so wird im Phasendiagramm kein Legrandit-Feld erhalten. Werden die Aktivitäten von Zn u. As verändert, so ist ein schmales Legranditfeld zwischen den Adamin- u. Austinitfeldern möglich. Ernst Schulte 288◇

0564 **Mercurierung von Diazomethan.** A. N. Wright, K. A. W. Kramer und G. Steel. (Nature [London] **199,** 903, 1963; Chester, Thornton Res. Centre, „Shell" Res. Ltd.; engl.) — $Hg(CH_3COO)_2$ bildet mit CH_2N_2 in Ae. neben Methylacetat *Bis-[diazomethyl]-quecksilber*, $Hg \cdot (CHN_2)_2$, ein gelbes Öl. Außerdem entsteht ein blaßgelber, hochexplosiver Festkörper, der in gebräuchlichen Lsgm. unlösl. ist u. mit starken Säuren detoniert, wahrscheinlich *(–HgCNN–)n* (aus Isodiazomethan). Bei der Mercurierung von Diazoäthan u. Diazoessigester ist er nicht nachweisbar. Mit Diazoessigester im Überschuß erhielten Vff. in hoher Ausbeute *Bis-[carboxyäthyldiazomethyl]-quecksilber*, F. 95—98° (aus Ae.). M. Olivier 290◇

0565 **Die Reaktion von Hydrazin mit Bor- und Aluminiumhalogeniden.** W. G. Paterson und M. Onyszchuk. (Canad. J. Chem. **41,** 1872—76, 1963; Montreal, Quebec, McGill Univ., Inorg. Chem. Labor.; engl.) — BCl_3 u. BBr_3 sowie $AlCl_3$, $AlBr_3$ u. AlJ_3 reagieren mit N_2H_4 unter Bldg. von N_2H_5Hal (**I**) u. *B-* bzw. *Al-Hydraziden.* So bindet BCl_3 im Vakuum $4 N_2H_4$ zu $(N_2H_3)_2BCl$ u. **I**, in THF hingegen $6 N_2H_4$ unter vollständiger Substitution. **I** läßt sich durch 10- bis 20fache Extraktion mit N_2H_4 vollständig entfernen; der Rückstand hat die Zus. $[BN_4H_5]_n$ (**II**) u. ist polymer. Er schmilzt nicht bis 300°. BBr_3 sowie Al-Halogenide reagieren analog zu **II** bzw. $[AlN_4H_5]_n$ (**III**), beständig bis 350°. **II** u. **III** bilden sich aus den Verbb. $Me(NHNH_2)_3$ (Me = B oder Al) durch Kondens. zu (MeN_4H_5) u. N_2H_4. **II** u. **III** treten nicht monomer auf; B u. Al erreichen wahrscheinlich eine Koordinationszahl von 4. H. Bürger 294◇

0566 **Chemische und röntgenographische Untersuchungen von bei erhöhter Temperatur erhaltenen Hydrolyseprodukten von Aluminiumsulfatlösungen.** Wiesław Kawecki. (Chem. stosowana **6,** 425—36, 1962; Warszawa, Politechn. u. Inst. Chem. ogóln.; pol.) — Tabellar. im Dreieckdiagramm Al_2O_3–SO_3–H_2O wird die Zus. der bei 234,5° u. 30 atm erhaltenen Hydrolyseprodd. von Ausgangslsgg. mit verschiedenem Verhältnis Al_2O_3/SO_3 bzw. verschiedener $Al_2(SO_4)_3$-Konz. wiedergegeben. Die Hydrolyseprodd. haben die Zus. 38,55—40,85 (%) Al_2O_3, 39,72—42,90 SO_3 u. 16,45—20,76 H_2O. Ihre Röntgenunters. zeigt eine chem. Verb. mit bestimmtem Kristallgitter, isomorph mit Alunit. Auch die Zwischenprodd. der Hydrolyse werden der chem. u. der Röntgenunters. unterworfen, indem im Vakuum oder in Ggw. von A. $Al_2(SO_4)_3$ auskrist. wird. Die Wasserabgabe erfolgt in Stufen, woraus auf verschiedene Bindungsmöglichkeiten geschlossen wird. R. K. Müller 294◇

0567 **Hydrothermal-synthetische gemeinsame Kristallisation von Orthoklas und Quarz.** 1. Mitt. H. Schloemer. (Radex-Rdsch. **1962,** 133—56; Saarbrücken; dt.) — Vers.-Anordnung zur Hydrothermalsynth. u. Analysenmeth. werden beschrieben. Löslichkeitswerte des Orthoklas (**I**) in H_2O u. in Ggw. von Lsg.-Genossen sind angegeben. Das Syst. K_2O–Al_2O_3–SiO_2–H_2O wurde analysiert u. die darin vorkommenden Minerale aufgeführt (*Böhmit*; *Halloysit*; *Kaolinit*; *Kaliophilit*; *Leucit*; *Metahalloysit*; *Montmorillonit*; *Mullit*; *Muskovit*; *Orthoklas*; *Pyrophyllit*; *Sillimanit*). Das Kristallwachstum am **I**, die Kristallisation von **I** u. Quarz mit eutekt. Gefüge sowie das Rk.-Gefüge mit metasomat. Quarzinfiltration werden beschrieben. Ernst Schulte 294◇

0568 **Hydrothermal-synthetische gemeinsame Kristallisation von Orthoklas und Quarz.** 2. Mitt. H. Schloemer. (Radex-Rdsch. **1962,** 177—93; dt.) — 1. vgl. vorst. Referat. — Die Löslichkeit von Orthoklas (**I**) wurde in rein wss. Lsg. u. unter Zugabe von Quarz (**II**) sowie in Ggw. von Lsg.-Genossen bestimmt u. graph. dargestellt. Die Löslichkeit des **I** nimmt in Ggw. von **II** gegenüber den rein wss. Bedingungen ab. Das gleiche gilt für **II**. Die Unters. über das Rk.-Verh. von **I** u. **II** wurde auf den Temp.-Bereich 300—600° beschränkt. Die Kenntnis des Stabilitätsfeldes des **I** sowohl in bezug auf Temp. u. Druck als auch auf die Komponenten Al_2O_3 u. SiO_2 zeigt, daß über das stöchiometr. Verhältnis $K_2O \cdot Al_2O_3 \cdot 6 SiO_2$ hinaus ein Überschuß an SiO_2 zur Bldg. von **II** führt, während ein Mangel an SiO_2 beim Vers. unter wss. Bedingungen immer noch **I** ergibt u. erst bei sehr niedrigen SiO_2-Geh. *Kaliophilit* entsteht. Aus Unterss. über die Gefügebilder bei gemeinsamer Kristallisation von **I** u. **II** läßt sich die Rk.-Folge ableiten; ein Überschuß an Kalifeldspat läßt diesen zuerst auskristallisieren, danach läßt die gemeinsame Ausscheidung beider Phasen eine granophyr. Verwachsung erkennen. Eine ähnliche granophyr. Fazies entsteht bei SiO_2-Überschuß, nach dessen Erstkristallisation als β-Quarz auch ein „eutekt." Gefüge auftritt. Ernst Schulte 294◇

0569 **Reaktion von Galliumchlorid mit Phosphationen.** I. W. Tananajew und N. N. Tschudinowa. (J. anorg. Chem. [UdSSR] **8,** 1076—83, 1963; russ.) — Vff. bestimmten in den Syst. $GaCl_3$–H_3PO_4 (bzw. NaH_2PO_4, Na_2HPO_4 oder Na_3PO_4)–H_2O die Löslichkeit, den pH-Wert u. die spezif. Leitfähigkeit bei einer Ausgangs-Konz. des $GdCl_3$ von 0,025 u. 0,050 Mol/Liter in Abhängigkeit von der Konz. der Phosphationen. In Abhängigkeit vom Verhältnis der Ga^{3+}- u. der Phosphationen zueinander u. vom pH bilden sich bas. Phosphate wechselnder Zusammensetzung. Bei einem definierten Verhältnis, d. h. in Ggw. der fünffachen Konz. von NaH_2PO_4 oder der mehr als zweifachen Konz. von Na_2HPO_4 wird $GaPO_4$ gefällt. In Ggw. von H_3PO_4 wird kein Nd. gebildet. Der im Syst. $GaCl_3$–Na_3PO_4–H_2O gebildete Nd. wird im Überschuß von Na_3PO_4 gelöst. Ga wird nur im pH-Intervall 2—3 bis 7—8 quant. gefällt. G. Ewald 295◇

0570 **Thermische Stabilität der Ammoniakadditionsverbindungen der Scandiumhalogenide.** I. W. Tananajew und W. P. Orlowski. (J. anorg. Chem. [UdSSR] **8,** 1104—06, 1963; russ.) — Vff. nehmen die Thermogramme der Ammoniakadditions-Verbb. des $ScCl_3$, $ScBr_3$ u. ScJ_3 unter Ar-Atmosphäre auf. In den ersten beiden Fällen werden 6, im 3. Fall 5 endotherm. Effekte gefunden. Die ersten drei bzw. zwei Effekte sind mit der Bldg. der Verbb. $ScX_3 \cdot 5 NH_3$ (X = Cl bzw. Br), $ScY_3 \cdot 4 NH_3$ u. $ScY_3 \cdot 2 NH_3$ (Y = Cl, Br bzw. J) verbunden. Bei 330 bis 350° wird wasserfreies $ScCl_3$ gebildet. Daneben wurde die Bldg. von NH_3 u. HCl beobachtet. Des weiteren wurde $ScCl_3 \cdot 5 NH_3$ bis 1000° erhitzt. $ScCl_3$ sublimiert, im Rückstand fand sich Sc_2O_3. Demnach ist in Ggw. von Wasserspuren die Rk. $2 ScCl_3 \cdot 5 NH_3 + 3 H_2O \rightarrow Sc_2O_3 + 6 HCl + 10 NH_3$ wahrscheinlich. G. Ewald 299◇

0571 **Darstellung und einige physikalisch-chemische Eigenschaften der Yttriumcarbide.** G. W. Ssamssonow, T. Ja. Kossolapowa und G. N. Makarenko. (J. anorg. Chem. [UdSSR] **7,** 975—79, 1962; Inst. für Metallkeramiken u. Spezial-Legg. der Akad. der Wiss. der UdSSR; russ.) — Im Syst. Y–C sind die Verbb. *YC* (**I**), Y_2C_3 (**II**) u. YC_2 (**III**) existent, bei denen nur von dem metall. aussehenden **III** die Struktur (tetragonal raumzentriert mit a = 3,664; c = 6,169 Å) bestimmt wurde. Die Darst. erfolgt durch Rk. zwischen Y_2O_3 u. der stöchiometr. Menge C bei Temp. von 1700—1900°, wobei auch das Auftreten von Oxidcarbiden der Zus. Y_2C_2O als Zwischenstufe beobachtet wurde. In Abhängigkeit von der Temp. wird die chem. Zus. der Rk.-Prodd. angegeben. Die FF. u. Mikrohärten (kg/cm^2) betragen für **I** 1950 ± 20°, 120; **II** 1800 ± 50°, 900; **III** 2300 ± 50°, 700. Der Ausdehnungs-Koeff. von **I** ist $1,36 \cdot 10^{-6}$ $Grad^{-1}$. Tabellar. Angaben über die chem. Eigg. u. das Verh. gegen W., Säuren u. Laugen. W.-D. Heußner 300◇

0572 **Yttriumchromate im System $Y(NO_3)_3$–K_2CrO_4–H_2O.** F. M. Perelman und Je. I. Fedossejewa. (J. anorg. Chem. [UdSSR] **8,** 1255—58, 1963; Akad. der Wiss. der UdSSR, Kurnakow-Inst. für allg. u. anorgan. Chem.; russ.) — Bei der Vereinigung von 0,5 m $Y(NO_3)_3$-Lsg. mit 0,75 m K_2CrO_4-Lsg. in verschiedenen Verhältnissen zueinander werden 2 Reihen von Doppelsalzen gefällt. Mit Hilfe der Löslichkeits-Meth. wurden ihre Zus. bestimmt. Bei Überschuß von Nitrationen u. einem Y-Geh. von 0,8—49% aller Kationen fällt ein orangefarbenes Kristallhydrat der Zus. $Y_2(CrO_4)_3 \cdot K_2CrO_4 \cdot n\,H_2O$ (n = ca. 6) aus, bei einem großen Überschuß von K^+-Ionen u. bei Übergewicht der Chromationen fällt ein gelber Nd. der wechselnden Zus. $Y_2(CrO_4)_3 \cdot 3\,K_2CrO_4 \cdot n\,H_2O$ bis $Y_2(CrO_4)_3 \cdot 4\,K_2CrO_4 \cdot n\,H_2O$ aus. Das normale Y-Chromat wird dabei nicht gebildet. Seine Synth. gelingt durch Vereinigung von frischgefälltem $Y(OH)_3$ mit CrO_3 in wss. Lsg. u. anschließender Verdampfung bei Zimmertemp., Zus.: $Y_2(CrO_4)_3 \cdot 12\,H_2O$.
G. Ewald 300◇

0573 **Radiochemische Trennung des ^{140}La von ^{140}Ba.** Catello Cesarano und Giuseppe Pugnetti. (Gazz. chim. ital. **93,** 28—37, 1963; Casaccia, Roma, Comit. naz. per l'Energ. nucl. C. S. N., Div. Materiali Labor. Operaz. calde; ital.) — Eine neue Meth. zur Trennung von ^{140}La u. ^{140}Ba an Ionenaustauschharz wird beschrieben, die die period. Gewinnung von trägerfreiem ^{140}La mit abnehmenden Aktivitäten durch „Melken" der an der kation. Harzsäule (Dowex 50x 8) fixierten ^{140}Ba-Quelle ermöglicht. Die Elution erfolgt mit einer 5%ig. Citronensäure–NH_4-Citrat-Lsg. bei pH 5,5. Der mittlere Wert des Verteilungskoeff. der 2 Elemente ist $1{,}28 \cdot 10^4$. Die radiochem. Reinheit als Verhältnis (Aktivität von La)/(Aktivität von Ba) entspricht einer chem. Reinheit von $1{,}3 \cdot 10^4$. Eine rasch ausführbare Analysenmeth. für die Verunreinigung von ^{140}Ba im Eluat unter Verw. einer anion. Harzsäule (Dowex 1x 8) wird beschrieben.
G. Platzer 301◇

0574 **Über Lanthanphosphate.** I. W. Tananajew und W. P. Wassiljewa. (J. anorg. Chem. [UdSSR] **8,** 1070 bis 1075, 1963; Akad. der Wiss. der UdSSR, Kurnakow-Inst. für allg. u. anorgan. Chem.; russ.) — Vff. bestimmten in den Syst. $La(NO_3)_3$–H_3PO_4 (bzw. NaH_2PO_4; Na_2HPO_4 oder Na_3PO_4)–H_2O die Löslichkeit, den pH-Wert u. die spezif. Leitfähigkeit in Abhängigkeit von der Konz. der Phosphationen bei 2 Konzz. von La. Die ausfallenden Phosphat-Ndd. wurden chem., thermograph. u. röntgenograph. auf ihre Zus. analysiert. In allen Syst. wird $LaPO_4 \cdot 3\,H_2O$ gefällt, im Syst. $La(NO_3)_3$–Na_3PO_4–H_2O außerdem $9\,LaPO_4 \cdot La(OH)_3 \cdot 28\,H_2O$. Vff. bestimmten die Löslichkeit beider Verbb. in HCl verschiedener Konzentrationen. Das Löslichkeits-Prod. von $LaPO_4$ beträgt $3{,}75 \cdot 10^{-23}$.
G. Ewald 301◇

0575 **Beobachtungen an den Seltenen Erden.** 72. Mitt. **Die Darstellung und Charakterisierung von wasserfreien und mit N.N-Dimethylformamid solvatisierten Acetaten.** T. Moeller, V. Galasyn und J. Xavier. (J. inorg. nuclear Chem. **15,** 259—64, 1960; Urbana, Ill., Univ. of Illinois, Noyes Chem. Labor.; engl.) — 71. vgl. C. **1963,** 13479; 73. vgl. C. **1962,** 10751. — Durch Behandeln der kristallwasserhaltigen Acetate mit N.N-Dimethylformamid (DMF) u. trockenem Bzl. u. nachfolgender azeotroper Dest., Waschen mit Ae. u. Trocknen im Vakuum wurden $Ln(CH_3COO)_3$ (**I,** Ln = *Y, La, Dy, Ho, Er* u. *Yb*) u. $Ln(CH_3COO)_3 \cdot DMF$ (**II**) mit Ln = *Ce (III)*, F. 148 bis 155°, *Pr*, F. 151—55°, *Nd*, F. 151—155°, *Sm*, F. 137 bis 140°, *Eu*, F. 137—140° u. *Gd* erhalten. **II** werden durch Erhitzen im Vakuum auf 210° in **I** verwandelt. **I** u. **II** wurden durch Analyse, Röntgen- u. IR-Unterss. charakterisiert. Sie lösen sich leicht in W., sind aber nur wenig lösl. in kaltem wasserfreiem DMF, A., Ae. oder Essigsäure.
G. Heller 303◇

0576 **Über Seltenerdmetallnicotinate.** R. A. Tschupachina und W. W. Sserebrennikow. (J. anorg. Chem. [UdSSR] **8,** 1284—86, 1963; russ.) — Durch Zugabe von 0,4—0,5 g der entsprechenden Seltenerdmetallnitrate zu 1 g Nicotinsäure in 25 ml H_2O auf dem Wasserbad werden bei pH 4 die Nicotinate von La, Ce, Pr, Nd, Sm, Eu, Gd, Dy, Ho, Er, Yb, Lu u. Y gefällt. Sie haben die Zus. $Me(C_5H_4NCOO)_3$ u. die Farbe des Nitrats. Vff. bestimmten die Löslichkeit der Nicotinate in W. bei 20°. Sie ist am Anfang u. am Ende der La-Reihe am größten (6,08 bzw. 5,25 g/Liter) u. bei Gd am geringsten (3,76 g/Liter). Durch die Messung der mol. Leitfähigkeit ergab sich, daß der Elektrolyt aus 3 Ionen besteht. Die Brechungsindices der Verbb. sind angegeben.
G. Ewald 303◇

0577 **Löslichkeit in ternären, Cernitrat und Alkalimetallnitrate enthaltenden Wasser–Salz-System.** Je. F. Shurawlew, A. D. Schewelewa, R. L. Bogdanowskaja, Ss. F. Kudrjaschow und W. A. Schtschurow. (J. anorg. Chem. [UdSSR] **8,** 1955—63, 1963; Perm, Univ.; russ.) — Es werden mit isotherm. Meth. die Löslichkeitsschnitte in den Syst. $Ce(NO_3)_3$–$MeNO_3$–H_2O (Me = Na, K, Rb, Cs) bei Temp. von 10, 20 u. 30° bestimmt. Danach gehört $Ce(NO_3)_3$–$NaNO_3$–H_2O zum Syst. des einfach „euton." Typs. Für die übrigen 3 Syst. lassen sich bei den untersuchten Temp. bestimmte Gebiete der Existenz von Doppelsalzen der Zus. $Ce(NO_3)_3 \cdot 2\,KNO_3 \cdot 2\,H_2O$; $Ce(NO_3)_3 \cdot 2\,RbNO_3 \cdot 4\,H_2O$ u. $Ce(NO_3)_3 \cdot 2\,CsNO_3 \cdot 4\,H_2O$ feststellen. Die Doppelnitrate Ce–K u. Ce–Cs sind in W. inkongruent lösl., während die von Ce–Rb bei 10° in W. inkongruent, bei 20 u. 30° aber kongruent lösl. sind.
W.-D. Heußner 304◇

0578 **Löslichkeit von Cercarbonat und -sulfat in Wasser bei 25°.** A. A. Trofimowitsch und G. Ss. Ssedelnikow. (J. anorg. Chem. [UdSSR] **8,** 1259—64, 1963; russ.) — Das Syst. $Ce_2(CO_3)_3$–$Ce_2(SO_4)_3$–H_2O wurde mit Hilfe der Löslichkeits-Meth. untersucht. Die Konz. von $Ce_2(CO_3)_3$ in der fl. Phase (0,00010—0,00024%) ändert sich wenig, während sich die Konz. von $Ce_2(SO_4)_3$ von 0 bis 7,631% änderte. Von 1,14—7,64% $Ce_2(SO_4)_3$ fällt das Doppelsalz $Ce_2(CO_3)_3 \cdot 2\,Ce_2(SO_4)_3 \cdot 24\,H_2O$, das auch thermograph. analysiert wurde. Im Gebiet < 1% bildet $Ce_2(SO_4)_3$ mit dem Carbonat Mischkristalle vom Typ der festen Lösungen. In ganz schmalen Randgebieten des Löslichkeitsdiagramms existieren die Oktahydrate der reinen Komponenten. Im Syst. $Ce_2(CO_3)_3$–CO_2–H_2O wird durch Durchblasen von CO_2 die Ce-Konz. in der Lsg. nicht erhöht, jedoch wird CO_2 langsam absorbiert. CO_2 geht in die feste Phase über u. bildet wahrscheinlich Cerhydrogencarbonat.
G. Ewald 304◇

0579 **Untersuchung des ternären Systems Cerphosphat–Phosphorsäure–Wasser bei 70°.** W. N. Sweschnikowa und W. L. Ginsburg. (J. anorg. Chem. [UdSSR] **7,** 1169—73, 1962; russ.) — Im tern. Syst. $CePO_4$–H_3PO_4–H_2O nimmt die Löslichkeit von $CePO_4$ bei 70° mit Vergrößerung der Säure-Konz. stark zu (maximal 498 γ Ce_2O_3 bei 55% P_2O_5 in Lsg.), wobei die feste Phase eine wechselnde Zus. an $CePO_4$ u. H_3PO_4 aufweist. Nach der Elektrodialyse von $CePO_4$, das aus dem entsprechenden Sulfat hergestellt wurde, lassen sich an den Wänden des Dialysators sphärolithähnliche Kristallaggregate nachweisen, in denen ein teilweiser isomorpher Ersatz von P_2O_5 durch SO_3 erfolgte. Durch Mitfällung von Ce durch Ca-Oxalat u. anschließende spektrograph. Best. lassen sich noch geringe Ce-Konzz. (~ 2—3 γ/cm³) nachweisen.
W.-D. Heußner 304◇

0580 **Zur B-Form des Oxids Sm_2O_3.** W. Ss. Kutzew, Je. I. Smagina und R. N. Morshejedowa. (J. anorg. Chem. [UdSSR] **8,** 1049—52, 1963; Forsch.- u. Projektier.-Inst. für die Seltenmetall-Ind.; russ.) — Vff. untersuchten die Red. der A-Form von Sm_2O_3 mit C u. Zr u. die Dissoziation der Verb. unter Vakuum. Die Red. mit C wurde im Intervall 1700—1900° bei 20—500 Torr, die Red. mit metall. Zr im Intervall 1260—1700° bei 10^{-3} bis 10^{-4} Torr durchgeführt. Es wird, wie sich röntgenograph. nachweisen läßt, ein Oxid nichtstöchiometr. Zus. gebildet. Folglich ist die B-Form keine Modifikation des Sm_2O_3, sondern ein Sm-Oxid wechselnder Zusammensetzung. Beim Glühen der A-Form unter Vakuum geht diese unter Dissoziation in die B-Form über.
G. Ewald 308◇

0581 **Über Gadoliniumphosphate.** Ss. M. Petuschkowa und I. W. Tananajew. (J. anorg. Chem. [UdSSR] **8,** 1064—69, 1963; russ.) — Vff. bestimmten in den Syst. $GdCl_3$–H_3PO_4 (bzw. Na_3PO_4)–H_2O den pH-Wert, die Löslichkeit u. die spezif. Leitfähigkeit in Abhängigkeit von der Konz. der Phosphationen bei $GdCl_3$-Konzz. von

0,025 bzw. 0,1 Mol/Liter. Die Phosphat-Ndd. wurden chem., thermograph. u. röntgenograph. analysiert. In Ggw. von H_3PO_4 wird selbst bei Säureüberschuß nur das schwerlösl. *GdPO₄ · H₂O* gebildet. Mit zunehmender Konz. von Na_3PO_4 bilden sich nacheinander die Verbb. *9 GdPO₄ · Gd(OH)₃ · 27 H₂O; GdPO₄ · H₂O* u. *4 GdPO₄ · Na₃PO₄ · 12 H₂O*. G. Ewald 310◇

0582 **Über die Bildung der Verbindungen Ti_6O und Ti_3O im System Titan–Sauerstoff.** I. I. Kornilow und W. W. Glasowa. (Ber. Akad. Wiss. UdSSR **150**, 313–16, 2 Tafeln, 1963; Baikow-Inst. für Metallurg.; russ.) — Neben den Verbb. TiO, Ti_2O_3 u. TiO_2 lassen sich durch Röntgenstruktur- u. Leitfähigkeits-Unterss. im Syst. Ti–O (für 0–35 Atom-% O) zwei Punkte isolieren, an denen die Zus. Verbb. der Art Ti_6O (14% O) u. Ti_3O (25% O) entspricht, die beide aus α-festen Lsgg. gebildet werden. Die Temp.-Beständigkeit kann für Ti_6O mit 820–830° u. für Ti_3O mit > 1400° angegeben werden, weshalb diesen Verbb. eine große Bedeutung für Gleichgew.-Rkk. in Ti-Schichten u. zur Klärung des O_2-Einfl. auf die Eigg. von Ti u. seinen Legg. beizumessen ist. — 15 Literaturangaben. W.-D. Heußner 321◇

0583 **Zur Synthese von Molybdatotitanheteropolysäuren.** S. F. Schachowa und Je. N. Ssemenowskaja. (J. anorg. Chem. [UdSSR] **7**, 1084–86, 1962; russ.) — Die Darst. von *(NH₄)₄[TiO₄(MoO₃)₁₂] · 10 H₂O* u. der sich davon ableitenden freien Säure wird beschrieben.

Versuche: 1 g $(NH_4)_2TiF_6$ wird in 10 ml heißem W. gelöst, mit 100 ml einer heißen, gesättigten $(NH_4)_6 \cdot Mo_7O_{24}$-Lsg. versetzt u. mit HCl auf pH 1 gebracht. Abkühlen u. filtrieren, waschen mit Ae., Zers. des Nd. in äther. Lsg. mit 30–40 ml H_2SO_4. Die erhaltenen Kristalle von $H_4[TiO_4(MoO_3)_{12}] \cdot 10\ H_2O$ sind dunkel-graubraun, sehr zerfließlich an Luft. Ausbeute 30 %. W.-D. Heußner 321◇

0584 **Über Amide und Imide des vierwertigen Titans und Zirkoniums.** O. Schmitz-DuMont, G. Mietens und B. Ross. (Angew. Chem. **75**, 792, 1963; Bonn, Univ., Anorg.-Chem. Inst.; dt.) — $Ti(NO_3)_4$ löst sich mit gelber Farbe in fl. NH_3 unter Bldg. geringer Mengen von orangegelbem $Ti(NH_2)_{2,82}(NH_3)_{1,08-1,15}(NO_3)_{1,17}$ u. reagiert mit 4 Mol KNH_2 zu braunem $Ti(NH_2)_4$, das unter N_2 selbst bei –78° unter NH_3-Abspaltung in das explosive *Imid* übergeht. $Zr(NO_3)_4 \cdot 2\ HNO_3$ gibt mit fl. NH_3 einen heterogenen, O-, N- u. Zr-haltigen Niederschlag. $ZrCl_4$ u. KSCN reagieren in CH_3CN zu $K_2[Zr(SCN)_6] \cdot CH_3CN$, das bei 90° in $K_2[Zr(SCN)_6]$ (I) übergeht u. dann in fl. NH_3 eine gelbe Lsg. bildet, aus der nach Abdampfen des NH_3 $K_2[Zr(SCN)_6] \cdot 4\ NH_3$ zurückbleibt. **I** gibt mit 4 Mol KNH_2 einen gelblichen Nd., der im N_2-Strom bei 22° in amorphes $Zr(NH)_2$ übergeht. H. Bürger 322◇

0585 **Reaktion von NaF und HfF_4 in wäßriger Lösung.** B. W. Schtschepotschkin und N. P. Ssashin. (J. anorg. Chem. [UdSSR] **8**, 1281–84, 1963; russ.) — Vff. untersuchten die Rk. von NaF mit HfF_4 in wss. HF durch konduktometr. u. potentiometr. Titration u. mkr. Beobachtungen. Durch Titration wird die Bldg. folgender Verbb. nachgewiesen: NaF : HfF_4 = 1,5 : 1; 2 : 1; 3 : 1 u. 3,75 : 1. Von $Na_3Hf_2F_{11} \cdot H_2O$; Na_2HfF_6; $Na_3HfF_7 \cdot 0{,}5\ H_2O$ u. $Na_{15}Hf_4F_{31} \cdot 2\ H_2O$ werden Mikrophotographien hergestellt. G. Ewald 323◇

0586 **Über die Löslichkeit von $Th(C_2O_4)_2 \cdot 6\ H_2O$ in wäßrigen Lösungen von HNO_3 und $H_2C_2O_4$ bei 25°.** A. G. Kurnakowa und L. K. Schubotschkin. (J. anorg. Chem. [UdSSR] **8**, 1249–54, 1963; russ.) — Vff. untersuchten die Löslichkeiten im quaternären Syst. $Th(C_2O_4)_2$–HNO_3–$H_2C_2O_4$(gesätt.)–H_2O (**I**) sowie in den tern. Syst. $Th(C_2O_4)_2$–$H_2C_2O_4$–H_2O (**II**), $H_2C_2O_4$–HNO_3–H_2O (**III**) u. $Th(C_2O_4)_2$–HNO_3–H_2O (**IV**). Die Rk. $Th(C_2O_4)_2 + 4\ HNO_3 \leftrightharpoons Th(NO_3)_4 + 2\ H_2C_2O_4$ wird bei 25° durch Titration der Säuren bzw. radiometr. Best. des Th verfolgt. Im Syst. **II** wird die Löslichkeit von Th durch Vergrößerung der $H_2C_2O_4$-Konz. wenig geändert. Sie erreicht 7 mg Th/1000 g Lsg. bei 11% $H_2C_2O_4$. Im Syst. **IV** [$Th(C_2O_4)_2$, gesätt.] wird durch Vergrößerung des HNO_3-Geh., wahrscheinlich durch Komplex-Bldg., die Löslichkeit von Th kontinuierlich vergrößert u. erreicht 1%. Die Löslichkeitsisotherme im Syst. **III** hat 2 Teile, die der Kristallisation von $H_2C_2O_4$ bzw. $H_2C_2O_4 \cdot 2\ H_2O$ entsprechen. Im Syst. **I** wird durch Vergrößerung des HNO_3-Geh. die Löslichkeit von Th größer: in Ggw. von 15% HNO_3 um das 7,5fache, in Ggw. von 56% HNO_3 um das 17fache. Bei Zugabe von $H_2C_2O_4$ verändert sich die Löslichkeit von Th bis zu einem HNO_3-Geh. von 25% nicht. G. Ewald 324◇

0587 **Reaktionen von Orthogermaniumsäureestern. 4. Mitt. Reaktionen von Alkylorthogermanaten mit Acetylchlorid.** R. C. Mehrotra und G. Chandra. (Recueil Trav. chim. Pays-Bas **82**, 683–87, 1963; Jaipur, India, Univ. of Rajasthan, Dep. of Chem.; engl.) — 1. vgl. C. **1963**, 5765. — *Alkoxygermaniumchloride* lassen sich bequem aus den Tetraalkoxyverbb. u. der stöchiometr. Menge Acetylchlorid (**I**) bzw. im Fall der Trichloride besser mit überschüssigem $GeCl_4$ darstellen, da $ROGeCl_3$ leicht zu $(RO)_2GeCl_2$ u. $GeCl_4$ disproportioniert.

Versuche: *Triäthoxygermaniumchlorid*, Kp. 177 bis 179°, aus 0,63 g **I** u. 2,00 g $(C_2H_5O)_4$ Ge in 8 ml Bzl. durch 30–40 Min. langes Rückflußerhitzen; 1,80 g. — Analog *Diäthoxygermaniumdichlorid*, Kp. 157–159°; 75%; *Triisopropoxygermaniumchlorid*, Kp.$_{10}$ 81–83°; 88%; *Diisopropoxygermaniumdichlorid*, Kp.$_{10}$ 66–68°; 90%; *Di-n-butoxygermaniumdichlorid*, Kp.$_6$ 102–105°; 84%; *Tri-n-butoxygermaniumchlorid*, Kp.$_{2,1}$ 110–115°; 90%. — *Isopropoxygermaniumtrichlorid*, Kp.$_{725}$ 130 bis 132°, aus 3,32 g $(C_3H_7O)_4Ge$ u. 9,35 g $GeCl_4$, 5 Std. bei 130–140°; 53,5%. — Analog: *Äthoxygermaniumtrichlorid*, Kp. 120–125°; 65%; *n-Butoxygermaniumtrichlorid*, Kp.$_{20}$ 70–75°; 30%. H. Bürger 326◇

0588 **Synthese von tert.-Butylcyclopentadienylmangantricarbonyl und seinen Derivaten.** K. N. Anissimow und N. Je. Kolobowa. (Nachr. Akad. Wiss. UdSSR, Abt. chem. Wiss. **1962**, 721–22; Inst. für metallorg. Verbb. der Akad. der Wiss. der UdSSR; russ.) — Cyclopentadienylmangantricarbonyl (**I**) wird unter Friedel-Crafts-Bedingungen zu *tert.-Butylcyclopentadienylmangantricarbonyl* (**II**) alkyliert, aus dem man mit Acetylchlorid *Acetyl-tert.-butylcyclopentadienylmangantricarbonyl* erhält.

Versuche: *tert.-Butylcyclopentadienylmangantricarbonyl* (**II**), $C_{12}H_{13}MnO_3$, Kp.$_{1-2}$ 97–98°, durch Zutropfen von tert.-Butylchlorid zu **I** u. $AlCl_3$ in n-Heptan, 3std. Erwärmen auf 60° u. Zers. mit Eis u. 10%ig. HCl; D_4^{20} 1,2761, n_D^{20} 1,5620; 69% (Ausbeute). — *Acetyl-tert.-butylcyclopentadienylmangantricarbonyl*, $C_{14}H_{15}MnO_4$, Kp.$_{0,03}$ 45–47°, durch Vermischen von **II** u. $AlCl_3$ mit Acetylchlorid, Verdünnen mit n-Heptan u. Zers. mit Eis u. HCl; D_4^{20} 1,3162, n_D^{20} 1,5725; 52%. — *2.4-Dinitrophenylhydrazon*, $C_{20}H_{19}MnN_4O_7$, F. 193°. — *Benzoyl-tert.-butylcyclopentadienylmangantricarbonyl*, $C_{19}H_{17}MnO_4$, F. 84–85°, analog vorst. Verb.; gelb; 88%. *2.4-Dinitrophenylhydrazon*, $C_{25}H_{21}MnN_4O_7$, F. 207,5–208°. H.-E. Toussaint 350◇

0589 **Die Reaktion von Nickel mit Dioximen.** Mark A. Bambenek und R. T. Pflaum. (Inorg. Chem. [Washington] **2**, 289–92, 1963; Iowa City, Iowa, Iowa State Univ., Dep. of Chem.; engl.) — Die Rkk. einer Reihe symm. substituierter vicinaler Dioxime mit Ni(II) wurde spektralphotometr., potentiometr., mit Hilfe von Ionenaustausch u. durch Messung der Wanderungs-Geschw. untersucht. Die 1. Dissoziations-Konst. der Dioxime R–C(NOH)–C(NOH)–R wurden berechnet. (R =) *OH*, (pK_a =) 6,81 ± 0,02; 8,66 ± 0,05; *C₆H₅* 8,50 ± 0,05; *H* 8,88 ± 0,05; *Furyl* (C_4H_3O) 9,51 ± 0,02; *Tetramethylen* 10,10 ± 0,02; *CH₃* 10,14 ± 0,03; *NH₂* 11,38; *α-Pyridyl* (C_5H_4N) 12,48; das Dioxim mit R = *Cl* wird in Lsg. sofort zur Verb. mit R = OH hydrolysiert. Dioxime mit R = H u. R = α-Pyridyl bilden mit $Ni(ClO_4)_2 \cdot 6\ H_2O$ lösl. gelbe Komplexe, R = NH_2 in ammoniakal. Lsg. einen orangefarbenen Nd. u. mit R = OH in ammoniakal. Lsg. lösl. gelbes $[Ni\{R–C(NOH)–C(NO)–R\}_3]^-$. Dioxime mit R = CH_3 sowie α-Pyridyl bilden in Ggw. oxydierender Stoffe lösl. rote 3 : 1-Komplexe, die als zweifach geladene Anionen vorliegen. G. Heller 356◇

0590 **Die Darstellung und Eigenschaften von Bis-[4-aminopenten-(3)-on-(2)-ato]-nickel(II).** Ronald D. Archer. (Inorg. Chem. [Washington] **2**, 292–94, 1963;

Riverside, Calif., Univ. of California, Dep. of Chem.; engl.) — Das rote diamagnet. planare *Bis-[4-amino-penten-(3)-on-(2)-ato]-nickel(II)* (I), F. 246°, wurde aus $Ni(NO_3)_2 \cdot 6H_2O$ u. 4-Aminopenten-(3)-on-(2) [II, aus Pentandion-(2.4) u. NH_3 in Toluol bei 65°, $Kp._{10,5}$ 97—98°] in wss. Lsg. durch Fällen mit OH^- (pH 9—11) u. in alkohol. Lsg. durch partielles Verdampfen des Lsgm. dargestellt. I ist in Chlf. leicht, in A., Pyridin, Bzl., CCl_4 u. Nitromethan etwas weniger, in Ae. u. aliphat. KW-Stoffen sehr wenig u. in W. nicht löslich. Bei 90° reagiert I mit W. unter Bldg. von *Diaquo-bis-[pentan-dion-(2.4)-ato]-nickel(II)*, das auch durch Erwärmen einer Lsg. mit II u. Ni(II) ohne Zugabe von Basen gewonnen werden kann. Durch Erhitzen vorst. Verb. im Vakuum wird grünes, trimeres *Bis-[pentandion-(2.4)-ato]-nickel(II)* gebildet. Die zwei Ligandenfeldabsorptionsbanden des sichtbaren Spektrums von I sind charakterist. für Verbb. des trans-NiO_2N_2-Typs. G. Heller 356◇

0591 **Komplexe mit 2-Hydroxyäthylimido-bis-[essigsäure].** Ronald A. Krause. (Inorg. Chem. [Washington] **2,** 297—99, 1963; Stamford, Conn., Amer. Cyanamid Co., Central Res. Div., Chem. Res. Dep.; engl.) — Verschiedene Komplexe der 2-Hydroxyäthylimido-bis-[essigsäure] ($HO-AH_2$) werden hergestellt u. mit Hilfe von Spektren, Messungen der magnet. Momente u. der molaren Leitfähigkeiten charakterisiert. Die Komplexe lassen sich in 2 Gruppen einteilen: bei $[Co(HO-AH)_2]$ (I), (μ_{eff}) = 4,73 (BM), u. $[Ni(HO-AH)_2]$, 3,24, erfolgt die Koordination der Liganden über die alkohol. OH-Gruppe u. eine der beiden COOH-Gruppen, bei den oktaedr. Komplexen $Na_2[Co(HO-A)_2]$, 4,86, $Na[Co(HO-A)_2]$, 0,7, $K[Cr(HO-A)_2]$ (II), 3,84, u. $K_2[Ni(HO-A)_2]$, 3,25, über das N- u. die 2 Carboxyl-O-Atome.

Versuche: *Bis-[2-hydroxyäthylimidodiacetato]-kobalt(II)* (I), $C_{12}H_{20}CoN_2O_{10}$; aus $CoCO_3$ u. $HO-AH_2$ in heißem W.; rosa Nd.; 88% (Ausbeute). — *Bis-[2-hydroxyäthylimidodiacetato]-nickel(II)*, $C_{12}H_{20}N_2NiO_{10}$; analog I; blauer Nd.; 90%. — *Natrium-bis-[2-hydroxy-äthylimidodiacetato]-kobalt(II)*, $C_{12}H_{18}CoN_2Na_2O_{10}$; aus I in $NaHCO_3$-Lsg. bei pH 7 mit A. gefällt; purpurfarbene Kristalle. — *Natrium-bis-[2-hydroxyäthylimidodiacetato]-kobalt(III)*, $C_{12}H_{18}CoN_2NaO_{10}$; aus $Na_3[Co(CO_3)_3] \cdot 3H_2O$ u. $HO-AH_2$ in heißem W., Zugabe von konz. $HClO_4$ (pH 4); purpurfarbene Kristalle; 26%. — *Kalium-bis-[2-hydroxyäthylimidodiacetato]-chrom(III)* (II), $C_{12}H_{18}CrK \cdot N_2O_{10}$; aus $CrCl_3 \cdot 6H_2O$ u. $HO-AH_2$ in heißem W., Neutralisieren mit KOH bis Farbumschlag nach rot; roter Nd., 59%. — *Kalium-bis-[2-hydroxyäthylimido-diacetato]-nickel(II)*, $C_{12}H_{18}K_2N_2NiO_{10}$; analog II, Fällen mit A; 71%. G. Heller 356◇

0592 **Darstellung und Infrarotspektren von Tetranitratopalladaten(II).** R. Eskenazi, J. Raskovan und R. Levitus. (An. Asoc. quím. argent. **50,** 9—17, 1962; Buenos Aires, Univ., Fac. de Ci. Exact. y Nat., Dep. de Quím. Inorg., Analít. y Quím. Fís.; span.) — Vff. stellten stabile Tetranitratokomplexe des Pd(II) dar. Die IR-Spektren ergaben, daß das NO_3^--Ion mit dem Pd^{2+}-Ion koordiniert ist u. daß die Bindung zwischen beiden Ionen teilweise elektrostat. Natur ist, was aus der Lage der NO-Valenzschwingung (997—1010 cm^{-1}) geschlossen wird.

Versuche: $K_2[Pd(NO_3)_4]$, aus einer Lsg. von 0,3562 g Pd in ca. 10 ml HNO_3 (D. 1,42) u. 0,6740 g KNO_3 durch Eindampfen zur Trockne auf dem Wasserbad u. 2std. Trocknen des rotorangefarbenen Prod. bei 100—110° oder durch Behandeln von 1 g $K_2[Pd(NO_2)_4] \cdot H_2O$ mit ca. 10 ml HNO_3 (D. 1,42), Erwärmen u. Eindampfen auf dem Wasserbad u. Trocknen bei 100 bis 110°. — $Na_2[Pd(NO_3)_4] \cdot H_2O$, analog dem K-Salz aus Pd, HNO_3 u. $NaNO_3$. P. Kurzmann 365◇

0593 **Palladiumkomplexe von Dithienyl-(2)-ketoxim.** William J. Holland und Leo Lee. (Canad. J. Chem. **41,** 1657—61, 1963; Windsor, Ontario, Univ. of Windsor, Essex Coll., Dep. of Chem.; engl.) — Bei der Rk. von Dithienyl-(2)-ketoxim (I) u. $PdCl_2$ entsteht bei pH 0 beinahe quant. *Dichloro-bis-[dithienyl-(2)-ketoxim-N.N']-palladium(II)* (II) u. bei pH 7—8 in guter Ausbeute die niederpolymere Form von *Bis-[dithienyl-(2)-ketoximato]-palladium(II)* (III); bei pH 1—6 gibt es Mischungen von II u. III. Beim Schütteln von II mit W./Aceton/Bzl. bildet sich unter HCl-Entw. gelbes *Bis-[dithienyl-(2)-ketoximato]-diaquo-palladium(II)-1/2-Wasser* (IV), das beim Erhitzen auf 120° $2^1/_2$ Mol. W. unter Bldg. der gelbbraunen hochpolymeren Form von *Bis-[dithienyl-(2)-ketoximato]-palladium(II)* (V) abgibt. II—V sind in W. unlösl., lösl. bis wenig lösl. dagegen in Bzl. u. $CHCl_3$. II u. IV sind diamagnet.; IR-Spektren zeigen, daß II planar mit zwei H-Brücken zwischen OH u. Cl gebaut ist u. daß in IV die beiden H_2O-Moll. in trans-Stellung an das Pd koordiniert sind. Die Chelate III u. V sind Isomere, aber auf Grund ihrer Dipolmomente (μ = 2,60 u. 1,86 D) keine cis-trans-Isomere. Das Molgew. von III in Bzl. zeigt einen Polymerisationsgrad von ca. 2,5. V ist in Bzl. unlösl., so daß keine Molgew.-Best. möglich ist; es ist ein Polymeres von III. Daß I bei der Bldg. dieser neuen Verbb. keiner Strukturänderung unterliegt, wird durch Zers. (Ausbeuten 93—100%) der Verbb. II—V mit starker HCl unter Rückbldg. von I bewiesen.

Versuche: *Dithienyl-(2)-ketoxim* (I), $C_9H_7NOS_2$, F. 134—136°; aus Dithienyl-(2)-keton, Hydroxylaminhydrochlorid u. KOH in A. (2 Std. Rückfluß), Gießen in W., Zugeben von HCl, Lösen des Nd. in A. u. Fällen mit W.; farblose Nadeln; 86% (Ausbeute). — *Dichloro-bis-[dithienyl-(2)-ketoxim]-palladium(II)* (II), $C_{18}H_{14}Cl_2N_2 \cdot O_2PdS_4$, F. 212—214° (Zers.); aus I u. $PdCl_2$ in wss.-alkohol. HCl-Lsg. (pH 0); gelbe Kristalle; 93%. — *Bis-[dithienyl-(2)-ketoximato]-palladium(II)*, niedrigpolymer (III), $C_{18}H_{12}N_2O_2PdS_4$, F. 175—185° (Zers.); a) aus 1,1 g I, KOH u. HCl in W. (pH 6,9) u. $PdCl_2$, HCl u. KOH in W. (pH 6,2) sowie wenig NaOH-Lsg. in der Hitze; 0,75 g; b) durch Lösen von V in kochendem Bzl. u. Verdampfen des Lsgm. bei 50°; dunkelbraun. — *Bis-[dithienyl-(2)-ketoximato]-diaquo-palladium-(II)-$^1/_2$-Wasser* (IV), $C_{18}H_{12}N_2O_2PdS_4 \cdot 2^1/_2H_2O$, F. 185—188° (Zers.); durch 10 Min. langes Schütteln von II mit Bzl.-Aceton–Wasser (1:1:1); gelbe Kristalle, 63%. — *Bis-[dithienyl-(2)-ketoximato]-palladium(II)*, hochpolymer (V), $C_{18}H_{12}N_2O_2PdS_4$, F. 187—190° (Zers.); a) durch 3std. Erhitzen von III auf 120°; b) durch Lösen von III in kaltem Bzl.; gelbbraune Kristalle. G. Heller 365◇

0594 **Über die Synthese und die Eigenschaften von Osmiumphthalocyaninat.** B. D. Beresin und N. I. Ssossnikowa. (Ber. Akad. Wiss. UdSSR **146,** 604—07, 1962; Iwanowo, Chem.-technol. Inst.; russ.) — Vgl. C. **1963,** 12710. — Auf Grund der Bldg.-Bedingungen von Phthalocyaninaten (PC) ist die Synth. stabiler PC von Sc^{3+}, Ti^{4+}, Ru^{3+}, Rh^{3+}, Ir^{3+}, u. Os^{4+} zu erwarten, nicht aber bei Cu^+, Tl^{3+}, Y^{3+}, La^{3+} u. Lanthaniden, Zr^{4+}, V^{2+}, Cr^{2+} u. Ga^{2+}. Die Bldg. eines PC von Os mit der Formel $(SO_4)OsPC$ wird beschrieben. Beim Erhitzen von Phthalonitril mit OsO_4 u. Umfällen des Os-Phthalocyaninats aus Oleum entsteht $(SO_4)OsPC$ als tiefblaue Verb. mit vermutlich polymerer Struktur (durch SO_4-Gruppen verbundene OsPC-Glieder), wobei eine Red. von Os^{8+} zu Os^{4+} anzunehmen ist. Die SO_4-Komponente wird beim Umkristallisieren aus Oleum eingeführt. Die Verb. enthält 6 σ-Bindungen mit d^2sp^3-Konfiguration, bei denen die dx^2-y^2- u. dz^2-Bahnen besetzt sind u. die 4 d-Elektronen des Os^{4+} die übrigen, wahrscheinlich energet. gleichwertigen Bahnen (dxy, dxz, dyz) besetzen. Die Verb. ist aber rein diamagnetisch. Die Geschw.-Konst. der Dissoziation in H_2SO_4 wird bei 155° zu K = 181 ± 14 ($h^{-1} \cdot 10^3$), bei 120° zu 12,0 ± 1,0 bestimmt; zum Vgl. bei den PC von Pd^{2+} bei 155° 1390 ± 80, bei 120° 27,5 ± 0,5, Pt^{2+} bei 155° 1670 ± 210, Cu^{2+} bei 120° 815 ± 57, Al^{3+} bei 120° 123 ± 13. Die kinet. Stabilität ist also bei der Os-Verb. höher als bei den anderen. Offenbar findet bei der Lsg. des Os-Komplexes in H_2SO_4 eine Protonisierung statt. Die Löslichkeit der Os-Verb. ist wesentlich größer als bei den Pd- u. Pt-Analogen, was auf das bes. Gitter dieses Komplexes u. auf die Protonisierung einzelner Glieder der Polymerenkette zurückgeführt wird. Das Absorptionsspektrum zeigt niedrige Intensität der langwelligen Banden u. ihre starke Verschiebung bei zunehmender Konz. der H_2SO_4. Auch hierin zeigt sich der Einfl. der Protonisierung. Die Banden des OsPC sind wesentlich breiter als bei den anderen PC.

R. K. Müller 366◇

0595 **Die Radiochemie des Osmiums.** G. W. Leddicotte. (Nat. Acad. Sci. — Nat. Res. Council, nuclear Sci. Ser. NAS-NS **3046,** 1—20, 1961; Oak Ridge, Tenn., Oak Ridge Nat. Labor.; engl.) — Grundlagen u. ausgewählte Methoden. — 53 Literaturangaben.
A. Blaschette 366◇

0596 **Die Radiochemie des Iridiums.** G. W. Leddicotte. (Nat. Acad. Sci. — Nat. Res. Council, nuclear Sci. Ser. NAS-NS **3045,** 1—32, 1961; engl.) — Vgl. vorst. Referat. — 98 Literaturangaben.
A. Blaschette 367◇

0597 **Über komplexe Iridiumsulfate.** Ss. I. Ginsburg, M. I. Jusko und L. G. Ssalskaja. (J. anorg. Chem. [UdSSR] **8,** 839—46, 1963; Akad. der Wiss. der UdSSR, Inst. für allg. u. anorg. Chem.; russ.) — Aus $K_2[IrCl_6]$ wird mit konz. H_2SO_4 u. K_2SO_4 ein komplexes Iridiumsulfat der Zus. $K_9[Ir_3(SO_4)_9(OH)_2] \cdot 2H_2O$ erhalten, in dem das In in der drei- u. vierwertigen Stufe vorliegt. Aus konz. H_2SO_4 wird ein grünes Sulfat isoliert, das ebenfalls Ir(III) u. Ir(IV) enthält, u. eine mehrkernige Struktur besitzt. Die Oxydationsrk. des grünen Sulfats in H_2SO_4-Lsg. wird untersucht, als Rk.-Prod. wird nur die Hydroxoaquoverb. des Ir(IV) gefunden, die den Red.-Vorgang Ce(IV) → Ce(III) katalysiert. Durch diese katalyt. Rk. wird die Bldg. komplexer Ir(IV)-Sulfate in wss. Lsg. verhindert.

Versuche: 0,5—1 g $K_2[IrCl_6]$ werden mit H_2SO_4 u. K_2SO_4 im Überschuß behandelt oder im Quarztiegel mit $K_2S_2O_7$ (15—20facher Überschuß) bis zur Bldg. einer dkl.-grünen Schmelze erhitzt. Nach Erkalten wird in W. gelöst, das grüne Salz abfiltriert, mit W. u. A. (1:5) gewaschen, in 5%ig. H_2SO_4 gelöst, der Rückstand abfiltriert u. mit A. oder gesätt. K_2SO_4-Lsg. gefällt. Nd. mit A.–W.-Mischung u. A. waschen, Analyse ergibt $K_9[Ir_3^{IV,III}(SO_4)_9(OH)_2] \cdot 2H_2O$, grün. — Red. in H_2SO_4-Lsg. führt zu gelbbraunem $K_{10}H_9[Ir_3^{III}(SO_4)_{12}(OH)_4] \cdot 7H_2O$. — Oxydation führt zu $K_7H_3[Ir_3^{IV}(SO_4)_9O_2] \cdot 2H_2O$, blau.
G. Engelhardt 367◇

0598 **Zur Polymerie von Nitrochlorohydroxoaquoiridium-(III)-Verbindungen.** G. Ss. Muraweisskaja, I. I. Tschernjajew und W. F. Ssorokina. (J. anorg. Chem. [UdSSR] **8,** 847—52, 1963; Akad. der Wiss. der UdSSR, Inst. für allg. u. anorgan. Chem.; russ.) — Bei der Simultankristallisation äquimol. Mengen von $K_3 \cdot [IrCl_6]$ u. $K_3[Ir(NO_2)_6]$ mit $K_3[Ir(NO_2)_3Cl_3]$ scheidet sich eine mehrkernige Nitrochlorohydroxoaquo-Verb. der Zus. $K_7[Ir_4(NO_2)_9Cl_7(OH)_3(H_2O)_2] \cdot 4H_2O$ aus, die sich durch besonders gute Löslichkeit auszeichnet. Die Verb. ist fähig, in einen harzähnlichen Zustand überzugehen. Es wird versucht, den Mechanismus dieser Verharzung zu klären, wobei angenommen wird, daß durch Hydrolyse entstehende mehrkernige Komplexe von Bedeutung sind.
G. Engelhardt 367◇

0599 **Metallkomplexe von Dimethyl-o-methylmercaptophenylarsin.** 5. Mitt. **Komplexe von Rhodium und Iridium.** B. Chiswell und S. E. Livingstone.(J. chem. Soc. [London] **1960,** 3181—84; Sydney, Univ. of New South Wales, Dep. of Inorg. Chem.; engl.) — 4. vgl. C. **1961,** 1500; vgl. C. **1963,** 447. — Dimethyl-o-methylmercaptophenylarsin (L) bildet mit Rh(III) u. Ir(III) Chelatkomplexe. Die Rh-Verbb. haben die Zus. $2RhX_3 \cdot 3L \cdot nH_2O$, X = Cl, n = 3; X = Br, n = 2; X = J, n = 0. Die in Nitrobenzol gemessene Leitfähigkeit sowie der sich aus Molgew.-Best. ergebende Dissoziationsgrad weisen auf ion. Aufbau nach $[RhX_2L_2]\,[RhX_4L]$ hin, was weiterhin durch die Bldg. des Pentajodids von $[RJ_2L_2]^+$ bestätigt wird. Die Ir-Chelate haben die Zus. $IrX_3 \cdot 2L$ u. besitzen in Nitrobenzol eine sehr geringe Leitfähigkeit. Ir hat wahrscheinlich die Koordinationszahl 7. Über die Bindung läßt sich nichts Sicheres aussagen, doch spricht viel für $5(d\gamma)^4 6(s)^2 6(p)^6 6(d\varepsilon)^2$.

Versuche: *Dichlorobis-[dimethyl-o-methylmercaptophenylarsin]-rhodium(III)-tetrachlorodimethyl-o-methylmercaptophenylarsinrhodat(III)-3-Wasser*, $C_{27}H_{39} \cdot As_3Cl_6Rh_2S_3 \cdot 3H_2O$, aus der Lsg. von 0,5 g L in 20 ml A. u. einer Lsg. von 0,3 g $Rh(OH)_3$ in 10 n HCl durch 5 Min. langes Schütteln; blaßgelbe Kristalle aus wss. 50%ig. A.; 0,6 g (Ausbeute). — *Dibromobis-[dimethyl-o-methylmercaptophenylarsin]-rhodium(III)-tetrabromodimethyl-o-methylmercaptophenylarsinrhodat(III)-dihydrat*, $C_{27}H_{39} \cdot As_3Br_6Rh_2S_3 \cdot 2H_2O$, analog vorst. Verb. mit HBr; gelborangefarbene Kristalle; 0,3 g. — *Dijodobis-[dimethyl-o-methylmercaptophenylarsin]-rhodium(III)-tetrajododimethyl-o-methylmercaptophenylarsinrhodat(III)*, $C_{27} \cdot H_{39}As_3J_6Rh_2S_3$, aus 0,5 g L in 10 ml A. u. 0,3 g $Na_3 \cdot [RhCl_6]$ u. 0,4 g LiJ in 10 ml W.; aus A. rotbraune Kristalle; 0,5 g. — *Dijodobis-[dimethyl-o-methylmercaptophenylarsin]-rhodium(III)-pentajodid*, $C_{18}H_{26}As_2J_7RhS_2$, aus 0,5 g $Na_3[RhCl_6]$ in 5 ml W., jodhaltigem 66%ig. HJ u. alkohol. Lsg. von L durch 2std. Erhitzen unter Rückfluß; braune Kristalle; 0,5 g. — *Trichlorobis-[dimethyl-o-methylmercaptophenylarsin]-iridium(III)*, $C_{18}H_{26}As_2Cl_3 \cdot IrS_2$, aus 0,5 g L in 10 ml A. u. 0,4 g $(NH_4)_3[IrCl_6]$ in verd. HCl durch 30 Min. langes Erhitzen auf dem Wasserbad; rotes Öl, aus A. gelbe Kristalle; 0,4 g. — *Tribromobis-[dimethyl-o-methylmercaptophenylarsin]-iridium(III)-Äthanol*, $C_{18}H_{26}As_2Br_3IrS_2 \cdot C_2H_5OH$, wie vorst. mit 34%ig. HBr; orangefarbene Kristalle; 0,45 g; beim Erhitzen Zers. unter Bldg. eines farblosen Kondensats. — *Trijodobis-[dimethyl-o-methylmercaptophenylarsin]-iridium(III)*, $C_{18}H_{26}As_2IrJ_3S_2$, wie vorvorst. mit 0,4 g $(NH_4)_3[IrCl_6]$ u. 2 g NaJ in 10 ml W.; gelbbraune Kristalle; 0,4 g.
M. Olivier 367◇

A_9. Mineralogische und geologische Chemie

0600 **Fehler bei 2V-Messungen mit dem Universaldrehtisch.** M. Munro. (Amer. Mineralogist **48,** 308—23, 1963; Aberdeen, Univ., Dep. of Geol.; engl.) — Ein Vgl. von 2V-Messungen von *Olivin*- u. *Topas*-Dünnschnitten auf dem Universaldrehtisch mit solchen von Kugeln des gleichen Materials ergab, daß die Drehtischbest. mit Fehlern behaftet sind.
Ernst Schulte 372◇

0601 **Die Formenwelt des Binnits. Studien über die Freiburger Binnentalsammlung.** 7. Mitt. Erwin Nickel und Irmtraud Schaller. (Schweiz. mineralog. petrogr. Mitt. **43,** 413—34, 1963; Freiburg/Schweiz; dt.) — Eine revidierte Mannigfaltigkeit der Binnitformen wird diskutiert u. in gnomon. Projektion dargestellt. 7 äußerst wichtigen Formen 1. Ordnung stehen ca. 120 untergeordnete 2. Ordnung gegenüber. Die realisierten Formen stimmen gut mit dem Komplikationsgesetz überein, wenn man dieses mit Überlegungen zur Zonenerwartbarkeit verknüpft.
J. Heinze 372◇

0602 **Der Bromgehalt als stratigraphischer Indicator in Steinsalzlagerstätten.** Clemens August Baar. (Neues J. Mineralog., Mh. **1963,** 145—53; Kassel; dt.) — Auf Grund der Verteilungs-Koeff. kann der Br-Geh. ozean. Salzablagerungen bei bekannten Daten des Eindampfvorgangs definiert werden. Schwankungen im Br-Geh. sind um so unwahrscheinlicher, je größer das saline Becken war. Bei stark verformten Salzlagern ist der ursprüngliche Br-Geh. infolge Umkristallisationen oft weitgehend verändert worden. Anwendung dieser Erkenntnisse auf verschiedene Zechstein-Salzlager.
F. Ensslin 378◇

0603 **Altersbestimmungen am Bärhalde-Granit (Südschwarzwald) nach der Rubidium/Strontium-Methode.** P. Hahn-Weinheimer, H. Johanning und W. Schütze. (Neues J. Mineralog., Mh. **1963,** 157—66; Frankfurt/M., Univ., Miner. Inst.; dt.) — Aus der Best. des Sr- u. Rb-Geh. in 3 Proben des Bärhaldegranits ergab sich mit Ausgleichsrechnung ein Alter von 218,5 ± 10,5 Millionen Jahre, wenn für das Anfangsverhältnis $^{87}Sr/^{86}Sr$ = 0,710 gewählt wird. Der oberkarbon. Granit enthält viel Rb. Röntgenspektralanalyt. wurde in den 3 Proben 577 bzw. 482 bzw. **433** ppm Rb (je ± 0,7%) u. 5,9 ± 10% bzw. 7,5 ± 10% u. 16,2 ± 5% Sr festgestellt.
F. Ensslin 378◇

0604 **Das Alter der syntektonischen Migmatite von Saint-Malo.** Maurice-Jacques Graindor. (C. R. hebd. Séances Acad. Sci. **254,** 3729—31, 1962; Paris, Coll. de France, Labor. de Géol.; franz.) — Der syntekton. Migmatit hat nach der Sr/Rb- u. Ar/K-Meth. ein Alter von 412 Millionen Jahren. Es muß daher zwischen der cadom. u. varist. Orogenese eine bedeutende Orogenese des Massivs stattgefunden haben.
F. Ensslin 378◇

0605 **Bedeutung des Kaolinits in den Verwitterungsprodukten verschiedener Gesteinstypen des Armoricain-Massivs.** Janine Choux. (C. R. hebd. Séances Acad. Sci. **253**, 1266—67, 1961; Rennes, Fac. des Sci., Inst. de Géol.; franz.) — Vgl. C. **1963**, 6157. — Die Verwitterung der paläozoischen Sedimente unter trop. klimat. Bedingungen des ausgehenden Sekundärs u. zu Beginn des Tertiärs lieferte vorwiegend Kaolinite. Chlorit kommt in kleinen oder größeren Mengen mit Kaolinit zusammen vor, kann aber auch allein auftreten. Vielleicht ist dieser noch ein Bestandteil des Muttergesteins wie in dem Kalksandstein südlich von Rennes. Die Zers. der Gesteine führte nie zur Bldg. von Gibbsit, doch wurden Fe-reiche Laterite erhalten. F. Ensslin 378◇

0606 **Über die Umkristallisation metakolloider Sulfiderze.** A. D. Genkin. (Geol. d. Erzlagerstätten [UdSSR] **1959**, Nr. 4, 134—36, 2 Tafeln; Moskau, Inst. für Geol. der Erzlagerst. der Akad. der Wiss. der UdSSR; russ.) — In den Gängen und Erzkörpern der Kupferlagerstätte Kafan (ArmenSSR) sind metakoll. Erztexturen weitverbreitet. Haupterzminerale sind *Pyrit, Chalkopyrit, Bornit.* In einer feindispersen Grundmasse dieser Minerale treten zahlreiche größere Bldg. gleichen Mineralbestandes, aber anderer Struktur (isometr. bis sphär. Aggregate und ausgefüllte Schrumpfungsrisse) auf. Nach einer ausführlichen Beschreibung der Texturen werden diese als Ergebnis der Alterung und Sammelkristallisation komplexer Gele sowie der Zirkulation der dabei freiwerdenden Rest-Lsgg. gedeutet. Dieter Wolf 378◇

0607 **Einfluß des Drucks auf das Schmelzen von Diopsid, $CaMgSi_2O_6$, und Albit, $NaAlSi_3O_8$, im Bereich bis 50 Kilobar.** F. R. Boyd und J. L. England. (J. geophys. Res. **68**, 311—23, 1963; Washington, D. C., Carnegie Instn. Geophys. Labor.; engl.) — Vff. bestimmten die Schmelzkurve von Albit u. Diopsid bis zu einem Druck von 33 bzw. 50 kbar. Ausgegangen wurde bei allen Verss. von Gläsern der theoret. Zus. der beiden Mineralien. Beide Schmelzkurven zeigten eine beträchtliche Krümmung. Für Albit betrug die Anfangsneigung der Kurve 14° pro bar; sie flachte sich dann zwischen 20 u. 30 kbar auf etwa 8° pro bar ab. Bei Diopsid betrug die Anfangsneigung 15,4° pro kbar, zwischen 40 u. 50 kbar nur noch 7,5° pro kbar. Aus diesen Beobachtungen wurde der Schluß gezogen, daß der Einfl. des Drucks auf das Schmelzen von Gesteinen im Erdmantel mit der Tiefe abnimmt. Extrapoliert man die Kurve des Diopsids auf einen Druck von 1400 kbar, der dem Druck an der Grenzfläche Erdkern–Erdmantel entspricht, dann erhält man eine Schmelztemp. von 3750°. Der Brechungsindex von Diopsidglas, das bei Atmosphärendruck hergestellt worden war, beträgt 1,603 u. steigt auf 1,630 für ein Glas, das bei einem Druck von 46,7 kbar durch Abschrecken erhalten wurde. Der Index des Albitglases nimmt linear von 1,488 bei Atmosphärendruck auf 1,519 bei 31,5 bar zu. C. Gottfried 378△

0608 **Ultraschallbeobachtung der Calcit–Aragonit-Umwandlung.** Thomas J. Ahrens und Samuel Katz. (J. geophys. Res. **68**, 529—37, 1963; Troy, N. Y., Interdisciplinary Mater. Res. Centre and Rensselaer Polytechn. Inst., Dep. of Geol.; engl.) — Die longitudinalen u. transversalen Wellengeschw. in Kalksteinproben von Solenhofen u. Manlius wurden bei Drücken bis zu 27 bzw. 38 Kbar gemessen. Die longitudinalen Geschw. nahmen bei einem mittleren Druck von 4 Kbar scharf von 5,3 km/s auf ein Minimum von 4,8 km/s bei einem Druck von 8 Kbar ab. Die transversalen Geschw. nahmen von 3,1 auf 2,9 km/s ab. Mit diesem Minimum geht eine Dichtezunahme von 1,7% Hand in Hand. Die Beobachtungen werden dem Übergang Calcit → Aragonit zugeschrieben. C. Gottfried 378△

0609 **Chemische Kinetik und die Bildung von Mineralablagerungen.** D. R. Swayze. (Econ. Geol. **58**, 604—05, 1963; Elisabeth, N. J.; engl.) — Kinet. Ableitung der möglichen Anzahl stabiler Prodd., die in einer Mineralablagerung aus N voneinander abhängigen Rkk. entstehen können. Ernst Schulte 378◇

0610 **Geologie der Coelestin-Lagerstätten von Brown County, Kansas.** Maurice D. Fishburn und John C. Davis. (Trans. Kansas Acad. Sci. **65**, 47—60, 1962; engl.) — Der Coelestin tritt gangförmig im perm. Tonschiefer auf. Das $SrSO_4$ wurde durch zirkulierendes Grundwasser aus den oberen Schichten des Hamlin-Tonschiefers, wo es neben Gips u. Anhydrit vorkommt, herausgelöst u. in den Spalten wieder ausgefällt. Es bildet plattenförmige Kristalle, die gerüstartig angeordnet sind, u. enthält als Spurenelemente nach der spektrograph. Unters. in Mengen von 0,1—1%: Mg, Si, V, Cu, Na, Ti, Ca, Mn u. Fe. Ba fehlt vollkommen. F. Ensslin 380◇

0611 **Aufzeigung der Wachstumsgeschichte von Diamanten an Hand geätzter Querschnitte.** Michael Seal. (Engelhard Ind., Inc., techn. Bull. **3**, 98—102, 1962; Newark, N. J., Engelhard Hanovia, Inc., Ind. Diamond Div.; engl.) — Mkr. Unterss. an geätzten Schnitten durch Diamanten ergaben, daß die Diamanten durch unterschiedliche Entwicklungsstadien gegangen sind. Perioden des Wachstums folgen solche der Auflsg. u. vielleicht auch des Bruchs. Ernst Schulte 380◇

0612 **Entstehung des Wüstengipses in Rajasthan.** G. G. K. Sastri. (Rec. geol. Surv. India **87**, 781—86, 1962; engl.) — Die ausgedehnten Gipslagerstätten enthalten keine Spuren von NaCl u. sind frei von Anhydrit. Fossilien sind selten. Die nach der Mitte an Mächtigkeit zunehmenden Lager sind von Sand unterlagert. Wahrscheinlich sind die Ablagerungen aus Süßwasser bis in die jüngste Zeit hinein erfolgt, wobei das $CaSO_4$ mindestens teilweise aus der Verwitterung der Nebengesteine stammt. F. Ensslin 380◇

0613 **Kristallographische Untersuchung der Illite aus den eozänen Serien des Bordelais.** André Klingebiel und Claude Latouche. (C. R. hebd. Séances Acad. Sci. **255**, 142—44, 1962; Bordeaux, Fac. des Sci., Centre de Géol. approf.; franz.) — Bei der röntgenograph. Unters. der Illite schwankt die Intensität der Fläche (001) im Verhältnis zu den der Fläche (002) zwischen 0,9 u. 15 je nach dem, ob dioktaedr. Illite mit hohem Al_2O_3-Geh. oder solche mit hohem Fe_2O_3-Geh. vorliegen. Bei letzteren ist die Reflexion auf (002) sehr schwach oder beinahe Null. Es ist daher möglich, aus dem Vgl. der Intensitäten für die beiden Flächen Schlüsse auf die chem. Zus. zu ziehen. Al_2O_3-reiche Illite haben hohen K_2O-Geh. u. finden sich in Mergeln u. kalkigen, marinen Ablagerungen mit pH-Werten etwas über 7. Eisenreiche Illite, arm an K_2O, kommen in carbonatarmen Gebieten u. Lagunen mit niedrigem pH-Wert vor. Hierher gehört auch der Glaukonit. Im Bordelais folgte im Eozän eine Al_2O_3-reichere einer Fe_2O_3-reichen Sedimentation mit den entsprechenden Illiten. F. Ensslin 380◇

0614 **Beobachtungen über die mineralogische Zusammensetzung der „Limonite" der Oolithe der lothringischen Minette.** Michel Rouby. (C. R. hebd. Séances Acad. Sci. **252**, 3078—80, 1961; franz.) — Durch mineralog. Unters. u. durch selektive chem. Lsg. wurde festgestellt, daß die „Limonite" der Oolithe Wechselschichten von dickeren Goethitschichten mit dünneren Schichten orientierter Chloritkristalle darstellen. Der Kern der Oolithe besteht aus Quarz. Die räumliche Verteilung des Illits u. des Chlorapatits konnte nicht geklärt werden. Die Ggw. von Chlorit läßt auf eine pseudomorphe, sek. Chloritisierung schließen. F. Ensslin 380◇

0615 **Der Devillin und der Spangolith von Korsika. Die mitvorkommenden Mineralien.** R. Pierrot und P. Sainfeld. (Bull. Soc. franç. Minéralog. Cristallogr. **84**, 90—91, 1961; franz.) — Das erste Mineral wurde in Verwitterungszonen der Pyrit–Cu-Mineralien am Rande des kors. Granitmassivs gefunden; es bildet türkisblaue Stalaktiten mit vollkommener Spaltbarkeit nach (001). Seine Zus. ist $Cu_4Ca[(SO_4)_2(OH)_6]\cdot 3H_2O$. Der Spangolith kommt als Verwitterungs-Prod. in einer Pb–Zn-Schicht in sericit. Tuffen von Finosa vor. Die primären Mineralien sind Bleiglanz, Zinkblende, Bornit, Co-haltiges graues Cu, Kupferkies u. Linneit. Zementationsmineralien sind Chalkocit, Covellin u. Stromeyerit. Der Spangolith tritt in Krusten aus abgeplatteten hexagonalen Kristallen von malachitgrüner Farbe auf. Er hat die Zus. $Cu_6Al[SO_4\cdot(OH)_{12}\cdot Cl]\cdot 3H_2O$. F. Ensslin 380◇

0616 **Morphologische Studien an einem größeren Titanit-Fund südlich Gletsch.** Stefan Graeser, Ernst Niggli und Hans Anton Stalder. (Schweiz. mineralog. petrogr. Mitt. **43**, 367—84, 1963; Bern, Univ., Miner.-petrograph. Inst. u. Naturhistor. Mus.; dt.) — In einer Kluft wurden mehr als 1000 *Sphen*-Kristalle (maximale Länge 9 cm) zusammen mit *Adular, Quarz, Calcit, Ankerit* u. *Epidot* gefunden. Etwa $^3/_4$ der Sphene sind Penetrationszwillinge nach (100). Morpholog.-statist. Unterss. zeigen bei den unverzwillingten Kristallen eine Vizinalform (Sonderfläche) — an Stelle von {102}-, die immer vorhanden ist u. immer die größten Flächen besitzt. Bei den verzwillingten Kristallen ist P {100} Hauptform; daneben kommen {001}, n {111} u. die Form der Sonderflächen vor. Der unterschiedliche Habitus von verzwillingten u. nichtverzwillingten Kristallen hängt mit variierenden Wachstumsbedingungen zusammen. J. Heinze 380◇

0617 **Einige Erscheinungsformen von Uranpecherz und seine Assoziation mit Uraninit.** A. D. Noshkin. (Hochschulnachr. [Moskau], Geol. Schürfung **6**, 57—61, 1963; russ.) — Die U-Mineralisation ist räumlich mit intensiv haematitisierten und merklich verkieselten Gesteinen verbunden. Haematitverdrängungen durch Uranpecherz (Unterscheidung von Uranpecherz u. Uraninit nach z. B. Betechtin, C. **1961**, 18635) weisen auf eine spätere Bldg. des letzteren unter reduzierenden Bedingungen hin. Vf. beschreibt zwei Uranpecherz-Abarten und Uraninit. Folgendes Schema der Bldg.-Folge der Minerale wird angegeben: Haematitisierung → Ersatz des Haematit durch Uranpecherz → Verkieselung u. Albitisierung. Mit der letzten Phase fand eine Umkristallisation des Uranpecherzes, die Bldg. von hellgrauem Uranpecherz u. von Uraninit statt. H. Kelch 380◇

0618 **Beiträge zur Mineralogie Norwegens. 9. Mitt. Über das Vorkommen von zwei seltenen Phosphaten in den Ødegården-Apatitgruben, Bamble, Südnorwegen.** Roger D. Morton. (Norsk geol. Tidsskr. **41**, 233—46, 1961; Oslo, Univ., Miner.-Geol. Mus.; engl.) — 8. vgl. Neumann, C. **1963**, 14617. — Beschreibung der Varietäten von *Woodhouseit* (**I**) u. *Whitlockit* (**II**) unter Angabe der opt., physikal. u. röntgenograph. Daten u. einer halbquant. spektrograph. Analyse von **II**. Diskussion ihrer Genese. **I**: a = 7,001, c = 16,265 (hexagonal); n_α = 1,669, n_β = 1,662; **II**: n_α = 1,620, n_β = 1,623. H.-J. Bautsch 380◇

0619 **Beiträge zur Mineralogie Norwegens. 10. Mitt. Über Synchisit in Norwegen.** Per Chr. Saebø und Henrich Neumann. (Norsk geol. Tidsskr. **41**, 247—54, 1961; engl.) — 9. vgl. vorst. Referat. — Beschreibung von Synchisit aus Kongsberg. Opt. Daten: ω = 1,653, ε = 1,745. Gitterkonst. a = 4,10, c = 4,57; d-Werte. H.-J. Bautsch 380◇

0620 **Beiträge zur Mineralogie Norwegens. 11. Mitt. Über Lanthanit in Norwegen.** Per Chr. Saebø. (Norsk geol. Tidsskr. **41**, 311—17, 1961; Norges Geol. undersökelse; engl.) — 10. vgl. vorst. Referat. — Beschreibung des ersten Lanthanitvork. in Norwegen, 40 km südöstlich von Oslo. Wiedergabe der physikal. u. opt. Eigg. u. der halbquant. u. qual. Best. der Seltenerdelemente. Bemerkungen über die Verteilung der Seltenerdmetalle in Allanit u. Lanthanit. H.-J. Bautsch 380◇

0621 **Beiträge zur Mineralogie Norwegens.** 12. Mitt. **Hisingerit in „dunklem“ Larvikit.** R. V. Dietrich. (Norsk geol. Tidsskr. **41**, 95—108, 1961; Blacksburg, Va., Virginia Polytechnic Inst.; engl.) — 11. vgl. vorst. Ref.; 13. vgl. C. **1963**, 21876. — Mg- u. Ca-führender Hisingerit mit extrem feinen Magnetiteinschlüssen findet sich mit Pyroxen als Umwandlungsprod. von Olivin. Er wurde opt. als eine Mischung amorpher u. krist. Phasen ermittelt. Brechungsindices: n_{amorph} = 1,480—1,486, β_{krist} = 1,470—1,478, 2 V = 60—70°. Die DTA zeigt endotherme Rkk. bei 125° u. exotherme Rkk. bei 450° u. 970°. d-Werte u. chem. Analyse. H.-J. Bautsch 380◇

0622 **Mineralien aus dem Lone Jack Steinbruch, Rockbridge County, Virginia.** R. V. Dietrich. (Mineral Ind. J. **10**, 1—6, 1963; Blacksburg, Va., Polytechnic Inst., Dep. of Geol. Sci.; engl.) — In dem Steinbruch kommt neben unterkambr. Sandstein ein kalkreicher Dolomit aus dem Unteren Mittelkambrium vor. In diesem kommen 23 Mineralien in Gängen u. Drusen in hervorragend ausgebildeten bis 25 cm großen Kristallen vor, die paragenet. eingeordnet werden. F. Ensslin 380◇

0623 **Radioaktive Mineralien der granitisch-syenitischen Masse des Cervo-Tales (Biella): β-Uranophan.** Maria Fiorentini Potenza. (Rend. Ist. lombardo Sci. Lettere, A **93**, 495—505, 1959; Milano, Univ., Ist. di Mineralogia, Petrografia e Geochim.; ital.) — Vf. untersuchte röntgenograph. u. opt. ein gelbes radioakt. Mineral, das zum ersten Mal in dem Monzonit des Cervo-Hochtales gefunden worden war. Das Pulverdiagramm u. die opt. Eigg. des Minerals stimmten mit Daten überein, die von anderen Seiten für β-Uranophan von Joachimstal u. Jachymov (Böhmen) erhalten wurden. Es handelt sich demnach bei dem untersuchten Mineral einwandfrei um β-Uranophan, $Ca[UO_2/SiO_3OH]_2 \cdot 5H_2O$. C. Gottfried 380△

0624 **Neue ZnS-Polytypen (9R, 12R und 21R) in mesozoischen Sedimenten NW-Deutschlands.** Siegfried Haussühl und German Müller. (Beitr. Mineralog. Petrogr. **9**, 28—39, 1963; Tübingen, Univ., Miner.-petrograph. Inst.; dt.) — In den tonigen Sedimenten aus dem Jura u. der Kreide im Raum um Hannover wurden die nachst. authigenen ZnS-Polytypen gefunden: Zinkblende (3R = 3C), Wurtzit 2H, 4H, 6H, 9R, 12R, 15R u. 21R, von denen 9R, 12R u. 21R zum ersten Mal beschrieben werden. Es wurden häufig Verwachsungen von R- u. H-Polytypen beobachtet. Innerhalb jeder ZnS-führenden Schicht tritt fast ohne Ausnahme nur ein einziger Polytyp bzw. ein gleichartiger Verwachsungstyp aus verschiedenen Polytypen auf. Verschiedene ZnS führende Lagen eines Formationsabschnitts enthalten oft verschiedene Polytypen. Bei Dollbergen wurde eine laterale Persistenz des Wurtzit-2H beobachtet. Vertikal in einem Formationsabschnitt wurde keine bestimmte Reihenfolge der Polytypen festgestellt. F. Ensslin 380◇

0625 **Zur Entstehung der Blei–Zink–Kupfer-Lagerstätten in triassischen Carbonatgesteinen des Nordwestbalkans.** Johannes Rentzsch. (Freiberger Forsch.-H., Reihe C **166**, 3—100, 1963; dt.) — Von den untersuchten Proben waren 32% reine Carbonate, 60% tonige, 5% mergelige u. 3% tonmergelige Carbonatgesteine. Zur genet. Betrachtung scheiden die Geh. an Ti, Na, K, Sr u. Ga aus, da sie adsorptiv an Ton gebunden sind, während Zr als $ZrSiO_4$ vorkommt. Die Geh. an Fe u. V steigen von Kalk zum Tonmergel u. vom tonigen Kalk zum Dolomit. Der organ. C nimmt vom reinen Carbonatgestein zum Tonmergel stark zu. Die Mn-Geh. laufen den Dolomitgeh. vollkommen parallel. Pb, Cu, Zn u. Ba sind in den Maxima der Dolomitzyklen vorhanden u. treten örtlich angereichert auf. F. Ensslin 380◇

0626 **Über die Mineralassoziationen und Bildungsbedingungen der Kobaltlagerstätten des nordöstlichen Jakutiens.** I. Ja. Nekrassow und G. N. Gamjanin. (Geol. d. Erzlagerstätten [UdSSR] **1962**, Nr. 6, 54—73; Jakut. Filiale der Sibir. Abt. der Akad. der Wiss. der UdSSR, Inst. für Geol.; russ.) — Beschreibungen der Besonderheiten des geolog. Baus u. der räumlichen Verteilung der Lagerstätten u. Erzanreicherungen des Kobalts, erzmkr. Unterss., röntgenograph. u. chem. Analysen, Unterss. der Spurenelement-Geh. Co u. Ni in den zugeordneten Gesteinen u. deren gesteinsbildenden Mineralen werden angegeben. Die Co-Vererzung im genannten Gebiet tritt in zwei Typen auf: 1. als Glaukodot-Cobaltin-, 2. als Safflorit-Löllingit-Vererzung. Der erste Typ ist genet. an Granodiorite u. Quarzdiorite des oberen Jura bis zur unteren Kreide, der zweite an Monzonite u. Syenite der oberen Kreide gebunden. Die zwei verschiedenen Abscheidungsfolgen der Minerale aus den erzbildenden Lsgg. hängen von den Konz.-Änderungen der Anionen u. Kationen, vom pH-Wert u. vom Typ der Anionen des As als aktivster Komponente ab. Letzter Faktor bestimmt die Abscheidung der Co-Arsenide, u. zwar zuerst $CoAs_2$ u. $CoAs_{2-3}$ mit dem Anion As_2^{2-} (Safflorit u. Smaltin), danach $CoAs_3$ mit As_4^{4-} (Skutterudit). Außer dem durch die Rest-Lsgg. zugeführten Co kann dieses Element im Ergebnis postmagmat. Nebengesteinsveränderungen aus den relativ Co-reichen (~ 0,001—0,004 Gew.-% Co) melanokraten Mineralen der Granitoide freigesetzt werden. Dafür kommen bes. die Granitoide erhöhter Basizität mit mehr als 10% melanokraten Mineralen in Frage. Am Beispiel des Biotits zeigt sich, daß die Co-Geh. in diesen Mineralen proportional den Fe-Geh. sind (für Ni fehlt eine ähnliche Abhängigkeit). Bei der Chloritisierung von Biotit u. Amphibol nimmt der Co-Geh. stark ab, der Ni-Geh. bleibt unverändert. — Aus der Zus. der hydrothermal veränderten Granitoide wird abgeleitet, daß die Mobilisation des Co nur im alkal. Milieu abgelaufen sein kann. Als Transportform wird das unter derartigen Bedingungen stabile $Na_2[Co(OH, F)_4]$ angenommen, was auch mit dem Verh. der für die untersuchte Erzprovinz außerdem typomorphen Elemente B u. Sn vereinbar ist (Transport als $Na_2[B(OH,F)_4]$ u. $Na_2[Sn(OH,F)_6]$. Darauf ist offenbar auch die Verb. zwischen Co- u. Sn–W-Vererzung in diesem Gebiet zurückzuführen. Die Zugehörigkeit zu zwei verschiedenen Mineralisationsphasen wird durch die unterschiedliche Stabilität der Komplex-Verbb. erklärt: Die Sn- u. B-Komplexe zerfallen bei einer geringen Erniedrigung des pH bis 8—8,5 (Bldg. von Cassiterit u. Turmalin), der Co-Komplex erst bei pH 3,5 bis 4,5 (Bldg. von Arseniden u. Sulfidarseniden).

D. Wolf 380◇

0627 **Über die Metamorphose der Erze und Nebengesteine der Lagerstätte Karadshal (Zentralkasachstan).** W. W. Kalinin. (Geol. d. Erzlagerstätten [UdSSR] **1962,** Nr. 6, 94—104, 2 Tafeln; Moskau, Akad. der Wiss. der UdSSR; russ.) — Die genannte Lagerstätte entstand durch sedimentäre Prozesse, die zur Anreicherung hydroxid. u. carbonat. Eisen- u. Manganerze führten. Die sedimentären Bldg. wurden durch Diagenese, Epigenese, Regional- u. Kontaktmetamorphose, hydrothermale Tätigkeit u. jüngere hypergene Prozesse verändert. Die intensivsten Veränderungen der Primärerze zu den Haupterztypen der Lagerstätte vollzogen sich durch Regional- u. Kontaktmetamorphose. Die Regionalmetamorphose bildete den Primärbestand zu Haematit- u. Brauniterzen um (z. T. Anreicherungen von Hausmannit u. Jakobsit). Die Mangancarbonate rekrist. ohne wesentliche Änderung ihres Mineralbestandes, die Nebengesteine wurden schwach chloritisiert und verquarzt. — Bei der Kontaktmetamorphose entstanden im wesentlichen Magnetit-, Hausmannit- u. Jakobsiterze u. weit verbreitet Mangansilicate. Durch jüngere, relativ schwache hydrothermale Einw. wurden in kleinen Adern Friedelit, Fluorit, Baryt, Sulfide, Quarz, Haematit u. a. gebildet.

Dieter Wolf 380◇

0628 **Kristallographische Untersuchung einer bröckligen, stalagmitischen Schicht aus der Grotte von Remouchamps.** P. Bourguignon und J. Mélon. (Ann. Soc. géol. Belgique, Bull. **86,** 345—50, 1 Tafel, 1963; Liège, Univ., Inst. de Cristallogr. et de Minér.; franz.) — Die Stalagmite bestehen aus Lamellen von *Calcit,* die nach $(11\bar{2}0)$ abgeplattet u. nach der Zone $(10\bar{1}0)$ verlängert sind u. gelegentlich hexagonale Formen zeigen. Außerdem treten skelettartige Wachstumsformen auf. F. Ensslin 380◇

0629 **Kristallisation und Korrosion der schwimmenden Calcite in einer Grotte.** P. Bourguignon und J. Mélon. (Ann. Soc. géol. Belgique, Bull. **86, 351**—58, 1 Tafel, 1963; franz.) — Vgl. vorst. Referat. — Auf der Oberfläche hydrogencarbonathaltiger Wässer in Grotten u. auch in Wasservorratsbehältern bilden sich rasch *Calcit*-Kristalle. In einigen Vorkk., bei denen eine gewisse Luftzirkulation gegeben ist, bilden sich auf diesen Kristallen Korrosionsfiguren. Die Bldg. u. die Korrosion sind jahreszeitlichen Schwankungen unterworfen.

F. Ensslin 380◇

0630 **Über einen hauptsächlich aus Chlorit bestehenden mit Gips zusammen vorkommenden Ton aus der Umgebung von Amélie-les-Bains.** A. Romero, C. Ruppli und G. Sabatier. (Bull. Soc. franç. Minéralog. Cristallogr. 84, 404, 1961; Paris, Sorbonne, Labor. de Minér. Cristallogr.; franz.) — Der Chlorit des Tons, der mit Gips aus dem Keuper der Pyrenäen vergesellschaftet ist, hat die Zus. eines MgO-Chlorits nahe der des Klinochlors. Neben dem Chlorit tritt noch etwas Illit auf. Angabe der Chloritanalyse. Es wurde durch chem. Rk. in einem außergewöhnlichen Milieu neben Gips bipyramidaler Quarz u. etwas Talk gebildet. F. Ensslin 380◇

0631 **Die mineralogische Natur der Tonfraktion der siderolithischen Sedimente und der Tone aus der Kalkverwitterung in dem Blatt von Poitiers.** Michel Steinberg. (C. R. hebd. Séances Acad. Sci. **253,** 148—50, 1961; Orsay, Labor. de Sédimentol.; franz.) — Die Tone der siderolith. Sedimente bestehen vorwiegend aus Kaolinit mit Ausnahme einer Probe von Montmorillon, die reich an Montmorillonit ist. Illit ist in kleinerer Menge stets zusammen mit Kaolinit vorhanden. Fast alle Sedimente enthalten wechselnde Mengen Goethit. Die Tone aus den Verwitterungstaschen der jurass. Kalke haben etwa dieselbe Zus. u. lassen sich von den obengenannten nur durch den pH-Wert der wss. Aufschwemmungen unterscheiden (im ersten Fall < 7, im letzteren > 7).

F. Ensslin 380◇

0632 **Untersuchungen über die Mineralien der Grüntuff-Formation.** 1. Mitt. **Analcim führender dacitischer Tuff aus der Grüntuff-Formation von Bodai, Ishikawa, Japan.** Waitsu Nakajima und Mitsue Koizumi. (Sci. Rep., Coll. gen. Educat., Osaka Univ. **1961, 49**—53; Osaka, Univ., Inst. of Geol. Sci.; engl.) — In dacit. Tuff, der aus Plagioklas, Quarz, Chlorit mit geringen Mengen Pyrit, Leukoxen, Calcit u. Epidot besteht, haben sich als Verwitterungsprodd. Analcim u. geringe Mengen *Heulandit* gebildet. Die Analcimmasse macht etwa 20 Gew.-% des Gesteins aus. F. Ensslin 380◇

0633 **Untersuchungen über die Mineralien der Grüntuff-Formation.** 2. Mitt. **Zeolithe in den tertiären Schichten entlang der Yokoguro-Linie, Nordost-Honshû, Japan.** Waitsu Nakajima und Mitsue Koizumi. (Sci. Rep., Coll. gen. Educat., Osaka Univ. **1961,** 55—56; engl.) — 1. vgl. vorst. Referat. — Die Schichten bestehen vorwiegend aus Lapilli-Tuffen, Tuffen, tuffhaltigen Sandsteinen u. tuffhaltigen Siltsteinen u. Lava. Unter dem Einfl. der Verwitterung haben sich 2 Mineralzonen ausgebildet, von denen die obere im Mittel- u. Spätmiozän Klinoptilolith, Analcim, Montmorillonit-Mineralien, Cristobalit u. Calcit mit geringen Mengen Chlorit u. Glimmer, die untere im frühen Miozän, Chlorit, Sericit u. Epidot enthält. F. Ensslin 380◇

0634 **Über einen andesitischen Tuffit aus dem Meotienne von Oltenia.** I. C. Motas und C. Pătroescu. (Comun. Acad. Republ. Populare romîne [Bucureşti] **11,** 1105, 1961; Acad. R. P. R., Inst. de geol., geofiz. şi petrografie; Bukarest, Univ., Catedra de miner. si petrografie; rum., Auszug: franz.) — Petrograph. u. chem. Beschreibung eines andesit. Tuffes von Negoiesti, Giovriatal, Oltenia. Das Tuffmaterial wurde nach der Eruption durch W. verfrachtet u. in einem Becken zusammengeschwemmt.

F. Ensslin 385◇

0635 **Der Basaltbrockentuff an der Hohwiese (Sächsische Schweiz) und seine „Edelstein"-Seife im Seifengründel.** Walther Ehrenreich Tröger und Alfred Seifert. (Freiberger Forsch.-H., Reihe C **152,** 3—52, 1963; dt.) — Die Füllung eines Eruptivschlots im Turonsandstein besteht aus tert. Basaltbrockentuff, der oberflächlich zu einer Lößdecke mit einer eluvialen Seife bedeckt ist. Die basalt. Schwermineralien sind in dieser u. einer sek. rezenten Seife angereichert. Es sind dies Titanaugit, Syntagmatit, Bronzit, Ceylanit, Titanomagnetit u. Ferriilmenit, die physikal. u. chem. beschrieben u. anteilsmäßig in der Seife bestimmt werden. Der Tuff selbst besteht aus dunklem, mäßig olivinreichem Basalt mit stark wechselnden glasigen Anteilen u. enthält pluton. gebildete Brocken von Bronzit–Augit-Gabbro, Leuko-Hypersthen-Gabbrodiorit u. Dunit. F. Ensslin 385◇

0636 **Lithologisch-mineralogische Charakteristik von Jura-Tonschiefern des Südhanges des großen Kaukasus (Belakautschaj und Elissu).** D. D. Masanow und A. G. Sseidow. (Ber. Akad. Wiss. AserbaidshanSSR **19,** 47—51, 1963; Inst. für Geol.; russ.) — Mineralog., therm., elektronenmkr. u. spektralphotometr. Unterss. der Tonschiefer ergaben, daß sich die tonigen Bestandteile dieser Schiefer vorwiegend aus Hydroglimmer vom Illit-Typ zusammensetzen. Diese Bldg. ist als Ergebnis der Umwandlung verschiedener silicat. Minerale anzusehen. Die

Mineralassoziationen werden von terrigenen u. tonigen Mineralen vom Geosynklinaltyp gebildet. Für die Hydroglimmer ließ sich aus der chem. Zus. folgende Formel berechnen: $[K_{0,22}Na_{0,22}(H_3O)_{0,56}][Al_{0,74}Mg_{6,027}Fe_{0,587}Ca_{0,196}]\cdot[Al_{1,17}Si_{2,83}O_{10}]$. H. Kelch 385◇

0637 **Die chemische Zusammensetzung von paläozoischen Schiefern.** 5. Mitt. **Vergleich mit tertiären Schiefertonen.** Hiroshi Haramura. (J. geol. Soc. Japan **69,** 201—06, **1963**; jap., Auszug: engl.) — 3. vgl. C. **1964,** 8-0655. — Angabe von 25 neuen Analysen von Schiefertonen aus dem Tertiär. Sie haben einen höheren Wassergeh. u. ein höheres Fe_2O_3/FeO-Verhältnis, sowie niedrigere Alkaligeh. als die paläozoischen Schiefer. Kontrolle des P_2O_5-Geh. von 52 paläozoischen Schiefern. F. Ensslin 385◇

0638 **Natürliche Puzzolane in Indien, ihre Verwendbarkeit, Verteilung und Petrographie.** P. C. Hazra und V. S. Krishnaswamy. (Rec. geol. Surv. India **87,** 675—706, 1962; engl.) — Die Vork. von Puzzolanerden in Indien werden im Hinblick auf ihre Verw. als Baustoffe für Dammbauten untersucht. Indien hat große Lager solcher Erden, deren Unters. aber erst im Anfangsstadium steht. F. Ensslin 385◇

0639 **Elastizitätskonstanten und Porositätswerte von Kalksteinen.** G. Shankar Narayana. (J. sci. ind. Res. [New Delhi], Sect. B **20,** 355—56, 1961; Hyderabad, India, Osmania Univ.; engl.) — Aus der Messung der Geschw. des Ultraschalls in longitudinaler u. transversaler Richtung wurden die elast. Konst. der Kalksteine von Shahabad u. Huzurnagar berechnet. Außerdem wurde die Porosität der Kalke in Abhängigkeit von der Oberfläche gemessen. Diese nimmt mit zunehmender Oberfläche ab. Das Minimum der Porosität bei den Verss. stimmt mit der berechneten Porosität überein. Die Geschw. der Ultraschallwellen in beiden Richtungen nimmt mit steigendem $CaCO_3$-Geh. zu u. mit wachsender Porosität ab. F. Ensslin 385◇

0640 **Kontinentale Dolomite des Devons des Baschkirischen Antiklinoriums.** Ju. R. Bekker. (Ber. Akad. Wiss. [UdSSR] **147,** 427—30, 1962; Allunions-Forsch.-Inst. für Geol.; russ.) — Die deutlich geschichteten, feinkristallinen Dolomite beinhalten folgendes carbonatisches Material: Dolomit (73,5%), Breunnerit (4,3%), Calcit (1,5%), Magnesit (0,25%), CO_2 (37,7%). Charakterist. ist der hohe Geh. unlösl. Rückstände (18,6%). Die Dolomite bilden sich in einem umfangreichen Salzwasserbassin im Verlauf einer Reihe von Stadien, die im Einzelnen beschrieben werden. H. Kelch 385◇

0641 **Die Sandsteine und ihr Milieu.** André Vatan. (C. R. hebd. Séances Acad. Sci. **254,** 2026—28, 1962; Téhéran, Iran, Fac. techn.; franz.) — Die Saharasande gehen nach der Tiefe in Arkosen über, die wiederum auf einem Granitsockel ruhen. Der Sand selbst wird aus abgerundeten Quarzkörnern gebildet, wobei der höchste Quarzgeh. etwa in 100 m Tiefe anzutreffen ist. In den tieferen Schichten sind die Poren des Sandsteines mit Kaolinit ausgefüllt, dem sich noch tiefer Hydroglimmer u. gelegentlich Feldspate zugesellen. Diese sind teilweise sericitisiert. Es tritt dann auch Siderit in nennenswerten Mengen auf. Die Sande sind durch Verwitterung von Granit entstanden, wobei aus den Feldspaten Sericit u. daraus Kaolinit gebildet wurde. Die Glimmertone gingen dabei auch in Kaolinit über. Das Kittmaterial der Sandsteine bilden SiO_2-Gele, die entweder bei der Verwitterung der Feldspate oder bei der Hydrolyse der Hydroglimmer geliefert werden. F. Ensslin 385◇

0642 **Zur Problematik der Genese der ‚Grauen Gneise' des sächsischen Erzgebirges. (Zirkonstatische Untersuchungen.)** Heinz Schützel, Dieter Kutschke und Günter Wildner. (Freiberger Forsch.-H., Reihe C **159,** 3 bis 65, 1963; dt.) — Die Ausbldg. der Zirkone in den metamorphen grauen Gneisen wurde nach Längen- u. Breitenwachstum untersucht u. die Elongation u. der Rundungsgrad bestimmt u. statist. ausgewertet. In Verbindung mit den Unterss. über Zonarbau, Einschlüsse, Kerne, Zerbruch, sowie Um- u. Verwachsungen ergibt sich für die Annaberger u. Marienberger Gneiskuppel u. für den Freiberger Hüllgneis eine nahezu gleichartige petrogenet. Entwicklung, während der Freiberger Kerngneis eine abweichende Entstehung gehabt hat. Die ersten „oberen Graugneise" sind hochmetamorphe Paragesteine. F. Ensslin 385◇

0643 **Über die mineralfazielle Stellung der Pyroxengranulite (auf Grund von Untersuchungen des Prototyps von Hartmannsdorf/Sa. als polymetamorphen eklogitogenen Metabasit in Hornfelsfazies).** R. Eigenfeld. (Geol. Rdsch. **52,** 65—94, 1962; Würzburg, Univ., Miner. Inst.; dt.) — Die als Pyroxengranulite (A) aus dem sächs. Granulitgebirge bezeichneten Gesteine haben mit den Granuliten weder chem. noch dem Mineralbestand nach etwas gemeinsam. Dem SiO_2-Geh. von $> 70\%$ in den Granuliten stehen 45—52% in A gegenüber. Es ist richtiger, sie als „Pyroxen-Plagioklas-Metabasite" zu bezeichnen. Sie sind aus Eklogiten entstanden, deren Granate teilweise relikt. erhalten oder unter veränderten p-t-Bedingungen vollkommen in Orthopyroxene u. Plagioklase mit Ocellarstruktur umgewandelt werden. Die Umwandlung erfolgte ohne Deformationserscheinungen. F. Ensslin 385◇

0644 **Über einen Olivin-Amphibolit (Cap Bouirex, Massiv des Waldes von Castillon, Ariège).** J. Ravier und J. Thiébaut. (Bull. Soc. franç. Minéralog. Cristallogr. **84,** 238—41, 1961; Paris, Sorbonne, Labor. de Pétrogr.; Besançon, Labor. de Géol. et Minér.; franz.) — Das Gestein von Cap Bouirex ist durch Metamorphose eines alten Olivinbasalts entstanden. Der Amphibolit enthält 57% Hornblende (Pargasit) u. Olivinkristalle, die von einem Reaktionshof von Enstatit u. Spinell umgeben sind. Eine sek. Entw. hat Olivin teilweise in Serpentin u. den Enstatit in Talk umgewandelt. F. Ensslin 385◇

0645 **Untersuchungen über das wärmebedingte Ausdehnungsverhalten eines eingeregelten Quarzites.** K. Kohler. (Radex-Rdsch. **1962,** 70—81; Berlin; dt.) — Von zehn Handstücken eines eingeregelten unterdevon. Quarzites wurden Dilatometerprüfkörper, Dünnschliffe u. Röntgenaufnahmen orientiert zu Streichen u. Fallen hergestellt u. untersucht. Die Ausdehnungskoeff. werden zu den Röntgenintensitätsquotienten in Beziehung gesetzt u. graph. interpretiert. Es ergibt sich ein direkter linearer Zusammenhang zwischen Ausdehnungsverh. u. Einregelungsgrad für das Einzelhandstück u. angenähert über den gesamten Entnahmeraum. Es kann ein gemeinsamer Näherungswert für den Neigungswinkel α u. eine gemittelte theoret. Verbindungsgerade angegeben werden. Bei Verw. dieser Geraden u. eines am ungeregelten Aggregat gemessenen Fixpunktes kann der Einregelungsgrad aus den Ausdehnungswerten bzw. das Ausdehnungsverh. aus den röntgenograph. bestimmten Einregelungsgrad abgeleitet werden. Ernst Schulte 385◇

0646 **Mikroperthite vulkanischen Ursprungs in den Augengneisen von Canigou (Ostpyrenäen).** G. Guitard. (Bull. Soc. franç. Minéralog. Cristallogr. **84,** 92—93, 1961; Paris, Bur. de Rech. Geol. et Miniéreo; franz.) — Die Mikroperthite bilden Augen von 0,5—3 cm Größe u. bestehen aus Mikroklin u. Albit. Die Unters. zeigt, daß es sich um bei hoher Temp. entstandene Feldspate handelt, die vor der Gneis-Bldg. aus Eruptivgesteinen abgeschieden waren. F. Ensslin 385◇

0647 **Vorläufige Angaben über die chemische Zusammensetzung gewisser magmatischer Einschlüsse.** M. Jean-Paul Carron. (C. R. hebd. Séances Acad. Sci. **253,** 3016—18, 1961; Labor. de Géol. de l'Ecole Normale Supér. et Labor. du Bur. de Rech. géol. et minières; franz.) — Mit Hilfe einer elektron. Mikrosonde wurden die Flüssigkeitseinschlüsse der rhyolith. Quarze aus den roten Tonen von Guadeloupe untersucht. Sie enthalten in % 75 SiO_2, 11,5 Al_2O_3, 3,5 Na_2O, 2,5 K_2O u. 8,5 H_2O. Es wird daraus geschlossen, daß das rhyolith. Magma die Zus. eines stark hydratisierten natürlichen Glases hatte. F. Ensslin 385◇

0648 **Über die Gesteinsmetamorphose in den Zonen einiger Brüche des Kleinen Chingan.** W. I. Kasanski. (Geol. d. Erzlagerstätten [UdSSR] **1962,** Nr. 6, 19—32, 3 Tafeln; Moskau, Akad. der Wiss. der UdSSR; russ.) — In den zwei untersuchten Hauptbruchzonen des Gebietes wurden durch die mesozoischen tekton. Bewegungen nicht nur mechan. Zerstörungen der Gesteine (Kataklase, Mylonitisierung) verursacht, sondern gleichzeitig Veränderungen ihrer mineralog. u. chem. Zusammensetzung. 10 Vollanalysen von unveränderten u. metamorphosierten Biotitgneisen u. Gabbros bzw. Diabasen dienen der quant. Erfassung der Stoffverschiebungen. Die Dislokationsmetamorphose der Gesteine vollzog sich in beiden Brüchen unter Zufuhr von H_2O u. CO_2. Gleichzeitig wurden im Falle der metamorphosierten Biotitgneise (erste Bruchzone) SiO_2, Na_2O, K_2O u. P_2O_5 teilweise weggeführt u. eine Quarz–Albit–Epidot–Chlorit–Sericit-Assoziation neugebildet. Im Falle der metamorphosierten Gabbros u. Diabase (zweite Bruchzone) wurden (nach steigender Wegfuhr geordnet) Al_2O_3, SiO_2, FeO, CaO, Na_2O, MgO, MnO, Fe_2O_3, TiO_2, P_2O_5, K_2O weggeführt u. Quarz–Albit–Epidot–Chlorit–Carbonat-Schiefer gebildet. Die Metamorphoseprodukte sind den regionalmetamorphen Gesteinen der Grünschieferfazies ähnlich. Dieter Wolf 385◇

0649 **Nebengesteinsveränderungen an einer Uranlagerstätte.** E. N. Baranow, G. I. Wertepow und G. D. Gladyschew. (Geol. d. Erzlagerstätten [UdSSR] **1962,** Nr. 6, 33—45; russ.) — Relativ große, fackelförmige Aureolen veränderten Nebengesteins (Quarzporphyre, Felsite, Tuffe u. ä.) treten um steilfallende Erzkörper auf. Die Aureolen sind durch eine deutliche horizontale u. vertikale Zonalität gekennzeichnet. Im oberen Teil sind im horizontalen Schnitt (von innen nach außen) zu unterscheiden: 1. Zone der Argillitisierung, 2. Zone der Verquarzung, 3. Zone der Albitisierung, 4. Zone der Bleichung u. Pyritisierung. Die vertikale Zonalität äußert sich durch intensive Albitisierung in den oberen Bereichen u. über den Erzkörpern sowie durch schwache Sericitisierung in den unteren Teilen u. unterhalb der Erzkörper. Darst. der Geh.-Änderungen in den Aureolen für Na_2O, K_2O, Al_2O_3, Fe_2O_3, FeO, SiO_2. Alle Erzkörper u. -gänge werden von einer Rotfärbung der unmittelbaren Nebengesteine begleitet (disperser Haematit). Die rotgefärbten Gesteine sind durch erhöhte U-Geh. gekennzeichnet. — Die Kenntnis der Zonalität ermöglicht relativ genaue Aussagen über Teufenlage u. -erstreckung der Erzkörper u. hat daher große prakt. Bedeutung für Erkundung, Bewertung u. Aufschlußarbeiten. Dieter Wolf 385◇

0650 **Die Natur basischer Eruptivgesteine und ihre Beziehungen mit assoziierten sauren Gesteinen.** 3. Mitt. Basil C. King. (Sci. Progr. **51,** 610—28, 1963; London, Univ., Bedford Coll.; engl.) — 2. vgl. C. **1964,** 6/7-0673. — Fortsetzung der Übersichtsarbeit (Ursprung u. therm. Bedingungen bas. u. saurer Magmen). — Ca. 50 Literaturangaben. H. Roschkowski 385◇

0651 **Die Chemie vulkanischer Gase.** 1. Mitt. **Sammlung und Analyse von Gleichgewichtsmischungen durch Gaschromatographie.** John J. Naughton, Emerson F. Heald und I. Lynus Barnes jun. (J. geophys. Res. **68,** 539—44, 1963; Honolulu, Univ. of Hawaii, Dep. of Chem.; engl.) — Vff. beschreiben ausführlich eine neue Meth. zur Sammlung vulkan. Gase sowie eine gaschromatograph. Meth. zur Analyse der aufgesammelten Gase. Schließlich wird noch auf die von Heald u. Naughton (vgl. C. **1962,** 13699) entwickelte Meth. zur Berechnung der Gleichgewichtszus. der Gase für jede Temp. u. jeden Druck eingegangen. C. Gottfried 386△

0652 **Die Chemie vulkanischer Gase. 2. Mitt. Verwendung der Gleichgewichtsberechnungen bei der Deutung der vulkanischen Gasproben.** Emerson F. Heald, John J. Naughton und I. Lynus Barnes. (J. geophys. Res. **68,** 545—57, 1963; engl.) — 1. vgl. vorst. Referat. — Vff. berichten zuerst über die analyt. Ergebnisse von Gasproben, die an 4 verschiedenen Stellen des Vulkans Kilanea während u. nach der 1959—1960 stattgefundenen Eruption aufgesammelt worden waren. Tabellar. sind für die verschiedenen aufgesammelten Gasproben die Mol-% für H_2O, H_2, O_2, N_2, CH_4, CO, CO_2, H_2S, SO_2, CS_2 u. Ar sowie die Entnahmetemp. angegeben. Unter Zugrundelegung dieser analyt. Daten berechneten Vff. die Änderungen in der Zus. des Gassyst. bei Änderungen der Temp. (T), des Drucks (P) u. des Oxydationsgrades ($-\log p_0$). Für alle in Frage kommenden Temp. sind H_2O u. CO_2 die vorherrschenden H u. C enthaltenden Gase. Bei etwa 1100°K ersetzt SO_2 das H_2S als vorherrschendes S enthaltendes Gas. Für die meisten Komponenten nimmt der Partialdruck mit steigender Temp. zu. Dies gilt für H_2, CO, SO_2 u. O_2, nicht für S_2 u. COS, die ein breites Maximum zeigen, oder für H_2S u. CH_4, deren Partialdrücke abnehmen. Die Partialdrücke der meisten Gase werden bei 1500°K mit zunehmendem Druck größer. Eine Ausnahme bildet SO_2, dessen Partialdruck abnimmt, wenn es durch H_2S ersetzt wird. Der Partialdruck des O_2 bleibt zwischen 1 u. 1000 atm relativ konstant. In 2 weiteren Diagrammen sind die Änderungen in der Zus. mit Änderungen von $-\log p$ bei 1 atm u. 900°K u. 1 atm u. 1500°K wiedergegeben. Aus diesen Diagrammen ist ersichtlich, daß für jedes Oxydations-Red.-Paar (H_2S u. SO_2, CO u. CO_2, H_2 u. H_2O) ein Gebiet vorhanden ist, in dem das red. Gas vorherrscht u. ein anderes Gebiet, in dem das oxydierte Gas vorherrschend ist. Dazwischen liegt ein Gebiet, in dem beide Gase in vergleichbaren Mengen vorhanden sind. Weiter wurden die Änderungen in der Zus. bei 900°K u. 1 atm bei Änderung des Partialdrucks von H_2O berechnet. Der Haupteinfl. zunehmenden H_2O-Geh. ist eine Verdünnung der anderen Gase. Ein Vgl. der experimentellen Ergebnisse mit den berechneten Gleichgewichtszus. ergab, daß gewöhnlich Gleichgewicht in der Gasphase erreicht ist. C. Gottfried 386△

0653 **Über die Gaseinschlüsse in verschiedenen vulkanischen Gesteinen der Montagne-Pelée (Martinique).** Marcel Chaigneau und Maurice Debrune. (C. R. hebd. Séances Acad. Sci. **252,** 3842—44, 1961; Labor. des gaz du C. N. R. S.; Paris, Fac. de Pharm.; franz.) — Vgl. C. **1963,** 8084. — Die Gesteine des Mont Pelée, die zwischen 1902 u. 1929 entstanden sind, enthalten 0,82 bis 1,66 ml Gas/g Gestein. Das Gas besteht aus 1,4 bis 9,4% SO_2, 51,8—76,9% CO_2, 11,6—18,5% CO, 0,8—2% CH_4, 0,7—27,7 H_2 u. 1,4—2,9% N_2. O_2 u. H_2S fehlen vollständig, wobei für letzteres in den Gesteinen von 1929 unbestimmbare Spuren anzugeben sind. Die Gase wurden mit Ausnahme des SO_2 auch in den Fumarolen unmittelbar nach dem Ausbruch 1902 gefunden. F. Ensslin 386◇

0654 **Änderung der chemischen Zusammensetzung der vulkanischen Asche um die Fumarolen des Vulkans Miharayama.** Kimio Noguchi, Hiroshi Kamiya und Hirahisa Kawase. (J. chem. Soc. Japan, pure Chem. Sect. [Nippon Kagaku Zasshi] **84,** 121—23, 1963; Tôkyô-Toritu-Daigaku, Rigakubu; jap., Auszug: engl. S. A 10). — Die vulkan. Asche um die Fumarolen des Vulkans Miharayama wird chem. analysiert u. die Änderung der chem. Zus. durch den heißen Wasserdampf, welcher HCl, H_2SO_4 u. Luft enthält, untersucht. Die Geh. an Al, Mg, Ti, Fe, Mn, P u. Na nehmen durch die Einw. des Gases ab, der Prozentsatz der Abnahme steigt in dieser Reihenfolge. Andererseits nehmen die Geh. an Si, Ca u. K zu, wobei die Änderung bei Si nur gering u. bei K sehr groß ist. E. Maekawa 386◇

0655 **Die Meteoriten.** F. Le Lionnais. (Ind. mineraria [2] **13,** 655—59, 1962; ital.) — Kurzer, z. T. geschichtlicher Überblick. C. Gottfried 388△

0656 **Xenologie.** J. H. Reynolds. (J. geophys. Res. **68,** 2939—56, 1963; Berkeley, Calif., Univ. of California, Dep. of Phys.; engl.) — Arbeiten auf dem Gebiet der Isotopenhäufigkeiten in Meteoriten werden im Zusammenhang mit Theorien über die Bldg. der schweren Elemente u. der frühen Geschichte des Sonnensyst. diskutiert. Ernst Schulte 388◇

0657 **Überschüssiges Xenon-129 in Chondrulen des Bruderheim-Meteoriten.** Craig M. Merrihue. (J. geophys. Res. **68,** 325—30, 1963; Berkeley, Calif., Univ., Dep. of Phys.; engl.) — Vf. bestimmte die isotop. Zus. von Xe in dem *Troilit* u. den Chondrulen des obigen Meteoriten. Der Troilit ist an Xe relativ zu dem Gesamtmeteorit verarmt u. besitzt eine vernachlässigbare ^{129}*Xe*-Anomalie, was auf einen sehr niedrigen Jodgeh. schließen läßt. In den Chondrulen ist eine Anreicherung von ^{129}Xe um einen Faktor von 2,9 zu beobachten. In einer Gasfraktion aus Chondrulen erreichte das Verhältnis ^{129}Xe/^{132} Xe den Wert 9,6. Diese großen Schwankungen in dem Verhältnis ^{129}Xe/^{132}Xe innerhalb des Meteoriten sind ein weiterer Beweis für den in situ-Zerfall von ^{129}*J*. Die Ergebnisse werden in bezug auf neuere Annahmen von Wood (vgl. C. **1963,** 66) diskutiert, wonach die Chondrulen ursprüngliches Material sind, das sich beim Abkühlen von Gasen während der Bldg. solarer Nebel kondensierte. C. Gottfried 388△

0658 **Isotopenhäufigkeiten der Seltenerdmetalle in Meteoriten.** 1. Mitt. **Beziehungen von Samarium, Europium und Gadolinium zu der Frühgeschichte des Sonnensystems.** V. Rama Murthy und R. A. Schmitt. (J. geophys. Res. **68,** 911—17, 1963; La Jolla, San Diego, Calif., Univ. of California; San Diego, Calif., General Atomic, John Jay Hopkins Labor. for Pure and Appl. Sci.; engl.) — Vff. bestimmten die Isotopenhäufigkeiten von Sm, Eu u. Gd in 2 normalen Chondriten, einem Achondrit, einem C-haltigen Chondrit u. zu Vgl.-Zwecken einem vulkan. Basalt, der kurz nach einem Ausbruch des Kilauea aufgesammelt worden war u. von dem angenommen wird, daß die geschmolzene Lava aus einer Tiefe von etwa **40** km herstammte. Die meteorit. Isotopenhäufigkeiten sind innerhalb der Fehlergrenzen ähnlich den terrestr.; ferner sind allg. oder spezielle Anomalien für diese 3 Elemente in den Meteoriten nicht vorhanden. Relativ zur Erde wurde keine Verarmung der Isotopen ^{149}Sm, ^{151}Eu u. ^{157}Gd mit großem therm. Neutroneneinfangwirkungsquerschnitt festgestellt. C. Gottfried 388△

0659 **Die Bestimmung von Platinmetallen in Siderit-Meteoriten.** J. G. Sen Gupta und F. E. Beamish. (Amer. Mineralogist **48,** 379—89, 1963; Toronto, Univ. of Toronto, Dep. of Chem.; engl.) — Der quant. Analysengang zur Best. der Pt-Metalle in Meteoriten ist angegeben. Alle 7 untersuchten Siderit-Meteorite enthielten Pt-Metalle folgender Menge: *Os* 2,4—17 (ppm); *Ru* 0 bis 9,4; *Pt* 1,86—11,4; *Pd* 1,20—6,6; *Rh* 2,12—4,1; *Ir* 1,3 bis 6,85. Ernst Schulte 388◇

0660 **Der Ursprung von Hochtemperaturmineralien in kohlenstoffhaltigen Chondriten.** A. E. Ringwood. (J. geophys. Res. **68,** 1141—43, 1963; Canberra, Australian Nat. Univ., Dep. of Geophys.; engl.) — Aus der Annahme, daß C-haltige Chondrite wesentlich jünger sind als gewöhnliche Chondrite u. Enstatitchondrite folgt, daß sie nicht durch Elemente erhitzt worden sind, die kurzlebige Radioaktivitäten haben. Viele C-haltige Chondrite scheinen aus verschiedenen Anteilen von 2 genet. verschiedenen Mineralarten zusammengesetzt zu sein. Die erste Gruppe umfaßt Mineralien von Hochtemperaturursprung wie *Olivin, Pyroxen, Metalle, Troilit, Pentlandit* u. etwas *Magnetit*. Die Mineralien der zweiten Gruppe, die sog. „charakterist. Mineralien" haben sich sicherlich bei sehr viel tieferen Temp. gebildet; hierzu gehören *Silicathydrate* (*Serpentin* u. *Chlorit*), *Epsomit, S, KW-Stoffe* u. organ. Verbindungen. Während der Entw. der gewöhnlichen u. Enstatitchondrite wurden infolge explosiven Vulkanismus oder Zusammenstößen wesentliche Mengen von Hochtemperatur-Mineralfragmenten fortgeschleudert. Diese, von verschiedenen Quellen herkommenden Fragmente wurden gemischt u. befanden sich in der Gegend, in der die charakterist. Tieftemperaturmineralien der C-haltigen Chondrite auftraten. Aus diesem Grund enthalten viele C-haltige Chondrite nicht mi Gleichgewicht befindliche Einschlüsse von Hochtemperaturmineralien. C. Gottfried 388△

0661 **Eine Untersuchung von Tektiten.** Gerald S. Hawkins. (J. geophys. Res. **68,** 895—910, 1963; Boston, Mass., Boston Univ., Smithsonian Astrophys. Obs.; Cambridge, Mass., Harvard Coll. Obs.; engl.) — Die Hypothese der Bldg. von Tektiten durch Schmelzen von terrestr. Böden u. Sedimenten wurde überprüft. Dazu wurde Sandstein von der Wellborn-Formation in Texas u. aus dem Tektitgebiet in Plainfield, Georgia, im Sonnenofen unter Bldg. eines Glases geschmolzen, dessen chem. Zus. der der Tektite sehr ähnlich war. Die mittlere Schmelzenergie betrug $1{,}6 \pm 0{,}3 \cdot 10^{11}$ erg g^{-1}. Andererseits bestanden zwischen diesem Glas u. den Tektiten beträchtliche Unterschiede in den magnet. Bereichen u. in dem Blasengehalt. Bei Abplattungsverss. an Tektitmaterial in einem Plasmastrahl wurde gefunden, daß sich mit einer Mach-Zahl von **0,47** die Flanschform, die charakterist. für Flugformen ist, nicht als stabile Struktur bildet. Auf Grund der Verss. kommt Vf. zu dem Ergebnis, daß die Tektite als „Spritzer" (splashes) von geschmolzenem Material von terrestr. Kratern erzeugt worden sind, die sich durch Aufschlag eines Meteorits oder Asteroids gebildet haben. C. Gottfried 388△

0662 **Der Eukrit von Stannern.** Wolf von Engelhardt. (Beitr. Mineralog. Petrogr. **9,** 65—94, 1963; Tübingen, Univ., Miner. Inst.; dt.) — Die 1808 bei Stannern gefallenen Eukrite bestehen bei einer Porosität von 15% zu 33 (Vol.-%) aus Bytownit (mit 84 Anorthit), 11 Hypersthen (mit 55 Fe(II)-Silicat), 49 Pigeonit (mit 55 Fe(II)-Silicat, 35 Enstatit u. 10 Wollastonit), etwa 5 Quarz u. geringen Anteilen Ilmenit, Troilit u. Chromit. Beschreibung der Mineralien u. Angabe einer neuen Analyse. Aus der Schmelze schied sich etwa ein Eutektikum Bytownit-Hypersthen aus, von denen der letztere unter Breccien-Bldg. teilweise in Pigeonit umgewandelt wurde. Es folgte die Ausscheidung von Pigeonit, gefolgt von der Bldg. von Quarz, Ilmenit u. Troilit. Vgl. mit Ca-reichen Basalten. Die in der Atmosphäre gebildete Schmelzrinde enthält viele Blasen. F. Ensslin 388◇

0663 **Organische Verbindungen in Steinmeteoriten.** I. R. Kaplan, E. T. Degens und J. H. Reuter. (Geochim. cosmochim. Acta [London] **27,** 805—34, **1963**; California Inst. of Technol., Div. of Geol. Sci.; engl.) — Acht C-haltige Chondrite (Orgueil, Cold Bokkeveld, Mighei, Murray, Felix, Lancé u. Warrenton), fünf nicht-C-haltige Chondrite (Richardton, Bjurböle, Karoonda, Abee u. Hvittis) u. ein Achondrit (Norton County) wurden auf organ. Bestandteile untersucht. Die Bzn.–Aceton u. Aceton–Methanol-Extrakte der Proben wurden mit Hilfe der UV-, der sichtbaren u. der IR- sowie der NMR-Spektroskopie untersucht. Dabei wurden aliphat. u. aromat. Verbb. festgestellt, ferner die CO_2-Gruppe u. ungesättigte Gruppen vom Vinyl- oder Allyl-Typ. In den Strukturen der Chondrite Orgueil, Cold Bokkeveld, Mighei u. Richardton wurde elementarer S gefunden. In allen untersuchten Meteoriten treten Aminosäuren u. Zucker auf. Der Geh. der Zucker liegt zwischen 5 u. 26 (μg/g), *Mannose* u. *Glucose* sind am häufigsten. In den C-haltigen Chondriten betragen die Aminosäure-Konzz. zwischen 30 u. 500, in den anderen zwischen 8 u. 50. Von den 17 entdeckten Aminosäuren sind *Serin, Glycin, Alanin, Leucin, Glutaminsäure, Asparaginsäure* u. *Threonin* am häufigsten. Von den Mokoia-, Bjurböle u. Richardton-Meteoriten wurden Chondrule isoliert u. untersucht. Zucker wurde in den Chondrulen nicht festgestellt. Als einzige wasserlösl. Aminosäure wurde *Glycin* gefunden. Auf dem Chromatogramm erscheint neben *Glycin* eine große Anzahl von Ninhydrin-positiven Verbindungen. Im sauren Hydrolysat sind *Alanin, Serin, Threonin*, die *Leucine, Glutaminsäure* u. *Asparaginsäure* vorhanden. Die sauren Hydrolysate enthalten 16 Diazonium-empfindliche Komponenten. Auf dem Chromatogramm erscheinen 15 nichtidentifizierte, UV-absorbierende u. fluorescierende Verbindungen. Bei allen Extrakten wurde keine opt. Drehung beobachtet. Aus diesen Ergebnissen, sowie aus dem Fehlen von Pigmenten, Fett- u. Nucleinsäuren wird geschlossen, daß die organ. Verbb. durch chem. u. nicht durch biolog. Prozesse entstanden sind. Ernst Schulte 388◇

0664 **Organische Materialien in rezenten und alten Sedimenten.** 3. Mitt. **Biochemische Verbindungen im San Diego Trog, Kalifornien.** Egon T. Degens, K. O. Emery und J. Helmut Reuter. (Neues Jb. Geol. Paläontol., Mh. **1963,** 231—48; engl.) — 2. vgl. C. **1963,** 5403; vgl. vorst. Referat. — Die Hauptmasse der organ. Substanz in den Sedimenten besteht aus Huminsäuren, die sich auf Grund biochem. Überlegungen u. der Verteilung der stabilen C-Isotopen vorwiegend aus Abbau-Prodd. des Lignins gebildet haben. Sie kommen, da Lignin am Aufbau des marinen Planktons nicht beteiligt ist, vom Festland. Die unter marinen Bedingungen gebildeten melaninartigen Prodd. der Huminfraktion spielen nur eine unbedeutende Rolle. Möglicherweise bilden die Humussäuren das Kerogen, die Hauptmasse der organ. Substanz in alten marinen Sedimenten, was zu dem Schluß führen würde, daß die marinen Schiefer u. Erdöle ihre organ. Bestandteile vorwiegend vom Festland erhalten hätten. Plankton wird wegen seines hohen Nährwerts rasch aufgebraucht u. wird wenig zur organ. Substanz in Sedimenten in oxydierender Umgebung beigesteuert haben. F. Ensslin 390◇

B. Allgemeine und theoretische organische Chemie

0665 **Die Berechnung der Elektronenübergänge im Diphenyl nach der Methode des verzweigten Elektronengases.** Horst Stegemeyer. (Z. Naturforsch. **18a,** 967 bis 973, 1963; Hannover, Inst. für Erdölforsch.; dt.) — Die Lage der Elektronenübergänge der UV-Absorptionsbanden von *Biphenyl* sowie deren Polarisation u. die Oscillatorenstärken wurden mit Hilfe des Verzweigten-Elektronengas-Modells berechnet. Für ein ebenes Mol. ergeben sich 2 parallel der langen Achse polarisierte Übergänge, die auf Grund der Lage u. der Oscillatorenstärke den Übergängen bei 40500 cm^{-1} u. 50000 cm^{-1} zugeordnet werden können. Weiterhin wurden 2 umgekehrte Übergänge geringer Intensität erhalten, deren Beziehung zu von Dale (C. **1959,** 2396) angenommenen verborgenen Übergängen diskutiert wird. Ch. Zechel B 114◇

0666 **Fluorescenzspektren.** Yoshiya Kanda. (Kagaku-no-Ryoiki [J. Jap. Chem.] **16,** 580—88, 1962; Kyûsyû-Daigaku, Rigakubu; jap.) — Übersicht über die Fluorescenzspektren von organ. Verbindungen. — 29 Literaturangaben. E. Maekawa B 118◇

0667 **Spektren mehratomiger Moleküle.** Nand Lal Singh. (Proc. nat. Acad. Sci., India, Sect. A **32,** 302 bis 310, 1962; Banaras, Hindu Univ.; engl.) — Übersicht über Anwendungsbereiche u. Auswertung von Elektronenspektren mehratomiger Moll. in der Gasphase u. Darst. sowie ausführliche Diskussion der Emissionsspektren von *Fluorbenzol, Benzaldehyd* u. *Phenol.* W. Sobieski B 118◇

0668 **Ultraviolettspektrum von Diäthyläther im Vakuum.** G. J. Hernandez. (J. chem. Physics **39,** 1355—56, 1963; Bedford, Mass., Air Force Cambridge Res. Labor., Space Phys. Labor.; engl.) — Vgl. gl. J. **38,** [1963], 2233. — Mit der l. c. beschriebenen Meth. untersuchte Vf. das Spektrum von *Ae.* im Bereich 45000 bis ca. 90000 cm^{-1}. Unterhalb 60000 cm^{-1} ist das Spektrum im wesentlichen so, wie von Harrison u. Price (C. **1961,** 7528) beschrieben, u. besteht aus zwei Absorptionsgebieten, denen beiden eine diskrete Struktur überlagert ist. Diese Struktur ist recht diffus u. besteht aus ca. 10 Banden im 1. Absorptions-Gebiet (1. Bande bei 56630 cm^{-1}) u. 4 Banden im 2. Gebiet (1. Bande bei 58280 cm^{-1}, die Lage der anderen Banden läßt sich nicht genau messen). Bei Frequenzen über 60000 cm^{-1} wurde eine starke Absorption ohne Struktur gefunden. Die Absorptionsgrenze bei niedrigem Druck liegt bei ca. 76000 cm^{-1}. Die Ergebnisse werden diskutiert u. eine Zuordnung der Absorptionen zu Elektronenübergängen wird versuchsweise vorgenommen. Ch. Zechel B 118◇

0669 **Analyse des Absorptionsspektrums der drei isomeren Methylphenetole im nahen Ultraviolett.** 1. Mitt. **Elektronenspektren.** K. V. Kameswara Row und V. Ramakrishna Rao. (Indian J. pure appl. Physics **1,** 20—24, 1963; Waltair, Andhra Univ., Phys. Dep.; engl.) — Vff. untersuchen das UV-Spektrum von fl., festem u. dampfförmigem *p* — (Kp. 188—189°), *m*- (Kp. 192°) u. *o-Methylphenetol* (Kp. 184°). Sie nehmen eine Schwingungszuordnung im UV-Spektrum zu den Schwingungen des Raman- u. IR-Spektrums vor. Die Absorptionsspektren im nahen UV werden auf erlaubte Übergänge vom Typ $A_1 \rightarrow B_1$ u. $A' \rightarrow A'$ zurückgeführt. K.-H. Birr B 118◇

0670 **Synthesen von Phenylpyrazolonderivaten.** 11. Mitt. **Definitionsweise der Farbe von Phenylpyrazolonazomethinfarbstoffen durch die CIE-Farbtafel.** Kohei Itano. (J. pharmac. Soc. Japan [Yakugakuzasshi] **78,** 155—58, 1958; Konishiroku Photo-Ind. Ltd., Chem. Res. Labor.; jap., Auszug: engl.) — 10. vgl. C. **1964,** 5-0678. — Zur Unters. des Zusammenhanges zwischen der Struktur u. der Hauptwellenlänge von *Phenylpyrazolonazomethinfarbstoffen* (**P**), werden die Farben von 30 verschiedenen **P** in methanol. Lsg. mittels CIE-Farbtafel verglichen. Dabei wird festgestellt, daß Elektronenacceptoren als Substituenten in 1-Stellung des Pyrazolonrings die Absorption in den langwelligeren, Elektronendonatoren in den kurzwelligeren Bereiche verschieben. Untersuchte 4-[p-Diäthylaminophenylimino]-pyrazolone-(5): *1-p-Nitrophenyl-3-phenyl-, 1-β-Naphthyl-3-phenyl-, 1-m-Chlorphenyl-3-benzoylamino-, 1-p-Cyanphenyl-3-benzoylamino-, 1-m-Carboxyphenyl-3-[p-palmitoylaminophenyl]-, 1-p-Nitrophenyl-3-benzoylamino-, 1-p-Aminophenyl-3-phenyl-, 1-p-Aminophenyl-3-benzoylamino-, 1-p-Nitrophenyl-3-methyl-, 1-m-Chlorphenyl-3-lauroylamino-, 1-m-Chlorphenyl-3-acetylamino-, 1-[p-Palmitoylaminophenyl]-3-methyl-, 1-[p-Phenoxy-m-sulfophenyl]-3-palmitoylamino-* (als K-Salz), *1-p-Bromphenyl-3-acetylamino-, 1-Phenyl-3-palmitoylamino-, 1-Phenyl-3-methyl-, 1-p-Nitrophenyl-3-acetylamino-, 1-p-Bromphenyl-3-palmitoylamino-, 1-p-Sulfophenyl-3-palmitoylamino-* (als K-Salz), *1-p-Tolyl-3-palmitoylamino-, 1-p-Tolyl-3-methyl-, 1-Phenyl-3-[p-butoxybenzolsulfonylamino]-, 1-o-Tolyl-3-methyl-, 1-α-Naphthyl-3-methyl-, 1-p-Cyanphenyl-3-amino-, 1-p-Aminophenyl-3-methyl-, 1-p-Diphenylyl-3-methyl-, 1-m-Chlorphenyl-3-amino-, 1-p-Bromphenyl-3-amino-* u. *1-p-Tolyl-3-amino-.* W. Hampel B 118△

0671 **Synthesen von Phenylpyrazolonderivaten.** 12. Mitt. **Definitionsweise der Farbe von Fuchsin-S-Farbstoffen zur substraktiven Farbfotografie mittels CIE-Farbtafel.** Kohei Itano. (J. pharmac. Soc. Japan [Yakugaku zasshi] **78,** 159—63, 1958; jap., Auszug: engl.) — 11. vgl. vorst. Referat. — 29 verschiedene Phenylpyrazolonderivv. werden nach einer photochem. Meth. mit N.N-Diäthyl-p-phenylendiamin zu entsprechenden *Pyrazolonazomethinfarbstoffen* kondensiert. Die trichromat. Koeff. der auf einen Film abgeschiedenen Farbstoffe werden spektrometr. bestimmt u. mit dem Absorptionsmaxima in methanol. Lsg. im UV- u. sichtbaren Bereich verglichen. Dabei liegt die Hauptabsorptionswellenlänge im Film nach der kurzwelligen Seite gegenüber der der Verbb. in Lösung. Der Einfl. der Substituenten ist in beiden Fällen ähnlich. Untersuchte 4-[p-Diäthylaminophenylimino]-pyrazolone-(5): *1-p-Nitrophenyl-3-phenyl-, 1-p-Aminosulfonylphenyl-3-phenyl-, 1-Phenyl-3-m-nitrobenzoylamino-, 1-p-Aminosulfonyl-3-benzoylamino-, 1-p-Cyanphenyl-3-benzoylamino-, 1-Phenyl-3-p-nitrobenzoylamino-, 1-p-Aminosulfonylphenyl-3-[p-acetylaminobenzolsulfonylamino]-, 1-p-Aminosulfonylphenyl-3-methyl-, 1-Phenyl-3-o-nitrobenzoylamino-, 1-Phenyl-3-benzoylamino-, 1-p-Aminosulfonylphenyl-3-p-methoxybenzolsulfonylamino-, 1-p-Aminophenyl-3-benzoylamino-, 1-p-Nitrophenyl-3-methyl-, 1-p-Aminosulfonylphenyl-3-p-toluolsulfonylamino-, 1.3-Diphenyl-, 1-Aminosulfonylphenyl-3-benzolsulfonylamino-, 1-m-Chlorphenyl-3-benzoylamino-, 1-Phenyl-3-p-äthoxy-* bzw. *-p-methoxy-anilino-, 1-Phenyl-3-anilino-, 1-Phenyl-3-p-methoxybenzolsulfonylamino-, 1-Phenyl-3-[p-acetylaminobenzolsulfonylamino]-, 1-Phenyl-3-p-aminobenzolsulfonylamino-, 1-Phenyl-3-p-toluolsulfonylamino-, 1-m-Carboxyphenyl-3-palmitoylamino-, 1-m-Carboxyphenyl-3-[p-palmitoylaminophenyl]-, 1-Phenyl-3-p-chlorbenzolsulfonylamino-, 1-p-Tolyl-3-methyl-* u. *1-[p-Phenoxy-m-sulfophenyl]-3-heptadecyl-.* W. Hampel B 118△

0672 **Synthese von Phenylpyrazolonderivaten.** 13. Mitt. **Der Einfluß des Lösungsmittels auf die Absorptionsspektren von Phenylpyrazolonazomethinderivaten.** 1. Mitt. Kohei Itano. (J. pharmac. Soc. Japan [Yakugakuzasshi] **78,** 164—67, 1958; jap., Auszug: engl.) — 12. vgl.

vorst. Referat. — Die Absorption im UV- u. sichtbaren Bereich von 14 verschiedenen *Phenylpyrazolonazomethinfarbstoffen* wird in Abhängigkeit von Lsgm. bestimmt. Bei Verw. von Cyclohexan, Aceton, Methanol u. verschiedenen Methanolpuffern von pH 9,2, 9,9, 10,9, 12,2 u. 12,9 wird bei Pyrazolonen mit einer SO_2NH-Gruppe die x-Bande infolge Dissoziation dieser Gruppe unter Beeinflussung des Resonanz-Syst. in den kurzwelligen Bereich verschoben. Untersuchte Verbb.: 1-Phenyl-4-[p-diäthylaminophenylimino]-pyrazolone-(5): *3-Methyl-, 3-Phenyl-, 3-Amino-, 3-Benzoylamino-, 3-Benzolsulfonylamino-, 3-p-Toluolsulfonylamino-, 3-p-Methoxybenzolsulfonylamino-*. 1-p-Aminosulfonyl-4-[p-diäthylaminophenylimino-]-pyrazolone-(5): *3-Methyl-, 3-Phenyl-, 3-Amino-, 3-Benzoylamino-, 3-Benzolsulfonylamino-, 3-p-Toluolsulfonylamino-, 3-p-Methoxybenzolsulfonylamino-*. W. Hampel B 118△

0673 **Synthesen von Phenylpyrazolonderivaten. 14. Mitt. Der Einfluß des Lösungsmittels auf die Absorptionsspektren von Phenylpyrazolonazomethinderivaten.** 2. Mitt. Kohei Itano. (J. pharmac. Soc. Japan [Yakugakuzasshi] **78,** 167—71, 1958; jap., Auszug: engl.) — 13. bzw. 1. vgl. vorst. Referat. — Die UV-Absorptionsspektren von 12 verschiedenen *Phenylpyrazolonazomethinfarbstoffen* in Cyclohexan/Aceton, Aceton u. Aceton/Wasser wird gemessen, wobei, im Gegensatz zu den Verbb., die in der 3-Stellung eine -SO_2NH-Gruppe enthalten, ein bathochromer Effekt bei der x-Bande beobachtet wird. Untersuchte Verbb.: 1-Phenyl-4-[2-methyl-4-diäthylaminophenylimino]-pyrazolone-(5): *3-p-Toluolsulfonamido-*, $C_{27}H_{29}N_5O_3S$, F. 226°. — *3-p-Methoxybenzolsulfonamido-*, $C_{27}H_{29}N_5O_4S$, F. 212—213°. — *3-p-Butoxybenzolsulfonamido-*, $C_{30}H_{35}N_5O_4S$, F. 159—160°. — *3-p-Aminobenzolsulfonamido-*, $C_{26}H_{28}N_6O_3S$, F. 172°. — 1-p-Aminosulfonylphenyl-4-[2-methyl-4-diäthylaminophenylimino]-pyrazolone-(5): *3-Benzolsulfonamido-*, $C_{26}H_{28}N_6O_5S_2$, F. 234—235°. — *3-p-Toluolsulfonamido-*, $C_{27}H_{30}N_6O_5S_2$, F. 208°. — 1-Phenyl-4-[p-diäthylaminophenylimino]-pyrazolone-(5): *3-Amino-, 3-Methyl-, 3-Benzolsulfonamido-, 3-Benzamido-, 3-p-Toluolsulfonamido-, 3-p-Methoxybenzolsulfonamido-*. W. Hampel B 118△

0674 **Synthesen von Phenylpyrazolonderivaten. 15. Mitt. Der Einfluß des Lösungsmittels auf die Absorptionsspektren von Phenylpyrazolonazomethinderivaten.** 3. Mitt. Kohei Itano. (J. pharmac. Soc. Japan [Yakugakuzasshi] **78,** 172 bis 176, 1958; jap., Auszug: engl.) — 14. bzw. 2. vgl. vorst. Referat. — Die Absorptionsspektren von 19 verschiedenen *Phenylpyrazolonen* werden im UV- u. sichtbaren Bereich in Abhängigkeit von dem pH bestimmt. Dabei wurde eine Dissoziation zwischen pH 8—14 beobachtet. Verbb. mit einer -SO_2NH-Gruppe in 3-Stellung geben zwei Dissoziationsstufen bei pH 2,1 u. 4—7. Verbb. mit der 1-SO_2-NH-Gruppe zeigen kleinere Dissoziationskonstanten als die ohne diese Gruppierung. Untersuchte Verbb.: 4-[p-Diäthylaminophenylimino]-pyrazolone-(5): *1.3-Diphenyl-* (pK_a 11,51), *1-Phenyl-3-anilino* (12,22), *-3-p-anisidino-*(11,98), *-3-benzamido-*(10,37), *-3-p-nitrobenzamido* (10,47), *1-p-Cyanphenyl-3-amino-*(9,69), *1-p-Bromphenyl-3-acetamido-*(10,61), *1-p-Aminosulfonylphenyl-3-methyl-*(11,01), *-3-benzamido-*(9,39), *-3-benzolsulfonamido-*(10,69; pK_b 11,43), *-3-p-toluolsulfonamido-*(11,09; 11,43), *-3-p-methoxybenzolsulfonamido-*(11,08; 11,11), *-3-p-dodecyloxybenzolsulfonamido-*(10,49; 10,29). — 4-[p-Diäthylamino-o-tolylimino]-pyrazolone-(5): *1-p-Aminosulfonylphenyl-3-benzolsulfonamido-* (pK_{a1} 5,07; pK_{a2} 10,89; pK_b 11,61), *-3-p-toluolsulfonamido-*(5,15; 11,86; 11,76), *1-Phenyl-3-p-toluolsulfonamido-* (6,01; 10,88; 12,18), *-3-p-methoxybenzolsulfonamido-* (5,73; 12,38; 12,91), *-3-p-aminobenzolsulfonamido-* (6,82; 12,36; 12,58) u. *-3-p-butoxybenzolsulfonamido-*.
W. Hampel B 118△

0675 **Neuere Probleme der optischen Rotationsdispersion.** Makoto Suzuki. (Kagaku-no-Ryoiki [J. Jap. Chem.] **16,** 589—601, 695—708, 1962; Tokyo, Tanabe-Seiyaku; jap.) — Übersicht. — 97 Literaturangaben.
E. Maekawa B 119◇

0676 **Einfluß von Natriumborat auf die optische Drehung von Zuckern.** R. C. Hughes und W. J. Whelan. (Chem. and Ind. **1959,** 50; London, Lister Inst. of Preventive Med.; engl.) — Vff. messen die opt. Drehungen einer Reihe von Zuckern in W. sowie in einer 0,6-m-Boratpuffer-Lsg. bei pH 10, wobei stets ein mol. Überschuß von Borat von mindestens 45:1 verwendet wurde. Untersucht wurde das Verh. der folgenden Zucker: *L-arabinose, D-Fructose, L-Fucose, D-Galaktose, D-Glucose, D-Glucoheptose, D-Mannose, L-Rhamnose* · H_2O, *D-Ribose, 2-Desoxy-D-glucose, D-Glucosaminhydrochlorid, N-Acetyl-D-glucosamin, 2-O-Methyl-, 3-O-Methyl-D-glucose, 2.3-Di-O-methyl-D-glucose, 2.3.6-Tri-O-methyl-D-glucose, Methyl-α-L-fucofuranosid, Methyl-α-L-fucopyranosid, Methyl-α-D-glucopyranosid, D-Glucit, Cellobiose, Isomaltose, Laminaribiose, Leucrose, Maltose* · H_2O, *Melibiose* · $2\,H_2O$, *Raffinose* · $5\,H_2O$, *Saccharose u. α.α-Trehalose* · $2\,H_2O$. Die Meßergebnisse sind tabellar. zusammengestellt u. werden kurz besprochen. C. Gottfried B 119△

0677 **Einige neue Raman-Verschiebungen für Naphthalin bei niedrigen Frequenzen.** N. Mitchell und D. C. Nelson. (J. chem. Physics **39,** 1364—66, 1963; Monrovia, Calif., Appl. Phys. Corp.; engl.) — Vff. beobachteten im Spektrum (Abb.) von festem *Naphthalin* bei Anregung mit Licht der Wellenlänge 4358 Å drei neue Linien bei 45, 75 u. 108 Δcm^{-1} ($\pm$ 1 cm^{-1}), die nicht im Spektrum von CCl_4-Lsgg. auftreten. Da diese Verschiebungen in der fl. Phase nicht zu beobachten sind, werden sie auf Gitterschwingungen der freien Verb. zurückgeführt.
Ch. Zechel B 120◇

0678 **Schwingungs-Rotationsspektren von CH_3F.** W. L. Smith und I. M. Mills. (J. molecular Spectroscopy **11,** 11—38, 1963; Reading, England, Univ. of Reading, Dep. of Chem.; engl.) — Im IR-Spektrum des CH_3F(**I**)-Mol. wurde die Rotationsstruktur der Bande bei 1049 cm^{-1} (Parallel-Grundschwingung) u. bei 1182 cm^{-1} (Senkrecht-Grundschwingung) aufgelöst u. analysiert. Die Kombinationsbanden bei 2223 cm^{-1} u. 2650 cm^{-1} wurden ebenfalls untersucht. In allen Fällen lag die Auflösung bei ca. 25 cm^{-1}. Die Rotationskonst. für **I** sind tabellar. angegeben u. werden mit in der Literatur angegebenen Werten verglichen. Einige anomale Intensitätsstörungen wurden bei der Bande bei 1182 cm^{-1} beobachtet.
Ch. Zechel B 120◇

0679 **Infrarot- und Ramanspektren fluorierter Äthane.** 17. Mitt. **CF_2Cl–CH_2Cl und CF_2Br–CH_2Br.** H. P. Bucker und J. Rud Nielsen. (J. molecular Spectroscopy **11,** 47—66, 1963; Norman, Okla., Univ. of Oklahoma, Dep. of Phys.; engl.) — 16. vgl. gl. J. **6,** [1961], 520; 15. vgl. C. **1963,** 19970. — Die IR-Absorptionsspektren von gasförmigem, fl. u. festem CF_2Cl–CH_2Cl (**I**) u. von gasförmigem u. festem CF_2Br–CH_2Br (**II**) wurden untersucht, ebenso die Ramanspektren beider Verbindungen. Im fl. u. gasförmigen Zustand liegen **I** u. **II** in Form eines Gemisches von Rotationsisomeren vor, während sich im festen Zustand nur ein Rotationsisomeres findet. Die Grundschwingungen wurden den Isomeren versuchsweise zugeordnet. Für **I** berechnete sich die Differenz der Standard-Enthalpie zwischen den Rotationsisomeren zu $\Delta H°$(Gas) = 430 $\pm$ 100 cal/Mol, für **II** zu $\Delta H°$(Gas) = 1030 $\pm$ 100 cal/Mol. Ch. Zechel B 120◇

0680 **Ein IR-spektroskopisches Kriterium für die sterische Anordnung von Phenylgruppen.** Wolfgang Lüttke. (Liebigs Ann. Chem. **668,** 184—94, 1963; Göttingen, Univ., Organ.-Chem. Inst.; dt.) — Die IR-Spektren von *Benzalazin, α-* u. *β-Benzaldoxim, anti-* u. *syn-Benzoldiazotation, trans-* u. *cis-Azobenzol, trans-* u. *cis-Azoxybenzol, Bis-[nitrosobenzol]* (mit ster. freien u. ster. behinderten Phenylgruppen), *Styrol, trans-* u. *cis-Stilben, 1.2.3.4-Tetraphenylcyclobutan, Triphenyläthylen, Tetraphenyläthylen, Tetraphenylallen, asymm.-Diphenyläthylen, 1.1.4.4-Tetraphenylbutadien, Benzophenon* u. *Benzophenonimin* werden im Bereich von 650—800 cm^{-1} untersucht. Die Ergebnisse (Bandenlage, Zuordnung u. Intensität) sind tabellar. zusammengestellt. Bei den cis-Benzolmonoderivv. finden sich Banden, die in den Spektren der entsprechenden trans-Verbb. fehlen. Die möglichen Ursachen dieser Anomalie [innere Schwingung des Substituenten, Phenyl-Substituent-Schwingung, Besonderheiten zwischenmol. Wechselwrkg. (bei krist. Verbb.) innere Schwingung des Phenylringes] werden diskutiert.

Die zusätzlichen Banden bei den cis-Verbb. werden inneren Schwingungen des Bzl.-Ringes zugeordnet, die durch engen ster. Kontakt einer o-CH-Gruppe mit dem Substituenten oder der o-CH-Gruppe eines zweiten im Mol. vorhandenen Bzl.-Ringes verursacht werden (o-CH-Störung). Die Anwendung dieses Effektes bei der IR-spektroskop. Konstit.-Best. wird erörtert.
G.-O. Jäger B 120◇

0681 **Das Infrarotabsorptionsspektrum von Thiolignin.** Shozo Wada. (Chem. High Polymers [Tokyo] **18,** 617—28, 1961; Tokyo, Kokusaku Pulp Ind. Co., Res. Labor.; jap., Auszug: engl.) — Zur Unters. der chem. Struktur von (Fichten-) *Thiolignin* (**I**) wurden die IR-Spektren von **I**, methyliertem u. oxydiertem **I**, des *Na-Salzes* von **I** u. der Modell-Verbb. *Guajacol, Vanillin, Eugenol, Isoeugenol, Diguajacyldisulfid* (*Bis-[3-methoxy-4-hydroxyphenyl]-disulfid*), *3.4-Dimethoxyzimtsäure, 3.4-Dimethoxyzimtaldehyd, 3.4-Dimethoxypropiophenon, 3.4-Dimethoxybenzoesäure, 3-Methoxy-4-hydroxybenzylalkohol, 3.4-Dimethoxybenzylalkohol, 3-Methoxy-4-hydroxybenzoesäure, 4-Hydroxy-5-methoxyisophthalsäure, Benzylalkohol, α-Phenyläthylakohol, Brenzcatechin* u. *3.4-Dihydroxypropiophenon* aufgenommen (Spektren von 700—1800 cm^{-1}). Die C=O-Absorptionen von Ketonen, Carboxyl- u. Aldehydgruppen zwischen 1650—1750 cm^{-1} sind wegen Überlappung schwer zu trennen. > C=C-Absorptionen (1710 cm^{-1}) im Spektrum von **I** weisen auf Diketon- oder aliphat. Ketonstruktur hin. Der Betrag von direkt an Benzolringe gebundenen C=O-Gruppen wird durch Vgl. der Intensitätsverhältnisse der C=O-Bande zu der C-C-Ringschwingung (1600 cm^{-1}) bei Acetovanillon u. Veratrumaldehyd gegenüber **I** zu 0,4 C=O-Gruppen pro Ring ermittelt.
P. Kahlow B 120△

0682 **Mikrowellenspektrum von tert.-Butylchlorid. Ein Vergleich von tert.-Butylstrukturen.** David R. Lide jun. und May Jen. (J. chem. Physics **38,** 1504 bis 1507, 1963; Washington, D. C., Nat. Bur. of Standards; engl.) — Vff. bestimmen die Rotations-Konst. von *tert. Butylchlorid*[$(^{12}CH_3)_3{}^{12}C^{35}Cl$, $(^{12}CH_3)_3{}^{12}C^{37}Cl$, $(^{12}CH_3)_3\cdot{}^{13}C^{35}Cl$, $(^{12}CH_3)_3{}^{13}C^{37}Cl$, $(^{13}CH_3)(^{12}CH_3)_2{}^{12}C^{35}Cl$]. Die Messungen wurden an den Übergängen J = 4 → 5 u. 5 → 6 gemessen; berechnete r_s-Struktur r(CCl) = 1,803 ± 0,002 Å; r(CC) = 1,530 ± 0,002 Å; < CCC = 110,9° ± 0,1°; Quadrupol-Kopplungs-Konst. (für ^{35}Cl) = — 66,9 ± 1,5 MHz. Die tert.-Butylgruppe wird durch Substitution nicht beeinflußt; während die CX-Bindung (X = Halogen) in $(CH_3)_3CX$ systemat. länger ist als in CH_3X-Molekülen. Dieses Verh. kann mit Hilfe der konventionellen Valenztheorien nicht erklärt werden.
K.-H. Birr B 121◇

0683 **Zeeman-Effekt der Kernquadrupolresonanz in ortho-Dichlorbenzol.** H. Hartmann und H. Haas. (Z. Naturforsch. **18a,** 977—79, 1963; Frankfurt/M., Univ., Inst. für Phys. Chem.; dt.) — Vff. bestimmten bei — 35° die Winkelabhängigkeit des Zeeman-Effektes der ^{35}Cl-Kernquadrupolresonanz eines Einkristalls von *o-Dichlorbenzol.* Das Kristall-Syst. ist monoklin. Im Mol. bilden die z-Achsen der Feldgradiententensoren einen Winkel von 64,7 ± 0,5°. Für den Asymmetrieparameter des Feldgradienten wird ein Wert von 0,100 ± 0,01 angegeben. Die Winkelmeßeinrichtung wird beschrieben.
Ch. Zechel B 121◇

0684 **Untersuchungen der Kernquadrupolresonanz in den drei polymorphen Phasen der Monochloressigsäure.** H. Hartmann, H. Sillescu und K. D. Funke. (Z. Naturforsch. **18a,** 974—77, 1963; dt.) — Vgl. vorst. Referat. — Vff. untersuchten an Einkristallen der 3 polymorphen Phasen von *Chloressigsäure* (α-Phase = F. 62,5°; β-Phase = F. 56,3°; γ-Phase = F. 50,2°) die Zeeman-Aufspaltung der Kernquadrupolresonanzlinien. Sie erhielten dabei Angaben über die Kristall-Struktur. Darüber hinaus wurde in allen 3 Phasen die Temp.-Abhängigkeit der Resonanzfrequenzen untersucht.
Ch. Zechel B 121◇

0685 **Konformationsbestimmung durch magnetische Kernresonanz hoher Auflösung.** Hiizu Iwamura. (Kagaku-no-Ryoiki [J. Jap. Chem.] **16,** 533—46, 1962; Tokyo, Univ., Naturwiss. Fak.; jap.) — Übersicht. — 76 Literaturangaben. E. Maekawa B 123◇

0686 **Zur Fluorescenz mehrkomponentiger organischer Lösungen.** Werner Stolz. (Wiss. Z. Techn. Univ. Dresden **11,** 687—91, 1962; Fak. für Math. u. Naturwiss., Inst. für Anwendung radioakt. Isotope; dt.) — Auf der Grundlage bereits bestehender Modelle zum Energieübertragungsmechanismus in fluorescierenden organ. Lsgg. wird eine Funktion für die Konz.-Abhängigkeit der Fluorescenzintensität von Lsgg. abgeleitet, die außer einer kurzwellig emittierenden Komponente A noch einen Wellenlängenverschieber B enthalten. Für folgende fluorescierende Verbb. in Bzl.-Lsg. wurde bei kurzwelliger UV-Anregung die Gültigkeit der Funktion experimentell nachgewiesen: *p-Terphenyl, 2.5-Diphenyloxazol* u. *2-Phenyl-5-[p-biphenylyl]-1.3.4-oxadiazol* als A-Komponente; *Anthracen, Fluoranthen, 1.6-Diphenylhexatrien* u. *Pyren* als B-Komponente. I. Zoll B 125◇

0687 **Untersuchungen zum zwischenmolekularen Energieübergang in fluorescierenden Lösungen.** A. Kawski. (Z. Naturforsch. **18a,** 961—66, 1963; Gdańsk, Polen, Pädag. Hochschule, Phys. Inst.; dt.) — Für *Fluorescein, Rhodamin B, Rhodamin 6 G* u. *Trypaflavin* wird in entwässerten Glycerin-Lsgg. die Abhängigkeit des Polarisationsgrades von der Konz. u. die Konz.-Depolarisation bestimmt u. mit der Theorie von Jabłoński (C. **1962,** 3349), von Förster (ibid. **4a,** [1949], 321) u. von Ore (C. **1960,** 11187) verglichen. Weiterhin werden die Absorptions- u. Fluorescenzspektren u. die Fluorescenzausbeuten gemessen. Die experimentellen Konst., die die Wahrscheinlichkeit der Energieübertragung in der Theorie von Jabłoński angeben, werden aus der Überlappung von Emissions- u. Absorptionsspektrum ermittelt. Abweichungen der experimentellen Ergebnisse von den theoret. Daten werden diskutiert. Ch. Zechel B 125◇

0688 **Über einige Lumineszenzeigenschaften organischer Farbstoffe.** G. M. Kissljak und G. M. Lyssenko. (Ukrain. physik. J. 8, 900—06, 1963; ukrain., Auszug: engl.) — Vff. untersuchen die Phosphorescenz von *Fluorescein* (**I**) u. *Trypaflavin* in Essig-, Schwefel- u. Ameisensäure u. in verschiedenen Alkoholen bei der Temp. des fl. N_2. Die Temp.-Abhängigkeit τ u. die Intensität I der Phosphorescenz sowie die Aktivierungsenergie E_m des metastabilen Zustands- u. der Intensitätsdämpfung der Phosphorecscenz werden bestimmt. Auf Grund der Vers.-Ergebnisse u. Vgl. mit denen anderer Autoren schließen Vff., daß die Meth. zur Best. von E_m einiger organ. Farbstoffe in eingefrorenen fl. Lsgg. durch Messung der Temp.-Änderung nicht richtig sind. Eine Temp.-Änderung beeinflußt die Viscosität der Lsg. u. ist der Hauptfaktor bei der Änderung von τ u. I. Die Dämpfungskurve der Phosphorescenz von **I** in Ameisen- u. Essigsäure zeigt am Ende der Dämpfung (nach 15 s) Abweichungen von berechneten Werten, was mit einem Nachleuchten des Lsgm. erklärt wird.
W. Sobieski B 125◇

0689 **Strukturaufklärung der organischen Verbindungen durch Massenspektrometrie.** Yo Ueda. (Kagaku-no-Ryoiki [J. Jap. Chem.] **16,** 665—82, 1962; Kyûsyû-Univ., Pharmac. Fak.; jap.) — Übersicht. — 44 Literaturangaben. E. Maekawa B 131◇

0690 **Beobachtungen von Elementarprozessen an angeregten Molekülen.** 3. Mitt. **Cyclohexan.** 2. Teil. H. Schüler und G. Arnold. (Z. Naturforsch. **18a,** 604—07, 1963; Göttingen, Max-Planck-Ges., Forschungsstelle für Spektroskop.; dt.) — 2. vgl. C. **1963,** 15361; vgl. auch gl. J. **17a,** [1962], 670. — Bei der l. c. beschriebenen Dissoziation angeregeter *Cyclohexan*-Moll. in C_2-, C_3- u. C_4-Bruchstücke zeigt es sich, daß zwischen den C_3:C_3-, C_4:C_2- u. C_2:C_2:C_2-Dissoziationsprozessen Gesetzmäßigkeiten bestehen, daß sie konst. prozentuale Energie- u. Ausbeutenanteile haben u. in ganzzahligen Gewichtsverhältnissen auftreten. W. Sobieski B 131◇

0691 **Longitudinale und transversale Kernrelaxation in reinen Flüssigkeiten und kolloiden Lösungen.** G. Bonera, L. Chiodi, G. Lanzi und A. Rigamonti. (Arch. Sci. [Genève] **13(165),** Sonderh. 445—51, 1960; Pavia, Univ., Ist. di Fis.; franz.) — Mit Hilfe der früher (vgl. C. **1961,** 16377) beschriebenen Meth. bestimmten Vff. zunächst die Kernrelaxationszeiten T_1 u. T_2 von *W., Cyclopentan,*

Cyclohexan, Cycloheptan, Methyl-, Äthyl-, Propyl- u. *Butylalkohol* bei Zimmertemperatur. Wie zu erwarten, war $T_1 = T_2$ für alleFll., deren Relaxationszeiten unterhalb 5 Sek. lagen. Für die Alkohole, die Gruppen von chem. nicht äquivalenten Protonen besitzen, konnte die Existenz mehrerer longitudinaler Relaxationszeiten nicht mit Sicherheit festgestellt werden. Weiter wurden die Zeiten T_1 u. T_2 von wss. Lsgg. von *Fischleim* u. *Kieselsäuregel* gemessen; das Auftreten mehrerer longitudinaler Relaxationszeiten konnte auch hier nicht mit Sicherheit festgestellt werden. Bei den Unterss. von *Gelatine*-Lsgg. ergab sich, daß man die Lsgg. als Multiphasen-Syst. ansehen muß. C. Gottfried B 132△

0692 **Durch Rubin-Laser angeregte Photoströme in Anthracen-Einkristallen.** K. Hasegawa und W. G. Schneider. (J. chem. Physics **39,** 1346—47, 1963; Ottawa, Nat. Res. Council, Div. of Pure Chem.; engl.) — Vgl. Singh u. Stoicheff, gl. J. **38,** [1963], 2032. — Bei Bestrahlung eines *Anthracen*-Einkristalls mit der roten Linie (6940 Å) eines Rubin-Lasers wird ein Photostrom (angelegte Spannung z. B. 610 V bei 1 mm Kristalldicke) hervorgerufen. Die Hauptart der Anregung ist dabei von der verschieden, die die l. c. beschriebene Blau-Emission hervorruft. Der Photostrom ist, wenn die positive Elektrode beleuchtet wird, um wenigstens den Faktor 2 größer, als wenn das Licht die negative Elektrode trifft. In beiden Fällen ist der Photostrom durch eine relativ lange Anstiegszeit charakterisiert. Im untersuchten Bereich besteht eine Abhängigkeit des Photostroms von der Wurzel aus der Intensität bzw. von der Wurzel aus der angelegten Spannung (315—900 V). Die Ergebnisse lassen vermuten, daß die Erzeugung des Photostroms durch das rote Licht weder mit einer Zwei-Photonen-Anregung noch mit der Anregung durch Verschwinden eines Triplett-Zustandes verbunden ist. Vff. nehmen vielmehr an, daß die Leitfähigkeit auf der Anregung etwa durch UV-Strahlung entstandener lokalisierter positiver u. negativer Ionen durch die rote Strahlung beruht. Andererseits kann eine direkte opt. Freisetzung von Ladungsträgern nicht ausgeschlossen werden, die von Moll. einer Verunreinigung eingefangen waren. Ch. Zechel B 134◇

0693 **Behandlung der Oberfläche der Einkristalle von Anthracen und deren Hygroskopizität.** Kyôichi Kanô und Hiroshi Kawasaki. (Kagaku [Science] **33,** 38 bis 39, 1963; Tôkyô, Tûsansyô, Denki-Sikenzyo, Kaimen-Buturi-Kenkyûsitu; jap.) — Die Spaltfläche (001) von *Anthracen*, welches Naphthalin in einem Molverhältnis von 10^{-6} enthält, wird mit O_3-haltigem Gas u. anschließend noch in der O_3-Atmosphäre mit gasförmigen Terpenen behandelt. Der Logarithmus des elektr. Widerstandes an dieser Spaltfläche nimmt mit steigender spezif. Feuchtigkeit linear ab, hängt jedoch nicht von der Temp. ab. E. Maekawa B 135◇

0694 **Elektronenspinresonanz der bestrahlten Einkristalle organischer Verbindungen.** Yukio Kurita. (Chem. and chem. Ind. [Kagaku to Kogyo] **16,** 885—91, 1963; Kamakura, Tôyô-Reiyon KK., Kisokenkyûzyo; jap.) — Übersicht. — 95 Literaturangaben. E. Maekawa B 137◇

0695 **Das Elektronenresonanzspektrum des Phthalodinitrilanionradikals.** Kazuo Nakamura und Yasuo Deguchi. (Bull. chem. Soc. Japan **36,** 359—60, 1963; Kyoto, Kyoto Univ., Fac. of Sci., Dep. of Chem.; engl.) — Das Elektronenresonanzspektrum des *Phthalodinitrilanionradikals* (durch Red. mit Na oder K in Dimethoxyäthan)wird mitgeteilt. Das Spektrum des durch K hergestellten Radikals stimmt mit dem theoret. berechneten überein, während bei Herst. mit Na wegen Wechselwirkung mit dem Kernspin von Na jede Linie in 4 aufspalte. P. Kahlow B 137△

0696 **Der Einfluß von lokalisierten Ladungen auf die magnetische Abschirmung der Protonen in aromatischen Carboniumionen.** E. L. Mackor und C. MacLean. (Arch. Sci. [Genève] **13(165),** Sonderh. 553—54, 1960; Amsterdam, Koninklijke/Shell-Labor.; engl.) — Auszug aus der C. **1963,** 70 referierten Arbeit von MacLean u. Mitarbeitern. C. Gottfried B 137△

0697 **Die Messung von indirekter Kopplung und chemischer Verschiebung unter Verwendung von Spinechos.** J. G. Powles und A. Hartland. (Arch. Sci. [Genève] **13(165),** Sonderh. 475—78, 1960; London, Univ., Queen Mary Coll., Phys. Dep.; engl.) — An Hand eigener Unterss. beschreiben Vff. eine Meth. zur Messung der indirekten Kopplung J u. der chem. Verschiebung δ durch Spinechos, die viel genauer ist als die klass. Methode. Hierbei wird die Schwächung der Signale als Folge der Selbstdiffusion durch Wahl einer bes. Impulsfolge (vgl. Carr u. Purcell, C. **1955, 4282**) vermindert. Messungen an *2-Brom-5-chlorthiophen* ergaben für J/δ einen Wert von 0,98 bei 21,5 MHz. Echoamplitudenmodulation wurden auch in *Propyl-* u. *n-Butylalkohol, 1.1.1.2-Tetrachlorpropan* u. *1.1.2-Tribromäthan* beobachtet. Keine Modulation wurde in *1.1.2.3-Tetrachlorpropan, Propargylbromid, 2.3-, 2.5-Dichlornitrobenzol* u. *2.4.5.6-Tetrachlorphenol* gefunden. C. Gottfried B 137△

0698 **Prüfung der Theorien der magnetischen Resonanz und die Untersuchung von Flüssigkeiten mit dieser Methode.** J. G. Powles. (Arch. Sci. [Genève] **13(165),** Sonderh. 467—73, 1960; London, Univ., Queen Mary Coll., Phys. Dep.; engl.) — An Hand von früheren Unterss. des Vf. wird kurz die Theorie der kernmagnet. Resonanz in ihrer Anwendung auf Fll. diskutiert. Ausgehend von allg. Grundsätzen, die sich im Fall von *Isobutylbromid* als idealer Fl. bestätigt finden, untersucht Vf. am Beispiel von *Glycerin*, Hochmolekularen (*Polyisobutylen, Polydimethylsiloxan*) u. langkettigen Moll. (*n-Octylbromid, n-Octylalkohol*) gewisse Effekte, die bei atyp. Fll. auftreten. In gewissen Fällen, z. B. bei fl. *Toluol*, bestehen für die verschiedenen Protonen (am Ring u. an der CH_3-Gruppe) Unterschiede in der Relaxation, aus denen auf die Wärmebewegung der Moll. zurückgeschlossen werden kann. Aus der Elektronenresonanz freier Radikale in Lsg. können Aufschlüsse über den fl. Zustand erhalten werden. C. Gottfried B 137△

0699 **NMR-Spektren einiger Fluorverbindungen.** S. K. Alley jun. und R. L. Scott. (J. chem. Engng. Data **8,** 117—19, 1963; Los Angeles, Calif., Univ. of California, Dep. of Chem.; engl.) — Das ^{19}F-NMR-Spektrum untenst. Verbb. wurde untersucht u. die chem. Verschiebungen in Beziehung zum inerten Lsgm. *Trichlorfluormethan* (Freon 11) gemessen. Bei CF_3-, CF_2- u. CF-Gruppen wurden F-Resonanzen gefunden, die in bestimmten Regionen liegen, ohne sich zu überschneiden, u. die so einen möglichen analyt. Wert anzeigen. Die relative diamagnet. Abschirmung der verschiedenen Gruppen steigt in der Folge: CF_3 (verzweigt) < CF_3 (endständig) < CF_2 < CF. Endständige CF_2H-Gruppen zeigen in **I, II, III** u. **IV** ein ^{19}F-Dublett mit einer Aufspaltung von 52 Hz. Untersucht wurden: *Perfluorheptan*, Kp. 82,4°, *-hexan*, Kp. 56,5°, *-2-methylpentan*, Kp. 57,7°, *-methylcyclohexan*, Kp. 76,3°, *-dimethylcyclohexan*, Kp. 101—102,6°, *1H-Perfluorheptan* (**I**), Kp. 94,1°, *1H.4H-Perfluorbutan* (**II**) Kp. 42,0°, *2.2.3.3.4.4.5.5-Oktafluorpentanol-(1)*, (**III**), Kp. 142,0°, *2.2-3.3-Tetrafluorpropanol-(1)*, (**IV**), Kp. 108,5°, *Tris-[n-perfluorbutyl]-amin*, Kp. 179,1, *Perfluor-α-n-propyltetrahydropyran*, (Isomerengemisch). G. Kemmer B 137◇

0700 **Die kernmagnetischen Protonenresonanzspektren einiger Thenylderivate.** Kensuke Takahashi, Tyo Sone, Yasuo Matsuki und Genjiro Hazato. (Bull. chem. Soc. Japan **36,** 108—12, 1963; Sendai, Tohoku Univ., Chem. Res. Inst. of Non-Aqueous Solutions; engl.) — Die NMR-Spektren nachst. Verbb. wurden untersucht u. die chem. Verschiebungen angegeben u. diskutiert. 2-[X-Methyl]-thiophene: mit X = *CH_3*, Kp. 133 bis 135°, *CN*, $Kp._{22}$ 115—120°, *NH_2*, $Kp._{17}$ 81—83°, *C_6H_5*, $Kp._8$ 87°, *SCN*, $Kp._3$ 105—110°, C_4H_3S, $Kp._9$ 125 bis 129°, *OCH_3*, $Kp._{17}$ 63—64°, *Br* (verunreinigt mit 2-CH_3-5-Br-Thiophen), *Cl*, $Kp._{17}$ 73—75°, *OH*, $Kp._{12}$ 94—96°, *$OCOCH_3$*, $Kp._{11}$ 92—94,5; 3-[X-Methyl]-thiophene: X = *SCN*, $Kp._3$ 109—111°, *OCH_3* (u. nachst. beiden Verbb. verunreinigt mit der 3-CH_3-2-Br-Verb.), *Br, CN, COOH*, F. 79—80°; $C_6H_5 \cdot CH_2X$: X = *CH_3, CN*, $Kp._{20}$ 116—117°, *COOH*, F. 76°, *NH_2, C_6H_5, SCN*, $Kp._7$ 102—103°, *OCH_3, Br, Cl, OH, $OCOCH_3$*; 2-[X-Methyl]-Y-Thiophene: X = *CN*,

Y = *5-J*, F. 58—58,5°; *SCN, 3-NO_2*, F. 109—110°; *SCN, 5-CH_2SCN*, F. 74—75°; *SCN, 5-NO_2*, F. 44,5 bis 45°; *OCH_3, 5-Br*, $Kp._{10}$ 91—92°; *Br, 3-NO_2*, F. 60—61°; *Br, 5-Br*, $Kp._2$ 84—86°; *Cl, 5-Cl*, $Kp._{15}$ 92—94°; *Cl, 5-Br*, $Kp._{2,5-3}$ 72—77°; *Cl, 5-NO_2*, $Kp._2$ 105—107°; *SCN-, 5-Br*, $Kp._3$ 135—140°; *OH, 5-NO_2*, $Kp._2$ 115—118°; *$OCOCH_3$, 5-Br*, $Kp._{2,5-3}$ 92—96°; *$OCOCH_3$, 5-NO_2*, F. 38 bis 39°; Thiophene: *3-CH_2SCN, 2-NO_2*, F. 76°; *3-Br, 2-NO_2*, F. 67°; *2-Cl, 3.5-di-NO_2*, F. 64°.

P. Kahlow B 137△

0701 **Acidität in Acetonitril.** Jean Desbarres. (Bull. Soc. chim. France **1962,** 2103—07; Paris, École Supér. de Phys. et Chim. ind., Labor. de Chim. analyt.; franz.) — Vgl. C. **1962,** 5036. — Die Titrationen werden mit Glas- u. H_2-Elektrode durchgeführt. Mit 0,1-n Lsgg. von *p-Toluolsulfon-*, *Pikrinsäure*, *H_2SO_4*, *NH_4CNS* u. *$HClO_4$* [1 n Lsg. in $CH_3CO_2H/(CH_3CO)_2O$] in Acetonitril (**I**) werden Lsgg. gleicher Konz. von Triäthylamin, Pyridin, LiCl u. Diphenylguanidin titriert. Gleiche Lsgg. von *Benzoe-*, *Essig-*, *Chloressig-*, *Trichloressig-*, *Salicylsäure*, *HCl*, H_2SO_4 werden mit Tetraäthylammoniumhydroxid neutralisiert. Mit beiden Elektroden lassen sich in **I** die Säuren nach dem Potential klassifizieren.

E. Boye B 139◇

0702 **Untersuchungen über Thymol. 16. Mitt. Darstellung und physikochemische Untersuchung einiger methylierter und äthylierter Isopropylphenole.** Pierre Demerseman, Jean-Pierre Lechartier, Andrée Cheutin, René Reynaud, René Royer und Paul Rumpf. (Bull. Soc. chim. France **1962,** 1700—05; Paris, Fondation Curie, Inst. du Radium, Labor. de Chim. Organ.; Bellevue, C. N. R. S., Centre d'Études et de Rech. de Chim. Organ. Appl.; franz.) — 15. vgl. C. **1961,** 16057. — Vff. stellen zwecks vergleichender Unters. der UV- u. IR-Spektren, sowie der thermodynam. pK-Werte (Angaben u. Diskussion vgl. Original) einige bisher unbekannte *alkylierte Isopropylphenole* dar u. stellen fest, daß die l. c. entwickelte Gesetzmäßigkeit der Acidität nur in einigen Fällen ebenso streng gültig ist wie bei den einfacheren Phenolen. Bei der Friesschen Verschiebung von 2-Isopropylphenol-(**I**)-Acetat (**III**) konnte Wanderung der Isopropylgruppe nachgewiesen werden. *2.4-Dimethyl-6-isopropylphenol* nähert sich — im Gegensatz zum 2-Methyl-6-isopropylphenol — in den physikal. Eigg. den „Kryptophenolen".

Versuche: *2-Formyl-6-isopropylanisol*, $C_{11}H_{14}O_2$, $Kp._{16}$ 130—130,5°, durch Formylierung von **I** nach Reimer-Tiemann u. Methylierung mit CH_3J in alkohol. KOH; n^{21} 1,5279; 4% (Ausbeute). *Semicarbazon*, $C_{12}H_{17}N_3O_2$, F. 218°, aus A. Nadeln. — *2-Methyl-6-isopropylanisol*, $C_{11}H_{16}O$, $Kp._{750}$ 210°, durch Red. (alle nach Huang-Minlon) vorst. Verb.: n^{21} 1,5131; 73%. — *2-Methyl-6-isopropylphenol*, $C_{10}H_{14}O$, $Kp._{742}$ 218°, $Kp._{14}$ 104°, durch 1¼std. Erhitzen vorst. Verb. mit der doppelten Menge Pyridinhydrochlorid (**II**); n^{23} 1,5231; 95%. *Phenylurethan*, $C_{17}H_{19}NO_2$, F. 156,5°, Nadeln. — *2-Isopropyl-4-acetylphenol*, $C_{11}H_{14}O_2$, F. 140°, $Kp._{14}$ 160 bis 180°, durch Zufügen von $AlCl_3$ zu **III** ($Kp._{765}$ 223—225°) unter Temp.-Anstieg auf 104° u. ¼std. Abkühlenlassen; perlmutterglänzende Blättchen aus PAe.; 14%. *Semicarbazon*, $C_{12}H_{17}N_3O_2$, F. 198° (bei raschem Erhitzen; bei allmählichem Erhitzen Zers. ab 175°). — *2-Isopropyl-4-äthylphenol*, $C_{11}H_{16}O$, $Kp._{14,5}$ 122°, durch Red. vorst. Verb.; $n^{22,5}$ 1,5198; 69%. *Phenylurethan*, $C_{18}H_{21}NO_2$, F. 121° (Cyclohexan/PAe. 1:1). — *2-Acetyl-5-isopropylphenol*, $C_{11}H_{14}O_2$, Kp_{12} 129—130°, durch ½std. Erhitzen einer Mischung von **III** u. $AlCl_3$ auf 140°; n^{19} 1,5400; 22%. *Semicarbazon*, $C_{12}H_{17}N_3O_2$, F. 209° (bei raschem Erhitzen; bei allmählichem Erhitzen Zers. ab 185°). — *2-Äthyl-5-isopropylphenol*, $C_{11}H_{16}O$, $Kp._{14}$ 122°, durch Red. vorst. Verb., $n^{23,5}$ 1,5219; 71%. Gibt kein Phenylurethan. — *2-Acetyl-4-isopropylanisol*, $C_{12}H_{16}O_2$, $Kp._{13}$ 147°, aus 4-Isopropylanisol mit Acetylchlorid in Ggw. vom $AlCl_3$ in CS_2 bei 15° (15 Std.); n^{24} 1,5265; 39%. — *2-Äthyl-4-isopropylanisol*, $C_{12}H_{18}O$, $Kp._{13}$ 108°, durch Red. vorst. Verb.; $n^{22,5}$ 1,5047; 90%. — *2-Äthyl-4-isopropylphenol*, $C_{12}H_{16}O$, $Kp._{14}$ 121°, durch 1½std. Erhitzen vorst. Verb. in **II**; $n^{22,5}$ 1,5200; 74%. *Phenylurethan*, $C_{18}H_{21}NO_2$, F. 103° (PAe./Cyclohexan). — *6-Methyl-4-isopropylsalicylaldehyd*, $C_{11}H_{14}O_2$, $Kp._{14}$ 127°, durch Formylierung von 2-Methyl-4-isopropylphenol; $n^{23,5}$ 1,5418; 20%. *Semicarbazon*, $C_{12}H_{17}N_3O_2$, F. 161° (A.). — *2.6-Dimethyl-4-isopropylphenol*, $C_{11}H_{16}O$, $Kp._{759}$ 240°, $Kp._{13}$ 118°, durch Red. vorst. Verb.; n^{21} 1,5240; 35%. Gibt kein Phenylurethan. — *2-Methyl-4-formyl-5-isopropylanisol*, $C_{12}H_{16}O_2$, Kp. 142°, durch Behandlung von Carvacrolmethyläther mit Dimethylformamid in Ggw. von $POCl_3$; $n^{18,5}$ 1,5460; 17,5%. *Semicarbazon*, $C_{13}H_{19}N_3O_2$, F. 200°, aus A. Prismen. — *2.4-Dimethyl-5-isopropylanisol*, $C_{12}H_{18}O$, $Kp._{15}$ 113°, durch Red. vorst. Verb.; n^{22} 1,5120; 70%. — *2.4-Dimethyl-5-isopropylphenol*, $C_{11}H_{16}O$, $Kp._{14}$ 129,5°, durch 40 Min. langes Erhitzen vorst. Verb. in **II**; n^{24} 1,5273; 82%. *Phenylurethan*, $C_{18}H_{21}NO_2$, F. 120° (PAe./Cyclohexan). — *2-Isopropyl-4-methyl-6-formylanisol*, $C_{12}H_{16}O_2$, $Kp._{14}$ 140°, durch Formylierung u. Methylierung von 2-Isopropyl-4-methylphenol; n^{21} 1,5229. *Semicarbazon*, $C_{13}H_{19}N_3O_2$, F. 185° (A.). — *2.4-Dimethyl-6-isopropylanisol*, $Kp._{750}$ 218°, durch Red. vorst. Verb.; n^{24} 1,5004. — *2.4-Dimethyl-6-isopropylphenol*, $C_{11}H_{16}O$, $Kp._{13}$ 113,5° durch 25 Min. langes Erhitzen vorst. Verb. mit **II**; n^{23} 1,5155. — *4-Äthylthymol*, $C_{12}H_{18}O$, $Kp._{14}$ 136°, durch Red. von 4-Acetylthymol; n^{24} 1,5210. Gibt kein Phenylurethan. — *2-Äthyl-p-thymol* (vgl. C. **1960,** 11272), *Phenylurethan*, $C_{19}H_{23}NO_2$, F. 112,5°, aus Cyclohexan/PAe. Nadeln.

Gerhard Müller/Bitterfeld B 139◇

0703 **Untersuchungen über die Metallchelatverbindungen von Azophenolen. 4. Mitt. Über die Dissoziation von Phenylazo-p-kresolen und Phenylazoresorcinen.** Nobuyoshi Kaneniwa. (J. pharmac. Soc. Japan [Yakugakuzasshi] **77,** 655—59, 1957; Kanazawa Univ., Pharmakolog. Inst.; jap., Auszug: engl.) — 3. vgl. gl. J. **76,** [1956], 795; 6. vgl. C. **1963,** 21929. — Der Einfl. von Stellung u. Art des Substituenten auf die Dissoziation als eine Säure von 26 Verbb. der Phenylazo-p-kresol- u. Phenylazoresorcinreihe wurde UV-spektroskop. in 50%ig. A.-Puffer- u. 50%ig. A.-NaOH-Lsgg. untersucht. Die Dissoziation nimmt ab in den Reihen: *2-[m-Methoxy-* > *2-[p-Methoxy-* > *2-[o-Methoxyphenylazo]-p-kresol*, *2-[m-Methyl-* > *2-[p-Methyl-* > *2-[o-Methylphenylazo]-p-kresol*, *2-[p-Brom-* > *2-[m-Brom-* > *2-[o-Bromphenylazo]-p-kresol*, *2-[p-Nitro-* > *2-[m-Nitro-* > *2-[o-Nitrophenylazo]-p-kresol*; 1. Stufe: *4-[o-Methoxy-* (**I**) > *4-[m-Methoxy-* (**II**) > *4-[p-Methoxyphenylazo]-resorcin* (**III**), 2. Stufe: **III** > **II** > **I**; 1. Stufe: *4-[o-Methyl-* (**IV**) > *4-[m-Methyl-* (**V**) > *4-[p-Methylphenylazo]-resorcin* (**VI**), 2. Stufe: **VI** > **V** > **IV**; 1. Stufe: *4-[o-Brom-* (**VII**) > *4-[m-Brom-* (**VIII**) > *4-[p-Bromphenylazo]-resorcin* (**IX**), 2. Stufe: **IX** > **VIII** > **VII**; 1. Stufe: *4-[o-Nitro-* (**X**) > *4-[p-Nitro-* (**XI**) > *4-[m-Nitrophenylazo]-resorcin* (**XII**), 2. Stufe: **XII** > **XI** > **X**.

F. Mossner B 139

0704 **Elektrolytische Reduktionen.** Yoshirô Ogata und Jirô Mibae. (Kagaku-no-Ryoiki [J. Jap. Chem.] **16,** 163—75, 1962; Kyoto, Univ., Techn. Fak.; jap.) — Übersicht über die elektrolyt. Red. organ. Verbindungen. — 97 Literaturangaben. E. Maekawa B 141◇

0705 **Anodische Oxydation von N-Methylanilin und N.N-Dimethyl-p-toluidin.** Z. Galus und Ralph N. Adams. (J. physic. Chem. **67,** 862—66, 1963; Lawrence, Kans., Univ. of Kansas, Dep. of Chem.; engl.) — Die Oxydation von *N-Methylanilin* an Elektroden aus Kohlepaste u. Pt in wss. Lsg. bei verschiedenen pH-Werten führt zunächst zum N.N'-Dimethylbenzidin u. bei weiterer Oxydation zum N.N'-Dimethyldiphenochinondiimin. Die Oxydation von *N.N-Dimethyl-p-toluidin* findet an der p-CH_3-Gruppe statt u. führt zum Aldehyd u. weiter zur Carbonsäure.

E. Boye B 141◇

0706 **Elektrolyse von Natriumnitrit in Gegenwart von Ketonen (Darstellung von Ketoximen durch die elektrolytische Methode).** Tadao Hayashi. (Bull. Univ. Osaka Prefect., Ser. A **11,** 97—104, 1963; Coll. of Engng., Dep. of Appl. Chem.; engl.) — Die elektrolyt. Red. von wss. Mischungen von Ketonen u. $NaNO_2$ wurde untersucht. Die Ausbeute an Ketoximen ist stark von den Rk.-Bedingungen u. dem Kathodenmaterial (Pt, Ni, Cu, Zn, Pb u. Mg) abhängig; optimale Bedingungen sind: rotierende Zn-Kathode, pH 5,0, Temp. < 15°, 10%ig. $NaNO_2$-Konz., Mol-Verhältnis Keton:$NaNO_2$ 1:1,8. Untersuchte Verbb. (optimale Bedingungen): Cyclohexanon → *-oxim* (F. 90,0–90,5°) 50,9% (Ausbeute); 54,6% (Stromausbeute); ca. 30% Cyclohexanol. — Cyclopentanon → *-oxim* (F. 56,0–56,5°) 48%; 62,4%; ca. 25% Cyclopentanol. — Aceton → *-oxim* (F. 58–61°) 39,7%; 57,6%. — Methyläthylketon → *-oxim* (C_4H_9NO, Kp.$_{15}$ 62–64°) 37,4%; 40%. Acetophenon (25 g) gibt unter diesen Bedingungen kein Oxim, sondern nur *Phenylmethylcarbinol* (Kp.$_8$ 84–86°; 8,8 g).

G. Pötzscher B 141◇

0707 **Elektrolytische Kondensation von Carbonsäuren.** G. E. Swadkowskaja und Ss. A. Woitkewitsch. (Fortschr. Chem. [UdSSR] **29**, 364–403, 1960; Forschungsinst. für synthet. u. natürliche Duftstoffe; russ.) — Überblick über den Einfl. verschiedener Faktoren (Stromdichte, Temp., Anodenmaterial u. a.) auf die elektrolyt. Kondens. von Carbonsäuren (Kolbe-Rk.), über die Verw.-Möglichkeiten verschiedener Säuren mit weiteren funktionellen Gruppen sowie über den Mechanismus der Reaktion. — 373 Literaturangaben.

G. Froelich B 141◇

0708 **Zur Polarographie von Crotonsäurebetain.** Wolfgang Kunz. (Hoppe-Seyler's Z. physiol. Chem. **329**, 62 bis 68, 1962; Leipzig, Univ., Physiol.-Chem. Inst.; dt.) — Die polarograph. Red. von *γ-Trimethylaminocrotonsäurebetain* erfolgt in Universalpuffer nach Johnson u. Lindsay zwischen pH 2 u. 12 pH-abhängig in 3 Stufen. Die Halbstufenpotentiale der ersten beiden Stufen werden mit steigendem pH negativer (1208–1420 mV zwischen pH 2,6 u. 6, bzw. 1520–1640 mV zwischen pH 5 u. 11), während das der dritten, bei pH 7 auftauchenden Stufe bis pH 12 konst. bleibt (ca. 1800 mV). Nach Überführen der COOH-Gruppe in das Säureamid verläuft die Red. einstufig. Dabei ist das Halbstufenpotential positiver u. nur im sauren u. neutralen Bereich pH-abhängig. Der Rk.-Mechanismus wird diskutiert. Die Höhe der Hauptstufe des Betains (pH 7) ist der Depolarisatorkonz. proportional, der Grenzstrom ist diffusionsbedingt. Gleiches gilt für die entsprechende Stufe des Amids.

Winfried Krüger B 142◇

0709 **Methode zur Berechnung der Gleichgewichtskonstanten in einer homologen Reihe.** W. R. van Wijk und M. W. Geerlings. (Chem. Engng. Sci. **17**, 585–89, 1962; Wageningen, Netherlands, Univ.; engl.) — Bei Kenntnis der Kpp. der einzelnen Glieder einer homologen Reihe u. einer Beziehung zwischen den latenten Verdampfungswärmen dieser Glieder lassen sich die Gleichgew.-Konst. aller Glieder der Reihe bei einer best. Temp. berechnen, sofern die eines Gliedes bekannt ist. Für die Konst. des Gliedes C; bei der Temp. T ergibt sich z. B. der Wert $K_i(T) = [K_{10}(T)/K_{10}(Kp)]^{i/10}$, wobei $K_{10}(Kp)$ die Gleichgew.-Konst. des Gliedes C_{10} beim Kp des Gliedes C_i darstellt. Diese Gleichung ist z. B. auf die *n-Alkane* C_2–C_{14} (als Glieder einzelner Petroleumfraktionen) anwendbar, versagt aber bei höher siedenden KW-Stoffen. — Weiter wird eine allgemeinere Beziehung angegeben, die bes. bei der Benutzung von Digitalrechnern brauchbar ist.

W. Betcke B 150◇

0710 **Eine Gas-Flüssigkeit-chromatographische Untersuchung der Thermodynamik von Lösungen einiger aromatischer Verbindungen.** Stanley H. Langer und J. H. Purnell. (J. physic. Chem. **67**, 263–70, 1963; Cambridge, England, Univ., Dep. of Phys. Chem.; engl.) — Die Elutionscharakteristika für nachst. Verbb. mit *7.8-Benzochinolin, Benzyldiphenyl* u. *Phenanthren* als stationäre Phase werden untersucht: *Methylcyclohexan, Heptan, Bzl., Toluol, Äthyl-, Propyl-, Butyl-, Isopropyl-, tert.-Butyl-, Fluor-, Chlor-, Brom-, Jodbenzol, o-, m-, p-Xylol, 1-Methyl-2-, -3-* u. *-4-äthylbenzol, 1.2.3-, 1.2.4-* u. *1.3.5-Trimethylbenzol, Styrol, Phenylacetylen, Anisol, o-, m-, p-Chlortoluol, o-, m-, p-Dichlorbenzol, o-, m-, p-Chlorbrombenzol* u. *p-Dibrombenzol.* Tabellar. angegeben werden die Dampfdrucke, Retentionsvolumina u. die partiellen thermodynam. Überschußgrößen $\Delta \bar{G}_e^0$, $\Delta \bar{H}_e^0$ u. $\Delta \bar{S}_e^0$. Berechnungen der Mischungsentropie mittels der Flory-Huggins-Gleichung liefern Werte, die der Gesamtheit der gemessenen Entropien nicht gerecht werden. Die berechneten Werte können zur Ermittlung von Effekten herangezogen werden, die in der Mol.-Größe ihre Ursache haben.

G. Kemmer B 150◇

0711 **Xylol-Azeotrope mit 1.1.2.2-Tetrachloräthan.** R. B. Long. (J. chem. Engng. Data **8**, 174–76, 1963; Linden, N. J., Esso Res. and Engng. Co., Central Basic Res. Labor.; engl.) — Untersucht wurde das Siedeverhalten von Gemischen aus *1.1.2.2-Tetrachloräthan* (**I**) u. 24,7 u. 35,4 Gew.-% *o-Xylol* (**II**) sowie von **I** mit 0,066 u. 34,7 Gew.-% *m-Xylol* (**III**). Für **I** u. **II** wurde bei 29,8 Gew.-% **II** ein Kp.-Maximum von 147,5 ± 0,5° ermittelt. Für das Syst. **I**/**III** scheint das azeotrope Gemisch bei 0,063 Gew.-% **III** zu liegen.

E. Boye B 150◇

0712 **Dampf-Flüssigkeits-Gleichgewichte bei Atmosphärendruck.** 1. Mitt. **Das System Butanol-(1)/Toluol.** R. S. Mann und L. W. Shemilt. (J. chem. Engng. Data **8**, 189–90, 1963; Vancouver, B. C., Univ. of Brit. Columbia, Chem. Engng. Dep.; engl.) — Für das Syst. *Butanol-(1)* (Kp.$_{760}$ 117,7°; n_D^{25} 1,3974; D.^{25} 0,8056)/*Toluol* (**I**, Kp. 110,6°; n_D^{25} 1,4939; D.^{25} 0,8614) wurden bei Atmosphärendruck die Dampf-Fl.-Gleichgewichtswerte in einer modifizierten Gillespie-Dest.-App. (vgl. Fowler, J. Soc. chem. Ind. [London] **68**, [1949], 131) bestimmt. Die experimentellen Daten stimmen mit der Gibbs-Duhemschen Gleichung überein. Bei einem Molenbruch von 0,678 für **I** wurde ein Azeotrop gefunden mit einem Minimum-Kp. von 105,5°. Die bin. Konst. der van Laarschen Gleichung werden mit A = 0,38969 u. B = 0,55954 angegeben.

E. Boye B 150◇

0713 **Verlauf der Isothermen der Verteilung von Phenol zwischen Wasser und verschiedenen organischen Flüssigkeiten bei 25°. Ähnlichkeit mit den Adsorptionsisothermen B–E–T.** Martine Massin und A. Bernard Lindenberg. (C. R. hebd. Séances Acad. Sci. **254**, 2563–65, 1962; Paris, C. N. R. S., Labor. de Biochim. Phys.; franz.) — Bei der Verteilung von *Phenol* zwischen einer wss. u. einer nicht mischbaren organ. Phase verlaufen die Isothermen entweder in konvexer Form oder in konkaver, sich in eine s-förmige Kurve entwickelnde Form, ähnlich den Isothermen, die bei der Adsorption von Gasen, Dämpfen u. gelösten Stoffen durch feste Adsorbentien aufgenommen wurden. Bei den Syst. aus KW-Stoffen bzw. Halogenderivv. (Bzl., Toluol, Xylol, Chlorbenzol, Chlf., CCl_4, Tetra-, Pentachloräthan, Trichloräthylen, Nitrobenzol) u. W. mit konvexen Isothermen vom Typ III [nach der Einteilung von Brunauer, Emmett u. Teller (B–E–T)] ändert sich der Verteilungs-Koeff. linear mit der Konz. des Phenols in der organ. Phase von ca. 0,05–0,35 der thermodynam. Aktivität. Konkave Isothermen vom Typ II (B–E–T) werden bei organ. Fll. oder Festkörpern mit zu H-Bindungen befähigten polaren Gruppen beobachtet: Isoamylalkohol, Olivenöl, Rizinusöl, Erdnußöl, Gelatine u. Hefemoleküle.

H. Schibilla B 150□

0714 **Gegenseitige Löslichkeit des Systems Monoäthylenglykol-Wasser-Butanol.** Koku Matsumoto und Setsuko Sone. (J. pharmac. Soc. Japan [Yakugakuzasshi] **76**, 475–78, 1956; Osaka, Coll. of Pharm.; jap., Auszug: engl.) — Die gegenseitige Löslichkeit von *Monoäthylenglykol/Butanol/W.* zwischen 20 u. 40° wird bestimmt. Sie ist bei 20° höher als bei Verw. von Amyl- oder Hexylalkohol u. steigt mit steigender Temperatur. Kurven der Refraktionen u. der Löslichkeiten werden angegeben.

H. Krause B 150△

0715 **Gegenseitige Löslichkeit der Systeme Di- und Triäthylenglykol-Wasser-Butanol.** Koku Matsumoto und Setsuko Sone. (J. pharmac. Soc. Japan [Yakugakuzasshi] **76**, 478–81, 1956; jap., Auszug: engl.) — Vgl. vorst. Referat. — Die gegenseitige Löslichkeit von *Diäthylenglykol/Wasser/Butanol* (**I**) u. *Triäthylenglykol/Wasser/I* bei 20–40° wird bestimmt; sie nimmt mit steigender Temp. zu. Nach den Verteilungskurven der 3 Syst. (vgl. l. c.) sind die Glykole, bes. bei tieferen Temp., in der wss. Phase verteilt, u. zwar die niedrigen stärker als die höheren Glykole.

H. Krause B 150△

0716 **Gegenseitige Löslichkeit des Systems Pyridin–Wasser–Tetrachlorkohlenstoff.** Koku Matsumoto und Setsuko Sone. (J. pharmac. Soc. Japan [Yakugakuzasshi] **77**, 1149–50, 1957; jap., Auszug: engl.) — Vgl. vorst. Referate. — Zur Extraktion von *Pyridin* (**I**) aus wss. Lsgg. mit CCl_4 wird die gegenseitige Löslichkeit bei

15° u. 30° untersucht. Das Selektionsvermögen P von CCl_4 wird bestimmt u. das von Bzl. mittels der Schmidtschen Daten berechnet. Es wird gezeigt, daß P von Bzl. geringer ist u. CCl_4 zur Extraktion von I besser geeignet ist. H. Krause B 150△

0717 **Gegenseitige Löslichkeit des Systems Glycerin–Wasser–Butanol.** Koku Matsumoto und Setsuko Sone. (J. pharmac. Soc. Japan [Yakugakuzasshi] **77,** 1151–52, 1957; jap., Auszug: engl.) – Vgl. vorst. Referate. – Das gegenseitige Löslichkeits-Syst. *Glycerin–W.–Butanol* wird bei 20° u. 40° gemessen, wobei die Löslichkeit bei höherer Temp. größer ist. Die Verteilungskurve von Glycerin in wasser- bzw. butanolreicher Phase wird berechnet. Die Extraktion wss. Glycerin-Lsgg. mit Butanol wird untersucht. H. Krause B 150△

0718 **Gegenseitige Löslichkeit des Systems Alkohol–Wasser–Tetrachlorkohlenstoff.** Koku Matsumoto und Setsuko Sone. (J. pharmac. Soc. Japan [Yakugakuzasshi] **77,** 1153–55, 1957; jap., Auszug: engl.) – Vgl. vorst. Referate. – Die gegenseitige Löslichkeit des Syst., bestehend aus einem Alkohol (*A., n-Propanol, Isopropanol*) *W.* u. *CCl_4*, wird bei 15° u. 30° gemessen u. das Selektionsvermögen von CCl_4 für Alkohole berechnet. H. Krause B 150△

0719 **Gleichgewichte der Systeme Amin–Wasser–Ätzalkali.** 2. Mitt. **Gegenseitige Löslichkeiten der Systeme Triäthylamin–H_2O–NaOH und Triäthylamin–H_2O–KOH.** Takeo Ishiguro, Masao Ikushima, Naofumi Koga und Masami Yagyu. (J. pharmac. Soc. Japan [Yakugakuzasshi] **75,** 188–92, 1955; Kyoto, Univ., Med. Fac., Pharmaceut. Inst.; jap., Auszug: engl.) – 1. vgl. gl. J. **75,** [1955], 1391; 3. vgl. C. **1963,** 8880. – Der untere krist. Lsg.-Punkt des Syst. $N(C_2H_5)_3$ (I)-W. wurde bei 17,6° mit einer Zus. von 28–32% I gefunden. Es wurden gegenseitige Löslichkeiten L bei 0, 20, 40, 60 u. 70° für das Syst. I–W.–NaOH u. bei 0, 30 u. 60° für das Syst. I–W.–KOH bestimmt. Bei gleicher Zus. nimmt L mit steigender Temp. ab; die Konz. von I nimmt bei gegebener Temp. in der oberen Schicht zu mit steigender Alkali-Konz. in der unteren Schicht. K. Huste B 150◇

0720 **Gleichgewicht der Systeme Amin–Wasser–Ätzalkali.** 5. Mitt. **Gegenseitige Löslichkeiten im Nicotin–Wasser–NaOH-System.** Takeo Ishiguro, Fujio Kametani und Jun Kozatani. (J. pharmac. Soc. Japan [Yakugakuzasshi] **75,** 540–44, 1955; jap., Auszug: engl.) – 4. vgl. C. **1963,** 8880; 2. vgl. vorst. Referat; 8. vgl. C. **1963,** 12746. – Die gegenseitige Löslichkeit im Syst. *Nicotin* (**I**)/*W./ NaOH* wird bei 0°, 30°, 60° u. 90° bestimmt. Die Gleichgew.-Konz. von **I** in einer bestimmten NaOH-Lsg. nimmt mit steigender Temp. zu (Diagramme u. Tabellenwerte). L. Lamza B 150△

0721 **Bildungswärme von Methylen.** H. Prophet. (J. chem. Physics **38,** 2345–49, 1963; Midland, Mich., Dow Chem. Co., Thermal Labor.; engl.) – Vf. zeigt, daß sich aus den von Langer u. Mitarbeitern (C. **1955,** 11501) gemessenen Appearance-Potentialen von CH_4, CH_3 u. CH_2 kein energiekonsistentes Rk.-Schema ableiten läßt. Konsistente Werte sind jedoch zu erhalten, wenn als Grundlage nur die Ionen CH_2^+ u. CH^+ benutzt werden. Die Berechnung ergibt als Bildungswärme für Methylen: $H_{f298}°(CH_2) = 95 \pm 5$ kcal/Mol. Dieser Wert steht in guter Übereinstimmung mit theoret. abgeschätzten Werten. B. Krebs B 156◇

0722 **Bildungswärme des Difluormethylen-Radikals.** John L. Margrave. (Nature [London] **197,** 376, 1963; Madison, Wis., Univ. of Wisconsin, Dep. of Chem.; engl.) – Vf. untersucht an Hand von Energiebetrachtungen die Abweichung der Bldg.-Wärme von CF_2 in seinen Veröffentlichungen von denen anderer Autoren. G. Kemmer B 156◇

0723 **Latente Verdampfungswärmen bei niedrigen Temperaturen.** K. R. Buck und H. N. M. Stewart. (Chem. and Ind. **1961,** 586–87; Edinburgh, Heriot-Watt Coll.; engl.) – Mit Hilfe eines Flammenionisationsdetektors werden die Konzz. nachst. Stoffe im Dampfzustand am Ausgang eines Dreistufen-Saturators bei Dampfdrücken zwischen 0,01 u. 1 mm Hg u. bei verschiedenen Temp. unter Verw. von H_2 als Spülgas gemessen u. aus latenten Verdampfungswärmen berechnet. Folgende Werte wurden erhalten: *n-Butanol* (–9 bis +9°): 12,050 kcal/Mol; *Pyridin* (–39 bis –20°): 10,300 kcal; *Cyclohexanon* (–7 bis +13°): 10,610 kcal; *n-Amylalkohol* (+1 bis +16°): 13,050 kcal. Die Werte stimmen gut mit solchen überein, die aus veröffentlichten Dampfdruckdaten für höhere Temp. erhalten wurden. W. Betcke B 156◇

0724 **Silicium-Kohlenstoff-Bindungsenergie in Polydimethylsiloxanen und Alkylsilanen.** Toshio Tanaka. (Technol. Rep. Osaka Univ. **10,** 825–31, 1960; Dep. of Chem. Technol.; engl.) – Die Verbrennungswärmen niedriger Polydimethylsiloxane u. Alkylsilane (AS) wurden neu bestimmt u. daraus Si–C-Bindungsenergien berechnet. Die Si–C-Bindungsenergie E stimmt in AS mit steigender Masse der Alkylgruppe (R) ab [Werte für $-\Delta H_f$ (Bldg.-Wärme) = 20–68 kcal; E = 58–76 kcal/Mol], u. zwar bes. ausgeprägt in Tri- u. Tetraalkylsilanen. Mit steigender Anzahl gleicher R nimmt sie gleichfalls ab. In *Vinylsilan* (**I**) ist sie mit $-\Delta H_f$ = –7 kcal/Mol u. E = 81 kcal/Mol höher als in den AS. In isomeren AS ist sie prakt. unabhängig von der Zahl der R. Die Verbrennungs- u. Bldg.-Wärme ist tabellar. angegeben für *Hexamethyldisiloxan* ($Kp._{760}$ 101°; $D._4^{20}$ 0,7619; n_D^{20} 1,3774), *Oktamethyltrisiloxan* ($Kp._{30}$ 61°; $D._4^{20}$ 0,8201; n_D^{20} 1,3849), *Dekamethyltetrasiloxan* ($Kp._{20}$ 84°; $D._4^{20}$ 0,8534; n_D^{20} 1,3895), die Bldg.-Wärme für nachst. Silane: *Dimethyl-, Trimethyl-, Tetramethyl-, Äthyl-, Diäthyl-, Triäthyl-, Tetraäthyl-, Dimethyldi-n-propyl-, n-Butyl-, Isobutyl-* u. **I.** H. Bürger B 156◇

0725 **Untersuchungen der Ultraschallgeschwindigkeit in Flüssigkeiten.** P. R. K. L. Padmini und B. Ramachandra Rao. (Indian J. Physics Proc. Indian Assoc. Cultivat. Sci. **35(44),** 346–53, 1961; Waltair, India, Andhra Univ., Ultrasonic Labor.; engl.) – Aus der bei Temp. zwischen 20° u. 60° gemessenen Schall-Geschw. wurden die adiabat. Kompressibilität, Cp/Cv, γ, die Van der Waalssche Konst. b u. die Mol.-Radien berechnet für *Diäthylamin, Isopropylamin, Dimethylsulfat, Diäthylsulfat, Schwefelchlorid(?), Thionylchlorid, Sulfurylchlorid, Triäthylphosphat, Azoxybenzol, Azobenzol, Vinylacetat, Methylmethacrylat, Äthylmethacrylat, Naphthalin, Diphenyl, Phenylsalicylat, Maleinsäureanhydrid, Phenol, p-Dichlorbenzol, $SbCl_3$* u. *Na-Acetat.* Vff. berechnen weiterhin aus Einzelwerten für Atome u. Bindungen die Konst. b für vorst. Verbb. u. für *A., Propylalkohol, Nonan, Pentachloräthan, CCl_4, Amylbromid, Bromoform, Tetrabromäthan, Propyl-, Äthyljodid, Chlorbenzol, o-Chlortoluol* u. *Toluol* u. vergleichen sie mit eigenen experimentellen Werten (1. Gruppe der Verbb.) bzw. mit Literaturangaben (2. Gruppe). Sie sehen die Übereinstimmung als befriedigend an. H. U. Borgstedt B 157◇

0726 **Molare Schallgeschwindigkeit und Temperaturkoeffizient der Schallgeschwindigkeit in organischen Schmelzen.** T. Satyavati und S. V. Subrahmanyam. (Acustica [Zürich] **11,** 239–40, 1961; Tirupati, India, S. V. Univ., Dep. of Phys.; engl.) – Für die Schmelzen von *Phenylsalicylat, Naphthalin, o-Chlornitrobenzol, m-* u. *o-Nitrophenol* u. *Stearinsäure* wurde die Temp.-Abhängigkeit der Schall-Geschw. untersucht. In Übereinstimmung mit der Regel von Rao (Indian J. Physics **14,** [1940], 109) erwies sich die mol. Schall-Geschw. als weitgehend unabhängig von der Temperatur. W. Betcke B 159◇

0727 **Untersuchung der molaren Schallgeschwindigkeit in Schmelzen und Lösungen.** P. R. K. L. Padmini und B. Ramachandra Rao. (Z. Physik **162,** 245–53, 1961; Waltair, India, Andhra Univ., Ultrasonic Labor.; engl.) – In *Naphthalin, Phenylsalicylat, Phenol, p-Dichlorbenzol, Maleinsäureanhydrid* u. *Diphenyl* wurde in organ. Lsg. (CCl_4, Chlf., Toluol, Bzl., Aceton u. Äthylacetat als Lsgm.) u. in der Schmelze die Schall-Geschw. gemessen. Im geschmolzenen Zustand ist die molare Schall-Geschw. R über einen weiten Temp.-Bereich konstant. In Lsgg. steigt R linear mit dem Molenbruch. H. U. Borgstedt B 159◇

0728 **Durch Solubilisate gequollene Micellen von oberflächenaktiven Stoffen. 1. Mitt. Temperatureffekt.** Hisakichi Matsumura, Sadao Iguchi, Morie Nishida, Shigeru Miyamoto, Magobe Yamamoto und Toshi Okamuro. (J. pharmac. Soc. Japan [Yakugakuzasshi] **76,** 515—20, 1956; Katakasu, Univ. of Kyushu, Pharmaceut. Inst., Med. Fac.; jap., Auszug: engl.) — Im Hinblick auf die physikochem. Stabilität von Drogen wird die Solubilisierung von *Capronsäure*, *-äthylester* u. *Hexanol* mit nichtion. oberflächenaktiven Agentien (10%ig. Lsgg. von Tween 80) durch Best. der physikochem. Eigg., wie Oberflächenspannung, Viscosität, Dichte, F.-Erniedrigung u. der pH-Wert in Abhängigkeit von der Temp. untersucht. Die Lsgg. zeigen beim Erwärmen ausgeprägte Änderungen, die bei kurzfristiger Dauer reversibel, bei sehr langem Erwärmen jedoch nicht mehr rückgängig gemacht werden können.
H. Krause B 162△

0729 **Elektrokapillare Eigenschaften wäßriger Lösungen der α-, β- und γ-Aminophenylpropane.** Bronislaw Zapior und Jan Czapkiewicz. (Roczniki Chem. [Ann. Soc. chim. Polonorum] **36,** 1863—71, 1962; Kraków, Jagiellonian Univ., Dep. of Gen. Chem.; engl., Auszug: russ.) — Die Oberflächenspannung u. das Adsorptionspotential wss. Lsgg. von *α-, β-* u. *γ-Aminophenylpropanen* (*1-, 2-, 3-Amino-1-phenylpropanen*) als Funktion der Konz. u. des pH wurden bei 20—21° gemessen. Die experimentellen Daten für das Adsorptionspotential wurden mit den nach den modifizierten Gleichungen von Langmuir u. Szyszkowski erhaltenen Daten verglichen. Nur bei hohen Konzz. wird keine befriedigende Übereinstimmung erhalten. — Das α- u. β-Isomere wurde nach der Meth. von Leuckart (vgl. Adams, Org. Reactions, Vol. V, 301, New York [1957]) aus den entsprechenden Ketonen, das γ-Isomere aus Hydrozimtsäurenitril durch Red. mit Na/A. dargestellt.
O. Jansen B 166◇

0730 **Temperaturabhängigkeit der Viscosität von n-Alkanen.** M. Ch. Karapetjanz und Go-Ssen Jan. (J. physik. Chem. [UdSSR] **37,** 2041—47, 1963; Mendelejew-Inst. für chem. Technol.; Tschendu, Univ.; russ., Auszug: engl.) — Vff. rechnen die Temp.-Abhängigkeit der Viscosität der *n-Alkane* C_6–C_{40} nach der Näherungsmethode. Die Ergebnisse sind in Tabellen u. Kurven $\eta = f(T)$ im breiten Temp.-Bereich -136 bis $+290°$ angegeben. W. Sobieski B 172◇

0731 **Gleichzeitige Adsorption von Carbonsäureseifen und anderen oberflächenaktiven Stoffen.** V. van Voorst Vader. (Trans. Faraday Soc. **59,** 1225—30, 1963; Vlaardingen, Netherlands, Unilever, Res. Labor.; engl.) — Gemessen wurde die Adsorption von *Laurat-Ionen* u. *Laurinsäure* (**I**) an der Grenzfläche Luft–W. in Ggw. von *K–N-Methyl-N-lauroyltaurat* (**II**) u. *Dodecylmethylsulfoxid.* Weiter wurde bestimmt die Adsorption von Laurat-Ionen u. **I** an der Grenzfläche W. u. *Di-n-heptyläther.* Es wird festgestellt, daß die Co-Adsorption der **II**-Ionen die Adsorption der Laurationen zurückdrängt, während die Adsorption von **I** hauptsächlich durch die Ggw. von nichtionogenen hydrophilen Gruppen an der Grenzfläche erniedrigt wird.

Versuche: *K–N-Methyl-N-lauroyltaurat* (**II**), aus K–N-Methyltaurat u. Lauroylchlorid in Aceton/Wasser. — *Di-n-heptyläther*, Kp.$_{16}$ 135°, aus n-Heptanol bei 198° in Ggw. von konz. H_2SO_4; n_D^{20} 1,4275; D_4^{20} 0,801. — *^{35}S-Dodecylmethylsulfoxid*, Kp. 61,5°, aus Dodecylbromid u. ^{35}S-Thioharnstoff über das Thiuroniumbromid, dessen Zers. zum ^{35}S-Dodecylmercaptan u. dessen Methylierung mit CH_3J u. Oxydation mit H_2O_2.
E. Boye B 176◇

0732 **Die Gelierung von Kohlenwasserstoffen durch organische Komplexe des Montmorillonits. Die Rolle des Dispersionsmittels.** W. T. Granquist und James L. McAtee jun. (J. Colloid Sci. **18,** 409—20, 1963; Pittsburgh, Pa., Mellon Inst.; Waco, Tex., Baylor Univ., Dep. of Chem.; engl.) — Es wird der Einfl. verschiedener polarer Dispersionsmittel auf die Gelierung von KW-Stoffen durch organ. Komplexverbb. des Montmorillonits (**I**) untersucht. Ein Mechanismus wird vorgeschlagen, der auf der Theorie der ion. Doppelschicht beruht, u. mit dem sich die Meßergebnisse erklären lassen. Nachst. Dispersionsmittel wurden verwendet: Ketone: *Dimethyl-*, *Methyläthyl-*, *Methyl-n-propyl-*, *Methyl-n-amyl-*, *Methyl-n-hexyl-*, *Methyl-[β-methylpropyl]-*, *Methylphenyl-*, weiterhin *Nitromethan*, *-äthan*, *1-Nitropropan*, CH_3OH, *A.*, *1-Phenyläthanol*, *Formamid*, *N.N-Dimethylformamid*. Als **I**-Komplexe sind angegeben: *Dioctadecyldimethylammonium-Montmorillonit*, *-Bentonit* u. *Octadecylammonium-Bentonit*. Der angenommene Mechanismus wird auch durch die Beobachtung gestützt, daß in organ. Medium das elektrostat. an die Oberfläche von **I** gebundene *Dimethylbenzyllaurylammonium* gegen verschiedene organ. Kationen ausgetauscht wird. Der Einfl. der relativen Basizität auf diesen Austausch wurde am Beispiel von *Dipropylamin-*, *Äthylamin-* u. *N.N-Dimethyloctadecylaminhydrochlorid*, der Einfl. der Größe des austauschenden Kations mit *Lauryltrimethyl-*, *Dilaurylmethyl-* u. *Trilaurylmethylammoniumchlorid* untersucht. Vff. weisen darauf hin, daß unabhängig von der Gültigkeit des angenommenen Mechanismus elektrostat. Effekte bei einer Unters. der Rolle des Dispersionsmittels in vorst. Syst. berücksichtigt werden müssen.
D. Noack B 176◇

0733 **Papierchromatographie von methyliertem D-Glucosamin, D-Galaktose und D-Mannose.** Shichirō Akiya und Masashi Tomoda. (J. pharmac. Soc. Japan [Yakugakuzasshi] **77,** 697—98, 1957; Tôkyô, Univ., Med. Fak., Pharmakolog. Inst.; jap., Auszug: engl.) — Mit den Entwicklern Butanol/A./W./NH_3 40:10:49:1 u. Butanol/Essigsäure/W. 4:1:1 wurden die R_G-Werte für folgende Zucker registriert: *D-Galaktose* 0,14 (0,17), *D-Glucosaminhydrochlorid* 0,17 (0,13), *D-Mannose* 0,22 (0,25), *2-O-Methyl-* 0,28 (0,36), *6-O-Methyl-D-galaktose* 0,29 (0,37), *3-O-Methyl-* 0,30 (0,25), *5-O-Methyl-D-glucosaminhydrochlorid* 0,32 (0,26), *6-O-Methyl-* 0,35 (0,40), *2-O-Methyl-D-mannose* 0,37 (0,42), *3.4-Di-O-methyl-* 0,42 (—), *4.6-Di-O-methyl-* 0,49 (0,58), *2.3-Di-O-methyl-* 0,51 (0,60), *2.4-Di-O-methyl-* 0,53 (0,62), *2.6-Di-O-methyl-D-galaktose* 0,57 (0,65), *4.6-Di-O-methyl-* 0,59 (0,46), *3.4-Di-O-methyl-D-glucosaminhydrochlorid* 0,60 (0,48), *4.6-Di-O-methyl-* 0,59 (0,67), *2.3-Di-O-methyl-* 0,61 (0,69), *3.4-Di-O-methyl-D-mannose* 0,64 (0,72), *2.3.4-Tri-O-methyl-* 0,68 (—), *2.4.6-Tri-O-methyl-* 0,70 (0,84), *2.3.6-Tri-O-methyl-D-galaktose* 0,74 (0,82), *3.4.6-Tri-O-methyl-D-glucosaminhydrochlorid* 0,80 (0,73), *2.3.6-Tri-O-methyl-* 0,83 (0,90), *2.3.4-Tri-O-methyl-* 0,84 (—), *3.4.6-Tri-O-methyl-D-mannose* 0,86 (0,91), *2.3.6-Tri-O-methyl-D-glucose* 0,83 (0,89), *2.3.4.6-Tetra-O-methyl-D-galaktose* 0,87 (0,93), *2.3.4.6-Tetra-O-methyl-D-mannose* 0,96 (0,99) u. *2.3.4.6-Tetra-O-methyl-D-glucose* 1,00 (1,00).
F. Mossner B 177

0734 **Nichtbenzoide aromatische Verbindungen und Begriff des aromatischen Verhaltens.** M. Je. Wolpin. (Fortschr. Chem. [UdSSR] **29,** 298—363, 1960; Inst. für elementorgan. Verbb. der Akad. der Wiss. der UdSSR; russ.) — Überblick über Struktur u. physikal. Eigg. von *Cyclobutadien*, *Cyclooctatetraen*, *Pentalen*, *Heptalen*, *Azulenen*, *Cyclopropenylium-*, *Tropylium-* u. *Cyclopentadienyl-Verbb.* unter Berücksichtigung der Literatur bis einschließlich 1958. — 332 Literaturangaben.
G. Froelich B 182◇

0735 **3d-Bahnen in den organischen Verbindungen mit Elementen der zweiten Periode.** Waichiro Tagai. (Kagaku-no-Ryoiki [J. Jap. Chem.] **17,** 349—59, 1963; Ôsaka, Siritu-Daigaku, Kôgakubu; jap.) — Übersicht. — 69 Literaturangaben. E. Maekawa B 182◇

0736 **Über ein Problem zur Berechnung von Molekülschwingungen.** Mauro Picone. (Rend. Accad. Sci. fisiche mat., Napoli [4] **26(98),** 11—14, 1959; Ist. Naz. per le Appl. del Calcolo; ital.) — Im Zusammenhang mit einem Problem über die Mol.-Schwingungen von *Formamid* (**I**) u. D-**I** wird eine allg. Meth. für die automat. Berechnung der Grenzen auch reellen Funktionen bzw. für die Lsg. einer Vektorgleichung entwickelt.
C. Gottfried B 182△

0737 **Streuung von Röntgenstrahlen durch einen flüssigen Einkristall vom nematischen Typ.** J. Falgueirettes. (Bull. Soc. franç. Minéralog. Cristallogr. **82,** 171—200,

1959; Montpellier, Fac. des Sci., Labor. de Minér.; franz.) — Mikrophotometr. wertete Vf. Röntgenaufnahmen der Streustrahlung durch einen fl. Einkristall von *p-Azoxyanisol* aus, wobei die Röntgenstrahlen senkrecht zur opt. Achse einfielen. Unter der Annahme, daß die Moll. eine Verteilung gemäß der Umdrehung um die opt. Achse haben, kann Vf. zeigen, daß die Änderung der opt. D. entlang der Hauptinterferenz verknüpft ist mit der Anzahl der Moll., die einen gegebenen Winkel Θ mit der Achse bilden. Von dieser Tatsache ausgehend berechnete Vf. die Verteilungsfunktion f(Θ) der Mol.-Achsen für verschiedene Temperaturen. Die Lage der schwächeren Interferenzringe wurde durch Rechnung bestätigt, u. zwar unter der Annahme, daß sie intramol. Interferenzen zuzuschreiben sind.

C. Gottfried B 186

0738 **Polymorphie und Änderungen der Infrarotspektren von Barbituraten während der Probenvorbereitung.** B. Cleverley und P. P. Williams. (Chem. and Ind. **1959,** 49—50; Wellington, New Zealand, Dominion Labor., Dep. of Sci. and Ind. Res.; engl.) — Vff. berichten über Beobachtungen, nach denen die IR-Absorptionsspektren von Gemischen von Barbituraten mit Paraffin oder Hexachlorbutadien, die 30 Min. in einer Achatkugelmühle gemahlen worden waren verschieden von denen waren, die nach möglichst geringem Mahlen erhalten worden waren. Röntgenograph. konnten Veränderungen infolge Bldg. einer anderen Kristallform festgestellt werden. In der folgenden Aufstellung sind Barbiturate angegeben, die sich im Spektrum unterscheiden, wobei diejenigen Barbiturate mit einem * bezeichnet sind, die ihre Kristallform beim Mahlen ändern: *Aminobarbital I, II, Aprobarbital I, II*, III*, Barbital I, II*, Butethal I*, II, III*, Kemithal I, II, III, Nostal I*, II, Pentobarbital I, II, III*, IV* u. *Phenobarbital I, II*, III, V**.

C. Gottfried B 190△

0739 **Untersuchungen über Thiaminphosphate.** 6. Mitt. **Kristallisation und Kristallformen von S-Benzoylthiamin-O-monophosphat (BTMP).** Akira Itō, Wataru Hamanaka, Koichi Okamoto und Chihiro Tamura. (Annu. Rep. Takamine Lab. **14,** 64—66, 1962; jap., Auszug: engl.) — *BTMP* existiert in 3 Kristallformen. Aus wss. Lsg. krist. unterhalb 20° die α-Form, zwischen 20 u. 40° die γ-Form u. oberhalb 40° die δ-Form. In festem Zustand wandelt sich die α-Form zwischen 30 u. 45° in die γ-Form u. zwischen 50 u. 100° in die δ-Form um.

K. F. Müller B 190◇

0740 **Röntgenographische Kristallstrukturanalyse von p.p'-Dichlordiphenylamin.** K. Plieth und G. Ruban. (Z. Kristallogr., Kristallgeometr., Kristallphysik, Kristallchem. **116,** 161—72, 1961; Berlin, MPG, Fritz-Haber-Inst.; Max-Volmer-Inst. für phys. Chem.; dt.) — Ident. mit der C. **1962,** 6724 referierten Arbeit.

R. Uttech B 195◇

0741 **Tautomerie und geometrische Isomerie von Arylazophenolen und -naphtholen.** 2. Mitt. **2-Phenylazonaphthol-(3). Die Wirkung von inneren Wasserstoffbindungen auf die Photoisomerisierung.** 1. Mitt. Gavrielah Gabor und Ernst Fischer. (J. physic. Chem. **66,** 2478—81, 1962; Rehovoth, Israel, Weizmann Inst. of Sci., Labor. of Photochem. and Spectroscopy; engl.) — 1. vgl. C. **1960,** 9506. — Wie früher (vgl. Malkin u. Fischer, C. **1963,** 8107) wird das durch Bestrahlung (Licht von 313, 365, 405, 436 bzw. 546 mμ) von *2-Phenylazonaphthol-(3)* (**I**) eingestellte cis/trans-Gleichgew. untersucht. Hierzu wurden die UV-Absorptionsspektren zwischen ca. 230 u. 570 mμ von *trans-* u. *cis-***I** sowie von *trans-* u. *cis-2-Phenylazonaphthyl-(3)-methyläther* (**II**) in Methylcyclohexan (Mch.)/Isohexan bzw. Mch./Isononan aufgenommen. Ferner wurde die spontane therm. Isomerisierung von cis- in trans-**I** kinet. verfolgt. Für Temp. zwischen —25 u. —180° betragen die Aktivierungsenergien für **I** 12 bzw. 14 (kcal/Mol) in Mch. bzw. Propanol, für **II** 23 in beiden Medien. Bestimmt wurde ferner die Temp.-Abhängigkeit der relativen Quantenausbeute Φ_c/Φ_t(Φ_c bezieht sich auf die cis → trans-, Φ_t auf die trans → cis-Umlagerung). Φ_t/Φ_c ist für **I** viel geringer als für **II**. Die abs. Φ_c-Werte sind für **I** u. **II** etwa gleich groß, für **I** ist Φ_t jedoch um 1—2 Größenordnungen kleiner als für **II**. Bei beiden Verbb. nimmt Φ_t mit fallender Temp. erheblich ab; Φ_c ist dagegen im untersuchten Temp.-Bereich ziemlich konstant. Für **I** scheint zwischen —160 u. —180° ein minimaler Grenzwert für Φ_t aufzutreten. Die für **I** geringere Aktivierungsenergie wird auf die Wrkg. intramol. H-Bindungen zurückgeführt, da das Auftreten einer Hydrazonzwischenstufe für unwahrscheinlich gehalten wird. Die H-Bindung stabilisiert wohl den Grund- u. den angeregten trans-Zustand, d. h. nur die trans → cis-, aber nicht die cis → trans-Umlagerung wird durch die H-Bindung im trans-Isomeren beeinflußt.

B. Gnauck B 221◇

0742 **Untersuchung der Gleichgewichte in nichtwässerigen Elektrolytlösungen mit Hilfe der Absorptionsspektren. 4. Mitt. Optische und elektrische Untersuchung von Pikrinsäure in Hexan/n-Butanol- und Dioxan/Wasser-Gemischen.** N. A. Ismailow und E. L. Gurewitsch. (J. physik. Chem. [UdSSR] **37,** 2048—53, 1963; Charkow, Univ.; russ., Auszug: engl.) — 3. vgl. Optik u. Spektroskopie [UdSSR] **11,** [1961], 67; 2. vgl. C. **1963,** 5406. — Es werden die Absorptionsspektren von *Pikrinsäure* (**I**) u. ihrer Salze in verschiedenen Konzz. in 97% Dioxan/W.- u. 25% u. 40% n Butanol/Hexan-Mischungen aufgenommen u. daraus die Transformations-Konst. K_{tr} der assoziierten Ionen in undissoziierte **I**-Moll. bei 10^{-3} Mol/Liter berechnet. Es zeigt sich, daß in dem vorliegenden Falle die H-Ionenaktivität mit Glaselektroden bestimmt werden kann. Aus der EMK einer Kette mit Ionentransport, 2 Glaselektroden u. Lsgg. konst. Ionenstärke werden die Gleichgew.-Konst. bestimmt u. die Dissoziations- u. Assoziations-Konst. errechnet. In den angewandten Lsgm. liegt **I** bei sehr niedriger Konz. an freien Ionen prakt. in völlig undissoziiertem Zustand in Form von Ionenassoziaten oder undissoziierten Moll. vor.

W. Sobieski B 221◇

0743 **Physikalisch-chemische Untersuchungen an Antibioticis. 6. Mitt. Über das Gleichgewicht von Streptomycilidenisonicotinoylhydrazin in wäßrigen Lösungen.** Hiroshi Fujiwara. (J. pharmac. Soc. Japan [Yakugakuzasshi] **76,** 874—79, 1956; Osaka, Takeda Pharmac. Ind. Ltd., Res. Labor.; jap., Auszug: engl.) — 5. vgl. C. **1961,** 9841. — Das Vorliegen eines Gleichgewichts zwischen Streptomycilidenisonicotinoylhydrazin [Streptohydrazid, F. 230° (Zers.)], Streptomycin u. Isonicotinsäurehydrazid in wss. Lsg. wird durch fallende Gleichgewichtskonstanten bei ansteigendem pH angezeigt.

H.-J. Weigmann B 221△

0744 **Spektroskopische Bestimmung der Wasserstoffbrückenbindungsenergie in Protonendonator-Protonenacceptor-Systemen. 3. Mitt. Ergebnisse mit Phenol als Protonendonator und Diskussion.** H. Dunken und H. Fritzsche. (Z. Chem. **2,** 345—47, 1962; Jena, Friedrich-Schiller-Univ., Inst. für Physik. Chem.; Deutsche Akad. der Wiss. zu Berlin, Inst. für Mikrobiol. u. experim. Therapie; dt.) — 2. vgl. C. **1963,** 5361. — Vff. bestimmen die Lage der assoziierten ν(OH) folgender Verbb. mit *Phenol* (**V**) als H^+-Donator in CCl_4: *Hexamethylbenzol* (**I**) 3508 (cm^{-1}), *Pyrimidin* (**II**) 3225, *Pyridazin* (**III**) 3220 u. *Dimethylformamid* (**IV**) 3325 u. 3380 (Inflektion), u. ermitteln die Assoziationskonst. zwischen 20 u. 55°. Folgende thermodynam. Daten werden berechnet für **I** ($-\Delta$H) 1,65 ± 0,50 (kcal/Mol), ($-\Delta S^0$) 5,5 ± 1,7 (cal/Grad · Mol.), **II** 5,40 ± 0,50, 13,8 ± 1,7, **III** 5,60 ± 0,70, 12,6 ± 2,4, **IV** 6,20 ± 0,40, 12,5 ± 1,4. Im Gegensatz zu Oki u. Iwamura (C. **1962,** 14077) wird angenommen, daß die im Vgl. zu den H-Brücken OH···N, OH···O, NH···O u. NH···N geringe Energie der OH···π-Brücke kein Grund dafür ist, eine besondere Art der Wechselwirkung anzunehmen. Die IR-Spektren im Bereich der ν(OH) von **V** zeigen bei Zusatz von **I**—**IV** eine qualit. gleiche Struktur. Es tritt eine neue, relativ breite Bande der brückengebundenen OH-Gruppen in einem mit der H^+-Acceptorstärke wachsenden Abstand $\Delta\nu$ zur scharfen Bande der freien OH-Gruppen auf. Die erhaltenen Daten sind in guter Übereinstimmung mit den Unterss. anderer Autoren.

B. Gnauck B 223◇

0745 **Untersuchung intermolekularer Wasserstoffbindungen. 1. Alkohole. 2. Chloroform.** Maryvonne Martin. (Arch. Sci. [Genève] **13(165),** Sonderh. 519—26, 1960;

Paris, Sorbonne, Labor. de spectroscopie hertzienne; franz.) — In Fortsetzung früherer Arbeiten (vgl. C. R. hebd. Séances Acad. Sci. **248,** [1959], 1994) u. mit Hilfe der gleichen Meth. (25 MHz) untersuchte Vf. zuerst die Desassoziation von *A.* (**I**), *Monochlor-* (**II**) u. *Trichloräthylalkohol* (**III**) in CCl_4 u. von *Propylalkohol* (**IV**), *Allylalkohol* (**V**) u. *Propargylalkohol* (**VI**) in Chloroform. Am wenigsten assoziiert ist **III**; die Autoassoziation nimmt in der Reihenfolge **I, V, VI** zu u. ab in der Reihenfolge CH_3OH, **I, IV**. Ferner erwies sich Chlf. als ein besseres Desassoziierungsmittel als CCl_4. Zur Unters. der Basizität des O der OH-Gruppe wurden die Verschiebungen der CH-Linie des Chlf. in Lsg. von **III**, *Dichloräthylalkohol* (**VII**), **II, I**, CH_3OH, **IV, V** u. **VI** in Chlf. gemessen. Beobachtet wurde, daß die Basizität des O mit zunehmender Anzahl von Cl-Atomen abnimmt, mit zunehmender Länge der C-Kette zunimmt, eine Doppel- oder eine Dreifachbindung vermindert wieder die Basizität. Zur Unters. der Acidität des Protons von OH wurden Lsgg. von **I, II, III, IV, V** u. **VI** in Tetrahydrofuran von **I, II, VII** u. **III** in Triäthylamin, von **I, II, VII, III, IV, V** u. **VI** in Pyridin (Py) untersucht. Die Vers.-Ergebnisse sind graph. wiedergegeben. Zur Unters. der intermol. Bindungen von Chlf. wurden Lsgg. von Chlf. u. *Diäthyl-, Triäthyl-, Tripropyl-* u. *Tri-n-butylamin, Py., 2-Picolin, 2.6-Lutidin, 2.4.6-Kollidin* u. *Chinolin* untersucht. Die Vers.-Ergebnisse sind ebenfalls graph. wiedergegeben.

C. Gottfried B 223△

0746 **Bestimmung der Löslichkeit von Gasen durch Gas-Flüssigkeits-Verteilungschromatographie.** A. D. Sorin, A. Je. Jeshelewa und G. G. Dewjatych. (Betriebs-Lab. [UdSSR] **29,** 659—62, 1963; Gorki, Univ., Wiss. Forsch.-Inst. für Chem.; russ.) — Für eine Reihe von Gasen (CH_4, C_2H_6, *Isobutan, Isobutylen,* CO_2) u. Lsgm. (*Äthylcellosolve, Chlorex, Nitrobenzol, Furfurol*) wurde die Anwendbarkeit chromatograph. Meth. zur Löslichkeitsbest. in Lsgm. gezeigt. Eine geeignete App. wird beschrieben, die Vers.-Bedingungen werden besprochen.

R. Gerbatsch B 224◇

0747 **Die Löslichkeit von Benzamid in m-Xylol.** John B. Wilkes und John F. Manning. (J. chem. Engng. Data **8,** 234, 1963; Richmond, Calif., California Res. Corp.; engl.) — *Benzamid* (**I**, F. 125—127°, SZ < 0,05) wurde aus NH_3-haltigem W. bei pH 8 umkrist. u. mit A-Kohle entfärbt. Die Löslichkeit (g **I** in 100 g Lsg.) in m-Xylol (96% Reinheit, enthielt isomere Xylole u. Spuren Äthylbenzol) wurden bestimmt bei 57° (0,5 g), 68° (1,0 g), 95° (5,0 g), 105° (10 g), 108° (20 g), 110° (40 g) u. 112° (50 g).

E. Boye B 224◇

0748 **Untersuchung des Mechanismus von organischen Reaktionen durch Verwendung von radioaktiven Isotopen.** Shigeru Oae. (Kagaku-no-Ryoiki [J. Jap. Chem.] **17,** 506—12, 1963; Ôsaka, Siritu-Daigaku, Kôgakubu; jap.) — Übersicht. — 36 Literaturangaben.

E. Maekawa B 225◇

0749 **Verwendung des Hochdruckeffektes auf die Untersuchung des Mechanismus der organischen Reaktionen.** Tatsuya Imoto. (Kagaku-no-Ryoiki [J. Jap. Chem.] **17,** 339—48, 1963; Ôsaka, Siritu-Daigaku, Kôgakubu; jap.) — Übersicht. — 59 Literaturangaben.

E. Maekawa B 225◇

0750 **Über den Isotopenaustausch freier Radikale mit Deuterium.** L. Raditsch und R. Je. Mardaleischwili. (Ber. Akad. Wiss. UdSSR **146,** 618—20, 1962; Moskau, M. W. Lomonossow-Univ.; russ.) — Vff. erläutern die Literaturangaben, nach denen es bei freien organ. Radikalen zum H—D-Austausch bis zu 98% des eingeführten D_2, z. B. nach $CH_3 + D_2 \rightarrow CH_2D + HD$, kommen kann. Auf Grund eigener Ergebnisse kommen sie zur Ansicht, daß diese direkte Substitution nicht erfolgt, sondern an den Gefäßwänden die heterogen katalysierte Rk. $H + D_2 \xrightarrow{\text{Wand}} HD + D$ verläuft, wobei dann die D-Atome weiterreagieren. — 16 Literaturangaben.

J. Tůmová B 225◇

0751 **Die Wirkung der Ionenhydratisierung auf Geschwindigkeit und Gleichgewicht in konzentrierten alkalischen Lösungen. 2. Mitt. Die Kinetik basenkatalysierter Reaktionen in konzentrierten Hydroxidlösungen.** Michael Anbar, Miriam Bobtelsky, David Samuel, Brian Silver und Gad Yagil. (J. Amer. chem. Soc. **85,** 2380 bis 2384, 1963; Rehovoth, Israel, Weizmann Inst. of Sci., Isotope Dep.; engl.) — 1. vgl. C. **1964,** 8-0321; vgl. auch C. **1963,** 5756. — Es werden Gleichungen hergeleitet, welche die beobachteten Geschw.-Konst. verschiedener basenkatalysierter Rkk. mit der Indikator-Basizität der Lsg. durch die Funktion $H_- = -\log (C_{BH}/C_{B^-}) K_{BH}$ in Beziehung setzen. Unter der Voraussetzung, daß das OH^--Ion trihydratisiert ist, werden die Geschw.-Gleichungen mittels der stöchiometr. Konz. der OH^--Ionen u. der Konz. an „freiem" $H_2O(C_{H_2O})$ ausgedrückt. Auf Grund des Vgl. experimenteller Unterlagen mit der Theorie folgern Vff., daß die Abhängigkeit der Rk.-Geschw. von C_{H_2O} in konz. alkal. Lsgg. in erster Linie eine Änderung der Zahl der H_2O-Moll. anzeigt, welche in die Bldg. des Übergangszustandes einbezogen sind. Sowohl für nucleophile Substitutionen durch ein nicht hydratisiertes Hydroxid, als auch für Deprotonierungs-Rk. wird ein Geschw.-Gesetz abgeleitet, das dem Quotienten $C_{OH^-}/C^3_{H_2O}$ genügt. Diese Gleichungen können bei der Hydrolyse von *Äthyljodid* u. *Chloramin* u. beim Zerfall von *d.l-Serinphosphat* in alkal. Lsg. experimentell bestätigt werden. Die Meßergebnisse sind in Diagrammen u. Tabellen aufgeführt.

G.-O. Jäger B 225◇

0752 **Die thermische unimolekulare Isomerisierung von Methylisocyanid. „Fall-off"-Verhalten.** F. W. Schneider und B. S. Rabinovitch. (J. Amer. chem. Soc. **84,** 4215—30, 1962; Seattle, Wash., Univ. of Washington, Dep. of Chem.; engl.) — Vff. untersuchen die therm. unimol. Isomerisierung von *Methylisocyanid* (**I**) zu Acetonitril bei 199,4—259,8° zwischen 5 u. 35%ig. Umsatz durch Dampf-Fl.-Chromatographie, bes. die Abnahme der k-Werte mit fallendem Druck („fall-off") bei Drucken zwischen 8 At u. ca. 0,03 mm. Die k/k_∞-Werte liegen bei 230° im Bereich von 1,00 bis 0,0016 (k_∞ = k-Wert bei unendlich hohem Druck). Die Rk.-Geschw. wird durch Hg-Dampf nicht beeinflußt, ferner treten keine Nebenrkk., Bldg. von Polymeren oder Autokatalyse auf. Die Rk. verläuft homogen (in Quarz- oder Pyrexglas-Gefäßen), nur bei sehr geringen Drucken (nahe 0,01 mm) sind Anzeichen eines heterogen Ablaufs zu erkennen. Auch Zusatz von Luft führt zu keiner Änderung der Kinetik, abgesehen vom Intertgaseffekt. Radikale (Zugabe von tert.-Butylperoxid) beschleunigen die Isomerisierung von **I**. Folgende k_∞-Werte werden durch Extrapolation bzw. Berechnung erhalten: Für 199,4° $7,50 \cdot 10^{-5}$ (s^{-1}); 230,4° $92,5 \cdot 10^{-5}$; 259,8° $76,7 \cdot 10^{-4}$. Die Aktivierungsparameter betragen: bei 6075 mm Druck (log A) 13,61, (E) 38,65 (kcal/Mol), bei 0,1 mm 10,46, 36,27. Der Inertgas-Effekt wurde mit N_2 u. C_2H_6 untersucht; C_2H_6 besitzt die höhere Wirksamkeit. Die Ergebnisse werden mittels der Theorie von Rice, Ramsperger u. Kassel (vgl. Kassel, Kinetics of Homogeneous Gas Reactions, New York, 1932) u. von Marcus (C. **1954,** 8781) behandelt, wobei die theoret. Annahmen bzgl. der intra- u. intermol. Energieübertragung bestätigt werden. Ferner wird eine genaue quantenstatist. Summierung der Oberton-Schwingungsenergie-Niveaus durchgeführt. Der aktivierte Komplex besitzt einen cycl. Bau der Symmetrie C_1 oder C_s u. weist verschiedene mesomere Strukturen auf, für ihn wie für den Grundzustand von **I** werden die Bindungslängen u. der HCH-Winkel (109°46′) angegeben. Die Schwingungsanalyse ist vollständig u. umfaßt das **I**-Mol. wie den Übergangszustand. Ferner werden die Anharmonizitätseffekte quant. berechnet u. ihre Bedeutung behandelt. Sie scheinen die Rk.-Geschw. bei geringen Drucken um 25—40% zu erhöhen. Ferner wird eine Rotation um die Mol.-Achse angenommen u. ihr Einfl. auf die berechneten Daten abgeschätzt.

B. Gnauck B 225◇

0753 **Effekte der Ringgröße bei der Neophylumlagerung. 3. Mitt. Die Acetolyse von 1-Phenylcyclopropylcarbinylarylsulfonaten.** James W. Wilt und Donald D. Roberts. (J. org. Chemistry **27,** 3430—34, 1962; Chicago, Ill., Loyola Univ., Dep. of Chem.; engl.) — 2. vgl. C. **1962,** 15178. — Wie Winstein u. Mitarbeiter (C. **1955,** 4314) verfolgten Vff. titrimetr. die Kinetik der Acetolyse von *1-Phenylcyclopropylcarbinylbenzol-* (**I**), *-p-brombenzol-* (**II**) bzw. *-p-toluolsulfonat* (**III**) in 99,9%ig. Eisessig, wobei folgende Daten ermittelt wurden: Für **I** (zwischen 13 u. 25°) $\Delta H^{\neq}$ 24,2 (kcal/Mol), $\Delta S^{\neq}$ 7,7 (cal/Grad · Mol), **II** (12–18°) 32,7, 38,6, **III** (10,5–25,0°) 17,9, –14,9. Die Rkk. folgen der 1. Ordnung. **I** u. **II** sind bei Raumtemp. weniger als 30 Min. stabil; **III** geht nach etwa einer Std. in eine purpurfarbene Masse über. Bei der Einw. von Essigsäure auf **III** bei 25° wurden keine definierten Prodd. isoliert, dagegen entstand in Ggw. von Na-Acetat bei 35° quant. *1-Phenylcyclobutylacetat* (**IV**). Es konnte nachgewiesen werden, daß bei der Acetolyse von **III** ohne Na-Acetat das styrolähnlich riechende *1-Phenylcyclobuten* (**V**) entsteht, das offenbar leicht polymerisiert. **III** liefert durch Verseifung mit verd. Base das entsprechende Carbinol. Folgende relativen Acetolysengeschw. wurden ermittelt: **I**: Cyclopropylcarbinylbenzolsulfonat 1,3 sowie **III**: Neophyl-p-toluolsulfonat 9,4 · 10^3. Die stark voneinander abweichenden Aktivierungsparameter von **I**–**III** spiegeln die Unterschiede zwischen den sich abspaltenden Gruppen wider. In der Folge **II**, **I**, **III** nimmt die gekoppelte Bldg. des Übergangszustands zu, wobei in allen Fällen eine starke anchimere Unterstützung der Rk. durch die Cyclopropylgruppe zu verzeichnen ist. Vff. diskutieren die Ergebnisse im Zusammenhang mit Unterschieden in den Grundzustandsenergien, wobei die Bldg. nur eines Prod. durch die Annahme eines lokalisierten, mehr klass. Ions erklärt wird. Die Acetolyse von **III** unterliegt einem normalen Salzeffekt (Na-Acetat), aus der Geschw.-Zunahme ergibt sich ein b-Wert von ca. 1,4 (vgl. Fainberg u. Winstein, C. **1957**, 2162).

Versuche: *1-Phenylcyclopropylcarbinol*, $C_{10}H_{12}O$, F. 32,5–33° (Hexan), durch Umwandlung von 1-Phenylcyclopropylcarbonsäure (F. 86–87,5°) in das Säurechlorid (Kp.$_1$ 75–76°, n_D^{20} 1,547, $D._4^{20}$ 1,169; 95% Ausbeute), Zutropfen zu $LiAlH_4$ in kalten abs. Ae., Kochen (2 Tage) u. Zers. mit wss. NaOH; 97%. – 1-Phenylcyclopropylcarbinylarylsulfonate aus vorst. Verb. in Pyridin durch Zugabe des Arylsulfonylchlorids bei 0° u. $^1/_4$–2std. Einw.: *Benzolsulfonat* (**I**), $C_{16}H_{16}O_3S$, F. 48° (Heptan-Bzl.); 89%. *p-Brombenzolsulfonat* (**II**), F. 35° (Heptan-Bzl., Zers.); 46%. *p-Toluolsulfonat* (**III**), $C_{17}H_{18}O_3S$, F. 52° (Heptan-Bzl., Zers.); 86%. – *1-Phenylcyclobutylacetat* (**IV**), $C_{12}H_{14}O_2$, Kp.$_2$ 90–93°, durch Zutropfen von Acetylchlorid zu 2,5 g 1-Phenylcyclobutanol (**VI**, F. 39–41°, aus Cyclobutanon u. Phenyl-Li; 65%) in Pyridin, 12std. Stehen im Kühlschrank u. Zugabe von verd. HCl; n_D^{26} 1,5198; $D._4^{20}$ 1,045; 2,15 g (83% **IV** + 17% **V**). – *1-Phenylcyclobuten* (**V**), Kp.$_{3,5}$ 68–70°, a) durch Dehydratisierung von **VI**; 93%; b) durch Pyrolyse (150°) von **IV**; n_D^{26} 1,5657; $D._4^{20}$ 0,967. *NOCl-Deriv.* (*1-Chlor-1-phenyl-2-nitrosocyclobutan*), F. 97–98°, aus NOCl u. **V** in Diäthylenglykoldimethyläther.

B. Gnauck B 225◇

0754 **Effekte der Ringgröße bei der Neophylumlagerung. 4. Mitt. Die Acetolyse von 1-Phenylcycloalkylcarbinylarylsulfonaten.** James W. Wilt und Donald D. Roberts. (J. org. Chemistry **27**, 3434–40, 1962; engl.) – 3. vgl. vorst. Referat. – Wie l. c. wird die Kinetik der Acetolyse folgender Sulfonate zwischen 25 u. 45° untersucht: *1-Phenylcyclobutylcarbinylbenzolsulfonat* (**I**) $\Delta H^{\neq}$ 26,0 (kcal/Mol), $\Delta S^{\neq}$ –2,2 (cal/Grad · Mol), *-p-brombenzolsulfonat* (**II**) 25,9, –1,1, *-p-toluolsulfonat* (**III**) 26,6, –1,1, *1-Phenylcyclopentylcarbinylbenzolsulfonat* (**IV**) 26,2, –2,6, *-p-brombenzolsulfonat* (**V**) 26,6, 0,0, *-p-toluolsulfonat* (**VI**) 26,3, –3,3, *1-Phenylcyclohexylcarbinylbenzolsulfonat* (**VII**) 25,3, –2,5, *-p-brombenzolsulfonat* (**VIII**) 24,9, –2,7, *-p-toluolsulfonat* (**IX**) 25,7, –2,0, *1-Phenylcycloheptylcarbinyl-p-brombenzolsulfonat* (**X**) 26,4, +4,5, *-p-toluolsulfonat* (**XI**) (k bei 35°) 23,1 · 10^{-7} (s^{-1}). Hieraus ergeben sich folgende relative Acetolysegeschw. für **II** 1,78, **V** 1,00, **VIII** 4,76 u. **X** ca. 13,6. Die Acetolysegeschw. wurde ferner bestimmt für *Cyclobutyl-* (**XII**) k bei 60°, 1,99 · 10^{-5} u. *Cycloheptylcarbinyl-p-brombenzolsulfonat* (**XIII**) k bei 65° 1,15 · 10^{-6}. Hieraus ergeben sich folgende Effekte der Ringgröße (Relativgeschw. bzgl. Neophyl-p-toluolsulfonat bei 35°) **III** 3,2, **VI** 1,9, **IX** 8,9 u. **X** ca. 15; ferner nachst. Effekte der C_6H_5-Gruppe (Relativgeschw. bzgl. den entsprechenden unsubstituierten Cycloalkylcarbinyl-p-brombenzolsulfonaten) **II** 2 (bei 60°), **V** 34 (80°), **VIII** 652 (80°) bzw. **X** 523 (65°). Als Prodd. der Acetolysen bildeten sich quant. umgelagerte Olefingemische aus 1-Benzylcycloalken u. Benzalcycloalkan. Die Prod.-Zus. aus diesen beiden Olefinen (bei 35°) betrug bei **I** 5 + 95(%), **II** 35 + 65 (45°), **III** 5 + 95, **IV** 73 + 27, **V** 67 + 33 (45°), **VI** 80 + 20, **VII** 76 + 24, **VIII** 75 + 25 (45°), **IX** 80 + 20, **XI** 71 + 29. Diese Olefingemische konnten in den meisten Fällen auch durch Wasserabspaltung aus den entsprechenden 1-Benzylcycloalkanolen gewonnen werden. Die Rk. von **XII** ist anchimer gefördert u. führt zu Cyclopenten u. Cyclopentylacetat. Dagegen entsteht aus **XIII** nur Cycloheptylcarbinylacetat. Die Acetolyserkk. zeigen einen normalen Salzeffekt, durch überschüssiges Na-Acetat erhöht sich die Rk.-Geschw. um 14–18%. Die Wrkg. der Ringgröße, die gemäß der Folge 7- > 6- > 4- > 5-Ring abnimmt scheint durch Entropie-Effekte verursacht zu sein. Die Phenylgruppe unterstützt die Rkk. auf anchimerem Wege. Vermutlich stellen die Olefingemische Gleichgew. aus endo- u. exocycl.-Olefin im Verhältnis ca. 3:1 dar; Ausnahmen sind die Cyclobutylverbb., bei denen bei 35° das exocycl. Isomere vorherrscht.

Versuche: *1-Phenylcycloheptancarbonsäure*, $C_{14}H_{18}O_2$, F. 85,5–86° (Methanol–Wasser), durch Rk. von [1-Phenylcycloheptyl]-essigsäure mit CH_2N_2 (→ Methylester, Kp.$_{1,5}$ 144–146°, 91% Ausbeute), Zugabe zu C_6H_5MgBr in Ae., 12 std. Kochen, Kühlen, Gießen auf Eis-H_2SO_4, Dehydratisieren des hellgelben Öls durch Kochen in Bzl. in Ggw. von p-Toluolsulfonsäure-Monohydrat unter Abdest. des W., Lösen des viscosen Rückstandes in Isooctan-Essigsäure, Zugabe von CrO_3 in wss. Essigsäure unterhalb 50°, 1,5std. Rühren bei 48° u. Verdünnen mit W.; 21%. – 1-Phenylcycloalkylcarbinole, aus den entsprechenden Säuren über die Säurechloride bzw. Methylester durch Red. mit $LiAlH_4$: *-butyl-*, F. 60–60,5°, 94%. – *-pentyl-*, F. 43–44°, 91%. – *-hexyl-*, F. 63–64°, 97%. – *-heptyl-*, Öl, 100%. – 1-Phenylcycloalkylcarbinylarylsulfonate, aus vorst. Carbinolen durch Einw. des entsprechenden Arylsulfonylchlorids wie l. c. in über 90%ig. Ausbeute: *1-Phenylcyclobutylcarbinylbenzolsulfonat* (**I**), F. 80,5 bis 81,5°. – *-p-brombenzolsulfonat* (**II**), F. 108–108,5°. – *-p-toluolsulfonat* (**III**), F. 97–98°. – *-cyclopentylcarbinylbenzolsulfonat* (**IV**), F. 57–58°. – *-p-brombenzolsulfonat* (**V**), F. 114,5–115°. – *-p-toluolsulfonat* (**VI**), F. 115 bis 116°. – *-cyclohexylcarbinylbenzolsulfonat* (**VII**), F. 57 bis 58°. – *-p-brombenzolsulfonat* (**VIII**), F. 92,5–93,5°. – *-p-toluolsulfonat* (**IX**), F. 91–92°. – *Cyclobutylcarbinyl-p-brombenzolsulfonat* (**XII**), $C_{11}H_{13}BrO_3S$, Öl analog aus Cyclobutylcarbinol (Kp.$_{742}$ 141–143°, aus der Säure mit $LiAlH_4$, 73%); 21%. – *Cycloheptylcarbinyl-p-brombenzolsulfonat* (**XIII**), $C_{14}H_{19}BrO_3S$, F. 50–51°, aus Cycloheptylcarbinol (aus der Säure mit $LiAlH_4$; n_D^{25} 1,4723; 58%); 27,5%. – *Cyclobutylphenylcarbinylacetat*, $C_{13}H_{16}O_2$, Kp.$_2$ 106–108°, aus dem Carbinol (Kp.$_3$ 112 bis 114°, n_D^{20} 1,5390, $D._4^{20}$ 1,104) mit Acetylchlorid in Pyridin; n_D^{20} 1,5200; $D._4^{20}$ 1,052; 80%. Liefert durch Pyrolyse 47% *Gemisch aus Benzalcyclobutan u. 1-Benzylcyclobuten* (3:1), $C_{11}H_{12}$, Kp.$_{1,3}$ 67–68°, n_D^{20} 1,5655, $D._4^{20}$ 0,975; auch durch J_2-katalysierte Wasserabspaltung aus 1-Benzylcyclobutanol. *NOCl-Deriv.*, $C_{11}H_{12}ClNO$, F. 93 94° (Zers.). – Analog *Gemisch aus Benzalcyclopentan u. 1-Benzylcyclopenten* (22:78), Kp.$_{1,8}$ 83–84°, aus 1-Benzylcyclopentanol; n_D^{20} 1,5452; $D._4^{20}$ 0,968; 34%. *NOCl-Deriv.*, F. 109–110° (Zers.). – *Gemisch aus Benzalcyclohexan u. 1-Benzylcyclohexen* (13:87), Kp.$_1$ 85 bis 86°, aus 1-Benzylcyclohexanol; n_D^{20} 1,5411; $D._4^{20}$ 0,963; 50%. *NOCl-Deriv.*, $C_{13}H_{16}ClNO$, F. 110–111°. – *Gemisch aus Benzalcycloheptan u. 1-Benzylcyclohepten* (32:68), Kp.$_{1,7}$ 106–107°, aus 1-Benzylcycloheptanol; n_D^{26} 1,5415; $D._4^{20}$ 0,971; 31%. – *Cyclobutylcarbinylacetat*, Kp. 152–153°, aus dem Carbinol mit CH_3COCl in Pyridin; n_D^{26} 1,4316; $D._4^{20}$ 0,904; 63%. – Analog: *Cyclopentylcarbinylacetat*(?), Kp. 152–153°, n_D^{26} 1,4368, $D._4^{20}$ 0,924; 76%. – *Cycloheptylcarbinylacetat*, Kp.$_{1,5}$ 62°, n_D^{26} 1,4490; 18%. B. Gnauck B 225◇

0755 **Der Mechanismus der Umlagerung von Fenchon.** Raymond P. Lutz und John D. Roberts. (J. Amer. chem. Soc. **84**, 3715–21, 1962; Pasadena, Calif., California Inst. of Technol., Gates and Crellin Labor. of

Chem.; engl.) — Zur Unters. der oxydativen Umlagerung von *Fenchon* (I) zu *3.4-Dimethylacetophenon* (II; *2.4-Dinitrophenylhydrazon,* F. 256—257°, Dioxan) wurde $^{14}C_2$-I (^{14}C in den 3.3-Dimethylgruppen) 0,5 Std. mit der 10fachen Gew.-Menge konz. H_2SO_4 gekocht. Hierbei entstanden 70% *^{14}C*-**II**, ferner *Campher* (III), *Carvenon* (IV) u. SO_2. Zur Aufklärung der Verteilung des ^{14}C in II wurde diese Verb. der Jodoform-Rk. unterworfen, die erhaltene 3.4-Dimethylbenzoesäure (F. 165—166°, wss. Essigsäure) mit Peroxytrifluoressigsäure nach Emmons u. Lucas (C. **1955,** 8596) in 3.4-Dimethylphenylacetat (Kp.$_{0,6-0,7}$ 62—65°) umgewandelt, das weiter mit $LiAlH_4$ 3.4-Dimethylphenol (3.5-Dinitrobenzoat, F. 181—182°, teilweises Schmelzen bei 171—174° unter Wiedererstarrung; 95%ig. A.) u. nach King [1939] über 3.4-Dimethylanisol 4-Methoxybenzoldicarbonsäure-(1.2) ergab. Die Decarboxylierung mit Br_2 nach Berman u. Price (C. **1958,** 2981) lieferte schließlich 2.4-Dibrom-5-methoxybenzoesäure ($C_8H_6Br_2O_3$, F. 205°, Chlf.) u. 4-Methoxy-5-brombenzoldicarbonsäure-(1.2) ($C_9H_7BrO_5$, F. 201 bis 201,5°, W.), deren Radioaktivität u. NMR-Spektren untersucht wurden. Aus den Daten ergibt sich, daß sich von den ^{14}C-Atomen von I ca. 48,0% in der CH_3-Gruppe der Acetylgruppe, 0% in deren Carbonylgruppe, 50,8% in der 4ständigen CH_3-Gruppe u. 1,2% im Mol.-Rest von II befinden. Diese Befunde sind in Übereinstimmung mit dem von Noyce (C. **1955,** 2681) vorgeschlagenen Mechanismus, nach dem die Rk. über nicht-klass. Brückencarboniumionen unter 1.2-Verschiebung der exo-CH_3-Gruppe, folgende Wanderung der gebildeten OH-Gruppe, Wagner-Meerwein-Umlagerung, Zerstörung der Brückenbindung u. Aromatisierung (vermutlich durch Abzug von H^- durch $^+SO_3H$ u. folgende H^+-Abspaltung) verläuft. Die gleiche Rk. wie mit I wurde auch mit III durchgeführt u. lieferte dieselben Verbb., jedoch in anderen Bldg.-Verhältnissen. Hierbei bildet sich aus III auch I. Die wechselseitige Umwandlung von I u. III wird durch eine über eine 4gliedrige Ringzwischenstufe verlaufende Rk. erklärt. Die Bldg. von II aus III erfolgt vermutlich über I, ähnlich wie IV aus I über III entstehen dürfte. Als Nebenprodd. der Rk. von III werden Carvacrol (2-Methyl-5-isopropylphenol) u. p-Cymol vermutet. — *$^{14}C_{2(9.10)}$-Fenchon* (I), Kp.$_{11}$ 69—72°, durch 1,5 std. Kochen von 1-Methylnorcampher (V) mit $NaNH_2$ in Ae., Abkühlen, Zugabe von $^{14}CH_3J$, 1 std. Kochen, Kühlen des Rückstands in Eis unter Zusatz von $NaNH_2$ in Ae., 1,5 std. Kochen, Kühlen unter Zusatz von $^{14}CH_3J$, weiteres Kochen unter Zusatz von $^{14}CH_3J$ in Ae., Zers. durch Zutropfen von W., Ansäuern mit 10%ig. H_2SO_4 [→ 75% I, 13% V u. 12% *exo-* u. *endo-Fenchosantenon* (VI)], Zugabe von inakt. I, 28 std. Extraktion mit Pentan, 45 std. Einw. von Semicarbazidacetat in Methanol auf den Rückstand zur Abtrennung der Semicarbazone von V u. VI u. Verd. mit W.; 55% (Ausbeute). *Oxim,* F. 159—160° (sublimiert). B. Gnauck B 225◇

0756 **Die quantitative Untersuchung der Arylierung von Naphthalin mittels Diazoniumsalzen und Zink.** 2. Mitt. P. S. Johnson und William A. Waters. (J. chem. Soc. [London] **1962,** 4652—55; Oxford, Dyson Perrins Labor.; engl.) — 1. vgl. C. **1960,** 4148. — Vff. untersuchen wie l. c. die homolyt. Arylierung von *Naphthalin* (I) durch Einw. von Aryldiazonium-$ZnCl_4$ auf I in sd. abs. Aceton, Zugabe von Zn, Chromatographie der Prodd. an akt. Al_2O_3 u. IR-spektroskop. Isomerenbest. (in CS_2, zwischen 11 u. 15 μ). Folgende Zus. der Prodd. an 1- u. 2-Arylnaphthalinen werden ermittelt: o-Nitrophenyl 78,2 u. 21,8%, m-Nitrophenyl 80,3 u. 19,7, p-Cyanphenyl 81,6 u. 18,4, o- 70,7 u. 29,3 bzw. p-Chlorphenyl 84,0 u. 16,0, o- 72,0 u. 28,0 bzw. p-Tolyl 82,3 u. 17,7, o-Methoxyphenyl 74,9 u. 25,1 sowie p-Phenoxyphenyl 76,3 (u. ?). Man erkennt die Wirksamkeit von ster. Effekten durch o-Substitution des angreifenden Radikals, diese sind jedoch etwa ebenso groß wie die geringen polaren Effekte.

Versuche: Naphthaline: *1-[o-Nitrophenyl]-*, $C_{16}H_{11}NO_2$, F. 91—92° (hellgelbe Nadeln aus A.), aus 20 g I; 2 g (Ausbeute). — *2-[o-Nitrophenyl]-*, $C_{16}H_{11}NO_2$, F. 102° (gelbe Nadeln aus A.), aus diazotiertem β-Naphthylamin u. Nitrobenzol nach Ley u. Lawton [1940]. — *1-[m-Nitrophenyl]-*, $C_{16}H_{11}NO_2$, F. 67,5—68,5° (A.), aus den Ansätzen mit I. — Analog *2-[m-Nitrophenyl]-*, $C_{16}H_{11}NO_2$, F. 131—132° (A.). — *1-[p-Cyanphenyl]-*, $C_{17}H_{11}N$, F. 86—87° (PAe.). — *2-[p-Cyanphenyl]-*, $C_{17}H_{11}N$, F. 158,5—159,5° (A.). — *1-[o-Methoxyphenyl]-*, $C_{17}H_{14}O$, F. 92,5—93,5° (A.). — *2-[o-Methoxyphenyl]-*, $C_{17}H_{14}O$, F. 43—44,5° (A.), durch Einw. Grignard-Verb. von 10 g o-Bromanisol auf 5 g β-Tetralon (II), 0,5 std. Kochen des Rückstands, Wasserdampfdest. mit Acetanhydrid u. 0,5 std. Erhitzen des Rückstands mit S auf 250°; 2,7 g. — *1-[o-Tolyl]-*, $C_{17}H_{14}$, F. 67,5—68,5°, analog vorst. Verb. aus α-Naphthyl-MgBr u. 2-Methylcyclohexanon. — Analog: *2-[o-Tolyl]-*, F. 185—186° (A.), aus β-Bromnaphthalin. — *1-[p-Tolyl]-*, $C_{17}H_{14}$, F. 53,5—54,5° (PAe.), durch Erhitzen von 1-Jodnaphthalin (25,4 g) u. p-Jodtoluol (21,8 g) auf 210° unter Zugabe von Cu-Bronze-Pulver u. Chromatographie an Al_2O_3; < 5 g; daneben 5 g *4.4'-Dimethylbiphenyl* (F. 125°) u. 3,5 g *1.1'-Dinaphthyl* (F. 160°). — *2-[p-Tolyl]-*, $C_{17}H_{14}$, F. 97—98° (PAe.), aus II u. p-Tolyl-MgBr u. Dehydrierung in Ggw. von 5%ig. Pd-Kohle bei 325°. — *1-[o-Phenoxyphenyl]-*, $C_{22}H_{16}O$, F. 89—90° (A.), aus α-Tetralon u. o-Joddiphenyläther (F. 52—54°). — Analog: *2-[o-Phenoxyphenyl]-*, $C_{22}H_{16}O$, F. 91—92,5°. — *1-[o-Chlorphenyl]-naphthalin,* $C_{16}H_{11}Cl$, F. 60—61°. — *2-[o-Chlorphenyl]-*, F. 63,5—64°. — *1-[p-Chlorphenyl]-*, Kp.$_{0,5}$ 152—157°; daneben *1'-[p-Chlorphenyl]-1.2'-dinaphthyl,* $C_{26}H_{17}Cl$, F. 155—157°. — *2-[p-Chlorphenyl]-*, F. 136,5—138°. B. Gnauck B 225◇

0757 **Kinetik der aromatischen Halogenierung.** 10. Mitt. **Die Bromierung von Fluoren in wässeriger Essigsäure und Eisessig.** Un-Jin P. Zimmerman und Ernst Berliner. (J. Amer. chem. Soc. **84,** 3953—59, 1962; Bryn Mawr, Pa., Bryn Mawr Coll., Marion Edwards Park Labor.; engl.) — 9. vgl. C. **1963,** 1232. — Wie l. c. wird die Kinetik der Bromierung von *Fluoren* (I, F. 114,7—115,1°, A., korr.) in 75 Vol%ig. Essigsäure (II) in u. ohne Ggw. von NaBr sowie in 90 u. 100%ig. II bei 25° verfolgt. In 75%ig. wss. II u. in Ggw. von Br^- folgt die Rk. der Gleichung $v = k_b$ [I] $[Br_2]_t$, wobei $[Br_2]_t$ die gesamte titrierbare Br_2-Konz. ist. Der beobachtete k_b-Wert ist dem Ausdruck $kK/(K + Br^-)$ gleich (k: Bromierungs-Konst. durch freies Br_2, K: Dissoziations-Konst. von Br_3^- in 75%ig II), k beträgt 0,359 Liter/Mol · s (bei μ = 0,5). Mol Br_2 ist demnach das Substitutionsagens. Die Rk. wurde auch zwischen 17,85 u. 44,85° verfolgt; E 17,4 kcal/Mol, log A 10,52, ΔS^{+} — 12,4 cal/Grad · Mol. Mit steigender Salzkonz. nimmt k_b linear zu, $NaClO_4$ hat eine größere Wrkg. als Na-Acetat (prim. Salzeffekt). Vff. schließen, daß die Bromierung in 75%ig. II die gleiche Kinetik besitzt wie die l. c. untersuchten Rkk. in stärker wss. II. Die Rkk. in 75, 90 u. 100%ig. II folgen der Beziehung $v = k_2[I][Br_2] + k_3[I][Br_2]^2 + k_4[I][Br_2]^3$, wobei der letzte Term nur in 100%ig. II eine Rolle spielt. In reiner II nimmt die Rk.-Ordnung bzgl. Br_2 von ca. 2,7 auf 2 ab, wenn die Anfangskonz. an I u. Br_2 vermindert wird. In 75%ig II überwiegt der Ausdruck 1. Ordnung bzgl. Br_2, in 90%ig. II derjenige 2. Ordnung. Folgende Daten zeigen dies: in 75%ig. II k_2 0,115 Liter/Mol · s, k_3 12,2 Liter^2/Mol^2 · s, in 90%ig. II 0,0026, 1,61. Zur Deutung der Rk. 3. Ordnung wird wie l. c. die rasche Bldg. eines I · Br_2-Komplexes u. dessen langsame Rk. mit Br_2 unter Bldg. von $[I \cdot HBr]^+$ u. Br_3^- angenommen. Die Rk. 2. Ordnung ist entweder ein direkter bimol. Abgriff von Br_2 auf I oder entspricht der direkten Ionisierung des Komplexes. I wird 2,49 · 10^6 mal rascher bromiert als Bzl., der partielle Geschw.-Faktor für I in 2-Stellung beträgt danach 7,25 · 10^6. Die Ausbeute an *2-Bromfluoren* (F. 113,4—113,6°, Bzl. u. 95%ig. A., kott.) beträgt ca. 97%. Eine freie Radikalbromierung (Bldg. von 9-Bromfluoren) tritt also prakt. nicht auf. B. Gnauck B 225◇

0758 **Kinetische Untersuchungen der Solvolysereaktionen substituierter α-Phenylchloräthane. Die Gleichungen von Hammett, Winstein-Grünwald und Tommila.** C. Mechelynck-David und P. J. C. Fierens. (Tetrahedron [London] **6,** 232—52, 1959; Bruxelles, Belgique, Univ. Libre, Fac. des Sci., Serv. de Chim. Organ.; franz.) — Die Geschw. der Solvolyse substituierter

α-Phenylchloräthane $RC_6H_4CHClCH_3$, *R* = *p-Cl* (**I**), *m-Cl* (**II**), *p-F* (**III**), *m-CH*$_3$ (**IV**), *p-CH*$_3$ (**V**), *m-OCH*$_3$ (**VI**) wurde bei 25° (60 u. 80°) in W.–Dioxan 20,5/79,5, 49,3/50,7, 66,66/33,33 u. W.–Dioxan–Ameisensäure 5,3/25,8/69,7, 6,1/39,8/54,1, 5,8/60,2/34,0 konduktometr. gemessen. Die Ergebnisse entsprechen den Beziehungen von Winstein-Grünwald (C. **1949**, I, 969), Hammett u. Tommila (C. **1957**, 6099) sowie der kombinierten Hammett–Winstein-Grünwald-Gleichung. — Durch die nach Standardmeth. dargestellten hochgereinigten, in Bzl. über $CaCl_2$ gelösten Alkohole wird trockenes HCl eine Woche bei 0° durchgeleitet, die Bzl.-Lsg. über $MgSO_4$ getrocknet, HCl unter Feuchtigkeitsausschluß abgezogen u. die erhaltenen α-Phenyläthylchloräthane unter vermindertem Druck (N_2) über Hydrochinon destilliert u. bei —18° im Dunkeln aufbewahrt; **I**, $Kp._{0,5}$ 65°, n_D^{20} 1,5450; **II**, $Kp._2$ 65°, n_D^{20} 1,5441; **III**, $Kp._{0,5}$ 43°, n_D^{20} 1,5044; **IV**, $Kp._{2,5}$ 69—73°, n_D^{20} 1,5262; **V**, $Kp._{1,5}$ 61°, n_D^{20} 1,5232; **VI**, $Kp._{0,08}$ 75°, n_D^{20} 1,5341.
M. Schenk B 225◇

0759 **Stereospezifische und stereokonvergente Umlagerung, Solvolysen- und Eliminierungsreaktionen mit Äthylenimoniumketon-Zwischenstufen.** Philip L. Southwick, Allan K. Colter, Richard J. Owellen und Yoon-Chai Lee. (J. Amer. chem. Soc. **84**, 4299 bis 4306, 1962; Pittsburgh, Pa., Carnegie Inst. of Technol., Dep. of Chem.; engl.) — Beim Lösen von dl-threo-α-Brom-β-morpholinobenzylacetophenon(thr-I) in Methanol–Aceton bei Raumtemp. erhält man *threo-β-Brom-α-morpholinobenzylacetophenon*(*thr*-**II**) beim Eindampfen. Die Bldg. von Diastereomerengemischen oder Methanolysenprodd. wurde nicht beobachtet. Bei der gleichen Rk. von dl-erythro-I(er-I) entstand ein umgelagertes Methanolysenprod., beim Kochen in Acetonitril dagegen *er*-**II**, dessen IR-Spektrum mit dem von thr-**II** ident. ist. er-**II** liefert durch Erhitzen mit $NaOC_2H_5$ *α-Morpholino-cis-chalcon* (*c*-**V**), thr-**II** aber *trans*-**V**(*t*-**V**) bzw. bei Einw. von NaOH in A. bei 25° ein Gemisch aus wenig c-**V** u. mehr t-**V**. Die Methanolyse von thr-I verläuft langsamer als die von er-**I**; bei 20° besitzt thr-I eine Halbwertszeit von ca. 120 Minuten. Der Unterschied wird teilweise auf verschiedene Bldg.-Geschw. der Äthylimoniumketonbromid-Zwischenstufen (**III**) zurückgeführt; ein „cis"-Effekt verzögert die Bldg. der cis-Zwischenstufe. Durch längeres Erhitzen von thr-I in Methanol wird es offenbar über thr-**II** in *threo-β-Methoxy-α-morpholinobenzylacetophenon* (*thr*-**IV**) umgewandelt. erythro-**IV** (er-**IV**) verändert sich durch 5,5std. Kochen in Methanol in Ggw. von HBr nicht. thr- u. er-**IV** wandeln sich durch Einw. von $NaOC_2H_5$ in t-**V** um. Bei der durch $NaOC_2H_5$ ausgelösten Abspaltung von HBr entsteht aus thr-**I** oder er-**I** sowie er-**II** nur c-**V**, aus thr-**II** dagegen t-**V**. t-**V** liefert wie c-**V** durch Hydrolyse *Benzylphenyldiketon* (F. 61—63°, wss. Aceton, *Chinoxalinderiv.*, F. 98—99°, wss. Aceton) u. geht bei Raumtemp. in c-**V** über. Die HBr-Abspaltung aus thr- u. er-**II** verläuft demnach nach einem trans-Eliminierungsmechanismus. Beim kurzen Erhitzen (5 Min.) von thr- oder er-**IV** mit $NaOC_2H_5$ erfolgt Eliminierung von CH_3OH, in beiden Fällen bildet sich fast ausschließlich t-**V**, bei längerem Erhitzen (20 Min.) aber auch wenig c-**V**. Die Eliminierung von CH_3OH wird daher als „stereokonvergente Rk." bezeichnet, da sie ausgehend von Verbb. entgegengesetzter Konfiguration zum gleichen Prod. führt („convergent configuration control"). Diese Rk.-Art gehört damit zu den „stereoselektiven Rkk." (vgl. Eliel, Stereochem. of Organ. Compounds, New York, 1962), zu denen außerdem die stereospezif. Rkk. gehören. Die Bldg. von t-**V** aus thr- bzw. er-**IV** verläuft als trans-Eliminierung (jedoch nicht als gekoppelter Prozeß), u. zwar vermutlich über ein Na-Enolat. Auch die Abspaltung von HBr aus thr- bzw. er-I ist eine stereokonvergente Rk., da nur c-**V** entsteht. Als Zwischenstufe wird cis- bzw. trans-**III** bzw. auch ein Enolatzwitterion angenommen. Die Geschw. der HBr-Abspaltung aus thr- u. er-I durch NaOH in A. bei 25° wurde UV-spektroskop. bestimmt. Die Halbwertszeiten betragen für thr- bzw. er-I 200 bzw. 54 s, hieraus ergeben sich k_1-Werte für die Bldg. von trans-**III** aus er-I von ca. $12,6 \cdot 10^{-3}$ s^{-1} bzw. von cis-**III** aus thr-I von ca. $3,53 \cdot 10^{-3}$. Die Bldg. von cis-**III** wird offenbar durch ster. Wechselwrkgg. zwischen Benzoyl- u. Phenylgruppe (cis-Effekt) verlangsamt. Die Konfigurationen von er- u. thr-I wurden auch auf NMR-spektroskop. Wege nachgeprüft. Die IR-Spektren von thr- u. er-**II**, thr- u. er-**I**, thr- u. er-**IV** sowie c- u. t-**V** sind tabellar. angegeben.

Versuche: *dl-threo-β-Brom-α-morpholinobenzylacetophenon* (thr-**II**), F. 138,5—140° (Zers., hellgelb aus PAe.), durch 8std. heftiges Rühren von thr-**I** in Aceton/Methanol bei Raumtemp. u. Zugabe von $NaHCO_3$-Lsg. 94% (Ausbeute). *dl-erythro-Isomeres* (er-**II**), $C_{19}H_{20}BrNO_2$, F. 130—131° (Zers., PAe.), durch 2,5std. Kochen von 3,8 g er-**I** (F. 132—134°) in Acetonitril, 12std. Stehen bei Raumtemp. u. Methanolyse des unveränderten er-**I** (5—7 Min. Erhitzen mit Methanol); 1,2 g. — *dl-threo-β-Methoxy-α-morpholinobenzylacetophenon* (*thr*-**IV**), $C_{20}H_{23} \cdot NO_3$, F. 124,5—126° (PAe.), durch 5,5std. Kochen von thr-**I** (F. 131—132°) in abs. Methanol, Abkühlen u. Gießen in $NaHCO_3$-Lsg.; 60%. *dl-erythro-Isomeres* (*er*-**IV**), F. 116—117° (hellgelbe Prismen aus PAe.), a) durch Erhitzen (20 Min. auf Dampfbad) von er-**I** in abs. Methanol, Zugabe von W. u. von $NaHCO_3$-Lsg.; 77%. b) durch Schütteln (25 Min.) von er-**I** mit Methanol bei Raumtemp.; 80%. — *α-Morpholino-trans-chalcon* (*t*-**V**), $C_{19}H_{19} \cdot NO_2$, F. 76—78° (Zers., A.), durch Zugabe von thr-**II** zu $NaOC_2H_5$ in sd. A., Kochen (7 Min.), Kühlen u. Verdünnen mit Ae.; 71%. — *α-Morpholino-cis-chalcon* (*c*-**V**), F. 94—96° (orangefarbene Platten aus 95%ig. A.), a) analog t-**V** aus er-**II** (15 Min. Kochen); 89%; b) durch Zutropfen von thr-**I** bzw. er-**I** zu $NaOC_2H_5$ in sd. A., Kochen (4 bzw. 10 Min.) u. rasches Kühlen auf 0°; 81 bzw. 70%.
B. Gnauck B 225◇

0760 **Kinetik der nucleophilen Verdrängung in aromatischen Reihen.** 1. Mitt. **Reaktionsmechanismus zwischen p-Nitrochlorbenzol und substituierten Aminen, besonders Diäthanolamin und Diäthylamin.** Fazal-e-Hussain. (Pakistan J. Sci. Res. **14**, 98—103, 1962; Lahore, Panjab Univ., Inst. of Chem.; engl.) — Die Kinetik der Rk. zwischen *p-Nitrochlorbenzol* (**I**, F. 83,46°, gelbe Nadeln aus PAe.) u. *Diäthanolamin* (**II**) bzw. *Diäthylamin* (**III**) zwischen 334,2 u. 354,2°K ohne u. in Ggw. alkohol. Lsgm. wird gravimetr. (Best. des Cl^- als AgCl) verfolgt. Aus **I** u. **II** bildet sich N-[4-Nitrophenyl]-diäthanolamin. Die Aktivierungsenergien betragen für die Rk. von **I** mit **II** ohne Lsgm. 20,10 kcal/Mol, in Ggw. von CH_3OH 13,63, A. 13,91, n-Propanol (**IV**) 14,26, n-Butanol (**V**) 14,31 bzw. Isobutanol 14,78; für die Rk. von **I** mit **III** ohne Lsgm. 8,11, in Ggw. von CH_3OH 9,02, A. 90,1, **IV** 8,71 bzw. **V** 8,60. Während bei der Rk. von **I** mit **II** die Rk.-Geschw. mit zunehmender Kettenlänge des zugesetzten Alkohols wächst, nimmt sie analog bei der Rk. mit **III** ab. Für die Rk. mit **II** wird angenommen, daß gleichzeitig mit dem nucleophilen Angriff der Aminogruppe von **II** am Cl-substituierten C-Atom von **I** eine Solvatisierung des Cl-Atoms durch andere **II**-Moll. erfolgt. Bei der Rk. von **I** mit **III** tritt nur eine entsprechende Solvatisierung durch die zugesetzten Alkohole auf. Die Wrkg. der Alkohole ist daher auf ihre verschiedenen Aciditäten zurückzuführen.
B. Gnauck B 225◇

0761 **Ersatz von Brom und Chlor in 2-Halogen-5-nitrobenzoldiazoniumverbindungen durch Chlorionen.** Bo Lamm. (Acta chem. scand. **16**, 768—69, 1962; Stockholm, Nobel Inst. of Chem.; engl.) — Wie die früher (vgl. C. **1963**, 20365) untersuchten 4-Halogen-3-nitrobenzoldiazoniumionen so reagieren auch *2-Halogen-5-nitrobenzoldiazoniumionen* mit Cl^--Ionen. Vf. verfolgt die Kinetik der Rkk. mittels Konkurrenzrkk. auf gaschromatograph. Wege. Bei der Konkurrenzrk. zwischen *4-Brom-3-nitrobenzoldiazoniumion* (**I**) u. *2-Brom-5-nitrobenzoldiazoniumion* (**II**) in Ggw. einen starken Cl^--Überschusses beträgt das Geschw.-Verhältnis v_I/v_{II} 1,32 bzw. 1,61 bei 25 bzw. 15°. Mit ^{36}Cl markierte Verbb. führen zu keinem Isotopeneffekt. Das Geschw.-Verhältnis zwischen **II** u. der analogen *2-Chlorverb.* beträgt bei 25° 2,02. Die Rkk. beider Verbb. besitzen verschiedene Temp.-Koeffizienten. Die Daten werden als Stütze für den l. c. angenommenen zweistufigen Rk.-Mechanismus gewertet, bei dem kein „Element-Effekt" auftritt.
B. Gnauck B 225◇

0762 **Intramolekulare nucleophile Reaktionsteilnahme. 2. Mitt. Solvolyse von 1- und 4-Carbomethoxy-9-bromfluoren.** R. E. Lovins, L. J. Andrews und R. M. Keefer. (J. Amer. chem. Soc. **84,** 3959—62, 1962; Davis, Calif., Univ. of California, Dep. of Chem.; engl.) — 1. vgl. C. **1963,** 1629. — Wie l. c. wird die Kinetik der Solvolyse von *1-* (**I**) u. *4-Carbomethoxy-9-bromfluoren* (**II**) sowie *9-Bromfluoren* (**III**) bei 58,7 u. 70,2° in 80%ig. wss. A. verfolgt; **I** E 22,1 (kcal/Mol), $\Delta S^{\neq}$ —14,3 (cal/Grad · Mol), **II** 22,9 —14 3, **III** 24,9, —3,5. *1-Carbophenoxy-9-bromfluoren* verhält sich ähnlich **I**. **II** reagiert etwa 3mal schneller als **I**. Der nucleophile 1-Carbomethoxy-Substituent unterstützt offenbar die Rk. nicht. Als Ursache für diesen Befund, der im Widerspruch zum Verh. analoger Benzhydrylbromide steht, wird der starre Bau des Fluorenringsyst. angenommen, der eine ebene Anordnung einer freien p-Elektronenbahn in 9-Stellung mit der $COOCH_3$-Gruppe verhindert. Ferner dürfte der Übergangszustand bei der Solvolyse von **III**-Verbb. keinen starken Carboniumion-Charakter besitzen, so daß o-Substituenten Elektronen an das Rk.-Zentrum nur schwach abgeben können. Die Kinetik der Rk. von $AgNO_3$ mit **I** u. **II** in 80%ig. wss. Aceton (Ac.) bei 25° wurde ebenfalls verfolgt; **I** k_{Ag^+} 0,024—0,027 (Liter/Mol · s), **II** 0,29—0,35. Verss., die Solvolyse von **I** oder **III** in 90%ig. wss. Ac. zu untersuchen, schlugen fehl, da keine bzw. keine erhebliche Rk. eintrat. Hieraus schließen Vff., daß zwischen Fluorenyl-(9)- u. benzhydrylartigen Kationen erhebliche Unterschiede in den Delokalisierungsenergien bestehen.

Versuche: *Fluorenon-(9)-carbonsäure-(1)*, F. 188 bis 190° (Essigsäure), durch CrO_3-Oxydation von Fluoranthen in Essigsäure; 57% (Ausbeute). — *Fluorenol-(9)-carbonsäure-(1)*, F. 190—192° (Essigsäure), durch Red. vorst. Verb. mit Mg in Methanol; 31%. — *9-Bromfluorencarbonsäure-(1)*, F. 238—240° (PAe.), a) aus vorst. Verb. nach Forrest u. Tucker (J. chem. Soc. [London] **1948, 1137**); 64%; b) durch Zutropfen von Br_2 in CCl_4 zu Fluorencarbonsäure-(1) in CCl_4 unter Bestrahlung; 91%. *Methylester* (**I**), $C_{15}H_{11}BrO_2$, F. 101—102° (PAe.). *Phenylester*, $C_{20}H_{13}BrO_2$, F. 120—121° (PAe.), durch 5std. Kochen des Säurechlorids mit Phenol in CCl_4; 17%. — *4-Carbomethoxyfluoren*, F. 62—63° (PAe.), durch Umwandlung von Diphensäure in Fluorenon-(9)-carbonsäure-(4) mit H_2SO_4, Wolff-Kishner-Red., Kochen der Säure (14 g) mit PCl_5 in abs. Chlf. u. 3std. Kochen des Säurechlorids in Methanol; 10,2 g. — *4-Carbomethoxy-9-bromfluoren* (**II**), $C_{15}H_{11}BrO_2$, F. 106—107° (PAe.), durch Photobromierung vorst. Verb. in CCl_4; 69%. Darst. aus 9-Bromfluorencarbonsäure-(4) analog **I** schlug infolge teilweiser Solvolyse bei der Veresterung fehl. — *9-Bromfluoren* (**III**), $C_{13}H_9Br$, F. 103—104°, durch Photobromierung von Fluoren; 63%.

B. Gnauck B 225◇

0763 **Organisch-chemische Reaktionen in flüssigem Ammoniak. 4. Mitt. Über die Reaktionsfähigkeit von Ätzalkali. 4. Mitt. Reaktionen mit Äthern. 2. Mitt.** Kanji Tokuyama. (J. pharmac. Soc. Japan [Yakugakuzasshi] **76, 897—99, 1956**; Amagasaki, Shionogi & Co., Ltd., Res. Labor.; jap., Auszug: engl.) — 5. vgl. C. **1963,** 5814; vgl. auch C. **1963,** 21516. — Carboxyl- bzw. Methylgruppen im NO_2-freien Ring von Nitrodiphenyläthern beeinflussen nicht die durch NaOH in fl. NH_3 hervorgerufene Spaltungs-Rk. zu Phenolen; dagegen ist der Einfl. von zur Äthergruppe o- bzw. p-ständigen Nitrogruppen für die Rk. bestimmend. Es wird daher angenommen, daß NaOH in fl. NH_3 sowohl als Säure als auch als Alkali reagiert. Untersuchte Verbb.: *4-Nitro-4'-X-diphenyläther* (X = CH_3, CO_2H), *3-Nitro-* u. *2.4-Dinitrodiphenyläther*.

H.-J. Weigmann B 225△

0764 **Mechanismus von Reaktionen ungesättigter Äther und Thioäther. 1. Mitt. Säurekatalysierte Addition von Wasser an Äthinylthioäther.** W. Drenth und H. Hogeveen. (Recueil Trav. chim. Pays-Bas **79,** 1002—11, 1960; Groningen, Netherlands, Univ., Chem. Dep.; engl.) — 5. vgl. C. **1964,** 6/7-0768. — Die Addition von W. an $HC{\equiv}CSC_2H_5$ (**I**), welche $CH_3COSC_2H_5$ ergibt, wurde in wss. Lsg. untersucht, die durch Puffer konst. pH zwischen 2,61 u. 4,71 hielten. Die Rk.-Geschw. wurde spektroskop. gemessen. Die säurekatalysierte Rk. ist 1. Ordnung bzgl. **I**, sie verläuft in H_2O schneller als in D_2O. Die Aktivierungsentropie ΔS^* u. -enthalpie ΔH^* betragen — 6,1 cal/Grad-Mol bzw. 16,5 kcal/Mol. Substitution von $-C_2H_5$ in **I** durch $-C(CH_3)_3$ erhöht die Rk.-Geschw.; ΔS^* beträgt in diesem Falle — 0,6 cal/Grad · Mol. Vermutlich ist die Protonierung des Äthinylthioäthers der geschw.-bestimmende Rk.-Schritt.

Claus Fischer B 225◇

0765 **Von Dihalogenpropenen abgeleitete Amine.** 3. Mitt. **Bromwasserstoffabspaltung von cis- und trans-N-[3-Bromallyl]-n-butylamin.** Albert T. Bottini, Barbara J. King und James M. Lucas. (J. org. Chemistry **27,** 3688—90, 1962; Davis, Calif., Univ. of California, Chem. Dep.; engl.) — 2. vgl. C. **1963,** 3945; 4. vgl. C. **1964,** 3-0895. — Durch Einw. von $NaNH_2$/fl. NH_3 auf cis- bzw. trans-N-[3-Bromallyl]-n-butylamin (**I**) entsteht durch β-Eliminierung nur *N-n-Butylpropargylamin* ($C_7H_{13}N$, Kp.$_{102}$ 68—70°, n_D^{28} 1,4382; 65% Ausbeute), Prodd. eines β-Abbaus oder einer Ringschlußrk. werden nicht gefunden. Die HBr-Abspaltung erfolgt entweder als cis-Eliminierung an der Doppelbindung oder durch Isomerisierung von trans-**I** zu cis-**I** u. folgende trans-Reaktion. Während trans-**I** gegenüber wss. NaOH in wss. Dioxan (Dx.) bei 77,2° stabil ist, tritt bei cis-**I** Dehydrobromierung ein. Die Kinetik dieser Rk. 2. Ordnung wird titrimetr. bei 61,4 u. 77,2° in 50%ig. wss. Dx. verfolgt; in Ggw. von 0,0387 m NaOH bzw. 0,0645 m NaOH betragen $\Delta E^{\neq}$ 23,7 bzw. 24,2 kcal/Mol u. $\Delta S^{\neq}$ — 5,9 bzw. — 4,5 cal/Grad · Mol. Durch diese Rk. kann aus einem cis/trans-Gemisch von **I** (in wss. A.) die reine trans-Verb. erhalten werden. Durch Erhitzen von cis- oder trans-**I** in wss. Dx. auf 77,2° (ohne NaOH) tritt keine Rk. ein.

Versuche: *cis-1.3-Dibrompropen*, Kp.$_{25}$ 60—61°, aus 1-Brompropen nach Greenwood u. Mitarbeitern (C. **1960,** 10905); n_D^{25} 1,5525. Daneben *trans-Verb.*, Kp.$_{25}$ 65—66°, n_D^{25} 1,5570. — *cis-N-[3-Bromallyl]-n-butylamin-(cis-I)*, $C_7H_{14}BrN$, Kp.$_7$ 82—84° (72% rein), durch Zutropfen von n-Butylamin in Ae. (bei 34—35°) zu vorst. cis-Verb., 3std. Rühren bei 45—50° u. Stehen (1 Nacht); n_D^{25} 1,4757; 45% (Ausbeute). *p-Brombenzolsulfonylderiv.*, $C_{13}H_{17}Br_2NO_2S$, F. 49—50° (A.). *trans-I*, $C_7H_{14}BrN$, Kp.$_2$ 60—65° bzw. 62—64°, a) analog cis-**I**; n_D^{25} 1,4781; 46%, b) durch 16std. Kochen eines cis/trans-**I**-Gemisches mit NaOH in wss. A.; 27%. *Brombenzolsulfonylderiv.*, $C_{13}H_{17}Br_2NO_2S$, F. 144—146° (Methanol).

B. Gnauck B 225◇

0766 **Eliminierungsreaktionen von α-halogenierten Ketonen.** 8. Mitt. **Wirksamkeit von Chloridionen und Perchlorationen bei der Förderung der Bromwasserstoffabspaltung aus 2-Benzyl-2-brom-4.4-dimethyltetralon-(1) in Acetonitrillösung.** G. Coppens, Dennis N. Kevill und Norman H. Cromwell. (J. org. Chemistry **27,** 3299—3300, 1962; Lincoln, Nebr., Univ. of Nebraska, Avery Labor.; engl.) — 7. vgl. C. **1962,** 18788. — Bei 25° reagiert *2-Benzyl-2-brom-4.4-dimethyltetralon-(1)* (**I**) in Ggw. von Tetraäthylammoniumchlorid (**II**) in Acetonitril 26mal rascher als in Ggw. des früher (vgl. Kevill u. Cromwell, C. **1963,** 14638) untersuchten Tetraäthylammoniumbromids. Bei 37,0° erhält man 99% *2-Benzyl-4.4-dimethyl-1-keto-1.4-dihydronaphthalin* (F. 111—112°). Die Kinetik der Rk. wird titrimetr. zwischen 1,9 u. 36,0° verfolgt, E 18,5 kcal/Mol, A = $10^{11,4}$ Liter/Mol · s. Die Rk. ist 1. Ordnung bzgl. **I** u. **II**. Anscheinend bindet jedes eliminierte H^+-Ion ein kinet. akt. Cl^- unter Bldg. von undissoziiertem HCl. Cl^- u. Br^- nehmen offenbar am Übergangszustand teil, ihre Wrkg. beruht nicht nur auf einem starken Salzeffekt, da überschüssiges Tetraäthylammoniumperchlorat keine erhebliche Wrkg. auf die Rk.-Geschw. hat. Die Relativgeschw. der durch Cl^- bzw. Br^- beschleunigten Eliminierungsrk. konnte infolge von Hydrolyse des **I** nicht in 87%ig. wss. A. bestimmt werden.

B. Gnauck B 225◇

0767 **Eliminierungsreaktionen von α-halogenierten Ketonen. 9. Mitt. Ein Vergleich der Reaktionen von 2-Brom-2-[α-brombenzyl]-indanon-(1) mit denen von 2-Brom-2-[α-brombenzyl]-3.3-dimethylindanon-(1).** Barry D. Pearson, Randall P. Ayer und Norman H. Cromwell. (J. org. Chemistry **27,** 3038—44, 1962; Lincoln, Nebr., Univ. of Nebraska, Avery Labor.; engl.) — 8. vgl.

vorst. Referat. — Auf Grund von IR-, UV- u. NMR-spektroskop. Unterss. ergibt sich, daß bei der Rk. von 2-Brom-2-[α-brombenzyl]-indanon-(1) (**I**) mit Piperidin (**IV**), Morpholin (**V**) bzw. Cyclohexylamin (**XIV**) nicht wie früher angegeben (vgl. Cromwell u. Ayer, C. **1960**, 8476) α.β-ungesätt. β-Aminoketone entstehen, sondern *3-Piperidino-*, *3-Morpholino-* bzw. *3-Cyclohexylamino-2-benzalindanon-(1)*. Die therm. Eliminierung von HBr aus **I** ergibt auch nicht 2-[α-Brombenzal]-, sondern *2-Benzal-3-bromindanon-(1)* (**VIII**), das auch aus 2-Benzalindanon-(1) (**II**) u. N-Bromsuccinimid (**III**) zugänglich ist. 2-Brom-2-[α-brombenzyl]-3.3-dimethylindanon-(1) (**VI**) liefert dagegen mit **IV** bzw. **V** die α.β-ungesätt. β-Aminoketone *3.3-Dimethyl-2-[α-piperidino-* (**VII**) bzw. *-morpholino-benzal]-indanon-(1)*. Die Hydrolyse von **VII** mit wss. H_2SO_4 ergibt erwartungsgemäß *2-Benzoyl-3.3-dimethyl-indanon-(1)* (**IX**). Zum Vgl. werden die UV-Maxima (in n-Hexan u. in CH_3OH) u. die IR-Hauptbanden (in CCl_4) für folgende Indanon-(1)-derivv. angegeben: **I**, **II**, *2-Benzal-3.3-dimethyl-* (**XI**), **VI**, **VIII**, *2-[α-Brombenzal]-3.3-dimethyl-*, *2-Benzal-3-piperidino-*, **VII**, *2-Benzal-3-morpholino-*, *3.3-Dimethyl-2-[α-morpholinobenzal]-*, *2-Benzyl-3.3-dimethyl-* (**XII**), *2-Benzyl-2-brom-3.3-dimethyl-*, *3.3-Dimethyl-2-[α-piperidinobenzyl]-*, **IX**, *2-Benzal-3-hydroxy-* (**X**), *2-[α-Brombenzyl]-2-hydroxyindanon-(1)*, *2-Benzal-3-cyclohexylaminoindanon-(1)-hydrochlorid* sowie *2-Benzal-indandion-(1.3)*. Zum Mechanismus der Bldg. 3-substituierter 2-Benzalindanon-(1)-verbb. aus **I** wird vermutet, daß sich zuerst 2-[α-Brombenzyl)-indanon-(1) bildet, u. dieses rasch anionotrop in das exocycl. 2-Benzalindanon-(1)-Syst. umgelagert wird. Als Triebkraft wird der Wechsel der Hybridisierung des $C_{(3)}$-Atoms im Indonring von sp^2- zum sp^3-Zustand unter der elektronenabziehenden Wrkg. der C=O-Gruppe angenommen. Die therm. Eliminierungs-Umlagerungsrk. **I** → **VIII** läuft vermutlich über einen S_N1'-Mechanismus, die aminkatalysierte Eliminierungs-Substitutionsrk. der Rkk. von **I** über den S_N2'-Weg. Die Bldg. der α.β-ungesättigten β-Aminoketone aus **VI** erfolgt entweder durch Eliminierung von HBr u. folgende Substitution oder durch Substitution des β-ständigen Br durch das Amin u. folgende HBr-Eliminierung.

Versuche: *3.3-Dimethylindanon-(1)* (**XIII**), $Kp._{1,5}$ 101—103°, durch 1/4std. Ringschlußrk. von β-Phenylisovaleriansäure mit Polyphosphorsäure bei 90° u. Hydrolyse; 82% (Ausbeute). — *2-Benzal-3.3-dimethylindanon-(1)* (**XI**), $C_{18}H_{16}O$, F. 80—82° (hellgelbgrüne Kristalle aus A.), durch rasche Zugabe von Benzaldehyd zu **XIII** in KOH/A. unter Kühlung u. 24std. Stehen im Eisschrank 77%. — *2-Benzyl-3.3-dimethylindanon-(1)* (**XII**), $C_{18}H_{18}O$, F. 65° (wss. Methanol), durch Hydrieren von **XI** in Ggw. von 10%ig. Pd/Kohle in Methanol bei 1 at; 90%. — *2-Brom-2-[α-brombenzyl]-3.3-dimethylindanon-(1)* (**VI**), $C_{18}H_{16}Br_2O$, F. 160° (Methanol–Chlf.), durch Zugabe von Br_2 in CCl_4 zu **XI** in CCl_4 bei Raumtemp. u. 1std. Rühren unter Lichtausschluß; 72%. — *2-Benzyl-2-brom-3.3-dimethylindanon-(1)*, $C_{18}H_{17}BrO$, F. 67—68° (A.), analog **VI** aus **XII**; 87%. — *2-[α-Piperidinobenzyl]-3.3-dimethyl-indanon-(1)*, $C_{23}H_{27}NO$, F. 148—150° (wss. A.), durch 36std. Stehen von **XI** in **IV**; 10%. **II** reagiert nicht analog. — *2-Benzoyl-3.3-dimethylindanon-(1)* (**IX**), $C_{18}H_{16}O_2$, F. 140—141° (A.), durch Zugabe von **XIII** zu Pyrrolidin u. Bzl., 24std. azeotrope Abdest. des W., Erwärmen des Rückstands in Bzl. mit Benzoylchlorid (1/4 Std.), Hydrolyse mit W., 1std. Rühren des Teerrückstands in Ae. mit Cu(II)-Acetat u. 0,5std. Hydrolyse des Cu-Komplexes mit 7 n wss. H_2SO_4/Ae.; 3%. Der Vers. zur Darst. aus $NaNH_2$, **XIII** u. Phenylbenzoat verlief erfolglos. — *3.3-Dimethyl-2-[α-piperidinobenzal]-indanon-(1)* (**VII**), $C_{23}H_{25}NO$, F. 180° (gelbe Kristalle aus Bzl.–n-Hexan), durch 24std. Einw. von **IV** auf **VI** in Bzl. unter N_2 bei Raumtemp.; 78%. Kein stabiles Hydrochlorid. Liefert durch 9std. Kochen mit 7 n H_2SO_4 83% **IX**. — *3.3-Dimethyl-2-[α-morpholinobenzal]-indanon-(1)*, $C_{22}H_{23}NO_2$, F. 214—216° (gelbe Kristalle aus Bzl.–n-Hexan), analog **VII**; 27%. — *2-[α-Brombenzal]-3.3-dimethylindanon-(1)*, $C_{18}H_{15}BrO$, F. 171—173° (gelbe Rhomben aus Bzl.–n-Hexan). durch Einw. (1 Woche) von **XIV** auf **VI** in Bzl. bei Raumtemp. unter N_2 u. Abtrennen des **XIV**-Hydrochlorids; 9%. Liefert durch 18std. Einw. von **IV** in Bzl. bei Raumtemp. unter N_2 33% **VII**. — *2-Benzal-3-brom-indanon-(1)* (**VIII**), F. 119—120° (CCl_4), durch 1std. Kochen von **II** mit **III** u. Benzoylperoxid in CCl_4; 70%. — *2-Benzal-3-hydroxyindanon-(1)* (**X**), $C_{16}H_{12}O_2$, F. 184 bis 185° (A.), a) durch 15std. Kochen von **VIII** in wss. Dioxan; 90%; b) analog aus **I** (28 Std.); 8%, daneben 58% **II**. — *2-Benzalindandion-(1.3)*, F. 151—152° (A.), durch Zugabe von CrO_3/wss. H_2SO_4 zu **X** in Aceton u. 2std. Rühren; 89%. — *2-[α-Brombenzyl]-2-hydroxyindanon-(1)*, $C_{16}H_{13}BrO_2$, F. 104—107° (rosafarbene Kristalle aus Bzl./n-Hexan), durch 4std. Einleiten von HBr-Gas in 2-Benzal-indanon-(1)-oxid in sd. CCl_4; 63%. — *2-Benzal-3-cyclohexylaminoindanon-(1)-hydrochlorid*, $C_{22}H_{24}ClNO$, F. 198 bis 201° (abs. A./Ae.), durch 19std. Einw. von **XIV** auf **VIII** unter N_2 bei Raumtemp., Abtrennen des **XIV**-Hydrochlorids u. Einleiten von HCl-Gas in die Ae.-Lsg.; 91%. — *2-Benzal-3-piperidinoindanon-(1)*, durch Zugabe von Br_2 u. **IV** in Bzl. zu **II** in Bzl., Stehen (1 Woche) unter N_2 bei Raumtemp., u. Abtrennen des **IV**-Hydrobromids; 1%. B. Gnauck B 225◇

0768 **Thermische Zersetzung von 1.1'-Azo-bis-1-phenyläthan: Beschleunigung durch Chloranil.** Raymond C. Petersen und Sidney D. Ross. (Tetrahedron Letters [London] **1960**, Nr. 23, 18—21; North Adams, Mass., Sprague Electr. Co., Res. Labor.; engl.) — Es wurde die Geschw. der therm. Zers. von *1.1'-Azo-bis-1-phenyläthan* (*1.1'-Diphenylazoäthan*, **I**) in Ggw. von *Chloranil* (**II**) u. MgO in N-Methylpropionamid als Lsgm. bei 97,30 ± 0,14° gemessen, indem die N_2-Entw. als Funktion der Zeit ermittelt wurde. Man stellte fest, daß **II** die Rk. deutlich beschleunigt. Die Rk. ist bis zu einem prozentual hohen Umsatz 1. Ordnung bzgl. **I**; die Geschw.-Konst. 1. Ordnung sind dem Ausdruck (Molenbruch II_0)/(Molenbruch $I_0)^{1/2}$ proportional (Index 0 = Zeit 0). Der Rk.-Mechanismus wird diskutiert. Claus Fischer B 225◇

0769 **Wirkung der Hyperkonjugation auf die Zersetzung von N-Alkyl-N-nitrosacetamiden.** Masuo Murakami, Katsuhiko Akagi und Yonosuke Mori. (Bull. chem. Soc. Japan **35**, 11—15, 1962; Sakai-shi, Osaka, Osaka Univ., Inst. of Scient. and Ind. Res.; engl.) — Vgl. C. **1950/54**, 5237 S. — Wie l. c. verfolgten Vff. volumetr. (Best. des abgespaltenen N_2) die therm. Zers. folgender N-Alkyl-N-nitrosoacetamide in Bzl.: *N-sek.-Butyl-* $\Delta H^{\ddagger}$ **23,9** (kcal/Mol), $\Delta S^{\ddagger}$ — 4,5 (cal/Grad · Mol) (Temp.-Bereich **34,8—54,9°**), *N-2-Phenylisopropyl-* 20,6, — 13,5 (50,0—70,0°), *N-2-Cyclohexylisopropyl-* 23,5, — 5,0 (34,8 bis 55,1°), *N-trans-2-Cyclohexylcyclohexyl-* 21,8, — 8,1 (34,8—54,9°), *N-trans-2-Phenylcyclohexyl-* 17,6, — 22,5 (34,8—54,9°), *N-Isopropyl-* 23,7, — 2,6 (24,9—44,7°), *N-1-Äthylpropyl-* 24,3, — 0,2 (25,0—45,0°), bzw. in Xylol *N-Methyl-* 27,5, — 5,3 (80,0—100,2°), *N-Äthyl-* 27,0, — 3,4 (70,2—90,2°), *N-n-Propyl-* 28,5, — 1,2 (70,0—90,0°), *N-n-Butyl-* 27,7, — 0,9 (70,1—90,0°), *N-Isobutyl-* 27,1, — 1,0 (59,9—90,2°), *N-Cyclobutyl-* 21,5, — 11,2 (30,0—55,0°), *N-Cyclopentyl-* 21,7, — 8,3 (24,9 bis 44,7°), *N-Cyclohexyl-* (**I**) 20,8, — 10,3 (24,9—44,70), *N-Cycloheptyl-* 22,6, — 5,9 (24,9—54,9°) u. *N-Cyclooctyl-N-nitrosoacetamid* 23,8. — 6,2 (29,3—54,9°). Durch α-Substituenten in N-Alkylgruppen wird infolge ster. Wrkg. der $\Delta H^{\ddagger}$-Wert vermindert. β-Alkylsubstituenten weisen einen solchen Effekt nicht auf. Die Abnahme des $\Delta H^{\ddagger}$-Werts durch die Einführung der β-Phenylgruppe in N-Alkylgruppen der Nitrosoacetamide wird vermutlich durch die größere Stabilität des Übergangszustands infolge von sek. Hyperkonjugation verursacht. Die von Huisgen (Liebigs Ann. Chem. **595**, [1955], 55) gegebene Erklärung der ster. Unterschieds im Verh. von N-n-Alkyl- u. N-sek.-Alkyl-N-nitrosoamiden kann nicht auf die Nitrosoamide mit cycl. Alkylsubstituenten am N angewendet werden. Auch für diese Verbb. wird das Auftreten einer sek. Hyperkonjugation angenommen. Ferner wird die Kinetik der Zers. von $D_{(1)}$- u. $D_{(2)}$-**I** untersucht, die langsamer als **I** reagieren. Auch für diese Herabsetzung der Rk.-Geschw. wird als Ursache die sek. Hyperkonjugation vermutet.

Versuche: Amine, durch Red. der entsprechenden Oxime mit Na in abs. A.: *trans-2-Phenylcyclohexyl-*, $Kp._6$ 116—118° (*Hydrochlorid, Hc.*, F. 247°). — *trans-2-*

Cyclohexylcyclohexyl-, Kp.$_4$ 110—110,5°. — *sek.-Butyl-*, Kp. 93°. — *Cyclopentylamin*, Kp. 104—106°. — *Cycloheptyl-*, Kp.$_{75}$ 85° (*Hc.*, F. 245—246°). — *Cyclooctyl-*, Kp.$_{12}$ 72°, durch katalyt. Red. von Cyclooctanonoxim. *Pikrat*, F. 191—192°. — Analog: *2-Cyclohexylisopropyl-*, Kp.$_{21}$ 85—87°, aus 2-Phenylisopropylamin; n_D^{20} 1,4615. — *1-Äthyl-n-propyl-*, Kp. 90°, durch Schmidt-Rk. mit α-Äthylbuttersäure. *Pikrat*, F. 167—168°. — Analog: *Cyclobutyl-*, Kp. 80—81°, aus Cyclobutancarbonsäure. — *D$_{(1)}$-Cyclohexyl-* (D$_{(1)}$-I), Kp. 134°, durch 300std. Erwärmen von 12 g Cyclohexancarbonsäure (**II**, F. 29—30°, Kp.$_6$ 113°) mit D_2SO_4 auf 50° u. Gießen in Eiswasser (→ 10,6 g D-**II**) u. Schmidt-Rk. mit H_2SO_4: 5 g (Ausbeute aus 7,5 g D-**II**). *D$_{(2)}$*-**I**, durch 1,5std. Einw. von D_2SO_4 auf Cyclohexanon bei 20°, Gießen in Eiswasser, Oximierung u. Red. mit Na/abs. Äthanol. — N-Alkylacetamide, durch Einw. von Acetanhydrid auf die entsprechenden Amine in Ae. (Kristallisation aus Ligroin-Chlf.): *N-Methyl-*, C_3H_7NO, Kp.$_8$ 65°. — *N-Äthyl-*, $C_4H_9 \cdot NO$, Kp.$_5$ 80—82°. — *N-n-Propyl-*, $C_5H_{11}NO$, Kp.$_{25}$ 122°. — *N-Isopropyl-*, $C_5H_{11}NO$, Kp.$_9$ 82°. — *N-n-Butyl-*, $C_6H_{13}NO$, Kp.$_3$ 110°. — *N-Isobutyl-*, $C_6H_{13}NO$, Kp.$_2$ 93°. — *N-sek.-Butyl-*, $C_6H_{13}NO$, Kp.$_3$ 87°. — *N-1-Äthylpropyl-*, $C_7H_{15}NO$, F. 66°. — *N-Cyclobutyl-*, $C_6H_{11}NO$, F. 44°. — *N-Cyclopentyl-*, $C_7H_{13}NO$, Kp.$_{16}$ 143°. — *N-Cyclohexyl-*, $C_8H_{15}NO$, F. 107°. — *N-Cycloheptyl-*, $C_9H_{17}NO$, Kp.$_3$ 147—148°. — *N-Cyclooctyl-*, $C_{10}H_{19}NO$, Kp.$_4$ 162°. — *N-2-Cyclohexylisopropyl-*, $C_{11}H_{21}NO$, F. 97°. — *N-trans-2-Phenylcyclohexyl-*, $C_{14}H_{19}NO$, F. 135°. — *N-trans-2-Cyclohexylcyclohexyl-*, $C_{14}H_{25}NO$, F. 147°.
B. Gnauck B 225◇

0770 **Der Einfluß von Bestrahlungsdosis und Jod-Radikalfänger auf ^{11}C-Rückstoß-Reaktionen in Cyclohexan.** Edward P. Rack und Adolf F. Voigt. (J. physic. Chem. **67**, 198—200, 1963; Ames, Iowa, Iowa State Univ., Dep. of Chem., Inst. for Atomic Res.; engl.) — Durch (γ, n)-Rkk. entstehen ^{11}C-Fragmente, die mit *Cyclohexan* gasförmige Prodd. wie CH_4, C_2H_4 + C_2H_6, C_3H_6 u. C_4-Verbb. bilden. Die strahleninduzierten Anteile dieser Verbb. können durch Jod entfernt werden. Hauptprod. ist C_2H_2, dessen Ausbeute jedoch von der Bestrahlungsdosis unabhängig ist. Mögliche Rk.-Verläufe für das Entstehen der einzelnen Prodd. werden angegeben.
W. Knoch B 226◇

0771 **Direkte Radiosynthese einiger Farbstoffe.** Jean Loiseleur und Michelle Petit. (C. R. hebd. Séances Acad. Sci. **250**, 2573—75, 1960; franz.) — Bestrahlung mit Röntgen- oder UV-Licht in Ggw. von O_2 unter gleichzeitigem Erwärmen bewirkt bei Verbb. mit niedrigem Mol.-Gew. über die Peroxidstufe Verknüpfung zu größeren Einheiten. Danach gelingt die Synth. folgender Farbstoffe (beurteilt durch Messung der opt. Dichte der bestrahlten Lsgg.): *Anilinschwarz* (durch 1½std. UV- oder Röntgenbestrahlung einer Lsg. von 1,4 g Anilinhydrochlorid in 50 ml n/10 HCl in Ggw. von 0,25 g Na-Vanadat unter Durchperlen von O_2 bei 80—85°); *Tolylenrot* (aus 850 mg Dimethyl-p-phenylendiamin (**I**) u. 800 mg m-Tolylendiamin in je 50 ml n/10 HCl in Ggw. einer Spur $CuSO_4$, 20 Min.); *Methylenblau* [aus 850 mg **I** in 50 ml n/10 HCl in Ggw. einer Spur $CuSO_4$ + 0,5 ml $(NH_4)_2S$, 30 Min.]; Lauths *Violett* (analog mit p-Phenylendiamin). Ebenso: *Fuchsin, Malachitgrün, Phenosafranin, Acridingelb* u. *Indophenolblau.* Ohne Bestrahlung entsteht unter sonst gleichen Bedingungen keine Färbung. Die Ausbeute der Radiolyse steigt mit der Temp. u. der Bestrahlungsdauer.
Gerhard Müller/Bitterfeld B 226◇

0772 **Untersuchungen über den Seiden-Rhodium-Katalysator.** Akira Akamatsu, Yoshiharu Izumi und Shiro Akabori. (Bull. chem. Soc. Japan **35**, 1706—11, 1962; Kita-ku, Osaka, Osaka Univ., Inst. for Protein Res., Div. of Organ. Chem.; engl.) — Aus der Gruppe der Hydrierungskatalysatoren auf Seidenfibroin-Fasern als Trägergrundlage wird der durch Kochen von Seidenfasern in $RhCl_3$-Lsg. erhältliche Seiden-Rh-Katalysator (Seide-$RhCl_3$-Chelat) untersucht. Der Katalysator zeigt eine starke selektive Aktivität gegenüber Doppelbindungen in α-Stellung zu Carbonyl bzw. Carboxyl- (nicht aber Ester-) u. -CH_2OH-Gruppen, wohingegen die Carbonylgruppen selbst nicht angegriffen werden. Die aromat. gebundene Nitrogruppe wird erst bei hoher Temp. (90°) zur NH_2-Gruppe red., die aliphat. NO_2-Gruppe noch schwerer. Bei den Verss. wurde bei verschiedenen Temp. u. Rk.-Zeiten zwischen 37 u. ca. 300 Min. red.: *Allylalkohol* [→ Propanol; 100% (Ausbeute)], *Malein-* (→ Bernsteinsäure; 62%), *Zimtsäure* (→ 3-Phenylpropionsäure; 87 bzw. 72%), *Acrolein* (→ Propionaldehyd; 93%), *Mesityloxid* (→ Isobutylmethylketon; 20%), *Butin-(2)-diol-(1.4)* [→ Butandiol-(1.4); 100%], *Nitrobenzol* (→ Anilin; 60%), *p-Nitrotoluol* (→ p-Toluidin; 70%) u. *m-Nitrozimtsäure* (→ m-Aminozimtsäure; 29% u. m-Amino-3-phenylpropionsäure; 29%). Keine Red.-Prodd. bei nur sehr geringer H_2-Aufnahme (2—18%) wurden isoliert bei: *Acet-, Benz-, Croton-, Zimtaldehyd, Maleinsäurediäthylester* u. *Nitromethan.* Durch Benzylmercaptan, Fe^{3+} u. Cu^{2+} wird der Katalysator vergiftet, kann aber bei Vergiftung durch Metallionen mit Äthylendiamintetraessigsäure regeneriert werden. Die Darst. des Katalysators wird beschrieben.
W. Betcke B 227◇

0773 **Katalytische Synthese von Pyridinbasen in der Dampfphase.** 9. Mitt. **Eine neue Synthese von 2-Äthyl-3-methylpyridin und 2-Propyl-3-äthylpyridin.** Takeo Ishiguro, Yoshio Morita und Kazuo Ikushima. (J. pharmac. Soc. Japan [Yakugakuzasshi] **77**, 660—64, 1957; Kyōto, Univ., Pharmakolog. Inst.; jap., Auszug: engl.) — 8. vgl. C. **1963**, 5460; 13. vgl. C. **1964**, 2-0892. — Bei der Rk. von Allylalkohol, Diäthyl- bzw. Dipropylketon u. NH_3 bei 375—400° an Cd- oder Co-Phosphat–Säureton entstehen 2-Äthyl-3-methyl- bzw. 2-Propyl-3-äthylpyridin. Die Ausbeute an Pyridinen beträgt beim Verhältnis Alkohol : Keton 1 : 1 bzw. 1,5 : 1 25 bzw. 30%.

Versuche: *Diäthylketon* (**I**), Kp. 98—103°, aus Propionsäure durch Erhitzen auf 400—450° in Ggw. von Fe-Oxalat; 66% (Ausbeute). *Semicarbazon*, F. 140 bis 141°. — *Dipropylketon* (**II**), Kp. 140—143°, analog aus Buttersäure; 71%. *Semicarbazon*, F. 132—134°. — *2-Äthyl-3-methylpyridin*, Kp. 176° (Kp.$_{16}$ 69,5°), a) durch Kondens. von 51 cm³ Allylalkohol (**III**), 52 cm³ **I** u. 39000 cm³ NH_3, durch Erhitzen auf 400° in Ggw. von 20%ig. $Cd_3(PO_4)_2$; D_4^{25} 0,9331, n_D^{15} 1,5024; b) aus 200 cm³ Ae., 1,4 g Li, 15,7 g Brombenzol, zugetropften 10,7 g 2.3-Lutidin u. 14,2 g CH_3J. *Pikrat*, $C_8H_{11}N \cdot C_6H_3N_3O_7$, F. 139—140°. *Chloroaurat*, F. 113—115°. *Chloroplatinat*, F. 201—202° (Zers.). — *2-Propyl-3-äthylpyridin*, Kp.$_{12}$ 93—94°, a) aus 52 cm³ **III**, 69 cm³ **II** u. 67000 cm³ NH_3 analog; n_D^{25} 1,4975; b) aus 0,7 g Li, 8 g Brombenzol, 7 g 2-Methyl-3-äthylpyridin u. 8 g C_2H_5J; 55%. *Pikrat*, $C_{10}H_{15}N \cdot C_6H_3N_3O_7$, F. 120—121,5°. *Chloroplatinat*, F. 197° (Zersetzung).
F. Mossner B 227

C. Präparative organische Chemie, Naturstoffe

0774 **Die Bildung einer Nitren-Zwischenstufe bei der Reaktion von Nitroverbindungen mit Eisen(II)-oxalat.** R. A. Abramovitch, Y. Ahmad und D. Newman. (Tetrahedron Letters [London] **1961**, Nr. 21, 752—57; Saskatoon, Sask., Canada, Univ. of Saskatchewan, Dep. of Chem.; engl.) — o-Nitrozimtsäure gibt mit Fe(II)-Oxalat (**I**) *Indolcarbonsäure-(2)*. Aus 2'-Nitro-2.4.6-trimethylbiphenyl entstehen mit **I** das entsprechende *Amin* u. *8.10-Dimethylphenanthridin*. o-Nitrophenylcyclohexan gibt mit **I** *o-Aminophenylcyclohexan* u. *Carbazol*, während aus o-Nitroäthylbenzol mit **I** *cis-o-Äthylazobenzol* u. *o-Aminoäthylbenzol* entstehen. Werden schließlich Nitrobenzol u. Hexadecen-(1) mit **I** behandelt, so entsteht neben viel *Anilin N-[Hexadecen-(2)-yl]-anilin*. Aus diesen Verss. ergab sich, daß bei der Rk. von Nitro-Verbb. eine Nitren-Zwischenstufe auftritt, die als Biradikal im Triplettzustand gebildet wird, deren Übergang zum stark elektrophilen Singulettzustand aber sehr schnell möglich ist.

Versuche: *Indolcarbonsäure-(2)*, aus o-Nitrozimtsäure u. **I** bei 270—280°. — *2'-Amino-2.4.6-trimethyl-*

biphenyl, a) aus I u. 2′-Nitro-*2.4.6*-trimethylbiphenyl ohne Lsgm. bei 300°; 27,4% (Ausbeute); b) analog a) in Hexadecan; 42,1%. — *8.10-Dimethylphenanthridin*, neben vorst. Verb. nach a); 22,6%; nach b) 14,8%. — *o-Aminophenylcyclohexan*, aus o-Nitrophenylcyclohexan u. I; 51,7%. — *Carbazol*, neben vorst. Verb.; 40%. — *cis-o-Äthylazobenzol*, aus o-Nitroäthylbenzol u. I; 15,6%. — *o-Aminoäthylbenzol*, neben vorst. Verb.; 4,5%. — *Anilin*, aus Nitrobenzol u. Hexadecen-(1) mit I in Hexadecan. — *N-[Hexadecen-(2)-yl]-anilin*, $C_{22}H_{37}N$, Kp.$_{0,11}$ 180°, neben vorst. Verbindung. R. Becker 460△

0775 **Verwendung von bifunktionellen Katalysatoren in Peptid- und anderen Synthesen.** H. C. Beyerman und W. Maassen van den Brink. (Proc. chem. Soc. [London] **1963**, 266; Delft, TH, Labor. of organ. Chem.; engl.) — Verbb., die nebeneinander eine schwache bas. u. eine schwache saure Gruppe enthalten, eignen sich gut zur Ammonolyse energieschwacher oder ster. gehinderter Ester oder zur Herst. von Polyamiden. Untersucht wurden Katalysatoren bei der Rk. von N-Benzylcarbonyl(Cbo)-glycincyanmethylester (V) u. Cyclohexylamin (I). Triäthylamin, Pyrrol oder Pyridin verbessern die Ausbeute nicht, Phenol oder Phenol plus Pyridin u. Essigsäure nur wenig. Imidazol katalysiert besser. In 30 Min. bei 20° trat zwischen I u. V in Acetonitril (VI) u. Dimethylformamid (DMF) zu 11% eine Rk. ein, während in Ggw. von Succinimid, Pyrazol, 4-Brompyrazol, Imidazol, 1-Methyl-2-mercaptoimidazol, 1.2.4-Triazol (II), 2 Hydroxypyridin, 2-Mercaptopyridin, 8-Hydroxychinolin, 1-Methylpyrazol, 1-Methylimidazol, 1- u. 4-Methyl-1.2.4-triazol sowie 3- u. 4-Hydroxypyridin eine 11—73%ig. Umsetzung stattfand. N-Benzoylglycincyanmethylester u. Benzylamin geben in VI in 16 Min. bei 20° 20% *N-Benzoylglycylbenzylamin*, das in Ggw. von 1.2.3-Triazol oder II zu 80% entstand. N-Trifluoracetyl-DL-valincyanmethylester u. I liefern in VI in 17 Std. bei 20° kein krist. Prod., in Ggw. von II *N-Trifluoracetyl-DL-valylcyclohexylamin* mit 60%. Cbo-DL-valincyanmethylester (III) reagiert in DMF in 3 Tagen mit I zu 19%, in Ggw. von II zu 61%. III reagiert in wss. DMF mit Glycinamid nicht, in Ggw. von II zu *N-Cbo-DL-valylglycinamid*. *Polypeptide* entstehen in wenigen Min. nach Zugabe von II zu p-Nitrophenylestern von Glycin, L-Leucin oder L-Phenylalanin in VI. Aus N-Benzoylglycinmethylester u. Benzylamin in sd. VI entstehen in 16 Std. 5% *N-Benzoylglycylbenzylamin* (IV), in Ggw. von 4-Nitropyrazol, II, 1.2.3-Triazol oder 2-Hydroxypyridin dagegen 40 bis 55% IV, mit Imidazol wurden 7% IV erhalten.
Hanfried Arnold 460◇

0776 **Trennung von Allylbromiden ohne Isomerisation durch Gaschromatographie.** R. F. Nystrom und C. R. A. Berger. (Chem. and Ind. **1958**, 559—60; Urbana, Ill., Univ. Radiocarbon Labor.; engl.) — Mischungen von $^{14}C_{(1)}$-*Allylbromid* (I), $^{14}C_{(3)}$-*Allylbromid* u. anderen Allylbromiden wurden ohne Isomerisation von I durch Gaschromatographie in einem Perkin-Elmer-Dampf-Fraktometer getrennt: Säulentemp. 48° bei I, 68° bei Crotylbromid, Trägergas He, 2 m Säulenlänge, beladen mit Dodecylphthalat auf Celite. Mischungen von Crotyl- u. α-Methylallylbromiden wurden durch die gleiche Meth. getrennt. Die Beständigkeit von I, das aus $^{14}C_{(1)}$-Allylalkohol mit Pyridin u. PBr_3 unter Anwendung der Hochvakuumtechnik dargestellt wurde, wurde unter verschiedenen experimentellen Bedingungen untersucht. H. Liebscher 480◇

0777 **Über Fluorchemie.** 11. Mitt. **Darstellung von 1.1-Difluoräthylen (Vinylidenfluorid) durch Copyrolyse von Methylchlorid und Difluorchlormethan.** Helmut Madai und Richard Müller. (J. prakt. Chem. [4] **19(291)**, 202—05, 1963; Radebeul-Dresden, Inst. für Silikon- u. Fluorkarbonchem.; dt.) — 10. vgl. C. **1963**, 15007. — Die pyrolyt. Umsetzung von 98%ig. Difluorchlormethan mit 99—99,5%ig. Monochlormethan bei 750—980° im Quarz- oder Platinrohr liefert je nach Molverhältnis, Verweilzeit u. Temp. wechselnde Mengen *1.1-Difluoräthylen* [I; 6—32% (Ausbeute)] u. *Tetrafluoräthylen* (II; 4—38%), daneben $C_3H_3ClF_4$ (Kp. 54,7°, D.$_4^{20}$ 1,4416, n_D^{20} 1,3241). $C_3H_2F_4$ (III; Kp. — 27°), andere Propene, Trifluormethan, hochsiedende Verbb. u. wenig Teer. Bromierung von III liefert $C_3H_2Br_2F_4$ (Kp. 101,5°, n_D^{20} 1,4057), dessen Dehydrobromierung C_3HBrF_4 (Kp. 34°, D.$_4^{25}$ 1,737, n_D^{25} 1,3396) gibt. Die Addition eines Gemisches aus I u. II an Br_2 führt zu einem Gemisch aus *1.1-Difluor-1.2-dibromäthan* ($C_2H_2Br_2F_2$, Kp. 92,7—93,2°, n_D^{20} 1,4459) u. *1.1.2.2-Tetrafluordibromäthan* ($C_2Br_2F_4$, Kp. 46,2—46,8°, D.$_4^{25}$ 2,153), das durch Dest. getrennt wird. Debromierung vorst. Verbb. mit Zn in A. bildet I u. II zurück.
R. Gnauck 520△

0778 **Reaktion von Tetrafluoräthylen mit Bortrichlorid.** Ch. R. Rawer, A. B. Bruker und L. S. Ssoborowski. (J. allg. Chem. [UdSSR] **30(92)**, 2366—68, 1960; russ.) — Beim Erhitzen von Tetrafluoräthylen (I) mit BCl_3 erfolgt Halogenaustausch unter Bldg. von *Trichlorfluoräthylen* u. BF_3.

Versuche: *Trichlorfluoräthylen*, C_2Cl_3F, Kp. 69 bis 70°, a) bei 8std. Durchleiten von 406 g BCl_3 u. 170 g I durch ein mit 180,5 g Aktivkohle gefülltes Quarzrohr bei 200—250°; n_D^{20} 1,4280; D.$_4^{20}$ 1,545; 22,8 g (Ausbeute); daneben 38 g BF_3-Ätherat; b) durch 12—14std. Erhitzen von 25 g I mit 36 g BCl_3 im Autoklaven unter N_2 auf 150°/30—35 at; D.$_4^{20}$ 1,532; n_D^{20} 1,4360; 24,5 g; daneben 4 g *BF_3-Ätherat*, Kp. 126°, n_D^{20} 1,347; D.$_4^{20}$ 1,123.
I. Schade 520△

0779 **Über die Art der Anlagerung von Wasser und Alkoholen an Vinylacetylenkohlenwasserstoffe.** A. A. Petrow und B. Ss. Kupin. (J. allg. Chem. [UdSSR] **30(92)**, 2430, 1960; Leningrad, Technol. Lensowjet-Inst.; russ.) — Nucleophile Reagentien, wie Methanol, lagern sich in Ggw. von KOH an Isopropenylmethylacetylen (I) bei Abwesenheit von Schwermetallkatalysatoren in normaler Weise entsprechend der Polarisation von I an.

Versuche: *4-Methoxy-2-methylpentadien-(1.3)*, $C_7H_{12}O$, Kp.$_{100}$ 67—72°, aus I u. Methanol in Ggw. von KOH; D.$_4^{20}$ 0,8442; n_D^{20} 1,4580. Gibt bei der Hydrolyse mit verd. H_2SO_4 *Mesityloxid* [Kp. 128—131°; D.$_4^{20}$ 0,8597; n_D^{20} 1,4398; *2.4-Dinitrophenylhydrazon*, F. 200° (A.)], das in Ggw. von Pd/$CaCO_3$ zu *Methylisobutylketon* hydriert wird. Renate Richter 560◇

0780 **Katalytische Acetylierung von Polyhydroxyverbindungen in Gegenwart von Magnesiumperchlorat.** Ju. A. Shdanow, G. N. Dorofejenko und G. A. Koroltschenko. (Ber. Akad. Wiss. UdSSR **144**, 1050—52, 1962; Rostow am Don, Univ.; russ.) — Die Darst. der *Acetate* von *Polyhydroxyverbb.* u. einwertigen *Alkoholen* durch Acetylierung mit Acetanhydrid in Ggw. von $Mg(ClO_4)_2$ wird beschrieben.

Versuche: *D-Mannithexaacetat*, F. 120—121° (A.), durch Zugabe von 20 g D-Mannit zu 100 ml Acetanhydrid u. 1 g $Mg(ClO_4)_2$ in 20—25 Min. bei 55° u. 10—15 Min. langes Rühren; 88,5% (Ausbeute). — Analog: *D-Sorbithexaacetat*, F. 98,5—99,5°, aus D-Sorbit (30—35 Min., 50—55°); 63%. — *Dulcithexaacetat*, F. 170—171°, aus Dulcit (30—35 Min., 60—70°); 85%. — *Isoinosithexaacetat*, F. 215—216°, aus Isoinosit (30—35 Min., 60—70°); 82%. — *D-Glucosepentaacetat*, F. 113—114°, aus D-Glucose (30—35 Min., 40—50°); $[\alpha]_D^{20}$ + 101,4° (Chlf.); 77%. — *D-Galaktosepentaacetat*, F. 94—95°, aus D-Galaktose (30—35 Min., 55°), $[\alpha]_D^{20}$ + 106,1° (Chlf.), 10%. — *Pentaerythrittetraacetat*, F. 82°, aus Pentaerythrit (15 Min. Kochen); 67—70%. — *α-Methyl-D-glucosidtetraacetat*, F. 100—101°, aus α-Methyl-D-glucosid (30—35 Min., 45—55°); $[\alpha]_D^{20}$ + 131° (Chlf.); 60%. — *L-Arabonsäurenitriltetraacetat*, F. 117—118°, aus L-Arabinoseoxim (1std. Kochen); 40—45%. — *D-Galaktonsäurenitrilpentaacetat*, F. 133—134°, aus D-Galaktoseoxim (1/2—1std. Kochen); 20—25%. — *D-Mannonsäurenitrilpentaacetat*, F. 90—92°, aus D-Mannoseoxim (1/2std. Kochen); Ausbeute gering. — *n-Amylacetat*, Kp. 148—151°, durch 1std. Kochen von je 0,2 Mol n-Amylalkohol u. Acetanhydrid in Ggw. von 1,1 g $Mg(ClO_4)_2$; 67,5%. — Analog: *Isoamylacetat*, Kp. 139—142°; 35%. — *n-Hexylacetat*, Kp. 166—169°; 75%. — *n-Octylacetat*, Kp. 207—210°; 82%. — *n-Nonylacetat*, Kp. 222—225°; 60%.
Helmut Schäfer 580△

0781 **Die Darstellung von tert.-Butylhypochlorit.** C. P. Bradshaw und A. Nechvatal. (Proc. chem. Soc. [London] **1963**, 213; Dundee, Univ. of St. Andrews, Queens' Coll.; engl.) — Bei der Darst. von *tert.-Butylhypo-*

chlorit (vgl. Org. Syntheses **32,** [1952], 20) aus Cl_2 u. tert.-Butanol ist es notwendig, durch Regulierung des Cl_2-Stromes u. Kontrolle mittels eines eintauchenden Thermometers das Rk.-Gemisch unterhalb 20° zu halten. Bei Nichtbeachtung kann es sonst gegen Ende der Rk. zur Explosion kommen. W. Kuhn 590△

0782 **Bemerkung über die Reaktionen aliphatischer Hydroxamsäuren.** Maurice Pesez. (Ann. pharmac. franç. **15,** 173—76, 1957; Paris, Services de Rech. Roussel-Uclaf; franz.) — Ameisensäure reagiert mit Methanol u. NH_2OH bei pH ~ 0 zu *Formhydroxamsäure,* deren Fe-Salz violett gefärbt ist. Andere aliphat. Säuren, bes. Essigsäure, geben mit N.N'-Dicyclohexylcarbodiimid dieselbe Rk., die sich analyt. auswerten läßt. Zum Beispiel wird die wss. Lsg. von Ameisensäure mit HCl bis pH 0 angesäuert u. mit Methanol versetzt; nach ¼std. Stehen, Zugabe von 10%ig. NH_2OH in Methanol u. von 0,1 n NaOH, ¼std. Stehen u. Zugabe von $Fe(ClO_4)_3$-Lsg. wird die Extinktion spektrophotometr. bei $\lambda = 5000$ Å bestimmt. Gottfried Schreiber 810△

0783 **Potentielle cancerocide Mittel. 3. Mitt. Formanilide.** George R. Pettit, Malda V. Kalnins, Thomas M. H. Liu, Evan G. Thomas und Kevin Parent. (J. org. Chemistry **26,** 2563—66, 1961; Orono, Maine, Univ., Dep. of Chem.; engl.) — 2. vgl. C. **1961,** 2968. — *Formanilide* (**A**) werden durch Rk. von Anilinen mit Dimethylformamid (**I**) in Ggw. von CH_3ONa dargestellt. Nitroaniline reagieren mit **I** unter Bldg. komplexer Gemische. Verss., 3.4-Dichloranilin mit **I** in Abwesenheit von CH_3ONa oder in Ggw. von NaOH statt CH_3ONa zu formylieren, waren auch nach 90std. Kochen ohne Erfolg. 2.5-Dimethoxyanilin (**II**) ließ sich auch in Ggw. von $NaNH_2$ oder NaH statt CH_3ONa zu *2.5-Dimethoxyformanilid* formylieren, das das Wachstum von Ehrlich-Ascitestumor hemmt. *α-Formamidonaphthalin* u. *8-Formamidonaphthol-(2)* werden ebenfalls mit **I** u. CH_3ONa dargestellt. Die Strukturen der **A** werden durch ihre IR-Spektren gesichert.

Versuche: Formanilide (**A**), durch Lösen des Anilins in **I**, Zugabe von 2 Val CH_3ONa, ½std. Kochen, Verdünnen der heißen Lsg. mit W., Kühlen über Nacht u. Abfiltrieren: *2-Äthyl-*, $C_9H_{11}NO$, F. 73,5—74,5° (A./W.); 97% (Ausbeute). — *2-Methoxy-*, F. 84° (A./W.); 44%. — *4-Methoxy-*, F. 80—81°; 41%. — *2-Fluor-*, C_7H_6FNO, F. 44° (Bzl./PAe.); 70%. — *3-Fluor-*, F. 63 bis 64° (Bzl./PAe.); 35%. — *4-Fluor-*, F. 67—68° (Bzl./PAe.); 78%. — *3-Trifluormethyl-*, $C_8H_6F_3NO$, F. 54—55° (Chlf./PAe.); 52%. — *3-Chlor-*, F. 56—57,5° (CH_3OH); 48%. — *4-Chlor-*, F. 102—103,5° (Aceton); 79%. — *2-Jod-*, C_7H_6JNO, F. 113—113,5° (CH_3OH); 68%. — *2.3-Dimethyl-*, $C_9H_{11}NO$, F. 103,5—104,5° (CCl_4); 62%. — *3.4-Dimethyl-*, F. 68—69° (Bzl./PAe.); 51%. — *4-Methoxy-2-methyl-*, $C_9H_{11}NO_2$, F. 104—105° (CH_3OH/W.); 63%. — *2.4-Dimethoxy-*, $C_9H_{11}NO_3$, F. 140—141° (A.); 35%. — *2.5-Diäthoxy-*, $C_{11}H_{15}NO_3$, F. 95,5—96° (A./W.); 36%. — *3-Fluor-4-methyl-*, C_8H_8FNO, F. 68—69° (Bzl./PAe.); 53%. — *5-Fluor-2-methyl-*, F. 88—89° (Bzl./PAe.); 56%. — *4-Fluor-2-methyl-*, F. 91—92° (Bzl./PAe.); 41%. — *3-Chlor-4-fluor-*, C_7H_5ClFNO, F. 94—95° (Bzl./PAe.); 73%. — *3.5-Bis-[trifluormethyl]-*, $C_9H_5F_6NO$, F. 124 bis 125° (A./W.); 54%. — *4-Chlor-3-trifluormethyl-*, $C_8H_5Cl\cdot F_3NO$, F. 108—109° (Bzl./PAe.); 58%. — *2-Chlor-5-trifluormethyl-*, $C_8H_5ClF_3NO$, F. 110—111° (A.); 35%. — *3-Chlor-4-methyl-*, C_8H_8ClNO, F. 97—97,5° (CH_3OH); 68,5%. — *3-Chlor-6-methyl-*, F. 134—134,5° (CH_3OH); 93%. — *2-Chlor-6-methyl-*, F. 167,5—168° (CH_3OH/W.); 79%. — *2.3-Dichlor-*, $C_7H_5Cl_2NO$, F. 151° (A./W.); 42%. — *3.4-Dichlor-*, F. 109,5—110° (Bzl./CCl_4); 71%. — *2.5-Dichlor-*, F. 148° (A./W.); 40%. — *3.5-Dichlor-*, F. 130° (A./W.); 54%. — *2.6-Dibrom-*, $C_7H_5Br_2NO$, F. 199,5—201° (A./W.); 86%. — *3.4-Dibrom-*, F. 132 bis 133° (Bzl.); 95%. — *4-Chlor-2.5-dimethoxy-*, $C_9H_{10}ClNO_3$, F. 108—109° (CH_3OH/W.); 96%. — *5-Chlor-2.4-dimethoxy-*, F. 184—185° (A.); 76%. — *2.4.5-Trichlor-*, $C_7H_4Cl_3\cdot NO$, F. 169—169,5° (CH_3OH/W.); 56%. — *4-Anilino-*, $C_{13}H_{12}N_2O$, F. 174,5—175°, aus p-Aminodiphenylamin; aus CH_3OH/W. Blättchen; 59%. — *2.5-Dimethoxy-*, $C_9H_{11}NO_3$, F. 79—80° (CCl_4), a) analog vorst. Verbb. aus **II** u. **I** in Ggw. von CH_3ONa; 48%; b) durch Zugabe einer 53%ig. Dispersion von NaH in Mineralöl zu **II** in **I** unter N_2, 20 Min. langes Kochen, Kühlen, vorsichtige Zugabe von W., Verdünnen mit W. u. 16std. Kühlen; 62%; c) analog b) mit $NaNH_2$ statt NaH; 52%. — *4.4'-Diformamidodiphenylsulfon*, $C_{14}H_{12}N_2O_4S$, F. 273 bis 273,5° (CH_3OH/W.), aus 4.4'-Diaminodiphenylsulfon u. **I** in Ggw. von CH_3ONa; 98%. — *α-Formamidonaphthalin*, F. 138,5—139,5, aus α-Naphthylamin, **I** u. CH_3ONa; aus Bzl. Nadeln; 79,5%. — *8-Formamidonaphthol-(2)*, F. 205,5—207° (Zers.), aus 8-Aminonaphthol-(2), **I** u. CH_3ONa (Aufarbeiten nach Zugabe von HCl bis pH 5); aus CH_3OH/W. Nadeln; 73%. H. Pagel 810◇

0784 **Über Amidinium-Salze und Ketenaminale.** Christian Jutz und Hermann Amschler. (Chem. Ber. **96,** 2100—07, 1963; München, TH, Inst. für organ. Chem.; dt.) — *N.N'-tetrasubstituierte Amidinium-Salze* (**A**) werden durch Rk. von Acylamidchloriden bzw. Vilsmeier-Komplexen aus N-Alkylacylanilid-$POCl_3$ mit sek. Aminen dargestellt. Mit Rücksicht auf die Selbstkondens.-Neigung von Fettsäureamiden mit α-ständigen H-Atomen in Ggw. von Säurehalogeniden werden die **A** a) durch Zutropfen von $POCl_3$ zu Fettsäure-N-methylaniliden in Methylanilin (**I**) u. Erhitzen auf ~150° oder b) durch Rk. der freien Carbonsäuren mit **I** im Überschuß dargestellt u. aus wss. bzw. wss. methanol. Lsg. als *Perchlorate*, *Jodide* bzw. *Fluoroborate* gefällt. Formyl- bzw. Aryl-**A** werden in wss. alkohol. Medium leicht zu *Säure-N-methylaniliden* hydrolysiert. Durch Rk. der Form- bzw. Benz- oder Cinnamylverb. mit äther. Phenyl-Li erhaltene *Ketonaminale* (**B**) konnten in reiner Form nicht isoliert werden, liefern jedoch bei saurer Hydrolyse *Benzophenon* bzw. *Benzalacetophenon.* Die Umsetzung von Formyl-**A** mit Alkyl-MgBr über Aldehyd-Aminale zu entsprechenden Aldehyden gelingt nicht; dagegen liefert Phenyl-**A** mit CH_3MgJ u. Hydrolyse *Acetophenon.* **A** mit H-Atomen an $C_{(\alpha)}$ liefern mit Phenyl-Li *Ketenaminale*, die auch durch Rk. von **A** mit NaOH in Ggw. von Bzl. bzw. Ae. erhalten werden. Alle Ketenaminale werden durch Säure in **A** übergeführt. **B** als Anhydrobasen resonanzstabilisierter **A** haben höhere pK-Werte als z. B. Dimethylanilinium-Ion. Die IR-aktiven C–N-Schwingungsfrequenzen der dargestellten **A** u. C=C-Frequenzen der synthetisierten Ketenaminale werden angegeben.

Versuche: N.N'-Dimethyl-N.N'-diphenylamidiniumperchlorate: *Ameisensäure-* (**VIII**), $C_{15}\cdot H_{17}N_2\cdot ClO_4$, F. 122—123°, durch ½std. Rühren von $POCl_3$ in N-Methylformanilid bei Raum-Temp., Zusetzen von **I** u. 1std. Erhitzen auf dem sd. Wasserbad, Lösen in Eiswasser u. Zusetzen von wss. $NaClO_4$; aus A.-Ae. Nadeln; 98% (Ausbeute). — *Essigsäure-* (**II**), $C_{16}H_{19}N_2\cdot ClO_4$, F. 167—168°, a) analog **VIII** durch Zusetzen von $POCl_3$ zu N-Methylacetanilid in **I** u. 2std. Erhitzen auf 125°; aus A.-Ae. Nadeln; 96%; b) durch Zutropfen von $POCl_3$ zu Acetanhydrid in **I** u. 2std. Erhitzen auf 125°; 77%. — *Propionsäure-* (**III**), $C_{17}H_{21}N_2\cdot ClO_4$, F. 144 bis 145°, analog **VIII** aus Propionsäure-N-methylanilid; Nadeln; 93%. — *n-Buttersäure-* (**IV**), $C_{18}H_{23}N_2\cdot ClO_4$, F. 129°, analog **VIII** aus n-Buttersäure-N-methylanilid; Nadeln; 73%. — *Benzoesäure-* (**V**), $C_{21}H_{21}N_2\cdot ClO_4$, F. 216 bis 217° (Zers.), a) analog **VIII** mit Benzoesäure-N-methylanilid; aus Methanol-Ae. Nadeln; 48%; b) analog **II** nach b) mit Benzoesäure; 83%. — *o-Chlorbenzoesäure-*, $C_{21}H_{20}ClN_2\cdot ClO_4$, F. 165—166°, analog **II** nach b) mit o-Chlorbenzoesäure u. 2std. Erhitzen auf 160°; aus Methanol-Ae. Nadeln; 72%. — *p-Toluylsäure-*, $C_{22}H_{23}N_2\cdot ClO_4$, F. 225—226° (Zers.), analog **VIII** nach b) aus p-Toluylsäure; aus Methanol-Ae. Nadeln; 92%. — *p-Nitrobenzoesäure-*, $C_{21}H_{20}N_3O_2\cdot ClO_3$, F. 199—200°, analog aus p-Nitrobenzoesäure u. 2std. Erhitzen auf 160°; aus Methanol-Ae. blaßgrüngelbe Blättchen; 49%. — *Zimtsäure-* (**VI**), $C_{23}H_{23}N_2\cdot ClO_4$, F. 156—157° (Zers.), a) aus Zimtsäure-N-methylanilid, **I** u. $POCl_3$ in 2 Std. bei 120° u. Aufnehmen in 50%ig. Methanol; 9,4%; b) aus Zimtsäure; aus Methanol-Ae. citronengelbe Nadeln; 59%. — *Glutarsäure-bis-[N.N'-dimethyl-N.N'-diphenylamidiniumperchlorat]*, $C_{33}H_{38}N_4\cdot(ClO_4)_2$, F. 185—186° (Zers.), aus Glutarsäure, $POCl_3$ u. **I** in 2 Std. bei 100°, Lösen in 50%ig. Methanol u. Zusetzen von wss. $NaClO_4$; aus A.-Ae.

Rhomben; 48%. — *Adipinsäure-bis-[N.N'-dimethyl-N.N'-diphenylamidiniumperchlorat* (**VII**), $C_{34}H_{40}N_4\cdot(ClO_4)_2$, F. 166—167°, a) aus Adipinsäure-bis-[N-methylanilid], **I** u. $POCl_3$; aus A.-Ae. Nadeln; 23%; b) aus Adipinsäure; 45%. — *Benzophenon*, durch Einrühren von **V** in äther. Phenyl-Li unter N_2, $^1/_2$std. Kochen u. Schütteln des *Benzophenonaminals* in Ae. mit 2n HCl; 68%. *2.4-Dinitrophenylhydrazon* (DNP), F. 238° (Eisessig). — *Acetophenon*, durch 20 Min. Kochen von 10 g **V** mit äther. CH_3MgJ u. Hydrolyse mit 2n HCl; 0,6 g. — *Benzalacetophenon*, durch Rk. von 10,7 g **VI** u. äther. Phenyl-Li u. Hydrolyse mit 2n HCl; 1,9 g. *DNP*, F. 244—245° (Eisessig). — 1.1-Bis-[N-methylanilino]-alkene: *-äthylen*, $C_{16}H_{18}N_{21}$, Kp.$_{0,001}$ 102°, a) durch $^1/_2$std. Kochen von **II** mit äther. Phenyl-Li u. Einengen unter Vakuum, Zusetzen von 2n HCl u. Extrahieren mit Ligroin; 64%; b) durch Schütteln von 20%ig. NaOH mit **II** in Methanol u. Ae.; 96%. — *-propen-(1)*, $C_{17}H_{20}N_2$, F. 41,8—42,4° (A.), Kp.$_{0,001}$ 102°, analog vorst. Verb. nach b) aus **III**; 85%. — *-2-methylpropen-(1)*, $C_{18}H_{22}N_2$, F. 77,2—78°, Kp.$_{0,001}$ 136—137°, durch Rk. von 33 g Isobuttersäure mit **I** u. $POCl_3$ u. Schütteln des Rk.-Prod. in äther. 20%ig. NaOH; aus A.-Nadeln; 31,5 g. — *-buten-(1)*, $C_{18}H_{22}N_2$, Kp.$_{0,001}$ 141—142°, aus **IV** analog durch Laugebehandlung; 88%. — *1.1.6.6-Tetrakis-[N-methylanilino]-hexadien-(1.5)*, $C_{34}H_{38}N_4$, F. 77° (A.), aus **VII** analog durch Laugebehandlung; 66%. H. Gleinig 810◇

0785 **Reaktionen von Perfluoralkylnitrilen. 4. Mitt. Darstellung und Charakterisierung einiger N-[Perfluoracylimidoyl]-perfluoralkylamidine und ihrer Metallchelate.** Henry C. Brown und Paul D. Schuman. (J. org. Chemistry **28,** 1122—27, 1963; Gainesville, Fla., Univ. of Florida, Dep. of Chem. and Dep. of Chem. Engng.; engl.) — 3. vgl. C. **1963, 13** 139. — Die therm. Kondens. von Perfluoralkylamidinen (**A**) unter Abspaltung von NH_3 u. Bldg. von *2.4.6-Tris-[perfluoralkyl]-1.3.5-triazinen* führt über die stabile Zwischenstufe der N-*[Perfluoracylimidoyl]-perfluoralkylamidine* (**B**). Sie lassen sich in Form ihrer *Metallchelate* (**C**) isolieren u. liegen offenbar vorwiegend in der „Enolform" vor. Auf einfache Weise entstehen sie bei der Rk. zwischen **A** u. Perfluoralkylnitrilen (**D**), wobei sich in einer stufenweisen Rk. zuerst ein Teil von **D** mit NH_3 zu **A** umsetzt und dann mit weiterem **D** reagiert. IR-, UV- u. sichtbare Spektren der **B** u. **C** werden diskutiert (Tabellen).

Versuche: *N-[Perfluorbutyrimidoyl]-perfluorbutyramidin* (**I**), Kp.$_{1,5}$ 44,3—44,7°, durch Einkondensieren von 69,5 mMol Perfluorbutyronitril (**II**) u. 23 mMol abs. NH_3 in eine evakuierte, mit fl. N_2 gekühlte Ampulle, Abschmelzen, 1std. Stehen bei — 78° [teilweise Umsetzung **II** → *Perfluorbutyramidin* (**III**)] u. 23 Std. bei 0° u. Öffnen in ein Vakuumsyst.; D.^{25} 1,685; n_D^{25} 1,3386; quant. (Ausbeute, auf umgesetztes **II** bezogen). *Cu-Komplexe* (**VII**), F. 148,5—149,5° (CCl_4), durch kräftiges Verrühren von **I** in CCl_4 mit überschüssiger 5%ig. wss. Cu(II)-Acetat(VI)-Lsg., Abfiltrieren des Nd. u. Eindampfen der organ. Phase; kastanienbraun; 98%. *Zn-Komplex*, F. 108,5 bis 108,8° (CCl_4). *Ni-Komplex*, F. 152—153° (CCl_4), orangefarben. *Hg-Komplex*, F. 126—127° (CCl_4). — *N-[Perfluorpropionimidoyl]-perfluorpropionamidin*, Kp.$_{6,8}$ 35,9 bis 36,1°, analog **I** aus Perfluorpropionitril (**IV**) u. NH_3; D.^{25} 1,613; n_D^{25} 1,3438. *Cu-Komplex*, F. 134—135° (CCl_4), kastanienbraun. — *N-[Perfluoracetimidoyl]-perfluoracetamidin*, F. 38—42°, a) analog **I** durch Einkondensieren von 71,5 mMol Perfluoracetonitril (**V**) u. 23,2 mMol NH_3 unter Kühlung mit fl. N_2, $^1/_2$std. Stehen bei — 78° u. 1 Std. bei — 24°; 5,09 g; daneben ca. 0,3 g *2.4.6-Tris-[perfluormethyl]-1.3.5-triazin*; b) wie bei a), aber in kleinerem Ansatz mit besserer therm. Kontrolle; quant.; hydrolysiert an der Luft rasch, offenbar zu *N-[Perfluoracetyl]-perfluoracetamidin*, u. zersetzt sich langsam bei Raumtemp. u. Feuchtigkeitsausschluß. *Cu-Komplex*, F. 223° (Zers.; Bzl.), kastanienbraun. — *N-[Perfluoracetimidoyl]-perfluorbutyramidin*, Kp.$_7$ 47—48°, Kp.$_{13}$ 50—50,8°, durch Rk. von **V** mit **III** bei ca. 400 Torr u. 0°, 8std. Rühren u. Dest.; D.^{25} 1,652; n_D^{25} 1,3508; 99%; zersetzt sich bei Raumtemp. in verschlossener Ampulle langsam. *Cu-Komplex*, F. 114—115° (CCl_4), kastanienbraun. — *N-[Perfluorpropionimidoyl]-perfluorbutyramidin*, Kp.$_{3,8}$ 39,2 bis 40°, durch Einkondensieren von **IV** in eine evakuierte, **III** enthaltende Ampulle unter Kühlung mit fl. Luft, Zuschmelzen, 48std. Stehen bei Raumtemp. u. Dest.; D.^{25} 1,656; n_D^{25} 1,3398; 81%. *Cu-Komplex*, F. 102—103° (Hexan), kastanienbraun. — *N-[Perfluorcaprylimidoyl]-perfluorbutyramidin, Cu-Komplex*, F. 135—136°, durch Zutropfen von 6,62 g Perfluorcaprylonitril in CH_2Cl_2 in 20 Min. zu 3,24 g **III** in CH_2Cl_2 unter Rühren bei 30° unter N_2, 3std. Kochen, Eindampfen im Vakuum u. Fällen des rohen *Amidins* (8,33 g) mit **VI**; kastanienbraun. — *N-[Perfluorbutyrimidoyl]-N-methylperfluorbutyramidin*, $C_9H_5F_{14}N_3$, F. 45,5—47° (Hexan), analog **I** durch schrittweise Rk. von **II** u. Methylamin bei — 78° (Bldg. von *N-Methylperfluorbutyramidin*) bzw. 0° u. Absaugen des Nd.; 37%. — *N-[Perfluorbutyryl]-perfluorbutyramidin*, $C_8H_2F_{14}N_2O$, F. 224° (Zers.; Tetrahydrofuran), a) durch Zutropfen von 4 g **III** zu 30 g Perfluorbutyranhydrid unter Rühren bei 30°, Gießen in W. u. Ausäthern; 6,1 g; b) durch Hydrolyse von **I** oder **VII**. G. Fischer 810◇

0786 **Enamin-Chemie. 3. Mitt. Die Reaktion von Ketenacetalen, O.N-Acetalen und N.N-Acetalen mit Acetylenestern.** Kent C. Brannock, Robert D. Burpitt und John G. Thweatt. (J. org. Chemistry **28,** 1697—98, 1963; Kingsport, Tenn., Eastman Co., Res. Labor.; engl.) — 2. vgl. J. org. Chemistry **28,** [1963], 1464. — Ketenacetale (**A**), z. B. Ketendiäthylacetal, reagieren mit Acetylencarbonsäureestern (**B**) z. B. Acetylendicarbonsäure(II)-Diäthylester analog den Enaminen (vgl. 2. Mitt., l. c.), z. B. zu *2-Diäthoxymethylen-3-methylenbernsteinsäurediäthylester* (**I**). Die Prodd. aus **A** u. **B** bilden sich durch Cyclobutenumlagerung eines prim. entstandenen Cycloadditionsprodukts. Analog reagieren 1-Äthoxy-N.N-dimethylvinylamin (**IV**) u. 1.1-Dipiperidinoäthylen (**VI**).

Versuche: *1-Äthoxy-N.N-dimethylvinylamin* (**IV**), nach Meerwein u. Mitarbeitern (Liebigs Ann. Chem. **641,** [1961], 1) mit 1 Val C_2H_5ONa in Ae. statt überschüssigem alkohol. C_2H_5ONa; 70—73%. — *2-[Diäthoxymethylen]-3-methylenbernsteinsäurediäthylester* (**I**), $C_{14}H_{22}O_6$, Kp.$_{0,5}$ 116 bis 120°, durch rasches Zusetzen von Acetylendicarbonsäure(II)-Diäthylester zu CH_3CN, $1^1/_2$std. Stehen u. Fraktionieren; n_D^{20} 1,4741; 53% (Ausbeute). — Bernsteinsäuredimethylester: *2-[Dimethoxymethylen]-3-isopropyliden-*, $C_{12}H_{18}O_6$, Kp.$_{ca.\,0,5}$ 95—110°, durch 2std. Kochen von Dimethylketendimethylacetal (**V**) u. **II**-Dimethylester u. Dest.; n_D^{20} 1,4978; 59%; gibt *2-Isopropyliden-3-methoxycarbonyl-* (**III**), $C_{11}H_{16}O_6$, Kp.$_{0,5-0,7}$ 96—103°, durch $^1/_2$std. Kochen mit W. u. Methanol in Ggw. von konz. HCl u. Dest.; n_D^{20} 1,4701; 88%. — *2-[(Dimethylamino)-äthoxymethylen]-3-methylen-*, $C_{12}H_{19}NO_5$, Kp.$_{0,5}$ 121—124°, durch Zusetzen von **II**-Dimethylester zu **IV** in sd. Ae., 1std. Kochen u. Dest.; n_D^{20} 1,5270; 58%. — *2-[Dipiperidinomethylen]-3-methylen-*, $C_{18}H_{28}N_2O_4$, F. 101—102°, durch Zugabe von **II**-Dimethylester zu **VI** in Ae. bei 25—30° u. Kühlen; 82%. — *2-[Dimethoxymethylen]-4-methylpenten-(3)-säuremethylester*, $C_{10}H_{16}O_4$, Kp.$_{ca.\,1}$ 72—75°, durch 20std. Kochen von **V** u. Propiolsäuremethylester u. Dest.; n_D^{20} 1,4903; 42%. — *Teraconsäure*, F. 174—175° (W.), durch Zusetzen von **III** zu KOH, Zusetzen von W., 2std. Kochen, Ansäuern mit konz. HCl u. 1std. Erhitzen auf dem Dampfbad; 70% (roh). — *Itaconsäure*, F. 165—166° (Hexan/Äthylacetat), durch 5 Min. langes Stehen von **I** mit W. u. A. in Ggw. von HCl, Erwärmen auf 55°, Zugabe von KOH, 1std. Erhitzen auf 80—85°, Ansäuern mit konz. HCl, 1std. Erhitzen u. Ae.-Extraktion; 57%. G. O. Jäger 820◇

0787 **Die absolute Konfiguration von α-Methyladipinsäure.** Takeo Kaneko, Ken-ichi Wakabayashi und Hakuji Katsura. (Bull. chem. Soc. Japan **35,** 1149—59, 1962; Osaka, Univ., Fac. of Sci., Dep. of Chem.; engl.) — Für (—)-α-*Methyladipinsäure* [(—)-**III**] wird die (S)-Konfiguration durch Synth. aus (S) (—)-α-Methyl-γ-butyrolacton [(S)-**II**], dessen Konfiguration aus der $LiAlH_4$-Red. zu dem nach Kaneko u. Mitarbeitern (Chem. and Ind. **1960,** 1187) aus (S)(—)-Methylbernsteinsäure erhältlichen (S)(—)-2-Methylbutandiol-(1.4) [(—)-**IV**] folgt, bewiesen. (—)-**II** wird in unreiner Form aus dem Tosylat (**XII**) von (+)-α-Hydroxymethyl-γ-butyrolacton [(+)-**I**], das nach Kaneko u. Mitarbeitern (l. c.) dargestellt wird, durch Rk. mit Benzylmercaptan (**VI**) zu (—)-*α-Benzylmercaptomethylbutyrolacton* [(—)-**XIII**] u. dessen Rk. mit Raney-Ni oder besser durch Rk. von Äthylenchlorhydrin (**VIII**) u. Methylmalonsäurediäthylester (**VII**) zu *DL-α-Methyl-α-carbäthoxybutyrolacton*, dessen Hydrolyse, Decarboxylieren des Prod. zu DL-**II** u. opt. Spaltung synthetisiert. Der Vers., das nach A. P. 2624723 (C. **1955**, 2537) erhältliche DL-**I** nach Öffnen zur Säure mit Chinin (**XIV**) in die Antipoden zu spalten, gab keine reinen Produkte.

Versuche: γ-Butyrolactone: *α-Hydroxymethyl-, DL-Form* (DL-**I**), $C_5H_8O_3$, Kp.$_1$ 105—112°, durch Kondens. von γ-Butyrolacton mit Ameisensäureäthylester nach Korte u. Mitarbeitern (C. **1956**, 4141) (Extrahieren mit Essigester statt mit Ae.) zu *α-Formyl-γ-butyrolacton* [Kp.$_3$ 93—100°; 55% (Ausbeute)] u. Red. über Raney-Ni nach A. P. 2624723 (l. c.); 76%; *Tosylat* (**XI**), $C_{12}H_{14}$·O_5S, F. 86° (94%ig. A.), durch Zutropfen von p-Toluolsulfonylchlorid in abs. Pyridin zu eiskaltem DL-**I** in abs. Pyridin, 3½std. Rühren im Eisbad u. Einrühren in 3nHCl/Eis; 60%. (+)-**I**, Kp.$_{0,5-1}$ 103—107°, nach Kaneko u. Mitarbeitern (l. c.) aus (+)-Alloisocitronensäurelacton; $[\alpha]_D$ + 10,4° (c = 5,6; A.); 19%; *Tosylat* (**XII**), F. 97°, analog **XI** aus (+)-**I**; $[\alpha]_D^{10}$ + 3,0° (c = 3,6; Aceton); 54,6%. — *α-Benzylmercaptomethyl-, DL-Form* (DL-**XIII**), $C_{12}H_{14}O_2S$, Kp.$_1$ 145—152°, durch Zutropfen von **VI** zu C_2H_5ONa in sd. A., Zusetzen von **XI** in heißem abs. A., 3std. Erhitzen u. Rühren, Filtrieren, Eindampfen unter Vakuum, Lösen in W., Ansäuern mit konz. HCl u. Bzl.-Extraktion; 58%. (—)-**XIII**, Kp.$_{0,05}$ 163°, analog DL-**XIII** aus **XII**; $[\alpha]_D$ — 0,46° (c = 8; Bzl.); 59,4%. — *α-Methyl-, DL-Form* (DL-**II**), $C_5H_8O_2$, Kp.$_{20}$ 92,5°, a) durch 12std. Kochen von DL-**XIII** mit Raney-Ni in abs. A., Zentrifugieren, Abdest. von A. u. Dest.; 55%; b) durch Zutropfen von **VII** zu C_2H_5ONa in abs. A. bei 50°, ½std. Kochen, Zutropfen von **VIII**, 3std. Kochen, Eindampfen, Lösen in W., Ausäthern (→ *α-Carbäthoxy-α-methyl-β-butyrolacton*, $C_8H_{12}O_4$, Kp.$_{10}$ 130—131°; 63,3%), 20std. Kochen mit 3n HCl, Eindampfen unter Vakuum u. Ausäthern; 70%. (—)-**II**, Kp.$_{20}$ 94—95°, a) analog DL-**II** nach a) aus (—)-**XIII**; $[\alpha]_D^{10}$ — 0,2° (c = 23; abs. A.); b) durch 2std. Erhitzen von 8,4 g DL-**II** mit $Ba(OH)_2$·$8H_2O$ in W. auf 90°, Neutralisieren mit 10%ig. H_2SO_4, Filtrieren, Zusetzen von **XIV**, Erhitzen auf 90°, Stehen über Nacht, Eindampfen unter Vakuum, Lösen in Aceton, Stehen im Kühlschrank über Nacht u. mehrfaches Kristallisieren des **XIV**-Salzes aus Aceton/Methanol (9 : 1); $[\alpha]_D^{15}$ — 21,5° (c = 5,5; abs. A.); 1,5 g; daneben 1,2 g (+)-**II**, Kp.$_{22}$ 93—95°, $[\alpha]_D^{15}$ + 11,9° (c = 6,9; abs. A.). — *γ-Chlor-α-methylbuttersäureäthylester, DL-Form* (DL-**V**), $C_7H_{13}ClO_2$, Kp.$_{25}$ 92—95°, durch Sättigen von DL-**II** in abs. A. mit HCl bei 0°, 48std. Stehen, Gießen in Eis/Wasser, Extrahieren mit Chlf., Waschen mit W. u. $NaHCO_3$-Lsg., Eindampfen u. Fraktionieren; 90%. (+)-**V**, Kp.$_{23}$ 90,7°, analog aus (—)-**II**; $[\alpha]_D^{15}$ + 26,7° (c = 14,9; abs. A.); 77%. — *α-Methyl-α'-carbäthoxyadipinsäurediäthylester, DL-Form* (DL-**X**), $C_{14}H_{24}O_6$, Kp.$_1$ 111—114°, durch Einrühren von Malonsäurediäthylester in eine Lsg. von Na u. NaJ in abs. A. bei 80°, ½std. Kochen, langsames Zusetzen von DL-**V**, 20std. Kochen, Eindampfen, Ansäuern mit Eisessig, Zusetzen von W. u. Bzl.-Extraktion; 60%. (—)-**X**, Kp.$_1$ 115—116°, analog DL-**X** aus (+)-**V**; $[\alpha]_D^{15}$ — 0,64° (c = 11; A.); 60,6%. — *α-Methyladipinsäure, DL-Form* (DL-**III**), $C_7H_{12}O_4$, F. 59—60° (Bzl.), Kp.$_1$ 150 bis 155°, durch 18std. Kochen von DL-**X** mit 3n HCl. (—)-**III**, F. 53—54°, analog aus (—)-**X**; $[\alpha]_D$ — 1,4° (c = 4; A.). — *2-Methylbutandiol-(1.4)* (**IV**), Kp.$_6$ 112°, durch Red. von DL-**II** mit $LiAlH_4$, Acetylieren [→ DL-**IV**-*Diacetat* (DL-**IX**), $C_9H_{16}O_4$; 32%] u. Hydrolysieren mit $Ba(OH)_2$; 77%. (+)-**IV**, analog aus 2,2 g (+)-**II** über (+)-**IX** [$C_9H_{16}O_4$, Kp.$_{15}$ 118°, $[\alpha]_D^{15}$ + 0,41° (c = 21; Aceton); 1 g]; $[\alpha]_D^{17}$ + 2,3° (c = 4,2, Aceton). (—)-**IV**, Kp.$_6$ 110—112°, durch 3std. Kochen von 1,2 g (—)-**II** mit $LiAlH_4$ in abs. Ae., Zers. mit W., Ansäuern mit 10%ig. H_2SO_4 u. Ausäthern; $[\alpha]_D^{14}$ — 2,1° (c = 10; Aceton), 0,5 g; *Bisphenylurethan*, $C_{19}H_{22}N_2O_4$, F. 123°.

H. Gleinig 820◇

0788 **Synthese von Dihydroambrettolid.** G. I. Nikischin, G. W. Ssomow und A. D. Petrow. (Ber. Akad. Wiss. UdSSR **144**, 579—80, 1962; Akad. der Wiss. der UdSSR, Zelinsky-Inst. für organ. Chem.; russ.) — Es werden *ω-Hydroxyhexadecansäure* (**I**) u. sein *Lacton* (*Dihydroambrettolid*) synthetisiert.

Versuche: *Undecen-(10)-ol-(1)*, durch Red. von Undecen-(10)-säuremethylester mit Na in sd. Butanol; ca. 95% (Ausbeute). *Acetat*, Kp.$_2$ 95—100°, durch Veresterung des Alkohols mit Acetanhydrid; D_4^{20} 0,8786; n_D^{20} 1,4392. — *11-[Cyclopentanon-(2)-yl-(1)]-undecylacetat*, Kp.$_1$ 168°, durch Zugabe von 106,2 g vorst. Acetats u. 14,6 g Di-tert.-butylperoxid in 6 Std. bei 130° zu 420 g Cyclopentanon u. 2std. Erhitzen; D_4^{20} 0,9576; n_D^{20} 1,4622; 67,3%. — *5-Keto-16-hydroxyhexadecansäure*, $C_{16}H_{30}O_4$, F. 101° (Bzl., A.-W.), durch 2std. Erhitzen von 98,5 g vorst. Verb. mit 55 g CrO_3 in 500 ml Essigsäure auf 45—50°, Zugabe von 50 ml A., Eindampfen auf 300 g u. 3std. Erhitzen mit 625 g 36%ig. KOH auf 100°; 54,8%. — *ω-Hydroxyhexadecansäure* (**I**), F. 94,5—95° (Bzl.), durch 20std. Kochen von 44,1 g vorst. Verb. mit 150 g Zn/Amalgam in 100 ml W. u. 150 ml konz. HCl unter portionsweiser Zugabe von 250 ml konz. HCl; 40,4 g. *Lacton*, F. 33,5—33,8° (80%ig. A.), durch 1½std. Erhitzen von 17,4 g **I** auf 215° im Vakuum [→ *polymeres* **I**, F. 84°], Zugabe von 1,7 g K-Sebacinat u. 40 ml Glycerin u. Erhitzen auf 180—200°/1—3 mm unter Dest. u. kontinuierlicher Zugabe von Glycerin; 73%. Helmut Schäfer 850△

0789 **Gekoppelte Anlagerung von N-Bromsuccinimid und Eisessig an ungesättigte Fettsäuren.** A. Iowtschew. (C. R. Acad. bulg. Sci. **12**, 235—38, 1959; Sofia, Chem. Inst. der bulg. Akad. der Wiss.; dt., Auszug: russ.) — Bei der Rk. von N-Bromsuccinimid mit Elaidinsäure (2:1 Mol) in Eisessig bei Timmertemp. im Dunkeln entsteht ein *Gemisch isomerer Bromacetoxystearinsäuren* [dunkelgelber Sirup; n_D^{20} 1,4760; D_{20}^{20} 1,1265; 92% Ausbeute]. Ein Dibrom-Deriv. wird nicht erhalten.

I. Schade 850△

0790 **Kurze Mitteilung über die Darstellung von Ricinolsäure durch Komplexbildung mit Harnstoff.** Diptish Chakravarty und Arun Bose. (J. Pharmacy Pharmacol. **15**, 337—38, 1963; Calcutta, Smith Stanistreet & Co. Ltd., Res. Div.; engl.) — Durch Hydrolyse von Ricinusöl mit alkohol. K_2CO_3-Lsg. u. Erhitzen des gereinigten Hydrolysates mit Harnstoff wird ein farbloser Kristallbrei erhalten, der nach Säurespaltung *Ricinolsäure* nach B. P. 1948 mit einer SZ von 182,6—184,9; JZ von 87,7—89,6 u. n_D^{40} von 1,462—1,467 als hellgelbe Fl. liefert. P. Fahrnlaender 850◇

0791 **Isonitrile. 3. Mitt. Die Addition von Carbonsäurechloriden an Isonitrile.** Ivar Ugi und Uwe Fetzer. (Chem. Ber. **94**, 1116—21, 1961; München, Univ., Inst. für Organ. Chem.; dt.) — 2. vgl. C. **1964**, 11-0909. — Durch Addition von Isonitrilen an Säurechloride wurden *α-Ketocarbonsäure-N-alkylimidchloride* (**A**) dargestellt. Die Rk. ist 2. Ordnung (IR-spektroskop.), u. die Rk.-Geschw. steigt beim Übergang vom Medium Cyclohexan zu Nitrobenzol stark an. Das **A** mit zwei tert.-Butylgruppen konnte nicht rein erhalten werden. Mit W., Essig- u. Ameisensäure entstehen *α-Ketocarbonsäureamide*, mit A. u. Cyclohexanol *N-Alkyl-α-ketocarbonsäureimidhydrochloride*. HN_3 ergibt *5-Acyl-1-alkyltetrazole*, Basen regenerieren *Isonitril* unter α-Eliminierung des Chlors. Charakterist. Absorptionsmaxima s. Original.

Versuche: Brenztraubensäureimidchloride: *N-Isopropyl-*, $C_6H_{10}ClNO$, F. — 18 bis — 17°, Kp.$_{12}$ 49—50°, durch ¼std. Zutropfen von 1 Mol Isopropylisocyanid zu 2 Mol Acetylchlorid bei 20°, ¾std. Stehen u. 10 Min. langes Erwärmen auf 50°; n_D^{25} 1,4421; 79% (Ausbeute). — *N-Butyl-*, $C_7H_{12}ClNO$, Kp.$_1$ 49—50°, analog vorst. Verb.; n_D^{25} 1,4518; 81%. — *N-tert.-Butyl-*, F. 16—17°, Kp.$_{1,5}$ 36—38°; n_D^{25} 1,4444; 50%. — *N-Cyclohexyl-* (I), $C_9H_{14}ClNO$, F. 0—1°, Kp.$_{0,2}$ 58—60°; n_D^{25} 1,4857; 74%. — *α-Oxobuttersäurecyclohexylimidchlorid*, $C_{10}H_{16}ClNO$, Kp.$_{0,001}$ 63—65°; n_D^{25} 1,4832; 64%. — *α-Oxovaleriansäurecyclohexylimidchlorid*, $C_{11}H_{18}$·$ClNO$, F. — 9 bis — 8°, Kp.$_{0,001}$ 74—76°; n_D^{25} 1,4808; 77%. — *α-Oxoisovaleriansäureisopropylimidchlorid*, C_8·$H_{14}ClNO$, F. — 26 bis — 24°, Kp.$_3$ 44—45°; n_D^{25} 1,4413; 69%. — *α-Oxoisovaleriansäurebutylimidchlorid*, C_9H_{16}·

ClNO, F. −50°, Kp.$_{0,2}$ 41−42°; n_D^{25} 1,4498; 80%. — *α-Oxo-β.β-dimethylbuttersäureisopropylimidchlorid*, $C_9H_{16}\cdot ClNO$, F. −34 bis −35°, Kp.$_{0,2}$ 34−35°; n_D^{25} 1,4390; 64%. — *α-Oxo-β.β-dimethylbuttersäurebutylimidchlorid*, $C_{10}H_{18}ClNO$, F. −35 bis −36°, Kp.$_{0,01}$ 40−42°; n_D^{25} 1,4489; 87%. — *α-Oxo-β.β-dimethylbuttersäurecyclohexylimidchlorid*, Kp.$_{0,001}$ 56−58°; n_D^{25} 1,4723; 26%. — *α.β.γ-Trioxo-γ-chlorbuttersäureisopropylimidchlorid*, F. −30°, Kp.$_1$ 31−32°; n_D^{25} 4550; 40%. — *Benzoylameisensäureisopropylimidchlorid*, F. −15°, Kp.$_{0,001}$ 74−76°; n_D^{25} 1,5343; 78%. — *Benzoylameisensäurebutylimidchlorid*, F. −40°, Kp.$_{0,001}$ 109−113°; 46%. — *p-Nitrobenzoylameisensäurecyclohexylimidchlorid*, F. 79−80,5°, durch 10 Min. langes Kochen von p-Nitrobenzoylchlorid u. Cyclohexylisocyanid (**II**) in Bzl.; aus PAe. hellgelbe Nadeln; 84%. — *Brenztraubensäurecyclohexylamid*, $C_9H_{15}\cdot NO_2$, F. 79,5−80,5° (PAe.), a) durch 10 Min. langes Eintragen von **I** bei 0° in Aceton/Wasser, 2std. Stehen, Sättigen mit $NaHCO_3$ u. Dest. der organ. Phase; 82%; b) durch Lösen von **I** in einer geschlossenen App. in wasserfreier HCOOH bei 20°, Gießen in W. u. Ausschütteln mit CH_2Cl_2; 89%; c) durch 24std. Stehen von **I** in Xylol/Eisessig (5:1) bei 20°; 97%. — *Brenztraubensäurebutylamid*, $C_7H_{13}NO_2$, Kp.$_{13}$ 96°, analog vorst. Verb.; n_D^{25} 1,4462; 84%. — *α-Oxoisovaleriansäureisopropylamid*, $C_8H_{15}NO_2$, F. 34−35°, Kp.$_3$ 55−58°; 88%. — *α-Oxoisovaleriansäurebutylamid*, $C_9H_{17}NO_2$, Kp.$_3$ 80−85°; n_D^{25} 1,4382; 92%. — *α-Oxo-β.β-dimethylbuttersäureisopropylamid*, $C_9H_{17}NO_2$, F. 56−58°, Kp.$_3$ 78−80°; 71%. — *α-Oxo-β.β-dimethylbuttersäurebutylamid*, $C_{10}H_{19}\cdot NO_2$, Kp.$_3$ 95−100°; n_D^{25} 1,4417; 82%. — Glyoxylsäure-N-cyclohexylamide, durch 2std. Kochen von **II** mit einer Lsg. des Säurechlorids in Bzl. u. anschließende Hydrolyse mit $CaCO_3$/W. bei 50° in Aceton: *Phenyl-*, $C_{14}H_{17}NO_2$, F. 115,5−116° (W. + Methanol 7:3); 69%. — *o-Methoxyphenyl-*, $C_{15}H_{19}NO_3$, F. 137−138°, durch 8std. Kochen; 71%. — *p-Methoxyphenyl-*, F. 122,5 bis 123°. — *3.4.5-Trimethoxyphenyl-*, $C_{17}H_{23}NO_5$, F. 107 bis 108°; 64%. — *α-Naphthyl-*, $C_{18}H_{19}NO_2$, F. 136−137°; 65%. — *Benzyl-*, $C_{15}H_{19}NO_2$, F. 89−90°; 56%. — *Benzhydryl-*, $C_{21}H_{23}NO_2$, F. 109−109,5°; 60%. — *N-Cyclohexylbrenztraubensäureäthylesterimidhydrochlorid*, $C_{11}H_{19}NO_2\cdot HCl$, F. 82−84° (Zers.), durch 20 Min. langes Stehen von **I** u. abs. A. in Ae.; 51%. — *N-Cyclohexylbrenztraubensäurecyclohexylesterimidhydrochlorid*, $C_{15}\cdot H_{25}NO_2\cdot HCl$, F. 108−109,5° (Zers.), aus **I** u. Cyclohexanol wie vorst. in 3 Tagen; 69%. — *1-Cyclohexyl-5-acetyltetrazol*, $C_9H_{14}N_4O$, F. 70,5−71,5°, aus **I** in Bzl. u. HN_3 in 12 Std. bei 0−20°; 82%. *2.4-Dinitrophenylhydrazon*, F. 165,5−166°. Gisela Schreiber 870□

0792 **Isonitrile. 4. Mitt. Notiz zur Reduktion von Isonitrilen mit Alkali- und Erdalkalimetallen in flüssigem Ammoniak.** Ivar Ugi und Ferdinand Bodesheim. (Chem. Ber. **94**, 1157−58, **1961**; dt.) — 3. vgl. vorst. Referat. — Isonitrile werden mit Li, Na, Ca u. K-Metall in fl. NH_3 bei O_2-Ausschluß stöchiometr. unter Cyanid-Abspaltung zu KW-Stoffen, vermutlich über anionische Stufen, reduziert.

Versuche: *tert.-Butan*, aus tert.-Butylisonitril mit 2 Mol Na in fl. NH_3 bei −40 bis −35° unter N_2; 93% (Ausbeute). — *Cyclohexan*, analog vorst. Verb. mit Li, Na oder Ca; 96,93 bzw. 95%. — *Dodecan*, mit Na; 88%. — *Toluol*, mit Na aus Benzylisonitril bzw. p-Tolylisonitril; 58 bzw. 57%. — *m-Xylol*, mit Na aus 2.6-Dimethylphenylisonitril; 79%.

Gisela Schreiber 870□

0793 **Aminoäthylharnstoffe, Aminoäthylthioharnstoffe und substituierte Aminoäthylurethane und ihre Wirkung gegen Filariose.** J. Pecher und R. H. Martin. (Bull. Soc. chim. belges **66**, 545−64, 1957; Bruxelles, Univ. Libre, Fac. des Sci., Service de Chim. Organ.; franz.) — Die Synth. von bas. substituierten *Urethanen*, *Thioharnstoffen* u. *Harnstoffen* durch Kondens. von Dialkylaminoäthylaminen mit Chlorameisensäureäthylester, Phenylisothiocyanat bzw. Diäthylcarbamoylchlorid wird beschrieben. Die mögliche Verwandtschaft dieser Verbb. mit dem gegen Filariose stark wirksamen „Hetrazan" wird diskutiert. Beim biolog. Test der dargestellten Urethane an mit *Litosomoides carinii* infizierten Ratten zeigt sich hohe Toxizität u. kaum eine Wrkg. gegen Filariose.

Versuche: Äthanole: *β-Dimethylamino-*, $C_4H_{11}\cdot NO$, Kp. 135°, durch Rk. von Äthanolamin mit 33%ig. Formol unter Kühlung u. Rühren, Gießen in 98%ig. Ameisensäure, 36std. Kochen, Zugabe von konz. HCl, Dest. im Vakuum, Zugabe von 33%ig. NaOH, Sättigen mit K_2CO_3 u. 48std. Extraktion mit Ae.; n_D^{20} 1,4300, $D._4^{20}$ 0,886; 75% (Ausbeute). — *β-Dibenzylamino-*, $C_{16}H_{19}NO$, F. 48°, Kp.$_{1,5}$ 180−182°, nach Rumpf u. Kwass (vgl. Bull. Soc. chim. France **10**, [1943], 347); aus Methanol Nadeln; 65%. — *β-Diäthylamino-*, $C_6H_{15}\cdot NO$, Kp.$_{760}$ 163°, Kp.$_{20}$ 68°, nach Carther u. McEwen [vgl. Org. Syntheses, collect. Vol. **2**, 183]; n_D^{20} 1,4421, $D._4^{20}$ 0,8846; 62%. — *β-[α-Methylbenzylamino]-*, $C_{10}H_{15}\cdot NO$, Kp.$_{15}$ 152−154°; n_D^{20} 1,5343, $D._4^{20}$ 1,0309. — *β-Morpholino-*, $C_6H_{13}NO_2$, Kp.$_{44}$ 129°, n_D^{20} 1,4780, $D._4^{20}$ 1,073. — *β-Isopropylamino-*, $C_5H_{13}NO$, Kp.$_{23}$ 86−87°, nach Hancock u. Cope (vgl. J. Amer. chem. Soc. **66**, [1944], 1738); n_D^{20} 1,4399, $D._4^{20}$ 0,9000; 70%. — *N-Phenyl-N'-isopropyl-N'-[2'-hydroxyäthyl]-thioharnstoff*, $C_{12}H_{18}N_2OS$, F. 134−135°, aus vorst. Verb. u. Phenylisothiocyanat; aus Methanol Nadeln. — Aminhydrobromide: *β-Bromäthyl-* (**I**), $C_2H_7Br_2N$, F. 174−175° (Aceton), nach Cortese [vgl. Org. Syntheses collect. Vol. **2**, 91]. — *β-Bromäthyldimethyl-*, $C_4H_{11}Br_2N$, a) analog **I**; b) durch Kochen von 0,5 Mol β-Bromäthylaminhydrobromid mit 1 Mol 40%ig. Formol u. 3 Mol 90%ig. Ameisensäure u. Umkristallisieren aus Aceton; 70%. — *β-Bromäthyldiäthyl-*, (**II**), $C_6H_{15}Br_2N$, analog **I**; 70%. — *β-Bromäthyldibenzyl-*, $C_{16}H_{19}Br_2N$, F. 177−179°, analog **I**; 40%. — Amine: *β-Chloräthyldibenzyl-*, *Hydrochlorid* (**III**), $C_{16}H_{19}Cl_2N$, F. 194°, durch Rk. von β-Hydroxyäthyldibenzylamin mit $SOCl_2$ in Bzl. unter Kühlung, 1½std. Kochen u. Zugabe von Bzl.; 96%. — *β-Chloräthyldiäthyl-* (**IV**), $C_6H_{14}ClN$, Kp. 146−147°, Kp.$_{43}$ 62°, durch Zugabe von Na_2CO_3 zur 50%ig. wss. Lsg. nachst. Hydrochlorids, Dekantieren u. Extraktion mit Ae.; 65%. *Hydrochlorid*, $C_6H_{15}Cl_2N$, F. 203−204° (Zers.), analog **III**; 92%. — *β-Chloräthyldimethyl-*, $C_4H_{10}ClN$, Kp.$_{760}$ 110°, analog **IV**; n_D^{20} 1,4286; 48%. *Hydrochlorid*, $C_4H_{11}Cl_2N$, F. 197−198° (Zers.), analog **III**; 82%. — *N-[α-Methylbenzyl]-2-chloräthyl-*, $C_{10}H_{14}ClN$, Kp.$_{22}$ 125°, durch Neutralisieren nachst. Hydrochlorids mit NaOH u. Extraktion mit Ae.; n_D^{20} 1,5312; 30%. *Hydrochlorid*, $C_{10}H_{15}Cl_2N$, F. 158−160° (Zers.), durch Sättigen der Lsg. von α-Methylbenzyläthanolamin in Chlf. mit HCl bei 0°, Zugabe von $SOCl_2$, Kochen u. Zugabe von Bzl.; 98%. — *2-Chloräthyl-*, *Hydrochlorid*, $C_2H_7Cl_2N$, F. 119°, analog vorst. Hydrochlorid; 90%. — *2-Diäthylaminoäthyl-*, $C_6H_{16}N_2$, Kp. 142−145°, a) durch Kondens. von **I** mit überschüssigem Diäthylamin nach Kermack u. Wight [1935] mit Bronzepulver als Katalysator; b) durch Red. von Diäthylaminoacetonitril; n_D^{20} 1,4383, $D._4^{20}$ 0,8222; 25%. *Dipikrat*, F. 204° (Zers., A.). *Phenylthioharnstoff-Deriv.*, $C_{13}H_{21}N_3S$, F. 87−88°; aus PAe. Nadeln. — *N-[2-Diäthylaminoäthyl]-N-äthylbenzyl-*, $C_{15}H_{26}N_2$, Kp.$_{18}$ 145−150°, a) durch Rk. von Äthylbenzylamin mit **II** in Ggw. von K_2CO_3 u. Bronzepulver analog vorst.; b) durch Äthylierung von N-[2'-Diäthylaminoäthyl]-benzylamin nach Buck u. Baltzly. *Pikrat*, F. 167°. — *N-[2-Methylaminoäthyl]-diäthylamin* (**V**), $C_7H_{18}N_2$, Kp. 158−163°, nach Damiens (vgl. C. **1952**, 4752); n_D^{20} 1,4305, $D._4^{20}$ 0,8053; 85%. *Phenylthioharnstoff-Deriv.*, $C_{14}H_{23}N_3S$, F. 97,5−98° (PAe.). — *N-[2-Äthylaminoäthyl]-diäthyl-*, $C_8H_{20}N_2$, Kp.$_{11}$ 60°, analog **V**; n_D^{20} 1,4322; 80%. *Phenylthioharnstoff-Deriv.*, F. 95° (A.). — *N-[2-n-Butylaminoäthyl]-diäthyl-*, $C_{10}H_{24}N_2$, Kp.$_{12}$ 94°, durch Kondens. von **IV** mit überschüssigem Butylamin in W.; n_D^{20} 1,4360, $D._4^{20}$ 0,8060; 65%. — *N-[2-Methylaminoäthyl]-dimethyl-*, $C_5H_{14}N_2$, Kp. 114 bis 116°, analog **V**; n_D^{20} 1,4210, $D._4^{20}$ 0,7831; 37%. *Phenylthioharnstoff-Deriv.*, F. 144° (Methanol). *Dipikrat*, F. 209° (A./Bzl.). — *N-[β-Chloräthyl]-morpholin*, $C_6H_{12}ClNO$, Kp.$_{12}$ 93−94°, analog **IV**; 85%. *Hydrochlorid*, $C_6H_{13}Cl_2\cdot NO$, F. 175−176°, analog **III**; Nadeln; 90%. — Aniline: *N-[2-Dimethylaminoäthyl]-* (**VI**), $C_{10}H_{16}N_2$, Kp.$_1$ 96−97°, Kp.$_{10}$ 129−130°, a) nach Hutterer u. Mitarbeitern (vgl. J. Amer. chem. Soc. **68**, [1946], 1999); 68%; b) aus dem entsprechenden Chloraminhydrochlorid; 75%; n_D^{20}

1,5405, $D._4^{20}$ 0,9609. *Dihydrochlorid*, F. 175° (Zers.); aus Methanol Nadeln. — *N-[2-Dimethylaminoäthyl]-N-phenyl-2.4-dinitro-*, $C_{16}H_{18}N_4O_4$, F. 156°, aus vorst. Verb. u. 2.4-Dinitrochlorbenzol; aus A./Bzl. rote Kristalle. *Hydrochlorid*, $C_{16}H_{19}ClN_4O_4$, F. 240° (Zers.); aus A. gelbe Nadeln. — *N-[2-Diäthylaminoäthyl]-*, $C_{12}H_{20}N_2$, Kp.$_{35}$ 175°, analog **VI** nach a) mit überschüssigem Anilin; n_D^{20} 1,5268, $D._4^{20}$ 0,9388; 56%. — *N-[2-Aminoäthyl]-*, $C_8H_{12}N_2$, Kp.$_{12}$ 142°, analog **VI** nach a) aus **I** u. überschüssigem Anilin; n_D^{20} 1,5853, $D._4^{20}$ 1,0449; 70%. *Dibenzoylderiv.*, $C_{22}H_{20}N_2O_2$, F. 144,5—145° (A.). *Bis-[p-toluolsulfonamid]*, F. 136—136,5° (A.). — *N-[2-Aminoäthyl]-N-methyl-*, $C_9H_{14}N_2$, Kp.$_{16}$ 136°, analog **VI** nach a) aus **I** u. überschüssigem N-Methylanilin; n_D^{20} 1,5698, $D._4^{20}$ 1,0117. — *N-[2-Dimethylaminoäthyl]-N-methyl-*, $C_{11}H_{18}N_2$, Kp.$_{25}$ 145°, nach v. Braun u. Mitarbeitern [1917]. *Dipikrat*, F. 171° (Zers., A.). — *N-[2-Aminoäthyl]-morpholin*, $C_6H_{14}N_2O$, Kp.$_{760}$ 198—200°, Kp.$_{13}$ 92°, nach Mason u. Makiel (vgl. J. Amer. chem. Soc. **62**, [1940], 1448); n_D^{20} 1,4769, $D._4^{20}$ 1,001. *Phenylthioharnstoffderiv.*, $C_{13}H_{19}N_3OS$; aus Methanol Platten. *Monopikrat*, F. 215—218° (Zers., A.). — Äthylurethane durch Rk. von Diamin mit Chlorameisensäureäthylester in Ae. bei 5—10° u. Zugabe von wss. NaOH unter Rühren, 1std. Stehen, Dekantieren u. Extraktion mit Ae.: *N-[β-Diäthylaminoäthyl]-*, $C_9H_{20}N_2O_2$, Kp.$_{1,5}$ 102—108°, Kp.$_{15}$ 130—131°; n_D^{20} 1,4485, $D._4^{20}$ 0,9599; 86%. — *N-[β-Diäthylaminoäthyl]-N-äthyl-*, $C_{11}H_{24}N_2O_2$, Kp.$_{28}$ 139—140°; n_D^{20} 1,4418, $D._4^{20}$ 0,9204; 75%. — *N-[β-Diäthylaminoäthyl]-N-n-butyl-*, $C_{13}H_{28}N_2O_2$, Kp.$_{16}$ 147—148°; n_D^{20} 1,4425, $D._4^{20}$ 0,9123; 85%. — *N-[β-Dimethylaminoäthyl]-N-methyl-*, $C_8H_{18}N_2O_2$, Kp.$_{15}$ 100°; n_D^{20} 1,4390, $D._4^{20}$ 0,9514; 61%. — *N-[β-Dimethylaminoäthyl]-N-phenyl-*, Kp.$_{0,5}$ 120—122°; n_D^{20} 1,5062; 55%. — *N-[β-Diäthylaminoäthyl]-N-methyl-N'.N'-diäthylharnstoff*, $C_{12}H_{27}N_3O$, Kp.$_{30}$ 156°, durch Rk. von 2-Methylaminoäthyldiäthylamin mit N-Diäthylcarbamoylchlorid in Ae. unter Kühlung, Zugabe von 33%ig. NaOH, ½std. Kochen, Dekantieren u. Extraktion mit Ae.; Öl; n_D^{20} 1,4610, $D._4^{20}$ 0,9217; 75%.

Gottfried Schreiber 880△

0794 **Synthese der D- und L-2-Aminobutylisothioharnstoffdihydrobromid-Isomeren und ihre Umwandlung zu Guanidinothiolen, Disulfiden und Thiazolinen.** David G. Doherty und Raymond Shapira. (J. org. Chemistry **28**, 1339—42, 1963; Oak Ridge, Tenn., Oak Ridge Nat. Labor., Biol. Div.; engl.) — Vgl. Khym u. Mitarbeiter, C. **1959**, 7414. — Die Darst. von *D-S-[2-Aminobutyl]-isothioharnstoff* (D-**II**), *L*-**II**, *D-* u. *L-2-Guanidinobutylmercaptan*, *Bis-[DL-*, *Bis-[D-* u. *Bis-[L-2-guanidinobutyl]-disulfid* sowie *DL-*, *D-* u. *L-2-Amino-4-äthyl-Δ²-thiazolin* werden beschrieben. D-**II** ist als Strahlenschutzmittel im Mäusetest mit Röntgen-Strahlen doppelt so wirksam wie L-**II**. Über weitere physiolog. Unterss. mit D- u. L-**II** vgl. Bradford u. Mitarbeiter (C. **1963**, 18159) sowie Di Stefano u. Leary (C. **1960**, 7930).

Versuche: *2-Aminobuttersäure, DL-Form* (DL-**IV**), *N-Isocaproyl-Deriv.* (**V**), $C_{10}H_{19}NO_3$, F. 111—113° (Essigester/PAe.), durch portionsweise Zugabe von Isocapronsäurechlorid u. 4 n NaOH zu DL-**IV** in 4 n NaOH unter Kühlen u. Schütteln u. Ansäuern mit konz. HCl; 90% (Ausbeute). L-**IV**, $C_4H_9NO_2$, durch 4std. Kochen von **VI** in 20%ig. HCl, Eindampfen im Vakuum mit W., Lösen in W., Entfärben mit Kohle, Neutralisieren mit IR-4B (OH^--Form), Einengen im Vakuum, Zugabe von $CH_3 \cdot COOH$ bis pH 6,6 u. Stehen mit A. über Nacht bei —5°; $[\alpha]_D^{23}$ +21° (c = 5; 1 n HCl); 81%; *N-Isocaproyl-Deriv.-Anilid* (**VI**), $C_{16}H_{24}N_2O_2$, F. 171—172,5° (abs. A./W.), durch Zugabe von Papain u. KCN in 0,1 m Citratpuffer (pH 5)/W./CH_3COOH (pH 5) zu **V** in 2 n Na-Acetat-Lsg./1 n NaOH/0,1 m Citratpuffer/Anilin bei 45°, Verdünnen mit W. u. 24std. Stehen bei 37°; $[\alpha]_D^{23}$ —70° (c = 2; CH_3COOH); 99%. D-**IV**, analog der L-Form aus **VII**; $[\alpha]_D^{23}$ —21° (c = 5; 1 n HCl); 90%; *N-Isocaproyl-Deriv.* (**VII**), $C_{10}H_{19}NO_3$, F. 102—103° (Essigester/PAe.), durch 3tägiges Inkubieren des Filtrats von **VI**, Filtrieren u. Ansäuern mit kalter, 2 n HCl auf pH 1,5; $[\alpha]_D^{23}$ + 16,4° (c = 5; A.); 70%. — *2-Aminobutanol, D-Form* (D-**I**), Kp.$_{740}$ 178°, a) aus D-**IV** durch $LiAlH_4$-Red. in Tetrahydrofuran (THF); $[\alpha]_D^{21}$ —10° (homogen); 69%; b) durch Spaltung von DL-**I** nach Radke u. Mitarbeitern (C. **1954**, 9019) (Impfen mit L- statt D-**I**-L-Glutamat). L-**I**, analog D-**I** nach a) bzw. b); $[\alpha]_D^{21}$ +10,2° (homogen). — *2-Aminobutylbromidhydrobromid, DL-Form* (DL-**III**), $C_4H_{11}Br_2N$, F. 188—189° (abs. A./Essigester), a) aus DL-**I** in abs. Chlf. durch Zutropfen von 46 g $SOBr_2$ unter Rühren u. Eiskühlung; 85%; b) durch Zutropfen von DL-**I** zu 48%ig. HBr unter Kühlen, langsame Dest., Versetzen mit 48%ig. HBr u. langsame Dest.; 79%. Analog: D-**III**, F. 185—187°; $[\alpha]_D^{22}$ —5,08° (c = 2; abs. A.). *L*-**III**, F. 181—183°; $[\alpha]_D^{22}$ + 5,06° (c = 2; abs. A.). — *2-Aminobutylisothioharnstoff, DL-Form* (DL-**II**), *Dihydrobromid*, $C_5H_{15}Br_2N_3S$, F. 177—179° (abs. A./Isopropanol), a) durch 1std. Kochen von DL-**III** u. Thioharnstoff in abs. A./Essigester; 81%; b) analog a) mit Isopropanol statt abs. A./Essigester aus 23,3 g DL-**III**; 19,5 g. Analog: D-**II**, *Dihydrobromid*, F. 157—158° u. 183—185°; $[\alpha]_D^{22}$ —12,5° (c = 5; 0,2 n HCl). L-**II**, *Dihydrobromid*, F. 155—157° u. 184—186°, $[\alpha]_D^{22}$ +12° (c = 5; 0,2 n HCl). — *2-Guanidinobutylmercaptanflavianat, D-Form*, $C_{15}H_{19}N_5O_8S_2$, F. 128—130° (Sintern bei 115°; 50%ig. A.), aus 1,1 g D-**II** in durch Einstellen von pH 8 mit NaOH u. Fällen mit 1 m Flaviansäure; $[\alpha]_D^{22}$ + 6,6° (c = 0,5; W.), 1,1 g. Analog: *L-Form*, $[\alpha]_D^{22}$ — 6,2° (c = 0,5; W.). — *Bis-[2-guanidinobutyl]-disulfiddihydrobromid, DL.DL-Form*, $C_{10}H_{26}Br_2N_6S_2$, F. 180—182° (abs. A./Aceton), aus DL-**II**-Dihydrobromid in W. durch Einstellen von pH 9,0 mit 1 n NaOH u. 3—4std. Einleiten von O_2 in Ggw. von $CuCl_2$, Ansäuern mit HBr u. Eindampfen; 72%. Analog: *D.D-Form*, F. 183—184°, $[\alpha]_D^{22}$ — 198°. *L.L-Form*, F. 183—185°, $[\alpha]_D^{22}$ + 200°. — *2-Amino-4-äthyl-Δ²-thiazolinhydrobromid, DL-Form*, $C_6H_{11}BrN_2S$, F. 102—104°, aus DL-**III** u. KSCN in W. durch 12std. Erhitzen auf dem Dampfbad u. Extrahieren mit heißem Isopropanol; 75%. Analog: *D-Form*, F. 121 bis 122°, $[\alpha]_D^{22}$ + 26° (c = 2; W.). *L-Form*, F. 121—122,5°, $[\alpha]_D^{21}$ — 25,8° (c = 2; W.). Rudolf Albrecht 880◇

0795 **Kondensation von gem.-Dinitroalkanen mit aliphatischen Aldehyden und Aminen.** Ss. Ss. Nowikow, A. A. Fainsilberg, Ss. N. Schwedowa und W. I. Gulewskaja. (Nachr. Akad. Wiss. UdSSR, Abt. chem. Wiss. **1960**, 2056—58; Zelinsky-Inst. für organ. Chemie der Akad. der Wiss der UdSSR; russ.) — Es wird die Mannich-Rk. von Acet-(**I**), Propion-(**II**) u. Butyraldehyd (**III**) mit Dinitroalkanen u. NH_3 oder Methylamin (**IV**) untersucht u. die Darst. von *3.3-Dinitrobutanol-(2)* u. *3.3-Dinitropentanol-(2)* beschrieben. Nur bei Verw. von Dinitromethan (**V**) erfolgt Kondens. zwischen äquimol. Mengen der Ausgangsverbindungen. Die Kondens. mit weiteren Moll. Aldehyd wird wahrscheinlich durch Bldg. innerer Salze verhindert.

Versuche: *2-Amino-1.1-dinitrobutan*, $C_4H_9N_3O_4$, F. 117° (Zers.), durch Zugabe von 0,01 Mol **II**, 3 ml A. u. 0,01 Mol 26%ig. NH_4OH zu der Lsg. von **V** in Ae. (aus 0,01 Mol **V**-K-Salz) unter Kühlung mit Eiswasser, 15 Min. langes Rühren unter Kühlung u. 1 Std. bei Zimmertemp.; 46% (Ausbeute, bezogen auf **V**-K-Salz). — *2-Amino-1.1-dinitropentan*, $C_5H_{11}N_3O_4$, F. 112° (Zers.), analog aus **III**; 46%. — 2-Methylamino-1.1-dinitroalkane: Analog mit 3 ml W. u. 0,01 Mol 24,5%ig. wss. **IV**-Lsg.: *-propan*, $C_4H_9N_3O_4$, F. 100—101° (Zers.; W.), aus **I**; 77,9%. — *-butan*, $C_5H_{11}N_3O_4$, F. 97° (Zers.; W.), aus **II**; 65,5%. — *-pentan*, $C_6H_{13}N_3O_4$, F. 82—83° (Zers.; W.); aus **III**; 65,5%. — *2.2.6.6-Tetranitro-3.5-dimethyl-4-azaheptan*, $C_8H_{15}N_5O_8$, F. 73—74° (CCl_4), durch Zugabe von 3,6 g 1.1-Dinitroäthan u. 1,5 g **I** zu 0,95 g 30%ig. NH_4OH, 15 Min. langes Schütteln unter Kühlung u. 48std. Stehen bei Zimmertemp.; 70%. — *3.3.9.9-Tetranitro-4.6.8-trimethyl-5.7-diazaundecan*, $C_{12}H_{24}N_6O_8$, F. 90°, durch Zugabe von 2,7 g 1.1-Dinitropropan u. 1,65 ml **I** zu 1,45 ml 26%ig. NH_4OH u. 2 ml W. unter Kühlung, 15 Min. langes Rühren unter Kühlung u. 2 Std. bei Zimmertemp. u. Stehenlassen über Nacht; gelbgrün; 21%. — *3.3-Dinitrobutanol-(2)*, *3.5-Dinitrobenzoylderiv.*, $C_{11}H_{10}N_4O_{10}$, F. 99 bis 101° (PAe.), durch Zugabe von 0,02 Mol **I** zu 2,4 g 1.1-Dinitroäthan, 5 ml A., 1 ml W. u. 0,1 ml 10 n NaOH bei < 35°, 4std. Erwärmen auf 35—38°, Neutralisieren mit 0,1 ml 36%ig. HCl, Abdestillieren des A., Extrahieren mit Ae. u. Überführen in das 3.5-Dinitrobenzoylderivat. — *3.3-Dinitropentanol-(2)*, *3.5-Dinitrobenzoylderiv.*, $C_{12}H_{12}N_4O_{10}$, F. 143° (CCl_4), analog aus 1.1-Dinitropropan. I. Schade 910△

0796 **Synthese des Benzylidenglycinäthylesters und Bemerkungen zur Stabilität der Azomethingruppe in Schiffschen Basen.** Otto Gerngross und Aral Olcay. (Chem. Ber. **96**, 2550—55, 1963; Ankara, Univ., Chem.-Techn. Inst.; dt.) — Durch Rk. von Glycinäthylester (**I**) mit Benzaldehyd (**II**) wird *Benzylidenglycinäthylester* (**III**) als extrem hydrolysenempfindliches Öl erhalten. **III** wird als *Pikrat* oder *Pikrolonat* charakterisiert. Im Gegensatz zum Pikrolonat zersetzt sich das Pikrat von **III** beim Umkristallisieren. Weiter werden *Pikrate* u. *Pikrolonate* von *Salicylidenglycinäthylester* (**IV**), *Salicylaldehyd-[2-hydroxynaphthyl-(1)-methylimid]* (**V**) u. *[2-Hydroxynaphthyl-(1)-methylen]-glycinäthylester* dargestellt. Die Hydrolysen-Geschw. in wss./alkohol. HCl von **III**, Salicylidentyrosinmethylester, Benzylidenanilin, Salicylidenbenzylamin, **V**, Salicylidenanilin u. 2-Hydroxy-1-naphthaldehyd-2-hydroxynaphthyl-(1)-methylimid (**VI**) sind tabelliert. Im Gegensatz zu **III** ist **VI** relativ stabil (vgl. Gerngross u. Izgü, C. **1954**, 6932); dies spricht für das Vorliegen von **VI** als 2.3-Dihydro-3-[2-hydroxynaphthyl-(1)]-1H-naphth-[1.2:e]-[1.3]-oxazin.

Versuche: *Benzylidenglycinäthylester* (**III**), $C_{11} \cdot H_{13}NO_2$, durch Zutropfen von **I** zu **II** unter Kühlung, Zusatz von abs. A. u. Abdest. von W. bei Raumtemp. unter Vakuum; viscos; 100% (Ausbeute). *Pikrat*, $C_{11} \cdot H_{13}NO_2 \cdot C_6H_3N_3O_7$, F. 168° (Zers.), durch 4std. Kochen von **III** u. Pikrinsäure in PAe.; amorph; 85%. *Hemipikrolonat*, $(C_{11}H_{13}NO_2)_2 \cdot C_{10}H_8N_4O_5$, Zers. bei 165°, hellgelbe Blättchen aus W. oder A.; 54%. — *Salicylidenglycinäthylester* (**IV**), *Pikrat*, $C_{11}H_{13}NO_3 \cdot C_6H_3N_3O_7$, Zers. bei 165°, aus **IV** u. Pikrinsäure in A./Ae.; gelbe Nadeln; 85%. *Pikrolonat*, $C_{11}H_{13}NO_3 \cdot C_{10}H_8N_4O_5$, Zers. bei 214°, gelbe Nadeln; 68%. — *Salicylaldehyd-[2-hydroxynaphthyl-(1)-methylimid]* (**V**), *Pikrat*, $C_{18}H_{15}NO_2 \cdot C_6H_3N_3O_7$, Zers. bei 195°, orangerote Nadeln aus A.; 79%. — *[2-Hydroxynaphthyl-(1)-methylen]-glycinäthylesterpikrat*, $C_{15}H_{15}NO_3 \cdot C_6H_3N_3O_7$, Zers. bei 195—199°, hellgelbe Nadeln; 85%. *Tripikrolonat*, $C_{15}H_{15}NO_3 \cdot (C_{10}H_8N_4O_5)_3$, Zers. bei 216°, aus 96%ig. A. oder heißem W. orangerote Nadeln. F. Bourseaux 950◇

0797 **Herstellung einiger neuer komplexbildender Verbindungen und Bestimmung ihrer Konstanten.** L. Erdey, J. Gyimesi und T. Meisel. (Acta chim. Acad. Sci. hung. **21**, 327—32, 1959; Budapest, TU, Inst. für Allg. Chem.; dt.) — Vff. synthetisierten *DL-2.3-Dihydroxypropylamin-*(**I**), *DL-Serin-*(**II**) u. *L-Glutaminsäure-N.N-diessigsäure* (**III**). Aus den potentiometr. Neutralisationskurven (Abb.) wurden die Dissoziations-Konst. (p_K) u. nach Schwarzenbach [1945 u. 1947] aus den potentiometr. Titrationskurven graph. sowie durch numer. Berechnung die Komplexstabilitäts-Konstanten (K_{Me}) der 1 : 2-Komplexe mit den Erdalkalimetall-Ionen bestimmt. Bei pH 13,5 bildet **I** mit *Zn* u. *Ni*-(Ionen) *1 : 2-* (Molverhältnis Metall : Komplexbildner), u. mit *Al* (bei pH 7) *1 : 3-Komplexe*; **II** mit *Zn* u. *Cu 1 : 2-Komplexe*; u. **III** mit *Zn*, *Cu* u. *Ni 1 : 2-* u. mit *Fe(III)* u. *Al 1 : 3-Komplexe*.

Versuche: *DL-2.3-Dihydroxypropylamin-N.N-diessigsäure* (**I**), $C_7H_{13}NO_6$, aus 10 g DL-2.3-Dihydroxypropylamin u. 18,9 g mit NaOH in W. neutralisierter Chloressigsäure (**IV**) in W. durch Zutropfen von NaOH bei 40—50°, Stehen über Nacht, Zugabe von $BaCl_2$ in W. zu sd. Gemisch, Zers. des Nd. mit H_2SO_4, Eindampfen des Filtrats u. Zusatz von Methanol; p_{K1} 3,12, p_{K2} 8,97; K_{Ca} 1,1 · 10^4, K_{Sr} 2,1 · 10^3, K_{Mg} 6,5 · 10^2, K_{Ba} 1,2 · 10^2; 2,5 g (Ausbeute). — *DL-Serin-N.N-diessigsäure* (**II**), p_{K1} 2,2, p_{K2} 2,62, p_{K3} 9,2; K_{Ca} 6,9 · 10^5, K_{Sr} 5,5 · 10^4, K_{Ba} 3,6 · 10^3, K_{Mg} 1,7 · 10^3. *Di-Na-Salz*, $C_7H_9NNa_2O_7$, aus 10,5 g DL-Serin in 10%ig. NaOH durch Zusatz der neutralisierten wss. Lsg. von 18,9 g **IV**, Zutropfen von 40%ig. NaOH bei 50° bis pH 10, 3std. Rk. auf sd. Wasserbad, Stehen über Nacht, Ansäuern mit Eisessig auf pH 4 u. Eintropfen in Methanol; 13,5 g. — *L-Glutaminsäure-N.N-diessigsäure* (**III**), p_{K1} 2,1, p_{K2} 2,7, p_{K3} 4,8, p_{K4} 9,66; K_{Ca} 2,3 · 10^5, K_{Mg} 7 · 10^4, K_{Ba} 1,1 · 10^4. *Di-Na-Salz*, $C_9H_{11}NNa_2O_8$, aus 8,8 g Glutaminsäure in NaOH u. der neutralisierten wss. Lsg. von 11,4 g **IV** durch Zutropfen von konz. NaOH bei 45° bis pH 9—10, 3std. Erhitzen auf 80—90° u. Aufarbeitung analog **II**; 8 g. H.-J. Kötzsch 950◇

0798 **Einige potentielle Aminosäureantagonisten und verwandte Verbindungen.** T. A. Connors, A. B. Mauger, Margaret A. Peutherer und W. C. J. Ross. (J. chem. Soc. [London] **1962**, 4601—07, London, Royal Cancer Hospital, Inst. for Cancer Res., Chester Beatty Res. Inst.; engl.) — *2-Chloräthionin*, *Glycyläthionin*, *Äthionylglycin*, *Glycyläthionylglycin* u. einige *Dipeptide*, die den das Tumorwachstum inhibierenden 1-Aminocyclopentan-1-carbonylrest an Sarkosin, Leucin u. Tyrosin gebunden enthalten, werden dargestellt. Verss. zur Darst. von α-Fluorglycin u. β-Fluorasparaginsäure waren erfolglos. Biolog. Teste werden durchgeführt.

Versuche: *S-[2-Hydroxyäthyl]-DL-homocystein*, $C_6H_{13}NO_3S$, F. 230° (Zers.), durch Zugabe von Na zu 6,75 g S-Benzyl-DL-homocystein in fl. NH_3, Zugabe von Äthylenbromhydrin, 5 Min. langes Stehen, Zugabe von Amberlite IR-120, Verdampfen des NH_3, Extrahieren mit W. u. Eindampfen zur Trockne; aus verd. Aceton Nadeln; 3,69 g (Ausbeute). — *S-[2-Chloräthyl]-DL-homocysteinhydrochlorid*, $C_6H_{13}Cl_2NO_2S$, F. 137°, durch ½std. Erwärmen von 1,39 g vorst. Verb. mit konz. HCl auf 90° u. Eindampfen im Vakuum. — *Benzyloxycarbonyl-(Cbo)-DL-äthionin*, $C_{14}H_{19}NO_4S$, F. 92—93°, durch ¾std. Schütteln von 1,99 g DL-Äthionin mit Chlorameisensäurebenzylester in 2n NaOH bei 0°, Verdünnen mit W., Waschen mit Äthylacetat, Ansäuern u. Extrahieren mit Äthylacetat; aus Äthylacetat/Bzn. Platten; 2,52 g. — *Cbo-DL-äthionylglycinäthylester*, $C_{18}H_{26}N_2O_5S$, F. 74°, durch Zugabe von Chlorameisensäureisobutylester zu 2,1 g vorst. Verb. in Chlf. in Ggw. von Triäthylamin < 5°, ¼std. Stehen, Zugabe von Glycinäthylesterhydrochlorid in Chlf. in Ggw. von Triäthylamin, 2std. Stehen bei 20°, Zugabe von Chlf., Waschen mit 2n HCl, gesätt. $NaHCO_3$-Lsg. u. W. u. Eindampfen; aus Äthylacetat/Bzn. Prismen; 1,83 g. — *DL-Äthionylglycin*, $C_8H_{16}N_2O_3S$, F. 195° (Zers.), durch Lösen von 35,9 g S-Benzyl-N-cbo-DL-homocystein in Chlf. in Ggw. von Triäthylamin, Zugabe von Chlorameisensäureisobutylester in der Kälte, Versetzen mit Glycinbenzylester-p-toluolsulfonat in Chlf. in Ggw. von Triäthylamin, 16std. Stehen bei 20°, Eindampfen, Lösen in Äthylacetat, Eindampfen im Vakuum, Zugabe von Na zu einer Lsg. von S-Benzyl-N-cbo-DL-homocysteinylglycinbenzylester (1,41 g) in fl. NH_3, Zugabe von Äthylbromid, Versetzen mit Amberlite IR-120, Eindampfen u. Extrahieren mit W.; aus verd. Aceton Nadeln; 0,22 g. — *S-Benzyl-DL-homocysteinbenzylester-p-toluolsulfonat*, $C_{25} \cdot H_{29}NO_5S_2$, F. 118—119°, durch Kochen von 14,1 g S-Benzyl-DL-homocystein, p-Toluolsulfonsäuremonohydrat u. Benzylalkohol in Bzl., Zugabe von Bzl./Ae. u. Stehen über Nacht bei 0°; aus Methanol/Ae. Nadeln; 25,8 g. — *Cbo-glycyl-S-benzyl-DL-homocysteinbenzylester*, durch Zugabe von Chlorameisensäureisobutylester zu 19,63 g Cbo-glycin in Chlf. in Ggw. von Triäthylamin, 20 Min. langes Stehen, Zugabe von 45,73 g vorst. Verb. in Chlf. in Ggw. von Triäthylamin, 3½std. Stehen bei 20°, Eindampfen u. Extrahieren mit Äthylacetat; 37 g. — *Glycyl-DL-äthionin*, F. 195° (Zers.), durch Zugabe von Na zu einer Lsg. von 37 g vorst. Verb. in fl. NH_3 u. Zugabe von Äthylbromid; aus wss. Aceton Nadeln; 5,5 g. — *Cbo-glycyl-S-benzyl-DL-homocystein*, $C_{21}H_{24}N_2O_5S$, F. 138° (Chlf./PAe.), durch Zugabe von 2n NaOH zu einer Lsg. aus 6,65 g vorvorst. Verb. in Dioxan, 1std. Stehen bei 20°, Ansäuern mit HCl, Eindampfen u. Lösen in Äthylacetat; 3,65 g. — *Cbo-glycyl-S-benzyl-DL-homocysteinylglycinbenzylester*, $C_{30}H_{33}N_3O_6S$, F. 110—114° (Äthylacetat/PAe.), durch Zugabe von Chlorameisensäureisobutylester zu 30 g vorst. Verb. in Chlf. in Ggw. von Triäthylamin bei 2°, ¼std. Stehen, Zugabe von Glycinbenzylester-p-toluolsulfonat in Chlf. in Ggw. von Triäthylamin, 16std. Stehen bei 20°, Extrahieren mit Äthylacetat u. Chromatographie an Al_2O_3; 32,1 g. — *Glycyl-DL-äthionylglycin*, $C_{10}H_{19}N_3O_4S$, F. 220° (Zers.), durch Zugabe von Na zu einer Lsg. von 3 g vorst. Verb. in fl. NH_3 u. Zugabe von Äthylbromid; aus verd. Aceton Nadeln; 1,1 g. — *1-p-Toluolsulfonamidocyclopentan-1-carbonsäure*, $C_{13}H_{17}NO_4S$,

F. 210—214°, durch 16std. Stehen von 1,29 g 1-Aminocyclopentan-1-carbonsäure u p-Toluolsulfonsäurechlorid in wss. NaOH bei Raumtemp. in Ae., Abdest. des Ae. u. Ansäuern; aus wss. A. prismat. Nadeln. — *1-[N-Methyl-p-toluolsulfonamido]-cyclopentan-1-carbonsäure*, $C_{14}H_{19}\cdot NO_4S$, F. 135—137° ,durch 2,5std. Erhitzen vorst. Verb. mit CH_3J in 2n NaOH auf 100° im Rohr; aus wss. Methanol oder Bzl./Bzn. prismat. Nadeln. — *1-Methylaminocyclopentan-1-carbonsäure*, $C_7H_{13}NO_2$, durch 7std. Erhitzen von 8,7 g vorst. Verb. mit konz. HCl auf 140° im Rohr, Eindampfen, Lösen in W. u. Chromatographie an Amberlite IR-45; 3,7 g. — *1-Chloracetamidocyclopentan-1-carbonsäure* (I), $C_8H_{12}ClNO_3$, F. 161—163°, durch Umsetzen von 12,9 g 1-Aminocyclopentan-1-carbonsäure mit Chloracetylchlorid in 2n NaOH, Stehen über Nacht u. Ansäuern mit HCl; aus Aceton/Bzn. Nadeln; 7,6 g. — *1-Glycylaminocyclopentan-1-carbonsäure*, $C_8H_{14}N_2O_3$, F. 273—274°, durch 24std. Stehen von I mit wss. NH_4OH; aus wss. A. Prismen. *Hydrochlorid*, F. 210°. — *1-Sarkosylaminocyclopentan-1-carbonsäuremonohydrat*, $C_9H_{16}N_2O_3\cdot H_2O$, F. 181—182°, durch 48std. Stehen von I mit 8n wss. Methylaminlsg. bei Raumtemp., Eindampfen im Vakuum, Lösen in W. u. 1std. Rühren mit Ag_2O; aus wss. Aceton Nadeln. — *3.6-Dioxo-4-methylpiperazin-[2-spiro-1]-cyclopentan*, $C_9H_{14}N_2O_2$, F. 125—126°, durch Sublimation des Hydrats bei 150°/0,3 Torr. *Hydrat*, $C_9H_{14}\cdot N_2O_2\cdot H_2O$, F. 87—89°, a) durch Umsetzen von I mit wss. Methylaminlsg., Eindampfen u. 2std. Erhitzen; aus Aceton/Bzn. Nadeln; 50%; b) durch $^1/_2$std. Rühren von Sarkosinäthylesterhydrochlorid mit Triäthylamin in Tetrahydrofuran (THF), Absaugen von Triäthylaminhydrochlorid, Waschen mit THF, Zugabe von II u. Dicyclohexylcarbodiimid (III) in THF zum Filtrat, Stehen über Nacht, Eindampfen zur Trockne, Lösen in Äthylacetat, Waschen mit 2n HCl, W. u. gesätt. $NaHCO_3$-Lsg., Einengen, Chromatographie an Al_2O_3, Eindampfen, Hydrolyse mit NaOH in wss. Dioxan u. Hydrieren an Pt-Kohle in alkohol. Lsg.; aus Aceton/Bzn. Nadeln. — *1-Cbo-aminocyclopentan-1-carbonsäure* (II), $C_{14}H_{17}NO_4$, F. 95°, durch Lösen von 24,8 g 1-Aminocyclopentan-1-carbonsäure in 1,67n NaOH u. Aceton, Zugabe von HCl bis pH 11,5, 70 Min. lange Zugabe von Chlorameisensäurebenzylester in Aceton bei 0° unter Zugabe von 2n NaOH bei pH 11,5—12, 1,5std. Stehen bei Raumtemp., Eindampfen, Lösen in W., Ansäuern mit HCl u. Extrahieren mit Äthylacetat; aus Äthylacetat/Bzn. Nadeln; 47,6 g. — *1-[Cbo-L-leucylamino]-cyclopentan-1-carbonylsäureäthylester*, $C_{22}H_{32}N_2O_5$, F. 75—78° (wss. A.), durch Zugabe von Chlorameisensäureisobutylester zu 4,4 g Cbo-L-leucin in THF bei 5° in Ggw. von Triäthylamin, 20 Min. langes Stehen, Zugabe von 1-Aminocyclopentan-1-carbonsäureäthylesterhydrochlorid in Chlf./Triäthylamin, 16std. Stehen bei 20°, Eindampfen u. Extrahieren mit Äthylacetat; $[\alpha]_D$ —22° (c = 2; A.); 3,7 g. — *1-[D-Leucylamino]-cyclopentan-1-carbonsäureäthylesterhydrochlorid, Hemihydrat*, $C_{14}H_{27}ClN_2O_3\cdot{}^1/_2H_2O$, F. 129 bis 130° (A./Ae.), durch Hydrieren von 3,7 g vorst. Verb. in A. an Pd-Kohle in Ggw. von äthanol. 2n HCl u. wenig Essigsäure; $[\alpha]_D$ —5° (c = 2; A.); 2,1 g. — *N-[1-Cbo-amincyclopentan-1-carbonyl]-L-tyrosinäthylestermonohydrat*, $C_{25}H_{30}N_2O_6\cdot H_2O$, F. 102° (Äthylacetat/PAe.), durch Zugabe von III zu einer Lsg. aus 5,3 g II u. 4,2 g L-Tyrosinäthylester in THF, 3std. Rühren, Stehen über Nacht, Zugabe von Essigsäure, Filtrieren, Eindampfen u. Extrahieren mit Äthylacetat; $[\alpha]_D$ +5° (c = 2; A.); 5,9 g. — *N-[1-Aminocyclopentan-1-carbonyl]-L-tyrosinäthylesterhydrochloridmonohydrat*, $C_{17}H_{25}ClN_2O_4\cdot H_2O$, F. 128 bis 130°, durch Hydrieren von 5,9 g vorst. Verb. analog vorvorst. Verb.; $[\alpha]_D$ —13° (c = 2; A.); 2,8 g. — *5.5-Bis-[isobutyloxycarbonylmethyl]-hydantoin*, $C_{15}H_{24}N_2O_6$, F. 116 bis 117°, durch 16std. Erwärmen von 66 ml Acetondicarbonsäurediisobutylester ($Kp._6$ 170°) mit NaCN u. $(NH_4)_2CO_3$ in wss. A. auf 60°, Einengen im Vakuum, Zugabe von HCl bis pH 7 u. Extrahieren mit Ae.; aus Ae./PAe. Nadeln; 22 g. — *2-Aminopropan-1.2.3-tricarbonsäure, Diammoniumsalz*, $C_6H_{15}N_3O_6$, F. 220—230° (Zers.), durch 1std. Erhitzen von 5 g vorst. Verb. mit $Ba(OH)_2$ in W. auf 160° im Rohr, Sättigen mit CO_2, Absaugen, Erhitzen mit wss. $(NH_4)_2CO_3$-Lsg. u. Eindampfen des Filtrats; aus wss. A. Nadeln; 2,2 g. — *Aminoguanidinglyoxylsäure*, durch Sättigen einer wss. Lsg. von Fluorchloressigsäure (IV) mit NH_3 bei 8° u. Zugabe von Aminoguanidin nach 200 Std.; 60%. — *Diphthalimidoessigsäureäthylester*, $C_{20}H_{14}N_2O_6$, F. 146—147°, durch 1,25std. Erhitzen des IV-Äthylesters mit Phthalimid-K auf 160° im Rohr, Lösen in Bzl./Bzn., Chromatographie an Al_2O_3 u. Eluieren mit Bzl.; aus Methanol Prismen.

W. Hampel 950△

0799 **Anlagerung von Methyldichlorsilan an Allenkohlenwasserstoffe.** A. W. Fedorowa, M. D. Stadnitschuk und A. A. Petrow. (Ber. Akad. Wiss. UdSSR **145,** 837—40, 1962; Leningrad, Technol. Lensowjet-Inst.; russ.) — Die Anlagerung von Methyldichlorsilan (I) an Hexadien-(1.2) (II), Heptadien-(1.2) (III), Heptadien-(2.3) (IV) u. Nonadien-(2.3) (V) u. anschließende Rk. mit Methyl-MgBr lieferte *1-Trimethylsilylhexen-(2)* (VI), *-hepten-(2)* (VII), ein Gemisch (VIII) aus *2-Trimethylsilylhepten-(3)* u. wenig *4-Trimethylsilylhepten-(2)* bzw. ein Gemisch (IX) aus *2-Trimethylsilylnonen-(3)* u. wenig *4-Trimethylsilylnonen-(2)*. Daneben wurden nicht weiter untersuchte *Bisaddukte* erhalten. Die aus I u. Octadien-(3.4) erhaltenen Anlagerungsprodd. wurden nicht identifiziert. Die Struktur von VI—IX wurde durch IR-Analyse, Hydrierung von VI u. VII zu *Trimethyl-n-hexylsilan* bzw. *Trimethyl-n-heptylsilan*, durch Ozonolyse von VI zu *Buttersäure* (X) sowie durch Ozonolyse von VIII u. IX zu X u. *Essigsäure* (XI) bzw. *Capronsäure* u. XI bewiesen.

Versuche: *1-Trimethylsilylhexen-(2)* (VI), $C_9H_{20}Si$, $Kp._{20}$ 60—61°, durch tropfenweise Zugabe von 0,1 Mol I zu 0,1 Mol II zu 0,6 ml isopropanol. 0,1m H_2PtCl_6, $1^1/_2$std. Erhitzen u. Methylierung mit Methyl-MgBr; $D._4^{20}$ 0,7563; n_D^{20} 1,4241; 5 g (Ausbeute). Ozonolyse → *Buttersäure* (X), $Kp._{20}$ 60—62°; $D._4^{20}$ 0,9513; n_D^{20} 1,4010. — *Trimethyl-n-hexylsilan*, Kp. 162—163°, durch Hydrierung von VI in Methanol an Pd/$CaCO_3$; $D._4^{20}$ 0,7458; n_D^{20} 1,4170. — *1-Trimethylsilylhepten-(2)* (VII), $C_{10}H_{22}Si$, $Kp._8$ 56—57°, aus je 0,1 Mol I u. III; $D._4^{20}$ 0,7683; n_D^{20} 1,4339; 5 g. — *Trimethyl-n-heptylsilan*, $Kp._{20}$ 76—77°, durch Hydrierung von VII; $D._4^{20}$ 0,7543; n_D^{20} 1,4231. — *Gemisch* (VIII) aus *2-Trimethylsilylhepten-(3)* u. *4-Trimethylsilylhepten-(2)*, $C_{10}H_{22}Si$, $Kp._6$ 50—51°, aus je 0,1 Mol I u. IV; 6,5 g. Ozonolyse → *Essigsäure* [IX; $Kp._{30}$ 52—58°; n_D^{20} 1,3849] u. X [*Anilid*, $C_9H_{11}NO$, F. 94,5° (50%ig. A.)]. — *Gemisch* (IX) aus *2-Trimethylsilylnonen-(3)* u. *4-Trimethylsilylnonen-(2)*, $C_{12}H_{26}Si$, $Kp._6$ 81—82°, aus je 0,15 Mol I u. V; 9,5 g. Ozonolyse → XI [*Anilid*, C_8H_9NO, F. 113 bis 114° (40%ig. A.)] u. *Capronsäure* [$Kp._{15}$ 85—90°; n_D^{20} 1,4170. *Anilid*, $C_{12}H_{17}NO$, F. 97° (50%ig. A.)].

Helmut Schäfer 980△

0800 **Chlorierung von Methylsilanen in der Dampfphase.** Yao-Tso Chen, San-Mei Chen und Pao-Jen Wang. (Acta chim. sinica **23,** 124—29, 1957; Futan, Univ., Chem. Dep., u. Acad. Sinica, Inst. of Chem.; chin., Auszug: engl.) — Methylsilane vom Typ $(CH_3)_nSiCl_{4-n}$ u. vom Typ $(CH_3)_mSi(CH_2Cl)Cl_{3-m}$ wurden der photochem. Chlorierung in der Dampfphase unterworfen. Silane ohne Si–Cl-Bindung verhalten sich dabei wie KW-Stoffe, d. h., die Substitution erfolgt vorzugsweise an zwei verschiedenen C-Atomen, während bei vorhandener Si–Cl-Bindung die Bldg. der geminalen Dichlor-Verb. dominiert.

Versuche: Silane: *Dimethyldichlor-*(I), $C_2H_6Cl_2\cdot Si$, Kp. 70°, nach Erik u. Smith (vgl. Svensk. kem. Tidskr. **62,** [1950], 87); 90% (Ausbeute). — *Trimethylchlor-*(II), C_3H_9ClSi. — *Tetramethyl-*(III), $C_4H_{12}Si$, Kp. 26°. — *Methylchlormethyldichlor-*(IV), $C_2H_5Cl_3Si$, Kp. 121 bis 124°, aus I; 56%. — *Dimethylchlormethylchlor-*(V), $C_3H_8Cl_2Si$, Kp. 113—114°, a) nach Krieble u. Elliot (vgl. J. Amer. chem. Soc. **67,** [1945], 1810); 70%; b) aus II; 70%. — *Trimethylchlormethyl-*(VI), $C_4H_{11}ClSi$, Kp. 98—99°, a) nach Acta chim. sinica **22,** [1956], 123; 51%; b) aus III; 34%. — *Methyl-bis-[chlormethyl]-chlor-*, $C_3H_7Cl_3Si$, Kp. 171—172°, a) neben V; n_D^{25} 1,4708; 2,3%; b) aus V; 3,3%. — *Dimethyldichlormethylchlor-*, $C_3H_7Cl_3Si$, Kp. 149,5°, neben vorst. Verb. nach a); n_D^{25} 1,4588; 6,3%; bzw. nach b); 36,4%. — *Methyldichlormethyldichlor-*, $C_2H_4Cl_4Si$, Kp. 151°, aus IV; n_D^{25} 1,4716; 30%. — *Trimethyldichlormethyl-*, $C_4H_{10}Cl_2Si$, Kp. 135°, aus VI; $D._4^{25}$ 1,0395; n_D^{25} 1,4430; 27,5%. — *Dimethyl-bis-[dichlor-*

methyl]-, $C_4H_8Cl_4Si$, Kp. 160, 742°, neben vorst. Verb.; $D._4^{25}$ 1,4573; 42,1%. — Propane: *2-Chlor2-methyl-*, C_4H_9Cl, Kp. 49—51°. — *2-Chlor-2-chlormethyl-*, $C_4H_8Cl_2$, Kp. 103—105°, aus vorst. Verb.; 67,8%. — *2-Chlor-2-dichlormethyl-* (**VII**), $C_4H_7Cl_3$, Kp. 146°, aus vorst. Verb.; n_D^{20} 1,4666; 7,9%. — *1.2.3-Trichlor-2-methyl-*, $C_4H_7Cl_3$, Kp. 162—163°, neben **VII**; n_D^{20} 1,4765; 35,9%. — *1.1.2.3-Tetrachlor-2-methyl-*, $C_4H_6Cl_4$, Kp. 190,6—191,3°, neben **VII**; n_D^{20} 1,4963; 11%. H.-J. Weigmann 980△

0801 **Chemische Umwandlungen der Dialkoxytitanoxide.** A. N. Nessmejanow, O. W. Nogina, A. M. Berlin und Ju. P. Kudrjawzew. (Nachr. Akad. Wiss. UdSSR, Abt. chem. Wiss. **1960,** 1206—14; Inst. für element-organ. Verbb. der Akad. der Wiss. der UdSSR; russ.) — Es werden Darst. u. Eigg. einiger *Alkoxytitanverbb.* beschrieben.

Versuche: (alle Verss. unter sorgfältigem Ausschluß von Feuchtigkeit) Titanoxidchloride: *n-Propoxy-*(**I**), $C_3H_7ClO_2Ti$, F. 92—96° (in zugeschmolzener Kapillare), a) durch tropfenweise Zugabe von 7,61 g $TiCl_4$ in Hexan (**II**) zu 7,31 g Di-n-propoxytitanoxid (**V**) in **II** unter Kühlung, 3std. Rühren u. Filtrieren; 94% (Ausbeute); daneben aus dem Filtrat 6,67 g *n-Propoxytitantrichlorid*, $C_3H_7Cl_3OTi$, F. 65—68° (in zugeschmolzener Kapillare); b) durch 5std. Erhitzen des nachst. Adduktes **III** auf 150—155°/10^{-5} mm. *n-Propanol-Addukt*, $C_6H_{15}ClO_3Ti$, F. 99—102° (aus **II**; in zugeschmolzener Kapillare), aus Bzl.-Lsgg. von **I** u. n-Propanol (1:1 Mol). *n-Propylacetat-Addukt* (*2:1* Mol) (**III**), $C_{11}H_{24}Cl_2O_6 \cdot Ti_2$, F. 78—84°, durch Zugabe von 2,58 g Acetylchlorid in 20 ml **II** zu 6,08 g **V** in 20 ml **II** unter Kühlung, $^1/_2$std. Rühren bei Zimmer-Temp., Abdest. des Lsgm. im Vakuum, Lösen des Rückstandes in CCl_4 (mit 2,57 g n-Propylacetat) u. Fällen mit **II**; 4,24 g (Rohausbeute). — *Äthoxy-* (**IV**), $C_2H_5ClO_2Ti$, F. 125—129° (Zers.; Bzl.), analog aus 3,0 g Diäthoxytitanoxid (**VI**) in 15 ml **II** u. 3,7 g $TiCl_4$ in 5 ml **II**; fast quantitativ. — *n-Butoxy-*, *n-Butanol-Addukt*, $C_8H_{19}ClO_3Ti$, F. 73—74° (Hexan), durch 1std. Erhitzen von 5,4 g **IV** in 56 g n-Butanol u. langsames Abdest. der Lsgm.; 92%. — Titanoxide: *Di-n-propoxy-* (**V**), $C_6H_{14}O_3Ti$, durch Zutropfen von 2 g **I** in 2,4 g Propanol u. 5 ml Bzl. zu einem Gemisch aus 1 g Pyridin, 10 ml Bzl. u. 0,8 g Propanol unter Kühlung, Einleiten von NH_3 bis zur vollständigen Fällung, Filtrieren u. Abdest. des Lsgm.; identifiziert durch IR-Spektren; 65,5%, — *Diäthoxy-* (**VI**), $C_4H_{10}O_3Ti$, analog aus **IV**; 55%. — *Dinonyloxy-*, $C_{18}H_{38}O_3Ti$, durch 45 Min. langes Erhitzen von 5,79 g **V** in 13,77 g Nonylalkohol auf 100 bis 110°, langsames Abdest. der überschüssigen Alkohole im Vakuum u. wiederholtes Eindampfen nach erneuter Zugabe von Nonylalkohol; n_D^{20} 1,5109; fast 100%. — *Ttianoxiddichlorid, n-Propanol-Addukt* (*1:2 Mol*) (**VII**), $C_6H_{16}Cl_2O_3Ti$, F. 86—87° (CCl_4), bei 2std. Durchleiten von Cl_2 durch 16,24 g **V** in 60 ml PAe u. Zugabe von 5,35 g Propanol; 98,5%. *Isobutanol-Addukt* (*1:2 Mol*), $C_8H_{20} \cdot Cl_2O_3Ti$, F. 92—94°, analog aus 22 g Diisobutoxytitanoxid in $2^1/_2$ Std.; 34%. — *Di-n-propoxytitandichlorid*, $C_6H_{14}Cl_2O_2Ti$, Kp.$_{0,5}$ 121—123°, durch Zugabe von 11,52 g Dimethyldichlorsilan zu 15,79 g **V** (Wärme-Entw.), 1std. Erhitzen bei 100° u. Dest. der unteren Phase; n_D^{20} ~1,575; daneben 5,45 g *Polymethylsiloxan*, $[C_2H_6OSi]_n$ aus der oberen Phase; n_D^{20} 1,4065—70. *n-Propanol-Addukte*, $C_9H_{20}Cl_2O_3Ti$, a) durch $1^1/_2$std. Erhitzen von 15,7 g **V** mit 12,2 g Methyläthylchlorsilan auf 100° u. Zugabe von 5,1 g Propanol; 69% daneben *Polymethyläthylsiloxan*, $[C_3H_8OSi]_n$; b) durch 1std. Erhitzen von 14 g **VII** mit 17 g Tetra-n-propoxysilan auf 100—105°; 72%. — *[Tri-n-propoxytitanoxy]-dimethyl-n-propoxysilan*, $C_{14}H_{34}O_5SiTi$, durch 4std. Kochen von 16,31 g **V** mit 15,8 g Dimethyl-n-propoxysilan in **II**; Abdest. des Lsgm. u. Vakuumdest. bei 10^{-5} mm [liefert bei der Dest. bei 1 mm *n-Propylorthotitanat* (Kp.$_{1,5-2}$ 140—141; n_D^{20} 1,4979); n_D^{20} 1,5135]; daneben *Bis-[tri-n-propoxytitanoxy]-dimethylsilan*, $C_{20}H_{48}O_8SiTi_2$; n_D^{20} 1,5310. — *Oktaäthoxytrititanoxan*, $C_{16}H_{40}O_{10}Ti_3$, F. 93—101° (A.), a) durch $2^1/_2$std. Erhitzen von **VI** mit Tetraäthoxytitan (1:1 Mol) in **II**; 44%; b) analog im Verhältnis 2:1 Mol in Bzl. u. PAe. bei 80—90°; 42%.
I. Schade 980△

0802 **Äthylenamide von Glykolphosphorigsäuren.** N. P. Gretschkin und L. N. Grischina. (Ber. Akad. Wiss. UdSSR **146,** 1333—34, 1962; Akad. der Wiss. der UdSSR, chem. Arbusow-Inst.; russ.) — Durch Rk. von Äthylenimin mit entsprechenden Phosphorigsäureesterchloriden wurden folgende Äthylenamidophosphorigsäureester dargestellt: *Äthylenglykolester* (**I**), Kp.$_1$ 32,5°; $D._4^{20}$ 1,2348; n_D^{20} 1,4932; 55% (Ausbeute). *1.2-Propylenglykolester*, Kp.$_1$ 35—36°; $D._4^{20}$ 1,1683; n_D^{20} 1,4810; 45%. *2.3-Butylenglykolester*, Kp.$_{0,5}$ 41—42°; $D._4^{20}$ 1,1215; n_D^{20} 1,4778; 55%. *1.3-Propylenglykolester*, Kp.$_1$ 44—45°; $D._4^{20}$ 1,1729; n_D^{20} 1,4910; 50%. *1.3-Butylenglykolester* (**II**), Kp.$_6$ 72—73°; $D._4^{20}$ 1,1263; n_D^{20} 1,4800; 55%. — Durch Anlagerung von S an **I** u. **II**: *Äthylenamidothiophosphorsäureäthylenglykolester*, F. 61—62°. *Äthylenamidothiophosphorsäure-1.3-butylenglykolester*, F. 76—77°.
Helmut Schäfer 980△

0803 **Phosphorhaltige Amide der Acryl- und Methacrylsäure.** A. N. Pudowik, E. I. Kaschewarowa und N. G. Chussainowa. (Ber. Akad. Wiss. UdSSR **145,** 818—21, 1962; Kasan, Lenin-Univ.; russ.) — Durch Kondens. von α-Aminoalkylphosphon- u. -thiophosphonsäuredialkylestern mit Acryl- oder Methacrylchlorid wurden *N-Acryloyl-* bzw. *N-Methacryloyl-α-aminoalkylphosphon-* u. *-thiophosphonsäuredialkylester* dargestellt. Die Verbb. polymerisieren bei 70° in Ggw. von Dibenzoylperoxid oder Azodiisobutylronitril unter Bldg. von festen *Polymeren.*

Versuche: *α-Aminoisopropylphosphonsäure, Dimethylester*, $C_5H_{14}NO_3P$, Kp.$_4$ 87—88°, durch 40 Min. langes Erhitzen von 14,5 g Aceton mit 27 g Dimethylphosphit in 100 ml mit NH_3-gesätt. A. im Rohr auf dem sd. Wasserbad; $D._4^{20}$ 1,0630; n_D^{20} 1,4355; 43% (Ausbeute). *Dipropylester*, $C_9H_{22}NO_3P$ Kp.$_4$ 96—96°, durch 3std. Erhitzen von 5,8 g Aceton, 16,6 g Dipropylphosphit u. 60 ml NH_3–A. im Rohr auf dem sd. Wasserbad, n_D^{20} 1,4360; 40%. — Man gibt zu je 0,25 Mol α-Aminoalkylphosphon- bzw. -thiophosphonsäuredialkylester u. Triäthylamin in 250 ml abs. Ae. in Ggw. von 0,5 g Cu_2Cl_2 langsam 0,25 Mol Acryl- oder Methacrylchlorid, rührt einige Std., läßt 12 Std. lang stehen u. dest. unter Zusatz von Hydrochinon: *α-[Acryloylamino]-isopropylphosphonsäurediäthylester*, Kp.$_3$ 144—146°, F. 66°; n_D^{20} 1,4718; 41%. — *α-[Methacryloylamino]-äthylphosphonsäurediäthylester*, Kp.$_{3,5}$ 151°; $D._4^{20}$ 1,1011; n_D^{20} 1,4650; 40%. — *α-[Methacryloylamino]-isopropylphosphonsäuredimethylester*, Kp.$_5$ 127—128°; n_D^{20} 1,4730; 49%. — *α-[Methacryloylamino]-isopropylphosphonsäurediäthylester*, Kp.$_1$ 112,5—113°, F. 61°; 44%. — *α-[Methacryloylamino]-isopropylphosphonsäuredipropylester*, Kp.$_1$ 124—125°; $D._4^{20}$ 1,0723; n_D^{20} 1,4697; 45%. — *[2-Methacryloylaminobutyl-(2)]-phosphonsäurediäthylester*, Kp.$_2$ 127—129°; $D._4^{20}$ 1,0850; n_D^{20} 1,4710; 59%. — *α-[Methacryloylamino]-isopropylthiophosphonsäurediäthylester*, Kp.$_{1,5}$ 120,5 bis 121°; $D._4^{20}$ 1,0802; n_D^{20} 1,4918; 78%. — *α-[2-Methacryloylaminobutyl-(2)]-thiophosphonsäurediäthylester*, Kp.$_4$ 140 bis 141°; $D._4^{20}$ 1,0730; n_D^{20} 1,4959; 79%. — *α-[Methacryloylamino]-isopropylthiophosphonsäuredi-n-propylester*, Kp.$_5$ 118,5—119°; $D._4^{20}$ 1,0402; n_D^{20} 1,4809; 78%. — *[2-Methacryloylaminobutyl-(2)]-thiophosphonsäuredi-n-propylester*, Kp.$_2$ 136—137°; $D._4^{20}$ 1,0543; n_D^{20} 1,4903; 77%.
Helmut Schäfer 980△

0804 **Reaktion von Trialkylarsinoxiden mit Alkylhalogeniden.** Gilm Kamai, B. D. Tschernokalski und L. A. Worobjewa. (Ber. Akad. Wiss. UdSSR **145,** Nr. 2, 328—29, 1962; Kasan, Chem.-Technol. Kirow-Inst.; russ.) — Die Rk. von Triäthylarsinoxid (**I**) mit Isopropyl- (**II**) u. Isobutyljodid (**III**) führt unter Abspaltung von Propylen bzw. Butylen zu *Triäthyl-[triäthylhydroxyarsenoxy]-arsoniumjodid* (**IV**). **IV** zeigt in Nitrobenzol hohe elektr. Leitfähigkeit u. ist ein starker Elektrolyt. — *Triäthyl-[triäthylhydroxyarsenoxy]-arsoniumjodid* (**IV**), $C_{12} \cdot H_{31}As_2JO_2$, F. 146—147° (Bzl.), durch 4std. Kochen von 1,144 g **I** mit 1,09 g **II** (bzw. **III**) in 50 ml Bzl.; 24,5 (bzw. 22) % Ausbeute. Helmut Schäfer 980△

0805 **Nitrierungen mit Acetylnitrat.** 2. Mitt. **Nitrierung von Styrolen und Stilbenen.** Frederick G. Bordwell und Edgar W. Garbisch jun. (J. org. Chemistry **27,**

2322–25, 6/7. 1962; Evanston, Ill., Northwestern Univ., Chem. Dep.; engl.) – 1. vgl. C. **1961,** 8984. – Die Nitrierungen erfolgen durch Zugabe von 70,4%ig. HNO_3 zu Acetanhydrid bei 30–35° (Methanol/Trockeneis-Kühlung), Abkühlen auf –15°, Zugabe von 2 Tropfen konz. H_2SO_4, Abkühlen auf –15 bis –20°, Zugabe von Alken in Acetanhydrid < 10°, Abkühlen auf –20° u. Gießen in Wasser. So erhält man aus Styrol 28% *p-Nitrostyrol* u. 50% *1-Acetoxy-1-phenyl-2-nitroäthan* ($C_{10}H_{11}NO_4$, Kp.$_{<0,1}$ 105°, n_D^{22} 1,5130); aus α-Methylstyrol (**VII**) 3% *Nitroalken* u. 70% *1-Nitro-2-acetoxy-2-phenylpropan* (**III**, $C_{11}H_{13}NO_4$, Kp.$_{0,4}$ 109°, n_D^{20} 1,5160); aus β-Methylstyrol 18% eines Gemisches aus *o-* u. *p-Nitro-β-methylstyrol* u. 64% *1-Acetoxy-1-phenyl-2-nitropropan* (Kp.$_{0,9}$ 114–118°, enthält ca. 20% β-Nitronitrat); aus trans-Stilben 70% *threo-1-Acetoxy-1.2-diphenyl-2-nitroäthan* (threo-**I**, F. 134 bis 135°, 95%ig. Methanol), 2% *trans-o-Nitrostilben* (F. 70,5–71°), 2% *trans-p-Nitrostilben* (F. 157°) u. 0,5% *trans-o.o'-Dinitrostilben* (F. 194–195°); aus cis-Stilben (**V**) 21% bzw. 48% threo-**I** (bei 1std. Einw. von HNO_3/Acetanhydrid bei 0° u. 14std. Einw. bei 15°); aus trans-α-Methylstilben 41% *threo-1.2-Diphenyl-1-nitro-2-acetoxypropan* (threo-**II**, F. 104–105°, Methanol); aus cis-α-Methylstilben (**VI**) 26% threo-**II** sowie nicht kristallisierbare Öle (konjugierte u. nichtkonjugierte Nitroalkene). **III** läßt sich durch Esteraustausch mit Methanol in *2-Phenyl-1-nitropropanol-(2)* umwandeln, das jedoch nicht durch Kondens. von Acetophenon u. Nitroäthan erhältlich ist. Weder cis- noch trans-α.β-Dimethylstilben liefern durch die Rk. mit Acetylnitrat (**IV**) erhebliche Ausbeuten an β-Nitroacetat, sondern hauptsächlich Nitroalkene, wie die IR-Analyse ergibt. Vff. schließen, daß die Addition von **IV** an Alkene in cis-Stellung erfolgt. **V** u. **VI** isomerisieren sich vermutlich zur trans-Verb., ehe die Nitrierung durch **IV** erfolgt. Die relative Rk.-Trägkeit der cis-Stilbene wird mit ster. Hinderung erklärt.

Versuche: *1-Nitro-2-phenylpropanol-(2)*, $C_9H_{11} \cdot NO_3$, Kp.$_{0,6}$ 96–97°, durch 1std. Nitrieren von **VII** mit HNO_3/Acetanhydrid bei –15°, Einw. (2 Wochen) von 30%ig. H_2SO_4 in Methanol auf das Rohprod., bei Raumtemp. u. Gießen in ein Gemisch aus Ae., W. u. gesätt. wss. NaCl-Lsg.; 63%. – *threo-1.2-Diphenyl-2-nitroäthanol-(1)*, F. 103,5–104° (Bzl.-Hexan), durch 2std. Einw. von 70%ig. H_2SO_4/Methanol auf eine warme Lsg. von threo-**I** in abs. Methanol bei Raumtemp. u. Gießen in Eiswasser; 83%. – *cis-α-Nitrostilben*, F. 72–73° (Hexan), durch Einw. von wenig $NaNO_2$ auf 0,5 g threo-**I** in Dimethylformamid, Rühren (25 Min.) bei Raumtemp. u. Einw. von W.; 0,39 g. B. Gnauck 990◇

0806 **Untersuchungen über die Synthese von Diaryldisulfiden.** 6. Mitt. **Reduktion von Phenylmethansulfonylchlorid durch roten Phosphor in Gegenwart von Jod als Katalysator.** 1. Mitt. Kiyoshi Kawahara. (J. pharmac. Soc. Japan [Yakugakuzasshi] **77,** 977–79, 1957; jap., Auszug: engl.) – 5. vgl. J. pharmac. Soc. Japan [Yakugakuzasshi] **77,** [1957], 972. – Bei der Red. von Phenylmethansulfonylchlorid (**I**) durch roten P in Ggw. von J_2 wird **I** z. T. über *Dibenzyldisulfid* zu *Phenylmethanthiol* (**II**) red., während der Rest durch Pyrolyse u. Rk. des gebildeten *Benzylchlorids* mit HJ *Benzyljodid* (**III**) liefert. Durch Kond. von **II** u. **III** entsteht *Dibenzylsulfid.*

Versuche: *Dibenzylsulfid*, F. 49°, a) durch 1–2std. Erhitzen von **I** mit rotem P in Ggw. von J_2 u. der theoret. Menge W., Gießen auf Eis u. Extrahieren mit Chlf.; 46% (Ausbeute); b) durch 1std. Kochen von Benzylchlorid u. **II** in A. u. Extrahieren mit Chlf.; 2%; c) analog b) aus **II** u. **III**; 50%. – *Benzylchlorid*, Kp.$_4$ 54–56°, a) analog vorst. Verb. unter a) in Ggw. von überschüssigem W.; 80%; b) analog vorst. Verb. unter b); 90%. H. Krause 1090△

0807 **Untersuchungen über die Synthese von Diaryldisulfiden.** 7. Mitt. **Reduktion von Phenylmethansulfonylchlorid durch roten Phosphor in Gegenwart von Jod als Katalysator.** 2. Mitt. Kiyoshi Kawahara. (J. pharmac. Soc. Japan [Yakugakuzasshi] **77,** 980–81, 1957; jap., Auszug: engl.) – 6. bzw. 1. vgl. vorst. Referat. – Bei der Red. von Phenylmethansulfonylchlorid mit rotem P in Ggw. von J_2 u. überschüssigem 4-Nitrobenzylchlorid wird intermediär aus Phenylmethanthiol u. 4-Nitrobenzyljodid (**I**; vgl. vorst. Ref.) *Benzyl-4-nitrobenzylsulfid* gebildet, das durch weitere Rk. mit **I** *Bis-[4-nitrobenzyl]-sulfid* ($C_{14}H_{12}N_2O_4S$, F. 158–159°; 50% Ausbeute) liefert. H. Krause 1090△

0808 **Untersuchungen über die Synthese von Diaryldisulfiden.** 8. Mitt. **Katalytische Reduktion von Bis-[nitrophenyl]-disulfiden.** Kiyoshi Kawahara. (J. pharmac. Soc. Japan [Yakugakuzasshi] **77,** 982–84, 1957; jap., Auszug: engl.) – 7. vgl. vorst. Referat. – Die katalyt. Red. von Bis-[2-nitrophenyl]- (**I**), Bis-[3-nitrophenyl]- (**II**) u. Bis-[4-nitrophenyl]-disulfid (**III**) in Ggw. von PtO_2 wird beschrieben. Nur **II** liefert hierbei die entsprechende *Diaminoverbundung.* Bei Erhöhung der PtO_2-Konz. u. Verlängerung der Red.-Zeit auf 25 Std. ergibt **I** ein Gemisch aus *Diaminoverb.* u. entsprechendem Thiol, während aus **III** nur die Thiolverb. erhältlich ist. Wird die Red. nach Aufnahme von $^1/_6$ der theoret. Menge H_2 abgebrochen, liefert **I** das Diamin neben kleinen Mengen Thiol u. **III** ein Gemisch aus Diamin u. Thiol.

Versuche: Disulfide: *Bis-[3-aminophenyl]-*, $C_{12} \cdot H_{12}N_2S_2$, F. 51–54°, aus dem Dihydrochlorid; 80% (Ausbeute). *Dihydrochlorid*, $C_{12}H_{14}Cl_2N_2S_2$, F. 238–240°, durch Red. von **II** in Essigsäure in Ggw. von PtO_2 bei 30–50° in 6 Std.; 90%. – *Bis-[2-aminophenyl]-* (**IV**), F. 83–85°, a) analog vorst. Verb. in 25 Std.; 20%; daneben *2-Aminothiophenol* (**V**), Kp.$_{10}$ 102°, 10%; b) nach Aufnahme von 1 Mol H_2 in 2 Std.; 7%; daneben Spuren **V**. – *Bis-[4-aminophenyl]-*, F. 76°, analog **IV** unter b); 2%. – *4-Aminothiophenol*, C_6H_7NS, Kp.$_{15}$ 143°, a) neben vorst. Verb.; 11%; b) aus **III** analog **IV** unter a); 80%. H. Krause 1090△

0809 **Untersuchungen auf dem Gebiet des Benzalazins und seinen Derivaten.** 2. Mitt. **Asymmetrische Derivate des Benzalazins, ihre Darstellung und Eigenschaften.** B. M. Bogosslowski und Je. B. Agratschewa. (Hochschulnachr. [Iwanowo], Chem. u. chem. Technol. **4,** Nr. 2, 275–79, 1961; Moskau, Textilinst., Lehrstuhl für organ. Chem.; russ.) – 1. vgl. C. **1958,** 5349. – Durch Rk. von 3- u. 4-Nitrobenzaldehydrazon mit verschiedenen substituierten Benzaldehyden wurden *asymm. Benzalazine* dargestellt.

Versuche: Benzaldehydrazone: *3-Nitro-*, F. 107–108°, durch $^1/_2$std. Rühren von 10 g m-Nitrobenzaldehyd mit 7 g Hydrazinhydrat in 100 ml abs. A.; 73–75% (Ausbeute). – Analog: *4-Nitro-*, F. 134°; 73–75%. – Benzalazine: *4-Nitro-4'-dimethylamino-*, F. 217–218° (Eisessig, Isoamylalkohol), durch $^1/_4$–12std. Stehen vorst. Verb. u. p-Dimethylaminobenzaldehyd in abs. A.; dunkelrot. *Hydrochlorid*, F. 203–204°, aus vorst. Verb. u. HCl in abs. Ae., Bzl. oder Dichloräthan; orange. – Analog: *3-Nitro-4'-dimethylamino-*, F. 149° (abs. A., Isoamylalkohol); orangerot. *Hydrochlorid*, F. 200–202°; orange. – *4-Nitro-3'-diäthylamino-*, F. 122 bis 123° (A.); orange. *Hydrochlorid*, F. 184°; hellgelb. – *3-Nitro-3'-diäthylamino-*, F. 102° (A.); orange. *Hydrochlorid*, F. 200–202°. – *4-Nitro-4'-methoxy-*, F. 200 bis 201° (A.); gelb. – *3-Nitro-4'-methoxy-*, F. 140–141° (A.); gelb. *Hydrochlorid*, F. 140–142°; gelb. – *4-Nitro-3'-methoxy-*, F. 141–142° (A.); gelb. – *3-Nitro-3'-methoxy-*, F. 111–112° (A.); hellgelb. *Hydrochlorid*, F. 141 bis 142°; gelb. – *4-Nitro-3'.4'-methylendioxy-*, F. 205 bis 206° (Aceton); hellorange. – *3-Nitro-3'.4'-methylendioxy-*, F. 190–191° (A.); dunkelgelb. *Hydrochlorid*, F. 178–180° (gelb). Helmut Schäfer 1120△

0810 **Derivate des Pyrogalloltrimethyläthers.** 3. Mitt. **Darstellung der Pentamethoxybenzoesäure.** Franz Dallacker. (Liebigs Ann. Chem. **665,** 78–83, 1963; Aachen, TH, Inst. für Organ. Chem.; dt.) – 2. vgl. Liebigs Ann. Chem. **652,** [1962], 45. – Einw. von OCH_3^- auf 2-Brom-3.4.5.6-tetramethoxy- (**I**) u. 2.6-Dibrom-3.4.5-trimethoxybenzoesäure (**II**) gibt *Pentamethoxybenzoesäure* (**III**). Decarboxylierung von **III** liefert *Pentamethoxybenzol* (**IV**). Aus **IV** wird *Pentamethoxybenzaldehyd* dargestellt. IR-Maxima s. Original.

Versuche (FF. korr.): *3.4.5.6-Tetramethoxybenzoesäuremethylester*, $C_{12}H_{16}O_6$, Kp.$_{1-2}$ 125–126°, durch portionsweise Zugabe von 3.4.5.6-Tetramethoxybenzoesäure zu CH_2N_2 in Ae. bei 0° unter Rühren u. 3std.

Rühren bei Raumtemp.; stark fluorescierendes Öl; 97% (Ausbeute). — *2-Brom-3.4.5.6-tetramethoxybenzoesäuremethylester*, $C_{12}H_{15}BrO_6$, F. 54,5°, Kp.$_1$ 133—136°, durch Zutropfen von Br_2 zu vorst. Verb. in Eisessig unter Wasserkühlung, 8std. Stehen bei Raumtemp. u. Dest.; 96%. *Freie Säure* (**I**), $C_{11}H_{13}BrO_6$, F. 106,5° (Cyclohexan), durch 5std. Kochen des Methylesters mit methanol. KOH; 90%. — *2.6-Dibrom-3.4.5-trimethoxybenzoesäure* (**II**), $C_{10}H_{10}Br_2O_5$, F. 144—145°, durch Zugabe von Br_2/Chlf. zur sd. Lsg. von 3.4.5-Trimethoxybenzoesäure in Chlf./W. u. 6—7std. Kochen; aus Cyclohexan derbe Spieße; 71%. — *Pentamethoxybenzoesäure* (**III**), $C_{12}H_{16}O_7$, F. 95,5° (Essigester), a) durch 40—45std. Erhitzen von **II**, Na u. Cu-Bronze in Methanol auf einer Pilzheizhaube (Außentemp. 200°) u. Versetzen mit wss. H_2SO_4; 72%; b) analog aus **I** 70%. *Methylester*, $C_{13}H_{18}O_7$, F. 48,5°, analog **III** durch 16std. Erhitzen, Abdampfen von Methanol, 24std. Erhitzen, Verestern durch Gießen in eine äther. CH_2N_2-Lsg. von 0°, 2std. Rühren bei Raumtemp. u. Waschen mit 2 n NaOH; aus Methanol/W. (1:3) glänzende Blättchen; 36%. *Säurechlorid* (**V**), $C_{12}H_{15}ClO_6$, Kp.$_2$ 122—125°, durch 10std. Kochen von **III** mit $SOCl_2$; gelbes Öl, das zu Kristallen erstarrt; 93%. *Amid*, $C_{12}H_{17}NO_6$, F. 129,8° (Cyclohexan), durch Einleiten von NH_3 in PAe. unter Eiskühlung, Zugabe **V** in PAe. u. kurzes Einleiten von NH_3; 96%. — *Tetramethoxysalicylsäuremethylester*, $C_{12}H_{16}O_7$, Kp.$_4$ 163—165°, neben **III**-Methylester durch Ansäuern der alkal. Lsg. mit 2 n H_2SO_4; gelbes Öl, das sich an der Luft rot färbt; 32%. *Acetat*, $C_{14}H_{18}O_8$, Kp.$_3$ 172 bis 175°, durch 10std. Stehen der Hydroxylsäure mit Acetylchlorid in Dioxan/N-Methylmorpholin bei Raumtemp.; farbloses, sich gelb färbendes Öl. — *Pentamethoxybenzol* (**IV**), $C_{11}H_{16}O_5$, F. 59,5°, Kp.$_1$ 122°, durch 2std. Dest. von **III** bei 200° (Bad)/1—2 Torr u. Erwärmen des Destillats mit 2 n NaOH; aus Cyclohexan Spieße; 68%. — *N-Pentamethoxybenzoyläthylenimin*, $C_{14}H_{19}NO_6$, F. 74,5°, durch Einrühren von **V** in Ae. in Äthylenimin in Ae. bei 0° u. 5std. Rühren bei Raumtemp.; aus Cyclohexen glänzende Blättchen u. Nadeln; 78%. — *Pentamethoxybenzaldehyd*, $C_{12}H_{16}O_6$, Kp.$_1$ 122—124°, a) durch Zugabe von N-Methylformamid zu $POCl_3$ unter Rühren bei 0°, 1std. Zutropfen von **IV** in Chlorbenzol, 8std. Rühren bei Raumtemp., 8std. bei 50—60° u. Gießen auf Eis; 89%; b) durch 20 Min. lange Zugabe von $LiAlH_4$ in abs. Ae. zu vorst. Verb. in abs. Ae. u. 2std. Rühren bei Raumtemp.; 70%. *Thiosemicarbazon*, $C_{13}H_{19}N_3O_5S$, F. 160,5° (A.). *Isonicotinoylhydrazon*, $C_{18}H_{21}N_3O_6$, F. 166,5 (Essigester). — *Pentamethoxybenzylidenessigsäure*, $C_{14}H_{18}O_7$, F. 134,5°, durch 1std. Kochen vorst. Aldehyds mit Pyridin, Piperidin u. Malonsäure u. Gießen in überschüssige verd. HCl; aus Cyclohexan Spieße; 86%. — *Pentamethoxybenzylalkohol*, $C_{12}H_{18}O_6$, durch Zutropfen von **III**-Methylester in Ae. zu $LiAlH_4$ in abs. Ae. unter Rühren u. Feuchtigkeitsausschluß u. 10std. Rühren bei Raumtemp.; nicht destillierbares Öl; 78%. — *Bis-[pentamethoxybenzyl]-äther*, $C_{24}H_{34}O_{11}$, F. 80,5°, durch 2std. Erhitzen vorst. Verb. auf 160—180°/1—2 Torr; aus n-Pentan glänzende Blättchen; 62%. E. Mirsch 1250△

0811 **Synthese von Cyandiphenyläthern und ihre Spaltung mit metallischem Natrium in flüssigem Ammoniak.** Masao Tomita und Yoshiro Sato. (J. pharmac. Soc. Japan [Yakugakuzasshi] **77**, 1024—26, 1957; Kyoto, Univ., Med. Fac., Pharmaceut. Inst.; jap., Auszug: engl.) — Durch Ullmann-Rk. werden aus Brombenzonitril u. K-Phenolat die entsprechenden *Cyandiphenyläther* gewonnen u. ihre Spaltungs-Rk. mit Na in fl. NH_3 untersucht. 2-Cyan- (**I**) u. 4-Cyandiphenyläther (**III**) liefern dabei *Benzylamin* u. *Phenol* neben kleinen Mengen *Dibenzylamin*, während aus 3-Cyandiphenyläther (**II**) *3-Guanyldiphenyläther* u. als Nebenprod. etwas *Phenol* entsteht. 4.4'-Dicyandiphenyläther ergibt hierbei eine unbekannte *Substanz vom F. 226° (Zers.)*.

Versuche: Diphenyläther: *2-Cyan-* (**I**), $C_{13}H_9NO$, Kp.$_6$ 150—154°, durch 3std. Erhitzen von o-Brombenzonitril u. K-Phenolat in Ggw. von Cu auf 190—200°, Extrahieren mit Ae., Waschen mit 10%ig. KOH u. Dest.; 51% (Ausbeute). — *3-Cyan-* (**II**), $C_{13}H_9NO$, Kp.$_6$ 149 bis 159°, analog **I** aus m-Brombenzonitril; 49%. — *4-Cyan-* (**III**), $C_{13}H_9NO$, Kp.$_4$ 170—174°, a) analog **I**; 37%; b) analog a) aus Brombenzol u. K-p-Cyanphenolat; 41%. — *4.4'-Dicyan-* (**IV**), F. 176—178°, analog **I** aus p-Brombenzonitril u. K-p-Cyanphenolat bei 250—260°; 36%. — *2-Carbonsäure-*, F. 112—113°, durch Verseifen von **I** mit 20%ig. KOH/Alkohol. — *3-Carbonsäure-*, F. 143—145°, analog vorst. Verbindung. — *4-Carbonsäure-*, F. 158—159°, aus **III**. — *4.4'-Dicarbonsäuredimethylester-*, F. 153—155°, durch Verseifen von **IV** u. Umsetzen mit CH_2N_2. — *Benzylaminhydrochlorid* (**V**), $C_7H_{10}ClN$, F. 253—254° (Zers.), a) durch Zugeben von Na u. 4,01 g Benzonitril zu fl. NH_3, Einengen, Extrahieren mit Ae. u. 5%ig. HCl; 3,63 g; daneben *Dibenzylaminhydrochlorid* (**VI**), F. 264° (Zers.); 0,01 g; b) durch Spaltung von 1 g **I** analog a); 0,15 g; daneben **VI**; 0,01 g; c) aus 1 g **III**; 0,17 g; daneben **VI**; 0,01 g. — *Benzamid*, C_7H_7NO, F. 126—127°, durch Umsetzen von 10,09 g Phenylessigsäurenitril in Ae. analog **V** unter a); 0,3 g. — *3-Guanyldiphenylätherhydrochloridmonohydrat*, F. 222 bis 223°, analog **V** unter a) aus 1,06 g **II**; 0,28 g. H. Krause 1250△

0812 **Darstellung von 4-Alkyl- und 4-Arylthiosemicarbaziden.** W. Ja. Kasakow und I. Ja. Posstowski. (Hochschulnachr. [Iwanowo], Chem. u. chem. Technol. **4**, Nr. 2, 238—41, 1961; Ural, Polytechn. Kirow-Inst., Lehrstuhl für organ. Chem.; russ.) — Die Darst. von 4-substituierten *Thiosemicarbaziden* u. *p-Acetylaminobenzaldehydthiosemicarbazonen* wird beschrieben.

Versuche: Thiosemicarbazide: man löst 0,2 Mol des entsprechenden Amins in 40 ml konz. NH_4OH, evtl. unter Zusatz von 40—50 ml A., gibt bei < 30—40° 15 ml CS_2 zu, rührt 1 Std., gießt in Na-Chloracetat (aus 19 g Chloressigsäure in 50 ml W.), versetzt unter Kühlung mit 20 ml 50%ig. Hydrazinhydrat u. kocht 1 Std.: *4-Cyclohexyl-*, $C_7H_{15}N_3S$, F. 141—143°; 57% (Ausbeute). — *4-[β-Hydroxyäthyl]-*, $C_3H_9N_3OS$, F. 114—115°; 36%. — *4.4'-Äthylen-bis-thiosemicarbazid*, $C_4H_{12}N_6S_2$, F. 221° (Zers.); 56%. — *4.4'-Hexamethylen-bis-thiosemicarbazid*, $C_8H_{20}N_6S_2$, F. 140—142° (Zers.); 35%. — p-Acetylaminobenzaldehydthiosemicarbazone: durch 10 Min. langes Kochen von p-Acetylaminobenzaldehyd mit dem entsprechenden 4-substituierten Thiosemicarbazid (1:1 Mol) in W.-A.: *4-Isopropyl-*, $C_{13}H_{18}N_4OS$, F. 230° (Zers.); 80%. — *4-Cyclohexyl-*, $C_{16}H_{22}N_4OS$, F. 139—141°; 95%. — *4-Benzyl-*, $C_{17}H_{18}N_4OS$, F. 149—150°; 80%. — *4-[β-Hydroxyäthyl]-*, $C_{12}H_{16}N_4O_2S$, F. 230—232° (Zers.); 95%. — *Bis-[p-acetylaminobenzaldehyd]-4.4'-äthylen-bis-[thiosemicarbazon]*, $C_{22}H_{26}N_8O_2S_2$, F. 250—251° (Zers.); 52%. — *Bis-[p-acetylaminobenzaldehyd]-4.4'-hexamethylen-bis-[thiosemicarbazon]*, $C_{26}H_{34}N_8O_2S_2$, F. 224—226° (Zers.); 51%. Helmut Schäfer 1280△

0813 **Reaktion von Aminomercaptalen mit Verbindungen mit primärer Aminogruppe.** F. M. Stojanowitsch, B. P. Fedorow und G. M. Andrianowa. (Ber. Akad. Wiss. UdSSR **145**, 584—87, 1962; Akad. der Wiss. der UdSSR, Zelinsky-Inst. für organ. Chem.; russ.) — Durch Rk. von Dimethylformamid (**I**) mit Äthylmercaptan (**II**) u. Äthylendimercaptan (**III**) in Ggw. von $POCl_3$ wurden *N.N-Dimethylamino-bis-[äthylmercapto]-methan* (**IV**) u. *Äthylendimercapto-N.N-dimethylaminomethan* dargestellt. Bei der Rk. von **IV** oder Bis-n-butylmercapto-N.N-dimethylaminomethan (**V**) mit Äthanolamin (**VI**), Cyclohexylamin (**VII**), Benzylamin (**VIII**), p-Toluidin (**IX**), Benzamid (**X**), p-Toluolsulfamid (**XI**), Thioharnstoff (**XII**), Sulfanilamid (**XIII**) u. p-Nitrophenylhydrazin (**XIV**) wurden unter Abspaltung von Äthyl- bzw. n-Butylmercaptan *N'-[β-Hydroxyäthyl]-*, *N'-Cyclohexyl-*, *N'-Benzyl-*, *N'-[p-Tolyl]-*, *N'-Benzoyl-*, *N'-[p-Toluolsulfonyl]-*, *N'-Thiocarbamoyl-*, *N'-[p-(Dimethylaminomethylenamino)-benzolsulfonyl]-* bzw. *N'-[p-Nitroanilino]-N.N-dimethylformamidin* erhalten.

Versuche: *N.N-Dimethylamino-bis-[äthylmercapto]-methan* (**IV**), $C_7H_{17}NS_2$, Kp.$_{13}$ 98—101°, Kp.$_{23}$ 110 bis 113°, durch Zugabe von 153,6 g $POCl_3$ bei — 4° zu 73 g **I** u. 124 g **II** u. 47std. Rühren bei $< 20°$; n_D^{20} 1,5108; 80,0 g (Ausbeute). — *Äthylendimercapto-N.N-dimethylaminomethan*, $C_5H_{11}NS_2$, Kp.$_{10}$ 97—98,5°, durch 3 Tage langes Stehen von 21,9 g **I** mit 28,2 g **III** u. 46,1 g $POCl_3$ bei 20°; n_D^{20} 1,5678; 17,3 g. *Pikrat*, $C_{11}H_{14}N_4O_7S_2$, F. 99,5—101° (Chlf.). — N.N-Dimethylformamidine:

N'-[β-Hydroxyäthyl]-, durch 20 Min. langes Erhitzen von **V** mit **VI** (1:1 Mol) auf 140°; 56%. *Pikrat*, $C_{11}H_{15}N_5O_8$, F. 98,5—99,5° (A.-Bzl.). — *N'-Cyclohexyl-*, $C_9H_{18}N_2$, $Kp._{14}$ 89—90°, F. 44—45° (abs. Ae.), durch 40 Min. langes Erhitzen von **IV** mit **VII** auf 110—120°; 86%. — *N'-Benzyl-*, $Kp._{0,6}$ 85,5—87,5°, aus **V** u. **VIII** (2 Std. bei 160°); n_D^{20} 1,5432; 67%. *Pikrat*, $C_{16}H_{17}N_5O_7$, F. 132,5—133,5° (A.). — *N'-[p-Tolyl]-*, $Kp._{0,6}$ 97°, aus **V** u. **IX** (1/2 Std. bei 165—175°); n_D^{20} 1,5842; 72%. *Pikrat*, $C_{16}H_{17}N_5O_7$, F. 149—150° (A.). — *N'-Benzoyl-*, $C_{10}H_{12}\cdot N_2O$, F. 69—71° (Heptan), aus **V** u. **X** (1/4 Std. bei 155 bis 160°); 70%. — *N'-[p-Toluolsulfonyl]-*, $C_{10}H_{14}N_2O_2S$, F. 134—135° (Isopropanol), durch 20 Min. langes Erhitzen von **V** mit **XI** auf 120—140°; 92%. — *N'-Thiocarbamoyl-*, $C_4H_9N_3S$, F. 158—159° (Zers.; A.-Bzl.), aus **V** u. **XII** (1/2 Std. bei 145—150°); 38%. — *N'-[p-(Dimethylaminomethylenamino)-benzolsulfonyl]-*, $C_{12}H_{18}N_4O_2S$, F. 152—153° (abs. A.), aus **IV** u. **XIII** (1 Std. bei 110—145°); 92,5%. — *N'-[p-Nitroanilino]-*, $C_9H_{12}N_4O_2$, F. 161—162° (Zers.; abs. Methanol), aus **V** u. **XIV** (1/2 Std. bei 130°); 55%. *Pikrat*, $C_{15}H_{15}N_7O_9$, F. 158° (A.). Helmut Schäfer 1300△

0814 **Das Tris-[p-aminophenyl]-oxonium-Kation als Strukturanalogon des Parafuchsins.** A. N. Nessmejanow, T. P. Tolstaja und A. W. Grib. (Ber. Akad. Wiss. UdSSR **139,** 114—16, 1/7. 1961; Moskau, Lomonossow-Univ.; russ.) — Durch Red. von Tris-[p-nitrophenyl]-oxoniumfluoborat (**I**) werden farblose *Tris-[p-aminophenyl]-oxoniumsalze*, Strukturanaloga des Parafuchsins, dargestellt. Als Bedingungen für Farbigkeit von Verbb. dieser Struktur wird eine Elektronenlücke am Zentralatom u. die Möglichkeit zur Bldg. von Resonanzhybriden angesehen. Die UV-Absorptionskurven für *Tris-[p-aminophenyl]-oxonium-* u. *Tris-[p-dimethylaminophenyl]-sulfoniumjodid* sind angegeben.

Versuche: *Tris-[p-aminophenyl]-oxoniumsalze*: *Chlorid, Trihydrochlorid* (**II**), $C_{18}H_{21}Cl_4N_3O$, durch Erhitzen von 2,74 g **I** mit 6,85 g Sn u. 41 ml konz. HCl, Versetzen mit 900 ml W., Fällen von Sn mit H_2S, Abdampfen u. Umfällen aus Methanol mit abs. Ae.; verkohlt bei 160—175°; 78% (Ausbeute). *Jodid*, $C_{18}H_{18}JN_3O$, durch Zugabe der wss. Lsg. eines anorgan. Jodids zu der wss. Lsg. von **II**, Umkristallisieren aus W.; verkohlt bei 180—200°. *Tetrajodomercurat*, $C_{36}H_{36}HgJ_4N_6O_2$, verkohlt bei 200—230°. *Hexachloroplatinat*, $C_{18}H_{19}Cl_6\cdot N_3OPt$, verkohlt bei 200—250°. — *Tris-[p-jodphenyl]-oxoniumsalze*: *Trijodid*, $C_{18}H_{12}J_6O$, Zers. bei 180—181°, durch Zugabe von 0,3 g **II** zu 0,2 g $NaNO_2$ mit 4 ml konz. H_2SO_4 unter Kühlung, Gießen in 15 ml Eiswasser, Zugabe von konz. wss. HJ bis zur vollständigen Fällung des Jodids, Umfällen aus Aceton mit Ae., dunkelrote Kristalle; 87%. *Jodid, Monohydrat*, $C_{18}H_{14}J_4O_2$, Zers. bei 163—164°, durch Umfällen der vorst. Verb. aus SO_2-gesätt. Aceton mit Äther. — *p.p'-Dijoddiphenyläther*, F. 138—139° (A.), durch Zugabe von überschüssiger konz. wss. NaJ-Lsg. zu einer Lsg. von 1 g **II**, 10 ml konz. HCl u. einer gesätt. Lsg. von 2 g $NaNO_2$ in W., Extrahieren mit Ae., Behandeln des Rückstandes nach Abdampfen des Ae. mit 1,6 g Sn u. 8 ml konz. HCl; 67%. I. Schade 1320△

0815 **Mannichbasen und aromatische Amine in Amin-Austausch-Reaktionen.** Nazar Singh und Sukhdev Singh. (J. org. Chemistry **27,** 2656—57, 1962; Chandigarh, Punjab Univ., Dep. of Pharm.; engl.) — *β-Phenylaminopropiophenon* entsteht beim Kochen von β-Dimethylaminopropiophenonhydrochlorid (**I**) oder β-Piperidinopropiophenonhydrochlorid (**II**) mit Anilin u. $ZnCl_2$-Anilin-Komplex in Alkohol. Analog gibt die Rk. von **I** oder **II** mit p-Chloranilin, p-Toluidin, p-Anisidin oder p-Phenetidin die entsprechenden *β-Arylaminopropiophenone*, die auch bei der Umsetzung von β-Chlorpropiophenon (**III**) mit den genannten Aminen gebildet werden. *β-p-Toluidinopropiophenon* wird auch aus p-Toluidin mit dem beim Erhitzen von **I** gebildeten Phenylvinylketon erhalten.

Versuche: β-Arylaminopropiophenone: *β-Phenyl-*, $C_{15}H_{15}NO$, F. 111—112° (abs. A.), a) durch 6std. Kochen von **I** mit Anilin in abs. A. (Meth. **A**); 55% (Ausbeute); b) ebenso mit **II**; 66%; c) durch 30 Min. langes Kochen von **III** mit Anilin in W. (Meth. **B**). *Hydrochlorid*, $C_{15}H_{16}ClNO$, F. 150—151° (A.-Aceton), durch Einleiten von HCl-Gas in eine Aceton-Lsg. bis zur roten Rk. von Kongorot (Meth. **C**) u. Fällen mit Äther. — *β-p-Chlorphenyl-*, $C_{15}H_{14}ClNO$, F. 136—138° (abs. A.), nach **A** a) mit **I**; 39%; b) mit **II**; 58%; c) nach **B**. *Hydrochlorid*, $C_{15}H_{15}Cl_2NO$, F. 160° (A.), nach **C**. — *β-p-Toluidino-*, $C_{16}H_{17}NO$, F. 113—114° (abs. A.), nach **A** a) mit **I**; 62%; b) mit **II**; 66%; c) nach **C**; d) durch Pyrolyse von **I** bei 160—170° u. 18 Torr, Dest. des *Phenylvinylketons* ($Kp._{18}$ 114—116°), Lösen in Chlf. u. 30 Min. langes Kochen mit p-Toluidin. *Hydrochlorid*, $C_{16}H_{18}ClNO$, F. 137—138° (A.-Ae.). — *β-p-Anisidino-*, $C_{16}H_{17}NO_2$, F. 114—115° (abs. A.), nach **A** a) mit **I**; 40%; b) mit **II**; 53%; c) nach **B**. *Hydrochlorid*, $C_{16}H_{18}ClNO_2$, F. 149 bis 150° (A.), nach **C**. — *β-p-Phenetidino-*, $C_{17}H_{19}NO_2$, F. 105—106° (abs. A.), nach **A** a) mit **I**; 37%; b) mit **II**; 52%; c) nach **B**. *Hydrochlorid*, $C_{17}H_{20}ClNO_2$, F. 154 bis 155° (A.), **C**. E. Kossmehl 1340◇

0816 **Darstellung von Phenyldibromboran durch direkte Synthese.** E. I. Frenkin, A. A. Prochorowa, Ja. M. Pauschkin und A. W. Toptschijew. (Nachr. Akad. Wiss. UdSSR, Abt. chem. Wiss. **1960,** 1507—08; Inst. für petrochem. Synth. der Akad. der Wiss. der UdSSR; russ.) — Beim Durchleiten von Bzl. u. Br_2 (1:1 Mol) mit einer Geschw. von 20 g/h durch ein mit B-Pulver u. Ni/Kieselgur (75:25%) gefülltes Quarzrohr im schwachen N_2-Strom bei 500—520° werden neben Spuren *Diphenylbromboran*, 23,4% Bzl., 12,5% BBr_3 (Kp. 90,6°), 28,8% Brombenzol (Kp. 156°) u. 15,3% Dibrombenzol (Kp. 225°) 21% *Phenyldibromboran* [$C_6H_5BBr_2$, $Kp._{14}$ 89—91°, F. 32—34°] erhalten. I. Schade 1380△

0817 **Synthese polymerisierbarer Thalliumverbindungen.** M. M. Koton und F. Ss. Florinski. (Ber. Akad. Wiss. UdSSR **146,** 820—21, 1962; Akad. der Wiss. der UdSSR, Inst. für hochmol. Verbb.; russ.) — Durch Rk. von Diphenyl-TlBr mit Ag_2O u. Acryl-, Methacryl- u. p-Vinylbenzoesäure wurden *Diphenylthalliumacrylat*, *-methacrylat* u. *-p-vinylbenzoat* dargestellt. Die Verbb. lassen sich auch durch Rk. von Diphenylthalliumoxid mit den Carbonsäuren synthetisieren. Bei der Einw. alkohol. HCl erfolgt Zers. zu Diphenyl-TlCl u. der entsprechenden Carbonsäure.

Versuche: Diphenylthalliumsalze: *Acrylat*, $C_{15}H_{13}O_2Tl$, F. 247—249° (Zers.; Methanol), durch 2std. Kochen von 4,4 g Diphenyl-TlBr, 1,2 g Ag_2O u. 1,1 g Acrylsäure in 50 ml Methanol; 83,7% (Ausbeute). Analog: *Methacrylat*, $C_{16}H_{15}O_2Tl$, F. 230—231° (Zers.; Methanol); 85,4%. *p-Vinylbenzoat*, $C_{21}H_{17}O_2Tl$, F. 220° (Zers. u. Polymerisation; A.); 65,4%. Helmut Schäfer 1380△

0818 **Acylierung von Siliciumkohlenwasserstoffen und Synthese siliciumhaltiger α-Methylstyrole.** Je. A. Tschernyschew, E. N. Kljukina und A. D. Petrow. (Nachr. Akad. Wiss. UdSSR, Abt. chem. Wiss. **1960,** 1601—06; Zelinsky-Inst. für organ. Chemie der Akad. der Wiss. der UdSSR; russ.) — Durch Verw. von Bzl. als Lsgm. für die Acylierung von Benzyltrialkyl- u. β-Phenyläthyltrialkylsilanen mit Acylchloriden in Ggw. von ACl_3 wird die Ausbeute an den entsprechenden p-substituierten Ketonen bis auf 70% erhöht. Es wird gezeigt, daß Benzyltrimethylsilan (**I**) 24 mal u. β-Phenyläthyltrimethylsilan (**II**) 16mal schneller als Bzl. acyliert wird. Durch Rk. der Ketone mit Alkyl-MgCl u. Dehydratisierung der erhaltenen Alkohole werden *p-[Trialkylsilylmethyl]-* u. *p-[β-Trialkylsilyläthyl]-α-methylstyrole* erhalten.

Versuche: Acetophenone: *p-Trimethylsilylmethyl-*(**III**), $C_{12}H_{18}OSi$, $Kp._{14}$ 140—141°, durch Zugabe von 0,75 Mol Acetylchlorid u. 0,75 Mol ACl_3 zu 1,5 Mol **I** ($Kp._{750}$ 184—185°; n_D^{20} 1,4942; $D._4^{20}$ 0,8659) u. 3 Mol Bzl. bei < 30°, 30—40 Min. langes Rühren bei Zimmertemp. u. Gießen in W.; n_D^{20} 1,5254; $D._4^{20}$ 0,9620; 70% (Ausbeute). *2.4-Dinitrophenylhydrazon*, F. 207°. — *p-[β-Trimethylsilyläthyl]-* (**IV**), $C_{13}H_{20}OSi$, $Kp._{11}$ 152,5—154°, analog aus **II** ($Kp._{748}$ 208—210°; n_D^{20} 1,4862; $D._4^{20}$ 0,8632); n_D^{20} 1,5270; $D._4^{20}$ 0,9648; 72%. *2.4-Dinitrophenylhydrazon*, F. 160°. — *p-Triäthylsilylmethyl-* (**V**), $C_{15}H_{24}OSi$, $Kp._4$ 141—143°, aus Benzyltriäthylsilan (**VI**),

(Kp.$_{748}$ 249—250°; n_D^{20} 1,5088; D.$_4^{20}$ 0,8975); n_D^{20} 1,5260; D.$_4^{20}$ 0,9633; 35%. *2.4-Dinitrophenylhydrazon*, F. 170°. — *p-[β-Triäthylsilyläthyl]-* (**VII**), $C_{16}H_{26}OSi$, Kp.$_2$ 158—160°, aus β-Phenyläthyltriäthylsilan (Kp.$_{748}$ 265—266°; n_D^{20} 1,4965; D.$_4^{20}$ 0,8866); n_D^{20} 1,5279; D.$_4^{20}$ 0,9860; 29%. *2.4-Dinitrophenylhydrazon*, F. 110°. — Caprophenone: *p-Trimethylsilylmethyl-*, $C_{16}H_{26}OSi$, Kp.$_4$ 150—152°, aus **I** u. Caproylchlorid; n_D^{20} 1,5093; D.$_4^{20}$ 0,9280; 76%. *2.4-Dinitrophenylhydrazon*, F. 133°. — *p-[β-Trimethylsilyläthyl]-*, $C_{17}H_{28}OSi$, Kp.$_4$ 163—165°, aus **II**; n_D^{20} 1,5130; D.$_4^{20}$ 0,9297; 69%. *2.4-Dinitrophenylhydrazon*, F. 132°. — *p-Triäthylsilylmethyl-*, $C_{19}H_{32}OSi$, Kp.$_7$ 212—213°, aus **VI**; n_D^{20} 1,5188; D.$_4^{20}$ 0,9397; 70%. *2.4-Dinitrophenylhydrazon*, F. 102%. — Phenyldimethylcarbinole: *p-Trimethylsilylmethyl-* (**VIII**), $C_{13}H_{22}OSi$, Kp.$_4$ 125—127°, durch Zugabe von 0,19 Mol **III** zu Methyl-MgCl (0,42 Mol Mg) in 200 ml Ae. in 1 Std. bei 20—30°, 1std. Rühren bei Zimmertemp., $^1/_2$std. Kochen u. Zers. mit Eis; n_D^{20} 1,5120; D.$_4^{20}$ 0,9348. — *p-[β-Triäthylsilyläthyl]-* (**IX**), $C_{17}H_{30}OSi$, Kp.$_3$ 146 bis 150°, analog aus **VII**; n_D^{20} 1,5265; D.$_4^{20}$ 0,9677. — α-Methylstyrole: *p-Trimethylsilylmethyl-*, $C_{13}H_{20}Si$, Kp.$_4$ 88°, durch Erhitzen von 16 g **VIII** mit 1 g Hydrochinon u. 3,5 g $KHSO_4$ unter laufendem Abdest. des Rk.-Wassers; n_D^{20} 1,5230; D.$_4^{20}$ 0,8914; 42%. — *p-[β-Trimethylsilyläthyl]-*, $C_{14}H_{22}Si$, Kp.$_{3,5}$ 99—101°, analog aus dem aus **IV** u. Methyl-MgCl erhaltenen Gemisch, ohne Isolierung des Carbinols; n_D^{20} 1,5150; D.$_4^{20}$ 0,8920; 25%. — *p-Triäthylsilylmethyl-*, $C_{16}H_{26}Si$, Kp.$_3$ 131—132°, durch Dehydratisierung des aus **V** u. Methyl-MgCl erhaltenen Gemisches an Al_2O_3 im Quarzrohr bei 340° u. 160—180 nm; n_D^{20} 1,5230; D.$_4^{20}$ 0,9108; 40%. — *p-[β-Triäthylsilyläthyl]-*, $C_{17}H_{28}Si$, Kp.$_3$ 126,5—127,5°, analog aus **IX**; n_D^{20} 1,5120; D.$_4^{20}$ 0,9083; 44%.

I. Schade 1380△

0819 **Darstellung von Phosphorsäureamiden.** Si-Oh Li und Chi-Ping Chang. (Acta chim. sinica **23**, 99—104, 1957; Peking, Acad. Med. Sinica, Dep. of Biochem.; chin., Auszug: engl.) — *N-substituierte Phosphorsäureamide* (**B**) werden in hoher Ausbeute durch Rk. von Phosphorsäureamiddichloriden (**A**) mit abs. Ameisensäure (**I**) dargestellt. N-[p-Nitrophenyl]- u. N-[p-Carboxyphenyl]-phosphorsäureamid konnten auf diesem Wege nicht erhalten werden; letztere Verb. wurde jedoch durch Rk. von Phosphorsäuredichlorid-N-[4-chlorcarbonylphenyl]-amid (**II**) mit **I** synthetisiert.

Versuche: Phosphorsäuredichloridamide (**A**), durch Rk. von Aryl (bzw. Aralkyl)-aminhydrochloriden mit $POCl_3$: *Unsubstituiert*, F. 93—94°; 80% (Ausbeute). — *N-[4-Chlorphenyl]-*, F. 107—108°; 80%. — *N-[4-Nitrophenyl]-*, F. 155—156°; 81%. — *N-[4-Carboxyphenyl]-*, F. 240—241°; 85%. — *N-[4-Aminosulfonylphenyl]-*, F. 230—231°; 98%. — *N-[p-Tolyl]-*, F. 108 bis 111°; 94%. — *N-[2-Methoxyphenyl]-*, 83%. — *N-Benzyl-*, 85%. — *N-[Naphthyl-(1)]-*, F. 183° (Zers.); 90%. — *N-[4-Chlorcarbonylphenyl]-* (**II**), $C_7H_5Cl_3NO_2P$, F. 165—168°, mit PCl_5 statt $POCl_3$; 82%. — N-substituierte Phosphorsäureamide (**B**), durch ca. 3std. Kochen der **A** mit **I** (im Molverhältnis 1:2) in abs. organ. Lsgm.: *Unsubstituiert*, F. 276—277°; 80%. — *N-[4-Chlorphenyl]-*, F. 259° (Zers.); 83%. — *N-[Naphthyl-(1)]-*, F. 230—235° (Zers.); 94%. — *N-[2-Methoxyphenyl]-*, F. 130° (Zers.); 99%. — *N-[4-Aminosulfonylphenyl]-*, F. 233—242° (Zers.); 41%. — *N-[p-Tolyl]-*, F. 250 bis 252°; 90%. — *N-Benzyl-*, F. 165—170°; 70%. — *N-[4-Carboxyphenyl]-*, $C_7H_8NO_5P$, F. 239°, durch Rk. von 1,4 g **II** mit 0,6 g **I**; 1 g. — Formylaminobenzole, analog den **B**, jedoch bei geänderten Rk.-Zeiten bzw. **A**:**I**-Verhältnissen (**MV**): *Unsubstituiert*, *Phosphat*, F. 220°, durch 6std. Rk. im **MV** 1:2,5. — *4-Chlor-*, *Phosphat*, F. 196°. — *4-Nitro-*, *Hydrochlorid*, F. 195—200°, durch 6 bzw. 8std. Rk. im **MV** 1:2 bzw. 1:2,5. — *4-Nitroanilinhydrochlorid*, F. 145—146°, analog **A**. — *4-Aminobenzoesäurehydrochlorid*, F. 300° (Zers.), analog den **A**.

H.-J. Weigmann 1380△

0820 **Anionotrope Umlagerung bei der Darstellung von Allylhydroperoxiden.** R. Feld. (Chem. and Ind. **1959**, 1600, 19/12.; London, Battersea Coll. of Technol., Chem. Dep.; engl.) — Durch Behandlung von 1-Methyl-3-phenyl- (**I**) bzw. 1-Phenyl-3-methylallylhydrogenphthalat (**II**) mit 90%ig. H_2O_2 in Ggw. von $NaHCO_3$ wird ein Gemisch (Kp.$_{0,001}$ 110°, n_D^{20} 1,5582—1,5585) aus 40% *1-Phenyl-3-methyl-* u. 60% *1-Methyl-3-phenylallylhydroperoxid* erhalten, das mit Triphenylmethanol in Essigsäure/H_2SO_4 *Bis-[triphenylmethyl]-peroxid* (F. 179—181°) u. mit Xanthydrol in Essigsäure ein Gemisch ($C_{23}H_{20}O_3$, F. 58—60°) aus *9-[1-Phenyl-3-methylallylperoxy]-* u. *9-[1-Methyl-3-phenylallylperoxy]-xanthen* gibt. Die Bldg. des gleichen Gemischs aus **I** u. **II** läßt sich nur durch einen S_{N_1}-Mechanismus erklären, das über das gleiche mesomere Carbeniumion verläuft. Die UV-Maxima für das Gemisch sind angegeben.

K. Lange 1470△

0821 **Darstellung aromatischer Nitroketone und Nitronitrile nach der Wittig-Reaktion.** Ss. Ss. Nowikow und G. A. Schwechgeimer. (Nachr. Akad. Wiss. UdSSR, Abt. chem. Wiss. **1960**, 2061—63; Zelinsky-Inst. für organ. Chemie der Akad. der Wiss. der UdSSR; russ.) — Es wird die Synth. von *Zimtsäurenitrilen* u. *Benzalacetonen* mit Nitrogruppen am aromat. Kern beschrieben.

Versuche: *α-Cyantriphenylphosphinmethylen* (**I**), $C_{20}H_{16}NP$, F. 188—191°, durch 8std. Kochen von 28,5 g Triphenylphosphin mit 18 g Chloracetonitril in 150 ml abs. Bzl., Filtrieren, Lösen von 24 g des erhaltenen Cyanmethyltriphenylphosphoniumchlorid (F. 244°, 36,2 g) in 550 ml W., Zugabe von 50 ml 5%ig. NaOH u. 1std. Rühren; 85% (Ausbeute). — Benzalacetone: durch 6—10std. Rühren äquimol. Mengen von Acetylmethylentriphenylphosphin u. des entsprechenden Nitrobenzaldehyds bei 50—60° unter N_2, Filtrieren u. mehrstd. Extrahieren des Rückstandes mit sd. Ae.: *m-Nitro-*, F. 94—95° (A.); 80%. — *p-Nitro-*, F. 109—110° (A.); 92%. — *2.4.6-Trinitro-*, $C_{10}H_7N_3O_7$, F. 132—133° (A.); 78%. — Zimtsäurenitrile: analog aus **I**: *m-Nitro-*, F. 160° (A.); 72%. — *p-Nitro-*, F. 202° (A.); 74%. — *2.4.6-Trinitro-*, $C_9H_4N_4O_6$, F. 184—185° (A.); 71%.

I. Schade 1610△

0822 **Untersuchung der Dampfphasennitrierung von Kohlenwasserstoffen der Cyclopentanreihe.** 4. Mitt. **Nitrierung von Butylcyclopentan.** M. A. Peredrejewa, Ja. I. Denissenko und Ss. Ss. Nowikow. (Hochschulnachr. [Iwanowo], Chem. u. chem. Technol. **4**, Nr. 6, 977—80, 1961; Dsershinsky-Artillerie-Ingenieur-Akad., Lehrstuhl für Chem.; russ.) — 3. vgl. C. **1963**, 21523. — Die Nitrierung von n-Butylcyclopentan (**I**) mit konz. HNO_3 in der Dampfphase liefert *1-Nitro-* (**II**) u. *x-Nitro-1-n-butylcyclopentan* (**III**). **III** enthält die NO_2-Gruppe sek. gebunden. Bei 385°, einem **I**: HNO_3-Verhältnis von 2,5 u. der Kontaktzeit von 1,2 Sek. beträgt die Ausbeute an **II** u. **III** 81%. Als Nebenprod. entsteht *x-n-Butylcyclopentanon*, das auch durch $KMnO_4$-Oxydation von **III** erhalten wird. **II** u. **III** wurden durch Red. in *1-Amino-* bzw. *x-Amino-1-n-butylcyclopentan* übergeführt.

Versuche: *1-Nitro-1-n-butylcyclopentan* (**II**), $C_9H_{17}NO_2$, Kp.$_{10}$ 109—110°, durch Nitrierung von **I** mit HNO_3 bei 385°; D.$_4^{20}$ 0,9889; n_D^{20} 1,4576. Daneben *x-Nitro-1-n-butylcyclopentan* (**III**), $C_9H_{17}NO_2$, Kp.$_{12}$ 118—119°, Kp.$_{40}$ 147°; D.$_4^{20}$ 0,9881; n_D^{20} 1,4584. — *x-n-Butylcyclopentanon*, $C_9H_{16}O$, Kp.$_8$ 75°, entsteht als Nebenprod. bei der Nitrierung von **I** oder durch $KMnO_4$-Oxydation von **III**; D.$_4^{20}$ 0,8964; n_D^{20} 1,4462. *Semicarbazon*, $C_{10}H_{19}N_3O$, F. 201°. — *1-Amino-1-n-butylcyclopentan*, $C_9H_{19}N$, Kp.$_{739}$ 186°, durch Red. von **II** mit Sn/HCl; D.$_4^{20}$ 0,8507; n_D^{20} 1,4549. *Hydrochlorid*, F. 278° (Zers.; W.). — *x-Amino-1-n-butylcyclopentan*, $C_9H_{19}N$, Kp.$_{755}$ 193°, durch Red. von **III**; D.$_4^{20}$ 0,8458; n_D^{20} 1,4543. *Hydrochlorid*, F. 65°. *Hexachloroplatinat*; gelb.

Helmut Schäfer 1810△

0823 **Reaktionen organischer Peroxide.** 1. Mitt. **Die Reaktion von Ascaridol mit Eisen(II)-sulfat.** D. Brown, B. T. Davis, T. G. Halsall und A. R. Hands. (J. chem. Soc. [London] **1962**, 4492—97; Oxford, Univ., Dyson Perrins Labor.; Physical. Chem. Labor.; engl.) — Die Red. von Ascaridol (**I**) mit Fe^{2+} gibt *(±)-4-Hydroxy-trans-* (trans-**II**)- u. *(±)-4-Hydroxy-cis-3-isopropyl-4-methylcyclohexanon* (*cis*-**II**). Die Red. von trans-**II** in Ggw. von PtO_2 gibt *(±)-trans-2-Isopropyl-1-methylcyclohexandiol-(1.4)*. Wolff-Kishner-Red. von trans- u. cis-**II** gibt *(±)-trans-* (*trans*-**III**) bzw. *cis-2-Isopropyl-1-methylcyclohexanol-(1)* (*cis*-**III**). Dehydratisierung von trans-**III** mit Phosphorylchlorid führt zu *1-Methyl-2-isopropylcyclohexen-(1)* (**IV**), die von cis-**III** zu **IV**, *1-Methylen-2-iso-*

propylcyclohexan (**VIII**) u. *1-Methyl-6-isopropylcyclohexen-(1)* (**V**). Durch Ozonolyse des Gemisches von **IV**, **V** u. **VIII** entstehen *2-Isopropylcyclohexanon, Formaldehyd* u. *8-Methylnonandion-(2.7)*. Die Struktur von trans-**III** wird durch Synth. sowie durch Überführung in **IV** u. durch Bldg. von *cis*-**III** aus **IV** bewiesen. KMR-Spektren s. Original.

Versuche (FF. korr): *Ascaridol* (**I**), durch Chromatographie von käuflichem **I** in PAe. an desaktiviertem Al_2O_3 u. Eluieren mit PAe.; n_D^{25} 1,4718. — *(±)-4-Hydroxy-trans-3-isopropyl-4-methylcyclohexanon* (*trans*-**II**), F. 84°, durch Schütteln von **I** mit einer wss. Lsg. von $FeSO_4$ bei 30—35°, Chromatographie an Al_2O_3 u. Eluieren mit Bzl./Ae.; aus Ae. Nadeln; 65% (Ausbeute). *Semicarbazon*, $C_{11}H_{21}N_3O_2$, F. 185—192° (A.). *2.4-Dinitrophenylhydrazon* (*DNPH*), $C_{16}H_{22}N_4O_5$, F. 165—167°, aus A. orangefarbene Nadeln. *Monobenzylidenderiv.*, $C_{17}H_{22}O_2$, F. 133—134°, durch 36std. Stehen von trans-**II** mit Benzaldehyd u. KOH im Dunkeln; aus A. Platten. — *(±)-4-Hydroxy-cis-3-isopropyl-4-methylcyclohexanon* (*cis*-**II**), F. 113,5°, neben trans-**II**; aus Ae. Platten; 2,5%. *Semicarbazon*, F. 184—185° (Ae.). *DNPH*, F. 166—168°, aus Methanol orangefarbene Nadeln. — *Ascaridolglykol* [*1β-Methyl-4β-isopropyl-1.4-oxidocyclohexandiol-(2α.3α)*], neben trans-**II**; n_D^{22} 1,4780; 28%. *Monobenzoat*, F. 136°. *Dibenzoat*, F. 120—120,5°. — *(±)-trans-2-Isopropyl-1-methylcyclohexandiol-(1.4)*, $C_{10}H_{20}O_2$, F. 111—113°, durch 8std. Hydrieren von trans-**II** in Ggw. von PtO_2; Platten. — *(±)-trans-2-Isopropyl-1-methylcyclohexanol-(1)* (*trans*-**III**), $C_{10}H_{20}O$, Kp. 196—198°, $Kp._{15}$ 80—82°, a) durch 3½std. Kochen von trans-**II** mit 100%ig. Hydrazinhydrat u. Diäthylenglykol unter N_2, Erhitzen auf 220°, Abkühlen, Zugabe von KOH u. 4std. Kochen; n_D^{25} 1,4622, n_D^{20} 1,4660; 80%; b) durch langsames Zugeben von 2-Isopropylcyclohexanon zu Methyl-MgJ in Ae. unter Rühren, 4std. Kochen u. Stehen über Nacht; 80%. *Phenylurethan*, $C_{17}H_{25}NO_2$, F. 85° (PAe.). — *(±)-cis-2-Isopropyl-1-methylcyclohexanol-(1)* (*cis*-**III**), Kp. 192 bis 200°, $Kp._{0,01}$ 48—50°, a) analog trans-**III** aus cis-**II**; n_D^{25} 1,4690, n_D^{20} 1,4670; 72%; b) durch 1std. Zugabe von BF_3-Ätherat in Tetrahydrofuran (THF) zu 4,7 g **IV** u. $NaBH_4$ in THF unter N_2 bei 20°, Stehen, Zugabe von NaOH u. 1std. Zugabe von 30%ig. H_2O_2; 2,5 g. *Phenylurethan*, F. 112—115°. — *1-Methyl-2-isopropylcyclohexen-(1)* (**IV**), $C_{10}H_{18}$, Kp. 154—160°, Kp. 160—165°, a) durch 1½std. Kochen von trans-**III** mit Phosphorylchlorid in Pyridin; n_D^{25} 1,4593, n_D^{20} 1,4620; 86%. — *1-Methyl-6-isopropylcyclohexen-(1)* (**V**; *Gemisch*), Kp. 160—164°, analog **IV** aus cis-**III**; n_D^{25} 1,4620; 71% neben **IV** u. **VIII** (gaschromatograph. Nachweis). — *Formaldehyd, Dimedonderiv.* (**VI**), F. 190—192°, a) durch Ozonolyse von 110 mg vorst. Gemisches in Essigsäure; 26 mg; b) analog aus 235 mg **IV**; 44 mg; daneben 185 mg *8-Methylnonandion-(2.7)-bis-DNPH* (**VII**), $C_{22}H_{26}N_8O_8$, F. 171—172°, aus Chlf. Prismen. — *2-Isopropylcyclohexanon-DNPH*, $C_{15}H_{20}N_4O_4$, F. 137—138°, neben **VI** durch Zugabe von Phenylhydrazinlsg.; aus A. Nadeln; 59 mg neben **VII**. Hartmut Schultze 1980◇

0824 **Reaktionen organischer Peroxide.** 2. Mitt. **Die Reduktion von Dihydroascaridol.** D. Brown, B. T. Davis und T. G. Halsall. (J. chem. Soc. [London] **1963**, 1095—97; Oxford, Univ., Dyson Perrins Labor.; engl.) — 1. vgl. vorst. Referat. — Dihydroascaridol (**I**) liefert bei der Red. mit $FeSO_4$ bzw. $TiCl_3$ neben *Propan* (**IV**) *4-Hydroxy-4-methylcyclohexanon*, das auch durch Oxydation eines Gemisches (**II**) aus cis- u. trans-1-Methylcyclohexan-1.4-diol mit CrO_3 dargestellt wird. Durch Red. von **I** in Ggw. von Cyclohexen-(2)-on (**III**) entsteht *3-Isopropylcyclohexanon*. IR-Spektraldaten s. Original.

Versuche: *Dihydroascaridol* (**I**), $C_{10}H_{18}O_2$, F. 18,2 bis 19°, durch Hydrieren von Ascaridol an Pt nach Paget [1938]; n_D^{21} 1,4645. — *Gemisch* (**II**) *aus cis- u. trans-1-Methylcyclohexandiol-(1.4)*, $C_7H_{14}O_2$, F. 80 bis 118°, durch Zutropfen von 4-Hydroxycyclohexanon in Ae. zu Methyl-MgJ in Ae. bei 20°, Zugabe von Ae., mehrstd. Kochen, Zers. mit Eiswasser u. verd. HCl, Alkalisieren mit Na_2CO_3-Lsg., 4tägige Extraktion mit Ae., Eindampfen u. Behandeln mit Aceton bei —20°; 7% (Ausbeute). — *4-Hydroxy-4-methylcyclohexanon*, $C_7H_{12}O_2$, F. 37—39° (Diisopropyläther), $Kp._{ca. 30}$ 124—126°, $Kp._{0,2}$ 71—78°, $Kp._{0,02}$ 68—76°, a) durch Lösen von 4,6 g **I** in A., Zugabe von W. sowie 46 cm³ 15%ig. $TiCl_3$-Lsg. unter CO_2, 1½std. Rühren, Zugabe von $TiCl_3$ bis zur konst. Violettfärbung u. Extrahieren mit Ae.; n_D^{21} 1,4720; 330 mg; b) durch Lösen von **I** in 50%ig. wss. A. unter CO_2, ½std. Zugabe von schwefelsaurer $FeSO_4$-Lsg., 3std. Rühren, Neutralisieren mit NaOH, 2tägiges Extrahieren mit Ae. u. Dest.; 93%; c) durch Oxydation von **II** in Aceton mit 8 n CrO_3 in wss. H_2SO_4; 40%. *2.4-Dinitrophenylhydrazon*, $C_{13}H_{16}N_4O_5$, F. 147—149°; orangegelbe Blättchen. *p-Nitrobenzoat*, $C_{14}H_{15}NO_5$, F. 155—158°; gelbe Blättchen. — *3-Isopropylcyclohexanon*, $Kp._{12}$ 90—96°, durch ½std. Zugabe von schwefelsaurer $FeSO_4$-Lsg. zu 4,15 g **I** u. **III** in 50%ig. wss. A. unter CO_2, 3std. Rühren, Dest. mit Wasserdampf u. Extrahieren mit Ae.; n_D^{20} 1,4550; 79%; daneben 100 ml **IV**. *2.4-Dinitrophenylhydrazon*, $C_{15}H_{20} \cdot N_4O_4$, F. 138—141°, orangegelbe Kristalle. *Semicarbazon*, $C_{10}H_{19}N_3O$, F. 188—189°. Roland Gnauck 1980△

0825 **Synthese der Chrysanthemumsäure aus Lävulinsäure.** Marc Julia, Sylvestre Julia und Michel Langlois. (C. R. hebd. Séances Acad. Sci. **256**, 436—38, 1963; Paris, École Nat. Supér. de Chim.; franz.) — Vgl. C. **1962**, 6752. — Durch Umätherung des Enoläthyläthers des Lävulinsäureäthylesters mit Methallylalkohol in Ggw. von p-Toluolsulfonsäure wird der *Enolmethallyläther* erhalten, den man zu *3-Methallyllävulinsäureäthylester* [**I**; $Kp._{0,3}$ 75—77°, n_D^{23} 1,4445; 72% (Ausbeute)] umlagert. **I** läßt sich zu *3-Methallyllävulinsäure* (*Semicarbazon*, F. 164—165°) verseifen, die bei der Hydrierung *3-Isobutyllävulinsäure* (*Semicarbazon*, F. 183°) ergibt. **I** liefert mit CH_3MgJ das mit Pyrocin isomere *5-Oxo-2.2-dimethyl-3-methallyltetrahydrofuran* (**II**; F. ca. 15°, $Kp._{0,2}$ 77—78°, n_D^{23} 1,4609; 75%). **II** geht bei der Einw. von $SOCl_2$ in Bzl. u. von äthanol. HCl in *3-[α-Chlorisopropyl]-5-chlor-5-methylcapronsäureäthylester* (**III**; $Kp._{0,2}$ 95 bis 100°, n_D^{20} 1,4670; 84%) über. **III** reagiert mit NaH in Dimethylformamid unter Abspaltung von HCl u. Bldg. von *trans-Chrysanthemumsäureäthylester*, der zur *trans-Chrysantemumsäure* (**IV**; F. 51—52°; 56%) verseift wird. **IV** entsteht auch durch Dehydratisierung der aus **III** durch Hydrolyse mit Ag_2O in sd. W. u. Verseifung gewonnenen *Dihydrohydroxychrysanthemumsäure* (F. 94°), die man ihrerseits auch durch Anlagerung von W. an 3-Methallyl-2.2-dimethylcyclopropancarbonsäure-(1) mit sd. 5%ig. H_2SO_4 erhält. Gisela Schreiber 2010◇

0826 **cis-Cyclopropan-1.2.3-tricarbonsäure.** M. G. Ettlinger und J. Kagan. (Chem. and Ind. **1962**, 1574; Houston, Tex., Rice-Univ., Dep. of Chem.; engl.) — Durch Bromierung von 3-Methylencyclopropan-cis-1.2-dicarbonsäure in W. zu *3-Brom-cis-3-hydroxymethylcyclopropan-cis-1.2-dicarbonsäurelacton* (F. 162,5°), dessen Red. mit Na/Hg in mit CO_2 gesätt. W. zu *cis-3-Hydroxymethylcyclopropan-cis-1.2-dicarbonsäurelacton* (F. 172°), Hydrolyse mit wss. Alkali u. anschließende $KMnO_4$-Oxydation wird in 10%ig. Gesamtausbeute *cis-Cyclopropan-1.2.3-tricarbonsäure* (**I**, $C_6H_6O_6$, F. 195,5—196°, pK_1 1,9; pK_2 4,5; pK_3 10,0) dargestellt. **I** wird mit Diazomethan zu *cis-Cyclopropan-1.2.3-tricarbonsäuretrimethylester* ($C_9H_{12}O_6$, F. 157,5—158°) verestert, der durch 13std. Rk. mit 0,2 n methanol. Methylat-Lsg. bei Raum-Temp. *trans-Cyclopropan-1.2.3-tricarbonsäuretrimethylester* liefert. Klaus Lange 2030△

0827 **Reaktion von Toluol mit Phenylacetylen.** W. D. Rjabow, W. L. Waisser und Jui-Shun Tschshu. (Ber. Akad. Wiss. UdSSR **147**, 639—42, 1962; Gubkin-Inst. der Erdölchem. u. Gasindustrie; russ.) — Toluol (**I**) lagert sich an Phenylacetylen (**II**) in Ggw. von $BF_3 \cdot H_3 \cdot PO_4$, H_2SO_4 oder Alumosilicat an unter Bldg. von *1-Phenyl-1-[p-tolyl]-äthylen* [**III**; $Kp._5$ 127—129°; $D._4^{20}$ 1,0037; n_D^{20} 1,5931] u. *1-Phenyl-1.1-di-[p-tolyl]-äthan* [**IV**; $Kp._4$ 219—229°; glasartig]. Als Nebenprod. entsteht *Acetophenon* [n_D^{20} 1,5391; *Semicarbazon*, F. 198,6°]. Die Hydrierung von **III** mit Na-A. liefert *1-Phenyl-1-[p-tolyl]-äthan* [$Kp._4$ 126—127°; $D._4^{20}$ 0,9940; n_D^{20} 1,5685]. Als Katalysator ist $BF_3 \cdot H_3PO_4$ am geeignetsten. Optimal ist ein **I**:**II**-Verhältnis von 10:1. Die maximale Ausbeute an **III** beträgt 37% [20—30°, 10 Min. Rk.-Dauer in Ggw. von 1% Katalysator], die an **IV** 33% [90—100°, 2 Std. in Ggw. von 9% Katalysator]. Helmut Schäfer 2210△

0828 **Anomale säurekatalysierte Zersetzung von Ferrocenylphenylcarbinylazid.** A. Berger, J. Kleinberg und W. E. McEwen. (Chem. and Ind. **1960,** 204—05; Lawrence, Kans., Univ., Dep. of Chem.; engl.) — Durch Rk. von Ferrocenylphenylcarbinol mit HN_3 in Bzl. in Ggw. von Trichloressigsäure entsteht *Ferrocenylphenylcarbinylazid* [**I**, $C_{17}H_{15}FeN_3$, F. 49—50° (Skelly B)]. Durch Zugabe von 10 g **I** in Chlf. zu konz. H_2SO_4/Chlf. bei 0°, 14std. Rk. bei Raumtemp. u. Hydrolyse werden nach Chromatographie an Al_2O_3 1,33 g *1.2-Diferrocenyl-1.2-diphenyläthan vom F. 218—220°* u. 0,13 g des *Diastereomeren vom F. 280°* sowie ca. 0,7 g *Ferrocenaldehyd* isoliert. Daneben werden Spuren *Benzoylferrocen, Ferrocenylphenylcarbinol* u. *Anilin* gefunden. G. Engler 2210△

0829 **Mesityl-bis-p-chlorphenylcarbinol.** M. S. Aronoff. (Chem. and Ind. **1961,** 1163—64; Tallahassee, Fla., Florida State Univ., Dep. of Chem.; engl.) — Der ster. Einfl. der o-Methylgruppen erleichtert bei der Hydrolyse von *Mesityl-bis-p-chlorphenylcarbinol* (**I**) die OH-Abspaltung u. blockiert die Weiter-Rk. des resultierenden Carboniumions (**A**) am zentralen C-Atom. **A** reagiert weiter unter Bldg. von *2'.4'.6'-Trimethyl-4''-chlorfuchson*, das unter stark sauren Bedingungen *2'.4'.6'-Trimethyl-4''-hydroxyfuchson* liefert.

Versuche: *Mesityl-bis-p-chlorphenylcarbinol* (**I**), $C_{22}H_{20}Cl_2O$, F. 135°, durch Einw. von Mesityl-Li auf p.p'-Dichlorbenzophenon; Nadeln; schmilzt zu einer roten Fl.; 70% (Ausbeute). — *2'.4'.6'-Trimethyl-4''-chlorfuchson*, $C_{22}H_{19}ClO$, F. 131—132°, durch 4tägiges Kochen vorst. Verb. in 95%ig. A. in Ggw. von NH_4NO_3; gelbe Kristalle. — *Mesityl-bis-[p-chlorphenyl]-methan*, $C_{22}H_{20}Cl_2$, F. 114—115°, durch Red. von **I** mit HCOOH; wenig; daneben vorst. Verb. u. *2'.4'.6'-Trimethyl-4''-hydroxyfuchson* (?; orangefarbene Kristalle). W. Kuhn 2390△

0830 **Absolute Konfiguration und analgetische Aktivität von (—)-N.N-Dimethyl-1.2-diphenyläthylamin.** M. Nakazaki. (Chem. and Ind. **1962,** 1577—78; Osaka, Kitaku, Osaka City Univ., Inst. of Polytechnics, Dep. of Chem.; engl.) — Durch 39std. Ozonolyse von 10 g (+)-*N-[1.2-Diphenyläthyl]-acetamid* {F. 166—167°, $[\alpha]_D^{18}$ +35,7° (c = 1,5; A.)}, dargestellt aus (—)-*1.2*-Diphenyläthylamin (**I**), in Essigsäure, 48std. Stehen mit 30%ig. H_2O_2 bei Raumtemp., 2std. Erhitzen auf 100°, Zers. des H_2O_2-Überschusses mit Pd/Kohle in der Hitze, Eindampfen im Vakuum u. Verestern in Methanol mit Diazomethan werden 3,5 g *N-Acetyl-D-asparaginsäuredimethylester* ($Kp._{0,01}$ 100—125°) erhalten. 1,3 g letzterer Verb. liefern durch Hydrolyse mit 0,2 n H_2SO_4 0,405 g *D-Asparaginsäure* {**IIa**, F. 320° (Zers.; W.); $[\alpha]_D^{20}$ —23,2° (c = 1,9; 1 n HCl). *N-Benzoyl-Deriv.* (**IIIa**), F. 178—179°; $[\alpha]_D^{18}$ —26,9° (c = 1,49; 0,1 n KOH)}. Die IR-Spektren von **IIa** u. **IIIa** stimmen mit denen von *L-Asparaginsäure* {**IIb**, $[\alpha]_D^{21}$ +23,4° (c = 2,2; 1 n HCl)} u. dessen *N-Benzoyl-Deriv.* {**IIIb**, F. 180—181°; $[\alpha]_D^{19}$ +27,7° (c = 2,2; 0,1 n KOH)} überein. Durch Kristallisation eines äquimol. Gemischs aus **IIIa** u. **IIIb** aus W. wird das *Racemat* (*Monohydrat*, F. 161—162°) erhalten. Das aus **I** darstellbare (—)-*N.N-Dimethyl-1.2-diphenyläthylamin* besitzt somit (R)-Konfiguration u. ist stereochem. dem (—)-Morphin ähnlich. Klaus Lange 2510△

0831 **Katalytische Synthese von β-Arylaminoketonen.** N. Ss. Koslow und S. A. Abramowa. (J. allg. Chem. [UdSSR] **30 (92),** 1595—96, 1960; Perm, Landwirtschaftl. Inst.; russ.) — Es werden einige *β-Arylaminoketone* durch Kondens. von Schiffschen Basen mit Methylarylketonen (Meth. **A**) oder von prim. aromat. Aminen mit Chalkonen (Meth. **B**) dargestellt. Als Katalysator dienen die entsprechenden Aminhydrochloride.

Versuche: Meth. **A**: Man erhitzt die Lsg. von 0,01 Mol aromat. Amin in 5 ml A. auf dem Wasserbad, versetzt mit der Lsg. von 0,01 Mol aromat. Aldehyd in 5 ml A., erhitzt 1/2 Std., gibt 0,5 g Aminhydrochlorid u. 0,01 Mol Methylarylketon zu, erhitzt noch 30—40 Min., saugt nach Abkühlen ab u. krist. aus A. u. Bzl. um; Meth. **B**: 0,01 Mol prim. Amin, 0,01 Mol Benzalacetophenon (**I**), 0,5 g Aminhydrochlorid u. 10 ml A. werden im Rohr 1—2 Std. auf dem Wasserbad erhitzt: *β-[p-Äthylanilino]-β-phenylpropiophenon*, F. 131—132°, Meth. **A** u. **B**; 41% (Ausbeute). Gibt bei 10—30 Min. langem Erhitzen mit konz. HCl auf dem Wasserbad *p-Äthylanilin* u. **I**. — *β-[p-Äthylanilino]-β-[p-methoxyphenyl]-propiophenon*, F. 116—117°, Meth. **A**; 23%. — *p-Methoxyphenyl-[β-(p-äthylanilino)-β-phenyläthyl]-keton*, F. 140—141°, Meth. **A**; 30%. — *p-Methoxyphenyl-[β-(p-äthylanilino)-β-(p-methoxyphenyl)-äthyl]-keton*, F. 119—121°, Meth. **A**; 26%. — *p-Tolyl-[β-(p-äthylanilino)-β-phenyläthyl]-keton*, F. 127 bis 128°, Meth. **A**; 42%. — *p-Tolyl-[β-(p-äthylanilino)-β-(p-methoxyphenyl)-äthyl]-keton*, F. 123—125°, Meth. **A**; 37%. — *β-[2-Methyl-4-isopropylanilino]-β-phenylpropiophenon*, F. 163—164°, Meth. **A** u. **B**; 21%. Gibt bei der Hydrolyse *4-Amino-m-cymol* u. **I**. Renate Richter 2540◇

0832 **Enamine von Indanonen-(2).** Alfred T. Blomquist und Emil J. Moriconi. (J. org. Chemistry **26,** 3761—69, 1961; Ithaca, N. Y., Cornell Univ., Dep. of Chem.; engl.) — Durch Rk. von Indanon-(2) (**I**) mit den entsprechenden sek. Aminen werden *2-Pyrrolidino-* (**II**), *2-Piperidino-* (**III**), *2-Hexamethylenimino-* (**IV**) u. *2-Morpholinoinden* (**V**) dargestellt. Die C-Alkylierung der Enamine gibt mit **IV** die höchsten Ausbeuten. Durch Rk. von **IV** mit den entsprechenden Alkylhalogeniden werden *1-Methylindanon-(2)* (**VI**), *1-Benzyloxymethylindanon-(2)* (**VII**) u. *1-Benzylindanon-(2)* dargestellt. Die SeO_2-Oxydation von 1-Phenylindanon-(2) (**VIII**) gibt *1-Hydroxy-1-phenylindanon-(2)* u. *3-Hydroxy-3-phenylindandion-(1.2)*, 3-Phenylindanon-(1) gibt *3-Phenylindon*. Die Nitrosierung von **VI** u. **VII** in Alkali gibt *alkylierte 3-Hydroxyisochinolin-N-oxide*.

Versuche: *Indanon-(2)* (**I**), F. 55,0—55,5° aus Inden über *trans-2-Bromindanol-(1)* u. *trans-1-Methoxyindanol-(2)* [$Kp._{0,5}$ 96—98°, $Kp._{0,9}$ 118—119°, $Kp._{1,4}$ 121—122°, aus PAe. Nadeln]; 56% (Ausbeute). — *1.3-Dioximinoindanon-(2)*, $C_9H_6N_2O_3$, F. 265—267°, nach Cava u. Mitarbeitern C. **1959,** 7105;) aus A./W. hellbraune Nadeln. — *Bromethylbenzyläther* (**IX**), C_8H_9BrO, $Kp._{0,15}$ 45—46°, durch Einleiten von HBr in Benzylalkohol u. 36—38%ig. HCHO-Lsg. u. Dest.; 60%. — *2-Pyrrolidinoinden* (**II**), $C_{13}H_{15}N$, F. 120—121°, durch Zugabe von **I** zu einer Lsg. von Pyrrolidin in Bzl., Kochen bis zur Entfernung des W., Chromatographie in Ae. an Al_2O_3 u. Eluieren mit Ae.; 92%. *Perchlorat*, $C_{13}H_{16}ClNO_4$, F. 207—211° (Zers.), durch Zugabe von 70%ig. $HClO_4$ u. abs. A. zu einer äther. Lsg. von **II**; aus Aceton Platten. — *2-Piperidinoinden* (**III**), $C_{14}H_{17}N$, F. 98—99°, analog **II** aus Piperidin; Platten; 90%. *Perchlorat*, $C_{14}H_{18}ClNO_4$, F. 187—192° (Zers.), aus Aceton Platten. — *2-Hexamethyleniminoinden* (**IV**), $C_{15}H_{19}N$, F. 106,5—107°, analog **II** aus Hexamethylenimin u. Eluieren mit Bzl.; aus PAe. farblose Platten; 85%. *Perchlorat*, $C_{15}H_{20}ClNO_4$, F. 192 bis 197° (Zers.), aus Aceton/abs. Ae. Platten. — *2-Morpholinoinden* (**V**), $C_{13}H_{15}NO$, F. 197—198°, analog **II** aus Morpholin; aus Bzl. Kristalle; 90%. *Perchlorat*, $C_{13}H_{16}\cdot ClNO_5$, F. 208—213° (Zers.), aus Aceton/abs. Ae. Stäbchen. — *1-Methylindanon-(2)* (**VI**), $Kp._{3,5-3,7}$ 140—143°, $Kp._{7,8}$ 154—155°, durch Zutropfen von CH_3J zu **IV** in abs. Dioxan/Tetrahydrofuran (1:1) unter N_2, 3—5std. Kochen, Zugabe von W., 14—20std. Rühren u. Extrahieren mit Ae.; 40%. *Semicarbazon*, $C_{11}H_{13}N_3O$, F. 197,5 bis 199,5° (Zers.), aus A./W. cremefarbene Kristalle. — *1-Benzyloxymethylindanon-(2)* (**VII**), $Kp._{1,8-2,0}$ 162—166°, a) analog **VI** aus **II** u. **IX**; 8%; daneben 14% *N-Alkyl-Verb.*; b) analog **VI** aus **III** u. **IX**; 22% neben 7% *N-Alkyl-Verb.*; c) analog **VI** aus **IV** u. **IX**; orangegelbes Öl; 39%; d) analog **VI** aus **V** u. **IX**; 25%. *Semicarbazon*, $C_{18}H_{19}N_3O_2$, F. 181—183° (Zers.; abs. Methanol). — *1-Benzylindanon-(2)*, $Kp._{1,4-1,6}$ 210—233°, wie **VI** aus Benzylbromid u. **IV**; braunes Öl; 20%. *2.4-Dinitrophenylhydrazon*, $C_{22}H_{18}N_4O_4$, F. 230—231° (Zers.); aus Bis-[2-methoxyäthyl]-äther/abs. A. rote Nadeln. — *1-Phenylindanon-(2)* (**VIII**), F. 49—50°, $Kp._{0,7}$ 147—150°, $Kp._{2,4-2,5}$ 164—167°, durch Zugabe von Br_2 zu 1.3-Diphenylpropanon-(2) in CS_2 u. $CaCO_3$ bei Raumtemp., 2std. Rühren, Zugabe von W., Zugabe des erhaltenen *1-Brom-1.3-diphenylpropanon-(2)* zu $AlCl_3$ in CS_2, 1std. Stehen in Eis u. 4 Std. bei Raumtemp. u. Zers. mit verd. HCl; gelbes Öl; 71%. *Semicarbazon*, $C_{16}H_{15}N_3O$, F. 207 bis 210° (Zers.; A.). — *1-Phenyl-2-hexamethyleniminoinden*, $C_{21}H_{23}N$, F. 72—73° (PAe.), analog **II** aus **VIII** u.

Hexamethylenimin, Chromatographie in abs. Ae. an Al_2O_3 u. Eluieren mit abs. Ae.; 59%. *Perchlorat,* $C_{21}H_{24} \cdot ClNO_4$, F. 200,5—202,5° (Zers.), aus Aceton Prismen. — *1-Hydroxy-1-phenylindanon-(2),* $C_{15}H_{12}O_2$, F. 131—132°, durch Zugabe von **VIII** zu SeO_2 in 95%ig. A. bei 40°, 5std. Rühren bei 55—60°, Verdünnen mit Eiswasser u. Extrahieren mit PAe.; aus PAe. orangefarben; 6%. *Semicarbazon,* F. 200—201,5° (Zers.), aus A./W. rosa Prismen. Daneben durch Extrahieren des Rückstandes der PAe.-Extraktion mit Ae. *3-Hydroxy-3-phenylindandion-(1.2),* $C_{15}H_{10}O_3$, F. 260—267° (Zers.); aus Eisessig rote Kristalle; 11%. — *3-Phenylindon-(1),* F. 104—111°, durch 6std. Rühren von 3-Phenylindanon-(1) in 95%ig. A. u. SeO_2 bei 60°, Stehen über Nacht, Verdünnen mit W., Extrahieren mit Ae., Chromatographie an Al_2O_3 u. Eluieren mit Ae.; aus abs. A. rot-orangefarbenes Pulver. *Semicarbazon,* $C_{16}H_{13}N_3O$, F. 212—214° (Zers.), aus abs. A. Prismen. — *2-Oximino-3-phenylindanon-(1),* F. 211 bis 216,5° (Zers.), durch Hydrolyse des K-Salzes mit Essigsäure; aus Aceton/W. cremefarbene flaumige Nadeln. — *3-Phenylindandion-(1.2),* F. 138—144°, durch Hydrolyse vorst. Verb. nach Koelsch [1936] in Ggw. von Brenztraubensäure, W., Essigsäure u. HCl; schwarzviolette Nadeln; 79%. — *1-Methyl-3-hydroxyisochinolin-N-oxid,* $C_{10}H_9NO_2$, F. 172—176° (Zers. A.), durch Zugabe von **VI** in abs. A. zu K in abs. A. unter N_2, dann von n-Butylnitrit, 3std. Rühren, Lösen des hellgelben Nd. in Eiswasser u. Ansäuern mit verd. HCl; aus 95%ig. A. gelbe Nadeln; 10%; gibt mit $FeCl_3$ dunkelrote Farbe. *Hemipikrat,* $2C_{10}H_9NO_2 \cdot C_6H_3N_3O_7$, F. 178—179° (Zers.), aus 95%ig. A. flaumige gelbe Nadeln. — *3-Hydroxy-1-benzyloxymethylisochinolin-N-oxid,* $C_{17}H_{15}NO_3$, F. 109—126°, durch Zugabe von **VII** in abs. A zu K in abs. A., dann von n-Butylnitrit, 3std. Rühren bei 0°, Eindampfen, Lösen in CCl_4, Fällen mit PAe., Lösen des grünen K-Salzes in A., Ansäuern mit verd. HCl bis pH 1 bei 0° u. Verdünnen mit W.; aus Methanol schwach gelbe Nadeln; 80%; gibt mit $FeCl_3$ Färbung.

P. Becker 2650△

0833 **Die Struktur von Di-tert.-butylnaphthalinsulfonsäuren.** Marcel Menard, Leonard Mitchell, Jacqueline Komlossy, Averil Wrigley und Francis L. Chubb. (Canad. J. Chem. **39**, 729—34, 1961; Montreal, Quebec, Frank. W. Horner Ltd., Res. Labor.; engl.) — Das im Handel erhältliche Antihustenmittel Na-Di-tert.-Butylnaphthalinsulfonat (**A**) besteht aus den Isomeren *Na-2.6-* u. *Na-2.7-Di-tert.-butylnaphthalin-4-sulfonat,* die isoliert u. deren Struktur bewiesen wurde.

Versuche: *2.7-Di-tert.-butylnaphthalin-4-sulfonsäure* (**X**), *Hydrat,* $C_{18}H_{24}O_3S \cdot H_2O$, F. 140—142° (Chlf./PAe.), aus **III** u. Chlorsulfonsäure durch 2std. Stehen bei 0—5° in Dichloräthan; Tafeln; 55%. *Chlorid* (**II**), $C_{18}H_{23} \cdot ClO_2S$, F. 167—169° a) aus **A**, $SOCl_2$ u. Dimethylformamid durch fraktionierte Kristallisation aus Ligroin; 36% (Ausbeute); daneben **IX** (vgl. später), durch Behandeln der Mutterlauge mit Isopropanol; 24,3%; b) aus **X**, $SOCl_2$ u. Dimethylformamid durch Erhitzen auf dem Wasserbad, bis Gemisch homogen ist (1/2 Std.); Prismen, 90%. *Amid,* $C_{18}H_{25}NO_2S$, F. 165° (Ligroin), durch Einleiten von trockenem NH_3 in eine Lsg. von **II** in Tetrahydrofuran. *Na-Salz,* $C_{18}H_{23}NaO_3S$, durch 4std. Kochen von nach a) erhaltenem **II** in alkohol. NaOH; aus W. wachsähnliche Tafeln; 85%. — *2.6-Di-tert.-butylnaphthalin-4-sulfonsäure, Hydrat* (**XI**), $C_{18}H_{24}O_3SH_2O$, F. 158°, aus **IV** analog **X**. *Chlorid* (**IX**), $C_{18}H_{23}ClO_2S$, aus **XI** (wasserfrei) analog **II**; Prismen aus A.; 86%. *Amid,* $C_{18}H_{25}NO_2S$, F. 160—161° (Ligroin), aus **IX** wie Isomeres. *Na-Salz, Dihydrat,* $C_{18}H_{23}NaO_3S \cdot 2H_2O$, F. > 360°, durch Hydrolyse von **IX** mit NaOH; Nadeln aus Nitromethan; 90%. — *2.7-Di-tert.-butylnaphthalin* (**III**), F. 103—104°, durch 5std. Erhitzen des Na-Salzes von **X** in 60%ig. H_2SO_4 auf 150—160°, Nadeln aus Alkohol. — *2.6-Di-tert.-butylnaphthalin* (**IV**), F. 145—146°, durch Hydrolyse des Na-Salzes von **XI** in 60%ig. H_2SO_4; flache Nadeln. — *2.7-Di-tert.-butylnaphthol-(4)* (**V**), $C_{18}H_{24}O$, F. 127—128°, aus K-2.7-Di-tert.-butylnaphthalin-4-sulfonat durch Schmelzen in einem eisernen Tiegel mit KOH u. W., bis das K-Salz des Naphthols auf der Schmelze schwimmt; Nadeln aus Ligroin; 41%. — *2.6-Di-tert.-butylnaphthol-(4)* (**VI**), F. 142°, aus K-2.6-Di-tert.-butylnaphthalin-4-sulfonat wie vorst. Verb.; aus rötlichem Öl (63%; Kp.$_3$ 190°) werden 25% Kristalle erhalten. — *2.7-Di-tert.-butyl-1-phenylazonaphthol-(4)* (**VII**), $C_{24}H_{28}N_2O$, F. 229—239°, aus **V** in 10%ig. NaOH u. Tetrahydrofuran durch Zugabe von Phenyldiazoniumchlorid bei 5°, 1/2std. Rühren bei 5° u. 12std. Stehen; rote Kristalle aus Essigsäure; 28%. — *2.6-Di-tert.-butyl-1-phenylazonaphthol-(4)* (**VIII**), $C_{24}H_{28}N_2O$, F. 204—206°, aus **VI** wie **VII**; orangerote Kristalle aus Essigsäure. — *2.7-Di-tert.-butylnaphthochinon-(1.4),* $C_{18}H_{22}O_2$, F. 72°, a) durch Oxydation von **III** mit CrO_3 bei 60° in Essigsäure u. 1/2std. Rühren bei 60°; gelbe Nadeln aus verd. A.; 89%; b) aus **VII** in Methanol durch Zugeben von $SnCl_2$ in konz. HCl, 1 1/2std. Stehen, bis die Lsg. farblos ist, u. Einengen; das erhaltene *2.7-Di-tert.-butyl-1-amino-naphthol-(4), Hydrochlorid* wird in verd. H_2SO_4 gelöst, mit der wss. Lsg. von $K_2Cr_2O_7$ versetzt u. 5 Min. auf dem Wasserbad erwärmt. *2.4-Dinitrophenylhydrazon,* $C_{24}H_{26} \cdot N_4O_5$, F. 250—251°; orangerote Nadeln aus Essigsäure. — *2.6-Di-tert.-butylnaphthochinon-(1.4),* F. 85—86°, a) aus **IV** wie das Isomere; gelbe Nadeln aus A.; 48%; b) aus **VIII** wie das Isomere; 60%. — *2.7-Di-tert.-butylnaphthalin-4-sulfonsäureester,* durch Zugabe von gepulvertem **II** zu einer Lsg. des entsprechenden Alkohols in wasserfreiem Pyridin unterhalb —5° u. 2std. Rühren bei 0—5°: *-äthylester,* F. 138—139° (A.). *-n-propylester,* F. 109 bis 110° (A.). *-n-butylester,* F. 74—75° (A.). *-n-hexylester,* F. 77—78° (A.). *-cyclohexylester,* F. 124° (A.). *-phenylester,* F. 78—79° (A.). *-glycerinester,* F. 135—136° (CCl_4/PAe.). — *Bis-[2.7-di-tert.-butylnaphthalin-4-sulfonsäure]-äthylenglykolester,* F. 85—87° (CCl_4/PAe.). — 2.6-Di-tert.-butyl-naphthalin-4-sulfonsäureester, aus **XI** u. dem entsprechenden Diazoalkan durch 12 std. Stehen in Ae.: — *methylester,* $C_{19}H_{26}O_3S$ (F. 123—124°); Prismen aus Methanol. *-äthylester,* $C_{20}H_{28}O_3S$, Kp. 180—185°. — *3'.7'-Di-tert.-butyldinaphtho-[1'.2':2.3;2''.3'':4.5]-furanchinon-(1''.4''),* $C_{28}H_{26}O_3$, F. 354—355°, aus **VI** u. 2.3-Dichlornaphthochinon-(1.4) (**I**) durch 18std. Kochen unter Rühren in wasserfreiem Pyridin; gelbe Nadeln aus Toluol; 13%. — *3'.6'-Di-tert.-butyldinaphtho-[1'.2':2.3;2''.3'':4.5]-furanchinon-(1''.4''),* $C_{28}H_{26}O_3$, F. 217—218°, aus **V** u. **I** wie vorst. Verb.; orangegelbe Nadeln aus Toluol/Methanol; 15%.

B. Franke 2700◇

0834 **Synthetische Untersuchungen an kondensierten Ringverbindungen** 1. Mitt. **Synthese von cis-β-Dekalon und α-Methyl-cis-β-dekalon.** D. Chakravarti und K. P. Roy Chaudhuri. (J. Indian chem. Soc. **39**, 391—95, **1962**; Calcutta, Univ. Coll. of Sci. and Technol., Dep. of Pure Chem.; engl.) —Aus 2-[β-Cyanäthyl]-cyclohexanon wird die Synth. von cis-*Dekalon-(2)* u. *1-Methyl-cis-dekalon-(2)* beschrieben.

Versuche: *2-[β-Cyanäthyl]-cyclohexanon,* $C_9H_{13} \cdot NO$, Kp.$_{14}$ 145—150°, durch Zugabe von 2 g NaOH, W. u. Methanol zu 400 g Cyclohexanon bei 0°, Zugabe von methanol. Acrylonitril-Lsg., 16std. Stehen, Verdünnen mit W., Ansäuern mit verd. HCl u. Extrahieren mit Bzl.; 40 g (Ausbeute). — *2-[β-Cyanäthyl]-cyclohexylidencyanessigsäureäthylester,* $C_{14}H_{18}N_2O_2$, Kp.$_{0,6-0,8}$ 190—200°, durch 36std. Kochen von 27 g vorst. Verb. mit Cyanessigsäureäthylester in Essigsäure/abs. Bzl. nach Bhattacharyya u. Chatterjee (J. Indian chem. Soc., **35**, [1958], 19) unter Wasserabscheidung u. Verdünnen mit W.; viscoses Öl; 31 g. — *2-[β-Cyanäthyl]-cyclohexylcyanessigsäureäthylester,* $C_{14}H_{20}N_2O_2$, Kp.$_{0,5}$ 180—185°, durch Hydrieren vorst. Verb. in A. an Pd-Kohle; 86%. — *2-[β-Methoxycarbonyläthyl]-cyclohexylessigsäuremethylester* (**I**), $C_{13}H_{22}O_4$, Kp.$_3$ 140—142°, durch 96std. Kochen von 25 g vorst. Verb. mit konz. HCl, Eindampfen bei 100°, Extrahieren mit Ae., Eindampfen u. 48std. Kochen mit abs. Methanol in Ggw. von konz. H_2SO_4; 13,5 g. — *α-[2-(β-Cyanäthyl)-cyclohexyl]-α-cyanpropionsäureäthylester,* $C_{15}H_{22}N_2O_2$, Kp.$_{0,4}$ 165—170°, durch 4std. Kochen von 24 g vorvorst. Verb. mit CH_3J in Ggw. von Na-Äthylat u. 48std. Kochen der freien Säure mit abs. Methanol in Ggw. von konz. H_2SO_4; 21 g. — *α-[2-(β-Methoxycarbonyläthyl)-cyclohexyl]-propionsäuremethylester* (**II**), $C_{14}H_{24}O_4$, Kp.$_{4-5}$ 150—154°, durch 96std. Kochen von 20 g vorst. Verb. mit konz. HCl u. 48std. Kochen mit Methanol/konz. H_2SO_4; 11 g. — *3-Methoxy-*

carbonyldekalon-(2), $C_{12}H_{18}O_3$, Kp.$_3$ 126–129°, durch 7–8std. Kochen von 12 g I mit Na in Methanol/Bzl., 15st. Stehen bei Raumtemp. u. Zugabe von verd. HCl; 7,5 g. — *cis-Dekalon-(2)*, $C_{10}H_{16}O$, Kp.$_{15}$ 114–118°, durch 12std. Kochen von 7 g vorst. Verb. mit Essigsäure u. 20%ig. HCl unter N_2, Verdünnen mit W. u. Extrahieren mit Ae.; 3 g. *Semicarbazon*, $C_{11}H_{19}N_3O$, F. 177,5–178° (Methanol). — *1-Methyl-3-methoxycarbonyldekalon-(2)*, $C_{13}H_{20}O_3$, Kp.$_{3-4}$ 141–145°, durch Cyclisieren von 10 g **II** analog vorvorst. Verb.; 5,5 g. — *1-Methyl-cis-dekalon-(2)*, $C_{11}H_{18}O$, Kp.$_{12}$ 120–124°, aus 5 g vorst. Verb. analog vorvorst. Verb.; 3 g. *Semicarbazon*, $C_{12}H_{21}N_3O$, F. 190 bis 191°(A.).—*[β-Cyclohexanon-(2)-yl-(1)]-propionsäuremethylester*, Kp.$_3$ 110–115°, durch 16std. Kochen von *β-[1-Äthoxycarbonyl-2-ketocyclohexyl]-propionsäuremethylester* [Kp.$_2$ 145–150°, durch Umsetzen von 2-Ketocyclohexancarbonsäureäthylester mit Acrylsäuremethylester in Ggw. von Na-Äthylat nach Banerjee u. Bhattacharyya (J. Indian chem. Soc. **35**, [1958], 467)] mit verd. HCl, Eindampfen bei 100°, Extrahieren mit Ae. u. Veresterung der *Säure* [F. 62–63° (Ae./PAe.)] mit Methanol/konz. H_2SO_4; 90%. — *2-Keto-1.2.3.4.5.6.7.8-oktahydrochinolin*, $C_9H_{13}NO$, F. 141–142°, a) durch 10std. Kochen von 18,4 g vorst. Verb. mit Cyanessigsäureäthylester in Essigsäure/abs. Bzl. in Ggw. von NH_4-Acetat nach Bhattacharyya u. Chatterjee (l. c.) unter Abscheidung von W.; aus Bzl. Nadeln; 8 g; b) durch 2std. Kochen von 4 g vorst. Esters mit NH_4-Acetat in Essigsäure/abs. Bzl. analog a); 70%. — *β-[2-Ketocyclohexyl]-propionsäure*, F. 62–63° (Ae./PAe.), durch 15std. Kochen vorst. Verb. mit konz. HCl u. Extrahieren mit Ae.; 80%. W. Hampel 2700△

0835 **Die Synthese von Musizin.** Z. Horii, M. Hanaoka, S. Kim und Y. Tamura. (J. chem. Soc. [London] **1963**, 3940–45; Toneyama, Osaka Univ., School of Pharmacy; Toyonaka; engl.) — *m-Methoxyphenylaceton* (**I**) wird durch Kondens. von m-Methoxybenzaldehyd (**II**) mit Nitroäthan in Essigsäure in Ggw. von CH_3COONH_4 u. reduzierende Hydrolyse dargestellt. Mit Bromessigsäureäthylester liefert **I** *β-Hydroxy-γ-[m-methoxyphenyl]-β-methylbuttersäureäthylester*, der in *γ-[2-Brom-5-methoxyphenyl]-β-methylbuttersäure* (**IV**) übergeführt wird. **IV** läßt sich in Ggw. von $SnCl_4$ zu *5-Brom-8-methoxy-3-methyltetralon-(1)* (**V**) cyclisieren, das mit konz. HCl/Essigsäure entmethyliert wird. **V** liefert durch Hydrierung über Raney-Ni in Ggw. von KOH *8-Methoxy-3-methyltetralon-(1)*. Die Cyclisierung von γ-[m-Methoxyphenyl]-β-methylbuttersäure (**III**) gibt *6-Methoxy-3-methyltetralon-(1)*. In Ggw. von BF_3 wird **V** acetyliert u. anschließend zu *2-Acetyl-2.5-dibrom-8-methoxy-3-methyltetralon-(1)* bromiert. Mit Morpholin überführt man in *2-Acetyl-3-methyl-5-brom-8-methoxynaphthol-(1)* (**VI**) u. gewinnt hieraus durch Hydrieren an Raney-Ni in Ggw. von KOH *2-Acetyl-8-methoxy-3-methylnaphthol-(1)* (*8-O-Methylmusizin*), welches mit Pyridinhydrochlorid zu *Musizin* entmethyliert wird. Ein Versuch, Musizin durch Friessche Umlagerung aus 1-Acetoxy-8-methoxy-3-methylnaphthalin zu erhalten, liefert isomeres *7-Acetyl-3-methylnaphthalindiol-(1.8)*.

Versuche: *1-[m-Methoxyphenyl]-2-nitropropen-(1)* Kp.$_1$ 128–133°, durch 2std. Kochen von 3,8 g **II**, Nitroäthan, CH_3COONH_4 u. Essigsäure; 3,3 g (Ausbeute). — *m-Methoxyphenylaceton* (**I**), Kp.$_3$ 107–112°, durch Zugabe von konz. HCl zu einem Gemisch aus 5 g vorst. Verb., Fe-Pulver, $FeCl_3$ u. Wasser in Toluol bei 75° und $^1/_2$std. Rühren bei 75°; 2,7 g. *2.4-Dinitrophenylhydrazon*, $C_{16}H_{16}N_4O_5$, F. 111–112°, aus Essigester orangefarbene Nadeln. — *β-Hydroxy-γ-[m-methoxyphenyl]-β-methylbuttersäureäthylester*, $C_{14}H_{20}O_4$, Kp.$_1$ 143–146°, durch Erhitzen von 5 g **I**, Bromessigsäureäthylester, Zn-Staub u. J_2 in Bzl. auf dem Wasserbad unter Rühren u. Zugabe von 10%ig. H_2SO_4; 4,5 g. — *γ-[m-Methoxyphenyl]-β-methylcrotonsäureäthylester*, Kp.$_3$ 150–155°, durch 3std. Kochen von 4,1 g vorst. Verb. mit $POCl_3$ in Bzl.; 3 g. — *γ-[m-Methoxyphenyl]-β-methylbuttersäureäthylester*, Kp.$_1$ 133–138°, durch Hydrieren von 3 g vorst. Verb. an Raney-Ni in abs. A. bei Raumtemp.; 2,6 g. *Freie Säure*, (**III**), durch 9std. Kochen von 1,5 g des Esters mit KOH in wss. A.; 1,2 g. — *γ-[2-Brom-5-methoxyphenyl]-β-methylbuttersäure* (**IV**), durch 4std. Bromieren von 1,5 g **III** in Chlf. bei 10° u. $^1/_2$std. Rühren bei Raumtemp.; Öl; 2 g. — *5-Brom-8-methoxy-3-methyltetralon-(1)* (**V**), Kp.$_{0,03-0,04}$ 125–127°, durch Zugabe von PCl_5 zu 4,2 g **IV** in Bzl., $^1/_4$std. Erwärmen auf 50°, Zugabe von $SnCl_4$ in Bzl. bei 0°, $^1/_4$std. Rühren u. Zugabe von HCl/Eis; 2,4 g. *2.4-Dinitrophenylhydrazon*, $C_{18}H_{17}BrN_4O_5$, F. 228 bis 229°, aus Bzl. rötlich-orangefarbene Nadeln. — *5-Brom-8-hydroxy-3-methyltetralon-(1)*, F. 45–58°, durch 2std. Kochen von 700 mg **V** mit HCl/Essigsäure unter N_2, Gießen in W./Eis u. Chromatographie an Silicagel; 520 mg. *2.4-Dinitrophenylhydrazon*, $C_{17}H_{15}BrN_4O_5$, F. 257° (Zers.), aus Toluol orangefarbene Kristalle. — *8-Methoxy-3-methyltetralon-(1)*, Kp.$_{0,1}$ 115–125° (Badtemp.), durch 20 Min. langes Hydrieren von 300 mg **V** in Ggw. von KOH in Methanol an Raney-Ni bei Raumtemp.; 100 mg. *2.4-Dinitrophenylhydrazon*, $C_{18}H_{18}N_4O_5$, F. 200–220°, aus Essigester rote Nadeln. — *6-Methoxy-3-methyltetralon-(1)*, $C_{12}H_{14}O_2$, F. 71–72°, durch Rk. von 0,5 g **III** mit PCl_5 in Bzl. u. Cyclisieren mit $SnCl_4$ analog **V**; aus PAe. blaßgelbe Nadeln; 0,2 g. *2.4-Dinitrophenylhydrazon*, $C_{18}H_{18}N_4O_5$, F. 223–224°, aus Bzl. rote Nadeln. — *6-Hydroxy-3-methyltetralon-(1)*, $C_{11}H_{12}O_2$, F. 154,5°, durch $2^1/_2$std. Kochen von 220 mg vorst. Ketons mit 48%ig. HBr u. Essigsäure unter N_2; aus Bzl. Nadeln; 160 mg. — *2-Acetyl-5-brom-8-methoxy-3-methyltetralon-(1)*, Kp.$_{0,01-0,02}$ 140–145°, durch Sättigen von 8,5 g **V** in Acetanhydrid mit BF_3 bei 0°, 5std. Rühren, Zugabe von wss. CH_3COONa u. 1std. Kochen; 4,4 g. — *2-Acetyl-2.5-dibrom-8-methoxy-3-methyltetralon-(1)*, $C_{14}H_{14}Br_2O_3$, F. 113,5–114°, durch 4std. Zugabe von 1,6 g Br_2 in Chlf. zu einer Lsg. von 3 g vorst. Verb. in Chlf. bei < 5° unter Rühren, $^1/_2$std. Rühren bei Raumtemp. u. Chromatographie an Silicagel; hellgelbe Nadeln aus PAe.; 2,7 g. — *2-Acetyl-5-brom-8-methoxy-3-methylnaphthol-(1)* (**VI**), $C_{14} \cdot H_{13}BrO_3$, F. 98–98,5°, durch 1std. Rühren von 2 g vorst. Verb. in Morpholin bei Raumtemp., mehrstd. Stehen, Gießen in W. u. Ansäuern mit HCl; aus W./Methanol Nadeln; 1,3 g. — *2-Acetyl-8-methoxy-3-methylnaphthol-(1)* (*8-O-Methylmusizin*), $C_{14}H_{14}O_3$, F. 107 bis 108°, durch 25 Min. langes Hydrieren von 383,8 mg **VI** an Raney-Ni in Ggw. von KOH in Methanol bei Raumtemp.; aus Methanol/W. Nadeln; 276,5 mg. — *2-Acetyl-3-methylnaphthalindiol-(1.8)* (*Musizin*), $C_{13}H_{12}O_3$, F. 162 bis 163°, durch $^1/_4$std. Erhitzen von 60 mg vorst. Verb. mit Pyridinhydrochlorid auf 200–210° u. Gießen in W.; aus PAe. gelbe Nadeln; 16 mg. — *2.5-Dibrom-8-methoxy-3-methyltetralon-(1)*, $C_{12}H_{12}Br_2O_2$, F. 130–131°, durch 2std. Bromieren von **V** in Chlf. bei 0° u. $^1/_2$std. Rühren bei Raumtemp.; aus A. Prismen. — *5-Brom-8-methoxy-3-methylnaphthol-(1)*, $C_{12}H_{11}BrO_2$, F. 100–102°, aus 2,2 g vorst. Verb. analog **VI**; aus A. blaßgelbe Nadeln; 1,1 g. — *8-Methoxy-3-methylnaphthol-(1)*, F. 92–94°, durch $^1/_4$std. Hydrieren von 2 g vorst. Verb. an Raney-Ni in Ggw. von KOH in Methanol bei Raumtemp.; aus Methanol Nadeln; 1,1 g. — *1-Acetoxy-8-methoxy-3-methylnaphthalin*, $C_{14}H_{14} \cdot O_3$, F. 143–144°, durch 18std. Kochen von 0,35 g vorst. Verb. mit CH_3COONa u. Acetanhydrid u. Gießen auf Eis/W.; aus A. Prismen; 0,3 g. — *7-Acetyl-3-methylnaphthalindiol-(1.8)*, $C_{13}H_{12}O_3$, F. 124–128°, durch 2std. Erhitzen von 500 mg vorst. Verb. u. $AlCl_3$ auf 150–160° unter Rühren u. Zugabe von 10%ig. HCl; aus PAe. gelbe Nadeln; 70 mg. H.-J. Haase 2700◇

0836 **Synthese von Naphthostyril.** M. M. Daschewski. (Hochschulnachr. [Iwanowo], Chem. u. chem. Technol. **4**, Nr. 2, 232–37, 1961; Odessa, Polytechn. Inst., Lehrstuhl für organ. Chem.; russ.) — Es wurden die Bedingungen für die Darst. von *Naphthostyril* [**I**; F. 174–178°] durch Hypochlorierung von Naphthalimid untersucht. Am geeignetsten ist eine Rk.-Temp. von 18–20°, wobei die Ausbeute an **I** in NaOH-KOH-Lsg. 85–90% beträgt. Bei höherer Rk.-Temp. (60–80°) verharzt das entstandene **I**. Helmut Schäfer 2700△

0837 **Überführung von 2-Duroylresorcin in ein Fluorenon-Derivat.** Reynold C. Fuson, Angelo J. Bollero und Conrad F. Heins. (J. org. Chemistry **27**, 2643–44, 1962; Urbana, Ill., Univ., Noyes Chem. Labor.; engl.) — Bei der Ätherspaltung von 2-[2.3.5.6-Tetramethylbenzoyl]-resorcindimethyläther (**I**) mit HBr entstehen über *2-[2.3.5.6-Tetramethylbenzoylresorcin* (**III**) *Resorcin*

u. *2.3.5.6-Tetramethylbenzoesäure*. Mit $AlCl_3$ wird *1.2.3.4-Tetramethyl-8-hydroxyfluorenon* (**II**) erhalten. Andererseits reagiert **I** mit 2.3.4.5-Trimethylphenyl-MgBr unter Bldg. von *2-[2.3.5.6-Tetramethylbenzoyl]-3-[2.3.4.5-tetramethylphenyl]-anisol*, das beim Erhitzen mit sirupöser H_3PO_4 *1.2.3.4-Tetramethyl-8-methoxyfluorenon* bildet. Auch 2-[*2.3.4.5*-Tetramethylbenzoyl]-resorcindimethyläther unterliegt beim Erhitzen mit $AlCl_3$ dieser Rk.: über *2-[2.3.4.5-Tetramethylbenzoylresorcin* entsteht **II**.

Versuche: *2.3.5.6-Tetramethylbenzoesäure*, F. 177 bis 178° (Bzl.), durch 20std. Kochen von **I** in Eisessig mit 48%ig. HBr u. Gießen in W.; 78,9% (Ausbeute). Daneben *Resorcin*. — *2-[2.3.5.6-Tetramethylbenzoyl]-resorcin* (**III**), $C_{17}H_{18}O_3$. F. 157—158° (A.), durch 0,5std. Kochen von **I** mit $AlCl_3$ in Chlorbenzol, Abkühlen, Gießen in gekühlte HCl u. Abtreiben des Chlorbenzols mit Wasserdampf; 77,2%. — *2-[2.3.4.5-Tetramethylbenzoyl]-resorcin*, $C_{17}H_{18}O_3$, F. 98—99°, (Bzl.; gelb), durch 0,5std. Kochen des Dimethyläthers mit $AlCl_3$ in Chlorbenzol; 59,7%. — *1.2.3.4-Tetramethyl-8-hydroxyfluorenon* (**II**), $C_{17}H_{16}O_2$, F. 170—171° (Bzl.), a) durch 2,5std. Kochen von **III** u. $AlCl_3$ in Chlorbenzol, Rühren bei Zimmertemp. über Nacht, Gießen in HCl u. Abtreiben des Chlorbenzols durch Wasserdampf; 30,3%, b) durch 3,5std. Kochen des Dimethyläthers vorst. Verb. mit $AlCl_3$ in Chlorbenzol u. Rühren über Nacht; 42,3%; b) durch 3,5std. Kochen von vorst. Verb. u. $AlCl_3$ in Chlorbenzol; 23,4%. — *1.2.3.4-Tetramethyl-8-methoxyfluorenon*, $C_{18}H_{18}O_2$, F. 169—170° (gelb), a) durch Methylierung von **II** nach Lander, [*1900*], 93,8%; b) durch 4std. Rühren nachst. Verb. mit sirupöser H_3PO_4 bei 60—70°, Chromatographie u. Eluation mit Bzl.–Ae. (20:1); 45,1%. — *2-[2.3.5.6-Tetramethylbenzoyl]-3-[2.3.4.5-tetramethylphenyl]-anisol*, $C_{28}H_{32}O_2$, F. 157—158° (A.), durch Zugabe von Äthylenbromid u. Ae. zu Bromprehnitol u. Mg in Ae., 3std. Kochen, langsame Zugabe zu einer sd. Lsg. von **I** in Bzl., 17,5std. Kochen, Abkühlen u. 20 Min. langes Rühren mit konz. NH_4Cl-Lsg.; 19,8%. — *2-[2.3.4.5-Tetramethylbenzoyl]-resorcindimethyläther*, $C_{19}H_{22}O_3$, F. 124—125° (Cyclohexan), durch Eintropfen von 2.3.4.5-Tetramethylbenzoylchlorid in Ae. zu einer Lsg. von 2.6-Dimethoxyphenyl-Li, 3std. Kochen, Abkühlen, Gießen auf Eis-HCl, Chromatographie an einer sauer gewaschenen Al_2O_3-Säule u. Eluieren mit Cyclohexan–Ae. (8%); 54,5%. E. Koßmehl 2750◇

0838 **Die Synthese von 4-Keto-7-methoxy-1.2.3.4.4a.9.-10.10a-oktahydrophenanthren.** D. K. Banerjee und S. K. Das Gupta. (J. Indian chem. Soc. **36**, 223—30, April 1959; Calcutta, Jadavpur Univ., Div. of Organ. Chem.; Bangalore, Indian Inst. of Sci., Dep. of Organ. Chem.; engl.) — Vff. beschreiben die Synth. von *4-Keto-7-methoxy-1.2.3.4.4a.9.10.10a-oktahydrophenanthren*. UV-Maxima vgl. Original.

Versuche ($Kpp._{0,05}$ durch Kurzweg-Dest.): *γ-[1-Keto-2-tert.-butoxycarbonyl-6-methoxy-1.2.3.4-tetrahydronaphthyl-(2)]-butyronitril*, $C_{20}H_{25}NO_4$, $Kp._{0,05}$ 160—170°, durch Zugabe von 2-Carbomethoxy-6-methoxytetralon in abs. Bzl. unter Kühlen zu K-tert.-Butylat in tert.-Butanol, Versetzen mit γ-Brombutyronitril (**II**) in abs. Bzl., 16std. Stehen, 12std. Kochen, Eindampfen im Vakuum, Verdünnen mit W. u. Extraktion mit Ae.; 50% (Ausbeute). — *γ-[1-Keto-6-methoxy-1.2.3.4-tetrahydronaphthyl-(2)]-buttersäure*, $C_{15}H_{18}O_4$, F. 99° (Ae./PAe.), $Kp._{0,05}$ 155°, a) durch 12std. Kochen vorst. Verb. mit konz. HCl/W. (1:1), Abdampfen flüchtiger Prodd. im Vakuum, Lösen des Rückstandes in 10%ig. wss. NaOH, Versetzen mit Dimethylsulfat bei 50—60°, Zugabe von NaOH, 2std. Erwärmen auf 100°, Verdünnen mit W., Waschen mit Ae., Ansäuern der wss. Phase u. Extraktion mit Bzl.; 84%; b) durch Zugabe von PCl_5 zu α-[2-(m-Methoxyphenyl)-äthyl]-adipinsäure unter Kühlen u. Rühren, 2std. Stehen, Zugabe von $SnCl_4$ in abs. Bzl. bei 0° unter Rühren, 1/4std. Rühren, Gießen auf Eis/konz. HCl/Ae. u. Abtrennen der äther. Phase; 50%. *Methylester*, $C_{16}H_{20}O_4$, F. 74° (Ae./PAe.), $Kp._{0,05}$ 125°, durch Rk. der Säure in Bzl. mit CH_2N_2 in Ae.; 94%. — *γ-[6-Methoxy-3.4-dihydronaphthyl-(2)]-buttersäureisopropylester*, $C_{18}H_{24}O_3$, $Kp._{0,05}$ 125°, durch 4std. Kochen eines Gemisches aus vorst. Methylester, Al-Isopropylat, abs. Toluol u. abs. Isopropanol unter Abdestillieren von Isopropanol, Zugabe von kalter 10%ig. H_2SO_4, Abtrennen der Toluol-Schicht, Extraktion der wss. Phase mit Ae., Eindampfen der organ. Extrakte u. 1std. Erhitzen des Rückstandes mit $KHSO_4$ auf 160°; 50%. *Freie Säure* (**V**), $C_{15}H_{18}O_3$, F. 80°, $Kp._{0,05}$ 135°, durch 3std. Kochen des Isopropylesters mit 10%ig. wss. KOH u. 95%ig. A., Einengen auf 1/2 Vol., Verdünnen mit W., Extraktion mit Ae., Ansäuern der wss. Phase u. Extraktion mit Ae.; 96%. — *4-Keto-7-methoxy-1.2.3.4.9.10-hexahydrophenanthren* (**III**), $C_{15}H_{16}O_2$, $Kp._{0,05}$ 125°, a) durch 4std. Kochen von **V** mit Acetanhydrid (**IV**) u. $ZnCl_2$ unter N_2, Zutropfen von W. in der Hitze u. Abdampfen der Essigsäure unter N_2 bei 100°; 41%; b) durch 20std. Rk. von **V** in **IV** mit einer 5%ig. Lsg. von $ZnCl_2$ in Eisessig unter N_2 u. 1std. Erhitzen auf 70°; 53%. *Semicarbazon*, $C_{16}H_{19}N_3O_2$, F. 116° (im evakuierten Röhrchen; A.); 75%. — *4-Keto-7-methoxy-1.2.3.4.4a.9.10.10a-oktahydrophenanthren*, $C_{15}H_{18}O_2$, $Kp._{0,05}$ 120°, durch Hydrieren von **III** in A. in Ggw. von 5%ig. Pd-Kohle; 91%. *Semicarbazon*, $C_{16}H_{21}N_3O_2$, F. 136° (A.). — *2-Methoxyphenanthren*, $C_{15}H_{12}O$, F. 99°, durch 2std. Kochen von **III** mit $LiAlH_4$ in abs.Ae., Zugabe von 10%ig. H_2SO_4 unter Kühlen, Eindampfen der Ae.-Phase, 1/4std. Erhitzen mit $KHSO_4$ unter N_2 auf 200°, Kurzweg-Dest. u. 1/2std. Dehydrieren in Ggw. von 30%ig. Pd/Kohle bei 225—228° in einer Heymann-App.; aus A. Platten; 70%. *Pikrat*, F. 124° (A.). — *1-[m-Methoxyphenyl]-3-äthoxycarbonyl-3-isopropoxycarbonyl-6-cyanhexan*, $C_{21}H_{29}NO_5$, $Kp._{1}$ 210—215°, durch Zugabe von 2-[m-Methoxyphenyl]-äthylmalonsäurediäthylester in abs. Bzl. zu K-Isopropylat in abs. Bzl./Isopropanol (3:2), Versetzen mit **II** in abs. Bzl. unter Eiskühlung, 17std. Stehen, 16std. Kochen, Verdünnen mit W. u. Extraktion mit Ae.; 80%. — *1-[m-Methoxyphenyl]-3.3.6-tris-carbäthoxyhexan* (**I**), $C_{22}H_{32}O_7$, $Kp._{1,5}$ 215—220°, a) durch 23std. Kochen von 18,5 g vorst. Verb. mit ca. 20%ig. wss. KOH, Ansäuern, Extraktion mit Ae., Eindampfen, 1/2std. Erhitzen auf 180—185° u. 18std. Kochen mit abs. A. konz. H_2SO_4 (16:3); 11 g; b) durch Zugabe von [3-Carbäthoxypropylmalonsäurediäthylester zu K-tert.-Butylat in abs. tert.-Butanol bei 0°, Versetzen mit 2-[m-Methoxyphenyl]-äthylbromid in abs. Bzl. unter Kühlen mit Eis/NaCl, 16std. Stehen, 10std. Kochen, Eindampfen im Vakuum, Verdünnen mit W. u. Extraktion mit Bzl.; 21%. — *2-[m-Methoxyphenyl]-äthyl-3-carboxypropylmalonsäure*, $C_{16}H_{20}O_7$, F. 155° (Zers.; Ae./Bzl.), durch 4std. Kochen von 4,3 g vorst. Verb. mit 10%ig. HCl, Extraktion mit Ae., Eindampfen, 4std. Kochen mit ca. 30%ig. wss. KOH, Extraktion mit Ae., Ansäuern der wss. Phase u. Extraktion mit Ae., Eindampfen u. Anreiben mit Ae./PAe. (1:2); 0,9 g. — *α-[2-(m-Methoxyphenyl)-äthyl-adipinsäurediäthylester*, $C_{19}H_{28}O_5$, $Kp._{1,5}$ 190—195°, a) durch Kochen des neben vorst. Verb. erhaltenen nichtkrist. Rückstands mit A./konz. H_2SO_4 (40:3); b) durch 19std. Kochen von **I** mit HCl (D. 1,15), Extraktion mit Ae./Bzl., Eindampfen u. 18std. Kochen des Rückstandes mit A./konz. H_2SO_4 (16:3); 83%. *Freie Säure*, $C_{15}H_{20}O_5$, $Kp._{0,05}$ 200°, durch 15std. Kochen von 7,5 g Diäthylester mit ca. 20%ig. wss. KOH; 5 g.
H. J. Jahns 2850△

0839 **4.5-Diäthylphenanthren-9.10-dicarbonsäureanhydrid.** D. W. H. MacDowell und R. L. Childers. (J. org. Chemistry **27**, 2630—31, 1962; Morgantown, W. Va., Univ., Dep. of Chem.; engl.) — Eine pinakolinartige Red. des 4-Oxo-4.5.6.7-tetrahydrobenzo-[b]-thiophens(**I**) führt zu *6.7.6'.7'-Tetrahydro-4.4'-bis-benzo-[b]-thiophen*, das mit Maleinsäureanhydrid *4.5.5a.6.7.7a.8.9-Oktahydrodithieno-[2.3:c;3'.2':g]-phenanthren-6.7-dicarbonsäureanhydrid* gibt. Bei der Aromatisierung mit S wird *Dithieno-[2.3:c;3'.2':g]-phenanthren-6.7-dicarbonsäureanhydrid* erhalten, welches in wss. NaOH mit Raney-Ni zu *4.5-Diäthylphenanthren-9.10-dicarbonsäureanhydrid* entschwefelt wird.

Versuche: *6.7.6'.7'-Tetrahydro-4.4'-bis-benzo-[b]-thiophen*, $C_{16}H_{14}S_2$, F. 136,5—138° (A.; gelbliche Nadeln), durch 3std. Kochen von **I** mit durch $HgCl_2$ aktivierten Al-Spänen in A., Zugabe von A. zu der festen Masse, 5std. Kochen, Gießen in verd. HCl u. Aufnehmen in Bzl.; 67% (Ausbeute). — *4.5.5a.6.7.7a.8.9-Oktahydrodithieno-*

[2.3 : c; 3'.2' :g]-phenanthren-6.7-dicarbonsäureanhydrid, $C_{20}H_{16}O_3S_2$, F. 259,5—260° (Xylol; federartige Nadeln), durch 4std. Kochen vorst. Verb. mit Maleinsäureanhydrid in Xylol u. Abkühlen innerhalb von 12 Std.; 69%. — *Dithieno-[2.3:c;3'.2':g]-phenanthren-6.7-dicarbonsäureanhydrid*, $C_{20}H_8O_3S_2$, F. 306—307° (Acetanhydrid; orangefarbig), durch 45 Min. langes Erhitzen vorst. Verb. mit S auf 300°. — *4.5-Diäthylphenanthren-9.10-dicarbonsäureanhydrid*, $C_{20}H_{16}O_3$, F. 170—171° (Eisessig; gelb), durch Kochen vorst. Verb. mit 10%ig. wss. NaOH bis zur klaren Lsg., portionsweise Zugabe von Raney-Ni während 1 Std. ohne weiteres Erhitzen unter Rühren, Filtrieren in der Hitze, Abkühlen, Ansäuern u. Extrahieren mit Chlf.; 34%. E. Koßmehl 2850◇

0840 **Synthese von Spiroundecatrienonen aus 2.6-Di-tert.-butylchinonmethid und Butadienen.** James D. McClure. (J. org. Chemistry **27**, 2365—68, 1962; Emeryville, Calif., Shell Development Co.; engl.) — Rk. von 3.5-Di-tert.-butyl-4-hydroxybenzylbromid (**IV**) gibt in verd. Lsg. mit Anilin u. Butadien über *2.6-Di-tert.-butylchinonmethid* *2.4-Di-tert.-butylspiro-[5.5]-undecatrien-(1.4.8)-on-(3)* (**I**). Analog entstehen mit Isopren u. Chloropren das *9-Methyl-* u. das *9-Chlorderiv.* (**II**) von **I**. Bei der Rk. mit Isopren wird außerdem noch *3.5.3'.5'-Tetra-tert.-butylstilbenchinon-(4.4')* erhalten. **II** entsteht auch neben *Bis-[3.5-di-tert.-butyl-4-hydroxybenzyläther]* bei der Darst. des Methids aus 3.5-Di-tert.-butyl-4-hydroxybenzylalkohol mit einer katalyt. Menge H_2SO_4. Bei der Hydrierung mit H_2/Pd nimmt **I** 3 Mol H_2 auf unter Bldg. von *2.4-Di-tert.-butylspiro-[5.5]-undecanon-(3)* (**III**). 2.6-Di-tert.-butylphenol gibt bei der Rk. mit K-tert.-Butylat u. 1-Brom-5-chlorpentan *2.6-Di-tert.-butyl-4-[5-chlorpentyl]-phenol* (**V**) sowie *1-[2.6-Di-tert.-butylphenoxy]-5-chlorpentan* u. *5-Chlorpenten-(1)*. **V** bildet mit Ag-Tosylat in Acetonitril bei 120° *2.6-Di-tert.-butyl-4-[5-tosyloxypentyl]-phenol*, welches beim Kochen in tert.-Butanol mit K-tert.-Butylat *2.4-Di-tert.-butylspiro-[5.5]-undecadien-(1.4)-on-(3)* liefert, das bei der Hydrierung mit H_2/Pd 2 Mol H_2 aufnimmt unter Bldg. von **III**. Hydrierung von **II** an Pd/Tierkohle liefert zunächst *2.4-Di-tert.-butylspiro-[5.5]-undecen-(1)-on-(3)* u. dann **III**.

V e r s u c h e : *3.5-Di-tert.-butyl-4-hydroxybenzylbromid* (**IV**), F. 52—54° (Isopentan; hellgelbe Platten), durch Einleiten von HBr in eine Suspension des entsprechenden Alkohols bei 20—25° bis zur vollständigen Lsg., Waschen mit W., Einengen u. Stehen bei —5°; 74% (Ausbeute). — *2.4-Di-tert.-butyl-9-methylspiro-[5.5]-undecatrien-(1.4.8)-on-(3)*, $C_{20}H_{30}O$, F. 73—74° (A.; Platten), durch langsames Zutropfen von Anilin u. Isopren zu einer bei 15—20° gerührten Lsg. von **IV** in Isopren, 72std. Rühren bei Zimmertemp. unter N_2, Abtrennen des Anilinhydrobromids, Waschen der Lsg. mit 10%ig. HCl, dann 10%ig. $NaHCO_3$-Lsg., Einengen im Vakuum, Lösen des Öls in Hexan, Chromatographie an Al_2O_3 u. Eluieren mit Hexan, das zunehmend Bzl. enthält; 44%. Daneben *3.5.3'.5'-Tetra-tert.-butylstilbenchinon-(4.4')* (38%). — *2.4-Di-tert.-butylspiro-[5.5-undecatrien-(1.4.8)-on-(3)* (**I**), $C_{19}H_{28}O$, F. 76—76,5° (A.; Platten), durch langsames Eintropfen von Anilin in eine gerührte Lsg. von **IV** in Butadien in einer Druckflasche bei 0°, Abkühlen auf —50°, Verdrängen der Luft durch N_2, Verschließen, 72std. Rk. bei 20—25°, Abtrennen des Anilinhydrobromids u. Aufarbeiten wie bei vorst. Verb.; 10%. — *2.4-Di-tert.-butyl-9-chlorspiro-[5.5]-undecatrien-(1.4.8)-on-(3)* (**II**), $C_{19}H_{27}ClO$, F. 111—112° (A.; Nadeln), a) durch langsames Eintropfen von Anilin in eine bei 15—20° gerührte Lsg. von **IV** u. Chloropren, 24std. Rühren bei 20—25°; Abtrennen des Anilinhydrobromids, Waschen der Rk.-Lsg. mit 10%ig. HCl u. 10%ig. $NaHCO_3$ u. Einengen im Vakuum; 93%; b) durch 18std. Rühren von 35,5 g 3.5-Di-tert.-butyl-4-hydroxybenzylalkohol, Chloropren u. wenig H_2SO_4 in Ae. bei 23—25°, Zugabe von weiterer H_2SO_4, 24std. Rühren, Waschen mit 10%ig. $NaHCO_3$-Lsg., Abziehen des Lsgm. unter vermindertem Druck, Lösen des Rückstandes in n-Hexan, Abtrennen des *Bis-[3.5-di-tert.-butyl-4-hydroxybenzyl]-äthers* [F. 133—135° (n-Hexan; Platten); 28 g], Einengen der n-Hexan-Lsg. u. Umkristallisation aus Methanol; 9%. — *2.6-Di-tert.-butyl-4-[5-chlorpentyl]-phenol* (**V**), $C_{19}H_{31}ClO$, Kp.$_{0,1}$ 138—140°, durch Zugabe von K-tert.-Butylat zu einer unter N_2 gerührten Lsg. von 2.6-Di-tert.-butylphenol in Tetraäthylenglykoldimethyläther bei 10—20°, 1std. Rühren, Zugabe von 1-Brom-5-chlorpentan in Tetraäthylenglykoldimethyläther, 72std. Rühren bei 20—25°, Gießen in W., Ansäuern, Extrahieren mit Bzl., Waschen der benzol. Lsg. mit W., Einengen im Vakuum, fraktionierte Dest. [→ *5-Chlorpenten-(1)*, C_5H_9Cl, Kp.$_{750}$ 87—103°, n_D^{20} 1,4310; 34%; das Ausgangsphenol u. eine 3. Fraktion, Kp.$_{0,1}$ 134—140°], Zugabe der 3. Fraktion unter Rühren u. N_2 zu K-tert.-Butylat in Xylol, 12std. Rühren bei 20—25°, Abtreiben des tert.-Butanols mit N_2 bei 35—40°, Aufnehmen des Rückstands in n-Hexan u. übliches Aufarbeiten; 19%. — *1-[2.6-Di-tert.-butylphenoxy]-5-chlorpentan*, $C_{19}H_{31}ClO$, Kp.$_{0,1}$ 130 bis 132°, aus dem Rückstand von der Darst. vorst. Verb.; 31%. — *2.6-Di-tert.-butyl-4-[5-tosyloxypentyl]-phenol*, $C_{26}H_{38}O_4S$, durch 20std. Erhitzen von **V** mit Ag-p-Toluolsulfonat in Acetonitril in einem Druckgefäß unter N_2; gelbes Öl; 90%. — *2.4-Di-tert.-butylspiro-[5.5]-undecadien-(1.4)-on-(3)*, $C_{19}H_{30}O$, F. 106—106,5° (A.; Nadeln), durch 16std. Kochen vorst. Verb. mit K-tert.-Butylat in tert.-Butanol unter N_2, Abziehen des Lsgm. im Vakuum, Lösen des Rückstandes in W. u. Ausäthern; 98%. — *2.4-Di-tert.-butylspiro-[5.5]-undecanon-(3)* (**III**), $C_{19}H_{34}O$, F. 53—54° (A.; Nadeln), a) durch 2std. Hydrieren vorst. Verb. bei 25° in abs. A. an 10%ig. Pd-Tierkohle bei 2,8 atm. H_2; 88%; b) analog aus **I**; 82%; c) ebenso durch 1std. Hydrieren nachst. Verb.; 80%. — *2.4-Di-tert.-butylspiro-[5.5]-undecen-(1)-on-(3)*, $C_{19}H_{32}O$, F. 44—45° (A.), durch 1,5std. Hydrieren von **II**, Verdünnen mit W., Ausäthern, Waschen mit 5%ig. $NaHCO_3$-Lsg. u. übliches Aufarbeiten; 65%. E. Koßmehl 2950◇

0841 **Bicyclane.** 1. Mitt. **Die Halogenierung von Bicyclo-[2.2.1]-heptan (Norbornan).** E. C. Kooyman und G. C. Vegter. (Tetrahedron [London] **4**, 382—92, Nov. 1958; Amsterdam, Koninklijke/Shell-Labor.; engl.) — Die radikal. Halogenierung von Norbornan (**I**) liefert hauptsächlich 2-Halogenide. Das exo-endo-Verhältnis hängt von der Natur des Halogendonators ab. Während durch mol. Cl_2 oder Br_2 70% exo- u. 20—25% endo-Halogenid entstehen, liefern $SOCl_2$, CCl_4, PCl_5 u. $CBrCl_3$ 95% des exo-Isomeren. Die bei Anwendung vorst. Verbb. beobachtete größere Stereospezifität wird auf die schlechtere Zugänglichkeit des intermediär entstehenden 2-Norbornyl-Radikals auf der endo-Seite durch das voluminöse Reagens erklärt. Bei Chlorierungen mit Cl_2, $SOCl_2$ u. PCl_5 wurden kleine Mengen des 7-Chlorids festgestellt. Vollständige Halogenierungen von **I** u. Cyclohexan (**II**) zeigen, daß die Methylengruppe von **II** u. im 6-Ring von **I** gleich reaktiv gegen verschieden angreifende Radikale ist.

V e r s u c h e : *Norbornan* (**I**), F. 85,5—86°, Kp. 105°, durch 2std. Erhitzen von 450 g Norbornadien (Kp. 89,5°; n_D^{20} 1,4710) mit 20%ig. Ni-Kieselgur-Katalysator u. H_2 bei 35 at in einer rotierenden Stahlbombe, Erhöhen des Druckes auf 60 at, Erhitzen bis zur Druckkonstanz (22 at), Abkühlen, Verdünnen mit Pentan, Abfiltrieren des Katalysators, Schütteln mit 96%ig. H_2SO_4 u. Waschen; 347 g (Ausbeute). — *Norbornylchlorid* (**III**), $C_7H_{11}Cl$, F. 3,1—5,3°, Kp.$_{20}$ 52—53°, a) durch 5std. Einleiten von Cl_2 in die Lsg. von **I** in CH_2Cl_2 unter Bestrahlung mit UV-Licht; n_D^{20} 1,4851; 60% (Ausbeute); b) durch 1 Min. langes Durchleiten von **I**, Bzl., Cl_2 u. N_2 (4 : 2 : 2 : 1) bei 150° durch ein Glasrohr; 34,0%; c) durch Zugeben von Benzoylperoxid (**IV**) zur Lsg. von **I** u. $SOCl_2$ in CH_2Cl_2 u. 24std. Kochen; 83%; d) durch 24std. Kochen von **I** u. **IV** in CCl_4; 24,5%; e) durch 55std. Bestrahlen einer Lsg. von **I** u. PCl_5 in CCl_4; 23%; f) durch 1,5std. Erhitzen von **I**, PCl_5 u. **IV** in Chlorbenzol auf 100—105° unter Rühren, Abdestillieren von PCl_3 u. Zugeben von Toluol; 21,2%. — *Norbornylbromid* (**V**), $C_7H_{11}Br$, Kp.$_{17}$ 68—70°, a) durch Zutropfen von Br_2 zur Lsg. von **I** in sd. CCl_4 unter Bestrahlung mit UV-Licht; n_D^{20} 1,5147; 25,6%; b) durch 24std. Erhitzen von **I** u. Azoisobutyronitril (**VI**) in $CBrCl_3$ auf 80° (enthält 84% *exo*-**V**); daneben Hexachloräthan, F. 185—186° (Alkohol). K. Zieloff 2950△

0842 **Asymmetrische Synthese von (+)-Bicyclo-[2.2.2]-octanol-(2).** H. M. Walborsky und A. E. Young. (J. org. Chemistry **27**, 2261, 1962; Tallahassee, Fla., Florida

State Univ., Chem. Dep.; engl.) — Bicyclo-[2.2.2]-octen-(2) wird durch Diisopinocampheylboran [aus (—)-α-Pinen, $NaBH_4$ u. BF_3-Ätherat in Diglyme] bei 0° stereospezif. hydroboriert. Das durch Oxydation des Prod. mit H_2O_2 u. NaOH bei 30—35° entstehende *Bicyclo-[2.2.2]-octanol-(2)* [F. 214—217° (Pentan), $[\alpha]_D^{28}$ + 6,9° (c = 2,32; Chlf.); 30% (Ausbeute)] hat nach früheren Untersuchungen (vgl. Walborsky, Baum u. Youssef, C. **1961**, 13493) (*S*)-Konfiguration, während auf Grund der Prelog-Cram-Regeln die (R)-Konfiguration erwartet wurde. H. Pracejus 2950◇

0843 **Einige Derivate des Tricyclo-[6.2.1.0^{2,7}]-undecans; die Thermolyse des exo.exo-3-Diazotricyclo-[6.2.1.0^{2,7}]-undecans.** C. Swithenbank und M. C. Whiting. (J. chem. Soc. [London] **1963**, 4573—78; Oxford, Univ., Dyson Perrins Labor.; engl.) — Stufenweise Red. des Addukts (**I**) aus p-Benzochinon u. Cyclopentadien führte über das *Perhydroderiv.* (**II**) u. dessen *Monoäthylenketal* (**III**) zum zugrunde liegenden *KW-Stoff*. Bei der säurekatalysierten Katalysierung von **II** entstand unter kräftigeren Bedingungen das *exo.exo-Monoäthylenketal* (**IV**), dessen Konfiguration bei der weiteren Rk.-Folge erhalten blieb. Die weiteren Umsetzungen von **III** waren dagegen stereochem. weniger einheitlich. — *exo.exo-3-Diazotricyclo-[6.2.1.0^{2,7}]-undecan* gab bei der Thermolyse offenbar ausschließlich das entsprechende *Δ^3-Tricycloundecen*.

Versuche: *endo.endo-Tricyclo-[6.2.1.0^{2,7}]-undecandion-(3.6)* (**II**), $C_{11}H_{14}O_2$, F. 56—57°, Nadeln (PAe), aus I u. H_2/PtO_2 in Chlf.; 75% (Ausbeute); daneben eine schwerlösl. *Verb. vom F. 246°* (Dimeres ?). *Dioxim*, $C_{11}H_{16}N_2O_2$, F. 219—220° (Zers.; wss. A.). *Monoäthylenketal* (**III**), $C_{13}H_{18}O_3$, F. 56—57° (PAe.), aus **II** u. $(HOCH_2)_2$ in sd. Bzl. in Ggw. von wenig p-$CH_3C_6H_4SO_3H$ (TsOH); 76%; gab mit 1%ig. HCl in Aceton bei 20° (18 Std.) **II** zurück. — *exo.exo-Tricyclo-[6.2.1.0^{2,7}]-undecandion-(3.6)-monoäthylenketal* (**IV**), $C_{13}H_{18}O_3$; F. 108—108,5° (PAe.), aus **II** u. $(HOCH_2)_2$ in sd. Bzl. in Ggw. von viel TsOH (36 Std.); 55%. Gab mit 2%ig. HCl in Aceton das freie *exo.exo-Tricyclo-[6.2.1.0^{2,7}]-undecandion-(3.6)* [F. 66 bis 67° (PAe.); 73%], das mit $(HOCH_2)_2$ in sd. Bzl. in Ggw. von wenig TsOH (PAe.) (6 Std.) **IV** zurücklieferte (85%). — *exo.exo-Tricyclo-[6.2.1.0^{2,7}]-undecanon-(3)-äthylenketal*, $C_{13}H_{20}O_2$, Kp.$_{0,04}$ 66—68°, aus **IV** nach Huang-Minlon; n_D^{25} 1,5052—1,5054; 66%. — *exo.exo-Tricyclo-[6.2.1.0^{2,7}]-undecanon-(3)* (**V**), $C_{11}H_{16}O$, Kp.$_{0,1}$ 60—63°, aus vorst. Verb. u. methanol. H_2SO_4 (18 Std. bei 20°); n_D^{25} 1,5031—1,5051; fast 100%. *2.4-Dinitrophenylhydrazon*, $C_{17}H_{20}N_4O_4$, F. 179—181°. — Huang-Minlon-Red. von **III** gab 80% eines *Ketalgemischs* ($C_{13}H_{20}O_2$, Kp.$_{0,04}$ 85—90°; n_D^{25} 1,5050—1,5060), das mit sd. 3%ig. HCl in Aceton (4 Std.) in ein *Ketongemisch* (wahrscheinl. **V** u. *endo.endo-Isomeres*; $C_{11}H_{16}O$, Kp.$_{0,05}$ 54—57°, n_D^{25} 1,5070—1,5090; 70%) übergeführt wurde. — *endo.endo(?)-Tricyclo-[6.2.1.0^{2,7}]-undecandion-(3.6)-bis-[äthylendithioketal]*, $C_{15}H_{22}S_4$, F. 153—154° (Essigester), aus **II**; 64%. — *Verb. $C_{11}H_{16}$*, Kp.$_{10}$ 90—91°, aus 6,5 g vorst. Verb. u. Raney-Ni in sd. A. (44 Std.); n_D^{18} 1,5160—1,5162; ca. 0,5 g. — *exo.exo-Tricyclo-[6.2.1.0^{2,7}]-undecanon-(3)-äthylendithioketal*, $C_{13}H_{20}S_2$, F. 38—39° (Essigester), aus **V**; 72%. — *exo.exo-Tricyclo-[5.2.1.0^{2,7}]-undecan* (**VI**), $C_{11}H_{18}$, Kp. 200°, aus vorst. Verb. u. Raney-Ni in sd. A. (3 Tage), dann 5std. Schütteln mit H_2 an Pd/$BaCO_3$ in PAe.; n_D^{25} 1,4933. — Huang-Minlon-Red. von 10 g **II** gab 3 g eines *KW-Stoff-Gemisches $C_{11}H_{18}$* (Kp. 215°, n_D^{18} 1,5014—1,5030), nach gaschromatograph. Analyse bestehend aus 10% **VI** u. 88% des *endo.endo-* oder des *exo.endo-Isomeren*. — **V**-*Methansulfonylhydrazon*, $C_{12}H_{20}N_2O_2S$, F. 169—171° (Essigester); 78%. — *exo.exo-Tricyclo-[6.2.1.0^{2,7}]-undecen-(3)*, $C_{11}H_{16}$, Kp.$_8$ 76—77°, durch Lösen von Na in Acetamid bei 10 mm, Zugabe von 2 g vorst. Verb. u. Erhitzen auf 156° bis zum Ende der N_2-Entw.; n_D^{25} 1,5092 bis 1,5099; 920 mg. Hydrierung an Pd/$CaCO_3$ in A. gab **VI**. J. Rothe 2950◇

0844 **Addukte aus Hexachlorcyclopentadien mit Cyclooctadien-(1.5) und Cycloheptatrien-(1.3.5).** G. I. Fray. (J. chem. Soc. [London] **1963**, 4284—85; Egham, Surrey, Shell Chem. Co. Ltd., Res. Labor.; engl.) — Durch Diels-Alder-Rk. von Hexachlorcyclopentadien (**I**) mit überschüssigem cis.cis-Cyclooctadien-(1.5) (**II**) wird das entsprechende *1:1-Addukt* (**III**) erhalten, das sich mit **I** in das *2:1-Addukt* überführen läßt. **III** bildet ein *Dihydro-*, *Dichlor-*, *Dibrom-* u. ein *Epoxy-Derivat*. Rk. von **III** u. Dichlorcarben [aus Na-Trichloracetat(**VII**)] gibt *1.6.6.11.12.13.14.14-Oktachlortetracyclo-[9.2.1.0^{2,10}.0^{5,7}]-tetradecen-(12)*; analog wird aus **II** *9.9-Dichlorbicyclo-[6.1.0]-nonen-(4)* u. *5.5.10.10-Tetrachlortricyclo-[7.1.0.0^{4,6}]-decan* erhalten. Diels-Alder-Rk. von **I** u. Cycloheptatrien-(1.3.5) (**IV**) gibt *1.9.10.11.12.12-Hexachlortetracyclo-[7.2.1.0^{2,8}.0^{5,7}]-dodecadien-(3.10)* (**V**) bzw. *1.7.8.9.10.13.14.15.16.16.17.17-Dodekachlorhexacyclo-[11.2.1.1^{7,10}.0^{2,12}.0^{3,5}.0^{6,11}]-heptadecadien-(8.14)* (**VI**). **V** gibt ein *Tetrahydro-Deriv.*, wahrscheinlich als Isomerengemisch, u. ein *Dibrom-Deriv.*, während **VI** unter analogen Bedingungen nicht mit Br_2 reagiert.

Versuche: *1.10.11.12.13.13-Hexachlortricyclo-[8.2.1.0^{2,9}]-tridecadien-(5.11)* (**III**), $C_{13}H_{12}Cl_6$, F. 66—67°, Kp.$_{0,5}$ 153—158°, durch 1std. Kochen von **I** u. **II** u. Fraktionieren; aus Methanol/PAe. Prismen; 76% (Ausbeute). *Dihydro-Deriv.*, $C_{13}H_{14}Cl_6$, F. 86,5—87,5°, aus Methanol Platten. [*Dichlor-Deriv.*, $C_{13}H_{12}Cl_8$, F. 165 bis 166,5°, aus Aceton Prismen. *Dibrom-Deriv.*, $C_{13}H_{12}Br_2Cl_6$, F. 200—201°, aus Chlf. Prismen.] *Epoxid*, $C_{13}H_{12}Cl_6O$, F. 135—136°, durch Rk. von **III** u. Perbenzoesäure in Chlf.; aus Methanol Platten. — *1.6.7.8.9.14.15.16.17.17.18.18-Dodekachlorpentacyclo-[12.2.1.1^{6,9}.0^{2,13}.0^{5,10}]-octadecadien-(7.15)*, $C_{18}H_{12}Cl_{12}$, F. > 360° (Chlorbenzol), aus **III** u. **I**. — *1.6.6.11.12.13.14.14-Oktachlortetracyclo-[9.2.1.0^{2,10}.0^{5,7}]-tetradecen-(12)*, $C_{14}H_{12}Cl_8$, F. 234,5—235,5°, durch 2std. Kochen von **III**, **VII** u. 1.2-Dimethoxyäthan (**VIII**), Filtrieren, Eindampfen u. Zusetzen von Methanol/Aceton; aus PAe. Platten; 9%. — *9.9-Dichlorbicyclo-[6.1.0]-nonen-(4)*, $C_9H_{12}Cl_2$, Kp.$_{13}$ 111—114°, durch 16std. Erhitzen von 50 g **II**, **VII** u. **VIII** auf 100—110°, Filtrieren u. Fraktionieren; $n_D^{20,5}$ 1,5243; 59%. *Dibrom-Deriv.*, $C_9H_{12}Br_2Cl_2$, F. 70,5°, aus Methanol Prismen. — *5.5.10.10-Tetrachlortricyclo-[7.1.0.0^{4,6}]-decan*, $C_{10}H_{12}Cl_4$, F. 174,5—175,5°, neben vorst. Verb.; aus Methanol/Aceton Nadeln; 0,35 g. — *1.9.10.11.12.12-Hexachlortetracyclo-[7.2.1.0^{2,8}.0^{5,7}]-dodecadien-(3.10)* (**V**), $C_{12}H_8Cl_6$, F. 93,5 bis 94,5°, Kp.$_{0,2}$ 140—144°, durch 16std. Erhitzen von 8,5 g **I** u. 25 g **IV** auf 120—130° u. Fraktionieren; aus Methanol Prismen; 83%. *Tetrahydro-Deriv.* (Isomerengemisch?), $C_{12}H_{12}Cl_6$, F. 76,5—77,5°, aus Methanol Platten. *Dibrom-Deriv.*, $C_{12}H_8Br_2Cl_6$, F. 144,5—145,5°, aus Methanol Nadeln. — *1.7.8.9.10.13.14.15.16.16.17.17-Dodekachlorhexacyclo-[11.2.1.1^{7,10}.0^{2,12}.0^{3,5}.0^{6,11}]-heptadecadien-(8.14)* (**VI**), $C_{17}H_8Cl_{12}$, F. 302—303° (Zers.), durch 16std. Erhitzen von 11 g **I** u. 1,1 g **IV** auf 150—160° u. Waschen mit Ae./Methanol; aus n-Butanol Nadeln; 56%. G. O. Jäger 2950◇

0845 **Reaktive o-chinoide aromatische Kohlenwasserstoffe der Pleiadenreihe.** M. P. Cava und R. H. Schlessinger. (J. Amer. chem. Soc. **85**, 835—36, **1963**; Columbus, Ohio, Ohio State Univ., Evans chem. Labor.; engl.) — Pleiaden u. Acepleiadylen (**IV**) wurden dimerisiert bzw. von ihnen Diels-Alder-*Addukte* dargestellt. Die Absorptionsmaxima von **IV** sind angegeben.

Versuche: *7.12-Dihydropleiadendiol-(7.12)*, F. 198—200°, durch Red. von 7.12-Dihydropleiadendion-(7.12) mit $NaBH_4$; 92% (Ausbeute). — *7.12-Dibrom-7.12-dihydropleiaden* (**I**), F. 134°, aus vorst. Verb. mit wasserfreiem HBr; 90%. — *7.12-Sulfido-7.12-dihydropleiaden*, F. 177—178°, aus vorst. Verb. mit P_2S_5; 62%. — *7.12-Sulfido-7.12-dihydropleiaden-S.S-dioxid*, F. 210—215° (Zers.), aus vorst. Verb. durch Oxydation mit Peressigsäure; 88%. — *Addukt* **A**, F. 295—297°, durch Pyrolyse vorst. Verb. in Ggw. von N-Phenylmaleinsäureimid (**II**) bei 210°; 70%. — *7.12-[7′.12′-Dihydropleiadenylen-(7′.12′)]-7.12-dihydropleiaden*, F. > 350° (Zers.), a) analog vorst. Verb. bei Abwesenheit von **II**; 51%; b) durch 15 Min. langes Kochen von **I** in Bzl. mit Cu; 86%. — *5.10-Dihydroacepleiadendiol-(5.10)* (**III**), F. 212—265° (Zers.), durch Red. von 5.10-Dihydroacapleiadendion-(5.10) mit $NaBH_4$; 80%. — *5.10-[5′.10′-Dihydroacepleiadylenylen-(5′.10′)]-5.10-dihydroacepleiadylen*, F. > 370° (Zers.), a) durch 80 Min. langes Stehen

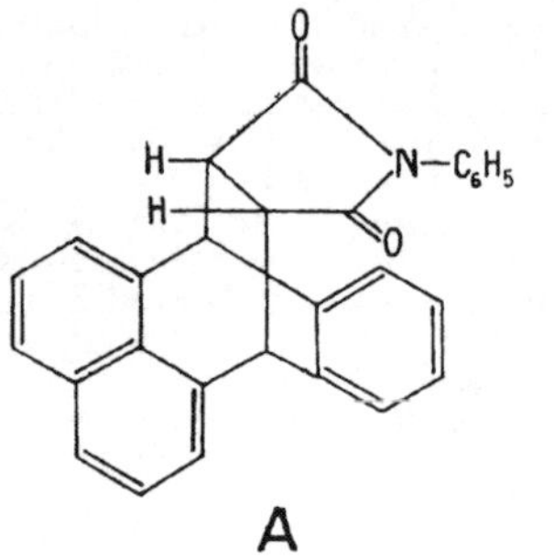

A

von **IV** in Dioxan in Ggw. von HCl bei Raumtemp.; b) durch Eindampfen von **IV** in Dioxan/wenig HCl; gelb; 51%. — *Acepleiadylenanaloges* von **A**, F. 270—290° (Zers.), durch Erhitzen von **II** mit **III** in angesäuertem Dioxan auf 100°; gelb; 51%. D. Jahnke 2950△

0846 **Synthesen heterocyclischer Verbindungen.** 2. Mitt. **Cyclisierung von o-Nitrophenyläthern.** R. Higginbottom und H. Suschitzky. (J. chem. Soc. [London] **1962**, 2367—70; Salford, Lancs., Royal Coll. of Advanced Technol.; engl.) — 1. vgl. C. **1962,** 13015. — Nach einer Rk. vom Ullmann-Typ werden o-Chlornitrobenzol (**I**) mit K-Phenolat u. K-o-Kresolat zu *o-Nitrophenylphenyläther* (**II**) bzw. *-o-tolyläther* (**III**) u. o-Nitrophenol mit Benzylchlorid bzw. Phenäthylchlorid zu *o-Nitrophenylbenzyläther* (**IV**) u. *β-phenäthyläther* (**V**) umgesetzt. Durch Zugabe von **I** zu einer Lsg. von Na in Cyclohexanol wird *o-Nitrophenylcyclohexyläther* erhalten. Beim Vers., nach dieser Meth. den Benzyläther herzustellen, wird *2.2'-Dichlorazobenzol* gebildet. Pyrolyse von **III** mit Fe(II)-Oxalat gibt *4-Methylphenoxazin.* Analog geben **IV** *2-Phenylbenzoxazol* u. **V** *2-Benzylbenzoxazol* u. *3-Phenylbenzoxazin.* Daneben entstehen auch die entsprechenden *Amine.* Die genannten Verbb. bilden sich auch beim Erhitzen der o-Nitrophenyläther allein oder mit Sand. **II** gibt kein Phenoxazin-Derivat. Aus den entsprechenden o-Acylaminophenylphenyläthern werden nach einer Bischler-Napieralski-Rk. verschied. substituierte *Dibenzo-[b;f]-[1.4]-oxazepine* durch Kondens. mit sirupöser Phosphorsäure hergestellt. Diese wirken zu Tränen u. hautreizend. Gegen konz. HCl u. 20%ig. wss. NaOH sind sie beim Kochen stabil.

Versuche: *o-Nitrophenylphenyläther* (**II**), $Kp._{1,9}$ 150—152°, durch 0,5std. Erhitzen von **I** mit K-Phenolat (1:2) u. Cu-Bronze, Gießen in W. u. Ausäthern; 80% (Ausbeute). — *o-Nitrophenyl-o-tolyläther* (**III**), $Kp._{2,1}$ 160—162°, analog **II** aus **I** u. K-o-Kresolat; 65%. — *o-Nitrophenylbenzyläther* (**IV**), F. 25°, durch 17std. Kochen von K-o-Nitrophenolat mit Benzylchlorid (1:2) u. K_2CO_3 in Aceton, Filtrieren u. Wasserdampf-Dest.; 74%. — *o-Nitrophenyl-β-phenäthyläther* (**V**), $Kp._{1,8}$ 198°, analog **IV** aus K-o-Nitrophenolat u. β-Phenäthylchlorid; 21%. — *o-Nitrophenylcyclohexyläther*, $C_{12}H_{15}NO_3$, $Kp._{0,8}$ 140—142°, durch Zugabe von **I** zu einer Lsg. von Na in sd. Cyclohexanol u. Aufarbeiten wie oben; 24%. — *o-Aminophenylphenyläther, Formyl-Deriv.*, $C_{13}H_{11}NO_2$, F. 92,5°, durch Red. von **II** mit H_2/Raney-Ni in A. u. Formylierung. — Ebenso: *o-Aminophenyl-o-tolyläther, Formyl-Deriv.*, $C_{14}H_{13}NO_2$, aus **III**. — *o-Aminophenylbenzyläther, Formyl-Deriv.*, $C_{14}H_{13}NO_2$, F. 76°, aus **IV**. — *o-Aminophenyl-β-phenäthyläther, Formyl-Deriv.*, $C_{15}H_{15}NO_2$, F. 103°, aus **V**. — *4-Methylphenoxazin*, $C_{13}H_{11}NO$, F. 167° (wss. A.), a) durch 0,5std. Erhitzen von **III** mit Fe(II)-Oxalat (1:1) u. viel Pb-Pulver auf 250—280° u. Extrahieren mit PAe. (Kp. 40—60°) (Meth. **A**); 15%; b) durch Red. von 2,6 g 4-Methyl-1-nitrophenoxazin mit H_2/Raney-Ni in Bzl., Abtrennen der benzol. Lsg., Eindampfen, Lösen in W., Diazotieren bei —5° mit $NaNO_2$, Eingießen in eiskalte 30%ig. unterphosphorige Säure, 2 Tage langes Stehen bei 5° u. Versetzen mit $NaHCO_3$; 0,4 g. *Pikrat*, $C_{19}H_{14}N_4O_8$, F. 206° (A.). — *2-Phenylbenzoxazol*, a) aus **IV** nach **A**; 12%; daneben o-Aminophenylbenzyläther; 5%; b) durch Erhitzen von **IV** allein oder mit Sand [1:10) ähnlich **A** (Meth. **B**); 15%. — *2-Benzylbenzoxazol*, $C_{14}H_{11}NO$, F. 34°, a) aus **V** nach **A**; 5%; daneben o-Aminophenyl-β-phenäthyläther; 12%; ferner *3-Phenyl-2H-1.4-benzoxazin*; 12%; b) aus **V** nach **B**; 8%; c) durch 1std. Erhitzen von Phenylessigsäure u. o-Aminophenol in sirupöser Phosphorsäure auf 150°, Gießen in W., Ausäthern u. Waschen mit 1 n NaOH; 75%. — *Dibenz-[b;f]-[1.4]-oxazepin*, $C_{13}H_9NO$, F. 72°, durch 3std. Erhitzen von 2,5 g o-Formylaminophenylphenyläther mit sirupöser Phosphorsäure auf 150—160°, Gießen in W., Ausäthern u. Waschen mit K_2CO_3-Lsg.; 1,7 g. *Pikrat*, $C_{19}H_{12}N_4O_8$, F. 216°. — Analog: *11-Methyldibenz-[b;f]-[1.4]-oxazepin*, $C_{14}H_{11}NO$, F. 81°; 1,7 g. *Pikrat*, $C_{20}H_{14}N_4O_8$, F. 153°. — *11-Phenyldibenz-[b;f]-[1.4]-oxazepin*, $C_{19}H_{13}NO$, F. 107°; 1,4 g.

E. Koßmehl 3000◇

0847 **Synthese von Di- und Triarylverbindungen der 1.3.5-Triazin-, 1.2.4-Triazol- und 1.2.4-Oxdiazolreihe.** Hans Weidinger und Joachim Kranz. (Chem. Ber. **96**, 2070—80, 1963; Ludwigshafen/Rh., BASF, Farbenforschungslabor.; dt.) — Ausgehend von 4.6-Diaryl-1.2.3.5-oxthiodiazin-2.2-dioxiden (**A**) werden *Di-* bzw. *Triarylverbb.* der *1.3.5-Triazin-*, *1.2.4-Triazol-* bzw. *1.2.4-Oxdiazolreihe* dargestellt. *2-Alkyl-4.6-diaryl-* bzw. *2.4.6-Triaryl-1.3.5-triazine* werden durch Rk. der **A** mit aliphat. bzw. aromat. Imidoverbb. erhalten. Die eingesetzten Imidsäureester u. Amidine werden als Salze, Imidchloride in Form des Rk.-Gemischs von Nitril u. HCl verwendet. Analog werden auch Harnstoff, Thioharnstoff u. Guanidin bzw. dessen Salze mit den **A** zu *2-Hydroxy-*, *2-Mercapto-* bzw. *2-Amino-4.5-diaryl-1.3.5-triazinen* umgesetzt. In 3- u. 5-Stellung mit gleichen Arylen substituierte *1.2.4-Triazole* werden durch Rk. der **A** mit N_2H_4, einem Carbonsäurehydrazid oder Semicarbacid, Thiosemicarbazid, Aminoguanidin bzw. Oxaldiimidsäuredihydrazid dargestellt. Die Rk. mit Carbonsäurehydraziden verläuft wahrscheinlich über *N-Acyl-1.2.4-triazole*, die nicht isoliert werden konnten. Bei der Rk. der **A** mit Thiosemicarbazid wird neben dem *Triazol* noch *2-Mercapto-4.6-diaryl-1.3.5-triazin* erhalten. Die *1.3.5-Triaryl-1.2.4-triazole* werden aus den **A** u. Arylhydrazinen gewonnen. Durch Rk. der **A** mit NH_2OH · HCl werden *3.5-Diaryl-1.2.4-oxdiazole* dargestellt.

Versuche: 1.3.5-Triazine: *2-Methyl-4.6-diphenyl-*, $C_{16}H_{13}N_3$, F. 98—100°, durch 5 Min. Kochen von 4.6-Diphenyl-1.2.3.5-oxthiodiazin-2.2-dioxid (**I**) mit Acetimidsäureäthylesterhydrochlorid in 3%ig. Na-Methylat-lag.; Nadeln; 57% (Ausbeute). — *2-Methyl-4.6-di-m-tolyl-*, $C_{18}H_{17}N_3$, F. 85—87°, analog vorst. Verb. aus 4.6-Di-m-tolyl-1.2.3.5-oxthiodiazin-2.2-dioxid (**III**); Nadeln; 54%. — *2.4.6-Triphenyl-*, $C_{21}H_{15}N_3$, F. 231°, a) analog vorvorst. Verb. aus **I** u. Benzimidsäureäthylester in Bzl.; Nadeln; 53%; b) durch Zusetzen von **I** in Aceton zu Benzamidinhydrochlorid in 4%ig. NaOH bei 60°; 76%. — *2-Phenyl-4.6-di-m-tolyl-*, $C_{23}H_{19}N_3$, F. 131—133°, analog vorst. Verb. nach b) aus **III** u. Na-Methylat; Nadeln; 68%. — *2-Phenyl-4.6-di-p-tolyl-*, F. 219—221°, analog vorst. Verb. aus 4.6-Di-p-tolyl-1.2.3.5-oxthiodiazin-2.2-dioxid (**IV**); Nadeln; 68%. — *2-Trichlormethyl-4.6-di-p-tolyl-*, $C_{18}H_{14}Cl_3N_3$, F. 176°, durch 2std. Kochen von **IV** u. Trichloracetonitril unter Einleiten von Cl_2; Nadeln; 62%. — *2-Trichlormethyl-4.6-diphenyl-*, $C_{16}H_{10}Cl_3N_3$, F. 135°, analog vorst. Verb. aus **I**; Nadeln; 66%. — *2-[1-Chloranthrachinonyl-(2)]-4.6-diphenyl-*, $C_{29}H_{16}ClN_3O_2$, F. 295°, a) durch 1 Min. Kochen von **I** u. 1-Chloranthrachinoncarbonsäure-(2)-[N-(m-chlorphenyl)-amidin] in Dimethylformamid (DMF); gelbe Nadeln; 80%; b) analog aus 1-Chloranthrachinonimidocarbonsäure-(2)-äthylester (**II**) in A.; 47%; c) analog aus 1-Chloranthrachinoncarbonsäure-(2)-amidin (**V**) in A.–Bzl.; 42%. — *2-[1-Chloranthrachinonyl-(2)]-4.6-di-m-tolyl-*, $C_{31}H_{20}ClN_3O_2$, F. 272°, a) analog aus **III** u. **II** in A.; gelbe Nadeln; 44%; b) aus **V** u. **III** analog in A.; 50%. — *2-[1-Nitroanthrachinonyl-(2)]-4.6-diphenyl-*, $C_{29}H_{16}N_4O_4$, F. 297—305°, a) analog aus **I** u. 1-Nitroanthrachinonimidocarbonsäure-(2)-äthylestertetrafluoroborat in DMF; gelbe Nadeln; 68%; b) analog aus 1-Nitroanthrachinoncarbonsäure-(2)-N-methylamidin in DMF; 25%; c) durch 5 Min. Rühren von **I** u. 1-Nitroanthrachinoncarbonsäure-(2)-[N-(p-methoxyphenyl)-amidin] in DMF bei Raumtemp.; orangefarbene Nadeln; 52%; d) durch mehrstd. Erhitzen von **I** u. 1-

Nitroanthrachinoncarbonsäure-(2)-amid auf 140—160° u. Auskochen in Methanol; 92%. — *2-Hydroxy-4.6-diphenyl-*, $C_{15}H_{11}N_3O$, F. 286°, durch 1/2std. Erhitzen von **I** u. Harnstoff auf 150°, Zusetzen von verd. NaOH u. Fällen mit verd. HCl; Nadeln; 28%. — *2-Amino-4.6-diphenyl-*, $C_{15}H_{12}N_4$, F. 168—170°, durch 1/2std. Erhitzen von **I** in Aceton mit dem Hydrochlorid oder Carbonat von Guanidin in 4%ig. NaOH auf 100°; Nadeln; 72%. — *2-Amino-4.6-di-p-tolyl-*, $C_{17}H_{16}N_4$, F. 231°, analog vorst. Verb. aus **IV**; Nadeln; 72%. — *2-Mercapto-4.6-di-m-tolyl-*, $C_{17}H_{15}N_3S$, F. 163°, durch 5 Min. Kochen von **III** u. Thioharnstoff in A.; gelbe Kristalle; 77%. — *2-Mercapto-4.6-diphenyl-* (**VI**), $C_{15}H_{11}N_3S$, F. 203—205°, analog vorst. Verb. mit **I**; gelbe Nadeln; 77%. — *2-Mercapto-4.6-di-p-tolyl-*, $C_{17}H_{15}N_3S$, F. 228—230°, analog aus **IV**; gelbe Kristalle; 73%. — 1.2.4-Triazole: *3.5-Di-m-tolyl-*, $C_{16}H_{15}N_3$, F. 160—162°, durch 5 Min. Kochen von **III** mit Hydrazinsulfat in 5%ig. NaOH; Nadeln; 90%. — *3.5-Diphenyl-*, $C_{14}H_{11}N_3$, F. 190—191°, a) analog vorst. Verb. mit **I**; Nadeln; 86%; b) durch 5 Min. Erhitzen von **I** u. Semicarbazidhydrochlorid in Aceton u. 4%ig. NaOH auf 100°; 92%; c) durch 1—2std. Erhitzen von **I** u. Benzhydrazid in DMF auf 100°; 93%; d) analog b) mit Aminoguanidincarbonat; 45% (F. 177°); e) analog b) aus Oxaldiimidsäuredihydrazid in N-Methylpyrrolidon; 50%; f) durch Erhitzen von Thiosemicarbazid u. **I** in A. zum Sieden; 79%; daneben **VI** (10%). *Hydrochlorid*, F. 205—207°. — *1-Phenyl-3.5-di-p-tolyl-*, $C_{22}H_{19}N_3$, F. 115°, durch Zusetzen von **IV** zu Phenylhydrazin in A. bei Raumtemp.; 92%. — *1.3.5-Triphenyl-*, $C_{20}H_{15}N_5$, F. 99°, analog vorst. Verb. aus **I**; 77%. — *1-[2-Cyananthrachinonyl-(1)]-3.5-diphenyl-*, $C_{29}H_{16}N_4O_2$, F. 359°, durch 5 Min. Erhitzen von **I** u. 2-Cyananthrachinonyl-(1)-hydrazin in DMF auf 100°; rote Nadeln; 66%. — *1-[2.4-Dinitrophenyl]-3.5-phenyl-*, $C_{20}H_{13}N_5O_4$, F. 190—191°, durch Erhitzen von **I** u. 2.4-Dinitrophenylhydrazin in DMF auf 110°, Zusetzen von W. u. 20 Min. Erhitzen auf 100°; gelbe Nadeln; 91%. — *1-[4-Nitrophenyl]-3.5-diphenyl-*, $C_{20}H_{14}N_4O_2$, F. 160—162°, durch 1/2std. Erhitzen von **I** u. 4-Nitrophenylhydrazin in A. auf 80°; gelbe Nadeln; 91%. — 1.2.4-Oxdiazole: *3.5-Bis-[thienyl-(2)]-*, $C_{10}H_6N_2OS_2$, F. 118—120°, durch 5 Min. Erhitzen von 4.6-Bis-[thienyl-(2)]-1.2.3.5-oxthiodiazin-2.2-dioxid mit $NH_2OH \cdot HCl$ in 3%ig. NaOH auf 100°; gelbe Nadeln; 70%. — *3.5-Diphenyl-*, $C_{14}H_{10}N_2O$, F. 96 bis 98°, analog aus **I**; 74%. — *3.5-Di-m-tolyl-*, $C_{16}H_{14}N_2O$, F. 84—85°, analog aus **III**; Nadeln; 76%. — *3.5-Di-p-tolyl-*, F. 128—130°, analog aus **IV**; Nadeln; 70%.
H. Gleinig 3000◇

0848 **Synthese von Furano- und Pyrrolo-[3.2:f]-azulenderivaten.** T. Nozoe, S. Seto und S. Matsumura. (Chem. and Ind. **1961**, 1715—16; Sendai, Tohoku Univ., Fac. of Sci., Chem. Dep., Inst. of Non-Aqueous Solutions; engl.) — Die Rk. von 4-[1.2-Dihydroxy-1-methyläthyl]-tropolonmethyläther mit Cyanessigsäureäthylester in abs. A. in Ggw. von 1 Val Na-Äthylat liefert *2-Amino-1.3-bis-[äthoxycarbonyl]-5-[1.2-dihydroxy-1-methyläthyl]-azulen* [$C_{19}H_{23}NO_6$, F. 118—120° (orangefarbene Schuppen); *Pikrat*, F. 127—128°]. Mit Isoamylnitrit u. 3 Val H_2SO_4 in A. gibt vorst. Verb. *5.7-Bis-[äthoxycarbonyl]-3-methylfuro-[3.2:f]-azulen* [**I**, $C_{19}H_{18}O_5$, F. 118—119° (rote Nadeln)]. Durch Hydrolyse von **I** mit KOH in A. u. nachfolgende Decarboxylierung durch Erhitzen auf 250° unter teilweise red. Druck wird *3-Methylfuro-[3.2:f]-azulen* [**II**, $C_{13}H_{10}O$, F. 54—55° (blauviolette Prismen)] erhalten. Hydrolyse von **I** mit 1 Val KOH in A. u. nachfolgende Decarboxylierung ergeben *5(?)-Äthoxycarbonyl-3-methylfuro-[3.2:f]-azulen* [$C_{16}H_{14}O_3$, F. 88 bis 89° (rote Nadeln)] neben **II**. Die Rk. von **I** mit fl. NH_3 liefert *5.7-Bis-[äthoxycarbonyl]-3-methylpyrrolo-[3.2:f]-azulen* [$C_{19}H_{19}NO_4$, F. 245—246° (orangefarbene Prismen)], dessen Hydrolyse u. Decarboxylierung durch Erhitzen auf 250° vermutlich zu *3-Methylpyrrolo-[3.2:f]-azulen* führt. Die UV-, IR- u. sichtbaren Maxima der dargestellten Verbb. sind angegeben. Hanfried Arnold 3051◇

0849 **4-Methylen-2.2.5.5-tetramethylfuranidon-(3).** I. K. Korobitzyna, Tschen-le In und Ju. K. Jurjew. (J. allg. Chem. [UdSSR] **30(92)**, 2214—18, 1960; Moskau, Univ.; russ.) — Durch Red. von 2.2.5.5-Tetraalkyltetrahydrofuranonen-(3) mit $LiAlH_4$ werden in guten Ausbeuten die entsprechenden *2.2.5.5-Tetraalkyltetrahydrofuranole-(3)* erhalten, während 4-Hydroxymethyl-2.2.5.5-tetramethyltetrahydrofuranon-(3) (**I**) unter analogen Bedingungen *4-Methylen-2.2.5.5-tetramethyltetrahydrofuranon-(3)* (**II**) liefert, das sich sowohl bei der Dest. als auch bei Einw. von Säuren oder Alkali dimerisiert. Bei der katalyt. Hydrierung von **I** entsteht **II** nur in geringer Ausbeute (5—23%). Die Rk. von **I** mit Tetramethylmethylendiamin (**III**) u. Zers. des erhaltenen *4-Dimethylaminomethyl-2.2.5.5-tetramethyltetrahydrofuranon-(3)-hydrochlorids* (**IV**) durch Wasserdampfdest. liefert **II** in guter Ausbeute.

Versuche: Tetrahydrofuranole-(3): *2.2.5.5-Tetramethyl-*, $C_8H_{16}O_2$, Kp.$_{13}$ 84—84,5°, F. 26,5—27°, durch Zutropfen von 100 ml äther. $LiAlH_4$-Lsg. (14 g $AlBr_3$ u. 1,6 g LiH) zu 15 g 2.2.5.5-Tetramethyltetrahydrofuranon-(3) (**V**) in 100 ml Ae. unter Kühlung. 3std. Rühren bei 18°, 12std. Stehen, Zers. mit 2 n HCl u. Extrahieren mit Ae.; 92% (Ausbeute). *Phenylurethan*, $C_{15}H_{21}NO_3$, F. 123—124° (PAe.). — *2.5-Dimethyl-2.5-diäthyl-*, $C_{10}H_{20}O_2$, Kp.$_{11}$ 101—101,5°, analog aus 17 g 2.5-Dimethyl-2.5-diäthyltetrahydrofuranon-(3); n_D^{20} 1,4578; D_4^{20} 0,9520; 83,5%. *3.5-Dinitrobenzoat*, $C_{17}H_{22}N_2O_7$, F. 89—90° (PAe.). — *2.5-Bis-[tetramethylen]-*, $C_{12}H_{20}O_2$, Kp.$_3$ 118—119°, aus 19,4 g 2.5-Bis-[tetramethylen]-tetrahydrofuranon-(3); n_D^{20} 1,5011; D_4^{20} 1,0660; 86,5%. *Phenylurethan*, $C_{19}H_{25}NO_3$, F. 86,5—87° (PAe.). — *2.5-Bis-[pentamethylen]-*, $C_{14}H_{24}O_2$, F. 72,5 bis 73,5° (Methanol), aus 15,9 g 2.5-Bis-[pentamethylen]-tetrahydrofuranon-(3) u. $LiAlH_4$ (9,35 g $AlBr_3$ u. 1,1 g LiH); 98%. *Phenylurethan*, $C_{21}H_{29}NO_3$, F. 123—124° (A.). — *4-Methylen-2.2.5.5-tetramethyltetrahydrofuranon-(3)* (**II**), $C_9H_{14}O_2$, Kp.$_{48}$ 75—77°, a) aus 5,6 g **I** u. 120 ml äther. $LiAlH_4$ (10,5 g $AlBr_3$ u. 1,8 g LiH); n_D^{20} 1,4380; D_4^{20} 0,9357; 2 g; b) durch Wasserdampfdest. von 26,3 g **V**; n_D^{20} 1,4370; D_4^{20} 0,9364; 95,5%. *Dibromid*, $C_9H_{14}Br_2O_2$, F. 83,2—83,9° (A.), mit Br_2-Lsg. in CCl_4. *Dimere Verb.*, $C_{18}H_{28}O_4$, F. 76—76,5° (A.). — *4-Dimethylaminomethyl-2.2.5.5-tetramethyltetrahydrofuranon-(3), Hydrochlorid* (**IV**), $C_{11}H_{22}ClNO_2$, F. 127—128°, durch 4std. Kochen von 28 g **V**, 22 g **III** u. 16 g Dimethylaminhydrochlorid in 100 ml A., Abdest. von A. u. nicht umgesetzten Ausgangsverbb., Zers. des Rückstandes mit 2 n NaOH, Extrahieren mit Ae. u. Einleiten von HCl in die äther. Lsg.; 55,7%. — *2.2.4.5.5-Pentamethyltetrahydrofuranon-(3)*, $C_9H_{16}O_2$, Kp.$_{12}$ 52—53°, durch Hydrierung von 10 g **II** in 25 ml A. an Pd/$BaSO_4$; n_D^{20} 1,4247; D_4^{20} 0,9166; 74,1%. *2.4-Dinitrophenylhydrazon*, $C_{15}H_{20}N_4O_5$, F. 166,5—167°. (A.). I. Schade 3061△

0850 **Die Umsetzung α-halogenierter Amine mit Furanen.** 14. Mitt. **über α-halogenierte Amine.** H. Böhme und A. Müller. (Arch. Pharmaz. **296/68**, 65—67, 1963; Marburg/L., Univ., Pharmazeut.-Chem. Inst.; dt.) — 12. vgl. C. **1963**, 11253. — Aus α-halogenierten Aminen u. Furan (**I**) entstanden *2-Aminomethylfurane*. 2-Methylfuran (**II**) reagierte in 5-Stellung.

Versuche: *2-Piperidinomethylfuran, Hydrochlorid*, $C_{10}H_{16}ClNO$, F. 138° (CH_3CN/Ae.), aus N-Chlormethylpiperidin (**III**) u. **I** in sd. abs. CH_2Cl_2 (4 Std.); 79% (Ausbeute). *Freie Base*, $C_{10}H_{15}NO$, Kp.$_{10}$ 90°, n_D^{20} 1,4955; 90%. — *2-[Morpholinomethyl]-furan, Hydrochlorid*, $C_9H_{14}ClNO_2$, F. 180°, Nadeln (CH_3CN/Ae.), aus N-Chlormethylmorpholin u. **I** analog; 91%. *Freie Base*, $C_9H_{13}NO_2$, Kp.$_{10}$ 100°, n_D^{20} 1,4988; 92%. *Methojodid*, $C_{10}H_{16}JNO_2$, F. 158°, Nadeln (A.); 82%. — *2-Methyl-5-piperidinomethylfuran*, Kp.$_{10}$ 102°, aus **III** u. **II** in abs. CH_2Cl_2 bei Raumtemp. (exotherme Rk.); n_D^{20} 1,4950; 91%. *Methojodid*, $C_{12}H_{20}JNO$, F. 122° (A.); 80%.
J. Rothe 3061◇

0851 **3-substituierte Thiophene.** 11. Mitt. **Anomale Produkte aus Thenyl-(3)-Grignard-Reagentien.** E. Campaigne und O. E. Yokley. (J. org. Chemistry **28**, 914—17, 1963; Bloomington, Ind., Indiana Univ., Chem. Labor.; engl.) — 10. vgl. C. **1956**, 13692. — *Thenyl-(3)-MgBr* (**I**) wird mit Hilfe eines Umlaufreaktors dargestellt, der die Darst. von Grignard-Verbb. aus bes. reaktionsfähigen Halogeniden in guten Ausbeuten unter Unterdrückung der Kupplungs-Rk. gestattet. **I** bildet mit CO_2 das normale Prod., *Thienyl-(3)-essigsäure* (**V**), u. das anomale Prod., *3-Methylthiophen-2-carbonsäure*, im Verhältnis 2:3. Dadurch wird die Hypothese bestätigt, daß sich das anomale Prod. bevorzugt bildet, wenn das reagierende Zentrum für elektrophile Substitution aktiviert ist. **I** bildet mit Chlorkohlensäureäthylester (**II**), Acetylchlorid (**III**) u. HCHO anomale Prodd., was durch unabhängige Synth. bewiesen wird.

Versuche: *Thenyl-(3)-MgBr* (**I**), a) durch Zutropfen von frisch dest. Thenyl-(3)-bromid (**IV**) in Ae. zu Mg u. wenig J_2 unter Ae. u 1/2std. Kochen; b) durch Überschichten von Mg im Innenrohr eines modifizierten Umlaufreaktors nach Rowlands u. Mitarbeitern [1950] (Abb. u. Beschreibung siehe Original) mit gesätt. äther. $HgCl_2$-Lsg., 12std. Stehen, mehrstd. Waschen mit rückfließendem Ae., Zutropfen von 0,15 Mol frisch dest. **IV** in Ae. in 10 Std. unter einem N_2-Strom u. 1std. Kochen; 91% (Ausbeute). — *3-Methylthiophen-2-carbonsäure*, F. 145—146°, a) durch Gießen von nach a) dargestelltem **I** in Ae. auf die äther. Suspension von festem CO_2, Gießen in 25%ig. H_2SO_4, Extraktion der äther. Lsg. mit 10%ig. NaOH u. Kristallisation aus 10%ig. Essigsäure; Nadeln aus 10%ig. Essigsäure oder W.; 20%; daneben (durch Ausäthern der Mutterlauge) 1,9% *Thienyl-(3)-essigsäure* (**V**; F. 79—80°, Platten aus n-Hexan) u. (als Neutralprod. aus der äther. Lsg. der Carbonisierung) 75% *1.2-Bis-[thienyl-(3)]-äthan* [F. 64—65° (Methanol)]; b) durch Gießen von nach b) dargestelltem **I** in Ae. auf festes CO_2 in Ae., Zugabe von 25%ig. H_2SO_4, Extraktion mit 10%ig. NaOH, Ansäuern u. Kristallisieren aus 10%ig. Essigsäure; 34%; daneben 23,4% **V**; c) durch Rk. von nach b) dargestelltem **I** mit **II** analog Gaertner (J. Amer. chem. Soc. **73**, [1951], 3934); 57%; d) durch Oxydation nachst. Verb. mit NaOCl; 77%. — *3-Methyl-2-acetylthiophen*, $Kp._{0,3}$ 52—57°, durch Rk. von nach b) dargestelltem **I** mit frisch dest. **III** analog Gaertner (l. c.) u. Dest.; n_D^{26} 1,5637; 55%. *Semicarbazon*, F. 207—208°. — *3-Methylthenyl-(2)-alkohol*, C_6H_8OS, $Kp._{1,5}$ 70—74°, $Kp._3$ 80—83°, a) durch Rk. von nach b) dargestelltem **I** mit gasförmigem HCHO unter N_2 analog Gaertner (l. c.); n_D^{25} 1,5524; 40% (nicht völlig rein); b) durch Umwandeln von 2-Brom-3-methylthiophen in die Grignard-Verb. u. Einleiten von gasförmigem HCHO unter N_2; 70%. *α-Naphthylurethan*, $C_{17}H_{15}NO_2S$, F. 144°, Platten aus CCl_4. — *β-[Thienyl-(3)]-äthanol*, C_6H_8OS, $Kp._{0,5}$ 67°, durch langsames Zutropfen von **V** in Ae. zu $LiAlH_4$ in Ae., Zers. mit W. u. 10%ig. H_2SO_4 u. Ausäthern; 79%. *α-Naphthylurethan*, $C_{17}H_{15}NO_2S$, F. 108—109°. *3.5-Dinitrobenzoat*, $C_{13}H_{10}N_2O_6S$, F. 110° (A., W.).

G. Fischer 3071◇

0852 **Photochemische Synthesen. 4. Mitt. Die Photooxydation von Pyrrol: Eine einfache Synthese von Maleinimid.** P. de Mayo und S. T. Reid. (Chem. and Ind. **1962**, 1576—77; London, Canada, Univ. of Western Ontario, Dep. of Chem.; engl.) — 3. vgl. Tetrahedron Letters [London] **1961**, Nr. 18, 648. — Durch Schütteln einer 0,1%ig. wss. Lsg. von Pyrrol, die 2,5 mg% Eosin enthält, unter Bestrahlen mit einer 100-W-Lampe, Eindampfen bei Raumtemp. u. Extrahieren des Rückstandes mit Aceton wird in 32%ig. Ausbeute *2-Hydroxy-5-oxopyrrolin* [**I**, F. 102—102,5° (Aceton)] erhalten. Analog entsteht aus N-Methylpyrrol in 48%ig. Ausbeute *1-Methyl-2-hydroxy-5-oxopyrrolin* (F. 84—85°). In Methanol in Ggw. von PtO_2 wird **I** zu *5-Hydroxypyrrolidon-(2)* (F. 98—99°) hydriert. Die Verbb. werden durch ihre IR- u. KMR-Spektren identifiziert.

Klaus Lange 3081△

0853 **Die Darstellung und Eigenschaften einiger Methoxypyrrole.** Henry Rapoport und Clyde D. Willson. (J. Amer. chem. Soc. **84**, 630—35, 1962; Berkeley, Calif., Univ. of California, Dep. of Chem.; engl.) — Vgl. C. **1964**, 14-0904. — Durch Kochen von 1-Äthoxycarbonyl-4-oxopyrrolidin-2-carbonsäureäthylester (**III**) mit Dimethylsulfit entsteht die entsprechende *4.4-Dimethoxy-Verb.*, die durch Dehydrierung in den *Äthylester* (**V**) der *4-Methoxypyrrol-2-carbonsäure* (**VII**) übergeführt wird. Die Methylierung von **III** führt unter energ. Bedingungen zu *1.2-Dicarbäthoxy-4-oxopyrrolidinenolmethyläther*. Durch Kondens. von N-Äthoxycarbonylglycinäthylester (**I**) mit Fumarsäurediäthylester (**XI**) wird *1-Äthoxycarbonyl-4-oxopyrrolidin-2.3-dicarbonsäurediäthylester* (**II**) erhalten. Wird **I** mit Acrylsäureäthylester (**IV**) kondensiert, so entsteht *1-Äthoxycarbonyl-4-oxopyrrolidin-3-carbonsäureäthylester* (**VIII**), der mit CH_2N_2 *1-Äthoxycarbonyl-4-methoxy-Δ³-pyrrolin-3-carbonsäureäthylester* (**IX**) bildet. Dehydrierung von **IX** führt zu *4-Methoxypyrrol-3-carbonsäureäthylester* (**X**). Das durch Umsetzung von Pyrrol-2-carbonsäure (**XII**) mit Oxalylchlorid gebildete *Säurechlorid* reagiert mit Pyrryl-(1)-MgJ unter Bldg. von *Bis-[pyrryl-(2)]-keton*. In analoger Weise entsteht aus Pyrrol-3-carbonsäure (**VI**) *Dipyrryl-(2.3')-keton* u. aus **VII** *4-Methoxy-bis-[pyrryl-(2)]-keton*. Wird $^{14}C_{(1)}$-I (**I***) mit **XI** u. **IV** kondensiert, so entstehen **II*** bzw. **VIII***. Die Kondens. von **I*** mit Crotonsäureäthylester (**XIV**) führt zu *$^{14}C_{(CO)}$-1-Äthoxycarbonyl-2-methyl-4-oxopyrrolidin-3-carbonsäureäthylester* (**XIII***). **VIII*** wird auch durch Kondens. von *$^{14}C_{(1)}$-N-Äthoxycarbonyl-N-[2-äthoxycarbonyl-äthyl]-glycinäthylester*, der aus $^{14}C_{(1)}$-Glycinäthylester (**XV***) u. β-Brompropionsäureäthylester (**XVI**) über den *$^{14}C_{(1)}$-N-[2-Äthoxycarbonyläthyl]-glycinäthylester* gewonnen wird, erhalten. **II***, **VIII***, **XIII*** werden durch Decarboxylierung in die entsprechenden *Pyrrolidone* von gleicher Aktivität übergeführt. Die Verss. zeigen, daß die Kondens. an der I-COOH-Gruppe erfolgt u. diese als CO-Gruppe in den Pyrrolidonring eingebaut wird. Aus den Vgl. der spektralanalyt. Daten dieser Verbb. mit denen des Prodigiosins (vgl. l. c.) geht hervor, daß letzteres kein Methoxydipyrrylketon sein kann. IR u. UV-Maxima s. Original.

Versuche: *1-Äthoxycarbonyl-4-oxopyrrolidin-2.3-dicarbonsäurediäthylester* (**II**), $Kp._1$ 175—177°, durch langsames Zufügen von **I** zu einer Suspension von Na in Bzl., 6std. Rühren, 1/4std. Zugabe von **XI**, Abkühlen auf 0° u. Zugabe von Ae. u. Eiswasser; 61% (Ausbeute). *Semicarbazon*, F. 188—189° (A.). — *1-Äthoxycarbonyl-4.4-dimethoxypyrrolidin-2-carbonsäureäthylester*, $C_{12}H_{21}NO_6$, $Kp._{0,8}$ 124—125°, durch 6std. Kochen von **III**, Dimethylsulfit, abs. CH_3OH u. 2 Tropfen methanol. HCl Kühlen u. Vermischen mit Chlf. u. gesätt. wss. $NaHCO_3$; 93%. — *4-Methoxypyrrol-2-carbonsäureäthylester* (**V**), $C_8H_{11}NO_3$, $Kp._{1,5}$ 120—135°, F. 55—58° (Bzl.), durch 8std. Erhitzen vorst. Verb. in Diisopropylbenzol in Ggw. von 5%ig. Pd/Kohle unter Rühren auf 220°. — *4-Methoxypyrrol-2-carbonsäuremethylester*, $C_7H_9NO_3$, F. 85 bis 86°, analog **V** durch Abdest. des Diisopropylbenzols, 1std. Kochen mit KOH in Chlf., Zugabe einer äther. Lsg. von CH_2N_2 im Überschuß, 5std. Stehen, Chromatographie an Al_2O_3 u. Eluieren mit Bzl./Chlf. (4:1); aus CH_3OH Kristalle; 20%. *Freie Säure* (**VII**), $C_6H_7NO_3$, F. 179 bis 180° (Sublimation bei 100°/0,1 Torr), durch 1std. Kochen des Methylesters mit KOH u. 50%ig. wss. CH_3OH; 80%. — *1.2-Dicarbäthoxy-4-oxopyrrolidinenolmethyläther*, $C_{11}H_{17}NO_5$, $Kp._1$ 137—142°, durch 6std. Kochen von **III** mit Dimethylsulfit in abs. CH_3OH u. gesätt. methanol. HCl u. 1std. Dest. bei 200° (Badtemp.); leicht gelbe Fl.; 93%. — *1-Äthoxycarbonyl-4-oxopyrrolidin-3-carbonsäureäthylester* (**VIII**), $Kp._{0,8}$ 125—130°, F. 60—62°, aus **I** u. **IV** analog **II**. — *1-Äthoxycarbonyl-4-methoxy-Δ³-pyrrolin-3-carbonsäureäthylester* (**IX**), $Kp._2$ 160—162°, F. 65—66°, durch 3std. Stehen von **VIII** in Ae. mit CH_2N_2; 83%. — *4-Methoxypyrrol-3-carbonsäure, Äthylester* (**X**), $C_8H_{11}NO_3$, $Kp._{0,7}$ 130—145°, F. 107—109° (Sublimation bei 103°/0,7 Torr), aus **IX** in Di-n-hexyläther analog **V** in 3 Std. bei 235°; aus Bzl. Kristalle; 21%. *Freie Säure*, $C_6H_7NO_3$, F. 203—204° (Zers.), aus **X** analog **VII**; aus CH_3OH/Bzl. Kristalle. *Methylester*, $C_7H_9NO_3$, F. 115—117°, durch 5std. Stehen der Säure mit äther. CH_2N_2; aus Ae./Hexan Kristalle. — *Bis-[pyrryl-(2)]-keton*, F. 160—161° (Sublimation bei 120°/0,5 Torr), durch Zugabe von Oxalylchlorid in Bzl. zu **XII**, nach 45 Min. Zufügen von Pyrryl-(1)-MgJ in Ae., 1/2std. Rühren bei 50° u. Zugabe von gesätt. NH_4Cl-Lsg.; aus CH_3OH Kristalle; 75%. — *Dipyrryl-(2.3')-keton*, $C_9H_8N_2O$, F. 99—100° (Sublimation bei 50°/1 Torr), aus **VI** analog vorst. Verb., Chromatographie an Al_2O_3 u. Eluieren mit Bzl./Chlf.; aus Chlf. Kristalle. — *4-Methoxy-bis-[pyrryl-(2)]-keton*, $C_{10}H_{10}N_2O_2$, F. 130—131° (Sublimation bei 100°/0,2 Torr), aus **VII** analog vorst. Verb.; aus abs. A. Kristalle. — *$^{14}C_{(1)}$-N-Äthoxycarbonylglycinäthylester* (**I***), aus *$^{14}C_{(1)}$-Glycin* nach Fischer u. Otto [1903]. — *$^{14}C_{(CO)}$-1-Äthoxycarbonyl-2-*

methyl-4-oxopyrrolidin-3-carbonsäureäthylester (**XIII***), $Kp._1$ 121—123°, durch Zufügen von **XIV** in A. zu **I*** u. Na-Äthylat in A. u. 2std. Kochen. — *$^{14}C_{(1)}$-N-[2-Äthoxycarbonyläthyl]-glycinäthylester*, $C_9H_{17}NO_4$, $Kp._{2,5}$ 107 bis 108°, durch Behandeln von **XV***-HCl in Eiswasser mit kalter n-NaOH u. Zugabe von **XVI**, CH_3OH u. K_2CO_3 in W., 24std. Stehen bei Raum-Temp., Eindampfen, Extraktion mit Chlf. u. Dest.; 39%. — *$^{14}C_{(1)}$-N-Äthoxycarbonyl-N-[2-äthoxycarbonyläthyl]-glycinäthylester*, $C_{12}H_{21}NO_6$, $Kp._{3,5}$ 146—147°, durch Zugabe vorst. Verb. zu wss. K_2CO_3, Zufügen von Chlorameisensäureäthylester, 4std. Rühren bei Raum-Temp., Einstellen auf pH 2, Extraktion mit Bzl. u. Dest.; 85%.

Wolfgang Farr 3081◇

0854 **Heterocyclische Verbindungen des Stickstoffs. 3. Mitt. Synthese einiger Indolyl-(2)-benzochinone.** J. Malcolm Bruce. (J. chem. Soc. [London] **1960,** 360—65; Manchester, Univ., Dep. of Chem.; engl.) — 2. vgl. C. **1960,** 1833. — Aus substituierten Acetophenonen u. Phenylhydrazin (**I**) werden nach der Meth. von Fischer *2-Arylindole* (**A**) erhalten, die zu den entsprechenden *Indolyl-(2)-benzochinonen* (**B**) oxydiert werden. Die UV-Spektraldaten der **A** sowie die UV- u. IR-Spektraldaten der **B** sind tabellar. angegeben.

Versuche: *2-[2.5-Dimethoxyphenyl]-indol* (**II**), $C_{16}H_{15}NO_2$, $Kp._{0,005}$ 195°, F. 101,5°, durch Erhitzen von 2.5-Dimethoxyacetophenon, **I** u. Polyphosphorsäure auf 140° bis zur einsetzenden Rk., Halten bei 180—190°, 2 Min. langes Erhitzen auf 180°, Zugabe von W. u. Extraktion mit Ae.; aus wss. A. Nadeln; 61% (Ausbeute). — *2-[2.5-Dihydroxyphenyl]-indol*, $C_{14}H_{11}NO_2$, F. 172,5 bis 173°, durch 4std. Erhitzen von 2.5-Dihydroxyacetophenon mit **I** auf 100°, Zugabe von 88—90%ig. H_3PO_4, $^1/_4$std. Erhitzen auf 100° u. 7 Min. auf 175—180° u. Sublimieren bei 190°/0,005 Torr; aus W. Platten; 9%. — *Indolyl-(2)-benzochinon-(1.4)* (**VII**), $C_{14}H_9NO_2$, F. 180 bis 200° (Zers.), durch 20 Min. langes Schütteln vorst. Verb. in abs. Aceton mit Ag_2O u. Na_2SO_4; rotbraunes Pulver; 93%. — *2.3-Dimethoxyacetophenon* (**IV**), $C_{10}H_{12}O_3$, $Kp._{0,015}$ 65—66°, durch $^1/_4$std. Zugabe von 9,1 g 2.3-Dimethoxybenzoesäure in Ae. zu CH_3Li in Ae. bei 0° u. 1std. Rühren bei Raumtemp.; 7,92 g. — *2-[2.3-Dimethoxyphenyl]-indol* (**III**), $C_{16}H_{15}NO_2$, F. 130,5°, analog **II** aus **IV**, Extraktion mit Ae./Essigester (EE) (2 : 1), Kristallisieren aus PAe. u. Sublimieren bei 125°/0,005 Torr; prismat. Nadeln; 13%. — *2.3-Dihydroxyacetophenon*, $C_8H_8O_3$, F. 77,5—78° (PAe.), F. 97,5—98° (W.), $Kp._{20}$ 139—140°, durch 5std. Kochen von **IV** u. $AlCl_3$ in Chlorbenzol, Eintragen in 10%ig. HCl, 1std. Rühren u. Extraktion mit Ae.; 69%. *Diacetat*, $C_{12}H_{12}O_5$, F. 108,5—109°. — *2-[2.3-Dihydroxyphenyl]-indol*, $C_{14}H_{11}NO_2$, F. 154,5—155°, durch $^1/_2$std. Erhitzen vorst. Verb. u. **I** auf 100°, Zugabe von Bzl., 1std. Kochen, $^1/_4$std. Erhitzen des erhaltenen *Phenylhydrazons* (F. 154°, Plättchen; 73%) mit H_3PO_4 auf 100° u. 8 Min. auf 175—180°, Zugabe v. W., Extraktion mit EE, Eindampfen, Kristallisieren aus Bzl. u. Sublimieren bei 200°/0,005 Torr aus Bzl. orangefarbene Nadeln; 48%; liefert mit Dimethylsulfat/10%ig. NaOH 57% **III**. — *2-[3.4-Dimethoxyphenyl]-indol*, $C_{16}H_{15}NO_2$, F. 190°, analog **II** aus 3.4-Dimethoxyacetophenon, Extraktion mit EE, Behandeln mit PAe. u. Sublimation; aus verd. A. Blätter; 47%. — *2-[3.4-Dihydroxyphenyl]-indol*, $C_{14}H_{11}NO_2$, F. 228,5—229,5°, durch 1std. Erhitzen von 3.4-Dihydroxyacetophenon mit **I** auf 100°, $^1/_4$std. Erhitzen des erhaltenen *Phenylhydrazons* (F. 143—143,5°, aus Bzl./PAe. Nadeln; 95%) mit H_3PO_4 auf 100° u. 6 Min. auf 170°, Zugabe von W. u. Sublimation; aus verd. A. hexagonale Platten; 16%. — *4-[Indolyl-(2)]-benzochinon-(1.2)*, $C_{14}H_9NO_2$, F. ca. 360°, analog **VII** aus vorst. Verb.; grünschimmerndes, violett-schwarzes Pulver; 91%. — *4.5-Dihydroxy-2-methylacetophenon*, F. 168—170°, durch 2std. Erhitzen von 3.4-Diacetoxytoluol mit $AlCl_3$ u. Acetylchlorid in Nitrobenzol auf 75°; aus Toluol Nadeln; 34%. — *2-[4.5-Dihydroxy-2-methylphenyl]-indol*, $C_{15}H_{13}NO_2$, $Kp._{0,007}$ 220°, F. ca. 30°, durch $4^1/_2$std. Erhitzen vorst. Verb. mit **I** auf 100°, Rk. des erhaltenen *Phenylhydrazons* (F. 157—158°, aus Bzl. Plättchen; 63%) mit Polyphosphorsäure bei 170—180°, Zugabe von W., Extraktion mit EE u. Dest., Behandeln mit 1.3.5-Trinitrobenzol (**V**) in sd. Bzl., Zugabe von sd. Cyclohexan, Chromatographie des erhaltenen *1.3.5-Trinitrobenzolats* ($C_{21}H_{16}N_4O_8$, F. 162,5—163,5°) an Florisil, Eluieren von **V** mit Bzl. bei 45—50° u. mit EE u. Dest.; gelbes Glas; 88%. — *4-[Indolyl-(2)]-5-methylbenzochinon-(1.2)*, $C_{15}H_{11}NO_2$, F. 190—210° (Zers.), analog **VII** aus vorst. Verb.; dunkelbraunes Pulver; 91%. — *2-[3.4-Dihydroxyphenyl]-3-methylindol* (**VI**), $C_{15}H_{13}NO_2$, $Kp._{0,005}$ 230°, F. ca. 25°, durch $^1/_4$std. Erhitzen von 3.4-Dihydroxypropiophenon, **I**, u. H_3PO_4 auf 100° u. 7 Min. auf 175—180° u. Dest.; orangegelbes Glas; 50%. *Hemibenzolat*, $C_{15}H_{13}NO_2 \cdot {}^1/_2C_6H_6$, F. 122—122,5°, durch Kristallisieren von **VI** aus Bzl.; Nadeln. — *4-[3-Methylindolyl-(2)]-benzochinon-(1.2)*, $C_{15}H_{11}NO_2$, F. 195—205° (Zers.), aus **VI** u. Ag_2O in Aceton; schwarzes Pulver; 84%.

H. Seefluth 3081△

0855 **Eine neue, über Indoldimere verlaufende Umlagerung.** Wayland E. Noland und Charles F. Hammer. (J. org. Chemistry **25,** 1536—42, 1960; Minneapolis, Minn., Univ., School of Chem.; engl.) — 1-[cis-3-Carboxyacryloyl]-2-[2-methylindolyl)-3)]-indolin (**XV**) u. 1-[trans-3-Carboxyacryloyl]-2-[2-methyl-indolyl-(3)]-indolin (**XVI**) bzw. 1-[cis-3-Carboxyacryloyl]-2-[2-methylindolyl-(3)]-3-methylindolin (**XVII**) liefern bei der alkal. Hydrolyse *[2-Methylindolyl-(3)]-bernsteinsäure* (**IX**), wobei *Indol* (**VII**) bzw. *Skatol* (**VIII**) abgespalten werden. Auf dem gleichen Wege entsteht aus 1-[cis-3-Carboxyacryloyl]-2-[2-phenylindolyl-(3)]-indolin (**XVIII**) neben **VII** *[2-Phenylindolyl-(3)]-bernsteinsäure*, die auch aus 2-Phenylindol (**XII**) u. Maleinsäure (**III**) zugänglich ist u. die mit Acetanhydrid (**XI**) in ihr *Anhydrid* übergeht. Für die Bldg. der vorst. beschriebenen Indolyl-(3)-bernsteinsäuren aus **XV, XVI, XVII** u. **XVIII** wird eine über mehrere Stufen verlaufende Rk.-Folge vorgeschlagen, die am Indol-N ein H-Atom erfordert u. bei der das Auftreten einer intermediären, intramol. gebildeten Spiroverb. angenommen wird. Diese Hypothese wird durch den Befund gestützt, daß die alkal. Hydrolyse des 8-Carboxy-10-methyl-6.7.8.9.9a.10-hexahydrobenzo-[b]-pyrrocolon-(6)-[9-spiro-3']-2'-methyl-3'H-indols (**XIX**) ebenfalls zu **IX** führt. 1-[cis-3-Carboxyacryloyl]-2-[indolyl-(3)]-indolin (**XX**) wird durch Kochen mit äthanol. KOH in *Indolyl-(3)-bernsteinsäure* umgelagert. 1-[3-Carboxybuten-(3)-oyl]-2-[2-methylindolyl-(3)]-indolin (**XXI**) u. 1-[3-Carboxyisocrotonoyl] - 2 - [2 - methylindolyl - (3)] - indolin (**XXII**) lassen sich beide durch Alkali in *2-Methyl-2-[2-methylindolyl-(3)]-bernsteinsäure* überführen. Die mit vorst. Verb. isomere *[2-Methylindolyl-(3)-methyl]-bernsteinsäure* (**XIV**) gewinnt man durch Hydrolyse ihres *Anhydrids*, das man seinerseits aus 2-Methylindol (**XIII**) u. Itaconsäureanhydrid (**XXIII**) synthetisiert. *1-[cis-3-Carboxyacryloyl]-indolin* (**IV**) u. *1-[cis-3-Carboxyacryloyl]-2-methylindolin* (**VI**) erfahren mit Alkali keine Umlagerungsrk., sondern Spaltung zu *Indolin* (**I**) u. *Fumarsäure* (**V**) bzw. *2-Methylindolin* (**II**) u. **V**. Für die synthetisierten Verbb. sind die UV-Maxima u. die IR-Banden angegeben. Bzgl. der als Ausgangsstoffe verwendeten Verbb. **XV, XVI, XVII, XVIII, XIX, XXI** u. **XXII** vgl. C. **1963, 4706.**

Versuche (Verb. **XIV** mit T. R. Rajagopalan): *Indolin* (**I**), $Kp._{0,5-1,5}$ 65—67°, a) durch katalyt. Hydrierung von **VII** an Raney-Ni bei 95—101° u. 100 at in abs. A. (vgl. King u. Mitarbeiter, J. chem. Soc. [London] **1945,** 277); $n_D^{24,3}$ 1,5866; 92% (Ausbeute); b) durch 3std. Kochen von **IV** mit 30%ig. KOH, Ae.-Extraktion u. Aufarbeitung der Ae.-Lsg.; 98% [daneben *Fumarsäure* (**V**), durch Ansäuern der alkal. Lsg. bis pH 2, 2tägige Ae.-Extraktion u. Eindampfen der Ae.-Lsg.; 74%]. *Pikrat*, F. 174—176° (Zers.; Bzl.) — *2-Methylindolin* (**II**), $Kp._{17}$ 108°, a) durch Behandeln von nachst. Pikrat mit Alkali, Ae.-Extraktion u. Abdest. des Ae.; n_D^{24} 1,5653; b) analog **I** nach a) aus **XIII** bei 118°; 34% [daneben *2-Methyl-cis(?)-oktahydroindol*, $Kp._{19}$ 79—84°; $n_D^{28,8}$ 1,4786; 38%]; c) analog **I** nach b) durch alkal. Hydrolyse von **VI**; 89% (daneben **V**; 79%). *Pikrat*, $C_{15}H_{14}N_4O_7$, F. 159—160° (Bzl.; gelbe Nadeln). — *1-[cis-3-Carboxyacryloyl]-indolin* (**IV**), $C_{12}H_{11}NO_3$, F. 158—159° (Zers.; Acetonitril), durch Einrühren von **I** in die Lsg. von **III**-Anhydrid in Bzl., Absaugen des **IV**-*Benzol-Addukts* $[(C_{12}H_{11}NO_3)_2 \cdot C_6H_6$, F. 128—130° (Bzl.; gelbe Kristalle)] u. Erhitzen des letzteren auf 100—110°; 36%. — *1-[3-Carboxypropionyl]-indolin*, $C_{12}H_{13}NO_3$, F. 167—168° (Acetonitril; Nadeln), durch Einrühren von **I** in die warme Lsg. von Bernsteinsäureanhydrid in Bzl. u. Abkühlen; 88%. — *1-[cis-3-Carboxyacryloyl]-2-methylindolin* (**VI**), $C_{13}H_{13}NO_3$, F. 114 bis 114,5° (Zers.; Bzl.; gelbe Kristalle), durch Einrühren von **II** in **III**-Anhydrid in Bzl. u. Aufbewahren bei 0°; 81%. — Bernsteinsäuren: *[2-Methylindolyl-(3)]-* (**IX**), F. 209—211° (Zers.; Acetonitril), a) durch 3std. Kochen von **XV** mit 30%ig. wss. KOH, Auswaschen von *Indol* (**VII**; F. 50—52°; 87%) durch Schütteln mit Ae., Zugabe von H_2SO_4 bis zur kongosauren Rk., 2tägige Ae.-Extraktion u. Eindampfen der Ae.-Lsg.; 93%; b) analog a) aus **XVI** in 18 Std.; 87% (daneben **VII**; 72%); c) analog a) aus **XVII**; 91% [daneben *Skatol* (**VIII**), F. 95—96°, durch Waschen der alkal. Lsg. mit Ae. u. Abdest. des Ae.; 95%]; d) analog a) aus **XIX** in 13 Std.; 94%; daneben **VIII**; 94%. — *[2-Phenylindolyl-(3)]-*, F. 255—258° (Zers.); analog **IX** nach a) aus **XVIII** in 7 Std., jedoch Einengen der sauren Lsg. auf dem Wasserbad u. Ae.-Extraktion des Rückstands; 86% [daneben **VII**, durch Ae.-Extraktion der alkal. Lsg.; 79%). *Acetonitril-Addukt* (**X**), $(C_{18}H_{15}NO_4)_2 \cdot CH_3CN$, F. 189—190° (Acetonitril), a) durch Umkristallisieren der Säure aus Acetonitril; b) durch ¼std. Erhitzen äquimol. Mengen **XII** u. **III** auf 140° u. Kristallisation der erstarrten Schmelze aus Acetonitril; 70%. *Anhydrid*, $C_{18}H_{13}NO_3$, F. 194° (CH_2Cl_2/PAe.), a) durch 2—3tägiges Aufbewahren von **X** mit **XI**, Abdest. von **XI** im Vakuum, Aufnehmen in CH_2Cl_2/PAe. u. Aufheben (ca. 1 Monat) in der Kälte; 35%; b) durch 10 Min. langes Erhitzen von 8,42 g **XII** u. 4,28 g **III**-Anhydrid auf 120—130°; 20 mg. — *2-Methyl-2-[2-methylindolyl-(3)]-*, F. 223—224,5° (Zers.; Acetonitril), a) analog **IX** nach a) aus **XXI** in 25 Std.; 72% (daneben **VII**; 53%); b) analog a) aus **XXII** in 50 Std.; 37% (daneben **VII**; 81%). *Anhydrid*, $C_{14}H_{13}NO_3$, F. 144° (CH_2Cl_2/PAe.), durch 3tägiges Aufbewahren der Säure mit **XI** unter N_2 bei Raum-Temp., 1std. Erwärmen auf dem Wasserbad u. Aufarbeitung nach 3 Tagen; 50%. — *[2-Methylindolyl-(3)-methyl]-* (**XIV**), $C_{14}H_{15}NO_4$, F. 149—151° (Zers.), durch 3½std. Kochen der Lsg. nachst. Anhydrids in KOH, Ansäuern mit konz. HCl bis zu kongosauren Rk., Ae.-Extraktion, Lösen des Ae.-Rückstands in $NaHCO_3$-Lsg., Ansäuern der mit Ae. gewaschenen alkal. Lsg., Ae.-Extraktion u. Abdest. des Ae.; 73%. *Anhydrid*, $C_{14}H_{13}NO_3$, F. 134—135° (Bzl.), durch ¼std. Erhitzen äquimol. Mengen **XIII** u. **XXIII** auf dem Wasserbad; 87%. — *Indolyl-(3)-*, F. 197—198,5° (Zers.), durch 3std. Kochen von **XX** (vgl. C. **1958,** 9201) mit 30%ig. äthanol. KOH, Abdest. von A. im Vakuum, Waschen des Rückstands mit Ae. zur Entfernung von **VII**, Einstellen mit H_2SO_4 auf pH 2, 5tägige Ae.-Extraktion u. Abdest. des Ae.; 71%.

E. Berger 3081□

0856 **Synthese von Pyramidon aus 4-Formylaminoantipyrin.** W. Ss. Fedorow und N. M. Kolgina. (Med. Ind. UdSSR **13,** Nr. 5, 39—41, Mai 1959; Chem. Pharmazeut. Allunions-Ordshonikidse-Forsch.-Inst.; russ.) — Es wird eine verbesserte Meth. zur Darst. von hochprozentigem *Pyramidon* durch Formylierung von 4-Aminoantipyrin (**I**) mit Ameisensäure (**II**), Isolierung u. Reinigung des gebildeten *4-Formylaminoantipyrin* (**III**) u. dessen Methylierung beschrieben.

Versuche: *4-Formylaminoantipyrin* (**III**), durch 2std. Erhitzen von 99,6 g 100%ig. **I** u. 28 g 87%ig. **II** in Chlorbenzol u. Eindampfen; 105,9—111,8 g (Ausbeute). — *Pyramidon*, durch Zugabe von 106,9 g 36,7%ig. Formalin zu einer auf 100° erhitzten Lsg. von 107,3 g **III**, 130—150 ml 10%ig. alkohol. Pyramidonlsg., 112,5 g **II** u. W. (auf 700 ml aufgefüllt) in 1,25 Std., 3std. Kochen, Zugabe von 1 g Aktivkohle, 6std. Kochen, Neutralisieren mit Na_2CO_3 bei 60—70°, Filtrieren der erhaltenen Lsg. von *Pyramidonhydroformiat*, Zugabe von 40—45 ml wss. Lsg. von Pyramidonsulfat, Neutralisieren mit 55—60 g Na_2CO_3 bei 65—85° u. Umkristallisieren aus Isopropanol; 92 g. — Die Aufarbeitung der Mutterlaugen wird beschrieben.

I. Schade 3122△

0857 **Pyrazol-Derivate. 1. Mitt. Neue 3-Amino-4-alkyl-4-[Δ¹-cyclohexenyl]-pyrazolone-(5) und ihre Derivate.** Gyula Mester und Jenö Vargha (Chem. Ber. **96,** 2334—39, 1963; Cluj (Klausenburg), Babeş-Bolyai-Univ., Chem. Fak.; dt.) — Durch Rk. von Cyclohexylidencyanessigsäureäthylester (**I**) mit Alkylhalogeniden (**C**) in Ggw. von C_2H_5ONa werden die entsprechenden *α-Alkyl-Derivv.* (**A**) von *[Cyclohexenyl-(1)]-cyanessigsäureäthylester* (**II**) erhalten. Methylierung von **I** mit Dimethylsulfat (**III**) gibt die besten Ausbeuten an *α-Methyl-Deriv.* von **II**. Kondens. von **A** mit Hydrazinhydrat (**IV**) führt zu entsprechenden *4-Alkyl-Derivv.* (**B**) von *3-Amino-4-[cyclohexenyl-(1)]-pyrazolon-(5)* (**V**). Das *4-Isopropyl-Deriv.* von **V** wurde trotz 3facher Rk.-Zeit nur in 13%ig. Ausbeute erhalten; offenbar wird der Ringschluß des prim. entstehenden Hydrazids durch ster. Hinderung erschwert. Durch Rk. von **B** mit $POCl_3$ werden die entsprechenden *3-Amino-4-[cyclohexenyl-(1)]-5-chlorpyrazole* (**D**) erhalten. Das 4-Methyl-Deriv. (**IX**) von **V** gibt mit Acetanhydrid (**VIII**) *3-Acetamido-5-acetoxy-4-[cyclohexen-yl-(1)]-4-methylpyrazol* u. mit **III** das *1-Methyl-Deriv.* von **IX**, das mit **VIII** ins *N³-Acetyl-Deriv.* übergeht. **B** sind wie die **D** schwache Sedativa; *1-Methyl-***IX** u. sein N³-Acetyl-Deriv. wirken stimulierend.

Versuche: [Cyclohexenyl-(1)]-cyanessigsäureäthylester (**A**), durch 5 Min. langes Rühren von **I** u. 1 Vol C_2H_5ONa in A. bei 45°, Zutropfen von 1—2 Val **C** bei Raumtemp., 3—6std. Rühren bei 95°, Filtrieren, Eindampfen unter Vakuum, Lösen in Ae., Waschen mit W. u. Fraktionieren: *α-Äthyl-*, $Kp._3$ 122—124°; $D._4^{21}$ 1,0012; n_D^{21} 1,4713; 58% (Ausbeute). — *α-n-Propyl-*, $Kp._3$ 130—132°; $D._4^{18}$ 1,0015; n_D^{18} 1,4726; 65%. — *α-Isopropyl-*, $Kp._4$ 120—124°; $D._4^{23}$ 1,0018; n_D^{23} 1,4725; 66%. — *α-n-Butyl-*, $Kp._3$ 135—137°; $D._4^{19}$ 0,9917; n_D^{19} 1,4739; 70%. — *α-Isobutyl-*, $Kp._{1,5}$ 121°; $D._4^{24}$ 0,9875; n_D^{24} 1,4720; 75%. — *α-Benzyl-* (**VII**), $Kp._3$ 177—178°; 72%. — *α-Methyl-*, $Kp._5$ 116—117°, a) nach vorst. allg. Meth.; $D._4^{24}$ 1,0196; n_D^{24} 1,4709; 73%; b) durch Zugabe von alkohol. C_2H_5ONa-Lsg. zu **I** u. **III** bei —10° bis 50° unter Rühren, 12std. Rühren bei Raumtemp. u. 8 Std. bei 50°, Eindampfen unter Vakuum, Zusetzen von Eis/W., Einstellen auf pH 2, Extrahieren mit Bzl. u. Fraktionieren; 90%. — *α-[Cyclohexenyl-(1)]-α-cyanpropionsäurehydrazid* (**VI**), $C_{10}H_{15}N_3O$, F. 109,5—110,5° (A./Ae.), durch Zutropfen von 100%ig. **IV** zu vorst. Verb., 2std. Rühren, Zusetzen von wenig A., 5 Min. langes Erhitzen auf dem Wasserbad u. 2tägiges Stehen im Kühlschrank; 89%. — 3-Amino-4-[cyclohexenyl-(1)]-pyrazolone-(5) (**B**), durch Zusetzen von **A** zu 3 Val 100%ig. **IV** bei 120—130°, 3—12std. Rühren bei 120—130° unter Abdest. des gebildeten A. u. des überschüssigen **IV**, Abfiltrieren u. Kristallisieren aus 20—50%ig. A.: *4-Äthyl-*, $C_{11}H_{17}N_3O$, F. 183—184° (W.); 83%. — *4-n-Propyl-*, $C_{12}H_{19}N_3O$, F. 220—221° (25%ig. A.); 76%. — *4-Isopropyl-*, $C_{12}H_{19}N_3O$, F. 164—165° (20%ig. A.); 13%. — *4-n-Butyl-*, $C_{13}H_{21}N_3O$, F. 222—223° (50%ig. A.); 61%. — *4-Isobutyl-*, $C_{13}H_{21}N_3O$, F. 238 bis 239° (30%ig. A.); 84%. — *4-Methyl-* (**IX**), $C_{10}H_{15}N_3O$, F. 213,5—214° (W.), a) nach vorst. allg. Meth.; 78%; b) durch 3std. Kochen von **VI** in W., Filtrieren u. Einengen; 100%. *1-Methyl-Deriv.*, $C_{11}H_{17}N_3O$, F. 154 bis 155°, durch Rk. von **IX** u. **III**; aus Äthylacetat Würfel; 41%; *N³-Acetyl-Deriv.*, $C_{13}H_{19}N_3O_2$, F. 169—170°, aus A. Blättchen; 56%. — *4-Benzyl-*, $C_{16}H_{19}N_3O$, F. 212 bis 213° (50%ig. A.), a) nach vorst. allg. Meth.; 96%; b) durch 1½std. Erhitzen von **VII** u. 100%ig. **IV** auf dem Wasserbad, 1½std. Erhitzen auf 130° ohne Abdest. von A. u. **IV**, Kühlen u. Zusetzen von W./Eis; 44%. — *3-Acetamido-5-acetoxy-4-[cyclohexen-(1)-yl]-4-methylpyrazol*, $C_{14}H_{19}N_3O_3$, F. 177—178° (50%ig. A.), durch Rk. von **IX** u. **VIII**; 74%. — 5-Chlor-3-amino-4-[cyclohexenyl-(1)]-pyrazole (**D**), durch 3std. Erhitzen von **B** u. $POCl_3$ auf 110°, Eindampfen, Zusetzen von Eis/W., Erwärmen auf 50°, Filtrieren u. Einstellen auf pH 7—8 mit 10%ig. NaOH: *4-Methyl-*, $C_{10}H_{14}ClN_3$, F. 182° (Chlorbenzol); 96%. — *4-Äthyl-*, $C_{11}H_{16}ClN_3$, F. 167° [Aceton/W. (1:1)]; 40%. — *4-n-Propyl-*, $C_{12}H_{18}ClN_3$, F. 159—160° [Aceton/W. (1:1)]; 82%.

W. Krum 3122◇

0858 **Substitution am Hydantoinring. 2. Mitt. Arylderivate.** René Jeandupeux, Orfeo O. Orazi und Renée A. Corral. (J. org. Chemistry **27,** 2520—22, 1962; La Plata, Univ., Nac. Fac. de Quím. y Farm.; engl.) — 1. vgl. C. **1962,** 10087. — 1.3-Dibrom-5.5-dimethylhydantoin (**I**) wird bei UV-Bestrahlung mit

Naphthalin (**II**) zu *5.5-Dimethyl-1-[naphthyl-(1)]-hydantoin* (**IV**), *5.5-Dimethyl-1-[4-bromnaphthyl-(1)]-hydantoin* u. *5.5-Dimethyl-1.3-bis-[naphthyl-(1)]-hydantoin* u. mit Phenanthren (**III**) zu *5.5-Dimethyl-1-[phenanthryl-(9)]-hydantoin* umgesetzt. Mit Bzl. u. Anthracen gelingt diese Rk. nicht. Die Struktur der erhaltenen Verbb. wird durch die UV-Spektren sichergestellt. *5.5-Dimethyl-3-[naphthyl-(1)]-hydantoin* wird durch Rk. von α-Naphthylisocyanat mit α-Aminoisobutyronitril über *1-[α-Cyan-α-methyläthyl]-3-[naphthyl-(1)]-harnstoff* hergestellt.

Versuche: *5.5-Dimethyl-1-[naphthyl-(1)]-hydantoin* (**IV**), $C_{15}H_{14}N_2O_2$, F. 244—245° (A.), durch 20std. Kochen von **I** mit **II** in CCl_4, Filtrieren, Waschen des abfiltrierten Prod. mit heißem W., Lösen in Aceton u. Zufügen zu der CCl_4-Lsg., Waschen der organ. Lsg. mit 10%ig. Na_2SO_3-Lsg. u. W., Extrahieren mit 0,2%ig. NaOH, Ansäuern mit CO_2 oder CH_3COOH u. Auftrennen des Nd. durch eine Craigsche Verteilung mit n-Butanol–Aceton–2 n NH_4OH (5:1:5); 8% (Ausbeute); aus der organ. Phase wird *α-Bromnaphthalin* (14%) isoliert. *Silbersalz*, $C_{15}H_{13}AgN_2O_2$; 88%. — *3.5.5-Trimethyl-1-[naphthyl-(1)]-hydantoin*, $C_{16}H_{16}N_2O_2$, F. 116—117°, a) durch 4std. Stehen von 254 mg **IV** mit CH_3J u. KOH in A., Einengen im Vakuum u. Aufnehmen des Rückstandes in Ae.; 60 mg; b) durch 15std. Kochen von **II** u. 1-Brom-3.5.5-trimethylhydantoin wie bei **IV**; Alkali-Extrakt u. organ. Phase werden nach dem Einengen, Waschen mit heißem Hexan u. Wasserdampf-Dest. an Al_2O_3 chromatographiert u. mit Bzl.–Ae. (19:1) eluiert; 0,86%. — *5.5-Dimethyl-1-[4-bromnaphthyl-(1)]-hydantoin*, $C_{15}H_{13}BrN_2O_2$, F. 265—267° (A.), a) als 2. Fraktion bei der Craigschen Verteilung bei der Darst. von **IV**; 0,6%; b) durch 24std. Rk. von **IV** u. Br_2 in Eisessig bei 95°, Einengen im Vakuum bis zur Trockne u. Waschen mit W., Na_2SO_3-Lsg. u. W.; 51%. — *5.5-Dimethyl-1.3-bis-[naphthyl-(1)]-hydantoin*, $C_{25}H_{20}N_2O_2$, F. 223—224° (Bzl.-Hexan), aus den Eluaten der Craigschen Verteilung bei der Darst. von **IV** u. Sublimation bei 0,03 Torr u. 225°; 0,13%. — *5.5-Dimethyl-1-[phenanthryl-(9)]-hydantoin*, $C_{19}H_{16}N_2O_2$, F. 291—293° (wss. A.), durch 20std. Kochen von **I** u. **III** in CCl_4 wie bei **IV**, Extrahieren mit Alkali u. Ansäuern; 2,8%. Aus der organ. Lsg. wird *9-Bromphenanthren* (8,6%) isoliert. — *1-Acetyl-3-[naphthyl-(1)]-harnstoff*, $C_{13}H_{12}N_2O_2$, F. 219—220° (A.), durch 2std. Kochen von 1-[Naphthyl-(1)]-harnstoff mit Acetylchlorid nach Young u. Clark [1897]; 94%. — *1-Acetyl-3-[naphthyl-(2)]-harnstoff*, F. 204,5—205°, analog vorst. Verb.; 73%. — *1-[α-Cyan-α-methyläthyl]-3-[naphthyl-(1)]-harnstoff*, $C_{15}H_{15}N_3O$, F. 205—208°, durch Eintropfen einer äther. Lsg. von α-Aminoisobutyronitril zu α-Naphthylisocyanat in Ae.; 54%. — *5.5-Dimethyl-3-[naphthyl-(1)]-hydantoin*, $C_{15}H_{14}N_2O_2$, F. 209—210° (Essigsäureäthylester oder A.), durch 6std. Erhitzen vorst. Verb. mit wss. HCl u. Dioxan auf 95°, Einengen u. Fällen mit W.; 97%. E. Koßmehl 3122◇

0859 **Pyridin- und Chinolinderivate des Imidazolins.** Vincenzo Carelli, Mario Cardellini und Felice Liberatore. (Ann. Chimica **50**, 698—703, 1960; Roma, Univ., Ist. di Chim. farmaceut. e tossicol.; Camerino, Univ., Ist. di Chim. farmaceut.; ital.) — Vgl. C. **1961**, **12449**. — Die Kondens. von 2-Cyanmethylpyridin (**I**) mit Äthylendiamin-p-toluolsulfonat (**II**) bei hoher Temp. liefert *2-[α-Pyridylmethyl]-Δ¹-imidazolin* (**III**), das als Analogon des Priscols von Interesse ist. Auf gleiche Weise werden einige weitere Verbb. für die pharmakol. Prüfung synthetisiert.

Versuche: *4-Cyanmethylpyridin* (**IV**), $Kp._{0,1}$ 89 bis 91°, F. 52—53° (Ligroin), aus 4-Hydroxymethylpyridin nach Winterfeld u. Flick (C. **1958**, 3305). *Hydrochlorid*, $C_7H_6N_2 \cdot HCl$, F. 268—270° (Zers.; A.-Ligroin). *Pikrat*, $C_7H_6N_2 \cdot C_6H_3N_3O_7$, F. 164—166° (W.). — *2-Chlormethylchinolin*, $C_{10}H_8ClN$, F. 60—61° (PAe.). *Hydrochlorid*, $C_{10}H_8ClN \cdot HCl$, F. 209—210° (A.-Aceton), aus 2-Hydroxymethylchinolin u. $SOCl_2$. *Pikrat*, $C_{10}H_8ClN \cdot C_6H_3N_3O_7$, F. 188—190° (Zers.; A.). — *2-Cyanmethylchinolin* (**V**), $C_{11}H_8N_2$, F. 146—147° (wss. A.), aus vorst. Verb. mit KCN. *Pikrat*, $C_{11}H_8N_2 \cdot C_6H_3N_3 \cdot O_7$, F. 187—189° (W.). — Δ¹-Imidazoline: *2-[α-Pyridylmethyl]*- (**III**), $Kp._{0,4}$ 170—173°, F. 82—86°, durch 3std. Erhitzen von 10 g **I** mit 20 g **II** auf 160—170°, Aufnehmen in abs. A., leichtes Erwärmen mit Na, Filtrieren u. Eindampfen; 12 g (Ausbeute) (geht beim wiederholten Umkristallisieren aus Aceton in eine *Verb. vom F. 183—184°* über). *Dihydrochlorid*, $C_9H_{11}N_3 \cdot 2HCl$, F. 229—231° (A.). *Dipikrat*, $C_9H_{11}N_3 \cdot 2C_6H_3N_3O_7$, F. 216—217° (W.). — *2-[γ-Pyridylmethyl]*-, $C_9H_{11}N_3$, $Kp._{0,7}$ 215—220°, F. 103—105° (Aceton), analog **III** aus 10 g **IV**; 9 g. *Dihydrochlorid*, F. 215—216° (A.). *Dipikrat*, $C_9H_{11}N_3 \cdot 2C_6H_3N_3O_7$, F. 189—190° (W.). — *2-[α-Chinolylmethyl]*-, $Kp._{0,05}$ 148—150°, analog **III** aus 5 g **V** u. 7,3 g **II** bei 200°; 5 g. *Pikrat*, $C_{13}H_{13}N_3 \cdot C_6H_3N_3O_7$, F. 233—234° (W.). *Tartrattrihydrat*, $C_{13}H_{13}N_3 \cdot C_4H_6O_6 \cdot 3H_2O$, F. 222—224° (wss. A.). — *2-[γ-Chinolylmethyl]*-, $Kp._{0,4}$ 156—158°, analog **III** aus 6 g 4-Cyanmethylchinolin u. 8,5 g **II** in 4 Std. bei 210°; 4 g. *Dipikrat*, $C_{13}H_{13}N_3 \cdot 2C_6H_3N_3O_7$, F. 175—177° (W.). H.-E. Toussaint 3122◇

0860 **Darstellung von substituierten Glykolurilen und ihren N-chlorierten Derivaten.** Frank B. Slezak, Henry Bluestone, Thomas A. Magee und John H. Wotiz. (J. org. Chemistry **27**, 2181—83, 1962; Painesville, Ohio, Diamond Alkali Co., Res. Dep.; engl.) — Durch Kondens. von Glyoxal oder 1.2-Diketonen mit Harnstoff oder durch Kondens. von Glyoxalmonoureid (**I**) mit substituierten Harnstoffen werden die entsprechenden substituierten *Glykolurile* erhalten. Beim Vers., die analogen Thio-Derivv. herzustellen, wird nur aus **I** u. n-Butylthioharnstoff *1-[n-Butyl]-2-thionoglykoluril* in geringer Menge gebildet. *Glykoluril-3a.6a-dicarbonsäurediäthylester* (**II**) konnte in größerer Reinheit als bisher hergestellt werden. Mit ihm zusammen bzw. mitunter an seiner Stelle wird *4.5-Diäthoxy-4.5-dicarbäthoxyimidazolidinon-(2)* (**III**) erhalten. **III** u. *4.5-Dihydroxy-4.5-dicarbäthoxyimidazolidin-(2)-on* können in **II** übergeführt werden. Analog entsteht aus **I** u. Äthanol *4.5-Diäthoxyimidazolidinon-(2)*. Mit Hydantoinsäure bzw. ihrem Äthylester gibt **I** in wss. Lsg. *1-[Carboxymethyl]-glykoluril*, das mit Äthanol zum *Äthylester* verestert werden kann. Letzerer entsteht auch direkt aus **I** u. Hydantoinsäureäthylester in Alkohol. Die Glykolurile lassen sich in wss. Lsg. bei kontrolliertem pH am N chlorieren.

Versuche: Glykolurile: *3a-Äthyl-6a-methyl-*, F. 320—321° (A.), durch 48std. Rk. von 0,86 Mol Pentandion-(2.3) u. 2,9 Mol Harnstoff in wss.-salzsaurer Lsg. bei Zimmertemp.; 50% (Ausbeute). — *1.3-Dimethyl-*, F. 254—256° (A.), durch 1std. Kochen von **I** mit 1.3-Dimethylharnstoff in wss. HCl; 27%. — *1-Isopropyl-*, F. 248—249° (A.), durch 0,5std. Kochen von **I** mit 1-Isopropylharnstoff in wss. HCl; 51%. — *1.3-Diisopropyl-*, F. 312—313° (A.), durch 0,5std. Kochen von **I** mit 1.3-Diisopropylharnstoff in wss. HCl; 71%. — *1.4- u./oder 1.6-Diisopropyl-*, F. 306—307° (A.), durch 0,5std. Kochen von 0,2 Mol Glyoxal (als 30%ig. Lsg.) mit 0,5 Mol 1-Isopropylharnstoff in wss. HCl; 32%. — *1-n-Butyl-*, F. 267—268° (A.), durch 0,25std. Kochen von 0,5 Mol **I** mit 0,8 Mol n-Butylharnstoff in wss. HCl; 32%. — *1-Benzyl-*, F. 283—284° (A.), durch 1std. Kochen von **I** mit Benzylharnstoff in wss. HCl; 65%. — *1-Phenyl-*, F. 300° (A.), durch 0,5std. Kochen von **I** mit Phenylharnstoff in wss. HCl; 82%. — *1.4 u./oder 1.6-Dibenzyl-*, F. 303—305° (A.), durch 0,3std. Kochen von 0,05 Mol Glyoxal (als 30%ig. Lsg.) mit 0,1 Mol Benzylharnstoff in wss. HCl; 20%. — *1-[Carboxymethyl]-*, F. 226° (A.), durch 0,25std. Kochen von **I** mit Hydantoinsäure in wss. HCl; 43%. — *1.4- u./oder 1.6-Bis-[carboxymethyl]-*, F. 257° (A.), durch 0,2std. Kochen von 0,1 Mol Glyoxal (als 30%ig. Lsg.) mit 0,21 Mol Hydantoinsäure (als 30%ig. Lsg.) in wss. HCl; 14%. — *1-[Carbäthoxymethyl]-*, F. 217—218° (A.), durch 0,25std. Kochen von **I** mit Hydantoinsäureäthylester in salzsaurem A.; 41%. — *1-[n-Butyl]-2-thionoglykoluril*, $C_8H_{14}N_4OS$, F. 171° (Zers.; A.), durch 10 Min. langes Erhitzen von **I** u. n-Butylthioharnstoff in wss. HCl bei pH 1—3 auf 80—90°, Einengen im Vakuum, Aufnehmen in A. u. Versetzen des abgetrennten *Hydrochlorids* (F. 184—185°) mit NaOH bis pH 8. — *4.5-Diäthoxyimidazolidinon-(2)*, $C_7H_{14}N_2O_3$, F. 159—160° (abs. A.), durch 10 Min. langes Kochen von **I** mit abs. A. u. 6n HCl u. Einengen bei

50° im Vakuum; 19%. — Chlorierte Glykolurile, durch 0,5—1,5std. Chlorieren des entsprechenden Glykolurils in wss. Lsg. bei pH 8—9, Abfiltrieren des Nd. u. Waschen mit W.: *1.3.4.6-Tetrachlor-3a-methyl-*, F. 147 bis 148° (Bzl.), mit der 4,5fachen Menge Cl_2 bei Zimmertemp. aus 3a-Methylglykoluril; 77%. — *1.3.4.6-Tetrachlor-3a-äthyl-6a-methyl-*, F. 205—208° (Bzl.), mit 4,5 Cl_2 bei 35°; 93%. — *4.6-Dichlor-1.3-dimethyl-*, F. 114—116°, mit 2,8 Cl_2 bei Zimmertemp.; 77%. — *3.4.6-Trichlor-1-isopropyl-*, F. 125—126° (Chlf.–CCl_4), mit 2 Cl_2 bei 0—10°; 87%. — *4.6-Dichlor-1.3-diisopropyl-*, F. 148—149° (Bzl.), mit 2,54 Cl_2 bei Zimmertemp.; 95%. — *3.4.6-Trichlor-1-n-butyl-*, F. 67—68° (Bzl.), mit 4,3 Cl_2 bei 0—10°; 93%. — *3.4.6-Trichlor-1-benzyl-*, F. 160—161° (Bzl.), mit 4,2 Cl_2 bei Zimmertemp.; 99%. — *3.4.6-Trichlor-1-phenyl-*, F. 140—141° (Chlf.–Hexan), mit 5,6 Cl_2 bei 50°; 80%. — *1.3.4.6-Tetrachlor-3a.6a-dicarbäthoxy-*, F. 162—163° (Bzl.), mit 5,6 Cl_2 bei Zimmertemp. aus 3a.6a-Dicarbäthoxyglykoluril (**II**); 88%.

E. Koßmehl 3122◇

0861 **Das Bromierungsprodukt von 2-[p-Tolyl]-hinopurpurin.** Seiji Ebine. (Bull. chem. Soc. Japan **35**, 1101—03, 1962; Urawa, Saitama-ken, Univ., Dep. of Chem.; engl.) — Das durch Bromierung von 2-[p-Tolyl]-hinopurpurin (**I**) [vgl. Nozoe u. Mitarbeiter (Proc. Jap. Acad. **27**, [1951], 197)] bzw. des 7-Brom-Deriv. (**II**) von **I** erhaltene Dibrom-Deriv. von **I** wird als *2-[p-Tolyl]-4.7-dibromhinopurpurin* (**V**) durch sein UV-Spektrum u. die Synth. von *2-[2-Brom-* bzw. *2-[3-Brom-4-methylphenyl]-7-bromhinopurpurin* identifiziert. Die durch Kuppeln von Hinokitiol (**III**) mit 2-(**IV**) bzw. 3-Brom-4-methylanilin (**XIII**) zu *5-[2-(VI)* bzw. *-3-Brom-4-methylphenylazo]-hinokitiol* (**VII**) u. deren Rk. mit p-Benzochinon (**XI**) erhaltenen *2-[2-Brom-* bzw. *2-[3-Brom-4-methylphenyl]-hinopurpurin* (**XII**) werden wahrscheinlich zu *2-[2-* bzw. *2-[3-Brom-4-methylphenyl]-4.7-dibromhinopurpurin* bromiert. Kuppeln von 3.7-Dibromhinokitiol (**XIV**) mit diazotiertem p-Toluidin (**XV**) in Pyridin liefert *5-[p-Tolylazo]-3.7-dibromhinokitiol* (**X**), das bei dem Vers. der Cyclisierung zu **V** nur **II** gab.

Versuche: Hinokitiole: *5-[2-Brom-4-methylphenylazo]-* (**VI**), $C_{17}H_{17}BrN_2O_2$, F. 147,5°, durch Zutropfen einer Lsg. von diazotiertem **IV**-Hydrochlorid zu **III** in KOH u. Ansäuern mit verd. HCl; aus Bzl. orangefarbene Nadeln; 75% (Ausbeute). — Analog: *5-[3-Brom-4-methylphenylazo]-* (**VII**), F. 147°, aus **XIII**; aus Bzl. rötlich orangefarbene Nadeln; 77%. — *5-[2-Brom-4-methylphenylazo]-7-brom-* (**VIII**), $C_{17}H_{16}Br_2N_2O_2$, F. 132,5°, aus 7-Bromhinokitiol u. **IV**; aus Aceton rötlich orangefarbene Nadeln; 66%. — *5-[3-Brom-4-methylphenylazo]-7-brom-* (**IX**), F. 168—169°, a) analog **VIII** aus **XIII**; b) durch Zutropfen von Br_2 in Essigsäure zu **VII** in Essigsäure, $^1/_2$std. Stehen, Abfiltrieren, Lösen in Pyridin, 10 Min. langes Erwärmen auf 80° u. Zusetzen von W.; aus Aceton orangefarbene Nadeln; 52%. — *5-[p-Tolylazo]-3.7-dibrom-* (**X**), $C_{17}H_{16}Br_2N_2O_2$, F. 167°, durch Stehen von **XIV** mit **XV** in Pyridin im Kühlschrank über Nacht, Einengen < 30° unter Vakuum u. Zusetzen von sd. Ligroin; aus Methanol bzw. Aceton orangefarbene Nadeln; 16%. — Hinopurpurine (FF. aus A. oder CH_3COOH): *2-[2-Brom-4-methylphenyl]-*, $C_{17}H_{15}BrN_2O_2$, F. 222—223°, durch 5std. Kochen von **VI** u. **XI** in A.; orangefarbene prismat. Nadeln; 75%. — Analog: *2-[3-Brom-4-methylphenyl]-* (**XII**), F. 241°, aus **VII**; grünlich-schillernd dunkelblau; 70%. — *2-[p-Tolyl]-7-brom-* (**II**), F. 222°, a) aus **X** u. **XI**; stahlblaue Prismen; 61%; b) durch 5std. Kochen von **X** in Essigsäure u. Zusetzen von W.; 55%. — *2-[p-Tolyl]-4.7-dibrom-* (**V**), $C_{17}H_{14}Br_2 \cdot N_2O_2$, F. 227°, a) durch Zusetzen von Br_2 in Essigsäure zu **I** in Essigsäure u. $^1/_2$std. Stehen; aus Essigsäure metall. schimmernde goldgelbe Schuppen; 70%; b) durch Rk. von **I** mit 1 Val Br_2; c) durch Bromieren von **II** in Essigsäure; 74%. — *2-[2-Brom-4-methylphenyl]-7-brom-*, F. 207,5—208°, durch 3std. Kochen von **VIII** u. **XI** in A.; aus A. rötlich orangefarben; 64%. — *2-[3-Brom-4-methylphenyl]-7-brom-*, F. 248—249°, durch 3std. Erhitzen von **IX** in CH_3COOH auf 100°; aus Essigsäure dunkelviolette Prismen; 55%. — *2-[2-Brom-4-methylphenyl]-4.7-dibrom-*, $C_{17}H_{13}Br_3N_2O_2$, F. 179°, durch $^1/_2$std. Stehen von **VI** in Br_2/Essigsäure bei 60° u. Zusetzen von W.; aus A. rötlich orangefarbene Prismen; 59%. *Leuko-Verb.*, durch Red. mit alkal. Hydrosulfit-Lsg.; *Chinoxalin-Deriv.*, $C_{23}H_{17}Br_3N_4$, F. 189°, rote Platten. — *2-[3-Brom-4-methylphenyl]-4.7-dibrom-*, F. 246°, analog vorst. Verb. aus **XII**; aus Essigsäure goldmetall. schimmernde Schuppen; 62%.

H. Gleinig 3122◇

0862 **Über die Synthese der heterocyclischen Verbindungen mit Stickstoff.** 108. Mitt. **5-Aminothiazolderivate.** 5. Mitt. Torizo Takahashi und Atsushi Asai. (J. pharmac. Soc. Japan [Yakugakuzasshi] **77**, 947—49, 1957; jap., Auszug: engl.) — 107. vgl. C. **1964**, 14-0871; 4. vgl. C. **1963**, 21542. — Durch Rk. von Aminoacetonitril (**I**), COS u. den entsprechenden Aldehyden in Methanol werden *5-[o-Methoxy-* (**II**), *5-[p-Methoxy-* (**III**), *5-[o-Hydroxy-* u. *5-[p-Hydroxybenzylidenamino]-thiazolol-(2)* erhalten. Aus den Na-Salzen von **II**, **III** u. *5-[p-Dimethylaminobenzylidenamino]-thiazolol-(2)* werden durch Umsatz mit Alkylhalogeniden die entsprechenden *2-Alkoxy-5-arylidenaminothiazole* gewonnen.

Versuche: Thiazolole-(2): *5-[o-Methoxybenzylidenamino]-* (**II**), $C_{11}H_{10}N_2O_2S$, F. 216°, durch 8std. Rk. von 3 g **I**, 9 g o-Methoxybenzaldehyd u. COS in Methanol, Stehen über Nacht, Filtrieren; aus A. Prismen; 10 g (Ausbeute). — *5-[p-Methoxybenzylidenamino]-* (**III**), $C_{11}H_{10}N_2O_2S$, F. 261° (Zers.), analog **II** aus 9 g Anisaldehyd; Nadeln; 11 g. — *5-[o-Hydroxybenzylidenamino]-*, $C_{10}H_8N_2O_2S$, F. 238° (Zers.), analog **II** aus 10 g Salicylaldehyd; Nadeln; 11 g. — *5-[p-Hydroxybenzylidenamino]-*, $C_{10}H_8N_2O_2S$, F. 259° (Zers.), analog **II** aus 4 g p-Hydroxybenzaldehyd; 4 g. — 5-[o-Methoxybenzylidenamino]-thiazole: *2-Methoxy-* (**IV**), $C_{12}H_{12}N_2O_2S$, F. 221°, durch Rk. von **II**, Na-Äthylat u. Methyljodid; aus A. Blättchen; 80%. — *2-Äthoxy-*, $C_{13}H_{14}N_2O_2S$, F. 217°; Blättchen; 75%. — *2-Heptyloxy-*, $C_{18}H_{24}N_2O_2S$, F. 153°; Prismen; 60%. — *2-Methoxy-5-[p-methoxybenzylidenamino]-thiazol*, $C_{12}H_{12}N_2O_2S$, F. 228—230°, analog **IV** aus **III**; Prismen. — 5-[p-Dimethylaminobenzylidenamino]-thiazole: *2-Octyloxy-*, $C_{20}H_{29}N_3OS$, F. 159°, analog **IV**; 50%. — *2-[β-Methoxyäthoxy]-*, $C_{15}H_{19} \cdot N_3O_2S$, F. 225°; 65%. — *2-[β-Äthoxyäthoxy]-*, $C_{16}H_{21}N_3 \cdot O_2S$, F. 211°; 60%.

H. Krause 3142△

0863 **Thiazoluntersuchungen.** 4. Mitt. **Reaktionen von Bis-[4-chlormethylthiazolyl-(2)]. Synthese von Bis-[4-trialkylammoniomethylthiazolyl-(2)]-Salzen.** Yuoh-Fong Chi und Ting-I Chu. (Acta chim. sinica **23**, 136 bis 144, 1957; Acad. Med. Sinica, Dep. of Therapeutics; Acad. Sinica, Inst. of Chem.; chin., Auszug: engl.) — 3. vgl. C. **1963**, 19587. — Die Chloratome in *Bis-[4-chlormethylthiazolyl-(2)]* (**I**) sind beweglich wie in prim. Alkylhalogeniden u. können daher leicht gegen andere Substituenten, wie J, Acetoxy-, Phthalimido- u. a. Gruppen ausgetauscht werden. Von einigen der so erhaltenen Derivv. werden *bisquatern. Ammoniumsalze* dargestellt.

Versuche: Dithiazolyle-(2.2'): *4.4'-Bis-[chlormethyl]-* (**I**), $C_8H_6Cl_2N_2S_2$, F. 165°, durch Kondens. von Dithiooxamid mit 1.3-Dichloraceton in Ggw. von gefälltem $CaCO_3$ (6 Std.); 26% (Ausbeute). — *4.4'-Bis-[jodmethyl]-*, $C_8H_6J_2N_2S_2$, F. 196—197°, durch 6std. Rk. von **I** mit NaJ; 63%. — *4.4'-Bis-[acetoxymethyl]-*, $C_{12}H_{12}N_2 \cdot O_4S_2$, F. 154°, aus **I** u. K-Acetat (32 Std.). — *4.4'-Bis-[phthalimidomethyl]-*, *Trihydrat*, $C_{24}H_{14}N_4O_4S_2 \cdot 3\,H_2O$, aus **I** u. Phthalimid-K (8 Std.); 37%. — *4.4'-Bis-[dimethylaminomethyl]-*, *Dihydrochlorid*, *Dihydrat*, $C_{12}H_{20} \cdot Cl_2N_4S_2 \cdot 2\,H_2O$, aus **I** u. Dimethylammoniumchlorid durch 12std. Rk. bei 70—80°; 56%. *Dimethochlorid, Tetrahydrat*, $C_{14}H_{24}Cl_2N_4S_2 \cdot 4\,H_2O$, durch 72std. Rk. von **I** mit Trimethylamin in Bzl.; 50%. *Dimethojodid*, $C_{14}H_{24} \cdot J_2N_4S_2$. — *4.4'-Bis-[guanylmercaptomethyl]-*, *Dihydrochlorid*, $C_{10}H_{14}Cl_2N_6S_4$, F. 250° (Zers.), durch 3std. Rk. von **I** mit Thioharnstoff; 67%. — *4-Chlormethyl-4'-phenoxymethyl-*, $C_{14}H_{11}ClN_2OS_2$, F. 186—187°, durch 2std. Rk. von **I** mit Na-Phenolat. — *4.4'-Bis-[phenoxymethyl]-*, $C_{20}H_{16}N_2O_2S_2$, F. 200°, durch 2std. Rk. von 0,53 g **I** mit 1,9 g Phenol u. 1,12 g KOH; 0,2 g. — *4.4'-Bis-[p-tolyloxymethyl]-*, $C_{22}H_{20}N_2O_2S_2$, F. 212—213°, durch 5std. Rk. von 0,27 g **I** mit 1,1 g p-Kresol u. 0,56 g KOH; 0,25 g. — *4.4'-Bis-[diäthylaminomethyl]-*, *Pikrat*, $C_{22}H_{29} \cdot N_7O_7S_2$, bzw. *Dipikrat*, $C_{28}H_{32}N_{10}O_{14}S_2$, durch 3std. Rk. mit Diäthylamin, dann mit Pikrinsäure; 89%. *Dihydro-*

chlorid, Dihydrat, $C_{16}H_{28}Cl_2N_4S_2 \cdot 2 H_2O$, FF. 236—237° (langsames Erhitzen) u. 200° (rasch). *Diäthojodid, Dihydrat*, $C_{20}H_{36}J_2N_4S_2 \cdot 2 H_2O$; 32%. — *4.4'-Bis-[mercaptomethyl]-*, $C_8H_8N_2S_4$, F. 123—125°, aus 0,4 g **I**; 0,2 g.
H.-J. Weigmann 3142△

0864 **Synthese von Asterol und anderen Aminohydroxybenzthiazolderivaten.** W. G. Ssamolowowa, W. G. Jermolajewa, T. W. Gortinskaja, W. G. Jaschunski und M. N. Schtschukina. (Med. Ind. UdSSR **13**, Nr. 5, 23—26, 1959; Chem.-Pharmazeut. Allunions-Ordshonikidse-Forsch.-Inst.; russ.) — Es wird eine verbesserte Meth. zur Darst. von *2-Chlor-6-methoxybenzthiazol* beschrieben, das zur Synth. von *2-Dimethylamino-6-[β-diäthylaminoäthoxy]-benzthiazol* (*Asterol*) verwendet wird. — Einige Derivv. von *2-Amino-4-hydroxybenzthiazol* (**I**) werden dargestellt. Fungicide Wrkg. besitzen nur Asterol u. **I**.

Versuche: Benzthiazole: *2-Chlor-6-methoxy-*, $Kp._{18}$ 172—173°, F. 47—49°, durch portionsweise Zugabe eines Gemisches von 75 g 2-Amino-6-methoxybenzthiazol u. 130 g $NaNO_2$ zu 520 ml konz. HCl, 250 ml W. u. 6,25 g Cu-Spänen bei —10° in 1 Std., 1std. Rühren bei —5° u. 1½std. bei Zimmertemp., Neutralisieren mit 40%ig. NaOH bei 15—20°, Behandeln mit gesätt. $NaHSO_3$-Lsg., 15 Min. langes Erhitzen auf 60°, Filtrieren u. Extrahieren der abgekühlten Lsg. mit Dichloräthan; 61% (Ausbeute). — *2-Dimethylamino-6-[β-diäthylaminoäthoxy]-, Jodmethylat*, $C_{16}H_{26}JN_3OS$, F. 162 bis 163,5° (A.), aus 5,5 g Asterol u. 6,3 ml Methyljodid in 30 ml Äthylacetat; 7 g. — *5.7-Dichlor-2-acetylamino-4-methoxy-* (**II**), $C_{10}H_8Cl_2N_2O_2S$, F. 285—286° (A.), durch Einleiten von Cl_2 in eine Lsg. von 7 g 2-Acetylamino-4-methoxybenzthiazol (**III**) (F. 152—153°) in 450 ml Ameisensäure bei —2 bis —5°; 8,7 g. — *5.7-Dichlor-2-amino-4-methoxy-*, $C_8H_6Cl_2N_2OS$, F. 227—229° (A.), durch 9std. Kochen von 1 g **II** mit 60 ml konz. HCl; 0,75 g. — *5.7-Dichlor-2-amino-4-hydroxy-*, $C_7H_4Cl_2N_2OS$, F. 260—262° (Zers.; A.), durch 5std. Kochen von 2 g **II** mit 60 ml 40%ig. HBr. — *5.7-Dinitro-2-acetylamino-4-methoxy-*, $C_{10}H_8N_4O_6S$, F. 263° (A.), durch Zutropfen von 1,8 ml HNO_3 (D. 1,4) zu einer Lsg. von 2 g **III** in 10 ml konz. H_2SO_4 bei —5° u. Gießen in Eis; 1,08 g. — *5.7-Dinitro-2-acetylamino-4-acetoxy-*, $C_{11}H_8N_4O_7S$, F. 271 bis 272° (A.), a) durch Kochen von 0,77 g vorst. Verb. mit 50 ml konz. HCl u. ½std. Kochen des erhaltenen Prod. mit 5 ml Acetanhydrid; 0,33 g; b) durch Behandeln des aus vorst. Verb. u. 40%ig. HBr erhaltenen Prod. mit Acetanhydrid.
I. Schade 3142△

0865 **1.2.4-Triazole. 2. Mitt. Synthese von 3-Cyan-1.2.4-triazolen.** Heinrich Hellmann und Wolfgang Elser. (Chem. Ber. **95**, 1955—57, 1962; Tübingen, Univ., Chem. Inst.; dt.) — 1. vgl. C. **1962**, 126. — Acetaminocyanessigsäure kuppelt mit diazotierten aromat. Aminen glatt zu *N-Acetylcyanformamidarylhydrazonen*, aus denen mit Acetanhydrid *1-Aryl-3-cyan-5-methyl-1.2.4-triazole* entstehen. *1-[p-Nitrophenyl]-5-methyl-3-cyan-1.2.4-triazol* (**III**) läßt sich mit alkohol. HCl in *1-[p-Nitrophenyl]-5-methyl-1.2.4-triazol-3-carbonsäureäthylester* überführen, dessen Synth. auf anderem Wege bereits l. c. beschrieben ist.

Versuche: *1-[p-Chlorphenyl]-1.2.4-triazol-3-carbonsäuremethylester*, $C_{10}H_8ClN_3O_2$, F. 170—172° (Methanol; Nadeln), durch Diazotieren von p-Chloranilin mit $NaNO_2$ in HCl bei 5°, Rühren mit Kohle, Filtrieren u. Eintropfen unter Kühlung in eine Suspension von Formaminomalonsäuremonomethylester (**I**) in W. unter gleichzeitiger Zugabe von Na_2CO_3 (pH 4—5); 89% (Ausbeute). — *1-[p-Acetylphenyl]-1.2.4-triazol-3-carbonsäuremethylester*, $C_{12}H_{11}N_3O_3$, F. 188—190° (Methanol; seidenglänzende Nadeln), durch Zugabe von diazotiertem p-Aminoacetophenon in HCl zu einer Suspension von **I** in W. unter Kühlung; 67%. — N-Acetylcyanformamidarylhydrazone: *-phenyl-* (**II**), $C_{10}H_{10}N_4O$, F. 151 bis 152° (Zers.; Essigsäureäthylester-Ligroin; Nadeln), durch Zugabe von diazotiertem Anilin in HCl zu acetaminocyanessigsaurem Na (aus dem Äthylester mit 2 n NaOH durch 12std. Rühren unter Eiskühlung) u. 12std. Stehen im Kühlschrank; 81%. — Analog: *-p-nitrophenyl-*, $C_{10}H_9N_5O_3$, F. 166—167° [Zers.; Tetrahydrofuran(THF)-Ligroin]; 95%. — *-o-methyl-p-nitrophenyl-*, $C_{11}H_{11}N_5O_3$, F. 200—201° (Zers.; THF-Ligroin); 92%. — *-o-methoxy-p-nitrophenyl-*, $C_{11}H_{11}N_5O_4$, F. 191—192° (Zers.; THF-Ligroin); 95%. — *-p-chlorphenyl-*, $C_{10}H_9ClN_4O$, F. 161 bis 161,5° (Zers.; Essigsäureäthylester-Ligroin); 85%. — *-p-methoxyphenyl-*, $C_{11}H_{12}N_4O_2$, F. 151—152° (Zers.; THF-Ligroin); 80%. — 1-Aryl-3-cyan-5-methyl-1.2.4-triazole: *1-Phenyl-*, F. 107—108° (W.), durch 15 Min. langes Kochen von **II** mit Acetanhydrid, Abkühlen u. Gießen in W.; 88%. — Analog: *1-[p-Nitrophenyl]-* (**III**), $C_{10}H_7N_5O_2$, F. 138,5—139,5° (A.–W.); 95%. — *1-[o-Methyl-p-nitrophenyl]-*, $C_{11}H_9N_5O_2$, F. 126 bis 128° (Methanol); 75%. — *1-[o-Methoxy-p-nitrophenyl]-*, $C_{11}H_9N_5O_3$, F. 152—154° (Methanol); 80%. — *1-[p-Chlorphenyl]-*, $C_{10}H_7ClN_4$, F. 106—108° (Methanol); 95%. — *1-[p-Methoxyphenyl]-*, $C_{11}H_{10}N_4O$, F. 80—82° (wss. Methanol); 80%. — *1-[p-Nitrophenyl]-5-methyl-1.2.4-triazol-3-carbonsäureäthylester*, F. 155—157° (Methanol; Nadeln), durch Sättigen von **III** in A. mit HCl-Gas u. 2std. Kochen; 81%.
E. Koßmehl 3153◇

0866 **Chemotherapeutische Untersuchungen über Schistosomiasis.** 2. Mitt. **Antimonderivate einiger Mercaptocarbonsäuren.** Yu-Yuan Hsieh, Chang Sing, In-Tson Yang und Zu-Yoong Kyi. (Acta chim. sinica **23**, 105—11, 1957; Shanghai, Acad. Sinica, Inst. of Materia Med.; chin., Auszug: engl.) — 1. vgl. Acta chim. sinica **22**, [1956], 163; 4. vgl. C. **1961**, 11300. — Die Darst. cycl. *Antimonmercaptide* als im Vgl. zu 2.3-Dimercaptopropanol weniger tox. (geringer dissoziierter) Chemotherapeutica gegen *Schistosomiasis japonicum* wird beschrieben. 2.3-Dimercaptopropionsäure (**I**) wird in *2-Chlor-4-carboxy-1.3.2-dithiastibaolan* übergeführt, dessen Hydrolyse statt der erwarteten 2-Hydroxy-Verb. unter Abspaltung von 1 Mol W. *2-Hydroxy-1.3.2-dithiastibaolan-4-carbonsäurelacton* (**III**) ergibt. Durch Rk. von 2.3-Dimercaptobernsteinsäure (**II**) mit K(SbO)-Tartrat (**IV**) entsteht *2-Hydroxy-4.5-dicarboxy-1.3.2-dithiastibaolan*, während die Umsetzung mit $SbCl_3$ zu *2.3-Bis-[4.5-dicarboxy-1.3.2-dithiastibaolanyl-(2)-mercapto]-bernsteinsäure* führt. *4.7-Dicarboxy-2-hydroxy-1.3.2-dithiastibaepan* (**V**) entsteht durch Rk. von meso-2.5-Dimercaptoadipinsäure (**VI**) mit **IV**. **III** u. **V** sind an mit *Schistosomiasis japonicum* infizierten Mäusen wirksamer als das klin. verwendete **IV**.

Versuche: *2.3-Dimercaptopropionsäure* (**I**), $C_3H_6O_2S_2$, F. 74,5—75,5°. — *2.3-Dimercaptobernsteinsäure* (**II**), F. 190—192°. — *2-Chlor-4-carboxy-1.3.2-dithiastibaolan*, $C_3H_4ClO_2S_2Sb$, F. 169—171°, durch Rk. von **I** mit $SbCl_3$; 53% (Ausbeute). — *2-Hydroxy-1.3.2-dithiastibaolan-4-carbonsäurelacton* (**III**), $C_3H_3O_2S_2Sb$, durch 3std. Hydrolyse von 1 g vorst. Verb. bei 40°; 0,9 g. — *2-Hydroxy-4.5-dicarboxy-1.3.2-dithiastibaolan, K-Salz*, $C_4H_4KO_5S_2Sb$, durch Rk. von **II** mit **IV** bei 40—50° (4 Std.); 53%. — *2.3-Bis-[4.5-dicarboxy-1.3.2-dithiastibaolanyl-(2)-mercapto]-bernsteinsäure*, $C_{12}H_{12}O_{12}S_6Sb_2$, durch Rk. von **II** mit $SbCl_3$ in Ggw. von $NaHCO_3$; 59%. *Tri-K-Salz*, $C_{12}H_9K_3 \cdot O_{12}S_6Sb_2$. *Hexa-K-Salz*, $C_{12}H_6K_6O_{12}S_6Sb_2$. — *4.7-Dicarboxy-2-hydroxy-1.3.2-dithiastibaepan* (**V**), *K-Salz*, $C_6H_8 \cdot KO_5S_2Sb$, durch Rk. von **VI** mit **IV** (2 Std.); 59,5%.
H.-J. Weigmann 3194△

0867 **Diketon-Kondensation von α.α-Dimethyltetrahydro-γ-pyron mit Formaldehyd.** M. N. Tilitschenko. (Hochschulnachr. [Iwanowo], Chem. u. chem. Technol. **4**, 96—98, 1961; Saratow, Tschernyschewsky-Univ., Lehrstuhl für organ. Chem.; russ.) — Durch Kondens. von α.α-Dimethyltetrahydro-γ-pyron (**I**) mit Formaldehyd (**II**) wurde *5.5'-Methylen-bis-[2.2-dimethyltetrahydropyron-(4)]* (**III**) dargestellt u. durch Rk. mit NH_2OH zu *2'.2'.2''.2''-Tetramethyldipyrano-[4'.5':6.5;4''.5'':2.3]-pyridin* cyclisiert.

Versuche: *α.α-Dimethyltetrahydro-γ-pyron* (**I**), Kp. 176—179°, aus Dimethylvinyläthinylcarbinol; n_D^{20} 1,4470. — *5.5'-Methylen-bis-[2.2-dimethyltetrahydropyron-(4)]* (**III**), $C_{15}H_{24}O_4$, $Kp._{3,5}$ 145—150°, F. 83,5—84,5°, a) durch Zugabe von 5 ml 2 n K-Methylat-Lsg. bei 50° zu 50 g **I** u. 5 g Paraformaldehyd; Täfelchen; 45,2% (Ausbeute); b) durch Zugabe von 2,5 g **II** (als 40%ig. Formalin) bei 70° in ½ Std. zu 50 g **I** u. 5 ml 2 n K-Methylat-Lsg.; 87,1%. *Bis-2.4-dinitrophenylhydrazon*, $C_{27}H_{32}N_8O_{10}$, F. 209—210° (Bzl.). — *2'.2'.2''.2''-Tetramethyldipyrano-[4'.5':6.5;4''.5'':2.3]-pyridin*, $C_{15}H_{21}NO_2$,

F. 118—119° (W.), durch 40 Min. langes Erhitzen von **III** mit Hydroxylaminhydrochlorid (1:2, 1 Mol) in A. auf dem sd. Wasserbad; sechseckige Plättchen; 81,5%. *Pikrat*, $C_{21}H_{24}N_4O_9$, F. 185,5—186,5° (Methanol). *Hydrochlorid*, $C_{15}H_{21}NO_2 \cdot HCl$, F. 211—213° (Dioxan).

Helmut Schäfer 3211△

0868 **Einige Derivate des Cyclopenta-[c]-pyrans, eines neuen heteroaromatischen Systems.** John Harley-Mason und Charles R. Harrison. (J. chem. Soc. [London] **1963,** 4872—77; Cambridge, Univ., Chem. Labor.; engl.) — Das bei der therm. Zers. von $C_6H_5CO \cdot CH_2\overset{\oplus}{N}(CH_3)_3$ $OH^{\ominus}$ (**I**) erhaltene Nebenprod. (vgl. C. **1950,** II, 165) ist *6.7-Dibenzol-1.3.5-triphenylcyclopenta-[c]-pyran* (**II**), das erste Beispiel dieses heteroaromat. Systems. Rkk., Abbau u. eine weitere Synth. von **II** werden beschrieben. Einige *Bromderivv.* u. verwandte *Pyrindine* wurden dargestellt. — Vff. nehmen an, daß als Zwischenprod. bei der Bldg. von **II** aus **I** *trans-1.2-Dibenzoyläthylen* (**III**) auftritt, da bei Zusatz von **III** zu **I** die Zers.-Temp. von 150 auf 90° herabgesetzt u. die Ausbeute an **II** auf das 20fache gesteigert wurde.

Versuche: *6.7-Dibenzoyl-1.3.5-triphenylcyclopenta-[c]-pyran* (**II**), $C_{40}H_{26}O_3$, F. 212,5—213,5°, rote Nadeln (A.), a) durch 15 Min. Schütteln von 20 g $C_6H_5 \cdot COCH_2\overset{\oplus}{N}(CH_3)_3$ $Br^{\ominus}$ mit Ag_2O in W., Filtrieren, Eindampfen, Erhitzen des Rückstandes auf 150° (exotherme Rk.), dann 10 Min. auf 180°, 5 Min. Kochen mit CH_3COOH u. Chromatographie; 0,13 g (Ausbeute); b) durch Lösen von 0,5 g Tribenzoylphenylcyclopentadien (**IV**; F. 164°, gelbe Nadeln) in äthanol. KOH, Eindampfen, Zugeben von $C_6H_5COCH_2Cl$, 20 Min. Erhitzen auf 180°, dann 5 Min. Kochen mit CH_3COOH; 0,11 g. — *6.7-Bis-[p-brombenzoyl]-1.3.5-tris-[p-bromphenyl]-cyclopenta-[c]-pyran*, $C_{40}H_{21}Br_5O_3$, F. 244°, purpurfarbene Mikrokristalle (Chlf./A.), aus $p\text{-}BrC_6H_4COCH_2\overset{\oplus}{N}(CH_3)_3Br^{\ominus}$ (**V**) wie vorst. a). Daneben *trans-Tris-[p-brombenzoyl]-cyclopropan*, $C_{24}H_{15}Br_3O_3$, F. 197°, Nadeln (A.). — *7-Benzoyl-6-[p-brombenzoyl]-1.3.5-triphenylcyclopenta-[c]-pyran*, $C_{40}H_{25}BrO_3$, F. 233°, dunkelrote Nadeln (A.), aus 10 g **V** wie vorst., aber unter Zusatz von **III** (20 Min. bei 190°); 0,6 g. Daneben *1.cis-2-Dibenzoyl-trans-3-[p-brombenzoyl]-cyclopropan*, $C_{24}H_{17}BrO_3$, F. 167°, Nadeln (A.). — *6.7-Dibenzoyl-3-[p-bromphenyl]-1.5-diphenylcyclopenta-[c]-pyran*, $C_{40}H_{25}BrO_3$, F. 242°, hellrote Nadeln (CH_3OH), aus **IV**-K-Salz u. $p\text{-}BrC_6H_4COCH_2Cl$ (30 Min. bei 180°). — *6.7-Dibenzoyl-1.3.5-triphenyl-2H-2-pyrindin*, $C_{40}H_{27}NO_2$, F. 203° (Zers.), orangerote Nadeln (A./W.), aus **II** u. NH_3 in A. (5 Min.). — *6.7-Dibenzoyl-2-methyl-1.3.5-triphenyl-2H-2-pyrindin*, $C_{41}H_{29}NO_2$, F. 280°, orange, aus **II** u. CH_3NH_2 in Äthanol. — *7-Benzoyl-5-(oder 6)-phenacyl-1.4.6(oder 5)-triphenylcyclopenta-[d]-pyridazin*, $C_{40}H_{28}N_2O_2$, F. 246°, gelbe Nadeln, aus **II** u. $N_2H_4 \cdot H_2O$ analog. — *1.2.3-Tribenzoyl-4-phenacyl-5-phenylcyclopentadien*, $C_{40}H_{28}O_4$, Zers. bei 184° (→ **II**), gelbe Prismen (A.), aus **II** u. sd. äthanol. KOH (10 Min.). — *1.2.3-Tribenzoyl-4-methyl-5-phenylcyclopentadien*, $C_{33}H_{24}O_3$, F. 93—96°, gelbe Mikrokristalle (PAe.), aus **II** u. sd. methanol. KOH (4 Std.).

J. Rothe 3211◇

0869 **Flavene-(2) und -(3) und eine neue Synthese eines Flavandiols-(3.4).** K. G. Marathe, Eva M. Philbin und T. S. Wheeler. (Chem. and Ind. **1962,** 1793; Poona Univ., India, Dep. of Chem.; Dublin, Univ. Coll., Dep. of Chem.; engl.) — *Flaven-(2)* (**I**, F. 50—51°) wurde dargestellt durch Red. von Flavon mit einem Überschuß an $LiAlH_4$ nach Shah u. Mitarbeitern (C. **1955,** 11577). Das von Freudenberg u. Weinges (C. **1950/54,** 900 S) dargestellte Flaven (durch Red. von Flavyliumchlorid mit $LiAlH_4$) ist **I**. *Flaven-(3)* (Kp.$_{0,2}$ 100—102°) entsteht durch HBr-Abspaltung aus 4-Bromflavan mit Pyridin; 70% (Ausbeute). *2.3-trans-Flavan-cis-diol-(3.4)* (F. 160—161°) erhält man aus vorst. Verb. mit OsO_4.

P. Becker 3211△

0870 **Synthese und Eigenschaften einiger einfacher 1.4-Dihydropyridine.** Edward M. Kosower und Theodore S. Sorensen. (J. org. Chemistry **27,** 3764—71, 1962; Madison, Wis., Univ. of Wisconsin, Dep. of Chem.; engl.) — Dihydropyridinverbb. sind wegen ihres Vork. im Coenzym Diphosphopyridinnucleotid von Interesse. Dargestellt werden *1.4.4-Trimethyl-1.4-dihydropyridin* (**I**) aus *β.β*-Dimethylglutardialdehyd (**II**) u. CH_3NH_2 sowie einige *1-Aryl-1.4-dihydropyridine* aus **II** u. aromat. Aminen. Die Darst. von **II** erfolgt aus dem Bis-[N-methylanilid] der *β.β*-Dimethylglutarsäure durch Red. mit $LiAlH_4$ nach Weygand. **II** kann nur in Lsg. gewonnen werden. Die Strukturen von **I** u. von *1-Phenyl-4.4-dimethyl-1.4-dihydropyridin* werden durch Red. zu den entsprechenden Piperidinen bewiesen. Red. des Pikrats von **I** gibt *1.4.4-Trimethylpiperidinpikrat*, das ident. ist mit dem durch Red. von N-Methyl-*β.β*-dimethylglutarimid dargestellten Pikrat; ebenso konnte das *Pikrat* von *1-Phenyl-4.4-dimethylpiperidin* auf beiden Wegen erhalten werden. Die dargestellten 1.4-Dihydropyridine werden durch die 4.4-Dimethylgruppe vor leichter Oxydation zu Pyridinen u. vor Isomerisierung zu 1.2-Dihydropyridinen geschützt. — Die Maxima der UV-, IR- u. NMR-Spektren sind angegeben.

Versuche: *β.β-Dimethylglutarsäureanhydrid*, aus *β.β*-Dimethylglutarsäure [erhältlich aus 5.5-Dimethylcyclohexandion-(1.3)] u. $SOCl_2$. — *β.β-Dimethylglutarsäuredichlorid*, Kp.$_{25}$ 94—97°, aus vorst. Verb. u. PCl_5; 91% (Ausbeute). — *β.β-Dimethylglutarsäure-bis-[N-methylanilid]*, $C_{21}H_{26}N_2O_2$, F. 104—106° (A./W.), aus vorst. Verb. u. N-Methylanilin in Chlf.; 93%. — *β.β-Dimethylglutardialdehyd* (**II**), Kp.$_8$ 107—106°, durch $1^1/_4$std. Rühren vorst. Verb. in Tetrahydrofuran mit $LiAlH_4$ in Ae., 8std. Rühren bei 5°, Zugabe von konz. HCl u. Sättigen mit NaCl; 13—16%. *Bis-2.4-dinitrophenylhydrazon*, $C_{19}H_{20}N_8O_8$, F. 222—223° (Dioxan). — *β.β-Dimethyl-γ-formylbuttersäure-N-methylanilid*, Kp.$_8$ 175—176°, durch Dest. von **II** bei 8 mm; n_D^{25} 1,5218. *Semicarbazon*, $C_{15}H_{22}N_4O_2$, F. 194—195,5° (A./W.). — 4.4-Dimethyl-1.4-dihydropyridine: *1-Methyl-* (**I**), Kp.$_8$ 33,5°, Kp.$_{84}$ 77°, durch Rk. von **II** u. CH_3NH_2 in Ae. u. Zusatz von 25%ig. wss. CH_3NH_2-Lsg.; n_D^{25} 1,4794, $D_4^{23,5}$ 0,8542; 28%. *1.4.4-Trimethylpiperidinpikrat*, $C_{14}H_{20}N_4O_7$, F. 226—228° (A.), durch Red. von **I** mit Pd/Aktivkohle u. Zusatz von Pikrinsäure; 54%. — *1-[p-Methoxyphenyl]-*, $C_{14}H_{17}NO$, F. 62,5—63,3° (Pentan), durch 2,4std. Rühren von p-Anisidin u. **II** in Ae. mit wasserfreiem K_2CO_3, Eindampfen, Lösen in Bzl., 2std. Kochen, Abdampfen des Bzl., Aufnehmen in PAe. u. Chromatographie an Tonerde; 73%. — *1-Phenyl-*, $C_{13}H_{15}N$, F. 35,8—36,7°, analog; 67%. — *1-[p-Bromphenyl]-*, $C_{13}H_{14}BrN$, F. 101—102° (Pentan); 73%. — *1-[p-Nitrophenyl]-*, $C_{13}H_{14}N_2O_2$, F. 79,5—80,7° (PAe.), orangerot; 83%. — *1-[p-Cyanphenyl]-*, $C_{14}H_{14}N_2$, F. 78 bis 79° (Pentan), blaßgelb; 96%. — *1-[p-Dimethylaminophenyl]-*, F. 105,8—106,6° (Pentan); > 95%. — 4.4-Dimethylpiperidine, durch Red. vorst. 1.4-Dihydropyridine mit 10% Pd/Aktivkohle (Meth. **A**): *1-Phenyl-*, Kp.$_8$ 106°, a) analog **A**; b) durch Red. von 25 g **III** mit $LiAlH_4$ in Tetrahydrofuran; n_D^{25} 1,5402; 3,55 g; daneben 13,43 g *3.3-Dimethyl-5-phenylaminopentanol-(1)*, $C_{13}H_{21}NO$, Kp.$_{0,1}$ 140—142,5°, n_D^{25} 1,5432. *Pikrat*, F. 142 bis 143,5°. — *1-[p-Bromphenyl]-*, flüssig. *Pikrat*, F. 141 bis 142,5°. — *1-[p-Methoxyphenyl]-*, F. 45—46° (wss. Methanol). — *1-[p-Nitrophenyl]-*, *Pikrat*, F. 134—136,5° (Zers.). — *1-[p-Cyanphenyl]-*, F. 121—122° (PAe.). — *1-[p-Dimethylaminophenyl]-*. *Pikrat*, F. 173,5—175,5° (Zers.). — *β.β-Dimethylglutarsäuremonoanilid* (**IV**), $C_{13}H_{17}NO_3$, F. 134,5—136,5° (Aceton), durch Rk. von Anilin u. **II** in trockenem Bzl. u. 6std. Stehen; 97%. — *β.β-Dimethyl-N-phenylglutarimid* (**III**), $C_{13}H_{15}NO_2$, F. 160—161° (Bzl.), durch Erhitzen von **IV** auf 250°; lange Nadeln; 85%. — *1.4.4-Trimethyl-1.4.5.6-tetrahydropyridin*, Kp.$_{740}$ 137—140°, nach Leonard u. Hauck (C. **1958,** 7124); $n_D^{27,5}$ 1,4510. — *1.4.4-Trimethylpiperidin*, Kp.$_{738}$ 137—140°, wie l. c. aus **IV**.

A. Jungblut 3231◇

0871 **Über die Synthese der heterocyclischen Verbindungen mit Stickstoff.** 107. Mitt. **Synthesen von 3-Hydroxypyridinderivaten.** 2. Mitt. Fumio Yoneda. (J. pharmac. Soc. Japan [Yakugakuzasshi] **77,** 944—46, 1957; Kyoto, Univ., Med. Fac., Pharmac. Inst.; jap., Auszug: engl.) — 106. vgl. J. pharmac. Soc. Japan [Yakugakuzasshi] **77,** [1957], 649; 104. vgl. C. **1963,**

21542; 1. vgl. C. **1963,** 13540. — Mittels Pyridinol-(3) (**I**) werden *3-Phenoxypyridine* bzw. *Dipyridyl-(2.3')-äther* gewonnen. Die Nitrierung der letzteren Verb. liefert *5-Nitrodipyridyl-(2.3')-äther* (**IV**), dessen Konstit. durch Abbau mit Piperidin zu *2-Piperidino-5-nitropyridin* bzw. dessen Synth. aus 2-Chlor-5-nitropyridin bewiesen wird. Die Red. von **IV** mit $SnCl_2$ + HCl führt zu dem *5-Aminoderiv.*, während an Pd-Kohle in Methanol die 3.3'-Azoxyverb. erhalten wird.

Versuche: Pyridine: *3-[4-Nitrophenoxy]-* (**II**), F. 109—110°, durch 3std. Erhitzen von 6 g 4-Chlornitrobenzol, 2,5 g **I** u. 0,3 g Cu auf 180°, Extrahieren mit Ae.; aus Methanol Nadeln; 1 g (Ausbeute). — *3-[2-Nitrophenoxy]-* (**III**), analog **II** aus 2-Chlornitrobenzol; Öl; 1,8 g. — *3-[2.4-Dinitrophenoxy]-*, F. 130°, durch 1std. Kochen von 2,5 g **I** u. 1,5 g 2.4-Dinitrochlorbenzol in methanol. KOH; aus Methanol Prismen; 2 g. — *3-[4-Aminophenoxy]-*, $C_{11}H_{10}N_2O$, F. 110—111°, durch 30 Min. langes Erhitzen von 0,4 g **II** u. $SnCl_2$ in HCl auf 100°, Einengen im Vakuum, Zugabe von NaOH u. Extrahieren mit Ae.; Prismen; 0,2 g. — *3-[2-Aminophenoxy]-*, $C_{11}H_{10}N_2O$, F. 72—73°, analog vorst. Verb. aus 1 g **III**; Platten; 0,6 g. — *5-Nitro-2-piperidino-*, $C_{10}H_{13}N_3O_2$, F. 87°, a) durch 30 Min. langes Erhitzen von 2-Chlor-5-nitropyridin u. Piperidin auf 100° u. Zugabe von W.; b) durch 30 Min. langes Erhitzen von **IV** u. Piperidin auf 100°, Extrahieren mit Ae., Waschen mit NaOH u. Einengen; daneben **I**. — *Dipyridyl-(2.3')-äther*, $Kp._7$ 110—111°, F. 34—35°, durch 3std. Erhitzen von 10 g 3-Brompyridin, 13 g **I** u. K_2CO_3 auf 180—190°, Zugabe von NaOH u. Extrahieren mit Ae.; Nadeln; 7 g. *Pikrat*, $C_{16}H_{11}N_5O_8$, F. 162—163°; Nadeln. — *5-Nitrodipyridyl-(2.3')-äther* (**IV**), $C_{10}H_7N_3O_3$, F. 95°, a) durch Nitrieren von 3 g vorst. Verb. mit H_2SO_4/HNO_3; 1,4 g; b) durch 1std. Kochen von 1,6 g 2-Chlor-5-nitropyridin u. 0.95 g **I** in methanol. KOH; 0,5 g. — *5-Aminodipyridyl-(2.3')-äther*, $C_{10}H_9N_3O$, F. 103°, durch Red. von 0,5 g **IV** mit $SnCl_2$; 0,2 g. — *6-Piperidino-6'-[pyridyl-(3)-oxy]-3.3'-azoxypyridin*, $C_{20}H_{20}N_6O_2$, F. 138°, durch 1std. Kochen von **V** mit Piperidin; aus Methanol Prismen. — *1-Äthyl-6-oxo-6'-[pyridyl-(3)-oxy]-3.3'-azoxypyridin*, $C_{17}H_{15}N_5O_3$, F. 116°, durch 1/2std. Kochen von **V** mit Na-Äthylat; aus Äthylacetat gelbe Nadeln. — *6.6'-Bis-[pyridyl-(3)-oxy]-3.3'-azoxypyridin* (**V**), $C_{20}H_{14}N_6O_3$, F. 181° (Äthylacetat), durch Red. von 0,6 g **IV** in Methanol an Pd-Kohle; 0,15 g. — *1-Äthyl-5-nitropyridon-(2)*, F. 143°, durch 1std. Kochen von **IV** mit Na-Äthylat; aus A. Nadeln. H. Krause 3231△

0872 **Über die Kondensation von Chinolyl-(6)-aldehyd mit Pyridin- und Chinolinbasen.** B. P. Lugowkin. (J. allg. Chem. [UdSSR] **33(95)**, 71—74, 1963; Kasan, Allunions Forsch.-Inst. des Arbeitsschutzes; russ.) — Bei der Kondens. von Chinolin-6-aldehyd (**I**) mit α-Picolin (**II**), γ-Picolin (**III**), Lepidin (**IV**), u. 9-Methylacridin (**V**) entstehen unbeständige *Chinolylbasen*.

Versuche: *2-{β-[Chinolyl-(6)]-vinyl}-pyridin*, *Dijodmethylat*, $C_{18}H_{18}J_2N_2$, F. 283—284°, durch 1std. Erhitzen von **I** mit $ZnCl_2$ u. **II** auf 220° u. nachfolgende Isolierung der Base als Dijodmethylat; dunkelgelbe Kristalle; 16,6% (Ausbeute). — *4-{β-[Chinolyl-(6)]-vinyl}-pyridin*, $C_{16}H_{12}N_2$, F. 140—141°, durch 3std. Erhitzen von **I** mit $ZnCl_2$ u. **III** auf 225—235°; 31,5%. *Dijodmethylat*, $C_{18}H_{18}J_2N_2$, F. 295°; orange Kristalle aus verd. Essigsäure. — *4-{β-[Chinolyl-(6)]-vinyl}-chinolin*, $C_{20}H_{14}N_2$, F. 135°, durch 15 Min. langes Erhitzen von **I** mit $ZnCl_2$ u. **IV** auf 200—205°; hellgelbe Kristalle aus Toluol; 16,7%. *Dijodmethylat*, $C_{22}H_{20}J_2N_2$, F. 299—301°, orange Kristalle aus verd. Essigsäure. — *9-{β-[Chinolyl-(6)]-vinyl}-acridin*, $C_{24}H_{16}N_2$, F. 127—128°, durch 5 Min. langes Erhitzen von **I** mit **V** auf 125—130°; hellgelbe Kristalle aus A.-Eisessig; 27%. *Dihydrochlorid*, $C_{24}H_{16}N_2 \cdot 2HCl$, F. 296—298°, gelbgrüne Kristalle.

N. Kucharczyk 3231◇

0873 **Chinolin-8-sulfochlorid als Ausgangsbasis von Chinolylsulfonamiden.** Gerhard Buchmann und Edith Schalinatus. (Wiss. Z. Techn. Hochschule Chem. Leuna-Merseburg **4,** 21—26, 1961/62; Leuna-Merseburg, TH für Chemie, Inst. für organ. Chem.; dt.) — Die Rk.-Fähigkeit des Chinolin-8-sulfochlorids (**I**) wird an der der Würtzschen Rk. analogen Bldg. von *Bis-[chinolyl-(8)]-disulfon*, der Darst. von *Chinolin-8-sulfochloramid-Na* u. der Umsetzung mit verschiedenen aliphat., aromat. u. heterocycl. Mono- u. Diaminen zu neuartigen *Sulfonamiden* u. *Bis-sulfonamiden* untersucht. Wegen der leicht einsetzenden Hydrolyse werden alle Rkk. bei Raumtemp. in wasserfreien Lsgm. durchgeführt.

Versuche: N.N'-Bis-[chinolyl-(8)-sulfonyl]-verbb.: *-äthylendiamin*, $C_{20}H_{18}N_4O_4S_2$, F. 249° (A.), durch 2std. Stehen von **I** u. Äthylendiamin in A.; 65,8% (Ausbeute). — *-hexamethylendiamin*, $C_{24}H_{26}N_4O_4S_2$, F. 174° (A.), durch Rk. von **I** u. Hexamethylendiamin in A. u. Fällen mit W.; 54,9%. — *-oktamethylendiamin*, $C_{26}H_{30}N_4O_4S_2$, F. 129° (wss. Methanol), durch 14std. Stehen von **I** u. Oktamethylendiamin, Eindampfen, Lösen in wenig Methanol u. Fällen mit W.; 12%. — *-o-phenylendiamin* (**II**), $C_{24}H_{18}N_4O_4S_2$, F. 286° (wss. Dimethylformamid), durch 4std. Stehen von **I** u. o-Phenylendiamin in A. bei Raumtemp.; 51,2%. — *-m-phenylendiamin* (**III**), $C_{24}H_{18}N_4O_4S_2$, F. 294°, analog; 37%. — *-p-phenylendiamin* (**IV**), $C_{24}H_{18}N_4O_4S_2$, F. 370° (Zers.), analog; 37,5%. — N-[Chinolyl-(8)-sulfonyl]-verbb.: *-n-butylamin* (**V**), $C_{13}H_{16}N_2O_2S$, F. 65° (wss. Methanol), durch 2std. Stehen von **I** u. n-Butylamin in Methanol, Eindampfen u. Zugabe von wenig A.; 53%. — *-isohexylamin*, $C_{15}H_{20}N_2O_2S$, F. 75°, analog **V**; Nadeln aus wss. Methanol; 74,2%. — *-diäthylamin*, $C_{13}H_{16}N_2O_2S$, F. 85°, durch 1std. Stehen von **I** in A. u. Diäthylamin in Methanol u. Fällen mit W.; Schuppen aus wss. Methanol; 92,8%. — *-benzylamin*, $C_{16}H_{14}N_2O_2S$, F. 119—120°, analog **V**; 84%. — *-anilin*, $C_{15}H_{12}N_2O_2S$, F. 158°, analog **V**; 94,2%. — *-β-naphthylamin*, $C_{19}H_{14}N_2O_2S$, F. 169°, analog **V**; 62,5%. — *-o-phenylendiamin*, $C_{15}H_{13}N_3O_2S$, F. 205° (A.), aus **I** u. o-Phenylendiamin neben **II** durch vorsichtiges Eindampfen des Filtrats u. Zugabe von W.; 34,2%. — *-m-phenylendiamin*, $C_{15}H_{13}N_3O_2S$, F. 180°, analog neben **III**; 34,8%. — *-p-phenylendiamin*, $C_{15}H_{13} \cdot N_3O_2S$, F. 197°, analog neben **IV**; 56,3%. — *-1.2.3.4-tetrahydrochinolin* (**VI**), $C_{18}H_{16}N_2O_2S$, F. 174°, durch 16std. Stehen von **I** u. 1.2.3.4-Tetrahydrochinolin in abs. Ae., Eindampfen u. Lösen in wenig A.; Prismen aus A.; 50,1%. — *-1.2.3.4-tetrahydroisochinolin*, $C_{18}H_{16}N_2O_2S$, F. 140° (A.), analog **VI**; 76,8%. — *-1.2.3.4-tetrahydrochinaldin*, $C_{19}H_{18}N_2O_2S$, F. 185° (A.), analog **VI**; 24%. — *-dekahydrochinaldin*, $C_{19}H_{24}N_2O_2S$, F. 191°, analog **VI**; 8,9%. — *-5-aminochinaldin*, $C_{19}H_{15}N_3O_2S$, F. 226°, analog **VI**; 57%. — *Chinolin-8-sulfochloramid-Na*, $C_9H_6 \cdot ClN_2NaO_2S$, durch Verrühren von Chlorkalk mit W., Zugabe von **I**, 2std. Rühren, Dekantieren u. Zugabe von NaCl zur Lsg.; 39,5%. G. Fischer 3231◇

0874 **Über die Reaktivität des 1.2.3.4-Tetrahydrochinaldins.** Gerhard Buchmann und Heinz Pracht. (Wiss. Z. Techn. Hochschule Chem. Leuna-Merseburg **4,** 9—16, 1961/62; Leuna-Merseburg, TH für Chemie, Inst. für organ. Chemie; dt.) — *1.2.3.4-Tetrahydrochinaldin* (**I**) wird durch Hydrierung von Chinaldin (**II**) dargestellt u. in *N-Alkylderivv.* (**A**) umgewandelt. **I** bildet bei der Oxydation nicht das Aminoxid, sondern wird partiell zu **II** dehydriert u. dieses zu *Chinaldin-N-oxid* oxydiert. Die **A** werden durch Nitrierung zu *1-Alkyl-7-nitro-1.2.3.4-tetrahydrochinaldinen* (**B**) u. Bromierung oder durch Bromierung zu *1-Alkyl-6-brom-1.2.3.4-tetrahydrochinaldinen* u. Nitrierung in die gleichen *1-Alkyl-6-brom-7-nitro-1.2.3.4-tetrahydrochinaldine* verwandelt. Die Red. der **B** liefert die entsprechenden *Amine*, die als *Schiffsche Basen* charakterisiert wurden. IR-spektroskop. Unterss. (Abb.) bestätigen, daß sich die **A** bei elektrophilen Rkk. wie N.N-Dialkylaniline verhalten.

Versuche: 1.2.3.4-Tetrahydrochinaldine: *1-n-Propyl-* (**III**), $C_{13}H_{19}N$, Kp. 260—266°, durch 3tägiges Erhitzen von **I** u. n-Propyljodid auf 100°, Waschen mit Ae., Alkalieren mit verd. NaOH u. Ausäthern; n_D^{20} 1,5693; 31,7% (Ausbeute). — *1-Isopropyl-* (**IV**), $C_{13}H_{19}N$, Kp.258—263°, durch Erhitzen von **I** u. Isopropyljodid auf 100° bis zur Erstarrung u. Zers.; n_D^{25} 1,5655; 72,4%. *Hydrojodid*, F. 170° (Zers.). — *N-Methyl-7-nitro-* (**V**), $C_{11}H_{14}N_2O_2$, F. 59°, durch langsame Zugabe von Nitriersäure zu 1-Methyl-1.2.3.4-tetrahydrochinaldin (**VI**) in konz. H_2SO_4 bei 0°, Verdünnen mit Eis nach 3 Std., Neutralisieren mit Soda unter Kühlen u. Absaugen des Nd.; rote Nadeln aus A.; 72,6%. *Hydrobromid*, F. 182° (Zers.), gelbe Nadeln. *Pikrat*, F. 87°, gelbe Nadeln. — *1-Äthyl-7-nitro-* (**VII**), $C_{12}H_{16}N_2O_2$, F. 45—46°, analog **V** aus 1-Äthyl-1.2.3.4-tetrahydrochinaldin (**VIII**); rote Nadeln; 59,1%. — *1-n-Propyl-7-nitro-* (**IX**), $C_{13}H_{18}N_2O_2$, Kp.$_{12}$ 202—207°, analog **V** aus **III**; n_D^{20} 1,5970; rotes Öl; 51,9%. — *1-Isopropyl-7-nitro-* (**X**), Kp.$_{12}$ 202—206°, analog **V** aus **IV**; n_D^{20} 1,5980; dunkelrotes Öl; 53,3%. — *1-Methyl-7-amino-* (**XII**), $C_{11}H_{16}N_2$, Kp.$_{12}$ 180—184°, durch Zugabe von $SnCl_2$ zu **V** in konz. HCl, Erhitzen auf 100° bis zum Ausbleiben der Trübung bei Zugabe von W., Zugabe von NaOH u. Ausäthern; gelbes Öl, das bei —20° erstarrt; 85,2%. *Benzalverb.*, $C_{18}H_{20}N_2$, durch Zugabe von Benzaldehyd, $^1/_2$std. Erhitzen u. Umfällen aus verd. A.; gelbes Pulver; fast 100%. *Vanillalverb.*, $C_{19}H_{22}N_2O_2$, grünes Pulver; fast 100%. *Cinnamalverb.*, $C_{20}H_{22}N_2$, hellbraunes Pulver; fast 100%. — *1-Äthyl-7-amino-*, $C_{12}H_{18}N_2$, Kp.$_{12}$ 175—180°, analog **XII** aus **VII**; n_D^{20} 1,6000; gelbes Öl; 73,7%. *Benzalverb.*, $C_{19}H_{22}N_2$, gelbes Pulver, fast 100%. *Vanillalverb.*, $C_{20}H_{24}N_2O_2$, grünes Pulver; fast 100%. *Cinnamalverb.*, $C_{21}H_{24}N_2$, hellbraunes Pulver; fast 100%. — *1-n-Propyl-7-amino-*, $C_{13}H_{20}N_2$, Kp.$_{12}$ 174—176°, analog **XII** aus **IX**; n_D^{20} 1,6053; gelbes Öl; 37,6%. *Benzalverb.*, $C_{20}H_{24}N_2$, gelbes Pulver; fast 100%. — *1-Isopropyl-7-amino-*, $C_{13}H_{20}N_2$, Kp.$_{12}$ 173 bis 175°, analog **XII** aus **X**; n_D^{20} 1,5955; gelbes Öl; 56,9%. *Benzalverb.*, $C_{20}H_{24}N_2$, gelbes Pulver; fast 100%. — *1-Methyl-6-brom-*, *Hydrobromid* (**XI**), $C_{11}H_{15}Br_2N$, durch Zutropfen von Br_2 zu **VI** in sd. Chlf. unter Rühren in $^1/_2$ Std.; 70%. — *1-Äthyl-6-brom-*, *Hydrobromid*, $C_{12}H_{17}\cdot Br_2N$, F. 148—150° (Chlf./Aceton), durch Zutropfen von Br_2 zu **VIII** in sd. Chlf. unter Rühren in $^1/_2$ Std., Eindampfen u. Zugabe von Aceton; 43,9%. — *1-Isopropyl-6-brom-*, *Hydrobromid*, $C_{13}H_{19}Br_2N$, F. 167° (Zers.; Chlf./Aceton), analog vorst. Verb. aus **IV**; 33,7%. — *1-Methyl-6-brom-7-nitro-*, *Hydrobromid*, $C_{11}H_{14}Br_2N_2O_2$, F. 173° (verd. HBr), a) analog aus **V**; 67,7%; b) durch Nitrieren von **XI**. *Freie Base*, rotes Öl. — *1-Äthyl-6-brom-7-nitro-*, *Hydrobromid*, $C_{12}H_{16}Br_2N_2O_2$, F. 164—165° (Zers.), analog aus **VII**; 51,2%. *Freie Base*, F. 79—80°. — *1-Isopropyl-6-brom-7-nitro-*, *Hydrobromid*, $C_{13}H_{18}Br_2N_2O_2$, F. 160° (Zers.), analog aus **X**; 44,8%.

G. Fischer 3231◇

0875 **Untersuchungen über die Synthesen von Trimethylendioxyisochinolinderivaten.** Masao Tomita und Tohru Takahashi. (J. pharmac. Soc. Japan [Yakugakuzasshi] **77**, 1041—42, 1957; Kyoto, Univ., Med. Fac., Pharmac. Inst.; jap., Auszug: engl.) — Durch Bischler-Napieralski-Rk. wird aus 1.3-Dibrompropan u. Protocatechualdehyd über mehrere Stufen *6.7-Trimethylendioxy-1.2.3.4-tetrahydroisochinolin* u. das N-Methylderiv. gewonnen.

Versuche: *3.4-Trimethylendioxybenzaldehyd*, durch 5std. Erhitzen von Protocatechualdehyd u. 1.3-Dibrompropan in Methanol in Ggw. von Na-Methylat auf 120° unter N_2, Filtrieren, Wasserdampf-Dest. u. Extrahieren des Rückstandes mit Ae.; Öl. *Semicarbazon*, $C_{11}H_{13}N_3O_3$, F. 188—190°. — *3.4-Trimethylendioxy-ω-nitrostyrol*, F. 92—98°, durch Zutropfen von KOH/A. zu vorst. Verb. u. Methylnitrit in A., 20 Min. langes Rühren, Gießen in 10%ig. HCl/Eis u. nach 2 Std. Filtrieren; 72% (Ausbeute). — *3.4-Trimethylendioxyphenäthylamin*, *Oxalat*, $C_{13}H_{17}NO_6$, F. 175—178° (Zers.), durch Red. vorst. Verb. in Tetrahydrofuran mit $LiAlH_4$ in Ae. bei Raumtemp., Zugabe von W. u. 20%ig. NaOH, Filtrieren, Einengen u. Behandeln des Rückstandes mit Oxalsäure in A.; 58%. — Isochinoline: *6.7-Trimethylendioxy-3.4-dihydro-* (**I**), $C_{12}H_{13}NO_2$, durch Zugabe von 33%ig. KOH zu 0,38 g vorst. Verb. bei 0°, Versetzen mit K_2CO_3, Extrahieren mit Ae., Einengen, Zugabe von Ameisensäure, 2std. Erhitzen auf 120—130° im Vakuum, Versetzen der N-Formyl-Verb. in Toluol mit $POCl_3$, $1^1/_2$std. Erhitzen auf 120°, Kühlen, Zugabe von PAe., Nd. aufnehmen mit W., Waschen mit Ae., Versetzen der wss. Phase mit konz. NH_4OH, Extrahieren mit Ae., Aufnehmen in Bzl. u. Chromatographieren an Al_2O_3; 40 mg. *Pikrat*, $C_{18}H_{16}N_4O_9$, F. 181—185° (Zers.). *Methojodid*, durch $^1/_4$std. Erhitzen von **I** in Methanol mit CH_3J u. Einengen. — *6.7-Trimethylendioxy-1.2.3.4-tetrahydro-*, *Hydrochlorid*, $C_{12}H_{16}ClNO_2$, F. 265—268° (Zers.), durch Red. von 30 mg **I** in A. in Ggw. von Pd/Kohle u. Zugabe von 10%ig. HCl; Nadeln; 20 mg. — *2-Methyl-6.7-trimethylendioxy-1.2.3.4-tetrahydro-*, durch Zugabe von $NaBH_4$ zu **I**-Methojodid in Methanol, Einengen, Zugabe von 2%ig. NaOH u. Extrahieren mit Äther. *Pikrat*, $C_{19}H_{20}N_4O_9$, F. 181—185° (Zers.). H. Krause 3231△

0876 **Über die Reaktivität des Isochinolins in 1.5-Stellung.** Gerhard Buchmann und Johannes Schumann. (Wiss. Z. Techn. Hochschule Chem. Leuna-Merseburg **4**, 1—7, 1961/92; Leuna-Merseburg, TH für Chem., Inst. für organ. Chemie; dt.) — Nitrierung u. Halogenierung von Isochinolin u. seinem N-Oxid werden erörtert. 1-Chlor-5-nitroisochinolin (**II**) wird in *1-Hydrazino-5-nitroisochinolin* (**I**) übergeführt, das mit Aldehyden u. Ketonen kondensiert wird. Mit α,β-ungesätt. Aldehyden bildet **I** *Pyrazolinderivv.*, die IR-spektroskop. untersucht werden (Abb.). Die biolog. Wirksamkeit der Verbb. wurde geprüft.

Versuche: *1-Chlor-5-nitroisochinolin* (**II**), a) durch Einrühren von 5-Nitroisochinolin-N-oxid (**III**) in $POCl_3$ in 30 Min., 1std. Erhitzen auf 100°, Gießen auf Eis/W. u. Umkristallisieren des Nd. aus Aceton/Methanol; 76,7% (Ausbeute); b) durch Rk. von rohem, Isochinolin-N-oxid-semihydrat enthaltendem **III** analog a); daneben (durch Neutralisieren des Filtrats mit NaOH u. Wasserdampf-Dest.) *1-Chlorisochinolin*. — *1-Hydrazino-5-nitroisochinolin* (**I**), $C_9H_8N_4O_2$, F. 185° (Zers.), durch 1std. Erhitzen von **II** u. 50%ig. Hydrazinhydrat in A. auf 110° im Autoklaven; orangerote Nadeln; 93,5%. *Monohydrochlorid*, $C_9H_9ClN_4O_2$, F. 213—215° (Zers.), durch Lösen in heißer 5 n HCl; seidenglänzende gelbe Nadeln. *Monohydrogensulfat*, aus verd. H_2SO_4. *$CuCl_2$-Komplex*, $C_9H_8\cdot Cl_2CuN_4O_2$, F. 180—182° (Zers.), durch Zutropfen von 10%ig. $CuCl_2$-Lsg. zu **I** oder **I** · HCl in sd. 2 n HCl; grüne Blättchen; fast 100%. *$CuSO_4$-Komplex*, $C_9H_8CuN_4O_6S$, analog; dunkelgrüne Blättchen. — 1-[5-Nitroisochinolyl-(1)]-Δ^2-pyrazoline: *5-Methyl-*, *Dihydrochlorid*, $C_{13}H_{14}Cl_2N_4O_2$, F. 185—187° (Zers.), durch Schütteln von **I**, Crotonaldehyd u. A. bei 100° bis zur klaren Lsg. u. Gießen in heiße 2 n HCl; gelbe Nadeln; 90,2%. — *5-Phenyl-*, *Hydrochlorid* (**IV**), $C_{18}H_{15}ClN_4O_2$, F. 241—242° (Zers.), durch Zutropfen von Zimtaldehyd in A. zu **I** in 5 n HCl u. Erhitzen; gelbe Kristalle; ca. 100%. — [5-Nitroisochinolyl-(1)]-hydrazone: *Furfurol-*, *Hydrochlorid*, *Hydrat*, $C_{14}H_{13}ClN_4O_4$, F. 238 bis 239° (Zers.); analog **IV** aus **I** u. Furfurol; gelbe Nadeln; 89,2%. — *Pyridin-2-aldehyd-*, *Bishydrogensulfat*, *Dihydrat*, $C_{15}H_{15}N_5O_{10}S_2\cdot 2\,H_2O$, F. 258—260°, durch Eintragen von Pyridin-2-methanoxysulfonsäure in **I** in 2 n H_2SO_4 u. Erhitzen bis zum Ende der SO_2-Entw.; gelbe Rhomboeder aus A./verd. H_2SO_4; 59,2%. — *Benzaldehyd-*, *Hydrochlorid*, $C_{16}H_{13}ClN_4O_2$, F. 235—236° (Zers.), analog **IV** aus **I** u. Benzaldehyd; gelbe Nadeln; ca. 100%. — *Salicylaldehyd-*, *Hydrochlorid*, $C_{16}H_{13}ClN_4O_3$, F. 315—320° (Zers.), analog aus **I** u. Salicylaldehyd; gelbe Kristalle; 96%. — *o-Vanillin-*, *Hydrochlorid*, $C_{17}H_{15}ClN_4O_4$, F. 256—257° (Zers.), aus **I** u. o-Vanillin; gelbe Kristalle; 96,3%. — *o-Novovanillin-*, *Hydrochlorid*, $C_{18}H_{17}ClN_4O_5$, F. 246—248° (Zers.), aus **I** u. o-Novovanillin; gelbe Nadeln; ca. 100%. — *o-Nitrobenzaldehyd-*, *Hydrochlorid*, $C_{16}H_{12}ClN_5O_4$, F. 252—254° (Zers.); aus **I** u. o-Nitrobenzaldehyd; gelbe Nadeln; 88,3%. — *Acetophenon-*, *Dihydrochlorid*, $C_{17}H_{16}Cl_2N_4O_2$, F. 230—231° (Zers.), aus **I** u. Acetophenon; gelbe Nadeln; 87,5%. — *Resacetophenon-*, *Hydrochlorid*, $C_{17}H_{15}ClN_4O_4$, F. 263—264° (Zers.), aus **I** u. Resacetophenon; gelbe Nadeln; 75,7%. — *p-n-Propoxyacetophenon-*, *Hydrochlorid*, $C_{20}H_{21}ClN_4O_3$, F. 244—245° (Zers.), aus **I** u. p-n-Propoxyacetophenon; gelbe Nadeln; 94,9%. — *Benzophenon-*, *Dihydrochlorid*, $C_{22}H_{18}Cl_2N_4O_2$, F. 193—195° (Zers.), aus **I** u. Benzophenon; gelbe Nadeln; 72,6%. G. Fischer 3231◇

0877 **Darstellung von Indolizinen aus Pyridyl-(2)-essigsäureäthylester.** D. R. Bragg und D. G. Wibberley. (J. chem. Soc. [London] **1962**, 2627—29; Sunderland, Co. Durham, Sunderland Techn. Coll., Pharmacy Dep.; engl.) — Beim Kochen von Pyridyl-(2)-essigsäureäthylester (**I**) mit Phenacylbromid in Ae. wird *2-Phenylindolizin-1-carbonsäureäthylester* gebildet. Bei Verw. von Aceton als Lsgm. u. 2 Mol **I** läßt sich die Ausbeute steigern. Mit α-Bromaceton, 3-Brombutanon-(2), α-Brompropiophenon, α-Brombenzylphenylketon, 3-Chlorpentandion-(2.4) u. α-Chloracetessigsäureäthylester werden ebenfalls *Indolizinester* erhalten. Bei der Rk. von α-Picolin mit Bromaceton u. Phenacylbromid entsteht in Aceton nur das entsprechende *quart. Salz.* Mit Bromacetaldehyd tritt nur geringfügige Rk. ein. Beim Vers., **I** mit Bromacetaldehyd in Aceton als Lsgm. umzusetzen, wird *3.3'-Isopropyliden-bis-[indolizin-1-carbonsäureäthylester]* isoliert. Aus den Estern werden die entsprechenden *freien Säuren* durch alkal. Hydrolyse erhalten, die wenig oberhalb ihres F. decarboxyliert werden.

Versuche: *2-Methylindolizin-1-carbonsäure,* F. 160—161° (Zers.), durch 16std. Kochen des Äthylesters mit alkohol. KOH, Einengen im Vakuum, Lösen in W. u. Ansäuern (Meth. **A**). *Äthylester,* $C_{12}H_{13}NO_2$, F. 43—44° (PAe.; Prismen), a) durch 17std. Kochen von α-Bromaceton u. **I** (1:2) in Aceton, Einengen bei 15 Torr, Verrühren des Rückstandes mit 2 n HCl, Ausäthern u. Aufarbeiten der Ae.-Lsg. (Meth. **B**); 91% (Ausbeute); ebenso mit α-Chloraceton in 72 Std.; 56%. — *2-Methylindolizin,* F. 59—60°, durch Erhitzen vorst. Säure über ihren Schmelzpunkt. — *2-Phenyl-indolizin-1-carbonsäure,* F. 213—214° (Zers.), nach **A**. *Äthylester,* $C_{17}H_{15}NO_2$, F. 106 bis 107° (A.; Nadeln), in 7 Std. nach **B** aus **I** u. Phenacylbromid; 85%. — *2-Phenylindolizin,* F. 213—214°, durch Decarboxylierung vorst. Säure. — *2.3-Dimethylindolizin-1-carbonsäure,* F. 169—170° (Zers.; A.), aus dem Äthylester nach **A**. *Äthylester,* $C_{13}H_{15}NO_2$, F. 62—63° (A.; Blättchen), durch 17std. Rk. von **I** mit 3-Brombutanon-(2) nach **B**; 45%. — *2.3-Dimethylindolizin,* $C_{10}H_{11}N$, F. 40—41° (Blättchen), aus vorst. Säure beim Decarboxylieren. — *3-Methyl-2-phenylindolizin-1-carbonsäure,* F. 172—174° (Zers.), aus dem Äthylester. *Äthylester,* $C_{18}H_{17}NO_2$, F. 101—102° (A.; Blättchen), durch 17std. Rk. von **I** mit α-Brompropiophenon nach **B**; 38%. — *3-Methyl-2-phenylindolizin,* $C_{15}H_{13}N$, F. 97—98° (A.; Blättchen), durch Decarboxylieren vorst. Säure. — *2.3-Diphenylindolizin-1-carbonsäure,* F. 196—198° (Zers.), aus dem Äthylester. *Äthylester,* $C_{23}H_{19}NO_2$, F. 151—152° (A.; Blättchen), durch 17std. Rk. von **I** mit α-Brombenzylphenylketon nach **B**; 24%. — *2.3-Diphenylindolizin,* $C_{20}H_{15}N$, F. 95—96° (A.; Prismen), aus vorst. Säure durch Decarboxylierung. — *3-Acetyl-2-methylindolizin-1-carbonsäure,* F. 201—203° (Zers.), aus dem Äthylester. *Äthylester,* $C_{14}H_{15}NO_3$, F. 101—102° (PAe.; Blättchen), a) durch 17std. Rk. von **I** mit 3-Chlorpentandion-(2.4) nach **B**; 5%; ebenso ohne Aceton; 63%. — *3-Acetyl-2-methylindolizin,* F. 82—83° (PAe.; hellgrüne Nadeln). *Benzyliden-Deriv.,* F. 103—104° (gelb). — *2-Methylindolizin-1.3-dicarbonsäure,* F. 170—172° (Zers.), aus dem Diäthylester. *Diäthylester,* $C_{15}H_{17}NO_4$, F. 112—113° (PAe.; Nadeln), a) aus **I** u. α-Chloracetessigsäureäthylester nach **B**; 6%; b) ebenso ohne Aceton; 61%. — *2-Methylindolizin,* F. 59—60°, aus vorst. Säure durch Decarboxylierung. — *3.3'-Isopropyliden-bis-[indolizin-1-carbonsäure],* F. 291 bis 293° (Zers.), aus dem Diäthylester. *Diäthylester,* $C_{25}H_{26}N_2O_4$, F. 159—160° (A.; Prismen), a) durch 10std. Rk. von **I** mit α-Bromacetaldehyd nach **B**; 22%; b) ebenso mit α-Bromacetal in 72 Std.; 33%. — *3.3'-Isopropyliden-bis-indolizin,* $C_{19}H_{18}N_2$, F. 206—207° (A.; hellgelbe hexagonale Blättchen), durch Decarboxylierung vorst. Säure. — *1-Phenacyl-α-picoliniumbromid,* F. 213—214°, durch 17std. Kochen von Phenacylbromid u. α-Picolin (1:2) in Aceton; 96%. E. Koßmehl 3231◇

0878 **Additionsreaktionen von heterocyclischen Verbindungen. 13. Mitt. Hydrolyse von 4H-Chinolizin-1.2.3.4-tetracarbonsäuretetramethylester durch Chlorwasserstoffsäure.** R. M. Acheson, J. M. F. Gagan und G. A. Taylor. (J. chem. Soc. [London] **1963**, 1903—06; Oxford, Univ., Dep. of Biochem.; engl.) — 12. vgl. C. **1963**, 16934. — Der durch Addition von Acetylendicarbonsäuredimethylester (**I**) an Pyridin (**II**) erhaltene *4H-Chinolizin-1.2.3.4-tetracarbonsäuretetramethylester* (**III**) geht beim Kochen mit verd. HCl in ein Gemisch aus *2-Carboxy-1.4-dihydrochinoliziniumchlorid* (**IV**) u. *1.2-Dicarboxyindolizinyl-(3)-essigsäuremethylester* (**V**) über. **V** verliert bei längerem Kochen in HCl oder bei Pyrolyse in Phenanthren die 1-ständige COOH-Gruppe. **IV** wird in alkal. Medium zu *2-Carboxy-3.4-dihydrochinoliziniumchlorid* (**VI**) isomerisiert. **IV** u. **VI** geben nach katalyt. Hydrierung, Verestern mit CH_2N_2 u. Red. mit $LiAlH_4$ *2-Hydroxymethylchinolizidin.* **IV** wird mit N-Bromsuccinimid (**VII**) zu *2-Carboxychinoliziniumbromid* oxydiert, **VI** nicht. Der Mechanismus der Umwandlungen wird diskutiert.

Versuche: *4H-Chinolizin-1.2.3.4-tetracarbonsäuretetramethylester* (**III**), F. 188°, durch Zugabe von 40 g **II** zu 100 g **I** in Ae. bei 0°, Stehen bei Raumtemp. über Nacht, Abgießen des Ae. u. Aufnehmen in Methanol; 63 g (Ausbeute). — *1.2-Dicarboxyindolizinyl-(3)-essigsäuremethylester* (**V**), $C_{13}H_{11}NO_6$, F. 236° (Methanol/W.), a) durch 1std. Kochen von 20 g **III** in 2 n HCl; 1,7 g; b) wie a) u. Extraktion mit Chloroform. *Trimethylester,* F. 68°. — *2-Carboxyindolizinyl-(3)-essigsäuremethylester,* $C_{12}H_{11}NO_4$, F. 200° (Zers.; Methanol), durch weiteres $1^1/_2$std. Kochen von 0,4 g **V** in 2 n HCl, Filtrieren u. Eindampfen; 70 mg. — *2-Carboxy-1.4-dihydrochinoliziniumclorid* (**IV**), $C_{10}H_{10}ClNO_2$, F. 222° (im geschlossenen Rohr; Methanol), neben **V** nach b) aus der wss. Lsg. durch Eindampfen. *Pikrat,* $C_{16}H_{12}N_4O_9$, F. 175—178°. *Chloroplatinat,* $(C_{10}H_9NO_2)_2 \cdot H_2PtCl_6$, F. 185—188°; aus W. orangefarbene Nadeln. *Goldchlorid,* $C_{10}H_9NO_2 \cdot HAuCl_4$, F. 228 bis 229° (Zers.); aus W. gelbe Nadeln. — *2-Carboxychinoliziniumbromid,* $C_{10}H_8BrNO_2$, F. 307° (Zers.; A.), durch 1std. Schütteln von 1,2 g **IV** in Dioxan/W. mit **VII** u. $^1/_2$std. Kochen; 1 g. — *2-Carboxy-3.4-dihydrochinoliziniumchlorid* (**VI**), $C_{10}H_{10}ClNO_2$, F. 218° (A.), aus 0,5 g **IV** über Amberlite IRA 400; 0,45 g. *Pikrat,* $C_{16}H_{12}N_4O_9$, F. 190°; gelbe Nadeln aus Methanol. — *Chinolizidin-2-carbonsäure, Hydrochlorid, Isomeres* **A**, $C_{10}H_{18}ClNO_2$, F. 252° (A.), aus **IV** oder **VI** durch Hydrieren in CH_3COOH über PtO_2. *Isomeres* **B**, F. 248° (A.), aus **IV** oder **VI** durch Hydrieren in W. über PtO_2 oder Pd-Kohle. *Pikrat,* F. 184°, aus **A** oder **B**. *Methylester* (**VIII**), Kp.$_{18}$ 160—165°, aus 0,7 g **A** mit CH_2N_2; n_D^{20} 1,4778; 0,6 g. — *2-Hydroxymethylchinolizidin,* $C_{10}H_{19}NO$, F. 76° (PAe.), durch Red. von 0,6 g **VIII** mit $LiAlH_4$, in Ae.; 0,42 g. *Pikrat,* $C_{16}H_{22} \cdot N_4O_8$, F. 144°; gelbe Nadeln aus Methanol. W. Holland 3231◇

0879 **Additionsreaktionen von heterocyclischen Verbindungen. 14. Mitt. Die Pyrolyse und Hydrolyse von 3a.7a-Dihydro-1-methylindol-2.3.3a.4-tetracarbonsäuretetramethylester.** R. M. Acheson und J. M. Vernon. (J. chem. Soc. [London] **1963**, 1907—13; Oxford, Univ., Dep. of Biochem.; engl.) — 13. vgl. vorst. Referat. — Die Pyrolyse von 3a.7a-Dihydro-1-methylindol-2.3.3a.4-tetracarbonsäuretetramethylester (**I**) mit Pd-Kohle gibt *1-Methylindol-2.3.4-tricarbonsäuretrimethylester* (**II**) u. durch 1.2-Wanderung der angularen Estergruppe *1-Methylindolin-2.3.3.4-tetracarbonsäuretetramethylester* (**III**). Pyrolyse in Diphenyläther führt dagegen zu *1-Methylindol-2.3.6.7-tetracarbonsäuretetramethylester* u. *1-Methylpyrrol-2.3.4-tricarbonsäuretrimethylester* (**V**). **I** aromatisiert mit Br_2 zu **II**, **III** gibt dabei die *5- oder 7-Brom-Verb.* (**VI**), aus der man beim Hydrieren **III** zurückerhält. Wird **VI** verseift u. wieder verestert, kommt man zu *Brom-1-methylindol-2.3.4-tricarbonsäuretrimethylester* (**IX**), durch dessen Hydrierung zu **II**. Das neben **I** u. **V** aus 1-Methylpyrrol u. Acetylendicarbonsäuredimethylester (**VII**) erhaltene Isomere (vgl. C. **1963**, 14263) ist nach diesen Befunden u. nach spektroskop. u. magnet. Messungen mit **III** identisch. Als Zwischenstufe der Isomerisierung von **I** zu **III** wird eine Verb. mit einem **3.3a**-Cyclopropanring formuliert. **II** läßt sich direkt zur *6-Brom-Verb.* (**X**) bromieren. Hydrolyse u. erneute Veresterung von **I** gibt *6.7-Dihydro-1-methylindol-2.3.4-tricarbonsäuretrimethylester* (**VIII**), der mit Br_2 zu **II** oxydiert wird. **VIII** reagiert mit **VII** zum Gemisch eines *1-Methylindoltetracarbonsäuretetramethylesters* mit *1-Methylindol-2.3.4.6.7-pentacarbonsäurepentamethylester.* Teilweise Decarboxylierung der 6.7-Dihydro-1-methylindol-2.3.4-tricarbonsäure, Veresterung u. Dehydrierung führt zum selben Prod. wie die teilweise Verseifung u. Decarboxylierung von **II**. UV-Spektren der Verbb. sind angegeben.

Versuche: *1-Methylindolin-2.3.3.4-tetracarbonsäuretetramethylester* (**III**), $C_{17}H_{19}NO_8$, F. 107° (Methanol),

a) 5%ig. Pd-Kohle wird mit verd. HCl gewaschen u. bei 140° getrocknet, mit I gemischt u. 6 Std. auf 180° erhitzt, mit Ae. extrahiert u. in Bzl. über Al_2O_3 chromatographiert; 4% (Ausbeute); b) durch Hydrierung von 30 mg VI in Methanol über Pd-Kohle; 15 mg. — 1-Methylindol-2.3.4-tricarbonsäuretrimethylester: *Unsubstituiert* (II), F. 123—124° (Methanol), a) neben III nach a) durch weitere Eluierung; 9%; b) durch Hydrierung von IX; c) durch Hydrierung von X; d) durch Bromierung von IV (s. unten) in Methanol; 90%; e) durch Erhitzen von 50 mg IV mit Pd-Kohle auf 140°; 20 mg. — *5(oder 7)-Brom-* (IX), $C_{15}H_{14}BrNO_6$, F. 177° (Methanol), durch alkal. Verseifung von 0,38 g VI in Methanol, Extrahieren der Säure mit Ae. u. Rk. mit CH_2N_2; 40 mg. — *6-Brom-* (X), $C_{15}H_{14}BrNO_6$, F. 157—159° (Bzl./PAe.), durch Bromieren von 2,4 g II in CH_3COOH bei 10°, Gießen in W. u. Herauslösen mit Methanol; 0,8 g; daneben *Verb. vom F. 187°* (Methanol). — *4.5.6.7-Tetrahydro-*, $C_{15}H_{19}NO_6$, F. 95° (PAe.), durch Hydrieren von 0,5 g VIII (s. unten) in Methanol über Pd-Kohle; 70%; daneben *Verb. vom F. 146—147°* (PAe.); 50 mg. — *1-Methylpyrrol-2.3.4-tricarbonsäuretrimethylester* (V), F. 163° (Methanol), a) durch 10 Min. Kochen von I in Diphenyläther; 6%; b) in einem Falle neben II u. III; 1%. — *1-Methylindol-2.3.6.7-tetracarbonsäuretetramethylester*, neben vorst. Verb. nach a) aus den Mutterlaugen; 10%. — *5(oder 7)-Brom-1-methylindolin-2.3.3.4-tetracarbonsäuretetramethylester* (VI), $C_{17}H_{18}BrNO_8$, F. 97—98° (PAe.), durch Zugabe von Br_2 zu III in Methanol bei 40°; 74%. — *6.7-Dihydro-1-methylindol-2.3.4-tricarbonsäure, Monohydrat* (IV), $C_{12}H_{13}NO_7$, F. 229° (Zers.; A.), durch alkal. Verseifung von I in Methanol/Wasser; 57%. *Trimethylester* (VIII), $C_{15}H_{17}NO_6$, F. 98° (PAe.), mit CH_2N_2. — *m-Dimethylaminobenzoesäuremethylester*, $C_{10}H_{13}NO_2$, Kp.$_{0,03}$ 72°, Kp. 278°, aus der Säure mit CH_2N_2; n_D^{20} 1,559. — *Dibrom-m-dimethylaminobenzoesäuremethylester*, $C_{10}H_{11}\cdot Br_2NO_2$, F. 150° (Zers.; Methanol), durch Bromierung in Methanol. — *1-Methylindol-2.3.4.6.7-pentacarbonsäurepentamethylester*, $C_{19}H_{19}NO_{10}$, F. 187° (Methanol), durch 1½std. Erhitzen von 1 g VIII u. 1 g VII auf 200°, Chromatographie in Bzl. u. Elueren mit Bzl./Ae. u. Bzl.; 26 mg. — *1-Methylindoltetracarbonsäuretetramethylester*, $C_{17}H_{17}\cdot NO_8$, F. 200° (Methanol), neben vorst. Verb.; 70 mg; daneben *Verb. vom F. 119—120°* (Methanol), durch Eluieren mit Bzl. — *Dimethoxycarbonyl-1-methylindolcarbonsäure*, $C_{14}H_{13}NO_6$, F. 180° (Methanol), durch alkal. Verseifung von II; 70%. — *1-Methylindol-3(?).4-dicarbonsäuredimethylester*, $C_{14}H_{13}NO_4$, F. 120—121° (Methanol), a) durch Erhitzen vorst. Verb. mit Cu-Pulver in Chinolin auf 180°; 24%; b) durch Erhitzen nachst. Esters mit Pd-Kohle auf 130° u. Extraktion mit Methanol. — *6.7-Dihydro-1-methylindol-3(?).4-dicarbonsäuredimethylester*, $C_{13}H_{15}NO_4$, F. 103—103,5° (PAe.), durch Erhitzen von IV u. konz. HCl auf dem Dampfbad. W. Holland 3231◇

0880 **Additionsreaktionen von heterocyclischen Verbindungen.** 15. Mitt. **9a-Methyl-9aH-chinolizin-1.2.3.4-tetracarbonsäuretetramethylester.** R. M. Acheson, A. R. Hands und M. J. Woolven. (J. chem. Soc. [London] **1963,** 2082—83; Oxford, Univ., Dep. of Biochem.; engl.) — 14. vgl. vorst. Referat. — Bei der Rk. von α-Picolin (I) mit Acetylendicarbonsäuredimethylester (II) wird entgegen Literaturangaben allein eine gelbe Verb. erhalten, für die die Struktur eines *9a-Methyl-9aH-chinolizin-1.2.3.4-tetracarbonsäuretetramethylesters* (III) nachgewiesen wird. Rk. von III mit weiterem II führt zu *Phthalsäuredimethylester* u. vermutlich über den Zerfall eines primär gebildeten 6.9-Adduktes zu *2-Methylpyridin-3.4.5.6-tetracarbonsäuretetramethylester*.

Versuche: *9a-Methyl-9aH-chinolizin-1.2.3.4-tetracarbonsäuretetramethylester* (III), $C_{18}H_{19}NO_8$, F. 139°, durch Zugabe von 5 ml mit CaH_2 getrocknetem I zu 13 ml II in Ae., offenes Stehen über 3 Wochen u. Zugabe von Methanol/Ae.; gelbe Blättchen aus Methanol; 2,6 g (Ausbeute). — *2-Methylpyridin-3.4.5.6-tetracarbonsäuretetramethylester*, F. 72°, durch 18std. Erhitzen von 1,5 g III u. 1,15 g II auf 180°, Chromatographie an Al_2O_3 u. Elution mit Methanol/Ae.; gelbe Rhomben aus Ae./PAe.; 0,68 g; daneben *Phthalsäuredimethylester*.

W. Holland 3231◇

0881 **Katalytische Transketalisierungen in Gegenwart von Metalloxiden.** Pierre Mastagli, Marie-Madeleine Duval und Daniel Baladie. (C. R. hebd. Séances Acad. Sci. **257,** 690—92, 1963; Paris, Inst. Cath.; franz.) — Acetondiäthylketal (I) ergibt bei 2std. Kochen mit entsprechenden Alkoholen in Ggw. von MoO_3 unter Abdest. des entstehenden A. folgende Propane: *2.2-Bis-[butyloxy]-*, $C_{11}H_{24}O_2$, Kp. 130°, n_D^{18} 1,414; 19% (Ausbeute). — *2.2-Bis-[pentyloxy]-*, $C_{13}H_{28}O_2$, Kp.$_{15}$ 112°, n_D^{17} 1,4188; 46%. — *2.2-Bis-[heptyloxy]-* (II), $C_{17}H_{36}O_2$, Kp.$_{10}$ 160°, n_D^{17} 1,4319; 17%. — *2.2-Bis-[octyloxy]-*, $C_{19}H_{40}O_2$, Kp.$_{15}$ 185°, n_D^{19} 1,4347; 15%. — *2.2-Bis-[1-methylheptyloxy]-*, $C_{19}H_{40}O_2$, Kp.$_{10}$ 165°, n_D^{20} 1,4358; 5%. — *2.2-Bis-[laurylоxy]-*, $C_{27}H_{56}O_2$, Kp.$_{12}$ 240°, F. 35°; 10%; daneben geringe Mengen *Isopropenyldodecyläther* (III), $C_{15}H_{30}O$, Kp.$_{12}$ 195°, n_D^{15} 1,4469. — *Isopropyldodecyläther*, Kp.$_{10}$ 138°, durch Hydrierung von III an Raney-Ni bei 70° u. 100 at; n_D^{20} 1,4290. — Die Ausbeute an II sinkt bei Ersatz von MoO_3 durch den Kationenaustauscher Amberlite IR 120 auf 12%, durch Co_2O_3/Co_3O_4-Katalysator auf 10% u. durch WO_3 auf 1%. Mit Diolen reagiert I in Ggw. von MoO_3 in analoger Weise unter Bldg. folgender Ketale: *2.2.4-Trimethyl-1.3-dioxacyclopentan*, $C_6H_{12}O_2$, Kp. 99°, aus Propandiol-(1.2); $n_D^{16,5}$ 1,4038; 43%. — *2.2-Dimethyl-1.3-dioxacyclohexan*, $C_6H_{12}O_2$, Kp. 124°, aus Propandiol-(1.3); n_D^{19} 1,4196; 65%. — *2.2.4-Trimethyl-1.3-dioxacyclohexan*, $C_7H_{14}O_2$, Kp. 131°, aus Butandiol-(1.3); $n_D^{19,7}$ 1,4190; 76%. — *2.2-Dimethyl-1.3-dioxacycloheptan*, $C_7H_{14}\cdot O_2$, Kp. 136°, aus Butandiol-(1.4); n_D^{18} 1,4277; 38%. — *2.2.5-Trimethyl-5-propyl-1.3-dioxacyclohexan*, $C_{10}H_{20}O_2$, Kp.$_{10}$ 71°, aus 2-Methyl-2-propylpropandiol-(1.3); n_D^{20} 1,4320; 70%. Gisela Schreiber 3252◇

0882 **Konstitution von Aminomethylbenzoylbenzodioxanisomeren.** Albert Funke. (C. R. hebd. Séances Acad. Sci. **244,** 360—62, 1957; franz.) — Durch Synth. von Aminomethylbenzoylbenzodioxanen eindeutiger Konstit. wird bewiesen, daß bei Rk. von 3.4-Dihydroxybenzophenon mit Epichlorhydrin hauptsächlich *3-Hydroxymethyl-7-benzoylbenzodioxan* bzw. nach Rk. mit $SOCl_2$ u. Aminen *3-Aminomethyl-7-benzoylbenzodioxane* entstehen.

Versuche: Benzophenone: *3-Hydroxy-4-benzyloxy-*, F. 133°, durch Rk. von 3.4-Dihydroxybenzophenon mit Benzylchlorid u. KOH; 42% (Ausbeute). — *3-[γ-Chlor-β-hydroxypropyloxy]-4-benzyloxy-*, F. 90°, durch Rk. vorst. Verb. mit Epichlorhydrin in Piperidin; 80%. — *3-[γ-Chlor-β-hydroxypropyloxy]-4-hydroxy-*, F. 115°, durch Rk. vorst. Verb. mit HCl u. Essigsäure; 76%. — Benzodioxane: *3-Hydroxymethyl-7-benzoyl-*, F. 108°, durch Rk. vorst. Verb. mit KOH; 90%. — *3-Chlormethyl-7-benzoyl-*, Kp.$_{0,06}$ 185—190°, durch Rk. vorst. Verb. mit $SOCl_2$ in Pyridin. — *3-Piperidinomethyl-7-benzoyl-, Hydrochlorid*, F. 193°, durch Rk. vorst. Verb. mit Piperidin; 68%. Gottfried Schreiber 3252△

0883 **Die Reaktion von Pyridazin mit Maleinanhydrid.** R. C. Cookson und N. S. Isaacs. (Tetrahedron [London] **19,** 1237—42, 1963; Southampton, Univ., Chem. Dep.; engl.) — Pyridazin (I) reagiert mit 2 Mol Maleinsäureanhydrid (II) zu *4aH-5.6.7.8-Tetrahydropyrido-[1.2:b]-pyridazin-5.6.7.8-tetracarbonsäure* (V)*-Dianhydrid* (III), das sich über Pd/Kohle zur entsprechenden *3.4.5.-6.7.8-Hexahydro-Verb.* (IV) hydrieren läßt. Hydrolyse von III gibt V. III gibt in sd. Methanol ein V-Diestergemisch, das mit CH_2N_2 in den *Tetramethylester von* V übergeführt wird. Oxydation von III mit konz. HNO_3 gibt *Pyridazin-3-carbonsäure*. Durch Bromierung von III wird eine krist. *Monobrom-Verb.* erhalten, für die auf Grund der Analyse, des IR- u. des UV-Spektrums (Abb.) die Struktur *4aH-3-Brom-4-hydroxy-3.4.5.6.7.8-hexahydropyrido-[1.2:b]-pyridazin-5.6.7.8-tetracarbonsäure-7.8-anhydridlacton-(6 → 4)* vorgeschlagen wird. Da die physikal. Eigg. von III auch nach wiederholtem Umkristallisieren konst. bleiben, besteht III wahrscheinlich aus nur einem der möglichen DL-Isomeren. Die Struktur von III wurde durch IR- u. UV-Spektren (Abb.) sowie durch Unterss. der NMR-Spektren von III (Abb.), *5.6.7.8-Tetradeutero-*III, I u. 3-Hydroxymethyl-I (VI) gesichert; es wird angenommen, daß es sich um das Racemat mit 4aβH-5β.6β.7α.8α-tetracarboxy-Konfiguration handelt. Das UV-Spektrum von IV ist abgebildet.

Versuche: *4aH-5.6.7.8-Tetrahydropyrido-[1.2:b]-pyridazin-5.6.7.8-tetracarbonsäure* (V), Zers. bei 140° (Methanol), durch Lösen von III in warmem W., mehrstd. Stehen bei 50°, Eindampfen bei 12 Torr, Lösen in Methanol u. Fällen mit Aceton. *Dianhydrid* (III), $C_{12}H_8N_2O_6$, F. 180° (Zers.; Methanol), durch 2tägiges Stehen von I u. II in abs. Chlf. bei Raum-Temp., 2tägiges Stehen bei 40° u. Extrahieren des Nd. mit sd. Äthylacetat; 85% (Ausbeute); *5.6.7.8-Tetradeutero-Deriv.*, analog III mit $^2H_2$-II (durch Deuterierung von Acetylendicarbonsäure in Ggw. von Pd/$BaSO_4$ u. Sublimieren aus P_2O_5; 100%). — *4aH-3.4.5.6.7.8-Hexahydropyrido-[1.2:b]-pyridazin-5.6.7.-8-tetracarbonsäuredianhydrid* (IV), $C_{12}H_{10}N_2O_6$, F. 203° (Äthylacetat), durch Hydrieren von III in Äthylacetat u. Ggw. von 10%ig. Pd/Kohle bei 80 lb./sq. in. u. 70°; 95%. — *4aH-3-Brom-4-hydroxy-3.4.5.6.7.8-hexahydropyrido-[1.2:b]-pyridazin-5.6.7.8-tetracarbonsäure-7.8-anhydrid-lacton-(6 → 4)* (?), $C_{12}H_9BrN_2O_7$, F. 180° (Zers.; CH_3CN), durch Zutropfen von Br_2 zu III in eiskaltem Äthylacetat; hygroskopisch. — *Pyridazin-3-carbonsäure*, F. 200° (W.), a) durch 24std. Erhitzen von III in konz. HNO_3 auf 90° u. Eindampfen bei 12 Torr; b) durch Oxydation von VI mit $KMnO_4$-Lsg. bei 70°, Filtrieren u. Ansäuern mit konz. HCl; 88%. W. Krum 3272◇

0884 **Benzo-[c]-cinnoline. Die Nitrierung des Benzo-[c]-cinnolins und seines N-Oxids.** J. W. Barton und M. A. Cockett. (J. chem. Soc. [London] **1962**, 2454—60; Bristol, Univ.; engl.) — Nitrierung von Benzo-[c]-cinnolin (I) mit konz. HNO_3–konz. H_2SO_4 gibt das *1-* u. *4-Nitro-deriv.* von I. Unter den gleichen Bedingungen wird 2.2'-Diaminodiphenyl zu *2.2'-Diamino-4-nitrodiphenyl* nitriert, diazotiert u. mit H_3PO_2 zu *3-Nitrobenzo-[c]-cinnolin* umgesetzt. Bei der Nitrierung von 2.2'-Diacetamidodiphenyl wird das *5.5'-Dinitro-Deriv.* erhalten. Nitrierung von 2-Acetamido-2'-phthalimidodiphenyl liefert in Eisessig-Acetanhydrid *2-Acetamido-3-nitro-* (V) u. *2-Acetamido-5-nitro-2'-phthalimidodiphenyl* (IV), die zu den entsprechenden *Diaminen* hydrolysiert u. dann über die Diazonium-Verbb. zu *3-Nitrodiphenyl* sowie *4-* u. *2-Nitrobenzo-[c]-cinnolin* umgesetzt werden. Benzo-[c]-cinnolin-5-oxid (II) wird in rauchender HNO_3 unter 40° zu *2-Nitrobenzo-[c]-cinnolin-6-oxid* (III) u. wenig *2-Nitrobenzo-[c]-cinnolin-5.6-dioxid* nitriert. Rk. bei 80° liefert nur III. III wird mit $SnCl_2$ zu *2-Aminobenzo-[c]-cinnolin* u. mit Hydrazinhydrat u. Raney-Ni zu *2-Aminobenzo-[c]-cinnolin-6-oxid* red., das durch Sandmeyer-Rk. in *2-Brombenzo-[c]-cinnolin-6-oxid* übergeführt wird. Dieses liefert mit $SnCl_2$ *2-Brombenzo-[c]-cinnolin*, das auch aus 2-Acetamido-2'-nitrodiphenyl durch Bromierung, Hydrolyse u. Rk. des *2-Amino-5-brom-2'-nitrodiphenyls* mit Alkali erhältlich ist. In konz. H_2SO_4 wird II durch HNO_3 zu *1-* neben wenig *4-Nitrobenzo-[c]-cinnolin-5-oxid* nitriert. Diese entstehen auch bei der Oxydation der Nitro-Verbb. mit H_2O_2 u. geben bei der Red. *1-* u. *4-Aminobenzo-[c]-cinnolin*. 4-Brombenzo-[c]-cinnolin kann nicht nach der Sandmeyerschen Rk. aus 4-Aminobenzo-[c]-cinnolin hergestellt werden.

Versuche: *4-Nitrobenzo-[c]-cinnolin*, $C_{12}H_7N_3O_2$, F. 237—238° (Bzl.; gelbe Blättchen), durch Eintropfen von konz. HNO_3–konz. H_2SO_4 (1 : 10) zu I in konz. H_2SO_4, 2std. Erhitzen auf 80—90°, Abkühlen, Gießen auf Eis, Chromatographie aus Bzl. an Al_2O_3, Eluieren mit Bzl. u. Abtrennen von *1-Nitrobenzo-[c]-cinnolin* [56% (Ausbeute)]; 15%. — *2.2'-Diamino-4-nitrodiphenyl*, $C_{12}H_{11}N_3O_2$, $Kp._{0,35}$ 190—220°, F. 89—90° (A.; orangerote Platten), durch Eintropfen von konz. HNO_3–konz. H_2SO_4 (7 : 30) zu 18,4 g 2.2'-Diaminodiphenyl in konz. H_2SO_4 bei 0—5°, 2std. Rühren bei dieser Temp., Gießen auf Eis, Neutralisieren u. Ausäthern; 6,0 g. *Diacetyl-Deriv.*, $C_{16}H_{15}N_3O_4$, F. 174,5—176° (wss. A.; gelbe Prismen). — *3-Nitrobenzo-[c]-cinnolin*, $C_{12}H_7N_3O_2$, F. 258—259° (Bzl.; gelbe Blättchen), a) durch Diazotieren vorst. Verb. in HCl (1 : 1) bei 0—5° mit $NaNO_2$, Versetzen mit H_3PO_2 (50%ig.), 1std. Rühren, 24std. Stehen im Kühlschrank, Verdünnen mit W. nach weiteren 48 Std., Aufnehmen in wss. HCl u. Fällen mit W. (Meth. A); 22%; b) durch 2 Tage langes Stehen vorst. Verb. mit Phenyljodosodiacetat in benzol. Lsg. bei Zimmertemp., Waschen mit 5%ig. wss. Na_2CO_3-Lsg. u. Chromatographie an Al_2O_3 mit Bzl. (Meth. B); 69,5%. — *2-Acetamido-5-nitro-2'-phthalimidodiphenyl* (IV), $C_{22}H_{15}N_3O_5$, F. 268—270° (Bzl.; gelbe Platten), durch Zutropfen von konz. HNO_3 in Eisessig (5 : 4) zu 2-Acetamido-2'-phthalimidodiphenyl [F. 163 bis 164° (A.; Prismen)] bei 20—25° u. Gießen auf Eis nach 3 Std.; 44,5%. — *2-Acetamido-3-nitro-2'-phthalimidodiphenyl* (V), F. 210—217° (A.; hellgelbe Mikrokristalle), beim Einengen der Mutterlaugen vorst. Verb.; 35%. — *2.2'-Diamino-5-nitrodiphenyl*, $C_{12}H_{11}N_3O_2$, F. 128—129° (wss. A.; gelbe Nadeln), durch 0,5std. Kochen von 10 g IV mit Hydrazinhydrat in A., 4std. Kochen mit konz. HCl, Verdünnen mit W. u. Neutralisieren; 5,7 g. — *2-Nitrobenzo-[c]-cinnolin*, $C_{12}H_7N_3O_2$, F. 269—270° (A.; gelbe Nadeln), a) aus vorst. Verb. nach A; 43%; b) ebenso nach B; 47%. — *2.2'-Diamino-3-nitrodiphenyl*, $C_{12}H_{11}N_3O_2$, F. 99—100° (wss. A.; gelbe Nadeln), durch analoge Hydrolyse von V wie beim 5-Nitro-Deriv.; 88%. — *4-Nitrobenzo-[c]-cinnolin*, F. 237—238°, aus vorst. Verb. a) nach A; 15%; b) nach B; 37%. — *3-Nitrobiphenylen-2.2'-jodoniumjodid*, F. 184—186° (Zers.; Methanol; citronengelb), a) durch 24std. Rühren von 2-Jod-3-nitrodiphenyl in Acetanhydrid mit Peressigsäure (aus Acetanhydrid u. 30%ig. H_2O_2), tropfenweisen Zusatz von konz. H_2SO_4, Versetzen mit W. nach 6 Std., Waschen mit Bzl. u. Versetzen mit $Na_2S_2O_5$ u. KJ; 95%; b) durch Diazotieren von 2.2'-Diamino-3-nitrodiphenyl, Versetzen mit konz. KJ-Lsg., 1std. Rühren bei Zimmertemp., Rühren bei 100° bis zum Ende der N_2-Entw., Versetzen mit $Na_2S_2O_5$ nach dem Abkühlen, Rühren mit Bzl. u. Aufarbeiten der wss. Phase; 35,5%. — *2.2'-Dijod-3-nitrodiphenyl*, $C_{12}H_7J_2 \cdot NO_2$, F. 107—108° (Methanol; gelbe Platten), a) durch Chromatographie der benzol. Phase bei der Darst. vorst. Verb. unter b) an Al_2O_3; 20%; b) durch Erhitzen vorst. Verb. bis zur beginnenden Zers. u. Aufnehmen in Aceton; 86%. — *2-Nitrobenzo-[c]-cinnolin-6-oxid* (III), F. 274 bis 276° (Zers.; Eisessig; gelbe Nadeln), durch langsames Eintragen von II in konz. HNO_3 (D. 1,5) unter Rühren $<40°$ u. Gießen in W. nach 1std. Rühren; 69%. — *2-Nitrobenzo-[c]-cinnolin-5.6-dioxid*, $C_{12}H_7N_3O_4$, F. 258 bis 259°, durch Verdünnen der Mutterlaugen vorst. Verb. u. Umkristallisation aus wss. Dimethylformamid u. Eisessig; 13,5%. — *4-Nitrobenzo-[c]-cinnolin-5(oder 6)-oxid*, $C_{12}H_7N_3O_3$, F. 259—260° (Eisessig; hellgelbe Platten), a) durch Eintropfen von konz. HNO_3–konz. H_2SO_4 (1 : 12) in eine gerührte Lsg. von II in konz. H_2SO_4, 2std. Erwärmen auf 70—80°, Abkühlen, Gießen auf Eis u. Extrahieren des Nd. mit Bzl.; 26%; b) durch 7std. Rk. von 0,5 g 4-Nitrobenzo-[c]-cinnolin mit 30%ig. H_2O_2 in Eisessig bei 80° u. fraktionierte Kristallisation aus Bzl.; 0,3 g. — *1-Nitrobenzo-[c]-cinnolin-6(oder 5)-oxid*, F. 247 bis 248° (Eisessig), a) aus dem Rückstand des Bzl.-Extraktes von der Darst. vorst. Verb.; 43%; b) durch 7std. Rk. von 8 g 1-Nitrobenzo-[c]-cinnolin mit 30%ig. H_2O_2 bei 80° u. fraktionierte Kristallisation aus Bzl.; 4,4 g. Daneben noch ein zweites *Oxid vom F. 226—227°*, das in Bzl. leichter lösl. ist; 3 g. — *1-Aminobenzo-[c]-cinnolin*, F. 167—168° (wss. A.), durch 30 Min. langes Erhitzen vorst. Verb. mit $SnCl_2$ in konz. HCl u. A. auf dem Wasserbad, Alkalisieren u. Abkühlen auf 0° (Meth. C). *Acetyl-Deriv.*, $C_{14}H_{11}N_3O$, F. 257—258° (A.; gelbe Nadeln). — *2-Aminobenzo-[c]-cinnolin*, F. 244—245°, aus III nach C. *Acetyl-Deriv.*, F. 296—297° (A.; hellgelbe Nadeln). — *3-Aminobenzo-[c]-cinnolin*, F. 162—163° (orangefarbene Nadeln), a) nach C; b) durch Red. von 2.2'.4'-Trinitrodiphenyl mit Hydrazin-Raney-Ni analog I; 59%. *Acetyl-Deriv.*, F. 296—297° (A.; hellgelbe Nadeln). — *4-Aminobenzo-[c]-cinnolin*, F. 206—207° (tief goldfarbige Nadeln), nach C. *Acetyl-Deriv.*, F. 194—195° (A.; gelbe Nadeln). — *2-Aminobenzo-[c]-cinnolin-6-oxid*, F. 213—215° (Zers.; Bzl.-Methanol; orangefarbene Nadeln), durch portionsweise Zugabe von Raney-Ni zu III u. Hydrazinhydrat in heißem A. u. 0,5std. Kochen. *Acetyl-Deriv.*, $C_{14}H_{11}N_3O_2$, F. 278—280° (Zers.; A.; hellgelbe Nadeln). — *2-Brombenzo-[c]-cinnolin-6-oxid*, F. 249 bis 250° (Bzl.-Methanol u. wss. Eisessig), durch Diazotieren vorst. Verb. mit $NaNO_2$ in salzsaurer wss. Lsg. bei 0—5°, Eingießen in 47%ig. HBr mit CuBr bei 0°, nach 10 Min. Erhitzen auf 100° bis zum Ende der N_2-Entw., Fällen mit W. u. Rühren mit konz. NH_4OH-W. (1 : 1); 46%. — *2-Brombenzo-[c]-cinnolin*, $C_{12}H_7BrN_2$, F. 221 bis

222° (A.; gelbe Nadeln), a) aus der 2-Aminoverb. mit CuBr–HBr nach Diazotieren wie vorst. Verb. u. Extrahieren des Nd. mit Bzl.; 19%; b) durch Diazotieren von 2.2'-Diamino-5-bromdiphenyl (**VI**) in konz. H_2SO_4 bei 0—5° mit $NaNO_2$, Zugabe von 50%ig. H_3PO_2 bei 0°, Erwärmen auf Zimmertemp., 24std. Stehen, Erhitzen auf dem Wasserbad bis zur vollständigen N_2-Abspaltung, Neutralisieren, Extrahieren mit Bzl., Chromatographie an Al_2O_3, Eluieren mit Bzl. zur Entfernung des 3-Bromdiphenyls (Spur) u. 3-Bromcarbazols (12%) u. Eluieren mit Bzl.-Chlf. (4 : 1); 43%; c) aus **VI** durch Oxydation wie die 3-Nitroverb. nach b); 55%. — *4-Jodbenzo-[c]-cinnolin*, $C_{12}H_7JN_2$, F. 190,5—191,5° (wss. A.; gelbe Nadeln), durch Diazotierung der 4-Aminoverb. in HCl mit $NaNO_2$ bei 0—5°, Zugabe von KJ nach 10 Min., Erwärmen auf Zimmertemp. u. Versetzen mit $Na_2S_2O_5$; 44,5%.
E. Koßmehl 3272◇

0885 **Die Antitumorwirksamkeit von 2-Amino-6-alkylmercapto-9-β-D-ribofuranosylpurinen und verwandten Verbindungen des 2-Amino-6-purinthiols (Thioguanin).** C. Wayne Noell und Roland K. Robins. (J. med. pharmac. Chem. **5**, 1074—85, Nov. 1962; Tempe, Ariz., State Univ., Dep. of Chem.; engl.) — *2-Amino-6-[6-methylpyridyl-(2)-methylmercapto]-purin* u. eine Anzahl von *6-Alkylmercapto-2-amino-9-[β-D-ribofuranosyl]-purinen* wurden dargestellt. Einige dieser Verbb. besitzen Antitumorwirkung.

Versuche: 6-Mercapto-2-amino-9-[β-D-ribofuranosyl]-purine, a) durch Zugabe des entsprechenden Alkylhalogenids in -Dioxan zu 2-Amino-9-[β-D-ribofuranosyl]-6-mercaptopurinmonohydrat (vgl. Fox u. Mitarbeiter, C. **1959**, 3154) in W. u. 28%ig. NH_4OH, 2½std. Rühren bei 45—50°, Extrahieren mit Äthylacetat, Eindampfen im Vakuum, Lösen in sd. Methanol, Entfärben mit Kohle, Eindampfen im Vakuum u. Digerieren in PAe.; b) analog a) durch 3std. Rühren bei 55—60°, Einengen, Zusetzen von 28%ig. NH_4OH, Lösen des Nd. in sd. Methanol, Entfärben mit Kohle, Eindampfen im Vakuum, wiederholtes Eindampfen mit Methanol u. Digerieren in PAe.; c) analog a) durch Kühlen des Rk.-Gemisches, Abfiltrieren u. Waschen des Nd. mit W.; d) analog c), jedoch ohne Verw. von Dioxan: *S-Methyl-*, $C_{11}H_{15}N_5O_4S$, F. 182° (Äthylacetat), nach a) mit Dimethylsulfat; 30% (Ausbeute). — *S-Äthyl-, Hemihydrat*, $C_{12}H_{17}N_5O_4S \cdot {}^1/_2H_2O$, nach a) mit C_2H_5J; aus Äthylacetat; 49%. — *S-n-Propyl-, Hemihydrat*, $C_{13}H_{19}N_5O_4S \cdot {}^1/_2H_2O$, nach a) mit n-$C_3H_7J$; aus Äthylacetat/PAe.; 63%. — *S-Isopropyl-, Hemihydrat*, $C_{13}H_{19}N_5O_4S \cdot {}^1/_2H_2O$, nach a) mit Isopropyljodid; aus Äthylacetat/PAe.; 60%. — *S-n-Butyl-, Hemihydrat*, $C_{14}H_{21}N_5O_4S \cdot {}^1/_2H_2O$, nach a) mit n-$C_4H_9J$; aus Äthylacetat/PAe.; 57%. — *S-Isobutyl-, Hemihydrat*, $C_{14}H_{21}N_5O_4S \cdot {}^1/_2H_2O$, nach a) mit Isobutyljodid; aus Äthylacetat/PAe.; 57%. — *S-sek.-Butyl-, Hemihydrat*, $C_{14}H_{21}N_5O_4S \cdot {}^1/_2H_2O$, nach a) mit sek.-Butylbromid; aus Äthylacetat/PAe.; 48%. — *S-Allyl-, Hemihydrat*, $C_{13}H_{17}N_5O_4S \cdot {}^1/_2H_2O$, nach a) mit Allylbromid; aus Äthylacetat/PAe.; 33%. — *S-Benzyl-, Hydrat*, $C_{17}H_{19}N_5O_4S \cdot H_2O$, F. 101—103° (PAe./Aceton), nach a) mit Benzylchlorid; 69%. — *S-p-Brombenzyl-, Hydrat*, $C_{17}H_{18}BrN_5O_4S \cdot H_2O$, F. 147 bis 148° (PAe./Aceton), nach b) mit p-Brombenzylbromid; 89%. — *S-o-Chlorbenzyl-, Hydrat*, $C_{17}H_{18}ClN_5O_4S \cdot H_2O$, F. 115—117° (PAe./Aceton), nach b) mit o-Chlorbenzylchlorid; 77%. — *S-p-Chlorbenzyl-, Hydrat*, $C_{17}H_{18}ClN_5O_4S \cdot H_2O$, F. 162° (PAe./Aceton), nach b) mit p-Chlorbenzylchlorid; 74%. — *S-m-Fluorbenzyl-, Hydrat*, $C_{17}H_{18}FN_5O_4S \cdot H_2O$, F. 102—105° (PAe./Aceton), nach b) mit m-Fluorbenzylchlorid; 54%. — *S-p-Nitrobenzyl-*, $C_{17}H_{18}N_6O_6S$, F. 200—201° (PAe./Aceton), nach c) mit p-Nitrobenzylchlorid; 86%. — *S-o-Nitrobenzyl-*, $C_{17}H_{18}N_6O_6S$, F. 156—158° (PAe./Aceton), nach c) mit o-Nitrobenzylchlorid; 83%. — *S-Phenacyl-*, $C_{18}H_{19}N_5O_5S$, F. 186° (Äthylacetat/Methanol), nach c) mit Phenacylchlorid; 69%. — *S-p-Chlorphenacyl-*, $C_{18}H_{18}ClN_5O_5S$, F. 124—125° (Äthylacetat/Methanol), nach c) mit p-Chlorphenacylbromid; 83%. — *S-[Pyridyl-(2)-methyl]-*, $C_{16}H_{18}N_6O_4S$, F. 210—211° (A.), nach d) mit Pyridyl-(2)-methylchlorid; 92%. — *S-[Pyridyl-(3)-methyl]-*, $C_{16}H_{18}N_6O_4S$, F. 175° (W.), nach d) mit Pyridyl-(3)-methylchlorid; 74%. — *S-[6-Methylpyridyl-(2)-methyl]-*, $C_{17}H_{20}N_6O_4S$, F. 246—248° (A.), nach d) mit 6-Methylpyridyl-(2)-methylchlorid (**I**); 64%. — *S-p-Tolylmethyl-*, $C_{18}H_{21}N_5O_4S$, F. 108—110° (PAe./Aceton), nach b) mit p-Methylbenzylbromid; 83%. — *S-[1-Methyl-4-nitroimidazolyl-(5)]-, Hydrat*, $C_{14}H_{16}N_8O_6S \cdot H_2O$, F. 234—236° (Zers.; W.), nach d) mit 1-Methyl-4-nitro-5-chlorimidazol; 78%. — *2-Amino-6-[6-methylpyridyl-(2)-methylmercapto]-purin*, $C_{12}H_{12}N_6S$, F. 236—237° (A.), durch Zugabe von 10 g 2-Amino-6-mercaptopurin (vgl. Fox, l. c.) in konz. NH_4OH zu 11 g **I**-Hydrochlorid unter Rühren u. 1std. Erwärmen auf 40°; 11,2 g.
P. Schwerdtfeger 3272◇

0886 **Synthese und chromatographische Trennung von** $^{14}C_{(8a)}$**-Biopterin und** $^{14}C_{(8a)}$**-7-Biopterin.** Heinz Rembold und Heinz Metzger. (Chem. Ber. **96**, 1395—1405, 1963; München, M. P. I. für Biochem.; dt.) — *Biopterin* (**I**) u. *7-Biopterin* (**II**; *2-Amino-4-hydroxy-7-[L-erythro-1.2-dihydroxypropyl]-pteridin*) werden durch Trennung an phosphorylierter Cellulose in reiner Form isoliert. **II** ist im Wachstumstest an Crithidia fasciculata inaktiv. Der Einfl. der Rk.-Bedingungen auf die Ausbeute an **I** u. **II** wird untersucht. Die UV-Spektren von **I** u. **II** werden diskutiert. Die Radiosynth. von **I** u. **II** wird ausgehend von $K^{14}CN$ beschrieben. Die Eigg. von *2-Amino-4-hydroxy-6-* bzw. *-7-[L-erythro-1.2.3-trihydroxypropyl]-pteridin* werden mitgeteilt.

Versuche: *Biopterin* (**I**), a) durch ¼std. Erhitzen von 96%ig. Hydrazinhydrat u. 5-Desoxy-L-arabinose in W. bei 100°, Zugeben von W., Eisessig u. 2.4.5-Triamino-6-hydroxypyrimidinsulfat, 25 Min. lange Rk. bei 100° {→ *Rohbiopterin*; 50—65% (Ausbeute)}, Aufkochen von 100 mg in W., Auftragen auf eine mit einer 2,5% $HCOO \cdot NH_4$ u. 2,5% HCOOH enthaltenden wss. Lsg. u. dann mit 2,5%ig. HCOOH gewaschenen Säule aus P-Cellulose (0,77 oder 1,76 m val/g) u. Eluieren mit W.; 4 mg; daneben 23 mg *7-Biopterin* (**II**); b) durch Dialysieren von 300 g Weiselzellenfuttersaft gegen W., Einengen, Waschen mit Ae., weiteres Einengen, zweimaliges Trennen an Dowex 1 · 8 (Formiatform) u. dann an P-Cellulose; 1,5 mg. — $^{14}C_{(4)}$*-2.4.5-Triamino-6-hydroxypyrimidinsulfat*, durch Mischen von Chloressigsäure, wasserfreiem K_2CO_3 u. W., Zugeben von $K^{14}CN$ (1 mc/m Mol) nach beendeter CO_2-Entwicklung, 1std. Rk. bei 100°, Eindampfen, Trocknen, 1std. Kochen mit Dimethylsulfat in Methanol, Zugeben von Guanidinnitrat, abs. Methanol u. Na in abs. Methanol, 2std. Rk. bei 100°, Zugeben von W., Einstellen auf pH 4 mit konz. HCl, Eindampfen, Zugeben von W. u. bei 90° konz. $NaNO_2$-Lsg., 5 Min. lange Rk. bei 90° (→ $^{14}C_{(4)}$*-2.4-Diamino-6-hydroxy-5-nitrosopyrimidin*), Waschen des rosa Nd. mit W., Lösen in 10%ig. NaOH, Versetzen mit Dithionit bei 95° bis zur Gelbfärbung, 5 Min. lange Rk. bei 95°, Zutropfen von konz. HCl bis pH 1, Zugeben von Kohle, Absaugen u. Versetzen mit konz. H_2SO_4 u. Methanol; 11%. — $^{14}C_{(8a)}$*-Biopterin*, durch ½std. Rk. von 96%ig. Hydrazinhydrat u. 5-Desoxy-L-arabinose in W. bei 95°, Zugeben von W., Eisessig u. 50,1 mg vorst. Verb., 25 Min. langes Erhitzen, Verdünnen mit W. u. Trennen an P-Cellulose wie oben beschrieben; 2,4 mg; daneben $^{14}C_{(8a)}$*-7-Biopterin*; 1,6%. — *2-Amino-4-hydroxy-6-* u. *-7-[L-erythro-1.2.3-trihydroxypropyl]-pteridin*, analog **I** durch Kondens. mit L-Arabinose.
E. Schraven 3272◇

0887 **Das lineare Isomere von Indanthron.** W. Bradley und M. C. Clark. (Chem. and Ind. **1959**, 1601—02; Leeds, Univ. of Leeds, Clothworkers Res. Labor.; engl.) — Durch 7std. Erhitzen von 2-Amino-3-bromanthrachinon mit wasserfreiem K_2CO_3 auf 270—290°, Auskochen mit Nitrobenzol, W. u. Aceton, Lösen des Rückstandes in konz. H_2SO_4 bei 60°, mehrstd. Stehen der Lsg. u. Extrahieren des erhaltenen *Sulfats* mit sd. Pyridin, sd. W. u. sd. Aceton wird in 97%ig. Ausbeute *N.N'-Dihydro-2.3;6.7-diphthaloylphenazin* (**I**; $C_{28}H_{14}N_2O_4$) dargestellt, das auch in geringerer Ausbeute aus 2-Amino-3-chloranthrachinon oder in 35%ig. Ausbeute durch Erhitzen von 2.3-Diaminoanthrachinon mit 2.3-Dibromanthrachinon u. K_2CO_3 auf 250° erhalten wird. **I** besitzt eine rötlichbraune Farbe, schmilzt oder sublimiert nicht < 500°, ist wenig lösl. in Pyridin oder Chinolin, ist hygroskop., u. bildet ein *K-Salz.* Diese Eigg. u. die Tatsache, daß **I** eine

stärkere Säure ist als Indanthron u. somit weniger leicht durch HNO_3 zum *Azin* dehydriert wird, wird dadurch erklärt, daß **I** nicht zur Chelat-Bldg. befähigt ist.
K. Lange 3272△

0888 **5-Hydroxy-3-mercapto-6-[pyridyl-(4)]-1.2.4-triazin.** A. Holland. (J. chem. Soc. [London] **1962,** 3260 bis 3261; Dagenham, Essex, May & Baker Ltd., Res. Labor.; engl.) — [Pyridyl-(4)]-essigsäureäthylester wird zu *[Pyridyl-(4)]-dibromessigsäureäthylester* bromiert. Dieser wird mit Thiosemicarbazid in das *[Pyridyl-(4)]-glyoxylsäureäthylesterthiosemicabazon* (**I**) übergeführt u. dieses mit red. Alkali bei Zimmertemp. zu *5-Hydroxy-3-mercapto-6-[pyridyl-(4)]-1.2.4-triazin* cyclisiert. Durch Rk. mit P_2S_5 in Pyridin entsteht daraus *3.5-Dimercapto-6-[pyridyl-(4)]-1.2.4-triazin.*

Versuche: *[Pyridyl-(4)]-dibromessigsäureäthylester*, durch Eintropfen von Br_2 in Eisessig in eine 100° heiße Lsg. von [Pyridyl-(4)]-essigsäureäthylester u. Na-Acetat in Eisessig. 1std. Kochen, Abkühlen, Gießen in Eiswasser, Aufnehmen des Öls in Ae., Waschen mit W. u. $NaHCO_3$-Lsg., Trocknen u. Einengen. — *Thiosemicarbazon* (**I**), durch Versetzen des Rückstandes mit verd. H_2SO_4 u. Thiosemicarbazid unter Rühren u. Neutralisation nach vollständiger Ausfällung. — *5-Hydroxy-3-mercapto-[6-pyridyl-(4)]-1.2.4-triazin*, $C_8H_6N_4OS$, F. 304° (wss. Dioxan), durch 7 Tage langes Schütteln von **I** mit 1 n NaOH, Filtrieren u. Ansäuern; 30% (Ausbeute, über alle 3 Stufen). — *3.5-Dimercapto-6-[pyridyl-(4)]-1.2.4-triazin*, F. 275° (gelb), durch 1std. Kochen vorst. Verb. mit P_2S_5 in Pyridin, Abkühlen, Gießen in W., Waschen des Nd. mit W., Lösen in 2 n NH_4OH u. Fällen mit HCl; 63%. *Dinatriumsalz*, $C_8H_4N_4 \cdot Na_2S_2 \cdot 7{,}5H_2O$.
E. Koßmehl 3313◇

0889 **Ringerweiterung bei der Reduktion von Oximen.** W. A. Sagorewski und N. W. Dudykina. (J. allg. Chem. [UdSSR] **33(95),** 322—23, 1963; Inst. für Pharmakol. u. Chemotherap. der Akad. der Med. Wiss. der UdSSR; russ.) — Bei der Red. von Thiochromanon-(4)-(**I**) u. Chromanon-(4)-oxim (**II**) mit $LiAlH_4$ in Ae. entsteht neben *4-Aminothiochroman* u. *4-Aminochroman* auch *2.3.4.5-Tetrahydrobenz-1.5-thiazepin* u. *2.3.4.5-Tetrahydrobenz-1.5-oxazepin.* Die Trennung u. Identifizierung der Verbb. wurde über die p-Toluolsulfonate durchgeführt.

Versuche: *2.3.4.5-Tetrahydrobenz-1.5-thiazepin, p-Toluolsulfonat* (**III**), $C_{16}H_{17}NO_2S_2$, F. 138—139°, durch 3std. Kochen von **I** in Ae. mit $LiAlH_4$, Überführen der Rk.-Prodd. in p-Toluolsulfonate u. Behandeln mit 40%ig. NaOH; 34,5% (Ausbeute); daneben *4-Aminothiochroman, p-Toluolsulfonat,* $C_{16}H_{17}NO_2S_2$, F. 139—140°; 24%. — *2.3.4.5-Tetrahydrobenz-1.5-oxazepin, p-Toluolsulfonat,* $C_{16}H_{17}NO_3S$, F. 104—105°, durch 1std. Kochen von **II** in Ae. u. mit $LiAlH_4$ Isolierung wie vorst. 34%; daneben *4-Aminochroman, p-Toluolsulfonat,* $C_{16}H_{17} \cdot NO_3S$, F. 147,5—148°; 16%. — *2.3.4.5-Tetrahydrobenz-1.5-thiazepinon-(4),* F. 216—217°, aus **I** durch Beckmann-Umlagerung in Polyphosphorsäure; 94%, gibt bei der Red. mit $LiAlH_4$ nach Überführung in das p-Toluolsulfonat **III**. — *4-Aminothiochroman, Hydrochlorid,* $C_9H_{11}NS \cdot HCl$, F. 228—229°, durch katalyt. Red. von **I** über Ni in A. bei 60°; 20%. N. Kucharczyk 3370◇

0890 **Derivate von D-Ribothiapyranose.** C. J. Clayton und N. A. Hughes. (Chem. and Ind. **1962,** 1795—96; Newcastle-upon-Tyne, Univ. of Durham, King's Coll., Dep. of Chem.; engl.) — Die Darst. einiger Derivv. von D-Ribothiapyranose wird beschrieben. *Methyl-2.3-O-isopropyliden-5-S-acetyl-5-thia-β-D-ribofuranosid* (**I**), $Kp._{0,07}$ 100°, durch Erhitzen von Methyl-2.3-O-isopropyliden-5-O-[p-tosyl]-β-D-ribofuranosid mit K-Thiolacetat in Dimethylformamid; $[\alpha]_D^{20}$ — 49° (c = 1,05; Methanol). — *Methyl-2.3-O-isopropyliden-β-D-ribo-5-thiafuranosid,* durch Desacetylierung von **I** mit NH_3 in Methanol. — *Bis-[methyl-2.3-O-isopropyliden-5-desoxy-β-D-ribofuranosidyl-(5)]-disulfid,* F. 76—77°, durch Luftoxydation vorst. Verbb.; $[\alpha]_D^{20}$ — 92° (c = 1,1; Methanol). — *D-Ribothiapyranose,* aus **I** durch Hydrolyse mit 0,05 m H_2SO_4. *β-Tetraacetat,* F. 122—123°, durch Acetylierung mit Acetanhydrid in Pyridin; $[\alpha]_D^{20}$ — 61° (c = 1,0; Methanol); aus den Mutterlaugen *α-Isomeres.* — *Methyl-β-ribothiapyranosid,* F. 122—123°, aus vorst. Verb. mit HCl in Methanol; $[\alpha]_D^{20}$ — 246° (c = 1,1; Methanol); die Oxydation mit 3,2 Mol Perjodat gibt 0,9 Mol *Ameisensäure* u. *2-Methoxy-3-oxo-3-thiaglutardialdehyd.* — *Methyl-α-ribothiapyranosidtriacetat,* F. 64—65°; $[\alpha]_D^{20}$ + 227° (c = 0,8; Methanol). P. Becker 3400△

0891 **Eine bequeme Methode zur Darstellung von 3-Desoxyhexosonen und 3-Desoxypentoson.** Hiromichi Kato. (Agric. biol. Chem. [Tokyo] **25,** 671—72, 1961; Tokyo, Univ., Fac. of Agric., Dep. of Agric. Chem.; engl.) — Drei *3-Desoxyhexosone* u. *3-Desoxypentoson* werden synthetisiert.

Versuche: *3-Desoxy-D-pentoson,* $C_5H_8O_4$, durch 20 Min. lange Rk. von D-Xylose mit äquimolaren Mengen von n-Butylamin in Methanol bei 60—65°, Zugeben von CH_3COOH bei 20°, 7 Min. langes Erwärmen auf 55°, Entfärben mit Kohle, Entionisieren mit Dowex 50-X 4 u. Trennen an Cellulose, $[\alpha]_D^{20}$ — 13,4° → — 17,2° (c = 1,86; W.). *2.4-Dinitrophenylosazon,* F. 257—258°; *Diacetat,* F. 188—189°. *p-Nitrophenylosazon,* F. 259—260°. — *3-Desoxy-D-glucoson,* $C_6H_{10}O_5$, analog vorst. Verb.; $[\alpha]_D^{17}$ — 2,6° → + 1,2° (c = 6,6; W.). *2.4-Dinitrophenylosazon,* F. 253 bis 254°; *Triacetat,* F. 179°. *p-Nitrophenylosazon,* F. 251 bis 253°. — *3-Desoxy-D-galaktoson,* $C_6H_{10}O_5$, analog vorvorst. Verb.; $[\alpha]_D^{18}$ + 10° → + 12,7° (c = 5,2; W.). *2.4-Dinitrophenylosazon,* F. 259—260°; *Triacetat,* F. 203°.
E. Schraven 3400◇

0892 **Isomerisierung von Penta-O-acetyl-β-D-glucopyranose mit Fluorwasserstoff.** Christian Pedersen. (Acta chem. scand. **16,** 1831—36, 1962; Copenhagen, Univ. of Technol., Dep. of Org. Chem.; engl.) — 20std. Behandlung von *Penta-O-acetyl-β-D-glucopyranose* (**I**) mit wasserfreiem HF führt unter Umlagerung des prim. *Tetra-O-acetyl-α-D-glucopyranosylfluorids* (**II**) zur Bldg. von Altrose- u. Mannose-Derivv., welche durch ihre Umsetzung mit Na-Methylat zu 1.2-trans-Methylglykosiden bzw. 1.6-Anhydriden identifiziert werden. Als Hauptprodd. entstehen *Methyl-α-D-mannopyranosid* (**III**) u. *1.6-Anhydro-β-D-altropyranose* (**IV**). Verkürzung der Rk.-Zeit (3 Std.) verringert die Bldg. von Altrose-Derivv., Zusatz von wenig Essigsäureanhydrid liefert mehr Mannose- u. weniger Altrose-Derivv., während durch größere Mengen Essigsäureanhydrid die Umlagerung verhindert wird (**II** als Hauptprod.). Als Zwischenprod. der Isomerisierung von **I** ist als Mannose-Deriv. das 3.4.6-Tri-O-acetyl-α-D-mannopyranosylfluorid wahrscheinlich, während die Struktur des Altrose-Deriv. nicht geklärt ist.

Versuche: *Methyl-α-D-mannopyranosid* (**III**), F. 188—191° (A.), a) durch 20std. Stehenlassen von **I** in fl. HF bei Raumtemp., Zusatz von CH_2Cl_2, Einengen, 3std. Kochen mit Na-Methylat in Methanol, Eindampfen im Vakuum u. Entionisierung der wss. Lsg. mit Amberlite IR-400 u. IR-50c: 13% (Ausbeute); b) durch Fraktionierung der Mutterlauge an einer Cellulose-Säule mit Äthylacetat–Propanol–W. (5:3:2); 3% [daneben durch Papierchromatographie *Methyl-α-D-altropyranosid* (**V**), *1.6-Anhydro-β-D-glucopyranose* (**VI**) u. *1.6-Anhydro-β-D-altropyranose* (**IV**)]; c) durch 20std. Stehenlassen von **I** in HF bei Raumtemp., Zufügen von CH_2Cl_2, Entfernung von HF durch Ausblasen mit trockener Luft u. Zusatz von $CaCO_3$; 28% [daneben 11% **IV**, F. 134 bis 135° (A.); $[\alpha]_D^{20}$ — 211° c = 0,62; (Methanol)]; d) durch 3std. Rk. von 5 g **I** mit 10 ml HF u. Weiterbehandlung analog a); 21% [daneben 150 mg *Methyl-β-D-glucopyranosid* (**VII**), F. 107—109° (A.)]; e) nach c) in 3 Std. Entfernung von HF mit Luft; 25% (daneben durch Papierchromatographie **IV**, **VI** u. **VII**); f) durch 20std. Rk. von 5 g **I** mit 10 ml HF u. 1 ml Essigsäureanhydrid, Weiterbehandlung nach a) u. 3std. Kochen mit Methanol u. 1 n Na-Methylat, Entionisieren u. Eindampfen; 37% (daneben durch Papierchromatographie **IV**, **V** u. **VII**); *Methyltetra-O-acetyl-α-D-altropyranosid,* F. 87—89°, durch Acetylierung des Rückstandes nach d); 20 mg. — *Tetra-O-acetyl-α-D-glucopyranosylfluorid* (**II**), F. 105—107° (Ae.), a) durch 20std. Rk. von 5 g **I** mit 5 ml HF u 5 ml Essigsäureanhydrid, Zusatz von CH_2Cl_2 u. Eindampfen; $[\alpha]_D^{20}$ + 91,3° (c = 1,1; Chlf.); 57%; b) aus der Mutterlauge durch Fällen mit Pentan u. Chromatographie an

Al_2O_3 mit Bzl.; 350 mg; daneben durch Eluieren mit Bzl.-Ae. (1:1) 50 mg *Penta-O-acetyl-α-D-glucopyranose*, F. 110 bis 112° (Ae.-Pentan). H. Miele 3400◇

0893 **Cyclische Carbonate vonKohlenhydraten.** L. Hough und J. E. Priddle. (Chem. and Ind. **1959,** 1600–01, 19/12; Bristol, Univ., Dep. of Chem.; engl.) — Durch die Chlorameisensäureester-Rk. (vgl. Allpress u. Haworth [1924)] wird aus Methyl-α-D-mannopyranosid (I) in 75%ig. Ausbeute *Methyl-4.6-di-O-benzyloxycarbonyl-α-D-mannopyranosid-2.3-carbonat* {**II**; $[\alpha]_D^{24}$ + 13° (Chlf.)} erhalten. **II** liefert durch Hydrierung in Ggw. von Raney-Ni oder Pd/Kohlo *Methyl-α-D-mannopyranosid-2.3-carbonat* {F. 157–158°, $[\alpha]_D^{24}$ + 57° (Aceton)}, das auch durch Rk. von Methyl-4.6-O-benzyliden-α-D mannopyranosid mit $COCl_2$/Pyridin zu *Methyl-4.6-O-benzyliden-α-D-mannopyranosid-2.3-carbonat* (F. 125 bis 126°) u. dessen Hydrolylse mit in HCl/Aceton (1:4) erhalten wird. Aus **I** wird mit Chlorameisensäuremethylester (**III**) *Methyl-4.6-di-O-methoxycarbonyl-α-D-mannopyranosid-2.3-carbonat* dargestellt. Bei der Rk. von Methyl-α-D-glucopyranosid mit Chlorameisensäurebenzylester u. NaOH wird *Methyltetra-O-benzyloxycarbonyl-α-D-glucopyranosid*, mit **III** analog *Methyltetra-O-methoxycarbonyl-α-D-glucopyranosid* erhalten. Der große Unterschied der opt. Drehung von Methyl-4.6-O-benzyliden-α-D-mannosid {$[\alpha]_D^{25}$ + 63,5° (Chlf.)} u. dessen 2.3-Carbonat {$[\alpha]_D^{25}$ — 19,3° (Chlf.)} wird mit einer Umwandlung des Pyranosidringes von der Sessel in die Boot-Form bei Bldg. des Cyclocarbonats erklärt. K. Lange 3400△

0894 **Notiz zur Synthese nichtreduzierender Disaccharide.** Burckhardt Helferich und Karl Ludwig Bettin. (Chem. Ber. **94,** 1159–60, 1961; Bonn, Univ., Chem. Inst.; dt.) — Bei der Einw. von $Hg(CN)_2$ auf Acetobromgalaktose (I) in Nitromethan (II) entsteht krist. *1-Cyan-2.3.4.6-tetra-O-acetylgalaktopyranose*, die gegen Fehling'sche Lsg. auch nach Säure-Einw. inaktiv ist, mit sd. Laugen *Ammoniak* entwickelt u. nicht ohne Angriff der Cyangruppe entacetyliert werden kann.

Versuche: *1-Cyan-2.3.4.6-tetra-O-acetyl-β(?)-D-galaktopyranose*, $C_{15}H_{19}NO_9$, F. 168–169° (auf Methanol), durch Eintragen von $Hg(CN)_2$ in eine Lsg. von **I** in **II** u. 24std. Rühren unter Feuchtigkeitsausschluß; $[\alpha]_D^{22}$ + 37,2° (c = 2,5; Chlf.); 49% Ausbeute; ist nach Kochen mit NaOH nicht mehr mit Pyridin/Acetanhydrid n **I** überführbar. Gisela Schreiber 3400□

0895 **Potentielle Antikrebsmittel. 83. Mitt. Natriumazid in Dimethylformamid zur Darstellung von Aminozuckern.** E. J. Reist, R. R. Spencer, B. R. Baker und L. Goodman. (Chem. and Ind. **1962,** 1794–95; Menlo Park, Calif., Stanford Res. Inst., Life Sci. Res.; engl.) — 81. vgl. J. org. Chemistry **27,** [1962], 3949. — Aus entsprechend substituierten Galaktose-Deriv., wurden durch Rk. mit NaN_3 in Dimethylformamid *Methyl-4-amino-4-desoxy-α-D-glucopyranoside* dargestellt.

Versuche: *Methyl-2.3.6-tri-O-benzoyl-α-D-galaktopyranosid*, $C_{28}H_{26}O_9$, F. 135,5–137° (95%ig. A.), durch selektive Benzoylierung von Methyl-2.3-di-O-benzoyl-α-D-galaktopyranosid; 55% (Ausbeute). — *Methyl-2.3.6-tri-O-benzoyl-4-O-mesyl-α-D-galaktopyranosid*, $C_{29}H_{28}O_{11}S$, F. 141–142° (95%ig. A.), aus vorst. Verb. u. Mesylchlorid in Pyridin; 82%. — *Methyl-4-azido-2.3.6-tri-O-benzoyl-4-desoxy-α-D-glucopyranosid*, durch Kochen vorst. Verb. mit NaN_3 in Dimethylformamid; sirupös; 79%. — *Methyl-4-azido-4-desoxy-α-D-glucopyranosid*, $C_7H_{13}N_3O_5$, F. 108–109° (Acetonitril), durch Debenzoylierung vorst. Verb. mit methanol. Na-Methylat; 45%. — *Methyl-4-amino-4-desoxy-α-D-glucopyranosid*, $C_7H_{15}NO_5$, F. 166,0 bis 166,5° (Acetonitril), durch Hydrierung vorst. Verb. über 5%ig. Pd-Kohle; 41%. — *4-Amino-4-desoxyglucose-hydrochlorid*, aus vorst. Verb. oder deren Tetraacetat mit 6 n HCl. P. Becker 3400△

0896 **Darstellung von 5-Aminozuckern und deren Umwandlung in Pyridinderivate.** Hans Paulsen. (Liebigs Ann. Chem. **665,** 166–87, 1963; Hamburg, Univ., Chem. Staats-Inst., Inst. für organ. Chem.; dt.) — Vorl. Mitt. vgl. C. **1963,** 5473. — Derivv. der *5.6-Diamino-5.6-didesoxy-D-glucose* u. *-L-idose* werden aus 1.2-O-Cyclohexyliden-D-glucofuranose (**I**) über *3-O-Acetyl-1.2-cyclohexyliden-5.6.didesoxy-6-nitro-D-xylo-Δ⁵-hexenofuranose* (**IV**) durch NH_3-Anlagerung u. Hydrierung synthetisiert. Aus den freien 5.6-Diaminozuckern entsteht durch Wasserabspaltung *2-Aminomethyl-5-hydroxypyridin*. UV-, IR- u. KMR-Spektren sind angegeben.

Versuche: *1.2-O-Cyclohexyliden-6-desoxy-6-nitro-L-idofuranose* (**III**), $C_{12}H_{19}NO_7$, F. 160° (A.), durch Zutropfen von $NaJO_4$ in W. zu 78 g **I** in Methanol/W. (1:1) bei 10°, 4std. Rühren bei 20°, Eindampfen, Extrahieren mit Methanol, Eindampfen, 18std. Rk. mit CH_3NO_2 u. Na in Methanol im Eisschrank, Einengen, Versetzen mit W./Eisessig u. Extrahieren mit Chlf.; $[\alpha]_D^{20}$ — 29,5° (c = 1; Methanol); 4 g (Ausbeute). — *1.2-O-Cyclohexyliden-6-desoxy-6-nitro-D-glucofuranose* (**II**) $C_{12}H_{19}NO_7$ F. 110–115° (Bzl.) durch Eindampfen vorst. Chlf.-Lsg. Lösen in wenig Bzl. u. mehrfaches Suspendieren des 3:1-Gemisches aus **II** u. **III** [F. 105–130°; $[\alpha]_D^{20}$ — 14,5° (c = 1; Methanol); 58%] in Bzl. u. Chromatographieren; $[\alpha]_D^{20}$ — 8,3° (c = 1; Methanol). — *1.2-O-Cyclohexyliden-5-aldo-D-xylopentodialdofuranose*, $C_{11}H_{16}O_5$, F. 188–191°, durch Rk. von 50 g **I** mit $NaJO_4$ analog **III** u. Aufnehmen in Methanol; $[\alpha]_D^{20}$ — 14° (c = 1; Methanol); 10,8 g. — *3.5-Di-O-acetyl-1.2-O-cyclohexyliden-6-desoxy-6-nitro-L-idofuranose* (**XII**) durch 18std. Rk. von **III** mit Acetanhydrid/abs. Pyridin in Ae. in der Kälte (Meth. **A**); $[\alpha]_D^{20}$ — 15,5°. — *3.5-Di-O-acetyl-1.2-O-cyclohexyliden-6-desoxy-6-nitro-D-glucofuranose* a) aus **II** nach **A**; $[\alpha]_D^{20}$ + 17,2°; b) aus dem Gemisch von **II** u. **III** nach **A**; daneben **XII**. — *3-O-Acetyl-1.2-O-cyclohexyliden-5.6-didesoxy-6-nitro-D-xylo-Δ⁵-hexenofuranose* (**IV**) durch 3std. Kochen von 53 g des Gemisches aus vorst. Verb. u. **XII** u. $NaHCO_3$ in abs. Bzl.; $[\alpha]_D^{20}$ + 32,8° (c = 4,0); Sirup; 47 g. — *5-Acetamido-1.2-O-cyclohexyliden-5.6-didesoxy-6-nitro-D-glucofuranose* (**V**) $C_{14}H_{22}N_2O_7$ F. 172–173° (Essigester/PAe.) durch Lösen von 47 g **IV** in bei 0° mit NH_3 gesätt. abs. Methanol 18std. Stehen im Eisschrank, Eindampfen u. Trennen an Kieselgel; $[\alpha]_D^{22}$ + 23,8° (c = 1; Methanol); 2,1 g; daneben die isomere *L-Idofuranose* (**VI**) $C_{14}H_{22}N_2O_7$ F. 181–182° (Essigester/PAe.), $[\alpha]_D^{22}$ — 29,3° (c = 1; Methanol); 2,6 g. — *5-Acetamido-6-amino-1.2-O-cyclohexyliden-5.6-didesoxy-L-idofuranosehydrochlorid* (**VII**) $C_{14}H_{24}N_2O_5 \cdot HCl$, F. 194° (A.), durch Hydrieren von **VI** in 0,1 n HCl/W. an PtO_2; $[\alpha]_D^{20}$ — 41,2° (c = 1; Methanol); 85%. *Freie Base*, F. 143–145°. — *5-Acetamido-6-amino-1.2-O-cyclohexyliden-5.6-didesoxy-D-glucofuranose-hydrochlorid*, $C_{14}H_{24}N_2O_5 \cdot HCl$, F. 143–148° (A./Ae.), durch Hydrieren von **V** analog **VII**; $[\alpha]_D^{20}$ + 24,9° (c = 1; Methanol); 82%. — *5.6-Bis-[acetamido]-1.2-O-cyclohexyliden-5.6-didesoxy-L-idofuranosedihydrat* (**VIII**), $C_{16}H_{26}N_2O_6 \cdot 2\,H_2O$, F. 110–114° (W.), durch Hydrieren von **VI** in W. an PtO_2, Eindampfen, Lösen in Methanol, 12std. Stehen mit Acetanhydrid im Eisschrank, Verdünnen mit W. u. Behandeln mit Amberlite IR-45 (OH^-); $[\alpha]_D^{22}$ — 11,6° (c = 1; Methanol); 79%. — *5.6-Bis-[acetamido]-1.2-O-cyclohexyliden-5.6-didesoxy-D-glucofuranose*, $C_{16}H_{26}N_2O_6$, F. 152–154° (W.), durch Hydrieren von **V** analog **VIII**; $[\alpha]_D^{20}$ + 35,0° (c = 1; W.); 81%. — *5.6-Bis-[acetamido]-5.6-didesoxy-L-idofuranose*, $C_{10}H_{18}N_2O_6$, F. 170–174° (Methanol), durch 3tägige Rk. von **VIII** mit 1 n HCl bei 20° u. Neutralisieren mit Amberlite IR-45 (OH^-); Nadeln; $[\alpha]_D^{20}$ + 11,6° (c = 1; W.); 32%. — *5.6-Bis-[acetamido]-5.6-didesoxy-D-glucofuranose*, $C_{10}H_{18}N_2O_6$, durch 3tägige Rk. von 0,8 g vorvorst. Verb. mit 1 n HCl bei 20°; $[\alpha]_D^{20}$ + 15,2° (c = 1; W.); 0,6 g. — *4-Chlor-5-methoxy-2-phthalimidomethylpyridin*, $C_{15}H_{11}ClN_2O_3$, F. 177–179° (A.), durch 24std. Kochen von 4-Chlor-2-chlormethyl-5-methoxypyridin u. K-Phthalimid in abs. Aceton; Blättchen; 53%. — *2-Phthalimidomethyl-5-methoxypyridin*, $C_{15}H_{12}N_2O_3$, F. 162–163° (A.), durch Hydrieren vorst. Verb. in Methanol/0,25%ig. wss. NH_4OH an Pd-Kohle; 70%. — *2-Aminomethyl-5-hydroxypyridin*, $C_6H_8N_2O$, F. 157–160°, a) durch 3std. Rk. vorst. Verb. mit 40%ig. HBr bei 170° im Rohr, Neutralisieren mit Amberlite IR-45 (OH^-) u. Schütteln mit Ag_2CO_3 10%; b) durch 2½std. Hydrolyse von **VII** mit 1 n HCl bei 70° u. Neutralisieren mit Amberlite IR-45 (OH^-); 35%; c) durch Hydrieren von 20 mg **IX** in W. an PtO_2; 5 mg. — *2-Salicylidenaminomethyl-5-hydroxypyridin*, $C_{13}H_{12}N_2O_2$, F. 173–175°, durch Versetzen von 20 mg vorst. Verb. in A. mit Salicylaldehyd; gelbe Kristalle; 10 mg. — *5-Hydroxy-2-nitromethylpyridin*

(**IX**), $C_6H_6N_2O_3$, > 190° Verkohlung, a) durch 40 Min. lange Rk. von 3 g **VI** in 1 n HCl bei 70°, Verdünnen mit W. u. Neutralisieren mit Amberlite IR-400 (Carbonatform); 80 mg; daneben **X**. — *5-Acetamido-5.6-didesoxy-6-nitro-L-idofuranose* (**X**), $C_8H_{14}N_2O_7$, F. 128—130° (A.), durch 25 Min. lange Hydrolyse von 2 g **VI** in 1 n HCl bei 70°, Verdünnen mit W., Neutralisieren mit Amberlite IR 400 (Carbonatform) u. Trennen an Callulose mit W.-gesätt. Butanol; $[\alpha]_D^{20}$ — 52° (c = 1; Methanol); 280 mg; daneben **IX** u. 100 mg einer *Verb. vom F. 125—127°* (A.). — *5-Acetamido-3.6-anhydro-1.2-O-cyclohexyliden-5-desoxy-L-idofuranose* (**XI**), $C_{14}H_{21}NO_5$, F. 167—170° (W.), durch Zugeben von wasserfreier Oxalsäure zu **VII** in W., Zugabe von $NaNO_2$ unter Schütteln u. Kühlen, 24std. Stehen im Eisschrank, Verdünnen mit W., Zugeben von Oxalsäure u. $NaNO_2$, 24std. Stehen im Eisschrank u. Ausziehen der Ndd. mit A.; Blättchen; $[\alpha]_D^{20}$ 0° (c = 1; Methanol); 0,3 g; daneben wenig *5-Acetamido-1.2-O-cyclohexyliden-5-desoxy-L-idofuranose*. — *5-Acetamido-3-O-acetyl-1.2-O-cyclohexyliden-5.6-didesoxy-6-nitro-L-idofuranose*, $C_{16}H_{24}N_2O_8$, durch 24std. Rk. von **VI** mit Acetanhydrid/Pyridin in abs. Ae. im Eisschrank, Eindampfen, Aufnehmen in Essigester, Waschen mit wenig W., verd. CH_3COOH u. $NaHCO_3$ u. Eindampfen; $[\alpha]_D^{20}$ — 26,5° (c = 1; Methanol); 89%. — *5-Acetamido-3-O-acetyl-6-amino-1.2-O-cyclohexyliden-5.6-didesoxy-L-idofuranosehydrochlorid*, $C_{16}H_{26}N_2O_6 \cdot HCl$, F. 215—217° (Zers.; A.), durch Hydrieren vorst. Verb. in 0,1 n HCl/W. an PtO_2; $[\alpha]_D^{20}$ — 33,3° (c = 1; Methanol); 71%. — *5-Acetamido-3-O-acetyl-1.2-O-cyclohexyliden-5-desoxy-L-idofuranose*, durch Desaminiserung vorst. Verb. mit $NaNO_2$ in Ggw. von Oxalsäure, daneben **XI**. — *5-Acetamido-1.2-O-cyclohexyliden-5-desoxy-L-idofuranose*, durch Verseifen vorst. Verb. mit methanol. NH_3. — *5-Amino-3.6-anhydro-5-desoxy-L-idofuranose*, $C_6H_{11}NO_4$, durch 4std. Hydrolyse von 0,2 g **XI** mit 1 n HCl bei 80°; 50 mg; daneben *5-Acetamido-3.6-anhydro-5-desoxy-L-idose*.

E. Schraven 3400◇

0897 **Die Bildung von Pyridiniumverbindungen aus 1-Fluorzuckern.** Almuth Klemer und Ingeborg Ridder (unter Mitarbeit von Gisela Drolshagen). (Chem. Ber. **96**, 1976—85, 1963; Münster [Westf.], Univ., Organ.-chem. Inst.; dt.) — 1-Desoxy-1-α- u. -β-fluorzucker reagieren mit Pyridin (**I**) zu *N-Glucosylpyridiniumsalzen*; die Rk. erfolgt nur dann, wenn der Zucker mindestens eine freie OH-Gruppe besitzt u. in Ggw. von Pyridiniumionen. So reagieren 1-Desoxy-1-α- u. -β-fluortetra-O-acetyl-D-glucose u. 1-Desoxy-1-α-fluortetra-O-methyl-D-glucose nicht mit **I**, während 1-Desoxy-1-α- u. -β-fluor-D-glucose (α- bzw. β-**II**) zu *N-β-D-Glucosylpyridiniumchlorid* umgesetzt werden. 1-Desoxy-1-α- u. -β-fluor-2-O-methyl-D-glucose (α- bzw. β-**III**) verhalten sich entsprechend. 1-Desoxy-1-α- u. -β-fluor-2.4.6-tri-O-methyl-D-glucose (α- bzw. β-**IV**) geben mit **I** das gleiche Prod., ebenso 1-Desoxy-1-α- u. -β-fluor-2.3.6-tri-O-methyl-D-glucose (α- bzw. β-**V**). 1-Desoxy-1-α-fluor-2.3.4-tri-O-methyl-D-glucose (**VI**) ergibt mit **I** ebenfalls eine Pyridiniumverbindung. Vff. nehmen an, daß eine OH-Gruppe intramol. an der Rk. beteiligt ist. Neben den β-Derivv. werden auch in geringer Menge die anomeren Pyridinium-Verbb. gebildet. Vff. geben eine Hypothese über den Rk.-Mechanismus.

Versuche: *1-Desoxy-1-fluor-2.4.6-tri-O-methyl-D-glucose, α-Form* (α-**IV**), $C_9H_{17}FO_5$, F. 25°, durch 4std. Stehen des Acetats in abs. CH_3OH mit n/10 CH_3ONa-Lsg. bei Raum-Temp., Eindampfen im Vakuum, Lösen in abs. Ae., Neutralisieren mit CO_2, Filtrieren mit Kohle, Einengen im Vakuum u. Stehen bei — 15°; $[\alpha]_D^{22}$ +96,5° (c = 1,5; abs. A.); 95% (Ausbeute); *3-O-Acetyl-Deriv.*, $C_{11}H_{19}FO_6$, Kp.$_{0,035}$ 105°, durch Stehen von 2.4.6-Tri-O-methyl-D-glucose (**VII**) in abs. Pyridin/Acetanhydrid über Nacht bei Raum-Temp., Einengen im Vakuum, Eintropfen in Eiswasser, Neutralisieren mit $NaHCO_3$, Extraktion mit Chlf., Eindampfen bei 40° (→ *1.3-Di-O-acetyl-2.4.6-tri-O-methyl-D-glucose*; 90%), Trocknen bei 40° im Vakuum, Lösen in HF bei — 15°, Stehen bei — 15° (1/4 Std.) u. bei Raum-Temp. (15—20 Min.), Zutropfen zu Eiswasser/Chlf. u. Aufarbeiten der Chlf.-Phase; $[\alpha]_D^{22}$ + 108,5 ± 2° (c = 0,95; abs. A.); ca. 80%. β-**IV**, F. 60° (abs. Ae.), durch Verseifen des Acetats mit n/10 CH_3ONa-Lsg. in abs. CH_3OH bei Raum-Temp. über Nacht, Neutralisieren mit CO_2, Eindampfen im Vakuum, Lösen in abs. Ae., Filtrieren mit Kohle, Einengen im Vakuum u. langsames Kühlen auf ca. — 10°; $[\alpha]_D^{21}$ + 36,8° (c = 1,9; Chlf.); 79%; *3-O-Acetyl-Deriv.*, durch 1std. Schütteln von 10 g nachst. Verb. in abs. CH_3CN mit AgF, Absaugen, Eindampfen bei 35°, Lösen in Chlf. bei 0°, Waschen mit Eis u. $NaHCO_3$-Lsg. u. Eindampfen im Vakuum; $[\alpha]_D$ + 46,6° (c = 1,4; abs. A.); 9 g (unrein). — *1-Desoxy-1-α-chlor-3-O-acetyl-2.4.6-tri-O-methyl-D-glucose*, durch Sättigen einer Lsg. von **VII** in CH_3COCl bei — 18 bis — 20° mit HCl, Stehen im Rohr bei — 18° (1 Std.) u. Raum-Temp. (ca. 20 Std.), Eindampfen < 36° u. Aufarbeiten; 80%. — Analog: *1-Desoxy-1-α-fluor-2.3.4-tri-O-methyl-D-glucose* (**VI**), $C_9H_{17}FO_5$, F. 31—36°, über *1.6-Di-O-acetyl-2.3.4-tri-O-methyl-D-glucose* (85%) u. das *6-O-Acetyl-Deriv.*, [$C_{11}H_{19}FO_6$, Kp.$_{0,1}$ 107—108°, $[\alpha]_D^{22}$ + 89° (c = 1,5; Chlf.); 71,5%]; $[\alpha]_D^{22}$ + 100 ± 1° (c = 1,5; Chlf.); 95%. — *1-Desoxy-1-fluor-2.3.6-tri-O-methyl-D-glucose, α-Form* (α-**V**) $C_9H_{17}FO_5$, F. 56—57°, über *1.4-Di-O-acetyl-2.3.6-tri-O-methyl-D-glucose* (91,6%) u. das *4-O-Acetyl-Deriv.* [$C_{11}H_{19}FO_6$, F. 42—43° (Ae./PAe.), $[\alpha]_D$ + 75,2° (c = 1; Chlf.); 56,2%]; $[\alpha]_D^{21}$ +74,2° (c = 1; Chlf.); 69,4%. β-**V**, aus 1-Desoxy-1-α-chlor-4-O-acetyl-2.3.6-tri-O-methyl-D-glucose; Sirup; $[\alpha]_D^{20}$ + 9,8—10,5° (c = 1; Chlf.); 90%. — *β-D-Glucosylpyridiniumchlorid*, $C_{11}H_{16}Cl \cdot NO_5$, F. 177—178° (abs. A.), a) durch 4std. Erhitzen von β-**II** [F. 99° (abs. A./Ae.); $[\alpha]_D$ + 25° (c = 1; W.)] mit **I**-Hydrochlorid u. abs. **I** auf 60°, Zusatz von Ae. u. Kühlen auf 0°; $[\alpha]_D^{20}$ + 49,6° (c = 1; W.); ca. 70%; b) durch 1tägiges Stehen von β-**II** mit Tritylchlorid in **I** bei Raum-Temp.; c) analog a) aus α-**II** [F. 123° (abs. A./Ae.); $[\alpha]_D$ + 96,5° (c = 1; W.)] in 8 Std.; 75%. — *2-O-Methyl-D-glucosylpyridiniumchlorid, Hydrat*, $C_{12}H_{18}ClNO_5 \cdot H_2O$, F. 173° (abs. A.), durch 35—40std. Erhitzen von β-**III** mit **I**-Hydrochlorid u. **I** auf 60°, Kühlen u. Absaugen; $[\alpha]_D$ + 39,7° (c = 1; W.); 74,5%; b) analog a) aus α-**III**; 78%. — *2.4.6-Tri-O-methyl-β-D-glucosylpyridiniumchlorid*, $C_{14}H_{22}ClNO_5$, F. 127—130° (Zers.; Butanol/Ae.), durch 40std. Erhitzen von α-**IV** mit **I** -Hydrochlorid u. abs. **I** auf 60°, Eindampfen bei 40°, Eindampfen mit abs. A. u. Chromatographie an Cellulosepulver; $[\alpha]_D^{20}$ + 43,4° (c = 1,22; abs. A.); 79%; b) analog a) aus β-**IV**; 80%. *2.3.6-Tri-O-methyl-β-D-glucosylpyridiniumchlorid*, $C_{14}H_{22} \cdot ClNO_5$, F. 175—178° (A./Ae.), a) analog vorst. Verb. aus α-**V** [$[\alpha]_D$ + 112° (c = 3; abs. Pyridin)] $[\alpha]_D$ + 18° (c = 1; abs. A.); 42%; b) analog vorst. Verb. aus β-**V**; 41,5%. — *2.3.4-Tri-O-methyl-β-D-glucosylpyridiniumchlorid*, $C_{14} \cdot H_{22}ClNO_5$, F. 139—141°, analog vorvorst. Verb. aus **VI**; $[\alpha]_D^{21}$ +37,5° (c = 1; A.); 42%.

M. Günzl-Schumacher 3400◇

0898 **Potentielle Purinantagonisten. 4. Mitt. Synthese von N-β-D-Ribofuranosiden substituierter Imidazo-[b]- und Imidazo-[c]-pyridine.** P. C. Jain, S. K. Chatterjee und Nitya Anand. (Indian J. Chem. **1**, Nr. 1, 30—35, 1963; Lucknow, Central Drug Res. Inst.; engl.) — 3. vgl. C. **1963**, 3991. — *6-Chlor-*(**I**) u. *6-Bromribofuranosylimidazo-[b]-pyridin, Ribofuranosylimidazo-[c]-pyridin*, u. das analoge *7-Nitro-Deriv.* werden synthetisiert. Die Verbb. sind gegenüber Viren u. Carcinome inaktiv. UV-Spektren sind im Original angegeben.

Versuche: *2-Amino-5-chlorpyridin*, F. 132°, durch Rk. von 30 g 2-Aminopyridin in konz. H_2SO_4 mit Cl_2 bei 20—25°, Extrahieren mit CCl_4, Versetzen der wss. Phase mit Na_2CO_3 u. Extrahieren des Nd. mit Bzl.; Nadeln; 16,5 g (Ausbeute). — *2.3-Diamino-5-chlorpyridin*, F. 174—175°, durch Hydrieren von 1,5 g 2-Amino-3-nitro-5-chlorpyridin in abs. A. über Raney-Ni bei 20°/2,8 at.; strohfarbene Nadeln aus W./$NaHSO_3$; 0,8 g. — *3-[β-D-Ribofuranosyl]-6-chlorimidazo-[b]-pyridin* (**I**), $C_{11}H_{12}ClN_3O_4$, F. 171°, durch Zugaben von $HgCl_2$ in heißem A. zu 6-Chlorimidazo-[b]-pyridin u. NaOH in W. (→ *Chlormercuri-6-chlorimidazo-[b]-pyridin*, 1,98 g), Suspendieren in abs. Xylol, Zugeben von 2,2 g 2.3.5-Tri-O-benzoyl-β-D-ribofuranosylchlorid (**II**) [aus 1-Acetyl-2.3.5-tri-O-benzoyl-β-D-ribose] in abs. Xylol, 4std. Kochen, Einengen, Zugeben von PAe., Extrahieren des Nd. mit Chlf., Waschen mit 30%ig. wss. KJ u. W., Eindampfen, Extrahieren mit abs. Ae., Eindampfen (→ 2,1 g) u. Entbenzoylieren mit $NaOCH_3$ in abs. Methanol; Nadeln aus abs. A.; $[\alpha]_D^{31}$ $-40°$ (c = 1; Methanol); 0,41 g. — *2-Amino-5-brom-3-nitropyridin*, F. 209°, durch Zugeben von 6,0 g 2-Amino-5-brompyridin zu konz. H_2SO_4 bei 0°, Versetzen mit rauchender HNO_3 bei 55° u. 3std. Rk. bei 55°; gelbe Nadeln aus CH_3COOH; 4,0 g. — *2.3-Diamino-5-brompyridin*, F. 163° (Bzl.); durch Red. von 1,5 g 5-Brom-3-nitro-2-aminopyridin mit Raney-Ni wie oben beschrieben; 0,75 g. — *3-[β-D-Ribofuranosyl]-6-bromimidazo-[b]-pyridin*, $C_{11}H_{12}BrN_3O_4$, F. 191°, durch Kondens. von 3,0 g Chlormercuri-6-bromimidazo-[b]-pyridin mit 3,5 g **II** (→ 3,3 g) u. Entbenzoylierung analog **I**; Nadeln aus abs. A.; $[\alpha]_D^{31}$ $-50°$ (c = 1; Methanol); 0,43 g. — *4-Carboäthoxyaminopyridin*, F. 126°; durch Zutropfen von wss. $NaNO_2$ zu Isonicotinsäurehydrazid in Eisessig/W. < 10°, 1std. Rühren, Zugeben von wss. Na_2CO_3 < 10°, Extrahieren mit Bzl.; Mischen mit abs. A. u. 9std. Kochen; 83%. — *4-Carboxäthoyamino-3-nitropyridin*, F. 60° (wss. Methanol), durch Lösen vorst. Verb. in konz. H_2SO_4, Zugeben von HNO_3 bei 50—55°, 1std. Rk. bei 50—55° u. Alkalisieren mit 4 n NaOH u. dann mit NH_4OH; 63%. — *4-Amino-3-nitropyridin*, F. 202° (A.), durch 24std. Rk. von 10 g vorst. Verb. in äthanol. NaOH bei 20°; 7,45 g. — *3.4-Diaminopyridin*, F. 216°, durch Hydrierung von 3,45 g vorst. Verb. in A. über Raney-Ni; Platten aus W.; 1,8 g. — *Imidazo-[c]-pyridin*, F. 169°, durch Cyclisierung vorst. Verb. mit HCHO u. Cu-Acetat nach Weidenhagen [1938; 1942]. — *3-[β-D-Ribofuranosyl]-imidazo-[c]-pyridin*, $C_{11}H_{13}N_3O_4$, F. 195°, durch Kondens. von 2,27 g Chlormercuriimidazo-[c-]-pyridin mit 2,2 g **II** (→ 1,55 g) u. Entbenzoylierung; Nadeln aus Methanol/Ae.; $[\alpha]_D^{31}$ $-50°$ (c = 1; Methanol]; 0,3 g. — *7-Nitro-3-ribofuranosylimidazo-[c]-pyridin*, $C_{11}H_{12}N_4O_6$, F. 171° (Zers.), durch Kondens. von 2,0 g Chlormercuri-7-nitroimidazo-[c]-pyridin mit **II** (→ 1,6 g) u. Entbenzoylierung; hellgelbe Nadeln aus abs. A.; $[\alpha]_D^{31}$ $-30°$ (c = 1; Methanol); 0,07 g. — *2-Methylamino-3-nitropyridin*, F. 62° (PAe.) durch 2std. Rk. von 2,0 g 2-Chlor-3-nitropyridin mit 30%ig. äthanol. CH_3NH_2 im geschlossenen Rohr bei 100°; 1,7 g. — *3-Amino-2-methylaminopyridin*, F. 99°, durch Hydrierung von 1,0 g vorst. Verb. in abs. A. über Raney-Ni bei 20°; strohfarbene Nadeln aus Hexan; 0,6 g. — *3-Methylimidazo-[b]-pyridin*, $C_7H_7N_3$, F. 68—72°, durch 15std. Kochen von 0,15 g vorst. Verb. in 98—100%ig. HCOOH; hygroskop. Nadeln aus Bzl.; 0,052 g. *Hydrochlorid*, F. 223—225° (A./Ae.). — *1-Methylimidazo-[c]-pyridin*, $C_7H_7N_3$, F. 112°, durch 3-std. Kochen von 1,0 g 3-Amino-4-methylaminopyridin, 4,2 g Cu-Acetat u. 1,6 ml Formalin in W., Ansäuern mit HCl, Behandeln mit H_2S, Einengen, Versetzen mit $K_2 \cdot CO_3$ u. Extrahieren mit Chlf.; hygroskop. Krist. aus Ae./PAe.; 0,25 g. *Hydrochlorid*, F. 210° (A./Ae.). — *3-Carboäthoxyaminopyridin-N-oxid*, $C_8H_{10}N_2O_3$, F. 195°, durch 16std. Rk. von 3-Carboäthoxyaminopyridin mit 30%ig. H_2O_2 in Eisessig bei 70°; aus A. hellgelbes Produkt. — *3-Methylimidazo-[c]-pyridin*, $C_7H_7N_3$, F. 248 bis 250°, durch 6std. Kochen von 0,189 g 4-Amino-3-methylaminopyridin 0,25 ml 40%ig. HCHO u. Cu-Acetat in W.; Nadeln aus W./Aceton; 0,168 g.

E. Schraven 3400◇

0899 **Synthese eines verzweigten Tetrasaccharides: 6.6'-Bis-[β-D-glucosido-⟨1.5⟩]-maltose.** Almuth Klemer und Friedhelm Gundlach. (Chem. Ber. **96**, 1765—70, 1963; Münster (Westf.), Univ., Organ.-chem. Inst.; dt.) — Aus β-Benzylmaltosid (**VII**) entsteht mit Tritylchlorid (**VIII**) der *6.6'-Ditrityläther*, der ohne Isolierung in *6.6'-Di-O-trityl-2.3.2'.3'.4'-penta-O-acetyl-β-benzylmaltosid* (**I**) übergeführt wird. Mit HBr/Eisessig entsteht daraus *2.3.2'.3'.4'-Pentaacetyl-β-benzylmaltosid* (**II**). **II** läßt sich mit α-Acetobrom-D-glucose (**IX**) zum *β-Benzyltetrasaccharidtridekaacetat* kondensieren, aus dem durch Hydrieren, Verseifen u. Chromatographie *6.6'-Bis-[β-D-glucosido-⟨1→5⟩]-maltose* (**III**) dargestellt wird. **III** gibt ein *Tetradekaacetat*. Methylierung von **III** gibt einen *Tetradekamethyläther*, dessen *Hydrolyse* zu *2.3.4.6-Tetra-O-methyl-D-glucose* (**IV**), *2.3.4-Tri-O-methyl-D-glucose* (**V**) u. *2.3-Di-O-methyl-D-glucose* (**VI**) führt. **III** entsteht auch aus **I** mit **IX** u. Ag-Perchlorat.

Versuche: *6.6'-Di-O-trityl-2.3.2'.3'.4'-penta-O-acetyl-β-benzylmaltosid* (**I**), $C_{67}H_{66}O_{16}$, a) durch 8std. Erhitzen von **VII** in abs. Pyridin u. **VIII** auf 90—100°, Kühlen auf 0°, 2std. Stehen mit Acetanhydrid u. Pyridin bei 0° u. 35 Std. bei Raum-Temp., Zutropfen unter Rühren zu Eiswasser, Absaugen, Lösen in Pyridin u. Fällen mit Eiswasser; aus heißem A. amorphe; $[\alpha]_D^{20}$ $+40°$ (c = 1; Chlf.); 70,8% (Ausbeute); b) durch 8std. Rk. von **II** in Pyridin mit **VIII** bei 90—100°, Kühlen, Zutropfen zu Eiswasser, 3std. Stehen u. Aufarbeiten wie bei a); 53,4%. — *2.3.2'.3'.4'-Penta-O-acetyl-β-benzylmaltosid* (**II**), $C_{29}H_{38}O_{16}$, F. 174—175° (A.) aus **I** in Eisessig durch Rk. mit bei 0° gesätt. Lsg. von HBr in Eisessig, Absaugen, Eintropfen des Filtrates bei 0° in Chlf., Ausschütteln mit Eiswasser, Eindampfen < 35°, Verreiben mit Ae. u. Fällen mit abs. Ae. aus Chlf.; $[\alpha]_D^{20}$ $+26°$ (c = 1; Chlf.); 75%. — *6.6'-Bis-[β-D-glucosido-⟨1→5⟩]-maltose* (**III**), $C_{24}H_{42}O_{21}$, a) durch 3std. Schütteln von **II** in abs. Chlf. mit Ag_2O, $CaSO_4$ u. Glasperlen, Zugabe von etwas J_2 u. **IX** in abs. Chlf. in 24 Std., 2tägiges Schütteln, Absaugen, Waschen des Filtrats mit $NaHCO_3$-Lsg. u. W., Eindampfen bei 30—35°, Lösen in warmem A., Kühlen, Zutropfen zu W., Absaugen, Lösen des Nd. in A., Zutropfen zu W., Absaugen, Lösen des Nd. in CH_3OH/Essigester (1:1), Hydrieren in Ggw. von Pd-Moles (nach Klemer, C. **1960**, 2533), Dekantieren, Eindampfen im Vakuum, Lösen in abs. CH_3OH, 20std. Stehen mit n/10 CH_3ONa-Lsg. bei Raum-Temp., Einengen im Vakuum, Zugabe von Essigester, Absaugen, Lösen in W., Chromatographie an Cellulose, Eindampfen bei 30—40°/14 Torr u. dann bei 0,1 Torr, Lösen in abs. CH_3OH u. Fällen mit abs. Ae.; amorph; $[\alpha]_D^{20}$ $+40°$ (c = 0,99; W.); ca. 6%; b) durch Rk. von $AgClO_4$ in CH_3NO_2, Aufarbeiten des Prod. nach Bredereck u. Mitarbeitern (C. **1963**, 13181) u. Hydrieren, Hydrolysieren u. Aufarbeiten wie bei a); ca. 5%. *Tetradekaacetat*, $C_{52}H_{70}O_{35}$, $[\alpha]_D^{20}$ $+32°$ (Chlf.; c = 1,08); ca. 76%. *Tetradeka-O-methyl-Deriv.*, durch Methylieren nach Klemer u. Homberg (C. **1961**, 15760) mit Dimethylsulfat/KOH u. dann nach Kuhn u. Mitarbeitern (C. **1957**, 2745); 65%; wird durch 9std. Kochen mit 1 n H_2SO_4, Neutralisieren mit $BaCO_3$, Zentrifugieren u. Eindampfen in **IV**, **V** u. **VI** übergeführt, die durch Chromatographie an Cellulosepulver getrennt u. durch Überführen in **IV**-„*Anilid*" (F. 137°) bzw. **V**-„*Benzylamid*" [$C_{16}H_{25}NO_5$, F. 107—108° (A.), $[\alpha]_D^{20}$ $-21°$ (c = 1; Pyridin)]; 63%] bzw. durch Vgl. mit nach McCloskey u. Coleman (J. org. Chemistry **10**, [1945], 184) dargestellter **VI** [F. 108—110°, $[\alpha]_D^{20}$ $+49°$ (c = 1; W.)] identifiziert werden.

M. Günzl-Schumacher 3400◇

0900 **Alkaloide aus Ormosia jamaicensis (Urb.).** C. H. Hassall und E. M. Wilson. (Chem. and Ind. **1961**, 1358—59; Swansea, Univ. Coll., Chem. Dep.; engl.) — Aus den Samen von *Ormosia jamaicensis* Urb. wurden durch Ionenaustausch, Verteilungschromatographie u. Gegenstromverteilung neben *Angustifolin* [*Jamaicensin*; **I**; $C_{14}H_{22}N_2O$, F. 78°; $[\alpha]_D^{20}$ $+8 \pm 3°$ (A.). *Monohydrochlorid*, F. 104,5°. *Monopikrat*, F. 187°. *Monoacetat*, F. 151—152°] die neuen Alkaloide *Ormojanin* [$C_{20}H_{31}N_3$, F. 126°; $[\alpha]_D^{20}$ $-143 \pm 3°$ (A.). *Diperchlorat*, F. 256 bis 257°. *Monophenylisothioharnstoffderiv.*, F. 127—128°] u. *Ormojin* [$C_{20}H_{33}N_3$, F. 154—155°; $[\alpha]_D^{20}$ $+24 \pm 3°$. *Hydratisiertes Dipikrat*, F. 178°] sowie das wahrscheinlich mit Ormosanin u. (oder) Piptamin ident. *Alkaloid A* [$C_{20}H_{35}N_3$, F. 178°; $[\alpha]_D^{20}$ $0 \pm 2°$ (A.). *Mono-N-methylderiv.*, F. 106,5—107°. *Formaldehyd-Addukt*, F. 147 bis 148°] u. das *Alkaloid B* [$C_{20}H_{33}N_3$; Öl, $[\alpha]_D^{20}$ $23 \pm 3°$ (A.). *Hydrat*, F. 38—41°. *Diperchlorat*, F. 170—171°. *Monophenylisothioharnstoffderiv.*, F. 178°. *Pikrat*, F. 183 bis 184°] isoliert. **I** ließ sich nach der Ameisensäure-Formaldehyd-Meth. [vgl. Marion u. Mitarbeiter (Tetrahedron Letters [London] **1960**, Nr. 19, 1)] in *Epihydroxylupanin* (*Jamaidin*) umwandeln. UV-Maxima vgl. Original.

H. Flentje 3500△

0901 **Eine stereospezifische Synthese von DL-β-Lycoran.** R. K. Hill, J. A. Joule und L. J. Loeffler. (Chem. and Ind. **1962**, 1573—74; Princeton, N. J., Princeton Univ., Frick Chem. Labor.; engl.) — Beschrieben wird die stereospezif. Synth. von *β-Lycoran* (vgl. Kotera, C. **1962**, 7160), dem Abbau-Prod. von Lycorin. Längeres Kochen von 3.4-Methylendioxy-trans-β-nitrostyrol mit

1-Acetoxybutadien in Toluol ergibt *1-α-Acetoxy-2α-nitro-3β-[3.4-methylendioxyphenyl]-cyclohexen-(5)* (F. 146 bis 148°), das in Ggw. von Raney-Ni unter O–N-Acyl-Wanderung hauptsächlich zu *1α-Hydroxy-2α-acetamido-3β-[3.4-methylendioxyphenyl]-cyclohexan* (F. 188 bis 190°) hydriert wird. Letzteres wird mit CrO_3/Pyridin zu *2α-Acetamido-3β-[3.4-methylendioxyphenyl]-cyclohexanon* (I, F. 151—153°) oxydiert. Durch Wittig-Rk. von I mit Carbäthoxymethylentriphenylphosphoran in sd. Bzl. wird. *1-Carbäthoxymethylen-2α-acetamido-3β-[3.4-methylendioxyphenyl]-cyclohexan* (F. 167—169°) erhalten, dessen Isolierung durch alkal. Hydrolyse des Rk.-Gemischs zu *1-Carboxymethylen-2α-acetamido-3β-[3.4-methylendioxyphenyl]-cyclohexan* (II, F. 198—199°) vereinfacht wird. Die Hydrierung von II in A. in Ggw. von Adams-Katalysator ergibt als einziges Rk.-Prod. *1β-Carboxymethyl-2α-acetamido-3β-[3.4-methylendioxyphenyl]-cyclohexan* (F. 200—202°), das mit Diazomethan zum entsprechenden *Methylester* (F. 148—149°) verestert u. anschließend durch $LiAlH_4$ in sd. THF zu *1β-[β-Hydroxyäthyl]-2α-äthylamino-3β-[3.4-methylendioxyphenyl]-cyclohexan* (III, F. 109—110°) red. wird. III liefert durch Pictet-Spengler-Ringschluß mit Formaldehyd u. sofortige Rk. mit 1 Val p-Toluolsulfonylchlorid in Pyridin anfangs bei Raumtemp. u. dann bei 100° *DL-β-Lycoranäthotosylat*. Durch Behandlung letzterer Verb. mit wss. KJ wird *DL-β-Lycoranäthojodid* (F. 244—245°) dargestellt, dessen entsprechendes *Äthohydroxid* durch Hofmannschen Abbau *DL-β-Lycoran* (F. 88°) liefert. IR-Maxima s. Original. K. Lange 3500△

0902 **Über Alkaloide aus Samen von Haplophyllum perforatum. Perforin.** G. P. Ssidjakin, I. A. Bessonowa und Ss. Ju. Junussow. (Ber. Akad. Wiss. UsbekSSR **1959**, Nr. 10, 33—35; Inst. für Chemie pflanzlicher Stoffe der Akad. der UsbekSSR; russ.) — Aus den Samen von *Haplophyllum perforatum* wird durch Chlf.-Extraktion der alkal. Mutterlaugen ein neues Alkaloid, *Perforin* [I; $C_{19}H_{27}NO_5$, F. 182—183° (Methanol 1:3,5; A. 1:5); $[\alpha]_D^{20}$ + 14,56° (c = 1,895; Methanol); lösl. in Chlf., wenig lösl. in Aceton, Ae., PAe., unlösl. in W. u. Alkali; 0,05% (Ausbeute, bezogen auf das Gewicht der trockenen Samen); *Jodmethylat* (II), F. 221—222° (Methanol 1:10)] isoliert, das 2-Methoxy- u. 2 OH-Gruppen u. ungesätt. Charakter besitzt u. als schwache Base in Säuren gut lösl. ist, aber keine krist. Salze bildet. I liefert bei der katalyt. Hydrierung *Tetrahydroperforin*, bei der Red. mit Zn/HCl eine *Verb.* $C_{19}H_{25}NO_4$ [F. 144—145° (A. 1:5); $[\alpha]_D^{20}$ — 36,02° (c = 2,540; Methanol)], die durch Oxydation nicht wieder in I übergeführt werden kann. Mit Acetylchlorid bildet I eine Cl-haltige *Verb.* vom *F. 155 bis 156°*, die beim Verseifen nicht I liefert. Beim Erhitzen von II mit alkohol. Alkali wird eine *Verb.* $C_{16}H_{19}NO_3$ mit einer N-Methylgruppe erhalten. Die $KMnO_4$-Oxydation von I liefert eine *Säure* vom *F. 159—160°* (Aceton). Das UV-Spektrum von I ist beschrieben.

I. Schade 3500△

0903 **Darstellung desaminierter Derivate und Struktur des Paravallaridins: Steroid-Alkaloid aus Paravallaris microphylla Pitard (Apocynaceae).** 3. Mitt. René Beugelmans, Christiane Kan und Jean Le Men. (Bull. Soc. chim. France **1963**, 1306—09; Gif-sur-Yvette, C. R. N. S., Inst. de Chim. des Substances Naturelles; Paris, Fac. de Pharm.; franz.) — 2. vgl. C. **1964**, 12-0910. — Die Desaminierung des Paravallaridins (I) nach Ruschig ergibt *(20S)-3-Oxo-16α.20-dihydroxy-Δ⁴-pregnen-18-säure-18 → 20-lacton* (VI); analog liefert Dihydroparavallaridin (VII) *(20S)-3-Oxo-16α.20-dihydroxy-5α-pregnan-18-säure-18 → 20-lacton* (II). II wird von $NaBH_4$ zum *3β.16α-Diol* reduziert. Das Dimethylketal von II erfährt durch $LiAlH_4$ Red. zu *(20S)-3-Oxo-16α.18.20-trihydroxy-5α-pregnan* (X), das von KBH_4 in das auch aus II durch Einw. von $LiAlH_4$ zugängliche *3β.16α.18.20-Tetrahydroxy-5α-pregnan* (III) übergeführt wird. Das *16β-Epimere* (IV) von III kann man aus II durch Oxydation mit CrO_3 zugänglichem *(20S)-3.16-Dioxo-20-hydroxy-5α-pregnan-18-säure-18 → 20-lacton* (V) mit $LiAlH_4$ gewinnen. Die Unters. der Mol.-Rotation von III u. IV bestätigt die 16α-Orientierung in I. UV-Maxima sind für VI, IR-Banden für II, VI u. IX angegeben.

Versuche: ($[\alpha]_D$ bei 20° in Chlf.; c = 0,5): *(20S)-3-Oxo-16α.20-dihydroxy-Δ⁴-pregnen-18-säure-18 → 20-lacton* (VI), $C_{21}H_{28}O_4$, F. 244—245° (Aceton), durch 2std. Rühren von 1 g I mit 1 g N-Chlorsuccinimid in CH_2Cl_2 bei Raumtemp., Eindampfen der mit W. gewaschenen Lsg. im Vakuum unterhalb 40°, ½std. Kochen des im Vakuum getrockneten Rückstands mit äthanol. NaOH, Ansäuern mit 5%ig. H_2SO_4, Chlf.-Extraktion der eingeengten, mit NH_4OH alkalisierten Lsg., Chromatographie an Al_2O_3 u. Elution mit Chlf.-A. (99:1); $[\alpha]_D$ + 44°; 630 mg (Ausbeute). — *(20S)-3-Oxo-16α.20-dihydroxy-5α-pregnan-18-säure-18 → 20-lacton* (II), $C_{21}H_{30}O_4$, F. 253—254° (Aceton), analog VI aus VII, jedoch Hydrolyse durch ½std. Erhitzen mit $NaOCH_3$ auf dem Wasserbad, 24std. Aufbewahren der mit H_2SO_4 angesäuerten Lsg., 2std. Kochen des mit Chlf. aus der sauren Lsg. isolierten Prod. mit aceton. 1%ig. HCl u. chromatograph. Reinigung; 86%. *16α-Acetat*, $C_{23}H_{32}O_5$ F. 208—210° (Aceton-Ae.), durch 2std. Erwärmen von 300 mg II mit Acetanhydrid (VIII) auf dem Wasserbad, Gießen auf Eis, Alkalisieren, Chlf.-Extraktion u. Chromatographie des Chlf.-Rückstands, aus Bzl.-Lsg. an Al_2O_3; $[\alpha]_D$ + 6,5°; 250 mg. *Dimethylketal*, $C_{23}H_{36}O_5$, F. 183—184° (Methanol), durch ½std. Kochen von 1,5 g II in Methanol in Ggw. von p-Toluolsulfonsäure, Neutralisation mit $NaOCH_3$, Gießen in W. u. Chlf.-Extraktion; $[\alpha]_D$ — 11°; 0,825 g. — *(20S)-3-Oxo-16α.18.20-trihydroxy-5α-pregnan* (X), $C_{21}H_{34}O_4$, F. 227—228° (Methanol-Aceton), durch 3std. Rk. von 0,6 g vorst. Dimethylketals in Tetrahydrofuran mit $LiAlH_4$ auf dem Wasserbad u. Aufarbeitung in der üblichen Weise; $[\alpha]_D$ + 21,5°; 0,37 g. *Triacetat* (IX), $C_{27}H_{40}O_7$, durch 24std. Rk. von 110 mg X mit Pyridin u. VIII; $[\alpha]_D$ — 25°; 125 mg. — *(20S)-3β.16α.20-Trihydroxy-5α-pregnan-18-säure-18 → 20-lacton*, $C_{21}H_{32}O_4$, F. 240—242° (Methanol), durch portionsweise Zugabe von $NaBH_4$ zu 500 mg II in Methanol, 6std. Rühren, Eindampfen im Vakuum auf ein kleines Vol., Zugabe von W. u. HCl u. Chlf.-Extraktion; $[\alpha]_D$ — 13,5°; 480 mg. *3β.16α-Diacetat*, $C_{25}H_{36}O_6$, F. 197—199° (Ae.), aus 120 mg vorst. Verb. mit VIII in Pyridin u. chromatograph. Reinigung, $[\alpha]_D$ — 12°; 50 mg. — *3β.16α.18.20-Tetrahydroxy-5α-pregnan* (III), $C_{21}H_{36}O_4$, F. 243 bis 246° (Methanol), a) durch Red. von X mit KBH_4 in Methanol; 68%; b) durch Red. von 900 mg II mit $LiAlH_4$; $[\alpha]_D$ + 7°; 675 mg. *Tetraacetat*, $C_{29}H_{44}O_8$, F. 126—127° (Ae.), aus 250 mg III; $[\alpha]_D$ — 32°; 275 mg. — *(20S)-3.16-Dioxo-20-hydroxy-5α-pregnan-18-säure-18 → 20-lacton* (V), $C_{21}H_{28}O_4$, F. 239—240° (Ae.), durch Lösen von 800 mg II in Dimethylformamid (DMF), Zugabe von CrO_3 in H_2SO_4-haltigem DMF, Gießen in W. nach 19std. Rk., Chlf.-Extraktion u. chromatograph. Reinigung; $[\alpha]_D$ — 189°; 670 mg. — *3β.16β.18.20-Tetrahydroxy-5α-pregnan* (IV), $C_{21}H_{36}O_4$, F. 257—258° (Methanol-Aceton), durch Red. von 280 mg V mit $LiAlH_4$; $[\alpha]$ + 43,5° (Methanol); 250 mg. *Tetraacetat*, $C_{29}H_{44}O_8$, F. 83—88° (Ae.), aus 100 mg IV; $[\alpha]_D$ + 36°; 135 mg.

H.-J. Kötzsch 3500◇

0904 **Die Synthese von Prodigiosin.** Henry Rapoport und Kenneth G. Holden. (J. Amer. chem. Soc. **84**, 635—42, 1962; Berkeley, Calif., Univ. of California, Dep. of Chem.; engl.) — Vgl. C. **1961**, 12848. — Vff. beschreiben die Synth. von *Prodigiosin* (XXIV), des roten Farbstoffes von *Serratia marcescens*, der als einziger in der Natur vorkommender Vertreter ein Pyrryldipyrrylmethen-Gerüst der Konst. *3-Methoxy-5-[pyrryl-(2)]-4′-n-amyl-5′-methyldipyrrylmethen* besitzt. Durch Kondens. von N-Äthoxycarbonylglycinäthylester (VII) mit Äthoxymethylenmalonsäurediäthylester (IX) wird *3-Hydroxypyrrol-2.4-dicarbonsäurediäthylester* gebildet, bei dessen Behandlung mit CH_2N_2 *1-Methyl-2-methoxypyrrol-3.5-dicarbonsäurediäthylester* (VIII), *1-Methyl-3-methoxypyrrol-2.4-dicarbonsäurediäthylester* u. *3-Methoxypyrrol-2.4-dicarbonsäurediäthylester* (X) entstehen. Hydrolyse von X mit NaOH führt zu *4-Äthoxycarbonyl-3-methoxypyrrol-2-carbonsäure* (XV), in der Hitze zu *4-Methoxypyrrol-3-carbonsäure* (XIV) u. mit konz. H_2SO_4 dagegen zu *2-Äthoxycarbonyl-3-methoxypyrrol-4-carbonsäure* (XVI). XIV wird durch CH_2N_2 in den *Methylester* übergeführt. Bei der Decarboxylierung von XV bzw. XVI entstehen *4-Methoxypyrrol-3-carbonsäureäthylester* bzw. *3-Methoxypyrrol-2-carbonsäureäthylester* (**XVII**). **XVII** bildet beim Erhitzen mit Δ^1-Pyrrolin (**II**) *3-Methoxy-5-[pyrrolidyl-(2)]-pyrrol-2-carbonsäureäthylester* (**XVIII**), der durch Dehydrierung in *4-Methoxydipyrryl-(2.2')-carbonsäure-5-äthylester* (**XIX**) übergeht. Durch Bldg. des *Säurehydrazids* u. *p-Toluolsulfonylhydrazids* wird **XIX** in den entsprechenden *5-Aldehyd* (**XX**) übergeführt. Im Vorvers. wurden die Dehydrierungsbedingungen bei der Bldg. von *Dipyrryl-(2.2')* aus 2-[Pyrrolidyl-(2)]-pyrrol (**I**) untersucht. Außerdem wird 4-Methoxypyrrol-2-carbonsäuremethylester (**III**) durch Erhitzen mit **II** zu *4-Methoxy-5-[pyrrolidyl-(2)]-pyrrol-2-carbonsäuremethylester* (**IV**) u. dieser durch Dehydrierung zur entsprechenden *Dipyrryl-Verb.* (**V**) umgesetzt. **V** wird analog **XIX** in den *Aldehyd* (**VI**) übergeführt. **VIII** bildet bei der Hydrolyse *1-Methyl-2-methoxy-3-äthoxycarbonylpyrrol-5-carbonsäure,* die durch Decarboxylierung *1-Methyl-2-methoxypyrrol-3-carbonsäureäthylester* (**XII**) bildet. **XII** wird durch NaOH zur *freien Säure* hydrolysiert u. dann zu *1-Methyl-2-methoxypyrrol* decarboxyliert. Durch Oximinierung von Octanon-3 (**XXI**) nach Wrede u. Rothass, [1934], Red. u. Kondens. mit Oxalessigsäurediäthylester (**XIII**) wird *2-Methyl-3-amylpyrrol* (**XXII**) u. als Neben-Prod. *2-Butyl-3-äthylpyrrol* (**XXIII**) gewonnen. Säurekatalysierte Kondens. von **XX** mit **XXII** führt schließlich zu **XXIV**. Unter gleichen Bedingungen bilden **XX** mit **XXIII** oder **VI** mit **XXII** nur *Isomere* von **XXIV**. UV- u. IR-Maxima s. Original.

Versuche: *Dipyrryl-(2.2')*, $C_8H_8N_2$, F. 187°, durch 3½std. Kochen von **I** mit 5%ig. Pd/Kohle in abs. Xylol, Chromatographie des kalten u. mit Bzl. verd. Rk.-Gemisches an Al_2O_3 u. Eluieren mit Bzl. u. Bzl./Chlf. (3:1); aus Bzl./Hexan u. Sublimation bei 100°/0,2 Torr Kristalle; 60% (Ausbeute). — *4-Methoxy-5-[pyrrolidyl-(2)]-pyrrol-2-carbonsäuremethylester* (**IV**), $C_{11}H_{16}N_2O_3$, F. 77°, durch 3tägiges Kochen von **III** u. **II** in Methanol unter N_2, Chromatographie des Ae.-Rückstandes an Al_2O_3 u. Eluieren mit Bzl./Chlf. (3:1); aus Hexan u. Sublimation bei 80°/0,03 Torr Kristalle; 81%. — *3-Methoxydipyrryl-(2.2')-carbonsäure-(5), Methylester* (**V**), $C_{11}H_{12}N_2O_3$, F. 178°, durch 20 Min. langes Kochen von **IV** mit 5%ig. Pd/Kohle in p-Cymol unter Rühren unter N_2, Chromatographie an Al_2O_3 u. Eluieren mit Bzl.; aus Bzl./Hexan oder A. u. Sublimation bei 120°/0,03 Torr Kristalle; 40%. *Hydrazid,* durch 2std. Kochen von **V** in abs. Hydrazin unter N_2 u. Gießen auf Eis/W., 94%. *p-Toluolsulfonylhydrazid* (**XI**), durch ¼std. Rühren des Hydrazids in abs. Pyridin mit p-Toluolsulfonylchlorid in Pyridin u. Gießen auf Eis/W.; 98%. — *3-Methoxydipyrryl-(2.2')-aldehyd-(5)* (**VI**), $C_{10}H_{10}N_2O_2$, F. 186° (Bzl. u. Sublimation bei 110°/0,03 Torr, durch 5 Min. langes Rühren von **XI** u. Na_2CO_3 in abs. Diäthylenglykol bei 170° unter N_2, Chromatographie an Al_2O_3 u. Eluieren mit Bzl.; 34%. — *3-Hydroxypyrrol-2.4-dicarbonsäurediäthylester,* $C_{10}H_{13}NO_5$, F. 121° (Bzl./Hexan; CH_3OH/W.; Sublimation bei 100°/0,05 Torr), durch Zugabe von **IX** zu Na in Xylol/Bzl. u. **VII**, 2std. Rühren unter N_2, 12std. Stehen, 3std. Rühren, Lösen der kalten Mischung in wenig abs. A. u. Gießen auf Eis/W.; 30%. — *1-Methyl-2-methoxypyrrol-3.5-dicarbonsäurediäthylester* (**VIII**), $C_{12}H_{17}NO_5$, F. 43°, durch 5std. Stehen vorst. Verb. mit CH_2N_2 in CH_3OH/Ae., Chromatographie an Al_2O_3 u. Eluieren mit Bzl./Hexan (1:1); 44%. — *1-Methyl-3-methoxypyrrol-2.4-dicarbonsäurediäthylester,* $C_{12}H_{17}NO_5$, F. 50°, neben **VIII** durch weiteres Eluieren mit Bzl./Hexan; aus Hexan u. Sublimation bei 100°/0,05 Torr Kristalle; 0,3%. — *3-Methoxypyrrol-2.4-dicarbonsäurediäthylester* (**X**), $C_{11}H_{15}NO_5$, F. 83° (Bzl./Hexan), neben **VIII** durch Eluieren mit Bzl./Chlf. (1:1); 35%. — *1-Methyl-2-methoxy-3-äthoxycarbonylpyrrol-5-carbonsäure,* $C_{10}H_{13}NO_5$, F. 199–200° (Zers.), durch 12std. Stehen von **VIII** in A. mit wss. NaOH bei Raumtemp.; aus $CH_3 \cdot OH$ u. Sublimation bei 150°/0,03 Torr Kristalle; 76%. — *1-Methyl-2-methoxypyrrol-3-carbonsäureäthylester* (**XII**), $C_9H_{13}NO_3$, Kp.$_3$ 100°, durch Erhitzen vorst. Verb. bei 50 Torr u. Dest.; 96%. *Freie Säure,* $C_7H_9NO_3$, F. 111 bis 112° (Zers.), durch ½std. Erwärmen von **XII** in methanol. NaOH auf dem Dampfbad; aus Bzl./Hexan u. Sublimation bei 70°/0,07 Torr Kristalle; 65%. — *1-Methyl-2-methoxypyrrol,* C_6H_9NO, Kp. 120°, durch Decarboxylierung vorst. Säure; 70%. — *4-Methoxypyrrol-3-carbonsäure* (**XIV**), F. 203–204°, durch 4std. Kochen von **X** mit wss. KOH unter N_2. *Methylester,* F. 122° (Sublimation bei 110°/0,5 Torr), durch Behandeln von **XIV** mit CH_2N_2; aus Bzl./Hexan Kristalle; 36%. — *4-Äthoxycarbonyl-3-methoxypyrrol-2-carbonsäure* (**XV**), F. 143–145°, durch 12std. Stehen von **X** in n-NaOH/A. bei Raumtemp.; 44%. — *4-Methoxypyrrol-3-carbonsäureäthylester,* durch Decarboxylierung von **XV**. — *2-Äthoxycarbonyl-3-methoxypyrrol-4-carbonsäure* (**XVI**), $C_9H_{11}NO_5$, F. 178° (Zers.), durch 12std. Rk. von **X** mit konz. H_2SO_4 bei 35°; 74%. — *3-Methoxypyrrol-2-carbonsäureäthylester* (**XVII**), $C_8H_{11} \cdot NO_3$, F. 94°, durch 3std. Erhitzen von **XVI** bei 200°/50 Torr; aus Bzl./Hexan u. Sublimation bei 80°/1 Torr Kristalle; 72%. — *3-Methoxy-5-[pyrrolidyl-(2)]-pyrrol-2-carbonsäureäthylester* (**XVIII**), F. 117–120°, durch 36std. Erhitzen von **XVII** mit äthanol. **II** auf 150°, Chromatographie an Al_2O_3 u. Eluieren mit Bzl./Hexan (1:1) u. Bzl./Chlf. (3:1); 13%. — *4-Methoxydipyrryl-(2.2')-carbonsäure-(5)-äthylester* (**XIX**), $C_{12}H_{14}N_2O_3$, F. 214°, aus **XVIII** analog **V**; aus Bzl./Hexan u. A./W. u. Sublimation bei 140°/0,02 Torr Kristalle; 82%. — *4-Methoxydipyrryl-(2.2')-aldehyd-(5)* (**XX**), $C_{10}H_{10}N_2O_2$, F. 265° (Zers.), aus **XIX** analog **VI** über das *Hydrazid* 87%) u. *p-Toluolsulfonylhydrazid* 91%); aus wss. A. u. Sublimation bei 130°/0,03 Torr Kristalle; 32%. — *2-Methyl-3-amylpyrrol* (**XXII**), Kp.$_{15}$ 119°, durch Oximinierung von **XXI**, gaschromatograph. Reinigung des *Oximinoketons* (Kp.$_5$ 105°) bei 200°, Red. u. Kondens. mit **XIII**, 12std. Kochen mit 30%ig. wss. KOH, Decarboxylierung, Sublimation bei 180°/10 Torr u. Reinigung durch Gaschromatographie. — *2-Butyl-3-äthylpyrrol* (**XXIII**), Kp.$_{10}$ 110–115°, durch gaschromatographische Reinigung neben **XXII**. *Prodigiosin* (**XXIV**), durch Behandeln von **XX** u. einem Tropfen **XXII** in CH_3OH mit einem Tropfen konz. HCl, 2tägiges Stehen, Chromatographie an Al_2O_3 in Hexan u. Eluieren mit Bzl./Hexan (1:1); 55%.

Wolfgang Farr 3550◇

0905 **Über Methyljasmonat und ein Ketolacton $C_{12}H_{18}O_3$ aus reinem Jasminöl.** Yves-René Naves und Anghel Vladimir Grampoloff. (Helv. chim. Acta **45**, 1161–63, 1962; Vernier-Genf, Giraudan S. A., Labor. de rech.; franz.) — Erneute Unterss. des von Vff. bereits früher (vgl. Helv. chim. Acta **25**, [1942], 1500) aus italien. Jasmin isolierten *Ketolactons* $C_{12}H_{18}O_3$ (**I**) beweisen, daß **I** mit dem von Demole u. Mitarbeitern (vgl. C. **1963**, 13944) beschriebenen Methyljasmonat (**II**) nicht ident. ist. So enthält **I** z. B. im Gegensatz zu **II** keine CH_3O-Gruppe. Für **I**-*Semicarbazon* ($C_{13}H_{19}N_3O_3$) u. **I**-*2.4-Dinitrophenylhydrazon* ($C_{18}H_{20}N_4O_6$) werden die Bruttoformeln durch erneute Elementaranalyse bestätigt. Für beide **I**-Derivv. sind die IR-Spektren graph. wiedergegeben, die UV-Maxima sind aufgeführt.

K. F. Schneider 3600◇

0906 **Synthese von Carisson.** A. R. Pinder und R. A. Williams. (Chem. and Ind. **1961**, 1714–15; Cardiff, Univ. Coll., Dep. of Chem.; engl.) — (+)-α-*Cyperon,* aus (+)-Dihydrocarvon hergestellt, liefert mit Perbenzoesäure bei 0° *11.12-Epoxy-11.12-dihydro-α-cyperon,* das mit $LiAlH_4$ zu *3β-Hydroxy-γ-eudesmol* red. wird. Die Oxydation der Allyl-Hydroxylgruppe mit MnO_2 in Chlf. liefert (+)-*Carisson,* F. 78–79° (vgl. Barton u. Tarlton, C. **1956**, 128). Hanfried Arnold 3600◇

0907 **Über das natürliche β-Cedren.** M. I. Gorjajew, G. A. Tolsstikow, L. A. Ignatowa und A. D. Dembitzki. (Ber. Akad. Wiss. UdSSR **146**, 1331–32, 1962; Akad. der Wiss. der KasachSSR, Inst. für chem. Wiss.; russ.) — Aus dem äther. Öl von *Juniperus semoglobosa* Rgl. wurde in geringer Menge *β-Cedren* isoliert.

Versuche: *β-Cedren,* $C_{15}H_{24}$, durch Dest. von 1,13 kg des äther. Öls u. Chromatographieren der Fraktion vom Kp.$_2$ 100–124° (18,5 g) an Al_2O_3; D_4^{20} 0,9330; n_D^{20} 1,5018; $[\alpha]_D^{20}$ – 2,6°; 0,45 g Ausbeute. — *Cedrenal,* durch 16std. Oxydation von 0,35 g β-Cedren bei 0° in Bzl.; 0,30 g. *2.4-Dinitrophenylhydrazon,* $C_{21}H_{26}N_4O_4$, F. 195–196°. Helmut Schäfer 3600△

0908 **Diterpene aus Podocarpus mannii.** D. A. H. Taylor. (Chem. and Ind. **1961**, 1712; Ibudan, Nigeria, Univ. Coll.,

Chem. Dep.; engl.) — Die Extraktion des gepulverten Holzes mit Leichtbenzin gibt ein Harz, das nach Dest. Umkristallisation u. Chromatographie an Al_2O_3 als *Totarol* identifiziert wurde. Daneben wurden *Verb. A* [$C_{20}H_{30}O_2$, F. 227°, $[\alpha]_D^{20}$ + 44°; 0,01% (Ausbeute); *Diacetat*, F. 131—132°] u. *Verb. B* [$C_{20}H_{28}O_2$, F. 185°, $[\alpha]_D^{20}$ + 76°; 0,0005%] isoliert. B gibt mit $LiAlH_4$ in Ae. A. Aus der sauren Fraktion der Dest. wurde nach Veresterung mit Dimethylsulfat ein *Methylester* $C_{21}H_{30}O_3$, [F. 198°, $[\alpha]_D^{20}$ + 124°; 0,01%] isoliert, dessen $LiAlH_4$-Red. A ergab. Die Methylierung von A mit CH_3J u. K-tert.-Butylat ergab einen *Monomethyläther vom F. 128 bis 130°* [$[\alpha]_D^{20}$ + 38], der mit CrO_3 in Aceton zum *Aldehyd vom F. 84—86°* [$[\alpha]_D^{20}$ + 76] oxydiert u. durch Wolff-Kishner-Red. u. Demethylierung in *Totarolmethyläther* übergeführt wurde. Hanfried Arnold 3600◇

0909 **Reaktion von Methylmagnesiumjodid mit Ketosteroiden.** N. N. Ssuworow, L. W. Ssokolowa und N. W. Makarow. (Nachr. Akad. Wiss. UdSSR, Abt. chem. Wiss. **1960**, 2257—58; Chem.-pharmaz. Allunions-Ordshonikidse, Forsch.-Inst.; Inst. für Naturstoffchemie der Akad. der Wiss. der UdSSR; russ.) — Durch Rk. von 3β-Acetoxy-16α.17α-oxido-Δ⁵-pregnen-20-onäthylenketal (I) mit Methyl-MgJ u. Verseifung der Rk.-Prodd. werden *16β-Methyl-Δ⁵-pregnen-3β.17α-diol-20-on* (II) u. als Nebenprod. *18-Nor-17β-methyl-17-iso-Δ⁵·¹³-pregnadien-3β.16β-diol-20-on* erhalten. Die Absorptionsmaxima der IR-Spektren sind angegeben.

Versuche: *16β-Methyl-Δ⁵-pregnen-3β.17α-diol-20-on* (II), $C_{22}H_{34}O_3$, F. 238—240°, durch saure Verseifung des Acetats; $[\alpha]_D^{20}$ — 42,0° (c = 0,2; Dioxan). *3β-Acetat*, $C_{24}H_{36}O_4$, F. 150—152°, durch Zutropfen von 5 g I in 200 ml abs. Bzl. zu Methyl-MgJ (5 g Mg, 50 ml Ae., 15 ml Methyljodid) in 10 Std., Verseifung u. Acetylierung; $[\alpha]_D^{20}$ — 30,15° (c = 0,2; Dioxan); daneben nachst. Diacetat **III**. — *18-Nor-17β-methyl-17-iso-Δ⁵·¹³-pregnadien-3β.16β-diol-20-on*, $C_{21}H_{30}O_3$, F. 188—190°, aus **III**; $[\alpha]_D^{20}$ — 128,25° (c = 1,0; Chlf.). *3β.6β-Diacetat* (III), $C_{24}H_{34}O_5$, F. 214—216°, durch Kochen von I mit Acetanhydrid; $[\alpha]_D^{20}$ — 10°, bzw. — 15,6° (c = 1; Chlf.) — *16β-Methyl-allopregnan-3β.17α-diol-20-on*, $C_{22}H_{36}O_3$, F. 244—245°, a) durch 1½std. Hydrierung von 0,4 g **II** in 20 ml Dioxan u. 20 ml Eisessig an 0,05 g Pd/$CaCO_3$; $[\alpha]_D^{20}$ — 23,8° (c = 0,2; Dioxan); 0,35 g Ausbeute; b) durch Hydrierung von 1,5 g 16β-Methyl-Δ⁵-pregnen-3β-ol-20-on (F. 196 bis 197°) in 50 ml Dioxan u. 20 ml Eisessig an PtO_2, Acetylierung des erhaltenen 16β-Methylallopregnan-3β-ol-20-ons (F. 194—196°) mit Acetanhydrid in Pyridin, Enolisierung durch Kochen mit Acetanhydrid in Toluol in Ggw. von Sulfosalicylsäure, Oxydation mit Perphthalsäure u. Verseifen mit 2%ig. NaOH; $[\alpha]_D^{20}$ — 24° (c = 2,0; Dioxan). I. Schade 3700△

0910 **Einheimische Vorkommen von Steroiden.** 10. Mitt. **Über die Umwandlung von Sarsasapogenin in 20-Oxo-3β-acetoxy-Δ¹⁶-5β-pregnen.** F. Martín Panizo und J. Schnell. An. Real Soc. españ. Física Quím., Ser. B **57**, 299—308, 1961; Madrid, Inst. de Quím. „Alonso Barba", Dep. Quím. Organ.; span.) — 9. vgl. ibid. **56**, [1960], 797; 8. vgl. C. **1961**, 3032. — Sarsasapogenin (I) läßt sich in Acetanhydrid (VII) entweder unter Druck in Ggw. von Eisessig oder in Ggw. von NH_4Cl oder Pyridinhydrochlorid (VI) in *Pseudosarsasapogenin* (II) umwandeln. **II** kann mit CrO_3 oder O_3 zu *‚Sarson'* (III) oxydiert werden, aus dem mit K_2CO_3/tert.-Butanol *20-Oxo-3β-acetoxy-Δ¹⁶-5β-pregnen* (IV) u. *20-Oxo-3β-hydroxy-Δ¹⁶-5β-pregnen* (V) entstehen. **V** liefert bei der Oxydation mit CrO_3 in Eisessig *3.20-Dioxo-Δ¹⁶-5β-pregnen* (VIII). Das aus **IV** erhältliche *20-Oxo-3β-acetoxy-16α.17α-epoxy-5β-pregnan* (IX) wird zur Bestätigung seiner Struktur IR-spektroskop. untersucht. Das IR-Spektrum von **IX** ist graph. wiedergegeben. Für **II, III, IV, V, VIII, IX, X** u. **XI** sind die IR-Banden, für **IV** u. **VIII** die UV-Maxima angegeben.

Versuche: ($[\alpha]_D$ in Chlf.): *Pseudosarsasapogenin* (II), $C_{27}H_{44}O_3$, F. 168—169° (Essigester), a) durch 4std. Erhitzen von I-Acetat in mit wenig Eisessig versetztem **VII** im Rohr auf 170°, Eindampfen im Vakuum, ½std. Kochen mit 5%ig. äthanol. KOH, Einrühren in W. u. 24std. Aufbewahren in der Kälte zur Kristallisation: 72% (Ausbeute); b) durch 3std. Erhitzen von 11,5 g I-Acetat mit 1,3 g NH_4Cl in 30 ml **VII** auf 155—160° u. Aufarbeitung analog a); 6,25 g; c) analog b), jedoch 1½ bis 2std. Erhitzen mit **VI** an Stelle von NH_4Cl; $[\alpha]_D$ + 12,5°. — *‚Sarson'* (III), a) durch Oxydation von 15 g **II** mit CrO_3 nach Wall u. Mitarbeitern (vgl. C. **1959**, 11255); gelbes Öl; 14,7 g; b) durch Einleiten von O_3 in die Lsg. von **II**-Acetat in CH_2Cl_2 bei — 60°, Zugabe von Zn-Staub u. Eisessig bei Raumtemp., 2std. Rühren u. Aufarbeitung der CH_2Cl_2-Phase; 91%. — *20-Oxo-3β-acetoxy-Δ¹⁶-5β-pregnen* (IV), $C_{23}H_{34}O_3$, F. 142—142,5° (Aecton/Hexan), a) durch Acetylierung von **V**; b) durch Behandeln von 10 g **III** mit KOH in tert.-Butanol bei 30—32° nach Wall u. Mitarbeitern (l. c.) u. Kristallisation des erhaltenen Rohprod. (7,7 g) aus CH_3OH; 2,3 g; durch Einengen der Mutterlauge, Acetylierung des Rückstands, Chromatographie an SiO_2 u. Elution mit Bzl. werden weitere 1,15 g erhalten; $[\alpha]_D$ + 43°; c) analog b), jedoch Chromatographie des Rohprod. an Al_2O_3 u. Elution mit PAe./Bzl. (3:1); 23,6% [daneben *Verb. vom F. 191—192°* (CH_3OH), durch Elution mit PAe./Bzl. (1:1), $[\alpha]_D$ — 72°; 12%]; d) durch chromatograph. Adsorption von **III** an Al_2O_3 (pH 9,6 ± 0,2) u. Elution mit PAe./Bzl. (1:1); 80%. *Semicarbazon*, $C_{24}H_{37}N_3O_3$, F. 232—238° (Zers.; A.); 80%. *Oxim*, $C_{23}H_{35}NO_3$, F. 174—180° (Zers.; A.), durch ½std. Kochen von 1 g **IV** u. $NH_2OH \cdot HCl$ in A. in Ggw. von Pyridin; $[\alpha]_D$ + 57,5°; 0,8 g. *Acetoxim* (X), $C_{25}H_{37} \cdot NO_4$, F. 145—146° (CH_3OH), durch Acetylierung vorst. Oxims; $[\alpha]_D$ + 59°. — *20-Oxo-3β-hydroxy-Δ¹⁶-5β-pregnen* (V), F. 182—182,5° (CH_3OH), analog **IV** nach c) durch Elution mit Bzl., $[\alpha]_D$ + 53°; 28%. — *3.20-Dioxo-Δ¹⁶-5β-pregnen* (VIII), $C_{21}H_{30}O_2$, F. 195—197° (Aceton), durch Oxydation von **V** in Eisessig mit CrO_3 bei 15—16° unter Rühren, Gießen in W. u. Ae.-Extraktion; $[\alpha]_D$ + 80°. — *20-Oxo-3β-acetoxy-16α.17α-epoxy-5β-pregnan* (IX), $C_{23}H_{34} \cdot O_4$, F. 182—183° (CH_3OH), durch Rk. von **IV** mit 30%ig. H_2O_2 in alkal. Lsg.; $[\alpha]_D$ + 56°; 82%. — *20-Oxo-3β-acetoxy-5β-pregnan*, F. 109—110°, durch Hydrierung von **IV** an Pd/Kohle in abs. A.; $[\alpha]_D$ + 79°; 90—92%. *Oxim* (XI), $C_{23}H_{37}NO_3$, F. 185—187°, $[\alpha]_D$ + 35°. M. Reiher 3700◇

0911 **11-alkylierte Steroide.** 2. Mitt. **11-Methyl-3.11.20-trioxydierte Pregnane.** Gunther S. Fonken. (J. org. Chemistry **23**, 1075—77, Juli 1958; Kalamazoo, Mich.; engl.) — 1. vgl. Tetrahedron [London] **2**, [1958], 365. — Die Rk. von 5α- bzw. 5β-Pregnan-3.11.20-trion-3.20-bisäthylenketal (I) mit CH_3Li u. Hydrolyse des Rk.-Prod. lieferte *11β-Hydroxy-11-methyl-5α-* bzw. *-5β-pregnan-3.20-dion* (II). Im Gegensatz zu anderen Pregnanen mit einer freien Hydroxylgruppe ließ sich auch 3α-Hydroxy-5β-pregnan-11.20-dion-20-äthylenketal, analog zu *3α.11β-Dihydroxy-11-methyl-5β-pregnan-20-on* umsetzen. IR-Maxima vgl. Original.

Versuche: ($[\alpha]_D$ in Aceton; c = ca. 1%): *5α-Pregnan-3.11.20-trion-3.20-bis-äthylenketal*, $C_{25}H_{38}O_5$, F. 207—210° (Skellysolve B), durch 24std. Kochen eines Gemisches aus 22 g 5α-Pregnan-3.11.20-trion, 100 ml Äthylenglykol u. p-Toluolsulfonsäuremonohydrat in Toluol am Wasserabscheider; $[\alpha]_D$ + 48°; 14,99 g (Ausbeute). — *11β-Hydroxy-11-methyl-5α-pregnan-3.20-trion-bis-äthylenketal*, $C_{26}H_{42}O_5$, F. 135—136° (Skellysolve B), durch mehrstd. Rk. von 10 g vorst. Verb. in Bzl./Ae. (3:2) mit ca. 1 m äther. CH_3Li (3facher Überschuß) bei Raumtemp. (Meth. **A**) $[\alpha]_D$ + 27°; 8,5 g. — *11β-Hydroxy-11-methyl-5α-pregnan-3.20-dion*, $C_{22}H_{34}O_3$, F. 223—225° (Aceton), durch Lösen von 8,5 g vorst. Verb. in heißem CH_3OH, Kühlen auf Raumtemp., mehrstd. Rk. mit 10 ml 3 n H_2SO_4, Filtrieren u. Versetzen des Filtrates mit W. (Meth. **B**); $[\alpha]_D$ + 101°; 5,1 g. — *11β-Hydroxy-11-methyl-5β-pregnan-3.20-dion-bis-äthylenketal*, $C_{26}H_{42}O_5$, F. 95 bis 106° (Skellysolve B), aus 50,9 g I in Bzl./Ae. (1:1) nach **A**; $[\alpha]_D$ + 40°; 33,5 g, — *11β-Hydroxy-11-methyl-5β-pregnan-3.20-dion* (II), $C_{22}H_{34}O_3$, F. 171—173° (Aceton/Skellysolve), a) über vorst. Verb. aus 12,7 g I nach **B**; $[\alpha]_D$ + 106°; 6,75 g; b) durch mehrstd. Rk. von 100 mg nachst. Verb. in CH_3OH/0,1 n H_2SO_4 (1:1) bei Raumtemp. u. Versetzen mit W.; 85 mg. — *11β-Hydroxy-11-methyl-5β-pregnan-3.20-dion-3-äthylenketal*, $C_{24}H_{38}O_4$, F. 139—142° (Aceton/Skellysolve B), über vorvorst. Verb. aus 12,7 g I nach **B**, Extraktion des Rk.-Gemisches mit CH_2Cl_2, Verdünnen mit W., Chromatographie an Florisil

u. Eluieren mit 5% Aceton/CH_2Cl_2; 1,18 g. — *11β.20ξ-Dihydroxy-11-methyl-5β-pregnan-3-on,* durch mehrstd. Rk. vorst. Verb. mit $NaBH_4$ in CH_3OH bei Raumtemp., 4std. Hydrolyse mit 3 n H_2SO_4/CH_3OH (2:5), Verdünnen mit W. u. Extraktion mit CH_2Cl_2; Öl *20ξ-Acetat,* $C_{24}H_{38}O_4$, F. 167—169° (Aceton/Skellysolve B); $[\alpha]_D$ + 42°. — *3α-Hydroxy-5β-pregnan-11.20-dion-20-äthylenketal,* F. 139—141°, aus 3α-Hydroxy-5β-pregnan-11.20-dion; $[\alpha]_D$ + 55°. — *3α.11β-Dihydroxy-11-methyl-5β-pregnan-20-on,* $C_{22}H_{36}O_3$, F. 184—186° (Aceton/Skellysolve B), a) durch Zugabe von 62 mg $NaBH_4$ in 0,1 n NaOH zu 1,9 g **II** in kaltem Dioxan, 2 Min. langes Rühren unter Kühlen, Verdünnen mit W., Versetzen mit konz. HCl, Extraktion mit CH_2Cl_2, Chromatographie an Florisil u. Eluieren mit 2% Aceton/CH_2Cl_2 u. mit 25% Aceton/CH_2Cl_2; 0,93 g; b) aus 13,6 g vorst. Verb. in Bzl./Ae. (3:2) nach **A** u. 28std. Hydrolyse des Rk.-Prod. nach **B**; $[\alpha]_D$ + 111°; 6,74 g (roh). *3α-Acetat,* $C_{24}H_{38}O_4$, F. 171 bis 172,5° (Aceton/Skellysolve B); $[\alpha]_D$ + 112°; 93%.

H. J. Jahns 3700△

0912 **Synthese von 6-Azasteroiden: Eine neue Klasse der Steroid-Hormone.** J. P. Kutney und R. A. Johnson. (Chem. and Ind. **1961,** 1713—14; Vancouver, Univ. of Brit. Columbia, Dep. of Chem.; engl.) — Die oxydative Ringöffnung von 7-Oxocholesterylacetat durch Ozonolyse in Eisessig u. Hydrolyse mit 30%ig. H_2O_2 führt zu *5-Oxo-5.7-seco-6-nor-Δ³-cholesten-7-säure* [F. 183—184°, $[\alpha]_D$ + 79° (Chlf.)]. Die katalyt. Hydrierung an 10%ig. Pd-Kohle in A. ergibt. *5-Oxo-5.7-seco-6-norcholestan-7-säure,* [F. 192—194°, $[\alpha]_D$ + 91° (Chlf.)], deren 18std. Kochen mit Benzylamin zu *N-Benzyl-6-aza-Δ⁴-cholesten-7-on* [**I**, F. 139—141°, $[\alpha]_D$ + 93 (Chlf.)] führt. Die Hydrierung von **I** aus PtO_2 in Essigsäure liefert *N-Benzyl-6-aza-5ξ-cholestan-7-on* [F. 143—145°, $[\alpha]_D$ + 63° (Chlf.)], das mit $LiAlH_4$ zu *N-Benzyl-6-aza-5ξ-cholestan* [F. 68 bis 69°, $[\alpha]_D$ + 71° (Chlf.)] red. wird. Analog wird in der Androstan-Reihe 3β.17β-Diacetoxy-Δ⁵-androsten-7-on durch Ozonolyse u. Hydrolyse in *17β-Hydroxy-5-oxo-5.7-seco-6-nor-Δ³-androsten-7-säure* [F. 203—204°, $[\alpha]_D$ + 88° (Chlf.)] übergeführt, dessen Red. an Pd-Kohle in A. *17β-Hydroxy-5-oxo-5.7-seco-6-norandrostan-7-säure* [F. 228 bis 229°, $[\alpha]_D$ + 96° (Chlf.)] liefert, aus dem mit Benzylamin *17β-Hydroxy-N-benzyl-6-aza-Δ⁴-androsten-7-on* [F. 109° bis 110°, $[\alpha]_D$ + 112° (Chlf.)] erhalten wurde, das durch Red. an Adams-Katalysator in Eisessig *17β-Hydroxy-N-benzyl-6-aza-5ξ-androstan-7-on* [F. 136—137° $[\alpha]_D$ — 1° (Chlf.)] liefert. Die anschließende Red. mit $LiAlH_4$ ergab *17β-Hydroxy-N-benzyl-6-aza-5ξ-androstan* [F. 111 bis 112°, $[\alpha]_D$ + 67° (Chlf.)]. Hanfried Arnold 3700◇

0913 **Azasteroide.** 3. Mitt. **3-Aza-A-homo-Δ⁴ᵃ- und-Δ⁵-cholesten und verwandte Verbindungen.** C. W. Shoppee, G. Krüger und R. N. Mirrington. (J. chem. Soc. [London] **1962,** 1050—55; Sydney, Univ., Dep. of Organ. Chem.; engl.) — 2. vgl. J. chem. Soc. [London] **1961,** 3641; 1. vgl. C. **1961,** 3330. — Δ⁴-Cholesten-3-on (**VII**) ergibt ein *syn-Oxim* (**I**) u. ein *anti-Oxim* (**II**). Während **I** durch Beckmann-Umlagerung *3-Aza-A-homo-Δ⁴ᵃ-cholesten-4-on* (**III**) liefert, ist aus **II** diese Verb. nur sehr schwer zu gewinnen. Durch Hydrierung von **III** entsteht die *gesätt. Verb.,* während mit $LiAlH_4$ *3-Aza-A-homo-Δ⁴ᵃ-cholesten* gewonnen wird. Analog der Bldg. von **III** entsteht aus Δ⁵-Cholesten-3-onoxim *4-Aza-A-homo-Δ⁵-cholesten-3-on* (**IV**), das beim Hydrieren ein Gemisch von *4-Aza-A-homo-5α-* (**V**) u. *-5β-cholestan-3-on* (**VI**) ergibt. Durch Hydrolyse u. Desaminierung entsteht aus **V** *4-Hydroxy-3.4-seco-5α-cholestan-3-säurelacton,* während durch Red. mit $LiAlH_4$ *4-Aza-A-homo-5α-cholestan* gewonnen wird. Die Maxima der IR- u. UV-Spektren sind angegeben.

Versuche: *Δ⁴-Cholesten-3-on, syn-Oxim* (**I**), F. 152—153° (Pentan), durch 0,5std. Kochen von 1,66 g **VII** (F. 81—82°) mit Hydroxylaminhydrochlorid in Methanol in Ggw. von Na-Acetattrihydrat (**IX**); 1,3 g (Ausbeute). *anti-Oxim* (**II**), F. 65° u. 150—152°, a) durch Lösen von 1 g **I** in warmer Propionsäure u. Kühlen; 0,85 g; b) durch Hydrolyse des p-Acetamidobenzolsulfonats mit 80%ig. H_2SO_4; *p-Acetamidobenzolsulfonat,* $C_{35}H_{52}N_2O_4S$, F. 141 bis 145°, durch 0,5std. Stehen von **II** u. p-Acetamidobenzolsulfonylchlorid (**VIII**) in Pyridin bei 10°, 1std. Erwärmen auf 20°, Fällen mit Methanol, Chromatographie an Al_2O_3 u. Eluieren mit Äther. — *3-Aza-A-homo-Δ⁴ᵃ-cholesten-4-on* (**III**), $C_{27}H_{45}NO$, F. 252—256° (Chlf./Ae.), a) durch Lösen von 3,61 g **I** in $SOCl_2$ bei — 10° u. Zugabe zu 80° warmer 4 n KOH; Sublimation bei 210—220°/10^{-4} Torr; 532 mg; b) durch 5std. Stehen von 100 mg **I** mit $SOCl_2$ in Pentan bei 20°, Zentrifugieren u. Extrahieren mit Ae. u. Ae./Pentan (1:1); 40 mg; c) durch Lösen von 190 mg **II** in warmem Bzl., Schütteln mit **VIII** bei 20°, 1std. Kochen mit KOH in A. u. Extrahieren mit Ae.; 25 mg. — *3-Aza-A-homo-5α-cholestan-4-on,* $C_{27}H_{47}NO$, F. 294—297° (Ae./Chlf.), a) durch Hydrieren von 0,5 g **III** an Pd/Kohle in A. über Nacht; $[\alpha]_D$ + 41° (c = 1; Chlf.); 0,45 g; b) analog a) an 10%ig. Pd/$CaCO_3$. — *3-Aza-A-homo-Δ⁴ᵃ-cholesten,* $C_{27}H_{47}N$, F. 55—60°, $Kp._{0,05}$ 190°, durch 24std. Kochen von 0,2 g **III** mit $LiAlH_4$ in Ae.; 162 mg (roh). — *Δ⁵-Cholesten-3-on,* F. 128° (Methanol), a) durch Oxydation von Cholesterin mit CrO_3 in Aceton unter N_2; 60%; b) durch Oxydat. von 5α.-6β-Dibromcholesterin mit $Na_2Cr_2O_7$ in Essigsäure bei 90° u. Debromier.; 65%. *Oxim,* F. 178—181° (Methanol), durch 3std. Schütteln von 25 g Keton mit Hydroxylaminacetat in Hexan/Methanol bei 20° in Ggw. von **IX** u. Eindampfen der Hexanphase; 17,7 g. — *4-Aza-A-homo-Δ⁵-cholesten-3-on* (**IV**), $C_{27}H_{45}NO$, F. 264—265°, durch Lösen von 1,6 g vorst. Oxims in $SOCl_2$ bei — 10°, Zugabe zu 90° warmer 4 n KOH, Extrahieren mit Chlf./Ae. (1:1), Chromatographie an Al_2O_3 u. Eluieren mit Chlf./Ae. (1:1); $[\alpha]_D$ — 37° (c = 1; Chlf.). *N-Acetylderiv.,* $C_{29}H_{47}\cdot NO_2$, F. 177—178° (Methanol), durch 2std. Erwärmen von **IV** mit Acetanhydrid/Pyridin auf 80°. — *4-Aza-A-homo-5α-cholestan-3-on* (**V**), $C_{27}H_{47}NO$, F. 295° (Chlf./Ae.), durch Hydrieren von 0,9 g **IV** an PtO_2 in Essigsäure in Ggw. von 60%ig. $HClO_4$ über Nacht; $[\alpha]_D$ — 8° (c = 0,75; Chlf.); 0,43 g; daneben *4-Aza-A-homo-5β-cholestan-3-on* (**VI**), F. 194—195°, aus den Mutterlaugen von **V**; $[\alpha]_D$ + 21° (c = 0,75; Chlf.); 170 mg. — *4-Hydroxy-3.4-seco-5α-cholestan-3-säurelacton,* F. 187 bis 188°, durch Evakuieren von **V** u. konz. HCl bei — 195° im Carius-Rohr auf 0,4 Torr, 16std. Erhitzen auf 130°, Zugabe zu mit N_2O_3 gesätt. Ae./W., 20std. Schütteln bei 20°, Chromatographie an Silicagel u. Eluieren mit Hexan/Ae. (9:1). — *4-Aza-A-homo-5α-cholestan,* $C_{27}H_{49}N$, F. 95 bis 100°, $Kp._{0,1}$ 180°, durch 20std. Kochen von 200 mg **V** mit $LiAlH_4$ in Ae.; 110 mg. *N-Acetylderiv.,* $C_{29}H_{51}NO$, F. 150—151° (Methanol), durch 16std. Stehen mit Acetanhydrid/Pyridin bei 20°. — *4-Aza-A-homo-5β-cholestan,* $C_{27}H_{49}N$, F. 72—75°, $Kp._{0,3}$ 200°, aus **VI** analog vorst. Verbindung. W. Hampel 3700◇

0914 **Azasteroide.** 4. Mitt. **3-Aza-5α- und -5β-cholestan, 4-Aza-5α- und -5β-cholestan und verwandte Verbindungen.** C. W. Shoppee, R. W. Killick und G. Krüger. (J. chem. Soc. [London] **1962,** 2275—85; engl.) — 3. vgl. vorst. Referat. — Die Darst. von *3-Azasteroiden* aus 3.4-Seco-Δ⁵-cholesten-3.4-disäure (**I**) über *3-Aza-Δ⁵-cholesten-4-on* (**X**), *3-Aza-5α-*(**VII**) u. *-5β-cholestan-4-on* (**VI**) u. *3-Aza-5α-* u. *-5β-cholestan* wird beschrieben. In analoger Weise werden durch Beckmannsche Umlagerung von A-Norsteroidketoximen die entsprechenden *4-Azasteroide* gewonnen. Die Rkk.-Mechanismen werden diskutiert; die Maxima der UV- u. IR-Spektren sind angegeben.

Versuche: *3.4-Seco-Δ⁵-cholesten-3.4-disäure* (**I**), *Anhydrid* (**II**), $C_{27}H_{42}O_3$, F. 124—126° (Pentan), durch 4std. Kochen von 1 g **I** u. Acetanhydrid, Einengen bei 100°/10 Torr, Chromatographie an Silicagel u. Eluieren mit Pentan/Ae. (9:1 u. 4:1). *3-Hydrazid-4-hydrazinsalz* (**III**), $C_{27}H_{50}N_4O_3$, F. 228°, durch 2std. Kochen des **I**-3-Methylesters mit Hydrazinhydrat in A. u. Kühlen. *3-Azid* (**IV**), durch Lösen von 1 g **III** in Essigsäure, Zugabe von 10 n HCl, Kühlen auf 10°, Zugabe von $NaNO_2$, 10 Min. langes Stehen u. Extrahieren mit Ae.; Öl. *4-Methylester,* $C_{28}H_{46}O_4$, F. 63—64° (Methanol), durch 2std. Kochen des **I**-Dimethylesters mit 3,3 n KOH in Methanol, Verdünnen mit W., Extrahieren mit Bzl., Ansäuern u. Extrahieren mit Äther. *3-Amid-4-methylester* (**V**), $C_{28}H_{47}NO_3$, F. 140° (Ae./Pentan), durch 2std. Kochen von 9,95 g des 4-Methylesters mit $SOCl_2$ in Bzl., Eindampfen im Vakuum, Lösen in Ae., ¼std. Einleiten von NH_3 u. Waschen mit 2 n HCl; 9,25 g (Ausbeute). —

N.N'-Bis-[5-bromsalicyliden]-hydrazin, $C_{14}H_{10}Br_2N_2O_2$, F. 317—319°, a) durch Kochen von 5-Bromsalicylaldehyd mit **III** in A./Bzl. (4:1); b) durch Kochen mit Hydrazinhydrat in A. analog a). — *2-[Acetoxycarbonylamino]-2.4-seco-Δ^5-cholesten-4-säure*, $C_{29}H_{47}NO_5$, F. 213° (Zers.; Chlf./Methanol), durch 40std. Kochen von 1 g **IV** in Ae.; 0,8 g. — *3-Aza-Δ^5-cholesten-4-on* (**X**), $C_{26}H_{43}NO$, F. 225—226°, a) durch 40std. Erhitzen von **II** u. NaN_3 in Xylol auf 130° im Carius-Rohr, Zugabe von äther. HCl, Absaugen, Eindampfen im Vakuum, Lösen in Bzl./Chlf. (20:1), Chromatographie an Al_2O_3 u. Eluieren mit Chlf.; 0,2 g; daneben durch Eluieren mit Bzl./Chlf. (3:2 u. 1:1) 50 mg einer *Verb. vom F. 174—175°*; b) durch Erhitzen vorst. Verb. auf 215—220° bei 0,3 Torr; $[\alpha]_D$ —32° (c = 0,6; Chlf.); c) durch $^1/_4$std. Stehen von **V** mit Br_2 in Methanol in Ggw. von Na-Methylat, Verdünnen mit W., Extrahieren mit Ae., Eindampfen, 0,5std. Kochen mit 3%ig. äthanol. KOH, Verdünnen mit W., Ansäuern u. Extrahieren mit Äther. *N-Acetylderiv.*, $C_{28}H_{45}NO_2$, F. 164 bis 165° (Methanol), durch Stehen mit Acetanhydrid/Pyridin bei 20°. — *3-Aza-5α-cholestan-4-on* (**VII**), $C_{26}H_{45}NO$, F. 225 bis 227° (Aceton), a) durch Hydrieren von 140 mg **X** in Essigsäure an PtO_2; $[\alpha]_D$ +17° (c = 0,6; Chlf.); b) durch Hydrieren von 580 mg **X** in A. an 5%ig. Pd-Kohle, Chromatographie an Al_2O_3 u. Eluieren mit Ae./Chlf. (6:4 u. 5:5); 320 mg; daneben durch Eluieren mit Ae./Chlf. (7:3 u. 6:4) **VI**; c) aus 550 mg **X** analog b) in Ggw. von wenig 2 n KOH; 400 mg; daneben **VI**. *Acetylderiv.*, $C_{28}H_{47}NO_2$, F. 103—104° (Methanol), durch Stehen mit Acetanhydrid/Pyridin bei 20°. — *3-Aza-Δ^5-cholesten*, durch 48 std. Stehen von 0,5 g **X** mit $LiAlH_4$ in Ae. bei 20°; $[\alpha]_D$ —50° (c = 0,43; Chlf.); Öl; 470 mg. *Hydrochlorid*, $C_{26}H_{46}ClN$, F. 174—180° (Aceton). — *3-Aza-5α-cholestan*, durch 48std. Kochen von 320 mg **VII** mit $LiAlH_4$ in Ae.; $[\alpha]_D$ +45° (c = 0,43; Chlf.); Öl; 270 mg. *Hydrochlorid*, $C_{26}H_{48}ClN$, F. 280—285° (Aceton); *N-Methylderiv.*, $C_{27}H_{50}ClN$, F. 300—303° (Methanol/Aceton). *N-Methylderiv.*, $C_{27}H_{49}N$, F. 87—88° (Methanol), Chromatographie an Al_2O_3 u. Eluieren mit Hexan/Ae. (9:1); $[\alpha]_D$ +22° (c = 0,4); *Methojodid*, $C_{28}H_{52}JN$, F. 265—270° (Aceton). — *3.4-Seco-5β-cholestan-3.4-disäure, Dimethylester*, F. 58—61°, durch Einw. von äther. CH_2N_2-Lsg. auf **VIII**. *4-Methylester* (**VIII**), $C_{28}H_{48}O_4$, F. 127°, durch 2std. Kochen des Dimethylesters mit 4,5 n KOH in Methanol, Sättigen mit CO_2, Eindampfen im Vakuum, Ansäuern mit 2 n HCl, Extrahieren mit Ae., Eindampfen, Chromatographie an Silicagel u. Eluieren mit Hexan/Ae. (4:1). *4-Methylester-3-amid* (**IX**), $C_{28}H_{49}NO_3$, F. 167°, aus 1,15 g **VIII** analog **V**; 1 g. — *3-Aza-5β-cholestan-4-on* (**VI**), $C_{26}H_{45}NO$, F. 168—170°, durch $^1/_4$std. Erwärmen von 400 mg **IX** mit Br_2 in Methanol in Ggw. von Na-Methylat auf 100°, Zugabe von 2 n HCl, Extrahieren mit Ae., Eindampfen, 2std. Kochen von 2 n äthanol. KOH, Reinigen durch Chromatographie an Al_2O_3 u. Eluieren mit Ae./Chlf. (7:3 u. 6:4); $[\alpha]_D$ +68° (c = 1,75; Chlf.); 200 mg. — *3-Aza-5β-cholestan*, a) durch 48std. Kochen von 0,7 g **X** mit $LiAlH_4$ in Ae.; $[\alpha]_D$ +30° (c = 1,8; Chlf.); Öl; 0,7 g; b) analog a) aus 500 mg **VI**; 480 mg. *Hydrochlorid*, $C_{26}H_{48}ClN$, F. 230—235° (aus Aceton Platten), F. 240—252° (aus Methanol/Aceton Nadeln). *N-Methylderiv.*, $C_{27}H_{49}N$, F. 82—83° (Methanol), Kp.$_{0,1}$ 180°, durch Erhitzen mit Formaldehyd/Ameisensäure auf 100°, Chromatographie an Al_2O_3 u. Eluieren mit Hexan/Ae. (9:1 u. 7:3); $[\alpha]_D$ +52° (c = 0,82; Chlf.) bzw. +57° (c = 0,85; Chlf.); *Methojodid*, $C_{28}H_{52}JN$, F. 288° (Aceton); *Hydrochlorid*, $C_{27}H_{50}ClN$, F. 275 bis 280° (Aceton). — *4-Aza-Δ^5-cholesten-3-on* (**XIV**), F. 252 bis 253° (Chlf./Ae.), a) durch Lösen von 380 mg A-Nor-Δ^5-cholesten-3-onoxim (F. 174—177°) in $SOCl_2$ bei —20°, Zugabe zu 90° warmer 4 n KOH u. Extrahieren mit Ae.; 30 mg; b) durch 40std. Erhitzen von 6,4 g 4-Oxa-Δ^5-cholesten-3-on (F. 96°) mit NH_4OH (D. 0,88) auf 210°; $[\alpha]_D$ —0,92° (c = 0,95; Chlf.); 4,6 g; c) durch 20std. Erhitzen von 1 g 5-Oxo-3.5-secocholestan-3-säure (**XI**) auf 200° analog b); 0,65 g; d) durch 40std. Erhitzen analog c); 0,9 g; e) durch 64std. Erhitzen analog c); 0,91 g. *Polymorphe Form*, F. 227—229° (Chlf./Ae.), durch 40std. Erhitzen von 4,8 g **XI** mit NH_4OH in Ggw. von $(NH_4)_2CO_3$ auf 200°; $[\alpha]_D$ —92,4° (c = 0,4; Chlf.). *N-Acetylderiv.*, $C_{28}H_{45}NO_2$, F. 122—123° (Methanol). — *N-Hydroxy-4-aza-5α-cholestan-3-onhydrat*, $C_{26}H_{47}NO_3$, F. 127—128° (Aceton), Kp.$_{0,1}$ 185—200°, durch 15std. Hydrieren von 320 mg **XI**-Oxim in Essigsäure an PtO_2, Eindampfen im Vakuum, Zugabe von $NaHCO_3$-Lsg. u. Extrahieren mit Ae.; 0,3 g. — *5-Hydroxyimino-3.5-secocholestan-3-säuremethylester*, $C_{27}H_{47}NO_3$, F. 81—82° (Methanol), a) durch 3std. Kochen des **XI**-Methylesters mit Hydroxylaminhydrochlorid in 90%ig. A. in Ggw. von Na-Acetat, Einengen im Vakuum, Extrahieren mit Ae., Chromatographie an Silicagel u. Eluieren mit Hexan/Ae. (8:1); b) durch 2std. Kochen des **XI**-Oxims mit Methanol in Ggw. von 36 n H_2SO_4. — *N-Hydroxy-4-aza-5β-cholestan-3-onhydrat*, F. 126—127° (Aceton), durch 23std. Schütteln von 1,55 g vorst. Verb. mit PtO_2 in Essigsäure, Eindampfen im Vakuum, Extrahieren mit Ae., Schütteln mit 1 n NaOH, Abtrennen des Na-Salzes, Ansäuern mit 2 n HCl u. Extrahieren mit Ae.; 860 mg. — *4-Aza-5β-cholestan-3-on* (**XII**), $C_{26}H_{45}NO$, F. 193—196° (Aceton), a) neben vorst. Verb. durch Eindampfen der neutralen äther. Fraktion, Chromatographie an Al_2O_3 u. Eluieren mit Ae./Chlf. (7:3); $[\alpha]_D$ +35° (c = 0,8; Chlf.); 90 mg; daneben *Gemisch* aus **XII**/**XIII** [durch Eluieren mit Ae./Chlf. (6:4 u. 5:5); 250 mg] u. **XIII**, durch Eluieren mit Chlf./Ae. (6:4); 70 mg; b) durch Lösen von 360 mg A-Nor-5β-cholestan-3-onoxim (F. 123—127°) in $SOCl_2$ bei 0°, Zugabe zu 20° warmer 4 n KOH u. Extrahieren mit Ae.; 285 mg. *N-Acetylderiv.*, $C_{28}H_{47}NO_2$, F. 70—72° (Methanol), Kp.$_{0,2}$ 180—200°. — *4-Aza-5α-cholestan-3-on* (**XIII**), F. 253—255° (Aceton), a) durch 3std. Hydrieren von 280 mg **XIV** in Essigsäure an PtO_2; 260 mg; b) durch Red. von **XI**-Oxim (F. 188°) mit Na in sd. Alkohol. *N-Acetylderiv.*, F. 137—138° (Methanol), durch Stehen in Acetanhydrid/Pyridin bei 20°. — *Gemisch aus 4-Aza-Δ^5-cholesten* u. *4-Aza-Δ^4-cholesten* (**XV**), $C_{26}H_{45}N$, F. 85—87° (Aceton), durch 48std. Extrahieren von 2,95 g **XIV** mit Ae. in eine äther. $LiAlH_4$-Suspension, Chromatographie an Al_2O_3 u. Eluieren mit Hexan/Ae. (9:1 bis 7:3); $[\alpha]_D$ +28° (c = 0,65; Chlf.); 1,55 g. — *4-Aza-Δ^4-cholesten* (**XV**), $C_{26}H_{45}N$, F. 103°, durch Lösen des Pikrats in Ae., Waschen mit 5%ig. wss. Äthanolaminlsg., Eindampfen, Chromatographie an Al_2O_3 u. Eluieren mit Hexan/Ae. (7:3, 6:4 u. 5:5); $[\alpha]_D$ +88° (c = 0,55; Chlf.). *Pikrat*, $C_{32}H_{48}N_4O_7$, F. 203—204° (A.), durch 5 Min. langes Kochen vorst. Gemisches mit Pikrinsäure in A. u. Kühlen. — *4-Aza-5α-cholestan* (**XVI**), $C_{26}H_{47}N$, F. 115—116° (Methanol), a) durch 30std. Kochen von 530 mg **XV** mit $LiAlH_4$ in Ae.; 450 mg; b) durch 3std. Red. von 7,5 g **XV** mit Na in sd. Pentanol; $[\alpha]_D$ +42° (c = 0,7); 4 g. — *4-Aza-5β-cholestan*, $C_{26}H_{47}N$, F. 50—52°, Kp.$_{0,1}$ 180°, a) durch 40std. Kochen von 300 mg **XII** mit $LiAlH_4$ in Ae., Chromatographie an Al_2O_3 u. Eluieren mit Hexan/Ae. (9:1, 8:2 u. 7:3); $[\alpha]_D$ +22° (c = 0,6; Chlf.); 225 mg. *Hydrochlorid*, $C_{26}H_{48}ClN$, F. 288—290°; aus Aceton Nadeln. *N-Acetylderiv.*, $C_{28}H_{49}NO$, F. 85—87° (Methanol), durch Stehen in Acetanhydrid/Pyridin, Chromatographie an Al_2O_3 u. Eluieren mit Hexan/Ae. (7:3). *N-Methylderivatmethojodid*, $C_{28}H_{52}JN$, F. 277—278° (Aceton); b) durch 40std. Kochen von 80 mg **XV** mit $LiAlH_4$ in Ae., Chromatographie an Al_2O_3 u. Eluieren mit Hexan/Ae. (9:1 u. 4:1); 25 mg; daneben durch Eluieren mit Hexan/Ae. (7:3 u. 5:5) 50 mg **XVI**; c) durch Hydrieren von 80 mg **XV** in Essigsäure an PtO_2 u. Chromatographie; 25 mg; daneben 45 mg **XVI**. — *Gemisch aus N-Methyl-4-aza-5β-*(**XVII**) *u. -5α-cholestan* (**XVIII**), durch 6std. Erhitzen von 90 mg **XV** mit 40%ig. Formalin-Lsg. u. Ameisensäure auf 100°, Einengen, Zugabe zu 4 n NaOH, Extrahieren mit Ae., Eindampfen, Chromatographie an Al_2O_3 u. Eluieren mit Hexan/Ae. (9:1, 4:1, 7:3 u. 5:5); 45 mg; daneben **XVIII** (F. 70°; 15 mg) u. **XV** (20 mg; Gemisch mit wenig **XVII**).

W. Hampel 3700◇

0915 **3-Halogen-Δ^5-androstene und -pregnene: eine neue Klasse von progesteronwirksamen Verbindungen.** O. Halpern, J. A. Edwards und J. A. Zderic. (Chem. and Ind. **1962**, 1571—72; Mexico, Syntex, S. A., Res. Labors.; engl.) — Durch Rk. von 16α-Methyl-, 16β-Methyl-17-iso- u. 17α-Acetoxypregnenolon (**I**) mit PCl_5 in sd. Bzl. werden in guter Ausbeute *3β-Chlor-16α-methyl-Δ^5-pregnen-20-on* (F. 132,5—133°, $[\alpha]_D$ +19°), *3β-Chlor-16β-methyl-Δ^5-isopregnen-20-on* (F. 136—138°, $[\alpha]_D$ —76°)

bzw. *3β-Chlor-Δ^5-pregnen-17α-ol-20-onacetat* (**II**, F. 216 bis 218°, $[\alpha]_D$ −59°) dargestellt. Aus **I** entsteht mit PBr_5 *3β-Brom-Δ^5-pregnen-17α-ol-20-onacetat* {**III**, F. 205−210° (Zers.), $[\alpha]_D$ −45°}. 17α-Acetoxypregnenolon-3-tosylat (F. 164−166°, $[\alpha]_D$ −45°) liefert durch Kochen mit Na-Acetat in wss. Aceton in glatter Rk. *3.5-Cyclopregnan-6β.17α-diol-20-on-17-acetat* (F. 201−203°, $[\alpha]_D$ +6°), das durch Rk. in Bzl. mit 40%ig. wss. HF oder besser mit HF in THF/Methylendichlorid *3β-Fluor-Δ^5-pregnen-17α-ol-20-onacetat* (**IV**, F. 195−196°, $[\alpha]_D$ −79°) gibt. Durch Rk. von **II** mit Phenyljodosodichlorid zu *3β.5α.6α-Trichlor-5α-pregnan-17β-ol-20-onacetat* {F. 239−243° (Zers.), $[\alpha]_D$ −23°} u. dessen Dehydrochlorierung mit $CaCO_3$ in sd. DMF wird *3β.6-Dichlor-Δ^5-pregnen-17β-ol-20-onacetat* (F. 257−260°, $[\alpha]_D$ −53°) dargestellt. Analog werden durch Rk. von 17α-Methyl-Δ^5-androsten-3β.17β-diol-17-acetat (F. 158−161°, $[\alpha]_D$ −68°), 17α-Äthinyl-Δ^5-androsten-3β.17β-diol-17-acetat (Acetonsolvat, F. 188−195°, $[\alpha]_D$ −115°) u. 17α-Äthinyl-19-nor-$\Delta^{5\text{ oder }6}$-androsten-3β.-17β-diol-17-acetat mit PCl_5 *3β-Chlor-17α-methyl-Δ^5-androsten-17β-olacetat* (F. 116−117°, $[\alpha]_D$ −55°), *3β-Chlor-17α-äthinyl-Δ^5-androsten-17β-olacetat* (F. 195−196°, $[\alpha]_D$ −101°) bzw. *3β-Chlor-17α-äthinyl-19-nor-$\Delta^{5\text{ oder }6}$-androsten-17β-olacetat* (**V**, Öl) dargestellt. **V** gibt durch Rk. mit $LiAlH_4$ *3β-Chlor-17α-äthinyl-19-nor-$\Delta^{5\text{ oder }6}$-androsten-17β-ol* (F. 171−173°, $[\alpha]$ −56°). **IV** besitzt die 3fache Aktivität von 17α-Acetoxyprogesteron, **I** u. **III** sind etwas weniger akt. als **IV**. Klaus Lange 3750△

0916 **Eine neue Synthese des 6α-Methylprogesterons aus Hyodesoxycholsäure.** Francisc Hodoşan, Arpád Balogh, Ioan Jude und Nicolae Şerban. (Chem. Ber. **96**, 2758−64, 1963; Cluj, Akad., Chem. Inst.; Chem.-Pharmazeut. Forsch.-Inst.; dt.) — Durch Oxydation von 24.24-Diphenyl-3α.6α.24-trihydroxycholan (**I**) mit CrO_3 wird das entsprechende *3.6-Dioxo-5β-steroid* erhalten, das mit Mineralsäure *24.24-Diphenyl-Δ^{23}-5α-cholen-3.6-dion* (**II**) gibt. Bromierung des Bis-äthylenketals von **II**, HBr-Abspaltung zu *24.24-Diphenyl-3.3;6.6-bis-[äthylendioxy]-$\Delta^{20,22,23}$-5α-choladien* u. Hydrolyse geben *24.24-Diphenyl-$\Delta^{20,22,23}$-5α-choladien-3.6-dion* (**III**). Rk. von 3.6-Dioxo-5α-cholansäure (**X**) mit CH_3OH in Ggw. von $POCl_3$ führt zu *3.3-Dimethoxy-6-oxo-5α-cholansäuremethylester*, dessen *Bis-äthylenketal* durch Rk. mit $C_6H_5Mg\cdot Br$ u. nachfolgende Dehydratisierung **II** nur in schlechten Ausbeuten gibt. Ebenso geben Rk. von **II** mit N-Bromsuccinimid (**IV**) u. HBr-Abspaltung nur schlechte Ausbeuten an **III**. Durch selektive Ketalisierung von **III** in 3-Stellung mit Butanonäthylenketal (**V**) wird das entsprechende *3-Äthylenketal* erhalten, das mit CH_3MgJ zum entsprechenden *Methylcarbinol* (**VI**) umgesetzt wird. **VI** gibt durch saure Hydrolyse *24.24-Diphenyl-6α-methyl-6β-hydroxy-$\Delta^{20,22,23}$-5α-choladien-3-on* (**VII**). Durch Dehydratisierung von **VII** entsteht *24.24-Diphenyl-6α-methyl-$\Delta^{4,20,22,23}$-cholatrien-3-on*, das durch Oxydation mit CrO_3 ein Gemisch ergibt, aus welchem durch Chromatographie in geringer Ausbeute 6α-Methylprogesteron (**VIII**) isoliert wird. Oxydation der Seitenkette von **VI** u. anschließende Hydrolyse führen zu *6α-Methyl-6β-hydroxy-5α-pregnan-3.20-dion*, dessen Dehydratisierung ein Roh-Prod. liefert, aus dem sich kein **VIII** isolieren ließ, obwohl das IR-Spektrum die Anwesenheit von **VIII** anzeigte.

Versuche: 5α-Cholansäuremethylester: *3.-3-Dimethoxy-6-oxo-*, $C_{27}H_{44}O_5$, F. 133−134° (Methanol mit Spur Pyridin), durch 24std. Stehen von 13 g **X** in Methanol in Ggw. von $POCl_3$ bei Raumtemp.; $[\alpha]_D^{22}$ −3° (Dioxan); 9,5 g (Ausbeute). — *3.6-Dioxo-*, $C_{25}H_{38}O_4$, F. 150−152° (Methanol), durch 48std. Stehen von 10 g vorst. Verb. in Aceton/Wasser bei Raumtemp. u. Ggw. von p-Toluolsulfonsäure (**IX**); $[\alpha]_D^{22}$ +7,5° (Dioxan); 7 g. — *3.3;6.6-Bis-[äthylendioxy]-*, $C_{29}H_{46}O_6$, F. 147−149° (Methanol/Spur Pyridin), durch 6std. Kochen von 16 g vorvorst. Verb. in **V** u. Ggw. von **IX**; $[\alpha]_D^{22}$ +2° (Dioxan); 7 g. — *3.3-Äthylendioxy-6-oxo-*, $C_{27}H_{42}O_5$, F. 130−131° (Bzl.), durch 5 Min. langes Kochen vorvorst. Verb. in **V** u. Ggw. von **IX**; $[\alpha]_D^{22}$ −6,5° (Dioxan); 1,2 g. — *24.24-Diphenyl-Δ^{23}-5α-cholen-3.6-dion* (**II**), $C_{36}H_{44}O_2$, F. 188 bis 190° (Dioxan), a) durch 15std. Kochen von 6 g vorvorst. Verb. u. C_6H_5MgBr in abs. Tetrahydrofuran, Kühlen, Gießen in 15%ig. HCl von 0°, Dampf-Dest., Dekantieren, Trocknen des Rückstands im Exsiccator über P_2O_5, 5std. Kochen in Eisessig/Acetanhydrid, Gießen in kaltes W., Abfiltrieren, Aufarbeiten u. Chromatographie an Al_2O_3; $[\alpha]_D^{22}$ +30° (Dioxan); 2 g (roh); b) durch Oxydation von 20 g **I** in Eisessig/Chlf. mit CrO_3/10%ig. H_2SO_4 bei 0°, Extraktion mit Chlf., Eindampfen u. 2std. Kochen mit Eisessig/HCl; 12 g. — *24.24-Diphenyl-3.3;6.6-bis-[äthylendioxy]-Δ^{23}-5α-cholen*, $C_{40}H_{52}O_4$, F. 174 bis 176° (Methanol/Essigester/Spur Pyridin), durch 32std. Kochen von 51 g **II** mit Äthylenglykol in abs. Bzl. u. Ggw. von **IX**, Waschen mit W., 1%ig. NaOH u. W., Zusetzen einer Spur Pyridin u. Eindampfen unter Vakuum; $[\alpha]_D^{20}$ +36° (Dioxan); 47 g. — *24.24-Diphenyl-3.3;6.6-bis-[äthylendioxy]-$\Delta^{20,22,23}$-5α-choladien*, $C_{40}H_{50}O_4$, F. 242−243° [Methanol/Essigester (1:2)], durch Zusetzen von $NaHCO_3$ u. **IV** zu 9 g vorst. Verb. in CCl_4, 18 Min. langes Kochen unter Rühren u. Belichten u. Zusetzen von Pyridin; $[\alpha]_D^{20}$ +13,5° (Chlf.); 4,5 g. — *24.24-Diphenyl-$\Delta^{20,22,23}$-5α-choladien-3.6-dion* (**III**), $C_{36}H_{42}O_2$, F. 210−212°, a) durch 20 Min. langes Kochen von 5 g **II** in CCl_4 mit $NaHCO_3$, α.α'-Azodiisobuttersäuredinitril u. 1,8 g **IV**, Zusetzen von Eisessig/Na-Acetat, Abdest. von CCl_4 u. 1/2std. Kochen; 1 g; b) durch 2std. Kochen von 61 g vorst. Verb. in 80%ig. Essigsäure; $[\alpha]_D^{20}$ +4,6° (Chlf.); 50 g. — *24.24-Diphenyl-3.3-äthylendioxy-$\Delta^{20,22,23}$-5α-choladien-6-on*, $C_{38}H_{46}O_3$, F. 213−214° [Essigester/Bzl. (3:1)], aus 56 g vorst. Verb. in abs. Bzl. durch Zusetzen von **IX** in sd. **V** u. 5 Min. langes Kochen; $[\alpha]_D^{20}$ 0° (Chlf.); 43 g (roh). — *24.24-Diphenyl-6α-methyl-6β-hydroxy-3.3-äthylendioxy-$\Delta^{20,22,23}$-5α-choladien* (**VI**), $C_{39}\cdot H_{50}O_3$, F. 235−236° (Essigester), durch 6std. Kochen von 12 g vorst. Verb. mit CH_3MgJ in abs. Ae./abs. Bzl., Gießen in 10%ig. NH_4Cl-Lsg. u. Chlf.-Extraktion; $[\alpha]_D^{22}$ +41° (Chlf.); 11,2 g. — *24.24-Diphenyl-6α-methyl-6β-hydroxy-$\Delta^{20,22,23}$-5α-choladien-3-on* (**VII**), $C_{37}H_{46}O_2$, F. 204−205° (Essigester), a) durch 2std. Kochen von 2 g **VI** in 80%ig. Essigsäure u. 12std. Stehen bei Raumtemp.; $[\alpha]_D^{22}$ +23,4° (Dioxan); 0,6 g; b) durch ca. 2tägiges Schütteln von **VI** in Aceton/Wasser in Ggw. von **IX** bei Zimmertemperatur. — *6α-Methyl-6β-hydroxy-5α-pregnan-3.20-dion*, $C_{22}H_{34}O_3$, F. 209−210° (Bzl.), durch 4std. Rühren von 600 mg **VI** in Chlf./80% Essigsäure mit CrO_3 bei 0°, dann 1 Std. bei Raumtemp., Eindampfen, Extraktion mit Essigester, Eindampfen, Lösen in Aceton u. 18std. Stehen mit **IX**; $[\alpha]_D^{19}$ +70° (Chlf.).; 200 mg (roh). — *24.24-Diphenyl-6α-methyl-$\Delta^{4,20,22,23}$-cholatrien-3-on*, $C_{37}\cdot H_{44}O$, F. 166−168° (Essigester), durch 2std. Kochen von 1,3 g **VII** in Eisessig u. Ggw. von **IX** unter N_2; $[\alpha]_D^{20}$ +91° (Dioxan); 0,7 g. — *6α-Methylprogesteron* (**VIII**), $C_{22}H_{32}O_2$, F. 117−120° (Diisopropyläther), durch 4std. Rühren vorst. Verb. u. CrO_3 in Chlf./80%ig. Essigsäure/Aceton bei 0°, dann 2 Std. bei Raumtemp., Eindampfen u. Chromatographie an Silicagel; $[\alpha]_D^{20}$ +172° (Dioxan). F. Bourseaux 3750◇

0917 **Mikrobiologische Umwandlungen.** 2. Mitt. **Die Aromatisierung des Ringes A von Strophanthidin.** S. Morris Kupchan, Charles J. Sih, N. Katsui und O. El Tayeb. (J. Amer. chem. Soc. **84**, 1752−53, 5/5. 1962; Madison, Wis., Univ., Dep. of Pharm. Chem., Dep. of Pharmacogn.; engl.) — Fermentation von Strophanthidin (**I**) mit *Nocardia restrictus* führte zu *3.19-Dioxo-14-hydroxy-$\Delta^{4,20,22}$-cardadienolid* (**II**, *Anhydrostrophanthidon*) u. *3.14-Dihydroxy-19-nor-$\Delta^{1,3,5,10,20,22}$-cardatetraenolid* (**III**), F. 263−265° (Zers.), $[\alpha]_D^{27}$ +78° (c = 0,76; Pyridin), λ_{max} 217 u. 280 mμ (ε = 25600 bzw. 2200 in A.), λ_{max} 2,88, 3,03, 5,77, 6,22, 6,30 u. 6,68 μ (Nujol); *3-Acetat*, F. 206−208, $[\alpha]_D^{25}$ +66° (c = 0,70; Chlf.), λ_{max} 215, 267 u. 275 mμ (ε = 22100 bzw. 680 bzw. 640; CH_3OH), λ_{max} 2,88, 5,60, 5,72, 6,15, 6,30 u. 6,70 μ (Chlf.). Hydrierung von **III** gab *3.14-Dihydroxy-19-nor-$\Delta^{1,3,5,10}$-cardatrienolid*. Durch katalyt. Oxydation von **I** u. Behandlung mit Alkali bei 0° wurde *3-Keto-14-hydroxy-19-nor-$\Delta^{4,20,22}$-cardadienolid* (**IV**), F. 240−241°, $[\alpha]_D^{27}$ +33° (c = 2,67; Chlf.), λ_{max} 230 (ε = 24700; A.), λ_{max} 2,85, 5,60, 5,72, 6,01 u. 6,15 μ (Chlf.), erhalten (Dehydrierung über Pd-Schwarz in sd. A. gab **III**). Fermentation von **II** bzw. **IV** mit *Nocardia restrictus* gab viel bzw. wenig **III**. Damit ist die Annahme bestätigt, daß

Östrogene aus 19-Oxosteroiden leichter zu erhalten sind als aus 19-Norsteroiden. Gerhard Cleve 3750◇

0918 **Synthese eines wasserlöslichen Vitamin-A-Derivates.** Toshio Nakagawa, Ryounosuke Muneyuki und Yoshio Mori. (J. pharmac. Soc. Japan [Yakugakuzasshi] **77,** 984—88, 1957; Imafuku, Amagasaki, Shionogi & Co., Ltd., Res. Labor.; jap., Auszug: engl.) — Es wird die Darst. des wasserlösl. gelben *Methoxypolyäthylenoxyglykolsäure-Vitamin-A-Esters* aus Vitamin-A-Alkohol (I) u. Methoxypolyäthylenoxyglykolsäure (II) beschrieben. UV- u. IR-Spektren s. Original.

Versuche: *Vitamin-A-alkohol* (I), durch 30 Min. langes Kochen von Vitamin-A-palmitat in A. mit KOH, Zugabe von W. u. Extrahieren mit PAe. unter N_2. — *Methoxypolyäthylenoxyglykolsäure* (II), durch Oxydation von Methoxypolyäthylenglykol mit $KMnO_4$ bei 0° u. Aufarbeitung mit Amberlite IR-120 u. IRA-410; 78% (Ausbeute). *Methylester* (III), durch Kochen von II in Methanol mit konz. H_2SO_4; 98%. — *Methoxypolyäthylenoxyglykolsäurechlorid* (IV), durch 5std. Kochen von II mit $SOCl_2$ u. Extrahieren mit $CHCl_3$. — *Methoxypolyäthylenoxyglykolsäure-Vitamin-A-Ester*, a) durch 150std. Rühren von I u. IV in Pyridin unter N_2 bei 25—30° u. Aufarbeitung mit Al_2O_3; 20,5%; b) durch Umsetzen von K-Vitamin-A-alkoholat (aus I u. K-tert.-Butylat) in Toluol mit IV bei 0°; 40,8%; c) durch 60std. Rühren von I in Pyridin u. III in Ggw. von Na bei 25—30° unter N_2, Einleiten von CO_2, Filtrieren u. Einengen im Vakuum; 36,4%. H. Krause 3800△

0919 **Untersuchungen über Vitamin B_1 und verwandte Verbindungen.** 88. Mitt. **Reaktion von Thiamin zu Thiothiamin.** Hiroshi Hirano. (J. pharmac. Soc. Japan [Yakugakuzasshi] **77,** 1004—07, 1957; Osaka, Takeda, Pharmaceut. Ind., Res. Labor.; jap., Auszug: engl.) — 87. vgl. J. pharmac. Soc. Japan [Yakugakuzasshi] **77,** [1957], 640; 78. vgl. C. **1959,** 16658. — Es wird gezeigt, daß im Gegensatz zu der Meinung von Zima u. Mitarbeitern (C. **1950/54,** **2629**S) bei der Bldg. von Thiothiamin aus Thiamin die Ggw. von Luft erforderlich ist, da der für die Rk. notwendige S bei der Oxydation von H_2S, das bei der Zers. von Thiamin gebildet wird, entsteht.

Versuche: *Thiothiamin*, F. 238—239° (Zers., verd. A.), a) durch 1std. Erhitzen von 2,1 g Thiaminhydrochlorid (I) in NaOH in Ggw. von S u. Luft auf 100°, Zugabe von HCl, Filtrieren über Kohle, Versetzen mit NaOH; 0,60—0,62 g (Ausbeute); b) analog a) unter N_2; 0,59—0,60 g; c) durch 24std. Stehen von 10 g I mit NaOH u. H_2S unter Luftzutritt; 0,7 g; d) analog c) unter N_2; 0,08 g; e) durch 1std. Erhitzen von 2,1 g I mit NaOH unter Luftzutritt auf 100°; 0,32—0,34 g; f) analog e) unter N_2 nach mehrstündigem Stehen; 0,03 g. H. Krause 3800△

0920 **Untersuchungen über Vitamin B_1 und verwandte Verbindungen.** 89. Mitt. **Eine neue Verbindung, hergestellt aus Thiamin.** Hiroshi Hirano. (J. pharmac. Soc. Japan [Yakugakuzasshi] **77,** 1007—11, 1957; jap., Auszug: engl.) — 88. vgl. vorst. Referat. — Beim Erwärmen des Na-Salzes der Thiol-Form des Thiamins wird unter H_2S-Abspaltung *2-[2-Hydroxyäthyl]-3.8-dimethyl-4-formyl-4.5-dihydro-1H-pyrimido-[4.5:e]-1.4-diazepin* erhalten. Aus 3-[2-Methyl-4-aminopyrimidyl-(5)-methyl]-4.5-dimethylthiazoliumchloridhydrochlorid (I) erhält man in gleicher Weise *2.3.8-Trimethyl-4-formyl-4.5-dihydro-1H-pyrimido-[4.5:e]-1.4-diazepin* (II). IR-Spektren vgl. Original.

Versuche: 4.5-Dihydro-1H-pyrimido-[4.5:e]-1.4-diazepine: *2-[2-Hydroxyäthyl]-3.8-dimethyl-4-formyl-*, $C_{12}H_{16}N_4O_2$, F. 171—172°, durch 1,5std. Kochen einer wss. Lsg. von 11,2 g Thiaminhydrochlorid mit NaOH, Extrahieren mit Butanol, Einengen, Aufnehmen in warmem Aceton u. mehrtägiges Stehen; aus Aceton/A. Säulen; 1,3 g (Ausbeute). — *2-[2-Acetoxyäthyl]-3.8-dimethyl-4-formyl-*, $C_{14}H_{18}N_4O_3$, F. 171°, durch mehrstd. Stehen vorst. Verb. in Pyridin mit Essigsäureanhydrid, Einengen im Vakuum, Aufnehmen in wenig W. u. Neutralisieren mit K_2CO_3; aus A. Prismen. — *2.3.8-Trimethyl-4-formyl-*(II), $C_{11}H_{14}N_4O$, F. 238—239°, a) durch 1std. Kochen von 4,9 g I in W. mit NaOH, Kühlen, Filtrieren u. Waschen mit W.; aus A. Prismen; 1,9 g; b) durch Behandeln von 0,2 g III in A./10%ig. NaOH mit H_2O_2 u. Einengen im Vakuum; 0,12 g; c) durch 4std. Kochen von IV mit Ameisensäure u. Na-Formiat. *1-Acetylderiv.*, $C_{13}H_{16}N_4O_2$, F. 234° (Zers.); aus verd. A. Säulen. — *2.3.8-Trimethyl-4-thioformyl-*(III), $C_{11}H_{14}N_4S$, F. 225°, durch 2std. Kochen von II in Pyridin mit P_2S_5, Einengen im Vakuum, Zugabe von Essigsäure, Filtrieren mit Kohle u. Neutralisieren mit $NaHCO_3$; aus A. Prismen; 99%. — *3-[2-Methyl-4-aminopyrimidyl-(5)-methylamino]-butanon-(2)-dihydrochlorid* (IV), $C_{10}H_{18}Cl_2N_4O$, F. 208° (Zers.), durch 10 Min. langes Erhitzen von 0,6 g III mit 10%ig. HCl; aus A. Blättchen; 0,2 g. — *3-[2-Methyl-4-aminopyrimidyl-(5)-methylamino]-butanol-(2)-dihydrochlorid*, $C_{10}H_{20}Cl_2N_4O$, F. 261° (Zers.), a) durch Red. von IV mit $NaBH_4$; Nadeln; b) durch Umsetzen von 1,5 g 2-Methyl-4-amino-5-formylpyrimidin mit 3-Aminobutanol-(2) u. Red. der Schiffschen Base an Raney-Ni bei 100°/200 at; 0,6 g. H. Krause 3800△

0921 **Untersuchungen über Vitamin B_1 und verwandte Verbindungen.** 90. Mitt. **Derivate der Thiol-Form des Thiamins.** 10. Mitt. **O-Phenylmethansulfonylthiamindisulfid.** Haruo Yonemoto. (J. pharmac. Soc. Japan [Yakugakuzasshi] **77,** 1033—35, 1957; jap., Auszug: engl.) — 89. vgl. vorst. Referat.; 91. vgl. C. **1963,** 21954. — Durch Umsetzen des Na-Salzes von Thiamin (I) mit Phenylmethansulfonylchlorid (II) werden *Thiamindisulfid* (III) u. kleine Mengen *O-Phenyl-* (IV) u. *O.O'-Bis-[phenylmethansulfonyl]-thiamindisulfid* erhalten. IR-Spektren s. Original.

Versuche: *Thiamindisulfid* (III), F. 170° (Zers., A.), durch Zutropfen von II zu I (aus 10 g I-Hydrochlorid) in Dioxan, 4std. Rühren bei Raumtemp., Aufnehmen in W., Extrahieren mit Ae., Neutralisieren mit $NaHCO_3$, Extrahieren mit Essigsäureäthylester, erneutes Extrahieren der Mutterlauge mit Butanol, Einengen u. Behandeln mit Essigsäureäthylester; 4,8 g (Ausbeute). — *O-Phenylmethansulfonylthiamindisulfid* (IV), $C_{31}H_{40}N_8O_6\cdot S_3$, F. 148° (Zers.), analog III, Einengen, Behandeln mit Bzl., Filtrieren u. Aufnehmen in Dioxan. — *O.O'-Bis-[phenylmethansulfonyl]-thiamindisulfid*, $C_{38}H_{46}N_8O_8S_4$, F. 201° (Zers.), a) analog IV, Suspendieren der in Dioxan unlösl. Fraktion in W., Behandeln mit 10%ig. HCl, Zugabe von wenig Essigsäureäthylester u. Neutralisieren mit $NaHCO_3$; b) durch Zutropfen von II in Dioxan zu 1 g III in Pyridin unterhalb 0°, nach mehrstd. Stehen bei 0° Zugabe von Eis, Neutralisieren mit HCl u. Zugabe von NaOH; 0,7 g; c) aus 0,08 g IV analog b); 0,07 g. H. Krause 3800△

0922 **Die Mitomycinantibiotica. Synthetische Untersuchungen.** 1. Mitt. **Synthese von Modellchinonen.** William A. Remers, Philipp N. James und Martin J. Weiss. (J. org. Chemistry **28,** 1169—73, 1963; Pearl River, N. Y., Amer. Cyanamid Co., Lederle Labors. Div., Organ.-chem. Res. Sect.; engl.) — Durch Hydrolyse wird 6-Acetamido-4-anilinonaphthochinon-(1.2) (I) in *6-Amino-2-hydroxynaphthochinon-(1.4)* (II) übergeführt. Acetylierung von 7-Aminonaphthol-(2) (III)-Hydrochlorid zum *O.N-Diacetyl-Deriv.* u. partielle Entacetylierung liefern das *N-Acetyl-Deriv.* von III, dessen Oxydation mit Fremy-Salz (Di-K-Nitrosodisulfonat) *7-Acetamidonaphthochinon-(1.2)* (IV) gibt. Thiele-Acetylierung von IV gibt 1.2.4.-Triacetoxy-7-acetamidonaphthalin in geringer Ausbeute; dieses wird durch Hydrolyse u. Oxydation in *7-Acetamido-2-hydroxynaphthochinon-(1.4)* übergeführt, das sich besser aus IV u. Anilin (V) über *7-Acetamido-4-anilinonaphthochinon-(1.2)* (VII) durch dessen Rk. mit H_2SO_4 zu *7-Amino-2-hydroxynaphthochinon-(1.4)* (VIII) u. Acetylierung darstellen läßt. *8-Amino-2-hydroxynaphthochinon-(1.4)* wird analog dargestellt. Eine entsprechende Darst. von 5-Amino-2-hydroxynaphthochinon-(1.4) gelingt nicht, da 5-Acetamidonaphthol-(2) (XIII) durch Fremy-Salz nicht oxydiert wird. Dagegen wird XIII nach Kehrmann u. Denk [1900] über *5-Acetamidonaphthochinon-(1.2)* (XI) in *5-Acetamido-4-anilinonaphthochinon-(1.2)* übergeführt, das sich jedoch nicht hydrolysieren läßt. Rk. von 3.4.5.6.7.8-Hexahydro-2-methylcarbazoldion-(3.4) (XII) mit NaOH gibt *1.4.5.6.7.8-Hexahydro-3-hydroxy-2-methylcarbazoldion-(1.4)*, dessen UV-Spektrum (Abb.) dem des 2-Aminomitosendiols-(1.7) (vgl. Webb u. Mitarbeiter, J. Amer. chem. Soc. **84,** [1962], 3185) ähnelt, während die UV-Spektren

(Abb.) der übrigen dargestellten Naphthochinone-(1.4) u. des nach Teuber u. Thaler (C. **1959**, 7115) dargestellten *5-Hydroxy-2.6-dimethyl-4.7-dihydro-4.7-dioxoindol-3-carbonsäureäthylesters* keine solche Ähnlichkeit aufweisen. Durch Abspalten der Methoxygruppe von 2.3-Dihydro-7-methoxy-6-methyl-1-oxo-1H-pyrrolo-[1.2:a]-indol (**VI**) mit $AlCl_3$, Oxydieren des erhaltenen *Phenols* mit Fremy-Salz zum entsprechenden *o-Chinon* u. Stehen mit HCl wird *2.3.5.8-Tetrahydro-7-hydroxy-6-methyl-1.5.8-trioxo-1 H-pyrrolo-[1.2:a]-indol* erhalten, dessen UV-Spektrum (Abb.) dem von 7-Hydroxymitosenon-(1) (vgl. Webb u. Mitarbeiter, l. c.) ähnelt.

Versuche: *7-Acetamidonaphthol-(2)*, F. 227 bis 232°, durch Rk. von **III** in W./konz. HCl mit Acetanhydrid (**X**) u. kalter Na-Acetat/$Na_2S_2O_4$-Lsg., Abfiltrieren (→ *7-Acetamido-2-acetoxynaphthalin*), Lösen in W./10%ig. NaOH, Filtrieren u. Ansäuern mit 2 n HCl; 77% (Ausbeute). — Naphthochinone-(1.2): *7-Acetamido-* (**IV**), F. 223° (Methanol), durch rasche Zugabe einer eiskalten Lsg. vorst. Verb. in Methanol zu einer eiskalten Lsg. von Fremy-Salz u. KH_2PO_4 in W. unter Rühren; ziegelrot; 88,5% (roh). — *8-Acetamido-* (**IX**), durch Zugabe von Fremy-Salz zu 8-Acetamidonaphthol-(2) u. KH_2PO_4 in Eis/W., Rühren über Nacht bei 5°, Abfiltrieren u. Extrahieren der Mutterlauge mit CH_2Cl_2; 73%. — *5-Acetamido-4-anilino-*, $C_{18}H_{14}N_2O_3$, schm. nicht < 320°, durch Zugabe von **V** zu **XI** in A. unter Rühren; 72%. — 2-Hydroxynaphthochinone-(1.4): *6-Amino-*(**II**), $C_{10}H_7NO_3$, schm. nicht < 320°, durch 10 Min. langes Kochen von **I** in konz. H_2SO_4/W., Einstellen mit 20%ig. NaOH auf pH 6, Verteilungschromatographie des Nd. an Kieselgur u. Einengen unter Vakuum; rotbraun; 78%. — *7-Amino-* (**VIII**), F. > 320°, a) analog **II** aus **VII**; rotbraun; 76%; b) durch 5 Min. langes Kochen von **XIV** mit konz. H_2SO_4/W., Zusetzen von W., Alkalisieren mit 10%ig. NaOH u. Zutropfen von wenig verd. H_2SO_4. *N-Acetyl-Deriv.* (**XIV**), $C_{12}H_9NO_4$, F. 239—240° (Zers.), a) durch Einrühren von **IV** in eiskaltes **X** in Ggw. von H_2SO_4, 20 Min. langes Stehen, Gießen in Eis/W., Extrahieren mit Essigester, Waschen mit W., $KHCO_3$-Lsg. u. W. u. Zusetzen von Ae. [→ *7-Acetamido-1.2.4-triacetoxynaphthalin*, F. 225—227°; 17,5% (roh)], Lösen in alkohol. KOH, 10 Min. langes Stehen unter N_2, Zusetzen von W., Ansäuern mit 3 n HCl u. Zusatz von $FeCl_3$ in W.; gelb; 17%; b) durch 12std. Stehen von **VIII** mit Na-Acetat in W. u. **X** in Ggw. von konz. HCl, Abfiltrieren, Lösen in 3%ig. NaOH u. Ansäuern mit 3 n HCl. — *8-Amino-*, $C_{10}H_7NO_3$, F. 230—233°, durch 10 Min. langes Rühren von **V** u. 5 g **IX** in A., Zusetzen von 1,5 m CrO_3-Lsg. in 4,5 m H_2SO_4 unter Kühlen, 10 Min. langes Rühren, Abfiltrieren, Waschen mit W., A. u. CH_2Cl_2 [→ *8-Acetamido-4-anilinonaphthochinon-(1.2)*; 7,7 g] u. Hydrolyse von 6,5 g analog **II**; 0,6 g. — *5-Hydroxy-2.6-dimethyl-4.7-dihydro-4.7-dioxoindol-3-carbonsäureäthylester*, Zers. bei 250° (Bzl.), durch 7tägiges Stehen von 2.6-Dimethyl-3-carbäthoxy-indolchinon-(4.5) u. 0,1 n HCl in Methanol bei 25° u. Ae.-Extraktion; rot; 36%. — *1.4.5.6.7.8-Hexahydro-3-hydroxy-2-methylcarbazoldion-(1.4)*, $C_{13}H_{13}NO_3$, schm. nicht < 330°, durch 18std. Stehen von **XII** mit 0,1 n NaOH in Methanol, Ansäuern mit 3 n HCl bis zum Umschlag auf rosa u. Ausäthern; aus Aceton/Bzl. kupferfarbene Platten; 47%. — 1H-Pyrrolo-[1.2:a]-indole: *2.3-Dihydro-7-hydroxy-6-methyl-1-oxo-*, $C_{12}H_{11}NO_2$, F. 255° (Zers.), durch 5std. Kochen von **VI** mit $AlCl_3$ in Xylol unter N_2 u. Rühren, Zers. mit Eis u. verd. HCl, Extrahieren mit Essigester u. Verteilungschromatographie an Kieselgur; orangefarbenes Pulver; 23%. — *2.3.7.8-Tetrahydro-6-methyl-1.7.8-trioxo-*, $C_{12}H_9NO_3$, Zers. bei 230°, durch Zusetzen vorst. Verb. in Aceton zu Fremy-Salz in 0,167 m KH_2PO_4-Lsg./W., Zusetzen von W., Extrahieren mit Essigester, Verteilungschromatographie an Kieselgur u. Einengen; rote Prismen; 28%. — *2.3.5.8-Tetrahydro-7-hydroxy-6-methyl-1.5.8-trioxo-*, $C_{12}H_9NO_4$, F. 255° (Zers.), durch 10tägiges Stehen vorst. Verb. mit 0,1 n HCl in Methanol bei 25°, Sättigen mit NaCl u. Ausäthern; aus Aceton gelbe Nadeln; 17%.

H. Gleinig 3900◇

0923 **Einige angeblich natürlich vorkommende Chinone.** R. H. Thomson und K. C. B. Wilkie. (Chem. and Ind. **1961**, 1712—13; Old-Aberdeen, Univ., Dep. of Chem.; engl.) — Das von Krahl (C. **1957**, 9155) aus *D. rotundifolia L.* isolierte gelbe Prod. (F. 292°) ist nicht das angenommene „Carboxyoxynaphthochinon", das als C. O. N. bezeichnet wurde, sondern *Quercetin* ($C_{15}H_{10}O_7$), wie durch IR- u. UV-Spektren u. Papierchromatographie nachgewiesen wird. Vff. verweisen auf zwei weitere Fälle, in denen gelbe Substanzen, als Chinone angenommen, Flavone darstellten.

Hanfried Arnold 3950◇

D. Makromolekulare Chemie

0924 **Temperaturkoeffizient des inneren Drucks von Hochpolymeren.** Umberto Bianchi. (Ric. sci., Parte II, Sez. A [2] **2**, 651—52, 1962; Genova, Univ., Ist. di Chim. Ind., Centro Naz. per la Chim. delle Macromol.; ital.) — Die Temp.-Koeff. des inneren Drucks ($\partial \ln P_i/\partial T$) bei konst. Druck oder Vol. u. zwar die gemessenen wie die berechneten Werte sind für einige Hochpolymere (*Polystyrol, Polydimethylsiloxan, Naturkautschuk, cis-1.4-Polybutadien*) zusammengestellt ($P_i = (\partial U/\partial V)_T$; sie sind von Null verschieden.) M. Wiedemann 4000◇

0925 **Methoden zur Bestimmung der Parameter in der Mark-Houwink-Gleichung aus der Messung an einer einzigen Probe.** Toru Kawai und Kenji Kamide. (Chem. High Polymers [Tokyo] **19**, 436—40, 1962; Tokyo, Tokyo Inst. of Technol., Labor. of Textile Chem.; Takatesuki, Osaka, Asahi Chem. Ind. Co., Text, Res. Labor.; jap., Auszug: engl.) — Vff. beschreiben 3 Meth. zur Best. von K u. a in der Gleichung $[\eta] = KM^a$: 1. aus bekannten $[\eta]$- u. M-Werten; 2. aus $[\eta]$, M u. dem 2. Virialkoeff. A_2; 3. aus A_2 u. M. Auf die theoret. Grundlagen u. den Einfl. des freien Vol. wird eingegangen. Die Meth. sind für die prakt. Verw. im allg. brauchbar. O. Fuchs 4000◇

0926 **Zur experimentellen Bestimmung der statistischen Parameter β und h(z) des 2. osmotischen Virialkoeffizienten von Polymerlösungen.** G. V. Schulz, A. Haug und R. Kirste. (Z. physik. Chem. [Frankfurt/M.] [N. F.] **38**, 1—24, 1963; Mainz, Univ., Inst. für phys. Chem.; dt.) — Bei den theoret. Ansätzen zur Unters. des 2. Virialkoeff. des osmot. Drucks wurden die Voraussetzungen gemacht, daß 1. das „ausgeschlossene Vol." pro Segment $\beta = \beta_0 (1 - \Theta/T)$ vom Molgew. unabhängig ist u. daß 2. die Funktion h(z), die die Abhängigkeit des 2. Virialkoeff. vom Molgew. darstellt, für binäre Syst. mit einer Polymerkomponente allg. gültig ist. Beide Voraussetzungen werden unabhängig von einander an *Polydimethylsiloxanen* (**I**) u. *Polymethylmethacrylaten* (**II**) überprüft. Best. des 2. Virialkoeff. in Abhängigkeit von der Temp. im Temp.-Bereich von ca. — 12° bis 35° unter Variierung des Molgew. ergaben, daß die 1. Voraussetzung für **I** in Bromcyclohexan- u. in Phenetol-Lsg. nicht u. für **II** in Butylchlorid-Lsg. nur im Molgew.-Bereich über 10^5 zutreffend ist. Die h(z)-Funktion wurde für **I** (Molgew. 0,3 bis $10{,}60 \cdot 10^5$) mit Butylchlorid u. Gemischen aus Butanon u. Isopropanol (41,8—53,2 Vol.-% Isopropanol) als Lsgm. u. für **II** (Molgew. $0{,}3—46{,}0 \cdot 10^5$) mit Bromcyclohexan, Brombenzol, Phenetol u. einem Gemisch aus Bromcyclohexan u. Phenetol (6:7 Vol.-%) als Lsgm. ermittelt. Es zeigte sich, daß es keine allg. gültige Funktion h(z) gibt, sondern daß mindestens ein weiterer bisher nicht erfaßter Parameter x diese Funktion mitbestimmt, so daß man sie als h(zx) formulieren müßte. Es wird versucht, eine Verbindung zwischen der Theorie der atherm. Lsg. u. der neueren, von der Θ-Temp. ausgehenden Entw. herzustellen. U. Stürzer 4000◇

0927 **Über die Polymer-Lösungsmittel-Wechselwirkung in Polymerlösungen.** Nobuhiro Kuwahara. (J. Polymer Sci., Part A **1**, 2395—2406, 1963; Sapporo, Japan, Hokkaido Univ., Fac. of Sci., Dep. of Polymer Sci.; engl.) — Von den Lsgg. von *Polydimethylsiloxan* (**I**) in Bzl. (**II**) u. Xylol (**III**) u. von *Polyisobutylen* (**IV**) in **II** wurde die Temp.-Abhängigkeit des osmot. Druckes gemessen. Der daraus berechnete 2. Virialkoeff. steigt mit wachsender Temp. stark an (für **I** in **III** weniger stark). Die Θ-Temp. ergeben sich zu 270° K für **I** in **II** u. 297,5° K für **IV** in **II**; die zugehörigen Entropieparameter ψ_1 der paarweisen Wechselwrkg. zwischen den Lsg.-Partnern betragen 0,39 bzw. 0,36. Ferner wurde die Temp.-Abhängigkeit der Intrinsicviscosität von **I** u. **IV** in mehreren Lsgm. gemessen. Die daraus berechneten Werte von (K_T/K_{298}) $(\alpha^5-\alpha^3)/M^{1/2}$, wobei sich K aus $[\eta]_\theta$ = $KM^{1/2}$ ergibt, fallen mit steigendem 1/T linear ab; aus den Abschnitten u. Steigungen dieser Geraden ergeben sich folgende Werte für Θ (in °K) u. ψ_1: **I** in **II** 268 u. 0,35, **I** in Toluol (**V**) 245 u. 0,29, **I** in **III** 217 u. 0,24, **I** in Chlorbenzol 258 u. 0,18, **I** in Brombenzol 341 u. 0,15, **I** in Phenetol 356 u. 0,10, **I** in Methyläthylketon 293 u. 0,18, **I** in Äthylacetat 289 u. 0,21, **IV** in **II** 297,5 u. 0,40, **IV** in **V** 259 u. 0,38, **IV** in **III** 228 u. 0,37. Die Größe $(\bar{r}_0^2)^{1/2}$ (r_0 = Kettenendenabstand) von **I** ist prakt. unabhängig von T u. fällt für **IV** mit steigendem T etwas ab (Überwinden der Potentialschwellen bei der Rotation). $(\bar{r}_0^2)^{1/2}$ von **IV** ist ca. doppelt so groß wie der für den Fall freier Rotation berechnete Wert; bei **I** ist der Unterschied geringer. O. Fuchs 4000◇

0928 **Viscosität der Flüssigkeit in der Nähe der Glasübergangstemperatur. 1. Mitt. Ableitung der Doolittle-Gleichung für die Viscosität der Flüssigkeit und ihre Beziehung zur Andrade-Gleichung.** Nishio Hirai. (Chem. High Polymers [Tokyo] **19**, 191—96, 1962; Tsushima, Okayama, Univ., Fac. of Sci.; jap., Auszug: engl.) — Die Doolittle-Gleichung, $\ln\eta = A - B/f$, wird unter Annahme einer einfachen Zustandsgleichung für die Fl. u. eines Mol.-Modells für den viscosen Fluß abgeleitet. Die Konst. A liegt bei ca. — 0,8 für normale Flüssigkeiten. B beträgt etwa 1 u. wird für geschmolzene Metalle sehr klein. Zur Best. der Temp.-Abhängigkeit des Innendruckes wird die Kontraktionsfunktion $C(T) = -(\partial \ln Pi/\partial \ln T)$ eingeführt. Für $C(T) = 0$ entspricht die Doolittle-Gleichung der Andrade-Gleichung, $\ln \eta = A_A + E_{vis}/RT$ mit $A_A = A$ u. $B = E_{vis}\alpha_1/R \approx 1$ (α_1 = Ausdehnungskoeffizient). G. Peters 4000◇

0929 **Viscosität der Flüssigkeit in der Nähe der Glasübergangstemperatur. 2. Mitt. Kontraktionsfunktion und Abweichung von der Andrade-Viscositätsgleichung.** Nishio Hirai. (Chem. High Polymers [Tokyo] **19**, 528—32, 1962; jap., Auszug: engl.) — 1. vgl. vorst. Referat. — Die Doolittle-Gleichung für die Viscosität der Fl. entspricht für Werte der Kontraktionsfunktion $C(T) > 0$ nicht der Andrade-Gleichung. C(T) besitzt bei der Glasübergangstemp. T_g ein Maximum u. fällt nach beiden Seiten schnell auf den Wert Null ab. In Temp.-Bereichen, die wenig über bzw. unter T_g liegen, kann die Gleichung durch verschiedene Näherungen auf die Viscositätsgleichungen von Fox-Flory u. Tobolsky-Catsiff (J. Amer. chem. Soc. **76**, [1954], 4204) zurückgeführt werden. G. Peters 4000◇

0930 **Bestimmung der Abhängigkeit des mit Hilfe der Ultrazentrifuge ermittelten Sedimentationskoeffizienten von der Konzentration in einem einzigen Versuch.** Matatiahu Gehatia. (J. Polymer Sci. **57**, 241—49, 1962; Frankfurt am Main, Univ., Inst. für vegetative Physiologie.; engl.) — Vgl. C. **1962**, 10865. — Es wird die Ableitung der Konz.-Abhängigkeit des Sedimentationskoeff. s in der Ultrazentrifuge für sehr verd. Lsgg. aus hydrodynam. Ansätzen beschrieben. Der allg. Ausdruck $s = s_0(1 - K_1 \cdot c^{1/3} - K_2 \cdot c)$, wobei s_0 = Nullwert von s u. K_1 u. K_2 Konst. darstellen, wurde auf die Unters. von kompakten, nicht extrem großen Moll. sowie auf sehr große gestreckte Teilchen angewendet. Die entsprechenden Gleichungen werden angegeben. — Diskussionsbemerkungen. E. Anton 4000◇

0931 **Über Massendickenveränderungen bei Kunststoffen im Elektronenmikroskop.** W. Lippert. (Optik **19**, 145—55, 1962; Frankfurt am Main, Max-Planck-Inst. für Biophys.; dt.) — An den Kunststoffen *Araldit*, *Formvar*, *Plexiglas*, *Vestopal* u. *Zaponlack* wurden Massendickenveränderungen unter bes. Betonung der Anfangseffekte untersucht. Die Kunststoffolien erleiden durch Strahlungseinw. bes. am Anfang hohe Substanzverluste durch in den Schichten gebildete Gasmengen u. durch Substanzabbau. Die Verluste sind reine Vol.- u. Oberflächeneffekte, die sich als streng ladungsdichteabhängig erweisen. Nach Beendigung der Anfangseffekte erhält man konst. Restmassendicken. Vf. legt einen Normalverlauf der relativen Massendickenkurve in Abhängigkeit von der Objektladungsdichte fest, was trotz unterschiedlichen Verh. der Folien möglich ist, da starke Häufung um den Mittelwert auftritt. Es zeigte sich, daß Kunststoffe mit gleichartiger Struktur nicht immer die gleichen Massendickenverluste erleiden. Bei Bestrahlung mit hohen Stromdichten treten therm. Wrkg. auf, die mit hohen Substanzverlusten verbunden sind u. die sich nicht reproduzieren lassen. Bei niedrigen Stromdichten sind die Folien temperaturbeständig, jedoch sind dann bei üblicher großflächiger Bestrahlung die Bestrahlungszeiten sehr lang. Vf. empfiehlt daher die Bestrahlung nur kleiner Felder mit Hilfe eines Doppelkondensers, der hohe Stromdichten zuläßt, ohne daß sich die Temp. der Folien erhöht. Die dahingehend gemachten Verss. werden eingehend diskutiert. Abschließend werden die Ergebnisse von Verss. mit in Kunststoffolien eingebetteten biolog. Präparaten diskutiert. Helmut Hein 4000◇

0932 **Überlagerungssysteme periodischer Strukturänderungen in natürlichen und technischen Faserstrukturen.** H. Dolmetsch. (Kolloid-Z., Z. Polymere **184**, 155—56, 1962; Siegberg, Phrix-Werke A. G., Forsch.-Abt.; dt.) — Die Vermessung period. Strukturstörungen von Pflanzenfaserzellwänden mit Licht- u. Elektronenmikroskopie zeigte ein umfassendes Syst. gesetzmäßiger Überlagerungen vieler Periodenlängen. Die Längen der einzelnen Perioden stimmen bei benachbarten Zellgruppen überein, können aber in verschiedenen Schichten des gleichen Holzes variieren, wobei häufig einzelne Perioden sich verdoppeln oder eliminiert werden. Die Periodenlängen steigern sich von Stufe zu Stufe um das 2- bis 6fache, wobei benachbarte Perioden bevorzugt im ganzzahligen Längenverhältnis stehen. Einige Syst. von Periodenlängen wurden mehrfach beobachtet. Auch für neu aus Lsgg. oder Gelen aufgebaute Faserstrukturen wurden gleichartige Syst. period. Störungen von $\sim$ 100 Å bis zu mehreren μ Länge nachgewiesen, wobei der licht- bzw. elektronenopt. Effekt auch durch Einlagerung von Schwermetallen, Farbstoffen oder kondensationsfähigen Harzen in lockere Bereiche, vorübergehende Quellung mit Lsgm., Hydrolyse oder Reckung bis zur Reißgrenze verstärkt werden kann. U. Stürzer 4000◇

0933 **Eine neue Methode zur Untersuchung der Konfigurationsumwandlungen von Polymeren.** Ss. Ss. Urasowski und I. I. Jeshik. (Ukrain. chem. J. **28**, 329—32, 1962; Charkow, Lenin-Polytechn. Inst.; russ.) — Es wird die Temp.- u. Konz.-Abhängigkeit des Verlustwinkels (tg δ) verd. *Polyvinylchlorid-*, *Polymethylmethacrylat-*, *Polystyrol-* u. *Capron 200*-Lsgg. bei 10^4—10^7 Hz nach der Resonanz-Meth. bestimmt. Starke Abweichungen von dem gleichförmigen Verlauf der tg δ (t)-Kurven treten bei solchen Temp. auf, die den Umwandlungstemp. des festen Polymeren entsprechen. Die beobachteten Effekte werden mit Konfigurationsumwandlungen der Polymeren in den elektrodennahen Schichten der Lsg. erklärt. C. Kozák 4000◇

0934 **Dynamische Lichtdoppelbrechung von Polyäthylen in Lösungen.** T. I. Garmonowa. (Nachr. Leningrader Univ., Ser. Physik Chem. **17**, Nr. 22, [Ser. Physik Chem.] 72—76, 1962; russ., Auszug: engl.) — Die Lichtdoppelbrechung von *Polyäthylen* (**I**) in Dekalin, Xylol u. Tetralin wurde bei 85—120° untersucht. Die für **I** erhaltenen Werte der opt. Anisotropie stimmen mit denen überein, die von anderen Autoren durch Messung des photoelektr. Effekts von Filmen erhalten wurden. Die opt. Anisotropie hängt vom Lsgm. ab. Eine Temperaturabhängigkeit wird nicht beobachtet. Helmut Schäfer 4010△

0935 **Spezifische Verdünnungseffekte auf Polymerkettendimensionen.** C. A. J. Hoeve und M. K. O'Brien. (J. Polymer Sci., Part A **1**, 1947—54, 1963; Pittsburgh, Pa., Mellon Inst.; engl.) — Von strahlenvernetztem

Polyäthylen (**I**), das mit n-Hexadecan (**II**), mit einem n-Paraffin (**III**) vom F. 65—70°, Tetralin (**IV**), Bis-[2-äthylhexyl]-azelainat (**V**) bzw. mit α-Chlornaphthalin (**VI**) angequollen war, wurde bei 150° das Zug-Dehnungs-Verh. gemessen. Unter Verw. der von Flory (vgl. C. **1957,** 4999) aufgestellten Theorie der Gummielastizität wurde daraus das Verhältnis P = $(\bar{r}_0^2)_a/(\bar{r}_0^2)_b$, wobei r_0 den Kettenendenabstand bedeutet u. a sich auf die Messungen in Ggw. von **II** u. b auf die Messungen in Ggw. von **III**—**VI** beziehen, berechnet. P ergibt sich zu 0,95 (**III**), 0,91 (**IV**), 1,07 (**V**), 1,06 (**VI**); innerhalb der Meßfehler (10%) sind diese Werte identisch. Da **II** u. **III** die gleiche Struktur wie **I** besitzen, muß angenommen werden, daß das nichtgequollene **I** bei 150° den gleichen $(\bar{r}_0^2)$-Wert besitzt. Somit können in **I** oberhalb des F. auch keine Ordnungseffekte vorliegen, in Übereinstimmung mit den früher (vgl. C. **1961,** 14304) erhaltenen Ergebnissen.

O. Fuchs 4010◇

0936 **Probleme, die die Copolymerisation von Äthylen mit anderen ungesättigten Verbindungen unter dem katalytischen Einfluß von Organometallverbindungen betreffen.** Maria Nowakowska. (Wiadomości chem. **16,** 307—19, 1962; Blachowni, Inst. Ciężkiej Synt. Org., Mgr. kierownik pracowni polimerów; pol.) — Vff. diskutieren den Polymerisationsmechanismus sowie die Möglichkeiten zur Polymerisation mehrerer Vinyl-Verbb. mit Organometall-Katalysatoren. Diese Überlegungen ermöglichen es, Copolymerisationen von *Äthylen* mit anderen Vinyl-Verbb. durchzuführen. — 25 Literaturangaben.

K. Gröbe 4010◇

0937 **Relaxationserscheinungen in Homo- und Copolymeren von Äthylen und Propylen.** E. G. Kontos und W. P. Slichter. (J. Polymer Sci. **61,** 61—68, 1962; Naugatuck, Conn., U. S. Rubber Co., Naugatuck Chem. Div.; Murray Hill, N. J., Bell Telephone Labor.; engl.) — *Polyäthylen* (**I**), *Polypropylen* (**II**) u. *Copolymere* aus **I** u. **II** werden mit LiAl-Alkylen u. $TiCl_4$ in Heptan bei 23—25° hergestellt. Die physikal. Eigg. hängen vom Bruttoverhältnis u. der Anordnung der Monomeren in den Polymeren ab. Die Zus. der Copolymeren liegt zwischen Äthylen–Propylen-Molverhältnissen von 85:15 u. 16:84. Die entsprechenden Homopolymeren werden in die Versuchsreihen einbezogen. Der Zusammenhang zwischen den Glasumwandlungsrelaxationszeiten, die zwischen 10^3 s u. 10^{-7} s liegen, u. der Zus. der Copolymerisate wird durch dilatometr. Messungen, dynam.-mechan. Unterss. u. Kernresonanzspektroskopie untersucht. Die Messungen der Relaxationserscheinungen dieser drei verschiedenen Meth. werden miteinander verglichen.

H. Pracht 4010◇

0938 **Polymerisation von Äthylen und Propylen zu amorphen Copolymerisaten mit Katalysatoren aus Vanadiumoxychlorid und Aluminiumhalogenalkylen.** E. Junghanns, A. Gumboldt und G. Bier. (Makromolekulare Chem. **58,** 18—42, 1962; Frankfurt/M.-Höchst, Farbwerke Hoechst AG.; dt.) — Die Herst. hochmol. amorpher *Äthylen*(**I**)-*Propylen*(**II**)-*Copolymerisate* (**I**/**II**-Kautschuk) mit Ziegler-Mischkatalysatoren (MK) wird beschrieben. Die Art der V-Komponente hat keinen Einfl. auf die Eigg. der Polymerisate, dagegen aber das Verhältnis Al:Cl in den Al-Halogenalkylen; es verändert Ausbeute, Viscosität, Kristallinität u. das **I**/**II**-Molverhältnis in den Produkten. Am geeignetsten zur Darst. amorpher Prodd. erweisen sich die Syst. $VOCl_3/C_2H_5AlCl_2$ u. $VOCl_3$/Äthyl-Al-Sesquichlorid. Ein frisch hergestellter MK hat eine sehr hohe Aktivität, die beim Lagern („Altern") stark abfällt. Die Alterung ist mit einer Red. von V in Richtung zur zweiwertigen Stufe verknüpft. Man erhält die größten Polymerisatmengen — auf den MK bezogen —, wenn man den MK in Ggw. der Monomeren bildet. Der starke Abfall der Aktivität mit der Zeit — in 6—20 Min. auf etwa 10% der Anfangsaktivität — führt dazu, daß bei einer kontinuierlichen Polymerisation im Rührkessel die Verweilzeit im Bereich von 4—120 Min. einen relativ geringen Einfl. auf die pro MK-Einheit erzeugte Polymerisatmenge hat. Mit steigender Katalysatorkonz. fällt die Katalysator- u. steigt die Monomeren-Ausnutzung. Mit steigendem Al:V-Verhältnis wächst die V-Ausnutzung u. fallen die η_{sp}/c-Werte der Produkte. Erhöhung der Rk.-Temp. erniedrigt die Katalysatorausnutzung u. die η_{sp}/c-Werte u. erhöht den Monomerenumsatz. Die Copolymerisate zeigen eine hohe chem. Einheitlichkeit. — Die kontinuierliche Polymerisation im Rohr führt zu Copolymerisaten, deren Makromoll. während des Wachstums von einem sich kontinuierlich ändernden Monomerengemisch umgeben sind, da während der Polymerisation eine stärkere Verarmung an **I** als an **II** eintritt. Die Makromoll. ändern daher ihre Zus. vom Anfang bis zum Ende der Ketten; es entstehen „unsymmetr. Copolymerisate" oder „Diagonalpolymerisate". Die so erhaltenen Copolymerisate sind chem. uneinheitlich, dagegen bezüglich ihrer Molgew.-Verteilung ziemlich einheitlich. — Sowohl die kontinuierlich erzeugten Rührkessel- wie die Rohrpolymerisate liefern nach der Vulkanisation Prodd. mit guten gummielast. Eigenschaften. Die Lösungsgeschw. der Monomeren im Dispergiermittel hat einen großen Einfl. auf den Ablauf der Polymerisation, da sie viel geringer ist als die Polymerisationsgeschwindigkeit.

K. Pfleghar 4010◇

0939 **Elektronenspinresonanz-Untersuchungen an Peroxidradikalen in bestrahltem Polypropylen.** H. Fischer, K.-H. Hellwege und P. Neudörfl. (J. Polymer Sci., Part A **2,** 2109—17, 1963; Darmstadt, Dt. Kunststoff-Inst.; engl.) — Wird im Vakuum bestrahltes *Polypropylen* (**I**) bei Raumtemp. der Wrkg. von O_2 ausgesetzt, so wandeln sich die früher (vgl. J. Polymer Sci. **56,** [1962], 33) beobachteten C-Radikale in Peroxidradikale der Form H–C–O–O· (with vertical bonds above and below C) um (Messung der Elektronenspinresonanz nach der l. c. beschriebenen Meth.). Wird das Peroxidradikale der Konz. c enthaltende Prod. im Vakuum bei 40° gelagert, so bilden sich C-Radikale zurück. log c fällt linear mit wachsender Lagerzeit t ab (nur bei sehr kleinem t ist der Abfall stärker als linear). log β (β = Steigung dieser Geraden) ändert sich linear mit 1/T, woraus sich eine Aktivierungsenergie von 14 kcal Mol^{-1} ergibt. β hängt ferner von dem Verhältnis Oberfläche zu Vol. der Proben ab (Vorliegen diffusionsabhängiger Prozesse). Proben, die Peroxidradikale enthalten, nehmen O_2 auf. Vermutlich liegen folgende Rkk. vor: $R_{2/3}OO\cdot + R_1H \rightarrow R_{2/3}OOH + R_1\cdot$; $R_1\cdot + R_2\cdot \rightarrow R_3\cdot$; $R_2\cdot + O_2 \rightarrow R_2OO\cdot$ u. $R_3\cdot + O_2 \rightarrow R_3OO\cdot$.

O. Fuchs 4010◇

0940 **Wirkungsweise verschiedener Ziegler-Katalysatoren bei der Polymerisation von α-Olefinen und Eigenschaften der Polymerisate.** Gerhard Bier, Albert Gumboldt und Gerhard Schleitzer. (Makromolekulare Chem. **58,** 43—64, 1962; Frankfurt/M.-Höchst, Farbwerke Hoechst AG; dt.) — Ein Vgl. der Ziegler-Mischkatalysatoren (MK)-Syst. $TiCl_3/AlR_2Cl$ (a) u. VCl_4/AlR_2Cl (b) zeigt folgende Ergebnisse: Die Red. von VCl_4 $(VOCl_3)$ mit Organo-Al-Verbb. verläuft wesentlich rascher als die von $TiCl_4$. Sie geht bei $VCl_4(VOCl_3)$ leicht auch unter die dreiwertige Stufe, wenn die stöchiometr. Voraussetzungen gegeben sind. Bei $TiCl_4$ führen nur AlR_3- bzw. AlR_2H-Verbb. unter die dreiwertige Stufe. $AlRCl_2$ u. AlR_2Cl reduzieren bei Temp. unter 100° nur bis zu dieser Stufe. — $TiCl_3$-haltige Katalysatoren (Kat.) wirken in Kombination mit AlR_2Cl in jedem Fall stereospezif. bei der *Propylen*(**I**)-Polymerisation, unabhängig von der Herstellung. VCl_3-haltige Kat., die durch Red. mit Organo-Al-Verbb. hergestellt sind u. Al-Verbb. enthalten, zeigen schlechte Stereospezifität. — $TiCl_3$–AlR_2Cl-haltige MK liefern bei der *Äthylen*(**II**)–**I**-Copolymerisation auch unter den besten Praxisbedingungen nicht so chem. einheitliche Prodd. wie VCl_3-haltige Kat. aus $VCl_4(VOCl_3)$ u. AlR_2Cl. — Die Länge des Alkylrestes in den Organo-Al-Verbb. ist unter den prakt. Bedingungen der Polymerisation bei der Herst. von **II**–**I**-Copolymerisaten für deren chem. Einheitlichkeit von geringer Bedeutung. Entscheidend ist die Anwendung von V-Verbb., deren Art jedoch kaum Unterschiede hervorruft. Die halogenreichen Organo-Al-Verbb. sind als Kat.-Komponenten zur Herst. von Copolymerisaten besser geeignet als halogenfreie. — Der Kat.-Typ $VCl_4 + AlR_2Cl$ (b) ist bei der **II**-Polymerisation u. bei der **II**–**I**-Copolymerisation hochakt., die Aktivität nimmt mit der Zeit stark ab. Der Typ $TiCl_3 + AlR_2Cl$ (a) hat eine vergleichsweise geringere, jedoch einigermaßen konst. Aktivität. —

(a) hat eine lange Lebensdauer u. ergibt ein langes Kettenwachstum bei nicht zu hohen Temp., (b) ist kurzlebiger mit Mol.-Wachstumszeiten von maximal einigen Minuten. (a) ergibt uneinheitlichere Polymerisate u. Copolymerisate als (b). K. Pfleghar 4010◇

0941 **Anwendung der kernmagnetischen Resonanz auf Polymere.** 1. Mitt. **Temperaturabhängigkeit des 2. Moments der Absorptionslinie.** Akira Miyake. (Chem. High Polymers [Tokyo] **16,** 40—44, 1959; Shizuoka, Univ.; jap., Auszug: engl.) — Die ausgesprochene Temp.-Abhängigkeit des experimentell beobachteten 2. Moments (2. M) der Resonanzlinie (n) widerspricht dem im wesentlichen konst. Wert nach Anderson [1954] u. Kubo-Tomita [1954]. Der beobachtete Wert wird jedoch stets durch Abschneiden der langen Enden der Absorptionslinie gewonnen, sodaß niemals wirkliche völlige Übereinstimmung mit der Theorie besteht. Das Verh. des 2. M ist ähnlich der durch die Bewegung verursachten Verringerung der Linienbreite bei Temp.-Änderungen. Die Näherungsberechnung des 2. M nach Gutowsky-Pake [1950] ist beschränkt auf den Fall, in dem die von der Rotation stammende Korrelationszeit viel kürzer ist als die Zeitwerte, welche der Quadratwurzel des starren 2. M entspricht. L. Schuler 4010□

0942 **Anwendung der kernmagnetischen Resonanz auf Polymere.** 2. Mitt. **Rotationseffekt der Seitenkettengruppen.** Akira Miyake. (Chem. High Polymers [Tokyo] **16,** 667—72, 1959; jap., Auszug: engl.) — 1. vgl. vorst. Referat. — Als Beispiel für den Rotationseffekt der Seitenkette wird die C_3-Rotation eines 3-Protonensyst. ähnlich der CH_3-Gruppe theoret. erörtert unter Benutzung der Diffusionsgleichung unter einem 3fach eingeschränkten Potential. Mit je einer Näherungslösung für hohe u. für tiefe Temp. wird die Korrelationszeit τ_c der kernmagnet. Resonanz erhalten. Die Spin-Spin-Relaxationszeit T_2 u. die Spin-Gitter-Relaxationszeit T_1 werden als Funktion von τ_c ausgedrückt u. die Vers.-Daten von Powles (C. **1957,** 2222) für T_2 bei *Polyisobutylen* an Hand der entwickelten Theorie analysiert. L. Schuler 4010□

0943 **Phänomene von Isomorphie und Polymorphie in trans-1.4-Copolymeren aus Butadien-(1.3) mit Pentadien-(1.3).** Giulio Natta, Lido Porri, Antonio Carbonaro und Gabriele Lugli. (Makromolekulare Chem. **53,** 52—57, 1962; Milano, Polytecn., Ist. di Chim. Ind.; engl.) — Diese *trans-1.4-Copolymeren* aus *Butadien-(1.3)* u. *Pentadien-(1.3)* sind, unabhängig von ihrer grundmol. Zus., kristallin. Ihre FF. liegen zwischen denen der beiden Homopolymeren (95°—145°). Daraus geht hervor, daß trans-1.4-Pentadieneinheiten mit den trans-1.4-Butadieneinheiten der bei hoher Temp. beständigen Modifikation II isomorph sind. Röntgenstruktur-Unterss. zeigen, daß die Art der Kristallinität der Copolymeren von ihrer Zus. abhängt. Sie gleicht bei Copolymeren mit > 85% Butadiengeh. im Typ derjenigen der Modifikation I von *trans-1.4-Polybutadien* u. mit steigendem Geh. an Pentadien mehr u. mehr der der Modifikation II, entsprechend einem Abfall der Umwandlungstemp. durch Einführung von trans-1.4-Pentadieneinheiten. Daraus wird geschlossen, daß trans-1.4-Pentadieneinheiten nicht oder nur wenig isomorph mit Butadieneinheiten der Modifikation I sind. Der F. von Copolymeren, deren Butadienbausteine in trans-1.4-Stellung u. deren Pentadienbausteine teilweise auch in 1.2-Stellung verknüpft sind, fällt mit steigendem Butadien-Geh. rasch ab (F. für 0 Mol-% C_5 145° u. für 23 Mol-% C_5 21°). Außerdem fällt die Temp., bei der die Modifikation I in die Modifikation II übergeht. Dies Verh. wird darauf zurückgeführt, daß wegen der sperrigen Seitenketten 1.2-Pentadieneinheiten nicht oder nicht vollständig isomorph mit den Butadieneinheiten der Modifikation I u. II sind. — *trans-1.4-Copolymere* aus 0—100% *Butadien-(1.3)* u. *trans-* oder *cis-Pentadien-(1.3)* in Ggw. von Al $(C_2H_5)_3$–VCl_3 als Katalysator. — *Copolymere,* deren Butadieneinheiten alle in trans-1.4-Stellung u. deren Pentadieneinheiten sich teilweise in 1.2-Stellung befinden, aus 77—100% *Butadien-(1.3)* u. *trans-Pentadien-(1.3)* mit einem homogenen Katalysator aus $Al(C_2H_5)_2 \cdot Cl$ u. Triacetylacetonat. U. Stürzer 4010◇

0944 **Eigenschaften konzentrierter Lösungen von Hochpolymeren.** 1. Mitt. **Konzentrierte Lösung von Polyvinylchlorid in Cyclohexanon.** Harumi Asai. (Chem. High Polymers [Tokyo] **19,** 19—24, 1962; Taishigawara-yako, Kawasaki, Kanagawa, The Japanese Geon Co. Ltd., Central Labor.; jap., Auszug: engl.) — Die scheinbare Viscosität η_a von *Polyvinylchlorid* (DP 740 (**I**), DP 970 (**II**), DP 1250 (**III**) u. DP 1650 (**IV**)) mit verschiedenem Molgew. in 4,68—17,64%ig. Cyclohexanon-Lsgg. wurde im Temp.-Bereich 21—60° u. bei Scher-Geschw. von 10^{-1} bis 10^4 sec^{-1} im Maron-Krieger-Sisko-Viscosimeter gemessen (Diagramme). Die Temp.-Abhängigkeit von η_a wird mit den reduzierten Variablen ausreichend erklärt. Die Beziehung zwischen der Viscosität bei der Scherung Null u. den verschiedenen Konzz. ist für **I, II, III** u. **IV** in einem log-log-Diagramm jeweils durch zwei gerade Linien gegeben, deren Schnittpunkte die krit. Konzz. (C_c) sind; der Anstieg beider Linien ist für **I, II, III** u. **IV** $\sim$ 5,2 im Bereich oberhalb u. $\sim$ 3,3 im Bereich unterhalb C_c bzw. 30°. Im Gegensatz zur Bueche-Theorie ist $C_c\varrho\sqrt{Z}$ (ϱ = Dichte der Lsg., Z = Kettenlänge) bei 30° von Z unabhängig. Die Meth. von Ferry u. DeWitt für die Beziehung zwischen Viscosität u. Konz. ist nur oberhalb C_c auf diese Polyvinylchlorid-Lsgg. anwendbar. G. Vetter 4010◇

0945 **Epoxysafloröl als Weichmacher für Polyvinylchlorid.** Tadashi Kimura. (Chem. High Polymers [Tokyo] **20,** 76—80, 1963; Kitaogimachi, Kita-ku, Osaka, Osaka Municipal Techn. Res. Inst.; jap., Auszug: engl. S. 80.) — Vf. untersuchte die Eignung von Epoxysafloröl (**I**) als Weichmacher für *Polyvinylchlorid* (**II**). Gemessen wurden folgende Eigg. (je in Abhängigkeit vom Mischungsverhältnis **II/I**): Modul, Zugfestigkeit, Dehnung, Einreißfestigkeit, Shore-Härte, Gew.-Verlust beim 6std. Erhitzen auf 120°, Wasseraufnahme nach 24std. Lagerung in W. bei 50°, Farbänderung beim mehrstd. Erhitzen auf 170 u. 180°. Die gleichen Eigg. wurden für Gemische aus **II** u. Bis-[2-äthylhexyl]-phthalat (**III**) bestimmt. Da die mechan. Eigg. von **I** u. **II** sehr gut u. die Flüchtigkeit u. die Wasseraufnahme gering sind, kann **I** an Stelle von **III** verwendet werden. **I** ist **III** in der schwächeren Verfärbung u. in der geringeren Gel-Bldg. beim Erhitzen überlegen. **I** wirkt gleichzeitig als Wärmestabilisator für **I**. Die Hugginssche Konst. k' der lösl. Anteile von erhitzten **I**—**II**- u. **II**—**III**-Gemischen zeigt keine Unterschiede. O. Fuchs 4010◇

0946 **Untersuchungen an Polyvinylchlorid.** 35. Mitt. **Stabilisierung von epoxidiertem Polyvinylchlorid.** Yasuo Fujikake, Kiichi Takemoto und Minoru Imoto. (J. chem. Soc. Japan, ind. Chem. Sect. (Kōgyō Kagaku Zassi] **63,** 1669, 1960; Osaka, Siritu-Daigaku, Kôgakubu; jap., Auszug: engl. S. A 92.) — 34. vgl. C. **1961,** 12107. — *Polyvinylchlorid* (P = 1450) wird 150 Min. auf 170° erhitzt, wobei 2,4% der Cl-Atome als HCl abgespalten werden. Das dehydrochlorierte Polymerisat wird durch $^1/_2$std. Behandlung mit Perbenzoe- oder Peressigsäure in Tetrahydrofuran bei 65° epoxydiert. Das so erhaltene Prod. zeigt im pulverisierten Zustand eine bessere Stabilität bei höherer Temperatur. E. Maekawa 4010◇

0947 **Wärmeleitfähigkeit von Polytetrafluoräthylen und Polytrifluorchloräthylen.** Makoto Hattori. (Kolloid-Z., Z. Polymere **185,** 27—31, 1962; Sakai-Shi, Japan, Univ. of Osaka Pref. College of Engng., Dep. Appl. Chem.; engl.) — Messungen der Wärmeleitfähigkeit an kristallinem *Polytetrafluoräthylen* u. *Polytrifluorchloräthylen* (**I**) zeigen, daß deren Änderung mit dem Kristallisationsgrad qual. durch die Unterschiede der mittleren freien Weglänge l gedeutet werden kann. Eine Näherungsrechnung für l, die für amorphes **I** durchgeführt wurde, ergab einen l-Wert, der den Atomabständen im Makromol. sehr nahe kommt. R. Schäff 4010◇

0948 **Temperaturkoeffizient der Viscosität von Polymeren in Lösung.** Umberto Bianchi, Carla Cuniberti und Giovanna Dellepiane. (Ric. sci., Parte II, Sez. A [2] **2,** 506—13, 1962; Genova, Univ., Ist. di Chim. Ind., Centro Naz. di Chim. Macromol.; ital.) — Ausgehend von der Gleichung von Flory wird der Gang der Eigenviscosität mit der Temp. für *Polystyrol* in Toluol u. zwar für Mol-

gew. von 10^3-10^7 im Bereich 137—477 °K berechnet. Die Ergebnisse werden mit experimentellen Daten verglichen; das bei höheren Molgew. auftretende Minimum bei etwa 330 °K wird diskutiert.
M. Wiedemann 4010◇

0949 **Beitrag zur thermischen Polymerisation von Styrol.** G. Henrici-Olivé und S. Olivé. (Makromolekulare Chem. **53,** 122—29, 1962; Zürich, Monsanto Res. S. A.; dt.) — Der Verlauf der Polymerisation von *Styrol* ohne Inhibitorzusatz bei 50° wurde an Hand der gravimetr. ermittelten Umsätze, der Brutto-Geschw. durch Differentiation der Zeit-Umsatz-Kurve u. der viscosimetr. bestimmten Polymerisationsgrade ohne u. mit Kettenüberträger ($2{,}8 \cdot 10^{-3}$ Mol/Liter Butylthioglykolat) verfolgt. Bei sehr niedrigen Umsätzen treten dabei extrem hohe Polymerisationsgrade auf (bis ca. $7{,}5 \cdot 10^4$). Von ca. 5% Umsatz ab verändert sich der Polymerisationsgrad prakt. nicht mehr, woraus auf Kettenübertragung mit dem Monomeren geschlossen wird.
U. Stürzer 4010◇

0950 **Wechselwirkungen von niedermolekularen Verbindungen mit festen Polymeren.** Marian Kryszewski und Marta Skorko. (J. Polymer Sci., Part A **1,** 2327—34, 1963; Łodz, Poland, Polytechn. Inst. of Łodz, Inst. of Phys.; engl.) — Von den Lsgg. von 5-Chlor-2-hydroxybenzophenon (**I**), Phenylsalicylat (**II**) bzw. Naphthylamin-(1) (**III**) in *Styrol* (**IV**) wurden im Wellenlängenbereich 2100—4600 Å die Absorptionsspektren aufgenommen u. daraus nach Dexter (vgl. C. **1956,** 6862) die Oscillatorenstärke f von **I**—**III** berechnet. Ferner wurde **IV** in Ggw. von **I, II** bzw. **III** teils therm. bei 140° (Fall A), teils mit Dibenzoylperoxid bei 85° (Fall B) polymerisiert; von den so erhaltenen Proben von *Polystyrol* (**V**) wurde ebenfalls f von **I**—**III** bestimmt. Aus dem Vgl. der f-Werte folgt: **I**—**III** sind im Falle A mol.-dispers in **V** verteilt; im Falle B werden sie z. T. in die **V**-Ketten eingebaut (erkenntlich an der Abnahme von f beim Übergang von A nach B), u. zwar **III** stärker als **I** u. **II**. f ist unabhängig vom Umsatz; der Einbau von **I**—**III** in **V** erfolgt während des ganzen Polymerisationsvorganges.
O. Fuchs 4010◇

0951 **Kettenübertragung auf Telomere. 2. Mitt. Im Falle der katalysierten β-Polymerisation.** Seizo Okamura und Keizo Katagiri. (Bull. chem. Soc. Japan **35,** 1064—66, 1962; Sakyo-ku, Kyoto, Japan, Univ., Fac. of Engng.; engl.) — 1. vgl. C. **1960, 8885.** — Unter „β-Polymerisation" verstehen Vff. die Polymerisation in Ggw. eines Telomeren. Als Telomeres (**I,** „α-Polymeres") diente durch therm. Polymerisation von Styrol (**II**) erhaltenes *Polystyrol* (vgl. l. c.). Die Weiterpolymerisation von **II** in Ggw. von **I** wurde mit Azodiisobutyronitril (**III**) bei 100° ausgeführt, wobei die Menge u. der Polymerisationsgrad von **I** variiert wurden. Bei der Polymerisation entsteht ein Gemisch aus Blockpolymeren u. verzweigten β-Polymeren. Die kinet. Auswertung der Verss. (Polymerisationsgrade P durch Messen der Intrinsicviscosität bestimmt) ergibt, daß die Menge an beiden Polymerarten in Ggw. von **III** gegenüber den l. c. genannten Bedingungen durch die Rk. zwischen einem **III**-Radikal u. **I** bzw. einem β-Polymeren erhöht wird; ferner ist P_β etwas größer als der mit den l. c. mitgeteilten Übertragungskonstanten berechnete P_β-Wert.
O. Fuchs 4010◇

0952 **Radikalpolymerisation von Styrol, p-Methylstyrol und p-Methoxystyrol.** Masayoshi Kinoshita und Minoru Imoto. (Chem. High Polymers [Tokyo] **20,** 231—36, 1963; Minami-Ogimachi, Kita-ku, Osaka, Osaka City Univ., Fac. of Engng., Dep. of Appl. Chem.; jap., Auszug: engl. S. 236.) — *Styrol* (**I**), *p-Methyl-*(**II**) u. *p-Methoxystyrol* (**III**) wurden unter Verw. von Azo-bis-isobutyronitril bei 30° polymerisiert. Die Lebensdauer der Radikale wurde nach der Meth. des rotierenden Sektors u. die Startgeschw. nach der Inhibitormeth. (Verw. von Benzochinon u. Diphenylpikrylhydrazin als Inhibitoren) bestimmt. Die Geschw.-Konst. des Wachstums ergeben sich daraus zu 106 (**I**), 84 (**II**) u. 71 (**III**) u. die des Abbruchs ($2k_t$) zu $10{,}8 \cdot 10^7$ (**I**), $6{,}6 \cdot 10^7$ (**II**) u. $3{,}3 \cdot 10^7$ (**III**) (je in Liter · Mol^{-1} s^{-1}).
O. Fuchs 4010◇

0953 **Radikalpolymerisation von p-Chlorstyrol und p-Cyanstyrol.** Masayoshi Kinoshita. (Chem. High Polymers [Tokyo] **20,** 237—40, 1963; Minami-Ogimachi, Kita-ku, Osaka, Osaka City Univ., Fac. of Engng., Dep. of Appl. Chem.; jap., Auszug: engl. S. 240.) — In Dimethylacetamid als Lsgm. wurde bei 30° die Kinetik der Polymerisation von *p-Chlorstyrol* (**I**) u. *p-Cyanstyrol* (**II**) untersucht. Die Polymerisation wird durch Benzochinon nur wenig gehemmt, stärker durch Diphenylpikrylhydrazin. Die Geschw.-Konst. k_p des Wachstums ergab sich zu 150 (**I**) u. 219 (**II**) u. die des Abbruchs ($2k_t$) zu $7{,}7 \cdot 10^7$ (**I**) u. $3{,}5 \cdot 10^7$ (**II**) (je in Liter · Mol^{-1} s^{-1}).
O. Fuchs 4010◇

0954 **ε-Polyoxymethylen.** W. Wilson und H. May. (Chem. and Ind. **1962,** 412; Oldbury, Birmingham, British Indust. Plastics Ltd.; engl.) — Das von Hammick u. Boeree [1922] beschriebene *ε-Polyoxymethylen* [F. 188 bis 195° (Zers.)] gibt beim Kochen mit Propionsäureanhydrid ein *Propionat* [F. 188—195° (Zers.)].
P. Becker 4010△

0955 **Kooperative Erscheinungen beim Erhitzen und Erweichen von Polyvinylacetat.** Ju. A. Scharonow und M. W. Wolkenstein. (Hochmolekulare Verbind. [UdSSR] **4,** 917—21, 1962; Akad. der Wiss. der UdSSR, Inst. für hochmol. Verbb.; russ., Auszug: engl.) — Es wurden die Relaxations-Eigg. von *Polyvinylacetat* durch Messung der dynam. Wärmekapazität untersucht. In den Relaxations-Eigg. des Polymeren im glasartigen Zustand zeigt sich der kooperative Charakter der Beweglichkeit der Makromoleküle. C_p u. H wurden bei 20—50° in Abhängigkeit von der Erhitzungsdauer untersucht. Bei sehr langem Erhitzen erscheint die Erweichung des nichtkrist. Polymeren als ein Phasenübergang 1. Ordnung.
Helmut Schäfer 4010△

0956 **Polymerisation von Vinylacetat in Gegenwart eines Trialkylborkatalysators. 3. Mitt. Eigenschaften des mit dem Tributylbor-Katalysator hergestellten Polyvinylalkohols.** Fumio Ide und Yuji Takayama. (J. chem. Soc. Japan, ind. Chem. Sect. [Kōgyō Kagaku Zassi] **63,** 1624 bis 1628, 1960; Tôkyô-Kyôbasi, Mitubisi-Reiyon KK.; jap., Auszug: engl. S. A 89—90.) — 2. vgl. C. **1962,** 13052. — Die Polymerisation von *Vinylacetat* wird bei —78° bis —80° in Ggw. von Tributylbor in n-Hexan sowie in Essigester durchgeführt u. das Prod. mit NaOH zu *Polyvinylalkohol* (**I**) verseift. Das Lsgm. zeigt kaum einen Einfl. auf die physikal. Eigg. des hergestellten **I,** wie auf Rk.-Geschw., Polymerisationsgrad, Verzweigung der Moll., relative Menge an 1.2-Glykol, Quellung in W., Löslichkeit u. Kristallinitätsgrad.
E. Maekawa 4010◇

0957 **Der Einfluß von Lösungsmittelzusätzen auf die Desacetylierung von Polyvinylacetat in Methanol.** Yasuyoshi Sakaguchi, Jun Nishino und Takayoshi Nitta. (Chem. High Polymers [Tokyo] **20,** 86—90, 1963; Higashinada-ku, Kobe, Konan Univ., Dep. of Appl. Chem.; jap., Auszug: engl. S. 90.) — *Polyvinylacetat* wurde in Methanol als Lsgm. mit NaOH (30°), NH_4OH (30°), HCl (50°) bzw. H_2SO_4 (50°) verseift; gemessen wurde die Verseifungsgeschw. R nach Zusatz verschiedener Lösungsmittel. Während R bei NaOH u. NH_4OH durch den Zusatz von W. (bis zu 6 Vol.-%) nicht verändert wird, tritt bei HCl u. H_2SO_4 durch W. eine starke Verzögerung auf, die sich bereits bei 0,5% W. deutlich bemerkbar macht; die Verzögerung gilt sowohl für die Anfangsgeschw. als auch für den autokatalyt. Effekt. Ähnlich stark wie W. wirken auch Essigsäure u. Dimethylformamid, schwächer Aceton, Methylacetat u. Dimethylsulfoxid, während Bzl., PAe., Chlf. u. Ae. kaum verzögern (je Verss. mit 3,5 Vol.-% Zusatz, Verseifung mit H_2SO_4). Zur Deutung der R-Abnahme bei H_2SO_4 durch die Zusätze wird angenommen, daß die polaren Lsgm. die Säurefunktion des Rk.-Mediums ändern.
O. Fuchs 4010◇

0958 **Eigenschaften der Copolymeren aus Vinylacetat und Vinylphthalimid.** A. F. Nikolajew, Ss. N. Uschakow, L. P. Wischnewetzkaja und N. A. Woronowa. (Hochmolekulare Verbind. [UdSSR] **4,** 1541—46, 1962; Leningrader technol. Lensowjet-Inst.; russ., Auszug: engl.) — Die bei der Copolymerisation von *Vinylacetat* (**I**) mit *Vinylphthalimid* (**II**) in Ggw. von Dibenzoylperoxid in Substanz u. in Lsg. erhaltenen Prodd. haben prakt. die gleichen Eigg., während sich die nach der Meth. der

Kompensations-Copolymerisation hergestellten Prodd. etwas davon unterscheiden. II ist das reaktionsfähigere Monomere. Bei der Quellung der Copolymeren werden niedermol. Anteile u. solche mit geringem Geh. an II herausgelöst. Die Viscosität von Lsgg. der Copolymeren wird mit Zunahme des II-Geh. geringer. Bei 14 bzw. 23 Mol-% II im Copolymeren u. 25° ist $[\eta] = 0{,}67$ bzw. 0,66 u. das mittlere Molgew. 148100 bzw. 146200. Bei 20 (56; 70; 98) Mol-% II ist $[\eta]$ bei 20° in CH_2Cl_2 = 1,98 (1,71; 1,39; 1,04). Die Erweichungstemp., die Wärmebeständigkeit nach Vicat u. die Glastemp. betragen für Copolymere mit einem Mol-%-Anteil an II von 0%: 60 (37; 27) (in °C); bei 14%: 73 (62; 42); bei 20%: 75 (66; 41); bei 23%: 83 (78; 56); bei 56%: 163 (108; 62); bei 70%: 203 (161; 81); bei 98%: 210 (182; 135). Das spezif. Gew., die Wasseraufnahme in 24 Std. (%), die Härte nach Vickers, die Biegefestigkeit u. die spezif. Schlagviscosität sind für Prodd. mit einem Mol-%-Anteil an II von 0%: 1,190; 1,60; 16—18; 530; 2,6; bei 23%: 1,220; 0,7; 15—19; 270; 1,5; bei 56%: 1,230; 0,42; 15—18; 160; 1,1; bei 70%: 1,235; 0,40; 16—19; 230; 1,2; bei 98%: 1,245; 0,39; 18—20; 515; 3,5. Es wurden die IR-Spektren von polymerem I u. II u. einem *Copolymeren* mit 14 Mol-% II aufgenommen. R. Sattelmeyer 4010◇

0959 **Untersuchungen über die Bildung von Phenolharzen. 22. Mitt. Umlagerung der Novolak-Moleküle durch Säure.** Hikaru Horiuchi. (J. chem. Soc. Japan, ind. Chem. Sect. [Kōgyō Kagaku Zassi] **63,** 1651—54, 1960; Ōsaka-Kitaku, Ōsakasiritu-Kôgyô-Kenkyûzyo; jap., Auszug: engl. S. A 91.) — 21. vgl. Seto u. Horiuchi, C. **1963,** 10807. — 2.2′-Dihydroxydiphenylmethan geht beim Erhitzen mit p-Toluolsulfonsäure (I) auf 150° in *2.4′-Dihydroxydiphenylmethan* über, welches beim Erhitzen mit I oberhalb 180° langsam in *4.4′-Dihydroxydiphenylmethan* (II) übergeht (Prodd. papierchromatograph. identifiziert); beim Erhitzen von II mit I bilden sich oberhalb 240° mehrkernige Substanzen. Bei dieser Isomerisierung wird die Entw. von Phenol, p-Kresol u. o-Kresol gaschromatograph. festgestellt. *Novolak*-Moll. ergeben also beim Erhitzen in Ggw. von Säure offenbar Hydroxybenzylkationen u. niedrigere Novolak-Moleküle; die Hydroxybenzylkationen bilden mit den letzteren oder mit anderen Novolak-Moll. umgelagerte Novolak-Moleküle. Ähnliche Verss. werden mit *2.2′-Dihydroxy-5-methyldiphenylmethan* (III) u. mit *2.2′-Dihydroxy-5-methyl-5′-chlordiphenylmethan* durchgeführt.

Versuche: *2.2′-Dihydroxy-5-methyldiphenylmethan* (III), $C_{14}H_{14}O_2$, F. 98—99° (Nadeln aus W.), $Kp._2$ 180—185°, durch 1std. Kochen von 3,1 g Saligenin u. 26 g p-Kresol in 20 cm³ A. mit 0,5 cm³ 5n HCl. — *2.2′-Dihydroxy-5-methyl-5′-chlordiphenylmethan,* $C_{14}H_{13}ClO_2$, F. 149—150° (aus W. Nadeln), $Kp._{1,5}$ 190—197°, durch 3std. Kochen von 14 g 2-Hydroxymethyl-4-methylphenol u. 130 g p-Chlorphenol in 50 cm³ A. mit 5 cm³ 5n HCl; gibt durch katalyt. Hydrierung an Raney-Ni III. E. Maekawa 4010◇

0960 **Darstellung und intra-intermolekulare Polymerisation von S.S′-Divinylmercaptalen.** Helmut Ringsdorf und C. G. Overberger. (J. Polymer Sci. **61,** S 11—S 12, 1962; Brooklyn, N. Y., Polytechn. Inst. of Brooklyn, Dep. of Chem.; engl.) — *Formaldehyddivinylmercaptal* kann durch Abspaltung von HCl aus Formaldehyd-bis-[β-chloräthyl]-mercaptal (I) oder durch Wasserabspaltung aus Formaldehyd-bis-[β-hydroxyäthyl]-mercaptal (II) erhalten werden. Die Polymerisation erfolgt in Ggw. von Azo-bis-isobutyronitril als Initiator. In Abhängigkeit von den Polymerisationsbedingungen können lineare u. lösl. bzw. vernetzte u. unlösl. Polymere hergestellt werden. — *Formaldehyddivinylmercaptal,* $C_5H_8S_2$, $Kp._{120}$ 105—107°, aus I oder II durch HCl- bzw. Wasserabspaltung. E. Anton 4010◇

0961 **Cyclopolymerisation einiger Glutardialdehyde. Struktur der Polymeren.** Klaus Meyersen, Rolf C. Schulz und Werner Kern. (Makromolekulare Chem. **58,** 204—16, 1962; Mainz, Univ., Org.-Chem. Inst.; dt.) — Die lösl. Spontanpolymerisate von *Glutardialdehyd, β-Methyl-* u. *β-Phenylglutardialdehyd* bestehen auf Grund ihrer Eigg. u. IR-Spektren aus Tetrahydropyran (I)-Struktureinheiten, die durch Cyclopolymerisation gebildet werden. Dies wird durch IR-spektroskop. Vgl. mit verschiedenen niedermol. I-Modellsubstanzen bewiesen. Die unkatalysierte Polymerisation läßt sich an der Abnahme der CO-Banden-Intensität u. der entsprechenden Zunahme der für die I-Struktur charakterist. erscheinenden Banden gut verfolgen. Die *Polyglutardialdehyde* können acetyliert werden u. erfahren dadurch eine wesentliche therm. Stabilisierung. Eigg. u. IR-Spektren der Spontanpolymerisate im Vgl. zu *vernetztem Polyglutardialdehyd,* der durch eine katalysierte Polymerisation hergestellt wird, zeigen, daß die beiden Substanzen unterschiedliche Strukturen haben. K. Pfleghar 4010◇

0962 **Berechnung von Viscositätskonstanten.** Hidehiko Kobayashi. (J. Polymer Sci., Part B **1,** 299—305, 1963; Fuji, Japan, Asahi Chem. Ind. Co., Cashmilon Plant, Res. Labor.; engl.) — Von *Polyacrylonitril* (I) wurde in Dimethylformamid bei 35° die Konz.-Abhängigkeit der Lsg.-Viscosität gemessen. Die Ergebnisse lassen sich formell darstellen durch $\eta_{sp}/c = [\eta] + a_1c + a_2c^2 + \cdots$ mit $a_1 = k_1[\eta]^2$ u. $a_2 = k_2[\eta]^3$ bzw. durch $(\ln \eta_r)/c = [\eta] - b_1c + b_2c^2 + \cdots$ Nach der Reihenentw. der letzten Gleichung sollte $k_1 + b_1/[\eta]^2 = 0{,}5$ sein, was in Wirklichkeit wegen der Nichtberücksichtigung der höheren Glieder nicht zutrifft. Zur genauen Best. von $[\eta]$ u. k_1 wurden $\eta_{sp}/c - [\eta]/c$ bzw. $(\ln \eta_r)/c - [\eta]/c$ gegen c aufgetragen u. der Wert von $[\eta]$ solange variiert, bis $k_1 + b_1/[\eta]^2 = 0{,}5$ war. Die so berechneten k_1- u. k_2-Werte hängen in komplizierter Weise vom Molgew. von I ab (Verw. von I-Fraktionen). O. Fuchs 4010◇

0963 **Über die homogene Polymerisation von Acrylonitril in Dimethylsulfoxid mit Ammoniumpersulfat.** Hideji Kitagawa. (Chem. High Polymers [Tokyo] **20,** 5—10, 1963; Fukayama, Asaka-gun Fukushima, Nitto Boseki Co., Res. Dep.; jap., Auszug: engl. S. 10.) — *Acrylonitril* (I) wurde in Dimethylsulfoxid (II) als Lsgm. unter Verw. von $[NH_4]_2S_2O_8$ (III) bei 30° polymerisiert. Aus der Variierung der Konz. der Komponenten ergibt sich für die Polymerisationsgeschw. R_p die Beziehung $R_p = k\,[I]\,[III]^{0,75}\,[II]^x$. Vff. nehmen an, daß ein Redoxsyst. zwischen II u. III gemäß $S_2O_8^{2-} + CH_3\ddot{S}\,(\rightarrow O)CH_3 \rightarrow SO_4^{-}\cdot + SO_4^{2-} + CH_3\overset{\cdot+}{S}\,(\rightarrow O)CH_3$ vorliegt. Die Größen k_t/k_p^2, $k_{tr}(I)/k_p$ u. $k_{tr}(II)/k_p$ wurden zu 20 bzw. $1{,}5 \cdot 10^{-4}$ bzw. $4{,}7 \cdot 10^{-5}$ bestimmt (tr bezieht sich auf die Übertragung mit I bzw. II). Die Aktivierungsenergie ergibt sich aus Verss. zwischen 20 u. 60° zu 18,5 kcal Mol^{-1}. O. Fuchs 4010◇

0964 **Eine thermodynamische Interpretation der osmotischen Eigenschaften von vernetzter Polymethacrylsäure.** Jacob A. Marinsky und Amalesh Chatterjee. (J. physic. Chem. **67,** 47—50, 1963; Buffalo, N. Y., Univ. of Buffalo, Dep. of Chem.; engl.) — Es wird der Vers. zu einer thermodynam. Erklärung der osmot. Eigg. von *Amberlite IRC-50,* einem *Polymethacrylsäure*-Ionenaustauscher, bei einem Vernetzungsgrad von 1 u. 5% gemacht. Die Ergebnisse der für verschiedene Werte der Dissoziation u. der Lsgm.-Aktivität durchgeführten Bestrahlung werden mit den in der früheren Arbeit (J. physic. Chem. **67,** [1963], 41) mitgeteilten Resultaten der theoret. Berechnungen verglichen, die auf der Grundlage des regellos verzweigten Makromol.-Modells von Katchalsky basieren. W. Betcke 4010◇

0965 **Molekulargewicht als Funktion der Temperatur.** Eli Perry. (Makromolekulare Chem. **54,** 232—33, 1962; Texas City, Tex., Monsanto Chem. Co.; engl.) — Das bei der Polymerisation von Vinylchlorid beobachtete Maximum in der Abhängigkeit des Molgew. von der Rk.-Temp. kann auch theoret. aus der Gleichung für den Polymerisationsgrad erhalten werden, wenn die Aktivierungsenergie für den Rk.-Beginn gering ist oder die Polymerisationsgeschw. z. B. durch Variierung der Katalysatorzugabe auf eine dem Temperaturanstieg entsprechende Geschw. eingestellt wird. An Hand bekannter Werte wurde das Maximum für die Polymerisation von *Methylmethacrylat* berechnet. Klaus Müller 4010

0966 **Der Einfluß der Verteilung der Ionengruppen längs der Polymerketten auf die Lösungseigenschaften von Poly-**

elektrolyten. Ichiro Sakurada, Yasuyoshi Sakaguchi, Kensuke Fukami und Katuji Takashima. (Chem. High Polymers [Tokyo] **20,** 81—85, 1963; Yoshida, Sakyo-ku, Kyoto, Kyoto Univ., Dep. of Polymer Chem.; Higashinda-ku, Kobe, Konan Univ., Dep. of Appl. Chem.; jap., Auszug: engl. S. 85.) — *Polymethylacrylat* wurde mit NaOH in W.–Aceton (**I**)-Gemischen partiell verseift (Verseifungsgrad 30, 35 u. 40 Mol-%). Beträgt das W.-**I**-Verhältnis 3:1 (in Vol.-Anteilen), so ist die relative Viscosität η_{rel} der wss. Lsg. kleiner als die bei einem Verhältnis 9:7, trotz gleichem Verseifungsgrad. Ferner sind der pK-Wert u. die Geschw. der Weiterverseifung der 1. Probe größer als die der 2. Probe. Vff. nehmen an, daß die Unterschiede auf eine lokale Anhäufung der COOH-Gruppen bei der 1. u. auf eine gleichmäßige Verteilung der COOH-Gruppen bei der 2. Probe zurückzuführen sind. Ferner wurde *Polyvinylalkohol* partiell mit Glyoxylsäure in Lsg. bzw. als Film acetalisiert (Acetalisierungsgrad je 23 Mol-%). Auch hier wird eine verschiedene Verteilung der COOH-Gruppen angenommen, obwohl in η_{rel} u. im potentiometr. Verh. keine Unterschiede zwischen beiden Proben vorliegen.

O. Fuchs 4010◇

0967 **Polymerisation von Methylmethacrylat durch Grignard-Reagens. 1. Mitt. Einfluß des Lösungsmittels und der Temperatur auf die Polymerisation von Methylmethacrylat durch Grignard-Reagens.** Haruaki Watanabe. (J. chem. Soc. Japan, ind. Chem. Sect. [Kōgyō Kagaku Zassi] **63,** 1628—31, 1960; Tôkyô-Musasino, Nippon-Densin-Denwa-Kôsya, Denki-Tûsin-Kenkyûzyo; jap., Auszug: engl. S. A 90.) — *Methylmethacrylat* wird in Ggw. von n-Butyl-MgBr (**I**) polymerisiert; die Rk. verläuft bei niedrigerer Temp. in besserer Ausbeute als bei Raumtemperatur. Polymerisate mit höheren Polymerisationsgraden werden in Toluol (**II**), in Chlf. oder ohne Lsgm. erhalten, u. zwar in besseren Ausbeuten im Vgl. zu den in Ae. hergestellten. Auch die Verw. von **II** oder Heptan als Lsgm. für die Bldg. von **I** ergibt bessere Resultate als die von Äther. Das bei niedrigerer Temp. hergestellte Polymerisat zeigt eine Absorption bei 760 cm^{-1}, ist in Aceton unlösl. u. löst sich in heißem Bzl.; die heiße Bzl.-Lsg. geliert beim Abkühlen.

E. Maekawa 4010◇

0968 **Einfluß der Stereoregularität auf die Glastemperaturen einer Reihe von Polyacrylaten und Polymethacrylaten.** John A. Shetter. (J. Polymer Sci., Part B **1,** 209—13, 1963; Bristol, Pa., Rohm & Haas Co., Res. Labor.; engl.) — Mehrere Acrylate u. Methacrylate wurden radikal. bei 44—60° (Fall A), radikal. bei —30° u. tiefer (Fall B) u. anion. in einem unpolaren Lsgm. (Fall C) polymerisiert. Die dilatometr. bestimmte Glastemp. T_g beträgt für *Polymethylmethacrylat* 104° (A), 115—122 (B) u. 43—50 (C); *Polyäthylmethacrylat* 66 (A), 8—12 (C); *Polyisopropylmethacrylat* 81 (A), 85 (B), 27 (C); *Polybutylmethacrylat* 19 (A), —24 (C); *Polyisobutylmethacrylat* 53 (A), 8 (C); *Polycyclohexylmethacrylat* 66 (A), 51 (C); *Polyisobornylmethacrylat* 111 (B) 110 (C). Entsprechende Werte ergeben sich für *Polymethylacrylat* 8 (A), 10 (C); *Polyäthylacrylat* —24 (A), —24 (B), —25 (C); *Polyisopropylacrylat* —3 bis —6 (A), —2 bis 11 (B), —11 (C); *Poly-sek.-butylacrylat* —22 (A), —20 (B), —23 (C); *Poly-tert.-butylacrylat* 43 (A), 40 (B), 40 (C). *Polycyclohexylacrylat* 19 (A), 16 (B), 12 (C); *Polyisobornylacrylat* 94 (A), 96 (B), 90 (C). Die nach B hergestellten Polymeren besitzen bevorzugt syndyotakt. u. die nach C erhaltenen isotakt. Struktur. Die Unterschiede in den T_g-Werten für A, B u. C machen sich bei den Methacrylaten stärker als bei den Acrylaten bemerkbar, da im 1. Falle eine stärkere Rotationsbehinderung um die Hauptkettenbindungen durch die α-CH_3-Gruppe vorliegt.

O. Fuchs 4010◇

0969 **Die Wechselwirkung von zwei unähnlichen Polymeren in Lösung.** E. H. Catsiff und W. A. Hewett. (J. appl. Polymer Sci. **6,** S 30—S 32, 1962; Emeryville, Calif., Shell Dev. Co.; engl.) — Bis zu einem Gesamtfestkörpergeh. von ca. 4% kann die Viscosität der Lsg. zweier gemischter Polymerer A u. B durch $\eta_{sp,m} = c_A\eta_{rA}(c_t) + c_B\eta_{rB}(c_t)$ wiedergegeben werden. Dabei ist $\eta_{ri}(c_t)$ die reduzierte Viscosität (η_{sp}/c), die die Komponente i in einer Lösung der Konz. $c_t = c_A + c_B$ allein hätte. Durch Einsetzen der entsprechenden Werte für $\eta_{ri}(c_t)$ kann die Gleichung mit $b_{AB} = (b_{AA} + b_{BB})/2$ in die Gleichung von Krigbaum u. Wall $\eta_{sp,m} = [\eta_1]c_A + [\eta_2]c_B + b_{AA}c_A^2 + b_{BB}c_B^2 + 2b_{AB}c_Ac_B$ übergeführt werden ($\eta_{sp,m}$ = spezif. Viscosität der Lsg. der genischten Polymeren, b_{AA} u. b_{BB} = intraspezif. Wechselwirkungsparameter der Komponenten A u. B in einfacher Lsg.). Die Unterss. wurden an Gemischen aus einem *Tripolymeren* aus *Lauryl-*, *Stearyl-*, u. *Methylmethacrylat* sowie einem niedrigen Prozentsatz *2-Methyl-5-vinylpyridin* (Molgew. ~ 800000) u. einem *Polyisobutylen* (Molgew. 90000) in Mineralöl (η_{100F} = 34,7) durchgeführt.

U. Stürzer 4010◇

0970 **Strahlenchemische Block- und Pfropfcopolymerisation von Polymethacrylatdispersionen mit Arylonitril.** Christel Schneider, Jakob Herz und Dieter Hummel. (Makromolekulare Chem. **51,** 182—98, 1962; Köln, Univ., Inst. für phys. Chem.; dt.) — Durch Pfropfen von *Acrylonitril* auf vorbestrahlte wss. Dispersionen von *Polymethylmethacrylat* (**PMMA**) wurden *Block-* u. *Pfropfcopolymere* hergestellt. Als Strahlenquelle diente ^{60}Co, die Dosisleistung lag zwischen $3 \cdot 10^3$ u. $8 \cdot 10^4$ r/h, die Bestrahlungszeit wurde zwischen 1 u. 49 Std. variiert. Mit Hilfe von Elektronenspinresonanzmessungen konnte nachgewiesen werden, daß bei Bestrahlung des **PMMA** das Radikal $R–CH_2–\dot{C}(CH_3)–COOCH_3$ entsteht, seine Brutto-Bldg.-Geschw. wird zu $dR/dt = kI - k'(R)^2$, wobei I die Dosisleistung u. R die Konz. der freien Radikale in Mol/ml bedeuten, bestimmt. Die Menge des Copolymeren steigt mit der Vorbestrahlungszeit zunächst an, um dann einem Grenzwert zuzustreben. Die Höhe dieses Sättigungswertes u. der Zeitpunkt, zu dem die Sättigung erreicht wird, sind von der Dosisleistung abhängig. Erfolgt die Zugabe des Monomeren nicht sofort nach Beendigung der Bestrahlung, so sinkt die Ausbeute an Copolymeren in Abhängigkeit von der Länge dieser Ruhezeit. Molgew.-Best. in Dimethylformamid aus den Grenzviscositäten ergaben 300000—325000. Analoge Pfropf-Verss. mit anderen Polymethacrylaten führten nur noch im Falle des *Polyäthylmethacrylats* (mit wesentlich höheren Bestrahlungsdosen) zum Erfolg.

H. Cnobloch 4010◇

0971 **Infrarot-Absorptionsspektrum von auf zwei Arten durch ionische Polymerisation hergestelltem Poly-β-propiolacton.** S. Okamura, T. Higashimura, A. Tanaka, R. Kato und Y. Kikuchi. (Makromolekulare Chem. **54,** 226—29, 1962; Kyoto, Univ., Fac. of Engng., Dep. Polymer Chem.; Saitama, Dai-Nippon Celluloid Co., Central Res. Labor.; engl.) — In Ggw. von Alkali polymerisiertes *β-Propiolacton* zeigt bei gleichen chem. Eigg. ein anderes IR-Spektrum als das durch Säure-Katalyse hergestellte Produkt. Beim Erhitzen des ersten über den F. 125° hinaus tritt Umwandlung in die zweite Struktur ein, die sich nach Auflösen der Schmelze in Chlf. bei Zimmertemp. wieder zurückbildet. Bei dem zweiten Prod. wurde keine derartige Polymorphie beobachtet.

Klaus Müller 4010

0972 **Kristalline Abscheidungen bei der fraktionierten Fällung von Polycarbonat.** G. Glöckner. (Plaste u. Kautschuk **10,** 154—55, 1963; Dresden, TU, Inst. für Elektrochem. u. phys. Chem.; dt.) — Bei der fraktionierten Fällung von *Polycarbonaten* aus verd. Lsgg. fallen die niedermol. Fraktionen kristallin an. Bei sehr langsamer Fällung wurden Kristallnadeln von 10^{-2} cm Länge erhalten, von denen F., chem. Zus., Molgew., Löslichkeitsverh., IR-Absorption u. Röntgenbeugung untersucht wurden. Die gut ausgebildeten Kristalle bestehen aus oligomerem Polycarbonat.

G. Kunath 4010◇

0973 **Veränderung des isobaren und isothermen Potentials bei den Polymerisationsreaktionen der Lactame unter Standard-Bedingungen.** W. P. Kolessow, I. Je. Paukow und Ss. M. Skuratow. (J. physik. Chem. [UdSSR] **36,** 770—79, 1962; Moskau, Lomonossow-Univ.; russ., Auszug: engl.) — Vff. bestimmen die ΔZ-Werte bei der Rk. Lactam → Kettenglied des Polymeren für *α-Pyrrolidon* (**I**), *α-Piperidon* (**II**), *ε-Caprolactam* (**III**) u. *ζ-Önantholactam* (**IV**). Im Rahmen dieser Best. wurden die wirklichen Wärmekapazitäten von KCl sowie von **I, II, III, IV**, *Polycaprolactam* (**V**) u. *Polyönantholactam* (**VI**) in einem adiabat. Calorimeter bei 59—350°, 60—333°, 61—345°, 60—373°, 60—368° bzw. 60—338 °K gemessen. Auf Grund der erhaltenen C_p-Werte wurden dann die S_m- u. H_m-O_0-Werte für **I**, **II**, **III**, **IV**, **V** u. **VI** berechnet. Durch Kombination der (für alle untersuchten Verbb.) berechneten $S_{298,16}$°-Werte mit den früher bestimmten ΔH-Werten konnten folgende ΔZ-Werte (in kcal) bestimmt werden: für **I** + 3,5 ± 0,9; **II** + 0,7 ± 0,7; **III** — 3,3 ± 0,45; **IV** — 6,9 ± 0,4. C. Kozák 4010◇

0974 **Rotations-Viscoelastometer vom koaxialen Zylindertyp.** 1. Mitt. Shigeo Iwayanagi und Heinosuke Nakane. (Chem. High Polymers [Tokyo] **16,** 285—89, 1959; Tokyo, Phys. Chem. Res. Inst.; jap., Auszug: engl.) — Der versuchsweise Aufbau eines vielseitigen Viscosimeters (ca. 75 Teilstücke) vom koaxialen 2-Zylindertyp wird beschrieben. Der App. ist verwendbar 1. als Viscosimeter, indem man den äußeren Zylinder gleichförmig rotieren läßt u. das auf den inneren Zylinder ausgeübte Drehmoment bestimmt oder indem man Gew. mittels einer Rolle am inneren Zylinder angreifen läßt u. die Rotationsgeschw. bestimmt; 2. als Viscoelastometer, indem man den äußeren Zylinder in oscillierende Drehungen versetzt u. opt. die Mitnahme des inneren Zylinders verfolgt. Dadurch läßt sich das Amplitudenverhältnis u. die Phasendifferenz zwischen beiden Bewegungen bestimmen u. daraus die dynam. Scherviscosität u. Steifheit einer Probe im Bereich bis 10 cP ermitteln. Ein Beispiel für die Prüfung eines *Siliconöls* wird gegeben. L. Schuler 4010◇

0975 **Rotations-Viscoelastometer vom koaxialen Zylindertyp.** 2. Mitt. **Endkorrektion und Temperaturanstieg infolge kontinuierlicher Rotation.** Shigeo Iwayanagi und Heinosuke Nakane. (Chem. High Polymers [Tokyo] **16,** 290—92, 1959; jap., Auszug: engl.) — 1. vgl. vorst. Referat. — Mit dem l. c. beschriebenen Viscoelastometer wird eine Endkorrektur gefunden, die unter den üblichen Bedingungen mehrere Prozent beträgt, bezogen auf die Ergebnisse nach der Kugelfallmethode. Die analyt. Auswertung erfolgt nach Oka (Physik. Ber. **7,** [1957], 13). Mit einem *Siliconöl* von 10000 cS wird ein infolge Dauerrotation auftretender Temp.-Anstieg von einigen Graden bei einer Winkelgeschw. von 34 sec^{-1} festgestellt. Bei einer solchen Drehgeschw. müssen also die Best. in viel kürzerer Zeit abgeschlossen werden, um die Abhängigkeit der Viscosität vom Scherungsgrad ermitteln zu können. L. Schuler 4010◇

0976 **Untersuchung der Copolymerisation von Butadien mit Isopropen in Gegenwart verschiedener ionischer Katalysatoren.** L. Ss. Bressler, B. A. Dolgoplossk und Je. N. Kropatschewa. (Ber. Akad. Wiss. UdSSR **149,** 595 bis 598, 1963; Allunions-Lebedew-Forschungsinst. für synthet. Kautschuk; russ.) — Die Copolymerisationsparameter r_1 für *Butadien* (**I**) u. r_2 für *Isopren* (**II**) wurden für die folgenden Katalysatorsyst. bzw. Lsgm. bestimmt: LiC_4H_9 + Tetrahydrofuran: $r_1 = 4,5$, $r_2 = 0,13$; $LiC_4H_9 + N(C_2H_5)_3$: $r_1 = 3,6$, $r_2 = 0,11$; $Al(iso\text{-}C_4H_9)_2Cl + CoCl_2\text{–}C_2H_5OH$-Komplex in Bzl.: $r_1 = 2,3$, $r_2 = 1,15$; $Al(iso\text{-}C_4H_9)_3 + TiCl_4$ in Bzl.: $r_1 = 1,0$, $r_2 = 1,0$; $Al(C_2H_5)Cl_2$ + HCl in Bzl. (20 Gew.-% an Monomeren, $[Al(C_2H_5)Cl_2]/[HCl] = 1$ (Mol), Temp. 12°, $[Al(C_2H_5)Cl_2]/[Monomere] = 1:400$ oder 1:800): $r_1 = 0,12$, $r_2 = 3,4$. Die Anteile (in %) der 1.2-**I**/1.4-trans-**I**/1.4-cis-**I**/1.2-**II**/3.4-**II**/1.4-**II**-Strukturen waren: bei $LiC_4H_9 + (CH_2)_4O$ u. 100 Mol-% **I** (im Polymeren): 80/10/10/0/0/0/; 50 Mol-% **I**: viel/wenig/0/0/viel/0/; 0 Mol-% **I**: 0/0/0/31/69/0; — bei $Al(iso\text{-}C_4H_9)_2Cl + CoCl_2\text{–}C_2H_5OH$ u. 100 Mol-% **I**: 4/4/92/0/0/0; 79 Mol-% **I**: 17,5/7,5/75/0/5/95; 60 Mol-% **I**: 39/3/58/0/15/85; 29 Mol-% **I**: 37/0/63/0/27/73; 0 Mol-% **I**: 0/0/0/3/31/66; — bei $Al(iso\text{-}C_4H_9)_3 + TiCl_4$ u. 100 Mol-% **I**: 5/25/70/0/0/0; 75 Mol-% **I**: 3/23/74/0/3/97; 50 Mol-% **I**: 3/21/76/0/3,5/96,5; 25 Mol-% **I**: 3/28/69/0/2/98; 0 Mol-% **I**: 0/0/0/0/2/98. — Die Zus. der Copolymerisate wurde durch ^{14}C-markiertes **I** bestimmt; die Strukturen wurden IR-spektroskop. an nichtmarkierten Proben ermittelt, wobei die Banden bei 1630 cm^{-1} einer Doppelbindung außerhalb, die bei 1650 cm^{-1} einer solchen innerhalb der Polymerkette zugeordnet wurden. 1.4-trans-**I** absorbiert bei 967 cm^{-1}. Die nach anion. bzw. kation. Mechanismus hergestellten Copolymerisate zeigen die gleiche Struktur wie die Homopolymeren, die Komplexkatalysatoren ergeben vorwiegend ein 1.4-Polymeres. R. Sattelmeyer 4030◇

0977 **Über den Mechanismus der Vulkanisation von Acrylkautschuk.** D. Sch. Korotkina und R. P. Risskina. (Hochmolekulare Verbind. [UdSSR] **4,** 3—8, 1962; russ., Auszug: engl.) — Vgl. C. **1963,** 9732. — Bei der Vulkanisation eines *Copolymeren* von *Butylmethacrylat* mit *Acrylonitril* durch Polyamine (**A**) findet eine Anlagerung der **A** an die Nitrilgruppen des Polymeren statt. Unter Anwendung des in der Estergruppe markierten Butylmethacrylats wurde gezeigt, daß dabei weder eine Claisen-Kondens. noch eine Amidbldg. erfolgt. In Ggw. von S verläuft außer der mol. Anlagerung von **A** zusätzlich ein Prozeß unter Beteiligung von HS-Radikalen, der zur Bldg. von Sulfid- u. Polysulfidbindungen führt. T. Lukanoff 4030◇

0978 **Alterung von Acrylkautschuk.** D. Sch. Korotkina und R. P. Risskina. (Hochmolekulare Verbind. [UdSSR] **4,** 9—12, 1962; Forsch.-Inst. für synthet. Kautschuk; russ., Auszug: engl.) — Bei Alterung von *Acrylkautschuk* (**I**) in Ggw. von Luft-O_2 bei Temp. von 175—200° nimmt die Anzahl der Querbindungen infolge der Oxydationsprozesse stark zu. In Abwesenheit von Luft-O_2 ist diese Zunahme sehr gering. Der Geh. an Gesamt-S ändert sich während der Alterung nur unwesentlich, während die Menge des gebundenen S, bestimmt mit Hilfe von ^{35}S, stark abfällt. Da die Erhöhung des S-Geh. im **I**-Vulkanisat die Thermostabilität des Polymeren verbessert, kann als nachgewiesen gelten, daß S die Rolle eines Oxydationsinhibitors spielt. Die Zunahme der Haftpunkte bei der Alterung von **I** kann auch von einer Claisen-Kondens. herrühren. T. Lukanoff 4030◇

0979 **Röntgenkleinwinkeluntersuchungen an regenerierten, porös getrockneten Cellulosefäden.** O. Kratky und G. Miholic. (Mh. Chemie **94,** 151—61, 1963; Graz, Univ., Inst. für phys. Chem.; dt.) — Die Unterss. zeigen, daß eine vollständige Auflockerung nicht möglich ist, der Anteil an kompakten Teilen (Büschel) liegt zwischen 15% (beim höchstgequollenen) u. 96,4% (beim niedrigstgequollenen Präparat). Die kompakten Anteile bilden Bändchen mit den Querschnitten 60 · 150 Å. K. Gröbe 4050◇

0980 **Farbänderung belichteter Cellulose.** S. Kaufmann. (Optik, **19,** 56—66, 1962; Potsdam, Pädagog. Hochschule, Inst f. theoret. Physik; dt.) — Vgl. C. **1963,** 742 u. 1124. — Wird *Cellulose* (**I**) mit Licht der Wellenlängen 200 nm $\leqq \lambda \leqq (330 \pm 0,1)$ nm $= \lambda_G$ (Grenzwellenlänge) bestrahlt, so tritt eine Vergilbung von **I** ein, während die Strahlung mit den Wellenlängen $\lambda_G = (330 \pm 0,1)$ nm $\leqq \lambda \leqq 580$ nm den Remissionsgrad $\beta_{420\,nm}$ erhöht. Es wird eine reversible Farbänderung von **I** bei Bestrahlung mit jeweils sichtbarem u. anschließend UV-Licht oder umgekehrt beschrieben, wobei die Remissionswerte von **I** im sichtbaren Spektralbereich erhöht, anschließend erniedrigt werden (Vergilbung) oder umgekehrt. Diese Erscheinungen werden auf eine Keto-Enol-Tautomerie von **I** zurückgeführt. Überwiegt die Konz. des Diketons, dann ist eine zusätzliche Vergilbung zu erwarten, überwiegt dagegen die Konz. der Dienolform, dann ist mit einer Abnahme der Vergilbung zu rechnen. K. Schwabe 4050◇

0981 **Cellulosesynthese durch Acetobacter xylinum.** 1. Mitt. **Über Molekulargewicht und Molekulargewichtsverteilung von Bakteriencellulose in Abhängigkeit von der Synthesedauer.** E. Husemann und R. Werner. (Makromolekulare Chem. **59,** 43—60, 1963; Freiburg/Br., Univ., Inst. für makromol. Chem.; dt.) — Das Molgew. u. die Molgew.-Verteilung von *Bakteriencellulose* (**I**) wurden im Verlauf ihrer Synthese durch *Acetobacter xylinum* untersucht. Der Polymerisationsgrad erreichte nach 5 Tagen ein Maximum von ca. 6000 u. fiel danach wieder ab. Die maximale Ausbeute an **I** wurde ebenfalls nach 5 Tagen erhalten. Die Molgew.-Verteilung zeigt zunächst 2 Maxima bei einem Polymerisationsgrad DP von 2000 u. 6000. Im weiteren Verlauf der Synth. verschiebt sich das obere Maximum in Richtung zu niedrigeren DP. Als Ursache dafür wurde in Acetobacter xylinum-

Kulturen eine Cellulase gefunden, deren Aktivität viscosimetr. untersucht wurde. U. Hutten 4050◇

0982 **Zur Frage des Mechanismus der Oxydation von Cellulose durch Luftsauerstoff in alkalischem Medium. Untersuchung der chemischen Zusammensetzung der Oxydationsprodukte.** N. Ss. Majam, O. P. Golowa und I. I. Nikolajewa. (Hochmolekulare Verbind. [UdSSR] **5**, 873—74, 1963; Inst. für Hochmol. Verb. der Akad. der Wiss. der UdSSR; russ.) — Bei der Oxydation von *Hydratcellulose* bei 100° in 1%ig. NaOH durch Luft-O_2 gehen im Verlauf von 5 Std. 20% in Lösung. Die Zerfallsprodd. bestehen aus in W. lösl. Oligosacchariden, hauptsächlich *Cellotriose, Cellotetraose* u. *Cellopentaose* u. aus niedermol. Prodd. von saurem u. neutralem Charakter, hauptsächlich aus *Saccharinsäuren* u. deren *Lactonen.* M. Ulmann 4050◇

0983 **Zur Untersuchung des Mechanismus der Oxydation von Celluloseäthern mit Sauerstoff.** 10. Mitt. **Synthese und Oxydation von mit radioaktivem Kohlenstoff in den Alkylgruppen markierter Äthylcellulose.** O. P. Kosmina, W. I. Kurljankina, A. F. Lukownikow, W. A. Molotkow und A. K. Chripunow. (Hochmolekulare Verb. [UdSSR] **4**, 546—48, April 1962; Inst. für hochmol. Verb. u. Inst. für chem. Physik der Akad. der Wiss. der UdSSR; russ., Auszug: engl.) — Die Oxydation von 2 Präpp. von *Äthylcellulose* (**I**), a) mit $^{14}C_{(a)}$, b) mit ^{14}C in beiden C-Atomen der Äthylgruppe, weist darauf hin, daß der gebildete Acetaldehyd u. der Hauptteil an Alkohol aus der Äthylgruppe stammt, Ameisensäure, CO_2 u. CO jedoch aus der Cellulosekette. Die Synth. der markierten **I** erfolgte aus Baumwollinters mit Hilfe von akt. Äthyljodid. M. Ulmann 4050□

0984 **Zur Untersuchung des Mechanismus der Oxydation von Celluloseäthern mit Sauerstoff.** 11. Mitt. **Einfluß von Metallsalzen auf die Oxydation von Äthylcellulose.** O. P. Kosmina und M. K. Alexandrowitsch. (Hochmolekulare Verbind. [UdSSR] **4**, 549—53, April 1962; russ., Auszug: engl.) — 10. vgl. vorst. Referat. — Die Verss. zur Oxydation von *Äthylcellulose* (**I**) durch O_2 bei 130° wurden in Ggw. von *Naphthenaten* von Metallen variabler Valenz durchgeführt. Die Prüfung der Salze von *Mn, Co, Pb, Sn, Fe* u. *Cu* ergab. daß der inhibierende Einfl. eines Metalles um so größer ist, je geringer dessen Redoxpotential ist (Cu > Fe > Pb). Er nimmt ab mit dessen Anwachsen. Die ein hohes Potential besitzenden Salze des Co u. Mn inhibieren die Oxydation von **I** nicht, sondern beschleunigen sie katalytisch. Salze von Alkalimetallen wirken als Inhibitoren. M. Ulmann 4050□

0985 **Zur Untersuchung des Mechanismus der Oxydation von Celluloseäthern mit Sauerstoff.** 12. Mitt. **Die Synthese und Oxydation von Äthylcellulose unter Verwendung einer durch ein radioaktives glucosidisches C-Atom markierten Cellulose.** O. P. Kosmina, W. I. Kurljankina, Ss. Shdan-Puschkina und W. A. Molotkow. (Hochmolekulare Verbind. [UdSSR] **5**, 492—95, 1963; russ., Auszug: engl.) — 11. vgl. vorst. Referat. — Ausgegangen wird von einer auf bakteriellem Wege aus $^{14}C_{(1)}$-Glucose erhaltenen *radioakt.* $^{14}C_{(1)}$*-Cellulose* (**I**). Nach Acetylierung der markierten **I** zum **I**-*Triacetat* u. Überführung in das sek., in Aceton lösl. **I**-Acetat wird markierte *Äthylcellulose* (**II**) erhalten. Die Oxydation von **II** erfolgte durch O_2 bei 110°. Die Unters. der erhaltenen niedermol. Prodd. zeigt, daß der entstandene Acetaldehyd u. A. kein ^{14}C enthalten. Beide Verbb. stammen demnach aus den Äthylgruppen. Gebildetes CO_2 u. CO sind akt., ebenso 25% der gesamten Menge an Ameisensäure (**III**). Diese bildet sich somit aus dem $C_{(1)}$-Atom des Glucoseringes. Die gleiche Aktivität wie **III** besitzt auch das aus den Oxydationsprodd. isolierte Äthylformiat, das in einer Sekundärrk. gebildet wird u. nicht direkt aus dem Glucosering stammt. M. Ulmann 4050◇

0986 **Zur Untersuchung des Mechanismus der Oxydation von Celluloseäthern mit Sauerstoff.** 13. Mitt. **Der Einfluß von organischen Metallkomplexen (Chelatverbindungen) auf die Oxydation von Celluloseäthern durch Sauerstoff.** M. K. Alexandrowitsch, O. P. Kosmina und L. G. Schechunowa. (Hochmolekulare Verbind. [UdSSR] **5**, 496—98, 1963; russ., Auszug: engl.) — 12. vgl. vorst. Referat. — Chelatverbb. (**A**) vermögen in Abhängigkeit des in ihnen vorliegenden Metalles die Oxydation von *Äthylcellulose* (in Form von Filmen) durch O_2 bei 130° zu hemmen. Cu u. Fe sind wirksam, Zn u. Al dagegen nicht. Die **A** wurden aus *Salicylanilid* u. aus Schiffschen Basen (**B**) aus Salicylaldehyd u. Hexamethylendiamin, o-Phenylendiamin u. p-Phenylendiamin erhalten. Die **B** an sich sind auf den Oxydationsprozeß ohne Einfl., Salicylanilid ist dagegen ein guter Inhibitor. M. Ulmann 4050◇

0987 **Zum Mechanismus der Oxydation von Celluloseäthern mit Sauerstoff.** 15. Mitt. **Der Einfluß der Kettenlänge des Substituenten in einfachen aliphatischen Äthern der Cellulose auf die Oxydationsgeschwindigkeit.** M. P. Koslow, O. P. Kosmina, Je. A. Plissko und Ss. N. Danilow. (Hochmolekulare Verbind. [UdSSR] **5**, 424—27, 1963; russ., Auszug: engl.) — 13. vgl. vorst. Referat. — Bei der Oxydation von *Äthyl-*(**I**), *Heptyl-*(**II**) u. *Nonylcellulose* (**III**) durch O_2 bei 110° bilden sich als Primärprodd. die Hydroperoxide dieser Äther, wobei sich die Bldg.-Geschw. in der Reihenfolge **III** > **II** > **I** verringert. Die charakterist. Maxima der kinet. Kurven weisen die gleiche Reihenfolge auf. Nach Überschreiten des Maximums fallen die Konzz. der Peroxidgruppen stark ab, gleichzeitig fällt die Viscosität der Präpp. ab, der Substitutionsgrad sinkt u. die Menge des aufgenommenen u. gebundenen O_2 steigt an wie auch die Menge an niedermol. Oxydationsprodukten. Die sek. Rkk. des Zerfalls der Ätherperoxide verlaufen prakt. mit der gleichen Geschwindigkeit. M. Ulmann 4050◇

0988 **Dielektrische Eigenschaften von Celluloseacetat-Plasten.** Naosuke Kato, Hideo Saito, Shigeru Yabumoto und Ryoji Fujishige. (Chem. High Polymers [Tokyo] **19**, 95—99, 1962; Osaka, Dainippon Celluloide Co. Ltd., Res. Labor.; jap., Auszug: engl.) — Es werden die dielektr. Eigg. von *Cellulosetriacetat, Cellulose-2.4-diacetat* (**I**) u. einem mit Tributylphosphat weichgemachten **I** über einen weiten Frequenz- u. Temp.-Bereich gemessen. K. Schwabe 4050◇

0989 **Acetylcellulosegele als optisch-aktives elastisches Material zur Untersuchung der Spannungen in Modellen, die sich unter eigenem Gewicht deformieren.** D. N. Ossokina und L. Ss. Gembitzki. (Kolloid-J. [UdSSR] **24**, 724—32, 1962; Saratow, Lehrstuhl für physik.-chem. Polymere; Moskau, Inst. für die Physik der Erde der Akad. der Wiss. der UdSSR; russ., Auszug: engl.) — Aus Gelen von *Acetylcellulose* (**I**) in Benzylalkohol wird ein durchscheinendes, nur schwach gefärbtes elast. Material erhalten, das opt. akt. ist, sich unter seinem eigenen Gew. deformiert u. dessen Elastizitätsmodul in einem Bereich von 0,1—10 kg/cm² u. höher liegt. Die mechan. u. opt. Eigg. des Materials wurden an 7 verschiedenen Proben von **I** in einem Konz.-Bereich von 6—25% untersucht. Die Abhängigkeit der Deformationsgröße ε u. des opt. Effektes Δn von der Spannung σ war bei den untersuchten Gelen im Gebiet kleiner Spannungen ($\sigma < 40$ g/cm²) linear, bei größeren σ blieben ε u. Δn um so mehr zurück, je kleiner die Konz. war. Als opt. akt. Material besitzen **I**-Gele gegenüber Gelatine-Gelen eine Reihe von Vorzügen, die sie für Modellunterss. von Spannungen, die durch das eigene Gew. hervorgerufen werden, geeignet machen. J. v. Schroeder 4050◇

0990 **Synthese neuer Derivate der Cellulose und anderer Polysaccharide.** 19. Mitt. **Synthese von Graftpolymeren der Cellulose und C-Kettenpolymeren ohne gleichzeitige Bildung von Homopolymeren.** 104. Mitt. **über die Untersuchung der Struktur und Eigenschaften der Cellulose und ihrer Derivate.** S. A. Rogowin, Ssun Tun, A. D. Wirnik und N. M. Chwosstenko. (Hochmolekulare Verbind. [UdSSR] **4**, 571—76, 1962; Moskau, Textilinst.; russ., Auszug: engl.) — 17. vgl. C. **1962**, 13420. — Um in wss. Lsgg. arbeiten zu können, werden analog dem Färbeprozeß sogenannte Remazolfarbstoffe eingesetzt, die die akt. Gruppe $-SO_2CH_2CH_2OSO_3H$ enthalten. Bei erhöhter Temp. u. schwach alkal. Medium wird der H_2SO_4-Rest abgespalten, u. die Vinylsulfonylgruppe reagiert mit den OH-Gruppen der Cellulose (**I**). In **I** wurden vorher durch Veresterung oder Alkylierung nach bekannten Meth. aromat. gebundene Aminogruppen eingeführt, diese anschließend in Ggw. eines Red.-Mittels (Fe^{2+}) diazotiert, wobei sich Makromoll. bilden, die das Kettenwachstum einleiten. Vff. gehen von den wasserlösl. *Schwefelsäureestern* des *4-[β-Hydroxyäthylsulfonyl]-2-aminoanisols* u. *4-[β-Hydroxyäthylsulfonyl]-anilins* aus. Von Vinylmonomeren gelangten zur Anwendung: *Acrylonitril, Vinylidenchlorid, Acrylsäure, Methacrylsäure, Vinylacetat* u. *Methylmethacrylat*. Homopolymere bilden sich in keinem Falle. Der erreichte Pfropfungsgrad u. die Menge der gebundenen Vinylpolymeren richtet sich außer nach der Struktur der angewandten Moll. nach der Konz. der Monomeren, der Temp., Reaktionszeit u. auch danach, ob unter Luft oder Ar gearbeitet wird. Es lassen sich in das Makromol. der **I**, ausgehend von **I**-Fasern, an Polyacrylonitril bis 50% vom **I**-Gew. einführen. M. Ulmann 4050□

0991 **Synthese neuer Derivate der Cellulose und anderer Polysaccharide.** 20. Mitt. **Synthese von Graftcopolymeren von Cellulose und Polyönanthamid.** 105. Mitt. **über die Untersuchung der Struktur und Eigenschaften der Cellulose und ihrer Derivate.** Ssun Tun und S. A. Rogowin. (Hochmolekulare Verbind. [UdSSR] **4,** 714—19, 1962; russ., Auszug: engl.) — 19. bzw. 104. vgl. vorst. Referat. – Pfropfpolymere der *Cellulose* (**I**) mit *Polyönanthamid* lassen sich durch Rk. von inkludierter **I** mit dem Hydrochlorid des ω-Aminoönanthsäurechlorids in Ggw. organ. Basen erhalten. Bei Verw. von Pyridin müssen mindestens 20 Mol Pyridin auf 1 Elementarglied der **I** verwendet werden. Dauer der Rk. 6 Std. bei 100°. In günstigen Fällen erhält man Prodd. mit 4% Gesamt-N (0,3% Amino-N) u. einem Polymerisations-Koeff. des Polyamids in der Seitenkette von 14. Die Pfropfcopolymeren sind in organ. Lsgm. unlösl. u. gut mit sauren Farbstoffen anfärbbar. Auch eine Phasengrenzflächenmeth. läßt sich zur Herst. der Pfropfpolymeren anwenden. Hierbei wird eine verd. alkal. Lsg. von **I**-Xanthogenat unter intensivem Rühren zu einer Lsg. des Hydrochlorids des ω-Aminoönanthsäurechlorids in trockenem CH_2Cl_2 hinzugegeben. Nachteilig ist, daß in mehr oder weniger großen Mengen Homopolyamid gebildet wird. Die letzte Meth. läßt sich auch auf andere wasserlösl., reaktionsfähige OH-Gruppen enthaltende Polymere, wie *Stärke, Amylose* oder *Polyvinylalkohole* anwenden. M. Ulmann 4050◇

0992 **Untersuchung der IR-Spektren von Chloralkansäureestern der Cellulose.** 106. Mitt. **über die Untersuchung der Struktur und Eigenschaften der Cellulose und ihrer Derivate.** R. G. Shbankow, N. W. Iwanowa und S. A. Rogowin. (Hochmolekulare Verbind. [UdSSR] **4,** 901—06, 1962; Inst. für Physik der Akad. der Wiss. der BelorussSSR u. Moskau, Textil-Inst.; russ., Auszug: engl.) — 105 vgl. vorst. Referat. — Die Auswertung der Hauptabsorptionsbanden der Infrarotspektren von *Celluloseestern* mit *Chloralkansäuren* u. Mischestern mit letzteren Säuren u. Essigsäure im Vgl. zu Spektren der Cellulose, Acetylcellulose u. Acetylbutyrylcellulose bestätigten die auf Grund chem. Befunde gemachten Aussagen über die Struktur der Cellulosechloralkansäureester. M. Ulmann 4050◇

0993 **Untersuchung der Struktur und Eigenschaften der Cellulose und ihrer Derivate.** 107. Mitt. **Synthese von Estern der Cellulose mit Methylphosphonsäure.** Mei-jan U, T. Sharowa und S. A. Rogowin. (J. angew. Chem. [UdSSR] **35,** 1820—24, 1962; russ.) — 106. vgl. vorst. Referat. — *Cellulosemethylphosphonate* mit nur 2% P sind bereits schwer entflammbar. Derartige schwach substituierte Ester bilden sich leicht in 5 Min. bei 20° bei Anwendung von inkludierter Cellulose u. Methylphosphonsäuredichlorid. Es macht jedoch Schwierigkeiten das gebildete HCl schnell zu entfernen. Trotz Anwendung organ. Lsgm. u. Zusätzen von tert. Aminen oder entsprechenden Reagentien findet ein Abbau der Cellulose statt. Es ist noch nicht gelungen, Gewebe von genügender Widerstandsfähigkeit gegenüber Entflammen bei gleichzeitig guten Festigkeitseigg. zu erhalten. Die teilweise veresterten Cellulosegewebe sind mit bas. Farbstoffen gut anfärbbar. M. Ulmann 4050◇

0994 **Synthese neuer Cellulosederivate.** 22. Mitt. **Synthese eines Pfropfcopolymeren der Cellulose mit Polyvinylidenchlorid** 108. Mitt. **über die Untersuchung der Struktur und Eigenschaften der Cellulose und ihrer Derivate.** A. G. Issprawnikowa, L. Ss. Sletkina und S. A. Rogowin. (Hochmolekulare Verbind. [UdSSR] **4,** 1790—94, 1962; russ., Auszug: engl.) — 107. vgl. vorst. Referat. — Alkylierte *Cellulose*(**I**)-Präpp., in die aromat. Aminogruppen eingeführt sind, werden nach Diazotierung mit einer 30—40%ig. Emulsion von *Vinylidenchlorid* (**II**) in W., das eine den NH_2-Gruppen äquivalente Menge $FeSO_4 \cdot 7H_2O$ enthält, behandelt. Arbeitstemp. z. B. 60° u. Rk.-Dauer 90 Minuten. Eine Erhöhung dieser Grenzwerte führt im allg. zu keinen höheren Ausbeuten an *Pfropfcopolymeren*. Die Struktur des Alkylrestes der Ausgangs-**I** ist auf die Menge des einführbaren **II** von wesentlichem Einfluß. Je höher der Grad der Alkylierung der **I** u. entsprechend die Anzahl der akt. Zentren im **I**-Mol. ist, desto mehr **II** kann in Rk. treten. Viscose gibt bessere Resultate als Baumwolle. Im günstigsten Fall gelingt es, bis 42—45% vom **I**-Gew. an **II** einzuführen. Aus den Pfropfcopolymeren hergestellte Gewebe zeigten gegenüber solchen aus dem Ausgangsmaterial eine erniedrigte Brennbarkeit u. eine erhöhte Verschleißfestigkeit u. Widerstandsfähigkeit gegenüber Mikroorganismen. Die mechan. Festigkeiten der Fasern ändern sich während der Pfropf- u. Polymerisationsprozesse prakt. nicht. M. Ulmann 4050◇

0995 **Kondensation und Expansion von Polypeptid-Monoschichten.** 1. Mitt. **Monoschichten von Poly-DL-alanin.** Shoichi Ikeda. (Annu. Rep. sci. Works, Fac. Sci., Osaka Univ. **10,** 13—22, 1962; Osaka, Univ., Fac. of Sci., Dep. of Biol.; engl.) — *Poly-DL-alanindodecylamid* (Polymerisationsgrad PG 5—20) wurde durch Polymerisation von N-Carboxy-DL-alanin (**I**) mit Dodecylamin als Starter in Dioxan u. *Poly-DL-alanin*(PG 28,8 u. 250) aus **I** mit Triäthylamin als Starter dargestellt. Ihr Oberflächenverh. wurde durch Messung der Oberflächenspannung, -potentiale u. -viscosität sowie durch Aufnahme der IR-Spektren fester Filme (aus HCOOH-Lsg.) untersucht. Mit steigendem Molgew. nimmt der Anteil der β-Konfiguration ab u. der des statist. Knäuels zu. Die bedeckte Oberfläche wurde zu 14 Å² pro Alanin-Mol. berechnet. Alle monomolekularen Schichten sind vom kondensierten Typ, unabhängig vom PG. Dieses Verh. ist nicht mit hydrophoben Kräften zwischen den Seitenketten zu erklären. Der Zusammenhalt wird vielmehr durch H-Brücken gewährleistet. Winfried Krüger 4070◇

0996 **Kondensation und Expansion von Polypeptid-Monoschichten.** 2. Mitt. **Monoschichten von Polymeren und Copolymeren des L-Prolins.** Shoichi Ikeda. (Annu. Rep. sci. Works, Fac. Sci., Osaka Univ. **10,** 23—34, 1962; engl.) — 1. vgl. vorst. Referat. — Zur Bestätigung der These, daß monomolekulare Polypeptidschichten vom kondensierten Typ durch H-Brücken zusammengehalten werden, untersuchte Vf. das Oberflächenverh. von *Poly-L-prolin* (**I**) u. *Poly-L-hydroxyprolin* (Polymerisationsgrad PG jeweils 50), *Poly-L-prolyl-L-leucylglycin* (**II**, PG 13, Molgew. 3500) u. eines *1 : 1 : 1-Copolymerisats* (**III**; PG 129, Molgew. 12000) aus *L-Prolin, L-Leucin* u. *DL-Alanin* nach den l. c. beschriebenen Meth. (außer IR-Spektroskopie). Da **I** keine H-Brücken ausbilden kann, liefert es monomolekulare Schichten vom expandierten Typ. Die durch die Anwesenheit der Pyrrolidinringe (**IV**) zu erwartende ster. Hinderung hat nur einen geringen Einfl. auf die sich bildende Oberflächenschicht. Das Verh. von **II** u. **III** liegt erwartungsgemäß zwischen dem von **I** u. *Poly-DL-alanin*. Die **IV** bewirken somit durch ihre fehlende Möglichkeit, H-Brücken auszubilden, die Expansion von Copolymeren des Prolins. Winfried Krüger 4070◇

0997 **Kondensation und Expansion von Polypeptid-Monoschichten.** 3. Mitt. **Oberflächenfilme einiger Proteine.** Shoichi Ikeda. (Annu. Rep. sci. Works, Fac. Sci., Osaka Univ. **10,** 35—45, 1962; engl.) — 2. vgl. vorst. Referat. — Vf. untersuchte das Oberflächenverh. von *Ovalbumin* (**I**), *Takaamylase A* (**II**) u. *Gelatine* (**III**) in Abhängigkeit von der Salzkonz. (K_2CO_3) u. dem pH (KOH oder HCl) der wss. Unterphase nach den l. c. beschriebenen Methoden. I bildet auf W. bei pH 7 in Abwesenheit von Salz keine Filme. Im sauren pH-Bereich bildet I positiv geladene Schichten vom kondensierten Typ, im alkal. Bereich solche vom expandierten Typ. In Ggw. von 0,01m K_2CO_3 tritt auch im Neutralbereich völlige Spreitung ein. II verhält sich ähnlich wie I, lediglich bei neutralem pH tritt auch in Ggw. von Salz keine Film-Bldg. ein. III bildet unabhängig vom pH oder von der Ggw. von Salz Filme vom expandierten Typ. Dieses gegenüber I u. II abweichende Verh. wird mit dem höheren Prolin- bzw. Hydroxyprolin-Geh. in Zusammenhang gebracht. Winfried Krüger 4070◇

0998 **Physikalische Chemie der Eiweißstoffe.** Toshizo Isemura. (Chem. and chem. Ind. [Kagaku to Kôgyô] **15,** 796—805, 1962; Osaka, Univ., Inst. f. Eiweißstoff-Unters.; jap.) — Übersicht über den Zusammenhang zwischen Konformation u. der biolog. Aktivität. — 45 Literaturangaben. E. Maekawa 4070◇

0999 **Lipide und Proteinsynthese.** Eusebio Tria und Ottavio Barnabei. (Ric. sci., Parte I [2] **2,** 145—60, 1962; Ferrara, Univ., Ist. di Fisiol. Generale; Bari, Univ., Ist. di Fisiol. Generale; ital.) — Überblick an Hand der Literatur. C. Gottfried 4070△

1000 **Zur Charakteristik der Wärmeausdehnung von Eiweißgelen und -lösungen.** R. E. Neiman. (Hochmolekulare Verbind. [UdSSR] **4,** 1404, 1962; Woronesch, Univ.; russ., Auszug: engl.) — Die Vol.-Relaxation konz. *Gelatine*-Gele in Abhängigkeit von der Temp. wurde dilatometr. untersucht. Die Aktivierungsenergie betrug unterhalb des „Schmelzpunktes" 20, darüber 60 kcal/Mol. Die reversible therm. Umwandlung Gel ⇆ Lsg. ist also mit einer Änderung des Relaxationsmechanismus gekoppelt. An der mol. Wechselwirkung in Gelen dürften Segmente beteiligt sein. Der reversible Übergang ist vermutlich kein Phasenübergang 1. Ordnung. Aus der Änderung der Temp.-Abhängigkeit des Ausdehnungs-Koeff. wird noch auf einen weiteren reversiblen Übergang im Bereich 33—37° geschlossen, der nicht mit der Gelbildung zusammenhängt. M. Wiedemann 4070◇

1001 **Chemische Veränderungen beim Übergang von gekälkter Haut in Gelatine.** W. Graßmann, A. Riedel und Th. Altenschöpfer. (Kolloid-Z., Z. Polymere **186,** 50 bis 57, 1962; München, MPI für Eiweiß- u. Lederforsch.; dt.) — Es wurde untersucht, wie im Laufe der *Gelatine*-Herst. die „Sudreife" des *Kollagens* (I) im Kalkäscher analyt. erfaßt werden kann. Die Best. der Endgruppen bzw. des Kettengewichtes (KG; Molgew. einer angenommenen unverzweigten Kette pro NH_2-Endgruppe) nach einer modifizierten Sangerschen DNP-Meth. ergab, daß bei einem Anfangs-KG-Wert von 100000 Sudreife bei KG 65000 vorliegt. Bis zur Sudreife nimmt die Zahl der durch Hydroxylamin spaltbaren, nicht dialysierbaren Estergruppen von 160 auf ca. 60 Mol/g I ab. Als weiteres Reifekriterium ist die Abnahme des Amidstickstoff-Geh. von 0,70 auf 0,12—0,14% zu werten. E. Moisar 4070◇

1002 **Strukturelle Untersuchungen an Humanserum-γ-globulinen und Myelomproteinen.** 1. Mitt. **Fragmentierung und Denaturierung von Globulinen mit Detergentien und Alkali.** B. Jirgensons, D. Yonezawa und V. Gorguraki. (Makromolekulare Chem. **60,** 25—44, 1963; Houston, Univ. of Texas, M. D. Anderson Hospital and Tumor Inst., Dep. of Biochem.; engl.) — Denaturierung u. Fragmentierung von *γ-Globulin* (III) durch Na-Decylsulfat (I) u. Alkali wird durch die Konz. der Komponenten, den pH-Wert der Lsg., die Temp. u. die Behandlungszeit beeinflußt, beide sind irreversibel. Nach Dialyse des mit I u. Alkali behandelten III fällt das Protein aus, es läßt sich in verd. NaOH lösen. Niedrige Salzkonz. begünstigt den Zerfall von III. Ein Gemisch von 0,05 m I u. 0,4% III zeigt in der Ultrazentrifuge einen sehr scharfen Gradienten, mit zunehmender Einwirkungsdauer von I bei 50° u. pH 10,6 tritt Verbreiterung des Gradienten ein, nach langer Einw. (8 Std.) wird er wieder schärfer, besitzt aber jetzt eine niedrigere Sedimentationskonst. S_{20}. — Die Messung der opt. Rotationsdispersion ergibt, 1. daß die b_0-Werte des nativen III u. des *Myelomglobulins* (II) zwischen Null u. einem geringen positiven Wert schwanken, 2. daß diese b_0-Werte bei III nach Behandlung mit I negativ werden u. das Protein jetzt eine stärkere Linksdrehung zeigt u. 3. daß die denaturierten u. von I befreiten III einen b_0-Wert ca. Null besitzen, ihre Linksdrehung (vgl. 2.) gleich geblieben oder noch stärker geworden ist (ein qual. ähnliches Verh. zeigt II). — Aus Endgruppenbest. ergibt sich, daß selbst nach einer 16std. Behandlung von III mit 0,04 m I bei pH 10,5—11,0 kaum Aufspaltung der Peptidbindungen auftritt. Chromatographie dieser Lsg. an β-Diäthylaminoäthyl(DEAE)-cellulose (Gradientenelution mit Phosphatpuffer 0,005 bis 0,3 m) ergab 2 Spitzen, deren 2. in 4—5 Komponenten zu zerlegen ist. — Vff. nehmen folgende Veränderungen an: 1. natives, geordnetes Makromol. → 2. desorganisiertes u. gespaltenes Makromol. → 3. teilweise organisierte Bruchstücke → 4. ordnungslose, aggregierte Knäuel. G. Seltmann 4070◇

1003 **Einige Angaben über die Sekundärstruktur niedrig polymerer Ribonucleinsäuren in der Lösung.** L. L. Kisselew, L. Ju. Frolowa und Je. P. Rehbinder. (Hochmolekulare Verbind. [UdSSR] **4,** 749—54, Mai 1962; Inst. für Strahlungs- u. physikal.-chem. Biologie der Akad. der Wiss. der UdSSR; russ., Auszug: engl.) — Aus Hefe u. aus Leber wurde lösl. (Transfer) *RNS* gewonnen u. ihre Sekundärstruktur durch Messung der Änderung der opt. Dichte u. der spez. Rotation beim Erhitzen untersucht. Etwa die Hälfte der Nucleotide sind an einer Helix-Struktur beteiligt. Zunahme der Ionenstärke erhöht die Stabilität der H-Brücken. Der Einfl. der Guanin–Cytosin-Paare wird erörtert. M. Wiedemann 4090◇

E. Biologische Chemie, Physiologie, Medizin

E_1. Allgemeine Biologie und Biochemie

1004 **Gegenwärtige Richtungen der Biochemie.** Edgar Lederer. (Bull. Soc. chim. France **1963,** 942—47; Paris, Fac. des Sci., Labor. de Chim. Biol.; Gif-sur-Yvette, Inst. de Chim. des Substances Naturelles; franz.) — Übersicht. Funktion der Phosphate; Funktion der kleinen Moll., Einheitlichkeit des Zellstoffwechsels, Eiweißstruktur, Struktur u. Wrkg.-Mechanismus der Enzyme, Nucleinsäuren, Eiweißbiosynth., Biochem. u. Medizin. K. Maier 4100◇

1005 **Die Methoden der medizinischen Chemie.** 1. Mitt. **Einleitung und historischer Überblick.** R. Madroñero. (Rev. Ci. apl. **16,** 1—11, 1962; Madrid, Patronato Juan de la Cierva de Invest. Técn., Inst. de Quím. „Alonso Barba"; span.) — Übersicht. K. Zingraf 4100◇

1006 **Die spontane und induzierte Biochemolumineszenz von Pflanzen unter aeroben und anaeroben Bedingungen.** R. A. Gassanow, T. G. Mamedow und B. N. Tarussow. (Ber. Akad. Wiss. UdSSR **150,** 913—15, 1963; Moskau, Lomonossow-Univ.; russ.) — Die Chemolumineszenz der Wurzeln von Gerstenpflanzen ist abhängig von der Ggw. von O_2 u. nur in bestimmten Grenzen von der O_2-Konz. abhängig. Oberhalb 20% O_2 bleibt die Intensität des Leuchtens konstant. Ggw. von 10% CO_2 senkt die Intensität des Leuchtens fast auf $^1/_3$; bei 40 bis 50% CO_2 wird das Leuchten nach 10—12 Min. völlig gelöscht. Unter aeroben Bedingungen wird die Intensität des Leuchtens in Ggw. von 80% CO_2 nur zu 50% gelöscht. In CO_2 nimmt die Intensität der durch 10^{-4} m KCN-Lsg. induzierten Biochemolumineszenz sehr stark ab; etwas weniger in N_2. Die Kinetik des Ausleuchtens an der Luft unterscheidet sich nicht wesentlich vom Ausleuchten in O_2. Aus den Ergebnissen folgern die Vff., daß O_2 an den Prozessen der Biochemolumineszenz direkt beteiligt ist. Sowohl die spontane wie die induzierte Biochemolumineszenz der Pflanzenzellen nehmen unter aeroben Bedingungen sehr stark zu. O. Lebtag 4102△

1007 **Spaltung des Uracildimeren durch energiereiche Elektronen.** B. Schmidt, D. Hartmann, K. Grossgebauer und W. Schumacher. (Nature [London] **199**, 504, 1963; Berlin, Freie Univ., Inst. f. Hyg. u. Med. Mikrobiol., u. Städt. Rudolf-Virchow-Krankenhaus, Abt. f. Strahlentherapie u. Nuklearmed.; engl.) — Bestrahlung einer wss. Lsg. des durch UV-Bestrahlung aus *Uracil* (**I**) erhaltenen Dimeren (120 μg/ml) mit 100 kr. Elektronen von 34 MeV bei Raumtemp. lagen 30% ^{14}C als monomeres **I** vor. Bei der gleichen Dosis von 200 kV-Röntgenstrahlen war der Spaltungseffekt kleiner, die Schädigung der monomeren **I**-Moll. jedoch größer. Die ebenfalls beschriebene Spaltung des *Thymindimeren* ist möglicherweise biol. von Bedeutung, da UV-bedingte Dimerisierung von Pyrimidinen in der Nucleinsäurekette vielleicht letale oder mutagene Effekte hervorrufen können. Bestrahlung UV-geschädigter Bakterien mit kleinen Elektronendosen steigerte die Überlebensdauer. K. Maier 4102◇

1008 **Über die Steuerung und die Wirkungsweise der Gene.** François Jacob, François Gros und Jaques Monod. (J. Chim. physique Physico-Chim. biol. **58**, 1100—02, Nov.-Dez. 1961; Paris, Inst. Pasteur, Serv. de Gén. microbienne et de Biochim. cellulaire; franz.) — Die Proteinsynth. der Bakterien unterliegt einem doppelten genet. Determinismus. Strukturgene bestimmen den mol. Aufbau der *Proteine*, Regulator- u. Operatorgene die Geschw. ihrer Synth. über cytoplasmat. Repressoren, die inaktiv (Induktion) sein oder durch spezif. Metabolite aktiviert werden können (Repression). Dieses System wirkt direkt im Bereich der Synth. des Primärprod. der Gene oder „messenger"-Ribonucleinsäure, die sich mit den Ribosomen, wo die Eiweißsynth. erfolgt, verbindet. Die Repressoren wirken auf spezif. Receptoren, Operatoren. Ein Operator bildet mit den angrenzenden Strukturgenen, deren Expression er steuert, eine Wirkungseinheit, das Aperon. K. Maier 4130◇

1009 **Untersuchung der Rekombination im molekularen Bereich bei der bakteriellen Transformation.** Harriett Ephrussi-Taylor. (J. Chim. physique Physic-Chim. biol. **58**, 1090—99, Nov./Dez. 1961; Gif-sur-Yvette (S.-et-O.), C. N. R. S., Labor. de Génétique Physiol.; franz.) — Nach dem für die genet. Rekombination entwickelten Modell erfolgt diese während der Chromosomenvermehrung durch einen Mechanismus ohne Substanzaustausch zwischen den Elternchromosomen. Auf Grund verschiedener biolog. Befunde ist dieses Modell auf die Rekombination, wie sie bei der bakteriellen Transformation erfolgt, nicht anwendbar. Bei dieser wurden erhebliche Dichteänderungen bei der Verdopplung von Desoxyribonucleinsäure beobachtet. K. Maier 4130◇

1010 **Mutation von Bakterien durch Äthylmethansulfonat bei hohen Überlebensraten.** Anthony Loveless und Sheila Howarth. (Nature [London] **184**, 1780—82, 1959; London, Chester Beatty Res. Inst.; London, Lister Inst. of Preventive Med., Guinness-Lister Res. Unit.; engl.) — Durch Behandlung mit *Äthylmethansulfonat* (mutagene Substanz) ließen sich Revertanten einer *Cystin*-benötigenden Mutanten von *Salmonella typhimurium*, Stamm LT 2 u. bei *Escherichia coli*, Stamm B u. B/r Mutationen zur Resistenz gegenüber dem Phagen T_6 in großer Zahl erreichen. Das mutagene Agens ist nur sehr wenig tox., die Überlebensrate ist hoch. Ferner wurden 5 auxotrophe Mutanten von S. typhimurium, Stamm LT 2, erzielt. M. Wiedemann 4130◇

1011 **Peroxide und die Erregung von Mutationen durch Röntgenstrahlen, Ultraviolettstrahlen und Formaldehyd.** F. H. Sobels. (Radiat. Res. **18**, 171—83, 1963; Leiden, Univ., State Univ., Dep. of Radiat. Genetics; engl.) — In einem zusammenfassenden Bericht über die Bldg. von *Peroxiden* durch Röntgen- u. UV-Strahlung u. durch *Formaldehyd* einerseits sowie strahlungsinduzierte Mutagenesen nei *Drosophila* andererseits wird gezeigt, daß mit großer Wahrscheinlichkeit die Bldg. organ. Peroxide oder freier peroxid. Radikale Ursache für die durch Formaldehyd erzeugten Mutationen ist u. daß darin der strahlensensibilisierende Effekt von Formaldehyd zu sehen ist. — 40 Literaturangaben. W. Reusse 4130◇

1012 **Untersuchungen über angeborenes Auftreten von Orotsäure im Harn: Vergleich des Orotsäure-Stoffwechsels von Mikroorganismen.** Lloyd H. Smith jun. und Myron Lotz. (J. Lab. clin. Med. **61**, 211—19, 1963; Boston, Mass., Harvard Med. School, Dep. of Med., Massachusetts General Hosp.; engl.) — Mutanten von *Escherichia coli* u. *Neurospora crassa* zeigten einen genbedingten Verlust von *Orotidylsäuredecarboxylase* (**I**) ohne Beeinträchtigung des *Orotidylsäurepyrophosphorylase*(**II**)-Aktivität u. umgekehrt. Diese nachgewiesene Unabhängigkeit der beiden Enzym-Aktivitäten voneinander läßt vermuten, daß sowohl die verringerte Aktivität von **I** als auch die von **II** bei Personen mit angeborenem Auftreten von Orotsäure im Harn genbedingt ist. K. Zingraf 4130◇

1013 **Der Einfluß einiger Antimetaboliten auf den Einbau von Orotsäure in Pseudouridin bei Tieren.** J. Skoda und R. E. Handschumacher. (Biochim. biophysica Acta [Amsterdam] **68**, 481—83, 1963; New Haven, Conn., Yale Univ. School of Med., Dep. of Pharmacol.; engl.) — Die Ausscheidung von *Pseudouridin* (*5-Ribosyluracil*, **I**) im Harn gesunder u. leukäm. Mäuse ist, bezogen auf das Körpergewicht, 10—20mal größer als bei gesunden Menschen. Nach Injektion von ^{14}*C-Orotsäure* (**II**) stieg bei Mäusen die Radioaktivität des ausgeschiedenen **I** sofort an. Die spezif. Radioaktivität nahm dann im Verlaufe von 12 Tagen sehr langsam ab. Der Einbau von **II** in das von Mäusen ausgeschiedene **I** sowie in die Pseudouridylsäure der s-Ribonucleinsäuren der Leber bei Ratten wurde durch Verabreichung von *6-Azauridin* stark gehemmt. *5-Fluoruracil* u. *A-methopterin* waren in dieser Hinsicht wesentlich weniger wirksam. H.-G. Trüper 4130◇

1014 **Die Wirkung von Colchicin auf die säurelöslichen Ribonucleotide von normaler und regenerierender Leber.** D. Y. Wang, A. L. Greenbaum und R. D. Harkness. (Biochem. J. **86**, 62—64, 1923; London, Univ., Dep. of Biochem. and Physiol.; engl.) — Nach intraperitonealer Verabreichung von *Colchicin* (**I**) an Ratten (1 mg **I**/kg erscheinen die meisten Nucleotide unverändert. Lediglich der Geh. an *Nicotinamidadenindinucleotid* vergrößert sich auf etwa die doppelte Menge, wahrscheinlich auf Grund einer Hemmung der Dehydrogenase-Aktivität. Die auffallendste Änderung bei den Adeninnucleotiden ist eine 30—50%ig. Abnahme der *Adenosintriphosphat*-(ATP)-Fraktion. Diese enthält neben ATP noch *Uridindiphosphat* (UDP), *Cytidintriphosphat* u. *Uridindiphosphatglucuronsäure*. Die Gesamtabnahme beruht vermutlich auf einer Abnahme von ATP u. UDP, wobei die Mengen an *Adenosinmonophosphat* u. *Uridinmonophosphat* entsprechend zugenommen haben. Auch der Geh. an *Uridintriphosphat* u. *Guanosintriphosphat* erscheint erniedrigt. Bei längerer Einw. von **I** (24 Std.) bricht der Stoffwechsel offenbar zusammen, da der Geh. an Triphosphaten weiter abnimmt u. die Menge der Mononucleotide auf den normalen Wert zurückgeht. Nach diesen Ergebnissen beruht die hemmende Wrkg. von **I** auf die Mitose vermutlich auf der Erniedrigung der ATP-Konz. im Gewebe. Helmut Schulze 4150◇

1015 **Wachstumshormon und Protein-Biosynthesen bei isolierten Leber-Mikrosomen-Teilchen.** A. Korner. (Acta endocrinol. [Copenhagen], Suppl. Nr. **51**, 945—46, 1960; Cambridge, England, Univ., Dep. of Biochem.; engl.) H. Herper 4150□

1016 **Einige neuere Daten über die Lipoproteide der Zelle.** W. D. Blochina. (Fortschr. gegenwärt. Biol. [UdSSR] **55**, 34—44, 1963; russ.) — Überblick an Hand der Literatur. Behandelt werden: die Lipoproteide der Kerne; die Lipoproteide der Mitochondrien; die Lipoproteide der Mikrosomen. — 103 Literaturangaben. O. Lebtag 4150△

1017 **Fraktionierung von Acceptoracetylribonucleinsäure mit einer methylierten Albuminsäule.** Noboru Sueoka und Tetsuo Yamane. (Proc. nat. Acad. Sci. USA **48**, 1454—61, 1962; Urbana, Ill., U.S.A., Univ. of Illinois, Dept. Microbiol.; engl.) — ^{14}*C-Ribonucleinsäure* (RNS) von *E. coli* wird in einer methylierten Albuminsäule fraktioniert. Die gesamte *Acceptor-RNS* ist in der lösl. Fraktion (sRNS). Jede der untersuchten 16 *Aminoacyl-sRNS-Aminosäuren* hat ein spezif. Profil.

Ekkehard Schmid 4150◇

1018 **Untersuchungen über lösliche Ribonucleinsäure aus Kaninchenleber.** 6. Mitt. **Durch spezifische enzymatische Hydrolyse ermittelte Häufigkeitsverteilungen der Basensequenzen.** Kilmer S. McCully und G. L. Cantoni. (J. biol. Chemistry **237,** 3760—69, 1962; Bethesda, Md., Nat. Inst. of Health, Nat. Inst. of Mental Health, Labor. of Cellular Pharmacol.; engl.) — 4. vgl. C. **1963,** 20442. — *Lösl. Ribonucleinsäure* (sRNS) wirkt als Acceptor aktivierter Aminosäuren u. überträgt diese zum mikrosomalen Protein. Am Ende, das die aktivierten Aminosäuren trägt, weist die sRNS die Basensequenz ... CpCpA auf, am entgegengesetzten Ende die Sequenz pGp.. Demnach ist für die Spezifität einer bestimmten sRNS für eine Aminosäure die zwischen diesen beiden Endstücken liegende Basensequenz verantwortlich. Unfraktionierte sRNS (also ein sRNS-Gemisch mit Acceptor-Eigg. für alle Aminosäuren) aus Kaninchenleber mit durchschnittlicher Kettenlänge von 70 ± 4 Nucleotiden wird mittels Taka-Diastase *T_1-Ribonuclease* (I) u. *pankreat. Ribonuclease* (II) hydrolysiert. I spaltet zwischen Guanosin-3'-phosphat (Gp) u. den 5'-Hydroxylgruppen des nächsten Nucleotides. Ist das nächste Nucleotid 2-Dimethylamino-6-hydroxypurinribotid oder 1-Methylguaninribotid, so erfolgt keine Spaltung. II spaltet zwischen Pyrimidinribosid-3'-phosphat u. der 5'-Hydroxylgruppe des nächsten Nucleotids. Nach Chromatographie am Ionenaustauscher lassen sich spezif. Prodd. nach Spaltung mit I u. II allein oder gemeinsam identifizieren, wonach Rückschlüsse auf die Basensequenz in der sRNS gezogen werden. Für eine große Anzahl kurzer u. längerer Sequenzen wird die Häufigkeitsverteilung auf der sRNS angegeben. Vff. finden bestätigt, daß die Basen nicht gleichförmig auf der sRNS verteilt sind. Vielmehr sind bestimmte Sequenzen wesentlich häufiger nachweisbar.

L. Träger 4150◇

1019 **Untersuchungen über lösliche Ribonucleinsäure aus Kaninchenleber.** 7. Mitt. **Ein Basensequenz-Modell der s-RNS.** Kilmer S. McCully und G. L. Cantoni. (J. molecular Biol. **5,** 497—505, 1962; Bethesda, Md., Nat. Inst. of Mental Health, Labor. of Cell. Pharmacol., Nat. Inst. of Health, U. S. Public Health Serv., Dep. of Health, Education, and Welfare; engl.) — 6. vgl. vorst. Referat. — *Lösliche Ribonucleinsäure* (s-RNS) bindet aktivierte Aminosäuren unter Bldg. einer Aminoacyl-s-RNS aus s-RNS in Ggw. von Aminoacyl-Adenosin-5'-monophosphat-Synthetase. Anschließend wird die Aminosäure zum ribosomalen Protein übertragen (*Transfer-RNS*) u. während der Proteinbiosynth. wieder abgehängt. Für jede Aminosäuren-Art existiert eine spezif. s-RNS-Art. Jede s-RNS ist 70 ± 4 Nucleotide lang; alle hinsichtlich der Aminosäuren-Spezifität verschiedene s-RNS-Arten tragen die gleiche Sequenz .... CpCpA (C = Cytidin; A = Adenosin; p = Phosphat) am Aminosäuren-Acceptorende u. pGp ... (G = Guanosin) am entgegengesetzten Ende. Vff. unternehmen den Vers., die Basensequenz eines s-RNS-Gemisches durch schrittweisen enzymat. Abbau zu ermitteln. Dazu werden die nach Abbau mit Takadiastase T_1 u. pankreat. Ribonuclease erhaltenen Bruchstücke nach ihren Häufigkeiten geordnet u. unter Zugrundelegung best. Regeln aneinandergereiht. Es ergeben sich hierbei zwei verschiedene Basensequenzmodelle, denen die räumliche Konfiguration eines durch Basenpaarung stabilisierten Doppelstranges mit einer ungepaarten Schleife am einen Ende zugrunde liegt. Die beiden Modelle enthalten 71% bzw. 74% spezif. gepaarter Basen u. unterscheiden sich hauptsächlich in der Basenzus. der Schleife. Es wird angenommen, daß die Schleifenpartie der s-RNS mit der Messenger-RNS während der Proteinbiosynth. in Wechselwrkg. tritt.

L. Träger 4150◇

1020 **Schwefelhaltige Desoxypentosepolynucleotide aus Chlorella-Zellen.** Eiji Hase, Sayoko Mihara und Hiroshu Tamiya. (Biochim. biophysica Acta [Amsterdam] **39,** 381—82, 1960; Tokyo, Univ., Inst. of Appl. Microbiol., Tokugawa Inst. for Biol. Res.; engl.) — Vgl. auch C. **1960,** 7556. — Bei Unterss. der Rolle des Schwefels bei der Zellteilung von Chlorella-Zellen wurde folgendes festgestellt: Wenn Schwefelmangelzellen von *Chlorella ellipsoidea* in Synchronkultur unter Nicht-Photosynthesebedingungen mit ^{35}*S-Sulfat* versehen wurden, wurde der Schwefel hauptsächlich in die in heißer Säure lösl. *Desoxyribonucleinsäure*(I)-Fraktion eingebaut. Unter Photosynthesebedingungen mit Nitrat wurde der Schwefel hauptsächlich in die Proteinfraktion eingebaut. Vorläufige Verss. zeigen an, daß der Schwefel in der I-Fraktion entweder an I oder andere Desoxypentosenucleotide gebunden ist.

H.-G. Trüper 4150◇

1021 **Vermehrung der Zellkerne und Synthese der Desoxyribonucleinsäure während der Entwicklung der somatischen Muskulatur.** L. Shinkin und L. Andrejewa. (Ber. Akad. Wiss. UdSSR **149,** 185—88, 1963; Inst. für Cytol. der Akad. der Wiss. der UdSSR; russ.) — In Verss. an 14—21 Tage alten Embryonen von weißen Ratten, denen subcutan 0,5 μc/g ^{3}N-Thymidin (I) zugeführt wurde, nahm die Zahl der markierten Zellkerne in 24 Std. um 100% zu; die Intensität der Markierung nahm auf $^1/_2$ ab. Die Dauer des mitot. Cyclus betrug 20 Std., die Zeit zwischen beendeter *Desoxyribonucleinsäure*(II)-Synth. u. Beginn der Mitose mehr als 2 u. weniger als 4 Std., die Periode der II-Synth. oder Reduplikation der Chromosomen 6—7 Stunden. Aus der Unters. der einzelnen Mitosephasen nach Zufuhr von I oder Colchicin geht hervor, daß die Entw. der Muskeln durch die mitot. Kernteilung gewährleistet wird.

O. Lebtag 4150△

1022 **Die Lokalisierung von tritiiertem Cytidin im artikulären Knorpel von unentwickelten und ausgewachsenen Kaninchen nach intraartikulärer Injektion.** Henry J. Mankin. (Lab. Invest. **12,** 543—48, 1963; Pittsburgh, Pa., Univ. of Pittsburgh, Dep. of Orthopedic Surgery; engl.) — Diese Verss. wurden unternommen, um aus Autoradiogrammen Aufschluß über die Synth. von *Ribonucleinsäure* (I) nach intraartikulärer Injektion von 16,6 μc *tritiiertem Cytidin*/ml in die Kniegelenke von heranwachsenden (600—600 g schweren) u. ausgewachsenen (3,5—5,0 kg) Kaninchen zu bekommen. Es zeigte sich, daß innerhalb von einer Std. fast alle Zellen des Knorpels markiert wurden, was anzeigt, daß die gesamte Knorpelmasse I synthetisiert. Der Kern war zuerst markiert, aber schon nach 4 Std. war die Markierung im Kern u. im Cytoplasma u. nach 12 Std. zumeist im Cytoplasma vorhanden. Die Ergebnisse waren in beiden Versuchsreihen gleich, mit der einen Ausnahme, daß in der Verkalkungszone der ausgewachsenen Kaninchen keine Markierung stattfand.

K. Dorfner 4150◇

1023 **Der Nucleinsäuregehalt in den Nervenzellen bei verschiedenen Funktionszuständen nach den Ergebnissen der quantitativen cytochemischen Untersuchung.** L. S. Pewsner. (Ukrain. biochem. J. **35,** 448—77, 1963; Leningrad, Pawlow-Inst. für Physiol. der Wiss. der UdSSR; russ.) — Übersicht. — 180 Literaturangaben.

O. Lebtag 4150△

1024 **Nucleinsäurestoffwechsel in der Darmschleimhaut.** 3. Mitt. **Der Verlust von Nucleinsäuren aus der Darmschleimhaut während der Inkubation in vitro.** Beryl E. Stewart und S. H. Zbarsky. (Canad. J. Biochem. Physiol. **41,** 1483—86, 1963; Vancouver, Britisch Kolumbien, Univ. of British Columbia, Dep. of Biochem.; engl.) — 2. vgl. C. **1959,** 10609. — Beim Studium des Einbaues von ^{14}C-Formiat in *Ribonucleinsäure* (I) u. *Desoxyribonucleinsäure* (II) wurde schon während der Inkubationszeit ein starker bis vollkommener Verlust von I u. II festgestellt. Um diese Tatsache zu erklären, wurde untersucht, ob während der Inkubation ein enzymat. Abbau stattfindet, was nicht bewiesen werden konnte. Alle weiteren Unterss. konnten dieses Phänomen ebenfalls nicht erklären.

K. Dorfner 4150◇

1025 **Vergleichende Untersuchung der Nucleotidzusammensetzung der mikrosomalen und löslichen Ribonucleinsäure der Insekten.** N. A. Gumilewskaja und N. M. Ssissakjan. (Ber. Akad. Wiss. UdSSR **149,** 198—201, 1963; Bach-Inst. für Biochemie der Akad. der Wiss. der UdSSR; russ.) — Die Unterss. über die *Nucleotid*(I)-Zus. der *Ribonucleinsäure* (II) von *Musca domestica* L.,

Chironomus plumosus L., *Bombyx mori L.*, *Tenebrio molitor L.* u. *Gryllus domesticus L.* ergaben, daß die **I**-Zus. der ribosomalen **II** (r-**II**) die gleiche ist wie die der Gesamt-**II**. Die Zus. der r-**II** ist unabhängig von der Zus. der Desoxyribonucleinsäure. Sowohl in r-**II** wie in der lösl. **II** (s-**II**) läßt sich Pseudouridylsäure (**III**) nachweisen. Der **III**-Geh. ist jedoch in r-**II** u. s-**II** verschieden. Nach dem **III**-Geh. steht die **II** der Insekten der **II** von Tieren nahe. Die Literaturangaben über den niedrigen Koeff. Purin/Pyrimidin werden nicht bestätigt. In allen Fällen beobachtet man ein nahezu äquivalentes Verhältnis zwischen Guanylsäure (G), Cytidylsäure (C) u. Adenylsäure (A). Der Spezifitäts-Koeff. $(G + C)/(A + U)$ (U = Uridylsäure) ist bei s-**II** immer höher als bei r-**II**, bedingt durch die Zunahme von G u. C u. die gleichzeitige Abnahme von A u. U oder mindestens von A oder U.
O. Lebtag 4150△

1026 **Cytologie und Cytochemie der Ribonucleoproteide der Mitochondrien und des Tigroids in den Zellen des Zentralnervensystems in der latenten Periode der Strahlenschädigung.** A. L. Schabadasch, T. I. Selikina und N. D. Agratschewa. (Arch. Anatom., Histol. Embryol. [UdSSR] **44**, Nr. 2, 3—9, 1963; Moskau, Inst. für biol. Physik der Akad. der Wiss. der UdSSR; russ., Auszug: engl.) — Vgl. C. **1963, 926.** — Durch Unters. der cytolog. u. cytochem. Veränderungen der *Ribonucleoproteide* in den Mitochondrien u. Tigroiden der Neuronen in den spinalen Ganglien der Ratte nach der Bestrahlung mit ^{60}Co in der Dosis 1000 r bestätigen Vff. ihre frühere These, wonach auch bei starken Veränderungen des Ribonucleoproteidkomplexes die Struktur des Organoids erhalten bleiben kann. O. Lebtag 4150△

1027 **Wirkung con 2-Methyl-4-mercapto-6-methoxychinolin auf Fibroblastenkulturen in vitro.** F. Orazi und M. Rota. (Tumori **46,** 540—44, 1960; Milano, Ist. Naz. di Tumori, Div. Anatomo-Patol.; ital.) — Vgl. C. **1960,** 7877. — In Konzz. von $> 5\ \mu$g/ml bewirkt *2-Methyl-4-mercapto-6-methoxychinolin* in Fibroblasten von Hühnerembryonen in vitro in weniger als 24 Std. eine Blockierung der Metaphase. Bei sehr hohen Konzz. steht eine ausgedehnte Zellschädigung u. eine Wachstumshemmung im Vordergrund. K. Zingraf 4150◇

1028 **Nachweis einer tumorbedingten Fraktion im Serum von Ratten mit „Walker-Carcinom 256" durch Anwendung eines kombinierten Verfahrens von Stärkeblock-Elektrophorese und Sporenkeimungstest (Testpilz Alternaria tenuis NEERG.).** F. E. Lehmann, F. H. Schwarzenbach und Ilse Walker. (Helv. physiol. pharmacol. Acta **21,** 39—49, 1963; Bern, Univ., Zool. Inst., Abt. f. Entw.- u. Tumorbiol.; dt.) — Durch Anwendung von Sporenkeimungstesten mit *Alternaria tenuis* u. Stärkeblockelektrophorese kann das Vorzeichen der elektr. Ladung, die Wanderungsgeschw. im elektr. Feld u. die Art u. das Ausmaß der biol. Wrkg. von keimungsakt. Faktoren des Serums ermittelt werden. Im Serum normaler Ratten sind mehrere keimungsakt. Kationen enthalten. Im Serum von CFN-Wistar-Ratten mit Walker-Carcinom 256 fehlt die keimungshemmende Wrkg. einer Kationenfraktion von mittlerer Geschw., die im Serum normaler Ratten vorhanden ist, fast vollständig. Dieser Faktor wandert bei pH 7,0 etwas schneller als die γ-Globuline. K. Zingraf 4160◇

1029 **Verhalten einiger Enzyme des Serums während der Behandlung mit ^{198}Au bei Neoplasien der Genitalien.** S. Samuel und L. Lorenzoni. (Tumori **46,** 499—511, 1960; Milano, Ist. Naz. dei Tumori, Div. Ginecol.; Div. Biol. Sperim.; ital.) — Bei Patienten mit Neoplasien der Genitalien bewirkte die intraperitoneale Verabreichung von ^{198}Au nach 3—6 Tagen eine Zunahme des *Aldolase*-Geh. im Serum, ein Absinken des Verhältnisses der *Glutaminsäure–Oxalessigsäure-Transaminase* zur *Glutaminsäure–Brenztraubensäure-Transaminase* unter den Basalwert. Dagegen wurde die *Phosphatase*-Aktivität im Serum nicht verändert. Die Veränderungen deuten auf eine Schädigung der Leberzellen hin, die bei peritumoraler Infiltration von ^{198}Au nicht auftritt.
K. Zingraf 4160◇

1030 **Fraktionierung und biochemische Bedeutung der sauren Phosphomonoesterase bei der Untersuchung von Hormon-Beziehungen bei experimentellen Tumoren.** K. Černý und K. Šilink. (Acta endocrinol. [Copenhagen], Suppl. Nr. **51,** 993, 1960; Prague, Res. Inst. of Endocrinol.; engl.) H. Herper 4160□

1031 **Wirkung von Extrakten aus dem Harn von Normalpersonen und von Tumorträgern auf die Leberkatalase der Maus.** L. Spandrio. (Tumori **46,** 494—98, 1960; Busto Arsizio, Centro Studio Tumori; ital.) — Aus normalem Harn u. Harn von Tumorträgern wurden Butanolextrakte gewonnen, die die Aktivität der Leberkatalase von Mäusen in vivo hemmten. Die Wirkstärke dieser Extrakte variierte bei der gleichen Person von Tag zu Tag. An der Wrkg. sind mehrere, recht instabile Substanzen beteiligt. K. Zingraf 4160◇

1032 **Untersuchung der von Tumoren stammenden Substanzen mit Hemmwirkung auf die Leberkatalase in vivo. 3. Mitt. Isolierung von Proteinfraktionen mit Antikatalasewirkung aus Ascitesflüssigkeit.** G. Ceriotti, L. Spandrio und A. Agradi. (Tumori **46,** 486—93, 1960; Busto Arsizio, Centro Studio Tumori; ital.) — Vgl. C. **1960,** 12369. — Durch Adsorption an $Ca_3(PO_4)_2$-Gel bei pH 5 u. anschließende Ablösung bei pH 8 wurden aus Ascitesfll. tumoralen u. nicht-tumoralen Ursprungs eine Globulinfraktion (bleibt bei Adsorption bei pH 5 in Lsg.) u. eine Albuminfraktion (wird bei pH 8 von $Ca_3 \cdot (PO_4)_2$-Gel abgelöst) gewonnen, die die Leberkatalase-Aktivität in vivo herabsetzen; nur die Wrkg. der letzteren ist auf das Proteinmol. selbst zurückzuführen, die der ersteren beruht auf Substanzen von niedrigem Mol.-Gew., die durch Dialyse abgetrennt werden können.
K. Zingraf 4160◇

1033 **Untersuchungen über den die Leber-Tryptophanpyrrolase-Aktivität steigernden Mechanismus in tumortragenden Tieren.** M. Yamazaki. (Seikagaku [Biochemie, Tokio] **34,** 641—46, 1962; Tokyo, Sankyo Co., Ltd., Takamine Labor.; jap.) J. Lehmberg 4160◇

1034 **Chromatographische Befunde über die Protein- und Enzym-Zusammensetzung des Brustdrüsentumors bei der Maus.** P. U. Angeletti, B. W. Moore und E. V. Cowdry. (Tumori **46,** 479—85, 1960; St. Louis, Mo., Washington Univ., School of Med., Wernse Cancer Res. Labor.; ital.) — Lösl. Proteine verschiedener spontaner u. transplantierter Mammacarcinome der Maus wurden chromatographiert u. durch Auswaschung aus der Diäthylaminoäthylcellulosesäule fraktioniert. *β-Glucuronidase*, *6-Phosphorgluconsäuredehydrogenase*, *Milchsäuredehydrogenase*, *Glutaminsäure–Brenztraubensäure-Transaminase* u. *Isocitronensäuredehydrogenase* wurden jeweils in nur einer Zone des Chromatogramms nachgewiesen, *Glucose-6-phosphatdehydrogenase*, *Glutaminsäure–Oxalessigsäure-Transaminase*, *saure* u. *alkal. Phosphatase* u. *Äpfelsäuredehydrogenase* dagegen in mehreren Zonen.
K. Zingraf 4160◇

1035 **Vergleich des Stoffwechsels von markiertem β- und γ-Globulin bei multiplem Myelom.** Samuel Korman, Cornelia Corcoran, Samuel Fine und Stuart W. Lippincott. (J. Lab. clin. Med. **59,** 371—80, 1962; Upton, N. Y. Brookhaven Nat. Labor., Med. Dep.; New York, N. Y., Montefiore Hospital, Neoplastic Div. and Dep. of Home Care; engl.) — Ein anormales *β-Globulin* (**I**) aus dem Serum eines an multiplem Myelom leidenden Patienten zeigt bei der Papier-Elektrophorese das Vorhandensein einer Hyperbetaglobulinämie (Hβ-G) an. Der Umsatz dieses markierten β-Globulins wird mit Myelom-γ-Globulin u. normalem γ-Globulin an 5 Myelom-Patienten verglichen. Der an multiplem Myelom leidende Patient mit Hypergammaglobulinämie baut die markierte β-Verb. langsamer ab als die markierte γ-Verbindung. Die Myelom-Patienten mit Hβ-G setzen das markierte β-Globulin viel schneller um als das markierte γ-Globulin. Die Hyperproteinämie ist die Folge der beschleunigten Synth. des anormalen Proteins, dessen Menge die durch Stoffwechsel abgebaute übersteigt.
F. Zeidler 4160◇

1036 **Vergleichende Untersuchungen der Bluteiweißkörper bei verschiedenen Tiertumoren.** W. Dontenwill

und U. Mohr. (Naturwissenschaften **49,** 89, 2. Febr.-H., 1962; München, Univ., Pathol. Inst.; dt.) — Vff. fanden bei vergleichenden Unterss. der Bluteiweißkörper eine durch Tumoren ausgelöste vermehrte Bldg. von α_2- u. *β-Globulinen* (Werte bis 24% erhöht), während die γ-Globuline keine Zunahme zeigen.
H.-W. Wache 4160◇

1037 **Untersuchungen über Ketosäuren in normalem und cancerogenem Gewebe des Kaninchens.** P. Linko und Artturi I. Virtanen. (Acta chem. scand. **9,** 855—57, 1955; Helsinki, Biochem. Inst., Labor. of the Foundation for Chem. Res.; engl.) — *Ketosäuren* wurden nach Red. der entsprechenden *2.4-Dinitrophenylhydrazone* als Aminosäuren papierchromatograph. bestimmt. Als Reduktionsmittel wurde Zinn in alkohol. Salzsäure für die Best. in biolog. Material günstiger gefunden als die Red. mit den in Modellrkk. bessere Ausbeuten liefernden Adams Platinoxid-Katalysator. In Niere, Muskel, normalem u. tumorösem (mit *9.10-Dimethyl-1.2-benzanthracen* erzeugt) Ohrläppchengewebe fanden sich große Mengen *Brenztraubensäure*, sowie etwas geringere Mengen von *Glyoxyl-*, *Hydroxybrenztrauben-*, *Oxalessig-* u. *α-Ketoglutarsäure*. In der Leber fanden sich die gleichen Ketosäuren, jedoch in bedeutend geringerer Menge.
R. Preußmann 4160◇

1038 **Biochemie von Lipiden von neoplastischem Gewebe.** 2. Mitt. **Veränderlichkeit der Fettsäurezusammensetzung von Mäuseascitestumorzellen.** Tamio Yamakawa und Nobuo Ueta. (Jap. J. exp. Med. **32,** 591—98, 1962; Tokyo, Univ., Inst. for Infect. Diseases, Dep. of Chem.; engl.) — Vff. untersuchten den Einfl. von Alter u. Diätfaktoren auf die Fettzus. bzgl. *Stearinsäure* (**I**), *Palmitinsäure, Ölsäure, Linolsäure* (**II**) sowie *Triglycerid, Cholesterinester,* freie Fettsäure u. *Phospholipid* in Ehrlich-Carcinom u. MH-134-Asciteshepatom. Bei **II**-reicher Nahrung war der **II**-Geh. in den Tumorzellen stark erhöht. Der **I**-Geh. war in den Tumorzellen allg. höher als in den normalen Zellen, auch wenn eine **I**-arme Diät verabreicht wurde. W. Damerau 4160◇

1039 **Die Wirkung von Steroidhormonen auf die urinäre Ausscheidung des Citrovorumfaktors durch Patienten mit Prostatakrebs oder Leukämie.** V. M. Doctor, W. W. Sutow und J. B. Trunnell. (Proc. Soc. exp. Biol. Med. **113,** 737—40, 1963; Houston, Univ. of Texas Dental Branch, Dep. of Physiol. and Biochem. and Univ. of Texas, M. D. Anderson Hosp. and Tumour Inst.; engl.) — Bei Patienten mit Prostatakrebs u. Leukämie bewirkt eine Therapie mit *Äthinylöstradiol* oder *Prednison* u. Kastration eine Erhöhung des *Citrovorumfaktors* im Harn, die vorübergehend ist. Bei einem Patienten mit Prostatakrebs u. Hypophysenstielschnitt u. anschließender *Cortisonacetat*-Behandlung sank der Citrovorumfaktor-Spiegel im Harn unter einen meßbaren Wert.
W. Hiller 4160◇

1040 **Identifizierung der Corticosteroide im Harn einer Person mit einem feminisierenden Tumor der Nebenniere.** Jorge R. Pasqualini und Max-F. Jayle. (Clin. chim. Acta [Amsterdam] **8,** 283—88, 1963; Paris, Univ., Fac. de Méd., Labor. de Chimie; franz.) — Im Harn eines Patienten mit einem feminisierenden Tumor der Nebenniere wurden *Tetrahydrocortisol, Tetrahydrocortison, Cortisol, Dihydrocortisol, Tetrahydro-17α-hydroxycortexon, Tetrahydrocorticosteron, Tetrahydro-11-dehydrocorticosteron, Corticosteron, 21-Hydroxypregnenolon, Ätiocholanolon, Androsteron, 11β-Hydroxyätiocholanolon, 11β-Hydroxyandrosteron, 11-Ketoätiocholanolon* u. 2 weitere Steroide, aber kein Stoffwechselprod. mit α-Keto-5α-pregnan-Struktur nachgewiesen. K. Zingraf 4160◇

1041 **Desaminase-Wirkung auf Fettsäureamide in Lebern von mit Lebercarcinogenen gefütterten Ratten.** Sanji Kishi, Bun-Ichi Asano und Katsuhiko Haruno. (Gann, Japan. J. Cancer Res. **46,** 33—40, 1955; Tokyo, Showa Med. School, Dep. of Biochem; engl.) — Im Gegensatz zu Extrakten aus normalen oder patholog. aber nicht neoplast. Lebern, beträgt die Desaminase-Aktivität in Extrakten aus neoplast. Lebern nur noch $^1/_4$—$^1/_{30}$ der Norm. Je langkettiger die Fettsäureamide, desto leichter werden sie gespalten.
P. Gregorzewski 4160◇

1042 **Zur Entstehung carcinogener Nitrosamine am Beispiel des Tabakrauchs.** H. Druckrey und R. Preussmann. (Naturwissenschaften **49,** 498—99, 1962; Jena, Med. Univ.-Klin.; dt.) — Als Ursache der krebserzeugenden Wirkung von Tabakrauch ist außer 3.4-Benzpyren in stärkerem Maße das Vork. von sek. Aminen, wie *Diäthylamin, Pyrrolidon, Piperidin* u. *Noralkaloide* anzusehen, da diese mit den ebenfalls im Tabakrauch vorkommenden nitrosen Gasen bzw. HNO_2 zur Bldg. von carcinogen wirksamen *Dialkylnitrosaminen* u. *Alkylacylnitrosamiden* führen. Die N-Nitrosoverbindungen des Pyrrolidins u. des Piperidins erwiesen sich an Ratten als stark carcinogen wirksam. H.-W. Wache 4160◇

1043 **Erzeugung von Lungenkrebs durch Methylnitrosourethan bei intravenöser Gabe an Ratten.** H. Druckrey, R. Preussmann, J. Afkham und G. Blum. (Naturwissenschaften **49,** 451—52, 1. Okt.-H. 1962; Freiburg i. Br., Labor. der Chirurg. Univ.-Klin.; dt.) — *Methylnitrosourethan* (**I**) erzeugt bei einer Gesamtdosierung von 40,5 ± 7 mg/kg in einer mittleren Induktionszeit von 400 ± 45 Tagen bei Ratten Lungenkrebs, bes. Adeno- u. Alveolarzellcarcinome. *N-Nitroso-N-methyltolyl-4-sulfonamid* ist im Gegensatz zu **I**, das als sichere carcinogen wirksame Substanz angesehen werden muß, nahezu ungefährlich. H.-W. Wache 4160◇

1044 **Untersuchungen über die enzymatische Synthese von p-Aminohippursäure durch Leber von mit 2-Acetylaminofluoren gefütterten Ratten.** Shogo Ichii. (Gann, Japan. J. Cancer Res. **46,** 47—50, 1955; Tokyo, Showa Med. School, Labor. of Med. Zool.; engl.) — Mit fortschreitender patholog. Veränderung der Leber durch *2-Acetylaminofluoren*-Fütterung nimmt auch die enzymat. Bldg. von *p-Aminohippursäure* (**I**) rapide ab. In Krebsgewebe findet keine **I**-Synth. mehr statt.
P. Gregorzewski 4160◇

1045 **Cholinoxydase-Aktivität in Lebergeweben von mit Carcinogenen gefütterten Ratten.** Bun-Ichi Asano. (Gann, Japan. J. Cancer Res. **46,** 41—46, 1955; Tokyo, Showa Med. School, Dep. of Biochem.; engl.) — Anomale, jedoch nicht-neoplast. u. cirrhot. Lebergewebe zeigen etwa normale *Cholinoxydase* (**I**)-Aktivität. Sowie aber neoplast. Gewebe infolge 4-Dimethylaminoazobenzol- oder 2-Acetylaminofluoren-Fütterung auftritt, fällt die **I**-Aktivität stark unter die Norm.
P. Gregorzewski 4160◇

1046 **Hyperplastische Läsionen des Drüsenmagens der Ratte durch orale Verabreichung von 20-Methylcholanthren.** Kazuo Mori, Ichiro Hirafuku, Tadashige Murakami und Shogo Ichii. (Gann, Japan. J. Cancer Res. **46,** 1—8, 1955; Tokyo, Showa Med. School; engl.) — Ratten werden 223 Tage mit einem Futter ernährt, das *20-Methylcholanthren* als Emulsion enthält. Bei vielen Tieren entwickelt sich adenomatöses Gewebe in verschiedenen Teilen des Magens, jedoch keine Carcinome.
P. Gregorzewski 4160◇

1047 **An Pflanzenzellen ausgeführte Untersuchungen über die Eigenschaften der antimitotischen Aktivität verschiedener Äthyleniminochinone.** Guy Deysson und René Truhaut. (Ann. pharmac. franç. **20,** 670—81, 1962; Paris, École des Hautes-Etudes, Fac. de Pharm., Labor. de Toxicol. et Labor. de Physio-Toxicol. cellulaire; franz.) — An Zellen von *Allium sativum* L. ausgeführte Unterss. zeigen, daß unter den Derivv. von *Bis-äthyleniminochinon* das *Dipropoxy* (E 39)- u. *Di-2-methoxyäthoxy* (**I**; *Verb. A 139*)-*Deriv.* die stärkste antimitot. Eigg. aufweisen. Ihre Löslichkeiten sind verschieden. Das **I**-Deriv. hat eine selektivere Wrkg. auf die Chromosomenfragmentation. Die *Dipropionylamino-* u. *Diacetamido-Derivv.* sind weniger aktiv.
W. Wesly 4160◇

1048 **Experimentelle Untersuchungen über den Mechanismus der Wirkung des Therapeuticums auf den malignen Tumor.** Miyoshi Urabe und Shiro Tsunamura. (Jap. J. exp. Med. **32,** 449—70, 1962; Kanazawa, Univ., School of Med., Dep. of Surg.; engl.) — Vff. untersuchten Unterschiede in *Stickstofflost*-empfindlichen bzw. -resistenten Yoshida-Sarkomen u. den Einfl. von *Nitromin, Thio-Triäthylenphosphoramid, Mitomycin C* u. *Carcinophilin* in diesen Tumorzellen. W. Damerau 4160◇

1049 **Die cytologische Wirkung von Chemikalien auf Ascites-Sarkome. 3. Mitt. Durch Podophyllotoxin, α-Peltatin, β-Peltatin und Quercetin induzierte Zerstörungen.** Tatsuya Tanaka, Kyoko Kanô, Akira Tonomura, Tadashi A. Okada und Minoru Umetanik. (Gann, Japan. J. Cancer Res. **46,** 15—26, 1955; Sapporo, Hokkaido Univ., Zool. Inst.; engl.) — Alle 4 Verbb. haben eine unvollständige Hemmwrkg. auf Rattenascitestumoren. P. Gregorzewski 4160◇

1050 **Über die Antikrebswirkung von Chinonderivaten.** Sumio Sakai, Kenji Minoda, Gosaku Saito und Fumiko Fukuoka. (Gann, Japan. J. Cancer Res. **46,** 59—66, 1955; Tokyo, Kaken Chem., Ltd.; engl.) — Eine große Anzahl von Chinon-Derivv. wird am NF-Sarkom in vitro u. am Ehrlich-Ascites-Carcinom in vivo untersucht. Einige *Thiochinone* zeigen signifikante Antikrebswrkg. (wirksam: +). In vitro: *Methylmercaptobenzochinon,* F. 140—145°, +, *2.3-Dimethylmercaptobenzochinon,* F. 210—212°, +, Naphthochinone-(1.4): *2-Methylmercapto-,* F. 175—178°, +; *Diacetat,* F. 144°, +, *Na-Bisulfit*-Verb., *2.3-Dimethylmercapto-,* F. 143°, +, *2-Äthylmercapto-,* +, *Oxim,* F. 87°, *2-Carboxymethylmercapto-,* F. 180—182°, +, *Diacetat,* F. 150—155°, +, *2-Methyl-3-carboxymethylmercapto-,* F. 148—149°, +, *2-[2'-Carboxyphenylmercapto]-,* F. 198—200°, *Na-Bisulfit*-Verb., *2-Methyl-,* F. 106°, +, *Diacetat,* F. 113°, +, *Na-Bisulfit*-Verb., *2-Methyl-3-hydroxy-,* F. 172°, *2.3-Dichlor-,* F. 189°, *2-Chlor-3-hydroxy-,* F. 196°, *2-Chlor-3-amino-,* F. 199°, *2-Chlor-3-äthoxy-,* +, *2.5-Diamino-,* F. 150 bis 155°, +, *3.8-Bis-[chloracetylamino]-,* F. >270°, +, *-2-sulfonsäure, K-Salz, 2-Dimethylamino-,* F. 213—216°; *p-Xylochinon,* F. 125°, +, *Naphthochinon-(1.4),* F. 125°, +, *Oxim,* F. 190°, +, *Dioxim,* F. 207°, +, *Naphthochinon-(1.2),* F. 115—120°, +, *Oxim,* F. 155°, +, *Dioxim,* F. 178°, *Benzochinonmonosemicarbazon,* F. 170°, +, Anthrachinone: *Unsubstituiertes,* F. 286°, *1.2.3.5.6.7-Hexahydroxy-, 2.3.5-Trihydroxy-,* +, *3-Hydroxymethyl-1-arabinosyl-,* F. 101—103°. P. Gregorzewski 4160◇

1051 **Kinetische Charakterisierung der Unterdrückung der Biosynthese der Proteine in Krebszellen bei der Einwirkung von Alkylphenolen und Chloramphenicol.** G. W. Kukuschkina, L. B. Gorbatschewa und N. M. Emanuel. (Ber. Akad. Wiss. UdSSR **146,** 1206—08, 1962; Inst. für chem. Physik der Akad. der Wiss. der UdSSR; russ.) — Das Präp. *IRP-2,* ein 4-Hydroxy-3.5-di-tert.-butyl-N.N-bis-[β-hydroxyäthyl]-benzylamin, unterdrückt schon in der Konz. $1{,}39 \cdot 10^{-4}$ m den Einbau der *L-^{14}C-Aminosäuren* (**I**; Eiweißhydrolysat von Chlorella) in die *Proteine* der Ehrlich-Ascitestumorzellen zu 50%, in der Konz. $11 \cdot 10^{3}$ m prakt. zu 100%. Durch Zusatz von *Adenosintriphosphorsäure* (**II**) zum Substrat wird die inhibierende Wrkg. von IRP-2 nicht verändert, während ohne IRP-2 der **I**-Einbau durch **II** um 20% erhöht wird. IRP-2 ist demnach ohne merklichen Einfl. auf die I-Aktivierung, sondern wird erst im späteren Stadium der Eiweiß-Synth. wirksam. *Chloramphenicol* (**III**) unterdrückt den **I**-Einbau in die Proteine zu 20% bei der Konz. $3{,}1 \cdot 10^{-3}$ m, zu 35% bei $6{,}2 \cdot 10^{-3}$ m, zu 80% bei $9{,}3 \cdot 10^{-3}$ molar. Bei gleichzeitigem Zusatz von IRP-2 u. **III** wird eine additive Wrkg. beobachtet. **III** u. IRP-2 unterbrechen wahrscheinlich die Biosynth. des Eiweißes an der gleichen, bisher noch unbekannten Stelle. O. Lebtag 4160△

1052 **Über Verschiedenheiten der Unterdrückung der Biosynthese des Eiweißes in Krebszellen durch hydroxyaromatische Verbindungen und alkylierende Reagentien.** G. W. Kukuschkina, L. B. Gorbatschewa und N. M. Emanuel. (Ber. Akad. Wiss. UdSSR **147,** 1218—19, 1962; Inst. für chem. Physik der Akad. der Wiss. der UdSSR; russ.) — Die Unters. des Einfl. von *IRP-1* (4-Hydroxy-3.5-di-tert.-butylbenzylaminhydrobromid), *IRP-2* (4-[N.N-Bis-(β-hydroxyäthyl)-aminomethyl]-2.6-di-tert.-butylphenol) *Propylgallat* (**I**), *Triäthylenthiophosphamid* (**II**) u. *Sarkolysin* (**III**) auf die Biosynth. von Eiweiß in Ehrlich-Ascitestumorzellen ergab, daß die hydroxyaromat. Verbb. schon bei sehr geringer Konz. den Einbau der ^{14}C-Aminosäuren hemmen. Durch 10^{-4} m IRP-2 wird der Einbau prakt. völlig unterdrückt. Für die 50%ig. Unterdrückung des Einbaus durch **II** ist eine 200mal größere Konz. erforderlich als bei IRP-2. Die angewandten **III**-Konzz. von $3{,}4 \cdot 10^{-3}$ bis $1{,}7 \cdot 10^{-2}$ m sind unwirksam. Die Wrkg. von **I** ist geringer als die von IRP-1 u. IRP-2. O. Lebtag 4160△

E_2. Enzymologie, Gärung

1053 **Endoxydation in zellfreien Extrakten von Pilzen.** William M. Dowler, Paul D. Shaw und David Gottlieb. (J. Bacteriol. **86,** 9—17, 1963; Urbana, Ill., Univ. of Illinois, Dep. of Plant Pathology; engl.) — Vff. untersuchen, ob Pilze auch Teile des Elektronentransportsyst. besitzen, das im Säugetiergewebe vorhanden ist. Folgende Komponenten werden nachgewiesen: *Red. Nicotinamidadenindinucleotid* ($NADH_2$), *Bernsteinsäure-Cytochrom-c-Reduktase, $NADH_2$-Oxydase, Cytochromoxydase, Glucose-6-phosphat-, Triosephosphat-, Isocitronensäure-, Glutaminsäure-, Bernsteinsäure-* u. *Äpfelsäuredehydrogenase. Brenztraubensäure-* u. *α-Ketoglutarsäuredehydrogenase* wurden nicht entdeckt. Zellfreie Extrakte von Pilzen verbrauchen O_2, wenn $NADH_2$, Succinat u. Isocitrat als Substrate benutzt werden, nicht jedoch bei Glucose. W. Hiller 4210◇

1054 **Eine Methode zur quantitaiven Bestimmung der Leukocytenperoxydase in peripherem Blut.** Noriko Katsushima. (Tohoku J. exp. Med. **78,** 339—46, 1963; Sendai, Tohoku Univ., Fac. of Med., Dep. of Ped.; engl.) — Es wird eine einfache Meth. zur quant. Best. der *Peroxydase*(**I**)-Aktivität in myeloiden Zellen angegeben. Dabei wird nach Herst. einer leukocytenreichen Suspension (aus Heparinblut über Sedimentation mit Dextran-NaCl, Eliminierung der Erythrocyten durch Hämolyse mit W.) zur vollen Entfaltung der I-Aktivität mit Trypsin vorbehandelt, sodann Anwendung der α-Naphthol-Benzidin-Meth. nach Katsushima u. Mitarbeiter (Tohoku J. exp. Med. **75,** [1961], 238.). U. Tausendfreund 4202◇

1055 **Ein qualitativer Schnelltest auf Polyphenoloxydase.** F. Drawert und H. Gebbing. (Naturwissenschaften **50,** 522—23, 1963; Siebeldingen/Pfalz, Forschungsinst. für Rebenzüchtung Geilweilerhof, Abt. Biochem. u. Physiol.; dt.) — Der Schnelltest wird wie folgt durchgeführt: Rohe Gewebepreßsäfte (1—2 Tropfen) werden auf den Rand eines Rundfilters aufgetropft. In die Filtermitte kommt das Reagens (3 Tropfen 10%ig. wss. *Brenzcatechin*-Lsg. + 3 Tropfen wss. *Prolin*-Lsg.). Nach 10—15 Min. wird die Rk.-Zone intensiv rot gefärbt (bei wenig *Polyphenoloxydase* blaßrot). Nach 2—3 Std. geht die rote Farbe in Violett u. später in Braun über. *KCN, Diäthyldithiocarbamat, Cystein* u. *Thiosulfat* hemmen die Farbreaktion. W. Hiller 4210◇

1056 **Ferredoxinbedarf bei der Reduktion von Hydroxylamin durch Clostridium pasteurianum.** R. C. Valentine, L. E. Mortenson, H. F. Mower, R. L. Jackson und R. S. Wolfe. (J. biol. Chemistry **238,** PC 856—58, 1963; Urbana, Ill., Univ. of Illinois, Dep. of Microbiol. u. Wilmington, Del., E. I. du Pont de Nemours and Co., Central Res. Dep.; engl.) — Das *Hydroxylaminreduktasesyst.* (**I**) in *Clostridium pasteurianum* konnte durch chromatograph. Meth. in 2 Komponenten zerlegt werden: 1. eine Mischung von Enzymen, die Hydrogenase enthielt, 2. das elektronenübertragende *Ferredoxin* (**II**). Verss., **II** durch andere Elektronenüberträger zu ersetzen, gelangen nur mit photosynthet. *Pyridinnucleotidreduktase* aus Spinat. **I** ist als Modell für die lichtabhängige Nitrit- u. Hydroxylaminred. der grünen Pflanzen verwendbar. H.-G. Trüper 4210◇

1057 **Vergleich der Oxydationsgrade von $^{14}C_{(2)}$-Propionat durch Leberschnitte vom Kalb und vom reifen Rind.** J. E. Jeffrey und M. D. Lane. (J. Dairy Sci. **43,** 1508 bis 1509 Okt. 1960; Blacksburg, Virginia Polytechnic Inst., Dep. of Biochem. and Nutrition; engl.) — Vff. untersuchten die Oxydation von *Propionat* (**I**) durch Leberschnitte von 2—3 Wochen alten Kälbern u. von reifem Rind in vitro. Die **I**-Oxydation wurde bestimmt durch die Menge an während des Stoffwechsels gebildetem $^{14}CO_2$ aus $^{14}C_{(2)}$-**I** durch Leberschnitte. 200 mg Gewebsschnitte wurden in 2,5 ml Krebs-Ringer-Phosphatpuffer pH 7 enthaltend 200 μ Mol Phsphat, 20 μMol

$KHCO_3$ mit 10 μMol (0,5 μc) $^{14}C_{(2)}$-I bei 37° inkubiert. Die Schnitte beider Tiergruppen waren in gleichem Maße befähigt, die Rkk. des Krebs-Cyclus, dessen letzte Stufe die I-Oxydation ist, durchzuführen. Es hat somit den Anschein, daß die I-Oxydation keinen adaptiven Prozeß darstellt. G. Bratfisch 4210◇

1058 **Gewinnung von 2-[α-Hydroxyäthyl]-thiaminpyrophosphat mit Pyruvatoxydase aus Schweineherzmuskel.** P. Scriba und H. Holzer. (Biochem. Z. **334**, 473—86, 1961; Freiburg i. Br., Univ., Physiol.-Chem. Inst.; dt.) — Aus Homogenaten von Schweineherzmuskel wird durch Extrahieren mit Phosphatpuffer, fraktionierte Fällung mit $(NH_4)_2SO_4$ u. mit A. *Pyruvatoxydase* (I) abgetrennt. Die Michaelis-Konstante von I beträgt mit *Pyruvat* (II) $2{,}1 \cdot 10^{-5}$ Mol/Liter, mit Thiaminpyrophosphat (TPP) $2{,}5 \cdot 10^{-7}$ Mol/Liter. Bei der Inkubation von I mit II u. TPP bei pH 4,5—5 häuft sich *2-[α-Hydroxyäthyl]-thiaminpyrophosphat* (*HETPP*, *„akt. Acetaldehyd"*) an. Das bei Verw. von ^{14}C-II gebildete ^{14}*C-HETPP* konnte durch Ionenaustauschchromatographie abgetrennt werden. Der Reaktionsmechanismus wird besprochen. F. Heller 4210◇

1059 **Reinigung und Eigenschaften der Milchsäuredehydrogenase von Lactobacillus casei.** Shôji Mizushima und Kakuo Kitahara. (J. gen. appl. Microbiol. [Tokyo] **8**, 130—41, 1962; Tokyo, Univ., Inst. of Appl. Microbiol.; engl.) — Aus den Zellen eines Stammes von *Lactobacillus casei* wurden drei Arten von *Milchsäuredehydrogenase* isoliert, nämlich eine *Flavin* enthaltende *D-Milchsäuredehydrogenase* (I), eine *Flavin* enthaltende *L-Milchsäuredehydrogenase* (II) u. eine *Nicotinamidadenindinucleotid* (RAD)-gebundene *D-Milchsäuredehydrogenase*. I u. II wurden weitgehend gereinigt. Sie zeigten neben der Verschiedenheit in ihrer Substratspezifität Unterschiede in ihren K_m-Werten ($6 \cdot 10^{-4}$ Mol/Liter bzw. $1{,}4 \cdot 10^{-2}$ Mol/Liter], im pH-Optimum [6,3 bzw. 5,6], in ihrer Spezifität gegen Elektronenacceptoren u. in ihrer Hemmbarkeit durch Atebrin (10^{-3} m; I 0%, II 62%). Die prosthet. Gruppe von I wurde als *Flavinadenindinucleotid* (FAD) identifiziert, während die von II ein anderes *Flavinnucleotid* als FAD zu sein scheint. Während die Ggw. einer NAD-gebundenen *D-Milchsäuredehydrogenase* außer allem Zweifel ist, konnte für die Existenz eines NAD-gebundenen L-Enzyms kein Anhaltspunkt gefunden werden. H. Aman 4210◇

1060 **Vorzugsweise Inaktivierung von elektrophoretisch langsam wandernden Milchsäuredehydrogenase-Isoenzymen durch Harnstoff.** R. Richterich und A. Burger. (Helv. physiol. pharmacol. Acta **21**, 59—64, 1963; Berne, Univ., Inst. of Med. Chem.; Children's Hosp.; engl.) — Die elektrophoret. langsam wandernden *Milchsäuredehydrogenase-Isoenzyme* (I) aus menschlichem Skelettmuskel, nicht jedoch die schnell wandernden I aus menschlichem Herzmuskel, werden durch *Harnstoff* bereits in niedrigen Konzz. selektiv inaktiviert, ganz gleich ob sie von Normalpersonen oder Carcinompatienten stammen. Die Inaktivierung kann teilweise durch Zusatz von *Pyruvat* oder *red. Nicotinamidadenindinucleotid* verhütet werden. K. Zingraf 4210◇

1061 **Glucosedehydrogenaseaktivität in Pediococcus pentosaceus.** Walter J. Dobrogosz und Ralph D. DeMoss. (J. Bacteriol. **86**, 164—65, 1963; Urbana, Ill.; Univ. of Illinois; Dep. of Microbiol.; engl.) — Vff. weisen in Kulturen von *Pediococcus pentosaceus* eine *Glucosedehydrogenase* (I) nach. Für die Glucoseoxydation durch I ist die Anwesenheit von Adenosintriphosphat nicht erforderlich. Als Coenzym ist *Nicotinamidadenindinucleotidphosphat* erforderlich. *Ribose* u. *Xylose* werden von I oxydiert, hier ist jedoch Anwesenheit von Adenosintriphosphat u. Nicotinamidadenindinucleotid als Coenzym erforderlich. I scheint nur während des Wachstums unter aeroben Bedingungen gebildet zu werden. W. Hiller 4210◇

1062 **Verhinderung der Autoxydation ungesättigter Fettsäuren durch Hämatinproteide.** Sheila E. Lewis und E. D. Wills. (Biochim. biophysica Acta [Amsterdam] **70**, 336—38, 1963; London, Med. Coll. of St. Bartholomew's Hosp., Charterhouse Square, Dep. of Biochem. and Chem.; engl.) — Verss. über die Autoxydation von wss. *Linolsäure*-Emulsionen (0,017 m) in Phosphatpuffer (pH 7,4) wurden durchgeführt; manometr. Messung der O_2-Aufnahme; colorimetr. Ermittlung der gebildeten Hydroperoxide. Verd. Lsgg. von *Hämoglobin* (I; $4 \cdot 10^{-6}$ m) fördern, stärkere Lsgg. ($4 \cdot 10^{-5}$ m) hemmen die Autoxydation; ähnliche Ergebnisse werden mit *Cytochrom c* bzw. *Hämin* erhalten, wobei jeweils auf die Periode der gehemmten späterhin eine solche der beschleunigten Autoxydation folgt; die beobachteten Effekte hängen insbes. auch von der Konz. der Linolsäure-Emulsion ab. Der Hemmeffekt von I äußert sich signifikant bei der durch Co^{2+} katalysierten Autoxydation. Durch Rinderserumalbumin, Alanin, Histidin u. Glutaminsäure wird die Wrkg. von I nicht verändert; *Lysin*, *Cystin*, *Cystein*, *Methionin* u. *Tyrosin* verzögern die Autoxydation zwar zeitlich, verändern sie aber nicht hinsichtlich des Grades der Oxydation in der Endphase. Homogenate von Ratten-Leber, -Herz bzw. -Milz entfalten ähnliche Effekte wie I; auf Zusatz von *Vanadaten* (10^{-3} m) zum Leberhomogenat erfolgt erst bei höherer Gewebskonz. die zu erwartende, die Autoxydation katalysierende Wrkg. von V; Ausführungen über die biolog. Bedeutung der mitgeteilten Befunde (Toxizität von Hydroperoxiden; Zerstörung von Enzymen; Oxydation von SH-Gruppen in Aminosäuren u. Protein). K. Täufel 4210◇

1063 **Eine vergleichende Untersuchung über den Einfluß von Chlorpromazin und Imipramin auf die Mitochondrienaktivität: Oxydation und Phosphorylierung.** Søren Løvtrup. (J. Neurochem. [London] **10**, 471 bis 477, 1963; Göteborg, Univ., Inst. of Neurobiol.; engl.) — Als erste einer Reihe von Mitt. wird über den Vgl. der Wrkg. von *Chlorpromazin* (I) u. *Imipramin* auf Mitochondrienaktivität (*O_2*-Aufnahme u. Phosphorylierung durch Hirn- u. Lebermitochondrien der Ratte) berichtet. Sowohl O_2-Aufnahme als auch Phosphorylierung wurden durch beide Substanzen stark gehemmt, wobei I (auf molarer Basis) jedoch doppelt so wirksam war. Eine entkoppelnde Wrkg. war nicht sehr ausgeprägt. Eine bes. Gewebespezifität ließ sich nicht erkennen. Die Hemmwrkg. war unabhängig vom Substrat. Die Hemmung der O_2-Aufnahme konnte durch *Dinitrophenol* nicht abgeschwächt werden. U. Tausendfreund 4210◇

1064 **Die Bildung von Peroxid und Phosphatidyläthanolamin bei der fermentativen Reduktion von Kohlensäure.** Je. A. Boitschenko und T. M. Udelnowa. (Ber. Akad. Wiss. UdSSR **147**, 1484—86, 1962; Vernadsky-Inst. für Geochemie u. analyt. Chemie der Akad. der Wiss. der UdSSR; russ.) — Bei der Red. von $^{14}CO_2$ durch den Fermentkomplex aus den Blättern von *Primula obconica* u. *Trifolium repens* entstehen *Phosphatidyläthanolamin* (I) u. *Lipid-Flavinperoxid*. Bei der Hydrolyse entstehen Glycerophosphate, ein Beweis für das Vork. von *Phosphatidsäure* (II) im Fermentkomplex. Die Hydrolyseprodd. entstehen in der folgenden Reihenfolge: I → II → Kohlenhydrat. In der Pflanze sind die Phosphatide die Vorgänger der Kohlenhydrate. Sie enthalten Olein-, Linol- u. Linolensäure. Nach der fermentativen $^{14}CO_2$-Red. nimmt der Anteil der Oleinsäure zu. Auf Grund der Ergebnisse wird ein Rk.-Schema für die Bldg. der Kohlenhydrate in der Pflanze aufgestellt, wonach die Rk. über I → II → ungesätt. Säuren → Kohlenhydrat verläuft. O. Lebtag 4210△

1065 **Einfluß der Dehydrase von α-Glycerinphosphorsäure auf die Aldolaseaktivität.** A. G. Ssereda. (Ukrain. biochem. J. **35**, 410—17, 1963; Kiew, Inst. für Biochemie der Akad. der Wiss. der Ukrain. SSR; ukrain., Auszug: engl.) — Die Unterss. über den Einfl. der hochgereinigten *α-Glycerinphosphorsäuredehydrase* (I) auf die Aktivität der hochgereinigten *Aldolase* (II) in Ggw. oder Abwesenheit von *Harnstoff* (III) ergaben eine Hemmung der II-Aktivität in Ggw. von 0,5 m III u. mehr Inkubationsgemisch. Wird II in 0,5 m III-Lsg. 1 Std. stehen gelassen, so wird die II-Aktivität im Inkubationsgemisch in Ggw. von III nicht, in Abwesenheit von III um 14,2% erhöht. Durch I wird die Aktivität der mit 0,5 m III-Lsg. behandelten II im Incubationsgemisch ohne III-Geh. auf 137,5% der Kontrolle (Aktivität in der Puffer-Lsg.) erhöht. Bei 1std. Einw. der I auf II wird die II-Aktivität um 147% erhöht. Vf. nimmt an, daß durch 0,5 m **III**-Lsgg. die aktivierende **I**-Wrkg. auf **II** aufgehoben wird. O. Lebtag 4210△

1066 **Untersuchungen an Aspergillus niger van Tiegh. über Zinkaufnahme und Aktivitätsveränderungen einiger Enzyme bei Zinkmangel.** Günther Geser. (Arch. Mikrobiol. **41**, 408—40, 1962; Zürich, Eidgen. Techn. Hochschule, Inst. für landw. Bakteriologie u. Gärungsbiologie; dt.) — Die Konidien zeigen während der Quellung eine starke *Zn*-Aufnahme, während der eigentlichen Keimung ist sie jedoch gering. Während des Mycelwachstums erfolgt die Zn-Aufnahme linear zum Wachstum. Zn-Mangel verursacht eine starke Hemmung der *Fructose-1.6-diphosphataldolase*, wodurch eine Hemmung des Glucoseabbaus nach dem Embden-Meyerhof-Cyclus entsteht. Die Aktivität der *6-Phosphogluconatdehydrogenase* (Pentosephosphatcyclus) ist bei Zn-Mangel erhöht, die von *Glucose-6-phosphatdehydrogenase* etwas vermindert. Bei Zn-Mangel scheint die Glucoseoxydation bevorzugter über den Pentosephosphatcyclus zu erfolgen. Beim Citronensäurecyclus ist die Aktivität der *Aconitase* erhöht u. die der *Isocitratdehydrogenase* u. *Fumarase* erniedrigt bei Zn-Mangel. W. Hiller 4210◇

1067 **Photooxydaseaktivität von erhitzten Chromatophoren von Rhodospirillum rubrum.** E. S. Lindstrom. (Plant Physiol. **37**, 127—29, 1962; Minneapolis, Univ. of Minnesota, Dep. of Bot.; engl.) — Werden Chromatophoren aus *Rhodospirillum rubrum* auf 76—80° für 10 Sek. erhitzt, so nimmt die Aktivität der *Photooxydase* (Oxydation von red. Indophenol) mit steigender Temp. auf ca. $^1/_{10}$ ab. Erhitzen auf 80° für 15 Sek. bewirkt völlige Inaktivierung. Mit nicht erhitzten Chromatophoren kann Indophenol durch *red. Nicotinamidadenindinucleotid* mit Hilfe der Diaphorase aus Chromatophoren red. werden. Auch die Absorption bei 8000 u. 8800 Å wird durch das Erhitzen vermindert. W. Hiller 4210◇

1068 **Analoga der Tetrahydrofolsäure.** 6. Mitt. **N-[γ-(2-Amino-4-hydroxy-6-methylpyrimidyl-(5))-propyl]-p-aminobenzoyl-L-glutaminsäure, ein Inhibitor der Folsäurereduktase.** B. R. Baker und C. E. Morreal. (J. pharmac. Sci. **51**, 596—97, Juni 1962; Buffalo, N. Y., Univ. of Buffalo, School of Pharm., Dep. of Med. Chem.; engl.) — 5. vgl. reprint C-I symposia papers. Scientific Section, A. Ph. A., 1962. — *N-[γ-(2-Amino-4-hydroxy-6-methylpyrimidyl-(5))-propyl]-p-aminobenzoyl-L-glutaminsäure* (**I**) inhibiert Folsäurereduktase.

Versuche: *2-Acetylaldehydglutarsäureäthylester*, aus Acetessigester u. Acrolein nach Moe u. Warner (US-Patent 2610204; C. **1956**, 1160). — *Diäthylacetal*, $C_{13}H_{24}O_5$, Kp.$_{0,2}$ 110—112°, aus vorst. Verb. durch Kochen mit alkohol. NH_4Cl, 63% (Ausbeute). — *γ-[2-Amino-4-hydroxy-6-methylpyrimidyl-(5)]-propanaldiäthylacetal*, $C_{12}H_{21}N_3O_3$, F. 179—180°, durch Kochen vorst. Verb. mit Guanidin in A., 76%. — *γ-[2-Acetylamino-4-hydroxy-6-methylpyrimidyl-(5)]-propanaldiäthylacetal*, $C_{14}H_{23}N_3O_4$, F. 150°, durch Behandeln vorst. Verb. mit Acetanhydrid in Pyridin bei 85°, 57%. — *γ-[2-Acetylamino-4-hydroxy-6-methylpyrimidyl-(5)]-propanol*, $C_{10}H_{13}N_3O_3$, F. 159—160°, durch kurzes Aufkochen vorst. Verb. in W., 46%. — *N-[γ-(2-Amino-4-hydroxy-6-methylpyrimidyl-(5))-propyl]-p-aminobenzoyl-L-glutaminsäure* (**I**), $C_{20}H_{25}N_5O_6$, F. >250° durch Kondens. vorst. Verb. mit p-Aminobenzoyl-L-, glutaminsäure in sd. A., Red. des entstandenen Anils mit $NaBH_4$ u. bas. Hydrolyse, 15%. P. Gregorzewski 4210◇

1069 **Die Produkte der Peroxydaseoxydation der durch Riboflavin sensibilisierten Photooxydation von Ascorbinsäure unter Teilnahme von Morin.** P. A. Kolessnikow und Ss. W. Sore. (Ber. Akad. Wiss. UdSSR **150**, 680 bis 683, 1963; Bach-Inst. für Biochemie der Akad. der Wiss. der UdSSR; russ.) — Zwecks Klärung des Rk.-Mechanismus der *Ascorbinsäure* (**I**)-Oxydation durch die *Peroxydase* (**II**) wurden die **I**-Oxydation durch **II** u. die durch *Riboflavin* (**III**) sensibilisierte Photooxydation in Ggw. von *Morin* (**IV**) untersucht. In Ggw. von **IV** wird nur ein Teil von **I** bis zur *Dehydroascorbinsäure* (**V**) oxydiert (17 bzw. 73%) gegenüber 100% ohne **IV**. Durch **IV** wird **I** teilweise bis zu CO_2 oxydiert. Die Ausscheidung von CO_2 ist bei der durch **III** sensibilisierten Photooxydation von **I** in Ggw. von **IV** 15—20mal geringer als ohne **IV**. Bei hoher **IV**-Konz. wird die gesamte **I** zu **V** oxydiert. Für die Ausscheidung von CO_2 ist die Ggw. von **II**, **IV** u. **V** erforderlich. Aus den Zahlen über die Bldg. von Peroxid u. die O_2-Aufnahme bei der Photooxydation von **I** ist zu schließen, daß entweder **I** ohne Bldg. von Peroxid oxydiert wird, wobei das Peroxid durch Oxydation der Spalt-Prodd. von **I** entsteht, oder das entstandene Peroxid für die Oxydation von **I** verbraucht u. erst danach angereichert wird. Auf die gleiche Weise wird das bei der Photooxydation von **IV** entstandene Peroxid verbraucht. O. Lebtag 4210△

1070 **Wirkung von Hormonen auf die Verteilung der freien Adenylnucleotide im Rattengehirn.** Michel Ramuz und Paul Mandel. (C. R. hebd. Séances Acad. Sci. **256**, 4523—24, 1963; Strasbourg, Fac. de Méd., Inst. de Chimie biol.; franz.) — Mittels Chromatographie an Austauscherharz-Säulen wurde der Anteil an *Adenosinmonophosphat*, *-diphosphat* (ADP) u. *-triphosphat* (ATP) im Gehirn der Ratte bestimmt. Gaben von *Thyroxin* oder *Hydrocortison* sowie Thyreoidektomie änderten die Verhältnisse nicht, dagegen bewirkte die Entfernung der Nebennieren eine Verringerung des Geh. an ATP. u. des Verhältnisses ATP/ADP, es scheint sich also um eine Hemmung der oxydativen Phosphorylierung zu handeln. M. Wiedemann 4210◇

1071 **Die fluorometrische Bestimmung von Pyridinnucleotid im menschlichen Blut.** Shoji Tabuchi, Kaichiro Nisida, Yoshitsugu Nose und Kiyoshi Ueda. (Vitamins [Kyoto] **27**, 303—08, 1963; Kyoto, Kyoto Prefectural Univ. of Med., Clin. Central Labor., Dep. of Internal Med.; jap., Auszug: engl.) — Nach Deproteinisierung mit $HClO_4$ werden die Proben mit *Alkoholdehydrogenase* u. *Isocitronensäuredehydrogenase* behandelt u. dann die Methyläthylketonprozedur durchgeführt. Die Meth. der Best. von *Diphosphopyridinnucleotid* (DPN) u. *Triphosphopyridinnucleotid* (TPN) ist genügend genau. Vff. finden als Hauptwert an Gesamtpyridinnucleotid von normalem menschlichem Blut 65,1 mμ Mol/ml. Das Verhältnis von DPN/TPN liegt zwischen 1,1 u. 1,8. Bei Patienten mit Anämie sind die Pyridinnucleotide erniedrigt. W. Hiller 4210◇

1072 **Untersuchungen über die Biosynthese von Nucleinsäuren.** 3. Mitt. **Ein neues Arylamin, gefunden bei der Biosynthese von DNS.** Teruhisa Noguchi. (Pharmac. Bull. [Tokyo] **4**, 101—03, 1956; Tokyo, Univ., Med. Fac. Biochem. Inst.; engl.) — 2. vgl. Pharmac. Bull. [Tokyo] **4**, [1956], 97. — Bei Unterss. über die Aufnahme von $^{14}C_{(4)}$-4-Aminoimidazol-5-carbonsäureamid in Polynucleotidpurine an subzellulären Fraktionen der Taubenleber wurde bei der Papierchromatographie der säurelösl. Fraktion des Inkubationsmediums ein diazotierbares Arylamin gefunden, das an eine Ketose gebunden ist. Es handelt sich nicht um Ribose oder Desoxyribose. H. Krause 4210◇

1073 **Der Anteil der Desoxyribonucleinsäure bei der Synthese der Polyribonucleotide des Fermentsystems von tierischen Geweben.** N. W. Bogojawlenskaja und M. A. Gubernijew. (Ber. Akad. Wiss. UdSSR **147**, 1208—14, 1962; russ.) — Das Gemisch aus 51% Adenosintriphosphat, 31% Adenosindiphosphat u. 18% Adenosinmonophosphat wird in Ggw. von $MgCl_2$, Glycylglycin (pH 8,2) 15 Min. bei 37° mit dem Leberferment der hepatektomierten Ratte incubiert. Zusatz von nativer *Ribonucleinsäure* oder *Desoxyribonucleinsäure* (**I**) unterdrückt völlig die Synth. der *Polyribonucleotide* (**II**). Durch Zusatz der denaturierten **I** wird dagegen die **II**-Synth. um 40—50% intensiviert. Die Ergebnisse beweisen die Teilnahme der **I** an der Synth. von **II** durch das Ferment-Syst. der regenerierenden Rattenleber. O. Lebtag 4210△

1074 **Der Einfluß von Desoxyribonucleinsäure und Diisopropylfluorphosphat auf die polarographische Kurve des Subtilisins.** I. D. Iwanow, Je. Je. Rachlejewa und W. G. Krylowa. (Ber. Akad. Wiss. UdSSR **146**, 941 bis 944, 1962; Bach-Inst. für Biochemie der Akad. der Wiss. der UdSSR; russ.) — In Ggw. von *Desoxyribonucleinsäure* (**I**) nimmt die polarograph. Welle des unbestrahlten *Subtilisins* (**II**; *Proteinase* von *B. subtilis*) zu. In Ggw. von *Diisopropylfluorphosphat* (**III**) nimmt die Wellenhöhe von **II** entweder ab oder bleibt normal. In Ggw. von **I** + **III** steigt die Wellenhöhe auf das Doppelte an, bedingt durch die Entknäuelung der **III**-Moll. unter der Einw. von **I**. Die Entknäuelung des **II**-Mol. wird demnach durch **III** nicht verhindert. Bei UV-Bestrahlung erfolgt die Entknäuelung der Polypeptidkette des **II** (α-β-Umwandlung) in Ggw. von **I** langsamer als ohne **I**. Dies beruht darauf, daß die Entknäuelung schon vor der Bestrahlung beginnt u. durch die UV-Strahlen nur zu Ende geführt wird. In Ggw. von **III** wird die Wellenhöhe des bestrahlten **II** in der Regel vermindert. Die Aktivität des **II** wird während der Bestrahlung in Ggw. von **III** sehr stark, in Ggw. von **I** nur wenig vermindert. Die **II**-Inaktivierung durch **I** während der Bestrahlung ist äußerst gering im Vgl. zur Zunahme der Wellenhöhe durch **I** vor der Bestrahlung. Das β-Mol. von **II** im **II**/**III**-Komplex wird durch die UV-Strahlen in Ggw. von **I** rascher inaktiviert als ohne **I**. O. Lebtag 4210△

1075 **Die fermentative Aktivität der am Sulfoharz SBS-4 adsorbierten Ribonuclease.** N. A. Mkrtumowa und G. A. Deborin. (Ber. Akad. Wiss. UdSSR **146**, 1434—36, 1962; Bach-Inst. für Biochemie der Akad. der Wiss. der UdSSR; russ.) — Wird die *Ribonuclease* (**I**) beim pH 5,7 aus der wss. Lsg. am Sulfokationitharz SBS-4 adsorbiert, so geht die **I**-Aktivität im Durchschnitt zu 68% verloren. Nach der Desorption werden 99% der Aktivität der gelösten **I** erreicht. Der Verlust der Aktivität der krist. **I** bei der Adsorption aus der wss. Lsg. ist demnach ein umkehrbarer Prozeß, bei welchem die **I**-Struktur nicht zerstört wird. O. Lebtag 4210△

1076 **Der Ursprung von nativem, an G-Actin gebundenem Adenosintriphosphat.** Kenneth K. Tsuboi. (Biochim. biophysica Acta [Amsterdam] **74**, 359—64, 1963; Palo Alto, Calif., Stanford Med. School, Dep. of Pediatr.; engl.) — Aceton-getrocknetes Kaninchenmuskelpulver enthält nur geringe Mengen *Adenosintriphosphat* (**I**). Wenn solche Pulver mit W. extrahiert werden, so enthalten die entstehenden G-Actin-Lsgg. viel höhere Mengen **I**, als im Pulver ursprünglich enthalten waren; es wurde gefunden, daß aus dem im Pulver noch vorhandenen Adenosindiphosphat durch die Wrkg. der ebenfalls vorhandenen **I**-*Adenosinmonophosphatphosphotransferase* (*Adenylatkinase*) **I** gebildet wird. K. Zingraf 4210◇

1077 **Untersuchungen über 5′-Adenylsäuredesaminase der Karpfenmuskulatur. 3. Mitt. Wirkung der Adenosintriphosphorsäure auf die Desaminierung.** S. Nara. (Seikagaku [Biochemie, Tokyo] **34**, 654—57, 1962; Hakodate, Hokkaido Gakugei Univ., Hakodate Coll.; jap.) — 2. vgl. C. **1960**, 14732. J. Lehmberg 4210◇

1078 **Die enzymatische Hydroxylierung aromatischer Verbindungen. 2. Mitt. Weitere Untersuchung der Eigenschaften des Hydroxylierungssystems der Mikrosomen.** Herbert S. Posner, Chozo Mitoma und Sidney Udenfriend. (Arch. Biochem. Biophysics **94**, 269—79, 1961; Bethesda, Md., Nat. Heart Inst., Labor. of Clin. Biochem; engl.) — 1. vgl. C. **1958**, 8666. — Die Unters. der Substratspezifität des mikrosomalen Hydroxylierungssystems (Kaninchenleber) ergab, daß in allen Fällen [*Acetanilid* (**IV**) *Anilin*, *Bzl.*, *Cumarin*, *Diphenyl*, *Indol* (**III**), *Naphthalin* (**I**), *Chinolin* (**II**)] als Rk.-Prodd. Phenolderivv., bei **I** ferner ein Dihydrodiol, bei **II** eine dihydrodiolähnliche Verbb. auftraten. Die Bldg. von 3-Hydroxyindol aus **III** wurde nachgewiesen. Lebermikrosomen enthalten eine Gruppe von Hydroxylierungsenzymen, die nicht in Lsg. gebracht, wohl aber in Form akt. Mikrosomenbruchstücke erhalten werden konnten. Bei der **IV**-Hydroxylierung durch Mikrosomen von 9 Tierspecies war *red. Nicotinamidadenindinucleotid* ($NADH_2$) erheblich schwächer als Cofaktor wirksam als *red. Nicotinamidadenindinucleotidphosphat* ($NADPH_2$). In Fällen, wo eine Aktivierung durch $NADH_2$ u. $NADPH_2$ stattfand, erwies sich jedoch $NADH_2$ als Cofaktor der lösl. *Phenylalaninhydroxylase* als wirksamer. K. Maier 4210◇

1079 **Nicotinamidadenindinucleotide in Schafleber.** D. S. P. Patterson. (Nature [London] **199**, 402—03, 1963; Weybridge, Surrey; Central Vet. Labor., Ministry of Agricult, Fisheries and Food.; engl.) — Vf. bringt Daten, die zeigen, daß die Coenzymspiegel von Lebern von trächtigen Schafen u. Ratten gleich sind (Tiere mit Pansen u. ohne Pansen). Untersucht werden die Geh. von *Nicotinamidadenindinucleotid* (NAD), *red. Nicotinamidadenindinucleotid* ($NADH_2$), *Nicotinamidadenindinucleotidphosphat* (NADP) u. die red. Form ($NADPH_2$). Ratten zeigen die gleiche relative Verteilung von oxydierten u. red. Formen von NAD u. NADP in ihren Lebern wie Schafe. Die Geh. von NAD u. NADP liegen bei den Ratten jedoch höher. Nach der Geburt steigt der $NADPH_2$-Geh. an. Bei Tieren mit Hyperketonämie wurde kein ernsthafter Mangel an $NADPH_2$ festgestellt. Aus den Ergebnissen schließt Vff., daß $NADPH_2$ bei klin. Fällen von Toxämie während der Trächtigkeit keine wichtige Rolle spielt. W. Hiller 4210◇

1080 **Lokalisation von Enzymen in den Proteinfraktionen des Blutes. 2. Mitt. Phosphatasen.** E. Concustell-Bas, J. Torrents-Pont und V. Villar-Palasí. (Rev. españ. Fisiol. **19**, 25—30, 1963; Barcelona, Univ., Fac. de Farm., Dep. de Bioquím; span.) — In Proteinfraktionen des Blutes von Normalpersonen u. Patienten mit Prostatacarcinom, die durch Chromatographie auf Diäthylaminoäthylcellulose erhalten wurden, konnten zwei Maxima der *alkal. Phosphatase* (**I**), entsprechend 2 Isoenzymen, in der β-Globulin-Fraktion u. in der Zone unmittelbar vor dem Albumin (**II**) lokalisiert werden. *Saure* **I** zeigt nur ein Aktivitätsmaximum, das der Zone von **II** u. der α-Globuline entspricht. K. Zingraf 4210◇

1081 **Eigenschaften von zwei Phosphatasen der Schafsleber.** J. Prous und F. Ponz. (Rev. espan. Fisiol. **19**, 5—11, 1963; Barcelona, Univ., Fac. de Ci., Labor. de Fisiol. Animal.; span.) — Aus der Schafsleber wurde eine *alkal. Phosphatase* (**I**) mit einem Wrkg.-Optimum bei pH 9,8 u. eine *saure Phosphatase* (**II**) mit einem Wrkg.-Optimum bei pH 6 isoliert. **I** wird bei 100° vollständig inaktiviert, **II** ist stabiler. **I** wird durch Mg^{2+} aktiviert, durch Äthylendiamintetraacetat stark u. durch CN^- u. Cu^{2+} leicht gehemmt. **II** wird nicht durch Mg^{2+} aktiviert, durch Cu^{2+}, Tartrat oder F^- stark gehemmt. **II** ist nicht mit der Glucose-6-phosphatase der Leber oder der Erythrocyten identisch. K. Zingraf 4210◇

1082 **Die aerobe Hemmung der an Mitochondrien des Gehirns gebundenen Glykolyse.** R. Balázs. (Biochem. J. **86**, 494—509, 1963; Carlshalton, Surrey, Neuropsychiatric Res. Unit., Med. Res. Council; engl.) — Bei der aeroben Hemmung der Glykolyse in Mitochondrienfraktionen aus Rattenhirn werden wenigstens 2 Mechanismen nachgewiesen. — 1. Bei Inkubation der Mitochondrien mit *Brenztraubensäure* (**I**), *Glucose* (**II**) *Adenosindiphosphat* (ADP) u. *Nicotinamidadenindinucleotid* (NAD) beträgt die aerobe Hemmung der *Milchsäure* (**III**)-Bldg. ca. 40%, ohne ADP u. NAD ca. 78%. Die Hemmung wird nach Zusatz von *Antimycin A* (**IV**) aufgehoben, *Cytochrom c* u. *Ascorbinsäure* vermögen die Hemmung nicht wieder herzustellen. Gleichen Effekt wie **IV** hat *Amytal*; durch *Bernsteinsäure* wird die aerobe Hemmung der Glykolyse nicht wiederhergestellt. Auch die untersuchten anderen Atmungsgifte *KCN*, NaN_3 u. *2-n-Heptyl-4-hydroxychinolin-N-oxid* vermögen die aerobe Hemmung der Glykolyse aufzuheben. *Dinitrophenol* u. *Dicumarin* verdoppeln die Atmung u. heben die aerobe Hemmung der Glykolyse vollständig auf. — 2. Bei Inkubation von Mitochondrien mit **I**, *Fructosediphosphat* (**V**), ADP u. NAD beträgt die aerobe Hemmung der Glykolyse ca. 40%. Unter diesen Vers.-Bedingungen wird die *Glyceraldehydphosphatdehydrogenase* (**VI**) gehemmt. Mit *NaF* oder NaF + Na_2HAsO_4 wird in Luft weniger *Glycerinsäure-3-phosphat* gebildet als anaerob. Die Atmungsgifte u. die Entkoppler der oxydativen Phosphorylierung haben keinen Effekt. Die Hemmung von **VI** kann durch Glutathion oder Cystein nicht verhindert werden, dagegen hebt *2.3-Dimercaptopropanol* die Hemmung der aeroben Glykolyse auf. Zugabe von **II** zu einem Syst., das **V** enthält u. ADP u. NAD, vermehrte die aerobe **III**-Bldg., während die Glykolyse unter Luft nicht beeinflußt wurde. Dinitrophenol u. **VI** vermindern einzeln die aerobe Hemmung der Glykolyse; zusammen bewirken sie

eine gleiche Glykolyse in Luft u. unter N_2. — Die aerobe Hemmung der Glykolyse ist reversibel.
Helmut Schulze 4210◇

1083 **Die intrazelluläre Verteilung von glykolytischen und Tricarbonsäurecyclus-Enzymen in Rattenhirnmitochondrienpräparaten.** Eric G. Brunngraber, Virginia Aguilar und Warwick G. Occomy. (J. Neurochem. [London] **10,** 433—38, 1963; Chicago, Ill., Illinois State Psychiat. Inst.; engl.) — Es wird über die Herkunft von Enzymen berichtet, welche durch Triton X-100 bei der Lsg. eines Teils von Mitochondrien-Proteinen ebenfalls in Lsg. gehen. Dazu wurden 3 Subfraktionen der Mitochondrienfraktion von Rattenhirnhomogenaten mit Triton X-100 extrahiert. Es zeigte sich, daß *Äpfelsäuredehydrogenase, Glutaminsäuredehydrogenase, Isocitronensäuredehydrogenase, Asparaginsäuretransaminase, Alanintransaminase* u. *Fumarsäurehydratase* von den dunklen Partikeln (Mitochondrien) der Gesamt-Mitochondrien-Fraktion abstammen; im Gegensatz dazu rühren die glykolyt. Fermente (*Milchsäuredehydrogenase, Glycerinaldehyd-3-phosphatdehydrogenase, Enolase, Aldolase, Phosphoglyceratkinase, Pyruvatkinase, Glucose-6-phosphatdehydrogenase* u. *Cholinesterase*) vorwiegend von den leichteren, weißen Partikelchen (Myelinfragmenten, Nervenendigungen, synapt. Bläschen, synapt. Membranen) her. U. Tausendfreund 4210◇

1084 **Zur Bedeutung des Stoffwechsels der C_1-Verbindungen.** Wolfgang Friedel. (Wiss. Z. Humboldt-Univ. Berlin, math.-naturwiss. R. **10,** 293—96, 1961; Berlin, Humboldt-Univ., I. Med. Klin. u. Poliklin.; dt.) — Unter C_1-Stoffwechsel werden im weiteren Sinne sowohl Transmethylierungs- als auch Transformylierungsrkk. verstanden. Beide Teile des C_1-Stoffwechsels werden durch die Umwandlungsprodd. des *Glykokollbetains*, aus dem das lipotrop wirksame u. reizvermittelnde *Cholin* entsteht, miteinander verknüpft. An dieser Umwandlung ist ein Fermentkomplex beteiligt, der als *Cholinoxydase* (**I**) bezeichnet wird. In Tierverss. konnte gezeigt werden, daß in Fettlebern die **I**-Aktivität deutlich unter der von Normallebern liegt. Durch Zusatz von Komplexbildnern (*Äthylendiamintetraessigsäure*) läßt sich in vitro die **I**-Aktivität der Fettleber so anheben, daß sie prakt. Normalwerten entspricht. Mit Mg-Äthylendiamintetraacetat läßt sich keine Normalisierung der **I**-Aktivität der Fettleber erreichen. Die Bedeutung des C_1-Stoffwechsels ist aber damit sicherlich noch nicht für die Klinik erschöpft. K. Böhm 4210◇

1085 **Wirkungen von Magnesiumkonzentrationen auf CO_2-Fixierungsreaktionen in vitro.** A. Wallace und R. T. Mueller. (Plant Physiol. **37,** 154—57, 1962; Los Angeles, Univ. of California; engl.) — Vff. führen die Verss. mit Blattpräpp. von *Citrus sinensis* durch, wobei *Ribose-5-phosphat* (**I**) u. *Phosphoenolpyruvat* (**II**) als Substrat dienen. Das Mg-Bedürfnis ist von der Temp. abhängig, wenn **I** oder **II** als Substrate benutzt werden. Mit sinkender Temp. wird der Mg-Bedarf geringer bei **I**, bei **II** dagegen höher. Die für eine maximale CO_2-Fixierung notwendige Mg-Menge wird bei einem **I**-Substrat durch KCl-Zusatz erhöht, Äthylendiamintetraessigsäure zeigt die gleiche Wirkung. Wird das Enzympräp. durch Sephadex gereinigt, um Verunreinigungen mit niedrigem Molgew. zu beseitigen, so sinkt das Mg-Bedürfnis.
W. Hiller 4210◇

1086 **Bildung von Saccharose aus Malat in keimenden Rizinusbohnen.** 2. Mitt. **Reaktionssequenz von Phosphoenolpyruvat zu Saccharose.** C. R. Benedict und Harry Beevers. (Plant Physiol. **37,** 176—78, 1962; Lafayette, Ind.; Purdue Univ., Dep. of Biol. Sci.; engl.) — 1. vgl. Plant Physiol. **36,** [1961], 540. — Vff. weisen im Endosperm von keimenden Rizinusbohnen folgende Enzyme nach: *3-Phosphoglycerinsäuremutase, Enolase, Phosphoglycerylkinase*, an *Di-* u. *Triphosphopyridinnucleotid* gebundene *Triosephosphatdehydrogenasen, Aldolase* u. *Uridindiphosphoglucose* → *Glucose-Transglucosylase*. Durch diese Enzyme ist es möglich, Saccharose aus Malat zu bilden. Vff. vermuten folgende Rk.-Sequenz: Malat → Oxalacetat → CO_2 + Phosphoenolpyruvat → Hexosephosphat → Saccharose. W. Hiller 4210◇

1087 **Einfluß von α-Ketosäuren auf die Respiration des Hirns in vitro.** Roy K. Howell und Melvin Lee. (Proc. Soc. exp. Biol. Med. **113,** 660—63, 1963; San Francisco, Calif.; Univ. of California, School of Med., Dep. of Preventive Med.; engl.) — Vff. untersuchen den Aminosäurestoffwechsel im Hirn. Hirnschnitte bzw. Homogenate werden mit verschiedenen Verbb. inkubiert u. die O_2-Aufnahme wird gemessen. Im Vgl. zu den Kontrollen (100%) zeigt die Aufnahme von Schnitten in Ggw. nachstehender Substrate folgende Höhe: *L-Leucin* 98,5%, *L-Valin* 96%, *L-Phenylalanin* 95%, *α-Ketoisocapronsäure* 85%, *Ketoisovaleriansäure* 75%, *Phenylbrenztraubensäure* 80%, *Phenylessigsäure* 84%. Die O_2-Aufnahme von Homogenaten wird durch diese Verbb. dagegen kaum beeinflußt. Vff. nehmen an, daß die bei Patienten beobachtete erbliche Dysfunktion im Hirn, die auf einer Störung des Aminosäurestoffwechsels beruht, mit einer Akkumulation von *α-Ketosäuren* in Beziehung gesetzt werden kann. W. Hiller 4210◇

1088 **Die Zusammensetzung des Leerwertes bei der Fructosediphosphataldolase-Bestimmung im Serum.** H. Bergmann und M. Schmidt. (Klin. Wschr. **40,** 485—86, 1962; Göttingen, Univ.-Hautklin.; dt.) — Vff. weisen darauf hin, daß die Ergebnisse der *Aldolase*-Best. nach Bruns entscheidend von der gewählten Vgl.-Lsg. abhängen. Bes. bewährt hat sich ein Leerwert aus 0,2 ml Serum u. 2,8 ml physiolog. NaCl-Lösung.
P. Gregorzewski 4210◇

1089 **Regulierung des Kohlenhydratstoffwechsels in Lebergewebe in vitro.** Kaoru Ito. (Jap. J. exp. Med. **32,** 599—614, 1962; Tokyo, Univ., Inst. for Infectious Diseases, Dep. of Biochem. Cell Res.; engl.) — Bei in Krebs-Ringer-Bicarbonat-Lsg. inkubierten Rattenleberschnitten mit hohem *Glykogen* (**I**)-Geh. wurde in Abhängigkeit vom *Glucose*(**II**)-Geh. eine **I**-Aufspaltung zu **II** beobachtet. **II**-Zusatz verringerte hier die **I**-Hydrolyse, während Zugabe von **II** zu **I**-armen Geweben die **I**-Bldg. erhöhte. Zusatz von *Pyruvat, Lactat* oder *Glycerin* erhöhte die **II**-Bldg., nicht jedoch die **I**-Bildung. Durch starken K^+-Zusatz wurde die **I**-Bldg. auf Kosten von **II** erhöht.
W. Damerau 4210◇

1090 **Bemerkung zur Charakterisierung von Kohlenhydratsulfaten durch Säurehydrolyse.** D. A. Rees. (Biochem. J. **88,** 343—45, 1963; Edinburgh, Univ., Dep. of Chem.; engl.) — Es wurde die Geschw. der sauren Hydrolyse (0,25 n HCl, Einschlußrohr, 100°) von Kohlenhydratsulfaten (**I**), wie *Galaktose-4-* u. *-6-sulfat, Glucose-3-* u. *-6-sulfat, Porphyran, Laminarinsulfat, Mucopolysaccharid* aus *Charcharinus claucus* (Kopfknorpel), *Dextransulfat, Chondroitinsulfat, K-Carragheenin* aus *Chondrus crispus* u. *Hypnea muscifermis, λ-Carragheenin, Enteromorpha-Polysaccharid, Fucoidin*, bestimmt. Die Geschw. unterscheiden sich ausreichend, so daß sie zur Charakterisierung einzelner **I** herangezogen werden können. Bei **I** mit mehreren verschiedenen Sulfatgruppen, z. B. prim., äquatorialem oder axialem OH, kann die Hydrolysekurve häufig als Hinweis auf die vorhandenen Estertypen u. deren annäherndes Verhältnis dienen.
K. Maier 4210◇

1091 **Vergleichende Teste der Amylase-Aktivität.** Harald Perten. (Fermentatio [Gand] **1963,** 31—39; Stockholm; franz.) — Übersicht. K. Zingraf 4210◇

1092 **Untersuchungen über die Amylasebildung durch Bakterien.** 3. Mitt. **Faktoren, die die Amylasebildung im „Natto-Extrakt" beschleunigen.** Shigeo Fukuda. (J. agric. chem. Soc. Jap. [Nippon Nogei Kagaku Kaishi] **32,** 86—90, 1958; Tokyo, Univ., Fac. of Sci., Botan. Inst. Org.; jap.) — 2. vgl. C. **1950/54,** 4712S. — Die Zugabe von 50 γ/ml *Arginin, Histidin* oder *Lysin* zum Inkubationsmedium des „Natto-Extraktes" (vgl. C. **1950/54,** 4712S) vergrößert die Bldg. von *Amylase* von 112 auf 210, 186 bzw. 166 Einheiten. Der Wert erreicht 305 Einheiten bei Zugabe eines Gemisches der 3 Aminosäuren.
H. Krause 4210△

1093 **Untersuchungen über Hefeinvertase.** 11. Mitt. **Die Hemmung durch organische Basen.** 1. **Anilin.** Karl Myrbäck. (Ark. Kemi **17,** 213—26, 1961; Stockholm, Univ., Inst. of Org. Chem. and Biochem.; engl.) — 10. vgl. Ark. Kemi **16,** [1960] 221. — Die Hemmung von *Hefeinvertase* durch Anilin erfolgt augenblicklich, nichtkompetitiv u. vollkommen reversibel. Die Annahme einer Bldg. salzähnlicher Verbb. zwischen Basenkationen u. negativ geladenem Invertaseion stimmt gut mit den berechneten u. den experimentellen Aktivitätswerten überein. Reagieren die freien Aminbasen mit der sog. Aldehydgruppe in der nichtgeladenen Enzymform u. nicht mit der gleichen Gruppe im negativen Enzymion, so geben die Berechnungen ident. Resultate.

K. Maier 4210◇

1094 **Einige Aspekte des intermediären Stoffwechsels von Fasciola hepatica und Polycelis nigra.** C. Bryant und M. J. H. Smith. (Comparat. Biochem. Physiol **9**, 189—91, 1963; London, King's Coll. Hosp. Med. School, Dep. of Chem. Pathol.; engl.) — Homogenate von *Fasciola hepatica* bauten viel weniger ^{14}C von ^{14}*C-Glucose* (**I**) u. mehr ^{14}C von $^{14}C_{(1.4)}$*-Succinat* (**II**) in lösl. Stoffwechselzwischenprodd. ein als das Ganztier. Intakte *Polycelis nigra* baute kein ^{14}C von **I** u. **II** ein, aber Homogenate verbrauchten 32% **I** u. 61% **II**. Fasciola bildete mehr ^{14}*C-Alanin* (**III**) u. weniger ^{14}*C-Malat*, ^{14}*C-Asparagat* u. ^{14}*C-Citrat* von **II**, während Polycelis mehr ^{14}C von **I** in **III** einbaute.

K. Zingraf 4210◇

1095 **Die Synthese von Oligosacchariden mit verschiedenen Bildungstypen aus Glucose unter der Wirkung eines Fermentpräparates aus der Leber.** I. Ss. Lukomskaja. (Ber. Akad. Wiss. UdSSR **142**, 1190—92, 1962; Inst. für biol. u. med. Chemie der Akad. der med. Wiss. der UdSSR; russ.) — Bei 3 u. 20std. Incubation von *Glucose* (**I**) u. *Leberferment*-Präp. (**II**) entstehen Oligosaccharide, die nach dem R_F-Wert der *Nigerose* (**III**), *Maltose* (**IV**), *Isomaltose* (**V**) u. *Isomaltotriose* (**VI**) entsprechen. **III**, **IV**, **V** u. **VI** werden durch β-Glucosidase nicht gespalten; sie enthalten demnach β-Bindungen. Es kommen die Bindungen α-1.3, α-1.4 u. α-1.6 vor, nicht jedoch die α-1.2-Bindung. Die Menge der aus **I** u. **II** gebildeten Disaccharide nimmt von **V** über **IV** nach **III** ab. Die **V**-Menge ist 4—6mal größer als die von **III**. Nach der Geschw. der Bldg. aus **I** u. **II** bilden **III**, **IV** u. **V** die umgekehrte Reihe wie nach der Geschw. der Säurehydrolyse.

O. Lebtag 4210△

1096 **Biosynthese von Aminozucker in Hyalinknorpel.** N. Seno. (Seikagaku [Biochemie, Tokyo] **34**, 629—31, 1962; Tokyo, Ochanomizu Univ., Fac. Sci., Dep. Chem.; jap.)

J. Lehmberg 4210◇

1097 **Zur Verteilung, Natur und Bindung von Sialsäuren in Hautproteinen.** S. M. Bose. (Biochim. biophysica Acta [Amsterdam] **74**, 265—74, 1963; Madras, Indien, Biochem. Labor., Central Leather Res. Inst.; engl.) — Diese ersten Ergebnisse über Sialsäuren, *N-Acetylneuraminsäure* (**I**) u. *N-Glykolylneuraminsäure* (**II**), in Kollagen, säurelösl., citratlösl. u. neutralsalzlösl. Prokollagen, Elastin, Albumin, Globulin u. Mucin zeigen auf Grund der leichten hydrolyt. Abspaltung, daß die *Sialsäuren* (**III**) endständig O-glykosid. gebunden sind. Dies geht auch aus der enzymat. Spaltung mit *Neuraminidase*, einer O-Glykosidase, hervor. Mucin enthält nach Globulin u. Albumin den größten Anteil an **I** u. **II** (2909 bzw. 675 bzw. 380 mg **I** pro 100 g Trocken-Protein u. 309 bzw. 171 bzw. 121 mg **II** pro 100 g Trocken-Protein). Um die Kohlenhydratkomponente zu bestimmen, an die **III** gebunden sind, wurden **III**-freie Proteine der Perjodatoxydation unterworfen, aus der hervorgeht, daß keine Hexosaminreste vorhanden sind u. damit keine Bindung von **III** an *Hexosamin* vorhanden war. Man glaubt aber annehmen zu können, daß die Bindung an *Galaktose* (**IV**) erfolgt, wobei noch beachtenswert ist, daß der **IV**-Geh. in allen hier untersuchten Proteinen am größten war gegenüber anderen Hexosen und Hexosamin.

K. Dorfner 4210◇

1098 **Einige Wirkungen eines Cellulasepräparates zur Unterstützung der Futterausnutzung bei Wiederkäuern.** J. M. Leatherwood, R. D. Mochrie und W. E. Thomas. (J. Dairy Sci. **43**, 1460—64, 1960; Raleigh, North Carolina, Agricultural Exp. Stat., Dep. of Animal Ind., Dairy Husbandry Sect.; engl.) — Vff. untersuchten an 30 Tage alten Kälbern die Wrkg. einer *Pilzcellulase* (**I**; Enzym 19 AP) auf die Futterausnutzung. Eine Zugabe von **I** zur Rumenfl. erhöhte die cellulolyt. Aktivität. Die **I**-Aktivität wurde bestimmt durch Viskositätsveränderungen von Na-Carboxymethylcellulose. **I** hatte keinen Einfl. auf die Futterausnutzung bei Vgl. der täglichen Durchschnittsgewichte mit denen der Kontrolltiere. In einem Verdauungsvers. wurden 8 Schafen Grunddiät oder im Autoklaven behandelte Grunddiät mit oder ohne (500 mg) **I** 2mal täglich verabreicht. **I** zeigte auch hierbei keine Wrkg. auf die scheinbare Verdaulichkeit des Futters. Die Zerstörung der **I**-Aktivität in Verbindung mit der im Autoklaven behandelten Grunddiät hatte gleichfalls keine Wrkg. auf die scheinbare Verdaulichkeit der Cellulose. Bei der im Autoklaven behandelten Diät war die Proteinverdaulichkeit jedoch deutlich geringer.

G. Bratfisch 4210◇

1099 **Einige Esterasen der Kuhmilch.** T. L. Forster, H. A. Bendixen und M. W. Montgomery. (J. Dairy Sci. **42**, 1903—12, Dez. 1959; Pullman, State Univ. of Washington, Dep. of Dairy Sci.; engl.) — Mit Hilfe der Warburg-Meth. untersuchten Vff. den Einfl. verschiedener Konzz. an enzymhemmenden Organophosphor-Verbb. wie *Bis-[isopropylamino]-fluorphosphinoxid* (Isopestox), *Diäthyl-p-nitrophenylthiophosphat* (Parathion), *Diisopropylfluorphosphat* (DFP), u. *Tetraäthylpyrophosphat* (TEPP) auf die Aktivität von Milchenzymen. Als Substrate wurden verwendet: *Phenylacetat* (**I**), *Phenylpropionat* (**II**), *Tributyrin* (**III**), *Benzylbutyrat* (**IV**) sowie *Butyryl-2-naphthol-6-sulfonat* (**V**) u. *Stearoyl-2-naphthol-6-sulfonat* (**VI**). Rohe Mischmilch diente als Enzymquelle (pH 8,0, 37°). Nach diesen Verss. liegen mindestens 3 verschiedene Esterasen oder Esterasensyst. vor. Hiervon war eine für 95% der **III**-, **IV**-, **V**- u. **VI**-Spaltung, eine weitere für 60—70% der **II**-Spaltung u. die 3. für ca. 80% der **I**-Spaltung verantwortlich. Neben diesen Substraten werden von jeder der Esterasen eine oder mehrere der anderen Substrate mehr oder weniger angegriffen. Vff. klassifizieren in folgender Weise: *A-Esterase* (Arylesterase) **I**-spaltende Esterase, die **III** kaum, **II** dagegen langsam abbaut, (sehr resistent gegenüber Inhibitoren), *B-Esterase* (aliphat. Esterase, Lipase) **III**—**VI**-spaltende Esterase, die **I** u. **II** langsam angreift (resistent gegenüber Parathion, DFP u. TEPP bis 10^{-5} m, gegenüber Isopestox bis 10^{-2} m). *C-Esterase* (Cholinesterase) **II**-spaltendes Enzym, das außerdem für 10% der **I**- u. 3% der **III**-Spaltung verantwortlich ist (durch 10^{-6} m DFP u. TEPP 70% Hemmung).

H.-H. Thiele 4210□

1100 **Geschlechtsunterschiede bei der Pseudocholinesteraseaktivität im Hirn der Ratte.** Dorothy E. Woolley. (J. Neurochem. [London] **10**, 447—52, 1963; Berkeley, Calif., Univ. of California, Dep. of Physiol.; engl.) — Da der Mechanismus der *Geschlechtshormon*-Wrkg. auf die Gehirnfunktion noch unklar ist, anderseits jedoch vermutet wird, daß die zentralneuralen Wrkg. der Geschlechtshormone durch Veränderungen der Aktivitäten von *Acetylcholinesterase* (**I**) u. *Pseudo(Butyryl)-cholinesterase* (**II**) vermittelt werden, wurden die Wrkg. von Kastrationen auf die **I**- u. **II**-Aktivitäten in verschiedenen Hirngebieten der Ratte untersucht. Dabei war die **II**-Aktivität bei ♂ Tieren in Hypothalamus, Riechknötchen, Sehrinde um 14—18% höher als bei ♀, in Pyriformis-Rinde, Amygdala-Gebiet u. übrigem Hirn etwas höher; durch Kastration vor der Reife kam es zu keinen Änderungen. In genannten Hirngebieten oder Formatio reticularis des Mittelhirns waren keine Geschlechtsunterschiede für **I** nachweisbar; Ovarektomie steigerte die **I**-Aktivität in Pyriformis-Rinde u. Amygdala-Gebiet.

U. Tausendfreund 4210◇

1101 **Cholesterinveresterung durch Nebennierenhomogenate.** Christopher Longcope und Robert H. Williams. (Proc. Soc. exp. Biol. Med. **113**, 754—56, 1963; Seattle, Univ. of Washington, School of Med., Dep. of Med.; engl.) — Vff. untersuchen die Fähigkeit von Nebennierenhomogenaten verschiedener Spezies auf die Bldg. von *Cholesterinestern*. Der Überstand des zentrifugierten Homogenats (1000 · *g*, 10 Min.) von Nebennieren von Ratten u. Meerschweinchen zeigt eine beachtliche Aktivität in bezug auf Veresterung von Cholesterin; Homogenat von Kaninchen ist etwas weniger aktiv. Der Homogenatüberstand von Rindernebennieren zeigt keine

Aktivität. Mit zugegebener $^{14}C_{(1)}$-*Palmitinsäure* u. *Cholesterin* zeigen die „pellets" von Ratten u. Meerschweinchen (Nd. nach einer 3fachen Zentrifugation 10000 · *g*, 10 Min.; 20000 · *g*, 20 Min.; 85000 · *g*, 20 Min.) eine starke Veresterungswirkung. „Pellets" von Rindern besitzen nur $^1/_3$ der Aktivität. W. Hiller 4210◇

1102 **Ammoniak, Glutamin und Amidstickstoff der Proteine des Kaninchenherzens bei aerober Inkubation.** G. P. Trusch. (Ukrain. biochem. J. **35**, 357—66, 1963; Kiew, Biochem. Inst. der Akad. der Wiss. der Ukrain SSR; ukrain., Auszug: engl.) — Bei der aeroben Inkubation des Herzgewebes des Kaninchens in verschiedenen Puffer-Lsgg. tritt beim pH 7,4 eine Anreicherung von NH_3 ein, die in Phosphat- oder Boratpuffer viel stärker ist als in Veronal, physiolog. NaCl-Lsg. oder Tris-Puffer. Zusatz von Glutaminsäure erhöht den NH_3-Geh. während der aeroben Inkubation nicht. Durch Adenosintriphosphorsäure wird er stark erhöht. Der *Glutamin*-Geh. bleibt hierbei konst. oder nimmt etwas zu. In Ggw. von NH_4Cl wird der Glutamin-Geh. stark erhöht. Der Geh. an Amid-N der Proteine wird bei der Inkubation des Herzgewebes weder ohne noch mit NH_4Cl verändert. Als Hauptquelle der NH_3-Bldg. bei der aeroben Inkubation dient demnach die Adenylsäure. Ein Teil des zugesetzten NH_3 wird für die Synth. von Amid-N des Glutamins verbraucht. O. Lebtag 4210△

1103 **Vergleichsuntersuchungen zur Harnstoffbestimmung mittels eines Urease-Teststreifens.** Egon Grabener. (Dtsch. med. Wschr. **88**, 907—09 u. 918, 1963; Lübeck-Ost, Städt. Krankenhaus, Mediz. Klinik; dt.) — Es wird eine vereinfachte Meth. zur Best. des Serum-*Harnstoffs* (I) mit dem Teststreifen „Urastrat" beschrieben. Das Serum oder Plasma kommt zuerst nur mit überschüssiger, stabilisierter, phosphatgepufferter Urease in Berührung, die am unteren Teil des Chromatographiepapierstreifens enthalten ist. I wird durch die Urease u. 2 Mole W. in ein NH_4-Salz umgewandelt, das aufwärts bis zur K_2CO_3-Zone des Streifens wandert, wo sich freies NH_3 bildet. Das weitere Wandern des Serums aufwärts wird durch eine Krylonplastikschranke verhindert. Oberhalb letzterer ist der Streifen mit weinsaurem Bromkresolgrün imprägniert, das mit NH_3 NH_4-Tartrat bildet, wodurch der gelbe Farbton nach Blau umschlägt. Die Höhenlage u. nicht die Intensität der Blaufärbung ist der Stärke der NH_3-Entw. u. damit der Konz. des I-Stickstoffs bzw. des I im Serum proportional. Maßgebend ist der untere Meniskus des gelb gebliebenen Abschnitts, der sofort nach dem Herausziehen des Streifens aus dem mit genau 0,2 ml frischem Serum beschickten Glas (nach 30 Min. Rk.-Zeit) markiert wird. Gemessen wird die Höhe der blauen Zone in mm (1 mm = 5 mg% I-Stickstoff) oder die Best. erfolgt nach einer Vgl.-Tabelle. Bei I-Werten von > 90 mg% im Harn (bei Azotämie) muß die Probe verd. werden. Im mittleren Bereich (45 mg% I) beträgt die Abweichung — 4,8 bis + 6,3%. G. Vogel 4210◇

1104 **Anti-Ergone und Abwehr-Enzyme.** Hans von Euler. (Ark. Kemi **17**, 207—11, 1961; dt.) — Problematik der Antienzyme. Das Protein *Urease* ruft als Antigen den Antikörper *Antiurease* hervor. Verss. zum Nachw. der Bldg. von *Antiasparaginase*. Kaninchen zeigten im Verlauf von 4 Wochen nach i. p. Injektion von Asparaginase schwache, jedoch deutliche Immunisierung. Unmittelbar anschließende s. c. Injektion von Desoxyribonucleinsäure steigerte stark die Immunitätsentwicklung. Von den *Enzyminhibitoren* unterscheiden sich die *Antienzyme* von Amylase, Lactase, Urease, Asparaginase, Pepsin, Chymotrypsin, Chymosin u. Thrombin besonders durch die Fähigkeit zur Erzeugung spezif. Immunität bzw. Antisera. Durch die verbreiteten *Dehydrogenasen* war bisher noch keine Immunisation nachweisbar. Unterss. über die „Antivitamin-Wrkg." ergaben: Cozymase- bedingte Dehydrasen (Gluco-, *Lacticodehydrase* [I]) werden von einer Anzahl cycl. Carbon- u. Sulfonsäuren, z. B. Salicylsäure, Nicotinsäure, Pyridin-β-sulfonsäure, sowie durch Adenin, Adenosin u. Adeninnucleotide gehemmt. Die von Verbb. der Gruppe der cycl. Säuren bewirkte Hemmung ist durch Cozymase zurückdrängbar, die durch Verbb. der Adeningruppe bedingte nicht. Die oben genannten Verbb. hemmen auch *Succinodehydrase* (II). Höhere Substratkonzz. enthemmen weder bei I noch II. K. Maier 4210◇

1105 **Umwandlungen der Peptide in Gegenwart der Präparate von „pH 5-Fermenten."** W. W. Mossolow, I. W. Skarlat und P. B. Afanassjew. (Biochemie [UdSSR] *28*, 418—25, 1963; Ber. Akad. Wiss. UdSSR **148**, 708—11, 1963; Moskau, Bach-Inst. für Biochemie der Akad. der Wiss. der UdSSR; russ., Auszug: engl.) — Untersucht wurde die Bldg. von *Hydroxamaten* (I) bei der Inkubation der nachstehenden Verbb. mit „*pH 5-Fermenten* aus der Rattenleber bzw. aus E. coli: *Glycyl-L-leucin*, *L-Leucylglycin*, *Glycyl-L-tyrosin* (II), *Glycyl-DL-serin*, *DL-Alanylglycin*, *Glycyl-DL-alanin*, *Glycyl-L-tryptophan* (III), *Diglycin*, *Triglycin*, *Glycyl-L-glutamyl-L-tyrosin* (IV), *Benzoylglycyl-L-leucyclglycin*, *Acetyl-DL-tryptophan* u. *Acetyl-DL-methionin*. Die stärkste I-Bldg. in Ggw. des Rattenleberferments trat mit **II**, **III** u. **IV** ein. Die I-Bldg. in Ggw. von **II** u. **III** war etwa gleich stark wie in Ggw. von L-Tyrosin bzw. L-Tryptophan. Die I-Bldg. erfolgt demnach in Ggw. von Peptiden u. Aminosäuren unter Teilnahme der gleichen Fermente. Bei der Inkubation von **II** mit dem pH-Ferment der Rattenleber läßt sich wohl ein I von Tyrosin, nicht jedoch von **II** nachweisen. Dies berechtigt zur Annahme, daß der I-Bldg. bei der Rk. zwischen Peptiden u. pH-Ferment eine Peptidspaltung bis zu den Aminosäuren vorausgeht, welche sodann aktiviert werden. O. Lebtag 4210△

1106 **Untersuchung der katalytischen Aktivität des Pepsins mit Hilfe von ^{18}O.** L. W. Koslow, L. M. Ginodman, B. M. Solotarew und W. N. Orechowitsch. (Ber. Akad. Wiss. UdSSR **146**, 945—46, 1962; Inst. für Chemie der Naturprodd. der Akad. der Wiss. der UdSSR; russ.) — Bei der Unters. der Transpeptidisierung im Gemisch von 9 mg *N-Acetyl-L-phenylalanyl-L-tyrosin* (I) u. 6 mg *N-Carbobenzoxyglycin* (II) oder 9 mg *N-Carbobenzoxy-DL-phenylalanin* (III) in Ggw. von *Pepsin* (IV) bei 37° 72 Std. wird festgestellt, daß in beiden Fällen chromatograph. Glycin bzw. Phenylalanin u. die entsprechenden Peptide nachweisbar sind. In Verss. mit **III** ist der Peptidfleck gleich stark wie der des Phenylalanins, im Vers. mit **II** dagegen sehr schwach im Vgl. zum Glycin. Die Transpeptidisierung von I auf **II** erfolgt danach viel schwächer als die von I auf **III**. Die in W. mit einem ^{18}O-Geh. von 1,6 Atom-% durchgeführten Verss. zeigen, daß in Ggw. von **IV** der Isotopenaustausch der beiden O-Atome der Carboxylgruppe bei *N-Acetyl-DL-phenylalanin* nahezu 100%, bei *N-Acetylglycin* dagegen nur ca. 5% beträgt. Zwischen dem O-Austausch der Carboxylgruppe der N-substituierten Aminosäuren u. ihrer Fähigkeit, als Acceptor bei der Transpeptidisierung aufzutreten, besteht danach eine deutliche Parallele. Hieraus wird wahrscheinlich, daß bei der durch **IV** katalysierten Transpeptidisierung ein ähnlicher Acyl-Ferment-Komplex auftritt wie bei der Isotopenreaktion. O. Lebtag 4210△

1107 **Transaminierung und Desaminierung halogenierter aromatischer Aminosäuren.** Richard P. Spencer und Donald Brock. (Endocrinology **70**, 750—51, 1962; Buffalo, Univ. of Buffalo School of Med., Dep. of Biophys.; Vet. Admin. Hosp., Radioisotope Serv.; New York, Columbia Univ., Coll. of Physicians and Surgeons; engl.) — *L-Tyrosin*, *DL-m-Fluortyrosin*, *L-m-Jodtyrosin*, *L-Phenylalanin*, *DL-o-*, *DL-m-* u. *DL-p-Fluorphenylalnin*, *L-Thyronin*, *3.5-Dijod-L-thyronin*, u. *3.3'.5-Trijod-L-thyronin* (I), nicht jedoch 3.3'.5.5'-Tetrajod-L-thyronin, können durch *L-Aminosäurenoxydase* in Boratpuffer oxydativ desaminiert u. unter Verw. von Pyruvat als Acceptor mit Ausnahme von I durch Überstand von Rattenleber transaminiert werden. K. Zingraf 4210◇

1108 **3.5-Dijod-L-tyrosin-α-Ketoglutarat-Transaminierung durch Extrakte von Rattennierenmitochondrien.** Minoru Nakano, Shiro Tsuchiya und T. S. Danowski. (Endocrinology **72**, 296—304, 1963; Moebashi, Gunma, Japan, Gunma Univ. School of Med., Dep. of Biochem.; Pittsburgh, Pa., Univ. of Pittsburgh School of Med.; Med. Center Hosp.; Shadyside Hosp.; engl.) — Aus Rattennierenmitochondrien, die durch wiederholtes Einfrieren u. Wiederauftauen oder durch Ultraschall zer-

stört wurden, konnte ein lösl. Enzympräp. gewonnen werden, das die Transaminierung zwischen *3.5-Dijod-L-tyrosin* (**I**) u. *α-Ketoglutarat* (**II**) katalysierte. In Ggw. von zugesetztem *Pyridoxalphosphat* u. von **II** desaminierte das Rohpräp. **I**, *Monojod-L-tyrosin* u. *L-Tyrosin*. *80%* der Aktivität gingen nach 5 Min. langer Erhitzung auf 56° verloren. Die Transaminierungs-Aktivität wurde durch anaerobe Verhältnisse nicht beeinflußt, die Fähigkeit, *Trijod-L-tyrosin* zu oxydieren, dagegen aufgehoben.
K. Zingraf 4210◇

1109 **Untersuchungen über die Lysingärung.** 1. Mitt. **Mechanismus der Steuerung der Lysinspeicherung durch Homoserin und Threonin.** Kiyoshi Nakayama, Sōhei Kitada und Shukuo Kinoshita. (J. gen. appl. Microbiology **7**, 145—54, 1961; Tokyo, Kyowa Hakkō Kōgyō Co., Ltd., Res. Labor.; engl.) — Bei verschiedenen auxotrophen Stämmen von *Micrococcus glutamicus* (A), *Escherichia coli* u. *Bacillus subtilis*, bes. bei einer Homoserin (**V**) freien A-Mutante (A'), wurde *Lysin* (**I**)-Bldg. festgestellt. Erhebliche **I**-Speicherung erfolgte bei *Threonin* (**II**)-, *Isoleucin* (**III**)-, *Leucin* (**IV**)- u. **III**–**IV**-freien Mutanten. A' bildete in Ggw. von überschüssigem **V** oder **IV** u. *Biotin* (**VI**) *Milchsäure*. Bei ausreichender **VI**-Konz. u. einer geeigneten Menge der erforderlichen Aminosäuren wurde **I** gebildet. Bei niedriger **VI**-Konz. bestand eine Tendenz zur Glutaminsäuresynthese. **V** u. **II** hemmten spezif. die **I**-Synth. aus Glucose u. NH_3 durch eine gewaschene Zellsuspension von A'. Die Wrkg. dieser Aminosäuren beruht vielleicht mehr auf Hemmung der Enzymwrkg. u. als der der Enzymbildung. K. Maier 4210◇

1110 **Die Rolle der Samenschale des wachsenden Weizenkornes.** A. H. G. C. Rijven und C. A. Banbury. (Nature [London] **188**, 546—47, 12/11. 1960; Canberra, Commonwealth Scient. and Ind. Res. Organization, Div. of Plant Ind.; engl.) — Vff. untersuchten die Verteilung von *Glutamyltransferase* (**I**), *Phosphatase* (**II**) u. *Leucin-aktivierenden Fermenten* (**III**) im Weizenkorn. **I** ist zu 60 bzw. 40 bzw. 0%, **II** zu 50 bzw. 31 bzw. 19% u. **III** zu 0 bzw. 29 bzw. 71% in äußerer Fruchthülle bzw. Restsamenschale bzw. Endosperm enthalten. Der Samenschale scheint eine bes. Bedeutung bei der *Glutamin*-Synth. zuzukommen.
D. Groß 4210◇

1111 **Benzoylargininesterase- und Ornithincarbamyltransferase-Aktivität in der Placenta sowie im Blut der Mutter und des Neugeborenen.** P. Bastide, J. Baudon, S. Meunier und G. Dastugue. (Ann. Biol. clin. **21**, 265—69, 1963; Clermond-Ferrand, Univ., Fac. Mixte de Méd. et de Pharm., Labor. de Chim. Biol. et de Pharmacodyn.; Clin. Obstetr.; C. N. R. S.; franz.) — Die Aktivität der *Benzoylargininesterase* im Homogenat der Placenta ist schwach, die der *Ornithincarbamyltransferase* fehlt vollständig. Beide Enzyme sind im Blut der Mutter in größerer Konz. enthalten als im Blut des Neugeborenen.
K. Zingraf 4210◇

1112 **Die Verteilung von Acetylcarnitin-CoA-Acetyltransferase in den Organen und Zellen.** Kaare R. Norum. (Acta chem. scand. **17**, 896, 1963; Oslo, Norway, Univ. of Oslo, Rikshosp., Inst. of Clin. Biochem.; engl.) — Vf. schließt aus der Verteilung von *Acetylcarnitin* in Leber, Niere, Herz, Gehirn u. Muskeln, daß *Carnitin* als Träger für aktivierte Acetylgruppen zwischen den Mitochondrien- u. Extramitochondrien-Abteilungen der Zellen wirkt. Das setzt voraus, daß *Acetyl-CoA-Acetyltransferase* (**I**) intra- u. extramitochondrial vorhanden ist. Die Verss. an Partikelpräpp. u. partikelfreiem Überstand von verschiedenen Rattenorganen zeigten, daß **I** im partikelfreien Überstand in geringerer Menge vorhanden ist als in den Mikrosomen. H. Köditz 4210◇

1113 **Ein Pepsinpräparat ohne Transpeptidaseaktivität.** Hava Neumann und Nathan Sharon. (Biochim. biophysica Acta [Amsterdam] **41**, 370—71, 1960; Rehovoth (Israel), Weizman Inst. of Sci., Dep. of Biophysics; engl.) — Nach früheren Befunden (C. **1960**, 12377.) besitzt *Pepsin* auch die Fähigkeit zur Transpeptisierung bei synthet. Substraten. Vff. stellen jetzt aus käuflichem *Pepsinogen* (**III**) zwei als „*pH 3-Pepsin*“ (**I**) bzw. „*pH 2-Pepsin*“ (**II**) bezeichnete Präpp. her, von denen **I** nur hydrolyt. Wrkg., nicht aber transpepditat. Wrkg. aufweist, wogegen **II** beide Wrkg. zeigt. — **I** wird aus **III** erhalten durch: Lösen in Phosphatpuffer pH 6,8; Einstellen der Lsg. mittels n HCl auf pH 3,0; Ausfällen bei 60% Sättigung an $MgSO_4$ u. Zentrifugieren bei 12000 · *g*; Lösen bei pH 4,7 (Acetatpuffer); Fällen mit $MgSO_4$; Lösen in Acetatpuffer pH 4,7; Ausbeute 100 mg **I** aus 1 g **II**. — **I** u. **II** haben die gleichen Wrkg. gegen Hämoglobin; sie unterscheiden sich aber in der Wrkg. gegen synthet. Substrate (*N-Carbobenzoxy-L-phenylalanyl-L-tyrosin*; *N-Carbobenzoxy-L-tyrosyl-L-tyrosin*), welche von **II** sowohl hydrolysiert als auch in Tripeptide übergeführt werden, was an Bldg. von z. B. *Carbobenzoxy-L-phenylalanyl-L-tyrosyl-L-tyrosin* bzw. dem durch Abbau von Tripeptiden entstehenden *L-Tyrosyl-L-tyrosin* erkannt wird. **I** bewirkt nur Hydrolyse. — Ein weiterer Unterschied besteht darin, daß die Geschw. der Spaltung von N-acylierten Dipeptiden mit endständigem Phenylalanin (z. B. *N-Carbobenzoxy-L-tyrosyl-L-phenylalanin*) durch **I** etwa 2mal rascher als durch krist. Pepsin erfolgt. — **I** kann leicht in **II** übergeführt werden, indem die Lsg. mit HCl auf pH 2 gebracht wird. — Anscheinend ist **I** entweder ein bei der Aktivierung von **III** auftretendes Zwischen-Prod. oder **I** enthält einen Faktor, der die Transpeptisierung hemmt, aber bei Ansäuern auf pH 2 verschwindet.
A. Hesse 4210◇

1114 **Aminosäure-p-nitroanilide als Substrate für Aminopeptidasen und andere proteolytische Fermente.** Hans Tuppy, Ulrike Wiesbauer und Erhard Wintersberger. (Hoppe-Seyler's Z. physiol. Chem. **329**, 278—88, 1962; Wien, Univ., Inst. für Biochem.; dt.) — Als Substrate für Serum-*Oxytocinase*, *Leucinaminopeptidase*, *Papain*, *Trypsin* u. *Chymotrypsin* (**VII**), werden folgende Verbb. synthetisiert u. verwendet. *Glycyl-p-nitroanilid* (**I**) $C_8H_9N_3O_3$, F. 170—173° aus Chloracetyl-p-nitroanilin u. NH_3 55% (Ausbeute). *L-Leucyl-p-nitroanilid* (**II**) $C_{12}H_7 \cdot N_3O_3$, F. 89—90° aus Carbobenzoxy-L-leucyl-p-nitroanilin [hergestellt aus Carbobenzoxy-L-leucin u. *p-Nitroanilin* (**VI**)] u. HBr-Eisessig, ca. 1 Std. Stehen, Zugabe von Ae, ausgefallenes L-Leucyl-p-nitroanilinhydrobromid wird in 50% A. gelöst u. das Anilid mit NH_3 ausgefällt 40%. *L-Cystyl-bis-[p-nitroanilid]* (**III**) F. 90—100° (Zers.) aus Dicarbobenzoxy-L-cystyl-bis-[p-nitroanilid] (hergestellt aus Dicarbobenzoxy-*L*-cystin u. **VI**) u. HBr-Eisessig wird das Dihydrobromid erhalten, aus dem mit NH_3 **III** in Freiheit gesetzt wird. **III**-*Ditartrat*, $C_{18}H_{20}N_6O_6S_2 \cdot 2\ C_4H_6 \cdot O_6$, F. 135—140°. *$N^α$-Benzoyl-DL-arginyl-p-nitroanilid-hydrochlorid* (**IV**), $C_{19}H_{22}N_6O_4 \cdot HCl$, F. 260—262° aus $N^α$-Benzoyl-L-arginin. HCl u. **VI** u. Dicyclohexylcarbodiimid, 1,15 g. *N-Acetyl-DL-phenylalanyl-p-nitroanilid* (**V**), $C_{17}H_{17}N_3O_4$, F. 268—270° aus N-Acetyl-L-phenylalanin u. **VI** 43%. Bei der enzymat. Hydrolyse der Substrate wird **VI** frei, das bei 400 mμ photometr. bestimmt wird. Es werden die *Michaelis*-Konst. für die Enzyme bestimmt: Serum-*Oxytocinase* bei pH 7,4 Km für **I**, **II**, **III** 0,65 · 10^{-3}; 0,15 · 10^{-3}; 0,50 · 10^{-5} m; *Leucinaminopeptidase* pH 8, Km für **II** 3,15 · 10^{-3} m; *Trypsin* für **IV** bei pH 7 Km 0,8 · 10^{-3} m bei pH 8 0,65 · 10^{-3} m; *Papain* für **IV** bei pH 6,5 Km 2,65 · 10^{-3} molar. Dimethylformamid erwies sich als brauchbarer Lösungsvermittler bei dem in W. schwerlösl. **VII**-Substrat **V**. **VII** läßt sich dadurch auch neben Trypsin spezif. nachweisen.
L. Pastarmadjieff 4210△

1115 **Fettstoffwechsel in höheren Pflanzen.** 17. Mitt. **Stoffwechsel von Malonsäure und ihrer α-substituierten Derivate in Pflanzen.** M. D. Hatch und P. K. Stumpf. (Plant Physiol. **37**, 121—26, 1962; Davis, Calif., Univ. of California, Dep. of Biochem. and Biophysics; engl.) — 16. vgl. C. **1962**, 9019; 18. vgl. C. **1963**, 17728. — Vff. untersuchen den Stoffwechsel von *Malonsäure*- u. ihrer α-substituierten Derivv. durch Enzyme von Weizenkeimen u. damit im Zusammenhang die Aktivität von *Acetylcoenzym-A-carboxylase* (**I**), *Transcarboxylase* (**II**), *Malonsäurethiokinase* (**III**), *Malonylcoenzym-A-thioesterase* (**IV**) u. *Malonylcoenzym-A-decarboxylase* (**V**). **I** u. **II** sind fast völlig in der 28—30% $(NH_4)_2SO_4$-Fraktion lokalisiert, weiterhin findet sich **V** als Verunreinigung. Die **III**-Aktivität findet sich in der 45—54% $(NH_4)_2SO_4$-Fraktion. Für die **III**-Aktivität ist *Adenosintriphosphat* (ATP) u. Mg^{2+} erforderlich. Das pH-Optimum mit Malonat als Substrat liegt bei pH 8. **III** ist sehr akt. gegen Malonat u. Acetat weniger akt. gegen Propionat, α-

Methylmalonat u. Butyrat. IV findet sich in der Fraktion 0—28% u. 45—54% $(NH_4)_2SO_4$. Die IV der Fraktion 0—28% ist auch akt. gegen Acetylcoenzym A, die der Fraktion 45—54% ist dagegen inakt. gegen Acetylcoenzym A. V findet sich in der gleichen Fraktion wie I. V benötigt kein ATP u. Mg^{2+}. Vff. bestimmen die Aktivität von I–V in 20 Pflanzengeweben. Alle zeigen eine weite Verbreitung. W. Hiller 4210◇

1116 **Lipogenese durch Fettgewebe in vitro. Verwertung der Acetat- und Pyruvat-Vorstufen.** Annick Pascaud und Marc Pascaud. (C. R. hebd. Séances Acad. Sci. **256,** 4776—79, 1963; Villejuif, Seine, Centre de Rech. sur la Cellule normale et cancéreuse; franz.) — Ratten erhielten während 9 Monaten im Futter *Palmitin-* u. *Myristinsäure* (20% der Calorienwerte der Fette). Danach wurde Fettgewebe aus der Umgebung der Niere abgenommen. Diese Gewebe hat man 3 Std. bei 39° im Bicarbonatmilieu von Krebs (Glucose, α-Glycerophosphat, $^{14}C_{(1)}$-Acetat oder $^{14}C_{(2)}$-Pyruvat) kultiviert. Nach der Extraktion mit Aceton u. Aethylalkohol hat man die *Triglyceride* methyliert (Stoffel-Meth.), die *Methylester der Fettsäuren* durch Chromatographie fraktioniert u. die Aktivität von ^{14}C festgestellt. So haben Vff. bewiesen, daß die Lipogenese aus *Glyciden* erfolgt u. daß das Fettgewebe der Ratte 5mal mehr Pyruvat als Acetat zur Synth. von Fettsäuren verwendet. J. Špinka 4210◇

1117 **Nachweis einer intestinalen Monoglyceridlipase: ein Enzyme mit möglicher Bedeutung bei der intracellulären Vervollständigung der Fettverdauung.** John R. Senior und Kurt J. Isselbacher. (J. clin. Invest. **42,** 187—95, 1963; Boston, Mass., Harvard Med. School, Dep. of Med.; Massachusetts Gen. Hosp., Med. Serv.; engl.) — Es wird gezeigt, daß die nach Einw. von *Pankreaslipase* (I) auf die im Darm vorhandenen Lipide sich anhäufenden nicht-hydrolysierten *Monoglyceride* (**II**; bes. *β*-**II**) innerhalb der Darmschleimhautzellen möglicherweise durch eine [in Homogenaten u. subcellulären Partikelchen von Epithelzellen des Rattendarms nachgewiesenene] *Monoglyceridlipase* (**III**) weiter abgebaut werden. **III** ist weitgehend spezif. für **II** mit maximaler Aktivität gegenüber **II** mit 8—12 C-Atomen. Die **III**-Aktivität wird durch *Fluorid* oder *Äthylendiamintetraessigsäure* nicht gehemmt. **III** unterscheidet sich in einer ganzen Reihe von Punkten von **I.** U. Tausendfreund 4210◇

1118 **Untersuchungen über die Thiaminbiosynthese.** 11. Mitt. **Einige Eigenschaften der Hefethiaminmonophosphatsynthease.** Akio Iwashima. (Seikagaku [Biochemie, Tokyo] **34,** 647—53, 1962; Kyoto, Biochem. Inst. Prefectural Univ. Med.; jap.) — 4. vgl. C. **1962,** 4202; 10. vgl. Seikagaku [Biochemie, Tokyo] **33,** [1961], 742. J. Lehmberg 4210◇

1119 **Biotinidase-Aktivität in tierischen Geweben.** Martti Koivusalo und Jaakko Pispa. (Acta physiol. scand. **58,** 13—19, 1963; Helsinki, Univ., Dep. of Med. Chem.; engl.) — Die *Biotinidase* (I)-Aktivität war im Serum u. in den Geweben bei Mensch u. Ratte gleich, im Serum des Meerschweinchens u. des Kaninchens wesentlich geringer. I im Serum von Menschen u. Ratten wurde durch *p-Chlormercuribenzoat, Arsenit* u. *Monojodacetat* gehemmt u. durch Glutathion geringfügig gesteigert. Äthylendiamintetraacetat u. CN^- waren wirkungslos. Die Beweglichkeit von I bei pH 8,6 in der Zonenelektrophorese war etwas geringer als die von Albumin. K. Zingraf 4210◇

1120 **Der Abbau von Hypophysenhinterlappenhormon durch pflanzliche Enzyme.** Kurt Semm. (Arzneimittel-Forsch. **12,** 252—60, 1962; München, Univ., II. Frauenklinik; dt.) — Vf. berichtet über ein aus Pflanzen isolierbares, Oxytocin-abbauendes Ferment, genannt *Phyto-Oxytocinase* (I) u. dessen Eigenschaften. I ist im Pflanzenreich weit verbreitet, wie die Unterss. von 84 Extrakten verschiedenster Pflanzen (Blätter, Wurzeln, Früchte) zeigen. Das pH-Optimum liegt bei 6,0, I ist thermolabil u. nicht dialysierbar. Durch Chelatbildner ist es hemmbar, was auf die Natur als Metallproteid hindeutet. Weiterhin wurde bei der Isolierung von I eine weitere nicht tox. Substanz isoliert, die durch Oxytocin ausgelöste Kontraktionen am Rattenuterus sofort unterbricht. H.-W. Wache 4210◇

1121 **Leberkatalyse bei der Vereinigung von Östrogen und Eiweiß.** J. P. Horwitz, L. Horn, A. V. Loud und S. C. Brooks. (Experientia [Basel] **18,** 414—16, 1962; Detroit, Mich., Inst. of Cancer Res., Rollin H. Stevens Chem. Labor.; engl.) — Die Inkubation von $^{14}C_{(16)}$-Oestron u. $^{14}C_{(16)}$-Oestradiol-*β*-acetat in Puffer-Lsg. von pH = 7,4 in Ggw. von Rattenleber ergibt elektrophoret. 2 radioakt. Banden, von denen eines im *Albumin* (**I**)-, das andere außerhalb vom I-Bereich entsteht. Beide Kurvenmaxima erhält man mit wenig homogenisierter, möglichst mikrosomenfreier Rattenleber. W. Wesly 4210◇

1122 **Der Einfluß des pH auf die enzymatische Bildung und Hemmung der Synthese von Norepinephrin.** M. Goldstein und J. F. Contrera. (Experientia [Basel] **18,** 332—33, 1962; New York, Univ., School of Med., Neurochem. Labor., Dep. of Psychiat. and Neurol.-; engl.) — Unterss. über die enzymat. Bldg. von *Norepinephrin* (**I**) u. von *Epinephrin* zeigen eine maximale, enzymat. Aktivität bei pH = 5,5, die durch Phosphatpuffer gehemmt wird. Eine maximale Hemmung der Bldg. von **I** durch *Dihydroxyphenylalanin* u. *Tryptamin* erfolgt bei pH = 5,5 u. durch *Adrenalon* bei pH = 6,5. Der Rk.-Mechanismus wird erörtert. W. Wesly 4210◇

1123 **Biochemische Grundlage der Unreife.** N. Kretchmer, R. E. Greenberg und Fabio Sereni. (Annu. Rev. Med. **14,** 407—26, 1963; Palo Alto, Calif., Stanford Univ. School of Med., Dep. of Pediat.; Milan, Univ. of Milan, Dep. of Pediat.; engl.) — Übersicht (bis 1962); enzymat. Änderungen während der Entw., Struktur u. Funktion; multiple Enzymformen während der Entw.: Milchsäuredehydrogenase, Variationen in der Gewebeverteilung einer Enzymaktivität während der Entw.: Glucuronyltransferase u. Glucose-6-phosphatase, scheinbares Fehlen eines Enzymproteins: Tyrosintransaminase u. Tryptophanpyrrolase, Enzymaktivierung durch Cofaktor: p-Hydroxyphenylpyruvat-Oxydase, Enzymaktivierung durch Hormone; Integration eines Multienzymsyst. während der Entw.: Glykogen-Synth., physiolog. Konsequenzen der enzymat. Aktivitäten während der Entw., Regulation der Blutglucose-Konz., fetale Nebennierenrinde, renale Funktion beim Kind, Anwendung der Clearance bei der Unters. der Nierenfunktion während der Entwicklung. — 125 Literaturangaben. P. Gregorzewski 4210◇

1124 **Thiophosphorsäurederivate von Äthylamin, DL-Methionin- und L-Prolinäthylestern.** 1. Mitt. **Synthese.** Florence C. Klee und Ernst R. Kirch. (J. pharmac. Sci. **51,** 423—27, 1962; Chicago, Univ. of Illinois, Coll. of Pharm.; engl.) — Es werden eine Reihe von Thiophosphorsäure-Derivv. von Äthylamin, DL-Methionin- u. L-Prolinäthylester als potentielle Enzym-Inhibitoren (*Acetylcholinesterase*) dargestellt. Außerdem werden *Äthylamidodiphenylthiophosphat* dargestellt u. entgegen den Angaben von Michaelis als krist. Verb. erhalten, Meth. zur Darst. der Äthylester von Methionin u. Prolin in guter Ausbeute u. eine modifizierte colorimetr. P-Best. nach King beschrieben.

Versuche: *Äthylamidothiophosphorylchlorid* (**I**), $C_2H_5Cl_2NPS$, $Kp._8$ 98—102°, aus Äthylaminhydrochlorid u. $PSCl_3$ nach Michaelis, 81,5% (Ausbeute). — Äthylamidodialkylthiophosphonate: Durch Eintropfen einer äther. **I**-Lsg. in eine alkohol. Na-Alkylat-Lsg., $^1/_2$std. Erhitzen: *Diäthyl-*, $C_6H_{16}NO_2PS$, $Kp._{0,25}$ 67—70°, 67,4%. *Dipropyl-*, $C_8H_{20}NO_2PS$, $Kp._{0,25}$ 84—87°, 70,1%. *Diisopropyl-*, $C_8H_{20}NO_2PS$, $Kp._{0,25}$ 72—75°, 73,7% *Dibutyl-*, $C_{10}H_{24}NO_2PS$, $Kp._{0,25}$ 112—116°, 70,6%. *Di-sek. butyl-*, $C_{10}H_{24}NO_2PS$, $Kp._{0,25}$ 87—90°, 45,8%. *Di-tert.-butyl-*, $C_{10}H_{24}NO_2PS$, $Kp._{0,25}$ 78—81°, 38,7%. *Diisobutyl-*, $C_{10}H_{24}NO_2PS$, $Kp._{0,25}$ 90—92°, 71,8%. — *Äthylamidodiphenylthiophosphonat*, $C_{14}H_{16}NO_2PS$, F. 64—64,5° (A.-W.), durch Behandlung von Na-Phenolat (gelöst in wenig Phenol) mit äther. I-Lsg., 10,2%. *Äthylamidothiophosphonsäureäthylesterchlorid*, $C_4H_{11}ClNOPS$, $Kp._{0,25}$ 65—67°, durch Eintropfen einer Lsg. von Thiophosphorsäureäthylesterdichlorid u. Triäthylamin (mol. Verhältnis 1:2) in Chlf. in eine Lsg. von Äthylaminhydrochlorid in Chlf. bei 0°, 60,6%. — *DL-Methioninäthylester* (**II**) $Kp._{0,25}$ 84—86°, durch Sättigen einer Lsg. von DL-Methionin in abs. A. mit HCl bei 0°, 1std. Kochen, Abdampfen nach

48std. Stehen, Lösen in A. u. Ae. u. 1std. Einleiten von NH_3 bei 0°, nach Filtration u. Destillation 88%. — DL-Methioninäthylester: *N-[O.O-Diäthylthiophosphonyl]*-, $C_{11}H_{24}NO_4PS_2$, Kp.$_{0,25}$ 145—147°, durch Behandeln einer Lsg. aus **II** u. Triäthylamin in Chlf. mit Thiophosphorsäure-O.O-diäthylesterchlorid bei 0—5°, 56,8%. *N-[O-Äthylchlorthiophosphonyl]*-, $C_9H_{19}ClNO_3PS_2$, n_D^{20} 1,4962, gelbes Öl, wie vorst. Verb. aus **II** u. Thiophosphorsäureäthylesterdichlorid, 77,3%. — *N-[Dichlorthiophosphoryl]*-, Zersetzliches gelbes Öl, wie vorst. Verb. aus **II** u. $PSCl_3$, 68,6%. — *L-Prolinäthylester*, Kp.$_{12}$ 77—78°, durch Einleiten von HCl-Gas in eine abs. alkohol. Lsg. von L-Prolin, bei 0°, 2tägiges Stehen bei 25° u. Behandlung mit NH_3 wie **II**, 66%. — L-Prolinäthylester: *N-(O.O-Diäthylthiophosphonyl]*-, $C_{11}H_{22}NO_4PS$, Kp.$_{0,25}$ 118—120°, wie die entsprechende **II**-Verb., 63%. *N.[O-Äthylchlorthiophosphonyl]*-, $C_9H_{17}ClNO_3PS$, undestillierbares Öl, n_D^{20} 1,5088, 75,9%. *N-[Dichlorthiophosphoryl]*-, undestillierbares Öl, 82,2%. P. Gregorzewski 4210◇

1125 **Thiophosphorsäurederivate von Äthylamin, DL-Methionin- und L-Prolinäthylestern.** 2. Mitt. **Biologische Aktivität in Guppies.** Florence C. Klee und Ernst R. Kirch. (J. pharmac. Sci. **51,** 427—31, 1962; engl.) — 1. vgl. vorst. Referat. — Die in vorst. Ref. genannten Verbb. werden in einer Verdünnung von 0,01 u. 0,001% W/V an Guppies (*Lebistes reticulatus*) untersucht. In einer Konz. von 0,01% haben sie die Eigg. von *Acetylcholinesterase*-Hemmern. Bei der niedrigeren Konz. treten geschlechtsabhängige biolog. Rkk. auf (abnorme Körperentw., Sterilität, erhöhte Pigmentierung). Struktur-Toxizitäts-Beziehungen werden diskutiert. P. Gregorzewski 4210◇

E₃. Mikrobiologie, Bakteriologie, Immunologie

1126 **Scheinbare Pigmentbildung durch Streptococcus faecalis in Gegenwart von Metallionen.** Dorothy Jones, R. H. Deibel und C. F. Niven jun. (J. Bacteriol. **86,** 171—72, 1963; Chicago, Ill., Univ. of Chicago, Dep. of Microbiol. and American Meat Inst. Found., Div. of Bacteriol.; engl.) — Wird bei der Kultur von *Streptococcus faecalis* zum Grundmedium *Mg, Fe* oder *Zn* (als Chlorid oder Sulfat) in Konzz. von 0,01—0,05% gegeben, so bilden sich bei den Kulturen Braunfärbungen aus. Wird Citrat als Substratkomponente weggelassen oder die Glucosekonz. auf 0,5% erhöht, so bleibt die Färbung aus. Pyruvat oder Serin können im Grundmedium Citrat ersetzen. Die Färbung erfolgt nur bei aerober Kultur. Die Zugabe von Mg, Fe u. Zn zum Medium erhöht auch die *Katalase*-Aktivität. Der Farbstoff ist mit 0,05 n HCl extrahierbar. Vff. nehmen an, daß es sich hier um keine echte Pigmentbldg., sondern um Ndd. von Metallionen handelt. W. Hiller 4310◇

1127 **Ersatz der Nicotinsäurebedürfnisses von Shigella sonnei durch Pyridin-3-sulfonsäure.** Bonnie L. Pitsch und Mitsuru Nakamura. (J. Bacteriol. **86,** 159—60, 1963; Missoula, Mont., Montana State Univ., Dep. of Bot. and Microbiol.; engl.) — Vff. kultivieren 13 Stämme von *Shigella sonnei* erfolgreich in einem Medium, das anstelle von Niacin *Pyridin-3-sulfonsäure* (**I**) enthält. Im Bereich von 0—1 mg/ml ist das Wachstum der **I**-Konz. proportional. Maximales Wachstum erfolgt bei 1 mg/ml. W. Hiller 4310◇

1128 **Produktion von Lipase durch Pseudomonas fragi in einem synthetischen Medium.** John A. Alford und David A. Pierce. (J. Bacteriol. **86,** 24—29, 1963; Beltsville, Md., U. S. Dep. of Agricult., Agricult. Res. Serv., Eastern Utilization Res. and Development Div., Meat Labor.; engl.) — Vff. untersuchen Wachstum u. *Lipase*(**I**)-Bldg. von *Pseudomonas fragi* in 41 Medien. Unterss. in einem synthet. Medium (15 Aminosäuren, 5 Vitamine, Mineralsalze, Adenin, Guanin, Uracil) zeigen, daß zur **I**-Bldg. *Arginin, Lysin, Asparaginsäure* u. *Glutaminsäure* erforderlich sind. Zusatz von Glucose zum Medium stimuliert die **I**-Bildung. Das beste Zellwachstum erfolgt in einem gepufferten $(NH_4)_2SO_4$-Glucosemedium. *P. fluorescens* bildet bei jeder Aminosäurenkombination des synthet. Mediums nur geringe Mengen **I**. W. Hiller 4310◇

1129 **Wirkung der optischen Antipoden von Serin auf das Wachstum von Salmonella enteritidis typhimurium und von Proteus vulgaris X 19.** Jacques Nicolle und Josette Walle. (C. R. hebd. Séances Acad. Sci. **256,** 3774 bis 3775, 1963; Paris, Coll. de France, Éc. des Hautes Ét., Labor. de Biochim. des Isomères; franz.) — D(+)-*Serin* konnte nicht als N-Quelle für das Wachstum von *Salmonella enteritidis typhimurium* oder von *Proteus vulgaris* X 19 dienen, es wirkte jedoch je nach Konz. hemmend oder fördernd, wenn es einem Medium zugesetzt wurde, das $(NH_4)_2SO_4$ als N-Quelle enthielt. L(—)-Serin kann im geringen Umfange als N-Quelle dienen; es kann in bestimmten Konzz. auch hemmend wirken, aber die Hemmwrkg. ist schwach. K. Zingraf 4310◇

1130 **Die Umweltsbedingungen für die Sporenbildung bei einer Mutante von Aspergillus oryzae.** 1. Mitt. **Über die chemische Zusammensetzung des Mediums.** Y. Hasegawa und S. Toriyama. (J. agric. chem. Soc. Japan [Nippon Nôgei-Kagaku Kaichi] **37,** 24—28, 1963; Aichi Prefect., Food. Res. Inst.; jap.) K. Zingraf 4310◇

1131 **Die Umweltsbedingungen für die Sporenbildung bei einer Mutante von Aspergillus oryzae.** 2. Mitt. **Über die Konzentration von Glucose und Kaliumphosphat im Medium.** Y. Hasegawa. (J. agric. chem. Soc. Japan [Nippon Nôgei-Kagaku Kaichi] **37,** 28—32, 1963; jap.) — 1. vgl. vorst. Referat. K. Zingraf 4310◇

1132 **Verteilung von Protein und Nucleinsäuren in Hyphen und Mikrokonidien von Fusarium.** Yoshiharu Maruyama und Martin Alexander. (Arch. Mikrobiol. **41,** 401—07, 1962; Ithaca, N. Y., Cornell Univ., Dep. of Agronomy, Labor. of Soil Microbiol.; engl.) — Vff. bestimmen die Zus. von Fraktionen von Mycel u. Konidien. Durch Zentrifugieren (3000 · g, 15 Min. bis 144000 · g 120 Min.) werden 4 Fraktionen erhalten. 60% des *Proteins* befinden sich im Überstand. In den beiden anschließenden Fraktionen befindet sich in erster Linie *Ribonucleinsäure*. Das höchste Verhältnis *Desoxyribonucleinsäure*: Protein befindet sich in der Fraktion mit den größten Teilchen. *Polysaccharide* befinden sich in den mittleren Fraktionen. W. Hiller 4315◇

1133 **Über die Existenz von Ubichinon (Coenzym Q) bei atmungsgehemmten Hefemutanten.** T. Sugimura und K. Okabe. (Seikagaku [Biochemie, Tokyo] **34,** 632—34, 1962; Tokyo, Tsukizi, Nat. Cancer Center, Res. Inst., Div. Biochem; jap.) J. Lehmberg 4315◇

1134 **Über die Entstehung von Schwefelwasserstoff beim Schütteln von Hefe.** 1. Mitt. **Panthothensäuredefizit und Entstehung von Schwefelwasserstoff.** Ryoji Kodaira, Yutaro Itō und Teijiro Uemura. (J. agric. chem. Soc. Japan [Nippon Nôgeikagaku Kaishi] **32,** 49—54, 1958; Sendai, Tohoku Univ.; jap.) — Bei ungenügender Ggw. von *Panthothensäure* entsteht beim Schütteln von Hefekulturen H_2S, das durch Red. von $(NH_4)_2SO_4$ gebildet wird. Beim Ersatz von SO_4^{--} durch Cl^- entsteht kein H_2S. Das Hefewachstum wird durch SO_4^{--} gehemmt. Die H_2S-Bldg. wird durch Zugabe von *Methionin* gehemmt, durch *Glutaminsäure, Asparaginsäure* oder *Alanin* gesteigert. W. Hampel 4320△

1135 **Stickstoffhaltige Substrate der endogenen Respiration bei Pseudomonas aeruginosa.** Audrey F. Gronlund und J. J. R. Campbell. (J. Bacteriol. **86,** 58—66, 1963; Vancouver, British Columbia, Canada, Univ. of British Columbia, Labor. of Dairying; engl.) — Vgl. C. **1963,** 12077. — Vff. markieren Zellen von *Pseudomonas aeruginosa* mit *$^{14}C_6$-Glucose* (**I**), *$^{14}C_{(2)}$-Uracil* (**II**) u. *^{14}C-Prolin* (**III**) u. bestimmen die Aktivität im CO_2 der Respirationsluft. Die größte Aktivität im CO_2 wird von mit **I** markierten Zellen erhalten, danach folgen **III** u. **II**. Bei der Markierung mit **II** ist der größte Teil (70%) der Aktivität im kalten Trichloressigsäureextrakt des NaOH-Hydrolysats (Ribonucleinsäure), bei Markierung mit **III** findet sich der größte Teil (83%) im heißen Trichloressigsäurerest (Protein). Während einer Mangelkultur nimmt der Gesamtgeh. an Protein u. Nucleinsäure ab, der Geh. an Desoxyribonucleinsäure wenig zu u. der an Ribonucleinsäure ab. W. Hiller 4320◇

1136 **Die Rolle von Butyrylphosphat im Energiestoffwechsel von clostridium tetanomorphum.** R. Twarog und R. S. Wolfe. (J. Bacteriol. **86**, 112—17, 1963; Urbana, Ill., Univ. of Illinois, Dep. of Microbiol.; engl.) — Vff. isolieren aus Extrakten von *C. tetanomorphum* eine *Butyrokinase* (**I**) u. reinigen sie 58fach. **I** besitzt ein breites pH-Optimum zwischen 7,4 u. 8,3 u. erfordert als divalentes Kation nur Mg^{2+} zur Aktivierung. **I** phosphoryliert Butyrat, Valerat, Isobutyrat u. Propionat. *C. tetanomorphum* wächst auf Glutamat u. Histidinsubstrat, in beiden Fällen wird **I** gebildet. Auf m Mol bezogen produziert Histidin die doppelte Menge Trockensubstanz wie Glutamat. Vff. schließen aus den Ergebnissen, daß Butyrylphosphat eine Hauptenergiequelle beim Glutamat u. Histidinabbau ist. W. Hiller 4320◇

1137 **Versuche zur Polyphosphat-Überkompensation in Hefezellen nach Phosphatverarmung.** E. Liss und P. Langen. (Arch. Mikrobiol. **41**, 383—92, 1962; Berlin-Buch, Inst. für Med. u. Biol. der Dt. Akad. der Wiss. zu Berlin, Arbeitsbereich Chemie; dt.) — Vff. untersuchen die *Phosphat*-Aufnahme von verarmten Hefezellen, wobei der Einbau in folgenden 4 Fraktionen bestimmt wird: Fraktion 1 (Tri-Heptaphosphat), 2 (20 Phosphatgruppen je Mol.), 3 (55 Phosphatgruppen je Mol.), 4 (260 Phosphatgruppen je Mol.). Der stärkste Einbau erfolgt in Fraktion 3. In Fraktion 2 u. 4 ist der Einbau nur $^1/_2$ u. in Fraktion 1 nur $^1/_7$ so stark im Vgl. zu Fraktion 3. Nicht verarmte Hefe baut viel weniger Phosphat ein. Der stärkste Einbau geschieht in Fraktion 2, der Einbau in die Fraktionen 1, 3 u. 4 beträgt nur $^1/_4$. Die stärkste *Polyphosphat*-Synth. geschieht nach 8—10std. Verarmung, sie wird durch Mg^{2+} stimuliert u. ist unter aeroben u. anaeroben Bedingungen gleich. Die Synth.-Leistung der Hefe beträgt unter optimalen Bedingungen 142 mg Polyphosphat (P_2O_5) je g trockene Hefe in 2 Stunden. W. Hiller 4320◇

1138 **Oxydative Aktivität bei Pediococcus.** 1. Mitt. **Stoffwechsel der Brenztraubensäure und Charakteristica einer Brenztraubensäureoxydase vom Typ Lactobacillus delbrueckii.** Vittorio Scardovi. (Ann. Microbiol. Enzimol. **12**, 1—23, 1962; Piacenza, Univ., Cattol. del S. Cuore, Ist. di Microbiol.; ital.) — Cytochrom ist am O_2-Verbrauch von Pediokokken nicht beteiligt. Ruhende Zellen von *P. casei* M 625 oxydieren *Brenztraubensäure* (**I**) zu äquimol. Mengen *Essigsäure* (**II**) u. CO_2 unter Verbrauch von 0,5 m O_2. Anaerob wird **I** zu *Milchsäure*, **II** u. CO_2 abgebaut u. ein Teil wird zu *Acetoin* u. CO_2 kondensiert. Acetontrocknung beeinflußte den **I**-Stoffwechsel bei den meisten Stämmen nicht. K. Zingraf 4320◇

1139 **Oxydative Aktivität bei Pediococcus.** 2. Mitt. **Oxydation von reduziertem Diphosphopyridinnucleotid in Pediococcus casei.** Vittorio Scardovi. (Ann. Microbiol. Enzimol. **12**, 25—32, 1962; Piacenza, Univ. Cattol. del Cuore, Ist. di Microbiol.; ital.) — 1. vgl. vorst. Referat. — *Pediococcus casei* Stamm M 625, der im wesentlichen unter anaeroben Bedingungen gezüchtet wurde, zeigte *red. Diphosphopyridinnucleotid* (*DPNH*)-*Oxydase*-, *DPNH-Peroxydase* u. *Diaphorase*- Aktivität. Bei Inkubation des Stammes mit DPNH als Substrat wurde keine Red. von Cytochrom c beobachtet. K. Zingraf 4320◇

1140 **Glucose-Abbau durch Neisseria meningitidis.** 1. Mitt. **Glucose Oxydation und intermediäre Reaktionen des Embden-Meyerhof Cyclus.** K. Jyssum, Björg Borchgrevink und Sidsel Jyssum. (Acta pathol. microbiol. scand. **53**, 71—83, 1961; Oslo, Kaptein W. Wilhelmsen og Frues Bakt. Inst., Univ.; engl.) — Wenn *N. meningitidis* (N. m.) auf *Glucose* (**I**) als einzige C- u. Energiequelle für das Wachstum adaptiert wird, kann es nicht nur **I**, sondern auch *phosphorylierte* Zwischenprodd. des **I** Abbaues oxydieren. In zellfreien Extrakten von N. m. wurden folgende, dem Embden-Meyerhof-Cyclus entsprechende Enzyme nachgewiesen: *Glucokinase*, *Glucose-6-phosphatdehydrogenase*, *Phosphohexoisomerase*, *Fructose-6-phosphatkinase*, *Fructose-1.6-diphosphatphosphatase*, *Aldolase*, *Triosephosphatisomerase*, *Glyceraldehyd-3-phosphatdehydrogenase*, *Phosphoglyceratkinase*, *-Mutase* u. *-Endolase*, *Phosphoenolbrenztraubensäuretransphosphorylase*. Ekkehard Schmid 4320◇

1141 **Untersuchungen über Schimmelfructosidase.** 8. Mitt. **Ein neues Oligosaccharid Nummer 2 (Fungitetraose), das aus Saccharose gebildet wird.** H. Kurasawa, Y. Yamamoto, I. Igaue und Y. Nakamura. (J. agric. chem. Soc. Japan [Nippon Nôgeikagaku Kaishi] **30**, 696 bis 700, 1956; Niigata Univ. Fac. of Agricult.; jap.) — Das bei der Einw. von *Aspergillus* auf Saccharose gewonnene Oligosaccharid Nummer 2 [F. 85° (lufttrocken) bzw. 110—115° (wasserfrei); $[\alpha]_D^{10}$ + 17,9° (c = 9,7; W.) bzw. nach Hydrolyse $[\alpha]_D^5$ — 51,9°] stellt ein Monohydrat dar u. besteht aus drei Mol Fructose u. ein Mol. Glucose. Die Struktur ist *O-α-D-Glucopyranosyl-(1 → 2)-O-β-D-fructofuranosyl-(1 → 2)-O-β-D-fructofuranosyl-(1 → 2)-O-β-D-fructofuranosid*, sein Name ist *Fungitetraose*. W. Hampel 4320△

1142 **Thymidindiphosphat-L-Rhamnose Stoffwechsel von glatten und rauhen Stämmen von Escherichia coli und Salmonella weslaco.** Tuneko Okazaki, Jack L. Strominger und Reiji Okazaki. (J. Bacteriol. **86**, 118—24, 1963; St. Louis, Mo.; Washington Univ. School of Med., Dep. of Pharm.; engl.) — Vff. ergänzen Unterss. über Serotypen von Mikroorganismen u. die Zus. der Lipopolysaccharide (O-Antigene). Sie vergleichen die Geh. von *Thymidindiphosphat-L-rhamnose* (**I**) von glatten u. rauhen Stämmen von *E. coli* D 18 u. *S. weslaco* im stationärem Zustand u. untersuchen die Fähigkeit der Organismen **I** aus *Thymidindiphosphat-D-glucose* (**II**) zu synthetisieren. *E. coli* O 18 (glatter Stamm) hat *Rhamnose* im Lipopolysaccharid, es besitzt jedoch nur Spuren von **I**. Extrakte von *E. coli* O 18 katalysieren die Synth. von **I** aus **II**. *E. coli* R 44 (rauhe Variante von *E. coli* O 18) enthält keine Rhamnose im Lipopolysaccharid, es enthält jedoch große Mengen **I** u. ist fähig **I** aus **II** zu synthetisieren. Die rauhen u. glatten Formen von *S. weslaco* zeigen das gleiche Verhalten wie die beiden Formen von *E. coli* mit dem Unterschied, daß beide Formen von *S. weslaco* nur Spuren von **I** enthalten. Vff. vermuten, daß *E. coli* R 44 eine Mutante von *E. coli* O 18 ist, bei der die Fähigkeit, **I** für die Lipopolysaccharidsynth. zu verwenden, blockiert ist. W. Hiller 4320◇

1143 **Über ein neues durch Rhizopus oryzae produziertes Flavinmonophosphat.** Sei Tachibana, Jiuichi Siode und Sumio Matsuno. (Vitamins [Kyoto] **27**, 210—12, 1963; Kyoto, Ritsumeikan Univ., Fac. of Sci. and Engineering, Dep. of Chem.; jap., Auszug: engl.) — *Rhizopus oryzae* bildet ein *Flavinmonophosphat*, in dem *Phosphat* an ein *Flavinmononucleotid* gebunden ist. Das Phosphat ist gebunden an 3'.2'.5' oder 2'.3' des *Ribityl*-Restes. W. Hiller 4320◇

1144 **Biosynthese phenolischer Glucoside in Abwesenheit von Uridindiphosphoglucose.** J. B. Pridham. (Chem. and Ind. **1961**, 1172, Englefield Green, Surrey, Univ. of London, Royal Holloway Coll., Dep. of Chem.; engl.) — Nach Inkubation von *Resorcin* (**I**) mit *Maltose* (**II**) u. einer Enzymlsg. aus *A. niger* (wss. Extrakt, $(NH_4)_2SO_4$-Fraktionierung, Dialyse) in Acetatpuffer (25°, 20 Std.) waren papierchromatograph. 2 Verbb., **I**-*α-Glucosid* (*3-Hydroxyphenyl-α-glucosid*) u. vermutlich **I**-*α-Isomaltosid*, isolierbar. Das *Aspergillus*-Enzym überträgt auch Glucose (**III**) von **II** auf Hydrochinon, Brenzkatechin u. 1.2.4-Trihydroxybenzol. Für **I** als Acceptor dient auch Isomaltose als **III**-Donator. Mit D-**III**, α-D-Glucose-1-phosphat, Methyl-α-D-glucosid, Methyl-β-D-glucosid, Cellobiose, Saccharose oder Uridindiphosphoglucose erfolgte keine Glucosidsynthese. K. Maier 4320◇

1145 **Untersuchungen über die L-Glutaminsäure-Gärung bei Microbacterium ammoniaphilum.** 1. Mitt. **Wirkung von Cystin auf die Erzeugung von Glutaminsäure durch Gärung.** K. Miyai, I. Tsuruo, R. Kodaira, S. Hayakawa, T. Akimoto und K. Goto. (J. agric. chem. Soc. Japan [Nippon Nôgei-Kagaku Kaichi] **37**, 32—36, 1963; Asahi Chem. Industry Co., Ltd., Technical Res. Labor.; jap.) K. Zingraf 4320◇

1146 **Untersuchungen über die L-Glutaminsäure-Gärung bei Microbacterium ammoniaphilum.** 3. Mitt. **Wirkung von oberflächenaktiven Substanzen auf die Glutaminsäure-erzeugenden Bakterien.** K. Miyai, K. Goto, I. Tsuruo, R. Kodaira und T. Akimoto. (J. agric. chem. Soc.

Japan [Nippon Nôgei-Kagaku Kaichi] **37**, 37—42, 1963; jap.) — 1. vgl. vorst. Referat. K. Zingraf 4320◇

1147 **Zur Frage der Ausscheidung und Identifizierung von Oxydationsprodukten des Glycerins bei Actinomyces aureofaciens LS-B-16.** W. G. Plakunowa. (Ber. Akad. Wiss. UdSSR **148**, 445—47, 1963; Moskau, Lomonossow-Univ.; russ.) — Beim Wachstum von *Actinomyces aureofaciens Ls-B-16* auf einem Nährboden mit *Glycerin*-Geh. läßt sich ein Stoffwechsel-Prod. isolieren, das sofort nach der Auflösung ein Molgew. von 175 u. 180 besitzt. Nach 2 Tagen oder nach dem Kochen der Lsg. beträgt das Molgew. 85 u. 93. Mit 2.4-Dinitrophenylhydrazin bildet das Prod. ein Bis-2.4-dinitrophenylhydrazon von Methylglyoxal. Mit Phenylhydrazin erhält man ein Prod. vom F. 133° gegenüber F. 132° beim Osazon von *Dioxyaceton* (**I**). Das Isopropylidenderiv. besitzt den F. 165° (Literaturwert für das I-Prod. 165—167°). Das untersuchte Stoffwechsel-Prod. ist nach diesen Ergebnissen u. der chem. Analyse ein **I** vom F. 100—101° für das dimere Produkt. Neben **I** entsteht beim Wachstum von Act. aureofaciens in Ggw. von Glycerin ein **I**-Deriv. vom F. 150 bis 153°, das auch im biolog. gewonnenen **I** enthalten st. O. Lebtag 4320△

1148 **Biosynthese von verzweigten Fettsäuren.** 1. Mitt. **Isolierung und Identifizierung von Fettsäuren aus Bacillus subtilis (ATCC 7059).** Toshi Kaneda. (J. biol. Chemistry **238**, 1222—28, 1963; Edmonton, Alberta [Can.], Res. Council of Alberta; engl.) — Es werden Verss. mit dem Stamm ATCC 7059 von *Bacillus subtilis* über die Biosynth. von Fettsäuren durchgeführt. Angaben über die Kulturbedingungen, die Abtrennung der Fettsäuren aus dem Substrat, die Durchführung der gaschromatograph. Unters., die Identifizierung der Fettsäuren in Form ihrer Methylester (IR-Absorption, opt. Aktivität, Röntgenstrahlenbeugung, Neutralisationszahl) unter Heranziehung von Vergleichs-Subst.; die ungesätt. Fettsäuren werden als Hg(II)-acetat-Addukte abgetrennt. Nach den graph. u. tabellar. mitgeteilten Befunden synthetisiert *B. subtilis* in einem Glucose-Hefeextrakt-Bactopepton-Medium 6 verzweigte Fettsäuren, nämlich *12-Methyltetradecan-*, *14-Methylhexadecan-*, *Isopentadecan-*, *Isopalmitin-*, *Isoheptadecan-* u. *Isomyristinsäure* sowie 2 unverzweigtkettige Fettsäuren, nämlich *Palmitin-* u. *Myristinsäure*; Betrachtungen anhand des Schrifttums darüber, daß bei den bisher untersuchten Stämmen von *B. subtilis* das zur Fettsäuresynth. eingesetzte biolog. Syst. sehr ähnlich ist. K. Täufel 4320◇

1149 **Biosynthese von verzweigten Fettsäuren.** 2. Mitt. **Mikrobielle Synthese von verzweigten langkettigen Fettsäuren aus gewissen kurzkettigen Fettsäuresubstraten.** Toshi Kaneda. (J. biol. Chemistry **238**, 1229—35, 1963; engl.) — 1. vgl. vorst. Referat. — Unter Hinweis auf das Schrifttum, wonach bei einigen Mikroorganismen in ähnlicher Weise wie bei Säugetieren die verzweigtkettigen höheren Fettsäuren durch Kondens. von verzweigten kurzkettigen Fettsäuren als Coenzym-A-Estern mit Malonylcoenzym A synthetisiert werden, wird dieser Chemismus bei *Bacillus subtilis*, Stamm ATCC 7059, geprüft. Angaben über die Kulturbedingungen unter Verw. markierter Verbb. im Nährsubstrat (*$K^{14}CN$*, *$^{14}C_{(1)}$-Acetat*, *$^{14}C_{(2)}$-Acetat*, *$^{14}C_{(1)}$-Propionat*, *$^{14}C_{(1)}$-Isobutyrat*, *$^{14}C_{(1)}$-Isovalerat*, *$^{14}C_{(1)}$-Valin*, *$^{14}C_{(4)}$*-Valin, gleichmäßig markiertes *^{14}C-Valin*; Fraktionierung, Identifizierung der biosynthet. Fettsäuren vgl. 1. Mitt.; spezif. Degradation der Fettsäuren zur Ermittlung des ^{14}C-Atoms im Molekül. Gemäß den tabellar. u. graph. mitgeteilten Ergebnissen werden bei normalen Kulturbedingungen die gleichen Fettsäuren nachgewiesen wie in der 1. Mitteilung. Der Zusatz von *Butter-*, *Isobutter-*, *Isovalerian-*, *α-Methylbuttersäure* verursacht vermehrte Bldg. der jeweils zugehörigen längerkettigen Verbb. (*Myristin-*, *Palmitin-*, *Isomyristin-*, *Isopalmitin-*, *Isopentadecan-*, *Isoheptadecan-*, *12-Methyltetradecan-*, *14-Methylhexadecansäure*). Zugabe von *Propionat* bzw. *Valerat* führt zur Bldg. von 2 neuen ungeradzahligen Fettsäuren, nämlich von *n-Pentadecan-* u. *n-Heptadecansäure*. Das Fehlen einer vermehrten Bldg. von Ante-iso-Fettsäuren bei Zugabe von Propionat wird dahingehend gedeutet, daß bei *B. subtilis* die von Saz u. a. (J. biol. Chemistry **235**, [1960], 914) angegebene Bldg. von α-Methylbutyrat aus Propionat u. Acetat prakt. keine Rolle spielt. Die Verss. zeigen, daß iso-Palmitinsäure durch wiederholte Kondens. von 6 Zwei-C-Einheiten mit der iso-Butyrylgruppe gebildet wird, die aus 2 Moll. Pyruvat über α-Acetolacetat u. α-Keto-iso-valerat entsteht. Der Einbau von *$^{14}C_{(3)}$*-Valin u. von gleichmäßig markiertem Valin — nicht aber von *$^{14}C_{(1)}$*-Valin — wird als Hinweis dafür bezeichnet, daß α-Keto-iso-valerat als ein Intermediärprod. bei der Bldg. von Isopalmitinsäure durch *B. subtilis* zu betrachten ist. K. Täufel 4320◇

1150 **Thioglykolsäure als Präkursor der Aneurinsynthese in Hefekulturen.** E. Pettkó und A. Krámli. (Naturwissenschaften **50**, 529—30, 1963; Szeged, Ungarn, Univ., Chem. und Biochem. Inst.; dt.) — Vff. kultivieren Hefe in Ggw. von 1% *^{35}S-Thioglykolsäure* (**I**) u. bestimmen das ^{35}S in dem aus der Kultur isolierten *Aneurin* (**II**). Im Vgl. zu Normalkulturen zeigen die Kulturen mit **I** eine um 20—30% höhere **II**-Produktion. 6,6% des ^{35}S aus **I** sind für die **II**-Synth. verwendet worden. Im *Coenzym-A*-Geh. bestehen keine Unterschiede zwischen einer Kultur mit u. ohne **I**. W. Hiller 4320◇

1151 **Mikrobiologischer Abbau von trans-Zimtsäure durch Boden-Pseudomonaden.** C. B. Coulson und W. C. Evans. (Chem. and Ind. **1959**, 543—44, u. 675; Bangor, Caernarvonshire, Univ. Coll. of North Wales, Dep. of Agricult. Chem.; engl.) — Bei der Inkubation von *Pseudomonaden* mit *trans-Zimtsäure* als einzige C-Quelle werden als Hauptprodd. *O-Hydroxyphenylpropionsäure* u. *2.3-Dihydroxyphenylpropionsäure* papierchromatograph. isoliert u. identifiziert. P. Gregorzewski 4320◇

1152 **Durch einen Pilz der Gattung Sclerotinia gebildete fluorescierende Verbindungen.** Cl. Gudin. (C. R. hebd. Séances Acad. Agric. France **47**, 651—53, 1961; franz.) — Die Conidienform *Rhacodiella castanea* Peyr. von *Sclerotinia pseudotuberosa* Rehm bildet auf einem KH_2PO_4, $MgSO_4$, $FeSO_4$,$ZnSO_4$, $MnCl_2$, Agar-Agar, Galaktose u. Glykokoll enthaltendem Medium eine im UV grün *fluorescierende Verb.* (**I**), deren R_F-Werte an Whatman Nr. 3 [0,85 (Butanol/Eisessig/W.; 4:1:5), 0,82 (Butanol/A./W.; 4:1:2); 0,75 (Äthylacetat/W.); 0,70 (Butanol/W.)] das Vorliegen einer dem Scopoletin bzw. Äsculetin verwandten Struktur wahrscheinlich machen. Bei Ersatz der Galaktose durch Glucose wird mehr **I** gebildet, beim Fehlen des Zuckers nur sehr gering, während beim Fehlen des Glykokolls kein **I** nachweisbar ist. Möglicherweise besteht **I** aus einem chromatograph. schwer trennbaren Gemisch, das ebenso wie *Cumarin*, *Umbelliferon*, *Äsculin*, *Methyläsculetin*, *Methylumbelliferon* u. *Scopoletin* die Keimuug der Sporen von *Phoma endogena* hemmt. F. Heller 4320◇

1153 **Stimulationswirkung organischer Substanzen auf das Wachstum von Aspergillus niger.** R. Chaminade. (Ann. Inst. nat. Rech. agronom., Sér. A **11**, 365—95, 1960; Versailles, Stat. centrale d'Agronomic; franz.) — *Aspergillus niger* Kulturen werden in ihrem Wachstum durch Zugabe organ. Materials pflanzlichen Ursprungs stark gefördert (teilweise bis auf das 10fache). Die Förderung erfolgt auch bei Zugabe von wss. Extrakten dieses Materials. Ein synthet. Humus (durch Oxydation von Hydrochinon in alkal. Medium erhalten) stimuliert das Wachstum ebenfalls. Vf. vermutet das die Wrkg. der organ. Verbb. auf der Anwesenheit von Chinonen beruht, die mit Diphenolen als Katalysatoren wirkende Redoxsyst. bilden. W. Hiller 4325◇

1154 **Chemische Empfindlichkeitserhöhung von Pseudomonas Species für ionisierende Strahlung.** B. A. Bridges. (Radiation Res. **16**, 232—42, 1962; Wantage, Berkshire, Wantage Res. Labors. (A. E. R. E.), Isotope Res. Div.; engl.) — Anwesenheit von *N-Äthylmaleinimid* (**I**) erhöht die Absterberate von *Pseudomonas* bei Bestrahlung mit 300000 rads/h einer ^{60}Co-γ-Strahlenquelle. Von strukturell ähnlichen Verbb. (*N-Äthylmaleamsäure* (N-Äthylmaleamidsäure), *m-Phenylendimaleinimid* (**III**), *Maleinsäureanhydrid* (**IV**), *Maleinsäure*, *Succinimid*, *Jodessigsäure*, *Phenylmercuriacetat*) hatten nur **III** u. **IV** gleiche Wrkg. wie **I** auf Pseudomonas. Wahrscheinlich ist die Doppelbindung des 5-gliedrigen heterocycl. Ringes für die Wrkg. verantwortlich, diese steht in Zusammenhang mit der Rk.-Fähigkeit mit Sulfhydrylgruppen. Die Aufspaltung u. Neubldg. von Disulfidbindungen scheint für die Energiestreuung in Bakterien verantwortlich zu sein, was durch Rk. von **I**, **III**, **IV** mit SH-Gruppen gestört wird. Ekkehard Schmidt 4330◇

1155 **Über den Mechanismus der Hemmung der bakteriellen Denitrifizierung durch Sauerstoff.** Francis Pichinoty und Liliane D'Ornano. (Biochim. biophysica Acta [Amsterdam] **52**, 386—89, 1961; Marseille, Centre Nat. de la Rech. Scient., Labor. de Chim. Bactérienne; engl.) — Nach Verss. mit *Micrococcus denitrificans* hemmt O_2 reversibel Aktivität u. Biosynth. der an der Denitrifizierung unmittelbar beteiligten Enzyme *Nitratreduktase* u. *Nitritreduktase*. Nitrat u. Nitrit lassen keine Wrkg. auf Bldg. u. Tätigkeit der Atmungssyst. von *M. denitrificans* erkennen. Anscheinend verwerten die denitrifizierenden Bakterien aerob vorzugsweise O_2 als Elektronenendacceptor u. red. nicht merklich Nitrat u. Nitrit, die für ihren oxydativen Stoffwechsel nicht mehr erforderlich sind. K. Maier 4330◇

1156 **Beitrag zur Kenntnis der antimikrobiellen Wirkung der schwefligen Säure. 1. Mitt. Übersicht über einflußnehmende Faktoren auf die antimikrobielle Wirkung der schwefligen Säure.** H.-J. Rehm und Helga Wittmann. (Z. Lebensmittel-Unters. u. -Forsch. **118**, 413—29, 1962; München, Deutsche Forsch.-Anstalt für Lebensmittelchemie; dt.) — Ausführungen über die Themen: Anwendungsgebiete der H_2SO_3 in der Lebensmittelind., Abhängigkeit der antimikrobiellen Wrkg. der H_2SO_3 von pH u. anderen Faktoren, Einfl. von Additionsverbb. auf die antimikrobielle Wrkg. u. Probleme bei der Anwendung von H_2SO_3 als Konservierungsmittel. — 122 Literaturhinweise. A. Täufel 4330◇

1157 **Mischungen von quartären Ammoniumverbindungen mit langkettigen Fettsäuren als antimykotische Mittel.** F. C. Kull, P. C. Eisman, H. D. Sylwestrowicz und R. L. Mayer. (Appl. Microbiol. **9**, 538—41, 1961; Summit, N. J., USA, Ciba Pharmac. Products Inc., Res. Dep.; engl.) — Die Wahl des Testkeimes bei Unterss. von Gemischen zweier Hemmstoffe ist von großer Bedeutung. Die quartäre Ammoniumverb. *Phenoxyäthyldimethyldodecylammoniumbromid* (**I**; *Domiphen bromide*) ist antibakteriell u. antimykot., *Undecylensäure* (**II**) nur antimykot. wirksam. Mischungen von **I** u. **II** zeigen erhöhte fungistat. Wrkg. bei *Trichophyton mentagrophytes* u. *Candida albicans*. Bei *S. aureus* u. *E. coli* wurde Antagonismus festgestellt. Ähnliche, weniger stark ausgeprägte Verhältnisse wurden auch bei Mischungen von **II** u. *Alkyldimethylbenzylammoniumchlorid* (*Zephiran*) gefunden. Ekkehard Schmid 4330◇

1158 **Antibiotische Stoffe in Pflanzensamen.** A. W. Tultschinskaja. (Wiss. Hochschulber. [Moskau], biol. Wiss. **1960**, Nr. 2, 162—66; Odessa, Univ., Lehrstuhl für Mikrobiol.; russ.) — Ruhende Samen von *Cydonia oblonga* Mill., *Tropaeolum majus* L., *Ricinus communis* L., *Sinapis alba* L., *Hibiscus esculentus* L., *Maclura aurantiaca* Nutt., *Sophora japonica* L., *Corriandrum sativum* L. enthalten antibiot. Stoffe gegen den *Staphylococcus aureus* u. den Erreger von bakteriellem Tomatenkrebs. Samen von *Tropaeolum majus* L. werden am besten mit 40%ig. A. extrahiert; sie hemmen das Wachstum von Staphylococcus, phytopathogenen Bakterien auch von Tuberkelbazillen. Keimende Samen mancher Arten scheiden aktivere antibiot. Substanzen aus als ruhende. M. Gordienko 4340◇

1159 **Die Wirkung von Tetracyclinen auf die intrazellulären Aminosäuren von Schimmelpilzen.** Bob A. Freeman und Richard Circo. (J. Bacteriol. **86**, 38—44, 1963; Chicago, Ill., Univ. of Chicago, Dep. of Microbiol.; engl.) — Vff. kultivieren *Aspergillus*, *Penicillium* u. *Rhizopus* in Ggw. von *Chlortetracyclin*, *Oxytetracyclin* u. *Tetracyclin*. Die Tetracycline beeinflussen den Aminosäurenstoffwechsel der Pilze, jedoch kaum ihr Wachstum. Bei 4 von 8 Stämmen ist die Aminosäurenkonz. von 14 bestimmten Aminosäuren mit Ausnahme von Glutaminsäure u. Alanin in den Zellen vermindert. In einigen Fällen ist durch Einw. der Tetracycline Arginin, Lysin, Prolin, Phenylalanin u. Tyrosin aus den Zellen ganz verschwunden. W. Hiller 4340◇

1160 **Bildung von Hydroxytetracyclin durch Streptomyces rimosus in chemisch definierten Nährböden.** W. A. Zygmunt. (Appl. Mikrobiol. **9**, 502—07, 1961; Evansville, Ind., Mead Johnson Res. Center, Mead Johnson and Company, Biochem. and Nutritional Res. Dep.; engl.) — Die besten Ausbeuten an *Hydroxytetracyclin* durch *S. rimosus* werden durch Beigabe organ. N-Quellen zum Grundnährboden erreicht. *Asparaginsäure*, *Prolin*, *Threonin*, *Valin* u. *β-Alanin* ergaben hohe Ausbeuten an Mycel u. Antibioticum. Von den KW-Stoffen geben *Glycerin* u. *Glucose* die besten Ausbeuten. Kurzkettige Aminosäuren werden kaum verwertet. Grundnährboden (g/Liter): Glucose 10,0; NaCl 5,0; K_2HPO_4 2,0; $MgSO_4 \cdot 7H_2O$ 1,0; $CaCl_2 \cdot 2H_2O$ 0,4; $FeSO_4 \cdot 7H_2O$ 0,02; $ZnSO_4 \cdot 7H_2O$ 0,01; $(NH_4)_2HPO_4$ 0,2; pH 7,0—7,2. Ekkehard Schmid 4340◇

1161 **Einfluß des Saatmaterials und des anorganischen Phosphors auf die Fermentation des Chlortetracyclins auf Erdnuß- und Sonnenblumennährboden.** W. G. Makarewitsch und T. N. Lasnikowa. (Antibiotika [UdSSR] **6**, 994—98, 1961; Allunions-Forsch.-Inst. für Antibiotica; russ., Auszug: engl.) — Vgl. C. **1963**, 9756. — Für *Erdnuß*(**I**)- u. *Sonnenblumenöl*(**II**)-Nährboden eignet sich ein Inoculat von Mais(**III**)-Nährboden in Höhe von 6 Vol.-% für *Act. aureofaciens* (LSB-16). Die Biosynth. des *Chlortetracyclins* auf **I**- oder **II**-Nährboden war gegenüber den unterschiedlichen Geh. an anorgan. P weniger empfindlich als auf **III**-Nährboden u. erfolgte mit hoher Intensität auf angereichertem Nährboden bei einem Geh. von 40—106 γ/cm³ anorgan. P. I. v. Kloch-Kornitz 4340◇

1162 **Biologische Charakteristica von Colicin X.** J. Papavassiliou. (Nature [London] **190**, 110, 1961; Athen, Nat. Univ. of Athen, Dep. of Microbiol.; engl.) — Vf. isoliert Stämme von *Escherichia coli*, die empfindlich gegen *Colicin X* (**I**) u. weitere Stämme, die gegen 12 andere Colicine empfindlich sind. **I** ist akt. gegen Gruppen von Enterobakterien, nicht aber gegen *Staphylococcus aureus*, *Bacterium anitratum* oder *Pseudomonas*. **I** wird durch Erhitzen für 15 Min. auf 100° zerstört. **I** wird auch durch Zugabe von 2—4 ml Chlf. auf 100 ml Bakterienkultur rasch zerstört. Es ist nicht anzunehmen, daß **I** leicht aus der Bakterienzelle in das Kulturfiltrat diffundiert. **I** ist resistent gegenüber proteolyt. Enzymen, die von Stämmen von *Bacillus* oder *Proteus* gebildet werden. Die angeführten Eigg. von **I** erlauben die Unterscheidung von den anderen 12 bekannten Colicinen. W. Hiller 4340◇

1163 **Untersuchung der antibakteriellen Aktivität, Toxizität und therapeutischen Eigenschaften der Methansulfonate von Monomycin und Colomycin.** W. A. Schorin, L. Je. Goldberg, W. Ss. Muraweisskaja, N. Ss. Pewsner, Ss. P. Schapowalowa, I. A. Kunrat, I. P. Belowa, W. Je. Kremer und Ss. T. Filippossjan. (Antibiotika [UdSSR] **6**, 897—904, 1961; Akad. der med. Wiss. der UdSSR, Inst. zur Erforschung neuer Antibiotica; russ., Auszug: engl.) — Die antibakterielle Aktivität von *Monomycin* (**I**)- oder *Colimycinmethansulfonat* (**II**) verringerte sich mit fortschreitender Substitution der Aminogruppen der Antibiotica durch $CH_2 \cdot SO_3Na$. Bei Mäusen hatten **I** u. **II** bei i.v. Injektion (minimale Konz. 6% bzw. 17% Na_2SO_4) 23—53 bzw. 48—145mal geringere Toxizität, Nach subkutaner Injektion von **I** war die Konz. im Blut um 15—20% u. die Ausscheidung im Urin geringer als nach Injektion von Monomycin; die histolog. Veränderungen, die nephrotox. u. ototox. Wrkg. (bes. der Einfl. auf den VIII. Hirnnerv) traten fast in gleichem Maße auf. I. v. Kloch-Kornitz 4340◇

1164 **Mechanismus der Dissimilation der Glucose beim Erythromycinproduzenten.** M. A. Gubernijew, L. I. Torbotschkina und I. N. Nawolnewa. (Biochemie [UdSSR] **28**, 388—94, 1963; Moskau, Allunions-Forsch.-Inst. für Antibiotica; russ., Auszug: engl.) — In den zellfreien, aus dem Acetonpulver des Mycels von *Actinomyces erythreus* gewonnenen Fermentextrakten wurden

Hexokinase, Aldolase, Phosphohexoisomerase u. *Enolase* gefunden, nicht dagegen *Phosphofructokinase* (I). Das Fehlen von I beweist, daß im Mycel von Act. erythreus eine sek. Phosphorylierung der *Glucose* nicht stattfindet. Die Oxydation von Glucose-6-phosphat ist gegenüber CH_2JCOOH (II) unempfindlich. Die Bldg. von Pyruvat (III) ist unabhängig von der Ggw. von II. Bei Anwendung von Fructose-1.6-diphosphat als Substrat wird die III-Bldg. durch II stark herabgesetzt. Orthophosphat hemmt die Oxydation der phosphorylierten Hexosen u. Pentosen. Anorgan. Phosphat unterdrückt die II-Bldg. stärker als die O_2-Aufnahme.
O. Lebtag 4340△

1165 **Nystatinbindung durch Protoplasten und durch eine Partikelfraktion von Neurospora crassa als Grundlage der selektiven Toxizität der pilzwirksamen Polyen-Antibiotica.** Stephen C. Kinsky. (Proc. nat. Acad. Sci. USA **48,** 1049—56, 1962; St. Louis, USA, Washington Univ., School of Med., Dept. Pharmacol.; engl.) — Protoplasten von *N. crassa* binden *Nystatin* (I) an die Zellmembran, solche von *B. megaterium* binden I nicht. Als Ursache dieser selektiven Wrkg. wird ein Bestandteil der empfindlichen Mikroorganismen (Pilz u. einige Algen), vermutlich ein *Sterin,* angenommen. Homogenisiertes Mycel wird bei 22000 · *g* u. 100000 · *g* zentrifugiert, die 100000 · *g*-Fraktion zeigt starke Bindung von I. Zufolge nachgewiesener *Chitinsynthetase* in dieser Fraktion wird angenommen, daß sie Partikel der Zellmembran enthält u. deshalb I bindet. Ekkehard Schmid 4340◇

1166 **Rifomycin.** 16. Mitt. **Bakteriologische Untersuchungen über Rifomycin SV in vitro.** M. T. Timbal, R. Pallanza und G. Garniti. (Farmaco [Pavia], Ediz. Sci. **16,** 181—90, 1961; Milano, Lepetit S. p. A., Res. Labor.; engl.) — 15. vgl. C. **1963,** 19702. 17. vgl. C. **1964,** 14-1491. — Im Reihenverdünnungstest hemmt *Rifomycin SV* (I-*SV*) grampositive Bakterien in Konzz. von 0,0025—0,5 μg/ml, gramnegative in Konzz. von 60 bis > 200 μg/ml, *Mycobact. tuberculosis var. hom. H 37 Rv* in Konzz. von 0,05 μg/ml. Pilze werden nicht gehemmt. Sein Wrkgs.-Spektrum entspricht somit etwa dem des *Penicillins,* gegen *Mycobact. tub.* wirkt es so stark wie *Isonicotinsäurehydrazid,* Gegenüber allen getesteten Organismen ist es wirksamer als *Streptomycin, Tetracyclin* (II), *Novobiocin* u. *Chloramphenicol.* Die Aktivität wird weder durch Albumin noch durch Menschen-, Pferde- oder Rinder-Serum (10—30%) gemindert. Es zeigt keine Kreuzresistenz gegen die obengenannten Antibiotica sowie gegen *Erythromycin* u. *Oleandomycin* wohl aber gegen I-*B.* Die Einsaat beeinflußt die Aktivität nur unwesentlich, dagegen werden Staphylokokken und *Micrococcus pyogenes* nach 4—5 Überimpfungen gegen 100 μg I-*SV*/ml resistent. Weniger als 10% der bei II benötigten Dosen wirken bereits baktericid.
K. W. Glombitza 4340◇

1167 **Eliminierung der Heilmittelresistenz von Staphylococcus aureus durch Behandlung mit Acriflavin.** Susumu Mitsuhashi, Masato Morimura, Kei Kono und Hiroshi Oshima. (J. Bacteriol. **86,** 162—64, 1963; Maebashi, Japan, Gumna Univ., School of Med., Dep. of Microbiol.; engl.) — Werden die beiden Coagulase-positiven Stämme von *Staphylococcus aureus* MS 66 u. MS 258 mit 12,5 μg *Acriflavin*/ml behandelt, so geht die Resistenz gegenüber *Erythromycin* (I), *Leukomycin* (II) u. *Oleandomcyin* (III) verloren, die gegenüber *Tetracyclin, Streptomycin, Sulfanilamid* u. *Penicillin* bleibt dagegen erhalten. Vff. schließen, daß die Resistenz gegenüber I, II u. III durch ein Gensyst. kontrolliert wird. Die Resistenz gegen I, II u. III kann durch den Phagen 81 (Internationale Typisierung) auf andere bisher empfindliche Stämme übertragen werden. Die Resistenzübertragung gelang bei 10% von 60 willkürlich ausgewählten Staphylokokkenstämmen.
W. Hiller 4340◇

1168 **Biochemische Mikromethode zur Gruppenidentifizierung von Darmbakterien.** L. Egler und M. Tóth. (Zbl. Bakteriol., Parasitenkunde Infektionskrank. Hyg., I. Abt., Orig. **189,** 294—97, 1963; Budapest, Med. Univ., Inst. f. Mikrobiol.; dt.) — Beschreibung einer Meth. zur Prüfung der Kohlenhydratvergärung, der Indolbldg., der Tryptophandesaminase-Bldg., des Citrataufwandes u. der Acetylmethylcarbinol-Erzeugung in einer Kunststoffschachtel mit verschiedenen Abteilungen, die Nährlsg. u. mit Indikator bzw. Substrat getränktes Löschpapier enthalten. K. Zingraf 4350◇

1169 **Über ein Thiazol-abbauendes Bacterium unter besonderer Berücksichtigung seiner Abbauaktivität.** Tutomu Higasiura und Yukio Haruna. (Vitamins [Kyoto] **27,** 291—93, 1963; Osaka, Osaka Red Cross Hosp., Res. Labor.; jap., Auszug: engl.) — Vff. isolieren ein aus dem Boden stammendes *Thiazol*-abbauendes Bacterium, das zur *Pseudomonas*-Gruppe gehört. Es reagiert positiv auf Sulfat. Der optimale pH-Wert für den Thiazolabbau liegt bei 8,0—8,3. Zwischen 18 u. 37° ist die Aktivität des Abbaus nicht unterschiedlich.
W. Hiller 4350◇

1170 **Über den Mechanismus der pathogenen Wirkung der Endotoxine der Darmmikroben.** A. D. Ado. (Fortschr. gegenwärt. Biol. [UdSSR] **55,** 239—54, 1963; russ.) — Übersicht an Hand der Literatur. — 113 Literaturangaben. O. Lebtag 4370△

1171 **Toxikologie bakterieller Endotoxine.** H. Göing. (Klin. Wschr. **40,** 441—46, 1962; Frankfurt/M., Staatl. Anstalt für exp. Therapie „Paul-Ehrlich-Inst.“ u. „Ferdinand-Blum-Inst. für exp. Biol.“; dt.) — Übersicht. — 69 Literaturangaben. P. Gregorzewski 4370◇

1172 **Ein Kulturmedium zur Produktion von Staphylokokken — Enterotoxin A.** E. P. Casman und R. W. Bennett. (J. Bacteriol. **86,** 18—23, 1963; Washington, D. C., U. S. Dep. of Health, Educ. and Welfare, Food and Drug Admin., Div. of Microbiol.; engl.) — Vff. erhalten eine gute *Enterotoxin-A*-Produktion bei 49 Staphylokokkenstämmen, wenn die Bakteriensuspension sich in einem Cellophanbeutel befindet, der in einer Flasche auf dem Medium schwimmt. Als Medium wird Hirn-Herz-Infusionsbrühe benutzt. Inkubiert wird 72 Std. bei 35—37°. W. Hiller 4370◇

1173 **Schicksal von teilweise gereinigtem ^{14}C-markierten Toxin aus Clostridium perfringens.** Paul D. Ellner. (J. Bacteriol. **82,** 275—83, Aug. 1961; Gainesville, Fla., Univ. of Fla., Coll. of Med., Dep. of Microbiol.; engl.) — Untersucht wurde das Schicksal von *Toxin* aus *Clostridium perfringens* in empfänglichen Tieren. Markiertes Toxin wurde gewonnen aus Kulturen von *C. perfringens* Typ A in einem complexen Caseinhydrolysat-Medium, das ein trypt. Hydrolysat eines ^{14}C-markierten Algenproteins enthielt. Das Toxin wurde durch Ammoniumsulfat- u. Acetonfällungen auf das 30fache angereichert u. Mäusen u. Kaninchen i. v. injiziert. Es verschwindet nach der Injektion rasch aus dem Blutstrom u. schon nach 10—20 Min. tritt Radioaktivität im Urin u. in der Ausatmungsluft auf. Es nahmen die Leber 72%, die Lungen 15%, die Nieren 8% u. die Milz 5% des Toxins aus dem Blut auf. An den Skelettmuskel wird es nicht gebunden; in den Leberzellen war die Radioaktivität in der Mitochondrialfraktion konzentriert.
H. Aman 4370◇

1174 **Chromatographische und elektrophoretische Untersuchung der biologisch aktiven Eiweißstoffe der Brucellen.** T. T. Bogomolowa. (Ukrain. biochem. J. **35,** 333—42, 1963; Odessa, Med. Inst., Lehrstuhl für Biochemie; ukrain., Auszug: engl.) — In Verss. an Kaninchen u. Meerschweinchen (sensibilisiert gegen Brucellosesubstanzen u. infiziert mit Brucellose) zeigen die aus *Brucella melitensis Nr. 74, Br. bovis Nr. 1425* u. *Br. suis Nr. 6* durch Säurehydrolyse gewonnenen *Allergene* (I) eine hohe Aktivität, jedoch keine Abhängigkeit von der Brucellenart. Chromatograph. lassen sich in allen I die folgenden Aminosäuren nachweisen: *Cystin—Cystein, Lysin, Arginin, Asparaginsäure, Serin, Glykokoll, Glutaminsäure, Threonin, Alanin, Tyrosin, Valin, Phenylalanin, Leucin* u. *Isoleucin.* Papierelektrophoret. lassen sich die I der untersuchten Brucellaarten in 2—3 Fraktionen zerlegen. Die I-Fraktionen sind elektrophoret. negativ geladen. Nur die elektrophoret. am wenigsten bewegliche I-Fraktion besitzt in Verss. mit sensibilisierten Tieren eine schwache allergene Aktivität; die übrigen I-Fraktionen sind inaktiv. O. Lebtag 4370△

1175 **Virus-Interferenz und Interferon.** A. J. Beale. (Annu. Rev. Med. **15,** 133–40, 1963; Stoke Poges, Sefton Park, Glaxo Res. Ltd.; engl.) — Übersicht (bis September 1962), die Rolle von *Interferon* (**I**) bei der Erhöhung von Virusinfektionen, Wirkungsmechanismus von **I**, Aussichten für die **I**-Verw. zur Behandlung von Virusinfektionen. — 52 Literaturangaben.
P. Gregorzewski 4374◇

1176 **Molekulargewichte von Interferonen aus verschiedenen tierischen Species.** Z. Rotem und P. A. Charlwood. (Nature [London] **198,** 1066–68, 1963; London, Nat. Inst. for Med. Res.; engl.) — *Interferone* (**I**) werden durch Rk. verschiedener Viren mit Zellen verschiedener Tierspezies gebildet. Vff. berichten über die Best. des Mol. von Küken-, Maus- u. Affen-**I** durch Sedimentationsmessungen in der Ultrazentrifuge mit radioakt. Indikatorproteinen wie *Rinderalbumin* (**II**), *Humantransferrin* (**III**), ^{131}*J-Ei-Albumin* (**IV**) u. ^{125}*J-Lysozym* (**V**). **II** hemmte partiell die Antiviruswrkg. von **I**, dagegen beeinflußte **III** weder die **I**-Aktivität noch die Bldg. von Virus-„plaques" (Pl.). **IV** u. **V** werden in Verdünnungen eingesetzt, die auf das Viruswachstum u. die **I**-Aktivität keinen Einfl. haben. Affen-, Küken- u. Maus-**I** sedimentieren wie **V** u. haben den gleichen Sedimentationskoeff. 1,9 S. Diesem entspricht ein Mol.-Gew. zwischen 13 bis 25000 in Abhängigkeit von der Form des Moleküls.
G. Bratfisch 4374◇

1177 **Abbau von Desoxyribonucleinsäure und Änderung des Nucleinsäurestoffwechsels in Kultursuspensionen von mit Pferdeabortvirus infizierten L-M-Zellen.** Charles C. Randall und Barbara M. Walker. (J. Bacteriol. **86,** 138–41, 1963; Jackson, Miss., Univ. of Mississippi School of Med., Dep. of Microbiol.; engl.) — Vff. untersuchen den Nucleinsäurestoffwechsel in normalen (nK) u. mit Pferdeabortvirus infizierten (vK) L-M-Zellkulturen der log-Phase. Die vK zeigte im Vgl. zu den nK eine Stimulation der *Thymidin*-Aufnahme in die säurelösl. Fraktion, jedoch einen um $^2/_3$ verminderten Thymidineinbau in die Desoxyribonucleinsäure (DNS). Der Abbau von DNS u. Ribonucleinsäure ist in nK genau so stark wie in vK. Zugabe von Äthylendiamintetraacetat vermindert den Abbau von DNS. W. Hiller 4374◇

1178 **Biochemische Untersuchungen der Adenovirusvermehrung.** 3. Mitt. **Erfordernisse für eine Desoxyribonucleinsäure-Synthese.** Maurice Green. (Virology **18,** 601–13, 1962; Saint Louis, Miss., Univ. School of Med., Dep. of Microbiol.; engl.) — 2. vgl. C. **1963,** 17014. — 10^{-6} m *5-Fluordesoxyuridin* hemmt die *Desoxyribonucleinsäure*-Synth. in mit zwei Typen von Adenovirus infizierten KB-Zellen, wobei auch die Vermehrung des Virus verhindert wird. 10^{-5} m *Thymidin* macht die Hemmung rückgängig. L. Macher 4374◇

1179 **Lipide von Virus-infizierten Zellen.** 2. Mitt. **Analyse der Lipide von HeLa-Zellen infiziert mit Vaccine-Virus.** Charles R. Gaush und J. S. Youngner. (Proc. Soc. exp. Biol. Med. **112,** 1082–85, 1963; Pittsburgh, Univ., School of Med., Dep. of Microbiol.; engl.) — 1. vgl. Virology **19,** [1963], 575. — Bei der Infektion von HeLa-Zellen mit Vaccine-Virus änderte sich die Lipid-Zus. der Zellen nicht. Bestimmt wurden Neutral-Lipide u. Phospholipide. Die Incorporation von ^{32}P in die Phospholipide war dagegen nach der Infektion signifikant erhöht. M. Wiedemann 4374◇

1180 **Wirkung einiger Chemikalien auf die Hämagglutinationsaktivitäten und Infektivität gegenüber Hühnerembryonen von verschiedenen Stämmen von Newcastle-Disease- und Geflügel-Plague-Virus.** 4. Mitt. **Wirkung von Quecksilberchlorid.** M. K. Tolba und Josephine K. Eskarous. (Arch. Mikrobiol. **41,** 393–96, 1962; Cairo, Univ. of Cairo, Fac. of Sci., Dep. of Bot.; engl.) — 3. vgl. C. **1963,** 2523. — $HgCl_2$ hemmt in Konzz. von 100–200 ppm. die Hämagglutinationsstabilitäten der geprüften verschiedenen Stämme von Newcastle-Disease-u. Geflügel-Plague-Virus. Werden Hühnerembryonen mit $HgCl_2$-Lsg. mit einer Konz. von 2000 ppm. inokuliert, so erfolgt Abtötung. Keine Toxizität wird bei Konzz. unter 2000 ppm. beobachtet. Die Infektivität der Stämme Rigga u. Cairo C von Newcastle-Disease-Virus wird durch 100 ppm. nicht beeinflußt. Die anderen Stämme verhalten sich unterschiedlich. W. Hiller 4374◇

1181 **Wirkung einiger Chemikalien auf die Hämagglutinationsaktivitäten und Infektivität gegenüber Hühnerembryonen von verschiedenen Stämmen von Newcastle-Disease- und Geflügel-Plague-Virus.** 5. Mitt. **Wirkung von Kristallviolett.** M. K. Tolba und Josephine K. Eskarous. (Arch. Mikrobiol. **41,** 397–400, 1962; engl.) — 4. vgl. vorst. Referat. — Die Agglutinationsaktivitäten aller Stämme von beiden Virusarten werden bei Behandlung mit verschiedenen Konzz. von *Kristallviolett* (**I**) teilweise gehemmt. Die stärkste Hemmung erfolgt bei einer **I**-Konz. von 500 ppm. **I** verursacht keine tox. Wrkg., wenn es in Konzz. von 2000 ppm. in Embryonen enthaltende Eier inokuliert wird. In Konzz. über 100 ppm. wird die Infektivität aller Stämme beider Virusarten zerstört. W. Hiller 4374◇

1182 **Die Wirkung salpetriger Säure auf die Transduktion durch den Salmonella-Phagen P 22.** Jimmy Adye. (Virology **18,** 627–32, 1962; Baltimore, Md., Johns Hopkins Univ., Dep. of Biol.; engl.) — 32 neue, einfache u. vielseitige Histidin-Mutanten wurden erhalten, wenn mit HNO_2 behandelte Phagen (H-1, H-4, H-5) zur Transduktion entsprechender Receptor-Bakterien (athC-5, bis-712, hisF-42) verwendet wurden.
L. Macher 4374◇

1183 **Schutzeffekt von Jawaharene bei der Infektion von Kaninchen mit Vaccine.** Durlay K. Roy. (Naturwissenschaften **50,** 501–02, 1963; Calcutta, Indian Inst. for Biochem. and Exp., Med.; engl.) — Das Antibioticum *Jawaharene*, das eine schwache antibakterielle Wirkung hat, wurde aus einem Stamm von *Aspergillus niger* gewonnen. Es schützte Kaninchen bei einer intramuskulären Injektion von 1 mg/kg über 7 Tage vor einer Infektion mit dem Vaccine-Virus. 100 mg/kg wurden von den Tieren noch ohne tox. Symptome vertragen.
M. Wiedemann 4374◇

1184 **Erfordernisse für Proteinsynthesen in der Transduktion.** Harvard Reiter und Eugene P. Goldschmidt. (Virology **18,** 633–42, 1962; Frederick, Md., U. S. Army chem. Corps; engl.) — Die Frequenz der Transduktion ist 10mal höher, wenn die Infektion von *Salmonella typhimurium* LT2 in einem *Aminosäuren* (**I**) enthaltenden Minimalmedium erfolgt als in einem **I**-freien. Der Abfall der Transduktion wird durch tiefe Temp. blockiert, doch durch *KCN*, *2.4-Dinitrophenol*, *5-Methyltryptophan* oder *Chloramphenicol* nicht beeinträchtigt. L. Macher 4374◇

1185 **Die Wirkung von p-Chlormercuribenzoat auf Amöboid-Bewegung, Geißelbewegung und Gleitbewegung.** Shigemi Abe. (Biol. Bull. **124,** 107–14, 1963; Osaka, Osaka Univ., Fac. of Sci., Dep. of Biol.; engl.) — Zellbewegungen verschiedener Art wurden durch *p-Chlormercuribenzoat* (**I**) zunächst verlangsamt, um bei höherer Konz. ganz zum Stillstand zu kommen. Diese Wrkg. kann durch anschließenden Zusatz von *Cystein* (**II**) in höheren Konzz. als die vorhandene **I**-Konz. aufgehoben oder verringert werden. Wenn die Rk. von **I** mit den SH-Gruppen durch Vorbehandlung mit **II** verhütet wird, übt **I** keinen Einfl. auf die Zellbewegung aus.
K. Zingraf 4380◇

E$_4$. Pflanzenchemie, Pflanzenphysiologie, Pflanzenpathologie

1186 **Einige Gesichtspunkte der Chemotaxonomie.** H. Erdtman. (Pure appl. Chem. **6,** 679–708, 1963; Stockholm, Sverige, Inst. för Organisk Kemi, KTH; engl.) — Die Möglichkeiten zur Best. der Pflanzen u. ihre Einordnung in ein bestimmtes Syst. auf der Grundlage ihrer chem. Inhaltstoffe bzw. der Zwischenstufen ihrer enzymat. Biosynth. werden an Hand zahlreicher Beispiele diskutiert. — 57 Literaturangaben. K. Grade 4400◇

1187 **Über den Einfluß der Hybridisierung und der meteorologischen Bedingungen auf die chemische Zusammensetzung des Maiskornes.** A. Nõmmsalu. (Nachr. Akad. Wiss. EstnSSR, biol. Ser. **9,** 325–32, 1960; Akad. der Wiss. der EstnSSR, Inst. für exp. Biol.; estn., Auszug:

engl.) — Die Hybridisierung von 15 Maissorten hatte einen größeren Einfl. auf den Geh. an Rohprotein (I) u. Rohfetten im Maiskorn als die meteorolog. Bedingungen. Sie führte zu einem Fettanstieg um 4,6—6,8% im Vgl. zur Komponente mit dem höchsten Geh. an Fett. Der Geh. an I stieg um 11,8—14,6%. Erhöhte Temp. u. herabgesetzte Luftfeuchtigkeit förderten die Bldg. von an Fetten u. I-reichem Maiskorn. Die chem. Zus. der Hybriden lag zwischen den beiden Ausgangssorten. F. du Mans 4404◇

1188 **Der Aschegehalt einiger Organe der Baumwollpflanze in ihren Entwicklungsperioden.** A. Ss. Ssadykow und M. D. Abramow. (Usbek. chem. J. **7,** 5—9, 1963; Taschkent, Lenin-Univ.; russ.) — Die Best. des Asche-Geh. in den Blättern u. Kapseln der Baumwollpflanze zu verschiedenen Perioden der Entw. ergaben in den Blättern ein Maximum der Mineralisation während der Massenöffnung der Kapseln, ein Minimum während der ersten Nachtfröste. Der Blattgeh. an *Ca, Ba, Sr, Mn, Ti, Ag* u. *Cu* bleibt während der Vegetation fast unverändert, während der Geh. an *Fe* nach den Nachtfrösten stark abnimmt, der Geh. an *Si* zunimmt. *Na* u. *K* nehmen während der Kapselöffnung fast auf das 10fache zu. Charakterist. ist das Auftreten von *Be, Zr, Ga* u. *Mo.* Im Kapselgewebe fehlen zu jeder Vegetationszeit *Zn, Bi, Co, Sn,* Be, Zr, Ga, welche in den Blättern period. auftreten. O. Lebtag 4410△

1189 **Beiträge zur Untersuchung von Meeresprodukten.** 45. Mitt. **Nucleinsäuren aus Schwämmen.** Werner Bergmann, Jeffrey C. Watkins und Martin F. Stempien jun. (J. org. Chemistry **22,** 1308—13, Nov. 1957; New Haven, Conn., Yale Univ., Bingham Oceanogr. Labor.; Sterling Chem. Labor.; dt.) — 43. vgl. C. **1959,** 14744. — Aus 15 weiteren Schwammarten wurden Nucleinsäuren isoliert u. in die Nucleoside gespalten. Die Arten gehörten den Ordnungen der Horn-, Kalk- u. Kieselschwämme an. Alle *Pentosenucleinsäuren* lieferten bei der Spaltung ein Gemisch der Ribonucleoside *Adenosin, Guanosin, Uridin* u. *Cytidin.* Die *Desoxyriboside* von *Adenin, Guanin, Thymin* u. *Cytosin* wurden aus den *Desoxynucleinsäuren* gewonnen. Außer bei *Cryptothetia crypta* treten keine Arabinoside oder andere seltene Nucleoside auf. Überall ist der Geh. an *Ribonucleinsäuren* (RNS) größer als an *Desoxyribonucleinsäuren* (DNS) außer bei Cryptothetia, in dem anscheinend die entspr. Vorstufen in die außergewöhnlichen Nucleinsäuren umgewandelt werden. Das Verhältnis Purine/Pyrimidine beträgt bei den RNS 1,35—1,66 u. bei den DNS 0,94—1,05. Untersucht wurden *Cryptothetia crypta, Ircinia fasiculata, Dysidia crawshayi, D. etheria, Ianthella ardis, Verongia fistularis, Tedania ignis, Microciona prolifera, Halichondria panicea, Spheciospongia vesparia, S. othello, Terpios fugax, Tethya actinia, Cinachyra cavernosa, Chondrilla nucula, Leucetta floridana.* E. Dehmlow 4420

1190 **Vergleichende Untersuchung der Aminosäurenzusammensetzung von Tilia und den Knospen von Sophora japonica.** Ss. I. Jankow. (Ber. Akad. Wiss. UdSSR **142,** 1203—04, 1962; Plowdiw/Bulgarien, Inst. für Nahrungs- u. Genußmittel; russ.) — Die Unters. der *Aminosäure-*Zus. der *Lindenblüte* u. der Knospen von *Sophora japonica* ergaben, daß die Hydrolysate am meisten Serin u. Glycin enthalten; es folgten Glutaminsäure + Threonin u. Arginin. Am geringsten ist der Geh. an Asparaginsäure. Die Hydrolysate der Lindenblüte u. der Sphoraknospe weisen in der Aminosäure-Zus. keine qual., sondern nur quant. Unterschiede auf. O. Lebtag 4420△

1191 **Freie Aminosäuren und verwandte Verbindungen in Samen von Vicia und mögliche taxonomische Bedeutung.** E. A. Bell und A. S. L. Tirimanna. (Biochem. J. **88,** 29, 1963; London, Kings Coll.; engl.) — Vff. behandeln Samen von *Vicia-*Spezies 17 Std. bei Raumtemp. mit A. u. 0,1 n HCl. Nachdem wird zentrifugiert u. der Überstand durch Papierchromatographie u. Hochspannungsionophorese untersucht. *Arginin* (I), *Glutaminsäure* u. *Asparaginsäure* sind allen Spezies gemein. Hohe Konzz. von I (ca. 12) kommen nur in wenigen Spezies vor. Von den Nichtproteinaminosäuren u. verwandten Verbb. kommen hohe Konzz. von *Canavanin, Hydroxyarginin* u. 4 nichtidentifizierte, ninhydrinpositive Verbb. in vielen Spezies vor. *β-Cyanalanin* u. *Pipecolinsäure* kommen sporad. vor. Auf Grund der Ergebnisse kann die Gattung *Vicia* in Gruppen eingeteilt werden. W. Hiller 4420◇

1192 **Die Fettsäure-Zusammensetzung von Filbert-Öl.** Aage Jart. (Acta chem. scand. **17,** 1186—87, 1963; Copenhagen, Technical Univ., Organisk-kemisk Labor.; engl.) — Das aus den Kernen von *Corylus avellana* (Haselnuß) mit Ae. extrahierte Öl wird in Form der Methylester gaschromatograph. auf die Zus. der Fettsäure analysiert: *Palmitin-* (5,0%), *Palmitolein-* (0,1), *Stearin-* (1,4), *Öl-* (77,0), *Linol-* (16,0), *Linolen-* (0,3), *Arachin-* (0,1), *Eicosensäure* (0,1). Der von Fang u. a. (J. Amer. Oil Chemists' Soc. **26,** [1949], 512) mitgeteilte Befund, in einem Haselnußöl 15—20% Eicosensäure nachgewiesen zu haben, wird als unwahrscheinlich hingestellt u. diskutiert. Die Unters. bestätigt die Tatsache, daß das *Haselnußöl* vom Typ des Olivenöls ist. K. Täufel 4420◇

1193 **Die Blattwachse nadelabwerfender Koniferien.** K. Isoi. (J. pharmac. Soc. Japan [Yakugaku-Zasshi] **78,** 814, 1958; Kyoto, Univ. of Kyoto, Med. Fac., Pharmaceut. Inst.; engl.) — Die Unterss. der Blattwachse verschiedener Koniferienarten ergab, daß die Wachse der *Pinaceae-*Arten zum Estolidtyp, die der *Taxodiaceae-*Arten zum nichtestoliden Typ gehören. Damit ergibt sich ein Unterschied zwischen den immergrünen Arten u. den blattabwerfenden Arten. W. Hampel 4420△

1194 **Bildung und Zusammensetzung der Alkaloide der schmalblättrigen Lupine.** N. A. Maissurjan und M. M. Edelstein. (Nachr. Landwirtsch.-Wiss. [UdSSR] **6,** Nr. 1, 46—50, 1961; Moskau, Landwirtsch. Timirjasew-Akad.; russ., Auszug: engl.) — Die relative Menge der Alkaloide in Blättern u. Stengeln der schmalblättrigen Lupine (6 Sorten) nimmt während des Wachstums ab, in den Samen dagegen zu. Unter den Alkaloiden sind das stark tox. *Lupanin* (I) u. das schwach tox. *Hydroxylupanin* (II) am weitesten verbreitet. In den Anfangsstadien der Entw. liegt mehr II als I vor, am Ende der Vegetationsperiode enthält die Pflanze I u. II im Verhältnis 2:1. R. K. Müller 4420◇

1195 **Chamazulen aus Artemesia caruthii.** Enrique Penunuri und Cornelius Steelink. (J. pharmac. Sci. **51,** 598, Juni 1962; Tucson, Ariz., Univ. of Arizona, Dep. of Chem.; engl.) — Das durch Wasserdampfdest. aus dem Kraut von *Artemesia caruthii* Wood gewonnene blaue äther. Öl wurde als *Chamazulen, Trinitrobenzol-Addukt,* $C_{14}H_{16} \cdot C_6H_3(NO_2)_3$, F. 130,5—131°, identifiziert. P. Gregorzewski 4420◇

1196 **Das Anthocyaninpigment der Passionsfruchtrinde.** J. S. Pruthi, R. Susheela und Girdhari Lal. (Food Res. **26,** 385—88, Juli/Aug. 1961; Mysore, India, Central Food Technol. Res. Inst.; engl.) — In der Rinde der Früchte von *Passiflora edulis* Sims werden qual. Spuren von *Chlorophyll, Xanthophyll, Carotinoiden* u. *Flavonoiden* nachgewiesen. Der Farbstoff wird über das Pb-Salz isoliert u. als *Pelargonidin-3-diglucosid* [R_F 0,59; 0,35; 0,50 (absteigend, aufsteigend bzw. Ringchromatogramm an Whatman Nr. 1; Butanol/Eisessig/Wasser; 4:1:5, obere Schicht); —; 0,23; —; (Butanol/2 n HCl, 1:1, obere Schicht); —; —; 0,75 (Phenol/Wasser)] identifiziert. Hydrolyse gibt *Pelargonidin* u. *Glucose.* — UV-Spektrum vgl. Original. F. Heller 4420◇

1197 **Pilzpigmente.** Jarl Gripenberg. (10 nord. Kemistmötet, Stockholm **1959,** 256—64; Helsingfors, Tekn. Högskolan, Kem. Avd.; schwed.) — Vgl. C. **1961,** 4646, 2984, 7232; C. **1962,** 18125 u. C. **1963,** 13619. — Übersicht über die Arbeiten des Vf. über *Cortisalin, Aurantiacin, Cinnabarin, Cinnabarinsäure* u. *Telephorsäure.* K. Zingraf 4420◇

1198 **Neue Untersuchungen über die chemische Zusammensetzung und die oxytocische Aktivität verschiedener afrikanischer Grewia-Arten (Tiliaceen).** R. Paris und J.-P. Théallet. (Ann. pharmac. franç. **19,** 20—23, Jan. 1961; Paris, Fac. de Pharmacie, Labor. de Matière méd.; franz.) — Der Extrakt der Rinde von *Grewia barteri* Burret, *G. carpinifolia* Juss., *G. cissoides* Hutch. et Dalz., *G. lasiodiscus* K. Schum., *G. malacocarpa* Mast., *G. salvi-*

folia Heyne (= *G. bicolor* Juss.), *G. venusta* Fresenius u. *G. elyseoi* Cavaco et Simoes zeigt am isolierten Meerschweinchen-Uterus *Oxytocin-Wrkg.*, die bes. bei *G. elyseoi* sehr stark ist. Bei der aufeinanderfolgenden Extraktion mit PAe., Chlf., Ae., Äthylacetat, Aceton u. A. wird die höchste Aktivität im alkohol. Extrakt gefunden; CH_3OH anstelle von A. liefert noch wirksamere Extrakte. Die *akt. Verb.* (**I**) ist nur in sehr geringer Menge vorhanden u. ist mit Histamin, N-Methylhistamin, Imidazolylessigsäure u. 1-Methylimidazolyl-(4)-essigsäure nicht ident.; die violette Ninhydrin-Rk. u. die Rosafärbung mit Pauly-Reagens sowie das elektrophoret. Verh. machen das Vorliegen eines Imidazolringes in **I** wahrscheinlich. Verss. zur Isolierung von **I** durch Chromatographie waren erfolglos. Neben **I** werden *Tannine*, *Betain*, *Prolin*, *Arginin* u. *Asparaginsäure* im Rindenextrakt festgestellt.
F. Heller 4420◇

1199 **Chemische Bestandteile der Samen von Citrus natsudaidai.** Y. Kihara und S. Tada. (J. agric. chem. Soc. Japan [Nippon Nôgeikagaku Kaishi] **30**, 675—77, 1956; Tokyo, Ochanomizu Univ.; jap.) — Die getrockneten Samen von *Citrus natsudaidai* enthalten 33,1 bis 35,5% *Fett*. Aus den entfetteten Samen werden 25,7 bis 26% *Protein*, 23,9—24,7% *Kohlenhydrate*, 3,2% *Pektin* (als Ca-Pektat) u. 17,1% *Fasern* isoliert. In den Hydrolysaten der Proteinfraktion werden *Cystin*, *Arginin*, *Glutaminsäure*, *Serin*, *Glycin*, *Tyrosin*, *Methionin*, *Phenylalanin*, *Leucin*, *Asparaginsäure* u. *Tryptophan* gefunden, während *Galaktose*, *Fructose*, *Galakturonsäure*, *Glucose* u. *Xylose* als Zuckerkomponenten vorliegen. Als Bitterstoff wird *Nomilin* in Nadeln erhalten.
W. Hampel 4420△

1200 **Untersuchungen der philippinischen Rauwolfia-Arten.** 1. Mitt. **Die Isolierung von Reserpin und Rescinnamin aus Rauwolfia amsoniaefolia A. DC.** R. M. Bernal, A. Villegas-Castillo und O. P. Espejo. (Experientia [Basel] **16**, 353—54, 1960; Manila, Univ. of the Philippines and Nat. Sci. Development Board, Coll. of Pharmacy; engl.) — Getrocknete u. pulverisierte Rinde von *Rauwolfia amsoniaefolia* wird mit Methanol extrahiert, der eingeengte methanol. Extrakt 1:1 mit W. verd. u. mit Chlf. ausgeschüttelt. Nach säulenchromatograph. Trennung werden die Alkaloide *Reserpin* u. *Rescinnamin* isoliert u. durch ihre UV- u. IR-Spektren identifiziert. Papierchromatograph. werden außerdem in R. amsoniaefolia nachgewiesen: *Deserpidin*, *Aricin*, *Yohimbin*, *Methylreserpat* u. evtl. *Ajmalicin*. Der Gesamtalkaloidgeh. in den einzelnen Pflanzenteilen liegt zwischen 0,96% (Blätter) u. 4,16% (Wurzelrinde).
D. Groß 4420◇

1201 **Untersuchungen über die fluorometrischen Bestimmungen von Gesamtflavin, freiem Flavin und Flavinester in Pflanzengewebe mittels Mikrofluorometer.** H. Kondo. (J. agric. chem. Soc. Japan [Nippon Nôgeikagaku Kaishi] **30**, 690—96, 1956; Nagoya, Meijyo Univ., Fac. of Agricult., Labor. of Nutrition; jap.) — Pflanzengewebe werden mit dem 40fachen Vol. an W. extrahiert u. Verunreinigungen mit Trichloressigsäure gefällt. Die Best. von freiem u. verestertem *Riboflavin* (**I**) erfolgt durch Messung vor u. nach Zugabe von Benzoesäure. Blätter enthalten im allg. 1,5—7 γ **I** pro g Frischgewicht, während die Stiele weniger enthalten. Extrem viel **I** enthalten die Blätter von *Vicia faba* (40—50 γ/g). Die Menge von Ester-**I** zu Gesamt-**I** beträgt 40—70% u. ist damit geringer als im tier. Gewebe.
W. Hampel 4425△

1202 **Über die biologische Signifikanz von Flavoviolett im Pflanzengewebe.** Kazuo Hotta und Osamu Ando. (Vitamins [Kyoto] **27**, 205—09, 1963; Nagoya, Nagoya Univ., Fac. of Med. und Gifu, Gifu Women's Junior Coll.; jap., Auszug: engl.) — Werden oberird. Teile von Erbsenpflanzen in einer *Riboflavin* (**I**) enthaltenden Lsg. kultiviert, so bilden sich in den Blättern *Flavoviolett* (*1-Ribityl-2-oxo-3-hydroxy-6.7-dimethylchinoxalin*; **II**). Auch bei normaler Kultur bilden einige Erbsenpflanzen **II**. Werden die oberirdischen Teile von Erbsenpflanzen in **II**-Lsg. kultiviert, so steigt der Geh. an **I** an. Der Anstieg wird größer mit zunehmender **II**-Konz. u. mit zunehmender Kulturdauer. Vff. finden weiterhin eine neue blaue fluorescierende Substanz mit einem R_F-Wert von 0,26 (Butanol, Essigsäure, W.; 4:1:5). Diese Substanz scheint eine Intermediärverb. bei der Bldg. von **I** aus **II** zu sein.
W. Hiller 4425◇

1203 **Einfluß der Spurenelemente auf die Erhöhung der Vitamin-C-aktivität von Tomaten.** Ju. G. Nowoderschkina. (Pflanzenphysiologie [UdSSR] **7**, 121—23, 1960; Rostow a. Don, Med.-Inst., Lehrstuhl für Hygiene; russ., Auszug: engl.) — Die im Treibhaus gezüchteten Tomaten besitzen einen niedrigeren Geh. an *Vitamin C* (**I**) als die frei gezüchteten. Durch Lsgg. von Spurenelementen (Cu, B, Mg, Mn), die in Mengen von 1 Liter/Tomatenpflanze in den Boden gegeben bzw. zum Spritzen der Pflanzen benutzt wurden, erzielte man im Treibhaus eine Erhöhung des **I**-Geh. in Früchten von 18,7 mg/% auf 28,02 mg/%. In Verss. mit verschiedenen Tomatensorten konnte die Abhängigkeit der Erhöhung des **I**-Geh. von der Sorte ermittelt werden. Die höchste Steigerung ergab die Sorte „Perwenetz" mit 80,7%.
E. Gordienko 4425◇

1204 **Über die Konzentration von gebundener Ascorbinsäure im inkubierten Brei der Samen von Phaseolus vulgaris: Einfluß von Komponenten des Radicula-Plumula-Komplexes.** Francesco Badolato und Iride Bucci. (Rend. Accad. Sci. fisiche mat., Napoli [4] **28(100)**, 98—104, 1961; ital.) — Der Gesamt-Geh. der Kotyledonen von Bohnen an gebundener *Ascorbinsäure* (**I**) wurde durch Zusatz von Komponenten des Radicula-Plumula-Komplexes herabgesetzt; die gebundene red. **I** zeigt ein paralleles Verh., während für die gebundene oxydierte **I** nach 24 u. 48 Std. höhere Konzz. als erwartet gefunden wurden.
K. Zingraf 4425◇

1205 **Über die chemische Zusammensetzung der Hagebutten der Nordosetinischen ASSR.** W. A. Bunakow. (Wiss. Hochschulber. [Moskau], biol. Wiss. **1960**, Nr. 2, 144—47; Pjatigorsk, Pharmazeut. Inst., Lehrstuhl für pharmazeut. Chemie; russ.) — Frühere Befunde, daß die an *Ascorbinsäure* (**I**) reicheren Holunderfrüchte auch an *β-Carotin* reicher sind, fanden durch die Unterss. an 6 Holundersorten keine Bestätigung. Der Geh. an *Vitamin P* beträgt 2,71—6,78%. Durch die Extraktion der Samen erhielt man 7,95—13,37% Öl mit einem Geh. von 132—204 mg-% *Vitamin E*. Der Geh. an Gerbstoffen schwankt in den Früchten zwischen 7,50 u. 13,68%, in den Gallen um 22,64%. Zwischen den Geh. an **I** u. Mn sowie an **I** u. reduzierendem Zuckern besteht eine umgekehrte Beziehung.
M. Gordienko 4425◇

1206 **Wirkungen verschiedener Gaben von Bicarbonat, Phosphor und verschiedener pH-Stufen auf den Transport von über das Blatt verabreichtem Eisen in Pflanzen.** Ronald C. Doney, R. L. Smith und Herman H. Wiebe. (Soil Sci. **89**, 269—75, Mai 1960; Logan, Utah State Univ.; engl.) — *Phaseolus vulgaris* u. *Zea mays* wurden 12 Tage in Nährlsg. herangezogen u. dann 3 weitere Tage verschiedenen Konzz. von HCO_3^-, H^+ u. P ausgesetzt. Während der letzten 24 Std. wurde eine 1000 p.p.m. Fe enthaltende $^{59}FeCl_3$-Lsg. über je 1 Blatt verabreicht. Die verschiedenen Pflanzenteile wurden dann getrocknet u. das transportierte ^{59}Fe gemessen. Steigende Konzz. von HCO_3^-, H^+ u. P in der Lsg. hatten einen gesteigerten Fe-Transport aus den behandelten Bohnen- u. Maisblättern in andere Pflanzenteile zur Folge. Dabei wurde ein zunehmender Anteil des transportierten Fe in den transportierenden Pflanzenteilen (Stengel u. Blattstiele) festgestellt. Ein geringerer Anteil des transportierten Fe erreichte die peripheren Teile, die anderen Blätter u. die Wurzeln. In den Wurzeln fanden sich etwa 40% des transportierten Fe, in den anderen Blättern etwa 20%.
G. Jagnow 4450□

1207 **Untersuchungen zur Frage wechselseitiger Beziehungen zwischen keimenden Samen und Mikroorganismen in Samennähe.** Hermann Müller. (Arch. Mikrobiol. **41**, 351—82, 1962; Bonn, Univ., Inst. für Pflanzenkrankheiten; dt.) — Während der Keimung von Weizen gelangen mit der Keimdauer steigende Mengen von *K*, *P*, N-Verbb. u. *Vitamin* B_1 in das Keimbett. An N-Verbb. wurden gefunden: *Asparagin*, *Asparaginsäure*, *Glutaminsäure*, *Alanin*, *Isoaminobuttersäure*, *Valin*, *Leucin*, u. *Isoleucin*. Werden den keimenden Samen Reinkulturen von Mikroorganismen zugesetzt (*Bacterium soli*, *B. my-*

coides, B. subtilis, B. phytophthorum, Pseudomonas fluorescens) so tritt eine Keimungsverzögerung ein, die Wasseraufnahme wird nicht verändert. Bei Einw. von Kulturfiltraten dieser Mikroorganismen tritt Keimverzögerung u. Schädigung der Keimwurzel auf.
W. Hiller 4455◇

1208 **Ausnutzung von 4-Aminoimidazol-5-carbonsäureamid in Pflanzengeweben.** K. V. Giri und P. R. Krishnaswamy. (Nature [London] **180,** 1427, 1957; Bangalore, Indian Inst. of Sci., Depp. of Biochem.; engl.) — Vf. fand, daß nach 4std. Bebrütung bei 37° keimende Samen von *Phaseolus radiatus* mit zunehmender Keimzeit *4-Aminoimidazol-5-carbonsäureamid* (**I**) in Ggw. von *Succinat, Niacinamid, Diphosphopyridinnucleotid, Adenosintriphosphat* u. $MgSO_4$ in höherem Maße ausnutzten als ruhende Samen. Vf. weist darauf hin, daß die Ausnutzung von **I** in der Periode der Zellvermehrung u. des erhöhten Bedarfs an Nucleinsäuren ansteigt u. **I** somit für den Purinstoffwechsel der Pflanze von Bedeutung ist.
S. Hothorn 4455◇

1209 **Über den frühen Eintritt von ^{14}C in die Phosphatide bei der Photosynthese der Blätter von Primula obconica.** N. I. Sacharowa. (Ber. Akad. Wiss. UdSSR **149,** 202 bis 204, **1963**; Wernadski-Inst. für Geochem. u. analyt. Chemie der Akad. der Wiss. der UdSSR; russ.) — Die chromatograph. Unters. der Rk.-Prodd. bei der Photoassimilation von $^{14}CO_2$ durch die Blätter von *Primula obconica* ergab, daß nach 1,5 u. 20 Sek. Photosynth. in den prim. Rk.-Prodd. gebundene Phosphatide mit einer freien NH_2-Gruppe vom Typ des *Phosphatidyläthanolamins* u. des *Phosphatidylserins* nachweisbar sind. Dies spricht dafür, daß ein frühzeitiger Einbau der CO_2 nicht nur in die Kohlenhydrate u. Proteine möglich ist, sondern auch in die Lipoide.
O. Lebtag 4460△

1210 **Dunkelfixierung von CO_2 durch die Blätter von Kartoffeln.** A. T. Mokronossow und T. L. Michailowa. (Ber. Akad. Wiss. UdSSR **147,** 1226—29, 1962; Swerdlowsk, Gorki-Univ.; russ.) — Die Unterss. über die Dunkelfixierung von $^{14}CO_2$ durch die Blätter von Kartoffelpflanzen im Laufe von 20 Sek. bis 20 Min. ergaben, daß schon nach einigen Sek. ^{14}C in den Proteinen nachweisbar ist. Mit 3—5% ist der ^{14}C-Geh. in den Proteinen am höchsten. Bei 20 Min. langer Dunkelfixierung finden sich 15% ^{14}C in den Ketosäuren, u. zwar im Oxalacetat mehr als in α-Ketoglutarat u. Pyruvat. Die Carboxylierung des Pyruvats oder Phosphoenolpyruvats ist demnach der Hauptprozeß bei der CO_2-Assimilierung. Malat u. Aspartat sind die Hauptprodd. der Dunkelfixierung in der in W. u. A. lösl. Fraktion. Eine starke Radioaktivität zeigen 2 nicht näher identifizierte Verbindungen. Bei einer Dunkelfixierung von 5 Min. u. mehr zeigt sich eine sehr schwache Aktivität bei Saccharose, Stärke, Phosphohexosen, Phosphoglycerinsäure u. Alanin. Dies beweist, daß in den Blättern Red.-Mittel vorhanden sind, welche in der Dunkelheit die Red. bis zu den Kohlenhydraten gewährleisten. Mit zunehmendem Alter der Pflanze nimmt der ^{14}C-Einbau in die Proteine ab.
O. Lebtag 4460△

1211 **Entkoppelte Phosphorylierung in Spinatchloroplasten durch Abwesenheit von Kationen.** Andre T. Jagendorf (unter techn. Mitarb. von Marie Smith). (Plant Physiol. **37,** 135—41, 1962; Baltimore, Md., John Hopkins Univ., McCollum-Pratt Inst. and Biol. Dep.; engl.) — Werden Chloroplasten Kationen entzogen, so geht die Fähigkeit zur Phosphorylierung verloren. Der Hemmung der Adenosintriphosphatbldg. geht eine Fähigkeit der verstärkten Red. von $K_3[Fe(CN)_6]$ einher. Diese Entkopplung (durch Präparieren der Chloroplasten in Äthylendiamintetraessigsäure bewirkt) kann verhindert werden durch 10^{-4} m Zusatz eines der folgenden Salze: $MgCl_2$, $MnCl_2$, $BaCl_2$, $CaCl_2$, $SrCl_2$, $CdCl_2$, $ZnCl_2$, $NiCl_2$ u. $CoCl_2$. Bei monovalenten Kationen enthaltenden Salzen muß die Konz. für die Schutzwrkg. 10^{-2} m sein.
W. Hiller 4460◇

1212 **Untersuchungen über die Biosynthese von Lignin unter Verwendung von Kohlenstoffisotopen.** Takayoshi Higuchi und Stewart A. Brown. (Canad. J. Biochem. Physiol. **41,** 65—76, 1963; Saskatchewan, Saskatoon, Prairie Reg. Labor.; engl.) — 10. vgl. C. **1962,** 15289. — *^{14}C-L-Phenylalanin, $^{14}C_{(2)}$-p-Hydroxyzimtsäure, $^{14}C_{(2)}$-Ferulasäure* u. *$^{14}C_{(2)}$-Sinapinsäure* wurden mit 30 u. 73 Tage alten Weizenpflanzen zusammengebracht. Radioakt. *Vanilloyl-* u. *Syringoylmethylketone* wurden dann nach der Äthanolyse der Zellwandrückstände aufgefunden. Die ^{14}C-Verdünnungswerte für jüngere Pflanzen waren im allg. größer, ein Zeichen für langsamere Lignifizierung. Die Unterschiede zwischen jüngeren u. älteren Pflanzen waren geringer für Sinapin- u. Ferulasäure als für p-Hydroxyzimtsäure oder *Phenylalanin.* Sinapinsäure wird in jüngeren Pflanzen in *Lignin* umgewandelt, was zu *Vanilloyl-*, wie zu *Syringoylmetylketon* führt. Glucoseester der radioakt., phenol. *Zimtsäure* wurden entsprechend der verabreichten, markierten Verb. in Pflanzenextrakten wiederaufgefunden. Ein geringer Prozentsatz der Aktivität in den Zellwandrückständen befand sich in der Form der *Ferulsäure,* verbunden durch Esterbindungen.
H. Aman 4460◇

1213 **Über die biochemische Evolution: Lysinbildung in höheren Pflanzen.** Henry J. Vogel. (Proc. nat. Acad. Sci. USA **45,** 1717—21, 1959; Rutgers, State Univ., Inst. of Microbiol.; engl.) — Bei höheren Pflanzen ist *Asparaginsäure* (**I**) eine Vorstufe von *Lysin* (**II**) u. von *Threonin* (**III**). *Acetat* leistet im wesentlichen äquivalente Beiträge zu **I, II** u. **III.** C_1 von *Alanin* (**IV**) wird in größerer Menge in **II** eingebaut, als dies der Umwandlung von **IV** in **I** entspricht. Es scheint, daß der Mechanismus der Synth. von **II** bei höheren Pflanzen dem bei Bakterien u. Grünalgen (aber nicht bei höheren Pilzen) entspricht, u. daß dabei *$\alpha.\varepsilon$-Diaminopimelinsäure* als Zwischenstufe auftritt.
K. Zingraf 4460◇

1214 **Bildung von β-Alanin durch mit Zwischenprodukten des Uracils und Orotsäurestoffwechsels angefülltem Kiefergewebe.** Robert L. Barnes und Aubrey W. Naylor. (Plant Physiol. **37,** 171—75, 1962; Durham, N. C., Duke Univ., U. S. Dep. of Agricult. and Dep. of Bot., Forest Serv., Southeastern Forest Exp. Stat.; engl.) — Vff. verwenden Kulturen von Embryonen von *Pinus palustris, P. elliotii* u. von Gewebekulturen von *P. dausa* u. untersuchen an diesen die *β-Alanin*(**I**)-Biosynthese. Erhalten die Kulturen der Embryonen *^{14}C-Asparaginsäure,* so findet sich die meiste Aktivität in *Äpfelsäure* u. *Glutaminsäure* wieder, geringere Aktivität ist in *Asparagin, Citronensäure, Bernsteinsäure, Alanin* vorhanden. Auch Inkubation der Gewebe mit *Spermin* oder *Spermitin* führt zu keiner Anreicherung von **I.** Wird dagegen mit *Uracil* inkubiert, so ist eine merkliche Zunahme von **I** festzustellen. Dies führt zu der Annahme, daß der reduktive Weg der Uracilnutzung zu **I** führt. Auch die Inkubation mit *Dihydrouracil* u. *N-Carbamyl-β-alanin* (**II**) führt zu einer **I**-Anreicherung. Bei Inkubation mit *$^{14}C_{(6)}$-Orotsäure* erscheint die Radioaktivität in erster Linie in den Uridinnucleotiden, von der verbleibenden Aktivität findet sich der größte Teil in **II** u. **I.** Die Ergebnisse bestätigen die Existenz folgender Sequenz: Orotsäure → → Uridin → → Uracil → Dihydrouracil → **II** → **I.** Der Pyrimidin-Katabolismus ist im Kieferngewebe ein wichtiger Mechanimus der **I**-Synthese.
W. Hiller 4460◇

1215 **Biosynthese von Pflanzenglykosiden aus Uridindiphosphatglucose.** C. E. Cardini und Tsutomu Yamaha. (Nature [London] **182,** 1446—47, 1958; Buenes Aires, Inst. des Investig. Bioquim, „Fundación Campomar" u. Fac. de Cienc. Exact. y Natur.; engl.) — Ein Enzymextrakt aus Weizenkeimen katalysiert folgende Rk.-Schritte in Ggw. von Hydrochinon u. Uridindiphosphatglucose: 1. Bldg. von *Hydrochinon-β-glucosid* (**I**; *Arbutin*), 2. Bldg. von *Gentiobiosylhydrochinon* durch Glykosidierung des **I** in Position 6 des Glucoserestes.
W. Schönborn 4460◇

1216 **Biosynthese der Alkaloide in Mohnpflänzchen.** Jacques Massicot. (Ann. pharmac. franç. **19,** 44—52, Jan. 1961; Paris, Museum nat. d'Histoire natur., Labor. de Chimie; franz.) — Die Keimlinge von *Papaver somniferum* (Varietät „Pavot bleu aveugle") enthalten am 3., 4., 5., 6., 7. bzw. 8. Tage nach der Keimung je 0,03, 0,4, 0,6, 1,4, 2,0 bzw. 3,2 μg (je 100 Keimlinge) an *Morphin* (**I**) u. *Codein* (**II**) sowie 0, 0,8, 4,2, 8,6, 13 bzw. 16 μg *Thebalin.* Der Alkaloid-Geh. der Wurzeln beweist, daß die Biosynth. nicht nur in den Wurzeln erfolgt. Zugabe von I-Hydrochlorid bewirkt eine Erhöhung des Geh. an **II**, die durch Zusatz von Narcein, das als Methyldonator wirkt, beschleunigt wird u. die Biosynth. von **II** aus **I** wahrscheinlich macht. F. Heller 4460◇

1217 **Phytochemische Untersuchung bei der Kultur von Arzneipflanzen.** 10. Mitt. **Über die Alkaloidbiogenese in Ephedra.** 2. Mitt. Shoji Shibata und Izumi Imaseki. (Pharmac. Bull. [Tokyo] **4,** 277—80, 1956; Tokyo, Univ., Med. Fac., Pharmac. Inst.; Tokyo, Tsumura Labor.; engl.) — 1. vgl. Pharmac. Bull. [Tokyo] **1,** [1953], 285; 9. vgl. C. **1960,** 17494. — Durch Hydrokultur von *Ephedra distachya L.* (E.d.) in Ggw. von ^{15}N-markiertem Alanin (I) bzw. Phenylalanin (II) wurde gezeigt, daß die Biogenese des *Ephedrins* über Phenylalanin u. nicht über Alanin erfolgt. In 3 Verss. wurden der oberird. Teil der E. d. in der **I** bzw. **II** enthaltenden Nährlösung bei 17,5—22° bzw. 18—28,5° u. die ganze Pflanze in der **II** enthaltenden Nährlösung bei 18—28,5° 1 Woche lang aufbewahrt. Danach wurde das Pflanzenmaterial im frischen Zustand u. bei 55—65° getrocknet gewogen. Außerdem wurden der pH (7,2 u. 6,8), u. freies u. gebundenes NH_3 der Nähr-Lsg. bestimmt, in der neben **I** u. **II** keine weiteren Aminosäuren gefunden wurden. Die Isolierung des l-Ephedrins aus dem oberird. Teil von E. d. u. die Gesamt- u. Protein-N-Best. erfolgten nach den von den Autoren schon verwandten Meth. (vgl. 1. Mitt.). Die ^{15}N-Konz. wurde massenspektrometr. gemessen.

Versuche: *^{15}N-Ammoniumchlorid* (**III**), $^{15}NH_4Cl$, aus $(^{15}NH_4)_2SO_4$ (6,93 Atom-% ^{15}N). — *DL-^{15}N-Alanin*, F. 289—290°, nach der Meth. von Kundall u. McKenzie [1929] mit **III**; 6,924 Atom-% ^{15}N. — *DL-^{15}N-Phenylalanin*, F. 263°, nach der Meth. von Dakin bzw. Schoenheimer u. Ratner [1929] bzw. [1939] durch Aminierung von Phenylbrenztraubensäure mit $^{15}NH_3$ (10,16 Atom-% ^{15}N); 9,965 Atom-% ^{15}N. — *l-Ephedrinhydrochlorid*, F. 217°; R_f 0,81 ± 0,01 (Butanol : Eisessig : Wasser = 4 : 1 : 2). S. Hiller 4460△

1218 **Wirkung von Pflanzenwachstumsregulatoren und Herbiciden auf den Stoffwechsel von ^{14}C-Acetat in Erbsenwurzelgeweben.** Vernon L. Stevens, Joseph S. Butts und S. C. Fang. (Plant Physiol. **37,** 215—22, 1962; Oregon, State Univ., Dep. of Agricult. Chem. and Dep. of Chem.; engl.) — Vff. inkubieren Erbsenwurzelgewebe in Phosphat-Puffer mit $^{14}C_{(1)}$- u. *$^{14}C_{(2)}$-Acetat* (I) für 4 Std., danach wird die Aktivität des Atmungs-CO_2, des A.-Extrakts u. des in A. unlösl. Restes bestimmt. Behandlung mit 10^{-4} m *2.4-Dichlorphenoxyessigsäure* bewirkt verstärktes Auftreten des $C_{(1)}$ in dem Atmungs-CO_2 u. verringerten Einbau in das Zellwandmaterial. Die 8 untersuchten Phenoxysäuren (10^{-4} m) hemmen die I-Aufnahme durch die Wurzeln u. stimulieren die I-Ausnutzung. *2.3.5-Trijodbenzoesäure, 2.3.6-Trichlorbenzoesäure, Isopropyl-N-phenylcarbonat, Äthyl-N.N-dipropylthiocarbamat, Simazin* u. *Phenylmercuriacetat* hemmen in verschiedenen Konzz. die I-Aufnahme u. den I-Einbau. W. Hiller 4485◇

1219 **Die Rolle des Äthylens bei der Fruchtreife.** Stanley P. Burg und Ellen A. Burg. (Plant Physiol. **37,** 179—89, 1962; Univ. of Miami School of Med., Dep. of Physiology; engl.) — Vff. untersuchen die Theorie, ob *Äthylen* (I) ein Reifungshormon für Früchte ist an 17 Fruchtarten. Die Konz. an **I** in den Früchten schwankt von 0,05—2,1 ppm (Bananen) bis 466—530 ppm (Passionsfrucht). Die **I**-Produktion der verschiedenen Früchte ist nicht mit der **I**-Konz. in den Früchten korreliert. Der **I**-Geh. u. die **I**-Produktion weist während der Reife ein Maximum auf. Das Maximum der CO_2-Bldg. (Reifeklimakterium) tritt bei Mangofrüchten meist 2 Tage später als das Maximum der **I**-Bldg. auf. **I**-Gaben beschleunigen bei Mangofrüchten die Reife, die Beschleunigung ist dem log der **I**-Konz. proportional. Nach Meinung der Vff. kann **I** als Reifungshormon angesehen werden. W. Hiller 4485◇

1220 **Einfluß von Hormonen auf den Atmungsstoffwechsel von gesunden und mit Rost befallenen Geweben.** J. M. Daly, L. R. Krupka und A. A. Bell. (Plant Physiol. **37,** 130—34, 1962; Lincoln, Univ. of Nebraska; engl.) — Werden Weizenblätter mit 0—100 ppm *Indolylessigsäure* (I) vorbehandelt, so stimulieren Konzz. von 1—5 ppm die Atmung, während hohe Konzz. (100 ppm) sie hemmen. Analoge Ergebnisse werden bei Bohnen u. *Carthamus tinctorius* erhalten. Unterschiede im C_6/C_1-Verhältnis (Verhältnis von $^{14}CO_2$ aus $^{14}C_{(6)}$-Glucose zu $^{14}CO_2$ aus $^{14}C_{(1)}$-Glucose. bei der Respiration) sind nicht zu verzeichnen, d. h., daß der Glucosestoffwechselweg dadurch nicht verändert wird. Auch bei mit Rost infizierten Weizen- u. Bohnenblättern ändert sich das C_6/C_1-Verhältnis durch Behandlung mit **I** nicht. W. Hiller 4485◇

1221 **Die Wirkung von Gibberellin auf die Keimung von Samen von Holzgewächsen.** M. G. Nikolajewa und W. G. Judin. (Ber. Akad. Wiss. UdSSR **150,** 686—90, 1963; Komarow-Inst. für Botanik der Akad. der Wiss. der UdSSR; russ.) — Die Behandlung des Samens von eschenblättrigem Ahorn mit 0,25%ig. *Gibberellin*(I)-Lsg. kann die erforderliche 3—5 Monate lange Kältestratifikation nicht ersetzen. Bei der Samenbehandlung von Spindelbaum u. Esche mit 0,001—0,25%ig. **I**-Lsg. wird die Kältestratifikation jedoch nicht beeinflußt. O. Lebtag 4485△

1222 **Die Reaktion von Heteroauxin und Gibberellin bei der Bildung von Wurzeln und Trieben von Weidenstecklingen.** R. Ch. Turetzkaja, W. I. Kefeli und E. M. Kof. (Ber. Akad. Wiss. [UdSSR] **148,** 461—64, 1963; Timirjasew-Inst. für Pflanzenphysiol. der Akad. der Wiss. der UdSSR; russ.) — Bei Behandlung der Weidenstecklinge mit *Heteroauxin* (I) oder I + *Gibberellin* (II) verteilt sich **I** gleichmäßig auf den Steckling. **II** stört den **I**-Eintritt nicht. Nach der Wurzel-Bldg. wird im oberen Teil des Stecklings kein **I** beobachtet, weil **I** in den unteren Teil abwandert u. für die Wurzel-Bldg. verbraucht wird. Werden die oberen Spitzen mit **I** bzw. **II**, die unteren mit **II** bzw. **I** behandelt, so unterdrückt **II** die **I**-Aktivität. Nach der Wurzel-Bldg. verschwindet **I** völlig. Das in die Basis des Stecklings eingeführte **II** wird nicht bei der Bldg. von Wurzeln u. Trieben verbraucht. In der Vers.-Zeit von 9 Tagen verändert sich der **II**-Geh. nicht. Nach der Blatt-Bldg. läßt sich in den Stecklingen weder natürliches **I** noch natürliches **II** nachweisen. Bei der Zufuhr von **I** u. **II** von außen wirken sie antagonist. aufeinander. O. Lebtag 4485△

1223 **Einfluß des Gibberellins auf Gemüsepflanzen.** W. F. Belik, Je. A. Ossnitzkaja, Ss. M. Tretjakow, Ss. F. Polunin und N. A. Chochlatschewa. (Nachr. Landwirtsch.-Wiss. [UdSSR] **6,** Nr. 2, 28—33, Febr. **1961**; Forschungs-Inst. für Gemüsewirtschaft der RSFSR; russ., Auszug: engl.) — Tomatenpflanzen, Aubergine, Pfeffer, Kopfkohl, Blumenkohl u. Frühkohl wurden mit *Gibberillin* (I) während des Wachstums behandelt, u. zwar wurde entweder mit einer 0,0001%ig. **I**-Lsg. mehrmals gespritzt, der Wachstumspunkt täglich bzw. jeden 2. Tag mit je 1—2 Tropfen einer 0,01%ig. **I**-Lsg. behandelt oder der Same in verd. **I**-Lsgg. eingeweicht. Am wirksamsten war das Betropfen, jedoch war die Wrkg. ungünstig: die Pflanzen wuchsen zwar rascher, reiften jedoch später; der Ertrag war geringer als bei den Kontrollpflanzen. Zudem stieg die Zahl der Mißbildungen. An positiven Wrkg. konnte jedoch beobachtet werden, daß **I** die Frostbeständigkeit der Auberginen steigerte, gepfropfte Pfefferpflanzen sich besser akklimatisierten u. die Kohlpflanzen weniger anfällig gegen Hernie waren. A. v. Wilpert 4485◇

1224 **Die Aufhebung der Hemmwirkungen von 3-Amino-1.2.4-triazol auf das Sämlingswachstum durch Riboflavin.** J. L. Hilton. (Plant Physiol. **37,** 238—44, 1962; Beltsville, Md.; U. S. Dep. of Agricult., Agricult. Res. Serv., Corps Res. Div.; engl.) — Die Wrkg. von *Amitrole* (**I**; *3-Amino-1.2.4-triazol*) auf das Wachstum von Gerste u. Weizen wird durch *Riboflavin* (**II**) nur dann antagonisiert, wenn **I** u. **II** auf den Samen zur Zeit der Aussaat angewendet werden. Die Toxizität von **I** wird durch **II** nicht aufgehoben, wenn die Wurzeln der Sämlinge mit **I** u. gleichzeitig die Blätter mit **II** behandelt werden oder umgekehrt. **II** kann die durch 10^{-3}—10^{-2} m **I** verursachte Hemmung des Wurzel- u. Koleoptilenwachstums aufheben. *Histidin, Adenin* oder *Cytosin* zeigen geringe Wirkung. Obwohl *Isoriboflavin* (**III**; eine Methylgruppe steht in 8- anstatt in 6-Stellung) in physiolog. Syst. **II** nicht ersetzen kann, zeigt es in der Aufhebung der Toxizität von **I** die gleiche Wrkg. wie **II**, wenn die Sämlinge im Licht stehen. In Dunkelheit ist nur **II** wirksam. Vf. nimmt an, daß **I** durch photoaktivierte Flavine zerstört wird, da bei einer **I**, **II** u. **III** enthaltenden Lsg. bei Belichtung **I** zerstört wird. 50%ig. Hemmung des Wachstums durch **I** bei Weizen, Mais, Hafer, Soja, Luzerne, Flachs, Buchweizen u. Gurke tritt bei Konzz. von $3 \cdot 10^{-6}$ bis 10^{-2} m ein. Auch die erforderlichen **II**-Mengen zur Aufhebung der **I**-Wrkg. sind verschieden. Vf. nimmt an, daß der **II**-Geh. der Pflanzen in dieser Hinsicht eine Rolle spielt. W. Hiller 4485◇

1225 **Die Einwirkung von 2.3.5-Trijodbenzoesäure und Glutathion auf die Morphologie und den Auxinkatabolismus von in vitro kultivierten Geweben.** Paul Emile Pilet. (Physiol. Plantarum [Copenhagen] **16**, 299—309, 1963; Lausanne, Univ. de Lausanne, Labor. de Physiol.; franz.) — Unterss. an Mohrrüben über den Einfl. von *2.3.5-Trijodbenzoesäure* (**I**) u. *Glutathion* (**II**) in Kulturen mit 2—4—8 mg **I** pro Liter, 0,5—1,0—2,0 mg **II** pro Liter u. Gemischen von **I** u. **II** zeigen, daß beide Substanzen an in vitro-kultiviertem Mohrrübengewebe ein spezif. Wachstum bedingen. **I** vermindert dabei die Wirksamkeit von **II**, wenn beide im Kulturmedium vorhanden sind. **I** u. **II** sind Inhibitoren des Auxinkatabolismus, was in vivo und in in vitro nachgewiesen wird.
K. Dorfner 4485◇

1226 **Über den Einbau von ^{35}S-Methionin in die Proteine der krebsresistenten und krebsempfindlichen Kartoffelsorten.** D. W. Lipssitz. (Ber. Akad. Wiss. UdSSR **146**, 947—50, 1962; Tschernowitz, Allunions Forschungs-Inst. für Pflanzenschutz, Forschungsstation für Kartoffelkrebs; russ.) — In Verss. mit verschiedenen Kartoffelsorten zeigen die *Proteine* (**I**) der krebsempfindlichen Knollen im Vgl. zu den krebsresistenten Knollen einen erhöhten Einbau von *^{35}S-Methionin* (**II**). Am stärksten ist der **II**-Einbau bei den Krebsgeweben. Bei den Blättern besteht ein Unterschied im **II**-Einbau zwischen krebsresistenten u. krebsempfindlichen Sorten nicht. In der keimenden Knolle ist der **II**-Einbau in die **I** stärker als in der ruhenden Knolle. Durch Indolylessigsäure wird der **II**-Einbau stark gehemmt. 0,005 m Äthionin-Lsg. intensiviert sehr stark den **II**-Einbau in die **I** von Blatt u. Knolle. Aus den Vers.-Ergebnissen ist zu schließen, daß nach dem Eindringen des Krebserregers Synchytrium endobioticum (Schieb.) Perc. in die Kartoffelpflanze der **I**-Umsatz verändert wird. O. Lebtag 4490△

1227 **Einfluß der Wärmebehandlung auf die Widerstandsfähigkeit von Pflanzenzellen gegenüber Natriumazid.** A. G. Lomagin. (Ber. Akad. Wiss. UdSSR **147**, 717—20, 1962; Komarow-Inst. für Botanik der Akad. der Wiss. der UdSSR; russ.) — Werden Blätter von *Tradescantia fluminensis Vell.* u. *Campanula persicifolia L.* nach 18std. Aufenthalt in der feuchten Kammer von 36,5 bzw. 37° (Kontrolle Zimmer-Temp.) mit $2 \cdot 10^{-2}$ m *NaN_3*-Lsg. behandelt, so ist die Beweglichkeit des Protoplasmas die gleiche wie in der Kontrolle; es zeigt sich sogar eine Tendenz der erhöhten Empfindlichkeit. Unter den Vers.-Blättern gibt es viel mehr Blätter als in der Kontrolle, die ein Plasmolysevermögen beibehalten. Bei der Schädigung der Blätter von Tradescantia durch NaN_3 wird viel weniger Anthocyan ausgeschieden als in der Kontrolle. Durch die Wärmebehandlung der Blätter wird danach die Resistenz gegenüber NaN_3 erhöht, da hierdurch die Proteine widerstandsfähiger gegenüber der denaturierenden Wrkg. von NaN_3 werden. O. Lebtag 4495△

1228 **Wirkung verschiedener Herbicide auf den Glucosestoffwechsel in Wurzelgewebe von Gartenbohnen, Pisum sativum. 1. Mitt. 2.4-Dichlorphenoxyessigsäure und ihre Analogen.** John B. Bourke, J. S. Butts und S. C. Fang. (Plant Physiol. **37**, 233—37, 1962; Coroallis, Oreg.,; Oregon State Univ., Dep. of Chem. and Oregon Agricult. Exp. Stat., Dep. of Agricult. Chem.; engl.) — Vff. prüfen die Wrkg. einer Behandlung mit *2.4-Dichlorphenoxyessigsäure* (**I**) u. ihren Analogen auf die Resorption u. Umbldg. von *Glucose* (**II**) in CO_2, in A.-lösl. Verbb. u. in A.-unlösl. Verbindungen. Die **II**-Aufnahme wird durch **I**-Konzz. von 10^{-5} bis 10^{-3} gegenüber den Kontrollen auf 85,5—12,3% gesenkt. Mit steigender **I**-Konz. findet sich in zunehmenden Maße $^{14}CO_2$, das aus $^{14}C_{(1)}$-**II** stammt an Stelle von $^{14}C_{(6)}$-**II**, in dem Respirationsgas. Dies Ergebnis deutet auf die zunehmende Bedeutung eines anderen Stoffwechselweges mit zunehmender **I**-Konzentration hin. Die herbicide Wrkg. von **I** u. *2.4.5-Trichlorphenoxyessigsäure* ist nicht allein auf die Veränderungen im **II**-Stoffwechsel zurückzuführen.
W. Hiller 4495◇

E_5. Tierchemie, Tierphysiologie, Tierpathologie

1229 **Die Citronensäure unter physiologisch-chemischen Aspekten.** K. Täufel. (Acta chim. Acad. Sci. hung. **21**, 219—33, 1959; Potsdam-Rehbrücke, Inst. f. Ernährung der Deutschen Akad. der Wiss. zu Berlin; dt.) — Vortragsbericht. Unter bes. Berücksichtigung ernährungsphysiolog. Gesichtspunkte werden in zusammenfassender Weise Wesen u. Bedeutung der Citronensäure in der belebten Natur dargestellt. An Hand von Beispielen, Diagrammen, Tabb. usw. zumeist eigener experimenteller Befunde werden abgehandelt: Der Citronensäure-Cyclus im Intermediärstoffwechsel von Mensch, Tier u. Pflanze; die Citronensäure als Bestandteil der Lebensmittel; die Citronensäure als Baustein der Knochen; die Biogenese der Citronensäure in normalen u. in bösartigen Geweben.
K. Täufel 4500◇

1230 **Gehalt einiger Spurenelemente im Knochengewebe bei der Immobilisation.** W. M. Gordijenko und A. M. Bilous. (Ukrain. biochem. J. **35**, 428—35, 1963; Charkow, Ukrain. Ssitenko-Forschungs-Inst. für Orthopädie u. Traumatol.; ukrain., Auszug: engl.) — Durch spektrograph. Messungen wurde der Geh. an *Fe*, *Mn*, *Cu* u. *Al* in dem durch Anlegen eines Gipsverbandes (5—360 Tage) immobilisierten Knochen der hinteren Extremität des Kaninchens, im nicht immobilisierten gegenüberliegenden Knochen u. im Schulterknochen ermittelt. Danach erhöht sich in den ersten 10—15 Tagen in allen untersuchten Knochen der Geh. der genannten Elemente. Nach 15—30 Tagen erfolgt eine Abnahme bis unter die Norm. Am stärksten sind die Veränderungen im immobilisierten Knochen. O. Lebtag 4510△

1231 **Chromatographische Untersuchungen der Kohlenhydrat-Bestandteile von Zahnschmelz.** R. C. Burgess, G. Nikiforuk und Catherine MacLaren. (Arch. oral Biol. **3**, 8—14, 1960; Toronto, Canada, Univ., Fac. of Dentistry, Div. of Dental Res.; engl.) — Zahnschmelzpulver, das nach der Meth. von Manley-Hodge gereinigt ist, wird durch Dialyse gegen Äthylendiamintetraacetat (pH 7,1) entmineralisiert, der nicht dialysierbare Rückstand durch Inkubation mit Dowex-50-X 12 u. 0,05 n HCl bei 105° während 24 Std. hydrolysiert. Die Hydrolysate werden papierchromatograph. auf ihre Kohlenhydrat-Zus. untersucht, wobei hauptsächlich ein Pyridin–n-Butanol–Wasser (1:3:1)-Syst. verwendet wird. 6 Aldozucker lassen sich im Schmelz vom Menschen u. Rind nachweisen. 3 *Aldohexosen*, *Galaktose*, *Glucose* u. *Mannose*, machen 1,55 mg von den insgesamt 1,65 mg Gesamt-Aldosen aus 100 g Schmelz aus. Die 3 anderen Aldosen sind wahrscheinlich *Fucose*, *Rhamnose* u. *Xylose*.
F. Zeidler 4510◇

1232 **Neuere Fortschritte bei der Untersuchung der Kristallchemie von Zahnschmelz.** Duncan McConnell. (Arch. oral Biol. **3**, 28—34, 1960; Columbus, Ohio, USA State Univ., College of Dentistry; engl.) — Im Hinblick auf ausführliche Unterss. des Vf. u. anderer Forscher muß angenommen werden, daß Zahnschmelz nur aus einer einzigen „mineralischen" Phase u. zwar Carbonathydroxyapatit (Dahllite) besteht. Man kann vernünftigerweise nicht annehmen, daß die Kristallstruktur oder -chemie von Knochen u. Dentin bedeutsame Unterschiede haben. Selbst beim Knochen des Rindes hat François keinen isotop. Austausch von ^{14}C beobachten können. Die Auffassung, daß auf der Oberfläche der Kristallite Carbonat adsorbiert sei, muß als unrealist. Spekulation abgelehnt werden. Die 1952 vom Vf. aufgestellte Theorie ist im wesentlichen bestätigt.
F. Zeidler 4510◇

1233 **Der Einfluß des Lebensalters auf Chondroitinsulfate und Kollagen der Aorta, des Myocardiums und der Haut beim Menschen.** Boy Clausen. (Lab. Invest. **12,** 538—42, 1963; Kopenhagen, Univ. of Copenhagen, Connective Tissue Res. Labor.; Rigshosp.; engl.) — Bei Menschen im Alter zwischen 4 Monaten und 86 Jahren zeigt sich in den genannten Geweben ein abnehmender *Uronsäure*-Geh. mit steigendem Alter u. gleichzeitig ein ansteigender Geh. an *Chondroitinsulfat B.* Speziell beim Myocardium ist der Abfall nach dem siebzigsten Lebensjahr weniger steil. K. Dorfner 4520◇

1234 **Isolierung und Charakterisierung einer Polyhydroxyverbindung in erwachsenen Tribolium confusum Duval.** Anima Devi, M. A. Mukundan, F. V. Patil und N. K. Sarkar. (Experientia [Basel] **19,** 404—05, 1963; Quebec, Canada, Laval Univ., Fac. of Med., Dep. of Biochem.; engl.) — Vff. weisen in Homogenaten von 28—30 Tage alten *Tribolium confusum* durch Papierchromatographie folgende 9 Aminosäuren nach: *Cystein, Arginin, Glycin, Tryptophan, Alanin, Leucin, Prolin, Phenylalanin* u. *Valin.* Vff. nehmen an, daß das Insekt nur 9 Aminosäuren besitzt. Außer den 9 Aminosäuren wird noch *Brenzcatechin* gefunden. W. Hiller 4520◇

1235 **Die Denaturierung und Renaturierung von Kollagen aus der Regenwurmhaut.** Morton D. Maser und Robert V. Rice. (Biochim. biophysica Acta [Amsterdam] **74,** 283—94, 1963; Pittsburgh, Pa., Mellon Inst.; engl.) — Die hauptsächliche Proteinkomponente aus der Regenwurmhaut muß angesichts der aufgestellten Charakteristik im Vgl. zu anderen Arten als *Kollagen* angesehen werden. Es hat eine Denaturierungstemp. von 23°. Die Renaturierung vieler denaturierter Teile ist durch Abkühlen möglich. Es ist weiterhin resistent gegen Trypsin, wird aber von Kollagenase abgebaut. Nach der Hitzedenaturierung spaltet es analog den α-, β- u. γ-Komponenten des Tropokollagens in drei Komponenten. Diese Komponenten haben $s^0_{20,w}$-Werte, die auf die doppelte Länge der Proteinketten wie bei Kollagen aus Vertebraten hindeuten. Die niedrige Denaturierungstemp. von 23° u. der hohe Hydroxyprolingehalt von 153 Endgruppen/1000 Gesamtendgruppen stützen die Hypothese, daß die ster. Anordnung der Iminogruppen die Kollagenhelix stabilisiert, während die Möglichkeit, daß Wasserstoffbindungen aus dem Hydroxyprolin stabilisierend wirken, ausgeschlossen werden muß. K. Dorfner 4520◇

1236 **Phospholipid-Zusammensetzung von Geweben von Maus, Rind, Schwein, Katze und Hamster.** John N. Youngs und W. E. Cornatzer. (Comparat. Biochem. Physiol. **9,** 257—59, 1963; Grand Forks, N. Dak., Univ. of North Dakota, School of Med., Dep. of Biochem., Guy and Berta Ireland Res. Labor.; engl.) — Die *Phospholipid*-Zus. in Leber, Niere, Herz u. Milz von Mäusen, Rindern, Schweinen, Katzen u. Hamstern ist sehr ähnlich. K. Zingraf 4520◇

1237 **Die Sterinester von Eiern der Stubenfliege.** R. C. Dutky, W. E. Robbins, J. N. Kaplanis und T. J. Shortino. (Comparat. Biochem. Physiol. **9,** 251—55, 1963; Beltsville, Md., U. S. Dep. of Agr., Agr. Res. Serv., Entomol. Res. Div., Insect Physiol. Labor.; engl.) — Die *Sterinester*(**I**)-Fraktion machte in den Eiern der Stubenfliege ca. 41% der Gesamt-Sterine aus, bei ♀ Fliegen dagegen nur 8,4%. Die *Fettsäuren* (**II**) der **I**-Fraktion der Eier bestehen zu > 90% aus einfach ungesätt. **II** mit 16 u. 18 C-Atomen. Die **II** der Triglycerid-Fraktion der Eier u. der ♀ Fliegen unterschieden sich von denen der **I**-Frkation der Eier durch einen höheren Sättigungsgrad u. einen größeren Anteil der **II** mit 16 C-Atomen. K. Zingraf 4520◇

1238 **Ein neues Äthanolamin-haltiges Lipid aus Eidotter.** Herbert E. Carter, Donald B. Smith und D. N. Jones. (J. biol. Chemistry **232,** 681—94, 1958; Urbana, Ill., Univ., Noyes Labor. of Chem., Div. of Biochem. — Vgl. Federat. Proc. **16,** [1957], 817. — Milde alkal. Hydrolyse von Eidotterphosphatiden gab eine Sphingolipid-Rohfraktion, die bei der Trennung an SiO_2-Säule 4 Hauptfraktionen, *Ceramid, Cerebrosid, Äthanolamin-Lipid* (**I**) + *Cerebrosid* u. *Sphingomyelin* (**II**), lieferte. Gereinigtes **I** ist **II**-frei u. besteht vorwiegend aus einem ninhydrinpositiven *Phosphoryläthanolaminderiv.* (**Ia**) des *Butylalkohols.* Auf Grund des chem. Verh., der Identität eines mittels sd. Acetanhydrid-Essigsäure aus **Ia** erhaltenen Abbauprod. mit synthet. *α-Octadecylglycerinätherdiacetat* (**III**), sowie von IR- u. NMR-Spektren kommt **Ia** wahrscheinlich die angegebene Konst. (*Phosphatidsäure* **Ib**) zu. Das Vork. ähnlicher Glycerinätherphosphatide in anderen Lipiden ergibt sich aus analyt. Daten. Die Alkalistabilität der Glycerylphosphoryläthanolamin-Gruppierung von **I** steht mit derjenigen der Modellverb. **III** in Einklang.

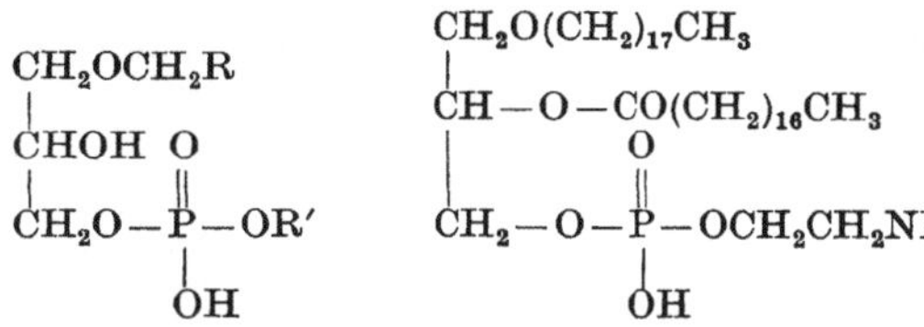

III

Ia R = $C_{17}H_{35}$ **Ib** R = $C_{17}H_{35}$
R′ = $CH_2CH_2NH_2$ R′ = H

Versuche: *Rohsphingolipid,* aus 10 kg Eiöl durch erschöpfende Acetonextraktion (1947 g Ausbeute) u. Hydrolyse durch Schütteln mit n KOH bei 37° (24 Std.); 1,7%. — *Äthanolamin-Lipid* (**I**), $C_{23}H_{50}NO_6P$, Sintern bei 140—150°, Auftreten fl. Krist. bei 175°, F. 180—190°, Auftreten größerer Krist., F. 206—210°, aus vorst. Rohsphingolipid (20 g) durch Pyridinextraktion der lösl. Cerebrosidfraktion, Behandeln des unlösl. Rückstands mit Essigsäure bei Raumtemp., Fraktionierung des Essigsäurekonzentrats mit Aceton u. SiO_2-Chromatographie der ninhydrinpositiven Fraktionen (CH_3OH–Chlf.); 235 mg. Durch 8,5 Std. Acetolyse in sd. Acetanhydrid–Essigsäure (2:3) ein nach IR- u. NMR-Spektrum mit **III** ident. Produkt (Perjodatverbrauch nach Hydrolyse mit n äthanol. KOH 0,93 Mol/Mol). — *β-Octadecylglycerinäther,* F. 60—61° (A.), aus 1.3-Benzylidenglycerin durch Kochen mit K in Bzl. (1 Std.), 8 Std. Erhitzen mit Octadecyljodid u. Spaltung des *1.3-Benzylidenglycerin-2-octadecyläthers,* F. 42—44° (wss. A.), in sd. 75%ig. A. + konz. HCl (70 Min.). *$\alpha.\alpha'$-Diacetat,* $C_{25}H_{48}O_5$, mit Pyridin–Acetanhydrid (1 Std., 80—85°). — *α-Octadecylglycerinäther-$\alpha.\beta$-diacetat,* F. 34 bis 35° (A.) aus 59,5 mg α-Octadecylglycerinäther (Butylalkohol) wie vorstehend. K. Maier 4520◇

1239 **Die Wirkung der inhalatorischen Gewöhnung an Histamin auf den Histaminschock und den anaphylaktischen Schock.** Cz. Maśliński, S. M. Maśliński und Halina Weinrauder. (Experientia [Basel] **19,** 258—59, 1963; Warsaw, Polish Acad. of Sci., Inst. of Experim. Pathol.; engl.) — Meerschweinchen, die durch *Histamin*-(**I**)-Inhalation an **I** gewöhnt wurden, sind weniger empfindlich gegen **I** u. gegen die Prodd. einer Antigen-Antikörper-Reaktion. Die Toleranz der gewöhnten Tiere ist bes. nach einer zusätzlichen Einw. von **I**-Aerosol gesteigert. K. Zingraf 4551◇

1240 **Untersuchungen über Protein in Gallensteinen.** Kazuya Aono. (Fukuoka Acta med. [Fukuoka-Igaku-Zassi] **53,** 897—926, 1962; Fukuoka, Kyushu Univ., Fac. of Med., Dep. of Surg.; jap., Auszug: engl.) — *Cholesterin*(**I**)-Gallensteine des Menschen (mehr als 70% **I** enthaltend) enthalten nur sehr geringe Mengen *Protein* (**II**), meist weniger als 1%. *Bilirubin*(**III**)-Steine (weniger als 20% **I** enthaltend) weisen dagegen 5—10% u. mehr **II** auf. Der **II**-Geh. ist bei den im Gallenausführungsgang zu findenden Steinen am höchsten. Bei Steinen mit mehr laminarer Struktur oder bei amorphen Steinen steigt der **II**-Gehalt. Den höchsten **II**-Geh. besitzen amorphe Steine mit schwarzen oder braun-schwarzen, beschädigten Oberflächen. Steine von älteren Japanern enthalten mehr **II** als die von jüngeren (Zunahme der **III**-Steine). Keine Geschlechtsunterschiede. **III**-Steine enthalten in den äußeren Schichten das meiste **II**. Im Gallenstein-**II**

finden sich bei Papierchromatographie *Asparaginsäure, Glutaminsäure, Alanin, Glycin, Prolin, Leucin, Cystin, Lysin, Tyrosin* u. *Arginin*.
U. Tausendfreund 4552◇

1241 **Der Einfluß des Plasmaphosphats auf die Phosphatkonzentration des Speichels der menschlichen Ohrspeicheldrüse.** J. F. Bates. (Arch. oral Biol. **3**, 1—7, 1960; Manchester, England, Prosthetic Dep., Turner Dental School.; engl.) — Zum Zweck der Änderung der Phosphat-Konz. im Plasma u. Speichel werden *Phosphat* (**I**) u. *Hydrocortison* (**II**) i.v. u. *Glucose* u. *Na-Bicarbonat* oral verabfolgt. Nach **I**- u. **II**-Infusionen erhöht bzw. erniedrigt sich die **I**-Konz. im Plasma ohne bedeutungsvolle Änderungen im **I**-Geh. des Speichels. Glucose ändert die **I**-Konz. weder im Plasma noch im Speichel. Die **I**-Konz. im Speichel erhöht sich bei Einnahme von Bicarbonat, was wahrscheinlich auf den verminderten Speichelfluß zurückzuführen ist. Die Beziehung zwischen der Zus. u. der Menge des Speichels wird diskutiert.
F. Zeidler 4555◇

1242 **Charakteristica und Eigenschaften eines Mucins vom Unterkiefer des Rindes.** F. J. Draus und S. Wah Leung. (Arch. oral Biol. **3**, 35—40, 1960; Pittsburgh, Pa., USA Univ., School of Dentistry; engl.) — Ein gereinigtes *Mucin* (**I**) ist aus dem Unterkieferdrüsen des Rindes durch Chlf.-Naxonate-G-Behandlung (ein Polyxylolsulfonat) erhalten worden. **I** ist elektrophoret. homogen mit einer Wanderungs-Geschw. von $-5{,}1 \cdot 10^{-5}$ cm²/V/sec. bei pH 7,8 u. $-7{,}8 \cdot 10^{-5}$ cm²/V/sec. bei pH 10,3. Die Verb. enthält 2,84% Glucosamin, 18,96% Galaktosamin, 25,0% Sialsäure mit Spuren von Fucose u. Uronsäure. In 0,5%iger wss. Lsg. hat **I** eine Viscosität von 19,9 cP, in 0,2 m Phosphatpuffer, pH 7,0 beträgt die Viscosität einer 0,5%igen Lsg. 2,76 cP. Im Hydrolysat lassen sich papierchromatograph. folgende Aminosäuren nachweisen: Cystin, Histidin, Arginin, Asparagin, Serin, Glycin, Asparaginsäure, Threonin, Glutaminsäure, Alanin, Prolin, Tyrosin, Valin, Phenylalanin, Leucin, Lysin.
F. Zeidler 4555◇

1243 **Menschliches Colostrum. Chromatographie an DEAE-Cellulose der glykopeptidischen in 50%igem Äthanol löslichen Fraktion.** R. Got, J. Font, R. Bourrillon und P. Cornillot. (Biochim. biophysica Acta [Amsterdam] **74**, 247—54, 1963; Paris, Fac. de Méd., Labor. de Chimie Biol.; franz.) — Um Zwischenstufen zwischen *Glykoproteinen* u. *Polyosiden* zu erfassen, wurde eine Glykopeptidfraktion aus menschlichem Colostrum durch Dialyse u. Proteinfällung in 50%igem A. hergestellt u. an DEAE-Cellulose durch stufenweise Elution mit einem Pyridin–Acetat-Puffer von pH 5,3 untersucht. Es konnte eine Auftrennung in eine nicht zurückgehaltene u. 5 chromatographierte Fraktionen durchgeführt werden, die aus *Hexosen, Hexosaminen, 6-Desoxyhexosen, Sialsäure* u. *Peptiden* bestanden. Die weitere papierchromatograph. Trennung ergab für die Fraktionen 1,2 u. 3 *Galaktose, Glucose, Glucosamin, Galaktosamin* u. *Fucose* u. für die Fraktion 4 nur Glucosamin u. Galaktose. Die Sialsäure erwies sich als die *N-Acetylneuraminsäure*. Außerdem wurden geringere Mengen zahlreicher *Aminosäuren* gefunden. Durch Papierelektrophorese konnte Fraktion 1 in zwei u. Fraktion 3 in drei Banden aufgetrennt werden, während die Fraktionen 2, 4 u. 5 nur eine Bande zeigten. Parallel zur Ionenaustausch-Chromatographie durchgeführte Trennungen an Sephadex G-25 erbrachten die Abtrennung der *Glykopeptide*, die daran nicht festgehalten werden u. die Auftrennung der Hexosen in eine Fraktion mit Aminozuckern u. eine zweite mit Sialsäure. Diese letztere konnte an DEAE-Cellulose wieder in drei Fraktionen aufgetrennt werden, die analog dem vom ursprünglichen Substrat erhaltenen Chromatogramm zusammengesetzt sind.
K. Dorfner 4555◇

1244 **Phosphorylase-Aktivität im Uterus im Anschluß an Östrogen-Behandlung.** W. J. Bo, D. Monson und J. Reiter. (Acta endocrinol. [Copenhagen], Suppl. Nr. **51**, 985, 1960; Grand Forks, N. Dak., Univ. of North Dakota, Med. School.; engl.)
H. Herper 4559□

1245 **Untersuchungen über den Gehalt an Östron, 17β-Östradiol und Östriol in Nabelschnurvene und Nabelschnurarterien.** W. Schild, K. Schürholz und A. Seuken. (Z. ges. exp. Med. **136**, 552—55, 1963; Düsseldorf, Med. Akad., Frauenklin.; Physiol.-Chem. Inst.; dt.) — Bei reifen u. gesunden Neugeborenen finden sich in den Nabelschnurarterien geringere Mengen von *Östron* u. vermutlich auch von *17β-Östradiol* als in den Venen der Nabelschnur, so daß der Fötus sich akt. am Östrogenumbau bzw. -abbau zu beteiligen scheint. Der Geh. an *Östriol* weist keine Unterschiede auf.
U. Tausendfreund 4559◇

1246 **Beziehungen zwischen frühen Gefäßreaktionen und Wachstum beim Rattenuterus: Anregung der Zellteilung durch Östradiol und gefäßerweiternde Amine.** Eugene Spaziani. (Endocrinology **72**, 180—91, 1963; Iowa City, Iowa, Univ. of Iowa, Dep. of Zool.; engl.) — In das Uteruslumen ovarektomierter Ratten injiziert erhöhten *Östradiol, Histamin* u. *Serotonin* den Wassergeh. des Uterus deutlich; diese Stoffe vergrößerten die Anzahl der Zellteilungen in Uterusschnitten von Colchicinbehandelten Ratten. *3-[β-Aminoäthyl]-pyrazol* (Histalog) wirkte im gleichen Sinne, jedoch schwach, während i.v. *Cortison* eine antagonist Wrkg. zeigte.
K. Zingraf 4559◇

1247 **Demonstration der Östrogen-Konjugation durch den menschlichen Intestinal-Trakt in vitro.** E. Diczfalusy, C. Franksson und B. Martinsen. (Acta endocrinol. [Copenhagen], Suppl. Nr. **51**, 743, 1960; Stockholm, Karolinska sjukhuset, Dep. of Surgery and Dep. of Women's Diseases, Hormon Labor.; engl.)
H. Herper 4559□

1248 **In-vitro-Untersuchungen an der Nebenniere: Einige Versuche zur Demonstration der Biosynthese von Östrogenen.** S. R. Stitch. (Acta endocrinol. [Copenhagen], Suppl. Nr. **51**, 701, 1960; Didcot, Berks., England, M. R. C. Radiobiol. Res. Unit.; engl.)
H. Herper 4559□

1249 **Serum- und Leberlipide von Hähnchen, nach Behandlung mit Geschlechtshormonen.** K. Kowalewski. (Arch. int. Physiol. Biochim. **68**, 735—39, 1960; Edmonton, Univ. of Alberta, McEachern Cancer Res. Labor. and Dep. of Surg.; engl.) — 5 mg *Östradiolcyclopentylpropionat* (**I**) rufen bei 3 Wochen alten Hähnchen einen baldigen Anstieg des *Cholesterin*(**II**)- u. *Phospholipid*(**III**)-Geh. in Serum u. Leber hervor. Möglicherweise modifiziert **I** die Aktivität der für Resorption u. Verwertung exogener Lipide erforderlichen Enzymsysteme; es können auch die Lipidsynth. u. Verwertung endogener Fette beeinträchtigt oder die Zellpermeabilität bzw. der Transport verändert werden. 20 mg *Testosteronönanthat* beeinflussen die **I**-Wrkg. nicht antagonist., da es zu keiner **II**- oder **III**-Veränderung kommt. U. Tausendfreund 4559

1250 **Über den Einfluß von Östrogenen auf die Parathyreoidea und das Serumkalcium des Huhnes bzw. des Sperbers (Avcipiter nisus nisus L.).** Hans von Faber. (Acta endocrinol. [Copenhagen), Suppl. Nr. **51**, 499, 1960; Stuttgart-Hohenheim, Landwirtschaftl. Hochschule, Zoologisches Inst.; dt.) H. Herper 4559□

1251 **Anti-Östrogene.** C. W. Emmens, R. I. Cox und L. Martin. (Acta endocrinol. [Copenhagen], Suppl. Nr. **51**, 545, 1960; Sydney, N. S. W., Univ., Dep. of Veterinary Physiol.; engl.) H. Herper 4559□

1252 **Menstruations-Stimulans und Menstruations-Hormon.** V. R. Pickles, R. F. C. Brown und H. J. Clitheroe. (Acta endocrinol. [Copenhagen], Suppl. Nr. **41**, 597, 1960; Sheffield, Univ., Dep. of Physiol.; Cambridge, Univ., Dep. of Chem.) H. Herper 4559□

1253 **Antagonisten zum Menstruations-Stimulans.** V. R. Pickles und H. J. Clitheroe. (Acta endocrinol. [Copenhagen], Suppl. Nr. **51**, 599, 1960; Sheffield, Univ., Dep. of Physiol. and Cambridge, Univ., Dep. of Experimental Med.; engl.) H. Herper 4559□

1254 **Nebennieren- und Ovarial-Steroidgenese bei sklerocystischem Ovarium-Syndrom.** Joseph W. Goldzieher und Leonhard R. Axelrod. (Acta endocrinol. [Copenhagen], Suppl. Nr. **51**, 617, 1960; San Antonio, Texas, Southwest Foundation for Res. and Education; engl.)
H. Herper 4559□

1255 **Fruchtbarkeitskontrolle bei Ratten durch Ergotoxin- und Ergocornin-Behandlung während Progestation.** M. C. Shelesnyak. (Acta endocrinol. [Copenhagen], Suppl. Nr. **51**, 677, 1960; Rehovoth, Israel, Weizmann Inst. of Sci.; engl.) H. Herper 4559□

1256 **Die Umwandlung von Progesteron in Östrogene durch das Mäuseovar.** G. P. Vinson, J. K. Norymberski und I. Chester Jones. (J. Endocrinology **25**, 557—58, 1963; Sheffield, Univ., Dep. of Zool.; Jessop Hosp. for Women, M. R. C. Chem. Pathol. Steroid Res. Unit; engl.) — Es wird gezeigt, daß das Ovar der Maus bei Inkubation mit *Progesteron* zur Bldg. von *16-Oxoöstron* u. *17-Epiöstriol* in der Lage ist. *17β-Östradiol* oder *Östron* konnten nicht in vergleichbaren Mengen nachgewiesen werden. U. Tausendfreund 4559◇

1257 **Progesteron, Δ^4-Pregnen-20α-ol-3-on, Δ^4-Pregnen-20β-ol-3-on und 17α-Hydroxyprogesteron im Plasma der Nabelvene und der Nabelarterien.** Benno Runnebaum und Josef Zander. (Klin. Wschr. **40**, 453—56, 1962; Köln, Univ.-Frauenklin.; dt.) — Die Konz. von *Progesteron* (**I**), im Nabelvenenplasma von insgesamt 178 Placenten beträgt 37,2 ± 06 μg/100 ml, im Plasma der Nabelarterien 14,0 ± 1,8 μg/100 ml. Für die übrigen Steroide wurden folgende Werte erhalten: *Δ^4-Pregnen-20α-ol-3-on*: 1,0 μg/100 ml bzw. 2,7; *Δ^4-Pregnen-20β-ol-3-on*: 0,3 bzw. 1,4; *17α-Hydroxyprogesteron*: 0,6 bzw. 3,3. Die Ergebnisse beweisen, daß **I** vorwiegend in der Placenta gebildet wird, während die übrigen vorwiegend im Fetus gebildet werden u. von dort in die Placenta gelangen. P. Gregorzewski 4559◇

1258 **Ausbleiben der Herabsetzung der Harn-Gonadotropin-Ausscheidung nach Progesterongabe bei normal menstruierenden Frauen.** C. Alvin Paulsen, D. J. Moore, R. T. Roscoe und Carl G. Heller. (Acta endocrinol. [Copenhagen], Suppl. Nr. **51**, 203—04, 1960; Seattle, Wash., Pacific Northwest Res. Foundation; engl.) H. Herper 4559□

1259 **Der Einfluß von Androgenen auf die ischaemisierte Rattenniere.** 2. Mitt. H. E. Köhnlein und J. Rehn. (Arzneimittel-Forsch. **12**, 1112—16, 1962; Freiburg, Chirurg. Univ.-Klinik; dt.) — Durch 3std. Ischaemie nierengeschädigte Ratten erhalten nach Entfernung der gesunden Niere *Testosteron* (**I**), *Norandrostenolphenylpropionat* (**II**), *somatotropes Hormon* oder *Follikelhormon*. Nur **I** zeigt nephrotrope Wrkg., bei **II** ist diese nicht, dafür eine anabole Wrkg. bei geringer Dosierung vorhanden. W. Holland 4559◇

1260 **Wirkung von Testosteron und Wachstumshormon auf Nucleinsäure und Protein in den accessorischen Geschlechtsdrüsen von Long-Evans- und Sprague-Dawley-Ratten.** Ardis J. Lostroh. (Endocrinology **70**, 747—49, 1962; Chicago, Ill., Univ. of Chicago, Dep. of Physiol.; engl.) — Bei hypophysektomierten kastrierten ♂ Ratten bewirkten 300 μg *Testosteron* (**I**) täglich eine Zunahme des Feuchtgew. u. des *Protein-* u. des *Ribonucleinsäure*-Geh. der ventralen Prostata u. der Samenbläschen. *Wachstumshormon* allein war unwirksam, verstärkte aber die Wirkung von **I**. K. Zingraf 4559◇

1261 **Untersuchung anabol wirksamer Steroide.** K. Junkmann und G. Suchowsky. (Arzneimittel-Forsch. **12**, 214—18, 1962; Berlin, Hauptlabor. der Schering AG Bln-West; dt.) — Vff. untersuchten bei *1-Methyl-Δ^1-5α-androsten-17β-ol-3-on-17-acetat* (*Methenolonacetat*; **I**), *17α-Äthyl-19-nortestosteron* (**II**), *17α-Methyl-4-hydroxytestosteron, 17α-Äthyl-Δ^4-östren-17β-ol, Pyrazolo-[4'.3':2.3]-17α-methyl-5α-androstan-17β-ol, 2-Hydroxymethylen-17α-methyl-5α-androstan-17β-ol-3-on, Isoxazolo-[4'.3':2.3]-17α-methyl-5α-androstan-17β-ol, 17α-Methyl-1-dehydrotestosteron, 17α-Methyltestosteron, 9α-Fluor-17α-methyl-11β-hydroxytestosteron, 5α-Androstan-17β-ol-3-on* u. *Testosteron* die anabole u. androgene Wirksamkeit u. mögliche Nebenwirkungen. Bei diesen 12 Steroiden ist das Verhältnis der anabolen zur androgenen Wirksamkeit bei **I** am größten, **I** bzw. **I**-Önanthat wird deshalb zur oralen Medikation empfohlen. H.-W. Wache 4559◇

1262 **Biologische Wirkungen des 1-Methyl-Δ^1-androsten-17β-ol-3-on-17-acetats und -17-önanthats (Methenolonacetat und Methenolonönanthat).** W. Jöchle und H. Langecker. (Arzneimittel-Forsch. **12**, 218—23, 1962; Berlin, Hauptlabor. der Schering AG Bln-West; dt.) — Vgl. auch vorst. Referat. — *Methenolonönanthat* (*1-Methyl-Δ^1-androstenolon-17-önanthat*) u. *Methenolonacetat* (*1-Methyl-Δ^1-androstenolonacetat*) bewirken bei jungen prä- u. postpubertalen Mäusen beiderlei Geschlechts sofortige Wachstumsanregung bzw. Wachstumsbeschleunigung. Dieser Wachstumsvorsprung überdauert die Wrkg. von *Testosteronönanthat* u. *19-Nortestosteronphenylpropionat* um ein Mehrfaches. H.-W. Wache 4559◇

1263 **Resorption, Verteilung und Ausscheidung eines neuen, anabol wirksamen Steroids, 1-Methyl-Δ^1-androsten-17β-ol-3-on-17-acetat, im Tierversuch.** K. H. Kimbel, K. H. Kolb und P. E. Schulze. (Arzneimittel-Forsch. **12**, 223—27, 1962; Berlin, Hauptlabor. der Schering AG Bln-West; dt.) — Vgl. auch vorst. Referat. — Vff. ermittelten *1-Methyl-Δ^1-androsten-17β-ol-3-on-17-acetat* aus einer großen Zahl untersuchter Steroide als oral wirksames Anabolicum ohne hormonale Nebenwirkungen u. beschreiben die Darst. der ^{14}C-markierten Verbindungen: *1-Methyl-$^{14}C_{(COOH)}$-Δ^1-androsten-17β-ol-3-on-17-acetat* u. *1-Methyl-Δ^1-androsten-17β-ol-3-on-17-acetat.* H.-W. Wache 4559◇

1264 **Der Einfluß verschiedener anabol wirksamer Steroide auf die Farbstoffausscheidung in die Rattengalle.** K. H. Kolb, K. H. Kimbel und P. E. Schulze. (Arzneimittel-Forsch. **12**, 228—30, 1962; Berlin, Hauptlabor. der Schering AG Bln-West; dt.) — Vgl. auch vorst. Referate. — Vff. untersuchten *17α-Methyltestosteron* (**I**), *Δ^1-17α-Methyltestosteron* (**II**), *4-Hydroxy-17α-methyltestosteron* (**III**), *Androstan-17β-ol-3-on* (**IV**), *2-Hydroxymethylen-17α-methylandrostan-17β-ol-3-on-* (**V**), *17α-Äthylöstren-17β-ol* (**VI**), *1-Methyl-Δ^1-androsten-17β-ol-3-on-17-acetat* (**VII**) u. *17α-Äthylnortestosteron* (**VIII**) u. fanden, daß **I**, **II**, **III**, **V**, **VI** u. **VIII** die Farbstoffexkretionskapazität der Leber stark einschränken. **VII** war als einzige Verb. ohne Einfl. auf die Farbstoffausscheidung. Beschreibung der Darst. von *^{131}J-Bengalrosa* (Dinatriumsalz des Tetrajodtetrachlorfluoresceins). H.-W. Wache 4559◇

1265 **Das Schicksal von 1-Methyl-Δ^1-androsten-17β-ol-3-on im menschlichen Organismus.** H. Langecker. (Arzneimittel-Forsch. **12**, 231—34, 1962; Berlin, Hauptlabor. der Schering AG Bln-West; dt.) — Vgl auch vorst. Referate. — Vf. untersuchte den Abbau von *1-Methyl-^{14}C-Δ^1-androsten-17β-ol-3-on* (*Methenolon*) im menschlichen Organismus u. fand, daß **I** hauptsächlich direkt u. weniger als *1-Methyl-Δ^1-androsten-3.17-dion* oder *1α-Methylandrostan-3.17-dion* im Harn bzw. Kot ausgeschieden wird. H.-W. Wache 4559◇

1266 **Klinische Untersuchungen mit dem oral anwendbaren Methenolonacetat.** O. Weller. (Arzneimittel-Forsch. **12**, 234—40, 1962; Gießen, Univ., Med. u. Nervenklinik; dt.) — Vgl. auch vorst. Referate. — Autor untersuchte die klin. Wrkg. von *1-Methyl-Δ^1-androsten-17β-ol-3-on-17-acetat* (*Methenolonacetat*; **I**) u. fand, daß **I** peroral gegeben, bei Fällen mit primärem Hypogonadonismus etwa sechsfach schwächer androgen als Testosteronpropionat wirkt, i.m. verabreicht ist **I** aber etwa dreimal stärker anabol wirksam als Methyltestosteron per os. H.-W. Wache 4559◇

1267 **Effekte von Anabolica auf den Herzmuskel.** 2. Mitt. **Nucleinsäurezusammensetzung des Kaninchenmyocards nach Behandlung mit 4-Chlortestosteronacetat.** Herbert Nowy und Hans D. Frings, unter experimenteller Mitarbeit von T. Khadivi. (Arzneimittel-Forsch. **13**, 571—73, 1963; München, Univ., Med. Polyklin.; dt.) — 1. vgl. Arzneimittel-Forsch. **13**, [1963], 436. — Vff. untersuchen den Geh. an *Ribonucleinsäure* (RNS) u. *Desoxyribonucleinsäure* (DNS) in Kaninchenherzen nach mehrwöchiger Behandlung mit *4-Chlortestosteronacetat.* Der Geh. an DNS-P wird durch diese Behandlung nicht beeinflußt, der Geh. an RNS-P ist vermindert. Das relative Herzgew. ist bei den Versuchstieren unverändert, das Hodengew. der Versuchstiere beträgt nur die Hälfte im Vgl. zu dem der Kontrollen. W. Hiller 4559◇

1268 **Pharmakologie von Oxymetholon, einem neuen anabolischen Steroid.** Fernando Gomez De Uribe. (Medicamenta [Madrid] **26(13)**, Nr. 213, 210—18, 1961; Madrid; span.) — *2-Hydroxymethylen-17α-methyldihydrotestosteron* (*Oxymetholon*) besitzt eine stärkere anabol. Wrkg. als Methyltestosteron, Normethandrolon u. Noräthandrolon, dagegen ist seine Androgenwrkg. sehr gering. Es besitzt eine außergewöhnlich hohe therapeut. Breite u. beeinträchtigt die Leberfunktion nicht.
K. Zingraf 4559◇

1269 **Die Wirkung von anabolischen Steroiden auf die Epiphysen-Vereinigung und das Wachstum bei Kindern.** Herbert S. Kupperman, Jeanne A. Epstein und Peter H. Berczeller. (Acta endocrinol. [Copenhagen], Suppl. Nr. **51,** 877, 1960; New York, N. Y., Univ.-Bellevue, Med. Center.; engl.) H. Herper 4559□

1270 **Synthetische anabolische Steroide.** Fernando Gomez de Uribe. (Medicamenta [Madrid] **26(13)**, Nr. 213, 203—09, 1961; Madrid; span.) — Übersicht. — 209 Literaturangaben. K. Zingraf 4559◇

1271 **Relative Wirkstärke verschiedener Steroide bei einer Wertbestimmung von Anabolica-Androgenen unter Verwendung der kastrierten Ratte.** Ralph I. Dorfman und Fred A. Kincl. (Endocrinology **72,** 259—66, 1963; Shrewsbury, Mass., Worcester Found, for Exper. Biol.; Mexico, D. F., Syntex Res. Labor.; engl.) — An kastrierten Ratten wurden die anabol. u. Androgen(I)-Wrkg. der folgenden Substanzen getestet: *Testosteron* (**II**), *2.17α-Dimethyl-(5α)-Δ²-androstan-17β-ol* (**III**), *2.17α-Dimethyldihydrotestosteronazin, 2-Hydroxymethyl-17α-methyl-Δ²-(5α)-androstan-17β-ol* (**IV**), *2α-Hydroxymethyldihydrotestosteron* (**V**), *2-Cyano-Δ²-(5α)-androsten-17β-olcapronat* (**VI**), *17α-Äthyl-19-nortestosteron* (**VII**), *2-Hydroxymethylen-17α-methyldihydrotestosteron* (**VIII**), *Δ¹-Dehydro-17α-methyltestosteron* (**IX**), *Pyrazolino-[3.4:b]-17β-hydroxy-17α-methylandrostan* (**X**), *17α-Methyltestosteron* (**XI**), *17α-Methyl-19-nortestosteron, 17α-Methyldihydrotestosteron* (**XII**), *2-Formyl-17α-methyl-Δ²-(5α)-androsten-17β-ol, 2-Methyl-(5α)-Δ²-androsten-17β-ol* (**XIII**), **XIII**-*Acetat, 2-Methylen-17α-methylandrostan-17β-ol, 17α-Methyl-Δ²-(5α)-androsten-17β-ol* (**XIV**), *2-Difluormethyl-Δ²-(5α)-androsten-17β-olacetat, 4-Hydroxy-17α-methyltestosteron* (**XV**), *4-Chloro-17α-methyltestosteron, Dihydrotestosteron-3-isonicotinoylhydrazon* u. *9α-Fluor-11β-hydroxy-17α-methyltestosteron* (**XVI**). Die **I**-Wrkg. (auf die ventrale Prostata) von **XII, X, XIII, VI** u. **XI** u. die anabol. Wrkg. auf den Musculus levator ani) von **VI, VII, XIV, III, VIII, IV, V, XV, IX, XI, X, XIII** u. **XII** (jeweils nach abnehmender Wirkstärke geordnet) war der von **II** überlegen.
K. Zingraf 4559◇

1272 **Wirkung von Hormonen auf Femurknochen und Gesamtkörper-Stickstoff von mit Antianabolica behandelten Tieren.** Harry Sobel und George Bonorris. (Metabolism. clin. and exp. **12,** 246—51, 1963; Burbank, Calif., Saint Joseph Hosp., Dep. of Exp. Med., Labor. for Res. on the Biochem. of Aging; engl.) — *Testosteron* (**I**), *Wachstumshormon* (**II**) u. *Insulin* (**III**) führen bei mit 60 mg *Cortison* (**IV**)/kg /Tag behandelten Meerschweinchen zu verstärktem Längenwachstum des Femurknochens. *Östradiol* (**V**), **I, II** u. **III** steigern bei gleichzeitiger Verabreichung mit **IV** (30 mg/kg) bei Ratten den Mineralgeh. des Femurknochens; **I** u. **II** steigern den Mineralgeh. des Femurs bei Meerschweinchen im Vgl. mit **IV**-behandelten Tieren. **I, II** u. **III** steigern den *N*-Geh. des Gesamtorganismus des **IV**-behandelten Meerschweinchens, ebenso wirken **II** u. **III** bei der **IV**-behandelten Ratte. **V** u. **II** steigern den N-Geh. des Organismus beim mit 25 μg *Thyroxin*/Tag behandelten Meerschweinchen. Mögliche anabole Substanzen müssen demnach unter verschiedenen Bedingungen getestet werden.
U. Tausendfreund 4559◇

1273 **Die Rolle des antidiuretischen Hormones bei congestiver Herzschwäche.** Ryosaku Kuroda. (Folia endocrinol. japon. **38,** 1069—78, 1963; 1. Abt. Interne Med., Kobe Med. Coll.; jap., Auszug: engl.) — Zur Klärung der Rolle des *antidiuret. Hypophysenhinterlappenhormons* (**I**) für die Fl.-Speicherung bei verschiedenen klin. Zuständen wurden die Meth. von Noble u. Rinderknecht (J. Physiology **92,** [1939], 239) u. Grollman et al. (Endocrinol. **44,** [1949], 409) zur Extraktion von **I** aus menschlichem Harn verglichen u. die erste überlegen gefunden. Adsorbate von Urinextrakten u. Handelspräpp. von Hormon an $K_4[Fe(CN)_6]$ u. Tierkohle können durch Papierelektrophorese 400 V/25 cm, 1,15 n Essigsäure] in 7—11 Fraktionen zerlegt werden. Die Wrkg. der antidiuret. Fraktion des Extraktes des Urins normaler Individuen ist wesentlich gesteigert nach Verabfolgung von hyperton. Salzlsg., ebenso im Urin von Diabetes insipidus Fällen nach Verabfolgung von **I**.
W. Stross 4560◇

1274 **Akute Wirkungen der Verabreichung von Vasopressin während der Wasserdiurese beim Hund.** John R. Jaenike. (J. clin. Invest. **42,** 161—70, 1963; Rochester, N. Y., Univ. of Rochester, School of Med., Dep. of Med.; engl.) — In Verss. an Hunden wird gezeigt, daß *Vasopressin* (**I**)-Verabreichung im Verlaufe einer Wasserdiurese zu einer plötzlichen Erhöhung der Konz. an lösl. Nicht-Harnstoff-Substanzen im Harn führt, die mit derjenigen bei langdauernder **I**-Verabreichung oder Dehydratation vergleichbar ist. Der *NaCl*-Gradient im Nierenmark wird nicht gesteigert u. verändert sich auch durch Änderungen der Körperhydratation nicht. *Harnstoff*-Verminderung im Plasma verringert die maximale Konz. an lösl. Nicht-Harnstoff-Substanzen im Harn bei Hydropenie oder nach **I** während Wasserdiurese nicht. Es besteht eine direkte Beziehung zwischen Glomerulumfiltrations-Geschw. u. der maximalen Konz. an lösl. Nicht-Harnstoff-Substanzen im Harn.
U. Tausendfreund 4560◇

1275 **Der Einfluß von Vasopressin auf die Darmdurchblutung des Menschen.** R. Gromotka und L. Demling. (Klin. Wschr. **40,** 456—58, 1962; Erlangen-Nürnberg, Univ., Med. Klin., Stuttgart-Bad Cannstatt, Krankenhaus; dt.) — An 22 Personen wird der Einfl. von *Vasopressin* (**I**) auf die Darmdurchblutung untersucht. Nach **I**-Gaben (1 E/Min.; Gesamt: 6,2 E) kommt es zu einem Abfall der Darmdurchblutung, der bis zu 100% des als Ruhedurchblutung angenommenen Ausgangswertes erreichte u. im Mittel bei 83% lag. Die Ursache der Durchblutungsverminderung ist in einer generalisierten Kontraktion der Arteriolen im Splanchnicus-Gebiet zu sehen. P. Gregorzewszki 4560◇

1276 **Isolierung von placentotropischer Substanz aus Schwangeren-Harn. Endokrine Wechselbeziehungen zwischen Adenohypophyse und Placenta.** L. Lajos. (Acta endocrinol. [Copenhagen], Suppl. Nr. **51,** 681, 1960; Pécs, Hungary, Med. Univ. of Pécs, Dep. of Obstetrics and Gynecol.; engl.) H. Herper 4560□

1277 **Über die Wirkung von Gonadotropin auf die Zusammensetzung der Desoxyribonucleinsäure im Thymus von nicht geschlechtsreifen Ratten.** A. A. Beketowa und A. M. Kusin. (Ber. Akad. Wiss. UdSSR **146,** 1201 bis 1202, 1962; Moskau, Technol. Inst. der Fleisch- u. Milchind.; russ.) — 152 weiße Ratten erhielten subkutan in Abständen von 12 Std. 5mal je 0,2 ml *Choriogonin* (**I**; 1 ml = 1500 E.) u. wurden 1—12 Tage nach der letzten **I**-Injektion auf die Viscosität der *Desoxyribonucleinsäure* (**II**) aus der Thymuszelle untersucht. Neben dem raschen Anstieg des Gebärmuttergewichtes des nichtgeschlechtsreifen Tieres nach der **I**-Zufuhr, beobachtete man eine rasche u. starke Abnahme der **II**-Viscosität. 12 Tage nach der **I**-Injektion (Zeitpunkt der prakt. völligen Entfernung des **I** aus dem Organismus) stieg die **II**-Viscosität bis zum Wert des jungen Thymusgewebes an. Bei direkter **I**-Einw. auf das isolierte **II**-Präp, wurde **II** nicht verändert. O. Lebtag 4560△

1278 **Gonadotropin-Freisetzung als Reaktion auf Stressor-Agentien.** G. Giuliani, L. Martini, A. Pecile und M. Fochi. (Acta endocrinol. [Copenhagen], Suppl. Nr. **51,** 29, 1960; Milan, Italy, Univ. of Milan, Dep. of Pharmacol.; engl.) H. Herper 4560□

1279 **Untersuchungen über die Wirkung von Hormonverabreichung auf Körpergewicht und Tibiaepiphysenknorpeldicke bei intakten, hypophysektomierten und adrenalektomierten Ratten.** Helen E. C. Cargill Thompson und G. P. Crean. (J. Endocrinology **25,** 473—82, 1963; Edinburgh, Univ., Med. Res. Council,

Clin, Endocrinol. Res. Unit; Western Gen. Hosp., Gastro-Instestinal Unit; engl.) — Einseitige Nephrektomie u. Adrenalektomie sind ohne Wrkg. auf die Tibia-Knorpeldicke bei intakten u. hypophysektomierten Ratten; Adrenalektomie führt zum Gew.-Verlust intakter Tiere. Bei Futterzufuhr, die nur zur Gew.-Erhaltung reicht, wird der Knorpel intakter Tiere dünner (wie bei hypophysektomierten Tieren). 1—3 mg *Wachstumshormon*/Tag für 14 Tage läßt den Knorpel bei hypophysektomierten Tieren dicker werden; Gew.-Anstieg um 50—60%. 2 I.E. *adrenocorticotropes Hormon*/Tag für 14 Tage führen zur Verminderung von Knorpeldicke u. Körpergew. bei hypophysektomierten Tieren. 1 I.E. *Thyreotropin* u. 1—2 mg *Prolactin*/Tag lassen Körpergew. u. Knorpeldicke bei hypophysektomierten Tieren ansteigen. 0,01 mg *Luteinisierungshormon*/Tag + 1 mg *Follikelreifungshormon*/Tag bewirken Körpergew.-Anstieg, sind jedoch ohne Einfl. auf die Knorpeldicke hypophysektomierter Tiere. Kombination aller Hormone führt zur starken Dickenzunahme des Knorpels u. zu geringer Zunahme des Gew. bei hypophysektomierten Tieren.
U. Tausendfreund 4560◇

1280 **Stoffwechselanalyse von menschlicher Wachstumshormon-Aktivität beim Menschen.** Vincent C. DiRaimondo, Edward G. Biglieri, Dace B. Mitchell, Charles O. Watlington und Peter H. Forsham. (Acta endocrinol. [Copenhagen), Suppl. Nr. **51,** 247, 1960; San Francisco, Calif., Univ., School of Med., Metabolic Unit and Dep. of Med.; engl.)
H. Herper 4560□

1281 **Wirkung von Thyreotropem Hormon auf den Katalase-Gehalt der Schilddrüse** Raúl Perez Castrillo. (Acta endocrinol. [Copenhagen], Suppl. Nr. **51,** 1227—28, 1960; Caracas, Venezuela, Univ. Central, Cátedra de Farmacol.; span.) H. Herper 4560□

1282 **Wirkung des Corticotropinfreisetzungsfaktors auf die adrenocorticotrope Funktion von Hypophysenvorderlappenimplantaten.** V. Critchlow, H. S. Lipscomb und R. Guillemin. (J. Endocrinology **25,** 465—72, 1963; Houston, Tex., Baylor Univ., Coll. of Med., Dep. of Physiol. and Anat.; engl.) — Durch subkutane Injektion von 250 μg *Corticotropinfreisetzungsfaktor* (I), alle 6 Std. für 12 Tage, kann in Hypophysenvorderlappen-Autotransplantaten (unter die Nierenkapsel der hypophysektomierten Ratten) die Synth. von *adrenocorticotropem* Hormon (ACTH) u. die Fähigkeit zur Freisetzung von ACTH durch die Hypophysenimplantate auf einen **I**-Reiz hin aufrechterhalten werden. **I** nimmt demnach an ACTH-Synth. u. -Freisetzung teil. **I** ist nicht ident. mit *Lysin-Vasopressin* oder *α-Melanocytenstimulierendem Hormon.*
U. Tausendfreund 4560◇

1283 **Bestimmung des Adrenocorticotropen Hormons mittels Messung des Plasma-Corticosterons der mit Dexamethason hypophysenblockierten Ratte.** E. F. Pfeiffer, W. E. Vaubel, K. Retiene, D. Berg und H. Ditschuneit. (Klin. Wschr. **38,** 980—83, 1960; Frankfurt (Main), Univ., I. Med. Klinik; dt.) — Die neueren Verff. zur Best. von *Corticosteron* (**I**) in kleinen Vol. Rattenplasma beruhen auf der durch H_2SO_4 induzierten Fluorescenz des Steroids. So konnten Best. des *Adrenocorticotropen Hormons* (ACTH) erfolgreich durchgeführt werden. Die Meth. ist eine Kombination der doppelten Extraktion von Silber u. Porter mit einer Modifizierung der Fluorescenztechnik von Sweat. Die Hypophysektomie wird durch Injektion von *Dexamethasonester* erreicht, wobei der **I**-Spiegel tiefer abfiel, als bei der operativen Hypophysektomie. Als unterste Grenze der Nachweisbarkeit konnten 0,05—0,1 mE ACTH (I. E. u. U. S. P.-Standard) mit einem Genauigkeitsindex von λ 0,28 ermittelt werden. F. O. W. Meyer 4560◇

1284 **Wirkung von ACTH auf die Erythropoiese des Kaninchens.** S. Halvorsen. (Acta physiol. scand. **58,** 30—39, 1963; Oslo, Rikshosp., Pediatr. Res. Labor.; Univ. of Oslo, Anat. Inst., Neurophysiol. Labor.; engl.) — Bei Kaninchen bewirkten tägliche Injektionen von *Adrenocorticotropem Hormon* (ACTH) eine Zunahme der Erythropoiese, jedoch ist die Steigerung der Erythropoiese infolge Hypothalamusreizung nicht auf eine erhöhte Erzeugung von ACTH zurückzuführen.
K. Zingraf 4560◇

1285 **Trennung zwischen adrenalen und extraadrenalen Wirkungen von Adrenocorticotropem Hormon durch Behandlung mit Perjodat.** Frank L. Engel, H. Angus Boright, J. Earle White und Jack L. Kostyo. (Acta endocrinol. [Copenhagen], Suppl. Nr. **51,** 217—18, 1960; Durham, N. C., Duke Univ., Div. of Endocrin., Dep. of Med. and Physiol.; engl.) H. Herper 4560□

1286 **Effekt von Adrenocorticotropem Hormon auf die Konjugation von Plasma-17-Ketosteroiden.** Georg W. Oertel und Kristen B. Eik-Nes. (Acta endocrinol [Copenhagen], Suppl. Nr. **51,** 221, 1960; Salt Lake City, Utah, Univ. of Utah, Coll. of Med.; engl.)
H. Herper 4560□

1287 **Mittelhirnabschnitt und Freisetzung von Adrenocorticotropem Hormon nach Stress.** G. Giuliani, L. Martini und A. Pecile. (Acta endocrinol. [Copenhagen], Suppl. Nr. **51,** 37, 1960; Milan, Italy, Univ. of Milan, Dep. of Pharmacol.; engl.) H. Herper 4560□

1288 **Die Rolle des ACTH und der Hypophysenhinterlappenhormone bei der durch Stress verursachten Veränderung. Schilddrüsenfunktion von Ratten.** J. A. Eskin und J. B. Shebelskaja. (Acta endocrinol. [Copenhagen], Suppl. Nr. **51,** 51—52, 1960; Moskau, UdSSR, Inst. für experim. Endokrinol., Abtlg. für experim. Biol.; dt.) H. Herper 4560□

1289 **Untersuchungen der Hypophysen-Nebennieren-Beziehung beim Menschen mit einem 11β-Hydroxylase-Inhibitors (SU-4885).** Ernest M. Gold, John R. Kent und Peter H. Forsham. (Acta endocrinol. [Copenhagen], Suppl. Nr. **51, 353, 1960**; San Francisco, Calif., Univ. of Calif., School of Med., Metabolic Unit and Dep. of Med.; engl.) H. Herper 4560□

1290 **Wirkungen der Adrenalektomie auf die Lebergluconeogenese.** Kaoru Ito. (Jap. J. exp. Med. **32,** 615—28, 1962; Tokyo, Univ., Inst. for Infect. Diseases, Dep. of Biochem. Cell. Res.; engl.) — Nach Futteraussetzung wurde bei normalen Ratten (NR) innerhalb der ersten 24 Std. ein Minimum des *Leberglykogens* (**I**) u. ein darauf folgendes Anwachsen des **I**-Geh. sowie ein etwa gleichbleibender Geh. von *Glucose* (**II**) im Blut beobachtet. Nach Adrenalektomie konnte ein Wiederansteigen des **I**-Geh. nicht gefunden werden. Der **II**-Geh. im Blut dieser Tiere war vermindert. — In vitro (Inkubation bei 38°, Krebs-Ringer-Bicarbonat-Lsg., 95% O_2, 5% CO_2) war bei Leberschnitten von adrenalektomierten Ratten (AR) die Neigung zur **II**-Bldg. stark verringert. Wurde in Leberschnitten von NR die **II**-Bldg. durch 10^{-2} m *Glycerin* oder *Lactat* (gleiche Mengen *Alanin* oder *Glutaminsäure* hatten fast keine Wrkg.) oder *Pyruvat* erhöht, so war das im geringeren Maße auch bei AR der Fall. Zugabe von Rattenserum oder hydrolysiertem Casein hatte keine Wirkung. Wurde AR intraperitoneal *Hydrocortison* (als Acetat) injiziert, so wurde die **II**-Bldg. aus den angebotenen Substraten merklich erhöht. — Vf. schließt, daß ein primärer Effekt der Adrenalektomie in der Senkung der **II**-Bldg. aus endogenen, weniger aus exogenen Quellen besteht. W. Damerau 4561◇

1291 **Nebennierenrinde und Kohlenhydratumsatz.** Ss. G. Genes. (Fortschr. gegenwärt. Biol. [UdSSR] **55,** 277—93, 1963; russ.) — Übersicht über die Wrkg. der *Glucocorticoproteide* (**I**) auf den *Kohlenhydrat*-Umsatz. Behandelt werden: Einfl. der Entfernung der Nebenniere u. der Nebenniereninsuffizienz auf den Kohlenhydratumsatz; Einfl. der **I**-Zufuhr auf den Kohlenhydratumsatz; **I** u. Insulin; Steroiddiabetes. — 125 Literaturangaben. O. Lebtag 4561△

1292 **Adrenergische Mechanismen bei Fischen: Chromatophorenpigment-Konzentration beim Lippfisch Labrus ossifagus L.** Ronald R. Scheline. (Comparat. Biochem. Physiol. **9,** 215—27, 1963; Bergen, Directorate of Fisheries, Inst. of Marine Res.; engl.) — In den Chromatophoren der Schuppen des normalen Lippfisches *Labrus ossifagus* bewirkten *Adrenalin* (**I**), *Noradrenalin* (**II**), *Tyramin* (**III**) u. *5-Hydroxytryptamin* (**IV**) eine Anreicherung, nach Vorbehandlung der Schuppen oder des Tieres mit Phenoxybenzamin jedoch eine Verringerung des Pigments. Bei Vorbehandlung mit Reserpin war die Rk. auf **I** u. **II** normal, während keine Anreicherung von Pigment nach Anwendung von **III** oder **IV** mehr eintrat. Die Wrkg. von **III** konnte durch vorherige Behandlung mit **II** oder **I** wiederhergestellt werden. K. Zingraf 4561◇

1293 **Die physiologische Rolle von Adrenalin für die Homöostasie vom Zirkulationsapparat.** Emanuel I. Cohen. (Acta endocrinol. [Copenhagen], Suppl. Nr. **51,** 1321, 1960; Bucarest, Policlinique de l'Hôpital CFR nr. 1, Piata Garii de Nord nr. 1; franz.) H. Herper 4561□

1294 **Synthesen und Inaktivierung von Norepinephrin bei adrenalektomierten Ratten.** M. Goldstein, A. J. Friedhoff und C. Simmons. (Acta endocrinol. [Copenhagen], Suppl. Nr. **51,** 1317, 1960; New York, N. Y., Univ.-Bellevue Med. Center.; engl.) H. Herper 4561□

1295 **Die Wirkung der postganglionären Sympathicusreizung auf die isolierte durchströmte Milz der Katze. Gleichzeitige Bestimmung der Norepinephrin-Freisetzung und der Veränderungen des Volumens und des Gefäßwiderstandes.** H. Thoenen, A. Hürlimann und W. Haefely. (Helv. physiol. pharmacol. Acta **21,** 17—26, 1963; Basle, F. Hoffmann-La Roche Ltd., Dep. of Experim. Med.; engl.) — Wenn die isolierte Milz der Katze bei konst. Geschw. mit einer modifizierten Tyrode-Lsg. durchströmt wird u. die postganglionären Sympathicusnerven mit physiolog. Frequenz (6 oder 10/Sek.) gereizt werden, so kann die Freisetzung von *Noradrenalin* im venösen Auslauf u. die Veränderung des Vol. u. des Gefäßwiderstandes gleichzeitig bestimmt werden. K. Zingraf 4561◇

1296 **Die Brenzcatechinamin-Synthesegeschwindigkeit im Meerschweinchen-Hirn u. -Herz nach Brenzcatechinaminverarmung.** E. C. Paulsen und S. M. Hess. (J. Neurochem. [London] **10,** 453—59, 1963; New Brunswick, N. J., State Univ. of New Jersey; Squibb Inst. for Med. Res.; engl.) — Von den verschiedenen möglichen Ursachen einer langdauernden Verarmung von Gehirn u. Herz an *Norepinephrin* (**I**) nach Einw. von zur **I**-Verarmung führenden Medikamenten kann die Möglichkeit einer normalerweise langsamen **I**-Biosynth. nach exzessiver **I**-Verarmung ausgeschlossen werden. Die normale **I**-Synth.-Geschw. erweist sich nämlich als rasch genug, um 18% des normalen **I**-Depots im Gehirn u. 2% des normalen **I**-Depots im Herzen (des Meerschweinchens)/Std. wiederaufzufüllen. — Nach **I**-Verarmung durch *RO-4-1284* (*2-Äthyl-2-hydroxy-1.3.4.6.7.11b-hexahydro-3-isobutyl-9.10-dimethoxy-2H-benzo-*[*a*]*-chinolizinhydrochlorid* geht die **I**-Akkumulierung mit einer Geschw. von 0,057 μg/g/Std. bzw. 0,035 μg/g/Std. in Hirn bzw. Herz vor sich. Nach **I**-Verarmung durch *Su 9064* (*Methylreserpatmethylester*) betragen die Geschw. 0,008 μg/g/Std. bzw. 0,035 μg/g/Std. für Hirn u. Herz. *Dopamin* (*3.4-Dihydroxyphenyläthylamin*) weist nach RO 4-1284 u. Su 9064 das gleiche Verh. wie **I** auf. Nach Elektroschock beträgt die **I**-Akkumulierung im Gehirn 0,020 μg/g/Std., so daß eine Nachwrkg. die normale **I**-Akkumulierung zu verhindern scheint. U. Tausendfreund 4561◇

1297 **Brenzcatechinamine bei Gesunden und Kranken (Thyreoid-Störungen).** M. Diwani, N. Talaat, N. Mokhtar und J. A. Salam. (Acta endocrinol. [Copenhagen], Suppl. Nr. **51,** 1199, 1960; Cairo, Univ., Fac. of Med., Pediatric Dep.; engl.) H. Herper 4561□

1298 **Weitere Untersuchungen über das Benzol-Adrenalin-Herzkammer-Flimmern.** T. C. R. Shen und Z. W. Lee. (Sci. sinica **11,** 1369—76, 1962; engl.) — Das durch i.v. Injektion von 0,02 mg *Adrenalin*/kg bei Hunden unter *Bzl.*-Inhalation zustandekommende Herzkammerflimmern kann durch gleichzeitige Injektion von 5—10 mg *Chlorpromazin*/kg verhütet werden. Injektion von *Vitamin B$_1$* (*Thiaminhydrochlorid*, 8—100 mg/kg) ist wirkungslos. 10 mg *Novocain* (**I**)/kg hat nur dann eine verhütende Wrkg. auf das Kammerflimmern, wenn es in die Vena jugularis externa injiziert wird, so daß der Angriffsort von **I** am Myocard oder intracardialen Nervenelementen zu suchen ist. — Auch durch 0,005 mg *Noradrenalin*/kg kann bei Bzl.-Inhalation ein Kammerflimmern ausgelöst werden, welches ebenfalls durch **I** verhütbar ist. U. Tausendfreund 4561◇

1299 **Biochemie der Nebennierenrindensteroide.** D. Gupta. (J. Proc. Instn. Chemists [India] **34,** 58—72, 1962; Univ. of London, Inst. of Child Health; engl.) — Übersicht; Chemie der *Steroidhormone*, Biosynth., Stoffwechsel, physiolog. Funktion, Best. der *adrenocorticalen Hormone*. — 37 Literaturangaben. P. Gregorzewski 4561◇

1300 **Ein Vergleich der verschiedenen Messungen der experimentellen Wirksamkeit von *16*-hydroxylierten und verwandten Adrenocorticoiden.** Jackson P. English. (Acta endocrinol. [Copenhagen], Suppl. Nr. **51,** 761, 1960; Pearl River, N. Y., Amer. Cyanamid Co., Lederle Labor. Div., Exper. Therapeutics Res.; engl.) H. Herper 4561□

1301 **Der Einfluß der Substituenten in 17α-Stellung des Steroidmoleküls auf Corticoid- und progestative Aktivitäten.** Charles Robert Engel. (Acta endrocrinol. [Copenhagen], Suppl. Nr. **51,** 913, 1960; Quebec, Can., Lavel Univ. Quebec, Fac. of Sci., Dep. of Chem.; engl.) H. Herper 4561□

1302 **Die Wirkung verschiedener Steroide auf den Einbau von Radioschwefel in wachsende Knochen von Hähnchen.** Wendell H. Rooks, II und Ralph I. Dorfman. (Metabolism, clin. and exp. **12,** 242—45, 1963; Shrewsbury, Mass., Worcester Found. for Exp. Biol.; engl.) — *Cortisol* (**I**) übte bei jungen Hähnchen eine katabole Wrkg. aus u. hemmte Gew.-Zunahme sowie die Aufnahme von ^{35}S durch den wachsenden Femurknochen, wenn es in einer Gesamtdosis von 25 mg (verteilt über die Dauer von 3 Wochen) verabreicht wurde. *17-Äthyl-19-nortestosteron* konnte in Gesamtdosen von 25—50 mg die Gew.-Zunahme hemmen, u. war ebenso wie *4-Hydroxy-17α-methyltestosteron* u. *4-Chlortestosteronacetat* nicht in der Lage, der katabol. Wrkg. von **I** entgegenzuwirken. U. Tausendfreund 4561◇

1303 **Die Wirkung von Cortisol auf Kohlenhydrat-Ablagerung und Harn-Stickstoff-Ausscheidung bei der adrenalektomierten Ratte.** C. N. H. Long, Edith G. Fry und Marion Bonnycastle. (Acta endocrinol. [Copenhagen], Suppl. Nr. **51,** 819, 1960; New Haven, Conn., Yale Univ., School of Med., Dep. of Physiol.; engl.) H. Herper 4561□

1304 **Die Wirkung von Cortisol und bestimmten synthetischen Steroiden auf die Permeabilität der Synovialmembran des Kaninchens.** G. W. G. Sharp. (J. Endocrinology **25,** 443—50, 1963; London, Middlesex Hosp., Med. School, Inst. of Clin. Res.; engl.) — *Cortisol, Betamethason, Dexamethason* u. *Prednisolon* vermindern in etwa gleichem Ausmaß die Permeabilität der Synovialmembran des Kaninchens gegenüber der Resorption von *Phenolsulfonphthalein* aus den Talocruralgelenken. *Fluorhydrocortison* hat dabei keine Wirkung. Es muß vorerst angenommen werden, daß die Wrkg. auf die Synovialmembran von den üblichen entzündungshemmenden Wrkg. dissoziiert ist. U. Tausendfreund 4561◇

1305 **Die Wirkung der Nebennierenrindensteroide auf die Gewebeelektrolytzusammensetzung der Frischwasser-Regenbogenforelle (Salmo gairdneri).** W. N. Holmes und D. G. Butler. (J. Endocrinology **25,** 457—64, 1963; Vancouver, Univ. of British Columbia, Dep. of Zool.; engl.) — 2,5—5 mg *Cortisol*, 2,5 mg *Corticosteron* u. 10 μg *Aldosteron* (jeweils intraperitoneal) bewirken bei *Salmo gairdneri* eine Verminderung des *Na*-Geh. im Plasma (96 Std. Beobachtungszeit). Der *Na*-Geh. im Muskel steigt initial in den ersten 24 Std., fällt dann, unterbrochen von vorübergehendem Anstieg. Der *K*-Geh. des Muskels steigt während der Verminderung des Na-Gehalts. Diese Veränderungen sind vermutlich bedeutsam bei der Anpassung an das Meerwassermilieu. U. Tausendfreund 4561◇

1306 **Wirkungen von Cortisol auf die Aminosäuren im Skelettmuskel und im Plasma.** S. A. Kaplan und C. S. Nagareda Shimizu. (Endocrinology **72,** 267—72, 1963; Los Angeles, Calif., Univ. of Southern California, Dep. of Pediatr., Children's Hosp. of Los Angeles, Div. of Endocrinol.; engl.) — *Cortisol* (**I**) erhöhte die Konz. aller vorhandenen *Aminosäuren* (II) u. von *Harnstoff* im Skelettmuskel fastender u. gefütterter Mäuse; die Konz. von II im Plasma zeigte nach I ebenfalls eine Zunahme, jedoch von geringerem Grade. K. Zingraf 4561◇

1307 **Wirkung von Adrenalektomie und Cortisol auf Alloxandiabetische Ratten.** C. N. H. Long und Ora K. Smith. (Acta endocrinol. [Copenhagen], Suppl. Nr. **51**, 1293, 1960; New Haven, Conn., Yale Univ., School of Med., Dep. of Physiol.; engl.) H. Herper 4561□

1308 **Brenztraubensäure in Katzenblut nach Verabreichung von Hydrocortisonhemisuccinat.** T. D. R. Hockaday. (Experientia [Basel] **18**, 87—88, 1962; Oxford, Radcliffe Infirmary, Dep. of the Regius Prof. of Med.; engl.) — Die Injizierung von *Hydrocortisonhemisuccinat* führt bei 4,5 Std. fastenden Katzen zu einem Anstieg des *Brenztraubensäure*-Geh. im Blut mit nachfolgendem Anstieg des Geh. an Blutzucker. W. Wesly 4561◇

1309 **Pharmakologische Wirksamkeiten von Pregnan-3β.5α.6β.16β.20α-pentaol mit dem Effekt auf die elektrolytische Aktivität von Aldosteron.** Takeshi Nakao, Kogo Hiraga, Taiichi Saito und Yoshimichi Murayama. (Acta endocrinol. [Copenhagen], Suppl. Nr. **51**, 187—88, 1960; Tokyo, Jikei Univ., School of Med. Shiba, Dep. of Pharmacol.; engl.) H. Herper 4561□

1310 **Experimentelle Untersuchungen über die Regulation der Produktion des Nebennierenrindenhormons Aldosteron.** Edith Gláz. (Acta endocrinol. [Copenhagen], Suppl. Nr. **51**, 155, 1960; Budapest, II. Med. Univ. Klinik; dt.) H. Herper 4561□

1311 **Die thymolytische Aktivität von 21-Desoxycorticosteroiden.** Norman R. Stephenson. (Acta endocrinol. [Copenhagen], Suppl. Nr. **51**, 765, 1960; Ottawa, Ontario, Tunney's Pasture, Food and Drug Directorate; engl.) H. Herper 4561□

1312 **Die Wirkungen von intramuskulären und oralen Gaben verschiedener synthetischer Corticoide in der Kuh.** Dennis D. Goetsch, L. E. McDonald und George O'Dell. (Acta endocrinol. [Copenhagen], Suppl. Nr. **51**, 771, 1960; Stillwater, Okla., State Univ., Dep. of Physiol. and Pharmacol. and Dep. of Biochem.; engl.) H. Herper 4561□

1313 **Wirkung von Corticosteroidhormonen und verwandten Corticoiden auf einige Wirkungen sympathicomimetischer Amine.** J. Lecomte, A. Dresse und H. van Cauwenberge. (Arch. int. Physiol. Biochim. **68**, 720—34, 1960; Liège, Univ., Inst. de Clin. et de Pathol. méd.; franz.) — Bei der mit Nembutal narkotisierten Katze rufen nach Vagusdurchschneidung Steroide in Dosen von jeweils 20 mg/kg folgende Wrkg. hervor: *Desoxycorticosteron* steigert u. verlängert die Blutdruck-Wrkg. von *Adrenalin* (I) u. *Noradrenalin* u. verstärkt u. verlängert die Hemmwrkg. von *Isopropylnoradrenalin* (II). *Corticosteron*, *Hydrocortison* u. *11-Dehydrocorticosteron* steigern u. verlängern die Wrkg. von I, die Hypotension nach II wird langdauernder. *Adrenocorticotropes Hormon* (5 Einheiten/kg) steigert u. verlängert die I-Wirkung. *Δ^1-Hydrocortison* steigert die Wrkg. von I u. II leicht. *Dexamethason*, *Triamcinolon* u. *3.20-Diketo-3α.17α.21-trihydroxypregnan-21-acetat* haben keine potenzierende Wirkung. *Aldosteron* (1 mg/kg) beeinflußt die Blutdruckwrkg. der Amine nicht. Der Mechanismus der Potenzierung steht zur entzündungshemmenden u. Mineralocorticoid-Wrkg. in keiner Beziehung. U. Tausendfreund 4561

1314 **Biologische Wirksamkeit von Enol-Äthern der Δ^4-3-Ketosteroid-Hormone und deren paradoxe Abhängigkeit vom Eingabe-Weg.** A. Ercoli, G. Bruni, G. Falconi, F. Galletti und R. Gardi. (Acta endocrinol. [Copenhagen], Suppl. Nr. **51**, 857—58, 1960; Casatenovo [Como], Italy, Vister Res. Labor.; engl.) H. Herper 4561□

1315 **Wirkungen von Nebennierenandrogenen auf unreife weibliche Mäuse.** Harold H. Varon und John J. Christian. (Endocrinology **72**, 210—22, 1963; Philadelphia, Pa., Zool. Soc. of Philadelphia, Penrose Res. Labor.; Univ. of Pennsylvania, Dep. of Pathol.; engl.) — Bei unreifen ♀ Mäusen bewirkten 50 oder 100 μg *Dehydroisoandrosteron* (I), *Isoandrosteron* (II), *Δ^5-Androsten-3β.17β-diol* (III) u. *Androstan-3.17-dion*, 3 Wochen lang tägl. sabkutan, eine Reifungsverzögerung des Fortpflanzungstraktes (Hemmung der *Gonadotropine*, wahrscheinlich von Luteinisierungshormon). 20 oder 50 μg *Δ^4-Androsten-3.17-dion* oder *11β-Hydroxy-Δ^4-androsten-3.17-dion* führte zu einer Größenzunahme von Uterus u. Ovar, einer gesteigerten Entw. von Follikeln u. Gelbkörpern u. erhöhtem Gonadotropingeh. der Hypophysen. Nach I, II u. III wurde eine Involution der X-Zone der Nebenniere beobachtet. K. Zingraf 4561◇

1316 **Wirkung der Glucocorticoide auf das Bindegewebe.** G. Uríbarri. (Medicamenta [Madrid] **26(13)**, Nr. 211, 106—11, 1961; Madrid, Hosp. Central de la Cruz Roja, Serv. de Med. General y Nutr.; Dep. de Reumatol.; span.) — Übersicht. — 45 Literaturangaben. K. Zingraf 4561◇

1317 **Die Wirkung eines Venenverschlusses auf die Bestimmung von Protein-gebundenem Jod.** Z. Lewitus und K. Steinitz. (Clin. chim. Acta [Amsterdam] **8**, 629 bis 630, 1963; Tel Aviv, Univ., Dep. of Experim. Biol., Rogoff Med. Res. Inst.; Petah Tiqva, Beilinson Hosp., Biochem. Sect., Rappaport Labor.; engl.) — In Blutproben aus einer Vene, die 5 Min. lang verschlossen war, lagen die Werte des *Protein-gebundenen J* um 0,1—2,5 μg% höher als im Blut der Venen vor Eintritt des Verschlusses. K. Zingraf 4562◇

1318 **Beeinflussung des chemisch bestimmbaren Serumjod und der Radiojodteste durch jodhaltige, hormonell unwirksame Medikamente.** R. Kotzaurek, H. Frischauf und N. Honetz. (Acta endocrinol. [Copenhagen], Suppl. Nr. **51**, 1191, 1960; Wien, I. Med. Klinik; dt.) H. Herper 4562□

1319 **Das Verhältnis zwischen der ^{131}J-Aufnahme des Ganzkörpers und der Aktivität der Schilddrüse beim Embryo des Dornhaies, Scyliorhinus canicula (L.).** Marie Therese Dimond. (Biol. Bull. **124**, 170—81, 1963; Washington, Trinity Coll., Dep. of Biol.; engl.) — Bei Raumtemp., nicht jedoch bei 8° gehaltene Embryonen des Hundsfisches, welche mehrere Tage vor Zusatz von *^{131}J* zum W. mit *0,05% Thioharnstoff* oder *Perchlorat* vorbehandelt wurden, zeigten im Vgl. zu den Kontrollen eine hohe Radioaktivität im ganzen Körper u. gut geschwärzte Autoradiogramme. Histolog. Veränderungen (vergrößerte Follikel, zahlreiche Mitosefiguren) traten erst nach 28tägiger Vorbehandlung auf. K. Zingraf 4562◇

1320 **Zuverlässigkeit und Prognose-Wert von chemischen und Radiojod-Untersuchungen im Anschluß an ^{131}J-Therapie bei Graves Krankheit.** Joseph W. Goldzieher, Jack Domnitz und H. F. Hurd. (Acta endocrinol. [Copenhagen], Suppl. Nr. **51**, 1195, 1960; San Antonio, Texas, Brooke Army Med. Center, Dep. of Med.; Southwest Found. for Res. and Education. H. Herper 4562□

1321 **Wirkung von Thyreoid-Hormon auf die Schnelligkeit der Aufnahme von säurelöslichem Phosphat der Erythrocyten in vivo.** André-Marie Ermans. (Acta endocrinol. [Copenhagen], Suppl. Nr. **51**, 1223—24, 1960; Bruxelles, Univ. Libre, Clinique Méd. de l'Hôp., St. Pierre, Dép. des Isotopes radioactifs; franz.) H. Herper 4562□

1322 **Diskrepanz zwischen Serum- und Gewebe-Thyreoid-Hormon-Konzentration in 2.4-Dinitrophenol-behandelten Ratten.** Gabriella Morreale de Escobar und Francisco Escobar del Rey. (Acta endocrinol. [Copenhagen], Suppl. Nr. **51**, 1219—20, 1960; Madrid, Centro de Invest. Biol.; engl.) H. Herper 4562□

1323 **Wirkungen von Schilddrüsenhormonen auf Permeabilität und Atmung der isolierten Blase der Bufo bufo-Kröte.** A. J. Matty und K. Green. (J. Endocrinology **25**, 411—25, 1963; St. Andrews, Wellcome Labor. of Pharmacol.; Univ., Gatty Marine Labor.; engl.) — *L-Thyroxin* (I) u. *3.5.3'-Trijod-L-thyronin* (II) steigern in Konzz. von 10^{-8}—10^{-5} m *O_2*-Aufnahme u. *Wasser*-Transport durch die isolierte Harnblase der *Bufo bufo*-Kröte. Die Steigerungen sind bei äquimolaren Mengen gleich, die Rk. auf II ist jedoch rascher. Der Anstieg des Wassertransportes verläuft linear zum log der Dosis. Nach Ersatz von *Na^+* durch *Cholin* gehen O_2-Aufnahme u. Wasser verlust zurück; die O_2-Aufnahme kann in beiden Medien durch **I** gesteigert werden, der Wassertransport nur im Na^+-Medium. Für die Änderungen der Permeabilität wird Stoffwechselenergie benötigt. *3.5.3'-Trijodthyroessigsäure* u. *3.5.3'.5'-Tetrajodthyroessigsäure* führen zu raschem, jedoch vorübergehendem Anstieg der Wasserbewegungen. U. Tausendfreund 4562◇

1324 **Wirkung von Propylthiouracil, Methylthiouracil und Thiouracil auf den Stoffwechsel von Schilddrüsen-Hormon bei thyreoidektomierten L-Thyroxin-behandelten Ratten.** Francisco Escobar del Rey und Gabriella Morreale de Escobar. (Acta endocrinol. [Copenhagen], Suppl. Nr. **51,** 1211—12, 1960; Madrid, Centro de Investigaciones; engl.) H. Herper 4562□

1325 **Der Einfluß endokriner Drüsen auf den Kohlenhydratstoffwechsel.** 3. Mitt. **Die Wirkung von Schilddrüsenhormon auf die Fructoseverwertung.** L. Macho. (Arch. int. Physiol. Biochim. **68,** 713—19, 1960; Bratislava, Slovak Acad. of Sci., Endocrinol. Inst.; engl.) — 2. vgl. C. **1963,** 14382. — 30 Tage nach Thyreoidektomie kann bei Ratten eine Verminderung der Verwertungsgeschw. von *Glucose* (**I**) u. *Fructose* (**II**) konstatiert werden. Durch Substitutionsbehandlung mit *Trijodthyronin* steigt die Verwertung von **I** geringfügig, die von **II** jedoch signifikant. U. Tausendfreund 4562

1326 **Abnahme der aeroben Glykolyse von Erythrocyten infolge kontinuierlicher Verabreichung von L-Trijodthyronin.** B. Calesnick, V. R. Altarelli und M. A. Spirtes. (Endocrinology **66,** 517—20, 1960; Philadelphia, Pa., Hahnemann Med. Coll., Labor. of Human Pharmacol.; engl.) — Kaninchen erhielten täglich i.v. 125 μg *L-Trijodthyronin*/kg. Nach 24 Std. stieg die Glykolyserate der Erythrocyten in vitro bis zum 4. Tag. Danach fiel sie wieder ab u. hatte nach 21 Tagen, als tox. Effekte auftraten, nur noch 62% ihrer Normalhöhe. Die Zunahme der Glykolyserate wird als klin. Labortest auf Thyreotoxizität vorgeschlagen. H.-G. Trüper 4562◇

1327 **Beobachtungen über die Bindung von Schilddrüsenhormonen durch menschliches Serumpräalbumin.** Sidney H. Ingbar. (J. clin. Invest. **42,** 143—60, 1963; Boston, Mass., Boston City Hosp., Thorndike Mem. Labor., 2. and 4. (Harvard) Med. Serv.; Harvard Med. School, Dep. of Med.; engl.) — In Erweiterung von Verss. über die Eigg. von *thyroxinbindendem Präalbumin* (**I**) des menschlichen Plasmas wird gezeigt, daß **I** ein nativer Bestandteil des Plasmas ist u. sich von *thyroxinbindendem α-Globulin* (**II**) unterscheidet. Die Affinität von **I** für *Thyroxin* (**III**) ist nicht als ein, durch spezif. Puffer ausgelöstes Artefakt anzusehen. Vielmehr transportiert **I** einen beträchtlichen Teil von **III** im Plasma bei physiolog. pH-Werten u. spielt deshalb eine bes. Rolle beim peripheren Stoffwechsel des Hormons. Hemmung der **III**-Bindung an **I** mittels *Barbital, Trypanblau* u. *Salicylat* führt zu einem Anstieg der **III**-Bindung in der elektrophoret. α-Globulin-Zone. D-**III** wird durch **II** weniger stark als L-**III** gebunden; **I** bindet D-**III** kaum. *3.5.3'-L-Trijodthyronin* (**IV**) wird durch **II**, nicht jedoch durch **I** gebunden; nach Desaminierung von **III** u. **IV** geht die Affinität für **II** verloren, diejenige für **I** steigt. Die Affinität für **I** ist bei Tetra-J-Verbb. größer als bei Tri-J-Verbb., sie ist bei Essigsäure-Analogen stärker als bei Propionsäure-Analogen. U. Tausendfreund 4562◇

1328 **Vergleich der invivo- und invitro-Wirkungen von Trijodthyronin.** Roger L. Greif. (Endocrinology **66,** 521—26, 1960; New York, N. Y., Cornell Univ. Med. Coll. Dep. of Physiol.; engl.) — Thyreoidektomierten Ratten wurden nach Entfernung einer Niere i.v. 15 mg ^{131}J-markiertes *3.5.3'L-Trijodthyronin* (**I**) injiziert. Die zweite Niere wurde 10 Min. später entfernt u. der Atmungsquotient von Schnitten dieser Niere mit dem von Schnitten der ersten Niere, nachdem dieser in vitro **I** gegeben worden war, verglichen. H.-G. Trüper 4562◇

1329 **Katalytische Wirkung von Thyroxin, 3.5.3'-Trijodthyronin, 3.5-Dijodthyronin und 3.5-Dijodtyrosin auf die Reduktion von Ce-Ammoniumsulfat durch Arsenige Säure in Gegenwart von Chlorid.** G. Morreale de Escobar und E. Gutiérrez Ríos. (Clin. chim. Acta [Amsterdam] **3,** 548—56, 1958; Granada, Univ., Dep. of Inorg. Chem.; engl.) — *Thyroxin, 3.5.3'-Trijodthyronin, 3.5-Dijodthyronin* u. *3.5-Dijodtyrosin* katalysieren die Red. von *Ce-Ammoniumsulfat* durch *Arsenige Säure* in Ggw. von *Cl*; die spezif. Geschw. der Rk. ist eine lineare Funktion der Konz. der J-haltigen Aminosäuren (bei konst. Initialkonz. der Reagentien), zumindest im geprüften Bereich von 0,7—5,2 · 10^{-7} m J. Die Rk. ist deshalb zum Ausbau einer Mikrobest.-Meth. für J-haltige Verbb. in wss. Lsgg. im Bereich von 10^{-7} m Konzz. geeignet. Die katalyt. Wrkg. eines Jodthyronins hängt offenbar von seinem J-Geh. u. der mol. Struktur ab (Gesamtaktivität scheint die Summe der verschieden starken katalyt. Wrkg. von J in verschiedenen Positionen zu sein). U. Tausendfreund 4562◇

1330 **Thyreotropininduzierte Proteolyse in der Schilddrüse in vitro.** Phillip L. Poffenbarger, Richard C. Powell und William P. Deiss, jun. (J. clin. Invest. **42,** 239—48, 1963; Indianapolis, Ind., Indiana Univ., Med. Center, Deps. of Med. and Biochem.; engl.) — An Ratten-, Rinder- u. Schaf-Schilddrüsen-Schnitten ließ sich als spezif. *Thyreotropin*-Wrkg. eine gesteigerte Proteolyse nachweisen. Diese Proteolysesteigerung wurde an vermehrter Freisetzung von butanolextrahierbarem ^{131}J aus vormarkierten Schilddrüsenschnitten während der in vitro-Inkubation (Vermehrung des *Thyroxin-, Trijodthyronin-, Jodtyrosin-* u. *J*-Geh. in den Extrakten), sowie an Erhöhung des Geh. von freiem *α-Amino-N, Tyrosin* u. anorgan. ^{127}J als Indices der proteolyt. Aktivität bestimmt. U. Tausendfreund 4562◇

1331 **Einfluß des Abbaus von Thyroxin auf die Schilddrüsen-Regulation.** C. v. Euler und A. Swartling. (Acta endocrinol. [Copenhagen], Suppl. Nr. **51,** 1213, 1960; Stockholm, Karolinska Inst., Nobel Inst. for Neurophysiol.; engl.) H. Herper 4562□

1332 **Untersuchungen an Vögeln, Nagern und Menschen über die Modifizierung des Androgen-Stoffwechsels durch die Dextro-Isomere von Thyroxin.** Paul Starr. (Acta endocrinol. [Copenhagen], Suppl. Nr. **51,** 739, 1960; Los Angeles, County Hosp. and Univ. of Southern California, School of Med.; engl.) H. Herper 4562□

1333 **Untersuchungen beim Menschen auf das Thyroxin-Insulin-Gleichgewicht zwischen intravasculären und extravasculären Räumen.** N. H. Engbring, E. J. Lennon und W. W. Engstrom. (Acta endocrinol. [Copenhagen], Suppl. Nr. **51,** 1275, 1960; Milwaukee, Wis., Marquette Univ. School of Med., Dep. of Med.; engl.) H. Herper 4562□

1334 **Wirkung von Salicylat auf die Thyroxinausscheidung in der Galle bei der Ratte.** C. Osorio und N. B. Myant. (Endocrinology **72,** 253—58, 1963; London, Hammersmith Hosp., Med. Res. Council; engl.) — Bei Ratten, bei denen das *Thyroxin* (**I**) im Plasma mit ^{131}J markiert worden war, trat nach Injektion von *Salicylat* eine Zunahme des Quotienten aus der Radioaktivität in Galle u. Plasma u. eine Abnahme der Radioaktivität im Plasma ein. Die Wrkg. war kleiner als die nach Injektion von exogenem **I**. K. Zingraf 4562◇

1335 **Einige Wirkungen von 2.4-Dichlorphenoxyessigsäure auf die Schilddrüsenfunktion der Ratte: Wirkungen auf peripheres Thyroxin.** Warner H. Florsheim, Shirley M. Velcoff und Albert D. Williams. (Endocrinology **72,** 327—33, 1963; Long Beach, Calif., U. S. Vet. Hosp., Radioisotope Serv.; Los Angeles, Calif., Univ. of California Med. School; engl.) — *2.4-Dichlorphenoxyessigsäure,* das die Thyrotropinsekretion der Hypophyse nicht beeinflußt, verringerte bei Ratten den Geh. von Eiweiß-gebundenem *J* im Serum; diese Abnahme war auf eine Verringerung des *Thyroxin*(**I**)-Bindevermögens des Serums zurückzuführen; das von den Serumeiweißkörpern entfernte **I** findet sich hauptsächlich in der Leber. K. Zingraf 4562◇

1336 **^{35}S-Thioharnstoff-Stoffwechsel in der fötalen Rattenschilddrüse.** Thomas H. Shepard II. (Endocrinology **72,** 223—30, 1963; Gainesville, Fla., Univ. of Florida, Coll. of Med., Dep. of Anat. and Pediatr.; engl.)

— *^{35}S-Thioharnstoff* (**I**) wurde bei Ratten rasch von der Mutter auf den Fötus übertragen. Bei älteren Embryonen war die Konz. in der Amnionfl. 12 u. 24 Std. nach Anwendung höher als im Serum der Mutter. Das Konzentrierungsvermögen der fötalen Schilddrüse für ^{35}S aus Thioharnstoff begann zugleich mit dem Konzentrierungsvermögen für ^{131}J am 17. Tag. ^{35}S lag hauptsächlich als **I** in Serum, Amnionfl. u. Harn vor, aber an Protein gebundenes Material wurde auch in Lebergewebe, Serum u. Amnionfl. gefunden. Erhöhte Mengen von ^{35}S in Form von Sulfat oder **I** wurden in der Schilddrüse von Mutter u. Fötus nachgewiesen. K. Zingraf 4562◇

1337 **Eine neue Bioversuchsmethode zur Bestimmung der Calcium-mobilisierenden Fraktion von Parathyreoid-extrakten.** Irwin Clark, William Bowers und Raymond Geoffroy. (Endocrinology **66**, 527—32, 1960; Rahway, N. J., Merck Inst. for Therapeuthic Res.; engl.) — Die Meth. beruht auf der Fähigkeit von Parathyreoid-Extrakten, die Abgabe von Radiocalcium aus den Skeletten von Ratten, denen 40 Tage vorher *$^{45}CaCl_2$* injiziert worden war, zu bewirken. Die *Ca*-mobilisierende Fraktion ist wirkungslos bei oraler Verabreichung. Die Meth. gestattet den Nachw. bis zu 4 Einheiten von U. S. P. *Parathyreoidextrakt* (Lilly)/100 g Körpergewicht. H.-G. Trüper 4563◇

1338 **Serum-Amylaseaktivität, ihre Bestimmung bei Gesunden und bei Diabetes mellitus.** Harold V. Street. (Clin. chim. Acta [Amsterdam] **3**, 501—13, 1958; Manchester, Crumpsall Hosp., Dep. of Pathol., Biochem. Labor.; engl.) — Es wird gezeigt, daß die Meth. von Somogyi zum Nachw. von *Amylase*(**I**)-Aktivität im Serum [1940] zu niedrige **I**-Werte bei Blutzucker-Erhöhungen angibt, so daß damit die von Somogyi angegebenen subnormalen Serum-**I**-Werte bei Diabetes mellitus erklärt werden. Im Gegensatz dazu ist die **I**-Best. nach Street u. Close (Nature [London] **179**, [1957], 164, C. **1957**, 9684) vom Blutzucker unabhängig u. ergibt bei Diabetikern normale Serum-**I**-Werte. U. Tausendfreund 4564◇

1339 **Der Glucose-Fettsäure-Cyclus. Seine Rolle bei Insulinempfindlichkeit und den Stoffwechselstörungen des Diabetes mellitus.** P. J. Randle, P. B. Garland, C. N. Hales und E. A. Newsholme. (Lancet **1963** (**I**), 785—89; Cambridge, Univ., Dep. of Biochem.; engl.) — Für die Normabweichungen des *Kohlenhydrat*-Stoffwechsels in der Muskulatur bei Diabetes, Hungerzustand, Kohlenhydratverarmung u. bei übermäßiger Einw. von Wachstumshormon oder Corticosteroiden ist offenbar eine vermehrte Freisetzung von *Fettsäuren* u. *Ketonkörpern* zur Oxydation verantwortlich. Vermutlich besteht ein biochem. Syndrom, das durch Abbau von *Glyceriden* in Fettgewebe u. Muskulatur gek. ist u. Symptome einer erhöhten Plasmakonz. an unveresterten Fettsäuren, einer verminderten *Insulin*(**I**)-Empfindlichkeit u. *Pyruvat*-Toleranz u. eines Schwergew. des *Glucose*(**II**)-Stoffwechsels im Muskel zu *Glykogen* statt zu Pyruvat bei häufig verminderter **II**-Toleranz aufweist. Die Beziehungen zwischen **II** u. Fettsäuren in Muskel u. Fettgewebe nehmen wahrscheinlich die Form eines **II**-Fettsäure-Cyclus an, welcher für die Kontrolle des Blut-**II**-Geh., der Fettsäure-Konz. im Blut u. die **I**-Empfindlichkeit verantwortlich ist. U. Tausendfreund 4564◇

1340 **Die Behandlung von labilem Diabetes mit Insulin–Cortison und Insulin–Thyroxin.** Selahattin Kologlu. (Acta endocrinol. [Copenhagen], Suppl. Nr. **51**, 1281, 1960; Ankara, Tip Fakültesi, II. Dahiliye Klinigi; franz.) W. Herper 4564□

1341 **Neuere Untersuchungen über die Antigenwirkung des Insulins.** H. Steigerwald, W. Spielmann, H. Fries und S. F. Grebe. (Klin. Wschr. **38**, 973—80, 1960; Frankfurt (Main), Univ., Med. Klin. u. Senckenberg. Patholog. Inst. u. Röntgen-Inst.; dt.) — Erstmalig dargestellt wurde *Insulin-Fluorescein* (**I**) durch Umsetzung des *Insulins* (**II**) mit Fluoresceinisocyanat. Im Serum einiger resistenter Diabetiker mit zirkulierenden Antikörpern ließen sich diese mit **I** in der α_2- u. γ_1-Fraktion nachweisen. Diese Diabetikerseren u. deren isolierte α_2- u. γ_1-Globulinfraktionen vermochten die hormonelle Wrkg. des **II** aufzuheben. Diese zirkulierenden neutralisierenden Antikörper konnten nur bei etwa 20% **II**-resistenter Patienten nachgewiesen werden. Bei Anwendung von **I** wurde das gesamte injizierte **II** beim immunisierten Kaninchen in den Lymphknoten u. zu einem geringen Teil im Knochenmark festgehalten, beim normalen Tier wurde es fast ausschließlich nur in der Leber gefunden. Die physiolog. Wrkg.-Orte werden diskutiert. F. O. W. Meyer 4564◇

1342 **Analyse der Leberglykogen-bildenden Wirkung der blutzuckersenkenden Arylsulfonamide und des Insulins.** A. Loubatières, P. Bouyard und A. Sassine. (C. R. Séances Soc. Biol. Filiales **152**, 1757—60, 1958; herausgeg. 1959; Montpellier, Univ., Fac. de Méd., Labor de. Physiol. appl. et de Pharmacodyn.; franz.) — Die Leberglykogen-bildende Wrkg. von exogenem oder durch blutzuckersenkende Sulfonamide, wie *2-[p-Aminobenzolsulfonamido]-5-tert.-butyl-1.3.4-thiodiazol* (*2259 RP*) oder *N^1-p-[Tolylsulfonyl]-N^2-n-butylharnstoff* (*D-860*), freigesetztem endogenem *Insulin* (**I**) setzt nach einer Latenzzeit von weniger als 60 Min. ein; dies ist ein Beweis für eine direkte Wrkg. von **I** auf die Leber. K. Zingraf 4564◇

1343 **Histologischer Nachweis der Wirkung der blutzuckersenkenden Arylsulfonamide auf die β-Zellen des Pankreas.** A. Loubatières und Chr. Fruteau de Laclos. (C. R. Séances Soc. Biol. Filiales **152**, 1760—63, 1958; herausgeg. 1959; Montpellier, Univ., Fac. de Méd., Labor. de Physiol. appl. et Pharmacodyn.; franz.) — Vgl. auch vorst. Referat. — *2-[p-Aminobenzolsulfonamido]-5-tert.-butyl-1.3.4-thiodiazol* (*Glybuthiazol, 2259 RP*), *2-[p-Aminobenzolsulfonamido]-5-isopropyl-1.3.4-thiodiazol* (*Glyprothiazol; 2254 RP*), *N^1-[p-Aminobenzolsulfonyl]-N^2-n-butylharnstoff* (*Carbutamid, BZ-55*), *N^1-[p-Tolylsulfonyl]-N^2-n-butylharnstoff* (*Tolbutamid, D-860*) u. bes. *N-Propyl-N'-[p-chlorbenzolsulfonyl]-harnstoff* (*Chlorpropamid, P 607*) wirken bes. auf die β-Zellen der Langerhans Inseln u. regen die Sekretion von endogenem Insulin an; sie begünstigen auch die Bldg. neuer β-Zellen u. neuer Langerhans' Inseln. K. Zingraf 4564◇

1344 **Art der schweren hypoglykämischen Erscheinungen nach Anwendung der wirksamsten blutzuckersenkenden Arylsulfonamide.** A. Loubatières, C. Fruteau de Laclos und M. Mariani. (C. R. Séances Soc. Biol. Filiales **152**, 1763—66, 1958; herausgeg. 1959; franz.) — Vgl. auch vorst. Referate. — Hohe Dosen von *Chlorpropamid* (*P 607*; **I**) oder *Glybuthiazol* (*2259 RP.*; **II**) bewirkten beim Hund eine sehr deutliche Hypoglykämie, die, wenn sie länger als 8 Std. anhält, von Asthenie, Apathie, Krämpfen u. atakt. Gang begleitet ist. Die Symptome verschwinden zunächst spontan oder nach Anwendung von *Glucose*. Wenn die Behandlung zu spät einsetzt, führt die Hypoglykämie nach **I** zum Tode. Die Erscheinungen nach **II** können leichter beseitigt werden als die nach **I**. K. Zingraf 4564◇

1345 **Die experimentelle Hervorrufung von Leucinhypoglykämieempfindlichkeit beim Menschen.** Stefan S. Fajans, Ralph F. Knopf, John C. Floyd, jun., Lawrence Power und Jerome W. Conn. (J. clin. Invest. **42**, 216—29, 1963; Ann Arbor, Mich., Univ. of Michigan, Dep. of Int. Med., Div. of Endocrin. and Metabol. and Metabol. Res. Unit; engl.) — Eine Sensibilität gegenüber *L-Leucin* (**I**), die sich in Hypoglykämie äußert, konnte bei Gesunden regelmäßig nach Verabreichung von Sulfonylharnstoffen (*Chlorpropamid, 1-Propyl-3-[p-chlorbenzolsulfonyl]-harnstoff*; **II**) beobachtet werden. Der primäre Wirkungsmechanismus, über welchen **I** die Hypoglykämie beim Menschen auslöst, verläuft über Freisetzung von *Insulin* (**III**); die Art der Freisetzung von **III** durch **I** unterscheidet sich von derjenigen durch *Tolbutamid*; Potenzierung der **III**-Wrkg. spielt beim Menschen bei der **I**-induzierten Hypoglykämie keine Rolle. Diese Ergebnisse dürften zukünftige Unterss. über die **I**-Wrkg. vereinfachen. — Bei einigen Diabetikern konnte während **II**-Behandlung, nicht jedoch unter **III**-Einfl., eine **I**-Hypoglykämie ausgelöst werden. Perorales **I** hatte bei 3 Fällen mit funktionierendem Inselzelladenom keine Wirkung. U. Tausendfreund 4564◇

1346 **Hypoglykämische Aktivität von 3.5-Dimethylisoxazol.** William E. Dulin und George C. Gerritsen. (Proc. Soc. exp. Biol. Med. **113,** 683—85, 1963; Kalamazoo, Mich.; Upjohn Co.; engl.) — Vff. untersuchen die hypoglykäm. Wrkg. von *3.5-Dimethylisoxazol* (*U-21221*; **I**). **I** ist 188mal so wirksam im Vgl. zu *Tolbutamid* bei der Senkung des Blutglucosespiegels bei mit Glucose injizierten Ratten. Die Glucoseoxydation wird bei intakten Tieren durch **I** erhöht. Der Blutzuckergeh. wird bei ausgeweideten Tieren durch **I** nicht gesenkt. Im Gegensatz zu Tolbutamid wirkt **I** auch bei alloxandiabet. Tieren. **I** zeigt einen verschiedenen Wrkg.-Mechanismus im Vgl. zu *Insulin* (wirkt nicht bei ausgeweideten Tieren), Tolbutamid (akt. bei alloxandiabet. Tieren) u. *Biguaniden* (Erhöhung der Glucoseoxydation). Vff. nehmen an, daß **I** durch die Stimulierung der Glucoseoxydation durch Leber u./oder Darm wirkt. W. Hiller 4564◇

1347 **Chlorpropamid-induzierte Leucinhypoglykämie.** C. Lucas und G. Reaven. (J. clin. Invest. **42,** 230—37, 1963; Palo Alto, Calif., Stanford Univ., School of Med., Dep. of Med.; engl.) — Verss. zur Klärung des Wrkg.-Mechanismus von *L-Leucin* (**I**) bei der durch **I** hervorgerufenen Hypoglykämie beim Hund zeigen, daß die durch *Chlorpropamid* (*1-Propyl-3-[p-chlorbenzolsulfonyl]-harnstoff*) verstärkte hypoglykäm. Rk. von einer deutlichen Verminderung der positiven Leber-*Glucose* (**II**)-Bilanz begleitet ist. Möglicherweise bewirkt **I** eine Hemmung des Leber-**II**-Ausstoßes, wobei die resultierende Reduzierung der Blut-**II**-Konz. von dem Zustand anderer homöostat. Mechanismen zur Aufrechterhaltung der Euglykämie zum Zeitpunkt der **I**-Verabreichung abhängt. U. Tausendfreund 4564◇

1348 **Invitro-Effekte von oralen Antidiabeticis, menschlichem und tierischem Wachstumshormon und Glukagon auf die Oxydation von Glucose durch das epididymale Rattenfettgewebe. Vergleich mit Insulin.** H. Ditschuneit, E. F. Pfeiffer und H.-G. Rossenbeck. (Acta endocrinol. [Copenhagen], Suppl. Nr. **51,** 1303, 1960; Frankfurt/Main, I. Med. Univ.-Klinik.; dt.) H. Herper 4564□

1349 **Das Verhalten von Durchblutung und einigen Stoffwechselgrößen der Leber gesunder Hunde unter der Einwirkung von N-[4-Methyl-benzolsulfonyl)-N-butylharnstoff (Tolbutamid).** Annemarie König und W. Rautenberg. (Z. ges. exp. Med. **136,** 563—70, 1963; Greifswald, Univ., Physiol. Inst.; dt.) — Bei (Morphin-Chloralose-narkotisierten) stoffwechselgesunden Hunden nimmt nach Beginn einer Infusion von 80 mg *Tolbutamid*(**I**)/kg/2 Std. die Durchblutung der Leber ab u. bleibt noch bis zu 2 Std. nach Absetzen von **I** vermindert. Der O_2-Verbrauch der Leber geht unter **I**-Einfl. leicht zurück. Der arterielle Blut-*Glucose*(**II**)-Spiegel nimmt ab. Die **II**-Abgabe der Leber steigt an, wird jedoch im Verlaufe der **I**-Infusion geringer. *Phosphat*-Abgabe u. -Aufnahme der Leber sowie der Plasmaspiegel an anorgan. P bleiben unverändert. Der Plasma-*K*-Geh. steigt während u. nach der **I**-Infusion an. Die anfängliche K-Aufnahme der Leber nimmt mit der Zeit ab u. geht in eine K-Abgabe über. U. Tausendfreund 4564◇

1350 **Weiterer Beweis für die Vermittlung der Östrogenstimulierung des Rattenuterus durch Histamin.** Eugene Spaziani und Clara M. Szego. (Endocrinology **64,** 713—23, 1959; Los Angeles, Calif., Univ. of California, Dep. of Zool.; engl.) — Vgl. auch C. **1963,** 1338. — Da mit Lsgg. von *Histamin*(**I**)-*dihydrochlorid* oder der **I**-freisetzenden *Verb. 48/80* im Uterus ovarektomierter erwachsener Ratten innerhalb von 4 Std. die gleichen Veränderungen wie durch *Östrogen* (**II**) ausgelöst werden können, u. die **II**-Wrkg. sich durch Anti-**I**-Substanzen (Benadrylhydrochlorid u. Chlortrimetonmaleat) blockieren lassen, ist damit ein neuer Beweis für die Vermittlung der **II**-Wrkg. über örtlich freigesetztes **I** geliefert. Die von *Cortisol* ausgehende antagonist. Wrkg. dürfte auf unspezif. Verminderung der Capillarpermeabilität beruhen. U. Tausendfreund 4569◇

1351 **Mechanismus der letalen Wirkung von 5-Hydroxytryptamin auf den Fötus.** J. M. Robson und F. M. Sullivan. (J. Endocrinology **25,** 553—54, 1963; London, Guy's Hosp., Med. School, Dep. of Pharmacol.; engl.) — Nachprüfung der verschiedenen Möglichkeiten, auf welche Weise *5-Hydroxytryptamin* bei Verabreichung an die Muttertiere auf den Mäusefötus tödlich wirken könnte, zeigt, daß die Ursache des Absterbens der Frucht offenbar in einer Wrkg. auf die Placenta mit nachfolgender Störung von deren Funktion zu suchen ist. U. Tausendfreund 4569◇

1352 **^{32}P-Aufnahme durch mikrosomale Phosphatidsäure des Gehirns bei Ratten mit Mangel an essentiellen Fettsäuren.** G. G. de Pury und F. D. Collins. (Nature [London] **198,** 788—89, 1963; Univ. of Melbourne, Russel Grimwade School of Biochem.; engl.) — Zur Unters. der Rolle des *Acetylcholins* (**I**) bei der ^{32}*P*-Aufnahme in die *Phosphatidsäure* (**II**) von Hirnmikrosomen wurden Mikrosomensuspensionen von normalen u. Fettsäuremangelratten mit einem ^{32}*P-Adenosintriphosphat* erzeugenden System in An- bzw. Abwesenheit von **I** behandelt. Nach Extraktion u. papierchromatograph. Trennung der Phospholipoide enthielt **II** den größeren Anteil (75—85%) der totalen Radioaktivität. Bei normalen Ratten erhöhte **I** die ^{32}P-Aufnahme durch **II** um 80—185%, während bei den Defizienzratten keine oder eine viel geringere Zunahme zu verzeichnen war. Die ^{32}P-Aufnahme durch Mikrosomen von Mangelratten bei Abwesenheit von **I** war von der gleichen Größenordnung wie für normale Ratten mit **I**. Zur Erklärung dieser Befunde könnte man annehmen, daß der Fettsäuremangel ein viel leichteres Zerfallen der mikrosomalen Membranen zur Folge hat, was dann zur erhöhten ^{32}P-Aufnahme durch **II** führt. H. J. Hoenders 4569◇

1353 **Nachweis von Kininen beim Darmverschluß des Hundes.** W. L. Weipers und J. Sanford. (Nature [London] **198,** 813, 1963; Glasgow, Univ., Veterin. Hosp.; engl.) — Es wurde die tox. Natur der aus Darmschlingen von an Darmverschluß eingegangenen Hunden isolierten Substanz untersucht u. dabei eine *Kinin*-artige Aktivität gefunden. Es liegen jedoch noch keine Beweise dafür vor, daß die Ggw. einer zu langsamer Kontraktion von isolierten glatten Muskelfasern führenden Substanz u. eines kininbildenden Enzyms in der Peritonealfl. allein für die Toxizität verantwortlich sind; die Befunde weisen allerdings auf gesteigerte Permeabilität der Darmwand als Folge patholog. Veränderungen hin. U. Tausendfreund 4569◇

1354 **Die renale tubuläre Wirkung von Valin^5-Angiotensin-II-amid bei Ratten.** G. Peters (unter techn. Mitarb. von P. Scheer). (Proc. Soc. exp. Biol. Med. **112,** 771—75, 1963; Basel, CIBA Ltd., Pharmaceut. Dep.; engl.) — Erhalten Ratten *Val^5-Angiotensin-II-amid* (*Hypertensin* CIBA; **I**) nach einer NaCl-Infusion infundiert, so ist eine starke diuret. u. natriuret. Wrkg. zu beobachten. Die Wrkg. steigt mit dem log der Konz. geradlinig an in einem Bereich von 0,008—0,2 μg**I**/kg/Minute. **I** besitzt eine 17000—35000mal stärkere diuret. Wrkg. als Hydrochlorothiazid. Die glomeruläre Filtrationsgeschw. steigt nicht mit der **I**-Diurese an. **I** zeigt schon diuret. Wrkg. in Dosen, bei denen noch keine Pressorwrkg. eintritt. Die Werte für Urinfluß, Na- u. K-Ausscheidung gehen nach 90 Min. bei ununterbrochener **I**-Infusion leicht zurück. Die Clearance für p-Aminohippursäure steigt nach 90 Min. ununterbrochener Infusion noch an, der Blutdruck ist nach 90 Min. etwas erniedrigt. W. Hiller 4569◇

1355 **Biologische Wirkungen einer ungesättigten Trihydroxysäure aus normaler Schweinelunge. 13. Mitt. Prostaglandin und verwandte Faktoren.** Erik Änggård und Sune Bergström. (Acta physiol. scand. **58,** 1—12, 1963; Stockholm, Karolinska Inst., Dep. of Pharmacol.; Dep. of Chem.; engl.) — *9α.11α.15-Trihydroxyprosta-5.13-diensäure* (eines der „Prostaglandine"; $PGF_{2\alpha}$) aus normaler Schweinelunge bewirkte im Duodenum u. Colon der Ratte, im Ileum des Meerschweinchens, im rektalen Caecum des Huhnes u. im Uterus von Meerschweinchen u. Ratten eine langsame Kontraktion. Nach i.v. Injektion trat bei Kaninchen ein Blutdruckabfall bei unveränderter Herzfrequenz u. unbeeinflußtem Druck in der rechten Kammer auf. Bei Katzen nahm der arterielle Druck ab bei gleichzeitiger Zunahme des

Druckes der rechten Kammer u. nachfolgender Bradycardie. K. Zingraf 4569◇

1356 **Molekularschwingung und sexuelle Anziehungsstoffe der Insekten.** R. H. Wright. (Nature [London] **198,** 455—59, 1963; Vancouver, British Columbia Res. Council; engl.) — Die Betrachtungen über sexuelle Anziehungsstoffe (für *Dacus curcurbutae coq.*, *Ceratitis capitata*, *Porthetria dispar*, Seidenraupenmotte, Bienen, *Limonius* [*Pheletes*] *canus* Lec. u. *Limonius* [*Pheletes*] *californius* Mann) lassen erkennen, daß die Mol.-Schwingungstheorie der Duftstoffe mit den Kenntnissen über die Substanzen übereinstimmt, welche bei verschiedenen Insektenarten den als Riechvorgang zu bezeichnenden Prozeß auslösen. Sollte sich die Theorie bzw. die direkte Beziehung zwischen bestimmten niederfrequenten Schwingungen u. der Insektenanziehung bestätigen, so wäre das ein wichtiger Beitrag zur Herst. wirksamer Insektenköder z. zum Verständnis des Riechvorganges. U. Tausendfreund 4569◇

1357 **Der Gehalt an Spurenelementen im Organismus und in den Zellen des Blutes von Ascidien.** W. W. Kowalski, L. T. Resajewa und G. W. Kolzow. (Ber. Akad. Wiss. UdSSR **147,** 1215—17, 1962; Vernadsky-Inst. für Geochemie u. analyt. Chemie der Akad. der Wiss. der UdSSR; russ.) — Erstmalig wird gezeigt, daß das Blut von *Ascidiella aspersa* neben *V*, *Sr*, *Al*, *Mn*, *Fe*, *Pb* u. *Cu* auch *Be*, *Ga*, *Bi*, *Ag*, *Zr* u. *Ba* enthält. In den Blutzellen von *Ciona intestinalis* finden sich ebenfalls Bi u. Zr, nicht jedoch Zn u. Ba. Der Geh. an V u. Sr unterscheidet sich vom Geh. in As. aspersa. O. Lebtag 4572△

1358 **Der Gehalt an Vanadin im Blut von Ascidiella aspersa.** W. W. Kowalski und L. T. Resajewa. (Ber. Akad. Wiss. UdSSR **148,** 238—40, 1963; Vernadsky-Inst. für Geochemie u. analyt. Chemie der Akad. der Wiss. der UdSSR; russ.) — Vgl. vorst. Referat. — Die Unters. des V-Geh. in verschiedenen Komponenten des Blutes u. im Körper von *Ascidiella aspersa* ergab, daß im Blut ca. 50% des gesamten V-Geh. vorliegen. Im Sommer ist der V-Geh. des Blutes 2,5mal höher als im Winter. Das citronengelb gefärbte Blut enthält 1,5mal mehr V als das orangegelbe. Im Blutplasma ist der V-Geh. viel geringer als in der Blutzelle. Auch die farblosen Blutzellen enthalten V. Damit wird erstmalig festgestellt, daß (im Gegensatz zu einigen Literaturangaben) die farblosen u. orangegelben Blutzellen V enthalten. O. Lebtag 4572△

1359 **Die Rolle des Eisens bei der Hämoglobinbiosynthese.** Clement A. Finch. (Nat. Acad. Sci.; Nat. Res. Council, Publ. Nr. **557,** 95—99, 1958; engl.) — Übersicht. — 22 Literaturangaben. K. Maier 4572◇

1360 **Über die Zerfallskinetik der Hämpigmente bei verschiedenem pH.** T. M. Gladischewska und B. A. Ssobtschuk. (Ukrain. biochem. J. **35,** 418—27, 1963; Lwow, Med. Inst., Lehrstuhl für Biochemie; ukrain., Auszug: engl.) — Durch spektrophotometr. Messung der opt. Dichte wurde die Zers. von *Oxyhämoglobin* (**I**) u. *Oxymyoglobin* (**II**) im pH-Bereich 1,62—13 untersucht. **I** ist danach im pH-Bereich 6—9 beständig. Aus dem nichtlinearen Verlauf der Kurve log (E_0/E_{HbO_2}) – Zeit t folgt, daß der **I**-Zerfall eine Rk. höherer Ordnung ist (E_0 = ursprüngliche opt. Dichte; E_{HbO_2} = opt. Dichte zur Zeit t). **II** ist im pH-Bereich 5—9,3 beständig. Die obige Kurve ist bei **II** linear. Der **II**-Zerfall erfolgt nach der Rk. erster Ordnung. O. Lebtag. 4572△

1361 **Bildung von Nitrosobenzol, Anilin und Hämiglobin in Katzen und Hunden nach intravenöser Injektion von N-Alkylanilinen.** Norbert Holzer und Manfred Kiese. (Naunyn-Schmiedebergs Arch. exp. Pathol. Pharmakol. **238,** 546—55, 1960; Tübingen, Pharmakolog. Inst. der Univ.; dt.) — Zur Klärung des Stoffwechsels der als *Hämiglobin* (**I**)-Bildner bekannten *N-Alkylaniline* (**II**) erhielten Katzen äquimolare Dosen von *Anilin* (**III**), *N-Methylanilin* (**IV**), *N-Äthylanilin* (**V**), *N-Butylanilin* (**VI**), *N-Benzylanilin* (**VII**) u. *N.N-Dimethylanilin* (**VIII**) i.v. injiziert. In bestimmten Zeitabständen nach der Injektion bestimmte man die Konz. an gebildetem **III** u. *Nitrosobenzol* (**IX**), sowie den Geh. an entstandenem **I**. Von den untersuchten Substanzen wurde **V** sehr schnell, **VII** u. **VIII** sehr langsam zu **IX** oxydiert. Die Werte für **I**, **II** u. **IV** lagen dazwischen u. unterschieden sich nicht voneinander. Da nach **II**-Gabe die **I**-Bldg. sehr schnell erfolgt, kann diese nach Ansicht von Vff. nicht allein auf dem im Blut vorhandenen Phenylhydroxylamin u. **IX** beruhen. Es wird angenommen, daß aus den **II** noch weitere, **I**-bildende Stoffwechsel-Prodd. entstehen. A. Eben 4572◇

1362 **Abnorme menschliche Hämoglobine. 7. Mitt. Der Vergleich des normalen menschlichen Hämoglobins und Hämoglobin $D_{Chicago}$.** Barbara Bowman und V. M. Ingram. (Biochim. biophysica Acta [Amsterdam] **53,** 569—73, 1961; Cambridge, Mass., Massachusetts Inst. of Technol. Div. of Biochem., Dep. of Biol.; engl.) — 6. vgl. C. **1962,** 13101. — *Hämoglobin* (**Hb**) $D_{Chicago}$ wurde durch Stärkegelelektrophorese von normalem **Hb A** abgetrennt u. einer trypt. Hydrolyse unterworfen. Im Fingerprint-Verf. wurde das Peptidmuster mit dem des **Hb A** verglichen. Das Peptid Nr. 5 der β-Kette des **Hb** $D_{Chicago}$ erwies sich dabei als abnormal, es ist gegenüber dem neutralen **Hb A**–β5 positiv geladen. W. Scheler 4572◇

1363 **Immunologische Aspekte von Humanhämoglobin.** Amoz I. Chernoff. (Nat. Acad. Sci. — Nat. Res. Council, Publ. Nr. **557,** 179—82, 1958; engl.) — Mit Ausnahme des *fötalen Hämoglobins* (**I**) haben alle bisher untersuchten menschlichen Hämoglobine sehr ähnliche oder an der Oberfläche der Globinkomponente ident. antigene Zentren, so daß sie, ausgenommen **I**, keine immunolog. Spezifität erkennen lassen. Möglicherweise sind kleine individuelle Unterschiede der Oberflächenkonfiguration von einer größeren allg. Antigenstruktur überdeckt. K. Maier 4572◇

1364 **Die Bestimmung der Hämoglobinkonzentration in Blut.** H. R. Marti. (Praxis [Bern] **51,** 1336—39, 1962; Basel, Univ., Med. Poliklin.; dt.) — Zur routinemäßigen Best. von *Hämoglobin* ist nicht mehr die Meth. nach Sahli, sondern nur noch die *Cyanmethämoglobin*-Best. als Meth. der Wahl zu empfehlen. Resultate sollten nur noch in g-% angegeben werden. U. Tausendfreund 4572◇

1365 **Die Alkalidenaturierungsmethoden.** Amoz I. Chernoff. (Nat. Acad. Sci. — Nat. Res. Council, Publ. Nr. **557,** 172—78, 1958; engl.) — Von den verschiedenen Meth. zur Best. *fötalen Hämoglobins* (**I**) ist die 1-Min.-Denaturierung mittels Alkali, modifiziert nach Künzer (Z. Kinderheilk. **76,** [1955], 58), am genauesten u. am einfachsten durchführbar u. erfaßt noch 1—2% **I** im Gemisch mit anderen Hämoglobinen. Erhöhte **I**-Mengen werden bei fast allen erblichen hämolyt. Syndromen, bes. bei Phalassämie u. erblichen Hämoglobinkrankheiten, sowie bei erworbenen Blutkrankheiten mit Infiltration des Knochenmarks durch maligne oder fremde Zellen beobachtet. K. Maier 4572◇

1366 **Verbesserung der Hämolyse bei einer photometrischen Bestimmungsmethode des Sulfobromphthaleins im Rinderblut zur Untersuchung der Leberfunktion.** R. R. Anderson und J. P. Mixner. (J. Dairy Sci. **43, 1465** bis 1470, 1960; Sussex, N. J., New Jersey Agricult. Exp. Station, Dep. of Dairy Sci.; engl.) — Bei photometr. Messungen des Farbstoffs *Sulfobromphthalein* (**I**) in Blutproben mit verschiedenem Hämolysegrad zur Unters. der Leberfunktionen, werden nur ungenaue Meßwerte erhalten. Die opt. Dichte von Hämoglobin als *Hämatin* (**II**) wird im sauren Medium bestimmt. **I** entwickelt sich im bas. Medium. Die opt. Dichte von **II** im sauren unterscheidet sich aber von der im bas. Medium. Ähnlich verhalten sich die Werte bei verschiedenen Hämolysegraden. Vff. entwickelten nun eine verbesserte Meth., mit der genaue Werte erhalten werden. In Reihenverss. wurden die opt. Dichten verschiedener Blutproben ohne **I** mit verschiedenem Hämolysegrad im sauren u. bas. Medium bestimmt. Durch Regressionsgleichungen läßt sich nunmehr die opt. Dichte im bas. aus der im sauren Medium berechnen. Entsprechende Berechnungen lassen sich für verschiedene Hämolysegrade mit bestimmten **I**-Mengen durchführen. G. Bratfisch 4572◇

1367 **Eine verbesserte photometrische Methode zur Bestimmung von Phenolsulfonphthalein im Rinderblut zur**

Untersuchung der Nierenfunktion. R. R. Anderson und J. P. Mixner. (J. Dairy Sci. **43,** 1471—75, 1960; Sussex, N. J., New Jersey Agricult. Exp. Station, Dairy Sci. Dep.; engl.) — Vgl. vorst. Referat. — Nach der üblichen photometr. Meth. zur Best. von *Phenolsulfonphthalein* (**I**) in Blutproben zur Unters. der Nierenfunktion werden unzulängliche Werte erhalten. In Reihenverss. bestimmsten Vff. in Blutproben mit verschiedenem Hämolysegrad die opt. Dichte von Hämoglobin als *Hämatin* (**II**) ohne **I**, sowohl im sauren als auch im bas. Medium. Aus den erhaltenen Regressionsgleichungen lassen sich die opt. Dichten von **II** im bas. aus den im sauren Medium bestimmten berechnen. Durch diese Verbesserung lassen sich genaue **I**-Best. durchführen. G. Bratfisch 4572◇

1368 **Zu Methämoglobinämie führende Vermehrung oxydierender Substanzen im Serum und ein Test zum Nachweis dieser Vermehrung.** J. Homolka. (Clin. chim. Acta [Amsterdam] **3,** 603—04, 1958; Prague, Charles Univ., Dep. of Ped. Biochem.; engl.) — Bei der photometr. Best. von *Bilirubin* (**I**) im Serum durch Beigabe von 3 Teilen konz. HCl zu 1 Teil Serum kann (vorwiegend bei Neugeborenen) statt der Rotfärbung eine rasche Grünfärbung auftreten, deren Intensität zwar von der **I**-Konz. abhängt, deren Auftreten an sich jedoch einer stärkeren Oxydationsfähigkeit des Serums zu verdanken ist (Grünfärbung nach mehreren Min. ist ohne Bedeutung). In 8 neuerlichen Fällen konnte eine Vermehrung der *Methämoglobin*-Konz. im Serum konstatiert werden, die vermutlich einer gesteigerten Konz. an oxydierenden Substanzen zuzuschreiben ist (wahrscheinlich Peroxid-Charakter). Bei Verdacht auf Methämoglobinämie wird 1 Teil ikter. Serums mit 3 Teilen konz. HCl vermischt (falls das Serum anikter. ist, wird ihm ikter. Serum zugefügt, welches keine Grünfärbung ergibt); positives Ergebnis kommt innerhalb 1 Minute. U. Tausendfreund 4572◇

1369 **Quantitative chromatographische Analyse der Lipoide des Plasmas und der roten Blutzellen bei Patienten mit Acanthocytose.** Gerald B. Phillips. (J. Lab. clin. Med. **59,** 357—63, 1962; Columbia Univ., Coll. of Physicans and Surgeons, Deps. of Biochem. and Med.; engl.) — Bei 3 Patienten mit Acanthocytose finden sich geringe *Lipoid*-Mengen im Plasma, überdies ist auch der relative Geh. an *Lecithin* erniedrigt, der an *Sphingomyelin* erhöht. Bei 2 Patienten ist der relative *Cephalin*-Geh. ausgesprochen niedrig. In den roten Blutzellen ist der Totalgeh. an Phospholipoiden u. Cholesterin wenig oder gar nicht erniedrigt. Bei 2 anderen Patienten sind jedoch die relativen Konzz. von Lecithin u. Sphringomyelin in der gleichen Richtung wie im Plasma verändert. F. Zeidler 4572◇

1370 **Die pH-Resistenz von Erythrocyten.** 2. Mitt. **Der Einfluß von Elektrolyten.** E. J. van Kampen, J. J. F. Hasselman und C. A. Graafland. (Clin. chim. Acta [Amsterdam] **3,** 578—85, 1958; Groningen, Diakonessenhuis; Clin-chem. Labor.; engl.) — Es sollte geprüft werden, ob die in 1. Mitt. beobachtete pH-abhängige Hämolyse von der H^+-Konz. allein abhängig ist. Da jedoch in reinem Phosphat-Puffer die gleichen Ergebnisse wie in Citrat-Puffer erzielt wurden, dürfte vom *Citrat*-Anion kein Einfl. ausgehen. Ca^{2+} fördert (im Gegensatz zur Hemmwrkg. bei osmot. Hämolyse) die initiale Hämolyse unter pH-Einfl. leicht. Mg^{2+} hemmt die Hämolyse mit abnehmendem pH-Wert; die initiale Hämolyse beginnt bei etwas höherem pH (statt 5,1 ist Verschiebung bis zu 5,6 möglich). In der prolyt. Phase kommt es zu einer starken K^+-Verschiebung aus den Zellen; die extracelluläre K^+-Konz. steigt mit sinkendem pH-Wert. U. Tausendfreund 4573◇

1371 **Durch Tuberkulin hervorgerufene Mitose in Leukocyten des peripheren Blutes.** G. Pearmain, R. R. Lycette und P. H. Fitzgerald. (Lancet **1963(I),** 637—38; Hastings, New Zealand, Royston Hosp. Labor.; Christchurch, New Zealand, Christchurch Hosp., Cytogen Unit, Brit. Empire Cancer Campaign; engl.) — Vorl. Mitt. — Bei gegenüber *Tuberkulin* (**I**) sensibilisierten Personen können durch **I** an Leukocyten des peripheren Blutes Mitosen hervorgerufen werden. Da es sich offensichtlich um immunolog. Vorgänge handelt, kann vermutlich auch die gleichartige, durch *Phytohämagglutinin* bewirkte Mitose auf immunolog. Grundlage erklärt werden, wobei sich die Erklärung eines ubiquitären Antigens oder eines solchen mit der Fähigkeit zur Stimulierung anderweitig spezif. immunolog. Rkk. anbietet. Auf dieser Basis können auch die leukämoiden Rkk. bei Miliartuberkulose erklärt werden. U. Tausendfreund 4573◇

1372 **Über die Bestimmung von Serumeisen und eisenbindende Kapazität.** R. J. Henry, Ch. Sobel und N. Chiamori. (Clin. chim. Acta [Amsterdam] **3,** 523—30, 1958; Los Angeles, Calif., Bio-Sci. Res. Found.; engl.) — Zur Best. von Serum-*Fe* in klaren Lsgg. wird die Abspaltung des Fe vom Protein u. die Fällung der Proteine mit heißer Trichloressigsäure empfohlen. Das im Überstand befindliche Fe wird mit Hydrazinsulfat red. u. das Fe^{2+} durch Rk. mit wasserlösl. Bathophenanthrolinsulfonat bestimmt. Leerwert wird vor der Farbentw. bestimmt. Hämoglobin stört erst bei mehr als 100 mg/100 ml. Normalwerte betragen 65—175 μg Fe/100 ml Serum. Zur Best. der eisenbindenden Kapazität ist eine Modifikation der Meth. von T. Peters u. Mitarbeitern (J. Lab. Clin. Med. **48,** [1956], 274 u. C. **1960,** 12457) geeignet; Normalwerte 252—410 μg/100 ml, ungesätt. 140—280 μg/100 ml. U. Tausendfreund 4574◇

1373 **Untersuchung der Plasma-Eisen-Clearance mit kleinen $^{59}FeCl_3$-Dosen.** F. Hosain und P. Hosain. (Indian J. med. Res. **48,** 584—88, 1960; Calcutta-9, Saha-Inst. of Nuclear Physics; engl.) — Bei einer Anzahl von normalen Versuchspersonen, Kranken, Schwangeren u. Kindern wurde nach i. v. Injektion von $^{59}FeCl_3$ (0,04 μc pro kg) in 0,1%ig. Natriumcitrat-Lsg. die Halbwertszeit des Fe im Plasma bestimmt. Zur Messung der Aktivität im Plasma wurden 5 u. 10 Min. nach der Injektion Blutproben entnommen. Aus den erhaltenen Werten ließ sich die Halbwertszeit errechnen. Sie wurde außerdem graph. ermittelt u. betrug bei Normalen 85 ± 25 Min. Bei Kindern u. Schwangeren war sie stark verkürzt. A. Eben 4574◇

1374 **Elektrophoretische Wärmehomogenisierung der Proteine des Blutserums.** W. I. Okulow und G. W. Troitzki. (Biochemie [UdSSR] **28,** 277—84, 1963; Simferopol, Med. Inst., Lehrstuhl für biol. Chemie; russ., Auszug: engl.) — Die Unters. der elektrophoret. Wärmehomogenisierung des *Blutserums* des Stiers, des *Albumins* (**I**) u. des *γ-Globulins* (**II**) in Abhängigkeit von der Temp. (60—100°), der Dauer der Erhitzung (15 Sek. bis 10 Std.), dem pH (2—12), der Ionenstärke der Lsg. (0,01—0,8) u. der Eiweiß-Konz. (2—8%) ergab, daß mit steigender Temp. u. zunehmender Erhitzungsdauer die Homogenisierung verstärkt wird. Die gleiche Wrkg. haben die Abnahme der Ionenstärke u. die pH-Entfernung vom isoelektr. Punkt. Die Eiweiß-Konz. ist ohne Einfluß. **I** ist gegenüber der Homogenisierung viel beständiger als das Blutserum, **II** weniger beständig. Vff. nehmen an, daß die Zunahme der Resistenz bei **II** u. die Abnahme bei **I** im Blutserum gegenüber den reinen **I**- u. **II**-Präpp. auf der Stabilisierung der **II**-Fraktion durch die **I**-Fraktion beruht. O. Lebtag 4574△

1375 **Einfluß der Aldehyde auf die elektrophoretischen Eigenschaften der Proteine des Blutplasmas.** W. I. Okulow. (Ukrain. biochem. J. **35,** 327—32, 1963; Simferopol, Med. Inst., Lehrstuhl für Biochemie; ukrain., Auszug: engl.) — Untersucht wurden die elektrophoret. Veränderungen von *Blutserum* des Stiers, dessen *Albumin* (**I**), sowie *α–β-* u. *γ-Globulin* (**II**) bei 1std. Behandlung bei 60° oder 24std. Behandlung bei 38° mit den nachstehenden Verbb.: *Formaldehyd, Acet-, Propion-, Butyr-, Isobutyr-*, Salicyl- u. Isovaleraldehyd, Citral u. Furfurol. Es zeigte sich, daß die niedermol. u. cycl. Aldehyde eine bes. starke Wrkg. haben. Durch Einfühführung einer OH-Gruppe wird die homogenisierende Wrkg. des Aldehyds verstärkt. Das *γ*-**II** ist gegenüber der homogenisierenden Wrkg. viel empfindlicher als **I**. In vielen Fällen schützen die Aldehyde **I** vor der homogenisierenden Wärmewirkung. Mit zunehmendem Molgew. nimmt die aggregierende Wrkg. der Aldehyde zu. O. Lebtag 4574△

1376 **Elektrophorese der löslichen Aortenproteine.** P. Valdiguié, L. Douste-Blazy und Th. Lavabre. (C. R. Séances Soc. Biol. Filiales **152,** 1590—93, 1958, herausgeg. **1959**; Toulouse, Fac. de Méd. et de Pharm., Labor. de Chimie biol.; franz.) — Elektrophoret. Unterss. der Aortenproteine des Kaninchens, des Hundes, der Katze, des Schweines u. des Rindes ergaben, daß sie wie Plasmaproteine wandern. Ihre relative Zus. ist jedoch unterschiedlich, besonders α- u. *β-Globuline* überwiegen. Für den Hund werden z. B. folgende Werte angegeben: *Albumine* 2,0—9,1%, *α-Globuline* 21,9—39,1%, *β-Globuline* 45,2—55,6% u. *γ-Globuline* 3,3—23,8%.
W. Scheler 4574◇

1377 **Formalgenetik und Populationsgenetik der Gammaglobulin-Serumgruppen.** Horst Ritter. (Ärztl. Forsch. **17,** 417—31, 1963; Freiburg/Brsg., Univ., Anthropol. Inst.; dt.) — Übersicht. — 161 Literaturangaben.
K. Zingraf 4574◇

1378 **Mikrobestimmung der Gesamthexose im Serummucoprotein (seromucoide Fraktion) mit Phenolsulfonsäure.** T. Sato. (Seikagaku [Biochemie, Tokyo] **34,** 635 bis 40, 1962; Tokyo, Univ., Fac. Med., Dep. Dermatology; jap.) J. Lehmberg 4574◇

1379 **Lipide, Blutkoagulation und Fibrinolyse.** Clarence Merskey und Aaron J. Marcus. (Annu. Rev. Med. **14,** 323—38, 1963; New York, Albert Einstein Coll. of Med.; New York Veterans Administration Hosp.; Cornell Univ. Med. Coll.; engl.) — Übersicht (bis Juni 1962). Theorie der Blutgerinnung, Lipidquellen für die Koagulation, Unterss. mit Lipidfraktionen, Phospholipide der Blutplättchen, Wrkg. von in vitro Zugabe von Fettsäuren auf die Blutgerinnung, Blutlipidspiegel u. Gewinnung, Blutgerinnung, Fibrinolyse u. klin. thrombot. Krankheiten, Tierexperimente. — 132 Literaturangaben.
P. Gregorzewski 4574◇

1380 **Über Darstellung und Eigenschaften von sulfitolysiertem Fibrinogen und Fibrin.** Agnes Henschen. (Acta chem. scand. **16,** 1037—38, 1962; Stockholm, Schweden, Karolinska Inst., Dep. of Chem.; engl.) — Als Beitrag zur Frage der Bldg. von Disulfidbrücken bei der *Fibrinogen*-(**I**)-*Fibrin*-(**II**)-Umwandlung wurden **I** u. **II** von Menschen u. Rind mit Sulfit behandelt u. die Proteine durch Gelfiltration (Sephadex G-50) oder Dialyse abgetrennt. Es entstanden hierbei S-Sulfoproteine, die N-terminal keine Veränderung erfahren hatten u. keine S–H- oder S–S-Gruppen aufwiesen. Elektrophorese in Harnstoff enthaltenden Puffergemischen ergab drei Banden, wobei sich zwei davon auf Elektropherogrammen von *Sulfofibrinogen* (**III**) u. *Sulfofibrin* (**IV**) glichen. **III** reagiert mit Thrombin. Das entstandene **IV** verhält sich elektrophoret. wie natives **II** nach Sulfitolyse. Eine ausführliche Beschreibung u. Diskussion wird angekündigt.
K. Heyns 4574◇

1381 **Mucopolysaccharide und Steine des Urins.** Myles Maxfield. (Annu. Rev. Med. **14,** 99—110, 1963; Los Angeles, Calif., Univ. of Southern California, Hancock Found.; engl.) — Übersicht (bis August 1962), Mucoprotein u. Mucopolysaccharide als Bestandteile des normalen menschlichen Urins, Veränderungen der Urin-Mucopolysaccharide bei Steinleiden, Steinmatrix, Pathologie u. patholog. Physiologie. — 94 Literaturangaben.
P. Gregorzewski 4577◇

1382 **Identifizierung von Coeruloplasmin im Harn nach körperlicher Anstrengung.** J. Poortmans, É. van Kerchove und J.-J. s'Jongers. (Clin. chim. Acta [Amsterdam] **8,** 631—32, 1963; Bruxelles, Inst. Nat. de l'Éd. Phys. et des Sports, Serv. d'Éd.; franz.) — Nach körperlicher Anstrengung konnte *Coeruloplasmin* (**I**) elektrophoret. im Harn in etwas geringerer Konz. als im Serum nachgewiesen werden. Bei der Geloseelektrophorese wandert **I** des Harns rascher als **I** des Serums.
K. Zingraf 4577◇

1383 **Fettmobilisierende Aktivität von menschlichen Urin-Extrakten.** T. M. Chalmers, G. L. S. Pawan und A. Kekwick. (Acta endocrinol. [Copenhagen], Suppl. Nr. **51,** 1309, 1960; London, Middlesex Hosp. Med. School, Dep. of Med.; engl.) H. Herper 4577□

1384 **Erhöhtes Vorkommen, Bedeutung und Bestimmung der Vanillinsäure im Harn beim Phäochromoblastom.** A. Sturm, jun. (Dtsch. med. Wschr. **88,** 100—05, 1963; Düsseldorf, Med. Akad., I. Med. Klin.; dt.) — Bei einer Patientin mit Phäochromoblastom wurde eine signifikant erhöhte *Vanillinsäure*(**I**)-*Ausscheidung* im Harn festgestellt. **I** wurde hochspannungselektrophoret. mit p-Nitroanilin als Reagens bestimmt. Anscheinend wird auch beim Menschen die bisher als Endprod. des Brenzcatechinamin-Stoffwechsels angesehene *3-Methoxy-4-hydroxymandelsäure* teilweise weiter zu **I** abgebaut.
K. Zingraf 4577◇

1385 **Chromatographische Trennung von Harn-17-Hydroxycorticosteroiden.** R. Emberland und K. F. Støa. (Acta endocrinol. [Copenhagen], Suppl. Nr. **51,** 1051, 1960; Bergen, Norway, Univ. of Bergen, Endocrinol. Res. Labor.; engl.) — H. Herper 4577□

1386 **Gesamtstickstoff, Kohlenhydrate und Lipide bei der Embryonalentwicklung (Post-Diapause) von Bombyx mori L.** E. Urbani und L. Bellini. (Ricerca sci. **29,** 1725—30, 1959; Camerino, Univ., Ist. di Zool. ed Anat. comp.; ital.) — In der Embryonalentw. von *Bombyx mori* werden vom Ende der Diapause bis zum Ausschlüpfen der Larven erhebliche *Kohlenhydrat-* u. *Lipid*-Vorräte der Embryonen als Energiequellen verbraucht, dagegen nimmt ihr *Gesamt-N*-Geh. nur wenig ab.
K. Zingraf 4583◇

1387 **Die Desaminierung einiger Aminosäuren in der Leber des Embryos beim Übergang vom Ureothelismus zum Uricothelismus.** K. O. Drel. (Ukrain. biochem. J. **35,** 367—76, 1963; Lugansk, Med. Inst., Lehrstuhl für Biochemie; ukrain., Auszug: engl.) — Die Verss. mit 9—16 Tage alten Hühnerembryonen ergaben, daß während der Ausbildung des Ferment-Syst. für die Synth. von Harnsäure in der Leber die Geschw. der oxydativen Desaminierung von *L-Ornithin* (**I**), *L-Valin* (**II**), *L-Cystein* (**III**), *L-Histidin* (**IV**), *L-Asparaginsäure* (**V**), *L-Glutaminsäure* (**VI**) u. *Glykokoll* (**VII**) allmählich abnimmt. Die Desaminierung von *L-Alanin* (**VIII**) u. *L-Serin* (**IX**) erfolgt mit gleichbleibender Geschwindigkeit. Am stärksten nimmt die Geschw. der Desaminierung bei **II**, **IV** u. **VI** ab. $4 \cdot 10^{-4}$ m *Hydroxylamin* hemmt die Desaminierung aller untersuchten Aminosäuren (außer **VI**). Am stärksten ist die Hemmung bei **VII** u. **VIII**. Aus den Ergebnissen ist zu schließen, daß in der Leber des Hühnerembryos die oxydative Desaminierung von **I**, **II**, **III**, **IV**, **V**, **VII**, **VIII** u. **IX** unter Teilnahme der Umaminierungsfermente u. der Glutaminsäurepherase erfolgt.
O. Lebtag 4583△

1388 **Immunelektrophoretisch untersuchte Serumeiweißveränderungen bei der fötalen Ratte.** Philip Kelleher und Claude Villee. (Biochim. biophysica Acta [Amsterdam] **59,** 252—54, 1962; Boston, Mass., Boston Lying-in Hosp., Res. Labor.; Harvard Med. School, Dep. of Biol. Chem.; engl.) — Die Anzahl der immunelektrophoret. Komponenten der Serumeiweißkörper betrug bei Rattenföten am 17. Tag 5, am 18. 7, am 19. 8, am 20. 10 u. am 22. 12. Bei neugeborenen Tieren stieg sie in 10 Std. auf 15. Bei ausgewachsenen Tieren wurden 14—16 Komponenten beobachtet. Die Zunahme betraf in der Hauptsache die α- u. *β-Globulin*-Komponenten.
K. Zingraf 4583◇

1389 **Oberflächenaktive Substanzen in der Nahrungsmittelherstellung: Einige biochemische und pharmakologische Aspekte.** Francis Aylward. (Chem. and Ind. **1959,** 524—31; London, Borough Polytechnic, Dep. of Chem. and Food Technol.; engl.) — Übersicht; Ester u. Partialester, biolog. Tests, Mengen in Nahrungsmitteln, Experimente an Polyoxyäthylenestern, Widersprüche bei der Auswertung dieser Unterss., andere oberflächenakt. Stoffe. — 40 Literaturangaben.
P. Gregorzewski 4585◇

1390 **Über die Form von Aminosäuren in den Exkreten von Ratten bei einer Diät aus poliertem Reis.** Yoshimi Nonaka und Hisashi Ariyama. (Agric. biol. Chem. [Tokyo] **25,** 731—32, 1961; Tohoku, Univ., Fac. of Agric., Dep. of Food Chem.; engl.) — Vgl. Tohoku J. Agric. Res. **12,** [1961], 201. Ratten auf einer Diät mit 10% *Glutelin* aus poliertem Reis scheiden in Fäces u. Harn verstärkt *Lysin* u. besonders *Threonin* (**I**) in peptidartig gebundener Form aus. Bei Caseindiät ist die Zahl der **I**-

haltigen Verbb. entsprechend der Abnahme der I-Konz. der Fäces verringert, bei eiweißfreier Diät sehr klein. K. Maier 4585◇

1391 **Einfluß der stereochemischen Struktur der Fettsäuren auf den Nährwert von Fetten.** J. Raulin und R. Jacquot. (Acta chim. Acad. Sci. hung. **23,** 235—40, 1960; Bellevue, S. et O., Centre Nat. des Rech. Sci., Labor. de Biochim. de la Nutr.; Paris, Hôp. Bichat; franz.) — Vgl. C. **1961,** 2693. — Bei der Raffinierung der Fette wird die stereochem. Struktur der natürlichen *Fettsäuren* (I) zum Teil von der cis-Stellung zur trans-Stellung verändert; dabei nimmt der Nährwert von I ab. So war das Wachstum von Ratten nach Verfütterung von *Trielaidin* (I) geringer als bei Zusatz von 20% *Olivenöl* oder *Triolein* zu einem ausgeglichenen Futter. Nach Verfütterung von I ist das Gew. der Leber höher u. die Fettreserven sind geringer. K. Zingraf 4585◇

1392 **Einfluß des Alters und des Fastens auf das Cholesterin in der Leber von männlichen Wistar-Ratten.** Lidia Foti, Theodora de Leo und Isabella Trara Genoino. (Rend. Accad. Sci. fisiche mat., Napoli [4] **28(100),** 240—50, 1961; ital.) — Bis zum Alter von 110 Tagen bewirkt 10std. Fasten bei ♂ Wistar-Ratten eine Zunahme des *Cholesterins* (I) in der Leber; bei älteren Tieren bis zum 265. Tag nimmt I nach dem Fasten ab, bei noch älteren Tieren (bis zu 510 Tagen) wurde keine Veränderung mehr beobachtet. Bei 48std. Fasten verhalten sich die Werte bis zum 200. Tag ähnlich, später tritt eine weitere Zunahme von I (Aufnahme von extrahepat. I) ein. K. Zingraf 4585◇

1393 **Beziehungen zwischen der Nahrung und dem Cholesterin in der Leber und im Blut bei männlichen Wistar-Ratten.** 1. Mitt. **Einfluß eines fettreichen Futters mit normalem Eiweißgehalt.** Francesco Badolato und Iride Bucci. (Rend. Accad. Sci. fisiche mat., Napoli [4] **28(100),** 251—63, 1961; ital.) — Bei ♂ Wistar-Ratten, welche 90 Tage lang ein Futter mit 17,9% Eiweiß (Weizengluten), 20,54 bzw. 39,58% Fett (Olivenöl) u. 48,25 bzw. 31,54% Kohlenhydraten erhielten, nahm der Geh. von freiem, verestertem u. Gesamt-*Cholesterin*(I) in der Leber beträchtlich zu, während die Zunahme der I-Werte im Blut nur ganz gering war. K. Zingraf 4585◇

1394 **Beziehungen zwischen der Nahrung und dem Cholesterin in Leber und Blut bei männlichen Wistar-Ratten.** 2. Mitt. **Einfluß eines Eiweiß- und fettreichen Futters.** Francesco Badolato und Iride Bucci. (Rend. Accad. Sci. fisiche mat., Napoli [4] **28(100),** 264—72, 1961; ital.) — Bei ♂ Wistar-Ratten, deren Futter 60 bis 90 Tage lang **33%** *Eiweiß* (I; hauptsächlich Weizengluten), 21,9 g *Fett* (Olivenöl) u. 31,5% Kohlenhydrate enthielt, nahm vor allem das veresterte, aber auch das freie u. das Gesamt-*Cholesterin*(II) in der Leber in ähnlicher Weise zu wie bei Verfütterung eines Futters mit dem gleichen Fettgehalt, aber mit nur 17% **I.** Dagegen zeigte der **II**-Geh. im Blut nur geringe Veränderungen. K. Zingraf 4585◇

1395 **Die Rolle von Eiweiß, Lysin, einigen Mineralstoffen und der Vitamine A und D bei der Prophylaxe der Caries der Zähne.** A. E. Scharpenak, W. R. Bobylewa und L. A. Goroshankina. (Fragen d. Ernähr. [UdSSR] **22,** Nr. 2, 39—44, 1963; Moskau, Stomatol. Inst., Lehrstuhl für Biochemie; russ., Auszug: engl.) — In Verss. an 262 Ratten wird durch Zusatz von 15% *Casein* zum Futter die Zahl der cariesbefallenen Zähne je Tier auf die Hälfte der Kontrolle gesenkt. Zusatz von 200 mg *Lysin* täglich (nach 30 Tagen Senkung auf 100 mg täglich) hat die gleiche Wirkung. Durch Verdoppelung des Futter-Geh. an *Ca* u. *P* oder *Vitamin A* bzw. *D* wird der Cariesbefall nicht beeinflußt. Wird in der-Nahrung die *Saccharose* durch *Stärke* ersetzt, so wird der Cariesbefall vermindert. O. Lebtag 4585△

1396 **Beziehungen und antagonistische Wirkungen einiger Aminosäuren und Vitamine bei der Ratte.** Alejandro Mosqueda Suárez. (Rev. Soc. venezolana Quím. **1960,** Nr. 32, 25—34; Caracas, Univ. Nac. de Venezuela; Inst. Nac. de Nutr.; span.) — Ratten, welche neben 1,25 mg% *Vitamin B_1* (**I**), 2,5 mg% *Vitamin B_2* (**II**), 1,5 mg% *Vitamin B_6* (**III**), 10,0 mg% *Calciumpantothenat* (**IV**) u. 10,0 mg% *Niacin* 20 g% *Casein* (**V**) im Futter erhielten, zeigten ein besseres Wachstum als bei einem **V**-Geh. von 80 g%; durch Verringerung des Geh. von **I, II, III** oder **IV** oder durch Zusatz von 3,0 g% *Methionin* (**VI**) wurde das Wachstum deutlich verzögert. Es wurden Antagonismen zwischen **II** u. **VI, II** u. *Asparaginsäure* (**VII**), **II** u. *Leucin*(**VIII**), **III** u. **VIII** sowie **III** u. **VII** beobachtet. K. Zingraf 4587◇

1397 **Untersuchungen über die Wechselwirkung von Thiamin oder seinen verwandten Verbindungen mit Protein.** 7. Mitt. **Reaktion zwischen Allicin-verwandten Verbindungen und Protein.** Isamu Utsumi, Kiyoshi Harada und Keiichi Kohno. (Vitamins [Kyoto] **27,** 294—98, 1963; Osaka, Tanabe Seiyaku Co., Ltd., Osaka Res. Labor.; jap., Auszug: engl.) — 6. vgl. C. **1963,** 22803. — Vff. untersuchen Wechselwrkg. zwischen Allicin-verwandten Verbb. wie *Dipropyldisulfid*(I) oder *Dipropyldisulfid-S-oxid* (**II**) u. SH-Gruppen von denaturiertem *Eialbumin* (**III**). Die zwischen **I** oder **II** u. **III** gebildeten Komplexe werden aus der Rk.-Mischung gefällt durch A. oder Metaphosphorsäure. Danach wird rasch mit A. extrahiert, um unreagiertes **I** oder **II** zu entfernen. Die A.-Extraktion verursacht keinen Zerfall der Komplexe in ihre Komponenten. Bei Behandlung mit *Cystein* wird jedoch Propylmercaptan freigesetzt. Werden bei **III** die SH-Gruppen blockiert oder oxydiert, so tritt mit **I** oder **II** keine Komplexbldg. ein. Vff. untersuchen den Einfl. von Temp., Zeit u. pH-Wert auf die Komplexbildung. Die erhaltenen Komplexe stellen Gemische aus Proteinpropyldisulfid u. Propylmercaptan bzw. Proteinpropyldisulfid- u. Methansulfensäure dar, die durch nachstehende Rkk. gebildet werden: Protein-SH + I ⇌ Protein-SS–C_3H_7 + C_3H_7SH; Protein-SH + **II** ⇌ Protein-SS–C_3H_7 + (C_3H_7–SOH). W. Hiller 4587◇

1398 **Untersuchungen über die Wechselwirkung von Thiamin oder seinen verwandten Verbindungen mit Protein.** 8. Mitt. **Reaktion zwischen Thiamin und Reaktionsprodukten von Allicin-verwandten Verbindungen mit Protein.** Isamu Utsumi, Kiyoshi Harada und Keiichi Kohno. (Vitamins [Kyoto] **27,** 299—302, 1963; jap., Auszug: engl.) — 7. vgl. vorst. Referat. — Vff. untersuchen die Wechselwrkg. von *Proteinpropyldisulfid* (**I**) oder *S-Propylmercapto-L-cystein* (**II**) mit *Thiamin* (Thioltyp; **III**). *Thiaminpropyldisulfid* (**IV**; *2-[N-(2-Methyl-4-aminopyrimidyl-(5)-methyl)-formylamino]-3-[β-hydroxyäthyl]-4.5-dithiaocten-(2)*) bildet sich bei der Rk. von **III** mit **I** oder mit **II**. Bei der Rk. von **III** mit **II** bildet sich auch *Thiamincysteindisulfid*. Die Ausbeuten bei diesen beiden Rkk. sind geringer als die Ausbeuten der im vorst. Ref. angeführten Reaktionen. Bei den Rkk. von **I** oder **II** mit **III** sind die gebildeten **IV**-Mengen stark abhängig von dem anfänglichen Verhältnis SH (Thiamin): S-S (**I; II**). Vff. stellen fest, daß **IV** durch eine Thiol-Disulfid-Austauschrk. gebildet wird, die aus nachst. Gleichungen hervorgeht: Protein-SS-C_3H_7 + Thiamin-SH ⇌ Protein-SH + Thiamin-SS-C_3H_7 · Cystein-SS-C_3H_7 + Thiamin-SH ⇌ Cystein-SH + Thiamin-SS-C_3H_7. W. Hiller 4587◇

1399 **Untersuchungen über die orale Verabreichung großer Thiaminmengen an Menschen.** Kiku Murata, Sawako Suzuki, Sawako Irimajiri, Kuniko Miyagawa, Teijiro Miyamoto und Hideo Ikehata. (Vitamins [Kyoto] **27,** 282—87, 1963; Osaka, Osaka City Univ., School of Science of Living, Nutrition Labor.; jap., Auszug: engl.) — Normalpersonen erhalten an 4 aufeinanderfolgenden Tagen 400 mg (äquivalent Thiaminhydrochlorid) *Thiaminpropyldisulfid* (**I**). Die Personen scheiden im Harn pro Tag 96,9 mg *Thiamin* aus, d. h. 24% der aufgenommenen **I**-Menge. Während der Kontrollperiode (1,1 mg Thiaminaufnahme durch die Nahrung) hat die prozentuale Ausscheidung einen ähnlichen Wert. Die Ausscheidung von Riboflavin wird durch die **I**-Gaben nicht verändert. Die apparente prozentuale Resorption des Thiamins bei Gaben von 400 mg **I** u. 1,1 mg Thiamin ist wenig unterschiedlich. W. Hiller 4587◇

1400 **Lang dauernde Fütterungsversuche mit Thiamintetrahydrofurfuryldisulfid.** Kyo Kaziwara, Yoshitomo Aramaki, Hajime Yokotani und Toshimi Usui. (Vitamins [Kyoto] **27,** 213—15, 1963; Osaka,

Takeda Chem. Ind., Ltd.; jap., Auszug: engl.) — ♂ Ratten erhalten Grunddiät oder eine Diät mit 0,1% *Thiamintetrahydrofurfuryldisulfid.* Zwischen beiden Tiergruppen sind keine Unterschiede vorhanden in bezug auf Körpergew., Nahrungsaufnahme, Autopsiebefund u. Gewebebefund. W. Hiller 4587◇

1401 **Quantitative Bestimmung von gelbem Pterin und Riboflavin in der Haut des Feuersalamanders (Salamandra salamandra).** Irmgard Ziegler. (Biochem. Z. **334**, 425 bis 430, 1961; Darmstadt, Techn. Hochschule, Botan. Inst.; dt.) — Die Hautpigmentzellen der Feuersalamanderlarven enthalten *Riboflavin* [**I**; 4,6/5 (γ/mg Trockengew.)] u. ein *Tetrahydrobiopterin-Deriv.* (53/5), während adulte Tiere in den gelben Hautflecken nur ein *Dihydrobiopterin-Deriv.* (20/1) u. **I** (13,75/5) enthalten. Das **I** ist fest an Purinkristalle (Hypoxanthin u. Guanin) gebunden. F. Heller 4587◇

1402 **Reindarstellung von Biopterin und 7-Biopterin.** H. Rembold und H. Metzger. (Hoppe-Seyler's Z. physiol. Chem. **329**, 291—92, 1962; München, Max-Planck-Inst. für Biochem.; dt.) — *Biopterin* [**I**; *2-Amino-4-hydroxy-6-*(L*-erythro-1.2-dihydroxypropyl)-pteridin* ist ein Bestandteil des Weiselzellenfuttersaftes der Honigbiene. Bei der Synth. des **I** aus 2.4.5-Triamino-6-hydroxypyrimidin in Ggw. von Hydrazin u. 5-Desoxy-L-arabinose entsteht als Nebenprod. das isomere *7-Biopterin* [**II**; *2-Amino-4-hydroxy-7-*(L*-erythro-1.2 dihydroxypropyl)-pteridin.* Die Trennung der beiden Isomeren erfolgt über den Kationenaustauscher Phosphor-Cellulose, durch 2maliges Chromatographieren u. Elution mit W. Beide Prod. werden in extremer Reinheit erhalten. Zur Unterscheidung von **I** u. **II** wird der Quotient aus der UV-Extinktion $E_{272}:E_{252}$ **I** = 1,92; **II** = 1,48 verwendet. Spezif. Drehwerte **I** $[\alpha]_D^{25} = -59 \pm 3°$ (in 0,1 n HCl) **II** = $-11 \pm 3°$. **I** ergibt im *Crithidia*-Test bei einer Konz. von $2,5 \cdot 10^{-5}$ γ/ml halbmaximales Wachstum, **II** ist auch in 1000fach höherer Konz. kein Wuchsstoff u. hemmt die **I**-Wrkg. nicht. L. Pastarmadjieff 4587△

1403 **Schädliche Wirkung von p-Phenylendiamin auf den Stoffwechsel der inneren Organe von Ratten.** 1. Mitt. **Veränderungen des Riboflavingehaltes verschiedener Organe.** Kazuo Hotta, Kiyoko Takiguchi und Kieko Otsuki. (Vitamins [Kyoto] **27**, 197—200, 1963; Nagoya, Nagoya Univ. und Nagoya, Aichi Women's Coll.; jap., Auszug: engl.) — Verabreichung von *p-Phenylendiamin* verursacht bei Albinoratten eine Abnahme des *Riboflavin*-Geh. in verschiedenen Organen. Bei Verabreichung von $^1/_{1000}$ der tödlichen Dosis pro Woche sinkt der Geh. an *Gesamtriboflavin* u. *Flavinadenindinucleotid* (**I**) in der Leber. Im Magen steigt das freie Riboflavin, u. der Geh. von **I** + *Flavinadeninmononucleotid* sinkt. Bei täglicher Verabreichung von $^1/_{500}$ der tödlichen Dosis sinkt in der Leber der Geh. an Gesamtriboflavin u. **I**. In der Niere sinkt der Geh. an **I**, u. es steigt der an **II**. W. Hiller 4587◇

1404 **Schädliche Wirkung von p-Phenylendiamin auf den Stoffwechsel der inneren Organe von Ratten.** 2. Mitt. **Morphologische und histologische Untersuchungen.** Kazuo Hotta, Kiyoko Takiguchi und Kieko Otsuki. (Vitamins [Kyoto] **27**, 201—04, 1963; jap., Auszug: engl.) — 1. vgl. vorst. Referat. — Verabreichung von *p-Phenylendiamin* an Albinoratten verursachte Atrophie, Degeneration der Leberzellen, entzündliche Hyperämie der Niere, Gastritis u. Dermatitis. Auch Hautschädigungen sind zu beobachten. Bei länger dauernder Verabreichung tritt Abnahme der Organgew. u. Abnahme des Urins ein. W. Hiller 4587◇

1405 **Ein neuer Fructoseester, Tetranicotinylfructose. (Kinetische, physikalisch-chemische und pharmakologische Untersuchung).** F. Bonati und U. Tiepolo. (Gazz. med. ital. **121**, 113—17, 1962; Milano, Bracco Ind. Chim., Labor. di Ric.; ital.) — *Tetranicotinylfructose* zeigt eine ähnliche pharmakolog. Wrkg. wie Nicotinsäure, jedoch setzt sie später ein u. hält länger an. Auch die Konz. im Blut nimmt nur allmählich zu, dafür erfolgt aber auch die Ausscheidung langsam. K. Zingraf 4587◇

1406 **Fermentative Mikrobestimmung von Pyridoxalphosphat und Pyridoxaminphosphat.** Je. W. Gorjatschenkowa. (Biochemie [UdSSR] **28**, 565—71, 1963; Moskau, Inst. für physikal.-chem. u. Radiochemie der Akad. der Wiss. der UdSSR, Labor. für chem. Grundlagen der Biokatalyse; russ., Auszug: engl.) — Die Best. des *Pyridoxalphosphats* (**I**) nach Holzer u. Mitarbeitern (C. **1960**, 1891) wird so modifiziert, daß 0,001 γ u. mehr **I** in Pyridoxal-Präpp. bestimmt werden können. *Pyridoxaminphosphat* (**II**) zeigt etwa die gleiche Aktivität wie die äquimolare **I**-Menge, so daß die Summe **I** + **II** ermittelt wird. O. Lebtag 4587△

1407 **Lognormale Verteilung der Serum-Vitamin-B_{12}-Spiegel und der Zusammenhang von Blutwerten mit dem B_{12}-Spiegel bei einer großen, stark mit Diphyllobothrium latum verseuchten Bevölkerung.** Ralph Gräsbeck, Wolmar Nyberg, Matti Saarni und Bertel von Bonsdorff. (J. Lab. clin. Med. **59**, 419—29, 1962; Helsingfors, Helsingfors Univ., 4. Dep. of Med.; Vasa, Vasa Central Hospital, Dep. of Med.; engl.) — In einem „Bandwurm-Gebiet" werden 1345 Personen auf Bandwurmeier in den Fäces, mikrobiolog. auf den Vitamin-B_{12}-Spiegel im Serum u. auf einige hämatolog. Werte untersucht. Bei 27,5% der untersuchten Personen werden in den Fäces Wurmeier gefunden, ihr Serum-*Vitamin-B_{12}*-Spiegel ist bedeutend niedriger als bei nicht Wurmeier ausscheidenden. Bei beiden Gruppen sind die Serum-Vitamin-B_{12}-Werte lognormal verteilt. Eine Analyse der Verteilung zeigt, daß von den keine Wurmeier ausscheidenden Personen nur 5—10% Wurmträger sind. In Fällen, wo der Serum-Vitamin-B_{12}-Spiegel unter 60—90 μμ g/ml fällt, nimmt die Zahl der roten Zellen ab, dagegen erhöhen sich die Indices des mittleren Körperchen-Hämoglobins u. des mittleren Körperchen-Vol. sowie der Durchmesser der Erythrocyten. Es kann kein ähnlicher Zusammenhang zwischen dem B_{12}-Spiegel u. der Hämoglobin-Konz. bzw. dem Vol. der gepackten roten Zellen gefunden werden. Die Gründe für die lognormale Verteilung u. der relative Wert verschiedener hämatolog. Unterss. zur Diagnose der perniciösen Anämie werden diskutiert. F. Zeidler 4587◇

1408 **Einige Reaktionen des Vitamin-B_{12}-Coenzyms.** A. W. Johnson und N. Shaw. (J. chem. Soc. [London] **1962**, 4608—14; Nottingham, Univ., Dep. of Chem.; engl.) — *5.6-Dimethylbenzimidazolylcobamidcoenzym* (**I**; Konstit. vgl. C. **1962**, 16695. liefert mit KCN in W. *Cyanocobalamin, Adenin* (**II**) u. das *Cyanhydrin* des D*-erythro-2.3-Dihydroxy-Δ⁴-pentenals* (**III**), bei der Hydrolyse mit verd. HCl wird *Hydroxocobalamin* (**IV**), **II** u. **III** erhalten. Photolyt. wird **I** bei Ggw. von O_2 an der C-Co-Bindung gespalten unter Bldg. von **IV**, *Adenosin-5'-carbonsäure* (**V**) u. einem *Nucleosid A* (**VI**), während bei Ausschluß von O_2 nur **IV**, *Vitamin B_{12r}* u. **VI** gebildet werden. Wahrscheinlich wird dabei homolyt. die C-Co-Bindung gespalten, u. das intermediär gebildete 5'-Desoxyadenosyl-(5')-Radikal cyclisiert sich mit dem $C_{(8)}$ des Adenosinrestes zu **IV**. Die Konstit. von **III** wird durch Red. zum prim. Alkohol u. Vgl. mit einem synthet. Präp. bewiesen.

Versuche: *1-Hydroxy-Δ^2-pentenin-(4)*, $Kp._{15}$ 68 bis 70°, aus Epichlorhydrin u. Acetylen. *α-Naphthylurethan*, $C_{16}H_{13}NO_2$, F. 108—110°, aus Bzn. Nadeln. — DL*-erythro-1.2.3-Trihydroxypentin-(4)*, *Monoformiat*, $Kp._{0,5}$ 128—130°, aus vorst. Verb. u. HCOOOH. — DL*-erythro-Δ^4-Pententriol-(1.2.3)*, $Kp._{0,5}$ 126—128°, a) durch Hydrieren vorst. Verb. über Pd-$CaCO_3$ in CH_3OH bei Raum-Temp. u. Normaldruck, Einengen des Filtrats u. $^1/_2$std. Kochen mit 20%ig. KOH; 56% (Ausbeute); b) aus **III** u. $NaBH_4$ in W.; R_F 0,63 (Butanol/Eisessig/W.; 4:1:5). *Trisphenylurethan*, $C_{26}H_{25}N_3O_6$, F. 207—208° (Bzl.). — D*-erythro-2.3-Dihydroxy-Δ^4-pentenal* (**III**), neben **IV** u. **II** durch $1^1/_2$std. Erhitzen von **I** u. 0,1 n HCl auf 100° im Dunkeln; R_F 0,74. *Cyanhydrin*, a) aus vorst. Verb. u. KCN in W. bei Raum-Temp. (3 Std.); b) neben **II** (*Pikrat*, F. 288—290°; 5 mg) u. 69 mg *Cyanocobalamin* durch 24std. Stehen von 100 mg **I** u. 0,02 m KCN-Lsg., Neutralisieren mit HCl, Entfernen von HCN im N_2-Strom u. Einengen im Vakuum; R_F 0,45. — *Adenosin-5'-carbonsäure* (**V**), neben **IV**, **VI** u. sehr wenig **II** durch Stehen von **I** in W. im Sonnenlicht; R_F 0,26; 0,23 (Butanol/A./W.; 10:3:7); 0,05 (Butanol/W.; 21:4). Gibt bei der Hydrolyse in 0,1 n HCl (100°; 8 Std.) **II** u. D-*Riburonsäure* (R_F 0,2). — *Nucleosid A* (**VI**), neben *Vitamin* B_{12r} durch 6std. Stehen von 150 mg **I** in W. unter O_2-Ausschluß im Sonnenlicht; 10 mg; R_F 0,36; 0,43; 0,26. — *Adenin* (**II**), R_F 0,49; 0,55; 0,49. — *Adenosin*, R_F 0,39; 0,45; 0,31. — *Desoxyadenosin*, R_F 0,49; 0,55; 0,47. — *Adenosin-5'-aldehyd* R_F 0,51; 0,55; —. F. Heller 4587◇

1409 **Prüfung von Vitamin B_{12}.** P. Delori. (Fermentatio [Gand] **1963,** 17—30; Bruxelles, Inst. Meurice, Labor. de Biochim; franz.) — Übersicht über physikal. u. chem. Eigg., Struktur, Stabilität, Standardisierung, Derivv. u. Analoge von Vitamin B_{12}. — 18 Literaturangaben. K. Zingraf 4587◇

1410 **Synthese von α-Liposäurederivaten und ihre verwandten Reaktionen.** Osamu Komori, Masaharu Kojima und Tanezo Taguchi. (Vitamins [Kyoto] **27,** 216—17, 1963; Fukuoka, Kyushi Univ., Fac. of Med., Inst. of Pharmaceut. Sci.; jap., Auszug: engl.) — Vff. versuchen die Synth. des asymmetr. Disulfids [*3-Acetylmercapto-7-carbomethoxyheptyl*]-*benzyldisulfid*. Der günstigste Weg besteht in der Kondens. von *Na-3-Acetylmercapto-7-carbomethoxyheptylthiosulfat* (Buntesalz) u. *Benzylmercaptan*. Ein anderer Vers. für die Synth. führt über die Rk. von *Bis-[3-Acetylmercapto-7-carbomethoxyheptyl]-disulfid-S-oxid* u. Benzylmercaptan. Bei dieser Meth. ist die Synth. schwierig. Hier muß das Bromatom im *Bis-[3-Brom-7-carbomethoxyheptyl]-disulfid* durch die Acetylmercaptogruppe ersetzt werden. Bei dieser Prozedur wird eine Disulfidbindung zum Br-tragenden C-Atom hergestellt.

Versuche: *5-[2-Thiono-1.3-dithianyl-(4)]-valeramid*, $C_9H_{15}NOS_3$, F. 150—151° aus 6.8-Dichloroctansäureamid u. Dikaliumtrithiocarbonat. — *Liposäureamid*, durch Behandeln vorst. Verb. mit NaOH u. Luft oder durch Behandeln von 6.8-Dichloroctansäureäthylester mit Dikaliumtrithiocarbonat, in fl. NH_3 Halten bei —60° u. bei —80°. — Weitere hergestellte Verbb.: *8.8'-Dithio-bis-[6-hydroxyoctansäuremethylester]*. — *8.8'-Dithio-bis-[6-bromoctansäuremethylester]*. — *6.6'-Dithio-bis-[8-acetylmercaptooctansäuremethylester]*. — Octansäuremethylester: *6-Mercapto-8-acetylmercapto-*. — *6-Acetylmercapto-8-hydroxy-*. — *6-Acetylmercapto-8-brom-*. — *6-Tosyloxy-8-chlor-*. — *6-Acetylmercapto-8-chlor-*. — *6-Acetylmercapto-8-jod-*. — *3-Acetylmercapto-7-carbomethoxyheptanoylchlorid*. — *[3-Acetylmercapto-7-carbomethoxyheptyl]-benzyldisulfid*. — *8.8'-Dithio-bis-[6-acetylmercaptooctansaüremethylester]*. W. Hiller 4587◇

1411 **Untersuchung des Einflusses erhöhter körperlicher Belastung auf die Nüchternausscheidung von Ascorbinsäure mit dem Morgenharn.** W. M. Sseliwanowa. (Fragen d. Ernähr. [UdSSR] **22,** Nr. 1, 75—77, 1963; Inst. für Vitaminologie des Ministeriums für Gesundheitswes. der UdSSR; Abt. für Vitamine C u. P; russ., Auszug: engl.) — Die Unters. des Einfl. körperlicher Belastung auf die Ausscheidung von *Ascorbinsäure* (**I**) mit dem Morgenharn wurde an 2 Gruppen von 20—24 Jahre alten Männern durchgeführt. Die tägliche Kost (3893 cal) von jeder Gruppe enthielt: 108 g Proteine (davon 30 g tier. Herkunft), 91 g Fett u. 635 g Kohlenhydrate; die Ration enthielt 11 mg **I**. Bei der 1. Gruppe (30 Bauarbeiter; täglicher Energieverbrauch 3767 cal) betrug die **I**-Ausscheidung mit Harn 0,2 mg/h. Durch Erhöhung der eingenommenen **I**-Menge auf 59 mg/d erhöhte sich nach 32 Tagen die Ausscheidung von **I** auf 0,3 mg/h. Durch weitere Erhöhung der eingenommenen **I** auf 107 g/d erhöhte sich nach 12 Tagen die **I**-Ausscheidung auf 0,6 mg/h. Bei der 2. Gruppe (11 Personen; leichte körperliche Arbeit; täglicher Energieverbrauch 3186 cal) wurde prakt. dieselbe Geschw. der **I**-Ausscheidung wie bei der 1. Gruppe festgestellt. S. Baryschnikow 4587△

1412 **Vergleichende und funktionelle Cytochemie von Vitamin C in den Nervenzellen.** L. B. Lewinsson, Ss. M. Kolomina und M. Je. Kudrjaschowa. (Arch. Anatom., Histol. Embryol. [UdSSR] **44,** Nr. 2, 10—17, 1963; Moskau, Lomonossow Univ., Fakultät für Bodenbiol., Lehrstuhl für Cytol. u. Histol.; russ., Auszug: engl.) — Auf Grund eigener Verss. u. des Literaturmaterials über den Geh. an *Vitamin C* (**I**) in den Nervenzellen wird festgestellt, daß bei verschiedenen Tieren der **I**-Geh. in den Neuronen gleicher Funktion (mit Ausnahme der sensiblen Ganglien von Taube u. Huhn) annähernd der gleiche ist. Die funktionell verschiedenen Neuronen unterscheiden sich voneinander durch den Geh. an **I**, häufig auch durch die Größe der Granula u. ihre Verteilung. O. Lebtag 4587△

1413 **Die jahreszeitlichen Veränderungen des Ascorbinsäuregehaltes in den Nebennieren einiger Nagetiere.** N. I. Kalabuchow und W. P. Kosakewitsch. (Ukrain. biochem. J. **35,** 392—400, 1963; Astrachan, Allunions Forschungs-Inst. „Mikrob" für Mikrobiol. u. Epidemiol.; russ., Auszug: engl.) — Bei *Meriones meridianus Pall* nimmt der *Ascorbinsäure*(**I**)-Geh. der Nebenniere vom Spätwinter bis zum Frühsommer zu, danach ab. In der Nebenniere von *Citellus pygmalus Pall* ist der **I**-Geh. im Frühjahr am niedrigsten, im Herbst am höchsten; gegen Ende des Winterschlafs nimmt der **I**-Geh. ab. Die Unterschiede werden mit der verschiedenen Lebensweise der untersuchten Tiere erklärt. O. Lebtag 4587△

1414 **Die Oxydation von Ascorbinsäure durch molekularen Sauerstoff in Gegenwart von Methylenblau. 3.** Mitt. Lucien Chapon, Sylvette Chapon, Nicole Aimé und Edmond Urion. (Bull. Soc. chim. France **1958,** 1366—71; Nancy, Ecole de Brasserie, Labors. de Rech.; franz.) — 2. vgl. C. **1960,** 7621. — Es werden die quant. Beziehungen zwischen O_2-Verbrauch, Färbung der Gleichgewichtsmischung, *Methylenblau*(**I**)-Konz. u. Katalysatormenge (Cu^{2+}, Fe^{3+}) bei der Oxydation von *Ascorbinsäure* (**II**) ermittelt u. der Rk.-Mechanismus diskutiert. Da die Oxydationsgeschw. von **II** eng mit dem Cu-Geh. zusammenhängt, wird die Beziehung zu O_2-Verbrauch u. Adsorption untersucht. Die katalyt. Cu-Aktivität (Mol gebundenen O_2/Min.) in Ggw. von 1 Atom Cu ist bei 20° u. pH 4,1 46,5. Der „Vergrößerungskoeffizient" der Rk., d. h. die Beziehung zwischen **I**-Konz. im Gleichgewichtszustand u. derjenigen, die bei der Rk. $2\,Cu^{2+} + I\text{-}H_2 \rightarrow 2\,Cu^+ + I + 2\,H^+$ entstehen würde, ist für alle benutzten Cu-Konzz. konst. u. beträgt im untersuchten Falle 540. Bei einer Durchlässigkeit von 40—80% ist die Geschw. der **I**-Abnahme prakt. der **I**-Konz. proportional u. das Verhältnis von gebundenem O_2/gebildetem **I** konst. (1,17). Ähnliche Unterss. zeigen, daß die katalyt. Cu-Aktivität bei der **II**-Oxydation in Ggw. von **I**, 15000 bis 30000fach größer ist als die von Fe. Die Geschw. der O_2-Adsorption ist weitgehend der Fe-Menge proportional. K. Maier 4587◇

1415 **Die Reduktion von Adrenochrom durch Ascorbinsäure.** G. L. Mattok und R. A. Heacock. (Nature [London] **198,** 993—94, 1963; Saskatoon, Saskatchewan, Canada, Univ., Hosp., Psychiatric Res. Inst.; engl.) — Die Red. von *Adrenochrom* (**I**) mit *Ascorbinsäure* verläuft wahrscheinlich über das instabile „Leukoadrenochrom", das spontane Dehydratisierung zu *5.6-Dihydroxy-N-methylindol* (**II**) erleidet. **II** reagiert langsam, begünstigt durch saures pH, mit *Dehydroascorbinsäure* (**IV**) zu einem weiteren Sekundärprodukt (**III**). 40%ig. wss. NaOH bildet aus **III** **II** zurück. **III** wird ferner von Mineralsäuren zersetzt. Bei alkal. oder neutralem pH entstehen aus **II** neben **III** noch weitere Produkte. **I** reagiert nicht mit **IV**. K. Maier 4587◇

1416 **Gehalt an Vitamin A im Organismus der Bergarbeiter.** O. A. Schowkopljas. (Fragen d. Ernähr. [UdSSR] **22,** Nr. 1, 47—50, 1963; Moskau, Erisman-Forsch.-Inst. für Hygiene, Abt. für Ernährungshygiene; Allunions Forsch.-Inst. für Vitaminologie des Ministeriums für Gesundheitswes., Abt. für Vitamine A, D u. E; russ., Auszug: engl.) — Der Geh. an *Vitamin A* (**I**) im Blut der Bergarbeiter, die keine zusätzlichen Vitamine bzw. zusätzlich 2,5 mg Vitamin B_1, 1,5 mg Vitamin B_2, 25 mg Vitamin PP u. 90 mg Vitamin C, aber kein **I** bekamen (der **I**-Geh. der täglichen Ration betrug 0—1,5 mg) betrug 7—65 γ%. Durch zusätzliche Gabe von 0,85 mg **I**/Tag wurde niedriger **I**-Geh. im Blut auf 30—50 γ% erhöht. S. Baryschnikow 4587△

1417 **Lipolytische Aktivität im Gewebe von mit Calciferol vergifteten Ratten.** D. Grafnetter und T. Zemplényi. (Experientia [Basel] **18,** 85—86, 1962; Prag, Inst. for

Cardiovase. Res.; engl.) — Nach *Calciferol*-Verabreichung an Ratten vermindert sich die lipolyt. Aktivität der Aorta. Die Aktivität des Herzgewebes bleibt unverändert; das *Serumcholesterin* steigt an.
W. Wesly 4587◇

1418 **Die Zusammensetzung von epiphysalem Gewebe. 4. Mitt. Der Einfluß von Vitamin D_3 auf die enzymatischen Aktivitäten in epiphysalem und artikulärem Gewebe bei rachitischen Küken.** J. D. Cipera und J. S. Willmer. (Canad. J. Biochem. Physiol. **41,** 1490—93, 1963; Ottawa, Canada Dep. of Agric., Res. Branch, Animal Res. Inst.; engl.) — 3. vgl. C. **1963,** 5529. — Die Gabe von *Vitamin D_3* an rachit. Küken ergab gesteigerte Aktivitäten der *Alkaliphosphatase, Hexosaminsynthetidase* u. *Pyrophosphatase* in epiphysalem Knorpel. In artikulärem Knorpel wurde dieser Effekt nicht beobachtet. Die Aktivitäten von *Phosphorylase* u. *Adenosintriphosphatase* waren in keiner der beiden Knorpeltypen durch Vitamin D_3 beeinflußt.
K. Dorfner 4587◇

1419 **Untersuchungen über die Bestimmung von Vitamin E. 4. Mitt. Weitere Untersuchung der Farbreagentien der Emmerie-Engel Methode.** Goichiro Katsui und Yukio Nishimoto. (Vitamins [Kyoto] **27,** 279—81, 1963; Tokyo, Eisai Co., Ltd., Res. Labor.; jap., Auszug: engl.) — 2. vgl. C. **1963,** 5544. — Vff. untersuchen 6 Farbreagentien für die Mikrobest. von *Vitamin E* entsprechend der Emmerie-Engel-Methode. *2.4.6-Tripyridyl-1.3.5-triazin* u. *Bathophenanthrolin* geben befriedigende Ergebnisse im Gegensatz zu *o-Phenanthrolin, α.α'.α''-Terpyridyl, 2-Nitroso-3-methoxyphenol* u. *Nitroso-R-Salz* (*1-Nitroso-2-hydroxy-3.6-naphthalindisulfonsäure, Na-Salz*).
W. Hiller 4587◇

1420 **Untersuchungen über den Mechanismus der Vitamin-E-Wirkung. 5. Mitt. Selenit- und Tocopherolhemmung der Lipidperoxydation beim Huhn.** H. Zalkin, A. L. Tappel und J. Patrick Jordan. (Arch. Biochem. Biophysics **91,** 117—22, Nov. 1960; Davis, Calif., Univ. of California, Dep. of Food Sci. and Technol.; engl.) — 4. vgl. Arch. Biochem. Biophysics 88 [1961] 113. — Aus Verss. an *Vitamin-E*(I)-Mangelhühnern, bei denen außer durch verfüttertes **I** auch durch *Selenit* die Lipid-Peroxydation gehemmt wurde u. aus Modellverss., bei denen eine Reihe organ. Se-Verbb. Antioxydationswrkg. entfalteten, kann der Schluß gezogen werden, daß der bekannte Einbau von *Se* in die Gewebeproteine einer Se-Funktion zur Bldg. von *Lipidantioxydantien* dient.
U. Tausendfreund 4587◇

1421 **Die Hemmung der Antidotwirkung des Vitamins K_1 gegen Cumarinantikoagulantien durch sein Chloranalogon.** J. Lowenthal, J. A. MacFarlane und K. M. McDonald. (Experientia [Basel] **16,** 428—29, 1960; Saskatoon (Canada), Univ. of Saskatschewan, Dep. of Physiol and Pharmacol.; engl.) — Die Wrkg. von *Vitamin K_1* [2-Methyl-3-phytylnaphthochinon-(1.4)] auf mit *Warfarin* [*3-(α-Acetonylbenzyl)-4-hydroxycumarin*] behandelte Kaninchen wird durch 2-Chlor-3-phytylnaphthochinon-(1.4) gehemmt.
O. Jansen 4587◇

1422 **Die Wirkung von Lithocholsäure in keimfreien Küken.** Hardy M. Edwards jun. und Frank M. Boyd. (Proc. Soc. exp. Biol. Med. **113,** 294—95, 1963; Athens, Univ. of Georgia, Poultry Dep. and Poultry Res. Centre.; engl.) — Vff. untersuchen, ob die *Cholesterin*(I)-erhöhende Wrkg. von *Lithocholsäure* (**II**) bei Küken auf **II** allein oder auf andere durch **II** produzierte Verbb. zurückzuführen ist. Ratten, die mit **II** gefüttert wurden, zeigen ein geringeres Wachstum, sowohl normale als auch keimfreie Tiere. Das Füttern von **II** bewirkt eine Erhöhung des **I** im Plasma u. vergrößert die Leber. Weiterhin wird der relative Geh. der Leberlipide erniedrigt, der absol. jedoch erhöht. Zwischen normalen u. keimfreien Tieren besteht kein Unterschied. Die Fütterung mit **II** bewirkt eine Senkung des *Linolsäure-* u. *Arachidonsäure*-Spiegels in den Lebern der Küken. Vff. folgern, daß der **I**-erhöhende Effekt von **II** auf **II** allein zurückzuführen ist u. nicht auf andere Verbb., die aus **II** durch Mikroorganismen im Magen-Darmkanal gebildet werden. **II** vermindert in starkem Maße die Galleproduktion.
W. Hiller 4594◇

1423 **Chromatographische Untersuchung des dialysierten hämatopoietischen Faktors des Magens.** Ss. Ss. Wassileisski. (Ber. Akad. Wiss. UdSSR **137,** 1460—62, 1961; russ.) — Das dialysierte Sekret der Katzenmagenschleimhaut zeigte nach Papierchromatographie in n-Butanol (in welchem es gut lösl. ist) u. nachfolgender Luminescenz-Unters. im UV-Licht 6 Fraktionen. Rf 0; 0,16—0,19; 0,19—0,31; 0,31—0,39; 0,39—0,90 bzw. 0,90—1,00; Geh. an *Aminosäuren* 1110; 151; 274; 196; 610 bzw. 275 μg; biolog. Aktivität (Koeff. der Erhöhung der Leukocyten-Migration) 1,20; 1,24; 1,14; 0,93 bzw. 1,31. Die biolog. aktivste Fraktion 6 enthielt keine *Purine, Pyrimidine* oder *Saccharosen*.
I. v. Kloch-Kornitz 4594◇

1424 **Einfluß von Wasser verschiedener Temperatur auf die amylolytischen Eigenschaften des Blutes und Speichels des Menschen und auf die Wirksamkeit von Körperübungen.** Je. M. Koshuchar. (Physiol. J. [Kiew] **6,** 764—67, Nov/Dez. 1960; Kiew, Inst. für Gymnastik; ukrain., Auszug: engl.) — Beim unbeweglichen Stehen in W. von 23—25° stiegen die amylolyt. Eigg. des Blutes u. des Speichels um 95—100%. Beim Duschen mit W. von Körpertemp. änderten sich die amylolyt. Eigg. unbedeutend, bei einer Wassertemp. von 28—30° verstärkten sie sich im Blut um 40%, im Speichel um 60%. Benutzte man W. von 18—20°, so stiegen sie im Blute um das 3,44fache, beim Speichel um das 7fache. Duschen bei einer Temp. von 38—40° bzw. 28—30° von einer Dauer von 5 Min. 15—30 Min. vor dem Start steigert die Arbeitsfähigkeit. Duschen mit 25—28° warmem W. nach einer geistigen Anstrengung (Examen bei Studenten) setzte die Aktivität der *Amylase* um 30% im Vgl. mit den Kontrollen herauf. Durch Einw. der Wasserprozeduren auf den Körper kann man die Stoffwechselvorgänge beeinflussen u. eine Steigerung der Arbeitsfähigkeit bzw. eine schnellere Wiederherst. der Arbeitsfähigkeit nach Ermüdung erreichen.
F. du Mans 4595◇

1425 **Die Entfernung von ^{86}Rb aus dem Coronarblut durch die Atrien bei Hunden.** W. D. Love und L. P. O'Meallie. (Proc. Soc. exp. Biol. Med. **112,** 911—13, 1963; New Orleans, La., Tulane Univ., Dep. of Med.; Jackson, Miss., Univ. of Mississippi, Schools of Med.; engl.) — Die Best. der Aufnahme von *^{86}Rb* durch die Atrien bei Hunden zeigt, daß im Durchschnitt 10,9% von dem im Herz befindlichen Isotop durch die Atrien aufgenommen wurden. Von diesem Wert fanden sich 39% im linken, 45% im rechten Atrium u. 16% in der interaurikulären Scheidewand. Der Mittelwert für die Entfernung betrug 0,40 ml Blut/g/Min.; die gleichzeitig bestimmte Reinigung durch die Ventrikeln lieferte geringere Werte.
K. Dorfner 4596◇

1426 **Untersuchungen des Calciumstoffwechsels mit Calcium-47 beim Menschen.** P. Doering. (Klin. Wschr. **41,** 681—90, 1963; Göttingen, Med. Univ.-Klin.; dt.) — Unterss. des *Ca*-Stoffwechsels mit *^{47}Ca* an 7 Männern im Alter von 54—68 Jahren ergaben folgende Mittelwerte: Mobiler Ca-„pool" 5,2 g (= 76,5 mg/kg); täglicher Ca-Umsatz im „pool" 772 mg (= 11,4 mg/kg); täglicher Einbau im Skelett 516 mg (= 7,61 mg/kg); tägliche Ausscheidung im Harn 159 mg (= 2,4 mg/kg); tägliche Ausscheidung in den Faeces 93,2 mg/kg (= 1,54 mg/kg).
K. Zingraf 4596◇

1427 **^{45}Ca und Glomerulonephritis.** S. de Seze, A. Lichtwitz, R. Parlier, D. Hioco, Ph. Bordier und J. Bourrichon. (Acta endocrinol. [Copenhagen], Suppl. Nr. **51,** 511, 1960; Paris, Hôp. Lariboisière, Centre d'Endocrinol. Viggio-Petersen.)
H. Herper 4596□

1428 **Ureotelismus von Echidna und Platypus.** D. A. Denton, Magda Reich und F. J. R. Hird. (Science [Washington] **139,** 1225, 1963; Parkville, Australia, Univ. of Melbourne, Dep. of Physiol.; Russell Grimwate School of Biochem. and School of Agr.; engl.) — Durch Plasma- u. Harnunterss., sowie durch Best. des *Arginase*-Geh. der Leber wurde bewiesen, daß bei *Echidna* (*Tachyglossus aculeatus*) u. Platypus (*Ornithorhynchus*) Ureotelismus (90% des N-Geh. wird in Form von *Harnstoff* ausgeschieden) vorliegt.
K. Zingraf 4596◇

1429 **Wirkung akuter Stoffwechselacidose und -Alkalose auf den Acetat- und Citratstoffwechsel bei der Ratte.**

Edwin E. Gordon. (J. clin. Invest. **42,** 137—42, 1963; New York, N. Y., Yeshiva Univ., Albert Einstein Coll. of Med., Dep. of Med.; Bronx Municipal Hosp. Center; engl.) — Bei Ratten wurde der Mechanismus der *Citrat*(**I**)-Ausscheidungsveränderungen (mit dem Harn) während akuter Stoffwechselacidose u. -Alkalose untersucht. Danach beeinflußt der pH-Wert des Blutes nicht die **I**-Sekretion, sondern die Nierenclearance von Plasma-^{14}C-**I**; bei Acidose kommt es zu gesteigerter tubulärer Rückresorption des filtrierten **I**, bei Alkalose besteht verminderte tubuläre Rückresorption. Extrarenale Gewebe synthetisieren u. geben **I** kontinuierlich ab; Alkali beeinflußt diesen Vorgang nicht.
U. Tausendfreund 4596◇

1430 **Zur Untersuchung des Ortes und der Quellen der Biosynthese der Trehalose im Organismus des Eichenspinners.** T. A. Jegorowa und A. N. Smolin. (Ber. Akad. Wiss. UdSSR **147,** 224—26, 1962; Moskau, Pädagog. Lenin-Inst.; russ.) — Durch Best. des *Trehalose*(**I**)-Geh. in der Hämolymphe u. im Fettkörper des Eichenspinners nach der Inkubation mit Glucose (mit u. ohne Zusatz von Adenosintriphosphorsäure), Glucose-6-phosphat, Glucose-1-phosphat u. Saccharose wird gezeigt, daß bei der 9—10 Tage alten Puppe eine **I**-Synth. nur in der Hymolymphe, bei der sich einspinnenden Raupe dagegen sowohl in der Hämolymphe wie im Fettkörper erfolgt. In Verss. mit Larven des 5. Alters läßt sich keine **I**-Synth. nachweisen. O. Lebtag 4596△

1431 **Gehalt an Harnsäure in den Geweben und ihre Bildung aus Ribonucleinsäure und Nucleotiden.** Ja. L. Germanjuk. (Ukrain. biochem. J. **35,** 377—84, 1963; Lwow, Zooveterinär-Inst., Lehrstuhl für organ. u. biol. Chemie; ukrain., Auszug: engl.) — Die Best. des Geh. an *Harnsäure* (**I**) in den Parenchym- u. Verdauungsorganen sowie in den endokrinen Drüsen von 1—2 Jahre alten Kälbern u. Stierkälbern sowie im Sperma des Stiers zeigt, daß in Leber, Milz, Lunge u. Nierenrinde *(2')3'-Purinribonucleotid* (**II**), *Inosin* (**III**), *Ribonucleinsäure* (**IV**; depolymerisierte u. polymere) u. *Desoxyribonucleinsäure* (**V**) in **I** umgewandelt werden. Im Pankreas ist der **I**-Geh. nur gering; hier erfolgt keine **I**-Bldg. aus **II**, **III**, **IV** u. **V**. Die **I**-Bldg. aus **II** u. **III** wird durch **IV**, das enzymat. u. alkal. Hydrolysat von **IV**, *Ribonuclease* u. **V** gehemmt. Durch *Kreatinphosphat* u. *Pyridoxal-5'-phosphat* + *α-Ketoglutarsäure* wird die **I**-Bldg. aus **II** u. **IV** nicht itensiviert. O. Lebtag 4596△

1432 **Chemischer Abbau ^{14}C-markierter Glutaminsäure.** M. Martha Pigretti und A. O. M. Stoppani. (Biochim. biophysica Acta [Amsterdam] **52,** 390—92, 1961; Buenos Aires, Univ., School of Med., Inst. of Biochem.; and Atomic Energy Commission (Argentina), Labor. for Cell Metabolism; engl.) — Die Unters. der ^{14}*C*-Verteilung in *Glutaminsäure* (**I**), die durch Oxydation ^{14}*C*-markierter Substrate im Citronensäurecyclus u. bei verwandten Stoffwechselrkk. gebildet worden ist, erlaubt Einblick in den Weg von C: Gesamt ^{14}C durch Naßveraschung modifiziert nach Lindenbaum u. Mitarb. (Analytic. Chem. **20,** [1948], 1120), $^{14}C_{(1)}$ durch Decarboxylierung mit Chloramin T; $^{14}C_{(5)}$ durch Decarobxylierung mit NaN_3 nach Phare (Arch. Biochem. Biophysics **33,** [1951], 173). Diese Abbaurkk. ergaben die $^{14}C_{(1,5)}$-Verteilung in **I** bei deren Bldg. aus $^{14}C_{(1)}$-Acetyleinheiten. Bei Bldg. aus $^{14}C_{(2)}$Acetyleinheiten wird zur Best. der $C_{(1)}$-Aktivität **I** zu 2.4-Diaminobuttersäure abgebaut u. diese mit sd. Ag_2O-Lsg. zu *β*-Alanin oxydiert. Alkalischmelze des letzteren liefert Acetat, dessen ^{14}*C*-Geh. auf die **I**-$^{14}C_{(4)}$-Markierung schließen läßt. Acetat-Abbau nach Schmidt (Arch., Biochem. Biophys. **33,** [1951], 173) ergibt in Verbindung mit der Acetatverbrennung $^{14}C_{(2)}$ (durch Decarboxylierung) u. $^{14}C_{(3)}$ (durch CH_3NH_2-Oxydation)-Geh. von **I**. K. Maier 4596◇

1433 **Der Einfluß einer Nierenektomie auf den Umsatz von ^{131}J-Albumin beim Hund.** Sheldon Rosenfeld, Joseph Katz und Alvin L. Sellers (unter techn. Mitarb. v. Jose Morales und Sybil Golden). (J. Lab. clin. Med. **59,** 381—86, 1962; Cedars of Lebanon Hosp., Inst. for Med. Res.; engl.) — Zur Klärung der Frage, ob die Wrkg. von Urämie u. einer Nierenektomie verschie den sind, wird bei einer Gruppe von Hunden der Harnleiter mit der Hohlvene verbunden, außerdem stehen normale Hunde zur Verfügung. An alle Hunde wird ^{131}J-markiertes Plasmaalbumin verabreicht u. nach Erreichen des Stoffwechselgleichgew. wird einseitige bzw. doppelseitige Nierenektomie vorgenommen. Die Halbwertszeit vor den Operationen beträgt im Durchschnitt 7,5 Tage (Grenzwerte 7,5—14,5). Bei den meisten Tieren wird die Neigung der Zerfallskurve u. damit die Halbwertszeit durch die Operationen nicht verändert. Die Ergebnisse sind zwar nicht endgültig, sie deuten jedoch an, daß bei normalen Hunden die Nierenektomie den Albuminstoffwechsel nicht beeinflußt. F. Zeidler 4596◇

1434 **Untersuchungen über die Synthese der Fettsäuren.** 11. Mitt. **Synthesemodus der Palmitinsäure aus ihren niederen Homologen in vivo.** A. Duchemin und P. Favarger. (Helv. physiol. pharmacol. Acta **21,** 1—9, 1963; Genève, Univ., Inst. de Biochim. Méd.; franz.) — 10. vgl. C. **1961,** 10636. — 10 Min. nach i. v. Verabreichung von $^{14}C_{(1)}$-*Natriummyristat* bei Mäusen betrug die Radioaktivität der Carboxylgruppen der aus dem Kadaver gewonnenen *Palmitinsäure* 5,2% der gesamten Radioaktivität. Die entsprechenden Werte waren nach Gabe von $^{14}C_{(1)}$-*Natriumlaurat* 8,3%, $^{14}C_{(1)}$-*Natriumdecanoat* 10,6%, $^{14}C_{(1)}$-*Natriumoctanoat* 9,2% u. $^{14}C_{(1)}$-*Natriumbutyrat* 10,2—11,2%. K. Zingraf 4596◇

1435 **Der Verbleib des mit der Kost zugeführten ^{3}H-*β*-Sitosterin bei der erwachsenen Stubenfliege.** J. N. Kaplanis, R. E. Monroe, W. E. Robbins und Spiro J. Louloudes. (Ann. entomol. Soc. America **56,** 198—201, 1963; Beltsville, Md., Agric. Res. Serv., Entomol. Res. Div.; engl.) — Die Analyse der nach Verfütterung von 0,1% ^{3}*H-β-Sitosterin* (**I**) in erwachsenen Stubenfliegen (*Musca domestica* L.) u. deren Eiern nachweisbaren freien u. veresterten Sterinfraktionen zeigt, daß die erwachsene Fliege **I** ohne nachweisbare Umwandlung zu *Cholesterin* verwertet. Mehr als 90% der Hauptradioaktivität entfällt auf **I**, der Rest auf *7-Dehydro-β-sitosterin*.
U. Tausendfreund 4596◇

1436 **Wiederaufhebung von Stoffwechselstörungen im Knorpel von hypophysektomierten Ratten durch in-vitro-Addition von normalem Rattenserum.** William H. Daughaday und Ida Kozak Mariz. (Acta endocrinol. [Copenhagen], Suppl. Nr. **51,** 289—90, 1960; St. Louis, Mo., Univ. of Washington, School of Med., Dep. of Med.; engl.) H. Herper 4596□

1437 **Stoffwechselaspekte des Hochdrucks.** Lewis K. Dahl. (Annu. Rev. Med. **14,** 69—98, 1963; Upton, N. Y., Brookhaven Nat. Labor., Med. Res. Center; engl.) — Übersicht (Januar 1959—Juli 1962); Vererbung; Angiotensin-Aldosteron; Gefäßveränderungen (Reaktivität, ion. Gradient u. Blutdruck, morpholog. Änderungen); Niere, Na, Nervensyst., Brenzcatechinamin, Nebennierenrinde, Schilddrüse, antidiuret. Hormon, Fettsucht, Alter, Atherosklerose. — 193 Literaturangaben.
P. Gregorzewski 4596◇

1438 **Gehalt und Erneuerung der Phosphoproteine sowie Aktivität der Phosphoproteinase bei der Regeneration der Leber.** R. P. Winogradowa. (Ukrain. biochem. J. **35,** 343—51, 1963; Kiew, Schewtschenko-Univ., Lehrstuhl für Biochemie u. Biophysik; ukrain., Auszug: engl.) — Bei Verss. an Meerschweinchen beobachtet man 24 bis 72 Std. nach der Hepatektomie eine starke Abnahme der *Phosphoproteine* (**I**); nach 96 u. 168 Std. ist die **I**-Abnahme nur gering. Die spezif. Radioaktivität der **I** nimmt bei Anwendung von $NaH_2{}^{32}PO_4$ 24—72 Std. nach der Hepatektomie zu u. wird nach 96 Std. normalisiert. Die Aktivität der *Phosphoproteinphosphatase* (**II**) nimmt in den ersten Std. nach der Operation zu u. wird nach 96 Std. normalisiert. Der Geh. an *Adenosintriphosphat* (**III**) nimmt nach 24—72 Std. ab u. erhöht sich nach 96 Std. bis zur Norm. Die spezif. Aktivität der **III** nimmt zunächst zu u. wird nach 96 Std. normalisiert. Der Geh. an anorgan. P nimmt ebenfalls zunächst zu u. wird dann normalisiert. Die stärksten Veränderungen des Umsatzes von **I**, **III** u. anorgan. P u. der **II**-Aktivität treten kurz nach der Hepatektomie bei gleichzeitiger Aktivierung der Mitose in den Leberzellen ein. O. Lebtag 4597△

1439 **Untersuchungen über Mucopolysaccharide. 1. Mitt. Verteilung saurer Mucopolysaccharide und neutraler Polysaccharide in der normalen Rattenleber.** Toyo Yoshikawa. (Fukuoka Acta med. [Fukuoka-Igaku-Zassi] **53,** 941—43, 1962; Fukuoka, Kyushu Univ., Fac. of Med., 3rd Dep. of Int. Med.; engl.) — *Saure Mucopolysaccharide* sind nach Homogenisierung u. Zentrifugen-Fraktionierung der normalen Rattenleber zu 45% in der Fraktion I (60 · *g* für 10 Min. des Homogenats aus 5—7 g Leber in 9 Vol. 0,25 m Saccharose) u. zu 55% in Fraktion IV (Überstand) enthalten. Die *neutralen Polysaccharide* sind dagegen über alle 4 Fraktionen verteilt: 65% in Fraktion I, 10% in Fraktion II (600 · *g* für 10 Min.) + Fraktion III (8500 · *g* für 10 Min.), 25% in Fraktion IV.
U. Tausendfreund 4597◇

1440 **Biochemische Untersuchungen über die Leberfibrose. 2. Mitt. Hexosaminsynthese in der Rattenleber.** Toyo Yoshikawa. (Fukuoka Acta med. [Fukuoka-Igaku-Zassi] **53,** 944—48, 1962; Fukuoka, Kyushu Univ., Fac. of Med., 3rd Dep. of Int. Med.; jap., Auszug: engl.) — Bei Unters. der *Hexosamin*(**I**)-Synth. in normalen Rattenleberhomogenaten besteht ein großer Teil des bei Verw. der Substrate Glucose-6-phosphat, Fructose-6-phosphat, *Galaktose-6-phosphat* (**II**) u. Mannose-6-phosphat gebildeten **I** aus *Glucosamin*; bei Verw. von **II** als Substrat ist jedoch die *Galaktosamin*(**III**)-Synth. stärker als bei den anderen Substraten. Bei der **I**-Synth. in der Rattenleber geht demnach teilweise folgende Rk. vor sich: D-**II** + L-Glutamin → D-**III**-6-phosphat + L-Glutamat. Bei leichter Fibrose der Leber infolge chron. CCl_4-Schädigung ist die **I**-Synth. aus allen Substraten gesteigert; bei vorgeschrittener Fibrose ist die **I**-Synth. vermindert. In der fibrösen Leber ist die Synth.-Geschw. von **III** beschleunigt u. geht mit dem Grad der Fibrose konform.
U. Tausendfreund 4597◇

1441 **Biochemische Untersuchungen über die Leberfibrose. 3. Mitt. Wirkung von Dexamethason auf Hexosamingehalt und -Synthese in der Rattenleber.** Toyo Yoshikawa. (Fukuoka Acta med. [Fukuoka-Igaku-Zassi] **53,** 949—51, 1962; Fukuoka, Kyushu Univ., Fak. of Med., 3rd Dep. of Int. Med.; jap., Auszug: engl.) — 2. vgl. vorst. Referat. — *Dexamethason*(**I**) hemmt in vivo die Synth. von *Hexosamin*(**II**) in der normalen u. der durch CCl_4-Schädigung fibrösen Rattenleber, wobei die Wrkg. auf die **II**-Synth. in der fibrösen Leber nicht immer konst. sind. 30 μg **I**/100 g/Tag für 10 Tage führt bei CCl_4-behandelten Ratten nicht zu Schwankungen des Gesamt-**II**-Geh. oder des *Galaktosamin* (**III**)/*Glucosamin*-Quotienten in der Leber, wenn auch gesteigerte **III**-Synth. beobachtet werden kann.
U. Tausendfreund 4597◇

1442 **In vivo-Beziehungen zwischen Cortison, Ribonucleinsäure, Protein-Synthesen und Enzym-Induktion in Rattenleber.** Philip Feigelson, Muriel Feigelson und Olga Greengard. (Acta endocrinol. [Copenhagen], Suppl. Nr. **51,** 823—24, 1960; New York City, N. Y., Columbia Univ., College of Physicians and Surgeons; Francis Delafield Hospital; engl.) H. Herper 4597□

1443 **Der Mechanismus der Kaliumrückresorption im proximalen Nierentubulus der Ratte.** H. Allan Bloomer, Floyd C. Rector jun. und Donald W. Seldin. (J. clin. Invest. **42,** 277—85, 1963; Dallas, Tex., Univ. of Texas, Southwestern Med. School, Dep. of Int. Med.; engl.) — Gleichzeitige Best. der transtubulären Potentialdifferenz, der *K*-Konz. in der Tubulus-Fl., der K-Konz. im Plasma u. in der Fl. proximaler Nierentubuluszellen der nichtdiuret. Ratte lassen darauf schließen, daß K durch die proximale Tubuluszelle gegen einen elektrochem. Gradienten mit Hilfe eines akt. Transportsyst. der am Lumen gelegenen Zellmembran rückresorbiert wird. U. Tausendfreund 4597◇

1444 **Aminosäureextraktion und Ammoniakstoffwechsel durch die menschliche Niere während langdauernder Verabreichung von Ammoniumchlorid.** Edward E. Owen und Roscoe R. Robinson. (J. clin. Invest. **42,** 263—76, 1963; Durham, N. C., Duke Univ., Med. Center, Dep. of Med.; Veter. Admin. Hosp.; engl.) — Bei Verss. zur Charakterisierung des typ. Verh. normaler menschlicher Nieren bzgl. Aufnahme u. Abgabe individueller *Aminosäuren* (**II**) sowie zur Best., ob der Anstieg der Nieren-NH_3-Bldg. bei Stoffwechselacidose eine Veränderung im genannten Verh. bewirkt, ließ sich zeigen: *Glutamin* (**I**) ist als Hauptvorläufersubstanz des in der Niere entstehenden NH_3 anzusehen (63% des NH_3 stammt von I-Amid-N), sowohl bei normalem Säure-Basen-Gleichgew. als auch bei leichter NH_4Cl-Acidose; als weitere Vorläufersubstanz für NH_3 kann die von der **I**-Desaminierung stammende *Glutaminsäure* (Rest des NH_3) gelten; andere **II** steuern kaum zur NH_3-Bldg. durch die Niere bei normalen Plasma-**II**-Spiegeln bei.
U. Tausendfreund 4597◇

1445 **Einige Beobachtungen über den Einfluß einer Magnesiummangelkost auf Ratten unter besonderer Berücksichtigung der renalen Konzentrierungsfähigkeit.** Andrzej Manitius und Franklin H. Epstein. (J. clin. Invest. **42,** 208—15, 1963; New Haven, Conn., Yale School of Med., Dep. of Int. Med.; engl.) — Es wird gezeigt, daß zu einer *K*-Verarmung des Organismus nicht unbedingt eine Hemmung der Harnkonzentrierungsfähigkeit gehören muß. Bei Ratten läßt sich nämlich durch *Mg*-Mangelkost eine K-Verarmung (mit Verminderung des K-Geh. in Muskulatur u. Nierenmark) auslösen, welche im Gegensatz zu einer durch K-arme Kost hervorgerufenen K-Verarmung nicht zu einer Hemmung der Harnkonzentrierungsfähigkeit der Niere führt. Muskelschwäche konnte nicht konstatiert werden. Entweder kehrt Mg-Mangel die durch K-Verlust veränderte Membranpermeabilität um oder der K-Verlust findet an einem anderen Zellteil als bei K-Mangel statt.
U. Tausendfreund 4597◇

1446 **Struktur der Nephridien des indischen Viehblutegels Hirudinaria granulosa (Savigny) unter besonderer Berücksichtigung ihrer Nephridienmikroflora.** B. Dev. (Experientia [Basel] **19,** 402—03, 1963; Lucknow, Univ., Dep. of Zool.; engl.) — Die Nephridia von *Hirundinaria granulosa* haben an ihrer inneren Oberfläche Bakterien, die in der Lage sind *Harnstoff* in *Ammoniak* umzubilden.
W. Hiller 4597◇

1447 **Biochemie der progressiven Muskeldystrophie.** Jean-Claude Dreyfus und Georges Schapira. (Klin. Wschr. **40,** 373—79, 15/4. 1962; Paris, Hôp. des Enfants Malades, Labor. de Rech. de Biochemie méd.; dt.) — Vff. besprechen in einer Übersichtarbeit die Probleme der Myopathien. Hierbei werden die biochem. Symptome u. die Muskelstörungen, die bei der progressiven Muskeldystrophie zu beobachten sind, diskutiert. Es sind in der biochem. Aufklärung von Myopathien empfindliche u. genaue Teste gefunden worden. Mit Hilfe dieser Teste sollen die Krankheitsüberträger erkannt werden. Das Hauptproblem bleibt jedoch der Krankheitsmechanismus u. die Therapie. Die wichtigsten Vorgänge, die beobachtet wurden, sind Verschwinden der *Fermente* im Sarkoplasma u. der Zusammenbruch des Myofibrillensystems.
G. Bratfisch 4597◇

1448 **Der Einfluß von Acetylcholin, Succinylcholin und Cholinchlorid auf das Ruhepotential der quergestreiften Muskelfasern.** I. Ss. Magura. (Ber. Akad. Wiss. Ukrain-SSR **1962,** 1635—37; Physiol. Inst. der Akad. der Wiss. der UkrainSSR; ukrain., Auszug: engl.) — In Verss. an quergestreiften Muskeln des Frosches bewirken *Acetylcholin* (**I**), *Succinylcholin* (**II**) u. *Cholinchlorid* (**III**) eine deutliche Depolarisation der Protoplasmamembranen. Durch *Novocain* (**IV**) u. *Kokain* (**V**) in der Konz. 0,3 bzw. 0,1% wird die depolarisierende Wrkg. von **I** u. **II** unterdrückt. $5 \cdot 10^{-4}$ m *Atropin* (**VI**) unterdrückt die Wrkg. von **I** u. **II** ebenfalls. **IV, V** u. **VI** allein sind ohne wesentliche Wrkg. auf das Ruhepotential der Membran. Zusatz von **I** oder **II** zu **III** verstärkt dessen depolarisierende Wirkung. O. Lebtag 4597△

1449 **Stoffwechselkrankheiten des Muskels.** David Grob. (Annu. Rev. Med. **14,** 151—74, 1963; Brooklyn, N. Y., State Univ. of New York Coll. of Med. Downstate Med. Center; Maimonides Hosp.; engl.) — Übersicht bis (Oktober 1962); Krankheiten der neuromuskulären Übertragung, durch Elektrolytstörungen verursachte verringerte Muskelmembran-Excitabilität u. Kontraktibilität (Hypo- u. Hyperkaliämie), erhöhte Muskelkontrak-

tionen, endokrine Störungen, infiltrative u. inflammator. Erkrankungen, Dystrophien. — 97 Literaturangaben.
P. Gregorzewski 4597◇

1450 **Die kontraktilen Muskelproteine des Flußkrebses.** W. W. Oppel und T. P. Sserebrenikowa. (Biochemie [UdSSR] **28,** 224—31, 1963; Leningrad, Ssetschenow-Inst. für Evol.-Physiol. der Akad. der Wiss. der UdSSR; russ., Auszug: engl.) — Die aus den Muskeln des Krebses gewonnenen Präpp. von *Actomyosin* (**I**) u. *Myosin* (**II**) zeigen die gleichen Eigg. wie die **I** u. **II** der Säugetiere. Dies beweist, daß in beiden phylogenet. Reihen die Evolution des Muskelgewebes einheitlich erfolgt. Die **I** aus dem Schwanz- bzw. Scherenmuskel zeigen geringe Unterschiede im Verh. gegenüber Adenosintriphosphorsäure. Das durch Extraktion mit Pyrophosphat aus dem Schwanzmuskel gewonnene **II** enthält kein **I**. Das **II** aus dem Scherenmuskel dagegen enthält immer viel **I**, wahrscheinlich bedingt durch den hohen Pyrophosphatase-Geh. in der Schere. O. Lebtag 4597

1451 **Das Stoffwechselmuster des Gehirns bei Hirndurchströmungsversuchen in vivo.** 1. Mitt. **Die quantitative Bedeutung der CO_2-Assimilation im Hirnstoffwechsel.** S. Otsuki, A. Geiger und G. Gombos. (J. Neurochem. [London] **10,** 397—404, 1963; Chicago, Ill., Univ. of Illinois, Coll. of Med., Dep. of Psychiat., Res. Labor.; engl.) — Befunde über die Bldg. von bestimmten *Pyruvat*(**I**)-Mengen im Gehirn über Decarboxylierung von *Oxalacetat*(**II**) oder *Malat* führten zur Unters. der quant. Rolle der CO_2-Fixierung im Hirnstoffwechsel der erwachsenen Katze. Dazu wurde $NaH^{14}CO_3$ dem Perfusionsblut bei isolierter Durchströmung des Hirns zugefügt u. die Einbau-Geschw. der Radioaktivität in freie *Asparaginsäure* (**III**), *Glutaminsäure, γ-Aminobuttersäure* u. *Milchsäure* (**IV**) sowie in die *Proteine* des Gehirns ermittelt. Die Ergebnisse lassen erkennen, daß vermutlich ca. 10% des im Gehirn gebildeten **II** durch CO_2-Fixierung an **I** oder *Phosphoenol*-**I** mit anschließender Transaminierung des gebildeten **II** zu **III** entsteht, während andererseits die 7% von **III** betragende Radioaktivität von **IV** auf eine Bldg. proportionaler Mengen von **I** über **II**- oder Malat-Decarboxylierung hinweisen. — CO_2 erweist sich als gleichmäßig zwischen den jeweiligen $C_{(1)}$- u. $C_{(4)}$-Atomen verteilt. U. Tausendfreund 4598◇

1452 **Das Stoffwechselmuster des Gehirns bei Hirndurchströmungsversuchen in vivo.** 2. Mitt. **Pyruvat- und Lactatbildung aus ^{14}C-Asparaginat.** G. Gombos, A. Geiger und S. Otsuki. (J. Neurochem. [London] **10,** 405 bis 413, 1963; engl.) — 1. vgl. vorst. Referat. — In Bestätigung der Beobachtungen der 1. Mitt. wird unter Zugabe von $^{14}C_{(4)}$- u. $^{14}C_{(3)}$-*DL-Asparaginat* (**I**) sowie $^{14}C_4$-L-**I** u. *Glucose* zum Durchströmungsblut bei isolierter Perfusion des Katzenhirns gezeigt, daß ca. 10% des im Gehirn nachweisbaren *Pyruvat* durch Decarboxylierung von *Oxalacetat* oder *Malat* entstehen. — Die spezif. Aktivitäten von Atem-CO_2, *Glutamat, Glutamin* u. *γ-Aminobuttersäure* weisen auf eine inhomogene Verteilung des markierten **I** in der Hirnrinde.
U. Tausendfreund 4598◇

1453 **Experimentelle Untersuchungen über die Hirndurchströmung: Glucose- und Milchsäurestoffwechsel des durchströmten Gehirns.** Yoshihiko Nishida. (Fukuoka Acta med. [Fukuoka-Igaku-Zassi] **53,** 825—40, 1962, Fukuoka, Kyushu Univ., Fac. of Med., 2nd Dep. of Int. Med.; jap., Auszug: engl.) — Verss. am isolierten mit Rindererythrocytensuspensionen in Krebs-Ringer-Phosphat-Lsg. durchströmten Katzenhirn, unter Zufügung oder Weglassung von *Glucose* (**I**) u. Beobachtung der **I**- u. Milchsäure-Veränderungen im Gehirn u. Perfusat, zeigen, daß das Gehirn beim Fehlen von **I** offenbar auch andere Substanzen verwerten kann.
U. Tausendfreund 4598◇

1454 **Hyaluronsäure in Küchenschabenganglien.** Doreen E. Ashhurst und Narayan G. Patel. (Ann. entomol. Soc. America **56,** 182—84, 1963; St. Paul, Minn., Univ. of Minnesota, Dep. of Entomol. and Econom. Zool.; engl.) — Auf chromatograph. u. elektrophoret. Wege konnte in Ganglien der Küchenschabe *Periplaneta americana* L. ein saures Mucopolysaccharid mit den Eigg. von *Hyaluronsäure* identifiziert werden.
U. Tausendfreund 4598◇

1455 **Oxydation von L-Aminosäuren in Homogenaten unausgewachsener Gehirne.** Bernard Schepartz. (Biochim. biophysica Acta [Amsterdam] **53,** 602—03 11/11. 1961; Philadelphia, Pa., Jefferson Med. Coll., Dep. of Biochem.; engl.) — Vf. untersuchen die relativen Oxydationsraten von ^{14}C-*Aminosäuren* (**I**) zu $^{14}CO_2$ in Gehirnhomogenaten eintägiger Mäuse. 0,1—1 mg **I**, suspendiert in einem modifizierten Aldrigde-Rk.-Medium, werden 1 Std. bei 37° in Ggw. von O_2 mit 20%ig. Homogenat (in 0,3 m Sucrose) geschüttelt. Bestimmt wurde die Menge des gebildeten $^{14}CO_2$; die Ergebnisse sind für 13 **I** tabellar. wiedergegeben. K. Heyns 4598◇

1456 **Säure-Äthanol-lösliche Proteine des Gehirns.** S. Otsuki und A. Geiger. (J. Neurochem. [London] **10,** 415—22, 1963; Chicago, Ill., Univ. of Illinois, Coll. of Med., Dep. of Psychiat., Res. Labors.; engl.) — Es wurden einige Eigg. der bei Trichloressigsäure-Fällung in A. lösl. *Proteine* (**I**) des Katzen- u. Mäusehirns, nach Entfernung der Lipide aus den Extrakten, untersucht. Dabei erweisen sich 18% der Hirnrinden-**I** als extrahierbar. Die extrahierbaren **I** finden sich im Cytoplasma u. in der Partikelfraktion. Nach ^{14}C-*Glucose*-Verabreichung ist die Radioaktivität der extrahierbaren **I** größer als die der Rest-**I**; nach ^{14}C-*Leucin* kann das umgekehrte beobachtet werden. Die meiste Radioaktivität findet sich nach Hydrolyse in den Aminosäuren. Die extrahierbaren **I** enthalten kleine Mengen von *Hexose* u. *P*. Elektrophoret. u. chromatograph. zeigt sich, daß die extrahierbaren **I** ein Gemisch aus vielen Proteinen darstellen. Sie können durch Neutralisation des Extraktes gefällt werden, der Nd. ist in Chlf.–Methanol unlösl., 30—50% sind lösl. in W. bei pH 8, der Rest in 1—2% Triton-Lsg. pH 8. Der Säure-A.-Extrakt ergibt eine positive Biuret-Reaktion. U. Tausendfreund 4598◇

1457 **Fest gebundenes Proteolipid-Phospholipid in der Weißen Substanz von Rindergehirn.** E. T. Pritchard und J. Folch-Pi. (Biochim. biophysica Acta [Amsterdam] **70,** 481—83, 1963; Belmont, Mass., McLean Hosp. Res. Labor.; Boston, Mass., Harvard Med. School, Dep. of Biol. Chem.; engl.) — Das aus der Weißen Substanz von Rindergehirn dargestellte u. gereinigte, in $CHCl_3$/Methanol (2:1) gelöste *Proteolipid* führt bei Behandlung mit einer wss. Lsg. von *Trikaliumcitrat* zu einer unlösl. Substanz; sie wird mit $CHCl_3$/Methanol (1:1), enthaltend 0,5% konz. HCl, extrahiert u. hinsichtlich ihres Geh. an P mit den anderen Präpp. verglichen. Die in saurem $CHCl_3$/Methanol-Extrakt enthaltene Substanz besitzt nach der Analyse als Bausteine *Phosphatidylserin* u. *Inosit*. Im sauren Extrakt liegt vermutlich ein *Inositlipid* mit einem bes. *Proteolipid-Komplex* vergesellschaftet vor u. ist als bes. Gewebekomponente zu betrachten.
K. Täufel 4598◇

E_6. Pharmakologie, Therapie, Toxikologie, Hygiene

1458 **Nachweis und Bestimmung verschiedener toxischer organischer Substanzen in biologischen Flüssigkeiten.** R. Bourdon, J. und J. Féger, A. Krikorian und P. Linée. (Ann. Biol. clin. **21,** 187—218, 1963; Paris, Hôp. Fernand-Widal, Labor. de Biochim. [Pharm.]; franz.) — Übersicht über Nachw. u. Best.-Meth. für *Barbiturate, Phenothiazine, Azepine, Glutethimid, Meprobamat, Phenylbutazon, Pyramidon* u. *Salicylate*. — 80 Literaturangaben. K. Zingraf 4600◇

1459 **Bestimmung von radioaktivem Strontium in norwegischem Getreide und Getreideprodukten sowie in Tier- und Menschenknochen.** Jorolf Alstad, Arve Kjelberg, Anton Fr. Olsen und Alexis C. Pappas. (10 nord. Kemistmötet, Stockholm **1959,** 717—20; Oslo, Univ., Kjem. Inst.; norweg.) — Vgl. C. **1963,** 3684. — Der Geh. von ^{90}Sr (in 10^{-12} c/g Ca) betrug in norweg. Getreide 1957 100—250, 1958 155—450; in Rentiergeweih 1956 150, 1958 380; in Menschenknochen (0—30 Jahre) 1956 1,0, 1958 2,2; in einem Fall wurde bei einem Kind von $^3/_4$ Jahren aus dem westlichen Norwegen 1958 der Wert 7,5 gefunden. K. Zingraf 4601◇

1460 **Zur Bestimmung der natürlich vorkommenden alphastrahlenden Nuklide im menschlichen Knochen.** B. Rajewsky und W. Stahlhofen. (Naturwissenschaften **49,** 607, 1962; Frankfurt/M., M. P. I. für Biophysik; dt.) — Zur Best. der α-Aktivität von menschlichen Knochenaschen wurden diese mit einem festen Scintillator (ZnS(Ag)) gemischt. Die Vorbereitung der Knochenasche (Mahlung auf ca. 2 μ Korndurchmesser) u. die Mischung unter Berücksichtigung optimaler Bedingungen (Knochen:ZnS = 1:2) werden erörtert u. beschrieben. Es wurden folgende Werte gefunden: Verhältnis ^{228}Th:^{226}Ra = 0,45, mittlerer ^{226}Ra-Geh. (1,4 ± 0,5) · 10^{-14} c, mittlerer ^{228}Th-Geh. (5 ± 1) · 10^{-15} c, jeweils pro g Knochenasche. W. Reusse 4601◇

1461 **Die Ermittlung von Strahlungsprodukten.** Bernard Smaller. (Radiat. Res. **18,** 153—70, 1963; Argonne, Ill., Argonne Nat. Labor.; engl.) — Zusammenfassender Bericht über die Anwendung der paramagnet. Elektronenresonanz-Meß-Technik auf die Unters. der Strahlenschädigung von biol. interessierenden Stoffen, bes. die magnet. Parameter, die aus den experimentellen Ergebnissen zur Frage der gebildeten freien Radikale abzuleiten sind. — 86 Literaturstellen. W. Reusse 4601◇

1462 **Die Rolle von Thiolgruppen im Mechanismus von Strahlenschäden und Schutz gegen sie.** Tetsuo Ono. (Gann, Japan. J. Cancer Res. **46,** 67—79, 1955; Niigata, Niigata Univ. School of Med., Dep. of Biochem.; engl.) — Bei Röntgenbestrahlung (R) in Ggw. von O_2 wird der SH-Geh. isolierter Lebermitochondrien oxydiert, die *Bernsteinsäureoxydase* (**I**) leicht gehemmt, die oxydative Phosphorylierung im Succinat-Syst. stark u. im β-Hydroxybutyrat-Syst. schwächer gestört u. die Adensintriphosphatase-Aktivität aktiviert. In Chromosomen-Präpp. sinkt der SH-Geh. durch R nur bei Ggw. von O_2. Durch red. Glutathion wird **I** reaktiviert u. die gestörte oxydative Phosphorylierung im β-Hydroxybutyrat-Syst. weitgehend normalisiert. Bei Ganzkörperbestrahlung hat *Thiosulfat* protektive Wrkg. auf den SH-Geh. der Milz u. *Taurin* schützt den Desoxyribonucleinsäuregehalt. P. Gregorzewski 4601◇

1463 **Reaktion der Radikale von bestrahltem Eiweiß mit Alkylphenolen.** I. I. Ssapeshinski, M. Ss. Posstnikowa und N. M. Emanuel. (Ber. Akad. Wiss. [UdSSR] **148,** 1207—09, 1963; Inst. für chem. Physik der Akad. der Wiss. der UdSSR; russ.) — Nach der Meth. der paramagnet. Elektronenresonanz wurde die Rk. zwischen *Jonol* (**I**; 2.6-Ditert.-butyl-4-methylphenol; Inhibitor der freiradikalen Rkk.) u. den bei der Bestrahlung von Serumalbumin (**II**) des Stiers entstehenden Radikalen R· u. RO_2· (in Ggw. von O_2) untersucht u. festgestellt, daß hierbei die Radikale von **II** verschwinden, dafür Spektren der **I**-Radikale auftreten. Die Zahl der auftretenden **I**-Radikale ist um eine Größenordnung geringer als die Zahl der ursprünglichen **II**-Radiakle. Aus den Spektren ist zu schließen, daß auch Peroxidradikale des **II** bei der Bestrahlung entstehen können, was bisher noch nicht nachgewiesen werden konnte. O. Lebtag 4601△

1464 **Veränderung der Eiweißzusammensetzung des Blutes bei der Einwirkung von ionisierenden Strahlen bei Tieren mit experimenteller Hypertonie.** M. F. Ssirotina. (Physiol. J. [Kiew] **6,** 809—13, 1960; Kiew, Akad. der Wiss. der UkrainSSR, Bogomoletz-Inst. für Physiol.; ukrain., Auszug: engl.) — Die experimentelle Nierenhypertonie bei Kaninchen führt zu erheblichen Verschiebungen der Protein-Zus. des Blutserums. Gesamteiweiß, Hämoglobin, Albumin u. der Globuline; das Fibrinogen des Blutplasmas u. die Formelemente des Blutes nehmen zu. Serumalbumin u. Albumin-Globulin-Koeff. gehen zurück. Die Strahlenkrankheit nach subletalen Röntgendosen (600 r) wird von einem Abfall der Gesamteiweißmenge begleitet. Der Fibrinogen-Geh. geht merklich zurück; das Serumalbumin u. der Albumin-Globulin-Koeff. nehmen weiter ab. F. du Mans 4601◇

1465 **Der Mechanismus der radiobiologischen Labilisierung von Hämoglobin.** Je. A. Bauman. (Ber. Akad. Wiss. UdSSR **150,** 668—70, 1963; russ.) — 6 Tage nach der Bestrahlung von Kaninchen mit 900 r beträgt die Spaltung des nativen *Hämoglobins* (**I**) im Tartratpuffer 72,1%, die des oximierten **I** 70,4%, die des formalinisierten **I** 48,3%. (Behandlung mit Nitroprussid.) Die Wiedervereinigung von Häm u. denaturiertem Globin verläuft weniger intensiv als mit nativem. Die Behandlung mit Nitroprussid u. Oximierung lockert etwas die Bindung zwischen Häm u. Globulin; die Formalinisierung verstärkt sie. Auf Grund der Vers.-Ergebnisse ist zu folgern, daß neben der Imidazolgruppe auch die Carboxylgruppe hämaffin ist. Die radiobiolog. Labilisierung des **I** beruht auf der Rk. dieser Gruppen mit den Radiolyse-Prodd. des Wassers. O. Lebtag 4601△

1466 **Erste Beobachtungen über die Strahlenschutzwirkung der Pantothensäure.** I. Szórády, Gy. Tóth und I. Gazdag. (Naturwissenschaften **49,** 452, 1962; Szeged, Med. Univ., Kinderklin. u. Röntgenklin.; dt.) — Mäuse, die nach einer 7tägigen *Pantothensäure*(**I**)-Behandlung von je 0,5 gm Ca-Pantothenat pro Tag u. nach einer Woche Pause einer Ganzkörperröntgenbestrahlung (500 r, 0,5 mm Cu-Filter, 180 kV, 50 cm Fokusabstand) ausgesetzt wurden, zeigten nach 30 Tagen durch die **I**-Behandlung eine 200%ige Lebensdauerverlängerung gegenüber der Kontrollgruppe (nur Röntgenbestrahlung). Vermutlich ist die epithelschonende, gewebsregenerierende u. antiallerg. Wrkg. der **I** auf deren Einfl. auf die Eiweißsynthese, Antikörperbildung u. Corticoidsynthese zurückzuführen. H.-W. Wache 4601◇

1467 **Chemischer Schutz und Wiederherstellung von mit Ultraviolett bestrahlten Shigella sonnei.** Marius G. Peacock und Mitsuru Nakamura. (J. Bacteriol. **86,** 161—62, 1963; Missoula, Mont., Montana State Univ., Dep. of Bot. and Microbiol.; engl.) — Zusatz von *Adenyl-* (**I**), *Guanyl-*, *Uridylsäure* (**II**), *Uridin* (**III**), *Uracil* (**IV**), *Adenin*, *Nicotinsäure*, *Nicotinamidadenindinucleotid* u. *Adenosintriphosphat* (**V**) vor der Bestrahlung schützt *Shigella sonnei* gegen Inaktivierung durch UV-Licht. **I**, **II**, **III**, **IV** u. **V** stellen die Lebensfähigkeit bestrahlter Zellen wieder her, wenn sie innerhalb von 6 Std. nach der Bestrahlung gegeben werden. Die Wrkg. steigt bis zu Konzz. von 1,5 mg/ml an. Es handelt sich um eine echte Wiederherstellungswrkg. u. nicht um eine Stimulierung der überlebenden Zellen durch diese Verbb., da nicht bestrahlte Zellen durch diese Verbb. nicht stimuliert werden. W. Hiller 4601◇

1468 **Der Einfluß des chelatbildenden Reagens' Bis-[2-aminoäthyl]-äthertetraacetat (BAETA) auf die Ausscheidung von Radiostrontium beim Menschen.** Herta Spencer, Arthur Feldstein und Joseph Samachson. (J. Lab. clin. Med. **59,** 445—55, 1962; Montefiore Hosp.; engl.) — Die Fähigkeit des Ca-Salzes des BAETA (**I**), die Ausscheidung von ^{85}Sr zu erhöhen, wird an 6 Patienten untersucht u. zwar zur Zeit der Injektion des „tracer" u. bei zweien von ihnen 2 Wochen später (Früh- u. Spätstadium). Infusionen von **I** haben im Frühstadium bei 5 Patienten mit normaler oder niedriger urinärer Ca-Ausscheidung eine beträchtliche Erhöhung der ^{85}Sr-Ausscheidung im Urin zur Folge. Das Chelat ist beim 6. Patienten, der infolge einer osteolyt. Knochenkrankheit an Hypercalciurie (HC) leidet, unwirksam. Ein Vgl. der Wrkg. von **I** u. *Ca-Gluconat* (**III**) wird an 3 Patienten untersucht. I.v.-Injektionen von **I** wie auch **III** sind beim Patienten mit HC unwirksam, bei einem Patienten mit normalem Ca-Stoffwechsel sind beide Verbb. gleich wirksam. Beim 3. Patienten mit Ca-Retention infolge einer osteoblast. Knochenerkrankung erhöht **I** die urinäre ^{85}Sr-Ausscheidung fünffach, während **III**-Injektionen keine Erhöhung der Calciurie oder der Radiostrontium-Ausscheidung erbringen. Bei 2 Patienten im Spätstadium zeigt **I** eine prompte Erhöhung der urinären ^{85}Sr-Ausscheidung. F. Zeidler 4601◇

1469 **Über die selektive Wirkung von Ultraschallwellen auf die Molekülstruktur des Insulins.** I. Je. Elpiner und L. I. Stekolnikow. (Ber. Akad. Wiss. [UdSSR] **146,** 929—32, 1962; Inst. für biol. Physik der Akad. der Wiss. der UdSSR; russ.) — Die Ultrabeschallung der 0,3%ig. *Insulin*(**I**)-Lsg. mit 740 kHz bei der Intensität ∼ 10 bis

12 V/cm² 3 Std. lang bewirkt eine Sprengung der Polypeptidkette an ganz bestimmten Stellen des I-Mol. in Abhängigkeit von der Art des Gases. In Ggw. von O_2 wird ein Tetrapeptid der B-Kette am C-Ende abgespaltet, in Ggw. von Ar ein Pentapeptid vom N-Ende der A-Kette. In Ggw. von H_2 erfolgt nur eine Desamidierung des Asparagins am C-Ende der A-Kette des I-Moleküls. Diese Desamidierung beobachtet man auch in Ggw. von O_2 u. Ar. Dies beweist, daß diese Desamidierung sowohl auf der Rk. des Asparagins mit O_2 u. H_2 (im Ultraschallfeld aktiviert) als auch auf dessen Oxydation durch jene OH-Radikale beruht, deren Bldg. durch Ar katalysiert wird. Die Abspaltung des Pentapeptids von der A-Kette in Ggw. von Ar erfolgt unter Beteiligung der OH-Radikale, welche möglicherweise selektiv mit den Aminosäureresten von Glutamin u. Cystin reagieren. Der im Ultraschallfeld aktivierte O_2 wirkt seinerseits selektiv auf die Aminosäurereste von Glutamin u. Histidin ein, wodurch ein Tetrapeptid von der B-Kette des I-Mol. abgespaltet wird. O. Lebtag 4601△

1470 **Untersuchungen über die therapeutische Beeinflußbarkeit experimenteller Lebercirrhosen bei der Ratte.** 4. Mitt. **Beeinflussung der Tetrachlorkohlenstoffcirrhose durch Leberextrakte, Lipocaic, Sulfonamidderivate und Sulfhydrylverbindungen.** W. D. Krey, L. Hesse, M. Wirtz, W. Creutzfeldt und H. A. Kühn. (Z. ges. exp. Med. **136**, 535—42, 1963; Freiburg/Br., Univ., Med. Klin.; dt.) — Bei der experimentellen CCl_4-Lebereirrhose der Ratte konnte eine gewisse Hemmwrkg. auf die Verfettung u. Bindegewebsvermehrung mit Hilfe des *Leberextraktes Ripason* (0,3—2,5 ml/kg/Tag subcutan), sowie mit dem *Leberhydrolysat Prohepar* (0,5—2,5 ml/kg/Tag subcutan) u. dem SH-haltigen Präp. *Reducdyn* (1—5 ml/kg/Tag subcutan) erzielt werden; verhindert werden konnte die Lebercirrhose jedoch nicht. Mit dem lipocaichaltigen Präp. *Lipotrat* u. den Sulfonamidderivv. *Tolbutamid* (*Rastinon*) u. *Bayer 3282* kam kein lipotroper oder cirrhosehemmender Effekt zustande. U. Tausendfreund 4607◇

1471 **Oxydatives Verhalten in vivo von 2.4-Dinitrophenol und Carbonyldicyanid-p-trifluormethoxyphenylhydrazon.** William L. Miller und John J. Krake. (Proc. Soc. exp. Biol. Med. **113**, 449—51, 1963; Kalamazoo, Mich.; Upjohn Co., Res. Labor.; engl.) — Ratten u. Mäuse erhalten *2.4-Dinitrophenol* (**I**; 15 mg/kg) u. *Carbonyldicyanid-p-trifluormethoxyphenylhydrazon* (**II**; 11 mg/kg) verabreicht, nach 40 Min. wird *$^{14}C_{(2)}$-Acetat* (**III**) verabreicht. **I** u. **II** verstärken das Respirations-CO_2 bei Ratten, bei Mäusen wirkt nur **I** verstärkend. **II** ist bei Ratten dreimal stärker wirksam als **I**. **II** verstärkt nicht die **III**-Oxydation bei Mäusen, wohl aber die **III**-Oxydation bei Ratten um 50%. **I** erhöht die **III**-Oxydation bei Ratten u. Mäusen um 34 u. 37%. Verss. mit **II**-Gaben von 15 mg/kg waren für viele Tiere tödlich. Diese prim. tox. Wrkg. von **II** können nicht in der entkoppelnden Wrkg. der Phosphorylierung ihre Ursache haben. W. Hiller 4607◇

1472 **Lungenschädigungen bei Hunden durch Methylcholanthren.** R. H. Rigdon und Gunter Corssen. (Arch. Pathology **75**, 323—31, 1963; Galveston, Tex., Univ. of Texas, Med. Branch, Dep. of Pathol. and Anesth.; engl.) — Bei Verss. mit Instillation einer *Methylcholanthren*-Suspension (in Polysorbat 80 oder Na-Diprotrizoat u. Diatrizoat) in den Bronchial-Trakt des Hundes kommt es zwar zu Lungenveränderungen (akutes Lungenödem, Atelektasen, Pneumonien, Bronchialepithelhyperplasien, squamöse Metaplasien im Sinne von Schuppenzellcarcinom), doch können Hunde wegen des häufigen spontanen Vork. derartiger oder ähnlicher Lungenveränderungen als nicht geeignet für die Prüfung von Lungencarcinogenen angesehen werden. U. Tausendfreund 4607◇

1473 **Der Einfluß von γ-Aminobuttersäure auf das Strychninpotential der Hirnrinde.** A. Ss. Batujew und I. A. Ssytinski. (Ber. Akad. Wiss. UdSSR **147**, 1242, 1962; Leningrad, Shdanow-Univ., Uchtomski-Inst. für Physiol.; russ.) — In Verss. an der Hirnrinde der Katze wird das durch Applikation von 1%ig. *Strychnin* (**I**) verursachte Potential unter der Einw. von 1%ig. *γ-Aminobuttersäure* (**II**) dahin verändert, daß die Amplitude der 1. positiven Welle im Mittel um 60 μV erhöht, die Amplitude der negativen um 50 μV vermindert ist. Die letzte positive Welle verschwindet völlig. Bei Anwendung von 10%ig. **II** werden die Potentiale von 1%ig. **I** unterdrückt. Durch 1%ig. **II** werden die Potentiale von 1,5%ig. oder krist. **I** nicht verändert; durch 10%ig. **II** tritt eine ähnliche Veränderung ein wie nach 1%ig. **II** u. 1%ig. **I**. Bei langer Einw. der „optimalen" Konzz. von **I** u. **II** erfolgt eine progressive Abnahme des Potentials bis zum Nullwert. Alle Veränderungen der elektr. Aktivität unter der Einw. von **II** erstrecken sich auf höchstens 4 mm von der Einw.-Stelle. Bei Wiederholung der **I**-Applikation erfolgt nach 3—5 Min. eine Erhöhung des negativen Potentials. Eine Abnahme der Amplitude der positiven Welle wird nicht beobachtet. Eine 2. positive Welle tritt nicht auf. Aus den Ergebnissen folgern die Vff., daß **II** zunächst eine Hemmung des funktionellen Zustandes der oberen Hirnrinde u. eine Intensivierung in den tieferen Rindenschichten bewirkt. Bei Daueranwendung von **II** werden die Potentiale auch in den tieferen Schichten herabgesetzt. O. Lebtag 4607△

1474 **Vergleich der renalen Ausscheidung der linearen Polyole und des Mesoinosits.** M.-C. Colas, R. Perlès und P. Malangeau. (Ann. pharmac. franç. **17**, 260—69, 1959; Paris, Labor. de Chimie biol. de la Fac. de Pharm. et Centre nat. de la Rech. scient.) — *Sorbit* (**I**), *Mannit* (**II**) u. *Dulcit* werden durch die Glomeruli abfiltriert u. nicht im Tubulus rückresorbiert. **I** wird leicht im Stoffwechsel abgebaut, **II** wird nicht an Protein gebunden u. ist daher vollständig ultrafiltrierbar. Im Normalurin wurde *Mesoinosit* (**III**) papierchromatograph. zu 30 mg/Liter u. im *Neurospora crassa*-Test schwankend zwischen 12 u. 56 mg/Liter gefunden. **III** wird bei Normalpersonen fast ganz in den Tubuli rückresorbiert. Nach oralen Gaben von 3 g **III** an 5 Versuchspersonen steigt in den folgenden 24 Std. die **III**-Ausscheidung an. Dabei unterscheiden sich die Gesamtharnmengen vor u. nach der Belastung nicht mehr als ±10%. Bei Diabetikern begünstigt die Glucose-Ausscheidung die **III**-Exkretion, ohne daß eine Proportion zwischen beiden besteht. Der Anstieg der **III**-Ausscheidung scheint in diesem Falle mehr ein renales als ein Stoffwechselproblem zu sein. Patienten, die Insulin spritzen, scheiden nicht mehr **III** aus als Normale. Bei Diabetes insipidus ist die 24 Std.-Ausscheidung von **III** normal. Bei chron. Nephritis ist die **III**-Ausscheidung in 24 Std.-Urin erhöht (220 mg/Liter). Etwas weniger groß sind die **III**-Werte bei Nephrose. Myopathien u. Poliomyelitis beeinflussen die **III**-Ausscheidung prakt. nicht. K. Böhm 4607◇

1475 **Untersuchungen auf dem Gebiet des 1.2.4-Oxadiazols.** 7. Mitt. **Synthesen und pharmakologische Eigenschaften von Carbamidsäurederivaten.** G. Palazzo und B. Silvestrini. (Boll. chim. farmac. **101**, 251—58, 1962; Roma, Labor. Ric. A. C. R. Angelini Francesco; ital.) — 6. vgl. Ann. Chimica **52**, [1962], 192. — Einige *3-Phenyl-5-carbamoylmethyl-1.2.4-oxadiazole* werden synthetisiert u. pharmakolog. geprüft. Alle 7 Verbb. zeigen sedative u. hypoton. Wrkg. sowie Hyporeflexie. **I** u. **II** haben auch analget. u. antiinflammator. Eigenschaft.

Versuche: *4-Isopropoxybenzaldoxim* (**III**), $C_{10}H_{13}$·NO_2, F. 92—94° (PAe.), durch 6std. Kochen von 72 g 4-Isopropoxybenzaldehyd u. einer alkohol. Lsg. von NH_2OH; 80 g (Ausbeute). — *4-Isopropoxybenzonitril* (**IV**), $C_{10}H_{11}NO$, F. 52—53,5° (A.), durch Zugabe von 77 g **III** unter Kühlung zu Essigsäureanhydrid u. 3std. Kochen; 65 g. — *4-Isopropoxybenzamidoxim*, $C_{10}H_{14}N_2O_2$, F. 91 bis 93° (Hexan), durch 4std. Kochen von 63 g **IV** mit NH_2OH in A.; 60 g. — *O-Chloracetyl-*(**V**), $C_{12}H_{15}ClN_2O_3$, F. 118—119° (Zers.; A.), durch Zugabe von Chloracetylchlorid in Aceton zum Oxim u. K_2CO_3 in Aceton unter Kühlung. — 1.2.4-Oxadiazole: *3-p-Isopropoxyphenyl-5-chlormethyl-*(**VI**), $C_{12}H_{13}ClN_2O_2$, F. 37—38° (PAe.), $Kp._{0,3}$ 133°, durch Erhitzen von **V** unter vermindertem Druck auf 140°. — *3-p-Methoxyphenyl-5-hydroxymethyl-*(**VII**), $C_{10}H_{10}N_2O_3$, F. 158—159° (Bzl.), durch Kochen der Acetyl-Verb. mit KOH in A.; 11,6 g. *O-Acetyl-*, $C_{12}H_{12}$·N_2O_4, F. 63°, durch 16std. Kochen von 14,6 g 3-p-

Methoxyphenyl-5-chlormethyl-1.2.4-oxadiazol mit $CH_3 \cdot COOH$ u. Na-acetat bei 140°; 15,3 g. *O-Chlorformyl-*, $C_{11}H_9ClN_2O_4$, F. 91° (Hexan), durch Sättigen einer Lsg. von 11 g **VII** in Bzl. mit $COCl_2$ u. 12std. Erhitzen im Autoklaven auf 120°; 11,5 g. *Carbamat* (**I**), $C_{11}H_{11}N_3O_4$, F. 152–153° (Bzl.), durch Einleiten von NH_3 in eine Lsg. des Chlorformiats in Chlf.; 10,1 g. *N-Isopropylcarbamat*, $C_{14}H_{17}N_3O_4$, F. 92–93° (Hexan), analog mit Isopropylamin; 7,6 g. — *3-Phenyl-5-hydroxymethyl-*, $C_9H_8N_2O_2$, F. 59°. *O-Acetyl-*, $C_{11}H_{10}N_2O_3$, Kp.$_{0,5}$ 130°. *Carbamat*, $C_{10}H_9N_3O_3$, F. 145°. — *3-p-Chlorphenyl-5-hydroxymethyl-*, $C_9H_7ClN_2O_2$, F. 95–96° (Bzl.), *O-Chlorformyl-*, $C_{10}H_6Cl_2N_2O_3$, F. 46–47° (PAe.). *Carbamat*, $C_{10}H_8ClN_3O_3$, F. 145°. *Diäthylcarbamat* (**II**), $C_{14}H_{16}ClN_3O_3$, F. 42–43° (PAe.). *Butylcarbamat*, $C_{14}H_{16}ClN_3O_3$, F. 61 bis 62°. — *3-p-Isopropoxyphenyl-5-hydroxymethyl-*, $C_{12} \cdot H_{14}N_2O_3$, F. 70–71°. *O-Acetyl-*, $C_{14}H_{16}N_2O_4$, Kp.$_{0,2}$ 150°. *Carbamat*, $C_{13}H_{15}N_3O_4$, F. 90–91°.

W. Holland 4607◇

1476 **Synthetische chelatbildende Substanzen in der klinischen Medizin.** Theodore N. Pullman, A. R. Lavender und Marvin Forland. (Annu. Rev. Med. **14**, 175–94, 1963; Chicago, Ill., Univ. of Chcago, Dep. of Med.; engl.) — Übersicht (bis Mai 1962); Chemie, Äthylendiamintetraacetat, Ca-Stoffwechsel, Metallvergiftung, Arzneimittel-Wrkg. u. Chelat-Bldg., Cardiovaskularerkrankung. — 136 Literaturangaben.

P. Gregorzewski 4607◇

1477 **Eine Notiz über N-Äthoxy-N-äthyl-m-toluamid-Insektizid.** Randolph T. Major und Hans-Jürgen Hess. (J. Amer. pharmac. Assoc., sci. Edit. **48**, 485, 1959; Charlottesville, Univ. of Virginia, Cobb Chem. Labor.; engl.) — Da aus Strukturbeziehungen zum N.N-Diäthyl-m-toluamid eine insektizide Wrkg. vermutet wurde, wurde das *N-Äthoxy-N-äthyl-m-toluamid* (**I**) synthetisiert. **I** ist relativ untox., die DL_{50} bei intraperitonealer Injektion beträgt beim Carsworth CF-Mäusestamm ungefähr 800 mg/kg, oral etwa 2,0 g/kg. An der Haut des Kaninchens konnte im Läppchentest nach 24 Std. Einw. keine Hautschädigung gefunden werden. **I** ist aber beachtlich tox. für *Aedes aegypti* u. ein Repellens für Stallfliegen (*Stomoxys calcitrans*), nicht aber für Stubenfliegen (*Musca domestica*). —

Versuche: Zu 10,6 g *m-Toluylchlorid* in 10 ml Benzol werden unter laufender Kühlung 13,0 g *N-Äthoxyäthylamin* in 10 ml Benzol zugesetzt. Nach Stehen über Nacht wird mit wss. Lsg. von K_2CO_3 behandelt u. mit Ae. extrahiert, über Na-sulfat getrocknet u. destilliert. Ausbeute: 10,6 g. K. Böhm 4607◇

1478 **Einwirkung von Coffein auf die kontraktile Herzaktivität und Radiocalciumbewegung.** Winifred G. Nayler. (Amer. J. Physiol. **204**, 969–74, 1963; Melbourne, Baker Med. Res. Inst.; engl.) — *Coffein* (**I**) induziert in isolierten Ventrikelmuskeln von Kröten ein positives, inotropes Verh., dessen Ausmaß von der Na^+- u. Ca^{2+}-Konz. der Perfusionsfl. beeinflußt wird. **I** bewirkt eine Steigerung der nach innen u. außen gerichteten Bewegung von ^{45}Ca. Die positive, inotrope Aktivität von **I** wird in Beziehung zur veränderten Ca^{2+}-Bewegung gebracht. W. Wesly 4608◇

1479 **Gibberellsäure, toxikologische und pharmakologische Untersuchungen.** Eugene T. Kimura, Patrick R. Young und Kazimir Staniszewski. (J. Amer. pharmac. Assoc., sci. Edit. **48**, 127–29, 1959; North Chicago, Ill., Dep. of Pharmacol., Res. Div., Abbott Labor.; engl.) — Die toxikolog. u. pharmakolog. Eigg. von *Gibberellsäure* (**I**) wurden an Mäusen, Ratten, Meerschweinchen, Kaninchen u. Hunden untersucht. Die höchsten nicht tox. u. ohne Symptome vertragenen Dosen bei Best. der akuten Toxizität betrugen bei Mäusen i.v. 4 g/kg, oral 15 g/kg, intraperitoneal 2 g/kg. Subakut wurden von Mäusen 2 g/kg i.v. für 5 Tage u. 1 g/kg s.c. für 14 Tage vertragen. Ratten u. Hunde vertrugen 1 g/kg oral für 19 Tage ohne besondere Schädigungen. **I** hat keinen Einfl. auf die Zirkulation u. Atmung, Barbituratpotenzierung u. künstliches Fieber; es besitzt auch keine antikonvulsiven Wirkungen. Die Motilität des Intestinums, Blutcholesterin u. Blutzucker wurden nicht verändert. K. Böhm 4608◇

1480 **Untersuchungen über den Stoffwechsel natürlich vorkommender Anthrachinone.** 1. Mitt. **Der Stoffwechsel von 1-Hydroxyanthrachinon und 2-Hydroxyanthrachinon.** Mitiiti Fujita, Tsutomu Furuya und Mitsuyoshi Matsuo. (Chem. pharmac. Bull. [Tokyo] **9**, 962–66, 1961; Tokyo, Univ. of Tokyo, Fac. of Pharmaceut. Sciences; engl.) — An Ratten verfüttertes *1-* u. *2* (aus *Oldenlandia umbellata L.*)*-Hydroxyanthrachinon* wurden im Harn zu 2,49 u. 0,69% als *Alizarin*, frei u. konjugiert, ausgeschieden. Andere hydroxylierte Metabolite waren nicht nachweisbar. 13,04 u. 43,95% erschienen unverändert in den Fäces. Angabe von R_F-Worten (4 Systeme) u. Farbrkk. von Anthrachinonen u. Anthronen. K. Maier 4608◇

1481 **Untersuchungen über den Stoffwechsel natürlich vorkommender Anthrachinone.** 2. Mitt. **Der Stoffwechsel von 1-Methoxyanthrachinon und 2-Methoxyanthrachinon.** Mitiiti Fujita, Tsutomu Furuya und Mitsuyoshi Matsuo. (Chem. pharmac. Bull. [Tokyo] **9**, 967–70, 1961; Tokyo, Univ. of Tokyo, Fac. of Pharmaceut. Sciences; engl.) — 1. vgl. vorst. Referat. — Verfüttertes *1-* u. *2-Methoxyanthrachinon* (**I**, **II**) werden von der Ratte zu den Hydroxyverbb. entmethyliert u. diese anschließend zu *Alizarin* hydroxyliert, das im Harn frei u. konjugiert, wahrscheinlich als Glucuronid u. Schwefelsäureester zusammen mit freiem u. konjugiertem 1- u. 2-Hydroxyanthrachinon, ausgeschieden wird.

K. Maier 4608◇

1482 **Beeinflussung von immunologischen Vorgängen durch Resochin.** V. Houba und M. Adam. (Zbl. Bakteriol., Parasitenkunde Infektionskrank. Hyg., I. Abt., Orig. **189**, 326–34, 1963; Prag, Inst. f. Rheumaforsch.; dt.) — Die Antikörperbldg. bei der Immunisierung von Kaninchen mit Streptolysin O u. Streptokinase wurde durch *Resochin* (**I**) nicht beeinflußt. An sensibilisierten Meerschweinchen zeigte **I** keinen Einfl. auf den Tuberculintyp der Überempfindlichkeit. K. Zingraf 4610◇

1483 **Gekreuzte Schutzwirkung zwischen heterologen Stämmen von Trypanosoma cruzi bei der Maus. Ihre Hemmung durch Cortison.** H. Galliard, J. Lapierre und M. Coste. (C. R. Séances Soc. Biol. Filiales **156**, 1267 bis 1270, 20–11. 1962; Paris, Inst. de Parasitol., Fac. de Méd.; franz.) — Vff. untersuchten die gekreuzte Schutzwrkg. zwischen 3 heterologen Stämmen von *Trypanosoma cruzi*, 2 avirulente Stämme, *Cura* u. *Romero* u. ein letaler, viscerotroper Stamm *Tulakuen*. Injektion von *Cortison* (5–6mal 1 mg) an 10 Mäuse mit Mischinfektionen bewirkte deren Ableben nach 10–38 Tagen zufolge einer allg. erhöhten Parasitämie. B. Görlich 4610◇

1484 **Über die Wirkung eines wasserlöslichen Phosphonsäureesters auf Trichinellen.** 2. Mitt. **Die Auswirkung erhöhter Dosierung unter dem Schutz von Antidoten.** G. Schoop und J. Lamina. (Zbl. Bakteriol., Parasitenkunde, Infektionskrankh. Hyg., I. Abt., Orig. **187**, 391 bis 406, 1962; Frankfurt/Main, Johann Wolfgang Goethe Univ., Inst. Zoonosenforsch.; dt.) — Bei der Behandlung von Mäusen, die mit *Trichinella spiralis* (T. s.) infiziert wurden, zeigte das trichinocide Präparat *Neguvon* gute Erfolge, solange sich die T. s. noch im Darm befanden. Im Wanderstadium (WS.) und nach Einkapselung (E.) von T. s. liegen die therapeut. Dosen bereits über der Toxizitätsgrenze. Durch Verabreichung von 0,1 ml/10 g Maus einer Lösung von 100 mg *Pyridin-2-aldoxim-N-methyljodid* und 20 mg *Atropinsulfat* in 10 ml physiolog. Kochsalzlösung konnte die Toxizität gesenkt und dadurch die therapeut. Dosis erhöht werden. T. s. wird dadurch auch im W s. und nach E. abtötbar.

Ekkehard Schmid 4610◇

1485 **Die Bindung der Langzeit-Sulfonamide an die Eiweißkörper des Serums.** 2. Mitt. W. Scholtan. (Arzneimittel-Forsch. **11**, 707–20, Aug. 1961; Leverkusen a. Rh., Farbenfabriken Bayer AG., Werk Leverkusen, Ing.-Abt. Angewandte Physik.; dt.) — 1. vgl. C. **1963**, 10502. — Die Unters. der Bindung von *Langzeit-Sulfonamiden* (**I**) an Eiweiß (Human- u. tier. Serum) mittels eines neuen Dialysegeräts zeigte, daß die Konz.-Abhängigkeit im Bereich kleiner **I**-Konzz. nicht der Langmuirschen, sondern der Freundlichschen Adsorptionsisotherme gehorcht. Jede Spezies besitzt ein sehr verschiedenes I-Bindungsvermögen. Beim *Sulfadiazin* (**II**) steigt es in der Reihe Maus, Hund, Rind, Kaninchen, Ratte, Mensch an. Die menschlichen Seren unterscheiden sich im I-Bindungsvermögen sehr stark. Einige patholog. Seren haben ein geringeres Bindungsvermögen als normales. Zwischen I-Bindungsfähigkeit, Diffusion in das Gewebe u. Heileffekt besteht eine gewisse Beziehung. Die renale I-Ausscheidung ist von der Bindung an Eiweiß weitgehend unabhängig. Untersuchte **I**: *2-Sulfanilamidopyrimidin, 2-Sulfanilamido-5-methylpyrimidin, 2-Sulfanilamido-5-methoxypyrimidin, 6-Sulfanilamido-2.4-dimethoxypyrimidin, 3-Sulfanilamido-6-methoxypyridazin, 3-Sulfanilamidophenylpyrazol, 5-Sulfanilamido-3-äthyl-1.2.4-thiodiazol.*

K. Maier 4610◇

1486 **Verbleib und Ausscheidung von Depot-Sulfonamiden.** 1. Mitt. **Bindung an Plasmaeiweiß.** F. W. Garn und K. H. Kimbel. (Arzneimittel-Forsch. **11.** 701—07, Aug. 1961; Berlin-West, Schering AG, Hauptlabor.; dt.) — Die Bindung von *Depotsulfonamiden* (**I**) an Humanalbumin, Human- u. Rinder-γ-Globulin u. Humanplasma wurde mittels Dialyse u. Ultrafiltration untersucht. Die geprüften **I** werden vorzugsweise an Albumin, in vitro auch etwas an γ-Globulin gebunden. Nach der Bindung an Eiweiß im Bereich therapeut. Blutspiegel (ca. 10 mg%) sind 2 I-Gruppen unterscheidbar. *2-Sulfanilamido-3-methoxypyrimidin* (*Sulfamethoxydiazin, Kiron, Durenat*) u. *2-Sulfanilamido-5-methylpyrimidin* werden zu 80%, *3-Sulfanilamido-6-methoxypyridazin* (*Sulfamethoxypyridazin*) u. *4-Sulfanilamido-2.6-dimethoxpyrimidin* (*Sulfadimethoxin*) zu 95% gebunden. *2-Sulfanilamidopyrimidin* (*Sulfadiazin*) wird zu ca. 60%, *2-Sulfanilamido-5-äthylthiadiazol* (*Sulfäthidol*) ähnlich wie **I** gebunden.

K. Maier 4610◇

1487 **Die Brauchbarkeit von in-vitro-Sensibilitäts-Tests in der antibiotischen Therapie.** Robert G. Petersdorf und James J. Plorde. (Annu. Rev. Med. **14,** 41—56, 1963; Seattle, Wash., Univ. of Washington and King County Hosp., Dep. of Med.; engl.) — Übersicht (bis 1962); Sensibilitäts-Tests: Indikation, in vitro Meth.; Faktoren, die den Plattendiffusionstest beeinflussen, Interpretation des Plattentest, klin. Unters. der in vitro Sensibilitäts-Tests, andere Verw. dieser Tests. — 54 Literaturangaben. P. Gregorzewski 4611◇

1488 **Neue Penicilline.** Nils A. Hellström. (Svensk kem. Tidskr. **73,** 367—77, 1961; Stockholm, AB Kabi, Forskningsabdelningen; schwed.) — Übersicht. — 48 Literaturangaben. A. Senning 4611◇

1489 **Beobachtungen über die Infusion von Penicillin in die Milchdrüse von Kühen.** E. E. Ormiston, J. L. Albright, L. D. Witter und B. O. Brodie. (J. Dairy Sci. **43,** 1506—08, 1960; Urbana, Ill., Univ., Dep. of Dairy Sci., Dep. of Food Technol. and Coll. of Veterin. Med.; engl.) — Literaturzusammenstellung über Beobachtungen bei der Infusion von *Penicillin* (**I**) in der Milchdrüse von Kühen. Bei der Infusion einer öligen I-Suspension in die Milchdrüse konnte in den unbehandelten Teilen kein **I** festgestellt werden, während bei Anwendung einer wss. I-Infusionslsg. nach 12 Std. noch **I** in den unbehandelten Teilen der Drüse nachgewiesen werden konnte. Die Milch einer Kuh aus unbehandeltem Teil der Milchdrüse enthielt noch **I** 12 Std. nach der Behandlung, gleich ob wss. I-Infusionslsg. oder ölige I-Suspension angewandt wurde.

G. Bratfisch 4611◇

1490 **Lokalisierung von tritiiertem Tetracyclin in Mitochondrien von Rattenleberzellen.** Fevzi S. Pamukcu, Joseph Gerstein, Renato Palma und Seymour J. Gray. (Proc. Soc. exp. Biol. Med. **113,** 575—78, 1963; Boston, Mass., Peter Bent Brigham Hosp., Harvard Med. School and Med. Clin., Dep. of Med.; engl.) — Ratten erhalten intraperitoneal 4—8 mg tritiiertes *Tetracyclin* (**I**) injiziert. Nach 12 Std. werden die Tiere getötet u. die Lebern untersucht. Die radioakt. Verteilung zeigte folgende Werte: Nuclei 12,3%, Mitochondrien 6,6%, Mikrosomen 6,7%, Lösliches 75,1%. Papierelektrophoret. Unters. ergab, daß **I** in erster Linie in der *β-Lipoprotein*-Fraktion des Mitochondrienlysates lokalisiert ist. Das Ergebnis wurde auch durch in-vitro-Verss. bestätigt, indem **I** dem Lysat der Mitochondrien von Lebern unbehandelter Ratten zugesetzt wird. Auch im Serum von Ratten wandert **I** mit β-Lipoprotein. Durch Zugabe von Ca^{2+} kann im Lysat der Mitochondrien die I-enthaltende Lipoproteinfraktion gefällt werden.

W. Hiller 4611◇

1491 **Rifomycin.** 17. Mitt. **Rifomycin SV, Behandlung experimenteller Infektionen.** M. T. Timbal und A. Brega. (Farmaco [Pavia], Ediz. Sci. **16,** 191—99, 1961; Milano, Lepetit, S. p. A., Res. Labor.; engl.) — 16. vgl. C. **1964, 14**-1166. — Bei experimentellen Infektionen weißer Mäuse des Stammes CF/1 mit gramnegativen Bakterien war *Rifomycin SV* (**I**) unwirksam. Infiziert man mit gramposit. Organismen so überlebten 50% der infizierten Tiere bei s.c. Dosen von 17,7—75 mg **I**/kg (oral: 74—210 mg/kg; Vgl.-Werte für *Penicillin* 0,1—3, *Streptomycin* 0,5—12,5, *Tetracyclin* 0,68—21 u. *Novobiocin* 4—210 mg/kg). Bei chron. Infektionen weißer Mäuse mit Staphylokokken senken bereits 20 mg/kg u. Tag **I** nach 6—8 Tagen die Zahl der in der Niere nachweisbaren, teilungsfähigen Zellen u. 50—80 mg/kg unterbinden direkt die Bldg. eines Abszesses. Unter den noch virulenten Staph. befinden sich bei hohen I-Dosen bis zu 60%, bei niedrigen bis zu 24% I-resistenter Organismen. Die Infektion weißer Mäuse mit *Mycobacterium tuberculosis* H 37 Rv geht zwar unter Einfl. von **I** zunächst zurück, trotzdem sterben die Tiere ca. 15 Tage nach Absetzen der Kur.

K. W. Glombitza 4611◇

1492 **Rifomycin.** 18. Mitt. **Pharmakologische Untersuchungen mit Rifomycin SV.** G. Maffii, P. Schiatti, G. Bianchi und M. G. Serralunga. (Farmaco [Pavia], Ediz. sci. **16,** 235—45, 1961; engl.) — 17. vgl. vorst. Referat. — *Rifomycin SV* (**I**; DL_{50} in mg/kg Maus i. v. 550, s.c. 1080, oral 2120) wird beim Hund bei oraler Verabreichung nur wenig resorbiert, aber nach i. v. oder i. m. Verabreichung erhält man hohe Blutspiegel, die jedoch rasch wieder abnehmen. Beim Hund werden ca. 10% der angewandten Dosis rasch im Harn ausgeschieden. Bei s. c. Injektion treten mitunter lokale Reizungen auf. 50 mg **I**/kg i. v. lösen beim Hund keine unerwünschten pharmakolog. Wrkgg. aus. K. Zingraf 4611◇

1493 **Rifomycin.** 19. Mitt. **Resorption, Ausscheidung in der Galle und Verteilung von Rifomycin SV.** G. Maffii, G. Bianchi, P. Schiatti und G. G. Gallo. (Farmaco [Pavia], Ediz. sci. **16,** 246—61, 1961; engl.) — 18. vgl. vorst. Referat. — *Rifomycin SV* (**I**) wird auch in kleinen Mengen (5 mg/kg) im Duodenum des Hundes rasch resorbiert, jedoch ist es möglich, daß **I** im Darmmilieu zum schlecht resorbierbaren *Rifomycin S* oxydiert wird. 7 Std. nach i.v. Injektion finden sich 70% der injizierten Dosis in der Galle. **I** im Blut von Hunden ist zum Teil an die Bluteiweißkörper gebunden, nur 5—12% der Konz. im Serum wurden in den Erythrocyten nachgewiesen.

K. Zingraf 4611◇

1494 **Rifomycin.** 20. Mitt. **Weitere Untersuchungen über Rifomycin SV: Aktivität in vitro, Resorption und Ausscheidung beim Menschen.** S. Fürész und R. Scotti. (Farmaco [Pavia], Ediz. sci. **16,** 262—71, 1961; engl.) — 19. vgl. vorst. Referat. — Die Wrkg. von *Rifomycin SV* (**I**) in vitro gegen 50 Staphylokokkenstämme war der von Vancomycin, Kanamycin, Novobiocin, Erythromycin, Oleandomycin u. Tetracyclin deutlich überlegen. 50 bis 500 mg **I** i.m. bewirkten im Blut des Menschen therapeut. Konzz. in den ersten 4 Std., bei den höheren Dosen auch noch nach 6 u. 8 Stunden. **I** wird in der Hauptsache in der Galle, zu einem kleinen Teil auch im Harn ausgeschieden. Das Verteilungsvol. von **I** ist größer als das der anderen Antibiotica. K. Zingraf 4611◇

1495 **Rifomycin.** 21. Mitt. **Über eine Reihe von Derivaten aus der Kondensation von Rifomycin O mit Aminen, Hydraziden, Hydrazidinen und Aminoguanidinen.** A. M. Greco, R. Ballotta und P. Sensi. (Farmaco [Pavia], Ediz. Sci. **16,** 755—65, 1961; Milano, Lepetit SpA., Labor. ital.) — 20. vgl. vorst. Referat. — *Rifomycin O* (**I**) reagiert mit *aromat. Aminen* u. *Hydrazidinen* (im Original Amidrazone) unter Austritt von 1 Mol W. u. mit *Hydraziden* u. *Aminoguanidinen* unter Austritt von 2 Mol. Wasser. In beiden Fällen verschwindet im IR-Spektrum die für **I** typ. Bande bei 1822 cm^{-1}. **I** reagiert nicht mit aliphat. Aminen, aliphat. Hydraziden, Guanidin, Glykocyanin u. 4-Guanidinobenzoesäure. (Mikrobiolog. Daten der Derivv. vgl. 26. Mitt., C. **1963,** 10137.)

Versuche: Aus **I** u. *p-Aminosalicylsäure* in siedendem CH_3OH nach 30 Min. bis 2 Std. $C_{46}H_{54}N_2O_{16}$, F. > 300°, ab 140° Zers., dunkelrote Kristalle aus Essigester. Ebenso: Aus **I** u. *4-Aminophthalsäure*, $C_{47}H_{54}N_2O_{17}$, F. > 300°, aus Diisopropyläther. — Aus **I** u. *Anthranilsäure*, $C_{46}H_{54}N_2O_{15}$, F. > 300°, ab 148° Zers., aus Ligroin. — Aus **I** u. *4-Methyl-2-[p-aminobenzolsulfonamido]-pyrimidin* (Sulfamerazin), $C_{50}H_{59}N_5O_{15}S$, F. > 300°, aus Diisopropyläther. — Aus **I** u. *Benzoesäurehydrazid*, $C_{46}H_{53}N_3O_{13}$, F. 165—168°, violette Kristalle aus CH_3OH. — Aus **I** u. *Isonicotinsäurehydrazid*, $C_{45}H_{52}N_4O_{13}$, F. 178 bis 181°, aus CH_3OH. — Aus **I** u. *Nicotinsäurehydrazid*, $C_{45}H_{52}N_4O_{13}$, F. 178—180° aus CH_3OH. — Aus **I** u. *Trimethylammoniumchloridessigsäurehydrazid* (Girard T), $C_{44}H_{59}N_4O_{13}Cl$, F. > 300° bei 135° Zers., purpurrote Kristalle aus Essigester. — Aus **I** u. *N-Pyridiniumchloridessigsäurehydrazid* (Girard P), $C_{46}H_{55}N_4O_{13}Cl$, F. > 300°, bei 200° Zers., aus Essigester. — Aus **I** u. *Dimethylaminoessigsäurehydrazid*, $C_{43}H_{56}N_4O_{13}$, F. > 300° bei 260° Zers., aus Bzl. — Aus **I** u. *Thiazol-5-carbonsäurehydrazid*, $C_{43}H_{50}N_4O_{13}S$, F. 134—137°, aus Cyclohexan. — Aus **I** u. *Isonicotinsäurehydrazidin* (im Original -amidrazon), $C_{45}H_{55}N_5O_{13}$, F. >300° bei 160° Zers., aus A. — Aus **I** u. *Aminoguanidin* neben dem Red.-Prod. *Rifomycin B*, $C_{40}H_{51}N_5O_{12}$, F. > 300° bei 180° Zers., aus Bzl. — Aus **I** u. *1-Methyl-3-aminoguanidin*, $C_{41}H_{53}N_5O_{12}$, F. > 300° bei 150° Zers., aus Diisopropyläther. — Aus **I** u. *1-Äthyl-3-aminoguanidin*, $C_{42}H_{55}N_5O_{12}$, F. > 300° bei 145° Zers., aus Diisopropyläther. — Aus **I** u. *1-Phenyl-3-aminoguanidin*, $C_{45}H_{55}N_5O_{12}$, F. >300° bei 150° Zers., aus Ae. — *1-[p-Carboxyphenyl]-3-aminoguanidin*, $C_8H_{10}N_4O_2$, F. 244—245° aus 1-[p-Carboxyphenyl]-S-methylisothiuroniumjodid mit Hydrazin in A. unter 1 Std. Kochen, umkrist. aus Wasser. — Aus **I** u. vorst. Verb., $C_{47}H_{55}N_5O_{12}$, F. >300° bei 190° Zers., aus Bzl.-*Tetraacetat* vorst. Verbindung. K. W. Glombitza 4611◇

1496 **Rifomycin.** 22. Mitt. **Über die Darstellung des Rifomycin X genannten Diazorifomycins.** A. M. Greco, R. Ballotta und P. Sensi. (Farmaco [Pavia], Ediz. Sci. **16,** 766—72, 1961; Milano, Lepetit SpA., Labor. Ricerche; ital.) — 21. vgl. vorst. Referat. — Das Kondens.-Prod. aus *Rifomycin O* u. *Trimethylammoniumchloridessigsäurehydrazid* (Girard T) liefert bei der Oxydation mit Rifomycin O, Nitrit oder HgO unter Abspaltung von Trimethylammonioessigsäure das Diazo-Deriv. *Rifomycin X* (**I**), wie die Bande bei 2130 cm^{-1} im IR-Spektrum andeutet. $C_{39}H_{47}N_3O_{12}$, 135—140° Zers., schmilzt nicht bis 300°, $[\alpha]_{589}^{20}$ +491,8 (c = 0,981 in Dioxan). *Monoacetyl-Deriv.*, $C_{41}H_{49}N_3O_{13}$, Zers. bei 160°, schmilzt nicht bis 300°, kristallisiert aus Diisopropyläther; $[\alpha]_{589}^{20}$ +450° (c = 1% in Dioxan). **I** ist bei pH 1 im Dunkeln stabil, verliert aber am Licht 40% seiner Aktivität. Es hemmt in vitro Pilze fast nicht (200 μg/ml), grampositive Bakterien (0,01—0,15 μg/ml) ebenso wie *Mycobacterium tuberculosis H 37 Rv* (0,017 μg/ml) stark, gramnegative schlecht (12,50 μg/ml).
K. W. Glombitza 4611◇

1497 **Klinisch-experimentelle Untersuchung des Dihydrostreptomycinpantothenates bei Tuberkulose.** E. Ss. Stepanjan, B. Ja. Stukalowa und N. M. Makarewitsch. (Antibiotika [UdSSR] **6,** Nr. 9, 30—33, 1961; Akad. der med. Wiss. der UdSSR, Tuberkulose-Inst.; russ., Auszug: engl.) — Vestibuläre Störungen nach Verw. von *Streptomycin* (**I**) bei Tuberkulosekranken konnten durch *Panthothenat-Ca* (400—800 mg 1 Std. vor der Injektion des **I**) in 75%, mit *Dihydrostreptomycinpanthothenat* (1 g/d) in 80% der Fälle beseitigt werden. **I** steht weder in seiner bakteriostat. noch in seiner chemotherapeut. Wrkg. dem Dihydrostreptomycinsulfat nach. Bei i.m. Einführung erreicht man bei Lungentuberkulose eine ausreichend hohe Blutkonz. an **I**.
F. du Mans 4611◇

1498 **Zur Wirkungsweise von Actinomycinen.** 3. Mitt. **Bindung von Actinomycin C an Nucleinsäuren und Nucleotide.** Walter Kersten und Helga Kersten. (Hoppe-Seyler's Z. physiol. Chem. **330,** 21—30, 1962; Univ. Münster, Physiol. Chem. Inst.; dt.) — 2. vgl. C. **1964,** 4-1153. — Spektrophotometr. Unterss. der Bindung von *Actinomycin C* (**I**) an Desoxyribonucleinsäure (DNS) u. deren Bausteine ergaben, daß **I** von *DNS, Nuccleotiden, Nucleosiden* u. *Purinbasen* komplexartig gebunden wird. Die beste Bindung erfolgt mit *Desoxyguanosin* (**II**), deutlich schwächere Bindung zeigen *6-Amino-2-mercaptopurin, Adenin, Adenosin, Desoxyadenosin, Isoguanin* u. *Guanosin. Guanin* u. *Azaguanin* binden **I** prakt. nicht. Nieder- u. hochmolekulare *DNS* (*Thymonucleinsäure*) binden **I** noch stärker als **II**. Die Bindung von **I** an DNS wird durch Ionenstärke des Lösungsmittels u. Temperatur nicht beeinflußt, der Komplex aus **I** u. **II** ist thermolabil. *Formaldehyd* verringert die Bindungsfähigkeit von **II** u. spaltet den **I**–**II**-, nicht aber den **I**–DNS-Komplex. Die Bindung erfolgt wahrscheinlich nicht über die NH_2-Gruppen der Basen, sondern unter Beteiligung des N^7 der DNS.
Ekkehard Schmid 4611◇

1499 **Antipyretische und Toxizitätsuntersuchungen über Acetanilid und o-, m- und p-Chloracetanilid.** M. F. Argus, M. P. Newell, J. T. Henderson und F. E. Ray. (J. Amer. pharmac. Assoc., sci. Edit. **48,** 204—07, 1959; Gainesville, Univ. of Florida, Cancer Res. Labor.; engl.) — An ♀ C 57 bl/6-Mäusen u. an Ratten (Sprague-Dawley) wurde die DL_{50} von *p-* (**I**), *m-* (**II**), *o-Chloracetanilid* (**IV**) u. *Acetanilid* (**III**) bestimmt. Sie betrug nach intraperitonealer Injektion bei Mäusen für **I**: 225 mg/kg; **II**: 610 mg/kg; **III**: 715 mg/kg; **IV**: 810 mg/kg; bei Ratten für **I**: 245 mg/kg; **II**: 350 mg/kg; **III**: 540 mg/kg; **IV**: 900 mg/kg. Bei der größeren Toxizität von **I** wird vermutet, daß sie mit der Blockierung der p-Hydroxylierung zusammenhängt. Bei Ratten, dei denen durch s.c. Injektion von Bäckerhefe in Akaziengummilsg. Fieber erzeugt worden war, war **III** am besten antipyret. wirksam, während die Wirksamkeit der Chlorisomeren von **I** über **II** zu **IV** wie bei der Toxizität abnahm. Es besteht demnach keine allg. Korrelation zwischen antipyret. u. tox. Wrkg., da **I** u. **II** tox. als **III** sind.
K. Böhm 4615◇

1500 **Wirkungen von Phenazon auf die Embryonaldeterminierung der Eier des Seeigels Paracentrotus lividus.** Roger Lallier. (C. R. hebd. Séances Acad. Sci. **248,** 1416—19, 1959; franz.) — *Phenazon* [*2.3-Dimethyl-1-phenylpyrazolon-(5)*] besitzt auf die Entw. der Eier des Seeigels eine vegetativisierende Wrkg. (bevorzugte Ausbldg. von Entomesoderm, geringere Ausbldg. von Ektoderm) in ähnlicher Weise wie *Li*. K. Zingraf 4615◇

1501 **Ionenaustauschchromatographie-Untersuchung des Nucleotidgehaltes von Leber und Skelettmuskel beim Meerschweinchen nach Behandlung mit Fieber hervorrufenden Substanzen.** M. A. Dianzani Mor. (Biochim. biophysica Acta [Amsterdam] **44,** 13—18, 1960; Genova, Univ., Inst. of Gen. Pathol.; engl.) — Durch parenterale Behandlung von Meerschweinchen mit *Lipopolysaccharid* (von *Salmonella abortus equi*; 0,05 μg/100 g) oder mit *2.4-Dinitrophenol* (4 mg/100 g) kommt es zu einer Verminderung derjenigen Nucleotidfraktion in Leber u. Skelettmuskel, welche *Adenosintriphosphat* (ATP) u. eine mit ADX bezeichnete, *nichtidentifizierte Adenosinverb.* enthält. Zwar ist nicht mit Sicherheit zu sagen, welche von diesen beiden Fraktionen für die Verminderung vorwiegend verantwortlich ist, jedoch dürfte anzunehmen sein, daß die ATP-Konz. vermindert ist (zumal im Skelettmuskel auch Inosintriphosphat vermindert ist). Kontraktionen konnten als Ursache der Verminderung ausgeschlossen werden, da sie auch bei $MgSO_4$-Narkose zustande kam. U. Tausendfreund 4616◇

1502 **Untersuchungen über den Sulfhydrylspiegel im über den Sciaticus stimulierten Rattengehirn.** John H. Mennear, Tom S. Miya und George K. W. Yim. (J. pharmac. Sci. **51,** 420—22, 1962; Lafayette, Ind., Purdue Univ., Dep. of Pharmacol.; engl.) — Es wird der Einfl. der Sciaticusstimulation auf den *Nichtproteingebundenen* (NP) *SH*-Spiegel im Rattengehirn sowie der Einfl. von *Chlorpromazin, Meprobamat, Morphin* u. *Meperidine* auf den durch Sciaticus-Stimulation erhöhten NPSH-Spiegel untersucht. Es wird festgestellt, daß Sciaticus-Stimulation zu einer 22%ig. Erhöhung der dialysierbaren SH-Verbb. im Großhirn führt. Keine Erhöhung des NPSH-Spiegels wird in Cerebellum, Medulla u. Mittelhirn beobachtet. Vorbehandlung mit den genannten Arzneimitteln verhindert diese cerebrale NPSH-Spiegel-Erhöhung, hat aber keinen Einfl. auf die NPSH-Werte vor der Stimulation.

P. Gregorzewski 4620◇

1503 **Halluzinationserzeuger und Tranquillizer.** F. Pagani. (Gazz. med. ital. **121,** 121—24, 1962; Genova, Univ., Ist. di Chim. Farm. e Tossicol.; ital.) — Übersicht. — 8 Literaturangaben. K. Zingraf 4620◇

1504 **Dem antidiuretischen Hormon ähnliche Wirkung von Tranquillizern bei Amphibien.** N. Khazan, M. Ben-David und F. G. Sulman. (Proc. Soc. exp. Biol. Med. **112,** 490—94, 1963; Jerusalem, Hebrew Univ., School of Pharmacy, Dep. of Appl. Pharmacol.; engl.) — Unterss. an 17 tranquillierend wirkenden Substanzen zeigen, daß einige davon bei *Bufo viridis* u. *Rana pipiens* zu einer verstärkten Sekretion von *Antidiuret. Hormon* (**I**) durch den Hypothalamus u. zu verstärkter Freilassung von **I** aus dem Hypophysenvorderlappen führen können; es kommt dadurch zu verstärkter Wasseraufnahme u. zu Gew.-Zunahme bei den Tieren. Als bes. wirksam erwiesen sich dabei 2,5 mg *Chlorpromazin* (*Largactil,* Specia; stärker als 1 IE *Pitressin* (**II**) wirkend), 2,5 mg *Prothixen* (*Taractan,* Hoffmann-La Roche; so stark wie **II** wirkend), 5 mg *Luminal,* 3 mg *Prothipendyl* (*Dominal*; etwas geringer als 1/2 Froschhypophyse wirkend); geringe Wrkg. entfalteten auch 1 mg *Butyrylperazin* (*Randolectil,* Bayer), 2,5 mg *Triflupromazin* (*Siquil,* Squibb), 1 mg *Hydroxyzin* (*Atarax*), 2,5 mg *Promethazin* (*Phenergan,* Specia); fast unwirksam oder unwirksam waren 2,5 mg *Levomepromazin* (*Nozinan,* Specia), 1 mg *Chlordiazepoxid* (*Librium,* Hoffmann-La Roche), 10 mg *Meprobamat* (*Miltown*), 1 mg *Trifluoperazin* (*Stelazine,* Rhone-Poulenc), 1 mg *Benactyzin* (*Suavitil*), 0,5 mg *Pipamazin* (*Mornidine*), 0,1 mg *Reserpin* (*Serpasil,* Ciba); 0,5 mg *Perphenazin* (*Trilafon*), 2 mg *Serotoninkreatininsulfat,* 5 mg *Methopromazin* (*Mopazine,* Specia), jeweils subkutan injiziert.

U. Tausendfreund 4620◇

1505 **Der Einfluß von Tranquillizerdrogen auf tropische Fische.** Guillermo Cano Puerta. (Arch. int. Pharmacodynam. Thérap. **121,** 404—13, 1959; New Orleans, La., Tulane Univ., School of Med., Dep. of Pharmacol.; engl.) — *Chlorpromazin* (**I**) u. *Reserpin* (**II**) dämpfen bei siames. Kampffischen den Kampfreflex, **I** führt auch zu einem Verlust der Pigmentierung. *Lysergsäurediäthylamid* (**III**) bewirkt bei *Lebistes reticulatus* eine geschlechtsgebundene Pigmentierung des Schwanzes, Vorbehandlung mit **I** verhindert die Pigmentierung. Die Wrkg. von **III** kann nach Vergleich mit *Physostigminsulfat* (**IV**) u. *Ephedrinsulfat* (**V**) auf eine parasympathicomimetische Aktivität zurückgeführt werden. *Apomorphin* (**VI**), *Morphinsulfat* (**VII**) u. *Serpasilphosphat* (**VIII**) wirken emet. auf *Ameurius Melas.* **I** potenziert in hohen Dosen die Wrkg. von **VI** u. antagonisiert sie in kleinen Dosen.

E. Hieke 4620◇

1506 **Neue Fortschritte auf dem Gebiet psychotroper Arzneimittel.** E. Jucker. (J. sci. ind. Res. [New Delhi], Sect. A **21,** 415—23, 1962; Basle, Sandoz Ltd.; engl.) — Vgl. C. **1964,** 3-1487. — Übersicht; *Rauwolfia*-Alkaloide, Phenthiazin-Derivv., Phenthiazin-Analoge, Hydrazin-Derivv. als psychopharmakolog. Agentien, Derivv. aliphat. Alkohole, psychotrope Arzneimittel unterschiedlicher Stoffklassen, pharmakolog. Wrkg. u. prakt. Anwendung. — 45 Literaturangaben.

P. Gregorzewski 4620◇

1507 **Der Einfluß von Reserpin auf den 5-Hydroxytryptamin- und Histamin-Gehalt von Rattenmastzellen und von einigen Rattengeweben.** Neil C. Moran und Barbro Westerholm. (Acta physiol. scand. **58,** 20—29, 1963; Stockholm, Karolinska Inst., Dep. of Pharmacol.; engl.) — In vitro setzt *Reserpin* (**I**) aus Mastzellen aus der Bauchhöhle von Ratten kein *5-Hydroxytryptamin* (**II**) oder *Histamin* (**III**) frei. In vivo verringert **I** die Zahl der Mastzellen in der Peritonealfl. u. den **II**-Geh. in den Mastzellen geringfügig. Mastzellen von **I**-behandelten Ratten reagieren normal auf *Verb. 48/80* (**IV**). Durch **I**-Behandlung wurde der Geh. von **II** im Hirn u. von **III** im Dünndarm verringert. Nach Vorbehandlung der Ratten mit **IV** verschwanden alle Mastzellen, **II** u. **III** aus der Peritonealflüssigkeit. K. Zingraf 4620◇

1508 **Molekülorbitalbehandlung von Phenothiazin und einigen verwandten Molekülen.** Malcolm K. Orloff und Donald D. Fitts. (Biochem. biophysica Acta [Amsterdam] **47,** 596—99, 1961; Philadelphia, Pa., Univ. of Pennsylvania, Dep. of Chem.; engl.) — Nach Berechnungen mittels der Molekülorbitalmeth. (Näherungsmeth. von Hückel) sind *Phenothiazin, Chlorpromazin* u. *Leukomethylenblau* gute Elektronendonatoren.

K. Maier 4620◇

1509 **Betrachtungen über die Ausscheidung von Phenothiazin und seiner Oxydationsprodukte bei Schafen und Kaninchen.** A. W. Waddell. (Arch. int. Pharmacodynam. Thérap. **121,** 368—79, 1959; Edinburgh, Univ., Roy. School of Veterinary Studies, Dep. of Veterinary Pharmacol.; engl.) — Schafen u. Kaninchen wurden *Phenothiazin* (**I**), *Phenothiazon* (**II**), *Thionol* (**III**) u. *Phenothiazinsulfoxid* (**IV**) als propylenglykolhaltige wss. Suspension in verschiedener Dosierung mit der Magensonde appliziert. In Fäces u. Urin wurden qual. u. quant. die ausgeschiedenen Stoffwechselprodd. bestimmt. **I** nach Bromierung kolorimetr., **II** u. **III** spektrophotometr., **IV** kolorimetr. nach Behandlung mit konz. H_2SO_4. Bei Schafen wurde in 4 Tagen eine Gesamtmenge von 25% **I,** 32,7% **III,** 21,8% **II** u. 5,7% **IV,** bei Kaninchen 22,7% **I,** u. 23,5% **II** nach Behandlung mit **I** gefunden.

E. Nieke 4620◇

1510 **Die dämpfende Wirkung von Biperiden auf das Spontan-Elektroencephalogramm und auf die Elektroencephalogramm-Aktivierungsreaktion.** Peter C. Dowling und Calvin Hanna. (Arch. int. Pharmacodynam. Thérap. **143,** 565—73, 1963; Burlington, Vt., Univ. of Vermont, Coll. of Med., Dep. of Pharmacol.; engl.) — *Biperiden* (*α-[Bicyclo-{2.2.1}-hepten-(5)-yl-(2)]-γ-piperidinopropanol, Hydrochlorid*; **I**) wird bezüglich seiner dämpfenden Wrkg. auf „encéphale isolé"-Präpp. der Katze mit *Atropin* (**II**) u. *Benztropin* (**III**) verglichen. Alle drei Substanzen zeigten in kleinen Dosen auf das Spontan-EEG den gleichen Effekt. Der Schwellenwert für Änderungen der Aktivierungsreaktion lag für alle drei Stoffe bei 0,25 mg/kg. Als Antagonist des **I** erwies sich *Prostigmin.*

K. Dorfner 4620◇

1511 **Geschlechtsspezifische Wirkungsunterschiede der Kombination von Alkohol und Meprobamat auf psychisch stabile und labile Versuchspersonen.** Petra Munkelt G. A. Lienert, Margarete Frahm und K. Soehring. (Arzneimittel-Forsch. **12,** 1059—65, 1962; Hamburg, Univ., Psycholog. Inst. u. Pharmakolog. Inst.; dt.) — Während sich bei Männern die verkehrspsycholog. Leistungsfähigkeit, die durch *A.*-Genuß beeinträchtigt ist, z. T. durch *Meprobamat* bessert, verschlechtert sie sich bei Frauen. Die Unterschiede zwischen psych. stabilen u. labilen Personen sind beachtlich.

W. Holland 4620◇

1512 **Hervorrufung fötaler Mißbildungen beim Kaninchen durch Imipramine.** Vorl. Mitt. J. M. Robson und F. M. Sullivan. (Lancet **1963**(**I**), 638—39; London, Guy's Hosp., Med. School, Dep. of Pharmacol.; engl.) — Nach subkutanen Dosen von durchschnittlich 15 mg *Imipramine*(**I**)/kg/Tag, für die Dauer von bis zu 20 Tagen einer Trächtigkeit bei Kaninchen, konnten bei den Föten Mißbildungen an Schädeln, Extremitäten, am Skelett sowie Hämorrhagien beobachtet werden. Es ist deshalb möglich, daß auch **I** wie Thalidomid Mißbildungen beim Menschen hervorrufen kann.

U. Tausendfreund 4620◇

1513 **Untersuchungen in der Papaverinserie.** T. Vitali und F. Craveri. (Ateneo Parmense, Suppl. **29,** 19—27, 1958; Parma, Univ., Ist. di Chim. Farmaceut. e Tossicol.; Milano, Ist. Medicam. S. A., Labor. Ricerche; ital.) — Es wurde die spasmolyt. Wrkg. von *Nitropapaveraldin* (**I**), *Papaveraldin* (**II**; *Xanthalin*), *Nitropapaverin* (**III**), *Papaverin* (**IV**), *Papaverinol* (**V**; *Hydroxanthalin*), *Brompapaveraldin* (**VI**), *Brompapaverinol* (**VII**), *Brompapaverin* (**VIII**), *Bromperparin* (**IX**), *Aminopapaverin* (**X**) u. *Perparin* (**XI**) im isolierten Meerschweinchendarm untersucht. Die myotrope Aktivität (gegen $BaCl_2$) nahm in der Reihenfolge **I**—**IX** zu, ähnlich verlief die neurotrope Aktivität (gegen Acetylcholin). Monobromierung verstärkte also die Wrkg. von **IV** bzw. **XI**, während im isolierten Meerschweinchenuterus die spasmolyt. Aktivität von **XI** größer als die des Brom-Deriv. war. — Die DL_{50} bei der Maus betrug für eine i.p. Einzelgabe (in mg/kg Körper-Gew.): bei **I** 55, **II** 40, **III** 100, **IV** 102,5, **VI** 80, **VII** 155, **VIII** 80, **IX** 100 u. bei **X** 125.

Versuche: *6-Bromperparin* (**IX**), $C_{24}H_{28}BrNO_4$, F. 86—87°, farblose Nadeln, lösl. in den meisten organ. Lösungsm., wenig in PAe., unlösl. in Wasser. Aus Perparinhydrochlorid in konz. HCl unter Zugabe eines leichten Überschusses von Bromwasser, danach Versetzen mit $(NH_4)_2CO_3$ u. Ausäthern; Ausbeute 60%, mit konz. H_2SO_4 malvenfarbig. — *6-Brompapaveraldin* (**VI**; *6-Bromxanthalin*), $C_{20}H_{18}BrNO_5$, F. 193—194,5°, gelbe Prismen aus Essigsäure. Durch Oxydation von 2 g *6-Brompapaverin* (**VIII**) (in 30 ml Eisessig) mit 2,5 g $K_2Cr_2O_7$ (in 20 ml W.) bei 90°, 6 Std. Rk.-Zeit. Nach Zugabe von 5 ml u. Abkühlung Abfiltrieren von **VI**; Ausbeute ca. 70%. Mit konz. H_2SO_4 feuerrote Färbung. — *6-Brompapaverinol* (**VII**; *6-Bromhydroxanthalin*), $C_{20}H_{20}BrNO_5$, F. 178—180°, farblose Prismen aus A. (absolut). Durch Oxydation von 4,2 g **VIII** (in 20 ml W. u. etwas Eisessig) mit Hg-Acetat (4,0 g in 20 ml W.) bei 70° u. 24 Std. Rk.-Zeit. Nach Abkühlen, Ausfällung des Hg^{2+}; mit H_2S u. Extraktion des Filtrats mit Chlf. wurde **VII** aus dem Chlf.-Extrakt erhalten, Ausbeute ca. 45%. Mit konz. H_2SO_4 gibt **VII** intensive Violettfärbung. W. Damerau 4620◇

1514 **Einige Aspekte der zentralnervösen Wirksamkeit einer Reihe von Urazol-Derivaten.** C. L. Mitchell, H. H. Keasling und E. G. Gross. (J. Amer. pharmac. Assoc., sci. Edit. **48**, 122—26, 1959; Iowa City, State Univ. of Iowa, Dep. of Pharmacol., Coll. of Med.; engl.) — An ♂ Albinomäusen wurden die neurotox., die Antielektroschock-, Anti-Metrazol- u. Anti-Strychnin-Wirksamkeit von 52 *Urazol*-Derivv. untersucht. Alle Verbb. wurden in 10% Akaziengummilsg. suspendiert oral verabreicht. Die Verbb. wirken relativ kurz u. sind nicht toxisch. Als neurotox. Wrkg. herrscht Ataxie vor. Änderungen der substituierten N-Gruppen ergibt Verbb. von Anti-Metrazol-, Anti-Strychnin- sowie konvulsivem u. depressivem Wirkungstyp. K. Böhm 4620◇

1515 **Ein neues Benzodioxan-Derivat mit adrenergisch blockierender Wirkung, 2-[N.N-Diallylcarbamylmethyl]-aminomethyl-1.4-benzodioxan.** G. Victor Rossi und Marvin E. Rosenthal. (J. Amer. pharmac. Assoc., sci. Edit. **48**, 409—12, 1959; Philadelphia, Pa., LaWall Memorial Labor. of Pharmacology and Biochem., Philadelphia Coll. of Pharmacy and Science; engl.) — Aus einer Reihe neuer Benzodioxan-Derivv. wurde *2-[N.N-Diallylcarbamylmethyl]-aminomethyl-1.4-benzodioxan* [*A-2275*; **I**] wegen seiner blutdrucksenkenden Wrkg. näher untersucht. Die DL_{50} für **I** beträgt bei Mäusen i.v. 55 mg/kg, intraperitoneal 230 mg/kg, oral 447 mg/kg. Die entsprechenden Werte für *Piperoxanhydrochlorid* (**II**) sind 33,2 mg/kg, 175 mg/kg, 502 mg/kg. **I** besitzt bei Mäusen eine gewisse Schutzwrkg. gegen die letale Wrkg. von *Epinephrin* (**III**). Bei anästhesierten, normotensiven Hunden bewirken i.v. Injektionen von kleinen Dosen **I** (1—8 mg/kg) einen mäßigen (25%) u. vorübergehenden Blutdruckabfall. Die Rkk. auf **III**, *Norepinephrin* (**IV**) u. Carotissinus-Abklemmung werden teilweise gehemmt. **II** blockiert in subhypotensiven Dosen (0,25—2 mg/kg), i.v. gegeben, die Pressorwrkgg. von **III** u. **IV** vollständig. Gleichgroße Dosen von **I** u. **II** oral oder intraperitoneal an nicht anästhesierte chron. hypertensive Ratten verabreicht, bewirken vergleichbare Blutdrucksenkungen. Am Hinterpfoten-Perfusionspräp. der Ratte wirkt **I** mäßig direkt vasokonstriktor., **II** besitzt dagegen nur in relativ großen Konzz. eine meßbare spasmogene Aktivität. Die adrenerg. blockierende Wrkg. von **I** ist demnach geringer als die von **II**, während der vasokonstriktor. Effekt von **I** größer ist als der von **II**. K. Böhm 4620◇

1516 **Ergebnisse unserer klinischen Prüfung von ANP 235 (Lucidril).** R. Tomaselli. (Gazz. med. ital. **121**, 111—13, 1962; Bergamo, Osped. Magg., Div. Neurol.; ital.) — *p-Chlorphenoxyessigsäure-β-dimethyl*(*diäthyl?*)*aminoäthylester* (ANP 235, Lucidril) wurde bei Patienten mit aploplekt. Hemiparesen u. Hemiplegien, Subarachnoidalblutung, hypophysärer Anorexie, schwerer Polyneuritis, Schädeltraumen u. Depressionen in einer Dosis von 900 mg täglich mit Erfolg angewandt. Psychoneurosen, Hirnatrophien, Schizophrenien u. Parkinsonismus sprachen auf das Präparat wenig oder nicht an. K. Zingraf 4620◇

1517 **Die Wirkungen von Anthranilhydroxamsäure auf das Verhalten von Ratten und die Konzentrationen von γ-Aminobuttersäure, Norepinephrin und 5-Hydroxytryptamin im Rattenhirn.** John D. Utley. (J. Neurochem. [London] **10**, 423—32, 1963; Durham, N. C., Duke Univ., Med. Center, Dep. of Physiol. and Pharmacol.; engl.) — 1 mg *Anthranilhydroxamsäure*(**I**)/g bewirkt bei Ratten eine Depression für die Dauer von 10 Std.; 0,5 mg **I**/g ruft Sedierung hervor (Tranquillizer-Wrkg. mit Hemmung der bedingten Flucht-Rk.); 0,5 mg **I**/g/Tag führt zu Krämpfen am 3. Tag. Diese Verhaltensänderungen werden mit einigen Hirndaten verglichen: die Krämpfe gehen mit einer Verarmung an *γ-Aminobuttersäure* (**II**) einher; 10 mg *Pyridoxal* i.v. führen zum Aufhören der Krämpfe u. Wiederanstieg des **II**-Geh. im Gehirn; **I** hemmt in vitro u. in vivo die *Glutaminsäuredecarboxylase*; 1 mg **I**/g bewirkt innerhalb von 3 Std. eine Verminderung der *Norepinephrin*(**III**)-Konz. des Gehirns um 90%; nach 6 Std. hat sich **III** normalisiert; 0,5 mg **I**/g läßt den **III**-Geh. auf 80% der Norm absinken, bei Krämpfen auf 73%; zwischen Verh. u. **III** konnte keine Beziehung nachgewiesen werden; **I** ändert den *5-Hydroxytryptamin*-Geh. des Gehirns nicht; **I** ruft keine elektroencephalograph. Veränderungen hervor. **I** wird bei Inkubation mit Ratten-Leber, -Hirn oder -Plasma nicht hydrolysiert, wenn **I** auch in vivo innerhalb von 3 Std. aus Hirn u. Leber der Ratten verschwindet. U. Tausendfreund 4620◇

1518 **Allgemeine pharmakologische Charakteristica und analeptische Wirksamkeit einiger neuer Derivate von 1.3.7-Trimethylxanthin.** Franco Cugurra. (Clin. terapeut. [Roma] **26**, 3—31, 1963; Genova, Univ., Ist. di Farmacol.; ital.) — *8-Hydroxyäthylaminocoffein* (**I**) besitzt bei großer therapeut. Breite eine atmungsanalept. Wirkung. Diese zeigt auch *8-[N-Methyl-N-hydroxyäthylamino]-coffein* (**II**), das am isolierten Herzen positiv inotrop u. chromotrop wirkt, Hypotension nach Aderlaß bekämpft, die Wrkg. von Cardiazol potenziert u. die Pentobarbitalnarkose verkürzt. **I** u. **II** kommen für eine therapeut. Anwendung in Betracht. Geprüft wurden auch *Coffein*, *8-Hydroxypropylaminocoffein*, *8-Methylamino-β-hydroxyäthylphenoxycoffein* u. *Diäthylaminoäthoxycoffein*. K. Zingraf 4622◇

1519 **Die Wirkung von Nikethamid (Coramin) auf die Zentren der Wärmeregulation und auf die Muskelleistung. Experimentelle physiologische Untersuchungen über die gegenseitige Abhängigkeit von Wärmezentrum, Atemzentrum und Vasomotorenzentrum.** Ed. Frommel, L. v. Ledebur, J. Seydox und M. Béguin. (Helv. physiol. pharmacol. Acta **21**, 10—16, 1963; Genève, Univ. Fac. de Méd., Inst. de Thérap. expérim.; franz.) — *Nikethamid* (**I**) erhöht die Temp. u. steigert beim Meerschweinchen die Temp.-Erhöhung infolge von *Pyrexal*-Gaben oder von Muskeltätigkeit. *Aminopyrin* wirkt antagonistisch. **I** beeinflußt die Muskelleistung nur wenig. K. Zingraf 4622◇

1520 **Überprüfung des Leistungsverhaltens unter der Einwirkung verschiedener Antihistaminica.** Hans-Joachim Wagner. (Arzneimittel-Forsch. **12**, 1065—70, 1962; Mainz, Univ., Inst. f. ger. Med. u. Kriminalistik; dt.) — 23 Antihistaminica werden auf ihre verkehrspsycholog. Wrkg. getestet. Bedenken bestehen bei *Antazoline*, *Tripelenamine*, *Chloropyramine*, *N-Phenyl-N-benzyl-4-amino-1-methylpiperidin*, *Thenalidine*, *Promethazine*, *Thiazinamium*, *Alimemazine*, *Chlorphenoxaminhydrochlorid*, *Diphenhydramine*, *Dimenhydrinate*, *Meclozine*, *Pheniramin*, *1-Phenyl-1-p-tolyl-3-dimethylaminopropan* u. *Brompheniraminemaleat*. Bei *Isothipendyl*, *Bromazine*, *Torantil*, *Histadestal*, *Methaphenilene*, *Mebhydrolin*, *Clemizole* u. *Phenindamine* bestehen bei nied-

riger Dosierung u. nach Beurteilung der individuellen Reaktionslage keine Bedenken. — 65 Literaturangaben.
W. Holland 4625◇

1521 **Wirkungen von Procain auf das Ruhepotential von Skeletmuskelfasern und ihr Mechanismus.** Teruaki Szaimi. (Fukuoka Acta med. [Fukuoka-Igaku-Zassi] **53**, 887—97, 1962; Fukuoka, Kyushu Univ., Med. Fak., Physiol. Inst.; jap., Auszug: dt.) — 0,1—0,5% *Procain* (I) führt in Ringer-Lsg. zu einer Verminderung des Ruhepotentials des Frosch-Sartoriusmuskels um 10 bis 20 mV, zu einer Verminderung der Depolarisierung der Muskelfasermembran in isoton. KCl-Lsg. um 6—12 mV sowie zu einer Verhinderung der durch isoton. NaCl-Lsg. hervorgerufenen Hyperpolarisierung der Membran. I vermindert das Cl-Potential (P_{Cl}) in SO_4-Lsg. (50 mm K_2SO_4, 48 mm Na_2SO_4, 6,3 mm $CaSO_4$) u. läßt das Ruhepotential vom P_{Cl} auf das K-Potential (P_K) übergehen. Die Wrkg. von I lassen sich auf der Grundlage einer Verminderung von P_K u. P_{Cl} erklären.
U. Tausendfreund 4627◇

1522 **Reiz-Reaktionen in Zahnnerven bei Hunden und Wirkungen von systematisch verabreichtem Procain, Lidocain und Morphin.** Park Wayne Wagers und Cedric M. Smith. (J. Pharmacol. exp. Therapeut. **130,** 89—105, Sept. 1960; Chicago, Ill., Dep. of Pharmacol., Univ. of Illinois Coll. of Medicine; engl.) — Untersucht wurde der Einfl. von *Lidocain* (I), *Procain* (II) u. *Morphin* (III) auf mechan., therm. u. elektr. Reizung von Zahnnerven bei Hunden. Nach I u. II (2—20 mg/kg) kommt es zu einer Abnahme der Erregbarkeit der Pulpanerven u. der mechanosensitiven Neuronen der peridentalen Gewebe bei elektr. u. therm. Reizung. Primär wird für diesen Effekt eine Erhöhung der Erregungsschwelle u. nicht eine Nervenleitungsunfähigkeit angenommen. III (2,5 bis 5 mg/kg) hat keine feste Wrkg. auf die Zahnnerven u. Rezeptoren. K. Böhm 4627◇

1523 **Xylocain-Krämpfe: Vergiftung oder Sensibilisierung? Analyse von 2 Fällen.** Anthony J. DiGiovanni. (Anesthesia Analgesia, current Res. **42,** 355—59, 1963; Eglin, Fla., Eglin Air Force Base, USAF Hosp., Anesth. Serv.; engl.) — Bei 2 Patienten, bei denen täglich Ganglionstellatum-Block durchgeführt wurde, zeigten nach subtox. *Xylocain*-Dosen generalisierte Krampfbewegungen. K. Zingraf 4627◇

1524 **Anästhesie.** 65. Mitt. **Die anästhetischen Eigenschaften von 2.2.2-Trifluoräthyljodid.** John C. Krantz jun., Gordon G. Lu, Louise Speers, Frieda G. Rudo und Helmut F. Cascorbi. (Anesthesia Analgesia, current Res. **42,** 12—18, 1963; Baltimore, Md., Univ. of Maryland, School of Med., Dep. of Pharmacol.; engl.) — 62. Vgl. C. **1963, 4796.** — *2.2.2-Trifluoräthyljodid* (I) besitzt als nichtflammbare, flüchtige Fl. bei Inhalationen narkotisierende Eigenschaften. Die Potenz von I kann mit der von *Halothane* verglichen werden, der anästhet. Index ist jedoch doppelt so groß. Beim Hund rief I keine durch Bromsulfaleintest erkennbare Leberschädigung hervor. Die O_2-Aufnahme wird wie bei anderen halogenierten KW-Stoffen vermindert. Blutdrucksenkungen wurden beim Hund nicht beobachtet, das Elektroencephalogramm des Hundes u. des Affen waren nicht gestört, das Herz des Hundes zeigte keine Veränderung (am Affen extraventriculäre Systolen u. Knotenrhythmen). I wird offenbar im Organismus nicht abgebaut. Der Geh. des Serums an J u. proteingebundenem J wird durch I nicht erhöht. I bleibt in Ggw. feuchten Natronkalks stabil. U. Tausendfreund 4627◇

1525 **Spinalanästhesie mit Mepivacainhydrochlorid.** Vorl. Mitt. Ralph E. Dunn, Happy L. Gee, Marion A. Carnes und Leonard W. Fabian. (Anesthesia Analgesia, current Res. **42,** 49—54, 1963; Jackson, Miss., Univ. of Mississippi, Med. Center, Dep. of Anesth.; Veter. Admin. Hosp., Dep. of Surg., Div. of Anesth.; engl.) — Erfahrungen mit 4%ig. Lsg. von *Mepivacainhydrochlorid* (I; *Carbocaine, N-Methylhexahydropicolinsäure-2.6-dimethylanilidhydrochlorid,* Winthrop) bei 200 Spinalanästhesien zeigen, daß die Wrkg. von I zwischen diejenigen von *Procain* (II) u. *Tetracain* (III) eingereiht werden kann (6—8 mg I entsprechen 1 mg III, 1 mg I entspricht 3 mg II). Die mittlere Dauer der Anästhesie betrug 93—169 Min. in Abhängigkeit von der Dosis; in der Durchschnittsdosis von 50—60 mg kann durch *Epinephrin* oder *Phenylephrin* die Anästhesiedauer verlängert werden. Aszension ging über 1—4 Dermatome wie oft bei III. Keine schweren Nebenwirkungen.
U. Tausendfreund 4627◇

1526 **Einige Aspekte der Pharmakologie von 1-[β-Phenylaminoäthyl]-4-phenylpiperidin-4-carbonsäureäthylester (Win 13797).** Charles Berry, Alan Burkhalter, Lester W. Davis, E. G. Gross und H. H. Keasling. (J. Amer. pharmac. Assoc., sci. Edit. **48,** 365—67, 1959; Iowa City, State Univ. of Iowa, Coll. of Med.; engl.) — Die analget. Wrkg. von *Win 13797* wurde an der Zahnpulpa des Kaninchens mit der von *Morphin* (II) u. *Nalorphin* verglichen. Der Einfl. von *Win 13797,* II u. *Meperidin* (III) auf die Atmung wurde ebenfalls an Kaninchen untersucht. Qual. Vgl. der cardiovasculären Effekte von *Win 13797* u. II wurden an Kaninchen u. Hunden angestellt u. der Einfl. auf den Blutdruck von *Win 13797* u. II an Kaninchen geprüft. An Hunden mit Thirry-Vella-Magenfistel wurden die Einw. von *Win 13797,* II u. III auf Tonus u. Motilität im Intestinaltrakt untersucht. Qual. fanden sich keine besonderen Unterschiede bei diesen Unterss. zwischen *Win 13797,* II u. III. Obwohl am Zahnpulpatest *Win 13797* in mol. Konz. 19mal so wirksam wie II ist, scheint es doch keine Vorteile vor den gegenwärtig bekannten analget. wirkenden Mitteln zu haben. Die DL_{50} für Mäuse bei i.v.-Injektion beträgt für II 180 mg/kg für *Win 13797* 22 mg/kg.
K. Böhm 4627◇

1527 **Intravenöses Alvodin. Eine klinische Prüfung.** John L. Weare und Norman F. Westermann. (Anesthesia Analgesia, current Res. **42,** 334—37, 1963; Little Rock, Univ. of Arkansas Med. Center, Dep. of Anesth.; engl.) — *4-Phenyl-1-[3-(phenylamino)-propyl]-piperidin-4-carbonsäureäthylester* (*Alvodin*) wurde in Dosen von 6—8 mg i.v. von Erwachsenen gut vertragen u. zeigte jede gewünschte hypnot.-analget. Wrkg. bei nur geringer Euphorie. Eine Wrkg. auf Herz u. Kreislauf fehlte oder war äußerst schwach. Hohe Dosen lähmen das Atemzentrum, *Levallorphan* wirkt antagonistisch.
K. Zingraf 4627◇

1528 **Prüfung von G 29505, einem intravenösen Anaestheticum.** C. R. Stephen und W. D. Rippy. (Anesthesia Analgesia, current Res. **42,** 382—88, 1963; Durham, N. C., Duke Univ., Med. Center, Div. of Anesth.; engl.) — *2-Methoxy-4-allylphenoxyessigsäurediäthylamid* (G 29505; I) bewirkte in Dosen von 200—400 mg (3—5 mg/kg) den Eintritt der Narkose; diese konnte durch 50—100 mg alle 1—2 Min. aufrechterhalten werden. Bei der Anwendung trat eine Hyperpnoe von kurzer Dauer auf, die von einer 8—10 Sek. anhaltenden Apnoe gefolgt war. I ist zur Einleitung von Narkosen mit Ae., Cyclopropan u. Halothan gut geeignet. Nebenwrkgg.: Intravasculäre Hämolyse, Thrombophlebitis, Erythem, langdauerndes postoperatives Erbrechen.
K. Zingraf 4627◇

1529 **Die Pharmakologie von N-Allylnoratropin.** L. Decsi und K. Nádor. (Arzneimittel-Forsch. **13,** 567—71, 1963; Budapest, Ungar. Akad. der Wiss., Inst. für Exp. Med., Abt. für Arzneimittelforsch. und Pécs, Med. Univ., Pharmakol. Inst.; dt.) — *N-Allylnoratropin* (I) zeigt eine stärkere analyt. Wrkg. im Vgl. zu Morphin. I beeinflußt bis 10 mg/kg i.p. die Ae.-Narkose nicht bei Mäusen, 20 mg/kg verlängern diese. Gegen Pentetrazol- u. Nicotinkrämpfe u. gegen Elektroschock ist I unwirksam. Die Antitremorwrkg. von I beträgt nur 5% im Vgl. zu Atropin. Eine muskelerschlaffende Wrkg. tritt bei der Ratte erst bei Dosen über 100 mg/kg ein. I ist nicht adrenolyt. aktiv u. zeigt keine Antihistaminwirkung. I ist ein schwacher Ganglienblocker (65% im Vgl. zu Tetraäthylammoniumbromid). Die Antiserotoninwrkg. beträgt $^1/_{10}$ der des Chlorpromazins. I senkt den Blutdruck leicht u. hemmt die Propulsionsbewegung des Rattendarmes in vivo 10mal stärker als Papaverin. DL_{50} i.p. (Mäuse) 173 mg I/kg, DL_{50} i.v. (Ratte) 60 mg I/kg. W. Hiller 4627◇

1530 **Untersuchungen zur Anwendung von Butazonderivaten.** Hans-Adolf Oelkers. (Ärztl. Forsch. **17,**

443—46, 1963; Hamburg; dt.) — Die subkutane DL_{50} von *Monophenylbutazon* (I) bei der weißen Maus beträgt 941 ± 43 mg/kg, die von *Diphenylbutazon* 307 ± 34 mg/kg. Entsprechende Unterschiede bestehen auch bei i.v. Injektionen bei Meerschweinchen u. Kaninchen. Auch in Dauervers. war die Verträglichkeit von I ausgezeichnet. Die analget. Wirkstärke von I war bes. bei Kombination mit *Aminophenazon* der von II gleich.
K. Zingraf 4627◇

1531 **Die Schutzwirkung einiger alkoholischer und phenolischer Aminoäther, $XO(CH_2)_nN(R)(R')$, auf den beim Meerschweinchen durch Histamin- und Serotoninaerosole hervorgerufenen Bronchospasmus.** L. Buchel und Jeanne Levy, unter techn. Mitarbeit von P. Angibeaud und L. Liblau. (Thérapie **15**, 148—58, 1960; Paris, Fac. de Méd.) — Die Unters. der Wrkg. von 14 *Aminoäthern*, $X–O–(CH_2)_n–N(R)(R')$ auf den experimentellen Bronchospasmus (*Serotonin*(I)-, *Histamin*(II)-Aerosol) des Meerschweinchens, wobei X (a)Aryl-, (b)Alkyl- oder Cycloalkylreste bedeutet, ergab bei (b) einen besseren I-antagonist. Effekt, wenn das an O gebundene C-Atom 3fach substituiert war. Die Anti-I-Aktivität von (b) war bei 2- oder 3fach substituiertem C gleich, wenn X gleiches Molgew. besaß, u. das übrige Mol. unverändert blieb. Der 1-Phenylcyclohexylrest begünstigt die Schutzwrkg. gegen I u. II stärker als der 1-Cyclohexylrest. Die Kettenlänge zwischen O u. tert. N ist bei (b) mit 2 Gliedern optimal. Die Art der N-Substituenten beeinflußt die Anti-II-Aktivität stärker als die Anti-I-Wirksamkeit. Geprüfte Äther: *β-Dimethylaminoäthyl-[1-cyclohexylcyclohexyl]-*, *β-Diäthylaminoäthyl-*, *β-Piperidinoäthyl-*, *γ-Piperidinopropyl-*; *β-Dimethylaminoäthyl-[1-phenylcyclohexyl]-*, *β-Diäthylaminoäthyl-*, *β-Piperidinoäthyl-*, *γ-Piperidinopropyl-*; *β-Piperidinoäthylbenzhydryl-*; *β-Piperidinoäthyl-[phenylcyclohexylmethyl]-*, *δ-Piperidinobutyl-*; *β-Diäthylaminoäthyl-[1-(p-methylphenyl)-2-methylpropyl]-*, *β-Piperidinoäthyl-*, *β-[N-Methylpiperazinoäthyl]-*.
K. Maier 4628◇

1532 **Über Nebenwirkungen des Succinyl-bis-cholins, besonders über die verlängerte Apnoe.** Ullrich Kleine. (Ärztl. Forsch. **17**, 100—08, 1963; Ludwigshafen/Rhein, Städt. Krankenhaus, Frauenklin.; dt.) — An Hand von Erfahrungen bei 1200 Intubationsnarkosen unter Verw. von *Succinyl-bis-cholin* (*Pantolax, Succinyl-Asta, Lysthenon, Midarine, Scoline, Brevidil, Anectine, Quelicin, Sucostrin, Celocurin*) mit nur 6maliger (0,5%) leicht behebbarer Apnoe wird gezeigt, daß die als Nebenwrkg. gefürchtete verlängerte Apnoe meist auf Überdosierung zurückzuführen ist. Überdosierung kann nur durch manuelle Beatmung bei Regulierung der Tropffolge (2%ig. Lsg. in 5% Glucose oder 0,9% NaCl i.v.) vermieden werden. U. Tausendfreund 4628◇

1533 **Untersuchungen über die neuromuskuläre Übertragung.** 4. Mitt. **Einfluß von Veränderungen im pH des Blutes und in der Kohlendioxidspannung auf die Wirkung von Succinylcholin.** Ingrid Gamstorp und Erik Vinnars. (Acta physiol. scand. **58**, 48—56, 1963; Lund, Univ.-Hosp., Dep. of Pediatr.; Dep. of Neurol.; Gävle, Central Hosp., Dep. of Anesthesiol.; engl.) — 3. vgl. C. **1963, 2161**. — Die Blockierung der neuromuskulären Übertragung zwischen Ischiadicusnerv u. Gastrocnemiusmuskel des Kaninchens durch eine Einzeldosis von *Succinylcholin* (I) wurde durch Veränderungen des pH des arteriellen Blutes oder des CO_2-Partialdruckes im Blut nicht beeinflußt. Der Block infolge Dauerinfusion von I wurde durch schwere respirator. Acidose verstärkt.
K. Zingraf 4628◇

1534 **Neuromuskulärer Block durch Neomycin potenziert durch Äthernarkose und d-Tubocuraringaben und die antagonistische Beeinflussung durch Calcium und Prostigmin.** Alexandre Pinto Corrado, Armando Octávio Ramos und Cláudio Tácito DeEscobar. (Arch. int. Pharmacodynam. Thérap. **121**, 380—94, 1959; Est. S. Paulo, Brasil, Fac. of Med. of Ribeirão Prêto, Dep. of Surgery; engl.) — Der Einfl. von *Ae.*, *d-Tubocurarin* (I), *Natriumcitrat* (II), *Neostigmin* (III) u. Ca^{2+} auf den durch i.v. u. intraperitoneale Gaben von *Neomycinsulfat* (IV) an Hunden unter Phenobarbitalnarkose (33 mg/kg i.v.) erzeugten neuromuskulären Block wurde an der Erregbarkeit des *Tibialis anterior*, eines Zwerchfellnervenpräp. u. der Atmung geprüft. Bei intraperitonealer Verabreichung bedarf es der 3—4fachen Dosis der i.v. Anwendung um einen Block auszulösen. Ae, I u. II verstärken den Block, III u. Ca^{2+} hemmen die Erscheinung. Bei akuten Vergiftungen mit IV wird eine Behandlung mit Ca^{2+} durchgeführt. E. Hieke 4628◇

1535 **Einige bisquaternäre Phthalsäureester als Pseudocholinesterasehemmer und als Muskelrelaxantien.** J. A. B. Barstad, K. H. Skramstad und S. Öksne. (Arch. int. Pharmacodynam. Thérap. **121**, 395—403, 1959; Kjeller, Norway, Norwegian Defence Res. Establishment; engl.) — Vff. untersuchten folgende Phthalsäureester: *Bis-[β-dimethylaminoäthyl]-Dimethojodid* (I); — *Diäthojodid* (II); u. *Bis-[1-dimethylaminopropyl-(2)]-Dimethojodid* (III); — *Diäthojodid* (IV); *Bis-[1-dimethylaminopropyl-(2)]-Dimethojodid* (V); — *Diäthojodid* (VI). I—VI hemmen selektiv, reversibel und wahrscheinlich kompetitiv *Butyrylcholinesterase* (VII) aus menschlichem Plasma (VIIa) u. aus Pferdeserum (VIIb); Substrat *Acetylcholin* [*Jodid*] u. *β-Methyl-acetylcholin-Jodid*. III, IV, V u. VI hemmen VIIa stärker als VIIb. I—VI bewirken am Zwerchfellnervenpräp. von Ratten eine 50% Verminderung der Kontraktionshöhe bei Konzz. von 80—280 μg/ml. *Eserin* antagonisiert den von I—VI ausgelösten neuromuskulären Block geringer als den *d-Tubocurarin*-Block. d-Tubocurarin vertieft den durch I—VI an normalen und eserinierten Präpp. ausgelösten Block. Bei V u. VI ist dieser Effekt bes. ausgeprägt. V zeigt in Gaben von 1 u. 2 mg i.v./kg bei Kaninchen und Katzen eine 50% Verminderung der Einzelkontraktionen. DL_{50} (Maus, i.v., mg/kg) für I 26,3, II 15,8, III 9,1, IV 5,8, V 4,8, VI 5,8.
E. Hieke 4628◇

1536 **Über die Rolle der Blockierung von Sulfhydrylgruppen bei der Wirkung von Herzglucosiden.** F. S. Mejersson, L. Ju. Ssadowskaja und L. A. Pogossjan. (Ber. Akad. Wiss. UdSSR **150**, 702—04, 1963; Inst. für normale u. pathol. Physiol. der Akad. der med. Wiss. der UdSSR; russ.) — Im Vers. am isolierten Froschherzen bewirkt die Zufuhr von *Cystein* (I) vor der von *Digalen-Neo*(II) eine Zunahme der Herzcyclen von der II-Zufuhr bis zur Kontraktur um 40%. In Ggw. von I wirkt II deutlich negativ chronotrop, nicht jedoch in Abwesenheit von I. Die Zeit bis zur Entw. der II-Kontraktur wird auf das 2,3fache erhöht. Bei Zufuhr von $HgCl_2$ wird diese Zeit um das 2,5fache vermindert. Die Zahl der Cyclen bis zur Kontraktur wird um 40% gesenkt. Hieraus folgt, daß durch einen Überschuß an SH-Gruppen die blockierende Wrkg. der Herzglykoside auf die akt. Sulfhydrylzentren der Fermente verzögert, durch deren Defizit beschleunigt wird. Diese Blockierung der SH-Gruppen ist von Bedeutung für die prim. Wrkg. der Herzglykoside in der Zellmembran.
O. Lebtag 4630△

1537 **Sensibilisierung von Tauben für Epinephrin-induziertes Kammerflimmern durch ein substituiertes Propiophenon.** Viiu V. Klein, Stanley E. Srensek und Lehman M. Lusky. (J. Pharmac. Sci. **51**, 372—74, 1962; Washington, D. C., U. S. Dep. of Health, Educ., and Welf., Food and Drug Administ., Bureau of Biol. and Physical Sci., Div. of Pharmacol.; engl.) — *α-Phenoxy-α-dimethylaminomethylpropiophenonhydrochlorid* (*U-0882*) verursacht bei Tauben eine Sensibilisierung gegenüber *Epinephrin*-induziertem Kammerflimmern. Für die Verwendung von Tauben zur Prüfung von Arzneimitteln auf herzsensibilisierende Eigg. wird eine einfache u. schnelle Meth. vorgeschlagen. P. Gregorzewski 4630◇

1538 **Die Verteilung von $^{14}C_{(1)}$-Hydralazin nach Injektion in normalen Mäusen.** H. Mitchell Perry jun., Phillip Comens und Aniece Yunice. (J. Lab. clin. Med. **59**, 456—61, 1962; Wash. Univ. School of Med., Dep. of Internal Med., Hypertension Div.; Barnes and Wohl Hospital; engl.) — Nach subkutaner Injektion von *$^{14}C_{(1)}$-Hydralazin* (*1-Hydrazinophthalazin*) wird in Abständen die Ausscheidung u. Verteilung von ^{14}C an Mäusen untersucht. Die Hälfte des injizierten ^{14}C wird innerhalb 16 Std. mit dem Urin ausgeschieden. Bald nach der Injektion haben Niere u. Aorta die höchsten ^{14}C-Spiegel, der der Aorta nimmt langsam, der renale schnell ab. Die hohe Anfangsaktivität in der lösl. Fraktion von Leber-, Nieren- u. Lienalzellen nimmt schnell ab, die Hauptaktivität verbleibt in den einzelnen Fraktionen, bes. in den Mitochondrien. Ungefähr die Hälfte des in der lösl. Fraktion des Leber-Homogenats 8 Std. nach der Injektion verbleibenden ^{14}C ist augenscheinlich an Protein gebunden. F. Zeidler 4630◇

1539 **Hemmung der alkalischen Phosphatase der Niere durch Benzothiadiazine.** J. M. Llinás und F. Ponz. (Rev. españ. Fisiol. **19**, 21–24, 1963; Barcelona, Univ., Fac. de Ci., Labor. de Fisiol. Animal.; span.) — *Chlorothiazid, Hydrochlorothiazid* u. *Hydroflumethiazide* (nach abnehmender Wirkstärke geordnet) hemmten die *alkal. Phosphatase* in Nierenextrakten bei Verw. von β-Glycerophosphat als Substrat. K. Zingraf 4634◇

1540 **Wirkung von Hydroflumethiazide auf die Resorption von Zuckern im Darm.** M. Lluch und F. Ponz. (Rev. españ. Fisiol. **19**, 13–19, 1963; Barcelona, Univ., Fac. de Ci., Labor. de Fisiol. Animal.; span.) — Am Rattendarm in situ hemmt $2{,}5 \cdot 10^{-3}$ m *Hydroflumethiazide* die Resorption von Glucose, Galaktose u. Fructose, jedoch nicht die von Arabinose. Es handelt sich um eine lokale Wrkg. auf die Schleimhaut. K. Zingraf 4634◇

1541 **Pharmakologische Untersuchungen über ein neues Diureticum, Hygroton.** Showa Ueki, Junichi Iwaki und Hiroshi Yonemaru. (Fukuoka Acta med. [Fukuoka-Igaku-Zassi] **53**, 927–40, 1962; Fukuoka, Kyushu Univ., Fac. of Med., Dep. of Pharmacol.; jap., Auszug: engl.) — Unterss. mit i.v. u. peroral verabreichtem *Hygroton* [*1-Oxo-3-(3'-sulfamyl-4'-chlorphenyl)-3-hydroxyisoindolin*; 0,2–30 mg/kg] zeigen, daß dieses ausgeprägte diuret. u. saluret. Wrkg. (bei der Katze) hat, ohne die anderen Nierenfunktionen, die Atmung, das Herzkreislaufgeschehen oder die Darmaktivität zu beeinflussen (Konzz. über 10^{-3} m beschleunigen allerdings in vitro die Aktivität des isolierten Kaninchenileums). Bes. deutlich war die Steigerung der Ausscheidungsgeschw. für *Na* u. *Cl* (Schwellendosis 0,2 mg/kg, über 5 mg/kg hinaus keine weitere Wrkg.-Steigerung), die *K*-Ausscheidung wurde nicht so stark erhöht. Acidose u. Hypokaliämie sind kaum zu erwarten. U. Tausendfreund 4634◇

1542 **Verteilung von ^{35}S-Prochlorperazine in der gelbsüchtigen Ratte.** Barrie M. Phillips und Tom S. Miya. (Proc. Soc. exp. Biol. Med. **112**, 706–08, 1963; W. Lafayette, Ind., Purdue Univ., Dep. of Pharmacol.; engl.) — Bei Verss. an ♂ Albinoratten (250–350 g), die durch Gallengangabbindung gelbsüchtig gemacht worden waren u. denen *^{35}S-Prochlorperazine* (10 μc/275 g Körpergew.) intraperitoneal injiziert worden war, wurde der ^{35}S-Geh. von Gehirn, Leber, Niere, Fett, Muskel u. Blut bestimmt u. mit den entsprechenden Werten gesunder Kontrolltiere verglichen. Es wurde festgestellt, daß die Aktivitäten der gelbsüchtigen Ratten 1 Std. nach der Injektion höher und nach 8 Std. niedriger lagen als bei den Kontrolltieren. Nach sehr langsamer Abnahme waren die ^{35}S-Werte der ikter. Tiere nach 48 Std. wesentlich höher als die der Kontrollen. Die Ausscheidung der verabreichten ^{35}S-Dosis erfolgte bei den gelbsüchtigen Tieren hauptsächlich durch den Urin, bei den Kontrolltieren mit den Faeces. U. Drehmann 4646◇

1543 **Weitere Untersuchung der chemotherapeutischen Einwirkung auf die Larven von Ascaris suum während ihrer Migration.** Ss. A. Rabinowitsch. (Med. Parasitol. parasit. Krankh. [UdSSR] **32(41)**, 152–59, 1963; Inst. für med. Parasitol. u. Tropenmed. des Gesundheitsminist. der UdSSR, Abt. für Protozool.; russ., Auszug: engl.) — In Verss. an weißen Mäusen, die mit *Ascaris suum* infiziert wurden, bewirkt die Zufuhr von *Biomycin* eine Hemmung der Beweglichkeit der Larven. Durch *Grisemin, Furazolidon* u. *Tubazid* wird die Zahl der die Lunge erreichenden Larven vermindert. Die Hämorrhagien in der Lunge nehmen ab, die Migration wird verlangsamt. O. Lebtag 4649△

1544 **Pharmakologische Bewertung des Anthelminthicums Naphthammon.** M. N. Lebedewa und Ch. I. Sseifulla. (Med. Parasitol. parasit. Krankh. [UdSSR] **32(41)**, 188–93, 1963; Inst. für med. Parasitol. des Gesundheitsminist. der UdSSR, Abt. Helminthol.; russ., Auszug: engl.) — Nach Zufuhr von 940 mg (10fache therapeut. Dosis) *Naphthammon* (**I**; *Benzyldimethyl-β-phenoxyäthylammonium-β-hydroxynaphthoat*)/kg wird im Ratten-Vers. die bedingtreflektor. Tätigkeit, im Kaninchen-Vers. die bioelektr. Aktivität herabgesetzt. Bei peroraler **I**-Zufuhr im Katzen-Vers. wird der Blutdruck gesenkt. In Verss. an Meerschweinchen zeigt **I** eine negative chrono-inotrope Wrkg. auf das isolierte Herz. Beim Kaninchen bewirkt **I** im isolierten Ohr eine Gefäßerweiterung. Tonus u. Kontraktionen des isolierten Kaninchendarms werden durch **I** vermindert. O. Lebtag 4649△

1545 **Heilung von Impfinfektion durch 5-Jod-2'-desoxyuridin.** Herbert E. Kaufman, Anthony B. Nesburn und Emily D. Maloney. (Virology **18**, 567–69, 1962; Gainesville, Fla., Univ., Div. of Ophthalmol.; engl.) — *5-Jod-2'-desoxyuridin* (**I**), das auch schwere u. fortgeschrittene Herpes simplex-Infektion der Cornea heilte oder besserte, erwies sich auch bei der Impfinfektion der Cornea als ein Heilmittel dieser Keratitis. In etwa der Hälfte der behandelten Fälle wiesen die Augen kein Virus nach der Behandlung mit **I** auf, obwohl sämtliche Kontrollaugen akt. Keratitis zeigten. L. Macher 4670◇

1546 **2-Phenyl-5-bromindandion-(1.3) bei der uricurischen Behandlung der Gicht und der Harnsäurediathese.** Giampiero Pasero und Nedo Riccioni. (Clin. terapeut. [Roma] **26**, 32–44, 1963; Pisa, Univ., Ist. di Clin. Med. Generale e Terap. Med.; ital.) — Bei 25 Patienten mit Gicht u. Harnsäurediathese erhöhte *2-Phenyl-5-bromindandion-(1.3)* den *Harnsäure*(**I**)-Geh. im Harn u. verringerte den **I**-Geh. des Blutes. Die Bldg. von Uratsteinen kann durch Zufuhr von großen Wassermengen u. Verabreichung von Acetazolamid verhütet werden. K. Zingraf 4670◇

1547 **Neurotoxizität von Cyanwasserstoff.** Seymour Levine und Benjamin Weinstein. (J. Amer. pharmac. Assoc., sci. Edit. **48**, 224–26, 1959; Jersey City, N. J., St. Francis Hosp., Pathol. Labor.; engl.) — Zur Unters. der Toxizität dampfförmiger Noxen auf das Zentralnervensyst. wird eine Anordnung beschrieben, bei der Ratten in einem Glasgefäß mit luftgemischter *HCN* verschiedenen Konzz. ausgesetzt werden können. Bei Verw. konst. Konzz. starben die Tiere, ohne daß im Zentralnervensyst. histopatholog. Schädigungen nachweisbar waren. Wurden die Konzz. dem Verhalten der Tiere so angepaßt, daß die Ratten längere Zeit einer subletalen Intoxikation ausgesetzt waren, so konnten regelmäßig reproduzierbare Hirnschädigungen durch *HCN* ausgelöst werden. K. Böhm 4675◇

1548 **Über die Toxizität des 2-Hydroxyiminomethyl-N-methylpyridiniummethansulfonats (P2S).** D. R. Davies und G. L. Willey. (Brit. J. Pharmacol. Chemotherapy **13**, 202–06, 1958; Porton, Wilts., Chemical Defence Experimental Establishment; engl.) — Für die Behandlung der Alkylphosphatvergiftung beim Menschen ist das erfolgversprechende *2-Hydroxyiminomethyl-N-methylpyridiniumjodid* (*P2AM*) infolge seiner relativen Wasserunlöslichkeit nur begrenzt anwendbar. Wird das Jodid durch Methansulfonat ersetzt, so entsteht bei gleicher Wirksamkeit das wesentlich besser lösl. *P2S* (**I**). Die Toxizität von **I** wurde an mehreren Tierspecies untersucht. — Für Mäuse, Ratten u. Kaninchen beträgt die DL_{50} i.m. etwa 230 mg **I**/kg, für Affen 356 mg **I**/kg u. für Hunde 70–80 mg **I**/kg. Die DL_{50}-Werte wiesen abhängig von der Applikationsart u. dem Applikationsort bes. bei Ratten große Unterschiede auf (i.v. 109 mg **I**/kg, subkutan von 362–527 mg **I**/kg, intraperitoneal 262 mg **I**/kg). In Ggw. von Atropinsulfat erhöhte sich die i.m. DL_{50} bei Ratten um 20%, blieb aber bei Mäusen nahezu unverändert. Für die untersuchten Tierspecies, ausgenommen Hunde, werden 100 mg **I**/kg i.m. als die sichere Dosis angesehen. Die optimale Wirksamkeit für das vollatropinisierte Tier liegt bei 30 mg **I**/kg. Ohne Berücksichtigung des Atropineffektes werden 30 mg **I**/kg i.m. für den Menschen als optimale therapeut. Dosis vermutet. H.-D. Schlabitz 4675◇

1549 **Erfolgreiche Behandlung einer E 605-Vergiftung mit einem neuen Cholinesterase-Reaktivator.** Helmut L. Staudacher. (Ärztl. Forsch. **17**, 441–43, 1963;

Nürnberg, Städt. Krankenanst., III. Med. Klin.; dt.) — *Bis*-[*4-hydroxyiminomethyl-N-methylpyridinium*]-*ätherdichlorid* (*BH 6 Ly* bzw. *BH 6*; Merck; I) ist ein neues Mittel gegen Alkylphosphatvergiftungen ohne Nebenwrkgg., das die Cholinesterase rascher reaktiviert als *2-Hydroxyiminomethyl-N-methylpyridiniumjodid.* Es passiert auch die Blut-Hirn-Schranke u. erreicht so die Esterasen des Zentralnervensystems. Ein Patient mit *p-Nitrophenylthiophosphorsäuredimethylester* [E 605 forte]-Vergiftung mit sicher letaler Dosis konnte durch I in Kombination mit *Atropin* gerettet werden.
K. Zingraf 4675◇

1550 **Faktor 3 und Selen (Literaturübersicht).** Ss. G. Aptekar. (Fragen d. Ernähr. [UdSSR] **22**, Nr. 1, 83 bis 86, 1963; Moskau, Inst. für Ernährung der Akad. der med. Wiss. der UdSSR; russ., Auszug: engl.) — Übersicht an Hand der Literatur. — 30 Literaturangaben.
S. Baryschnikow 4681△

1551 **Drei Fälle von Alkoholintoleranz als einzigem Symptom einer Trichloräthylenvergiftung.** Carlo Sbertoli und Giuseppe Brambilla. (Med. del Lavoro **53**, 353—58, 1962; Milano, Univ., Clin. del Lavoro „L. Devoto"; Centro di Studi e Ric. sulle Mal. Prof. sotto il Patronato dell'INAIL; ital.) — Bei 3 Fällen von *Trichloräthylen*(I)-Vergiftung trat als einziges Symptom eine Alkoholintoleranz auf; diese war auf die Zeit beschränkt, während der die Vergifteten der Einw. von I ausgesetzt waren u. war wenige Tage später verschwunden u. zwar zu einem Zeitpunkt, als im Harn noch beträchtliche Mengen Trichloressigsäure nachweisbar waren.
K. Zingraf 4681◇

1552 **Akute Thionylchlorid-Vergiftung.** Antonio Grieco. (Med. del Lavoro **53**, 206—09, 1962; Milano, Univ., Clin. del Lavoro „L. Devoto"; Centro Studi e Ric. sulle Mal. Prof. sotto il Patronato dell'INAIL; ital.) — Nach Inhalation von *Thionylchlorid* trat bei einem Arbeiter eine Tracheobronchitis auf, die in wenigen Tagen durch Aerosole von bronchialerweiternden Substanzen u. Antibioticis beseitigt werden konnte.
K. Zingraf 4681◇

F. Pharmazeutische Chemie, Desinfektion

1553 **Über Beziehungen zwischen Organgröße und Wirkstoffgehalt von Drogen, untersucht an Folium Stramonii und Semen Lini.** H. Flück und G. Kunz-Anderegg. (Pharmac. Acta Helvetiae **38**, 293—305, 1963; Beilage zu: Schweiz. Apotheker-Ztg.; Zürich ETH, Pharm. Inst., Pharmakogn. Abt.; dt.) — Inhaltlich ident. mit der C. **1962**, 184 referierten Arbeit. E. Hieke 4782◇

1554 **Isolierung der Alkaloide aus einigen Papaverarten.** 5. Mitt. Vl. Preininger, P. Vácha, B. Sula und F. Santavý. (Planta med. [Stuttgart] **10**, 124—33, 1962; Olomouc, Tschechoslowakei, Palacky Univ., Med. Fak., Chem. Inst.; dt.) — 4. vgl. Collection Czechoslov. Chem. Commun. **27**, [1962]; vgl. C. **1962**, 12383. — Die Unters. der Alkaloide (I) von 12 *Papaver*-Arten ergab bei 10 Arten *Rhoeadin.* Es wurden ferner durch Chromatographie der I-Extrakte an Al_2O_3 gefunden: *Protopin, Rhoeogenin, Muramin,* F. 175—177°, $[\alpha]_D^{22}$ ± 0° (c = 1,0 in Chlf., Methanol), *Latericin,* F. 215—217°, $[\alpha]_D^{24}$ + 91 ± 3° (c = 0,602, Methanol) u. $[\alpha]_D^{22}$ + 84 ± 5° (c = 0,33, Methanol), I R-A, I R-K, F. 300°, I R-S, F. 223—225° $[\alpha]_D^{23}$ + 360 ± 10° (c = 0,66, Chlf.), I R-T, F. 221—223°, I PA-1, F. 140—143° sowie verschiedene I u. Substanzen ohne Dragendorff-Rk.: I, F. 320—330° (Zers.), orange, IR- u. UV-Spektrum angegeben; I, F. 227—230°, $[\alpha]_D^{22}$ + 240 ± 10° (c = 0,83, Chlf.), 65,18% C, 5,56% H, IR-Spektrum; I, F. 239 bis 241°, $[\alpha]_D^{22}$ + 78 ± 10° (c = 0,183, Chlf.), UV-, IR-Spektrum; I, F. 271—273°, $[\alpha]_D^{22}$ + 29 ± 10° (c = 0,203, Chlf.); I, $C_{11}H_{11}NO_4$, F. 295—297° (Zers.), IR-Spektrum. Morphin, Codein u. Thebain wurden nicht gefunden. Papierchromatograph. wurden in den Extrakten Saccharose, Glucose u. Fructose nachgewiesen.
W. Schönborn 4782◇

1555 **Isolierung der Alkaloide aus einigen Papaverarten.** 6. Mitt. **Isolierung der Alkaloide aus einigenPapaverarten der Sektion Scapiflora Reichb.** M. Maturová, B. K. Moza, J. Sitař und F. Šantavý. (Planta med. [Stuttgart] **10**, 345—58, 1962; dt.) — 5. vgl. vorst. Referat. — Bei Unterss. auf Alkaloid-Vork. in verschiedenen Papaverarten wurde festgestellt, daß die biochem. Eigg. dieser Arten ähnlich sind, da viele von ihnen die gleichen Alkaloide enthalten: *Protopin, Rhoeadin, Muramin,* das *Alkaloid F. 367°* u. *Xanthopetalin,* F. 215°. $[\alpha]_D^{22}$ — 145°. Auf Grund physikal. u. chem. Konstit.-Best. wurde *Muramin* als *8-Methyl-2.3.11.12-tetramethoxy-17-oxo-8.17-desdihydroberberin* u. *Amurin* als *2-Methyl-6.7-methylendioxy-1-[4-methoxybenzoyl]-1.2.3.4-tetrahydroisochinolin* identifiziert. U. Drehmann 4782◇

1556 **Wissenswertes aus der Arbeit des Staatlichen Instituts für Arzneimittelprüfung Berlin.** 6. Mitt. **Galenische Arbeiten — Voraussetzung zur weiteren Qualitätsverbesserung von Arzneimitteln.** G. Kläwicke. (Pharmazie **18**, Nr. 6, Beil.: Pharmaz. Prax. 110—13, 1963; Berlin, Staatl. Inst. für Arzneimittelprüfung; dt.) — Vf. berichtet über einen neuen, magensaftresistenten Dragierlack (I), der besteht aus in Isopropanol gelöstem Copolymerisat von Methacrylsäure, Methacrylsäuremethyl- u. -n-propylester u. geringen Mengen eines Weichmachers (z. B. Ricinusöl). Die Verw. von I für ein Krustengranulat aus p-Aminosalicylsäure (PAS) u. 96%ig. A. erbrachte keine befriedigenden Ergebnisse, dagegen konnte mit Hilfe von Vernix enterosolubilis der Dän. Ph. IX(1948) die Dragierung vorgenommen werden. Es gelang nicht eine PAS–Na-Lsg. zu stabilisieren sowie aus Sulfamethoxypyridazin einen wohlschmeckenden Depot-Sulfonamid-Saft herzustellen. Weiterhin wird die Herst. von Ampullen im Labor.-Maßstab unter Fremdbegasung beschrieben. W. Schmollack 4790◇

1557 **Beitrag zur Verarbeitung des Elrolans.** M. Hädicke. (Pharmazie **18**, Nr. 6, Beil.: Pharmaz. Prax. **109**, **1963**; Jena, Stattl. Inst. für Arzneimittelprüfung; dt.) — Das *Elrolan* (I) [VEB Deutsches Hydrierwerk Rodleben] ist ein hydriertes Wollfett, das sich vor allem durch einen bedeutend geringeren Geh. an mit *Digitonin* fällbaren Sterinen (< 10%) von den *Alcoholes Lanae* (II) des Nachtrags 1959 (DDR) zum DAB 6 unterscheidet. Die Wasseraufnahmefähigkeit des I gegenüber den II ist geringer. Vf. schlägt deshalb vor, zur Verarbeitung des I zur Unguentum Alcoholum Lanae (UAL) in Abänderung der Vorschrift des genannten Nachtrags die doppelte Menge I statt der vorgeschriebenen Menge II zu verwenden. Die Mengen an Vaselin, Ceresin u. fl. Paraffin können geändert werden, um eine gleichmäßige Konsistenz zu erhalten. Unter Verw. von 5% I, 5% *Stenol* (freie Fettalkohole vom Typ des Cetylalkohols) u. 10% Vaselin ist gleichfalls eine der UAL ähnliche Salbengrundlage herzustellen, die etwa 200% W. aufnimmt. Außerdem werden noch die Kennzahlen des I u. des Stenols angegeben. G. Mews 4792◇

1558 **Beitrag zur Frage der Arsenbestimmung in Arzneibuchpräparaten und Feinchemikalien.** E. Jackwerth. (Arch. Pharmaz. Ber. dtsch. pharmaz. Ges. **295/67**, 779 bis 795, 1962; Darmstadt, E. Merck AG, Kontroll-Labor.; dt.) — Da die Meth. nach Gutzeit [1879] zur Best. geringer As-Mengen mit hohen Fehlern behaftet ist, wird eine modifizierte Meth. zur colorimetr. As-Best. beschrieben, die auf Vašák u. Šedivec [1952] zurückgeht, wobei AsH_3 mit einer Lsg. von Ag-Diäthyldithiocarbaminat in Pyridin umgesetzt wird. Es entsteht ein rotviolett gefärbter Komplex mit λ_{max} = 538 nm u. einem molaren Extinktions-Koeff. von 13000. Zur Red. von As(V) wird $SnCl_2$ u. KJ zugesetzt, während zur Aktivierung $CuSO_4$ benutzt wird. Die Standardabweichung bei 5 μg As beträgt ± 2,5%, die Grenz-Konz. liegt bei 0,15 μg As. Es wird über die Auswertung durch visuellen Farbvgl. Farbvgl.-Lsgg. u. Farbgläser berichtet.
Harro Zimmer 4880◇

1559 **Über eine Farbreaktion der nicht im Stickstoff substituierten Carbamate. Analytische und pharmazeutische Anwendungen.** G. Devaux, P. Mesnard und J. Cren. (Produits Problèmes pharmac. **18**, 221—28, 1963; Bordeaux, Fac. Méd. et Pharm., Labor. Chim.; franz.) — Die nicht im Stickstoff substituierten Carbamate (z. B. Methocarbamol, Carisoprodol) werden in einem alkal. Medium in Cyanata verwandelt, die mit einem Co II-Salz einen blaugefärbten Komplex geben, der colorimetr. bestimmt werden kann. Harnstoff reagiert unter den Vers.-Bedingungen nur sehr schwach. Die colorimetr. Meth. erscheint für die Analyse u. die Arzneimittelkontrolle geeignet. O. Jansen 4880◇

1560 **Potentiometrische Bestimmung von 1-Phenyl-3-methylpyrazolon-(5).** György Milch. (Magyar Kémikusok Lapja [Z. Ver. ung. Chemiker] **18**, 289—90, 1963; Budapest, Chinoin; ung.) — 1-Phenyl-3-methylpyrazolon-(5) (I) geht bei Einw. von HNO_2 in das rötlichgelbe 1-Phenyl-3-methyl-4-isonitroso pyrazolon-(5) über. Wird I in 20%ig. HCl gelöst, mit W. verd. u. mit 0,5 m $NaNO_2$ Maßlsg. titriert (Pt- u. Kalomel-Elektrode), so tritt im Endpunkt ein auffallender Potentialsprung auf. 1 ml 0,5 m $NaNO_2$ entspricht 87,1 mg **I**. Genauigkeit ± 0,3 bis 1%. J. Plank 4880△

1561 **Identifizierung von Barbituraten durch Röntgenpulverdiagramme ihrer p-Nitrobenzylderivate.** J. A. R. Cloutier und Jane M. Manson. (Appl. Spectroscopy **15**, 60—64, 1961; Ottawa, Dep. of Nat. Health and Welfare, Food and Drug Directorale; engl.) — An Hand von Daten aus der Literatur besprechen Vff. die Identifizierung von Barbitursäuren mit Hilfe der Röntgenpulvermeth. vom prakt. Standpunkt aus. Wenn die isolierte freie Säure nicht an Hand des A. S. T. M.-Index einwandfrei identifizieren läßt, schlagen Vff. vor, das entsprechende p-Nitrobenzylderiv. herzustellen u. röntgenograph. zu untersuchen. In den meisten Fällen ist dann eine einwandfreie Identifizierung möglich. Die Meth. wurde angewandt auf die Identifizierung von *Nembutal* oder *Pentobarbital, Cyclopal* u. *Butethal* oder *Neonal.* C. Gottfried 4880

1562 **Berberastin.** M. M. Nijland. (Pharmac. Weekbl. **98**, 301—12, 1963; Utrecht, Rijksuniv., Farmaceut. Labor., Afd. Farmalogn. en Galen. Farmacie; niederl.) — Aus *Hydrastio* Rhizoma wird auf einer Säule mit Cellulosepulver eine Protoberberin-Alkaloid, *Berberastin* (I), F. 132—137°, isoliert. Das Jodid, $C_{20}H_{18}O_5NJ$ zeigt in 96%ig. A. den Wert $[\alpha]_D + 107°$. I wird als 2.3-Methylendioxy-9.10-dimethoxy-5- oder -6-hydroxyprotoberberin identifiziert. In *Coptis orientalis Maxim., Zanthoriza simplicissima Marsh.* u. *Berberis laurina Thunb.* wird **I** oder ein anderes Protoberberin mit einer alkohol. OH-Gruppe an C_5 oder C_6 nachgewiesen. W. Wesly 4880◇

1563 **Über die Trennung und Bestimmung der wichtigsten Opiumalkaloide.** W. Poethke und D. Anand Rao. (Sci. pharmac. [Wien] **31**, 116—24, 1963; Jena, Univ., Inst. für Pharm. u. Lebensmittelchem.; dt.) — Es wird ein einfaches Verf. zur Best. von Morphin, Kodein, Narcotin, Thebain u. Papaverin beschrieben. Aufbauend auf die Arbeiten von Lee Kum-Tatt [1960] u. C. G. Farmilo [1958] wurde zur Best. von Papaverin, Thebain u. Narcotin die unterschiedliche Löslichkeit der Reineckate dieser drei Alkaloide in 3 verschiedenen organ. Lsgm. ausgenutzt. Aus einem Gemisch von Papaverin-, Thebain- u. Narcotinreineckat kann mit 2,5% A. enthaltendem Chlf. das Narcotinreineckat herausgelöst werden. Die Reineckate von Thebain u. Papaverin sind in diesem Lsgm. unlöslich. Aus dem Rückstand kann das Thebainreineckat mit Essigsäureäthylester eluiert werden; Papaverinreineckat bleibt zurück u. kann in Aceton gelöst werden. Die Menge der jeweils gelösten Reineckate ergibt sich aus den auftretenden Gewichtsdifferenzen. Die erhaltenen Lsgg. können außerdem noch photometr. auf ihren Geh. an Alkaloidreineckat untersucht werden. Zur Best. diese 3 Alkaloide in Opium wurde die Droge nach V. J. Bakre [1959] mit Eisessig verrieben u. durch Zugabe von W. extrahiert. Aus diesem Auszug wurden Narcotin, Thebain u. Papaverin durch Ausschütteln mit Chlf. entfernt. In der nach dem Ausschütteln mit Chlf. verbliebenen wss. Phase können Morphin u. Kodein bestimmt werden. Aus alkal. Medium werden Kodein mit Ae. u. danach Morphin mit Chlf./Isopropanol (3:1) ausgeschüttelt. Beide Alkaloide werden als Reineckate gefällt u. gravimetr. oder photometr. bei 533 nm bestimmt. — In 8 Tabellen sind die Untersuchungsergebnisse zusammengefaßt. W. Kinze 4880◇

1564 **Analyse der ätherischen Öle mittels Papier- und Plattenchromatographie. Anwendung bei einigen offizinellen Essenzen.** R. Paris und M. Godon. (Ann. pharmac. franç. **19**, 86—93, 1961; Paris, Fac. de Pharm., Labor. de Mat. méd.; franz.) — Während dieAnwendung der fraktionierten Dest. zur Analyse äther. Öle langwierig ist u. ziemlich großer Substanzmengen bedarf, verlangt die Gaschromatograhhie eine kostspielige App., u. außerdem ist die Interpretation oft diffizil. Die bei der Analyse der Essenzen angewandte Technik der Chromatographierplatten (Adsorptionschromatographie an einer dünnen Schicht porösen Gutes wie Al-Oxid, Kieselsäure u. a. auf einer Glasscheibe) ist auch für fettlösl. Substanzen verschiedenster Polarität brauchbar, hat den Vorteil der schnellen Durchführbarkeit ($^1/_2$—2 Std. bei aufsteigender Technik) sowie der Anwendbarkeit agressiver Chemikalien u. benötigt nur wenige Mikrogramme Substanz. Die Meth. ist anwendbar zur Unters. der Umwandlung der äther. Öle in den Pflanzen sowie zur Unters. der in der Pharmazie gebräuchlichen Essenzen. — 19 Literaturangaben. K. Ziegenhorn 4880◇

1565 **Differenzierungs- und Bestimmungstechnik für 11-Hydroxy- und 11-Desoxy-Δ^4-3-Ketosteroide.** A. Noirfalise und J. Buret. (J. Pharmac. Belgique [N. S.] **17(44)**, 313—22, 1962; Liège, Univ. Labor. de Chimie Méd., Toxicol. et Hygiène; franz.) — Steroide mit einer Δ^4-Doppelbindung u. einer 3-Ketogruppe geben mit 2.6-Di-tert.-butyl-p-kresol in alkohol. Lsg. in Ggw. von NaOH eine Blaufärbung, die durch eine weitere Δ^1-Doppelbindung abgeschwächt wird. 11-keto-substituierte Δ^4-3-Ketosteroide geben eine orange-gelbe u. die 11-hydroxy-substituierten Verbb. eine blaue Färbung. Diese Farb-Rkk. eignen sich auch zur quant. Best. von *Cortison* u. *Cortisol* in einem Gemisch. Nach Absorptionsmessungen bei 440, 470, 500 u. 600, 630, 660 mμ kann Cortison neben Cortisol quant. nach einer einfachen Gleichung berechnet werden. U. Drehmann 4880◇

1566 **Die Anwendung der Radioisotopen zur pharmakodynamischen Untersuchung der Proteine und der Polypeptide.** Jacques Ingrand. (Produits Problèmes pharmac. **18**, 229—44, 1963; Saclay, Centre d'Etudes Nucleaires; franz.) — Übersicht über die Anwendung von Radioisotopen (^{131}J, ^{35}S, ^{51}Cr) bei der Unters. von Therapeutica auf Protein- u. Polypeptidbasis (Hormone der Hypophyse u. des Pankreas, Enzyme, Cytochrome, Heparin). — 179 Literaturangaben. O. Jansen 4880◇

1567 **Identifizierung und Auswertung botanischer Extrakte durch Papierchromatographie.** William A. Meer, Rolf S. Westby und Walter Sirgo. (J. pharmac. Sci. **51**, 756—59, 1962; New York, N. Y., Meer Corp.; Indianapolis, Ind., E. Lilly and Co.; engl.) — Zur Charakterisierung von Drogen-Extrakten dient die aufsteigende Papierchromatographie auf Whatman Nr. 4-Papier mit dem Laufmittel n-Butanol-Eisessig-W. (4:1:5). Die getrockneten Chromatogramme werden im UV u. im sichtbaren Bereich betrachtet. Als Ansprühreagentien werden a) wss. 0,1 m $Ce_2(SO_4)_2$-Lsg. b) gesätt. Lsg. von $Al_2(SO_4)_3$ in Methanol u. c) eine gesätt. Lsg. von Na-Borat in W. vorgeschlagen. Harro Zimmer 4880◇

1568 **Über die Prüfung von Gelatinekapseln.** Pierre Fabre. (Ann. pharmac. franc. **21**, 75, 1963; Paris, Roussel-Uclaf, Centre de Recherches; franz.) — Bei der papierchromatograph. Identifizierung der Färbemittel von Gelatinekapseln kann der störende Einfl. der Gelatine durch 4—5std. Behandlung (50°) mit 10 mg Papain u. 3 ml W. (10 Kapseln) aufgehoben werden. In der entstehenden Fl. sedimentiert der mineral. Zusatz (z. B. TiO_2). Nach Verdünnung auf 5 ml mit Methanol oder Dimethylformamid können auf Whatman-Papier Nr. 1 Indigoblau, Tartrazingelb u. Erythrosin-Na mit Pyridin-

Isobutanol:W. (2:3:5) als Laufmittel getrennt werden. Die Flecke, die durch ihre Eigenfärbung oder UV-Fluorescenz beobachtet werden, haben die gleichen R_F-Werte wie die Originalfarbstoffe. U. Drehmann 4880◇

1569 Soc. d'Études et de Recherches Pharmacotechniques, Monaco, **Sterilisieren von hydrophiler Baumwolle.** Zur Herst. von keimfreier hydrophiler Baumwolle für chirurg. Zwecke, z. B. zum Verbinden kleiner Wunden, zerschneidet man ein Baumwollvlies in gleiche flache u. regelmäßige Stücke, versieht jedes Stück auf einer Seite mit einem ebenso breiten, aber ein wenig längeren Stück hydrophiler Gaze, verpreßt beide Stücke nach dem Fällen in zwei Teile (mit der Gaze im Innern) miteinander, wobei man die überstehenden Enden der Gaze nach beiden Seiten auf die Baumwolle umklappt, verschließt den Verbandstoff in einer geschmeidigen Umhüllung, z. B. aus Sulfit- oder Filterpapier, unterwirft ihn der Einw. des Dampfes von sd. W. bis zur vollständigen Sterilisation u. entfernt den absorbierten Wasserdampf durch Dämpfen. Das so erhältliche Prod. dient zum Reinigen u. Schützen von Wunden, besitzt eine hohe Absorptionskraft u. kann auch als Wundkompresse verwendet werden. — Beispiel, 3 Zeichnungen. (**F. P. 1288111** vom 6/2. 1961, ausg. 3/8. 1962.) W. Raetz 4795

1570 Armour and Co. (Erfinder: Edward Rapkin), Chicago, Ill., V. St. A., **Herstellung von Knochen-Transplantat,** dad. gek., daß man das mit Fett-Lsgm. entfettete Knochenmaterial zunächst mit Äthylendiamin-W. extrahiert, mit W. wäscht, dann in W. auf 80—100° erhitzt u. trocknet. (**E. P. 866647** vom 27/2. 1959, ausg. 26/4. 1961.) W. Heyer 4797

1571 Norwich Pharmacal Co., Norwich, N. Y., V. St. A., **Sedativ wirkendes Arzneimittel,** gek. durch den Geh. an einem o-Aminophenylacetamid, bes. 2-[2'-Amino-4'-chlorphenyl]-N-methylacetamid oder N-Methyl-2-aminophenylacetamid. (**Ind. P. 75019** vom 24/1. 1961.) C. Lüttgen 4807

1572 Upjohn Co., übert. von: John B. Wright, Kalamazoo, Mich., V. St. A., **1.1-Bis-[p-aminophenyl]-2-alkanole und deren Ester** der allg. Formel I (R = H oder

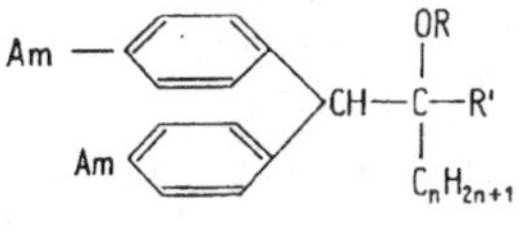

I

einen Carbonylsäurerest mit 1—8 C-Atomen, R' = niederes Alkyl, n = eine Zahl von 0—8 u. Am = prim., sek. niedere Alkylamino, eine tert. Di-niedere Alkylamino- oder Alkylenaminogruppe der Form R''N–, worin R'' eine Alkylengruppe mit 4—8 C-Atomen ist, die mit dem Amino-Stickstoff einen Ring mit 4—5 C-Atomen bildet) u. ungiftige Säure-Additionsprodd. davon, werden erhalten durch Rk. von γ-tert.-Aminophenyllithium mit einem Alkyl-α-KW-Stoff-oxy-alkanoat u. Rk. des so gewonnenen 1.1-Bis-(p-aminophenyl)-2-KW-Stoff-oxy-alkanols mit Säure zum Alkanon u. Red. des letzteren zum Alkanol oder durch Verw. eines Alkyl-α-hydroxyalkanoats u. Red. des Diols zum Alkanol. Beispiel: Zu einer Lsg. von p-Dimethylaminophenyllithium aus 5,55 (g) Li u. 70 p-Bromdimethylanilin werden 29,2 Äthyl-α-äthoxypropionat gelöst in Ae. zugegeben, unter Rückfluß erhitzt → *1.1-Bis-(p-dimethylaminophenyl)-2-äthoxypropanol*, F. 120,5—121°. 13,68 dieses Prod. werden in einer Mischung von 30,6 ml konz. HCl u. 70 ml W. 4 Std. gekocht, mit Na_2CO_3 alkalisiert u. mit Ae. extrahiert. Nach Abdampfen des Ae. wird der Rückstand aus A. umkrist. → *1.1-Bis-(p-dimethylaminophenyl)-2-propanon*, F. 66°. 8,89 dieses Prod. werden mit 1,14 Lithiumaluminiumhydrid in 100 ml Ae. red. u. in üblicher Weise aufgearbeitet. *1.1-Bis-(p-dimethylaminophenyl)-2-propanol*, F. 80—81°, *Dihydrochlorid*, F. 225°. *-2-Acetat*, F. 102 bis 105°; *-2-Benzoat*, F. 148—149°. Weitere Beispiele: *1.1-Bis-(p-dimethylaminophenyl)-2-methyl-2-propanol*, F. 94 bis 97°; *1.1-Bis-(p-methylaminophenyl)-2-methyl-2-propanol*, F. 107,5—8,5°. *Anticonvulsiva, Sedativa, Mittel gegen essentielle Hypertension.* (**A. P. 2993927** vom 25/4. 1958, ausg. 25/7. 1961.) R. Bauereis 4807

1573 Farbenfabriken Bayer Akt.-Ges., Leverkusen, **Herstellung von Carbaminsäurederivaten.** Bas. substituierte Thioester von Carbaminsäure (I) der allg. Formel XYN–CO–S–A–NR_1R_2 erhält man, indem Amine der allg. Formel XYNH zunächst mit $COCl_2$ umgesetzt werden. Das entstehende N-disubstituierte Carbamylchlorid läßt man dann mit einem bas. Thioalkohol der allg. Formel HS–A–NR_1R_2 reagieren. Hierbei sind X u. Y ggf. substituierte Phenylreste oder Reste von ggf. substituierten 5- oder 6gliedrigen N- oder S-haltigen Heterocyclen, wobei die Substituenten bes. aus Halogenatomen, Alkyl- oder Alkoxygruppen mit 1—4 C-Atomen bestehen. A ist eine geradlinige oder verzweigte KW-Stoff-Kette; R_1 u. R_2 sind Alkylreste; sie können miteinander verbunden sein oder mit N u. einem C-Atom von A einen 5- oder 6gliedr. Heterocyclus bilden, der durch Alkylreste substituiert sein kann. In Frage kommen bes. Piperidin-, Piperazin, Pyrrolidin-, Morpholin- u. Thiomorpholinringe, wobei die letztgenannten auch Sulfoxyd- oder Sulfonkonfiguration besitzen können. — Beispiele: Durch Kochen von 40 (g) Diphenylcarbamylchlorid, 28 Diäthylaminoäthylthiol u. 21 Triäthylamin in 700 ccm Bzl. erhält man 35 *β-Diäthylaminoäthylthiol-diphenylcarbamat*, $Kp._{1,01}$ 120—126°, *Hydrochlorid*, F. 180 bis 181°. In analoger Weise werden gewonnen: *β-Diäthylaminoäthylthiol-phenyl-2-pyridylcarbamat*, $Kp._{0,01}$ 150 bis 160°; *β-Dibutylaminoäthylthiol-diphenylcarbamat*, $Kp._{0,01}$ 180°, F. 59—60° aus Methanol; *β-(N-Methylpiperazyl-N-äthyl)-thiol-diphenylcarbamat*, F. 122—123° aus Ligroin; *β-Dimethylamino-äthylthioldiphenylcarbamat*, $Kp._{0,01}$ 130°, *Maleat*, F. 145—146°; außerdem wurden (aus $COCl_2$ u. den entsprechenden Aminen) folgende neuen Zwischenprodd. hergestellt: *β-Diäthylaminoäthylthiol-3-chlordiphenylamino-N-carboxylat*, $Kp._{0,01}$ 148—150°, *Hydrochlorid*, F. 145—146°; *β-Diäthylaminoäthylthiol-4-chlorphenylamino-N-carboxylat*, $Kp._{0,01}$ 145—150°, *Hydrochlorid*, F. 145—146°; *β-Diäthylaminoäthylthiol-2-chlordiphenylamino-N-carboxylat*, Kp. $_{0,02}$ 155°, *Hydrochlorid*, F. 163—165°; *β-Diäthylaminoäthylthiol-2-methoxydiphenylamin-N-carboxylat*, $Kp._{0,01}$ 160—165°, *Hydrochlorid*, F. 153—155°; *(β-Diäthylaminoäthyl)-thioester von 3-Methoxydiphenylamino-N-carbonsäure*, $Kp._{0,01}$ 160 bis 165°, *Hydrochlorid*, F. 132—135°; *(β-Diäthylaminoäthyl)-thioester von 4-Methoxydiphenylamino-N-carbonsäure*, $Kp._{0,01}$ 170°, *Hydrochlorid*, F. 158—159°; *β-Diäthylaminoäthylthiol-2-methyldiphenylamino-N-carboxylat*, $Kp._{0,01}$ 140°, *Hydrochlorid*, F. 158—159°; *(β-Diäthylaminoäthyl)-thioester von 4-Äthoxydiphenylamin-N-carbonsäure*, $Kp._{0,05}$ 180°, *Hydrochlorid*, F. 147—149°; *β-Diäthylaminoäthylthiol-3-äthoxydiphenylamino-N-carboxylat*, $Kp._{0,01}$ 154°, *Naphthalin-1.5-disulfonat*, F. 216—218°; *β-Diäthylaminoäthylthioester von Phenyl-(2-methyl-1.3.4-thiadiazolyl-5)-aminocarbonsäure*, $Kp._{0,01}$ 160°, *Maleat*, F. 126—126,5°, Verw.: zur Herst. von *pharmazeut. Präparaten mit antispasmod. Wirkung.* (**E. P. 871774** vom 3/9. 1959, ausg. 28/6. 1961. D. Prior. 18/9. 1958.) A. Kalix 4807

1574 Wellcome Foundation Ltd., London, England, **Oral anwendbares Mittel von Behandlung von Diabetes mellitus,** gek. durch den Geh. an N-4-Methylbenzolsulfonyl-N'-tetramethylenharnstoff (I) oder dessen Salzen. I weist einen höheren therapeut. Index auf als N-4-Methylbenzolsulfonyl-N'-butylharnstoff („Tolbutamid"). (**Ind. P. 71865** vom 20/5. 1960, ausg. 12/8. 1961.) C. Lüttgen 4807

1575 Imperial Chemical Industries Ltd., London, England (Erfinder: Roy Frederick Maisey), **Pentafluorphenylderivate von Alkylaminen** der allg. Formel **I**, worin R_1, R_2, R_3, R_4 gleich oder verschieden sein können u. H oder Alkyl, Aralkyl u. Aryl bedeuten, können durch

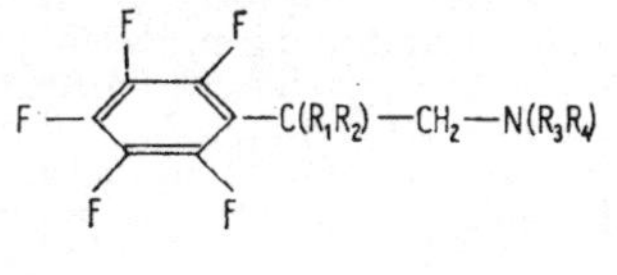

I

Red. des entsprechenden Säureamids mit $LiAlH_4$ in einem inerten Lsgm. hergestellt werden. Beispiele: *2-Pentafluorphenyläthylamin, Hydrogenoxalat,* F. 212°; *N-Isopropyl-2-pentafluorphenyläthylamin, Hydrogenoxalat,* F. 178—80°; *N.N-Dimethyl-2-pentafluorphenyläthylamin, Hydrogenoxylat,* F. 162—64°. *Mittel zur Behandlung von Herzgefäßkrankheiten.* (**E. P. 901892** vom 4/5. 1960, ausg. 25/7. 1962.) R. Bauereis 4807

1576 Biorex Laboratories Ltd., London, England (Erfinder: Siegfried Gottfried und Lily Baxendale), **Glycyrrhetinsäurederivate** der allg. Formel **I**. [In **I** bedeu-

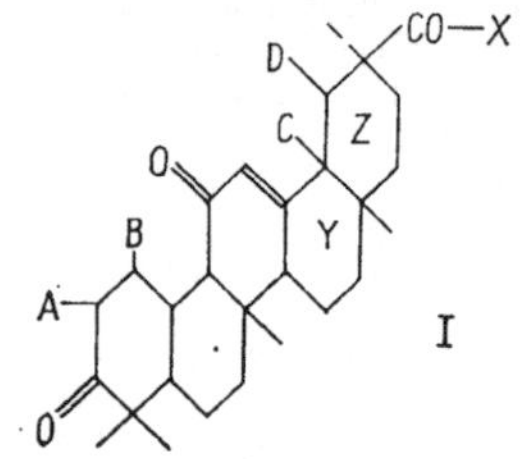

I

ten A u. B u./oder C u. D weitere Bindungen. Wenn A u. B oder C u. D eine weitere Doppelbindung darstellen, dann sind die anderen 2 Glieder H. X = OH, CH≡C–, oder ($-CH_2$ · O–Acyl). Die Ringe Y u. Z sind in cis- oder trans-Konfiguration gebunden] erhält man bei der Halogenierung von 3.11-Diketo-18α- u. 18β-olean-12-en-20-carbonsäure in einem organ. Lsgm., wobei, entsprechend der angewandten Halogenmengen 2-Halogen- oder 1.12.18-Trihalogen-3.11-Diketo-18α- u. 18β-olean-12-en-20-carbonsäuren entstehen. Bei der anschließenden Dehalogenierung entstehen 2-Halogen-3.11-Diketo-18α- oder -3.11-Diketo-18β-olean-1.12-dien-20-carbonsäure, bzw. 2.12.13-Trihalogen-3.11-diketo-Olean-1.12.18-trien-20-carbonsäure. Die freien Carbonsäuren werden mit $SOCl_2$, die Na-Salze der Carbonsäuren mit Oxalylchlorid in die Carbonsäurechloride übergeführt. Diese Verbb. ergeben mit NaC≡CH die Äthinylverb. u. mit Diazomethan erfolgt die Bldg. eines Diazoketons, welches mit einer Säure behandelt die Acyloxymethylverb. ergibt. — 3.11-Diketo-18β-olean-12-en-20-carbonsäure, F. 295° $[\alpha]_D^{20}$ +184° in Chlf. (c = 1), ergibt mit molaren Mengen Br in Eisessig gelöst, *2-Brom-3.11-diketo-18β-olean-12-en-20-carbonsäure,* F. 240°, $[\alpha]_D^{20}$ +180° in Chlf. (c = 0,2). Analog erhält man die 18α-Verb. ($C_{30}H_{43}OBr$). Mit der doppelten Menge erhält man *2.12.13-Tribrom-3-11. diketo-18β-olean-20-carbonsäure,* F. 255—256°, bzw. die 18α-Verbindung. Werden die Tribromverbb. aus einem Lsgm., wie Eisessig oder CH_3OH, rekrist., tritt Dehydrobromierung unter Bldg. von *2-Brom-3.11-diketo-olean-12-18-dien-20-carbonsäure,* F. 272—274° (CH_3CO_2H), ein. Behandelt man die 2-Brom-3.11-diketo-18β-olean-12-en-bzw. die 2.2.13-Tribrom-3.11-diketo-18β-oleanan-20-carbonsäure mit Chinaldin in einer Dimethylformamidlsg. → *3.11-Diketo-18β-olean-1.12-dien-20-carbonsäure,* F. 291 bis 292°, $[\alpha]_D^{20}$ +233°, in Chlf. B. P. (c = 2). F. der entsprechenden *18α-Verb.* 333—334°, $[\alpha]_D^{20}$ = +146°, in Chlf. B. P. (c = 1,6), ($C_{30}H_{42}O_4$). Die Tribromverb. ergibt *3.11-Diketo-olean-1.12.18-trien-20-carbonsäure,* F. 306—307° (CH_3OH u. Chlf.). Aus den Carbonsäurechloriden erhält man mit Acetylid *3.11-Diketo-20-(äthinylcarbonly)-18β-olean-1.12-dien,* bzw. *3.11-Diketo-20-(äthinylcarbonyl)-olean-1.12.18-trien.* Behandelt man die ungesätt. Carbonsäurechloride mit Diazomethan, erhält man die entsprechenden Diazoketone, welche mit CH_3CO_2H in Ggw. von CH_3CO_2Na *3.11-Diketo-20-(ω-acetoxyacetyl)-18β-olean-1.12-dien,* bzw. *3.11-Diketo-20- (ω-acetoxyacetyl)-olean-1.12.18-trien* ergeben. — Gegenüber bekannten Glycyrrhetinpräpp. zeigen die neuen **I** eine gesteigerte *therapeut. Wirkung.* Die 18α-Glycyrrhetinsäure ist gegenüber der 18β-Säure therapeut. akt., u. man unterwirft die 18β-Säure einer Umwandlung mittels Alkalihydroxid in einem alkohol. oder wss. alkohol. Medium unter Erhitzen mit anschließender Fällung der 18α-Carbonsäure durch Ausäthern. (**E. PP. 887011** u. **887012** vom 24/7. 1959, ausg. 10/1. 1962.) G. König 4807

1577 Norwich Pharmacal Co., Norwich, N. Y., V. St. A., **Herstellung von 1-Acetyl-1-[β-hydroxyäthyl]-2-[5′-nitrofurfuryliden]-hydrazin,** F. 115—116° (Bzl.), aus 5-Nitrofurfuryliden-β-hydroxyäthylhydrazon u. Essigsäureanhydrid in Eisessig durch $^1/_2$std. Erhitzen auf 75—110°; Ausbeute 60%. — *Heilmittel.* (**Oe. P. 218013** vom 25/1. 1961, ausg. 10/11. 1961. A. Prior. 23/2. 1960.) G. Colsmann 4807

1578 May & Baker Ltd., Dagenham, England, **Herstellung von Pyrrolidinderivaten.** Zu Oe. P. 210415; C. **1962,** 17850 ist nachzutragen: Dieselben Verbb. sind durch Red. von Pyrrolidonen erhältlich. 7,25 g 1.2.2.5.5-Pentamethylenpyrrolidon-(3) werden langsam zu einer Lsg. von 9,5 (cm^3) Hydrazinhydrat in 76 Diäthylenglykol gegeben, 7,7 KOH zugesetzt, 16 Std. unter Rückfluß u. anschließend 2 Std. ohne Rückfluß gekocht, wobei die Temp. auf 180—220° ansteigt. Durch Dampfdest. wird die Base abgetrieben, in 50 2 n-HCl aufgefangen u. die saure Lsg. aufgearbeitet. *1.2.2.5.5-Pentamethylpyrrolidinhydrochlorid,* F. 228—231°. (**Ind. P. 67132** vom 23/3. 1959, ausg. 26/9. 1961. E. Prior. 24/3. 1958.) C. Lüttgen 4807

1579 May & Baker Ltd., Dagenham, England, **Arzneimittel** zur klin. Behandlung von Hypertonie, enthaltend 1-Äthyl-, 1-n-Propyl-2.2.5.5-tetramethylpyrrolidin, 1.2.2.5.5-Pentamethylpyrrolidin, 2.2.3.3.5.5-, 2.2.3.4.5.5-Hexamethyl-, 1.2.2.3.3.5.5- oder 1.2.2.3.4.5.5-Heptamethylpyrrolidin oder deren Salze. (**Ind. P. 72902** vom 8/8. 1960, ausg. 10/11. 1961.) C. Lüttgen 4807

1580 Ciba Akt.-Ges., Basel (Erfinder: Jean Druey, Riehen, und Paul Schmidt, Therwil), Schweiz, **Herstellung von 3-[p-Aminobenzolsulfonamido]-2-phenylpyrazol (I)** durch Rk. einer Verb. der Formel **II** (R =

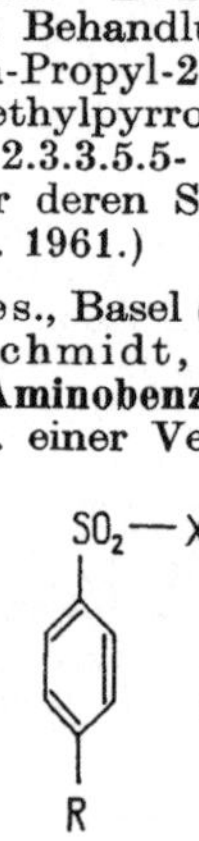

II

Amino- oder eine in diese überführbare Gruppe, X = ein bei der Rk. sich abspaltender Rest, mit Ausnahme einer darin enthaltenden -NH-Gruppe) mit einem in 4- oder 5-Stellung durch eine freie oder veresterte Carboxylgruppe substituierten 2-Phenyl-3.4-dihydropyrazol (Y = wie oben X), u. anschließende Oxydation zum Pyrazolring, Abspaltung der Carboxylgruppe u. ggf. Überführung von R in eine NH_2-Gruppe. — Aus 3-Amino-2-phenyl-dihydropyrazol u. p-Acetylamino-benzolsulfonsäurechlorid in Pyridin über Bis-(p-acetylamino-benzolsulfonyl)-3-amino-2-phenyl-dihydro-pyrazol → **I,** F. 177—178°. — *Heilmittel.* (**Schwz. P. 351275** vom 21/2. 1957, ausg. 28/2. 1961.) H. Roos 4807

1581 Ciba Soc. An., Basel, Schweiz (Erfinder: Raffaello Fusco und Silvano Rossi), **5-Arylsulfonamido-1-phenyl-2.3-dihydropyrazole** der allg. Formel **I** (X =

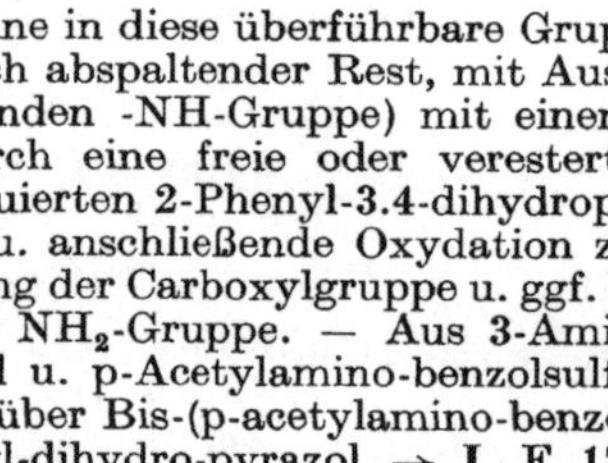

I

Acetylamino- oder Nitrogruppe) werden durch Kondens. von [1-Phenyl-5-amino-2.3-dihydropyrazol-A] mit einem Benzolsulfonylhalogenid der allg. Formel **II**

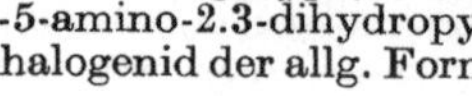

II

(Hal = Halogen) in wss. Medium erhalten. Aus **I** wird durch Oxydation mit Br_2 oder H_2O in HCOOH oder CH_3COOH in Ggw. von J_2 oder einem Jodid u. Umwandlung von X in eine NH_2-Gruppe → *1-Phenyl-5-p-amino-*

benzolsulfonamido-pyrazol (**III**) erhalten. — Aus β-Cyanoäthylphenylhydrazin u. HCl über A-dihydrochlorid, F. 237—238°, nach Lsg. in W. u. Zugabe von Methyläthylketon, NaOH u. p-Acetyläthylketon, NaOH u. p-Acetylaminobenzolsulfonylchlorid → [*1-Phenyl-5-p-acetyl-aminobenzolsulfonamido* = B]-*2.3-dihydropyrazol*, F. 186—187°, aus diesem wird J_2 u. H_2O_2 in wss. CH_3 · COOH *B-pyrazol*, F. 201—202°, erhalten, das nach Lsg. in wss. NaOH, Rückflußbehandlung in Ggw. von Zn-Pulver u. Pd/Tierkohle u. Behandlung mit CH_3COOH zu **III**, F. 178—179°, reagiert. — Therapeutica. (**E. P. 901103** vom 29/5. 1959, ausg. 11/7. 1962.) H. Roos 4807

1582 Ciba Akt.-Ges., Basel, Schweiz, **Herstellung von 1-[tert.-Aminoalkyl]-2-phenylaminobenzimidazolen,** die ggf. in den Bzl.-Kernen substituiert sind, durch Ringschluß des Benzimidazolringes. — 10,3 g 2-[β-Diäthylaminoäthylamino]-anilin werden mit 8,5 g Diphenylcarbodiimid vermischt. Nach Abklingen der stark exothermen Rk. erhitzt man 20 Min. auf 200°, kühlt ab, löst in 2 n HCl, wäscht mit Ae. u. stellt mit Ammoniak alkalisch. Die Base wird in Chlf. aufgenommen u. die Lsg. gewaschen, getrocknet u. eingedampft. Hochvakuumdest. führt zu *1-[β-Diäthylaminoäthyl]-2-phenylaminobenzimidazol*, $Kp._{0,06}$ 180—190°. *Hydrochlorid*, F. 235—237°. — Analog werden folgende 1-[β-Diäthylaminoäthyl]-benzimidazole erhalten: *2-Phenylamino-5-nitro-*, F. 146—147°. *Hydrochlorid*, F. 226 bis 227°. — *2-[p-Methoxyphenylamino]-*, F. 116—117°. *Hydrochlorid*, F. 223—224°. — *2-[p-Äthoxyphenylamino]-* (I), *Hydrochlorid*, F. 197—198°. — *2-[p-Methoxyphenylamino]-5-nitro-*, F. 115—116°. *Hydrochlorid*, F. 240 bis 241°. — *2-[p-Äthoxyphenylamino]-5-nitro-*, F. 124—125°. *Hydrochlorid*, F. 195—196°. — *2-[p-Äthoxyphenylamino]-5-chlor-*, *Hydrochlorid*, F. 166—170°. — Acetylierung von **I** liefert *2-[N-(p-Äthoxyphenyl)-N-acetylamino]-5-nitro-*, F. 127—129°. *Hydrochlorid*, F. 220—222°. — Analog *2-[N-(p-Äthoxyphenyl]-N-acetylamino]-*, *Hydrochlorid*, F. 198—199°. — *2-[p-Äthoxyphenylamino)-5-methyl-*, $Kp._{0,01}$ 220—230°. *Dihydrochloridmonohydrat*, F. 116—117°. — *2-[N-(p-Äthoxyphenyl)-N-acetylamino]-5-methyl*, *Hydrochlorid*, F. 209—210°. — *2-[N-Phenyl-N-acetylamino]-*, $Kp._{0,2}$ 170—180°. *Hydrochlorid*, F. 118—119°. — *2-[N-(p-Methoxyphenyl)-N-acetylamino]-*, F. 95—96°. *Hydrochlorid*, F. 180—182°. — *2-[N-(p-Methoxyphenyl]-N-acetylamino]-5-nitro-*, F. 90—91°. *Hydrochlorid*, F. 219 bis 220°. — *2-[N-Phenyl-N-acetylamino]-5-nitro-*, *Hydrochlorid*, F. 219—220°. — *2-[N-Phenyl-N-propionylamino]-*, *Hydrochlorid*, F. 192—193°. — *2-[N-(p-Methoxyphenyl)-N-propionylamino]-*, F. 105—106°. *Hydrochlorid*, F. 224—225°. — *2-[N-Phenyl-N-propionylamino]-5-nitro-*, F. 102—105°. *Hydrochlorid*, F. 200—202°. — *2-[N-(p-Äthoxyphenyl)-N-formylamino]-5-nitro-*, F. 102°. *Hydrochlorid*, F. 225—228°. — *2-[N-(p-Äthoxyphenyl)-N-propionylamino]-5-nitro-*, F. 113—115°. *Hydrochlorid*, F. 230—235°. — *2-[N-(p-Äthoxyphenyl)-N-benzoylamino]-5-nitro-*, *Hydrochlorid*, F. 249—250°. — *2-[N-(p-Äthoxyphenyl)-N-carbäthoxyamino]-5-nitro-*, *Hydrochlorid*, F. 196—197°. — *2-[N-(p-Äthoxyphenyl)-N-(carbäthoxymethyl)-amino]-5-nitro-*, F. 96—98°. *Hydrochlorid*, F. 169 bis 171°. — *2-[N-(p-Äthoxyphenyl)-benzylamino]-5-nitro-*, *Dihydrochlorid*, F. 196—198°. — *2-[N-(p-Äthoxyphenyl)-N-äthylamino]-5-nitro-*, F. 178—179°. — 1-[β-Dimethylaminoäthyl]-benzimidazole: *2-[p-Äthoxyphenylamino]-*, F. 95—96°. *Hydrochlorid*, F. unscharf zwischen 90 u. 155°. — *2-[p-Äthoxyphenylamino]-5-nitro-*, F. 153—154°. *Hydrochlorid*, F. 240—241°. — *2-[N-(p-Äthoxyphenyl)-N-acetylamino]-5-nitro-*, F. 137—138°. *Hydrochlorid*, F. 199—200°. — *2-[N-(p-Äthoxyphenyl)-N-acetylamino]-*, F. 89—90°. *Hydrochlorid*, F. 224—225°. — *1-[β-Piperidinoäthyl]-2-[p-äthoxyphenylamino]-5-nitrobenzimidazol*, F. 163—166°. *Hydrochlorid*, F. 165—169°. *Acetylderiv.*, F. 132—134°. — *Analgetica u. Muskelrelaxantia.* (**Oe. P. 214917** vom 31/7. 1959, ausg. 10/5. 1961. Schwz. Prior. 19/9. 1958 u. 7/7. 1959.) I. Lasch 4807

1583 Norwich Pharmacal Co., Norwich, N. Y., V. St. A., **Herstellung von Imidazolidinthion-(2)-Derivaten.** *1-Hydroxymethyl-3-[5-nitrofurfurylidenamine]-imidazolidinthion-(2)*, F. 175°, wird durch 5 Min. langes Erhitzen von 10 (g) 1-[5-Nitrofurfurylidenamino]-imidazolidinthion-(2) in 5%ig. wss. HCHO-Lsg. gewonnen; 5 g (Ausbeute). — *1-[3-(5-Nitrofuryl-(2)]-propen-(2)-yliden-(1)-amino]-imidazolidinthion-(2)*, F. 265—266° (Dimethylformamid/W.), wird durch Eintragen einer durch Umsetzung von Äthylenthioharnstoff in 2 n H_2SO_4 u. Dioxan mit wss. $NaNO_2$-Lsg. bei 0° u. Behandeln der Rk.-Mischung bei 10° mit Zn-Staub gewonnenen Lsg. von 1-Aminoimidazolidinthion-(2) in eine Lsg. von 3-[5-Nitrofuryl-(2)]-acrolein in heißem Eisessig u. 1,5std. Rühren erhalten; 47%. — *1-[β-Hydroxyäthyl]-3-[5-nitrofurfurylidenamino]-imidazolidinthion-(2)*, F. 189—192° (Nitromethan), wird durch 1,5std. Rühren von 1-[β-Hydroxyäthyl]-imidazolidinthion-(2) in Dioxan/2 n-H_2 · SO_4 mit wss. $NaNO_2$-Lsg. bei −6 bis +2°, Zugabe von 2 n-H_2SO_4 u. Zn-Staub, 35 Min. langes Rühren u. Versetzen mit einer methanol. 5-Nitrofurfurol-Lsg. hergestellt; 56%. — *Therapeutica.* (**Oe. PP. 217460, 217461** u. **217462** vom 29/8. 1960, ausg. 10/10. 1961. Alle A. Prior. 23/10. 1959.) G. Colsmann 4807

1584 Dr. Karl Thomae G.m.b.H. (Erfinder: Ernst Seeger und August Kottler), **Herstellung tertiärer Amine.** Eine Lsg. von 20,2 (g) Phenyl-di-n-propylaminoacetonitril in 50 cm^3 trockenem Ae. (I) wird langsam unter Rühren zu einer Lsg. von 4,6 Mg u. 37 β-Phenyläthylbromid in **I** getropft u. 2 Std. unter Rückfluß gekocht, worauf das Rk.-Gemisch durch Zugabe von Eis u. verd. HCl zersetzt u. die aether. Schicht abgetrennt wird. Zn der wss. Lsg. gibt man etwas NH_4Cl, macht sie mit NH_4OH alkal. u. trennt das abgeschiedene Öl mit Ae. ab. *1-Phenyl-1-di-n-propylamino-3-phenylpropan*, $Kp._{0,6}$ 155°. Analog *1-Phenyl-1-(methyl-[β-hydroxyäthyl]-amino)-4-*, $Kp._{0,25}$ 170—172°, *1-Phenyl-1-diäthylamino-3-*, $Kp._{0,6}$ 155°, *1-(4-Methylphenyl]-1-(methyl-[β-hydroxyäthyl]-amino)-4-*, $Kp._{0,15}$ 205°, *1-(3.4-Methylendioxyphenyl)-1-piperidino-(1)-4-*, F. des *Hydrochlorids* (**II**) 165—167°, *1-(4-Hydroxyphenyl)-1-piperidino-(1)-4-*, F. 138—139°, *1-(4-Isopropylphenyl)-1-diäthylamino-4-*, $Kp._{05}$ 169°, *1-Phenyl-1-diäthylamino-4-*, $Kp._{0,35}$ 141—142°, *1-(4-Methoxyphenyl)-1-morpholino-(4)-4-phenylbutan*, $Kp._{0,03}$ 179°. *1-(4-Methoxyphenyl)-1-dimethylamino-5-phenylpentan*, $Kp._{0,5}$ 180—182°, *1-(4-Methoxyphenyl)-1-dimethylamino-3-(4-methoxyphenyl)-propan*, $Kp._{0,06}$ 165 bis 166°, *1-(4-Methylphenyl)-1-piperidino-(1)-3-phenylpropan*, $Kp._{0,4}$ 175—176°, F. des **II** 201°. — *Pharmazeutica.* (**Aust. P. 234626** vom 7/11. 1958, ausg. 10/8. 1961.) C. Lüttgen 4807

1585 Richter Gedeon Vegyészeti Gyár R. T. (Erfinder: János Heidt, József Knoll und Károly Nádor), Budapest, Ungarn, **Alkylsubstituierte 2-[Dialkylaminomethyl]-tetralone** werden durch Umsetzung eines entsprechend substituierten Alkyltetralons mit einem Amin $HN(R_1)(R_2)$ (R_1 u. R_2 = Alkylreste oder zusammen mit dem N-Atom ein heterocycl. Ring) oder seinem Salz u. HCHO oder einer HCHO abgebenden Verb., ggf. in Ggw. eines Lsgm. u. in N_2, gewonnen. — Tetralone: *2-[Piperidinomethyl]-4-methyl-*, *Hydrochlorid*, F. 216—221° (A.), aus 4-Methyltetralon, Piperidinhydrochlorid u. 35%ig. wss. HCHO-Lsg. durch $^1/_2$std. Rühren bei 100° unter N_2. — Analog: *2-[Piperidinomethyl]-7-äthyl-*, F. 212—222° (A.), aus 7-Äthyltetralon. — *2-[Morpholinomethyl]-4-methyl-*, F. 163° (A.), aus Morpholinhydrochlorid. — *2-[Piperidinomethyl]-4.7-dimethyl-*, *Hydrochlorid*, F. 225—232° (A.), aus 4.7-Dimethyltetralon. — *2-[Piperidinomethyl]-4.6.7-trimethyl-*, *Hydrochlorid*, F. 222—231° (A.), aus 4.6.7-Trimethyltetralon. — *2-[Dimethylaminomethyl]-4-methyl-*, *Hydrochlorid*, F. 146°. — *2-[Dimethylaminomethyl]-7-äthyl-*, *Hydrochlorid*, F. 157°. — *2-[Piperidinomethyl]-7-methyl-*, *Hydrochlorid*, F. 212—227°. — *Tranquillizer.* (**Oe. P. 218518** vom 30/9. 1960, ausg. 11/12. 1961. Ung. Prior. 2/10. 1959.) G. Colsmann 4807

1586 May & Baker Ltd., Dagenham, Essex, England, **Herstellung von 1-Amino-2.2.6-trimethylpiperidin- und -Δ^4-tetrahydropyridin-Derivaten** durch Umsetzung von entsprechenden Trimethylpiperidin- oder -tetrahydropyridinen mit z. B. HNO_2 u. Red. der erhaltenen Nitroso-Verb. mit z. B. Zn u. Essigsäure oder Hydroxylamin-O-

sulfonsäure (II). — Die Einführung eines Methyl-, Äthyliden-, Äthyl-, Methylen- oder Allyliden-Restes in die Aminogruppe erfolgt durch Umsetzung mit entsprechenden Säuren oder ihren Estern u. Red. des erhaltenen Amids mit z. B. $LiAlH_4$ oder durch Rk. mit entsprechenden Aldehyden oder ihren Acetalen, Thioacetalen, diacylierten Derivv. oder Bisulfit-Verbb. oder durch Alkylierung mit einem entsprechenden reaktionsfähigen Ester in Ggw. eines Säureacceptors. — Piperidine: *1-Amino-2.2.6.6-tetramethyl-* (IV), $Kp._8$ 66—68°, $Kp._{13}$ 78—86°, aus 1-Nitroso-2.2.6.6-tetramethylpiperidin (III) u. Zn-Pulver durch Zugabe von 90%ig. Essigsäure bei 20—40° u. 4std. Rühren oder aus III u. $LiAlH_4$ durch 60std. Kochen u. Rühren; blaßgelbe Flüssigkeit. *Hydrochlorid*, F. 206—208°, aus IV mit äther. HCl, oder aus 2.2.6.6-Tetramethylpiperidin (V) u. II durch 25 Min. Kochen, Trennung der bei 65—75° im Vakuum übergehenden Fraktion aus IV u. V durch Gas-Fl.-Chromatographie in einer Kolonne, die mit paraffinölgetränkter Kieselerde beschickt ist, bei 182° u. Auffangen des Destillats in 2 n-HCl. — *1-Methylamino-2.2.6.6-tetramethyl-*, (I) $Kp._{17}$ 84—87°, *Hydrochlorid*, F. 228—230° (Zers. W.), aus 6,24 (g) IV in Aceton u. 2,5 ml CH_3J in Ggw. von K_2CO_3 durch 16std. Erhitzen u. Versetzen mit wss.-alkohol. HJ; 4,8 g (Ausbeute). — *1-Äthylamino-2.2.6.6-tetramethyl-*, *Hydrochlorid*, F. 210—214°, aus 20 IV in Aceton u. 30 C_2H_5J in Ggw. von K_2CO_3 durch 24std. Kochen u. Rühren u. anschließende Gas-Fl.-Chromatographie der Base; 4 g. — *1-Formylamino-2.2.6.6-tetramethyl-*, F. 124—127° nach Sublimation im Vakuum, aus 10,4 IV u. 50 ml HCOOH durch 44std. Erhitzen auf 100°; 4 g; gibt bei $LiAlH_4$-Red. I. — *1-Methylenamino-2.2.6.6-tetramethyl-*, $Kp._{10}$ 70°, aus 5 IV u. 3 ml 40%ig. HCHO; 3,6 g. *Hydrojodid*, F. 150° (Zers.), cremefarbige Kristalle. — *1-Äthylidenamino-2.2.6.6-tetramethyl-*, $Kp._{10}$ 73—77°, aus 5 IV in Aceton u. 1,41 Acetaldehyd in Ggw. von $MgSO_4$ durch 18std. Rk. bei normaler Temp.; 5,3 g. *Hydrojodid*, F. 204—208°. — *1-[Allylidenamino]-2.2.6.6-tetramethyl-*, *Hydrojodid*, F. 221° (Zers.; W.), aus IV u. Acrolein durch 15 Min. Erhitzen auf 60° u. Behandeln mit wss.-alkohol. HJ; cremefarbige Mikrokristalle. — *1-Nitroso-2.2.6-trimethyl-*, $Kp._{10}$ 130—133°, aus 37,9 2.2.6-Trimethylpiperidin u. 20,6 $NaNO_2$ in 298 ml n-HCl durch 10std. Kochen u. Wasserdampf-Dest.; gelbe Fl., 13,5 g. — *1-Amino-2.2.6-Trimethyl-*, $Kp._{13}$ 62—68°, aus 13 vorst. Verb., 21 Zn-Pulver u. 90 ml 90%ig. Essigsäure durch 16std. Rk.; Öl, 4,9 g. — 1.2.5.6-Tetrahydropyridine: *1-Nitroso-2.2.6.6-tetramethyl-*, F. 50 bis 52° nach (Sublimation im Vakuum), aus 21,7 2.2.6.6-Tetramethyl-1.2.5.6-tetrahydropyridin; 21,2 g. — *1-Nitroso-2.2.4.6.6-pentamethyl-*, $Kp._{10}$ 136—140°, aus 28,1 2.2.4.6.6-Pentamethyl-1.2.5.6-tetrahydropyridin; dunkelgelbe Fl.; 12,4 g. — *1-Amino-2.2.6.6-tetramethyl-*, $Kp._{10}$ 83—85°. *Hydrojodid*, F. > 300°. — *1-Amino-2.2.4.6.6-pentamethyl-*, $Kp._{10}$ 95—98°. *Hydrojodid*, F. 160—163° (Zers.), cremefarbige Substanz. — *1-Methylenamino-2.2.6.6-tetramethyl-*, $Kp._{10}$ 86—88°. *Hydrojodid*, F. 132 bis 133° (Zers.), cremefarbige Kristalle. — *1-Methylenamino-2.2.4.6.6-pentamethyl-*, $Kp._{13}$ 93—96°. *Hydrojodid*, F. 122—123° (Zers.). — *Blutdrucksenkende Mittel.* (**Oe. PP. 218520** vom 22/5. 1959, ausg. 11/12. 1961. E. Prior. 22/5. 1958 u. **218521** vom 22/5. 1959, ausg. 11/12. 1961. E. Prior. 22/5. 1958 u. 10/4. 1959.)
G. Colsmann 4807

1587 Endo Laboratories, Inc., Richmond Hill, übert. von: Albert Schlesinger, Jackson Heights, und Samuel M. Gordon, Forest Hills, N. Y., V. St. A., **Salze der Barbitursäure.** 9,2 g 5.5-Diäthylbarbitursäure (II) u. 13 g 7-Dimethylaminoäthyltheophyllin (I) werden in 150 (cm^3) Bzl. suspendiert u. bis zur Lsg. gekocht, worauf 100 Hexan zugegeben werden. Die Lsg. wird 24 Std. gekühlt, worauf das I-Salz der II, F. 95°, auskristallisiert. — Analog das I-*Salz* der *5-Äthyl-5-isoamyl-*, F. 90°, der *5-Äthyl-5-phenyl-*, F. 147°, der *5-Äthyl-5-(1-methylbutyl)-*, F. 103,5°, der *5-(1-Cyclohexen-1-yl)-1.5-dimethyl)-*, F. 91°, der *5-Allyl-5-(1-methylbutyl)-barbitursäure*, F. 105° u. der *5-Äthyl-5-(1-methylbutyl)-2-thiobarbitursäure*, F. 103°. — *Arzneimittel.* (**A. P. 2969363** vom 23/5. 1957, ausg. 24/1. 1961.)
C. Lüttgen 4807

1588 Österreichische Stickstoffwerke Akt.-Ges., Linz (Erfinder: Rupert Schönbeck, Leonding, und Engelbert Kloimstein, Eferding), Österreich, **Herstellung von Pyridazinderivaten** der allg. Formel **A** (X =

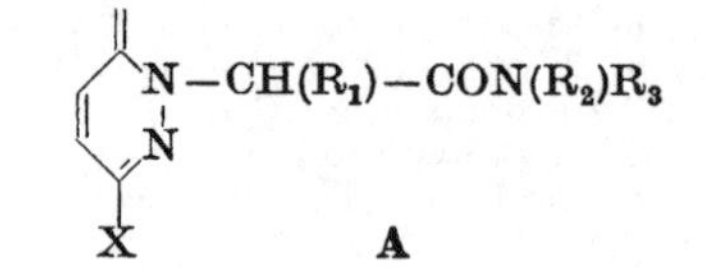

A

Halogen, OH oder Alkoxygruppe; R_1 = H oder niederer Alkylrest; R_2 u. R_3 = H, Alkyl-, Aryl-Rest oder gemeinsam mit dem N-Atom ein gesätt. oder ungesätt. heterocycl. Ring) durch Umsetzung von entsprechenden 3-substituierten Pyridazon-(6) mit ggf. substituierten α-Halogencarbonsäureamiden in wss.-alkohol. NaOH bei pH 8, oder durch Rk. von 1-[3-Halogenpyridazon-(6)-yl-(1)]-carbonsäuren mit ggf. substituierten Aminen. — 3-Chlorpyridazone (6); *-1-essigsäurediäthylamid*, F. 96—97° (Bzl./PAe. bzw. Ae./A.) durch 2std. Rk. von 3-Chlorpyridazon-(6) in NaOH bei pH 8 mit Chloressigsäurediäthylamid (I) in A. bzw. durch 5std. Rühren von 3-Chlorpyridazon-(6)-1-essigsäureäthylsester (II) mit Diäthylamin in W. bei 20°; 74 bzw. 86% (Ausbeute). — *-1-essigsäurepiperidid*, F. 130—134° (Aceton), aus II u. Piperidin; 82,5%. — 3-Hydroxypyridazone-(6): *-1-essigsäureamid*, F. 250—253° (Zers.), durch 2std. Kochen von Maleinsäurehydrazid mit Chloressigsäureamid in wss. NaOH bei pH 8,73%. — *-1-essigsäurediäthylamid*, F. 162—163°; 82%. — *3-Brompyridazon-(6)-1-essigsäurediäthylamid*, F. 123—124,5° (W.), aus 3-Brompyridazon-(6) u. I; 80%. — *Sedativa, Schlafmittel.* (**Oe. P. 217467** vom 25/8. 1959, ausg. 10/10. 1961.)
G. Colsmann 4807

1589 Lepetit S. p. A., Mailand, Italien, **Arzneimittel** mit *analept.* Wrkg., gek. durch einen Geh. an *5.5-Diäthyltetrahydro-1.3-oxazin-2.4-dion* (I). Die Herst. von I erfolgt durch Behandeln von α.α-Diäthyl-β-hydroxypropionsäure u. Alkalicyanat in einem mit W. nicht mischbaren Lsgm. mit HCl bei 0—5°, Kochen der gebildeten α.α-Diäthyl-β-carbamyloxypropionsäure (II) mit $SOCl_2$ im Überschuß u. Erhitzen des II-Chlorids in wasserfreiem Pyridin auf ≦ 45°. (**Ind. P. 69607** vom 5/11. 1959.)
C. Lüttgen 4807

1590 Deutsche Gold- und Silber-Scheideanstalt vormals Roessler (Erfinder: Wilhelm Alfons Schuler), **Herstellung von Piperazinoalkyl-4-azaphenthiazinen.** 32 (Teile) 10-(Piperazino-n-propyl)-4-azaphenthiazin, 200 Butanol, 9 Äthylenchlorhydrin u. 14 gepulvertes K_2CO_3 werden 4 Std. unter Rückfluß gekocht. Nach dem Abkühlen wird das Rk.-Gemisch mit verd. HCl extrahiert, aus dem Extrakt die Base mit konz. NaOH freigesetzt u. mit Chlf. extrahiert. 26,4 *10-(N-Hydroxyäthylpiperazino-N'-n-propyl)-4-azaphenthiazin*, $Kp._6$ 280 bis 300°; *Dihydrochlorid*, F. 218—220°. Analog mit Essigsäure-β-chloräthylester *10-(N-Acetoxyäthyl-piperazino-N'-n-propyl-4-azaphenthiazin* u. dessen *Dihydrochlorid*, F. 208 bis 210°. Vgl. D. A. S. 1063603; C. **1960, 3317.** (**Aust. P. 234532** vom 1/12. 1958, ausg. 3/8. 1961. D. Prior. 3/12. 1957.)
C. Lüttgen 4807

1591 Abbott Laboratories, North Chicago, Ill., V. St. A., **Herstellung von 7-Sulfamyl-3.4-dihydrobenzo-1.2.4-thiazin-1.1-dioxiden,** die in 6-Stellung durch Cl, Br oder den Trifluormethyl-Rest, ggf. in 2-Stellung durch einen Alkylrest u. in 3-Stellung durch -COOR, -CO-NHR oder -CO-N(R)R' (R u. R' = H oder Alkylrest) substituiert sind, durch Erhitzen eines entsprechenden 6-substituierten 4-Aminobenzol-1.3-disulfonamids mit einer äquimol. Menge Glyoxylsäure (I) in W. bei erhöhter Temp. u. ggf. Kochen des so erhaltenen Benzothiadiazins mit einem Überschuß eines C_{1-4}-Alkanols in Ggw. von HCl oder mit einer Verb. HN(R)R' im Überschuß, oder Rk. mit 1—2 Moläquivalenten eines Alkylierungsmittels, bes. Diazomethan (II) in Ae. u. einem Lsgm., bes. CH_3OH. — 7-Sulfamyl-3.4-dihydrobenzo-1.2.4-thiadiazin-

1.1-dioxide: *3-Carboxy-6-chlor-* (III), *Hydrat*, F. 125° (Zers.; W.), aus 4-Amino-6-chlor-1.3-benzolsulfonamid u. I durch 1,5std. Erhitzen in 5%ig. wss. NaOH. — Analog: *3-Carboxy-6-trifluormethyl-*, F. 220° (Zers.). — *3-Carbomethoxy-6-chlor-*, F. 234—236° (CH_3OH), aus III durch Veresterung mit II. — *3-Carboxy-6-chlor-2-methyl-* (IV), F. 156—157°, aus 4-Amino-6-chlor-3-[methylsulfamyl]-benzolsulfonamid u. I durch 1std. Erhitzen. — Analog: *3-Carboxy-6-brom-2-methyl-* (V), F. 160—172° (Zers.). — *3-Carboxy-6-chlor-2-äthyl-*, F. 190—191° (Zers.). — *3-Carbomethoxy-6-chlor-2-äthyl-*, F. 222—224°. — *3-Carbomethoxy-6-chlor-2-methyl-* (VI), F. 224—225° (CH_3OH/W.), aus IV u. II oder durch mehrstd. Erwärmen von IV, Acetondimethylacetal u. HCl auf 50°. — *3-Carbamyl-6-chlor-2-methyl-*, F. 245—247°, durch Rk. von VI mit fl. NH_3. — *3-[Dimethylcarbamyl]-6-chlor-2-methyl-*, F. 265 bis 267° (Zers.; CH_3OH/W.), aus VI u. Dimethylamin. — Analog *3-[Methylcarbamyl]-6-chlor-2-methyl-*, F. 270—271° (Zers.; CH_3OH/W.). — *3-Carbomethoxy-6-brom-2-methyl-*, F. 224—228°, aus V u. II. — *Diuretica.* (**Oe. P. 218525** vom 11/8. 1960, ausg. 11/12. 1961. A. Prior. 14/8. 1959.) G. Colsmann 4807

1592 Chas. Pfizer & Co., Inc., Brooklyn, N. Y., V. St. A., **Herstellung von 3.6-substituierten 7-Sulfamyl-3.4-dihydrobenzothiadiazin-1.1-dioxiden** (I). Ein Gemisch von 8 (ml) wss. 40—45%ig. Chloracetaldehyd (II) 7 Dimethylformamid (IV) u. 10 g 2.4-Disulfamyl-5-chloranilin (III) wird 2 Std. auf dem Dampfbad erhitzt u. im Vakuum konz. 7,2 g *3-Chlormethyl-6-chlor-*I, F. 229—230°. Die Verb. ist auch erhältlich durch 5std. Erhitzen von 6 Tropfen n-HCl, 2,85 g III, 1,6 g II-Diäthylacetal u. 4 IV. Analog: *3-Benzylthiomethyl-6-chlor-*I, F. 210—211°, u. *3-Benzylsulfenylmethyl-6-chlor-*I. — *Diuret.* wirkende *Pharmazeutica.* (**Ind. P. 67403** vom 18/4. 1959, ausg. 7/12. 1961.) C. Lüttgen 4807

1593 J. R. Geigy Akt.-Ges. (Erfinder: Robert Pulver), Basel, Schweiz, **Calciumcomplexverbindungen von abgebauten und sulfonierten Pektinen.** Zu Oe. P. 199792; C. **1959,** 14198 ist nachzutragen: 100 (Teile) des nach Schwz. P. 342556; C. **1960,** 12440 mit H_2O_2 hergestellten Pektinabbauprod. werden bei 20° in eine Mischung aus 1135 Formamid u. 246 $ClSO_3$ eingetragen. Nach 24 Std. wird der saure Polyschwefelsäureester (I) durch Eingießen der Mischung in 6000 Methanol ausgefällt, der Nd. in W. gelöst, mit NaOH neutralisiert u. das Na-Salz des sauren I mit NaCl u. Methanol gefällt u. mit A. u. Ae. gewaschen, Ausbeute 130. Aus 10 davon u. 1.3 $CaCl_2$ oder 4 Ca-Gluconat in je 100 W. u. Fällen mit 300 Methanol → *Ca-Salz*, Ca-Geh. 4,5%. — *Blutgerinnungshemmendes Mittel.* (**Schwz. P. 350282** vom 12/12. 1956, ausg. 14/1. 1961.) G. Krauß 4807

1594 N. V. Philips' Gloeilampenfabrieken, Eindhoven, Niederlande, **Herstellung eines Vitamin D-Präparates** zur Behandlung von *Paresis puerperalis* bei Schafen durch Injektion, dad. gek., daß man bes. Vitamin D_3 in W. mit dem Polyoxyäthylenäther mit 10—150, bes. 40—60, Äthylenoxydgruppen per Mol, des Ricinolsäureglycerids emulgiert. (**E. P. 905016** vom 19/9. 1958, ausg. 5/9. 1962. Niederl. Prior. 23/9. 1957.) W. Heyer 4809

1595 British Drug Houses Ltd., London, England (Erfinder: David Neville Kirk und Vladimir Petrow), **16-Methylen-$\Delta^{1.4}$-dienverbindungen der Pregnanreihe** erhält man durch Dehydrierung der entsprechenden Δ^4-Verbb. mit 2.3-Dicyanbenzochinon, welches durch 1 oder 2 Cl-Atome substituiert sein kann. — Man setzt z. B. 17α-Acetoxy-16-methylen-Δ^4-pregnen-3.20-dion mit 2.3-Dichlor-5.6-dicyanbenzochinon in Bzl. unter Rückfluß um → *17α-Acetoxy-16-methylen-$\Delta^{1.4}$-pregnadien-3.20-dion*, F. 203—208°; $[\alpha]_D^{22}$ — 115°; *freier Alkohol*, F. 190—191; $[\alpha]_D^{22}$ — 66°. — *17α-Acetoxy-4-methyl-16-methylen-$\Delta^{1.4}$-pregnadien-3,20-dion*, F. 214 bis 217°; $[\alpha]_D^{27}$ — 91°. — *17α-Acetoxy-6α-methyl-16-methylen-$\Delta^{1.4}$-pregnadien-3.20-dion*, F. 234—236°; $[\alpha]_D^{24}$ — 120°. — *17α-Acetoxy-16-äthyliden-$\Delta^{1.4}$-pregnadien-3.20-dion*, F. 161 bis 162°; $[\alpha]_D^{22}$ — 142°. — *17α-Hydroxy-16-methylen-$\Delta^{1.4.6}$-pregnatrien-3.20-dion*, F. 212—214°; $[\alpha]_D^{26}$ — 174°. — *Heilmittel.* (**E. P. 899804** vom 15/1. 1960, ausg. 27/6. 1962.) U. Sievers 4809

1596 G. D. Searle & Co., Chicago, übert. von: Paul D. Klimstra, Skokie, Ill., V. St. A., **Reinigung von Δ^1-3-Ketosteroiden.** Man behandelt das durch Bromierung einer gesätt. 3-Ketosteroidverb. u. anschließende Dehydrobromierung erhältliche Gemisch aus unverändertem Ausgansmaterial, 3-Keto-Δ^4-, 2-Brom-3-keto-Δ^1- u. 3-Keto-Δ^1-steroid mit z. B. Na-Metabisulfit in wss. Lsg., wobei selektiv die Bisulfitverb. des 3-Ketosteroids gebildet wird. Extraktion des Gemisches mit einem mit W. nicht mischbaren Lsgm. ermöglicht die Abtrennung der umgesetzten Prodd., aus welchem durch Behandlung mit einer Bisulfit liefernden Verb. bei erhöhter Temp. selektiv das Bisulfit-Additionsprod. der Δ^1-3-Ketoverb. abtrennbar ist. Dieses läßt sich in üblicher Weise zerlegen. — Es wird die Abtrennung von *17α-Äthyl-17β-hydroxy-5α-Δ^1-androsten-3-on* (I) aus einem Gemisch von I, 17α-Äthyl-17-β-hydroxy-5α-androstan-3-on, *-Δ^4-androsten*-3-on u. -2-brom-5α-Δ^1-androsten-3-on, sowie die von dessen 6β-Methylanalogen, von 5α-Δ^1-Pregnen-3.20-dion u. 11β.21-Dihydroxy-5α-Δ^1-pregnen-3.20-dion beschrieben. (**A. P. 3018296** vom 25/10. 1960, ausg. 23/1. 1962.) U. Sievers 4809

1597 Shionogi & Co. Ltd., Japan (Erfinder: Wataru Nagata), **13-Methylverbindungen der Androstan- oder Pregnenreihe.** Man behandelt z. B. dl-3β-Acetoxy-17-oxo-D-homo-5α-androstan-18-aldehyd-äthylenketal mit Hydrazinhydrat unter den Bedingungen der Wolff-Kishner-Red. → *dl-3β-Hydroxy-D-homo-5-α-androstan-17-on-äthylenketal*, F. 221—223°; *3-Acetat*, F. 164—166°/173 bis 174°, welches sich deketalisieren läßt → *dl-3β-Acetoxy-D-homo-5α-androstan-17-on*, F. 160—163°. — Analog: *dl-3-Hydroxy-$\Delta^{1.3.5,10}$-19-norpregnatrien-20-on-äthylen-ketal*, F. 203—207°, neben dem *3-Methyläther*, F. 103—105°. — Alternativ kann man z. B. das Lacton der 3β-Benzoyloxy-17α-methyl-17-hydroxy-D-homo-5α-androstan-18-säure mit $LiAlH_4$ in Ae.-Tetrahydrofuran red. u. anschließend wie vorst. behandeln → *dl-17α-Methyl-D-homo-5α-androstan-3β, 17β-diol*, F. 224—228°; *3-Acetat*, F. 142 bis 144/162—163°, neben *dl-17α-Methyl-D-homo-5α-androstan-3β.17.18-triol*, F. 273—278° (nach chromatograph. Aufarbeitung an Al_2O_3 Woelm). — *Zwischenprodd. zur Herst. von Heilmitteln.* (**F. P. 1285746** vom 31/3. 1961, ausg. 13/8. 1962. Jap. Prior. 4/4. u. 21/4. 1960.) U. Sievers 4809

1598 Shionogi & Co. Ltd., Japan (Erfinder: Wataru Nagata), **Derivate von Steroid-18-säuren.** Man hydrolysiert z. B. dl-3β-Acetoxy-17-oxo-D-homo-5α-androstan-18-nitril mit methanol. KOH u. acetyliert anschließend mit Acetanhydrid in Ggw. von p-Toluolsulfonsäure → *Lactam der dl-3β*, *17α-Diacetoxy-17β-amino-D-homo-5α-androstan-18-säure*, F. 254,5—256°, welches sich durch alkal. Hydrolyse in die freie *3.17-Dihydroxyverb.* überführen läßt, daraus durch Rk. mit methanol. HCl → *Lactam der dl-17-β-Amino-17α-methoxy-3β-hydroxy-D-homo-5α-androstan-18-säure*, F. 229—231°; *3-Acetat*, F. 260 bis 262°. Hieraus erhält man durch Rk. mit Mesylchlorid in Toluol → *N-Methansulfonat des Lactams der dl-3β-Acetoxy-17α-methoxy-17β-amino-D-homo-5α-androstan-18-säure*, F. 260—263°, welches sich durch Rk. mit NaOH in Dioxan-W. überführen läßt → *dl-3β,.17α.17β-Trihydroxy-D-homo-5α-androstan-18-säure-(18 → 17β)-lacton* (I), Zers. 310°; daraus durch Veresterung mit Diazomethan → *dl-3β-Hydroxy-17-oxo-D-homo-5α-androstan-18-säure-methylester*, F. 193—194°. — Alternativ kann man z. B. dl-3β-Acetoxy-17-oxo-D-homo-5α-androstan-18-nitril-äthylenketal mit Li-Al-diäthoxyhydrid in Tetrahydrofuran red. → *dl-3β-Acetoxy-17-oxo-D-homo-5α-androstan-18-al-17-äthylenketal*, F. 172—179°, welches sich mit CrO_3 in Aceton oxydieren läßt → *dl-3β-Hydroxy-17-oxo-D-homo-5α-androstan-18-säure* (nach Hydrolyse der Ester- u. der Ketalgruppe), das sich im Gleichgewicht mit I befindet. — Analog werden die entsprechenden Verbb. der 13α-Androstanreihe hergestellt: *dl-3β-Hydroxy-17β-methoxy-17α-amino-D-homo-5α.13α-androstan-18-säure-lactam*, F. 297—299°; *3-Acetat*, F. 237—240°. — *3β-Acetoxy-17β-methoxy-17α-amino-D-homo-5α.13α-androstan-18-säure-lactam-N-methansulfonat*, F. 206—212°. — *dl-3β-Hydroxy-17-oxo-D-homo-5α,13α-androstan-18-säure*, 251—255°/300° (Zers.); *Methylester*, F. 164—167°. — In der 19-Norpregnanreihe erhält man entsprechend aus 3-Methoxy-

20-oxo-$\Delta^{1.3.5,10}$-*19-norpregnatrien*-18-nitril-20-äthylenketal → *3-Methoxy-18-imino-$\Delta^{1.3.5,10}$-19-norpregnatrien-20-on-äthylenketal*, F. 147—151°; daraus → *3-Methoxy-20-oxo-$\Delta^{1.3.5,10}$-19-norpregnatrien-18-al-20-äthylenketal*, F. 157 bis 162°, welches sich wie vorst. zur entsprechenden 18-Säure oxydieren läßt. — *Zwischenprodd. zur Herst. von Heilmitteln.* (**F. P. 1294164** vom 18/3. 1961, ausg. 22/10. 1962. Jap. Prior. 19/3., 4/4. u. 6/4. 1960.) U. Sievers 4809

1599 Soc. An. Ormonoterapia Richter, übert. von: Pietro de Ruggieri, Mailand, Italien, **17-Cyanhydrine des 19-Nor-androstendions und deren 3-Derivate.** Man setzt z. B. 19-Nor-Δ^4-androsten-3.17-dion mit Acetoncyanhydrin um → *19-Nor-Δ^4-androsten-17-cyano-17-ol-3-on* (I) (Gemisch der Epimeren), F. 150—152° (Zers.). Mann kann die Rk. auch in Ggw. von KCN oder K_2CO_3 ausführen. — Analog: I-*3-Äthylenoläther*, F. 177—179° (Zers.). — I läßt sich durch Rk. mit Äthylenglykol in Bzl. u. in Ggw. von p-Toluolsulfonsäure überführen → I-*3-Äthylenketal*, F. 190—200° (Zers.). — *Heilmittel.* (**A. P. 3043833** vom 14/7. 1961, ausg. 10/7. 1962.) U. Sievers 4809

1600 G. D. Searle & Co., Chicago, übert. von: Raymond E. Counsell, Skokie, Ill., V. St. A., **N-Substituierte Alkylamino-5α-androstan-17β-ole** erhält man durch reduktive Aminierung einer entsprechenden 3-Ketoverbindung. — Man hydriert z. B. 17β-Hydroxy-5α-androstan-3-on mit H_2/Pd-Kohle in Ggw. von Äthanolamin → *3β-(2'-Hydroxyäthyl)-amino-5α-androstan-17β-ol*, F. 202 bis 203,5°; $[\alpha]_D$ 9,5°. — Analog: *3β-Phenetylamino-5α-androstan-17β-ol*, F. 170,5—171,5°; $[\alpha]_D$ 4°. — *3β-(3'-Diäthylaminopropyl)-amino-5α-androstan-17β-ol*, F. 97,5 bis 98,5°; $[\alpha]_D$ 8,1°. — *3β-(2'-Diäthylaminoäthyl)-amino-5α-androstan-17β-ol*, F. 127—128,5°; $[\alpha]_D$ 12°. — *Heilmittel.* (**A. P. 3016390** vom 30/6. 1960, ausg. 9/1. 1962.) U. Sievers 4809

1601 G. D. Searle & Co., Chicago, übert. von: Raymond M. Dodson, Park Ridge, und Arthur H. Goldkamp, Glencoe, Ill., V. St. A., **3.17-Bisoxigenierte Δ^2-Androsten-1-one.** Man oxydiert z. B. 1α, 3β-Dihydroxyandrostan-17-on (**Ia**), mit CrO_3 in Aceton-H_2SO_4 → *3-Hydroxy-Δ^2-androsten-1.17-dion* (I), F. 200—203,5°; *3-Acetat*, F. 143—144,5°. — I + A. in Ggw. von p-Toluolsulfonsäure-Monohydrat in Bzl. → *3-Äthoxy-Δ^2-androsten-1.17-dion*, F. 184—187,5°. — Alternativ läßt sich I mit $NaBH_4$ in A. u. in Ggw. von KOH red. → *3.17β-Dihydroxy-Δ^2-androsten-1-on*. — **Ia** + C_2H_2 in tert.-Amylalkohol → *17α-Äthinylandrostan-1α.3β.17β-triol*, welches sich mit H_2/Pd-Kohle katalyt. hydrieren läßt → *17α-Äthylandrostan-1α.3β.17β-triol*, F. 151—152°; daraus durch CrO_3-Oxydation in Aceton-H_2SO_4 → *17α-Äthyl-3.17β-Dihydroxy-Δ^2-androsten-1-on*. — Die Herst. von Estern dieser Verb. wird beschrieben. — *Heilmittel.* (**A. P. 3017418** vom 20/1. 1960, ausg. 16/1. 1962.) U. Sievers 4809

1602 Løvens Kemiske Fabrik ved A. Kongsted, Ballerup, Dänemark (Erfinder: Wagn Ole Godtfredsen), **6-Trifluormethylsteroide der Androstan- oder Pregnanreihe** erhält man durch Rk. einer entsprechenden Δ^4-3-Ketoverb., deren 3-Ketogruppe intermediär geschützt wurde, mit Trifluorjodmethan (I) in Ggw. einer organ. Base unter Bestrahlung mit UV-Licht. — Man setzt z. B. Testosteron-3-enoläthyläther in Bzl. u. in Ggw. von Pyridin mit I unter UV-Bestrahlung 48 Std. bei Raumtemp. um → *6α-Trifluormethyltestosteron*, F. 153—155° (nach Ätherspaltung). — Analog: *6α-Trifluormethyl-17α-methyltestosteron*; *-Δ^4-androsten, -3.17-dion*; *-19-nortesto steron*, F. 157—158°; *-progesteron*; *-17α-hydroxy-11-desoxycorticosteron*, F. 205—206°; *-11-desoxycorticosteron-21-acetat*, F. 149—150°; *-9α-fluorcortison-21-acetat*; *-19-nor-Δ^4-androsten-3.17-dion*, F. 172—173°; *-cortison-20-äthylenketal-21-acetat*, F. 248—250°; *-cortison*, F. 225—226°; *-17α-acetoxyprogesteron*, F. 205—207°; *-17α-acetoxyprogesteron-3-enoläthyläther*, F. 183,5—186°; $[\alpha]_D^{20}$ — 181°; *-$\Delta^{1.4}$-pregnadien-17α-ol-3.20-dion-17-acetat*, F. 213—215°; $[\alpha]_D^{20}$ — 28,9°; *-17α-acetoxyprogesteron-3-cycloäthylenketal*, F. 178—182°; *-$\Delta^{4.6}$-pregnadien-17α-ol-3.20-dion-17-acetat*, F. 231—233°. — *Heilmittel.* (**E. P. 905694** vom 18/3. 1960, ausg. 12/9. 1962.) U. Sievers 4809

1603 Richardson-Merrell, Inc., New York, N. Y., übert. von: Paul L. Tiernan, Hamilton, Ohio, V. St. A., **Basische Steroid-3-äther.** Man setzt z. B. Cholesterintosylat in Ggw. von Pyridin mit Äthylenchlorhydrin um → *3β-(β-Chloräthoxy)-Δ^5-cholesten*, F. 89—91°, welches sich durch Rk. mit Bis-(β-Hydroxyäthyl)-amin in Isoamylalkohol überführen läßt → *3β-[β-(Bis-{β-hydroxyäthyl}amino)äthoxy]-Δ^5-cholesten-Hydrochlorid*, F. 177 bis 180°; daraus durch Rk. mit $COCl_2$ in Bzl. → *3β-[β-Bis {β-chloräthyl}amino)-äthoxy]-Δ^5-cholesten-Hydrochlorid*, F. 180—181°. — Analog: *3β-(Piperidinoäthoxy)-Δ^5-cholesten*, F. 220—221°; *freie Base* (als Hemihydrat), F. 98 bis 100°; *Citrat*, F. 145—149°. — *3β-(β-Morpholinoäthoxy)-Δ^5-cholesten-Hydrochlorid*, F. 215—217° (Zers.). — *3β-[β-(4-{β-Hydroxyäthyl}piperazino)äthoxy]-Δ^5-cholesten-Citrat*, F. 170—172° (als Trihydrat). — *3β-[β-(Bis{β-hydroxyäthyl}amino)äthoxy]-Δ^5-stigmasten-Hydrochlorid*, F. 167—169° (Zers.); *3β-(β-Chloräthoxy)-Δ^5-stigmasten*, F. 72 bis 73°. — *3β-(β-Piperidinoäthoxy)-Δ^5-stigmasten-Hydrochlorid*, F. 223—225°; *Methojodid*, F. 258—260° (Zers.). — *3β-(β-Morpholinoäthoxy)-Δ^5-stigmasten-Hydrochlorid*, F. 219—221° (als Monohydrat). — *3β-[β-(4-{β-hydroxyäthyl}piperazino)äthoxy]-Δ^5-stigmasten-Dihydrochlorid*, F. 235—240° (Zers.); *freie Base*, F. 90—92° (als Monohydrat); *Dihydrogencitrat*, F. 130° (Zers.). — *3β-(β-Phthalimidoäthoxy)-Δ^5-stigmasten*, F. 170—172°. — *3β-(β-2-Isoindolinoäthoxy)-Δ^5-stigmasten-Hydrochlorid*, F. 230—231°. — *3β-(2-Hydroxy-3-piperidino-1-propoxy)-Δ^5-stigmasten-Hydrochlorid*, F. 235—237° (Zers.). — *3β-(2-Acetoxy-3-piperidino-1-propoxy)-Δ^5-stigmasten-Hydrochlorid*, F. 225—230° (Zers.). — *3β-(2-Propionoxy-3-piperidino-1-propoxy)-Δ^5-stigmasten-Hydrochlorid*, F. 220 bis 225° (Zers.). — *3β-[3-Piperidino-2-(3.4.5-trimethoxybenzoyloxy-1-propoxy]-Δ^5-stigmasten-Hydrochlorid*, F. 205 bis 210° (Zers.). — *3β-[3-(4-β-Hydroxyäthylpiperazino)-2-hydroxy-1-propoxy]-Δ^5-stigmasten-Dihydrochlorid*, F. 245 bis 247° (Zers.). — *3β-[3-(4-β-Acetoxyäthylpiperazino)-2-acetoxy-1-propoxy]-Δ^5-stigmasten-Dihydrochlorid*, F. 240° Zers.) (als Hemihydrat). — *3β-(2-Hydroxy-3-pyrrolidino-1-propoxy)-Δ^5-stigmasten-Hydrochlorid*, F. 215—220° (Zers.). — *3β-(β-Piperidinoäthoxy)-$\Delta^{5.22}$-stigmastadien-Hydrochlorid*, F. 227—230° Zers.). — *3β-(2-Hydroxy-3-piperidino-1-propoxy)-$\Delta^{5.22}$-stigmastadien-Hydrochlorid*, F. 218—220° (Zers.). — *3β-(2-Hydroxy-3-piperidino-1-propoxy)-Δ^5-cholesten-Hydrochlorid*, F. 203—233°. — *3β-(2-Acetoxy-3-piperidino-1-propoxy)-Δ^5-cholesten-Hydrochlorid*, F. 222—225° (Zers.). — *Heilmittel.* (**A. P. 3038897** vom 23/1. 1961, ausg. 12/6. 1962.) U. Sievers 4809

1604 G. D. Searle & Co., Chicago, übert. von: James Jiu, Morton Grove, Ill., V. St. A., **1.3- und 1.4-Bisoxigenierte $\Delta^{1.2.5,10}$-Östratriene.** Man setzt z. B. $\Delta^{1.3.5,10}$-Östratrien-3-on mit Pb-Tetraacetat in Eisessig um → *10β-Acetoxy-$\Delta^{1.3.5,10}$-östratrien-3-on* (I), F. 194—197°; $[\alpha]_D$ — 70,9°; *freier Alkohol* (II), F. 175—178°; $[\alpha]_D$ — 59,6°. — I läßt sich mit Acetanhydrid-H_2SO_4 unter den Bedingungen der Dienon-Phenolumlagerung überführen → *1.3-Diacetoxy-$\Delta^{1.3.5,10}$-östratrien* (III) F. 141—143°; $[\alpha]_D$ 153,8°. — II läßt sich unter gleichen Bedingungen überführen → *1.4-Diacetoxy-$\Delta^{1.3.5,10}$-östratrien* (IV), F. 154 bis 157°; $[\alpha]_D$ 182,9°. — Aus III erhält man durch partielle Hydrolyse mit methanol. HCl → *1-Acetoxy-$\Delta^{1.3.5,10}$-östratrien-3-ol*, F. 279—284°; $[\alpha]_D$ 115,5°. — Analog: IV → *$\Delta^{1.3.5,10}$-östratrien-1,4-diol*, dessen Überführung in das 1.4-Propionat, 4-Acetat u. 1-Propionat unter Angabe der IR-Absorption beschrieben wird. — *Heilmittel.* (**A. P. 3018297** vom 29/2. 1960, ausg. 23/1. 1962.) U. Sievers 4809

1605 Merck & Co., Inc., Rahway, N. J., V. St. A., **Herstellung von Estern von Retrocortinverbindungen.** Man läßt eine Retrocortin-Verb., die eine freie 21-Alkoholgruppe u. ggf. einen 9α-Halogensubstituenten enthält in Ggw. einer Base mit tert.-Butylacetylchlorid (I) reagieren. Z. B. erhält man aus I u. Retrocortin (II) in Chlf. in Ggw. von Pyridin bei 0—5° II-*21-tert.-Butylacetat*. — *Therapeutica.* (**Niederl. P. 101806** vom 12/1. 1956, ausg. 16/7. 1962. A. Prior. 14/1. 1955.) F. Böhm 4809

1606 Istituto Farmacologico Serono, Rom, Italien, **Gewinnung eines antigenfreien Gonadotropen Hormons** aus Harn, dad. gek., daß man Menopausenharn mit

z. B. CH_3COOH auf ein pH von 4—4,5 einstellt, mit ca. 20% Kaolin verrührt, der mit HCl oder CH_3COOH u. Waschen mit W. gereinigt wurde, das Gemisch ca. 1 Std. rührt, bei 0—15°, bes. 4—5°, absitzen läßt, das Kaolin durch Zentrifugieren abtrennt, das adsorbierte Hormon von dem Kaolin mit wss. NH_3-Lsg. bei pH 11—11,3 eluiert, die Lsg. zentrifugiert u. auf pH 8,5 einstellt, den entstehenden Nd. entfernt, das pH der Lsg. auf 5 bis 5,5 bringt u. das Hormon aus der Lsg. mit Aceton fällt, das rohe Hormon bei pH 3,7—3,8 mit einem Kationenaustauscher bei 3—4° behandelt, das Adsorbat mit W. u. NH_4-acetathaltig. 70—80% A. wäscht, mit 35—45%ig. wss. A. eluiert u. das reine Hormon aus dem Eluat mit A. steigender Konz. fällt. (**E. P. 903346** vom 14/10. 1960, ausg. 15/8. 1962. It. Prior. 31/5. 1960.) W. Heyer 4809

1607 Parke, Davis & Co., Detroit, übert. von: Horace A. De Wald, Grosse Pointe Woods, und David P. Hylander, Harper Woods, Mich., V. St. A., **Quaternäre Salze von Chloramphenicolestern von Aminosäuren** der allg. Formel

I

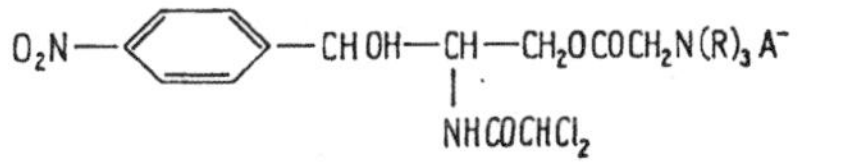

(R = niederes Alkyl u. A^- ein ungiftiges Anion), werden durch Rk. von D-Threo-1-p-nitrophenyl-2-dichloracetamido-3-halogenacetoxypropan-1-ol mit einem Trialkylamin oder durch Alkylierung des entsprechenden tert. Amins oder durch Rk. des Threo-1-p-nitrophenyl-2-dichloracetamidopropandiols mit dem entsprechenden Acylchlorid erhalten. Die Verbb. werden im Körper zu Chloramphenicol abgebaut. *Injezierbares Chloramphenicolpräperat.* (**A. P. 3000922** vom 11/8. 1958, ausg. 19/9. 1961.) R. Bauereis 4811

1608 Standard Pharmaceutical Works Ltd., Calcutta, Indien, **Gewinnung von Penicillin** durch submere Kultur von Penicillium notatium oder chrysogenum in einer Nähr-Lsg., die gemahlenen Ölkuchen von Senf, Sesam oder Erdnüssen enthält, gek. durch den Zusatz von „Jagri" (= konz. Zuckerrohrsaft) als Kohlehydrat. (**Ind. P. 70473** vom 22/1. 1960.) C. Lüttgen 4811

1609 Chas. Pfizer & Co., Inc., Brooklyn, N. Y., V. St. A., **Gewinnung von amphoterem Penicillin** aus wss. Lsgg., dad. gek., daß man die Lsg. zunächst auf einen pH-Wert von 1—3 ansäuert, nicht amphoteres Penicillin (**I**) mit einem organ. Lsgm. extrahiert, die Lsg. bei einem pH-Wert von 7—9 mit Carbobenzoxychlorid (**II**) behandelt, das **II**-**I**-Deriv. mit Ae., Butylacetat oder Chlf. extrahiert u. durch Hydrieren mit H_2 in das amphotere **I** überführt. (**Ind. P. 69550** vom 2/11. 1959.) C. Lüttgen 4811

1610 Distillers Co. Ltd., Edinburgh, Schottland (Erfinder: William Norman Jones), **Phenoxymethylpenicillin-Kalium** (**I**) wird in nadelförmig krist. Form u. in besserer Ausbeute erhalten durch Rk. von Phenoxymethylpenicillin (mindestens 90%ig.) in einem Alkanol mit 2—4 C-Atomen oder einem Essigsäurealkylester oder Keton mit nicht über 7 C-Atomen mit CH_3CO_2K in Ggw. von 1—5 Vol.-% W., bezogen auf die Mischung, u. Abtrennen der **I**-Kristalle. (**E. P. 862159** vom 19/9. 1958, ausg. 1/3. 1961.) F. Hirsch 4811

1611 Chas. Pfizer & Co., Inc., Brooklyn, N. Y., V. St. A., **Stabilisierte Tetracyclinlösung,** bestehend aus einem Tetracyclin, Thioglycerin, einem Lsgm., bes. einem mehrwertigen Alkohol mit bis zu 30% W., u. einem Formaldehydsulfoxylatsalz. (**Ind. P. 69736** vom 18/11. 1959.) C. Lüttgen 4811

1612 Chas. Pfizer & Co., Inc., Brooklyn, N. Y., V. St. A., **Stabilisierte wäßrige Tetracyclin-Suspensionen** zur oralen Anwendung erhält man durch Zusatz von N-Acetylglucosamin. (**Ind. P. 69971** vom 8/12. 1959.) C. Lüttgen 4811

1613 Laboratoires Français de Chimiothérapie, Frankreich (Erfinder: Gérard Nominé und Lucien Penasse), **Herstellung von Erythromycinäthylcarbonatascorbat,** $[\alpha]_D^{20}$ —25° (c = 1%; W.), dad. gek., daß man Erythromycinäthylcarbonat in Tetrahydrofuran oder Dioxan mit Ascorbinsäure erwärmt. (**F. P. 1238714** vom 21/4. 1958, ausg. 2/12. 1960.) S. Böttcher 4811

1614 Československá Socialistická Republika, Tschechoslowakei (Erfinder: Leon Ninet, Paris, und Jean Verrier, Boulogne, Frankreich), **Herstellung von Spiramycin durch aerobe Gärung** mittels Streptomyces ambofaciens auf Nährböden, die Polyole oder pflanzliche und tier. Fette als assimilierbare C-Quelle, ferner Chloride, Na-Phosphate, Na_2CO_3, Ca oder/u. Mg u. als einzige assimilierbare N-Quelle für die Microben unschädliche lösl. Ammoniumsalze der anorg. oder aliphat. Mono- bis Tricarbonsäuren enthalten. Zum Nährboden fügt man auch lösl. Salze vom Zn oder/u. Co mit anorg. oder aliphat. Mono- bis Tricarbonsäuren. Das gebildete Spiramycin wird aus dem Nährboden extrahiert. (**Tschech. P. 98390** vom 8/4. 1957, ausg. 15/1. 1961. F. Prior. 30/5. 1956.) L. Macher 4811

1615 Glaxo Laboratories Ltd., Greenford, Middlesex, England, **Herstellung einer Vaccine gegen Enterotoxämie** bei Tieren, bes. Schafen, dad. gek., daß man den toxinproduzierenden Stamm *Clostridium welchii Typ D* in üblicher Weise bei pH ca. 8 auf Pferdefleisch-Bouillion züchtet, das sterile Filtrat der Kulturlsg. bei pH 7,4 mit 1% CH_2O versetzt, 14—18 Tage bei 37° incubiert, das gebildete Toxoid mit Trypsin aktiviert u. mit $(NH_4)_2 \cdot SO_4$ bei pH 4,5—5 bei einer Endkonz. des Ammonsulfat in der Lsg. von 20—25% fraktioniert fällt, den Toxoid-Nd. in einem Boratpuffer von pH ca. 8 löst, die Lsg. gegen dest. W. bis zur $(NH_4)_2SO_4$-Freiheit dialysiert, wobei das gereinigte Toxoid pro mg Protein-N 4—6000 Flocculations-Einheiten besitzen soll, u. das so gereinigte Toxoid an $Al(OH)_3$-Gel adsorbiert. (**Ind. P. 72478** vom 6/7. 1960, ausg. 15/9. 1961.) W. Heyer 4813

1616 Luigi Calcagno, Mailand, Italien, **Herstellung von Emulsionen und Dispersionen für Arzneimittel und diätetische Nahrungsmittel.** Man stellt auf übliche Weise eine Emulsion bzw. Dispersion her u. unterwirft sie der Gefriertrocknung. Das trockene Prod. bildet auf Zugabe von W. spontan eine gebrauchsfertige Emulsion bzw. Dispersion. — 80 (g) W. werden mit 10 Mannit u. 0,1 Strychninnitrat vermischt, 5 Ei-Lecithin zugegeben u. mit W. zu einem Vol. von 100 cm^3 emulgiert u. auf einen Wassergeh. von 1% gefriergetrocknet. (**It. P. 555924** vom 6/7. 1956.) K. Koebke 4815

1617 Polichimica Sap Farmaceutici S. p. A., Mailand, Italien, **Choleretieum und Cholagoga,** enthaltend als Wirkstoff in einer Injektionslsg. oder Tablette *3.4-Methylendioxyzimtsäure*, ggf. zusammen mit Vitamin B_{12}. (**E. P. 912738** vom 27/2. 1961, ausg. 12/12. 1962. It. Prior. 12/8. 1960.) W. Heyer 4815

1618 Glaxo Laboratories Ltd., Greenford, England, **Arzneimittel** zur Behandlung von Arteriesclerose, Coronarthrombose u. zur Senkung des Cholesterinspiegels, gek. durch den Geh. an D-3.5-Dijodthyronin, Thyroxamin u./oder 3.5-Dijodthyronamin. (**Ind. P. 70021** vom 11/12. 1959. E. Prior. 29/12. 1958.) C. Lüttgen 4815

1619 Wellcome Foundation Ltd., London, England, **Mittel gegen Eingeweidewürmer,** bes. gegen Syphacia obvelata bei Mäusen u. Esterobins vermicularis beim Menschen, gek. durch einen Geh. an *2.4-Diamino-1-p-chlorphenyl-6.6.3'-methylpentamethylen-1.6-dihydro-symm.-triazin* (**I**) u. dessen Säureadditionssalzen. Die Herst. von **I** erfolgt z. B. durch Kondens. von p-Chlorphenylbiguanid mit 4-Methylcyclohexanon (**II**) oder von **II**, p-Chloranilin u. Dicyandiamid. (**Ind. P. 71124** vom 19/3. 1960.) C. Lüttgen 4815

1620 Wallace & Tiernan, Inc. (Erfinder: Edwin E. Hays), Belleville, N. J., V. St. A., **Arzneimittel-Komposition** *mit protrahierter Wirkung.* Sie enthält den Wirkstoff z. B. Morphin, Codein, Dihydrocodein, Pholcodein oder Narcotin an ein Sulfonsäure-Kationenaustauschharz vom Typ eines Polymeren aus Monovinylaryl u. Divinylbenzol oder Polystyrol-Divinylbenzol gebunden. (**E. P. 907021** vom 24/11. 1958, ausg. 26/9. 1962.) W. Heyer 4815

1621 Commonwealth Engineering Co. of Ohio, Dayton, Ohio, V. St. A. (Erfinder: Leo J. Novak), **Schwefelsäureester von Dextransäuren** und deren Salze erhält man durch Rk. einer Dextransäure, ggf. in Formamid-Lsg., mit $SO_2(OH)Cl$ in Pyridin bei 50—100° oder durch Rk. der Dextransäure mit $SO_2(OH)Cl$ bei — 15 bis 5°, Eingießen des Rk.-Gemisches in kaltes W., dann in einen Alkohol, Neutralisieren mit einem Alkali- oder Alkalihydroxid, Abtrennen des Estersalzes, Lösen in W., Dialysieren u. Konzentrieren der wss. Lsg. zu einem Pulver oder durch Fällen der Salze aus wss. Lsg. mit einem Alkohol. — Mengenbeispiele für Prodd. mit S-Geh. von 3—20% (durchschnittlichen Substitutionsgraden von 1—3) aus Dextransäuren mit Molgew. von 5000—50000, die man durch Gärung von Leuconostoc mesenteroides NRRL B-512 in einer Saccharosenähr.-Lsg. u. Spalten des dabei erzeugten Dextrans mit dem Enzym von Pilzen der Gattung Aspergilli, bes. Aspergillus wentii, gewinnt. Zur Herst. von *Mitteln gegen Blutgerinnung, Empfängnis* u. *Mikroorganismenbefall, Inhibitor der Hyaluronidase-Wirkung.* (**E. P. 873995** vom 31/3. 1959, aus. 2/8. 1961.) G. Vogel 4815

1622 Chas. Pfizer & Co., Inc., New York, übert. von: Abraham Bavley, Brooklyn, und Morton Harfenist, Yonkers, N. Y., V. St. A., **Tertiäre Vinyläthinylcarbinole** erhält man durch Kondens. von C_2H_2 mit einem Keton, bes. Äthyl- oder n-Propylvinylketon in einem inerten Lsgm., bes. fl. NH_3 u./oder Ae. in Ggw. von Li, K oder Ca bei — 40° bis + 40°, wie *3-Äthylpent-1-en-4-in-3-ol*, $Kp._{98}$ 84—96°, oder *3-n-Propylpent-1-en-4-in-3-ol*, $Kp._{102}$ 98—99°. *Hypnotica* u. *Anticonvulsiva* in Tabletten oder Fll. in der *Veterinärmedizin* verwendbar. (**A. P. 2925368** vom 26/4. 1956, ausg. 16/2. 1960.) W. Gräger 4817

1623 Edoardo Speciale und Valentino Speciale, Palermo, Italien, **Entwässern von tierischem Material,** dad., daß man es in gegebrannten Gips einhüllt u. in einem belüfteten Ofen bei 40° 2—24 Std. oder auch länger stehen läßt. Das Verf. ist anwendbar zum *Konservieren von Fleisch, zur Herst. chirurg. Nähfäden aus Muskelfasern* u. *Arzneimitteln.* (**It. P. 559508** vom 18/2. 1950.) K. Koebke 4829

1624 North American Philips Co., Inc., New York, N. Y., V. St. A., übert. von: Jacobus Nicolaas Walop, Jan Jacobs und Cornelis Albertus de Bock, Weesp, Niederlande, **Sterilisierung von wäßrigen Lösungen,** auch von arzneilichen Injektions-Lsgg., dad. gek., daß man den Lsgg. 0,5—0,001 β-Propiolacton zusetzt. (**A. P. 2989435** vom 27/11. 1957, ausg. 20/6. 1961. Niederl. Prior. 3/1. 1957.) K. Koebke 4833

1625 Monsanto Chemical Co., St. Louis, übert. von: Samuel Allen Heininger, Warson Woods, Mo., V. St. A., **Mittel gegen Bakterien und Pilze,** enthaltend als Wirkstoff eine Verb. der allg. Formel $Hg(RNHCH_2CH_2CN)_2$, worin R ein aromat. Rest mit 6—12 C-Atomen ist. Man erhält die Verbb. durch Rk. eines entsprechenden aromat. Amins mit Acrylnitril (I) in Ggw. eines anorgan. oder organ. Hg-Salzes. — 186 (g) Anilin werden mit 106 I u. 10,2 $Hg(CH_3COO)_2$ erhitzt → *Mercuri-3-Anilinopropionitril*, F. 205°. — Die Mittel sind geeignet für gewerbliche u. landwirtschaftliche Zwecke. (**A. P. 2988476** vom 20/5. 1959, ausg. 13/6. 1961.) K. Koebke 4833

1626 Monsanto Canada Ltd., Ville La Salle, Quebec, Canada (Erfinder: Arthur Ferguson McKay und David Lyon Garmaise), **Thiocarbaminsäureester** der allg. Formel $A-(CH_2)_n-NH-C(=S)-OR$ (A = 3.4-Dichlorphenylrest; R = ggf. durch einen oder mehrere Halogenatome, einen Alkyl-, Alkoxy- oder NO_2-Rest substituierter Phenylrest, wenn n = 0, 1, 2 oder 3; R auch Rest der allg. Formel $-C_6H_4-O-C(=S)-NH-(CH_2)/-A$, wenn n = 1, 2 oder 3) erhält man a), wenn n = 0—3, durch Rk. eines Phenols der allg. Formel ROH in wss. alkal. Lsg. mit $S=CCl_2$ in einem inerten Lsgm. (Chlf.) oder durch Rk. des Alkaliphenolats mit $S=CCl_2$ in einem inerten Lsgm. (Chlf., Bzl.) bei 0—40, bes. 30°, u. Rk. des gebildeten Phenylchlorthioformiats mit, bes. 2 Mol., einer Verb. der allg. Formel $A-(CH_2)_n-NH_2$ in einem inerten Lsgm. (Ae., Bzl., Chlf.) bei — 10 bis 20, bes. bei ca. — 10°, Filtrieren des Nd. u. Gewinnung des Prod. durch fraktionierte Kristallisation oder b) durch Rk. des Phenols (s. oben) mit einer Verb. der allg. Formel $A-(CH_2)_n-N=C=S$ oder c), wenn n = 1 bis 3, durch Erhitzen von Hydrochinon mit einer Verb. der vorst. Formel → Rk.-Prod. der allg. Formel $A-(CH_2)_n-NH-C(=S)-O-C_6H_4-p-O-C(=S)-NH-(CH_2)_n-A$, in den Fällen b) u. c) in Ggw. von 1—5 Mol-% Triäthylamin als Katalysator bei 25—150, bes. ca. 80° während 1—6, bes. ca. 2 Std., u. direkte Kristallisation oder Extraktion mit einem mit W. nicht mischbaren Lsgm. (Ae., Bzl.). — Man setzt z. B. einer Lsg. von 6,27 (Teilen) Phenol 53 einer 5%ig. wss. NaOH-Lsg. u. dann während 15 Min. 7,7 $S=CCl_2$ in 120 Chlf. bei 30° zu, rührt noch 15 Min., läßt der getrockneten Chlf.-Schicht bei — 10° eine Lsg. von 23,42 3.4-Dichlorbenzylamin in 75 Chlf. während 30 Min. zutropfen u. die Temp. auf 30° steigen, filtriert 13,3 3.4-Dichlorbenzylaminhydrochlorid u. setzt dem eingeengten Filtrat 75 PAe zu → Nd., 17,22 *Phenyl-3.4-dichlorbenzyl-tc (tc = -thiocarbaminsäurerest)*, $C_{15}H_{12}Cl_3NOS$, F. 106—107° (aus Chlf.–Ae.), 83% (Ausbeute); gleiches Prod. aus 3.4-Dichlorbenzylisothiocyanat u. Phenol, 78,3%. Ferner erhält man folgende Thiocarbaminsäureester: *4-Chlorphenyl-3.4-dichlorbenzyl-tc*, F. 135—136° (aus Chlf.-PAe.), $C_{14}H_{10}Cl_3NOS$, 52%; *4-Methoxyphenyl-3.4-dichlorbenzyl-tc*, $C_{15}H_{13}Cl_2NOS$, F. 107—108° (aus Chlf.-PAe.), 75%; *2.4-Dichlorphenyl-3.4-dichlorbenzyl-tc*, $C_{14}H_9Cl_4NOS$, F. 154—155° (aus Chlf.-PAe.), 85%; *3.4-Dichlorphenyl-3.4-dichlorbenzyl-tc*, F. 95 bis 96° (aus Chlf.-PAe.), 19,7%; *4-n-Octadecylphenyl-3.4-dichlorphenyl-tc*; *4-Fluorphenyl-3.4-dichlorbenzyl-tc*, $C_{14} \cdot H_{10}Cl_2FNOS$, F. 123—124° (aus PAe.); *2-Methylphenyl-3.4-dichlorbenzyl-tc*, $C_{15}H_{13}Cl_2NOS$, F. 89—90° (aus Chlf.-PAe.); *4-Methylphenyl-3.4-dichlorphenyl-tc*, F. 169—170°, 52%; *4-Methylphenyl-3.4-dichlorbenzyl-tc*, $C_{15}H_{13}Cl_2NOS$, F. 118—119° (aus Ae.-PAe.); *4-Äthylphenyl-3.4-dichlorbenzyl-tc*, $C_{16}H_{15}Cl_2NOS$, F. 97—98° (aus PAe.), 58,8%; *4-n-Propylphenyl-3.4-dichlorphenyl-tc*, F. 159—160°, 74%; *4-n-Propylphenyl-3.4dichlorbenzyl-tc*, $C_{17}H_{17}Cl_2NOS$, F. 80—81° (aus PAe.), 12,7%; *4-n-Hexylphenyl-3.4-dichlorbenzyl-tc*, $C_{20}H_{13}Cl_2NOS$, F. 87—88°, 49%; *4-n-Decylphenyl-3.4-dichlorbenzyl-tc*, $C_{24}H_{31}Cl_2NOS$, F. 85—86°, 81%; *4-Methoxyphenyl-3.4-dichlorphenyl-tc*, $C_{14}H_{11}Cl_2 \cdot NOS$, 167—168°, 57%; *4-n-Dodecylphenyl-3.4-dichlorbenzyl-tc*, $C_{26}H_{35}Cl_2NOS$, F. 87,5—88,5° (aus PAe.), 69,6%; *4-n-Butylphenyl-3.4-dichlorbenzyl-tc*, $C_{18}H_{19}Cl_2 \cdot NOS$, F. 90—91° (PAe.), 41,7%; *4-Äthoxyphenyl-3.4-dichlorbenzyl-tc*; *Phenylen-(1.4)-bis-[N-3.4-dichlorbenzyl-tc]*, $C_{22}H_{16}Cl_4O_2S_2$, F. 170—171° (aus verd. Aceton); *4-Äthoxyphenyl-3.4-dichlorphenyl-tc*; *3.4-Dichlorphenyl-3.4-dichlorphenyl-tc*, $C_{13}H_7Cl_2NOS$, F. 142—143°, 72,2%; *4-n-Butylphenyl-3.4-dichlorphenyl-tc*, $C_{17}H_{17}Cl_2NOS$, F. 125—126° (aus PAe.), 48%; *4-n-Octadecylphenyl-3.4-dichlorbenzyl-tc*, F. 84—85° (aus PAe.), 59,6%; *Phenyl-3.4-dichlorphenyl-tc*, $C_{13}H_9Cl_2NOS$, F. 156—157° (aus Chlf.), 44,4%; *Phenyl-2-[3.4-dichlorphenyl]-äthyl-tc*, $C_{15} \cdot H_{13}Cl_2NOS$, F. 84—85° (aus Ae.-Pae.), 81,4%; *4-Äthylphenyl-3.4-dichlorphenyl-tc*, $C_{15}H_{13}Cl_2NOS$, F. 159—160° (aus Chlf.-PAe.), 52%; *Phenyl-3-[3.4-dichlorphenyl]-propyl-tc*, $C_{16}H_{15}Cl_2NOS$, F. 64—65°, 52%; *3-Nitrophenyl-3.4-dichlorphenyl-tc*, $C_{13}H_8Cl_2N_2O_3S$, F. 135—136°, 86%. *Baceteriostatica* gegen grampositive Organismen, bes. *Staphylococcus pyogenes, Sarcina lutea.* Zur Herst. von *Hautsalben* u. *Desinfektionsmitteln* für Wände, Böden u. Möbel. (**E. P. 880030** vom 16/1. 1959, ausg. 18/10. 1961.) G. Vogel 4833

1627 Imperial Chemical Industries Ltd., London, England (Erfinder: Bernard William Langley), **Herstellung von Phenylazo- und Phenylhydrazopyrimidinen.** 1 (Teil) 2-Amino-6-chlor-A (A = 4-Phenylazopyrimidin) u. eine Lsg. von 4 NaOH in 100 W. werden 2 Std. unter N_2 unter Rückfluß gekocht. Nach dem Abkühlen wird das Gemisch filtriert u. aus dem Filtrat *2-Amino-6-hydroxy-A* (I), F. 223—224° (Zers.) mit Essigsäure gefällt. — Analog aus CH_3ONa → *2-Amino-6-methoxy-A*, F. 145—146°; aus C_2H_5ONa → *2-Amino-6-äthoxy-A*, F. 136—138°; aus CH_3NH_2 → *2-Amino-6-methylamino-A*, F. 185—187°; aus Dimethylamin → *2-*

Amino-6-dimethylamino-A, F. 192—193° (Zers.); aus Trimethyl-[2-amino-4-phenylazopyrimidyl-(6)]-ammoniumchlorid (**II**) u. NaOH → **I**; aus **II** u. KCN → *2-Amino-6-cyan-A*, F. 208°; aus 2-Methylamino-6-chlor-A u. HCOOH → *2-Methylamino-6-hydroxy-A.*, Zers. bei 200°, sowie *2-Methylamino-6-methoxy-A*, F. 136—138°. — *2-Amino-6-hydroxy-4-phenylhydrazopyrimidin*, Zers. bei 250—252°, aus **I** u. Na-Hydrosulfit oder durch Hydrieren mit H_2. — *Bakterícide.* (**E. P. 875717** vom 19/12. 1958, ausg. 23/8. 1961.) C. Lüttgen 4833

1628 **F. Hoffmann-La Roche & Co. Akt.-Ges.**, Basel, Schweiz, *Herstellung pharmaceutischer Präparate.* (**Niederl. P. 103876** vom 15/4. 1958, ausg. 15/2. 1963. Schwz. Prior. 18/4. 1957. — C. **1960,** 17206 [E. P. 819129].)

1629 **Warner-Lambert Pharmaceutical Co.,** Morris Plains, N. J., V. St. A., *Therapeutisches Präparat.* (**Niederl. P. 103997** vom 14/11. 1956, ausg. 15/2. 1963. A. Prior. 16/11. 1955. — C. **1960, 15142** [Belg. P. 552656].)

1630 **Norwich Pharmacal Co.,** Norwich, N. Y., V. St. A., *Herstellung eines stabilen Komplexes.* (**Niederl. P. 103945** vom 30/9. 1959, ausg. 15/2. 1963. A. Prior. 30/9. 1958. — C. **1961,** 3084 [A. P. 2908689].)

1631 **Geigy Chemical Corp.,** Ardsley, N. Y., V. St. A., übert. von: **Willy G. Stoll** und **Franz Litvan,** Basel, Schweiz, *Wäßrige Lösungen von Lokalanaesthetica.* (**A. P. 3012936** vom 29/6. 1959, ausg. 12/12. 1961. Schwz. Prior. 3/7. 1958. — C. **1961,** 5536 [D. A. S. 1091288].)

1632 **Aktieselskabet Grindstedvaerket** (Erfinder: **Knud Lind Larsen**), Aarhus, Dänemark, *Herstellung von 2.2-disubstituierten Propandiol-(1.3)-dicarbamaten.* (**Schwz. P. 369119** vom 6/5. 1958, ausg. 29/6. 1963. Dän. Prior. 10/5. 1957. — C. **1961,** 15121 [F. P. 1195628].)

1633 **Spofa Spojené Farmaceutické Zavodý, Národní Podnik,** Prag (Erfinder: **Aleš Sekera, Karel Sova, Alois Borovanský und Jaroslav Sova,** Brünn), Tschechoslowakei, *Herstellung von pharmakodynamisch wirksamen basischen Estern.* (**Schwz. P. 369120** vom 11/6. 1957, ausg. 29/6. 1963. Tschech. Prior. 11/6. 1956. — C. **1961,** 10288 [F. P. 1176657].)

1634 **Laboratoires Dausse Soc. An.,** Paris, Frankreich, *Herstellung von Derivaten des Phenylacetats.* (**Schwz. P. 369467** vom 28/7. 1958, ausg. 15/7. 1963. F. Prior. 29/7. 1957. — C. **1962,** 5392 [A. P. 2963485].)

1635 **Knud Abildgaard-Elling** und **Løvens Kemiske Fabrik ved A. Kongsted,** Kopenhagen, Dänemark, *Anilide substituierter ω-Dialkylaminocarbonsäuren.* (**Niederl. P. 104000** vom 1/11. 1954, ausg. 15/2. 1963. E. Prior. 10/11. 1953. — C. **1957,** 8592 [D. A. S. 1001277].)

1636 **J. R. Geigy Akt.-Ges.,** Basel, Schweiz (Erfinder: **Frederick Leonard,** Yonkers, N. Y., V. St. A.), *Herstellung neuer α-Aryl-ω-aminoalkansäuren und deren Derivaten.* (**Schwz. P. 369764** vom 12/8. 1958, ausg. 31/7. 1963. A. Prior. 28/8. 1957. — C. **1962,** 5019 [F. P. 1211604].)

1637 **May & Baker Ltd.,** Dagenham, England, *Herstellung von Sulfanilamidderivaten.* (**Niederl. P. 103846** vom 11/7. 1957, ausg. 15/2. 1963. E. Prior. 9/7. 1957. — C. **1960,** 13120 [A. P. 2839529].)

1638 **VEB Farbenfabrik Wolfen,** Wolfen (Erfinder: **Hans Wesche,** Wolfen, **Martin Ehrlich,** Dessau, und **Ursula Siegmund,** Wolfen), *Herstellung von Acylsulfanilylguanidinen.* (**Schwz. P. 369444** vom 16/12. 1958, ausg. 15/7. 1963. D. Prior. 30/9. 1958. — C. **1960,** 2963 [D. A. S. 1065407].)

1639 **Lepetit S. p. A.,** Mailand (Erfinder: **Emilio Testa,** Vacallo, **Luigi Fontanella** und **Giulio Maffii, Mailand**), **Italien,** *Herstellung von 1-Carbamylazetidinen.* (**D. A. S. 1147585** Kl. 12p vom 19/12. 1959, ausg. 25/4. 1963. **Ind. P. 70136** vom 22/12. 1959. Beide E. Prior. 23/12. 1958. — C. **1964,** 2-1551 [E. P. 872447].)

1640 **Lepetit S. p. A.,** Mailand, Italien (Erfinder: **Emilio Testa,** Vacallo, Schweiz), *Herstellung von α-[3,3-Dimethylazetidinyl-(1)]-2,6-dimethylacetanilid.* (**D. A. S. 1147586** Kl. 12p vom 6/10. 1960, ausg. 25/4. 1963. It. Prior. 14/10. 1959. — C. **1964,** 2-1550 [E. P. 884072].)

1641 **Lepetit S. p. A.,** übert. von: **Emilio Testa, Luigi Fontanella** und **Giulio Maffii,** Mailand, Italien, *Herstellung von 1-Acyl-3-substituierten Azetidinen.* (**A. P. 3037019** vom 18/12. 1959, ausg. 29/5. 1962. E. Prior. 23/12. 1958. — C. **1964,** 2-1551 [E. P. 872448].)

1642 **Lepetit S. p. A.,** Mailand, Italien, *Herstellung substituierter 2-Acetidinone.* (**Niederl. P. 103986** vom 6/5. 1958, ausg. 15/2. 1963. E. Prior. 11/12. 1957. — C. **1963,** 1363 [Aust. P. 229865].)

1643 **Haco Akt.-Ges.,** Gümligen bei Bern, Schweiz, *Neue 3.5-Dioxoisoxazolidine.* (**E. P. 914716** vom 30/6. 1959, ausg. 2/1. 1963. Schwz. Prior. 3/7. 1958. — C. **1963,** 14047 [D. A. S. 1142611 u. A. P. 3007936].)

1644 **Kefalas A/S,** Kopenhagen, Dänemark, *Additionssalze von Thiaxanthenderivaten.* (**E. P. 896037** vom 31/3. 1959, ausg. 9/5. 1962. Dän. Prior. 2/4., 26/4., 9/5., 7/10. u. 22/12. 1958. — C. **1964,** 2-1558 [Ind. P. 67520].)

1645 **N. V. Nederlandsche Combinatie voor Chemische Industrie,** Amsterdam (Erfinder: **David Karel de Jongh,** Heemstede, **Adriaan Kraaije-Veld,** Oegstgeest, **Geertruida Cornelia van Leeuwen und Josephus Franciscus Michels,** Amsterdam), Niederlande, *Herstellung von 4-[β-(3.4'-Dimethoxyphenyl)-äthyl]-2.6-diketopiperazin.* (**D. A. S. 1138056** Kl. 12p vom 2/9. 1959, ausg. 18/10. 1962. **Aust. P. 235314** vom 19/8. 1959, ausg. 5/10. 1961. Beide E. Prior. 10/9. 1958. **A. P. 3026321** vom 9/9. 1959, ausg. 20/3. 1962. — C. **1964, 3-1535** [Niederl. P. 101113].)

1646 **Ciba Ltd.,** Basel, Schweiz, *Neue Pyrazolopyrimidine.* (**E. P. 884849** vom 1/6. 1959, ausg. 20/12. 1961. Schwz. Prior. 13/6. 1958 u. 22/1. 1959. D. Prior. 3/4. 1959. — C. **1962, 1324** [D. A. S. 1104964].)

1647 **Ciba Ltd.,** Basel, Schweiz, *Herstellung neuer Pyrimidopyrimidine.* (**Ind. P. 62734** vom 2/1. 1958, ausg. 4/4. 1961. — C. **1963,** 22830 [Aust. P. 229898].)

1648 **VEB Deutsches Hydrierwerk Rodleben,** Rodleben, *Herstellung basisch substituierter Phthalazine.* (**E. P. 894428** vom 11/8. 1958, ausg. 18/4. 1962. D. Prior. 15/8. 1957. — C. **1959,** 13262 [D. A. S. 1046626].)

1649 **VEB Deutsches Hydrierwerk Rodleben,** Rodleben, *Herstellung von tert. Alkylaminphthalazonen.* (**E. P. 879954** vom 24/6. 1958, ausg. 11/10. 1961. D. Prior. 15/8. 1957. — C. **1959,** 11348 [D. A. S. 1046625].)

1650 **Rhône-Poulenc Soc. An.,** Paris, Frankreich, *Therapeutisch wirksame Phenothiazine.* (**Niederl. P. 103867** vom 24/12. 1957, ausg. 15/2. 1963. F. Prior. 27/12. 1956, 14/2., 15/3., 26/4. u. 19/7. 1957. — C. **1961,** 231 [E. P. 819852].)

1651 **Deutsche Gold- und Silber-Scheideanstalt vormals Roessler,** Frankfurt/M., übert. von: **Wilhelm Alfons Schuler,'** Bad Homburg v. d. H., *Basisch substituierte Azaphenothiazine* (**A. P. 2989529** vom 11/6. 1958, ausg. 20/6. 1961. D. Prior. 15/6. 1957. — C. **1961,** 9521 [D. A. S. 1055538, Belg. P. 568268, Oe. P. 205031 u. E. P. 848286].)

1652 **Lepetit S. p. A.,** Mailand, Italien (Erfinder: **Uberto Teotino** und **Giorgio Cignarella**), *Dihydrobenzothiadiazepindioxide und deren Derivate.* (**E. P. 880548** vom 3/12. 1958, ausg. 25/10. 1961. — C. **1962,** 5395 [D. A. S. 1111199].)

1653 **J. R. Geigy Akt.-Ges.,** Basel, Schweiz, *N-Aminoalkylderivate von Azepinen.* (**Niederl. P. 103861** vom 13/11. 1957, ausg. 15/2. 1963. Schwz. Prior. 13/11. 1956. — C. **1960, 11395** [Oe. P. 200578].)

1654 **J. R. Geigy Akt.-Ges.,** Basel, Schweiz, *Herstellung von Azepinderivaten.* (**Niederl. P. 103879** vom 8/5. 1958, ausg. 15/2. 1963. Schwz. Prior. 9/5. 1957. — C. **1961,** 11435 [Oe. P. 205039].)

1655 **Spofa Spojené Farmaceutické Závody, Národni Podnik,** Prag (Erfinder: **Jan Škoda, Vilém F. Hess** und **František Šorm,** Prag), Tschechoslowakei, *Herstellung von 6-Azauracilribosid.* (**Schwz. P. 368806** vom 23/1. 1958, ausg. 15/6. 1963. Tschech. Prior. 28/2. 1957. — C. **1959,** 15448 [D. A. S. 1056616].)

1656 **Kelco Co.,** San Diego, Calif., V. St. A., *Herstellung von Alginatderivaten.* (**E. P. 920811** vom 15/7. 1959, ausg. 13/3. 1963. — C. **1961,** 2031 [A. P. 2902479].)

1657 **Roussel-Uclaf,** Paris, Frankreich, *Herstellung von Steroiden.* (**E. P. 915129** vom 16/7. 1959, ausg. 9/1. 1963. F. Prior. 4/8. 1958. — **C. 1962,** 12395 [D. A. S. 1095277].)

1658 **Soc. Farmaceutici Italia,** Mailand, Italien, *In 4-Stellung substituierte Steroide.* (**Niederl. P. 103814** vom 29/10. 1956, ausg. 15/2. 1963. It. Prior. 23/4. 1956. — C. **1962,** 4646 [A. P. 2953582].)

1659 **G. D. Searle & Co.,** Skokie, Ill., V. St. A., *Herstellung von 9-Fluorsteroiden.* (**Niederl. P. 103967** vom 6/4. 1960, ausg. 15/2. 1963. A. Prior. 6/4. 1959. — C. **1962,** 1328 [A. P. 2925416].)

1660 **Roussel-Uclaf,** Paris (Erfinder: **Léon Velluz, Bernard Goffinet,** Paris, und **Gaston Amiard,** Noisy-le-Sec), Frankreich, *Herstellung von 19-Norsteroiden.* (**Schwz. P. 369755** vom 23/7. 1958, ausg. 31/7. 1963. F. Prior. 7/8. 1957. — C. **1960,** 15146 [D. A. S. 1075603].)

1661 **Ciba Ltd.,** Basel, Schweiz, *Herstellung von 18-oxigenierten Steroiden.* (**E. P. 909262** vom 5/12. 1958, ausg. 31/10. 1962. Schwz. Prior. 5/12. 1957. — C. **1963,** 4821 [D. A. S. 1086228].)

1662 **Schering Akt.-Ges.,** Berlin, *Herstellung von Estern von Steroidhormonen.* (**Niederl. P. 104044** vom 20/3. 1952, ausg. 15/3. 1963. D. Prior. 17/5. u. 28/6. 1951. — C. **1957,** 7117 [E. P. 741656].)

1663 **Ciba Ltd.,** Basel, Schweiz, *Herstellung von $\Delta^{17,20}$-3.20-diacyloxy-16α-alkylallopregnenen.* (**Niederl. P. 103960** vom 23/12. 1959, ausg. 15/2. 1963. Schwz. Prior. 24/12. 1958. — C. **1963,** 11355 [F. P. 1243111].)

1664 **British Drug Houses Ltd.,** London, England, *Herstellung von 6-Methyl-3-oxo-$\Delta^{4,6}$-diensteroiden.* (**Ind. P. 64914** vom 11/8. 1958, ausg. 7/6. 1961. E. Prior. 19/8. 1957. — C. **1964,** 3-1549 [Niederl. P. 101367].)

1665 **Chinoin Gyógyszer és Vegyészeti Termékek Gyara R. T.,** Budapest, Ungarn, *Herstellung von $\Delta^{1,4}$-Androstadien-3.17-dion.* (**E. P. 915107** vom 26/6. 1959, ausg. 9/1. 1963. Ung. Prior. 26/6. 1958. — C. **1963,** 9812 [D. A. S. 1131210].)

1666 **Glaxo Group Ltd.,** Greenford, England, *Herstellung von Neoergosterolderivaten.* (**Niederl. P. 103940** vom 6/8. 1959, ausg. 15/2. 1963. E. Prior. 7/8. 1958. — C. **1963,** 10579 [E. P. 864231].)

1667 **F. Hoffmann-La Roche & Co. Akt.-Ges.,** Basel, Schweiz, *Herstellung von biologisch aktivem Material.* (**E. P. 918728** vom 21/8. 1959, ausg. 20/2. 1963. Schwz. Prior. 29/8. 1958. — C. **1961,** 2717 [D. A. S. 1084434].)

1668 **F. Hoffmann-La Roche & Co. Akt.-Ges.,** Basel, Schweiz, *4-Amino-3-isoxazolidone.* (**Niederl. P. 103816** vom 13/11. 1956, ausg. 15/2. 1963. Schwz. Prior. 17/11. 1955. — C. **1959,** 7232 [D. A. S. 1044086].)

1669 **F. Hoffmann-La Roche & Co. Akt.-Ges.,** Basel, Schweiz, *Herstellung des neuen Antibioticums X-5079C.* (**E. P. 914683** vom 13/1. 1961, ausg. 2/1. 1963. A. Prior. 13/4. 1960. — C. **1963,** 6706 [D. A. S. 1122670].)

1670 **Ciba Ltd.,** Basel, Schweiz, *Herstellung cyclischer Dekapeptide.* (**E. P. 917013** vom 29/4. 1959, ausg. 30/1. 1963. Schwz. Prior. 29/4. 1958. — C. **1963,** 7864 [D. A. S. 1112525].)

1671 **Wellcome Foundation Ltd.,** London, England, *2.4-Diaminopyrido-[2.3:d]-pyrimidine.* (**E. P. 913710** vom 17/4. 1959, ausg. 28/12. 1962. A. Prior. 1/5. 1958. — C. **1963,** 11751 [D. A. S. 1137741].)

G. Analyse, Laboratorium

1672 **Verbesserte, individuell verwendbare Pipette.** J a. F. Choroschilow. (Laboratoriumswesen (UdSSR] **9,** Nr. 9, 59—60, 1963; russ.) — Modifizierung gewöhnlicher Pipetten. S. Baryschnikow 5014△

1673 **Einfache Vorrichtung zum Pipettieren radioaktiver und giftiger Lösungen.** L. P. Bitschin. (Laboratoriumswesen [UdSSR] **9,** Nr. 9, 59a, 1963; Inst. für biol. u. med. Chem. der Akad. der med. Wiss. der UdSSR; russ.) — Eine einfache Vorr. zum Einführen durch Druck (Druckball) von 0,1—20,0 ml Fl. in die Pipetten wird beschrieben. S. Baryschnikow 5014△

1674 **Universalverschluß für die automatische Pipettierung und Titrierung.** N. L. Wak. (Laboratoriumswesen [UdSSR] **6,** Nr. 2, 52—53, 1960; russ.) — App.-Beschreibung. E. Steinberg 5014□

1675 **Verallgemeinerte Theorie der Metallfilm-Bolometer.** T. P. Vogl, G. A. Shifrin und B. J. Leon. (J. opt. Soc. America **52,** 957—64, 1962; Malibu, Calif., Hughes Res.

Labor.; engl.) — Es wird die Temp.-Verteilung in Richtung der Längsachse eines Bolometers mit Hilfe des Stefan-Boltzmann-Gesetzes berechnet. Für gekühlte u. ungekühlte Bolometer wird der allg. Fall kombinierter Wärmestrahlung u. -leitung behandelt. Für das Signal-Rausch-Verhältnis wird eine exakte Berechnungsgrundlage angegeben. Außerdem wird eine lineare Näherungs-Meth. für die Berechnung des maximalen Signal-Rausch-Verhältnisses mitgeteilt. Vorläufige Verss. mit Au-Film-Bolometern führten zu befriedigenden Ergebnissen.
D. Noack 5016◇

1676 **Ein einfacher Druckanzeiger für Vakuumexsiccatoren.** G. Godfrey. (J. sci. Instruments **39,** 240, 1962; Birmingham, Univ. of Birmingham, Med. School, Med. Res. Council Unit for Res. on the Exp. Pathology of the Skin; engl.) — Die Vorr. besteht aus einer kleinen luftgefüllten Plastikkapsel, die sich bei 10 Torr voll aufbläht, bis zu 0,5 Torr verwendet werden kann u. bei ca. 50 Torr wieder in sich zusammenfällt.
D. Noack 5022◇

1677 **Ein Ofen aus Aluminiumfolien.** L. E. Prescott. (Rev. sci. Instruments **33,** 485—86, 1962; Schenectady, N. Y., General Electric Res. Labor.; engl.) — Für einfache Aufheizverss. wird ein Ofen beschrieben, der aus Platten aus Al-Folie/Fiberfrax-Papier/Al-Folie zusammengesetzt werden kann. Die Heizung erfolgt durch IR-Quarzlampen. Es lassen sich Temp. bis zu 390° erreichen.
D. Noack 5028◇

1678 **Hochdruck- und Hochtemperaturapparatur mit mehreren Paaren elektrischer Leitungen.** L. F. Wereschtschagin, A. A. Ssemertschan, W. M. Subkow und N. N. Kusin. (Ber. Akad. Wiss. UdSSR **145,** 71—72, 1962; Akad. der Wiss. der UdSSR, Inst. für Hochdruckphys.; russ.) — In dem beschriebenen App. ist die zu untersuchende Probe in einen Graphit- oder Metallbecher eingesetzt, der als Heizofen dient. Die Kompression erfolgt durch Stempel in Form von Kegelstümpfen, die durch Stahlscheiben mit dem Ofen verbunden u. mit Pyrophyllitdichtungen gegenüber der Hochdruckkammer isoliert sind. Die Kammer besteht aus 4 Ringsegmenten, die mittels Glimmer voneinander isoliert sind. Der Heizstrom wird den voneinander u. von der Kammer isolierten Stempeln durch Leitungen zugeführt, deren Zahl sich nach der Zahl der Ringsegmente richtet. R. K. Müller 5048◇

1679 **Aluminium als Werkstoff für Laborautoklaven.** W. Wahler. (Aluminium **39,** 323—24, 1963; Köln; dt.) — Ein beschriebener Laborautoklav aus Rein-Al mit einer Innenauskleidung aus Teflon hat sich für Aufschlüsse von Mineralen u. Gesteinen mit Hilfe von HF u. $HClO_4$ unter Überdruck bei 20 atü — bei 200° gut bewährt. F. Vier 5048◇

1680 **Speicherung und Wiederauffinden von Daten analytischer Geräte.** Westcott C. Kenyon. (Analytic. Chem. **35,** Nr. 12, 27A—39A, 1963; Wilmington, Del., Hercules Powder Co., Res. Center; engl.) — Beschreibung gegenwärtiger Bestrebungen auf dem Gebiet der Datenspeicherung unter bes. Berücksichtigung der Interessen des Analytikers an Hand von Beispielen.
Gerhard Schulze 5050◇

1681 **Neutronenaktivierungsanalyse von Isotopen mit kurzen Halbwertszeiten.** D. Monnier. (Chimia [Aarau, Schweiz] **15,** 512—15, 1961; Genève, Univ., Ecole de Chim.; franz.) — Die grundlegende Formel der Neutronenaktivierungsanalyse wird ausführlich erläutert. An einem Beispiel werden der Analysengang u. die Auswertung gezeigt. Abschließend folgt eine Diskussion des Anwendungsbereichs u. eine Gegenüberstellung der Vor- u. Nachteile dieser Methode. W. Wiechmann 5052◇

1682 **Anwendung der Neutronenaktivierungsanalyse zur Bestimmung von Beimengungen und Verunreinigungen in Reaktormaterialien.** Miloslav Rakovič. (Jaderná Energie **8,** 127—30, 1962; Praha, Karl. univ., fak. vseob. lék., kat. lék. fyz. a nukl. med.; tschech.) — Überblick — Die Analyse durch Neutronenaktivierung läßt sich auf folgende Gebiete anwenden: Best. von Hf in Zr (^{179m}Hf ohne chem. Trennung, ^{175}Hf, ^{181}Hf u. ^{180}Hf auch nach Trennung); Best. anderer Verunreinigungen (^{59}Fe, ^{187}W, ^{99}Mo, ^{122}Sb, ^{124}Sb, ^{59}Mn, ^{51}Cr, ^{64}Cu) in Zr; Best. von Mn, As u. a. Verunreinigungen in Graphit; Co-Best. in Stahl; Best. von ^{24}Na, ^{56}Mn, ^{64}Cu u. a. in Al; Best. von U durch Vgl. mit ^{239}U, ^{239}Np u. ^{239}Pu, ^{133}Xe, ^{132}Te, ^{140}Ba oder anderen Spaltprodukten. — 28 Literaturangaben.
R. K. Müller 5052◇

1683 **Schnelles Abtasten radioaktiver Dünnschichtchromatogramme.** Joseph Rosenberg und Michael Bolgar. (Analytic. Chem. **35,** 1559—60, 1963; Waltham, Mass., Labor. for Electronics, Inc., Tracerlabor. Div., Org. Chem. Dep.; engl.) — Vff. beschreiben ein Gerät, das mit Hilfe eines Vorschubmechanismus die Dünnschichtplatte an einem Geiger-Zählrohr vorbeiführt u. die Zählrate als Funktion des Vorschubs automat. aufzeichnet.
H. J. Altmann 5062◇

1684 **Ermittlung der Aktivitätsverteilung eines Dünnschichtchromatogramms markierter Verbindungen mit einem Methandurchflußzähler.** Hermann Schildknecht und Otto Volkert. (Naturwissenschaften **50,** 442—43, 1963; Erlangen, Univ., Inst. für org. Chem.; dt.) — Nach der Dünnschichtchromatographie von Radiolyse-Prodd. auf Silicagel wird von jeweils 0,5—1 cm langen Strecken die Trägersubstanz abgeschabt u. im Methandurchflußzähler deren Aktivität bestimmt. Hierbei wird eine 3—4mal höhere Zählausbeute als bei der Papierchromatographie erhalten.
H. J. Altmann 5062◇

1685 **Einige Probleme der Theorie der Spektralanalyse.** Ss. L. Mandelstam. (Nachr. Akad. Wiss. UdSSR, physik. Ser. **26,** 848—55, 1962; Moskau, Lebedew-Inst. für Phys. der Akad. der Wiss. der UdSSR; russ.) — Aufgabe der Theorie der Spektralanalyse ist die Aufklärung der physikal. Vorgänge, die den Zusammenhang zwischen der Konz. des zu bestimmenden Elementes in der Probe u. der endgültig gemessenen Größe bestimmen, um durch deren Kenntnis die Analysenbedingungen optimal gestalten zu können. Vf. gibt einen gedrängten Abriß der theoret. Grundlagen bei Anregung im Funken oder Lichtbogen mit Hinweisen auf bestimmte Probleme von grundsätzlicher Bedeutung. R. Gerbatsch 5063◇

1686 **Lichtquelle für die Emissionsspektralanalyse mit elektronischer Steuerung.** G. Ja. Lischanski. (Nachr. Akad. Wiss. UdSSR, physik. Ser. **26,** 865—66, 1962; Mogilew, Elektromotorenwerk; russ.) — Ein einfacher elektron. gesteuerter Bogen- u. Niederspannungsfunkenerzeuger wird beschrieben (Schema). Er ist bes. für die Betriebskontrolle geeignet. R. Gerbatsch 5063◇

1687 **Durch Metallpulver-Sauerstoff-Flammen angeregte Emissionsspektren.** Rudolph Edse, K. Narahari Rao, W. A. Strauss und M. E. Mickelson. (J. opt. Soc. America **53,** 436—38, 1963; Columbus, Ohio, Ohio State Univ.; engl.) — Die Konstruktion eines für kontinuierliche Arbeitsweise geeigneten Brenners, bei dem vorgemischtes Metallpulver/O_2 zur Verbrennung gelangt, wird beschrieben. Die von der Al/O_2-Flamme emittierten Spektren bestehen hauptsächlich aus Elektronenbanden des AlO-Mol. im sichtbaren u. einem starken Kontinuums im IR-Gebiet. Mg/O_2-Flammen weisen ähnliche Spektren auf. Gerhard Schulze 5063◇

1688 **Untersuchung der Prozesse in der Oberflächenschicht eines Metalls bei der Spektralanalyse.** W. F. Jankewitsch und I. W. Besrutschko. (Nachr. Akad. Wiss. UdSSR physik. Ser., **26,** 884—87, 1962; russ.) — Vff. untersuchten mkr. u. spektrograph. die Veränderungen der Struktur u. Zus. der abgefunkten Schicht bei der *C*-Best. in Stahl mit einem lokalisierten Hochfrequenzfunken. Eine gefundene Verarmung an *C* wird durch Diffusionsprozesse erklärt. — Aus einer Diskussionsbemerkung von J. A. Grikit folgt, daß nicht die verschiedene Diffusions-Geschw. der einzelnen Elemente, sondern der bevorzugte Angriff des Funkens an bestimmten Strukturkomponenten für die beobachteten Erscheinungen verantwortlich ist. R. Gerbatsch 5063◇

1689 **Über den Abfunkeffekt.** 1. Mitt. K. Zimmer und T. Török. (Acta chim. Acad. Sci. hung. **22,** 183—97, 1960; Budapest, Inst. für anorg. u. anal. Chem., Univ. Eötrös; dt.) — Bei verschiedenen Konzz. besteht sowohl im Falle von Nieder- als auch von Hochspannungsfunken ein Zusammenhang zwischen der Form der Abfunkkurven des Mg u. des Mg-Geh. von Al-Legierungen. Die Form der Al-Abfunkkurve ist von der Menge der Leg.-Bestandteile unabhängig. H. Schroth 5063◇

1690 **Über den Abfunkeffekt.** 2. Mitt. K. Zimmer und T. Török. (Acta chim. Acad. Sci. hung. **22,** 199—214, 1960; dt.) — 1. vgl. vorst. Referat. — Es wurde der Einfl. der eingeschalteten Selbstinduktion u. Vorfunkzeit bei Nieder- u. Hochspannungsfunkenanregung auf die Form der Abfunk- u. Auswertungskurven des im Al vorhandenen Mg untersucht. H. Schroth 5063◇

1691 **Über den Abfunkeffekt.** 3. Mitt. K. Zimmer und T. Török. (Acta chim. Acad. Sci. hung. **22,** 255—64, 1960; dt.) — 2. vgl. vorst. Referat. — Abfunkvorgänge werden durch Verkleinerung der Elektrodenoberfläche beschleunigt, die Anfangsperiode der Abfunkkurve verkürzt u. die abs. Werte der zu den gleichen Zeitpunkten gehörenden Linienintensitäten erniedrigt. Auf der abgefunkten Elektrodenoberfläche wurde eine Abnahme der Mg-Konz. nachgewiesen, u. zwar in einem mit dem Herabsetzen des Mg-Geh. zunehmendem Maße. Konz.-Änderung der Oberflächenschicht u. Abfunkeffekt ändern sich mit dem Mg-Geh. der Elektrode in gleicher Richtung. H. Schroth 5063◇

1692 **Über den Abfunkeffekt.** 4. Mitt. K. Zimmer und T. Török. (Acta chim. Acad. Sci. hung. **22,** 265—73, 1960; dt.) — 3. vgl. vorst. Referat; 5. vgl. C. **1963,** 19717; 10. vgl. C. **1964,** 10-1736 — Der Zusammenhang zwischen Mg-Konz. u. Verlauf der Abfunkkurven erscheint bei Nieder- u. Hochspannungsanregung bei Anwendung einer Ar-Schutzatmosphäre noch ausgeprägter. — Die Abfunkkurven weisen für diesen Fall keine Minima u. Maxima auf. Während die Abfunkkurven des Zn, Fe u. Si eine der des Mg ähnliche Form zeigen, besitzt die zeitliche Änderung der auf die Mn-Linie gemessenen Schwärzungen eine entgegengesetzte Richtung. H. Schroth 5063◇

1693 **Einfluß der Graphit-Adsorption bei der Verwendung von Vakuum-Becherelektroden zur Funkenspektrometrie.** S. T. Bass und J. Soulati. (Appl. Spectroscopy **17,** 14 bis 17, 1963; East Lansing, Mich., Michigan State Univ., Dep. of Biochem; engl.) — Unterss. an den Elektroden zeigten, daß die Standardabweichung der aus einer Meßreihe erhaltenen Werte abnimmt, wenn die erste Aufnahme der Reihe unberücksichtigt bleibt. Die Annahme, daß diese Erscheinung auf Adsorptionsvorgänge an der Graphitelektrode zurückzuführen ist, konnte durch gesonderte Verss. wahrscheinlich gemacht werden. Da zwar die Adsorptions-Geschw. u. weniger die adsorbierte Menge eine Funktion der Lsg.-Konz. ist, führt die Analyse mehrerer Proben unterschiedlicher Konzz. unter Benutzung der gleichen Elektrode zu befriedigenden Ergebnissen. W. Herfurt 5063◇

1694 **Zur Anwendung eines gleichgerichteten kondensierten Funkens zur Spektralanalyse von Legierungen.** Ju. M. Burawlew, M. A. Perepelkina, W. N. Ussow und W. I. Usstinowa. (Betriebs-Lab. [UdSSR] **29,** 1005—06, 1063; Swerdlowsk, Uraler Wiss. Forsch.-Inst. für Schwarzmetalle; russ.) — Durch Gleichrichtung des üblichen Hochspannungsfunkens u. kathod. Schaltung der Probe (Stähle, Legg.) läßt sich der Einfl. dritter Partner auf die Analysenergebnisse wesentlich verringern. R. Gerbatsch 5063◇

1695 **Anregung von Ionenspektren in Vakuum-Niederspannungsentladungen.** L. N. Kaporski und N. Ss. Swentitzki. (Nachr. Akad. Wiss. UdSSR, physik. Ser. **26,** 857—59, 1962; russ.) — Mit einem getrennt erzeugten Hochspannungsfunken über eine Hilfselektrode kann eine Niederspannungsentladung (280 V) im Vakuum einwandfrei gezündet werden. Unterss. im sichtbaren Gebiet ergaben bei C = 8000 μF Entladungen von ca. 450 μs Dauer (jür 0,35 des Maximalstroms) mit einer mittleren Stromzunahme von $8 \cdot 10^7$ A/s. Mit Siluminelektroden traten Linien des *Al* III, *Fe* III, *Si* III u. *Si* IV auf, die zeigen, daß noch Anregungsenergien von ca. 100 eV (200—220 eV im äußersten UV) erreicht werden. In den ersten 50—70 s der Entladung wird starker Untergrund beobachtet. Zuschaltung von Induktivität u. Ohmschen Widerstand bewirkt auf bekannte Weise „weicheren" Entladungscharakter. Die Entladungen können als Lichtquelle im Vakuum-UV u. zur Best. von Gasen u. anderen schweranregbaren Elementen nach den sichtbaren Spektren dienen. R. Gerbatsch 5063◇

1696 **Anwendung eines speziellen Niederspannungsfunkens zur Bestimmung schweranregbarer Elemente.** P. A. Naumenkow. (Nachr. Akad. Wiss. UdSSR physik. Ser. **26,** 867—68, 1962; russ.) — Vf. empfiehlt einige Veränderungen am Bogenerzeuger PSs-39 bzw. am Funkenerzeuger IG-3 zur Erzielung einer harten Niederspannungsentladung, die mit dem Steeloskop SL-10 0,1—1% C (C II 6582,85—6578,03 Å), ab 0,1% Si (Si 6347,01—6371,09 Å), ab 0,001% S (S II 5453,88 Å) u. ab 0,02% P (P II 6043,05 Å) visuell zu erfassen gestattet. R. Gerbatsch 5063◇

1697 **Neue Daten über die Spektralanalyse mit vorangehender Kontaktfunkenübertragung der Substanz.** W. Ss. Basskow, Ss. I. Berger, M. G. Malzew, M. N. Palladin und K. I. Taganow. (Nachr. Akad. Wiss. UdSSR, physik. Ser. **27,** 2—3, 1963; russ.) — Erfahrungen mit der Probenahme durch Kontaktfunkenübertragung zeigen, daß die Empfindlichkeit für einzelne Elemente durch selektive Übertragung, z. T. begünstigt durch Ggw. bestimmter dritter Elemente, merkbar gesteigert werden kann. An Stelle des üblichen mechan. Vibrators kann vorteilhaft eine mit period. Impulsen gespeiste Elektrode über die Probenoberfläche geführt werden (Schaltschema angeben). R. Gerbatsch 5063◇

1698 **Probenahme durch elektrische Entladung zur Verfahrenseichung bei der Spektralanalyse von Metallen und Legierungen.** Je. Ss. Obuchowa, N. K. Rudnewski und K. I. Taganow. (Nachr. Akad. Wiss. UdSSR, physik. Ser. **27,** 6—7, 1963; russ.) — An konkreten Beispielen wird gezeigt, daß bei Leg.-Analysen mit Probenahme durch Kontaktfunkenübertragung Eichkurven nicht nur an Hand von Proben mit abgestuften Geh. bei konst. Analysenbedingungen, sondern auch mit einer Probe bei Variation der Probenahmebedingungen (Stromstärke, Dauer) aufgestellt werden können. R. Gerbatsch 5063◇

1699 **Anwendung eines konusförmigen stromstarken Bogens zur Spektralanalyse von Pulverproben.** A. A. Gusselnikow. (Betriebs-Lab. [UdSSR] **29,** 937—38, 1963; Ministerium für Geologie, Hauptverwalt. für geol. Erkundung, Zentr. chem.-analyt. Labor.; russ.) — Eine App. zum Einstreuen der Pulver in einen zwischen 3 Elektroden brennenden luftstromstabilisierten Hochstrombogen (bis 70 A bei einphasigem Strom u. bis je 50 A bei Dreiphasenspeisung) wird kurz beschrieben. Diese Anregungsart besitzt die Vorteile der üblichen Einblasverf. u. garantiert eine vollständige Verdampfung auch der hochschmelzenden Oxide. R. Gerbatsch 5063◇

1700 **Untersuchung des Gleichstrombogens bei erhöhtem Druck.** A. N. Saidel, A. G. Shiglinski und E. A. Karklina. (Nachr. Akad. Wiss. UdSSR physik. Ser., **26,** 855—57, 1962; Leningrad, Univ., Phys. Forsch.-Inst.; russ.) — Die Diffusion aus dem Bogenplasma als der die Empfindlichkeit (E.) spektralanalyt. Best. begrenzende Prozeß kann durch Arbeiten in einer Bogenatmosphäre unter erhöhtem Druck zurückgedrängt werden. So wuchs die Intensität von *Li*-Linien bei einer Druckerhöhung der CO_2-Atmosphäre von 1 auf 7 atm um den Faktor 9; für andere Elemente waren gleichsinnige Effekte zu beobachten. Günstig wirkt sich auch die höhere Bogen-Temp., ungünstig die Bogenkontraktion bei hohem Druck aus. Insgesamt lassen sich vom Hochdruckbogen Fortschritte hinsichtlich der E. erwarten. — Aus einem Diskussionsbeitrag von **W. I. Mossitschew** folgt, daß bei Experimenten mit *Ar*, N_2 u. CO_2 von 1 bis 100 atm als Bogenatmosphäre stets in Übereinstimmung mit der Theorie ein gleichzeitiges Anwachsen von Linien- u. Untergrundintensität beobachtet wurde, so daß im allg. Fall kaum eine grundlegende Verbesserung der E. auf diesem Wege erwartet werden kann. R. Gerbatsch 5063◇

1701 **Brenneigenschaften von Elektroden zur Analyse im Gleichstrombogen.** J. W. Mellichamp und R. K.

Buder. (Appl. Spectroscopy **17**, 57—59, 1963; Fort Monmouth, N. J., US Army Electronic Res. and Dev. Labor.; engl.) — Der Abbrand von Kohle- u. Graphit-Elektroden verschiedener Durchmesser in Abhängigkeit von der Stromdichte wurde untersucht. Die anod. Gew.-Verluste sind bei Verw. von Kohle höher. Gewisse Voraussagen lassen sich auf Grund der Leitfähigkeit des Elektrodenmaterials machen. W. Herfurt 5063◇

1702 **Verwendung einer Plattenelektrode zur spektrochemischen Analyse von Lösungen.** T. Kántor. (Talanta [London] **10**, 507—12, 1963; Budapest, Th, Inst. for Gen. Chem.; engl.) — Eine C-Elektrode an derem einen Ende sich drei dünne Scheiben befinden, wurde konstruiert. Mit dieser Plattenelektrode läßt sich die Ultramikroanalyse von Lsgg. unter Verw. eines Gleichstrombogens durchführen. H. Kuchenbecker 5063◇

1703 **Untersuchung des Emissionsmechanismus der Elektrodensubstanz in Bogenlichtquellen für die Spektralanalyse.** L.I. Kisselewski und N. Ss. Swentitzki. (Nachr. Akad. Wiss. UdSSR, physik. Ser. **26**, 869—71, 1962; russ.) — In Wechselstrombögen u. gleichgerichteten (nicht geglätteten) Bögen hängt der Charakter der Verdampfung (untersucht bes. an Stabelelektroden aus *Cu*-Legg.) von der Polarität ab. An der Kathode ist die Energiedichte hoch, die Verdampfung geht explosionsartig („Fackeln") u. intensiver als an der Anode vor sich. Letztere wird stärker erwärmt, die Verdampfung ist gleichmäßiger u. von deutlichen Fraktionierungserscheinungen begleitet. R. Gerbatsch 5063◇

1704 **Über die analytische Verwendung von Gaseentladungsröhren mit Doppelhohlkathoden.** N. P. Iwanow und E. N. Andrikaniss. (Betriebs-Lab. [UdSSR] **29**, 1002—05, 1963; Moskau, Wiss. Forsch.- u. Projekt.-Inst. der Seltenmetall-Ind.; russ.) — Eine Gasentladungsröhre mit 2 wechselstromgespeisten nicht gekühlten Graphit-Hohlelektroden, wovon eine jeweils als Hohlkathode (HK) u. die andere als Anode wirkt, wird beschrieben. Da die Entladung immer abwechselnd in einer der HK stabil brennt, ergeben sich gute Möglichkeiten zur Verw. als Lichtquelle für die Differentiàl-Meth. in der Spektralanalyse mit photoelektr. Registrierung oder zur gleichzeitigen Aufnahme des Spektrums einer Probe u. einer Eichprobe. R. Gerbatsch 5063◇

1705 **Über Ausnutzung des „tönenden" Bogens zur Erhöhung der Reproduzierbarkeit quantitativer Bestimmungen mit der Spektralmethode.** Ju. I. Beljajew und E. Je. Wainstein. (J. analyt. Chem. [UdSSR] **14**, 133 bis 134, 1959; Moskau, Akad. der Wiss. der UdSSR, Vernadsky Inst. für geochem. u. anal. Chem.; russ.) — Vff. geben ein prinzipielles Schema für den „tönenden" Bogen an. Verbesserungen werden dadurch z. B. bei der Spektralbest. von Sb u. Ga in U_2O_3 erzielt. D. Hoene 5063◇

1706 **Beobachtungen über chemische Reaktionen in borhaltigen Graphitpreßlingen im Gleichstrombogen.** H. Nickel. (Z. analyt. Chem. **198**, 55—70, 1963; Jülich, Kernforschungsanlage, Inst. für Reaktorwerkstoffe; dt.) — Thermochem. Rkk. von B-Verbb. in Graphitelektroden wurden untersucht u. auf ihren Einfl. auf spektrograph. Analysenergebnisse hingewiesen. Die anod. geschalteten Elektroden wurden in einer Ar–O_2-Atmosphäre angeregt, anschließend in Schnittfraktionen parallel zur Brennfläche zerlegt u. röntgenograph. untersucht. Die Ergebnisse der Debye-Scherer-Aufnahmen u. der durchgeführten thermodynam. Berechnungen führten zu eindeutigen Aussagen über den Temp.-Verlauf u. die Kinetik des thermochem. Rk.-Ablaufes im Anodenpreßling. Unabhängig von der Zus. des Anodenmaterials, das 5% B als B, B_2O_3, H_3BO_3, BN, $Na_2B_4O_7$, CaB_4O_7, B_2O_3 + NaCl oder B + NaF enthielt, entstand in allen Fällen B_4C. Die Rk.-Geschw. wurde durch die Diffusion der festen Partner bestimmt. Die B_4C-Bldg. war beim B-Graphitpreßling am günstigsten. Bei den anderen B-haltigen Graphitgemischen entstanden gasförmige u. leichtflüchtige Rk.-Prodd., die durch Kanal- u. Riß-Bldg. in vorzeitigem Rk.-Abbruch u. infolge Diffusion u. fraktionierter Dest. durch die Elektrodenwände zu Substanzverlusten führten. Verss. mit Na- u. Ca-Verbb. zeigten, daß diese Elemente die thermochem. B_4C-Bldg. fördern. H. Kuchenbecker 5063◇

1707 **Die Verdampfung aus der Ringrinne. Ein spektrochemisches Schnellverfahren.** G. Holdt. (Rev. univ. Mines, Metallurg., Mécan., Trav. publ., Sci. Arts appl. Ind. [9] **15(102)**, 383—89, 1959; Stuttgartk MPI für Metallforsch.; dt.) — Bei der „Verdampfung aus der Ringrinne" handelt es sich um eine Verdampfung im Gleichstrombogen, die auf einer von Herman (vgl. Spectrochim. Acta [Roma] **3**, [1948], 398) beschriebenen Meth. besteht. Diese macht von der bekannten Tatsache Gebrauch, daß die meisten Elemente ihre höchste Intensität zu Beginn der Verdampfung zeigen. Die Verdampfung erfolgt aus einer in die Anode eingefrästen Ringrinne. Mit dieser Meth. wurde ein Oxidgemisch der folgenden Zus. untersucht: 3 (Teile) In_2O_3; 3 Ga_2O_3; 2 Sb_2O_3; 2 Al_2O_3; 2 V_2O_5; 1 TiO_2; 5 ZrO_2; 1 MgO; 1 SiO_2; 1 BeO. Ferner wurden die Erfassungsgrenzen von *NaCl* in *KCl*, SiO_2 in *NiO*, B_4C in *C*, Ta_2O_5 in B_2O_3 u. Ga_2O_3 in In_2O_3 bestimmt. C. Gottfried 5063△

1708 **Temperaturmessungen zur spektrochemischen Analyse.** N. W. H. Addink. (Spectrochim. Acta [London], Proc. Colloquium spectroscop. int. VI **1956**, 168—78, 1957; Eindhoven, N. V. Philips Gloeilampenfabrieken, Philips Res. Labor.; engl.) — Der Einfl. des Ionisationspotentiales V_i eines Elementes auf die Intensität seiner Spektrallinien bei Anregung im Gleichstrombogen wird durch die Abhängigkeit des Quotienten K/Q von V_i wiedergegeben, wobei K die zur Hervorrufung der Standartintensität bei einer Anregungs-Temp. von 6100°K, Q die bei 6700°K notwendige Konz. des Elementes bedeutet. Vereinfachend können zwei Gruppen unterschieden werden, bei denen die Anregung überwiegend in äußeren Bereichen ($V_i \leq 7$ eV) oder aber im Inneren des Bogens ($V_i \geq 7,5$ eV) erfolgt. Korrekturfaktoren für variierende Anregungs-Temp. werden mitgeteilt, ebenso theoret. u. experimentell ermittelte Mindest-Konzz. für den Nachw. einer Reihe von Elementen. W. Herfurt 5063◇

1709 **Über die Anwendung thermochemischer Reaktionen in der emissionsspektrographischen Spurenanalyse und ihre Bedeutung für den Carriereffekt.** E. Schroll. (Z. analyt. Chem. **198**, 40—55, 1963; Wien, Univ., mineralog. Inst.; dt.) — Die Bldg. von Dampfphasen in der Trägerelektrode nach Kohlenbogen-Meth. läßt sich durch thermochem. Rkk. beeinflussen. Halogenierende, reduzierende, oxydierende u. sulfidisierende Rkk. werden untersucht. Für die Wahl spektrochem. Carrier sowie für die Behandlung des Problems der „dritten Partner" ist die Kenntnis der thermochem. Rk.-Vorgänge in der Trägerelektrode von Bedeutung. — 57 Literaturangaben. H. Kuchenbecker 5063◇

1710 **Untersuchung thermochemischer Prozesse bei der Spektralanalyse.** N. F. Sacharija, O. P. Turulina und N. A. Fuga. (Nachr. Akad. Wiss. UdSSR, physik. Ser. **27**, 4—5, 1963; Inst. für allg. u. anorg. Chem. der Akad. der Wiss. der UkrainSSR; russ.) — Maßgebend für die Effektivität von Halogenisierungs-Rkk. in der Elektrode zur Steigerung der Empfindlichkeit sind vor allem die thermodynam. Eigg. des Syst. ($\Delta F°$ der Rk.) u. die Kpp. der Rk.-Partner. Als halogenisierende Zusätze sind vor allem die Halogene der edleren Metalle (z. B. AgCl) geeignet. R. Gerbatsch 5063◇

1711 **Ein Spektrenregistriergerät für Absolut- und Relativmessungen im Durchlässigkeitsbereich des Quarzglases.** E. Kranz. (Wiss. Z. Hochschule Elektrotechn. Ilmenau **8**, 429—33, 1962; Meiningen, Heinrich-Beck-Inst. für Lichtbogenforsch.; dt.) — Beschreibung eines Spektrenregistriergerätes mit mittlerem, zeitlichem u. spektralem Auflösungsvermögen zu Unterss. der Konstanz u. Reproduzierbarkeit der spektralen Strahlungsdichte von Gasentladungslampen u. Lichtbögen u. zur Registrierung von Absolutwerten der Spektren von Leuchtstofflampen im sichtbaren Bereich, seiner Arbeitsweise u. Anwendung. W. Wesly 5063◇

1712 **Über den mit der Nichtlinearität der Schwärzungskurven der Photoplatten zusammenhängenden Fehler bei**

der Spektralanalyse. M. A. Awerbuch. (Betriebs-Lab. [UdSSR] **29**, 936, 1963; russ.) — Durch Messung der Schwärzungsdifferenz ΔS in den 2 Schwärzungsstufen von Linien in verschiedenen mit 2-Stufen-Filter aufgenommenen Spektren wurde eine sehr merkbare Abhängigkeit der ΔS-Werte von der Absolutschwärzung S festgestellt, so daß durch die übliche Annahme einer linearen Schwärzungskurve im Bereich von ca. S = 0,5 bis S = 1,8 deutliche Analysenfehler hervorgerufen werden können. Eine wesentliche Rolle bei diesem Effekt spielt Streulicht während der mikrophotometr. Messungen. R. Gerbatsch 5063◇

1713 **Einfluß der Bindungsform der Verunreinigungen in Schwefel, Selen und Tellur hoher Reinheit auf die Intensität der Spektrallinien.** A. G. Petrowa und T. K. Aidarow. (Nachr. Akad. Wiss. UdSSR, physik. Ser. **26**, 899 bis 902, 1962; russ.) — Die relative (auf den Untergrund bezogene) Intensität der Hauptnachweislinien von *Ag, Cu, Al, Ni, Pb, Bi* u. *Sb* ist bei Anregung synthet. Eichproben im Gleich- u. Wechselstrombogen bes. bei Konzz. unter 10^{-4}% größer, wenn die Metalloxide zugemischt werden, als bei Verw. der Sulfide bzw. Selenide oder Telluride. Ein Zusatz von Alkalichlorid zu *S* (Wirksamkeit von *Na* zu *Cs* zunehmend) sowie von *C*-Pulver zu *Te* (1:5) steigert die Linienintensität. Ein Kathodenanreicherungseffekt trat bes. für *Pb* u. *Bi* am stärksten in *S* u. am wenigsten in Te auf, wobei im Gegensatz zu Literaturangaben ein Zusatz von 2,5—5% NaCl sowie Vergrößerung der Einwaage von 10 auf 50 mg steigernd wirkten. R. Gerbatsch 5063◇

1714 **Photoelektrische Methoden der Spektralanalyse und ihre Anwendung in der Industrie.** N. W. Bujanow, A. G. Komarowski und K. A. Ssuchenko. (Nachr. Akad. Wiss. UdSSR, physik. Ser. **26**, 902—06, 1962; russ.) — Kurze Übersicht über den Einsatz von automat. Spektrometern (bes. des ARL-Quantometers u. des 36-Kanal-Spektrometers DFS-10). R. Gerbatsch 5063◇

1715 **Messung der Emission.** G. Bauer. (Arch. techn. Mesen ind. Meßtechn. **1955**, Nr. 242, 53—56, Braunschweig, Phys. Techn. Bundesanst.; dt.) — Theoret. Grundlagen zur Methodik der Strahlungsmessung. W. Betcke 5063◇

1716 **Gleichungen für Eichkurven in der Emissionsspektroskopie.** L. R. Pitwell. (Appl. Spectroscopy **16**, 77—86, 1962; Haley, Ontario, Canada, Dominion Magnesium Ltd.; engl.) — An Hand theoret. Betrachtungen des Emissionsvorganges u. der Ergebnisse experimenteller Unterss. von Selbstabsorptions- u. Interferenzerscheinungen diskutiert Vf. Möglichkeiten zur Eliminierung dieser Effekte bei der spektrometr. Analyse. W. Herfurt 5063◇

1717 **Anomale Eichkurven bei der Emissionsspektralanalyse.** N. G. Preobrashenski. (Nachr. Akad. Wiss. UdSSR, physik. Ser. **26**, 934—36, 1962; Sibir. phys.-techn. Inst., Labor. für Spektroskopie; russ.) — Es wird gezeigt, daß bei sehr kleinem Voigtschem Parameter der Linien u. bestimmten Inhomogenitätsbedingungen der Lichtquelle Eichkurven mit Abschnitten negativer Neigung auftreten können. R. Gerbatsch 5063◇

1718 **Verwendung von Maskierungsmitteln bei chelatometrischen Titrationen.** 2. Mitt. **β-Aminoäthylmercaptan.** Koichi Yamaguchi und Keihei Ueno. (Talanta [London] **10**, 1041—44, 1963; Fukuoka, Kyushu Univ., Fac. of Engng., Dep. of Org. Synth.; engl.) — 1. vgl. Japan Analyst **12**, [1963], 55. — Die Maskierungs-Eigg. von β-Aminoäthylmercaptan (I) u. seine Verwendbarkeit bei der komplexometr. Titration mit EDTA u. DCTA werden untersucht. I tarnt bei pH 10 viele zweiwertige Metalle, wie Co, Ni, Cu, Cd, Zn u. Hg, selektiv unter Bldg. farbloser oder schwachfarbiger lösl. Komplexe. So können die Erdalkalimetalle bei pH 10 gegen Eriochromschwarz T als Indikator titriert werden, wobei sich mäßige Mengen störender Kationen [mit Ausnahme von Pb(II) u. Mn(II)] mit I u. Triäthanolamin maskieren lassen. In gleicher Weise kann Mn(II) neben anderen Schwermetallen titriert werden. J. Peters 5066◇

1719 **Indicator-Umschlagsbereiche in tertiärem Butanol.** Leland W. Marple und James S. Fritz. (Analytic. Chem. **35**, 1305—06, 1963; Ames, Iowa, Iowa State Univ., Inst. for Atomic Res. and Dep. of Chem.; engl.) — Vff. bestimmen von folgenden Indicatoren die Umschlagspotentiale in tert. Butanol: Thymolblau, Bromphenolblau, Bromkresolgrün, p-Nitrophenol, Methylrot, Bromthymolblau, Pikramid, 2.4-Dinitrodiphenylamin, 2.4-Dinitroanilin, 2.4-Dinitrotoluol, p-Nitro-p'-aminoazobenzol, o-Nitroanilin, Azoviolett. Die Einstellung bestimmter Potentiale erfolgt durch Titration von H_2SO_4/Malonsäure in tert. Butanol mit Tetrabutylammoniumhydroxid. Vgl. zwischen potentiometr. u. visuellen Titration mit geeigneten Indicatoren zeigen sehr gute Übereinstimmung. J. Peters 5068◇

1720 **Kristallviolett als ein reversibler Indicator in Acetylchlorid.** Ram Chand Paul, Jaswant Singh und Sarjit Singh Sandhu. (Chem. and Ind. **1958**, 622—23; Hoshiapur, Panjab Univ., Chem. Dep.; engl.) — Vgl. C. **1961**, 17312. — Kristallviolett (I) wurde als reversibler Indicator bei der Titration von $TiCl_4$ u. $SnCl_4$ als Säuren u. *Chinolin* (**II**), *α-Picolin* (**III**) u. *Dimethylanilin* (**IV**) als Basen in Acetylchlorid als Lsgm. verwendet. Aus der Farbvertiefung von I wird folgende Reihenfolge der Stärke der Lewis-Säuren bzw. -Basen angenommen: $SnCl_4$ > $TiCl_4$, **II** > **III** > **IV**. Die Stärke der Basen ist in wss. Lsg. umgekehrt; dies kann durch die fehlende ster. Behinderung des Protons erklärt werden. A. Grohmann 5068◇

1721 **Physikochemische Untersuchungen neuer Komplaxane und ihre Anwendung in der analytischen Chemie.** R. P. Lastovsky, N. M. Djatlova, V. J. Tjomkina, I. D. Kolpakova und O. U. Lavrova. (Analyt. Chem., Proc. int. Sympos., Birmimgham Univ. [U. K.] **1962**, 165—70, 1963; Moscow, All-Union Sci. Res. Inst. of Chem. Reagents and Substances; engl.) — Es werden folgende Verbb. untersucht: 2-Hydroxy-4.6-diamino-1.3.5-triazin-N.N.N'.N'-tetraessigsäure (**I**), 2.4.6-Triamino-1.3.5-triazin-N.N.N'.N'.N''.N''-hexaessigsäure (**II**), m-Phenylendiamintetraessigsäure (**III**), Aminothiazol-(**IV**), Aminomethoxybenzothiazoldiessigsäure (**V**), Anilindiessigsäure (**VI**), Anilindiessig-o-carbonsäure (**VII**), -sulfonsäure (**VIII**), -arsonsäure (**IX**), Chrysoidintetraessigsäure (**X**), p-Chloranilindiessig-o-phosphonsäure (**XI**) u. N.N.S-Mercaptoäthylamintriessigsäure. Bei **I** u. **II** wird im Vgl. zu **III** durch Einführung von Heteroatomen in Form des Triazinringes die Neigung zur Komplex-Bldg. erhöht. Die Anwesenheit zweier verschiedener Heteroatome (S u. N) in **IV** u. **V** bewirkt dagegen im Vgl. zu **VI** ein Absinken der Komplexbildungstendenz. Die Einführung von Substituenten in O-Stellung von **VI** (Verbb. **VII**—**XI**) erhöht vor allem die Selektivität der Komplexbildner. Es werden ferner Austauscherharze durch Kondensation von o-Aminophenylarsonsäure, p-Aminosalicylsäure, p- u. o-Hydroxyphenyliminodiessigsäure mit Formaldehyd in Ggw. von Resorcin hergestellt. Die Austauschkapazität für einige Metallionen in Abhängigkeit vom pH-Wert wird angegeben. H. Kuchenbecker 5072◇

1722 **Neue Reagentien, die besonders zur Verwendung in der anorganischen Chromatographie geeignet sind.** F. H. Pollard, G. Nickless und H. Jenkins. (Analyt. Chem., Proc. int. Sympos., Birmingham, Univ. [U. K.] **1962**, 160—64, 1963; Bristol, Univ., Dep. of Inorg. and Phys. Chem.; engl.) — 4-(2-Pyridylazo)-resorcin (**I**), 1-(2-Pyridylazo)-naphthol, 2-Pyridyliden-o-aminophenol, Salicyliden-2-aminopyridin, 2.6-Pyridyliden-bis-[o-aminophenol], Bis-[salicyliden]-2.6-diaminopyridin, 1-(2-Thiazolylazo)-naphthol, 4-(2-Thiazolylazo)-resorcin, Benzothiazolylazoreseorcin u. Benzothiazolylazo-β-naphthol wurden auf ihre Verwendbarkeit zum Entwickeln anorgan. Chromatogramme untersucht. Als ein universelles Sprühmittel erwies sich **I**. — Diskussion. H. Kuchenbecker 5072◇

1723 **Über 6-Phenylsalicylsäure als analytisches Reagens.** Shu-chuan Liang und Min-shêng Li. (Sci. Rec. [Peking] [N. S.] **3**, Nr. 2, 79—82, 1959; Acad. Sinica, Inst. of Chem.; Peking, Univ., Chem. Dep.; engl.) — 6-Phenylsalicylsäure (I) wird als empfindliches u. spezif.

Reagens zum Nachw. von Fe^{3+} (Bldg. einer violetten Farbe in neutraler Lsg.) bzw. F^- (Entfärbung der violetten Lsg.) verwendet. Die Färbung mit Fe^{3+} verschwindet in saurer oder alkal. Lsg. oder in Ggw. von F^-, $C_2O_4^{2-}$, MoO_4^{2-}, $Cr_2O_7^{2-}$, CO_3^{2-}, AsO_3^{3-}, HPO_4^{2-}, NO_2^- oder Ti^{4+}. Das Reagens wird durch Lösen von 50 mg I in 100 ml W. hergestellt. Die zu untersuchende Lsg. (ca. 1,5—200 μg Fe^{3+}) u. 1 ml Reagens-Lsg. werden auf 8 ml aufgefüllt. Bei kleinsten Fe-Geh. wird die Farbentw. nach etwa 1/2 Std. u. im Vgl. mit einer Blindprobe beobachtet. Zum F^--Nachw. werden 0,2 ml Fe^{3+}-Lsg. (0,4 mg Fe/1 ml) u. 1 ml Reagens-Lsg. zusammengegeben u. mit der auf F^- zu prüfenden Lsg. (ca. 0,5—200 μg F^-) auf 8 ml aufgefüllt. Empfindlichkeit: 1:4 · 10^6 für Fe^{3+} u. 1:1,6 · 10^7 für F^-. Folgende Ionen geben mit I keine Färbung: Ag^+, Al^{3+}, $As^{3+,5+}$, Ba^{2+}, Bi^{3+}, Br^-, Ca^{2+}, Cd^{2+}, Cl^-, Co^{2+}, $Cr^{3+,6+}$, CO_3^{2-}, $C_2O_4^{2-}$, Cs^+, Cu^{2+}, HPO_4^{2-}, $Hg^{+,2+}$, K^+, La^{2+}, Li^+, Mg^{2+}, Mn^{2+}, MoO_4^{2-}, Na^+, Bi^{2+}, NO_2^-, NO_3^-, Pb^{2+}, Rb^+, Sb^{3+}, SO_4^{2-}, Sn^{2+}, Sr^{2+} Th^{4+}, Ti^{4+}, Tl^+, Zn^{2+}. H. G. Peter 5072◇

a) Elemente und anorganische Verbindungen

1724 **Einfache Apparatur zur Bestimmung kleiner Ammoniakmengen.** G. Ch. Dudtschik. (Laboratoriumswesen [UdSSR] **9,** Nr. 6, 61—63, 1963; russ.) — Eine App. zur Best. kleiner NH_3-Mengen (freies NH_3 bzw. NH_4-Salze) nach dem üblichen Dest.-Verf. wird beschrieben. Nach Zugabe von Borat-Pufferlsg. bis pH 10,3—11,0 wird bei 40°, unter Verw. von Luftstrom NH_3 aus der zu untersuchenden Lsg. in 20 Min. in 0,01n H_2SO_4 abdestilliert. Die Best. des abdest. NH_3 erfolgt colorimetr. (Nessler-Reagens). Die Meth. ermöglicht die Best. von 1—50 μg NH_3–N mit prakt. genügender Genauigkeit. S. Baryschnikow G 243△

1725 **Titrimetrische Bestimmung eines Gemisches aus Carbamid und Ammoniumnitrat nach der „Deadstop"-Methode.** A. Sandor Kiss. (Chem. analit. [Warszawa] **8,** 529—32, 1963; Kazinbarcika, Hungary, Chem. Works; pol.) — Vff. zogen zur Endpunkts-Best. bei der Titration von NH_4^+ u. Carbamid in HCO_3^--haltiger Lsg. mit KBrO-Lsg. die „Dead-stop"-Meth. heran. Nach Best. der Summe werden die NH_4^+-Ionen mit Kalignost, dessen Überschuß mit $AgNO_3$-Lsg. ebenfalls nach der „Dead-stop"-Meth. bestimmt werden kann, abgetrennt. P. Kurzmann G 243◇

1726 **Turbidimetrische Bestimmung von Chloridspuren in Reagentien nach Abtrennung mit einem Träger.** Jadwiga Chwastowska, Zygmunt Marczenko und Urszula Stolarczyk. (Chem. analit. [Warszawa] **8,** 517—20, 1963; Warszawa, Politechn., Dep. of Analyt. Chem.; pol.) — Vff. bestimmten 0,001—0,0001% Cl^- in Weinsäure, Oxalsäure, K-Hydrogentartrat, Na-Citrat, $Fe(NH_4)_2(SO_4)_2$, $(NH_4)_2HPO_4$ u. $(NH_4)_2MoO_4$ durch Fällung als AgCl zusammen mit $BaSO_4$ als Träger, Herauslösen des AgCl aus dem Nd. mit verd. NH_3-Lsg., Ansäuern mit HNO_3 u. Vgl. mit Standardsuspensionen. P. Kurzmann G 247◇

1727 **Infrarot-Bestimmung von Chlorat in Gegenwart anderer Oxyhalogen-Anionen.** Michael W. Miller, Robert H. Philp jun. und A. L. Underwood. (Talanta [London] **10,** 763—68, 1963; Atlanta, Ga., Emory Univ., Dep. of Chem.; engl.) — Für die Best. kleiner ClO_3^--Mengen neben ClO_4^-, BrO_3^-, JO_3^- u. JO_4^- eignet sich die Messung der ClO_3^--Absorption bei 20,4 μ. 0,1—1 mg $KClO_3$ können in ca. 300 mg schweren KBr-Preßlingen mit einem Fehler von ca. 2% bestimmt werden. Auf wss. Lsgg. läßt sich das Gefriertrocknungs-Verf. nach KBr-Zusatz anwenden. Kationen beeinflussen die Absorption; durch Kationenaustausch läßt sich die Störung beseitigen. P. Kurzmann G 247◇

1728 **Luminescenz einiger Piazselenole. Ein neues fluorimetrisches Reagens für Selen.** C. A. Parker und L. G. Harvey. (Analyt. Chem., Proc. int. Sympos., Birmingham Univ. [U. K.] **1962,** 191—92, 1963; Holton Heath, Dorset, Poole, Admiralty Materials Labor.; engl.) — Zusammenfassung der C. **1963, 7**452 referierten Arbeit. — Diskussion. H. Kuchenbecker G 254◇

1729 **Extraktionsphotometrische Bestimmung von Bor in Urantetrafluorid.** S. K. Karalowa und A. A. Nemodruk. (J. analyt. Chem. [UdSSR] **18,** 615—17, 1963; russ., Auszug: engl.) — Die Zers. der Probe erfolgt durch Erhitzen in carbonathaltiger Lsg. in Ggw. von H_2O_2. B wird als Methylenblautetrafluoroborat mit Dichloräthan aus schwefelsaurer Lsg. extrahiert u. photometr. bestimmt. Die Empfindlichkeit der Meth. beträgt 8 · 10^{-5}%. Bei B-Geh. zwischen 8 · 10^{-5} u. 4 · 10^{-3}% liegt der Fehler innerhalb ±5%. H. Kuchenbecker G 258◇

1730 **Über die Methoden der Reinheitsprüfung der reinsten Metalle.** Jerzy Minczewski. (Chem. analit. [Warszawa] **7,** 877—91, 1962; Warszawa, TH, Lehrstuhl für Analyt. Chem. u. Inst. für Kernforsch., Abt. für Analyt. Chem.; dt.) — Übersicht. — 41 Literaturangaben. Gerhard Schulze G 270◇

1731 **Direkte Bestimmung einiger Alkalimetallionen durch potentiometrische Titration.** G. A. Rechnitz, S. A. Katz und S. B. Zamochnick. (Analytic. Chem. **35,** 1322—23, 1963; Philadelphia, Pa., Univ. of Pennsylvania, Dep. of Chem.; engl.) — Die Fällungstitration von K^+, Cs^+, Rb^+, NH_4^+ u. Ag^+ erfolgt mit Ca-Tetraphenylborat potentiometr. mit einer auf Kationen ansprechenden Glaselektrode als Indicatorelektrode. Bei pH-Werten >5 hat die H^+-Konz. nur noch geringen Einfl. auf das Potential. Im allg. sollte die H^+-Konz. mindestens 10^3mal kleiner als die Konz. des zu bestimmenden einwertigen Kations sein. Als Titrationsmedium dient daher zweckmäßig eine 0,1 m Ca-Acetat-Lsg. (pH 7,8). J. Peters G 277◇

1732 **Flammenphotometrische Lithium-, Natrium-, Kalium-, Calcium- und Magnesiumbestimmung in Uranylnitrat.** Jerzy Malinowski und Swietlana Szymczak. (Chem. analit. [Warszawa] **7,** 943—46, 1962; Warszawa, Inst. für Kernforsch., Analyt. Abt.; dt.) — Nach Abtrennung des U durch Extraktion mit Tributylphosphat in Mepasin (hochsd. olefinfreie Fraktion der nach Fischer-Tropsch erhaltenen KW-Stoffe) bestimmten Vff. die in der wss. Phase zurückbleibenden Elemente Li, Na, K u. Ca als Verunreinigungen in $UO_2(NO_3)_2$ mit einem einfachen Flammenphotometer mit Interferenzfiltern. Die flammenphotometr. Mg-Best. gelang nach derselben Abtrennung mit Hilfe eines Spektrophotometers mit Quarzoptik u. Flammenzusatzgerät. Die Best.-Grenzen für Li, Na u. K liegen bei ca. 1 ppm, für Ca bei ca. 5 ppm u. für Mg bei ca. 10 ppm. Gerhard Schulze G 283◇

1733 **Spektrophotometrische Bestimmung kleiner Strontiummengen in Gegenwart großer Mengen Calcium: Vorschlag einer Fehlerkorrekturmethode.** Franco Marro und Laura Pelati. (Rend. Ist. lombardo Sci. Lettere, A **95,** 215—19, 1961; Parma, Univ., Ist. di Fisiol. generale e die Zool. e Anal. comparata; ital.) — Ableitung einer Korrekturgleichung. C. Gottfried G 284△

1734 **Turbidimetrische Bestimmung kleiner Mengen Strontium.** Ju. M. Rogosin. (J. analyt. Chem. [UdSSR] **81,** 777—79, 1963; Leningrad, Wiss. Forsch.-Inst. für Strahlungshygiene; russ., Auszug: engl.) — Es wird eine Meth. zur turbidimetr. Best. von 5 · 10^{-5}—5 · 10^{-3} n Sr-Lsgg. mit Na_2CO_3-Lsg. vorgeschlagen. Bei Messungen mit radioakt. Sr läßt sich nach dieser Meth. der Geh. an Trägersubstanz bestimmen. H. Kuchenbecker G 284◇

1735 **Bemerkungen zur Form der Kurven bei der Hochfrequenztitration von Aluminiumlösungen.** E. Pungor und E. E. Zapp. (Z. analyt. Chem. **197,** 404—09, 1963; Budapest, Eötvös Univ., Lehrst. Anorg. Analyt. Chem.; Veszprém, Techn. Univ., Lehrst. Analyt. Chem.; dt.) — Bei der Titration mit NaOH-Lsg. ergeben Lsgg. von Al-Sulfat (I) u. Al-Halogenid (II) unterschiedliche Titrationskurven, deren Verlauf folgendermaßen erklärt wird: I liegt teilweise als $AlSO_4^+$ vor. Bei der Neutralisation bildet sich ein 6kerniger Aquo-Komplex mit 2 nicht ionogen gebundenen Sulfat-Gruppen. Es erscheint ein Knick in der Titrationskurve ca. 20% vor dem theoret. Endpunkt für $Al(OH)_3$. **II** liegt teilweise als $AlCl^{2+}$ vor. Der daraus gebildete 6kernige Aquo-Komplex enthält 2 nicht ionogen gebundene Cl-Atome. Es erscheint ein

Knick in der Titrationskurve ca. 10% vor dem theoret. Endpunkt für $Al(OH)_3$. In beiden Fällen dissoziieren bei weiterer Titration die Anionen unter Bldg. einer $Al(OH)_3$-Ringstruktur ab. Diese wird bei der späteren Aluminat-Bldg. zerstört. Ein 8-kerniger Komplex konnte nicht bestätigt werden. R. Drautzburg G 294◇

1736 **Zum Mechanismus des Einflusses „dritter" Elemente auf die Analysenergebnisse von Aluminiumlegierungen.** L. Je. Wwedenski, W. I. Schechobalowa und A. Ss. Nowikowa. (Nachr. Akad. Wiss. UdSSR, physik. Ser. **26,** 896—98, 1962; russ.) — Bei Analyse von *Al–Cu-* bzw. *Al–Mg*-Legg. mit Anregung im Hochspannungsfunken hat der Einfl. von *Si* bzw. *Zn* auf die relativen Linienintensitäten eine stark unstetige Abhängigkeit von der *Si-* bzw. *Zn*-Konz. mit ausgeprägten Extremwerten, die sich z. T. der Bldg. bestimmter intermetall. Phasen zuordnen ließen. R. Gerbatsch G 294◇

1737 **Massenspektrometrische Analyse von Gallium bei Funkenanregung.** W. A. Wolstenholme. (Appl. Spectroscopy **17,** 51, 1963; Manchester, Assoc. Electrical Ind. Ltd.; engl.) — Nach dem Einbau einer Vorr. zur Kühlung der Elektroden mit fl. N_2 in der Ionenquelle wurde ein A. E. I. MS-7-Spektrometer zur Unters. von Ga herangezogen. Verunreinigungen in der Größenordnung einiger 0,01 ppm im Metall konnten erfaßt werden (Pb, Sn, In, Zn, Cu, Ca, K, S, Al, Mg u. B). W. Herfurt G 295◇

1738 **Bestimmung von Gallium und Indium durch die Neutronenaktivierungsmethode.** H. Jaskólska und J. Minczewski. (Acta chim. Acad. Sci. hung. **32,** 9—18, 1962; Warsaw, Pol. Acad. of Sci., Inst. of Nucl. Res., Dep. of Analyt. Chem.; engl.) — Zur Best. von geringen Mengen *Ga* u. *In* neben anderen, ebenfalls in Spuren vorkommenden Elementen in eisenhaltigen Al-Silicaten u. in Pb wurde folgende Meth. entwickelt: Die Proben werden in einem Säuregemisch gelöst, in Quarzampullen gefüllt u. zusammen mit in Größe u. Geh. etwa gleichen Standardlsgg. von Ga u. In in der therm. Säule eines Reaktors bestrahlt. Die Aufarbeitung erfolgt — nach Trägerzusatz — durch abwechselnde Fällung der Hydroxide, Auflsg. u. Extraktion mit verschiedenen organ. Lsgm. bis zur Abtrennung des reinen Ga u. In. Beide werden schließlich als 8-Hydroxychinolate gefällt. Nach dem Trocknen werden Gew. u. Aktivität der Proben bestimmt u. mit denen der Standards verglichen. Die Abtrennung des Ga u. In von den anderen Begleitelementen ist — mit Ausnahme von Au u. Mo — erfolgreich. Die Nachw.-Grenze liegt bei den gewählten Bestrahlungs- u. Aufarbeitungsbedingungen bei $1{,}2 \cdot 10^{-8}$ u. $3{,}3 \cdot 10^{-8}$ g für Ga bzw. In. Der mittlere Fehler liegt bei $\pm 10\%$. W. Wiechmann G 296◇

1739 **Spektrographische Bestimmung von Spurenbeträgen der Seltenerdmetalle. 1. Mitt. Analyse von Lanthan und Yttrium durch die Pulver-Sieb-Methode.** Z. Radwan, B. Strzyzewska und J. Minczewski. (Appl. Spectroscopy **17,** 1—5, 1963; Warschau, Pol. Akad. der Wiss., Inst. für Kernforsch., Abt. für analyt. Chem.; engl.) — Zur Kontrolle einer Trennung der Seltenerdmetalle von U an Austauscherharzen wurde ein Best.-Verf. für La u. Y in Konzz. von 0,5—10 μg/ml in wss. HCl- u. EDTA-Lsgg. entwickelt. Nach Zusatz von $PdCl_2$ als innerer Standard wurde die Probe-Lsg. in Ggw. von Graphitpulver eingedampft. Die Anregung erfolgte nach Vermischen mit NH_4NO_3 im Gleichstrombogen (Feussner-Generator) unter Verw. einer Cu-Siebkathode in einer Ar/O_2-Atmosphäre (20/80%). Gegenseitige Störungen wurden im untersuchten Konz.-Bereich nicht beobachtet. Die Erfassungsgrenze beträgt für beide Elemente 0,2 μg/ml als Chlorid u. 0,1 als EDTA-Komplex. W. Herfurt G 301◇

1740 **Ionenaustausch in gemischten Lösungsmitteln. Das Adsorptionsverhalten der Seltenerdmetalle und einiger anderer Elemente an einem stark basischen Anionenaustauscher in Salpetersäure–Alkohol-Lösung. Methoden zur Trennung und spektralphotometrischen Bestimmung.** J. Korkisch, I. Hazan und G. Arrhenius. (Talanta [London] **10,** 865—77, 1963; Wien, Univ., Analyt. Inst.; engl.) — An Dowex 1X8, 100—200mesh, NO_3^--Form, werden für die Seltenerdmetalle, Sc, Y, Al, Ga, In, Fe, V, Mo, U u. Th aus Lsgg. von 5 mg/ml in 1 n NHO_3 mit Methanol, A., n-Propanol, Isopropanol u. Amylalkohol die Verteilungskoeff. K_d durch 24std. Schütteln von 1 g Austauscher in 20 ml des Lsgm.-Gemisches bestimmt. Dabei zeigt sich am Beispiel des Methanol (**I**) u. n-Propanol (**II**), daß der lineare Anstieg von K_d im Falle des **II** bei 20 u. 80% **II** eine Unterbrechung aufweist. Es ergibt sich weiter, daß in 90% **II** alle Elemente mit Ausnahme von Sc, Al, Ga, In, Fe u. Mo stark ausgetauscht werden, während in 90% **I** nur Th u. La–Eu aufgenommen werden. Die Adsorption nimmt mit steigendem Ionenradius zu, mit Ausnahme von Ce. Der Einfl. der Acidität zeigt bei Pr u. Er, daß im Bereich von 0,25 u. 0,5 m HNO_3 die Adsorption um 10% (Er) u. 16% (Pr) zunimmt. Für diese beiden Elemente ist der Verlauf von K_d bei fallender HNO_3-Konz. von 0,5 auf 0,1 m ähnlich dem durch fallende Alkoholkonz. von 90 auf 85% bei einer Säurekonz. von 0,5n verursachten Verlauf. Die Trennfaktoren, die nach der Beziehung Trennfaktor = K_d des betrachteten Elementes/K_d von U auf das U bezogen werden, wurden für die genannten Alkohole in den Konz.-Verhältnissen 90% Alkohol + 10% 5n HNO_3 u. 95% Alkohol + 5% 5n HNO_3 berechnet. Auf Grund dieser Unterlagen kann U leicht von Th, La, Ce, Pr, Nd, Sm u. Eu, aber nicht von den anderen Seltenerdmetallen in 90 oder 95%ig. Methanol getrennt werden. Da für die anderen Alkohole die Bedingungen noch ungünstiger liegen, wird ein kombiniertes Trennschema aufgestellt, nach dem, ausgehend von 90 oder 95%ig. n-Propanol über 90 oder 95%ig. Methanol zu 90 oder 95% W. mit 10 bzw. 5% HNO_3, die Trennung durchgeführt wird. Die Best. der Elemente in den Eluaten erfolgt spektralphotometr. mit dem Azofarbstoff Solochrome Fast Red. K. Dorfner G 303◇

1741 **Quantitative Bestimmung einiger Lanthaniden mit einem Spektrograph von mittlerer Dispersion.** Janina Wysocka. (Ann. Univ. Mariae Curie-Skłodowska, Sect. AA **15,** 71—83, 1960; Kat. Chem. Nieorgan.; pol.) — Zur Beleuchtung wurde ein 3-Linsenkomplex mit einer 5 mm-Blende u. Spaltbreite von 0,02 mm verwendet. Bestimmt wurde Sm, Eu, Gd, Y in Ce-freien Oxiden. Als Vgl. diente die Mn-Linie. P. Kadach G 303◇

1742 **Über das 2.3.7-Trihydroxy-9-(3.4-dihydroxyphenyl)-isoxanthenon-(6) und seine Verwendung zur photometrischen Bestimmung von Titan in Aluminiumlegierungen.** E. Asmus, P. Kurzmann und F. Wollsdorf. (Z. analyt. Chem. **197,** 413—23, 1963; Berlin, TU, Lehrgebiet Analyt. Chem.; dt.) — Vff. stellten 3'.4'-Dihydroxyphenylfluoron (DHPF) dar u. untersuchten seine Indicator-Eigg. sowie seinen Komplex mit Ti. Das Reagens besitzt günstigere Löslichkeits-Eigg. als Phenylfluoron. Der Komplex besitzt die Zus. Ti:DHPF = 1:2 u. ein Absorptionsmaximum bei ca. 520 nm. Seine Dissoziations-Konst. wurde größenordnungsmäßig zu 10^{-20} $Mol^2/Liter^2$ bestimmt. Das Reagens wurde zur photometr. Best. von 0,0006—1,2% Ti in Al-Leichtmetallen herangezogen. Als Schutzkolloid diente Polyviol. Für die Proben (100 mg) werden ein saures u. ein alkal. Löse-Verf. angegeben. Im Bereich von 0,005—1,2% Ti ist die Varianz $\leqq$ 2 Rel.-%. Ascorbinsäure beseitigt die Störung durch Fe(III) u. verringert die durch V. Mg, Mn, Cu, Fe, Ni, Zn, Cd, Co, Ce, Cr, Pb u. Bi stören in den in Al-Leichtmetallen vorkommenden Konzz. nicht. Jeweils 0,1% Sb, Sn bzw. V täuschen 0,01%, 0,007% bzw. 0,001% Ti vor. P. Kurzmann G 321◇

1743 **8-Acetoxychinaldin als analytisches Reagens. Fällung von Thorium.** E. J. Billo, B. E. Robertson und R. P. Graham. (Talanta [London] **10,** 757—62, 1963; Hamilton, Ontario, Canada, McMaster Univ., Burke Chem. Labor.; engl.) — Th kann mit 8-Hydroxychinaldin (**I**) aus homogener Lsg. durch Hydrolyse von 8-Acetoxychinaldin (**II**) als $Th(C_{10}H_8NO)_4$ gefällt werden. Es wird ein Nd. mit besseren Eigg. als bei der üblichen Fällung mit **I** erhalten, jedoch müssen die Fällungsbedingungen genauer eingehalten werden. Dieser Unterschied beider Meth. wird auf die verschiedenen Konzz. des **I**-Anions während der Einstellung des zur Fällung günstigsten pH-Wertes zurückgeführt. Es treten bei der

Fällung mit II Konkurrenz-Rkk. zwischen Th u. OH^- sowie CH_3COO^- auf. P. Kurzmann G 324◇

1744 **Katalytische Bestimmung von Mikrogrammengen Germanium durch amperometrische Messungen.** Eugeniusz Michalski und Helena Gelowa. (Chem. analit. [Warszawa] 8, 643, 1963; Łódź, Univ., Dep. of Inorg. Chem.; pol.) — γ-Mengen Ge können über seine katalyt. Wrkg. auf die Rk. zwischen Mo(VI) u. J^- bestimmt werden. Die Rk.-Geschw. wird durch amperometr. Best. der J-Konz. an zwei rotierenden Pt-Elektroden ermittelt. Bei großem KJ-Überschuß liegt eine Rk. nullter Ordnung vor; es besteht dann eine lineare Beziehung zwischen der Rk.-Geschw. u. der Ge-Konzentration. Die Abhängigkeit der katalysierten u. nichtkatalysierten Rk. vom pH-Wert, von der Mo(VI)- u. J^--Konz. u. dem Verhältnis Mo:Ge wird untersucht. Mit Hilfe dieser Meth. können 0,1—2,5 γ Ge/ml auch in Ggw. von NH_4^+, Na^+, K^+, Ca^{2+}, Sr^{2+}, Ba^{2+} u. Zn^{2+} bestimmt werden. J. Peters G 326◇

1745 **Chemische Analyse durch Polarographie. 43. Mitt. Eine polarographische Bestimmung von Blei in Gegenwart großer Mengen Kupfer.** Taitirô Fujinaga und Keisuke Miyoshi. (J. chem. Soc. Japan, pure Chem. Sect. [Nippon Kagaku Zassi] **84**, 46—48, 1963; Kyôto, Univ., Naturw. Fak.; jap., Auszug: engl. S. A 3.) — 42. vgl. C. **1964**, 3-1722. — Pb (ca. 10^{-5} m/Liter) kann in einer 0,6 n NaOH-Lsg., die Na-Tartrat zu 0,4 m/Liter u. Isopropanol zu 25% enthält, auch in Ggw. großer Cu-Mengen (< 5 · 10^{-2} m/Liter) polarograph. bestimmt werden ($E_{1/2}$ von Pb — 0,96 V). E. Maekawa G 328◇

1746 **Gravimetrische Bestimmung von Vanadin mit o-Hydroxyacetophenonoxim.** Sailendra Nath Poddar. (J. Indian chem. Soc. **40**, 706, 1963; Jadavpur, Calcutta, Indian Assoc. for the Cultivat. of Sci., Inorg. Chem. Labor.; engl.) — Die V-Lsg. wird mit einem Überschuß an 2%ig. äthanol. Reagens-Lsg. versetzt, wobei zwischen pH 2,2 u. 4,8 ein rotbrauner Nd. quant. ausfällt. Die Temp. soll 30—35° nicht übersteigen. Der Nd. wird mit W. gewaschen, bei 110° getrocknet u. als $VO(OH) \cdot (C_8H_8O_2N)_2$ ausgewogen (Faktor 0,1327). Fe(III), Cu, Pd, Ti, F^-, Oxalat u. Tartrat stören. Fe(III) läßt sich durch H_3PO_4 maskieren. H. Kuchenbecker G 330◇

1747 **Spektrophotometrische Bestimmung von Niob in Gegenwart von Tantal und damit zusammen vorkommender Elemente.** R. J. Magee und I. Martin. (Analyt. Chem., Proc. int. Sympos., Birmingham Univ. [U. K.] **1962**, 193—99, 1963; Belfast, Queen's Univ., Dep. of Chem.; engl.) — Bei der Red. des Nb in salz- u. schwefelsauren Lsgg. mit Zn-Pulver oder Amalgamen treten in Abhängigkeit von der Acidität unterschiedliche Färbungen auf. Die bei der Red. mit Zn in 6 m H_2SO_4 entstehende braune Färbung wird zur Grundlage einer photometr. Best. des Nb in Stählen herangezogen. Gemessen wird bei 505 nm, wobei sich noch ca. 1 mg Nb/10 ml bestimmen läßt. Eine weitere Meth. beruht auf der Einführung von Basen des Amintyps in den gelben Nb-Thiocyanato-Komplex. Hierdurch wird die Empfindlichkeit u. die Extrahierbarkeit des Komplexes erhöht. Untersucht werden die Basen Pyridin, Chinolin, Dimethylanilin, Strychnin (I), Narcotin u. Triäthanolamin. Die günstigsten Ergebnisse werden mit I erzielt. Ti stört u. muß vorher abgetrennt werden. Gemessen wird bei 400 nm (Chlf.-Phase), noch 4 μg Nb/10 ml lassen sich bestimmen. — Diskussion. H. Kuchenbecker G 331◇

1748 **Gravimetrische Schnellmethode zur Bestimmung von Niob in Gegenwart großer Mengen Molybdän.** A. Ja. Schesskolskaja. (J. analyt. Chem. [UdSSR] **18**, 782—83, 1963; Moscow, A. A. Baikow Inst. of Metallurgy russ., Auszug: engl.) — Die Meth. beruht auf der Fällung von Nb mit Cupferron bei pH 4,6 in Ggw. von Weinsäure als Maskierungsmittel für Mo. Nb läßt sich nach dieser Meth. in Mo-haltigen Legg. bestimmen, ohne daß eine vorherige Abtrennung vom Mo erforderlich ist. H. Kuchenbecker G 331◇

1749 **R_f-Werte bei der Papierchromatographie von Wismut.** G. Gattow und D. Schott. (Naturwissenschaften **50**, 18, 1963; Göttingen, Univ., Anorg.-chem. Inst.; dt.) — Durch aufsteigende Papierstreifen- u. durch Rundfilterchromatographie wurden die R_f-Werte von Bi^{3+} unter Verw. von 60 g Propanol + 39 g 2 n HNO_3 + 1 g Caprolactam (R_F = 0,59), 50 ml Ae. + 30 ml Methanol + 22 ml W. + 4 ml konz. HNO_3 (0,80), 50 g Butanol + 50 g Propanol, ges. an einer Lsg. aus 2 m $LiNO_3$-Lsg. u. 2 m HNO_3 (0,63) u. 100 ml Dioxan + 1 g Antipyrin + 1 ml konz. HNO_3 + 2,5 ml W. (0,80) als Laufmittel sowie HNO_3 (pH 1,25—2,0) (R_f = 0,25 bei pH 2,0, 0,5 bei pH 1,5 u. 0,7 bei pH 1,25) bestimmt. Startflecke u. Schweif-Bldg. werden auf Hydrolyse-Prodd. zurückgeführt. H. J. Altmann G 334◇

1750 **Die fluorimetrische Bestimmung des Urans im Spurenbereich.** Josef Sommer. (Chem. Techn. **15**, 38—41, 1963; Rossendorf, Zentralinst. für Kernphys., Bereich Radiochem.; dt.) — Für die quant. U-Best. wurde ein Fluorimeter nach dem Reflexionsprinzip gebaut. Im LiF–NaF-Gemisch können 5 · 10^{-10} g U u. im Carbonatgemisch 10^{-9} g/Schmelzprobe nachgewiesen werden. Der mittlere, relative Gerätefehler beträgt 10% u. die Standardabweichung ± 1,5%. Nach dieser Meth. wurde U in Urin u. kleinen Be-Mengen bestimmt. H. Hoffmann G 339◇

1751 **Eine Methode zur Matrix-Korrektur bei der spektrographischen Bestimmung von Uran.** W. H. Dennen und A. V. Sankaran. (Appl. Spectroscopy **17**, 44—47, 1963; Cambridge, Mass., MIT, Dep. of Geol. and Geophys.; engl.) — Die Intensität der U-Linie bei 4241 Å ist bei Proben variierender Zus. trotz gleichen U-Geh. infolge unterschiedlicher Temp. im Gleichstrombogen starken Schwankungen unterworfen. Zu Korrekturen wurde das ebenfalls temperaturabhängige Intensitätsverhältnis des Linienpaares Ti 3385/3387 mit gutem Erfolg benutzt. W. Herfurt G 339◇

1752 **Ein neuer Träger für Uranoxid.** H. G. King und C. M. Neff. (Appl. Spectroscopy **17**, 51—53, 1963; Oak Ridge, Tenn., Union Carbide Nuclear Co., Techn. Div.; engl.) — Die Verunreinigungen in Standard-U_3O_8 wurden spektrometr. im Gleichstrombogen unter Zusatz eines AgCl/AgF-Trägergemisches bestimmt. Optimale Ergebnisse wurden bei einem AgCl/AgF-Verhältnis 4:1 u. einem Anteil von 20% Trägermaterial in der Probe erhalten. Reproduzierbarkeit der Werte u. Empfindlichkeit der Meth. sind besser als bei Verw. von reinem AgCl. W. Herfurt G 339◇

1753 **Kaliumdichromat in stark phosphorsaurem Medium als neues Reagens für oxydimetrische Titrationen.** G. Gopala Rao und P. Kanta Rao. (Talanta [London] **10**, 1045—46, 1963; Waltair, India, Andhra Univ., Dep. of Chem.; engl.) — Mn(II) wird in stark phosphorsaurer Lsg. (ca. 12 m) von Cr(VI) zu Mn(III) oxydiert. Die Best. kann bei Raumtemp. mit potentiometr. bzw. photometr. Endpunktsanzeige erfolgen. Co(II), Ni(II), Cr(III), W(VI), U(VI), Mo(VI) u. Fe(III) stören nicht; Cl^- stört nur bei der potentiometr. Bestimmung. Bei einem Geh. von 20—150 mg Mn/50 ml beträgt der Fehler bei potentiometr. Endpunktsanzeige ± 0,4%, für 5—18 mg Mn/40 ml bei photometr. Titration ± 1,0%. J. Peters G 350◇

1754 **Schnelle elektroanalytische Methode zur Bestimmung des Rheniums.** Bijon Kumar Sen und Purushottam Bandyopadhyay. (J. Indian chem. Soc. **40**, 709, 1963; Calcutta, India, Univ. Coll. of Sci. and Technol., Inorg. Chem. Labor.; engl.) — Die schwefelsaure Perrhenat-Lsg. wird bei 70—75° mit Hilfe einer rotierenden Pt-Anode u. einer feststehenden Pt-Kathode 60—75 Min. lang elektrolysiert. Die Kathode wird mit W. u. Aceton gewaschen, 30 sek. lang bei 105° getrocknet, in einem Exsiccator über konz. H_2SO_4 abgekühlt u. anschließend ausgewogen. Der Fehler beträgt ca. 1%. H. Kuchenbecker G 352◇

1755 **Apparatur zur Bestimmung von Wasserstoff in Stahl.** Andrzej Wójcik. (Hutnik **29**, 458—64, 1962; Huta „Batory", Zakł. Bad.; pol.) — Beschrieben wird eine App. zur Extraktion von H_2 aus Stahl bei 600—1000° u. zu seiner volumetr. Bestimmung. Das erforderliche Vakuum wird mit Hilfe einer Hg-Säule erzeugt. F. Urban G 354◇

1756 **Bestimmung des Phosphorgehaltes in Stahl mit Hilfe einer photometrischen Schnellmethode.** Stanisław Gregorczyk. (Hutnik **29,** 369—71, 1962; Huta „Baildon", Labor. chem.; pol.) — Zu der HNO_3-sauren Lsg. der Probe (0,005—1,5% P) wird NH_4-Molybdat zugegeben u. die gebildete Phosphormolybdänsäure mit Äthyl- u. Butylacetat (7:3) extrahiert. Die organ. Phase wird mit einer wss.-methanol., HCl-haltigen $SnCl_2$-Lsg. versetzt u. das Molybdänblau photometriert. Muß die Probe mit HNO_3 u. HCl gelöst werden, so werden NH_4-Molybdat u. das Estergemisch gleichzeitig zugegeben. Ni-Legg. werden unter Zusatz von reinem Fe mit HNO_3 gelöst, aus der Lsg. werden Fe^{3+} u. PO_4^{3-} mit NH_3 gefällt u. der Nd., wie beschrieben, untersucht. Eine Best. dauert nur 3 Minuten. F. Urban G 354◇

1757 **Bestimmung von Phosphor in Eisen und Stahl mit Chinoliniummolybdat.** Arthur Lench. (Analytic. Chem. **35,** 1695—1701, 1963; Melbourne, Australian Defence Sci. Serv., Dep. of Supply, Defence Stand. Labor.; engl.) — Die gravimetr. bzw. volumetr. P-Best. in Fe u. Stahl nach Oxydation zu PO_4^{3-} durch sd. $HClO_4$ erfolgt über das schwerlösl. Chinoliniummolybdatophosphat. Vf. untersucht den Einfl. von Fe, As, Zr, Nb, Ta u. W auf die Fällung aus salzsaurer/perchlorsaurer Lösung. Bei großem Fe-Überschuß muß mit einer größeren Reagensmenge gefällt oder die Lsg. einige Zeit digeriert werden. Die Ausfällung von Chinoliniummolybdatoarsenat wird durch Abdestillieren des As mit HBr verhindert. Während des Kochens mit $HClO_4$ fallen die Oxide des Nb, Ta u. W, die leicht PO_4^{3-} einschließen, sowie Zr-Phosphat aus. Nach Filtration wird das PO_4^{3-} aus dem Nd. nach Standard-Meth. herausgelöst u. mit der Hauptmenge vereinigt. Ein weiteres Ausfallen von Zr-Phosphat beim Abdestillieren von As verhindert man, indem die Lsg. nur bis zum Aufhören der Br_2-Entw. eingedampft wird. Eine Fällung der noch in Lsg. verbleibenden geringen Mengen Nb u. Ta bzw. W als Molybdatosäuren bzw. WO_3 vermeidet man durch Zugabe von Wein- u. Salpetersäure. Die Unters. von NBS-Eisen- u. Stahlproben ergibt eine Reproduzierbarkeit von ±0,001, ±0,002, ±0,01 bzw. ±0,03 bei P-Geh. von 0,01, 0,1, 0,5 bzw. 1,5%. J. Peters G 354◇

1758 **Zur Bestimmung des Cers in warmfesten Legierungen und Gußeisen.** T. N. Nasartschuk, W. P. Kopylowa und N. K. Tschugunnaja. (Betriebs-Lab. [UdSSR] **29,** 298, 1963; Inst. für Metallkeramik u. Spezialleg. der Akad. der Wiss. der UkrainSSR; russ.) — 5—10 g einer Cr–Ni–Fe-Leg. werden in HCl + HNO_3 gelöst, mit 25—50 ml H_2SO_4 (1,84) versetzt, bis zum Auftreten von SO_3-Dämpfen eingeengt u. verdünnt. Nach Oxydation des Cr mit $(NH_4)_2S_2O_8$ werden die Hydroxide mit Ammoniak gefällt. Diese werden in heißer Oxalsäure gelöst, auf pH 4—5 gebracht u. über Nacht stehengelassen. Die Oxalate werden abfiltriert u. bei 600—700° verglüht. Die Oxide werden in 10 ml H_2SO_4 (1:4) unter Zugabe von H_2O_2 gelöst. Fe wird als Cupferronat mit $CHCl_3$ extrahiert. Die wss. Phase wird mit 4 ml 0,1 n Komplexon III-Lsg. u. 10 ml Glycerin (1:1) versetzt, auf pH 9 gebracht u. mit 2—3 Tropfen 30%ig. H_2O_2 versetzt. Nach 5 Min. wird auf 50 ml verdünnt u. nach 30 Min. die Extinktion gemessen. R. Gerbatsch G 354◇

1759 **Untersuchungen über Extraktion und Bestimmung von Metallsalzen mit Methylisobutylketon.** 7. Mitt. **Photometrische Bestimmung von Wolfram in Eisen und Stahl.** Yachiyo Kakita und Hidehiro Gotô. (Sci. Rep. Res. Inst. Tôhoku Univ., Ser. A **15,** 1—11, 1963; Res. Inst. for Iron, Steel and Other Metals; engl. — C. **1962,** 10582.) W. Wesly G 354◇

1760 **Spektrophotometrische und konduktometrische Untersuchungen über Metallkomplexe des 3-Hydroxy-1-p-sulfonatophenyl-3-phenyltriazens.** 6. Mitt. **Kobaltkomplex.** S. M. Dugar, D. N. Purohit und N. C. Sogani. (J. Indian chem. Soc. **40,** 667—70, 1963; Jaipur, Univ. of Rajasthan, Chem. Dep.; engl.) — 5. vgl. J. Indian chem. Soc. **40,** [1963], 213. — Co bildet mit dem Reagens zwischen pH 4,3 u. 5,9 einen braunen, in W. lösl. Komplex (λ_{max} = 390 nm, flach verlaufender Absorptionsbereich zwischen 450 u. 485 nm). Das Beersche Gesetz wird bei 480 nm für 0,8—10 ppm Co erfüllt. Der molare Extinktions-Koeff. beträgt 4833, die Empfindlichkeit nach Sandelt 0,195 γ/cm^2. Photometr. Unterss. zeigen, daß Co mit dem Reagens im Verhältnis 1 : 3 reagiert. Die Dissoziations-Konst. bei 25° wird zu $2,546 \cdot 10^{-13}$, die Freie Bldg.-Energie zu —17,17 kcal berechnet. Konduktometr. Messungen lassen auch auf Komplexe der Zus. 1 : 2 u. 1 : 1 schließen. Ein Verf. zur Co-Best. u. die Einfl. von Cu, Ni, Zn, Mn(II) u. Fe(III) werden angegeben. H. Kuchenbecker G 355◇

1761 **Zugabe von Äthanol bei der Titration von Nickel mit EDTA.** Velimir D. Canić und Tibor A. Kiss. (Chemist-Analyst **52,** 111, 1963; Novi Sad, Yugoslavia, Univ. of Novi Sad, Fac. of Technol. Dep. of General and Analyt. Chem.; engl.) — Die Best. von Ni durch Rücktitration eines zugesetzten EDTA-Überschusses mit Zn oder Mg bei pH 10 (NH_4Cl/NH_3-Puffer) bis zum Umschlag von Eriochromschwarz T in Ggw. von A. (>50%) wird beschrieben. D. Heinrich G 356◇

1762 **Spektrophotometrische Bestimmung von Silberspuren.** R. M. Dagnall und T. S. West. (Analyt. Chem., Proc. int. Sympos., Birmingham Univ. [U. K.] **1962,** 188—90, 1963; Birmingham, Univ., Chem. Dep.; engl.) — Als bes. geeignet zur Ag-Best. erweisen sich Pyrogallolrot (**I**) u. Brompyrogallolrot (**II**). Beide Verbb. absorbieren bei 550 nm u. bilden mit Ag^+ in acetatgepufferter Lsg. (pH 7) gelbe 1 : 2-Komplexe (λ_{max} ~400 nm), wobei **I** etwas empfindlicher als **II** ist. Die Maskierung störender Elemente mit Ausnahme von Cu(II) u. größerer Mengen gefärbter Ionen, wie Co(II) u. Ni(II), erfolgt mit EDTA. Störungen, die sich mit EDTA nicht ausschalten lassen, müssen durch Extraktions-Verff. beseitigt werden. Die photometr. Best. kann auch direkt im organ. Extrakt durchgeführt werden, wodurch sich die Empfindlichkeit auf das Doppelte erhöht. Ag-Mengen im 0,01 ppm-Bereich können noch bestimmt werden. Die Meth. eignet sich außerdem zur Best. von 8—30 μg Cl^-. Hierzu versetzt man mit überschüssiger Ag^+-Lsg. u. bestimmt das nicht verbrauchte Ag. Um ein Auflösen des AgCl-Nd. zu verhindern, setzt man Nitrobenzol zu. Gemessen wird in diesem Fall bei 540 nm, dem Absorptionsmaximum der Reagenslösung. — Diskussion. H. Kuchenbecker G 359◇

1763 **Polymere Cyanwasserstoffsäure — ein Mittel zur Trennung von Edelmetallsalzen.** Th. Völker. (J. less-common Metals [Amsterdam] **3,** 262—63, 1961; Darmstadt, Röhm u. Haas GmbH, Res. Labor.; engl.) — Durch eine Kolonne von 600 mm Länge u. 26 mm ⌀, gefüllt mit 135 g granulierter polymerer Cyanwasserstoffsäure (1—3 mm), wurden bei 50° 1000 ml einer 1%ig. Lsg. von $H_2[PtCl_6]$ in W. in 280 Min. durchgegeben. Im Eluat waren spektralanalyt. weniger als 10^{-5}% Pt nachzuweisen. Das Harz kann auch zur Trennung von Salzen verschiedener Edelmetalle benutzt werden. R. Krämer G 368◇

1764 **Bestimmung einiger Edelmetalle durch Atomarabsorption.** A. Strasheim und G. J. Wessels. (Appl. Spectroscopy **27,** 65—70, 1963; Pretoria, Council for Sci. and Ind. Res., Nat. Phys. Res. Labor.; engl.) — Ein Verf. zur flammenabsorptionsspektrometr. Best. von Pt, Pd, Rh u. Au wird diskutiert. Die experimentell ermittelten optimalen Arbeitsbedingungen u. der Anwendungsbereich der Meth. sowie die Ergebnisse der Unterss. über gegenseitige Beeinflussung der Edelmetalle u. den Einfl. verschiedener anderer Ionen in höheren Konzz. werden mitgeteilt. W. Herfurt G 368◇

1765 **Luminescenzanalytische Untersuchungen an Aufbereitungsprodukten.** Gerhard Sansoni. (Jenaer Rdsch. **8,** 170—75, 1963; Freiberg, Sa., Dt. Akad. Wiss. zu Berlin, Forsch.-Inst. für Aufbereitung; dt.) — Aufbereitungsprod. von Erzen wurden auf ihre Fluorescenz untersucht u. mit der mkr. Unters. verglichen. Vf. kommt zu dem Schluß, daß die Luminescenzanalyse im gefiltertem UV zur Schnelldiagnose nur unter großen Vorbehalten zu empfehlen ist, da die Ergebnisse durch Oberflächen- u. chem. Faktoren sehr stark beeinflußt werden. F. Ensslin 5290◇

1766 **Synthetische Pyroxene und ihre Dispersion der Doppelbrechung in Verbindung zu ihrer Zusammensetzung.** Je. A. Kusnetzow und Da-Che Ssjun. (Nachr. Moskauer Univ., Ser. IV **18,** Nr. 3, 31—38, 1963; Moskau, Lehrst. für Petrograph. der Univ.; russ.) — Aufstellung von Diagrammen der Doppelbrechung gegen die Zus. für verschiedene Wellenlängen zur Best. von SiO_2, Al_2O_3, FeO, Fe_2O_3 u. V_2O_5 in synthet. Pyroxenen. Daraus werden die chem. Zus. von 44 Pyroxenen ermittelt. M. Hähnert 5292◇

b) Organische Verbindungen

1767 **Über eine mikroanalytische Schnellmethode zur Bestimmung von Kohlenstoff und Wasserstoff in organischen Substanzen.** Georg Pippel und Sieghard Römer. (Chem. Techn. **15,** 36—38, 1963; Schkopau, VEB Chem. Werke Buna, Unters.-Labor.; dt.) — Als Verbrennungskatalysator wird Co_3O_4 auf Bimsstein verwendet. Die Strömungsgeschw. beträgt 12 ml/min. Zur Zerlegung der Stickstoffoxide wird $NH_4SO_3NH_2$ auf Kieselgel eingesetzt. Halogene u. S werden an Ag gebunden. Die Standardabweichung beträgt für C $\pm$ 0,24 u. H_2 $\pm$ 0,18%. Eine Best. kann in 25 Min. durchgeführt werden. Der Aufbau der App. u. die Arbeitsmeth. werden beschrieben. H. Hoffmann 5352◇

1768 **Gleichzeitige Schnellbestimmung von Kohlenstoff und Halogen in Organoxyhalogensilanen durch eine Naßverbrennungsmethode.** Aleksander Radecki. (Chem. analit. [Warszawa] **8,** 607—12, 1963; Gdańsk, Politechn., Dep. of Inorg. Chem.; Acad. of Med., Dep. of Inorg. and Analyt. Chem.; pol.) — Die Organoxychlor- u. -bromsilane werden bei 150—160° mit einem Gemisch aus Chromsäure, H_2SO_4 u. H_3PO_4 oxydiert. Nach Absorption der gasförmigen Oxydations-Prodd. in $NaOH/H_2O_2$ wird der C-Geh. nach der Meth. von Winkler u. der Halogen-Geh. nach Volhard bestimmt. Der Zeitbedarf für eine Best. beträgt ca. 1,5 Std.; der relative Fehler liegt bei 0,3—0,9%. Bei S-haltigen Verbb. wird keine Störung beobachtet. J. Peters 5352◇

1769 **Mikrobestimmung von Chlor in chlororganischen Verbindungen.** R. A. Shah, S. A. Jabbar und M. K. Bhatty. (Pakistan J. sci. ind. Res. **5,** 162—65, 1962; Karachi, Pakistan Council of Sci. and Ind. Res., Chem. Res. Div., Central Labor.; Lahore, Pakistan Council of Sci. and Ind. Res.; West Regional Labor.; engl.) — 5 mg Probe werden mit wenig reinem Na-Draht in einer in einem verschlossenen Glasrohr gelagerten Ni-Kapsel bei 350° aufgeschlossen. Die in W. gelöste Probe wird über einen Kationenaustauscher in der H^+-Form gegeben. Der Durchlauf wird mit n/100 NaOH-Lsg. neutralisiert. Aus dem Neutralisationsverbrauch wird der Cl-Geh. berechnet. Die Meth. ist für feste u. fl. Proben geeignet, ihre Standardabweichung liegt bei $\pm$ 0,1%. W. Kupfer 5352◇

1770 **Vereinfachte Mikrobestimmung von Fluor in organischen Verbindungen auf indirektem Wege.** A. Konovalov. (Ind. chim. belge **26,** 1257—60, 1961; Louvain, Univ., Labor. de Chim. Gén., Dép. des Microanalyses; franz.) — 1—2 mg Substanz werden in Filtrierpapier gewickelt u. in einer O_2-Atmosphäre in Ggw. eines Pt-Drahtnetzes als Katalysator verbrannt. Das entstehende Gas wird in 10 ml 2,2%ig. $CaCl_2$-Lsg. aufgefangen. F_2 macht aus dem $CaCl_2$ eine äquivalente Menge Cl_2 frei, das mit H_2O zu HOCl u. HCl reagiert. HOCl zersetzt sich sofort zu HCl u. O_2. Nach Entfernung des CO_2 durch Aufkochen titriert man HCl mit 0,02n NaOH-Lsg. unter Verw. des Indicators nach Tashiro. Der Fehler beträgt $\pm$ 1%. N stört nicht. I. Balke 5352◇

1771 **Neue Methoden zur Mikrobestimmung von Schwefel.** R. Aragonés Apodaca. (Quím. e Ind. [Bilbao] **10,** 46—47, 1963; span.) — Vf. beschreibt die Best. von S in organ. Verbb. durch Schöniger-Oxydation, Absorption mit H_2O_2, Versetzen u. Spülen mit Isopropanol u. Titration des SO_4^{2-} mit $Ba(ClO_4)_2$-Lsg. gegen Thorin u. Methylenblau. Der Fehler beträgt 0,5%. P. Kurzmann 5352◇

1772 **Zur Mikrobestimmung des Schwefels in festen und flüssigen organischen Verbindungen mit S-Gehalten bis zu 70%.** Gerhard Vetter. (Chem. Techn. **15,** 43, 1963; Dresden, TU, Inst. für organ. Chem.; dt.) — Die S-haltigen Verbb. werden in Polyäthylenschlauch (15 mm lang, 2 mm äußerer u. 1 mm innerer ⌀) eingewogen u. vorsichtig eingeschmolzen. Die Probe wird dann mit einen Pt-Draht gezündet. Das gebildete SO_4^{2-} wird als $BaSO_4$ gefällt u. der Überschuß an $BaCl_2$ mit EDTA zurücktitriert. Die Fehlergrenze beträgt $\pm$ 0,5%. H. Hoffmann 5352◇

1773 **Heizvorrichtung zum Absorptionsapparat für Wasser bei der Elementaranalyse.** B. Wanková. (Chem. Listy **56,** 542—44, 1962; Pardubice, TH für Chem., Inst. für analyt. Chem.; tschech.) — Beschreibung der Konstruktion einer elektr. Heizvorr. zum Absorptionsapp. für W. nach Flaschenträger. K. Kámen/Prag 5352△

1774 **Bestimmung der Zusammensetzung flüssiger organischer Gemische mit markierten Verbindungen.** W. Brzostowski. (Bull. Acad. polon. Sci., Sér. Sci. chim. **9,** 441—44, 1961; Warsaw, Univ., Dep. of phys. Chem.; engl.) — Bin. Gemische von ^{14}C enthaltendem Bzl. mit Aceton, CCl_4, C_6H_5Cl, n-Hexan, Propanol u. Toluol werden mit einem Zählrohr für innere Füllung analysiert. Als Kathodenmaterial haben sich Cu-Folie, Cu- oder Graphit–W-Ndd. auf den Glaswandungen bewährt. W. Kupfer 5363◇

1775 **Untersuchungen über S-Benzylthiuroniumsalze und p-Bromphenacylester zu Identifizierung von organischen Säuren.** Jørgen Berger. (Analyt. Chem., Proc. int. Sympos., Birmingham Univ. [U. K.] **1962,** 48—52, 1963; Copenhagen, Royal Danish School of Pharm., Chem. Labor. B; engl.) — S-Benzylthiuronium-Deriv. lassen sich verhältnismäßig leicht herstellen, wobei einige Dicarbonsäuren, wie Malein-, Äthylmalon-, Cinnamylidenmalon- u. Phthalsäure, außer sauren auch neutrale Salze bilden können. Das Auftreten von Hydraten u. polymorphen Derivv. wird diskutiert. Nachteilig wirkt sich die starke Abhängigkeit der FF. der Derivv. von der Aufheiz-Geschw. aus. Der Vorteil liegt in der leichten Bestimmbarkeit der Äquivalent-Gew. durch Titration mit $HClO_4$-Lsg. im Submikrogrammbereich. Zur Charakterisierung der Carbonsäuren sind die p-Bromphenacylester besser geeignet, da sie definierte FF. ergeben. Da p-Bromphenacylbromid ein starkes Alkylierungsreagens ist, können bei Hydroxy- u. Aminosäuren Komplikationen auftreten. Einige Ester werden unter Bldg. von p-Bromphenacylalkohol schnell verseift. — Diskussion. H. Kuchenbecker 5368◇

1776 **Dünnschichtchromatographie von 2.4-Dinitrophenylhydrazonen aliphatischer Carbonylverbindungen.** G. M. Nano und P. Sancin. (Experienta [Basel] **19,** 323, 1963; Torino, Univ., Ist. di Chim. Farm. e Tossicol; engl.) — Auf Al_2O_3 werden die 2.4-Dinitrophenylhydrazone folgender Verbb. mit Cyclohexan/Nitrobenzol (2 : 1) u. Hexan/Chlf./Nitrobenzol (8 : 2 : 1) als Laufmittel getrennt: Form-, Acet-, Glykol- u. Propionaldehyd, Glyoxal, Glyoxylsäure u. Aceton. Die R_f-Werte werden angegeben. H. J. Altmann G 650◇

1777 **Identifizierung von Äthern des β-Äthanolamins durch optische Eigenschaften der Nitrobarbiturate.** C. V. Francis. (Microchem. J. [New York] **6,** 606—11, 1962; Wyandotte, Mich., Wyandotte Chem. Corp. Res. Div., Analyt. Res. Labor.; engl.) — Zur Identifizierung von *Methoxyäthyl-*, *Dimethoxyäthyl-*, *Äthoxyäthyl-*, *Diäthoxyäthyl-* u. *Methylisopropylamin* werden einige, mit dem Polarisationsmikroskop bestimmte, opt. Eigg. der Salze dieser Verbb. mit 5-Nitrobarbitursäure angegeben. D. Hass G 910◇

1778 **Trennung der Phosphorsäureester von Äthanolamin, Serin und Threonin durch Chromatographie und Papierelektrophorese.** Józef Zając. (Chem. analit. [Warszawa] **7,** 995—1006, 1962; Lublin, Acad. of Med., Dep. of Physiol. Chem.; pol.) — Das Syst. n-Propanol/wss. NH_3-Lsg. (D. 0,89)/H_2O (7 + 2 + 1) gestattet die Abtrennung der Phosphorsäureester von Äthanolamin (**I**), Serin (**II**) u. Threonin (**III**) von Aminosäuren sowie die Trennung des **I**-Esters von den **II**- u. **III**-Estern durch

Papierchromatographie. Mit n-Propanol/Ameisensäure/ H_2O (7 + 1 + 2) ist die Trennung des **II**-Esters, des **III**-Esters u. anorgan. Phosphate möglich. Die drei Ester allein können mit Phenol/H_2O (8 + 2) getrennt werden; bessere Ergebnisse werden jedoch mit dem Syst. n-Propanol/Ameisensäure/H_2O/Pyridin (7 + 1 + 2 + 0,2) erzielt, das zur Trennung der Ester von **I**, **II**, **III**, anorgan. Phosphate u. Cysteinsäure verwendet werden kann. Die drei Phosphorsäureester werden auch voneinander u. von Aminosäuren durch Papierelektrophorese in 0,4 n Ameisensäure (pH 2,2) bei einer Spannung von 8,3 V/cm in 6 Std. getrennt. Die Empfindlichkeit des Ninhydrin-Nachw. ist für den Phosphorsäureester von **I** 6mal geringer als für die Ester von **II** u. **III**; Zusatz von Pyridin zum Ninhydrinreagens erhöht die Empfindlichkeit für den **I**-Ester um das Doppelte. Bei Verw. von Molybdänsäure zum Nachw. ist die Empfindlichkeit für den **II**- u. **III**-Ester 3mal geringer als bei Verw. von Ninhydrin, für den **I**-Ester ist sie gleich.
Gerhard Schulze G 950◇

1779 **Diglym als Lösungsmittel bei der gasometrischen Bestimmung von Silanolen nach der Lithiumaluminiumhydrid-Methode.** G. H. Barnes jun. und N. E. Daughenbaugh. (Analytic. Chem. **35**, 1308—09, 1963; Pittsburgh, Pa., Mellon Inst.; engl.) — Bis-[2-methoxy-äthyl]-äther (Diglym) hat als Lsgm. für $LiAlH_4$ gegenüber Di-n-butyläther den Vorteil, daß sich das Hydrid schneller löst u. die Lsg. schon nach kurzer Zeit kein Gas mehr entwickelt. J. Peters G 980◇

1780 **Untersuchungen über Dünnschichtchromatographie von Phenolen.** Helmuth Seeboth. (Chem. Techn. **15**, 34—35, 1963; Berlin, Dt. Akad. der Wiss., Inst. für organ. Chem.; dt.) — Überprüfung verschiedener Kieselgelschichten u. Laufmittelgemische zur Trennung von *Phenol* (**I**), *m-Kresol*, *o-Xylenol*, *Guajacol*, *p-Amino-*, *p-Chlor-*, *p-Nitrophenol*, *α-* u. *β-Naphthol*, *Brenzcatechin* (**II**), *Resorcin* (**III**), *Hydrochinon* (**IV**), *Homobrenzcatechin*, *2.4-Dioxyacetophenon*, *Pyrogallol* u. *Phloroglucin*. Als guter „Träger" erwies sich ein Gemisch Al_2O_3(sauer)–Supergel (1 : 1) u. 20% Gips. Mit Chlf.–Aceton–Diäthylamin (4 : 2 : 0,4) wurden folgende R_f-Werte: **II** 0, **III** 0,34, **IV** 0,55, **I** 0,74 (25 Min. Laufzeit) erhalten. Für den qual. Nachw. genügen 5—10 µg.
H. Hoffmann G 1060◇

1781 **Bestimmung von Phenol in Gegenwart von Resorcin.** 2. Mitt. **Bromometrisch-jodometrische Methode.** Nikodem Sobczak. (Chem. analit. [Warszawa] **8**, 613 bis 619, 1963; Warszawa, Politechn., Dep. of Analyt. Chem.; pol.) — 1. vgl. C. **1964**, 12-1647. — Man bestimmt in einer Probe die Summe von Phenol u. Resorcin durch Bromierung u. in einer zweiten Resorcin allein durch Jodierung. Im Gegensatz zur einfachen Bromierungs-Rk. müssen bei der Jodierung folgende Rk.-Bedingungen eingehalten werden: Jodierungszeit (1,5—2 Min.), pH (5,1), J-Konz. u. geeignete Probemenge. Die genauesten Ergebnisse werden bei Phenol-Konzz. in Resorcin von 1,5 bis 10% erhalten. J. Peters G 1060◇

1782 **Photometrische Bestimmung von 4-Chlor-3.5-xylenol.** Zofia Nasierowska, Maria Różyńska und Zofia Wójcik. (Chem. analit. [Warszawa] **8**, 593—95, 1963; Warszawa, Inst. of Drugs, Dep. of Analyt. Chem.; pol.) — 4-Chlor-3.5-xylenol wird mit diazotierter Sulanilsäure zu einer gelben Verb. umgesetzt, die nach Extraktion mit n-Amylalkohol photometr. bei 345 nm bestimmt wird. J. Peters G 1060◇

1783 **Potentiometrische Bestimmung von Formaldehyd und Benzaldehyd mit Hypochlorit.** P. K. Norkuss. (J. analyt. Chem. [UdSSR] **18**, 650—53, 1963; Vilnius, LithuanianSSR, Acad. of Sci., Inst. of Chem. and Chem. Technol.; russ., Auszug: engl.) — Die Rk. von ClO^- in alkal. Lsg. mit Form- bzw. Benzaldehyd kann durch KJ u. OsO_4 katalyt. beschleunigt werden. Zur Best. der Aldehyde versetzt man die Probe-Lsg. in Ggw. von OsO_4 mit einem Überschuß an NaClO-Lsg. u. titriert den Überschuß anschließend mit As(III)-Lsg. zurück.
H. Kuchenbecker G 1120◇

1784 **Potentiometrische Titration von primären aromatischen Aminen mit Hilfe von Natriumnitrit.** Danuta Trokowicz. (Chem. analit. [Warszawa] **8**, 107—11, **1963**; Gdańsk, kat. Chem. Ogólnej Wyższej Szkoly Pedagogicznej; pol.) — Die Meth. beruht auf der Umsetzung des in saurer Lsg. freigesetzten HNO_2 mit der NH_2-Gruppe; die relativen Fehler der Best. liegen bei 0,2—0,5%. D. Zobel G 1310◇

1785 **Reaktion von Cyclohexanonoxim mit Kaliumbromat.** O. M. Podurowskaja und N. I. Jefimowa. (Betriebs-Lab. [UdSSR] **29**, 420, 1963; Moskau, Inst. der Stickstoffind.; russ.) — Vgl. C. **1963**, **5967**. — Bei der Titration von Cyclohexanonoxim mit $KBrO_3$ bildet sich, im Gegensatz zu früheren Annahmen, als Rk.-Prod. Cyclohexanon. R. Gerbatsch G 1960◇

1786 **Bestimmung von Phenyl-1-hydroxy-2-naphthoat und Phenol in Gegenwart von 1-Hydroxy-2-naphthoesäure in technisch reinem Phenyl-1-hydroxy-2-naphthoat.** Bolesław Fleszar. (Chem. analit. [Warszawa] **8**, 555 bis 559, **1963**; Szarzyna, Chem. Works „Szarzyna"; pol.) — Die Meth. beruht auf der Best. des freien Phenols u. des Gesamt-Phenols nach der Hydrolyse des Esters durch Titration mit $KBrO_3$ u. Dead-stop-Endpunktsindizierung unter Verw. zweier Pt-Elektroden. Da 1-Hydroxy-2-naphthoesäure (**I**) die Phenol-Best. beeinflußt, wird das Phenol mit einer gesätt. **I**-Lsg. in mit HCl angesäuerter 15%ig. KCl-Lsg. aus dem techn. bzw. dem Hydrolyse-Prod. extrahiert. Zur Korrektur muß eine Blindprobe bestimmt werden. Der Fehler ist $< \pm 1{,}5$ Rel.-%. P. Kurzmann G 2700◇

1787 **Titrimetrische Analyse von 2.4.7-Trinitrofluorenon-Komplexen.** Robert H. Cundiff und P. C. Markunas. (Analytic Chem. **35**, 1323—24, 1963; Winston-Salem, N. C. R. J. Reynolds Tobacco Co., Res. Dep.; engl.) — Vff. beschreiben ein Verf. zur potentiometr. Titration von 2.4.7-Trinitrofluorenon (**I**) u. seinen Komplexen mit mehrkernigen Aromaten (Einwaage 2—20 mg) mit 0,01 n Tetrabutylammoniumhydroxid in Pyridin unter inerter Atmosphäre. Eine Blind-Best. ist zur Korrektur erforderlich. Indicatoren können nicht angewendet werden, da sich die Lsgg. im Laufe der Titration stark färben. Nach dieser Meth. wurden die Komplexe von **I** mit *Perylen* (F. des Komplexes 275,0—276,6° unkorr.), *Fluoranthen* (216,4—217,0°), *Phenanthren* (196,0—197,2°), *Chrysen* (248,6—250,8°), *Acenaphthen* (175,5—176,8°), *Pyren* (244,0—246,0°), *Anthracen* (193,2—194,4°), *3.4-Benzpyren* (268,0—269,4°), *Fluoren* (179,6—180,4°), *3-Methylcholanthren* (254,8—255,4°), *3.4-Benzanthracen* (225,6 bis 227,2°), *9-Methylanthracen* (210,8—212,5°), *Dibenz-[a, h]-anthracen* (277,0—278,0°), *7.12-Dimethylbenz-[a]-anthracen* (220,8—221,5°), *Naphthalin*, *α-Naphthol* (193,4 bis 195,2°) u. *β-Naphthol* (175,6—176,8°) bestimmt.
P. Kurzmann G 2750◇

1788 **Papierchromatographische Trennung von Cumarinen und Furocumarinen.** Jela Grujić-Vasić. (Mh. Chem. **92**, 236—39, 1961; Wien, Univ., Organ.-chem. Inst.; dt.) — Vf. hat 23 Cumarine u. Furocumarine papierchromatograph. mit 6 verschiedenen Lsgm.-Gemischen (Isoamylalkohol mit W. gesätt., n-Butanol–A.–wss. NH_3-Lsg.–W. (4:4:1:1) u. verschiedene n-Propanol–W.-Gemische) untersucht. Es werden Rf-Werte angegeben für imprägniertes (mit 0,1 n NaH_2PO_4-Lsg.) u. nichtimprägniertes Papier. Die Substanzen wurden in Pyridin gelöst aufgetragen. Nach dem Entwickeln wird im Dunkeln getrocknet u. im UV-Licht betrachtet. Durch Beräucherung mit NH_3 tritt häufig eine Verstärkung der Farbintensität ein. Untersucht wurden: *Äsculin*, *-pentaacetat*, *Fraxin*, *-pentaacetat*, *Äculetin*, *Fraxetin*, *Di-* u. *Tri-bromäsculin*, *Methyl-* u. *5-Nitro-fraxin*, *Methylfraxetin*, *Osthol*, *Psoralen*, *Angelicin*, *Bergapten*, *Isobergapten*, *Pimpinellin*, *Iso-pimpinellin*, *Xanthotoxin*, *Alloimperatorin*, *-methyläther*, *Oxypeucedanin*, *Ostruthol*.
W. Untze G 3211□

1789 **Über eine Methode zur Unterscheidung der 4.5- und 4.7-Dihydroxycumarine in durch thermische Kondensationen von Polyphenolen mit Malonsäureestern gewonnenen Mischungen.** Colette Deschamps-Vallet. (C. R. hebd. Séances Acad. Sci. **257**, 1181—83, 1963; Paris, Muséum Nat. d'Histoire naturelle, Labor. de Chim.; franz.) — Bei der Synthese von Dihydroxycumarinen (**I**)

aus Resorcin (II) u. C-Alkyl-Malonsäureäthylestern (III) entstehen je nach der Alkylgruppe in III wechselnde Mengen an 4.5- u. 4.7-isomeren I. Durch Umsatz mit α.α'-Dichlor-diphenylmethan wird das 4.5-Isomere zu einem krist., in üblichen organ. Lsgm. schwer lösl. Methylenäther kondensiert. Durch Synth. der entsprechenden Verbb. aus dem Monomethyläther von II wird belegt, daß die reinen 4.7-I nicht reagieren.
W. Kupfer G 3211◇

1790 **Chromatographie von Zuckeracetaten und Methyläthern auf Magnesol.** M. L. Wolfrom, Rosa M. de Lederkremer und L. E. Anderson. (Analytic. Chem. **35**, 1357—59, 1963; Columbus, Ohio, Ohio State Univ., Dep. of Chem.; engl.) — Auf Magnesol-Schichten u. Säulen werden mit Äthylacetat/Bzl. u. Methanol/Bzl. als Laufmittel folgende Verbb. getrennt: β-Maltoseoktaacetat, β-Gentiobioseoktaacetat, β-Isomaltoseoktaacetat, β-Cellobioseoktaacetat, β-Cellotriosehendekaacetat u. β-Cellotetraosetetradekaacetat, 2.3.6-Tri-O-methyl-D-mannose, 2.3.4.6-Tetra-O-methyl-D-mannose, Methyl-2.3.4.6-tetra-O-methyl-α-D-mannosid, 2.3.4.6-Tetra-O-methyl-D-galaktose, 2.3.4.6-Tetra-O-methyl-D-glucose, 2.3.6-Tri-O-methyl-D-glucose u. 2.3.6-Tri-O-äthyl-D-glucose.
H. J. Altmann G 3400◇

1791 **Ein neuer, aber farbiger Nachweis von Alkaloiden und organischen Basen mit Natriumtetraphenylborat.** Richard Neu. (J. Chromatogr. [Amsterdam] **11**, 364 bis 368, 1963; Karlsruhe-Durlach, Dr. Willmar Schwabe G.m.b.H., Chem. Forschungslabor.; dt.) — Alkaloide u. organ. Basen ergeben mit $Na[B(C_6H_5)_4]$ u. 3-Hydroxyphenylbenzo-γ-pyronen (Fisetin, Quercetin) bzw. deren Glykosiden (Hyperin, Rutin) orangefarbene bis rote Niederschläge. Die Rk. kann als Tüpfeltest u. zum Nachw. auf Papierchromatogrammen dienen. Folgende Substanzen wurden nachgewiesen: Yohimbin, Papaverin, Arecolin, Novocain, Atropin, Chinin, Preocarpin, Scopolamin, Strychin, Tetrahydroharman, Harmalin, Harman, Noscapin, Eserin, Codein, Coniin, Colchicin, Brucin, Spartein, Cholin u. Acetylcholin. G. Bock G 3500◇

1792 **Bestimmung von Alkaloiden durch nichtwäßrige Überschußtitration.** G. A. Miana und M. Ikram. (Pakistan J. sci. ind. Res. **5**, 201—02, 1962; Peshawar, Pakistan Council of Sci. and Ind. Res. North Regional Labor., Indigenous Drugs Res. Div.; engl.) — 20—30 mg Alkaloide (*Atropin, Atropinsulfat, Papaverin, Nicotinamid, Nicotinhydrogentartrat, Serpentin, Ajmalin, Ajmalicin, Colchicin*) werden in 5—10 ml 0,1 n $HClO_4$-Lsg. in Eisessig gelöst. Der $HClO_4$-Überschuß wird mit Na-Acetat-Maßlsg. potentiometr. (Glas-/gesätt. Kalomel-Elektrode) oder maßanalyt. (α-Naphtholbenzol oder Kristallviolett als Indicatoren) zurücktitriert. W. Kupfer G 3500◇

1793 **Präparative Dünnschichtchromatographie.** H. Halpaap. (Chemie-Ing.-Techn. **35**, 488—93, 1963; Darmstadt, E. Merk AG, Forschungslabor., Steroidabt.; dt.) — Auf 1 m langen u. 20 cm hohen Glasplatten werden an gipsfreien, 1,5—2 mm dicken Kieselgelschichten Substanzmengen von 0,1—100 g durch Mehrfachchromatographie getrennt. Die gewellten Substanzbänder werden abgeschabt u. in einer Säule eluiert. Die Trennungen 4-Pregnen-17α.20β.21-triol-3-on von 4-Pregnen-17α.21-diol-3.20-dion (I), Diosgenin von Yamogenin, Hydrocortison (II) von Prednisolon, I von II, die Isolierung von 9α-Fluor-16-methylen-1.4-pregnadien-11β.17α.21-triol-3.20-dion-21-orthophosphat aus der Veresterungs-Rk. des betreffenden Alkohols u. die Reinigung von Lecithin werden beschrieben. H. J. Altmann G 3750◇

1794 **„pH-Chromatographie" der Antibiotica.** 3. Mitt. **Basische Antibiotica.** Vladimír Betina. (Chem. Zvesti **15**, 848—52, 1961; Bratislava, Slov. vys. skola techn. Kat. techn. mikrobiol. a biochém.; slowak.) — 2. vgl. gl. J. **15**, [1961], 750. — Nach der früher (C. **1960**, 13113 u. C. **1961**, 16197) beschriebenen Meth. der pH-Chromatographie werden als bas. Antibiotica (I) *Erythromycin* (*Ilotycin*), *Oleandomycinphosphat* u. *Spiramycin* untersucht. Die danach erhaltenen Kurven der R_F-Werte in Abhängigkeit von pH haben S-Form u. zeigen den umgekehrten Verlauf wie diejenigen der sauren I; ihr stärkster Anstieg liegt zwischen pH 5 u. 7. Die Ergebnisse bei der Isolierung der bas. I durch Extraktion stimmen mit den nach den üblichen Meth. erhaltenen überein.
R. K. Müller G 3900◇

1795 **„pH-Chromatographie" der Antibiotica.** 4. Mitt. **Amphotere Antibiotica.** V. Betina und P. Nemec. (Chem. Zvesti **15**, 853—58, 1961; slowak.) — 3. vgl. vorst. Referat. — Bei der pH-Chromatographie der amphoteren Antibiotica *Chlortetracyclin* (*Aureomycin*, Spofa), *Oxytetracyclin* (*Terramycin*, Pfizer), *Tetracyclin* (*Achromycin*, Lederle), *Nystatin* (*Fungicidin*, VÚA) u. *Cycloserin* (*Oxamycin*) werden wassergesätt. Butanol, im letzten Falle wassergesätt. Methanol als Lsgm. verwendet. Es werden Zusammenhänge zwischen den maximalen R_F-Werten u. dem I. P. festgestellt.
R. K. Müller G 3900◇

1796 **„pH-Chromatographie" der Antibiotica.** 5. Mitt. **Neutrale Antibiotica.** Vladimír Betina. (Chem. Zvesti **15**, 859—64, 1961; slowak.) — 4. vgl. vorst. Referat. — Bei der pH-Chromatographie der neutralen Antibiotica (I) werden als Lsgm. verwendet: W. für *Chloramphenicol*, Methanol für *Gliotoxin*, Aceton für *Aktinomycin C* (I), *Patulin* u. *Frequentin*, Äthylacetat für *Iludin S* u. I, Chlf. für *Aurancioglíokladin*, *Viridin*, *5-Methoxytoluchinon*, *Pleuromutilin*, *Trichothecin*, u. *Iludin M*. Unter Standardbedingungen hängen die R_F-Werte nur von den Trennkoeff. ab. Auch für unbekannte neutrale I ermöglicht es die Meth., die günstigsten Isolierungsbedingungen festzustellen. R. K. Müller G 3900◇

1797 **Bestimmung von Chloramphenicol in otologischem Chloromycetin durch UV-spektrophotometrische Verfahren.** Yuki Yoneda. (Annu. Rep. Takamine Lab. **9**. 87—92, 1957; jap., Auszug: engl.) — Aus Vgl.-Verss. mit bekannten Mischungen von *Benzocain* (I; 10, 20 u. 30 μg/ml Lsg.) u. *Chloramphenicol* (II; je 7—18 μg/ml) nach dem bisherigen biolog. Best.-Verf. u. dem neuen unter Benutzung der Schlüsselbanden von 270 (für II) u. 290 nm (für I) in 0,1 n HCl (worin I sehr gering absorbiert) ergibt sich, daß das UV-spektrophotometr. Verf., bei einer Genauigkeit von $\sigma = 0{,}98\%$ n = 2, k = 15, gut anstelle des biolog. benutzt werden kann u. zudem erheblich einfacher ist. L. Schuler G 3900◇

1798 **Bestimmung von Erythromycin in Gegenwart von Tetracyclin.** Stanisława Ochab, Danuta Małysz und Barbara Borowiecka. (Chem. analit. [Warszawa] **8**, 597—600, 1963; Warszawa, Drug Res. Inst., Dep. of Analyt. Chem.; pol.) — Erythromycin wird von Tetracyclin durch Papierchromatographie getrennt u. im Eluat photometr. bei 530 nm über die Xanthydrol-Rk. bestimmt. J. Peters G 3900◇

1799 **Neue Dialysenmethode für Hydrolyseprodukte der Ribonucleinsäure.** Maria Gross und Zofia Walter. (Chem. analit. [Warszawa] **8**, 561—66, 1963; Łódź, Acad. of Med., Dep. of Physiol. Chem. u. Univ., Dep. of Biochem.; pol.) — Vff. führten die Dialyse in einem modifizierten Hospelhorn-Dialysiergerät unter Rühren u. bei verringerter Durchfluß-Geschw. der dialysierenden Fl. durch, wodurch sie die Basen u. Nucleotide in höheren, zum Chromatographieren ausreichenden Konzz. erhielten.
P. Kurzmann G 3950◇

1800 **Die Anwendung von Cyanat zur Bestimmung von Endgruppen am Amino-Ende in Proteinen.** George R. Stark und Derek G. Smyth. (J. biol. Chemistry **238**, 214—26, 1963; New York, N. Y., Rockefeller Inst.; engl.) — Die Umsetzung von Cyanat mit Proteinen u. Peptiden führt zu Hydantoinen (I), die den am Amino-Ende befindlichen Endgruppen entsprechen. Die I-Hydrolyse u. die Best. der Aminosäuren erfolgt nach Spackman, Stein u. Moore. *Serin-* u. *Threonin*-Derivv. ergeben niedrige Ausbeuten. Die Best. von *Tryptophan* (II), *Cystin* (III) u. *Cystein* (IV) erfordert spezielle Verfahren. — 2,4 g Harnstoff (V) werden in 4 ml Morpholin-Acetat-Puffer (pH 8) gelöst u. auf 5 ml aufgefüllt. 2,5 ml dieser Lsg. werden mit 250 mg KNCO zu einer Lsg. von 50 ml Protein in 2,5 ml 8 m V-Lsg. gegeben. Nach Rk. über Nacht bei 50° wird die Lsg. mit 5 ml Eisessig (VI) versetzt, das Carbamyl-Deriv. wird gegen 50%ig. Essigsäure dialysiert. Cyclisierung: 0,5 μm des Carbamyl-Proteins in 1—3 ml in 50%ig. VI gelöst, mit 1—3 ml konz. HCl versetzt u. im evakuierten Gefäß 1 Std. lang bei 100° gehalten. Das Rk.-Gemisch wird zur Trockne eingedampft u. mit 1—3 ml W. versetzt. Die Trennung erfolgt über eine Dowex 50-X2-Säule. Die **II**-Best. erfordert vor der Cyclisierung einen Zusatz von Serotionin–Kreatinin-Sulfat, während **III** u. **IV** vorher mit Perameisensäure nach bekannten Meth. oxydiert werden. K. Heyns G 4070◇

d) Medizinische und toxikologische Analyse

1801 **pH-Messung im Capillarblut durch Verdünnungstechnik.** Arnold G. Ware, Jacques Nowack und Leola Westover. (Clin. Chem. [New York] **9**, 340—46, 1963; Los Angeles, Calif., County Hospital, Dep. of Biochem.; engl.) — Die Meth. erlaubt eine pH-Messung in weniger als 1 ml arteriellem Capillarblut, das aus auf 45° erwärmten Extremitäten (5 Min. lange Erwärmung im Wasserbad) entnommen wird. Das Blut wird in heparinisierten Polyäthylenröhrchen ohne CO_2-Verlust mit einer Lsg. von 0,9% NaCl, 5 m Val $CaCl_2$/Liter, 5 m Val KCl/Liter u. 2 m Val $MgCl_2$/Liter auf 1 ml verd., u. der pH-Wert in einer Anordnung von Beckman (Modell 76) bei 37° gemessen. Der nach dieser Meth. gemessene pH-Wert des Capillarblutes unterscheidet sich nicht signifikant von dem pH-Wert des unverd. arteriellen Blutes vom gleichen Patienten. Übereinstimmung der Messungen beträgt 0,006 pH-Einheiten. Verd. man das Blut nur mit physiolog. NaCl-Lsg., so findet man eine pH-Zunahme um 0,027 Einheiten.
K. Pfordte 5727◇

1802 **Methode der Proconvertinbestimmung im menschlichen Blut.** G. W. Andrejenko. (Laboratoriumswesen [UdSSR] **6**, Nr. 2, 7—9, 1960; Moskau, Univ., Labor. für Physiol. u. Biochem. der Blutgerinnung; russ.) — Zur Best. bringt man in ein Reagensglas 0,1 ml Tromboplastin 0,1 ml nicht proconvertiertes Plasma u. 0,1 ml des zu untersuchenden Plasmas (10mal verd.) u. stellt das Reagensglas in ein Wasserbad von 37,5°. Nach 10 s gibt man 0,1 ml $CaCl_2$-Lsg. hinzu u. notiert die Zeit der Koagulierung. Das Plasma eines gesunden Menschen gerinnt nach 26 s. E. Steinberg 5727□

1803 **Schnellelektrophorese auf Celluloseacetat.** 1. Mitt. **Serumproteine.** Raymond C. Bartlett. (Clin. Chem. [New York] **9**, 317—24, 1963; Hartford, Conn., Hosp., Dep. of Pathol.; engl.) — Es wird eine der Filterpapiermeth. überlegene Meth. u. App. zur quant. densitometr. Serum-Proteinanalyse auf Celluloseacetatstreifen angegeben. Die Serumproteine zeigen gute Proportionalität zwischen ihrer Konz. u. Anfärbbarkeit mit Amidoschwarz. Arbeitsbedingungen: 150—200 V; Barbituratpuffer pH 8,6 (0,03 m); Streifen 2,5 · 12 cm; densitometr. Auswertung mit Analytrol RB bei 500 nm. Die Meth. kann auch zur Analyse von Glyko- u. Lipoproteinen dienen. K. Pfordte 5727◇

1804 **Schnellelektrophorese auf Celluloseacetat.** 2. Mitt. **Qualitative und quantitative Fraktionierung von Hämoglobin.** Raymond C. Bartlett. (Clin. Chem. [New York] **9**, 325—29, 1963; engl.) — 1. vgl vorst. Referat. — Die durch Hämolyse von roten Blutkörperchen mit dest. H_2O nach der Meth. von Chernoff erhaltenen Hämoglobine (5—20 μl) lassen sich in einer App. (vgl. l. c.) auf Celluloseacetat-Folie mit Tris-EDTA-Boratpuffer (**I**; pH 8,6; 0,06—0,10 m) in 40 Min. bei 250—300 V in Hämoglobin C, S u. A (A_2 nur schwach sichtbar) auftrennen. Die sichtbaren Zonen werden mit **I** quant. eluiert u. bei 400—410 nm photometriert (Fehler ± 1%). Nach dieser Meth. kann man die Hämoglobine schneller trennen u. genauer analysieren als nach den Meth. auf Stärke-, Agar- oder Acrylamidgel-Basis (Fehler ± 4—6%)
K. Pfordte 5727◇

1805 **Eine einfache Molekularsiebmethode zum Nachweis von Makroglobulinen.** S. D. Roskes und T. E. Thompson. (Clin. chim. Acta [Amsterdam] **8**, 489—96, 1963; Baltimore, Md., Johns Hopkins Univ., School of Med., Dep. of Physiol. Chem.; engl.) — Vff. trennen u. reinigen Makroglobuline (**I**) mit einer Sephadex-G-200-Säule. Die Meth. ist speziell für Differenzierungen normaler, makroglobulinem. u. hypoglobulinem. Sera geeignet. Die abs. Mengen von **I**, 7 S-Globulin u. Albumin können abgeschätzt werden. R. Heindl 5728◇

1806 **Die Bestimmung freier Aminosäuren im Blutserum gesunder Menschen.** E. I. Atachanow und A. M. Charatjan. (Laboratoriumswesen [UdSSR] **7**, Nr. 6, 13—18, 1961; Taschkent, Med. Inst., Sanitär-hyg. Fak., Lehrst. für Propedeut. der Inneren Krankheiten; russ.) — Durch zweidimensionale Verteilungs-Papierchromatographie (Entw. mit Ninhydrin) konnten nachgewiesen werden: *Cystin* (**I**), *Lysin* (**II**), *Asparaginsäure* (**III**), *Glutaminsäure* (**IV**), *Serin* (**V**), *Glycin* (**VI**), *Threonin* (**VII**), *Arginin* (**VIII**), *Alanin* (**IX**), *Tyrosin* (**X**), *Methioninsulfon* (**XI**), *Prolin* (**XII**), *Valin* (**XIII**), *Phenylalanin* (**XIV**), *Leucin* (**XV**), *Isoleucin* (**XVI**) u. wahrscheinlich *α-Aminobuttersäure* (**XVII**). **III**, **IV**, **V** u. **VI** wurden zuweilen als ein zusammenhängender Fleck mit unregelmäßigen Konturen erhalten. **III** u. **V** waren durch fliederfarbene Flecken charakterisiert. **XII** hatte eine gelbbraune Färbung. Die übrigen Aminosäuren zeigten eine mehr oder weniger intensive Violettfärbung. Bes. intensiv erschienen auf dem Chromatogramm **IX**, **XV** u. **XVI**. Die Flecke von **V**, **VI**, **VII**, **X**, **XI** u. **XII** zeigten eine mittlere Intensität der Färbung. Schwach ausgeprägt waren die Flecke von **I**, **II**, **VIII** u. **XVII**.
E. Steinberg 5728□

1807 **Direkte Bestimmung von Calcium in ikterischem Serum.** B. Fingerhut und H. Miller. (Clin. Chem. [New York] **9**, 360—64, 1963; Brooklyn, N. Y., Kings County-Hosp. Center, Inst. of Pathol.; engl.) — Es wird eine Schnellmeth. zur titrimetr. Ca-Analyse in ikter. u. a. stark gefärbten Seren beschrieben. Die Seren (0,1—0,2 ml) werden oxydativ mit $H_2O_2/K_3[Fe(CN)_6]$ oder NaOCl entfärbt u. mit EDTA gegen Calcein (**I**) oder Cal-Red (**II**) titriert. Die gefundenen Ca-Werte mit **II** stimmen gut überein mit denen nach der Clark-Collip-Meth.; die mit **I** titrierten Werte liegen etwas niedriger.
K. Pfordte 5728◇

1808 **Automatische Bestimmung von Calcium in Blut und Harn unter Verwendung von Corinth-Ca-Lösung.** R. J. Wieme und F. R. van Raepenbusch. (Clin. chim. Acta [Amsterdam] **7**, 883—87, 1962; Ghent, Univ., Med. Clin., Labor.; engl.) — Die direkte spektrophotometr. Meth. von Kingsley u. Robnett (vgl. C. **1959**, **11684**) zur Best. von Ca, welche Corinth-Ca (*Di-Na-1-Hydroxy-4-chlor-2.2-azobenzol-1.8-dihydroxynaphthalin-3.6-disulfonsäure*) als Indicator benötigt, läßt sich leicht auf ein automat. Verf. umstellen. Die Reproduzierbarkeit ist sehr gut, die Verunreinigungen sind geringer als bei der Originalmethode. Fortlaufende Eichung ist nicht erforderlich.
U. Tausendfreund 5732◇

1809 **Bestimmung kleiner Wolframmengen in Blut und Harn.** Ch. Ja. Wengerskaja. (Laboratoriumswesen [UdSSR] **7**, Nr. 6, 19—21, 1961; Taschkent, Usbek. republ. Sanitär.-Epidemiol. Station; russ.) — 5 ml aus der Armvene entnommenes Blut werden auf dem Wasserbad getrocknet u. bei Temp. < 600° verascht. Zu der Blutasche fügt man 3 ml 0,05 n NaOH-Lsg., erhitzt bis zum Sieden, läßt abkühlen, filtriert, spült den Tiegel mit 1 ml 0,05 n NaOH-Lsg. nach, füllt mit dest. W. auf 5 ml auf, neutralisiert gegen Phenolphthalein mit HCl u. füllt mit dest. W. auf 10 ml auf. Nach Zusatz von 2,5 ml 0,1 n HCl läßt man 10 Min. lang stehen, fügt 0,5 ml einer 0,01%ig. Methylviolett-Lsg. hinzu u. colorimetriert. — Im Harn wird W mit einer Mischung von Tanin u. Methylviolett gefällt u. anschließend colorimetriert.
E. Steinberg 5732□

1810 **Untersuchungen über die Zinkämie und Zinkurie. Physiopathologische Abweichungen.** R. Bourdon und M. Hamon. (Ann. Biol. clin. **18**, 289—302, 1960; Paris, Hôpital Hérold, Labor. de la Pharm.; franz.) — Die Meth. zur Best. von Zn im Blut u. Harn wird beschrieben; sie beruht auf der Extraktion mit Dithizon. Die Zn-Best. in biolog. Fll. ist für den Kliniker von diagnost. Wert. Der Zn-Geh. von Blut u. Harn in normalen u. einigen Krankheitsfällen wurde nach der genau beschriebenen Meth. bestimmt. K. F. Müller 5732◇

1811 **Die Bestimmung von Kreatinin und verwandten Guanidiniumverbindungen.** John F. Van Pilsum.

(Methods biochem. Analysis **7**, 193—215, 1959; Minneapolis, Minn., Univ., Dep. of Physiol. Chem.; engl.) — Übersicht. — Best. von *Kreatin* (I) u. *Kreatinin* in menschlichem Blutserum, Blut u. Harn: o-Nitrobenzaldehyd-Meth., Pikrinsäure-Meth. u. deren Modifizierungen; Best. von *Arginin* (II) u. *Guanidinoessigsäure* in menschlichem Blut u. Harn: $Zn(OH)_2$-Trennung von **II**, Sakaguchi-Farbrk. u. modifizierte Form, Modifizierung der Diacetyl-Rk.; *Guanidin* u. *Methylguanidin*; *Canavanin*; I-*Phosphat*. — 79 Literaturangaben. K. Maier 5732

1812 **Eine schnelle Methode zur Bestimmung von Barbituraten in Serum oder Urin.** Gunnar Wallenius, Bertil Zaar und Endel Lausing. (Scand. J. clin. Lab. Invest., Suppl. **15**, 252—56, 1962; Uppsala, Dep. Clin. Chem. Univ. Hospital; engl.) — Vff. saugen die Unters.-Lsg. in einem Filter (Zigarettenfilter) auf u. schicken anschließend Chlf. hindurch, wobei die Barbiturate gelöst werden. Diese Lsg. läuft dann durch ein mit Hg-Salz u. Puffer getränktes Filter, wobei Chlf.-lösl. Barbiturat-Hg-Verbb. entstehen. Diese reagieren mit Dithizon u. werden so bestimmt. Einige Arzneimittel (Doriden, Hydantoin-Derivv.) stören. H. Rüssel 5732◇

1813 **Bestimmung von Metronidazol in Serum und Urin nach oraler Eingabe.** Charles Cosar, Maurice Dubost, Paul Dubost, Paul Devoize und Marcel Palliere. (Ann. pharmac. franc. **20**, 872—84, 1963; Rhone-Poulenc, Labor. de rech. Soc.; franz.) — Metronidazol (I) findet Verw. bei weiblicher u. männlicher Trichomonose u. Lambliase. Vff. bestimmen **I** biolog. (Best. der Aktivität in vitro gegenüber T. vaginalis), polarograph. u. colorimetr. durch Red., Diazotation u. Kuppeln. Die polarograph. Meth. ist einfach u. schnell, gibt aber manchmal falsche Resultate. Die colorimetr. kann nur zur qual. Best. benützt werden. Die biolog. gibt korrekte u. reproduzierbare Resultate. R. Heindl 5732◇

1814 **Spektralphotometrische Bestimmung von Spurenelementen im Knochengewebe.** A. M. Belouss und A. P. Skoblin. (Laboratoriumswesen [UdSSR] **9**, Nr. 9, 28—30, 1963; Ukrain. Forsch.-Inst. für Traumatologie u. Orthopädie; russ.) — Eine spektrophotometr., am Quarzspektrograph ISP durchführbare Best.-Meth. von Spurenelementen im Knochengewebe wird erörtert. Die relative Fehlergrenze der Cu-, Al-, Fe-, Mn-, Ti-, Si- u. V-Best. betrug: 7,2(%); 11,4; 15,0; 5,1; 6,3; 4,9 u. 8,5. S. Baryschnikow 5750△

1815 George Mitchell Morris, **Stickstoffbestimmung nach Kjeldahl** unter Benutzung eines Katalysators (I) beim H_2SO_4-Aufschluß, dad. gek., daß der Aufschluß in Ggw. von Polyäthylen (**II**) vorgenommen wird, um die starke Schaum-Entw. zu unterdrücken. Zweckmäßig wird das **II** in Form einer Hülle zugegeben, in der sich der **I** befindet. (**Aust. P. 236757** vom 25/11. 1957, ausg. 18/1. 1962.) C. Lüttgen 5353

H. Angewandte Chemie

H_1. Allgemeine chemische Technologie

1816 **Simulierung von „plug-flow"-Systemen.** S. J. Ball. (Instruments Control Syst. **36**, 133—40, 1963; Oak Ridge National Labor.; engl.) — Mit der Annahme des „plug-flow", d. h. vollständiger Durchmischung senkrecht zur Strömungsrichtung u. keinerlei Durchmischung u. Wärmeleitung parallel zu ihr, lassen sich Wärmeübergangsvorgänge in turbulent durch ein Rohr strömenden Medien am besten annähern. Vf. gibt die analyt. Lösungen u. vergleicht sie mit den analogen Ergebnissen, die sich bei Dimensionsbetrachtung u. aus Diagrammen des Frequenz-Verh. ergeben. Zur Annäherung des Temp.-Verh. der Fl. in isolierten Rohren wird ein vereinfachtes graph. Verfahren angegeben. J. Martins 5800◇

1817 **Maximaler Flüssigkeitstransport bei der Strömung von Gas-Flüssigkeitsmischungen in vertikalen Rohren.** Árpad G. Német. (Ind. Engng. Chem. **53**, 151—54, 1961; Zürich, Escher Wyss Ltd.; engl.) — Es werden Beziehungen für den maximalen Fl.-Durchsatz bei der turbulenten Strömung von Gas-Fl.-Mischungen durch vertikale Rohre abgeleitet, in denen der Einfl. von Länge u. Durchmesser des Rohres u. die Charakteristika der durchgesetzten Stoffe berücksichtigt werden. Der minimale Druckverlust bei der Strömung wird abgeschätzt. Inge Vieweg 5800◇

1818 **Die Entwicklung und der heutige Stand der Theorie der kontaktkatalytischen Reaktoren.** Miklós Bakos. (Magyar tudományos Akad., kémiai Tudományok Osztályának Közleményei [Ung. Akad. Wiss., Ber. Abt. chem. Wiss.] **19**, 147—61, 1963; ung.) I. Náray-Szabó 5802△

1819 **Zur Anwendung der Schweißtechnik in der chemischen Industrie.** I. Class. (Schweißen u. Schneiden **15**, 1—11, 1963; Ludwigshafen/Rhein; dt.) — Überblick über App. u. Werkstoffe, Aufbringen von Deckschichten, Zusammenschweißen unterschiedlicher Werkstoffe, Wärmebehandlung. Bes. behandelt werden die Probleme der Gestaltung von Druckgefäßen für hohe Drücke u. die schweißtechn. Gestaltung im Apparatebau. — 36 Literaturangaben. F. Vier 5802◇

1820 **Säurebeständige Stähle in der Zellstoffindustrie.** Anton Schwarz. (VDI-Z. **105**, 637—38, 1963; Berlin; dt.) — Übersicht über Arten, Zus. u. Eigg. der in der Zellstoffindustrie für Zellstoffkocher, Eindampfanlagen, Säurespeicher usw. verwendeten säurebeständigen Stähle u. die Bekämpfung der in Kochern u. Eindampfgeräten auftretenden Korrosionen unter Ablagerungen (Zers. von SO_2 in H_2SO_4, S u. Bldg. von $CaSO_4$-Krusten) durch Alkalizusatz oder Wahl eines höher legierten Stahles. W. Wesly 5804◇

1821 **Neue Ähnlichkeitsintegrale für Wärme- und Stoffübergangsvorgänge.** A. M. Fainzil'ber. (Int. J. Heat Mass Transfer **5**, 1069—80, 1962; Moscow, Technol. Inst. of Light Ind.; engl.) — Auf der Ähnlichkeit von Wirbel-, Temp.- u. Konz.-Feldern aufbauend, werden Ähnlichkeitsintegrale für Wärme- u. Stoffübergangsvorgänge mit chem. Rk. unter Beteiligung einer gasförmigen Phase aufgestellt, die den Zustand des Gases (kompressibel oder nichtkompressibel) sowie die Art der Rk. (homogen oder heterogen) berücksichtigen. Inge Vieweg 5816◇

1822 **Wärmeübergang durch Turbulenz in inkompressiblen Grenzschichten.** J. Kestin und P. D. Richardson. (Int. J. Heat Mass Transfer **6**, 147—89, 1963; Providence, R. I., Brown Univ.; engl.) — Vff. geben einen Überblick auf den gegenwärtigen Stand der Kenntnisse für den Wärmeübergang in turbulenten Grenzschichten bei erzwungener Konvektion. Elementare Theorien u. eine Zusammenfassung der mathemat. exakten Abhandlung von Spalding sind angegeben. — 97 Literaturangaben. W.-D. Heußner 5816◇

1823 **Turbulenter Wärmeübergang in einem kreisförmigen Rohr mit veränderlichem Wärmefluß am Umfang.** W. C. Reynolds. (Int. J. Heat Mass Transfer **6**, 445—54, 1963; Stanford, Calif., Stanford Univ., Mechan. Engng. Dep.; engl.) — Vf. untersucht den Wärmeübergang in hydrodynam. u. therm. ausgebildeter Strömung in einem Kreisrohr mit veränderlichem Wärmefluß am Umfang u. bestimmt die Temp.-Änderungen bei gleichmäßiger Beheizung in Axialrichtung u. ungleichmäßiger Beheizung über dem Umfang. Als Ergebnis folgt, daß eine Änderung des Wärmestromes über den Umfang bei turbulenter Strömung häufig größeren Einfl. zeigt als bei Laminarströmung. G. Gattow 5816◇

1824 **Laminare freie Konvektion von einem nichtisothermen Kegel.** R. G. Hering und R. J. Grosh. (Int. J. Heat Mass Transfer **5**, 1059—68, 1962; Lafayette, Ind., Purdue Univ.; engl.) — Die Grenzschichtgleichungen für laminare freie Konvektion an einem nichtisolierten senkrecht stehenden Kreiskegel werden unter der Annahme der Änderung der Oberflächen-Temp. nach einer Expo-

nentialfunktion nach der Ähnlichkeits-Meth. gelöst. Bei isothermer u. linearer Temp.-Verteilung werden für die Prandtl-Zahl 0,7 numer. Lösungen der transformierten Differentialgleichung angegeben, die mit den Unterss. anderer Autoren u. von ihnen angegebenen empir. Beziehungen sehr gut übereinstimmen.
Inge Vieweg 5816◇

1825 **Experimentelle Untersuchung der Temperaturverteilung bei laminarer Strömung einer Flüssigkeit mit innerer Wärmeerzeugung durch ein Rohr.** Robert M. Inman. (Int. J. Heat Mass Transfer **5**, 1053—58, 1962; Los Angeles, Calif., Univ. of Calif.; engl.) — Die von Siegel u. Sparrow theoret. analysierte laminare Strömung einer Newtonschen Fl. mit inneren Wärmequellen durch Rohre mit Kreisquerschnitt wurde in einer neuartigen Anordnung experimentell untersucht. An einem isolierten Rohr wurde die Temp.-Verteilung an der Wand bei gleichmäßiger innerer Wärmeerzeugung gemessen u. in guter Übereinstimmung mit der theoret. Berechnung gefunden. Inge Vieweg 5816◇

1826 **Wärmeleitung mit zeitabhängigen Wärmequellen und Grenzbedingungen.** I. U. Ojalvo. (Int. J. Heat Mass Transfer **5**, 1105—09, 1962; Farmingdale, Long Island, N. Y., Republic Aviat. Corporation Res. and Dev. Center; engl.) — Es wird eine modifizierte Meth. der Variablen-Trennung entwickelt u. auf Wärmeleitprobleme angewandt, bei denen Grenz-Temp., Wärmeströmungen u. innere Energiequellen definierte Funktionen der Zeit sind. Es gelingt, das anstehende Problem auf eine Reihe von stationären Vorgängen zurückzuführen, für die Lösungen bekannt sind. Die Meth. eignet sich ferner zur häufig bequemeren Annäherung an nach bereits bekannten Integral-Meth. lösbare Probleme.
Inge Vieweg 5816◇

1827 **Wärmeübergangskoeffizienten und Temperaturgradienten in der Wirbelschicht.** P. T. Blacker und D. R. McLain. (Chem. Process Engng. atomic Wld. **43**, 630 bis 633, 1962; Winfrith, Atom. Energy Establishment, Reactor Dev. Div.; engl.) — Beschreibung von Experimenten zur Auffindung eines geeigneten Materials zur Wirbelschichtkühlung, zur Prüfung der Gleichförmigkeit der Wärmeübergangs-Koeff. u. zur Best. der Temp.-Verteilung in einer zentral erhitzten ringförmigen Wirbelschicht. J. Martins 5816◇

1828 **Absorption von Wärmestrahlung in einer V-förmig gefurchten Höhlung.** E. M. Sparrow und S. H. Lin. (Int. J. Heat Mass Transfer **5**, 1111—15, 1962; Minn., Univ., Heat Transfer Labor.; engl.) — Vff. leiten Ausdrücke für die Absorptions-Koeff. von Wärmeenergie ab, die von einer äußeren Quelle durch Strahlung in eine V-förmig gefurchte Höhlung eingebracht wird. Dabei werden die Fälle betrachtet, daß die Wände der Höhlung diffuse oder spiegelnde Reflektoren sind u. daß die Energie in parallelen Strahlenbündeln oder in diffuser Strömung in die Öffnung der Höhlung einfällt. Die abgeleiteten Funktionen wurden unter Variierung mehrerer Parameter mit einer elektron. Rechenmaschine numer. gelöst u. graph. dargestellt. Inge Vieweg 5816◇

1829 **Kugelförmige Agglomerierung.** J. P. Sutherland. (Chem. in Canada **14**, Nr. 1, 36—40, 1952; Ottawa, Nat. Res. Council, Div. of Appl. Chem.; engl.) — Beschreibung der kugelförmigen Agglomerierung von feinen Suspensionen zu Teilchen von > 1 in. ⌀, die leicht von der suspendierenden Fl. getrennt werden können, nach dem von Farnand, Smith u. Puddington (C. **1963**, 22860) angegebenen Verf., dessen Grundzüge u. Ausführung.
W. Wesly 5824□

1830 **Ein neuer Trennprozeß: Die Permeation.** H. Renon und Ph. Teyssié. (Rev. Inst. franç. Pétrole Ann. Combustibles liquides **18**, 996—1011; franz.) — Ein neuer Trennprozeß wendet die Diffusion von Verbb. durch nichtporöse Membranen aus Polymeren an. Wenn eine fl. Mischung mit solchen Membranen kontaktiert wird, während die permiierenden Dämpfe durch Vakuum oder ein Trägergas entfernt werden, können interessante Selektivitäten u. Permeabilitäten erhalten werden. Die Arbeitstemp. ist relativ hoch. Die Wirksamkeit der Trennung beruht auf den physiko-chem. Eigg. der verwendeten Verbindungen. Die Unterss. wurden in Pilotanlagen durchgeführt. G. Seidel 5828◇

1831 **Die Ansammlung kleiner Teilchen in Leitungen mit Prallblechen.** Seymour Calvert und Ralph Hodous. (J. Air Pollut. Control Assoc. **12**, 326—31, 1962; Cleveland, Ohio, Case Inst. of Technol.; Standard Oil of Ohio; engl.) — Vff. untersuchen die Teilchenansammlung in einer rechteckigen Leitung, an deren Längswand Prallbleche angebracht sind. Sie leiten Gleichungen ab, die die Sammlungswirksamkeit des untersuchten Syst. gut beschreiben, wie die experimentell erhaltenen Ergebnisse mit TiO_2-Aerosolen zeigen. Die Eigg. dieser Leitungen mit Prallblechen sowie der Energieverbrauch entsprechen mindestens denen anderer üblicher Vorrichtungen. Für Teilchengrößen zwischen 1 u. 2 μm ist die Wirksamkeit sogar größer als die von Zyklonen. I. Köditz 5828

1832 **Korngrößenanalyse im Bereich kleiner als 1 μm.** 2. Mitt. D. Bradley. (Chem. Process Engng. atomic Wld. **43**, 634—38, 1962; Camberley, Sharples Centrifuges Ltd.; engl.) — 1. vgl. C. **1964**, 2-1752. — Vf. faßt die in Experimenten mit der „Sharples Super Centrifuge" erhaltenen Ergebnisse zu einer Gleichung zusammen, aus der der sich an der Wand des Zentrifugeneinsatzes absetzende Anteil als Funktion von Umdrehungs-Geschw., Strömungs-Geschw. u. innerem Radius der Fl.-Oberfläche bestimmt werden kann. Die Vor- u. Nachteile der Meth. werden beschrieben. J. Martins 5828◇

1833 **Beschreibung und Verwendung eines kürzlich geschaffenen Filters.** R. Berline. (Ind. chimique **50**, 63 bis 65, 1963; franz.) — Übersicht u. Beschreibung einer Trommel-Filtrationsanlage für industrielle Zwecke.
W.-D. Heußner 5830◇

1834 **Vakuumtechnik.** S. L. Rutherford. (Instruments Control Syst. **36**, 78—81, 1963; Varian Assoc.; engl.) — Kurzer Überblick. J. Martins 5842◇

1835 **Bestimmung einer ökonomischen Gasgeschwindigkeit in Bodenabsorptions-Kolonnen.** G. Narsimhan. (Chem. Process Engng. atomic Wld. **43**, 620—22, 1962; Poona, India, National Chem. Labor., Chem. Engng. Div.; engl.) — Entw. einer Gleichung zur angenäherten Berechnung der Daten einer Säule auf der Grundlage der Kostenfrage. J. Martins 5848◇

1836 **Bestimmung von Öl in Kältemitteln.** A. Norbury. (Lab. Pract. **12**, 626—28, 1963; Bradford, Chem. Labor. Engl. Electric Co. Ltd.; engl.) — Eine gut reproduzierbare spektrometr. Best.-Meth. von Schmierölanteilen im Kältemittel $Cl_2FC-CClF_2$ wird beschrieben. Die geeignetsten Bereiche für die Best. sind: 3000 cm^{-1} für geringe, 1500 cm^{-1} für mittlere u. 1230 cm^{-1} für hohe Ölanteile (0—35% Kältemittel im Öl). Auf die Aufstellung der Eichkurven, die Standardabweichungen in den einzelnen Bereichen u. die Durchführung selbst wird ausführlich eingegangen. Herbert Hoffmann 5858◇

1837 **Mixer-Settler hoher Kapazität.** 1. Mitt. C. Hanson und D. A. Kaye. (Chem. Process Engng. **44**, 27—30, 1963; Bradford, Inst. of Technol., Dep. of Chem. Engng.; engl.) — Zwei neue Konstruktionsentwürfe von Mixersettlern werden beschrieben. Gegenüber früheren Syst. haben sie verschiedene Vorteile wie hohe Durchsatzkapazität, relativ kleine Abmessungen u. keinerlei Rückvermischung. J. Martins 5862◇

1838 **Automatische Regelung in der Destillation.** 2. Mitt. **Praktische Grundlagen.** Janusz Majewski. (Przemysł chem. **40**, 317—22, 1961; pol.) — 1. vgl. C. **1963**, 17819. — Übersicht über Regelungsmeth. u. Regelgrößen der Destillation. F. Urban 5864◇

1839 **Kristallisation im Hydrocyclon.** F. Molyneux. (Chem. Process Engng. atomic Wld. **44**, 248—53, 1963; Birkenhead, Coll. Technol., Dep. Chem. Engng.; engl.) — Vf. berichtet über Verss., $CuSO_4$ im Hydrocyclon zu kristallisieren. Die Unters. der Wärme- u. Stoffübergangs-Geschw. zeigt, daß trotz hoher Wärmeübergangs-Geschw. hohe Kristallwachstums-Geschw. nur bei gleichzeitig hoher Keimbldg.-Geschw. erhalten werden kann. An Hand eines Beispiels führt Vf. vor, daß in der von ihm entwickelten App. zur kontinuierlichen Kristallisation leicht ein Wachsen der Kristalle von $^1/_8$ auf $^1/_2$ in. erreicht wird, d. h. eine Wachstums-Geschw. von 0,375 in./h. J. Martins 5868◇

1840 **Trocknen.** W. F. Calus. (Chem. Process Engng. atomic Wld. **44,** 273–78, 1963; Loughborough Coll. Technol., Dep. Chem. Engng.; engl.) – Zusammenstellung der wichtigsten Veröffentlichungen des Jahres 1962 über Trocknungsapparate. – 31 Literaturangaben. J. Martins 5874◇

1841 **Untersuchung der Trocknungsgeschwindigkeit feuchter Körper. Ihr Einfluß bei der Berechnung von Konvektionstrocknern.** Pierre Tusseau. (Rev. gén. Thermique **2,** 689–704, 1963; C. N. A. M.; franz.) – Vf. erläutert zunächst die theoret. Grundlagen des Trocknungsprozesses (Wärmeübertragung, Verdunstung, Dampfdiffusion im porösen Körper, Hygroskopie u. Desorption) u. behandelt die 3 Phasen der Trocknungsgeschw. eines mit W. getränkten porösen Körpers. In der 1. Phase erfolgt die Verdunstung mit fast gleichbleibender Geschw., solange die Kapillarkräfte W. an die Oberfläche des Körpers ziehen. In der 2. Phase sind die Menisken in das Innere der Kapillaren abgesunken. Das W. verdampft an den Kapillarwänden u. diffundiert an die Oberfläche des porösen Körpers. Dabei wird die Trocknungs-Geschw. rasch geringer, entsprechend dem fortschreitenden Einsinken der Menisken, bis die letzte Spur fl. W. verschwunden ist. In der 3. Phase ist adsorbiertes W. in hygroskop. Form vorhanden, d. h. es haftet im mol. Zustand an den Wänden. Die Trocknungs-Geschw. verringert sich linear auf den 0-Wert, bei dem Körperfeuchtigkeit gleich hygroskop. Feuchtigkeit ist. Die Berechnung der Trocknungs-Geschw. kann unter vereinfachten Annahmen in der 1. Phase als Verdunstung einer freien Wasserfläche erfolgen. In der 2. Phase ist eine Berechnung schwierig, solange sich die Geschw. laufend ändert u. daher erst am Ende der 2. Phase möglich. In der 3. Phase wird die mittlere Geschw. errechnet. Anschließend wird die Berechnung kontinuierlicher Gleich- u. Gegenstromtrockner u. die experimentelle Best. der Trocknungs-Geschw. behandelt, deren beiderseitigen Resultate ziemlich gut übereinstimmen. Wegen der äußersten Vereinfachung der grundlegenden Hypothesen u. der relativen Unsicherheit der Ergebnisse der Rechnung ist unter Umständen die experimentelle Messung vorzuziehen. R. Truckseß 5874◇

1842 **Geringe Strömungen.** P. H. Stirling und Henry Ho. (Ind. Engng. Chem. **53,** 51A–55A, 1961; Canadian Ind. Ltd.; engl.) – Überblick über geeignete Pumpen, Ventile u. Meßinstrumente zur Förderung, Messung u. Regelung von kleinen Fl.-Strömen, sowie zur exakten Teilung u. Rückführung von Fl.-Strömen auch unter ungünstigen Bedingungen. Inge Vieweg 5880◇

1843 **Rührer in Labor und Betrieb. Erfahrungen mit neuen Rührverschlüssen.** Bruno Vollmert. (Chemiker-Ztg./Chem. Apparatur **87,** 234–42, 1963; Ludwigshafen; dt.) – Es werden die verschiedenen in Labor u. Betrieb üblichen Rührer beschrieben. Dabei wird bes. Wert auf die Verschlüsse der Rührer gelegt. H. Lütgert 5882◇

1844 **Automatische Zeitviscosimeter.** Robert C. Nelson. (Instruments Control Syst. **36,** 110–11, 1963; Instruments Publishing Comp. Inc.; engl.) – Beschreibung einiger handelsüblicher Typen von automat. kontinuierlich registrierenden Viscosimetern, denen das Prinzip der Messung der Zeit zugrunde liegt, die die jeweilige Fl. zum Durchfließen einer bestimmten kapillaren Strecke benötigt. J. Martins 5886◇

1845 **Entwicklung der Strömungsmessung in der Industrie.** 1. Mitt. E. A. Spencer. (Chem. Process Engng. **44,** 4–8, 1963; East Kilbride, Nat. Engng. Labor., Fluids Mechan. Div.; engl.) – Zusammenstellung u. Vgl. derjenigen Konstruktionen von Strömungsmessern, die auf der Messung von Druckdifferenzen basieren. – 40 Literaturangaben. J. Martins 5888◇

1846 **Grundlagen der kontinuierlichen Wägung in der Industrie.** L. Sanders. (Chem. Process Engng. **44,** 114 bis 118, 1963; W. u. T. Avery Ltd.; engl.) – Kurze Darstellung der Wäge-Verff. pulveriger Substanzen: Chargenwägung, kontinuierl. Wägung, automat. Zulaufdosierungswaagen. J. Martins 5888◇

1847 **„Transweigh", eine elektronische Wägevorrichtung.** D. M. Bull. (Chem. Process Engng. **44,** 124–25, 1963; Rank Organis., Solus-Schall Div.; engl.) – Ein einfach aufgebautes u. leicht in bestehenden Anlagen zu installierendes Syst. zur automat. Zulaufkontrolle über Förderbänder. J. Martins 5888◇

1848 **Apparative Möglichkeiten zur Automatisierung von Titrationen in Labor und Betrieb.** Siegfried Wolf. (Chemiker-Ztg. – Chem. Apparatur **86,** 715–22, 5/10. 1962; Herisau/Schweiz; dt.) F. Zeidler 5888◇

1849 **Das Methan-Dosimeter.** Barry L. Tarmy, William Bartok und Peter J. Lucchesi. (Ind. Engng. Chem. **53,** 147–50, 1962; Linden, N. J., Esso Res. and Engng. Co.; engl.) – Vff. beschreiben ein auf chem. Grundlage arbeitendes Dosimeter, bei dem die durch Strahlungszersetzung von Methan erzeugte Wasserstoffmenge gemessen wird. Vorteile dieses Dosimeters sind der Verzicht auf eine fl. Phase, die Erfassung von durch die Dampfphase absorbierter Energie u. gleichmäßiges Reagieren auf verschiedene Strahlungsarten. Das Gerät wurde zur Dosimetrie von Gamma-Strahlung, gemischter Neutronen-Gamma-Strahlung u. Elektronenstrahlung verwendet u. ergab gut reproduzierbare Ergebnisse. Inge Vieweg 5888◇

1850 **Die Entwicklung der wasser-moderierten Reaktoren.** T. Deighton. (Chem. Process Engng. **44,** 138 bis 144, 1963; Babcock u. Wilcox Ltd., Atom. Energy Dep.; engl.) – Änderungen des Neutronenflusses durch Neutronenverluste, das Auftreten von Lücken, die Position der Regelstäbe u. Änderungen der Brennstoffanreicherung sind Faktoren, die die Entw. der Spaltzone in Reaktoren begrenzen. Sie werden im Zusammenhang mit der Wärmeabführung an einem Schiffs-Druckwasserreaktor diskutiert. Eine Druckwasserreaktoranlage wird beschrieben u. auf Modifizierungen u. Verbesserungen für zukünftige Anlagen hingewiesen. J. Martins 5894◇

1851 **Die Abschirmung eines mit schwerem Wasser gekühlten Druckröhrenreaktors (CVTR).** Stefan S. Pawlicki. (Nucleonics [New York] **20,** Nr. 12, 74–82, 1962; Pittsburgh, Pa., Westinghouse Atom. Power Div.; engl.) – W. Knoch 5894◇

1852 **Wärmeübergang in wassergekühlten Kernreaktoren.** J. Randles. (Chem. Process Engng. atomic Wld. **44,** 243–53, 1963; Winfrith, Atom. Energy Establ., U. K. A. E. A.; engl.) – Theoret. Analyse des Wärmeübergangs in wassergekühlten Reaktoren, u. zwar für stationäre u. für Nicht-Gleichgewichts-Verhältnisse. J. Martins 5894◇

1853 **Die Dekontaminierung von Geräten im Plutoniumwerk Marcoule.** J. Rodier, H. Bouzigues und P. Boutot. (Énergie nucléaire **4,** 352–61, 1962; CEA, Serv. de Protection contre les Rad. du Centre de Marcoule; franz.) – Aufgaben u. Ausrüstung der Entseuchungsanlage werden beschrieben. In einem Becken von 2,5 mal 5 × 1 m können größere Gegenstände unter W. zerlegt werden. 8 Einzelbehälter aus rostfreiem Stahl mit einem Fassungsvermögen zwischen 220 u. 4000 Liter dienen der chem. Reinigung durch Entfetten, Beizen, Säure- bzw. Alkalibehandlung u. Komplexieren (HNO_3, NaOH, $CHCl_3$, Oxalsäure, Detergentien). W. Knoch 5894◇

1854 **Die Lagerungsstabilität von Nickelkatalysatoren.** Pieter Mars, Th. v. d. Mond und J. J. F. Scholten. (Ind. Engng. Chem., Product Res. Development **1,** 161 bis 164, 1962; Gellen, The Netherlands, Staatsmijnen in Limburg, Central Lab.; engl.) – Vff. untersuchen die Stabilität von Raney-Nickel u. von Ni auf Kieselgur als Funktion der Zeit u. des Dispersionsmediums. Raney-Nickel, das unter W. oder A. aufbewahrt wird, bewahrt seine Aktivität viel länger als bei der Aufbewahrung unter gesätt. oder ungesätt. KW-Stoffen, da der durch restliches Al im Katalysator entwickelte H_2 die Katalysatoroberfläche vor der Oxydation durch O_2 schützt. Ni auf Kieselgur verliert auch bei der Aufbewahrung in W. oder A. seine Aktivität viel schneller als Raney-Nickel. Entscheidend für die Stabilität der Aktivität während der Lagerung ist aber auch, daß das Raney-Nickel in relativ dicken Schichten aufbewahrt wird. Raney-Nickel in Cyclohexan wies z. B. eine oxydierte Schicht von 0,8 cm (theoret. 1 cm) nach 13 Mon. auf. I. Köditz 5904

1855 **Entwicklung in der Anwendung der Fluidisierung.** N. J. Hassett. (Chem. Process Engng. **44,** 127—31, 1963; Loughborough Coll. of Technol.; engl.) — Zusammenstellung der 1960—1962 erteilten Patente. — 125 Literaturangaben. J. Martins 5904◇

H_3. Elektrotechnik

1856 **Streukraft des Stromes bei anodischem und kathodischem Schutz.** W. A. Mueller. (J. electrochem. Soc. **110,** 698—703, Montreal, Quebec, Pulp and Paper Res. Inst. of Canada; engl.) — Ableitung einer Differentialgleichung für die Beziehung zwischen der Potentialänderung in der Längsrichtung eines Rohres u. der Stromdichte an der inneren Rohroberfläche. P. Frenzel 5950◇

1857 **Uranverbindungen als thermoelektrische Werkstoffe.** I. H. Warren. (Canad. Mining metallurg. Bull. **56,** 288—98, 1963; Vancouver, B. C., Univ. of Brit. Columbia, Dep. of Metallurgy; engl.) — Übersicht über die Anforderungen an thermoelektr. Werkstoffe, die dafür geeigneten U-Verbb. bes., Nitride, deren Gewinnung in Form von Preßlingen, das zur Herst. von Preßlingen diende Gerät u. die Verff. u. Geräte zur Messung der elektr. u. therm. Leitfähigkeit. — 71 Literaturangaben. W. Wesly 5952◇

1858 **Eigenschaften von Zwillingsgrenzen in Silicium.** H. J. Queisser. (J. electrochem. Soc. **110,** 52—56, 1963; Palo Alto, Calif., Shockley Transistor, Unit of Clevite Transistor; engl.) — (111)-Zwillingsgrenzen in Si beeinflussen nicht die Diffusions-Eigg. u. das Verh. der pn-Übergänge. An (221)-Grenzen hoher Energie besteht eine Tendenz zur Ausscheidung von Beimischungen, wodurch „Erweichen" der pn-Flächendioden auftreten u. die Vorwärtscharakteristik beeinflußt werden kann. Die Diffusion von Beimischungen wird nicht erhöht. P. Frenzel 5952

1859 **Topographische und kristallographische Untersuchung der Oberflächen von geschliffenem Elektrographit.** T. F. J. Quinn. (Brit. J. appl. Physics **14,** 107—12, 1963; London, Brunel Coll., Dep. of Phys.; engl.) — Vf. untersuchte elektronenmkr. u. mittels Elektronenbeugung die Gleichgewichtsoberflächen von Elektrographitbürsten, die durch Schleifen auf Cu-Ringen mit glatten oder rauhen Oberflächen erhalten wurden. Die Bürsten wurden unter verschiedenen Belastungen gegen die Ringe gedrückt; die Schleif-Geschw. betrug 1425 cm/s entsprechend 3800 Umdrehungen pro Minute. Das Schleifen wurde so lange fortgesetzt, bis der Reibungskoeff. von etwa 0,27 konst. wurde. Es wurde gefunden, daß die anfängliche Rauheit der Cu-Ringe einen deutlichen Einfl. auf die Topographie, aber nur einen geringen Einfl. auf die Kristallographie der Gleichgewichtsoberflächen hat. Andererseits wurde beobachtet, daß Änderungen in der Belastung der Bürsten drast. Veränderungen in dem Orientierungszustand der Graphitkristalle zu diesen Oberflächen hervorruft. Die Änderung der Oberflächenorientierung mit der Belastung wird versuchsweise durch eine Verzwillingung von nahezu vollkommenen Graphit-Kristallen, d. h. den Mosaikblöcken des Elektrographits, erklärt. C. Gottfried 5952△

1860 **Neuartige lichtbogenfeste Epoxidharze.** K. Jellinek. (Kunststoff-Rdsch. **10,** 165—69, 1963; Duisburg-Meiderich; dt.) — Epoxidharze sind Duroplaste auf Basis Epichlorhydrin u. Bisphenol A, die meist zur Isolation eingesetzt werden. Sie zeichnen sich durch geringen Härtungsschwund, hohe Haftfestigkeit an metall. u. keram. Werkstoffen, gute elektr. u. mechan. Eigg. aus. Zusätzlich werden aber noch eine höhere Wärmeformbeständigkeit, höhere Dauertemp.-Beständigkeit, besseres Alterungsverh., Vergilbungsfreiheit bzw. verbesserte UV-Stabilität, bessere Kriechstromfestigkeit u. günstigeres Verh. im Lichtbogen gefordert. Die von der Union Carbide Corp. bzw. von der Ciba AG hergestellten cycloaliphat. Diepoxid-Verbb. mit Säureanhydriden als Härter bringen eine weitgehende Erfüllung der Zusatzforderungen, aber einen großen Abfall der mechan. Eigg. (bes. der Schlagzähigkeit). Die von der Gesellschaft für Teerverwertung entwickelten cycloaliphat. Diepoxide haben demgegenüber höhere Flexibilität u. verringertes Wasseraufnahmevermögen. Weiterhin haben sie die höchstmögliche Stufe der Kriechstromfestigkeit (T 5) u. die bei Kunststoffen bisher höchste erreichte Stufe der Lichtbogenfestigkeit (L 4). Dies läßt sich durch die Abwesenheit ungesätt. aromat. Mol.-Bestandteile bei der nach DIN 53484 durchgeführten Einw. eines Lichtbogens erklären. Die Unters. der dielektr. Eigg. ergibt eine Verminderung des Gefahrenmoments bei hohen Spitzentemp. beim Einsatz der Epoxidharze in elektr. Apparaten. Die Nachteile dieser Prodd. sind die nach VDE gemessene Entflammbarkeit (Stufe 0), die Neigung, im brennenden Zustand abzutropfen u. die geringe Lsgm.-Beständigkeit. Nagel 5956◇

1861 **Durchschlagprüfung von Isolatoren.** F. Obenaus und W. Golbig. (Arch. techn. Messen ind. Meßtechn. **1962,** 151—54; Dresden, Techn. Univ., Inst. f. Hochspannungstechn.; dt.) — Es werden Meß-Verff. zur Durchschlagprüfung von Isolatoren angegeben. Im allg. wird die Durchschlagspannung gemessen, innere Überspannungen werden durch 50 Hz-Wechselspannung, äußere durch Stoßspannung simuliert. 25 Literaturangaben. H. Seifert 5956◇

1862 **Die Wirkung von Mineralsalzen auf die dielektrischen Eigenschaften von Kabelpapier.** A. I. Bobrow, W. F. Balaschowa, R. W. Kulakowa und K. I. Woidenowa. (Papier-Ind. [UdSSR] **38,** Nr. 3, 11—14, 1963; Moskau, Filiale d. Allunions-Forsch. Inst. der Zellstoff- u. -Papierind., Forsch. Inst. der Kabelind.; russ.) — Verss. mit verschiedenen Sulfaten u. Chloriden zeigen, daß der dielektr. Verlust des Papiers mehr von der Art des vorhandenen Kations als des Anions abhängt. NaCl u. Na_2SO_4 bewirken eine wesentliche Erhöhung des Tangens des dielektr. Verlustwinkels, bes. nach längerer Alterung des Papiers in Öl bei erhöhter Temperatur. Bei Ggw. von Chloriden ist diese Erhöhung stärker ausgeprägt als bei Sulfaten. R. Wittwer 5956◇

1863 **Herstellung und magnetische Eigenschaften einiger hexagonaler Oxidmagnete.** Irwin Gordon, Robert L. Harvey und R. A. Braden. (J. Amer. ceram. Soc. **45,** 297—301, 1962; Princeton, N. J., Radio Corp. of America, David Sarnoff Res. Center; engl.) — Als Kerne für permanente Magneten werden gebrannte Gemische vom Verb.-Typ $2MeO \cdot 2BaO \cdot 6Fe_2O_3$ u. $2MeO \cdot 3BaO \cdot 12Fe_2O_3$ geprüft, wobei als MeO-Komponente Oxide des Co, Ni, Cu, Zn u. Gemische davon eingesetzt werden. Die Herst. u. Vorbehandlung der Vers.-Körper sowie die zur Herst. orientierter Kerne verwendete App. werden eingehend beschrieben. Für jede Zus. ist eine optimale Brenn-Temp. erforderlich, um die geeigneten Permeabilitäts-Parameter hervorzurufen. R. Kaiser 5958◇

1864 **Die Stabilisierung des Potentials der MnO_2-Elektrode durch Desaktivierung der durch kathodische Reduktion entstehenden Mn^{2+}-Ionen.** H. Zeilmaker und C. Drotschmann. (Batterien [Utrecht] **17,** 463—66, 1963; Eindhoven, T. H., Abt. Elektrochem.; engl. u. dt.) — Der bekannte Abfall des Ruhe- u. des Arbeitspotentials von MnO_2-Elektroden während der Entladung von Leclanché-Zellen kann verringert werden durch eine gute Stabilisierung der H-Ionenkonz. des Katolyten, u. wird gänzlich verhindert, wenn man außerdem die bei der Red. entstehenden Mn^{2+}-Ionen komplex bindet. Die Entladungsresultate von Zellen mit NH_4Cl-Elektrolyt unter Zusatz von EDTA als Komplexbildner lassen erkennen, daß das Ruhepotential auch im ersten Teil der Entladekurve konst. bleibt. Die Kurve der Arbeitsspannung der MnO_2-Elektrode ist unter diesen Umständen horizontal ausgerichtet. C. Drotschmann 5970◇

1865 **Zum Problem der Depolarisation durch Mangandioxid in Zellen vom Leclanché-Typ.** J. P. Brenet. (Batterien [Utrecht] **16,** 439—43, 1963; Strasbourg, Univ.; franz.) — Die kathod. Red. der verschiedenen Sorten Braunstein in galvan. Zellen des Leclanché-Typs läßt sich nicht durch eine einheitliche Rk.-Gleichung aus-

drücken. Man hat mit mehreren, eventuell gleichzeitig ablaufenden Rkk. zu rechnen. Auch die Endprodd., ($Mn_2O_3 \cdot ZnO$, Mn_2O_3, MnOOH, Mn_3O_4) sind von den Entladungsumständen abhängig. Es besteht ein Unterschied im elektrochem. Verh. von β-MnO_2 u. den anderen Braunsteinvarietäten. γ- u. ϱ-MnO_2 zeigen am Anfang der Red. nur Gitterdehnung infolge des Entstehens von Mn^{2+}- (evt. Mn^{3+}) Ionen im Gitter der festen Phase; erst nach Abgabe von ca. 600 C/g MnO_2 tritt eine plötzliche Umwandlung des Gitters in das einer der niederen Manganoxide ein. Bei β-MnO_2 kann man während der kathod. Red. eine solche Gitterdehnung nicht beobachten. In sauren Elektrolyten ist $\Delta U/\Delta$ pH etwa $-$ 118 mV/pH. Nur bei β-MnO_2 kann man von einer stöchiometr. Verb. sprechen; die anderen Varietäten sind durch die Formel $MnO_x(OH)_{4-2x}$ auszudrücken, woraus sich ergibt, daß alles Mangan als Mn^{4+} in der festen Phase enthalten ist. Für zukünftige Betrachtungen der kathod. Red.-Vorgänge muß man mit den Rk.-Geschw. der verschiedenen Rkk. rechnen. Ebenso kann man die arbeitende MnO_2-Elektrode nicht als ein reversibles Syst. betrachten, so daß eine Berechnung der EMK nicht aus der Anwendung der Beziehung von Gibbs-Helmholtz möglich ist.
C. Drotschmann 5970◇

1866 **Prüfzellenentladungen mit MnOOH, Mn_3O_4 und verschiedenen Braunsteinarten.** C. Drotschmann. (Batterien [Utrecht] **17**, 521—23, 1963; Eindhoven, T. H. Abt. Elektrochem.; dt. u. engl.) — Prüfzellen-Entladungen des Syst.: C/Mn_xO_y-4n NH_4Cl-Zn in N_2-Atmosphäre mit konst. gehaltener Stromstärke bis 0,0 Volt ergaben für a) Elektrolytbraunstein: 30 (Std.), b) chem. synthet. Braunstein: 29 c) Westafrikan. Naturbraunstein 23 d) Kaukas. Naturbraunstein 14 e) γ-MnOOH 8 u. f) α-Mn_3O_4 2 Entladedauer. Auf Grund des Verlaufs der Spannungs-Zeitkurven wird angenommen, daß die geringe Depolarisationswrkg. der niederen Oxide e) u. f) auf die Zers. dieser Oxide durch die Elektrolyt-Lsg., wobei Rückbldg. von MnO_2 auftritt, zurückzuführen ist, wobei die Geschw. der Zers.-Rk. die Depolarisierfähigkeit bestimmt.
C. Drotschmann 5970◇

1867 **Potential und Entladungsresultate, erhalten mit η- und β-MnO_2 von verschiedenen Oxydationsgraden.** C. Drotschmann. (Batterien [Utrecht] **17**, 485—89, 1963; Eindhoven, T. H. Abt. Elektrochem.; dt. u. engl.) — Sowohl rhomb. η- wie tetragonales β-MnO_2 werden durch ammoniakal. Hydrazinsulfat-Lsg. zu monoklinem γ-MnOOH reduziert. Bei partieller Red. verändert sich in der Sauerstoffbandbreite MnO_2 bis $MnO_{1,85}$ das Röntgendiagramm nicht. Die Potentiale der Mangan(x)-oxide sinken mit fallendem O-Gehalt. Der Potentialabfall beträgt zwischen $MnO_{1,95}$ u. $MnO_{1,7}$ 30 mV gegenüber dem theoret. Nernst-Wert von 27 mV für die Aufnahme von 2 Elektronen/MnO_2 bzw. 65 mV bei der Aufnahme von 1 Elektron. In Prüfzellen ergab (bis 0,9 V Endspannung) η-MnO_2 17,75; β-MnO_2 13,6 u. MnOOH 3,5 Entladestunden.
C. Drotschmann 5970◇

1868 **Messungen an galvanischen Zellen. Die Polarisationsspannung — Widerstand von Separatoren — Innerer Widerstand galvanischer Zellen.** C. Drotschmann. (Batterien [Utrecht] **17**, 448—54, 1963; Eindhoven, T. H., Abt. Elektrochem.; engl. u. dt.) — Der aus Spannungs-Stromstärkemessungen mit Gleichstrom zu errechnende innere Widerstand galvan. Zellen mit polarisierbaren Elektroden setzt die Kenntnis der Größe der Polarisationsspannung (V_p) voraus. Nach $R = (V - V_p)/I$, wobei V die gemessene Zellspannung ist, erhält man auch bei wechselnder Größe von I einen konst. Wert für R. Die Anwendung dieser Meßmeth. zur Best. des Widerstandes von Separatoren wird beschrieben (Konstruktionszeichnung einer geeigneten Meßzelle). Für verschiedene Separatorentypen ergab sich R zu 0,0023 bis 0,005 Ohm/cm^2 Separatorenoberfläche. Hierbei ist eine beim Akkumulatorenbetrieb auftretende Gasbedeckung der Separatorenoberfläche nicht berücksichtigt. Messungen ergaben, daß diese die obengenannten Widerstandswerte um maximal 100% erhöhen kann. Für 3 verschiedene Konstruktionstypen von Trockenzellen, Typ DIN-J mit Kathoden a) paperlined, b) ungewickelt c) luftdepolarisiert ergaben sich unter Anwendung der beschriebenen Meßmeth. $R_{(Ohm)}$ u. $R_{(Pol.)}$ zu a) 0,11 u. 0,16 (Ohm), b) 0,35 u. 0,08, c) 0,22 u. 0,78; ($R_{(Ohm)}$ = Ohmscher Widerstand der galv. Zelle gegen Wechselstrom 50 Hz; $R_{(Pol.)}$ = Polarisationswiderstand des Systems in Ohm).
C. Drotschmann 5970◇

1869 **Über einige technische Daten von α- und β-PbO_2.** C. Drotschmann. (Batterien [Utrecht] **17**, 472—82, 1963; Eindhoven, T. H. Abt. Elektrochem.; dt.) — Nach Zusammenfassung der aus der Literatur bekanntwordenen Daten über beide PbO_2-Modifikationen wird berichtet, daß aus 102 mg^2 α-PbO_2 auf Pt in H_2SO_4 0,1 m 10, 1 m 19 u. 2,5 m 13 Entlademinuten erhältlich waren. Aus ca. 82 mg β-PbO_2 waren die entsprechenden Werte 33, 31 u. 24 Entlade-Minuten. Alle Entladekurven verlaufen parallel mit der Zeitachse, die α-Kurve etwa 60 mV höher als bei β-PbO_2. Nach Zusammenbruch der Entladespannung erreichen die Ruhepotentiale beider Formen in guter Annäherung die ursprünglichen Werte; diese Gleichgewichtseinstellung dauert bei α-PbO_2 jedoch lange. Bei intermittierender Entladung in 0,1 m Säure werden auch bei α-PbO 31 Entlade-Min. erreicht. Auf der α-PbO-Elektrodenoberfläche bildet sich während der Entladung ein zusammenhängender Film von $PbSO_4$.
C. Drotschmann 5970◇

1870 **Formieren von Bleiakkumulatoren in einem Arbeitsgang.** P. Andresen. (Batterien [Utrecht] **17**, 489 bis 491, 1963; Amsterdam; engl.) — Container-Formieren von Bleiakkumulatoren in starker Säure führte in der Praxis zu unbefriedigenden Resultaten, da die positiven Platten ungleichmäßig geladen wurden. Zusatz von $Pb_3 \cdot O_4$ zur akt. Masse verbesserte das Resultat. Direkte Container-Formierung in Akku-Säure wird in einem Arbeitsgang möglich, wenn man die Plattensätze vor der Formierung in W. tränkt. Die techn. Durchführung eines solchen Verf. unter Angabe von den an die Mischungen zu stellenden Anforderungen, den zu erwartenden Zell-Temp. usw. werden beschrieben.
C. Drotschmann 5970◇

1871 **Automatisch auf die Batterie-Endspannung ansprechendes Ausschaltgerät für Batterie-Entladungsprüfungen.** U. H. Narayanan und S. B. Shenoy. (Batterien [Utrecht] **17**, 491—93, 1963; Central Electrochemical Res., Inst. Karaikudi; engl.) — Der Selbstbau (mit Schaltschemen) zweier automat. bei einer einzustellenden Endspannung ausschaltender Regelgeräte wird beschrieben.
C. Drotschmann 5970◇

1872 **Die Aufarbeitung von Fabrikationsrückständen und Akku-Schrott in der Akku-Industrie.** H. Engler und H. Zeidler. (Batterien [Utrecht] **17**, 460—62, 1963; Waldacker bei Offenbach; dt. u. engl.) — Unter Verw. einer Kombination, bestehend aus einem Drehtrommel-Schmelz-Reduktionsofen u. einem Raffinationsofen läßt sich aus Abfallblei aus Altbatterien Feinblei mit 99,95% Reinheit oder Sb-Blei gewinnen, das in seinen Eigg. den DIN- bzw. ASTM-Vorschriften für Akkumulatorenblei entspricht.
C. Drotschmann 5970◇

1873 **Brennstoff-Element für Naturgas.** Michael Lorant. (Petroleum Times **67**, 97, 1963; engl.) — Vf. beschreibt ein Brennstoff-Element (I) zur direkten Umwandlung chem. in elektr. Energie. Im Gegensatz zu bisher bekannten I für Wasserstoff arbeitet das beschriebene Element mit Naturgas u. hat somit Aussicht auf wirtschaftliche Anwendbarkeit. Das beschriebene I arbeitet bei ca. 1100° (2000°F). Es ist ausgerüstet mit einer Kohleelektrode u. einer Elektrode aus geschmolzenem Ag, die durch eine feuerfeste keram. Masse aus Zr-Oxid als Festelektrolyt verbunden sind. An der Ag-Elektrode werden durch eingeleitete Luft Oxidionen gebildet, die durch den Festelektrolyten zur Kohleelektrode diffundieren u. unter Bldg. von CO ihre Elektronen abgeben. Die Kohleelektrode wird ständig regeneriert, indem das Naturgas an dieser in C u. H gespalten wird. Die Restgase CO u. H_2 werden innerhalb der (I) verbrannt, um die Arbeits-Temp. von 1100° aufrecht zu erhalten. Labormodelle ohne innere Verbrennung der Restgase wurden mit elektr. Heizung betrieben u. ergaben Stromdichten von ca. 0,16 A $\cdot$ cm^{-2} (150 A/ft^2) bei 0,7 V. Bei einer Betriebszeit von 3000 h wurde keine Ermüdung des

I beobachtet. Der maximal erreichbare Wrkg.-Grad wird auf 30% geschätzt. H. Hrapia 5970◇

1874 **Brennstoffzellen. Die Nutzleistung der Umwandlung von chemischer Energie in mechanische Energie.** Gérard Lehmann. (Rev. gén. Thermique **2,** 566—73, 1963; Soc. Franç. des Thermiciens; franz.) — Die theoret. Voraussetzungen unter Anwendung des 1. u. 2. Hauptsatzes der Thermodynamik u. Einbeziehung des Carnotschen Kreisprozesses werden dargelegt u. vergleichsweise auf Wärmekraftmaschinen u. Brennstoffzellen angewandt. Darauf aufbauend werden die maximalen theoret. Ausbeuten für die elektrochem. Verbrennung von H_2 zu H_2O, C zu CO u. CO_2, CO zu CO_2 u. CH_4 zu $CO_2 + 2\ H_2O$ für Temp. von 1500 °K, 800 °K u. 298 °K angegeben. Wärmekraftmaschinen verwerten die verfügbare Enthalpie nur zum geringen Teil für die Nutzleistung, teilweise weil bei der hohen Verbrennungstemp. der N_2-Geh. der Luft einen erheblichen Wärmeanteil im Abgas abführt, das sind z. B. bei 2000° Verbrennungstemp. 15% Ausbeuteverringerung. In Brennstoffzellen dagegen ist der Einfl. des N_2-Geh. der Verbrennungsluft sehr gering, weil sie bei Umgebungstemp. arbeiten. Die verwirklichten Energieausbeuten liegen bei Verbrennungsmotoren u. Dampfturbinen zwischen 25% u. 45%. In einigen Jahren erscheinen dem Vf. bei den Wärmekraftmaschinen 55% Ausbeute erreichbar, während bei Brennstoffzellen 60 bis 70% Ausbeute zu erwarten sind. Die Vorteile der Brennstoffzellen liegen außer in der höheren Nutzleistung vor allem darin, daß sie chem. Energie bei normalen oder mäßig erhöhten Temp. direkt in elektr. Energie geräuschlos umwandeln. Sie können für einen weiten Kraftbereich (100 W bis 100 MW) verwirklicht werden, ohne wesentliche Unterschiede in der Nutzleistung, im Preis u. Volumen. R. Truckseß 5970◇

1875 **Beziehungen zwischen Elektronik und Vakuum-Technologie.** J. M. Lafferty und T. A. Vanderslice. (Proc. I. R. E. **49,** 1136—54, 1961; Schenectady, N. Y., Gen. Electr. Res. Labor.; engl.) — Übersicht über die Entw. der Vakuumtechnik u. ihre Bedeutung für die Elektronik. — 53 Literaturangaben. I. Zoll 5974◇

1876 **Photoeffekte in Silicium Oberflächen-Barriere-Dioden.** A. J. Tuzzolino, E. L. Hubbard, M. A. Perkins und C. Y. Fan. (J. appl. Physics **33,** 148—55, 1962; Chicago, Ill., The Univ. of Chicago, Labor. for Applied Sci.; engl.) — Es wurden Si-Oberflächen-Barriere-Dioden hergestellt u. die steady state u. zeitvariierende Photo-Rk. gemessen. Die mittlere steady-state Photoempfindlichkeit ist 0,31 $\mu a/\mu W$ (λ = 5461 Å) u. 0,065 $\mu a/\mu W$ (λ = 2537 Å) mit etwa 50 Å Au auf dem empfindlichen Bereich. Ohne Au auf dem empfindlichen Bereich ist die Photoempfindlichkeit 0,37 $\mu a/\mu W$ bzw. 0,13 $\mu a/\mu W$. Die Photo-Rk. ist gleichförmig über den empfindlichen Bereich (0,1—2,5 cm^2) innerhalb weniger Prozent in Abhängigkeit von der Wellenlänge. Die Hochfrequenzgrenze ist durch die Photodioden-Kapazität u. den Belastungswiderstand gegeben. Es wurden Grenzfrequenzen höher als 100 kHz erhalten. Die Arbeitscharakteristika dieser Anordnungen werden für 6 Wellenlängen im Bereich von etwa 0,2—0,6 μ gegeben. Die Möglichkeit der Verw. für Scintillationszähler wird diskutiert. J. M. Spaeth 5976□

1877 **^{90}Sr für eine automatische Wetterstation.** Wilfred L. Kershaw. (Nucleonics [New York] **20,** 92—97, 1962; Baltimore, Md., Martin Co.; engl.) — Seit August 1961 arbeitet auf der Insel Axel Heiberg (Arktis) eine automat. Wetterstation, die mit einem von ^{90}Sr betriebenen thermoelektr. Generator arbeitet. Der Aufbau des Generators wird beschrieben. Rr enthält 17500 Curie ^{90}Sr in Form von $SrTiO_3$ u. gibt bei 108 W therm. Leistung eine elektr. Leistung von 5 W ab. L. Roth 5980◇

1878 **Untersuchungen über Generatoren sehr hoher Spannung mit Strom unter innerem Druck elektrisierter Teilchen. Realisation eines Prototyps unter 10 kg/cm².** Nguyen-Trinh Dzoanh. (J. Rech. Centre nat. Rech. sci. **1962,** 45—78; Labor. des Hautes Pressions; franz.) — Beschreibung des Generators sowie dessen Arbeitsprinzip. — 58 Literaturangaben. C. Gottfried 5980△

1879 **Theorie der Nernst-Generatoren und Kältemaschinen.** M. H. Norwood. (J. appl. Physics **34,** 594—99, 1963; Dallas, Tex., Texas Instr., Inc., Corp. Res. and Engng.; engl.) — Vf. leitet Gleichungen für den Wirkungsgrad von Wärmekraftmaschinen (WM) ab, in denen die Energiebilanz durch Nernst- u. Ettinghausen-Effekte bestimmt wird. Im Bereich kleiner Werte können die Gleichungen auf solche red. werden, die von Harman u. Honig (Bull. Soc. Amer. Phys. Soc. **7,** [1962], 332) angegeben werden; die Grenzen von Carnot-Prozessen werden jedoch nicht erreicht. Eine bessere Theorie der WM wird erhalten, wenn in der Lösung der zweidimensionalen Differentialgleichung für den Energiestrom nach Callen (C. **1952,** 7134) die Abhängigkeit der Stromdichte von der Lage der Komponenten berücksichtigt wird. Die Betriebsbedingungen werden für einen nicht entarteten Einbandhalbleiter im schwachen Magnetfeld angegeben, u. es wird gezeigt, daß bes. Legg. vom Typ $Hg_xCd_{1-x}Te$ für derartige WM geeignet sind. Herbert Müller 5980◇

1880 **Pyrolytische Abscheidung von Siliciumdioxid für 600°-Dünnschicht-Kondensatoren.** Charles R. Barnes und Charles R. Geesner. (J. electrochem. Soc. **110,** 361—62, 1963; Wright-Patterson Air Force Base, Ohio, Aeron. Syst. Div., Electron. Technol. Labor.; engl.) — Dünne SiO_2-Filme werden durch pyrolyt. Hydrolyse von dampfförmigen $SiBr_4$ bei 950° auf einem heißen Mo-Substrat unter Verw. einer Mischung von H_2 u. Ar oder N_2 als Trägergas in Ggw. gesteuerter Mengen H_2O-Dampf abgeschieden. Bei Verw. von N_2, wobei gegenüber der Verw. von Ar keine merklichen Änderungen der chem. u. physikal. Eigg. des Films beobachtet werden, liegt dessen Si-Nitrid-Geh. < 0,25% des gesamten Films. Die dielektr. Schicht ist amorph u. besteht überwiegend aus SiO_2. Solche Filme sind zur Verw. in Kondensatoren für Temp. bis zu 600° geeignet. P. Frenzel 5982◇

1881 **Poröse Tantalanoden für Kondensatoren mit flüssigem und festem Elektrolyt durch Reaktion in situ.** J. A. Pierret, A. Shtasel, H. T. Knight und A. B. Michael. (J. electrochem. Soc. **110,** 12—15, 1963; North Chicago, Ill., Fansteel Metallurg. Corp.; engl.) — Hochreines Ta_2O_5 wird mit Graphit gemischt, zu Zylindern verpreßt u. im Vakuum im bestimmten Temp.-Zeit-Cyclus bis zu 2200° red., wobei beträchtliche Schrumpfung, jedoch keine Formänderung erfolgt. In Abhängigkeit von der Teilchengröße, vom Formdruck sowie von Rk.-Temp. u. Zeit werden hochreine poröse Ta-Anoden mit schwammartiger Mikrostruktur erhalten (C < 0,004%; 0 < 0,02%; N < 0,001%; metall. Verunreinigungen unter der chem.-analyt. Nachw.-Grenze; Gesamtporosität ca. 55%; hoher Porenanteil mit 4—14 μ Ø; spezif. Kapazität nach Anodisierung bei 290 V 1600—3200 μC/g bei 120 Hz; D. 4—12 g/ml). Die elektr. Eigg. von Kondensatoren mit fl. Elektrolyt u. solchen Ta-Anoden ändern sich über 1000 Std. bei 125 V u. 85°, die von Kondensatoren mit festem Elektrolyten bei 34 V u. 125° nur geringfügig. P. Frenzel 5982◇

1882 **Ionisationsprozesse im Dielektrikum von Papierkondensatoren bei Einwirkung einer Gleichspannung.** W. T. Renne, Ss. I. Stepanow und D. Ss. Lawrowa. (Elektrizität [UdSSR] **1963,** Nr. 5, 67—71; Leningrad, Polytechn. Inst.; russ.) — Experimentelle Unterss. der Einfl. von Spannung, Temp., Belastung, Tränkmittel, Restfeuchtigkeit, Restluftgeh. u. Vorbehandlung auf Ionisation u. Alterung des Dielektrikums von Papierkondensatoren werden beschrieben. A. Krause 5982◇

1883 **Betrachtungen über den Mechanismus des Elektrodenprozesses der Chlorelektroden an Kohlenstoff und Platinpulver.** 1. Mitt. Witold Tomassi. (Przemysł chem. **41,** 62—64, 1962; Warszawa, Katedra Chemii Fiz. Politechniki; pol.) — Für Chlorelektroden (Cl_2 u. Cl^- enthaltende Lsgg. an C- u. Pt-Elektroden) wird ein thermodynam. Modell angegeben. Am Beispiel der spontan erfolgenden Rk. $2\ Ag_f + 2\ HCl_{ag} \rightarrow 2\ AgCl_f + H_2$ wird die sich aus diesem Modell ergebende Möglichkeit der spontanen Umkehrung der Verlauf dieser Rk. gezeigt. I. Köditz 599

1884 **Elektrodialyse als Unit-Operation.** G. S. Solt, E. Wegelin und C. V. G. Chapman. (Brit. chem. Engng. **8**, 485—89, 1963; Amersfoort, Bronswerk NV., u. Rickmannsworth, Herts., William Boby & Co.; engl.) — Elektrodialyse ist eine neue Unit-Operation, mit deren Hilfe eine große Reihe techn. Verff. wie Konzentrieren, Verdünnen u. Trennen durchgeführt werden können. Die dem Prozeß innewohnenden Grenzen sind durch die augenblicklich erhältlichen Membranen u. ungenügende Erfahrungen gegeben, die sich hauptsächlich außerhalb des wss. Zustandes auswirken. F. Rosendahl 5992△

1885 E. M. Titowa, M. Ja. Daschewski und B. K. Woronow, **Tiegel zur Züchtung von Halbleitereinkristallen** nach dem Czochralski-Verf. besteht zur Erreichung einer konst. Zus. des Kristalls aus einem Innenraum, der das Material u. die Zusatzstoffe in der erforderlichen Konz. enthält u. aus dem der Kristall gezogen wird, u. einem Außenraum, der reines Material u. ggf. auch Zusatzstoffe enthält. Beide Räume kommunizieren durch ein im Boden des Tiegels befindliches Rohr, das so dimensioniert ist, daß die Diffusion von Zusatzstoffen von innen nach außen zu vernachlässigen ist. — Zeichnung. (**UdSSR. P. 133238** vom 10/6. 1959.) L. Großner 5953

1886 Hughes Aircraft Co., Culver City, übert. von: Robert W. Mytton, Garden Grove, und Phyllis E. Stella, Newport Beach, Calif., V. St. A., **Behandlung von Halbleitermaterial,** das mit Quarz reagiert oder daran festbackt. Die innere Oberfläche des Quarztiegels wird mit einer Aufschlämmung von reinem pulverförmigem *Si-Nitrid* in einem verdampfbaren Trägermittel besprüht. Nach Verdampfung des Trägermittels bildet sich ein festhaftender Überzug von Si-Nitrid auf der Tiegelinnenwand. Nach dieser Behandlung läßt sich der Quarztiegel zum Vergießen des Halbleitermaterials verwenden. (**A. P. 3041690** vom 31/12. 1956, ausg. 3/7. 1962.) M. Neckermann 5953

1887 N. V. Philips' Gloeilampenfabrieken (Erfinder: Albrecht Karl Heinrich Theodor Rabenau), **Halbleitermaterial,** bestehend aus Tl_2Te_3, wobei in dem Tl_2Te_3 Teile des Tl u./oder des Te durch andere Elemente ersetzt sind, das Tl bes. durch Ga oder In u. das Te bes. durch S oder Se. (**Aust. P. 238598** vom 20/7. 1959, ausg. 7/6. 1962. D. Prior. 23/7. 1958 u. 11/6. 1959.) K. Demmler 5953

1888 Westinghouse Electric Corp., Pittsburgh, Pa., V. St. A., **Dotieren von Siliciumcarbideinkristallen** erfolgt dadurch, daß der in Kontakt mit dem Dotierungsmaterial (Beispiel: Folie aus Ge oder einer Al–Si-Legierung) gebrachte Einkristall in einem Bett, das aus feinteiligem Graphit, B-Nitrid, W, Mo oder Gemischen vorstehender Stoffe besteht, auf Temp. erhitzt wird, bei denen die Dotierungssubstanz in den Einkristall eindringt. — *Halbleiter.* (**E. P. 890599** vom 11/4. 1960, ausg. 7/3. 1962. A. Prior. 24/4. 1959.) K. Wolk 5953

1889 Pacific Semiconductors, Inc., Culver City, Calif., V. St. A., **Ätzen von reinem Silicium** zur Verbesserung der elektr. Eigg. von Si-Halbleitermaterial mittels einer aromat. KW-Stoff-Verb. mit mindestens 2 Hydroxylgruppen (1.2-Dihydroxybenzol, 1.2.3-Trihydroxybenzol, Naphthalindiol-(1.2)), aufgelöst in einem, elementares Si oxydierenden Lsgm. mit einem pH-Wert zwischen 9 u. 12. Der Lsg. werden 5 bis 50 Vol.-% *W.* zugesetzt, sie wird in inerter Atm. gehalten u. bei 90 bis 110° angewendet. Auf 1 Mol zu ätzendes Si werden 3 Mol KW-Stoff-Verb. gelöst. (**E. P. 896669** vom 30/11. 1959, ausg. 16/5. 1962. A. Prior. 27/7. 1959.) H. Baur 5953

1890 General Motors Corp., Detroit, Mich., übert. von: Timothy J. Desmond, Kokomo, Ind., V. St. A., **Goldlegierung für Halbleiterzwecke,** insbes. zur Herst. von *gleichrichtenden Kontakten* auf Halbleiterkörpern, besteht aus ca. 0,01—0,13(%) *B*, wenigstens ca. 0,5 *Ni*, Rest wenigstens ca. 95 Au. Die Leg. ist duktil u. hämmerbar. Sie hat nicht nur die gleiche Lsg.-Fähigkeit für Si u. Ge wie reines Au, sondern benetzt vor allem die Halbleiteroberfläche besser. Ein aus der Leg. hergestellter Kontakt besitzt eine leicht lötbare Oberfläche u. dient nicht nur als gleichrichtender Kontakt auf einemHalbleiter vom n-Typ, wie Si oder Ge, sondern auch als Ohmscher Kontakt auf einem Halbleiter vom p-Typ. Die Herst. der Leg. erfolgt auf dem Schmelzwege unter Verw. einer Vor-Leg. aus Ni u. B. (**A. P. 3060018** vom 1/4. 1960, ausg. 23/10. 1962.) C. F. Gross 5953

1891 Hughes Aircraft Co., Culver City, Calif., V. St. A., **Herstellung einer Gold–Bor-Legierung,** bes. zur Verw. in *Halbleiteranordnungen*, dad. gek., daß eine Mischung aus Au- u. B-Pulver mit ca. $1 \cdot 10^{-4}$ — über 50(%), bes. 1 B, die ggf. noch *Ce* oder *Y*, bes. 0,1, enthält, auf oberhalb des F. von B in einer hauptsächlich aus inertem Gas bestehenden Atmosphäre zur Bldg. einer Lsg. von B in Au erhitzt u. diese Schmelze zur Erzielung einer fein verteilten B-Phase in der Au-Grundmasse schnell abgekühlt wird. Die Leg. wird für Halbleiterzwecke, z. B. zur Dotierung des Halbleiters mit B oder zur Herst. eines gleichrichtenden oder ohmschen Kontaktes an Halbleitern, bes. in Folienform, verwendet. — 7 Abbildungen. (**E. P. 910092** vom 26/10. 1960, ausg. 7/11. 1962. A. Prior. 2/11. 1959.) C. F. Gross 5953

1892 Licentia Patent-Verwaltungs-G.m.b.H., Frankfurt/M., **Borhaltige Goldfolie, insbesondere für Halbleiterzwecke,** mit einem B-Geh. von 0,05—5(%) u. ggf. mit einem Geh. von 0,05—5 *Sb* als Donator. Sie wird hergestellt, indem B-Pulver auf eine Goldfolie der üblichen Dicke (10—100 μ) aufgesprüht u. bei ca. 1000° eindiffundiert wird, wobei das Eindiffundieren unter Schutzgas, z. B. Argon, erfolgt, wenn Verunreinigungen vermieden werden sollen. Die Goldfolie wird bes. zur Herst. von *Kontaktelektroden* an Si-Halbleitern verwendet. (**E. P. 916010** vom 9/6. 1961, ausg. 16/1. 1963. D. Prior. 22/6. 1960.) C. F. Gross 5953

1893 N. V. Philips' Gloeilampenfabrieken (Erfinder: Jan Goorissen und Jan Adrianus Manintreld), **Herstellung von Elektrodenmaterial** für *Halbleiter* durch Zusatz von Boriden von Elementen mit der Atomzahl 23—28 der 3. Reihe des Period. Syst.; bes. FeB u. CrB_2, zu einer Al-Schmelze. (**Aust. P. 237564** vom 28/10. 1959, ausg. 15/3. 1962. Niederl. Prior. 31/10. 1958.) C. Lüttgen 5953

1894 Westinghouse Electric Corp., East Pittsburgh, übert. von: Christy J. Moratis, Penn Hills, Yoshio Ichikawa, Wilkins Township, und Edward A. Pigan, Monroeville, Pa., V. St. A., **Keramikkörper mit Metallüberzug** als Elektrode, bes. zur Herst. von Heißleitern. Durch Flammspritzen wird auf die Keramikoberfläche ein Gemisch aus 40—55% Ag, 20—30 Cd, 10—20 Zn u. 10—20 Cu aufgebracht, wobei eine innige Verbindung des einen geringen elektr. Widerstand aufweisenden Überzuges mit dem Grundkörper erzielt wird. (**A. P. 3023390** vom 17/3. 1960, ausg. 27/2. 1962.) G. Frikell 5953

1895 W. A. Jugow und I. M. Ssimanowitsch, **Einbrennpaste für leitende Überzüge auf Keramik, Glas und Glimmer** aus 49—51(%) koll. Ag, 1—2 $Bi(NO_3)_3$, 1—2 B_2O_3, Rest Glycerin. (**UdSSR. P. 133568** vom 28/4. 1960.) L. Großner 5953

1896 Pertrix-Union G.m.b.H., Ellwangen, **Galvanisches Primär-Element** mit becherförmiger Lösungselektrode u. mit einer von oben auf das Element aufgestülpten, dicht schließenden, becherförmigen Umhüllung aus Kunststoff. Auf der Innenseite des inneren Deckels der Umhüllung ist ein nach unten ragendes isolierendes Rohr angebracht, welches den Stromableiter der positiven Elektrode, z. B. einen Kohlenstift, bis an die Oberfläche des Depolarisators dicht umschließt. — Zeichnung. (**Ind. P. 70332** vom 8/1. 1960.) F. Laaß 5971

1897 Radio Corp. of America, Del., übert. von: Gerald S. Lozier, Lawrence Township, Mercer County, N. J., V. St. A., **Galvanisches Primärelement** mit einer Lösungselektrode aus Mg u. einem Elektrolyten (**I**), der eine wss. Lsg. von Alkali-, Erdalkali-, Al-, Mn- oder Zn-Perchloraten ist. Als Depolarisatoren dienen organ. oder anorgan. oxydierende Verbb., z. B. $Cu(OH)_2$, Bi_2O_3, MnO_2, PbO_2, Ag_2O, NiO_2, HgO oder CuO. Bevorzugt genannte organ. Verbb. sind: für **I** mit $Mg(ClO_4)_2$: m-Dinitrobenzol, 3.5-Dinitrobenzamid oder p-Nitrosodimethylanilin; für I mit $Mn(ClO_4)_2$: N.N'-Dichlordimethylhydantoin; für I mit $Al(ClO_4)_3$: Hexachlormelamin; für I mit $Zn(ClO_4)_2$: Azodicarbonamid. Dem I wird zur Herabsetzung der Korrosion des Mg z. B. 0,05—2 g/Liter $LiCrO_4 \cdot 2H_2O$ hinzugefügt. — Tabellen u. Zeichnungen. (**A. P. 2993946** vom 27/9. 1957, ausg. 25/7. 1961.) F. Laaß 5971

1898 Remington Arms Co., Inc., Bridgeport, Conn., übert. von: John E. Clifford, Columbus, John McCallum, Worthington, und Donald E. Semones, Hilliards, Ohio, V. St. A., **Galvanisches Primärelement** mit einer Lösungselektrode aus einer Ti–Mo–Al- oder Ti–Mo–Nb-Leg. mit wenigstens 50(%) Ti, z. B. aus 27 Mo, 10 Al oder 27 Mo, 10 Nb u. Rest Ti. Der Elektrolyt ist eine wss. Lsg. mit 30—100 H_3PO_4, die 0,05—0,2 F-Ionen enthält, die z. B. in Form von NH_4F oder KF zugefügt werden. Als Depolarisator dient PbO_2. (**A. P. 2992143** vom 14/10. 1958, ausg. 11/7. 1961.) F. Laaß 5971

1899 Ever Ready Co. Ltd., London, England (Erfinder: Hubert Laurence Turner und Leslie Stanley Hickman), **Galvanische Trockenbatterie aus Flachzellen.** Auf ca. 0,005 (inch) dicke Zn-, Mg- oder Al-Scheiben werden auf eine Seite nacheinander aufgebracht: eine fest haftende, ca. 0,002 dicke, den Strom gut leitende C-Schicht, die MnO_2-Schicht (I) u. eine Schicht eines festen Kationenaustauschers (II), z. B. eines sulfonierten Polystyrolharzes. Zur Herst. der einzelnen Schichten werden die Stoffe in einer einen warmhärtbaren Kunststoff enthaltenden Lsg. dispergiert, auf die Unterlage aufgebracht u. auf 300—450° F erhitzt. Die so hergestellten Einheiten werden in einem Gehäuse unter Druck zur Bldg. der Batterie übereinandergestapelt. — I u. II können auch als aus Pulver gepreßte Scheiben angewendet werden. — Zeichnungen. (**E. PP. 875629** u. **875630** vom 8/4. 1957, ausg. 23/8. 1961.) F. Laaß 5971

1900 Union Carbide Corp., New York, N. Y., übert. von: Edward M. Klopp, Medina, und William G. Darland jun., Parma, Ohio, V. St. A., **Batterie aus galvanischen Lagerelementen,** die durch ein Halogengas aktiviert werden, wobei das Gas mit einem trockenen Salzhydrat (I) unter Bldg. von W. u. Elektrolyt reagiert. Um die Rk.-Geschw. zwischen dem Gas u. I zu erhöhen, werden Beschleuniger (II) hinzugefügt, welche mit dem Gas saure Substanzen bilden u. Wärme erzeugen. II sind z. B. Sb, S, Bi, As, roter P, Se oder Te. Brauchbare I sind: $Sr(OH)_2 \cdot 8H_2O$; $Ba(OH)_2 \cdot 8H_2O$; $Li(OH) \cdot H_2O$ oder $ZnF_2 \cdot 4H_2O$. Bes. genannte Mischungen werden aus 60—89(%) I; 2—10 II u. Rest Ruß gepreßt. Die Lösungselektrode besteht aus Zn. (**A. P. 2997518** vom 16/6. 1958, ausg. 22/8. 1961.) F. Laaß 5971

1901 General Electric Co., New York, übert. von: Joseph L. Weininger, Scotia, N. Y., V. St. A., **Galvanisches Element mit festem Elektrolyten,** welches durch Erhitzen aktiviert wird u. bei Raumtemp. unbegrenzt lagerfähig ist. Als Kathode u. Gehäuse dient ein am unteren Ende verschlossenes Rohr aus Pt oder Ta. Im oberen Teil des Rohres ist als Elektrolyt eine Schicht aus AgJ angeordnet, welchem bis zu 5% PbJ_2 oder CdJ_2 zugemischt sind. Das Gehäuse wird mit einem in der Hitze beständigen Isoliermaterial unter Vakuum gasdicht verschlossen. Als Anode dient ein Ag-Draht, der in die AgJ-Schicht eingeschmolzen u. durch die Isolierschicht herausgeführt wird. In dem Raum zwischen der AgJ-Schicht u. dem unteren Teil des Gehäuses befindet sich die J-Quelle (I). Um das Element zu aktivieren, muß es auf wenigstens 138° erhitzt werden, wenn I ein Cs-Polyjodid ist, z. B. CsJ_4, auf wenigstens 308°, wenn I BiJ_3 ist, auf wenigstens 177°, wenn I CHJ_3 ist u. auf wenigstens 330°, wenn I eine Mischung aus CuJ_2 u. $KMnO_4$ ist. — Zeichnung. (**A. P. 3003017** vom 27/8. 1959, ausg. 3/10. 1961.) F. Laaß 5971

1902 G. & W. H. Corson, Inc., Plymouth Meeting, übert. von: William F. Meyers, Norristown, Pa., V. St. A., **Mit NH_3-Gas aktivierbares galvanisches Element** mit sehr geringer Aktivierungszeit, z. B. weniger als 0,1 Sekunden. In dem frei von Luft u. Feuchtigkeit gehaltenen gasdichten Elementgefäß sind angeordnet: die Lösungselektrode aus einem Metall, welches oberhalb von Fe in der Spannungsreihe steht, z. B. Mg; der trockene Separator, welcher mit einem in fl. NH_3 lösl. **Salz (I)** imprägniert ist, z. B. mit NH_4SCN, $Ba(OH)_2 \cdot 8H_2O$ oder NH_4ClO_4; die Depolarisatormasse aus Ruß u. einer Metall-Verb., welche in fl. NH_3 ein Potential von mindestens 0,75 V weniger hat, als das des Metalles der Lösungselektrode ist, z. B. MnO_2, PbO_2 oder Ag_2O_2. In einem mit dem Elementgefäß verbundenem Gehäuse befindet sich fl. NH_3, welches durch Erwärmen in Gasform in das Elementgefäß gedrückt wird, wo es von I absorbiert wird, kondensiert u. eine Lsg. mit I bildet. — Das NH_3-Gas kann auch durch Erhitzen von $Ba(NH_2)_2$ hergestellt werden. — Abbildungen. (**A. P. 2992289** vom 10/5. 1957, ausg. 11/7. 1961.) F. Laaß 5971

1903 United States of America, Secretary of Army, übert. von: Clifton T. Trigg, Belford, N. J., V. St. A., **Galvanisches Trockenelement** mit verbesserter Lagerfähigkeit bei erhöhten Temp. besteht aus dem Zn-Becher, der Depolarisationsmischung aus MnO_2, Ruß u. 20—30(%) NH_4Cl u. aus dem NH_4Cl u. $ZnCl_2$ enthaltenden Elektrolyten, der ca. 25 NH_4Cl u. 1,5—2,5 NH_4-, K-, Li-, Na-, Ca- oder Mg-Chromat enthält. (**A. P. 3000997** vom 5/1. 1960, ausg. 19/9. 1961.) F. Laaß 5971

1904 Western Electric Co., Inc., New York, N. Y., V. St. A., **Elektrolytischer Kondensator.** Die Elektrolyt-Fl. enthält neben LiCl oder $CaCl_2$ H_3BO_3, die zur Neutralisation von in der Zelle gebildetem Alkali u. damit zur Erhöhung der Lebensdauer der Vorr. dient. (**Niederl. P. 102155** vom 5/8. 1957, ausg. 15/8. 1962. A. Prior. 14/9. 1956.) F. Böhm 5971

1905 Soc. des Accumulateurs Fixes et de Traction, Romainville, übert. von: Rodolphe André Herold, Boulogne-Billancourt, Frankreich, **Separatoren für alkalische Akkumulatoren mit verminderter Gasentwicklung** bestehen aus 3 Schichten: aus einer mittleren, 0,01—0,03 (mm) dicken Schicht aus regenerierter Cellulose, einer der positiven Platte anliegenden äußeren, 0,15—0,20 dicken Schicht aus langen, unregelmäßig angeordneten Cellulosefasern, die durch einen Cellulosebinder zusammengehalten werden, u. aus der der negativen Platte anliegenden äußeren ca. 0,1 dicken Schicht aus langen, nicht verwebten Fäden aus Kunststoffen aus z. B. Vinylverbindungen. — Zeichnungen. (**A. P. 2994728** vom 17/2. 1958, ausg. 1/8. 1961. **E. P. 879871** vom 28/1. 1958, ausg. 11/10. 1961. Beide F. Prior. 20/2. 1957.) F. Laaß 5971

1906 Ohmics Ltd., Toronto, übert. von: Noel Kirkpatrick Hubbard, Oakville, und Donald Morey Taylor, Erindale, Ontario, Canada, **Mikroporöse Separatoren** werden aus solchen Polymeren u. Mischpolymeren, von ungesätt. KW-Stoffen, Polyamiden oder Acrylsäureestern, die bei Temp. unterhalb 212° F chem. stabil sind, u. aus Mischungen aus diesen Stoffen hergestellt. Diese Stoffe werden zu einem Pulver vermahlen, dessen Teilchen ⌀ in allen Richtungen von weniger als 0,02 in. aufweisen. Das Pulver wird auf eine ebene Unterlage in dünner Schicht, z. B. von 0,03 in. Stärke, ausgebreitet u. dann bei beginnender Erweichungs-Temp. so lange erhitzt, bis die Teilchen an den Berührungspunkten aneinanderhaften, die Teilchen selbst jedoch ihre Form behalten. Dann wird abgekühlt. Beim Ausbreiten des Pulvers können gleichzeitig Rippen aus dickeren Pulverschichten geformt werden. — Zeichnung. (**A. P. 2973398** vom 23/12. 1957, ausg. 28/2. 1961.) F. Laaß 5971

1907 Ebonite Container Co. (Mfg.) Ltd., London, England (Erfinder: Felix Neumann), **Separatoren für Akkumulatoren** aus einem mit Phenolharz imprägnierten Gewebe oder Gespinst aus Cellulosefasern. Um Rippen zu bilden, werden Schnüre aus Cellulosefasern in eine wss. Emulsion eines thermoplast. Harzes, z. B. Polyvinylchlorid, getaucht, parallel in Abständen auf das Gewebe aufgebracht u. das Ganze getrocknet. Anschließend wird ca. 3 Min. auf ca. 200° erhitzt. — Zeichnungen. (**E. P. 883399** vom 22/4. 1958, ausg. 29/11. 1961.) F. Laaß 5971

1908 Henry Johnston, Blackpool, Lancashire, England, **Elektrolyt für Akkumulatoren** wird hergestellt aus 3 (ozs.) $3CdSO_4 \cdot 8H_2O$; $^1/_2Al_2(SO_4)_3 \cdot 16H_2O$; $^1/_4Cu \cdot SO_4 \cdot 5H_2O$; $9MgSO_4 \cdot 7H_2O$; $1MnSO_4 \cdot 4H_2O$; $1CoSO_4 \cdot 7H_2O$; $^1/_4Na_2SO_4 \cdot 10H_2O$; $^1/_8K_2SO_4 \cdot 10H_2O$ u. 1 gallon Wasser. (**E. P. 881467** vom 22/7. 1960, ausg. 1/11. 1961.) F. Laaß 5971

1909 Electric Storage Battery Co., N. J., übert. von: Paul Ruetschi, Glenside, Pa., V. St. A., **Elektrolyt für Blei-Akkumulatoren,** deren Plattengitter mit Sb gehärtet sind. Um das Herauslösen des Sb aus den positiven Gittern zu verringern, werden der verd. H_2SO_4 je 4—6 g/Liter Anisaldehyd, Anisalkohol oder Anissäure u. $CdSO_4$ hinzugefügt. Durch diese Zusätze wird die Selbstentladung der feucht geladenen Batterien während der Lagerzeit stark vermindert. (**A. P. 2994626** vom 27/10. 1958, ausg. 1/8. 1961.) F. Laaß 5971

1910 Electric Storage Battery Co., Philadelphia, Pa., V. St. A., **Blei–Antimon-Legierung für Akkumulatorgitter** besteht aus 2,0—6,0(%) Sb, 0,3—0,01 Cd, 0,3—0,8 As, 0—0,7 Sn, Rest Pb; mit der Maßgabe, daß der Geh. an Cd zunimmt, wenn der Geh. an As abnimmt u. umgekehrt u. daß bei Abwesenheit von Sn der Cd-Geh. mindestens 0,15 u. daß bei Anwesenheit von Sn der Geh. an Cd u. Sn ebenfalls mindestens 0,15 beträgt. Die Leg. läßt sich gut gießen u. leicht durch Abschrecken mit W. härten, so daß die aus der Leg. bes. maschinell gegossenen Gitterabgüsse die für eine schnelle Weiterverarbeitung zur Akkumulatorplatte notwendige Festigkeit schnell erreichen. Die aus der Leg. gegossenen Gitter zeichnen sich durch hohe Festigkeit u. hohe Lebensdauer infolge hoher Korrosionsbeständigkeit aus. Durch den Cd-Zusatz ist es möglich, den Sb-Geh. erheblich zu senken, ohne daß die Festigkeit abnimmt. (**E. P. 908517** vom 11/8. 1961, ausg. 17/10. 1962. A. Prior. 11/8. 1960.) C. F. Gross 5971

1911 Yardney International Corp., New York, übert. von: Frank Solomon, Lake Success, N. Y., und Robert F. Enters, Hackensack, N. J., V. St. A., **Negative Elektrode für Silber–Cadmium-Akkumulatoren.** CdO-Pulver wird Ag-Pulver in Mengen von 2—10% zugemischt. Der Mischung wird als Bindemittel 0,25—1,0% Polyvinylalkohol in Form einer wss. Lsg. hinzugefügt. Die getrocknete Mischung wird dann in einer Preßform nach Einfügen einer Stromableitung, z. B. eines Ag-Drahtnetzes, zur Elektrode gepreßt. Das zugefügte Ag-Pulver soll die Haltbarkeit der Elektrode während des Betriebes verbessern u. die Leitfähigkeit der akt. Masse erhöhen. (**A. P. 2994729** vom 7/11. 1957, ausg. 1/8. 1961.) F. Laaß 5971

1912 Sidney A. Corren, Katonah, Arnold S. Louis, Bronx, und Myron A. Coler, Scarsdale, N. Y., V. St. A., **Negative Elektroden für alkalische Akkumulatoren** werden hergestellt durch Mischen von CdO oder Fe_2O_3 mit einem den Strom leitenden Pulver aus Cd, Fe, Ni, Ag oder Ruß. Das Gemisch wird in eine Lsg. eines Binders, z. B. in ein in Methylketon gelöstes Mischpolymerisat aus Vinylchlorid u. Vinylacetat, eingebracht u. dispergiert. In diese Masse werden Netze aus Ni eingetaucht, getrocknet u. dieser Vorgang wird sooft wiederholt, bis das Netz die gewünschte Menge der Masse aufgenommen hat. Anschließend wird die Dicke der Elektroden durch Pressen zwischen geheizten Walzen red., z. B. von 0,030—0,040 in. auf 0,019 in. — Zeichnung. (**A. P. 3009980** vom 9/2. 1959, ausg. 21/11. 1961.) F. Laaß 5971

1913 Electric Storage Battery Co., New Jersey, übert. von: Joseph C. Duddy, Trevose, Pa., V. St. A., **Bipolare Elektroden für Silber–Zink-Akkulumatoren** weisen einen Träger aus Kunststoffen (**I**) auf, id den auf jede Seite ein Ag-Drahtnetz so eingepreßt oder eingegossen ist, daß Teile von diesen auf der Oberfläche des Trägers zu liegen kommen. Beide Drahtnetze sind miteinander verbunden u. werden zur Verkleinerung des Widerstandes mit den aufgebrachten akt. Massen mit einer Leitfolie abgedeckt, die aus Polyäthylen, in dem Ag-Pulver dispergiert ist, besteht. Der Separator enthält drei Schichten, von denen die mittlere aus einer porösen Folie, z. B. aus Asbest oder PVC, besteht, die mit einem Ionenaustauscherharz imprägniert ist. Die beiden äußeren Schichten sind mikroporöse Polyäthylen-Folien. — Bevorzugt genannte **I** sind: Epoxid-Harze, Polypropylen u. Polystyrol. (**A. P. 3003013** vom 10/7. 1958, ausg. 3/10. 1961.) F. Laaß 5971

1914 National Research Development Corp., London, England (Erfinder: Cyril Gordon Conway), **Brennstoffelement,** welches bei Temp. über 500° arbeitet, mit einem Elektrolyt, z. B. einer Schmelze aus MgO u. KF, welcher undurchlässig für Gase, jedoch für Ionen durchlässig ist. Die Elektroden bestehen aus gesintertem Ni-Pulver u. ihre dem Elektrolyten anliegenden Seiten sind mit nicht im stöchiometr. Verhältnis aufgebauten Verbb. überzogen. So weist die Brennstoffelektrode einen Überzug auf einer Verb. mit einem Überschuß ihres elektronegativen Bestandteils auf, z. B. schwarzes NiO, Fe-, Cu-, Co- oder U-Oxid, Fe_2O_3 oder Cr_2O_3, u. der Überzug der Sauerstoff- oder Halogen-Elektrode besteht aus ZnO, CdO, ThO_2 oder Ce_2O_3, die einen Überschuß der Metallionen aufweisen. (**E. P. 877410** vom 5/10. 1956, ausg. 13/9. 1961.) F. Laaß 5971

1915 MSA Research Corp., Pittsburgh, übert. von: Thomas A. Ciarlariello, Evans City, Pa., V. St. A., **Brennstoffelement** mit einer H_2-Elektrode, mit einer Elektrode, die ein ionisierbares Hydrid bildendes Metall (**I**) enthält, u. einem Elektrolyten aus geschmolzenen Alkali- oder Erdalkalihalogeniden. Neben dem Elementgefäß ist eine Hilfskammer angeordnet, die im Wärmeaustausch mit dem Elektrolyten steht u. die ein Metallhydrid (**II**) enthält, welches eine andere Zus., einen höheren Dissoziationsdruck u. eine geringere Bildungswärme als das im Element gebildete Metallhydrid aufweist. Weiterhin sind Leitungen im Element vorgesehen zum Überführen des in der Hilfskammer bei der Zers.-Temp. des **II** gebildeten H_2 zur H_2-Elektrode. **II** sind LiH, SrH_2, BaH_2, KH, NaH, RbH oder CsH u. **I** besteht aus Ca, Li, Sr, Ba, K, Na oder Rb. — Zeichnungen. (**A. P. 3014084** vom 24/7. 1959, ausg. 19/12. 1961.) F. Laaß 5971

1916 Shell Research Ltd., London, England (Erfinder: Keith Rolls Williams und Derek Peter Gregory), **Elektrode für Brennstoffelemente** aus einem porösen, den Strom nichtleitenden Träger (**I**) mit einem Durchmesser der Poren von ca. 0,25—25 μ, auf welchen eine poröse, leitende Schicht (**II**) aufgebracht ist, deren Poren einen Durchmesser von ca. 0,03—50 μ haben. **I** besteht aus Polyvinylchlorid, Porzellan oder gesintertem Glaspulver. **II** ist eine poröse Ag-Schicht, auf der Pd niedergeschlagen ist. Die Dicke von **II** soll nicht größer sein als der mittlere Porendurchmesser von **I** ist, aber nicht kleiner als 0,25 μ. — Zeichnungen. (**E. P. 874283** vom 10/6. 1959, ausg. 2/8. 1961.) F. Laaß 5971

1917 **Hughes Aircraft Co.,** Culver City, Calif., V. St. A., *Halbleiter.* (**Niederl. P. 103828** vom 15/3. 1957, ausg. 15/2. 1963. A. Prior. 30/3. 1956. — C. 1960, 6276 [A. P. 2829999].)

1918 **Centre National de la Recherche Scientifique,** Paris, Frankreich, *Herstellung eines ferromagnetischen Nickel–Zink–Lithium-Ferrits.* (**Niederl. P. 104116** vom 29/10. 1957, ausg. 15/3. 1963. F. Prior. 29/10. 1956. — C. 1959, 16119 [D. A. S. 1051714].)

1919 **Lignes Télégraphiques et Téléphoniques Soc. An.,** Paris, Frankreich, *Herstellung von Ferrit.* (**Niederl. P. 104059** vom 23/3. 1956, ausg. 15/3. 1963. F. Prior. 3/5. 1955. — C. 1958, 10470 [F. P. 1125577].)

1920 **Western Electric Co., Inc.,** New York, N. Y., V. St. A., *Einkristall aus sauerstoffhaltigem ferroelektrischem Material.* (**Niederl. P. 104073** vom 16/10. 1956, ausg. 15/3. 1963. A. Prior. 8/11. 1955. — C. 1959, 11031 [D. A. S. 1044889].)

H_4. Wasser, Abwasser

1921 **Die öffentliche Wasserversorgung in Queensland, Australien.** Millice A. Simmonds. (J. Amer. Water Works Assoc. **55,** 1044—92, 1963; Brisbane, Queensland, Australia; engl.) — Ausführlicher Überblick über alle Probleme, die mit der öffentlichen Wasserversorgung in Queensland verbunden sind: Arten der Wasserversorgung, Verbrauch, Reinigung, Aufbereitungsanlagen usw. I. Köditz 6010△

1922 **Sterilisation von destilliertem Wasser durch Ultraviolettstrahlen in der Apotheke.** P. W. Lopatin und A. I. Schimanko. (Apothekenwesen [UdSSR] **8,** Nr. 6, 48—50, **1959;** Moskau, Städt. Apothekenverwaltung, Apothekenforschungsstation; russ.) — Anleitung zur Berechnung, Konstruktion u. Anwendung einer einfachen Glasapp. zur Sterilisation von dest. W. in der Apotheke. — 1 Zeichnung. G. Siewert 6024◇

1923 **Kritische Betrachtungen zur Abwasserfrage.** Eugen Mohr. (Galvanotechnik **54,** 256—58, 1963; dt.) — Krit. Stellungnahme zum Versagen industrieller Betriebe bei behördlichen Anordnungen infolge überhöhter techn. u. finanzieller Anforderungen an die Abwasser einleitenden Betriebe. Vf. erörtert 3 Punkte hierzu: a) Errichtung von „Katastrophenbecken", b) längere Rk.-Zeiten zur Neutralisation saurer Abwässer, die meist weiträumige Anlagen erfordern u. c) die Errichtung von Ausklärbecken, die nur dort erforderlich sind, wo das Verhältnis der Konz. der Schlämme an anorgan. (tox.) Bestandteilen zur Gesamtmenge des auf der Kläranlage ankommenden Schlammes bes. hoch ist. H. Eckstein 6036◇

1924 **Das BW-Verfahren, eine neue Methode zur Entgiftung cyanidischer Abwässer mit Ferrosulfat.** W. Götzelmann und G. Spanier. (Galvanotechnik **54,** 265—72, 1963; Stuttgart; dt.) — Die Zerstörung der Cyanide in Abwässern mit Hypochlorit u. Cl_2 war bisher nur möglich, wenn der CN^--Geh. 1 g/Liter nicht überstieg. Vff. beschreiben Verss. unter Zusatz von $FeSO_4$ zum Abwasser das bis zu 2,5 g CN^-/Liter enthalten kann, bei pH zwischen 7,5 u. 10. Das bei pH 7,5 gebildete Berlinerweiß („BW") bindet das gesamte CN^- in unschädlicher Form. Beschreibung des Arbeitsverfahrens. H. Eckstein 6042◇

1925 **Fällungsmittel für neutralisierte Galvanik-Abwässer.** Eberhard Hantge. (Galvanotechnik **54,** 282 bis 287, 1963; Berlin u. Hannover, Sinacid-Chemie-Bau GmbH.; dt.) — Zur Beschleunigung der Ausfällung von Metallhydroxiden aus Galvanikabwässern wurden Verss. mit 8 nicht näher benannten Fällungsmitteln auf der Basis von *Polyacrylsäureamiden, Polymaleinsäure* u. *Stärke* bei verschiedenen Temp. u. pH-Werten sowie in Abhängigkeit von der Fällungsmitteldosierung bei gleicher bzw. zunehmender Metallhydroxid-Konz. durchgeführt. Untersucht wurden Hydroxide des Al, Sn^{2+}, Fe^{2+}, Fe^{3+}, Ni, Cu, Zn, Cd u. Cr. — Ergebnisse: Die meisten der Fällungsmittel wirken durch Flockenvergrößerung auf die beschleunigte Ausfällung, eines davon auch durch Beschwerung der Flocke; durch Kombination mehrerer Fällungsmittel mit dem letzteren ist eine optimale Absetzzeit gewährleistet; allg. werden die Absetzzeiten bei pH 8,3 weitgehend herabgesetzt. Am günstigsten waren die Ergebnisse bei Fe-Hydroxidschlämmen. H. Eckstein 6042

1926 **Entgiftungsanlagen für gewerbliche Abwässer und daraus resultierende Schlammprobleme.** Hans Gockel. (Galvanotechnik **54,** 259—64, 1963; Stuttgart, Ing.-Büro W. Gutling; dt.) — Vf. entwickelt eine Entgiftungs- u. Neutralisationsanlage zur Aufbereitung alkal. CN^--, NO_2^-- u. Cr^{6+}-haltiger Abwässer, zur Konzentratentgiftung aus Gelbbrennen, Beizereien u. Härtereien sowie zur Spaltung u. Trennung von Ölemulsionen. Beschreibung der Anlage u. ihrer Wirkungsweise. — Die anfallenden, z. T. tox. Metallhydroxidschlämme werden bis zur steinharten Konsistenz eingedickt, so daß sie, unlösl. in Regen- u. Bodenwasser, frei gelagert bzw. zur Rückgewinnung wertvoller Bestandteile (Cu, Ag u. a.) verwendet werden können. H. Eckstein 6042◇

1927 **Ein Plan für die Beseitigung von Gerbereiabwässern mit dem Belebtschlammverfahren.** T. K. Ghose. (Sci. and Cult. [Calcutta] **28,** 516—22, 1962; Jadavpur Univ.; engl.) — Vf. schildert die Unterschiede in der Behandlung von industriellen Abwässern in den USA u. in Europa im Vgl. zu Indien, streift die für Indien sehr entscheidende Kostenfrage der Abwässerbeseitigung u. entwickelt die Grundlagen für den Entwurf einer Pilotanlage für die mikrobielle Behandlung u. Beseitigung von Gerbereiabwässern. I. Köditz 6044△

1928 **Versuche zur Frage der möglichen Grundwassergefährdung durch Gehölzbekämpfung mit 2.4.5-T in Dieselöl.** G. Linden, A. Müller und P. Schicke. (Z. Pflanzenkrankh. [Pflanzenpathol.] Pflanzenschutz **70,** 399—407, 1963; Ingelheim, Boehringer Sohn u. Cela GmbH., Pflanzenschutz u. Analyt. Labor.; dt.) — Bei Anwendung von 500 Liter/ha Dieselöl auf Waldboden tritt noch keine Gefährdung des Grundwassers ein. Erst bei 2500 Liter/ha tritt eine Gefährdung in den Bereich des Möglichen. Da Grundwasser in der Regel tiefer als 20 cm liegt, ist die Sicherheit im allg. größer, als bei den durchgeführten Verss. festgestellt wurde. R. Grundmann 6054◇

1929 **Einfluß der Strömungsgeschwindigkeit auf die Leistung von Kohlefiltern.** Carl A. Rambow. (J. Amer. Water Works Assoc. **55,** 1037—43, 1963; Pasadena, Calif.; engl.) — Vf. prüft die vom öffentlichen Gesundheitsdienst (USPHS) empfohlene Meth. für die Best. organ. Stoffe in W. mit Hilfe eines Kohlefilters in bezug auf: a) den Einfl. der Strömungs-Geschw. des W. auf die Menge der zurückgehaltenen Stoffe u. b) die Menge der absorbierten Stoffe, die aus dem Filter für Analyse- u. Mengen-Best.-Zwecke wieder abgetrennt werden können. Die Verss. werden mit Fluorescein, das in W. leicht photometr. nachgewiesen werden kann, u. mit markiertem DDT als einem typ. Vertreter der viel in der Landwirtschaft verwendeten Chemikalien durchgeführt. — Die Menge der adsorbierten Stoffe nimmt mit ihrer abnehmenden Konz. u. mit abnehmender Strömungs-Geschw. des untersuchten W. zu. In bezug auf die Menge der pro Zeiteinheit zurückgewonnenen adsorbierten Stoffe sind dagegen hohe Filter-Geschw. vorteilhafter. I. Köditz 6060△

1930 **Bestimmung von Schädlingsbekämpfungsmitteln in Wasser mit der mikrocoulometrischen Gaschromatographie nach der Flüssig-Flüssig-Extraktion.** John I. Teasley und William S. Cox. (J. Amer. Water Works Assoc. **55,** 1093—96, 1963; USPHS, Atlanta, Ga., Div. of Water Supply and Pollution Control; engl.) — Mit Hilfe der beschriebenen mikrocoulometr.-gaschromatograph. Meth. lassen sich Schädlingsbekämpfungsmittel, die eine scharfe, eindeutige Spitze im Chromatogramm geben, z. B. Benzolhexachlorid, Aldrin, Diazinon, noch bei einer Konz. von 25 mg/Liter nachweisen. Für Mittel mit einem geringen Cl- oder S-Geh. oder keiner gut ausgebildeten Spitze, z. B. DDT, Toxaphen, Chlordane, sind dagegen ca. 50 mg/Liter die minimale nachweisbare Konzentration. I. Köditz 6060△

1931 Olaf Kappel, Bagsvaerd, Dänemark, **Entfernung von Öl von einer Wasseroberfläche.** Zu Dän. P. 85358; C. **1962,** 8377, ist nachzutragen: Der Geh. des Adsorptionsmittels an C-freiem Bestandteil, bes. Sand, soll mindestens 90% betragen. (**Niederl. P. 103328** vom 14/11. 1957, ausg. 17/12. 1962.) F. Böhm 6025

1932 Sobreco S. r. l., Mailand, Italien, **Herstellung von oligodynamisch wirkenden Desinfektionslösungen,** bes. zur *Reinigung von Trinkwasser.* Deionisiertes W. wird in heftiger Bewegung zwischen Ag-Elektroden hindurchgeführt, die resultierende Ag-Ionen-Dispersion mit $KMnO_4$ (ausreichend zur Bldg. des Komplexes Ag_2 0,2 MnO_2) versetzt. Die Lsg. wird im Kreislauf mehrmals dem Prozeß unterworfen. Sie kann für Desinfektionszwecke aller Art, auch zum Imprägnieren von Polyamidgeweben oder Polyacrylgeweben verwendet werden. Die synthet. Fasern verlieren dabei auch die Eig., sich elektr. aufzuladen. — Vorr., Zeichnung. (**It. P. 558913** vom 23/8. 1955. A. Prior. 1/9. 1954.) K. Koebke 6025

1933 Permutit Co. Ltd. (Erfinder: Frank Laurence Tye und Hugh Randall Bott), **Entmineralisieren von Wasser** mittels einer elektrodialyt. Zelle, indem man das W. durch abwechselnde, auf der einen Seite durch kationselektive u. auf der anderen Seite durch anionselektive Membranen begrenzte Kammern laufen läßt, während im 2. Elektrolyt durch die übrigen Kammern strömt, wobei die vom zu entmineralisierenden W. durchflossenen Kammern zur Erhöhung der elektr. Leitfähigkeit Ionenaustauschmaterial enthalten. (**Aust. P. 236144** vom 23/12. 1958, ausg. 23/11. 1961. E. Prior. 24/12. 1957.) K. Demmler 6029

1934 Comp. de Construction de Gros Matériel „Électro-Mécanique", Frankreich (Erfinder: Alexandre Jules Maurin), **Elektrolytische Behandlung von Meerwasser oder Salzsole** zur Vermeidung von Inkrusten-

bldg. in Rohrleitungen oder Dampfkesseln. Das Rohwasser durchströmt in 2 Teilströmen 2 mit Diaphragmen ausgerüstete Elektrolyse-Zellen, von denen eine mit einer aus amorphen C bestehenden Anode u. einer aus Fe oder Fe-Leg. bestehenden Kathode versehen ist, während in der anderen Zelle Anode u. Kathode aus Fe sind. Aus beiden Zellen werden die Katholyten abgezogen, während die Anolyten, aus beiden Zellen vermischt, als Brauchwasser, bes. als *Speisewasser* dienen. — 2 Schemata der Anlage. (**F. P. 1227396** vom 4/3. 1959, ausg. 19/8. 1960.)
W. Wittholz 6029

1935 Fidelity Union Trust Co., übert. von: Robert Christian Keller, Basel, Schweiz, **Flotationsmittel für die Reinigung von Abwässern der Papier- und Celluloseindustrie.** Zur Abtrennung von Fasermaterial u. Füllstoffen wird eine Mischung aus 10 (Gew.-Teilen) sulfoniertem Ricinusöl, 5—25 ungesätt. höhere Fettsäuren, 5—25 Harzsäuren u. 5—30 KW-Stoff-Öl mit einem $Kp._{760}$ 150—450° zugesetzt. (**A. P. 2989471** vom 4/5. 1959, ausg. 20/6. 1961. Schwz. Prior. 8/5. 1958.)
H. Raeithel 6043

1936 Food Machinery and Chemical Corp. (Erfinder: Wilbur Nattan Torpey), **Biologische Abwasserreinigung.** Man führt mit aus einer vorhergehenden Abwasserreinigung angefallenem Schlamm versetztes Abwasser in eine Belüftungszone, der soviel Luft zugeleitet wird, daß der biolog. O_2-Bedarf des Abwassers u. des zugesetzten Schlammes gedeckt ist, trennt Fl. u. Schlamm, von dem soviel dem neu zu behandelnden Abwasser zugesetzt wird, daß das Verhältnis von Rückführschlamm zu insgesamt angefallenem Schlamm 6,0—36 beträgt u. dem Abwasser 10—50 Vol.-% Rückführschlamm zugesetzt wird. (**Aust. P. 236340** vom 22/4. 1960, ausg. 30/11. 1961. A. Prior. 1/6. 1959.) K. Demmler 6045

H_5. Anorganische Industrie

1937 **Untersuchung der Oxydation von Ammoniak mit Oxid-Katalysatoren.** Jan Pluta und Eugeniusz Błasiak. (Przemysł chem. **42,** 354—56, 1963; Chorzowie, Zaklady Azotowe im. P. Findera; pol.) — Verss. mit Oxid-Katalysatoren, die auf Co-Oxid basieren, werden durchgeführt. Vier Arten von Oxid-Katalysatoren werden untersucht; a) Co/Al mit Aktivatoren, b) Co/Ca, c) Co/Al u. Ca mit verschiedenen Aktivatoren u. d) Co/Mg-Katalysatoren. Alle diese Katalysatoren werden als Ein- u. Zwei-Stufen-Katalysatoren untersucht.
I. Kalzendorf H 243◇

1938 **Die Gewinnung von Schwefel aus kanadischem, saurem Naturgas.** H. W. Manley. (Trans. Canad. Inst. Mining Metallurgy Mining Soc. Nova Scotia **64,** 169—73, 1961; Jefferson Lake Petrochem. of Canada Ltd.; Jefferson Lake Sulphur Co., Oil & Gas Div.; engl. — C. **1962,** 17524). J. Heinze H 253◇

1939 **Neuere Entwicklungen auf dem Gebiet des kerntechnischen Graphits.** E. Fitzer. (Metallurgia ital. **54,** 261—71, 1962; Meitingen über Augsburg, Siemens-Planiawerke A. G.; ital.) — Überblick (Reinheit, Verh. gegenüber Strahlungen, Dichte u. Struktur, Wasserdichtigkeit u. Rkk. mit anderen Elementen). — 4 Literaturangaben. Herbert Weber H 260◇

1940 **Markierungstests des Materialtransports in Drehrohröfen für die Glühphosphat-Herstellung im Bonarka-Werk in Kraków. 2. Mitt. Untersuchung über den Bewegungsmechanismus einer Charge in Drehrohröfen bei der Herstellung von normalem und schwach Na-haltigem Rhenaniaphosphat.** Karol Akerman, Przemysław M. Hoffmann, Władysław Zabłotny, Andrzej Poczynajło, Aleksander Masiak, Eugeniusz Gryglik und Zdzisław Pletti. (Przemysł chem. **42,** 356—58, 1963; pol.) — 1. vgl. C. **1963,** 6383. — Die Geschw. des Materialtransports in einem Vers.- u. techn. Drehrohrofen wird mit ^{24}Na-Isotopen gemessen. Die Unters. wird im Zusammenhang mit der Änderung des technol. Prozesses für die Herst. von Na-Rhenaniaphosphat durchgeführt, um die Menge des eingesetzten Na_2CO_3 zu verringern. Die erhaltenen Werte gestatten die Analyse des technol. Prozesses durchzuführen u. geben Auskunft hinsichtlich einer Erhöhung der Ofenkapazität.
I. Kalzendorf H 264◇

1941 **Carbidproduktion.** E. H. Curtis. (Chem. Process Engng. atomic. Wld. **43,** 623—29, 1962; Brit. Oxygen Chemicals Ltd.; engl.) — Historischer Rückblick. — 26 Literaturangaben. J. Martins H 283◇

1942 **Einige Gesetzmäßigkeiten beim Verpressen von Urandioxid.** L. Jakešová, M. Poděšt, F. Pour und J. Bezucha. (Hutnické Listy **18,** 193—96, 1963; Řež u Prahy, Ústav jader. výzkumu Českoslov. akad. věd.; tschech.) — Preßunterss. (zylindr. Proben von 16 u. 8 mm⌀; Druck 1—5,5 t/cm²) von UO_2 verschiedener spezif. Oberfläche (2,6—13,6 cm²/g). Die Preßdiagramme werden unter Benützung der Formel nach Balschin graph. dargestellt. Die Preßbarkeit steht in direktem Zusammenhang mit dem „Grad der Verbindung von Krist. in den Agglomeraten" u. steigt mit Anwachsen dieses Wertes. Der absolute Wert des Preßkoeff. steigt von 4,62 bei 1,60g/cm³ auf 7,25 bei 1,97 g/cm³ des Schüttgew. der Probe. J. Tůmová H 339◇

1943 **Sintern von Uranoxid.** Gunnar Jakobsen. (Tidsskr. Kjemi, Bergves. Metallurgi **23,** 49—57, 1963; Lillestrom, Inst. for Atomenergi; norw.)
A. Koss-Rosenqvist H 339◇

1944 Badische Anilin- & Soda-Fabrik Akt.-Ges., Ludwigshafen/Rh. (Erfinder: Gustav Schaurer, Assenheim, und Albert Heinzel, Ludwigshafen/Rh.), **Gewinnung von Deuterium im Zuge der Ammoniaksynthese** erfolgt dadurch, daß bei der an sich bekannten D_2-Gewinnung der H_2 verwendet wird, der aus dem mehrmals über einen NH_3-Synth.-Katalysator geleiteten NH_3-Synth.-Gasgemisch durch Abtrennen von NH_3, N_2 u. Inertgasen aus dem die Synth. verlassenden Gasgemisch erhalten wurde, wobei ggf. der im als Endprod. des Synth.-Verf. erhaltene fl. NH_3 gelöste H_2 mitverwendet wird. (**D. A. S. 1145585** Kl. 12i vom 18/11. 1959, ausg. 21/3. 1963.) K. Wolk H 238

1945 VEB Vakutronik, Dresden (Erfinder: Klaus Wetzel, Zwenckau bei Leipzig), **Anreicherung von Deuterium** durch Deuteriumaustausch zwischen einer fl. Phase u. einer dieser Phase in einer Kolonne entgegenströmenden, mit der ersten Phase in thermodynam. Gleichgew. stehenden, aus der wss. Phase am Kolonnenboden erzeugten Dampfphase erfolgt dadurch, daß die fl. Phase aus azeotroper HNO_3 oder $HClO_4$ besteht, deren Dämpfe nach Durchgang durch die Kolonne als an Deuterium (**I**) angereicherte Dämpfe am Kolonnenkopf entnommen werden. Die Anreicherung erfolgt bes. mit HNO_3, die entweder durch Dest. der vom Boden der Kolonne ablaufenden, an **I** verarmten HNO_3 mit konz. H_2SO_4 erhalten wurde, oder die aus der aus an **I** verarmten Säure durch Neutralisieren, Eindampfen zur Trockene, Spalten des Nitrats u. Auflösen der nitrosen Gase in W. erhalten wurde. (**D. A. S. 1144697** Kl. 12i vom 22/12. 1959, ausg. 7/3. 1963.)
K. Wolk H 238

1946 Ulrich Schmieschek, Troisdorf, Bez. Köln, **Anreicherung von Deuterium in Deuterium–Wasserstoff-Gemischen durch Adsorption und Desorption** erfolgt dadurch, daß Pd oder Pd-Legg. in Blech- oder Drahtform als Adsorbentien (**I**) mit dem ruhenden Isotopengemisch (**II**) bis etwa zur Sättigung von **I** mit H_2 bzw. D_2 in Kontakt gebracht oder **II** über **I** geleitet wird u. die Desorption des in **I** an D_2 angereicherten Gemisches durch elektr. Aufheizen von **I** erfolgt. — Zeichnung. (**D. A. S. 1143792** Kl. 12i vom 10/11. 1959, ausg. 21/2. 1963.)
K. Wolk H 238

1947 VEB Vakutronik, Dresden (Erfinder: Klaus Wetzel, Zwenckau bei Leipzig), **Anreicherung von Deuterium durch katalytisch geförderten Isotopenaustausch zwischen Wasser und Wasserstoff in Heiß-Kalt-Kolonnen,** wobei in der kalten Kolonne W. u. H_2 im Gegenstrom geführt werden u. der Katalysator entweder beide Kolonnen durchströmt oder mindestens z. T. zwischen kalter u. heißer Kolonne ausgeschleust, getrocknet u. an den Kopf der kalten Kolonne zurückgeführt wird, erfolgt dadurch, daß in der kalten Kolonne H_2 u. W. im

Gegenstrom, in der heißen Kolonne dagegen im Gleichstrom zueinander geführt werden. Die heiße Kolonne kann mit einem fest angeordneten, von dem in der kalten Kolonne verschiedenen Katalysator gefahren werden. — Verfahrensschema. (**D. A. S. 1145145** Kl. 12i vom 21/10. 1960, ausg. 14/3. 1963.) K. Wolk H 238

1948 Imperial Chemical Industries Ltd., London (Erfinder: Richard Brooks und Gordon Diprose, Northwich, Cheshire), England, **Gewinnung von Ammoniumchlorid** aus der Turmlauge des NH_3-Soda-Verf. durch Zugabe von NH_3 u. NaCl bei erhöhter Temp., anschließendes Kühlen auf — 10 bis — 12° u. Abtrennen des krist. NH_4Cl, dad. gek., daß die zugefügte NaCl-Menge die zur Sättigung der mit NH_3 versetzten Turmlauge notwendige Menge um bis zu 5% übersteigt. (**D. A. S. 1150054** Kl. 12k vom 29/8. 1961, ausg. 12/6. 1963. E. Prior. 7/9. 1960 u. 19/7. 1961.) H. Roos H 243

1949 Süddeutsche Kalkstickstoff-Werke Akt.-Ges. (Erfinder: Thomas Fischer), Trostberg, **Konzentrationserhöhung von Salpetersäure** durch Absorption von durch NH_3-Verbrennung erhaltenen raumoxydierten Stickoxiden (I) in der zu konzentrierenden Säure. Einem mit den **I** u. wasserhaltiger HNO_3 beschickten Absorptionssyst. wird unter Kühlung ein Gemisch von wasserhaltiger HNO_3 u. gelösten u. verflüssigten **I** entzogen u. dieses Gemisch in einer gesonderten App. mit O_2 bzw. O_2-haltigen Gasen, bes. unter Anwendung von Druck, zu Säure höherer Konz. umgesetzt. (**D. A. S. 1124025** Kl. 12i vom 2/6. 1959, ausg. 22/2. 1962.) E. Miessgang H 243

1950 Thiosan-Gesellschaft Weigel & Co. G. m. b. H., Bingen/Rh. (Erfinder: Heinz Leithäuser, Langenberg/Rhld.), **Umwandlung von geschmolzenem Schwefel in Schwefelpulvern.** Der fl. Ausgangs-S (Temp. 400° oder höher) wird auf 225 bis 250° gekühlt u. durch langsames Eintragen in im Kreis umlaufenden fl. S auf $< 145°$ u. weiter indirekt auf die wenig oberhalb des F. von S liegende Zerstäubungstemp. abgekühlt. Dieser S wird unter Verw. eines Treibgases zerstäubt u. anschließend zur Erstarrung gebracht. — Schema der Anlage. (**D. A. S. 1127879** Kl. 12i vom 2/10. 1958, ausg. 19/4. 1962.) E. Miessgang H 253

1951 Shell Internationale Research Mij. N. V. (Erfinder: Bob Greiner), Den Haag, Niederlande, **Reinigung verdünnter Schwefelsäure,** wie sie beim Verdünnen von Säureschlamm mit W. erhalten wird. Die verd. Säure wird zunächst mit einem fl. KW-Stoff oder einem KW-Stoff-Gemisch (bei 30—60°) extrahiert u. hierauf mit einem gegenüber H_2SO_4 inerten Gas abgestreift. — Verfahrensschema. (**D. A. S. 1129141** Kl. 12i vom 11/6. 1959, ausg. 10/5. 1962. **E. P. 860370** vom 11/6. 1959, ausg. 1/2. 1961. Beide Niederl. Prior. 13/6. 1958.) E. Miessgang H 253

1952 Metallgesellschaft Akt.-Ges. (Erfinder: Volprecht Stein und Rudolf Michels), Frankfurt/M., **Aufarbeiten von Abfallschwefelsäure,** die bei der Titanpigmentherst. anfällt, durch mehrstufiges Aufkonzentrieren, wobei in der 1. Stufe bis zu einer Konz. von $< 75\%$ freier Säure vorkonz. wird. Nach der Vorkonzentrierung wird durch Zusatz von konz. H_2SO_4 auf einen Geh. von $> 80\%$, bes. $> 85\%$ freier Säure aufkonzentriert. Die dabei auskrist. Salze werden von der Lsg. abgetrennt. — Verf.-Schemata. (**D. A. S. 1129140** Kl. 12i vom 4/8. 1960, ausg. 10/5. 1962.) E. Miessgang H 253

1953 Th. Goldschmidt Akt.-Ges., Essen (Erfinder: Wernfried Diener, Mannheim), **Herstellung von eisenarmen Natriumsulfidlaugen** aus durch Red. von Na_2SO_4 mit Kohle oder reduzierenden Gasen gewonnenen Rohschmelzen. Die Rohschmelzen werden mit Gemischen aus W. u. CH_3OH, C_2H_5OH oder C_3H_7OH bei erhöhter Temp. extrahiert u. die dabei erhaltene Na_2S-haltige Lsg. wieder vom Alkohol befreit. (**D. A. S. 1127335** Kl. 12i vom 23/8. 1960, ausg. 12/4. 1962.) E. Miessgang H 253

1954 Metallgesellschaft Akt.-Ges., Frankfurt/M. (Erfinder: Karl Ebner, Oberursel/Taunus), **Kontinuierliche Umwandlung von Glaubersalz in wasserfreies Natriumsulfat** erfolgt dad., daß $Na_2SO_4 \cdot 10\,H_2O$ dem aus einer Eindampfanlage abgezweigten ununterbrochenen Mutterlaugenteilstrom zugesetzt u. in ihm geschmolzen wird, worauf das Gemisch zur Eindampfanlage zurückgeleitet wird. — Verf.-Schema. (**D. A. S. 1150368** Kl. 121 vom 3/8. 1960, ausg. 20/6. 1963.) K. Wolk H 253

1955 Imperial Chemical Industries Ltd., London (Erfinder: Eric Kay, Manchester, Lancashire, England, Diarmid John Montgomery O'Sullivan, Yeoville, Johannesburg, Südafrika, und Barrie Bernett Pearce, Norton-on-Tees, Durham), England, **Herstellung von Ammoniumsulfat** durch Rk. von NH_3, CO_2 u. $CaSO_4$, Abtrennen des gefällten $CaCO_3$ u. Eindampfen der $(NH_4)_2 \cdot SO_4$-Lsg., dad. gek., daß der Rk.-Fl. vor dem Abtrennen des $CaCO_3$ oder bes. nach dem Abtrennen des Hauptteils des $CaCO_3$ ein wasserlösl. Acrylamidpolymer in Mengen bis zu 250 ppm, bes. von 2—25 ppm, zugesetzt wird, wobei ein pH-Wert von 6 bis 10 einzuhalten ist. Als Polymer kann z. B. ein Mischpolymer aus 90 Mol Acrylamid u. 10 Mol Acrylsäure oder eingepfropftes Polymer aus Acrylamid-Maisstärke verwendet werden. (**D. A. S. 1152092** Kl. 12k vom 4/7. 1961, ausg. 1/8. 1963. E. Prior. 8/7. 1960.) H. Roos H 253

1956 Imperial Chemical Industries Ltd., London (Erfinder: Neil Hunter Ray, Northwich, Cheshire), England, **Isolieren von Schwefelchloridpentafluorid** (**I**) aus einem Gemisch von **I** mit anderen S-Halogen-Verbb., Halogenen u. Halogenzwischenverbindungen. Das Gemisch wird mit W. gewaschen, die entstehende Dampfphase abgetrennt, getrocknet u. daraus etwa enthaltenes SF_6 entfernt. (**D. A. S. 1124023** Kl. 12i vom 18/1. 1961, ausg. 22/2. 1962. E. Prior. 28/1. u. 30/12. 1960.) E. Miessgang H 253

1957 Farbwerke Hoechst Akt.-Ges. vormals Meister Lucius & Brüning, Frankfurt/M. (Erfinder: Karl Matterstock und Roderich Graf, Hofheim/Taunus), **Sulfuryldiisocyanat** ($SO_2(NCO)_2$) erhält man durch Erhitzen von Chlorsulfonylisocyanat $\left(SO_2\langle{}^{NCO}_{Cl}\right)$, zweckmäßig in der Gasphase, auf Temp. von 200—500° u. ggf. Trennen des Rk.-Gemisches durch Destillation. Vorteilhaft wird die Rk. in Ggw. der Metallsalze von Fe, Co, Ni, Cr, Mo, Cu oder Al, ggf. auf einem Träger, durchgeführt. (**D. A. S. 1152093** Kl. 12k vom 9/9. 1961, ausg. 1/8. 1963.) H. Roos H 253

1958 Wacker-Chemie G. m. b. H. (Erfinder: Wolfgang Dietz, München, Hermann Föppl, Burghausen, Max Martin, München, und Julius Nickl, Neukeferloh bei München), **Herstellung von hochreinem Bor** durch therm. Zers. bzw. Red. von B-Hydriden oder B-Halogeniden, ggf. in Ggw. von H_2 u./oder inerten Gasen, dad. gek., daß auf mono- bzw. polykristallinen oder glasigen B-Körpern abgeschieden u. der Abscheidungskörper (**I**) ggf. vorgeheizt wird. Als **I** kann z. B. gezielt verunreinigtes B verwendet werden. Die zu zersetzenden B-Verb. kann durch Düsen direkt auf den **I** geführt werden. (**D. A. S. 1152091** Kl. 12i vom 28/4. 1960, ausg. 1/8. 1963.) H. Roos H 258

1959 Kali-Chemie Akt.-Ges., Hannover (Erfinder: Friedrich Wolstein, Sehnde über Hannover), **Herstellung von Natriumbicarbonat unter Verwendung von Trialkylaminen als Kohlendioxid-Überträger** erfolgt dad., das wss. NaCl-Lsg. mit $(C_2H_5)_3N$ versetzt, in das Gemisch unter Rühren CO_2 eingeleitet u. das gefällte $NaHCO_3$ abgetrennt wird. (**D. A. S. 1149339** Kl. 121 vom 13/2. 1961, ausg. 30/5. 1963.) K. Wolk H 260

1960 Gerhard Rühl, Recklinghausen, **Herstellung weißer Quarzpulver** aus quarzhaltigen Sanden durch therm. Behandlung mit Metallsalzen, die farblose SiO_2-Verbb. bilden u. durch Ausmahlen, dad. gek., daß die Metallsalze in dem heißesten Teil des Brenn- u. Rk.-Raumes zugesetzt werden. — Vorr., Zeichnung. (**D. A. S. 1150662** Kl. 12i vom 15/12. 1960, ausg. 27/6. 1963.) R. Zimmermann H 261

1961 Metallgesellschaft Akt.-Ges., Frankfurt/M. (Erfinder: Hermann Clasen, Falkenstein, Rudolf Joppen, Frankfurt/M., und Viktor Sauga, Langelsheim), **Herstellung von Silan,** indem bes. überschüssiges Siliciumdioxid mit Alanaten ($LiAlH_4$) *unter Mahlen* umgesetzt wird. (**D. A. S. 1150959** Kl. 12i vom 8/6. 1961, ausg. 4/7. 1963.) R. Zimmermann H 261

1962 Deutsche Gold- und Silber-Scheideanstalt vormals Roessler (Erfinder: Rudolf Schwarz), Frankfurt/M., **Gewinnung von Hexachlordisiloxan** aus reinen Gemischen mit $TiCl_4$, dad. gek., daß man das Gemisch bei Temp. zwischen 100 u. 250° unter erhöhtem Druck mit metall. Red.-Mittel behandelt u. das gebildete $TiCl_3$ abtrennt. (**D. A. S. 1150661** Kl. 12i vom 9/5. 1962, ausg. 27/6. 1963.) R. Zimmermann H 261

1963 Stauffer Chemical Co., New York, N. Y. (Erfinder: George Irwin Klein, Park Forest, Leo Blaise Post, Chicago, und Ralph Edward Newby, Steger, Ill.), V. St. A., **Herstellung von Phosphorsäureanhydrid** in Form sphär. Agglomerate durch Kondens. von gasförmigem P_2O_5 in einer Wirbelschicht, die unterhalb der Kondens.-Temp. von P_2O_5 gehalten wird. — Zeichnung. (**D. A. S. 1147924** Kl. 12i vom 11/4. 1961, aus. 2/5. 1963. A. Prior. 11/4. 1960.) R. Zimmermann H 264

1964 International Minerals & Chemical Corp., Skokie (Erfinder: William B. Williams, Evanston, Ill., und Donald E. Tynan, Lakeland, Fla.), V. St. A., **Entfluorieren von sauren Phosphatlösungen,** die mindestens 48 (Gew.-%) P_2O_5 u. mindestens 0,3 F enthalten, durch gleichzeitiges Einleiten von heißen Verbrennungsgasen u. Wasserdampf. (**D. A. S. 1148531** Kl. 12i vom 25/5. 1960, ausg. 16/5. 1963.) R. Zimmermann H 264

1965 Hooker Chemical Corp., Niagara Falls (Erfinder: Stephen Robota, North Tonawanda), N. Y., V. St. A., **Herstellung von Phosphorpentasulfid mit bestimmter Reaktionsfähigkeit,** dad. gek., daß P_2S_5 derart gekühlt wird, daß der Temp.-Bereich von 280° bis 260° innerhalb einer Zeit von 0,125 bis 150 Sek. durchlaufen wird. (**D. A. S. 1147923** Kl. 12i vom 25/5. 1960, ausg. 2/5. 1963. A. Prior. 27/5. 1959.) R. Zimmermann H 264

1966 Ministerul Industriei Petrolului şi Chimiei (Erfinder: Oscar Frehden und Effingham Grant), Bukarest, Rumänien, **Herstellung von Phosphorsulfochlorid** aus PCl_3 u. S in fl. Phase bei normalem Druck, wobei metall. Al oder dessen Legg. als Katalysator benutzt werden. (**D. A. S. 1145589** Kl. 12i vom 30/5. 1960, ausg. 21/3. 1963. Rumän. Prior. 6/6. 1959.) R. Zimmermann H 264

1967 Albright & Wilson (Mfg.) Ltd., Oldbury, England, und Hooker Chemical Corp., Niagara Falls, N. Y., V. St. A. (Erfinder: Frederick Arthur Ridgway, Stourbridge, und Harold Trevor Searle, Sutton Coldfield, England), **Herstellung von cyclischen Polymeren des Phosphornitrilchlorids,** dad. gek., daß elementares Cl, PCl_3 u. NH_4Cl in einem indifferenten Lsgm. bei Rückfluß-Temp. zusammengebracht werden, wobei das NH_4Cl jederzeit während der Rk. in einer Menge vorhanden ist, die mindestens mit dem PCl_3 äquimolar ist. (**D. A. S. 1150365** Kl. 12i vom 7/8. 1962, ausg. 20/6. 1963. E. Prior. 14/8. 1961.) R. Zimmermann H 264

1968 James Donald Hall, Shaker Heights, Ohio, V. St. A., **Herstellung von Metallverbindungen aus einer korrosionsbeständigen Legierung,** die mindestens ein Metall mit einer Stellung in der Spannungsreihe oberhalb u. mindestens im Metall mit einer Stellung unterhalb von H enthält, bes. aus Ni–W-Legg., dad. gek., daß man die Leg. in eine wss. Lsg. einbringt, welche wenigstens 0,5 Gew.-% einer oder mehrerer der folg. Säuren enthält: Ameisen-, Essig-, Schwefel-, Salz-, Fluorwasserstoff-, Salpeter- oder Phosphorsäure, wobei mit diesen Säuren allein die Leg. prakt. nicht umsetzbar ist, u. daß man in die wss. Lsg. SO_2 oder eine SO_2-Lsg. einführt u. die sich ergebenden Metallsalze aus der Mischung gewinnt, wobei die wss. Lsg. der Säure bzw. Säuren auf 80—100° gehalten u. gleichzeitig mit dem SO_2 Luft in die Lsg. eingeführt wird. — Vgl. E. P. 800868; C. **1959,** 16760. (**D. A. S. 1140182** Kl. 12n vom 26/8. 1955, ausg. 29/11. 1962.) K. Demmler H 270

1969 Friedrich Uhde G. m. b. H., Dortmund, **Chloralkalielektrolyse nach den Amalgamverfahren** erfolgt bei Stromdichten > 5000 A/m², bes. 7000 A/m², mit das Hg berührenden oder in das Hg eintauchenden Anoden. Die Schichtdicke des Hg ist bes. etwa gleich der doppelten Eintauchtiefe der Anoden. (**D. A. S. 1146481** Kl. 12l vom 17/7. 1961, ausg. 4/4. 1963.) K. Wolk H 272

1970 Farbenfabriken Bayer Akt.-Ges. (Erfinder: Konrad Lang und Friedrich Schubert), Leverkusen, **Herstellung von Alkaliboranaten** erfolgt dadurch, daß Erdalkaliborate oder Alkali–Erdalkali-Mischborate in Ggw. von alkalioxidbindenden Stoffen, bes. SiO_2, mit Alkalihydriden bzw. Alkalimetallen u. H_2 bei $> 100°$ u. erhöhtem Druck umgesetzt werden. (**D. A. S. 1142845** Kl. 12i vom 21/9. 1957, ausg. 31/1. 1963.) K. Wolk H 272

1971 Gewerkschaft Elwerath, Hannover (Erfinder: Siegfried Peter, Hannover, und Ernst Römberg, Celle), **Reines Lithiumchlorid beziehungsweise -carbonat und Borax aus diese Salze neben Alkali- und Erdalkalichloriden enthaltenden Solen** werden dad. erhalten, daß man aus den Solen NaCl (**I**) u. KCl (**II**) fraktioniert auskrist., aus den beim Abtrennen von **I** u. **II** anfallenden, ggf. verd. Mutterlaugen mit einem Anionenaustauscher bzw. durch Fällung, die Erdalkalien entfernt u. die erdalkalifreie Lsg. entweder bis zur Übersättigung an Borax (**III**) eindampft, u. **III** nach Kühlen der Lsg. durch Animpfen ausfällt, worauf man aus der von **III** befreiten Mutterlauge die *Li-Salze* in an sich bekannter Weise gewinnt, oder aber aus der erdalkalifreien Lsg. LiCl mit einem organ. Lsgm. extrahiert bzw. Li als Li_2CO_3 fällt, worauf aus der Li-freien Lsg. durch Eindampfen u. Auskristallisieren **III** gewonnen wird. Die Endprodd. werden jeweils ansgewaschen. (**D. A. S. 1150055** Kl. 12l vom 16/7. 1959, ausg. 12/6. 1963.) K. Wolk H 273

1972 Deutsche Solvay-Werke G. m. b. H., Solingen (Erfinder: Martin Schultze und Karl-August Hölscher, Rheinberg/Rhld.), **Verhinderung des Verblauens von mit Ferro-, beziehungsweise Ferricyaniden als Antibackmittel versetztem Natriumchlorid** wird dadurch erreicht, daß das NaCl außer mit den Cyaniden noch mit Erdalkalisilicaten u./oder -carbonaten in Mengen von 50—500 g/to NaCl vermischt wird, wobei bes. bas. $MgCO_3$ in Mengen von ca. 250 g/to NaCl angewandt wird. (**D. A. S. 1145594** Kl. 12l vom 18/11. 1961, ausg. 21/3. 1963.) K. Wolk H 274

1973 Wintershall Akt.-Ges., Celle (Erfinder: Hans Henne, Gerhard Budan, Kassel, und Kurt Ratsch, Wölfershausen/Werra), **Herstellung von Kaliumsulfat durch Umsetzung von Kaliumchlorid mit Kalimagnesia,** bei der ein Teil der anfallenden Sulfatlauge mit Kieserit u. ein weiterer Teil mit aus der Rk. von Kalimagnesia-Mutterlaugen mit $MgSO_4$ (**I**) stammenden Kainit (**II**) jeweils zu Kalimagnesia umgesetzt werden, die dann mit KCl-Lsg. zu K_2SO_4 u. einer KCl-armen Abstoßlauge umgesetzt werden, erfolgt dadurch, daß die anfallenden Mutterlaugen, bevor diese mit **I** zu **II** umgesetzt werden, um bes. 30—40 Gew.-% eingedampft werden, wobei die Kaliummagnesialauge beim Kp. u. zu einer kleinen Teilmenge, bes. $^1/_4$—$^1/_3$ der Menge, in nachgeschalteten Kühlstufen eingedampft wird. — Verfahrensschema. (**D. A. S. 1145156** Kl. 12l vom 19/3. 1960, ausg. 14/3. 1963.) K. Wolk H 275

1974 Knapsack-Griesheim Akt.-Ges., Knapsack bei Köln (Erfinder: Klaus Feldmann, Hermülheim, Alfred Rumberg, Hürth, Helmuth Klee, Knapsack, Heinrich Floor, Brühl, und Anton Schummer, Hamburg), **Abkühlen von in Tiegeln oder Pfannen abgestochenem Calciumcarbid** erfolgt dad., daß man das CaC_2 in den Gefäßen bis auf eine Oberflächen-Temp. von ca. 200° abkühlen läßt, es dann bricht u. in einer Schüttung < 50 cm, bes. 20—30 cm, weiter abkühlen läßt, wobei die abschließende Abkühlung auf Fördereinrichtungen erfolgen kann. Abkürzung der Abkühlzeit u. damit weniger CaC_2-Verlust als bei herkömmlichem Abkühlen. (**D. A. S. 1148216** Kl. 12i vom 3/10. 1961, ausg. 9/5. 1963.) K. Wolk H 283

1975 Chemische Werke Hüls Akt.-Ges. (Erfinder: Erhard Lange und Hermann Röhl), Marl, Kr. Recklinghausen, **Kontinuierliche Herstellung von Titantetra-**

bromid aus $TiCl_4$. Ein gasförmiges Gemisch aus $TiCl_4$, Br_2 u. überschüssigem H_2 wird durch eine auf 200—600° (bes. 300—500°) gehaltene Reaktionszone geführt u. $TiBr_4$ durch Abkühlen des Reaktionsgemisches auf > 150° abgeschieden. (**D. A. S. 1123303** Kl. 12i vom 30/6. 1960, ausg. 8/2. 1962.) E. Miessgang H 321

1976 Kali-Chemie Akt.-Ges., Hannover (Erfinder: Herbert Jenkner, Köln), **Zinnäthinyle** werden hergestellt durch Rk. von Alkaliacetyliden mit Verbb. der allg. Formel R_xSnX_y (R = aliphat. Rest; X = Halogen; x + y = 4, x kann auch 0 sein) in einem inerten Lsgm. bei 20—150°. — 50 (g) $(C_2H_5)_3SnCl$ in 50 Ae. kocht man mit 11 NaC_2H 6 Std. unter Rückfluß, filtriert u. dest. → 38,5 *Triäthylzinnäthinyl*, $Kp._{11}$ 57—58°, 80,4% Ausbeute. — Analog erhält man: *Diäthylzinndiäthinyl*, $Kp._{0,1}$ 32—35°; Tributylzinnäthinyl, $Kp._{0,1}$ 85—90°; *Zinntetraäthinyl*, IR-Banden bei 690, 2050 u. 3300 cm^{-1}, explodiert bei schnellem Erhitzen. — Verw. zur *Herst.* von *Kunststoffen*, von funktionellen Sn-organ. Verbb. u. zur *Stabilisierung von PVC*. (**D. A. S. 1152106** Kl. 12o vom 17/2. 1959, ausg. 1/8. 1963.) A. Debo H 327

1977 **E. I. du Pont de Nemours & Co.**, Wilmington, Del., V. St. A., *Herstellung von Kaliummonopersulfat*. (**Belg. P. 572175** vom 18/10. 1958, ausg. 18/5. 1962. A. Prior. 31/10. 1957. — C. **1960**, 15176 [A. P. 2901319].)

1978 **Farbenfabriken Bayer Akt.-Ges.**, Leverkusen, übert. von: **Erich Rahlfs, Werner Thraum**, Leverkusen, und **Gunter Henrich**, Opladen, *Herstellung von Hydrazoniumsalzen*. (**A. P. 3028316** vom 28/7. 1958, ausg. 3/4. 1962. D. Prior. 31/7. 1957. — C. **1961**, 5926 [D. A. S. 1066558].)

1979 **Food Machinery and Chemical Corp.** (Erfinder: **Leonard Ray Darbee** und **James Robert Kolizynski**), *Herstellung von Peroxymonosulfaten*. (**Aust. P. 236725** vom 15/9. 1959, ausg. 11/1. 1962. A. Prior. 15/10. 1958. — C. **1961**, 17344 [D. A. S. 1103309].)

1980 **United States Borax and Chemical Corp.**, Los Angeles, Calif., V. St. A., *Organoalkoxyborane*. (**E. P. 916189** vom 20/9. 1961, ausg. 23/1. 1963. A. Prior. 21/10. 1960. — C. **1963**, 8687 [A. P. 3027396].)

1981 **Pechiney Comp. de Produits Chimiques et Électrométallurgiques** (Erfinder: **Gerhart Pauls**), Frankreich, *Herstellung von hochreinem Silicium*. (**F. P. 1252005** vom 11/2. 1956, ausg. 3/5. 1961. — C. **1959**, 14222 [D. A. S. 1054436].)

1982 **Knapsack-Griesheim Akt.-Ges.** (Erfinder: **Klaus Beltz** und **Franz Rodis**), Knapsack, *Neutralisieren von Phosphorsäure*. (**E. P. 886217** vom 7/6. 1960, ausg. 3/1. 1962. D. Prior. 13/6. 1959. — C. **1961**, 3443 [D. A. S. 1086678].)

1983 **Diamond Alkali Co.**, Cleveland, Ohio, V. St. A., *Herstellung eines wasserfreien Natriumsulfats*. (**Niederl. P. 104036** vom 2/11. 1954, ausg. 15/3. 1963. A. Prior. 2/11. 1953. — C. **1958**, 1399 [D. A. S. 1008721].)

1984 **Ministère des Richesses naturelles**, Quebec (Erfinder: **Maurice Archambault**, Quebec, **James U. MacEwan**, Montreal, und **Charles A. Olivier**, Quebec), Canada, *Gewinnung von Lithiumcarbonat aus Spodumen*. (**D. A. S. 1145595** Kl. 12l vom 11/8. 1959, ausg. 21/3. 1963. A. Prior. 11/8. 1958. — C. **1963**, 18986 [A. P. 3017243].)

1985 **W. R. Grace & Co.**, New York, N. Y. (Erfinder: **Frank Xavier Werber**, Kensington, Md., und **Frank Andrew Mirabile**, Silver Spring, Md.), V. St. A., *Aluminiumtrialkyle mit mindestens einer n-Octylgruppe*. (**D. A. S. 1142608** Kl. 12o vom 5/5. 1960, ausg. 24/1. 1963. A. Prior. 29/6. 1959. — C. **1962**, 18234 [A. P. 2959607].)

1986 **American Cyanamid Co.**, V. St. A. (Erfinder: **Earl William Nelson**), *Herstellung von Titandioxid*. (**F. P. 1248969** vom 20/2. 1960, ausg. 14/3. 1961. A. Prior. 26/3. 1959. — C. **1963**, 11392 [D. A. S. 1119838].)

1987 **Montecatini Soc. Gen. per l'Industria Mineraria e Chimica**, Mailand, Italien, *Herstellung von Titantrichlorid*. (**E. P. 881955** vom 15/4. 1958, ausg. 8/11. 1961. It. Prior. 16/4. 1957. — C. **1963**, 1030 [F. P. 1205462].)

1988 **Fabriques de Produits Chimiques de Thann et de Mulhouse**, Thann, übert. von: **Robert Jean Mas**, Thann, **Maurice Germain Fignet** und **André Louis Michaud**, Vieux-Thann, Haut-Rhin, Frankreich, *Aufarbeitung des bei der Reinigung von Titantetrachlorid anfallenden Schlammes*. (**A. P. 3009541** vom 19/3. 1959, ausg. 21/11. 1961. — C. **1961**, 8798 [D. A. S. 1085510].)

1989 **British Titan Products Co. Ltd.**, Billingham, Durham, übert. von: **Arthur Wallace Evans**, Nunthorpe, Middlesbrough, und **Arthur Dolby Brown** und **Hugh Robert Roddam**, Grimsby, England, *Herstellung neben Aluminiumsulfat im wesentlichen Titanylsulfat enthaltender schwefelsaurer Lösungen*. (**A. P. 2998321** vom 3/2. 1958, ausg. 29/8. 1961. E. Prior. 8/2. 1957. — C. **1963**, 255 [D. A. S. 1123302].)

1990 **Kurt Peters**, Wien, Österreich, *Trennen von Zirkonium- und Hafniumverbindungen*. (**E. P. 866719** vom 29/4. 1957, ausg. 26/4. 1961. Oe. Prior. 27/4. 1956. — C. **1960**, 5285 [D. A. S. 1067797].)

1991 **Diamond Alkali Co.**, V. St. A. (Erfinder: **Irving Wender**), *Herstellung von Chromhexacarbonyl*. (**F. P. 1242021** vom 25/11. 1959, ausg. 30/12. 1960. A. Prior. 26/11. 1958. — C. **1963**, 15947 [A. P. 3012858].)

1992 **E. I. du Pont de Nemours & Co.** (Erfinder: **Harold Mead Hubbard** und **Roger Waldo Sanftner**), V. St. A., *Gewinnung von Wolfram und Wolframtrioxid aus wolframhaltigen Erzen*. (**F. P. 1193521** vom 21/3. 1958, ausg. 3/11. 1959. A. Prior. 25/3. 1957 u. 24/1. 1958. — C. **1962**, 6544 [Aust. P. 227521] u. C. **1963**, 3739 [A. P. 2992069].)

1993 **A/B Atomenergi**, Schweden, *Extraktion von Uranverbindungen aus ihren Lösungen*. (**F. P. 1252018** vom 25/9. 1957, ausg. 3/5. 1961. Schwed. Prior. 26/9. 1956. — C. **1959**, 16449 [D. A. S. 1056108].)

1994 **United Kingdom Atomic Energy Authority**, England, *Herstellung von Plutoniumoxalat*. (**F. P. 1250760** vom 11/1. 1960, ausg. 7/4. 1961. E. Prior. 22/1. 1959. — C. **1963**, 256 [D. A. S. 1127337].)

1995 **Badische Anilin- & Soda-Fabrik Akt.-Ges.**, Deutschland (Erfinder: **Walter Hieber**), *Herstellung von Rheniumpentacarbonylwasserstoff*. (**F. P. 1250116** vom 15/2. 1960, ausg. 24/3. 1961. D. Prior. 19/2. 1959. — C. **1960**, 15872 [D. A. S. 1082241].)

H_6. Silicatchemie, Baustoffe

1996 **Die Reaktion feuerfester Materialien der Glasschmelzöfen mit der Glasmasse bei der Elektroschmelze des Glases.** M. G. Manweljan, K. A. Kosstanjan und Je. A. Ersnkjan. (Nachr. Akad. Wiss. ArmenSSR, Ser. techn. Wiss. **14**, Nr. 5, 55—60, 1961; russ., Auszug: armen.) — Auf überwiegend kaolinhaltigem Ofenmaterial erfolgt unter dem Einfl. geschmolzener Glasmassen im Falle alkalireichen Glases die Bldg. einer Schicht zähen „Kaolinglases", die dem Eindringen diffundierender Na-Ionen Widerstand entgegensetzt. In tieferliegenden Schichten entsteht Mullit. Bei der Verarbeitung von Borosilicatglas konnte die Ggw. von Kaolinglas als Schutzschicht nicht beobachtet werden, wahrscheinlich wegen seiner zu großen Lsg.-Geschw. in der übrigen Glasmasse. W. Herfurt 6172□

1997 **Die maschinelle Glasfabrikation.** 1. Mitt. **Hohlglas.** Felice Franceschini. (Vetro e Silicati **7**, 15—24, 1963; ital.) — Beschreibung der zur Herst. von Kristall-, Tafel- u. Preßglas in Gebrauch befindlichen Vorrichtungen. R. Kaiser 6180◇

1998 **Über die Struktur von Glas.** A. L. Friedberg. (Int. Enamelist **13**, Nr. 1, 21—29, 1963; Urbana, Ill., Univ. of Illinois; engl.) — Vf. gibt im Rahmen einer Vorlesung einen Überblick über die Struktur von Glas, wobei die bekannten Tatsachen in didakt. guter Form zusammengefaßt werden. F. M. Nehmzow 6200◇

1999 **Zerstäubungstrockenanlagen bei der Herstellung von Preßpulvern der feinkeramischen Industrie.** Endre Monostori. (Épitőanyag [Baumaterial] **15**, 184—87, Mai 1963; ung.) — Die Arbeitsweise der Zerstäubungstrocknung wird kurz beschrieben u. mit anderen Trocknungsverff. verglichen. I. Náray-Szabó 6206△

2000 **Vorschlag für die komplexe Verwertung des Rohstoffs aus der Schottersandgrube Chocovice bei Cheb.** L. Nový, J. Pacovský und J. Simon. (Stavivo **41**, 214—16, 1963; Karlovy Vary, ÚOSKS und ZPK; tschech.) — Vorschlag für eine komplexe Verwertung des Rohstoffs aus der Schottersandgrube Chocovice bei Cheb. Unter 1 mm große Abfallsandfraktionen können als Gießereisand- u. wertvollere Bausandarten ausgenützt werden, die Tonfraktionen finden Verw. in der keram. Industrie. Die quarzhaltigen Steine mit Korngrößen > 30 mm sind als Rohstoff für Porzellane u. Spezialglassorten geeignet. J. Schneider 6208◇

2001 **Über einen neuen Temperofentyp.** G. Marina und M. Quadrelli. (Vetro e Silicati **7**, 25—27, 1963; ital.) — Beschreibung eines neuerbauten Temperofens mit stufenweise beheizbaren Hohlwänden u. Ventilatoren zur Ausgleichung von Hitzezonen. R. Kaiser 6210◇

2002 **Trocknertypen für Emails.** C. E. Knipper. (Int. Enamelist **13**, Nr. 1, 18—20, 1963; 29—30, Ferro Corp.; engl.) — Vf. geht im Rahmen eines Vortrags kurz auf Gas-Infrarot- u. Elektro-Infrarot-Trockner mit verschiedenen Heizquellen für die Emailfertigung ein. In geringem Umfang werden prakt. Erfahrungen mitgeteilt. F. M. Nehmzow 6212◇

2003 **Fertigungs- und Laborerfahrungen mit vorgemahlenem Grundemail.** L. M. Dunning. (Int. Enamelist **13**, Nr. 1, 31—32, 1963; USA; Ferro Corp.; engl.) — Bei Verw. vorgemahlener Grundemails ergeben sich für die Fertigung folgende Vorteile: Arbeitsverringerung in der Massemühle, geringerer Kapitalaufwand für den Aufbau neuer Fabriken, Verringerung von Emailverlusten, verringerte Betriebskosten (z. B. durch den geringeren Bedarf an Mahlkugeln), vergrößerte Beweglichkeit bei der Masseaufbereitung, verbesserte Mahlfeinheitskontrolle. — Für die Aufbereitung dieser Grundemails gibt Vf. kurz einige Erfahrungen aus dem Labor. an. F. M. Nehmzow 6212◇

2004 **Spezialemails für hohe Temperaturen.** 1. Mitt. **Allgemeine Übersicht.** A. Petzold. (Sprechsaal Keram., Glas, Email **93**, 2—6, 1960; Freiberg/Sa., Bergakad., Inst. für Silikathüttenkunde; dt.) — Übersicht über die Entw., die Aufgaben u. Arten der Hoch-Temp.-Emails sowie die Eigg. von Hoch-Temp.-Emaillierungen u. einige Anwendungen. R. Grundmann 6212◇

2005 **Spezialemails für hohe Temperaturen.** 2. Mitt. **Versuche mit Hochtemperaturemails auf legierten Stählen.** A. Petzold und H. Betzer. (Sprechsaal Keram., Glas, Email **93**, 252—55, 5/5. 1960; dt.) — 1. vgl. vorst. Referat. — Vff. berichten über Hochtemp.-Emails (Versätze werden nicht angegeben) zum Schutz von Cr-Ni-Stählen gegen Oxydation u. interkristalline Korrosion bei Temp. bis zu 900°. Bemerkenswert sind die hohe Temp.-Wechselfestigkeit u. die mechan. Festigkeit der entwickelten Emails. Angabe der Zus. der Stähle, Technologie der Email-Herst. u. der Emaillierung.
V. Nohmzow 6212◇

2006 **Zur Theorie der Sinterung von feuerfesten Materialien.** M. F. Kosinski. (Nachr. Akad. Wiss. UkrainSSR **1963**, 522—24; Kiew, Polytechn. Inst.; ukrain., Auszug: engl.) — Durch Verwendung des chem. gleichen Materials für die Schamotte u. das Lehmbindemittel für die Herst. eines feuerfesten Hochofensteins wird eine Vol.-Sinterung erzielt. Dadurch wird im Vgl. zur üblichen Filmsinterung die therm. Festigkeit des Hochofensteins wesentlich erhöht. Der Anteil der fl. Phase wird von 14,5 auf 17,0 bis 25,7% erhöht. Der Mulit-Geh. ist bei dem vorgeschlagenen Sinter-Verf. von 71,20 auf 80,30—83,07% erhöht.
O. Lebtag 6218△

2007 **Der Einfluß der Methoden der Äthylsilicathydrolyse auf die Eigenschaften von feuerfesten Überzügen.** L. A. Shitkowa. (Gießerei-Betr. [UdSSR] **1960**, Nr. 1, 20—23; russ.) — Zur Erlangung der erforderlichen Bindefähigkeit zur Herst. von feuerfesten Überzügen für Gußformen wird techn. Äthylsilicat der Hydrolyse unterworfen. Über den Rk.-Mechanismus werden Unterss. angestellt. Die Hydrolyse mit wenig W. ergibt Überzüge, die in kaltem wie im auf 900° erhitzten Zustand bei Luft- u. Luft-NH_3-Trocknung die größte Festigkeit aufweisen (40,6 u. 55,1 kg/cm² bzw. 54,8 u. 69,6 kg/cm²). J. Lehmberg 6218△

2008 **Keramische Oxide.** Stefania Bril. (Selecta Chim. [São Paulo] **1961**, 19—88; São Paulo, Pesquisas da Orquima S. A.; port.) — Übersicht unter bes. Berücksichtigung der *Uranoxide* u. ihrer Verw. als Kernbrennstoffe. — 211 Literaturangaben.
A. Blaschette 6220◇

2009 **Keramik in der Kerntechnik.** P. Murray. (Trans. Brit. ceram. Soc. **62**, 71—81, 1963; Harwell; Atomic Energy Res. Establishment; engl.) — Vf. gibt einen Überblick über die Anwendung von Keramik in der Kerntechnik, wobei bes. auf UO_2 u. U-Monocarbid als Brennelemente eingegangen wird. Diskutiert wird das Verh. dieser Stoffe (sowohl in fester als in disperser Form) unter Bestrahlung, wobei auf das Austreten von Spaltgasen eingegangen wird. Pu, das bei den großen, mit Natururan betriebenen Anlagen entsteht, kann als Zusatz zu den Brennelementen in schnellen Reaktoren verwendet werden. Dabei liegt ebenfalls das Gew. auf keram. Brennstoffen. Im Hinblick auf die konventionellen keram. Werkstoffe wird dem Be-Oxid u. seinem Verh. unter Bestrahlung die größte Aufmerksamkeit gewidmet. Es wird auf die Notwendigkeit hingewiesen, die Eigg. dieser Werkstoffe bes. hinsichtlich Sprödigkeit u. geringer Temp.-Wechselfestigkeit zu untersuchen.
F. M. Nehmzow 6220◇

2010 **Neue Richtungen in der Zementerzeugung.** V. Figuš. (Stavivo **41**, 247—49, 1963; Bratislava, Slovenská vysoká škola technická; tschech.)
J. Schneider 6222◇

2011 **Bedeutung und Verwertung der gesinterten pelletisierten Flugaschen.** A. G. Pokorný. (Stavivo **41**, 204 bis 205, 1963; Brno, Výzkumný ústav stavebních hmot; tschech.) — Die chem. Zus. u. einige Eigg. von 2 Arten von Flugaschen von Elektrizitätswerken sowie die physikal. u. chem. Eigg. von Gesteinen u. Betonen, die aus diesen Flugaschen hergestellt werden, sind angegeben.
J. Schneider 6224◇

2012 **Betone unter Anwendung von Furanharzen.** W. I. Ssolomatow. (Hydrotechn. Bau [UdSSR] **30**, Nr. 9, 16—17, 1960; russ.) — Ein Betongemisch mit 57 (kg) Furfurylalkohol, 8,5 Anilinhydrochlorid bei einem Verbrauch von **334** Zement u. 134 W. weist erhöhte Festigkeit, chem. Beständigkeit u. Wasserundurchlässigkeit bis 80 at auf. Zementfreier Beton („Plastbeton") aus 8—14(%) eines Furfurol-Aceton-Monomers, 1,5—2 Furfurol, 3—4 Benzolsulfonsäure u. 82—88 Bausand besitzt ein um 10—20% kleineres Spezif. Gew. als Zementbeton, eine Wasserundurchlässigkeit bis 20 at, Druckfestigkeit bis 700 kg/cm² u. große Beständigkeit gegen chem. Agression.
J. Lehmberg 6224△

2013 **Phosphorsäureanhydrid als Bindemittel.** P. F. Gordaschewski, Z. I. Broido und M. M. Stolowitzkaja. (Baumaterialien [UdSSR] **8**, Nr. 7, 34—35, 1962; russ.) — Die gipshaltigen Abfälle von Dscherschinsk (92—96% $CaSO_4 \cdot 2\,H_2O$) lassen sich infolge ihres P_2O_5-Geh. durch kurzzeitiges Glühen bei 700—900° in ein rasch erhärtendes Anhydridbindemittel (mittlere Festigkeitsgrenze $\sim$ 220 kg/cm²) für Beton aufarbeiten. Der sog. Phosphogips hat eine Zus.: 31,8(%) CaO, 44,52 SO_3, 19,85 H_2O, 1,12 P_2O_5, 1,07 SiO_2, 0,95 R_2O_3 u. 0,51 Na_2O. Eine Steigerung der spezif. Oberfläche bedingt eine Erhöhung der Festigkeitsgrenzen bis auf $\sim$ 460 kg/cm².
W.-D. Heußner 6226◇

2014 **Keramische Dünnwandbausteine.** J. Sodomka. (Stavivo **41**, 240—41, 1963; Hrochův Týnec, Vývojové oddělení VČC; tschech.) J. Schneider 6228◇

2015 **Untersuchungen von Silicaten durch Ultrarot-Spektroskopie. Derzeitiger Stand und Zukunftsaussichten.** P. Tarte. (Bull. Soc. franç. Céram. **1963**, Nr. 58, 13—34; Liège, Univ., Inst. de Chim.; franz.) — Isomorphie zweier Silicate äußert sich im allg. durch sehr große Ähnlichkeit ihrer Spektren bei hohen Frequenzen. Polymorphe Unterschiede des gleichen Stoffes geben unterschiedliche Spektren. In bestimmten Fällen können die Unterschiede unmittelbar als Änderung der Koordination gedeutet werden. Der charakterist. Absorptionsbereich der Gruppe XO_n ändert sich mit der Koordinationszahl n; für oktaedr. Anordnung liegen die Frequenzen tiefer als für für tetraedrische. Es läßt sich deshalb manchmal n eines Kations in einer unbekannten Struktur ermitteln. Bei Silicaten macht sich der isomorphe Ersatz von Si durch Ge, Al u. Ti bemerkbar. Das kann zur Unters. des Einfl. von Verunreinigungen auf die Struktur herangezogen werden. Schließlich kann die IR-Spektroskopie zum Studium der Fehlordnungserscheinungen einerseits bei kristallinen Phasen mit Ordnungs–Unordnungs-Übergängen (Mullit–Sillimanit) u. andrerseits bes. für den Glaszustand benutzt werden. Das Spektrogramm eines Glases kann über den Grad der Ordnung bzw. Unordnung u. über die tetraedr. u. oktaedr. Anordnung von Netzwerkbildnern u. -wandlern Auskunft geben. J. Heinze 6240◇

2016 **Komplexometrische Bestimmung des Eisens und Aluminiums bei der Analyse von Silicaten.** J. Novák. (Stavio **41**, 103—05, 1963; Praha, TZÚS; tschech.) — Die Vorteile der komplexometr. Fe- u. Al-Best. bei der Silicatanalyse werden angegeben. Der störende Einfl. von Cu, Mn, Mg, Ti u. PO_4^{3-} u. die Beseitigung wird besprochen. — 16 Literaturstellen.
J. Schneider 6240◇

2017 **Beziehung zwischen der thermischen Vorbehandlung eines Glassystems und seiner Entglasungsgeschwindigkeit.** B. Locardi. (Vetro e Silicati **7**, 5—10, 1963; ital.) — An Hand der aus DTA-Kurven abgeleiteten Entglasungsgeschw. ließen sich Strukturänderungen im Temp.-Bereich 1280—1420° als Funktion von Temp. u. Zeit wiedergeben, jedoch war die ursprüngliche Annahme, daß die Geschw. der Kristall-Bldg. u. Größe der hierbei auftretenden Aktivierungsenergie parallel laufen, nicht zu vertreten. Mit steigender Temp. u. Einw.-Dauer wurde eine sich ändernde Aktivierungsenergie gemessen; die beobachteten Strukturänderungen scheinen einer Hysterese bei der therm. Vorbehandlung zu unterliegen.
R. Kaiser 6242◇

2018 **Untersuchung über den durch Entglasung von gepulvertem Kaliumbleisilicat-Glas erhaltenen, polykristallinen Stoff.** Hajime Saito und Nobuo Takusagawa. (J. ceram. Assoc. Japan [Yogyo Kyokai Shi] **71**, 129—33, 1963; Sapporo, Hokkaido Univ., Fac. of Engng.; jap., Auszug: engl.) — Glas mit der Zus. $K_2O \cdot 4\,PbO \cdot 8\,SiO_2$ erweicht bei 450—500° u. entglast bei 580—780°. Zur Keimbldg. ist eine Temp. von 680° am günstigsten. Die Geschw. des Kristallwachstums ist bei 660—720° relativ groß u. erreicht bei 770° ein Maximum von 60 μm/h. Die

Entglasung verläuft am raschesten u. gleichmäßigsten bei Teilchengrößen von < 325 mesh u. einer Temp. von 680°. Eine polykrist. Prod. mit > 95% krist. Phase erhält man nach 2std. Formen bei 450° durch Erhitzen auf 450—550° mit einer Geschw. von 0,1°/Min. u. auf 550 bis 680° mit 2,5°/Min. u. 2std. Verweilen bei 680°. Die erhaltenen Mikrokristalle haben eine Biegefestigkeit von 1000—1400 kg/cm². W. Wesly 6242◇

2019 **Neue Untersuchungen über die Struktur des glasigen Zustands.** I. Peyches. (Silicates ind. **28**, 223—29, 1963; franz.) — Oxidgläser enthalten weit offene Strukturen, bei denen die Anzahl der Lücken wesentlich ist. Die Fähigkeit der Glas-Bldg. ist nichts anderes als die Fähigkeit, ohne Auflösung eine große Zahl von Fehlstellen einzubauen. Die vorher bereits vorhandenen Lücken „lösen" Fehlstellen vom Frenkel-Typ „auf". Das Auftreten von Fehlstellen in Salzmodellen in Abhängigkeit von der Temp. u. der Einfl. auf ihre Verteilung in offenen oder geschlossenen Strukturen wird untersucht. J. Heinze 6242◇

2020 **Kernmagnetische Resonanzuntersuchungen der Struktur von Alkaliboratgläsern.** P. J. Bray und J. G. O'Keefe. (Physics Chem. Glasses **4**, 37—46, 1963; Providence, R. I., Brown Univ., Dep. of Physics; engl.) — Die Untersuchung der Umgebung von B-Atomen in R_2O–B_2O_3-Gläsern mit R = Li, Na, K, Rb oder Cs als Funktion der Zus. mit Hilfe der Kernresonanz-Meth. zeigt, daß der Teil der B-Atome mit der Koordinationszahl 4 keine Sättigung bei oder in der Nähe der R_2O-Konz. aufweist, bei der die sog. B-Anomalie auftritt. Die Ergebnisse der Vff. stehen im Widerspruch zu der von Krogh-Moe (C. **1964**, 1-2069) vertretenen Auffassung über die Existenz von B–O-Strukturgruppen. Ihre Ergebnisse deuten vielmehr auf das Vorhandensein von spezif. Strukturgruppierungen hin. I. Köditz 6242

2021 **Kernmagnetische Resonanzuntersuchungen der Struktur von Bleiborat-Gläsern.** P. J. Bray, M. Leventhal und H. O. Hooper. (Physics Chem. Glasses **4**, 47—66, 1963; Providence, R. I., Brown Univ., Dep. of Physics; engl.) — Vff. untersuchen die Umgebung der Pb- u. B-Atome in PbO–B_2O_3-Gläsern als Funktion der Zus. mit Hilfe der Kernresonanzmethode. Aus den erhaltenen Daten ergibt sich folgendes Strukturbild von Bleiborat-Gläsern: 1. Bei niedrigem PbO-Geh. erfolgt die Bldg. von koordinativ vierwertigem B auf je zwei Tetraeder pro hinzukommendes O-Atom. Pb liegt als Pb^{2+} vor. 2. Bei mehr als 15—20 Mol-% PbO geht die Bldg.-Geschw. der Tetraeder zurück, da Pb zum Teil in Form von PbO_4-Pyramiden in das Netzwerk eingeht. Die PbO_4-Einheiten sind mehr an BO_3- als an BO_4-Einheiten gebunden. 3. Bei ca. 30 Mol-% PbO erfolgt eine Modifizierung der BO_3-Einheiten. 4. Der N_4-Anteil des koordinativ vierwertigen B erreicht ein Maximum bei ca. gleichen Mengen PbO u. B_2O_3. I. Köditz 6242

2022 **Bandschleifmaschinen-Härte, Zerstörungshärte und Diamantpyramiden-Kerbhärte von Gläsern für den praktischen Gebrauch.** Yukio Endo, Yasushi Hasegawa und Syoitiro Kawakubo. (J. ceram. Assoc. Japan [Yogyo Kyokai Shi] **71**, 103—09, 1963; Tokyo, Koyo Kernmazai Co.; jap., Auszug: engl.) — An Gläsern für den prakt. Gebrauch ausgeführte Härtemessungen ergeben gute Wechselbeziehungen zwischen Bandschleifmaschinen- u. (BS) Zerstörungshärte u. zwischen Mikro-Vickers- u. Knoop-Härte. Die beiden letztgenannten Härten zeigen keine nennenswerte Beziehung zur BS- u. Zerstörungshärte. Keiner der Werte hat eine erkennbare Wrkg. auf den Umwandlungspunkt der Gläser. W. Wesly 6242◇

2023 **Untersuchung der Abhängigkeit der Durchsichtigkeit des Porzellans vom Verhältnis der Komponenten und von der Art ihrer Behandlung.** B. Ss. Lissin und K. W. Dashuk. (Nachr. Akad. Wiss. UkrainSSR **1963**, 516—19; Kiew, Polytechn. Inst.; ukrain., Auszug: engl.) — Untersucht wird die Lichtdurchlässigkeit von *Porzellan* in Abhängigkeit vom Mengenverhältnis der Komponenten, der Mahlfeinheit u. von den Brennbedingungen. Als Zuschläge wurden verwendet: Dolomit, Pegmatit, ZnO, Kreide u. $Ba_3(BO_3)_2$. O. Lebtag 6246△

2024 **Physikalische Eigenschaften und Verhalten von Elektrohartporzellan im Ofen, interpretiert an Dichtemessungen.** E. C. Williams, R. C. Reid-Jones und D. T. Dorril. (Trans. Brit. ceram. Soc. **62**, 405—20, 1963; Steatite and Porcelain Products, Ltd.; engl.) — Mit der vorliegenden Arbeit wird ein enger Zusammenhang zwischen Raumgew. u. therm. Ausdehnungs-Koeff. u. zwischen Dichte u. mechan. Festigkeit von Hartporzellan aufgezeigt. In einem begrenzten Betriebsvers. wurde festgestellt, daß die verschiedenen Brennbedingungen, die in einem Ofen auftreten, fast ausnahmslos für die Schwankungen dieser Eigg. verantwortlich sind. Eine Schnell-Meth. zur Messung des Raumgew. von gebrannten Porzellanproben wird beschrieben u. für die statist. Qualitätskontrolle der Eigg. herangezogen, um die Bedingungen in einem großen gasbeheizten Tunnelofen zu überwachen u. systemat. Änderungen der Brennbedingungen an verschiedenen Stellen im Ofen zu untersuchen. F. M. Nehmzow 6246◇

2025 **Über die Verglasung und die Eigenschaften im gebrannten Zustand von Elektroporzellan.** B. E. Waye, M. Ashley, B. Gibson, B. Hales und G. James. (Trans. Brit. ceram. Soc. **62**, 421—41, 1963; Stoke on Trent; North Staffordshire Coll. of Technol.; engl.) — Es wird ein kurzer Überblick über die Literatur gegeben, die sich mit dem Einfl. verschiedener Faktoren, bes. Anteil u. Korngröße von Quarz, auf die mechan. Festigkeit von Porzellan, befaßt. Die Unterss. dieser Arbeit befassen sich mit dem engl. Weichporzellan; die Glasbldg. wurde durch Messungen von Schwindung, Raumgew. u. Porosität verfolgt, außerdem durch licht- u. elektronenopt. Unterss. sowie Röntgenbeugung. Bruchmodul u. Schlagfestigkeit in Abhängigkeit von der Brenntemp. wurden ebenfalls gemessen. Die Schlagfestigkeit wird unter Zuhilfenahme der Vorstellung vom „toss-factor" näher untersucht, der sich aus der Gleichung $E = \frac{1}{2} mV^2$ ergibt; E = toss-factor, m = Masse des Prüfkörpers, V = Geschw.-Faktor. F. M. Nehmzow 6246

2026 **Phasenumwandlungen in Kaolinton bei hoher Temperatur.** Hiroshi Okuda, Shuzo Kato und Takeo Iga. (J. ceram. Assoc. Japan [Yogyo Kyokai Shi] **71**, 119—28, 1963; Nagoya, Govt. Ind. Res. Inst.; jap., Auszug: engl.) — Unterss. über das Verh. von Kaolin(I)-Mineralien bei Temp. > 1000° zeigen: Die bei ca. 1200 bis 1250° stattfindende, 2. exotherme Rk. beruht auf der Bldg. von Mullit (II), die Form des therm. Maximums hängt von der Kristallinität des I-Tones ab. In wohl krist. Ton entsteht II bei tieferer Temp. als in schwach krist. Proben. Dagegen entsteht II in schwach krist. Ton rasch bei 1200—1250°. Die 3., bei manchen Touen bei 1300—1450° auftretende, exotherme Rk. unter Bldg. von Cristobalit wird stark durch Alkali beeinflußt, das exotherme Maximum von Proben mit geringem Alkali-Geh. liegt bei 1400—1450°. Mit steigendem Alkali-Geh. sinkt die Temp. u. die Intensität des therm. Maximums. Daher zeigen alkalireiche Proben keine 3. exotherme Reaktion. W. Wesly 6248◇

2027 **Die physikalischen Eigenschaften keramischer Körper bei hohen Temperaturen.** 1. Mitt. **Messung des Elastizitätsmoduls.** L. J. Davies und R. Brough. (Trans. Brit. ceram. Soc. **62**, 451—62, 1963; British Ceram. Res. Assoc.; engl.) — Vff. beschreiben ein Gerät zur Messung des Elastizitärsmoduls bei hohen Temperaturen. Das Gerät mißt die Änderung des Young-Moduls des Prüfkörpers bei seiner Aufheizung u. arbeitet stat. mit einer Dreipunktauflage. Neu an diesem Gerät ist, daß die Probe sich zwar in einem Ofen befindet, die Auslenkung der Probe aber nach außen auf zwei Metallfedern übertragen wird, wo sie mit Dehnungsmessern gemessen wird. Die approximative Genauigkeit der App. beträgt ± 5%. Für einige keram. Körper werden Elastizitätskurven angegeben. F. M. Nehmzow 6248◇

2028 **Die physikalischen Eigenschaften keramischer Körper bei hohen Temperaturen.** 2. Mitt. **Messung der Querbiegefestigkeit.** L. J. Davies und R. Brough. (Trans. Brit. ceram. Soc. **62**, 463—75, 1963; engl.) — Es wird eine App. beschrieben, bei der eine Dreipunktauflage für die Messung des Bruchmoduls gebrannter

Prüfkörper bei Temp. bis zu 1250° möglich ist. Während der Erhitzungsperiode können bis zu acht zylindr. Proben von ⌀ = $^3/_8$ in. gemeinsam gemessen werden. Die approximative Genauigkeit des Gerätes beträgt 5%. Vorläufige Ergebnisse für keram. Körper werden gegeben. F. M. Nehmzow 6248◇

2029 **Beitrag zur röntgenographischen und mikroskopischen Untersuchung tonerdehaltiger feuerfester Materialien.** A. Bertrand. (Bull. Soc. franc. Céram. **1963**, Nr. 58, 75—84; Paris, Soc. Franc. de Céram., Sect. Minér.; franz.) — Aus der Unters. von Steinen, die in einem Industrieofen mit reduzierender Atmosphäre eingesetzt u. anderen, die im Labor. bei 1500° einem Dauerstands-Vers. unterzogen worden waren, wird auf das Verh. feuerfester Materialien während des Gebrauchs geschlossen. J. Heinze 6248◇

2030 **Die chemische Analyse von Feuerfestkörpern mit hohen Kieselsäuregehalten und von Ton- und Schamotteprodukten.** J. Baron, J. Debras-Guedon und J.-P. Kiehl. (Bull. Soc. franc. Céram. **1963**, Nr. 58, 57—74; franz.) — An Hand von vergleichenden Unterss. verschiedener Labor. in Deutschland, England u. Frankreich werden zwei Verff. für die chem. Analyse von Silicaerzeugnissen u. von Ton u. Schamotte angegeben. Al, Ca u. Mg werden komplexometr. (ersteres auch gravimetr. mit 8-Hydroxychinolin), Fe u. Ti kolorimetr. u. Na, K u. Li flammenphotometr. bestimmt. J. Heinze 6248◇

2031 **Der Mechanismus der Stabilisierung magnesiumhaltiger Zemente.** J. Rosa. (Stavivo **41**, 194—98, 1963; Brno, Výzkumný ústav stavebních hmot; tschech.) — Vf. beschreibt die Problematik der Vol.-Stabilisierung von Mg-Zementen mit einem Geh. von 6 bis 8% MgO bzw. 10 bis 15% MgO u. untersucht die Bldg. u. Entw. von Chrysotil im Syst. $MgO–SiO_2–H_2O$. Bei der Periklashydratisierung entsteht eine krist. Form des $Mg(OH)_2$. J. Schneider 6252◇

2032 **Chelatometrische Bestimmung der Sulfate im Gips.** P. Bizoň. (Stavio **41**, 223, 1963; Bratislava, TSÚS; tschech.) — Beschreibung eines schnellen Titrationsverf. zur Best. der Sulfate im Gips, welches auf der Fällung der Sulfate durch einen Überschuß von $BaCl_2$ u. auf der chelatometr. Best. des Überschusses von Ba^{2+} beruht. J. Schneider 6254

2033 **Eine Schnellmethode für die Bestimmung von SO_3 in Sulfaten mittels Ionenaustauscher.** J. Kazimír und K. Zahlbruckner. (Stavivo **41**, 224—25, 1963; Bratislava, Výskumný ústav stavebnictva; tschech.) — Vff. beschreiben eine Schnell-Meth. der quant. Best. des SO_3 im gebrannten Gips, Gips u. Anhydrit durch Zers. mittels H_3BO_3 unter Verw. des Ionenaustauschers *Katex-S* u. durch Titration mit 0,1 n NaOH u. Methylorange. Die Analyse dauert 30 Min. u. ist ebenso genau wie die gravimetr. Methode. Sie eignet sich für serienartige Teil-Analysen von gebrannten Gips u. Gips. J. Schneider 6254◇

2034 **Selbsttätige Meß- und Regeleinrichtung für die Druckfeuerbeständigkeitsprüfeinrichtung.** W. Petersen, R. Grosse und H. Mingenbach. (Ber. dtsch. keram. Ges. e. V. **40**, 494—96, 1963; Aachen, Techn. Hochschule; dt.) — In DIN 1064 sind die Bedingungen für die Vers.-Durchführung bei der Messung der Druckfeuerbeständigkeit (DFB) feuerfester Baustoffe durch Aufnahme von Druckerweichungskurven in der sog. DFB-App. festgelegt. Da hierbei die Regelung von Hand erfolgt, bes. die Einhaltung der vorgeschriebenen Aufheizgeschw. vom Ausführenden abhängt, haben Vff. ein Verf. nebst Schaltung einer automat. Steuerung der Regeleinrichtung für die DFB-App. ausgearbeitet. Der Aufbau der Meß- u. Regeleinrichtung wird beschrieben, das Schaltschema u. vergleichende Ergebnisse aus einer handgesteuerten u. einer automat. Anlage werden mitgeteilt. W. Gulbins 6256◇

2035 G. B. Jacobson, Göteborg, Schweden, **Vorbehandlung des Rohmaterials für die Glasherstellung.** Die schwerschmelzenden Bestandteile, wie Sand, Kalk, Ton, werden in pulverförmigem feuchtem Zustand von etwa 4% Feuchtigkeit mit dem wasserlösl. Flußmittel vermischt u. unter Umrühren wieder getrocknet. Zu dieser vorbehandelten Mischung werden dann die restlichen Bestandteile zugesetzt. Durch diese Vorbehandlung wird die Schmelzzeit verkürzt. (**Schwed. P. 173875** vom 11/10. 1951, ausg. 3/1. 1961.) K. H. Kähler 6171

2036 Owens-Corning Fiberglas Corp., Del., übert. von: Games Slayter, Newark, Ohio, V. St. A., **Vorbehandelter Glasversatz.** Zur Herst. eines Glasversatzes, der sich in kleinen Öfen zu einer homogenen Glas-Masse erschmelzen läßt, werden feinstverteilte glasbildende Stoffe, wie SiO_2, CaO, MgO, Al_2O_3 u. Kaolin mit der wss. Lsg. von Kieselsäure in freier oder gebundener Form vermischt, worauf die Mischung zwecks Entfernung des W. auf Temp. bis zu 1600°F erhitzt wird. (**A. P. 3001881** vom 29/8. 1955, ausg. 26/9. 1961.) Hans Hoffmann 6171

2037 Pilkington Brothers Ltd., Liverpool, England, **Herstellung von natronfreiem Borsilicatglas,** dad. gek., daß man als einzige borhaltige Komponente Ca-, Mg- oder Al-Borate oder -Borsilicate verwendet. Man geht z. B. von einem Gemisch aus 50—67(%) SiO_2, 9,6—22,9 CaO, 0—7 MgO, 7—17 Al_2O_3 u. 14,4—16,1 C-Borat aus. (**Ind. P. 68827** vom 21/8. 1959. E. Prior. 22/8. 1958.) C. Lüttgen 6201

2038 Servo Corp. of America, übert. von: Joseph Jerger jun., New Hyde Park, N. Y., V. St. A., **Herstellung eines ultrarotdurchlässigen Glases.** Das Glas wird durch Vermischen von heiß-fl. As_2S_2 mit reinem S, Se oder Te hergestellt; das Gemisch erstarrt glasartig. Wichtig ist die Verw. reinster Ausgangsstoffe. Deshalb wird das As_2S_2 durch Dest. eines stöchiometr. Gemisches aus As_2O_3 u. S bei 565° gewonnen, worauf dem heiß-fl. Destillat die übrigen Komponenten zugesetzt werden. — Eine Dest.-App. wird beschrieben. — Abbildungen. (**A. P. 2999027** vom 17/5. 1954, ausg. 5/9. 1961.) Hans Hoffmann 6201

2039 Giovanni Farmeschi, Bologna, Italien, **Glasscheiben mit wärmeisolierenden und schalldämpfenden Eigenschaften** erhält man durch Anordnung einer Schicht von Kunstharzschaum (Vinylharz, Neoprenkautschuk) zwischen 2 Glasplatten. (**It. P. 559810** vom 24/6. 1955.) K. Koebke 6201

2040 Jenaer Glaswerk Schott & Gen., Mainz (Erfinder: Friedrich Johannes Dörr, Wiesbaden), **Feuerfeste Massen zum Einbetten elektrischer Heizspiralen,** die bereits nach 1std. Trocknung unter 110° gute Festigkeit besitzen u. optimale Festigkeit durch kurzzeitiges Erhitzen auf 1100—1200° erreichen, werden hergestellt aus einer mit W. angerührten innigen Mischung von 0—4 (Gew.-%) SiO_2, 75—85 Al_2O_3, 10—20 CaO u. evtl. 10—20 MgO. (**D. A. S. 1152651** Kl. 80b vom 22/4. 1960, ausg. 8/8. 1963.) G. Frikell 6219

2041 Brohltal Akt.-Ges. für Stein- und Tonindustrie, Burgbrohl/Bez. Koblenz (Erfinder: Johannes Müller, Bad Niederbreisig/Rh., und Annemarie Rosendahl, Urmitz/Rh.), **Feuerleichtsteine** aus einer Rohmasse von Staubkohlenflugasche u. einem Bindemittel mit Kaltdruckfestigkeit ca. 100—200 (kg/cm^2) bzw. 150—250 u. Druckfeuerbeständigkeit ca. 1250 bis 1350° bzw. 1300—1400° bei D = 0,7—0,9 bzw. 0,9—1,1 werden hergestellt durch Zusatz von 10—55% (berechnet auf Gesamtmasse) Schamotte oder gebranntem Schieferton mit einem Geh. von 30—60% Al_2O_3 u. Brennen der Formkörper bei 1250—1350°. (**D. A. S. 1151757** Kl. 80b vom 7/10. 1959, ausg. 18/7. 1963.) G. Frikell 6219

2042 Steinwerke „Feuerfest" Karl Albert G.m. b.H. (Erfinder: Gerhard Reinhardt, Göttingen, und Gottfried Hotz, Wiesbaden), **Feuerfeste Tonerdezemente mit hohem Tonerdegehalt** werden hergestellt aus einem Rohstoffgemisch mit 6—20 bes. 12—18% CaO, 60—85, bes. 65—75% Al_2O_3 u. zum Erreichen der erforderlichen hydraul. Eigg. 2—25 bes. 4—12% MgO. (**D. A. S. 1150612** Kl. 80b vom 8/3. 1962, ausg. 20/6. 1963.) G. Frikell 6223

2043 Farbenfabriken Bayer Akt.-Ges., Leverkusen (Erfinder: Helmut Weissbach, Opladen),

Kalk oder Zement und Alkylpolysiloxan enthaltende Baustoffmischungen bleiben frei von Ausblühungen durch Zusatz von 1—5% (bezogen auf das Trockengew.) $MgCO_3$. (**D. A. S. 1152649** Kl. 80b vom 19/2. 1962, ausg. 8/8. 1963.) G. Frikell 6223

2044 Internationella Siporex Aktiebolaget, Stockholm (Erfinder: Bertil John Martin Schmidt, Pershagen, und Karl Gustav Olsson, Solna), Schweden, **Mörtelmischung** aus in W. lösl. Cellulosederivv. oder wss. Emulsionen von Kunststoff, natürlichem oder künstlichem Kautschuk u. anorgan. Füllstoff, dessen Anteile unter 0,1 mm Korngröße, mindestens 15—20 Gew.-Teile eines durch hydrotherm. Rk. zwischen feingemahlenem SiO_2 u. CaO enthaltenden Materialien bei 140—200°, bes. 160—185° hergestellten Prod. enthalten, das Korngrößen von 0,01—0,001 mm aufweist. Ein solcher Mörtel, der geschmeidig ist u. ohne Bldg. von Rissen abbindet, besteht z. B. aus 0,5 (Teilen) Methylcellulase, 4 Polyvinylalkoholdispersion, 100 Leichtbetonabfall mit 60% Ca-Hydrosilciat mit Korngröße < 0,1 mm, 200 Sand u. 105 Wasser. (**D. A. S. 1144169** Kl. 80b vom 29/3. 1956, ausg. 21/2. 1963. Schwed. Prior. 4/4. 1955.) G. Frikell 6227

2045 Gebrüder Willersinn K. G. (Erfinder: Fritz Willersinn, Ludwigshafen/Rh.), **Herstellung eines Zuschlagstoffes für Mörtel, Kalksand- und Kalkaschensteine.** Zur Vermeidung von Treiberscheinungen werden granulierte Braunkohlenflugasche u. oberbayer. Pechkohlenasche mit Wasserdampf bei 5—20, bes. 10 atü hydratisiert, um darin enthaltenes CaO in $Ca(OH)_2$ u. $CaSO_4$ in $CaSO_4 \cdot 2H_2O$ umzuwandeln. (**D. A. S. 1151758** Kl. 80b vom 24/12. 1960, ausg. 18/7. 1963.) G. Frikell 6227

2046 Gesellschaft für Maschinenbau m.b.H., Hannover, **Herstellung von Kalkmörtel.** Zur völligen Ausnutzung u. Verhinderung der Bldg. von Klümpchen wird ein Gemisch von feingemahlenem Branntkalk u. W. vor dem Andicken mit dem Zuschlagstoff gemischt u. dann der üblichen Liegezeit zum Ablöschen unterworfen. (**D. A. S. 1150611** Kl. 80b vom 13/7. 1957, ausg. 20/6. 1963.) G. Frikell 6227

2047 Gebr. Knauf, Westdeutsche Gipswerke (Erfinder: Bruno Wandser, Iphofen/MFr.), **Anhydritbinder mit Eisen(II)-sulfat-Anreger.** Zur Erzielung beschleunigter Abbindung wird $FeSO_4$ verwendet, dessen vorzeitige Oxydation durch Zusatz von Red.-Mitteln, wie Sulfitablauge, Na_2SO_3 u. $SnCl_2$ verhindert wird. (**D. A. S. 1150613** Kl. 80b vom 7/11. 1959, ausg. 20/6. 1963.) G. Frikell 6227

2048 Johann Johannes, Saarbrücken, **Herstellung von Formsteinen aus Rückständen der Erzgewinnung.** Nach der Flotation oder Windsichtung werden die feinpulverigen Anteile mit Wasserglas granuliert, die Granalien mit Wasserglas benetzt u. in einer Form 20 Min. auf 300° erhitzt. Die gröberen Anteile werden mit Schmelzzement gebunden u. ergeben dichtere u. weniger hitzebeständige Bausteine als die erstgenannten Produkte. (**D. A. S. 1152934** Kl. 80b vom 25/3. 1961, ausg. 14/8. 1963. F. Prior. 29/11. 1960.) G. Frikell 6229

2049 Grünzweig & Hartmann Akt.-Ges. (Erfinder: Hans Eberle), Ludwigshafen/Rh., **Mineralfaser-Formkörper,** z. B. Platten hoher D. mit einem Geh. an Bindemittel > 20 Gew.-%, werden kontinuierlich hergestellt unter Verw. einer niedrigviscosen wss. Suspension, die mindestens 1 (Gew.-%) lösl. Stärke u. wenigstens 4 unlösl. Stärke enthält. Nach dem Formen wird die Rohstärke in Ggw. von Wasserdampf bei 80—90° verkleistert u. anschließend bei einer Temp. > 100° getrocknet. Wahlweise können der Suspension hydrophobierende Zusätze, wie Harnstoffharz-Vorkondensate, Polyäthylen-Derivv., beigefügt werden. Das Adsorptionsvermögen kann durch Beigabe von z. B. Chrysotilasbest, Cellulose u./oder Pigmentfarbstoffen verbessert, die Verkleisterung mittels Al-Acetat katalyt. beschleunigt werden. (**D. A. S. 1150614** Kl. 80b vom 19/3. 1959, ausg. 20/6. 1963.) G. Frikell 6235

2050 I/S Kähler & Co., Hedehusene (Erfinder: Gunnar Sagen, Kopenhagen, und Ib Pedersen, Glostrup), Dänemark, **Poröse Platten oder Bänder aus Mineralwolle** werden hergestellt durch Auflockern der Mineralwolle zu Büscheln mit parallelen Fasern unter Verw. eines Bindemittels, wie Phenolharz, das zunächst als Adhäsionsmittel u. nach dem anschließenden Verpressen u. Aushärten bei erhöhter Temp. als Bindemittel dient. (**D. A. S. 1152650** Kl. 80b vom 21/8. 1959, ausg. 8/8. 1963. Dän. Prior. 26/8. 1958.) G. Frikell 6235

2051 Flammer Seifenwerke K. G. (Erfinder: Walter Burger und Helmut Lübbe), Heilbronn/Neckar, **Entfernen von durch Wasser nicht auswaschbaren organischen Substanzen aus Asbestfasern,** dad. gek., daß die Fasern oder daraus hergestellte Prodd. mit wss. Alkalisilicat-Lsgg. behandelt werden. (**D. A. S. 1148984** Kl. 12i vom 26/7. 1960, ausg. 22/5. 1963.) R. Zimmermann 6235

2052 **N. V. Philips' Gloeilampenfabrieken**, Niederlande, *Herstellung von Goldspiegeln durch Aufdampfen.* (**F. P. 1282873** vom 24/2. 1961, ausg. 15/6. 1962. Niederl. Prior. 27/2. 1960. — C. **1963**, 21326 [D. A. S. 1144989].)

2053 **Metallgesellschaft Akt.-Ges.**, Frankfurt/M., *Emaillieren von Aluminiumgegenständen.* (**Niederl. P. 104042** vom 4/5. 1955, ausg. 15/3. 1963. A. Prior. 5/5. 1954. — C. **1958**, 4601 [D. B. P. 963913].)

2054 **Augusto Uccelli**, Como, Italien, und **Luzius Alig**, Chur, Schweiz, *Verputzmasse.* (**D. A. S. 1138352** Kl. 80b vom 30/1. 1956, ausg. 18/10. 1962. Schwz. Prior. 17/2. 1955. — C. **1959**, 14853 [E. P. 798196].)

2055 **N. V. de Bataafsche Petroleum Mij.**, Den Haag (Erfinder: **Rudolf Eduard Kerkhoven** und **Folkert Dijkstra**, Amsterdam), Niederlande, *Herstellung von Formlingen.* (**Niederl. P. 103874** vom 21/3. 1958, ausg. 15/2. 1963. — C. **1962**, 16810 [E. P. 865669].)

H_7. Agrikulturchemie, Schädlingsbekämpfung

2056 **Krasnojarsker Phosphorite.** N. M. Maiboroda, K. I. Gluschkow und G. Ss. Kaljusski. (Ackerbau [UdSSR] **24**, Nr. 3, 79—80, 1962; Krasnojarsk, Landwirtsch.-Inst.; russ.) — *P* spielt in der Landwirtschaft des Krasnojarsker Gebiets infolge der kurzen frostfreien Periode (oft weniger als 80 Tage) wegen seiner wachstumsstimulierenden Eigg. eine wichtige Rolle. Das *Phosphorit*-Erz enthält 19—25 (%) P_2O_5, 30—40 CaO, 1—12 MgO u. an Spurenelementen 0,06 Cu, 0,2 Zn, 0,06 Ba bei einem Geh. von 2% Sesquioxide. Aus dem *Phosphorit*-Mehl wurden über 20000 t Kompost, der um 1,5—1,8mal reicher an Nährstoffen als Stallmist, hergestellt. Durch Verw. von Kaliummetaphosphat wurden bei Weizen Ertragssteigerungen von 17,3 auf 21,3 (Zentner/ha), bei Gerste von 27,5 auf 34 erzielt. H. Findeisen 6282◇

2057 **Veränderung von Torf-Ammoniak-Mischdüngern verschiedener Zusammensetzung während der Lagerung.** 2. Mitt. **Veränderung der chemischen und physikalisch-chemischen Eigenschaften der Torf-Ammoniak-Dünger** W. Tochwer. (Nachr. Akad. Wiss. Estn.SSR, biol. Ser. **11**, 280—91, 1962; Inst. für experim. Biol. der Akad. der Wiss. der Estn.SSR; russ., Auszug: engl.) — 1. vgl. Nachr. Akad. Wiss. Estn.SSR, biol. Ser. **11**, [1962], 219. — Bei der 3 Monate langen Lagerung von *Torf-Ammoniak-Dunger* (TAD; Gemisch von Torf, Ammoniak-W. u. mineral. Dünger) nehmen die in W. lösl. organ. Stoffe, darunter auch die Huminsäuren (**I**), u. der NH_3-N ab. Ein Teil des in W. lösl. mineral. P wird gebunden; der Geh. an Gesamt-N nimmt stark ab; der TAD wird sauer. Zusatz von KCl vermindert den N-Verlust, verhindert die Ansäuerung u. den I-Verlust. Zusatz von P-Verbb. ist ohne stärkeren Einfluß. Bei Zusatz von Kalk wird der N-Verlust stark erhöht. Der Geh. an **I** u. beweglichen P-Formen wird durch Kalk vermindert. Das Redoxpotential des TAD nimmt in der ersten Lagerungsperiode ab, später zu. O. Lebtag 6290△

2058 **Die mineralogische Analyse von Bodentonen, einschließlich einer Vermiculit-Chlorit-Kaolinit-Trennung.** J. B. Dixon und M. L. Jackson. (Clays and Clay Minerals **9**, 274—86, 1960; Madison, Wis., Univ., Dep. of Soils; engl.) — Die Anteile verschiedener Bodenproben an Phyllosilicaten wurden quant. bestimmt. Kaolinit + Halloysit wurden durch Erhitzen auf 500°, Herauslösen mit 0,5 n NaOH (die Strukturen von Kaolinit u. Halloysit werden durch das Erhitzen zerstört; Chlorit bleibt erhalten u. geht nicht in Lsg.) u. Bestimmen der Anteile an Si u. Al ermittelt. Die Vermiculit- u. Montmorillonit-Geh. wurden durch Messen der spezif. Oberflächen gefunden. Die Glimmer-Geh. wurden aus den K_2O-Werten nach Abzug des K der Feldspate erhalten. Die Chlorit-Geh. ließen sich aus den Wasserverlusten bei der DTA errechnen. J. Heinze 6304◇

2059 **Kontaminierung polnischer Böden mit ^{90}Sr.** Antoni Domnicz, Aleksy Jagielski, Tadeuzs Litynski, Barbara Lazarska und Roman Lazarski. (Nukleonika [Warszawa] **6**, 135—38, 1961; Kraków, Wyżza. Szkoła, Rolnicza; pol.) — Bei der Unters. von südpoln. Böden auf ihren Geh. an ^{90}Sr werden die Erdalkalien nach einer amerikan. Meth. („Chicago Sunshine Method") mit ln NH_4-Acetat-Lsg. von pH = 7 herausgelöst, die Lsg. eingedampft, der Rückstand im elektr. Ofen auf 550° erhitzt, mit 10%ig. CHl gelöst u. bei 95° mit $(NH_4)_2 \cdot C_2O_4$-Lsg. gefällt. Der im Nd. gemessene Geh. an ^{90}Sr entspricht den in der Literatur für europäische Böden angegebenen Werten. R. K. Müller 6304

2060 **Untersuchungen zur natürlichen Radioaktivität von Böden, Verteilung der Radioaktivität in verschiedenen Bodenprofilen.** Stanisława Zmysłowska und Simone Wilgain. (Nukleonika [Warszawa] **6**, 813—26, 1961; Warszawa, École Centrale Agronomique u. Bruxelles, Inst. Interuniv. de Sci. Nucléaires; franz.) — Bodenproben aus verschiedenen Gebieten wurden scintillationsspektrometr. auf ihren Geh. an α-strahlenden Stoffen untersucht. Als Scintillator diente ZnS(Ag). Die Meßempfindlichkeit betrug 10^{-7} g U/g Boden. Es werden Meßergebnisse an 13 Proben mitgeteilt, wobei sich ergab, daß die Geh. an U u. Th u. ihren Zerfallsprodd. in verschiedenen Proben unterschiedlich sind. Allg. lag die α-Aktivität zwischen 4,7 u. 64 pc/g, die Höchstwerte wurden in Böden von toniger Konsistenz gefunden. W. Reusse 6304◇

2061 **Kobaltgehalt in den auf Devonablagerungen der Lettischen SSR gebildeten Böden.** E. Lauenkrapča und R. Lieldiens. (Nachr. Akad. Wiss. LettSSR **1961**, Nr. 11, 91—94; lett., Auszug: engl.) — Böden auf Sandsteinen (Tonen) des Devon enthalten 0,13—1,20 (0,44 bis 2,87) (mg *Co*/kg). Meist ist der Co-Geh. in Sandböden auf Dolomit geringer (D. 16—1,85) als in Tonböden (1,79—2,41). Bei Devonlagerstätten, die die Horizonte „C" u. „D" bilden, ist der Co-Geh. nicht gleichmäßig verteilt: Sandsteine enthalten 0,12—0,36, Ton 0,45 bis 1,70, Dolomite 0,41—2,26. R. K. Müller 6304◇

2062 **Die Dynamik einiger Nährstoffe in den grauen Wiesenböden der Mil-Steppe unter Waldkulturen.** E. F. Scharifow und T. Je. Chrshanowskaja. (Nachr. Akad. Wiss. AserbaidshanSSR, Ser. biol. med. Wiss. **1961**, Nr. 5, 109—14; russ., Auszug: aserbaidshan.) — 1955 fanden Unterss. unter weißen Akazien (Robinia Pseudacacia L.), kaukas. Dattelbäumen (Diospyros), kanad. Pappeln (Populus canadensis Moenc) langstieligen Eichen (Quercus) u. Waldpistazien (Pistacia vera L.) statt. Dabei handelt es sich jeweils um bewässerte, schwach salzige, mittelschwere graue Wiesenböden. Der Geh. an Humus, N u. beweglichen Formen von P u. K wurde untersucht, wobei unter Akazien die größte Humusmenge (2,28%) in 0—20 cm Bodentiefe angetroffen wurde. Der Humus-Geh. des Bodens ist während der Vegetationsperiode variabel. Bei allen Kulturen wurden keine großen Unterschiede des Geh. von N festgestellt, wobei die Dynamik von N eng mit den physiolog. Eigg. der Kulturen u. der mikrobiolog. Aktivität des Bodens verbunden war. Unter Pappeln wurde die größte Menge beweglichen P u. K gefunden. Analysen des abgefallenen Laubes ergaben reichlichen Geh. an Asche u. N, wodurch der Boden unter Forstkulturen entsprechend angereichert wird. H. Findeisen 6304◇

2063 **Gehalt und Zusammensetzung von Humus, und Eigenschaften der Huminsäuren in den Böden der Schirwaner Steppe.** N. N. Jegidarowa. (Nachr. Akad. Wiss. AserbaidshanSSR, Ser. biol. med. Wiss. **1961**, Nr. 6, 85 bis 92; russ., Auszug: aserbaidshan.) — Die in der Schirwaner Steppe in verschiedenen Varianten vorkommenden Wiesenböden enthalten 2,27—3,56% Humus u. 2,26% N. Der Geh. an Humus u. N steigt in nachst. Reihenfolge: Grauerde, Braun-Grauerde, alluvialer Wiesenboden, kastanienfarbiger Boden, dunkler Wiesenboden. In der gleichen Reihenfolge steigt auch das Verhältnis von C der Huminsäuren zum C von Fulvosäuren; sein maximaler Wert erreicht 2,0. Mit der quant. Steigerung des Huminsäure-Geh. verändert sich auch ihre Natur, was sich in komplizierter gebauten Moll. äußert. Unterschiede im Geh. an Humus u. Huminsäuren werden durch Vegetation, Klima, biolog. Vorgänge sowie durch chem. u. physikal. Eigg. der Böden bedingt. M. Gordienko 6304◇

2064 **Humusuntersuchungen an Dauerdüngungsversuchen. Beitrag zur Frage der Beeinflussung der organischen Substanz der Ackerkrume durch unterschiedliche Düngung.** K. Nehring und H. Kretschmer. (Wiss. Z. Univ. Rostock, math.-naturwiss. R. **9**, 187—92, 1959/1960; Rostock, Univ., Inst. für Agrikulturchem. u. Bodenkunde; dt.) — Bericht über Unterss. an Krumenproben aus den Dauerdüngungsverss.: Stat. Vers. Lauchstädt, Dauerdüngungsvers. Dikopshof, Ewiger Roggenbau Halle, Kompostvers. I Rostock u. Bodenfruchtbarkeitsvers. Thyrow. — 27 Literaturangaben. M. Winiker 6304◇

2065 **Adsorption und isotopische Verdünnung von Phosphationen in Kontakt mit Eisenhydroxiden.** Robert Blanchet. (C. R. hebd. Séances Acad. Sci. **248**, 1028 bis 1031, 1959; franz.) — Nach Modell-Verss. mit koll. $Fe(OH)_3$ erfolgt die Fixierung der PO_4-Ionen aus Na_2HPO_4-Lsgg. (0,01 n) allein durch Adsorption. Für die Bldg. von gefällten Ferriphosphaten liegen keine Anzeichen vor. Verss. mit $^{32}PO_4$-Ionen haben gezeigt, daß das adsorbierte Phosphat noch eine außerordentliche Beweglichkeit besitzt. Die Adsorptionsvorgänge der Modell-Verss. entsprechen dem Verh. der an Tonböden adsorbierten PO_4-Ionen. H. Spohn 6304◇

2066 **Die Beziehung zwischen der Austauschbarkeit von Nährstoffionen im Boden und deren Aufnahme durch Pflanzen.** R. Scott Russell. (J. Sci. Food Agric. **14**, 449—57, 1963; Wantage, Berks., Letcombe Regis, Agricult. Res. Council Radiobiol. Labor.; engl.) — Vortrag. — 20 Literaturangaben. M. Winiker 6304◇

2067 **Der Mineralstoffbedarf von Pinus radiata-Sämlingen.** G. M. Will. (New Zealand J. agric. Res. **4**, 309 bis 337, 1961; Rotorua, New Zealand Forest Serv., Forest Res. Inst.; engl.) — In umfassenden Wasserkulturverss. wurde der Einfl. gesteigerter *N*-, *P*-, *K*- u. *Mg*-Konzz. auf das Wachstum von Kiefernsämlingen geprüft. Mit Ausnahme von P-Mangel, der sich in einer blaugrünen Verfärbung der Nadeln äußerte, führte der Mangel oder Überschuß an den anderen Nährstoffen zu Chlorosen u. Nekrosen, wobei der Verlauf der Chlorosen jeweils für die betreffenden Nährstoffe charakterist. war. Optimales Wachstum der Sämlinge wurde bei folgenden Konzz. (ppm) in der Nährlsg. erhalten: 100 n, 1 P, 10 K, 10 Mg. Diese Konzz. entsprechen in etwa auch den Nährstoffkonzz. der Bodenlösung. Bei optimalem Wachstum enthielten die Nadeln 1,6 (%) N, 0,1 P, 1,1 K u. 0,11 Mg. Das Nährstoffverhältnis übte oft einen stärkeren Einfl. auf das Wachstum aus als die Nährstoffkonzentration. Überschuß oder Mangel an einem Nährstoff bewirkte stets auch charakterist. Änderungen in der Aufnahme der anderen Nährstoffe. Wilfried Werner 6304◇

2068 **Einfluß der Art der Düngereinbringung auf den Grünmasseertrag von Mais.** M. G. Dshabrailow. (Nachr. Akad. Wiss. AserbaidshanSSR, Ser. biol. med. Wiss., **1960**, Nr. 4, 127—30; aserbaidshan., Auszug: russ.) — Verss. erfolgten auf graubraunen, mittelschweren nährstoffarmen Böden (in 100 g abs. trockener Bodenmasse = 0,096% N, 0,1% P, 1,1% Humus, 18—24 mg K_2O). Aussaat erfolgte im Nest-Verf. (4 Pflanzen), 4maliges Kultivieren in zwei Richtungen, 2maliges Häufeln, 3maliges Jäten, 8—12 Wassergaben. Die Ergebnisse zeigten, daß durch Einbringung des Düngers im Pflanzloch-Verf. (im Gegensatz zum Streuen) die Erträge an Grünmasse von 62 auf 92 Zentner/ha steigen. Gleichzeitiges Einbringen von N, P u. K auf einer Basis von 10 t Mist/

ha erhöht den Ertrag bedeutend. Das Pflanzloch-Verf. war in allen Vers.-Varianten viel wirksamer.
H. Findeisen 6304◇

2069 **Die Verwendung von Netzmitteln bei der Blattdüngung.** H. Boroughs und C. Labarca. (Int. J. appl. Radiat. Isotopes **13**, 359—64, 1962; Turrialba, Costa Rica, Trop. Center of Res. and Graduate Training Inter-american Inst. of Agricul. Sci.; engl.) — An Kaffeepflanzen mit $NH_4H_2PO_4$ (I)-, NaH_2PO_4 (II)- u. KH_2PO_4 (III)-Sprays, markiert mit ^{32}P, ausgeführte Blattdüngungsverss. zeigen, daß Zusätze von anion., kation. u. nicht-ion. Netzmitteln zu den Sprays die Absorption u. den Transport von **I**, **II** u. **III** fördern.
W. Wesly 6304◇

2070 **Beschichtete Düngemittel zur kontrollierten Freisetzung von Pflanzennährstoffen.** Thomas J. Army. (Agric. Chemicals **18**, Nr. 8, 26—27, 81—82, 1963; Skokie, Ill., Internat. Minerals & Chemical Corp.; engl.) — Allg. Ausführungen. — 14 Literaturangaben.
M. Winiker 6304◇

2071 **Wirkung verschiedener Formen von Kalidünger auf Menge und Güte der Kartoffelerträge.** L. A. Jung. (Nachr. Landwirtsch.-Wiss. [UdSSR] **8**, Nr. 5, 35—40, 1963; russ., Auszug: engl.) — Bei Phosphat- u. N-Düngung, richtiger Fruchtfolge u. systemat. Verw. organ. Dünger stieg die Bodenacidität nicht an. Cl-freie K-Dünger fördern die bakterielle Mikroflora, Cl-haltige unterdrücken dagegen die nitrifizierenden Bakterien. Erstere tragen sehr zum Stärkezuwachs bei; Cl-haltige steigern den Cl-Geh. im Zellsaft in dürren Jahren bis zur Toxizität, woraus sich die abgeschwächte Düngewirkung erklärt. Alle Formen der K-Düngung vor dem Pflügen erhöhten den Kartoffelertrag. Weniger wirksam war Cl-haltige Düngung.
H. Stillmark 6304◇

2072 **Die Verbindung von Mangan in Böden und Baumwollepflanzen.** Je. K. Kruglowa und N. N. Welgorskaja. (Baumwoll-Wirtsch. **12**, Nr. 7, 42—44, 1962; Usbek. Forsch.-Inst. f. Bodenkunde; russ.) — In untersuchten Böden ist bei pH 7—7,6 die Bewegung der *Mn*-Verbb. u. ihre Zugänglichkeit für die Pflanzen von den Redoxprozessen u. vom Verhältnis Acidität/Alkalität abhängig. Agrotechn. Maßnahmen müssen diese Bedingungen verändern, um normale Pflanzenernährung mit Mn zu erreichen (regelmäßige Wassergaben, Einbringung schnell mineralisierender organ. Dünger, Luzerneaussaat in der Fruchtfolge.) Kopfdüngung mit 0,1 bis 0,05% $KMnO_4$-Lsg. im Knospenstadium beschleunigt den Wuchs u. erhöht die Erträge. Aschenanalysen ergaben bei 1 kg lufttrockener Masse 42—220 mg Mn (Stengel: 3,5—33, Kapseln: 10—40, Samen: 18—32 mg, Fasern: 3—12 mg). Gute Bodenkartierung mit genauen Angaben der assimilierbaren Mn-Formen ist zur rationellen Ausnutzung einer Spurendüngung mit Mn unerläßlich.
M. Findeisen 6304◇

2073 **Der Einfluß einer Joddüngung auf den Ernteertrag von Winterweizen.** Sch. M. Gulijew. (Ber. Akad. Wiss. AserbaidshanSSR **18**, 59—63, 1962; Inst. für Bodenk. u. Agrochemie; aserbaidshan., Auszug: russ.) — Die J-Düngung wurde als Kopfdüngung vor der Aussaat, in der Bestockung, während des Schossens u. der Blüte in drei Dosierungen (bei Wurzelernährung: 0,5—1,0 u. 1,5 kg/ha; im Sprühverf.: 0,5%ig. Lsg.) eingebracht. Die Ergebnisse zweijähriger Verss. zeigten, daß die J-Düngung eine positive Wrkg. auf die Ergiebigkeit des Weizens ausübt. Als Kopfdüngung wirken KJ u. Naphthyljodid bes. während des Schossens, wobei die größte Ertragssteigerung eintritt. Durch J-Düngung zu anderen Zeitpunkten wurden ebenfalls Mehrerträge erzielt.
H. Findeisen 6304◇

2074 **Wirken die Spurenelemente tatsächlich so auf die Rebe?** Ja. E. Ekster. (Nachr. Landwirtsch.-Wiss. [UdSSR] **6**, Nr. 3, 150—157, 1961; Odessa, Landw. Inst.; russ.) — Auf einige Widersprüche in den zu verschiedener Zeit u. in verschiedenen Quellen veröffentlichten Arbeiten von Dobroljubskij u. Slawwo [1955] über die Wrkg. der Spurenelemente auf den Ertrag der Weinrebe u. ihre Qualität wird hingewiesen, durch die die Richtigkeit der Schlußfolgerungen in diesen Arbeiten in Frage gestellt wird.
M. Gordienko 6304◇

2075 **Einige Bemerkungen über den Wanderackerbau (shifting cultivation) in Niederländisch-Neuguinea.** J. J. Reynders. (Netherl. J. agric. Sci. **9**, 36—40, 1961; Utrecht, Univ., Mineralog. and Geolog. Inst., Soil Dep.; engl.) — Auf den auf Pliozän-Kalkstein entwickelten gelb-braunen Lehmböden wird eine intensive Wanderkultur betrieben. Der Boden wird nach Entfernung des flachwurzelnden Sekundärwaldes lediglich für eine Kultur (6—8 Monate) genutzt. Vf. weist durch Bodenunterss. nach, daß während dieser Zeit der Geh. des Oberbodens an austauschbaren Kationen sehr stark abnimmt. Parallel mit der Abnahme an austauschbarem Ca^{2+} sinkt auch der pH-Wert. Die Verarmung an Nährelementen ist so groß, daß der Anbau einer Zweitfrucht nicht möglich ist. Der Boden wird daher wieder der natürlichen Vegetation überlassen. Erst nach 20 Jahren ist der Nährstoffgeh. (u. der pH-Wert) wieder auf die ursprüngliche Höhe angestiegen u. eine neue Nutzung möglich. Der Geh. des A_1-Horizonts an organ. Substanz veränderte sich während der Kultur u. der anschließenden Regenerationsperiode kaum.
Wilfried Werner 6304◇

2076 **Die Aktivität der cellulosezersetzenden Mikroorganismen in den steinigen Halbwüstenböden der Armenischen SSR.** L. A. Chatschikjan. (Nachr. Akad. Wiss. UdSSR, biol. Ser. **28**, 445—53, 1963; Armen. Forschungs-Inst. für Weinbau, Weinbereitung u. Obstbau; russ., Auszug: engl.) — In den steinigen Halbwüstenböden Armeniens ist die Tätigkeit der die Cellulose zerstörenden Mikroflora sehr gering. Der Celluloseabbau erfolgt in der Hauptsache durch Pilze u. Actinomyceten. Durch Bewässerung, organ.-mineral. Düngung, Stallmistkompost u. Leguminosen in den Zwischenreihen der Reben wird die Aktivität der Mikroflora erhöht. Die CO_2-Ausscheidung ist in 25—50 cm Tiefe aktiver als in der Schicht 0—25 cm.
O. Lebtag 6306△

2077 **Untersuchungen über Azotobacter-Arten im Boden.** 2. Mitt. **Azotobacter-Populationen in der Rhizosphäre und Auswirkungen künstlicher Beimpfung.** Margaret E. Brown, Susan K. Burlingham und R. M. Jackson. (Plant and Soil [The Hague] **17**, 320—32, 1962; engl.) — 1. vgl. C. **1964**, 14-2098 — Unterss. an verschiedenen Böden der Umgebung von Rothamsted (England) ergaben: Die Zahl der Organismen wurde durch Pflanzenwurzeln nur wenig beeinflußt. In einigen Fällen hatten die Pflanzenwurzeln sogar eine hemmende Wirkung. Soweit es sich um saure Böden handelte, war Azotobacter im Bereich der Pflanzenwurzeln überhaupt nicht vertreten. Eine Bodenbeimpfung mit Azotobacter-Kulturen führte nur dann zu einer starken Vermehrung der Bakterien, wenn die Rhizosphäre des Standortes bereits Azotobacter aufwies, u. zudem der pH-Wert des Bodens > 6,5 betrug. Es wird empfohlen, Azotobacter-Kulturen mit der Saat in den Boden einzubringen.
M. Winiker 6306◇

2078 **Der Einfluß von Herbiciden auf Baumwolle.** A. W. Wojewodin. (Baumwollbau [UdSSR] **13**, Nr. 4, 20—22, 1963; Allunionsinst. f. Pflanzenschutz; russ.) — Auf sumpfigen Böden wurden *Monuron* u. *Diuron* in Mengen von 0,75—1 kg/ha angewendet. Bei höheren Dosen traten Schädigungen der Baumwolle auf. Bei Diuron sind insgesamt weniger Schädigungen zu befürchten als bei Monuron.
W. Dedeck 6312◇

2079 **Derivate der 2.4-Dichlorphenoxyessigsäure als Herbicide.** P. A. Korolew. (Pflanzenschutz [UdSSR] **7**, Nr. 4, 47—49, 1962; russ.) — Zur Verw. gelangen reine *2.4-Dichlorphenoxyessigsäure* (**I**), das Na-Salz (**II**), der Butylester (**III**) u. das Aminsalz (**IV**). **III** u. **IV** gelangten erst in letzter Zeit in die Produktion. Ausgangs-Prodd. für **I** sind Phenol, Monochloressigsäure, Cl u. NaOH. Die Wrkg. von **II** wird durch Zusatz von 0,1—0,2% Netzmittel OP 7 u. Ammonsalpeter [3—5 (kg/ha)], Ammoniumsulfat oder Superphosphat (10) wesentlich gesteigert. Von noch größerer Wrkg. ist **III** u. für die Bestäubung vom Flugzeug aus bes. geeignet. **IV** besteht aus den Salzen von **I** u. aliphat. Aminen.
H. Findeisen 6312◇

2080 **Neue Defolianten und Desiccanten für Baumwolle.** L. D. Stonow. (Baumwoll-Wirtsch. [UdSSR] **12**, Nr. 7,

6—10, 1962; Forsch.-Inst. für Düngung u. Insektofungizide; russ.) — Verss. mit *Butyphos* (I) (S.S.S-Tributyltrithiophosphat) ergaben gute Eignung von I als Defoliant (Df): 12 Tage nach Behandlung erfolgte fast 90%ig. Laubfall. *Pholex* (II) (S.S.S-Tributyltrithiophosphit) wurde mit Wirkstoff-Geh. von 0,75 kg/ha (100 Liter Emulsion/ha) angewendet. I hatte geringere Wrkg. als II u. ist als Df besser, während II günstiger auf das Öffnen der Kapseln einwirkt. Das *Zn-Salz* der *Dioctyldithiophosphorsäure* (5—10 kg Wirkstoff/ha) bewirkte 12 Tage nach Behandlung Abfall von 65% der Blattmasse. *1.4-Butindiol* (12—18 kg Präp./ha) ist bereits einige Jahre als Df in Gebrauch. Außer dem Na-Salz der *Pentachlorpentadiensäure* sind deren Methyl- u. Äthylester gute Df, während Octylester geringere Wrkg. zeigte. Verss. wurden auch mit Na-Salz, dem C_7–C_9-Estergemisch von *2.4-D* (*2.4-Dichlorphenoxyessigsäure*; III) u. dem Triäthanolaminsalz des Maleïnsäurehydrazids (IV) unternommen. III u. IV wurden mit $Mg(ClO_3)_2$ u. freiem Cyanamid gemischt u. angewendet (III: 0,4 kg/ha, IV: 2,5—5 kg/ha). Mit H_3AsO_4 wurden Verss. als Desiccans (Ds) vorgenommen (optimale Dosierung: 5 kg As_2O_5/ha) u. gute Resultate erzielt. *Reglon* (*1.1'-Äthylen-2.2'-dipyridyliumdibromid*) u. *Paraquat* (*1.1'-dimethyl-4.4'-dipyridyliumsulfat*) erreichten bei Verw. von 1—2 kg Wirkstoff/ha gute Ds-Wrkg.; Vgl.-Verss. mit Luzerne ergaben in 4 Tagen völlige Trocknung der Pflanzen. Lsgg. von *Pentachlorphenol* in Ölen werden zu Verss. als Baumwoll-Ds empfohlen. H. Findeisen 6312◇

2081 **Agrochemische Eigenschaften von Schlämmstaub aus Zementwerken.** A. I. Ssimakin. (Nachr. Landwirtsch.-Wiss. [UdSSR] 8, Nr. 5, 62—64, 1963; russ., Auszug: engl.) — Böden mit saurer Rk., degradierte Schwarzerden, u. verschiedene Podsolböden bringen merklich höhere Erträge nach Düngung mit *Schlämmstaub* der Zementwerke. Er ist leichtlösl. in W., enthält N, P, K u. Spurenelemente, 27% Carbonate u. hat bas. Rk.; daher ist er für bas. u. neutrale Böden ungeeignet. Er kann als Mittel gegen viele Kulturpflanzenschädlinge dienen. H. Stillmark 6312◇

2082 **Die Behandlung von Sojabohnen vor der Aussaat mit Spurenelementen.** A. I. Nikitina. (Ackerbau [UdSSR] 24, Nr. 12, 61—65, 1962; Blagowestschensk, Landwirtsch.-Inst.; russ.) — Spurenelemente werden vor der Aussaat von Sojabohnen im Amurgebiet als *Pflanzenschutzmittel* gegen Fusarien, Bacteriose u. andere Krankheiten angewendet. Labor- u. Feldverss. wurden mit Cu, Fe, Mn u. Zn als schwefelsaure Salze, B als Borsäure, Mo als molybdänsaures Ammonium u. mit reinem J durchgeführt. Die Samen wurden kurz vor der Aussaat mit wss. Lsgg. der Elemente bzw. 25%ig. KJ-Lsg. besprüht. Vergleichsmengen der Samen wurden nur mit W. benetzt. In der Vegetationsperiode fanden phänolog. u. phytopatholog. Unterss. statt. Anwendung von Spurenelementen vergrößerte die Keimfähigkeit um ca. 10%. Beste Ergebnisse wurden durch Besprühen mit 3%ig. J-Lsg. u. einem Gemisch von Spurenelementen sowie 2%ig. Lsg. von Mo u. Mn erzielt. Die Widerstandsfähigkeit gegenüber Fusarium stieg auf über das Doppelte. Auch verbesserte Ernteergebnisse wurden durch Einsatz von Spurenelementen im Vgl. zu den Kontrollkulturen erreicht. Die Verw. der Spurenelemente muß differenziert, den Bodeneigg. angepaßt, erfolgen. H. Findeisen 6312◇

2083 **Erfahrungen mit chemischer Beizung gegen den Flugbrand der Gerste (Ustilago nuda Pers. Jens.) mit Rhodan, Methylalkohol und Quecksilberbeizmitteln und mit anaerober Beizung gegen den Flugbrand des Weizens (Ustilago tritici Pers. Rostr.).** Pavel Bartoš und Jiři Zemánek. (Rostlinná Výroba 9[36], 575—84, 1963; Ruzyné, Ustřed. výzk. ust. rostlin. výr., odd. ochr. rostlin.; tschech.) — Übersicht. — 33 Literaturabgaben. E. Vevera 6312△

2084 **Bewertung von Fungiciden gegen Sclerotium rolfsii Sacc. und Rhizoctonia bataticola (Taub.) Butl. im Laboratorium.** G. N. Das und P. K. Sen Gupta. (Sci. and Cult. [Calcutta] 29, 101—03, 1963; Calcutta, State Agricult. Res. Inst.; engl.) — In Labor.-Verss. zur Bekämpfung von Sclerotium rolfsii Sacc. u. Rhizoctonia bataticola (Taub.) Butl. mit *Kerol* (*Kresol*), *Vapam*, *Mylone* (I), *Merculine* (*Äthylmercurisalicylanilid*), *Dithane M-22*, *Fytolan* (II, *Cu-Oxychlorid*) u. *Formalin* (III) erwies sich I als am wirksamsten. Eine relativ schwache Wrkg. hatte III. Wirkungslos war II. M. Winiker 6312◇

2085 **Methylquecksilberpentachlorphenolat — ein neues Fungicid.** J u. A. Oldekop und N. A. Maier. (Ber. Akad. Wiss. BelorussSSR 6, 107—08, 1962; Inst. für physikal.-org. Chemie der Akad. der Wiss. der BelorussSSR; russ.) — *Methylquecksilberpentachlorphenolat* ($C_7H_3Cl_5HgO$, F. 192—193°, aus Aceton oder Bzl.–A.–Ae.) wirkt stark fungicid bei Pilzerkrankungen des Weizens, Hafers u. der Zuckerrübe. Man gibt zu 38,3 g Hg(II)-Acetat in 150 ml Eisessig u. 40 ml Acetanhydrid in 10 Min. bei 20° 12 ml 27%ig. H_2O_2, rührt 10 Min., erhitzt ca 3 Std. auf dem Wasserbad bis zum Ende der Gas-Entw., dampft das Filtrat ein, löst bei pH ca. 6 in W., gießt langsam in die wss. Lsg. von Na-Pentachlorphenolat (10% Überschuß) u. läßt bis zum nächsten Tag stehen; 98,6% Ausbeute. Helmut Schäfer 6312△

2086 **Die Anwendung des Präparates TMTD gegen die Samenfäule.** Sch. I. Ibragimow, L. A. Nesgoworow und A. K. Ssolowjew. (Baumwollbau [UdSSR] 13, Nr. 4, 34—36, 1963; Inst. für Pflanzenphys. u. -genetik der Akad. der Wiss. der UsbekSSR u. Inst. für Pflanzenphys. „Timirjasew“ der Akad. der Wiss. der UdSSR; russ.) — Das Fungicid *TMTD* (Tetramethylthiuramdisulfid, 50% Konz.) zeigte in Mengen von 12 kg/t sehr gute Wirksamkeit gegen die Samenfäule der Baumwolle. W. Dedeck 6312◇

2087 **Einfluß phosphororganischer Verbindungen auf pathogene Pilze.** I. D. Neklessowa und S. Sch. Minjuschewa. (Nachr. Akad. Wiss. UdSSR, biol. Ser. 28, 294—99, 1963; Kasan, Zweigstelle der Akad. der Wiss. der UdSSR, Chem. Inst.; Kasan, Lenin-Inst. für Ärztefortbildung; russ., Auszug: engl.) — Durch Unters. der Wrkg. von *Phosphinsäureestern*, *Dichlorvinylestern der Phosphin-* u. *Phosphorsäure*, von *Estern* u. *Amiden* der *Pyrophosphor-* u. *Thiopyrophosphorsäure* u. von *N-disubstituierten Amidophosphaten* auf Microsporum lanosum, Micr. ferrugineum u. Trichophyton gypsum wird nachgewiesen, daß durch Verlängerung der KW-Stoff-Kette auf C_5 an der Esterbindung die Toxizität gegenüber Warmblütern vermindert, die antifungale Wrkg. erhöht wird. Der *α-Acetoxy-β.β.β-trichloräthylphosphonsäuredimethylester* ist für die Warmblüter wenig tox. u. besitzt fungicide Eigg., so daß er für die Bekämpfung der experimentellen Trichophytie der Tiere empfohlen werden kann. O. Lebtag 6312△

2088 **Resultate bei der Untersuchung von Phosphamid.** M. P. Schabanowa. (Pflanzenschutz (UdSSR] 7, Nr. 11, 33—34, 1962; Unions-Forsch.-Inst. für Pflanzenschutz; russ.) — *Phosphamid* (I) ist auch unter den Bezeichnungen „Rogor“ oder „Dimethoat“ bekannt u. enthält als Wirkstoff O.O-Dimethyl-S-[N-methylcarbamoylmethyl]-dithiophosphat. Im Vgl. zu anderen org. P-Präpp. ist I minder tox. für Warmblüter. LD_{50} für Ratten: 150/250 mg/kg oral, 750 mg/kg intracutan. Die Giftstoffe werden in der Pflanze sehr schnell abgebaut u. können daher bis kurze Zeit vor der Ernte Verw. finden. I ist ein wirksames Akaricid (als Kontaktgift u. system. wirkend) u. vielversprechendes Insekticid (hochgiftig für alle saugenden Pflanzenschädlinge). Die Wrkg. ist immer von richtiger Dosierung abhängig (0,1—0,2%ig. Emulsion zeigte die besten Resultate). Leider wirkt I sehr tox. auf Bienen, was die Verw. des Präp. in blühenden Kulturen stark einschränkt. H. Findeisen 6312◇

2089 **Arbeiten über Rückstände von Pflanzenschutzmitteln auf oder in Erntegut.** 10. Mitt. **Über die Beständigkeit von Aldrin-Rückständen in lagernden Spätmöhren.** Erna Mosebach. (Nachrichtenbl. dtsch. Pflanzenschutzdienstes [Braunschweig] 14, 156—57, 1962; dt.) — 9. vgl. Klee, C. **1963**, 15584. — Spätmöhren wurden bei der Aussaat mit einem *Aldrin* (I)-Streumittel in der Saatreihe behandelt. Hierbei kamen 5 kg I-Wirkstoff/ha zur

Anwendung. Kurz vor der Ernte entsprach die insekticide Wrkg. der Möhren (Direkttest mit Drosophila melanogaster) der von ca. 0,6 ppm **I**. Bei unbehandelten Möhren wurde festgestellt, daß dieselben bei der Lagerung auch ohne **I**-Wirkstoff insekticid wurden. Diese Eig. schritt in den Möhren von außen nach innen fort. Ein Direkttest ohne völlig entsprechende unbehandelte Kontrollprobe kann demnach zu Trugschlüssen (Vortäuschen eines hohen Insektid-Geh.) führen. Beim Kochen wurde dieser insekticide Effekt beseitigt oder zumindest abgeschwächt, während **I** hierbei keine Wrkg.-Minderung erfuhr. M. Winiker 6312◇

2090 **Arbeiten über Rückstände von Pflanzenschutzmitteln auf oder in Erntegut. 11. Mitt. Rückstände von Aldrin in Möhren.** Waldemar Reinecke und Hans Zeumer. (Nachrichtenbl. dtsch. Pflanzenschutzdienstes [Braunschweig] **15,** 57—60, 1963; dt.) — 10. vgl. vorst. Referat. — Vff. untersuchten auf chem. Wege die *Aldrin* (**I**)-Rückstände in Möhren nach Einsatz handelsüblicher Inkrustierungs-, Streu- u. Gießmittel auf Basis **I**. Bei Aufwandmengen, die eine ausreichende Bekämpfung der Möhrenfliege zuließen, wurden beim Inkrustierungs- u. Streuverf. **I**-Rückstände von 0,2 ppm, beim Gießverf. solche von 0,4 ppm gefunden. M. Winiker 6312◇

2091 **Chlororganische Insekticide.** Je. F. Granin. (Pflanzenschutz [UdSSR] **7,** Nr. 1, 43—45, Nr. 3, 44—45, Nr. 5 43—45, Nr. 6, 41—42 Nr. 7, 43—44, 1961; russ.) — Es werden die in den Jahren 1939—1949 rasch entwickelten Präpp. beschrieben: *Hexachlorcyclohexan* (**I**; seine physikal. u. chem. Eigg.), angereichertes **I** (seine Wrkg. auf Insekten u. Pflanzen, Präpp. auf seiner Grundlage, Toxizität), *DDT*, (Charakteristik, die auf seiner Grundlage entwickelten Präpp.: Staub, 20%ig. konz. Mineralölemulsion, 50%ig. Emulsionspasta, 30%ig. benetzbares Pulver), *Chlorindan, Heptachlor, Aldrin, Dieldrin, Endrin, Isodrin*. Weiter folgt die Darlegung der Meth. ihrer Anwendung, Fragen der Dauer u. Stabilität der Wrkg., Toxizität, Beeinflussung der nützlichen Entomofauna. Insekticide der Terpengruppe: *Polychlorpinen* (Herst., physikal.-chem. Eigg., Toxizität, Präpp. auf seiner Grundlage). Insekticide der *Diengruppe* (Eigg., Präpp., Toxizität). M. Gordienko 6312◇

2092 **Das Problem der blattschädigenden Raupen an Kaffeebäumen in der Zentralafrikanischen Republik und in Cameroun.** E. M. Lavabre. (Café, Cacao, Thé **7,** 33—48, 1963, Suppl. zu: Agronom. tropicale; franz.) — Die wichtigsten Blattschädlinge an Kaffeebäumen in Zentral-Afrika sind Epicampoptera u. Pyraleae. Zur ihrer Bekämpfung sind *DDT*-Mittel geeignet. M. Winiker 6312◇

2093 **Alkansulfonanilide und ihre Chlorabkömmlinge als Synergisten von Dichlordiphenyltrichloräthan (DDT).** G. K. Shurawlewa. (Med. Ind. [UdSSR] **14,** Nr. 7, 22 bis 25, 1960; Zentrales Desinfektions-Forsch.-Inst.; russ.) — Es werden *Methan-* (F. 97°), *Chlormethan-* (F. 69°), *Äthan-* (F. 55°) u. *Butansulfonanilid* (F. 33°); *Methan-* (F. 148), *Äthan-*(**I**) (F. 121°), *Butan-*(**II**) (F. 62°) u. *Isoamylsulfon-p-chloranilid* (**III**) (F. 61°); *Äthan-* (F. 67°) u. *Butansulfon-2.4-dichloranilid* (F. 69°) nach bekannten u. *Chlormethansulfon-p-chloranilid* (**IV**) [$C_7H_7Cl_2NO_2S$, F. 101—102° (A. u. W.)] nach folgender Meth. synthetisiert: Langsame Zugabe von 5,1 g p-Chloranilin zu der Lsg. von 2,98 g Chlormethansulfochlorid in 40 ml abs. Ae., 2—2,5 Std. Erhitzen bei 40°, Stehenlassen über Nacht, Filtrieren, Abdest. des Ae. u. Behandeln des Rückstandes mit 5%ig. Alkali, Fällen mit verd. H_2SO_4; 1,86 g Ausbeute. Bei den Unterss. über die Verw. der dargestellten Verbb. als Synergisten für DDT (Zusatz von je 0,25 g zu 100 g einer 1%ig. Lsg. von techn. DDT in A.) wird eine Erhöhung der Toxizität gegenüber gegen DDT resistenten Stämmen von Stubenfliegen festgestellt. Die Toxizität ist bei **I, II, III** u. **IV** am stärksten, nimmt aber bei Einführung eines zweiten Cl-Atoms in den Kern wieder ab. Alkansulfonanilide sind synerget. wirksamer als Benzolsulfonanilide (*p-Chlorbenzolsulfonanilid, p-Chlorbenzol-* u. *Benzolsulfon-p-chloranilid*). I. Schade 6312

2094 **Untersuchung der Repellentien. 9. Mitt. Diäthyltoluamide.** Je. Ch. Solotarew und T. W. Kalakutskaja. (Nachr. Moskauer Univ., Ser. VI Biol., Bodenkunde **15,** Nr. 3, (VI) 18—21, 1960; Komplexlabor. zur Erforsch. von Mitteln u. Verff. zur Bekämpfung von tier. Schädlingen u. Pflanzenkrankheiten; russ.) — 7. vgl. C. **1960,** 15880. — In den Verss. hatte das n-Isomer des *Toluylsäurediäthylamids* (**I**) die stärkste Schutz-Wrkg. gegen Ixodes persulcatus P. Sch.; Mischung der o-, n- u. m-Isomere (3, 27 bzw. 70%) hatte befriedigende Wrkg., während das m-Isomer von **I** die stärkste Wrkg. gegen Aedes zeigte. I. v. Kloch-Kornitz 6312◇

2095 **Agrarchemische Untersuchungen über Phosphor-Handelsdüngemittel.** Leopold Seidler. (Chemiker-Ztg./Chem. Apparatur **87,** 470—71, 1963; Marburg/Lahn; dt.) — Der durch die Analyse im Labor. unter Verw. verschiedener Lsgm. in den entsprechenden Handelsdüngemitteln festgestellte Phosphorsäuregeh. hat hauptsächlich für die handelsübliche Bewertung der betreffenden Düngemittel Bedeutung. Über die tatsächliche Wrkg. des Pflanzennährstoffes Phosphorsäure kann er dagegen keine eindeutige Aussage machen H. Lütgert 6322◇

2096 **Schnellmethode zur Bestimmung des Gesamtgehaltes an Mn, Cu, Zn und Co in Böden.** A. N. Gjulachmedow. (Nachr. Akad. Wiss. AserbaidshanSSR, Ser. biol. med. Wiss. **1961,** Nr. 6, 93—95; russ., Auszug: aserbaidshan.) — Vgl. C. **1963,** 7499. — Fein zerriebener u. durchgesiebter Boden (1,5 g) wird 30 Min. bei 450—500° in einer Muffel geglüht, danach mit 10—15 ml konz. H_2SO_4, dann mit 1,0—1,5 g NH_4F versetzt. Nach Eindampfen werden 10 ml HCl, dann 30 ml dest. W. zugegeben; die Lsg. wird in einen 100 ml-Kolben heiß filtriert u. bis zur Marke aufgefüllt. In dieser Lsg. erfolgt die Best. von *Cu* mit Diäthyldithiocarbamat, *Zn* mit Dithizon, *Co* mit Nitroso-R-Salz, *Mn* nach der Persulfat-Methode. Beim Vgl. der erzielten Resultate mit denen der Soda-Schmelz-Meth. wurden keine großen Differenzen festgestellt. Die vorgeschlagene Meth. erfordert jedoch weniger Zeit u. Reagentien. M. Gordienko 6324◇

2097 **Bicarbonatmethode zur Bestimmung der vom Boden absorbierten Aluminiumionen in Gegenwart von absorbierten Wasserstoffionen.** M. M. Russtamow. (Nachr. Akad. Wiss. AserbaidshanSSR, Ser. biol. med. Wiss. **1960,** Nr. 4, 131—36; russ., Auszug: aserbaidshan.) — Die Meth. beruht darauf, daß bei der Rk. von Al-Salzen u. Säuren mit Bicarbonat in äquivalenten Mengen sich letzteres unter Abspaltung von CO_2 zersetzt, Al als Hydroxid ausfällt u. die H-Ionen in W. übergehen. Zur Festlegung der vom Boden absorbierten Al-Ionen wird die Menge des ausgefällten $Al(OH)_3$ bestimmt. Dazu wird es mit NaF in NaOH übergeführt u. durch Titration bestimmt. H. Findeisen 6324◇

2098 **Untersuchungen über Azotobacter-Arten im Boden.** 1. Mitt. **Ein Vergleich von Medien und Verfahren zur Zählung von Azotobacter im Boden.** Margaret E. Brown, Susan K. Burlingham und R. M. Jackson. (Plant and Soil [The Hague] **17,** 309—19, 1962; Harpenden, Herts., Rothamsted Exp. Stat.; engl.) — Auf Grund der Ergebnisse eigener Verss. empfehlen Vff. für die Agar-Plattenmeth. ein klares, von gefälltem Phosphat u. $CaCO_3$ freies Medium. Bei einem Vgl. der Agar-Plattenmeth. mit einer Gefäß-Verdünnungsmeth. (Mikrobenentw. in beimpfter Nährlsg.) erwies sich erstere als genauer, jedoch auch als aufwendiger. M. Winiker 6324◇

2099 **Vorläufige Bemerkungen über die Porosität von Bodenaggregaten in lufttrockenem Zustand und bei pF 2.** H. Kuipers. (Netherl. J. agric. Sci. **9,** 168—73, 1961; Groningen, Inst. for Soil Fertility; engl.) — Vf. vergleicht 3 Pyknometer-Meth. (Quecksilber-, Sand- u. Kerosin-Meth.) zur Best. des Porenvol. lufttrockener Bodenaggregate der Fraktion 3,4—4,6 mm. Mit der Kerosin-Meth. wurden die zuverlässigsten Resultate erhalten. Zwischen dem Porenvol. u. dem Tongeh. bestand bei Unterss. lufttrockener Proben eine negative, bei Unters. von Proben mit Freilandbedingungen entsprechendem Wassergeh. dagegen eine positive Korrelation. Bei feuchten Aggregaten (pf 2) waren die angegebenen Verff. nicht anwendbar. Es zeigte sich aber, daß das Porenvol. dieser Proben aus dem Wassergeh. berechnet werden kann, vor-

ausgesetzt, daß keine Luft mehr in den Poren ist. Auf leichten Böden hatte der Feuchtigkeitsgeh. nur geringen Einfl. auf das Porenvol., während bei schweren Böden eine deutliche Beziehung zwischen beiden Größen bestand.
Wilfried Werner 6324◇

2100 **Methode zur Beurteilung der Wirksamkeit von Herbiciden in Agar-Kulturen.** Jiří Zemánek. (Rostlinná výroba **9**[**36**], 621—32, 1963; Ruzyné, Ústred. výzk. úst. rostlin. výr., odd. ochr. rostlin.; tschech.) — Die Meth. läßt eine eingehende Beurteilung der zu prüfenden Herbicide zu, wobei der Einfl. der Wärme, des Lichts u. a. Faktoren berücksichtigt werden können.
E. Vevera 6328△

2101 **Bestimmung von O.O-Dimethyl-O-(3-methyl-4-nitrophenyl)-thiophosphat in technischen Produkten nach vorhergehender Abtrennung der Begleitstoffe mittels Dünnschichtchromatographie.** Jozef Kováč. (J. Chromatogr. [Amsterdam] **11**, 412—13, 1963; Bratislava, Forschungsinst. für agrochem. Technol.; dt.) — Die polarograph. Best. von techn. O.O-Dimethyl-O-(3-methyl-4-nitrophenyl)-thiophosphat (**I**) wird durch die Begleitsubstanzen O-Methyl-O.O-di-(3-methyl-4-nitrophenyl)-thiophosphat, O.O-Dimethyl-O-(3-methyl-4-nitrophenyl)-phosphat, 3-Methyl-4-nitrophenol u. O-Methyl-O.O-di-(3-methyl-4-nitrophenyl)-phosphat gestört. Auf SiO_2-Schichten werden diese Verbb. mit PAe. (Kp. 60—80°) + 1,4% Aceton getrennt. Die einzelnen Verbb. werden mit Methanol eluiert u. polarographiert u. damit das Polarogramm des techn. **I** korrigiert. Mit Hilfe eines **I**-Standards kann der Geh. des techn. Prod. an **I** mit einem relativen Fehler von ± 2% direkt polarograph. bestimmt werden. Die Meth. wurde mit ^{35}S-markiertem **I** überprüft. H. J. Altmann 6328◇

2102 **Über analytische Bestimmungen von Phencapton.** K. Stammbach, R. Delley, R. Suter und G. Székely. (Z. analyt. Chem. **196**, 332—48, 1963; Basel, J. R. Geigy AG, Analyt. Abt.; dt.) — Die dünnschichtchromatograph. Best. von *Phencapton* (**I**) erfolgt an Kieselgel G mit Cyclohexan u. CCl_4/Bzl. (95 : 5) als Laufmittel. Die R_f-Werte u. die auf **I** bezogenen R_p-Werte der folgenden möglichen Verunreinigungen werden angegeben: Bis-[2.5-dichlorphenylmercaptomethyl]-äther, Bis-[2.5-dichlorphenylmerpato]-methan, 2.5-Dichlorphenylmercaptomethylchlorid, 2.5-Dichlormercaptophenol, 2.2'.5.5'-Tetrachlordiphenyldisulfid, Phencaptonsulfon, Phencaptonsulfoxid] u. ›O.O.S-Dithiophosphorsäuretriäthylester. Die Sichtbarmachung erfolgt durch Einstellen in J_2-Atmosphäre. Zur Best. von **I** in techn. Wirksubstanz wird mit Br_2 in Eisessig oxydiert u. das entstandene SO_4^{2-} gravimetr. bestimmt. An Methylphencapton, Kaliumdiäthyldithiophosphat, O,O-Dimethyl-S-(N-methylcarbamoylmethyl)-dithiophosphat u. O.O-Diäthyl-O-[3-chlor-4-methylumbelliferyl]-thiophosphat zeigen Vff., daß diese Meth. allg. für Thiophosphorsäureester angewendet werden kann. Fertige Wirkstoffkombinationen werden nach einer modifizierten Stepanow-Meth. behandelt u. das aus **I** entstandenen Cl^- mit $AgNO_3$-Lsg. titriert. Spuren von **I** werden aus biolog. Material mit PAe. extrahiert, mit Acetonitril u. Chlf. reextrahiert u. nach der Thioindigo- oder Methylenblau-Meth. photometr. bestimmt. Der P-Geh. von **I** kann nach der Vanadatomolybdatophosphat-Meth. ermittelt werden. Eine Arbeitsvorschrift für die Best. durch Nitrierung u. Kupplung mit Naphthyläthylendiamin mit folgender photometr. Auswertung wird angegeben. H. J. Altmann 6328◇

2103 **Methylgelb als Sprühreagens bei der Papierchromatographie chlorierter Kohlenwasserstoff-Pesticide.** Leo F. Krzeminski und W. A. Landmann. (J. Chromatogr. [Amsterdam] **10**, 515—16, 1963; Chicago, Ill., American Meat Inst. Found.; engl.) — Zum Nachw. chlorierter KW-Stoffe auf Papierchromatogrammen empfehlen Vff. das Sprühen der lufttrockenen Chromatogramme mit einer wss. alkohol. Lsg. von *N.N-Dimethyl-p-phenylazoanilin* (*Methylgelb*). Die danach wieder an der Luft getrockneten Chromatogramme werden 5 Min. mit UV-Licht bestrahlt, wobei rote Flecken erhalten werden, die nach ca. 1 Std. verblassen. Die Empfindlichkeit liegt zwischen 2—8 μg, wobei Papierverunreinigungen nicht stören. Auch Verbb. mit hohem R_F-Wert geben gut sichtbare Flecken ohne Hofbildung.
M. Finke 6328◇

2104 Dow Chemical Co., Midland, Mich., übert. von: John B. Hemwall, Long Beach, Calif., V. St. A., **Mittel zur Verbesserung von Kulturböden durch Überführung des Spurenelement-, besonders Eisengehaltes derselben in pflanzenaufnehmbare Form.** In die Spurenelement-Mangelböden werden in die Krume in einer Tiefe von ca. 15 cm ca. 0,0001—0,1% bzw. 0,1—1000, bes. 0,01—100 ppm eines Fe-Chelates der Chelat-Verb. der Formel I eingearbeitet, in der X Alkylen- oder Cycloalkylenreste mit 2—3 C-Atomen, Y einen Methylenrest u. Z einen Phosphonsäurerest bedeuten, in dem das P-Atom direkt an das C-Atom von Y gebunden ist u. die Phosphonsäure als freie Säure Na-, K-, NH_4-, Mono-, Di-, Triäthanolaminsalze oder Ester vorhanden sein kann. Die Chelat-Verb. wird in W. gelöst u. mit einer Lsg. von $Fe-NH_4$-Sulfat im Mol.-Verhältnis von 1 : 1 vermischt. Das Fe-Chelat wird in Lsg. auf den Boden versprüht oder im Gemisch mit Sand, Vermiculit, Abwasserklärschlamm, Milorganit, $CO(NH_2)_2$–CH_2O-Kondensations-Prodd., Düngemitteln oder NPK-Mischsalzen auf den Kulturboden ausgestreut u. in ihn eingearbeitet. Bes. geeignete Chelat-Verbb. sind: *Äthylenbis-(iminosalicyliden)-diphosphonsäure*, ihre *Na-*, *K-*, *NH_4-Salze* u. *Diäthyl-* oder *Tetraäthylester*. Die Verbb. sind doppelt so wirksam wie EDTA (Äthylendiamintetraessigsäure) u. verhindern *Chlorose-Erkrankungen* bei Mais-, Flachs-, Spinat-, Baumwolle-, Tomaten-, Sojabohnenpflanzen u. dgl. (**A. P. 3008816** vom 26/1. 1959, ausg. 14/11. 1961.)
H. Karst 6291

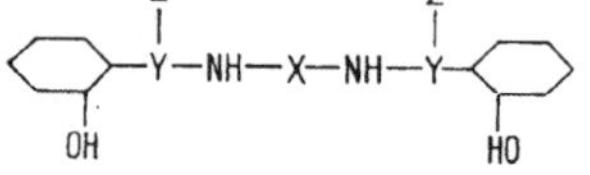

I

2105 Allied Chemical Corp., New York, N. Y., übert. von: Everett E. Gilbert, Morris Township, und Edmund J. Rumanowski, Jersey City, N. J., V. St. A., **Herbicide Hexachloraceton–Öl-Gemische und ihre Stabilisierung.** Gemischen aus Hexachloraceton u. hocharomat., herbiciden Petroleum-Ölen, welche Olefine enthalten (Kp. ca. 275—700°F), werden zur Stabilisierung ca. 0,01—1,0, bes. 0,01—0,25%, auf das Gemisch berechnet, eines Rk.-Prod. aus *Salicylaldehyd* u. einem *aliphat. Polyamin* zugesetzt. Als Polyamine sind bes. geeignet: Diäthylentri-, Triäthylentetra-, Tetraäthylenpentamin-Äthylendiamin, 1.5-Diamino-n-pentan, 1.6-Diamino-n-hexan, 1.10-Diamino-n-decan, 1.2-Diaminopropan, 1.7-Diamino-n-heptan, 1.4-Diamino-n-butan, Diaminoneopentan, 3.3'-Iminobispropylamin u. 1.3-Diaminopropanol-(2). Als Rk.-Prodd. kommen bes. *Disalicylidentetraäthylenpentamin Disalicylidentriäthylentetramin*, *Disalicylal-heptandiamin*, *-pentandiamin-1.5*, *-decandiamin-1.10* in Betracht. Die Zers. des Hexachloracetons, bei der Lagerung der Herbicide, die Entw. von HCl, die Bldg. von schlammartigen Ndd. u. Korrosionen der Behälter werden vermieden. (**A. P. 3043674** vom 29/7. 1959, ausg. 10/7. 1962.) H. Karst 6313

2106 Rohm & Haas Co., Philadelphia, Pa., übert. von: David Y. Curtin, Urbana, Ill., und Guy C. Murdoch, Wycombe, Pa., V. St. A., **Herstellung von Äthinylsulfiden und 1.2-Bis-(organothio)-äthylenen** der Formeln RSC≡CH u. RS–HC=CH–SR (R = Alkyl mit bis zu 10 C-Atomen, Benzyl oder ggf. alkylsubstituiertes Phenyl) durch Rk. eines Alkaliacetylids mit einem Organosulfid der Formel RSSR bei Raumtemp., ggf. bei Erwärmen auf 40—100°. Man erhält so aus n-Butyldisulfid *n-Butyläthinylsulfid*, $Kp._{16}$ 38—45°, n_D^{25} 1,4710, u. *1.2-Bis-(n-butylmercapto)-äthylen*, $Kp._{0,75}$ 94—100, n_D^{25} 1,5278; *Äthinylmethylsulfid*, Kp. 69—71°, n_D^{25} 1,4819, u. *1.2-Bis-(methylmercapto)-äthylen*; *Äthinyl-n-octylsulfid*, $Kp._4$ 74°; *Äthinylphenylsulfid*, $Kp._{14}$ 90°, n_D^{25} 1,593. — *Herbicide*. (**A. P. 2942032** vom 5/9. 1958, ausg. 21/6. 1960.)
W. Gräger 6313

2107 Upjohn Co., Kalamazoo, Mich., V. St. A., **Mittel zur Beschleunigung des Pflanzenwachstums** und zum Schutz der Pflanzen gegen Schädigungen durch pathogene Parasiten, bes. Fungi u. Bakterien, enthaltend als Wirkstoff ein niederes N-Alkanoylsulfanilsäurehydrazid oder ein Salz desselben u. einen Trägerstoff, z. B. Stäubemittel, in W. dispergierbare Pulver, mit W. mischbare Lsgm., phytonom. Öle, W. oder feste inerte Verdünnungsmittel. Als Wirkstoffe sind bes. geeignet: *N-Formyl-*, *N-Acetyl-*, *N-Propionyl-*, *N-Isobutyryl-*, u. *N-Butyrylsulfanilsäurehydrazide*. Als Salze kommen die Mn-, Zn-, Co-, Cu-, Fe-, Pb-, Ni-, Cr-, Cd-, Al-, Ba-, Sr-, Ca- u. Mg-Salze der Verb. in Betracht. Die Hydrochloride, Sulfate, Phosphate, Nitrate, Citrate, Acetate, Lactate, Oxalate, Succinate der Hydrazide sind als Wirkstoffe ebenfalls verwendbar. Sie werden in Konzz. von 250 bis 10000, bes. 500—4000, ppm u. in Mengen von 0,112 bis 22,5, bes. 0,225—4,5 kg/4050 m^2 verwendet. Die Wirkstoffe eignen sich zur Bekämpfung des *Rostes der Gräser*, von *Alternaria solani* u. *Erysiphe cichoracearum* u. bewirken ein *verstärktes Längenwachstum* der behandelten Pflanzen. (**E. P. 909256** vom 11/3. 1959, ausg. 31/10. 1962. A. Prior. 7/4. 1958.) H. Karst 6313

2108 Ministerul Industriei Petrolului și Chimiei (Erfinder: Elena Popescu), Rumänien, **Herstellung des Na-Salzes der Trichloressigsäure** durch Umsetzung der freien Säure in einem organ., mit W. nicht mischbaren Lsgm. mit gekörntem $NaHCO_4$ unter Rühren u. Abtrennen des sich absetzenden festen Rk.-Produktes. — *Herbicid*. (**F. P. 1246476** vom 15/1. 1960, ausg. 8/2. 1961. Rumän. Prior. 15/1. 1959.) G. Colsmann 6313

2109 Diamond Alkali Co., Cleveland, übert. von: Henry Bluestone, University Heights, Ohio, V. St. A., **Regulierung des Pflanzenwachstums.** Zur Vernichtung unerwünschter Pflanzen werden Lsgg., Emulsionen, Dispersionen oder feste Stäubemittel verwendet, die als Wirkstoff ein 2-Thiazolidinthionalkhalid, dessen Alkyl-Substituent ein niederes Alkyl ist, bes. *2-Thiazolidinthionmethhalid* u. *2-Thiazolidinthionmethjodid*, enthalten. Geeignete Lsgm. für die Wirkstoffe sind: Aceton, Kerosin, Bzl., Toluol, Xylol, Petroleumdestillate u. deren Gemische. Netz-, Dispergier- oder oberflächenakt. Mittel können den Lsgg. zugesetzt werden. Geeignete Konzz. sind 1 bis 2000 ppm. Die Mittel haben auch entblätternde, bactericide u. fungicide Eigg., bes. bei der Bekämpfung von *Alternaria oleracea*, *A. solani*, *Sclerotinia fructicola*, *Erwinia amylovora*, *Xanthomonas phaseoli*, *Staphylococcus aureus* u. *Escherichia coli*. Verwendete Mengen ca. 45—58,5 kg/4050 m^2. (**A. P. 3020143** vom 28/9. 1959, ausg. 6/2. 1962.) H. Karst 6313

2110 E. I. du Pont de Nemours & Co., übert. von: Clarence A. Littler, Wilmington, Del., V. St. A., **Herbicide Pellets.** Man vermischt ca. 10—75 (Gew.-Teile) eines herbicid akt. Arylalkylharnstoffs der Formel **I**, in

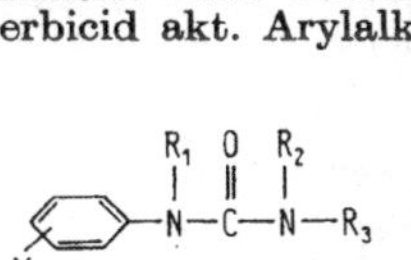
I

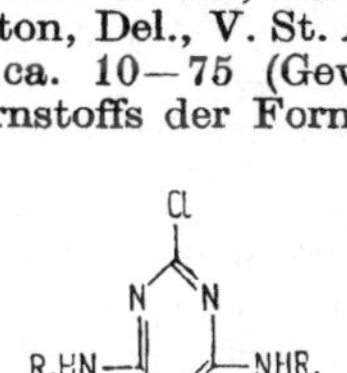
III

der Y H oder Halogen, n < 5, R_1 H oder Methyl, R_2 Methyl oder Äthyl u. R_3 H oder Alkyl mit < 5 C-Atomen bedeuten, wobei der Harnstoff eine Teilchengröße < ca. 20 μ aufweist, mit ca. 18—85 eines nichtgelierenden Ca-Mg-Montmorillonittons mit einer Teilchengröße < ca. 325 Maschen u. 5—25 anhydr. Na_2SO_4 mit einer Teilchengröße < ca. 100 Maschen sowie ca. 0,25—2 eines anion. Netzmittels mit einer Teilchengröße < ca. 20 μ innig zu einer homogenen Masse. Nach Anfeuchtung wird das Gemisch in Extrudern unter Druck zu dichten, rasch auflösbaren Pellets mit einer Dichte von 1,2—1,7 g/cm^3 u. einer Länge von 0,64—0,17 cm verarbeitet. An Stelle des Arylalkyl-Harnstoffes kann auch ein herbicid akt. s-Triazin der Formel verwendet werden, in der R_1 u. R_2 gleiche oder verschiedene Alkylreste mit < 4 C-Atomen oder $-(CH_2)_n-OCH_3$ bedeuten, wobei n 2 oder 3 ist, u. das s-Triazin eine Teilchengröße < 20 μ aufweist. Die Pellets werden noch mit Farbpigmenten gefärbt u. bei 40—100° getrocknet. Sie sind bes. zur Bekämpfung von grasartigen Unkräutern in ariden Regionen u. zum Ausstreuen durch Flugzeuge geeignet. (**A. P. 2992090** vom 27/3. 1958, ausg. 11/7. 1961.) H. Karst 6313

2111 Dow Chemical Co., Midland, Mich., übert. von: Warren W. Kaeding, Concord, Calif., V. St. A., **Dialkylaminoindanylmethylcarbamat** der allg. Formel erhält man bei der Rk. von Dialkylaminoindanol mit Methylisocyanat in Ggw. von katalyt. Mengen eines tert. Amins u. eines inerten Lsgm. bei etwa 25—39° u. normalem Druck. Die Rk. kann auch bei etwa 50—75° u. unter erhöhtem Druck ausführen. In **I** bedeutet R eine Alkylgruppe mit **1—4** C-Atomen. — Methylisocyanat wird mit einigen Tropfen Triäthylamin versetzt u. mit einer Lsg. von 7-Dimethylaminoindanol in CH_2Cl_2 2 Tage bei normaler Temp. verrührt. *7-Dimethylamino-4-indanylmethylcarbamat*, F. 134—135° (Hexan). — Auf analoge Weise erhält man folgende „*-4-indanyl-methylcarbamate*". *7-Di-n-butylamino-*, F. 79—81° (Hexan); *7-Diisobutylamino-*, F. 68—75°; *7-Diäthylamino-*; *7-Diisopropylamino-*; *Di-n-propylamino-*. — *Herbicide*. (**A. P. 3012067** vom 21/12. 1959, ausg. 5/12. 1961.) G. König 6313

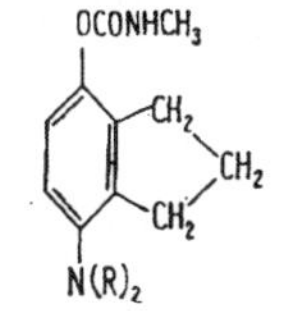
I

2112 Plant Protection Ltd., England (Erfinder: Gerald Lucien Baldit und Brian Ashworth), **Herstellung Hg-haltiger, fungicider Präparate** durch Umsetzung von Lsgg. von Verbb. $RO-(CH_2)_n-Hg-OC(:O)-(CH_2)_m-CH_3$ (R = H oder Alkylgruppen mit 1—6 C-Atomen; n = 1—3; m = 0—2) mit wss. Na-Silicat-Lsg. (**I**) die ca. 9—18 (Gew.-%) Na_2O u. 29—36 SiO_2 enthält, Zufügen eines feinverteilten mineral. Füllstoffes, bes. $MgCO_3$, u. einer nichtoxydierenden Säure, bes. CH_3COOH (**II**), u. Pulverisieren des erhaltenen Produktes. — Zu 500 g techn. $CH_3O-(CH_2)_2-Hg-COCH_3$ (**III**) [enthält 53,6 (%) **III** neben 11,5 $CH_3COO-(CH_2)-Hg-COCH_3$, 5,5 $HO-(CH_2)_2-Hg-COCH_3$ u. 24,9 CH_3OH als Lsgm.; Hg-Geh.: 43,9] werden unter Rühren nacheinander zugesetzt: 50 cm^3 CH_3OH, 425 g **I** (18 Na_2O, 33,8 SiO_2 u. 46,2 W.) innerhalb 3 Std., 100 g $MgCO_3$-Pulver, 50 cm^3 **II** u. 150 g $MgCO_3$. Das anschließend gemahlene Prod. ist ein nichtstaubendes Pulver mit 43,9% Hg. — Geeignet zur *Behandlung von Saatgut*. (**F. P. 1236276** vom 19/9. 1959, ausg. 16/11. 1960. E. Prior. 19/9. 1958.) G. Dehmel 6313

2113 Montecatini Soc. Gen. per l'Industria Mineraria e Chimica, Mailand, Italien, **Neue Alkylen-bis-[dithiocarbamate]** der allg. Formel **I** (M = Zn oder Ca;

$$\overbrace{S-C(=S)-NH-CH(R')-CH(R'')-NH-C(=S)-S}^{M} \quad (I)$$

R' u. R'' = Alkylrest, R'' auch H) erhält man durch Rk. eines Alkylamins der allg. Formel $R' \cdot CH(NH_2) \cdot CH(NH_2)R''$ (R' u. R'' wie oben) mit CS_2, NaOH (oder NH_4OH) u. einem wasserlösl. Zn- oder Ca-Salz in wss. Medium. Man setzt das Amin entweder zuerst mit CS_2 bei 30—40° u. dann nacheinander mit dem Hydroxid u. Zn- oder Ca-Salz um oder man setzt einem Gemisch aus CS_2 u. NH_3 erst das Diamin u. dann das Metallsalz zu. — Man setzt z. B. einem Gemisch aus 3 (Mol) Propylen-(1.2)-diamin in 96,6 W. während 45 Min. mit 6,3 CS_2 bei 35° u. pH 7—8 (Indikatorkontrolle) um, fügt 6 NH_3 (mit W. verd.), evtl. mehr NH_3 (bis pH 7) zu, setzt der 30%ig. Lsg. während 45 Min. bei 30—35° 3 $ZnCl_2$ in 1200 ml W. zu u. verd. mit 9 Litern W. → *Zn-Methyläthylen-bis-[dithiocarbamat]*, Zus. Formel **I**, M = Zn, R' = H, R'' = CH_3, Roh-Prod. mit fast 91% akt. Substanz. Analog erhält man aus Butylen-(1.2)-diamin → *Zn-Äthyläthylen-bis-[dithiocarbamat]*, **I**, M = Zn, R' = C_2H_5,

R'' = H, LD_{95} 72 ppm gegen Perenospora bzw. aus Buten-(2)-diamid → *Zn-Dimethyläthylen-bis-[dithiocarbamat]*, **I**, M = Zn, R' u. R'' = CH_3. *Fungicide.* Tabelle mit DL-Werten. (**E. P. 889675** vom 13/6. 1960, ausg. 21/2. 1962. It. Prior. 17/6. 1959.)
G. Vogel 6313

2114 Chemische Werke Albert, Wiesbaden, **Neue fungicide manganhaltige Dithiocarbamate** erhält man durch Rk. von 1,5—2,5 (Mol) eines Mn-Oxids, bes. MnO oder MnO_2, mit 1 NH_4-Äthylen-bis-[dithiocarbamat] (**I**) in wss. Lsg. bei 10—50, bes. 20—40°. — Man rührt z. B. ein Gemisch aus 60,5 (Teilen) 99%ig. Äthylendiamin, 148 Vol.-Teilen 23 Vol.-%ig. NH_3 u. 152 CS_2 in 400 W. 2 Std. bei 30—40°, so daß man 1 Mol **I** enthält, mischt der Lsg. 173 Mn-Oxid (= ca. 2 Mol bei 82% MnO-Geh.) als feines Pulver zu, rührt 2 Std. bei 30—40° weiter (**I**-Geh. noch 5%), filtriert den Nd., läßt ihn 40 Min. an der Luft unter Entw. von NH_3 u. Erwärmung auf 44° (durch exotherme Rk.) stehen, kühlt, pulverisiert u. trocknet bei 45° bis zu konst. Gew. → 391 Prod., Mn-Geh. 28%. 5 $\mu g/cm^2$ verhindern die Sporen-Entw. von *Alternaria tenuis*. Erhitzt man vorst. Prod. 3 Std. in feuchtem Zustand auf dem Wasserbad in einer Flasche bei 25 mm Druck u. trocknet bei 45° u. normalem Druck → 379 Prod., grünes Pulver. Man stellt z. B. aus den Prodd. 0,3—0,45%ig. wss. Suspensionen gegen *Phytophtora infestans* an Kartoffeln bzw. *Plasmopara viticola* am Weinstock her. Durch Ansäuern mit HCl während der Herst. erhält man Prodd. gegen *Perenospara* im Weinstock. Mengenbeispiele. (**E. P. 888289** vom 26/5. 1960, ausg. 31/1. 1962. D. Prior. 31/7. 1959 u. 11/2. 1960.)
G. Vogel 6313

2115 Chemische Werke Albert (Erfinder: Ernst August Bartels und Johannes Reese), Wiesbaden, **Herstellung von Äthylen-bis-[dithiocarbamat]-Manganverbindungen** durch Umsetzung des Ammoniumsalzes der Äthylen-bis-[dithiocarbaminsäure] in wss. Lsg. mit > 1 Mol, bes. 1,5—2,5 Mol eines Mn-Oxids oder deren Gemischen bei 10—50°, bes. 20—40°, u. anschließendes Neutralisieren u. Trocknen oder Abschleudern, Absaugen u. Stabilisieren durch Luftzutritt oder Trocknen im Vakuum ohne Neutralisation. — *Äthylen-bis-[dithiocarbamat]*-Mn, aus 60,5 (Teilen) 99%ig. Äthylendiamin, 148 Raumteilen 23%ig. NH_4OH u. 152 CS_2 in 400 W. durch 2std. Rühren bei 30—40°, Versetzen mit 173 techn. MnO u. 2std. Rühren der Mischung bei 30—40°; das Prod. enthält 28% Mn; Ausbeute 391 Teile. — *Fungicide.* (**Oe. P. 217475** vom 26/4. 1960, ausg. 10/10. 1961. D. Prior. 31/7. 1959 u. 11/2. 1960.)
G. Colsmann 6313

2116 Olin Mathieson Chemical Corp., übert. von: Bernard B. Brown, Hamden, Conn., V. St. A., **Herstellung von 2-Mercaptopyridin-N-oxid-thiocarbamaten,** dad. gek., daß man entweder 2-Mercaptopyridin-1-oxid (**I**) mit einem Isocyanat oder Isothiocyanat, oder ein Salz, z. B. das Na-Salz des **I** mit einem Carbamylhalogenid kondensiert, oder ein 2-Halogenpyridin-1-oxid mit einem Salz der Monothio- oder Dithiocarbaminsäure in Ggw. einer bes. Substanz wie Triäthylamin als Katalysator zur Rk. bringt. — Aus **I** u. Phenylisocyanat in Bzl. → *S-(2-Pyridyl-1-oxid)-N-phenylthiocarbamat*, F. 195—198°; aus 2-Chlorpyridin-1-oxid u. Di-Na-äthylen-bis-dithiocarbamat in CH_3OH am Rückfluß → *Di-[S-(2-pyridyl-1-oxid)]-N-äthylen-bis-dithiocarbamat*, F. 143,5—144,5°; aus **I** u. p-Chlorphenylisocyanat → *S-(2-Pyridyl-1-oxid)-N-p-chlorphenylthiocarbamat*, F. 198 bis 199,5°; weiter folgende *S-(2-Pyridyl-1-oxide)*: *-N-diäthyldithiocarbamat, -dihydrochlorid*, F. 142—145°; *-N-diäthylmonothiocarbamat, -dihydrochlorid*, F. 122—140°; *Di-N-2.4-toluylen-bis-thiocarbamat*, F. > 300°; — *Schädlingsbekämpfungsmittel.* (**A. P. 2940978** vom 14/8. 1958, ausg. 14/6. 1960.)
W. Heyer 6313

2117 Olin Mathieson Chemical Corp., übert. von: Jack Rockett, Metuchen, N. J., V. St. A., **Herstellung von Derivaten des Mercaptopyridin-1-oxids** der allg. Formel **I**, worin A = O oder S, R = H, eine Alkyl-, Alkenyl-, Cycloalkyl- oder Arylgruppe mit 1—18 C-Atomen u. R' = H, eine niedere Alkyl- oder eine Halogenalkylgruppe mit 1—5 C-Atomen bedeutet, dad. gek., daß man 2-Mercaptopyridin-1-oxid (**II**), bes. in Form des Alkali-Metallsalzes, mit einem α-Halogenäther der Formel ClCHR'AR in Aceton, Dioxan oder in einem nichtpolaren Lsgm. umsetzt. — Aus **II** u. Chlormethylmethyläther → *S-(2-Pyridyl-1-oxid* = **A**)*-O-methylmonothioformal*; analog **A**-*O-n-propylmonothioformal*, **A**-*O-2-chloräthylmonothiochloracetal*; *S-Hydroxymethyl-2-mercaptopyridin-1-oxid* aus **II** u. Paraformaldehyd in Äthylendichlorid, *Hydrochlorid*, F. 101—108°; aus **II** u. Chlormethyl-n-dodecyläther → **A**-*O-n-dodecylmonothioformal*, F. 78—79,5°; **A**-*O-äthyl-monothioformal*, F. 62—66°; **A**-*O-n-octadecyl-monothioformal*, F. 90—93°; **A**-*O-iso-octylmonothioformal, Hydrochlorid*, F. 75—76° u. *S-(2-Pyridyl-1-oxid)-S'-n-propyldithioformal, Hydrochlorid* aus **II** u. Chlormethyl-n-propylsulfid, F. 97,5—99°. — *Pesticide Mittel.* (**A. P. 2932647** vom 26/8. 1958, ausg. 12/4. 1960.)
W. Heyer 6313

$C_5H_4N(\rightarrow O)S\text{–}CHR'AR$ I

2118 Farbenfabriken Bayer Akt.-Ges., Leverkusen, übert. von: Claus Sasse, Köln, Richard Wegler, Leverkusen, und Günter Unterstenhöfer, Opladen, **Chinoxalinderivate** der allg. Formel **I**, in der

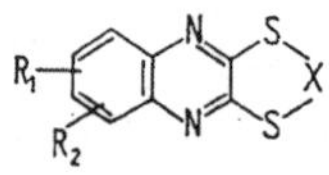

I

X = –P (O oder S)$(OR)_2$ oder = >P(O, S)OR darstellt, R einen niedrigen Alkylrest mit C_1—C_4 u. R_1 u. R_2 = H, niedrige Alkyl- oder Alkoxyreste, Halogenatome, die Nitro- oder Trifluormethylgruppe bedeutet, erhält man durch Rk. von R_1R_2-substituierten 2.3-Dimercaptochinoxalinen mit Mono- oder Dihalogenphosphor- oder thiophosphorsäureestern. Es sind beschrieben: *2.3-Bis-(0.0-diäthylthiolphosphato)-chinoxalin*; *2.3-Bis-(0.0-diäthylthiolthionophosphato)-chinoxalin*; *2.3-Bis-(0.0-dimethylthiolthionophosphato)-chinoxalin*; die kernsubstituierten *2.3-Bis-(0.0-diäthylthiolthionophosphato)-chinoxalin*; (**I**): *6-Methyl-***I**; *6-Chlor-***I**; *6-Methoxy-***I**; *6-Nitro-***I**; *6-Trifluormethyl-***I**; *6.7-Dimethyl-***I**; *6.7-Dichlor-***I**; ferner die *2-Äthoxychinoxalino-[2.3:d]-1.3.2-dithiaphosphole* (**II**): **II**-*2-sulfid*; **II**-*2-oxid*; *6-Methyl-***II**-*2-sulfid*; *6-Nitro-***II**-*2-sulfid*; *6-Chlor-***II**-*2-sulfid*. *Insekticide.* (**A. P. 3029237** vom 6/7. 1960, ausg. 10/4. 1962. D. Prior. 9/7. 1959.)
F. Obermeier 6313

2119 Shell Development Co., übert. von: Chang-Tsing Yang, New York, N. Y., V. St. A., **Epoxydierungsverfahren** wird in einem Mehrstufensyst. ausgeführt, indem man die Äthylenbindungen enthaltenden Verbb. der organ. Persäure im Gegenstrom zuführt. Der Druck in dem Syst. wird so hoch gehalten, daß die Rkk. in fl. Phase verlaufen. In der letzten Rk.-Stufe kann man, zur Vervollständigung der Epoxydierung noch ein Peroxid u. eine Carbonsäure zusetzen. Dieses Verf. ist bes. für cycl. Verbb. mit einer oder mehreren olefin. Bindungen im Ring geeignet. — „*Aldrin*“ = 1.2.3.4.10.10-Hexachlor-1.4.4a.5.8.8a-hexahydro-1.4.5.8-endo-exo-dimethanonaphthalin wird in 3 Stufen von 20, 35 u. 45%, bei 64—65° zu „*Dieldrin*“ = *1.2.3.4.10.10-Hexachlor-6.7-epoxy-1.4.4a.5.6.7.8.8a-oktahydro-1.4.5.8-endo-exo-dimethanonaphthalin* epoxydiert. — Analog erhält man *1.2.3.4.10.10-Hexachlor-6.7-epoxy-1.4.4a.5.6.7.8.8a-oktahydro-1.4.5.6-endo-endo-dimethanonaphthalin*. Die Ggw. eines Lsgm. für die Äthylenverb. ist vorteilhaft. — *Insekticide.* — Vorrichtung. (**A. P. 2873283** vom 13/12. 1954, ausg. 10/2. 1959.)
G. König 6313

2120 G. K. Shurawlewa, W. D. Larionowa und A. M. Kletschetowa, **Herstellung von Schädlingsbekämpfungsmitteln.** Als DDT-Synergisten werden Alkylsulfoanilide, bes. *Äthylsulfo-p-chloranilid*, F. 121°, *Butylsulfoanilid*, F. 34°, *Butylsulfo-p-chloranilid*, F. 62°, *Butylsulfo-2.4-dichloranilid*, F. 70°, *Isoamylsulfo-p-chlor-*

anilid, F. 61°, u. *Chlormethylsulfoanilid*, F. 69°, angewandt. (**UdSSR. P. 133303** vom 20/11. 1959.) L. Großner 6313

2121 G. M. Sstrongin und Ss. N. Ssawtschuk, **Herstellung von Hexachlorcyclohexan** (I) durch Chlorierung von Bzl. mit Cl_2 in Ggw. von Peroxydicarbonsäuredialkylestern (0,05—0,06 Gew.-%) als Aktivatoren. Die Rk.-Mischung wird zur Aktivierung auf 60° erwärmt u. für die anschließende Chlorierung auf 30—40° abgekühlt. — 0,1 g-Mol Chlorameisensäureester werden in Bzl. allmählich mit 4,3 g 10%ig. wss. Na_2O_2-Lsg. versetzt. Die benzol. Phase wird abgetrennt u. die wss. Phase mit Bzl. extrahiert. Die benzol. Lsg. enthält 5,2 g Peroxydicarbonsäuredimethylester (II). — Analog kann aus Chlorameisensäureisopropylester der entsprechende Peroxydicarbonsäureester dargestellt werden. — Die benzol. Lsg. von II wird 1:1 mit Trichloräthan versetzt u. in ein abgedunkeltes Gefäß gegeben. Zur Entfernung von O_2 spült man mit CO_2. Man leitet Cl_2 ein u. hält die Konz. während der Rk. auf 2%. Dann erwärmt man 15 Min. auf 60° u. kühlt anschließend auf 40° ab. Bei dieser Temp. wird 90 Min. chloriert; Ausbeute 150 g I, davon 16% *γ-Hexachlorcyclohexan*. (**UdSSR. P. 132210** vom 3/8. 1959.) F. Eßer 6313

2122 W. P. Batjuk, M. N. Ssawitzkaja und Ss. A. Gordijenko, **Insekticid.** Die durch Rk. von H_2SO_4 mit Dithionit erhaltenen Lsgg. von koll. S werden durch 0,5—1% Polyacrylamid stabilisiert. — Tabelle. (**UdSSR. P. 133717** vom 6/2. 1960.) L. Großner 6313

2123 Ciba Soc. An., Schweiz, **Herstellung von organischen Phosphorverbindungen** der allg. Formel $(RO)(R_1O)\cdot P(=Z)-S-C(R_2)=CHR_3$ (R u. R_1 = Alkylreste; R_2 = H, Alkylrest, der durch Äther- oder Estergruppen unterbrochen sein kann, Phenylrest, auch substituiert, oder $-COOR_4$, wobei R_4 = Alkylrest; R_3 = Alkylrest, der durch Äther- oder Estergruppen unterbrochen sein kann. Aldehyd- oder $COOR_4$-Gruppe; Z = O oder S), dad. gek., daß man Verbb. der allg. Formel (RO) (R_1O) P(= Z)–SH in Ggw. von tert. Aminen als Katalysatoren u. von Polymerisationsinhibitoren mit Acetylenverbb. $R_2C{\equiv}CR_3$ umsetzt. — 9,8 (Teile) Methyltetrolat (III) werden bei 80° während 15 Min. mit 15,8 Dimethyldithiophosphorsäure (I) versetzt u. 3 Std. bei 80° gerührt. Man verd. mit Chlf., wäscht mit 2 n Sodalsg., trocknet u. dampft ab: $(CH_3O)_2P(=S)-S-C(CH_3)=CH-COOCH_3$, gelbes Öl, $Kp._{0,02}$ 128—130°. Das Prod. wird mit dem Kondensationsprod. aus tert.-Octylphenol u. Äthylenoxid u. mit Isopropanol vermischt u. in W. emulgiert. — Analog die Rk.-Prodd. aus: **III** u. O.O-Diäthyldithiophosphorsäure (**IV**), $Kp._{0,8}$ 108—115°. — Äthylpropiolat (**II**) (Kp. 115—116°) u. **IV**, $Kp._{0,3}$ 110°. — **II** u. **I**, $Kp._{0,015}$ 110°. — **IV** u. Phenylpropiolsäureäthylester ($Kp._{0,04}$ 86—90°). — Acetylendicarbonsäuredimethylester ($Kp._{11}$ 100°) u. **I**, $Kp._{0,02}$ 126—129°. — Carbitoltetrolat ($Kp._{0,01}$ 89—94°) u. **I** bzw. **IV**. — Carbitolpropiolat ($Kp._{0,01}$ 74—76°) u. **I** bzw. **IV**. — Butindiol-(1.4)-diacetat ($Kp._{0,01}$ 60—62°) u. **IV** bzw. **I**. — Phenylpropargylaldehyd. ($Kp._{14}$ 108—112°) u. **IV** bzw. **I**. — Propargylmethyläther (Kp. 60°) u. **I**, $Kp._{0,05}$ 89—120°, bzw. **IV**, $Kp._{0,04}$ 104—110°. — *Pesticide*. (**F. P. 1239173** vom 28/10. 1959, ausg. 7/12. 1960. Schwz. Prior. 31/10. 1958.) S. Böttcher 6313

2124 Soc. des Usines Chimiques Rhône-Poulenc, Paris, Frankreich, **Thiophosphorsäureester.** Zu D. A. S. 1123863; C. **1962, 14666** ist nachzutragen: Zn 44,7 (g) 5-Hydroxy-3-thiavalerylmethylamid (I) ($Kp._1$ 174 bis 177°) u. 56,4 $(C_2H_5O)_2P(S)Cl$ gibt man bei 45° 23,7 Pyridin, läßt über Nacht stehen, nimmt in 200 ml Bzl. auf u. filtriert. Man engt das Filtrat ein, nimmt den Rückstand in 200 ml W. auf u. extrahiert mit 200 u. 100 ml Bzl., wäscht u. trocknet den Extrakt u. dest. das Bzl. ab → 68 eines Gemisches aus *5-(Diäthoxythionophosphoryl)-O-3-thiavalerylmethylamid* (II) u. *5-(Diäthoxythiolphosphoryl)-S-3-thiavalerylmethylamid* (III). Erhitzt man das Gemisch von **II** u. **III** 5 Std. auf 95°, reichert es sich an **III** an. — Ähnlich erhält man aus 21,8 $(C_2H_5O)_2P(S)SK$ (**IV**) u. 15,5 **I** in Aceton → 25 *5-(Diäthoxydithiophosphoryl)-3-thiavalerylmethylamid*; 50 **IV** u. 36,3 5-Chlor-3-thia-2-methylvalerylmethylamid (F. 56—57°) in Methyläthylketon → 46 *5-(Diäthoxydithiophosphoryl)-3-thia-2-methylvalerylmethylamid*; 50 **IV** u. 38,2 5-Chlor-3-thia-2-methylvaleryläthylamid (F. 55—56°) → 46 *5-(Diäthoxydithiophosphoryl)-3-thia-2-methylvaleryläthylamid*; 33,5 **IV** u. 29,5 5-Chlor-3-thia-2-methylvalerylpropylamid ($Kp._1$ 135 bis 138°) → 39 *5-(Diäthoxydithiophosphoryl)-3-thia-2-methylvalerylpropylamid*; 56 $(C_3H_7O)_2P(S)SK$ u. 5-Chlor-3-thiavalerylmethylamid → 54 *5-(Dipropoxydithiophosphoryl-3-thiavalerylmethylamid*; 38 **IV** u. 28 5-Chlor-5-methyl-3-thiavalerylmethylamid ($Kp._2$ 145—148°) → 22 *5-(Diäthoxydithiophosphoryl)-5-methyl-3-thiavalerylmethylamid*; 39,7 $(CH_3O)_2P(S)SK$ u. 31,8 5-Brom-3-thiavalerylmethylamid (**V**) (F. 65—66°) → 32 *5-(Dimethoxydithiophosphoryl)-3-thiavalerylmethylamid*; gelbes Öl; 125 **IV** u. 84,8 **V** → 118,5 *5-(Diäthoxydithiophosphoryl)-3-thiavalerylmethylamid* (**VI**); 22,8 $(C_2H_5O)_2P(S)ONa$ u. 31,8 **V** → 45 *5-(Diäthoxythiolphosphoryl)-S-3-thiavalerylmethylamid*; 56 **IV** u. 30,6 5-Chlor-3-thiavalerylamid (F. 62°) → 45 *5-(Diäthoxydithiophosphoryl)-3-thiavalerylamid*, gelbes Öl. 70 **IV** u. 45,2 5-Chlor-3-thiavaleryläthylamid (F. 65—66°) → 56 *5-(Diäthoxydithiophosphoryl)-3-thiavaleryläthylamid*, gelbes Öl; 32,5 **IV** u. 5-Chlor-3-thiavaleryldimethylamid ($Kp._2$ 95—97°) → 23 *5-(Diäthoxydithiophosphoryl)-3-thiavaleryldimethylamid*, gelbes Öl; 61,5 $(CH_3O)_2P(S)OK$ u. 45 5-Chlor-3-thiavaleryläthylamid → 14 *5-(Dimethoxythiolphosphoryl)-S-3-thiavaleryläthylamid*; 52 **IV** u. 39,2 5-Chlor-3-thiavalerylisopropylamid → 54 *5-(Diäthoxydithiophosphoryl)-3-thiavalerylisopropylamid*; 76 **IV** u. 65 5-Chlor-3-thiavalerylmorpholid → 70 *5-(Diäthoxydithiophosphoryl)-3-thiavalerylmorpholid*; 24,8 $(C_2H_5O)_2P(S)SCH_2CH_2Cl$, 15,1 K_2CO_3 u. 12,6 Thioglykolsäuremethylamid → 20 **VI**. — Zubereitungen für *Insekticide* sind angegeben. — Vgl. F. P. 1193017; C. **1961, 14073**. (**E. P. 872823** vom 1/1. 1959, ausg. 12/7. 1961. F. Prior. 28/1. u. 16/7. 1958.) A. Debo 6313

2125 Montecatini Soc. Gen. per l'Industria Mineraria e Chimica, Mailand, Italien, **Substituierte Methylamide von O.O-Dialkylthio- und O.O-Dialkyldithiophosphorylessigsäuren** der allg. Formel $(R_1O)(R_2O)P\cdot(X)-S-CH_2-CONH-CH_2OR_3$, worin R_1 u. R_2 Alkyl mit 1—3 C-Atomen, R_3 ein gesätt. oder ungesätt. ggf. mit Halogen, Alkoxy oder Alkylmercaptogruppen substituierter aliphat. Rest mit 1—4 C-Atomen u. X = O oder S bedeutet, werden durch Umsetzung von Metallsalzen der entsprechenden Dialkylthio- oder -dithiophosphorsäure mit Halogenessigsäuremethylamiden in W. oder inerten Lsgm. hergestellt. — In Beispielen genannt: *O.O-Dimethyldithiophosphorylessigsäure-(N-methoxymethyl)-amid*, F. 40—42; *O.O-Dimethyldithiophosphorylessigsäure, — (N-äthoxymethyl)-amid* F. 25°. — *Insekticide, Acarizide.* (**E. P. 904401** vom 3/2. 1961, ausg. 29/8. 1962. It. Prior. 1/3. u. 28/10. 1960.) R. Bauereis 6313

2126 Monsanto Chemical Co., übert. von: John P. Chupp, Kirkwood, Mo., V. St. A., **Insekticides Mittel.** Es enthält als Wirkstoff eine Verb. der allg. Formel $(RO)_2P(X)SCH_2-X'-CH_2-C{\equiv}CY$, worin R eine Alkylgruppe mit 1—8 C-Atomen bedeutet, X u. X' = O oder S ist u. Y entweder H oder den Rest $-CH_2-X'-CH_2S-P\cdot(X)(OR')_2$ darstellt, wobei R' ebenfalls eine Alkylgruppe mit 1—8 C-Atomen bedeutet, z. B. *S.S'-(2.7-Dioxa-4-octin-1.8-dithiol)-bis-(O.O-diäthylphosphordithioat)* (I), *O.O-Diäthyl-S-(2-propinyloxymethyl)-phosphordithioat* oder *2.7-Dioxa-4-octin-1.8-dithiol-S-(O.O-dimethylphosphordithioat)-S'-(O.O-diisopropylphosphordithioat*. Die Verb. I wird hergestellt durch Rk. von Ammonium-O.O-diäthylphosphorthioat in Aceton mit 1.8-Dichlor-2.7-dioxaoctin-4 am Rückfluß. (**A. P. 3036952** vom 9/11. 1959, ausg. 29/5. 1962.) W. Heyer 6313

2127 Farbenfabriken Bayer Akt.-Ges., Leverkusen, **Phosphonsäureester** der allg. Formel Alk–P(:O)·(X)O–CH=CCl_2 (I) erhält man durch Rk. von Cl_3C–CHO (II) mit einem Ester, Amid oder Thiolester einer Säure des P der allg. Formel Alk–P(X)OR in einem organ. Lsgm. u. bei erhöhter Temp. (Alk-, Alkyl-, Cycloalkyl- oder Alkenylrest bis zu 8 C-Atomen, wobei diese Reste auch substituiert sein können; X = OR, SR, $N(R_1)R_2$; R, R_1 u. R_2 = Alkylreste bis zu 4 C-Atomen, die ggf. substituiert sind, mit der Einschränkung, daß Alk ein Alkenylrest ist, falls X = R). — Zu 75 g Isooctenylphosphonigsäure-di-β-chloräthylester in 100 ml Bzl. gibt man bei 75° 37 g **II** u. erhält nach dem Aufarbeiten 75 g *Isooctenylphosphonsäure-O-(β-chloräthyl)-O-(β.β-dichlorvinyl)-ester*, farbloses, in W. unlösl. Öl. Analog erhält man Verbb. der Formel **I** (X = OCH_2CH_2Cl), in denen Alk: *$(CH_3)_2C$=CH-; C_2H_5O-CH=CH-; C_6H_5CH=CH-*; oder Verbb. der Formel I: Alk = *C_8H_{11}*, X = *$N(CH_3)_2$*; Alk = *C_2H_5*, X = *SC_2H_5*; Alk = *C_2H_5*, X = *$N(C_2H_5)_2$*. — *Insekticide.* (**E. P. 896956** vom 25/5. 1960, ausg. 23/5. 1962. D. Prior. 4/6. 1959.) A. Jahn 6313

2128 Farbenfabriken Bayer Akt.-Ges., Leverkusen (Erfinder: Gerhard Schrader, Wuppertal), **Schädlingsbekämpfungsmittel** bestehend aus oder enthaltend Mischungen aus O.O-Dimethyl- bzw. O.O-Diäthyl-O-[o- u. -p-nitrophenyl]-thionophosphorsäureestern im Mischungsverhältnis von ca. 1:1. Durch Kombinieren der p-Verb. mit der an sich weniger wirksamen o-Verb. werden Präpp. erhalten, die die gleiche insekticide Wrkg. aufweisen wie die eine p-Verbindung. (**D. A. S. 1151406** Kl. 451 vom 7/7. 1961, ausg. 11/7. 1963.) W. Heyer 6313

2129 Farbenfabriken Bayer Akt.-Ges., Leverkusen, übert. von: Walter Lorenz und Gerhard Schrader, Wuppertal, **Insekticides Mittel.** Es enthält als Wirkstoff eine Verb. der allg. Formel $[(R_1O)(R_2O)\cdot P(S)]_2\cdot S$, worin R_1 u. R_2 niedere Alkylgruppen mit 1—4 C-Atomen bedeuten. Die neuen Thionothiopyrophosphorsäuretetraalkylester werden erhalten durch Rk. von SCl_2 oder Dialkylaminosulfensäurechlorid, z. B. Dimethylaminosulfensäurechlorid ($Kp._{10}$ 27°), mit einem Dialkylthiolphosphit wie Dimethylthiolphosphit ($Kp._{16,5}$ 53°) → *Tetramethyldithionothiopyrophosphat*, $Kp._{0,01}$ 82 bis 83°. (**A. P. 3060080** vom 16/6. 1958, ausg. 23/10. 1962.) W. Heyer 6313

2130 Farbenfabriken Bayer Akt.-Ges., Leverkusen (Erfinder: Ernst Schegk und Gerhard Schrader, Wuppertal), **Herstellung von Thionophosphorsäureestern,** dad. gek., daß Hydroxyarylverbb., die im Arylrest durch eine S-haltige Gruppe u. durch Aryl, Halogen oder NO_2 substituiert sind, z. B. Mercaptoverbb., Sulfoxyde oder Sulfone, mit O.O-Dialkylthionophosphorsäurehalogeniden in Ggw. von säurebindenden Mitteln umgesetzt werden. — Zum Beispiel werden 77 g p-Methylmercapto-m-kresol in 700 ml Bzl. gelöst u. 0,5 Mol 1 n-CH_3ONa-Lsg. zugegeben, Bzl. u. CH_3OH abdest., das Na-Salz in 350 ml CH_3-CO-C_2H_5 gelöst, bei 50° 85 g Dimethylthionophosphorsäureesterchlorid (**I**) zugetropft, 1 Std. gekocht u. 134 eines Öls von $Kp._{0,01}$ 105° der Formel **II** erhalten. — Durch Rk. von **I** mit p-Methylsulfinyl-m-Kresol wird ein Öl vom $Kp._{0,01}$ 110°, mit p-Methylsulfonyl-

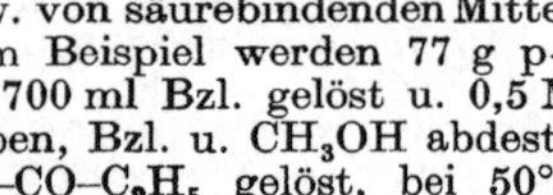

II

m-Kresol eine Verb. vom F. 74° (Ae.) erhalten. — *Schädlingsbekämpfungsmittel.* (**Schwz. P. 363986** vom 2/5. 1959, ausg. 15/10. 1962. D. Prior. 28/5. 1958. **Zusatz zu Schwz. P. 354455; C. 1962, 6940.**) O. Müller-Meiningen 6313

2131 Farbenfabriken Bayer Akt.-Ges., Leverkusen (Erfinder: Gerhard Schrader und Walter Lorenz, Wuppertal), **Phosphonyl-(thiono)-phosphon-(phosphin)-säureester** der allg. Formel $R_1O(R_2O)P(:O)\cdot CH(CCl_3)$-O-P(:O, S)$(R_3)R_4$ (**I**) erhält man nach dem Rk.-Schema: $R_1O(R_2O)P(:O)CH(OH)CCl_3$ + Hal-P·(:O, S) $(R_3)R_4$ → **I** + H-Hal (R_1 u. R_2 = niedere Alkylreste, R_3 u. R_4 = Alkyl, Cycloalkyl, Arylkyl, Aryl, R_4 außerdem = Alkoxy, Cycloalkoxy, Aralkoxy, Aryloxywert). — Es wurden erhalten: $(CH_3O)_2P(:O)CH(CCl_3)$-O-$P(:O)(OC_2H_5)CH_3$, wasserlösl. Öl, $Kp._{0,05}$ 132—133°, $(CH_3O)_2P(:O)CH(CCl_3)$-O-$P(:S)(CH_3)_2$, F. 106° (Essigester-P.Ae.). — *Insekticide.* (**D. A. S. 1153018** Kl. 12o vom 19/5. 1961, ausg. 22/8. 1963.) A. Jahn 6313

2132 Monsanto Chemical Co., St. Louis, übert. von: Joseph W. Baker, John P. Chupp, Kirkwood, und Peter E. Newallis, Crestwood, Mo., V. St. A., **1.2-Bis-(oxycarbonyl)-äthyl-thiophosphinate** der allg. Formel R(R')P(:X)-X'-CH(COOR'')-CH_2COOR''' erhält man durch Rk. eines Phosphinsäurehalogenids der allg. Formel R(R')P(:X)-Halogen mit einer äquimolaren Menge eines Bernsteinsäureesters der allg. Formel R''O-C(:O)-CH(X'H)-CH_2-C(:O)OR''' in Ggw. eines organ. Lsgm. u. eines Halogenwasserstoff bindenden Mittels. Man kann auch Dithiophosphinsäuren der allg. Formel R(R')P(:S)SH an Malein- oder Fumarsäureester der allg. Formel R''OC(:O)-CH=CH-C(:O)-OR''', bes. bei 20—120° anlagern (R u. R' = niedere Alkylreste; R'' u. R''' = KW-Stoffreste mit 1—7 C-Atomen, X u. X' = O oder S). — Zu einer Mischung aus 14,4 g Mercaptobernsteinsäurediäthylester u. 7,1 g Triäthylamin in 90 g Bzl. gibt man 9 g Dimethylthionophosphinsäurechlorid u. erhitzt die Mischung 6 Std. auf 70—80°. Nach dem Aufarbeiten erhält man *Dimethyldithiophosphinsäure-S-[1.2-bis-(äthoxycarbonyl)-äthyl]-ester.* Analog erhält man: *Diäthyldithiophosphinsäure-S-[1.2-bis-(äthoxycarbonyl)-äthyl]-ester; Dimethylthionophosphinsäure-O-[1.2-bis-(äthoxycarbonyl)-äthyl]-ester; Dimethylthiolphosphinsäure-S-[1.2-bis-(äthoxycarbonyl)-äthyl]-ester; Dimethyldithiophosphinsäure - S - [1. 2 - bis - (phenoxycarbonyl)-äthyl]-ester; Dimethyldithiophosphinsäure-S-[1.2-bis-(methoxycarbonyl) - äthyl] - ester; Diisopropylthiolphosphinsäure-S-[1.2-bis-(isobutoxycarbonyl)-äthyl]-ester; Dimethyldithiophosphinsäure - S - [1. 2 - bis - (allyloxycarbonyl) - äthyl]-ester. — Acaricide, Insekticide.* (**A. P. 3030264** vom 11/3. 1960, ausg. 17/4. 1962.) A. Jahn 6313

2133 Farbenfabriken Bayer Akt.-Ges., Leverkusen (Erfinder: Friedrich Muth, Leverkusen, und Ingeborg Hammann, Köln), **Mittel zum Schutz gegen Termitenfraß,** enthaltend 2-Hydroxybenzoesäurearylamide, die im Benzoesäurerest mindestens 1 Cl-Atom neben ggf. einer CH_3-Gruppe oder 2 NO_2-Gruppen u. im Anilidrest mindestens 1 Cl-Atom neben ggf. 1 CF_3-Rest tragen. — Beispiele: 2-Hydroxy-3-methyl-5-chlorbenzoesäure-3'.4'-dichloranilid, 2-Hydroxy-3-methyl-5-chlorbenzoesäure - 2'.4'.5' - trichloranilid, 2 - Hydroxy - 5-chlorbenzoesäure-2'-trifluormethyl-4'-chloranilid. (**D.A.S. 1148804** Kl. 451 vom 14/3. 1961, ausg. 16/5. 1963.) K. Koebke 6313

2134 André Jean Steininger, Frankreich, **Köder für Nagetiere,** bes. Ratten, welcher aus Papier oder Wellpappe in Rollenform als Träger besteht u. mit einem Gift-Wirkstoff, z. B. Cumafen, sowie einem wasser- u. luftundurchlässigen Bindemittel als Lockstoff versehen ist. Durch Fixierung von Luftblasen in jede Wölbung des Trägers wird der Köder schwimmfähig. (**F. P. 1228137** vom 25/2. 1959, ausg. 26/8. 1960.) W. Wittholz 6313

2135 Roberts Development Corp., New York, N. Y., übert. von: Morton Schwarcz, Berkeley Heights, N. J., V. St. A., **Nagetierbekämpfungsmittel.** Der bei der Nagetierbekämpfung sehr sicher wirkende Extrakt aus roten Meerzwiebeln (Urginea maritima Baker) (**I**) wird in Köderform von den Tieren meist gemieden. Es wird daher ein Gemisch vorgeschlagen, das an den Tieren hängen bleibt u. bei der Selbstreinigung verschluckt wird. Die rodenticiden Gemische enthalten einen fein verteilten Trägerstoff (SiO_2, Al-, Mg- oder Ca-Silicat) u. soviel **I**, daß der DL_{50} des Gemisches 750 mg/kg Ratte beträgt. (**A. P. 3002885** vom 26/1. 1959, ausg. 3/10. 1961.) R. Bauereis 6313

2136 R. Avenarius, Chemische Fabrik, Wien, Österreich, **Wildverbißmittel** aus 1. einer mittels eines organ. Dispergiermittels, wie Ca-Ligninsulfonat, hergestellten wss. Dispersion eines Gemisches von mineralölartigen, aliphat. KW-Stoffen mit einem Siedebereich zwischen 300 u. 450° u. Fettsäuren vom Typ C_{16}, wie Kokosfettsäure, 2. chlorierten KW-Stoff-Insekticiden, wie HCH oder Abfall-Prodd. aus der Chlorierung von KW-Stoffen, u. 3. roten Pigmenten, wie Eisenoxidrot. (**Oe. P. 220885** vom 26/4. 1957, ausg. 25/4. 1962.) W. Wittholz 6313

2137 **United States Rubber Co.**, New York, N. Y. (Erfinder: **Dwight Lorin Schoene** und **John William Zukel**, New Haven, Conn.), V. St. A., *Maleinsäurehydrazidderivate enthaltende Mittel zur Regulierung, insbesondere Hemmung des Pflanzenwachstums.* (**D. A. S. 1148807** Kl. 451 vom 13/3. 1957, ausg. 16/5. 1963. A. Prior. 11/4. 1956. — C. **1961**, 8448 [A. P. 2805926].)

2138 **Wacker-Chemie G. m. b. H.**, Deutschland, *Herbicide.* (**F. P. 1251640** vom 17/3. 1960, ausg. 21/4. 1961. D. Prior. 28/3. 1959. — C. **1961**, 18847 [D. A. S. 1110466].)

2139 **Farbwerke Hoechst Akt.-Ges., vormals Meister Lucius & Brüning**, Frankfurt/M., *Mittel zur selektiven Unkrautbekämpfung.* (**E. P. 909372** vom 29/12. 1958, ausg. 31/10. 1962. D. Prior. 27/12. 1957. — C. **1962**, 18981 [Oe. P. 212305] u. C. **1961**, 4141 [D. A. S. 1088757].)

2140 **Schering Akt.-Ges.**, übert. von: **Fredo Günther**, Berlin, *Vernichtung von Unkräutern.* (**A. P. 3036908** vom 3/3. 1959, ausg. 29/5. 1962. D. Prior. 5/3. 1958. — C. **1961**, 7006 [D. A. S. 1094524].)

2141 **Farbwerke Hoechst Akt.-Ges., vormals Meister Lucius & Brüning** (Erfinder: **Otto Scherer, Karl Reichner** und **Heinz Frensch**), *Herbicide.* (**Aust. P. 237108** vom 30/12. 1958, ausg. 8/2. 1962. D. Prior. 27/12. 1957. — C. **1962**, 14295 [F. P. 1224102].)

2142 **Shell Research Ltd.**, England, *Saatgutbeizen.* (**F. P. 1250052** vom 18/12. 1959, ausg. 24/3. 1961. E. Prior. 19/12. 1958. — C. **1962**, 4692 [E. P. 852610].)

2143 **Farbenfabriken Bayer Akt.-Ges.**, Leverkusen, *Alkylammoniumverbindungen von Nitrophenolen.* (**E. P. 908611** vom 9/11. 1960, ausg. 24/10. 1962. D. Prior. 10/11. 1959. — C. **1963**, 13716 [D. A. S. 1129958].)

2144 **Farbenfabriken Bayer Akt.-Ges.** (Erfinder: **Walter Lorenz** und **Gerhard Schrader**), Deutschland, *Herstellung von Benzylmercaptomethylestern der Phosphorsäuren.* (**F. P. 1246372** vom 6/11. 1959, ausg. 10/2. 1961. D. Prior. 7/11. 1958. — C. **1961**, 3129 [D. A. S. 1083811].)

2145 **Farbenfabriken Bayer Akt.-Ges.**, Leverkusen (Erfinder: **Gerhard Schrader**, Wuppertal), *Dithiophosphorsäure-0, S-dialkyl-S-mercaptoäthylester.* (**E. P. 921801** vom 2/9. 1960, ausg. 27/3. 1963. D. Prior. 4/9. 1959. — C. **1962**, 2517 [D. A. S. 1109672] u. C. **1963**, 18233 [D. A. S. 1136328].)

2146 **C. H. Boehringer Sohn**, Deutschland, *Giftköder gegen Wald- und Feldmäuse.* (**F. P. 1252359** vom 16/3. 1960, ausg. 3/5. 1961. — C. **1960**, 16912 [D. A. S. 1083083].)

H_8. Metallurgie, Korrosion

2147 **Metallurgie in der Atomkraft-Technologie.** 5. Mitt. **Brennstoff-Umhüllungsmaterialien.** 6. Mitt. **Brennstoff-Element-Technologie.** 7. Mitt. **Strahlungseinflüsse auf nichtspaltbare Metalle.** 8. Mitt. **Kühlmittel- und Behälter-Probleme in Reaktoren.** J. C. Wright. (Metal Treatment Drop Forging **28**, 21—30, 77—81, 109—13, 153—56, 164, 204—10, 1961; Birmingham, Coll. of Adv. Technol.; engl.) — Allgemeiner Überblick.
H. Hochstein 6350◇

2148 **Fragen der Meß- und Regelungstechnik in der NE-Metallindustrie, insbesondere der Temperaturmessung und -regelung in Leichtmetallschmelzen.** Walter Liebig. (Freiberger Forsch.-H., Reihe B **81**, 7—21, 1963; Leipzig; dt.) — Überblick. M. Gehlen-Keller 6350◇

2149 **Eine empirische Darstellung der geophysikalischen Verfahren für die Caribou-Lagerstätten von Bathurst, Neu Braunschweig.** J. D. Corbett. (Trans. Canad. Inst. Mining Metallurgy Mining Soc. Nova Scotia **64**, 160—62, 1961; Toronto, Anaconda Co. Ltd.; engl.) — Vgl. C. **1962**, 16818. — Die mit 6 verschiedenen elektr. u. elektromagnet. Meth. ermittelten Profile von Anomalien korrelieren mit der Geologie der Sulfidlagerstätte. Sie werden untereinander empir. verglichen, wobei wegen fehlender zusätzlicher Daten kein Urteil über die Vorzüge einzelner Verff. abgegeben wird. J. Heinze 6354◇

2150 **Untersuchung über die Verbesserung der Schwefelextraktion mit dem Autoklaven-Verfahren.** 2. Mitt. **Zusatzreagentien für die Extraktion.** Kensuke Suehiro. (J. Mining metallurg. Inst. Japan **77**, 889—93, 1961; jap., Auszug: engl.) — 1. vgl. C. **1963**, 22866. — Unterss. über die Extraktion von S aus Mineralien im geschlossenen Glasrohr zeigen, daß Zusätze einiger höherer Fettsäuren u. Alkohole u. Netzmittel wirksam in der Entfernung störender amphiboler Mineralien sind. Einige Erdöle sind in gewissem Umfang wirksam, nicht aber aromat. KW-Stoffe u. Kienöl. Sehr wirksam sind Gemische von Netzmitteln u. Erdölen, wie auch Unterss. im Autoklaven zeigen. W. Wesly 6360◇

2151 **Laboratoriumserforschung der Aufbereitung tschechoslowakischer polymetallischer Erze in Schwerflüssigkeiten.** Radko Brusák, Vladimír Machovič und Bohumil Rábl. (Rudy **7**, Nr. 5, Práce výzkumných Ústavů 1—6, Mai, Nr. 9, 1—6, Sept. 1959; Praha, Úst. pro výzk. rud; tschech.) — Die Ergebnisse von Laborverss. über die Schwertrübenscheidung von polymetall. Buntmetallerzen zeigten, daß eine Anreicherung noch vor der Flotation möglich ist. Die Abtrennung von 20—37 Gew.-% minimal nutzbarer Verbb. aus der Beschickung vor dem Mahlen u. Flotieren verbessert die Qualität der Konzentrate, erhöht die Erzeugungskapazität der Anlage, erspart Änderungen im Reagenzienzusatz bzw. Flotationszusätze. Die Körnigkeit kann 40—6 mm betragen, so daß keine Hydrozyklone benötigt werden.
Gottfr. Lange 6360◇

2152 **Einige Gründe für die Selektivität bei der Kupfer-Aktivierung von Mineralien.** C. H. G. Bushell, C. J. Krauss und G. Brown. (Trans. Canad. Inst. Mining Metallurgy Mining Soc. Nova Scotia **64**, 177—84, 1961; Cons. Mining and Smelting Co. of Canada Ltd.; engl.) — C. **1962**, 16819. — Bei der Zn-Flotation hat sich eine Aktivierung von *Zinkblende* u. *Marmatit* (= Zinkblende mit hohem Fe-Geh.) durch $CuSO_4$-Lsgg. als nützlich erwiesen. Die Aktivierung beruht auf einem Austausch des Oberflächen-Zn durch Cu. Nach thermodynam. Überlegungen sollte vorhandenes *Pyrrhotin* in analoger Weise noch besser aktiviert werden, obgleich die prakt. Ergebnisse dem widersprechen. An Hand von Verss. mit O_2-haltigen u. O_2-freien Lsgg. konnte nachgewiesen werden, daß Pyrrhotin durch die Bldg. einer Oberflächenschicht aus Fe-Oxid bzw. -Hydroxid gegen die Aktivierung geschützt wird. Die Theorie dieses Vorgangs u. die Unters.-Ergebnisse werden mitgeteilt. J. Heinze 6362◇

2153 **Untersuchungen über die Flotation von Molybdänit.** 2. Mitt. **Einige Versuche über die Flotation mit Kerosin.** Masayoshi Wada, Hiroshi Majima und Shosaku Toda. (Bull. Res. Inst. Mineral Dressing Metallurgy, Tohoku Univ. **18**, 15—22, 1962; jap., Auszug: engl.) — 1. vgl. C. **1963**, 12188. — Kerosin (**I**) verbessert die Flotation, bes. von magerem Molybdänit (**II**), wobei **I**-Fraktionen mit mittlerem Kp. wirksamer als solche mit hohem u. niedrigem Kp. sind. Eine höhere Selektivität wird durch Vermischen von **I** mit Kienöl erzielt. Die **II**-Ausbeute steigt durch Zusatz von Emulgiermitteln zu **I**, bes. von Polyglycolestern von Fettsäuren oder Alkylphenolpolyglycoläthern. Dadurch werden gleichzeitig die Eigg. des entstandenen Schaums verbessert.
W. Wesly 6362◇

2154 **Bedeutung der Größenverteilung, Festigkeit und Reaktionsfähigkeit von Koks im Hochofen und im Kupolofen.** W. Peters und H. Echterhoff. (Blast Furnace, Coke Oven, raw Mater. Committee Iron Steel Divis., Amer. Inst. Mining metallurg., Petroleum Engr., Proc. **20**, 158 bis 174, 1961; Essen-Kray, Bergbau-Forschung G. m. b. H.; engl.) — Die Vergasungs-Charakteristik eines Kokses wird im kinet. Bereich bei niedrigen Temp. durch die chem. Reaktionsfähigkeit allein in dem Bereich von Grenzschichtendiffusionen, bei höheren Temp. durch die Größenverteilung des Kokses allein gekennzeichnet. Im Zwischenbereich von Poren-Diffusion sind sowohl die chem. Reaktionsfähigkeit als auch die Größenverteilung zusätzlich zu der Porosität des Kokses von Bedeutung. Wenn die Größenverteilung wichtig ist, ist die Koksfestigkeit der Faktor von größter Bedeutung. Vom Standpunkt der Vergasungskinetik ist die chem. Reaktionsfähigkeit eines Kokses im Hochofen wichtig, da sie den Wärme-Inhalt des Gichtgases beeinflußt. Eine höhere Reaktionsfähigkeit führt zu einer erhöhten Red. des in oberen Ofenschachtteil an dem Erz gebildeten CO_2 u. somit zu einem höheren spezif. Koksverbrauch. Von größter Bedeutung sind im Kupolofen die Zonen von erhöhten Temp., in denen die Geschw. der Koksverbrennung in der Hauptsache von der Stückgröße abhängt. Für jede Ofengröße gibt es daher eine optimale Stückgröße des Kokses, bei der die Schmelzkapazität am größten ist. — 22 Literaturangaben. — Diskussion.
H. Hochstein 6370◇

2155 **Ein Bericht über die Verwendung von Brenngas durch Einblasen durch die Windformen.** Eugene R. Dean. (Blast Furnace, Coke Oven, raw Mater. Committee Iron Steel Divis., Amer. Inst. Mining metallurg., Petroleum Engr., Proc. **20**, 562—72, 1961; Pittsburgh, Coke and Chemical Co.; engl.) — Angaben über die Koksersparnisse u. die leichte Hochofenbetriebsführung beim Einblasen von Koksofen- u. Erdgas durch die Windformen. Es werden mehrere Einblasmeth. beschrieben.
H. Hochstein 6370◇

2156 **Erste Ergebnisse mit Erdgas-Einblasen durch Hochofenwindformen.** W. M. Kreglow jun. (Blast Furnace, Coke Oven, raw Mater. Committee Iron Steel Divis., Amer. Inst. Mining metallurg., Petroleum Engr., Proc. **20, 587—604, 1961**; Bethlehem Steel Co.; engl.) — Durch Einführung des Einblasverf. von Erdgas durch die Windformen in den Hochofen auf mehreren Hochofenwerken der Bethlehem Steel Co. werden folgende Vorteile erzielt: 1. eine wesentliche Verringerung des spezif. Koksverbrauchs, eine mäßige Erhöhung der Ofenschmelzleistung, eine leichtere Ofenführung, eine Abnahme der Brennstoff-Aufwendung bei höheren Windtemp. u. eine Kostensenkung je t erzeugten Roheisens. — Diskussion.
H. Hochstein 6370◇

2157 **Einblasen von Erdgas in den Hochofen.** Joel Ramirez. (Blast Furnace, Coke Oven, raw Mater. Committee Iron Steel Divis., Amer. Inst. Mining, metallurg., Petroleum Engr., Proc. **20**, 540—46, **1961**; Monclova, Altos Hornos de Mexico; engl.) — Beim Einblasen von Wind mit einem 2%ig. Erdgaszusatz traten keine Schwierigkeiten im Hochofenbetrieb auf. Eine anfängliche Steigerung der Windtemp. ist zur Vermeidung einer Herdabkühlung zu Beginn des Einblasens erforderlich. Später kann die Erhöhung der Windtemp. wieder fortfallen. Bei einer Windtemp.-Steigerung von 100°F wird eine Abnahme im Kokssatz festgestellt. Die Basizität u. das Vol. der Schlacke nimmt ab. Es ist möglich, das Vol. des Windes zu erhöhen. H. Hochstein 6370◇

2158 **Die Verwendung von Erdgas im Hochofen Nr. 3 bei den Fairless-Werken der U. S. Steel Corporation.** R. H. White und C. M. Sciulli. (Blast Furnace, Coke Oven, raw Mater. Committee Iron Steel Divis., Amer. Inst. Mining metallurg., Petroleum Engr., Proc. **20**, 579—86, 1961; U. S. Steel Corp. Fairless Works; engl.) — Durch das Einblasen von Erdgas werden höhere Windtempp. u. Kokserparnis bei leichteterer Ofenführung u. erhöhter Ofenleistung erzielt. H. Hochstein 6370◇

2159 **Einblasen von Erdgas in den Hochofen-Heißwind.** S. Glenn Anderson. (Blast Furnace, Coke Oven, raw Mater. Committee Iron Steel Divis., Amer. Inst. Mining metallurg., Petroleum Engr., Proc. **20**, 552—61, 1961; Lone Star, Tex., Lone Star Steel Co.; engl.) — Die seit 1959 laufende Zufuhr von Erdgas in den Hochofen der Lone Star Steel Co. ergab eine erfolgreiche Führung des Hochofenbetriebes mit einer 17%ig. Abnahme der Brennstoffkosten. Gleichzeitig stieg die Ofenleistung. Der Hochofen kann bei höheren Windtemp. ohne Gefahr des Hängens „sanft" betrieben werden.
H. Hochstein 6370◇

2160 **Theoretische Betrachtungen über die Einspritzung von Hilfsbrennstoffen in den Hochofen.** Alfred M. Decker. (Blast Furnace, Coke Oven, raw Mater. Committee Iron Steel Divis., Amer. Inst. Mining metallurg., Petroleum Engr., Proc. **20**, 174—86, 1961; engl.) — Für eine gegebene Gasgeschw. in einem mit einem Möller von gegebener Zus. beschickten Hochofen ist die indirekte Red. durch CO konst.; der H_2 hat einen mittleren Geh. von 37% als Red.-Mittel. Auf dieser Grundlage wird der Einfl. des Einspritzens von KW-Stoffen in Formenhöhe untersucht. Dabei wird festgestellt, daß für einen gegebenen Möller u. eine gleichmäßige Gasgeschw. die Windtemp. u. die O_2-Anreicherung des Windes zwei Faktoren sind, welche eine Leistungssteigerung des Hochofens mit einer gleichzeitig mehr oder weniger bedeutenden Koksersparnis bewirken. — Diskussion.
H. Hochstein 6370◇

2161 **Schweröl-Einspritzung in einen großen Hochofen.** W. R. Rombough. (Blast Furnace, Coke Oven, raw Mater. Committee Iron Steel Divis., Amer. Inst. Mining, metallurg., Petroleum Engr., Proc. **20**, 573—78, 1961; Dominion Foundries and Steel Co.; engl.) — Durch Verss. wird festgestellt, daß beim Einblasen von Schweröl „Bunker C-Brennöl" in den Hochofen durch die Windformen eine Koksersparnis erzielt wird. Die Handhabe des Öls u. die Einspritzvorr. sind nicht schwierig. Beim Einblasen von 130 lb Öl je t Roheisen findet eine wesentliche Aufschwefelung des Roheisens nicht statt; jedoch muß bei dem S-haltigen Brennöl die Schlackenmenge erhöht werden. — Diskussion. H. Hochstein 6370◇

2162 **Zusatz von Brennstoffen zum Heißwind auf der Pueblo-Hochofenanlage.** John W. Carlson. (Blast Furnace, Coke Oven, raw Mater. Committee Iron Steel Divis., Amer. Inst. Mining metallurg., Petroleum Engr., Proc. **20**, 547—51, 1961; Pueblo Plant der CF&I.; engl.) — Angaben über im laufenden Hochofenbetrieb ermittelte Einsparungen an Koks durch Einblasen von Brennöl zusammen mit Erdgas vor den Blasformen im Hochofen.
H. Hochstein 6370◇

2163 **Versuche zur Entwicklung von metallurgischen Anthrazit-Briketts.** W. S. Sanner, R. E. McKeever und J. W. Eckerd. (Blast Furnace, Coke Oven, raw Mater. Committee Iron Steel Divis., Amer. Inst. Mining, metallurg., Petroleum Engr., Proc. **20**, 55—88, 1961; Schuylkill Haven, Res. Center; engl.) — Bericht über die Herst. von Briketts aus Anthrazit u. Binder im Labor.-Maßstab. — Diskussion. H. Hochstein 6370◇

2164 **Heiß-Erzbrikettierverfahren der U. S. Steel Corp.** R. G. Thompson, R. L. Franklin, J. R. Guseman und D. E. Rohaus. (Blast Furnace, Coke Oven, raw Mater. Committee Iron Steel Divis., Amer. Inst. Mining, metallurg., Petroleum Engr., Proc. **20**, 316—28, 1961; U. S. Steel Corp.; engl.) — Zur Herst. eines festen u. dichten Agglomerates aus feinem Erzklein, wird dieses auf 1500—1900°F erhitzt u. in einer walzenartigen Brikettierpresse bei Drücken von 50—60 t brikettiert. Die so aus *Hämatit*-Erzklein hergestellten Briketts eignen sich zur Möllerung für einen Hochofen oder als Bestandteil einer SM-Ofen-Beschickung. — Diskussion.
H. Hochstein 6376◇

2165 **Metallhaltige Pellets aus Erz-Koks-Gemischen zur Hochofenbeschickung.** J. A. Innes. (J. Metals **15**, 294 bis 297, 1963; Shortland, Australien, Central Res. Labor.; engl.) — Einige Anfangs-Unterss. über die Vorgänge, welche die Bldg. metallhaltiger Pellets aus Gemischen aus *Fe*-Erz u. Koksklein bestimmen, werden erörtert. Die Einfl. von Faktoren, wie die Natur der Rohmaterialien, die Korngrößenverteilung des Erzes u. des Koksscheins, die Größe des Pellets, die Zus. des umgebenden Gases, die Red.-Zeit sowie die Red.-Temp., werden ermittelt. Es wird angenommen, daß solche Pellets bis zu 85% eines Hochofenmöllers ausmachen kann, ohne Ofenstörungen befürchten zu müssen. H. Hochstein 6376◇

2166 **Aussichten für selbstgehende Pellets in der Stahlindustrie.** Edwin B. Johnson. (Mining Engng. **15**, Nr. 3, 49—52, 1963; Ishpeming, Mich., Cleveland-Cliffs Iron Co.; engl.) — Die Erzeugung von selbstgehenden Pellets mit einer Basizität von 1 in einem Rostbrennofen zeigt bei Verss. keine größeren Schwierigkeiten. Die Betriebsbedingungen bestehen in einer genauen Temp.-Regelung in der Vorwärmzone u. im eigentlichen Brennofen zur Gewährleistung der Pelletqualität. Diese war von selbstgehenden Pellets gleich oder sogar höher als die von im Rostbrennofen hergestellten regulären Pellets. Es werden Leistungsangaben über vorhandene Brennöfen für selbstgehende Pellets gemacht. Es zeigt sich, daß die Ofenverhältnisse mit denen für die saure Pelleterzeugung vergleichbar sind. Für die selbstgehenden Pellets ist der Wärmebedarf um ca. 12% höher. Basizitätsverhältnisse in den Grenzen von 0,40—1,30 haben keinen oder einen nur geringen Einfl. auf die Betriebsverhältnisse. Ein Zusatz von 10% *CaO* erniedrigt den Fe-Geh. der Pellets um ca. 3% im Vgl. zu dem Fe-Geh. der regulären Pellets.
H. Hochstein 6378◇

2167 **Aufbereitung der Erze und Sinterung der Feinanteile im Werk Ost der S. A. Cockerill-Ougrée in Seraing.** A. Lhoest und A. Lesgardeur. (Aufbereitungs-Techn. **4**, 207—13, 1963; dt.) — Aufbereitung u. Sinterung von schwed. u. französ. *Fe*-Erzen.
M. Gehlen-Keller 6376◇

2168 **Selbstgehender Sinter. Experimentelle Erzeugung für italienische Hochöfen.** G. Sironi. (Iron Coal Trades Rev. **180**, 851—53, 1960; Genua, Ist. Sider. Finsider; engl.) — Ein Sintergemisch, ähnlich wie es in einigen italien. Industrie-Anlagen verwendet wird, wird bei verschiedenen Basengraden geprüft. Hierbei zeigt sich, daß die Sinterfördermenge bei den verschiedenen Basizitätsgraden von der gleichen Größenordnung ist. Der Koks-

verbrauch ist ähnlich dem einer sauren Mischung. Nur für Gemische mit einem Basizitätsverhältnis über 1,5 wird eine bestimmte Erhöhung im Kokszusatz ratsam. Die mechan. Festigkeit u. die Kornverteilung von selbstgehendem Sinter werden günstig durch steigenden Koksgeh. beeinflußt. Jedoch ist der Einfl. der Basizität stärker, so daß das Verhältnis Festigkeit/Basizität eine besondere Form aufweist mit einem Minimum bei CaO/SiO_2 = 1,5. Gestufte Zusätze von *Kalkstein* zu den Gemischen führen zu einem Sinter besserer Reduzierbarkeit. Die Reduzierbarkeit von halbsauren u. niederbas. Sintern wird durch den C-Geh. merklich beeinflußt. Eine Zunahme der Basizität u. des C-Geh. beeinflußt die Entschwefelung während der Sinterung. Wenn der Brennstoffanteil nur für einen Basizitätsgrad von 1,25 berechnet ist, dann werden noch 90% *S* entfernt.
H. Hochstein 6378◇

2169 **Zündungsbedingungen beim Sintern.** J. M. Ridgion. (Blast Furnace, Coke Oven, raw Mater. Committee Iron Steel Divis., Amer. Inst. Mining, metallurg., Petroleum Engr., Proc. **20,** 351—58, 1961; engl.) — Bei der Unterss. der Zündungsbedingungen beim Erzsintern wird festgestellt, daß bei Verw. einer Zündhaube die Absaugung des Gesamtvol. der Verbennungsprodd. über der durch die Haube überdeckten Fläche erfassen muß. Das wirksame Luft/Gas-Verhältnis in der Zündungsflamme muß um 5—10% größer als das für die theoret. Verbrennung sein. Der gesamte Wärmeaufwand während der Zündung hängt vom zu sinternden Erz u. dessen Neigung zur Verschlackung ab. Es gibt eine optimale Zündungsintensität. — Diskussion.
H. Hochstein 6378◇

2170 **Fließbettröstung von Nickelsulfid.** W. Curlock und H. J. Roorda. (Trans. Canad. Inst. Mining Metallurgy Mining Soc. Nova Scotia **64,** 122—26, 1961; Copper Cliff, Ont., Internat. Nickel Co. of Canada Ltd.; engl.) — Vgl. C. **1963,** 2212. — Es wird ein neues Röst-Verf. zur kontinuierlichen Erzeugung von grobem, körnigem Nickeloxid aus feinkörnigem Sulfidkonzentrat beschrieben. Das Sulfid (95% < — 200 mesh) wird zu Granalien (+ 4 bis + 10 mesh) verarbeitet, die bei 2000 °F in einem Wirbelschichtröster zu Oxiden mit < 0,5% S geröstet werden. Die Ergebnisse einer Pilotanlage (4-foot-Röster, 20 tato Oxid) werden vorgelegt. J. Heinze 6378◇

2171 **Nutzbarmachung des während des Bayer-Tonerdeverfahrens gebildeten Rotschlammes.** Károly Szász. (Kohászati Lapok [Ung. Z. Hüttenwes.] **96,** 301—04, 1963; Ajka, Tonerdefabr. u. Aluminiumhütte; ung.) — Vf. bespricht die Meth. mit welchen man den Rotschlamm in Ungarn in der Eisenmetallurgie verwenden wollte. Die früheren Erzvorbeitungen beabsichtigten nur das *Fe* zu gewinnen, wobei der Geh. an wertvollen Al_2O_3, TiO_2 u. Na_2O verlorenging. Der Weg der Entw. geht zur komplexen Verarbeitung des Rotschlammes. Solche Möglichkeiten sind: Red.-Röstung, kombiniertes Reihenverf., Verhüttung des Schlammes u. nachher Aufschluß in Autoklaven. Es wird betont, daß die Verarbeitung des Rotschlammes ein sehr wichtiges Problem der ökonom. Tonerdeerzeugung ist. L. Zombory 6380△

2172 **Untersuchung über die Calcinierung von Rotschlamm im Wirbelschichtbett.** Takashi Mitsugi. (Bull. Res. Inst. Mineral Dressing Metallurgy, Tohoku Univ. **18,** 61—73, 1962; jap., Auszug: engl.) — Die Entwässerung von Rotschlamm durch Calcinieren im Wirbelschichtbett erfolgt bei 800—850°, je nach der Diffusions-Geschw. von Dampf durch die entwässerte Schicht. Die Koagulierung von Rotschlamm mit 0,5 bis 2 mm Teilchengröße findet bei Temp. > 400° statt.
W. Wesly 6380◇

2173 **Ausbringen von Tonerde, Eisen und Natriumoxid aus Rotschlamm.** L. P. Ni. (Nachr. Akad. Wiss. Kasach-SSR, Ser. Metallurgie, Erzaufbereit. feuerfeste Mater. **1960,** Nr. 1, 21—26; russ., Auszug: kasach.) — Rotschlamm (**I**; Nebenprod. der Al-Gewinnung nach dem Bayer-Verf.) wird im Elektrohochofen reduzierend geschmolzen. Die neben schwach Ti-haltigem Roheisen gewonnene Schlacke wird 15 Min. bei 270—280° in Ggw. von CaO mit einer 38,8 g/Liter NaOH enthaltenden Lsg. aufgenommen. 90% von Al_2O_3 der Schlacke (bzw. 75% von Al_2O_3 von **I**) gehen dabei in die fl. Phase über; aus dieser wird nach dem eingeführten Verf. Al_2O_3 gewonnen. Nach wiederholtem Auslaugen der Schlacke wird aus dem verbleibenden, 33—34(%) SiO_2, 36—38 CaO, 14 TiO_2, 4 Al_2O_3 $\leq$ 1,5 Na_2O u. $\leq$ 2 Fe enthaltenden Rückstand nach dem Chlorierungsverf. Ti isoliert.
S. Baryschnikow 6380△

2174 **Die Abscheidung nicht zur Titangruppe gehöriger Metalle durch das Heizfaden-Verfahren.** R. A. J. Shelton. (Metallurgia [Manchester] **56,** 283—89, 1957; Manchester, Univ.; engl.) — Übersicht über Heizfadenabscheidung (Zers. flüchtiger Verbb. von *V, Nb, Ta, W, Mo, Cr, Rh, Fe, Os, Pt, Cu, Be* u. *U*. — 27 Literaturangaben.
W. Wesly 6380◇

2175 **Magnetitbildung während des Frischens von Kupferstein.** N. Korakas. (Bull. Instn. Mining Metallurgy Nr. **676,** Trans. **72,** 443—57, 1963; engl.) — Diskussion zu der C. **1963,** 12572 referierten Arbeit.
Wilhelm Lange 6380◇

2176 **Vakuum-Lichtbogenschmelze von Chromnickel- und Eisenchromnickel-Legierungen bei Verwendung von Vibrationen.** L. N. Beljantschikow, R. N. Grigorasch und A. W. Panow. (Hochschulnachr. [Moskau], Eisenmetallurgie **5,** Nr. 5, 69—77, 1962; Moskau, Stahl-Inst.; russ.) — Die in einem Vakuum-Lichtbogen-Schmelzofen unter Anwendung von Vibrationen hergestellten Cr–Ni- u. Fe–Cr–Ni-Legg. zeigen infolge der verbesserten Entgasung sowie der Verbesserung der Makro-, Mikro- u. Submikro-Struktur bei 800, 850 u. 900° wesentlich verbesserte Dauerfestigkeitswerte. Als optimale Umschmelzbedingungen der einphasigen, keiner Phasenumwandlung unterliegenden Legg. wird eine Stromstärke von 300—350 A/cm bei gleichzeitiger Anlegung von Vibrationen mit großer Amplitude empfohlen, was hohe Anforderungen an die Stabilität des elektr. Lichtbogens stellt. H. Hochstein 6380◇

2177 **Über die Sandvorbereitung.** Otto Rácz. (Kohászati Lapok [Ung. Z. Hüttenwes.] **96,** Nr. 7, Öntöde **14,** 161—65, 1963; Budapest, Csepel Eisen- u. Stahlgießereien; ung.) — Die großen Formfestigkeit sichernden, zeitgemäßen Verformungsmaschinen verlangen die Verw. von gleichmäßigen Formsand mit 3—4% Feuchtigkeitsgehalt. Vf. beschreibt die diesen modernen Vorrichtungen gegenüber gestellten Anforderungen u. den Verlauf der richtigen Sandvorbereitung. L. Zombory 6382△

2178 **Eine mathematische Methode zur Bestimmung und Voraussage von Änderungen im Hochofenbetrieb.** A. L. Hodge und E. R. Wyczalek. (Blast Furnace, Coke Oven, raw Mater. Committee Iron Steel Divis., Amer. Inst. Mining metallurg., Petroleum Engr., Proc. **20,** 455—88, 1961; Newark, Linde Dev. Labor.; engl.) — Beschrieben wird eine Berechnungsmeth., welche Wärme- u. Material-Bilanzen, Wärmeübertragungsvorgänge, das Verhältnis von direkter zur indirekten Red., Gichtgastemp., Durchsatzgeschw., Gasgeschw. im Hochofenschacht u. dgl. erfaßt. Die Hauptgleichungen werden abgeleitet u. ihre Anwendung wird an Beispielen erläutert. Mit dieser Berechnungsmeth. kann man die Einw. von Änderungen in der Windtemp., Feuchtigkeitsregelung, Brennstoff-Einspritzung, O_2-Anreicherung, Windgeschw. auf den Hochofenbetrieb vorausbestimmen. — 42 Literaturangaben. Diskussion. H. Hochstein 6390◇

2179 **Rechenmaschinenverwendung im Hochofenbetrieb.** Donald S. Macoy. (Blast Furnace, Coke Oven, raw Mater. Committee Iron Steel Divis., Amer. Inst. Mining, metallurg., Petroleum Engr., Proc. **20,** 489—501, 1961; U. S. Steel Corp.; engl.) — Richtlinien.
H. Hochstein 6390◇

2180 **Ein Versuch intensiver Arbeit von Hochöfen.** N. G. Machanek und A. Ss. Kukarkin. (Hochschulnachr. [Moskau], Eisenmetallurgie **5,** Nr. 5, 37—43, 1962; Uraler Polytechn. Inst.; russ.) — Zur Erhöhung der Leistungsfähigkeit der Hochöfen des chines. Hochofenwerkes Ben-Ssi werden folgende Maßnahmen vorgeschlagen: Erhöhung der Gasdurchlässigkeit der Möllerschichten, Erhöhung des Gasdruckgefälles, Verbreiterung der Verbrennungszone, Verteilung u. Regelung des Gasstromes sowie die Verw. von Erzpellets. Berechnungen ergaben, daß der spezif. Koksverbrauch auf 130—140 kg/t Roheisen durch Erhöhung der Koks- u. Erzqualität u. der Reduzierbarkeit des Möllers gesenkt werden kann. Die Aufgabe von heißem Agglomerat in den Hochofen wird als ein Mittel zur Erhöhung des Red.-Grades empfohlen. H. Hochstein 6390◇

2181 **Verwendung von Hochofen-Sonden.** J. C. Agarwal, H. R. Pratt und R. H. White. (Blast Furnace' Coke Oven, raw Mater. Committee Iron Steel Divis., Amer. Inst. Mining metallurg., Petroleum Engr., Proc. **20,** 32—53, 1961; Fairless Hills, U. S. Steel Corp.; engl.) — Die Verw. von Sonden im Hochofen vermittelt Kenntnisse über die Bewegung der Beschickungssäule u. über den Gasfluß in Vers.- sowie in großen Betriebs-Hochöfen. Der Ablauf von Red.-Rkk. im Ofenschacht kann durch eine neuentwickelte Technik der Analysierung von Sondenwerten beurteilt werden. — Diskussion. H. Hochstein 6390◇

2182 **Materialbilanz im Schrott-Erz-Prozeß.** W. P. Grigorjew, W. P. Lusgin, Je. W. Abrossimow, W. I. Orlow, W. I. Jawoisski, G. L. Gurski, I. A. Gontscharow und P. A. Starkow. (Hochschulnachr. [Moskau] Eisenmetallurgie **5,** Nr. 5, 63—68, 1962; Moskau, Stahl-Inst. u. Werk Saporoshstahl; russ.) — Die prakt. u. theoret. Berechnungen der Materialbilanzen eines nach dem Schrott-Erz-Verf. betriebenen *Siemens-Martin-Ofens* werden miteinander verglichen u. die Ursachen der Abweichungen ihrer Ergebnisse erörtert. H. Hochstein 6390◇

2183 **Schmelzen von vorreduzierten Eisenerzpellets.** Norwood B. Melcher. (J. Metals **15,** 298—301, 1963; Minneapolis Res. Center; engl.) — Die aus magnet. Taconit-Konzentraten in einer Vers.-Anlage hergestellten vorreduzierten Pellets werden in einem Vers.-Hochofen geschmolzen. Die Pellets enthielten im Mittel 79,0(%) *Fe* u. 11,9 SiO_2 bzw. 83,8 bzw. 91,3 Fe u. 3,1 bzw. 3,0 SiO_2. Durch die Verw. solcher Pellets wird eine wesentliche Abnahme des Kokssatzes u. eine erhöhte Ofenleistung erzielt. H. Hochstein 6390◇

2184 **Betriebsergebnisse bei Verwendung von Taconit-Pellets im Hochofen der Armco in Middletown.** K. R. Haley. (Blast Furnace, Coke Oven, raw Mater. Committee Iron Steel Divis., Amer. Inst. Mining metallurg., Petroleum Engr., Proc. **20,** 15—31, 1961; Middletown; engl.) — Durch Verw. von Taconit-Pellets wird bei gleichmäßigem Ofengang eine Leistungssteigerung bei vermindertem spezif. Koksverbrauch erzielt. — Diskussion. H. Hochstein 6390◇

2185 **Die Kinetik der Reduktion von gesintertem Eisenerz mit geringen Zusätzen.** J. H. Cox und H. U. Ross. (Blast Furnace, Coke Oven, raw Mater. Committee Iron Steel Divis., Amer. Inst. Mining metallurg., Petroleum Engr., Proc. **20,** 266—79, 1961; Toronto, Ontario, Canada, Univ.; engl.) — Die von McKewan entwickelte Beziehung $r_0 d_0 [1 - (1 - R)^{1/3}] = Kt$ gilt nicht für den gesamten Temp.-Bereich von 575—1250°, sondern nur für den von 725—850°. Die Gründe hierfür werden erörtert. Es wird angenommen, daß die verringerte Red.-Geschw. von Briketts oberhalb 1100° u. die entsprechende Änderung im Charakter der Metallschicht anzeigen, daß die Diffusion von Wasserdampf nach auswärts durch die Metallschicht hindurch der Grenzfaktor ist. Das Geschw.-Minimum, das bei den bei 1000 u. 1200° gesinterten *Hämatit*-Proben auftritt, wird durch Schrumpfung u. Rekristallisation des Briketts während der Red. mit einer entsprechenden Abnahme der Porosität verursacht, wodurch die Diffusion des Wasserdampfes nach auswärts wegfällt. Der Zusatz entweder von *CaO* oder $CaCO_3$ zu einem Hämatitbrikett liefert ident. Ergebnisse. In beiden Fällen nämlich kann die Red.-Geschw. von Hämatit durch $[Fe_2O_3]^{1/2} = Kt$ ausgedrückt werden. Bei einem H_2-Überschuß an der Brikett-Oberfläche trifft diese Beziehung zu. Die Rk. verläuft wahrscheinlich bis zum Fe über *Ca-Ferrit* unter Umgehung der Wüstit-Phase. Dies erhöht die Red.-Geschw. um mindestens das Doppelte. — 15 Literaturangaben. Diskussion. H. Hochstein 6390◇

2186 **Reduktion von Eisenerzteilchen im festen Erzbett.** A. E. El-Mehairy und W. O. Philbrook. (Blast Furnace, Coke Oven, raw Mater. Committee Iron Steel Divis., Amer. Inst. Mining metallurg., Petroleum Engr., Proc. **20,** 280—92, 1961; Pittsburgh, Pa., Carnegie Inst. of Technol.; engl.) — Die Red. durch H_2 von Fe-Erz im festen Bett von annähernd gleicher Körnung der Eisenerzteilchen u. von geregeltem Hohlraumvol. wird untersucht, wobei die Strömungsgeschw. des Red.-Mittels durch den geregelten Druckunterschied u. durch die Bettdurchlässigkeit bestimmt wird. Der Red.-Prozeß kann durch einen charakterist. Größenparameter, der gleich der Hälfte des Optimums des Teilchendurchmessers ist, beschrieben werden; dieser ist von der Struktur oder der Reduzierbarkeit des Erzes, der Red.-Temp., dem Druckdifferential u. vermutlich von reduzierendem Gas abhängig. Der Temp.-Einfl. wird durch die Temp.-Abhängigkeit von Gasdichte u. Viscosität u. durch eine Aktivierungs-Enthalpie erklärt, die in guter Übereinstimmung mit der für die Einzelteilchen-Red. steht. — 12 Literaturangaben. Diskussion. H. Hochstein 6390◇

2187 **Der Allis-Chalmers-Agglomerations-Reduktions-Prozeß (ACAR).** T. G. Kirkland, C. L. Sollenberger, J. L. Platner und W. W. Edens. (Blast Furnace, Coke Oven, raw Mater. Committee Iron Steel Divis., Amer. Inst. Mining metallurg., Petroleum. Engr., Proc. **20,** 250—65, 1961; engl.) — Der Allis-Chalmers-Agglomerations-Red.-Prozeß (ACAR) ist ein Verf. zur Erzeugung von Pellets von red. Fe aus hochwertigen Fe-Oxid-Konzentraten. Die Konzentrate werden pelletisiert, getrocknet. vorerhitzt u. in einem Rost-Brennofen reduziert. Der Aufbau der Anlage, die mit Generatorgas als Red.-Mittel arbeitet, wird beschrieben u. Angaben über Betriebsführung u. Leistung gemacht. — Diskussion. H. Hochstein 6390◇

2188 **Hochofenbetrieb mit einem 100%ig., armen selbstgängigen Sinter.** Jean Michard, Paul Dancoisne und Guy Chanty. (Blast Furnace, Coke Oven, raw Mater. Committee Iron Steel Divis., Amer. Inst. Mining, metallurg., Petroleum Engr., Proc. **20,** 329—51, 1961; IRSID; engl.) — Bei Unterss. über die Eignung einer aus 100% Fe-armem, selbstgängigem Sinter bestehenden Möllerung für einen einwandfreien Hochofenbetrieb mit ziemlich hoher Windgeschw. wird festgestellt, daß sich im Ofen ein gutes Wärme-Gleichgew. bei einem sehr geringen spezif. Koksverbrauch einstellt. — Diskussion. H. Hochstein 6390◇

2189 **Der Einfluß einer Desoxydation auf die Viscosität von flüssigem Eisen.** A. A. Wertman, W. A. Mtschedlischwili und A. M. Ssamarin. (Hochschulnachr. [Moskau], Eisenmetallurgie **5,** Nr. 5, 34—36, 1962; Inst. für Metallurgie der Akad. der Wiss. der UdSSR; russ.) — Die Veränderung der Viscosität von fl. Fe während der Desoxydation mit *Al* (0,1; 0,5 u. 1,0%) u. mit *Si* (0,1 u. 1,0%) wird bestimmt, wobei sich zeigt, daß die Desoxydation mit 1% Al wirksamer als mit Si oder mit niedrigeren Al-Zusätzen ist. Auf diese Weise ermöglicht die einfache Meth. der Viscositätsbest. direkte Messungen der Aufschwimmgeschw. der Einschlüsse aus dem fl. Fe u. stellt mit hinreichender Sicherheit die Wirksamkeit der Desoxydationsmittel fest. H. Hochstein 6390◇

2190 **Der Einfluß von Bariumoxid auf die Viscosität von Hochofenschlacken.** L. I. Bolschakowa und N. L. Shilo. (Hochschulnachr. [Moskau], Eisenmetallurgie **5,** Nr. 5, 44—50, 1962; Tscheljabinsk, Forsch.-Inst. für Metallurgie; russ.) — In Schlacken mit einer Basizität von 0,85—0,89 zeigt ein BaO-Zusatz bis zu 10% bei Temp. von 1500; 1450; 1400 u. 1350° keinen merklichen Einfl. auf die Schlackenviscosität; bei einer Erhöhung über 0,85—0,89 steigt die Viscosität an. Eine maximale Steigerung der Viscosität wird in Schlacken mit einer Basizität von 1,15 festgestellt. Bei Basizitätsgraden unter 0,85 bis 0,89 führt ein 10%ig. BaO-Zusatz zu einer Abnahme der Viscosität. Die größte Viscositätssteigerung von BaO-haltigen Schlacken bei Basizitäten über 0,85—0,89 tritt bei 1400° u. tiefer auf. Die erhaltenen Gesetzmäßigkeiten des unterschiedlichen Einfl. von BaO auf die Viscosität von sauren u. bas. Schlacken werden durch Werte der mineralog. Zus. der Schlacken bestätigt. H. Hochstein 6390◇

2191 **Kritische Konzentrationen des Arsens und die Möglichkeit von dessen Entfernung bei der Raffination von eisenkohlenstoffhaltigen Schmelzen.** P. P. Arssentjew und Ss. I. Filippow. (Hochschulnachr. [Moskau], Eisenmetallurgie **5**, Nr. 5, 25—33, 1962; Moskau, Stahl-Inst.; russ.) — Der Grad der *As*-Entfernung aus hochgekohlten Fe-Schmelzen (3,0—4,0% C) hängt von der Meth. u. der Intensität der Zufuhr des oxydierenden Windes u. bes. von der Ggw. einer Schlackenschicht auf der Schmelzoberfläche ab. Als Faktoren zur Beschleunigung der As-Entfernung werden ermittelt: eine intensive Baddurchmischung, eine stark ausgedehnte Rk.-Oberfläche u. das Fehlen von Schlacke. Geeignete Bedingungen hierfür treten beim Oberwindfrischen im Konverter mit reinem O_2, im Rotor- sowie im „Kaldo"-Prozeß auf.
H. Hochstein 6390◇

2192 **Das Kohlen von Eisen im Kupolofen.** Roman Krzeszewski. (Studii Cercetări Metalurgie [București] **5**, 443—69, 1 Tafel, 1960; rum.) — Vgl. C. **1960**, 17262. — Die Beziehungen zwischen dem C-Geh. in Gußeisen, dem C-Geh. in der Charge, der chem. Zus. des Eisens, seiner Temp., den Arbeitsbedingungen im Kupolofen u. der Koksqualität werden auf der Grundlage der Kinetik der Auflösung von C in fl. Fe u. der Kinetik seiner Oxydation als Ergebnis der Wrkg. einer oxydierenden Atmosphäre erklärt. — 63 Literaturangaben.
R. Grundmann 6390◇

2193 **Untersuchung der Kinetik der Kohlenstoffverbrennung nach elektrochemischen Methoden.** Ju. P. Nikitin, O. A. Jessin, W. W. Chlynow, A. I. Ssotnikow und A. A. Korottschenkow. (Hochschulnachr. [Moskau], Eisenmetallurgie **5**, Nr. 5, 16—24, 1962; Uraler Polytechn. Inst.; russ.) — Zwecks Ermittlung der Eignung elektrochem. Meth. zur Unters. der Kinetik der C-Verbrennung aus fl. *Roheisen* u. *Stahl* wird die Rk. hochgekohlter Legg. mit Fe-armen Schlacken untersucht, die auf der Grenzoberfläche dieser Phasen lokalisiert ist. Nach Angaben über die FeO-Grenzkonz. wird die Best. der Rk.-Geschw. der C-Verbrennung nach der Meth. der Elektrodenpolarisation beschrieben. Die Rk.-Geschw. wird nach der Änderung des C-Geh. im Metall beurteilt. Hierbei wird die FeO-Grenzkonz. nicht durch Anodenpolarisation, sondern durch eine elektrocapillare Bewegung des Roheisentropfens in der fl. Schlacke aufrecht erhalten. Der Zusammenhang zwischen dieser Bewegung u. der C-Verbrennungsgeschw. wird durch Ermittlung der Abhängigkeit der Ladungsdichte des Tropfens von der FeO-Konz. in der Schlacke, deren Basizität sowie dem C-Geh. im Metall bestimmt, wobei auch der Einfl. der Schlackenviscosität in Abhängigkeit von der Temp. u. Zus. der Schlacken berücksichtigt wird. Die Ergebnisse zeigen, daß die elektrochem. Meth. bei der Unters. der Kinetik von metallurg. Hochtemp.-Prozessen angewendet werden können.
H. Hochstein 6390◇

2194 **Hochofenbetrieb mit sehr niedrigen Schlackenmengen.** J. C. McKay und J. A. Peart. (J. Metals **14**, 288—93, 1963; Steel Co. of Canada Ltd.; engl.) — Prüfungen zur Best. des Einfl. der Abnahme der Schlackenmenge bis zu sehr niedrigen Werten auf die Hochofenleistung werden beschrieben. Dabei zeigt sich, daß noch ein befriedigender Ofenbetrieb bei einem Schlackenvol. von ca. 335 lb/t fl. *Roheisen* möglich ist. Die Änderungen in der Produktionsgeschw., im Kokssatz u. im S-Geh. des Roheisens sowie der allgemeine Hochofenbetrieb werden behandelt. H. Hochstein 6400◇

2195 **Die Entschwefelung von flüssigem Roheisen im Vakuum.** W. T. Burzew, R. A. Karassew, W. M. Pobegailo, A. M. Ssamarin und A. Je. Chlebnikow. (Hochschulnachr. [Moskau], Eisenmetallurgie **5**, Nr. 5, 86—93, 1962; Baikow-Inst. für Metallurgie; russ.) — Eine Erhöhung des Vakuums, eine Verlängerung der Haltezeit des Roheisens unter Vakuum sowie eine Erhöhung der Geh. an Si u. Mn erhöhen den Entschwefelungsgrad des Roheisens sowohl bei u. ohne Verw. von Schlackengemischen. Der Restdruck beim Entschwefelungsverf. ohne Schlackengemisch darf nicht weniger als 0,1 mm Hg bei entsprechender Haltedauer betragen. Eine erfolgreiche Entschwefelung mit einem geringeren Si-Geh. verläuft bei einem tieferen Vakuum mit einem Restdruck von ca. 0,01 mm Hg. Die gleichzeitige Anwendung von Vakuum u. Schlackengemischen kann eine weitgehende Entschwefelung von Roheisen bis auf einige m-% S bei einem Anfangsgeh. von 0,028—0,09% sicherstellen, wenn das Roheisen 0,5—0,9% Si u. 0,9—1,5% Mn enthält u. der Restdruck ca. 10—20 mm Hg beträgt. Erfolgreich verläuft die Entschwefelung eines Roheisens mit der angegebenen Zus. bes. bei Verw. einer Schlacke, die aus 80% CaO u. 20% Flußspat besteht, wobei der Schlackenverbrauch ca. 5% des Roheisengew. betragen soll; hierdurch entsteht eine Schlacke mit einer Basizität von 4 u. mit einem Fe-Geh. (in Form von Oxiden) nicht über 2%. Die beste Entschwefelung wurde bei einem Verhältnis [Mn]/[S] = 40 im Roheisen erhalten.
H. Hochstein 6400◇

2196 **Methode zum Frischen von Gußeisen durch Schlacken-Elektrolyse.** Masao Homma, Yasuhiko Hashimoto und Akira Minato. (Sci. Rep. Res. Inst. Tôhoku Univ., Ser. A **12**, 101—07, 1960; Res. Inst. for Iron, Steel and other Metals; engl.) — Gußeisen wird nicht so leicht wie Stahl red. u. starke Desoxydationsmittel, wie Alkali, Erdalkalimetalle u. Mg sind erforderlich, um Gußeisenschmelzen ausreichend zu reduzieren. Durch Anlegen einer positiven Spannung an die Schlacke u. die negative an die Schmelze wird die Elektrolyse der die ganze Badoberfläche des Gußeisens bedeckenden Schlacke durchgeführt; darauf kann die Schmelze zur Erzielung einer Kugelgraphitstruktur red. werden. Die Elektrolyse dauert 10—30 Min. bei 1250—1350°. Schlacken, wie *Fluoride, Chloride, Carbonate, Alkalioxide, Erdalkalimetalloxide* oder *MgO*, sind für die Elektrolyse-Feinungsmeth. geeignet.
H. Hochstein 6402◇

2197 **Die Verteilung von Schwefel im Gußeisen.** R. A. Ssidorenko und W. B. Pol. (Hochschulnachr. [Moskau], Eisenmetallurgie **5**, Nr. 5, 161—69, 1962; Uraler Polytechn. Inst.; russ.) — Es wird nachgewiesen, daß sich in einem Mn-freien weißen Gußeisen *S* an den Grenzen eutekt. Ledeburitkolonien befindet. Sehr ähnlich ist die S-Verteilung in Mn-haltigen grauen u. weißen voreutekt. Gußeisensorten. In beiden konzentriert sich S im Eutektikum u. bildet sich nicht in den Dendriten des Primäraustenits. Die Ggw. von Mn bewirkt die Bldg. von groben „Primär"-Sulfiden, jedoch wird hierbei ein wesentlicher Teil von S nicht gebunden u. bleibt in Lsg., wodurch darauf feindisperse Sulfide entstehen. Im Zementit-Eutektikum befindet sich S nicht in den Carbiden, sondern im Austenit. Der übereutekt. Lamellengraphit ist nicht an S angereichert. Die festgestellte S-Anreicherung von groblamellarem Graphit bei Zusatz von Mn u. bes. von Mg zum Gußeisen stimmt mit Ergebnissen überein, die bei der Unters. der S-Verteilung in Mn- u. Ca-haltigen Ni-C-Legg. erhalten wurden. Die S-Anreicherung des lamellaren Graphits tritt wahrscheinlich auf rein mechan. Wege während des Graphitwachstums in Berührung mit der fl. Phase auf, die Schwebeteilchen schwerschmelzender Sulfide enthält. Diese Sulfide können auch als Unterlage für die Graphitkristallisation dienen. In untereutekt. Gußeisensorten wird in den Bereichen der Eutektikumsanordnung mit feinlamellarem Graphit auf den Radiogrammen eine punktförmige oder gleichmäßig verteilte Verdunklung festgestellt. Bei Fein-Unterss. zeigten sich hier feine, in der Grundmasse angeordnete Sulfide. Jedoch wird mit der Graphitvergröberung im Eutektikum auf den Radiogrammen ein Übergang der gleichmäßigen Verdunklung in eine punktförmige oder eine Vertiefung der letzteren festgestellt. Bei den Unterss. über die S-Verteilung im Gußeisen mit Kugelgraphit wird eine Anreicherung von Mg-Sulfiden auf der Oberfläche des groben übereutekt. Graphits, der in den oberen Proben aufgeschwemmt ist, beobachtet.
H. Hochstein 6402◇

2198 **Das Auftreten von „Weißen Flecken" an dünnwandigen Graugußstücken.** Jerzi Piaskowski. (Kohászati Lapok [Ung. Z. Hüttenwes.] **96**, Nr. 7, Öntőde **14**, 150—56, 1963; Krakau, Inst. Gießereiforsch.; ung.) — Vf. beschreibt die auf diesem Gebiete erworbenen Forschungsergebnisse des Gießerei-Inst. Krakau, welche sich auf die Modifizierung u. Wärmebehandlung der weißfleckigen Gußstücke mit *Ferromangan* u. *Ferrosilicium* beziehen. Die auf die Art des Fehlers bzgl. Folgerungen, die Vorbedingungen des Entstehens der Flecken, sowie die Möglichkeiten zu ihrer Beseitigung werden diskutiert. 15 Literaturangaben. L. Zombory 6402△

2199 **Der Einfluß von Wasserstoff und Stickstoff auf die Graphitisierung von weißem Gußeisen.** Ja. W. Gretschny und N. A. Lentschenko. (Hochschulnachr. [Moskau], Eisenmetallurgie **5**, Nr. 5, 153—60, 1962; Dnepropetrowsk, metallurg. Inst. u. staatl. Univ.) — Auf Grund des Nachweises, daß die Bldg. von Graphitkeimen mit einem großen räumlichen Effekt zusammenhängt, wird gefolgert, daß die bei den Verss. beobachteten Lücken potentielle Stellen sind, auf deren Basis sich die Graphitkeime bilden. *Al* bewirkt eine Zunahme der Anzahl der Graphiteinschlüsse beim Glühen von weißem Gußeisen. Nach einer die Beseitigung von H bewirkenden Niedertemp.-Vorbehandlung zeigt sich der Al-Einfl. stärker. Es kann daher erwartet werden, daß Al als starker Nitridbildner N bindet u. so die Graphitisierung des weißen Gußeisens bewirkt. Jedoch wird hierdurch die Bedeutung von Al nicht erschöpft, da durch Al auch in N-freiem Gußeisen die Anzahl der Graphitzentren erhöht wird. H. Hochstein 6404◇

2200 **Erstarrung von Stahl.** F. C. Langenberg, J. K. McCauley und M. C. Dias. (J. Metals **15**, 311—17, 1963; Pittsburgh, Pa., Crucible Steel Co.; engl.) — Die Theorie der natürlichen Unterkühlung u. der Ausseigerung des gelösten Stoffes wird in bezug auf die Erstarrung von Stahlblöcken erörtert. Einige Einschränkungen in der Anwendbarkeit der Theorie werden besprochen. Wünschenswerte Kenngrößen eines Blocks werden angegeben u. gezeigt, wie sie sich verändern. Experimentelle Verss. zur Verbesserung der Korngröße-Regelung, Blockoberflächen u. des Ertrages werden durchgeführt. — 26 Literaturangaben. H. Hochstein 6408◇

2201 **Kaldo-Betrieb in Nord-Amerika.** R. C. Oswald. (J. Metals **15**, 285—87, 1963; Sharon, Pa., Sharon Steel Corp.; engl.) — Angaben über Größe u. Leistung der bei der Sharon Steel Corp. in Betrieb genommenen Anlage zur Stahl-Erzeugung nach dem bas. O_2-*Kaldo*-Verf. mit 150 t-Öfen. H. Hochstein 6408◇

2202 **Der Einfluß des Schlackenverhältnisses auf das Verhalten von Wasserstoff im Metall eines sauren Siemens-Martin-Ofens.** G. Ss. Jerschow, K. T. Kurotschkin und P. W. Umrichin. (Hochschulnachr. [Moskau], Eisenmetallurgie **5**, Nr. 5, 56—62, 1962; Uraler, Polytechn. Inst.; russ.) — Der H-Geh. im Stahlbad im Verlauf einer sauren Siemens-Martin-Schmelze wird in der Hauptsache durch die Gasschutz-Eigg. der sauren Schlacke bestimmt, die eine Funktion des SiO_2-Verhältnisses zur Summe der bas. Oxide in der Schlacke sind. Je größer dieses Verhältnis ist, desto bessere Gasschutzeigg. besitzt die Schlacke. Beim Betrieb eines sauren Siemens-Martin-Ofens mit festem Einsatz ohne Verw. von Rücklaufschlacke absorbiert die Stahlschmelze mehr H aus den Ofengasen. Der SiO_2-Red.-Prozeß ermöglicht die Herst. eines Stahles mit geringerem H-Geh. als der akt. Prozeß. H. Hochstein 6408◇

2203 **Die Bestimmung der Zone der bevorzugten Oxydation von Kohlenstoff im Schmelzbad.** Je. W. Tschelischtschew. (Hochschulnachr. [Moskau], Eisenmetallurgie **5**, Nr. 5, 51—55, 1962; Moskau, Stahl-Inst.; russ.) — Auf Grund einer kinet. Analyse wird eine bevorzugte Entkohlung eines *Stahl-Bades* an der Trenngrenze Schlacke–Metall u. in denjenigen Badschichten festgestellt, die in der Nähe dieser Grenze liegen. H. Hochstein 6408◇

2204 **Untersuchungen über nichtmetallische Einschlüsse, besonders Sandmarken, in Stählen.** 3. Mitt. **Über die Beziehung zwischen den Sandmarken und den Ober- und Unterkasten-Gießverfahren.** Zenichiro Takao, Takaaki Simose, Kiichi Narita und Atsusi Miyamoto. (Tetsu to Haganė [J. Iron Steel Inst. Japan] **47**, 1588 bis 1593, **1961**; jap., Auszug: engl.) — 2. vgl. C. **1962**, 18252. — Krist., amorphe u. komplizierte Sandmarken machen sich bei Oberkastenguß etwas mehr als bei Unterkastenguß bemerkbar; dagegen ist bzgl. der Sandmarkenarten kein Unterschied zwischen beiden Gießarten feststellbar. Die hauptsächlich aus Al_2O_3 bestehenden Oxid-Einschlüsse sind in Oberkastengießblöcken etwas häufiger als in Unterkastengußblöcken. Zwischen dem Auftreten von Sondermarken u. der Menge der Oxideinschlüsse besteht eine Wechselbeziehung. W. Wesly 6408◇

2205 **Einfluß geringer Mengen von verschiedenen Elementen auf die Schmiedbarkeit von mittelhartem Stahl.** 2. Mitt. **Einfluß von Zinn, Kupfer und Arsen auf die Schmiedbarkeit mittelharter Stähle.** Philippe A. Portevin. (Rev. Métallurgie **59**, 1043—54, 1962; franz.) — 1. vgl. C. **1963**, 17120. — Der Einfl. von 0,14—0,21 (%) Cu u. 0,106—0,235 Sn sowie von 0,12—0,13 Cu, 0,032 Sn u. 0,04—0,174 As in Stählen mit 0,3—0,4 C auf die Verschlechterung der Schmiedbarkeit in bezug auf Art u. Geschw. der Warmverformung u. auf die Feingefügeausbldg. der Stähle wird ermittelt. Hierbei zeigt sich, daß diese drei Elemente wie Al in verschieden starkem Maße die Schmiedbarkeit herabmindern. Diese Verschlechterung rührt von dem Auftreten kleiner Bezirke einer zweiten Phase in der homogenen austenit. Grundmasse bei Schmiedetemp. her, wobei diese sekundäre Phase wahrscheinlich eine Versetzung der Korngrenzen der γ-Phase im Ablauf der Rekristallisation während der Warmverformung verhindert. Die in sehr geringer Menge auftretende Sekundärphase ruft von den Sonderelementen Cu, Sn u. As eine Mikroseigerung hervor. Eine Zunahme der Verformungsgeschw. wird zunächst von einer Abnahme u. darauf von dem Verlust der Verarbeitbarkeit begleitet. Die Verschiedenheit der Auswrkg. von Al, Sn, As u. Cu im Grad der Verschlechterung der Schmiedbarkeit wird an Hand der Zustands-Diagramme erklärt, wobei sich zeigt, daß Cu im Gegensatz zu den drei anderen Elementen keine Mikroseigerung hervorruft, sondern durch Ausscheidung aus dem übersättigten Mischkristall nachteilig auf die Schmiedbarkeit wirkt. H. Hochstein 6408◇

2206 **Untersuchung von Carbiden in angelassenen Schnelldrehstählen.** T. Malkiewicz und Z. Bojarski. (Prace Inst. Hutniczych **13**, 311—22, 1962; Inst. Metal. Żelaza; pol.) — Aus *W-Cr-V*-Stählen (*18-4-1* u. *9-4-2*) wurden die Carbide elektrolyt. isoliert u. chem., mkr., elektronenmkr. u. röntgenograph. untersucht. Die Abscheidung der Carbide beim Anlassen der Stähle ist temperaturabhängig: bei $< 500°$ werden aus dem Martensit Fe-reiche Carbide vorzugsweise entlang den Korngrenzen ausgeschieden. Die Carbide lösen sich anschließend wieder. Bei 500—600° erreicht das Auflösen der Carbide ein Maximum. Es folgt die Ausscheidung der Carbide des Typs M_2C. Bei $> 600°$ scheiden sich in Stahl *9-4-2* M_2C, in Stahl *18-4-1* M_6C ab. Der Unterschied wird durch den verschiedenen C-Geh. im Grundmetall verursacht. Die Sekundärhärte des angelassenen Stahls ist eine Folge der gleichmäßigen Verteilung der W-reichen u. etwas V-haltigen Carbide im ganzen Material. M_2C wird bei $> 700°$ wieder aufgelöst. In Stählen, die bei 300 u. 400° angelassen wurden, konnten magnet. Carbide (M_3C) identifiziert werden. Sie lassen sich von der γ-Phase magnet. nicht abtrennen. Cr u. V beginnen sich als Carbide M_7C_3 u. $M_{23}C_6$ schon bei 400° abzuscheiden. Oberhalb 800° lösen sie sich wieder. Die Menge der Carbide, die in beiden Stählen bei den verschiedenen Temp. abgeschieden werden, sind verschieden. Bei 500—550° erfolgt vollständige Umwandlung des Austenits, die durch einen Anstieg der Härte begleitet wird. F. Urban 6410◇

2207 **Die Technologie einer aluminothermischen Schmelze von metallischem Chrom im elektrischen Lichtbogenofen.** Ss. I. Ssutschilnikow, G. F. Ignatenko, Ju. L. Pliner, W. Ss. Ignatjew und Ss. I. Lappo. (Hochschulnachr. [Moskau], Eisenmetallurgie **5**, Nr. 5, 78—85, 1962; Uraler Polytechn. Inst.; russ.) — Die Unters. einer aluminotherm. Schmelze von metall. *Cr* im Elektroofen mit vorangegangener Einschmelzung eines Teiles der Beschickung unter dem Lichtbogen u. Durchführung der Red.-Rkk. im geschlossenen Ofen ergab einen Vor-

teil dieser Technologie im Vgl. mit einem Schmelzen außerhalb des Ofens. Außer der Zündung soll Salpeter in der Zus. des Einsatzes nicht verwendet werden. Der Al-Verbrauch wird beim vorgeschlagenen Verf. um 13% verringert u. die Cr-Ausbeute auf 91,5% gegenüber 87% beim Schmelzen außerhalb des Ofens erhöht. Die günstigste Menge des unter dem Lichtbogen zu schmelzenden Cr-Oxids u. Kalks wird ermittelt. Es wird nachgewiesen, daß die Körnung des Al-Grießes für den aluminotherm. Prozeß nicht wesentlich das Cr-Ausbringen beeinflußt.
H. Hochstein 6440◇

2208 **Überblick über die wichtigsten Verfahren zur Gewinnung von Mangan aus Vorkommen in den Vereinigten Staaten. 2. Mitt. Verfahren mit Chloriden und Stickstoffverbindungen.** Lindsay D. Norman und Ralph C. Kirby. (U. S. Dep. Interior, Bur. Mines, Inform. Circ. **1963**, Nr. 8160, 1—35, College Park, Md., College Park Metallurgy Res. Center; engl.) — 1. vgl. C. **1963**, 16341. — Überblick. 28 Literaturangaben.
F. Hochstetter 6440◇

2209 **Über die Verwertung von Vanadin und Mangan aus den Abgängen der metallurgischen Industrie.** A. M. Kunajew. (Nachr. Akad. Wiss. KasachSSR, Ser. Metallurgie, Erzaufbereit. feuerfeste Mater. **1960**, Nr. 1, 15—20; russ., Auszug: kasach.) — Schlacke der Roheisen-Raffination mit erhöhtem (70—80%) *MnO*- u. V_2O_5- (15—20%) Geh. kann zum Ausbringen von Mn u. V verarbeitet werden. Schlacke des Siemens-Martin-Verf. u. Anreicherungsschlämme von Mn-Erzen können bei der Gewinnung von *Spiegeleisen* verwertet werden. Prim. Schlacken der Konverter-Verff. (60—70% Mn) werden der hydrometallurg. Behandlung unterworfen; das Ausbringen von reinem Mn bzw. V aus der Lsg. erfolgt elektrolytisch. S. Baryschnikow 6440△

2210 **Ausblicke auf die Technologie von Beryllium und Berylliumoxid.** D. T. Livey und J. Williams. (Progr. nuclear Energy, Ser. V, **3**, 139—57, 1961; engl.) — Be ist stark elektropositiv u. bildet Verbb. mit O, N u. C, weshalb als Tiegelmaterial fast nur BeO u. Al_2O_3 in Frage kommen. Es wurde ein Ofen mit Induktionsheizung gebaut, in dem Be im Vakuum bzw. unter Ar geschmolzen u. unter Schleudern gegossen wird. Die chem. Zus. änderte sich dabei nicht wesentlich gegenüber dem ursprünglichen Metall. Schmilzt man Be als Anode im Lichtbogen bei 10^{-4} mm Hg, so erhält man ein feineres Metall als beim Schleuderguß. Bes. erforscht wurden die Rkk. zwischen Be u. CO_2, trocken u. feucht. Bei 500 u. 600° erfolgt die bis zu über 2000 Std. beobachtete Gew.-Zunahme in trockenem CO_2 parabol.; bei 650° tritt nach 400 Std. rascher Zerfall ein. In feuchtem CO_2 ist bei 500° das Verh. ähnlich wie in trockenem; bei 600° u. darüber zerfielen die Proben rasch. Die Eindringtiefe des O betrug jedoch selbst bei den zerbrochenen Proben nach 1000 Std. weniger als 2 μ. Be eignet sich als Umhüllung für U-Brennstoffelemente (techn. Durchführung wird beschrieben). BeO wird über $Be(OH)_2$ hergestellt; die letzten 10% W. gehen erst bei 500° weg. Glühen bei höheren Temp. ändert die Eigg. des Pulvers wesentlich infolge Kristallwachstum u. Sintern. Die spezif. Oberfläche, 116 m^2/g bei 500°, beträgt bei 1100° nur noch 15 m^2/g, d. h. die Korngröße wächst von $\sim$0,02 μ auf $\sim$0,2 μ. Durch Sintern von Preßlingen aus kalziniertem BeO-Pulver bei 1600° kann eine D. bis zu 2,19 g/cm³ erreicht werden, bis zu 2,61 g/cm³ durch Zusatz von 2% *CaO*. Noch größere D. (2,86 g/cm³ = 94% des theoret. Wertes) erzielt man durch völlig gleichmäßiges Zusetzen (Zusammenfällen) von *MgO*. Die höchste D. (2,98 g/cm³) erlangt man, wenn BeO-Pulver ohne Zusätze 2 Std. bei 1800° unter 2240 lb/in.² gepreßt wird. — 16 Literaturangaben. F. Hochstetter 6442◇

2211 **Über das Verhalten des Germaniums bei der hydrolytischen Fällung von schweren Buntmetallen.** Je. G. Swirtschewskaja und Je. L. Ponomarewa. (Nachr. Akad. Wiss. KasachSSR, Ser. Metallurgie, Erzaufbereit. feuerfeste Mater. **1960**, Nr. 1, 3—14; russ., Auszug: kasach.) — Es wird gezeigt, daß bei der hydrolyt. Fällung von Ge^{4+} aus H_2SO_3-haltigen Lsgg. in Ggw. von Fe^{3+}, Cu^{2+}, Zn^{2+} u. Cd^{2+} sowie von SiO_3^{2-}; infolge der Bldg. chem., nicht genau identifizierter Verbb. eine Copräzipitation von Ge u. der vorst. Elemente stattfindet.
S. Baryschnikow 6448△

2212 **Die Darstellung und Eigenschaften von Zirkonium-Uran-Wasserstoff-Legierungen.** U. Merten, L. J. Dukstra, F. D. Carpenter, A. P. Hatcher und L. D. la Grange. (Progr. nuclear Energy, Ser. V, **3**, 3—12, 1961; San Diego, Calif., Gen. Dynamics Corp., Johns Jay Hopkins Labor. for Pure and Appl. Sci.; engl.) — Das hier beschriebene Verf. beruht auf der Behandlung von *U–Zr*-Legg. mit *H* bei höheren Temperaturen. Die theoret. Grundlagen werden erörtert u. graph. dargestellt. Nach Beschreibung der App. wird auf die Schwierigkeiten bei der Herst. der Stäbe hingewiesen; diese können Risse bekommen bzw. sich verziehen. Die Stäbe waren 14 in. lang bei 1,4 in. ⌀ u. enthielten 91 (Gew.-%) Zr, 8 U, 1 H. Risse entstehen durch ungleichmäßige H-Verteilung in der Leg.; Verziehen wird durch ungleiche Temp. innerhalb des Ofens bewirkt. Auf der Oberfläche der Stäbe können Kügelchen mit über 90% U auftreten. Nach Angaben über Wärmeleitfähigkeit, elektr. Widerstand, Zerreißfestigkeit, Young-Modul u. Dichte werden chem. Unterss. mitgeteilt. Von W. wird die Leg. nur oberflächlich leicht angegriffen. Die Stäbe eignen sich für den Gebrauch in *Reaktoren* mit niederer Temp. u. Energie.
F. Hochstetter 6448◇

2213 **Pulvermetallurgie des Urans und seiner Legierungen.** H. Lloyd und J. Williams. (Progr. nuclear Energy, Ser. V, **3**, 66—94, 1961; Harwell, A. E. R. E.; engl.) — Nach Dubuisson u. Mitarbeitern werden 3 Teile *Ca*- u. 1 Teil UO_2-Pulver durch 1 t/cm² zu Pellets von 8 cm ⌀ u. einigen cm Höhe geformt u. in einem Ofen unter Ar auf Rk.-Temp. gebracht. Nach der Red. werden die gesinterten Pellets zerkleinert; das Pulver wird mit n $CH_3 \cdot COOH$ u. verd. H_2SO_4 gewaschen. Es kann durch Behandlung mit $ZnSO_4$-Lsg. mit einem Zn-Schutzfilm überzogen werden. Die Gesamtmenge der Verunreinigungen beträgt $\sim$ 0,1%. Das folgende Sintern kann nur im Vakuum ($< 10^{-4}$ mm Hg) geschehen, da U mit fast allen Gasen Verbb. bildet. Je nach Temp. erhält man 2 Sorten Sintergut: I bei 900—1100° mit schwarzer Oberfläche, D. bis 18,6 g/cm³; II bei $\sim$ 750° mit silbergrauer Oberfläche, D. bis 18,1 g/cm³. Auch die beim Reinigen des Pulvers verwendete Säure ist von Einfl. auf das gesinterte Pulver. Die Korngröße desselben war mehrere 100 μ u. schwankte wenig mit der Sintertemperatur. I hat scheinbar einen Film von Dioxid oder höheren Oxiden, II wahrscheinlich von „Monoxid". Die Zerreißfestigkeit von gesintertem U ist der von gegossenem vergleichbar u. ändert sich linear mit der Dichte; ist diese $\geqq$ 18 g/cm³, so kann es kalt gewalzt oder geschmiedet werden. Bei Verss., U-Pulver heiß zu pressen, wurden Temp. bis nahezu 800° u. Drücke bis zu 15 t/in.² angewandt; auch wurde das Pulver mit einem Schutzfilm aus KW-Stoffen (z. B. Paraffin) oder koll. Graphit überzogen. Die Ergebnisse sind graph. dargestellt. Es wurden Stäbe von 1″ ⌀ u. 4″ Länge mit einer D. bis 18,9 g/cm³, 38 bis 45 t/in.² Zerreißfestigkeit u. 240—255 Vickershärte erzielt. Auch das Strangpressen wurde angewandt bei Drücken von 4000—12000 lb/in.² u. Temp. bis 1000°. Die Ergebnisse sind in Tabellen u. Abb. wiedergegeben. U-Legg. wurden hergestellt durch Mischen der entsprechenden Pulver u. Heißpressen oder Kaltpressen u. Sintern. Die Leg.-Elemente waren *Zr, Nb, Mo, Fe, Ni, Co, Mn, B, Th, Al, Be* u. *C*. — 14 Literaturangaben.
F. Hochstetter 6474◇

2214 **Pulvermetallurgie im Raumzeitalter.** 1. Mitt. **Pulververdichtungsprozesse.** Gail F. Davies. (J. Metals **15**, 352—55, 1963; Cleveland, Ohio, Clevite Corp.; engl.) — Bericht über die heute bekannten Pulververdichtungs-Meth., die auch für die Werkstoffe bei der Fertigung von Raumschiffen von Bedeutung sind. Die Verdichtung kann durch loses Einschütten der Pulver, aber auch durch energiereiche Explosionen erfolgen.
H. Fahlenbrach 6474◇

2215 **Pulvermetallurgie im Raumzeitalter.** 2. Mitt. **Wärmebehandlung von Pulvern.** Amos J. Shaler. (J. Metals **15**, 355—57, 1963; State College, Pa.; AIME; engl.) — 1. vgl. vorst. Referat. — Bericht über die für

Raumschiffe benötigten pulvermetallurg. Werkstoffe. Eingesetzt werden sowohl kaltgepreßte u. normal gesinterte, wie heiß gepreßte Teile u. auch Sinterteile mit komplexen Mikrostrukturen. In die letzte Gruppe gehören die dispersionsgehärteten Werkstoffe, wie *Ni* mit *Th-Oxid*einschlüssen. H. Fahlenbrach 6474◇

2216 **Pulvermetallurgie im Raumzeitalter.** 3. Mitt. **Spezielle pulvermetallurgische Strukturen.** N. M. Parikh. (J. Metals **15,** 357—58, 1963; Chicago, Illinois Inst. of Techn., Armour Res. Foundation; engl.) — 2. vgl. vorst. Referat. — Für die Raumfahrzeugindustrie sind drei neue pulvermetallurg. Mikrostrukturen von Bedeutung geworden: niedrig legierter Stahl auf der Basis *Fe–C* oder *Fe–Cu–C*, *W*-Legg. z. B. aus dem Syst. *W–Ni–Fe* u. mit Fasern verstärkte Legg., bei denen die Fasern aus dünnen Drahtstücken in Durchmessern von etwa 1—5 mil in Längen von $^1/_8$—$^1/_4$ in. in den Werkstoff z. B. durch Infiltration eingelassen werden.
H. Fahlenbrach 6474◇

2217 **Sinterung in der festen Phase von reinen Metallpulvern.** Hassan Youssef und Michel Eudier. (Mém. sci. Rev. Métallurgie **60,** 165—70, 1963; Paris, Soc. La Métallurgie franç. des Poudres; franz.) — Für die Grundvorgänge beim Sintern von reinen Metallpulvern unterhalb des F. werden nacheinander verantwortlich gemacht: Die Metallverdampfung u. die Kondensation an den Kornoberflächen, die Oberflächendiffusion, die Vol.-Diffusion von Gitterleerstellen u. das Kriechen. Aus der Vol.-Abhängigkeit von Metallpulvern, die in einer Graphit-Matrix eingelagert waren, vom Preßdruck wird durch Extrapolation dieser Beziehung auf die Vol.-Änderung 0 auf den Sinterdruck geschlossen, der in der Theorie zur Auslösung der Grundvorgänge eine besondere Bedeutung besitzt. H. Fahlenbrach 6474◇

2218 **Verfahren zur Bearbeitung mit Sprengstoff.** 6. Mitt. **Metallpulver-Verdichtung mit Hilfe von Sprengstoffen.** Yōkan Nomura. (J. ind. Explosives Soc., Japan **22,** 321—26, Nov./Dez. 1961; Yokosuka, Defense Acad.; jap., Auszug: engl.) — 4. vgl. C. **1960,** 17331. — Das Metallpulver wird durch Detonation einer Sprengstoffschicht, die außerhalb des das Pulver enthaltenden Cu-Rohres angebracht ist, verdichtet. An frisch verdichtetem Material wurden Bearbeitungsprüfungen, Härtemessungen u. mikrophotograph. Beobachtungen durchgeführt. Es traten Inhomogenitäten sowohl in der Härteverteilung als auch in der Packungsdichte der Pulverteilchen auf. Die Meth. ist zur Herst. großer Stäbe ungeeignet, da Lunker u. Sprünge entstehen, für kleinere Stücke jedoch, bei denen unbrauchbare Teile weggeschnitten werden können, ist sie verwendbar.
H. Pförtner 6474◇

2219 **Verfahren zur Bearbeitung mit Sprengstoff.** 7. Mitt. **Bemerkungen zur Verdichtung mit Hilfe von Sprengstoffen.** Yōkan Nomura und Yasuyuki Kimura. (J. ind. Explosives Soc., Japan **22,** 327—29, Nov./Dez. 1961; jap., Auszug: engl.) — 6. vgl. vorst. Referat. — 5 Sorten von Carbonyleisen-Pulver wurden durch Sprengstoffe verdichtet, wobei 3 Proben unbefriedigend ausfielen, obwohl nach einer stat. Meth. die Pulver verdichtet wurden. Offenbar scheint das Verdichtungsvermögen durch Sprengstoffe von anderen Faktoren bestimmt zu werden als bei der stat. Methode. Je nach dem verwendeten Sprengstoff werden verschiedene Ergebnisse erhalten. Mikrophotograph. Aufnahmen zeigen, daß an den teilweise entstehenden Lunkern die Eisenteilchen an der Oberfläche geschmolzen sind. Wird das Rohprod. in einem Cu-Rohr eine Std. auf 1100° erhitzt, wandern Cu-Teilchen in das verdichtete Material. Gleichzeitig zeigen sich Poren, die normalerweise nicht auftreten.
H. Pförtner 6474◇

2220 **Sinterung mit Auftreten von flüssiger Phase.** Claude Broquet, René Margerand und Michel Eudier. (Mém. sci. Rev. Métallurgie **60,** 171—76, 1 farbige Tafel, 1963; Paris, Soc. La Métallurgie franç. des Poudres; franz.) — An Pulvern der Leg.-Systeme *Cu–Sn*, *Cu–Ni* u. *Cu–Ag* wird der Einfl. des Anteils an fl. Phase auf den Sintervorgang durch mkr. Schliffbilderunters. u. durch die Best. der Abhängigkeit der Dichteänderung von der Temp. u. der Zeit der Sinterung geprüft. Die Sintervorgänge lassen sich dabei in das Eindringen der fl. Phase in die Poren u. in die normalen Sintervorgänge aufteilen. Letztere ziehen eine Homogenisierung nach sich. H. Fahlenbrach 6474◇

2221 **Eine Untersuchung über den dispersionsgehärteten Stahl.** Yûnoshin Imai und Hiroshi Hirotani. (Sci. Rep. Res. Inst. Tôhoku Univ., Ser A **12,** 168—74, 1960; Res. Inst. for Iron, Steel and other Metals; engl.) — Die Eigg. von Sinterstählen mit eingelagerten Al_2O_3-, *MgO*- oder SiO_2-Teilchen werden ermittelt. Hierbei wird auch der Einfl. der Temp. auf die Härte von 50% kaltverformten Proben aus 1. Stahl, 2. Sinterstahl u. 3. Sinterstahl mit 10 Vol.-% Al_2O_3 bestimmt. Die Abhängigkeit der Härte, der Korngröße, der Röntgenlinienbreite u. des Verlaufs der Dilatometerkurven dieser Proben u. teils von Sinterproben mit SiO_2- sowie mit Al_2O_3 + SiO_2-Zusätzen, ferner von Proben mit 25(%) Cr, 20 Ni u. 15 Vol-% Al_2O_3 von der Kaltverformung u. teils von der Anlaß- bzw. Glühtemp. u. -zeit wird bestimmt. Zeit-Dehnung-Kurven eines Stahles u. eines Sinterstahls mit 1(%) Si, 13 Cr u. 0,5 Al bei 850° u. einer Spannung von 1,4 kg/mm² werden aufgestellt. H. Hochstein 6474◇

2222 **Über den Verlauf des Sinterns von Cermets des TiC-Systems.** Shinroku Saito. (J. ceram. Assoc., Japan [Yogyo Kyogai Shi] **68,** 267—73, 1960; Tokyo, Tokyo Inst. of Technol., Res. Labor. of Engng. Mat.; jap., Auszug: engl.) — Mkr. Unterss. über das Verh. von Cermets beim Sintern u. Messungen des Schrumpfens in H_2-Atmosphäre zeigen, daß das Sintern hauptsächlich von der Temp. bestimmt wird. Daher empfiehlt sich eine sehr kurzzeitige Anwendung höherer als üblicher Temperatur. Das Sintern beginnt durch Wärmediffusion entlang der Berührungsoberfläche zwischen den beim Formen stark aneinander gepreßten Teilchen. Die Verkleinerung des Teilchenabstandes verbreitert den Diffusionsweg; die Masse schrumpft. Bei zu hoher Temp. tritt Schwitzen der Metallbindung auf. Beim Sintern mit Momentanerhitzung zeigt sich kein Kornwachstum. Der Bruch von TiC-Cermets erfolgt entsprechend der Temp. trans- bzw. interkristallin. W. Wesly 6474◇

2223 **Herstellung von UO_2-Brennelementen durch Einvibrieren und Rundhämmern.** F. Hofmann, H. Kroll, B. Liebmann und O. Neumann. (Ber. dtsch. keram. Ges. e. V. **40,** 146—52, 1963; Wolfgang b. Hanau, NUKEM Nuklear-Chemie u. -Metallurgie GmbH.; dt.) — Es wird ein Verf. zur Herst. dicht packbarer UO_2-Pulver durch Wasserstofflichtbogen-Schmelzen beschrieben. Die durch Vibrieren erreichbare Dichte wird in Abhängigkeit verschiedener techn. Kornverteilungen dargestellt. Diagramme geben die Dichte der UO_2-Füllung als Funktion der Querschnittsabnahme beim Rundhämmern für verschiedene Pulverarten wieder sowie den Einfl. der Hämmer-Temp. auf die Dichte. Die Abhängigkeit der Wärmeleitfähigkeit von der Temp. wird für verschiedene UO_2-Materialien angegeben. Die Endprüfung der Brennelemente wird beschrieben. — Diskussion.
J. Noack 6474◇

2224 **Eigenschaften und Herstellung massiver und pulvermetallurgisch gefertigter Körper aus Zirkoniumhydrid.** J. Motz. (Ber. dtsch. keram. Ges. e. V. **40,** 91—101, 1963; Bensberg/Köln, INTERATOM Internationale Atomreaktorbau GmbH; dt.) — Wirtschaftliche u. nucleare Eigg. lassen ZrH als Moderatoren für Hochtemp.-Reaktoren als geeignet erscheinen. Entsprechend der H-Dichte zeigt ZrH eine bessere Moderierfähigkeit als Wasser. Es wird aus der Literatur u. eigenen Messungen eine Übersicht gegeben über die Gleichgewichte im Syst. Zr–H, die Abhängigkeit der spezif. Wärme von Temp. u. H-Geh., Dichte u. Ausdehnungs-Verh. von Zr–H-Legg., deren Festigkeits-Eigg., die Wärmeleitfähigkeit u. der elektr. Widerstand. Verff. zur Herst. von massiven u. pulvermetallurg. gefertigten ZrH-Körpern werden beschrieben. Für die Hydrierung von massiven Zr muß die Bldg. von starken Oxidfilmen verhindert werden. Für die techn. Nutzung ist nachteilig, daß bes. bei Durchmessern über 10 mm die Versprödung u. Vol.-Zunahme zur Zerstörung der Werkstücke führen kann. Bei Drosselung der H-Zufuhr kann die Geschw. der Vol.-

Änderung soweit herabgesetzt werden, daß durch Rekristallisation die Spannungen abgebaut werden können. Die Ergebnisse der Herst. von Sinterkörpern bei 850° u. 1 atm H_2-Druck u. Nachhydrierung bei 650° u. 500 Torr waren nicht befriedigend. Körper mit hoher Abriebfestigkeit wurden durch Reaktionssintern erhalten. Hierzu werden Zirkoniummetallpreßlinge im Vakuum auf 750—900° erhitzt, worauf die dosierte Zugabe von H_2 erfolgt. Durch die Rk.-Wärme erfolgt die Hydrierung u. Sinterung gleichzeitig. Die Eigg. der Sinterkörper werden beschrieben. — 26 Literaturstellen, Diskussion.
J. Noack 6474◇

2225 **Die Bedeutung der Oxide und Carbide für die Brennstoffelemente von Kernreaktoren.** H. Bumm. (Ber. dtsch. keram. Ges. e. V. **40,** 118—22, 1963; Leopoldshafen, Kernreaktor Bau- u. Betriebs-GmbH., Reaktorstation; dt.) — Übersicht über die verschiedenen Herst.-Verff. u. Eigg. der Brennstoffelemente unter Hinweis auf die Vorteile des Vibrations-Verfahrens. Vgl. der kerntechn. Eigg. von *U-Oxiden* u. *UC*. Weiterhin werden Dispersionswerkstoffe u. deren spezielle Herst.-Verff. sowie kerntechn. Eigg. besprochen. — Diskussion.
J. Noack 6476◇

2226 **Dauerfestigkeitseigenschaften von einigen hochfesten Stählen.** H. E. Frankel, J. A. Bennett und C. M. Carman. (Proc. Amer. Soc. Testing Mater. **60,** 501—11, 1960; Greenbelt, Md., Goddard Space Flight Center, Washington, D. C., Nat. Bur. of Standards u. Philadelphia, Pa., Pitman-Dunn Labor.; engl.) — Die Dauerfestigkeit bei umlaufender Biegebeanspruchung wird an 18 hochfesten, vergüteten Stählen mit ca. 0,25 bis 0,48(%) C, 0,12—1,51 Si, 0,52—1,54 Mn, 0,05—1,00 Cr, 0,25—1,04 Mo, 0,02—2,01 Ni, teils mit 0,2 V u. teils mit bis 2,1 Cu ermittelt, wobei auch der Einfl. der Anlaßtemp. bestimmt wird. Aus den Unters.-Ergebnissen werden Folgerungen bes. über den Einfl. der Cu-Geh. auf die Dauerfestigkeit gezogen. Hierbei zeigt sich, daß Stähle mit 1,3 Cu eine höhere Dauerfestigkeit als die anderen untersuchten Stähle besaßen. Es wird angenommen, daß die allgemein überlegenere Dauerfestigkeit der Cu-haltigen Stähle auf die Cu-Ausscheidung unter dem Einfl. der Wechselspannung zurückzuführen ist. Mit Ausnahme der Stähle mit hohem Si-Geh. wird die höchste Dauerfestigkeit im allgemeinen bei den niedrigsten Anlaßtemp. festgestellt. — Diskussion.
H. Hochstein 6480◇

2227 **Einige neue Erkenntnisse über den Mechanismus des Sprödbruches von Stahl.** C. A. Verbraak und H. C. van Elst. (Metalen **18,** 236—46, 1963; Metaalinst., T. N. O.; niederl.) — Fortschrittsbericht. — 19 Literaturangaben. W. Wesly 6480◇

2228 **Anwendung der Castaing'schen Mikrosonde auf die elementare u. Struktur-Mikroanalyse von gesintertem Aluminium.** R. Theisen. (Mém. sci. Rev. Métallurgie **60,** 189—94, 1 farbige Tafel, 1963; Euratom-Ispra, Dép. des Matériaux, Métallurgie et Céramique; franz.) — Die Mikrosonde von Castaing wird auf SAP, d. h. auf eine Mischung von *Al* u. Al_2O_3, angewandt. In den Mikrobildern, z. T. Farbbildern, werden die verschiedenen Phasenbestandteile sichtbar gemacht. Ferner wird auch ein verschiedener Korrosionsangriff auf SAP sichtbar gemacht. Die Auswertung der Sondenergebnisse gelingt quantitativ. — 13 Literaturangaben.
H. Fahlenbrach 6482◇

2229 **Leistungsdichte optimal fokussierter raumladungsbegrenzter Elektronenstrahlbündel.** Helmut Schwarz. (J. appl. Physics **33,** 346—70, Dez. 1962; Windsor Locks, Conn., United Aircraft Corp., Hamilton Stand. Div.; engl.) — Diskussion der Faktoren, die die Leistungsdichte optimal gebündelter Elektronenstrahlbündel beeinflussen, wie sie zum Schweißen, Schneiden u. Fräsen von festem Material verwandt werden. Für die Abhängigkeit der Leistungsdichte u. der Brennfleckgröße in solchen Bündeln von der Beschleunigungsspannung, dem Strahlstrom u. den elektronenopt. Eigg. des Fokussierungssyst. (Öffnungsfehler, Brennweite) werden Näherungsformeln abgeleitet. Wenn man annimmt, daß der Öffnungsfehler des Fokussierungssyst. den Brennfleckquerschnitt begrenzt, ist die Leistungsdichte unter optimalen Bedingungen proportional der 5. Potenz der Beschleunigungsspannung u. indirekt proportional der 1,75ten Potenz des Strahlstroms. Ferner wird ein Kriterium angegeben, ob der Elektronenstrahl beim Auftreffen auf das Werkstück raumladungsbegrenzt ist oder nicht. Die Neutralisierung der Elektronenraumladung durch Ionen aus dem Restgas wird unter den Bedingungen, die bei der prakt. Materialbearbeitung durch Elektronen herrschen, für unwesentlich angesehen.
F. Lenz 6482◇

2230 **Elektronenoptische Untersuchungen an der warmfesten Legierung Nimonic 90.** Th. Geiger und R. Kollrack. (Schweiz. Arch. angew. Wiss. Techn. **25,** 111—16, 1959; Winterthur, Gebr. Sulzer Akt. Ges.; dt.) — Elektronenopt. wird die Wrkg. kurzfristiger Warmbehandlungen auf das Feingefüge von ausgehärtetem *Nimonic 90* untersucht. Oberhalb der normalen Aushärtungs-Temp. scheiden sich zunehmend die Aushärtungselemente Ti + Al in Form kleinster Teilchen der intermetall. Verb. $Ni_3(Ti, Al)$ aus. Mit steigender Temp. u. Glühdauer koagulieren die Ausscheidungen u. lösen sich dann auf. Eine Abhängigkeit der Härte von der Ausscheidungsdichte wurde nicht beobachtet, sondern die Härte sinkt mit steigender Glüh-Temp., der Einfl. der Glühdauer ist relativ gering. Auf Grund von Gefügebeobachtungen u. Härtemessungen ist anzunehmen, daß der Aushärtung nicht die Ausscheidung der stabilen Endphase $Ni_3(Ti, Al)$, sondern instabile Zwischenzustände, d. h. kohärent im Gitter eingelagerte Fremdatomanreicherungen zugrunde liegen. F. Vier 6482◇

2231 **Anwendung eines einseitigen Isotopen-Dickemessers zur Messung der Dicke von einseitig zugänglichen Wänden.** Jerzy Ignatjew. (Nukleonika [Warszawa] **7,** 524—25, 1962; Inst. podstaw. Probl. Techn. PAN, Zakł. Badań izotopowych; pol.) — Mit ^{60}Co als γ-Strahlenquelle u. einem Scintillationszähler mit NaJ-Kristall als Detektor wird eine Anordnung zur Messung der Wandstärke nur einseitig zugänglicher Flächen entwickelt.
R. K. Müller 6484◇

2232 **Metallurgische Maschinenbaukunde in der Metallpreßtechnik.** D. H. Lloyd. (Sheet Metal Ind. **39,** 158 bis 166, 236—45, 306—15, 1962; engl.) — In Forts. der C. **1963,** 15603 referierten Arbeit wird eine Übersicht über die Herst. von Blechen durch Pressen von Metallen u. die Verff. zur Prüfung der Bleche, bes. Preßgrad u. plast. Verformbarkeit, gegeben. W. Wesly 6490◇

2233 **Oberflächenbehandlungen in geschmolzenen Salzbädern.** F. D. Waterfall. (Metal Treatment Drop Forging **29,** 5—12, 66—71, 1962; engl.) — Überblick über die neuere Entw. des Oberflächenbehandlungsverf. von Stählen nach der *Sulfinuz*-Meth., der Aufkohlung in Salzbädern bei 850—950° sowie bei 1000—1100°, der Vermeidung von Oberflächenentkohlung in neutralen Salzbädern sowie der Aufstickung in Nitrierbädern.
H. Hochstein 6492◇

2234 **Der Einfluß der Zementitteilchenverteilung auf die Festigkeitswerte getemperter Kohlenstoffstähle.** 1. Mitt. **Die Beziehung zwischen Festigkeitswerten und Temperungsdauer.** Genjiro Mima. (Technol. Rep. Osaka Univ. **12,** 133—40, 1962; Dep. of Metallurgy; engl.) — An Stählen mit 0,7 u. 1,1 Gew.-% C ausgeführte Unterss. zeigen, daß Härte, Knickfestigkeit u. spezif. Zugfestigkeit durch 0,01—400std. Tempern bei 690° in 2 Stufen abnehmen. Die Erweichung in der 1. Stufe ist viel größer als die der 2. Stufe. Die Dehnung der getemperten Proben zeigt bei 10—100std. Behandlung ein Maximum u. nimmt bei längerem Tempern ab. W. Wesly 6492◇

2235 **Das Schweißen von duktilem Eisen.** G. R. Pease. (Welding J. **39,** Nr. 1, Suppl.: Welding Res. 1 s—9 s, 1960; Bayonne, N. J., Internat. Nickel Co., Inc.; engl.) — Beschreibung der Ausführung fester schmiedbarer Schweißen an duktilem Fe mit langer Wärmenachbehandlung. — 12 Literaturangaben. W. Wesly 6506◇

2236 **Ultraschallprüfung von Schweißen beim Arbeiten.** John E. Bobbin. (Welding J. **39,** 34—38, 1960; Stamford, Conn., Branson Instruments, Inc.; engl.) — Übersicht über Anwendung u. Vorteile der Ultraschallprüfung von Schweißen gegenüber Röntgenstrahlenuntersuchungen. W. Wesly 6506◇

2237 **Die Oberflächenbehandlung des Drahtes.** A. Pfützenreuter. (Draht-Welt **48,** 167—74, 1962; Hamm, Westf.; dt.) — Übersicht über die Verff. zur Oberflächenbehandlung von Stahldraht: Feuerverzinken, -aluminieren, -verzinnen, Verbleien, Auszementieren, Galvanisieren, Phosphatieren, Kunststoffummantelung. — 18 Literaturangaben. W. Wesly 6508◇

2238 **Schleifgemische zur Trommelbearbeitung.** Wataru Funabashi. (Rep. Government ind. Res. Inst., Nagoya **11,** 76—81, 1962; jap., Auszug: engl.) — Das Entgraten kann unter Verw. von Na_2CO_3, NaOH, $Na_2Cr_2O_7$, $NaNO_2$ u. $Na_2P_2O_7$ ohne Schleifmittel erfolgen. Bei gleichzeitiger Anwendung von schleifenden u. rostverhindernden Mitteln wird die polierte Oberfläche uneben, die Rauhigkeit u. das Poren-Vol. nehmen zu unter Bldg. einer schwarz-grauen Oberfläche. Korngröße u. Härte des Schleifmittels beeinflussen den Poliervorgang. G. Frikell 6510◇

2239 **Oberflächenbehandlung von nichtrostenden Stählen und Heizleiterlegierungen zur erleichterten spanlosen Kaltformung.** Günter K. Schwarz. (Draht-Welt **48,** 181—85, 1962; Frankfurt (Main), Metallges. A. G.; dt.) — Übersicht über die Verff. zur Oberflächenbehandlung nicht rostender Stähle: Sulfid-, Oxalat-Schichten, Entzunderung in Salzschmelzen (Hooker-, Kolene-, NaH- Verff., Naßbeizen, Oxalatierung), die dazu dienenden Geräte u. die Eigg. der behandelten Stähle. W. Wesly 6512◇

2240 **Neuer Magnesiumschutz.** Myron Miller. (Materials Design Engng. **56,** Nr. 1, 90—91, 1962; Chem. Contour Corp.; engl.) — Als Korrosionsschutz für Mg (-Legg.) wird ein 3stufiges Verf. angewandt: Oberflächensäuberung durch anod. Oxydation in 10%ig. NH_4F-Lsg. bei hoher Wechselstromspannung, Oberflächenpassivierung unter Verw. von Bichromat (Dow No. 7), Abdichtung mit Epoxyharzen nach Beseitigung der Feuchtigkeit (30 Min. Erhitzen auf 380°F). W. Wesly 6512◇

2241 **Untersuchungen über den wirtschaftlichen Materialverbrauch beim Galvanisieren.** W. Finkenwirth. (Elektrie **16,** 93—96, 1962; Reichenbach, VEB Naben- u. Kupplungswerke; dt.) — Es werden der Metallverbrauch in ruhenden u. automat. Glanznickelbädern sowie in Glanzverchromungsbädern untersucht. Daraus resultierend werden Maßnahmen zur Senkung des Verbrauchs an lösl. Anoden u. an Metallsalzen vorgeschlagen. K. Huste 6514◇

2242 **Calorimetrische Bestimmung der Dicke von Metallüberzügen auf kleinen Gegenständen.** G. Krijl und J. L. Melse. (Trans. Inst. Metal Finishing **38,** 22—26 Diskussion, 108—09, 1961; Eindhoven, Niederlande, N. V. Philips Gloeilampenfabrieken; engl.) — Die beim Auflösen eines Metalles entwickelte Wärme wird zum Messen der Dicke von Metallüberzügen verwendet. Die Messung wird in einem Calorimeter durchgeführt. Die Beziehung zwischen der entwickelten Wärme u. der Überzugsdicke wird an Proben mit bekannter Überzugsdicke ermittelt. Die Messung läßt sich dann sehr schnell u. einfach durchführen. Sie eignet sich bes. bei Dickenmessungen an Massenartikeln. Das Verf. wurde angewandt zur Best. der Dicke von *Ni*-Überzügen auf rostfreiem *Stahl,* von *Zn* u. *Cd* auf Stahl u. von *Ag* auf *Phosphorbronze.* F. Vier 6516◇

2243 **Abscheiden von Metallen aus der Dampfphase und die Ähnlichkeit des Verfahrens mit der galvanischen Herstellung von Überzügen.** Abner Brenner. (Trans. Inst. Metal Finishing **38,** 123—30, 1961; Washington, D. C., Nat. Bur. Standards; engl.) — Das Abscheiden von *W* aus der Dampfphase hat sich als ein geeignetes Verf. zur Herst. von Raketenantriebsdüsen erwiesen, alle anderen Verff., mechan. Verformung, galvan. Abscheidung, waren unbrauchbar. W wurde bei 650° in Ggw. von W. aus WF_6 abgespalten. Dabei wurden Ähnlichkeiten mit der elektrolyt. Abscheidung von Ni beobachtet. Der Massentransport geht bei beiden Verff. nach ähnlichen Gesetzen vor sich, die entstandenen Überzüge ähneln sich in ihrer Struktur, Spannungen treten in beiden Arten von Überzügen auf. Zusatzmittel haben eine große Wirkung. F. Vier 6516◇

2244 **Der Einfluß von Zusatzmitteln auf die Zusammensetzung von Nickelüberzügen.** A. H. Du Rose. (Trans. Inst. Metal Finishing **38,** 27—34, Diskussion, 84—86, 1961; Cleveland, Ohio, Harshaw Chemical Co.; engl.) — Aus Verss. ergibt sich, daß beim elektrolyt. Vernickeln der Zusatz von Glanzmitteln die kathod. Polarisation steigert u. daß diese Steigerung zur Zers. des S u. O enthaltenden Kontrollzusatzes („control agent") führt. Dabei wird S in dem Überzug eingebaut, nicht aber C in nennenswerten Beträgen. N enthaltende Glanzzusätze im Elektrolyten bewirken einen C- u. N-Geh. in Überzügen. Die Geschw. des Anwachsens des S-Geh. im Nd. ist umgekehrt proportional der Konz. des Kontrollzusatzes. Mit dem Anwachsen des C-Geh. im Überzug steigt auch der H- u. O-Gehalt. Als Kontrollzusatz wurde bei den Verss. *Saccharin,* als Glänzer *Benzolsulfonamid, Butyndiol, Fuchsin,* SeO_2 u. quart. *Pyridine* verwendet. — 30 Literaturangaben. F. Vier 6520◇

2245 **Feuerverzinkung zur Korrosionsverhütung.** M. H. Davies. (Corrosion Prevent. Control **9,** 46—50, 1962; London, Zinc Dev. Assoc.; engl.) — Übersicht über Grundlagen u. Ausführung der Feuerverzinkung von Stahl u. die Eigg. der erzeugten Schutzüberzüge. W. Wesly 6522◇

2246 **Wasserstoff in elektrolytisch abgeschiedenem Zink.** E. Raub und A. Knödler. (Trans. Inst. Metal Finishing **38,** 131—36, 1961; Schwäb. Gmünd, Forschungsinst. für Edelmetalle u. Metallchemie; engl.) — Der H-Geh. von unter verschiedenen Bedingungen elektrolyt. aus sauren u. cyanid. Bädern abgeschiedenem *Zn* wurde untersucht. Danach enthält das galvan. abgeschiedene Zn *H* nicht in übersättigter Lsg., aber prakt. wird das gesamte H durch Rk. zwischen dem Metall u. W. u. ein Hydroxyd enthaltenden Verbb., wie $Zn(OH)_2$, das im Nd. eingeschlossen ist, gebildet. Es wird die Entdeckung von Gerischer (C. **1950/54,** 3772S) bestätigt, wonach $Zn(OH)_2$ eine wichtige Rolle beim Abscheiden von Zn aus cyanid. Bädern spielt. F. Vier 6522◇

2247 **Innere Spannungen in einer elektrolytisch abgeschiedenen Zinn–Nickel-Legierung.** M. Clarke. (Trans. Inst. Metal Finishing **38,** 186—94, 1961; Greenford, Middlesex, Tin Res. Inst.; engl.) — Messungen der inneren Spannungen von elektrolyt. Sn–Ni-Ndd. nach dem Verf. von Brenner u. Sinderoff (Proc. Am. Electroplaters' Soc. **35,** [1948], 63) wurden vorgenommen. Spannungen zwischen 36000 lb/in² Zug- u. 40000 lb/in² Druckspannungen wurden festgestellt. Bad-Temp. u. Chlorid-Geh. des Elektrolyten beeinflußten stark die Spannungen, weniger stark aber doch merklich die Stromdichte. Mit dem Wechsel der Spannung von Zug- zu Druckspannung, ob er durch Steigerung der Bad-Temp. oder Zunahme des Chlorid-Geh. bedingt ist, ist eine geringe Zunahme des Ni-Geh. im Nd. verbunden. Beim Überziehen von flachen Stahlblechen tritt Neigung zur Riß-Bldg. auf, wenn die Zugspannung 7000 lb/in² überschreitet. Die Unters. der Wrkg. des Chlorid-Geh. gibt Anlaß zu der Vermutung, daß im Fluorid-Chlorid-Elektrolyten ein Komplex-Ion $(NiSnF_4Cl_2)^{--}$ u. im Fluorid-Bad $(NiSnF_6)^{--}$ bei der Elektrolyse auftritt. Eine einfache Gleichung für die Beziehung zwischen innerer Spannung des Überzuges u. der Bad-Temp. u. der Stromdichte in nur Fluorid enthaltenden Elektrolyten wird aufgestellt. Zum Vermeiden des Auftretens von Zugspannungen bei der Elektrolyse wird empfohlen, in gewissen Fällen 50 g/Liter NH_4Cl zuzusetzen. — 28 Literaturangaben. F. Vier 6524◇

2248 **Galvanisches Abscheiden von Ruthenium.** F. H. Reid und J. C. Blake. (Trans. Inst. Metal Finishing **38,** 45—51, Diskussion, 94—96, 1961; International Nickel Co. (Mond) Ltd.; engl.) — Mit Elektrolyten aus einfachen Ru-Salzen u. Zusätzen aus *Nitrosyl-Derivv.* wurden Verss. durchgeführt, Ru galvan. abzuscheiden. Der *Nitrosylsulfamat*-Elektrolyt erwies sich als brauchbar u. ergab glatte, glänzende Ru-Überzüge bis zu einer Dicke von 0,0002 in. über einen weiten Bereich von Verf.-Bedingungen. Die Kathodenausbeute ist immer niedrig u. erreicht unter den günstigsten Bedingungen 10—20%. Die Überzüge haben innere Zugspannungen von 20—30 t/in.² u. zeigen feine Risse bei Überzugsdicken von mehr als

0,0001 inch. Durch Zusatz von $Al_2(SO_4)_3$ zum Elektrolyten kann die Riß-Bldg. verringert werden. Die einfache Sulfamat-Lsg. u. ein Elektrolyt, hergestellt durch Rk. von *Na-Tetranitronitrosylruthenat* mit *Sulfaminsäure* ergaben, frisch hergestellt eine bessere Leistung als die Nitrosylsulfamat-Lsg., waren jedoch bei Gebrauch weniger beständig. F. Vier 6526◇

2249 **Untersuchungen über das Zunderverhalten von Mo–Al–Si-Legierungen.** C. Brukl, F. Benesovsky und H. Nowotny. (Planseerber. Pulvermetallurgie **11**, 20–26, 1963; Reutte/Tirol, Metallwerke Plansee A. G., Wien, Univ., Physikal.-Chem. Inst.; dt.) — In dem Dreistoffsyst. Mo–Al–Si wurden die Legg. auf dem Schnitt *MoSi₂*–MoAl₂ auf ihr Zunder-Verh. an Luft bei 1600° untersucht. Wegen einer fehlenden dichten Oxidschicht sind die Al-haltigen Proben bei 1000, 1300 u. 1600° nicht oxydationsbeständig. Die bei 1600° sichtbare Glasbldg. auf *MoSi₂* nimmt mit zunehmendem Al-Geh. ab. Legg. mit dem Mo(Al, Si)₂-Hauptbestandteil als TaSi₂-Kristalltyp sind oberhalb 1600° optimal zunderbeständig. H. Fahlenbrach 6530◇

2250 **Korrosion, insbesondere von Kupfer-Zink-Legierungen durch Seewasser und chemische Lösungen,** Teil 2. E. Vaders. (Metall **16**, 1210–24, 1962; Pöcking/OBB.; dt.) — 1. vgl. C. **1963**, 19006. — Im Gegensatz zu ihrem Verh. gegenüber Meerwasser wurde zwischen den untersuchten *Zn*-haltigen u. Zn-freien *Cu*-Legg. kein Unterschied beobachtet. Am besten verhielten sich *Al*-haltige u. *Ni*-haltige Legierungen. Legg. mit viel *Pb* waren schlechter. In NH_3-Lsg. wurden sehr hohe Korrosionsverluste beobachtet. In 10%ig. Essigsäure verhielten sich die Legg. ähnlich wie in 10%ig. H_2SO_4. Die Zn-haltigen waren etwas besser, wenn sie 6% Al enthielten. In SO_2 waren die Zn-freien Legg. besser als die Zn-haltigen. *Si*- u. Pb-Zusätze verbesserten im Gegensatz zu den anderen Korrosionsmedien hier das Verhalten. Im Wechseltauch-Vers. waren Al oder Al u. *Mn* enthaltende Cu–Zn-Legg. am besten in ihrem Korrosionsverhalten. Die Al-freien Legg. waren wesentlich schlechter. Verss. in strömendem Meerwasser wurden an gewalzten u. gewalzten u. anschließend geglühten Proben durchgeführt. Es wurde kein wesentlicher Unterschied beobachtet. Die Zn-haltigen Proben verhielten sich besser als die Zn-freien, Mn-Zusatz verschlechterte das Verhalten. Gußproben waren im ungeglühten Zustand korrosionsbeständiger als im geglühten. Ni-Zusätze verbesserten das Verh. Al-Zusätze zeigten dagegen keine Wirkung. Verss. an Kondensatorrohrabschnitten ergaben, daß sich die Legg. mit hohem Ni-Geh. schlechter verhielten als Ni-ärmere, das steht im Gegensatz zu den guten Erfahrungen, die in der Praxis mit den Legg. mit 70% Cu u. 30% Ni gemacht worden sind. Gefüge-Unterss. ergaben, daß bei keiner Probe die Wärmebehandlung so weit durchgeführt war, daß ein homogener Zustand erreicht war. Wenn trotzdem ein verbessertes Korrosions-Verh. beobachtet wurde, so war das auf eine Kornvergröberung zurückzuführen. Bei Zerreiß-Verss. wurden bei mehreren Legg. eine Dehnung u. Brucheinschnürung von 70% beobachtet. Durch Kaltwalzen konnte ohne Zwischenglühen eine große Zahl von Legg. von einer Plattenstärke von 6 mm auf 1,5–1 mm abgewalzt werden. F. Vier 6538◇

2251 **Der Einfluß von Zusätzen von oberflächenaktiven Stoffen auf die Korrosion von Eisen im Zweiphasensystem Elektrolyt-Kohlenwasserstoff.** A. A. Gonik. (Ber. Akad. Wiss. [UdSSR] **135**, 671–74, 1960; Ufa, Erdölforsch.-Inst.; russ.) — Die Unterss. werden sowohl mit nichtionogenen oberflächenakt. Stoffen (Kondensationsprodd. verschiedener Fraktionen von Rohphenolen mit Äthylenoxid) als auch mit kationenakt. Stoffen (Salze der quart. Ammoniumbase) durchgeführt. Als Vergleichssubstanz dient Formaldehyd. Bei dem Kontakt von Eisen (*St.-3*) mit zwei nicht mischbaren Fll. in Ggw. von H_2S haben die größte korrosionshemmende Wrkg. organ. kationenakt., hauptsächlich in der nichtpolaren Phase lösl. Inhibitoren. Sie bilden auf der Schutzschicht einen für den Elektrolyten nicht zu durchdringenden hydrophoben Film infolge der Adsorption oberflächenakt. Stoffe mit langen KW-Stoff-Radikalen auf dem Metall. J. Lehmberg 6538△

2252 **Selenite und Tellurite als Korrosionsinhibitoren.** Brahm Dev und B. D. Jain. (J. sci. ind. Res. [New Delhi], Sect. B. **19**, 408, 1960; Delhi Univ., Dep. of Chem.; engl.) — K-Selenit u. -Tellurit wurden bei Stahl als Korrosionsinhibitoren gegen Leitungswasser eingesetzt. Optimale Wrkg. hatte eine 0,05%ig. Selenit- u. 0,2%ig. Telluritlösung. Ein gewisser Schutz tritt bereits bei geringeren Konzz. der Lsgg. ein. J. Uhlmann 6538◇

2253 **Einige neue Entwicklungen bei Metallen und Legierungen für Verwendung in chemischen Anlagen.** M. L. Melvill. (Trans. Instn. chem. Engr. **40**, Nr. 5, Chem. Engr. Nr. 163, A 78–A 86, A 104, 1962; engl.) — Nach einem kurzen Überblick über allgemeine Korrosionsprobleme in chem. Anlagen (Feuchtigkeit, Belüftung) wird die Eignung von *niedrig legierten Stählen, Gußeisen mit Kugelgraphit, rostfreien Stählen Ni*-Legg. u. *Si*-Legg., *Ti, Zr* u. *Ta* behandelt. — 18 Literaturangaben. F. Zeidler 6538◇

2254 **Das elektrochemische Verhalten von Stahl in Beton.** W. Ss. Artamonow. (J. angew. Chem. **33**, 2311–19, 1960; russ.) — Bei der Unters. des elektrochem. Verh. von Stahl unter einem Zementüberzug wird festgestellt, daß die Korrosion des Stahles im Beton infolge eines kathod. Prozesses, der den O_2-Zutritt zur Stahloberfläche erschwert, sowie infolge eines anod. Prozesses infolge der Anhäufung von Korrosionsprodd. gehemmt wird. Die hohen Schutzeigg. von Portlandzement im Vgl. zu sulfat- u. chloridhaltigen Zementen können durch die Entstehung eines bes. passiven Zustandes erklärt werden. Die sich hierbei auf dem Stahl bildenden Oberflächenverbb. nehmen am Prozeß der elektrochem. Red. teil. Elektrochem. Unterss. zusammen mit anderen Meth. ermöglichen ein vollständigeres zu. vielseitigeres Studium des Mechanismus der Schutzeigg. des Stahles unter verschiedenen Isolationsüberzügen. Eine vollständige Charakteristik der Korrosionsbeständigkeit von Eisenbeton kann nur auf Grund allseitiger Unterss. sowohl unter Labor-Verhältnissen als auch im Betrieb gewonnen werden. H. Hochstein 6538◇

2255 **Kombination von Zement- und elektrochemischem Schutz von Stahl in Meerwasser.** A. M. Kjasimow. (Ber. Akad. Wiss. AserbaidshanSSR **16**, 457–60, 1960; russ., Auszug: aserbaidshan.) — Die Verss. werden mit einer Spezialapp. in einer 3%ig. NaCl-Lsg. mit *Graphit, Cu, Al* u. *Zn* als Anode u. Gips-Tonerde-Zement, Portland- u. Füllzement durchgeführt. Der Gewichtsverlust u. das Maß der Verschiebung des Potentials von Stahl zur negativen Seite dienen als Gradmesser der Eignung des kombinierten Schutzverfahrens. Nach 4tägiger Prüfung tritt bei Verw. der Graphit-Anode u. der Stromdichte von 1,5 (mA/dm²) völlige Kathodenpolarisation ein, bei Verw. der Cu-Anode bei 3,0. Gewichtsverlust des Stahles erfolgt nicht. Die Cu-Anode korrodiert nur an der Grenze Luft-Zement. Verss. mit Al- u. Zn-Anoden ergeben eine größere Schutzwrkg. von Zn. J. Lehmberg 6540△

2256 **Die Korrosion von dekorativen Nickel-Chrom-Überzügen. Eine metallographisch-elektrochemische Untersuchung.** G. N. Flint und S. H. Melbourne. (Trans. Inst. Metal Finishing **38**, 35–44, Diskussion, 84–94, 1961; Birmingham, International Nickel Co. (Mond) Ltd.; engl.) — Die Korrosion von *Ni–Cr*-Überzügen in 3 Kurzzeit-Tests u. bei Verw. in Industrieatmosphäre bei ihrem Beginn war häufig gekennzeichnet durch das Auftreten von halbkreisartig geformten Löchern, die an Diskontinuitäten der Cr-Schicht auftreten. Bei Verw. in Industrie-Atmosphäre traten nach einigen Jahren ungleichmäßig geformte Löcher auf. Bei *Cu* + *Ni* + *Cr*-Schichten gab keiner der Kurzzeit-Tests das Aussehen des bei Gebrauch entstandenen Lochfraßes wieder, da bei Kurzzeit-Tests Ni früher als Cu angegriffen wird. Bei Doppelschicht-Ni + Cr-Überzügen war das Aussehen des Lochfraßes nach Gebrauch durch die Kurzzeit-Tests mit Essigsäure-Salz-Sprühen u. das „Corrodkote"-Verf. gleich, nicht aber bei den SO_2-Tests. Zur Deutung dieses Verh. wurden Messungen der anod. Polarisationscharakteristiken von galvan. abgeschiedenem Ni u. Folien aus Cu u. geknetetem Stahl in Elektrolyten ähnlich denen, wie sie in den Kurzzeit-Tests auftreten,

vorgenommen. Die Ergebnisse werden im Zusammenhang mit metallograph. Unterss. gedeutet.
F. Vier 6546◇

2257 **Untersuchung über den Einfluß durch die Form und die Verteilung von Graphit auf die Qualität von Kolbensegmenten aus legiertem Guß.** Traian Dumitrescu. (Studii Cercetări Metalurgie [Bucureşti] **5**, 493—515, 6 Tafeln, 1960; rum.) — Der Widerstand in der Abnutzung ist bei Segmenten aus legiertem Guß aus *Cu-*, *Cr–Ni-* u. *Cr–V*-Legg. bei Vorhandensein von eutekt. Graphit größer als bei Segmenten, die dieselbe chem. Zus. haben, aber gleichmäßig verteilten Graphit in Lamellenform enthalten. R. Grundmann 6546◇

2258 A. I. Lysszow, Ss. T. Kisselew und W. G. Rjabow, **Aufbereitung von Cu–Ni-Feinstein zur Flotation** durch Zusatz von 1—3% Na_2S, Na_2SO_3 oder $Na_2 \cdot SO_4$ zur Schmelze u. langsames Abkühlen, wobei sich zwischen den Metallkristallen eine Salzphase ausbildet, die bei anschließender Flotation die Trennung in *Cu-* u. *Ni*-Konzentrat verbessert. (**UdSSR. P. 133431** vom 11/4. 1960.) L. Großner 6363

2259 Soc. de Produits Chimiques d'Auby, Neuilly-sur-Seine (Erfinder: Pierre Foucault, Paris), Frankreich, **Oberflächenbehandlung fester Mineralteilchen, insbes. zur Schaumflotation** unter Verw. freier *Polyamine*, dad. gek., daß man als Polyamine Verbb. der allg. Formel $R–[NH–(CH_2)_p]_n–NH_2$ in wss. Emulsion verwendet, in der R ein aliphat. gesätt. oder ungesätt. geradkettiger oder verzweigter KW-Stoffrest mit ca. 8—22 C-Atomen oder der entsprechende Acylrest ist, bei dem das O-Atom durch das an dem N-Atom sitzende C-Atom gebunden ist u. bes. ein KW-Rest, der den Acylgruppen von Säuren, welche als Glyceride in natürlichen Ölen u. Fetten vorkommen, oder dem der Kolophoniumsäure oder dem Tallöl oder von Fraktionen dieser Säuregemische entspricht oder auch der Acylrest dieser Säure ist, u. n eine ganze Zahl von 2—5 u. P = 2 oder 3 bedeutet. (**D. A. S. 1146823** Kl.1c vom 11/8. 1960, ausg. 11/4. 1963. F. Prior. 11/8. 1959.) P. Iohn 6363

2260 Farbenfabriken Bayer Akt.-Ges., Leverkusen, **Schaumflotation von Sulfiderzen.** Für die Flotation werden *Organopolysiloxane* u. die konventionellen Sammler oder Sammler-Schäumer verwendet. Für 1 t Roherz werden zwischen 10^{-3} u. 50 g Organopolysiloxane u. 10 bis 100 g *Xanthat* benötigt. (**E. P. 898213** vom 10/3. 1961, ausg. 6/6. 1962. D. Prior. 19/3. 1960.)
W. Hauswald 6363

2261 Klöckner-Humboldt-Deutz Akt.-Ges., Köln (Erfinder: H. Schranz, Hahnenklee), **Verfahren zur Gewinnung von Flußspat und/oder Schwermineralien** durch selektive Flotation unter Verw. von anionaktiven Schwimmitteln. Als solches verwendet man *Fettalkohol-phosphorsäureestersalze.* Nach dem Aufmahlen der Mineralien auf eine Korngröße unter 0,2 mm wird zuerst der Flußspat in neutraler Trübe unter Zugabe des anionaktiven Sammlers u. ggf. eines Schäumers, u. hierauf nach Alkalischmachen der Trübe durch Zusatz von *Natronwasserglas*, *NaOH* oder ähnlichen Mitteln der Schwerspat mit dem gleichen Sammler flotiert. (**D. A. S. 1142803** Kl. 1c vom 7/8. 1957, ausg. 31/1. 1963.)
W. Hauswald 6363

2262 Klöckner-Humboldt-Deutz Akt.-Ges., Köln (Erfinder: Artur Bergmann, Meggen/Lenne), **Flotation von Kryolith.** Die Trübe wird in saurem Zustand mit $CuSO_4$ oder einem ähnlichen Mittel versetzt u. mit einem anionaktiven Sammler sowie einem Schäumer behandelt, um den größten Anteil der Verunreinigungen aufzuschwimmen. Die Abgänge der 1. Stufe werden in einer 2. Stufe unter Verw. eines *Fettalkohol-Phosphorsäureester-Salzes* ebenfalls in saurer Trüber flotiert, um den Rest der Verunreinigungen aufzuschwimmen. In der 2. Stufe kann noch ein kationaktives Mittel zwecks Erhöhung des Quarzausbringens zugesetzt werden. (**D. A. S. 1143161** Kl. 1c vom 6/5. 1960, ausg. 7/2. 1963.)
W. Hauswald 6363

2263 Klöckner-Humboldt-Deutz Akt.-Ges., Köln (Erfinder: Günther Salzmann und Rudolf Lutz, Köln), **Verfahren zur Reinigung von Ferrosilicium-Schwertrüben.** Die magnetithaltigen Verunreinigungen werden flotiert, wobei als Sammler *Harzamine* mit 18 oder mehr C-Atomen in der Alkylgruppe verwendet werden. Die Flotation erfolgt in alkal. Trübe. Bei Verw. von *Laurylsarkosid* erfolgt die Flotation in saurer Trübe. (**D. A. S. 1142565** Kl. 1c vom 1/7. 1959, ausg. 24/1. 1963.) W. Hauswald 6363

2264 Eisenwerk-Gesellschaft Maximilianshütte Akt.-Ges., Sulzbach-Rosenberg Hütte, **Brikettieren von Feinerz, Gichtstaub oder dergleichen pulverförmigen Materialien** unter Verw. von H_2SO_4, wss. $FeSO_4$-Lsgg. oder beide Stoffe enthaltenden Endbeizen. Die Mischdauer soll ca. 15 Min. nicht überschreiten. Die Briketts werden nach dem Pressen gewässert u. abschließend der Einw. von Luft von normaler Außentemp. ohne Erhitzung unterworfen. Zur Unterstützung der O_2-Aufnahme wird dem Brikettiergut *Koksgrus* zugesetzt. (**Oe. P. 221558** vom 12/4. 1960, ausg. 12/6. 1962. D. Prior. 27/4. u. 25/11. 1959.) M. Neckermann 6377

2265 Petrolite Corp. (Erfinder: Gilbert Justus Samuelson und Albert Dale Franse), V. St. A., **Flüssig-flüssig-Extraktion von Metallen.** Die nach der Mischung des Extraktionsmittels mit der Lsg. entstehende Emulsion wird zur besseren Trennung der Phasen einem hochgespannten Gleichstrom unterworfen. Beispiele: Extraktion von *U*, *Th*, *Ce*, *Zr*, *Nb*, *Ta* u. *Seltenen Erdmetallen* aus ihren wss. Lsgg. unter Verw. von *Tributylphosphat* als Extraktionsflüssigkeit. — Abbildung. (**F. P. 1302072** vom 19/9. 1961, ausg. 28/12. 1962. A. Prior. 4/11. 1960.) M. Neckermann 6381

2266 Light Metals Research Laboratory, Inc. (Erfinder: George Aristos Pagonis), Santa Clara, Calif., V. St. A., **Raffination von Metallen,** z. B. *Ti.* Das verhältnismäßig tiefe Metallbad wird in einem abgeschlossenen Raum von einem inerten Gas von unten durchströmt u. umgerührt u. das Gas oberhalb der Schmelze abgezogen. Während des Verf. wird die Gaszufuhr am Boden der Schmelze unterbrochen u. der Gasdruck über der Schmelze schnell erhöht, so daß sich die Schmelze beruhigt u. Verunreinigungen am Boden absetzen. — Abbildung. (**D. A. S. 1148752** Kl. 40a vom 30/12. 1960, ausg. 16/5. 1963. A. Prior. 31/12. 1959.)
M. Neckermann 6381

2267 Comp. des Métaux d'Overpelt-Lommel et de Corphalie, Belgien, **Kondensator für Metalldämpfe.** Die Seitenwände des Kondensators werden mit einem fl. Kühlmittel gekühlt, das mit den zu kondensierenden Metalldämpfen nicht in Berührung kommt. Die Temp. des Kühlmittels wird knapp unter der Erstarrungstemp. des zu kondensierenden Metalls gehalten, so daß sich an den Innenwänden eine dünne Schutzschicht von erstarrtem Metall bildet. Als Kühlmittel werden Metalle mit niedrigem F., z. B. *Pb*, *Cd*, *Sn*, *Bi*, *Na*, *K* oder deren Legg., verwendet. Beispiel: Kondensation von *Zn*-Dämpfen. — Abbildung. (**F. P. 1288370** vom 10/4. 1961, ausg. 8/8. 1962. E. Prior. 20/4. 1960.)
M. Neckermann 6381

2268 Foundry Services International Ltd., Birmingham, England, **Entfernen suspendierter Oxide aus geschmolzenem Metall.** Das Metall, z. B. *Al* oder *Mg*, wird durch ein in Ruhe befindliches geschmolzenes Salzgemisch hindurchgeleitet, das die suspendierten Oxide, löst, bindet u. zurückhält, z. B. Mischungen aus Alkalichloriden u. -fluoriden oder aus Fluoriden u. Chloriden von Alkali- u. Erdalkalimetallen. — Abbildung. (**Oe. P. 222372** vom 2/6. 1960, ausg. 25/7. 1962. E. Prior. 5/6. 1959.) M. Neckermann 6381

2269 Valentin Aage Moller & Co., Kopenhagen, Dänemark, **Herstellung eines wärmehärtbaren Bindemittels für Gußformen** auf der Basis von *Pech-* oder *Asphalt*-Produkten. Man setzt Stearinpech oder Asphalt $CuSO_4$ oder $KHSO_4$ zu u. vermahlt die Masse nach Zusatz von Petroleum oder Hexan in einer Kugelmühle während 24 Stunden. Nach Abdest. der Vermahlungs-Fl. wird die erhaltene feste Masse trocken vermahlen oder in Sirupform übergeführt. (**Norw. P. 98239** vom 4/5. 1959, ausg. 3/7. 1961. D. Prior. 8/5. 1958.)
K. H. Kähler 6383

2270 Francesco und Alfredo Converso, Turin, Italien, **Herstellung von Modellen für den Metallguß,** dad. gek., daß man auf ein Modell aus *Hartholz* oder einer Leichtmetall-Leg. eine Schicht von *Zn* u. darüber eine 2. Schicht von *Al* oder *Stahl* aufsprüht. (**It. P. 559234** vom 14/9. 1956.) K. Koebke 6383

2271 Strico Gesellschaft für Metallurgie und Wärmetechnik m.b.H., Gummersbach/Rhld. (Erfinder: Wilhelm Gumz, Essen, und Ernst R. Becker, Gummersbach/Rhld.), **Eisengewinnung aus Eisenerzen in einem mit Heißwind betriebenen Schachtofen.** Oberhalb der Oxydationszone des Schachtofens werden Verbrennungsgase in mindestens 2 Ebenen derart nach Menge u. Temp. dosiert eingeführt, daß sich oberhalb der Schmelzzone in durch die Einführungsebenen bestimmten Zonen solche Temp. u. CO-Geh. einstellen, daß die Red. der oxid. Erze u. die Neubildung von CO unter mäßig starker C-Abscheidung abgestuft verläuft. — Abbildung. (**D. A. S. 1147960** Kl. 18a vom 12/11. 1953, ausg. 2/5. 1963.) M. Neckermann 6391

2272 Werner Wenzel, Aachen, **Erzeugung von flüssigem Eisen in einer als Schmelzkammerfeuerung mit feinzerteiltem Brennstoff betriebenen Dampfkesselfeuerung.** In die mit Kühlrohren ausgekleidete Dampfkesselschmelzkammer werden staubförmige bzw. feinkörnige oxid. Fe-Erze eingebracht u. mit den Verbrennungsgasen des in der Dampfkesselschmelzfeuerung verbrannten Brennstoffs im Schwebezustand zur Rk. gebracht, wonach die gebildeten, sich abscheidenden Schmelz- bzw. Red.-Prodd. stetig aus der Schmelzkammer fl. abgezogen u. gegebenenfalls weiterverarbeitet werden. (**D. A. S. 1148245** Kl. 18a vom 23/7. 1952, ausg. 9/5. 1963.) M. Neckermann 6391

2273 A. A. Fedorow, G. Ss. Sselkin und A. W. Goworkow, **Entsilicierung und Entschwefelung von Roheisen im Mischer.** Es wird ein Modellmischer vorgeschlagen, in dem das Verf. der Entsilicierung u. Entschwefelung nachgeahmt werden kann. — Der Mischer aus Plexiglas wird mit 19,8 Liter einer Lsg. von *NaCl* in *HCl*, die Roheisen imitieren soll, beschickt [1 Liter enthält 173 g NaCl u. 38,3 ml HCl (D. 1,09)]; dies entspricht 240—270 t Roheisen. Die Schlacke wird durch *Phenoplast*-Körner (⌀ 2—3 mm) imitiert (Schichtdicke 10 bis 15 mm). Zur Imitation der Entsilicierung bläst man eine K_2CO_3-Lsg. im N_2-Strom durch die Lsg. von NaCl/HCl (57,5 Liter N_2 : 1,2 Liter K_2CO_3-Lsg.), wobei gemäß $K_2CO_3 + 2HCl \rightarrow 2KCl + H_2O + CO_2$ die HCl dem Si u. K_2CO_3 dem O_2 entspricht. Die HCl-Konz. wird vor u. nach dem Ausblasen durch Titration bestimmt. Zur Imitation der Entschwefelung werden Phenoplast-Körner mit *Soda*-Lsg. getränkt, getrocknet u. mit einer Dosiervorr. im N_2-Strom in die Lsg. geblasen; gemäß $Na_2CO_3 + 2HCl \rightarrow 2NaCl + H_2O + CO_2$ entspricht HCl dem S u. Soda dem Entschwefelungsmittel (CaO-Pulver). — Vorrichtung. (**UdSSR. P. 131770** vom 24/11. 1959.) F. Eßer 6401

2274 W. T. Tschirikow, W. Ss. Krupennikow, M. I. Moissejewa und B. W. Charlamow, **Lagerstahl** mit 0,15—0,3(%) *C*, 6—18 *W*, 2—30 *Co*, 3,5—5,5 *Cr* u. 0,5 bis 2,5 *V*. (**UdSSR. P. 129668** vom 28/5. 1959.) L. Großner 6411

2275 G. Ss. Kreimer, **Aluminothermische Gewinnung von Ferrotantalniob** aus Erzen, die entsprechende *Oxide* u. TiO_2 enthalten, z. B. Loparit. Es wird mit einem Unterschuß (etwa 60—75%) der für die Red. aller Oxide erforderlichen Al-Menge gearbeitet, so daß Fe-, Ta- u. Nb-Oxide vollständig, TiO_2 jedoch nur zu Ti_2O_3 red. wird u. in die Schlacke geht. (**UdSSR. P. 66653** vom 21/11. 1939.) L. Großner 6419

2276 Dorr-Oliver, Inc., New York, N. Y., V. St. A., **Kontinuierliches, sulfatisierendes Rösten von sulfidischen Kupfererzen oder -konzentraten im Wirbelschichtverfahren.** Zur Regelung der Anteile an wasserlösl. Cu-Verb. ($CuSO_4$) u. säurelösl. Cu-Verb. (CuO) wird die Röstung im Temp.-Bereich von etwa 650—750° bei einem etwa 50% u. höher über dem stöchiometr. Wert liegenden O_2-Überschuß, der jedoch nicht über 400% hinausgeht, durchgeführt, wobei der O_2-Überschuß, je nachdem, ob mehr oder weniger der wasserlösl. Cu-Verb. bei einer konst. Röst-Temp. innerhalb des angegebenen Bereichs erhalten werden soll, erhöht oder erniedrigt wird. (**D. B. P. 976168** Kl. 40a vom 9/2. 1950, ausg. 11/4. 1963. Anmeldung bekanntgemacht 22/3. 1951. A. Prior. 13/4. 1949.) M. Neckermann 6433

2277 Siemens & Halske G.m.b.H., Wien (Erfinder: Wolfgang Thury, Leoben, Steiermark), Österreich, **Schmelzen von Kupfer und Kupferlegierungen im Induktionsofen.** Die Schmelze wird ohne Zusatz O_2-abgebender Stoffe unter Zutritt von Luft oder einer Gasmischung, bestehend aus einem inerten Gas oder O_2, so lange erhitzt, bis der O_2-Geh. der Schmelze höchstens 0,05% beträgt, worauf die Schmelze mit einem reduzierend wirkenden Abdeckmittel, z. B. Holzkohle, abgedeckt wird, wonach der O_2-Überschuß durch Desoxydation in üblicher Weise erniedrigt oder entfernt werden kann. (**D. A. S. 1148753** Kl. 40a vom 8/10. 1962, ausg. 16/5. 1963. Oe. Prior. 12/10. 1961.) M. Neckermann 6433

2278 United Aircraft Corp., V. St. A. (Erfinder: Nicholas J. Grant und Robert Widmer), **Chromlegierungen** bestehen aus mindestens einem der härtenden Elemente *Nb*, *Ti* u. *Ta* u./oder mindestens einem der die Umwandlungs-Temp. erniedrigenden Elemente *Y* u. *Ce*, Rest mindestens 95(%) Cr. Bes. bestehen die Legg. aus 0,5—5 Nb, Ti u./oder Ta u./oder 0,5—4,5 Y u./oder Ce, Rest 95—99,5 Cr. Die Legg. sind kriech- u. warmfest bei hohen Temp.; so beträgt die 100 Std.-Zeitstandfestigkeit bei 1093° bis 1054 kg/cm² u. bei 982° bis 1828 kg/cm². Sie sind ferner oxydationsbeständig u. zeigen keine N-Brüchigkeit, außerdem lassen sie sich bei niedrigen Temp. gut verarbeiten. (**F. P. 1288426** vom 24/4. 1961, ausg. 6/8. 1962. A. Prior. 25/4. 1960.) C. F. Gross 6441

2279 Chemetron Corp. (Erfinder: Roy F. Gottschalk), V. St. A., **Entfernung von Gasen und anderen Einschlüssen aus Leichtmetallen** durch Behandlung mit Gas. So werden z. B. *Al* oder *Al-Legg.* mit einem Gasgemisch, bestehend aus 10% Cl_2 u. 90% N_2, behandelt, indem die Gase mittels eines Rohres in die Schmelze eingeführt werden. Der im Al enthaltene H_2 diffundiert in die N_2-Blasen u. wird zusammen mit festen Einschlüssen an die Oberfläche gespült, die z. T. mit einer in die Schmelze tauchenden Glocke abgedeckt ist u. in der eine nicht oxydierende Atmosphäre, z. B. eine N_2-Atmosphäre aufrecht erhalten wird. Abbildung. (**F. P. 1299816** vom 26/7. 1961, ausg. 10/12. 1962. A. Prior. 28/7. 1960.) M. Neckermann 6443

2280 E. I. du Pont de Nemours & Co., Wilmington, Del. (Erfinder: William Henry Loftus, Lewiston, N. Y.), V. St. A., **Schmelzelektrolytische Herstellung von Natrium** bei hoher Stromausbeute, dad. gek., daß man ein Salzgemisch elektrolysiert, das 15—30(%) $CaCl_2$ u. 20 bis 30 bzw. 35 *NaCl* enthält, wobei die obere Grenze 30 NaCl im Falle einer $CaCl_2$-Geh. von $< 24\%$ u. 35 NaCl im Falle einer $CaCl_2$-Geh. von 24—30% ist. Die Badtemp. liegt im Bereich von 545—630° u. etwa 15° über dem F. der Elektrolyten. (**D. A. S. 1143336** Kl. 40c vom 9/8. 1960, ausg. 7/2. 1963. A. Prior. 10/8. 1959 u. 20/6. 1960.) K. Bayer 6443

2281 Crucible Steel International Soc. An., Nassau, Bahamas, **Titanlegierung** besteht aus 10—16 (%) *V*, 9—13 *Cr*, 2—5 *Al*, bis insgesamt 0,2 *C*, *O* u. *N*, Rest *Ti*. In der Leg. kann Cr im Verhältnis 1 : 1 durch bis 8 *Mn* u./oder bis 4 *Fe* u. ggf. Al im Verhältnis 1 Al : 3 Sn durch bis 4 *Sn* ersetzt sein. Die Leg. wird bei ca. 200 °F unterhalb bis oberhalb der β-Umwandlungs-Temp., bes. zwischen 1200—1600 °F, lösungsgeglüht u. an Luft abgekühlt, wonach die Leg. in der β-Phase vorliegt u. eine relativ niedrige Streckgrenze aufweist, was die Verformbarkeit erleichtert. Die so geglühte Leg. wird einer Kalt- oder Warmverformung unterzogen, wobei letztere bes. unterhalb der Rekristallisations-Temp. erfolgt. Durch eine abschließende Glühung bei 800—1100 °F für 48 bis 96 Std., die auch in 2 Stufen (1. Stufe: 800—900 °F; 2. Stufe: 1000—1100 °F) vorgenommen werden kann, wird die Leg. unter Beibehaltung einer ausreichenden Duktilität gehärtet. Die Härtung wird dabei durch eine intermetall. Verb. bewirkt, die im α-β-Grundgefüge verteilt ist. — 3 Diagramme. — Vgl. auch F. P. 1225881; C. **1962,** 2896. (**E. P. 911148** vom 5/3. 1959, ausg. 21/11. 1962. A. Prior. 9/9. 1958.) C. F. Gross 6449

2282 Union Carbide Corp., New York, N. Y., V. St. A., **Verhinderung der Wasserstoffversprödung von Tantal und Tantal-Titan-Legierungen,** bes. solchen mit bis zu 50 (%) Ti, dad. gek., daß dem metall. Material insgesamt 0,05—5, bes. 0,4—0,5, eines oder mehrerer der Metalle *Ru, Rh, Pd, Os, Ir, Pt, Au* u. *Re* zulegiert werden. Bei der Verw. als *Kathode* bei der Elektrolyse zeigt eine Leg. aus 0,5 Pt, Rest Ta nach 1 Std. bei einer Stromdichte von 10 mA/cm² u. eine Leg. aus 0,5 Pt, Rest Ta u. Ti nach 7 Std. bei einer Stromdichte von 20 mA/cm² bei einer Biegeprüfung keine Rißbildung. — Vgl. auch F. P. 1248340; C. **1963,** 2999. (**Oe. P. 223383** vom 17/2. 1960, ausg. 10/9. 1962. A. Prior. 18/2. 1959.) C. F. Gross 6449

2283 M. G. Issakow und Ss. I. Kropanew, **Trennung von Pyrochlor-Zirkoniumkonzentraten.** Nach 1—2std. Abrösten im H_2- oder CO-Strom bei 900—1000° läßt sich das Pyrochlor mit Magnetfeldern von 4—5000 Oe. abtrennen; z. B. wird aus einem Gemisch von 31,11 (%) *Nb_2O_5* u. 31,9 *ZrO_2* ein Pyrochlorprod. mit 62 Nb_2O_5 u. 0,2 ZrO_2 u. ein Zr-Prod. mit 63,61 ZrO_2 u. 0,22 Nb_2O_5 erhalten. (**UdSSR. P. 133429** vom 8/4. 1960.) L. Großner 6449

2284 United States Atomic Energy Commission, Washington, D. C., V. St. A., **Binäre Nioblegierung** besteht aus 5—15 (%) *Ti, Mo, Ta, V, Cr* u./oder *Zr*, Rest Nb. Die bevorzugte Leg. enthält 5—15 Ti u. ggf. noch ein *spaltbares Material*, z. B. *UO_2* u. wird dann als *Kernmaterial von Brennelementen* für Neutronenreaktoren verwendet. Die Leg. ist hochtemperaturfest, bes. zwischen 1800 u. 2200 °F, warm walzbar bei 1800—2200 °F sowie kalt walzbar u. besitzt einen niedrigen Einfangquerschnitt für therm. Neutronen. Die bin. Leg. findet Verw. für Hochtemp.-Zwecke, z. B. zur Herst. von *Gasturbinenschaufeln* bzw. -blättern. (**E. P. 909481** vom 1/10. 1956, ausg. 31/10. 1962. A. Prior. 5/10. 1955.) C. F. Gross 6449

2285 E. I. du Pont de Nemours & Co., V. St. A. (Erfinder: Richard Alexander Jefferys, Warren Irving Pollock und Frederic John Anders jun.), **Hochtemperaturfeste, oxydationsbeständige, duktile Nioblegierung** besteht aus 0,02—0,2 (%) *C*, 7—13 *Ti* u. 7—18 *Mo*, 10—34 *W* oder 7—34 Mo + W, wobei der Mo-Geh. $\leq$ 18, Rest mindestens 50 Nb. Bevorzugte Zuss. der Leg. sind: 0,02—0,2 C, 7—13 Ti u. 7—18 Mo oder 2—7 Mo u. 15—30 W, wobei der Gesamt-Geh. an Mo u. W 17 bis 34 beträgt, oder 15—30 W, Rest $\geq$ 50 Nb. Eine Glühung der Leg. bei 1300—1600° nach vorausgegangener starker Warmverformung bei ca. 1000° verschlechtert die Duktilität u. damit die Verarbeitbarkeit nicht. Die Leg. ist schweißbar u. wird für Hochtemp.-Zwecke verwendet, z. B. *Turbinenschaufeln, Brenner*, Außenwände von schnellfliegenden Flugzeugen u. chem. Rk.-Behälter. (**F. P. 1305595** vom 30/8. 1961, ausg. 30/1. 1963. A. Prior. 30/8. 1960.) C. F. Gross 6449

2286 United Aircraft Corp., V. St. A. (Erfinder: Elihu F. Bradley, Robert I. Jaffee, Dean N. Williams und Edwin S. Bartlett), **Hochtemperaturbeständige Nioblegierung** besteht aus 15—40 (%) von wenigstens zwei der Elemente *Ta, W* u. *Mo*, ggf. noch 0,5—7 *Hf, Zr* u./oder *V*, Rest mindestens 40 Nb. Die Leg. kann noch ca. 0,1 *C* enthalten. Bes. enthält die Leg. 20—40 Ta u. 10—20 W oder 5—25 W u. 2—10 Mo oder 5—20 Ta u. 5—20 Mo, wobei das Ta einer Versprödung sowohl bei Raum-Temp. als auch bei der Übergangs-Temp. entgegenwirkt. Durch den Zusatz von Zr oder Hf ist eine 2-Phasen-Härtung der Leg. durch Verb.-Bldg. mit dem in der Leg. enthaltenen C oder *O* möglich. Hf verringert ferner den nachteiligen Einfluß von Verunreinigungen, während V die Zunderbeständigkeit der Leg. verbessert. Die Leg. ist gut verformbar bei Raum-Temp., oxydationsbeständig u. warmfest bis zu 1204° u. weist einen wesentlich erhöhten Temp.-Bereich für die Rekristallisation (RK) auf, 1316—1371° für die beginnende u. 1482—1538° für die vollständige Reaktion. Verwendet wird die Leg. bes. für die *Turbinen-Schaufeln* u. *-Flügel* in Gasturbinen. (**F. P. 1301628** vom 22/9. 1961, ausg. 21/12. 1962. A. Prior. 31/10. 1960.) C. F. Gross 6449

2287 General Electric Co., New York, N. Y., übert. von: Jack W. Clark, Milford, Ohio, V. St. A., **Nioblegierung mit hoher Oxydationsbeständigkeit, sowie hoher Warm- und Kriechfestigkeit bis zu 1205°** besteht aus 5—25 (%) *W*, 0,5—3 *Zr* u./oder *Hf*, einer Menge an *C*, die sich aus dem Verhältnis der Anzahl an Atomen an Zr u./oder Hf zu der Anzahl der C-Atome ergibt, das einen Wert von 0,5—3,0 hat, Rest Nb. Bes. enthält die Leg. 20 W u. 0,5—2 Zr, wobei das atomare Verhältnis Zr:C 0,5—1,5 beträgt. Bevorzugt wird die Zus.: 20 W, 1 Zr, 0,1—0,2 C, Rest Nb. Nach A. P. 3056672 besteht die Leg. aus ca. 20 W, 0,5—2 Zr u./oder Hf, 0,01—0,2 C, Rest Nb, wobei das atomare Verhältnis von Zr u./oder Hf zu C 0,5—1,5 beträgt. Die Abstimmung des Geh. an den Carbidbildnern Zr u./oder Hf u. des C-Geh. ist notwendig, damit die bestmögliche *Dispersionshärtung* unter weitgehender Erhaltung der Duktilität erreicht wird. Die bevorzugte Leg. (20 W, 1 Zr, 0,1 bzw. 0,2 C, Rest Nb) weist eine 100 Std.-Zeitstandfestigkeit von 43000 bzw. 47000 p.s.i. bei 2000 °F (1093°) u. von 31000 p.s.i. bei 2200 °F (1205°), sowie eine Zugfestigkeit von 67200 p.s.i. bei 2200° auf. — Graph. Darstellung. (**F. P. 1305859** vom 10/11. 1961, ausg. 4/2. 1963. **E. P. 915416** vom 30/10. 1961, ausg. 9/1. 1963. Beide A. Prior. 1/12. 1960. **A. P. 3056672** vom 1/12. 1960, ausg. 2/10. 1962.) C. F. Gross 6449

2288 „Komplex" Nagyberendezések Export-Import Vállalata, Budapest (Erfinder: Peter Huszák, György Szigeti, Veszprém, Oszkár Borlai, Budapest, und Frigyes Henszelmann, Veszprém), Ungarn, **Reduktion von Verbindungen, insbesondere von Galliumverbindungen,** bei denen das Amalgam eines gegenüber der zu reduzierenden Verb. unedleren Metalles hergestellt u. dann mit der Verb. eines edleren Metalles in Lsg. durch Phasenaustausch in Berührung gebracht wird. Die Lsg. der zu reduzierenden Verb. wird auf das Amalgam des unedleren Metalles, bes. Na-Amalgam, geschichtet u. Metallscheiben, auf deren Oberfläche das Amalgam zu haften vermag u. die teils in das Amalgam, teils in die Lsg. der zu reduzierenden Verb. tauchen, gedreht. (**Oe. P. 223384** vom 13/10. 1959, ausg. 10/9. 1962. Ung. Prior. 25/8. 1959.) M. Neckermann 6457

2289 W. I. Ssemerjuk, **Elektrolytische Gewinnung von Ag-Pulver** aus unlösl. Verbb., bes. *AgCl* · AgCl wird auf einen perforierten Kunststoffrahmen geschichtet u. mit einem versilberten Cu- oder Messingdrahtnetz u. einem Tuch abgedeckt. Der Rahmen wird auf beiden Seiten beschickt u. bildet die Kathode in einem Bad aus 5 bis 10%ig. H_2SO_4 oder HCl. Gearbeitet wird bei Zimmertemp. mit C-Anode u. einer Kathodenstromdichte von 150-50 A/dm². (**UdSSR. P. 129447** vom 15/9. 1959.) L. Großner 6475

2290 Union Carbide Corp., V. St. A. (Erfinder: David H. Fleming jun. und Bruce C. Olmsted jun.), **Oxydieren pulverförmiger Metalle.** Die Metalle, bes. *Ferrochrom*, werden in einem Trägergas z. B. O_2, fluidisiert u. in die Flamme eines verbrennbaren Gases eingeführt. — Vorr., 4 Abbildungen. (**F. P. 1280942** vom 1/2. 1961, ausg. 11/5. 1962. A. Prior. 4/2. 1960.) Hans Hoffmann 6475

2291 Gregory Jamieson Comstock, New York, N. Y., V. St. A., **Herstellung von Metallpulver zur Verwendung als Schmiermittel.** Eine Schmelze, bestehend aus 50—55% *Cu*, Rest *Pb*, wird auf 980—1035° erhitzt u. derart vergossen, daß kleine Schmelztröpfchen entstehen, die einzeln abgeschreckt, zu feinen Leg.-Teilchen erstarren, welche einen Teil des Pb in fein verteilter Form in Art einer metall. Emulsion enthalten, wobei die Pb-Einschlüsse einen größten Durchmesser von $< 1\ \mu$ besitzen. Leg.-Pulver wird durch ein Sieb mit 100 Maschen/in. gesiebt. Das erhaltene feinere Pulver wird derart zerkleinert, z. B. in einer Kugelmühle unter W. mit oder ohne Schäumer, daß die Teilchengröße $< 3\ \mu$ beträgt u. die Teilchen eine schuppenartige Form annehmen. Das so erhaltene Metallpulver wird getrocknet u. auf Red.-Temp. erhitzt, wobei es einen Gew.-Verlust von 0,30—1,00% erfährt, dann wird es in einer Fl., wie W. oder Öl, kolloidal suspendiert. (**E. P. 874264** vom 14/2. 1957, ausg. 2/8. 1961.) C. F. Gross 6475

2292 François Francl, Paris, Frankreich, **Herstellung eines Verbundwerkstoffes für außen zu emaillierende Küchengeschirre** aus mit rostfreiem Stahl einseitig plattiertem Blech durch Tiefziehen, therm. Behandlung, Planieren u. Emaillieren, dad. gek., daß als Grundwerkstoff ein etwa 0,05 (%) C enthaltendes Stahlblech von für Küchengeschirre üblicher Dicke u. als Plattierwerkstoff ein rostfreier Stahl, der 18—20 Cr, 8—10 Ni, 1,5 bis 3,0 Mo u. 0,03 C, jedoch kein oder nur spurenweise Ti enthält, in einem Wandstärkenverhältnis Grundwerkstoff zu Plattierwerkstoff etwa gleich 80:20 verwendet wird u. nach der Formgebung eine therm. Behandlung des plattierten Bleches oberhalb 900° vorgenommen wird. (**D. A. S. 1145890** Kl. 48b vom 3/10. 1956, ausg. 21/3. 1963. F. Prior. 25/6. 1956.) F. Vier 6479

2293 W. C. Heraeus G. m. b. H., **Oberflächenbehandlung von gegossenen Metallbarren.** Der Metallbarren wird durch Elektronenbeschuß unter Vakuum an der Oberfläche aufgeschmolzen, wobei er unter Rotation u. Längsverschiebung unter dem Elektronenstrahl vorbeibewegt wird. Das genannte Verf. wird anstelle der spanabhebenden Bearbeitung bei *Ta, Nb, Mo, Zr, Ti* u. ähnlichen Metallen durchgeführt. Abbildung. (**F. P. 1302250** vom 3/10. 1961, ausg. 28/12. 1962. D. Prior. 26/10. 1960.) M. Neckermann 6491

2294 International Nickel Co. (Mond) Ltd., London, England, **Verbinden von Metallgegenständen,** bes. aus *Cu, Ni, Co, Fe, Mn* oder Legg. dieser Metalle untereinander oder mit bis zu 25% *Cr.* Als Lötmaterial verwendet man O-haltige, zu P reduzierbare *P*-Verbb. u. erhitzt die Lötstelle in einer H_2-haltigen Atmosphäre auf 700—1150°. — Zum Beispiel verlötet man Ni-Oberflächen miteinander durch Aufbringen einer Suspension von 3,3 (Teilen) $(NH_4)_2HPO_4$ in 1 W. u. Erhitzen auf 928° in H_2. (**Niederl. P. 103109** vom 3/6. 1958, ausg. 15/11. 1962. A. Prior. 3/6. 1957.) F. Böhm 6505

2295 United States Atomic Energy Commission, Germantown, Md. (Erfinder: Richard Lewis Heestand, Oak Ridge, und Marion Lewis Picklesimer, Knoxville, Tenn.), V. St. A., **Lot zum Zusammenlöten von Teilen aus Niob und Nioblegierungen** besteht aus 12—25(%) *Nb*, ggf. 0,5—5 *Mo*, Rest *Zr.* Das Lot wird in Lötspaltnähe aufgelegt u. der gesamte Lötvorgang in einer inerten Atmosphäre durchgeführt. Die Lötstellen sind feinkörnig u. zeigen keine Sprödigkeit in der Lötnaht oder in dem Grundmetall, da keine Risse auftreten. Sie besitzen daher die gleiche Warmfestigkeit u. Korrosionsbeständigkeit wie das Grundmetall. (**D. A. S. 1146728** Kl. 49h vom 21/9. 1960, ausg. 4/4. 1963. A. Prior. 23/11. 1959.) C. F. Gross 6505

2296 North American Philips Co., Inc., New York, N. Y., V. St. A., übert. von: Hans Georg Gerlach, Eindhoven, Niederlande, **Lot zum Zusammenlöten einer Molybdänfolie mit einem Teil aus Molybdän,** bes. bei der Herst. elektr. Entladungsröhren, besteht aus einem Gemisch aus 45—55% *Mo*, Rest *MoC* u. wird beim Lötvorgang verflüssigt. — Zeichnung. — Vgl. auch Oe. P. 207194; C. **1961,** 8465. (**A. P. 3059329** vom 15/10. 1958, ausg. 23/10. 1962. Niederl. Prior. 23/10. 1957.) C. F. Gross 6505

2297 Coast Metals, Inc., V. St. A. (Erfinder: Arthur Tregoning Cape), **Hartlot** besteht aus 15—34(%) *Ni*, 0,05—2 *B*, 0—30 *Co*, 0—5 *Fe*, 0—20 *Cr*, 0—5 *Mo* weniger als 1 *Si*, Rest 63—82 *Mn.* Die Herst. des Lotes erfolgt durch Schmelzen im Vakuum oder in einer inerten Atmosphäre bzw. durch Sintern, woran sich ein Walzen oder Ziehen anschließt. Das Lot zeichnet sich durch Hochtemp.-Festigkeit u. Duktilität aus. Mit dem Lot können, bes. wenn es bis 30 Co enthält, auch Legg. auf *Ti* -u./oder *Al*-Basis gelötet werden. (**F. P. 1295285** vom 19/7. 1961, ausg. 31/10. 1962. A. Prior. 27/1. 1961.) C. F. Gross 6505

2298 United States Steel Corp. (Erfinder: Richard Frederick Sottes und Kenneth Joseph Miller), **Schweißen von Plattenkanten** mittels eines zwischen den Kanten u. einer Schweißstabelektrode erzeugten elektr. Lichtbogens, wobei man um den Lichtbogen herum eine stark oxydierende Atmosphäre aus CO_2 u. 30—80 Vol.-% O_2 erzeugt. (**Aust. P. 237011** vom 23/12. 1958, ausg. 15/2. 1962. A. Prior. 7/1. 1958.) K. Demmler 6507

2299 F. Ja. Asstafjew, W. W. Petko, A. G. Petrow, W. I. Ssytschowa und G. I. Tupitzin, **Herabsetzen der Wasserstoffsprödigkeit von Stahl** nach Aufbringen galvan. Überzüge oder Ätzen mit Mineralsäuren durch 20 Min. langes Behandeln mit sd. 1- oder 1,5%ig. $Na_2Cr_2O_7$-Lösung. (**UdSSR. P. 129913** vom 14/1. 1956.) L. Großner 6509

2300 Dow Chemical Co., Midland, Mich., übert. von: Howard J. Bachtel, Lake Jackson, Tex., V. St. A., **Stabilisieren von 1.1.1-Trichloräthan** durch Zusatz von 0,5—10,0, bes. 4,5 (Vol.-%) 1,4-Dioxan u. 0,25—3,0, bes. 0,25 CH_3NO_2 u./oder eines sek. oder tert. aliphat. Alkohols (sek. Butanol) oder eines 1-wertigen acetylen. ungesätt. Alkohols mit $<$ 8 C-Atomen gegen Zers. in Ggw. von Fe, Al, Cu oder Zn u. von 0,015—10, bes. 0,25, eines organ. di- oder trisubstituierten Phosphats oder Phosphins der Formeln $RO(R'O)P(=O)R''O$ bzw. $R(R')PR''$ (R, R' u. $R'' = C_{1-16}$-Alkyl, Phenyl oder Alkylphenyl, dessen Alkylrest 1—7 C-Atome haben kann, wobei R'' auch H sein kann) gegen Zers. in Ggw. von Mineralöl, z. B. Di- oder Triäthyl-, Trihexyl-, Diäthylbutyl-, Dicetylhexyl-, Triphenyl- oder Trikresylphosphat, Triphenyl- oder Trikresylphosphin. Das Prod. ist zum *Entfetten von Metallen* verwendbar. (**A. P. 2970113** vom 31/5. 1957, ausg. 31/1. 1961.) W. Gräger 6513

2301 P. W. Aganitschew und G. D. Masaletzki, **Behandlung von C-freiem Ferrochrom** zur Erhöhung des *Cr*-Geh. mit verd. (10—80 g/Liter) H_2SO_4 $<$ 40° während 5 Stunden. (**UdSSR. P. 129667** vom 25/8. 1959.) L. Großner 6513

2302 N. V. Philips' Gloeilampenfabrieken, Niederlande, **Herstellung von Aluminium enthaltenden Überzügen auf Silicium.** Der zu überziehende Körper aus Si wird in Al_2O_3-Pulver gepackt, das 1% Si-Pulver enthalten kann u. dann im H_2-Strom, z. B. durch Hochfrequenz, auf mindestens 1000° erhitzt. Durch Rk. zwischen Si u. Al_2O_3 u. Diffusion bildet sich ein dünner Überzug, der Al enthält. Auf diese Weise kann z. B. ein n-leitender Halbleiter mit einem dünnen p-leitenden Überzug versehen werden. (**F. P. 1267631** vom 16/9. 1960, ausg. 24/11. 1961. Niederl. Prior. 19/9. 1959.) F. Vier 6517

2303 Union Carbide Corp., New York, N. Y., V. St. A., **Metallischer Überzug,** der gegen Oxydation bei hohen Temp. gegen Flammenerosion u. Wärmeschocks beständig ist, besteht aus *W* mit einem *Cr*-Geh. von 1—5% u. ist aus unregelmäßig geformten, ineinandergreifenden u. einander überlappenden, kleinen Plättchen zusammengesetzt. Er wird dadurch hergestellt, daß ein W—Cr-Pulvergemisch in einen auf den zu überziehenden Gegenstand, z. B. aus Graphit, gerichtete, wandstabilisierte Lichtbogenflamme eingeführt wird. Der Überzug kann z. B. für *Raketendüsen* verwendet werden. (**Oe. P. 223900** vom 13/9. 1960, ausg. 25/10. 1962. A. Prior. 15/9. 1959.) F. Vier 6517

2304 Jean Moravec und Antonin Chlubna, Tschechoslowakei, **Herstellung von Verdampfungskörpern aus festem Kohlenstoff,** bes. zum Verdampfen von Al im Vakuum. Die Körper werden an den Teilen, die mit dem zu verdampfenden Metall in Berührung kommen, mit einer Schicht von *W*-Pulver bedeckt, die beim Erhitzen einen dichten Überzug aus *WC* α-W_2C u. β-W_2C bildet, der die Diffusion des zu verdampfenden Metalles in den C u. damit die Bldg. von Rissen verhindert. (**F. P. 1272507** vom 12/11. 1959, ausg. 31/1. 1962. Tschech. Prior. 12/11. 1958.) F. Vier 6517

2305 Union Carbide Corp., New York, N. Y., V. St. A., **Herstellung von reinen Metallüberzügen auf festen Gegenständen,** z. B. auf Glasgewebe, durch therm. Zers. einer Bis-organo-Metall-Verb. der Formel $(Ar)_2$ M wobei Ar ein aromat. KW-Stoff mit einem isolierten Benzolring oder ein arylsubstituiertes Bzl. u. M, V, Nb, Ta, Cr, Mo oder W bedeutet. Zum Beispiel wird *Bis(benzol)-Cr* mit einem Glasgewebe in einem evakuierten Glasrohr eingeschmolzen u. auf 400° erhitzt. Es bildete sich dabei ein gleichförmig metall. grauer Cr-Überzug auf dem Glasgewebe aus. (**Oe. P. 223901** vom 30/12. 1960, ausg. 25/10. 1962. A. Prior. 30/12. 1959.) F. Vier 6517

2306 Phoenix-Rheinrohr Akt.-Ges. Vereinigte Hütten- und Röhrenwerke, Deutschland, **Schutz von austenitischem Chrom–Nickel- und Chrom–Mangan-Stahl** gegen Spannungskorrosion, durch Aufbringen eines *Hartchrom*-Überzuges. Der Überzug braucht die Oberflächen nicht vollständig zu bedecken, es genügt eine Bedeckung von 90–95%. (**F. P. 1273202** vom 9/11. 1960, ausg. 2/2. 1962. D. Prior. 10/11. 1959.) F. Vier 6519

2307 Schering Akt.-Ges. (Erfinder: Hans Günther Todt), Berlin, **Herstellung quartärer Ammoniumverbindungen** der allg. Formel $[(R)_3N{-}CH_2{-}C{\equiv}CH]^+X^-$ (R = Alkyl, X = OH oder Halogenatom) durch Rk. eines substituierten Amins, bes. Trimethyl- oder Triäthylamins, mit Propanylalkohol oder -halogenid bes. in einem Lsgm., in dem die NH_4-Verb. unlösl. ist (Bzl., Ae., Trichloräthylen oder Tetrahydrofuran). **Man erhält so:** Trimethylpropargylammoniumchlorid, Zers. bei 280°, u. die entsprechende Triäthyl-Verb., Zers. bei 210°; diese Salze sind in W., A., Eisessig, Dimethylformamid u. Chlf. leicht lösl. u. sind verwendbar als Zusatz zu *galvan. Ni-Bädern.* — Vgl. auch E. P. 858718; C. **1962,** 12087. (**E. P. 858719** vom 12/4. 1957, ausg. 11/1. 1961.) W. Gräger 6521

2308 A. W. Gurnow, **Anwendung des Carbonylverfahrens zur Entnickelung von Ausschußprodukten.** Vernickelte Teile werden mit CO bei 80° behandelt, das gebildete $Ni(CO)_4$ wird an auf 200° erhitzten Asbest- oder Bimssteinfiltern zerlegt. (**UdSSR. P. 129449** vom 9/6. 1959.) L. Großner 6521

2309 R. G. Kowalewa, E. Ss. Bruk und M. Je. Ssandigurskaja, **Verzinnungselektrolyt** für Glasüberzüge aus *Sn-Sulfat,* H_2SO_4, *Harzölen* u. Gemischen von *Hexyl-, Heptyl-* und *Octylalkoholen.* (**UdSSR. P. 129908** vom 1/12. 1959.) L. Großner 6525

2310 Minister of Mines and Technical Surveys, Canada (Erfinder: Neville S. Spence, Louis Badone, William G. Morgan und Roger D. Mc Donald), **Schutz von Metallen gegen die Absorption von Gasen** durch Aufbringen eines dichten Überzuges aus *Au,* z. B. auf *Stahl* durch stromloses Abscheiden aus der wss. Lsg. eines Au-Salzes. Der Überzug soll eine Dicke von 0,000023 cm haben. Er wird von H_2 nicht durchdrungen. (**F. P. 1273809** vom 17/11. 1960, ausg. 9/2. 1962. Can. Prior. 26/5. 1960.) F. Vier 6527

2311 Soc. Continentale Parker, Frankreich, **Erleichterung der Kaltverformung von Eisen- und Stahlwerkstücken,** die nur eine leichte bis mittlere Verformung erhalten sollen u. die nach der Verformung keine die weitere Verarbeitung störenden Mengen an Phosphatschichtrückständen an der Oberfläche aufweisen sollen, indem mit Hilfe einer Lsg., die ein nichtschichtbildendes Phosphat (*Alkaliphosphat*) enthält, ein amorpher Überzug, der im wesentlichen aus dem Phosphat des Grundmetalls, ggf. im Gemisch mit seinen Oxiden, besteht, vor der Verformung aufgebracht wird. (**F. P. 1279796** vom 1/2. 1961, ausg. 2/5. 1962. D. Prior. 10/3. 1960.) H. Baur 6533

2312 General Mills, Inc., V. St. A. (Erfinder: Kirtland Edward McCaleb, Leonard Raphael Vertnik und Donald Laurence Andersen), **Verhinderung der Korrosion von Eisen durch wäßrige und ölige Medien,** z. B. in der chem. u. ölverarbeitenden Industrie, durch Zusatz von *Polymerfettsäurediaminen* der Formel $R(CH_2NHCH_2CH_2CH_2NH_2)_n$, worin R den KW-Stoffrest einer durch Polymerisation einer ungesätt. höheren Fettsäure erhaltenen Polymerfettsäure $R(COOH)_n$ darstellt u. n = 2–3 ist. (**F. P. 1277551** vom 10/1. 1961, ausg. 28/3. 1962. A. Prior. 18/1. 1960.) H. Baur 6539

2313 United Kingdom Atomic Energy Authority, London, England (Erfinder: Geoffrey Winton Horsley, Brian Reginald Thomas Frost und John Thomas Maskrey), **Verhinderung der Korrosion eiserner Oberflächen durch geschmolzene Metalle,** z. B. *Bi.* Der Metallschmelze werden *Zr* oder *Ti* zugesetzt, die mit dem in der Fe-Oberfläche enthaltenen N Nitride bilden. Da die zwischen Schmelze u. Fe gebildeten Nitridschichten leicht abblättern, wird der Schmelze noch NH_3 zugesetzt, um fortwährend eine Neubildung der Nitridschutzschicht sicherzustellen. (**E. P. 878183** vom 3/7. 1957, ausg. 27/9. 1961.) H. Baur 6539

2314 **British Oxygen Co. Ltd.** (Erfinder: **Thomas Christopher Churcher**), *Behandlung von geschmolzenem Eisen.* (**Aust. P. 238083** vom 28/4. 1960, ausg. 12/4. 1962. E. Prior. 6/5. 1959. — C. **1962,** 14683 [A. P. 2969282].)

2315 **Allis-Chalmers Mfg. Co.,** Milwaukee, übert. von: **Charles H. Armitage,** Wauwatosa, Wis., V. St. A., *Stahllegierung.* (**Can. P. 634794** vom 15/4. 1959, ausg. 16/1. 1962. A. Prior. 10/10. 1958. — C. **1963,** 18250 [A. P. 2965478].)

2316 **Strategic-Udy Metallurgical and Chemical Processes Ltd.** (Erfinder: **Marvin J. Udy** und **Frank C. Senior**), *Herstellung von nichtrostendem Stahl.* (**Aust. P. 237313** vom 15/4. 1959, ausg. 22/2. 1962. A. Prior. 16/4. 1958 u. 29/1. 1959. — C. **1961,** 14088 [F. P. 1220591].)

2317 **Sherritt Gordon Mines Ltd.,** Toronto (Erfinder: **Vladimir Nicolaus Mackiw, Vasyl Kunda** und **John Bryan Haworth,** Fort Saskatchewan), Canada, *Stromloses Abscheiden von Metallüberzügen aus Metallpulvern.* (**D. A. S. 1149962** Kl. 48b vom 19/3. 1957, ausg. 6/6. 1963. A. Prior. 10/4. 1956. — C. **1959,** 13934 [A. P. 2853398].)

H_9. Organische Industrie

2318 **Erzeugung von Acetylen durch thermische Spaltung von Kohlenwasserstoffen mittels hocherhitzten Wasserstoffes (WLP-Verfahren der Knapsack-Griesheim AG).** Kurt Sennewald, Erich Schallus und Franz Pohl. (Chemie-Ing.-Techn. **35,** 1–6, 1963; Knapsack b. Köln, Knapsack-Griesheim AG.; dt.) — Bei der Spaltung von KW-Stoffen zur Erzeugung von C_2H_2 muß Rk.-Wärme zugeführt werden, wobei die Art der Wärmeübertragung den wichtigsten Verf.-Schritt darstellt. Das neue Knapsack-Verfahren (WLP, Wasserstoff-Lichtbogen-Pyrolyse) wird beschrieben, bei dem die Spaltung der KW-Stoffe unter H_2 mit teilweise atomarem H erfolgt. In einem Lichtbogen wird H_2 auf 3500–4000° erhitzt u. anschließend in einer von der Entladungszone des Lichtbogens räumlich getrennten Rk.-Zone mit den gasförmigen oder verdampften KW-Stoffen in ca. 15%ig. Überschuß umgesetzt, der zusammen mit den Nebenprodd. erneut der Spaltung zugeführt wird, so daß als Endprodd. nur C_2H_2, C_2H_4, CH_4 u. H_2 erhalten werden. Die Ausbeute aus 100 (Teilen) Bzn. beträgt 70–75 $C_2H_2 + C_2H_4$ bei einem Stromverbrauch von ca. 4,5 kWh u. einer Erzeugung von 0,64 Nm^3 H_2 u. 0,31 Nm^3 CH_4 pro kg $C_2H_2 + C_2H_4$. Der Rußanfall beträgt 0,010 bis 0,012 kg. Die Abschreckung u. Reinigung der Spaltgase sowie die anschließende Gaszerlegung wird beschrieben. Das Spaltgas enthält weder CO_2 noch CO oder peroxid. Verbindungen. Es wird angenommen, daß C_2H_2 nach dem WLP-Verf. in Anlagen großer Kapazität hergestellt, die Konkurrenzfähigkeit zu C_2H_4 wiedergewinnen wird. A. Knickenberg H 530◇

2319 **Der Selas-Strahlungsofen.** J. Pinguet. (Bull. Assoc. franç. Techniciens Pétrole **1963,** Nr. 161, 667–70; Sté. S. E. P. I.; franz.) — Durch geeigneten Umbau läßt sich der Selas-Strahlungsofen auch zur Herst. von H_2 u. C_2H_2 verwenden. F. Rosendahl H 530△

2320 **Die Extraktion aromatischer Kohlenwasserstoffe durch wäßriges Pyridin aus den mittleren Fraktionen von Erdölen und katalytischen Gasölen.** G. F. Paltschikow, A. I. Meshlumowa, A. A. Kritschko, G. Ss. Kaganer, Ss. I. Stepuro und A. W. Browenko. (Chem. Technol. Brennstoffe, Öle [UdSSR] **7,** Nr. 11, 19–25, 1962; russ.) — Die Anwendung von wss. Pyridin (**I**) als Extraktionsmittel für Aromaten hat viele Vorteile gegenüber den gebräuchlichen Extraktionsmitteln, wie Phenol, Furfurol, Di- u. Triäthylenglykol, die sich entweder schwer regenerieren lassen oder wenig beständig sind. Verw. von wss. **I** zur Extraktion einer Fraktion 200 bis 300° ist bes. vorteilhaft, da **I** bei 115° siedet, hohe therm. u. chem. Stabilität besitzt u. keine Korrosion der App. verursacht. Mit steigendem Wassergeh. steigt die Selek-

tivität von I, wodurch die Konz. von Aromaten im Extrakt ansteigt. Beim Verhältnis von I zum Rohstoff 4:1 u. 6(%) W. in I enthält der Extrakt 51,0 Aromaten u. bei 10 W. in I 83,9 Aromaten. Durch ansteigenden Wassergeh. in I werden die Lösungs-Eigg. u. die Ausbeute an Extrakt erniedrigt. Mit 6 W. in I u. einem Verhältnis 4:1 beträgt die Ausbeute an Extrakt 69,8, bei 10 W. fällt sie auf 32. Bei der Extraktion von katalyt. Gasöl u. der Kerosin-Gasöl-Fraktion des Anastasiew-Erdöls können 35—40 Extrakt mit 80 Aromaten u. 70 Extrakt mit 50 Aromaten erhalten werden. Die Aromaten-Extrakte bilden einen guten Rohstoff zur Gewinnung von *Naphthalin* durch Hochtemperatur-Hydrierung.
W. v. Füner H 1010◇

2321 **Untersuchungen über die Erzeugung von Terephthalsäure. 3. Mitt. Luftoxydation von p-Cymol und Diisopropylbenzolen in flüssiger Phase.** Nobuto Ohta. (Rep. Government chem. ind. Res. Inst., Tokyo **53,** 343—50, 1958; jap., Auszug: engl. S. XL—XLI) — 2. vgl. C. **1963,** 1842. — Bei der Luftoxydation von p-Cymol u. Diisopropylbenzolen bei 135—170° u. normalem Druck in fl. Phase entstehen bei unvollständiger Mischung vorwiegend Ketone, Carbinole u. Ester, während bei verbesserter Mischung der Anteil an Säuren steigt. In Ggw. von Mn- u. Co-Katalysatoren steigt der Umsetzungsgrad auf 95% u. die Säureausbeute auf 96%. Benzoldicarbonsäuren konnten als Oxydations-Prodd. nicht nachgewiesen werden. Inge Vieweg H 1010◇

2322 United States Atomic Energy Commission, übert. von: Jack W. Frazer, Livermore, Calif., V. St. A., **Trennen azeotroper Gemische durch extraktive und konvektive Destillation.** Man führt einen He-Gasstrom bei 60° durch ein azeotropes Gemisch aus CCl_4 u. *1.1.2.2-Tetrafluor-1.2-dinitroäthan* (I) u. Verunreinigungen u. das mit diesem Gemisch beladene He von unten in eine von außen auf 135° erhitzte Fraktionierkolonne mit 30 mm ⌀ mit einer Geschw. von 110 cm^3/Min., während im Gegenstrom Di-n-butylphthalat als Lsgm. von oben eingeführt wird, welches mit dem gelösten CCl_4 die Kolonne unten verläßt, während I mit He die Kolonne oben verläßt u. in einer Vorlage mit fl. N_2 kondensiert wird. In analoger Weise können die azeotropen Gemische Butan–Äthan, A.-W. u. A.-CCl_4 getrennt werden. — Vorrichtung. (**A. P. 3013953** vom 13/10. 1958, ausg. 19/12. 1961.) W. Gräger 6561

2323 Ciba Ltd., Basel, Schweiz, **Wasserlösliche Monometallsalze von 6-Halogen-2.4-dihydroxy-1.3.5-triazinen** (I) werden hergestellt durch Rk. eines 2.4.6-Trihalogen-1.3.5-triazins mit einem wasserlösl. Metallsalz, bes. Alkalisalz, einer schwächeren Säure als HCOOH oder einem Metallhydroxid oder -oxid unter Bldg. des Dimetallsalzes des I u. anschließende Neutralisation oder bei Verw. entsprechender molarer Mengen unter direkter Bldg. des Monometallsalzes. Durch Rk. der Monoalkalisalze der I z. B. mit wasserlösl. Erdalkali-, Ni-, Co- oder Cu-Salzen erhält man entsprechende Monometallsalze. Durchführung der Rk. bes. in wss. Suspension. — Durch Umsetzung von faserigen, OH-Gruppen enthaltenden Prodd., wie Polyvinylalkoholfasern u. Cellulose, bes. in wss. oder organ.-wss. Medium in Ggw. eines Säure bindenden Mittels, Verbesserung der Eigenschaften. (**E. P. 896814** vom 17/2. 1960, ausg. 16/5. 1962. Schwz. Prior. 18/2. 1959.) M. Schaber 6577

2324 Farbwerke Hoechst Akt.-Ges. vormals Meister Lucius & Brüning, Frankfurt/M., **Acetaldehyd und Essigsäure** erhält man durch Rk. von O_2 oder eines freien O_2 enthaltenden Gases mit Äthylen (I) in Ggw. von W. im neutralen bis sauren Medium u. in Ggw. eines anorgan. Redoxsystems (II) aus mindestens einer Verb. eines Metalls, das unter den Rk.-Bedingungen in mehreren Wertigkeitsstufen vorkommt u. im red. Zustand mindestens 1wertig ist. Die Rk. kann auch 2stufig durchgeführt werden, indem zuerst I mit II umgesetzt wird u. dann die Katalysatorlsg. getrennt mit O_2 regeneriert wird. Die Rk. wird bes. in wss. Lsg., auch in Strömungsrohren, aber auch in der Gasphase an Festbettkatalysatoren durchgeführt. Als II sind geeignet Verbb. von Cu, Fe, Co, Ni, Mn, Hg, Ce, Ti, U, Bi, Ta, Sn, Pb, Cr, Mo, V, u. Sb, ggf. unter Zusatz von Ag-, Zn- oder Cd-Salzen, bes. Hg-Chlorid, -sulfat, $CuCl_2$, $VOSO_4$, $KMnO_4$, Ce- oder Cr-Nitrat. Die Rk. wird bei 50—250°, bes. 130—200°, ggf. unter Druck bis zu 400 at, bes. 80—120 at durchgeführt. Die Regeneration kann unterstützt werden durch zusätzliche Oxydationsmittel, wie O_3, Peroxyverbb., N–O-Verbb., Halogene, Halogen–O-Verbb., SeO_2. Der Zusatz Halogenionen liefernder Stoffe (Alkali- oder Erdalkalimetallchloride, HCl) ist förderlich, ebenso bei Verw. von Cu-Verbb. als II der Zusatz von Halogenessigsäuren, bes. Trichloressigsäure. (**E. P. 900829** vom 31/10. 1958, ausg. 11/7. 1962. D. Prior. 31/10. 1957, 28/1., 12/2. u. 2/5. 1958.)
A. Jahn H 490

2325 Secretary General of the Roumanian Ministry for the Petroleum and Chemical Industry, Bukarest, Rumänien, **Acetylen und Äthylen** erhält man durch Cracken von fl. KW-Stoffen (Gasolin, Bzn., Gasöle) bei 500—700° in Ggw. heißer Verbrennungsgase. Die entstandenen Gase u. Dämpfe werden dann ohne Abkühlung durch einen elektr. Lichtbogen geleitet. Vor oder nach dem Cracken können die KW-Stoffe mit auf die gleiche Temp. vorerhitztem Methan, Äthan, Propan oder Butan verd. werden. Es werden 25—30% Acetylen u. Äthylen im Verhältnis 3:2—2:1 erhalten. Die Verweilzeit im Lichtbogen beträgt 0,5—2 Millisek.; anschließend werden die Gase mit W. auf ca. 150° abgeschreckt. — Vorr., Zeichnung. (**E. P. 895386** vom 4/6. 1959, ausg. 2/5. 1962. Rumän. Prior. 27/6. 1958.)
G. Krauß H 500

2326 Dow Chemical Co., Midland, Mich., übert. von: Franciszek Olstowski, Freeport, und John Donald Watson, Lake Jackson, Tex., V. St. A., **Herstellung von Fluoroform** durch Rk. von H_2 mit CF_4 im Mischungsverhältnis von 4:1 bis 1:4 bei 1700—2100°, bes. 2000°, einer Kontaktzeit von 0,001—1, bes. 0,001—0,1, bzw. 0,003 Sek. u. sofort darauf folgende schnelle Abkühlung auf $<$ 600° während 0,001—1, bes. 0,02 Sek., wobei z. B. ein Rk.-Gemisch aus 36,6(%) CF_4, 38,3 CHF_3 u. 25 C_2F_4 erhalten wurde. (**A. P. 2992280** vom 4/6. 1959, ausg. 11/7. 1961.) W. Gräger H 510

2327 Dow Chemical Co., Midland, Mich., übert. von: Franciszek Olstowski, Freeport, und John Joseph Newport III, Lake Jackson, Tex., V. St. A., **Herstellung von Fluoroform** durch Rk. von HF mit einem C_{1-3}-Fluorkohlenstoff oder dessen Monochlorid oder -bromid (CF_3Cl, CF_3Br, C_2F_6, C_3F_8, C_2F_5Cl, C_2F_5Br, C_3F_7Cl oder C_3F_7Br) in Ggw. von Kohlenstoff (zweckmäßig besteht die Rk.-Zone aus einem elektr. beheizten Kohlerohr) bei 1800—2100°, bes. 2000°, u. einer Kontaktzeit von 0,001—10, bes. 0,01 Sek. u. sofort darauf folgende schnelle Abkühlung des Rk.-Gemisches auf $<$ 600° innerhalb 0,02—1 Sek., wobei z. B. ein Gemisch aus 53,4 (Mol-%) CF_4, 12,3 C_2F_6, 13,0 C_2F_4 u. 21,5 CHF_3 erhalten wurde. (**A. P. 2992281** vom 4/6. 1959, ausg. 11/7. 1961.) W. Gräger H 510

2328 Pechiney Comp. de Produits Chimiques et Électrométallurgiques, Frankreich (Erfinder: Lainé François, Kaziz Claude und Wetroff Georges), **Chlorierung von Kohlenwasserstoffen** in Gasphase bei erhöhter Temp. mit HCl + O_2, ggf. durch Inertgas verd., in Ggw. von Deacon-Katalysator auf einem porösen Träger, wobei das Katalysatorbett zu mehr als der Hälfte seines Vol. aus C in Form von Graphit oder akt. Kohle besteht. Zus. des Katalysators: 5—30 (Vol.-Teile) poröser Träger, der mit dem Katalysator imprägniert ist, u. 95—70 Graphit oder akt. Kohle einer Korngröße von 1—3 mm. — Beispiele für die Herst. von *1.2-Dichloräthan* aus Äthylen. (**F. P. 1301990** vom 13/7. 1961, ausg. 26/12. 1962.)
H.-J. Nitzschke H 510

2329 Shell Internationale Research Mij. N. V., Niederlande, **Halogenieren von Kohlenwasserstoffen** (Chlorierung, Bromierung) durch Rk. der KW-Stoffe in Gasphase $<$ 400° mit $CuCl_2$ bzw. $CuBr_2$ u. Alkalichloride bzw. -bromide enthaltenden Massen, dad. gek., daß diese Massen auch Chloride bzw. Bromide der Seltenen

Erden enthalten. Die Cu-Halogenide werden mit O_2 oder O_2 enthaltenden Gasen u. HCl bzw. HBr regeneriert, oder die umzusetzenden KW-Stoffe werden zusammen mit HCl bzw. HBr u. O_2 über die Massen geleitet. Das Verhältnis Alkalimetall:Cu beträgt 0,8—1,2; die Masse befindet sich auf einem SiO_2-Träger mit einer spezif. Oberfläche von $\geq 200\ m^2/g$ u. einem mittleren Poren-⌀ von 60 Å u. wird in einer Wirbelschicht gehalten. — Beispiele für die Chlorierung u. Bromierung von Äthylen zu *Dichlor-* bzw. *Dibromäthan*. (**F. P. 1290062** vom 29/5. 1961, ausg. 29/8. 1962. Niederl. Prior. 30/5. 1960.) H.-J. Nitzschke H 510

2330 Colliers Carbon & Chemical Corp., übert. von: Art C. McKinnis, Long Beach, Calif., V. St. A., **Nitrieren eines tertiären monoolefinischen Kohlenwasserstoffs** mit 4—12 C-Atomen, bes. Isobuten, mit N_2O_4 in fl. Phase bei —25° bis +30°, bes. —10° bis +15°; man führt die Nitrierung durch in einem inerten aromat. Lsgm., welches keine Äthergruppen enthalten darf (bes. aromat. KW-Stoffe, deren Nitro- oder Halogensubstitutionsprodd. wie Bzl., Toluol, Xylol, Pseudocumol, Mesitylen, oder deren Chlor-, Brom-, Fluor- u./oder Nitrosubstitutionsprodd.), während einer Kontaktzeit von 0,1 Sek. bis 2 Min. in Ggw. einer geringen Menge W. (nicht > 4 Vol.-% des Rk.-Gemisches) zweckmäßig kontinuierlich in einem langen Rk.-Rohr, aus dessen Ende das Rk.-Prod. sofort in eine Wasservorlage fließt. So erhält man aus 2.3-Dimethylbuten-(2) → Aceton (I) + *2-Nitropropan*; 2-Methylbuten-(2) → I + *Nitroäthan*; 2-Methylbuten-(1) → Methyläthylketon + *Nitromethan* (II); Methylidencyclohexan → Cyclohexanon + II; 2.4.4-Trimethylpenten-(1) → Methylpentylketon + II; 2.4.4-Trimethylpenten-(2) → I + *Nitroneopentan*; 2.3-Dimethylbuten-(1) → Methylisopropylketon + II; 2-Äthylbuten-(1) → Diäthylketon + II; 2.3.3-Trimethylbuten-(1) → Methylisobutylketon + II; Isopropenylbenzol → Acetophenon + II. Die Prodd. sind als *Lsgm.*, *Weichmacher*, *Sprengstoffe*, *Düsentreibstoffe* u. als chem. Zwischenprodd. verwendbar. — Verf.-Schema. (**A. P. 2999119** vom 19/12. 1955, ausg. 5/9. 1961.) W. Gräger H 510

2331 Soc. Belge de l'Azote et des Produits Chimiques du Marly (Erfinder: Fréderic François Albert Braconier und Jean Joseph Lambert Eugène Riga), **Herstellung von ungesättigten Kohlenwasserstoffen durch Pyrolyse von Kohlenwasserstoffen mit heißen Verbrennungsgasen.** In einer von 2 kreisförmigen Dampfströmen gebildeten Kammer werden die in diese Kammer eingeführten Verbrennungsgase teilweise verbrannt, worauf die teilweise verbrannten Gase rasch u. homogen mit Dampf unter vollständiger Verbrennung vermischt u. mit den zu pyrolysierenden KW-Stoffen in Kontakt gebracht werden. Durch die von den in einem Winkel von 50—120, bes. 70—100° zusammenstoßenden Dampfstrahlen gebildete Vorverbrennungskammer wird eine Verminderung der Oxydation der KW-Stoffe von 9 auf 4,5% erreicht u. außerdem die Länge der Verbrennungskammer verringert. — Zeichnungen. (**Aust. P. 236305** vom 14/8. 1959, ausg. 30/11. 1961. Belg. Prior. 8/9. 1958.) K. Demmler H 520

2332 Badische Anilin- & Soda-Fabrik Akt.-Ges. (Erfinder: Karl Wisseroth, Heinrich Mohr und Hans Georg Trieschmann), Ludwigshafen/Rh., **Reinigung von Monoolefinen,** bes. *Äthylen, Propylen, 1-* u. *2-Buten* (die *zur Polymerisation bei niedrigem Druck*, bes. 1—100 at, verwendet werden sollen), erfolgt bei —20 bis +60, bes. —10 bis +30° durch Behandeln mit einer Masse, die 1—10, bes. 2,5—6 (Teile) CrO_3 je 100 Träger (Al_2O_3, Al-Silicate, Mg-Silicat, Silicagel, Fe-Oxide, Polyäthylen, Polypropylen) enthält, in der Form eines Fest- oder Fließbettes. Gereinigt wird z. B. Äthylen, das CO_2, Acetylen, Äthan, CO u. a. Verunreinigungen, insgesamt 0,1—0,6% enthält, bei Raumtemp. u. 60 at mit einer Mischung aus 100 Polyäthylenpulver u. 10 5%ig. CrO_3 auf Al-Silicat. Das gereinigte Äthylen läßt sich mit der gleichen Reinigungsmasse bei 100° u. 30 at zu Polyäthylen, Molgew. 400000, polymerisieren. (**E. P. 886893** vom 28/10. 1960, ausg. 10/1. 1962. D. Prior. 30/10. 1959.) G. Krauß H 520

2333 Soc. Chimique de la Grande Paroisse (Azote et Produits Chimiques), Paris, übert. von: Albert Gosselin, Moulineaux, Frankreich, **Äthylen** erhält man durch Spalten von KW-Stoffen, z. B. Leichtparaffinen mit Kp. 40—100°, bei 720—870° u. normalem oder vermindertem Druck in Ggw. eines Katalysators, der aus 12(%) ZrO_2, 38 MgO u. 50 $ZrSiO_4$ besteht u. der auf 1400° erhitzt worden ist; Ausbeute ca. 50. Je nach den Rk.-Bedingungen entsteht noch Leuchtgas. Der Katalysator ist gegen S unempfindlich u. wird durch Erhitzen auf 1000—1200° unter Abbrennen des abgelagerten C wiederbelebt. — Vgl. F. P. 1127494; C. **1960**, **2399**. (**A. P. 2986532** vom 28/5. 1956, ausg. 30/5. 1961. F. Prior. 1/6. 1955.) G. Krauß H 520

2334 Sinclair Refining Co., New York, N. Y., übert. von: Willis C. Keith, Lansing, Robert H. Elkins, Flossmoor, und Robert R. Chambers, Park Forest, Ill., V. St. A., **Allen und Äthylen** erhält man durch Erhitzen von Propylen, das bis zu 75(%), bes. bis zu 10 Propan enthalten kann, in Ggw. von wenigstens 1 Mol, bes. 5—40 Mol eines inerten Gases (Wasserdampf, N_2, CO_2, CH_4) auf 1300—1800°F bei normalem Druck bis ca. 3 at, wobei der Propylendruck höchstens 1 at betragen soll. Die Dehydrierung erfolgt in einem Quarzrohr; das inerte Gas wird bes. auf 1500—2000°F vorerhitzt. Der Umwandlungsgrad soll höchstens 80, bes. 20—80 betragen. Höchste genannte Ausbeute an Äthylen 41,2, an Allen 30,4, vgl. Tabelle. Die Trennung der beiden Gase erfolgt durch fraktionierte Destillation. (**A. P. 2973395** vom 21/6. 1954, ausg. 28/2. 1961.) G. Krauß H 520

2335 Nederlandse Organisatie voor Toegepast-Natuurwetenschappelijk Onderzoek ten Behoeve van Nijverheid, Handel en Verkeer, Den Haag (Erfinder: Hendricus Gerardus Peer, Rijswijk, und Otto Ernst van Lohuizen, Arnhem), Niederlande, **Herstellung von Propadien** bzw. eines Gemisches aus Propadien u. Propin durch Vercrackung von Isobuten (I) bei > 700°. Es kommt ein Gemisch von I mit einem inerten Gas zur Anwendung, in dem der I-Partialdruck 0,05—0,5 at beträgt. Die Kontaktzeit soll 0,01—2 Sek. betragen. (**Niederl. P. 102872** vom 8/12. 1959, ausg. 15/10. 1962. E. Prior. 9/12. 1958.) F. Böhm H 520

2336 Scientific Design Co., Inc., übert. von: Gerson S. Schaffel, Old Westbury, N. Y., V. St. A., **Isopren (I).** HCHO wird mit Methyläthylketon im Verhältnis 1—25:25—1 bei 25—95, bes. 40—50°, in Ggw. von alkohol. KOH, NaOH, $Ba(OH)_2$, Erdalkalioxiden oder -hydroxiden, Harzen oder Tonen, organ. Aminhydroxiden mit pK_b = wenigstens 10^{-3} in 2-Acetylpropan-1-ol, $CH_3COCH(CH_3)CH_2OH$, übergeführt, aus dem durch Wasserabspaltung bei 100—200, bes. 110 bis 130°, in Ggw. von 0,5—10, bes. 0,25—0,75% H_3PO_4, H_2SO_4, Al_2O_3 oder SiO_2–Al_2O_3 u. Hydrochinon, Gerbsäure, Pyrogallol oder Cu-Pulver als Polymerisationsverzögerer Methylisopropenylketon, $Kp._{100}$ 36—37°, entsteht; (Ausbeute) 90%; dieses gibt bei der Umlagerung mit sek.-Butanol bei 200—500, bes. 350—400° in Ggw. von MgO oder dessen Mischungen mit ZnO, CaO, Li_2O, CdO oder Na_2O Methylisopropenylcarbinol, $CH_3CH\cdot(OH)C(CH_3)=CH_2$, 90°, u. Methyläthylketon, das wieder mit HCHO wie vorst. umgesetzt wird. Aus dem Carbinol erhält man durch Wasserabspaltung bei 150—500, bes. 250—350°, u. 0,1—20, bes. 1—5 at, in Ggw. von $MgSO_4$, Al_2O_3, Fluorboraten des Zn, Ni, Fe, Cu, Pb, Cr, Phosphor- u. Si-Wolframaten des Zn, Cu, Ni, Mo, Ti, Th, Ta, Cd-Metaphosphat, Cr-Phosphorsäure, SiO_2, Al_2O_3–WO_3 u. Co–Th-Oxid auf Kieselgur I, 85—90%. Man kann das 2-Acetylpropan-1-ol auch unmittelbar mit sek.-Butylalkohol in das 2-Methyl-1.3-butandiol, $CH_3CH(OH)CH\cdot(CH_3)CH_2OH$, u. Methyläthylketon umlagern u. aus dem Diol W. abspalten, wodurch die gleichen Ausbeuten wie vorst. erhalten werden. — Fließbild. (**A. P. 3009005** vom 12/6. 1959, ausg. 14/11. 1961.) G. Krauß H 520

2337 Esso Research and Engineering Co., übert. von: Anthony H. Gleason, Westfield, und Thomas M. Mozell, New Brunswick, N. J., V. St. A., **Ölige**

Telomere erhält man durch Rk. von 100 (Teilen) eines *Olefins* mit 4—10 C-Atomen, mit 5—500 einer methylierten, cycl., organ. Verb. (Methylaromaten, Methyldicyclo-KW-Stoffe, methylierte cycl. Heteroverbb.) in Ggw. von 0,01—10 Na, K, Rb, Cs u. 1—200 Tetrahydrofuran, Tetrahydropyran, Methylal, Dimethyläther bei 0—105, bes. 25—70°. Die Teilchengröße des Alkalis soll 1—100, bes. 10—50 μ betragen. Es können polymerisiert werden: 1.3-Butadien, Isopren, Piperylen, 2.3-Dimethylbutadien u. 2-Methylpentadien mit Styrol, Methyldicyclopentadien, γ-Kollidin, α-Picolin u. 2.4-Lutidin. — Aus 100 1.3-Butadien, 200 Methyldicyclopentadien in Ggw. von 40 Tetrahydrofuran oder -pyran u. 2—3 Na (30—50 μ), 200 Bzl. u. 0,25 Isopropanol bei 70° → *Telomere*, die 26—37% *Dimeres* mit JZ. 250—270 enthalten. — Die N-haltigen Telomere lassen sich z. B. mit CH_3J zu Prodd. *quaternieren*, die als *oberflächenakt. Mittel* dienen. — *Filmbildende trocknende Öle*. — Vgl. F. P. 72324; C. **1963**, 1870. (**A. P. 2993050** vom 27/11. 1956, ausg. 18/7. 1961.) G. Krauß H 520

2338 Dow Chemical Co., übert. von: Edgar M. Ilgenfritz und Robert P. Ruh, Midland, Mich., V. St. A., **Herstellung von fluorierten Alkenen und Alkadienen** aus C_{2-6}- bzw. C_{4-6}-Fluorhalogenalkanen, in denen wenigstens 2 Cl- oder Br-Atome an 2 benachbarte C-Atome gebunden sind u. an eines von diesen C-Atomen ein F-Atom gebunden ist, durch deren Dehalogenierung ggf. in Ggw. eines hochsd. Lsgm. (Xylol, Äthyl- oder Dimethylbenzol, Mesitylen) mit einer wss. Lsg. von NH_4Cl in Ggw. von pulverförmigem oder bes. granuliertem Zn bei 0—100°, bes. 35—80°, wobei mindestens 1 Mol Zn auf 2 abzuspaltende Halogenatome, zweckmäßig ein Überschuß von Zn anzuwenden ist. So erhält man: $CF_2Cl-CFCl_2$ → *1-Chlortrifluoräthylen*, Kp. —28°; analog *1.1-Difluor-2-chloräthylen*, Kp. —23°; *1.2-Dichlor-1.2-difluoräthylen*, Kp. 23°; *Hexafluorbutadien-(1.3)* Kp. 5°. (**A. P. 2996556** vom 24/12. 1958, ausg. 15/8. 1961.) W. Gräger H 520

2339 Dow Chemical Co., Midland, Mich., übert. von: Franciszek Olstowski, Jones Creek, Tex., V. St. A., **Herstellung von Vinylidenfluorid** durch Rk. von CHF_3 mit CH_4, C_2H_6 oder C_2H_4 bei 700—1100°, bes. 700—850° oder 900°, während 0,1—10 Sek. unter 0,1—10 at zweckmäßig in einem Rk.-Rohr von 12 Zoll Länge u. ⌀ 3/8 Zoll. Die Rk.-Komponenten können in äquimol. Mengen ebenso wie in einem Mengenverhältnis von 5 : 1 bis 1 : 5 angewandt werden. (**A. P. 3047637** vom 25/1. 1960, ausg. 31/7. 1962.) W. Gräger H 520

2340 Dow Chemical Co., Midland, Mich., übert. von: John J. Newport III, Lake Jackson, Franciszek Olstowski, Jones Creek, und John D. Watson, Lake Jackson, Tex., V. St. A., **Herstellung von 3.3.3-Trifluorpropen** durch Rk. von C_2H_6 mit einer Verb. CF_3X (X = Cl oder Br) bei 250—700°, bes. bei 550° mit CF_3Br u. bei 600° mit CF_3Cl, welche im Mengenverhältnis zum C_2H_6 von 5 : 1 zweckmäßig anzuwenden sind. Die Rk. kann ohne Katalysator durchgeführt werden. (**A. P. 3062901** vom 5/10. 1959, ausg. 6/11. 1962.) W. Gräger H 520

2341 Dow Chemical Co., Midland, Mich., übert. von: Clarence R. Crabb, Lake Jackson, Harris G. Hughes und Leighton S. McDonald, Angleton, Tex., V. St. A., **Stabilisieren von aus chlorierten Kohlenwassserstoffen bestehenden Lösungsmitteln,** bes. *Per-* u. *Trichloräthylen*, durch Zusatz von 0,001—1 Gew.-% einer Verb. der Formel $R'-S-(CH_2)_x-O-R''$ (R' u. R'' = H, CH_3 oder C_2H_5, wobei mindestens 1 R = CH_3 oder C_2H_5, x = 1, 2 oder 3), wie *2-(Methylthio)-* oder *2-(Äthylthio)-äthanol*, *3-(Methylthio)-propanol-(1)*, *2-Methoxyäthanthiol*, *3-Methoxypropanthiol-(1)*, *Methyl-* oder *Äthyl-2-(methylthio)-äthyläther*, *(Methylthio)-* oder *(Äthylthio)-methyl-methyläther*, *Methyl-2-(äthylthio)-äthyläther* oder *Äthyl-(methylthio)-methyläther*. — 2 Tabellen. (**A. P. 2998462** vom 13/11. 1959, ausg. 29/8. 1961.) W. Gräger H 520

2342 Dow Chemical Co., Midland, Mich., übert. von: Clarence R. Crabb, Lake Jackson, Harris G. Hughes und Leighton S. McDonald, Angleton, Tex., V. St. A., **Stabilisieren von Chlorkohlenwasserstoffen,** bes. von *Per-* u. *Trichloräthylen* durch Zusatz einer geringen Menge (0,001—1 Gew.-%) einer S-Verb. der Formel $R_1-S-CH(R_2)-CH(R_3)-C(=O)-R_4$ (R_1, R_2 u. R_3 = H oder C_{1-2}-Alkyl, R_4 = H oder C_{1-5}-Alkyl), bes. *3-Methyl-4-(methylthio)-butanon-(2)*, *4-(Methylthio)-butanon-(2)* oder *2-Methyl-3-(methylthio)-propionaldehyd*. — Verw. zur *Trockenreinigung* u. zum *Entfetten von Metallen*. — Tabellen. (**A. P. 2999886** vom 13/11. 1959, ausg. 12/9. 1961.) W. Gräger H 520

2343 British Oxygen Co. Ltd. (Erfinder: Samuel Aaron Miller, Geoffrey Colin Mash und John Arthur Tebboth), **Lagern von Acetylen.** Als poröse Granulate zur Füllung der Druckbehälter wird ein Gemisch aus Kieselgur u. Melamin-Formaldehyd-Harz verwendet. (**Aust. P. 236501** vom 29/2. 1960, ausg. 14/12. 1961. E. Prior. 13/4. 1959.) C. Lüttgen H 530

2344 Esso Research and Engineering Co., Elizabeth, N. J. (Erfinder: Rhea N. Watts, St. Francisville, David E. Gensheimer und Joseph K. Mertzweiller, Baton Rouge, La.), V. St. A., **Reinigung von Alkoholen** mit 6—10 C-Atomen, die durch Carbonylierung oder mit Hilfe von Metallalkylen hergestellt worden sind u. ca. 0,01—1 Gew.-% Carbonylverbb. enthalten, dad. gek., daß man die Alkohole mit einer Lewis-Säure behandelt, wobei die Carbonylverunreinigungen in höhersd. Stoffe umgewandelt werden, worauf die so behandelten Prodd. nach Neutralisieren u. Waschen dest. werden. Als Lewis-Säuren kommen bes. $AlCl_3$, BF_3 oder $ZnCl_2$ in Betracht. (**D. A. S. 1148221** Kl. 12o vom 20/4. 1960, ausg. 9/5. 1963. A. Prior. 21/4. 1959.) G. König H 550

2345 Farbwerke Hoechst Akt.-Ges., vormals Meister Lucius & Brüning (Erfinder: Otto Erich Bänder, Walter Berndt, Kurt Dialer, Lothar Hörnig, Heinrich Lenzmann, Emmerich Pászthory, Otto Probst, Wilhelm Riemenschneider, Walther Schmidt, Ulrich Schwenk, Alfons Steinmetz und Erhard Weber), **Herstellung von Aldehyden, Ketonen und den Aldehyden entsprechenden Säuren.** Ein Olefin wird in neutralem bis saurem Medium in Kontakt gebracht mit einem Oxydationsmittel, bes. O_2, W. u. einer Verb. eines Edelmetalls der VIII. Gruppe des Period. Syst. (mit Ausnahme von Os), bes. $PdCl_2$, in Ggw. eines Redoxsystems. — Beispiel: 20 (Liter) Äthylen u. 10 O_2 werden in ein Rk.-Gefäß geleitet, das mit einer Lsg. beschickt ist, die 10 (g) $PdCl_2$, 30 $CuCl_2$, 20 cm^3 konz. HCl u. 200 W. enthält; die gebildeten Rk.-Gase enthalten 30 Vol.-% Acetaldehyd neben O_2 u. C_2H_4 u. werden nach Abtrennen des Acetaldehyds im Kreislauf geführt. — Verfahrensschema. (**Aust. P. 236254** vom 27/6. 1958, ausg. 30/11. 1961. D. Prior. 10/7., 1/8., 2/8., 14/9., 18/9., 26/9., 28/9., 25/10., 29/10., 30/10. u. 31/10. 1957; 28/1., 2/4., 5/4., 23/4., 2/5. u. 21/5. 1958.) K. Demmler H 650

2346 International Flavors & Fragrances I.F.F. (Nederland) N. V., Zaandam, Niederlande, **Herstellung von Pseudoisomethyljonon und Isomethyljononen.** Man kondensiert Citral (**I**) mit Butanon (**II**) in Ggw. eines organ. Kations, in dem sämtliche Valenzen des zentralen Atoms durch ggf. substituierte KW-Stoffreste abgesätt. sind, u. in Ggw. eines stark bas. Anions. Das gebildete Pseudoisomethyljonon (**III**) kann dann in bekannter Weise durch Ringschluß in α- oder β-Isomethyljonon übergeführt werden. — Zum Beispiel erhitzt man ein Gemisch aus 10 (g) KOH, 67,3 Trimethylmyristylammoniumbromid, 507 **I** u. 648 **II** in 1200 A. 5 Min. auf 65°. Ausbeute: 235 = 38% **III**. (**Niederl. P. 103065** vom 4/9. 1957, ausg. 15/11. 1962. E. Prior. 11/9. 1956.) F. Böhm H 710

2347 Studiengesellschaft Kohle m. b. H., Mülheim/Ruhr, **Herstellung von Carbonsäuren** in kontinuierlichem Verf. aus C_{5-12}-Olefinen (**A**) durch Anlagerung von CO unter Zusatz von W., ggf. erst nach beendeter CO-Anlagerung, in stöchiometr. Mengen, in Ggw. von mindestens 1, bes. 4—8 Mol pro Mol **A** 90—100%ig. Orthophosphorsäure oder deren Gemischen mit ihren an W. ärmeren Derivv. bei 50—150°, bes. 75—95°, u. 1—250, bes. 10—100 at, ggf. in Ggw. von leichten KW-Stoffen zur Begünstigung der Schichttrennung. — Beispiele.

(**Oe. P. 220139** vom 19/1. 1960, ausg. 12/3. 1962. D. Prior. 26/1. 1959.) G. Colsmann H 800

2348 Schering Akt.-Ges., Berlin, **Herstellung von α.α-Dialkylcarbonsäuren** in kontinuierlichem Verf. durch Umsetzung von an der Doppelbindung verzweigten, durch ein inertes Lsgm. verd. Olefinen mit CO u. W. in Ggw. eines sauren, BF_3-haltigen Katalysators, bes. im Verhältnis von 40—45 (Gew.-%) BF_3, 23—27 H_2SO_4 u. 30—35 W., bei 50—200 at u. 20—50°. — *Trimethylessigsäure*, Kp. 163—164°, F. 34°, aus 96%ig. Isobutylen in Heptan, CO u. W.; 76,4% (Ausbeute). — *α.α-Dimethylvaleriansäure*, $Kp._{20}$ 110°, aus 2-Methylpenten-(1), CO u. W.; n_D^{20} 1,4210; 80%. (**Oe. P. 220140** vom 28/6. 1960, ausg. 12/3. 1962. D. Prior. 8/7. 1959.) G. Colsmann H 810

2349 Knapsack-Griesheim Akt.-Ges., Knapsack bei Köln, **α.β-Ungesättigte Carbonsäurenitrile** erhält man durch Wasserabspaltung aus β-Hydroxycarbonsäurenitrilen in Ggw. von wss. H_3PO_4, bes. im Verhältnis 3—9 : 1 u. ggf. Wasserdampf als Verdünnungsmittel bei 500—800° u. 1—2, bes. 1,5 Sek. Verweilzeit unter Zerstäuben der Rk.-Teilnehmer in einer Kammer, die entweder von außen oder durch Eindüsen von heißen inerten Gasen erhitzt wird. — Aus 3,6 kg einer Mischung aus 89,5%ig. Äthylencyanhydrin (= β-Hydroxypropionitril) u. 85%ig. H_3PO_4 im Verhältnis 3 : 1 bei 720° unter Zerstäuben mit heißen O_2-freien Verbrennungsgasen bei 1,5 Sek. Verweilzeit → *Acrylsäurenitril*; Ausbeute 99%. — Vorr., Zeichnung. (**E. P. 901559** vom 27/9. 1960, ausg. 18/7. 1962. D. Prior. 29/9. 1959. **Zusatz zu E. P. 792572; C. 1959, 15190.**) G. Krauß H 810

2350 Badische Anilin- & Soda-Fabrik Akt.-Ges., übert. von: Hans Lautenschlager, Ludwigshafen/Rh., und Herbert Friederich, Worms, **Acrylsäure, deren Ester und Amide** erhält man durch Rk. von Acetylen mit CO u. einer Verb. mit einem reaktionsfähigen H-Atom (W., Alkanole mit 1—18 C-Atome, organ. Amine) u. Ni-Carbonyl bei 70—220° u. 1—10 at, wobei das Verhältnis von Acetylen:CO gleich 20—90 : 80—10 beträgt. — Zu D. A. S. 1058048; C. **1960,** 5972 ist nachzutragen: *Acrylsäure*. — Butan-1.4-diol → *Monoacrylsäurebutan-1.4-diolester*; *-n-dodecylester*; *-octadecylester*. (**A. P. 3009948** vom 13/9. 1957, ausg. 21/11. 1961. D. Prior. 22/9. 1956.) G. Krauß H 810

2351 Badische Anilin- & Soda-Fabrik Akt.-Ges., Ludwigshafen/Rh. (Erfinder: Hans Fikentscher, Rudolf Bachmann, Ernst Penning und Hans Wilhelm), **Gesättigte oder ungesättigte Carbonsäure-N-alkylolamide** erhält man durch Rk. von Aldehyden mit gesätt. oder ungesätt. Carbonsäureamiden in Ggw. eines bas. Katalysators u. eines aromat. KW-Stoffes als Lsgm. (Bzl., Toluol, Xylol). — Aus 85 (Teilen) Methacrylsäureamid u. 30 Paraformaldehyd in 250 Toluol in Ggw. von 0,5 30%ig. Na-Methylat in Methanol bei 60° → *Methacrylsäure-N-methylolamid*, F. 51—53°. Ferner können umgesetzt werden die Amide von: Essig-, Butter-, Oxal-, Acryl-, Crotonsäure, Mono- u. Diamide von Malein- u. Fumarsäure mit HCHO, Croton- oder Benzaldehyd. (**Belg. P. 572813** vom 8/11. 1958, ausg. 24/8. 1962.) G. Krauß H 810

2352 Union Carbide Corp., V. St. A. (Erfinder: Benjamin Phillips, Samuel W. Tinsley und Paul S. Starcher), **Stabilisierung von Persäuren,** bes. *Peressigsäure* durch Zugabe geringer Mengen (0,0005—5, bes. 0,02—1%) von 2-[Hydroxymethyl]-, 2.6-Di-[hydroxymethyl]- oder 2-[Hydroxymethyl]-6-carboxypyridin u. ggf. gleichzeitig Phosphorsäure-Derivv. [Na-Hexametaphosphat, Dioctyl-, Distearylpyrophosphat, Tetra-Na-Pyrophosphat, Äthylstearylhydrogenorthophosphat, $Na_5R_5(P_3O_{10})_2$ mit R = 2-Äthylhexylrest]. (**F. P. 1300781** vom 25/5. 1961, ausg. 19/12. 1962. A. Prior. 26/5. 1960.) H.-J. Nitzschke H 810

2353 Österreichische Stickstoffwerke Akt.-Ges. (Erfinder: Kurt Allgeuer und Ferdinand Weinrotter), Linz, Österreich, **Herstellung von biuretarmem Harnstoff** durch Konz. einer wss. Harnstoff-Lsg. im Vakuum oder bei normalem Druck < F. des Harnstoffs bis auf ~85% u. anschließende rasche Dünnschicht- oder Zerstäubungstrocknung < 120°. (**Oe. P. 220154** vom 20/8. 1959, ausg. 12/3. 1962.) G. Colsmann H 880

2354 Monsanto Chemical Co., St. Louis, Mo., übert. von: Gail H. Birum, Dayton, Ohio, V. St. A., **Stickstoffhaltige organische Phosphorverbindungen** der allg. Formel $R(R')N–P[O–CH(Z)–P(:O)(OY)_2]_2$ (**I**) erhält man durch Rk. von Phosphorigsäureamiddichlorid mit einem organ. Triphosphit u. einem Aldehyd nach der Gleichung: $R(R')N–PCl_2 + 2Z–CHO + 2P(OY)_3 \rightarrow$ **I**. (R = Alkyl mit 1—5 C-Atomen; R' = R oder aromat. Rest mit 6—7 C-Atomen; R u. R' zusammen kann ein Alkylenrest mit 4—5 C-Atomen sein; Z = H oder KW-Stoffrest mit 1—8 C-Atomen, frei von aliphat. ungesätt. Bindungen; Y = Alkyl, Halogenalkyl mit 1—8 C-Atomen). — Zu einer Mischung aus 83 (g) Triäthylphosphit u. 34,8 Propionaldehyd (**II**) gibt man in 10 Min. unter Kühlung 52 Phosphorigsäure-N-methyl-N-phenylamid-dichlorid bei 10 bis 20°, erwärmt die Rk.-Mischung 12 Min. auf 45—55° u. konz. sie bei 95° u. 0,2 mm. Als Rückstand erhält man 132,5 *Phosphorigsäure-bis-[1-(diäthoxyphosphinyl)-propyl]-ester-N-methyl-N-phenylamid*. — Tri-n-hexylphosphit + Benzaldehyd + Phosphorigsäurepiperididdichlorid (**III**) → *Phosphorigsäure-bis-[α-(di-n-hexyloxyphosphinyl)-benzyl]-esterpiperidid*. — Tri-(2-chloräthyl)-phosphit + **II** **III** → *Phosphorigsäure-bis-{1-[bis-(2-chloräthoxy)-phosphinyl]-propyl}-esterpiperidid. Insekticide, Fungicide, Nematocide, Baktericide, Weichmacher, Flammschutzmittel, Mittel gegen Frühzündung.* (**A. P. 3014910** vom 15/12. 1958, ausg. 26/12. 1961.) A. Jahn H 980

2355 Universal Oil Products Co., Des Plaines, Ill., V. St. A., **Monoalkylierung aromatischer Kohlenwasserstoffe** in kontinuierlichem Verf. durch Umsetzung der Aromaten im Überschuß mit durch Inertgase weitgehend verd. Olefinen (**A**) in einer Alkylierungs- u. einer Transalkylierungs-Zone, die jeweils ein mit BF_3 vorbehandeltes anorgan. Oxid oder ein Oxidgemisch, bes. γ oder Tonerde, enthalten, bei 50—250° bzw. 100—300°, 1—100 at u. einer Raum-Geschw. von 0,1—20 bzw. 0,25—20 g/h, in Ggw. von 0,1—0,8 Mol pro Mol **A** BF_3, wobei der BF_3-Geh. in der Alkylierungszone niedriger ist als in der Transalkylierungszone. Nach Trennung der Rk.-Prodd. werden nicht umgesetzte Ausgangsstoffe in die Alkylierungszone u. gebildete polyalkylierte Aromaten, nachdem sie ggf. zur Extraktion der BF_3-haltigen, gasförmigen Rk.-Prodd. verwendet wurden, in die Transalkylierungszone eingeführt. — *Äthylbenzol*, aus 450 ml/h Bzl. u. 20,5 g/h Äthylen in Form eines Synthesegases mit 90% N_2 unter Zusatz von 0,07 g/h BF_3 bei 172° im Alkylierungsreaktor u. 204° im Transalkylierungsreaktor, dem noch 150 ml/h Polyäthylbenzol zugeführt werden; nach 54 Std. 94% Ausbeute, bezogen auf Benzol. — Verf.-Schema. (**Oe. P. 220141** vom 27/5. 1960, ausg. 12/3. 1962.) G. Colsmann H 1010

2356 United States of America, Secretary of Navy, übert. von: Leo A. Wall, Washington, D. C., und Walter J. Pummer, Rockville, Md., V. St. A., **Herstellung von aromatischen Fluorkohlenstoffen** durch Pyrolyse eines Gemisches von $CFBr_3$ mit CBr_4, $CHBr_3$ oder CF_3CBr_3 bei 540—640° u. einem Druck von 50 bis 265 lbs./sq. in.; so erhält man bes. C_6F_5Br aus (5 Mol) $CFBr_3$ u. 1 CBr_4 bei 540°, oder aus 5 $CFBr_3$ u. 1 $CHBr_3$ bei 560° u. 150 lbs./sq. in.; $C_6F_5CF_3$ wird aus 10 $CFBr_3$ u. 1 CF_3CBr_3 bei 560° u. 150 lbs./sq. in. erhalten. Die Pyrolyse wird zweckmäßig im Pt-Rohr in Ggw. inerter Gase (N_2, He, Ar) durchgeführt. C_6F_5Br eignet sich zur Herst. eines Grignard-Reagens. (**A. P. 3033905** vom 30/10. 1959, ausg. 8/5. 1962.) W. Gräger H 1010

2357 Dow Chemical Co., übert. von: Arthur A. Asadorian, Midland, Mich., V. St. A., **Herstellung von 1.2.4.5-Tetrabrombenzol** durch Rk. von Br_2 mit Bzl. in Ggw. von Fe-Pulver oder wasserfreiem $FeCl_3$ als Katalysator in CCl_4 oder Chlf. als inertem Lsgm. bei 0—40°, bes. 15—25°, ohne wesentliche Bldg. von Nebenprodd., wobei ein Überschuß an Br_2 der selektiven Bromierung nichts schadet. (**A. P. 2979537** vom 4/2. 1959, ausg. 11/4. 1961.) W. Gräger H 1010

2358 Farbenfabriken Bayer Akt.-Ges., Leverkusen, **Herstellung cyclischer Äther** aromat. hydroxyl-

gruppenhaltiger Verbb., dad. gek., daß substituierte oder unsubstituierte Phenole mit freier o-Stellung mit konjugierten Dienen bei erhöhter Temp. in Ggw. eines Phenolats der Metalle Zn, Al, Mg, Ca, Na oder Li umgesetzt werden. — Beispiel: 94,1 (g) Phenol, 1,5 Al-Pulver u. 200 ml Toluol werden 2 Std. im Autoklav auf 130° erhitzt. 210 ml Isopren mit 0,5 Phenthiazin werden bei 120° in 4 Std. eingepumpt u. 4 weitere Std. wird diese Temp. aufrechterhalten. Aus dem Rk.-Prod. werden durch fraktionierte Dest. bei 10 mm Hg erhalten: 70,8 Gew.-Teile 2.2-Dimethylchroman, $Kp._{10}$ 93°; 5,3 p-3-Methylcrotylphenol, $Kp._{10}$ 139°; 20,8 5-(3-Methylcrotyl)-2.2.3-trimethylcumaran, gemischt mit der entsprechenden -2.3.3-trimethylcumaran-Verb., $Kp._{10}$ 155°, u. 32 6-(3-Methylcrotyl)-2.2-dimethylchroman, $Kp._{10}$ 165°. — In weiteren Beispielen wurden isoliert: 6-Chlor-2.2-dimethylchroman, $Kp._{10}$ 129°, F. 28—29°; trans-5-Chlor-2.3-dimethylcumaran, $Kp._{10}$ 109°; cis-5-Chlor-2.3-dimethylcumaran, $Kp._{10}$ 117°, 6.8-Dichlor-2.2-dimethylchroman, $Kp._{10}$ 152°; 2.2.6-Trimethylchroman, $Kp._{10}$ 111°; 6-Chlor-2.2.5.7-tetramethylchroman, F. 60—61°; 6-Chlor-2.2.3-trimethylchroman, $Kp._{10}$ 135°; 6-Chlor-2.2-dimethylchroman, $Kp._{10}$ 129°; 2.2-Dimethyl-5.6-benzochroman, $Kp._{10}$ 177°, F. 77°. — Zwischenprodukte. (**E. P. 906483** vom 1/12. 1960, ausg. 19/9. 1962. D. Prior. 3/12. 1959.)
R. Bauereis H 1060

2359 Shell Internationale Research Mij. N. V., Den Haag (Erfinder: Willem Frederik Engel, Amsterdam), Niederlande, **Katalytische selektive Zersetzung von Ameisensäure** in Mischungen, die auch aliphat. Carbonsäuren mit 2—8 C-Atomen, bes. Essigsäure enthalten, bes. solchen, die bei der *Herst. von Phthalsäure durch katalyt. Oxydation von Dialkylbenzolen* in Ggw. von Essigsäure anfallen. Die Zers. erfolgt in bekannter Weise mit Hilfe von Pt/Al_2O_3-Katalysatoren. Um deren Lebensdauer zu erhöhen, leitet man das Gasgemisch vorher zur Entfernung schädlicher Nebenprodd. über einen adsorbierenden Stoff mit einer sauren Oberfläche u. einer spezif. Oberfläche von mindestens 110 m^2/g, z. B. Al_2O_3u./ oder SiO_2, zweckmäßig bei einer Temp. von 80—220°. (**Niederl. P. 102889** vom 18/3. 1960, ausg. 15/10. 1962.)
F. Böhm H 1220

2360 Shell Internationale Research Mij. N. V., Den Haag (Erfinder: Lenze Hartstra und Pieter Hendrik Jan Hermanie, Amsterdam), Niederlande, **Herstellung von Chromsalzen von Alkylsalicylsäuren,** die mindestens eine Alkylgruppe mit mindestens 8 C-Atomen aufweisen. Man setzt in an sich bekannter Weise ein entsprechendes Alkalisalz mit einem Überschuß $Cr(NO_3)_3$ um, erhitzt das gebildete Cr-Alkylsalicylat dann jedoch in Ggw. des $Cr(NO_3)_3$-Überschusses auf 100—200°. Ein auf diese Weise nachbehandeltes Salz erhöht beim *Zusatz zu KW-Stoffen* deren elektr. Leitfähigkeit mehr als nicht nachbehandeltes. (**Niederl. P. 103192** vom 27/4. 1960, ausg. 15/11. 1962.)
F. Böhm H 1250

2361 Industria Chimica Profarmaco S. r. l., Mailand (Erfinder: Raffaello Fusco und Giuseppe Bianchetti), Italien, **Herstellung von α-(β-Hydroxyäthylamino)-propiophenon und Umwandlung in β-Phenyl-α-methyl-diäthanolamin und 2-Phenyl-3-methylmorpholin.** 46 (g) Monoäthanolamin u. 33 W. werden unter Rühren bei 25—30° mit 60 α-Brompropiophenon, gelöst in Chlf., versetzt u. 2—3 Std. weiter gerührt. Das Gemisch wird unter Kühlung mit Salzsäure kongosauer gemacht, die organ. Schicht entfernt u. die wss. Schicht mit Chlf. ausgeschüttelt. Die wss. Lsg. wird mit 30%ig. NaOH alkalisiert u. mit Bzl. extrahiert. Die Bzl.-Lsg. enthält das α-(β-Hydroxyäthylamino)-propiophenon, F. 75—76°, u. wird am besten sofort weiterverarbeitet. Nach Abdest. des Bzl. im Vakuum werden 40 des Aminoketons in 140 W. bei 50—55° gelöst u. bei 25—35 mit 2 Natriumborhydrid versetzt. Nach 12 Std. Stehen kann das *β-Phenyl-α-methyl-diäthanolamin,* F. 95—97°, abgetrennt werden. Es läßt sich mit Schwefelsäure bei 25—150° zu *2-Phenyl-3-methyl-morpholin* cyclisieren. (**E. P. 886035** vom 23/4. 1959, ausg. 3/1. 1962.)
R. Bauereis H 1340

2362 Dow Chemical Co., Midland, übert. von: Frederick J. Soderquist, Essexville, und James L. Amos, Midland, Mich., V. St. A., **Herstellung von 2.3-, 2.4- und 2.5-Dichlorstyrol** durch Demethanisierung von 2.3-, 2.4- oder 2.5-Dichlorcumol in einer auf 525—750°, bes. 600—700° erhitzten Zone von 80 mm Länge, durch die das Ausgangsprod. mit einer Geschw. von 5—100 g, bes. 20 g pro Std. über einen CH_4 abspaltenden Katalysator (akt. Al_2O_3, akt. Bauxit, Cr_2O_3 oder Gemisch aus Cr_2O_3 u. Fe_2O_3) geleitet wird — zweckmäßig unter Zusatz eines inerten Verdünnungsgases wie N_2, CO_2, CH_4, Bzl. oder bes. Wasserdampf, in 0,02- bis 10-, bes. 3facher Menge. Bessere Ausbeuten als bei der Dehydrierung von Dichloräthylbenzolen. — Tabelle. (**A. P. 2979536** vom 26/6. 1957, ausg. 11/4. 1961.) W. Gräger H 1410

2363 Dow Chemical Co., übert. von: Robert L. Zimmermann, Midland, Mich., V. St. A., **Dialkalimetallverbindungen von tri- bis hexamerem α-Methylstyrol (I)** werden hergestellt durch Rk. von Na u./oder K mit I in Ggw. von Tetrahydrofuran, Dioxan oder aliphat. Methyläthern bei —70 bis 50° u. oberhalb der Temp., die durch die Gleichung $1/T = 0{,}00358 - 0{,}000661 \log [m]$ (T = abs. Temp. in °K; m = Konz. von I in g/Liter Lsgm.) berechnet wird. Hierbei soll die Anfangs-Konz. 0,5—6 Mol I je Liter Lsgm. betragen. Bes. die Dialkalimetallverbb. des tetrameren I werden hergestellt. (**A. P. 2985594** vom 20/8. 1958, ausg. 23/5. 1961.)
A. Debo H 1410

2364 Dow Chemical Co., Midland, Mich., V. St. A., **Herstellung von Salzen vinylaromatischer Sulfonsäuren.** Man sulfoniert eine aromat. β-Halogenäthyl-Verb. mit 8—12 C-Atomen (2-Bromäthylbenzol oder -toluol) in der Lsg. eines fl. polychlorierten aliphat. KW-Stoffes (CCl_4, Chlf., CH_2ClCH_2Cl, bes. CH_2Cl_2) mit der 1—2fachen äquimol. Menge eines von B_2O_3 freien SO_3 bei —20° bis +80°, setzt zum Rk.-Prod. eine kleine Menge W. (bis zu 5%) zwecks Hydrolyse des ggf. gebildeten Sulfonsäureanhydrids u. zur Neutralisation der Säuren wss. Alkali (NaOH) zu, worauf der polychlorierte KW-Stoff abdest. wird, u. erhitzt das wss. Gemisch in Ggw. von O_2 auf 50—100° zwecks Dehydrohalogenierung. Man erhält so die *Na-Salze der Styrol-, Dichlorstyrol-, Vinyltoluolsulfonsäuren.* Bessere Ausbeuten. — 2 Tabellen. (**E. P. 893732** vom 19/10. 1959, ausg. 11/4. 1962. A. Prior. 29/10. 1958.) W. Gräger H 1490

2365 Food Machinery and Chemical Corp., New York, N. Y., V. St. A. (Erfinder: Charles Adam Heiberger und Donald R. Hill), **Bis-phenolabkömmlinge** der allg. Formel I (R, R_1 u. R_2 = H, Halogen, Alkyl u.

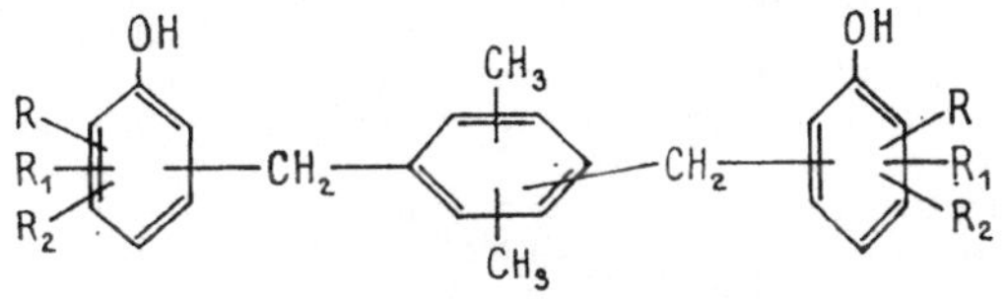

I

ggf. alkylsubstituiertes Benzyl), verwendbar als *Oxydationsschutzmittel* für *Kautschuk* u. *Bzn.*, als *Germicide* u. *Fungicide* u. als *Zwischenprodd.* für die Herst. von Epoxy- u. Polyesterharzen, erhält man durch Rk. eines Bis-chlormethyl-xylols mit einem Phenol der Formel **II,**

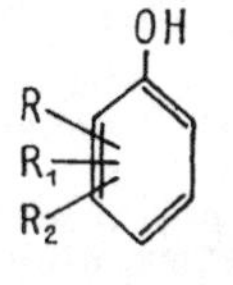

II

zweckmäßig im Molverhältnis 1:2 bis 1:20, bei 50—200°, bes. 100—175°. — So entstehen bei 3std. Erhitzen eines Gemisches aus 1,6 (Mol) 2.4-Dimethylphenol (**III**) u. 0,4 1.3-Bis-chlormethyl-4.6-dimethylbenzol auf 100 bis 105° unter HCl-Abspaltung u. üblichem Aufarbeiten durch fraktionierte Dest. im Vakuum 143 g *2.2′-Dimethylxylylen-bis-(4.6-dimethylphenol)*, glasartiger Feststoff, Erweichungsbereich 30—50°. Bei Verw. von Mono-(dimethylbenzyl)-kresol, Mono-(isopropylbenzyl)-m-äthylphenol, o-sek.-Butylphenol, o-sek.-Butyl-sek.-butylbenzyl-phenol, p-Chlorphenol, 2.5-Dichlorphenol u. Phenol an Stelle von **III** erhält man teils viskose Fll., teils halbfeste bis glasartige Feststoffe mit ähnlichen Erweichungspunkten. (**E. P. 885005** vom 28/5. 1958, ausg. 20/12. 1961. A. Prior. 29/5. 1957.) A. Mohr H 2260

2366 E. I. du Pont de Nemours & Co., Wilmington, Del., übert. von: Carter C. Gates, Bridgeton, N. J., V. St. A., **Herstellung von 1.5-Dibenzoylnaphthalin,** dad. gek., daß man Naphthalin mit Benzoylchlorid in Ggw. von $AlCl_3$ bei ca. 60° zur Rk. bringt, die Rk.-Masse dann z. B. ca. 12 Std. auf 70° erhitzt, nach Zugabe von z. B. Chlorbenzol auf ca. 30° abkühlt, den unlösl. $AlCl_3$-Komplex des 1.5-Dibenzoylnaphthalins abtrennt u. mit Alkali oder Säure hydrolysiert. — *Zwischenprod. zur Herst. von Fettfarbstoffen.* (**A. P. 3013078** vom 27/10. 1959, ausg. 12/12. 1961.) W. Heyer H 2700

2367 Snia Viscosa Soc. Nazionale Industria Applicazioni Viscosa S. p. A., Mailand, Italien, **Herstellung sehr reaktiver Additionsprodukte eines Alkalimetalls an Anthracen oder Stilben.** Man läßt die genannten KW-Stoffe mit > 2 g-Atomen Alkalimetall je Mol KW-Stoff in einem inerten O-freien Lsgm. bei einer Temp. in der Nähe des F. des Alkalimetalls, zweckmäßig etwas darüber, reagieren. — Zum Beispiel rührt man ein Gemisch aus 170 (g) wasserfreiem Xylol, 28,8 fein verteiltem Na u. 20 Anthracen erst 2 Std. bei normaler Temp., setzt dann 0,1—0,2 Dinatriumanthracen zu u. erhitzt 3 Std. auf 100°. Es bildet sich ein Nd. von Deka-Na-Anthracen. — Die verfahrensgemäß erhaltenen, meist blau- bis braunschwarzen Prodd. können bei chem. Rkk., z. B. als *Red.-Mittel,* oder als *Katalysator bei der Butadienpolymerisation* an Stelle der Alkalimetalle selbst verwendet werden. Sie besitzen gegenüber diesen auf Grund der hohen Dispersität den Vorteil größerer Reaktivität u. leichterer Handhabung. (**Niederl. P. 102713** vom 18/3. 1957, ausg. 15/10. 1962. It. Prior. 23/3. 1956.) F. Böhm H 2800

2368 Phillips Petroleum Co., Bartlesville, Okla., V. St. A., **Furfuralreinigung.** Befreiung von Furfural von Furfural-Polymeren, W. u. lösl. KW-Stoff-Ölen durch Fraktionierung der flüchtigen Bestandteile u. azeotrope Destillation. — Vorrichtung. (**E. P. 901079** vom 15/8. 1960, ausg. 11/7. 1962. A. Prior. 8/9. 1959.) R. Bauereis H 3061

2369 Institutul de Cercetari Chimico-Farmaceutice, Bukarest, Rumänien (Erfinder: Steliana Iacobescu und Teodor Gostea), **3-(α-Phenyl-β-acetyläthyl)-4-hydroxycumarin.** Verbesserte Herst. aus Benzaldehyd u. Aceton in wss. Medium in Ggw. eines bas. Kondens.-Katalysators. Nach Entfernung des überschüssigen Acetons wird das entstandene Benzylidenaceton direkt in Ggw. von Chinolinsulfat mit 4-Hydroxycumarin kondensiert. (**E. P. 905983** vom 24/9. 1959, ausg. 19/9. 1962.) R. Bauereis H 3211

2370 Phillips Petroleum Co., übert. von: Meredith N. Dilbert, Pasadena, Tex., V. St. A., **Abtrennung des 2-Methyl-5-äthylpyridin von 2-Methyl-5-vinylpyridin,** dad. gek., daß man das Gemisch einer fraktionierten Wasserdampfdest. unterwirft. (**A. P. 2995500** vom 28/12. 1953, ausg. 8/8. 1961.) W. Heyer H 3231

2371 Commercial Solvents Corp., New York, N. Y., V. St. A., **Reinigen von ε-Caprolactam,** das aus Cyclohexanonoxim durch die Beckmannsche Umlagerung mit 100%ig. H_2SO_4 erhalten wurde. Das wasserfreie Lactam (**I**) wird unter einem Druck von 5—50 mm Hg bei 115—175° so lange unter Rückfluß gekocht unter gleichzeitigem Durchleiten eines inerten Gases, bis der Geh. des **I** an flüchtigen Basen unter 25 ppm, berechnet als NH_3, liegt, worauf das **I** unter denselben Bedingungen dest. wird. (**E. P. 898388** vom 18/8. 1960, ausg. 6/6. 1962. A. Prior. 23/9. 1959.) C. Lüttgen H 3370

2372 **Farbwerke Hoechst Akt.-Ges., vormals Meister Lucius & Brüning,** Frankfurt/M., *Herstellung von Äthylen.* (**Niederl. P. 104029** vom 5/6. 1954, ausg. 15/3. 1963. D. Prior. 8/6. 1953. — C. **1960,** 990 [E. P. 780257].)

2373 **Inventa Akt.-Ges. für Forschung und Patentverwertung,** Zürich' Schweiz, *Herstellung von granulierfähigem Harnstoff.* (**E. P. 913442** vom 11/10. 1960, ausg. 19/12. 1962. Schwz. Prior. 12/10. 1959. — C. **1963,** 5231 [D. A. S. 1125907].)

2374 **Inventa Akt.-Ges. für Forschung und Patentverwertung,** Zürich (Erfinder: **Paul Seifert,** Domat-Ems, **Kurt Hungerbühler,** Zürich, und **Walter Feisst,** Tamins), Schweiz, *Herstellung von stabilisiertem Harnstoff.* (**Schwz. P. 369443** vom 24/10. 1958, ausg. 15/7. 1963. — C. **1961,** 8115 [E. P. 844294].)

2375 **Inventa Akt.-Ges. für Forschung und Patentverwertung,** Luzern, Schweiz, *Herstellung von 1.3-Bis-[ω-carboxyalkyl]-harnstoffen.* (**E. P. 915474** vom 29/9. 1960, ausg. 16/1. 1963. Schwz. Prior. 30/9. 1959. — C. **1962,** 16133 [D. A. S. 1125419].)

2376 **Courtaulds Ltd.,** London, England (Erfinder: **Bruce Arnold Townsend**), *Herstellung von Schwefelkohlenstoff.* (**E. P. 875809** vom 15/4. 1958, ausg. 23/8. 1961. — C. **1962,** 10842 [Niederl. P. 99177].)

2377 **Houdry Process Corp.,** Philadelphia, Pa., V. St. A., *Trennung und Reinigung von Triäthylendiamin.* (**E. P. 902073** vom 4/2. 1959, ausg. 25/7. 1962. A. Prior. 9/5. 1958. — C. **1962,** 15026 [F. P. 1218214].)

2378 **Henkel & Cie. G. m. b. H.,** Düsseldorf, *Acylaminocarbonsäuren.* (**E. P. 858238** vom 27/8. 1957, ausg. 11/1. 1961. D. Prior. 28/8. 1956. — C. **1961,** 12999 [F. P. 1179883].)

2379 **F. Hoffmann-La Roche & Co. Akt.-Ges.,** Basel, Schweiz (Erfinder: **Ernst Biekert,** München), *Herstellung von α-tert.-Aminoessigsäuren.* (**Schwz. P. 369468** vom 23/9. 1958, ausg. 15/7. 1963. D. Prior. 17/10. 1957. — C. **1962,** 3627 [E. P. 840876].)

2380 **Ajinomoto Co., Inc.,** Tokio (Erfinder: **Shinichi Motozaki, Mei Ohno,** Tokio, und **Kotaro Fujiwara,** Kamakurashi), Japan, *Isolierung von Glutaminsäure aus Gärmaische.* (**Schwz. P. 369469** vom 5/10. 1959, ausg. 15/7. 1963. Jap. Prior. 27/5. 1959. — C. **1963,** 685 [E. P. 870031].)

2381 **Ajinomoto Co., Inc.,** Tokio, Japan, *Kristallisieren von optisch aktiver Glutaminsäure.* (**E. P. 910860** vom 5/12. 1960, ausg. 21/11. 1962. Jap. Prior. 23/12. 1959. — C. **1963,** 5233 [D. A. S. 1124958].)

2382 **Sandoz Akt.-Ges.,** Basel, Schweiz, *Herstellung von L-Glutamin.* (**Niederl. P. 103929** vom 5/6. 1959, ausg. 15/2. 1963. Schwz. Prior. 6/6. 1958. — C. **1963,** 295 [D. A. S. 1080113].)

2383 **Sandoz Akt.-Ges.,** Basel (Erfinder: **Roger Boissonas,** Bottmingen), Schweiz, *Herstellung von l-(+)-Glutamin.* (**Schwz. P. 368481** vom 6/6. 1958, ausg. 31/5. 1963. **E. P. 910600** vom 26/5. 1959, ausg. 14/11. 1962. Schwz. Prior. 6/6. 1958. — C. **1962,** 14324 [F. P. 1226311].)

2384 **Studiengesellschaft Kohle m. b. H.,** Mülheim/Ruhr, *Herstellung von Borkohlenwasserstoffen.* (**Niederl. P. 103877** vom 23/4. 1958, ausg. 15/2. 1963. D. Prior. 29/4. 1957. — C. **1959,** 13316 [D. A. S. 1056126].)

2385 **Pittsburgh Coke & Chemical Co.,** Pittsburgh, Pa., V. St. A., *Nitrierung aromatischer Verbindungen.* (**Niederl. P. 103911** vom 31/12. 1958, ausg. 15/2. 1963. A. Prior. 11/2. 1958. — C. **1962,** 5476 [E. P. 854935].)

2386 **Progil — Electrochimie,** Paris, Frankreich, *Reinigen von Phenol.* (**D. A. S. 1146067** Kl. 12q vom 18/1. 1958, ausg. 28/3. 1963. F. Prior. 2/4. 1957. — C. **1961,** 13001 [F. P. 1174071].)

2387 **Shell Internationale Research Mij. N. V.,** Den Haag, Niederlande, *Trennung von 4.4'-Dihydroxydiphenyl- und 2.4'-Dihydroxydiphenylsulfon.* (**E. P. 915768** vom 13/10. 1960, ausg. 16/1. 1963. Niederl. Prior. 15/10. 1959. — C. **1964,** 2—2170 [Niederl. P. 101970].)

2388 **Badische Anilin- & Soda-Fabrik Akt.-Ges.,** Ludwigshafen/Rh., *Herstellung von Terephthalsäure.* (**Niederl. P. 104080** vom 2/1. 1957, ausg. 15/3. 1963. D. Prior. 3/1. 1956. — C. **1958,** 6968 [D. A. S. 1014982].)

2389 **Soc. Rhodiaceta,** Paris, Frankreich, *Hydrolysierung von Polyalkylenglykolterephthalat.* (**Niederl. P. 104017** vom 14/10. 1957, ausg. 15/3. 1963. F. Prior. 8/2. 1957. — C. **1959,** 14881 [F. P. 1166204].)

2390 **Comp. Française des Matières Colorantes,** Paris (Erfinder: **Marcel Jirou,** Sotteville-les Rouen, und **Jean-Marie Frey,** Les Authieux sur le Port St.-Quen-Oissel, Seine-Maritime), Frankreich, *Herstellung neuer aromatischer Amine.* (**Schwz. P. 369121** vom 13/12. 1957, ausg. 29/6. 1963. F. Prior. 14/12. 1956. — C. **1959,** 15508 [F. P. 1165628].)

2391 **Heinrich Koppers G. m. b. H.** und **Gelsenkirchener Bergwerks-Akt.-Ges.,** Deutschland, *Naphthalingewinnung.* (**F. P. 1186772** vom 27/11. 1957, ausg. 1/9. 1959. D. Prior. 28/11. 1956. — C. **1961,** 11894 [D. A. S. 1095800].)

2392 **Rhône-Poulenc Soc. An.,** Paris, Frankreich, *Herstellung von Estern von Phenyl-(2-piperidyl)-carbinol.* (**Niederl. P. 103857** vom 19/9. 1957, ausg. 15/2. 1963. F. Prior. 26/9. 1956, 6/2., 7/2. u. 9/8. 1957. — C. **1962,** 9901 [Aust. P. 220242].)

2393 **United States Rubber Co.,** New York, N. Y. (Erfinder: **Dwight Lorin Schoene,** Woodbridge, und **William Zukel,** Hamden, Conn.), V. St. A., *Herstellung von Maleinsäurehydrazidderivaten.* (**Schwz. P. 365383** vom 10/4. 1957, ausg. 29/12. 1962. A. Prior. 11/4. 1956. — C. **1961,** 5969 [D. A. S. 1093371].)

2394 **Ciba Ltd.,** Basel, Schweiz, *Herstellung von Amidoximen.* (**Niederl. P. 103880** vom 8/5. 1958, ausg. 15/2. 1963. A. Prior. 9/5. u. 18/9. 1957. — C. **1962,** 15038 [Oe. P. 206445].)

H_{10}. Färberei, Organische Farbstoffe

2395 **Neuere Experimente zum Chemismus der Hydrotropie.** H. Rath, J. Rau und D. Wagner. (Fibre e Colori **13,** 164—68, 1963; ital. — C. **1963,** 7175.) R. Grundmann 7002◇

2396 **Färbewärme von Baumwoll-Direktfarbstoffen auf Cellulose. Eine neue thermodynamische Methode zur Bestimmung der Aktivität von Direktfarbstoffen in Cellulose.** E. H. Daruwalla und A. P. D'Silva. (Textile Res. J. **33,** 40—51, 1963; Bombay-19, India, Univ. of Bombay, Dep. of Chem. Technol.; engl.) — Die Färbewärme eines Farbstoffs auf einer Faser ist eine thermodynam. Größe von großer prakt. Bedeutung. Sie kennzeichnet ein Färbeverf. u. verschafft eine quant. Vorstellung von der Wrkg. der Temp. auf das Färbegleichgewicht. Die Färbewärmen von 3 Baumwoll-Direktfarbstoffen (*Chrysophenine G, Chlorazol Sky Blue FF, Congo Red*) werden an verschiedenen Cellulosefasern (Baumwolle, Viscose, Kupferfaser) über eine weite Skala von

Farbstoffkonzz. im Substrat untersucht. Nach den Ergebnissen ist es möglich, den Sättigungswert eines Farbstoffs für eine bestimmte Faserart festzustellen u. die Aktivität des Farbstoffs in einer Cellulosefaser auszudrücken. Auf Grund dieser thermodynam. Meth. werden die Affinitätswerte der Direktfarbstoffe für die Cellulosefaserarten unter verschiedenen Vers.-Bedingungen bestimmt. L. Jentgen 7002◇

2397 **Sorption von Kongorot an Polyvinylformal. 1. Mitt. Über den formalisierten Film aus PVA ohne Behandlung. 2. Mitt. Über den formalisierten Film der Wärmebehandlung von PVA.** Kiyohisa Fujino, Fumihide Fujimoto und Gen Ando. (J. Soc. Textile Cellulose Ind., Japan [Sen-i Gakkaishi] **15**, 217—27, 1959; Kyoto, Japan, Kyoto Univ., Fac. of Engng.; jap., Auszug: engl.) — Für die Grundlagenunters. der Färbung von Vinylon wurde früher bereits die Sorption von Kongorot an PVA untersucht. Auf der Grundlage dieser Ergebnisse werden auf gleichem Wege die Sorptionsphänomene von Kongorotmoll. in PVF-Film untersucht. PVF-Proben werden hergestellt, aus denen PVA-Filme ohne Wärmebehandlung formalisiert werden. Der Formalisierungsgrad (Fg.) dürfte an der Oberfläche u. dem inneren Teil des Filmes gleich sein. Die Sorptionsisothermen werden an Proben unterschiedlichen Formalisierungsgrades (3, 10, 30, 50, 70, 85 Mol.-%) untersucht. — Sorptionsisothermen werden nicht systemat. verschoben bei Veränderungen des Fg. u. der Temp., wenn die Menge des sorbierten Farbstoffes gegen die Gew.-Einheit des getrockneten Filmes D_w dargestellt wird. Wird andererseits die Menge des sorbierten Farbstoffs gegen die Gew.-Einheit des gefärbten gequollenen Films D_s dargestellt, dann verändern sich die Sorptionsisothermen systematisch. Die Isothermen bestehen aus zwei Teilen, dem Langmuir-Teil u. dem vom Verteilungstyp, der vorst. beschrieben wurde. Bei niederem Fg. ist der Langmuir-Teil der ausgeprägtere; bei höherem Fg. ist es umgekehrt. Außerdem wird die heterogene Formalisierungsrk. von wärmebehandelten PVA-Filmen untersucht. Zunächst wird die während der Rk. erfolgende Veränderung der Verteilung des Fg. betrachtet. Die Sorptionsisothermen von Kongorot in PVA-Filmen (15, 21, 39, 43 Mol.-%) werden untersucht. Die Menge des sorbierten Farbstoffes wird durch D_s wie vorst. beschieben dargestellt. Ergebnisse ähnlicher Tendenz, wie vorstehend berichtet, werden erhalten. I. Köditz 7002△

2398 **Der Gebrauch von Natriumbicarbonat beim Färben von Baumwollgarnen mit Küpenfarbstoffen auf Apparaten.** H. Borsten. (Färgeriteknik **38**, 175—79, 1962; Delft Holland, TNO; schwed. — C. **1963**, 16358.) K. Schwabe 7006◇

2399 **Allgemeine Trends bei Färbe- und Ausrüstungsverfahren.** L. W. C. Miles. (Textile Recorder **80**, Nr. 958, 65—67, 1963; engl.) — Auf die Vorteile der Reaktivfarbstoffe beim kontinuierlichen u. partieweisen Färben von Stückware u. Garn wird hingewiesen. Verschiedene voll- u. halbkontinuierliche Färbeverff. werden beschrieben, auch das Procion-Harz-Verf. Als bes. erfolgreich wird das Baumfärben von Stoffen aus synthet. Fasern herausgestellt. Das Thermosol-Verf., die Einführung der Burligton-Druckfärbeapp., das Irga-Solvent-Verf. u. a. werden erwähnt. Die Bedeutung der Trocken- u. Naßknittererholung bei easy-care-Ausrüstungen wird erörtert. Als aussichtsreich wird das kürzlich entwickelte Tootal TEB-X-CEL-Verf. betrachtet, das Sulfix A verwendet. L. Jentgen 7020◇

2400 **Neue Färbeverfahren für Wolle. Das Irga-Solvent-Verfahren für Flocke und Kammzug.** H.-R. Hirsbrunner. (Ind. Textile **1962**, 899—904; S. A. Geigy; franz. — C. **1962**, 14331.) L. Jentgen 7020◇

2401 **Neuere Erfahrungen mit Remazol-Farbstoffen.** E. Ungermann. (Fibre e Colori **13**, 169—80, 1963; ital.) — C. **1963**, 2627. R. Grundmann 7020◇

2402 **Ein Bericht über den Stand des Färbens von Polypropylen.** E. M. Eddington. (Amer. Dyestuff Reporter **52**, 31(P 47), 1963; Allied Chem. Corp., Nat. Aniline Civ.; engl.) — Unter Hunderten von einzelnen Farbstoffen aus bekannten Farbstoffklassen wurden einige entdeckt, die Polypropylen(**A**)-Fasern anfärben. Aber alle zeigen geringe Echtheit u. sind schwierig zu färben. Eine modifizierte **A**-Faser, die mit Direktfarbstoffen in einer vollen Farbreihe färbbar sein soll, ist in der Herst. zu teuer. Die National Aniline Div., Allied Chemical Corp., hat 5 neue Farbstoffe herausgebracht, die unmodifiziertes **A** in hellen bis mittleren Tönen färbt. Die Färbemeth. wird beschrieben. Die Lichtechtheiten sind jedoch gering. Verschiedene Firmen beabsichtigen, leichter färbbare modifizierte **A**-Fasern herauszubringen. L. Jentgen 7020◇

2403 **Neuere Verfahren zum Färben von Courtelle.** H. D. Edwards. (J. Soc. Dyers Colourists **79**, 15—20, 1963; Droylsden, Manchester, Courtaulds Ltd., Res. Labor.; engl.) — Behandelt werden hauptsächlich neue Entw. zum Färben von Hochbauschgarnen aus Courtelle-Acrylfasern in Form von Garnkörpern u. Geweben aus solchen Garnen. Das Baumfärben unter bes. Berücksichtigung der Doppeljerseys u. das Färben von Geweben, bes. Mischungen mit Cellulosefasern, werden eingehend beschrieben. L. Jentgen 7020◇

2404 **Färben und Ausrüsten von Nylon.** Walter Stump. (Canad. Textile J. **80**, Nr. 2, 27—32, 1963; Decatur, Ala., Monsanto Chem. Co., Chemstrand Co., Dyeing & Finishing Serv.; engl.) — Für ein erfolgreiches Färben von Nylon-Stückware ist die Vorbereitung zum Färben mit am wichtigsten. In dieser Hinsicht werden Angaben gemacht über das Waschen, Heißfixieren, das eigentliche Färben mit verschiedenen Farbstoffen, das Chem-nyle-Verf., das Bleichen u. Ausrüsten. L. Jentgen 7020◇

2405 **Der Druck auf Textilien.** 2. Mitt. Walter Patek. (Adhäsion **4**, 245—48, 365—67, 536—38, 590—93, 1960; Wien, Bundeslehr- u. Vers.-Anstalt für Text.-Ind.; dt.) — 1. vgl. C. **1961**, 6687. — Die techn. Einzelheiten des Rouleauxdrucks, die Ausführung der Drucke (Direkt-, Ätz- u. Reservedruck), die Vorbereitung des Gewebes, die Zubereitung der Druckfarben, die Vorr. für kurzes u. langes Dämpfen, sowie das Waschen u. Trocknen der Drucke werden beschrieben. Ferner wird das Bedrucken von Cellulosefasern mit substantiven, bas., sauren Chrombeizen-, Schwefel-, Küpen(**I**)-, Leukoschwefelsäureestern von **I**, Naphthol-, Oxydations- u. Reaktivfarbstoffen sowie das Bedrucken von Wolle u. Seide mit den verschiedenen Farbstoffklassen besprochen. R. Bamberger 7022◇

2406 **Die Wirkung des Trocknens auf einige Eigenschaften von Stoffen auf Cellulosebasis.** György L. Bercsényi. (Magyar Textiltechn. [Ung. Textiltechn.] **15**, 13—15, 1963; ung.) — Der Zusammenhang zwischen der Kontakttrocknung u. der dadurch verminderten Färbbarkeit u. Hydrophilität wird untersucht. Zylindertrocknen u. Kalandern verschlechtern Färbbarkeit u. Druck infolge der Verstärkung des kristallinen Charakters von Cellulose, wodurch die Farbstoffsorption vermindert wird. Bei entsprechender Trocknung kann Farbstoff eingespart werden. Eine Meth. zur annähernden Best. der capillaren Saugwrkg. wird angegeben. Die Ergebnisse können mit denen des Thermotexverf. nicht verglichen werden, weil bei diesem das zur Ausrüstung gelangende Material heiß ist, während in den vorliegenden Verss. das Fasermaterial in abgekühltem Zustand behandelt wird. P. Wamoscher 7028△

2407 **Über das Verschießen gefärbter Viscosereyon-Gewebe, die mit verschiedenen Fixiermitteln behandelt wurden.** Susumu Aoyama. (J. Soc. Textile Cellulose Ind., Japan [Sen-i-Gakkaishi] **19**, 59—62, 1963; jap., Auszug: engl.) L. Jentgen 7028◇

2408 **Entwicklung bei Farbstoffen für die Textilindustrie.** H. Blackshaw. (Textile Recorder **80**, Nr. 958, 62—64, 1963; engl.) — Reaktivfarbstoffe u. Dispersions- u. bas. Farbstoffe für synthet. Fasern beherrschen auch weiterhin die techn. Literatur. 1962 sind insgesamt ca. 200 neue Farbstoffe (neu nach ihrer chem. Zus.) herausgekommen. Eine weitere Gruppe von Farbstoffen, die sich ständig weiter entwickelt, sind die 2:1 Metallkomplexfarbstoffe, während bei den Küpen-, Direkt- u.

Azofarbstoffen anscheinend ein gewisser Stillstand eingetreten ist. Eine Übersicht über die hauptsächlichsten neuen Farbstofftypen wird gegeben.
L. Jentgen 7048◇

2409 **Farbstoffe für Polypropylen.** N. L. Anderson, R. Dawson, F. L. Sievenpiper und P. Stright. (Amer. Dyestuff Reporter **52**, Nr. 2, 32(P 48)—34(P 50), **1963**; Allied Chem. Corp., Nat. Aniline Div.; engl.) — Die von National Aniline Division Allied Chemical Corp. neu entwickelte Gruppe von Farbstoffen beruht auf der Erfahrung, daß gewisse Metalle wie Al, Co, Cr, Ni u. a., die in geringen Mengen in Polypropylen vorhanden sind, Komplexe mit bestimmten Farbstoffen bilden. Das Färbeverf. wird beschrieben.
L. Jentgen 7048◇

2410 **Synthetische Farbstoffe.** 4. und 5. Mitt. Ivo Ubaldini. (Fibre e Colori **13**, 47—50, 117—30, 1963; ital.) — 3. vgl. C. **1963**, 22497. — Übersicht über Nitroso- u. Azo-Farbstoffe. R. Grundmann 7052◇

2411 **Synthetische Farbstoffe.** 6. Mitt. Ivo Ubaldini. (Fibre e Colori **13**, 157—63, 1963; ital.) — 5. vgl. vorst. Referat. — Übersicht über die chem. Einteilung von Azofarbstoffen u. Besprechung der sauren Azofarbstoffe.
R. Grundmann 7052◇

2412 **Metallkomplexe von Alizarin.** 1. Mitt. **Die Struktur des Calcium-Aluminiumlacks von Alizarin.** E. G. Kiel und P. M. Heertjes. (J. Soc. Dyers Colourists **79**, 21—27, 1963; Helmond, Netherlands, N. V. P. F. v. Vlissingen & Co's Katoenfabrieken, Res. Labor.; Delft, Netherlands, Techn. Univ., Labor. for Chem. Engng.; engl.) — Auf Grund von Zweifeln, daß die richtige Strukturformel von Türkischrot $Ca_2Al_3Az_4$ ist, wobei Az ein Alizarinmol. minus 2 hydroxyl. H-Atomen darstellt, wird die Mol.-Struktur des Komplexes bestimmt. Der Komplex wird in vitro hergestellt u. durch Waschen, Kristallisieren u. chromatograph. Trennung gereinigt. Nach üblichen analyt. Meth., einschließlich IR-Spektroskopie, wird festgestellt, daß die Grundverb. Ca Al(OH) $(Az)_2$ ist, in der Ca als ein Ion gebunden ist u. Al Teil eines Chelatrings mit den 9-HOOC- u. 1-HO-Gruppen von Alizarin bildet. Diese Verb. kann 3 Mol. W. aufnehmen u. eine neue Verb. bilden, in der die W.-Moll. Teile des mol. Gitters sind. Diese neue Verb. kann ein Hydrat mit weiteren 3 Moll. W. bilden.
L. Jentgen 7058◇

2413 **Metallkomplexe von Alizarin.** 2. Mitt. **Die Struktur einiger anderer Metallkomplexe von Alizarin als Türkischrot.** E. G. Kiel und P. M. Heertjes. (J. Soc. Dyers Colourists **79**, 61—64, 1963; engl.) — 1. vgl. vorst. Referat. — Die Mol.-Strukturen einiger Alizarinkomplexe werden bestimmt. Es wird gezeigt, daß alle diese Verbb. im wesentlichen die gleiche allg. Struktur haben u. daß sie aus einem Komplex-Anion (ein Chelat von Alizarin mit einem 3wertigen Metall) mit einem 1-, 2- oder 4wertigen Metallkation bestehen. Vor der Komplexbldg. ist eine Salzbldg. des Alizarinmol. erforderlich, weil sonst die Komplexbldg. sehr langsam vor sich geht. L. Jentgen 7058◇

2414 **Derivate der 1-Amino-2-naphthol-4-sulfonsäure als saure Farbstoffe.** A. I. Lewtschenko. (Hochschulnachr. (Iwanowo), Chem. chem. Technol. **3**, 920—23, 1960; Ukrain. Polytechn. Fern-Inst.; russ.) — Durch Oxydation von *1-Amino-2-naphthol-4-sulfonsäure* bzw. ihres Gemisches mit *2-Amino-8-naphthol-6-sulfonsäure* mit $NaClO_3$ als Oxydationsmittel in saurem Medium wird ein orangefarbener bzw. brauner Farbstoff erhalten. Beide Farbstoffe können zum Färben für Wolle u. Seide verwendet werden u. besitzen eine befriedigende Echtheit. Hans Nestler 7084□

2415 Montecatini Soc. Gen. per l'Industria Mineraria e Chimica (Erfinder: Vittorio Cappuccio und Ubaldo Riboni), Italien, **Verbesserung der Färbung von Polyolefinfasern,** bes. aus Polypropylen u. Polymeren bas. N-Verbb., wie Polyvinylpyridinen oder Kondens.-Prodd. von Epichlorhydrin mit aliphat. Aminen u. Diaminen oder mit aliphat. Aminen u. Iminen oder Diiminen (Piperazin) oder von Alkylchloriden mit Diaminen u. Epichlorhydrin, oder aus den Kondens.-Prodd. von Halogenderivv. mit Diaminen. Vor oder nach der Behandlung mit mono- oder diepoxydierten Verbb. werden die Fasern mit wss. Lsgg. von H_2SO_4 u. anschließend mit W. u./oder alkal. Mitteln gewaschen. — Ein Fasermaterial aus einem Gemisch von Polypropylen u. Polyimin wird z. B. durch 5%ig. H_2SO_4 bei 25° mit 5 Sek. Einw.-Zeit hindurchgeführt u. danach in 10%ig. $NaHCO_3$-Lsg. geleitet. Das geschnittene u. getrocknete Gut läßt sich kräftig färben. (**F. P. 1287962** vom 2/5. 1961, ausg. 1/8. 1962. It. Prior. 5/5. 1960.)
M. F. Müller 7017

2416 Ciba Soc. An., Schweiz, **Färben von Cellulosefasern** mit Küpenfarbstoffen in geschlossenen Gefäßen mit wss. Färbebädern bei $> 105°$ in Ggw. von Thioharnstoffdioxid als Red.-Mittel in alkal. Medium. — In den Beispielen wird das Färbebad 25—30 Min. bei 120° gehalten. (**F. P. 1293478** vom 28/6. 1961, ausg. 12/10. 1962. Schwz. Prior. 29/6. 1960.) M. F. Müller 7021

2417 Soc. Rhodiaceta, Frankreich, **Färben von Textilstoffen,** welche aus 95—85(%) Polypropylen u. 5—15 eines Interpolyamids bestehen, das durch Polykondens. von 30—50 (Teilen) Hexamethylendiaminadipat (I) u. 70—50 Hexamethylendiaminsebacat (**II**) erhältlich ist. Das Färbebad enthält o-Phenylphenol u. wenigstens einen cycl. KW-Stoff, der ggf. chloriert ist; Färbetemp. $> 95°$. — Das Textilfasermaterial aus 90(%) isotakt. Polypropylen u. 10 eines Interpolyamids aus 45% **I** u. 55 **II** wird mit einem Färbebad bei 98° blau gefärbt, das 1000 W., 0,6 Latylblau FL, 3 Na-o-Phenylphenolat, 1 Trichlorbenzol u. 5 $(NH_4)_2HPO_4$ enthält. (**F. P. 1285340** vom 10/1. 1961, ausg. 11/7. 1962.)
M. F. Müller 7021

2418 Comp. Française des Matières Colorantes (Erfinder: Jacques Pechmeze, Gérard Mangeney, Joël Gadenne und Francis Carlier), Frankreich, **Färben von Fasermaterial aus Acrylnitrilpolymeren und -mischpolymeren** in Ggw. von anion. oberflächenakt. Prodd. (I) in Form der freien Säuren, welche als Verzögerungs- u. Egalisierungsmittel wirken, z. B. Alkylaryl- u. Dialkylarylsulfonsäuren. Geeignete Farbstoffe sind z. B. bas. oder Metallkomplexe oder Farbstoffe mit einer Sulfamingruppe. Die Verbb. **I** bewirken z. B. eine Hydrolyse der Sulfaminfarbstoffe. Geeignete Metallkomplexfarbstoffe sind z. B. die Cr- oder Co-Komplexe von metallisierbaren Azofarbstoffen u. Azomethinen, die keine SO_3H-Gruppen u. 1 Atom Metall auf 2 Moll. des Farbstoffes enthalten. — 33,6 (Gew.-Teile) NaOH werden in einem Rührgefäß in 400 abs. Methanol gelöst, dazu wird eine Lsg. von 200 Dodecylbenzolsulfonsäure in 400 abs. Methanol gegeben, welche 2,4% freie H_2SO_4 enthält. 1 Std. wird gerührt, worauf die Lsg. durch eine Kolonne geleitet wird, die mit einem Kationenaustausch-Sulfonsäureharz „Amberlit IR. 120" gefüllt ist. Die durchgelaufene Lsg. wird durch Dest. von Methanol befreit; der Rückstand ist reine Dodecylsulfonsäure (**II**); SZ. 168. Ein Acrylnitrilfasergewebe „Crylor H" wird mit einer Lsg. gefärbt, welche 1% „Vert Brillant Cristaux" in 3000 W. mit einem Zusatz von 3 **II** enthält. — Weitere Beispiele. (**F. P. 1281402** vom 1/12. 1960, ausg. 21/5. 1962.) M. F. Müller 7021

2419 Imperial Chemical Industries Ltd., England, **Färben von Textilien aus natürlichen und regenerierten Proteinen** unter Verw. von wasserlösl. Farbstoffen, welche wenigstens eine $-X-CH=CH_2$-Gruppe enthalten [X = SO_2- oder $-N(R)\cdot CO$; R = H oder KW-Stoff-Rest]. — 0,2 (Teile) des Na-Salzes von 1-[4'-Acryloylaminophenyl]-3-methyl-4-[o-sulfophenylazo]-pyrazolon-(5) (**I**) werden in 20 W. gelöst u. in eine Lsg. von 0,6 H_2SO_4 u. 2 Na_2SO_4 in 1000 W. eingetragen. In die Lsg. wird ein Wollgewebe eingetaucht, danach auf 100° gebracht u. 30 Min. dabei gehalten. Nach Zusatz von 1,5 Na_3PO_4 wird das Färbebad weiterhin 45 Min. bei 100° gehalten. Das Gewebe wird gewaschen u. getrocknet; es ist hell grünlichgelb gefärbt. **I** wird erhalten durch Kupplung von diazotierter Orthanilsäure mit 1-[4'-Acryloylaminophenyl]-3-methylpyrazolon-(5). — Weitere Farbstoffe sind z. B. 2-Acryloylamino-7-[2'-methoxyphenylazo]-8-naphthol-6-sulfonsäure, 1-Amino-4-[4'-acryloylamino-3'-sulfoanilino]-anthrachinon-2-sulfonsäure, 1-[β-(2'-Carboxyphenylazo)-acetoacetylamino]-4-acryloylaminobenzol (alle in Form der Na-Salze), gemischter Cr-Komplex von 1-Acryloylamino-3-[2'-hydroxy-5'-nitrophenylazo]-4-naphthol u. 1-[2'-Hydroxynaphthyl-(1')-azo]-6-nitro-2-naphthol-4-sulfonsäure u. [Phthalocyaninkupfer]-3-sulfon-N-[3'-acryloylaminophenyl]-amidosulfonamidsulfonsäure. Letzterer Farbstoff, welcher Wolle grünlichblau färbt, wird erhalten durch Rk. von [Phthalocyaninkupfer]-tetra-3-sulfonylchlorid mit m-Acetylaminoanilin in wss. Medium in Ggw. von NH_3. (**F. P. 1278217** vom 14/11. 1960, ausg. 10/4. 1962. E. Prior. 13/11. 1959 u. 19/10. 1960.) M. F. Müller 7021

2420 Badische Anilin- & Soda-Fabrik Akt.-Ges. (Erfinder: Alfons Janson, Johannes Conrad und Karl Morweiser), Ludwigshafen/Rh., **Stabilisierung von sauren Abziehbädern,** die zum *Entfärben von Textilien* dienen u. aliphat. Sulfinsäuren oder deren Salze als Red.-Mittel enthalten, wie *Na-, K-, Ca-* u. *Zn-Hydroxymethan-, -Hydroxyäthan-, -Hydroxypropan-, -α-Hydroxybutansulfinat,* u. die Rk.-Prodd. aus Hydroxyalkansulfinsäure u. NH_3 oder Äthylendiamin, bes. gegen Zers. beim Erhitzen, erfolgt durch Zusatz von bis zu 10% eines *Mono-* oder *Dialdehyds* mit 1—8 C-Atomen oder diesen unter den Rk.-Bedingungen abspaltenden Verbb., wie HCHO, Acet-, Propion-, Butyr-, Korkaldehyd, Glyoxal, Paraformaldehyd, HCHO-Harnstoff-Kondens.-Prodd. mit 1—3 Methylengruppen, Hexamethylentetramin. — 50 (Teile) Ca-Hydroxyäthansulfinat löst man in 10000 W., gibt 5 Acetaldehyd u. 39 HCOOH zu; pH 3,2; wird die Lsg. auf 50° erhitzt, so sind nach 30 Min. 1,7 u. nach 60 Min. nur 6,8% der Sulfinsäure zers., die Lsg. bleibt klar u. geruchlos; ohne den Zusatz des Aldehyds sind nach 30 Min. schon 85 u. nach 60 Min. 88% zersetzt. — Vgl. D. A. S. 1081859; C. **1960,** 15582. (**E. P. 888390** vom 5/12. 1958, ausg. 31/1. 1962. D. Prior. 6/12. 1957.) G. Krauß 7027

2421 Soc. Carbochimique Soc. An., Belgien, **Herstellung von sulfamidierten Monoazofarbstoffen** durch Kupplung eines diazotierten Amins, welches in o-Stellung eine metallisierbare OH- oder COOH-Gruppe u. 1—2 Sulfamidgruppen enthält, von denen wenigstens eine eine $-SO_2N(alkyl)-C_2H_4CN$-Gruppe ist, mit einer Verb., welche in Nachbarstellung zu einer OH- oder NH_2-Gruppe kuppelt. Die Sulfamidverbb. werden erhalten durch Rk. eines entsprechenden Sulfochlorids mit einem Monoalkylamin u. Acrylnitril. — 25,5 (Teile) 4-[N-Methyl-N-(β-cyanäthyl)-sulfamido]-2-aminophenol werden in 200 W. u. 34 wss. HCl (19°Bé) gelöst u. diazotiert. Durch Kupplung mit 18,4 1-Phenyl-3-methylpyrazolon-(5) wird ein Monoazofarbstoff erhalten, der in 120 Formamid, das 10 Cr-Formiat enthält, gelöst u. 1 Std. auf 120° erhitzt wird. Nach dem Abkühlen auf 95° werden langsam 500 warmes W. zugegeben, worauf abgekühlt u. filtriert wird. Der Filterkuchen wird mit 250 W. u. 2 NaOH 15 Min. gekocht; der getrocknete rote Farbstoff ist in W. lösl. u. färbt Wolle in einem neutralen oder sauren Bade orange, lichtecht u. feuchtigkeitsfest. (**F. P. 1275948** vom 12/12. 1960, ausg. 9/3. 1962. Belg. Prior. 22/12. 1959.) M. F. Müller 7053

2422 Imperial Chemical Industries Ltd., London, England (Erfinder: Raymond Deverell-Smith und Christopher David Marrable), **Triarylmethanfarbstoffsalze,** die innig mit Öl- u. Wachs vermischt zur Herst. sauber zu handhabender Kohlepapiere geeignet sind, werden durch Rk. bas. Triarylmethanfarbstoffe, bes. Hexamethyl-p-rosanilin (**I**) mit 5-Sulfo-2-hydroxybenzoesäure (**II**) erhalten. — 44 (Gew.-Teile) **I**-Hydrochlorid mischt man mit 20 A., löst die Paste bei 50° in 1000 W., kühlt auf 30° u. versetzt allmählich unter Rühren mit einer Lsg. von 17 des Na-Salzes von **II** (pH 3—6), filtriert, wäscht, trocknet u. vermahlt zu einem feinen Pulver. In ähnlicher Weise kann Victoria Pure Blue BO in das **II**-Salz übergeführt werden. — Beispiele über die Herst. der Vervielfältigungspapiere. (**E. P. 913438** vom 6/5. 1960, ausg. 19/12. 1962.) O. Roick 7057

2423 J. R. Geigy Akt.-Ges., Basel, Schweiz, **Anthrachinonfarbstoffe** der allg. Zus. A_1–NH–CO–B–CO–NH–A_2 (A_1 u. A_2 = gleiche oder verschied. ggf. in W. nicht sauer dissoziierende Substituenten enthaltende Reste der Anthrachinonreihe, B = Mono- oder Difluorphenylrest, der mit den Carbonylgruppen in m- oder p-Stellung verbunden ist), geeignet zum Färben cellulosehaltiger Fasern, erhält man in üblicher Weise durch säureamidartige Verknüpfung von 1 Mol einer Mono- oder Difluor-isophthal- oder -terephthalsäure, mit 2 Mol einer Aminoanthrachinonverbindung. — So erhält man aus 223 (Gew.-Teilen) 1-Aminoanthrachinon (**I**) u. 50 5- oder 4-Fluorisophthalsäuredichlorid (**II**) oder Fluorterephthalsäuredichlorid (**III**) oder 120 2.5-Difluorterephthalsäuredichlorid (**IV**) durch Erhitzen in 1.2-Dichlorbenzol unter Rückfluß Farbstoffe, die Baumwolle (**A**) aus der Küpe zitronengelb färben. Weitere Farbstoffe können erhalten werden aus: 5-Fluorisophthalsäuredichlorid (**V**) u. 5-Benzylamino-**I** (**VI**), gelbbraune Kristalle, färbt **A** aus kirschroter Küpe goldgelb; **III** u. **VI**, färbt **A** orangegelb; **II** u. **VI**, orangegelb; **V** u. 5-(4'-Chlorbenzoylamino)-**I**, 5-(4'-Methyl- oder -Methoxybenzoylamino)-**I**, 5-(3'- oder 4'-Fluorbenzoylamino)-**I** oder 5-(2'.4'-Dichlorbenzoylamino)-**I**, färben **A** orangegelb; **V** u. 6.7-Dichlor-**I**, grünstichig gelb; **V** u. 4-Methoxy-**I**, goldorange; 2-Fluorisophthalsäuredichlorid u. **VI**, goldorange; **III** u. 4-Benzoylamino-**I**, rotbraun; **III** u. 4-Methoxy-**I**, rotbraun; **III** u. 5-(3'-Fluorbenzoylamino)-**I**, orangegelb; **IV** u. **VI**, orangestichiges Gelb; **IV** u. 4-Methoxy-**I**, goldorange. Durch Rk. von **V** mit einem Gemisch aus **VI** u. 6.7-Dichlor-**I** wird ein Farbstoff erhalten, der **A** aus schwarzbrauner Küpe grünstichig gelb färbt. Auch der Farbstoff aus **V**, **I** u. **VI** färbt grünstichiggelb. — Färbebeispiel. (**F. P. 1278287** vom 17/12. 1960, ausg. 6/4. 1962. Schwz. Prior. 18/12. 1959.) O. Roick 7059

2424 Farbenfabriken Bayer Akt.-Ges., Leverkusen, **Saure Anthrachinonfarbstoffe.** Zu D. A. S. 1099669; C. **1961,** 18515 ist nachzutragen: Außer mit 1-Phenyl-3-aminobutanen können die 1.4-Dihydroxy- oder 1.4-Diaminoanthrachinone ganz allg. mit Aminen der Formel R_1–C(R_4)R_3–X–CH(NH_2)–R_2 umgesetzt werden (R_1 = H oder Alkyl, R_2 = Alkyl oder Cycloalkyl, R_3 = H, Alkyl oder Phenyl, R_4 = Phenyl oder Naphthyl u. X = geradkettiges Alkylen mit bis zu 3 C-Atomen, wobei entweder a) x mit einem Phenylrest substituiert ist oder mit einem bis 3 C-Atome enthaltenden Alkylrest, der mit R_3, wenn R_3 Alkyl ist, zur Bldg. eines Alkylenringes verbunden sein kann oder b) R_2 Alkyl mit mehr als 1 C-Atom oder Cycloalkyl bedeutet oder c) einen mit Halogen, Alkyl, Alkoxy- oder einer Aminogruppe substituierten Phenyl oder Naphthylrest darstellt). — In blauen Tönen färbende Farbstoffe können erhalten werden aus (anthrachinon-**I**): Leuko-1.4-dihydroxy-**I** u. 1-(4'-Chlorphenyl)-2-methyl-3-aminobutan ($Kp._{12}$ 140—144°), 1-(2'-Chlorphenyl)-3-amino-5-methylhexan [$Kp._{11}$ 153—155°, erhältlich durch aminierende Hydrierung von 1-(2'-Chlorphenyl)-5-methylhexen-(1)-on-(3) ($Kp._{13}$ 176—181°)] 1-Phenyl-3-amino-5-methylhexan **II**, ($Kp._{12}$ 134—138°), 1-Phenyl-3-cyclohexyl-3-aminopropan ($Kp._{13}$ 183°, erhältlich durch alkal. Kondens. von Acetylcyclohexan u. Benzaldehyd u. anschließende aminierende Hydrierung). 1-Phenyl-2-(4'-chlorphenyl)-3-aminobutan ($Kp._{0,3}$ 142 bis 144°, erhältlich durch aminierende Hydrierung von α-Acetyl-p-chlorstilben), α-(4-Phenyl-cyclohexyl)-äthylamin [$Kp._{13}$ 160—165°, durch Hydrierung von 1-Acetyl-4-phenylcyclohexen-(1) ($Kp._{13}$ 180—186°) zum 1-Acetyl-4-phenylcyclohexan ($Kp._{13}$ 170—174°) u. anschließende Aminierung], 1-(4'-Aminophenyl)-3-aminobutan ($Kp._{12}$ 160—164°) (dieser Farbstoff kann noch mit p-Toluolsulfochlorid oder Benzoylchlorid acyliert werden), oder 1-Phenyl-5-amino-7-methyloctan ($Kp._{11}$ 143—147°); Leuko-1.4.5-trihydroxy- oder -1.4.5.8-tetrahydroxy-**I** u. **II**. (**E. P. 899682** vom 24/7. 1959, ausg. 27/6. 1962. D. Prior. 31/7. 1958.) O. Roick 7059

2425 Badische Anilin- & Soda-Fabrik Akt.-Ges., Ludwigshafen/Rh. (Erfinder: Willy Braun, Helmut Preugschas und Hermann Weissauer), **Wasserlösliche Farbstoffe der Anthrachinonreihe,** geeignet zum Färben von Wolle, Seide oder Polyamiden, werden erhalten, wenn Anthrachinon-Derivv., die mindestens einen ankondensierten aromat. oder quasiaromat. Ring im

Mol enthalten, z. B. Violanthron (I), Isoviolanthron (II), Dibenzo-2.2'-anthronyl (III) u. dgl., über eine –O-, $-CH_2O$-, –S-, $-CH_2S$-, –NR-, $-CH_2NR$-, –CO·NR- oder $-SO_2$·NR-Brücke oder über eine mindestens eine derartige Brücke enthaltende Gruppe mit einer Hydroxyäthylgruppe verbunden werden u. letztere vorher oder nachher am Hydroxylrest mit H_2SO_4 oder H_2SO_4-Abkömmlingen verestert wird, wobei RH, Alkyl oder Hydroxyalkyl bedeutet. — So erhält man z. B. Farbstoffe, wenn man die sulfochlorierten oder chlormethylierten I, II oder III mit N-Methyl-N-(β-hydroxyäthyl)-propylendiamin-(1.3), N.N-Di-(β-hydroxyäthyl)-äthylendiamin oder N-Methyl-äthanolamin umsetzt u. verestert. Die erhaltenen Farbstoffe färben violett, violett bzw. gelbstichig grün. (**F. P. 1277867** vom 23/1. 1961, ausg. 4/4. 1962. D. Prior. 23/1. 1960.) O. Roick 7059

2426 Fabriek van Chemische Producten Vondelingenplaat N. V., Niederlande, **Bromierte Dispersionsfarbstoffe der Anthrachinonreihe,** die ein Br-Atom an mindestens einer der Stellungen 2 u. 3 des Anthrachinonkerns gebunden enthalten u. Polyester-, Celluloseacetat- u. Polyamidfasern in gut sublimier- u. lichtechten Tönen färben, werden durch Behandlung von 1.4-Diamino-5-nitro-anthrachinon (I) mit Br_2 erhalten. — Man gibt 109 (g) Br_2 in 2 Std. zu einem Gemisch von 480 Nitrobenzol u. 50 I bei 50°, hält die Temp. weitere 2 Std. bei 60°, kühlt auf Raum-Temp., verd. mit A. u. filtriert. Das in guter Ausbeute erhaltene *2.3-Dibrom*-**I** färbt leuchtend blau. Das mit nur 55 Br_2 erhaltene *Monobrom*-**I** färbt ebenfalls blau. — Färbebeispiele. (**F. P. 1292639** vom 20/6. 1961, ausg. 28/9. 1962. Niederl. Prior. 24/6. 1960.) O. Roick 7059

2427 Ciba Akt.-Ges., Basel, Schweiz, **4.4'-Diamino-1.1'-dianthrachinonyle.** Pigmentfarbstoffe u. als Sulfonsäuren Wollfarbstoffe erhält man aus 1-Amino-4-halogenanthrachinon-2-sulfonsäuren (I), wenn man I in saurem wss. Medium in Ggw. von Cu oder Cu-Verbb., die halogenabspaltend wirken, z. B. bei 50—100° erhitzt u. ggf. in den erhaltenen 4.4'-Diamino-1.1'-dianthrachinonyl-disulfonsäuren die Sulfonsäuregruppen durch H oder andere Substituenten ersetzt oder in andere Substituenten überführt. — Durch $1^1/_2$std. Verrühren von 40,4 (Gew.-Teilen) des Na-Salzes von 1-Amino-4-bromanthrachinon-2-sulfonsäure, 19,1 Cu-Pulver, 600 W. u. 5 50%ig. H_2SO_4 bei 75° erhält man in 92%ig. Ausbeute (4.4'-Diamino-1.1'-dianthrachinonyl = **II**), **II**-*3.3'-disulfonsäure* (**III**). In ähnlicher Weise kann erhalten werden: **II**-*2.2'.6.6'-tetrasulfonsäure* (**IV**), färbt Wolle (**B**) aus saurem Bade rot (aus 1-Amino-4-bromanthrachinon-2.6-disulfonsäure); **II**-*6.6'.7.7'-tetrachlor-2.2'-disulfonsäure* (**V**), färbt **B** bordorot (aus 1-Amino-4-brom-6.7-dichloranthrachinon-2-sulfonsäure). — Werden 32,4 des Na-Salzes von **III** in 240 80%ig. H_2SO_4 3 Std. bei 135—140° erhitzt, so wird in 95%ig. Ausbeute das Pigment **II**, geeignet für Lacke u. synthet. Kunstharze, erhalten. Werden 3 **IV** im säurefesten Druckgefäß 10 Std. auf 190—200° erhitzt, so gewinnt man **II**-*6.6'-disulfonsäure*, färbt **B** bordorot. Durch Abspalten der SO_3H-Gruppen von **V** wird mit TiO_2 verschnitten ein Polyvinylchlorid violettfärbender Pigmentfarbstoff erhalten. Durch Verrühren von **III** mit Br_2 in wss. HBr bei 40—45° kann *3.3'-Dibrom*-**II** hergestellt werden. (**F. P. 1289750** vom 28/4. 1961, ausg. 19/9. 1962. Schwz. Prior. 5/5. 1960.) O. Roick 7059

2428 Cassella Farbwerke Mainkur Akt.-Ges., Frankfurt/M., **Chinacridone.** Die Pigmentfarbstoffe werden in guten Ausbeuten erhalten, wenn man 2.5-Diarylamino-3.6-dihydroterephthalsäure-dialkylester mit den aus hochprozentiger Orthophosphorsäure (I) u. P_2O_5 entstehenden Gemischen von Polyphosphorsäure in der Wärme behandelt u. die so entstandenen 9.10-Dihydrochinacridone mit milden Oxydationsmitteln, wie Nitrobenzol (II), Chloranil in Monochlorbenzol, m-nitrobenzolsulfonsaures Na in Glykol, 1.2-Naphthochinon-4-sulfonsäure oder Phenanthrenchinonsulfonsäuren, zu den Chinacridinen oxydiert. — So erhält man z. B. 9.10-Dihydrochinacridon (**III**), ein schwach rotes Pulver, in 85%ig. Ausbeute, wenn ein Gemisch von 350 (Gew.-Teilen) P_2O_5 u. 330 **I** $^1/_4$ Std. auf 100—110° erhitzt u. dann $^1/_2$ Std. mit 60 2.5-Dianilido-3.6-dihydro-terephthalsäurediäthylester auf 140—150° erhitzt wird. Durch Kochen von 10 **III** in 200 **II** 1 Std. lang unter Rückfluß wird in 93%ig. Ausbeute das *lin. Chinacridon* als rotstichigviolettes Pulver erhalten. In ähnlicher Weise kann *4.8-Dimethoxy-*, *2.6-Diphenyl-*, *2.6-* oder *4.8-Diphenoxy-chinacridon* gewonnen werden. Aus 2.5-Di-(2'-methyl-4'-methoxyphenyl-amino)-3.6-dihydroterephthalsäurediäthylester wird das *2.6-Dimethoxy-4.8-dimethyl-chinacridon* als rotstichigviolettes Pulver erhalten. (**E. P. 909602** vom 23/6. 1960, ausg. 31/10. 1962. D. Prior. 26/6. 1959.) O. Roick 7061

2429 Cassella Farbwerke Mainkur Akt.-Ges., Frankfurt/M., **Chinacridone.** 2.5-Diarylamino-3.6-dihydroterephthalsäure-dialkylester werden in 60—100%ig. HF in einem Druckgefäß auf 120—180° erhitzt u. die entstandenen 9.10-Dihydrochinacridone mit milden Oxydationsmitteln zu den Chinacridonen oxydiert. — Die *Pigmentfarbstoffe* werden in guten Ausbeuten erhalten. — Z. B. gewinnt man durch 2std. Erhitzen von 20 (Teilen) 2.5-Dianilido-3.6-dihydroterephthalsäurediäthylester u. 100 wasserfreiem HF im Autoklaven bei 140—150° in 82%ig. Ausbeute 9.10-Dihydrochinacridon (**I**) als hellbraunes Pulver. Durch 2std. Sd. von 10 **I** mit 10 anthrachinon-2-sulfonsaurem Na in einer Lsg. von 10 NaOH in 150 W. u. 200 A. unter Rückfluß wird in 91%ig. Ausbeute das rotstichig violette *Chinacridon* erhalten. In ähnlicher Weise erhält man weitere Chinacridone aus 2.5-Di-(p-toluidino-, p-chloranilido- oder p-anisidino)-3.6-dihydroterephthalsäuren. (**F. P. 1294523** vom 7/7. 1961, ausg. 24/10. 1962. D. Prior. 9/7. 1960.) O. Roick 7061

2430 Farbwerke Hoechst Akt.-Ges. vormals Meister Lucius & Brüning, Frankfurt/M., **Lineares Chinacridon der γ-Kristallphase** von großer Reinheit des Farbtons, guter Deckkraft u. weichem Griff, geeignet zum Färben von Lacken u. plast. Massen, für die Herst. von Druck- u. Anstrichfarben, wird dadurch erhalten, daß man 2.5-Dianilino-terephthalsäure in Polyphosphorsäure mit einem P_2O_5-Gehalt von mindestens 82% bei 120—140° zum lin. Chinacridon kondensiert u. das feuchte Rohchinacridon nach einer Behandlung mit wss. Alkali bei Sd.-Hitze, ggf. unter Zusatz eines niedrig sd. Alkohols, in Form einer neutralen Paste einer Druckerhitzung in W. bei 120—200° unterwirft. (**F. P. 1299863** vom 28/8. 1961, ausg. 12/12. 1962. D. Prior. 27/8. 1960.) O. Roick 7061

2431 Farbwerke Hoechst Akt.-Ges. vormals Meister Lucius & Brüning, Frankfurt/M., **Lineare Chinacridone.** Anstelle der freien Säuren werden die Alkalisalze der 2.5-Diarylaminoterephthalsäuren mit Polyphosphorsäure mit einem P_2O_5-Gehalt von 83—86% bei Temp. von 120—140° zu den Chinacridonen cyclisiert. Die Pigmentfarbstoffe werden in guter Ausbeute u. Reinheit erhalten. (**F. P. 1299997** vom 11/9. 1961, ausg. 12/12. 1962. D. Prior. 10/9. 1960.) O. Roick 7061

2432 Ciba Akt.-Ges., Basel, Schweiz, **Lineare Chinacridone** von großer Farbkraft werden erhalten, wenn man lineare Dihydrochinacridone mit einer Nitroaryl-Verb., wie Nitrobenzol (I) oder Nitrobenzolsulfon- oder -carbonsäuren, in Ggw. eines Alkalihydroxyds oder Alkalialkoholats u. eines einwertigen Alkohols, enthaltend 3—6 C-Atome, wie Isopropyl-, n-Butyl-, Amyl- oder Cyclohexylalkohol, bes. aber Glykolmonoalkyläther, als Lsgm. bei Temp. von 80—150° in Abwesenheit bemerkenswerter Mengen W. (nicht mehr als 10% bezogen auf das Lsgm.) erhitzt. Die Ausfällung des Pigmentfarbstoffs wird dann vorteilhaft mit viel W. vorgenommen. Sind die Prodd. nicht genügend rein, können sie noch mit 80—85%ig. H_2SO_4 umgefällt werden. — So erhitzt man unter Rühren bei 120° 6,84 (Gew.-Teile) Dimethyldihydrochinacridon, 16 pulverförmiges NaOH u. 150 Äthylenglykolmonoäthyläther, gibt 13,5 m-nitrobenzolsulfonsaures Na (**II**) hinzu, rührt 2—3 Std. bei der gleichen Temp., verd. mit 15° warmem W., filtriert, wäscht mit warmen W. u. A. u. trocknet bei 50—60°. Der Farbstoff färbt Polyvinylchlorid u. Lacke gut licht- u. migrationsecht rotviolett. Anstelle der 13,5 **II** können auch 3 **I** verwendet werden. In ähnlicher Weise kann das

Dimethoxy-, Dichlor- oder Dibenzochinacridon u. das unsubstituierte lin. Chinacridon in der α-, β- oder γ-Form erhalten werden. (**F. P. 1289834** vom 12/5. 1961, ausg. 24/8. 1962. **E. P. 911477** vom 18/5. 1961, ausg. 28/11. 1962. Beide Schwz. Prior. 19/5. 1960.)
O. Roick 7061

2433 Ciba Akt.-Ges., Basel, Schweiz, **Lineare Chinacridone.** Zu D. A. S. 1136438; C. **1963,** 14873 ist nachzutragen: Es werden nicht nur 2.5-Di(phenylamino)-, sondern allg. 2.5-Di-(arylamino)-terephthalsäuren in Ggw. eines hochsd. indifferenten Lsgm. mit einem Arylcarbonsäurehalogenid, durch Erhitzen zu den Chinacridonen umgesetzt. So erhält man lin. Chinacridone aus 2.5-Diarylaminoterephthalsäuren (1. Arylamin, 2. Farbton des Pigmentfarbstoffs): 1- oder 2-Naphthylamin, orange; 1- oder 2-Aminoanthracen, orange bzw. orangegelb. (**F. P. 1290694** vom 31/5. 1961, ausg. 19/9. 1962. Schwz. Prior. 7/6. 1960.) O. Roick 7061

2434 Badische Anilin- & Soda-Fabrik Akt.-Ges., Ludwigshafen/Rh. (Erfinder: Alfred Schuhmacher und Alfred Ehrhardt), **Lineare trans-Chinacridone,** 7.14-Dioxo-5.7.12.14-tetrahydrochinolino-[2.3-b]-acridine, *Pigmentfarbstoffe*, werden in großer Reinheit u. guten Ausbeuten erhalten, wenn man ggf. am Anilinrest Halogenatome u./oder niedrigmol. Alkylgruppen mit aromat. Carbonsäurehalogeniden oder deren höher halogenierten Vorstufen, z. B. Benzotrichlorid (**I**) anstelle von Benzoylchlorid (**II**), bes. in Ggw. von inerten Lsgm. u./oder Verdünnungsmitteln auf Temp. von 140—250° erhitzt. — Man erhitzt z. B. 100 (Gew.-Teile) 2,5-Dianilinoterephthalsäure (**III**) u. 200 **II** in 400 Nitrobenzol (**IV**) 16 Std. unter Rühren bei 175—180°, saugt bei 100° ab, wäscht mit **IV** u. Methanol u. trocknet. Das *trans-Chinaridon* (**V**), rote Kristalle, die über 400° verkohlen, wird in 97,5%ig. Ausbeute erhalten; oder man erhitzt 34,8 **III** unter Rühren bei 175° mit 280 **IV**, läßt dann in 1 Std. bei der gleichen Temp. 34 **I** zufließen, rührt 5 Std. bei 180°, saugt bei 150° ab, wäscht mit 120—140° heißem **IV** bis das Filtrat klar abläuft u. befreit von noch anhaftendem Lsgm. unter Zugabe von 15 Na_2CO_3 durch Wasser-Dampfdestillation. **V** wird ebenfalls in 97,5%ig. Ausbeute erhalten. — Weitere Beispiele. (**F. P. 1295839** vom 24/7. 1961, ausg. 7/11. 1962. D. Prior. 26/7. u. 8/11. 1960.) O. Roick 7061

2435 E. I. du Pont de Nemours & Co., übert. von: Clifford Lee Dickinson jun. und Blaine C. Mekusick, Wilmington, Del., V. St. A., **5-Amino-4-cyano-3-fluoralkyl-pyrazole** der allg. Formel **I** (R = H, niederes

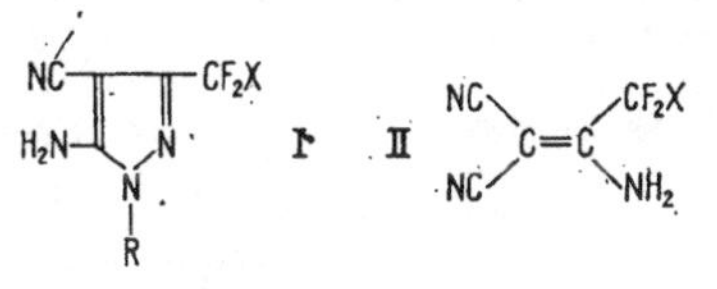

Alkyl oder $-CONH_2$; X = H. F, Cl, Perfluorkohlenstoff, ω-Chloroperfluorkohlenstoff oder ω-Hydroperfluorokohlenstoff, in denen die perfluorierten KW-Stoffe aliphat. sind u. 1—6 C-Atome enthalten) werden erhalten durch Rk. einer Äthylen-Verb. der allg. Formel **II** mit einem Hydrazin-Deriv. der Formel $RNHNH_2$. — Aus 1.1-Dicyano-2-amino-3.3.3-trifluoro-1-propen u. Hydrazinhydrat in A. durch Kochen unter Rückfluß → *5-Amino-4-cyano-3-trifluoro-methylpyrazol*, F. 172°; analog: *5-Amino-4-cyano-3-(1.1.2.3.3-pentafluoro-2-propenyl)-pyrazol*. — Geeignet zur Herst. von *Farbstoffen*. (**A. P. 2998425** vom 2/11. 1959, ausg. 29/8. 1961.) H. Roos 7065

2436 Farbenfabriken Bayer Akt.-Ges., Leverkusen (Erfinder: Hans Raab und Reinhold Hörnle), **Kupferphthalocyanin der α-Form** mit starker Farbkraft erhält man bei der üblichen Vermahlung von Cu-Phthalocyanin der β-Form mit wasserlösl. Salzen, wenn man die Vermahlung bei Temp. unter 70° in Ggw. von halogen- oder cyansubstituierten Alkoholen oder Estern dieser Verbb. mit anorgan. oder organ. Säuren, z. B. 2-Chloräthanol, 4-Chlorbutanol, 2-Chlorcyclohexanol, Trichloräthylphosphat, 2-Chloräthylacetat, Trichloräthylalkohol, 2-Bromäthanol, 2-Cyanoäthanol, Di-(β-chloräthyl]-carbonat, Di-(β-chloräthyl)-sulfit u. dgl., vornimmt. (**F. P. 1287185** vom 25/4. 1961, ausg. 27/7. 1962. D. Prior. 11/5. 1960.) O. Roick 7073

2437 Imperial Chemical Industries Ltd., London, England (Erfinder: Boris Peter Brand), **Kupferphthalocyanine in der δ-Kristallform.** Pigmentfarbstoffe für Lacke, Druckfarben, Kunststoffe, auch zum Spinnfärben von Viskose geeignet, im Farbton rotstichiger als die anderen. Kristallformen, werden durch Behandeln von feinverteiltem Cu-Phthalocyanin (**I**) der α-Form mit einer mit W. nicht mischbaren organ. Fl., wie Bzl., in Ggw. eines oberflächenaktiven Mittels, z. B. Türkischrotöl (**II**), ggf. in Anwesenheit von W., erhalten. — Zum Beispiel trägt man eine Lsg. von 25 (Gew.-Teilen) **I** in 250 98%ig. H_2SO_4 in 30 Min. in eine gerührte Emulsion von 440 Bzl. in 800 W., die 5 **II** enthält, bei 20° ein, läßt 48 Std. stehen, filtriert, wäscht mit A. u. dann mit W. säurefrei u. trocknet bei 70°. Das Röntgenbeugungsspektrum des Prod. enthält kräftige Linien entsprechend den Kristallebenenabständen von 11,5, 8,75, 3,78, 5,05 u. 3,51 Å u. eine mittlere Linie mittlerer Stärke von 7,5 Å. (**F. P. 1281104** vom 20/2. 1961, ausg. 16/5. 1962. E. Prior. 19/2. 1960 u. 18/1. 1961. **E. P. 912526** vom 19/2. 1960, ausg. 12/12. 1962.) O. Roick 7073

2438 Ciba Akt.-Ges., Basel, Schweiz, **Gemischthalogenierte Phthalocyanine,** Pigmentfarbstoffe, die sowohl Br wie Cl enthalten u. die, wenn sie mindestens 10 Halogenatome enthalten, gute Lichtechtheit u. große Farbstärke aufweisen, in einer Form anfallen, in der sie leicht durch einfaches Erhitzen in W. oder organ. Lsgm. in ein Pulver von weichem Griff umgewandelt werden können u. oft in der gelbstichiggrünen Farbe vorliegen, werden erhalten, wenn man ein metallfreies oder metallhaltiges Phthalocyanin bei Temp. über 100°, bes 120—180°, mit Br_2 oder einem Alkalimetallbromid in einer wasserfreien Schmelze von $AlCl_3$ u. SO_3, H_2SO_4, Oleum oder einer Verb. $R-SO_2$-Halogen (R = OH, O-Metall, Alkyl oder Alkoxy) reagieren läßt. Es erweist sich als vorteilhaft, in der $AlCl_3$-Schmelze die Phthalocyanine zuerst mit dem Bromierungsmittel u. dann mit der S-Verb. zu behandeln. — 10 (Gew.-Teile) Cu-Phthalocyanin (**I**) trägt man in eine Schmelze von 180 $AlCl_3$ u. 40 NaCl bei 120° ein, fügt tropfenweise 25 Br_2 u. dann 25 $ClSO_3H$ hinzu, rührt 1 Std. bei 120°, $1^1/_2$ Std. bei 140° u. $1^1/_2$ Std. bei 160°. Es werden 27,4 eines gelbstichiggrünen Pigments mit 6,9% Cl u. 56,4% Br erhalten. In ähnlicher Weise erhält man einen gelbstichiggrünen Pigmentfarbstoff mit 22,2% Cl u. 37,2% Br aus 10 **I**, 12,5 Br_2 u. 32,5 $ClSO_3H$ in 180 $AlCl_3$ u. 40 NaCl. In gleicher Weise können erhalten werden (in aufeinanderfolgender Aufzählung das zu halogenierende Phthalocyanin, die Färbung von plast. Massen u. Lacken durch das halogenierte Prod., Cl- u. Br-Gehalt): metallfrei, gelbstichiggrün, 21.7, 34.9; Co-, blaugrün, 20.1, 38.8; Fe-, olivgrün, 23.9, 35.2; V-, olivgrün, 13.1, 38.9; Tetraphenyl-Cu-, blaugrün, 22.2, 30.0. Wird bei der Halogenierung von I anstelle von $ClSO_3H$ Methansulfonsäurechlorid, Methylschwefelsäurechlorid oder FSO_3H verwendet, so wird ein blaugrüner, grüner bzw. blaustichiggrüner Pigmentfarbstoff mit 5.9, 22.0 bzw. 15.3 Cl u. 44.3, 34.9 bzw. 39.3 Br erhalten. — 4 weitere Beispiele. (**F. P. 1273802** vom 17/11. 1960, ausg. 9/2. 1962. **E. P. 910137** vom 16/11. 1960, ausg. 7/11. 1962. Beide Schwz. Prior. 20/11. 1959.) O. Roick 7073

2439 Sandoz Akt.-Ges., Basel, Schweiz (Erfinder: Georg Geiger und Armando Geiger), **Polychlorbrommetallphthalocyanine** mit mindestens 13 u. höchstens 16 Halogenatomen, die gut licht-, lösungsmittel-, säure- u. alkaliecht, in Polyvinylchlorid gut migrationsecht u. in plast. Massen gut hitzebeständig sind, erhält man, wenn man in Metallphthalocyanine, z. B. Cu-, Co- oder Ni-Phthalocyanin, in $AlCl_3$–NaCl-Schmelzen bei 150—250° 4—7 Atome Brom u. dann mindestens 6 u. höchstens 12 Atome Chlor einführt. (**F. P. 1283566** vom 10/3. 1961, ausg. 25/6. 1962. Schwz. Prior. 11/3. 1960.)
O. Roick 7073

2440 General Aniline & Film Corp., New York, N. Y., übert. von: Arnold F. Plue, Albany, N. Y.,

V. St. A., **1-Substituierte 2-Pyrazolin-3-carboxaldehyde** der allg. Formel **I** (R = Alkyl mit 1—4 C-Atomen, Phenyl oder Naphthyl; R′, R″, R‴, R⁗ = H, Alkyl mit 1—4

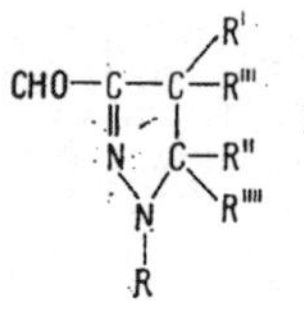 I

II 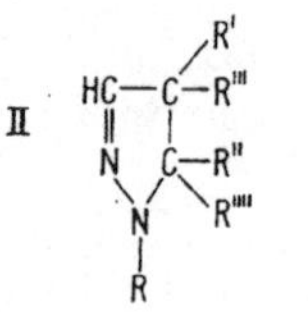

C-Atomen, Phenyl oder Naphthyl, von denen wenigstens eines = H ist; ist R′ oder R″ Aryl, dann sind die 3 übrigen Substituenten = H) werden durch Formylierung der entsprechenden 1-substituierten 2-Pyrazolin-Verbb. der allg. Formel **II** erhalten. **II** wird nach bekannten Methoden hergestellt, z. B. aus Phenylhydrazin u. Acrolein oder anderen. — Aus $POCl_3$, Dimethylformamid u. 1-Phenyl-2-pyrazolin bei 90—100° → *1-Phenyl-2-pyrazolin-3-carboxaldehyd*, F. 103,5—104°; analog werden folgende -2-Pyrazolin-3-carboxaldehyde erhalten: *1.5-Diphenyl-*, F. 99—100°. — *5-Phenyl-1-p-toluyl-*, F. 88—89°. — *1-Methyl-; 1.4-Dimethyl-; 1.5-Dimethyl-; — 1.4.5-Trimethyl-; — 1.4-Dimethyl-5-äthyl-; — 1-Methyl-5-phenyl-; — 1-Methyl-5-naphthyl-; — 1-Phenyl-; — 1.5-Diphenyl-; — 4-Methyl-1-phenyl-; — 1-Chloräthyl-5-phenyl-; — 1-Cyanoäthyl-5-phenyl-; — 1-(Dimethylaminoäthyl)-; — 5-(p-Dimethylaminophenyl)-1-phenyl-; — 5-(p-Anisyl)-1-phenyl-; — 1-Phenyl-5-(p-sulfamylphenyl)-; — 5-(p-Methylaminophenyl)-1-phenyl-; — 5-(p-Morpholinosulfonylphenyl)-1-phenyl-; — 1-Phenyl-5-(p-piperidinosulfonylphenyl)-; — 1.5-Di-p-anisyl-; — 1-p-Anisyl-5-phenyl-; — 1-(p-Dimethylaminophenyl)-5-phenyl-; — 1-(2-Naphthyl)-5-phenyl-; — 5-p-Anisyl-1-(2-naphthyl)-; — 1-(p-Dimethylsulfamylphenyl)-5-phenyl-; — 1-(m-Chlorphenyl)-5-phenyl-; — 1-(m-Nitrophenyl)-5-phenyl-; — 1-(1-Naphthyl)-5-phenyl-; — 1.5-Diphenyl-4-methyl-; — 1-(p-Bromphenyl)-5-phenyl-; — 5-Isopropyl-1.4.4-trimethyl-; — 4-Äthyl-1-methyl-5-propyl-; — 1-Methyl-4.5-bis-(trifluormethyl)-; — 1.5.5-Trimethyl-; — 1.5-Dimethyl-5-trifluormethyl-;* Verw. als *Zwischenprodd.* für die Herst. einer neuen Klasse von *Methinfarbstoffen*, die durch Kondens. der Verbb. gemäß Formel **I** mit 1.3.3-Trimethyl-2-methylenindolin erhalten werden. (**A. P. 3013015** vom 29/9. 1959, ausg. 12/12. 1961.) H. Roos 7081

2441 **Farbwerke Hoechst Akt.-Ges. vormals Meister Lucius & Brüning**, Frankfurt/M., *Färben von Fasern.* (**E. P. 915342** vom 21/3. 1960, ausg. 9/1. 1963. Oe. Prior. 19/3. 1959. — C. **1963,** 11449 [F. P. 1257872].)

2442 **Imperial Chemical Industries Ltd.**, London, England, *Färben oder Bedrucken von synthetischen Textilstoffen.* (**Niederl. P. 104102** vom 14/6. 1957, ausg. 15/3. 1963. E. Prior. 15/6. 1956. — C. **1962,** 14687 [F. P. 1179434].)

2443 **J. R. Geigy Akt.-Ges.**, Basel, Schweiz, *Färben oder Bedrucken polymerer Kunststoffe.* (**Niederl. P. 103904** vom 12/11. 1958, ausg. 15/2. 1963. Schwz. Prior. 12/11. 1957. — C. **1960, 13531** [D. A. S. 1069563].)

2444 **Farbwerke Hoechst Akt.-Ges. vormals Meister Lucius & Brüning** (Erfinder: **Rudolf Kühne, Helmut Lindner**, Frankfurt/M., und **Wilhelm Happe**, Schwalbach), *Färben und Bedrucken von textilen Gebilden aus linearen aromatischen Polyestern, insbesondere Polyäthylenterephthalaten.* (**Schwz. P.** 369111 vom 6/12. 1960, ausg. 29/6. 1963. D. Prior. 8/12. 1959. — C. **1963,** 5256 [D. A. S. 1110609].)

2445 **Ciba Akt.-Ges.** (Erfinder: **Kurt Weber, Paul Ulrich, Heinrich Brüngger**, Basel, **Paul Hugelshofer**, Otelfingen, und **Max Stäuble**, Basel), Schweiz, *Färben und Bedrucken von Textilmaterialien aus Cellulose und/oder Polyestern.* (**D. A. S. 1146840** Kl. 8m vom 26/8. 1960, ausg. 11/4. 1963. Schwz. Prior. 27/8. u. 28/12. 1959. — C. **1964,** 2-2255 [E. P. 898991].)

2446 **Farbwerke Hoechst Akt.-Ges. vormals Meister Lucius & Brüning** (Erfinder: **Hugo Bartl** und **Erich Feess**), Frankfurt/M., *Herstellung von Weiß- oder Buntreserven mit Küpenfarbstoffen auf nativer oder regenerierter Cellulose.* (**Schwz. P. 369431** vom 3/2. 1960, ausg. 15/7. 1963. D. Prior. 5/2. 1959. — C. **1961,** 7040 [D. A. S. 1083780].)

2447 **Farbwerke Hoechst Akt.-Ges. vormals Meister Lucius & Brüning,** Frankfurt/M., *Herstellung wasserunlöslicher Azofarbstoffe.* (**Niederl. P. 103901** vom 14/10. 1958, ausg. 15/2. 1963. D. Prior. 19/10. 1957. — C. **1963, 13372** [D. A. S. 1104643].)

H_{11a}. Farben, Anstriche, Lacke, Naturharze

2448 **Pigmentierung lösungsmittelfreier Lacke auf Basis von ungesättigten Polyestern.** Jiří Tomš. (Sborník vědeckých Prací, Vysoká Škola chem.-technol. Pardubice, **1959,** 257—68; Pardubice, Inst. of Chem. Technol.; tschech.) — Die Anwendungsmöglichkeit von acht Pigmenten (Titanweiß vom Anatas- u. Rutiltyp, Ultramarin, Chromgelb, Eisenoxidgelb, Eisenoxidrot, Eisenoxidschwarz u. Ruß) im lösungsmittelfreien reakt. Bindemittel (Lack auf Basis eines ungesätt. Polyesterharzes *Veropal 005*) wird geprüft. Bei den einzeln angeführten Pigmenten wurde der Einfl. verschiedener Pigment-Vol.-Konzz. auf die Lebensdauer der Lackfarben, ferner die Dispergierungs- u. Widerstandsfähigkeit gegen Superoxide geprüft. Die endgültige Härte u. Deckfähigkeit wurde ermittelt. Es wurde eine gute Verträglichkeit der Pigmente bewiesen. R. Grundmann 7092◇

2449 **Einfluß der Zusammensetzung auf Farbton und Eigenschaften der Dioxan-Pigmente.** A. Pugin. (Pitture e Vernici **39,** 215—24, 1963; Basel, J. R. Geigy A.G., Unters.-Labor.; ital.) — Einige Gruppen der Dioxan-Pigmente zeigen Polymorphismus. Die Kristalltracht beeinflußt stark den Farbton. Gewisse Substituenten bewirken typ. Kristallformen mit bestimmtem Farbton. Die Reflexionsspektren der Dioxan-Pigmente weisen im allg. zwei Typen auf, die zwei Kristallformen zugeteilt werden können. B. Scheifele 7092◇

2450 **Pigmente auf Grundlage synthetischer Harze.** Ju. Ss. Paikatschew und Ss. Ss. Frolow. (Chem. Ind. [UdSSR] **1962,** 242—43; russ.) — Ein aus *Phenol* u. CH_2O (1:0,7 Mol) mit HCl als Katalysator hergestelltes Harz wird mit Wasserdampf dest., getrocknet u. als farbloses Pulver vom F. 75—80°, kryoskop. Molgew. 700—800, lösl. in Alkoholen, Aceton, Alkali usw., gewonnen. Das Pulver wird in Methanol gelöst, die Lsg. auf 2—3° gekühlt u. unter Rühren eine Diazokomponente zusammen mit Na-Acetat zugegeben; der farbige Nd. wird filtriert u. gewaschen. Die Farbe ist bei Verw. der Diazoverbb. von Anilin gelb, p- bzw. m-Nitroanilin (**I**) dunkelbraun bzw. gelbbraun, α-Naphthylamin braun, Benzidin oliv, m-Nitro-o-anisidin hellbraun, H-Säure violett, Direktdiazoblau dunkelrot, Diazoblau S (**II**) dunkelblau, Diazolichtblau graublau, u. Diazogrün G dunkelgrün. Dieselben Pigmente werden auch erhalten, wenn in wss. Suspension in Ggw. von Alizarinöl als Peptisiermittel gekuppelt wird, wobei jedoch die Quellung des Harzes stört. Die meisten Pigmente haben F. 100—200°, nur das Pigment aus **II** ist nicht schmelzbar. Die Farben variieren etwas mit dem Verhältnis Harz : Diazokomponente. Die Pigmente sind in Alkoholen u. Aceton lösl. oder schwach lösl., meist auch in Alkali. Ihr Spezif. Gew. ist 1,0—1,1. Sie sind leicht auf Korngröße 0,5 μ zu pulvern. Die Warmfestigkeit wird durch Kochen in 0,1 n Alkalilsg. erhöht. Das Pigment aus **I** wird näher untersucht, es hat Molgew. 1300—2000, seine Farbintensität ist 8—10mal größer als diejenige des Pigments aus **I** u. Phenol allein. R. K. Müller 7092◇

2451 **Synthetische Harze, das Rückgrat moderner Lacke. Überblick über die letzten Entwicklungen in Lackkunstharzen.** 6. Mitt. **Epoxy-Harze.** Teil A. Harold P. Preuss. (Metal Finishing **58,** Nr. 12, 56—60, 1960; **59,** Nr. 1, 45—47, 1961; engl.) — 5. vgl. C. **1961,** 15211. — Übersicht über Epoxy-Harze u. deren Giftigkeit. Charakterisierung der verschiedenen in den USA hergestellten Epoxy-Harze. R. Grundmann 7096◇

2452 **Synthetische Harze, das Rückgrat moderner Lacke. Überblick über die letzten Entwicklungen in Lackkunstharzen.** 6. Mitt. **Epoxy-Harze.** Teil B. Harold P. Preuss. (Metal Finishing **59,** Nr. 3, 51—54, 56, 1961; engl.) — Vgl. vorst. Referat. — Charakterisierung weiterer, in den USA hergestellten Epoxy-Harze u. deren Identifizierung. R. Grundmann 7096◇

2453 **Synthetische Harze, das Rückgrat moderner Lacke.** 7. Mitt. **Acryl-Harze.** Harold P. Preuss. (Metal Finishing **59,** Nr. 4, 54—60, 1961; engl.) — 6. vgl. vorst. Referat. — Übersicht über die Chemie der Acryl-Monomeren, lösl. Polymere, Emulsionspolymere u. die Herst. von Acryl-Harzen. R. Grundmann 7096◇

2454 **Synthetische Harze, das Rückgrat moderner Lacke.** 8. Mitt. **Styren–Butadien-Copolymere.** Harold P. Preuss. (Metal Finishing **59,** Nr. 5, 56—59, 65, 1961; engl.) — 7. vgl. vorst. Referat. — Charakterisierung der verschiedenen in den USA hergestellten Styrol–Butadien-Copolymeren. R. Grundmann 7096◇

2455 **Synthetische Harze, das Rückgrat moderner Lacke. 9. Mitt. Polystyrole.** Harold P. Preuss. (Metal Finishing **59,** Nr. 6, 86—88, 91, 1961; engl.) — 8. vgl. vorst. Referat. — Eigg. der verschiedenen Polystyrole, Identifizierung u. Perspektiven. R. Grundmann 7096◇

2456 **Synthetische Harze, das Rückgrat moderner Lacke. 10. Mitt. Styrol enthaltende Alkyde.** Harold P. Preuss. (Metal Finishing **59,** Nr. 8, 65—69, 1961; engl.) — 9. vgl. vorst. Referat. — Übersicht über die Eigg. von Styrol enthaltenden Alkyden. R. Grundmann 7096◇

2457 **Synthetische Harze, das Rückgrat moderner Lacke. 11. Mitt. Alkyde.** Teil A. Harold P. Preuss. (Metal Finishing **59,** Nr. 10, 71—74, 1961; engl.) — 10. vgl. vorst. Referat. — Übersicht über die Eigg. von Alkyden. R. Grundmann 7096◇

2458 **Synthetische Harze, das Rückgrat moderner Lacke. 11. Mitt. Alkyde.** Teil B. Harold P. Preuss. (Metal Finishing **59,** Nr. 11, 55—58, 1961; engl. — Vgl. vorst. Referat.) R. Grundmann 7096◇

2459 **Synthetische Harze, das Rückgrat moderner Lacke. 11. Mitt. Alkyde.** Teil C. Harold P. Preuss. (Metal Finishing **59,** Nr. 12, 53—56, 1961; engl.) — Vgl. vorst. Referat. — Tabellar. Zusammenstellung der Eigg. von Alkydharzen u. ihrer Verw., bes. für Überzüge auf Metallen. F. Vier 7096◇

2460 **Synthetische Harze, das Rückgrat moderner Lacke. 11. Mitt. Alkyde.** Teil D. Harold P. Preuss. (Metal Finishing **60,** Nr. 2, 62—66, 69; 1962; engl. — Vgl. vorst. Referat.) F. Vier 7096◇

2461 **Harze auf Grundlage von Alkylphenolen für die Lackfarbenindustrie.** S. M. Meschtscherjakowa und L. Je. Osstroumowa. (Chem. Wiss. Ind. [UdSSR] **4,** 346—50, 1959; russ.) — Übersicht. — 43 Literaturangaben. J. Lehmberg 7096△

2462 **Über eine neue Kunstharzklasse.** P. Castan und Cl. Gandillon. (Dtsch. Farben-Z. **16,** 532—36, 1962; Chatelaine-Genève; dt.) — Phenolalkohole, die bes. in p-Stellung substituiert sind, gehen mit Epichlorhydrin (**I**) durch Rk. der phenol. HO-Gruppe in Glycerindiäther über; z. B. entsteht durch Rk. von 2 Mol 2.6-Bis-[hydroxymethyl]-4-tert.-butylphenol mit 1 Mol **I** unter Öffnung des Epoxyringes 1 Mol *1.3-Bis-[2.6-bis-(hydroxymethyl)-4-tert.-butylphenoxy]-propanol-(2)*. Zwischen mehreren solcher Moll. kann durch zwischenmol. Verätherungsrk. der $HOCH_2$-Gruppen eine Verknüpfung entstehen. Die Verätherung führt zu alkalibeständigen Harzen. Wegen des typ. Aufbaus wird die Bezeichnung „*Glycero-Benzylharze*" vorgeschlagen. Sie sind mit sauren Katalysatoren härtbar u. lassen sich mit Fettsäuren trocknender oder halbtrocknender Öle verestern. Die Ester sind in Aliphaten völlig löslich. Die daraus hergestellten Lacke weisen gegenüber Epoxyharzestern eine gleiche Trocknungsgeschw. bei überlegener Chemikalienbeständigkeit auf. R. Zeisberger 7096◇

2463 **Polyurethanharze und ihre Anwendungsgebiete in der Lackfarbenindustrie.** A. A. Blagonrawowa. (Chem. Wiss. [UdSSR] **4,** 339—45, 1959; russ.) — Übersicht über chem. Prozesse bei der Darst. von *Polyurethanen,* die Bldg. von Filmen u. Schutzüberzügen sowie die Herst. u. Verw.-Meth. von Lacken u. Farben auf Polyurethanbasis. — 50 Literaturangaben. J. Lehmberg 7096△

2464 **Lanolin und seine Derivate in Oberflächenüberzügen.** 2. Mitt. E. W. Clark und G. F. Kitchen. (Paint Manufact. **32,** 55—58, 1962; engl.) — 1. vgl. C. **1963,** 15991. — Übersicht über die Anwendung von Lanolin u. seinen Derivv. zur Herst. von Lacken u. Emulsionsfarben, Kitten, Einbrennlacken, Druckfarben u. Poliermittel. R. Grundmann 7096◇

2465 **Organisches Finishen. Entwicklungen von 1962.** Harold P. Preuss. (Metal Finishing **6,** Nr. 1, 55—65, 1963; engl.) — Fortschrittsbericht. — 82 Literaturangaben. M. Gehlen-Keller 7106◇

2466 **Lacke und Anstrichstoffe auf dem Kunststoff-Kongreß in Wien.** Hans H. Reinsch. (Ind.-Lackier-Betr. **31,** 282—84, 1963; dt.) — Besprechung der Lösung einiger bestehender Probleme, sowie Hinweise auf Entw.-Tendenzen. Eine spezielle Entw. stellen Grund- u. Decklacke auf der Basis von Polytetrafluoräthylen dar, die neben großer Hitzebeständigkeit, Resistenz gegen Chemikalien u. W. antiadhäsiv sind, so daß Leim, zuckerhaltige Stoffe, Staub, Lacke, Farben u. Kleber nicht an den PTFE-Filmen haften u. damit die langwierigen Reinigungsarbeiten überflüssig werden. R. Zeisberger 7106◇

2467 **Luftfreies Druckauftragen von Anstrichmitteln.** B. Cihelka. (Korose Ochrana Mater. **1961,** 91—92; tschech.) — Bei diesem Verf. wird das Anstrichmaterial unmittelbar durch den eigenen, mittels einer Pumpe hervorgerufenen Druck zu feinem Nebel zerstäubt. Es ist vorteilhaft, die Anstrichmaterialien auf ungefähr 85° vorzuwärmen, aber man kann auch ohne Vorwärmen arbeiten. Die nötige Einrichtung ist verhältnismäßig kompliziert (s. schemat. Darst.), aber sie bietet gegenüber den üblichen Anlagen ökonom. u. technolog. Vorteile. C. Kozák 7106◇

2468 **Deckanstriche beim Imprägnieren von Wicklungen.** L. Červený, M. Němec und B. Husák. (Korose Ochrana Mater. **1961,** 94—95; Hüttenprojekt-Inst.; tschech.) — Das Problem wurde durch Herst. von abziehbaren Lacken auf PVC-Basis gelöst. Am besten von den geprüften 5 Mustern hat sich das Lackmuster bewährt, welches durch Vermischen von *PVC-Pulver* (990 Gew.-Teile), *Dibutylphthalat* (501), *Dioctylphthalat* (276), *Bleistearat* (105) u. *Farbenpaste* (1—3) hergestellt wird. Der Lack wird mit einem Pinsel aufgetragen. C. Kozák 7106◇

2469 **Erhöhung der Schutzeigenschaften von Anstrichen aus Steinkohlenpechen und -teeren.** M. Svoboda, M. Knapek und K. Zajíček. (Korose Ochrana Mater. **1961,** 88; tschech.) — Die Schutz-Eigg. von Anstrichen aus *Inertol* (**I**) können durch Zusatz eines Lackes aus chloriertem Polyvinylchlorid, *L-58,* allein oder in Verbindung mit Aluminiumbronze, verbessert werden. Aus den durchgeführten Prüfungen ergibt sich, daß bes. die Pigmentierung des Lackes mit Aluminiumbronze einen hohen Korrosionsschutz gewährleistet; eine geeignete Zus. ist z. B.: 90% **I** + 10% L-85 + Al. C. Kozák 7106◇

2470 **Schutzanstriche von Maschinen gegen Ausglühen bei Bränden.** Hans H. Reinsch. (Ind.-Lackier-Betr. **31,** 272—73, 1963; dt.) — Vf. bespricht spezielle Brandschutzanstriche auf Basis flammwidriger u. unbrennbarer Kunststoffe, wobei Zusatzstoffe, wie Sb_2O_3, Trikresylphosphat u. Dioctylphthalat, bei PVC optimale Ergebnisse zeigten. Flammfeste Polymere erhält man durch Erhitzen von Phenylphosphondiamid durch oder den Einbau von halogenhaltigen Komponenten (wie Tetrabromphthalsäureanhydrid) in Alkydharze. Die Wirksamkeit der „explodierenden" Feuerschutzfarbe beruht auf Gasentw. u. Quellung des Films bei Erhitzung, wodurch Isolation bewirkt wird. Dämmschichtbildende Brandschutzmittel enthalten schaumbildende Chemikalien, Gemische aus Paraformaldehyd, Harnstoff u. Phosphaten. Die Anwendung kann als Emulsionsfarbe erfolgen. R. Zeisberger 7106◇

2471 **Einfluß der Vorbehandlung metallischer Oberflächen auf die Strukturen von Phosphatüberzügen.** W. Machu. (Ind. chim. belge **28,** 277—86, 1963; franz.) — Der Einfl. chem. oder mechan. Vorbehandlung metall. Oberflächen auf die Korngröße, die Korrosionsresistenz, die Dicke u. die Bldg.-Geschw. von *Phosphatüberzügen* auf Metalloberflächen wird ausführlich diskutiert u. eine Theorie entwickelt, nach welcher die Vorbehandlung so zu führen ist, daß der Energieinhalt u. die Zahl der akt. Zentren an der Metalloberfläche erhöht wird. Die Zeit der Phosphatierung wird verkürzt, das Korn verfeinert u. somit ein besserer Korrosionsschutz erreicht. W. A. Schäfer 7106◇

2472 **Metallüberzüge auf Aluminium.** Fr. Seibert. (Korose Ochrana Mater. **1961,** 91; Kopřivnice, Nationalunternehmen „Tatra"; tschech.) — Es wird die Technologie des galvan. Überziehens von Aluminium-Beschlägen für Kraftfahrzeuge mit drei Metallschichten (Cu, Ni, Cr) verbessert, da das alte Verf. mit verschiedenen Schwierigkeiten, bes. Bldg. von Blasen, behaftet war. Auf die gebeizte Oberfläche wird zuerst eine Cu-Schicht (ca. 2 μm) u. dann — in einem Bad üblicher Zus. — eine Ni-Schicht von mindestens 15 μm aufgebracht. Die weitere Behandlung wird wie üblich fortgesetzt. Die erhaltenen Überzüge konnten ohne Blasen-Bldg. poliert werden. C. Kozák 7106◇

2473 **Polyäthylen-Überzüge auf Metall.** P. Sherwood. (Ind.-Lackier-Betr. **31,** 274—75, 1963; dt.) — Vf. geht auf die unterschiedlichen Eigg. der bei verschiedenen Drücken hergestellten Typen (Nieder- u. Hochdruck-Polyäthylen) ein u. beschreibt die Durchführung von Spritz- u. Tauchverfahren. R. Zeisberger 7106◇

2474 **Lösungsmittelfreie Überzüge auf der Grundlage von Epoxid.** Jiří Tomš. (Sborník vedeckých Prací, Vysoká Skola chem.-technol. Pardubice **1961,** Nr. 1, 179—93; Pardubice, Inst. of chem. Technol.; tschech.) — Die Möglichkeit, sog. Epoxid-Fumarate (**A**) als lösungsmittelfreie Überzüge auf der Grundlage von Epoxiden zu verwenden, wird untersucht. Dieses Prod. kann leicht durch Rk. von Fumar-Säure mit niedrigmol. Epoxid-Harzen hergestellt werden. Die Löslichkeit von **A** in Vinyl-Monomeren ist vorteilhaft; in Ggw. geeigneter Katalysatoren ist eine Copolymerisation dieser Art reakt. Lsgm. mit einer Doppelbindung des Harzes ebenso gut möglich. Auf Grund der erhaltenen Ergebnisse werden 2 Lacktypen auf ihre Eignung als Schutzfilm vom Standpunkt der Technologie aus untersucht. Sie sind gegen UV-Strahlen bes. resistent. R. Grundmann 7106◇

2475 **Aufbau und Anwendungstechnik von Plastisolen.** Calogero Corso. (Mater. plast. Elastomeri **29,** 183—92, 1963; ital.) — Aufbau von Plastisolen aus Polyvinylchlorid, Weichmachern, Stabilisatoren, Füllstoffen, Pigmenten u. Emulgatoren u. deren Verarbeitung mittels Streichen, Tauchen, Rollen u. Spritzen. — 80 Literaturangaben. B. Scheifele 7106◇

2476 E. I. du Pont de Nemours & Co. (Erfinder: Joseph Albert Antonelli und Donald Anthony Pascale), V. St. A., **Herstellung von Lacküberzugsmitteln,** welche Polymere des Methacrylsäuremethylesters, ggf. mit anderen niedermol. Methacrylsäurealkylestern u. Weichmachungsmittel in Form von Trialkylcitraten (**I**) oder von Gemischen aus 80—20 **I** u. 20—80 Alkydharzen, ggf. mit Zusätzen von anderen filmbildenden Stoffen, z. B. von Celluloseacetatbutyrat, -acetatpropionat, Nitrocellulose u. Vinylestern enthalten. Als Pigmente werden nichtmetall. organ. oder mineral. Pigmente oder Metallflitter verwendet. Als organ. Pigmente sind z. B. Phthalocyaninblau oder -grün, Toluidinrot, Benzidinorange, Rhodamine, Alizarinlacke genannt, mineral. Pigmente sind z. B. Fe-, Ti- u. Cr-Oxid, Cr-, Cd-, Zn-Gelb. Als Lsgm. dienen die üblichen Lacklösungsmittel. — Beispiel: 56,3 (Gew.-Teile) Homopolymere des Methacrylsäuremethylesters 14.1 Celluloseacetatbutyrat, 19,7 Alkydharz, 9,9 Tri-(n-butyl)-citrat, 4,8 Al-Metallflitter u. 148,7 Lösungsmittel. (**F. P. 1292187** vom 15/6. 1961, ausg. 26/9. 1962. A. Prior. 15/6. 1960.) M. F. Müller 7107

2477 Glidden Co., Cleveland, Ohio, übert. von: Ronald L. Millar, Elmhurst, und Charles G. Moore, Elmwood Park, Ill., V. St. A., **Überzugsmittel,** die bes. als Metallprimer dienen u. beste Alkali-, Seifen- u. Salzbeständigkeit der Überzüge zeigen, enthalten a) Aminotriazinaldehydharze (Melaminharze) u. b) oxyalkylierte Phenolaldehydharze (vgl. A. P. 2610955; C. **1954,** 10824), die mit Fettsäuren, z. B. Ricinensäure, modifiziert sind. (**A. P. 2967839** vom 14/6. 1955, ausg. 10/1. 1961.) M. Böttcher 7107

2478 Distillers Co. Ltd., Edinburgh, Schottland (Erfinder: John Lewis), **Überzugsharze.** Ein Alkalimetallsalz eines 1-wertigen Phenols, das mindestens 2 H-Atome im Phenolkern in o- oder p-Stellung zu der OH-Gruppe aufweist, wird bei erhöhter Temp. mit einem α.β-Alkylenoxid zu einem Hydroxyalkylphenoläther umgesetzt, dieser mit einem Aldehyd in Ggw. eines Kondens.-Katalysators zu einem Polyolkondensat umgesetzt, das dann mit einer trocknenden oder halbtrocknenden Ölfettsäure verestert wird. — Durch Rk. von 3000 (Teilen) Phenol bei 95—100° mit 7,5 Na wird eine Lsg. hergestellt, die mit Äthylenoxid-Dampf behandelt wird. Aus dem Roh-Prod. erhält man nach Neutralisieren, Waschen mit W., Abtrennen u. Dest. β-Phenoxyäthanol Kp.$_9$ 118 bis 122°; 250 g davon werden mit 192 g Benzaldehyd u. 37,5 g n HCl 12 Std. unter Rückfluß (100—110°) umgesetzt, worauf nach Dehydratisierung unter vermindertem Druck bei bis zu 150° ein rotes, viskoses Harz erhalten wird; 100 (Teile) davon werden mit 100 Leinölfettsäuren 2 Std. bei 240° zu einem Prod. mit einem Säurewert von 1,2 verestert. Das Prod. ist in Lackharzen lösl. u. gibt nach Zusatz von Metallnaphthenaten *Filme* nach dem Trocknen. (**E. P. 909777** vom 22/10. 1958, ausg. 7/11. 1962.) J. Mühleisen 7107

2479 Revertex Ltd., London, England (Erfinder: Clemens Bondy), **Herstellung von kunststoffhaltigen Überzugsmassen** durch aufeinanderfolgende Polymerisationen, wobei die erste in einer Kunststoffdispersion erfolgt, die entweder aus Polyvinylacetat, Polystyrol oder einem Copolymerisat aus einem Vinylester u. wenigstens aus einem der (Meth-)Acryl-, Malein- oder Fumarsäureester oder aus Vinylchlorid gebildet wurde. Als Monomere der bis zu 4 aufeinanderfolgenden Polymerisationen sind genannt: Styrol, (Meth-)Acrylsäure, deren Ester, Vinyl-, Vinylidenchlorid u. Vinlyester. Jede Polymerisation wird vollständig durchgeführt, wobei übliche organ. (Hydro-)Peroxid- oder Azo-Katalysatoren u. Bisulfit, aliphat. Polyamin, ein tert. Amin, ein Fe- oder Co-Salz als Aktivatoren verwendet werden. Zu der am Schluß des Verf. erhaltenen wss. Dispersion können Füllstoffe jeder Art wie Ton, Asbest, Steinmehl, Kork oder Holz einverleibt werden. Nach einem Beispiel wird in einer wss. Emulsion eines Vinylacetat-Dioctylmaleat-Copolymerisats Styrol in Ggw. von Cumolhydroperoxid (**I**) u. Na-Formaldehydsulfoxylat (**II**) bei 20—30° polymerisiert u. dann nach Zusatz von Methylmethacrylat, **I** u. **II** dieses Monomere dazupolymerisiert. Schließlich wird die erhaltene Dispersion mit Glimmer u. Ton zu einer Paste verarbeitet, die *harte, vibrationssichere Anstriche* ergibt. Tabellen über die Haltbarkeitsuntersuchungen (**E. P. 893816** vom 19/3. 1958, ausg. 11/4. 1962.) H. Schindler 7107

2480 Dow Corning Corp., V. St. A. (Erfinder: James Franklin Hyde), **Bei Raumtemperatur vulkanisierbares Organopolysiloxanharz** aus einer Mischung eines Organopolysiloxans mit durchschnittlich 2 OH-Gruppen am Si-Atom u. 1—1,9 einwertigen KW-Stoff-Gruppen pro Si-Atom u. $\geqq$ 0,01% (dieses Organopolysiloxans) einer Organo-Si-Verb. mit den Struktureinheiten $(R^1O)_m \cdot SiO_{(4-m)/2}$ (R^1 = einwertiger C $\geqq$ 11-KW-Stoff-Rest: m = 2—4) u. einer Aminoverb. mit einer Dissoziations-Konst. von 10^{-7} bis 10^{-1} bei 25° in verd. wss. Lösung. — 10 g 60 Gew.-%ig. Toluol-Lsg. des Mischpolymeren aus 68 Mol-% Monomethyl- u. 32 Mol-% Monophenylsiloxan (mit 0,2 Gew.-% an Si gebundenen OH-Gruppen) werden mit 0,1 g einer Mischung aus 2 Äthylpolysiloxan (64,8 Gew.-% Äthoxy, 21,6 Gew.-% Si, 12,2 cSt Viscosität bei 25°) u. 1 Di-n-amylamin gemischt u. auf Holz ausgestrichen. Der *Überzug* ist nach 24 Std. vulkanisiert. (**F. P. 1230822** vom 17/7. 1959, ausg. 20/9. 1960. A. Prior. 18/8. 1958.) M. Pankow 7107

2481 Éts Fortin & Saunier, Seine, Frankreich (Erfinder: Jean Colonna-Ceccaldi), **Poliertücher und -bürsten,** getränkt bzw. bedeckt mit einem Gemisch aus 80—60(%) eines geblasenen Öles (z. B. geblasenes Ricinus-, Baumwollsaatöl) u. 20—40 eines entwässerten Öles (Sikkativöle). (**F. P. 1187777** vom 17/7. 1957, ausg. 16/9. 1959.) T. Oppermann 7119

2482 **Columbia-Southern Chemical Corp.,** Pittsburgh, Pa., V. St. A., *Herstellung von Titandioxid.* (**E. P. 878720** vom 21/10. 1958, ausg. 4/10. 1961. A. Prior. 15/11. 1957. — C. **1963,** 698 [F. P. 1201862].)

2483 **Chemische Werke Albert,** Wiesbaden (Erfinder: **Felix Schlenker**), *Herstellung von Kunstharzen.* (**D. B. P. 976417** Kl. 39c vom 5/6. 1951, ausg. 14/8. 1963. Anmeldung bekanntgemacht 26/2. 1953. — C. **1953,** 8772 [Oe. P. 174475].)

2484 **Hercules Powder Co.,** Wilmington, Del., V. St. A., *Härtbare Mischung.* (**Nieder]. P. 103971** vom 20/5. 1960, ausg. 15/2. 1963. A. Prior. 21/5. 1959. — C. **1963,** 14499 [D. A. S. 1127021].)

2485 **Deutsche Erdöl-Akt.-Ges.**, Hamburg, *Herstellung einer, besonders für die Behandlung von Verpackungsmaterialien geeigneten, haltbaren Lösung.* (**Schwz. P. 368790** vom 4/6. 1956, ausg. 15/6. 1963. D. Prior. 26/8. 1955. — C. **1958**, 13367 [D. A. S. 1023448].)

H_{11b}. Plaste (Kunstharze, Plastische Massen)

2486 **Kunststoff im Dampfkraftwerk.** K. Fees. (Brennstoff. Wärme. Kraft **10**, 467—70, 1963; Ludwigshafen/Rh., BASF, Konstruktionsbüro für Energieanlagen; dt.) — Überblick über die Verw. von Kunststoffen an Stelle von Metallen, an Stellen, an denen es die Temp.-Verhältnisse, wie z. B. bei Kühlwasseranlagen, Speisewasseraufbereitung, Kühltürme usw., erlauben. F. Rosendahl 7170△

2487 **Kunststoffe als technische Werkstoffe.** H. R. Jacobi. (Brennstoff, Wärme, Kraft **10**, 471—78, 1963; Ludwigshafen/Rh., BASF, Anwendungstechn. Abt. II; dt.) — Übersicht über den inneren Aufbau u. die damit zusammenhängende Eigg. der Kunststoffe. Die Kunststoffe lassen sich in 2 Gruppen einteilen, die sich darin unterscheiden, daß ihre Moll. vernetzt oder nicht vernetzt sind. Nach dieser Einteilung richtet sich die Verwendbarkeit der Kunststoffe bei verschiedenen chem., mechan. u. therm. Beanspruchungen. F. Rosendahl 7170△

2488 **Die thermostabilen Polymeren. Allgemeines.** I. Bonnot und G. Lefebre. (Rev. Inst. franç. Pétrole Ann. Combustibles liquides **17**, 1508—19, 1962; Inst. Franç. du Pétrole; franz.) — Die moderne Technik benötigt Materialien, die plast., leicht u. sehr thermostabil sind. Unterss. hinsichtlich der äußersten optimalen Temp.-Grenze, bei der Polymere verwendet werden können, liegen vor. Die Petrolchemie spielt dabei eine wichtige Rolle, da sie die Ausgangsprodd. für die Synth. von thermostabilen Prodd. liefert. Allg. Bemerkungen über die wichtigsten Forschungsrichtungen auf dem Gebiet der thermostabilen Strukturen werden gemacht. G. Seidel 7170◇

2489 **Die thermostabilen Polymeren. Organometallische Polymere.** I. Bonnot. (Rev. Inst. franç. Pétrole Ann. Combustibles liquides **18**, 83—126, 284—313, 1963; franz.) — Vgl. vorst. Referat. — Unter den verschiedenen Polymeren, die geeignet sind, bes. die Probleme der Thermostabilität zu lösen, unterscheiden sich die organometall. Polymeren durch ihre Eigg. u. Darst.-Methoden. Charakterisiert durch die Einführung eines Metalls in ein organ. Makromol. oder durch organ. Substitutionen an anorgan. Ketten bilden diese Polymeren einen Übergang zwischen organ. u. mineral. Makromolekülen. Ausgehend von den Ähnlichkeiten gewisser Eigg. von Si u. des C u. aus dem Wunsch heraus, die Charakteristika der Silikate mit denen der organ. Verbb. zu kombinieren, erstreckt sich das Feld der thermostabilen Polymeren bis weit in die Si-Chemie hinein. Unter diesen Gesichtspunkten wird über Darst., Eigg. u. Besonderheiten dieser Verb.-Klasse berichtet. Bes. werden Polymere, die Al, B, Ti, Sn, Pb, Zn, Ge u. P enthalten sowie Chelatpolymere behandelt. G. Seidel 7170◇

2490 **Mit Ruß gefülltes Polyäthylen. Über seine Bereitung, Analyse und Bewertung des Dispersionsgrades von Ruß im Hinblick auf das Alterungsverhalten.** F. Nano. (Materie plast. **26**, 1140—47, 1960; ital.) — Nach einem Überblick über die Darst. von mit Ruß (18—20 mμ, 2%) gefülltem Polyäthylen u. über die Analyse des Rußgeh. wird auf die Messung des Dispersionsgrades u. seine Beziehung zum Alterungsverh. (Bewetterung, therm. Oxydation) näher eingegangen. Während der mkr. bestimmte Dispersionsgrad keine genauen Vorhersagen zuläßt, gibt die Best. der Extinktion von gewöhnlichem Licht an 25μ dicken Folien wertvolle Hinweise auf das Verh. unter Bewetterungsbedingungen. G. Piekarski 7172◇

2491 **Voltsekundencharakteristik eines organischen Glases und Fluoroplast-4 bei großen Wandstärken.** A. I. Limassow und A. T. Tschepikow. (Nachr. sibir. Abt. Akad. Wiss. UdSSR **1962**, Nr. 7, 96—98; Nowosibirsk, Sibir. Abt. der Akad. der Wiss. der UdSSR, Transport-energet. Inst.; Tomsk, Polytechn. Inst.; russ.) — Es wurde die Voltsekundencharakteristik eines *organ. Glases* (**I**) u. von „*Fluoroplast-4*" (**II**) aufgenommen. Die Kurven von **I** u. **II** haben einen analogen Verlauf, doch ist die Durchschlagsspannung bei **I** stärker als bei **II** von der Zeit abhängig. Bei gleichen Schichtstärken liegt die Durchschlagsspannung bei **I** um ca. 50% höher als bei **II**. Helmut Schäfer 7172△

2492 **Beiträge zur Stabilität des Makromoleküls.** 8. Mitt. **Beiträge zu den Beurteilungsgrundlagen der Wirksamkeit von Stabilisatoren für Polyvinylchlorid.** K. Thinius, R. Schlimper und D. Weichert. (Plaste u. Kautschuk **9**, 516—20, 1962; Inst. für chem. Technol. der Plaste; dt.) 7. vgl. C. **1963**, 7532. — 2-Phenylindol (**I**) sowie 2-bas. Pb-Phosphit (**II**) allein u. im Gemisch mit Melamin (1:1), Hexamethylentetramin (1:1), Diphenylthioharnstoff, Sulfanilsäure sowie Dicyandiamid (**III**) werden auf ihre Stabilisatorwirksamkeit untersucht. Gut wirken **I** u. die Kombination **II**–**III**. Ein Zusatz von **III** wirkt auch günstig beim Einsatz von Zn-Seifen als Stabilisatoren bzw. Gleitmittel. K. Gröbe 7172◇

2493 **Beiträge zur Stabilität des Makromoleküls.** 9. Mitt. **Einiges über Dicyandiamid als PVC-Stabilisator.** R. Schlimper. (Plaste u. Kautschuk **9**, 19—21, 1963; dt.) — 8. vgl. vorst. Referat. — Die schlechte Einarbeitbarkeit von Dicyandiamid (**I**) in PVC wird durch die grobkristalline Struktur u. den hohen F. von **I** verursacht. Die mkr. Betrachtung der Walzproben von mit **I** stabilisierter PVC-Em/DOP-Folie u. deren IR-Spektren lassen erkennen, daß **I** während des PVC-Abbaus unter Rk. an der C≡N-Bindung in die PVC-Zers.-Rk. eingreift, so daß der Stabilisierungsmechanismus von **I** offenbar auf einer chem. Bindung der N-haltigen Umwandlungsprodd. an das PVC-Makromol. beruht. H. Sontag 7172◇

2494 **Organozinnstabilisatoren für PVC und die Schwefel-Sauerstoff-Synergie zwischen Organozinnfettsäuresalzen und Organozinnmercaptide.** S. A. Riethmayer. (Kunststoff-Rdsch. **10**, 277—84, 345—52, 1963; dt.) — Überblick über Herst.-Verff. u. Grundstoffe für Organozinnstabilisatoren (**A**) unter bes. Berücksichtigung von **A** mit Zn–O-(Fettsäureliganden, Maleinsäure, Alkoholate) u. Zn–S-(Sulfide, Mercaptide, Xanthogenate, Mercaptoborate) Bindung, deren stabilisierende Eigg. miteinander verglichen werden. Abschließend wird die Synergie zwischen diesen beiden **A**-Typen diskutiert. — 99 Literaturangaben (bes. Patente). I. Köditz 7172△

2495 **Reaktion zwischen Polyvinylchlorid und aromatischen Aminen.** Z. Wolkóber. (Plaste u. Kautschuk **9**, 532—35, 1962; Budapest, Forsch.-Inst. für die Plastind.; dt.) — Am N u. im Ring substituierte aromat. Amine reagieren bei > 100° mit PVC. Zus. u. Rk.-Geschw. hängen vom Amin, dem Verhältnis Amin/PVC, von Temp. u. Rk.-Zeit ab. Anilinunterschuß gibt ein unlösl., vernetztes Prod., Überschuß hauptsächlich Polyvinylanilin (**A**) (lösl. in A., Bzl. u. HCl; Molgew. 25000). Während der Rk. findet ein teilweiser Abbau statt. N findet sich zu 70% als prim. Amin. **A** ist diazotierbar, kann derart mit farbgebenden Komponenten gekuppelt werden u. zur Färbung von PVC dienen. Andere Amine reagieren analog mit PVC, Polyvinylidenchlorid u. a. chlorierten KW-Stoffen; die Rk.-Geschw. hängt von Anzahl u. Ort der Substituenten ab. K. Gröbe 7172◇

2496 **Modifizieren von Polyvinylchlorid durch Compoundierung mit chloriertem Polyäthylen.** 2. Mitt. **Compoundierung von Polyvinylchlorid mit chlorierten Polyäthylen. Mechanisch-physikalische Eigenschaften der Compounds.** R. Mihail, S. Kornbaum, F. Gherghel und M. Stănescu. (Plaste u. Kautschuk **9**, 536—39, 1962; Bukarest, VR Rumänien, Forsch.-Inst. für Chem.; dt.) — 1. vgl. C. **1963**, 11050. — Das compoundierte Material läßt sich leichter als Hart-PVC verarbeiten, kann aber wie dieses eingesetzt werden, z. B. für Druckleitungen im Freien oder in nicht geheizten Räumen, zu Balkonverkleidungen, Kanister; die Compounds mit 30—50% chloriertem Polyäthylen sind wegen hoher Biegsamkeit für elektr. Isolierungen geeignet. K. Gröbe 7172◇

2497 **Allgemeine Formel für die Beanspruchung auf Kriechen und Brechen bei Kunststoffen.** S. Goldfein. (Materie plast. **26,** 1164—72, 1960; ital. — C. **1962,** 9169.) G. Piekarski 7210◇

2498 **Beurteilung des Langzeitverhaltens von stranggepreßten Kunststoffrohren auf Grund ihrer Berstfestigkeit bei kurzzeitiger Beanspruchung.** S. Goldfein. (Materie plast. **27,** 82—90, 1961; ital. — C. **1962,** 9169.) G. Piekarski 7210◇

2499 E. I. du Pont de Nemours & Co., Wilmington, Del., V. St. A. (Erfinder: Roger Arnold Hines und Warren Froemming Busse), **Modifizieren von Polymeren.** Zwecks Verbesserung der mechan. Eigg. von vernetzbaren Polymeren aus 1-Olefinen, von Naturkautschuk, Butadienpolymeren, Polyamiden u. Polyestern setzt man solchen Polymeren 0,1—30, bes. 0,25—15 Gew.-% eines Polyfluorolefins, wie Polytetrafluoräthylen oder Polyhexafluorpropylen, in feinverteilter Form zu u. unterwirft die Gemische dann, bes. als Formkörper, der Einw. energiereicher Strahlen von > 100000, bes. 500000 bis 3000000 eV, z. B. aus einem Van de Graffschen Generator, bei gewöhnlicher oder erhöhter Temp. in einer Menge von 25—350 Watt/Sek. pro cm^2 Oberfläche. (**E. P. 893989** vom 9/12. 1958, ausg. 18/4. 1962. A. Prior. 10/12. 1957.) K. Sarre 7171

2500 Shell Internationale Research Mij. N. V. Den Haag, Niederlande, **Herstellung eines Katalysators für die Niederdruckpolymerisation von Olefinen.** Man mischt eine Verb. eines Metalles der 4. bis 7. Nebengruppe oder der 8. Gruppe des Period. Syst., in welcher das Metall nicht seine maximale Wertigkeit besitzt, mit einer organ. Verb. eines Metalles der 2. Gruppe oder 3. Hauptgruppe des Period. Systems. Die letztgenannte Verb. soll entweder ein Metall der 2. Gruppe über ein O- an ein C-Atom gebunden enthalten sowie eine Metall-H-oder eine Metall-C-Bindung aufweisen oder ein Metall der 3. Hauptgruppe über ein oder zwei O-Atome an ein bzw. zwei C-Atome gebunden enthalten sowie eine oder zwei Metall-H- oder Metall-C-Bindungen besitzen. Bes. mischt man $TiCl_3$, ggf. zusammen mit $TiCl_4$, mit einer Alkyl–Al- oder Alkyl–Zn-Verb., die Alkoxy- oder Aryloxygruppen enthält, wie Al-Methyldiphenolat. (**Niederl. P. 103354** vom 27/6. 1958, ausg. 17/12. 1962. E. Prior. 28/6. 1957 u. 15/4. 1958.) F. Böhm 7173

2501 VEB Leuna-Werke „Walter Ulbricht", Leuna, **Polymerisation von Olefinen** nach dem Ziegler-Verfahren. Die Polymerisation verläuft schneller u. führt zu Prodd. mit gleichmäßigerem Molgew., wenn man neben aus Al-Alkylen oder Al-Alkylhalogeniden u. Verbb. von Schwermetallen der 4.—6. Nebengruppe des Period. Syst. bestehenden Katalysatoren organ. S-Verbb. der allg. Formel $(R_1)(R_2)CH–S–CH(R_3)(R_4)$ oder $(R_5)(R_6)CH–S–Ar$ einsetzt (R_{1-4} = Alkyl; R_{5-6} = H oder Alkyl; Ar = aromat. KW-Stoffrest). Eine geeignete Zus. ist z. B. 0,6 (cm^3) Al-Triäthyl, 1 Diisopropylsulfid, 0,4 $TiCl_4$. (**Niederl. P. 102538** vom 13/2. 1959, ausg. 17/9. 1962.) F. Böhm 7173

2502 Petrochemicals Ltd. (Erfinder: Thomas Wilfred Whitehead), **Herstellung von Polyolefinen** nach dem Ziegler-Niederdruck-Verfahren. Das Verf. wird in mehreren Stufen durchgeführt, wobei in der 1. Stufe in Ggw. einer hohen Konz. an Katalysator (**I**) polymerisert wird. Das Rk.-Gemisch wird dann unter Zuführung von frischen Olefinen in der oder den nächsten Stufen mit der üblichen Konz. an **I** weiterpolymerisiert. Der Vorteil des Verf. soll in der höheren Ausbeute an festen Polyolefinen bestehen. (**Aust. P. 236545** vom 22/9. 1959, ausg. 21/12. 1961. E. Prior. 24/9. 1958.) C. Lüttgen 7173

2503 Esso Research and Engineering Co., übert. von: Hans G. Goering, Elizabeth, und Julius P. Rocca, Linden, N. J., V. St. A., **Tripolymere** erhält man durch Polymerisieren einer Mischung aus 10—98% eines aliphat. tert. Olefins mit 4—10 C-Atomen der allg. Formel $R–C(R')=CH_2$ (R u. R' = verschiedenes Alkyl mit 1—5 C-Atomen), 1—25%, bes. wenigstens 5% eines nicht tert.-Olefins mit 4—6 C-Atomen, wie 1- u. 2-Buten, sek. Amylene, Hexene oder deren Mischungen, u. 1—75% eines cycl. Monoolefins (Styrol, Methylstyrol, Cyclohexen, Inden, Cumaron, Divinylbenzol, Dipenten, Pinen, α-Phellanthren oder deren Mischungen) bei — 44 bis + 50, bes. — 20 bis — 40° in Ggw. von $AlCl_3$, BF_3, $TiCl_4$, $SnCl_4$ u. eines Lsgm. (Propan, Butan, Cyclohexan, fl. CO_2 u. SO_2, Methylchlorid, Chlf., Trichloräthan, CCl_4, Dichloräthylen u. mit Säure behandeltes Naphtha). — Je nach den Mengenverähältnissen erhält man *weiche* oder *harte Harze*, die zur *Erhöhung* der *Viscosität* von *Mineral-* oder *fetten Ölen* dienen. — *Zusatzmittel* zu *Schmierfetten, Harzen, Kautschuk, Polybutadien, -isopren, -chloropren, Polyolefinsulfiden, Halogenkautschuk, Ruß, ZnO, Ton, Kreide, Wachsen, Asphalten, Polysulfonen, Überzugsmassen, Farben* u. *Lacken, Celluloseestern u. -äthern* u. *Filmbildnern.* Die Polymeren lassen sich halogenieren u. mit S_2Cl_2 umsetzen. — Verw. als *Überzugs-* u. *Imprägniermittel* für *Papier, Textilien, Holz, Metall, Früchte*; *Bindemittel* für *Kork, Asbest, Stroh, Papier, Textilien, Papier, Metallfolien* u. *Schichtglas.* (**A. P. 2910458** vom 28/6. 1954, ausg. 27/10. 1959.) G. Krauß 7173

2504 E. I. du Pont de Nemours and Co., Wilmington, Del., V. St. A. (Erfinder: Roger Arnold Hines und Warren Froemming Busse), **Herstellen von vernetzten Polymerisaten aus Olefinen.** Ein vernetzbares Polymerisat, z. B. Polyäthylen, oder ein Mischpolymerisat, z. B. aus Äthylen mit einem anderen 1-Olefin, werden mit gasförmigen Vinylchlorid in Berührung gebracht u. dabei einer energiereichen Bestrahlung von mehr als 100000 Elektronenvolt ausgesetzt. (**E. P. 905043** vom 27/2. 1959, ausg. 5/9. 1962. A. Prior. 7/3. 1958.) F. Markhoff 7173

2505 Institut Français du Pétrole, des Carburants et Lubrifiants, Rueil-Malmaison, Seine et Oise (Erfinder: Pierre Baumgartner, Asnieres), Frankreich, **α-Olefinpolymerisate mit erhöhter Farbstoffaffinität** erhält man durch Rk. von festen, ggf. geformten α-Olefinpolymerisaten hohen Molgew. mit Chromylchlorid, ggf. unter Zusatz von konz. HCl, H_2SO_4 oder $ClSO_3H$, bei normaler oder erhöhter Temperatur. — Beispiele mit *Polyäthylen* u. *Polypropylen.* (**E. P. 897795** vom 13/5. 1960, ausg. 30/5. 1962. F. Prior. 13/5., 27/7. u. 24/12. 1959.) L. Stadelmann 7173

2506 Koppers Co., Inc., Pittsburgh, Pa., V. St. A., **Herstellung von polymeren Schaumstoffen,** z. B. aus Polystyrol, -äthylen, Polyacrylsäureester, Butadienmischpolymeren. Das in bekannter Weise mit aliphat. oder cycloaliphat. KW-Stoffen vom Kp 35—60° imprägnierte Material wird mit einem Material mit hohem dielektr. Verlustfaktor, z. B. W., das zweckmäßig etwas Netzmittel enthält, überzogen u. danach einem elektr. Hochfrequenzfeld ausgesetzt, wobei die Masse zu einem einheitlichen Zellmaterial verschäumt. Statt des Netzmittels kann auch Überzugsmaterial angewandt werden; so kann man eine Mischung aus W., chlorierten aliphat. KW-Stoffen u. Sb_2O_3 verwenden u. erhält dabei ein flammendämpfendes Material. — Man mischt 25 g teilgeschäumte schaumfähige Polystyrolperlen mit 7 cm^3 0,3%ig. wss. Lsg. eines Alkylarylsulfonat-Netzmittels u. gibt sie in einer Holzform zwischen die Elektroden eines Hochfrequenzgenerators bestrahlt 5 Sek. u. nimmt den geformten Schaum nach Abkühlen aus der Form. (**Oe. P. 223377** vom 27/12. 1958, ausg. 10/9. 1962. A. Prior. 27/12. 1957.) B. L. König 7173

2507 Scott Paper Co., Chester, Pa., V. St. A., **Oberflächenmodifizierung von Polyolefinfolien für Verpackungszwecke.** Auf die Folien, bes. aus Polyäthylen, wird eine Lsg. aufgetragen, die entweder a) aliphat. einwertige fl. Alkohole mit mindestens 7 C-Atomen (Kp. $> 175°$) oder b) aliphat. mehrwertige Alkohole oder c) Ester einer höheren Fettsäure mit mehrwertigen oder d) ein Mineralöl bzw. Siliconöl, ggf. in Kombination miteinander, enthält. Eine weitere Modifizierung ist durch Zusatz einer oberflächenakt. Substanz möglich. Eine geeignete Auftragslösung besteht z. B. aus 0,8 (Gew.-Teilen) Glycerin, 0,4 einer 50/50-Mischung von oberflächenakt. Substanzen (Sorbitanmonolaurat u. dessen Äthylenoxidanlagerungsprod.) sowie 98,8 Wasser. (**E. P. 896816** vom 15/3. 1960, ausg. 16/5. 1962. A. Prior. 20/3. 1959.) P. Krug 7173

2508 Farbwerke Hoechst Akt.-Ges. vormals Meister Lucius & Brüning, Frankfurt/M., **Zur Herstellung von Formteilen geeignete Kunstharze** bestehen aus einem Gemisch von Polypropylen u. einem Mischpolymerisat aus Äthylen u. Propylen. Beide Bestandteile sind mit Hilfe eines Katalysators hergestellt, der gebildet ist durch in Kontaktbringen eines Halogenids eines Metalles der Gruppen IVa, Va oder VIa des period. Syst. mit einem Metall der Gruppen Ia u./oder II u./oder Al oder mit einem Hydrid oder einer organ. Metallverb. eines Metalles der Gruppen Ia oder II u./oder Al, oder mit einem komplexen Hydrid oder einer komplexen Organometallverb. des B u. eines Metalls der Gruppen Ia oder II. Die Auswahl der Konstituenten des Katalysators soll so gewählt werden, daß mindestens ein Teil des Metalles der Gruppen IVa, Va oder VIa nicht in der höchsten Wertigkeitsstufe vorliegt. Das Mischpolymerisat soll 3—20% Propylen enthalten. (**E. P. 897643** vom 28/8. 1959, ausg. 30/5. 1962. D. Prior. 29/8. 1958.) F. Markhoff 7173

2509 Monsanto Chemical Co., St. Louis, Mo., V. St. A., **Herstellung von Polymerisationskatalysatoren.** Man versetzt die Katalysatormischung aus einer reduzierbaren mehrwertigen Metallverb. u. einer reduzierenden Metallverb. mit 0,1—2,5 g-Mol (bezogen auf 1 g-Mol der reduzierbaren Metallverb.) eines Alkohols oder mit 0,1—1,5 g-Mol einer Carbonsäure, eines Carbonsäureesters oder eines Carbonsäureanhydrids. Diese modifizierten „Ziegler-Katalysatoren" sind bes. geeignet zur Herst. von *Polyäthylen* hoher Dichte. (**E. P. 907386** vom 7/11. 1958, ausg. 3/10. 1962. A. Prior. 7/11. 1957.) L. Stadelmann 7173

2510 Ruhrchemie Akt.-Ges., Oberhausen, **Herstellung von rußhaltigem Polyäthylen.** Zwecks Erzielung einer guten Verteilung des Rußes führt man die Polymerisation in Ggw. dieses Licht- u. Oxydationsstabilisators durch, der in einer Menge von bis zu 10 Gew.-% angewandt wird. Die Korngröße soll maximal 50 mμ betragen. Je nach Art des verwendeten Polymerisationskatalysators kann es zweckmäßig sein, die im Ruß vorhandene Luft durch N_2 zu ersetzen. (**Niederl. P. 102177** vom 29/1. 1958, ausg. 15/8. 1962.) F. Böhm 7173

2511 Soc. Normande de Matières Plastiques, Paris, Frankreich, **Modifizieren der Oberfläche von Gegenständen aus molekular orientiertem Polyäthylen von hoher Dichte.** Die Oberfläche wird einer Oxydation unterworfen, um den ursprünglich mindestens 60 (%) betragenden Kristallisationsgrad auf nicht mehr als 20 herabzusetzen. Dann wird die Oberfläche mit einem gesätt. organ. Diisocyanat umgesetzt. Das Rk.-Prod. wird mit einem Polymerisat behandelt, das freie OH- u./oder COOH-Gruppen aufweist, wie mit Polyäthylenglykol. Hierbei wird das Polymerisat durch Vernetzung an die Oberflächen-Moll. gebunden. Das Diisocyanat wirkt als Vernetzungsmittel. Die Oxydation der Oberfläche kann z. B. durch Bestrahlung mit γ-Strahlen in Ggw. von O_2 erfolgen. Die so behandelte Oberfläche ist mit W. benetzbar, nimmt Farbe auf u. ist antistatisch. (**E. P. 903344** vom 22/8. 1960, ausg. 15/8. 1962. F. Prior. 22/8. 1959.) F. Markhoff 7173

2512 Minnesota Mining & Mfg. Co., übert. von: Louis A. Errede, St. Paul, und Wesley R. Peterson, North Oaks, Minn., V. St. A., **Herstellung von fluorierten Olefinen** durch Rk. einer durch Pyrolyse den freien Rest $=CF_2$ bildenden Verb., bes. CF_2HCl, mit einer äthylen. ungesätt. Verb. mit 2—4 C-Atomen u. endständiger Doppelbindung (Trifluorchlor-, 1.1-Difluordichlor- oder Tetrafluoräthylen, Vinyl- oder Vinylidenchlorid oder -fluorid, Äthylen, Propen, Buten, Perfluorpropen, Hexafluorbuten, 3.3.4.4.4-Pentafluorbuten) in einem Rohr aus reaktionsbeständigem Material (Monel-Metall, Ag oder Stahl-Leg.) bei > 100°, bes. 600—1000°, bzw. 700°, zweckmäßig bei einem Unterdruck von 0,5 at, bes. 130 mm Hg, jedoch unter Bedingungen, bei denen die F-Verbb. u. die Rk.-Prodd. nicht pyrolysiert werden. Man erhält so aus den entsprechenden Äthylenen $CF_3CF=CCl_2$, $CF_3CF=CFCl$, $CF_3CF=CH_2$, $CF_2HCH=CH_2$, $CF_2HCH=CHCl$ u. deren Isomere. Verw. zur Herst. von chem. u. therm. widerstandsfähigen *fluorierten Polymeren.* — 7 Kurven. (**A. P. 2979539** vom 6/1. 1959, ausg. 11/4. 1961.) W. Gräger 7173

2513 Minnesota Mining & Mfg. Co., St. Paul, Minn., übert. von: Joseph Warren Jewell, Summit, N. J., V. St. A., **Herstellung von Polymeren aus Perfluorchlorolefinen in kontinuierlichem Arbeitsgang.** Man bringt ein auf 90—180° erhitztes Gemisch von z. B. Trifluortrichloräthan, CH_3OH (**I**) u. gepulvertem Zn in den oberen Teil einer röhren- u. schneckenförmigen Entchlorierungszone, die im Winkel von 20—60° angeordnet u. auf 50 bis 150° erhitzt ist, zieht unten Trifluoräthylen (**II**), **I** u. unverbrauchtes Zn ab, trennt **II** von **I** u. Zn, führt **I** u. Zn dem Ausgangsgemisch wieder zu, befreit das dampfförmige **II** von Verunreinigungen, bringt **II** als Fl. in den oberen Teil einer langen, röhren- u. schneckenförmigen Polymerisationszone, die im Winkel von 5—15° angeordnet ist, polymerisiert das fl. **II** unter Zusatz von Trichloracetylperoxid bei 10—75° in der Weise, daß ca. 25% des Monomeren polymerisiert werden, zieht unten ein Gemisch von festem Polymeren u. fl. Monomeren ab, entspannt das Gemisch, wodurch das Monomere bei ca. 90—120° verdampft wird, setzt dem Gemisch von dampfförmigem Monomeren u. darin feinverteiltem Polymeren in einer Trennungszone 0,5—2mal soviel an festem zerkleinertem Polymeren, als schon Polymeres vorhanden ist, zu u. entfernt das Monomere, das zweckmäßig in die Reinigung vor der Polymerisationszone zurückgeführt wird, während im unteren Teil der Trennungszone das Polymere abgezogen wird. (**A. P. 3014015** vom 30/10. 1953, ausg. 19/12. 1961.) K. Sarre 7173

2514 General Tire & Rubber Co., Akron, Ohio, V. St. A., **Herstellen eines starren, stoßunempfindlichen, alterungsbeständigen polymerisierten, thermoplastischen Materials.** Es werden gemischt a) 47—77 (Gew.-Teile) einer Polyvinylhalogenverb. oder eines diese Verb. vorzugsweise enthaltenden Mischpolymerisats, b) 13—35 eines harzartigen Mischpolymerisats von Styrol (**I**) oder kern- oder α-substituiertem (**I**) mit Acrylnitril mit weniger als 6 C-Atomen, wobei der Nitrilgeh. 15—40 Gew.-% beträgt, u. c) eine kautschukartige Rk.-Prod. eines organ. Polyisocyanats mit 2—3 funktionellen Isocyanat-Gruppen u. eines mit einer OH-Gruppe endenden Polyols, welches ein Molgew. von mindestens 500 hat u. nur C zu C oder C zu O-Vernetzungen in der Mol.-Kette aufweist. Die Mischung wird dann geknetet. Als Bestandteil a) wird z. B. verwendet Polyvinylchlorid, in Bestandteil b) als Polyol Polyalkylenätherglykol. Der Bestandteil b) wird z. B. hergestellt aus 1 (Mol) Polyester u. 1 p.p'-Diisocyanato-diphenylmethan, wobei man die Mischung 2 Std. bei 115° in einem geschlossenen Behälter stehen läßt. (**E. P. 909704** vom 12/2. 1958, ausg. 31/10. 1962. A. Prior. 13/2. 1958 [so Orig., vermutlich 1957. Die Red.].) F. Markhoff 7173

2515 Imperial Chemical Industries Ltd., London, England, **Herstellung von Vinylchloridpolymeren.** Vinylchlorid wird mit einer sauren Verb. in Mengen von 0,1 bis 30, bes. 0,3—4 Gew.-% des Gesamtgew. der polymerisierbaren Verbb., unter Blockpolymerisationsbedingungen in Ggw. eines in Vinylchlorid lösl. Katalysators teilweise polymerisiert, bis ≧ 1% des Monomeren in Polymeres übergeführt ist. Die zum Dispergieren noch hinreichend fl. Mischung wird in Dispergiermittel enthaltendem W. dispergiert u. die Polymerisation fortgesetzt. Als saure Verbb. verwendet man monoäthylen. ungesätt. Carbonsäuren, z. B. Maleinsäure, Acrylsäure bzw. ein Anhydrid oder Säurechlorid solcher Säuren, oder einen partiellen Ester von monoäthylen. ungesätt. Polycarbonsäuren, bes. Monoalkylester der Maleinsäure u. Mono- oder Diester der Aconitsäure. Ggf. kann ein Kettenübertragungsmittel, z. B. Chlf. u. auch ein drittes polymerisierbares Monomeres, bes. Vinylacetat, zugesetzt werden. — Gute Haftbarkeit an Metallen. (**Oe. P. 224910** vom 24/2. 1961, ausg. 27/12. 1962. E. Prior. 24/2. 1960.) B. L. König 7173

2516 Kurashiki Rayon Kabushiki Kaisha, Kurashiki City, Japan, **Verhindern des Brüchigwerdens von Polyvinylalkoholfilmen.** Die Filme werden gleichmäßig beiderseits auf über 150°, aber unterhalb des F. des Filmmaterials erhitzt. Dann erfolgt eine Behandlung in einer Atmosphäre mit 70—100% Feuchtigkeit bei 30—90° u. anschließend eine Glättung bei 35—80°. Die Temp., die relative Feuchtigkeit u. Behandlungsdauer müssen so abgestimmt werden, daß der Film zum Schluß einen Feuchtigkeitsgeh. von 8—10% aufweist. — Abbildung. (**E. P. 893523** vom 4/8. 1959, ausg. 11/4. 1962. Jap. Prior. 12/8. 1958.) F. Markhoff 7173

2517 Goodyear Tire & Rubber Co., Akron, Ohio, V. St. A., **Vulkanisieren von Polyvinylalkyläthern.** 100 (Gew.-Teilen) Polymerisat werden 0,1—15 eines organ. Peroxides u. 10—80 eines Füllmittels, wie Ruß oder SiO_2, zugesetzt. Das Gemisch wird auf 250—350°F so lange erhitzt, bis Härtung erfolgt ist. Das Peroxid hat die Formel $(R_1)(R_2)(R_3)C\text{–}O\text{–}O\text{–}C(R'_1)(R'_2)(R'_3)$; in dieser sind R_1, R'_1, R_2 u. R'_2 Alkylgruppen mit weniger als 10 C-Atomen u. R_3 u. R'_3 Arylgruppen, wie Phenyl-, Chlorphenyl- oder Naphthyl-Gruppen. Zum Beispiel Dicumylperoxid. Man erhält Vulkanisationsprodd. mit einer Zugfestigkeit von mehr als 1000 lbs./sq. in. (**E. P. 903943** vom 7/11. 1960, ausg. 22/8. 1962. D. Prior. 5/4. 1959.) F. Markhoff 7173

2518 Dow Chemical Co., Midland, Mich., übert. von: Aleksander Despić, Philadelphia, Pa., V. St. A., und Djuro Kosanović, Belgrad, Jugoslawien, **Herstellung von ungesättigten β-Diketonen** (I) der allg. Formel $R_1\text{–}(R_2)C{=}C(R_3)\text{–}(CH_2)_n\text{–}C({=}O)\text{–}CH(R_4)\text{–}C({=}O)\text{–}R_5$ (R_1 u. R_2 = H oder C_{1-4}-Alkyl, R_3 = H, Cl oder C_{1-4}-Alkyl, R_4 = H oder C_{1-3}-Alkyl, R_5 = C_{1-4}-Alkyl, n = 0—4) u. deren *Homo-* u. *Mischpolymerisaten.* Die I werden erhalten durch die Claisen-Kondens. eines Ketons der Formel $R_4CH_2\text{–}C({=}O)\text{–}R_5$ mit einer ungesätt. aliphat. Säure der Formel $R_1\text{–}(R_2)C{=}C(R_3)\text{–}(CH_2)_n\text{–}COOH$ bei etwa 0° in Ggw. eines alkal. Polymerisationsinhibitors (p-Phenylendiamin oder N-Dimethyl-α-naphthylamin) u. eines Alkalimetalls oder eines Alkalialkoholats oder -amids zweckmäßig in einem inerten Lsgm., bes. abs. Ae., mit darauffolgender Reinigung entweder durch Dest. bei Unterdruck oder durch Auswaschen mit einer wss. $FeCl_3$-Lsg. u. Gewinnung der freien I durch Behandeln der gebildeten Fe-Komplexsalze mit einer Säure. Man erhält so *Methacrylylaceton*, $Kp._5$ 51—51,4°. Zur Herst. der *Polymere* verwendet man zweckmäßig ein Gemisch aus 80—99,5 (Gew.-%) I u. 0,05—20 eines Vernetzers (Äthylenglykoldimethacrylat, Divinylbenzol, Divinylketon), dem Peroxide als Beschleuniger zugesetzt sein können. Verw. als *Ionenaustauscherharze* bes. für Fe-Ionen; durch Säure leicht regenerierbar. (**A. P. 3004932** vom 15/1. 1958, ausg. 17/10. 1961.) W. Gräger 7173

2519 United States of America, Secretary of Agriculture, übert. von: Bernard A. Parkin jun. und Glen W. Hedrick, Lake City, Fla., V. St. A., **Vinylester des 3-(1-Methyl-1-hydroxyäthyl)-pimelinsäurelaktons,** F. 47,8—48,6°, $Kp._{0,2}$ 149°, wird durch Rk. des 3-(1-Methyl-1-hydroxyäthyl)-pimelinsäurelaktons (I) mit Vinylacetat in saurer Lsg. in Ggw. von $(CH_3COO)_2Hg$ erhalten; durch Umesterung oder durch Rk. von I mit A. → den Äthylester, $Kp._{0,25}$ 122—124°, n_D^{25} 1,4527. Der Vinylester des I eignet sich zur Herst. von *Polymerisaten* u. von *Mischpolymerisaten*, bes. mit Vinylchlorid im Mischungsverhältnis von 1 (Gew.-Teil) Vinylester des I auf 2—4 Vinylchlorid. — Tabelle. (**A. P. 3010944** vom 24/3. 1960, ausg. 28/11. 1961.) W. Gräger 7173

2520 Dow Chemical Co. übert. von: Richard C. Sovish, Midland, Mich., V. St. A., **Herstellung von Vinylbenzylketonen** der allg. Formel $CH_2{=}CH\text{–}C_6H_4\text{–}CH_2\text{–}CH(R)\text{–}C({=}O)\text{–}R'$ (R = H, Alkyl- oder Alkoxycarbonylrest mit 1—4 C-Atomen, R' = C_{1-4}-Alkyl-, C_{1-4}-Alkoxycarbonyl-, oder Phenylcarbonylrest oder $\text{–}CH_2\text{–}C({=}O)\text{–}R''$ u. R'' = C_{1-4}-Alkyl-, C_{1-4}-Trifluoralkyl- oder Phenylrest) durch Rk. des Isomerengemisches von Vinylbenzylchlorid (mit 20% o- u. 80% p-Isomer) mit dem Na-Salz einer Methylenverb., wie Acetylaceton, Dibenzoylmethan, Benzoylaceton, Malonsäureester oder Äthylacetoacetat, in einem inerten Lsgm. (abs. A., Chlf., CCl_4) bei Raum- bis Rückflußtemp. u. anschließende Reinigung durch fraktionierte Dest. in Ggw. eines Polymerisationsinhibitors, wie α-Naphthochinon. Man erhält so: *Vinylbenzyl*(I)*-aceton*, $Kp._{1,9}$ 109—112°, n_D^{26} 1,5421, dessen *Semicarbazon*, F. 172—174; I*-acetylaceton*, $Kp._{0,5}$ 118—120°, n_D^{25} 1,5513, dessen *Cu-Chelat*, Zers. bei 230°; I*-acetophenon*, $Kp._{0,2-0,3}$ 131—141°, dessen *Semicarbazon*, F. 171—172°; *Diäthyl-*I*-malonat*, $Kp._1$ 140 bis 142°, n_D^{25} 1,5152; *Äthyl-*I*-acetat*, $Kp._{1,5}$ 123—128°, n_D^{25} 1,5292; *Äthyl-*I*-acetoacetat*, $Kp._2$ 144—148°, n_D^{25} 1,5245; *1-*I*-trifluoraceton*, $Kp._{1,9}$ 114—116°; *1-*I*-pentandion-(2.4)*, $Kp._{1,5}$ 144—146°, n_D^{25} 1,5619, dessen *Cu-Chelat*, F. 182 bis 184°; *Cu-Chelat von 1-*I*-4-Phenylbutandion-(2.4)*, F. 132—136°. Die monomeren Prodd. ergeben durch Einw. von Katalysatoren, wie Azobisobutyronitril oder K-Persulfat, oder aktiv. Licht, UV-, X- oder γ-Strahlen, *Homo-* oder *Mischpolymerisate.* — 2 Tabellen. (**A. P. 3006895** vom 27/4. 1959, ausg. 31/10. 1961.) W. Gräger 7173

2521 Farbenfabriken Bayer Akt.-Ges., Leverkusen, **Thermostabile Polymerisate oder Mischpolymerisate von Acrylnitril** erhält man durch Polymerisation der Monomeren im wss. Medium bei pH < 7 mit Hilfe eines freie Radikale bildenden Katalysators oder eines Redox-Syst. in Ggw. von 0,5—20% eines farblosen in W. lösl. Al-Salzes, bes. K–Al-Sulfat, u. ggf. von 0,00001 bis 0,1% eines Schwermetallsalzes. (**E. P. 907178** vom 23/9. 1960, ausg. 3/10. 1962. D. Prior. 23/9. 1959.) L. Stadelmann 7173

2522 Ernst Teupel, Arizzano/Novara, Italien, **Herstellung von Polymethylmethacrylaten.** Man polymerisiert Methylmethacrylat in Ggw. eines Peroxids u. einer Mercaptanmischung, bestehend aus einem oder mehreren Mercaptanen, die 1—6 C-Atome u. die Gruppe $\text{–}CH_2\text{–}SH$ im Mol. enthalten, u. einem oder mehreren Mercaptanen, die 7—9 C-Atome u. die Gruppe $\text{–}CH_2\text{–}SH$ im Mol. enthalten, wobei diese Mercaptanmischung 25—85% an Mercaptanen mit 7—9 C-Atomen enthält, bei 80—100°. Beispiele für Mercaptanmischungen: Prim. Butylmercaptan u. Octylmercaptan, Butylmercaptan u. 2-Äthylhexylmercaptan. Die erhaltenen Polymerisate haben ein Molgew. von ca. 95000, *Formartikel* daraus sind farblos, opt. klar u. bleiben bei Erhitzung bis auf 250° unverändert. (**E. P. 907426** vom 14/12. 1960, ausg. 3/10. 1962. D. Prior. 14/12. 1959.) L. Stadelmann 7173

2523 Pittsburgh Plate Glass Co., Pittsburgh, Pa., V. St. A., **Herstellung eines aldehydmodifizierten Acrylamidmischpolymerisates.** Man kondensiert ein mindestens 5 u. bes. bis zu 25 Gew.-% Acrylamid (I) enthaltendes Mischpolymerisat unter Verätherungsbedingungen in einem Alkanol als Lsgm. mit mindestens 0,2 Äquivalenten eines nur aus C, H u. O bestehenden Aldehyds pro Amidgruppe. Hierbei werden mindestens einige der sich vom Aldehyd ableitenden Alkylolgruppen mit den als Lsgm. dienenden Alkanol veräthert unter Bldg. endständiger Alkoxygruppen. Beim Erhitzen von aus dem Material hergestellten Filmen werden diese vernetzt u. dadurch hart u. schlagfest. — Z. B. kocht man ein Mischpolymerisat aus 125 (Gew.-Teilen) I u. 375 Äthylacrylat 2 Std. in Butanol mit 264 40%ig. CH_2O-Lsg. in Butanol in Ggw. von 3,6 Maleinsäureanhydrid unter Abdest. des gebildeten Wassers. (**Niederl. P. 102413** vom 19/1. 1957, ausg. 17/9. 1962.) F. Böhm 7173

2525 E. I. du Pont de Nemours & Co., Wilmington, Del., V. St. A., **Polymerisierbare Vinyl-Diaxolane,** dad. gek., daß sie 2—6 Radikale der allg. Formel **I**, worin

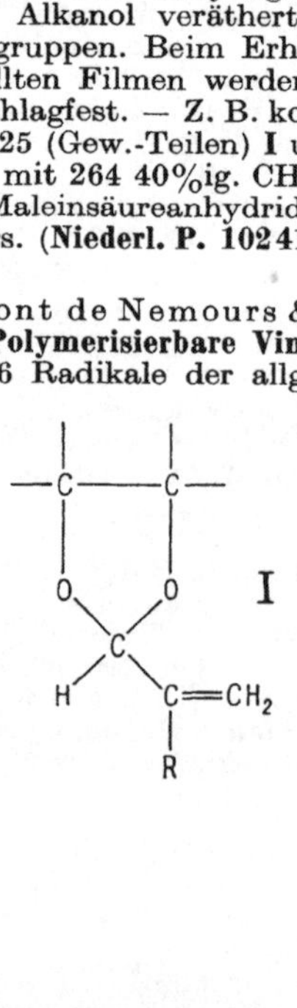

I

3 der 4 freien Valenzen durch H, Alkyl, Aryl, Alkaryl, Chloralkyl, Fluoralkyl, Alkoxyalkyl, Chloralkoxyalkyl, Fluoralkoxyalkyl, Cyanalkoxyalkyl, Cyanalkyl oder Alkenyl abgesätt. sind, die 4. Valenz das cycl. Radikal mit mindestens einem anderen solchen cycl. Radikal durch eine polyvalenten Rest verknüpft u. R H, Fluor, Chlor, Alkyl, Cyan, Acyloxy, Chloralkyl, Fluoralkyl, Cyanalkyl, Alkoxy oder Carbalkoxy bedeuten u. der polyvalente Rest mindestens aus 2 verschiedenen Atomen besteht, wovon mindestens eines C ist, können durch Rk. von Polycarbonsäureestern mit Hydroxy-2-alkenyl-1.3-dioxalanen ggf. in Ggw. von Alkylorthotitanaten hergestellt werden. (**E. P. 899065** vom 1/9. 1958, ausg. 20/6. 1962. A. Prior. 10/9. 1957 u. 26/5. 1958.)
R. Bauereis 7173

2526 British Oxygen Co. Ltd., London, England (Erfinder: William Owen Jones), **Vinylpyrazole und deren Polymere.** Vinylpyrazole der allg. Formel **I** (R_1 =

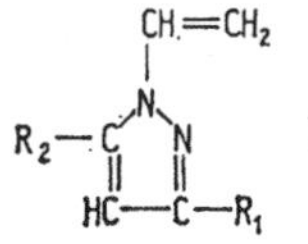
I

Alkylgruppe, R_2 = Alkyl- oder Arylgruppe) werden durch Rk. eines entsprechend **I** 3.5-disubstituierten Pyrazols mit CH≡CH bei 130—230° u. 10—30 at in Ggw. eines Vinylierungs-Katalysators (z. B. Cd- oder Zn-Salz einer schwachen Säure) erhalten. — Aus [3.5-Dimethylpyrazol = A] u. CH≡CH in Hydrochinon u. Toluol in Ggw. von $CdOOCCH_3$ bei 30 at u. ca. 170° → *1-Vinyl-A*, farbloses Öl, n_D^{20} 1,5175, $Kp._{0,5}$ 33—370; — Analog *1-Vinyl-3-methyl-5-phenyl-pyrazol*, $Kp._{0,2}$ 80°, n_D^{20} 1,5940. — Diese Prodd. werden in Ggw. von Azo-bis-isobutylnitril u./oder Di-tert.-butylperoxid durch Erwärmen polymerisiert, u. z. B. aus 1-Vinyl-A ein durchsichtiger, glasartiger, in Bzl. lösl. Festkörper mit einem Erweichungspunkt von ca. 150° erhalten. — Copolymere werden mit Acrylnitril, Dinonylmaleat, Äthylacrylat u. Vinylacetat, z. B. in Ggw. von Benzoylperoxid, erhalten. (**E. P. 887365** vom 1/1. 1959, ausg. 17/1. 1962.)
H. Roos 7173

2527 Monsanto Chemical Co. (Erfinder: Mary Dawn Lindstrom), **Wäßriger Latex eines Mischpolymerisats,** das aus 1. 12—58 (Gew.-%) eines Esters der Fumarsäure, dessen alkohol. Anteil 6—32 C-Atome enthält, 2. 2—5 Acryl-, Methacryl-, Zimt-, Atropin- oder Crotonsäure, 3. 40—86 härtenden Monomeren (aromat. Monovinyliden-KW-Stoffen, deren halogenierten Derivv., Estern der Methacrylsäure, deren alkohol. Anteil 1—3 C-Atome enthält) besteht. Zunächst teilweise Polymerisation von 10—60 Gew.-% des gesamten Monomerenanteils, Zufügen des restlichen Monomerenanteils u. dann vollenden der Polymerisation. (**Aust. P. 236269** vom 24/12. 1958, ausg. 30/11. 1961. A. Prior. 2/1. 1958.)
K. Demmler 7173

2528 Staflex Co. Ltd. (Erfinder: Harold Rose und Norman Francis Parsfield), **Herstellung von biegsamem und porösem Material in Band- oder Plattenform.** Harzkörner in Form von traubenförmigen Zusammenballungen einzelner Harzteilchen werden auf der Oberfläche, z. B. von Textilbändern, verteilt u. auf 80—100° erhitzt, wobei sich runde oder ovale Körner bilden u. ein biegsames u. poröses Prod. erhalten wird. Als Harz wird verwendet Polyvinylchlorid, Polystyrol, Polyvinylacetat oder deren Gemische. (**Aust. P. 236260** vom 22/10. 1958, ausg. 30/11. 1961. E. Prior. 24/10. 1957.)
K. Demmler 7173

2529 FMC Corp. (Food Machinery and Chemical Corp.), New York, N. Y., V. St. A. (Erfinder: Charles Adam Heiberger und James Larue Thomas), **Gegen Hitze und Oxydation beständiger Schutz für Flugzeuge und Raketen** besteht aus einem gehärteten Polymerisat von Diallylisophthalat u. einer inerten Komponente, wie SiO_2, die bei Tempp. von 175—325° stabil ist. (**E. P. 908336** vom 15/1. 1960, ausg. 17/10. 1962. A. Prior. 23/1. 1959.)
F. Markhoff 7173

2530 Pechiney Comp. de Produits Chimiques et Électrométallurgiques, Paris, Frankreich, **Verpreßbares Polymerisat, besonders für Schallplatten** besteht aus 1. einem größeren Anteil eines Mischpolymerisats aus 10—30 (Gew.-Teilen) Vinylacetat u. 90—10 Vinylchlorid u. 2. einem kleineren Anteil eines Mischpolymerisats aus über 30 Vinylacetat u. im übrigen aus Vinylchlorid u./oder Polyvinylchlorid mit einer inneren (intrinsic) Viskosität von 0,4—0,7. Das unter 2. genannte Mischpolymerisat oder das Polyvinylchlorid kann eine oder mehrere folgender polymeren Konstituenten enthalten: Polyvinylacetat, das teilweise hydrolysiert oder acetalisiert sein kann, Polyvinylalkohol, Mischpolymerisate aus Vinylalkohol u. Vinylchlorid oder aus Vinylalkohol u. Vinylacetat. (**E. P. 904912** vom 3/9. 1958, ausg. 5/9. 1962. F. Prior. 5/9. 1957.)
F. Markhoff 7173

2531 Union Carbide Corp., New York., N. Y., übert. von: Howard R. Guest, Charleston, und Ben W. Kiff, Ona, W. Va., V. St. A., **Phosphorhaltige Spiro-bis-[m-dioxan]-phenolharze** werden hergestellt durch Erhitzen von 3.9-Dialkenylspiro-bis-m-dioxan, dessen Alkenylgruppe 2—18 C-Atome aufweist, mit einem Phenol, das mindestens 2 H in o- u. p-Stellung zur OH-Gruppe hat, u. 4—30% (bezogen auf das Gesamtgewicht der Mischung) eines Phosphorsäureesters der Formel **I** her-

I

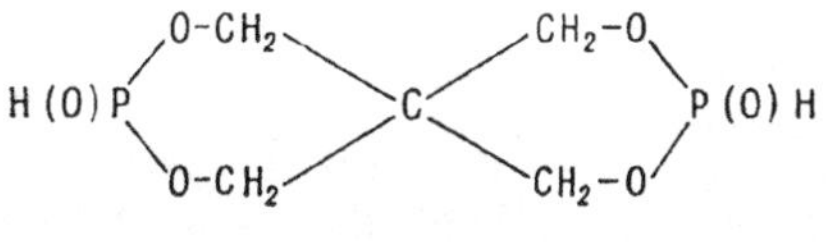

gestellt. — 405 (g) 3.9-Divinylspiro-bis-m-dioxan, 120 Phenol u. 1.6-Diäthylsulfat werden 50 Min. auf 100 bis 120° erhitzt, dann in Formen gegossen u. 16 Std. auf 150° erhitzt. — *Flammhemmende Überzüge für Formkörper, Textilien u. Schichtkörper.* (**A. P. 3012988** vom 29/8. 1958, ausg. 12/12. 1961.)
A. Dandl 7177

2532 Union Carbide Corp., New York, N. Y., übert. von: Howard R. Guest, Charleston, und Ben W. Kiff, Ona, W. Va., V. St. A., **Flammhemmende Spiro-bis-[m-dioxan]-phenolharze** werden hergestellt durch Erhitzen einer Mischung aus 3.9-Dialkenylspiro-bis-m-dioxan, dessen Alkenylreste 2—18 C-Atome aufweisen, einem Phenol, das in o- u. p-Stellung zur OH-Gruppe mindestens je ein H-Atom hat u. 5—25% (bezogen auf das Gesamtgewicht der Mischung) eines partiellen Phosphorigsäureesters des Pentaerythrits der Formel I (R = Alkylrest). —

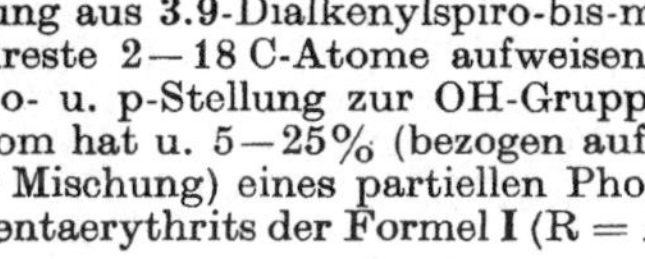
I

405 (g) 3.9-Divinylspiro-bis-m-dioxan, 120 Phenol u. 1,68 Diäthylsulfat werden 50 Min. auf 100—120° erhitzt, dann in Formen gegossen u. 16 Std. bei 150° gehärtet. — *Flammhemmende Mittel für Überzüge, Schichtkörper u. Textilien.* (**A. P. 3010941** vom 29/8. 1958, ausg. 28/11. 1961.)
A. Dandl 7177

2533 Deutsche Gold- und Silber-Scheideanstalt vormals Roessler, Frankfurt/M., **Herstellung von Eupolyoxymethylenen.** Mit Trägergas verd., gasförmiger Formaldehyd wird in einem Katalysator-Lsgm.-Gemisch bei —100° bis zum Kp. des Lsgm., bes. +10—50°, polymerisiert. Als Katalysator verwendet man in Mengen von 0,0001—50 g, bes. 0,0005—30 g, je Liter Reaktionsmedium bekannte, akt. Füllstoffe, einzeln oder im Gemisch, bes. akt. Oxide von Metallen oder Metalloiden, z. B. von Al, Si, die durch pyrogene Zers. geeigneter Verbb. mittels oxydierender oder hydrolysierender Gase gewonnen werden, oder Ruß, der durch fl. u./oder gasförmige Oxydationsmittel nachbehandelt wird. Ggf. können die Füllstoffe zur Verbesserung ihrer katalyt. Eigg. mit verd., wasserfreien Lsgg. von anderen für die Polymerisation von **I** bekannten Katalysatoren nachbehandelt werden. Als Lsgm. bei der Polymerisation verwendet man KW-Stoffe u./oder Halogen-KW-Stoffe, z. B. Bzn. u. Trichloräthylen. Dem Polymerisat oder den reagierenden Komponenten können bekannte Stoffe zugesetzt werden, die die Verarbeitung u./oder die Stabilität u./oder die mechan. Eigg. des Polymerisates verbessern. (**Oe. P. 222366** vom 10/11. 1960, ausg. 25/7. 1962. D. Prior. 20/11. 1959.) B. L. König 7177

2534 Louis Lafon, Paris, Frankreich, **Lösungen von Polyoxyäthylen-Polyoxypropylen-Mischpolymeren** in W. enthalten zusätzlich Fructose, Galactose oder Sorbit. (**E. P. 903349** vom 25/11. 1960, ausg. 15/8. 1962. F. Prior. 14/12. 1959.) F. Koch 7177

2535 Farbwerke Hoechst Akt.-Ges. vormals Meister Lucius & Brüning, Frankfurt/M., **Herstellung von oberflächenaktiven Mitteln auf Basis von Derivaten von Polyalkylenglykolen** der allg. Formel **I**

$$R\begin{cases}[Z_1(C_nH_{2n}O)m_1(C_2H_4O)_x - C_2H_4OH]_u \\ [Z_2(C_nH_{2n}O)m_2(C_2H_4O)_y - C_2H_4OH]_v \\ [Z_3(C_nH_{2n}O)m_3(C_2H_4O)_z - C_2H_4OH]_w\end{cases} \quad \text{I}$$

(R = organ. Rest; n = 3 oder 4; u = 1—10; v u. w = 0—10; x, y u. z = 1 bis ca. 200; m_1, m_2 u. m_3 = 0 bis ca. 200; die Summe der zusammengehörigen Werte x u. m_1, y u. m_2, sowie z u. m_3 soll jeweils Werte von 1 bis ca. 200 nicht überschreiten; Z_1, Z_2 u. Z_3, gleich oder verschieden = O-Atom, S-Atom oder eine der Gruppen –COO–, –$CONR_1$–, –$SONR_1$–, –SO– oder –SO_2–, wobei R_1 = niedermol. Alkylrest, bes. mit 1—4 C-Atomen, oder Rest. der Formel –$(C_nH_{2n}O)m_1(C_2H_4O)_xC_2H_4OH$). **I** oder dessen Ausgangskomponenten werden mit Ortho-, Meta-, Pyro-, Polyphosphorsäure, $POCl_3$ oder P_2O_5 in einem inerten Lsgm., z. B. Äthylenchlorid, Dioxan, bei vermindertem Druck unter gleichzeitiger Abführung der freiwerdenden flüchtigen Nebenprodd., bes. W., mittels eines Inertgases, auf 190—280°, bes. 220—260° erhitzt. Die Kondensationsprodd. besitzen eine SZ. von 0 bis ca. 4, bes. 0—2. Die Rk.-Prodd. können durch organ. oder anorgan. bas. Verbb. neutralisiert werden. — In 500 (g) Polyäthylenglykol vom Molgew. 1000 in 100 Äthylenchlorid werden bei 80° 26 $POCl_3$ zugetropft; u. bis zum Ende der HCl-Abspaltung wird erhitzt. Nach Entfernung des Lsgm. gibt man 134 Stearinsäure zu u. erhitzt unter Durchleiten von N_2 auf 240°. Nach 4—6 Std. erhält man 600 Rk.-Prod. der SZ. 2,6. — *Klebmittel, Emulgatoren, Weichmacher.* (**Oe. P. 221278** vom 22/2. 1960, ausg. 10/5. 1962. D. Prior. 24/2. 1959.) B. L. König 7177

2536 Union Carbide Corp., New York, N. Y., V. St. A. (Erfinder: Charles Wesley McGary jun. und Charles Theo Patrick jun.), **Zu Kunststoffkörpern härtbare Gemische** erhält man durch Zusatz von Polymerisationskatalysatoren (**I**) oder polyfunktionelle Härtungsmitteln (**II**) zu Spiro-bis-[m-dioxanen] der allg. Formel **III**, in der D ein eine 1.2-Epoxidgruppe auf-

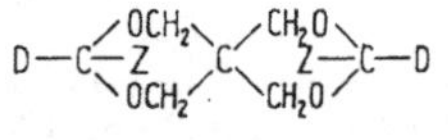
III

weisender, ggf. cycl. KW-Stoffrest mit 2—18 C-Atomen ist, wobei unter einem cycl. Rest z. B. ein Cyclopropyl-, Cyclopentyl-, Cyclohexyl- oder Phenylrest zu verstehen ist; Z ist H oder ein Alkylrest mit 1—4 C-Atomen. **I** sind starke Mineralsäuren, partielle Ester von Phosphorsäure, Sulfonsäuren, Lawis-Säuren, Alkalimetallhydroxide, quatern. NH_4-Verbb. u. sek. bzw. tert. Amine. **II** sind Polycarbonsäure u. deren Anhydride, Polyester, Polyole, Polythiole, Polyamine, Polyisocyanate, Melamin- oder Phenol-Aldehyd-Kondensate. — Ein Gemisch von 1 g Bis-(1.2-epoxy-1-methyläthyl)-spiro-bis-[m-dioxan] u. 0,1 g $BF_3 \cdot CrH_5NH_2$ wird $6^1/_2$ Std. auf 120° u. 9 Std. auf 160° erhitzt, wobei man ein gelbes, sprödes Prod. mit einer Barcol-Härte von 20 erhält. — *Klebemittel, Überzüge, Filme, Formkörper* u. *Schichtstoffe.* (**E. P. 902983** vom 6/7. 1959, ausg. 9/8. 1962. A. Prior. 10/7. 1958.) J. Mühleisen 7177

2537 Shell Oil Co., übert. von: Theodore F. Bradley, Orinda, und Richard D. Harline, Walnut Creek, Calif., V. St. A., **Alkenyl-Glycidyläther und Polymere daraus.** Man stellt aus Alkenylphenolen u. Halogenepoxiden in Ggw. von Alkali Äther der Formel $(R)_mAr \cdot (O–E)_n$ her, in der R einen KW-Stoffrest mit olefin. Bindung, m u. n ganze Zahlen von 1—3, Ar einen aromat. Rest, O ein Äther–O-Atom u. E einen KW-Stoffrest mit einer Epoxygruppe bedeuten, wobei das Epoxy–O-Atom an ein anderes C-Atom gebunden ist als an das C-Atom, mit dem das Äther–O-Atom verknüpft ist. — Zum Beispiel stellt man aus 2-Allylphenol u. Epichlorhydrin (**I**) 2-Allylphenylglycidäther her, wasserhelle Fl. vom $Kp._{0,6}$ 100 bis 103° u. Brechungsindex n_D^{20} 1,5310, ferner aus 2.6-Diallylphenol u. **I** 2.6-Diallylphenylglycidyläther, farblose Fl. vom $Kp._{0,6}$ 126—129° u. Brechungsindex n_D^{20} 1,5290. Diese Äther werden polymerisiert, ggf. mit anderen ungesätt. Verbb. copolymerisiert, u. ergeben Polymere, die, ggf. nach Härtung mittels Aminen oder mehrbas. Säuren in der Hitze, in der Kunststoffindustrie verwendet werden. (**A. P. 3014890** vom 12/4. 1954, ausg. 26/12. 1961.) K. Sarre 7177

2538 Ohio State University Research Foundation, Columbus, Ohio, übert. von: George M. Omietanski, Tonawanda, N. Y., V. St. A., **Titan–Trialkanolamin-Derivate** der allg. Formel I ($C_nH_{2n}O$ = eine

I

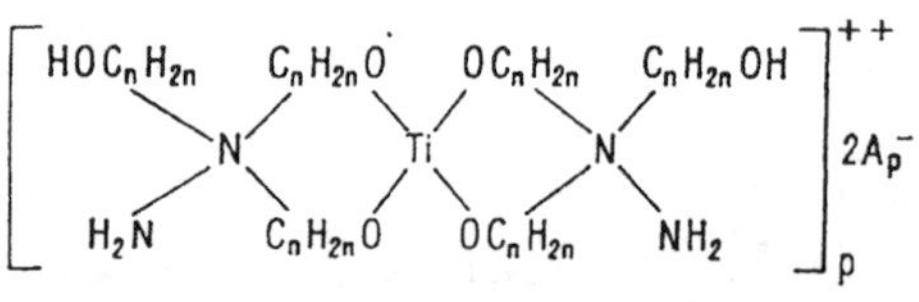

Alkoxygruppe, n = 2 oder 3 p = Wertigkeit von A, A = Chlorid oder Sulfat) werden hergestellt durch Rk. von Trialkanolamintitanaten mit Chloramin, *Zwischenprodukte für nicht elektrostatische Polymere,* bes. Epoxyharze. (**A. P. 2991299** vom 24/6. 1958, ausg. 4/7. 1961.) R. Bauereis 7177

2539 Fabriek van Compositieverven N. V., Delft, Niederlande, **Herstellung eines vorkondensierten Epoxyharzes,** das zur Erzeugung wasserfester Deckschichten geeignet ist. Man bringt ein nicht modifiziertes, frei OH- u. Epoxygruppen enthaltendes Epoxyharz mit einem Alkoxysilan der allg. Formel $R–Si(R)(OR_1)–O–Si(R) \cdot (OR_1)–R$ zur Rk. (R = KW-Stoffrest, OR_1 = Alkoxyrest mit vorzugsweise 1—5 C-Atomen). — Zum Beispiel erhitzt man es 5 Std. mit 2,25 (Gew.-%) Tetraäthyldiäthoxydisiloxan auf 125°. Das so erhaltene Vorkondensat kann durch Zusatz von 5 Diäthylentriamin ausgehärtet werden. (**Niederl. P. 102618** vom 15/10. 1954, ausg. 15/10. 1962.) F. Böhm 7177

2540 N. V. de Bataafsche Petroleum Mij., Den Haag, Niederlande (Erfinder: Edward Charles Shokal, Walnut Creek, und Herbert Alfred Newey, Lafayette, Calif., V. St. A.), **Epoxy-Verbindungen** werden gehärtet mit mehrwertigen Aminen, die mindestens teilweise alicycl. prim. u./oder sek. Aminogruppen im Mol. enthalten. — Diese entstehen z. B. durch Hydrieren von o-, m-, p-Phenylendiamin, N-Methyl-p-phenylendiamin, Diaminodiphenylmethan, p.p′-Methylendianilin, N-Äthyl-p.p-methylendianilin, p.p′-Diaminodiphenylsulfon, Triaminobenzol, 2.4-Diaminotoluol, 3.3′-Diaminodiphenyl, 1.3-Diamino-4-isopropylbenzol, 1.3-Diamino-4.5-diäthylbenzol, N.N′-Diäthyltriaminobenzol, Diaminostilben, N.N′-Diphenyläthylendiamin, 4.4′.4″-Triaminotriphenylmethan, 2.6-Diaminoanthrachinon, 1-Oxy-2.4.6-triaminobenzol. Die Mischungen mit Epoxyverbb. sind lange Zeit lagerfähig. (**Schwz. P. 364626** vom 28/12. 1956, ausg. 15/11. 1962. A. Prior. 30/12. 1955.) F. Koch 7177

2541 British Celanese Ltd., London, England (Erfinder: James Lincoln und Brian James Hawthorne), **Härtung von Polyepoxiden (I)** erfolgt mit einem fl. Gemisch der Isomeren von Tetrahydrophthalsäureanhydrid u. üblichen Härtungs-Katalysatoren, wie mit tert. Aminen oder Salzen, wie $SnCl_4$, **I** sind z. B.: Vinylcyclohexendioxide-(1.4), Butadien-, Dicyclopentadiendioxid, Diglycidyläther von 4.4'-Bis-(hydroxyphenyl)-2.2-propan, Diglycidyläther von Äthylenglykol u. Epoxy 201. — Epikote 834 (Glycidäther von Bisphenol A u. Epichlorhydrin, Epoxyäquivalenzgewicht 290) wird mit 0,85 Mol Anhydrid pro Epoxyäquivalent vermischt u. mit 0,2% Benzyldimethylamin 3 Std. bei 120° gehärtet, wobei man einen Formkörper mit einer Biegefestigkeit von 11200 lb/in² erhält. (**E. P. 914463** vom 24/6. 1959, ausg. 2/1. 1963.) J. Mühleisen 7177

2542 Inventa Akt.-Ges. für Forschung und Patentverwertung, Luzern (Erfinder: Wilhelm Deiters und Manfred Hoppe, Chur), Schweiz, **Reinigung härtbarer Harzmischungen.** Härtbare Epoxidharz-Vorprodd., die aus ein- oder mehrkernigen Bis- bzw. Polyphenolen mit Epichlorhydrin oder Dihalogenhydrin in Ggw. von Alkali gewonnen wurden u. nach Neutralisation des überschüssigen Alkalis mit Salzen verunreinigt sind, werden von der wss. Phase getrennt, durch Erhitzen im Vakuum bei 130° Badtemp. vollständig entwässert, in Aceton aufgenommen u. filtriert; Molgew. 500—1000. — 228 (g) Bisphenol werden in 64 NaOH u. 426 W. gelöst. Bei 40° werden 148 Epichlorhydrin zugegeben, in 80 Min. wird auf 90° erwärmt u. 1 Std. bei 90—100° gehalten. Nach Ansäuern mit Essigsäure wird die abgetrennte Harzphase mit sd. W. gewaschen u. bei ca. 50—100 mm auf 130° erwärmt, in 400 ml Aceton gelöst, filtriert u. das Aceton im Vakuum bei 130° entfernt: Klares Prod.; Epoxidzahl pro 100 g Harz = 0,254; Molgew. 752. (**Oe. P. 224913** vom 18/8. 1960, ausg. 27/12. 1962. Schwz. Prior. 1/9. 1959.) B. L. König 7177

2543 Teikoku Jinzô Kenshi Kabushiki Kaisha, Ôsaka (Erfinder: Kiyoshi Kazama, Shigemitsu Tsunawaki und Yatarô Ichikawa, Iwakuni), Japan, **Herstellung von Polyestern** bei ≧ 200° aus Terephthalsäure oder deren Mischungen mit anderen 2bas. Säuren u. 1—2 Mol (pro Mol der Säure) Glykol, wodurch Polyester mit erhöhtem Erweichungspunkt erhalten werden. Vermutlich wird die Bldg. von Nebenprodd. in der 1. Kondens.-Stufe herabgesetzt; diesen Prozeß kann man weiter durch Zusatz kleiner Mengen von Metallen oder Metallverbb. (Alkali-, Erdalkalimetalle, deren Verbb., Zn-, Pb-, Co-, Mn-Verbb.) verbessern. — Man gibt zu 120 (Gew.-Teilen) Terephthalsäure verschiedene Mengen Äthylenglykol (**I**) u. erhitzt bei 2,2 kg/cm² u. 140° unter Wasserentfernung, hält nach Wasserentfernung den Druck noch 20 Min. bei 1 kg/cm² u. erhitzt das Vorkondensationsprod. unter Zusatz von 0,042 Sb_2O_3 u. 0,03 H_3PO_3 30 Min. unter Normaldruck, 30 Min. bei 20 mm u. 90 Min. bei 0,1 mm bei 270°. Das Rk.-Prod. mit 1,3—2 Mol **I** hat den Erweichungspunkt ca. 259°, der dann bis 10 Mol **I** auf 235° absinkt. Kondensiert man von Anfang an in Ggw. von 0,06 Ca-Acetat, so liegen die entsprechenden Erweichungspunkte bei 261 u. 252°. (**Jap.A.SS. 12448/1961** vom 5/11. 1958, ausg. 3/8. 1961, **12796/1961** vom 26/4. 1958 u. **12797/1961** vom 30/4. 1958, beide ausg. 7/8. 1961. **F. P. 1297516** vom 11/8. 1961, ausg. 21/11. 1962.) M. Pankow 7177

2544 Chemstrand Corp., Decatur, Ala., V. St. A., **Ein Polyester,** der leicht färbbar ist, wird hergestellt aus aromat. Dicarbonsäuren, aliphat. Glykolen u. einem Salz einer aromat. Sulfonsäure, sowie ggf., wenn die Sulfonsäure **I** nicht verzweigt ist, einem mehr als dreiwertigen Alkohol. (**E. P. 904445** vom 21/10. 1958, ausg. 29/8. 1962. A. Prior. 4/11. 1957.) F. Koch 7177

2545 Inventa Akt.-Ges. für Forschung und Patentverwertung (Erfinder: Wolfgang Griehl), **Herstellung von hochmolekularen linearen Polyestern** durch Polykondens. einer Dicarbonsäure u. eines zweiwertigen Alkohols bzw. dessen Ester bildenden Derivv. oder einer Monohydroxymonocarbonsäure bzw. deren Ester bildenden Derivv. unter Zusatz eines Anhydrids einer Monocarbonsäure oder eines gemischten Anhydrids zweier Monocarbonsäuren. Z. B. wird bei Kondens. von „Dimethylterephthalsäureester u. Äthylenglykol Stearinsäureanhydrid u. bei der Kondens. von Vanillinsäure-β-hydroxyäthyläther das gemischte Anhydrid von Benzoylbenzoesäure u. Propionsäure zugesetzt. (**Aust. P. 236384** vom 10/2. 1959, ausg. 7/12. 1961. Schwz. Prior. 18/2. 1958.) K. Demmler 7177

2546 Bexford Ltd., übert. von: Margaret Loudon Clachan, Norman Spencer McPherson, Keith Reid Tatchell und Terence Arnold Abbott, Manningtree, England, **Lineare Mischpolymerisate** aus Polycarbonaten entstehen aus Diphenolen der allg. Formel **I**,

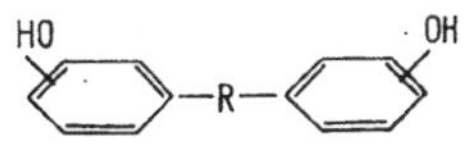

I

in der R = $(CH_2)_{1-4}$ oder Rest des Cyclohexans, u. $COCl_2$, Dialkyl-, Diarylcarbonaten, Bis-chlorcarbonsäurealkylester; sowie aus Polyestern, die wie üblich hergestellt worden sind. (**A. P. 3000849** vom 7/1. 1959, ausg. 19/9. 1961. E. Prior. 13/1. 1958.) F. Koch 7177

2547 Farbenfabriken Bayer Akt.-Ges., Leverkusen, **Lösung eines ungesättigten Polyesters** in einer an diesen anpolymerisierbaren Fl., die ein tert. aromat. Amin, sowie 0,001—1% Chinon enthält, kann durch Zusatz eines organ. Peroxids bei Raumtemp. ausgehärtet werden. (**E. P. 901603** vom 6/12. 1960, ausg. 18/7. 1962. D. Prior. 16/1. 1960.) F. Koch 7177

2548 Goodyear Tire & Rubber Co. (Erfinder: Charles Woodruff Taylor jun., Richard Conrad Waller und Clyde Edgar Gleim), **Herstellung von Filmen aus hochmolekularen linearen Kondensationspolyestern.** Man führt die Kondens., z. B. von Äthylenterephthalat-Äthylenisophthalat-Gemischen mit Äthylenglykol, soweit, bis wenigstens 94% des Glykols reagiert haben, fügt 0,25—10,0 Gew.-% porösem SiO_2 mit einem durchschnittlichen Teilchen-⌀ von 1—20 μ einem Schüttgew. von 4—18 lbs./cubicfoot zu, setzt die Polymerisation fort u. formt die Masse zu dem Film. (**Aust. P. 236276** vom 2/3. 1959, ausg. 30/11. 1961. A. Prior. 5/6. 1958.) K. Demmler 7177

2549 Vereinigte Glanzstoff-Fabriken Akt.-Ges., Wuppertal-Elberfeld, **Polykondensation von Umsetzungsprodukten aus Dimethylterephthalat und Äthylenglykol** durch Katalysatormengen von 0,01—0,1% des Dimethylterephthalates. Neben Verkürzung der Rk.-Zeit von 4 Std. um 30—60 Min. wird eine erhebliche Aufhellung erreicht, bei gleichzeitiger Verw. von Sb_2O_3 als Kondens.-Katalysator wird dessen Vergrauungstendenz stark vermindert oder aufgehoben. Als Katalysatoren werden verwendet: 1.2-Diketone oder α-Hydroxyketone sowie deren Oxime (die Verbb. können Alkyl-, Hydroxyl- oder Carboxylgruppen, bei cycl. Verbb. in 3- u. 4-Stellung zur Ketogruppe, tragen), z. B. Benzil, Furoin, Benzildioxim. (Oe. P. 220823); aliphat. u. aromat. Monoketone, die in derselben Weise substituiert sind, z. B. Acetophenon, p-Benzoylbenzoesäure, Fluorenon (Oe. P. 220824); alicycl. Ketone, die durch Alkyl-, Hydroxyl- oder Carboxylgruppen substituiert sein können, z. B. 4-Methylcyclohexanon, Dimedon, Ninhydrin (Oe. P. 220825). Diese Kondens.-Katalysatoren können bereits vor Beginn der Umesterung, gleichzeitig mit bekannten Umesterungskatalysatoren zugesetzt werden. — Ferner verwendet man aromat. α-Hydroxycarbonsäuren oder Acetyl-Verbb., die Carboxylgruppen enthalten oder deren Alkali-, bes. K-Salze, z. B. Acetylsalicylsäure, K-Salze von Benzil- oder Mandelsäure (Oe. P. 220826). (**Oe. PP. 220823, 220824, 220825** u. **220826** vom 8/9. 1960, ausg. 25/4. 1962. Alle D. Prior. 23/9. 1959.) B. L. König 7177

2550 Montecatini Soc. Gen. per l'Industria Mineraria e Chimica (Erfinder: Giulio Natta, Giorgio Mazzanti, Gianfranco Pregaglia und Marco Binaghi), Mailand, Italien, **Herstellung von linearen Polymeren** mit Molgew. > 10000 der Konst. $[-(R_3)(R_4)C-CO-O-C(R_1)(R_2)-]_n$ (R_1 u. R_2 = gleiche oder verschiedene Alkyl- oder Arylgruppen; R_3 u. R_4 = oder gleiche oder verschiedene Alkyl- oder Arylgruppen (durch Umsetzung von einem Keton $(R_1)(R_2)C=O$ mit einem Keton $(R_3)(R_4)C=C=O$ in Ggw. einer organ. Li-Verb., wie Butyl-Li, Phenyl-Li oder Phenyläthyl-Li, bei — 100°

bei Zimmertemp., bes. −80 bis −30°, in einem inerten Lsgm., wie Ae, aliphat. oder aromat. KW-Stoffe; Ggf. kann ohne Lsgm. in Ketonüberschuß gearbeitet werden. Ist $R_1 = R_2$ u. $R_3 = R_4$, erhält man hochkrist. Polymere, z. B. das Polymere aus Aceton u. Dimethylketen. Amorph sind z. B. die Polymeren aus Acetophenon oder p-Chloracetophenon u. Dimethylketen. (**Oe. P. 222883** vom 3/3. 1961, ausg. 10/8. 1962. It. Prior. 4/3. 1960.)
B. L. König 7177

2551 Union Carbide Corp., New York, N. Y., V. St. A., **Herstellung von in 3- und 5-Stellung substituierten 2.4.8.10-Tetraoxaspiro-(5.5)-undecanderivaten,** die leicht in lineare Polykondens.-Prodd. übergeführt werden können. Man läßt Pentaerythrit (**I**) bei 50−150° in Ggw. einer anorgan. Säure in einem inerten Lsgm. reagieren mit mindestens 2 Mol eines Aldehyds oder zweier Aldehyde der allg. Formel X–R–CH=O (R = Alkylenrest mit 2−21 C-Atomen, Cyclohexylen- oder Endomethylencyclohexylenrest; X = CN oder COOR′; R′ = Alkylrest mit 1−6 C-Atomen). Anschließend kann der Substituent X alkal. zu einer COOH-Gruppe verseift werden. — Zum Beispiel kocht man 4-Formylbuttersäureäthylester mit **I** in Bzl. in Ggw. von H_2SO_4 unter Abdest. von Bzl. u. des gebildeten W. → *3.9-Bis-(carbäthoxypropyl)-2.4.8.10-tetraoxaspiro-(5.5)-undecan.* Verseifung mit methanol. NaOH ergibt *3.9-Bis-(carboxypropyl)-2.4.8.10-tetraoxaspiro-(5.5)-undecan,* F. 188°. — Analog: *3.9-Bis-(carboxyäthyl)-2.4.8.10-tetraoxaspiro-(5.5)-undecan,* F. 207°. — *3.9-Bis-(carboxycyclohexyl)-2.4.8.10-tetraoxaspiro-(5.5)-undecan,* F. 147°. — *3.9-Bis-(p-cyancyclohexyl)-2.4.8.10-tetraoxaspiro-(5.5)-undecan,* F. 70−72°. (**Niederl. P. 102829** vom 11/3. 1959, ausg. 15/10. 1962.)
F. Böhm 7177

2552 Farbwerke Hoechst Akt.-Ges. vormals Meister Lucius & Brüning, Frankfurt/M., **Herstellung von Polyamiden,** die sich von β-Aminocarbonsäuren mit ≧ 4 C-Atomen ableiten, dad. gek., daß man β-Lactame (**I**) einem N-gebundenen H-Atom, die in α-Stellung zur CO-Gruppe wenigstens 1 H-Atom tragen, ggf. die Ggw. von Rk.-Auslösern bei erhöhter Temp. polymerisiert oder die **I** in Ggw. geringer Mengen des den **I** entsprechenden Lactamats einer starken Base, bes. Alkalilactamat, was aber nicht vorgebildet zu sein braucht, solange auf Rk.-Temp. gehalten werden, bis Polymerisation eingetreten ist. Diese kann auch auf Substraten, z. B. Textilien erfolgen. In Abwesenheit von Beschleunigern wird die Polymerisation rein therm. ausgelöst bei einer Temp., die derjenigen der beginnenden Zers. mindestens eines der verwendeten **I** nahekommt. Als **I** verwendet man z. B. β-Methyl-β-butyrolactam, β-Methyl-β-caprolactam, sowie Mischungen, auch mit β-Lactamen, die Lactamringe der angegebenen Art 2- oder mehrfach enthalten, als Auslöser u. Beschleuniger z. B. W. in geringen Mengen, wasserbildende Stoffe, z. B. lactonbildende Hydroxysäuren, ggf. in Ggw. spezif. Beschleuniger, wie Halogenwasserstoff oder Carbonsäuren oder Säurechloride, z. B. Acetylchlorid. (**Oe. P. 221815** vom 12/6. 1959, ausg. 25/6. 1962. D. Prior. 14/6. 1958.)
B. L. König 7181

2553 Commercial Solvents Corp., V. St. A. (Erfinder: Wallace F. Runge), **Herstellung von modifizierten Nylon-Polymeren** durch Rk. von 200−10 Mol Polyamiden der Formel $H_2N \cdot R \cdot CO(NH \cdot R \cdot CO)_nNH \cdot R \cdot COOH$ (R = C_{5-10}-Alkyl; n = 10−1000) mit 1 Mol Aminoalkoholen der Formel $HOCH_2 \cdot C(R^1)(NH_2) \cdot CH_2 \cdot OH$ (R^1 = H, Alkyl, Hydroxyalkyl) bei ≧ 170°, z. B. 225−260°: Harte, feste *Polymere,* unlösl. in W. u. A., lösl. in HCOOH, Phenol, m-Kresol. — Geeignet zur Herst. von *Schichtstoffen,* da sie an Fe, Glas usw. gut haften u. so zum *Überziehen von Glasfasern* dienen können. — 50 (g) Nylon 8 u. 1,7 Tris-[hydroxylmethyl]-aminomethan werden im 100 (m³-Carius-Rohr bei 85° gemischt u. 16 Std. bei 225−260° gehalten. (**F. P. 1296778** vom 8/6. 1961, ausg. 14/10. 1962. A. Prior. 10/6. 1960.)
M. Pankow 7181

2554 Reeves Brothers, Inc., New York., N. Y., V. St. A., übert. von: Heinz Albert, Menningtuffen über Lohne, und Wilfried Tacke, Obernbeck über Lohne, **Abbau von brennbaren Polyurethanschaumstoffstückchen** erfolgt durch Entzünden u. Verbrennen an der Luft bis zur Bldg. eines brennenden fl. Prod., Kühlen desselben bis die Flamme erlischt u. Sammeln des fl. Rückstandes. — Verw. als Zusatz zu Polyestern bei der Polymethanherstellung. — Vorr., Zeichnung. (**A. P. 2998395** vom 28/11. 1955, ausg. 29/8. 1961. D. Prior. 30/11. 1954.)
E. Dörfel 7181

2555 Hooker Chemical Corp., Niagara Falls, N. Y., V. St. A., **Halogenhaltige, flammfeste Polyurethanschaumstoffe** erhält man aus 1. fl. harzartigen Rk.-Prodd. aus A) halogenhaltigen mehrwertigen Alkoholen, die die Rk.-Prodd. (**II**) aus Hexahalogenpentadien u. zweiwertigen ungesätt. Alkoholen (Cl, Br, F oder Gemische) oder B) von Decachlortetrahydro-4.7-methanoindenon u. mehrwertigen Alkoholen (mindestens 3 OH-Gruppen) sind, mit 2. wenigstens 4 Mol Polyisocyanat, ggf. zusammen mit Polyestern (**I**), Polyäthern (Polyglycidyläther, -ester, bzw. deren Gemische) in Ggw. von Treibmitteln. I: aus Polyolen u. Addukten aus Hexahalogenpentadien mit ungesätt. Polycarbonsäuren (**III**). II: 1.4.5.6.7.7-Hexachlor-3-bis-hydroxymethylbicyclo-(2.2.1)-hepten-(5). III: 1.4.5.6.7.7-Hexachlorbicyclo-[2.2.1]-hepten-(5)-2.3-dicarbonsäure. Ggf. weitere flammfeste Zusätze (Sb_2O_3, NH_4-Phosphat, Füllstoffe, wie $CaSO_4$, Farbstoffe, Asbest oder synthet. Fasern). (**E. P. 904700** vom 14/6. 1960, ausg. 29/8. 1962. A. Prior. 18/11. 1959.)
E. Dörfel 7181

2556 Chemische Werke Hüls Akt.-Ges., Marl, **Schweißbare Massen** erhält man durch Imprägnieren oder Besprühen eines verschäumten Polymerisates (laut Beispielen Polyesterurethanschaumstoffe) mit PVC-Pasten, die Treibmittel enthalten, u. Verschäumen u. Gelieren durch Erhitzen. (**E. P. 912800** vom 15/5. 1961, ausg. 12/12. 1962. D. Prior. 16/5. 1960.)
E. Dörfel 7181

2557 Imperial Chemical Industries Ltd., London, England (Erfinder: Harold France), **Neue Triisocyanat-N.N′.N″-trisubstituierte Biuretverbindungen** der allg. Formel OCN–R–N(CONHR′NCO)–CONHR″–NCO (R, R′ u. R″ = nichtpolymere zweiwertige KW-Stoff-Reste, gleich oder verschieden u. ggf. durch einen Alkoxy- oder Aryloxyrest oder Halogen substituiert) erhält man a) durch Rk. von organ. Diisocyanaten mit höchstens molaren Mengen einer diisocyanatdisubstituierten Harnstoff-Verb. der allg. Formel OCN–R–NHCO–NHR′–NCO bei 60−200, bes. 100−160°, in Ggw. oder Abwesenheit eines organ. Lsgm., bes. mit Harnstoff-Verbb., die man durch Rk. von W. mit einem Diisocyanat, wie 2.4-Tolylen-, Chlorphenylen-2.4-, Methoxyphenylen-2.4-diisocyanat oder 4.4′-Diisocyanat-3-methyldiphenylmethan (**I**) erhält, oder b) durch Rk. von organ. Diisocyanaten u. höchstens $^1/_3$ Mol W. in Ggw. oder Abwesenheit eines nichtionisierenden Lsgm., bes. erst bei 25−45 u. dann bei 100−160°, ggf. in Ggw. eines Katalysators (Dibutyl-Sn-Laurat, Hg^{II}-Benzamid). — Man rührt z. B. 503,7 (Teile) 2.4-Tolylendiisocyanat (**II**), 99%ig., unter N_2 1 Std. bei 35−37° mit einer Lsg. von 5,4 W. in 80 Aceton unter Kühlung der exothermen Rk., rührt die dicke Suspension 3 Std. bei 35−37°, erhitzt während ca. 1 Std. auf 155−160° (Aceton-Dest.) u. hält 2 Std. bei 155−160° → *N.N′.N″-[Triisocyanattolyl]-biuret* (**III**) mit 40,7% NCO-Gruppen, 30%ig. klare Lösung. Ähnliche Prodd. erhält man durch Rk. von **II** mit Bis-[3-isocyanat-4-methylphenyl]-harnstoff, 40,4% NCO-Gruppen; ferner aus 387 **I** u. 2,7 W. in 60 Aceton, 27,3% NCO-Gruppen; aus 1,8 W. u. 167,9 **II**, 15 Std. bei 20−22, dann 18 Std. bei 100°, 40,9 NCO-Gruppen; aus 1,8 W. u. 250,6 **II** bei 140, dann 160° 43,4% NCO-Gruppen. — Man stellt z. B. durch Rk. von 272 Pentaerythrit, 630 Butylenglykol-(1.3), 876 Adipinsäure, 148 Phthalsäureanhydrid, 4 W. 1 eines Rk.-Prod. aus Octylphenol u. 9,5 Mol. Äthylenoxid u. 15 Tri-[β-chloräthyl]-phosphat einen Polyester (S. Z. 7,7, OH-Zahl 230, Viscosität 568 P bei 25°) her, gibt 100 des Polyesters zu 87,4 der vorst. **III**-Lsg., rührt 2 Min. heftig → *Gießmasse* für *Schaumkörper* (4,3 lbs./cubicfoot). — Mengenbeispiele für Biuret-Verbb. u. Schaumstoffe. (**E. P. 889050** vom 12/6. 1959, ausg. 7/2. 1962.)
G. Vogel 7181

2558 Esso Research and Engineering Co., Elizabeth, N. J., V. St. A., **Herstellung polymerer Cyclopentadienyltrihalogensilane.** Monomere Cyclopentadienyltrihalogensilane, wie Cyclopentadienyltrichlorsilan, werden durch Erhitzen, bes. auf 75—200°, z. B. 2 Std. auf 125°, polymerisiert. Wenn man die Rk. in Ggw. der gleichen Menge Sägespäne durchführt, erhält man ein als *Isolationsmaterial* geeignetes Produkt. (**Niederl. P. 101981** vom 6/7. 1954, ausg. 16/7. 1962. A. Prior. 13/7. 1953.) F. Böhm 7189

2559 Union Carbide Corp., New York, N. Y., V. St. A. (Erfinder: Howard Russell Guest und Ben Wilton Kiff), **Phosphorhaltige Spiro-bis-[m-dioxan]-Polymere** werden hergestellt durch Rk. eines 3.9-Dialkenylspiro-bis-m-dioxans der Formel **I** (R^1 = H, Cl oder Methyl; R^2 = H oder Methyl) mit einem mehrwertigen aliphatischen Alkohol u. einem Phosphorsäureester der Formel (**II**) bei 60—150°. — 548 (g) PCl_3 u. 136 Penta-

I

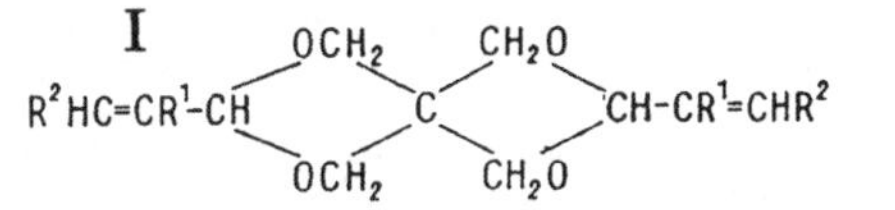

II

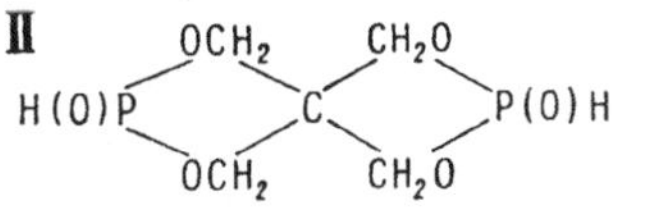

erytrit werden 3 Std. am Rückfluß gekocht u. flüchtige Bestandteile im Vakuum abdestilliert. Der Rückstand wird in dem Maße, daß die Temp. 125° nicht übersteigt, mit 100 ccm W. versetzt. Man erhält 254 Phosphorigsäurepentaerythritester. 926 Acrolein, 1300 Pentaerythrit u. 9,6 konc. HCl werden $1^1/_2$ Std. auf 73—79° erhitzt. Man erhält 1808 einer Flüssigkeit **A.** 120 **A** u. 24 des erhaltenen Phosphorigsäurepentaerythritesters werden 5 Min. auf 75° erhitzt, dann in Formen gegossen u. 16 Std. bei 100° gehärtet. *Herst. von nichtentflammbaren Formkörpern, Schichtkörpern u. Überzügen.* (**E. P. 908820** vom 18/5. 1960, ausg. 24/10. 1962.) A. Dandl 7199

2560 Miles Laboratories, Inc. (Erfinder: Peter Jochen Borchert), Elkhart, Ind., V. St. A., **Herstellung von Derivaten der 2.3-Dialdehydstärke,** deren sich wiederholende Einheiten durch die Formel **I** dargestellt werden,

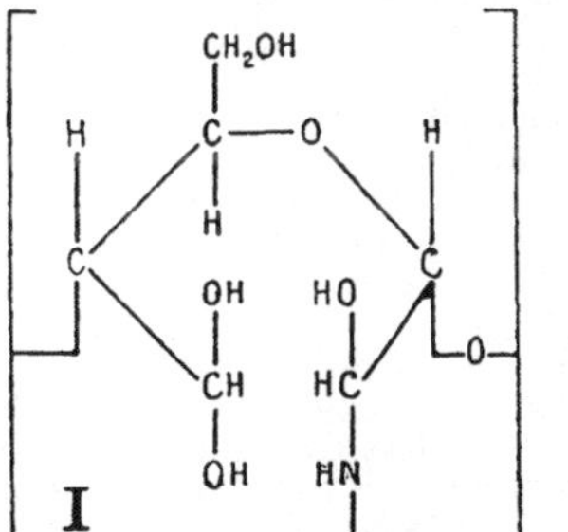

in der R = Amino-, Phenyl- oder Aminodiallylrest u. x = Anzahl der sich wiederholenden Einheiten im Mol. bedeutet, dad. gek., daß man 2.3-Dialdehydstärke mit einem entsprechenden Melamin (Melamin, Benzoguanamin, N.N-Diallylmelamin) durch inniges Vermischen in Ggw. eines sauren Katalysators in einem inerten Lsgm. bei 50—100° umsetzt. — *Formpulver* in der Kunststofftechnik; Verw. zur Herst. *knitterfreier Gewebe* in der Textilindustrie u. von *Überzügen*; Zusatzstoffe in der Schichtstoffharz- u. Papierharzindustrie. (**D. A. S. 1139824** Kl. 12o vom 18/11. 1959, ausg. 22/11. 1962. A. Prior. 28/11. 1958.) G. König 7199

2561 Heinrich Pichler, Innsbruck, Österreich, **Herstellung von wasserhaltigen härtbaren Kunstharzen,** bes. für *Preßmassen*, aus Aldehyden u. Stoffen, die mit Aldehyden Harze bilden, wie Phenol, Kresole, Resorcin, Harnstoffe, Thioharnstoffe, Melamin, Dicyandiamid u. dgl., allein oder in Mischung. Dabei wird zuerst im Vakuum aus der wss. Aldehydlsg. in Ggw. bas. Kondensationsmittel ein Anfangskondensationsprod. gebildet, wobei durch die Rk.-Wärme die Temp. bis auf 100° steigt. Die Lsg. wird auf einen Harzgeh. von 75—80% gebracht u. bei zunehmendem Vakuum auf 40° gekühlt. Das längere Zeit haltbare Anfangskondensationsprod. wird dann vor Gebrauch bei normalem Druck aufgekocht, mit der erforderlichen Menge fester Aldehyde, wie z. B. Paraformaldehyd, oder fester Aldehyde abspaltender Stoffe, wie Hexamethylentetramin, versetzt u. bis zu einer Viscosität von 2000 bis 4000 cP weiter kondensiert. Vorteilhaft erfolgt diese Weiterkondens. nur mit Teilmengen des fl. wasserhaltigen Anfangskondensationsproduktes. Nach Einbringen schwacher Fettsäuren, wie Stearinsäure, oder von Harzsäuren in die noch heiße Harzmasse kann in üblicher Weise mit Füllstoffen gemischt u. verpreßt werden. (**Oe. P. 224344** vom 28/8. 1958, ausg. 12/11. 1962.) B. L. König 7205

2562 Hooker Chemical Corp., Niagara Falls, N. Y., V. St. A., **Kunstharzkörper** aus ungesätt. Polyester mit schützender Oberfläche. Man mischt fl. ungesätt. Polyester mit Vinylmonomeren, wie Styrol, UV-Stabilisatoren, Beschleuniger u. Katalysatoren, trägt die Mischung auf einen Film, z. B. aus Cellophan, in einer Dicke von 0,1—25 ml auf, läßt diese Schichten angelieren, belegt damit ein- oder beidseitig Formteile aus polymerisierbarem Polyestermaterial, z. B. glasfaserverstärkte Matten, u. härtet bei erhöhter Temp. aus. Die Cellophanfolien können vor Verw. der Teile abgezogen werden. Die Artikel zeigen hohen Wetterfestigkeit u. sind, da die UV-Absorber in der festhaftenden, chem. auf dem Trägermaterial gebundenen Deckschicht konz. sind, äußerst gilbungsbeständig. (**E. P. 907296** vom 11/11. 1959, ausg. 3/10. 1962. A. Prior. 2/12. 1958.) H. Kastner 7205

2563 Owens-Corning Fiberglas Corp., Toledo, Ohio, V. St. A., **Glasfaserverstärkte Kunststoffe.** Glasfasern werden mit einer wss. Dispersion behandelt, die 0,5—5(%) eines Butadien-Styrol-Copolymerisates (80:20), 0,1—2 eines Silans, z. B. Vinyl-tris-β-methoxyäthoxysilan oder Vinyltrichlorsilan, u. 0,05—2 eines Netzmittels, z. B. Fettsäureamin oder -amid, u. den Rest W. enthält. (**E. P. 892091** vom 26/5. 1960, ausg. 21/3. 1962. A. Prior. 22/6. 1959.) W. Overbeck 7205

2564 Esso Research and Engineering Co., Elizabeth, N. J., V. St. A., **Durch Glasfasern und andere Stoffe verstärkte Harze** enthalten ein äthylen. ungesätt. Gruppen aufweisendes Harz, ein äthylen. ungesätt. Gruppen aufweisendes Vernetzungsmittel u. ein blockiertes Phenol als Antioxydationsmittel. Das Gemisch wird in Ggw. eines Peroxid-Katalysators erhitzt, so daß ein einheitliches Prod. entsteht. Die Harzmischung besteht z. B. aus 50 (Teilen) eines Mischpolymerisats von 80% Butadien u. 20% Styrol u. aus 2 2.6-Di-tert.-butyl-p-kresol. Es wird bei 290° F 45 Min. in Ggw. von je 3 Dicumylperoxid u. Di-tert.-butylperoxid gehärtet. (**E. P. 886069** vom 9/5. 1960, ausg. 3/1. 1962. A. Prior. 29/5. 1959.) F. Markhoff 7205

2565 **Dow Chemical Co.,** Midland, Mich., V. St. A., *Herstellung stabiler Polymerisatemulsionen.* (**Niederl. P. 103875** vom 25/3. 1958, ausg. 15/2. 1963. A. Prior. 25/3. 1957. — C. **1963,** 7184 [E. P. 842563].)

2566 **Polymer Corp. Ltd.,** Sarnia, Canada, *Herstellung von Blockpolymeren.* (**Niederl. P. 104121** vom 7/11. 1957, ausg. 15/3. 1963. A. Prior. 7/11. 1956. — C. **1962,** 17583 [F. P. 1185807].)

2567 **Deutsche Gold- und Silber-Scheideanstalt vormals Roessler,** Frankfurt/M., *Polymerisation monomerer, ungesättigter, organischer Verbindungen.* (**Niederl. P. 103965** vom 4/4. 1960, ausg. 15/2. 1963. D. Prior. 10/4. 1959. — C. **1963,** 1883 [D. A. S. 1076372].)

2568 **N. V. de Bataafsche Petroleum Mij.,** Den Haag (Erfinder: **Willem Frederik Engel** und **Pieter Kryger,** Amsterdam), Niederlande. *Polymerisierung von Olefinen.* (**Niederl. PP. 103863** vom 25/11. 1957 u. **103864** vom 4/12. 1957, beide ausg. 15/2. 1963. — C. **1962,** 19027 [Oe. P. 211544].)

2569 **Phillips Petroleum Co.,** Bartlesville, Oklahoma, V. St. A., *Gewinnung von Polyolefinen aus ihren Lösungen.* (**Niederl. P. 103840** vom 18/6. 1957, ausg. 15/2. 1963. A. Prior. 18/6. 1956. — C. **1960,** 8027 [Oe. P. 204263].)

2570 **Esso Research and Engineering Co.**, Elizabeth, N. J., V. St. A., *Katalysator für die Niederdruckpolymerisation von Äthylen.* (**Niederl. P. 104111** vom 19/9. 1957, ausg. 15/3. 1963. A. Prior. 29/10. 1956. — C. **1961**, 7048 [A. P. 2938000].)

2571 **Solvic Soc. An.**, Brüssel, Belgien, *Polymerisation von Vinylchlorid.* (**Niederl. P. 103923** vom 3/4. 1959, ausg. 15/2. 1963. Belg. Prior. 5/4. 1958. — C. **1962**, 9537 [E. P. 842846].)

2572 **Farbenfabriken Bayer Akt.-Ges.**, Leverkusen, *Herstellung thermoplastischer Kunststoffe.* (**Niederl. P. 104015** vom 12/10. 1954, ausg. 15/3. 1963. D. Prior. 16/10. 1953. — C. **1957**, 12620 [Oe. P. 189796].)

2573 **VEB Leuna-Werke „Walter Ulbricht"**, Leuna bei Merseburg (Erfinder: **Helmut Pobloth, Werner Winzer** und **Isolde Winkler**), *Formaldehyd-Polymerisate.* (**E. P. 921670** vom 17/3. 1961, ausg. 20/3. 1963. — C. **1964**, 2-2442 [D. A. S. 1140707].)

2574 **E. I. du Pont de Nemours & Co.**, Wilmington, Del., V. St. A., *Herstellung makromolekularer Polyoxymethylene.* (**Niederl. P. 103805** vom 11/7. 1956, ausg. 15/2. 1963. A. Prior. 13/7. 1955. — C. **1959**, 13650 [E. P. 793673].)

2575 **Chemische Werke Hüls Akt.-Ges.**, Marl, *Herstellung ungesättigter Polyester.* (**Niederl. P. 102057** vom 14/10. 1954, ausg. 15/8. 1962. D. Prior. 16/12. 1953. — C. **1957**, 5128 [D. B. P. 953117].)

2576 **Kalle Akt.-Ges.**, Wiesbaden, *Polymerisierbare Gemische aus Kohlehydratäthern.* (**E. P. 916571** vom 17/3. 1961, ausg. 23/1. 1963. D. Prior. 26/3. 1960. — C. **1963**, 7550 [D. A. S. 1125645].)

2577 **United States Rubber Co.**, New York, N. Y., übert. von: **John Burkus**, Pompton Plains, N. J., V. St. A., *Trimerisierung von Isocyanaten.* (**A. P. 2979485** vom 26/3. 1957, ausg. 11/4. 1961. — C. **1961**, 17771 [F. P. 1191765].)

2578 **Union Carbide Corp.**, New York, N. Y., V. St. A. (Erfinder: **Donald Leroy Bailey** und **Ronald Marston Rike**), *Siliciumhaltige Triazine.* (**E. P. 882103** vom 3/10. 1957, ausg. 15/11. 1961. A. Prior. 12/10. 1956. — C. **1962**, 17235 [D. A. S. 1120144].)

H_{12}. Kautschuk

2579 **Die Biogenese von Kautschuk: Die Entstehung des Kautschuks in den Bäumen.** G. Stafford Whitby. (Trans. Proc. Instn. Rubber Ind., Trans. **38**, 116—51, 1962; Akron, Ohio, Univ. of Akron; engl.) — Ein Überblick über das Auftreten von Isopreneinheiten in der Natur, den sich daraus bildenden höheren Einheiten u. dem Mechanismus der einzelnen Phasen der Kautschukbldg. ausgehend von Acetat, wird gegeben. — 99 Literaturangaben. I. Köditz 7222

2580 **Entwicklung in der Naturkautschukforschung.** G. F. Bloomfield. (Gummi-Asbest-Kunststoffe **16**, 24—26, 29, 1963; Natural Rubber Producers Assoc.; dt.) — Naturkautschuk weist die beste Gesamtkombination elastomerer Eigg. auf u. ist bes. dann vorzuziehen, wenn es auf hohe Festigkeit in Verbindung mit hoher Rückprallelastizität ankommt. Folgende Probleme werden weiterhin erörtert: Verbesserungen in der Verarbeitbarkeit, besserer Alterungsschutz, Verstärkung durch Pfropfpolymerisation, verbesserter Ozonschutz u. a. N. Peters 7222◇

2581 **Ein mit Schwefel vernetzbarer Urethankautschuk.** M. Mark Swaab. (Rubber Age [New York] **92**, 567—70, 1963; Trenton, N. J., Thiokol Chem. Corp.; engl.) — *Elastothane 455*, ein elastomeres Polyurethan, wird beschrieben, das durch S vernetzt werden kann u. eine leichte Verarbeitbarkeit u. hervorragende Abrieb-, Öl- u. Bewitterungsbeständigkeit aufweist. R. Schäff 7224◇

2582 **Die Verwendung von feuchtem, weißem Ruß in Gummi zur Verhinderung der Brennbarkeit.** I. T. Gridunow, F. F. Koschelew und Je. F. Ssadowaja. (Hochschulnachr. [Iwanowo], Chem. chem. Technol. **3**, 924 bis 27, 1960; Moskau, Lomonossow-Inst. für chem. Feintechnol; russ.) — Die Verw. von *weißem Ruß* (**I**) (koll. Kieselsäure) als Füllstoff für Gummi auf Nairit-Basis (Chloropenkautschuk; **II**) setzt dessen Brennbarkeit herab. Es wird gezeigt, daß ein steigender Geh. von W. in **I** die Brennbarkeit weiter herabsetzt, aber die physikal.-mechan. Eigg. von **II** verschlechtert. Begrenzt man den Wassergeh. auf 20%, so bleibt diese Verschlechterung in tragbaren Grenzen. Wird ein Teil von **I** durch chloriertes Paraffin ersetzt, so erhält man Gummi mit sehr guten mechan. Eigg. u. völliger Unbrennbarkeit. Hans Nestler 7226□

2583 **Ein elektronenmikroskopisches Verstärkungskennzeichen für Ruß-Masterbatch.** Eddie B. Prestridge. (J. appl. Polymer Sci. **7**, 27—35, 1963; Biaton Rouge, La.; Copolymer Rubber & Chem. Corp.; engl. — C. **1963**, 11465.) M. Hagedorn 7226◇

2584 **Kautschuk-Mischungen.** A. Fiorenza, G. Bonomi und R. Piacentini. (Mater. plast. Elastomeri **29**, 56—64, 1963; Pirelli S. p. A., Labor. gomma; ital.) — Best. von Antioxydantien u. Vulkanisationsbeschleuniger in Gummi-Gemischen mittels chromatograph. Trennung u. Unters. der Fraktionen mittels UV- u. IR-Spektroskopie. B. Scheifele 7248◇

2585 **Neue Übersicht über beschleunigte Alterungsprüfungen.** A. C. Rowley. (Rubber Age [New York] **92**, 578—84, 1963; New York 17, N. Y., R. T. Vanderbilt Co., Inc.; engl.) — Durch eine statist. Auswertung wird gezeigt, daß die durch höhere Temp. beschleunigte Alterung von Kautschuk in Luft bei Atmosphärendruck (760 Torr) einen Hinweis auf das Praxisverh. liefert. R. Schäff 7248◇

2586 Monsanto Chemical Co., St. Louis, Mo., V. St. A., **Polymerisationsgemische** aus einem Pfropfpolymerisat aus Styrol u. einem Dien-Polymerisat (**I**) mit einer Versprödungs-Temp. $\leq 0°$, das aus a) 50—100(%) Butadien oder Methylbutadien, b) 50—0 monovinylaromat. KW-Stoffen, c) ≤ 10 anderen Vinylmonomeren u. d) ≤ 1 Verbb. mit mehreren nicht-konjugierten Äthylen-Bindungen besteht, wobei der Styrol-Geh. innerhalb einer Kurve des beigegebenen Dreistoff-Diagramms liegt u. die Polymerisation ohne zusätzliches Emulgiermittel erfolgt ist, u. festem Polystyrol. **I** u. Polystyrol sind in solchen Mengen vorhanden, daß **I** 5 bis 40% der Mischung ausmacht. Steife kautschukartige bis harte harzartige Beschaffenheit. Verw. für Formartikel, als verstärkender Zusatz in abriebfesten Kautschukmischungen u. für glasfaserverstärkte Schichtstoffe. — Diagramme. (**E. P. 899999** vom 23/12. 1958, ausg. 27/6. 1962. A. Prior. 26/12. 1957.) W. Overbeck 7225

2587 Polymer Corp. Ltd., Sarnia, Ontario, Canada, **Polymerisat-Mischung** aus 25—29 (Teilen) eines harten Copolymerisates aus einem konjugierten C_4-C_8-Dien-KW-Stoff mit 85—90 Gew.-% eines vinylaromat. KW-Stoffes u. 75—71 eines kautschukartigen Copolymerisates aus einem konjugierten C_4-C_8-KW-Stoff mit einer vinylaromat. Verbindung. Verwendung für Bodenbelag, Schuhsohlen u. Kofferplatten. — 2 Diagramme. (**E. P. 907799** vom 5/2. 1959, ausg. 10/10. 1962. Can. Prior. 20/2. 1958.) W. Overbeck 7225

2588 Neville Chemical Co., Pittsburgh, Pa., V. St. A., **Synthesekautschukmischungen.** Das Ausbluten von Öl aus Synthesekautschuk-Vormischungen mit einem Geh. von $\geq 35\%$ eines Öles, das zu $\geq 90\%$ bei über 250° sd., wird durch den Zusatz 1. eines Cumaron-Inden-Harzes oder 2. eines relativ niedermol. KW-Stoff-Harzes aus vorwiegend cycl. KW-Stoffen verhindert. 2. wird durch therm. oder katalyt. Polymerisation von Fraktionen aus der Verkrackung von KW-Stoff-Ölen oder Gasen hergestellt. 1. hat einen Kugel- u. Ring-Erweichungspunkt von 10—125° u. wird in Mengen von 18% zugesetzt, u. 2. hat einen solchen von $> 10°$ u. ein Mol.-Gew. von 300—3000. (**E. P. 906225** von 16/1. 1961, ausg. 19/9. 1962. A. Prior. 4/3. 1960.) W. Overbeck 7225

2589 Farbenfabriken Bayer Akt.-Ges., Leverkusen, **Synthesekautschuk-Füllstoff-Mischungen** werden dadurch hergestellt, daß man einen anorgan. Füllstoff, z. B. SiO_2, in der wss. Dispersion eines Diolefin-Polymerisates in Ggw. eines ionenakt. Emulgators dispergiert u. das Gemisch dadurch koaguliert, daß man eine organ. Verb. mit entgegengesetzt geladenen Gruppen zugibt, z. B. Polyäthylenimin, ein Dicyandiamid/Guanidin/CH_2O-Kondens.-Prod., ein Tetramethyläthylendiamin/1.4-Dichlorbutan-Kondens.-Prod. oder ein Dicyandiamid/Guanidinhydrochlorid/NH_4Cl/CH_2O-Kondens.-Produkt. (**E. P. 903829** vom 6/1. 1960, ausg. 22/8. 1962. D. Prior. 9/1. 1959.) W. Overbeck 7225

2590 Shell Internationale Research Mij. N. V., Den Haag, Niederlande, **Emulgierverfahren.** Die Lsg. eines synthet. cis-1.4-Polyisoprens in einem inerten KW-Stoff-Lsgm. wird mit einem Emulgator u. W. gemischt. — 2 Diagramme. (**E. P. 893066** vom 21/10. 1960, ausg. 4/4. 1962. A. Prior. 23/10. 1959 u. 23/9. 1960.) W. Overbeck 7225

2591 United States Rubber Co., New York, N. Y., V. St. A., **Neue Sulfonylsemicarbazidverbindungen** der

allg. Formel $(R{-}SO_2{-}NH{-}NH{-}C(=O){-}NH_2)_2$ (R = aliphat. oder aromat. KW-Stoff-Rest, ggf. alkylsubstituiert; n = 1, 2 oder 3) erhält man durch Rk. eines entsprechenden Sulfonylhydrazids mit HCNO, bes. durch Bldg. eines Salzes des (amphoteren) Sulfonylchlorids u. Umsetzung des Salzes mit einem Alkalicyanat, oder durch Rk. eines organ. Sulfonylhalogenids mit Semicarbazid. — Man suspendiert z. B. 0,1 (Mol) Benzolsulfonylhydrazid in 100 W., löst dieses mit 0,1 konz. wss. HCl, klärt, setzt eine klare Lsg. von 0,15 NaCNO in 100 W. u. dann 8,2 ml konz. wss. HCl zur Zers. des NaCNO-Restes zu → 17 g (= 79% Ausbeute) *Benzolsulfonylsemicarbazid*, F. 216° (Zers.), nach Kristallisation aus Essigsäure Zers. bei 218°; gleiches Prod. aus 1 KCNO in 200 ml W. u. 0,5 Dihydrazinsulfat in 200 ml W. Zutropfen der filtrierten Semicarbazid-Lsg. zu einer Suspension von 1 Benzolsulfonylchlorid in 1 Liter W. unter Zusatz von 0,5 Na_2CO_3 in 200 W. nach Stehen über Nacht → 72%. Analog erhält man folgende *Sulfonylsemicarbazide*: *p-Toluyl-*, Zers. bei 236°; *Methan-*, Zers. bei 194° *Äthan-*, F. 149—151° (aus W.), Zers. bei 156°; *Butan-*, F. 188° (Zers.) (aus W.); *α-Toluol-*, F. 230° (Zers.); *β-Naphthalin-*, $C_{10}H_{11}SO_3N_3$, F. 214° (Zers.); ferner *o-Toluol-*; *Xylol-*; *Propan-*, *Isopropyl-*; *Butan-*, *Isobutyl-*, *Pentan-*, *Hexan-*, *Octan-*, *Dodecan-*, *Octadecan-*, *Cyclohexan-*. — *Bis-[sulfonylsemicarbazide]*: *Benzol-1.3-*; *Toluol-*, *Xylol-*, *Biphenylen-*, *Naphthalin-*, *Äthan-*, *Propan-1.2-*, *Butan-1.4-*, *Xylylen-*. — *Tris-[sulfonylsemicarbazide]*: *Benzol-*, *Naphthalin-*. — *Bis-[benzolsulfonylsemicarbazide]*: *p.p'-Oxy-*, F. 219° (Zers.), *Butan-1.4-*, F. 233—234° (Zers.); *p.p'-Thio-*, *p.p'-Methylen-*, *p.p-Sulfonyl-*. — *Bis-[äthansulfonylsemicarbazide]*: *Oxy-*, *Thio-*. — *Blähmittel* mit erhöhter Gas (CO_2 + N_2)-Entw. u. geringer Geruchsbelästigung zur Herst. von *synth. Kautschuk-* u. *Kunststoffschaum*. — Tabellen mit Zers.-Temp. u. Gasmengen. (**E. P. 896497** vom 30/11. 1960, ausg. 16/5. 1962. A. Prior. 31/12. 1959.)
G. Vogel 7225

2592 E. I. du Pont de Nemours and Co., Wilmington, Del., V. St. A., **Lichtschutzmittel für Polychloropren,** bestehend aus einem Gemisch aus a) einem Triphenylphosphit, einem alkylierten Triphenylphosphit, einem phenol. Alterungsschutzmittel oder deren Gemischen u. b) einer geradkettigen Fettsäure mit 12—22 C-Atomen, deren Estern mit einem Alkylrest von 1—8 C-Atomen oder einem Öl, das vorwiegend aus Triglyceriden einer oder mehrerer dieser Säuren besteht. Das Gemisch kann schon der wss. Dispersion zugesetzt werden. (**E. P. 905824** vom 28/4. 1961, ausg. 12/9. 1962. A. Prior. 2/5. 1960.) W. Overbeck 7225

2593 Dow Corning Corp., Midland, Mich., V. St. A., **Silikonkautschukfolien** erhält man 1. aus Lsgg. von OH-gruppenendblockierten Diorganopolysiloxanen einer Viscosität von wenigstens 1000 cSt/25° u. 5—80% — auf Polysiloxan — an a) fl. Vernetzern der Formel $R''Si(OR')_3$ (R' = Alkylrest mit bis zu 5 C-Atomen, R'' = OR' u. einwertige KW-Stoffreste mit nicht mehr als 7 C-Atomen, b) fl. Teilhydrolysaten von a), u. c) Organohydrogensiloxanen, 2. durch Auftragen eines dünnen Filmes solcher Lsgg. auf Unterlagen, 3. Entfernen des Lsgm. u. 4. Härten durch Dämpfe von Aminen der Formel NH_nR''' (R''' = Alkylrest mit höchstens 4 C-Atomen, n = 0—3). (**E. P. 913295** vom 15/3. 1961, ausg. 19/12. 1962. A. Prior. 15/4. 1960.) E. Dörfel 7225

2594 United States Rubber Co., New York, N. Y., V. St. A., **Kautschuk-Gewebe-Bindung.** Die Bindefestigkeit wird verbessert durch den Zusatz von trimerem Methylenaminoacetonitril ($C_9H_{12}N_6$) u. entweder 1.5-Naphthalindiol oder einem m-disubstituierten Bzl., in dem jeder der Substituenten ein –NH-, $-OH_2$- oder –OCO · CH_3-Rest ist, zu der auf Textilien aufzubringenden Kautschuk- oder Zwischenschicht. (**E. P. 907796** vom 28/4. 1961, ausg. 10/10. 1962. A. Prior. 1/7. 1960.)
W. Overbeck 7227

2595 Hercules Powder Co., Wilmington, Del., V. St. A., **Vernetzen eines durch Öl gestreckten kautschukartigen Mischpolymerisats aus Äthylen und Propylen.** Das Mischpolymerisat, das eine spezif. Viskosität von mindestens 4 aufweist u. mit mindestens 10 Gew.-% eines KW-Stofföls gemischt ist, wird mit einer geringen Menge eines organ. Peroxides u. einer geringen Menge S bei der Vernetzungstemp. erhitzt. Das KW-Stofföl soll mindestens 75% gesätt. aliphat. oder cycloaliphat. C-Atome enthalten u. in dem aliphat. Anteil im wesentlichen frei von ungesätt. Bindungen sein. Das Peroxid kann sein: Bis-(α.α-dimethylbenzyl)-peroxid. (**E. P. 897807** vom 22/12. 1960, ausg. 30/5. 1962. A. Prior. 8/1. 1960.)
F. Markhoff 7227

2596 Monsanto Chemicals Ltd., London, England (Erfinder: Sheila Ann Hughes und Bertrand Ernest Wilde), **Gummi-Antiozonantien** der allg. Formel **I**, in der R, eine aliphat. oder eine Aralkyl-Gruppe,

I

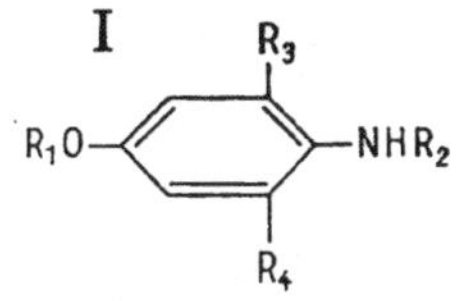

R_2 eine Alkyl- oder Cycloalkyl-Gruppe, R_3 u. R_4 Alkylgruppen bedeuten u. der Benzolring weitere Alkylgruppen enthalten kann, u. die Salze davon, können durch reduktive Alkylierung entsprechender Nitro-, Nitroso-, Azo- oder Hydrazo-Verbb. in Ggw. von Aldehyden odere Ketonen u. eines Katalysators, wie Platin/Kohle, hergestellt werden. Beispiele: 2.6-Dimethyl-N-S-butyl-4-äthoxyanilin $Kp._{15}$ 153—56°; 2.6-Dimethyl-N-isopropyl-4-äthoxyanilin $Kp._{15}$ 149°. (**E. P. 907403** vom 22/4. 1960, ausg. 3/10. 1962.) R. Bauereis 7227

2597 Witco Chemical Co., Inc., New York, N. Y., V. St. A., **Ozonschutzmittel für Kautschuk,** bestehend aus einem N.N'-Dialkylphenylendiamin, dessen Bzl.-Kern zu ≧ 40% hydriert ist, oder aus einem Salz einer solchen Verb., z. B. N.N'-Di-2-octyl-m-cyclohexylendiamin; N.-N'-Di-2-heptyl-m-cyclohexylendiamin; N.N'-Di-2-cyclohexyl-p-cyclohexylendiamin; N.N'-Di-2-decyl-m-cyclohexylendiamin; N.N'-Di-3-octyl-m-cyclohexylendiamin; N.N'-Di-3-octyl-o-cyclohexylendiamin; N.N'-Di-3-cyclohexyl-m-cyclohexylendiamin; N.N'-Di-2-amyl-m-cyclohexylendiamin; N.N'-Di-2-octyl-p-cyclohexylendiamin; N.N'-Di-2-isoheptyl-m-cyclohexylendiamin. Die Verbb. erhöhen die Kerbzähigkeit der Vulkanisate u. wirken als zusätzliche Beschleuniger. (**E. P. 904888** vom 12/11. 1959, ausg. 5/9. 1962. A. Prior. 19/11. 1958.)
W. Overbeck 7227

2598 Goodyear Tire & Rubber Co., Akron, Ohio, V. St. A., **Aromatische Diamine** der allg. Formel **I** (R, R¹ = prim. oder sek. Alkyl mit 1—20 C-Atomen, Aralkyl mit 7—12 C-Atomen, Cycloalkyl mit 5—8 C-Atomen oder Aryl der allg. Formel **II**; R',R'' = H, prim. oder sek. Alkyl mit 1—20 C-Atomen, R''', R'''' = prim. oder sek. Alkyl mit 1—20 C-Atomen, Aralkyl mit 7—12 C-Atomen, Cycloalkyl mit 5—8 C-Atomen, Alkoxy mit 1—9 C-Atomen) werden hergestellt durch Rk. von Dihydroxybenzolen der allg. Formel **III** mit prim.

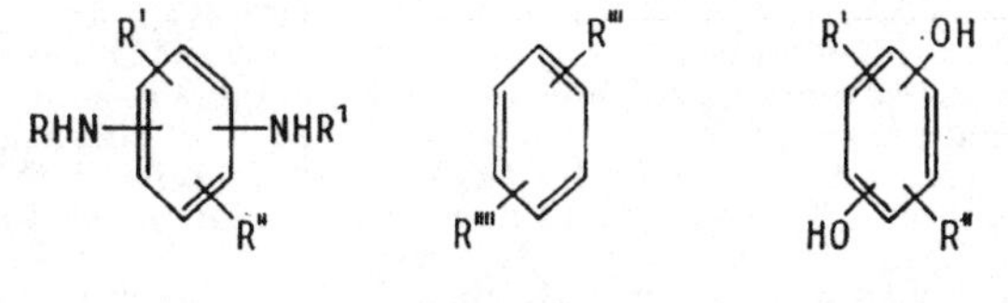

I II III

Aminen $R{-}NH_2$ u. $R^1{-}NH_2$ in Ggw. eines Fe-Katalysators u. eines Ammoniumhalogenids der allg. Formel $R^2NH_3 \cdot X$ (R^2 = H, R, R^1; X = Halogen) bei 100 bis 350° u. 1—20 at. — 220 (g) Hydrochinon, 125 Anilin, 24 $C_6H_5NH_2 \cdot HCl$ u. 6 Eisenoxid erhitzt man auf 180°, dann langsam auf 240°, gibt weitere 325 Anilin zu, entfernt die flüchtigen Bestandteile bei 260°/8 Torr → 481 *N.N'-Diphenyl-p-phenylendiamin* (**IV**), F. 132—138°, 92% Ausbeute. — Als Fe-Katalysatoren sind noch angegeben: FeO, Fe_2O_3, Fe, Eisenhydroxide; als Ammoniumhalogenide: $C_6H_5NH_2 \cdot HBr$, NH_4Cl u. NH_4Br, NH_4J-$C_4H_9NH_2 \cdot HCl$, $CH_3NH_2 \cdot HCl$, $CH_3NH_2 \cdot HBr$, o-Toluidin · HCl, · HBr, p-Anisidin. HCl, · HBr, o-Amylanilin. HCl, · HBr, Cyclohexylammoniumchlorid, -bromid, Benzylammoniumchlorid, -bromid u. 2.4-Xylidin. HCl. Die Ausbeuten schwanken von 81,5—94%, die FF. von **IV** von 130—144°. — *Oxydationsschutzmittel* für Kautschuk. (**D. A. S. 1148558** Kl. 12q vom 6/1. 1959, ausg. 16/5. 1963. A. Prior. 25/7. 1958.) A. Debo 7227

2599 Koppers Co., Inc., übert. von: Hans Dressler, Pitcairn, und Melvin E. Baum, Pittsburgh, Pa., V. St. A., **Herstellung von Metallsalzen des N.N-(Perhydro-o.o'-biphenylen)-dithiocarbamats** der allg. Formel I worin M ein Metall u. x = 1—4 (abhängig von der Wertigkeit des Metalls) bedeutet, dad. gek., daß man aus Dodecahydro-

I 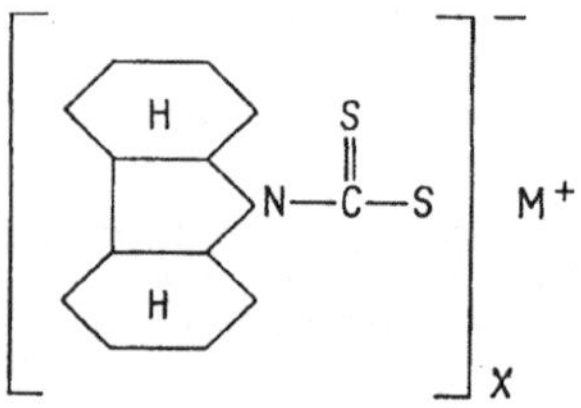

carbazol u. CS_2 das Dodecahydrocarbazolsalz des N.N-(Perhydro-o.o'-biphenylen)-dithiocarbamats herstellt. (F. 184—191°), 17,6 g diese Verb. im geschmolzenen Zustand mit 100 cm^3 n NaOH u. NaOH u. 7,6 g CS_2 unter Erwärmen löst u. zur Trockne eindampft → *Na-Salz des N.N-(Perhydro-o.o'-biphenylen)-dithiocarbamats* (I), F. 110—115°; aus I in CH_3OH u. Cu-Acetat → das entsprechende *Cu-Salz*; analog aus I u. Zn-Acetat das *Zinksalz*. — *Vulkanisationsbeschleuniger*. (**A. P. 3014919** vom 16/6. 1959, ausg. 26/12. 1961.) W. Heyer 7229

2600 Polymer Corp. Ltd., Sarnia, Ontario, Canada, **Gemeinsame Vulkanisation zweier Mischpolymerisate.** Ein Mischpolymerisat aus 80 bis 99,9 (Mol%) Isobutylen u. 0,1 bis 20 eines mehrfach ungesätt. olefin. KW-Stoffes wird gemischt mit einem kautschukartigen Mischpolymerisat aus Äthylen (I) u. Propylen mit einem Geh. von 20 bis 80 I, welches einen Kristallisationsgrad von weniger als 15% bei Raumtemp. u. eine innere Viskosität von 0,5 bis 5, gemessen in Toluol bei 30°, aufweist. Dem Gemisch wird zugesetzt ein Vulkanisationsmittel für das Isobutylenpolymerisat, wie S, p-Chinondioxim, u. ein solches für das andere Mischpolymerisat, wie Dicumylperoxid. Auf 100 (Gew.-Teile) des Polymerisatgemisches fallen je 0, 1 bis 15 der Vulkanisationsmittel. Das Gesamtgemisch wird geformt u. bei 130 bis 200° vulkanisiert. Prodd. mit guten physikal. Eigenschaften. (**E. P. 898670** vom 22/3. 1961, ausg. 14/6. 1962. Can. Prior. 29/4. 1960.) F. Markhoff 7229

2601 United States Rubber Co., New York, N. Y., V. St. A., **Verbesserte Haftung von kautschukartigen Vinylpyridinmischpolymeren** an anderen Kautschukarten (Polyisopren, Polybutadien, Naturkautschuk, Styrol-Butadienkautschuk) erhält man durch Abmischen des Polyvinylpyridins (auf 100 Teile) mit 0,25—8 Teile. Dicumylperoxid (in zur selbständigen Vulkanisation ausreichenden Mengen), 1—10 Teilen Pb_3O_4 oder PbO in üblichen Mischern, ggf. zusammen mit Füllern, Weichmachern, Pigmenten u. Antioxydantien. Die andere Kautschukart wird mit S_2 u./oder z. B. Tetramethylthiuramdisulfid, bzw. anderen üblichen Beschleunigern ggf. zusammen mit Füllern, Pigmenten, Weichmachern oder Antioxydantien, ebenfalls für sich hergerichtet, z. B. durch Kalandern, Extrudieren oder andere übliche Formungsprozesse. Die beiden vorgeformten Teile werden miteinander vulkanisiert. (**E. P. 910367** vom 24/3. 1961, ausg. 14/11. 1962. A. Prior. 15/6. 1960.) E. Dörfel 7229

2602 Montecatini Soc. Gen. per l'Industria Mineraria e Chimica, Mailand, Italien, **Herstellen von Gegenständen aus durch Textilfasern verstärkten Kautschuk oder gehärteten Elastomeren.** Die Verstärkungsfasern bestehen aus kristallinen, linearen, hochmol. Polymerisaten oder Mischpolymerisaten eines α-Olefins der Formel $CH_2{=}CHR$, wobei R eine niedrige Alkylgruppe ist. Die Fasern werden mit polymerisierbaren aromat. KW-Stoffen, welche mindestens eine äthylen. Doppelbindung im Mol. enthalten, einem Elastomeren zugemischt, wobei Bindung u. Vernetzung des Elastomeren u. des Polymerisats erfolgt. Die Verformung geschieht durch Warmhärtung. (**E. P. 909939** vom 24/11. 1958, ausg. 7/11. 1962. It. Prior. 27/11. 1957. **Zusatz zu E. P. 896598**; **C. 1963, 7968.**) F. Markhoff 7231

2603 United States Rubber Co., New York, N. Y., V. St. A., **Schutzüberzüge** für unvulkanisierte Kautschukmischungsrohlinge, z. B. Autoreifen-Rohlinge, bestehend aus 100 (Gew.-Teilen) Polyisopren mit 85—97% cis-Konfiguration, 100—500 grobem Füllstoff, z. B. Lampenruß, u. 20—50 wasserunlösl. Fettsäuren, z. B. Stearinsäure, oder Fettsäureseifen, sowie ggf. sonstigen Zusätzen. Die Mischung wird in einem Erdöl-KW-Stoff, z. B. Leichtbenzin, gelöst u. auf den Rohling aufgestrichen. (**E. P. 905151** vom 31/5. 1961, ausg. 5/9. 1962. A. Prior. 9/9. 1960.) W. Overbeck 7231

2604 Pneumatiques et Caoutchouc Manufacture Kleber-Colombes, Colombes, und Polyplastic, Paris (Erfinder: Claude Job, Paris), Frankreich, **Zwischenschicht für Autoreifen-Seitenflächen** zum Schutz gegen Einwandern von verfärbenden Stoffen in die helle Seiten-Außenschicht. Deren Elastomerenanteil enthält ≧ 40% Polychloropren u. Aktivruß. — Zeichnung. (**Schwz. P. 364623** vom 14/4. 1960, ausg. 15/11. 1962. F. Prior. 16/4. 1959.) W. Overbeck 7231

2605 Hercules Powder Co., Wilmington, Del., V. St. A., **Schichtkörper** werden hergestellt durch Überschichten von Lagen aus 1. einem mit S vulkanisierten Natur- oder Dien-Kautschuk, 2. einem bromierten vulkanisierbaren Butylkautschuk u. 3. einen kautschukartigen vernetzbaren Äthylen-Propylen-Copolymerisat u. Erhitzen dieser Schichtkörper zur Vulkanisation bzw. Vernetzung von 2. bzw. 3. (**E. P. 907767** vom 22/11. 1960, ausg. 10/10. 1962. A. Prior. 2/12. 1959.) W. Overbeck 7231

2606 Établissements Hutchinson (Comp. Nationale du Caoutchouc) (Erfinder: Christian Canat), Frankreich, **Herstellung von Schuhwerk,** bestehend aus einem Lederschaft u. einer Sohle aus Butadien-Acrylnitril-Kautschuk, die unter Verw. von chlorsulfoniertem Polyäthylen miteinander verbunden werden. — Für die Herst. der Sohle wird ein kautschukähnliches Gemisch z. B. folgender Zus. verwendet: 100 (Gew.-Teile) Butadien-Acrylnitril-Mischpolymerisat, 25 Terpen-Phenolharz, 5 ZnO, 5 TiO_2, 20 koll. SiO_2-Hydrat, 20 Al-Silicat, 1,5 Stearinsäure, 7 Cumaronharz, 1,6 Mercaptobenzthiazol, 1 Tetramethylthiuramdisulfid, 0,5—3 Farbstoffe, 2,5 S. Das chlorsulfonierte Polyäthylen wird in einem organ. Lsgm. gelöst u. die Lsg. auf das Leder an den von Schaft u. Sohle zu verbindenden Stellen aufgespritzt. Die hierfür verwendete Lsg. enthält z. B. 100 chlorsulfoniertes Polyäthylen, 40 dreibas. Pb-Maleat oder zweibas. Pb-Phosphit, 10 koll. SiO_2, 1,5 Benzothiazyldisulfid, 0,5 Tetraäthylthiuramdisulfid, 60 TiO_2, 15 Farbstoffe u. als Lsgm. ein Gemisch aus 400 Toluol, 50 Butanol, 50 Methyläthylketon, 75 Methylisobutylketon, 3 hydriertes Kolophonium. (**F. P. 1285091** vom 29/3. 1961, ausg. 6/7. 1962. E. Prior. 30/3. 1960.) M. F. Müller 7231

2607 **Farbenfabriken Bayer Akt.-Ges.** (Erfinder: **Ernst Podschus** und **Odilo Kollmann**), Leverkusen, *Herstellung von Erdalkalisilikaten.* (**Niederl. P. 104037** vom 29/11. 1954, ausg. 15/3. 1963. D. Prior. 1/12. 1953. — C. **1958,** 12260 [E. P. 783712].)

2608 **United States Rubber Co.,** New York, N. Y., V. St. A., *Vulkanisierung von Butylkautschuk.* (**Niederl. P. 103868** vom 29/1. 1958, ausg. 15/2. 1963. A. Prior. 11/3. 1957. — C. **1960,** 14540 [A. P. 2918448].)

2609 **Oliver Wallis Burke jun.,** Grosse Pointe Park, Mich., V. St. A., *Herstellung von Vulkanisaten.* (**Niederl. P. 104079** vom 28/12. 1956, ausg. 15/3. 1963. A. Prior. 30/12. 1955. — C. **1961,** 7059 [F. P. 1169071].)

2610 **B. F. Goodrich Co.,** New York, N. Y., V. St. A., *Herstellung vulkanisierter Gegenstände.* (**Niederl. P. 104081** vom 4/1. 1957, ausg. 15/3. 1963. A. Prior. 4/1. 1956. — C. **1961,** 16679 [F. P. 1168372].)

H_{13}. Ätherische Öle, Parfümerie, Kosmetik

2611 **Chemische Untersuchung des ätherischen Öles der Blätter des Betelpfeffers von Piper betle** [Var. Kafuri-pan]. S. S. Nigam und R. M. Purohit. (Riechstoffe u. Aromen **12,** 185—90, 1962; Saugor, M. P. India, Univ. of Sangor, Dep. of Chem.; dt.) — Das äther. Öl des in Madhya Pradesh (Indien) vorkommenden Kafuri-Betels wurde durch Wasserdampf-Dest. der Blätter mit einer Ausbeute von 0,7% gewonnen. Die chem. Unters. ergab folgende Zus.: a) Phenol. Bestandteile: *Chavicol* 5,1(%), *Carvacrol* 4,4, *Eugenol* 40,5, *Chavibetol* 3,5, polymerisiertes Öl 1,1; b) Nicht phenol. Bestandteile: *α-Terpinen* 2,3(%), *Cineol* 6,2, *Estragol* 7,5, *α-Caryophyllen* 11,9, *Cadinen* 9,1, ein γ-Lacton 7,5, Sesquiterpen, polymerisiertes Öl 0,9. M. Wüstefeld 7262◇

2612 **Indische Ölharze und ihre ätherischen Öle.** 3. Mitt. **Indische Myrrhe, Bdellium und Weihrauch.** S. Dutt. (Indian Oil Soap J. [Calcutta] **26,** 233—38, Delhi; engl.) — 2. vgl. C. **1963,** 21738. — Die Oleo-gummi- bzw. Gummioleoharze bestehen aus einem äther. Öl, einem in W. lösl. Gummi u. einem in A. lösl. Harz u. werden durch Anzapfen gewonnen. Es werden geograph. Vork. sowie Harzbeschaffenheit u. Verfälschung von *Myrrhe* aus *Commiphora* [C.) *myrrha Engl.*, von *Bdellium* aus *C. mukul Engl.* u. Weihrauch aus *Boswellia serrata Roxb.* beschrieben/u. ihre chem. Zus. angegeben, Die ind. Harze weisen infolge klimat. u. Bodeneinfl. Abweichungen gegenüber den Handels-Prodd. von den Küsten des Roten Meeres auf. M. Hagedorn 7262◇

2613 **Ätherische Öle aus Ajowansamen und ihre Nebenprodukte.** P. P. Bhargava und C. N. Haksar. (Indian Oil Soap J. [Calcutta] **27,** 147—55, 1962; Owalior, M. P. Government, Giwaji Ind. Res. Labor.; engl.) — Übersicht über Vork. u. medizin. Wrkg. der Früchte u. Samen von *Carum copticum* oder *Ptychotis ajowan*, sowie über die Zus. des äther. Öles (2,67%, in frischen Samen 3,1%). Bei eignenen Unterss. erhielten Vff. ein äther. Öl mit den physikal. Konst.: $D.^{20}$ 0,9032, n_D^{20} 1,4983, $[\alpha]_D$ + 1,4 u. von der Zus. (in %): Thymol 42,3, Carvacrol 8,2. Die nichtphenol. Fraktion des äther. Öles enthielt hauptsächlich „Thymen" (Cymolgemisch), das zu 50% aus p-Cymol bestand; außerdem wurden γ-Terpinen (30—35%), α-Pinen (4—5%) u. Dipenten (4—6%) identifiziert. — 22 Literaturangaben. M. Wüstefeld 7262◇

2614 **Neophytadien, der diterpenische Kohlenwasserstoff aus Tabak, Nicotiana tabacum, Hicks.** Asharam Bhati. (Perfum. essent. Oil Rec. **53,** 685—88, 1962; Exeter, England, Univ., Carcinogenine Substances Res. Unit.; engl.) — *Neophytadien* (I) wurde durch Red. mit Na in fl. Ammoniak in eine Dihydroverb. überführt, die bei Ozonisierung das gleiche C_{18}-Keton ergibt, wie es auch bei der Ozonolyse von Phytol entsteht. Ein möglicher Weg für die Bldg. von I aus dem Phytylteil des Chlorophylls wird diskutiert. K. Dörfel 7262◇

2615 **Neue Ansichten zur Hautwirksamkeit des Vitamin A.** Peter Felsch. (Amer. Perfumer, Cosmet. **78,** Nr. 7, 15—17, 1963; Univ. of Pennsylvania, School of Med.; engl.) — Vf. diskutiert 3 mögliche Mechanismen zur Deutung der biochem. Rolle des Vitamins A in Beziehung zur Epidermis. — 31 Literaturangaben. K. Ziegenhorn 7284◇

2616 **Kohlenwasserstoffzusammensetzung von Citronenölen und ihre Beziehung zur optischen Drehung.** William L. Stanley, Robert M. Ikeda und Susan Cook. (Food Technol. **15,** 381—85, 1961; Pasadena, Calif., Fruit and Vegetable Chem. Labor.; engl.) — Nach chromatograph. Trennung wurden die Terpen-KW-Stoffe, in *Citronenöl*, *Orangenöl*, *Limonenöl* u. *Grapefruitöl* gaschromatograph. identifiziert (Kolonne mit Diäthylenglykolsuccinat u. He als Trägergas, 120 ml/min. 80°). IR- u. NMR(nukleare magnet. Resonanz)-Spektren wurden herangezogen. Vff. fanden für *Citronenöl* folgende Durchschnittswerte: *α-Pinen* 2,46 ± 0,32%; *β-Pinen* (I) 14,8 ± 3,25%. *Sabinen* 1,67 ± 0,56%; *Myrcen* 1,10 ± 0,38%; *d-Limonen* (II) 69,7 ± 4,50%; *γ-Terpinen* 10,3 ± 0,93%; *p-Cymol* Spur. Die stark unterschiedliche opt. Drehung verschiedener Proben von Citronenöl wird auf wechselnde Mengen I u. II im äther. Öl zurückgeführt. Die Analyse von Limonen-, Grapefruit- u. Orangenöl wurde in gleicher Weise durchgeführt. M. Wüstefeld 7286◇

2617 **Chemische Untersuchungen des Pfefferschalenöls. (Piper nigrum L., Fam. Piperaceae).** M. L. Sharma, M. C. Nigam und K. L. Handa. (Parfümerie u. Kosmet. **43,** 505—06, 1962; Jammu, Indien, Reg. Res. Lab.; dt.) — Pfefferschalenöl mit den Kennzahlen d_{30}^{30} 0,9315, n_D^{30} 1,497, SZ. 11,2, SZ. nach Acetylierung 54,1, Carbonyle (als $C_{10}H_{16}O$ berechnet) 6,03%, lösl. in 1 Vol.-Teil 95 Vol.-%ig. A., wurde an Al_2O_3 (Brockmann) chromatographiert u. mit 1. PAe. (40—60°), 2. PAe.-Bzl. (1:1), 3. Bzl., 4. Bzl.-Ae. (1:1); 5. Ae., 6. Ae.-Äthylacetat (1:1), 7. Äthylacetat nacheinander eluiert. Von den 7 Fraktionen werden Ausbeute, n_D^{30} u. zum Teil d_{31}^{31} in einer Tabelle angegeben. Fraktion 1. wurde durch Dest. in drei, der Rückstand durch Vakuumdest. in vier weitere Unterfraktionen zerlegt. Die Identifizierung erfolgte an Hand der n–D-Kurve (Diagramm) nach M. Sutherland u. J. Murray [1952] u. dabei wurden *α-* u. *β-Pinen*, *Limonen* sowie *α*, *β*, u. *γ-Caryophyllen* nachgewiesen. In Fraktion 2. wurde *α-Phellandren* u. ein Aldehyd, dessen 2.4-Dinitrophenylhydrazon bei 113° schmolz [Nonadien-(2.6)-al-(1)?] u. in den Fraktionen 6. u. 7. *Piperonal*, welches als 2.4-Dinitrophenylhydrazon, F. 266°, identifiziert wurde, nachgewiesen. K. Hinterauer 7286◇

2618 **Eine Methode zur qualitativen Bestimmung von Teerfarbstoffen in kosmetischen Produkten.** Albert Shansky und Philip P. Carrubba. (Amer. Perfumer, Cosmet. **78,** Nr. 7, 13—14, 1963; Rilling Dermetics Comp.; engl.) — Die Meth. beruht auf Extraktionen mit Lsgm. sowie auf spektrophotometr. Vgl.-Analysen u. stellt eine Modifizierung des systemat. Trennungsganges nach L.-J. Koch [1943] dar. Absorptionsmaxima verschiedener in USA üblicher Farbstoffe werden angegeben. Die beschriebene Meth. zur qual. Best. der Teerfarbstoffe kann auch zur quant. Best. herangezogen werden. K. Ziegenhorn 7294◇

2619 Ethicon, Inc., New Jersey, übert. von: Werner Richard Boehme, Somerville, N. J., V. St. A., **Endomethylenverbindungen** der allg. Formel I erhält man bei

I

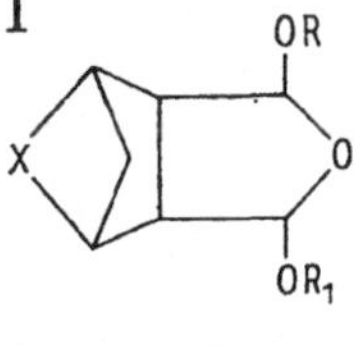

der Rk. von Cyclopentadien oder Dicyclopentadien mit 2-RO-5-R_1O-2.5-Dihydrofuran mit ggf. nachfolgender katalyt. Hydrierung zu Hexahydrophthalanen. In der Formel bedeuten X = eine Äthylen- oder Vinylen-Gruppe, R u. R_1 = austauschbare Alkyl-, bes. niedrigmol. Alkyl-, Aralkyl- oder Acyl-Gruppen. Die Acylgruppen können aliphat., aromat., heterocycl., auch Sulfonsäuregruppen sein. — Eine Lsg. von frisch dest. Cyclopentadien, 2.5-Dimethoxy-2.5-dihydrofuran u. Hydrochinon in trockenem Toluol, wird im geschlossenen Rohr 24 Std. bei 170° erhitzt. Man erhält *1.3-Dimethoxy-4.7-endomethylen-4.7.8.9-tetrahydrophthalan*, farblose Fl., mischbar mit Wasser. Wird diese Verb. in Ggw. von PdO unter H-Druck hydriert, erhält man *1.3-Dimethoxy-4.7-endomethylenhexahydrophthalan*, $Kp._{11}$ 121—122°, n_D^{25} = 1,4764. — Auf analoge Weise erhält man ferner folgende „*-4.7-endomethylen-4.7.8.9-tetrahydrophthalan*": *1.3-Diäthoxy-*, $Kp._{0,8}$ 86—87°, n_D^{25} = 1,4760; *1.3-Diisopropoxy-*, $Kp._{2,4}$ 111 bis 121°; *1.3-Dibenzyloxy-*. — *Duftstoffe*, Bestandteile von kosmet. Präparaten. (**A. P. 2931816** vom 8/11. 1957, ausg. 5/4. 1960.) G. König 7277

2620 Givaudan Corp., New York, N. Y., übert. von: George Hermann Buchl, Cambridge, Mass., und Robert E. Erickson, Metuchen, N. J., V. St. A., **Patchoulion** der allg Formel (I), erhält man bei der Ozo-

I

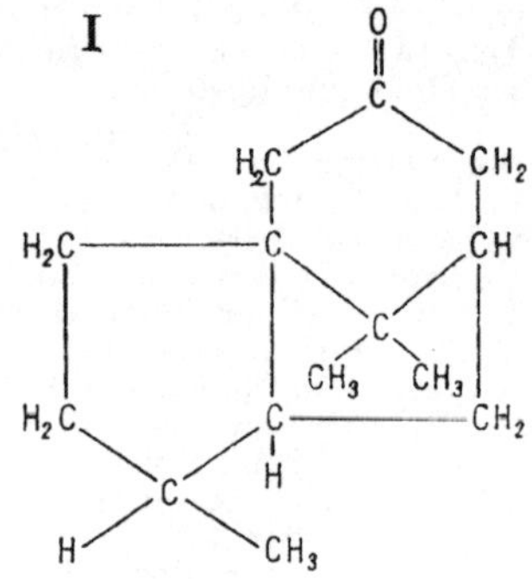

nisierung von β-Patchoulen (farblose Fl., Kp.$_{0,14}$ 53,5 bis 54,5, Kp.$_{17}$ 141—142°, $(\alpha)_D^{25}$ = — 43,7°, D.$_4^{20}$ = 0,9537) in Äthylacetat während 1—2 Std.; anschließend wird die Rk.-Mischung im Vakuum auf $^1/_2$ des Vol. eingedampft u. bei 27° u. normalem Druck in Ggw. von PtO hydriert. Man trennt vom Lsgm. u. Katalysator u. löst den Rückstand in n-C_5H_{12}. Die Lsg. leitet man über Al_2O_3 u. eluiert I mittels einer Mischung von Äthylacetat u. C_5H_{12}. Nach einer Rekristallisation aus CH_3OH u. PAe. erhält man **I**, ($C_{15}H_{24}O$), F. 47—47,5°, F. des Dinitrophenylhydrazons, 187,5—188,5° ($C_{20}H_{26}N_4O_4$), weiße Kristalle mit amberartigem Geruch. Mit äquimol. Mengen D_2O erhält man *Trideuteroketon*. — Rezepte für *Riechstoffkompositionen*. (**A. P. 2942029** vom 6/2. 1958, ausg. 21/6. 1960.) G. König 7277

2621 International Flavors & Fragrances, Inc., New York, N. Y., V. St. A., übert. von: Robert Enninga, Bussum, und Muus G. J. Beets, Hilversum, Niederlande, **Trimethyldodekahydronaphthofurane** der allg. Formel **I** (R entweder in beiden Fällen = Methyl

I

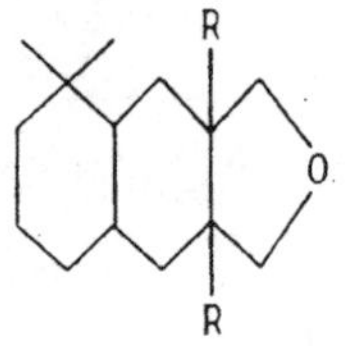

oder Methyl u. H) können erhalten werden durch Cyclisierung eines entsprechenden Diols durch wasserentziehende Mittel, durch Behandlung der Dihalogenide mit $Mg(OH)_2$, durch Eliminierung von Sulfonsäure aus Monosulfonsäuren mit Pyridin oder Lutidin, durch Eliminierung von Methylbromid aus einem Äther des entsprechenden Bromhydrins mit $FeCl_3$ oder durch Cyclisierung eines ungesätt. Diols u. Hydrierung der Doppelbindung. Beispiel: 224 (g) Citraconsäureanhydrid werden in Xylol auf 150° u. tropfenweise mit 327 Myrcen versetzt u. 1 Std. gerührt. Nach Fraktionierung Kp.$_{0,01}$ 114—117°, n_D^{20} 1,4950. 248 dieses Additionsprod. werden mit 25 Trifluorborätherat in 248 Bzl. 1 Std. 20 Min. auf 80—81° erhitzt. Nach Entfernung des Lsgm. u. des Katalysators wird das gebildete tricycl. Dicarbonsäureanhydrid fraktioniert, Kp.$_{0,8}$ 154—157°, n_D^{20} 1,506—09 zu 25 $LiAlH_4$ in 300 ml Ae. werden 107 dieses Anhydrids in 450 ml Ae. tropfenweise unter Rückfluß zugegeben. 558 dieses Diols werden mit 1350 ml Bzl. u. 11 p-Toluolsulfonsäure erhitzt u. das sich bildende W. abgefangen. Nach Fraktionierung *Trimethyldekahydronaphthofuran*, Kp.$_{0,05}$ 80°, n 1,502—1,510. 133 dieses Prod. werden in Isopropanol in Ggw. von Raney-Nickel u. 11000 p.s.i. bei 125° hydriert u. fraktioniert. *Trimethyldodekahydronaphthofuran*, Kp.$_{0,25}$ 100—110°, n_D^{20} 1,499—1,495—1,500. *Amber-Riechstoffe*. (**A. P. 3045028** vom 21/1. 1960, ausg. 17/7. 1962. E. Prior. 22/1. 1959.) R. Bauereis 7277

2622 Unilever Ltd., Port Sunlight, Chester, England, **Reine, fast farblose Halogensalicylanilide** der allg. Formel **I** (X = H, Br, Cl; wenigstens 2 X sollen Halogen sein) erhält man durch Rk. von in W. aufgeschlämmtem Salicylanilid mit Br_2 oder Cl_2 in Ggw. eines Netzmittels

I

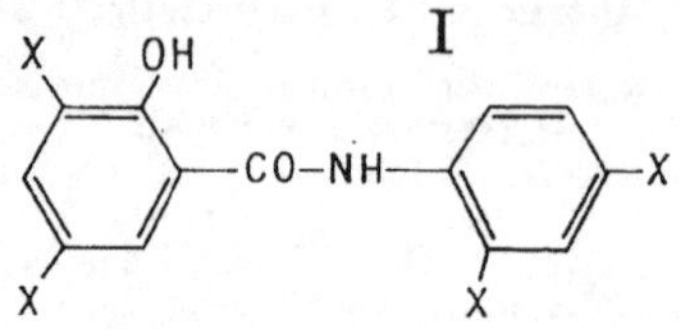

bei pH < 4, bes. 1—2,5. Das nicht umgesetzte Halogen wird mit $NaHSO_3$ entfernt, wodurch das pH auf 2—2,5 steigt. Die wss. Aufschlämmung des **I** mit pH < 4 wird dann mit einer solchen Menge wasserlösl. Alkalimetallphosphat (Na_3PO_4, $Na_4P_2O_7$ u. die entsprechenden K- u. NH_4-Phosphate) behandelt, bis das pH 4—7 beträgt. — Aus 26 (Teilen) Salicylanilid in 305 heißem W., das 0,27% Na-Dodecylbenzolsulfonat als Netzmittel enthält, u. 60 Br_2 bei 57° u. dann unter Erhitzen, pH = 1, Zusatz von 400 W., Abgießen der überstehenden Fl. nach 8—12 Std., Zusatz von 102 0,2%ig. $NaHSO_3$, pH ca. 2, u. dann 11,1 $Na_3PO_4 \cdot 12H_2O$ in 33 warmem W., pH 4,2, Abfiltrieren des Nd. u. Trocknen bei 55° → 52 *3.4'.5-Tribromsalicylanilid*, schwach gelb. — *2'.3.4'.5-Tetrabromsalicylanilid*. — *3.5-* u. *4'.5-Dibromsalicylanilid*. — *Germicide*, bes. als *Zusatzmittel* für *Seifen* u. *kosmet. Zubereitungen*. (**E. P. 860910** vom 21/8. 1959, ausg. 15/2. 1961. A. Prior. 22/8. 1958.) G. Krauß 7285

2623 **J. R. Geigy Akt.-Ges.**, Basel, Schweiz, *Benztriazole als Lichtschutzmittel*. (**E. P. 878362** vom 13/12. 1957, ausg. 27/9. 1961. Schwz. Prior. 14/12. 1956. — C. **1962**, 10673 [Oe. P. 207121].)

H_{15}. Gärungsindustrie

2624 **Brauen, Mälzen und verwandte Prozesse.** J. R. A. Pollock. (Rep. Progr. appl. Chem. **46**, 505—17, 1961; Dublin, Arthur Guinness, Son & Co. Ltd.; engl.) — Übersicht über Gerste, Malzherst. u. Malz; Hopfen; Bier; Brauprozeß; schädliche Mikroorganismen. — 75 Literaturangaben. K. Maier 7500◇

2625 **Aktivierung der reinen Hefekultur durch Biogenstimulatoren.** Ss. Ss. Nowakowskaja. (Brot- u. Konditorei-Ind. [UdSSR] **7**, Nr. 6, 13—15, **1963**; Kiew, Hefefabrik; russ.) — Allg. Betrachtungen über den Einfl. des wss. Auszugs von *Aloe vera* auf das Wachstum der Hefe (*Saccharomyces cerevisiae*) sowie den Übergang der von den Hefezellen im Labor.-Stadium erworbenen Eigg. in erbliche Anlagen. S. Baryschnikow 7506△

2626 **Neue Richtung in der Technologie der Hefefabrikation.** Josef Tomíšek. (Kvasný Průmysl **6**, 81—84, 1960; Droždárna Kolín, Spojené lihovary n. p.; tschech.) — Vf. beschreibt ein Verf. zur Herst. von Hefe, wobei man als Rohstoffe nur Melasse, techn. Phosphorsäure (**I**) u. Ammoniakwasser (**II**) verwendet. Es handelt sich also um fl. Rohstoffe, welche die kontinuierliche Erzeugung ermöglichen u. vereinfachen. Frühere Verw. von Superphosphat, Diammonphosphat, H_2SO_4 u. Ammonsulfat entfällt, weil aus **I** u. **II** die Hefe N u. P gleichzeitig beziehen kann, wobei **II** auch billiger als Ammonsulfat ist. Die Betriebseinrichtung u. die kontinuierliche Maischebereitung sind beschrieben. J. Špinka 7506◇

2627 **Beziehung zwischen der endogenen Respiration und der Haltbarkeit der Backhefe.** Ludmila Mitterhauszerová, Anastázia Ginterová und Václav Stuchlík. (Kvasný Průmysl **7**, 78—80, 1961; Bratislava, Ústred. výsk. úst. potravinár. priemyslu; slowak.) — Zur Best. der Hefehaltbarkeit haben Vff. auf Grund der Messung der endogenen Respiration eine neue Meth. ausgearbeitet. Man suspendiert 1 g der Preßhefe mit 25 ml W. u. überführt aus der gut homogenisierten Suspension 1 ml in die Warburg-App., in welcher sich 2 ml Phosphatpuffer u. 0,2 ml 40%ig. KOH-Lsg. befinden. Die Messung dauert 60 Min. bei 30°. Man berechnet den O_2-Verbrauch in 1 Std., bezogen auf die Trockensubstanz der Hefeemulsion. Die Ergebnisse werden graph. dargestellt. Aus der Kurve wird die Hefehaltbarkeit nach dem O_2-Bedarf beurteilt. Die neue Meth. stimmt mit der Meth. nach Jam [1958] gut überein.

J. Špinka 7506◇

2628 **Erhöhung des Glyceringehaltes in Brennereimaischen.** Vratislav Grégr und Zdeněk Kuttelvašer. (Kvasný Průmysl **6,** 85—89, 1960; Praha, Vys. škola chem.-technol.; tschech.) — Laboratoriumsmäßig sowie betriebsmäßig haben Vff. die alkohol. Gärung der Melasse bei pH 6,8—7,5 untersucht unter Zugabe verschiedener Zusätze, wie $MgCO_3$, Na_2SO_3 u. NaOH (0,7—3,6%). Die gesamte A.- u. Glycerin-Ausbeute betrug bei den Betriebsverss. 51,63 Gew.-%, bezogen auf den verarbeiteten Zucker. Dabei wurde an Glycerin 11,74% u. an A. 39,89% gewonnen. Der Alkohol ist von der gleichen Qualität wie bei der normalen Spiritusgärung. Die Gärungszeit ist aber um 3 bis 12 Std. länger. Das Verf. kann mit den üblichen Einrichtungen der Melassebrennereien ohne bes. Adaptationen realisiert werden.
J. Špinka 7536◇

2629 **Die Aufbereitung des Brauwassers.** Leonard T. Saletan. (Wallerstein Lab. Commun. **25,** 363—68, 1962; Staten Island, New York, Wallerstein Labor.; engl.) — In einem Überblick werden die Eigg. herausgestellt, die für ein W. zum Einbrauen eines milden, hellen Bieres wünschenswert sind. Prakt. Möglichkeiten zur Aufbereitung des in den Brauereien zur Bier-Herst. verfügbaren W. unter Berücksichtigung der vorliegenden Wasser-Zus. werden erörtert. W. Kreipe 7544◇

2630 **Der Brauprozeß und die feuchte Maisvermahlung. Eine vergleichende Betrachtung.** 1. Mitt. A. M. Maiden. (Brewers' Guild J. **48,** 565—78, 1962; engl.) — Im Rahmen eines Vortrages wird eine vergleichende Übersicht über die beim Bierbrauen u. bei der feuchten Maisvermahlung (zur Stärke- u. Glutengewinnung) ablaufenden Prozesse sowie die Zus. der Ausgangsrohstoffe (Gerste u. Mais) gegeben. W. Kreipe 7544◇

2631 **Der Brauprozeß und die feuchte Maisvermahlung. Eine vergleichende Betrachtung.** 2. Mitt. A. M. Maiden. (Brewers' Guild J. **48,** 630—42, 1962; engl.) — 1. vgl. vorst. Referat. — Die Zus., bes. der Kohlenhydratgeh., der Brauereiwürze wird mit bei der feuchten Maisvermahlung anfallenden Prodd., die Vf. als „factory worts" bezeichnet, verglichen. Im Durchschnitt enthält die Bierwürze vom Gesamtkohlenhydratgeh. 65% an sofort vergärbaren u. 14% an langsam vergärbaren Zuckern sowie 21% an nicht vergärbaren Kohlenhydraten. Eine sehr ähnliche Zus. weisen die „factory worts" auf. Obwohl sie keine Fructose u. Saccharose besitzen, dürften sie bei der Bierwürzebereitung Verw. finden können. Auf entsprechende Möglichkeiten u. deren Auswirkungen wird hingewiesen. W. Kreipe 7544◇

2632 **Frühere und heutige Gesichtspunkte kontinuierlicher Verfahren der Biergärung.** Samuel R. Green. (Wallerstein Lab. Commun. **25,** 337—48, 1962; Staten Island, New York, Wallerstein Labor.; engl.) — In einem Überblick wird auf die wichtigsten seit 1902 patentierten kontinuierlichen Gärverff. hingewiesen, u. ihre kennzeichnenden Merkmale werden herausgestellt. Zwei neuere Verff. zur kontinuierlichen Herst. von Bier der Firmen John Labatt Ltd. (Canada) u. Dominion Breweries Ltd. (Neuseeland) sind genau beschrieben. Die Literatur über neuere Experimente wurde zusammengestellt. — 50 Literaturangaben.
W. Kreipe 7550◇

2633 **Semikontinuierliche Gärung — kurze Übersicht über die Ergebnisse der halbtechnischen Versuche.** Jiří Maštovský und Miroslav Kahler. (Kvasný Průmysl **6,** 73—77, 1960; Praha, Výzk. úst. pivovarský a sladařský; tschech.) — Zur halbtechnischen Einrichtung gehören ein luftdichter Kühlbottich, ein Filter u. 5 Gärbottiche aus Aluminium, wobei der erste Bottich als Angärungstank ein Rührwerk besitzt. Die Würze war bei 5° filtriert worden, die Anstellhefe war biolog. rein. Vff. haben die Veränderungen in der chem. Zus. der jungen Biere u. in dem morpholog. u. physiolog. Zustand der Hefe verfolgt u. mit den Ergebnissen der stationären Gärung verglichen. Es hat sich gezeigt, daß mit dem halbkontinuierlichen Verf. Biere hergestellt werden können, die den Bieren stationärer Gärung in der Qualität nicht nachstehen. J. Špinka 7550◇

2634 **Beitrag zur Untersuchung der Kältetrübung von Bier.** 3. Mitt. **Wechselbeziehungen zwischen der Aminosäure-Zusammensetzung der Biertrübungen und der stickstoffhaltigen Fraktionen der Gerste.** R. Lontie, R. A. De Vreker und P. Holemans. (Bull. Assoc. roy. anciens Étudiants Brasserie Univ. Louvain **59,** 41—50, 1963; Louvain, Univ., Labor. de Biochim. II; franz.) — 2. vgl. C. **1963,** 2259. — Die nicht biolog. Biertrübungen sind durch eine schwankende Aminosäuren-Zus. u. positive, signifikante Wechselbeziehungen zwischen Prolin u. Glutaminsäure (**I**) sowie Tyrosin u. **I** u. negative, signifikante Wechselbeziehungen zwischen Lysin, Asparaginsäure, Valin, Leucin, Threonin, Arginin, Isoleucin, Alanin, Serin, Histidin einerseits u. **I** andererseits gekennzeichnet. Eine Anwendung der Wechselbeziehungen auf die Gesamtfraktionen der Gerste ergibt, daß die Kältetrübung stabiler Biere bis zu $^2/_3$ der aus Prolaminen stammenden Polypeptide enthält, die Trübung erwärmter Biere nur $^1/_3$. W. Wesly 7550◇

2635 **Untersuchung von Invertase-Präparaten mittels Papierelektrophorese.** M. Tibenská, E. Lišháková und Š. Barica. (Chem. Zvesti **14,** 616—22, 1960; Bratislava, pobočka, Ústred. výsk. úst. potrav. priem.; slowak.) — Bei der Unters. der enzymat. Aktivität eines laboratoriumsmäßig erhaltenen *Invertase*-Präp. durch Papierelektrophorese (Pyridin, Acetat-Puffer pH 4,5) u. Papierchromatographie (Butanol–Essigsäure–Wasser 4:1:1) im Vgl. gegen Standard-Invertase „Bayer" wurde festgestellt, daß der größte Anteil des akt. Bestandteiles beider Präpp. sich in der Pufferlsg. elektroneutral verhielt. Durch präparative Elektrophorese haben Vff. niedermol. Ballaststoffe beseitigt. J. Špinka 7594◇

2636 **Über die Bestimmung der Geschmacksstoffe in Sake durch Adsorptionsmethoden.** Atsushi Yamamoto. (Agric. biol. Chem. [Tokyo] **25,** 744—49, 1961; Tokio, Kyowa Hakko Kogyo Co. Ltd., Forschungslabor.; engl.) — Vorverss. ergaben, daß Hydrochinon-Formalin-Harz als feines Pulver zur selektiven Adsorption eines Teiles der Geschmacksstoffe aus Sake am besten geeignet ist. Ihre Freisetzung erfolgt durch Dampfdestillation. Die restlichen Geschmacksstoffe wurden mit reaktivierter Aktivkohle aufgefangen, die zuvor mit einem großen Vol. Sake behandelt u. mit 95%ig. heißem A. ausgewaschen worden war. Durch dieses kombinierte Adsorptionsverf. wurden fast alle Geschmacksstoffe aus dem ursprünglichen Sake entfernt, da der Zusatz der adsorbierten Stoffe zu behandeltem Sake dessen verlorengegangenes Aroma vollständig wiederherstellte. Aus den beiden Extraktionsstufen konnte eine Reihe neuer Geschmacksstoffe isoliert u. identifiziert werden.
H. G. Schultze-Berndt 7596◇

2637 **Bestimmung der diastatischen Kraft im Malz.** Leonard T. Saletan und Carlyle S. Gantz. (Wallerstein Lab. Commun. **25,** 371, 1962; engl.) — Zur Verbesserung der offiziellen A.S.B.C.-Meth. wird ein einfacheres u. schnelleres Verf. zum Zerkleinern u. Extrahieren der Malzprobe empfohlen. Dabei erfährt die Genauigkeit der Ergebnisse keine Beeinträchtigung. Die heilen Malzkörner (10 g) werden in einen 0,5%ig. NaCl-Lsg. (200 ml) enthaltenden „Waring-blendor" gebracht u. 1 Min. lang gemahlen. Die anschließende Filtration u. weitere Behandlung erfolgt entsprechend der Standard-Methode. W. Kreipe 7598◇

2638 **Die Bestimmung von Zink in Bieren durch eine neue direkte Methode.** Irwin Stone. (Wallerstein Lab. Commun. **25,** 329—35, 1962; Staten Island, N. Y., Wallerstein Labor.; engl.) — Die eingehend beschriebene colorimetr. Meth. eignet sich zur Best. von Zn in Würze u. Bier. Sie beruht auf der Entstehung einer leuchtend roten Farbe in der blanken, Zn-haltigen (Spuren) Unters.-Probe nach direktem Zusatz der grünen Lsg. des Reagens Dithizon (Diphenylthiocarbazon) in einem mischbaren, nichtwss. Lsg.-Mittel (z. B. rückdest. gesäuertem Äthylenglykolmonomethyläther „Methyl Cellosolve"). Eine genaue Arbeitsvorschrift wird mitgeteilt. Spuren anderer, im Bier normalerweise vorkommender Metalle stören die Best. nicht. Mit Hilfe dieser Meth. untersuchte Würzen u. Bierproben ließen erkennen, daß Zn in starkem Maße von den Trebern zurückgehalten wird. Aus diesem Grunde oder wegen des niedrigen Zn-Geh. des Malzes enthält die Würze nur geringe Zn-Mengen. Ferner nimmt die wachsende u. gärende Hefe das in der Würze vorhandene oder zugesetzte Zn schnell auf, da Zn für die Ernährung der Hefe ein essentielles Element darstellt. Vers.-Gärungen ließen sich durch Zusätze von etwa 1 ppm Zn stimulieren, während 5 u. 10 ppm Zn die Gärgeschw. etwas verlangsamten. Auch sehr hohe Zn-Gaben dürften für die Hefe nicht tox. sein. Würzen enthalten durchschnittlich 0,1 bis 0,35 ppm Zn, Flaschenbiere 0,1 ppm oder weniger. Die Anwesenheit weniger ppm Zn im Bier dürfte nicht schädlich sein u. auch die physikal. Eigg. des Bieres nicht beeinflussen. W. Kreipe 7600◇

2639 **Bestimmung der Isohumulone im Bier.** Leonard T. Saletan und Carlyle S. Gantz. (Wallerstein Lab. Commun. **25**, 369–70, 1962; engl.) — Die „Rigby-Bethun II"-Meth. zur Best. der *Isohumulone* (**I**) im Bier wurde in der Weise modifiziert, daß die Extraktion der **I** u. das Ausschütteln in einem Zentrifugenglas erfolgt. Um die Entstehung einer Emulsion zu verhindern, wird anschließend, ohne das Gefäß wechseln zu müssen, die Lsg. bei hoher Geschw. (4500 U/min) 5 Min. lang zentrifugiert. Vgl.-Unterss. ließen eine gute Übereinstimmung erkennen. Eine vereinfachte Handhabung, Zeitersparnis u. die gleichzeitige Unters. mehrerer Proben zeichnen die verbesserte Meth. aus. W. Kreipe 7600◇

2640 **Die Bestimmung von Calcium in Weinen.** Ramon Bonaterra. (An. Direcc. nac. Quím. **12**, 25–27, 1959; span.) — Zur schnellen Best. der zugelassenen Grenzwerte von Ca^{2+} in Weinen wird eine Probe Wein nach Neutralisation mit NaOH oder NH_3 mit 10%ig. Essigsäure angesäuert u. in der Hitze mit soviel ml einer Na-Oxalat-Lsg. gefällt, wie dem zugelassenen Grenzwert entspricht. Die eine Hälfte des Filtrats wird mit einer gesätt. NH_4-Oxalat-Lsg., die andere mit einer 10%ig. $CaCl_2$-Lsg. versetzt. Dem Auftreten einer Fällung bzw. ihrem Ausbleiben ist zu entnehmen, ob der Ca-Grenzwert über -oder unterschritten bzw. ob er gerade eingehalten ist. Bei der quant. Best. wird Ca als Oxalat aus essigsaurer Lsg. gefällt, in Sulfat verwandelt u. als CaO gewogen. F. Zeidler 7606◇

2641 **Die Anwendung der Reaktion von Cahours beim Nachweis von Monochloressigsäure in Weinen, Getränken und Lebensmitteln.** Isidoro Maccio. (An. Direcc. nac. Quím. **12**, 19–20, 1959; span.) — Die Rk. von Cahours, wonach *Monochloressigsäure* (**I**) in Ggw. eines Überschusses von NH_3 zu Glykokoll (**II**) umgesetzt wird, wird auf den Nachw. von **I** in Wein, Getränken oder Lebensmitteln angewendet. Die Ggw. von **II** in einem Ae.-Extrakt der angesäuerten Probe wird durch die blauviolette Färbung mit einer 0,1%ig. Lsg. von Ninhydrin in Aceton bewiesen. F. Zeidler 7606◇

2642 **Untersuchungen über den qualitativen Nachweis und die quantitative Bestimmung von Sorbit in Wein.** Juan Jose Bianchi. (An. Direcc. nac. Quím. **12**, 13 bis 17, 1959; span.) — Die chromatograph. Abtrennung von Sorbit aus Wein u. seine Best. durch Oxydation mit Metaperjodat nach der Meth. von Rappaport wird untersucht. — 21 Literaturangaben. F. Zeidler 7606◇

2643 **Der Nachweis von Rohrzucker in Wein.** Walter Jung, Lidia E. Bidinost, Nelly S. Garcia, Norah M. de Carranza, Nelida D. T. de Gori und Ivette G. Carrère. (An. Direcc. nac. Quím. **12**, 9–12, 1959; span.) — Eine Zusammenfassung der Nachw.-Rkk. für Rohrzucker (**I**) in Wein wird gegeben. Die Beständigkeit von **I** in Wein ist gering, daher ist eine geeignete Extraktion von **I** aus Weinproben bes. wichtig. Die offizielle deutsche Meth. gibt gute Ergebnisse. Farb-Rkk. mit Resorcin oder Diphenylamin sind zweifelhaft, die Rk. von Garoglio-Stella ist nicht spezifisch. Ausgezeichnete Resultate werden mit den Verff. nach Täufel u. Müller [1957] sowie nach Buchan u. Savage [1952] erhalten. Der Nachw. bis zu 0,25 g **I**/1000 ml Wein wird damit sicher erreicht. F. Zeidler 7606◇

2644 **Ameisensäure, Oxalsäure und o-Hydroxychinolin, die als Antiseptica im Wein dienen: Papierchromatographische Untersuchungen.** Jone Bastianutti. (Boll. Lab. chim. provinc. **13**, 16–22, 1962; Udine, Labor. Chim. provinc.; ital.) J. Lehmberg 7606◇

2645 **Die Anwendung der Garoglio-Stella-Methode zum Nachweis verbotener Antiseptica im zur Essigherstellung verwendeten Wein.** Jone Bastianutti. (Boll. Lab. chim. provinc. **13**, 23–27, 1962; Udine, Labor. Chim. provinc.; ital.) J. Lehmberg 7606◇

2646 **Glycerinbestimmung in der Schlempe durch Kalium-Perjodat.** Ladislav Novák. (Kvasný Průmysl **6**, 109–10, 1960; Ostrava-Svinov, Slezské lihovary a škrobárny, n. p.; tschech.) — Auf Grund der Reaktion des KJO_4 mit Glycerin nach der Gleichung: $C_3H_5(OH)_3 + 2HJO_4 = 2HCOH + HCOOH + 2HJO_3 + H_2O$ hat Vf. eine Meth. zur Glycerin-Best. in der Schlempe ausgearbeitet. 10 g der Schlempe mischt man gut mit W. u. bringt auf das Vol. 100 ml. Zu 50 ml gibt man 5 ml einer 35%ig. Lsg. von neutralem Pb-Acetat u. 20 ml gesätt. Na-Oxalat-Lsg. Nach Sedimentation des Nd. u. Auffüllung auf 100 ml werden zu 10 ml des Filtrats 2 g $Ba(OH)_2$ zugegeben, u. nach 2 Std. wird mit 96%ig. A. auf 100 ml aufgefüllt. Nach 24 Std. werden 25 ml des Filtrates mit H_2SO_4 neutralisiert u. 20 ml 0,02 n KJO_4-Lsg., 25 ml gesätt. $NaHCO_3$-Lsg. u. 12 ml 0,1 n-Na_3AsO_3-Lsg. zugegeben. Nach 15 Minuten titriert man mit 0,02 n-Jod-Lsg. mit Stärke als Indicator u. führt gleichzeitig einen Blindvers. durch. J. Špinka 7616◇

2647 **Hefe-Patent G. m. b. H.**, Hamburg, *Erzeugung von Hefe, besonders Backhefe.* (E. P. 923286 vom 7/10. 1960, ausg. 10/4. 1963. D. Prior. 10/10. 1959. — C. 1962, 8099 [D. A. S. 1107172].)

H_{16}. Nahrungs-, Genuß und Futtermittel

2648 **Dehydratation und Trocknung.** G. Török. (Acta chim. Acad. Sci. hung. **23**, 279–90, 1960; Budapest, Forschungsinst. für die Lebensmittelkonservierung u. Tiefkühlung, dt.) — Unter Hinweis auf das in Lebensmitteln in unterschiedlicher Form vorliegende W. (gebundenes, oberflächlich gebundenes u. freies W.) werden Trocknungs- u. Dehydratationsverlauf von Lebensmitteln (Erbsen, Kartoffeln) bei verschiedener Temp. untersucht u. festgestellt, daß die Entfernung des freien u. oberflächlich gebundenen W. die Struktur u. Eigg. der Lebensmittel nicht beeinflußt, die Entfernung des Hydratwassers jedoch irreversible Veränderungen verursacht. Diese Veränderungen vermindern auch den Geh. an *Vitamin C*, B_1, B_2 u. *A*. Bei pflanzlichen Lebensmitteln beträgt das Hydratwasser 8–11%, bei tier. Lebensmitteln 13–16%. Bei technolog. Trocknungsprozessen ist zur Verringerung der Trockendauer eine erhöhte Temp. nur dann geeignet, wenn die krit. Temp.-Zone nicht erreicht wird. Dies ist bei der Zerstäubungstrocknung gegeben. A. Täufel 7636◇

2649 **Lebensmittelanalytische Probleme von Kunststoffen in Verwendung für Lebensmittelverpackung und -lagerung.** 1. Mitt. F. Nagy. (Nahrung **6**, 379–87, 1962; Budapest, Inst. für Ernährungswissenschaft; dt.) — Vf. erörtert grundsätzliche Fragen der Analytik zur Beurteilung von Kunststoffen, die mit Lebensmitteln in Berührung kommen, wobei bes. auf die richtige Auswahl von Lösungssystemen hingewiesen wird, in denen die natürlichen Verhältnisse u. Gegebenheiten der Lebensmittel nachzuahmen versucht wird. G. Heder 7640◇

2650 **Kunstharzüberzüge auf Basis von modifizierten Polyisocyanaten mit Polyestern für die Probleme der Konservenindustrie.** G. Guzman, F. Cebrian, A. Soler und T. Parra. (Quim. e Ind. [Bilbao] **7**, 243–51, 1960; Madrid, Univ., Dep. de Frutas y Conservas del Patronato Juan de la Cierva; span.) — Unter Hinweis auf die Verpackungsprobleme in der Konservenindustrie u. die günstigen Eigg. von Kunstharzen wurden Unterss. über geeignete Mischungen von *Polyisocyanaten* mit *Polyestern* sowie über deren Viscositäten u. Verarbeitungsbedingungen angestellt. Einige dieser Prodd. mit optimalen Eigg. sind als Gefäßauskleidungen zu empfehlen. R. Kaiser 7640◇

2651 **Die Proteolyten in der Lebensmittelhygiene.** 4. Mitt. **Ein neuer Proteolysetest zum Nachweis mikrobiell bedingter proteolytischer Ferment-Aktivität in Lebensmitteln.** H. Kraus. (Arch. Lebensmittelhyg. **12,** 269—80, 1961; Hannover, Tierärztl. Hochschule, Inst. für Lebensmittelkunde und Milchhygiene; dt.) — 2. vgl. C. **1963,** 18665. — Auf Grund der proteolyt. Spaltung von Ca-Casein-Pepton-Agar durch Proben von Fischen u. Brühwürsten im Zustand des mikrobiellen Verderbs ist eine Meth. zur Prüfung des bakteriellen Befalls von Lebensmitteln gegeben, deren Einsatz in der Lebensmittelüberwachung diskutiert wird. G. Heder 7650◇

2652 **Die Verwendung eines festen Nährmediums mit Harnstoff zur qualitativen Bestimmung von Proteus-Bakterien in einigen Gerichten und halbfertigen Erzeugnissen.** Halina Burzyńska. (Roczniki państwowego zakładu Hig. **13,** 287—93, 1962; pol.) — Zur Ermittlung von *Proteus* eignet sich am besten ein festes Nährmedium, das *Harnstoff* u. 0,4% *Desoxycholat* enthält. G. Heder 7650◇

2653 **Einfluß der Behandlung mit „Keim-Stop" auf die Eignung der Kartoffeln zum maschinellen Schälen und auf ihre Verfärbung.** J. Vogel. (Nahrung **6,** 478—87, 1962; Groß-Lüsewitz, Inst. für Pflanzenzüchtung der Deutschen Akademie der Landwirtschaftswissenschaften zu Berlin; dt.) — Durch Einsatz des Präparates „Keim-Stop" (*Phenylcarbamidsäureisopropylester*) können bei *Kartoffeln* Lagerverluste erheblich vermindert, die Schälzeit verkürzt sowie die Schälverluste u. die Neigung roher bzw. gekochter Kartoffeln zur Verfärbung verringert werden. Eine Beeinträchtigung konnte nicht festgestellt werden. G. Heder 7678◇

2654 **Entwässerte und in Würfel geschnittene Süßkartoffeln. Der Ablauf in einer Versuchsanlage und die Bewertung der Produkte.** L. J. Molaison, J. J. Spadaro, M. T. Roby und Frances H. Lee. (Food Technol. **16,** 101—04, **1963**; Southern Regional Res. Labor., Southern Utilization Res. and Developm. Div., Agric. Res. Service, U. S. Dep. of Agric.; engl.) — Die in beschriebener Versuchsanlage hergestellten entwässerten u. in Würfel geschnittenen Süßkartoffeln haben einen restlichen Sulfit-Geh. von 200—500 ppm. u. einen Feuchtigkeits-Geh., der unter 4% liegt. Einlagern in einer N-Atmosphäre, die weniger als 2% O_2 enthält, ermöglicht bei 70 °F eine mehrjährige Lagerung ohne Qualitätsminderung. G. Heder 7678◇

2655 **Feuchtigkeitsveränderungen in rohem und angekochtem, nicht enthülstem westafrikanischem Reis und deren Einfluß auf die Ausmahlung.** 1. Mitt. **Feuchtigkeitsänderungen in der reifenden Frucht.** R. Q. Craufurd. (Empire J. exp. Agric. **30,** 315—20, 1962; Rokupr, Sierra Leone, West African Rice Res. Station; engl.) — Die durch die relative Luftfeuchtigkeit der Lageratmosphäre bewirkte Änderung des Wassergeh. von nicht enthülstem *Reis* ist auf die Ausmahlung von wesentlichem Einfluß. Wird die Ernte bei Nebel vorgenommen, kommt es meist zu Wasser-Kondensationen im Reiskorn, was zu unerwünschten Rißbildungen führt. E. Lück 7686◇

2656 **Feuchtigkeitsveränderungen in rohem und angekochtem, nicht enthülstem westafrikanischem Reis und deren Einfluß auf die Ausmahlung.** 2. Mitt. **Veränderungen während der Trocknung.** R. Q. Craufurd. (Empire J. exp. Agric. **30,** 321—29, 1962; engl.) — 1. vgl. vorst. Referat. — Langsames Trocknen von feuchtem *Reis* wirkt sich auf die Ausmahlung günstiger aus als schnelle Trocknung. Durch Wasser-Kondensationen im Reiskorn hervorgerufene Riß-Bldg. verändert die Qualität von rohem Reis, nicht aber die von angekochtem, vorausgesetzt, daß der Trocknungsprozeß richtig gelenkt wird. E. Lück 7686◇

2657 **Neue Entwicklungen bei der Lagerung von Äpfeln, besonders in überwachter Atmosphäre.** R. M. Smock. (Proc. annu. Meeting Ohio State horticult. Soc. **1962,** 144—48; Cornell Univ.; engl.) — Fortschrittsbericht über die Verff. der Lagerung von Äpfeln, bes. in überwachter Atmosphäre, mit dem Ziele der Bekämpfung des Schrumpfens. W. Wesly 7688◇

2658 **Einwirkung der Kältebehandlung auf den Nährwert und auf die organoleptischen Eigenschaften von Früchten und Gemüse.** R. Ulrich. (Acta chim. Acad. Sci. hung. **22,** 425—34, 1960; Paris, Fac. des Sci.; franz.) — Zusammenfassende Ausführungen über den Einfl. der Kälte auf Nährwert (Erhaltung der Kohlenhydrate, des Vitamins C, der B-Vitamine u. des Carotins), auf morpholog. Eigg. (Quellung, Verzögerung des Weichwerdens), Farbe (Erhaltung von Chlorophyll), Geruch u. Geschmack. — 28 Literaturhinweise. A. Täufel 7688◇

2659 **Die Ausschaltung des Fermenteinflusses bei der Gefrierkonservierung von Gemüse.** 3. Mitt. **Der Einfluß der nach dem Blanchieren verbleibenden Fermentaktivität auf die Qualität der Gefrierkonserven.** H. Böttcher. (Nahrung **6,** 446—59, 1962; Halle-Wittenberg, Martin-Luther-Univ., Inst. für Landwirtschaftl. Technol. und Vorratspflege; dt.) — 2. vgl. C. **1963,** 14511. — Zur Prüfung der nach dem Blanchieren erhalten gebliebenen Fermentaktivität dient der *Peroxydase*-Test. Seine Höhe nach dem Blanchieren steht in deutlicher Beziehung zur Haltbarkeit von Gemüse bei Gefrierlagerung. Die besten Blanchier-Temp. liegen zwischen 80—95° bei einer Einwirkungsdauer von 2 Min., jedoch ist kochendes W. für Blumen- u. Rosenkohl erforderlich, bei Spargel sogar mit einer Einwirkungsdauer von 3 Minuten. Längere Einwirkungsdauer u. höhere Temp. verursachen Qualitätsabfall. G. Heder 7690◇

2660 **Die Ausschaltung des Fermenteinflusses bei der Gefrierkonservierung von Gemüse.** 4. Mitt. **Die Überprüfung von Blanchiertesten für Gefrierkonserven.** H. Böttcher. (Nahrung **6,** 460—69, 1962; Halle-Wittenberg, Martin-Luther-Univ., Inst. für Landwirtschaftl. Technol. u. Vorratspflege; dt.) — 3. vgl. vorst. Referat. — Zur Kontrolle des Blanchierprozesses bei der Herst. von Feinfrostgemüse hat sich im allgemeinen der *Peroxydase*-Test mit *Guajacol* bestens bewährt, der auch als Betriebstest Anwendung finden kann. Bei Grünkohl erscheint es jedoch zweckmäßig den *Benzidin*- oder den *o-Tolidin*-Test u. bei Möhren den *Guajakharz*-Test heranzuziehen. G. Heder 7690◇

2661 **Die Ausschaltung des Fermenteinflusses bei der Gefrierkonservierung von Gemüse.** 5. Mitt. **Über die Bedeutung der Ferment-Regeneration bei der Gefrierkonservierung.** H. Böttcher. (Nahrung **6,** 537—44, 1962; Halle-Wittenberg, Martin-Luther-Univ., Inst. für Landwirtschaftl. Technol. u. Vorratspflege; dt.) — 4. vgl. vorst. Referat. — Vf. bestimmte in grünen Erbsen u. Bohnen nach verschieden langer (1—4 Min.) Blanchierung zwischen 75 u. 100° u. mehrmonatiger Gefrierlagerung die Regeneration der *Peroxydase* mit Hilfe einer modifizierten *Purpurogallin*-Meth. nach Willstätter u. Stoll [1918]. Nur vereinzelt konnte eine geringe Erhöhung der Restaktivität festgestellt werden, so daß der Regeneration dieses Enzyms bei der Herst. von Gemüsefeinfrostkonserven keine Bedeutung zukommt. Winfried Krüger 7690◇

2662 **Über Verfärbungserscheinungen bei Blumenkohl-Sterilkonserven.** H. Donath. (Nahrung **6,** 470—77, 1962; Berlin, Humboldt-Univ., Inst. für Technol. u. Vorratspflege; dt.) — Vf. sieht als mögliche Ursache der rosa bis schwärzlichen Verfärbung von Blumenkohl-Sterilkonserven eine Rk. zwischen Schwermetallen u. *Flavonolglykosiden* an, zu deren Verhinderung bes. züchterische Maßnahmen empfohlen werden. G. Heder 7690◇

2663 **Untersuchungen über die Spezifizierung von Honig.** S. N. Mitra, P. N. Sengupta, T. V. Mathew und A. K. Dhar. (J. Proc. Instn. Chemists [India] **34,** 267—69, 1962; Calcutta, Central Food Labor.; engl.) — Vff. teilen für 30 indische Honigproben die chem. Zus. mit. Bei echtem Honig liegt das Verhältnis *Fructose*:*Glucose* niemals unter 1,0. G. Heder 7700◇

2664 **Zur kontinuierlichen Herstellung von Marmelade unter gleichzeitiger Erhaltung der natürlichen Aromastoffe.** K. Wucherpfennig und F. Steiner. (Ind. Obst- u. Gemüseverwert. **47,** 199—204, 1962; Geisenheim, Inst. für Obst und Gemüseverwertung; dt.) — Vf. beschreibt ein Verf. zur kontinuierlichen Herst. von *Marmelade*, bei dem das heiß eingelagerte passierte Fruchtmark mit Zucker u. Pektin verrührt durch einen Maischeerhitzer gedrückt u. von dort in einen Dünnschichtverdampfer geleitet wird, wo es bis zum gewünschten Trockensubstanz-Geh. eingedampft wird. Die kurze Verweilzeit im Verdampfer verhindert Hitzeschädigung, der Geh. an *Hydroxymethylfurfurol* ist gegenüber den in offenen Kochkesseln hergestellten Marmeladen signifikant erniedrigt. Die beim Kochen entstehenden Brüden werden über eine Aromagewinnungs-Anlage geleitet u. das gewonnene Aromakonzentrat wird der Marmelade nach Verlassen des Verdampfers kontinuierlich zugesetzt. G. Heder 7702◇

2665 **Der Voges-Proskauer-Test als chemisches Wertmal für die Qualität von Apfelsaft in mikrobieller Hinsicht.** M. L. Fields. (Food Technol. **16**, Nr. 8, 98–100, 1962; Columbia, Mo., Univ. of Missouri, Dep. of Horticult., Food Microbiol. and Food Processing, Res. Labor.; engl.) — Der nach Dest. u. Rk. mit *α-Naphthol* spektrophotometr. auswertbare Geh. an *Acetylmethylcarbinol* (**I**) in Äpfeln ist sortenabhängig, jedoch liegen die Werte so niedrig, daß eine Erhöhung von **I**, durch Mikroorganismen bedingt, deutlich Rückschlüsse auf die mikrobiolog. Beschaffenheit der Äpfel gestattet. Auf dieser Basis ist eine mikrobiol. Qualitätsbeurteilung von Äpfeln bzw. von Verarbeitungs-Prodd., wie Apfelsaft, möglich. G. Heder 7706◇

2666 **Die Erhaltung der Farbe in Citrus-Getränken durch natürliche Schutzsubstanzen.** Giuseppe Rispoli und Angelo di Giacomo. (Essenze Deriv. Agrumari **32**, 187–91, 1962; Messina, W. Sanderson and Sons, Labor. chim.; ital.) — Die positive, auf *Ascorbinsäure* u. Bioflavonoide zurückzuführende Schutzwrkg. zur Erhaltung der Carotinoide in Citrus-Getränken (Farberhaltung) wird nachgewiesen. G. Platzer 7706◇

2667 **Zur Frage der Fabrikation von Puddingpulvern (Konzentraten) in Stärkefabriken.** I. D. Ssinelnikow. (Zucker-Ind. [UdSSR] **34**, Nr. 9, 62–64, 1960; russ.) — Nach Besprechung einiger in den USA, in der ČSSR u. in Deutschland üblicher techn. Einzelheiten bei der Puddingpulverfabrikation beschreibt Vf. die Technologie dieser Produktion, wobei auch auf die Herst. kaltquellender Puddingpulver eingegangen wird. Eine Produktionsanlage für Puddingpulver soll eine Tageskapazität von 15 t aufweisen. Dazu sind 3 t Puddingmehl aus Kartoffelstärke, 3,75 t Maisstärke u. 8,25 t Puderzucker pro Tag erforderlich. Es werden Angaben über die technolog. Grundausrüstung gemacht. Vf. empfiehlt, bei der Neueinrichtung von Puddingpulveranlagen gleichzeitig eine Abteilung für kaltquellendes Puddingpulver zu schaffen. Es werden einige Beispiele für Puddingpulverrezepturen aus der ČSSR bzw. aus dem Moskauer Lebensmittelkombinat mitgeteilt. S. Augustat 7710□

2668 **Herstellung von Puddingmehl (Puddingstärke) aus Kartoffelstärke.** Je. A. Schtyrkowa. (Zucker-Ind. [UdSSR] **34**, Nr. 9, 59–61, 1960; Moskau, Zentr. Forsch.-Inst. der Stärke- u. Melasseind.; russ.) — An Hand eines Schemas beschreibt Vf. eine Technologie der Puddingstärkeerzeugung, die sich in Stärkefabriken leicht durchführen läßt. Die Kartoffelstärkemilch (Dichte = 40° Brix) wird 1–1,5 Std. bei 50° mit 0,77%ig. HCl behandelt (1,25% HCl in bezug auf abs. trockene Stärke). Danach wird die Stärkemilch mit 10%ig. Na_2CO_3-Lsg. auf pH 6–6,5 neutralisiert. Die Stärke wird von der NaCl-Lsg. abzentrifugiert, gewaschen u. getrocknet. Die Puddingstärke darf weder Pb noch As enthalten u. soll folgende Eigg. aufweisen: Wassergeh. 16–18%, pH 5,5–6,5; Viscosität 15–18 cP, Schwermetallgeh. $\leqq$ 0,005%, Aschegeh. $\leqq$ 0,4%. S. Augustat 7710□

2669 **Einfluß der Trocknungsbedingungen auf die ursprüngliche Färbung, Farberhaltung und Schärfe von rotem Pfeffer.** J. G. Lease und E. J. Lease. (Food Technol. **16**, 104–06, 1962; Clemenson, S. C., South Carolina Agric. Exp. Stat.; engl.) — Eine Trocknungs-Temp. von 150° vereinigt die Vorteile gute Farbe, schnelle Trocknung u. ausreichende Schärfe. Die Farberhaltung kann durch Zusatz von *Butylhydroxyanisol* verbessert werden. G. Heder 7714◇

2670 **Über die qualitätssichernde Verpackung und Lagerung von gemahlenem Röstkaffee.** M. Kelemen-Szilas. (Nahrung **6**, 488–91, 1962; Budapest, Univ. für Techn. Wiss., Inst. für Lebensmittelchem.; dt.) — Mit einem Kaffee-Röst-Verf. unter Druck wird die Qualität des End-Prod. wesentlich verbessert u. seine gute Lagerstabilität wird gesichert. Gleichfalls gute Lagerfähigkeit wies ein optimal geröstetes, gemahlenes u. tablettiertes Kaffee-Prod., in Cellophan verpackt, auf. G. Heder 7720◇

2671 **Untersuchungen zur Bestimmung des Anteiles an Schokoladenüberzugsmasse bei überzogenen Kakaoerzeugnissen.** G. Wolf. (Nahrung **6**, 374–78, 1962; Leipzig, Inst. für die Süßwarenindustrie; dt.) — Auf Grund von Unterss. über die Best. eines Schokoladen-Überzuganteiles durch mechan. Abtrennung desselben u. durch Ablösen mit Ae., kann das letztgenannte Verf. allgemein empfohlen werden, wenn die Prodd. eine nicht zu weiche Füllung aufweisen u. die Verweilzeit der Dessins im Ae. kurz gehalten wird. G. Heder 7726◇

2672 **Zur Berechnung des Sahneanteils sahnehaltiger Schokoladen.** W. Hennig. (Dtsch. Lebensmittel-Rdsch. **58**, 197–99, 1962; Stuttgart, Chem. Untersuchungsamt; dt.) — Es wird ein Verf. zur Errechnung des Sahneanteils von sahnehaltigen Schokoladen angegeben, wobei die starke Abhängigkeit der Ergebnisse von der Buttersäurezahl des verwendeten Milchfettes zu beachten ist. G. Heder 7726◇

2673 **Eier und Geflügel.** Ella M. Barnes. (Rep. Progr. appl. Chem. **46**, 476–80, 1961; Cambridge, Low Temp. Res. Station; engl.) — Fortschrittsbericht. R. Grundmann 7746◇

2674 **Chemische und physikalische Veränderungen beim Erhitzen von Fleisch.** 1. Mitt. **Wirkung des Erhitzens in Gegenwart von Natriumchlorid auf Wasserbindungsvermögen und pH-Wert des Rindermuskels.** R. Hamm und H. Iwata. (Z. Lebensmittel-Unters. u. -Forsch. **117**, 20–23, 1962; Kulmbach, Inst. für Chemie und Physik der Bundesanstalt für Fleischforschung; dt.) — Der Verlauf der Hitzedenaturierung von Fleisch zeigt sowohl bei Zusatz von 2% NaCl als auch bei ungesalzenem Fleisch ein gleiches Bild. Der pH-Wert wird gleichsinnig charakterist. erhöht. Jedoch ist das Wasser-Bindungsvermögen bei hitzedenaturiertem Fleisch bei NaCl-Zusatz etwas verändert. Diese Erscheinung, die sich bes. durch eine verlängerte Periode der Wasser-Aufnahmefähigkeit für gesalzenes Fleisch, das Temp. von 50° ausgesetzt ist, äußert, ist über den durch die Salzionen bedingten veränderten Quellungszustand des Muskelproteins zu deuten. G. Heder 7750◇

2675 **Chemische und physikalische Veränderungen beim Erhitzen von Fleisch.** 2. Mitt. **Einfluß des Erhitzens auf den Bindungszustand von Magnesium, Calcium und Phosphat im Rindermuskel.** R. Hamm. (Z. Lebensmittel-Unters. u. -Forsch. **117**, 113–21, 1962; Kulmbach, Bundesanstalt für Fleischforschung, Inst. für Chemie u. Physik; dt.) — 1. vgl. vorst. Referat. — Mit steigender Temp. werden zunehmende Mengen an Mg^{2+} u. Ca^{2+} aus ihrer Bindung an das Muskeleiweiß freigesetzt. Die Freisetzung von anorgan. Phosphat beginnt bei $> 90°$, dessen Hauptteil aus wasserlösl. Substanzen u. auch aus dem an die strukturellen Proteine gebundenen Phosphat entstammt. K. Kappeller 7750◇

2676 **Proteolytische Vorgänge während der Reifung von Fleisch.** O. Dahl. (Nahrung **6**, 492–501, 1962; Malmö, Scans Centrallabor.; dt.) — Das Zartwerden von Fleisch bei der Fleischreifung ist in erster Linie eine Folge der proteolyt. Enzyme des Muskelgewebes, während das Bindegewebe proteolyt. nicht angegriffen wird. Der Einfluß pflanzlicher proteolyt. Enzyme auf die Fleischreifung wird erörtert. G. Heder 7750◇

2677 **Bakterielle Verunreinigung beim Zerschneiden und Packen von Hühnerfleisch bei industrieller Herstellung und bei der Vorratshaltung im Kleinhandel.** K. N. May. (Food Technol. **16**, Nr. 8, 89–91, 1962; Athenes, Ga.,

Univ. of Georgia, Poultry Dep.; engl.) — Der bakterielle Befall während der industriellen Verarbeitung von Hühnerfleisch, der durch manuellen Kontakt mit dem Fleisch gefördert wird, kann durch Absprühen der Fördereinrichtungen mit *Chlorwasser* bzw. durch Abwaschen des Schlachtblockes mit Lsgg. von Detergentien in W. wirksam unterdrückt werden.
G. Heder 7750◇

2678 **Beitrag zur chemischen Zusammensetzung von Brühwürsten.** Walter Deckenbrock. (Dtsch. Lebensmittel-Rdsch. **58**, 193—95, 1962; dt.) — Brühwürste von konstanter Rezeptur, die in verschiedenen Betrieben unter Aufsicht hergestellt werden, weisen nur begrenzte Streuungsbreiten hinsichtlich der Werte des Geh. an Fett, Eiweiß, Bindegewebseiweiß u. der Verhältnis-Zahlen W.:Eiweiß sowie Fett:Eiweiß auf, so daß diese Werte als Grundlage für die Festsetzung von Grenzwerten benutzt werden können. G. Heder 7750◇

2679 **Über den Fettgehalt verschiedener Wurstsorten.** F. Matt. (Dtsch. Lebensmittel-Rdsch. **58**, 195—97, 1962; Gelsenkirchen, Lebensmitteluntersuchungsanstalt; dt.) — Für 5 verschiedene Wurstsorten, deren maximaler Fett-Geh. in der Bundesrepublik nicht gesetzlich geregelt ist, werden die Durchschnittswerte für 6 Jahre bzgl. des Geh. an W., Fett u. organ. Nichtfett angeführt, um somit die ortsübliche Zus. dieser Prodd. zu ermitteln.
G. Heder 7750◇

2680 **Der ^{90}Strontium- und ^{137}Cäsium-Gehalt von Brassen aus norddeutschen Binnengewässern.** W. Feldt und J. Lange. (Z. Lebensmittel-Unters. u. -Forsch. **117**, 103—13, 1962; Hamburg, Bundesforschungsanstalt, Inst. für Fischverarbeitung; dt.) — Fische aus stehenden Gewässern zeigten gegenüber den aus der Elbe stammenden Proben einen erhöhten Kontaminationsgrad, besonders für ^{137}Cs, das sich bevorzugt im Muskelfleisch anlagert; ^{90}Sr tritt besonders in den Gräten auf.
K. Kappeller 7752◇

2681 **Faktoren, welche die Hitzestabilität von Milch betreffen.** Dyson Rose. (J. Dairy Sci. **45**, 1305—11, 1962; Ottawa, Div. of Applied Biology, Nat. Res. Council; engl.) — Die Hitzestabilität von Milch, bei 140° bestimmt, wird durch die Entfernung von kolloidalem Ca-Phosphat aus der Milch durch Ansäuern u. Dialyse erhöht, gleichfalls verschwindet dadurch das Minimum in der Beziehung zwischen der Hitzestabilität u. dem pH-Wert. Vorwärmen von Milch verkürzt ihre Koagulationszeit bei 140° charakterist. im pH-Bereich von 6,4—6,8 mit steigender Temp. der Vorwärmung. Sulfhydrylbindende Reagentien (*Jodacetamid* u. *N-Äthylmaleinimid*) blockieren *β-Lactoglobulin* u. wirken sich demgemäß ebenfalls erniedrigend auf die Hitzestabilität im pH-Bereich von 6,7—7,1 aus.
G. Heder 7756◇

2682 **Die Bildung von Schwefelverbindungen in Magermilch, die durch direkte Dampfinjektion erhitzt wird.** C. W. Dill, W. M. Roberts und L. W. Aurand. (J. Dairy Sci. **45**, 1332—35, 1962; Raleigh, North Carolina State Coll., Dep. of Food Sci.; engl.) — Magermilch, die für 30 Sek. auf 130—160°F vorerhitzt war, wird durch direkte Dampfeinwirkung auf Temp. zwischen 190 bis 300°F gebracht. Bei einer Erhitzungsdauer von 2 Sek. ist eine deutliche Zunahme des Geh. an freien SH-Gruppen mit steigender Temp. zu beobachten. Erhitzungszeiten von 20 bzw. 150 Sek. führen zu Maxima des SH-Geh. bei 260°F bzw. bei 220°F. Der nachfolgende Abfall der SH-Gruppen bei hohen Temp. wird bei diesen Erhitzungszeiten durch die Bldg. flüchtiger S-haltiger Prodd. gedeutet. Vakuumkühlung nach der Erhitzung reduziert demzufolge den Geh. an S-Verbindungen stärker als normale Plattenkühlung. G. Heder 7756◇

2683 **Biochemie des Yoghurts.** 1. Mitt. **Gärungen von Zuckern während der Lagerung des Yoghurts.** Spyridon D. Galanos, Dimitrios S. Galanos und Konstantinos A. Mitropoulos. (Chim. Chron. [Athen] **26**, 1—4, 1961; Athen, Univ., Inst. f. Lebensmittelchem.; griech., Auszug: engl. S. 3—4.) — Die Kohlenhydrate von *Yoghurt* werden 24, 48 u. 72 Std. nach Beendigung der Fermentation untersucht. Die Lagerung erfolgt bei 25—30°. Nach 24 Std. beginnt die Hydrolyse der *Galaktose*. Alle Proben sind frei von *Glucose*. Nach 72 Std. sind nur noch ca. 50% der ursprünglich in der Milch enthaltenen *Lactose* vorhanden. R. K. Müller 7756◇

2684 **Citrathaltige Molken-Starterkulturen.** 1. Mitt. **Das Wachstum von Modell-Starterkulturen und ihrer Aromabakterien bei Kultivierung in Lab- oder Quarkmolke bei Zusatz von fünf Prozent Trinatriumcitrat-Pentahydrat.** Erik Lundstedt. (J. Dairy Sci. **45**, 1320—26, 1962; Boston, Mass., H. P. Hood & Sons, Inc.; engl.) — Citratabbauende Aromabakterien entwickeln ein lebhaftes Wachstum in Quark- u. Labmolke bei Zusatz von Trinatriumcitrat-Pentahydrat mit Ausnahme von *Leuconostoc citrovorum* (a). Diese Art entwickelt ein Haufenwachstum als Ergebnis einer Bakterien-Agglutination in citrathaltiger Quarkmolke. Durch Zusatz von 0,2% getrocknetem Pankreasextrakt wird diese Rk. gefördert. Die Neigung verschiedener Aromabakterien, Citrat u. Lactose abzubauen, ist durch pH-Prüfung u. Säure-Best. der CO_2-freien citrathaltigen Kulturen bestätigt. Der gasbildende *Streptococcus diacetilactis* u. die nicht gasbildenden a, *Streptococcus lactis* u. *Streptococcus cremoris* sind so in weniger als 18 Std. zu diagnostizieren.
G. Heder 7756◇

2685 **Citrathaltige Molken-Starterkulturen.** 2. Mitt. **Allmähliche Bildung von Geschmack und Aroma in Sahnequark nach Zusatz geringer Mengen citrathaltiger Quarkmolke-Kulturen von Streptococcus diacetilactis.** E. Lundstedt und W. B. Fogg. (J. Dairy Sci. **45**, 1327—31, 1962; Boston, Mass., H. P. Hood & Sons, Inc.; engl.) — 1. vgl. vorst. Referat. — Ein 0,2—0,5%iger Zusatz von citrathaltiger Quarkmolkenkultur von *Streptococcus diacetilactis* zu Sahnequark bildet in diesem stufenweise bei Kühllagerung (38°F) ein hochwertiges Aroma aus, das sein Maximum nach 6 Tagen erreicht. Fragen des mikrobiol. Abbaues von *Citronensäure* zu *Diacetyl* werden in diesem Zusammenhang diskutiert. G. Heder 7756◇

2686 **Einfluß von l-Ascorbinsäure auf die Aromastabilität von konzentriertem Süßrahm.** R. W. Bell, H. A. Anderson und R. P. Tittsler. (J. Dairy Sci. **45**, 1019—20, 1962; Washington, D. C., U. S. Dep. of Agric., Eastern Utilization and Developm. Div., Dairy Prod. Labor.; engl.) — Der aus pasteurisierter Milch hergestellte u. gesüßte Rahm (40% Fett, 32% Saccharose, 20% W. u. 8% fettfreie Trockenmasse) wurde mit 25—100 mg *Ascorbinsäure*(**I**)/pro Liter versetzt, entlüftet u. unter Luftabschluß 6 Monate bei 40 u. 70°F gelagert. Ab 50 mg **I** tritt bei beiden Lagerungstemp. eine erhebliche, organolept. feststellbare Aromastabilisierung ein. Winfried Krüger 7756◇

2687 **Einfluß der Tiefkühlung auf das Reifen und die Qualität von Käse.** Vladimír Palo und Tibor Ďurák. (Průmysl Potravin **13**, 382—85, 1962; Bratislava, Slov. vys. škola techn., Chem. fak.; slowak.) — Durch Tiefkühlung reifen Käse der Sorten Romadur (a) u. Niba (b) schneller als Kontrollproben. In Verss. bei —13°, —21° u. —35° werden optimale Ergebnisse bei b durch 5—6std. Kühlen auf —13° erhalten, a reift gleichfalls schneller, zeigt jedoch Mängel im Geschmack. Die optimale Temp. für a liegt bei —15°. E. Rotter 7760◇

2688 **Ein Beitrag zum Problem des Nitratabbaus in Sauermilchkäse.** K. Manolkidis. (Dtsch. Molkerei-Ztg. **83**, 643—44, 1962; Gießen, Justus-Liebig-Univ., Milchwirtschaftliche Abt. des Inst. für Tierzucht u. Haustiergenetik; dt.) — Sauermilchkäsemasse, der 0,030—0,035% Nitrat zugesetzt ist, verliert dieses nach 10 Tagen bei einer Reifung bei 10°, bzw. bei einer Reifung bei 20° schon nach 7 Tagen. Intermediär entstehendes Nitrit wird gleichfalls weiter abgebaut, so daß die Käse zu den genannten Zeitpunkten frei von Nitrit u. Nitrat sind.
G. Heder 7760◇

2689 **Die Folienreifung des Tilsiters.** Johann Futschik. (Dtsch. Molkerei-Ztg. **83**, 758—62, 1962; Wolfpassing/Niederösterreich, Bundes-Lehr- u. Versuchsanstalt für Milchwirtschaft; dt.) — Die Gasdurchlässigkeit von Zellglas-MSAT-300-Folie reicht aus, um eine Weiterreifung von Tilsiter Käse in dieser Folie nach entsprechender Vorreifung mit befriedigenden Ergebnissen zu ermöglichen. G. Heder 7760◇

2690 **Sekretion der Gamma-Radioaktivität in die Milch in Abhängigkeit von der Kontaminierung natürlicher Futtermittel im Frühjahr 1962.** Alexander Pfau und Helmuth Hoeck. (Milchwissenschaft **17,** 673–77, 1962; Mariensee/Trenthorst, Max-Planck-Inst. f. Tierzucht u. Tierernähr.; dt.) — Vff. untersuchten von April bis Juni 1962 γ-spektrometr. die Verteilung der künstlichen Radioisotope in Futter, Trinkwasser u. Milch. In Milch lag der Geh. an ^{137}Cs bei 140 pc/Liter, der des ^{90}Sr bei 49 pc/Liter. Im Futter u. in dem aus 5 m Tiefe geförderten Trinkwasser waren ^{144}Ce, ^{106}Ru, ^{106}Rh, ^{95}Zr, ^{95}Nb u. ^{40}K nachweisbar. Aus der aufgenommenen u. in die Milch abgegebenen Aktivität ließ sich bei den Kühen ein Filterwirkungsgrad von 0,5% abschätzen. Winfried Krüger 7780◇

2691 **Die Zusammensetzung von Milch, erzeugt auf Futterbasis mit pelletisiertem Heu und hitzebehandeltem Getreide.** L. King und R. W. Hemken. (J. Dairy Sci. **45,** 1336–42, 1962; College Park, Univ. of Maryland, Dep. of Dairy Sci.; engl.) — Pelletisiertes Heu u. erhitztes Getreide als Futterbasis für Milchkühe äußert sich in einem Absinken des Fett-Geh. der Milch bei gleichzeitigem Anstieg der JZ. des Milchfettes. In der Pansenflüssigkeit ist der Geh. an *Propionsäure* erhöht, während der von *Essigsäure* erniedrigt ist. Die Milchproduktion war durch den Abfall der Milchfett-Synth. nicht beeinflußt. G. Heder 7780◇

2692 **Eiweiß-Energie-Verhältnisse für Milchkälber.** L. D. Brown und C. A. Lassiter. (J. Dairy Sci. **45,** 1353–56, 1962; East Lansing, Michigan State Univ., Dep. of Dairy Sci.; engl.) — Für Jungkälber wird ein optimales Verhältnis von Eiweiß zu energieliefernden Stoffen im Futter von 1:46 ermittelt. G. Heder 7780◇

2693 **Der Einfluß von Futtermähen und Welken auf Volumen und Zusammensetzung des Silageabflusses.** W. O. Brown. (Res. exp. Rec. Ministry Agric. Northern Ireland **11,** 125–28, 1961; Min. of Agric. for Northern Ireland; engl.) — Die Ernte von Gras mit 20–21% Trockensubstanz mit der Mähmaschine führt zu einer mehr als doppelt so großen *Silage*-Ausbeute wie bei der auf gewöhnliche Weise gewonnenen Silage. Das Welken des Grases bewirkt eine Steigerung der Trockensubstanz von 17,5 auf 24,5% u. eine Verminderung des Abfluß-Vol. um 70%. Das Mähen ergibt einen Abfluß, der höhere Geh. an Gesamt-Feststoffen, Zucker, N u. anorgan. Verbb. aufweist. W. Wesly 7782◇

2694 **Experimentelle Untersuchung über den Verlust an ^{14}C-Saccharose als Silageabfluß.** W. O. Brown. (Res. exp. Rec. Ministry Agric. Northern Ireland **11,** 129–32, 1961; Min. of Agric. for Northern Ireland; engl.) — Unterss. über den Verlust an *^{14}C-Saccharose* (**I**), die Gras vor dem Silieren zugesetzt worden war, zeigen, daß der **I**-Verlust im Silageabfluß dem Gew.-Verlust der Silage als Abfluß annähernd gleich ist. W. Wesly 7782◇

2695 **Eine colorimetrische Bestimmungsmethode für Parathion- und Methylparathion-Reste an einigen Früchten und pflanzlichen Lebensmitteln.** Jadwiga Zadrozińska. (Roczniki państwowego zakładu Hig. **13,** 277 bis 286, 1962; pol.) — Vf. beschreibt eine Meth. nach der *Parathion* (**I**) u. *Methylparathion* (**II**) zu 80–90% von den oberflächlichen Partien der untersuchten Materialien erfaßbar ist, während der Anteil an **I** u. **II** der inneren Gewebe zu 70–80% wiedergefunden wird. G. Heder 7788◇

2696 **Methoden zur Qualitäts- und Feuchtigkeitsbestimmung an Getreide- und Mahlprodukten.** Natalie P. Kosmina. (Getreidemühle **5,** Nr. 3, Beil.: Standardisier. Getreideverarb. Ind. Nr. 2, 33–35, 1961; Moskau, Allunions-Inst. f. Getreideforschung; dt.) — Besprochen werden Feuchtigkeitsbest., Besatz, Glasigkeit u. mechan. Eigg. des Kornes, Kleberqualität, Mehlfarbe u. Aschegehalt. H. Haevecker 7796◇

2697 **Bestimmung der Kohlenhydratfraktionen in Backhefe.** Samuel Pfäffli und Heikki Suomalainen. (Suomen Kemistilehti B **33,** 61–65, 1960; Helsinki, Finnland, Res. Lab. of the State Alkohol Monopoly [Alko]; engl.) — Eine Meth. zur quant. Best. der Kohlenhydrate *Glykogen* (**I**), *Mannan* (**II**), *Glucan* (**III**) u. *Trehalose* (**IV**) in Backhefe wird beschrieben. Die Gesamtmenge von Hexosen wird nach der *Anthron*(**V**)-Meth. mit Äthylacetat als Lsgm. bestimmt. **I** läßt sich zusammen mit **II** u. **IV** mit 30% wss. KOH bei 100° innerhalb 3 Std. aus der Hefe extrahieren. Aus dieser Lsg. werden **I** u. **II** gemeinsam mit Äthanol (2:1) ausgefällt u. abzentrifugiert. **IV** wird in der überstehenden Lsg. nach Entfernung von Äthanol, Anionen u. Kationen mit **V** bestimmt. Der **I–II**-Nd. wird in W. gelöst, und in einem Teil der Lsg. die Summe der Polysaccharide bestimmt. Im anderen Teil wird das **II** mit Fehlingscher Lsg. als Cu-Komplex gefällt, der Nd. in verd. HCl gelöst u. das **II** erneut mit Äthanol gefällt u. mit **V** bestimmt. Die Differenz ergibt den **I**-Gehalt. Das alkaliunlösl. **I** wird aus dem mit Essigsäure neutralisierten Heferückstand mit 2 n Essigsäure extrahiert, der Extrakt neutralisiert u. das **I** mit Äthanol ausgefällt. Das **III** läßt sich im Rückstand der Extraktion direkt mit **V** bestimmen. Die Summe der Einzelbest. stimmt mit dem Wert der Gesamtbest. aller Hexosen recht gut überein. R. Werner 7800◇

2698 **Untersuchungen über das Alkaloid Solanin in Kartoffelknollen.** Jaroslav Šimek. (Průmysl Potravin **13,** 380–81, 1962; Havlíčkův Brod, ČSAZV, Výzk. úst. brambor.; tschech.) — Niedriger *Solanin*(**I**)-Geh. bei Kartoffeln ist als Folge langjähriger Veredlung anzusehen. In 4 Tabellen sind die gefundenen **I**-Werte von Speise- (**A**), Wirtschafts- (**B**) u. Industrie- (**C**) Kartoffelsorten des Welt- u. des tschechoslowakischen Sortiments enthalten. Die **I**-Best. im Fruchtfleisch der Knollen ergibt für Vegetationsende u. -beginn Werte in mg% innerhalb folgender Grenzen: November (März), Weltsortiment: **A**: 5,81 bis 20,18 (8,19–23,27); **B**: 5,14–17,36 (8,91–24,44); **C**: 3,25–14,05 (6,92–14,98). Tschechoslovak. Sortiment: **A**: 8,66–10,62 (8,91–11,18); **B**: 6,40–12,36 (10,08 bis 12,94); **C**: 10,42–12,70 (11,87–13,22). E. Rotter 7802◇

2699 **Methoden zum Solaninnachweis und zur Solaninbestimmung in Kartoffelzuchtmaterial.** P. Schwarze. (Züchter **32,** 155–60, 1962; Köln-Vogelsang, Erwin-Baur-Inst. des Max-Planck-Inst. für Züchtungsforschung; dt.) — Vgl. vorst. Referat. — Zum qual. Nachw. von *Solanin* (**I**) wird entweder ein von Eiweiß befreiter Knollensaft oder ein Essigsäure–Essigsäureäthylester-Extrakt (1:1) aus trockenem Blattmaterial herangezogen. Der Nachw. erfolgt auf dem Papier durch Rk. mit $SbCl_3$, die entstehende Rotfärbung ermöglicht eine halbquant. orientierende Auswertung. Die quant. Best. von **I** erfolgt photometr. durch Auswertung der bei Zusatz von Orthophosphorsäure u. Paraformaldehyd zu **I** entstehenden Violettfärbung bei 595 nm. Das **I** wird zu diesem Zweck aus Extrakten der Knolle bzw. des Blattmaterials aufgearbeitet. G. Heder 7802◇

2700 **Über Aroma- und Duftstoffe. Gaschromatographische Untersuchung von Aromakonzentraten aus Äpfeln und Birnen.** F. Drawert. (Vitis, Ber. Rebenforsch. **3,** 115–16, 1962; Geilweilerhof, Forschungs-Inst. für Rebenzüchtung; dt.) — Auf Grund von gaschromatograph. Unterss. der Aromakonzentrate aus Äpfeln u. Birnen werden Apfel- u. Birnenaroma eindeutig unterschieden. Die Dauer der Analyse beträgt etwa 30 Minuten. M. Gordienko 7808◇

2701 **Die Zusammensetzung der Fruchtsäuren in Apfel- und Birnensaft.** K. Wucherpfennig und G. Bretthauer. (Dtsch. Lebensmittel-Rdsch. **58,** 190–92, 1962; Geisenheim am Rhein, Inst. für Obst- und Gemüseverwertung; dt.) — Mittels papierchromatograph. Unterss. wird der Geh. an Fruchtsäuren in Äpfeln u. Birnen untersucht. In Äpfeln besteht die Gesamtsäure aus *Äpfelsäure* u. *Chinasäure*. Die Zus. der Fruchtsäuren in Birnen ist ähnlich, jedoch ist der Geh. an Gesamtsäure erniedrigt. Daneben werden gelegentlich geringere Mengen an *Citronensäure* festgestellt. Erhöhter Geh. von *Milchsäure* in den Säften dieser Früchte deutet entweder einen Zusatz dieser Säure oder unerwünschte Tätigkeit von Mikroorganismen an. Die Anwesenheit von Wein-

säure sowie von mehr als 5% der Gesamtsäure an Citronensäure in Apfelsäften gibt Anlaß zum Verdacht auf unerlaubten Säurezusatz bzw. eines Zusatzes von Trauben- oder Birnensaft oder deren Konzentraten.
G. Heder 7818◇

2702 **Mineralische Bestandteile von Citrussäften.** Ignazio Calvarano und Maria Calvarano. (Essenze Deriv. Agrumari **32**, 171—86, 1962; Reggio Calabria, Staz. sperim. per l'Ind. delle Essenze e dei Deriv. agrumari; ital.) — Unters.-Ergebnisse über Orangen- u. Zitronensaft bzgl. der Aschekomponenten werden mitgeteilt. 100 Proben von verschiedenen Säften wurden untersucht u. darin *K* u. *Na* flammenphotometr., *Fe* u. *P* colorimetr. u. *Ca* u. *Mg* komplexometr. ermittelt. In einer Anzahl von Proben wurde *B* mit einer colorimetr. Meth. bestimmt (Tabellen). G. Platzer 7818◇

2703 **Untersuchung des Kakao-Aromas mit Hilfe der Gaschromatographie.** A. H. M. van Elzakker und H. J. van Zutphen. (Z. Lebensmittel-Unters. u. -Forsch. **115**, 222—26, 1961; Delft, Niederlande, TH, Labor. für allg. u. techn. Biologie; dt.) — Das Aroma der Kakaobutter wurde nach Dest. im Hochvakuum gaschromatograph. untersucht. Folgende Komponenten konnten identifiziert werden: *Acetaldehyd, Methanol, Aethanol, n-Propanol, Isopropanol, Isobutanol, Isoamylalkohol, Äthylacetat, n-Propylacetat, Isopropylacetat, n-Butylacetat, Isobutylacetat, n-Amylacetat, Äthylpropionat, Amylpropionat, Amylbutyrat, 2-Methyl-hepten-(2)-on-(6), Diacetyl, Linalolacetat, α-Citronellal, Furfurylalkohol, Linalool* u. *Geraniol.* Außer diesen Substanzen enthält das Kakaoaroma weitere, nicht identifizierte Bestandteile. Eine Modellmischung aus den identifizierten Komponenten hatte keinen Kakaogeruch. E. Lück 7832◇

2704 **Einige durch Ionenaustauscher-Behandlung hervorgerufene Veränderungen in der Kationenzusammensetzung der Milch.** B. J. Demott, H. C. Holt und R. G. Cragle. (J. Dairy Sci. **45**, 1159—64, 1962; Oak Ridge, Tenn., Univ. of Tennessee, Atomic Energy Comm., Agricult. Res. Labor.; engl.) — Vff. untersuchten, inwieweit sich eine Entfernung der Radioisotope von Sr u. Cs aus kontaminierter Milch durch Ionenaustauscher auf den Geh. an anderen Mineralstoffen wie Ca, Mg, Na u. K auswirkt. Verrührt man Milch im Verhältnis 20:1 mit Dowex 50 W-X12, das vorher mit Ca^{2+} äquilibriert wurde, so steigt der Ca-Geh. der Milch auf etwa 20 mval/Liter; K, Na u. Mg nehmen entsprechend ab. Ebenso steigt durch Behandlung mit einem Na^{+}-beladenen Austauscher der Na-Geh. der Milch auf 59 mval/Liter, wobei die Zunahme an Na durch entsprechenden Verlust an den anderen 3 Ionenarten ausgeglichen wird. Erwartungsgemäß sind die Veränderungen in der Ionen-Zus. am geringsten, wenn die Milch mit einem Austauscher in Kontakt gebracht wird, der mit allen 4 Ionenarten äquilibriert wurde. Etwa 50% der Sr- u. 60% der Cs-Isotope konnten so entfernt werden. Die Austauschraten liegen bei der Säulentechnik jedoch wesentlich höher (um 95%) als bei einfachem Vermischen des Austauschers mit der Milch. Winfried Krüger 7856◇

2705 **Farbstoffbindungsvermögen von Milchproteinen für Amidoschwarz 10 B und Orange G.** U. S. Ashworth und M. A. Chaudry. (J. Dairy Sci. **45**, 952—57, 1962; Pullman, Washington State Univ., Dep. of Dairy Sci.; engl.) — Vff. untersuchten das Farbstoffbindungsvermögen (FBV) von Milch (einschließlich Colostrum) u. isolierten Milchproteinen (Casein, α-Casein, Ca-empfindliches α-Casein, β-Casein, κ-Casein, Paracasein, β-Lactoglobulin, Molkenproteinfraktion u. Proteosen-Pepton-Fraktion) für *Amidoschwarz 10 B* (**I**) u. *Orange G* (**II**), um zu entscheiden, welcher der beiden Farbstoffe sich besser für eine colorimetr. Schnellbest. des Proteingeh. in Milch eignet. Voraussetzung für vergleichbare Ergebnisse sind reine Farbstoffe. Zur Reinheitsprüfung eignet sich am besten die Best. der Extinktionskoeff.: $E^{1‰}_{1cm}$ 81,5 (**I**, λ 615 nm), $E^{1‰}_{1cm}$ 46,9 (**II**, λ 475 nm). Als Reagens wird 0,1 m Citronensäure-Lsg. (mit 0,25% Propionsäure als Konservierungsmittel) verwendet, die entweder 0,750 mg **I**/ml oder 1,000 mg **II**/ml enthält. 25 ml der Farbstoff-Lsg. läßt man mindestens 30 Min. mit der Probe-Lsg. (20—40 mg Protein) reagieren u. mißt spektrophotometr. nach Abtrennung der gefällten Proteine die in Lsg. verbliebene Farbstoffmenge. Das FBV für **II** ist zwar höher als das für **I**, nimmt aber mit steigendem Verhältnis Protein : Farbstoff schneller ab. Die Bindung von **I** an Proteine ist fast stöchiometr., doch können bei großen Farbstoffüberschüssen in beiden Fällen Verfälschungen der Werte durch zusätzliche Adsorption entstehen. Winfried Krüger 7856◇

2706 British Cellophane Ltd., England, **Herstellung von schimmelverhütendem Verpackungsmaterial,** z. B. für *Lebensmittel,* dad. gek., daß man einen frischen Film aus regenerierter Cellulose im Gelzustand durch eine wss. Lsg. eines Salzes der Sorbinsäure imprägniert, den Film trocknet u. einseitig mit einem feuchtigkeitsdichten oder einem heißverklebenden Material oder einer beide Eigg. aufweisenden Masse überzieht. (**F. P. 1298364** vom 26/5. 1961, ausg. 28/11. 1962. E. Prior. 26/5. 1960 u. 8/5. 1961.) G. Vogel 7641

2707 Yamasa Shoyu Kabushiki Kaisha, Choshishi, Chibaken, Japan, **Aromaverbesserung von Nahrungsmitteln, Getränken und Gewürzen,** die Aminosäuren oder andere organ. Säuren enthalten. Dem Lebensmittel wird ein *5'-Nucleotid* (**I**) oder ein Gemisch derselben in Form der freien Säure oder als Alkalisalz in Mengen von 1—2% zugesetzt. Geeignete **I** sind Inosin-, Guanosin-, oder Xanthosin-5'-monophosphat. Bei Lebensmitteln, die arm an Aminosäuren sind, wird gleichzeitig Mono-Na-Glutamat zugegeben. Beispiel für die Herst. einer Mischung von Adenosin-, Guanosin- u. Cytidin-5'-monophosphat auf enzymat. Wege unter Verw. einer Kultur von *Penicillium citrinum.* (**E. P. 898335** vom 22/8. 1958, ausg. 6/6. 1962. Jap. Prior. 27/9. 1957 u. 28/4. 1958.) W. Kranz 7643

2708 Ogilvie Flour Mills Co. Ltd., Montreal, übert. von: Kenneth M. Gaver, Preville, Quebec, Eduard G. Adamek, Brockville, Ontario, und Alfred M. Barton, Montreal, Quebec, Canada, **Verbesserung der Lagerfähigkeit und des Geschmacks von Weizenkeimprodukten.** Frische Weizenkeime werden nach Entfernung der Luft den Dämpfen von Epoxidverbb. (**I**), bes. Äthylen- oder Propylenoxid, so lange, z. B. 24—48 Std., ausgesetzt, bis die Keime 2—5% an **I** enthalten. (**A. P. 3046142** vom 13/7. 1959, ausg. 24/7. 1962.) W. Kranz 7665

2709 Procter & Gamble Co., Cincinnati, übert. von: William T. Bedenk, Greenhills, Ohio, V. St. A., **Fertigkuchenmehl.** Das Prod. besteht aus einer Grundmischung von 28—45(%) Zucker, 38—48 Weizenmehl u. Stärke u. 4—25 Mürbungsmittel (shortening), dem noch Trockenmilch, Trockenei, Salz, Aromastoffe u. ein Backpulver ($NaHCO_3$ + Monocalciumphosphat) zugesetzt werden. Das Mürbungsmittel enthält 1,5—20% eines Esters eines Polyalkohols, z. B. Glykol, Glycerin, Sorbit, Mannit, mit einer gesätt. Fettsäure mit > 10 C-Atomen, z. B. Behensäure (**I**), mit mindestens einer freien OH-Gruppe, z. B. das Monoglycerid der **I**. Der Ester kann aus Rapsöl oder Heringsöl gewonnen werden. Das Mittel soll nicht mehr als 50% bei Raumtemp. feste Fette enthalten. (**A. P. 3037864** vom 18/2. 1959, ausg. 5/6. 1962.) W. Kranz 7671

2710 Stauffer Chemical Co., New York, N. Y., übert. von: Robert M. Lauck und James W. Tucker, Park Forest, Ill., V. St. A., **Säurekomponente für Backpulver,** bestehend aus 100 (Gew.-Teile) eines Na-Al-Phosphates „SAP" der Formel $NaAl_{3-4}H_{11-17}(PO_4)_{7-10}$, 0—8 H_2O u. 1—15 einer dreiwertigen Al-Verb., z. B. $Al_2(SO_4)_3$, Al-Acetat oder -Formiat. Zur Herst. eines Backpulvers werden 30 $NaHCO_3$ gemischt mit 30—43 der Säurekomponente u. auf 100 mit Stärke aufgefüllt. (**A. P. 3041177** vom 18/7. 1960, ausg. 26/6. 1962.) W. Kranz 7675

2711 Lever Brothers Co., New York, N. Y., übert. von: Werner H. Schmidt, Tenafly, N. J., V. St. A., **Flüssige Mürbungsmittel für Backzwecke,** bestehend aus einem eßbaren Öl, z. B. Baumwollsamenöl, Sojaöl oder

Maisöl, als Basis, das in stabiler Suspension 3—4% vollgesätt. Glyceride von Fettsäuren mit 12—20 C-Atomen enthält. Die Glyceride bestehen aus Diglyceriden, 1—2% Monoglyceriden u. 0—0,5% Triglyceriden, berechnet auf das Gewicht des Mürbungsmittels, wobei das Gewichtsverhältnis zwischen Di- u. Monoglyceriden 1 : 1 bis 3 : 1 beträgt u. der Fettsäureanteil zu 35—42% aus Palmitinsäure besteht. (**A. P. 3047402** vom 6/11. 1959, ausg. 31/7. 1962.) W. Kranz 7675

2712 Great Atlantic & Pacific Tea Co., Inc., New York, N. Y., übert. von: William H. Catheart, New Canaan, Conn., Harold G. Beattie, New York, und Charles B. Berquist, Portchester, N. Y., V. St. A., **Färben von Puffmais.** Der ungepuffte Mais wird mit einer Mischung von NaCl u. einem Aluminiumfarblack eines gelben Farbstoffs, z. B. dem Trinatriumsalz von 3-Carboxy-5-hydroxy-1-p-sulfophenyl-4-p-sulfophenylazo-pyrazol (FD & C Gelb Nr. 5), trocken vermischt u. in Ggw. eines eßbaren Öles, z. B. Cocosnuß-, Mais- oder Baumwollsaatöl, gepufft. (**A. P. 3038807** vom 1/2. 1960, ausg. 12/6. 1962.) W. Kranz 7687

H$_{17}$. Fette, Seifen, Wasch- und Reinigungsmittel usw.

2713 **Die Sauerstoffaufnahme durch Methyllinoleat in Gegenwart von Citronensäure und einigen ihrer Ester.** K. Täufel und F. Linow. (Fette, Seifen, Anstrichmittel **65,** 795—99, **1963**; Potsdam-Rehbrücke, Inst. für Ernährung der DAdW Berlin; dt.) — Untersucht wird die Wrkg.-Weise der *Citronensäure* (**I**) u. ihrer Derivv. bei der durch Cu^{++}- u. Fe^{+++}-Ionen katalysierten u. metallfreien (in Ggw. von Nordihydroguajaretsäure u. DL-α-Tocopherol) Autoxydation von *Methyllinoleat.* Die Autoxydations-Verss. wurden in der Warburg-App. bei 40° durchgeführt. Bei der durch Metall katalysierten Autoxydation sinkt die Hemm-Wrkg. von **I** mit zunehmendem Veresterungsgrad u. bei Blockierung der OH-Gruppe ab. Vff. machen für die Ausschaltung des prooxydativen Effektes der Metalle Komplex- bzw. Chelat-Bldg. verantwortlich. In Ggw. von Antioxydantien ist synergist. Wrkg. von **I** erkennbar, die von der OH-Gruppe unabhängig, von den Carboxylgruppen abhängig ist. I. Ohme 7878◇

2714 **Gleichzeitige Entsäuerung und Entfärbung von rohem Sonnenblumen-Preßöl mittels calcinierter Soda.** G. Rankoff, D. Rankoff und W. Mislieva. (C. R. Acad. bulg. Sci. **13,** 435—38, 1960; dt., Auszug: russ.) — 0,5—2,0% W. enthaltendes rohes *Sonnenblumenöl* wird bei 90—95° mit 300% des zur Neutralisation der freien Säuren theoret. notwendigen calcinierten Na_2CO_3 versetzt. Das nach 1std. Durchmischen erhaltene Prod. ist bedeutend heller, klar u. kann ohne zusätzliches Waschen u. Bleichen direkt desodoriert werden. Der gewonnene Seifenstock ist gelblich grau u. kann zur Herst. von Seife verwendet werden. S. Baryschnikow 7894△

2715 **Die bestmögliche Ausnutzung von Baumwollsaat.** Peter J. Brennan. (Chem. Engng. **70,** 66—68, 1963; engl.) — Beschreibung der Aufarbeitung von Baumwollsaat in einer Fabrik in Nuevo Largo (Mexiko) unter Gewinnung von Salat- oder Backöl u. Verwertung der Nebenprodd. Seife, Ölkuchen u. restlichen Baumwollkapselfäden. M. Hagedorn 7894◇

2716 **Die destillative Trennung von natürlichen und synthetischen Fettsäure-Gemischen in Theorie und Praxis.** 3. Mitt. **Die an Fettsäure-Destillier- und -Fraktionier-Anlagen zu stellenden Forderungen und die technischen Lösungsmöglichkeiten.** H. Stage. (Fette, Seifen, Anstrichmittel **64,** 218—31, 1962; dt.) — 2. vgl. C. **1964,** 2-2688. — Vf. erörtert die an Fettsäure-Fraktionieranlagen zu stellenden Forderungen wie geringe Durchlaufzeit, Vermeidung von Temp. über 260°, Sauerstoffausschluß u. Wirksamkeit von 15—20 Trennstufen bei gleichzeitig geringstmöglichem Druckverlust im Hinblick auf ihre Realisierung in der Technik. — 58 Literaturangaben. G. Heder 7908◇

2717 **Wirkung wasserlöslicher und wasserunlöslicher, langkettiger polarer Additive auf die micellaren Lösungen von Natriumdodecylbenzolsulfonat.** Lloyd I. Osipow und Foster Dee Snell. (J. Amer. Oil Chemists' Soc. **38,** 595—97, 1961; New York, Foster D. Snell, Inc.; engl.) — Durch sukzessives Zufügen von langkettigen polaren Verbb. (**A**) zu einer 20%ig. wss. *Natriumdodecylbenzolsulfonat*-Lsg. (**B**) werden die Konzz. bestimmt, bei denen eine zweite anisotrope, fl.-kristalline Phase (**C**) gebildet wird. Bei wasserunlösl. **A** (*n-Octadecanol, Glycerylmonostearat, Sorbitanmonostearat*) sind 0,2 bis 0,25 Mol u. bei wasserlösl. **A** (*Polyoxyäthylenmono-* u. *-distearat, Saccharosemonostearat* u. *-monotallowat*) 0,6 bis 2,0 Mol pro Mol **B** zur **C**-Bldg. erforderlich. Bei Konzz. von **A** unterhalb der **C**-Bldg. wird bei *Polyoxyäthylenmonostearat* („PEG 400 monostearate") ein ständiges Sinken der Trübungs-Temp. („Krafft"-Temp.), ein Minimum in der Oberflächenspannung u. Viscosität beobachtet. Bei *Saccharosemonotallowat* fehlt das Viscositätsminimum. N. Trzebowski 7912◇

2718 **Wechselbeziehung zwischen kritischer Micellkonzentration, Fettfleckentfernung und Lösungsvermögen.** M. E. Ginn und J. C. Harris. (J. Amer. Oil Chemists' Soc. **38,** 605—09, 1961; Dayton, Ohio, Monsanto Chemical Co., Res. and Engng. Div.; engl.) — In Auswertung früherer Meßergebnisse über die Fleckentfernung (FE) in 2 Modell-Fleck-Waschmittel-Syst. (Feststoff/Triglycerid; Baumwolle/Fett, Mineralöl/Graphit) stellen Verff. fest, daß FE erst nahe der krit. Micellkonz. (cmc), wo das Maximum des Waschvermögens (washing power) erreicht wird, beginnt. Für die Berechnung der FE wird eine Gleichung vorgeschlagen, deren Werte mit der Praxis in guter Übereinstimmung sind. Entsprechend der Größe ihrer FE-Wrkg. besitzen die nichtion. Detergentien auch ein Fettlösungsvermögen, während weder *Na-Oleat* noch *Na-Tripolyphosphat* als gute Fleckentferner fettlösend wirken, so daß hier eine Emulgierung diskutiert werden muß. N. Trzebowski 7912◇

2719 **Die Prüfung nichtionogener Waschmittel im Erzeugerbetrieb unter Berücksichtigung der Anwendung.** Hans Lehmann. (Abh. dtsch. Akad. Wiss. Berlin, Kl. Chem., Geol. Biol. **1963,** Nr. 2, 238—50; Schkopau, VEB Chemische Werke Buna; dt.) R. Kießling 7912◇

2720 **Mechanisches Detachieren von Wolltextilien.** Oldřich Pajgrt. (Textil [Praha] **18,** 18—21, 1963; Brno, Výzk. úst. vlnařský; tschech.) — Zur Entfernung von Teer-, Ölflecken, Pechspitzen u. verölten Noppen werden Verss. mit Detachiermitteln aus nichtionogenen u. anion. Reinigungsmitteln allein oder in alkal. Lsg. bzw. mit Fettlösern beschrieben u. der Effekt durch 32 Abb. illustriert. Die Beurteilung erfolgt nach dem Walken u. Waschen der Wollstückware. W. Bernard 7912◇

2721 **Stoffaustausch beim Waschvorgang und die Anwendung bei Strang- und Breitwaschmaschinen.** G. Schiffer. (Z. ges. Textilind. **65,** 58—62, 1963; dt.) — An Hand von Beispielen u. Vers.-Ergebnissen wird gezeigt, welche Punkte beim Bau u. Betrieb von Waschmaschinen, die speziell für den Stoffaustausch vorgesehen sind, berücksichtigt werden müssen. I. Beßer 7912◇

2722 **Die Reinigung einer harten Oberfläche.** A. M. Mankowich. (J. Amer. Oil Chemists' Soc. **38,** 589—94, 1961; Aberdeen Proving Ground, Md., Coating and Chem. Labor.; engl.) — Vf. untersucht die Reinigungswirkung (RW) von 3 Typen nichtion. (**A$_1$**: *Nonylphenylpentadekaäthylenglykoläther, Nonylphenyleikosaäthylenglykoläther, Nonylphenyltriakontaäthylenglykoläther, Nonylphenyltetrakontaäthylenglykoläther*; **A$_2$**: *Tridecyldodekaäthylenglykoläther, Tridecylpentadekaäthylenglykoläther*; **A$_3$**: *Polyoxyäthylensorbitanmonolaurat*) u. 3 Typen anion. Tenside (T.) (**B$_1$**: *Na-Dodecylbenzolsulfonat*; **B$_2$**: *Na-Oleat*; **B$_3$**: *K-Palmitat, K-Laurat*) für Flecken von *Glyceryltrioleat* (**I**), *Ölsäure* (**II**) u. *Caprylsäure* (**III**) an Stahloberflächen. Die RW liegt bei 180°F u. bei der krit. Micell-Konz. nur unter 40% für **I** u. **II** oder 65—83% für **III** u. steigt bei Konz.-Vergrößerung nur bis 90% etwa linear an. Visuell zeigen sich bei der RW Unterschiede: **I** wird von anion. u. nichtion. T. durch Ablösung als Tröpfchen entfernt, während **III** von nichtion. T. durch Solubilisation u. anschließende Emulgierung entfernt wird. — 25 Literaturangaben. N. Trzebowski 7916◇

2723 **Über die Sterine des Bienenwachses.** Hugo Janistyn. (Parfümerie u. Kosmet. **43,** 503—04, 1962; Kirchzarten, Hugo Janistyn, Chem. Labor.; dt.) — Bienenwachs wurde mit heißem A. extrahiert u. vom Unlösl. abgetrennt. Der lösl. Anteil ist mit Sterinestern angereichert, welche mit alkohol. KOH verseift wurden. Die Wachssäuren wurden durch Fällung mit $BaCl_2$ als Ba-Salze abgetrennt, der Eindampfrückstand mit Aceton extrahiert zur Gewinnung der Neutralanteile, welche relativ reich an Sterinen sind. Die Sterine wurden nach der Meth. J. Bergman [1940] als Digitonide abgetrennt u. nach Aufarbeitung β-Sitosterin (I), F. 139—140° als glänzende Blättchen aus CH_3OH–Aceton gewonnen, welche mit authent. I keine F.-Depression zeigten. Analoge Behandlung von „Absolue Cire d'Abbeille" ergab ebenfalls I. Cholesterin konnte nicht nachgewiesen werden. Außer I ist noch wenigstens ein Sterin (Phytosterin?) vorhanden, dessen Identifizierung noch nicht gelungen ist, aber durch Säulenchromatographie angestrebt wird.
K. Hinterauer 7924◇

2724 **Absorptionsspektroskopie im nahen Infrarot — eine neue Methode für die Fettanalyse.** Robert T. O'Connor. (J. Amer. Oil Chemists' Soc. **38,** 641—48, 1961; New Orleans, La., Southern Reg. Res. Labor.; engl.) — Die im nahen IR-Spektralbereich (1—3 μ) liegenden, nicht sehr intensiven Ober- u. Kombinationsschwingungen werden seit 1956 auch in der Fettforschung erfolgreich bei der Lösung folgender Probleme verwendet: Best. der OH-Zahl, Best. der Epoxy- u. Hydroxyperoxygruppen, Best. von Doppelbindungen, Analyse von Monoglyceriden. — 25 Literaturangaben.
N. Trzebowski 7930◇

2725 **Einige Anwendungen der Massenspektrometrie in der Fettforschung.** Herbert J. Dutton. (J. Amer. Oil Chemists' Soc. **38,** 660—64, 1961; Peoria, Ill., Northern Reg. Res. Labor.; engl.) — Nach einer kurzen Beschreibung der Meth. werden Beispiele zur strukturellen Best., zur qual. Identifizierung u. zur quant. Analyse diskutiert (*Methylstearat, Methyllinolat, Methyllinolenat, Methyl-6.7-dideuterio-stearat*). Auf eine Anwendung der Meth. zusammen mit der Gaschromatographie wird hingewiesen.
N. Trzebowski 7930◇

2726 **Massenspektrometrie und Fettforschung.** E. Selke, C. R. Scholfield, C. D. Evans und H. J. Dutton. (J. Amer. Oil Chemists' Soc. **38,** 614—15, 1961; Peoria. Ill., Northern Reg. Res. Labor.; engl.) — Vgl. vorst. Referat. — Durch Anwendung heizbarer Probeneinführungen, Ionenquellen u. Strahlrohre eignen sich Massenspektrometer vom „Time-of-Flight"-Typ bei schneller photograph. Registrierung als wesentlich empfindlichere Detektoren bei der Gaschromatographie von Fett-Prodd. als die therm. Leitfähigkeitsdetektoren. Es werden die Massenspektren von *Methyl-6.7-dideuteriostearat* (I) u. *Methylstearat* gemischt mit I mitgeteilt.
N. Trzebowski 7930◇

2727 **Magnetische Kernresonanz in der Fettanalyse.** C. Y. Hopkins. (J. Amer. Oil Chemists' Soc. **38,** 664 bis 668, 1961; Ottawa, Canada, Nat. Res. Council; engl.) — Nach einer kurzen Beschreibung der App., der Meßgrößen u. der Probenvorbereitung (mindestens 0,1 g) werden die Signale in den Spektren von Fettsäure-Derivv. charakterisiert, u. es wird eine Übersicht (Tabelle) der Signalpositionen funktioneller Gruppen gegeben. Die Spektren folgender Substanzen werden diskutiert: *Methyloleat, Methyllinolat, Methyl-10.12-octadecadienoat, 1.2-Distearin, 12-Hydroxystearinsäure, Stearolsäure, 10-Undecensäure* sowie von Kakaobutter, Saffloröl, Leinöl, Tungöl u. Hibiscusöl. N. Trzebowski 7930◇

2728 **Die Analyse von Glyceriden durch Hochtemperatur-Gas-Flüssigkeit-Chromatographie.** V. R. Huebner. (J. Amer. Oil Chemists' Soc. **38,** 628—31, 1961; Chicago, Ill., Armour and Co.; engl.) — An Hand der Chromatogramme synthet. *Triglyceride* sowie von Palmkernöl, Butter- u. Schweinefett wird gezeigt, daß sich die Gaschromatographie ebensogut für hochmol. u. schwer flüchtige Substanzen eignet. Voraussetzung hierfür ist eine gute Temp.-Programmierung. N. Trzebowski 7930◇

2729 **Jüngste Fortschritte in der Anwendung der Infrarotabsorptionsspektroskopie auf die Fettchemie.** Robert T. O'Connor. (J. Amer. Oil Chemists' Soc. **38,** 648—59, 1961; New Orleans, La., Southern Reg. Res. Labor.; engl.) — Übersicht der wichtigsten seit 1950 erschienenen Arbeiten zur IR-Spektroskopie von Fettsäuren u. deren Derivv. in Lsg. u. als Festkörper. — 130 Literaturangaben.
N. Trzebowski 7936◇

2730 **„Chromatostrip"-Analyse von Fettsäurederivaten.** T. H. Applewhite, M. J. Diamond und L. A. Goldblatt. (J. Amer. Oil Chemists' Soc. **38,** 609—14, 1961; Albany, Calif., Western Reg. Res. Labor.; engl.) — Die von J. G. Kirchner u. Mitarbeitern [1951] entwickelte „Chromatostrip"-Meth. (Kombination von Tüpfelanalyse u. Chromatographie auf mit Stärke (5%) u. Kieselsäure bedeckten Glasstreifen) wird für die Analyse von Fettsäure-Derivv. angewendet, wobei folgende Klassifizierung möglich ist: Konjugierte ungesätt. Verbb. [Indicator: Zn–Cd-Sulfid, Zn-Silicat, 2'.7'-Dichlorfluorescein (I)]; ungesätt. Verbb. (Fluorescein-Brom, I); gesätt. Verbb. (I als Indicator). Die in 10—15 Min. durchführbaren Mikroanalysen sind relativ reproduzierbar, was an zahlreichen Beispielen bewiesen wird. — 46 Literaturangaben.
N. Trzebowski 7936◇

2731 **Die Bestimmung der Fettsäurestruktur durch chemische Methoden.** Robert A. Stein. (J. Amer. Oil Chemists' Soc. **38,** 636—40, 1961; Los Angeles, Calif. Univ., Dep. of Physiol. Chem.; engl.) — Summar. werden die qual. Natur u. die quant. Begrenzungen einiger chem. Rkk. diskutiert, die in der Fettforschung zur Identifizierung von Fettsäuren (ohne Berücksichtigung funktioneller Gruppen) nötig sind, wenn die chromatograph. Identifizierung nicht ausreicht oder nicht eindeutig ist: Stellung von Doppelbindungen (Oxydation mit $KMnO_4$, Ozonolyse), Best. der Stellung von Methylverzweigungen, Best. cycl. Fettsäuren, Best. von cis-trans-Isomeren. — 24 Literaturangaben.
N. Trzebowski 7936◇

2732 **Methodik der quantitativen Papierchromatographie der ungesättigten höheren Fettsäuren.** I. G. Borissowa und Je. W. Budnitzkaja. (Biochemie [UdSSR] **28,** 497—500, 1963; Moskau Bach-Inst. für Biochemie der Akad. Wiss. UdSSR; russ., Auszug: engl.) — Die Trennung u. quant. Best. der *ungesätt. höheren Fettsäuren* der Pflanzenextrakte erfolgt papierchromatograph. unter anschließender Densitometrie der Chromatogramme. Bei der Best. nach der eingehend beschriebenen Meth. beträgt der mittlere Fehler bei 15 μg Substanz höchstens 8%. O. Lebtag 7936△

2733 **Phasenumwandlung in Seife und ihre qualitative Bestimmung.** D. A. Roshdesstwenski, M. N. Saliopo und G. A. Borodina. (Kolloid-J. [UdSSR] **22,** 458—63, 1960; Moskau, Plechanow-Inst. für Volkswirtschaft; Fabrik „Freiheit"; russ., Auszug: engl.) — Beschreibung einer Meth. zur Best. der Phasen-Zus. von Seife, die auf der Messung des Schaumvermögens u. der Aufnahme der Abkühlungskurven beruht. O. Lebtag 7938△

2734 **Analyse von Waschmittelkomponenten.** Emmett F. Kaelble. (Soap chem. Specialties **39,** 56—59, 121, 123, 1963; St. Louis, Mo., Monsanto Chem. Co., Inorganic Chem. Div.; engl.) — Gemische geradkettiger α-Olefine [*Nonen-(1) bis Octadecen-(1)*] werden gaschromatograph. (F & M Model; Kolonnenlänge 2 ft. × 1/4 in; Flammenionisationsdetektor) mit Temp.-Programmierung (75° Anfangs-Temp.; Zunahme um 9°/min) unter Verw. von 20% Silicone gum rubber (SE-30) auf Chromosorb P (60—80 mesh) mit Helium als Trägergas getrennt u. quant. analysiert. Die aus den α-Olefinen erhaltenen Gemische lassen sich mit einer Kapillarkolonne (Barber-Colman Modell 20; 200 ft. × 0,01 in.) an Apiezon Grease L mit einem Argon-Ionisationsdetektor u. Argon als Trägergas bei 210° trennen. Identifizierung erfolgt durch Vgl. mit reinen synthet. Isomeren. Innerhalb einer Isomerenserie ist die Trennung gut: jedoch überschneidet sich das letzte Glied einer Serie mit dem ersten der nächsten Serie. Bei Verw. von Silicone gum rubber (SE-30) ist die Trennung zwischen den Serien gut, innerhalb einer Serie aber schlechter. Mit der beschriebenen Meth. ist es möglich, die Rk. der Alkylierung, Isomerisierung u. des biolog. Abbaus quant. zu verfolgen. I. Ohme 7942◇

2735 **Analyse von oberflächenaktiven Stoffen.** Thomas E. Brunelle und Samuel B. Crecelius. (Soap chem. Specialties **39,** Nr. 10, 63—65, 121, 1963; St. Paul, Minn., Economics Labor., Inc.; engl.) — Die OH-Zahl von Verbb. unterschiedlicher Struktur läßt sich schnell u. genau IR-spektrophotometr. bestimmen. Mit einem Perkin-Elmer-Modell 137 B mit NaCl-Optik, Schreib-Geschw. 1,04 Microns/min wird von der Eichsubstanz bzw. der Probe in Bzn. im Bereich 2,5—3,2 Microns 5mal auf demselben Papier das Spektrum aufgenommen. Zur Auswertung zeichnet man eine Tangente an die Maxima der Transmissionskurve bei 2,65 u. 3,2 Microns u. berechnet die Absorption nach der „Basis-Linien-Absorption". Als Eichkurve wird die Absorption von Triphenylmethylalkohol gegen Milligrammäquivalent (OH)/25 ml Lsg. aufgetragen. Nach dieser Meth. wurde die OH-Zahl von *Cholesterin, Alfol 8, E-600, E-1000, Adol 85* u. *1112-9* bestimmt. — 17 Literaturangaben. I. Ohme 7942◇

2736 National Research Development Corp. (Erfinder: Thomas Hardy Simpson und Norbert Uri), London, England, **Neue Hydroxyflavone** der allg. Formel **I** erhält man bei der Oxydation eines Chalkons der

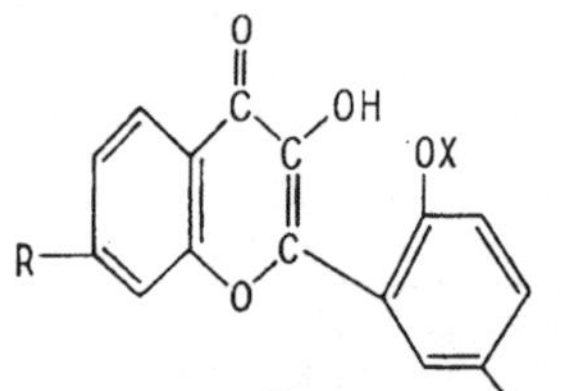

I

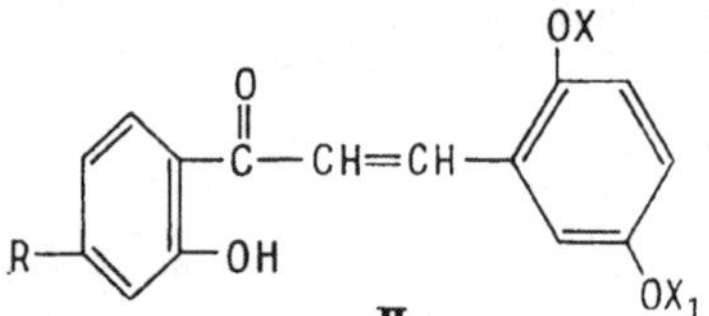

II

allg. Formel **II** mit H_2O_2 in alkohol. KOH. (X u./oder X_1 = schützende Gruppen, die wieder abgespalten werden können. Wenn X oder X_1 nicht eine schützende Gruppe darstellen, bedeuten sie H; R = Alkoxygruppe. Jede im Ring nichtbesetzte Stellung kann durch Alkylgruppen substituiert sein, die im Endprod. dann vorhanden sind.) — Über Gentisinaldehyd → *O.O-Dibenzylgentisinaldehyd,* F. 90—92° u. 95—96° (dimorph) u. daraus *2.5-Bis-benzyloxy-2^1-hydroxy-4^1-methoxychalkon,* F. 161 bis 162° (Essigsäure). Diese Verb. in A. gelöst, wird mit 1-n alkohol. KOH-Lsg. u. unmittelbar anschließend mit H_2O_2 bei 45° 1 Std. behandelt. Man verd. mit angesäuertem W., krist. aus Essigsäure u. erhält *2^1.5^1-Bis-benzyloxy-3-hydroxy-7-methoxyflavon,* farblose Nadeln, F. 163 bis 164°, *Acetat,* F. 109,5—111°. Das Dibenzylflavon wird mit Essigsäure u. konz. HCl auf dem Wasserbad erhitzt u. rekrist. aus wss. Essigsäure. Man erhält *3.2^1.5^1-Trihydroxy-7-methoxyflavon,* F. 228—230°, *Triacetat,* F. 169 bis 170°. — Es werden ferner folgende „-flavone" hergestellt: *2^1.5^1-Bis-benzyloxy-7-n-butoxy-3-hydroxy-,* F. 132 bis 134°, *Acetat,* F. 99—101° u. 109—111° [hergestellt aus 2.5-Bis-benzyloxy-4^1-n-butoxy-2^1-hydroxychalkon, F. 148—149° (Essigsäure)]; *3.7.8.2^1.5^1-Pentahydroxy-,* F. 295° (wss. Essigsäure), *Pentaacetat,* F. 137—139°; *3.2^1-Dihydroxy-7.5^1-dimethoxy-,* F. 206—207,5° (Essigsäure), *Diacetat,* F. 159—160° (wss. A.) [hergestellt aus 2-Hydroxy-4-methoxy-2-hydroxy-5-methoxystyrylketon, F. 171—174° (unter Zers.)]; *7-Cetyloxy-3.2^1.5^1-trihydroxy-,* F. 157—160° (wss. A.); *Triacetat,* F. 83—84° (aus A.) [hergestellt aus 7-Cetyloxy-2^1.5^1-dibenzyloxy-3-hydroxyflavon, F. 98,5—100° (wss. A.)]; *3.2^1-Dihydroxy-7.5^1-dimethoxy-6-äthyl-,* F. 206—208° (wss. Essigsäure), *Diacetat,* F. 168—169° (wss. A.) [hergestellt aus 5-Äthyl-2-hydroxy-4-methoxyphenyl-2-hydroxy-5-methoxystyrylketon F. 180—182° (A.) mittels H_2O in alkal. Medium]. *6-Äthyl-3.7.2^1.5^1-tetrahydroxy-,* F. 246—248° (Zers.), *Tetraacetat,* F. 150—152°; 3.4-Dimethoxy-5-äthyl-2-hydroxyphenyl-2-hydroxy-5-methoxystyrylketon, F. 127 bis 129° (wss. Methanol) $\xrightarrow[H_2O_2]{\text{alkal.}}$ *3.2^1-Dihydroxy-6-äthyl-7.8.5^1-trimethoxy-,* F. 154—156° (wss. Essigsäure), *Diacetat,* F. 122,5—124,5°, → *6-Äthyl-3.7.8.2^1.5^1-pentahydroxy-,* F. >250° (Zers.), *Pentaacetat,* F. 145—147°; *6-n-Hexyl-3.7.2^1.5^1-tetrahydroxy-,* F. 200—202,5° [hergestellt aus 5-n-Hexyl-2-hydroxy-4-methoxyphenyl-2-hydroxy-5-methoxy-styrylketon, F. 155—157° (Zers. wss. A.); über 3.2^1-Dihydroxy-7.5^1-dimethoxy-6-hexyl-, F. 154—156° (wss. Essigsäure), Diacetat, F. 119—121°]; aus 2-Hydroxy-3.4-dimethoxy-5-stearylphenyl-5-benzyloxy-2-methoxystyrylketon, F. 67—69° (Methanol), erhält man *5^1-Benzyloxy-3-hydroxy-7.8.2^1-trimethoxy-6-stearylflavon,* F. 77—79° u. daraus *3.5^1-Dihydroxy-7.8.2^1-trimethoxy-6-stearylflavon,* F. 140—144°. Durch Demethylierung erhält man *3.7.8.2^1.5^1-Pentahydroxy-6-stearylflavon,* F. 230 bis 235° (Zers.), *Pentaacetat,* F. 89—91°. — Analog erhält man *5^1-Benzyloxy-3-hydroxy-7.2^1-dimethoxy-6-stearylflavon,* F. 95—97°, → *3.5^1-Dihydroxy-7.2^1-dimethoxy-6-stearyl-,* F. 126—128,5°, → *3.7.2^1.5^1-Tetrahydroxy-6-stearyl-,* F. 155 bis 160° (Zers.). — 2.5-Bis-benzyloxy-2^1-hydroxy-3^1.4^1-dimethoxychalkon, F. 138—139,5°, → *2^1.5^1-Bis-benzyloxy-3-hydroxy-7.8-dimethoxy-,* F. 168,5—169,5°, Acetat, F. 114—115°, → *3.2.5^1-Trihydroxy-7.8-dimethoxyflavon,* F. 201—202°, *Triacetat,* F. 135—137°. *Antioxydantien,* bes. zur *Verhinderung der Ranzidität von Fetten, Ölen* u. *anderen Lipoiden.* (**E. P. 875164** vom 3/8. 1956, ausg. 16/8. 1961.) G. König 7879

2737 Thomas Hedley & Co. Ltd., Newcastle, England, **Alkylglyceryläthersulfonate.** 100 Mol gesätt. oder ungesätt. Fettalkohol mit 10—20 C-Atomen werden mit 105—135 Mol Epichlorhydrin — z. B. nach E. P. 802325; C. **1961,** 7442 umgesetzt; der entstandene Alkylglycerylchloräther z. B. der allg. Formel R–O–[CH_2–CHO–(CH_2Cl)$_n$]-H (R = Alkyl oder Alkylen mit 10—20 C-Atomen; n = 1—4) wird dann mit 25—50%ig. wss. Alkalihydroxid in das Epoxid der z. B. allg. Formel R–O–CH_2–CH(CH_2X)–O–CH_2–CH–CH_2 (X = OH, Cl) (CH–CH_2 über O verbrückt) übergeführt, das von der wss. Schicht abgetrennt u. mit einer solchen wss. Mischung aus Alkalisulfit u. -bisulfit sulfoniert wird, daß das pH 5—8 beträgt. Die Epoxidierung erfolgt bei normalem oder erhöhtem Druck bei 160—300°F. — 6,75 (Teile) Alkylglycerylchloräther, die 14 Mol.-% des Dimeren enthalten u. durch Rk. von Cocosnußfettalkoholen mit Epichlorhydrin (12,5%ig. mol. Überschuß) in Ggw. von $SnCl_4$ nach E. P. 802325 hergestellt worden sind, werden mit 3 wss. 50%ig. NaOH u. 3 W. 1 Std. auf 180°F erhitzt, das Epoxid wird abgetrennt, mit W. gewaschen u. getrocknet. 14,1 davon werden mit 7,6 Na_2SO_3, 3 96%ig. H_2SO_4, 12,9 W. u. 4 Alkylglyceryläthersulfonat als Emulgiermittel 8 Min. auf 360—420°F erhitzt, Ausbeute an Sulfonat 80%. Das Na-Salz kann in das *Ca-, Mg-, NH_4-* oder *Alkylolaminsalz* übergeführt werden. — *Reinigungsmittel.* (**E. P. 870456** vom 6/12. 1957, ausg. 14/6. 1961. A. Prior. 10/12. 1956.) G. Krauß 7913

2738 Aktiebolaget Henkel-Helios, Stockholm, und Elektrokemiska Aktiebolaget, Bohus, Schweden, **Herstellung eines Reinigungsmittels.** Das Verf. nach Norw. P. 97649 wird dahingehend abgeändert, daß die NaOH-Körper ohne vorheriges Befeuchten gleich in einem Pulver, bestehend aus Alkylarylsulfonat u. Na_3PO_4 · 6 H_2O, gerollt u. überzogen werden. (**Norw. P. 97719** vom 23/4. 1957, ausg. 20/3. 1961. Schwed. Prior. 6/6. 1956.) K. H. Kähler 7913

2739 United States of America, Secretary of Agriculture, übert. von: Raymond G. Bistline jun., Philadelphia, William S. Port, Norristown, Alexander J. Stirton, Philadelphia, und James K. Weil, North Wales, Pa., V. St. A., **Polymerisierbare Ester**

von α-sulfonierten Fettsäuren u. deren Alkalisalze der allg. Formel $MO_3S-(R)CH-COOCH_2-CH=CH_2$ (R = C_{10-20}-Alkyl, M = Na, K, Li oder NH_4) werden erhalten durch Veresterung der α-sulfonierten Carbonsäuren mit Allylalkohol unter Entfernung des sich bildenden W. u. Neutralisation mit Alkalien. Man erhält so bes. das *Na-Salz des α-sulfonierten Palmitinsäureallylesters*, F. 92,2 bis 93,4°, u. das *Na-Salz des α-sulfonierten Stearinsäureallylesters*, F. 99,2—100,5°. *Oberflächenakt. Emulgier-* u. *Reinigungsmittel*, welche nach ihrer Polymerisation außer in gleicher Weise auch als *Verdickungsmittel* wirken. — Tabelle. (**A. P. 2844606** vom 24/6. 1955, ausg. 22/7. 1958.) W. Gräger 7913

2740 Soc. Belge de l'Azote et des Produits Chimiques du Marly Soc. An. und Soc. Carbochimique Soc. An., Brüssel, Belgien (Erfinder: Henry Le Bihan und Raymond Arnould), **Reinigungsmittel,** bestehend aus einem Gemisch von Kondensationsprodd. aus Alkylenoxiden u. ggf. kernsubstituierten Alkylphenolen, Fettalkoholen oder -aminen u. Wollfett (**I**) oder **I**-Derivv., z. B. dehydratisiertem **I**, **I**-Fettsäuren u. **I**-Methylestern. Zahlreiche Tabellen über Wasch-Schaumkraft. (**E. P. 891901** vom 9/10. 1958, ausg. 21/3. 1962. **Belg. P. 571783** vom 4/10. 1958, ausg. 23/3. 1962. F. Prior. 5/10. 1957 u. 2/4. 1958.) C. Lüttgen 7917

2741 Reckitt, Colman, Chiswick (Overseas) Ltd., Hull (Erfinder: Montague Alexander Phillips, Romford/Essex, Charles Arthur Pearson und Marjorie Linda Bird, Hull), England, **Reinigungsmittel,** das bei Zimmertemp. fest ist, gek. durch ein wasserhaltiges Gemisch eines stark bas. Stoffes, bes. Alkalihydroxid, -carbonat oder einer organ. Base, u. eines wasserlösl. Trägers, der mindestens teilweise in Ölen, Fetten oder Wachsen lösl. oder suspendierbar ist, bes. Polyäthylenglykol (**I**), Monoalkyläther von festem **I** oder Alkaliseife. Die Prodd. werden bes. in Druckbodengefäße verpackt. — Zeichnung. (**Schwz. P. 366619** vom 14/1. 1958, ausg. 28/2. 1963. E. Prior. 17/1. u. 2/5. 1957.) C. Lüttgen 7917

2742 **Unilever N. V.**, Rotterdam, Niederlande (Erfinder: **Thomas Gwilym Jones**, Bebington, und **David William Stephens**, Rock Ferry, England), *Reinigungsmittel*. (**Niederl. P. 104012** vom 3/6. 1960, ausg. 15/3. 1963. E. Prior. 5/6. 1959. — C. **1963**, 16022 [E. P. 882569].)

H_{18a}. Holz, Cellulose, Zellstoff, Papier, Papierdruck, Celluloid, Linoleum

2743 **Die Tätigkeit des Österreichischen Holzforschungsinstitutes im Arbeitsjahr 1962.** J. Kisser. (Holzforsch. u. Holzverwert. [Wien] **15,** 2—10, 1963; Wien, Österr. Holzforsch.-Inst.; dt.) — Über die Tätigkeit folgender Abteilungen wird berichtet: Mikroskopie u. Holzstrukturforschung, Holzchemie u. chem. Technologie, Holzschutz, Zellstoff u. Papier, mechan. Technologie, Bibliothek u. Dokumentationsstelle. F. Zeidler 7950◇

2744 **Bemerkung über Weichmachen von Holz mittels Enzymen.** D. Narayanamurti, Joseph George und H. C. Pant. (Current Sci. [Bangalore] **32,** 73, 1963; Dehra Dun, Forest Res. Inst.; engl.) — In Kulturfll. von *Poria rhizomorpha* bzw. *Polystictus palustris* werden Holzproben aus *Michelia champaca*, 7,5×1,2×0,7 cm, 24 Wochen bei 28° gehalten. In Tabellen werden die durch die Enzymwrkg. eingetretenen Verluste bei Gew. u. Elastizitätsmodul dargestellt. F. Zeidler 7952◇

2745 **Laboratoriumsbeurteilung von chromathaltigen Metall-Holzschutzmitteln gegen Moderfäule von Buchenholz.** E. W. B. Da Costa und Ruth M. Kerruish. (Holzforschung **17,** 12—18, 1963; Melbourne, C. S. I. R. O. Div. of Forest Prod.; engl.) — An Splintholz von *Fagus sylvatica* werden Abbau-Verss. durch Moderfäule-Pilze (*Chaetomium globosum* Kunze u. 2 Acremoniella-Arten) durchgeführt. Vers.-Klötzchen werden mit Holzschutzmitteln imprägniert u. mehrere Wochen lang durch dauerndes Schütteln in dest. W. bei 43° bzw. in einer 1%ig. $NaHCO_3$-Lsg. ausgelaugt. Zn-Chromat [1 (Mol) $ZnSO_4$: 1 $Na_2Cr_2O_7$] u. Zn-Cr-Arsenat (2 $ZnSO_4$: 2 $Na_2 \cdot Cr_2O_7$: 1 As_2O_3) sind verhältnismäßig unwirksam, sogar bei einem maximalen Schutzsalzgeh. (wasserfrei) von 48 kg/m³. Bei gleich hohem Gew.-Anteil zeigt Cu-Chromat (1 $CuSO_4$: 1 $Na_2Cr_2O_7$) größere Wirksamkeit als Cu-Cr-Arsenat (2 $CuSO_4$: 2 $Na_2Cr_2O_7$: 1 As_2O_3). Cu-Chromat ist jedoch auch bei höheren Konzz. mit nachfolgendem Auslaugen in einer Bicarbonat-Lsg. nicht mehr voll wirksam. Nach Auslaugen mit dest. W. geben beide Cu-Salz-Lsgg. in höheren Konzz. vollständigen Schutz gegen Moderfäule. Kreosot bietet auch in einer Konz. von 240 kg/m³ keinen wirksamen Schutz gegen Acremoniella. In einer Konz. von 120 kg/m³ ist es wirksam gegen *Ch. globosum*, wenn das Auslaugen mit dest. W. u. nicht mit Bicarbonat-Lsg. vorgenommen wird. F. Zeidler 7952◇

2746 **Versuche über den Einfluß einiger Kerninhaltsstoffe von Koniferen und analoger Verbindungen auf Hausbock-Eilarven.** Günther Becker. (Holzforschung **17,** 19—21, 1963; Berlin-Dahlem, Bundes-Anst. für Materialprüfung, Fachgruppe Biol. Materialprüfung, Holzschutz u. Holztechnol.; dt.) — Gegenüber Eilarven des Hausbockkäfers (*Hylotrupes bajulus L.*) wirkt von den Koniferenkernholz-Inhaltsstoffen Pinosylvin, Pinosylvinmonomethyläther, Nootkatin, Taxifolin u. β-Thujaplicin nur letzteres giftig. Es besitzt ungefähr die halbe Giftwrkg. wie Pentachlorphenol. Wirksamer sind Nootkatin-Kupfer u. 2.4-Dichlorbenzalanilin. Dichlordinitrostilben ist unwirksam. F. Zeidler 7952◇

2747 **Eine Untersuchung über systematische Fehler im Filtrationsstadium während der Filtrierbarkeitsbestimmungen von Viscose. 3. Mitt. Fehler durch Nichteinhaltung des Filtriergesetzes von Hermans und Bredée (Standardgesetz).** Stein Kolboe. (Norsk Skogind. **15,** 18—24, 1961; Oslo, Norway, Norweg. Pulp and Paper Res. Inst.; engl.) — 2. vgl. C. **1963,** 22527. — Auch wenn experimentelle Filtrierergebnisse nicht völlig mit dem Filtriergesetz von Hermans u. Bredée [1935] übereinstimmen, kann dieses doch zur Best. der Filtrierbarkeit ohne größere Fehler herangezogen werden, wenn es $\frac{M}{t} \cdot \frac{1}{S_0} = f \frac{M}{M_{max}}$ geschrieben wird, was meistens möglich ist. Außer dieser Annahme ist kein weiteres Wissen über die Filtrierkurve nötig. Um den durch die Krümmung der Filtrationskurve bedingten Fehler so klein als möglich zu halten, sollte die Filtrierzeit so kurz als prakt. möglich bemessen werden. Es wird bewiesen, daß die früheren Ergebnisse bzgl. Filtrationsdruck, Viscosität u. Filterquellung gelten, auch wenn das Filtriergesetz von Hermans u. Bredée (l. c.) nicht eingehalten wird. F. Zeidler 7954◇

2748 **Über die Reaktionsfähigkeit vorhydrolysierten Sulfatzellstoffs.** Eugen Oltus. (Zellstoff u. Papier **9,** 379—82, 1960; Bratislava, Forsch. Inst. Zellstoff Papier Ind.; dt.) — Für die Herst. von hochfesten Viscosefasern wird vorhydrolysierter Sulfatzellstoff (**A**) heiß veredeltem Sulfitzellstoff (**B**) vorgezogen, weil Fasern mit besseren dynam. Eigg. u. höheren Ermüdungswerten erhalten werden. Beim Mercerisieren von **A** aus Nadel- u. Laubholz zeigen die Bogen beträchtliches Schwimmen infolge der Anordnung des Capillarsyst. u. der Bindungsfestigkeit zwischen den Fasern. Die Vorhydrolyse entzieht den Hackspänen Hemicellulosen. Bei der Bleiche in saurem Medium läßt sich der Polymerisationsgrad ohne Beeinträchtigung des Veredlungsgrades (α-Cellulose) herabsetzen, was bei **B** nicht möglich ist. Bei alkal. Bleiche ändern sich die Festigkeit, die opt. Eigg. u. die spezif. Oberfläche von Probeblättern aus vorhydrolysiertem **A** nur wenig. Bei der Trocknung verliert **A** viel mehr Accessibilität als **B**. Gewisse Kondens.-Prodd. von Äthylenoxid u. Propylenoxid mit höheren Fettsäuren, bei der Trocknung von **A** zugesetzt, sollen das Zusammenschrumpfen der Fasern mindern u. die Quellstruktur auch im Trockenzustand erhalten. Die Verw. dieser Stoffe wirkt auch bei der Weiterverarbeitung zu Viscose, bes. auf die Gleichmäßigkeit der Überalkalisierung, die Zerfaserung von Alkalicellulose, die Sulfidierung u. Filtrierfähigkeit der Viscose ein. Die Menge dieser Zusatzstoffe liegt bei 0,1—0,2%/atro Stoff. F. Zeidler 7960◇

2749 **Sulfitaufschluß von Weidenholz.** Sándor Annus. (Papíripar Magyar Grafika [Papierind. ung. Graphik] **7**, 21—26, 1963; Budapest, Forsch.-Inst. Papierind.; ung.) — Aus Weidenholz kann mit dem üblichen sauren Bisulfit-Aufschluß infolge von braunen unzerfaserten Kernholzsplittern nur unreiner Faserstoff (**A**) für die Papierindustrie erhalten werden. Durch Änderung der Zus. der Na-Bisulfit-Kochsäure u. Trennung des Kern- u. Splintteils ist nach Aufschluß **A** prakt. rein. Die braunen Faserbündel können durch weiteres Mahlen zerkleinert u. durch Chlorieren gebleicht werden. Es wird angenommen, daß die Verunreinigung durch im Kernholz anwesende inkrustierende Stoffe bzw. beim Aufschluß entstehende Rk.-Prodd. verursacht wird.
J. Plank 7962△

2750 **Über die Herstellung von Weizenstroh-Zellstoff durch das Ammoniumsulfit-Verfahren.** Junichi Sato und Isao Shimoda. (J. Soc. Textile Cellulose Ind., Japan [Sen-i-Gakkaishi] **19**, 34—42, 1963; Kiryu City, Gunma Prefect., Japan, Gunma Univ., Fac. of Engng.; jap., Auszug: engl.) — Die zum Kochen von vorbereitetem Stroh verwendeten $(NH_4)_2SO_3$-Lsgg. werden mit SO_2 u. NH_4OH in wss. Lsg. auf pH 9 u. pH 3 eingestellt. Der Gesamt-SO_2-Geh. beträgt 4—12% auf das Gew. des ofentrocknen Strohs bei einem Fl.-Stroh-Verhältnis von 10:1 u. 5:1. Gekocht wird bei pH 9 bei 180° u. bei pH 3 bei 150°. Die so erhaltenen Zellstoffe werden chem. untersucht u. ihre mechan. Festigkeiten gemessen. Die Maximalausbeute an Zellstoff beträgt bei den Kochlsgg. mit pH 9 u. pH 3 54—56%, unabhängig von den Chemikalien u. dem Fl.-Stroh-Verhältnis.
L. Jentgen 7962◇

2751 **Untersuchungen an Laubholz-Ligninsulfonaten.** Yojuro Kyogoku und Yoshikazu Hachihama. (Technol. Rep. Osaka Univ. **11**, 197—206, 1961; Dep. of Chem. Technol.; engl.) — Die Oxydation mehrerer Ligninsulfonate (**A**) von Buche mit Nitrobenzol gibt folgende Resultate: Die Ausbeuten an Syringaldehyd (**I**) u. Vanillin (**II**) ändern sich bei jedem **A**; gereinigte **A** aus Ablauge sind bzgl. ihrer **I** u. **II** liefernden Einheiten heterogen. Ein deutlicher Unterschied besteht zwischen leichtlösl. u. niedrigsulfoniertem **A**. Leicht lösl. **A** ist durch einen geringen OCH_3-Geh. u. eine geringe Ausbeute an **I** gekennzeichnet. Beim Erhitzen von niedrigsulfoniertem **A** in saurem Medium werden seine strukturellen Gruppen durch saure Kondens. in eine weniger oxydierbare Form übergeführt. Hierbei ist die **I** liefernde Einheit gegen eine derartige Kondens. empfindlicher. Bei der Sulfitkochung von Buchenholz lösen sich in den frühen Aufschlußstadien Gruppen, die wenig **I** geben; solche, die große **I**-Ausbeuten geben, folgen später. Danach tritt weitere Sulfonierung u. saure Kondens. ein.
F. Zeidler 7966◇

2752 **Ein rationelles Verfahren zur Vorbehandlung der Sulfitlauge für die biochemische Verarbeitung.** Ss. A. Ssapotnitzki und N. W. Gluschtschenko. (Hydrolysen- u. holzchem. Ind. [UdSSR] **13**, Nr. 5, 9—11, 1960; russ.) — Vff. untersuchten die Wirksamkeit der Reinigung der Sulfitlauge mit Dampf in 3 verschiedenen Kolonnen. Als Kolonnen kamen 1. solche mit Sieb-Glockenböden u. Ablauf-Vorr., 2. mit Füllkörpern sowie 3. mit Sieb-Glockenböden ohne Ablauf-Vorr. zur Anwendung. Die Kolonnen hatten einen ⌀ von 100 mm u. eine Höhe von 3845 mm. Nach den Verss. ist die Wirksamkeit der Reinigung von der Kolonnenkonstruktion abhängig. Die beste Reinigung wurde bei der 2. u. 3. Kolonne unter Verw. von 4 Füllschichten bzw. 20 Glockenböden erzielt. Bei der 1. Kolonne war der Reinigungsgrad proportional der Anzahl der Glockenböden. Die höchsten pH-Werte der gereinigten Lauge ergaben sich bei Verw. der 1. u. 3. Kolonne. Unterss. über den minimalen Dampfverbrauch u. geringsten Aufwand des Neutralisationsmittels (Kalkmilch) ergaben, daß der pH-Wert der Lauge u. Grad der Dampfverwertung durch das Verhältnis von Dampfmenge zu Laugenmenge in der Kolonne bestimmt wird. Der optimale Dampfverbrauch liegt bei 45—50 kg/m³. Auf der Grundlage der Verss. wird ein rationelles Verf. zur Reinigung der Sulfitlauge beschrieben.
H.-P. Pietsch 7968□

2753 **Mineralische Füllstoffe in der Papierfabrikation.** A. J. Mueller und G. W. Phelps. (Canad. Mining metallurg. Bull. **56**, 50—56, 1963; Chicago, Ill., Great Lakes Carbon Corp., R. and D. Dep.; Trenton, N. J., United Clay Mines; engl.) — Nach einer kurzen Übersicht über die Herst. von Papier (**A**) u. die Rolle der mineral. Füllstoffe (**B**) in der **A**-Industrie werden für die verschiedenen **A**-Sorten verschiedene **B** charakterisiert: $BaSO_4$ (Blanc fixe), $CaCO_3$ (natürlich vorkommend u. gefällt), Ca-Silicate (natürliche, hydratisierte u. koll.), $CaSO_4$, Kaolin, Diatomeenerde (natürlich u. aufbereitet), „Perlite" (Na–K-Silicat vulkan. Ursprungs mit enorm niedrigem Schüttgew.), Talk, Ti-Pigmente, Zn-Pigmente (Lithopone, Ti-Lithopone, ZnS u. ZnO). Die Meth. der bergmänn. Gewinnung u. Aufbereitung dieser Füllstoffe wird angegeben. Es wird erörtert, welche Schritte zur Erschließung neuer Füllstoffe nötig sind.
F. Zeidler 7978◇

2754 **Färben von gebleichtem Reisstroh-Zellstoff.** Lidia Kóbor. (Papíripar Magyar Grafika [Papierind. ung. Graphik] **7**, 27—29, 1963; Budapest, Forsch.-Inst. Papierind.; ung.) — Die bei Färben von gebleichtem Monosulfit-Reisstrohzellstoff erscheinenden weißen Punkte u. Splitter, die die Festigkeit u. gleichmäßige Farbe vermindern, stammen von Zellenbündeln u. Begleitzellen, deren Farbstoffaufnahme von den Faserzellen abweicht. In feingemahlenem Zellstoff erscheinen beim Färben keine weißen Punkte, jedoch nicht als Folge gleichmäßiger Anfärbung; weil die Zellstoffbündel in Einzelfasern zerfallen u. diese durchscheinend sind, erscheint die Farbe der darunter liegenden Faser.
J. Plank 7980△

2755 **Optische Dichte von Druckfarben.** D. Tollenaar. (Paint Manufact. **33**, 14, 16—18, 1963; Amsterdam, T. N. O., Stichting Inst. voor Graf. Techn.; engl.) — Die wichtigsten Variablen beim Druckprozeß sind Dicke des aufgedruckten Farbfilms, Geschw. u. Druck; sie können im Druckprozeß nach Bedarf verändert werden. Der I.G.T.-Bedruckbarkeitsprüfer gestattet, diese Veränderung zu erfassen; mit seiner Hilfe hat sich eine neue Meth. für Unterss. im graph. Gewerbe eröffnet. Die opt. Dichte eines Farbfilms erreicht einen Sättigungspunkt (SP.) bei einer Filmdicke von $< 10\,\mu$. Bei glatten Papieren wird der SP. früher erreicht als bei rauhen. Mit $D = D_\infty\,(1-e^{-mx})$, ($D$ = opt. Dichte des Druckes, D_∞ = gesätt. opt. Dichte bei sehr starker Dicke des Farbfilms, x = Farbfilmdicke auf dem Druckstock, m = Konst., die sich auf die Glätte des Papiers bezieht), kann die opt. Dichte eines Druckes beurteilt werden. Die Parameter D_∞ u. m sind keine Materialkonst.; mit ihrer Hilfe kann jedoch die Bedruckbarkeit verschiedener Papiere unter Verw. eines Standardtestes u. einer Standard-Druckfarbe festgestellt werden; auch läßt sich klar zwischen den opt. Eigg. eines Druckes u. den Fließeigg. der Druckfarbe unterscheiden. F. Zeidler 7990◇

2756 **Viscosimetrische Bestimmung des Molekulargewichtes von Zellstoff in Zink-Äthylendiamin-Lösung.** V. P. Saxena, H. L. Bhatnagar und B. A. Biswas. (J. appl. Polymer Sci. **7**, 181—86, 1963; Poona-8, Indian, Nat. Chem. Labor.; engl.) — Zn-Äthylendiamin ist als Lsgm. für Zellstoff zur viscosimetr. DP-Best. besser geeignet als Cuoxam u. Cu-Äthylendiamin. Durch Vgl. der DP-Werte in Cu- u. Zn-Äthylendiamin werden die Konst. der Mark-Houwink-Gleichung $[\eta] = K\bar{M}_n^{\alpha}$ bestimmt: $K = 5{,}85\ 10^{-5}$; $\alpha = 0{,}936$, so daß die exakte Best. des DP möglich ist. G.-D. Gollnisch 8006◇

2757 **Polarographischer SO_2-Analysator.** J. Polčín, L'. Slama und I. Bulla. (Sborník výskumných Prác Odboru Celulózy Papiera **7**, 245—58, 1962; slowak.) — Der zur SO_2-Best. bei der Sulfitzellstoffherst. verwendete polarograph. Analysator besitzt eine Kohlen- bzw. Graphitelektrode u. eine Cu-Elektrode nach Novók (C. **1962**, 5782). Die Prodd. der SO_2-Elektrolyse werden von dem Elektrolyten, einer 0,5 m H_2SO_4 u. 0,02 m $CuSO_4$-Lsg., die ständig vom durchperlenden Gasstrom bewegt wird, weggeschwemmt. Bei 1—24% SO_2 in einem Gasstrom u. $\leqq 2{,}5\%$ in einer Lsg. wird mit 0,7 V gearbeitet, bei niederen SO_2-Konzz. (0,01—1%) mit 1 V. Ein

Monostat u. eine Blende halten den zu analysierenden Gasstrom konstant. Aus Lsgg. wird bei konst. Temp. freies SO_2 mit einem konst. Luftstrom in das polarograph. Gefäß zur Messung übergetrieben; nach Zugabe von H_2SO_4 freiwerdendes SO_2 wird in einem anderen Analysator bestimmt. F. Zeidler 8006◇

2758 **Ein Beitrag zur schnellen Bestimmung der mittleren Faserlänge und der Faserlängenverteilung von Papierstoffen.** E. Unger und E.-W. Unger. (Zellstoff u. Papier **12**, 4—10, 40—45, 1963; Dresden, TU, Inst. für Papiertechn.; dt.) — Die bekannten Meß-Verff. zur Ermittlung der Faserlänge von Papierhalbstoffen, die für die Beurteilung des ungemahlenen Stoffes, die Verfolgung der Mahlung u. das dynam. Festigkeitsverh. von Papier aufschlußreich ist, werden aufgezählt u. bes. das von Jayme u. Harders-Steinhäuser [1951] entwickelte erwähnt. Das neue Verf. soll die mit großem Zeitaufwand verbundene Best. der Faserlängenwerte so verkürzen, daß es für Betriebs-Unterss. eingesetzt werden kann. Die notwendigen Rechenmanipulationen werden in einem programmierten elektr. Analogierechenwerk durchgeführt. Es werden so die zahlenmäßig mittlere Faserlänge, die prozentuale Häufigkeitsverteilungskurve, die längenmäßig mittlere Faserlänge u. die prozentuale Längenverteilungskurve erhalten. Zeitaufwand für eine Best. ca. 30 Minuten. F. Zeidler 8010◇

2759 **Ein System zur Messung und Analyse des Flächengewichtes von Papier und Pappe.** J. Štěpánek, K. Šavrda, K. Krumphanzl und M. Zázvorka. (Sborník výskumných Prác Odboru Celulózy Papiera **7**, 269—86, 1962; tschech.) — Kurze Beschreibung der App. u. Bestandteile der durch Tschech. P. 102845 geschützten Flächengew.-Analysiersyst. u. bisherige Betriebserfahrungen. F. Zeidler 8010◇

2760 Hermann Gewecke, Deutschland, **Differenzierte Imprägnierung von Holzstangen, -masten oder -pfählen** nach dem Vakuum-Saftverdrängungsverfahren. Man imprägniert die mit kleinen Löchern oder Kerben versehenen, dem Verfall oder der Zerstörung bes. ausgesetzten Hölzer mit einer ggf. konz. Holzschutzlsg. nach dem Prinzip der Saftextraktion mittels positiven oder negativen Druckes, u. zwar unterwirft man die ggf. aufgeschichteten saftfrischen Hölzer nach der Saftextraktion im Vakuum zunächst einer Grundimprägnierung von einem Ende bis zum anderen u. darauf der zusätzlichen Imprägnierung einer begrenzten Zone, z. B. der am meisten gefährdeten Erde–Luft-Zone, wobei man zunächst die Grundimprägnierlsg. von den Hölzern entfernt, ohne die Saugwrkg. zu unterbrechen, nämlich durch Entleeren des Imprägniermittelbehälters, der die Form eines Troges, eines geschlossenen Gefäßes, einer Plastiktasche oder einer Leinwandbandage besitzt, u. unter Aufrechterhaltung der Saugwrkg. auch nach dem Entleeren für eine gewisse Zeitdauer, so daß die bloßgelegten Holzflächen durch Einsaugen von Luft getrocknet u. wenig durchlässig für Luft u. Fll. werden außer in dem für die Imprägnierung der feuchtgehaltenen Erde–Luft-Zone vorgesehenen Holzteil mit einer hochkonz. Holzschutzlsg., der dann eine Imprägnierlsg. von größerer Wrkg. aufnimmt. — 5 Zeichnungen. (**F. P. 1285912** vom 5/8. 1960, ausg. 18/7. 1962.) W. Raetz 7953

2761 Osuuskunta Metsaliitto, Helsinki, Finnland (Erfinder: Thomas Waldemar Rannila), **Flammfeste Faserplatten.** Holzfasern oder -späne werden mit nur einer wss. Lsg. eines von Mineralien freien Flammschutzmittels imprägniert, danach mit Bindemitteln versetzt u. zu Faserplatten verarbeitet. Die Mineralfreiheit bewirkt eine Schonung von Bearbeitungs-, bes. Schneidwerkzeugen. — Geeignete Imprägnieransätze enthalten z. B. 30(%) Zn-Borat, 40 $(NH_4)_2HPO_4$ u. 40 Chlorparaffin (70%ig) oder 10 Paraformaldehyd, 20 $(NH_4)_2 \cdot HOP_4$, 20 NH_4Cl, 10 NH_4OH (Dichte 0,88), 20 $(NH_4) \cdot H_2PO_4$ u. 10 Borax. Als Bindemittel verwendbar sind tier. oder synthet. Leime, die zweckmäßig auf pH 5—8 gepuffert werden. (**E. P. 903388** vom 30/8. 1958, ausg. 15/8. 1962.) H. Möllering 7953

2762 Paul Marie Bellet, Seine, Frankreich, **Holzkonservierungsmittel.** Zum Schützen von Holz, Wänden oder Schotten gegen Weichtiere, Parasiten, Bohrwürmer, Termiten, Schimmelpilze oder Kryptogamen verwendet man Gemische aus mittels Terpen- u. Harzverbb. von geringer Dampfspannung fixierten antiparasitären chem. Verbb., die als Imprägniermittel gegen Feuchtigkeit auch noch Harzprodd. u. als Verdünnungsmittel Testbenzin oder Schweröle enthalten können. — Bes. gute Ergebnisse liefern z. B. Prodd. mit einem Geh. an 2—5 (Gew.-%) Cl_2, 10—14 Terpinolen, 10—30 Terpineol, 15—25 Campher, 5—7 Thymol u. 2—5 Naphthol. (**F. P. 1288009** vom 4/4. 1958, ausg. 3/8. 1962.) W. Raetz 7953

2763 Salvatore Curinga, Côte-d'Or, Frankreich, **Holzschutzmittel.** Um z. B. dicke, feuchte Holzstücke gegen Fäulnis u. Parasiten, Verbiegen u. Abblättern beim Trocknen in der Sonne, sowie ggf. gleichzeitig gegen Feuer zu schützen, imprägniert man sie durch wiederholtes Eintauchen oder Anstreichen unter Verw. einer wss. acetonhaltigen Dispersion, die z. B. in 80 (Gew.-Teilen) W. 10 HCHO, 10 H_3BO_3, 20 $MgCl_2$, 12 $Na_2B_4O_7$, 12 $(NH_4)_2HPO_4$, 15 $AlCl_3$, 12 $NH_4MgPO_4 \cdot 6\,H_2O$, 7 $HgCl_2$ u. 7 Na-o-Phenylphenolat enthält. — Weitere Beispiele. (**F. P. 1287409** vom 10/1. 1961, ausg. 30/7. 1962.) W. Raetz 7953

2764 Koppers Co., Inc., V. St. A. (Erfinder: Irving Solomon Goldstein und William John Oberley), **Nichtfleckende Holzschutzmittel.** Zum Imprägnieren von Holz gegen Kryptogamen u. Insekten, wie Termiten, verwendet man Gemische aus einem Alkalimetallsalz eines Polychlorphenols, wie Pentachlor-, oder 2.4.6-Trichlorphenol oder 4.6-Dichlor- oder 2.4.6-Trichlorresorcin, u. einem Mono-, Di- oder Trialkalimetallarseniat, sowie ggf. einem Alkalimetallchromat, -bichromat oder -fluorid. — Man imprägniert z. B. Bau- oder Schnittholz mit einer 1,2%ig. wss. Mineralsalzlsg., die 37,5(%) Na_2CrO_4, 25 Na_2HAsO_4 u. 25 NaF, sowie 12,5 Na-Pentachlorphenolat enthält, wodurch eine Konservierung des Holzes ohne Fleckenbldg. u. Ausblühen der Imprägniersalze erzielt wird. — Beispiele: Diagramm. (**F. P. 1287,088** vom 13/4. 1961, ausg. 27/7. 1962. A. Prior. 8/7. 1960.) W. Raetz 7953

2765 Sandoz Akt.-Ges., Basel (Erfinder: Fritz Flek, Bottmingen), Schweiz, **Aufhellungsmittel für Papier** der allg. Formel **I** (X, Y, Z = Reste prim. oder

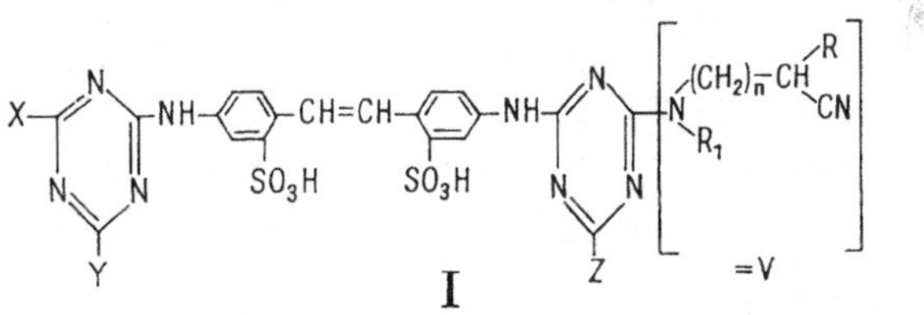

I

sek. aliphat., alicycl. oder aromat., bez. sek. cycl., ggf. substituierter Amine, die mit dem Rest **V** ident. sein können; R = H, CH_3; R_1 = H, niederes Alkyl, ein mit der OH, CN oder einer Alkoxygruppe substituierter Alkylrest mit 1—4 C-Atomen; n = 0 oder 1) u. deren wasserlösl. Salze erhält man durch Rk. von Cyanurchlorid mit 1 Mol 4.4'-Diaminostilben-2.2'-disulfonsäure (**II**) oder deren Salz u. 1—4 Mol eines oder mehrerer Cyanalkylamine der allg. Formel **V**–H u. 0—3 Mol eines oder mehrerer prim. oder sek. Amine oder NH_3 in beliebiger Reihenfolge. An Stelle von **II** kann man auch 4-Amino-4'-nitrostilben-2.2'-disulfonsäure oder deren Salze verwenden u. dann die Red. der NO_2-Gruppe vornehmen. (**D. A. S. 1106334** Kl. 12p vom 3/11. 1959, ausg. 10/5. 1961. Schwz. Prior. 5/11. 1958.) A. Jahn 7979

2766 Minnesota Mining & Mfg. Co., V. St. A., **Herstellung eines reißfesten, schmutzabweisenden Filmüberzugs auf Papierprodukten,** bes. auf *thermograph. Vervielfältigungspapieren*, dad. gek., daß man die Papierunterlage mit dem geschmeidigen, transparenten Film durch eine bei 50—85° (< Temp. des Farbumschlags der thermograph. Masse) klebrige Masse (außer Kautschuk) verbindet. Vor dem Kaschieren der beiden Bahnen durch Erweichen des Klebstoffs mit IR-Strahlen approtiert man den Film vor dem Auftragen des Klebstoffs. — Man trägt z. B. auf einen 0,01524 mm dicken Polyäthylenterephthalatfilm erst eine 1—5 μ dicke Appreturschicht (Mischpolymerisat aus Vinylidenchlorid, einem Acrylsäureester u. Itaconsäure oder eine Schicht aus einem Polyisocyanat oder Polyisothiocyanat) u. dann eine Klebstoffschicht (7,5 g/m²) aus 4 (Teilen) Polyvinylbutyralharz („Butvar B-76-1", Ep. 200°), 6 eines normal fl. Acrylphosphats, bes. 2-Biphenyl-diphenylphosphat, als Weichmacher, 6 eines synthet. Wachses, F. ca. 85°, bes. eines hydrierten Ricinusöls („Castorwax") u. 2 eines gelben, klaren, chlorierten Terpenylharzes (60% Cl-Geh.) mit Ep. 100—105° („Arocolor 5460") nach Mischen der Bestandteile bei 130° auf, so daß das Gemisch bei 60° fließfähig wird, führt eine Kraftpapierbahn zu u. erhitzt die Kaschierzone mit einer Quarzlampe mit Reflektor, wobei man eine (bisher unerreichbare) Maschinen-Geschw. von 7,6 cm/Sek. erreichen u. die verbundenen Bahnen nach kurzem Kühlen aufrollen kann. — Zur Herst. von *Überzügen auf Urkunden, Tarifen, Fotos, Frachtbriefen* u. dgl. — Zeichnung. (**F. P. 1303162** vom 28/7. 1961, ausg. 4/1. 1962. A. Prior. 28/7. 1960.) G. Vogel 7983

2767 Columbia Ribbon & Carbon Mfg. Co., übert. von: Douglas A. Newman, Glen Cove, N. Y., V. St. A., **Vervielfältigungsverfahren.** Ein durchsichtiges Blatt mit übertragbarer Schicht, z. B. aus Wachs, wird auf eine durchsichtige Folie u. das Ganze auf ein Original gelegt. Beim Nachzeichnen der Linien des Originals wird das Wachs an diesen Stellen auf die Folie übertragen, so daß von dieser Abzüge gemacht werden können. (**A. P. 2974585** vom 7/7. 1958, ausg. 14/3. 1961.) C. Kittler 7989

2768 Georges Moureau, Frankreich, **Herstellung von Druckplatten** aus wärmehärtbarem Material in Form eines Gemisches aus fein pulverisiertem Bakelitharz u. Textilfasermehl mit einem Zusatz von 1—2% einer Phenolcarbonsäure als Katalysator. Das Gemisch wird bei ca. 100° zu der Druckplatte in einem Arbeitsgang heiß verpreßt u. dabei polymerisiert u. gehärtet. (**F. P. 1285003** vom 28/3. 1961, ausg. 6/7. 1962.) M. F. Müller 7989

2769 Minnesota Mining and Mfg. Co., St. Paul, Minn., V. St. A., **Zurichtung beim Druck von Hochdruckplatten oder -formen,** bes. für den Farbendruck. Eine wärmedehnbare Zurichtungsfolie, welche ein Zurichtungsmuster mit unterschiedlicher Absorptionsfähigkeit für Strahlungsenergie trägt, wird zunächst kurzzeitig einer intensiven u. gleichmäßigen Strahlung ausgesetzt, um ein den strahlenabsorptionsfähigen Flächenteilen der Folie entsprechendes Wärmemuster zu erzeugen u. um die Folie nur in der Dicke selektiv auszudehnen. Auf der wärmedehnbaren Zurichtungsfolie wird durch Aufstäuben eines Zurichtungspulvers auf die noch feuchten, bedruckten Flächenteile der Folie u. durch Fixieren des Pulvers an diesen Flächenteilen ein Muster mit unterschiedlicher Absorptionsfähigkeit für Strahlungsenergie erzeugt. Das Zurichtungspulver besteht aus einem innigen Gemisch aus einem inerten Pulvermaterial, an welchem Ruß leicht haftet, u. aus ca. 2—20% feinverteiltem Ruß. Es enthält ggf. einen Dunkeltönungszusatz u. als inertes Material Kaolinerde. Genannt ist z. B. ein Gemisch von Al-Pulver u. Kaolinerde. — 4 Abbildungen. (**Oe. P. 222670** vom 13/1. 1959, ausg. 10/8. 1962. A. Prior. 13/1. 1958.) M. F. Müller 7989

2770 „Semperit" Österreichisch-Amerikanische Gummiwerke Akt.-Ges., Wien (Erfinder: Manfred Paur, Wimpassing, Karl Tüchy und Karl Koralek, Wien), Österreich, **Druckschichte für elastische Druckformen** aus Kautschukmischungen, welche vulkanisierte Butadien–Acrylsäurenitrilmischpolymerisate (I) enthalten, die zur Verbesserung der drucktechn. Eigg. Zusätze solcher thermoplast. Kunststoffe (Polyvinylchlorid) erhalten, welche darin homogen verteilbar sind. Die Druckschichte enthält z. B. neben S, Ruß u. Weichmachern noch härtbare Harze, z. B. Phenoplaste, die ggf. noch Harzsäuren oder Fettsäuren enthalten. Die Summe der vulkanisierbaren u. härtbaren Bestandteile sowie der Füllstoffe ist gleich oder größer als die Summe der nichtvulkanisierbaren u. nicht härtbaren Stoffe u. der Weichmacher. Die Druckschichte ist auf der Rückseite durch eine Schicht verstärkt, welche aus dem Material bekannter Druckschichten, z. B. aus I, allein besteht. — Beispiel: 100 (Gew.-Teile) I, 1,5 S, 0,5 Tetramethylthiurammonosulfid, 5 ZnO, 2 Stearinsäure, 300 Weichpolyvinylchlorid mit 33% Weichmacher, 200 akt. Ruß als Füllstoff. (**Oe. P. 222139** vom 19/5. 1959, ausg. 10/7. 1962.) M. F. Müller 7989

2771 **Kimberly-Clark Corp.** (Erfinder: **Ralph V. Braun**), *Gewinnung von Cellulose durch Bisulfitaufschluß von Holz.* (**Aust. P. 236733** vom 26/10. 1959, ausg. 11/1. 1962. A. Prior. 31/12. 1958. — **C. 1964**, 2-2741 [A. P. 3046184].)

2772 **Régie Nationale des Usines Renault**, Billancourt, Seine, Frankreich, *Oxydierte Cellulosederivate.* (**E. P. 912279** vom 5/8. 1959, ausg. 5/12. 1962. F. Prior. 14/8. 1958. — **C. 1962**, 7378 [F. P. 1122453].)

2773 **Distillers Co. Ltd.**, Edinburgh, Schottland, *Entfärbung von Isophoron.* (**Niederl. P. 103903** vom 11/11. 1958, ausg. 15/2. 1963. E. Prior. 12/11. 1957. — **C. 1961**, 7795 [D. A. S. 1078118].)

$H_{18}b$. Textilfasern

2774 **Forschung und Textilverbraucher.** A. R. Urquhart. (J. Soc. Dyers Colourists **79**, 9—15, 1963; Didsbury, Manchester 20, Cotton Silk and Man-made Fibres Res. Assoc., Shirley Inst.; engl.) — Inwieweit die Forschung den Verbraucher hinsichtlich seines Verbrauchs von Textilien beeinflußt hat, wird anhand einiger ausgewählter Beispiele — Bleichen von Cellulosefasern, Entw. synthet. Farbstoffe, Mercerisieren, Erzeugung von Chemiefasern, Entw. von easy-care- u. flammbeständigen Ausrüstungen — erörtert. L. Jentgen 8022◇

2775 **Hochfrequenzphotographie für textiltechnische Aufnahmen.** P. R. Lord. (Photographic J. **103**, 33—37, 1963; Manchester, Coll. of Sci. and Technol.; engl.) — Überblick über die photograph. Aufnahmetechnik von Vorgängen bei der Verarbeitung von Textilien. W. Günther 8022◇

2776 **Neuere Entwicklungen bei textilen Chemikalien und Hilfsmitteln.** T. W. J. Apperley. (Textile Recorder **80**, Nr. 958, 68—70, 1963; engl.) — Bleichmittel, u. Zusätze bei verschiedenen Bleichverff., das Bleichen unter Verw. von hohem pH, Mittel zur Schrumpffreiausrüstung von Wolle, wasser- u. ölabweisende u. antistat. Mittel, Färbereihilfsmittel, Netz- u. Reinigungsmittel, Phosphate als Surfactants, wash-and wear-Ausrüstungsmittel, modifizierte Äthylenharnstoffe sowie andere Vernetzungsmittel u. Carbamatausrüstungen für wash-wear u. Knittererholung werden besprochen. L. Jentgen 8028◇

2777 **Latexmischungen für textile Anwendungen.** Onslow B. Hager. (Rubber Age [New York] **92**, 571—76, 1963; Philadelphia 2, Pa., Alco Oil and Chem. Corp.; engl.) — Erörterung der Probleme. R. Schäff 8028◇

2778 **Verbesserung der Verbrauchseigenschaften von Geweben.** P. Ss. Ugrjumow. (Textil-Ind. [UdSSR] **20**, Nr. 7, 45—48, 1960; russ.) — Übersicht über die Verw. von Appreturmitteln aus *Äthylenimin* (**I**) u. seinen Derivv. zur Verbesserung der Verbrauchseigg. von Baumwoll- u. Leinengeweben (Schrumpffestigkeit, Knitterfestigkeit, weicher u. voller Griff, Beständigkeit bei chem. Reinigung). Beschrieben werden Derivv. von Mono-, Di- u. Triäthylenharnstoff, Kondensationsprodd. von **I** mit Phosphorsäure u. deren Ester, mit Dicarbonylverbb., die zu einer Enolisierung fähig sind, u. mit Isocyanaten, Isothiocyanaten u. Xanthogenaten. B. Strauß 8032□

2779 **Einige neuere Fortschritte beim Peroxidbleichverfahren im sauren Milieu.** K. Prett. (Ind. Textile **1963**, 65—67; Dornbirn, F. M. Hämmerle; franz.) — Das Bleichverf. mittels CH_3CO_3OH (**I**) im sauren Milieu beruht auf der Bldg. von **I** aus H_2O_2 u. $(CH_3CO)_2O$. **I** besitzt ein ausgezeichnetes Bleichvermögen u. greift Cellulose nicht an. Das Bleichen in alkal. H_2O_2-Lsg. wird mit der NaOCl-Bleiche verglichen. Die Vorteile des H_2O_2-Verf. werden besprochen. L. Jentgen 8032◇

2780 **Ein neues Verfahren zum Imprägnieren von Textilien.** M. K.-W. Richmond. (Ind. Textile **1963,** 61—63; franz.) — Besprochen wird ein Verf. der Firma Witco Chemical Co., gegenwärtig bekannt unter der Bezeichnung W-Verfahren. Das Grundsätzliche des Verf. besteht in der Anwendung von Prodd., die natürliche u. synthet. Kautschuk-Verbb. in wss. Medium, Polyvinylacetate, Polyacrylate u. Copolymere sowie elastomere Emulsionen von Bitumen u. Suspensionen von regeneriertem Kautschuk enthalten. Diese Verbb. werden vor der Imprägnierung in Form eines Schaumes auf eine Seite des Textils aufgetragen, so daß sie sich in den Faserstoff einsaugen. Es gibt auf Grund der Anwendung der verschiedenen vorst. erwähnten Prodd. in verd. oder konz. Lsg. vielseitige Möglichkeiten. L. Jentgen 8036◇

2781 **Imprägnierung von Geweben mit siliciumorganischen Verbindungen.** N. W. Kalugin. (Textil-Ind. [UdSSR] **20,** Nr. 3, 58—61, 1960; russ.) — Vgl. C. **1960,** 4390. — Die Präpp. *GMS-9* (Polysiloxanat) u. *GKSh-94* (Polymerisat von hydrolysiertem Äthyldichlorsilan) können für die Hydrophobisierung von Zeltplanen verwendet werden, wobei auch die Beständigkeit der Gewebe gegenüber Witterung verbessert wird. Die wasserabstoßenden Eigg. der mit diesen Präpp. behandelten Gewebe verändern sich mit der Zeit wesentlich weniger als bei der kombinierten Ausrüstung mit Paraffin, Stearin u. Aluminiumsalzen. B. Strauß 8036□

2782 **Polyurethanschaum-Kaschierungen für Bekleidungszwecke.** H. R. Turley. (Canad. Textile J. **80,** Nr. 1, 56—58, 1963; Galt, Ont., Dobbie Ind. Ltd., Dev. & Diversified Prod.; engl.) — Nähere Angaben über das Flamm- u. Klebeverf. zum Aufbringen der Schäume u. über die Unterschiede von Polyäther- u. Polyester-Polyurethanschäumen werden gemacht. Die Herst. der Schäume u. der damit kaschierten Trikots, Gewebe u. Kleidungsstücke wird beschrieben. L. Jentgen 8038◇

2783 **Eine Untersuchung der Zerstörung von mit Fungiciden behandelten Geweben beim Vergraben in Erde.** A. G. Kempton, H. Maisel und A. M. Kaplan. (Textile Res. J. **33,** 87—93, 1963; Natick, Mass., Quartermaster Res. & Engng. Command, Pioneering Res. Div.; Washington, D. C., Office of the Quartermaster Gen., Res. & Engng. Div.; engl.) — Gewebe, die mit Cu-Chinolinolat-(8) (**I**) behandelt wurden, sind, bis der größte Teil des Fungicids verlorengegangen ist, beim Vergraben in Erde nicht empfindlich gegen mikrobiolog. Angriffe. Es wird daher vorgeschlagen, daß zukünftige Verss. zur Verhütung mikrobiolog. Zerstörung durch Behandlung mit Fungiciden bes. die Faktoren berücksichtigen, die die Dauerhaftigkeit des Fungicids auf dem Material beeinflussen u. nicht den Verlust an Reißfestigkeit als Maßstab nehmen. Das Verf. zur Unters. der Kinetiks des Fungicidverlusts wird durch Zahlenangaben über restliches **I** veranschaulicht. L. Jentgen 8038◇

2784 **Die glückliche Verbindung von Natur- und synthetischen Fasern.** M. Rieckert. (Textil-Rdsch. [St. Gallen] **18,** 24—29, 1963; Lyon, Rhodiaceta; franz.) — Ein Überblick über die Eigg. u. Verw. der verschiedenen Mischungen aus Natur- u. synthet. Fasern wird gegeben. Ein Zusatz von 15—30% synthet. Fasern zu Wolle erhöht die Tragdauer; Gemische aus Polyester/Wolle 55 : 45 zeichnen sich durch gute Knitterfreiheit u. Formbeständigkeit aus; Wolle/Thermovyl-Mischungen 52 : 48 finden in der Maschenwarenindustrie ausgedehnte Verw.; Mischgarne gibt es bes. aus Baumwolle/Nylon. „Coreyarns" aus Nylon/Wolle besitzen gutes Deckvermögen. L. Jentgen 8040◇

2785 **Herstellung von Geweben aus einem Gemisch von Baumwolle und Viscosefaser.** S. I. Labusowa und L. G. Iwanowa. (Textil-Ind. [UdSSR] **20,** Nr. 7, 29—32, 1960; Zentr. Forsch.-Inst. der Baumwollind.; russ.) — Beschreibung einer Technologie zur Verarbeitung in Webereien von einem Baumwoll-Zellwollmischgarn mit einem Zellwollgeh. von 32%. B. Strauß 8040□

2786 **Inneres Volumen in Fasern.** Richard G. Quynn. (Textile Res. J. **33,** 21—34, 1963; Summit, N. J., Celanese Corp. of America, Summit Res. Labor.; engl.) — Mit dem Ausdruck „inneres Vol. in Fasern" werden die leeren Räume im Innern von Einzelfasern bezeichnet, die abwechselnd Poren, Hohlräume, Höhlungen, Risse usw. genannt werden. Aus experimentellen Gründen werden nur Poren mit einem mittleren ⌀ von > 150 Å bis zu $5-10\ \mu$ untersucht. Die Porengröße, das gesamte Porenvol., seine Größenverteilung, die Porenstruktur werden zu wichtigen Fasereigg., wie Diffusion, Quellen, Aufnahmefähigkeit für Reagentien u. mechan. Verh. in Beziehung gesetzt. Verwendet wird ein Hochdruck-Hg-Porosimeter. Die Ergebnisse bei verschiedenen Natur- u. Chemiefasern werden aufgeführt. Beispiele von Porenstrukturen, wie sie durch Naßspinnen, Einfriertrocknen u. Heißstrecken entstehen, werden an Vers.-Fasern ermittelt. L. Jentgen 8040◇

2787 **Neue Technik bei der Veredelung von Textilerzeugnissen aus Baumwolle und Flachs in Rumänien.** Aurel Popa Lieseanu. (Textil [Praha] **18,** 21—22, 1963; Bukurešt; tschech.) — Die verschiedensten Veredlungsverff. zur Herst. von Geweben der unterschiedlichsten Materialien werden beschrieben. W. Bernard 8042◇

2788 **Die Anwendung von Chromolan zum Wasserfestmachen von Geweben.** N. D. Malzew und O. I. Agapowa. (Textil-Ind. [UdSSR] **20,** Nr. 5, 18—20, 1960; russ.) — Bei der Behandlung von Baumwoll- u. Wollgeweben mit *Chromolan* (Komplexsalz von Chrom(III)-chlorid mit Stearinsäure) entfällt im Gegensatz zur Ausrüstung mit Siliconen u. kationenakt. Velanpräpp. jegliche therm. Nachbehandlung. Der Festigkeitsverlust der Gewebe ist geringer u. die Beständigkeit des Apprets gegenüber alkal. Wäsche höher. Ein weiterer Vorteil des Chromolans liegt darin, daß auch nicht entschlichtete u. ungebeuchte Gewebe behandelt werden können. B. Strauß 8042□

2789 **Die Wirkungen von Erhitzen, Reinigen und mechanischer Verarbeitung auf Baumwolle.** 1. Mitt. **Faserveränderungen, gemessen nach dem Alkali-Zentrifugentest.** Edith Honold, Frederick R. Andrews und James N. Grant. (Textile Res. J. **33,** 51—61, 1963; New Orleans, La., U. S. Dep. of Agric., Agric. Res. Serv., Southern Utilizat. Res. and Dev. Div., Southern Reg. Res. Labor.; engl.) — Wenn Baumwolle (**A**) verschiedener Erntejahre im Labor. so weit erhitzt wird, wie es beim Entkörnen als zulässig angesehen wird, ändert sich der mittlere Alkali-Zentrifugenwert (ACV) kaum. Mechan. Handhabung von **A** in heißem u. trockenem Zustand erhöht den ACV. Die Verarbeitung in der Spinnerei setzt den ACV herauf; jeder Arbeitsvorgang verursacht eine konst. Veränderung, unbeschadet des Grads des Trocknens auf dem Gin. Mehrere Faktoren, wie Reife von **A**, mikrobielle Aktivität u. Verarbeitungsstufe, bestimmen die Höhe des ACV. Einige Eigg. der Fasern oder Garne werden zum ACV in Beziehung gesetzt u. erörtert. L. Jentgen 8044◇

2790 **Wash-wear-Ausrüstungen für Baumwolle aus DMEU und Glutaraldehydpentaerythritacetalen.** Russell M. H. Kullman, Harry B. Moore, Robert M. Reinhardt und J. David Reid. (Amer. Dyestuff Reporter **52,** Nr. 2, 26 (44)—27(45), 1963; New Orleans, La., Southern Reg. Res. Labor.; engl.) — Die Ergebnisse der Ausrüstung von Baumwolle mit Gemischen aus Glutaraldehydpentaerithrolacetalen u. Dimethyläthylenharnstoff (DMEU) werden mitgeteilt. Der Grad der Vergilbung wird gemildert, aber nicht ganz ausgeschaltet, die Knittererholung ist gut u. eine gewisse Beständigkeit gegen Schädigung durch Cl-Retention beim Bleichen wird erzielt. Die Wrkg. der Änderung der Acetalzus., der Konz. an DMEU u. Acetal u. des Verhältnisses von DMEU zu Acetal wird bestimmt. L. Jentgen 8044◇

2791 **Dauerhafte Wasserabweisung durch chemische Bindung von Siliconen.** John W. Gilkey. (Textile Res. J. **33,** 129—37, 1963; Midland, Mich., Dow Corning Corp.; engl.) — Damit siliconhaltige Wasser-Abweisendausrüstungen auf Baumwolle (**A**) den harten Anforderungen bei der Wäsche besser standhalten, wird ein bifunktionelles Kupplungsmittel zur Anwendung mit den normalen textilen Emulsionen dargestellt. Dieses Siloxanpolymere enthält siloxan- u. cellulosereaktive Gruppen, so daß es sowohl mit dem Siliconfilm als auch der **A.**

Oberfläche reagieren kann. Dies wirkt sich in der größeren Waschbeständigkeit der durch das Silicon verliehenen Eigg. aus. Die Verw. dieses Kupplungsmittels wird an Labor.- u. fabrikmäßigen Daten veranschaulicht.
L. Jentgen 8044◇

2792 **Naßbeschmutzen von Baumwolle. 1. Mitt. Die Wirkung von Ausrüstungen auf die Beschmutzung.** Julian Berch und Henry Peper. (Textile Res. J. **33**, 137—45, 1963; Washington, D. C., Harris Res. Labor., Inc.; engl.) — Die Arbeit ist Teil eines Planes, der bezweckt, die Beziehung zwischen Oberflächen- u. Naßbeschmutzungseigg. von mit ausgewählten Ausrüstungen behandelten Baumwollen (**A**) zu bestimmen. Es wird über Verss. mit **A** mit 15 verschiedenen Ausrüstungen oder chem. Modifizierungen berichtet. Die Gewebe werden mit wss. Dispersionen von Fe_3O_4, Fe_3O_4 + Oleinsäure, Ruß, Ruß + Oleinsäure u. Staubsaugerschmutz beschmutzt. Aus den Ergebnissen der Verss. geht hervor, daß positiv geladene hydrophobe oder weiche Ausrüstungen die Naßbeschmutzung fördern. Die beste Beständigkeit gegen Naßbeschmutzung wird mit Ausrüstungen oder chem. Modifizierungen erhalten, die negativ geladen oder hydrophil sind.
L. Jentgen 8044◇

2793 **Einige Beobachtungen über das Naßbeschmutzen harzbehandelter Baumwollen.** A. G. Nuessle, Louise M. Nageley und E. O. J. Heiges. (Textile Res. J. **33**, 146—60, 1963; Philadelphia, Rohm & Haas Co.; engl.) — Die Unterss. erstrecken sich über einen Zeitraum von vielen Jahren, beginnend 1957. Die Vorbereitung der Gewebe, der Beschmutz-Test u. die Best. des Beschmutzungsgrades werden beschrieben. Die untersuchten Ausrüstungsmittel werden in einer Tabelle aufgeführt. Es wird gefolgert, daß die Naßbeschmutzung nicht nur von der Ausrüstung, sondern auch von der Art des Schmutzes u. dem besonderen Reinigungssyst. abhängt. Da zwischen den verschiedenen Sorten „reinen“ Rußes ausgesprochene Unterschiede bei den Ergebnissen auftreten, sollten bei Testen andere Schmutzarten gewählt werden. Das Problem der Schmutzaufnahme durch weiche thermoplast. Ausrüstungen wird, wenn es auch vorhanden ist, überbewertet. L. Jentgen 8044◇

2794 **Heterogene Hydrolyse von Baumwollcellulose, die mit verschiedenen Quellungsmitteln behandelt wurde.** J. R. Modi, S. S. Trivedi und P. C. Mehta. (J. appl. Polymer Sci. **7**, 15—26, 1963; Ahmedabad, India, Ahmedabad Text. Ind. Res. Assoc.; engl.) — Unbehandelte sowie mit 24%ig. NaOH- 78%ig. Äthylendiamin- u. 70%ig. $ZnCl_2$-Lsg. unter verschiedenen Bedingungen vorbehandelte Baumwolle, wird mit n-HCl verschieden lange bei 35° behandelt. Durch die Hydrolyse wird in jedem Falle die Kristallinität erhöht, während sie bei Behandlung mit Quellungsmitteln abnimmt. Die Kristallinität wird röntgenograph. u. durch J_2-Sorption bestimmt. Die Ergebnisse beider Meth. stimmen nicht überein. G.-D. Gollnisch 8044◇

2795 **Veränderung der Eigenschaften von Baumwollgeweben unter der Einwirkung von Mineralölen.** W. T. Messjatschenko. (Textil-Ind. [UdSSR] **20**, Nr. 5, 51—52, 1960; russ.) — Mineralöle verursachen einen oxydativen Abbau von Cellulose in Baumwollgeweben, wobei auch eine Verschlechterung der mechan. Gewebeeigg. (Abnahme der Festigkeit u. Dehnung) zu verzeichnen ist. Diese Wrkg. wird durch eine Belichtung unter normalen Lichtverhältnissen stark beschleunigt.
B. Strauß 8044□

2796 **Die Modifizierung von Baumwolle mit Acrylonitril durch Strahlungspolymerisation.** F. L. Saunders und R. C. Sovish. (J. appl. Polymer Sci. **7**, 357—74, 1963; Midland, Mich., Dow Chem. Co., C. C. Kennedy Res. Labor.; engl.) — Baumwolle (**A**) wird in $CH_2{=}CHCN$-Lsg. verschieden lange mit ^{60}Co bestrahlt. Bei Einw. von 0,5—1,5 Mrad wird eine Modifizierung von 8—15% erreicht. Das PAN-Harz kann von **A** nicht wieder entfernt werden. Es ist jedoch unsicher, ob es sich um eine Polymerisation im Faserinnern oder um eine echte Pfropfung handelt. Die Löslichkeit der behandelten **A** wird verringert, die Verrottungsbeständigkeit verbessert. Nach analoger Behandlung von **A** mit Styrol, $CH_2{=}CH \cdot COOH$ Methylisopropenylketon, $CH_2{=}CHCOOC_2H_5$ u. $CH_2{=}C(CH_3)COOCH_3$ können die Polymerisationsprodd. in der Faser nachgewiesen werden.
G.-D. Gollnisch 8044◇

2797 **6.6′-Disulfid-Vernetzungen in Baumwollcellulose.** 2. Mitt. **Einflüsse der unterschiedlichen Vernetzungsbedingungen.** Robert F. Schwenker jun. und Leonard Lifland. (Textile Res. J. **33**, 107—17, 1963; Princeton, N. J., Text. Res. Inst.; engl.) — 1. vgl. C. **1963**, 19858. — Disulfid-Brücken können in Cellulose (**A**) eingeführt werden. Die Vernetzung von **A** durch Disulfid-Brücken führt zu einer Steigerung der Naß- u. Trockenknitterwinkel, die von den Bedingungen der Vernetzung abhängig ist. Hohe Naßknitterwinkel u. relativ niedrige Trockenknitterwinkel werden bei der Vernetzung im gequollenen Zustand der Faser erhalten. Dagegen wird eine Steigerung des Naß- u. Trockenknitterwinkels bei der Vernetzung im entquollenen Zustand erzielt. Es besteht keine lineare Beziehung zwischen Vernetzungsgrad u. Knittererholung. Maximale Knitterwinkel werden bei einem Verhältnis von 1 Disulfid-Brücke auf 4 Anhydroglucoseeinheiten erreicht. Es wird darauf hingewiesen, daß durch vorliegende Unterss. bewiesen wird, daß durch covalente, intermol. Vernetzung die Knitterfestigkeit von **A** am wirkungsvollsten gesteigert wird.
H. A. Wannow 8044◇

2798 **Struktur und Eigenschaften chemisch modifizierter Baumwolle.** Mary L. Rollins, Anna T. Moore und Verne W. Tripp. (Textile Res. J. **33**, 117—29, 1963; New Orleans, La., U. S. Dep. of Agric., Agric. Res. Serv., Southern Utilizat. Res. and Dev. Div., Southern Reg. Res. Labor.; engl.) — Photomikrographien chem. veränderter Baumwollfasern, die die Änderungen der Feinstruktur zeigen, die durch die Behandlungen verursacht werden, werden gezeigt. Es wird versucht, die Strukturänderungen in der Faser mit Änderungen in den Faser-u. Gewebeeigg., wie Bruchfestigkeit, Dehnung u. Trocken-u. Naßknittererholung, in Beziehung zu setzen. Die mkr. Beobachtungen geben keinen Aufschluß über Zahl, Art u. Verteilung der Vernetzungen bei chem. Ausrüstungsbehandlungen. Es wird festgestellt, daß ein Eindringen in das Innere der Faser wesentlich für eine gleichmäßige u. wirksame Rk. ist. L. Jentgen 8044◇

2799 **Die Wirkungen von Gamma-Strahlen auf Jute.** S. K. Majumdar und W. H. Rapson. (Textile Res. J. **33**, 1—8, 1963; Toronto, Ontario, Canada, Univ. of Toronto, Dep. of Chem. Engng. and Appl. Chem.; engl.) — Entfettete Jute (**A**) wird mit ^{60}Co-γ-Strahlen mit $\leqq 10^8$ rad bestrahlt. Die stärksten Strukturveränderungen bestehen in der Bldg. von OC- u. HOOC-Gruppen u. in der Spaltung von Ketten. Die Cu-Zahl ändert sich fast linear mit der Dosis bis $\leqq$ 100 Mrad. Die Löslichkeit in heißem Alkali ist bei höheren Dosen sehr hoch. Der Verlust an Holocellulosegeh. ist nach 10 Mrad ziemlich erheblich. Der Verlust an Festigkeit ist erst nach 5 Mrad beträchtlich. Mit $\geqq$ 50 Mrad bestrahlte **A** gibt höhere Lignin(**C**)-Ausbeuten. Die Ggw. von **C** gibt keinen Strahlenschutz, sondern wirkt zerstörend. L. Jentgen 8052◇

2800 **Ein Dämpfungsmaximum für freie Torsionsschwingungen von Wollfasern.** P. Nordon. (J. appl. Polymer Sci. **7**, 341—46, 1963; Ryde, Sydney, Australia, C. S. I. R. O., Div. of Text. Phys., Wool Res. Labor.; engl.) — Bei Wollfasern besteht für jede Temp. ein Dämpfungsmaximum für freie Torsionsschwingungen, das von der relativen Luftfeuchtigkeit abhängig ist.
G. D. Gollnisch 8060◇

2801 **Praktische Verbesserungen beim Carbonisieren von Wolle.** L. R. Mizell, A. E. Davis und E. C. Oliva. (Amer. Dyestuff Reporter **52**, Nr. 2, 35 (P 51)—40(P 56), 1963; engl.) — 3 Hauptfaktoren bestimmen beim H_2SO_4-Carbonisier-Verf. den Festigkeitsverlust von Wolle (**A**): der Säuregeh. von **A** beim Eintritt in den Trockner, der Feuchtigkeitsgeh. dieser **A** u. die Luftemp. beim Trocknen. Wenn einer dieser Parameter eine gewisse Grenze übersteigt, während die anderen konst. gehalten werden, nimmt die Faserfestigkeit ab. Es werden Zahlen für die krit. Grenzen für jeden Parameter beim Carbonisieren von Roh-**A** angegeben. Der Einfl. von H_2SO_4 auf die vegetabil. Verunreinigungen von **A** wird erörtert. Die Wrkg.

des Zusatzes von Netzmitteln zum Säurebad auf die physikal. Eigg. von A wird untersucht.
L. Jentgen 8060◇

2802 **Spezielle Behandlung von Seidengeweben.** E. I. Marzinkonene und A. I. Waidakawitschjuss. (Textil-Ind. [UdSSR] **20,** Nr. 5, 16—17, 1960; russ.) — Erfahrungsbericht über die Verw. von Harnstoff-Formaldehyd-(*Carbamol*) u. Melamin-Formaldehyd-(*Methazin*)harzen bei Knitterfestappretur von Kunstseidegeweben.
B. Strauß 8070□

2803 **Untersuchungen über das Unlösliche in Viscose.** K. A. Jurbergs. (J. appl. Polymer Sci. **7,** 375—82, 1963; Memphis, Tenn., Buckeye Cellulose Corp.; engl.) — Durch elektronen- u. polarisationsmkr. Unters. der unlösl. Bestandteile in Viscose ist eine Unterteilung in 4 Gruppen möglich: Bruchstücke gequollener Fasern, körnige Dispersion verschiedener heterogener Materialien, submkr. Teilchen (Fasertrümmer, Ligninrückstände, anorgan. Stoffe) u. a. Teilchen (SiO_2, Schmutz).
G. D. Gollnisch 8074◇

2804 **Ein neuer Katalysator für die Behandlung von Geweben mit dem Präparat Carbamol.** N. A. Schubina. (Textil-Ind. [UdSSR] **20,** Nr. 5, 65—66, 1960; Frotow-Melangekombinat, Chem. Labor.; russ.) — An Stelle von org. Säuren oder NH_4Cl wurde als Katalysator bei der Knitterfestausrüstung von Anzugstoffen aus Zellwolle mit *Carbamol* (Harnstoff-Formaldehydvorkondensat) 30%ig. Lsg. von H_2O_2 verwendet. Dadurch konnte eine Herabsetzung der Kondens.-Temp. um 10—15° u. eine höhere Stabilität des Vorkondensats erzielt werden. Griff u. Brillanz der Färbung wurden wesentlich verbessert.
B. Strauß 8074□

2805 **Reaktionen von Cellulose mit unsymmetrischen Sulfonen.** G. C. Tesoro und A. Oroszlan. (Textile Res. J. **33,** 93—107, 1963; Garfield, N. J., J. P. Stevens & Co., Inc., Centr. Res. Labor.; engl.) — Neue unsymm. Sulfone, die 2 funktionelle Gruppen von sehr verschiedenem Rk.-Vermögen enthalten, werden dargestellt. Bei Zimmertemp. in Ggw. von W. reagieren diese Verb. als monofunktionelle Reagentien mit den OH-Gruppen von Cellulose, wodurch Seitenketten entstehen, deren reaktiver Teil Vernetzungen nur bei hohen Temp. bilden kann. Diese Bldg. von Seitenketten in der 1. Stufe des 2-Stufen-Verf. ist frei von verwickelten Nebenreaktionen. Die Wrkg. der Substitution auf die Gewebeeigg. kann so eindeutig von der der Vernetzung unterschieden werden. Die 1. Stufe der Vernetzungsrk. kann mit Garnen, Fasern oder sogar Celluloselsgg. durchgeführt werden, wodurch ein modifiziertes Prod. erhalten wird, das in der üblichen Weise verarbeitet werden kann. Folgende Sulfone werden dargestellt: *Vinyl-β-hydroxyäthyl-*, $Kp._{0,2}$ 109—112°; n_D^{20} 1,4990. — *Vinyl-β-methoxyäthyl-*, $Kp._1$ 96—98°; n_D^{20} 1,4659. — *N-Chlor-β-anilinoäthyl-β'-hydroxyäthyl-*, F. 198—194°. — *N-Chlor-β-anilinoäthyl-β'-methoxyäthyl-*, F. 145—148°. — *β-Sulfomercaptoäthyl-β'-methoxyäthyl-*, *Na-Salz*. — *β-Sulfatoäthyl-β'-methoxyäthyl-*, *Na-Salz*, F. 78—80°. — *Äthylvinyl-*, $Kp._8$ 110—112°, n_D^{20} 1,4605. — *Äthyl-β-methoxyäthyl-*, $Kp._1$ 107—109°.
L. Jentgen 8076◇

2806 **Einfluß von innerer Struktur und lokalen Defekten auf die Faserfestigkeit.** W. W. Moseley jun. (J. appl. Polymer Sci. **7,** 187—201, 1963; E. I. du Pont de Nemours & Co. Inc., Pioneering Res. Div., Textile Fibers Dep.; engl.) — Bei 250 bis —100° wird die Faserfestigkeit allein von der inneren Struktur, bei < —100° durch lokale Defekte bestimmt, wie durch Zugmessungen an Polyamid- u. Polyesterfasern nachgewiesen wird. Die Temp., bei der die Änderung des Mechanismus eintritt, ist ein Maß für den Grad der lokalen Defekte in der Faserprobe.
G. D. Gollnisch 8080◇

2807 **Die Acetalisierung von Polyvinylalkoholfasern mit Brom enthaltenden Aldehyden.** Kanji Matsubayashi. (J. Soc. Textile Cellulose Ind., Japan [Sen-i-Gakkaishi] **19,** 27—33, 1963; Kurashiki City, Okayama Prefect., Japan, Kurashiki Rayon Co Ltd., Res. Labor.; jap., Auszug: engl.) — Um die Flammbeständigkeit von Vinylon zu verbessern, werden heiß behandelte Polyvinylalkoholfasern mit durch Cl oder Br substituierten Acet- oder Benzaldehyden acetalisiert. In die Faser eingeführtes Br ergibt ausgezeichnete Flammbeständigkeit; im Fall von Cl ist sie ungenügend. Die brombenzalisierte Faser ist nicht nur in der Flammbeständigkeit, sondern auch in der Säurebeständigkeit, den Heißfixiereigg. u. der elast. Erholung besser als die benzalisierte.
L. Jentgen 8080◇

2808 **Der Einfluß von Koagulationsvariabeln auf die Struktur und physikalischen Eigenschaften einer Acrylfaser.** J. P. Knudsen. (Textile Res. J. **33,** 13—20, 1963; Durham, N. C., Chemstrand Res. Center, Inc., Res. Triangle Park; engl.) — Die Wrkg. mehrerer Koagulationsvariabeln auf die Struktur von Protofasern (A), die durch Einfrieren-Trocknen konserviert werden, wird festgestellt u. zur weiteren Verarbeitbarkeit u. den Endeigg. der Fasern in Beziehung gesetzt. Es wird gezeigt, daß die Koagulationstemp., -badzus., die Auszieh- u. Aufwickelgeschw. die Form des Querschnitts, die Anfangsdichte u. Hohlraumstruktur von A beeinflussen. Eine höhere Anfangsdichte u. eine homogenere innere Struktur der Fasern ermöglichen die Entw. höherer Festigkeit bei geringerem Strecken, höherer Dehnung bei einem bestimmten Festigkeitswert, höherer maximaler Festigkeit u. maximalem Modulus bei hohen Streckgraden u. besseres Ermüdungs- u. Scheuerverhalten.
L. Jentgen 8080◇

2809 **Durch ein Röntgenmikroskop mit Punktprojektion erzeugte Moiréstreifen.** Sanford B. Newman. (J. Res. nat. Bur. Standards, A **67,** 149—51, 1963; engl.) — In einer Reihe von Abb. werden Moiréstreifen gezeigt, die beim Durchgang weicher Röntgenstrahlung durch gekreuzte Cu- bzw. Al-Netze auftreten. Bei einem regelmäßigen Bändersyst., das auf Radiomikrographien orientierter *Cellulose*-Strukturen auftritt, kann es sich ebenfalls um Moiréstreifen handeln. Sie werden durch Faserstrukturen erzeugt, die als gekreuzte Beugungsgitter wirken u. treten bei Verw. von Fasern von *Agaven*, *Cannabis sativa* L. u. *Luffa* Sp. auf, die einfach peripher. gewunden sind, nicht jedoch bei Fasern von *Linum usitatissimum* L. u. *Boehmeria nivae* L. mit doppelter Faserspiralwindung in verschiedenen Richtungen.
H. Roschkowski 8100◇

2810 **Bestimmung des pH von Geweben.** R. M. Slater und G. C. Riley. (Amer. Dyestuff Reporter **52,** Nr. 2, 41(P 57)—42(P 58), 1963; Syracuse, N. Y., Allied Chem. Corp., Solvay Process Div. Techn. Center; engl.) — Die vorhandenen Meth. sind im allg. unbefriedigend. Erhebliche Unterschiede in den Meth. machen es unmöglich, übereinstimmende u. vergleichbare Ergebnisse zu erhalten. Bei der neu entwickelten ion. Meth. wird die Gewebeprobe in einer wss. stabilisierten 0,01 n NaCl-Lsg. unter N_2 behandelt. Die Unterschiede im pH der Blind- u. Test-Lsg. sind ein Maßstab für die alkal. oder sauren Eigg. des Gewebes. Die Ergebnisse sind innerhalb 0,2 pH-Einheiten reproduzierbar. L. Jentgen 8100◇

2811 **Die Wirkung der Prüfbedingungen auf den Faserdrag.** 1. Mitt. **Dynamische Methode.** Jack Simpson und Lloyd B. DeLuca. (Textile Res. J. **33,** 62—68, 1963; engl.) — Unter dem Faserdrag bei Baumwolle (A) wird die Kraft verstanden, die erforderlich ist, eine Fasermasse auseinanderzuziehen. Es wird untersucht, welche Wrkg. die Testbedingungen haben, wenn eine dynam. Verzugskraftmessung (West Point Cohesion Tester) verwendet wird. Es wird dargelegt, daß die Drageigg. einer bes. A-Faser am besten durch Messen der Verzugsfestigkeit bei verschiedenen Walzeneinstellungen bestimmt werden können. Es wird eine e-Kurve erhalten, wenn der reziproke Wert der Walzeneinstellung gegen die Verzugsfestigkeit graph. aufgetragen wird. Auf Grund der Gleichung für einen bestimmten Verzug kann die Gleichung für jeden beliebigen Verzug durch Multiplizieren der Konst. der Gleichung mit dem Verhältnis der Verzüge erhalten werden. L. Jentgen 8102◇

2812 **Die Temperatur-Zeit-Abhängigkeit der Zugfestigkeit der Polymeren bei konstanter Geschwindigkeit der Zugbelastung.** O. S. Golik und M. Ju. Kutschinka. (Ukrain. physik. J. **8,** 479—86, 1963; Kiew, Schewtschenko-Univ.; ukrain., Auszug: engl.) — Die Unters.

der Zerreißfestigkeit von Fasern aus Polycaprolactam, Polypropylen, Polyacrylonitril u. Kapron bei verschiedener Temp. u. verschiedenen Geschw. der Zugbelastung ergab, daß der Mechanismus der Zerreißung der polymeren Fasern hierbei der gleiche ist wie bei konst. Belastung. O. Lebtag 8116△

2813 Farbwerke Hoechst Akt.-Ges., vormals Meister Lucius & Brüning (Erfinder: Walter Gutmann, Kronberg, und Lorenz Heiss), Frankfurt/M., **Chemische Reinigung von Fasergut in der Textilindustrie.** Inhaltlich im wesentlichen ident. mit D. A. SS. 1097069; C. **1961,** 8156 bzw. 1097070; C. **1961, 12694,** jedoch bedeuten in den angegebenen allg. Formeln hier R_a = Alkyl; R_b u. R_c = H, Halogen, OH, Hydroxyalkyl oder Alkyl; R′ = cycloaliphat. oder aromat. KW-Stoffrest mit 5—10 C-Atomen u. z = 1—3. (**Schwz. PP. 364480** u. **364481** vom 1/4. 1960, ausg. 15/11. 1962. D. Prior. 4/4. 1959.) F. Böhm 8027

2814 Armstrong Cork Co. (Erfinder: Robert William Snyder und David Taylor Zentmyer), **Überziehen von Stoffbahnen aus Filz, Leinwand** oder dgl. **mit thermoplastischen Massen.** Man führt die z. B. mit einem Mischpolymerisat belegten Stoffbahnen nach Erweichung der Polymerisatschicht durch Hitzeeinw. zwischen zwei Metallwalzen hindurch, von denen die eine mit einer elast. Schicht, bes. aus Kautschuk, überzogen ist. Die Überzugsmasse der Stoffbahnen besteht z. B. aus 70,56 (%) „Vinylit" (95% Vinylchlorid, 5% Vinylacetat), 20,16 Dioctylphthalat, 4,03 epoxydiertem Sojabohnenöl-Weichmacher, 2,82 Stabilisator des Ba–Cd-Seifentyps, 3,00 Pigment. (**Aust. P. 236278** vom 10/3. 1959, ausg. 30/11. 1961. A. Prior. 13/3. 1958.) K. Demmler 8033

2815 Dow Chemical Co., übert. von: Robert R. Dreisbach und John L. Lang, Midland, Mich., V. St. A., **Versteifbare Stoffe, z. B. für Krageneinlagen.** Gewebe wird mit einem polymeren Protonen-Acceptor u. einem organ. polymeren Protonen-Spender nacheinander imprägniert u. getrocknet. Beim Erhitzen, z. B. Bügeln, versteift das Gewebe. — Baumwollgewebe wird mit einer wss. 10%ig. Polyvinylpyridinlsg. imprägniert, getrocknet, nachimprägniert mit einer wss. 5%ig. Polyacrylsäurelsg. u. wieder getrocknet. Als Proton-Spender kann auch Polystyrolsulfonsäure dienen. — Die Versteifungstemp. ist 150°. (**A. P. 3011917** vom 16/2. 1956, ausg. 5/12. 1961.) H. Möllering 8033

2816 Ciba Ltd., Basel, Schweiz, **Dibenzoxazolyläthylene** der allg. Formel **I** erhält man 1. durch Dehydratisierung einer Acylaminverb. der allg. Formel HO–A–NH–CO–CH(OH)–CH_2–CO–NH–A–OH in Ggw. von Phosphorsäuren der allg. Formel $H_{n+2}P_nO_{3n+1}$ (**II**) (A = o-Phenylenrest, n > 1) bei erhöhter Temp. oder

I

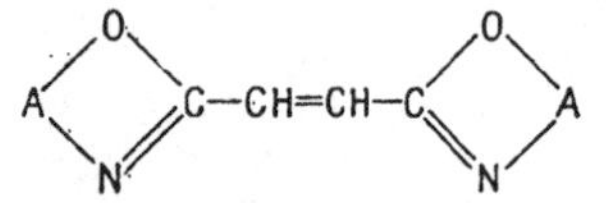

2. durch Kondens. von o-Hydroxyaminobenzol mit Maleinsäure im Molverhältnis 2:1 in Ggw. von **II**. — 10 (g) einer Verb. der Formel (5)CH_3–(2)–OH–C_6H_3–NH–CO–CH_2–CHOH–CO–NH–C_6H_3–(2)OH–(5)CH_3 werden 4 Std. mit 60 Polyphosphorsäure auf 160—165° erhitzt, das Rk.-Prod. mit 400 W. zersetzt u. *α.β-Di-[5-methylbenzoxazolyl-(2)]-äthylen* (**III**), F. 180—181°, erhalten. — 12,3 1-Hydroxy-2-amino-4-methylbenzol, 6,7 Maleinsäure wird mit 200 **II** 1 Std. auf 140° erhitzt u. nach dem Aufarbeiten 13 **III**, F. 182—183° (Dimethylformamid) erhalten. — *Optische Aufheller.* (**E. PP. 902058** u. **902059** vom 13/1. 1961, ausg. 25/7. 1962. Schwz. Prior. 28/1. 1960. **Zusätze zu E. PP. 835895; C. 1962, 2546 bzw. 835894; C. 1961, 15571.**) A. Jahn 8033

2817 Ciba Ltd., Basel, Schweiz, **α.β-Di-(benzoxazol-2-yl)-äthylenderivate** der Formel **I** erhält man durch Kondens. von 1-Hydroxy-2-amino-4.5-dimethylbenzol (**II** mit Fumarsäure, Maleinsäure (**III**) oder Asparaginsäure

I

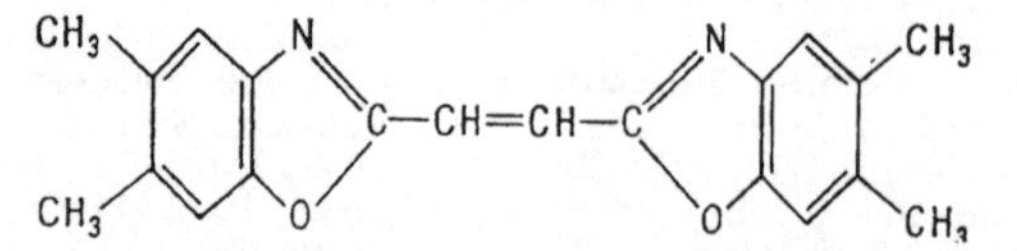

bei erhöhter Temp. unter H_2O bzw. NH_3-Abspaltung, bes. in Xylol (**IV**). — 13,7 (g) **II**, 6,7 **III**, 0,3 H_3BO_3 in 300 **IV** werden 6 Std. unter N_2 zum Rückfluß erhitzt u. 14 **I** erhalten, gelbe Kristalle, F. 318—318,6°. — *Optischer Aufheller.* (**E. P. 907819** vom 2/3. 1961, ausg. 10/10. 1962. Schwz. Prior. 11/3. 1960.) A. Jahn 8033

2818 Montecatini Soc. Gen. per l'Industria Mineraria e Chimica, Mailand, Italien, **Imprägnierung von Fasermaterial,** das dann durch Aushärtung der Imprägnierungsmasse mittels Wärme zu Schichtstoffen u. dgl. verarbeitet werden kann. Hierzu verwendet man die gemäß Oe. P. 203725; C. **1960,** 5992, erhaltenen Lsgg. von Mischpolymerisaten in CCl_4 in Mischung mit einem ungesätt., polymerisierbaren Monomeren u. einem Katalysator. (**Niederl. P. 102479** vom 3/4. 1958, ausg. 17/9. 1962. It. Prior. 4/4. 1957.) F. Böhm 8037

2819 Carlo George de Marco, Cochituate, und Gil Mello Dias, Fall River, Mass., V. St. A., **Oleo- und hydrophobe Textilien** erhält man durch Aufbringen eines Gemisches aus Octadecyloxy- oder Stearamido-methylpyridiniumchlorid (**I**) u. eines polymerisierbaren Fluoralkylesters der Acrylsäure, z. B. Perfluorbutylacrylat (**II**) oder einer, einer gesätt. Perfluorcarbonsäure coordinierten Werner-Cr-Komplexverb., worauf das imprägnierte Textilgut therm. vergütet wird. — In 1489 (g) W. werden 360 **I** gelöst, mit in 500 W. gelösten 60 Na-Acetat vermischt u. mit 590 einer nichtion. Emulsion aus 180 **II**, 85 Aceton u. 325 W. vereinigt. (**E. P. 901557** vom 13/5. 1960, ausg. 18/7. 1962. A. Prior. 6/10. 1959.) H. Möllering 8037

2820 Farbwerke Hoechst Akt.-Ges., vormals Meister Lucius & Brüning, Deutschland, **Wasserabstoßendmachen von Textilfaserstoffen** durch Imprägnieren mit Emulsionen von bifunktionellen linearen Organopolysiloxanen der allg. Formel RO–Si(R)$_2$–[O–Si(R)$_2$]$_n$–O–Si(R)$_2$–OR, worin R = Aryl- oder halogenierter aromat. Rest oder H oder Alkylrest; n = > 50. Zur Härtung der Polysiloxane wird ein Gemisch aus Metallsäureestern, z. B. Alkanolaminestern von Titan- oder Zirkonsäure, u. wasserlösl. Zn- oder Cd-Salzen oder anderen wasserlösl. Salzen von organ. oder anorgan. Säuren u. einem Tri-[β-hydroxyalkyl]-amin, z. B. Triäthanolamin, verwendet. — 25 (g) Triäthanoltitanat, 26 Pb-Acetat (Trihydrat) u. 15 Triäthanolamin werden in 100 W. gelöst; 27 der erhaltenen Lsg. werden in 180 einer Siliconemulsion (**I**) unter Auffüllung mit W. auf 1 Liter eingetragen. **I** wird hergestellt durch Eintragen von 1,2 Methylhydrogenpolysiloxan (Molgew. 3000) in eine Lsg. von 24 Dimethylpolysiloxan (Molgew. > 10000) in 50 CH_2Cl_2 u. Zusatz von 6 Polyvinylalkohol in 110 Wasser. Mit der Silicon-Katalysator-Lsg. wird ein Baumwollgewebe imprägniert, danach 10 Minuten bei 100° u. 5 Min. bei 110° getrocknet. (**F. P. 1294339** vom 15/4. 1961, ausg. 24/10. 1962. D. Prior. 16/4. 1960.) M. F. Müller 8037

2821 Beetle-Elliot Pty. Ltd. (Erfinder: Alan Bennett und Derek Wallwork Heywood), **Ausrüsten von Textilien** mit hydrophilen Koll. (**I**) durch Imprägnieren mit einer wss. Lsg., die das **I**, z. B. Stärke, Polyvinylalkohol oder Carboxymethylcellulose, ein Harnstoff-CH_2O-Kondensat (**II**) u. einen Katalysator für dieses enthält, dad. gek., daß die Lsg. ein **II** enthält, dessen Kondensationsgrad u. Wasserempfindlichkeit bei 15° so gewählt sind, daß es, mit der doppelten Menge W. verd., aus der Lsg. über Nacht ausfallen würde, u. daß diese Lsg. in verd. Zustand zur Imprägnierung verwendet wird, so daß das **II** zusammen mit dem **I** sich auf der Faser niederschlägt. (**Aust. P. 234629** vom 17/12. 1958, ausg. 10/8. 1961. E. Prior. 18/12. 1957.) C. Lüttgen 8037

2822 Armour & Co., V. St. A. (Erfinder: Arthur Veis und Jerome Cohen), **Wiedergewinnung von natürlichen Kollagenfasern aus Muttergelatine.** Man extrahiert aus kollagenhaltigen Stoffen, bes. tier. Hautabfällen, z. B. mit Hilfe einer HCl-Lsg. (ggf. mit einem Zusatz von K- oder Na-Thiocyanat) in der Wärme hochmol. Muttergelatine mit sauren Querbindungen, versetzt nach dem Abkühlen mit der wss. Lsg. einer organ. Säure, wie Essig-, Citronen-, Glykol- oder Propionsäure, u. entfernt aus der Gelatine genügend Säure, wodurch die Kollagenfasern ausfallen, die dann abgetrennt werden; die Bldg. der Fasern erfolgt durch Dialyse der Gelatine in Ggw. von W.; die Gelatine kann aber auch in einer Lsg., z. B. von KCl, NaCl, KJ oder CsCl, gelöst u. die Dialyse dann in Ggw. einer wss. Lsg. einer organ. Säure in der Kälte u. anschließend noch in Ggw. von W. durchgeführt werden. Die so erhältlichen Kollagenfasern lassen sich zu Fäden verspinnen oder zu Folien verformen u. liefern nach dem Gerben Bänder bzw. Textilfasern von überlegenen Eigg.; sie eignen sich auch zur Herst. von Leder bzw. Kunstleder. — Beispiele. (**F. P. 1288348** vom 30/3. 1961, ausg. 6/8. 1962. A. Prior. 5/4. 1960.) W. Raetz 8079

2823 E. I. du Pont de Nemours & Co., Wilmington, Del., V. St. A., **Fadengebilde** besteht aus einem Faden aus einem gepfropften Polymerisat, dessen Grundlage ein Additionspolymerisat ist, wie ein lineares Polyäthylen (I), dem eine äthylen. ungesätt. organ. Säure, wie Acryl- oder Methacrylsäure aufgepfropft ist. Das Aufpfropfen erfolgt unter Einw. ionisierender Strahlung. Die Strahlungsenergie beträgt dabei mindestens 0,1 Mev. Der Faden wird gebildet von längsorientierten Fasern, die miteinander verbunden, frei von losen Enden sind u. auch keine Hohlräume aufweisen. Der Faden besitzt eine lockere, netzartige Struktur. — Zum Beispiel werden 13 (Teile) **I** (Schmelzindex 0,5) mit 87 CH_2Cl_2 in einem Autoklaven 4 Std. bei 190—195° u. bei einem Druck von 500 lbs./sq. in. unter Umrühren erhitzt. Die Lsg. wird durch eine Düse von 86 (mils) ⌀ u. 86 Länge gepreßt. Der entstandene Faden wird dann in einer Lsg. von Acrylsäure in Heptan 2 Std. bei Zimmertemp. behandelt u. noch feucht bestrahlt. Schließlich wird der Faden in einer Na_2CO_3-Lsg. behandelt, damit sich das Na-Salz der aufgepfropften Acrylsäure bildet. (**E. P. 891944** vom 18/8. 1959, ausg. 21/3. 1962. A. Prior. 19/8. 1958 u. 31/7. 1959.) F. Markhoff 8081

2824 Kurashiki Rayon Kabushiki Kaisha, Kurashiki, Japan, **Wärmebehandlung von synthetischen Fäden** erfolgt nach der Benetzung der Fäden mit einer inerten Fl. mit einer Viskosität bis 1 poise bei 50°. — Naßgesponnene Fäden aus Polyvinylalkohol (I) werden mittels Rollen auf 130° erwärmt, mit Polyäthylenglykolfilm überzogen u. in 8 Sek. bei 230° in der Luft auf das 3,9fache verstreckt, wonach 8 Sek. bei 235° nachbehandelt wird. — Trocken gesponnene **I**-Fäden werden auf 120° vorerwärmt, mit einem Siliconöl überzogen u. in N_2-Atm. bei 235° 9fach verstreckt. — Schmelzgesponnene Polyäthylenfäden werden bei 130° mit Glycerin überzogen u. dann in Wasserdampf-Atm. bei 130° 6fach verstreckt. — Bei Nylonfäden verwendet man Olein. Bei Celluloseacetatfäden verwendet man Paraffinöl, bei Viskoseseide eine wss. 5%ig. Lsg. von Dimethyloläthylenharnstoff. Die Cellulosefäden werden nicht verstreckt. — Durch die Applikation der Überzüge wird die Behandlungszeit verkürzt. (**E. P. 910994** vom 14/11. 1960, ausg. 21/11. 1962. Jap. Prior. 23/2. 1960.) H. Möllering 8081

2825 Soc. Rhodiaceta, Paris, Frankreich, **Kräuselgarn.** Ein Garn aus (endlosen) Fäden von nicht acetalisiertem Polyvinylalkohol wird der Successiv-Einw. von Alkalihydroxidlsg. steigender Alkalität bis zur Kräuselbildung unterworfen. — Ein Garn aus 200 Fäden (1200 den) wird 30 Min. einer 20%ig. u. 70 Min. einer 40%ig. NaOH-Lsg. ausgesetzt, mit 50° warmem W. gespült, mit 5%ig. wss. Essigsäurelsg. neutralisiert u. mit kaltem W. nachgespült. — Eine Behandlung mit mit H_2SO_4 angesäuerter CH_2O-Lsg. kann angeschlossen werden. (**E. P. 912792** vom 6/10. 1960, ausg. 12/12. 1962. F. Prior. 26/10. 1959.) H. Möllering 8081

2826 British Nylon Spinners Ltd., Monmouthshire, England (Erfinder: Harold John Palmer), **Hochmolekulare, faserbildende synthetische lineare Polyamide** werden zur *Hitzestabilisierung* vor, während u. nach der Polymerisation mit bis zu 2%, bes. 0,001 bis 0,05%, Cu-Metaborat versetzt. (**E. P. 913782** vom 28/9. 1960, ausg. 28/12. 1962.) R. Bauereis 8081

2827 Farbenfabriken Bayer Akt.-Ges., Leverkusen (Erfinder: Karl-August Heinroth, Robert Schnegg, Dormagen, Fritz Steinfatt, Opladen, und Christian Wiegand, Wuppertal), **Mikrocide Ausrüstung von Polyamidfasern** erfolgt mit Arylenimidazolium-Verb., z. B. durch Behandlung des Gutes mit einer 90° warmen wss. Lsg. mit Geh. von 0,2% 1-Methyl-2-phenyl-3-dodecylbenzimidazoliumbromid über 60 Min. bei Flottenlänge 1:40. Tabelle über Beständigkeit gegenüber Staphyloc. aureusu. Bact. fluorescens. (**E. P. 911238** vom 12/7. 1961, ausg. 21/11. 1962. D. Prior. 23/7. 1960.) H. Möllering 8081

2828 Eastman Kodak Co., Rochester, N. Y., übert. von: Harry W. Coover jun. und Joseph B. Dickey, Kingsport, Tenn., V. St. A., **Pfropfpolymerisate,** gek. durch ein vorgebildetes Polymerisat aus einem Vinylpyridin der allg. Formel **I** (R_1 u. R_2 = H oder Alkylrest

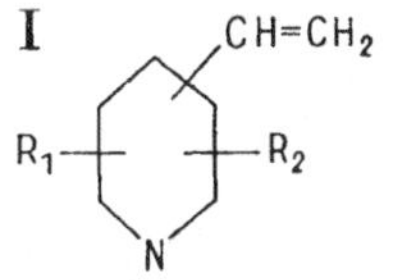

mit 1—4 C-Atomen) u. eine aufgepfropfte Monomeren-Mischung, die 85—99,5% Acrylnitril u. 15—0,5% mindestens einer der folgenden äthylen. ungesätt. Verbb. oder Gruppen enthält: Vinylidenchlorid (**III**), Vinylchlorid, Vinylester von Monocarbonsäuren mit 2—5 C-Atomen, Alkylacrylate oder -methacrylate mit 1—4 C-Atomen im Alkylrest, unsubstituierte oder N-alkylsubstituierte Acryl-, Methacryl-, Malein-, Fumar-, Itacon- oder Citraconsäureamide mit 1—4 C-Atomen im Alkylrest, Alkylester von unsubstituierten oder N-substituierten Maleinamaten, Fumaramaten, Itaconamaten oder Citraconamaten (Alkylrest mit 1—4 C-Atomen), Vinylpyridinen oder Styrol, wobei der aufgepfropfte Anteil mindestens 60% Acrylnitril u. mindestens 5% Vinylpyridin (Rest = andere Monomere) enthält. Genannt sind bes. 2-Methyl-5-vinylpyridin (**II**)- u. 2-Vinylpyridin-Polymerisate bzw. unter den zahlreichen aufzupfropfenden Monomeren bes. N-Methylmethacrylsäureamid, Vinylacetat oder **III**. — Man emulgiert z. B. 10 (g) **II** in 180 W., das 1 Na-Laurylsulfat, 0,02 $K_2S_2O_8$ u. 0,02 $K_2S_2O_5$ enthält, polymerisiert die Mischung 24 Std. bei 25°, setzt 1000 W., 80 Acrylnitril, 3 Vinylacetat, 0,8 $K_2S_2O_8$ u. 0,8 $K_2S_2O_5$ zu, erhitzt 6 Std. auf 35° u. isoliert das in Dimethylformamid lösl. Produkt, das nach dem Verspinnen *Fasern* mit geringer Schrumpfung u. bester Affinität gegen saure Farbstoffe, liefert. — Beispiele. (**A. P. 2882290** vom 30/7. 1954, ausg. 14/4. 1959.) G. Vogel 8081

2829 VEB Leuna-Werke „Walter Ulbricht", Leuna, **Polymerisation von Destillationsrückständen des Heißwasserextraktes von ε-Caprolactampolymeren** in Ggw. von H_3PO_4 oder Polyphosporsäure in Mengen bis 1%, bes. 0,15—0,25% der Gesamtmenge der polyamidbildenden Substanz. Die Heißwasserrückstände werden in Mischung mit ε-Caprolactam (I) u. Ggw. von W. bei 200—300°, bes. 220—270°, polymerisiert. Der Zusatz an **I** beträgt bis zu 95%, bes. 70—80% u. an W. 0,1—0,5%. — 900 (g) **I**, 100 Dest.-Rückstände, 1,5 konz. H_3PO_4 u. 20 H_2O werden 15 Std. auf 240—250° erhitzt. Das Prod. wird am Gefäßboden durch eine Düse in Form von *Fäden* abgezogen. Der Extraktstoffgeh. des Polyamides beträgt 11,5%, seine relative Viskosität im unextrahierten Zustand 2,35. (**Oe. P. 224912** vom 6/6. 1959, ausg. 27/12. 1962.) B. L. König 8081

2830 Owens-Corning Fiberglas Corp. (Erfinder: Robert Wong und Belford Dean Wise), **Fasern aus**

Glas oder glasähnlichen Stoffen werden mit einem Überzug eines oberflächenakt. Stoffes (**I**), dessen Mol. aus einem hydrophoben u. einem hydrophilen Teil besteht, u. der in wss. Lsg. einen pH-Wert von 6,5—8 aufweist, überzogen. Derartig behandelte Fasern adsorbieren keine

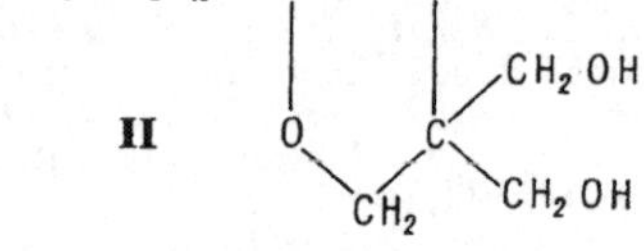

II

Feuchtigkeit u. lassen sich daher einwandfrei mit Hilfe von Bindemitteln z. B. zu Matten weiterverarbeiten. Als **I** kommen bes. Verbb. in Frage, deren hydrophiler Rest sich von Oxazolin oder Imidazolin ableitet, z. B. eine Verb. der Formel **II**. (**Aust. P. 234824** vom 19/6. 1959, ausg. 24/8. 1961. A. Prior. 19/6. 1958.) C. Lüttgen 8083

2831 Owens-Corning Fiberglas Corp., V. St. A. (Erfinder: Alfred Marzocchi und Gerald E. Rammel), **Schlichte für Glasfasern.** Sie besteht aus einer wasserhaltigen Mischung einer Amylose (**I**) oder eines Amylopektins, bis 2 (Gew.-%) eines pflanzlichen (**II**) oder tier. Öls bis 1 eines oberflächenakt. Stoffes, bis 1 eines Gleitmittels u. bis 0,4 eines filmbildenden Stoffes, wie Gelatine (**III**) oder ein Polyvinylharz (**IV**). — Beispiel: 5 **I**, 2 **II**, 0,21 Polyoxyäthylensorbitan, 0,21 Octadecylaminoacetat, 0,06 **III**, 0,09 **IV**, Rest H_2O. (**F. P. 1280505** vom 22/2. 1961, ausg. 9/5. 1962. A. Prior. 1/3. 1960.) Hans Hoffmann 8083

2832 **Deutsche Gold- und Silber-Scheideanstalt vormals Roessler** (Erfinder: **Karl Dithmar**), Frankfurt/M., *Bleichen von Textilien aus künstlichen und/oder natürlichen Fasern.* (**Schwz. P. 368463** vom 1/10. 1959, ausg. 31/5. 1963. D. Prior. 29/5. 1958. — C. **1961,** 10030 [D. A. S. 1083221].)

2833 **Hickson & Welch Ltd.**, Castleford (Erfinder: **Dennis Arthur William Adams,** Leeds, und **Asim Kumar Sarkar,** Castleford), England, *Herstellung optischer Aufheller.* (**Schwz. P. 360397** vom 3/10. 1957, ausg. 14/4. 1962. E. Prior. 9/10. 1956. — C. **1961,** 13769 [F. P. 1184215 u. Belg. P. 561464].)

2834 **Hickson & Welch Ltd.**, Castleford (Erfinder: **Dennis Arthur William Adams,** Leeds, und **Asim Kumar Sarkar,** Castleford), England, *Herstellung oxydierter Azoverbindungen.* (**Schwz. P. 361002** vom 16/9. 1957, ausg. 15/5. 1962. E. Prior. 2/10. 1956. — C. **1962,** 11779 [Niederl. P. 97720].)

2835 **Hickson & Welch Ltd.**, Castleford, übert. von: **Dennis Arthur William Adams**, Leeds, und **Asim Kumar Sarkar**, Castleford, England, *Pyrazolo- und Indazolotriazolylstilbendisulfonsäuren.* (**A. P. 2989527** vom 28/1. 1958, ausg. 20/6. 1961. E. Prior. 1/2. 1957. — C. **1961,** 15615 [F. P. 1198674, E. P. 835779 u. Schwz. P. 351974].)

2836 **J. R. Geigy Akt.-Ges.** (Erfinder: **Heinrich Häusermann**), Basel, Schweiz, *Herstellung von 7-Triazinylamino-cumarinen.* (**Schwz. P. 360064** vom 29/5. 1957, ausg. 30/3. 1962. **E. P. 885847** vom 28/5. 1958, ausg. 28/12. 1961. Schwz. Prior. 29/5. 1957. — **C. 1963,** 13401 [D. A. S. 1096909 u. A. P. 2945033].)

2837 **Böhme Fettchemie G. m. b. H.,** Düsseldorf, *Einfetten von Fellen.* (**Niederl. P. 104040** vom 4/4. 1955, ausg. 15/3. 1963. D. Prior. 6/4. 1954. — C. **1958,** 2315 [F. P. 1120873].)

2838 **Farbwerke Hoechst Akt.-Ges., vormals Meister Lucius & Brüning,** Frankfurt/M., *Verbesserung der Anfärbbarkeit von Acrylnitrilmischpolymerisaten.* (**Niederl. P. 104062** vom 28/4. 1956, ausg. 15/3. 1963. D. Prior. 11/5. 1955. — C. **1963,** 361 [D. A. S. 1105175].)

2839 **Badische Anilin- & Soda-Fabrik Akt.-Ges.,** Ludwigshafen/Rh., *Herstellung von Polyamiden.* (**Niederl. P. 104089** vom 5/3. 1957, ausg. 15/3. 1963. D. Prior. 20/4. u. 28/8. 1956. — C. **1960,** 15955 [D. A. S. 1061072] u. C. **1961,** 3836 [D. A. S. 1068465].)

H_{19}. Brennstoffe, Erdöl, Mineralöle

2840 **Untersuchungen über den Anfall von Teer- und Staubrückständen in der braunkohlenveredelnden und braunkohlenteeraufarbeitenden Industrie und über die Möglichkeiten der Verwertung dieser Rückstände.** Eitel Goedicke. (Bergakademie [Freiberg] **15,** 48—49, 1963; Leipzig; dt.) — Die Verw. sowie die physikal.-chem. Beschaffenheit der anfallenden Teer- u. Kohlenstaubrückstände werden zusammengestellt. Zahlreiche Hinweise auf die von Betrieb zu Betrieb verschiedenen Verwertungsverff. werden gegeben. K. Strenge 8124◇

2841 **Das Auftreten von Resinit in bituminösen Kohlen.** J. M. Jones und D. G. Murchison. (Econ. Geol. **58,** 263—73, 1963; Newcast upon Tyne, Univ. of Durham, King's Coll., Dep. of Geol.; engl.) — Resinit aus verschiedenen Kohlen von Northumberland, Yorkshire u. Böhmen wird auflichtmkr. untersucht. Resinitbänder bestehen im allg. aus dichtgepackten einzelnen Kugeln, doch haben sie sich auch teilweise zu kontinuierlichen Filmen vereinigt. Diese Vereinigung ist auf Temp.- u. Druckerhöhung zurückzuführen. Im Verlauf dieser Erhöhung migriert Resinit auf vertikalen Rissen der Kohle. J. Heinze 8126◇

2842 **Untersuchungen über die Oxydation einer Taiwan-Kohle.** Jung-Wei Shih. (J. Fuel Soc. Japan **42,** 92—98, 1963; Tokyo Univ.; jap., Auszug: engl.) — Eine der typ. bituminösen Kohlen von Taiwan, die Nantswang-Kohle, wird einer O_2-Oxydation in alkal. Suspension unterworfen. Der Einfl. verschiedener Variabler wie Temp., Zeit, O_2, Druck u. Rührgeschw. wird untersucht u. die Bedingungen werden bestimmt, bei denen die größte Ausbeute an „wasserlösl." Säuren erhalten wird. Das dabei erhaltene Prod. wird analysiert. J. Gänsheimer 8126◇

2843 **Einfluß der Eigenschaften des flüssigen Brennstoffs auf die Leuchtkraft der Flammen in Siemens-Martin-Öfen.** M. A. Glinkow und Ju. F. Prossjanow. (Hochschulnachr. [Moskau], Eisenmetallurgie **5,** Nr. 5, 170—81, 1962; Moskau, Stahl-Inst., Ishorsker Werk; russ.) — Das Hauptkriterium einer beständigen Leuchtkraft der Flamme von fl. Brennstoff bei der Beheizung von Siemens-Martin-Öfen durch Brennerdüsen von hohem Druck sind nicht das Gew.-Verhältnis C/H im Brennstoff sowie dessen Spezif. Gew. u. technolog. Viscosität, sondern der Kennwert der Verkokungsfähigkeit nach der Norm GOST 5987-51 des Brennstoffes. H. Hochstein 8128◇

2844 **Der Wärmeinhalt des Wasserdampfes in Abgasen.** E. S. Monroe, E. J. Macnair und G. Nonhebel. (J. Inst. Fuel **36,** 445—46, 1963; Wilmingtin **98,** Del., U. S. A., E. I. Du Pont de Nemours and Co., Inc., Engng. Dep.; Foxhill, Bath., Admirality Offices; London, SW 1, ICI, Ltd.; engl.) — Diskussionen von Monroe u. Macnair zu einem gleichnamigen Aufsatz von Nonhebel (C. **1963,** 22541) mit Erwiderung. F. Rosendahl 8130◇

2845 **Trocknung von Angren-Kohlen an Luft und Sonne.** O. B. Jerofejewa. (Hochschulnachr. [Iwanowo], Chem. chem. Technol. **3,** 937—41, 1960; Mittelasiat. Polytechn. Inst.; russ.) — Kleinstückige Kohle kann unter meteorolog. Bedingungen, wie sie von April bis November in Usbekistan herrschen, mit Erfolg im Freien getrocknet werden. Es ist möglich, bei Schichtdicken von 1—9 cm innerhalb von 8 Std. den Feuchtigkeitsgeh. auf 25—65% des Anfangswertes zu senken. Hans Nestler 8134□

2846 **Eine Schnellmethode für die Halbverkokung von Torf auf einer Versuchsanlage unter Verwendung eines gasförmigen Wärmeträgers.** Ju. Lapuschonok, W. Bajars und Ja. Dalbinsch. (Nachr. Akad. Wiss. LettSSR **1960,** Nr. 3, 127—34, russ., Auszug: lett.) — Es wurden zwei Versuchsreihen bei einem Verhältnis Torf–Dampf 1:8 u. 1:12 durchgeführt. Im Ergebnis erhielt man ein Gas mit einem Heizwert, der um 1200 kcal höher lag als derjenige von bei der Halbverkokung des Torfs in der Standardretorte gewonnenem Gas. In Verss. bei 450° u. einem Verhältnis Torf–Wärmeträger 1:8 erhält man aus der Halbverkokung ein Gas mit über 3000 kcal/m³. Eine Erhöhung der Menge des Wärmeträgers wirkt sich negativ auf Ausbeute u. Heizwert der Gase aus. P. Scheer 8142◇

2847 **Die Verwendung von angereichertem Luftsauerstoff bei der Halbverkokung von Kohlen.** N. W. Lawrow, I. A. Makarow, W. Ss. Miroschnitschenko, A. L. Perepelitza, A. Je. Pinsker und I. I. Tschernenkow. (Sauerstoff [UdSSR] **12,** Nr. 2, 1—9, 1959; russ.) — In industriellen Mehrzonen-Schachtöfen mit innerer Erhitzung kann aus Kohle bei Zufuhr von mit O_2 angereicherter Luft neben Halbkoks u. Teer ein Gas mit einem Heizwert bis zu 2200 Kcal/Nm³ gewonnen werden. Die Anreicherung an O_2 beträgt 30—35%. Bei einer Anreicherung mit O_2 bis zu 40% kann ein Gas, das nach weiterer Bearbeitung ein N_2/H_2-Gemisch für die NH_3-Synth. gibt, gewonnen werden. Bei einer Anreicherung mit O_2 bis zu 50% u. Entfernung der Rauchgase aus der Trockenzone in die Verkokungszone erhält man ein Gas mit einem Heizwert von 4000 kcal/Nm³, das für Gebrauchszwecke geeignet ist. Eine Rekonstruktion de Ofens ist nicht erforderlich. E. Steinberg 8142

2848 **Wege zur Verbesserung der Eigenschaften von Hochofenkoks auf der Saporosher kokschemischen Anlage.** P. Ja. Kuleschow, A. Je. Eidelman, A. L. Golubtschik und F. S. Jelenski. (Stahl [UdSSR] **23,** 8—10, 1963; Saporosher Kokschem. Anlage; russ.) — Der steigende Bedarf an guten Kokskohlen kann durch die Förderung der Kohlen des Donezbeckens nicht mehr voll gedeckt werden, so daß die Verw. von Kohlen von niedrigerem Metamorphosegrad mit schlechterer Backfähigkeit erforderlich wird. Bei Kohlenchargen mit 25,65% Gaskohlen u. 35,30% fetter Kohle wird zur Verbesserung der Eigg. des Kokses zur gröberen Körnung (bis 83% der Körnung 3—0 mm) übergegangen, wodurch das Schüttgewicht der Kohleschicht erhöht u. die Verkokungszeit bis auf 15 Std. ohne Verringerung der Produktivität verlängert werden kann. Die weiter vorgesehenen apparativen Verbesserungen werden kurz aufgezählt. W. v. Füner 8144◇

2849 **Über die euroasiatische Erdöl–Erdgas-Zone.** A. D. Ssultanow und G. P. Tamrasjan. (Ber. Akad. Wiss. AserbaidshanSSR **16,** 559—63, 1960; Inst. für Geologie; russ., Auszug: aserbaidshan.) — Aus dem regionalen Auftreten von Erdöl u. Erdgas werden zwei gürtelartige Zonen abgeleitet: Die große euroasiat. Zone, die sich von England über Holland, Österreich, Rumänien, das Schwarze Meer, Kasp. Meer bis nach Japan erstreckt, u. die nordwestlich dazu verlaufende Zone von Krasnodar-Romaschkino-Beresowsk. H.-J. Bautsch 8186□

2850 **Die unterirdische Lagerung von Erdgas im Süden von Ontario und Quebec.** R.-P. Charbonnier. (Bull. Assoc. franç. Techniciens Pétrole **1963,** Nr. 161, 611—29; Ottawa, Canada, Ministère des Mines et des Relevés techn., Direct. des mines, Div. des Combustilibles et du gén. minier, Sect. du gen. des gisements d'hydrocarbures; franz.) — Bericht über Einrichtung u. Auswertung z. T. erschöpfter Erdgasquellen u. wasserführender unterird. Speicher. Die z. Z. benutzten u. demnächst in Betrieb kommenden Speicher werden eingehend geschildert. F. Rosendahl 8186△

2851 **Experimentelle Ergebnisse von Untersuchungen über Dichte und Mischbarkeit von verflüssigten Kohlenwasserstoffen bei niedriger Temperatur.** J. Morlet. (Rev. Inst. franç. Pétrole Ann. Combustibles liquides **18,** 127 bis 143, 1963; Direct. des Études et Techn. nouvelles du Gaz de France; franz.) — Die Unterss. werden unternommen zur Lsg. von Problemen, die bei der Arbeit der Anlage zur Verflüssigung von Lacq-Erdgas in Nantes aufgetreten sind. Eine Best.-Meth. für die Dichte der Fl., die durch Unterkühlung (— 160°) des Lacq-Gases erhalten wurde, u. zur Best. der Löslichkeit von aromat. u. paraffin. Bestandteilen im verflüssigten Gas, wird erarbeitet. Die Kurven der Dichte von CH_4, C_2H_6 u. Propan als Funktion der Temp. werden angegeben. Die Dichte eines gegebenen fl. Gemisches dieser KW-Stoffe auf der Grundlage seiner Zus. kann leicht bestimmt werden, da solche Gemische ohne Vol.-Änderungen entstehen. Bei normalem Druck können fl. CH_4, C_2H_6 u. Propan in jedem beliebigen Verhältnis gemischt werden. Die Löslichkeit der höheren paraffin. KW-Stoffe bei ca. — 160° in fl. CH_4, C_2H_6 u. Propan nimmt mit steigendem Molgew. schnell ab. Für ein gegebenes Prod. nimmt sie mit dem Molgew. des Lsgm. zu. Aromat. KW-Stoffe u. CO_2 sind in fl. CH_4, C_2H_6 u. Propan bei ca. — 160° scheinbar unlöslich. G. Seidel 8186◇

2852 **Die Umwandlung von Roherdöl in der Natur.** A. F. Dobryansky. (Rev. Inst. franç. Pétrole Ann. Combustibles liquides **18,** 41—49, 1963; Léningrad, U. R. S. S., Univ.; franz.) — Die auf die Erdöle in der Natur einwirkenden Faktoren sind physikal.-chem. Natur u. umfassen solche, die beständig u. regelmäßig auftreten (Temp., Druck, Katalysatoren), u. solche, die nur sporad. bzw. örtlich wirken. Der Bldg.-Mechanismus des Erdöls wird erläutert. In den ersten Stadien erfolgt die Bldg. von sog. prim. Erdöl, das hochmol. KW-Stoffe u. Verbb. mit Heteroatomen enthält u. durch hohe Dichte u. großen Harzgeh. charakterisiert ist. Im Laufe der Entw. wird dieses allmählich einem Abbau oder einer Kondens. unterworfen. G. Seidel 8188◇

2853 **Über einige Sapropellagerstätten der Lettischen SSR und die Eigenschaften ihrer Ablagerungen.** N. Brakšs und V. Dirba. (Nachr. Akad. Wiss. LettSSR **1961,** Nr. 11, 83—89; Chem. Inst. der Akad. der Wiss. der LettSSR; lett., Auszug: dt.) — *Sapropel* (I) kann als chem. Rohstoff, Bindemittel oder Düngemittel verwendet werden. Ein Überblick über die wichtigsten I-Vork., die Gewinnungsmeth. u. die chem. Eigg. von I wird gegeben. Bei der Trockendest. von I werden 10—30(%) Asche u. 20—30 Teer gewonnen. Der Teer besteht aus 13—17 Paraffin, 40—50 Neutralöl, 4—11 sauren Ölen (Phenolen) u. 5—10 Pyridinen. Außer dem Teer liefert das Destillat Koks mit einem Heizwert von 3500—5000 kcal/kg, NH_3, Essigsäure, Phenole, Pyridine, Methanol, Aceton usw. Die Ergebnisse der Oxydation mit HNO_3 u. der therm. Extraktion werden erörtert. R. K. Müller 8188◇

2854 **Die Harzstoffe im Erdöl der Dnepr-Donez-Senke.** P. Ss. Makowetzki. (Nachr. Akad. Wiss. UkrainSSR **1963,** 528—31; Geol. Inst. der Akad. der Wiss. der UkrainSSR; ukrain., Auszug: engl.) — Die Erdöle von 75 Lagerstätten der Dnepr-Donez-Senke enthalten im Mittel 13—17% an Harzen u. Asphaltenen. Das Erdöl einer Lagerstätte des mittleren Carbons enthält nur 3,4%, ein Erdöl des unteren Carbons nur 2,45—3,0%. Der Harz-Asphalten-Anteil der untersuchten Erdöle ist sek. Natur. Die extrahierten Bitumina unterscheiden sich vom Erdöl. Sie bestehen in der Hauptsache aus Harz-Asphaltenen u. nur zu 34—35% aus Ölen. Das Verhältnis C/(S + N + O) ist viel niedriger als bei den Erdölen der Paläozoikum-Mesozoikum-Schicht. Die S-, N- u. a. heterogenen Bestandteile der untersuchten Erdöle stammen demnach aus der Erdölmuttersubstanz. O. Lebtag 8188△

2855 **Elektronenspinresonanz und kolloide Eigenschaften von Roherdöl.** Thomas H. Brown, H. S. Gutowsky und K. E. van Holde. (J. chem. Engng. Data **5,** 181 bis 182, 1960; Urbana, Ill., Univ. of Illinois, Noyes Labor. of. Chem.; engl.) — An einigen unterschiedlichen Roherdölen (**A**) des Illinois-Bassin werden Beziehungen zwischen den koll. Eigg. u. dem Elektronenparamagnetismus untersucht. Aus den Unterschieden in der Breite der Elektronenspinresonanzlinien (EL.) der untersuchten **A**, den Absorptions-Koeff. bei 500 mμ in n-Heptan sowie der Sedimentmenge wird auf eine Beziehung zwischen der EL.-Breite u. der Sedimentmenge geschlossen. Eine eingehendere Unters. der sich aus dieser Tatsache ergebenden Beziehung zwischen Teilchengröße u. Sedimentmenge müßte zu Rückschlüssen auf den Bldg.-Mechanismus der koll. Teilchen in **A** u. damit auf die geolog. Bedingungen führen, unter denen **A** gebildet wird. I. Köditz 8188

2856 **Katalytisches Reformieren.** Bruno Notari. (Riv. Combustibili **16,** 51—75, 1962; E. N. I. Labor. Riuniti Studie Ric.; ital.) — Ausführlich wird der dem Reforming-Prozeß zugrunde liegenden Mechanismus u. die Rolle der hierbei verwendeten Pt-Katalysatoren diskutiert. Ein Überblick über die modernen Auffassungen von der Natur der Übergangszustände an der Katalysatoroberfläche, die die qualit. Erklärung der Bldg. aller durch Reforming zugänglichen Prodd. ermöglichen, wird gegeben. I. Köditz 8200△

2857 **Untersuchungen über die Schwefelwasserstoff-Abspaltung. 1. Mitt. Hydrogenolyse von Thiophen in Benzol am V_2O_3–MoO_2-Katalysator.** Kimio Tarama, Shiichiro Teranishi, Kentaro Hattori und Mitsuro Higashi. (J. Fuel Soc. Japan **42,** 42—51, 1963; Kyoto Univ., Fac. of Engng.; jap., Auszug: engl.) — Die Unters. erfolgt bei normalem Druck. Das Aktivitätsmaximum (pro Gew.-Einheit) liegt bei einem mol. Verhältnis $V_2O_3/MoO_2 = 3$, pro Oberflächeneinheit bei $V_2O_3/MoO_2 = 6$. Der Katalysator wird mit Olefinen u. Pyridin vergiftet. Olefine können durch Erhitzen im H_2-Strom, Pyridin kann nur durch Glühen an der Luft u. anschließende Red. mit H_2 entfernt werden. Die H_2S-Abspaltung ist in bezug auf die Thiophenkonz. 1. Ordnung u. in bezug auf die H_2-Konz. 0,5. Ordnung. Die

Rk. zwischen absorbierten H_2 u. S-Verb. ist der die Geschw. bestimmende Schritt.
Joachim Günther/Jena 8202◇

2858 **Die Verwendung von Flüssiggas für Kraftfahrzeuge und damit zusammenhängende Probleme.** Takeshi Saito. (J. Fuel Soc. Japan **42,** 74—85, 1963; Waseda Univ.; jap., Auszug: engl.) — Flüssiggas (A) bietet gegenüber Bzn u. Dieselkraftstoff Vorteile, zeigt aber auch einige Nachteile. Verschiedene Wege werden für den Gebrauch von A in Kraftfahrzeugen aufgezeigt, die Vor- u. Nachteile beschrieben u. die Probleme, die noch gelöst werden müssen, erwähnt. Wegen der niedrigen Treibstoffkosten wird es schwierig sein, Dieselfahrzeuge auf **A** umzustellen. Mit **A** betriebene Motoren geben weniger giftige Abgase mit geringem Gehalt an unverbrannten KW-Stoffen. Um Luftverunreinigungen zu vermeiden, wird **A** für Stadtomnibusse, Lastkraftwagen usw. benützt werden müssen. J. Gänsheimer 8204◇

2859 **Mit Flüssiggas betriebene Kraftfahrzeuge.** Masayuki Futamata und Takeshi Nikaido. (J. Fuel Soc. Japan **42,** 86—91, 1963; Komatsu Seisaku-sho Co., Ltd.; jap., Auszug: engl.) — Flüssiggas kann leicht verflüssigt werden, besitzt eine hohe Octanzahl, verlängert die Lebensdauer der Motoren u. ist billig. Die Abgase enthalten wenig CO. In Prüfstand- u. Fahrzeugverss. (Kraftfahrzeuge, Gabelstapler) werden diese Charakteristiken bestätigt. J. Gänsheimer 8204◇

2860 **Regenerierung von Isolierölen mit aktiviertem Silicagel.** Stana Muren. (Nafta [Zagreb] **10,** 137—38, 1959; Ljubljana, Inšt. za elektr. gosp.; slowen.) — In Vgl.-Verss. wird gezeigt, daß mit NH_3 10 Min. lang vorbehandeltes Silicagel eine wesentliche Aufhellung gebrauchter Isolieröle, Abnahme von SZ. u. VZ. u. Zunahme der Löslichkeit in Bzn. bewirkt. R. K. Müller 8218◇

2861 **Eigenschaften und Kontrolle von Schmiermitteln für das Tiefziehen.** A. Fucinari und W. J. Wojtowicz. (Int. Enamelist **12,** Nr. 1, 2—5, 32, 1962; Detroit, Mich., H. A. Montgomery Co.; engl.) — Hergeleitet bes. aus Ergebnissen von Verss., bei denen die Gleitreibung während des Ziehens von verschiedenen Stahlproben u. von Al in Abhängigkeit vom verwendeten Schmiermittel gemessen wird, werden Anwendungseigg. u. Bedingungen für den Einsatz verschiedener Schmiermittel (Öle, Emulsionen, Trockenfilme) beschrieben. — Diskussion.
H. Ziegler 8220◇

2862 **Untersuchung der Zusammensetzung der Steinkohlen verschiedener Marken des Kohlenhorizontes K-8 des Donezbeckens.** A. I. Kamnewa und Tschshenchua Tschen. (J. angew. Chem. [UdSSR] **35,** 2764—69, 1962; russ.) — Proben von 5 Sorten *Donezkohle* werden mit Phenol extrahiert u. die Ergebnisse der Elementaranalyse, der Best. des Geh. an OH-Gruppen u. funktionellen Gruppen vor u. nach der Oxydation mit 5%ig. HNO_3 aufgeführt. Ferner wird der Anteil an in A. lösl. u. unlösl. Bestandteilen ermittelt u. der unlösl. Teil analysiert. Der lösl. Teil wird chromatograph. getrennt.
J. Lehmberg 8246△

2863 **Chemische Untersuchungen über den Schwefelgehalt japanischer Kohlen. 2. Mitt. Arten organischer Schwefelverbindungen bei der Lösungsmittelextraktion der Kohle.** Yoshiaki Miura und Kiyoshi Yanagi. (J. Fuel Soc. Japan **42,** 21—33, 1963; Yawata Works, Yawata Iron and Steel Co., Ltd., Kyushu Univ., Res. Inst. of Sci. and Ind.; jap., Auszug: engl.) — 1. vgl. C. **1963, 6063.** — Bei Verw. von Tetrahydrofuran, $HCON(CH_3)_2$ u. Bzl. als Lsgm. werden in Extrakten bituminöser Steinkohlen mit $> 80\%$ C-Geh. folgende S-Bindungsarten ermittelt: -SH 3—9%, -S-S- 6—13%, -S- 28—37%, aromat. S 7—19%, Rest bis zu 30% nicht bestimmt. Die maximale S-Reaktivität liegt bei 83—84% C in der Kohle.
I. Bramer 8246◇

2864 **Chemische Untersuchungen über den Schwefelgehalt japanischer Kohlen. 3. Mitt. Verhalten der Schwefelverbindungen bei der Verkokung.** Yoshiaki Miura. (J. Fuel Soc. Japan **42,** 162—75, 1963; jap., Auszug: engl.) — 2. vgl. vorst. Referat. — Anorgan. Bestandteile beeinflussen die Verteilung der S-Verbb. bei der Verkokung. Bis zu 60% des Gesamt-S, 90% des pyrit. S u. 60% des organ. S verbleiben im Koks. Bei backenden Kohlen mit $> 80\%$ C wird ein Zusammenhang zwischen S-Verflüchtigung u. Inkohlungsgrad festgestellt.
I. Bramer 8246◇

2865 **Schnellmethode zur Bestimmung des Aschegehaltes der Kohle aus der gestreuten β-Strahlung.** N. W. Gorbatjuk, G. S. Boruchowitsch, W. W. Parchomenko und A. W. Tschaschinow. (Betriebs-Lab. [UdSSR] **26,** 1094—96, 1960; russ.) — Die Best. des Asche-Geh. von Kohle durch Messung der Abschwächung von Röntgen- u. γ-Strahlen, die durch die Kohleproben geschickt werden, gelingt nicht, da die Abschwächung nicht nur vom Asche-Geh., sondern auch von physikal. Eigg. der Probe u. Meßfaktoren beeinflußt wird. Der Kompensationsstrom von reflektierter gestreuter *β-Strahlung* von ^{204}Tl u. ^{90}Sr–^{90}Y ist jedoch dem Asche Geh. direkt proportional mit einer Genauigkeit von 0, bis 1,0% (der Asche) bei Rohkohle u. von 0,25% bei Konzentraten. Die Aktivität der radioakt. Tl- u. Sr-Präpp., mit denen die Kohle bestrahlt wird, beträgt maximal 50 mCu. Die Messung erfolgt in einer kombinierten Ionisations- u. Kompensationskammer. Zugabe von Fe_2O_3 oder CaO erhöht die Meßwerte, erhöhte Feuchte erniedrigt sie geringfügig. Dauer einer Messung ~ 1 Minute. Horst Braun 8246◇

2866 **Ein einfaches Gerät zur kontinuierlichen Bestimmung des CO_2-Gehaltes von Rauchgas.** Friedrich Scholl. (Ziegelindustrie **15,** 843—45, 1962; dt.) — Wiedergabe der von Gries (C. **1962,** 6534) veröffentlichten Beschreibung eines Gerätes zur CO_2-Bestimmung.
R. Bätz 8250◇

Redaktionsschluß: 10. Januar 1964

Herausgeber: Prof. Dr. Heinrich Bertsch, Berlin, u. Prof. Dr. Dr. h. c. Wilhelm Klemm, Münster.
Chefredakteure und verantwortlich für den Inhalt: Dr. Eugen Klever, 1 Berlin 30, Geisbergstraße 39, Fernsprecher: 249541 und Prof. Dr.-Ing. Eberhard Leibnitz, Berlin N 4, Schiffbauerdamm 19, Fernsprecher: 425571.

©

Verlag: Akademie-Verlag GmbH, Berlin W 8, Leipziger Str. 3—4 (Fernsprecher: 220441, Telex-Nr. 011773, Postscheckkonto Berlin 35021), und Verlag Chemie, GmbH, Weinheim/Bergstr. (Fernsprecher: Weinheim 3635 [Sammelnummer]; Fernschreiber: 0465516 chemieverlwhn; Postscheckkonten: Frankfurt/M. 145314 u. Berlin[West] 7430). Bestellnummer: 1007/135. Das Chemische Zentralblatt erscheint wöchentlich. Preis des Jahrganges einschl. Autoren-, Patent-, Sach- u. Formelregister: DM 1800,—; einseitig bedruckte Ausgabe: DM 2200,—. Abgabe der Zeitschrift nur mit sämtlichen Registern. Abbestellungen nur bis spätestens 6 Wochen vor Ablauf des Kalenderjahres.

Satz u. Druck: VEB Druckhaus „Maxim Gorki", Altenburg u. VEB Leipziger Druckhaus, Leipzig, III/18/203. VIII. 63.
Veröffentlicht unter der Lizenznummer 1273 des Presseamtes beim Vorsitzenden des Ministerrates.
Printed in Germany.

Kolibri 360 GmbH
Ferdinand-Jühlke-Straße 7
99095 Erfurt, Deutschland
produktsicherheit@kolibri360.de